TECHNISCHE DYNAMIK

VON

C. B. BIEZENO
PROFESSOR AN DER TECHNISCHEN
HOCHSCHULE DELFT

UND

R. GRAMMEL
PROFESSOR AN DER TECHNISCHEN
HOCHSCHULE STUTTGART

MIT 667 ABBILDUNGEN
UND 5 ANHÄNGEN

Springer-Verlag Berlin Heidelberg GmbH
1939

Additional material to this book can be downloaded from http://extras.springer.com.

URSPRÜNGLICH ERSCHIENEN BEI JULIUS SPRINGER IN BERLIN 1939
SOFTCOVER REPRINT OF THE HARDCOVER 1ST EDITION 1939

ISBN 978-3-662-35429-2 ISBN 978-3-662-36257-0 (eBook)
DOI 10.1007/978-3-662-36257-0

Vorwort.

Die Lehrbücher der technischen Mechanik ebenso wie die elementaren Vorlesungen über dieses Fach behandeln natürlicherweise in erster Linie die einfacheren, didaktisch wichtigen Aufgaben und können aus Raum- oder Zeitmangel bei den schwierigeren, praktisch wichtigen Problemen, sofern sie sie überhaupt anschneiden, nicht soweit in die Tiefe und Breite gehen, wie das die technische Praxis verlangt. Aus diesem Grunde sind schon seit langem an den meisten technischen Hochschulen für die Studierenden der späteren Semester Sondervorlesungen eingerichtet über die höheren Teilgebiete der Mechanik, mit denen es der schaffende Ingenieur bei seinen verwickelten Aufgaben wirklich zu tun hat.

Ein ähnliches Ziel wie solche Vorlesungen hat auch dieses Buch, das wir als eine Art Fortführung der gebräuchlichen Lehrbücher, also als eine Technische Mechanik für Fortgeschrittene, geschrieben haben. Daher setzen wir beim Leser durchaus die Kenntnis der elementaren Mechanik voraus und dementsprechend die Kenntnis der Mathematik mindestens in dem Umfange, wie sie zugleich mit dem Stoff der elementaren Mechanik erworben zu werden pflegt.

Der Buchtitel Technische Dynamik, den wir gewählt haben, will indessen nicht nur die Abgrenzung gegen die elementare technische Mechanik ausdrücken; er möchte der Bezeichnung Dynamik wieder die Bedeutung geben, die sie ursprünglich gehabt, aber allmählich verloren hat. Wenn nach der unübertrefflichen Erklärung KIRCHHOFFS die Mechanik die Wissenschaft von den Bewegungen und Kräften ist, so besteht sie aus der Kinematik als der Lehre von den Bewegungen und aus der Dynamik als der Lehre von den Kräften. Die Dynamik teilt man auf natürliche Weise ein in die Statik als Geometrie der Kräfte und Lehre vom Gleichgewicht und in die Kinetik als den Teil der Mechanik, der die Wirkung der Kräfte außerhalb des Gleichgewichts, also den Zusammenhang zwischen Kräften und Bewegungen untersucht. In diesem Sinne ist beispielsweise eine Schwingungsaufgabe als dynamisch zu bezeichnen, weil sie aus einem statischen Teil (etwa der Ermittlung der Federungszahlen) und einem kinetischen Teil (etwa der Berechnung der Eigenfrequenzen oder der Schwingungsform) besteht. Der vielfach übliche Sprachgebrauch, welcher Dynamik als sinngleich mit Kinetik benützt, schneidet von einer Schwingungsaufgabe, wenn er sie dann immer noch eine dynamische nennt, einen recht wichtigen Teil, den statischen, ab; und doch ist gerade dieser Teil in Wirklichkeit sehr häufig der schwierigere, wenn auch nicht immer der reizvollere.

Dieses Buch umfaßt also statische und kinetische Probleme solcher Art, wie sie die technische Praxis der Mechanik als ihrer Hilfswissenschaft stellt. Bei der Gliederung und Behandlung des Stoffes haben wir uns stets vor Augen gehalten, daß ein Problem für die Technik nur dann lösenswert ist, wenn es eine praktische Anwendungsmöglichkeit hat, und daß eine technische Aufgabe erst dann als wirklich gelöst betrachtet werden kann, wenn die Lösung sich auch zahlenmäßig mit erträglichem Rechenaufwand bis in alle Einzelheiten auswerten läßt. Trotz dieser Ausrichtung auf den Zahlenwert des Ergebnisses haben wir jedoch stets die Lösungsmethode selbst in den Vordergrund gerückt (ein ganzes Kapitel des Buches ist nur den Methoden gewidmet) und nirgends die Lösung bloß angedeutet, sondern in allen Einzelheiten so entwickelt, wie sie auch der rechnende Ingenieur wirklich durchführen muß. Wir haben uns außerdem bemüht, bei jeder Aufgabe die beste und vollständigste Lösungsmethode anzugeben, welche mit den heutigen Mitteln möglich ist.

Da ein Buch dieser Art nicht dazu bestimmt ist, in einem Zuge gelesen zu werden, so haben wir es so abgefaßt, daß, mit einigen sachlichen Einschränkungen, fast jedes seiner dreizehn Kapitel für sich verstanden werden kann.

Bei der Ausführlichkeit, die wir anstrebten, war es natürlich nötig, eine engere Auswahl unter den wichtigsten dynamischen Problemen zu treffen, die die Technik stellt. Diese Auswahl erfolgte unter sachlichen und persönlichen Gesichtswinkeln. Wir haben bei ihr, wenn auch nicht ausschließlich, so doch vorwiegend, an die Bedürfnisse des Maschinenbaus, insbesondere des Kraftmaschinenbaus gedacht und auch hier noch die Sondergebiete weggelassen oder knapper behandelt, für die es tiefergehende Darstellungen bereits gibt (wie etwa die Regelung der Maschinen oder die Schalentheorie). Man wird es uns aber kaum verübeln, daß bei unserer Auswahl auch persönliche Gründe mitgewirkt haben: wir wollten hauptsächlich solche Probleme behandeln, zu denen wir etwas Eigenes zu sagen hatten; denn wir meinen, daß den inneren Gehalt eines Problems am besten der erfassen und anderen aufzeigen kann, der selbst an ihm mitgearbeitet und einiges zu seiner Lösung beigetragen hat.

Es liegt in der Natur der Sache, daß wir durchweg hohe Ansprüche an die geistige Mitarbeit des Lesers stellen müssen. Ihn mag dafür die durchaus praktische Zielsetzung des Buches entschädigen, die in vielen Fällen bis zu fertigen Rechenformularen für technische Aufgaben führt, und besonders auch die Erkenntnis, daß die weittragenden Lösungsmethoden, die er sich durch solche Mitarbeit aneignet, ihm bei weiteren, neuen Aufgaben ein mächtiges Werkzeug zur Lösung werden können.

Mehreren jüngeren Mitarbeitern haben wir zu danken für ihre selbstlose Hilfe bei der Niederschrift und Drucklegung des Buches: die Herren P. Riekert, H. Ziegler, K. Schulz haben das ganze Manuskript kritisch durchgesehen, der letzte hat auch alle Korrekturen mit uns gelesen; die Herren A. Kimmel, E. Maier, H. Kauderer und insbesondere Herr J. J. Koch haben uns bei vielen Einzelheiten geholfen. Das Haus Springer und seine Mitarbeiter sind mit großer Bereitwilligkeit auf unsere oft nicht bescheidenen Wünsche eingegangen, wofür auch ihnen unser warmer Dank gebührt.

Die beiden Verfasser wünschen schließlich auszudrücken, daß sie für dieses (vom zweitgenannten angeregte) Buch — das zeigen mag, wie wissenschaftliche Arbeit Grenzen von Ländern und Sprachen zu überbrücken vermag — in allen Teilen gemeinsam die Verantwortung tragen.

Delft und Stuttgart, im August 1939.

C. B. Biezeno. **R. Grammel.**

Inhaltsverzeichnis.

Erster Abschnitt.

Grundlagen.

Inhaltsverzeichnis.

Zweiter Abschnitt.

Einzelne Maschinenteile.

Inhaltsverzeichnis.

Inhaltsverzeichnis.

Inhaltsverzeichnis.

Inhaltsverzeichnis.

Vierter Abschnitt.

Brennkraftmaschinen.

Inhaltsverzeichnis.

Erster Abschnitt.

Grundlagen.

Kapitel I.

Grundgesetze der Elastomechanik.

1. Einleitung. Da ein großer Teil dieses Buches sich mit der Festigkeitsberechnung von Maschinenteilen befaßt, so beginnen wir mit einem Abriß der Elastomechanik. Wir entwickeln möglichst allgemein zuerst die Statik der Spannungen (§ 1) und die Geometrie der Verzerrungen (§ 2) und beschäftigen uns sodann mit denjenigen Beziehungen zwischen Spannungen und Verzerrungen, die man gemeinhin als das elastische Verhalten eines Werkstoffes bezeichnet (§ 3). Im Anschluß daran stellen wir die Differentialgleichungen der Elastomechanik auf (§ 4), darunter insbesondere diejenigen des „normalen" Gleichgewichts. Schließlich entwickeln wir dann auch noch die Grundgleichungen des sogenannten „neutralen" Gleichgewichts (§ 5), ohne welches später in Kap. VII die Stabilitätsprobleme nicht richtig erfaßt werden könnten.

§ 1. Der Spannungszustand.

2. Der Hauptsatz und seine Sonderfassungen. An die Spitze der Untersuchung des Spannungszustandes in einem ruhenden oder bewegten Körper stellen wir die Tatsache, daß die in der Natur vorkommenden Dichten und Beschleunigungen endlich sind.

Aus den bekannten Grundgesetzen der Kinetik folgt dann, daß für jedes unendlich kleine Element eines als kontinuierlich betrachteten Körpers die Resultierende aller auf es wirkenden Kräfte bzw. Momente von derselben Größenordnung wie seine Masse bzw. wie irgendeines seiner Massenträgheitsmomente ist. Mit anderen Worten: Ist l irgendeine (unendlich kleine) lineare Abmessung eines solchen Körperelementes, so kann die auf das Element wirkende resultierende Kraft nicht von niederer Ordnung unendlich klein als l^3, das resultierende Moment nicht von niederer Ordnung unendlich klein als l^5 sein.

Schließen wir außerdem von vornherein die bei rein mechanischen Vorgängen nicht vorkommenden Volummomente — d. h. Momente, die zum Volumen des Körperelementes proportional, also von der Größenordnung l^3 sind — aus, so beweist man leicht, daß zwischen den Spannungen je zweier zum selben Punkte P gehöriger Flächenelemente 1 und 2 eine (naturgemäß reziproke) Beziehung besteht. Um dies einzusehen, betrachten wir (Abb. 1) ein unendlich kleines Tetraeder $ABCD$, dessen Flächen mit $1, 2, 3$ und 4 bezeichnet werden mögen. Auf dieses Tetraeder wirken, außer einer möglicherweise vorhandenen Volumkraft (von der Ordnung l^3), die Oberflächenkräfte, und diese setzen wir als von der Ordnung l^2 voraus. Eine Resultierende von dieser Ordnung dürfen diese Oberflächenkräfte nach dem Vorangehenden nicht besitzen, und es gelten also für sie sechs unabhängige Gleichgewichtsbedingungen, welche zusammengefaßt werden können in der Forderung, daß die Momente aller Kräfte Null sein müssen in bezug auf sechs beliebige Geraden (die *aber nicht einem* Nullsystem angehören dürfen).

Weil die Oberflächenkräfte wegen ihrer — ebenfalls vorauszusetzenden — Kontinuität bis auf unendlich kleine Differenzen höherer Ordnung gleichmäßig über jede Tetraederfläche verteilt sind, so wird ihre Resultierende, bis auf einen Abstand, der unendlich klein ist gegen die Linearabmessungen des Tetraeders, durch den Schwerpunkt S der zugehörigen Tetraederfläche hindurchgehen. Als Momentenachsen, in bezug auf die wir die Gleichgewichtsbedingungen des Tetraeders aufstellen, wählen wir nun die Verbindungsgeraden je zweier dieser Schwerpunkte. Betrachten wir insbesondere die Gerade $S_3 S_4$, so kann mithin die zugehörige Momentengleichung nur eine Abhängigkeit zwischen den beiden zu den Flächenelementen *1* und *2* gehörigen Oberflächenkräften feststellen; denn die Volumkraft als klein von höherer Ordnung gegen die resultierenden Oberflächenkräfte kann ebensowenig, wie die zu den Tetraederflächen *3* und *4* gehörigen Kräfte, einen Beitrag von der Ordnung der zu *1* und *2* gehörigen Oberflächenkräfte liefern. Wir wollen jetzt diese Abhängigkeit explizit ausdrücken. Dazu beziehen wir diese Oberflächenkräfte auf die Flächeneinheit, bezeichnen sie dann fortan als Spannungen p_1 und p_2 und zerlegen p_1 und p_2 in drei zueinander senkrechte Komponenten p_1', p_1'', p_1''' und p_2', p_2'', p_2'''. Die Komponente p_1' soll senkrecht zur Ebene *2* stehen, die Komponente p_1'' die Achse $S_3 S_4$ senkrecht schneiden, die Komponente p_1''' zur Achse $S_3 S_4$ parallel laufen. Analog soll p_2' senkrecht zur Ebene *1* stehen, p_2'' die Achse $S_3 S_4$ senkrecht schneiden und p_2''' wieder zur Achse $S_3 S_4$ parallel sein.

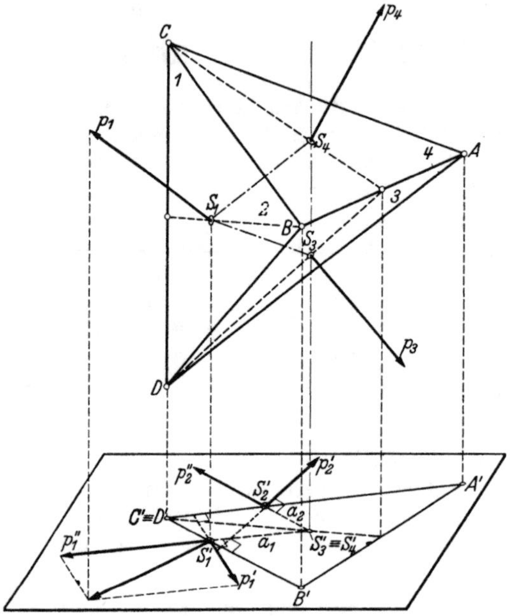

Abb. 1. Elementartetraeder mit seinen Spannungen und seiner Projektion auf eine Ebene senkrecht zu $S_3 S_4$.

Nennt man die Abstände, in welchen p_1' und p_2' die Momentenachse $S_3 S_4$ kreuzen, a_1 und a_2, die Flächenelemente, auf die sie wirken, dO_1 und dO_2, und setzt man schließlich noch fest, daß jede der Größen p_1' und p_2' positiv gerechnet wird, wenn sie gleich gerichtet ist mit der Innennormale des nicht zu ihr gehörigen Flächenelements, so lautet die Gleichgewichtsbedingung

$$p_1' \, dO_1 \cdot a_1 = p_2' \, dO_2 \cdot a_2. \tag{1}$$

Aus der Projektion $A' B' C' D'$ des Tetraeders auf eine senkrecht zu $S_3 S_4$ stehende Ebene entnimmt man, daß

$$\frac{dO_1}{dO_2} = \frac{B'C'}{A'C'} \quad \text{und} \quad \frac{a_1}{a_2} = \frac{A'C'}{B'C'}$$

ist, so daß Gleichung (1) übergeht in

$$p_1' = p_2'. \tag{2}$$

Diese Gleichung stellt den wesentlichen Inhalt der ganzen Spannungslehre dar. Wir fassen sie folgendermaßen in Worte: Wird jedem von zwei durch denselben

Punkt hindurchgehenden Flächenelementen *1* und *2* eine positive Normalenrichtung n_1 bzw. n_2 zugeordnet, so daß ein Raumkeil angegeben werden kann, für den diese Normalen Innennormalen sind, und versteht man unter p_1 und p_2 die auf das Innengebiet wirkenden Spannungen der Flächenelemente *1* und *2*, so gilt der Hauptsatz:

Die Projektion von p_1 auf n_2 ist der Größe und dem Vorzeichen nach gleich der Projektion von p_2 auf n_1.

Wenn die Flächenelemente *1* und *2* senkrecht aufeinander stehen, so fällt die Projektion von p_1 auf die Normalenrichtung des Elements *2* in das Element *1*, ebenso die Projektion von p_2 auf die Normalenrichtung des Elements *1* in das Element *2*. Die Projektionen der Spannungen p_1 und p_2 auf n_2 und n_1 sind also jetzt aufzufassen als die in den Flächenelementen *1* und *2* senkrecht zu ihrer Schnittlinie wirkenden Komponenten der sogenannten Schubspannung. Wir erhalten somit den folgenden für die Technik äußerst wichtigen ersten Sonderfall des Hauptsatzes:

Die Schubspannungskomponenten zweier aufeinander senkrechter Flächenelemente, welche auf der Schnittgeraden dieser Elemente senkrecht stehen, sind einander gleich und bezüglich dieser Schnittgeraden gleichgerichtet.

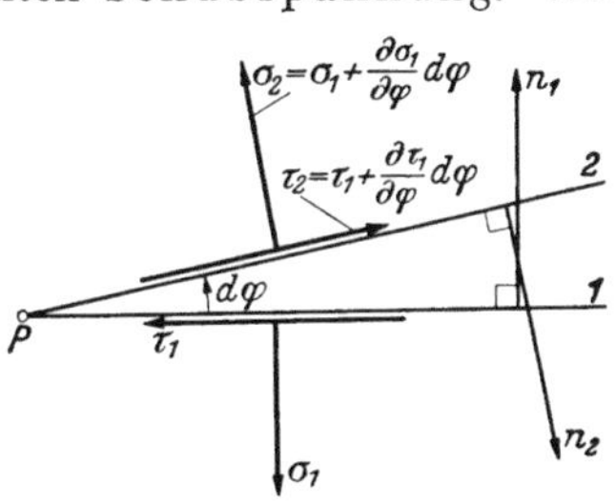

Abb. 2. Zum zweiten Sonderfall des Hauptsatzes.

Schließen die Elemente *1* und *2* einen unendlich kleinen Winkel $d\varphi$ ein, und nennt man die beiden Spannungskomponenten des Flächenelements *1*, welche senkrecht zu der Schnittgeraden der Elemente *1* und *2* stehen, σ_1 und τ_1 (Abb. 2), so ist der Richtungssinn der entsprechenden Spannungskomponenten des Flächenelements *2* bestimmt durch die Forderung, daß diese Größen in die Reaktionen von σ_1 und τ_1 übergehen sollen, wenn $d\varphi$ nach Null geht. Die Größe der zu *2* gehörigen Spannungskomponenten wird durch $\sigma_1+\frac{\partial\sigma_1}{\partial\varphi}d\varphi$ und $\tau_1+\frac{\partial\tau_1}{\partial\varphi}d\varphi$ gegeben. Wendet man auf die Elemente *1* und *2* den Hauptsatz an, so erhält man

$$\left(\sigma_1+\frac{\partial\sigma_1}{\partial\varphi}d\varphi\right)\cos d\varphi+\left(\tau_1+\frac{\partial\tau_1}{\partial\varphi}d\varphi\right)\sin d\varphi=\sigma_1\cos d\varphi-\tau_1\sin d\varphi$$

oder

$$\frac{\partial\sigma_1}{\partial\varphi}=-2\tau_1. \tag{3}$$

Man findet also, indem man die auf einem Flächenelement senkrechte Spannungskomponente seine Normalspannung nennt, als zweiten Sonderfall des Hauptsatzes:

Dreht sich ein Flächenelement um eine seiner Geraden, so ist die Ableitung seiner Normalspannung nach dem Drehwinkel entgegengesetzt gleich dem Doppelten derjenigen Schubspannungskomponente, die die Drehachse senkrecht schneidet.

Hieraus folgt weiter der Satz:

Die Normalspannung eines schubspannungsfreien Flächenelements hat einen extremen Wert.

In der vorangehenden Ableitung sind stillschweigend Festsetzungen über das Vorzeichen der Spannungskomponenten σ und τ getroffen. Die positive Drehrichtung des Winkels φ legt für das Flächenelement *1* eine Vorder- und eine

Hinterseite fest. Man entnimmt aus Abb. 2, daß die Normal- und Schubspannung dieses Elements dann als positiv gelten, wenn die von der Hinter- auf die Vorderseite wirkenden Spannungskomponenten ihren Richtungen nach übereinstimmen mit den positiven Koordinatrichtungen ϱ und φ eines Polarkoordinatensystems (ϱ, φ), dessen Pol mit dem Drehpunkt P des Elements *1*, und dessen Polachse mit $P1$ zusammenfällt. Eine Folge dieser Festsetzung ist, daß diejenigen Schubspannungskomponenten zweier zueinander senkrechter Ebenen, die zur Schnittgeraden senkrecht stehen und deren Beträge nach dem ersten Sonderfall des Hauptsatzes gleich sind, verschiedene Vorzeichen haben. Natürlich sind auch andere Festsetzungen möglich, bei denen diese Schubspannungen dann auch im Vorzeichen übereinstimmen (vgl. Ziff. **7**).

3. Die möglichen Spannungszustände in einem Punkt. Im allgemeinen wird jedes durch einen bestimmten Punkt gehende Flächenelement eine von Null verschiedene Spannung aufweisen. Wir werfen die Frage auf, was eintritt, wenn eines dieser Elemente spannungsfrei ist. Betrachtet man dieses Element *1* in Zusammenhang mit einem zweiten *2*, so lehrt der Hauptsatz, daß die Projektion von p_2 auf n_1 Null ist (weil sie doch der Projektion von $p_1 = 0$ auf n_2 gleich sein muß). Die Spannung p_2 muß also der Ebene *1* parallel sein, und es gilt Satz I:

Ist in einem Punkt ein Flächenelement spannungsfrei, so liegt der Spannungsvektor eines jeden anderen Flächenelements dieses Punktes in der Ebene jenes Flächenelements.

Man spricht in diesem Falle von einem ebenen Spannungszustand. Weiter gilt Satz II:

Liegen umgekehrt die Spannungsvektoren aller Flächenelemente eines Punktes in einer Ebene, so ist das Flächenelement dieser Ebene selbst spannungslos.

Denn gibt man diesem Flächenelement wieder die Ziffer *1* und einem beliebigen anderen Flächenelement die Ziffer k, so lehrt der Hauptsatz, daß die Projektion von p_1 auf n_k gleich der Projektion von p_k auf n_1, d. h. gleich Null ist. Die Spannung p_1 hat also in keiner einzigen Richtung n_k eine Projektion und ist deshalb gleich Null.

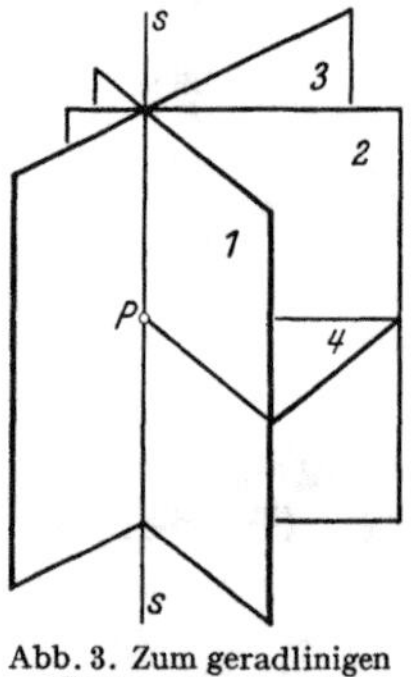

Abb. 3. Zum geradlinigen Spannungszustand.

Es genügt offenbar, daß die Projektion von p_1 auf drei nicht in einer Ebene liegende Richtungen verschwindet, und somit ist für die Existenz eines spannungsfreien Flächenelements hinreichend, daß die Spannungsvektoren dreier nicht zu einem Büschel gehörigen Flächenelemente komplanar sind.

Aus dem Satze I folgt unmittelbar, daß ein beliebiges Flächenelement k spannungsfrei ist, sobald es in dem betrachteten Punkte drei nicht zu einem Büschel gehörige spannungsfreie Elemente gibt. Denn sonst müßte der Spannungsvektor p_k zu jeder dieser drei Ebenen parallel sein. Wenn wir diesen Fall weiterhin als trivial beiseite lassen, so bleibt nur noch zu untersuchen, was eintritt, wenn in einem Punkt zwei spannungslose Flächenelemente *1* und *2* vorhanden sind.

Zuerst folgt aus Satz I, daß der Spannungsvektor eines beliebigen Elements k zur Schnittgeraden der Ebenen *1* und *2* parallel sein muß, weil er zu beiden Ebenen parallel ist. Deshalb wollen wir diesen Spannungszustand geradlinig nennen.

Zweitens aber zeigt man leicht, daß jedes Flächenelement *3*, das dem durch *1* und *2* bestimmten Ebenenbüschel angehört, spannungsfrei ist (Abb. 3). Denn weil die Spannungsvektoren aller Flächenelemente durch P in die Schnittgerade s fallen, so sind diese Spannungsvektoren alle dem Element *3* parallel, und hieraus folgt nach Satz II, daß das Flächenelement *3* selbst spannungslos ist. Ebenso wie beim ebenen Spannungszustand gilt auch hier ein Umkehrungssatz:

Fallen die Spannungen aller Flächenelemente eines Punktes in dieselbe Gerade s, so ist diese Gerade die Achse eines Büschels spannungsfreier Flächenelemente.

Weil nämlich alle Spannungen zu jedem beliebigen Flächenelement durch s parallel sind, so ist jedes solche Element nach Satz II spannungsfrei. Ein anderes nicht zu dem Büschel s gehöriges Element dagegen kann nicht spannungsfrei sein, weil sonst, entgegen unserer Voraussetzung, alle durch P hindurchgehenden Flächenelemente spannungsfrei wären.

Auch hier kann der Umkehrungssatz etwas schärfer gefaßt werden. Zur Existenz eines geradlinigen Spannungszustandes genügt es, daß die Spannungsvektoren dreier nicht einem Büschel angehörender Flächenelemente kollinear sind.

Zusammenfassend unterscheiden wir für einen Punkt drei verschiedene Spannungszustände:

1) den geradlinigen Spannungszustand, bei dem alle Spannungsvektoren dieselbe Richtung haben, oder auch, bei dem es ein Büschel von spannungsfreien Flächenelementen gibt (dessen Achse mit der Wirkungslinie aller Spannungsvektoren zusammenfällt);

2) den ebenen Spannungszustand, bei dem die Spannungsvektoren zu einer Ebene parallel sind, oder auch, bei dem es ein spannungsfreies Flächenelement gibt (dessen Ebene die Spannungsvektoren aller anderen Flächenelemente enthält);

3) den allgemeinen oder räumlichen Spannungszustand, bei dem kein einziges Flächenelement spannungsfrei ist.

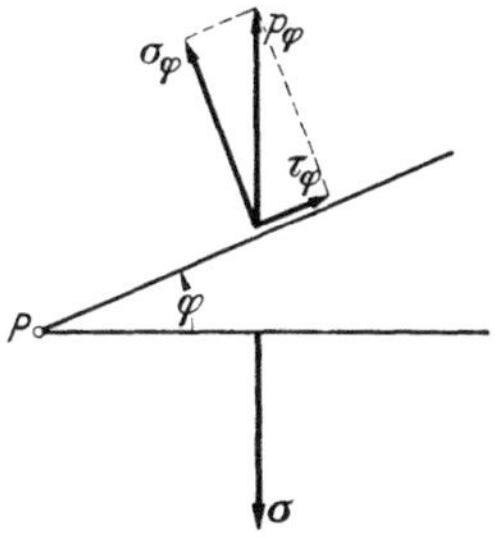

Abb. 4. Der geradlinige Spannungszustand.

4. Der geradlinige Spannungszustand. Sei s die Schnittgerade aller spannungsfreien Flächenelemente, so trägt nach Ziff. **3** das senkrecht zu s stehende Flächenelement *4* (Abb. 3) nur eine Normalspannung. Man nennt die Ebene *4* deshalb die Hauptebene und die zugehörige Normalspannung σ die Hauptspannung des geradlinigen Spannungszustandes. Die zur Hauptebene senkrechte Richtung heißt wohl auch die Hauptrichtung des Spannungszustandes. Ein beliebiges Flächenelement, das mit der Hauptebene einen Winkel φ einschließt, trägt eine mit σ gleichgerichtete Spannung p_φ (Abb. 4). Weil nach dem Hauptsatze die Projektion von σ auf die Normale der Ebene φ gleich der Projektion von p_φ auf die Normale der Hauptebene ist, so gilt

$$p_\varphi = \sigma \cos\varphi .$$

Die zum Flächenelement φ gehörige Normal- und Schubspannung σ_φ und τ_φ haben deshalb die Werte

$$\left.\begin{aligned} \sigma_\varphi &= p_\varphi \cos\varphi = \sigma\cos^2\varphi = \frac{1}{2}\sigma\,(1+\cos 2\varphi), \\ \tau_\varphi &= p_\varphi \sin\varphi = \sigma\cos\varphi\,\sin\varphi = \frac{1}{2}\sigma\sin 2\varphi . \end{aligned}\right\} \quad (1)$$

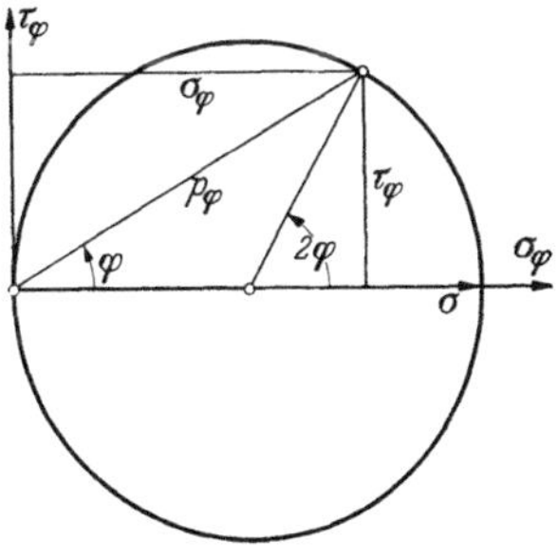

Abb. 5. Spannungskreis des geradlinigen Spannungszustandes.

Die graphische Darstellung dieser beiden Größen als Funktionen von φ ist in Abb. 5 veranschaulicht und bedarf keiner weiteren Erläuterung.

5. Der ebene Spannungszustand; die Ebenen $\psi = \pi/2$. Wir betrachten (Abb. 6) zunächst ein beliebiges Flächenelement *2*, das mit dem spannungsfreien Flächenelement *1* den Winkel ψ einschließt, und stellen uns die Aufgabe, die auf *2* wirkende (zur Ebene *1* parallele) Spannung p_2 mittels des Hauptsatzes in Verbindung zu bringen mit der Spannung p_3 des Flächenelements *3*, das durch die Schnittgerade s der Ebenen *1* und *2* hindurchgeht und auf der Ebene *1* senkrecht steht. Zur Aufstellung dieser Beziehung brauchen wir noch ein weiteres Element *4*, das senkrecht zur Geraden s steht, sowie ein Element *3'*, das aus *3* durch eine unendlich kleine Parallelverschiebung entsteht. Für die Elemente *3* (bzw. *3'*) und *4* sind in Abb. 6 je die Normal- und die Schubspannung angegeben, für das Element *2* diejenigen Komponenten p_2' und τ_2', die zu den Normalen n_3 und n_4 parallel sind. Die Schubspannungen τ_3 und τ_4 sind nach dem ersten Sonderfall des Hauptsatzes (Ziff. **2**) einander gleich.

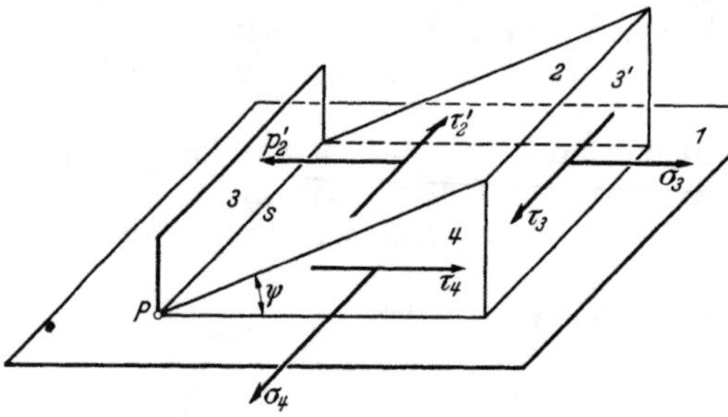

Abb. 6. Der ebene Spannungszustand.

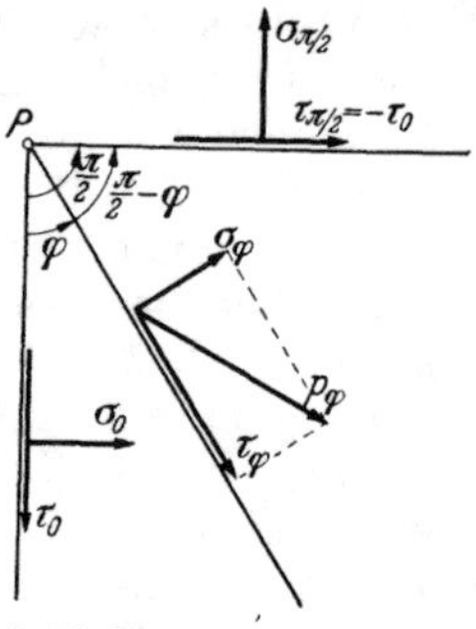

Abb. 7. Die Ebenen $\psi=\pi/2$ des ebenen Spannungszustandes.

Wendet man den Hauptsatz selber auf die Elemente *2* und *3* oder *2* und *4* an, so erhält man:

Projektion p_2' von p_2 auf n_3 = Projektion von p_3 auf $n_2 = \sigma_3 \sin\psi$,
Projektion τ_2' von p_2 auf n_4 = Projektion von p_4 auf $n_2 = \tau_4 \sin\psi = \tau_3 \sin\psi$.

Die Komponenten p_2' und τ_2' der Spannung p_2 sind also zu den Komponenten σ_3 und τ_3 von p_3 proportional; das heißt: p_2 ist gleichgerichtet mit p_3 und hat den Betrag

$$p_2 = p_3 \sin\psi. \tag{1}$$

Infolge dieser einfachen Beziehung können wir uns bei der weiteren Beschreibung des ebenen Spannungszustandes vorläufig beschränken auf die Flächenelemente $\psi=\pi/2$, die senkrecht zum spannungsfreien Element stehen. Dementsprechend machen wir die Ebene des spannungsfreien Elements jetzt zur Zeichenebene, so daß die zu ihr senkrechten Flächenelemente sich als Linienelemente abbilden, und nehmen an, die Spannungskomponenten σ_0, τ_0 und $\sigma_{\pi/2}$, $\tau_{\pi/2}$ zweier solcher Flächenelemente, welche zueinander senkrecht sein mögen, seien bekannt (Abb. 7). Zur Berechnung der Spannungskomponenten σ_φ, τ_φ des Elements φ wenden wir den Hauptsatz (**2**, 2) das eine Mal auf die Ebenen 0 und φ, das andere Mal auf die Ebenen φ und $\pi/2$ an und erhalten

$$\sigma_\varphi \cos\varphi + \tau_\varphi \sin\varphi = \sigma_0 \cos\varphi - \tau_0 \sin\varphi,$$
$$\sigma_\varphi \cos\left(\frac{\pi}{2}-\varphi\right) - \tau_\varphi \sin\left(\frac{\pi}{2}-\varphi\right) = \sigma_{\pi/2} \cos\left(\frac{\pi}{2}-\varphi\right) + \tau_{\pi/2} \sin\left(\frac{\pi}{2}-\varphi\right)$$

oder, wenn man noch beachtet, daß $\tau_{\pi/2} = -\tau_0$ ist,

$$\sigma_\varphi \cos\varphi + \tau_\varphi \sin\varphi = \sigma_0 \cos\varphi - \tau_0 \sin\varphi,$$
$$\sigma_\varphi \sin\varphi - \tau_\varphi \cos\varphi = \sigma_{\pi/2} \sin\varphi - \tau_0 \cos\varphi.$$

Eine einfache Umformung liefert

$$\left.\begin{aligned}\sigma_\varphi &= \frac{1}{2}(\sigma_0+\sigma_{\pi/2})+\frac{1}{2}(\sigma_0-\sigma_{\pi/2})\cos 2\varphi-\tau_0\sin 2\varphi,\\ \tau_\varphi &= \frac{1}{2}(\sigma_0-\sigma_{\pi/2})\sin 2\varphi+\tau_0\cos 2\varphi.\end{aligned}\right\}\qquad(2)$$

Diese Formeln lassen eine einfache geometrische Deutung zu, wenn man in einer (σ,τ)-Ebene die Spannungskomponenten σ_φ und τ_φ eines Flächenelements φ als Koordinaten eines Bildpunktes dieses Flächenelements aufträgt. Der geometrische Ort dieser Bildpunkte ist der sogenannte Mohrsche Spannungskreis; seine Gleichung erhält man durch Elimination von φ aus den beiden Gleichungen (2). Schreibt man statt (2)

$$\left[\sigma_\varphi-\frac{1}{2}(\sigma_0+\sigma_{\pi/2})\right]^2=\left[\frac{1}{2}(\sigma_0-\sigma_{\pi/2})\cos 2\varphi-\tau_0\sin 2\varphi\right]^2,$$

$$\tau_\varphi^2=\left[\frac{1}{2}(\sigma_0-\sigma_{\pi/2})\sin 2\varphi+\tau_0\cos 2\varphi\right]^2,$$

so bekommt man durch Addition

$$\left.\begin{aligned}\left[\sigma_\varphi-\frac{1}{2}(\sigma_0+\sigma_{\pi/2})\right]^2+\tau_\varphi^2 &=\\ =\frac{1}{4}(\sigma_0-\sigma_{\pi/2})^2+\tau_0^2.\end{aligned}\right\}\qquad(3)$$

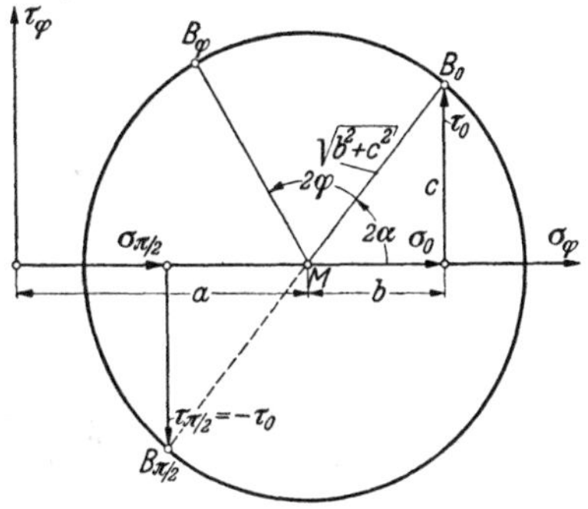

Abb. 8. Spannungskreis des ebenen Spannungszustandes.

Der Mittelpunkt M des durch diese Gleichung dargestellten Kreises (Abb. 8) hat die Abszisse $\frac{1}{2}(\sigma_0+\sigma_{\pi/2})$ und die Ordinate Null; sein Halbmesser ist gleich

$$\sqrt{\tfrac{1}{4}(\sigma_0-\sigma_{\pi/2})^2+\tau_0^2}.$$

Man konstruiert den Kreis, indem man die Bildpunkte $B_0\equiv(\sigma_0,\tau_0)$ und $B_{\pi/2}\equiv(\sigma_{\pi/2},-\tau_0)$ der Elemente 0 und $\pi/2$ einträgt, sowie den Mittelpunkt M, der den Abstand der Punkte $(\sigma_0, 0)$ und $(\sigma_{\pi/2}, 0)$ halbiert. Den Bildpunkt $B_\varphi\equiv(\sigma_\varphi,\tau_\varphi)$ eines beliebigen Flächenelements φ erhält man, indem man im Spannungskreise vom Bildpunkt B_0 aus im Drehsinne des Winkels φ den Zentriwinkel 2φ abträgt. Man überzeugt sich hiervon leicht, indem man schreibt

$$\frac{1}{2}(\sigma_0+\sigma_{\pi/2})=a,\quad \frac{1}{2}(\sigma_0-\sigma_{\pi/2})=b,\quad \tau_0=c,\quad \frac{b}{\sqrt{b^2+c^2}}=\cos 2\alpha,\quad \frac{c}{\sqrt{b^2+c^2}}=\sin 2\alpha,$$

und also gemäß (2)

$$\sigma_\varphi=a+b\cos 2\varphi-c\sin 2\varphi=a+\sqrt{b^2+c^2}\cos(2\alpha+2\varphi),$$

$$\tau_\varphi=b\sin 2\varphi+c\cos 2\varphi=\sqrt{b^2+c^2}\sin(2\alpha+2\varphi).$$

Aus den beiden letzten Gleichungen liest man die Richtigkeit der Konstruktion sofort ab.

Weil der Mohrsche Spannungskreis die σ_φ-Achse stets in zwei reellen Punkten schneidet, so gibt es immer zwei zueinander senkrechte und außerdem zum spannungsfreien Element senkrechte Ebenen, welche schubspannungsfrei sind. Man nennt sie die Hauptebenen, ihre zugehörigen Normalspannungen σ_1 und σ_2 die Hauptspannungen und die zu den Hauptebenen senkrechten Richtungen wohl auch wieder die Hauptrichtungen. Die Größe der Hauptspannungen entnimmt man aus Abb. 8 zu

$$\begin{matrix}\sigma_1\\\sigma_2\end{matrix}=\frac{1}{2}(\sigma_0+\sigma_{\pi/2})\pm\sqrt{\frac{1}{4}(\sigma_0-\sigma_{\pi/2})^2+\tau_0^2}.\qquad(4)$$

Haben die Hauptspannungen σ_1 und σ_2 gleiches Vorzeichen, so daß der Spannungskreis entweder rechts oder links von der τ_φ-Achse liegt, so haben alle Flächenelemente φ Normalspannungen von gleichem Vorzeichen. Haben dagegen die Hauptspannungen verschiedene Vorzeichen, so gibt es zwei Flächenelemente, die nur Schubspannungen aufweisen. (Dies sind aber i. a. keineswegs die Elemente mit der größten Schubspannung.)

6. Der ebene Spannungszustand; die Ebenen (φ, ψ). Während wir uns in Ziff. **5** auf die Ebenen $\psi=\pi/2$ beschränkten, untersuchen wir jetzt, wie sich die Bildpunkte der übrigen Flächenelemente des betrachteten Punktes anordnen. Dabei wollen wir von jetzt ab annehmen, daß der Winkel φ von der zur Hauptspannung σ_1 gehörigen Hauptebene aus gemessen wird, so daß für das bisherige Element (φ, $\pi/2$) nach (**5**, 2) gilt

$$\sigma_{\varphi,\pi/2}=\frac{1}{2}(\sigma_1+\sigma_2)+\frac{1}{2}(\sigma_1-\sigma_2)\cos 2\varphi\,, \tag{1}$$

$$\tau_{\varphi,\pi/2}=\frac{1}{2}(\sigma_1-\sigma_2)\sin 2\varphi\,. \tag{2}$$

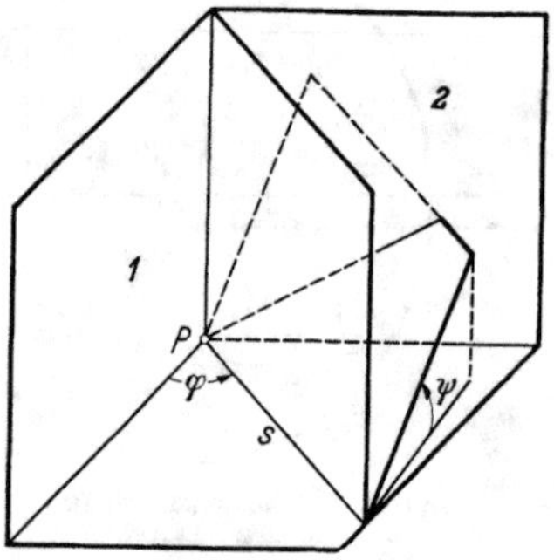

Abb. 9. Die Ebene (φ, ψ) des ebenen Spannungszustandes.

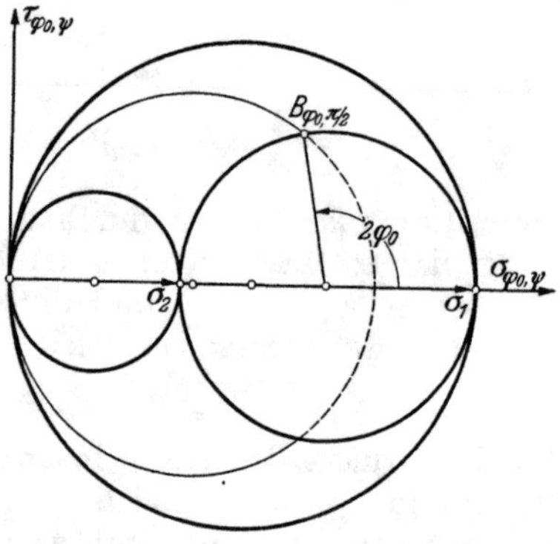

Abb. 10. Spannungskreis fur die Ebenen φ_0.

Zur Bestimmung der Spannungskomponenten $\sigma_{\varphi,\psi}$, $\tau_{\varphi,\psi}$ eines beliebigen Flächenelements (φ, ψ) (Abb. 9) greifen wir zurück auf das Ergebnis von Ziff. **5**, wonach die resultierende Spannung p eines solchen Elements in zwei Komponenten p' und τ' zerlegt werden kann, deren Größen nach (**5**, 1) bestimmt sind durch

$$p'=\sigma_{\varphi,\pi/2}\sin\psi\,,\qquad \tau'=\tau_{\varphi,\pi/2}\sin\psi\,.$$

Die Komponente p', welche senkrecht zur Schnittgeraden s des betrachteten und des spannungsfreien Elements gerichtet ist (vgl. Abb. 6 von Ziff. **5**), kann ihrerseits wieder zerlegt werden in eine Normalspannung $\sigma_{\varphi,\psi}=p'\sin\psi$ und eine zur Geraden s senkrechte Schubspannungskomponente $\tau''=p'\cos\psi$. Neben der Normalspannung

$$\sigma_{\varphi,\psi}=p'\sin\psi=\sigma_{\varphi,\pi/2}\sin^2\psi \tag{3}$$

trägt das Element (φ, ψ) also eine resultierende Schubspannung

$$\tau^2_{\varphi,\psi}=\tau'^2+\tau''^2=\sigma^2_{\varphi,\pi/2}\sin^2\psi\cos^2\psi+\tau^2_{\varphi,\pi/2}\sin^2\psi\,. \tag{4}$$

Beschränkt man sich auf Elemente mit einem festen Wert $\varphi=\varphi_0$, so erhält man den geometrischen Ort der zugehörigen Bildpunkte in einem (σ, τ)-System durch Elimination von ψ aus (3) und (4). Man findet

$$\sigma^2_{\varphi_0,\psi}+\tau^2_{\varphi_0,\psi}-\frac{p^2_{\varphi_0,\pi/2}}{\sigma_{\varphi_0,\pi/2}}\sigma_{\varphi_0,\psi}=0 \quad\text{mit}\quad p^2_{\varphi_0,\pi/2}=\sigma^2_{\varphi_0,\pi/2}+\tau^2_{\varphi_0,\pi/2}\,. \tag{5}$$

Hiernach liegen die Bildpunkte $B_{\varphi_0,\psi}$ auf einem die τ-Achse berührenden Kreis (Abb. 10), dessen Mittelpunkt und Halbmesser bestimmt sind durch die Forderung, daß er den auf dem Mohrschen Kreise (σ_1, σ_2) liegenden, im voraus zu konstruierenden Bildpunkt $B_{\varphi_0, \pi/2}$ des Elements $(\varphi_0, \pi/2)$ enthalten muß.

Die Elemente $\varphi = 0$ bilden sich auf dem über σ_1 als Durchmesser beschriebenen Kreise ab. Ihre Spannungskomponenten sind nach (3) und (4)

$$\sigma_{0\,\psi} = \sigma_1 \sin^2 \psi, \tag{6}$$

$$\tau_{0,\psi} = \sigma_1 \sin \psi \cos \psi. \tag{7}$$

Ersetzt man in diesen Formeln ψ durch $(\pi/2 - \psi_1)$, wo ψ_1 den Winkel zwischen dem betrachteten Element und der ersten Hauptebene bedeutet, so stimmen sie überein mit den Formeln (**4**, 1). Die Elemente $(0, \psi)$ verhalten sich, wie wenn sie zu einem geradlinigen Spannungszustand σ_1 gehörten; ihre Spannungen sind unabhängig von σ_2. Analoges gilt für die Elemente $(\pi/2, \psi)$; sie werden auf dem über σ_2 als Durchmesser beschriebenen Kreise abgebildet.

Der einem beliebigen Parameterwert φ_0 zugeordnete Bildkreis hat nur soweit mechanische Bedeutung als er außerhalb des Kreises (σ_1, σ_2) verläuft, weil nach Gleichung (3) $\sigma_{\varphi_0, \psi}$ stets kleiner als $\sigma_{\varphi_0, \pi/2}$ ist. Hieraus folgt, daß das Abbildungsgebiet aller möglichen Elemente (φ, ψ) die von den drei Kreisen (σ_1, σ_2), $(0, \sigma_1)$ und $(0, \sigma_2)$ eingeschlossene Fläche ist.

Betrachtet man andererseits die Elemente mit festem Wert $\psi = \psi_0$, so lauten die Gleichungen (3) und (4)

$$\sigma_{\varphi, \psi_0} = \sigma_{\varphi, \pi/2} \sin^2 \psi_0, \tag{8}$$

$$\tau^2_{\varphi, \psi_0} = \sigma^2_{\varphi, \pi/2} \sin^2 \psi_0 \cos^2 \psi_0 + \tau^2_{\varphi, \pi/2} \sin^2 \psi_0. \tag{9}$$

Elimination von φ aus diesen Gleichungen liefert auch jetzt den geometrischen Ort der zugehörigen Bildpunkte. Mit den Werten von $\sigma_{\varphi, \pi/2}$ und $\tau_{\varphi, \pi/2}$ aus (1) und (2) findet man leicht

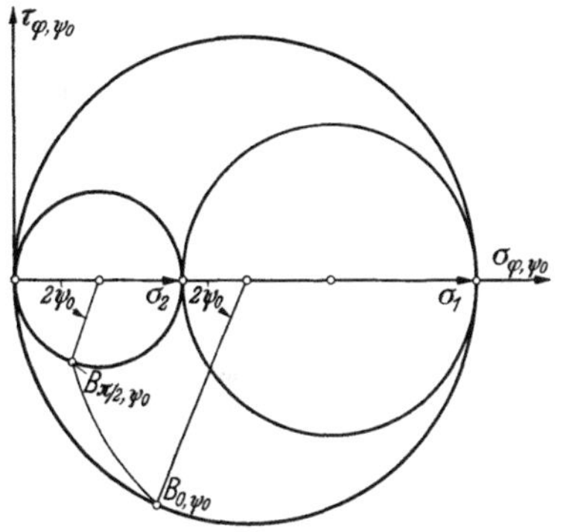

Abb. 11. Spannungskreis fur die Ebenen ψ_0.

$$\left[\sigma_{\varphi, \psi_0} - \frac{1}{2}(\sigma_1 + \sigma_2)\right]^2 + \tau^2_{\varphi, \psi_0} = \frac{1}{4}(\sigma_1 + \sigma_2)^2 - \sigma_1 \sigma_2 \sin^2 \psi_0. \tag{10}$$

Auch hier liegen die Bildpunkte der betrachteten (einen Kreiskegel umhüllenden) Flächenelemente auf einem Kreis, der jetzt aber mit dem Kreis (σ_1, σ_2) konzentrisch ist. Für $\psi_0 = \pi/2$ geht Gleichung (10) in diejenige des Kreises (σ_1, σ_2) über, wie dies auch von vornherein zu erwarten war. Für einen beliebigen Parameter ψ_0 kann man den zugehörigen Spannungskreis in einfacher Weise konstruieren, indem man (Abb. 11) die Bildpunkte B_{0,ψ_0} und $B_{\pi/2,\psi_0}$ derjenigen Elemente ψ_0 bestimmt, für welche $\varphi = 0$ und $\varphi = \pi/2$ ist. Diese Punkte erhält man nach dem früher Gesagten, indem man in den beiden Kreisen $(0, \sigma_1)$ und $(0, \sigma_2)$ von dem nach ihrem Berührungspunkt gehenden Fahrstrahl aus in der positiven Drehrichtung von ψ den Zentriwinkel $2\psi_0$ abträgt. Als Kontrolle für die Konstruktion dient, daß beide Punkte gleichen Abstand vom Mittelpunkt des Kreises (σ_1, σ_2) haben müssen.

7. Der räumliche Spannungszustand. Wenn in einem Punkt kein einziges spannungsfreies Flächenelement existiert, so beziehen wir die Lage eines beliebigen Flächenelements auf irgendwelche drei zueinander senkrechte Ebenen, indem wir die Winkel α, β, γ vorgeben, die die Normale des Elements mit den Normalen dieser drei Bezugsebenen einschließt. Diese Ebenen seien in der üblichen Weise als Koordinatenebenen angenommen; ihre Spannungskomponenten in den Richtungen der Koordinatenachsen werden mit σ_x, τ_{xy}, τ_{xz}; $\tau_{yx} (= \tau_{xy})$,

$\sigma_y, \tau_{yz}; \tau_{zx} (= \tau_{xz}), \tau_{zy} (= \tau_{yz}), \sigma_z$ bezeichnet (Abb. 12). Die Anwendung des Hauptsatzes auf ein Flächenelement (α, β, γ) und jede der drei Koordinatenebenen liefert für die Komponenten p_x, p_y, p_z der Spannung $p_{\alpha,\beta,\gamma}$ dieses Flächenelements die folgenden Werte:

$$\left.\begin{aligned} p_x &= \sigma_x \cos\alpha + \tau_{xy} \cos\beta + \tau_{xz} \cos\gamma, \\ p_y &= \tau_{yx} \cos\alpha + \sigma_y \cos\beta + \tau_{yz} \cos\gamma, \\ p_z &= \tau_{zx} \cos\alpha + \tau_{zy} \cos\beta + \sigma_z \cos\gamma. \end{aligned}\right\} \qquad (1)$$

Es liegt nahe, zu fragen, ob es beim räumlichen ebenso wie beim ebenen und geradlinigen Spannungszustand Hauptebenen gibt, d. h. Flächenelemente, welche schubspannungsfrei sind. Für ein solches Element, dessen Spannung p wir jetzt mit σ bezeichnen dürfen, müssen die Richtungszahlen des Spannungsvektors denen ihrer Normale proportional sein, d. h. es muß $p_x = \sigma \cos\alpha$, $p_y = \sigma \cos\beta$, $p_z = \sigma \cos\gamma$ sein. Nach (1) muß also gelten

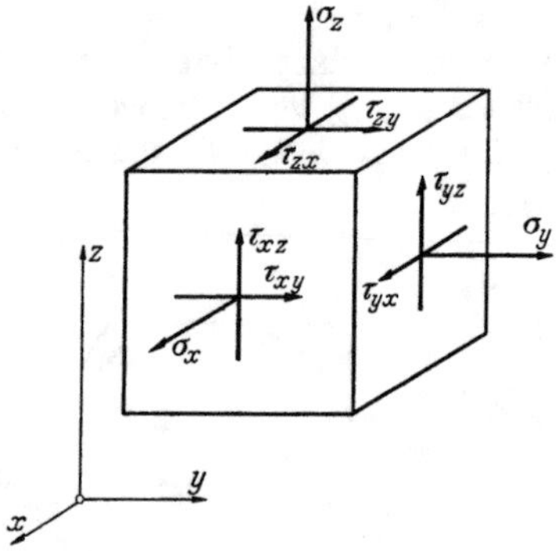

Abb. 12. Die Spannungskomponenten des räumlichen Spannungszustandes.

$$\left.\begin{aligned} (\sigma_x - \sigma) \cos\alpha + \tau_{xy} \cos\beta + \tau_{xz} \cos\gamma &= 0, \\ \tau_{yx} \cos\alpha + (\sigma_y - \sigma) \cos\beta + \tau_{yz} \cos\gamma &= 0, \\ \tau_{zx} \cos\alpha + \tau_{zy} \cos\beta + (\sigma_z - \sigma) \cos\gamma &= 0. \end{aligned}\right\} \qquad (2)$$

Diese Gleichungen lassen nur dann eine von Null verschiedene Lösung für $\cos\alpha$, $\cos\beta$, $\cos\gamma$ zu, wenn ihre Koeffizienten der Abhängigkeitsbedingung

$$\begin{vmatrix} (\sigma_x - \sigma) & \tau_{xy} & \tau_{xz} \\ \tau_{yx} & (\sigma_y - \sigma) & \tau_{yz} \\ \tau_{zx} & \tau_{zy} & (\sigma_z - \sigma) \end{vmatrix} = 0 \qquad (3)$$

genügen. Zu jeder reellen Wurzel dieser Gleichung gehört eine Hauptebene, und es ergibt sich also, daß im allgemeinen drei Hauptebenen möglich sind. Die Lage einer solchen Hauptebene ist bestimmt durch zwei der nunmehr voneinander abhängigen Gleichungen (2) und die Beziehung

$$\cos^2\alpha + \cos^2\beta + \cos^2\gamma = 1.$$

Nachdem wir noch festgestellt haben, daß es, da (3) eine Gleichung dritten Grades in σ ist, unter allen Umständen mindestens einen reellen σ-Wert (der σ_3 heißen möge) und also auch sicherlich mindestens eine reelle Hauptebene gibt, kehren wir für einen Augenblick zu den Gleichungen (1) zurück und schließen aus ihrer Linearität, daß für Spannungszustände ein Additionsgesetz gilt, das folgendermaßen ausgedrückt werden kann:

Wirken auf drei Flächenelemente *1*, *2*, *3* durch einen Punkt P das eine Mal die Spannungen p_1', p_2', p_3', so daß auf ein beliebiges viertes Flächenelement *4* durch P die Spannung p_4' wirkt, das andere Mal die Spannungen p_1'', p_2'', p_3'', so daß in diesem Fall zu demselben Element *4* die Spannung p_4'' gehört, so wirkt auf das Element *4* eine Spannung $p_4 = p_4' + p_4''$, wenn *1*, *2*, *3* belastet sind mit $(p_1' + p_1'')$, $(p_2' + p_2'')$, $(p_3' + p_3'')$. In diesem Satze sind selbstverständlich alle Summationen geometrisch, die Spannungen p also vektoriell aufzufassen.

Aus den Gleichungen (1) folgt nämlich für die drei genannten Spannungszustände

$$\begin{aligned} p_x' &= \sigma_x' \cos\alpha + \cdots, & p_x'' &= \sigma_x'' \cos\alpha + \cdots, & p_x &= (\sigma_x' + \sigma_x'') \cos\alpha + \cdots, \\ p_y' &= \tau_{yx}' \cos\alpha + \cdots, & p_y'' &= \tau_{yx}'' \cos\alpha + \cdots, & p_y &= (\tau_{yx}' + \tau_{yx}'') \cos\alpha + \cdots, \\ p_z' &= \tau_{zx}' \cos\alpha + \cdots, & p_z'' &= \tau_{zx}'' \cos\alpha + \cdots, & p_z &= (\tau_{zx}' + \tau_{zx}'') \cos\alpha + \cdots \end{aligned}$$

und hieraus

$$p_x = p_x' + p_x'', \qquad p_y = p_y' + p_y'', \qquad p_z = p_z' + p_z''.$$

Auf Grund dieses Satzes zerlegen wir nun den betrachteten Spannungszustand $(\sigma_x, \sigma_y, \sigma_z, \tau_{yz}, \tau_{zx}, \tau_{xy})$ in zwei andere

(a): $\quad (\sigma_x - \sigma_3),\ (\sigma_y - \sigma_3),\ (\sigma_z - \sigma_3),\ \tau_{yz},\ \tau_{zx},\ \tau_{xy},$

(b): $\quad \sigma_3, \quad \sigma_3, \quad \sigma_3, \quad 0, \ 0, \ 0.$

Der Spannungszustand (b) ist dadurch gekennzeichnet, daß jedes Element schubspannungsfrei, also Hauptebene ist, und daß für jedes Element die Normalspannung ihrem Betrage nach gleich σ_3 ist; denn nach (1) hat man

$$p_x = \sigma_3 \cos\alpha, \qquad p_y = \sigma_3 \cos\beta, \qquad p_z = \sigma_3 \cos\gamma.$$

Der Spannungszustand (a) unterscheidet sich vom ursprünglichen lediglich dadurch, daß die Normalspannung jedes Elements um den Betrag σ_3 verkleinert ist; alle Schubspannungen sind dagegen unverändert geblieben. Insbesondere gilt dies auch für die zu σ_3 gehörige Hauptebene, die deshalb im Spannungszustande (a) spannungsfrei geworden ist. Hiermit ist der Spannungszustand (a) als ein ebener Spannungszustand erkannt, in welchem es also zwei zueinander und zum spannungsfreien Element senkrechte Hauptebenen gibt. Weil, wie bereits bemerkt, bei der Addition von (a) und (b) jedes Element des Spannungszustandes (a) nur eine Normalspannungsvermehrung erfährt, entspricht jeder Hauptebene von (a) eine Hauptebene des ursprünglichen räumlichen Spannungszustandes. Somit sind die Wurzeln σ_1, σ_2, σ_3 der Gleichungen (**3**), die Hauptspannungen, stets reell und gehören zu drei aufeinander senkrechten Hauptebenen und damit zu drei entsprechenden aufeinander senkrechten Hauptrichtungen.

Im allgemeinen gibt es, wie aus der Beweisführung erhellt, nur ein einziges Tripel derartiger Ebenen. Ein Sonderfall tritt ein, wenn der Spannungszustand (a) zwei gleiche Hauptspannungen hat und also durch einen Spannungskreis dargestellt wird, der zu einem Punkte zusammengeschrumpft ist. In diesem Fall nämlich ist im Zustande (a) jede zum spannungsfreien Element senkrechte Ebene eine Hauptebene und der Spannungszustand (a) selbst rotationssymmetrisch. Der betrachtete räumliche Spannungszustand hat dann dieselbe Rotationsachse und ∞^1 Tripel aufeinander senkrechter Hauptebenen. Ein noch engerer Sonderfall liegt, wie wir bereits sahen, vor, wenn alle Wurzeln der Gleichung (**3**) gleich sind; in diesem Falle ist jede Ebene eine Hauptebene.

Zur graphischen Darstellung des räumlichen Spannungszustandes ziehen wir noch einmal den ebenen Spannungszustand (a) bei, dessen Hauptspannungen offensichtlich $(\sigma_1 - \sigma_3)$, $(\sigma_2 - \sigma_3)$ sind. Dieser Spannungszustand läßt sich nach Abb. 11 von Ziff. **6** mittels dreier durch die Abszissen 0, $(\sigma_1 - \sigma_3)$, $(\sigma_2 - \sigma_3)$ bestimmter Kreise darstellen. Weil die Spannung eines beliebigen Elements im betrachteten Spannungszustand sich nur um eine Normalspannung σ_3 von derjenigen des entsprechenden Elements im Spannungszustand (a) unterscheidet, so können die den Zustand (a) abbildenden Kreise auch zur Abbildung des räumlichen Spannungszustandes verwendet werden, wenn nur die τ-Achse um den Betrag σ_3 nach links verschoben wird. Man erhält so drei Kreise, die durch die drei Abszissen σ_1, σ_2, σ_3 bestimmt sind, wie in Abb. 13 angegeben.

Sind die drei Hauptspannungen bekannt, so ist es leicht, den Bildpunkt (σ, τ) eines beliebigen Flächenelements zu konstruieren. Wählt man die Schnittgeraden der Hauptebenen, also die Hauptrichtungen, zu Koordinatenachsen, derart, daß die x-Achse zu σ_1, die y-Achse zu σ_2, die z-Achse zu σ_3 *parallel* läuft, und nennt man die Winkel, die die Normale des betrachteten

Elements mit diesen Achsen bildet, wie vorhin α, β, γ, so stimmt der Winkel γ mit der Größe ψ überein, die in Ziff. **6** den Winkel zwischen der Ebene (φ, ψ) und der spannungsfreien Ebene bezeichnete. Der Bildkreis aller Ebenen mit vorgeschriebenem γ kann also analog konstruiert werden (vgl. Abb. 11 und 13). In genau derselben Weise aber können zwei Bildkreise konstruiert werden für alle Elemente mit vorgeschriebenem α bzw. β. Der gesuchte Bildpunkt B ist also einer der beiden Schnittpunkte der drei Hilfskreise. Die Doppeldeutigkeit dieser Konstruktion hängt damit zusammen, daß keine Festsetzung über das Vorzeichen der Schubspannung gemacht worden ist.

Aus Abb. 13 entnimmt man, daß zu jedem Punkte sechs Flächenelemente gehören, in denen die Schubspannung einen extremen Wert hat. Ihre Bildpunkte sind die Scheitelpunkte der drei Hauptspannungskreise. Es sind also diejenigen Elemente, die durch eine Hauptachse des Spannungszustandes hindurchgehen und mit den beiden diese Hauptachse enthaltenden Hauptebenen gleiche Winkel bilden. Ihre Schubspannungen, die man als die Hauptschubspannungen des Spannungszustandes bezeichnet, haben die Größen

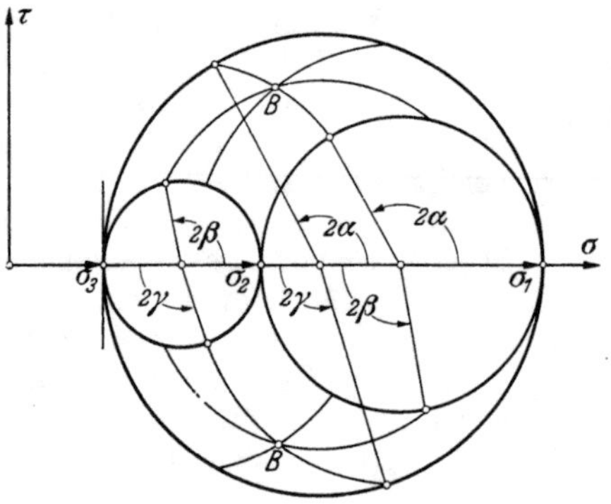

Abb. 13. Spannungskreise des raumlichen Spannungszustandes.

$$\left.\begin{aligned}\tau_1 = \frac{1}{2}\left|\sigma_2 - \sigma_3\right|, \quad \tau_2 = \frac{1}{2}\left|\sigma_3 - \sigma_1\right|,\\ \tau_3 = \frac{1}{2}\left|\sigma_1 - \sigma_2\right|.\end{aligned}\right\} \tag{4}$$

Während beim ebenen Spannungszustand die Spannungskreise in einfacher Weise konstruiert werden können, sobald die Spannungskomponenten zweier senkrecht zueinander (und senkrecht zu dem spannungsfreien Flächenelement) stehender Flächenelemente gegeben sind (Ziff. **5** und **6**), so ist beim allgemeinen Spannungszustand eine analoge geometrische Konstruktion der Spannungskreise aus den Spannungskomponenten dreier senkrechter Flächenelemente unmöglich; denn eine derartige Konstruktion käme auf die graphische Lösung der Gleichung dritten Grades (3) hinaus.

Aus dieser Gleichung wollen wir schließlich noch eine wichtige Folgerung ziehen. Ihre Wurzeln stellen kennzeichnende Größen des Spannungszustandes dar und haben also einen vom Bezugssystem unabhängigen Wert. Wäre man bei der Aufstellung der Gleichung (3) von drei anderen zueinander senkrechten Flächenelementen und deren Spannungskomponenten ausgegangen, so hätte folglich die neue Gleichung zahlenmäßig dieselben Koeffizienten aufgewiesen. Hieraus schließt man, daß für jedes Tripel zueinander senkrechter Flächenelemente eines Punktes die drei Koeffizienten der Gleichung (3)

$$\begin{gathered}\sigma_x + \sigma_y + \sigma_z,\\ \sigma_y\sigma_z - \tau_{yz}^2 + \sigma_z\sigma_x - \tau_{zx}^2 + \sigma_x\sigma_y - \tau_{xy}^2,\\ \sigma_x\sigma_y\sigma_z + 2\,\tau_{yz}\tau_{zx}\tau_{xy} - \sigma_x\tau_{yz}^2 - \sigma_y\tau_{zx}^2 - \sigma_z\tau_{xy}^2\end{gathered}$$

invariant sind. Die Werte dieser sogenannten Invarianten des Spannungszustandes sind, in den Hauptspannungen ausgedrückt,

$$\left.\begin{aligned}\sigma_x + \sigma_y + \sigma_z &= \sigma_1 + \sigma_2 + \sigma_3,\\ \sigma_y\sigma_z - \tau_{yz}^2 + \sigma_z\sigma_x - \tau_{zx}^2 + \sigma_x\sigma_y - \tau_{xy}^2 &= \sigma_2\sigma_3 + \sigma_3\sigma_1 + \sigma_1\sigma_2,\\ \sigma_x\sigma_y\sigma_z + 2\,\tau_{yz}\tau_{zx}\tau_{xy} - \sigma_x\tau_{yz}^2 - \sigma_y\tau_{zx}^2 - \sigma_z\tau_{xy}^2 &= \sigma_1\sigma_2\sigma_3.\end{aligned}\right\} \tag{5}$$

8. Der Spannungstensor. In den Gleichungen (**7**, 1) kam bereits zum Ausdruck, daß der Spannungszustand eines Punktes P vollständig durch die neun Spannungskomponenten $\sigma_x, \tau_{xy}, \tau_{xz}$; $\tau_{yx} (= \tau_{xy}), \sigma_y, \tau_{yz}$; $\tau_{zx} (= \tau_{xz}), \tau_{zy} (= \tau_{yz}), \sigma_z$ gegeben ist, welche zu drei durch ein rechtwinkliges Achsenkreuz (x, y, z) bestimmten Flächenelementen gehören. Wir stellen uns jetzt die Aufgabe, die Transformationsregeln für diese Spannungskomponenten zu bestimmen, welche gelten, wenn man von dem Achsenkreuz (x, y, z) zu einem andern (ebenfalls rechtwinkligen) Achsenkreuz (x', y', z') übergeht, d. h. wir suchen die Beziehungen zwischen den Größen $\sigma_x, \tau_{xy}, \tau_{xz}, \ldots$ und den Größen $\sigma_{x'}, \tau_{x'y'}, \tau_{x'z'}, \ldots$. Dabei beschränken wir uns auf die Spannungskomponenten des zur x'-Achse senkrechten Flächenelements und berechnen diese mittels (**7**, **1**). Man erhält, wenn man aus einem sogleich verständlichen Grund σ_{xx} für σ_x, σ_{yy} für σ_y und σ_{zz} für σ_z schreibt und darauf achtet, daß $\tau_{yz} = \tau_{zy}$, $\tau_{zx} = \tau_{xz}$, $\tau_{xy} = \tau_{yx}$ ist,

$$\left.\begin{aligned} p_x &= \sigma_{xx} \cos(x', x) + \tau_{yx} \cos(x', y) + \tau_{zx} \cos(x', z), \\ p_y &= \tau_{xy} \cos(x', x) + \sigma_{yy} \cos(x', y) + \tau_{zy} \cos(x', z), \\ p_z &= \tau_{xz} \cos(x', x) + \tau_{yz} \cos(x', y) + \sigma_{zz} \cos(x', z). \end{aligned}\right\} \qquad (1)$$

Um hieraus die Größen $\sigma_{x'x'} (\equiv \sigma_{x'})$, $\tau_{x'y'}, \tau_{x'z'}$ zu finden, müssen wir die Projektionssummen der Größen p_x, p_y, p_z in die x'-, y'- und z'-Richtung bilden und erhalten so

$$\left.\begin{aligned} \sigma_{x'x'} &= p_x \cos(x', x) + p_y \cos(x', y) + p_z \cos(x', z) \\ &= \sigma_{xx} \cos(x', x) \cos(x', x) + \tau_{yx} \cos(x', y) \cos(x', x) + \tau_{zx} \cos(x', z) \cos(x', x) + \\ &\quad + \tau_{xy} \cos(x', x) \cos(x', y) + \sigma_{yy} \cos(x', y) \cos(x', y) + \tau_{zy} \cos(x', z) \cos(x', y) + \\ &\quad + \tau_{xz} \cos(x', x) \cos(x', z) + \tau_{yz} \cos(x', y) \cos(x', z) + \sigma_{zz} \cos(x', z) \cos(x', z), \\[1ex] \tau_{x'y'} &= p_x \cos(y', x) + p_y \cos(y', y) + p_z \cos(y', z) \\ &= \sigma_{xx} \cos(x', x) \cos(y', x) + \tau_{yx} \cos(x', y) \cos(y', x) + \tau_{zx} \cos(x', z) \cos(y', x) + \\ &\quad + \tau_{xy} \cos(x', x) \cos(y', y) + \sigma_{yy} \cos(x', y) \cos(y', y) + \tau_{zy} \cos(x', z) \cos(y', y) + \\ &\quad + \tau_{xz} \cos(x', x) \cos(y', z) + \tau_{yz} \cos(x', y) \cos(y', z) + \sigma_{zz} \cos(x', z) \cos(y', z), \\[1ex] \tau_{x'z'} &= p_x \cos(z', x) + p_y \cos(z', y) + p_z \cos(z', z) \\ &= \sigma_{xx} \cos(x', x) \cos(z', x) + \tau_{yx} \cos(x', y) \cos(z', x) + \tau_{zx} \cos(x', z) \cos(z', x) + \\ &\quad + \tau_{xy} \cos(x', x) \cos(z', y) + \sigma_{yy} \cos(x', y) \cos(z', y) + \tau_{zy} \cos(x', z) \cos(z', y) + \\ &\quad + \tau_{xz} \cos(x', x) \cos(z', z) + \tau_{yz} \cos(x', y) \cos(z', z) + \sigma_{zz} \cos(x', z) \cos(z', z). \end{aligned}\right\} \quad (2)$$

Ganz analoge Formeln findet man für die übrigen Spannungskomponenten $\tau_{y'x'}, \sigma_{y'y'}, \tau_{y'z'}$; $\tau_{z'x'}, \tau_{z'y'}, \sigma_{z'z'}$, und es gilt, wie man sich leicht überzeugt, die allgemein gültige Regel:

Jede neue Spannungskomponente wird erhalten, indem man jede der alten Spannungskomponenten mit zwei Richtungskosinus multipliziert und die so erhaltenen Glieder addiert. Die ersten Zeiger der beiden Richtungskosinus stimmen mit den Zeigern der zu berechnenden neuen Spannungskomponente überein, die letzten Zeiger mit den Zeigern der zugehörenden alten Spannungskomponente.

Um den Namen Tensor, den man dem System der Spannungsgrößen $\sigma_x, \sigma_y, \sigma_z, \tau_{yz} = \tau_{zy}, \tau_{zx} = \tau_{xz}, \tau_{xy} = \tau_{yx}$ auf Grund dieser Transformationsregel gegeben hat, zu begründen, müssen wir auf eine allgemeinere Transformationsfrage eingehen.

Es sei ein System von n unabhängigen Variablen x^i $(i = 1, 2, \ldots, n)$ gegeben und außerdem ein System von n^2 Funktionen F^{rs} $(r = 1, 2, \ldots, n;\ s = 1, 2, \ldots, n)$, welche in einem Punkte x der betrachteten Mannigfaltigkeit, d. h. für ein bestimmtes Wertsystem der x^i, definiert sein mögen. Man kann begrifflich die mannigfachsten Transformationsregeln für die Größen F^{rs} aufstellen, wenn man die Variablen x^i durch andere $\bar{x}^i$ $(i = 1, 2, \ldots, n)$ ersetzt, welche mit den x^i durch n Transformationsgleichungen vom Typus

$$x^i = f_i(\bar{x}^1, \bar{x}^2, \ldots, \bar{x}^n) \tag{3}$$

verbunden sind. Insbesondere nennt man die Größen F^{rs} die Komponenten eines kontravarianten Tensors zweiten Grades, wenn die entsprechend im System $\bar{x}^i$ definierten Größen $\bar{F}^{rs}$ sich wie folgt ausdrücken:

$$\bar{F}^{rs} = \sum_{\varrho}\sum_{\sigma} \frac{\partial \bar{x}^r}{\partial x^\varrho} \frac{\partial \bar{x}^s}{\partial x^\sigma} F^{\varrho\sigma}, \tag{4}$$

wobei die Summation über alle Zeiger zu erfolgen hat. In gleicher Weise heißt ein System von Größen F_{rs} ein kovarianter Tensor zweiten Grades, wenn seine Komponenten den Transformationsgleichungen gehorchen

$$\bar{F}_{rs} = \sum_{\varrho}\sum_{\sigma} \frac{\partial x^\varrho}{\partial \bar{x}^r} \frac{\partial x^\sigma}{\partial \bar{x}^s} F_{\varrho\sigma}. \tag{5}$$

Auf die Gründe, die zur Unterscheidung dieser beiden Transformationen und deren Benennung geführt haben, gehen wir hier nicht ein, weil in unserem besonderen Fall der Unterschied, wie sich sogleich zeigen wird, wegfällt.

Wir kehren jetzt zu den Spannungen $\sigma_{xx}, \tau_{xy}, \tau_{xz}, \ldots$ zurück und wollen deren Tensorcharakter feststellen. Dazu nennen wir die Achsen x, y, z und x', y', z' jetzt x^1, x^2, x^3 und $\bar{x}^1, \bar{x}^2, \bar{x}^3$ und die zugehörigen Spannungen $\sigma_{xx}, \tau_{xy}, \tau_{xz}, \ldots$ und $\sigma_{x'x'}, \tau_{x'y'}, \tau_{x'z'}, \ldots$ kurz t_{rs} $(r = 1, 2, 3;\ s = 1, 2, 3)$ und $\bar{t}_{rs}$ $(r = 1, 2, 3;\ s = 1, 2, 3)$. Die Transformationsgleichungen (3) lauten dann

$$\left.\begin{aligned} x^1 &= \bar{x}^1 \cos(\bar{x}^1, x^1) + \bar{x}^2 \cos(\bar{x}^2, x^1) + \bar{x}^3 \cos(\bar{x}^3, x^1), \\ x^2 &= \bar{x}^1 \cos(\bar{x}^1, x^2) + \bar{x}^2 \cos(\bar{x}^2, x^2) + \bar{x}^3 \cos(\bar{x}^3, x^2), \\ x^3 &= \bar{x}^1 \cos(\bar{x}^1, x^3) + \bar{x}^2 \cos(\bar{x}^2, x^3) + \bar{x}^3 \cos(\bar{x}^3, x^3), \end{aligned}\right\} \tag{6}$$

so daß

$$\frac{\partial x^\varrho}{\partial \bar{x}^r} = \cos(\bar{x}^r, x^\varrho) \tag{7}$$

ist. Die Gleichungen (2) können mithin in der Form

$$\bar{t}_{rs} = \sum_{\varrho}\sum_{\sigma} \frac{\partial x^\varrho}{\partial \bar{x}^r} \frac{\partial x^\sigma}{\partial \bar{x}^s} t_{\varrho\sigma} \tag{8}$$

geschrieben werden, womit in der Tat gezeigt ist, daß die Spannungskomponenten einen kovarianten Tensor bilden.

Hätte man die Transformationsgleichungen (3) in der Form

$$\left.\begin{aligned} \bar{x}^1 &= x^1 \cos(x^1, \bar{x}^1) + x^2 \cos(x^2, \bar{x}^1) + x^3 \cos(x^3, \bar{x}^1), \\ \bar{x}^2 &= x^1 \cos(x^1, \bar{x}^2) + x^2 \cos(x^2, \bar{x}^2) + x^3 \cos(x^3, \bar{x}^2), \\ \bar{x}^3 &= x^1 \cos(x^1, \bar{x}^3) + x^2 \cos(x^2, \bar{x}^3) + x^3 \cos(x^3, \bar{x}^3) \end{aligned}\right\} \tag{9}$$

geschrieben, und dieser Form die Beziehungen

$$\frac{\partial \bar{x}^r}{\partial x^\varrho} = \cos(x^\varrho, \bar{x}^r) \tag{10}$$

entnommen, so hätte man die Gleichungen (2) (wenn jetzt die Größen $\sigma_{xx}, \tau_{xy}, \tau_{xz}, \ldots$ mit t^{rs} und die Größen $\sigma_{x'x'}, \tau_{x'y'}, \tau_{x'z'}, \ldots$ mit $\bar{t}^{rs}$ bezeichnet werden) auch in der Form

$$\bar{t}^{rs} = \sum_{\varrho} \sum_{\sigma} \frac{\partial \bar{x}^r}{\partial x^\varrho} \frac{\partial \bar{x}^s}{\partial x^\sigma} t^{\varrho\sigma} \tag{11}$$

schreiben können, womit gezeigt ist, daß die Spannungskomponenten auch als kontravarianter Tensor aufzufassen sind.

Als besonderes Merkmal des Spannungstensors heben wir auch hier noch einmal seine Symmetrie hervor, nach welcher für jedes orthogonale Achsenkreuz (x', y', z') gilt

$$\tau_{y'z'} = \tau_{z'y'}, \qquad \tau_{z'x'} = \tau_{x'z'}, \qquad \tau_{x'y'} = \tau_{y'x'}.$$

Das in Ziff. **7** ausgesprochene Additionsgesetz für Spannungszustände wird hier als eine Addition von Tensoren gedeutet. Nach diesem Satze kann der Spannungstensor

$$T \equiv \left| \begin{matrix} \sigma_x & \tau_{xy} & \tau_{xz} \\ \tau_{yx} & \sigma_y & \tau_{yz} \\ \tau_{zx} & \tau_{zy} & \sigma_z \end{matrix} \right|$$

als die Summe der beiden ebenfalls symmetrischen Tensoren

$$T' \equiv \left| \begin{matrix} \frac{1}{3}(\sigma_x + \sigma_y + \sigma_z) & 0 & 0 \\ 0 & \frac{1}{3}(\sigma_x + \sigma_y + \sigma_z) & 0 \\ 0 & 0 & \frac{1}{3}(\sigma_x + \sigma_y + \sigma_z) \end{matrix} \right| \tag{12}$$

und

$$T'' \equiv \left| \begin{matrix} \frac{1}{3}(2\sigma_x - \sigma_y - \sigma_z) & \tau_{xy} & \tau_{xz} \\ \tau_{yx} & \frac{1}{3}(2\sigma_y - \sigma_z - \sigma_x) & \tau_{yz} \\ \tau_{zx} & \tau_{zy} & \frac{1}{3}(2\sigma_z - \sigma_x - \sigma_y) \end{matrix} \right| \tag{13}$$

aufgefaßt werden.

Der erste Spannungstensor T' stellt einen Spannungszustand dar, in welchem jedes Flächenelement schubspannungsfrei ist. Die für alle Elemente gleiche Normalspannung ist gleich dem Mittelwerte der drei Normalspannungen σ_x, σ_y und σ_z oder nach (**7**, 5) gleich dem Mittelwerte der Hauptspannungen. Man nennt T' einen Kugeltensor.

Der zweite Tensor T'', der als Deviator bezeichnet wird, ist dadurch gekennzeichnet, daß das arithmetische Mittel der zu drei aufeinander senkrechten Elementen gehörigen Normalspannungen und also auch das arithmetische Mittel der drei Hauptspannungen Null ist.

Läßt man bei einem Spannungsdeviator das (x, y, z)-Achsenkreuz mit seinen Hauptrichtungen zusammenfallen, und nennt man in Übereinstimmung mit der soeben erwähnten Eigenschaft die drei Hauptspannungen jetzt σ_1'', σ_2'' und $-(\sigma_1'' + \sigma_2'')$, so geht die erste der allgemeinen Transformationsformeln (2) über in

$$\sigma_{x'x'} = \sigma_1'' \cos^2(x', x) + \sigma_2'' \cos^2(x', y) - (\sigma_1'' + \sigma_2'') \cos^2(x', z).$$

Soll das zur x'-Richtung senkrechte Flächenelement normalspannungsfrei sein, so sind die Richtungskosinus seiner Normale der Bedingung

$$\sigma_1'' \cos^2(x', x) + \sigma_2'' \cos^2(x', y) - (\sigma_1'' + \sigma_2'') \cos^2(x', z) = 0 \tag{14}$$

unterworfen. Weil die Koordinaten x, y, z eines beliebigen Punktes dieser Normale den Richtungskosinus $\cos(x', x)$, $\cos(x', y)$, $\cos(x', z)$ proportional sind, so kann man (14) auch in der Form

$$\sigma_1'' x^2 + \sigma_2'' y^2 - (\sigma_1'' + \sigma_2'') z^2 = 0 \tag{15}$$

schreiben. Diese Gleichung besagt, daß die Normalen aller normalspannungs*freien Flächenelemente* des Deviators einen Kegel zweiter Ordnung erfüllen.

Man überzeugt sich durch eine einfache Rechnung davon, daß jede zu einer Erzeugenden senkrechte Ebene durch die Kegelspitze den Kegel in zwei zueinander senkrechten Erzeugenden schneidet. Es sei nämlich (x_1, y_1, z_1) ein beliebiger Punkt des Kegels, so daß

$$\sigma_1'' x_1^2 + \sigma_2'' y_1^2 - (\sigma_1'' + \sigma_2'') z_1^2 = 0 \tag{16}$$

ist; dann definiert dieser Punkt eine Erzeugende des Kegels, deren durch die Kegelspitze gehende Normalebene N die Gleichung

$$x x_1 + y y_1 + z z_1 = 0 \tag{17}$$

hat. Eliminiert man z aus (17) und aus (15), so stellt die erhaltene Gleichung

$$[\sigma_1'' z_1^2 - (\sigma_1'' + \sigma_2'') x_1^2] x^2 - 2(\sigma_1'' + \sigma_2'') x_1 y_1 x y + [\sigma_2'' z_1^2 - (\sigma_1'' + \sigma_2'') y_1^2] y^2 = 0 \tag{18}$$

die Projektion der beiden Schnittgeraden der Ebene N und des Kegels auf die (x, y)-Ebene dar. Definiert man jede dieser Schnittgeraden durch einen ihrer Punkte (x_2, y_2, z_2) und (x_3, y_3, z_3), so entnimmt man der letzten Gleichung

$$\frac{y_2}{x_2} + \frac{y_3}{x_3} \equiv \frac{x_3 y_2 + x_2 y_3}{x_2 x_3} = \frac{2(\sigma_1'' + \sigma_2'') x_1 y_1}{\sigma_2'' z_1^2 - (\sigma_1'' + \sigma_2'') y_1^2}, \qquad \frac{y_2}{x_2} \frac{y_3}{x_3} = \frac{\sigma_1'' z_1^2 - (\sigma_1'' + \sigma_2'') x_1^2}{\sigma_2'' z_1^2 - (\sigma_1'' + \sigma_2'') y_1^2}. \tag{19}$$

Andererseits gilt, da alle Geraden der Ebene N auf der Erzeugenden durch den Punkt (x_1, y_1, z_1) senkrecht stehen,

$$x_2 x_1 + y_2 y_1 + z_2 z_1 = 0, \qquad x_3 x_1 + y_3 y_1 + z_3 z_1 = 0. \tag{20}$$

Sollen die Schnittgeraden auch aufeinander senkrecht stehen, so muß

$$x_2 x_3 + y_2 y_3 + z_2 z_3 = 0 \tag{21}$$

sein. Führt man das aus den Gleichungen (20) folgende Produkt

$$z_2 z_3 = \frac{1}{z_1^2} [x_2 x_3 x_1^2 + y_2 y_3 y_1^2 + (x_2 y_3 + y_2 x_3) x_1 y_1]$$

in (21) ein, so erhält man die Gleichung

$$(z_1^2 + x_1^2) + \frac{y_2 y_3}{x_2 x_3} (y_1^2 + z_1^2) + \frac{x_3 y_2 + x_2 y_3}{x_2 x_3} x_1 y_1 = 0,$$

welche mit (19) nach kurzer Rechnung in (16) übergeht, so daß also die Bedingungsgleichung (21) in der Tat erfüllt und somit folgender Satz bewiesen ist:

In jedem deviatorischen Spannungszustand gibt es ∞^1 Tripel von aufeinander senkrechten Flächenelementen, welche normalspannungsfrei sind.

§ 2. Der Verzerrungszustand.

9. Endliche Verzerrungen. Zur Beschreibung des Verzerrungszustandes eines ruhenden oder bewegten elastischen Körpers beziehen wir seine Punkte auf ein rechtwinkliges Achsenkreuz (x, y, z), welches derart materiell mit ihm verbunden ist, daß es im unverformten Körper eine vorgeschriebene Lage hat. Auch jetzt beschränken wir uns, wie schon bei der Untersuchung des Spannungszustandes, auf einen einzigen Punkt $P(x, y, z)$ und stellen uns die Aufgabe, den Verzerrungszustand der unmittelbaren Umgebung dieses einen Punktes mit Hilfe seiner Verschiebungskomponenten oder kurzweg Verschiebungen u, v, w, welche als bekannte Funktionen der Koordinaten x, y, z vorausgesetzt sein mögen, darzustellen.

Zu dem Zwecke legen wir durch P noch drei neue Koordinatenachsen $\bar{x}, \bar{y}, \bar{z}$, die zu den Achsen x, y, z parallel sind und sich bei der Verzerrung parallel zu sich selbst mit P bewegen. Ein Nachbarpunkt Q von P habe im unverzerrten Zustand bezüglich dieses beweglichen Koordinatensystems die Koordinaten $\bar{x}, \bar{y}, \bar{z}$, im verzerrten Zustand die Koordinaten $\bar{x}_1$, $\bar{y}_1$, $\bar{z}_1$. Dann gilt die Taylorsche Entwicklung

$$\left.\begin{aligned}
u_Q &= u_P + \left[\left(\frac{\partial u}{\partial x}\right)_P \bar{x} + \left(\frac{\partial u}{\partial y}\right)_P \bar{y} + \left(\frac{\partial u}{\partial z}\right)_P \bar{z}\right] + \frac{1}{2!}\left[\left(\frac{\partial u}{\partial x}\right)_P \bar{x} + \left(\frac{\partial u}{\partial y}\right)_P \bar{y} + \left(\frac{\partial u}{\partial z}\right)_P \bar{z}\right]^{(2)} + \cdots,\\
v_Q &= v_P + \left[\left(\frac{\partial v}{\partial x}\right)_P \bar{x} + \left(\frac{\partial v}{\partial y}\right)_P \bar{y} + \left(\frac{\partial v}{\partial z}\right)_P \bar{z}\right] + \frac{1}{2!}\left[\left(\frac{\partial v}{\partial x}\right)_P \bar{x} + \left(\frac{\partial v}{\partial y}\right)_P \bar{y} + \left(\frac{\partial v}{\partial z}\right)_P \bar{z}\right]^{(2)} + \cdots,\\
w_Q &= w_P + \left[\left(\frac{\partial w}{\partial x}\right)_P \bar{x} + \left(\frac{\partial w}{\partial y}\right)_P \bar{y} + \left(\frac{\partial w}{\partial z}\right)_P \bar{z}\right] + \frac{1}{2!}\left[\left(\frac{\partial w}{\partial x}\right)_P \bar{x} + \left(\frac{\partial w}{\partial y}\right)_P \bar{y} + \left(\frac{\partial w}{\partial z}\right)_P \bar{z}\right]^{(2)} + \cdots
\end{aligned}\right\} \quad (1)$$

und also für diese Koordinaten

$$\begin{aligned}
\bar{x}_1 &= \bar{x} + (u_Q - u_P) = \bar{x} + \left[\left(\frac{\partial u}{\partial x}\right)_P \bar{x} + \left(\frac{\partial u}{\partial y}\right)_P \bar{y} + \left(\frac{\partial u}{\partial z}\right)_P \bar{z}\right] + \frac{1}{2!}\left[\left(\frac{\partial u}{\partial x}\right)_P \bar{x} + \left(\frac{\partial u}{\partial y}\right)_P \bar{y} + \left(\frac{\partial u}{\partial z}\right)_P \bar{z}\right]^{(2)} + \cdots,\\
\bar{y}_1 &= \bar{y} + (v_Q - v_P) = \bar{y} + \left[\left(\frac{\partial v}{\partial x}\right)_P \bar{x} + \left(\frac{\partial v}{\partial y}\right)_P \bar{y} + \left(\frac{\partial v}{\partial z}\right)_P \bar{z}\right] + \frac{1}{2!}\left[\left(\frac{\partial v}{\partial x}\right)_P \bar{x} + \left(\frac{\partial v}{\partial y}\right)_P \bar{y} + \left(\frac{\partial v}{\partial z}\right)_P \bar{z}\right]^{(2)} + \cdots,\\
\bar{z}_1 &= \bar{z} + (w_Q - w_P) = \bar{z} + \left[\left(\frac{\partial w}{\partial x}\right)_P \bar{x} + \left(\frac{\partial w}{\partial y}\right)_P \bar{y} + \left(\frac{\partial w}{\partial z}\right)_P \bar{z}\right] + \frac{1}{2!}\left[\left(\frac{\partial w}{\partial x}\right)_P \bar{x} + \left(\frac{\partial w}{\partial y}\right)_P \bar{y} + \left(\frac{\partial w}{\partial z}\right)_P \bar{z}\right]^{(2)} + \cdots.
\end{aligned}$$

Liegt der Punkt Q so dicht bei P, daß die Glieder, die in $\bar{x}$, $\bar{y}$, $\bar{z}$ quadratisch oder von höherer Ordnung sind, vernachlässigt werden dürfen, so kann man schreiben

$$\left.\begin{aligned}
\bar{x}_1 &= \left[1 + \left(\frac{\partial u}{\partial x}\right)_P\right] \bar{x} + \left(\frac{\partial u}{\partial y}\right)_P \bar{y} + \left(\frac{\partial u}{\partial z}\right)_P \bar{z} \equiv a_{11}\bar{x} + a_{12}\bar{y} + a_{13}\bar{z},\\
\bar{y}_1 &= \left(\frac{\partial v}{\partial x}\right)_P \bar{x} + \left[1 + \left(\frac{\partial v}{\partial y}\right)_P\right] \bar{y} + \left(\frac{\partial v}{\partial z}\right)_P \bar{z} \equiv a_{21}\bar{x} + a_{22}\bar{y} + a_{23}\bar{z},\\
\bar{z}_1 &= \left(\frac{\partial w}{\partial x}\right)_P \bar{x} + \left(\frac{\partial w}{\partial y}\right)_P \bar{y} + \left[1 + \left(\frac{\partial w}{\partial z}\right)_P\right] \bar{z} \equiv a_{31}\bar{x} + a_{32}\bar{y} + a_{33}\bar{z}.
\end{aligned}\right\} \quad (2)$$

Hieraus geht hervor, daß die Verzerrung der nächsten Umgebung eines Punktes als h o m o g e n betrachtet werden darf, so daß Punkte, die im unverzerrten Zustand auf einer Geraden bzw. in einer Ebene liegen, auch nach der Verzerrung auf einer Geraden bzw. in einer Ebene liegen. Parallele Strecken bleiben parallele Strecken und werden alle in demselben Verhältnis verlängert oder verkürzt. Eine kleine Kugel wird in ein Ellipsoid verzerrt und zwar so, daß je drei senkrechten Durchmessern der Kugel drei konjugierte Durchmesser des Ellipsoids entsprechen.

Um sich ein Bild von der Verzerrung machen zu können, braucht man also nur die Längen- und Winkeländerungen dreier Linienelemente durch P (für welche man durchweg zueinander senkrechte Linienelemente wählen wird) zu kennen.

Wir fragen nun erst allgemein nach der Abstandsänderung zweier unendlich benachbarter Punkte $P(x, y, z)$, $Q(x+dx, y+dy, z+dz)$, deren Lagen P_1 und Q_1 nach der Verzerrung die Koordinaten haben

$$\begin{aligned}
&P_1: \quad x + u, \qquad y + v, \qquad z + w,\\
&Q_1: \quad (x + dx) + (u + du), \quad (y + dy) + (v + dv), \quad (z + dz) + (w + dw).
\end{aligned}$$

Mit $\overline{PQ} = dl$, $\overline{P_1Q_1} = dl_1$ erhält man

$$\overline{P_1Q_1}^2 = dl_1^2 = (dx + du)^2 + (dy + dv)^2 + (dz + dw)^2. \quad (3)$$

Ersetzt man in den Formeln (1) $\bar{x}$, $\bar{y}$, $\bar{z}$ durch dx, dy, dz und dementsprechend $(u_Q - u_P)$, $(v_Q - v_P)$, $(w_Q - w_P)$ durch du, dv, dw, so erhält man unter Vernachlässigung der Glieder höherer Ordnung

$$\left.\begin{aligned} du &= \frac{\partial u}{\partial x} dx + \frac{\partial u}{\partial y} dy + \frac{\partial u}{\partial z} dz, \\ dv &= \frac{\partial v}{\partial x} dx + \frac{\partial v}{\partial y} dy + \frac{\partial v}{\partial z} dz, \\ dw &= \frac{\partial w}{\partial x} dx + \frac{\partial w}{\partial y} dy + \frac{\partial w}{\partial z} dz, \end{aligned}\right\} \tag{4}$$

und (3) läßt sich also in der Form schreiben

$$\left.\begin{aligned} dl_1^2 = (1 + \gamma_{xx})\, dx^2 + (1 + \gamma_{yy})\, dy^2 + (1 + \gamma_{zz})\, dz^2 + \\ + 2\gamma_{yz}\, dy\, dz + 2\gamma_{zx}\, dz\, dx + 2\gamma_{xy}\, dx\, dy \end{aligned}\right\} \tag{5}$$

mit

$$\left.\begin{aligned} \gamma_{xx} &= 2\frac{\partial u}{\partial x} + \left(\frac{\partial u}{\partial x}\right)^2 + \left(\frac{\partial v}{\partial x}\right)^2 + \left(\frac{\partial w}{\partial x}\right)^2, \\ \gamma_{yy} &= 2\frac{\partial v}{\partial y} + \left(\frac{\partial u}{\partial y}\right)^2 + \left(\frac{\partial v}{\partial y}\right)^2 + \left(\frac{\partial w}{\partial y}\right)^2, \\ \gamma_{zz} &= 2\frac{\partial w}{\partial z} + \left(\frac{\partial u}{\partial z}\right)^2 + \left(\frac{\partial v}{\partial z}\right)^2 + \left(\frac{\partial w}{\partial z}\right)^2, \\ \gamma_{yz} &= \frac{\partial v}{\partial z} + \frac{\partial w}{\partial y} + \frac{\partial u}{\partial y}\frac{\partial u}{\partial z} + \frac{\partial v}{\partial y}\frac{\partial v}{\partial z} + \frac{\partial w}{\partial y}\frac{\partial w}{\partial z}, \\ \gamma_{zx} &= \frac{\partial w}{\partial x} + \frac{\partial u}{\partial z} + \frac{\partial u}{\partial z}\frac{\partial u}{\partial x} + \frac{\partial v}{\partial z}\frac{\partial v}{\partial x} + \frac{\partial w}{\partial z}\frac{\partial w}{\partial x}, \\ \gamma_{xy} &= \frac{\partial u}{\partial y} + \frac{\partial v}{\partial x} + \frac{\partial u}{\partial x}\frac{\partial u}{\partial y} + \frac{\partial v}{\partial x}\frac{\partial v}{\partial y} + \frac{\partial w}{\partial x}\frac{\partial w}{\partial y}. \end{aligned}\right\} \tag{6}$$

Für einen Punkt Q, dessen Koordinaten $(x + dx, y, z)$ sind, gilt nach (5)

$$dl_1^2 = (1 + \gamma_{xx})\, dx^2. \tag{7}$$

Bezeichnet man allgemein den Ausdruck $\frac{dl_1 - dl}{dl}$ als die zu der Richtung von dl gehörige Dehnung λ, so liest man aus (7) ab, daß die Dehnung λ_x in der x-Richtung den Wert

$$\lambda_x = \frac{\sqrt{1 + \gamma_{xx}}\, dx - dx}{dx} = \sqrt{1 + \gamma_{xx}} - 1 \tag{8}$$

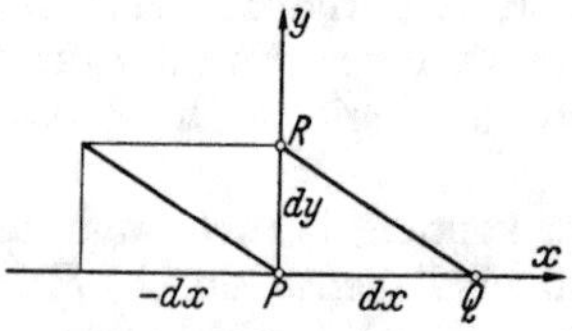

Abb. 14. Drei benachbarte Punkte.

hat. Ebenso erhält man für die Dehnungen λ_y und λ_z in der y- und z-Richtung

$$\lambda_y = \sqrt{1 + \gamma_{yy}} - 1, \qquad \lambda_z = \sqrt{1 + \gamma_{zz}} - 1. \tag{9}$$

Hiermit sind die Größen γ_{xx}, γ_{yy} und γ_{zz} geometrisch gedeutet.

Betrachtet man weiter die Punkte $P(x, y, z)$, $Q(x + dx, y, z)$, $R(x, y + dy, z)$, so kann man (Abb. 14) die neue Länge Q_1R_1 des Linienelements QR auf zweierlei Weise bestimmen: erstens, indem man im Dreieck $P_1Q_1R_1$ den Kosinussatz anwendet, zweitens, indem man mit Hilfe von (5) die neue Länge desjenigen Linienelements durch P bestimmt, dessen Komponenten im unverzerrten Zustand $(-dx, dy, 0)$ sind. Bezeichnet man den Winkel $Q_1P_1R_1$ mit φ_{xy}, so gilt

$$\begin{aligned} (1 + \gamma_{xx})\, dx^2 + (1 + \gamma_{yy})\, dy^2 - 2\sqrt{(1 + \gamma_{xx})(1 + \gamma_{yy})}\, dx\, dy \cos\varphi_{xy} = \\ = (1 + \gamma_{xx})\, dx^2 + (1 + \gamma_{yy})\, dy^2 - 2\gamma_{xy}\, dx\, dy, \end{aligned}$$

so daß man die erste der drei folgenden Formeln erhält, aus der durch zyklische Vertauschung die beiden anderen hervorgehen:

$$\cos\varphi_{xy}=\frac{\gamma_{xy}}{\sqrt{(1+\gamma_{xx})(1+\gamma_{yy})}},\quad \cos\varphi_{yz}=\frac{\gamma_{yz}}{\sqrt{(1+\gamma_{yy})(1+\gamma_{zz})}},\quad \cos\varphi_{zx}=\frac{\gamma_{zx}}{\sqrt{(1+\gamma_{zz})(1+\gamma_{xx})}}. \tag{10}$$

Hiermit haben auch die Größen $\gamma_{yz}, \gamma_{zx}, \gamma_{xy}$ eine geometrische Bedeutung erhalten: sie bestimmen die Winkeländerungen derjenigen Linienelemente durch P, die den Koordinatenachsen parallel sind.

Weil die $\gamma_{xx}, \gamma_{yy}, \gamma_{zz}$ die Längenänderungen dieser Elemente definieren, so geben die sechs Größen $\gamma_{xx}, \gamma_{yy}, \gamma_{zz}, \gamma_{yz}, \gamma_{zx}, \gamma_{xy}$ den Verzerrungszustand des Punktes P vollkommen an; man kann sie also als die Komponenten des Verzerrungszustandes oder kurz als die Verzerrungen bezeichnen.

10. Der Verzerrungstensor. Die Frage liegt nahe, wie die soeben erhaltenen Verzerrungskomponenten sich ändern, wenn man der Beschreibung des Verformungszustandes ein anderes rechtwinkliges Koordinatensystem (x', y', z') zugrunde legt.

Zu ihrer Beantwortung drückt man die Länge $dl_1 = P_1Q_1$ des verzerrten Lininienelements PQ nach (**9**, 5) das eine Mal mittels der Größen $\gamma_{xx}, \ldots, \gamma_{yz}, \ldots$ und der Komponenten dx, dy, dz, das andere Mal mittels der Größen $\gamma_{x'x'}, \ldots, \gamma_{y'z'}, \ldots$ und der Komponenten dx', dy', dz' aus. Man erhält dann

$$\left.\begin{aligned} dl_1^2 &= (1+\gamma_{xx})\,dx^2 + (1+\gamma_{yy})\,dy^2 + (1+\gamma_{zz})\,dz^2 + 2\gamma_{yz}\,dy\,dz + \\ &\qquad + 2\gamma_{zx}\,dz\,dx + 2\gamma_{xy}\,dx\,dy \\ &= (1+\gamma_{x'x'})\,dx'^2 + (1+\gamma_{y'y'})\,dy'^2 + (1+\gamma_{z'z'})\,dz'^2 + 2\gamma_{y'z'}\,dy'\,dz' + \\ &\qquad + 2\gamma_{z'x'}\,dz'\,dx' + 2\gamma_{x'y'}\,dx'\,dy'. \end{aligned}\right\} \tag{1}$$

Zwischen den zum selben Linienelemente gehörigen Größen dx, dy, dz und dx', dy', dz' bestehen aber die Beziehungen

$$\left.\begin{aligned} dx &= \cos(x',x)\,dx' + \cos(y',x)\,dy' + \cos(z',x)\,dz', \\ dy &= \cos(x',y)\,dx' + \cos(y',y)\,dy' + \cos(z',y)\,dz', \\ dz &= \cos(x',z)\,dx' + \cos(y',z)\,dy' + \cos(z',z)\,dz'. \end{aligned}\right\} \tag{2}$$

Führt man diese Ausdrücke in (1) ein, so kommt eine homogene quadratische Gleichung in dx', dy', dz', welche für alle Werte dieser Größen befriedigt sein muß. Somit müssen die Koeffizienten von dx'^2, dy'^2, dz'^2, $dy'\,dz'$, $dz'\,dx'$, $dx'\,dy'$ je für sich verschwinden. Dies ergibt

$$\left.\begin{aligned} \gamma_{x'x'} &= \gamma_{xx}\cos(x',x)\cos(x',x) + \gamma_{yx}\cos(x',y)\cos(x',x) + \gamma_{zx}\cos(x',z)\cos(x',x) + \\ &\quad + \gamma_{xy}\cos(x',x)\cos(x',y) + \gamma_{yy}\cos(x',y)\cos(x',y) + \gamma_{zy}\cos(x',z)\cos(x',y) + \\ &\quad + \gamma_{xz}\cos(x',x)\cos(x',z) + \gamma_{yz}\cos(x',y)\cos(x',z) + \gamma_{zz}\cos(x',z)\cos(x',z), \\ \gamma_{y'z'} &= \gamma_{xx}\cos(y',x)\cos(z',x) + \gamma_{yx}\cos(y',y)\cos(z',x) + \gamma_{zx}\cos(y',z)\cos(z',x) + \\ &\quad + \gamma_{xy}\cos(y',x)\cos(z',y) + \gamma_{yy}\cos(y',y)\cos(z',y) + \gamma_{zy}\cos(y',z)\cos(z',y) + \\ &\quad + \gamma_{xz}\cos(y',x)\cos(z',z) + \gamma_{yz}\cos(y',y)\cos(z',z) + \gamma_{zz}\cos(y',z)\cos(z',z) \end{aligned}\right\} \tag{3}$$

und entsprechend zyklisch weiter, wobei zur Erzielung einer symmetrischen Schreibweise davon Gebrauch gemacht wird, daß bei den Größen γ die Zeiger gemäß (**9**, 6) vertauschbar sind ($\gamma_{yz} = \gamma_{zy}, \gamma_{zx} = \gamma_{xz}, \gamma_{xy} = \gamma_{yx}$). Auf Grund dieser Transformationsformeln (vgl. Ziff. **8**) haben wir die Verzerrungskomponenten $\gamma_{xx}, \gamma_{yy}, \gamma_{zz}, \gamma_{yz}, \gamma_{zx}, \gamma_{xy}$ als Komponenten eines symmetrischen Tensors anzusehen.

Kehren wir noch einmal zur Formel (**9**, 5) zurück und dividieren beide Seiten durch dl^2, so nimmt sie mit $dx/dl = \cos\alpha$, $dy/dl = \cos\beta$, $dz/dl = \cos\gamma$ folgende Form an:

$$\left.\begin{aligned}\left(\frac{dl_1}{dl}\right)^2 = (1+\gamma_{xx})\cos^2\alpha + (1+\gamma_{yy})\cos^2\beta + (1+\gamma_{zz})\cos^2\gamma + \\ + 2\gamma_{yz}\cos\beta\cos\gamma + 2\gamma_{zx}\cos\gamma\cos\alpha + 2\gamma_{xy}\cos\alpha\cos\beta\end{aligned}\right\} \quad (4)$$

oder, wenn noch $(dl/dl_1)\cos\alpha = \bar{x}$, $(dl/dl_1)\cos\beta = \bar{y}$, $(dl/dl_1)\cos\gamma = \bar{z}$ gesetzt wird,

$$(1+\gamma_{xx})\,\bar{x}^2 + (1+\gamma_{yy})\,\bar{y}^2 + (1+\gamma_{zz})\,\bar{z}^2 + 2\gamma_{yz}\bar{y}\,\bar{z} + 2\gamma_{zx}\bar{z}\,\bar{x} + 2\gamma_{xy}\,\bar{x}\,\bar{y} = 1. \quad (5)$$

Weil $\bar{x}, \bar{y}, \bar{z}$ die Koordinaten des Endpunktes eines in der Richtung (α, β, γ) laufenden Fahrstrahls von der Länge dl/dl_1 sind, erhalten wir den Satz:

Wird von einem Punkte P aus in jeder Richtung ein Fahrstrahl gezogen, dessen Länge gleich dem Kehrwert des zugehörigen Vergrößerungsverhältnisses dl_1/dl ist, so erfüllen die Endpunkte dieser Vektoren eine Fläche zweiter Ordnung, und zwar (weil das Verhältnis dl_1/dl stets von Null und unendlich verschieden ist) ein Ellipsoid, das sogenannte reziproke Verzerrungsellipsoid.

Weil das Ellipsoid bezüglich seiner eigenen Symmetrieachsen eine Gleichung von der Form

$$(1+\gamma_{11})\,\bar{x}'^2 + (1+\gamma_{22})\,\bar{y}'^2 + (1+\gamma_{33})\,\bar{z}'^2 = 1 \quad (6)$$

besitzt, sind offensichtlich die zu diesen Achsen gehörigen Verzerrungskomponenten γ_{23}, γ_{31} und γ_{12} gleich Null. Es gibt also in jedem Punkte drei und im allgemeinen nur drei zueinander senkrechte Linienelemente, die auch nach der Verzerrung noch senkrecht zueinander stehen. Die Richtungen dieser Elemente werden als Hauptrichtungen der Verzerrung bezeichnet, die zugehörigen Verzerrungen γ_{11}, γ_{22}, γ_{33} als die Hauptverzerrungen.

Die Achsenrichtungen einer Fläche zweiter Ordnung sind dadurch ausgezeichnet, daß sie senkrecht zu ihren konjugierten Durchmesserebenen stehen. Weil für die Fläche (5) die Gleichung der zur Richtung (α, β, γ) konjugierten Durchmesserebene

$$\begin{aligned}\left[(1+\gamma_{xx})\cos\alpha + \gamma_{xy}\cos\beta + \gamma_{xz}\cos\gamma\right]\bar{x} + \left[\gamma_{yx}\cos\alpha + (1+\gamma_{yy})\cos\beta + \gamma_{yz}\cos\gamma\right]\bar{y} + \\ + \left[\gamma_{zx}\cos\alpha + \gamma_{zy}\cos\beta + (1+\gamma_{zz})\cos\gamma\right]\bar{z} = 0\end{aligned}$$

lautet, so gelten für die Richtungskosinus einer Hauptrichtung der Verzerrung die Beziehungen

$$\left.\begin{aligned}\frac{(1+\gamma_{xx})\cos\alpha + \gamma_{xy}\cos\beta + \gamma_{xz}\cos\gamma}{\cos\alpha} = \frac{\gamma_{yx}\cos\alpha + (1+\gamma_{yy})\cos\beta + \gamma_{yz}\cos\gamma}{\cos\beta} = \\ = \frac{\gamma_{zx}\cos\alpha + \gamma_{zy}\cos\beta + (1+\gamma_{zz})\cos\gamma}{\cos\gamma}.\end{aligned}\right\} \quad (7)$$

Setzt man den gemeinschaftlichen Wert der Brüche (7) gleich $1+\Gamma$, so lassen sich die Gleichungen (7) in die Form

$$\left.\begin{aligned}(\gamma_{xx} - \Gamma)\cos\alpha + \gamma_{xy}\cos\beta + \gamma_{xz}\cos\gamma = 0, \\ \gamma_{yx}\cos\alpha + (\gamma_{yy} - \Gamma)\cos\beta + \gamma_{yz}\cos\gamma = 0, \\ \gamma_{zx}\cos\alpha + \gamma_{zy}\cos\beta + (\gamma_{zz} - \Gamma)\cos\gamma = 0\end{aligned}\right\} \quad (8)$$

bringen. Die zu den Hauptrichtungen gehörigen Γ-Werte Γ_1, Γ_2, Γ_3 genügen also der Gleichung

$$\begin{vmatrix}\gamma_{xx} - \Gamma & \gamma_{xy} & \gamma_{xz} \\ \gamma_{yx} & \gamma_{yy} - \Gamma & \gamma_{yz} \\ \gamma_{zx} & \gamma_{zy} & \gamma_{zz} - \Gamma\end{vmatrix} = 0. \quad (9)$$

Die Verhältnisse der Richtungskosinus $\cos\alpha_i$, $\cos\beta_i$, $\cos\gamma_i$ $(i=1,2,3)$ der zu $\Gamma_i (i=1,2,3)$ gehörigen Hauptrichtung sind durch zwei der Gleichungen (8) bestimmt, nachdem in diesen Gleichungen Γ durch Γ_i ersetzt worden ist.

Man beweist leicht, daß die Größen Γ_1, Γ_2, Γ_3 selbst die Hauptverzerrungsgrößen γ_{11}, γ_{22}, γ_{33} bedeuten. Denn geht man in die Gleichung (5) mit den Transformationsgleichungen

$$\left.\begin{aligned} \bar{x} &= \bar{x}'\cos\alpha_1 + \bar{y}'\cos\alpha_2 + \bar{z}'\cos\alpha_3,\\ \bar{y} &= \bar{x}'\cos\beta_1 + \bar{y}'\cos\beta_2 + \bar{z}'\cos\beta_3,\\ \bar{z} &= \bar{x}'\cos\gamma_1 + \bar{y}'\cos\gamma_2 + \bar{z}'\cos\gamma_3 \end{aligned}\right\} \tag{10}$$

ein, so erhält man z. B. für den Koeffizienten $(1+\gamma_{11})$ von x'^2

$$\begin{aligned} (1+\gamma_{11}) &= (1+\gamma_{xx})\cos^2\alpha_1 + (1+\gamma_{yy})\cos^2\beta_1 + (1+\gamma_{zz})\cos^2\gamma_1 + \\ &\quad + 2\gamma_{yz}\cos\beta_1\cos\gamma_1 + 2\gamma_{zx}\cos\gamma_1\cos\alpha_1 + 2\gamma_{xy}\cos\alpha_1\cos\beta_1 \\ &= \left[(1+\gamma_{xx})\cos\alpha_1 + \gamma_{xy}\cos\beta_1 + \gamma_{xz}\cos\gamma_1\right]\cos\alpha_1 + \\ &\quad + \left[\gamma_{yx}\cos\alpha_1 + (1+\gamma_{yy})\cos\beta_1 + \gamma_{yz}\cos\gamma_1\right]\cos\beta_1 + \\ &\quad + \left[\gamma_{zx}\cos\alpha_1 + \gamma_{zy}\cos\beta_1 + (1+\gamma_{zz})\cos\gamma_1\right]\cos\gamma_1 \end{aligned}$$

oder nach (7)

$$(1+\gamma_{11}) = (1+\Gamma_1)(\cos^2\alpha_1 + \cos^2\beta_1 + \cos^2\gamma_1) = 1+\Gamma_1. \tag{11}$$

Weil hiernach den Wurzeln der Gleichung (9) eine geometrische Bedeutung zukommt, die unabhängig von der Wahl des Koordinatensystems ist, so müssen die Koeffizienten dieser Gleichung für alle möglichen rechtwinkligen Achsenkreuze einen festen Wert haben. Wir erhalten also die folgenden Invarianten des Verzerrungszustandes:

$$\left.\begin{aligned} &\gamma_{xx} + \gamma_{yy} + \gamma_{zz} = \gamma_{11} + \gamma_{22} + \gamma_{33},\\ &\gamma_{yy}\gamma_{zz} - \gamma_{yz}^2 + \gamma_{zz}\gamma_{xx} - \gamma_{zx}^2 + \gamma_{xx}\gamma_{yy} - \gamma_{xy}^2 = \gamma_{22}\gamma_{33} + \gamma_{33}\gamma_{11} + \gamma_{11}\gamma_{22},\\ &\gamma_{xx}\gamma_{yy}\gamma_{zz} + 2\gamma_{yz}\gamma_{zx}\gamma_{xy} - \gamma_{xx}\gamma_{yz}^2 - \gamma_{yy}\gamma_{zx}^2 - \gamma_{zz}\gamma_{xy}^2 = \gamma_{11}\gamma_{22}\gamma_{33}. \end{aligned}\right\} \tag{12}$$

Mit den Hauptrichtungen der Verzerrung und dem auf sie bezogenen reziproken Verzerrungsellipsoid läßt sich die Gestalt- und Lageänderung der Umgebung eines Punktes anschaulich beschreiben. Diese Umgebung erfährt nämlich erstens als Ganzes (abgesehen von der Verschiebung u, v, w) eine Drehung ω, welche die Hauptrichtungen der Verzerrung aus ihren ursprünglichen Lagen in ihre neuen Lagen überführt, und zweitens noch eine Gestaltänderung, welche durch die Längen der Hauptachsen des reziproken Verzerrungsellipsoids bestimmt ist. Läßt man dieses Ellipsoid bei der Verzerrung von den Hauptachsen mitführen, so gibt jede Halbachse den Kehrwert des Verhältnisses an, in welchem die in dieser Achsenrichtung gemessenen Koordinaten vergrößert werden müssen. Man nennt die Drehung und die Gestaltänderung mit anderem Sprachgebrauch als am Schluß von Ziff. **9** ebenfalls Komponenten der Verzerrung. Der Betrag ω der Drehung sowie die Richtung der zugehörigen Drehachse ist bestimmt durch die gegenseitige Lage der Hauptrichtungen der Verzerrung vor und nach der Verzerrung. Wie die Richtungskosinus dieser Achsen in beiden Lagen berechnet werden können, ist vorhin auseinandergesetzt worden. Weil wir aber von diesen Größen des endlichen Verzerrungszustandes weiter keinen Gebrauch machen werden, so sehen wir von der etwas umständlichen Rechnung hier ab.

11. Die räumliche Dehnung. Wir betrachten jetzt ein unendlich kleines Tetraeder mit dem Volumen dV, dessen Eckpunkte P, Q, R, S die Koordinaten (x, y, z), $(x+dx, y, z)$, $(x, y+dy, z)$, $(x, y, z+dz)$ haben mögen, und bestimmen den Inhalt dV_1 dieses Tetraeders im verzerrten Zustand $P_1Q_1R_1S_1$. Bezogen auf das in Ziff. **9** eingeführte und mit P mitbewegte Achsenkreuz $\bar{x}, \bar{y}, \bar{z}$ haben die Punkte Q_1, R_1, S_1 folgende Koordinaten:

$$\begin{aligned} Q_1:&\quad dx+\frac{\partial u}{\partial x}dx, \quad \frac{\partial v}{\partial x}dx, \quad \frac{\partial w}{\partial x}dx,\\ R_1:&\quad \frac{\partial u}{\partial y}dy, \quad dy+\frac{\partial v}{\partial y}dy, \quad \frac{\partial w}{\partial y}dy,\\ S_1:&\quad \frac{\partial u}{\partial z}dz, \quad \frac{\partial v}{\partial z}dz, \quad dz+\frac{\partial w}{\partial z}dz. \end{aligned}$$

Der Inhalt dV_1 ist somit

$$dV_1=\frac{1}{6}\begin{vmatrix} 0 & 0 & 0 & 1\\ dx+\frac{\partial u}{\partial x}dx & \frac{\partial v}{\partial x}dx & \frac{\partial w}{\partial x}dx & 1\\ \frac{\partial u}{\partial y}dy & dy+\frac{\partial v}{\partial y}dy & \frac{\partial w}{\partial y}dy & 1\\ \frac{\partial u}{\partial z}dz & \frac{\partial v}{\partial z}dz & dz+\frac{\partial w}{\partial z}dz & 1 \end{vmatrix}=\begin{vmatrix} 1+\frac{\partial u}{\partial x} & \frac{\partial v}{\partial x} & \frac{\partial w}{\partial x}\\ \frac{\partial u}{\partial y} & 1+\frac{\partial v}{\partial y} & \frac{\partial w}{\partial y}\\ \frac{\partial u}{\partial z} & \frac{\partial v}{\partial z} & 1+\frac{\partial w}{\partial z} \end{vmatrix}dV. \tag{1}$$

Wird die räumliche Dehnung mit λ_v bezeichnet, so ist also

$$\frac{dV_1}{dV}=1+\lambda_v=\begin{vmatrix} 1+\frac{\partial u}{\partial x} & \frac{\partial v}{\partial x} & \frac{\partial w}{\partial x}\\ \frac{\partial u}{\partial y} & 1+\frac{\partial v}{\partial y} & \frac{\partial w}{\partial y}\\ \frac{\partial u}{\partial z} & \frac{\partial v}{\partial z} & 1+\frac{\partial w}{\partial z} \end{vmatrix}. \tag{2}$$

Quadriert man diese Gleichung, so erhält man nach dem Multiplikationssatz für Determinanten und mit (**9**, 6)

$$(1+\lambda_v)^2=\begin{vmatrix} 1+\gamma_{xx} & \gamma_{xy} & \gamma_{xz}\\ \gamma_{yx} & 1+\gamma_{yy} & \gamma_{yz}\\ \gamma_{zx} & \gamma_{zy} & 1+\gamma_{zz} \end{vmatrix}. \tag{3}$$

Hiermit ist λ_v durch die Verzerrungskomponenten γ ausgedrückt und zwar, wie man erwarten konnte, in invarianter Weise. Denn wenn man die Diagonalglieder der Determinante (**10**, 9) in der Form

$$(1+\gamma_{xx})-(1+\Gamma), \qquad (1+\gamma_{yy})-(1+\Gamma), \qquad (1+\gamma_{zz})-(1+\Gamma)$$

schreibt und $(1+\Gamma)$ als neue Unbekannte auffaßt, so ist die Determinante (3) einfach das konstante Glied der transformierten Gleichung (**10**, 9), deren Koeffizienten ja als invariant festgestellt sind. Ausgedrückt in den Hauptverzerrungen ist also

$$(1+\lambda_v)^2=(1+\gamma_{11})(1+\gamma_{22})(1+\gamma_{33}). \tag{4}$$

12. Unendlich kleine Verzerrungen. Wenn man sich auf Verzerrungen beschränkt, bei denen Größen von der zweiten oder höherer Ordnung in u, v, w und deren Ableitungen vernachlässigt werden können gegen solche erster Ordnung, so vereinfachen sich die Ausdrücke (**9**, 6) für die Verzerrungskomponenten zu

$$\left.\begin{aligned} \gamma_{xx}&=2\frac{\partial u}{\partial x}, & \gamma_{yy}&=2\frac{\partial v}{\partial y}, & \gamma_{zz}&=2\frac{\partial w}{\partial z},\\ \gamma_{yz}&=\frac{\partial v}{\partial z}+\frac{\partial w}{\partial y}, & \gamma_{zx}&=\frac{\partial w}{\partial x}+\frac{\partial u}{\partial z}, & \gamma_{xy}&=\frac{\partial u}{\partial y}+\frac{\partial v}{\partial x}. \end{aligned}\right\} \tag{1}$$

Dementsprechend findet man jetzt für die Dehnungen λ_x, λ_y, λ_z (**9**, 8) und (**9**, 9), welche wir bei unendlich kleiner Verzerrung in der Regel mit ε_x, ε_y, ε_z bezeichnen,

$$\varepsilon_x = \frac{\partial u}{\partial x}, \quad \varepsilon_y = \frac{\partial v}{\partial y}, \quad \varepsilon_z = \frac{\partial w}{\partial z} \tag{2}$$

und für die Größen φ (**9**, 10)

$$\cos\varphi_{yz} = \frac{\partial v}{\partial z} + \frac{\partial w}{\partial y}, \quad \cos\varphi_{zx} = \frac{\partial w}{\partial x} + \frac{\partial u}{\partial z}, \quad \cos\varphi_{xy} = \frac{\partial u}{\partial y} + \frac{\partial v}{\partial x}. \tag{3}$$

Weil die Winkel φ sich nur um einen unendlich kleinen Betrag ψ von $\pi/2$ unterscheiden, so daß für ihre Kosinus einfach diese Winkelunterschiede geschrieben werden dürfen, so gilt für die Winkeländerungen ψ_{yz}, ψ_{zx}, ψ_{xy} der ursprünglich rechten Winkel (y, z), (z, x), (x, y)

$$\psi_{yz} = \frac{\partial v}{\partial z} + \frac{\partial w}{\partial y}, \quad \psi_{zx} = \frac{\partial w}{\partial x} + \frac{\partial u}{\partial z}, \quad \psi_{xy} = \frac{\partial u}{\partial y} + \frac{\partial v}{\partial x}. \tag{4}$$

Die räumliche Dehnung λ_v, welche wir bei unendlich kleiner Verzerrung in der Regel mit e bezeichnen, berechnet sich nach (**11**, **3**) aus

$$1 + e = \sqrt{1 + 2\left(\frac{\partial u}{\partial x} + \frac{\partial v}{\partial y} + \frac{\partial w}{\partial z}\right)}$$

und wird also

$$e = \frac{\partial u}{\partial x} + \frac{\partial v}{\partial y} + \frac{\partial w}{\partial z} = \varepsilon_x + \varepsilon_y + \varepsilon_z. \tag{5}$$

Aus (2) und (4) folgt ferner

$$\frac{\partial^2 u}{\partial x^2} = \frac{\partial \varepsilon_x}{\partial x}, \qquad \frac{\partial^2 u}{\partial y^2} = \frac{\partial \psi_{xy}}{\partial y} - \frac{\partial \varepsilon_y}{\partial x}, \qquad \frac{\partial^2 u}{\partial z^2} = \frac{\partial \psi_{zx}}{\partial z} - \frac{\partial \varepsilon_z}{\partial x}$$

und zyklisch weiter, sowie

$$\frac{\partial^2 u}{\partial y\,\partial z} = \frac{1}{2}\left(-\frac{\partial \psi_{yz}}{\partial x} + \frac{\partial \psi_{zx}}{\partial y} + \frac{\partial \psi_{xy}}{\partial z}\right), \qquad \frac{\partial^2 u}{\partial z\,\partial x} = \frac{\partial \varepsilon_x}{\partial z}, \qquad \frac{\partial^2 u}{\partial x\,\partial y} = \frac{\partial \varepsilon_x}{\partial y}$$

und zyklisch weiter. Weil

$$\frac{\partial}{\partial x}\frac{\partial^2 u}{\partial y^2} = \frac{\partial}{\partial y}\frac{\partial^2 u}{\partial x\,\partial y}, \quad \frac{\partial}{\partial z}\frac{\partial^2 u}{\partial y^2} = \frac{\partial}{\partial y}\frac{\partial^2 u}{\partial y\,\partial z}, \quad \frac{\partial}{\partial x}\frac{\partial^2 u}{\partial z^2} = \frac{\partial}{\partial z}\frac{\partial^2 u}{\partial z\,\partial x}, \quad \frac{\partial}{\partial y}\frac{\partial^2 u}{\partial z^2} = \frac{\partial}{\partial z}\frac{\partial^2 u}{\partial y\,\partial z}$$

und zyklisch weiter gilt, so folgen aus diesen Gleichungen insgesamt zwölf Differentialbeziehungen zwischen den Verzerrungen, welche sich auf die folgenden sechs reduzieren:

$$\left.\begin{aligned}
\frac{\partial^2 \psi_{yz}}{\partial y\,\partial z} &= \frac{\partial^2 \varepsilon_y}{\partial z^2} + \frac{\partial^2 \varepsilon_z}{\partial y^2}, & 2\frac{\partial^2 \varepsilon_x}{\partial y\,\partial z} &= \frac{\partial}{\partial x}\left(-\frac{\partial \psi_{yz}}{\partial x} + \frac{\partial \psi_{zx}}{\partial y} + \frac{\partial \psi_{xy}}{\partial z}\right),\\
\frac{\partial^2 \psi_{zx}}{\partial z\,\partial x} &= \frac{\partial^2 \varepsilon_z}{\partial x^2} + \frac{\partial^2 \varepsilon_x}{\partial z^2}, & 2\frac{\partial^2 \varepsilon_y}{\partial z\,\partial x} &= \frac{\partial}{\partial y}\left(+\frac{\partial \psi_{yz}}{\partial x} - \frac{\partial \psi_{zx}}{\partial y} + \frac{\partial \psi_{xy}}{\partial z}\right),\\
\frac{\partial^2 \psi_{xy}}{\partial x\,\partial y} &= \frac{\partial^2 \varepsilon_x}{\partial y^2} + \frac{\partial^2 \varepsilon_y}{\partial x^2}, & 2\frac{\partial^2 \varepsilon_z}{\partial x\,\partial y} &= \frac{\partial}{\partial z}\left(+\frac{\partial \psi_{yz}}{\partial x} + \frac{\partial \psi_{zx}}{\partial y} - \frac{\partial \psi_{xy}}{\partial z}\right).
\end{aligned}\right\} \tag{6}$$

Die Gleichungen (6) sind die sogenannten Verträglichkeitsbedingungen des Verzerrungszustandes.

Für die am Schluß von Ziff. **10** besprochene Zerlegung der Verzerrung in ihre Komponenten läßt sich jetzt die Drehung ω leicht bestimmen, indem man *auf die Gleichungen* (**9**, 2) zurückgreift und diese in die Form

$$\left.\begin{aligned}
\bar{x}_1 &= \left(1+\frac{\partial u}{\partial x}\right)\bar{x} + \frac{1}{2}\left[\left(\frac{\partial u}{\partial y}+\frac{\partial v}{\partial x}\right)-\left(\frac{\partial v}{\partial x}-\frac{\partial u}{\partial y}\right)\right]\bar{y} + \frac{1}{2}\left[\left(\frac{\partial w}{\partial x}+\frac{\partial u}{\partial z}\right)+\left(\frac{\partial u}{\partial z}-\frac{\partial w}{\partial x}\right)\right]\bar{z},\\
\bar{y}_1 &= \frac{1}{2}\left[\left(\frac{\partial u}{\partial y}+\frac{\partial v}{\partial x}\right)+\left(\frac{\partial v}{\partial x}-\frac{\partial u}{\partial y}\right)\right]\bar{x} + \left(1+\frac{\partial v}{\partial y}\right)\bar{y} + \frac{1}{2}\left[\left(\frac{\partial v}{\partial z}+\frac{\partial w}{\partial y}\right)-\left(\frac{\partial w}{\partial y}-\frac{\partial v}{\partial z}\right)\right]\bar{z},\\
\bar{z}_1 &= \frac{1}{2}\left[\left(\frac{\partial w}{\partial x}+\frac{\partial u}{\partial z}\right)-\left(\frac{\partial u}{\partial z}-\frac{\partial w}{\partial x}\right)\right]\bar{x} + \frac{1}{2}\left[\left(\frac{\partial v}{\partial z}+\frac{\partial w}{\partial y}\right)+\left(\frac{\partial w}{\partial y}-\frac{\partial v}{\partial z}\right)\right]\bar{y} + \left(1+\frac{\partial w}{\partial z}\right)\bar{z}
\end{aligned}\right\}\quad(7)$$

bringt. Beachtet man nämlich (1) und setzt noch zur Abkürzung

$$\omega_x = \frac{1}{2}\left(\frac{\partial w}{\partial y}-\frac{\partial v}{\partial z}\right),\qquad \omega_y = \frac{1}{2}\left(\frac{\partial u}{\partial z}-\frac{\partial w}{\partial x}\right),\qquad \omega_z = \frac{1}{2}\left(\frac{\partial v}{\partial x}-\frac{\partial u}{\partial y}\right),\quad(8)$$

so kann für (7) — aber nur bei unendlich kleiner Verzerrung — geschrieben werden

$$\left.\begin{aligned}
\bar{x}_1 &= (1+\tfrac{1}{2}\gamma_{xx})\,\bar{x} + \tfrac{1}{2}\gamma_{xy}\,\bar{y} + \tfrac{1}{2}\gamma_{xz}\,\bar{z} + 0\cdot\bar{x} - \omega_z\,\bar{y} + \omega_y\,\bar{z},\\
\bar{y}_1 &= \tfrac{1}{2}\gamma_{yx}\,\bar{x} + (1+\tfrac{1}{2}\gamma_{yy})\,\bar{y} + \tfrac{1}{2}\gamma_{yz}\,\bar{z} + \omega_z\,\bar{x} + 0\cdot\bar{y} - \omega_x\,\bar{z},\\
\bar{z}_1 &= \tfrac{1}{2}\gamma_{zx}\,\bar{x} + \tfrac{1}{2}\gamma_{zy}\,\bar{y} + (1+\tfrac{1}{2}\gamma_{zz})\,\bar{z} - \omega_y\,\bar{x} + \omega_x\,\bar{y} + 0\cdot\bar{z}.
\end{aligned}\right\}\quad(9)$$

Hieraus folgt, daß die Transformation (**9**, 2) in unserem Falle aufgefaßt werden kann als die Summe der beiden Komponenten

$$\left.\begin{aligned}
\bar{x}_1' &= (1+\tfrac{1}{2}\gamma_{xx})\,\bar{x} + \tfrac{1}{2}\gamma_{xy}\bar{y} + \tfrac{1}{2}\gamma_{xz}\bar{z},\\
\bar{y}_1' &= \tfrac{1}{2}\gamma_{yx}\bar{x} + (1+\tfrac{1}{2}\gamma_{yy})\bar{y} + \tfrac{1}{2}\gamma_{yz}\bar{z},\\
\bar{z}_1' &= \tfrac{1}{2}\gamma_{zx}\bar{x} + \tfrac{1}{2}\gamma_{zy}\,\bar{y} + (1+\tfrac{1}{2}\gamma_{zz})\,\bar{z}
\end{aligned}\right\}(10\text{a})\quad\text{und}\quad
\left.\begin{aligned}
\bar{x}_1'' &= 0\cdot\bar{x} - \omega_z\,\bar{y} + \omega_y\,\bar{z},\\
\bar{y}_1'' &= \omega_z\,\bar{x} + 0\cdot\bar{y} - \omega_x\,\bar{z},\\
\bar{z}_1'' &= -\omega_y\,\bar{x} + \omega_x\,\bar{y} + 0\cdot\bar{z}
\end{aligned}\right\}(10\text{b})$$

mit den Verzerrungstensoren

$$D_1 \equiv \begin{vmatrix} \tfrac{1}{2}\gamma_{xx} & \tfrac{1}{2}\gamma_{xy} & \tfrac{1}{2}\gamma_{xz}\\ \tfrac{1}{2}\gamma_{yx} & \tfrac{1}{2}\gamma_{yy} & \tfrac{1}{2}\gamma_{yz}\\ \tfrac{1}{2}\gamma_{zx} & \tfrac{1}{2}\gamma_{zy} & \tfrac{1}{2}\gamma_{zz}\end{vmatrix}\quad(11\text{a})\quad\text{und}\quad D_2 \equiv \begin{vmatrix} 0 & -\omega_z & \omega_y\\ \omega_z & 0 & -\omega_x\\ -\omega_y & \omega_x & 0\end{vmatrix}.\quad(11\text{b})$$

Die zweite Transformation (10b) bedeutet, weil die Größen ω unendlich klein sind, eine Drehung mit den Komponenten ω_x, ω_y, ω_z bezüglich der Koordinatenachsen.

Daß diese Drehung wirklich mit der am Schluß von Ziff. **10** genannten Drehungskomponente übereinstimmt, zeigen wir indirekt dadurch, daß wir die Transformation (10a) mit der dort besprochenen Gestaltänderung identifizieren (alles natürlich wieder unter der Voraussetzung unendlich kleiner Verzerrungen). Dazu ist nötig zu beweisen, erstens, daß es bei der Transformation (10a) drei zueinander senkrechte Richtungen gibt, die in sich selbst übergeführt werden, zweitens, daß diese Richtungen mit den in Ziff. **10** bestimmten Hauptrichtungen der Verzerrung zusammenfallen, und drittens, daß die Vergrößerungsverhältnisse in diesen Richtungen übereinstimmen mit den Werten, die aus den Hauptachsen des reziproken Verzerrungsellipsoids folgen.

Nun ist jede in sich selbst transformierte Richtung (α, β, γ) der Transformation (10a) dadurch ausgezeichnet, daß für jeden Punkt $\bar{x} = \cos\alpha$, $\bar{y} = \cos\beta$, $\bar{z} = \cos\gamma$ sein muß

$$\bar{x}_1' = (1+\tfrac{1}{2}\mu)\,\bar{x},\qquad \bar{y}_1' = (1+\tfrac{1}{2}\mu)\,\bar{y},\qquad \bar{z}_1' = (1+\tfrac{1}{2}\mu)\,\bar{z},$$

wo $(1+\frac{1}{2}\mu)$ das zu der Richtung (α, β, γ) gehörige Vergrößerungsverhältnis bedeutet. Für eine solche Richtung gelten also nach (10a) die Gleichungen

$$\left.\begin{aligned}
(\gamma_{xx}-\mu)\cos\alpha + \gamma_{xy}\cos\beta + \gamma_{xz}\cos\gamma &= 0,\\
\gamma_{yx}\cos\alpha + (\gamma_{yy}-\mu)\cos\beta + \gamma_{yz}\cos\gamma &= 0,\\
\gamma_{zx}\cos\alpha + \gamma_{zy}\cos\beta + (\gamma_{zz}-\mu)\cos\gamma &= 0.
\end{aligned}\right\}\quad(12)$$

Dieses Gleichungssystem stimmt in der Form vollkommen mit dem System (**10**, 8) überein, so daß, wenn man dort zu unendlich kleinen Verzerrungen übergeht, die durch (**10**, 8) und (**10**, 9) und die durch (12) definierten Achsen in ihren Richtungen wirklich übereinstimmen. Daß auch die in diesen Richtungen auftretenden Vergrößerungsverhältnisse paarweise gleich sind, erkennt man, wenn man diese Größen aus den zugehörigen (und unter sich gleichen) Γ- und μ-Werten berechnet. Betrachtet man z. B. die Werte $\Gamma_1 = \mu_1$, so ist das zugehörige Vergrößerungsverhältnis in der Transformation (10a) $(1+\frac{1}{2}\mu_1) = 1+\frac{1}{2}\Gamma_1$, während nach Ziff. **10** die entsprechende Größe gleich dem Kehrwert der zugehörigen Ellipsoidhalbachse, also nach (**10**, 6) gleich $\sqrt{1+\gamma_{11}}$ ist. In der Tat gilt aber bei unendlich kleiner Verzerrung

$$1+\tfrac{1}{2}\Gamma_1 = \sqrt{1+\gamma_{11}},$$

weil, wie bereits durch (**10**, 11) bewiesen, $\gamma_{11} = \Gamma_1$ ist.

Der zu der Transformation (10a) gehörige Verzerrungstensor D_1 kann selbst wieder in einen Kugeltensor D_1' und einen Deviator D_1'' zerlegt werden, indem man schreibt

$$D_1' \equiv \begin{vmatrix} \frac{1}{6}(\gamma_{xx}+\gamma_{yy}+\gamma_{zz}) & 0 & 0 \\ 0 & \frac{1}{6}(\gamma_{xx}+\gamma_{yy}+\gamma_{zz}) & 0 \\ 0 & 0 & \frac{1}{6}(\gamma_{xx}+\gamma_{yy}+\gamma_{zz}) \end{vmatrix} \tag{13}$$

und

$$D_1'' \equiv \begin{vmatrix} \frac{1}{6}(2\gamma_{xx}-\gamma_{yy}-\gamma_{zz}) & \frac{1}{2}\gamma_{xy} & \frac{1}{2}\gamma_{xz} \\ \frac{1}{2}\gamma_{yx} & \frac{1}{6}(2\gamma_{yy}-\gamma_{zz}-\gamma_{xx}) & \frac{1}{2}\gamma_{yz} \\ \frac{1}{2}\gamma_{zx} & \frac{1}{2}\gamma_{zy} & \frac{1}{6}(2\gamma_{zz}-\gamma_{xx}-\gamma_{yy}) \end{vmatrix}. \tag{14}$$

Bei der Verzerrung D_1' treten keine Winkeländerungen auf (weil die Komponenten $\gamma_{yz}, \gamma_{zx}, \gamma_{xy}$ Null sind), in allen Richtungen ist die Verlängerung oder Verkürzung gleich und vom Betrage

$$\frac{1}{3}\left(\frac{\partial u}{\partial x}+\frac{\partial v}{\partial y}+\frac{\partial w}{\partial z}\right) \equiv \frac{1}{3}e,$$

also gleich dem dritten Teil der räumlichen Dehnung. Die Verzerrung D_1' enthält also die ganze Volumdehnung (die ja durch die Summe der Diagonalglieder dargestellt wird). Bei der Verzerrung D_1'' dagegen tritt keine Volumänderung ein, weil die Summe der Diagonalglieder Null ist.

Die allgemeine (unendlich kleine) Verzerrung der Umgebung eines Punktes kann also aufgefaßt werden als die Überlagerung einer Drehung ω mit den Komponenten (8), einer gleichförmigen Dehnung ohne Gestaltänderung gegeben durch den Kugeltensor (13), und einer volumfesten Gestaltänderung, gegeben durch den Tensor (14).

In einem deviatorischen Verzerrungszustande gibt es unendlich viele Linienelemente, die keine Verlängerung erleiden. Dies sind diejenigen Elemente, deren Fahrstrahlen im reziproken Verzerrungsellipsoid die Länge 1 haben. Die Gleichung dieses Ellipsoids, bezogen auf seine eigenen Symmetrieachsen, lautet nach (**10**, 6)

$$(1+\gamma_{11})\bar{x}^2+(1+\gamma_{22})\bar{y}^2+(1+\gamma_{33})\bar{z}^2 = 1 \quad \text{mit} \quad \gamma_{11}+\gamma_{22}+\gamma_{33} = 0,$$

und es handelt sich also um diejenigen Punkte, für welche

$$\bar{x}^2+\bar{y}^2+\bar{z}^2 = 1$$

ist. Die von ihnen bestimmten Richtungen erfüllen, wie leicht ersichtlich, einen Kegel mit der Gleichung

$$\gamma_{11}\bar{x}^2+\gamma_{22}\bar{y}^2-(\gamma_{11}+\gamma_{22})\bar{z}^2 = 0. \tag{15}$$

In Ziff. **8** wurde festgestellt, daß ein solcher Kegel orthogonal ist, so daß es beim deviatorischen Verzerrungszustande ∞^1 Tripel von (im Anfangszustande) aufeinander senkrechten, dehnungslosen Richtungen gibt. Im verzerrten Zustand geht ein solches Tripel orthogonaler Richtungen natürlich in drei schiefwinklige Richtungen über.

Gegenüberliegende Seitenflächen eines nach einem solchen Tripel von Geraden orientierten Elementarquaders erfahren somit nur relative Verschiebungen, jedoch (bis auf einen unendlich kleinen Betrag höherer Ordnung) keine Abstandsänderungen.

Da bei den meisten technischen Werkstoffen die Verzerrungen so klein sind, daß sie als unendlich klein betrachtet werden können, so werden wir gemäß (1) bis (4) von jetzt an in der Regel

$$\varepsilon_x, \varepsilon_y, \varepsilon_z, \psi_{yz}, \psi_{zx}, \psi_{xy} \quad \text{statt} \quad \tfrac{1}{2}\gamma_{xx}, \tfrac{1}{2}\gamma_{yy}, \tfrac{1}{2}\gamma_{zz}, \gamma_{yz}, \gamma_{zx}, \gamma_{xy} \tag{16}$$

schreiben.

§ 3. Die Beziehungen zwischen Spannungs- und Verzerrungszustand.

13. Das Hookesche Gesetz. In § 1 und § 2 haben wir den Spannungs- und den Verzerrungszustand eines Punktes je für sich untersucht. Jetzt handelt es sich darum, einen Zusammenhang zwischen beiden herzustellen. Dabei beschränken wir uns auf isotrope, homogene Körper, d. h. auf solche Stoffe, bei denen es in keinem Punkt eine bevorzugte Richtung für die elastischen Eigenschaften gibt, und bei denen auch von Punkt zu Punkt diese Eigenschaften dieselben sind.

Die Erfahrung lehrt, daß beim geradlinigen Spannungszustand, wie er ja in einem in seiner Längsrichtung gezogenen oder gedrückten Stabe annähernd verwirklicht werden kann, die Dehnung ε_1 in der Zug- oder Druckrichtung bei kleiner Verformung proportional zu der in dieser Richtung wirkenden Hauptspannung σ_1 ist, so daß man mit dem sogenannten Elastizitätsmodul E

$$\sigma_1 = E\,\varepsilon_1 \tag{1}$$

schreiben kann. Daß hierbei die Hauptrichtung der Spannung zugleich eine Hauptrichtung der Verzerrung ist, folgt aus Symmetriegründen. Zugleich mit der Verzerrung ε_1 in der Richtung der Hauptspannung σ_1 tritt in jeder dazu senkrechten Richtung eine Querverzerrung auf, die ebenfalls zu σ_1 proportional ist und also gleich $-\sigma_1/mE$ gesetzt werden kann, wo m die sogenannte Querdehnungszahl ist.

Betrachtet man nun einen räumlichen Spannungszustand und nimmt man an, daß (im verzerrten Zustand) auch hier die Hauptrichtungen der Verzerrung und der Spannung zusammenfallen, so ist der einfachste Ansatz für den Zusammenhang zwischen Hauptspannungen $\sigma_1, \sigma_2, \sigma_3$ und Hauptdehnungen $\varepsilon_1, \varepsilon_2, \varepsilon_3$ derjenige, wonach bei gleichzeitiger Wirkung der drei Hauptspannungen die von den einzelnen Spannungen erzeugten Verzerrungen sich algebraisch addieren. In der Tat ist die geltende Elastizitätslehre auf diesem Ansatz aufgebaut, welcher sich formelmäßig folgendermaßen ausdrückt:

$$\left.\begin{aligned}
\varepsilon_1 &= \frac{1}{E}\left[\sigma_1 - \frac{1}{m}(\sigma_2 + \sigma_3)\right],\\
\varepsilon_2 &= \frac{1}{E}\left[\sigma_2 - \frac{1}{m}(\sigma_3 + \sigma_1)\right],\\
\varepsilon_3 &= \frac{1}{E}\left[\sigma_3 - \frac{1}{m}(\sigma_1 + \sigma_2)\right].
\end{aligned}\right\} \tag{2}$$

Diese Gleichungen geben, aufgelöst nach σ_1, σ_2, σ_3,

$$\left.\begin{aligned}\sigma_1 &= \frac{m E}{m+1}\left(\varepsilon_1 + \frac{\varepsilon_1+\varepsilon_2+\varepsilon_3}{m-2}\right),\\ \sigma_2 &= \frac{m E}{m+1}\left(\varepsilon_2 + \frac{\varepsilon_1+\varepsilon_2+\varepsilon_3}{m-2}\right),\\ \sigma_3 &= \frac{m E}{m+1}\left(\varepsilon_3 + \frac{\varepsilon_1+\varepsilon_2+\varepsilon_3}{m-2}\right).\end{aligned}\right\} \tag{3}$$

Um hieraus den Zusammenhang zwischen den zu einem beliebigen Achsenkreuz (x, y, z) gehörigen Spannungs- und Verzerrungskomponenten zu finden, hat man die Transformationsformeln (**8**, 2) und (**10**, 3) anzuwenden. Nennen wir die Spannungs- und Verzerrungskomponenten bezüglich der Hauptrichtungen

$$t_{ij}\begin{pmatrix} i=1,2,3\\ j=1,2,3\end{pmatrix}, \quad \text{wobei } t_{11}=\sigma_1,\quad t_{22}=\sigma_2,\quad t_{33}=\sigma_3,\quad t_{23}=t_{31}=t_{12}=0$$

und

$$\gamma_{ij}\begin{pmatrix} i=1,2,3\\ j=1,2,3\end{pmatrix}, \quad \text{wobei } \gamma_{11}=2\varepsilon_1,\quad \gamma_{22}=2\varepsilon_2,\quad \gamma_{33}=2\varepsilon_3,\quad \gamma_{23}=\gamma_{31}=\gamma_{12}=0,$$

und die entsprechenden Größen bezüglich der Richtungen x, y, z

$$t_{rs}\begin{pmatrix} r=x,y,z\\ s=x,y,z\end{pmatrix}, \text{ wobei } t_{xx}=\sigma_{xx},\ t_{yy}=\sigma_{yy},\ t_{zz}=\sigma_{zz},\ t_{yz}=\tau_{yz},\ t_{zx}=\tau_{zx},\ t_{xy}=\tau_{xy}$$

und

$$\gamma_{rs}\begin{pmatrix} r=x,y,z\\ s=x,y,z\end{pmatrix}, \text{ wobei } \gamma_{xx}=2\varepsilon_x,\ \gamma_{yy}=2\varepsilon_y,\ \gamma_{zz}=2\varepsilon_z,\ \gamma_{yz}=\psi_{yz},\ \gamma_{zx}=\psi_{zx},\ \gamma_{xy}=\psi_{xy},$$

so lauten die Transformationsformeln

$$t_{rs} = \sum_{i=1}^{3}\sum_{j=1}^{3} t_{ij}\cos(r,i)\cos(s,j) \tag{4}$$

und

$$\gamma_{rs} = \sum_{i=1}^{3}\sum_{j=1}^{3} \gamma_{ij}\cos(r,i)\cos(s,j) \tag{5}$$

$$\begin{pmatrix} r=x,y,z\\ s=x,y,z\end{pmatrix}$$

oder, weil alle t_{ij} und γ_{ij} für $i \neq j$ Null sind,

$$t_{rs} = \sum_{i=1}^{3} t_{ii}\cos(r,i)\cos(s,i), \tag{6}$$

$$\gamma_{rs} = \sum_{i=1}^{3} \gamma_{ii}\cos(r,i)\cos(s,i). \tag{7}$$

Schreibt man die Gleichungen (2) in der Form

$$\gamma_{ii} = \frac{2}{E}\left[\frac{m+1}{m}t_{ii} - \frac{1}{m}t\right] \quad \text{mit} \quad t = \sigma_1+\sigma_2+\sigma_3 = \sigma_x+\sigma_y+\sigma_z,$$

so liefert die Einsetzung in (7)

$$\gamma_{rs} = \frac{2(m+1)}{mE}\sum_{i=1}^{3} t_{ii}\cos(r,i)\cos(s,i) - \frac{2}{mE}\,t\sum_{i=1}^{3}\cos(r,i)\cos(s,i)$$

oder wegen (6)

$$\gamma_{rs} = \frac{2(m+1)}{mE}\,t_{rs} - \frac{2}{mE}\,t\sum_{i=1}^{3}\cos(r,i)\cos(s,i).$$

Für $r=s$ ist $\sum\cos(r,i)\cos(s,i)=\sum\cos^2(r,i)=1$, für $r\neq s$ dagegen gleich Null. Der gesuchte Zusammenhang zwischen den Größen γ_{rs} und t_{rs} ist also

$$\left.\begin{aligned} \gamma_{rr} &= \frac{2\,(m+1)}{mE}\,t_{rr} - \frac{2}{mE}\,t && (r = x, y, z) \\ \gamma_{rs} &= \frac{2\,(m+1)}{mE}\,t_{rs} && \begin{pmatrix} r = x, y, z \\ s = x, y, z \end{pmatrix} (r \neq s) \end{aligned}\right\} \tag{8}$$

oder in der gewöhnlichen Schreibweise [vgl. (**12**, 16)]

$$\left.\begin{aligned} \varepsilon_x &= \frac{1}{E}\left[\frac{m+1}{m}\,\sigma_x - \frac{1}{m}\,(\sigma_x+\sigma_y+\sigma_z)\right] = \frac{1}{E}\left[\sigma_x - \frac{1}{m}\,(\sigma_y+\sigma_z)\right], \\ \varepsilon_y &= \frac{1}{E}\left[\frac{m+1}{m}\,\sigma_y - \frac{1}{m}\,(\sigma_x+\sigma_y+\sigma_z)\right] = \frac{1}{E}\left[\sigma_y - \frac{1}{m}\,(\sigma_z+\sigma_x)\right], \\ \varepsilon_z &= \frac{1}{E}\left[\frac{m+1}{m}\,\sigma_z - \frac{1}{m}\,(\sigma_x+\sigma_y+\sigma_z)\right] = \frac{1}{E}\left[\sigma_z - \frac{1}{m}\,(\sigma_x+\sigma_y)\right], \\ \psi_{yz} &= \frac{\tau_{yz}}{G}, \qquad \psi_{zx} = \frac{\tau_{zx}}{G}, \qquad \psi_{xy} = \frac{\tau_{xy}}{G} \end{aligned}\right\} \tag{9}$$

mit dem sogenannten Schubmodul

$$G = \frac{mE}{2\,(m+1)}. \tag{10}$$

Die Umkehrung der Gleichungen (9) lautet

$$\left.\begin{aligned} \sigma_x &= \frac{mE}{m+1}\left(\varepsilon_x + \frac{\varepsilon_x+\varepsilon_y+\varepsilon_z}{m-2}\right), \\ \sigma_y &= \frac{mE}{m+1}\left(\varepsilon_y + \frac{\varepsilon_x+\varepsilon_y+\varepsilon_z}{m-2}\right), \\ \sigma_z &= \frac{mE}{m+1}\left(\varepsilon_z + \frac{\varepsilon_x+\varepsilon_y+\varepsilon_z}{m-2}\right), \\ \tau_{yz} &= G\,\psi_{yz}, \quad \tau_{zx} = G\,\psi_{zx}, \quad \tau_{xy} = G\,\psi_{xy}. \end{aligned}\right\} \tag{11}$$

In Ziff. **8** und **12** ist gezeigt worden, daß sowohl der Spannungstensor T wie der Verzerrungstensor D_1 in einen Kugeltensor und einen Deviator zerlegt werden kann. Vergleicht man die beiden Kugeltensoren (**8**, 12) und (**12**, 13), von denen der zweite jetzt gemäß (**12**, 16) in den ε geschrieben ist,

$$T' \equiv \begin{vmatrix} \frac{1}{3}(\sigma_x+\sigma_y+\sigma_z) & 0 & 0 \\ 0 & \frac{1}{3}(\sigma_x+\sigma_y+\sigma_z) & 0 \\ 0 & 0 & \frac{1}{3}(\sigma_x+\sigma_y+\sigma_z) \end{vmatrix}$$

und

$$D_1' \equiv \begin{vmatrix} \frac{1}{3}(\varepsilon_x+\varepsilon_y+\varepsilon_z) & 0 & 0 \\ 0 & \frac{1}{3}(\varepsilon_x+\varepsilon_y+\varepsilon_z) & 0 \\ 0 & 0 & \frac{1}{3}(\varepsilon_x+\varepsilon_y+\varepsilon_z) \end{vmatrix},$$

so erkennt man, daß ihre Komponenten zueinander proportional sind; es ist nämlich nach (11)

$$\sigma_x+\sigma_y+\sigma_z = \frac{mE}{m-2}\,(\varepsilon_x+\varepsilon_y+\varepsilon_z). \tag{12}$$

Dieselbe Eigenschaft gilt für die Komponenten der beiden Deviatoren (**8**, 13) und (**12**, 14), von denen der zweite jetzt ebenfalls in ε und ψ geschrieben ist,

$$T'' \equiv \begin{vmatrix} \frac{1}{3}(2\sigma_x - \sigma_y - \sigma_z) & \tau_{xy} & \tau_{xz} \\ \tau_{yx} & \frac{1}{3}(2\sigma_y - \sigma_z - \sigma_x) & \tau_{yz} \\ \tau_{zx} & \tau_{zy} & \frac{1}{3}(2\sigma_z - \sigma_x - \sigma_y) \end{vmatrix}$$

und

$$D_1'' \equiv \begin{vmatrix} \frac{1}{3}(2\varepsilon_x - \varepsilon_y - \varepsilon_z) & \frac{1}{2}\psi_{xy} & \frac{1}{2}\psi_{xz} \\ \frac{1}{2}\psi_{yx} & \frac{1}{3}(2\varepsilon_y - \varepsilon_z - \varepsilon_x) & \frac{1}{2}\psi_{yz} \\ \frac{1}{2}\psi_{zx} & \frac{1}{2}\psi_{zy} & \frac{1}{3}(2\varepsilon_z - \varepsilon_x - \varepsilon_y) \end{vmatrix};$$

der Proportionalitätsfaktor wird hier nach (11) und (10)

$$\frac{2\sigma_x - \sigma_y - \sigma_z}{2\varepsilon_x - \varepsilon_y - \varepsilon_z} = \cdots = \frac{\tau_{xy}}{\frac{1}{2}\psi_{xy}} = \cdots = 2G. \tag{13}$$

Zwischen den Hauptgrößen dieser Deviatoren, welche wir (analog zu Ziff. **8**) mit σ_1'', σ_2'', $-(\sigma_1''+\sigma_2'')$ und ε_1'', ε_2'', $-(\varepsilon_1''+\varepsilon_2'')$ bezeichnen, besteht also ebenfalls die Beziehung

$$\frac{\sigma_1''}{2\varepsilon_1''} = \frac{\sigma_2''}{2\varepsilon_2''} = \frac{-(\sigma_1''+\sigma_2'')}{-2(\varepsilon_1''+\varepsilon_2'')} = 2G,$$

so daß die beiden in Ziff. **8** und Ziff. **12** behandelten Kegel, wie von vornherein zu erwarten war, identisch sind, wenn sie sich auf denselben deviatorischen Spannungszustand beziehen. Diejenigen Tripel von orthogonalen Flächenelementen, die nur Schubspannungen tragen, liefern in ihren Schnittgeraden diejenigen Tripel von Linienelementen, die bei der Verzerrung keine Verlängerung oder Verkürzung erfahren.

Die Beziehungen (12) und (13) zwischen den Kugeltensoren und zwischen den Deviatoren der Spannungen und der Verzerrungen kann man, wenn man dabei noch auf (10) achtet, auf die folgende Form bringen:

$$\left.\begin{aligned} T' &= \frac{mE}{m-2} D_1' = 2\frac{m+1}{m-2} G D_1', \\ T'' &= \frac{mE}{m+1} D_1'' = 2 G D_1''. \end{aligned}\right\} \tag{14}$$

Dies ist die tensorielle Schreibweise des Hookeschen Gesetzes für den homogenen isotropen Körper.

Den dritten Teil des in der ersten Gleichung (14) vorkommenden Moduls, also die Größe

$$k = \frac{mE}{3(m-2)} = \frac{2}{3}\,\frac{m+1}{m-2}\,G \tag{15}$$

nennt man den Kompressionsmodul, weil bei einem allseitig gleichmäßigen Spannungszustand $\sigma_x = \sigma_y = \sigma_z = \sigma$ die räumliche Dehnung e(**12**, 5) nach (12) der Gleichung

$$\sigma = k e \tag{16}$$

gehorcht.

14. Die Verzerrungsarbeit. Wir betrachten im verzerrten Zustand einen Elementarquader, dessen Seitenflächen senkrecht zu den Hauptrichtungen des Spannungszustandes stehen, und wollen die von den Oberflächenkräften geleistete Arbeit, die gleich der im Körperelement aufgespeicherten Formänderungsenergie ist, bestimmen. Die Hauptspannungen und Hauptdehnungen seien wieder σ_1, σ_2, σ_3 und ε_1, ε_2, ε_3, die Kantenlängen im unbelasteten Zustande seien dx, dy, dz.

Unter den unendlich vielen verschiedenen Arten, in denen das Körperelement aus seinem unverzerrten Anfangszustand in den Endzustand übergeführt werden kann, betrachten wir diejenige, bei der die Hauptspannungen von Null bis zu ihrem Endbetrag so anwachsen, daß in jedem Zwischenzustand die jeweiligen Hauptspannungen und Hauptdehnungen zu ihren Endwerten proportional sind und also gleich $\mu\sigma_1$, $\mu\sigma_2$, $\mu\sigma_3$ und $\mu\varepsilon_1$, $\mu\varepsilon_2$, $\mu\varepsilon_3$ $(0 \leq \mu \leq 1)$ gesetzt werden können. Beim Übergang vom Zustande μ zum Zustande $\mu + d\mu$ wird dann eine Arbeit geleistet vom Betrag

$$(1+\mu\varepsilon_2)\,dy\,(1+\mu\varepsilon_3)\,dz\,\mu\sigma_1 \cdot d(\mu\varepsilon_1)\,dx + (1+\mu\varepsilon_3)\,dz\,(1+\mu\varepsilon_1)\,dx\,\mu\sigma_2 \cdot d(\mu\varepsilon_2)\,dy + \\ + (1+\mu\varepsilon_1)\,dx\,(1+\mu\varepsilon_2)\,dy\,\mu\sigma_3 \cdot d(\mu\varepsilon_3)\,dz$$

oder, indem man unendlich kleine Größen höherer Ordnung vernachlässigt — dies bedeutet, daß es in unserem Falle gleichgültig ist, ob man sich die Spannungen auf die verzerrten oder auf die unverzerrten Flächenelemente bezogen denkt —,

$$(\sigma_1\varepsilon_1 + \sigma_2\varepsilon_2 + \sigma_3\varepsilon_3)\,\mu\,d\mu\,dx\,dy\,dz.$$

Die in der Raumeinheit aufgespeicherte Formänderungsarbeit A, die wir weiterhin kurz die Verzerrungsarbeit nennen werden, ist also

$$A = (\sigma_1\varepsilon_1 + \sigma_2\varepsilon_2 + \sigma_3\varepsilon_3)\int_0^1 \mu\,d\mu = \frac{1}{2}(\sigma_1\varepsilon_1 + \sigma_2\varepsilon_2 + \sigma_3\varepsilon_3). \tag{1}$$

Je nachdem man in (1) mit Hilfe der Gleichungen (**13**, 2) und (**13**, 3) die Größen ε_1, ε_2, ε_3 in den Größen σ_1, σ_2, σ_3 ausdrückt oder umgekehrt, erhält man

$$A(\sigma_1,\sigma_2,\sigma_3) = \frac{1}{4G}\left[\frac{m}{m+1}(\sigma_1+\sigma_2+\sigma_3)^2 - 2(\sigma_2\sigma_3+\sigma_3\sigma_1+\sigma_1\sigma_2)\right] \tag{2}$$

oder

$$A(\varepsilon_1,\varepsilon_2,\varepsilon_3) = G\left[\frac{m-1}{m-2}(\varepsilon_1+\varepsilon_2+\varepsilon_3)^2 - 2(\varepsilon_2\varepsilon_3+\varepsilon_3\varepsilon_1+\varepsilon_1\varepsilon_2)\right]. \tag{3}$$

Weil die rechten Seiten der Formeln (2) und (3) nur Invarianten des Spannungszustandes und des Verzerrungszustandes enthalten, so kann man gemäß (**7**, 5) und (**10**, 12) mit (**12**, 16) für A auch schreiben

$$A(\sigma,\tau) = \frac{1}{4G}\left[\frac{m}{m+1}(\sigma_x+\sigma_y+\sigma_z)^2 - 2(\sigma_y\sigma_z+\sigma_z\sigma_x+\sigma_x\sigma_y) + 2(\tau_{yz}^2+\tau_{zx}^2+\tau_{xy}^2)\right] \tag{4}$$

oder in leichter Umformung

$$A(\sigma,\tau) = \frac{1}{4G}\left[\sigma_x^2+\sigma_y^2+\sigma_z^2 - \frac{1}{m+1}(\sigma_x+\sigma_y+\sigma_z)^2 + 2(\tau_{yz}^2+\tau_{zx}^2+\tau_{xy}^2)\right] \tag{4a}$$

und

$$A(\varepsilon,\psi) = G\left[\frac{m-1}{m-2}(\varepsilon_x+\varepsilon_y+\varepsilon_z)^2 - 2(\varepsilon_y\varepsilon_z+\varepsilon_z\varepsilon_x+\varepsilon_x\varepsilon_y) + \frac{1}{2}(\psi_{yz}^2+\psi_{zx}^2+\psi_{xy}^2)\right] \tag{5}$$

oder in leichter Umformung

$$(A\varepsilon,\psi) = G\left[\varepsilon_x^2+\varepsilon_y^2+\varepsilon_z^2 + \frac{1}{m-2}(\varepsilon_x+\varepsilon_y+\varepsilon_z)^2 + \frac{1}{2}(\psi_{yz}^2+\psi_{zx}^2+\psi_{xy}^2)\right], \tag{5a}$$

wobei die Spannungs- und Verzerrungskomponenten selbstverständlich wieder auf ein rechtwinkliges Achsenkreuz bezogen sind.

Im besonderen entnimmt man diesen Gleichungen im Hinblick auf (**13**, 9) und (**13**, 11) die wichtigen Beziehungen

$$\frac{\partial A(\sigma,\tau)}{\partial\sigma_x} = \varepsilon_x,\quad \frac{\partial A(\sigma,\tau)}{\partial\sigma_y} = \varepsilon_y,\quad \frac{\partial A(\sigma,\tau)}{\partial\sigma_z} = \varepsilon_z,\quad \frac{\partial A(\sigma,\tau)}{\partial\tau_{yz}} = \psi_{yz},\quad \frac{\partial A(\sigma,\tau)}{\partial\tau_{zx}} = \psi_{zx},\quad \frac{\partial A(\sigma,\tau)}{\partial\tau_{xy}} = \psi_{xy}, \tag{6}$$

$$\frac{\partial A(\varepsilon,\psi)}{\partial\varepsilon_x} = \sigma_x,\quad \frac{\partial A(\varepsilon,\psi)}{\partial\varepsilon_y} = \sigma_y,\quad \frac{\partial A(\varepsilon,\psi)}{\partial\varepsilon_z} = \sigma_z,\quad \frac{\partial A(\varepsilon,\psi)}{\partial\psi_{yz}} = \tau_{yz},\quad \frac{\partial A(\varepsilon,\psi)}{\partial\psi_{zx}} = \tau_{zx},\quad \frac{\partial A(\varepsilon,\psi)}{\partial\psi_{xy}} = \tau_{xy}. \tag{7}$$

Zerlegt man den Spannungszustand (σ_1, σ_2, σ_3) in die beiden Spannungszustände

$$\tfrac{1}{3}(\sigma_1+\sigma_2+\sigma_3), \qquad \tfrac{1}{3}(\sigma_1+\sigma_2+\sigma_3), \qquad \tfrac{1}{3}(\sigma_1+\sigma_2+\sigma_3)$$

und

$$\tfrac{1}{3}(2\sigma_1-\sigma_2-\sigma_3), \qquad \tfrac{1}{3}(2\sigma_2-\sigma_3-\sigma_1), \qquad \tfrac{1}{3}(2\sigma_3-\sigma_1-\sigma_2),$$

oder mit

$$s=\sigma_1+\sigma_2+\sigma_3 \tag{8}$$

kürzer geschrieben in die beiden Spannungszustände

$$(\tfrac{1}{3}s,\ \tfrac{1}{3}s,\ \tfrac{1}{3}s) \quad \text{und} \quad (\sigma_1-\tfrac{1}{3}s,\ \sigma_2-\tfrac{1}{3}s,\ \sigma_3-\tfrac{1}{3}s),$$

wie es nach (**8**, 12) und (**8**, 13) der Zerlegung des Spannungstensors in einen Kugeltensor und in einen Deviator entspricht, so gibt (2) mit (**13**, 15) für die zum ersten Spannungszustand gehörige Verzerrungsarbeit, die mit A_d bezeichnet werde,

$$A_d=\frac{1}{4G}\left(\frac{m}{m+1}-\frac{2}{3}\right)s^2=\frac{s^2}{18k} \tag{9}$$

und für die zum zweiten Spannungszustand gehörige Verzerrungsarbeit, die mit A_g bezeichnet werde,

$$A_g=\frac{1}{4G}\left[\frac{2}{3}s^2-2(\sigma_2\sigma_3+\sigma_3\sigma_1+\sigma_1\sigma_2)\right]=\frac{1}{12G}\left[(\sigma_2-\sigma_3)^2+(\sigma_3-\sigma_1)^2+(\sigma_1-\sigma_2)^2\right]. \tag{10}$$

Der Vergleich von (9) und (10) mit (2) liefert

$$A=A_d+A_g. \tag{11}$$

Zerlegt man also einen Spannungstensor in seinen Kugeltensor und seinen Deviator, so ist nach (11) die Verzerrungsarbeit gleich der Summe der zu diesen beiden Komponenten gehörigen Verzerrungsarbeiten. Weil nach Ziff. **12** und **13** ein Körperelement unter Einwirkung eines Kugeltensors nur eine gleichförmige Dehnung und keine Gestaltänderung erfährt, wogegen ein Deviator nicht das Volumen eines Körperelements, sondern nur seine Gestalt beeinflußt, so bezeichnen wir die Größe A_d als Dehnungsenergie, die Größe A_g als Gestaltänderungsenergie.

15. Eine Verallgemeinerung des Hookeschen Gesetzes. Die nachher in Ziff. **16** und **17** weiter zu entwickelnde klassische Elastizitätstheorie stützt sich durchaus auf die Gültigkeit des Hookeschen Gesetzes (Ziff. **13**), also auf die Voraussetzung, daß die Verzerrungen als unendlich klein behandelt werden dürfen. Nun gibt es aber auch Werkstoffe (wie z. B. Gummi), bei denen diese Voraussetzung keineswegs mehr zutrifft. Dies legt die Frage nahe, wie man das Hookesche Gesetz auf größere Verzerrungen verallgemeinern kann.

Hier ist ein Elastizitätsgesetz[1]) zu nennen, bei welchem als Maß für die Dehnung die Größe

$$\varepsilon=\ln\frac{\text{Endlänge des Linienelements}}{\text{Anfangslänge des Linienelements}}=\ln\frac{dl_1}{dl} \tag{1}$$

eingeführt wird. Diese Größe hängt mit der zum Hookeschen Gesetze gehörigen Dehnung ε_H wie folgt zusammen:

$$\varepsilon=\ln\left(1+\frac{dl_1-dl}{dl}\right)=\ln(1+\varepsilon_H)=\varepsilon_H-\frac{\varepsilon_H^2}{2}+\frac{\varepsilon_H^3}{3}-\cdots,$$

so daß bei unendlich kleiner Verzerrung ε und ε_H identisch sind.

[1]) H. Hencky, Über die Form des Elastizitätsgesetzes bei ideal elastischen Stoffen, Z. techn. Phys. 9 (1928) S. 215 u. 457; The elastic behavior of vulcanized rubber, J. appl. Mech. 1 (1933) S. 45.

Werden für einen Punkt die drei Hauptrichtungen der Verzerrung wieder mit 1, 2 und 3 bezeichnet, so wird die Verzerrungsarbeit (bezogen auf die Raumeinheit des unverzerrten Zustandes) angesetzt zu

$$A = G\left[(\varepsilon_1-\varepsilon)^2+(\varepsilon_2-\varepsilon)^2+(\varepsilon_3-\varepsilon)^2\right]+\frac{9}{2}k\,\varepsilon^2, \tag{2}$$

wo $\varepsilon=\frac{1}{3}(\varepsilon_1+\varepsilon_2+\varepsilon_3)$ ist, G und k Stoffzahlen sind, und zwar $k=\dfrac{2(m+1)}{3(m-2)}G$ sein soll, wie schon in (**13**, 15). Dieser Ausdruck stimmt, wie man nach einer einfachen Umrechnung findet, formal mit dem früheren Wert (**14**, 3) überein.

Wenn jetzt noch festgesetzt wird, daß die Hauptspannungen $\sigma_1, \sigma_2, \sigma_3$ auf die Flächeneinheit im verzerrten Zustand bezogen werden sollen, so ist es möglich, die Beziehungen zwischen den Größen ε_i und $\sigma_i\,(i=1,2,3)$ zu finden.

Dazu betrachten wir einen nach den Richtungen 1, 2 und 3 orientierten elementaren Quader und nehmen an, daß seine Kantenlängen im unverzerrten Zustand dx, dy, dz, im verzerrten Zustand $\overline{dx}$, $\overline{dy}$, $\overline{dz}$ sind, so daß

$$\varepsilon_1=\ln\frac{\overline{dx}}{dx},\qquad \varepsilon_2=\ln\frac{\overline{dy}}{dy},\qquad \varepsilon_3=\ln\frac{\overline{dz}}{dz} \tag{3}$$

ist. Wenn nun im verzerrten Zustand die Kantenlängen $\overline{dx}$, $\overline{dy}$, $\overline{dz}$ um $\delta\overline{dx}$, $\delta\overline{dy}$, $\delta\overline{dz}$ variiert werden, so läßt sich die entsprechende Variation der Verzerrungsarbeit auf zwei verschiedene Arten bestimmen: das eine Mal dadurch, daß man aus (2) formal die Variation von A bildet, das andere Mal, indem man die Arbeit der auf den Quader wirkenden Oberflächenkräfte berechnet. Man findet so einerseits

$$\delta A = 2G\left[(\varepsilon_1-\varepsilon)\,\delta(\varepsilon_1-\varepsilon)+(\varepsilon_2-\varepsilon)\,\delta(\varepsilon_2-\varepsilon)+(\varepsilon_3-\varepsilon)\,\delta(\varepsilon_3-\varepsilon)\right]+9k\,\varepsilon\,\delta\varepsilon,$$

andererseits

$$\begin{aligned}\delta A &= \frac{\sigma_1\overline{dy}\,\overline{dz}\,\delta\overline{dx}+\sigma_2\overline{dz}\,\overline{dx}\,\delta\overline{dy}+\sigma_3\overline{dx}\,\overline{dy}\,\delta\overline{dz}}{dx\,dy\,dz}\\ &= \frac{\overline{dx}\,\overline{dy}\,\overline{dz}}{dx\,dy\,dz}\left(\sigma_1\frac{\delta\overline{dx}}{\overline{dx}}+\sigma_2\frac{\delta\overline{dy}}{\overline{dy}}+\sigma_3\frac{\delta\overline{dz}}{\overline{dz}}\right)\\ &= e^{3\varepsilon}(\sigma_1\,\delta\varepsilon_1+\sigma_2\,\delta\varepsilon_2+\sigma_3\,\delta\varepsilon_3).\end{aligned}$$

Weil die beiden Ausdrücke für alle möglichen Variationen $\delta\varepsilon_1$, $\delta\varepsilon_2$ und $\delta\varepsilon_3$ einander gleich sein müssen, erhält man die drei Gleichungen

$$e^{3\varepsilon}\sigma_i = 2G(\varepsilon_i-\varepsilon)+3k\,\varepsilon \qquad (i=1,2,3), \tag{4}$$

aus denen durch Summation noch die folgende hervorgeht:

$$e^{3\varepsilon}\sigma = 3k\,\varepsilon, \tag{5}$$

wenn zur Abkürzung $\sigma=\frac{1}{3}(\sigma_1+\sigma_2+\sigma_3)$ geschrieben wird. Die Gleichungen (4) und (5) beschreiben das neue Elastizitätsgesetz vollständig. Es legt unserem elastischen Körper die folgenden Eigenschaften bei:

1) Die Volumänderung eines Körperelements hängt nur von dem sog. „hydrostatischen" Teil σ seines Spannungszustandes ab; denn das Volumverhältnis des verzerrten und des unverzerrten Elements ist durch $\dfrac{\overline{dx}\,\overline{dy}\,\overline{dz}}{dx\,dy\,dz}=e^{3\varepsilon}$, d. h. durch ε oder nach (5) durch σ bestimmt. [Gleichung (5) ist die Verallgemeinerung von Gleichung (**13**, 16), in die sie für unendlich kleine Verzerrungen übergeht.]

2) Die zum hydrostatischen Spannungszustand σ gehörige Verzerrungsarbeit A_d ist nach (2) gleich $\frac{9}{2}k\varepsilon^2$. Die Verzerrungsarbeit A_g, welche aufgewendet werden muß, um ein Körperelement aus dem Spannungszustand σ

volumengetreu überzuführen in den Spannungszustand σ_1, σ_2, σ_3, ist also

$$A_g = G\left[(\varepsilon_1 - \varepsilon)^2 + (\varepsilon_2 - \varepsilon)^2 + (\varepsilon_3 - \varepsilon)^2\right].$$

In Abb. 15 sind einige sogleich zu erklärende Kurven dargestellt, die aus diesem Elastizitätsgesetz folgen. Zum Vergleich ist auch das zu denselben Elastizitätskonstanten G und k gehörige Hookesche Gesetz als Kurve *1* eingezeichnet.

Im Fall des reinen Zuges gilt, wenn 1 die Zugrichtung ist, für die Richtungen 2 und 3 natürlich $\sigma_2 = \sigma_3 = 0$, so daß nach (4)

$$2\,G\,(\varepsilon_2 - \varepsilon) + 3\,k\,\varepsilon = 0, \qquad 2\,G\,(\varepsilon_3 - \varepsilon) + 3\,k\,\varepsilon = 0 \tag{6}$$

und also auch

$$\varepsilon_2 = \varepsilon_3$$

wird. Aus der ersten Gleichung (6) folgt weiter, wenn für ε sein Wert $\frac{1}{3}(\varepsilon_1 + 2\varepsilon_2)$ und für k sein Wert $\frac{2\,(m+1)}{3\,(m-2)}\,G$ eingeführt wird,

$$\varepsilon_2 = -\frac{1}{m}\,\varepsilon_1. \tag{7}$$

Die erste Gleichung (4) liefert nun mit $3\,\varepsilon = \frac{m-2}{m}\,\varepsilon_1$

$$e^{\frac{m-2}{m}\varepsilon_1}\,\sigma_1 = \frac{2\,(m+1)}{m}\,G\,\varepsilon_1 = E\,\varepsilon_1, \tag{8}$$

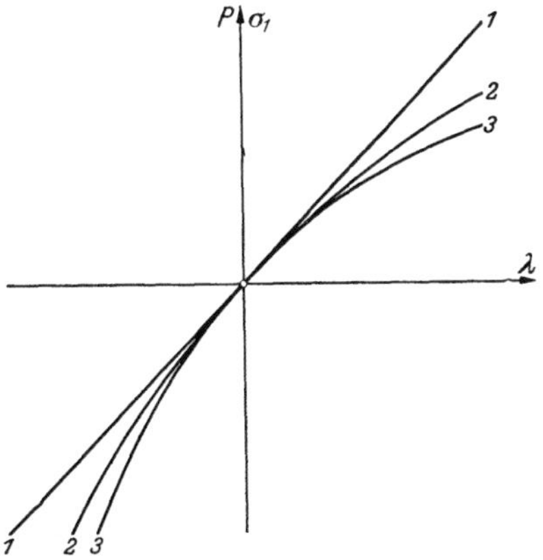

Abb. 15. Reiner Zug beim verallgemeinerten Hookeschen Gesetz (*2* und *3*) und beim klassischen Hookeschen Gesetz (*1*).

falls man den Elastizitätsmodul $E = \frac{2\,(m+1)}{m}\,G$ benützt. Führt man noch die im klassischen Sinne definierte Dehnung λ ein, so daß $\varepsilon_1 = \ln\frac{\overline{dx}}{dx} = \ln(1+\lambda)$ ist, so geht (8) über in

$$(1+\lambda)^{\frac{m-2}{m}}\,\sigma_1 = E\ln(1+\lambda). \tag{9}$$

Die Kurve *2* stellt dies graphisch dar.

Die Kurve *3* gibt den Verlauf der Zugkraft P, bezogen auf die Einheit des Querschnitts des unverzerrten Zugstabes. Für diese Kraft gilt mit Rücksicht auf (7), (8) und (9)

$$P = \frac{\overline{dy}\,\overline{dz}}{dy\,dz}\,\sigma_1 = e^{3\varepsilon - \varepsilon_1}\,\sigma_1 = e^{-2\varepsilon_2}\,\sigma_1 = E\,e^{-\varepsilon_1}\,\varepsilon_1 = E\,\frac{\ln(1+\lambda)}{1+\lambda}. \tag{10}$$

Wir wollen jetzt noch die Beziehungen aufsuchen, die nach dem neuen Elastizitätsgesetz allgemein zwischen den Spannungs- und den Verzerrungskomponenten bestehen. Dabei beschränken wir uns aber auf solche Verzerrungen, die, obwohl als endlich betrachtet, so klein sind, daß bloß ihre ersten und zweiten Potenzen in der Rechnung mitgeführt zu werden brauchen. Nach (**9**, 7) gilt

$$\frac{\overline{dx}}{dx} = \sqrt{1+\gamma_{11}},$$

so daß zufolge (4) und (5)

$$\varepsilon^{3\varepsilon}(\sigma_i - \sigma) = G\left[\ln(1+\gamma_{ii}) - \frac{1}{3}\ln(1+\gamma_{11})(1+\gamma_{22})(1+\gamma_{33})\right] \quad (i = 1, 2, 3) \tag{11}$$

ist. Entwickelt man die rechte Seite dieser Gleichung nach Potenzen der γ_{11}, γ_{22}, γ_{33} und beschränkt sich, wie verabredet, auf Größen von der ersten und zweiten Ordnung, so erhält man

$$e^{3\varepsilon}(\sigma_i-\sigma)=G\left\{\gamma_{ii}-\frac{1}{3}(\gamma_{11}+\gamma_{22}+\gamma_{33})-\frac{1}{2}\left[\gamma_{ii}^2-\frac{1}{3}(\gamma_{11}^2+\gamma_{22}^2+\gamma_{33}^2)\right]\right\} \quad (i=1,2,3). \quad (12)$$

Diese Gleichungen liefern nur die Beziehungen zwischen den Hauptspannungen und Hauptverzerrungen. Um zu den allgemeinen Beziehungen zu gelangen, die zwischen den Verzerrungen $\gamma_{xx}, \gamma_{yy}, \gamma_{zz}, \gamma_{yz}, \gamma_{zx}, \gamma_{xy}$ und den zugehörigen Spannungen bestehen, welche wir jetzt mit $t_{xx}, t_{yy}, t_{zz}, t_{yz}, t_{zx}, t_{xy}$ bezeichnen, machen wir Gebrauch von den Tensorbeziehungen (**13**, 6) und (**13**, 7)

$$\left.\begin{aligned} t_{xx} &= \sigma_1\cos^2(x,1)+\sigma_2\cos^2(x,2)+\sigma_3\cos^2(x,3),\\ t_{yz} &= \sigma_1\cos(y,1)\cos(z,1)+\sigma_2\cos(y,2)\cos(z,2)+\sigma_3\cos(y,3)\cos(z,3)\end{aligned}\right\} \quad (13)$$

und zyklisch weiter, sowie

$$\left.\begin{aligned} \gamma_{xx} &= \gamma_{11}\cos^2(x,1)+\gamma_{22}\cos^2(x,2)+\gamma_{33}\cos^2(x,3),\\ \gamma_{yz} &= \gamma_{11}\cos(y,1)\cos(z,1)+\gamma_{22}\cos(y,2)\cos(z,2)+\gamma_{33}\cos(y,3)\cos(z,3)\end{aligned}\right\} \quad (14)$$

und zyklisch weiter, außerdem von den Beziehungen

$$\left.\begin{aligned} \gamma_{xx}^2+\gamma_{xy}^2+\gamma_{xz}^2 &= \gamma_{11}^2\cos^2(x,1)+\gamma_{22}^2\cos^2(x,2)+\gamma_{33}^2\cos^2(x,3),\\ \gamma_{yx}\gamma_{zx}+\gamma_{yy}\gamma_{zy}+\gamma_{yz}\gamma_{zz} &= \gamma_{11}^2\cos(y,1)\cos(z,1)+\gamma_{22}^2\cos(y,2)\cos(z,2)+\\ &\quad+\gamma_{33}^2\cos(y,3)\cos(z,3)\end{aligned}\right\} \quad (15)$$

und zyklisch weiter, wie aus (14) folgt, wenn man beim Ausrechnen beachtet, daß

$$\cos^2(x,1)+\cos^2(y,1)+\cos^2(z,1)=1$$

und

$$\cos(x,1)\cos(x,2)+\cos(y,1)\cos(y,2)+\cos(z,1)\cos(z,2)=0$$

(und wieder zyklisch weiter) ist. Weil mit $t=\frac{1}{3}(t_{xx}+t_{yy}+t_{zz})=\sigma$ und wegen

$$\cos^2(x,1)+\cos^2(x,2)+\cos^2(x,3)=1$$

und

$$\cos(y,1)\cos(z,1)+\cos(y,2)\cos(z,2)+\cos(y,3)\cos(z,3)=0$$

die Gleichungen (13) übergehen in

$$\begin{aligned} t_{xx}-t &= (\sigma_1-\sigma)\cos^2(x,1)+(\sigma_2-\sigma)\cos^2(x,2)+(\sigma_3-\sigma)\cos^2(x,3),\\ t_{yz} &= (\sigma_1-\sigma)\cos(y,1)\cos(z,1)+(\sigma_2-\sigma)\cos(y,2)\cos(z,2)+(\sigma_3-\sigma)\cos(y,3)\cos(z,3),\end{aligned}$$

so findet man nach (12) zunächst

$$\begin{aligned} e^{3\varepsilon}(t_{xx}-t) &= G\Big\{\Big[\gamma_{11}\cos^2(x,1)+\gamma_{22}\cos^2(x,2)+\gamma_{33}\cos^2(x,3)-\frac{1}{3}(\gamma_{11}+\gamma_{22}+\gamma_{33})\Big]-\\ &\quad-\frac{1}{2}\Big[\gamma_{11}^2\cos^2(x,1)+\gamma_{22}^2\cos^2(x,2)+\gamma_{33}^2\cos^2(x,3)-\frac{1}{3}(\gamma_{11}^2+\gamma_{22}^2+\gamma_{33}^2)\Big]\Big\},\\ e^{3\varepsilon}t_{yz} &= G\Big\{\Big[\gamma_{11}\cos(y,1)\cos(z,1)+\gamma_{22}\cos(y,2)\cos(z,2)+\gamma_{33}\cos(y,3)\cos(z,3)\Big]-\\ &\quad-\frac{1}{2}\Big[\gamma_{11}^2\cos(y,1)\cos(z,1)+\gamma_{22}^2\cos(y,2)\cos(z,2)+\gamma_{33}^2\cos(y,3)\cos(z,3)\Big]\Big\}.\end{aligned}$$

Benützt man für die rechten Seiten dieser Gleichungen die Beziehungen (14) und (15) und führt außerdem die Invariante $\gamma=\frac{1}{3}(\gamma_{11}+\gamma_{22}+\gamma_{33})$ sowie nach (**10**, 12) die Invariante

$$\gamma_{11}^2+\gamma_{22}^2+\gamma_{33}^2=\gamma_{xx}^2+\gamma_{yy}^2+\gamma_{zz}^2+2\gamma_{yz}^2+2\gamma_{zx}^2+2\gamma_{xy}^2$$

ein, so kommen die gesuchten allgemeinen Beziehungen zwischen den Spannungen und den Verzerrungen

$$\left.\begin{aligned} e^{3\varepsilon}(t_{xx}-t) &= G\left\{\gamma_{xx}-\gamma-\frac{1}{2}\left[\gamma_{xx}^2+\gamma_{xy}^2+\gamma_{xz}^2-\frac{1}{3}(\gamma_{xx}^2+\gamma_{yy}^2+\gamma_{zz}^2+2\gamma_{yz}^2+2\gamma_{zx}^2+2\gamma_{xy}^2)\right]\right\}, \\ e^{3\varepsilon}t_{yz} &= G\left\{\gamma_{yz}-\frac{1}{2}\left[\gamma_{yx}\gamma_{zx}+\gamma_{yy}\gamma_{zy}+\gamma_{yz}\gamma_{zz}\right]\right\}. \end{aligned}\right\} \quad (16)$$

Man erkennt in ihnen die Verallgemeinerungen der Gleichungen (**13**, 11).

§ 4. Die Differentialgleichungen der Spannungen und Verschiebungen.

16. Die hinreichenden Gleichgewichtsbedingungen. Der Zusammenhang zwischen dem Spannungs- und Verzerrungstensor eines Punktes liefert (wie Ziff. **13** und **15** gezeigt hat) sechs Beziehungen zwischen den zu diesem Punkt gehörigen sechs Spannungskomponenten $\sigma_x, \sigma_y, \sigma_z, \tau_{yz}, \tau_{zx}, \tau_{xy}$ und seinen drei Verschiebungskomponenten u, v, w. Zur Beherrschung des Problems fehlen also noch drei weitere Gleichungen, die wir jetzt aufstellen wollen. Wir erinnern daran, daß alle Überlegungen von § 1 sich auf die in Ziff. **2** vorangestellte Tatsache stützen, daß die in der Natur vorkommenden Dichten und Beschleunigungen stets endlich bleiben, so daß also auf ein Körperelement, dessen lineare Abmessungen unendlich klein von erster Ordnung sind, keine resultierende Kraft zweiter Ordnung und kein resultierendes Moment vierter Ordnung wirken darf. Weil die Gleichgewichtsbedingungen (**2**, 1) für die auf ein Element wirkenden Kräfte zweiter Ordnung als Momentengleichungen angeschrieben wurden, deren einzelne Glieder Momente dritter Ordnung darstellen, so sind diese Gleichgewichtsbedingungen zugleich die Aussage dafür, daß die auf ein Element wirkende resultierende Kraft zweiter Ordnung wie das auf das Element wirkende resultierende Moment dritter Ordnung gleich Null ist. Dagegen bleibt die Frage offen, ob nicht vielleicht ein Moment vierter Ordnung resultiert. Um diese Frage zu entscheiden, stellen wir eine Überlegung an, die uns auch bei der Ableitung der hinreichenden Gleichgewichtsbedingungen eines Körperelements von Nutzen sein wird.

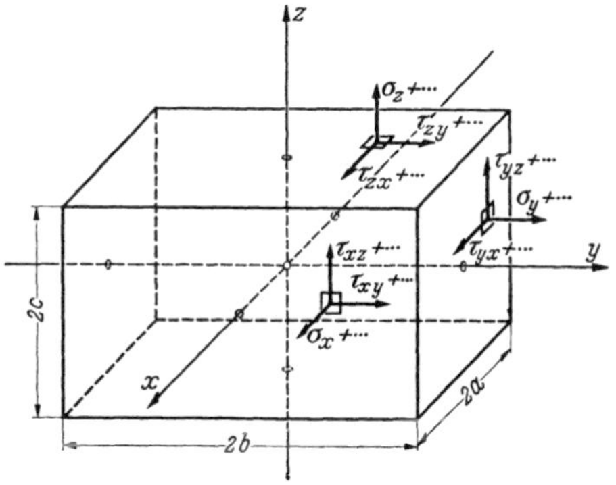

Abb. 16. Nach den Koordinatenrichtungen orientierter Quader.

Wir betrachten einen nach einem rechtwinkligen Achsenkreuz (x, y, z) orientierten Quader mit den Kantenlängen $2a$, $2b$, $2c$ (Abb. 16), dessen Mittelpunkt im Koordinatenursprung liegt. Die Spannungen in diesem Punkte seien $\sigma_x, \sigma_y, \sigma_z, \tau_{yz}, \tau_{zx}, \tau_{xy}$. Für ein Element einer der beiden Seitenflächen $x = \pm a$, dessen Lage durch die Koordinaten $\pm a$, y, z angegeben werde, sind dann die Spannungskomponenten nach dem Taylorschen Satz

$$\begin{aligned} &\sigma_x \pm \overset{x}{\sigma}_x a + \overset{y}{\sigma}_x y + \overset{z}{\sigma}_x z + \tfrac{1}{2!}\left(\pm \overset{x}{\sigma}_x a + \overset{y}{\sigma}_x y + \overset{z}{\sigma}_x z\right)^{(2)} + \cdots, \\ &\tau_{xy} \pm \overset{x}{\tau}_{xy} a + \overset{y}{\tau}_{xy} y + \overset{z}{\tau}_{xy} z + \tfrac{1}{2!}\left(\pm \overset{x}{\tau}_{xy} a + \overset{y}{\tau}_{xy} y + \overset{z}{\tau}_{xy} z\right)^{(2)} + \cdots, \\ &\tau_{xz} \pm \overset{x}{\tau}_{xz} a + \overset{y}{\tau}_{xz} y + \overset{z}{\tau}_{xz} z + \tfrac{1}{2!}\left(\pm \overset{x}{\tau}_{xz} a + \overset{y}{\tau}_{xz} y + \overset{z}{\tau}_{xz} z\right)^{(2)} + \cdots. \end{aligned}$$

Hierbei sind die partiellen Differentiationen nach x, y, z durch einen oberen Zeiger bezeichnet. Ebenso sind die Spannungskomponenten für ein Element einer der beiden Seitenflächen $y = \pm b$

$$\begin{gathered}
\tau_{yx} + \tau_{yx}^{x}\, x \pm \tau_{yx}^{y}\, b + \tau_{yx}^{z}\, z + \tfrac{1}{2!}\left(\tau_{yx}^{x}\, x \pm \tau_{yx}^{y}\, b + \tau_{yx}^{z}\, z\right)^{(2)} + \cdots, \\
\sigma_{y} + \sigma_{y}^{x}\, x \pm \sigma_{y}^{y}\, b + \sigma_{y}^{z}\, z + \tfrac{1}{2!}\left(\sigma_{y}^{x}\, x \pm \sigma_{y}^{y}\, b + \sigma_{y}^{z}\, z\right)^{(2)} + \cdots, \\
\tau_{yz} + \tau_{yz}^{x}\, x \pm \tau_{yz}^{y}\, b + \tau_{yz}^{z}\, z + \tfrac{1}{2!}\left(\tau_{yz}^{x}\, x \pm \tau_{yz}^{y}\, b + \tau_{yz}^{z}\, z\right)^{(2)} + \cdots
\end{gathered}$$

und diejenigen für ein Element einer der Seitenflächen $z = \pm c$

$$\begin{gathered}
\tau_{zx} + \tau_{zx}^{x}\, x + \tau_{zx}^{y}\, y \pm \tau_{zx}^{z}\, c + \tfrac{1}{2!}\left(\tau_{zx}^{x}\, x + \tau_{zx}^{y}\, y \pm \tau_{zx}^{z}\, c\right)^{(2)} + \cdots, \\
\tau_{zy} + \tau_{zy}^{x}\, x + \tau_{zy}^{y}\, y \pm \tau_{zy}^{z}\, c + \tfrac{1}{2!}\left(\tau_{zy}^{x}\, x + \tau_{zy}^{y}\, y \pm \tau_{zy}^{z}\, c\right)^{(2)} + \cdots, \\
\sigma_{z} + \sigma_{z}^{x}\, x + \sigma_{z}^{y}\, y \pm \sigma_{z}^{z}\, c + \tfrac{1}{2!}\left(\sigma_{z}^{x}\, x + \sigma_{z}^{y}\, y \pm \sigma_{z}^{z}\, c\right)^{(2)} + \cdots.
\end{gathered}$$

Die Komponenten der spezifischen Volumkraft in einem Punkte x, y, z werden mit Hilfe der zugehörigen Komponenten X, Y, Z des Punktes (0, 0, 0) ausgedrückt durch

$$\begin{gathered}
X + X^{x}\, x + X^{y}\, y + X^{z}\, z + \tfrac{1}{2!}\left(X^{x}\, x + X^{y}\, y + X^{z}\, z\right)^{(2)} + \cdots, \\
Y + Y^{x}\, x + Y^{y}\, y + Y^{z}\, z + \tfrac{1}{2!}\left(Y^{x}\, x + Y^{y}\, y + Y^{z}\, z\right)^{(2)} + \cdots, \\
Z + Z^{x}\, x + Z^{y}\, y + Z^{z}\, z + \tfrac{1}{2!}\left(Z^{x}\, x + Z^{y}\, y + Z^{z}\, z\right)^{(2)} + \cdots.
\end{gathered}$$

Für die Summe der auf das Körperelement wirkenden Momente bezüglich der x-Achse findet man also

$$\begin{aligned}
&\iint \left[\left(\tau_{xz} + \tau_{xz}^{x}\, a + \tau_{xz}^{y}\, y + \tau_{xz}^{z}\, z\right) - \left(\tau_{xz} - \tau_{xz}^{x}\, a + \tau_{xz}^{y}\, y + \tau_{xz}^{z}\, z\right)\right] y\, dy\, dz - \\
&- \iint \left[\left(\tau_{xy} + \tau_{xy}^{x}\, a + \tau_{xy}^{y}\, y + \tau_{xy}^{z}\, z\right) - \left(\tau_{xy} - \tau_{xy}^{x}\, a + \tau_{xy}^{y}\, y + \tau_{xy}^{z}\, z\right)\right] z\, dy\, dz - \\
&- \iint \left[\left(\sigma_{y} + \sigma_{y}^{x}\, x + \sigma_{y}^{y}\, b + \sigma_{y}^{z}\, z\right) - \left(\sigma_{y} + \sigma_{y}^{x}\, x - \sigma_{y}^{y}\, b + \sigma_{y}^{z}\, z\right)\right] z\, dz\, dx + \\
&+ \iint \left[\left(\tau_{yz} + \tau_{yz}^{x}\, x + \tau_{yz}^{y}\, b + \tau_{yz}^{z}\, z\right) + \left(\tau_{yz} + \tau_{yz}^{x}\, x - \tau_{yz}^{y}\, b + \tau_{yz}^{z}\, z\right)\right] b\, dz\, dx + \\
&+ \iint \left[\left(\sigma_{z} + \sigma_{z}^{x}\, x + \sigma_{z}^{y}\, y + \sigma_{z}^{z}\, c\right) - \left(\sigma_{z} + \sigma_{z}^{x}\, x + \sigma_{z}^{y}\, y - \sigma_{z}^{z}\, c\right)\right] y\, dx\, dy - \\
&- \iint \left[\left(\tau_{zy} + \tau_{zy}^{x}\, x + \tau_{zy}^{y}\, y + \tau_{zy}^{z}\, c\right) + \left(\tau_{zy} + \tau_{zy}^{x}\, x + \tau_{zy}^{y}\, y - \tau_{zy}^{z}\, c\right)\right] c\, dx\, dy + \\
&+ \iiint \left(Zy - Yz\right) dx\, dy\, dz + \cdots.
\end{aligned}$$

Hierbei sind die Integrationen nach x, y, z jeweils zwischen den Grenzen $-a$ und $+a$, $-b$ und $+b$, $-c$ und $+c$ durchzuführen.

Da in den eckigen Klammern die Spannungen und ihre Ableitungen sowie die Kraftkomponenten X, Y, Z sich auf den Punkt (0, 0, 0) beziehen, also bei der Integration Festwerte sind, so sieht man unmittelbar, daß die Integrale im ganzen verschwinden (soweit sie nicht einzeln Null sind, heben sie sich paarweise auf). Läßt man nun nachträglich die Kantenlängen a, b, c unendlich klein von erster Ordnung werden, so stellen die (durch Punkte angedeuteten) Glieder der weiteren Taylorentwicklung die Momente von höherer als vierter Ordnung dar. Damit ist gezeigt, daß in der Tat die Momente vierter Ordnung ebenfalls Null sind. Die in Ziff. **2** als erster Sonderfall des Hauptsatzes ausgesprochene Bedingung für die Schubspannungskomponenten zweier aufeinander senkrechter Flächenelemente ist also nicht nur eine notwendige, sondern zugleich auch die hinreichende Bedingung dafür, daß das Körperelement nur eine endliche Beschleunigung bzw. Winkelbeschleunigung erfährt.

Soll das Körperelement in Ruhe sein, so darf sogar weder eine Kraft dritter Ordnung noch ein Moment fünfter Ordnung auf es einwirken. Stellt man nun die Summe aller Kräfte dritter Ordnung in der x-Richtung auf, so erhält man als Gleichgewichtsbedingung

$$\begin{aligned}\iint\left[\left(\sigma_x+\sigma_x^x a+\sigma_x^y y+\sigma_x^z z\right)-\left(\sigma_x-\sigma_x^x a+\sigma_x^y y+\sigma_x^z z\right)\right]dy\,dz\,+\\+\iint\left[\left(\tau_{yx}+\tau_{yx}^x x+\tau_{yx}^y b+\tau_{yx}^z z\right)-\left(\tau_{yx}+\tau_{yx}^x x-\tau_{yx}^y b+\tau_{yx}^z z\right)\right]dz\,dx\,+\\+\iint\left[\left(\tau_{zx}+\tau_{zx}^x x+\tau_{zx}^y y+\tau_{zx}^z c\right)-\left(\tau_{zx}+\tau_{zx}^x x+\tau_{zx}^y y-\tau_{zx}^z c\right)\right]dx\,dy\,+\\+\iiint X\,dx\,dy\,dz=0,\end{aligned}$$

welche nach Auswertung der Integrale und nach Teilung durch $8\,abc$ in die erste der drei folgenden Gleichungen übergeht, deren zweite und dritte daraus durch zyklische Vertauschung entstehen

$$\left.\begin{aligned}\sigma_x^x+\tau_{yx}^y+\tau_{zx}^z+X&=0,\\ \tau_{xy}^x+\sigma_y^y+\tau_{zy}^z+Y&=0,\\ \tau_{xz}^x+\tau_{yz}^y+\sigma_z^z+Z&=0.\end{aligned}\right\}\qquad(1)$$

Bestimmt man in ähnlicher Weise die Summe aller Momente fünfter Ordnung um die x-Achse, so findet man nach einfacher Rechnung den Ausdruck

$$\tfrac{8}{3}\,abc\left[b^2\left(\tau_{xz}^{xy}+\tau_{yz}^{yy}+\sigma_z^{zy}+Z^y\right)-c^2\left(\tau_{xy}^{xz}+\sigma_y^{yz}+\tau_{zy}^{zz}+Y^z\right)\right],$$

und dieser hat auf Grund der Gleichgewichtsbedingungen (1) den Wert Null.

Neben der durch den Hauptsatz (Ziff. **2**) ausgedrückten *notwendigen* Bedingung, die sowohl für einen ruhenden, wie für einen bewegten Körper gilt, spielen also für einen *ruhenden* Körper die Gleichungen (1) die Rolle von *hinreichenden* Bedingungen.

17. Die Differentialgleichungen der Elastomechanik für unendlich kleine Verzerrungen. a) *Der ruhende Körper.* Wir stellen zunächst noch einmal die für das Folgende wichtigen Gleichungen (**12**, 2) und (**12**, 4) sowie (**13**, 9) bis (**13**, 11) und (**16**, 1), teilweise leicht umgeformt, übersichtlich zusammen

$$\left.\begin{aligned}&\varepsilon_x=\frac{\partial u}{\partial x}, &&\varepsilon_y=\frac{\partial v}{\partial y}, &&\varepsilon_z=\frac{\partial w}{\partial z},\\ &\psi_{yz}=\frac{\partial v}{\partial z}+\frac{\partial w}{\partial y}, &&\psi_{zx}=\frac{\partial w}{\partial x}+\frac{\partial u}{\partial z}, &&\psi_{xy}=\frac{\partial u}{\partial y}+\frac{\partial v}{\partial x};\end{aligned}\right\}\qquad(1)$$

$$\left.\begin{aligned}E\,\varepsilon_x&=\sigma_x-\frac{1}{m}(\sigma_y+\sigma_z),\\ E\,\varepsilon_y&=\sigma_y-\frac{1}{m}(\sigma_z+\sigma_x),\\ E\,\varepsilon_z&=\sigma_z-\frac{1}{m}(\sigma_x+\sigma_y)\end{aligned}\right\}\ (2\text{a})\quad\text{oder}\quad\left.\begin{aligned}2G\varepsilon_x&=\sigma_x-\frac{s}{m+1},\\ 2G\varepsilon_y&=\sigma_y-\frac{s}{m+1},\\ 2G\varepsilon_z&=\sigma_z-\frac{s}{m+1}\end{aligned}\right\}\qquad(2\text{b})$$

oder

$$\left.\begin{aligned}\sigma_x&=2G\left(\varepsilon_x+\frac{e}{m-2}\right),\\ \sigma_y&=2G\left(\varepsilon_y+\frac{e}{m-2}\right),\\ \sigma_z&=2G\left(\varepsilon_z+\frac{e}{m-2}\right)\end{aligned}\right\}\ (2\text{c})\quad\text{und}\quad\left.\begin{aligned}\tau_{yz}&=G\,\psi_{yz},\\ \tau_{zx}&=G\,\psi_{zx},\\ \tau_{xy}&=G\,\psi_{xy}\end{aligned}\right\}\qquad(2\text{d})$$

mit

$$s=\sigma_x+\sigma_y+\sigma_z,\qquad e=\varepsilon_x+\varepsilon_y+\varepsilon_z,\qquad G=\frac{mE}{2(m+1)};\qquad(2\text{e})$$

$$\left.\begin{aligned}\frac{\partial\sigma_x}{\partial x}+\frac{\partial\tau_{yx}}{\partial y}+\frac{\partial\tau_{zx}}{\partial z}+X=0,\\ \frac{\partial\tau_{xy}}{\partial x}+\frac{\partial\sigma_y}{\partial y}+\frac{\partial\tau_{zy}}{\partial z}+Y=0,\\ \frac{\partial\tau_{xz}}{\partial x}+\frac{\partial\tau_{yz}}{\partial y}+\frac{\partial\sigma_z}{\partial z}+Z=0.\end{aligned}\right\}\tag{3}$$

Weil die Zahl dieser Gleichungen übereinstimmt mit der Zahl der in ihnen enthaltenen unbekannten Größen $\sigma_x, \sigma_y, \sigma_z, \tau_{yz}, \tau_{zx}, \tau_{xy}, u, v, w$, so beherrschen sie, zusammen mit den Oberflächenbedingungen, das Elastizitätsproblem des homogenen, isotropen und dem Hookeschen Gesetz folgenden Körpers vollkommen. Nur ist ihre Form etwas unübersichtlich, und es liegt nahe, zu versuchen, das System dieser Gleichungen in zwei andere Systeme aufzuspalten, wovon das eine nur die Verschiebungen, das andere nur die Spannungen enthält.

Das erste dieser Systeme entsteht, indem man die Ausdrücke (2c) und (2d) für die Spannungen in (3) einführt, und dann die Dehnungen und Winkeländerungen nach (1) in den Verschiebungen ausdrückt. So erhält man

$$\left.\begin{aligned}G\left(\Delta u+\frac{m}{m-2}\frac{\partial e}{\partial x}\right)+X=0,\\ G\left(\Delta v+\frac{m}{m-2}\frac{\partial e}{\partial y}\right)+Y=0,\\ G\left(\Delta w+\frac{m}{m-2}\frac{\partial e}{\partial z}\right)+Z=0\end{aligned}\right\}\quad\text{mit}\quad \Delta\equiv\frac{\partial^2}{\partial x^2}+\frac{\partial^2}{\partial y^2}+\frac{\partial^2}{\partial z^2}.\tag{4}$$

Differentiiert man die erste Gleichung (4) nach x, die zweite nach y und die dritte nach z, so entsteht

$$\left.\begin{aligned}G\left(\Delta\frac{\partial u}{\partial x}+\frac{m}{m-2}\frac{\partial^2 e}{\partial x^2}\right)+\frac{\partial X}{\partial x}=0,\\ G\left(\Delta\frac{\partial v}{\partial y}+\frac{m}{m-2}\frac{\partial^2 e}{\partial y^2}\right)+\frac{\partial Y}{\partial y}=0,\\ G\left(\Delta\frac{\partial w}{\partial z}+\frac{m}{m-2}\frac{\partial^2 e}{\partial z^2}\right)+\frac{\partial Z}{\partial z}=0,\end{aligned}\right\}\tag{5}$$

also durch Summation

$$G\left[\Delta\left(\frac{\partial u}{\partial x}+\frac{\partial v}{\partial y}+\frac{\partial w}{\partial z}\right)+\frac{m}{m-2}\Delta e\right]+\frac{\partial X}{\partial x}+\frac{\partial Y}{\partial y}+\frac{\partial Z}{\partial z}=0$$

oder wegen (2e)

$$2G\frac{m-1}{m-2}\Delta e+\frac{\partial X}{\partial x}+\frac{\partial Y}{\partial y}+\frac{\partial Z}{\partial z}=0.\tag{6}$$

Weil nach (2b)

$$2Ge=\frac{m-2}{m+1}s\tag{7}$$

ist, so kann (6) auch in der Form geschrieben werden

$$\frac{m-1}{m+1}\Delta s+\frac{\partial X}{\partial x}+\frac{\partial Y}{\partial y}+\frac{\partial Z}{\partial z}=0.\tag{8}$$

Die erste Gleichung (5) liefert, wenn man die erste Gleichung (2b) und dazu (7) benützt,

$$\Delta\sigma_x-\frac{1}{m+1}\Delta s+\frac{m}{m+1}\frac{\partial^2 s}{\partial x^2}+2\frac{\partial X}{\partial x}=0.$$

So entsteht mit (8) die erste Gleichung des folgenden Systems, aus der die beiden anderen durch zyklische Vertauschung hervorgehen:

$$\left.\begin{aligned}
\Delta\sigma_x + \frac{m}{m+1}\frac{\partial^2 s}{\partial x^2} + 2\frac{\partial X}{\partial x} + \frac{1}{m-1}\left(\frac{\partial X}{\partial x} + \frac{\partial Y}{\partial y} + \frac{\partial Z}{\partial z}\right) = 0,\\
\Delta\sigma_y + \frac{m}{m+1}\frac{\partial^2 s}{\partial y^2} + 2\frac{\partial Y}{\partial y} + \frac{1}{m-1}\left(\frac{\partial X}{\partial x} + \frac{\partial Y}{\partial y} + \frac{\partial Z}{\partial z}\right) = 0,\\
\Delta\sigma_z + \frac{m}{m+1}\frac{\partial^2 s}{\partial z^2} + 2\frac{\partial Z}{\partial z} + \frac{1}{m-1}\left(\frac{\partial X}{\partial x} + \frac{\partial Y}{\partial y} + \frac{\partial Z}{\partial z}\right) = 0.
\end{aligned}\right\} \tag{9}$$

Differentiiert man weiterhin die zweite Gleichung (4) nach z, die dritte Gleichung (4) nach y und addiert beide, so kommt

$$G\left[\Delta\left(\frac{\partial v}{\partial z} + \frac{\partial w}{\partial y}\right) + \frac{2m}{m-2}\frac{\partial^2 e}{\partial y\,\partial z}\right] + \frac{\partial Y}{\partial z} + \frac{\partial Z}{\partial y} = 0$$

oder wegen (2d) und (7) die erste Gleichung des folgenden Systems:

$$\left.\begin{aligned}
\Delta\tau_{yz} + \frac{m}{m+1}\frac{\partial^2 s}{\partial y\,\partial z} + \frac{\partial Y}{\partial z} + \frac{\partial Z}{\partial y} = 0,\\
\Delta\tau_{zx} + \frac{m}{m+1}\frac{\partial^2 s}{\partial z\,\partial x} + \frac{\partial Z}{\partial x} + \frac{\partial X}{\partial z} = 0,\\
\Delta\tau_{xy} + \frac{m}{m+1}\frac{\partial^2 s}{\partial x\,\partial y} + \frac{\partial X}{\partial y} + \frac{\partial Y}{\partial x} = 0.
\end{aligned}\right\} \tag{10}$$

Die Gleichungen (4) enthalten nur die Verschiebungen, die Gleichungen (9) und (10) dagegen nur die Spannungen; sie heißen die Beltramischen Gleichungen.

Für den weitaus wichtigsten Fall unveränderlicher Volumkräfte vereinfachen sich die Gleichungen (9) und (10) zu

$$\left.\begin{aligned}
\Delta\sigma_x + \frac{m}{m+1}\frac{\partial^2 s}{\partial x^2} = 0, \qquad \Delta\tau_{yz} + \frac{m}{m+1}\frac{\partial^2 s}{\partial y\,\partial z} = 0,\\
\Delta\sigma_y + \frac{m}{m+1}\frac{\partial^2 s}{\partial y^2} = 0, \qquad \Delta\tau_{zx} + \frac{m}{m+1}\frac{\partial^2 s}{\partial z\,\partial x} = 0,\\
\Delta\sigma_z + \frac{m}{m+1}\frac{\partial^2 s}{\partial z^2} = 0, \qquad \Delta\tau_{xy} + \frac{m}{m+1}\frac{\partial^2 s}{\partial x\,\partial y} = 0.
\end{aligned}\right\} \tag{11}$$

Welches der beiden Systeme (4) oder (11) man bei der Lösung eines Elastizitätsproblems benutzt, hängt vornehmlich von der Art der Oberflächenbedingungen ab. Wir unterscheiden drei Fälle:

1. An der Oberfläche sind die Verschiebungen u, v, w vorgeschrieben;

2. an der Oberfläche sind die Oberflächenspannungen p_x, p_y, p_z vorgeschrieben, so daß, wenn $\cos\alpha$, $\cos\beta$, $\cos\gamma$ die Richtungskosinus der Oberflächennormalen sind, dort die Bedingungen gelten

$$\left.\begin{aligned}
\sigma_x \cos\alpha + \tau_{yx}\cos\beta + \tau_{zx}\cos\gamma = p_x,\\
\tau_{xy}\cos\alpha + \sigma_y\cos\beta + \tau_{zy}\cos\gamma = p_y,\\
\tau_{xz}\cos\alpha + \tau_{yz}\cos\beta + \sigma_z\cos\gamma = p_z;
\end{aligned}\right\} \tag{12}$$

3. an der Oberfläche sind teilweise Verschiebungen und teilweise Oberflächenspannungen vorgeschrieben (gemischte Oberflächenbedingungen).

Im ersten Fall wird man sicherlich von den Gleichungen (4) ausgehen. Im zweiten Fall dagegen sind die Gleichungen (11) bzw. (9) und (10) angebracht. Dabei ist aber zu beachten, daß neben den eigentlichen Oberflächenbedingungen auch noch die Gleichgewichtsbedingungen (3) von dem Lösungssystem erfüllt werden müssen.

Im dritten Falle der gemischten Randbedingungen kann man dort, wo die Oberflächenspannungen gegeben sind, die Gleichungen (12) mit Hilfe der

Gleichungen (2c) und (2d) nebst (1) in Bedingungsgleichungen für u, v und w umwandeln. Bei diesem Vorgehen wird man dann nach Lösungen der Gleichungen (4) suchen. Es steht aber auch der andere Weg offen, nämlich das System (11) bzw. (9) und (10) zu lösen und die Lösung dort, wo die Spannungen vorgeschrieben sind, unmittelbar den Randbedingungen anzupassen, dagegen dort, wo die Verschiebungen gegeben sind, die durch Integration der Gleichungen (2a) und (2d) sich ergebenden Werte für u, v und w den Randbedingungen zu unterwerfen.

Hierbei ist stillschweigend vorausgesetzt, daß die Existenz einer Lösung, die sich den Randbedingungen anpassen läßt, von vornherein gesichert sei. Mathematisch ist dies keineswegs selbstverständlich, und für eine einwandfreie Behandlung des Elastizitätsproblems ist es unerläßlich, zu untersuchen, unter welchen Umständen, d. h. unter welchen den Funktionen σ_x, σ_y, σ_z, τ_{yz}, τ_{zx}, τ_{xy}, u, v, w und ihren Randwerten aufzuerlegenden Beschränkungen, die Existenz einer Lösung gewährleistet ist. Eine zweite Frage ist dann noch, ob die Lösung ein- oder mehrdeutig ist.

Die Beantwortung dieser beiden Fragen soll sich hier auf die Feststellung beschränken, daß für alle Fälle, die wir künftighin behandeln, die Existenz der Lösung[1]) wirklich sichergestellt ist, die Eindeutigkeit dagegen nur insoweit, als die belastenden Kräfte einen bestimmten Wert nicht übersteigen. (Die Frage der Eindeutigkeit behandeln wir ausführlicher in § 5.)

b) Der bewegte Körper. Führt man an den Elementen eines bewegten Körpers die Trägheitswiderstände als äußere Kräfte ein, so bildet dieses System zusammen mit den wirklichen äußeren Kräften nach dem d'Alembertschen Prinzip ein Gleichgewichtssystem: der Körper kann durch dieses Gesamtsystem zu jeder Zeit in seiner augenblicklichen Lage und Verformung im Gleichgewicht gehalten werden. Diese Aussage führt das Elastizitätsproblem des bewegten festen Körpers auf das des ruhenden Körpers zurück.

Betrachten wir zuerst den Fall, daß der Körper nur sehr kleine elastische Bewegungen um eine Gleichgewichtslage ausführt, so daß die auf ihn wirkenden äußeren Kräfte „im Durchschnitt" ein Gleichgewichtssystem bilden, so sind für jedes Körperelement die Abweichungen von seiner spannungslosen Gleichgewichtslage nach Ziff. **9** identisch mit seinen elastischen Verschiebungskomponenten u, v, w, so daß die spezifischen Trägheitswiderstände gegeben sind durch

$$-\varrho\frac{\partial^2 u}{\partial t^2}, \qquad -\varrho\frac{\partial^2 v}{\partial t^2}, \qquad -\varrho\frac{\partial^2 w}{\partial t^2},$$

wo ϱ die Dichte des Stoffes bedeutet.

Neben die Gleichungen (1) und (2) treten also jetzt an Stelle der Gleichungen (3) die folgenden Gleichungen:

$$\left.\begin{aligned}
&\frac{\partial\sigma_x}{\partial x}+\frac{\partial\tau_{yx}}{\partial y}+\frac{\partial\tau_{zx}}{\partial z}+\left(X-\varrho\frac{\partial^2 u}{\partial t^2}\right)=0,\\
&\frac{\partial\tau_{xy}}{\partial x}+\frac{\partial\sigma_y}{\partial y}+\frac{\partial\tau_{zy}}{\partial z}+\left(Y-\varrho\frac{\partial^2 v}{\partial t^2}\right)=0,\\
&\frac{\partial\tau_{xz}}{\partial x}+\frac{\partial\tau_{yz}}{\partial y}+\frac{\partial\sigma_z}{\partial z}+\left(Z-\varrho\frac{\partial^2 w}{\partial t^2}\right)=0,
\end{aligned}\right\}\ \text{oder}\ \left\{\begin{aligned}
&\frac{\partial\sigma_x}{\partial x}+\frac{\partial\tau_{yx}}{\partial y}+\frac{\partial\tau_{zx}}{\partial z}+X=\varrho\frac{\partial^2 u}{\partial t^2},\\
&\frac{\partial\tau_{xy}}{\partial x}+\frac{\partial\sigma_y}{\partial y}+\frac{\partial\tau_{zy}}{\partial z}+Y=\varrho\frac{\partial^2 v}{\partial t^2},\\
&\frac{\partial\tau_{xz}}{\partial x}+\frac{\partial\tau_{yz}}{\partial y}+\frac{\partial\sigma_z}{\partial z}+Z=\varrho\frac{\partial^2 w}{\partial t^2}.
\end{aligned}\right\}\quad(13)$$

In der zweiten Form drücken diese Gleichungen einfach aus, daß die auf ein Element wirkende Resultierende aller Kräfte dritter Ordnung für die Beschleunigung des Elements aufzukommen hat. Wir bezeichnen sie daher weiterhin als Bewegungsgleichungen.

---

[1]) Vgl. E. Trefftz, Handbuch der Physik, Bd. 6, S. 124, Berlin 1928, wo die Existenzbeweise von A. Korn und L. Lichtenstein übersichtlich wiedergegeben sind.

Bilden die auf den Körper einwirkenden äußeren Kräfte im Durchschnitt kein Gleichgewichtssystem, so erfährt der Körper „als Ganzes" eine Bewegung, die aus der Bewegung des am unverformten Körper definierten Schwerpunktes und aus der Drehbewegung um diesen Punkt besteht. Beide Bewegungen können nach den Grundgesetzen der Kinetik des starren Körpers bestimmt werden. Insbesondere ist es möglich, die Drehbewegung zu beziehen auf diejenigen beweglichen Achsen $\bar{x}$, $\bar{y}$, $\bar{z}$, die in jedem Augenblick zusammenfallen mit den im unverformten Körper definierten Hauptträgheitsachsen des Schwerpunktes. Sind x_0, y_0, z_0 die Koordinaten des Schwerpunktes in einem festen Koordinatensystem (x, y, z) und $\cos\alpha_1$, $\cos\beta_1$, $\cos\gamma_1$ usw. die Richtungskosinus der $\bar{x}$-, $\bar{y}$-, $\bar{z}$-Achsen, so gelten für einen Punkt P die Beziehungen

$$\begin{aligned} x &= x_0 + (\bar{x} + u)\cos\alpha_1 + (\bar{y} + v)\cos\alpha_2 + (\bar{z} + w)\cos\alpha_3, \\ y &= y_0 + (\bar{x} + u)\cos\beta_1 + (\bar{y} + v)\cos\beta_2 + (\bar{z} + w)\cos\beta_3, \\ z &= z_0 + (\bar{x} + u)\cos\gamma_1 + (\bar{y} + v)\cos\gamma_2 + (\bar{z} + w)\cos\gamma_3. \end{aligned}$$

Hierin bedeuten $\bar{x}, \bar{y}, \bar{z}$ die Koordinaten des Punktes P bezüglich des Systems $(\bar{x}, \bar{y}, \bar{z})$ im unverformten Zustand und u, v, w die elastischen Verschiebungen, ebenfalls bezogen auf $\bar{x}$, $\bar{y}$, $\bar{z}$. Die spezifischen Trägheitswiderstände sind also in diesem Falle

$$\begin{aligned} &-\frac{\partial^2}{\partial t^2}\left\{\varrho\left[x_0 + (\bar{x}\cos\alpha_1 + \bar{y}\cos\alpha_2 + \bar{z}\cos\alpha_3) + (u\cos\alpha_1 + v\cos\alpha_2 + w\cos\alpha_3)\right]\right\}, \\ &-\frac{\partial^2}{\partial t^2}\left\{\varrho\left[y_0 + (\bar{x}\cos\beta_1 + \bar{y}\cos\beta_2 + \bar{z}\cos\beta_3) + (u\cos\beta_1 + v\cos\beta_2 + w\cos\beta_3)\right]\right\}, \\ &-\frac{\partial^2}{\partial t^2}\left\{\varrho\left[z_0 + (\bar{x}\cos\gamma_1 + \bar{y}\cos\gamma_2 + \bar{z}\cos\gamma_3) + (u\cos\gamma_1 + v\cos\gamma_2 + w\cos\gamma_3)\right]\right\}, \end{aligned}$$

wobei sowohl x_0, y_0, z_0 als die Richtungen $\alpha_i, \beta_i, \gamma_i$ $(i = 1, 2, 3)$ als bekannte Funktionen der Zeit anzusehen sind. Im Achsenkreuz $(\bar{x}, \bar{y}, \bar{z})$ lauten somit jetzt die Bewegungsgleichungen

$$\left.\begin{aligned} \frac{\partial\sigma_{\bar{x}}}{\partial\bar{x}} + \frac{\partial\tau_{\bar{y}\bar{x}}}{\partial\bar{y}} + \frac{\partial\tau_{\bar{z}\bar{x}}}{\partial\bar{z}} + \bar{X} &= \varrho\frac{\partial^2}{\partial t^2}(x_0 + \bar{x}\cos\alpha_1 + \bar{y}\cos\alpha_2 + \bar{z}\cos\alpha_3) + \\ &\quad + \varrho\frac{\partial^2}{\partial t^2}(u\cos\alpha_1 + v\cos\alpha_2 + w\cos\alpha_3), \\ \frac{\partial\tau_{\bar{x}\bar{y}}}{\partial x} + \frac{\partial\sigma_{\bar{y}}}{\partial\bar{y}} + \frac{\partial\tau_{\bar{z}\bar{y}}}{\partial\bar{z}} + \bar{Y} &= \varrho\frac{\partial^2}{\partial t^2}(y_0 + \bar{x}\cos\beta_1 + \bar{y}\cos\beta_2 + \bar{z}\cos\beta_3) + \\ &\quad + \varrho\frac{\partial^2}{\partial t^2}(u\cos\beta_1 + v\cos\beta_2 + w\cos\beta_3), \\ \frac{\partial\tau_{\bar{x}\bar{z}}}{\partial\bar{x}} + \frac{\partial\tau_{\bar{y}\bar{z}}}{\partial\bar{y}} + \frac{\partial\sigma_{\bar{z}}}{\partial\bar{z}} + \bar{Z} &= \varrho\frac{\partial^2}{\partial t^2}(z_0 + \bar{x}\cos\gamma_1 + \bar{y}\cos\gamma_2 + \bar{z}\cos\gamma_3) + \\ &\quad + \varrho\frac{\partial^2}{\partial t^2}(u\cos\gamma_1 + v\cos\gamma_2 + w\cos\gamma_3). \end{aligned}\right\} \quad (14)$$

Zusammen mit den Gleichungen (1) und (2) beherrschen sie das Bewegungsproblem.

Auch auf die Eindeutigkeits- und Existenzfragen der Elastokinetik gehen wir nicht ein. Wir stellen nur fest, daß im allgemeinen zwei Hauptprobleme der Bewegung eines elastischen Körpers unterschieden werden. Beim ersten Problem sind die elastischen Verschiebungen an der Oberfläche zu jeder Zeit gegeben und zur Zeit $t = 0$ im Innern des Körpers die Verschiebungen und ihre ersten zeitlichen Ableitungen. Beim zweiten Hauptproblem sind zu jeder Zeit die Oberflächenkräfte vorgeschrieben und zur Zeit $t = 0$ im Inneren des Körpers wieder die Verschiebungen und ihre zeitlichen Ableitungen.

18. Allgemeine Koordinaten. Für manche Aufgaben ist es erwünscht, die Lage eines Körpers und seiner Punkte auf ein krummliniges orthogonales Koordinatensystem zu beziehen, das durch eine dreifach unendliche Schar von einander senkrecht schneidenden Flächen bestimmt ist. Bezogen auf ein rechtwinkliges kartesisches Grundsystem (x_1, x_2, x_3) mögen

$$f_1(x_1, x_2, x_3) = \alpha_1, \quad f_2(x_1, x_2, x_3) = \alpha_2, \quad f_3(x_1, x_2, x_3) = \alpha_3 \tag{1}$$

die Gleichungen solcher Flächen sein, so daß im betrachteten Raumteil jedes Parametertripel $\alpha_1, \alpha_2, \alpha_3$ einen bestimmten Punkt (x_1, x_2, x_3) des Raumes definiert. Den elastischen Verschiebungen u_1, u_2, u_3 eines Punktes in den drei ihm zugehörigen Koordinatenrichtungen mögen die Zuwächse ξ_1, ξ_2, ξ_3 der Parameter α_1, α_2, α_3 entsprechen. Dann haben wir als erste Aufgabe, den Verzerrungszustand mit Hilfe der neuen Koordinaten $\alpha_1, \alpha_2, \alpha_3$ zu beschreiben. Dies geschieht am einfachsten, indem man ebenso wie in Ziff. **9** die neue Länge dl_1 eines zu P gehörigen Linienelements $PQ = dl$ (bestimmt durch die Differentiale $d\alpha_1, d\alpha_2, d\alpha_3$ der Parameter $\alpha_1, \alpha_2, \alpha_3$) berechnet.

Wegen der Orthogonalität der Flächen (1) gilt

$$dl^2 = g_{11}\, d\alpha_1^2 + g_{22}\, d\alpha_2^2 + g_{33}\, d\alpha_3^2 \equiv \sum_i g_{ii}\, d\alpha_i^2, \tag{2}$$

wo g_{11}, g_{22}, g_{33} von den Funktionen f_1, f_2, f_3 abhängige Funktionen der α_1, α_2, α_3 bedeuten. Wenn $P(\alpha_1, \alpha_2, \alpha_3)$ in die neue Lage $P_1(\alpha_1+\xi_1, \alpha_2+\xi_2, \alpha_3+\xi_3)$ gelangt, und $Q(\alpha_1+d\alpha_1,\ \alpha_2+d\alpha_2,\ \alpha_3+d\alpha_3)$ dementsprechend in die Lage

$$Q_1[\alpha_1+\xi_1+d(\alpha_1+\xi_1),\ \alpha_2+\xi_2+d(\alpha_2+\xi_2),\ \alpha_3+\xi_3+d(\alpha_3+\xi_3)],$$

so ist nach (2)

$$\overline{P_1Q_1}^2 \equiv dl_1^2 = \sum_i g_{ii}(\alpha_1+\xi_1,\ \alpha_2+\xi_2,\ \alpha_3+\xi_3)\,[d(\alpha_i+\xi_i)]^2. \tag{3}$$

Entwickelt man die Größen g_{ii} in eine Taylorsche Reihe und beschränkt sich auf unendlich kleine Verzerrungen, so erhält man

$$g_{ii}(\alpha_1+\xi_1,\ \alpha_2+\xi_2,\ \alpha_3+\xi_3) = g_{ii}(\alpha_1, \alpha_2, \alpha_3) + \sum_j \frac{\partial g_{ii}}{\partial \alpha_j}\xi_j.$$

Weiter gilt, weil ξ_i von α_1, α_2 und α_3 abhängt,

$$d(\alpha_i+\xi_i) = d\alpha_i + \sum_j \frac{\partial \xi_i}{\partial \alpha_j}\, d\alpha_j$$

und

$$[d(\alpha_i+\xi_i)]^2 = d\alpha_i^2 + 2\sum_j \frac{\partial \xi_i}{\partial \alpha_j}\, d\alpha_i\, d\alpha_j,$$

wenn die Glieder, die mindestens von zweiter Ordnung in den Koordinatenänderungen ξ_i sind, auch hier vernachlässigt werden (vgl. Ziff. **12**). Gleichung (3) geht also, wenn zur Abkürzung

$$g'_{ii} = g_{ii} + \sum_j \frac{\partial g_{ii}}{\partial \alpha_j}\xi_j + 2\, g_{ii}\frac{\partial \xi_i}{\partial \alpha_i}, \tag{4}$$

$$g'_{ij} = g_{ii}\frac{\partial \xi_i}{\partial \alpha_j} + g_{jj}\frac{\partial \xi_j}{\partial \alpha_i} \qquad (i \neq j) \tag{5}$$

geschrieben wird, über in

$$dl_1^2 = \sum_i \sum_j g'_{ij}\, d\alpha_i\, d\alpha_j. \tag{6}$$

Wie in Ziff. **9** drücken wir jetzt für die besonderen Linienelemente, die im unverzerrten Zustand die positiven Koordinatenrichtungen angeben, die Längen- und Winkeländerungen aus in den Koeffizienten g'_{ij}, durch die das allgemeine

Linienelement im verzerrten Zustand nach (6) bestimmt ist. Für das Linienelement in Richtung wachsender α_i entnimmt man aus (6)

$$dl_1 = \sqrt{g'_{ii}}\, d\alpha_i,$$

während nach (2) für dasselbe Element im unverzerrten Zustand gilt

$$dl = \sqrt{g_{ii}}\, d\alpha_i.$$

Die Dehnung ε_i berechnet sich also zu

$$\varepsilon_i = \frac{dl_1 - dl}{dl} = \frac{\sqrt{g'_{ii}} - \sqrt{g_{ii}}}{\sqrt{g_{ii}}} = \frac{g'_{ii} - g_{ii}}{\sqrt{g_{ii}}\,(\sqrt{g'_{ii}} + \sqrt{g_{ii}})}$$

oder, da bis auf Glieder höherer Ordnung im Nenner $g'_{ii} = g_{ii}$ gesetzt werden darf,

$$\varepsilon_i = \frac{g'_{ii} - g_{ii}}{2\, g_{ii}} \qquad (i = 1, 2, 3). \tag{7}$$

Um ferner die Winkeländerung der Linienelemente in den Richtungen wachsender α_i und α_j zu berechnen, bestimmt man, wie in Ziff. **9**, auf zwei verschiedene Arten die neue Länge desjenigen Linienelements, das im unverzerrten Zustand die Komponenten $-\sqrt{g_{ii}}\,d\alpha_i$, $\sqrt{g_{jj}}\,d\alpha_j$ hat. Man findet, indem man den Winkel dieser Komponenten im verzerrten Zustand wieder mit φ_{ij} bezeichnet,

$$g'_{ii}\, d\alpha_i^2 + g'_{jj}\, d\alpha_j^2 - 2\sqrt{g'_{ii}\, g'_{jj}}\, d\alpha_i\, d\alpha_j \cos\varphi_{ij} = g'_{ii}\, d\alpha_i^2 + g'_{jj}\, d\alpha_j^2 - 2\, g'_{ij}\, d\alpha_i\, d\alpha_j$$

und daher

$$\cos\varphi_{ij} = \frac{g'_{ij}}{\sqrt{g'_{ii}\, g'_{jj}}} \approx \frac{g'_{ij}}{\sqrt{g_{ii}\, g_{j}}}.$$

Die Winkeländerung ψ_{ij} selbst ist also

$$\psi_{ij} = \frac{g'_{ij}}{\sqrt{g_{ii}\, g_{jj}}} \qquad (i, j = 1, 2, 3;\ i \neq j). \tag{8}$$

Hiermit sind wir imstande, die Gleichungen (**17**, 2), welche natürlich ihre Form nicht ändern, in den neuen Koordinaten anzuschreiben.

Die neuen Gleichungen enthalten außer den g_{ii} die Differentialquotienten der den Verschiebungen u_i entsprechenden Größen ξ_i nach den drei Koordinaten α_i. Man schreibt sie nach Bedarf leicht in die Verschiebungen u_i um, indem man, wegen der vorausgesetzten Kleinheit der u_i, gemäß (2)

$$u_1 = \sqrt{g_{11}}\,\xi_1,\quad u_2 = \sqrt{g_{22}}\,\xi_2,\quad u_3 = \sqrt{g_{33}}\,\xi_3 \tag{9}$$

setzt.

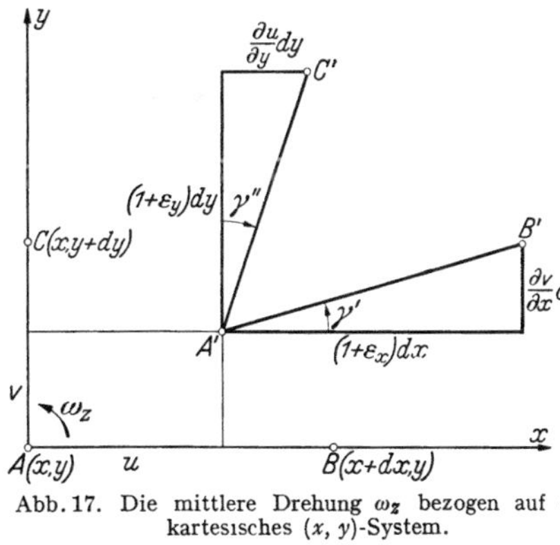

Abb. 17. Die mittlere Drehung ω_z bezogen auf ein kartesisches (x, y)-System.

Weiter bestimmen wir noch die auf die örtlichen Koordinatenachsen bezogenen Komponenten $\omega_1, \omega_2, \omega_3$ des Drehvektors ω, der in Ziff. **12** durch seine auf ein f e s t e s rechtwinkliges Kreuz (x, y, z) bezogenen Komponenten ω_x, ω_y, ω_z definiert worden ist. Aus jener Definition geht hervor, daß beispielsweise die Drehkomponente $\omega_z = \frac{1}{2}\left(\frac{\partial v}{\partial x} - \frac{\partial u}{\partial y}\right)$ als die mittlere, auf die z-Achse bezogene Drehung zweier Linienelemente aufgefaßt werden kann, welche im unverzerrten Körper den x- *und* y-Achsen parallel liefen. In Abb. 17 sind zwei solche Linienelemente in ihrer Projektion auf die (x, y)-Ebene vor und nach der Verzerrung des Körpers wiedergegeben, und man sieht sofort, daß der Winkel γ', wenn man ε_x gegen Eins vernachlässigt, durch $\partial v/\partial x$ und ebenso der Winkel γ'' durch $-\partial u/\partial y$ dargestellt wird. Ähnliche Überlegungen gelten für ω_x und ω_y.

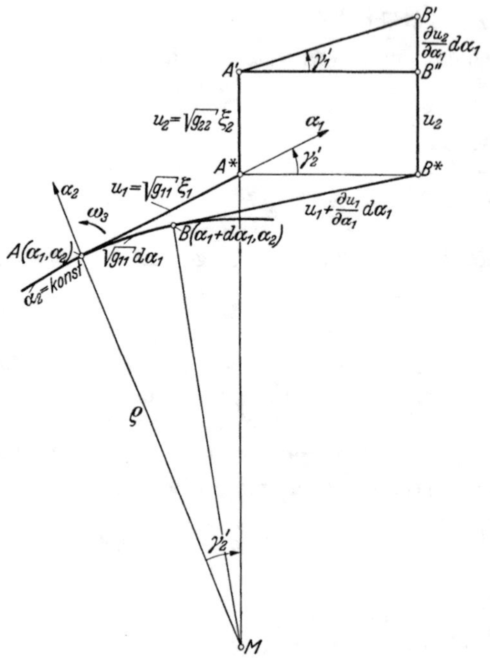

Abb. 18. Die mittlere Drehung ω_3 bezogen auf ein krummliniges $(\alpha_1, \alpha_2, \alpha_3)$-System.

Im krummlinigen Koordinatensystem kommt es also zur Berechnung von ω_3 nur darauf an, die mittlere, auf die α_3-Richtung bezogene Drehung zweier Linienelemente zu bestimmen, die im unverzerrten Körper mit den positiven Richtungen α_1 und α_2 zusammenfallen. Wir beschränken uns auf die Drehung des in die Richtung α_1 fallenden Linienelements AB, dessen Länge $\sqrt{g_{11}}\,d\alpha_1$ beträgt. Die in die (α_1, α_2)-Ebene fallende Drehung γ' dieses Elements wird durch die in diese Ebene fallenden Verschiebungskomponenten seiner Endpunkte A und B angegeben. In Abb. 18 sind diese Verschiebungen u_1, u_2 und $\left(u_1 + \frac{\partial u_1}{\partial \alpha_1} d\alpha_1\right)$, $\left(u_2 + \frac{\partial u_2}{\partial \alpha_1} d\alpha_1\right)$ eingetragen. Zieht man durch den Punkt A' die Gerade $A'B''$ parallel zu A^*B^*, so sieht man, daß $A'B'$ gegen $A'B''$ (oder A^*B^*) um einen Winkel γ_1' im *positiven* Sinne gedreht ist. Obwohl $A'B''$ nicht genau senkrecht zu $B'B''$ steht, so kann doch unter Vernachlässigung von Größen höherer Ordnung

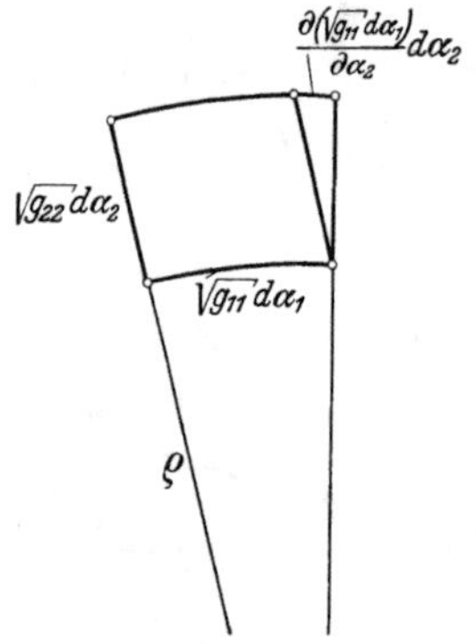

Abb. 19. Der Krummungshalbmesser ϱ.

$$\gamma_1' = \frac{B'B''}{A'B''} \approx \frac{B'B''}{AB} = \frac{1}{\sqrt{g_{11}}} \frac{\partial u_2}{\partial \alpha_1}$$

gesetzt werden. Die Strecke A^*B^* selbst hat sich gegen AB im *negativen* Sinne um den Winkel γ_2' gedreht, der im Krümmungskreis der Kurve $\alpha_2 = \text{konst.}$ als derjenige Zentriwinkel bezeichnet werden kann, der die Strecke AA^* überspannt. Ist ϱ der Halbmesser dieses Kreises, so ist bis auf eine Größe höherer Ordnung

$$\gamma_2' = \frac{u_1}{\varrho}$$

und die endgültige Drehung γ' des Linienelements AB bei seiner Verschiebung nach $A'B'$ ist dann im ganzen

$$\gamma' = \gamma_1' - \gamma_2'.$$

Zur Berechnung des Krümmungshalbmessers ϱ betrachten wir (Abb. 19) eine Masche des krummlinigen Koordinatensystems mit den Maschenweiten $\sqrt{g_{11}}\,d\alpha_1$ und $\sqrt{g_{22}}\,d\alpha_2$ und haben die Proportion

$$\varrho : \sqrt{g_{11}}\,d\alpha_1 = \sqrt{g_{22}}\,d\alpha_2 : \frac{\partial(\sqrt{g_{11}}\,d\alpha_1)}{\partial \alpha_2} d\alpha_2,$$

so daß

$$\varrho = \sqrt{g_{11}\,g_{22}} : \frac{\partial \sqrt{g_{11}}}{\partial \alpha_2}$$

wird. Es ist also

$$\gamma' = \frac{1}{\sqrt{g_{11}}}\frac{\partial u_2}{\partial \alpha_1} - \frac{u_1}{\sqrt{g_{11}\, g_{22}}}\frac{\partial \sqrt{g_{11}}}{\partial \alpha_2}.$$

In gleicher Weise erhält man für die Drehung des in die Richtung α_2 fallenden Linienelements

$$\gamma'' = -\left(\frac{1}{\sqrt{g_{22}}}\frac{\partial u_1}{\partial \alpha_2} - \frac{u_2}{\sqrt{g_{11}\, g_{22}}}\frac{\partial \sqrt{g_{22}}}{\partial \alpha_1}\right).$$

So kommt mit $\omega_3 = \frac{1}{2}(\gamma' + \gamma'')$ die dritte der drei folgenden Formeln (deren beide anderen durch zyklische Vertauschung hervorgehen) für die Komponenten der gesamten Drehung eines Körperelements:

$$\left.\begin{aligned}
\omega_1 &= \frac{1}{2\sqrt{g_{22}g_{33}}}\left[\frac{\partial (u_3\sqrt{g_{33}})}{\partial \alpha_2} - \frac{\partial (u_2\sqrt{g_{22}})}{\partial \alpha_3}\right],\\
\omega_2 &= \frac{1}{2\sqrt{g_{33}g_{11}}}\left[\frac{\partial (u_1\sqrt{g_{11}})}{\partial \alpha_3} - \frac{\partial (u_3\sqrt{g_{33}})}{\partial \alpha_1}\right],\\
\omega_3 &= \frac{1}{2\sqrt{g_{11}g_{22}}}\left[\frac{\partial (u_2\sqrt{g_{22}})}{\partial \alpha_1} - \frac{\partial (u_1\sqrt{g_{11}})}{\partial \alpha_2}\right].
\end{aligned}\right\} \tag{10}$$

Jetzt sind nur noch die Gleichgewichtsgleichungen (**17**, 3) zu transformieren. Hierzu betrachten wir ein durch die Koordinatenflächen

$$f_1(x_1, x_2, x_3) = \alpha_1, \qquad f_2(x_1, x_2, x_3) = \alpha_2, \qquad f_3(x_1, x_2, x_3) = \alpha_3,$$
$$f_1(x_1, x_2, x_3) = \alpha_1 + d\alpha_1, \quad f_2(x_1, x_2, x_3) = \alpha_2 + d\alpha_2, \quad f_3(x_1, x_2, x_3) = \alpha_3 + d\alpha_3$$

begrenztes Raumelement unter der Wirkung seiner Volumkraft und seiner Oberflächenkräfte. Obwohl dieses Raumelement in erster Näherung als Quader aufzufassen ist, so muß doch, wie wir gleich sehen werden, in Rechnung gezogen werden, daß die einander gegenüberliegenden Seitenflächen unendlich kleine Winkel miteinander einschließen.

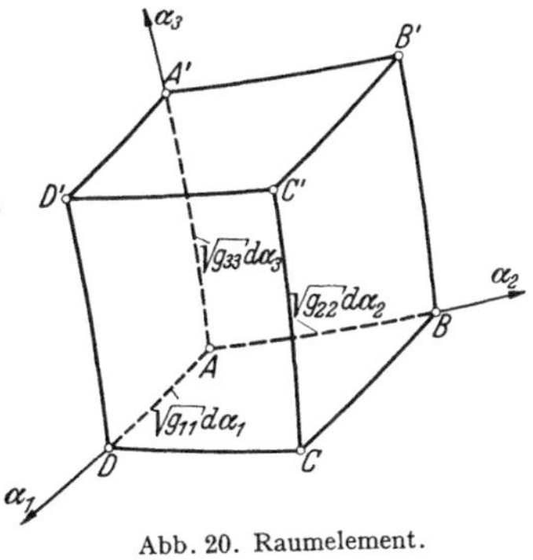

Abb. 20. Raumelement.

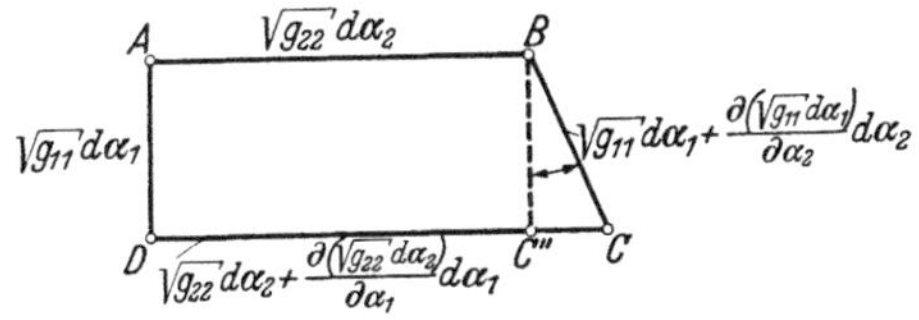

Abb. 21. Seitenflache des Raumelements.

Geht man etwa aus von den beiden zur positiven Meßrichtung von α_2 senkrecht stehenden Seitenflächen $ADD'A'$ und $BCC'B'$ (Abb. 20), so werden ihre Normalspannungen in der Projektion auf die Seitenfläche $ABCD$ einen Winkel einschließen, der in erster Näherung gleich dem Winkel zwischen den Linienelementen AD und BC ist. Aus Abb. 21, wo die Seiten des ,,Rechtecks" $ABCD$ dargestellt sind, entnimmt man, daß der gesuchte Winkel gleich

$$\frac{CC''}{BC''} \approx \frac{CC''}{AD} = \frac{1}{\sqrt{g_{11}}}\frac{\partial \sqrt{g_{22}}}{\partial \alpha_1}\, d\alpha_2$$

ist. Somit liefern die beiden auf die Flächen $ADD'A'$ und $BCC'B'$ wirkenden Normalkräfte

$$t_{22}\cdot \sqrt{g_{11}}\, d\alpha_1 \cdot \sqrt{g_{33}}\, d\alpha_3 \ \text{ und }\ t_{22}\cdot \sqrt{g_{11}}\, d\alpha_1\cdot \sqrt{g_{33}}\, d\alpha_3 + \frac{\partial}{\partial \alpha_2}\left(t_{22}\cdot \sqrt{g_{11}}\, d\alpha_1\cdot \sqrt{g_{33}}\, d\alpha_3\right) d\alpha_2$$

in der positiven Richtung α_1 eine Resultante

$$-t_{22}\sqrt{g_{11}\, g_{33}}\, d\alpha_1\, d\alpha_3 \cdot \frac{1}{\sqrt{g_{11}}}\frac{\partial \sqrt{g_{22}}}{\partial \alpha_1}\, d\alpha_2.$$

Ebenso geben die auf die Seitenflächen $ABCD$ und $A'B'C'D'$ wirkenden Normalkräfte eine in die positive Richtung α_1 fallende Resultante

$$-t_{33}\sqrt{g_{11}\,g_{22}}\,d\alpha_1\,d\alpha_2\cdot\frac{1}{\sqrt{g_{11}}}\frac{\partial\sqrt{g_{33}}}{\partial\alpha_1}\,d\alpha_3.$$

Aber auch die auf die Seitenflächen $A\,B\,B'A'$ und $D\,C\,C'D'$ wirkenden Schubkräfte liefern in derselben Richtung Beiträge. Denn zunächst schließen die Kräfte $t_{12}\sqrt{g_{22}\,g_{33}}\,d\alpha_2\,d\alpha_3$ und $t_{12}\sqrt{g_{22}\,g_{33}}\,d\alpha_2 d\alpha_3+\frac{\partial}{\partial\alpha_1}\left(t_{12}\sqrt{g_{22}\,g_{33}}\,d\alpha_2\,d\alpha_3\right)d\alpha_1$ (bis auf einen unendlich kleinen Betrag höherer Ordnung) denselben Winkel wie die Linienelemente $A\,B$ und $C\,D$, d. h. den Winkel $\frac{1}{\sqrt{g_{22}}}\frac{\partial\sqrt{g_{11}}}{\partial\alpha_2}\,d\alpha_1$ ein, so daß sie in der positiven Richtung α_1 eine Resultante

$$t_{12}\sqrt{g_{22}\,g_{33}}\,d\alpha_2\,d\alpha_3\cdot\frac{1}{\sqrt{g_{22}}}\frac{\partial\sqrt{g_{11}}}{\partial\alpha_2}\,d\alpha_1$$

liefern. Ebenso geben die beiden andern auf $ABB'A'$ und $DCC'D'$ wirkenden Schubkräfte $t_{13}\sqrt{g_{22}g_{33}}\,d\alpha_2\,d\alpha_3$ und $t_{13}\sqrt{g_{22}\,g_{33}}\,d\alpha_2\,d\alpha_3+\frac{\partial}{\partial\alpha_1}\left(t_{13}\sqrt{g_{22}\,g_{33}}\,d\alpha_2\,d\alpha_3\right)d\alpha_1$ in der positiven Richtung α_1 die Resultante

$$t_{13}\sqrt{g_{22}\,g_{33}}\,d\alpha_2\,d\alpha_3\cdot\frac{1}{\sqrt{g_{33}}}\frac{\partial\sqrt{g_{11}}}{\partial\alpha_3}\,d\alpha_1.$$

Abgesehen von diesen Kräften wirken in der Richtung α_1 noch die Resultanten der Normalkräfte der Seitenflächen $A\,B\,B'A'$ und $D\,C\,C'D'$ und die Resultanten der (in die Richtung α_1 fallenden) Schubkräfte der Seitenflächen $A\,B\,C\,D$ und $A'B'C'D'$ sowie $ADD'A'$ und $BCC'B'$.

Nennt man die Komponenten der Volumkraft auf die Raumeinheit X_1, X_2, X_3, so lautet mithin die Gleichgewichtsbedingung in der α_1-Richtung

$$\begin{aligned}&\Bigg[\frac{\partial\left(t_{11}\sqrt{g_{22}\,g_{33}}\right)}{\partial\alpha_1}+\frac{\partial\left(t_{21}\sqrt{g_{11}\,g_{33}}\right)}{\partial\alpha_2}+\frac{\partial\left(t_{31}\sqrt{g_{11}\,g_{22}}\right)}{\partial\alpha_3}-\\&-t_{22}\sqrt{g_{33}}\frac{\partial\sqrt{g_{22}}}{\partial\alpha_1}-t_{33}\sqrt{g_{22}}\frac{\partial\sqrt{g_{33}}}{\partial\alpha_1}+t_{12}\sqrt{g_{33}}\frac{\partial\sqrt{g_{11}}}{\partial\alpha_2}+t_{13}\sqrt{g_{22}}\frac{\partial\sqrt{g_{11}}}{\partial\alpha_3}+\\&+X_1\sqrt{g_{11}\,g_{22}\,g_{33}}\Bigg]\,d\alpha_1\,d\alpha_2\,d\alpha_3=0.\end{aligned}$$

Benützt man noch die Beziehungen $t_{ij}=t_{ji}$, so nehmen die gesuchten Gleichgewichtsbedingungen nach einfacher Umformung die endgültige Gestalt an:

$$\left.\begin{aligned}&\frac{\partial\left(t_{11}\sqrt{g_{22}\,g_{33}}\right)}{\partial\alpha_1}-t_{22}\sqrt{g_{33}}\frac{\partial\sqrt{g_{22}}}{\partial\alpha_1}-t_{33}\sqrt{g_{22}}\frac{\partial\sqrt{g_{33}}}{\partial\alpha_1}+\\&\qquad+\frac{1}{\sqrt{g_{11}}}\left[\frac{\partial\left(t_{12}\,g_{11}\sqrt{g_{33}}\right)}{\partial\alpha_2}+\frac{\partial\left(t_{13}\,g_{11}\sqrt{g_{22}}\right)}{\partial\alpha_3}\right]+X_1\sqrt{g_{11}\,g_{22}\,g_{33}}=0,\\&\frac{\partial\left(t_{22}\sqrt{g_{33}\,g_{11}}\right)}{\partial\alpha_2}-t_{33}\sqrt{g_{11}}\frac{\partial\sqrt{g_{33}}}{\partial\alpha_2}-t_{11}\sqrt{g_{33}}\frac{\partial\sqrt{g_{11}}}{\partial\alpha_2}+\\&\qquad+\frac{1}{\sqrt{g_{22}}}\left[\frac{\partial\left(t_{23}\,g_{22}\sqrt{g_{11}}\right)}{\partial\alpha_3}+\frac{\partial\left(t_{21}\,g_{22}\sqrt{g_{33}}\right)}{\partial\alpha_1}\right]+X_2\sqrt{g_{11}\,g_{22}\,g_{33}}=0,\\&\frac{\partial\left(t_{33}\sqrt{g_{11}\,g_{22}}\right)}{\partial\alpha_3}-t_{11}\sqrt{g_{22}}\frac{\partial\sqrt{g_{11}}}{\partial\alpha_3}-t_{22}\sqrt{g_{11}}\frac{\partial\sqrt{g_{22}}}{\partial\alpha_3}+\\&\qquad+\frac{1}{\sqrt{g_{33}}}\left[\frac{\partial\left(t_{31}\,g_{33}\sqrt{g_{22}}\right)}{\partial\alpha_1}+\frac{\partial\left(t_{32}\,g_{33}\sqrt{g_{11}}\right)}{\partial\alpha_2}\right]+X_3\sqrt{g_{11}\,g_{22}\,g_{33}}=0.\end{aligned}\right\}\qquad(11)$$

Wir geben die Formeln (2), (7), (8), (10) und (11) noch für zwei besonders wichtige Sonderfälle explizit an.

a) Zylinderkoordinaten. Die Koordinaten eines Punktes P (Abb. 22) werden mit r, φ, z bezeichnet, die entsprechenden Verschiebungen mit u, v und w. Dann ist

$$\alpha_1 = r, \quad \alpha_2 = \varphi, \quad \alpha_3 = z,$$
$$dl^2 = dr^2 + r^2 d\varphi^2 + dz^2$$

und somit

$$g_{11} \equiv 1, \quad g_{22} \equiv r^2, \quad g_{33} \equiv 1,$$
$$\xi_1 = u, \quad \xi_2 = \frac{v}{r}, \quad \xi_3 = w.$$

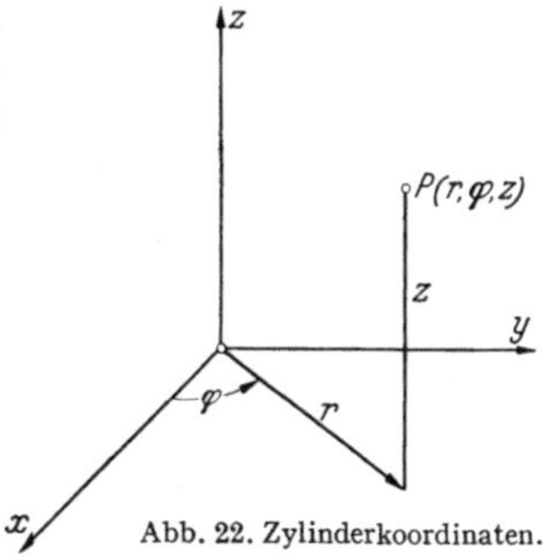

Abb. 22. Zylinderkoordinaten.

Daher werden die gesuchten Gleichungen

$$\left.\begin{aligned}
&\varepsilon_r = \frac{\partial u}{\partial r}, \qquad \psi_{\varphi z} = \frac{\partial v}{\partial z} + \frac{1}{r}\frac{\partial w}{\partial \varphi}, \qquad \omega_r = \frac{1}{2}\left(\frac{1}{r}\frac{\partial w}{\partial \varphi} - \frac{\partial v}{\partial z}\right),\\
&\varepsilon_\varphi = \frac{1}{r}\frac{\partial v}{\partial \varphi} + \frac{u}{r}, \qquad \psi_{zr} = \frac{\partial w}{\partial r} + \frac{\partial u}{\partial z}, \qquad \omega_\varphi = \frac{1}{2}\left(\frac{\partial u}{\partial z} - \frac{\partial w}{\partial r}\right),\\
&\varepsilon_z = \frac{\partial w}{\partial z}, \qquad \psi_{r\varphi} = \frac{1}{r}\frac{\partial u}{\partial \varphi} + \frac{\partial v}{\partial r} - \frac{v}{r}; \qquad \omega_z = \frac{1}{2}\left(\frac{\partial v}{\partial r} + \frac{v}{r} - \frac{1}{r}\frac{\partial u}{\partial \varphi}\right);\\
&\frac{\partial \sigma_r}{\partial r} + \frac{1}{r}\frac{\partial \tau_{r\varphi}}{\partial \varphi} + \frac{\partial \tau_{rz}}{\partial z} + \frac{\sigma_r - \sigma_\varphi}{r} + X_r = 0,\\
&\frac{\partial \tau_{r\varphi}}{\partial r} + \frac{1}{r}\frac{\partial \sigma_\varphi}{\partial \varphi} + \frac{\partial \tau_{\varphi z}}{\partial z} + 2\,\frac{\tau_{r\varphi}}{r} + X_\varphi = 0,\\
&\frac{\partial \tau_{rz}}{\partial r} + \frac{1}{r}\frac{\partial \tau_{\varphi z}}{\partial \varphi} + \frac{\partial \sigma_z}{\partial z} + \frac{\tau_{rz}}{r} + X_z = 0.
\end{aligned}\right\} \quad (12)$$

b) Kugelkoordinaten. Die Koordinaten eines Punktes P (Abb. 23) werden mit r, φ (geographische Länge), ϑ (Poldistanz, vom Südpol gerechnet) bezeichnet, die entsprechenden Verschiebungen mit u, v und w. Dann ist

$$\alpha_1 = r, \quad \alpha_2 = \varphi, \quad \alpha_3 = \vartheta,$$
$$dl^2 = dr^2 + r^2 \sin^2\vartheta\, d\varphi^2 + r^2 d\vartheta^2$$

und somit

$$g_{11} \equiv 1, \quad g_{22} \equiv r^2 \sin^2\vartheta, \quad g_{33} \equiv r^2,$$
$$\xi_1 = u, \quad \xi_2 = \frac{v}{r\sin\vartheta}, \quad \xi_3 = \frac{w}{r}.$$

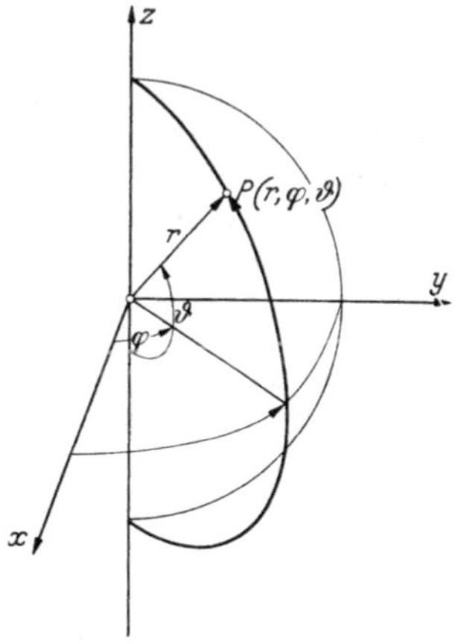

Abb. 23. Kugelkoordinaten.

Daher werden die gesuchten Gleichungen

$$\begin{aligned}
&\varepsilon_r = \frac{\partial u}{\partial r}, \qquad \psi_{\varphi\vartheta} = \frac{1}{r}\frac{\partial v}{\partial \vartheta} - \frac{v}{r}\operatorname{ctg}\vartheta + \frac{1}{r\sin\vartheta}\frac{\partial w}{\partial \varphi},\\
&\varepsilon_\varphi = \frac{1}{r\sin\vartheta}\frac{\partial v}{\partial \varphi} + \frac{u}{r} + \frac{w}{r}\operatorname{ctg}\vartheta, \qquad \psi_{\vartheta r} = \frac{\partial w}{\partial r} - \frac{w}{r} + \frac{1}{r}\frac{\partial u}{\partial \vartheta},\\
&\varepsilon_\vartheta = \frac{1}{r}\frac{\partial w}{\partial \vartheta} + \frac{u}{r}, \qquad \psi_{r\varphi} = \frac{1}{r\sin\vartheta}\frac{\partial u}{\partial \varphi} + \frac{\partial v}{\partial r} - \frac{v}{r};
\end{aligned}$$

$$\left.\begin{aligned}
\omega_r &= \frac{1}{2}\left(\frac{1}{r\sin\vartheta}\frac{\partial w}{\partial\varphi} - \frac{1}{r}\frac{\partial v}{\partial\vartheta} - \frac{v}{r}\operatorname{ctg}\vartheta\right),\\
\omega_\varphi &= \frac{1}{2}\left(\frac{1}{r}\frac{\partial u}{\partial\vartheta} - \frac{\partial w}{\partial r} - \frac{w}{r}\right),\\
\omega_\vartheta &= \frac{1}{2}\left(\frac{\partial v}{\partial r} + \frac{v}{r} - \frac{1}{r\sin\vartheta}\frac{du}{\partial\varphi}\right);\\
&\frac{\partial\sigma_r}{\partial r} + \frac{1}{r\sin\vartheta}\frac{\partial\tau_{r\varphi}}{\partial\varphi} + \frac{1}{r}\frac{\partial\tau_{r\vartheta}}{\partial\vartheta} + \frac{2\sigma_r - \sigma_\varphi - \sigma_\vartheta + \tau_{r\vartheta}\operatorname{ctg}\vartheta}{r} + X_r = 0,\\
&\frac{\partial\tau_{\varphi r}}{\partial r} + \frac{1}{r\sin\vartheta}\frac{\partial\sigma_\varphi}{\partial\varphi} + \frac{1}{r}\frac{\partial\tau_{\varphi\vartheta}}{\partial\vartheta} + \frac{3\tau_{r\varphi} + 2\tau_{\varphi\vartheta}\operatorname{ctg}\vartheta}{r} + X_\varphi = 0,\\
&\frac{\partial\tau_{\vartheta r}}{\partial r} + \frac{1}{r\sin\vartheta}\frac{\partial\tau_{\vartheta\varphi}}{\partial\varphi} + \frac{1}{r}\frac{\partial\sigma_\vartheta}{\partial\vartheta} + \frac{(\sigma_\vartheta - \sigma_\varphi)\operatorname{ctg}\vartheta + 3\tau_{\vartheta r}}{r} + X_\vartheta = 0.
\end{aligned}\right\}\quad(13)$$

§ 5. Das neutrale elastische Gleichgewicht.

19. Der Kirchhoffsche Eindeutigkeitssatz und das neutrale Gleichgewicht. Schon in Ziff. **17** ist festgestellt worden, daß, auch wenn die Existenz einer Lösung der von uns zu behandelnden elastischen Probleme gewährleistet sein mag, die Eindeutigkeit dieser Lösung doch nur unter einer einschränkenden Bedingung gesichert ist.

Zur Verdeutlichung dieser Aussage erinnern wir zunächst noch einmal daran, daß die klassischen Gleichungen (**17**, 1) bis (**17**, 3) und (**17**, 12) streng genommen das Elastizitätsproblem des homogenen isotropen Körpers nur für eine unendlich kleine Gestaltänderung des Körpers richtig darstellen. Dies kommt in diesen Gleichungen selbst auf zweierlei Weise zum Ausdruck, und zwar einmal in den Gleichungen (**17**, 1) implizit dadurch, daß die Verzerrungsgrößen in ihnen nur bei einer unendlich kleinen Verzerrung Richtigkeit beanspruchen, und zweitens in den Gleichgewichtsbedingungen (**17**, 3) und in den Randbedingungen (**17**, 12) explizit dadurch, daß sie das Gleichgewicht des betrachteten Körperelements auf den unverzerrten Körper beziehen. Denkt man sich also die Oberflächenspannungen und die etwa wirkenden Volumkräfte bis auf einen gemeinsamen Proportionalitätsfaktor λ vorgegeben, so liefern die klassischen Gleichungen (Ziff. **17**) nichts weiter als die Grenzwerte der Verhältnisse der Spannungen und Verschiebungen, wenn λ gegen Null geht. Unter diesem Gesichtspunkt hat der vielfach zitierte — aber fast durchweg zu allgemein gefaßte — Kirchhoffsche Eindeutigkeitssatz, nach welchem das elastische Problem „eine eindeutige Lösung" besitzt, folgende Bedeutung:

Ist für einen Körper die Belastung bis auf einen Proportionalitätsfaktor λ vorgeschrieben, so gibt es, wenn diese Belastung von Null an mit λ stetig wächst, im unbelasteten Zustand des Körpers für jeden Punkt nur eine mögliche Verschiebungsrichtung, für den Körper als Ganzes also nur eine mögliche „Gestaltänderungsrichtung".

Will man den Gleichungen von Ziff. **17** eine praktische Brauchbarkeit beilegen, so hat man sie für endliche (wenn auch immerhin kleine) Verschiebungen und für endliche (durchweg große) Spannungen als gültig anzusehen. Dabei sind dann aber zwei wichtige Tatsachen mit in Kauf zu nehmen: erstens können bei einer endlichen Verzerrung die in Ziff. **17** benutzten Verzerrungen nur noch als eine Näherung erster Ordnung der wahren Verzerrungen gelten, so daß z. B. auch die Differentialgleichungen (**17**, 4) und (**17**, 11) nur als Näherungen erster Ordnung der wahren Differentialgleichungen zu betrachten sind; zweitens sind auch die Gleichgewichtsbedingungen (**17**, 3) und (**17**, 12) nur als Näherungen der wahren Gleichgewichtsbedingungen anzusehen, weil diese sich bei einer endlichen Verzerrung des Körpers eigentlich auf den verzerrten Körper beziehen sollten.

Die Erfahrung lehrt aber, daß für die meisten technischen Probleme diese Näherung durchaus zulässig ist; und wahrscheinlich beruht darauf die vielverbreitete, jedoch irrige Auffassung, daß nun auch der Kirchhoffsche Eindeutigkeitssatz sich auf den endlich verzerrten Körper ohne weiteres ausdehnen ließe. Wie falsch dieser Trugschluß ist, zeigt schon der einfachste Fall des auf reinen Druck beanspruchten geraden Stabes, welcher bei genügend großen Druckkräften λP außer im geraden auch im ausgebogenen Zustand im Gleichgewicht sein kann. Wir wollen an diesem Beispiel, das wir hier als bekannt voraussetzen (wir werden es übrigens in Kap. VII, § 1 in allen Einzelheiten behandeln), den Sachverhalt noch etwas genauer verfolgen.

Zunächst, wenn nämlich λ kleiner als ein bestimmter Grenzwert λ_1 bleibt (so daß also die belastenden Kräfte kleiner als $\lambda_1 P$ sind), ist die gerade Form eines solchen Stabes die einzig mögliche Gleichgewichtsform. Jede künstlich am Stabe hervorgerufene kleine Durchbiegung verschwindet sofort, wenn ihre Ursache aufgehoben wird, und die Erzeugung einer solchen Durchbiegung erfordert eine von außenher zu leistende Arbeit: der Stab befindet sich im stabilen Gleichgewicht. Hat λ den Grenzwert λ_1 überschritten, dagegen einen gewissen zweiten Grenzwert λ_2 noch nicht erreicht, so stellt man fest, daß eine Gleichgewichtslage mit gerader Stabachse zwar immer noch möglich bleibt, daß aber auch die Möglichkeit einer zweiten Gleichgewichtslage mit gekrümmter Stabachse entstanden ist. Bei der durchgebogenen Form ist zur Erzeugung einer unendlich kleinen zusätzlichen Durchbiegung ein Arbeitsaufwand von außenher erforderlich; bei der geraden Form dagegen wird durch die Erzeugung einer Zusatzdurchbiegung Arbeit gewonnen. Daher erweist sich die gebogene Gleichgewichtslage als stabil, die gerade dagegen als labil. Der Wert $\lambda = \lambda_1$ definiert einen Grenzfall: die eindeutige und stabile gerade Gleichgewichtslage hört auf, eindeutig und stabil zu sein; nimmt λ um einen unendlich kleinen Betrag zu, so sind zwei unendlich benachbarte Gleichgewichtslagen möglich. Wir sagen daher, der Stab befinde sich für $\lambda = \lambda_1$ im neutralen Gleichgewicht, oder die elastische Verzerrung des Stabes habe bei der Belastung $\lambda_1 P$ eine Verzweigungsstelle.

Nach dieser Definition kann für einen Wert $\lambda = \lambda'$, der um einen endlichen Betrag größer als λ_1 ist, jedoch kleiner als der erwähnte und sogleich zu definierende Wert λ_2 bleibt, von einem neutralen Gleichgewicht im allgemeinen nicht gesprochen werden, weil die beiden zu der Belastung $\lambda' P$ gehörigen Gleichgewichtslagen nicht unendlich benachbart sind. Es gibt aber einen Grenzwert λ_2, bei welchem ein zweites neutrales Gleichgewicht eintritt; d. h. also, daß bei $\lambda = \lambda_2$ eine dritte Gleichgewichtsform möglich wird, welche bei unendlich kleiner Vergrößerung von λ nur um unendlich wenig von einer der beiden bis dahin möglichen Gleichgewichtslagen abweicht. In der Tat lehrt sowohl die Erfahrung wie eine später (Kap. VII, § 1) durchzuführende Rechnung, daß bei der Grenzbelastung $\lambda_2 P$ eine neue unendlich kleine Ausbiegung des Stabes in zwei Wellen möglich wird (während bei dem Grenzwert $\lambda_1 P$ die Durchbiegung nur eine Welle zeigte). Das neue neutrale Gleichgewicht tritt also in bezug auf den labilen geradlinigen Gleichgewichtszustand ein. Die zweiwellige Durchbiegung ist selbst ebenfalls labil, so daß, im Gegensatz zum ersten neutralen Gleichgewicht, die beiden zum zweiten neutralen Gleichgewicht gehörigen Gleichgewichtszustände labil sind.

Hiermit sind die möglichen neutralen Gleichgewichtszustände keineswegs erschöpft, denn es gibt in Wirklichkeit eine unendliche Reihe von λ-Werten λ_i $(i = 1, 2, 3, \ldots)$, deren jeder für sich ein neutrales Gleichgewicht definiert.

Der Zeiger i eines solchen λ bezeichnet zugleich die Wellenzahl der jeweils von der geraden Linie abzweigenden zugehörigen Gleichgewichtsform. Man nennt die λ_i ($i=1, 2, 3, \ldots$) die Verzweigungswerte des Parameters λ und die zugehörigen Werte $P_i = \lambda_i P$ nach technischem Brauch die Knickkräfte des Stabes.

Die bekannte klassische Herleitung dieser Knickkräfte (vgl. Kap. VII, § 1) geht von der sogenannten technischen Balkenbiegegleichung aus sowie von der Annahme, daß der Stab bei bestimmten Lasten λP wirklich einer Ausbiegung fähig ist, und bestimmt die Verzweigungswerte λ_i aus den Randbedingungen, welche einfach aussagen, daß der Stab, beispielsweise wenn er beiderseits frei drehbar aufliegt, an seinen beiden Enden keine Durchbiegung erfährt. Scheinbar liegt hier ein Widerspruch mit dem Eindeutigkeitssatz vor; denn die Balkenbiegegleichung gehört durchaus dem Gültigkeitsbereich der klassischen Elastizitätsgleichungen (Ziff. **17**) an (aus denen sie hergeleitet ist), so daß man erwarten könnte, daß mehrdeutige Lösungen ihrem Wesen widersprechen.

Hierzu ist erstens zu bemerken, daß, auch wenn die Ausbiegung als unendlich klein angesehen wird, doch die Druckkräfte λP, die sich zur Erhaltung einer solchen Durchbiegung als erforderlich erweisen, einen endlichen Wert haben. Die gerade Gleichgewichtsgestalt, von der sich die gebogenen Gleichgewichtslagen abzweigen, ist also das Ergebnis einer endlichen Verformung des Stabes, und über endliche Verformungen sagt der von uns formulierte Eindeutigkeitssatz nichts aus; ein Widerspruch mit diesem Satz besteht also tatsächlich nicht. Zweitens ist zu beachten, daß bei der klassischen Herleitung der Knickkräfte die Randbedingungen (**17**, 12) verletzt werden. Denn diese sagen für unser Beispiel aus, daß die Stirnflächen des Stabes eine gleichmäßig verteilte Normalspannung erfahren, während in Wirklichkeit beim ausgebogenen Stab in diesen Flächen wegen ihrer Schrägstellung Schubspannungen auftreten.

Aus diesen Überlegungen an dem einfachsten Beispiel erkennt man, aus welchen Gründen eine wirklich einwandfreie Handhabung der klassischen Differentialgleichungen und ihrer Randbedingungen nicht zu Verzweigungsstellen führt: erstens treten derartige Stellen immer erst bei endlichen (wenn auch gewöhnlich kleinen) Verzerrungen auf, so daß die Differentialgleichungen nicht streng gültig sind, und zweitens müßte mit den sich mit der Verzerrung selbst ändernden Randbedingungen gerechnet werden.

Wir stellen uns jetzt die Aufgabe, den klassischen Gleichungen des elastischen Gleichgewichts (Ziff. **17**) einen zweiten Satz von Gleichungen an die Seite zu stellen, die das hier aufgeworfene Problem des neutralen Gleichgewichts allgemein umfassen. Zunächst beschränken wir uns dabei auf homogene Spannungszustände (für welche also die Hauptspannungen aller Punkte feste Richtungen und die gleichgerichteten Hauptspannungen gleiche Größe haben); sodann behandeln wir den Fall des allgemeinen Spannungszustandes.

Wenn wir später (Kap. VII) einzelne technische Verzweigungsprobleme behandeln, so werden wir dabei allerdings immer noch an die klassischen Gleichungen anknüpfen. Den jetzt aufzusuchenden Grundgleichungen des neutralen Gleichgewichts (Ziff. **20** bis **26**) kommt also vorläufig nur eine grundsätzliche Bedeutung zu; es ist aber zu erwarten, daß sie bei verfeinerten Fragestellungen auch eine praktische Bedeutung erhalten werden.

20. Das neutrale Gleichgewicht des homogenen Spannungszustandes[1]**.** Im folgenden unterscheiden wir drei verschiedene Spannungszustände I, II und III, und zwar sei I der spannungslose Zustand des Körpers, II der zu

[1] R. V. Southwell, On the general theory of elastic stability, Phil. Trans. Roy. Soc. Lond. (A) 213 (1913) S. 187.

untersuchende Zustand des neutralen Gleichgewichts, von dem also zunächst angenommen wird, daß er homogen sei, und *III* ein zu *II* unendlich benachbarter Zustand. Ausdrücklich werde hierbei festgestellt, daß die Verschiebungen, die von *I* nach *II* führen, zwar klein, aber durchaus endlich sein dürfen.

Alle Koordinaten werden auf ein einziges rechtwinkliges Achsenkreuz (x, y, z) bezogen, dessen Achsenrichtungen mit den Hauptspannungsrichtungen des Zustandes *II* zusammenfallen. Die Koordinaten eines Punktes P des elastischen Körpers werden in den drei Zuständen *I*, *II* und *III* mit

$$\begin{aligned} P_I &: x, y, z, \\ P_{II} &: x(1+e_1),\ y(1+e_2),\ z(1+e_3), \\ P_{III} &: x(1+e_1)+u,\ y(1+e_2)+v,\ z(1+e_3)+w \end{aligned}$$

bezeichnet. Es sind also e_1, e_2, e_3 die (endlichen) Verschiebungen des Punktes (1, 1, 1) beim Übergang von *I* nach *II* und u, v, w die (unendlich kleinen) Verschiebungen des Punktes (x, y, z) beim Übergang von *II* nach *III*.

Bei endlichen Verzerrungen haben wir nun zunächst eine Entscheidung darüber zu treffen, in welcher Weise eine Spannung zu definieren ist: denn die auf ein Flächenelement wirkende Kraft kann ebensogut auf das unverzerrte Element wie auf das verzerrte Element bezogen werden. Wir entschließen uns zu dem ersten und definieren also die Spannung als den Grenzwert des Verhältnisses der auf ein Flächenelement wirkenden Kraft zu der Fläche des unverzerrten Elements, wenn seine Größe gegen Null geht. Als Maß der linearen Dehnung wird das Verhältnis der Verlängerung eines Linienelements zu seiner ursprünglichen Länge festgesetzt.

Wie in Ziff. **10** bewiesen worden ist, gibt es, auch bei einer endlichen Verzerrung, in jedem Punkte des unverzerrten Körpers drei (und im allgemeinen nur drei) zueinander senkrechte Linienelemente, die nach der Verzerrung noch senkrecht zueinander stehen. An den Kanten eines nach diesen drei Richtungen orientierten Elementarquaders des unverzerrten Körpers tritt also bei der Verzerrung keine Winkeländerung auf, so daß seine Seitenflächen im verzerrten Zustande nur Normalspannungen $\sigma_1, \sigma_2, \sigma_3$ erfahren. Der Zusammenhang zwischen diesen Hauptspannungen und den zugehörigen Hauptdehnungen definiert vollkommen den Zusammenhang zwischen dem Spannungszustand und dem Verzerrungszustand eines Punktes. Wir machen die Annahme, daß dieser Zusammenhang durch Gleichungen von der klassischen Hookeschen Form (**17**, 2), also

$$\left.\begin{aligned} e_1 &= \frac{1}{E}\left[\sigma_1 - \frac{1}{m}(\sigma_2+\sigma_3)\right], \\ e_2 &= \frac{1}{E}\left[\sigma_2 - \frac{1}{m}(\sigma_3+\sigma_1)\right], \\ e_3 &= \frac{1}{E}\left[\sigma_3 - \frac{1}{m}(\sigma_1+\sigma_2)\right], \end{aligned}\right\} \text{ oder } \left.\begin{aligned} \sigma_1 &= \frac{mE}{m+1}\left(e_1 + \frac{e_1+e_2+e_3}{m-2}\right), \\ \sigma_2 &= \frac{mE}{m+1}\left(e_2 + \frac{e_1+e_2+e_3}{m-2}\right), \\ \sigma_3 &= \frac{mE}{m+1}\left(e_3 + \frac{e_1+e_2+e_3}{m-2}\right) \end{aligned}\right\} \quad (1)$$

beschrieben wird.

Wir bestimmen jetzt zuerst für einen beliebigen Punkt P_{III} des Verzerrungszustandes *III* die drei Hauptrichtungen. Diese Richtungen definieren drei Linienelemente des Punktes P_{III}, welche sich im unverzerrten Zustand *I* von allen anderen Linienelementen des Punktes P_I dadurch unterscheiden, daß ihre Dehnung beim Übergang von *I* nach *III* einen extremen Wert annimmt.

Betrachten wir zuerst ein beliebiges Linienelement ds_I des Punktes P_I mit den Komponenten dx, dy, dz und mit den Richtungskosinus

$$\cos\alpha = \frac{dx}{ds_I} = l, \qquad \cos\beta = \frac{dy}{ds_I} = m, \qquad \cos\gamma = \frac{dz}{ds_I} = n,$$

welches im Zustand III die Länge ds_{III} haben möge, so kann nach (**9**, 5) seine Dehnung e in folgender Form geschrieben werden:

$$\left.\begin{aligned} e &= \frac{ds_{III}-ds_I}{ds_I} = -1 + \frac{ds_{III}}{ds_I} \\ &= -1 + \sqrt{(1+\gamma_{xx})l^2 + (1+\gamma_{yy})m^2 + (1+\gamma_{zz})n^2 + 2\gamma_{yz}mn + 2\gamma_{zx}nl + 2\gamma_{xy}lm} \equiv \\ &\equiv -1 + \sqrt{V}. \end{aligned}\right\} \quad (2)$$

Hierin sind unter $\gamma_{xx}, \ldots, \gamma_{yz}, \ldots$ diejenigen Verzerrungen zu verstehen, die zum Übergang von I nach III gehören. Die in den Gleichungen (**9**, **6**) vorkommenden Verschiebungen u, v, w sind also hier durch $(e_1 x + u)$, $(e_2 y + v)$, $(e_3 z + w)$ zu ersetzen, so daß

$$\begin{aligned} 1+\gamma_{xx} &= \left(1+e_1+\frac{\partial u}{\partial x}\right)^2 + \left(\frac{\partial v}{\partial x}\right)^2 + \left(\frac{\partial w}{\partial x}\right)^2, \\ 1+\gamma_{yy} &= \left(\frac{\partial u}{\partial y}\right)^2 + \left(1+e_2+\frac{\partial v}{\partial y}\right)^2 + \left(\frac{\partial w}{\partial y}\right)^2, \\ 1+\gamma_{zz} &= \left(\frac{\partial u}{\partial z}\right)^2 + \left(\frac{\partial v}{\partial z}\right)^2 + \left(1+e_3+\frac{\partial w}{\partial z}\right)^2, \end{aligned}$$

$$\begin{aligned} \gamma_{yz} &= \frac{\partial u}{\partial y}\frac{\partial u}{\partial z} + \left(1+e_2+\frac{\partial v}{\partial y}\right)\frac{\partial v}{\partial z} + \frac{\partial w}{\partial y}\left(1+e_3+\frac{\partial w}{\partial z}\right), \\ \gamma_{zx} &= \frac{\partial u}{\partial z}\left(1+e_1+\frac{\partial u}{\partial x}\right) + \frac{\partial v}{\partial z}\frac{\partial v}{\partial x} + \left(1+e_3+\frac{\partial w}{\partial z}\right)\frac{\partial w}{\partial x}, \\ \gamma_{xy} &= \left(1+e_1+\frac{\partial u}{\partial x}\right)\frac{\partial u}{\partial y} + \frac{\partial v}{\partial x}\left(1+e_2+\frac{\partial v}{\partial y}\right) + \frac{\partial w}{\partial x}\frac{\partial w}{\partial y} \end{aligned}$$

ist. Weil die Zusatzverschiebungen u, v, w nach Verabredung unendlich klein sind, so vereinfachen sich diese Ausdrücke bei Vernachlässigung aller Größen zweiter Ordnung zu

$$\left.\begin{aligned} 1+\gamma_{xx} &= (1+e_1)^2 + 2(1+e_1)\frac{\partial u}{\partial x}, & \gamma_{yz} &= (1+e_2)\frac{\partial v}{\partial z} + (1+e_3)\frac{\partial w}{\partial y}, \\ 1+\gamma_{yy} &= (1+e_2)^2 + 2(1+e_2)\frac{\partial v}{\partial y}, & \gamma_{zx} &= (1+e_3)\frac{\partial w}{\partial x} + (1+e_1)\frac{\partial u}{\partial z}, \\ 1+\gamma_{zz} &= (1+e_3)^2 + 2(1+e_3)\frac{\partial w}{\partial z}, & \gamma_{xy} &= (1+e_1)\frac{\partial u}{\partial y} + (1+e_2)\frac{\partial v}{\partial x}. \end{aligned}\right\} \quad (3)$$

Aus (2) geht hervor, daß e für solche Tripel (l, m, n) einen extremen Wert erreicht, für welche der rechts unter der Wurzel stehende Ausdruck V einen extremen Wert annimmt.

Weil die gesuchten Extremalrichtungen nur sehr wenig von den Achsenrichtungen unseres Achsenkreuzes abweichen können, so kann man sie in einfacher Weise einzeln bestimmen. Faßt man z. B. die in die Umgebung der x-Richtung fallende Extremalrichtung ins Auge, so sind ihre Richtungskosinus l_1, m_1, n_1 nur sehr wenig von 1, 0, 0 verschieden, und man kann sogar von vornherein feststellen, daß l_1 um eine Größe zweiter Ordnung von Eins abweicht, wenn m_1 und n_1 klein von erster Ordnung sind. Um das Auftreten von unendlich großen Differentialquotienten in den Bestimmungsgleichungen der gesuchten Richtungskosinus l_1, m_1, n_1 zu vermeiden, hat man also im Ausdruck V die Größen m und n als die unabhängigen Veränderlichen zu betrachten und mit Rücksicht auf die Beziehung $l^2 + m^2 + n^2 = 1$ zu schreiben:

$$\begin{aligned} \frac{l}{2}\left(\frac{\partial V}{\partial m} + \frac{\partial V}{\partial l}\frac{\partial l}{\partial m}\right) &\equiv [\gamma_{yx}l + (1+\gamma_{yy})m + \gamma_{yz}n]\,l - [(1+\gamma_{xx})l + \gamma_{xy}m + \gamma_{xz}n]\,m = 0, \\ \frac{l}{2}\left(\frac{\partial V}{\partial n} + \frac{\partial V}{\partial l}\frac{\partial l}{\partial n}\right) &\equiv [\gamma_{zx}l + \gamma_{zy}m + (1+\gamma_{zz})n]\,l - [(1+\gamma_{xx})l + \gamma_{xy}m + \gamma_{xz}n]\,n = 0. \end{aligned}$$

Behält man in diesen Gleichungen nur die in m und n linearen Glieder bei und setzt gleichzeitig $l = l_1 = 1$, so erhält man für m_1 und n_1 die beiden Bestimmungsgleichungen

$$(\gamma_{yy} - \gamma_{xx})\, m_1 + \gamma_{yz}\, n_1 + \gamma_{yx} = 0,$$
$$\gamma_{zy}\, m_1 + (\gamma_{zz} - \gamma_{xx})\, n_1 + \gamma_{zx} = 0.$$

Ihre Lösungen sind

$$m_1 = -\begin{vmatrix} \gamma_{yx} & \gamma_{yz} \\ \gamma_{zx} & (\gamma_{zz} - \gamma_{xx}) \end{vmatrix} : \begin{vmatrix} (\gamma_{yy} - \gamma_{xx}) & \gamma_{yz} \\ \gamma_{zy} & (\gamma_{zz} - \gamma_{xx}) \end{vmatrix},$$

$$n_1 = -\begin{vmatrix} (\gamma_{yy} - \gamma_{xx}) & \gamma_{yx} \\ \gamma_{zy} & \gamma_{zx} \end{vmatrix} : \begin{vmatrix} (\gamma_{yy} - \gamma_{xx}) & \gamma_{yz} \\ \gamma_{zy} & (\gamma_{zz} - \gamma_{xx}) \end{vmatrix}.$$

Vernachlässigt man in den Zählern dieser Brüche die Glieder, die im Hinblick auf (3) unendlich klein von zweiter Ordnung in u, v und w sind, so erhält man

$$\left.\begin{aligned} m_1 &= -\frac{\gamma_{yx}(\gamma_{zz} - \gamma_{xx})}{(\gamma_{yy} - \gamma_{xx})(\gamma_{zz} - \gamma_{xx}) - \gamma_{yz}^2} = \frac{\gamma_{yx}}{\gamma_{xx} - \gamma_{yy} + \dfrac{\gamma_{yz}^2}{\gamma_{zz} - \gamma_{xx}}}, \\ n_1 &= -\frac{\gamma_{zx}(\gamma_{yy} - \gamma_{xx})}{(\gamma_{yy} - \gamma_{xx})(\gamma_{zz} - \gamma_{xx}) - \gamma_{yz}^2} = \frac{\gamma_{zx}}{\gamma_{xx} - \gamma_{zz} + \dfrac{\gamma_{yz}^2}{\gamma_{yy} - \gamma_{xx}}}. \end{aligned}\right\} \tag{4}$$

Bevor wir diese Ausdrücke weiter vereinfachen, überzeugen wir uns davon, daß der hier entwickelte Gedankengang nur dann einen Sinn hat, wenn der homogene Spannungszustand II nicht rotationssymmetrisch ist und die Differenzen $(e_1 - e_2)$, $(e_2 - e_3)$, $(e_3 - e_1)$ von derselben Größenordnung wie e_1, e_2 und e_3 selbst sind. Ist nämlich eine dieser Differenzen, z. B. $(e_1 - e_2)$, gleich Null, so daß die z-Achse Rotationsachse des Spannungszustandes II wäre, so trifft es nicht mehr zu, daß in dem Punkte P_I, der dem Punkte P_{III} entspricht, eine der Hauptrichtungen nahezu mit der x-Richtung zusammenfällt. Denn diese Annahme stützt sich auf die Tatsache, daß im Zustande II die x-Richtung sicherlich eine Hauptrichtung des Punktes P_{II} war, und daß die entsprechende Hauptrichtung von P_{III} wegen des Unendlichkleinseins von u, v und w nur um einen unendlich kleinen Winkel von dieser Richtung abweicht. Ist aber $e_1 = e_2$, so kann j e d e durch den Punkt P_{II} hindurchgehende und die z-Achse senkrecht kreuzende Gerade als Hauptachse des Spannungszustandes angesehen werden, so daß die entsprechende Hauptrichtung des Punktes P_{III} sehr wohl einen endlichen Winkel mit der x-Achse einschließen kann. Es braucht also l_1 nicht mehr nahezu gleich Eins zu sein, und hiermit verliert die ganze Rechnung ihre Gültigkeit.

Unter der nunmehr ausdrücklich für den Spannungszustand II zu machenden Voraussetzung, daß keine der Differenzen $(e_1 - e_2)$, $(e_2 - e_3)$, $(e_3 - e_1)$ Null ist, vereinfachen sich die Gleichungen (4) gemäß (3) weiter zu

$$\left.\begin{aligned} m_1 &= \frac{\gamma_{xy}}{\gamma_{xx} - \gamma_{yy}} = \frac{(1 + e_1)\dfrac{\partial u}{\partial y} + (1 + e_2)\dfrac{\partial v}{\partial x}}{(1 + e_1)^2 - (1 + e_2)^2}, \\ n_1 &= \frac{\gamma_{zx}}{\gamma_{xx} - \gamma_{zz}} = \frac{(1 + e_3)\dfrac{\partial w}{\partial x} + (1 + e_1)\dfrac{\partial u}{\partial z}}{(1 + e_1)^2 - (1 + e_3)^2}. \end{aligned}\right\} \tag{5}$$

Durch zyklische Vertauschung erhält man natürlich aus $l_1 = 1$, m_1, n_1 die beiden Sätze von Richtungskosinus l_2, $m_2 = 1$, n_2 und l_3, m_3, $n_3 = 1$, welche die beiden anderen Richtungen des Punktes P_I definieren, die im Zustand III Hauptrichtungen werden.

Zur Bestimmung der Hauptrichtungen des Punktes P_{III} untersuchen wir zunächst, wie die Richtungskosinus l, m, n eines beliebigen Linienelements ds_I des Punktes P_I mit den Komponenten dx, dy, dz sich beim Übergang von I nach III ändern. Betrachten wir das ds_I entsprechende Element ds_{III} des Punktes P_{III}, so hat seine Projektion auf die x-Achse die Länge

$$(x + l\,ds_I)(1+e_1) + u + \frac{\partial u}{\partial x}dx + \frac{\partial u}{\partial y}dy + \frac{\partial u}{\partial z}dz - [x(1+e_1)+u] =$$
$$= \left[\left(1+e_1+\frac{\partial u}{\partial x}\right)l + \frac{\partial u}{\partial y}m + \frac{\partial u}{\partial z}n\right]ds_I,$$

während nach (2)

$$ds_{III} = (1+e)\,ds_I$$

ist. Man erhält also für die drei Richtungskosinus des Elements ds_{III} den ersten der folgenden Ausdrücke, aus dem die beiden andern durch zyklische Vertauschung hervorgehen:

$$\frac{1}{1+e}\left[\left(1+e_1+\frac{\partial u}{\partial x}\right)l + \frac{\partial u}{\partial y}m + \frac{\partial u}{\partial z}n\right],$$
$$\frac{1}{1+e}\left[\frac{\partial v}{\partial x}l + \left(1+e_2+\frac{\partial v}{\partial y}\right)m + \frac{\partial v}{\partial z}n\right],$$
$$\frac{1}{1+e}\left[\frac{\partial w}{\partial x}l + \frac{\partial w}{\partial y}m + \left(1+e_3+\frac{\partial w}{\partial z}\right)n\right].$$

Nimmt man jetzt diese Ausdrücke insbesondere für die vorhin erhaltenen Richtungsgrößen l_1, m_1, n_1, so hat man nicht nur l, m, n durch l_1, m_1, n_1 zu ersetzen, sondern auch die Größe e im Nenner durch ihren der Richtung l_1, m_1, n_1 entsprechenden Wert, der offensichtlich die erste, mit e_1' zu bezeichnende Hauptdehnung des Punktes P_{III} darstellt. Man überzeugt sich leicht davon, daß man dabei bis auf Fehler, die unendlich klein von zweiter Ordnung sind, e_1' durch die zur x-Richtung gehörige Dehnung ersetzen und somit $e_1' = e_1 + \frac{\partial u}{\partial x}$ setzen darf. Weil nämlich die x-Richtung und die Richtung l_1, m_1, n_1 nur sehr wenig voneinander verschieden sind, so weicht der wahre Wert der ersten Hauptdehnung von diesem Wert e_1' nur um Beträge ab, die, soweit sie in e_1 (bzw. e_2 und e_3) ausgedrückt sind, unendlich klein in bezug auf diese Größen, und soweit sie von den Differentialquotienten von u, v und w abhängen, unendlich klein in bezug auf jene Größen sind. Daß die letztgenannten Beträge unendlich klein von zweiter Ordnung sind, leuchtet unmittelbar ein. Aber auch die erstgenannten Beträge haben dieselbe Größenordnung, weil die x-Richtung für den Übergang von I nach II die Bedeutung einer Extremalrichtung hat, so daß Richtungsunterschiede, die in bezug auf die x-Achse unendlich klein von erster Ordnung sind, in der Dehnung nur Unterschiede unendlich klein von zweiter Ordnung hervorrufen.

Mithin erhält man für die Richtungsgrößen l_1', m_1', n_1' der ersten Hauptrichtung im Punkte P_{III}

$$l_1' = \frac{\left(1+e_1+\frac{\partial u}{\partial x}\right) + \frac{\partial u}{\partial y}m_1 + \frac{\partial u}{\partial z}n_1}{1+e_1+\frac{\partial u}{\partial x}},$$

$$m_1' = \frac{\frac{\partial v}{\partial x} + \left(1+e_2+\frac{\partial v}{\partial y}\right)m_1 + \frac{\partial v}{\partial z}n_1}{1+e_1+\frac{\partial u}{\partial x}},$$

$$n_1' = \frac{\frac{\partial w}{\partial x} + \frac{\partial w}{\partial y}m_1 + \left(1+e_3+\frac{\partial w}{\partial z}\right)n_1}{1+e_1+\frac{\partial u}{\partial x}}.$$

Ersetzt man hierin noch m_1 und n_1 durch die Werte (5) und beschränkt sich in den entstehenden Ausdrücken jeweils auf die der Größe nach überwiegenden Glieder, so erhält man nach einfacher Rechnung

$$l_1' = 1, \qquad m_1' = \frac{(1+e_2)\frac{\partial u}{\partial y} + (1+e_1)\frac{\partial v}{\partial x}}{(1+e_1)^2 - (1+e_2)^2}, \qquad n_1' = \frac{(1+e_3)\frac{\partial u}{\partial z} + (1+e_1)\frac{\partial w}{\partial x}}{(1+e_1)^2 - (1+e_3)^2}.$$

Durch zyklische Vertauschung folgen hieraus die Richtungskosinus der beiden anderen Hauptrichtungen (l_2', m_2', n_2') und (l_3', m_3', n_3') des Punktes P_{III}. Es zeigt sich dabei, daß $l_2' = -m_1'$, $l_3' = -n_1'$ und $m_3' = -n_2'$ ist.

Bezeichnet man das durch die Hauptrichtungen des Punktes P_{III} definierte rechtwinklige Achsenkreuz mit (x', y', z'), so ist also dessen Orientierung gegen das (x, y, z)-System durch das Schema

	x	y	z
x'	1	m_1'	n_1'
y'	$-m_1'$	1	n_2'
z'	$-n_1'$	$-n_2'$	1

mit

$$\left.\begin{aligned} m_1' &= \frac{(1+e_2)\frac{\partial u}{\partial y} + (1+e_1)\frac{\partial v}{\partial x}}{(1+e_1)^2 - (1+e_2)^2}, \\ n_1' &= \frac{(1+e_3)\frac{\partial u}{\partial z} + (1+e_1)\frac{\partial w}{\partial x}}{(1+e_1)^2 - (1+e_3)^2}, \\ n_2' &= \frac{(1+e_3)\frac{d v}{d z} + (1+e_2)\frac{\partial w}{\partial y}}{(1+e_2)^2 - (1+e_3)^2} \end{aligned}\right\} \qquad (6)$$

vollständig festgelegt. Die zur x'-, y'- und z'-Achse gehörigen Hauptdehnungen sind

$$e_1' = e_1 + \frac{\partial u}{\partial x}, \qquad e_2' = e_2 + \frac{\partial v}{\partial y}, \qquad e_3' = e_3 + \frac{\partial w}{\partial z}. \qquad (7)$$

Nachdem die Hauptdehnungen und Hauptrichtungen des Punkts P_{III} bestimmt sind, können jetzt seine (auf die Flächenelemente des Zustandes I bezogenen) Hauptspannungen berechnet werden. Weil sie die Richtung der x'-, y'- und z'-Achse haben, so bezeichnen wir sie mit σ_1', σ_2', σ_3' und finden sie, indem wir in die überall mit Strichen versehenen Gleichungen (1) die Werte (7) einsetzen und nachträglich sofort wieder die Hauptspannungen σ_1, σ_2, σ_3 des Verzerrungszustandes II mittels (1) einführen:

$$\left.\begin{aligned} \sigma_1' &= \sigma_1 + \frac{mE}{(m+1)(m-2)}\left[(m-1)\frac{\partial u}{\partial x} + \frac{\partial v}{\partial y} + \frac{\partial w}{\partial z}\right], \\ \sigma_2' &= \sigma_2 + \frac{mE}{(m+1)(m-2)}\left[\frac{\partial u}{\partial x} + (m-1)\frac{\partial v}{\partial y} + \frac{\partial w}{\partial z}\right], \\ \sigma_3' &= \sigma_3 + \frac{mE}{(m+1)(m-2)}\left[\frac{\partial u}{\partial x} + \frac{\partial v}{\partial y} + (m-1)\frac{\partial w}{\partial z}\right]. \end{aligned}\right\} \qquad (8)$$

Weil wir die Gleichgewichtsbedingungen eines Elementarquaders anzuschreiben wünschen, der im Punkte P_{III} nach den festen Koordinatenrichtungen x, y, z orientiert ist, so haben wir jetzt noch zwei Schritte zu tun. Erstens müssen aus den Hauptspannungen σ_1', σ_2', σ_3' des Punktes P_{III}, welche definitionsgemäß auf die ihnen im Punkte P_I zugeordneten Flächenelemente df_I bezogen sind, andere, $\bar\sigma_1'$, $\bar\sigma_2'$, $\bar\sigma_3'$, hergeleitet werden, die sich auf die ihnen im Punkte P_{III} zugeordneten Flächenelemente df_{III} beziehen; und zweitens müssen aus diesen neuen Hauptspannungen mit Hilfe der Transformationsgleichungen (**8**, 2) die Spannungskomponenten derjenigen Flächenelemente hergeleitet werden, die in P_{III} senkrecht zu den festen Achsenrichtungen x, y, z stehen.

Die erste Aufgabe erledigt sich einfach dadurch, daß für je zwei einander entsprechende Flächenelemente df_I und df_{III} die zugehörigen Kräfte angeschrieben und einander gleichgesetzt werden. Führt man dies insbesondere für das in P_{III} senkrecht zur x'-Achse stehende Element df_{III} und das ihm zugeordnete Element df_I des Punktes P_I aus und berücksichtigt dabei, daß

$$df_{III} = (1+e_2')(1+e_3')\,df_I$$

ist, so erhält man aus $\sigma_1'\,df_I = \bar{\sigma}_1'\,df_{III}$ sofort

$$\bar{\sigma}_1' = \frac{\sigma_1'}{(1+e_2')(1+e_3')}\,. \tag{9}$$

Setzt man hierin für σ_1' seinen Ausdruck (8) ein und vernachlässigt alle Glieder, die in u, v, w von zweiter oder höherer Ordnung sind, so findet man

$$\bar{\sigma}_1' = \frac{\sigma_1}{(1+e_2')(1+e_3')} + \frac{mE}{(m+1)(m-2)}\,\frac{(m-1)\dfrac{\partial u}{\partial x}+\dfrac{\partial v}{\partial y}+\dfrac{\partial w}{\partial z}}{(1+e_2')(1+e_3')}$$

$$= \frac{\sigma_1}{(1+e_2)\left(1+\dfrac{\partial v/\partial y}{1+e_2}\right)(1+e_3)\left(1+\dfrac{\partial w/\partial z}{1+e_3}\right)} + \frac{mE}{(m+1)(m-2)}\,\frac{(m-1)\dfrac{\partial u}{\partial x}+\dfrac{\partial v}{\partial y}+\dfrac{\partial w}{\partial z}}{(1+e_2')(1+e_3')}$$

oder die erste der drei folgenden Formeln, aus der die beiden andern wieder durch zyklische Vertauschung hervorgehen:

$$\left.\begin{aligned}
\bar{\sigma}_1' &= \frac{\sigma_1}{(1+e_2)(1+e_3)}\left(1-\frac{1}{1+e_2}\frac{\partial v}{\partial y}-\frac{1}{1+e_3}\frac{\partial w}{\partial z}\right)+\\
&\quad+\frac{mE}{(m+1)(m-2)(1+e_2)(1+e_3)}\left[(m-1)\frac{\partial u}{\partial x}+\frac{\partial v}{\partial y}+\frac{\partial w}{\partial z}\right],\\
\bar{\sigma}_2' &= \frac{\sigma_2}{(1+e_3)(1+e_1)}\left(1-\frac{1}{1+e_3}\frac{\partial w}{\partial z}-\frac{1}{1+e_1}\frac{\partial u}{\partial x}\right)+\\
&\quad+\frac{mE}{(m+1)(m-2)(1+e_3)(1+e_1)}\left[\frac{\partial u}{\partial x}+(m-1)\frac{\partial v}{\partial y}+\frac{\partial w}{\partial z}\right],\\
\bar{\sigma}_3' &= \frac{\sigma_3}{(1+e_1)(1+e_2)}\left(1-\frac{1}{1+e_1}\frac{\partial u}{\partial x}-\frac{1}{1+e_2}\frac{\partial v}{\partial y}\right)+\\
&\quad+\frac{mE}{(m+1)(m-2)(1+e_1)(1+e_2)}\left[\frac{\partial u}{\partial x}+\frac{\partial v}{\partial y}+(m-1)\frac{\partial w}{\partial z}\right].
\end{aligned}\right\} \tag{10}$$

Auch die zweite Aufgabe bietet keine Schwierigkeiten. Bevor wir aber die Transformationsgleichungen (**8**, 2) anwenden, führen wir im Punkte P_{III} noch ein zweites rechtwinkliges Achsenkreuz $(\bar{x}, \bar{y}, \bar{z})$ ein, das in derselben Weise wie das Hauptachsenkreuz (x, y, z) orientiert ist. Dementsprechend werden die zu berechnenden Spannungen jetzt mit $\bar{\sigma}_{\bar{x}\bar{x}}, \bar{\tau}_{\bar{x}\bar{y}}, \bar{\tau}_{\bar{x}\bar{z}}; \bar{\tau}_{\bar{y}\bar{x}}, \bar{\sigma}_{\bar{y}\bar{y}}, \bar{\tau}_{\bar{y}\bar{z}}; \bar{\tau}_{\bar{z}\bar{x}}, \bar{\tau}_{\bar{z}\bar{y}}, \bar{\sigma}_{\bar{z}\bar{z}}$ bezeichnet, wobei der Strich über den Buchstaben σ und τ angibt, daß die Spannungskomponenten auf die ihnen zugeordneten Flächenelemente des Punktes P_{III} bezogen sind. Jene Transformationsgleichungen (**8**, 2) sind dann in der Weise umzuschreiben, daß x', y', z' durch $\bar{x}, \bar{y}, \bar{z}$ ersetzt wird, x, y, z durch x', y', z', ferner $\sigma_{x'x'}$ usw. durch $\bar{\sigma}_{\bar{x}\bar{x}}$ usw. und $\sigma_{xx}, \sigma_{yy}, \sigma_{zz}, \tau_{yz}, \tau_{zx}, \tau_{xy}$ durch $\bar{\sigma}_1', \bar{\sigma}_2', \bar{\sigma}_3'$, 0, 0, 0. So erhält man zunächst

$$\begin{aligned}
\bar{\sigma}_{\bar{x}\bar{x}} &= \bar{\sigma}_1'\cos^2(\bar{x},x')+\bar{\sigma}_2'\cos^2(\bar{x},y')+\bar{\sigma}_3'\cos^2(\bar{x},z'),\\
\bar{\tau}_{\bar{x}\bar{y}} &= \bar{\sigma}_1'\cos(\bar{x},x')\cos(\bar{y},x')+\bar{\sigma}_2'\cos(\bar{x},y')\cos(\bar{y},y')+\bar{\sigma}_3'\cos(\bar{x},z')\cos(\bar{y},z'),\\
\bar{\tau}_{\bar{x}\bar{z}} &= \bar{\sigma}_1'\cos(\bar{x},x')\cos(\bar{z},x')+\bar{\sigma}_2'\cos(\bar{x},y')\cos(\bar{z},y')+\bar{\sigma}_3'\cos(\bar{x},z')\cos(\bar{z},z')
\end{aligned}$$

und analoge Formeln für die übrigen Spannungskomponenten.

Für die Kosinus in diesen Formeln gilt die Tabelle (6), wenn man in ihr die Richtungen x, y, z durch die mit ihnen identischen Richtungen $\bar{x}$, $\bar{y}$, $\bar{z}$ ersetzt, so daß man jetzt auch schreiben kann

$$\begin{aligned} \bar{\sigma}_{\bar{x}\bar{x}} &= \bar{\sigma}_1' + m_1'^2 \bar{\sigma}_2' + n_1'^2 \bar{\sigma}_3', \\ \bar{\tau}_{\bar{x}\bar{y}} &= m_1' \bar{\sigma}_1' - m_1' \bar{\sigma}_2' + n_1' n_2' \bar{\sigma}_3', \\ \bar{\tau}_{\bar{x}\bar{z}} &= n_1' \bar{\sigma}_1' - m_1' n_2' \bar{\sigma}_2' - n_1' \bar{\sigma}_3'. \end{aligned}$$

Unterdrückt man in diesen Formeln alle Größen, die unendlich klein von zweiter Ordnung sind, so gehen sie über in den ersten Satz der folgenden, unter sich zyklisch verwandten Formeln:

$$\left.\begin{array}{lll} \bar{\sigma}_{\bar{x}\bar{x}} = \bar{\sigma}_1', & \bar{\tau}_{\bar{x}\bar{y}} = m_1'(\bar{\sigma}_1' - \bar{\sigma}_2'), & \bar{\tau}_{\bar{x}\bar{z}} = n_1'(\bar{\sigma}_1' - \bar{\sigma}_3'), \\ \bar{\tau}_{\bar{y}\bar{x}} = m_1'(\bar{\sigma}_1' - \bar{\sigma}_2'), & \bar{\sigma}_{\bar{y}\bar{y}} = \bar{\sigma}_2', & \bar{\tau}_{\bar{y}\bar{z}} = n_2'(\bar{\sigma}_2' - \bar{\sigma}_3'), \\ \bar{\tau}_{\bar{z}\bar{x}} = n_1'(\bar{\sigma}_1' - \bar{\sigma}_3'), & \bar{\tau}_{\bar{z}\bar{y}} = n_2'(\bar{\sigma}_2' - \bar{\sigma}_3'), & \bar{\sigma}_{\bar{z}\bar{z}} = \bar{\sigma}_3'. \end{array}\right\} \quad (11)$$

21. Die hinreichenden Gleichgewichtsbedingungen. Nachdem die Komponenten des Spannungszustandes in P_{III}, bezogen auf das Achsenkreuz $(\bar{x}, \bar{y}, \bar{z})$ und auf die diesem zugeordneten Flächenelemente, bestimmt sind, können die drei in P_{III} geltenden (in Ziff. **16** als hinreichend bezeichneten) Gleichgewichtsbedingungen unmittelbar angeschrieben werden. Vernachlässigt man dabei, was praktisch in allen Fällen zulässig ist, die Volumkräfte, so lauten sie

$$\frac{\partial \bar{\sigma}_{\bar{x}\bar{x}}}{\partial \bar{x}} + \frac{\partial \bar{\tau}_{\bar{y}\bar{x}}}{\partial \bar{y}} + \frac{\partial \bar{\tau}_{\bar{z}\bar{x}}}{\partial \bar{z}} = 0 \qquad (1)$$

und zyklisch weiter, und unser Ziel ist erreicht, sobald in diesen Gleichungen die Differentiationen nach $\bar{x}$, $\bar{y}$ und $\bar{z}$ durch Differentiationen nach x, y und z ersetzt sind.

Betrachtet man ganz allgemein eine Funktion $f(x, y, z)$ der drei Veränderlichen x, y, z, die je für sich wiederum als Funktionen von drei Veränderlichen $\bar{x}$, $\bar{y}$, $\bar{z}$ aufzufassen sind, so gilt

$$\frac{\partial f}{\partial \bar{x}} = \frac{\partial f}{\partial x}\frac{\partial x}{\partial \bar{x}} + \frac{\partial f}{\partial y}\frac{\partial y}{\partial \bar{x}} + \frac{\partial f}{\partial z}\frac{\partial z}{\partial \bar{x}}. \qquad (2)$$

Weil in unserem Fall der Zusammenhang zwischen x, y, z und $\bar{x}$, $\bar{y}$, $\bar{z}$ durch die Gleichungen

$$\left.\begin{aligned} \bar{x} &= x(1 + e_1) + u, \\ \bar{y} &= y(1 + e_2) + v, \\ \bar{z} &= z(1 + e_3) + w \end{aligned}\right\} \qquad (3)$$

gegeben ist, so erhält man aus (3) für die in (2) auftretenden Differentialquotienten $\partial x/\partial \bar{x}$, $\partial y/\partial \bar{x}$ und $\partial z/\partial \bar{x}$ unter Beachtung, daß u, v, w als Funktionen von x, y, z aufzufassen sind, die drei folgenden Bestimmungsgleichungen:

$$\left.\begin{aligned} 1 &= \left(1 + e_1 + \frac{\partial u}{\partial x}\right)\frac{\partial x}{\partial \bar{x}} + \frac{\partial u}{\partial y}\frac{\partial y}{\partial \bar{x}} + \frac{\partial u}{\partial z}\frac{\partial z}{\partial \bar{x}}, \\ 0 &= \frac{\partial v}{\partial x}\frac{\partial x}{\partial \bar{x}} + \left(1 + e_2 + \frac{\partial v}{\partial y}\right)\frac{\partial y}{\partial \bar{x}} + \frac{\partial v}{\partial z}\frac{\partial z}{\partial \bar{x}}, \\ 0 &= \frac{\partial w}{\partial x}\frac{\partial x}{\partial \bar{x}} + \frac{\partial w}{\partial y}\frac{\partial y}{\partial \bar{x}} + \left(1 + e_3 + \frac{\partial w}{\partial z}\right)\frac{\partial z}{\partial \bar{x}}. \end{aligned}\right\} \qquad (4)$$

Beschränkt man sich bei der Lösung auf die in u, v und w linearen Glieder, so erhält man

$$\left.\begin{aligned}
\frac{\partial x}{\partial \bar{x}} &= \frac{1}{1+e_1+\dfrac{\partial u}{\partial x}}, \\
\frac{\partial y}{\partial \bar{x}} &= -\frac{\dfrac{\partial v}{\partial x}}{\left(1+e_1+\dfrac{\partial u}{\partial x}\right)\left(1+e_2+\dfrac{\partial v}{\partial y}\right)}, \\
\frac{\partial z}{\partial \bar{x}} &= -\frac{\dfrac{\partial w}{\partial x}}{\left(1+e_1+\dfrac{\partial u}{\partial x}\right)\left(1+e_3+\dfrac{\partial w}{\partial z}\right)},
\end{aligned}\right\} \tag{5}$$

wovon man sich am einfachsten durch Einsetzen dieser Ausdrücke in (4) überzeugt. Eigentlich können in den beiden letzten Brüchen die Differentialquotienten $\partial u/\partial x$, $\partial v/\partial y$ und $\partial w/\partial z$ im Nenner auch noch gestrichen werden, weil diese Glieder den Wert der Brüche selbst nur um Größen zweiter Ordnung beeinflussen, und wir werden dies in der Folge denn auch tun. Die Bestätigung der Gleichungen (4) geht aber mit den ungekürzten Ausdrücken (5) etwas einfacher. Aus (2) folgt nun in Verbindung mit (5) nebst zyklischer Vertauschung

$$\left.\begin{aligned}
\frac{\partial}{\partial \bar{x}} &= +\frac{1}{1+e_1+\dfrac{\partial u}{\partial x}}\frac{\partial}{\partial x} - \frac{\dfrac{\partial v}{\partial x}}{(1+e_1)(1+e_2)}\frac{\partial}{\partial y} - \frac{\dfrac{\partial w}{\partial x}}{(1+e_1)(1+e_3)}\frac{\partial}{\partial z}, \\
\frac{\partial}{\partial \bar{y}} &= -\frac{\dfrac{\partial u}{\partial y}}{(1+e_2)(1+e_1)}\frac{\partial}{\partial x} + \frac{1}{1+e_2+\dfrac{\partial v}{\partial y}}\frac{\partial}{\partial y} - \frac{\dfrac{\partial w}{\partial y}}{(1+e_2)(1+e_3)}\frac{\partial}{\partial z}, \\
\frac{\partial}{\partial \bar{z}} &= -\frac{\dfrac{\partial u}{\partial z}}{(1+e_3)(1+e_1)}\frac{\partial}{\partial x} - \frac{\dfrac{\partial v}{\partial z}}{(1+e_3)(1+e_2)}\frac{\partial}{\partial y} + \frac{1}{1+e_3+\dfrac{\partial w}{\partial z}}\frac{\partial}{\partial z}.
\end{aligned}\right\} \tag{6}$$

Wir berechnen jetzt nacheinander mit (6) und (**20**, 11), (**20**, 10), (**20**, 6) unter sofortiger Vernachlässigung aller Glieder, die in u, v, w von höherer als erster Ordnung sind, die Differentialquotienten in (1) und erhalten

$$\begin{aligned}
\frac{\partial \bar{\sigma}_{\bar{x}\bar{x}}}{\partial \bar{x}} &= \left[\frac{1}{1+e_1+\dfrac{\partial u}{\partial x}}\frac{\partial}{\partial x} - \frac{\dfrac{\partial v}{\partial x}}{(1+e_1)(1+e_2)}\frac{\partial}{\partial y} - \frac{\dfrac{\partial w}{\partial x}}{(1+e_1)(1+e_3)}\frac{\partial}{\partial z}\right]\bar{\sigma}_1' \\
&= \frac{1}{(1+e_1)(1+e_2)(1+e_3)}\left\{-\sigma_1\left[\frac{1}{1+e_2}\frac{\partial^2 v}{\partial x\,\partial y} + \frac{1}{1+e_3}\frac{\partial^2 w}{\partial x\,\partial z}\right] + \right. \\
&\qquad \left. + \frac{mE}{(m+1)(m-2)}\left[(m-1)\frac{\partial^2 u}{\partial x^2} + \frac{\partial^2 v}{\partial x\,\partial y} + \frac{\partial^2 w}{\partial x\,\partial z}\right]\right\},
\end{aligned}$$

und analog

$$\frac{\partial \bar{\tau}_{\bar{y}\bar{x}}}{\partial \bar{y}} = [\cdots]\, m_1'(\bar{\sigma}_1' - \bar{\sigma}_2') = \frac{(1+e_1)\sigma_1 - (1+e_2)\sigma_2}{(1+e_1)(1+e_2)(1+e_3)}\;\frac{\dfrac{\partial^2 u}{\partial y^2} + \dfrac{1+e_1}{1+e_2}\dfrac{\partial^2 v}{\partial x\,\partial y}}{(1+e_1)^2 - (1+e_2)^2},$$

$$\frac{\partial \bar{\tau}_{\bar{z}\bar{x}}}{\partial \bar{z}} = [\cdots]\, n_1'(\bar{\sigma}_1' - \bar{\sigma}_3') = \frac{(1+e_1)\sigma_1 - (1+e_3)\sigma_3}{(1+e_1)(1+e_2)(1+e_3)}\;\frac{\dfrac{\partial^2 u}{\partial z^2} + \dfrac{1+e_1}{1+e_3}\dfrac{\partial^2 w}{\partial x\,\partial z}}{(1+e_1)^2 - (1+e_3)^2}.$$

Setzt man diese Ausdrücke in Gleichung (1) ein und benützt dabei die Abkürzungen

$$\Delta \equiv \frac{\partial^2}{\partial x^2} + \frac{\partial^2}{\partial y^2} + \frac{\partial^2}{\partial z^2}, \qquad e_v = \frac{\partial u}{\partial x} + \frac{\partial v}{\partial y} + \frac{\partial w}{\partial z} \quad \text{sowie} \quad G = \frac{mE}{2(m+1)},$$

(wobei also jetzt die Volumdehnung zum Unterschied von der Lineardehnung e mit e_v bezeichnet wird), so erhält man

$$G\left(\Delta u + \frac{m}{m-2}\frac{\partial e_v}{\partial x}\right) + \left[\frac{(1+e_1)\sigma_1-(1+e_3)\sigma_3}{(1+e_1)^2-(1+e_3)^2} - G\right]\frac{\partial^2 u}{\partial z^2} + \left[\frac{(1+e_3)\sigma_1-(1+e_1)\sigma_3}{(1+e_1)^2-(1+e_3)^2} - G\right]\frac{\partial^2 w}{\partial x\,\partial z} +$$
$$+ \left[\frac{(1+e_1)\sigma_1-(1+e_2)\sigma_2}{(1+e_1)^2-(1+e_2)^2} - G\right]\frac{\partial^2 u}{\partial y^2} + \left[\frac{(1+e_2)\sigma_1-(1+e_1)\sigma_2}{(1+e_1)^2-(1+e_2)^2} - G\right]\frac{\partial^2 v}{\partial x\,\partial y} = 0$$

oder

$$G\left(\Delta u + \frac{m}{m-2}\frac{\partial e_v}{\partial x}\right) + \frac{(1+e_1)\sigma_1-(1+e_3)\sigma_3-[(1+e_1)+(1+e_3)](e_1-e_3)G}{(1+e_1)^2-(1+e_3)^2}\frac{\partial^2 u}{\partial z^2} +$$
$$+ \frac{(1+e_3)\sigma_1-(1+e_1)\sigma_3-[(1+e_1)+(1+e_3)](e_1-e_3)G}{(1+e_1)^2-(1+e_3)^2}\frac{\partial^2 w}{\partial x\,\partial z} +$$
$$+ \frac{(1+e_1)\sigma_1-(1+e_2)\sigma_2-[(1+e_1)+(1+e_2)](e_1-e_2)G}{(1+e_1)^2-(1+e_2)^2}\frac{\partial^2 u}{\partial y^2} +$$
$$+ \frac{(1+e_2)\sigma_1-(1+e_1)\sigma_2-[(1+e_1)+(1+e_2)](e_1-e_2)G}{(1+e_1)^2-(1+e_2)^2}\frac{\partial^2 v}{\partial x\,\partial y} = 0$$

oder wegen

$$(e_1-e_2)\,G = \tfrac{1}{2}(\sigma_1-\sigma_2), \qquad (e_1-e_3)\,G = \tfrac{1}{2}(\sigma_1-\sigma_3)$$

und mit den Drehkomponenten

$$\omega_x = \frac{1}{2}\left(\frac{\partial w}{\partial y}-\frac{\partial v}{\partial z}\right), \qquad \omega_y = \frac{1}{2}\left(\frac{\partial u}{\partial z}-\frac{\partial w}{\partial x}\right), \qquad \omega_z = \frac{1}{2}\left(\frac{\partial v}{\partial x}-\frac{\partial u}{\partial y}\right)$$

die erste der drei folgenden Gleichungen, deren zweite und dritte aus der ersten durch zyklische Vertauschung gewonnen sind:

$$\left.\begin{aligned}
G\left(\Delta u + \frac{m}{m-2}\frac{\partial e_v}{\partial x}\right) + \frac{\sigma_1+\sigma_3}{(1+e_1)+(1+e_3)}\frac{\partial \omega_y}{\partial z} - \frac{\sigma_2+\sigma_1}{(1+e_2)+(1+e_1)}\frac{\partial \omega_z}{\partial y} &= 0,\\
G\left(\Delta v + \frac{m}{m-2}\frac{\partial e_v}{\partial y}\right) + \frac{\sigma_2+\sigma_1}{(1+e_2)+(1+e_1)}\frac{\partial \omega_z}{\partial x} - \frac{\sigma_3+\sigma_2}{(1+e_3)+(1+e_2)}\frac{\partial \omega_x}{\partial z} &= 0,\\
G\left(\Delta w + \frac{m}{m-2}\frac{\partial e_v}{\partial z}\right) + \frac{\sigma_3+\sigma_2}{(1+e_3)+(1+e_2)}\frac{\partial \omega_x}{\partial y} - \frac{\sigma_1+\sigma_3}{(1+e_1)+(1+e_3)}\frac{\partial \omega_y}{\partial x} &= 0.
\end{aligned}\right\} \quad (7)$$

In dieser Form lassen die neugewonnenen Gleichungen deutlich erkennen, worin sie von den klassischen Elastizitätsgleichungen (**17**, **4**) abweichen, und inwieweit diese als eine brauchbare Näherung anzusehen sind. Für $\sigma_1 = \sigma_2 = \sigma_3 = 0$ gehen sie, wie es natürlich sein muß, in die klassischen Gleichungen über.

An und für sich haben die Gleichungen (7) noch nichts mit der Frage des neutralen Gleichgewichts zu tun. Vielmehr ist ihre Bedeutung im Grunde dieselbe wie die der klassischen Gleichungen: beide Sätze von Gleichungen setzen uns instand, zu jeder ihrer Lösungen u, v, w diejenigen zusätzlichen Oberflächenspannungen zu berechnen, die zur Aufrechterhaltung dieser Verschiebungen erforderlich sind. Während aber in den klassischen Gleichungen u, v, w (unendlich kleine) Verschiebungen vom spannungslosen Zustand aus darstellen, werden in den neuen Gleichungen u, v, w von einem homogenen Verzerrungszustand aus gerechnet, der sich vom spannungslosen Zustand um endliche, von Null verschiedene Beträge unterscheidet.

Ein Stabilitätsproblem kann also nur in Verbindung mit der besonderen Beschaffenheit der von u, v und w hervorgerufenen zusätzlichen Oberflächenspannungen entstehen, und es läßt sich jetzt auch genau angeben, unter welchen Umständen sich der Körper im Zustand *II* im neutralen Gleichgewicht befindet. Dazu ist erforderlich,

1. daß diese zusätzlichen Oberflächenspannungen, die an dem Körper bei irgendeiner zusätzlichen Verschiebung u, v, w angreifen, von dieser Verschiebung abhängen, und daß diese Abhängigkeit durch das Kraftfeld, in dem sich der Körper befindet, zum voraus vorgeschrieben ist,

2. daß die Gleichungen (7) eine mit diesen zusätzlichen Oberflächenspannungen verträgliche Lösung zulassen.

Weil die betrachteten Zusatzverschiebungen u, v, w unendlich klein sind und die zusätzlichen Oberflächenspannungen nur von diesen Größen abhängen, so sind die Zusatzspannungen homogen-linear von den Zusatzverschiebungen und deren Differentialquotienten abhängig. Weil auch die Gleichungen (7) in diesen Größen linear sind, so ist, wie zu erwarten war, jede etwaige mit den Randbedingungen verträgliche Lösung von (7) nur bis auf einen Proportionalitätsfaktor bestimmt.

22. Das neutrale Gleichgewicht des rotationssymmetrischen Belastungszustandes mit radialer, azimutaler und axialer Hauptspannungsrichtung.

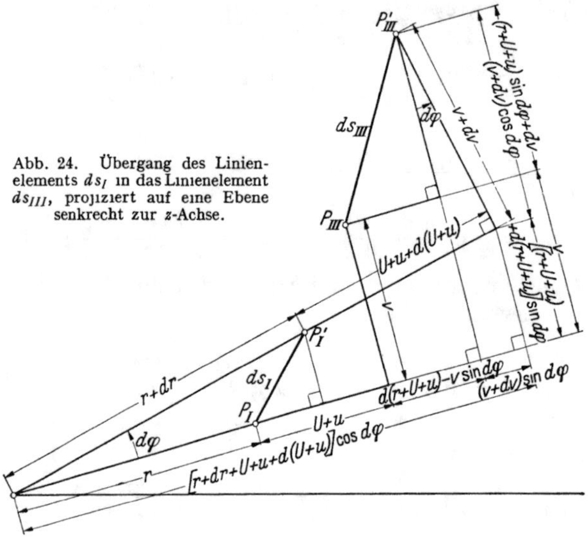

Abb. 24. Übergang des Linienelements ds_I in das Linienelement ds_{III}, projiziert auf eine Ebene senkrecht zur z-Achse.

Die für viele technische Anwendungen wichtige Stabilitätsfrage des Hohlzylinders, der eine rotationssymmetrische Belastung trägt, läßt sich mit den Gleichungen von Ziff. **21** nicht behandeln; indessen kann man den in Ziff. **20** und **21** entwickelten Gedankengang mit Zylinderkoordinaten sofort auf solche rotationssymmetrische Probleme übertragen.

Man unterscheidet auch jetzt wieder drei Zustände I, II und III, von denen der erste den spannungslosen Zustand, der zweite den auf sein neutrales Gleichgewicht zu untersuchenden rotationssymmetrischen Belastungszustand und der dritte einen dem zweiten unendlich benachbarten Zustand darstellt.

Wir bezeichnen die Koordinaten eines Punktes P in den drei Zuständen mit

$$\begin{aligned} P_I&:\quad r,\ \varphi,\ z,\\ P_{II}&:\quad r+U,\ \varphi,\ z+W,\\ P_{III}&:\quad r+U+u,\ \varphi+\frac{v}{r+U+u},\ z+W+w. \end{aligned}$$

Das Linienelement ds_I zwischen zwei Nachbarpunkten P_I und P'_I im Zustand I mit den Koordinaten (r, φ, z) und $(r+dr, \varphi+d\varphi, z+dz)$, also von der Länge

$$ds_I = \sqrt{(dr)^2 + (r\,d\varphi)^2 + (dz)^2},$$

verwandelt sich beim Übergang von I nach III (Abb. 24) in das Linienelement

$$ds_{III} = \sqrt{[d\,(r+U+u) - v\,d\varphi]^2 + [(r+U+u)\,d\varphi + dv]^2 + [d\,(z+W+w)]^2}.$$

Die Dehnung des Elements $P_I P'_I$, dessen Richtungskosinus bezüglich der örtlichen radialen, azimutalen und axialen Richtung im Punkt P_I die Werte

$$l = \frac{1}{\sqrt{1+\left(r\frac{\partial\varphi}{\partial r}\right)^2+\left(\frac{\partial z}{\partial r}\right)^2}},\quad m = \frac{r\,\frac{\partial\varphi}{\partial r}}{\sqrt{1+\left(r\frac{\partial\varphi}{\partial r}\right)^2+\left(\frac{\partial z}{\partial r}\right)^2}},\quad n = \frac{\frac{\partial z}{\partial r}}{\sqrt{1+\left(r\frac{\partial\varphi}{\partial r}\right)^2+\left(\frac{\partial z}{\partial r}\right)^2}} \qquad (1)$$

haben, ist also

$$e=\frac{ds_{III}-ds_I}{ds_I}=-1+\left\{\left[l\left(1+\frac{\partial U}{\partial r}+\frac{\partial u}{\partial r}\right)+m\left(\frac{1}{r}\frac{\partial u}{\partial \varphi}-\frac{v}{r}\right)+n\frac{\partial u}{\partial z}\right]^2+\right.$$
$$+\left[l\frac{\partial v}{\partial r}+m\left(1+\frac{U}{r}+\frac{u}{r}+\frac{1}{r}\frac{\partial v}{\partial \varphi}\right)+n\frac{\partial v}{\partial z}\right]^2+$$
$$\left.+\left[l\frac{\partial w}{\partial r}+\frac{m}{r}\frac{\partial w}{\partial \varphi}+n\left(1+\frac{\partial W}{\partial z}+\frac{\partial w}{\partial z}\right)\right]^2\right\}^{1/2}. \qquad (2)$$

Der Ausdruck (2) hat einen ersten extremen Wert für eine Richtung, die nur sehr wenig von der radialen abweicht. Setzt man

$$e_1=\frac{\partial U}{\partial r},\qquad e_2=\frac{U}{r},\qquad e_3=\frac{\partial W}{\partial z}, \qquad (3)$$

so findet man für die zugeordneten Richtungskosinus $(1,\ m_1,\ n_1)$ durch eine ganz analog zu Ziff. **20** verlaufende Rechnung die Werte

$$m_1=\frac{(1+e_1)\left(\frac{1}{r}\frac{\partial u}{\partial \varphi}-\frac{v}{r}\right)+(1+e_2)\frac{\partial v}{\partial r}}{(1+e_1)^2-(1+e_2)^2},$$
$$n_1=\frac{(1+e_1)\frac{\partial u}{\partial z}+(1+e_3)\frac{\partial w}{\partial r}}{(1+e_1)^2-(1+e_3)^2}. \qquad (4)$$

In ähnlicher Weise kommt für die Richtungskosinus der beiden anderen im Punkte P_I vorhandenen Richtungen, die bei dem Übergang von I nach III in Hauptspannungsrichtungen des Punktes III übergeführt werden,

$$-m_1,\quad 1,\quad n_2$$

und

$$-n_1,\quad -n_2,\quad 1$$

mit

$$n_2=\frac{(1+e_2)\frac{\partial v}{\partial z}+(1+e_3)\frac{1}{r}\frac{\partial w}{\partial \varphi}}{(1+e_2)^2-(1+e_3)^2}. \qquad (4a)$$

Bezieht man im Zustand III die Richtungskosinus der Hauptspannungsrichtungen auf die radiale, azimutale und axiale Richtung des Punktes P_{III} und bezeichnet diese Größen mit $(1,\ m_1',\ n_1')$, $(m_2',\ 1,\ n_2')$, $(m_3',\ n_3',\ 1)$, so ist

$$m_1'=\frac{(1+e_2)\left(\frac{1}{r}\frac{\partial u}{\partial \varphi}-\frac{v}{r}\right)+(1+e_1)\frac{\partial v}{\partial r}}{(1+e_1)^2-(1+e_2)^2}-\frac{\frac{v}{r}}{1+e_2},$$
$$n_1'=\frac{(1+e_3)\frac{\partial u}{\partial z}+(1+e_1)\frac{\partial w}{\partial r}}{(1+e_1)^2-(1+e_3)^2},$$
$$n_2'=\frac{(1+e_3)\frac{\partial v}{\partial z}+(1+e_2)\frac{1}{r}\frac{\partial w}{\partial \varphi}}{(1+e_2)^2-(1+e_3)^2},$$
$$m_2'=-m_1',\qquad m_3'=-n_1',\qquad n_3'=-n_2'. \qquad (5)$$

Die Dehnungen e_1', e_2', e_3' der drei Linienelemente in den Hauptrichtungen des Punktes P_{III} betragen

$$e_1'=e_1+\frac{\partial u}{\partial r},\qquad e_2'=e_2+\frac{u}{r}+\frac{1}{r}\frac{\partial v}{\partial \varphi},\qquad e_3'=e_3+\frac{\partial w}{\partial z}, \qquad (6)$$

so daß sich die Hauptspannungen des Punktes P_{III}, bezogen auf die verzerrten Flächenelemente dieses Punktes, wegen der Beziehungen (**20**, 1) wie folgt schreiben lassen:

$$\left.\begin{aligned}
\bar{\sigma}'_1 &= \frac{\sigma_1}{(1+e_2)(1+e_3)}\left[1-\frac{\frac{u}{r}+\frac{1}{r}\frac{\partial v}{\partial \varphi}}{1+e_2}-\frac{\frac{\partial w}{\partial z}}{1+e_3}\right]+\\
&\quad+\frac{mE}{(m+1)(m-2)(1+e_2)(1+e_3)}\left[(m-1)\frac{\partial u}{\partial r}+\frac{u}{r}+\frac{1}{r}\frac{\partial v}{\partial \varphi}+\frac{\partial w}{\partial z}\right],\\
\bar{\sigma}'_2 &= \frac{\sigma_2}{(1+e_3)(1+e_1)}\left[1-\frac{\frac{\partial w}{\partial z}}{1+e_3}-\frac{\frac{\partial u}{\partial r}}{1+e_1}\right]+\\
&\quad+\frac{mE}{(m+1)(m-2)(1+e_3)(1+e_1)}\left[(m-1)\left(\frac{u}{r}+\frac{1}{r}\frac{\partial v}{\partial \varphi}\right)+\frac{\partial w}{\partial z}+\frac{\partial u}{\partial r}\right],\\
\bar{\sigma}'_3 &= \frac{\sigma_3}{(1+e_1)(1+e_2)}\left[1-\frac{\frac{\partial u}{\partial r}}{1+e_1}-\frac{\frac{u}{r}+\frac{1}{r}\frac{\partial v}{\partial \varphi}}{1+e_2}\right]+\\
&\quad+\frac{mE}{(m+1)(m-2)(1+e_1)(1+e_2)}\left[(m-1)\frac{\partial w}{\partial z}+\frac{\partial u}{\partial r}+\frac{u}{r}+\frac{1}{r}\frac{\partial v}{\partial \varphi}\right].
\end{aligned}\right\}\quad(7)$$

Bezeichnet man das durch $\bar{\sigma}'_1$, $\bar{\sigma}'_2$, $\bar{\sigma}'_3$ definierte Achsenkreuz mit r', φ', z', das im Punkte P_{III} durch die radiale, azimutale und axiale Richtung definierte Achsenkreuz mit $\bar{r}$, $\bar{\varphi}$, $\bar{z}$, so findet man mit Hilfe des Schemas

	$\bar{r}$	$\bar{\varphi}$	$\bar{z}$
r'	1	m'_1	n'_1
φ'	$-m'_1$	1	n'_2
z'	$-n'_1$	$-n'_2$	1

(8)

für die auf die Achsen $\bar{r}, \bar{\varphi}, \bar{z}$ bezogenen Spannungskomponenten des Punktes P_{III}

$$\left.\begin{aligned}
&\bar{\sigma}_{\bar{r}} = \bar{\sigma}'_1, && \bar{\tau}_{\bar{r}\bar{\varphi}} = m'_1(\bar{\sigma}'_1-\bar{\sigma}'_2), && \bar{\tau}_{\bar{r}\bar{z}} = n'_1(\bar{\sigma}'_1-\bar{\sigma}'_3),\\
&\bar{\tau}_{\bar{\varphi}\bar{r}} = m'_1(\bar{\sigma}'_1-\bar{\sigma}'_2), && \bar{\sigma}_{\bar{\varphi}} = \bar{\sigma}'_2, && \bar{\tau}_{\bar{\varphi}\bar{z}} = n'_2(\bar{\sigma}'_2-\bar{\sigma}'_3),\\
&\bar{\tau}_{\bar{z}\bar{r}} = n'_1(\bar{\sigma}'_1-\bar{\sigma}'_3), && \bar{\tau}_{\bar{z}\bar{\varphi}} = n'_2(\bar{\sigma}'_2-\bar{\sigma}'_3), && \bar{\sigma}_{\bar{z}} = \bar{\sigma}'_3.
\end{aligned}\right\}\quad(9)$$

Hierbei beachte man, daß diese Spannungen sich auf die (verzerrten) Flächenelemente des Punktes P_{III} beziehen. Es können also ohne weiteres die Gleichgewichtsbedingungen (**18**, 12) übernommen werden, wenn nur r, φ, z durch $\bar{r}$, $\bar{\varphi}$, $\bar{z}$ ersetzt werden. Vernachlässigt man auch hier die Volumkräfte, so findet man

$$\left.\begin{aligned}
&\frac{\partial \bar{\sigma}_{\bar{r}}}{\partial \bar{r}}+\frac{1}{\bar{r}}\frac{\partial \bar{\tau}_{\bar{r}\bar{\varphi}}}{\partial \bar{\varphi}}+\frac{\partial \bar{\tau}_{\bar{r}\bar{z}}}{\partial \bar{z}}+\frac{\bar{\sigma}_{\bar{r}}-\bar{\sigma}_{\bar{\varphi}}}{\bar{r}}=0,\\
&\frac{\partial \bar{\tau}_{\bar{r}\bar{\varphi}}}{\partial \bar{r}}+\frac{1}{\bar{r}}\frac{\partial \bar{\sigma}_{\bar{\varphi}}}{\partial \bar{\varphi}}+\frac{\partial \bar{\tau}_{\bar{\varphi}\bar{z}}}{\partial \bar{z}}+2\frac{\bar{\tau}_{\bar{r}\bar{\varphi}}}{\bar{r}}=0,\\
&\frac{\partial \bar{\tau}_{\bar{r}\bar{z}}}{\partial \bar{r}}+\frac{1}{\bar{r}}\frac{\partial \bar{\tau}_{\bar{\varphi}\bar{z}}}{\partial \bar{\varphi}}+\frac{\partial \bar{\sigma}_{\bar{z}}}{\partial \bar{z}}+\frac{\bar{\tau}_{\bar{r}\bar{z}}}{\bar{r}}=0.
\end{aligned}\right\}\quad(10)$$

In diesen Gleichungen sind nun erstens noch die Spannungsgrößen mittels (9) und (7) in σ_1, σ_2 und σ_3 auszudrücken, und zweitens sollen die Differentiationen nach $\bar{r}$, $\bar{\varphi}$, $\bar{z}$ durch Differentiationen nach r, φ, z ersetzt werden.

Beachtet man, daß der Zusammenhang zwischen diesen beiden Sätzen von Koordinaten durch die Gleichungen

$$\bar{r} = r + U + u, \qquad \bar{\varphi} = \varphi + \frac{v}{r+U+u}, \qquad \bar{z} = z + W + w$$

gegeben wird, so findet man

$$\left.\begin{aligned}
\frac{\partial}{\partial \bar{r}} &= + \frac{1}{1+e_1+\frac{\partial u}{\partial r}} \frac{\partial}{\partial r} - \frac{\frac{\partial v}{\partial r} - \frac{1+e_1}{1+e_2}\frac{v}{r}}{(1+e_1)(1+e_2)} \frac{1}{r}\frac{\partial}{\partial \varphi} - \frac{\frac{\partial w}{\partial r}}{(1+e_3)(1+e_1)} \frac{\partial}{\partial z}, \\
\frac{1}{r}\frac{\partial}{\partial \bar{\varphi}} &= - \frac{\frac{1}{r}\frac{\partial u}{\partial \varphi}}{(1+e_1)(1+e_2)} \frac{\partial}{\partial r} + \frac{1}{1+e_2+\frac{u}{r}+\frac{1}{r}\frac{\partial v}{\partial \varphi}} \frac{1}{r}\frac{\partial}{\partial \varphi} - \frac{\frac{1}{r}\frac{\partial w}{\partial \varphi}}{(1+e_2)(1+e_3)} \frac{\partial}{\partial z}, \\
\frac{\partial}{\partial \bar{z}} &= - \frac{\frac{\partial u}{\partial z}}{(1+e_3)(1+e_1)} \frac{\partial}{\partial r} - \frac{\frac{\partial v}{\partial z}}{(1+e_2)(1+e_3)} \frac{1}{r}\frac{\partial}{\partial \varphi} + \frac{1}{1+e_3+\frac{\partial w}{\partial z}} \frac{\partial}{\partial z}.
\end{aligned}\right\} \qquad (11)$$

Beschränkt man sich bei der Transformation auf den praktisch wichtigsten Fall, daß e_3 und σ_z beide konstant sind und σ_r und σ_φ nur von r abhängen, so erhält man vollends für die gesuchten Gleichungen des neutralen Gleichgewichts

$$\left.\begin{aligned}
&2\frac{m-1}{m-2}\left(\frac{\partial^2 u}{\partial r^2} + \frac{1}{r}\frac{\partial u}{\partial r} - \frac{u}{r^2}\right) + \frac{1}{r^2}\frac{\partial^2 u}{\partial \varphi^2} + \frac{\partial^2 u}{\partial z^2} - \frac{3m-4}{m-2}\frac{1}{r^2}\frac{\partial v}{\partial \varphi} + \frac{m}{m-2}\left(\frac{1}{r}\frac{\partial^2 v}{\partial r\,\partial \varphi} + \frac{\partial^2 w}{\partial r\,\partial z}\right) + \\
&\quad + \frac{1}{2G}\left\{\frac{\sigma_1+\sigma_2}{(1+e_1)+(1+e_2)}\frac{1}{r}\frac{\partial}{\partial \varphi}\left(\frac{1}{r}\frac{\partial u}{\partial \varphi} - \frac{\partial v}{\partial r} - \frac{v}{r}\right) + \frac{\sigma_1+\sigma_3}{(1+e_1)+(1+e_3)}\frac{\partial}{\partial z}\left(\frac{\partial u}{\partial z} - \frac{\partial w}{\partial r}\right)\right\} = 0, \\
&\frac{m}{m-2}\frac{1}{r}\frac{\partial^2 u}{\partial r\,\partial \varphi} + \frac{3m-4}{m-2}\frac{1}{r^2}\frac{\partial u}{\partial \varphi} + \frac{\partial^2 v}{\partial r^2} + \frac{1}{r}\frac{\partial v}{\partial r} - \frac{v}{r^2} + 2\frac{m-1}{m-2}\frac{1}{r^2}\frac{\partial^2 v}{\partial \varphi^2} + \frac{\partial^2 v}{\partial z^2} + \frac{m}{m-2}\frac{1}{r}\frac{\partial^2 w}{\partial \varphi\,\partial z} + \\
&\quad + \frac{1}{2G}\left\{\frac{\partial}{\partial r}\left[\frac{\sigma_1+\sigma_2}{(1+e_1)+(1+e_2)}\left(\frac{\partial v}{\partial r} + \frac{v}{r} - \frac{1}{r}\frac{\partial u}{\partial \varphi}\right)\right] + \frac{\sigma_2+\sigma_3}{(1+e_2)+(1+e_3)}\frac{\partial}{\partial z}\left(\frac{\partial v}{\partial z} - \frac{1}{r}\frac{\partial w}{\partial \varphi}\right)\right\} = 0, \\
&\frac{m}{m-2}\left(\frac{\partial^2 u}{\partial r\,\partial z} + \frac{1}{r}\frac{\partial u}{\partial z} + \frac{1}{r}\frac{\partial^2 v}{\partial \varphi\,\partial z}\right) + \frac{\partial^2 w}{\partial r^2} + \frac{1}{r}\frac{\partial w}{\partial r} + \frac{1}{r^2}\frac{\partial^2 w}{\partial \varphi^2} + 2\frac{m-1}{m-2}\frac{\partial^2 w}{\partial z^2} + \\
&\quad + \frac{1}{2G}\left\{\frac{1}{r}\frac{\partial}{\partial r}\left[r\frac{\sigma_1+\sigma_3}{(1+e_1)+(1+e_3)}\left(\frac{\partial w}{\partial r} - \frac{\partial u}{\partial z}\right)\right] + \frac{\sigma_2+\sigma_3}{(1+e_2)+(1+e_3)}\frac{1}{r}\frac{\partial}{\partial \varphi}\left(\frac{1}{r}\frac{\partial w}{\partial \varphi} - \frac{\partial v}{\partial z}\right)\right\} = 0.
\end{aligned}\right\} \qquad (12)$$

23. Das neutrale Gleichgewicht des allgemeinen Spannungszustandes. Bis jetzt bezogen sich unsere Stabilitätsbetrachtungen immer noch auf Sonderfälle, dadurch gekennzeichnet, daß im Spannungszustand *II* die Hauptspannungsrichtungen aller Punkte entweder dieselben waren oder wenigstens in einem sehr einfachen Zusammenhang mit deren Koordinaten standen. Nunmehr wenden wir uns dem allgemeinen Fall zu, wobei also der Spannungszustand *II* keinerlei Beschränkung unterworfen ist. Weil der bisherige Gedankengang sich hier weniger gut eignet, schlagen wir einen anderen Weg ein[1]: wir beziehen jetzt die Spannungen stets auf die ihnen zugeordneten Flächenelemente und schieben die Einführung des zu benutzenden Elastizitätsgesetzes bis zum Schluß auf.

Wie in Ziff. **20** unterscheiden wir die drei Zustände *I*, *II* und *III*: den unverzerrten Zustand *I*, den auf seine Stabilität zu untersuchenden Zustand *II*, dessen Verzerrungsgrößen zwar als kleine, aber immerhin endliche Größen zu

[1]) C. B. Biezeno u. H. Hencky, On the general theory of elastic stability, Proc. Acad. Sci. Amst. 31 (1928) S. 569; 32 (1929) S. 444.

betrachten sind, und den dem Zustand *II* unendlich benachbarten Zustand *III*. Alle Zustände werden auf ein einziges festes Achsenkreuz (x, y, z) bezogen. Der Spannungszustand *II* sei als bekannt vorausgesetzt. Seine Spannungskomponenten werden mit S_{xx}, S_{yy}, S_{zz}, T_{yz}, T_{zx}, T_{xy} bezeichnet und seien auf die (verzerrten) Flächenelemente des Zustandes *II* bezogen. Ebenso bezeichnen X, Y, Z die Volumkräfte der Raumeinheit des Körpers im Zustand *II*. Betrachtet man also im Zustand *II* ein Körperelement mit den Kanten dx, dy, dz, so lauten die Gleichgewichtsbedingungen dieses Elements nach (**17**, 3)

$$\left.\begin{aligned} \frac{\partial S_{xx}}{\partial x} + \frac{\partial T_{yx}}{\partial y} + \frac{\partial T_{zx}}{\partial z} + X = 0, \\ \frac{\partial T_{xy}}{\partial x} + \frac{\partial S_{yy}}{\partial y} + \frac{\partial T_{zy}}{\partial z} + Y = 0, \\ \frac{\partial T_{xz}}{\partial x} + \frac{\partial T_{yz}}{\partial y} + \frac{\partial S_{zz}}{\partial z} + Z = 0. \end{aligned}\right\} \tag{1}$$

An der Oberfläche des Körpers gelten, wenn die Komponenten der Oberflächenspannung mit P_x, P_y, P_z bezeichnet werden, die Gleichungen (**17**, 12)

$$\left.\begin{aligned} S_{xx}\cos(n, x) + T_{yx}\cos(n, y) + T_{zx}\cos(n, z) = P_x, \\ T_{xy}\cos(n, x) + S_{yy}\cos(n, y) + T_{zy}\cos(n, z) = P_y, \\ T_{xz}\cos(n, x) + T_{yz}\cos(n, y) + S_{zz}\cos(n, z) = P_z. \end{aligned}\right\} \tag{2}$$

Die unendlich kleinen Verschiebungen, die den Körper vom Zustand *II* in den Zustand *III* überführen, bezeichnen wir auch jetzt mit u, v, w, und die Frage, die wir nunmehr stellen, lautet: Welche Zusatzkräfte müssen an den Seitenflächen des schon von den Kräften $S_{xx}dy\,dz$ usw. belasteten Körperelements angreifen, damit es vom Verzerrungszustand *II* in den Verzerrungszustand *III* übergeführt wird.

Zur Beantwortung dieser Frage stellen wir zunächst fest, daß die Gestaltänderung des Körperelements beim Übergang von *II* nach *III* vollständig durch die sechs Größen (**12**, 2) und (**12**, 4)

$$\left.\begin{aligned} &\frac{\partial u}{\partial x}\,(=\varepsilon_x), && \frac{\partial v}{\partial y}\,(=\varepsilon_y), && \frac{\partial w}{\partial z}\,(=\varepsilon_z), \\ &\frac{\partial v}{\partial z} + \frac{\partial w}{\partial y}\,(=\psi_{yz}), && \frac{\partial w}{\partial x} + \frac{\partial u}{\partial z}\,(=\psi_{zx}), && \frac{\partial u}{\partial y} + \frac{\partial v}{\partial x}\,(=\psi_{xy}) \end{aligned}\right\} \tag{3}$$

definiert ist, und seine Lageänderung, abgesehen von der für diesen Zweck belanglosen Verschiebung u, v, w seines Schwerpunktes, durch die drei Drehkomponenten (**12**, 8)

$$\omega_x = \frac{1}{2}\left(\frac{\partial w}{\partial y} - \frac{\partial v}{\partial z}\right), \qquad \omega_y = \frac{1}{2}\left(\frac{\partial u}{\partial z} - \frac{\partial w}{\partial x}\right), \qquad \omega_z = \frac{1}{2}\left(\frac{\partial v}{\partial x} - \frac{\partial u}{\partial y}\right). \tag{4}$$

Sodann fassen wir das zu einem schiefen Parallelflach verzerrte Körperelement samt allen auf es wirkenden Kräften im Zustand *III* ins Auge und drehen es, um einen Vergleich mit seiner Gestalt und Belastung im Zustand *II* zu ermöglichen, mit allen seinen belastenden Kräften um die Winkel ω_x, ω_y, ω_z zurück. Die neue Lage, in die das Element bei dieser Drehung gerät, bezeichnen wir mit *III'*. Vergleicht man nun die Zustände *II* und *III'*, so erkennt man, daß die Kräfte, die man vektoriell zu den auf die Seitenflächen des Elements *II* wirkenden Kräften addieren muß, um sie in die entsprechenden am Element *III'* angreifenden Kräfte überzuführen, offenbar die zur Erzeugung der erforderlichen Gestaltänderung mechanisch notwendigen Zusatzkräfte sind. Diese Zusatzkräfte beziehen wir auf die ihnen zugeordneten Flächenelemente des Körperelements II, und die hierdurch definierten Spannungen bezeichnen wir als die zum Übergang von II nach III erforderlichen Zusatzspannungen. Wäre das Körperelement im Zustand II spannungsfrei gewesen, so wären diese Zusatzspannungen die Komponenten eines symmetrischen Spannungstensors. Jetzt aber, da das Körperelement im Zustand II bereits von Kräften belastet wird, ist dies nicht der Fall.

Unter der Wirkung der am Element II angreifenden Zusatzkräfte ändern nämlich die Angriffspunkte seiner schon vorhandenen, nach Richtung und Größe gegebenen Kräfte ihre Lage, so daß sie sich am Körperelement III' im allgemeinen nicht mehr das Gleichgewicht halten. Zwar ist ihre Summe in jeder der Koordinatenrichtungen auch in der Lage III' noch immer Null, aber ihre Momente bezüglich der Koordinatenachsen verschwinden nicht mehr. Das dadurch verletzte Gleichgewicht der schon vorhandenen Kräfte muß durch die Zusatzkräfte wieder hergestellt werden. Wären nun die Zusatzspannungen Komponenten eines symmetrischen Tensors, so würden die aus ihnen hergeleiteten Kräfte sicherlich keine Momente liefern, und sie könnten also nicht für das verlangte Gleichgewicht aufkommen. Wir stellen deshalb die Zusatzspannungen als Komponenten eines unsymmetrischen Tensors dar, und zwar wie folgt:

$$T' \equiv \begin{vmatrix} s_{xx} & t_{xy} + r_{xy} & t_{xz} + r_{xz} \\ t_{yx} + r_{yx} & s_{yy} & t_{yz} + r_{yz} \\ t_{zx} + r_{zx} & t_{zy} + r_{zy} & s_{zz} \end{vmatrix} \quad \text{mit} \quad \begin{cases} t_{yz} = + t_{zy} \text{ usw.} \\ r_{yz} = - r_{zy} \text{ usw.} \end{cases}$$

Die in der ersten Zeile stehenden Größen stellen die in die x-, y- und z-Richtung fallenden Zusatzspannungen der senkrecht zur x-Achse stehenden Seitenflächen des Elements II dar; die in der zweiten Zeile stehenden Größen bezeichnen die Zusatzspannungen der zur y-Achse senkrecht stehenden Seitenflächen, die in der letzten Zeile stehenden Größen die Zusatzspannungen der zur z-Achse senkrecht stehenden Seitenflächen. Die Zusatzspannungen s und t kommen für die Gestaltänderung des Körperelements II auf, und also sind nachher nur diese Spannungen mit den Verschiebungsgrößen u, v, w durch Elastizitätsgesetze zu verbinden. Die Größen r dagegen folgen aus Gleichgewichtsbetrachtungen.

Zur Bestimmung der Größen r untersuchen wir, wie die gegenseitige Lage der Angriffspunkte der am Körperelement II schon vorhandenen Kräfte sich in der Lage III' geändert hat, und führen dazu folgende Bezeichnungen für diese Angriffspunkte im Zustande III' ein: A und A' seien die Angriffspunkte derjenigen Kräfte, die im Zustand II an den senkrecht zur x-Achse stehenden Seitenflächen angreifen, B und B' sowie C und C' gehören entsprechend zu den Seitenflächen, die im Zustand II senkrecht zu der y- bzw. z-Achse sind.

Betrachtet man nun die Strecke AA' zuerst im Zustand III, so hat sie die Komponenten

$$a_x = \left(1 + \frac{\partial u}{\partial x}\right) dx, \qquad a_y = \frac{\partial v}{\partial x} dx, \qquad a_z = \frac{\partial w}{\partial x} dx.$$

Sieht man diese als Komponenten eines Vektors $\mathfrak{a}$ an, so handelt es sich darum, die neuen Komponenten dieses Vektors nach einer Drehung, die durch den Vektor $-\mathfrak{o}$ mit den Komponenten $-\omega_x, -\omega_y, -\omega_z$ dargestellt ist, zu bestimmen. Wie aus der Kinematik bekannt ist, ändert sich der Vektor $\mathfrak{a}$ hierbei um das Vektorprodukt $[\mathfrak{a}\,\mathfrak{o}]$, seine Komponenten also um die Komponenten dieses Vektorprodukts, somit um

$$\omega_z \frac{\partial v}{\partial x} dx - \omega_y \frac{\partial w}{\partial x} dx, \quad \omega_x \frac{\partial w}{\partial x} dx - \omega_z \left(1 + \frac{\partial u}{\partial x}\right) dx, \quad \omega_y \left(1 + \frac{\partial u}{\partial x}\right) dx - \omega_x \frac{\partial v}{\partial x} dx.$$

Beschränkt man sich auf die Glieder, die in den Differentialquotienten von u, v und w linear sind [wobei auf (4) zu achten ist], so erhält man für die Komponentenänderungen des Vektors

$$0, \quad -\omega_z\, dx, \quad +\omega_y\, dx,$$

so daß die Komponenten der Strecke AA' im Zustand III' die Werte in der ersten Zeile der folgenden Tabelle erhalten. Die Komponenten der Strecken BB' und CC' im Zustand III' erhält man hieraus durch zyklische Vertauschung.

	x	y	z
AA'	$\left(1+\frac{\partial u}{\partial x}\right)dx$	$\left(\frac{\partial v}{\partial x}-\omega_z\right)dx\left(=\frac{1}{2}\psi_{xy}\,dx\right)$	$\left(\frac{\partial w}{\partial x}+\omega_y\right)dx\left(=\frac{1}{2}\psi_{zx}dx\right)$
BB'	$\left(\frac{\partial u}{\partial y}+\omega_z\right)dy\left(=\frac{1}{2}\psi_{xy}\,dy\right)$	$\left(1+\frac{\partial v}{\partial y}\right)dy$	$\left(\frac{\partial w}{\partial y}-\omega_x\right)dy\left(=\frac{1}{2}\psi_{yz}\,dy\right)$
CC'	$\left(\frac{\partial u}{\partial z}-\omega_y\right)dz\left(=\frac{1}{2}\psi_{zx}\,dz\right)$	$\left(\frac{\partial v}{\partial z}+\omega_x\right)dz\left(=\frac{1}{2}\psi_{yz}\,dz\right)$	$\left(1+\frac{\partial w}{\partial z}\right)dz$

Wir betrachten jetzt die im Zustande III' auf das Element wirkende äußere Belastung und finden, daß (definitionsgemäß) in A und A' zwei Kräfte mit den Komponenten

$$(S_{xx}+s_{xx})\,dy\,dz, \qquad (T_{xy}+t_{xy}+r_{xy})\,dy\,dz, \qquad (T_{xz}+t_{xz}+r_{xz})\,dy\,dz,$$

in B und B' zwei Kräfte mit den Komponenten

$$(T_{yx}+t_{yx}+r_{yx})\,dz\,dx, \qquad (S_{yy}+s_{yy})\,dz\,dx, \qquad (T_{yz}+t_{yz}+r_{yz})\,dz\,dx,$$

in C und C' zwei Kräfte mit den Komponenten

$$(T_{zx}+t_{zx}+r_{zx})\,dx\,dy, \qquad (T_{zy}+t_{zy}+r_{zy})\,dx\,dy, \qquad (S_{zz}+s_{zz})\,dx\,dy$$

angreifen. Beschränken wir uns zuerst auf die in A und A' angreifenden Kräfte, und bestimmen wir ihre Momente M_x^A, M_y^A, M_z^A bezüglich dreier Geraden durch den Schwerpunkt des Körperelements parallel zu den Koordinatenachsen, so finden wir mit den Tabellenwerten

$$\begin{aligned}
M_x^A &= (T_{xz}+t_{xz}+r_{xz})\,dy\,dz\cdot\tfrac{1}{2}\psi_{xy}\,dx-(T_{xy}+t_{xy}+r_{xy})dy\,dz\cdot\tfrac{1}{2}\psi_{zx}\,dx,\\
M_y^A &= (S_{xx}+s_{xx})\,dy\,dz\cdot\frac{1}{2}\psi_{zx}\,dx-(T_{xz}+t_{xz}+r_{xz})\,dy\,dz\left(1+\frac{\partial u}{\partial x}\right)dx,\\
M_z^A &= (T_{xy}+t_{xy}+r_{xy})\,dy\,dz\left(1+\frac{\partial u}{\partial x}\right)dx-(S_{xx}+s_{xx})\,dy\,dz\cdot\frac{1}{2}\psi_{xy}\,dx.
\end{aligned}$$

Analog liefern die in B und B' angreifenden Kräfte bezüglich derselben Momentenachsen die Momente

$$\begin{aligned}
M_x^B &= (T_{yz}+t_{yz}+r_{yz})\,dz\,dx\left(1+\frac{\partial v}{\partial y}\right)dy-(S_{yy}+s_{yy})\,dz\,dx\cdot\frac{1}{2}\psi_{yz}\,dy,\\
M_y^B &= (T_{yx}+t_{yx}+r_{yx})\,dz\,dx\cdot\tfrac{1}{2}\psi_{yz}\,dy-(T_{yz}+t_{yz}+r_{yz})\,dz\,dx\cdot\tfrac{1}{2}\psi_{xy}\,dy,\\
M_z^B &= (S_{yy}+s_{yy})\,dz\,dx\cdot\frac{1}{2}\psi_{xy}\,dy-(T_{yx}+t_{yx}+r_{yx})\,dz\,dx\left(1+\frac{\partial v}{\partial y}\right)dy
\end{aligned}$$

und die in C und C' angreifenden Kräfte die Momente

$$\begin{aligned}
M_x^C &= (S_{zz}+s_{zz})\,dx\,dy\cdot\frac{1}{2}\psi_{yz}\,dz-(T_{zy}+t_{zy}+r_{zy})\,dx\,dy\left(1+\frac{\partial w}{\partial z}\right)dz,\\
M_y^C &= (T_{zx}+t_{zx}+r_{zx})\,dx\,dy\left(1+\frac{\partial w}{\partial z}\right)dz-(S_{zz}+s_{zz})\,dx\,dy\cdot\frac{1}{2}\psi_{zx}\,dz,\\
M_z^C &= (T_{zy}+t_{zy}+r_{zy})\,dx\,dy\cdot\tfrac{1}{2}\psi_{zx}\,dz-(T_{zx}+t_{zx}+r_{zx})\,dx\,dy\cdot\tfrac{1}{2}\psi_{yz}\,dz.
\end{aligned}$$

Setzt man, wie dies das Gleichgewicht erfordert,

$$M_x^A + M_x^B + M_x^C = 0,$$

so erhält man

$$\frac{1}{2}(T_{xz}+t_{xz}+r_{xz})\psi_{xy} - \frac{1}{2}(T_{xy}+t_{xy}+r_{xy})\psi_{zx} + (T_{yz}+t_{yz}+r_{yz})\left(1+\frac{\partial v}{\partial y}\right) -$$
$$-\frac{1}{2}(S_{yy}+s_{yy})\psi_{yz} + \frac{1}{2}(S_{zz}+s_{zz})\psi_{yz} - (T_{zy}+t_{zy}+r_{zy})\left(1+\frac{\partial w}{\partial z}\right) = 0$$

oder unter Vernachlässigung der in u, v und w quadratischen Glieder (wobei zu beachten ist, daß die Zusatzspannungen von der Größenordnung der u, v, w sind)

$$T_{xz}\psi_{xy} - T_{xy}\psi_{zx} - S_{yy}\psi_{yz} + S_{zz}\psi_{yz} + 2\,T_{yz}\frac{\partial v}{\partial y} - 2\,T_{zy}\frac{\partial w}{\partial z} + 2\,r_{yz} - 2\,r_{zy} = 0.$$

Durch zyklische Vertauschung folgen hieraus die beiden Gleichungen

$$T_{yx}\psi_{yz} - T_{yz}\psi_{xy} - S_{zz}\psi_{zx} + S_{xx}\psi_{zx} + 2\,T_{zx}\frac{\partial w}{\partial z} - 2\,T_{xz}\frac{\partial u}{\partial x} + 2\,r_{zx} - 2\,r_{xz} = 0,$$

$$T_{zy}\psi_{zx} - T_{zx}\psi_{yz} - S_{xx}\psi_{xy} + S_{yy}\psi_{xy} + 2\,T_{xy}\frac{\partial u}{\partial x} - 2\,T_{yx}\frac{\partial v}{\partial y} + 2\,r_{xy} - 2\,r_{yx} = 0.$$

Aus diesen drei Gleichungen berechnen sich

$$\left.\begin{aligned}
4\,r_{yz} &= -4\,r_{zy} = (S_{yy}-S_{zz})\psi_{yz} + T_{xy}\psi_{zx} - T_{zx}\psi_{xy} + 2\,T_{yz}\left(\frac{\partial w}{\partial z}-\frac{\partial v}{\partial y}\right),\\
4\,r_{zx} &= -4\,r_{xz} = (S_{zz}-S_{xx})\psi_{zx} + T_{yz}\psi_{xy} - T_{xy}\psi_{yz} + 2\,T_{zx}\left(\frac{\partial u}{\partial x}-\frac{\partial w}{\partial z}\right),\\
4\,r_{xy} &= -4\,r_{yx} = (S_{xx}-S_{yy})\psi_{xy} + T_{zx}\psi_{yz} - T_{yz}\psi_{zx} + 2\,T_{xy}\left(\frac{\partial v}{\partial y}-\frac{\partial u}{\partial x}\right).
\end{aligned}\right\} \quad (5)$$

24. Die hinreichenden Gleichgewichtsbedingungen. Die soeben hergeleiteten Gleichungen (**23**, 5) sind zwar notwendige, aber keineswegs hinreichende Gleichgewichtsbedingungen, weil sie nur das Gleichgewicht der auf das Körperelement wirkenden Kräfte zweiter Ordnung verbürgen. Weil aber Kräfte dritter Ordnung bereits imstande sind, dem Körperelement eine endliche Beschleunigung zu erteilen, so muß (genau wie in Ziff. **16**) jetzt noch verlangt werden, daß auch die Summe aller auf das Element wirkenden Kräfte dritter Ordnung in jeder der drei Koordinatenrichtungen Null ist. Zu beachten ist dabei, daß diese Forderung ausdrücklich auf das Körperelement im Zustand *III*, und nicht etwa im Zustand *III'*, bezogen werden muß. Denn wenn es auch zur Aufstellung der Gleichungen (**23**, 5) zulässig war, das Element *III* als Ganzes um die Winkel ω_x, ω_y, ω_z zurückzudrehen, so darf man nicht übersehen, daß diese Drehkomponenten sich von Punkt zu Punkt ändern, und daß also in Wirklichkeit zwei einander gegenüberliegende Seitenflächen des Körperelements und dadurch auch die mit diesen Flächen fest verbundenen Kräfte beim Übergang von *III* nach *III'* (und umgekehrt) verschiedene Drehungen erfahren. Zwar sind die Unterschiede dieser Drehungen unendlich klein von erster Ordnung, aber sie haben, wie die nun folgende Herleitung zeigt, eine wesentliche Bedeutung für die am Körperelement ursprünglich vorhandenen (endlichen) Spannungen S und T.

Betrachten wir das Flächenelement A im Zustand *III'*, so sind die Komponenten des auf es wirkenden Spannungsvektors nach Ziff. **23**

$$S_{xx}+s_{xx}, \qquad T_{xy}+t_{xy}+r_{xy}, \qquad T_{xz}+t_{xz}+r_{xz}.$$

Erteilt man diesem Vektor eine Drehung $(\omega_x, \omega_y, \omega_z)$, so entsteht ein neuer Vektor, dessen Komponenten $\sigma_{xx}, \tau_{xy}, \tau_{xz}$ in den festen Koordinatenrichtungen sich nach dem Muster von Ziff. **23** leicht berechnen lassen. Man findet, wenn Glieder zweiter Ordnung sogleich vernachlässigt werden,

$$\left.\begin{aligned} \sigma_{xx} &= S_{xx} + s_{xx} + T_{xz}\,\omega_y - T_{xy}\,\omega_z, \\ \tau_{xy} &= T_{xy} + t_{xy} + r_{xy} + S_{xx}\,\omega_z - T_{xz}\,\omega_x, \\ \tau_{xz} &= T_{xz} + t_{xz} + r_{xz} + T_{xy}\,\omega_x - S_{xx}\,\omega_y. \end{aligned}\right\} \qquad (1\,\mathrm{a})$$

Es sei ausdrücklich hervorgehoben, daß σ_{xx}, τ_{xy} und τ_{xz} für ihr Flächenelement nicht die Bedeutung einer Normal- oder Schubspannung haben, weil dieses Element nicht zur x-Richtung senkrecht steht.

Bezeichnet man die in die festen Achsenrichtungen fallenden Spannungskomponenten derjenigen Seitenflächen des Körperelements *III*, die im Zustand *II* senkrecht zur y-Richtung bzw. zur z-Richtung waren, mit $\tau_{yx}, \sigma_{yy}, \tau_{yz}$ bzw. $\tau_{zx}, \tau_{zy}, \sigma_{zz}$, so erhält man in entsprechender Weise

$$\left.\begin{aligned} \tau_{yx} &= T_{yx} + t_{yx} + r_{yx} + T_{yz}\,\omega_y - S_{yy}\,\omega_z, \\ \sigma_{yy} &= S_{yy} + s_{yy} + T_{yx}\,\omega_z - T_{yz}\,\omega_x, \\ \tau_{yz} &= T_{yz} + t_{yz} + r_{yz} + S_{yy}\,\omega_x - T_{yx}\,\omega_y \end{aligned}\right\} \qquad (1\,\mathrm{b})$$

bzw.

$$\left.\begin{aligned} \tau_{zx} &= T_{zx} + t_{zx} + r_{zx} + S_{zz}\,\omega_y - T_{zy}\,\omega_z, \\ \tau_{zy} &= T_{zy} + t_{zy} + r_{zy} + T_{zx}\,\omega_z - S_{zz}\,\omega_x, \\ \sigma_{zz} &= S_{zz} + s_{zz} + T_{zy}\,\omega_x - T_{zx}\,\omega_y. \end{aligned}\right\} \qquad (1\,\mathrm{c})$$

Nunmehr können die Gleichgewichtsbedingungen des Elements *III* aufgestellt werden. Sie nehmen zufolge unserer Bezeichnungen dieselbe Form an wie die entsprechenden Gleichungen der klassischen Elastizitätstheorie und lauten somit

$$\left.\begin{aligned} \frac{\partial\sigma_{xx}}{\partial x} + \frac{\partial\tau_{yx}}{\partial y} + \frac{\partial\tau_{zx}}{\partial z} + X = 0, \\ \frac{\partial\tau_{xy}}{\partial x} + \frac{\partial\sigma_{yy}}{\partial y} + \frac{\partial\tau_{zy}}{\partial z} + Y = 0, \\ \frac{\partial\tau_{xz}}{\partial x} + \frac{\partial\tau_{yz}}{\partial y} + \frac{\partial\sigma_{zz}}{\partial z} + Z = 0. \end{aligned}\right\} \qquad (2)$$

Führt man in die erste dieser Gleichungen die Ausdrücke (1) ein, so erhält man

$$\left.\begin{aligned} &\left(\frac{\partial S_{xx}}{\partial x} + \frac{\partial T_{yx}}{\partial y} + \frac{\partial T_{zx}}{\partial z} + X\right) + \left(\frac{\partial T_{xz}}{\partial x} + \frac{\partial T_{yz}}{\partial y} + \frac{\partial S_{zz}}{\partial z}\right)\omega_y - \\ &-\left(\frac{\partial T_{xy}}{\partial x} + \frac{\partial S_{yy}}{\partial y} + \frac{\partial T_{zy}}{\partial z}\right)\omega_z + \left(\frac{\partial s_{xx}}{\partial x} + \frac{\partial t_{yx}}{\partial y} + \frac{\partial t_{zx}}{\partial z}\right) + \left(\frac{\partial r_{yx}}{\partial y} + \frac{\partial r_{zx}}{\partial z}\right) + \\ &+\left(T_{xz}\frac{\partial\omega_y}{\partial x} + T_{yz}\frac{\partial\omega_y}{\partial y} + S_{zz}\frac{\partial\omega_y}{\partial z}\right) - \left(T_{xy}\frac{\partial\omega_z}{\partial x} + S_{yy}\frac{\partial\omega_z}{\partial y} + T_{zy}\frac{\partial\omega_z}{\partial z}\right) = 0. \end{aligned}\right\} \qquad (3)$$

Zyklische Vertauschung von x, y und z liefert die beiden anderen Gleichungen. Beachtet man jetzt noch die Gleichgewichtsbedingungen (**23**, 1) für den Gleichgewichtszustand *II*, so erhält man als Endergebnis unserer bisherigen Betrachtungen das folgende Gleichungssystem:

$$\left.\begin{aligned}
L\equiv\left(\frac{\partial s_{xx}}{\partial x}+\frac{\partial t_{yx}}{\partial y}+\frac{\partial t_{zx}}{\partial z}\right)+\left(\frac{\partial r_{yx}}{\partial y}+\frac{\partial r_{zx}}{\partial z}\right)+\left(T_{xz}\frac{\partial\omega_y}{\partial x}+T_{yz}\frac{\partial\omega_y}{\partial y}+S_{zz}\frac{\partial\omega_y}{\partial z}\right)-&\\
-\left(T_{xy}\frac{\partial\omega_z}{\partial x}+S_{yy}\frac{\partial\omega_z}{\partial y}+T_{zy}\frac{\partial\omega_z}{\partial z}\right)+(Y\omega_z-Z\omega_y)=0,&\\
M\equiv\left(\frac{\partial t_{xy}}{\partial x}+\frac{\partial s_{yy}}{\partial y}+\frac{\partial t_{zy}}{\partial z}\right)+\left(\frac{\partial r_{zy}}{\partial z}+\frac{\partial r_{xy}}{\partial x}\right)+\left(S_{xx}\frac{\partial\omega_z}{\partial x}+T_{yx}\frac{\partial\omega_z}{\partial y}+T_{zx}\frac{\partial\omega_z}{\partial z}\right)-&\\
-\left(T_{xz}\frac{\partial\omega_x}{\partial x}+T_{yz}\frac{\partial\omega_x}{\partial y}+S_{zz}\frac{\partial\omega_x}{\partial z}\right)+(Z\omega_x-X\omega_z)=0,&\\
N\equiv\left(\frac{\partial t_{xz}}{\partial x}+\frac{\partial t_{yz}}{\partial y}+\frac{\partial s_{zz}}{\partial z}\right)+\left(\frac{\partial r_{xz}}{\partial x}+\frac{\partial r_{yz}}{\partial y}\right)+\left(T_{xy}\frac{\partial\omega_x}{\partial x}+S_{yy}\frac{\partial\omega_x}{\partial y}+T_{zy}\frac{\partial\omega_x}{\partial z}\right)-&\\
-\left(S_{xx}\frac{\partial\omega_y}{\partial x}+T_{yx}\frac{\partial\omega_y}{\partial y}+T_{zx}\frac{\partial\omega_y}{\partial z}\right)+(X\omega_y-Y\omega_x)=0.&
\end{aligned}\right\}\quad(4)$$

Das System (4) in Verbindung mit (**23**, 5) stellt die notwendigen und hinreichenden Gleichgewichtsbedingungen dar.

25. Das Elastizitätsgesetz. Erst jetzt, nachdem die notwendigen und hinreichenden Gleichgewichtsbedingungen des Körperelements im Zustand *III* vorliegen, ist die Einführung eines Elastizitätsgesetzes unerläßlich. Nimmt man an (wie dies bei Stabilitätsproblemen häufig der Fall ist), daß der Spannungszustand $S_{xx},\ldots,T_{yz},\ldots$ gegeben vorliegt, so ist nur ein Zusammenhang zwischen den beim Übergang von *II* nach *III* auftretenden Zusatzspannungen $s_{xx},\ldots,t_{yz},\ldots$ und den Verschiebungen u, v, w erforderlich. Der einfachste Ansatz lautet nach (**17**, 1) und (**17**, 2)

$$\left.\begin{aligned}
s_{xx}&=\frac{2G}{m-2}\left(\frac{\partial u}{\partial x}+\frac{\partial v}{\partial y}+\frac{\partial w}{\partial z}\right)+2G\frac{\partial u}{\partial x}, & t_{yz}&=G\left(\frac{\partial v}{\partial z}+\frac{\partial w}{\partial y}\right),\\
s_{yy}&=\frac{2G}{m-2}\left(\frac{\partial u}{\partial x}+\frac{\partial v}{\partial y}+\frac{\partial w}{\partial z}\right)+2G\frac{\partial v}{\partial y}, & t_{zx}&=G\left(\frac{\partial w}{\partial x}+\frac{\partial u}{\partial z}\right),\\
s_{zz}&=\frac{2G}{m-2}\left(\frac{\partial u}{\partial x}+\frac{\partial v}{\partial y}+\frac{\partial w}{\partial z}\right)+2G\frac{\partial w}{\partial z}, & t_{xy}&=G\left(\frac{\partial u}{\partial y}+\frac{\partial v}{\partial x}\right).
\end{aligned}\right\}\quad(1)$$

Er enthält, in Übereinstimmung mit einer Bemerkung in Ziff. **23**, von den Spannungsgrößen nur die s und t und bringt zum Ausdruck, daß der Zusammenhang zwischen den (unendlich kleinen) Spannungen und Verschiebungen eines ursprünglich unbelasteten Körpers auch für die unendlich kleinen Zusatzspannungen und Zusatzverschiebungen eines Körpers im belasteten Zustand gilt. Es sei aber ausdrücklich darauf hingewiesen, daß diese Annahme, wenn auch möglichst einfach, nichts anderes als ein postuliertes Elastizitätsgesetz zum Ausdruck bringt, welches nicht besser (aber auch nicht schlechter) als das in Ziff. **20** zugrunde gelegte Gesetz ist. Natürlich werden die mit (1) umgeschriebenen Gleichungen (**24**, 4) und (**23**, 5) bei einer Spezialisierung auf den früher behandelten Fall (Ziff. **20** und **21**) nicht vollkommen mit den Endgleichungen von Ziff. **21** übereinstimmen. Dagegen muß, wenn statt (1) das dortige Elastizitätsgesetz benutzt wird und die beiden Gleichungssysteme der Ziff. **21** und **24** auf ein gemeinsames Koordinatensystem transformiert werden, völlige Übereinstimmung im Endergebnis erwartet werden. Wie eine etwas langwierige Rechnung (welche hier unterdrückt werden soll) zeigt, trifft diese Übereinstimmung tatsächlich zu.

Für welches Elastizitätsgesetz man sich entscheiden soll, ist nur auf Grund der experimentell zu bestimmenden elastischen Eigenschaften des Baustoffes festzustellen. Hat man es mit verhältnismäßig kleinen Spannungen zu tun, so wird der Unterschied zwischen den beiden benutzten Elastizitätsansätzen, welcher im wesentlichen darin besteht, daß die Spannungen das eine Mal auf die unverzerrten, das andere Mal auf die verzerrten Flächenelemente bezogen sind, kaum zur Geltung kommen.

Bei sehr großen Spannungen gilt das Hookesche Gesetz weder in der einen noch in der anderen Form, und für sie muß aus dem experimentell bestimmten Spannungs-Dehnungsdiagramm bzw. aus dem Elastizitätsgesetz, das dieses Diagramm so gut wie möglich annähert, ein das System (1) ersetzender Satz von Gleichungen hergeleitet werden (vgl. etwa Ziff. **15**).

26. Die Randbedingungen. Die Gleichungen (**24**, 4) und (**23**, 5) und die Gleichungen (**25**, 1) beziehen sich ganz allgemein auf den Übergang eines anfänglich gespannten Körpers in eine elastisch mögliche Nachbarlage und haben mit dem Problem des neutralen Gleichgewichts unmittelbar noch nichts zu tun. Das eigentliche Merkmal des neutralen Gleichgewichts liegt in den Randbedingungen des Körpers.

Zur Aufstellung dieser Randbedingungen betrachten wir ein Oberflächentetraeder des Körpers [für welches also im Zustand II die Randbedingungen (**23**, 2) gelten] und bestimmen die im Zustand III auf seine Seitenflächen wirkenden Kräfte.

Bezeichnet $dO_1 (= \frac{1}{2} dy\,dz)$ diejenige Seitenfläche des Tetraeders, die im Zustand II senkrecht zur x-Achse steht, so wirken im Zustand III' in den festen Koordinatenrichtungen die Kräfte

$$(S_{xx} + s_{xx})\,dO_1, \qquad (T_{xy} + t_{xy} + r_{xy})\,dO_1, \qquad (T_{xz} + t_{xz} + r_{xz})\,dO_1.$$

Zufolge der Drehung $(\omega_x, \omega_y, \omega_z)$, die das Körperelement von seiner Lage III' in die Lage III überführt, haben dieselben Kräfte in der Lage III die folgenden Komponenten in der festen x-Richtung:

$$(S_{xx} + s_{xx})\,dO_1, \qquad -(T_{xy} + t_{xy} + r_{xy})\,\omega_z\,dO_1, \quad (T_{xz} + t_{xz} + r_{xz})\,\omega_y\,dO_1.$$

Bezeichnen in ähnlicher Weise dO_2 bzw. dO_3 die Seitenflächen des Oberflächentetraeders, die im Zustand II senkrecht zur y- bzw. z-Achse waren, so haben die im Zustand III an diesen Seitenflächen angreifenden Kräfte in der festen x-Richtung die folgenden Komponenten:

$$(T_{yx} + t_{yx} + r_{yx})\,dO_2, \qquad -(S_{yy} + s_{yy})\,\omega_z\,dO_2, \qquad (T_{yz} + t_{yz} + r_{yz})\,\omega_y\,dO_2$$

bzw.

$$(T_{zx} + t_{zx} + r_{zx})\,dO_3, \qquad -(T_{zy} + t_{zy} + r_{zy})\,\omega_z\,dO_3, \qquad (S_{zz} + s_{zz})\,\omega_y\,dO_3.$$

Beschränkt man sich auf solche Belastungsfälle, für welche beim Übergang von II nach III entweder die Oberflächenspannungen P_x, P_y, P_z fest bleiben, oder für welche zusätzliche elastische Widerstände entstehen, die von den Verschiebungsgrößen u, v, w abhängen, so daß diese Widerstände durch Ausdrücke von der Form

$$-(k_1 u + l_1 v + m_1 w)\,dO, \quad -(k_2 u + l_2 v + m_2 w)\,dO, \quad -(k_3 u + l_3 v + m_3 w)\,dO \quad (1)$$

(wo dO das Oberflächenelement des Körpers bezeichnet) dargestellt werden können, so lautet die Gleichgewichtsbedingung des Tetraeders in der x-Richtung

$$\begin{aligned}(S_{xx} + s_{xx} - T_{xy}\,\omega_z + T_{xz}\,\omega_y)\,dO_1 + (T_{yx} + t_{yx} + r_{yx} - S_{yy}\,\omega_z + T_{yz}\,\omega_y)\,dO_2 + \\ + (T_{zx} + t_{zx} + r_{zx} - T_{zy}\,\omega_z + S_{zz}\,\omega_y)\,dO_3 - (P_x - k_1 u - l_1 v - m_1 w)\,dO = 0.\end{aligned}$$

Beachtet man die Randbedingungen (**23**, 2), so geht diese Gleichung über in die erste Gleichung des folgenden Satzes (2), dessen zweite und dritte Gleichung aus der ersten durch zyklische Vertauschung von x, y, z gewonnen werden:

$$\left.\begin{aligned}
&s_{xx}\cos(n,x)+(t_{yx}+r_{yx})\cos(n,y)+(t_{zx}+r_{zx})\cos(n,z)-\\
&\qquad -P_y\omega_z+P_z\omega_y+k_1u+l_1v+m_1w=0,\\
&(t_{xy}+r_{xy})\cos(n,x)+s_{yy}\cos(n,y)+(t_{zy}+r_{zy})\cos(n,z)-\\
&\qquad -P_z\omega_x+P_x\omega_z+k_2u+l_2v+m_2w=0,\\
&(t_{xz}+r_{xz})\cos(n,x)+(t_{yz}+r_{yz})\cos(n,y)+s_{zz}\cos(n,z)-\\
&\qquad -P_x\omega_y+P_y\omega_x+k_3u+l_3v+m_3w=0.
\end{aligned}\right\}\qquad(2)$$

Diese Gleichungen zusammen mit den Gleichungen (**24**, 4) und (**23**, 5) und dem Elastizitätsgesetz definieren das Problem des neutralen Gleichgewichts vollständig. Aus ihrer Form geht hervor, daß eine Lösung u, v, w dieser Gleichungen, wenn sie existiert, nur bis auf einen Proportionalitätsfaktor bestimmt ist.

Mit dem Ansatz (1), wonach bei der Verzerrung Zusatzoberflächenkräfte entstehen, die linear von u, v und w abhängen, sind die möglichen Stabilitätsaufgaben keineswegs erschöpft; denn es können sehr wohl auch Zusatzkräfte entstehen, die mit den Differentialquotienten dieser Größen zusammenhängen. Wesentlich für das neutrale Gleichgewicht ist aber, daß diese Zusatzkräfte, wie sie auch geartet sein mögen, immer homogene lineare Funktionen der Verschiebungsgrößen oder ihrer Differentialquotienten sind.

Wir bemerken zum Schluß noch, daß das hiermit besprochene allgemeine Problem des neutralen Gleichgewichts in zweierlei Hinsicht eine andere Behandlung zuläßt. Erstens kann man den dem Spannungszustand *II* benachbarten Spannungszustand *III* auch noch auf andere Art beschreiben: während hier stets ein raumfestes Koordinatensystem benutzt worden ist, kann ebensogut ein mit dem Massenteilchen mitgeführtes, substantielles Koordinatensystem zugrunde gelegt werden. Zweitens aber kann man sich zur Definition des neutralen Gleichgewichts einer energetischen Formulierung bedienen[1]), nach welcher ein Gleichgewichtszustand aufhört stabil zu sein, wenn die potentielle Energie nicht mehr ein wahres Minimum ist.

---

[1]) E. TREFFTZ, Über die Ableitung der Stabilitätskriterien des elastischen Gleichgewichts aus der Elastizitätstheorie endlicher Deformationen, Verh. d. 3. internat. Kongr. f. techn. Mech. Stockholm 1930, Bd. 3, S. 44; sowie: Zur Theorie der Stabilität des elastischen Gleichgewichts, Z. angew. Math. Mech. 13 (1933) S. 160.

Kapitel II.

Allgemeine Theoreme der Elastomechanik.

1. Einleitung. Aus den in Kap. I, § 3 und § 4 entwickelten Grundgleichungen folgen einige sehr allgemeine Theoreme, die wir jetzt herleiten wollen, um sie entweder später unmittelbar verwenden zu können, oder weil sie sich sonstwie bei der Lösung von elastomechanischen Problemen als nützlich erweisen. Dahin gehören vor allem die Variationsprinzipe, die die Verschiebungen und die Spannungen durch eine Minimumforderung bestimmen, der Energiesatz und das Hamiltonsche Prinzip (§ 1), ferner die Clapeyronschen, Bettischen, Castiglianoschen und Maxwellschen Arbeits- und Reziprozitätssätze sowie die Untersuchung der Maxwellschen Einflußzahlen und das de Saint-Venantsche Prinzip (§ 2), und endlich die Lösungsansätze für solche Verzerrungs- und Spannungszustände, die nur von zwei Koordinaten abhängen (§ 3).

§ 1. Variationsprinzipe.

2. Das Minimalprinzip für die Verschiebungen. Es ist möglich, den elastischen Zustand eines Körpers durch eine Minimalforderung zu definieren. Wir beschränken uns vorläufig auf den ruhenden Körper und stellen zuerst ein Minimalprinzip für die Verschiebungen auf. An der Oberfläche des Körpers seien in einzelnen Gebieten die Verschiebungen u_0, v_0, w_0, in anderen Gebieten die Oberflächenkräfte, bezogen auf die Flächeneinheit, durch ihre Komponenten p_x, p_y, p_z gegeben.

Wir gehen aus von der Formel (I, **14**, 5a) für die Verzerrungsarbeit

$$A(\varepsilon, \psi) = G\left[\varepsilon_x^2 + \varepsilon_y^2 + \varepsilon_z^2 + \frac{1}{m-2}(\varepsilon_x + \varepsilon_y + \varepsilon_z)^2 + \frac{1}{2}(\psi_{yz}^2 + \psi_{zx}^2 + \psi_{xy}^2)\right] \quad (1)$$

und betrachten nun das (als existierend vorausgesetzte) System von Verschiebungen u, v, w, welche einerseits den Differentialgleichungen (I, **17**, 4) und andererseits den Randbedingungen genügen [d. h. da, wo die Verschiebungen gegeben sind, die vorgegebenen Werte u_0, v_0, w_0 annehmen, und da, wo die Oberflächenkräfte gegeben sind, die Gleichungen (I, **17**, 12) befriedigen], und bestimmen die Variation des Ausdrucks für die im Körper aufgespeicherte Formänderungsarbeit

$$\mathfrak{A} = \iiint A(\varepsilon, \psi)\, dx\, dy\, dz.$$

Diese Variation ist

$$\delta\mathfrak{A} = \iiint\left(\frac{\partial A}{\partial \varepsilon_x}\delta\varepsilon_x + \frac{\partial A}{\partial \varepsilon_y}\delta\varepsilon_y + \frac{\partial A}{\partial \varepsilon_z}\delta\varepsilon_z + \frac{\partial A}{\partial \psi_{yz}}\delta\psi_{yz} + \frac{\partial A}{\partial \psi_{zx}}\delta\psi_{zx} + \frac{\partial A}{\partial \psi_{xy}}\delta\psi_{xy}\right) dx\, dy\, dz$$

oder wegen (I, **14**, 7) und (I, **17**, 1)

$$\left.\begin{aligned}\delta\mathfrak{A} = \iiint\Big[\sigma_x \frac{\partial \delta u}{\partial x} + \sigma_y \frac{\partial \delta v}{\partial y} + \sigma_z \frac{\partial \delta w}{\partial z} + \tau_{yz}\Big(\frac{\partial \delta v}{\partial z} + \frac{\partial \delta w}{\partial y}\Big) + \\ + \tau_{zx}\Big(\frac{\partial \delta w}{\partial x} + \frac{\partial \delta u}{\partial z}\Big) + \tau_{xy}\Big(\frac{\partial \delta u}{\partial y} + \frac{\partial \delta v}{\partial x}\Big)\Big] dx\, dy\, dz,\end{aligned}\right\} \quad (2)$$

wobei sich die Integration über den ganzen Körper erstreckt. Umformung durch Teilintegration ergibt

$$\left.\begin{aligned}\delta\mathfrak{A} = -\iiint\Big[&\delta u\Big(\frac{\partial\sigma_x}{\partial x}+\frac{\partial\tau_{yx}}{\partial y}+\frac{\partial\tau_{zx}}{\partial z}\Big)+\delta v\Big(\frac{\partial\tau_{xy}}{\partial x}+\frac{\partial\sigma_y}{\partial y}+\frac{\partial\tau_{zy}}{\partial z}\Big)+\\ &+\delta w\Big(\frac{\partial\tau_{xz}}{\partial x}+\frac{\partial\tau_{yz}}{\partial y}+\frac{\partial\sigma_z}{\partial z}\Big)\Big]\,dx\,dy\,dz+\\ +\iint\Big\{&\delta u\,[\sigma_x\cos(n,x)+\tau_{yx}\cos(n,y)+\tau_{zx}\cos(n,z)]+\\ &+\delta v\,[\tau_{xy}\cos(n,x)+\sigma_y\cos(n,y)+\tau_{zy}\cos(n,z)]+\\ &+\delta w\,[\tau_{xz}\cos(n,x)+\tau_{yz}\cos(n,y)+\sigma_z\cos(n,z)]\Big\}\,dO,\end{aligned}\right\} \tag{3}$$

wobei die zweite Integration über die Oberfläche O des Körpers geht.

Ersetzt man im Raumintegral von (3) die runden Klammern gemäß den Gleichgewichtsbedingungen (I, **17**, 3) durch die mit umgekehrten Vorzeichen versehenen Volumkräfte X, Y, Z und ebenso im Oberflächenintegral von (3) die eckigen Klammern gemäß den Oberflächenbedingungen (I, **17**, 12) durch die Oberflächenkräfte p_x, p_y, p_z, so ergibt sich

$$\delta\mathfrak{A} = \iiint (X\,\delta u + Y\,\delta v + Z\,\delta w)\,dx\,dy\,dz + \iint (p_x\,\delta u + p_y\,\delta v + p_z\,\delta w)\,dO. \tag{4}$$

Hiermit ist der sogenannte Energiesatz bewiesen, nach welchem die mit einer Variation δu, δv, δw des Verzerrungszustandes verbundene Variation der Formänderungsarbeit gleich der Arbeit der äußeren Kräfte ist [das erste Integral der rechten Seite von (4) stellt die Arbeit der Volumkräfte, das zweite Integral die Arbeit der Oberflächenkräfte dar]. Die Volumkräfte X, Y, Z sind für den ganzen Körper bekannt, die Oberflächenkräfte nur da, wo sie vorgeschrieben sind. Beschränken wir uns aber auf solche Variationen δu, δv, δw, welche an den Stellen, wo die Randverschiebungen $u = u_0$, $v = v_0$, $w = w_0$ gegeben sind, verschwinden, d. h. betrachten wir nur solche variierte Verschiebungen, die den Randbedingungen für die Verschiebungen genügen, so liefert das Oberflächenintegral in (4) da, wo die Verschiebungen gegeben sind, keinen Beitrag, so daß dieses Integral nur über diejenigen Oberflächenteile zu erstrecken ist, wo die Oberflächenkräfte p_x, p_y, p_z gegeben sind. Weil X, Y, Z, p_x, p_y, p_z nicht mitvariiert werden, können in (4) die δ vor die Integrale treten und man erhält

$$\delta\Big[\mathfrak{A} - \iiint (Xu + Yv + Zw)\,dx\,dy\,dz - \iint (p_x u + p_y v + p_z w)\,dO\Big] = 0. \tag{5}$$

Der Klammerausdruck ist die potentielle Energie P des elastischen Körpers und der auf ihn einwirkenden äußeren Kräftesysteme:

$$P \equiv \mathfrak{A} - \iiint (Xu + Yv + Zw)\,dx\,dy\,dz - \iint (p_x u + p_y v + p_z w)\,dO. \tag{6}$$

Vergleicht man also das wirklich eintretende System von Verschiebungen mit allen möglichen unendlich benachbarten Verschiebungen u, v, w, welche die Randbedingungen da, wo die Verschiebungen vorgeschrieben sind, erfüllen (und welche die Randbedingungen da, wo die Kräfte vorgeschrieben sind, nicht zu erfüllen brauchen), so zeichnet sich das wirklich eintretende System von Verschiebungen durch einen extremen Wert der potentiellen Energie aus.

Wir zeigen nun noch, daß dieser extreme Wert ein Minimum ist, indem wir die potentielle Energie P für die wirklich eintretenden Verschiebungen u, v, w vergleichen mit derjenigen P' für ein anderes System von Verschiebungen $u' = u + \delta u$, $v' = v + \delta v$, $w' = w + \delta w$, welche an die Bedingung gebunden sind, daß überall da, wo die Verschiebungen vorgeschrieben sind, $\delta u = \delta v = \delta w = 0$ ist.

Nach (6) ist zufolge (1) die potentielle Energie P' für die Verschiebungen u', v', w'

$$P' = G \iiint \Big\{(\varepsilon_x + \delta\varepsilon_x)^2 + (\varepsilon_y + \delta\varepsilon_y)^2 + (\varepsilon_z + \delta\varepsilon_z)^2 + \frac{1}{m-2}(\varepsilon_x + \delta\varepsilon_x + \varepsilon_y + \delta\varepsilon_y + \varepsilon_z + \delta\varepsilon_z)^2 + \frac{1}{2}\left[(\psi_{yz} + \delta\psi_{yz})^2 + (\psi_{zx} + \delta\psi_{zx})^2 + (\psi_{xy} + \delta\psi_{xy})^2\right]\Big\}\, dx\, dy\, dz - \iiint \left[X(u+\delta u) + Y(v+\delta v) + Z(w+\delta w)\right] dx\, dy\, dz - \iint \left[p_x(u+\delta u) + p_y(v+\delta v) + p_z(w+\delta w)\right] dO.$$

Führt man in diesen Ausdruck die Spannungen $\sigma_x, \sigma_y, \sigma_z, \tau_{yz}, \tau_{zx}, \tau_{xy}$ der wahren Lösung ein, welche mit den Verzerrungskomponenten durch die Beziehungen (I, **17**, 2c) und (I, **17**, 2d) verbunden sind, so erhält man

$$\begin{aligned} P' = {} & G \iiint \left[\varepsilon_x^2 + \varepsilon_y^2 + \varepsilon_z^2 + \frac{1}{m-2}(\varepsilon_x + \varepsilon_y + \varepsilon_z)^2 + \frac{1}{2}(\psi_{yz}^2 + \psi_{zx}^2 + \psi_{xy}^2)\right] dx\, dy\, dz - \\ & - \iiint (Xu + Yv + Zw)\, dx\, dy\, dz - \iint (p_x u + p_y v + p_z w)\, dO + \\ & + \iiint (\sigma_x \delta\varepsilon_x + \sigma_y \delta\varepsilon_y + \sigma_z \delta\varepsilon_z + \tau_{yz}\delta\psi_{yz} + \tau_{zx}\delta\psi_{zx} + \tau_{xy}\delta\psi_{xy})\, dx\, dy\, dz - \\ & - \iiint (X\delta u + Y\delta v + Z\delta w)\, dx\, dy\, dz - \iint (p_x \delta u + p_y \delta v + p_z \delta w)\, dO + \\ & + G \iiint \Big\{(\delta\varepsilon_x)^2 + (\delta\varepsilon_y)^2 + (\delta\varepsilon_z)^2 + \frac{1}{m-2}(\delta\varepsilon_x + \delta\varepsilon_y + \delta\varepsilon_z)^2 + \\ & + \frac{1}{2}\left[(\delta\psi_{yz})^2 + (\delta\psi_{zx})^2 + (\delta\psi_{xy})^2\right]\Big\}\, dx\, dy\, dz \end{aligned}$$

oder

$$\begin{aligned} P' = P & + \iiint (\sigma_x \delta\varepsilon_x + \sigma_y \delta\varepsilon_y + \sigma_z \delta\varepsilon_z + \tau_{yz}\delta\psi_{yz} + \tau_{zx}\delta\psi_{zx} + \tau_{xy}\delta\psi_{xy})\, dx\, dy\, dz - \\ & - \iiint (X\delta u + Y\delta v + Z\delta w)\, dx\, dy\, dz - \iint (p_x \delta u + p_y \delta v + p_z \delta w)\, dO + \end{aligned}$$

+ einen wesentlich positiven Ausdruck.

Die rechtsseitigen Integrale haben zusammen den Wert Null. Denn wendet man auf das erste Raumintegral [welches mit der rechten Seite von (2) übereinstimmt] Teilintegration an, so daß es durch die rechte Seite von (3) ersetzt wird, so heben sich in der neuen Gleichung die beiden Raumintegrale wegen der Gleichgewichtsbedingungen auf, die Oberflächenintegrale fallen da, wo die Verschiebungen gegeben sind, wegen $\delta u = \delta v = \delta w = 0$ einzeln fort, und heben sich da, wo die Oberflächenkräfte gegeben sind, wegen der Gleichgewichtsbedingungen an der Oberfläche auf.

Die potentielle Energie P' ist also sicher größer als die Energie P, womit die Minimaleigenschaft der wirklich eintretenden Verschiebungen bewiesen ist.

3. Das Minimalprinzip für die Spannungen. Wir schreiten jetzt zur Frage, ob auch die wirklich auftretenden Spannungen einem Minimalprinzip unterliegen, und betrachten dazu abermals die Verzerrungsarbeit, diesmal aber als Funktion der Spannungen, nämlich nach (I, **14**, 4a)

$$A(\sigma, \tau) = \frac{1}{4G}\left[\sigma_x^2 + \sigma_y^2 + \sigma_z^2 - \frac{1}{m+1}(\sigma_x + \sigma_y + \sigma_z)^2 + 2(\tau_{yz}^2 + \tau_{zx}^2 + \tau_{xy}^2)\right]. \quad (1)$$

Bestimmt man auch jetzt die Variation der im ganzen Körper aufgespeicherten Formänderungsenergie, so erhält man

$$\delta\mathfrak{A} = \iiint \left(\frac{\partial A}{\partial \sigma_x}\delta\sigma_x + \frac{\partial A}{\partial \sigma_y}\delta\sigma_y + \frac{\partial A}{\partial \sigma_z}\delta\sigma_z + \frac{\partial A}{\partial \tau_{yz}}\delta\tau_{yz} + \frac{\partial A}{\partial \tau_{zx}}\delta\tau_{zx} + \frac{\partial A}{\partial \tau_{xy}}\delta\tau_{xy}\right) dx\, dy\, dz$$

oder wegen (I, **14**, 6)

$$\delta\mathfrak{A}=\iiint(\varepsilon_x\,\delta\sigma_x+\varepsilon_y\,\delta\sigma_y+\varepsilon_z\,\delta\sigma_z+\psi_{yz}\,\delta\tau_{yz}+\psi_{zx}\,\delta\tau_{zx}+\psi_{xy}\,\delta\tau_{xy})\,dx\,dy\,dz,$$

wobei $\varepsilon_x\ldots$ und $\psi_{yz}\ldots$ die wirklich eintretenden Verzerrungen bedeuten, welche mit den wirklich eintretenden Verschiebungen u, v, w durch (I, **17**, 1) zusammenhängen. Führt man so die u, v, w statt der $\varepsilon_x\ldots, \psi_{yz}\ldots$ ein, so erhält man durch Teilintegration

$$\left.\begin{aligned}\delta\mathfrak{A}=&-\iiint\Big[u\Big(\frac{\partial\delta\sigma_x}{\partial x}+\frac{\partial\delta\tau_{yx}}{\partial y}+\frac{\partial\delta\tau_{zx}}{\partial z}\Big)+v\Big(\frac{\partial\delta\tau_{xy}}{\partial x}+\frac{\partial\delta\sigma_y}{\partial y}+\frac{\partial\delta\tau_{zy}}{\partial z}\Big)+\\&\qquad+w\Big(\frac{\partial\delta\tau_{xz}}{\partial x}+\frac{\partial\delta\tau_{yz}}{\partial y}+\frac{\partial\delta\sigma_z}{\partial z}\Big)\Big]dx\,dy\,dz+\\&+\iint\big\{u\,[\delta\sigma_x\cos(n,x)+\delta\tau_{yx}\cos(n,y)+\delta\tau_{zx}\cos(n,z)]+\\&\quad+v\,[\delta\tau_{xy}\cos(n,x)+\delta\sigma_y\cos(n,y)+\delta\tau_{zy}\cos(n,z)]+\\&\quad+w\,[\delta\tau_{xz}\cos(n,x)+\delta\tau_{yz}\cos(n,y)+\delta\sigma_z\cos(n,z)]\big\}\,dO.\end{aligned}\right\}\qquad(2)$$

Beschränkt man sich nun auf solche Spannungssysteme, die in jedem Punkte des Körpers den Gleichgewichtsbedingungen (I, **17**, 3) genügen, so ist, da die Volumkräfte fest gegeben sind und also nicht mitvariiert werden,

$$\left.\begin{aligned}\frac{\partial\delta\sigma_x}{\partial x}+\frac{\partial\delta\tau_{yx}}{\partial y}+\frac{\partial\delta\tau_{zx}}{\partial z}=0,\\\frac{\partial\delta\tau_{xy}}{\partial x}+\frac{\partial\delta\sigma_y}{\partial y}+\frac{\partial\delta\tau_{zy}}{\partial z}=0,\\\frac{\partial\delta\tau_{xz}}{\partial x}+\frac{\partial\delta\tau_{yz}}{\partial y}+\frac{\partial\delta\sigma_z}{\partial z}=0,\end{aligned}\right\}\qquad(3)$$

so daß in dem Ausdruck (2) das Raumintegral fortfällt. Ebenso liefern die Oberflächenintegrale da, wo die Kräfte gegeben sind, keinen Beitrag. Denn wenn beim variierten Spannungszustand in jedem Punkte Gleichgewicht vorhanden sein soll, so gelten, weil die Größen p_x, p_y, p_z nicht mitvariiert werden, an der Oberfläche die Bedingungen

$$(\sigma_x+\delta\sigma_x)\cos(n,x)+(\tau_{yx}+\delta\tau_{yx})\cos(n,y)+(\tau_{zx}+\delta\tau_{zx})\cos(n,z)=p_x$$

und zyklisch weiter, oder wegen der Gleichgewichtsbedingungen (I, **17**, 12) des unvariierten Zustandes

$$\left.\begin{aligned}\delta\sigma_x\cos(n,x)+\delta\tau_{yx}\cos(n,y)+\delta\tau_{zx}\cos(n,z)=0,\\\delta\tau_{xy}\cos(n,x)+\delta\sigma_y\cos(n,y)+\delta\tau_{zy}\cos(n,z)=0,\\\delta\tau_{xz}\cos(n,x)+\delta\tau_{yz}\cos(n,y)+\delta\sigma_z\cos(n,z)=0.\end{aligned}\right\}\qquad(4)$$

Die Oberflächenintegrale liefern also nur da, wo die Verschiebungen $u=u_0$, $v=v_0$, $w=w_0$ vorgeschrieben sind, einen Beitrag. Es folgt somit aus (2)

$$\left.\begin{aligned}\delta\mathfrak{A}=\iint\big\{&u_0\,[\delta\sigma_x\cos(n,x)+\delta\tau_{yx}\cos(n,y)+\delta\tau_{zx}\cos(n,z)]+\\&+v_0\,[\delta\tau_{xy}\cos(n,x)+\delta\sigma_y\cos(n,y)+\delta\tau_{zy}\cos(n,z)]+\\&+w_0\,[\delta\tau_{xz}\cos(n,x)+\delta\tau_{yz}\cos(n,y)+\delta\sigma_z\cos(n,z)]\big\}\,dO.\end{aligned}\right\}\qquad(5)$$

Weil u_0, v_0, w_0 nicht mitvariiert werden, kann (5) auch in der Form geschrieben werden

$$\left.\begin{aligned}\delta\Big[\mathfrak{A}-\iint\big\{&u_0\,[\sigma_x\cos(n,x)+\tau_{yx}\cos(n,y)+\tau_{zx}\cos(n,z)]+\\&+v_0\,[\tau_{xy}\cos(n,x)+\sigma_y\cos(n,y)+\tau_{zy}\cos(n,z)]+\\&+w_0\,[\tau_{xz}\cos(n,x)+\tau_{yz}\cos(n,y)+\sigma_z\cos(n,z)]\big\}\,dO\Big]=0.\end{aligned}\right\}\qquad(6)$$

Die eckigen Klammern bedeuten die Komponenten der unbekannten Oberflächenkräfte da, wo die Verschiebungen gegeben sind. Wir bezeichnen diese

Komponenten mit p_x^*, p_y^*, p_z^*, um sie von den bekannten Oberflächenkräften p_x, p_y, p_z (welche also da angreifen, wo über die Verschiebungen nichts gegeben ist) zu unterscheiden und schreiben (6) in der Endform

$$\delta\left[\mathfrak{A}-\iint(p_x^* u_0+p_y^* v_0+p_z^* w_0)\,dO\right]=0. \tag{7}$$

Vergleicht man also das wirklich auftretende Spannungssystem mit allen möglichen unendlich benachbarten Spannungssystemen, welche in jedem inneren Punkt des Körpers den gegebenen Volumkräften das Gleichgewicht halten, und welche in denjenigen Punkten der Oberfläche, wo die Oberflächenkräfte gegeben sind, auch mit diesen Kräften verträglich sind, so zeichnet sich das wirklich auftretende Spannungssystem dadurch aus, daß der Ausdruck

$$\Pi\equiv\mathfrak{A}-\iint(p_x^* u_0+p_y^* v_0+p_z^* w_0)\,dO \tag{8}$$

einen extremen Wert annimmt. Dabei sei betont, daß die zur Konkurrenz zugelassenen Spannungssysteme die für die Verschiebungen vorgeschriebenen Bedingungen nicht zu erfüllen brauchen.

Auch hier kann man zeigen, daß der extreme Wert von Π ein Minimum ist. Berechnet man nämlich den Ausdruck Π' für den variierten Spannungszustand $(\sigma_x+\delta\sigma_x)$, $(\sigma_y+\delta\sigma_y)$, $(\sigma_z+\delta\sigma_z)$, $(\tau_{yz}+\delta\tau_{yz})$, $(\tau_{zx}+\delta\tau_{zx})$, $(\tau_{xy}+\delta\tau_{xy})$, so erhält man nach (8) und (1)

$$\begin{aligned}
\Pi'=&\frac{1}{4G}\iiint\Big\{(\sigma_x+\delta\sigma_x)^2+(\sigma_y+\delta\sigma_y)^2+(\sigma_z+\delta\sigma_z)^2-\frac{1}{m+1}(\sigma_x+\delta\sigma_x+\sigma_y+\delta\sigma_y+\\
&+\sigma_z+\delta\sigma_z)^2+2\left[(\tau_{yz}+\delta\tau_{yz})^2+(\tau_{zx}+\delta\tau_{zx})^2+(\tau_{xy}+\delta\tau_{xy})^2\right]\Big\}\,dx\,dy\,dz-\\
&-\iint\left[(p_x^*+\delta p_x^*)\,u_0+(p_y^*+\delta p_y^*)\,v_0+(p_z^*+\delta p_z^*)\,w_0\right]dO\\
=&\frac{1}{4G}\iiint\left[\sigma_x^2+\sigma_y^2+\sigma_z^2-\frac{1}{m+1}(\sigma_x+\sigma_y+\sigma_z)^2+2(\tau_{yz}^2+\tau_{zx}^2+\tau_{xy}^2)\right]dx\,dy\,dz-\\
&-\iint(p_x^* u_0+p_y^* v_0+p_z^* w_0)\,dO+\\
&+\frac{1}{2G}\iiint\Big[\sigma_x\,\delta\sigma_x+\sigma_y\,\delta\sigma_y+\sigma_z\,\delta\sigma_z-\frac{1}{m+1}(\sigma_x+\sigma_y+\sigma_z)(\delta\sigma_x+\delta\sigma_y+\delta\sigma_z)+\\
&+2(\tau_{yz}\,\delta\tau_{yz}+\tau_{zx}\,\delta\tau_{zx}+\tau_{xy}\,\delta\tau_{xy})\Big]\,dx\,dy\,dz-\iint(u_0\,\delta p_x^*+v_0\,\delta p_y^*+w_0\,\delta p_z^*)\,dO+\\
&+\frac{1}{4G}\iiint\Big\{(\delta\sigma_x)^2+(\delta\sigma_y)^2+(\delta\sigma_z)^2-\frac{1}{m+1}(\delta\sigma_x+\delta\sigma_y+\delta\sigma_z)^2+\\
&\qquad+2\left[(\delta\tau_{yz})^2+(\delta\tau_{zx})^2+(\delta\tau_{xy})^2\right]\Big\}\,dx\,dy\,dz
\end{aligned}$$

oder nach (I, **17**, 2b) und (I, **17**, 2d)

$$\begin{aligned}
\Pi'=&\,\Pi+\iiint(\varepsilon_x\,\delta\sigma_x+\varepsilon_y\,\delta\sigma_y+\varepsilon_z\,\delta\sigma_z+\psi_{yz}\,\delta\tau_{yz}+\psi_{zx}\,\delta\tau_{zx}+\psi_{xy}\,\delta\tau_{xy})\,dx\,dy\,dz-\\
&-\iint(u_0\,\delta p_x^*+v_0\,\delta p_y^*+w_0\,\delta p_z^*)\,dO+\text{einen wesentlich positiven Ausdruck.}
\end{aligned}$$

Die rechtsseitigen Integrale haben zusammen wiederum den Wert Null. Denn Teilintegration läßt diese Glieder übergehen in

$$\begin{aligned}
-&\iiint\Big[u\left(\frac{\partial\delta\sigma_x}{\partial x}+\frac{\partial\delta\tau_{yx}}{\partial y}+\frac{\partial\delta\tau_{zx}}{\partial z}\right)+v\left(\frac{\partial\delta\tau_{xy}}{\partial x}+\frac{\partial\delta\sigma_y}{\partial y}+\frac{\partial\delta\tau_{zy}}{\partial z}\right)+\\
&\qquad+w\left(\frac{\partial\delta\tau_{xz}}{\partial x}+\frac{\partial\delta\tau_{yz}}{\partial y}+\frac{\partial\delta\sigma_z}{\partial z}\right)\Big]\,dx\,dy\,dz+\\
+&\iint\Big\{u_0\left[\delta\sigma_x\cos(n,x)+\delta\tau_{yx}\cos(n,y)+\delta\tau_{zx}\cos(n,z)\right]+\\
&\qquad+v_0\left[\delta\tau_{xy}\cos(n,x)+\delta\sigma_y\cos(n,y)+\delta\tau_{zy}\cos(n,z)\right]+\\
&\qquad+w_0\left[\delta\tau_{xz}\cos(n,x)+\delta\tau_{yz}\cos(n,y)+\delta\sigma_z\cos(n,z)\right]\Big\}\,dO-\\
-&\iint(u_0\,\delta p_x^*+v_0\,\delta p_y^*+w_0\,\delta p_z^*)\,dO.
\end{aligned}$$

Das Raumintegral verschwindet wegen der Bedingungen (3), und die übrigbleibenden Oberflächenintegrale heben sich gegenseitig auf. Denn da, wo die Spannungen nicht variiert werden, also da, wo die Spannungen vorgeschrieben sind, ist zufolge (4) das erste Oberflächenintegral Null, und da, wo die Spannungen wohl variiert werden, ist

$$\delta\sigma_x \cos(n,x) + \delta\tau_{yx}\cos(n,y) + \delta\tau_{zx}\cos(n,z) = \delta p_x^*$$

und zyklisch weiter.

Damit ist die Minimaleigenschaft des wirklich eintretenden Spannungszustandes bewiesen.

4. Der Energiesatz des bewegten Körpers. Wenn ein Körper sich bewegt, so treten an Stelle der Gleichgewichtsbedingungen (I, **17**, 3) die Bewegungsgleichungen (I, **17**, 13). Wendet man also die Überlegungen von Ziff. **2** in einem bestimmten Zeitpunkt auf den bewegten Körper an, so hat man in dem Raumintegral von (**2**, 3) die runden Klammern jetzt durch $-X+\varrho\frac{\partial^2 u}{\partial t^2}$ usw. zu ersetzen. Man erhält so als Energiehauptformel für den bewegten Körper

$$\left.\begin{aligned}\delta\mathfrak{A} = \iiint (X\,\delta u + Y\,\delta v + Z\,\delta w)\,dx\,dy\,dz + \iint (p_x\delta u + p_y\delta v + p_z\delta w)\,dO - \\ - \iiint \varrho\left(\frac{\partial^2 u}{\partial t^2}\delta u + \frac{\partial^2 v}{\partial t^2}\delta v + \frac{\partial^2 w}{\partial t^2}\delta w\right)dx\,dy\,dz.\end{aligned}\right\} \quad (1)$$

Identifiziert man nun die Variationen δu, δv, δw mit den wirklich im Zeitelement dt auftretenden Verschiebungen $du = \frac{\partial u}{\partial t}dt$, $dv = \frac{\partial v}{\partial t}dt$, $dw = \frac{\partial w}{\partial t}dt$, so erhält man, weil damit zugleich auch $\delta\mathfrak{A}$ mit der Zunahme der Formänderungsarbeit $d\mathfrak{A}$ in der Zeit dt identifiziert wird,

$$\left.\begin{aligned}d\mathfrak{A} = \iiint\left(X\frac{\partial u}{\partial t}dt + Y\frac{\partial v}{\partial t}dt + Z\frac{\partial w}{\partial t}dt\right)dx\,dy\,dz + \\ + \iint\left(p_x\frac{\partial u}{\partial t}dt + p_y\frac{\partial v}{\partial t}dt + p_z\frac{\partial w}{\partial t}dt\right)dO - \\ - \iiint\varrho\left(\frac{\partial^2 u}{\partial t^2}\frac{\partial u}{\partial t}dt + \frac{\partial^2 v}{\partial t^2}\frac{\partial v}{\partial t}dt + \frac{\partial^2 w}{\partial t^2}\frac{\partial w}{\partial t}dt\right)dx\,dy\,dz.\end{aligned}\right\} \quad (2)$$

Nun ist die kinetische Energie des Körpers

$$T = \frac{1}{2}\iiint\varrho\left[\left(\frac{\partial u}{\partial t}\right)^2 + \left(\frac{\partial v}{\partial t}\right)^2 + \left(\frac{\partial w}{\partial t}\right)^2\right]dx\,dy\,dz. \quad (3)$$

Die Zunahme dT dieser Größe in der Zeit dt ist also

$$dT = \iiint\varrho\left(\frac{\partial^2 u}{\partial t^2}\frac{\partial u}{\partial t}dt + \frac{\partial^2 v}{\partial t^2}\frac{\partial v}{\partial t}dt + \frac{\partial^2 w}{\partial t^2}\frac{\partial w}{\partial t}dt\right)dx\,dy\,dz,$$

und (2) geht daher über in

$$\left.\begin{aligned}d\mathfrak{A} + dT = \iiint\left(X\frac{\partial u}{\partial t}dt + Y\frac{\partial v}{\partial t}dt + Z\frac{\partial w}{\partial t}dt\right)dx\,dy\,dz + \\ + \iint\left(p_x\frac{\partial u}{\partial t}dt + p_y\frac{\partial v}{\partial t}dt + p_z\frac{\partial w}{\partial t}dt\right)dO.\end{aligned}\right\} \quad (4)$$

Dies ist der Energiesatz des bewegten Körpers:

Die Zunahme der Summe von Formänderungs- und Bewegungsenergie $\mathfrak{A}+T$ in einem beliebigen Zeitelement ist gleich der im selben Zeitelement von den äußeren Kräften geleisteten Arbeit.

5. Das Hamiltonsche Prinzip. Ein Variationsprinzip für den bewegten Körper erhält man, wenn man die Energiehauptformel (**4**, 1) zwischen zwei willkürlichen Zeitpunkten t_0 und t_1 nach der Zeit integriert und die Variationen δu, δv, δw, welche sowohl von x, y, z als von der Zeit t abhängig sind, von der in Ziff. **4** gemachten Spezialisierung freihält.

Führt man zunächst die erwähnte Integration aus, so erhält man

$$\left.\begin{aligned}\int_{t_0}^{t_1}\delta\mathfrak{A}\,dt=&\int_{t_0}^{t_1}\iiint(X\,\delta u+Y\delta v+Z\,\delta w)\,dt\,dx\,dy\,dz+\int_{t_0}^{t_1}\iint(p_x\delta u+p_y\delta v+p_z\delta w)\,dt\,dO-\\&-\int_{t_0}^{t_1}\iiint\varrho\Big(\frac{\partial^2 u}{\partial t^2}\,\delta u+\frac{\partial^2 v}{\partial t^2}\,\delta v+\frac{\partial^2 w}{\partial t^2}\,\delta w\Big)\,dt\,dx\,dy\,dz.\end{aligned}\right\}\quad(1)$$

Das letzte Integral J ist durch Teilintegration umzuformen:

$$\left.\begin{aligned}J=&\Big[\iiint\varrho\Big(\frac{\partial u}{\partial t}\,\delta u+\frac{\partial v}{\partial t}\,\delta v+\frac{\partial w}{\partial t}\,\delta w\Big)\,dx\,dy\,dz\Big]_{t_0}^{t_1}-\\&-\int_{t_0}^{t_1}\iiint\varrho\Big(\frac{\partial u}{\partial t}\frac{\partial\delta u}{\partial t}+\frac{\partial v}{\partial t}\frac{\partial\delta v}{\partial t}+\frac{\partial w}{\partial t}\frac{\partial\delta w}{\partial t}\Big)\,dt\,dx\,dy\,dz.\end{aligned}\right\}\quad(2)$$

Unterwirft man die Variationen δu, δv, δw der Einschränkung, daß sie zur Zeit t_0 und zur Zeit t_1 für alle Körperpunkte Null sind, so geht (2) mit (**4**, 3) über in

$$\begin{aligned}J&=-\int_{t_0}^{t_1}\iiint\varrho\Big(\frac{\partial u}{\partial t}\frac{\partial\delta u}{\partial t}+\frac{\partial v}{\partial t}\frac{\partial\delta v}{\partial t}+\frac{\partial w}{\partial t}\frac{\partial\delta w}{\partial t}\Big)\,dt\,dx\,dy\,dz\\&=-\int_{t_0}^{t_1}\iiint\varrho\Big(\frac{\partial u}{\partial t}\,\delta\frac{\partial u}{\partial t}+\frac{\partial v}{\partial t}\,\delta\frac{\partial v}{\partial t}+\frac{\partial w}{\partial t}\,\delta\frac{\partial w}{\partial t}\Big)\,dt\,dx\,dy\,dz=-\int_{t_0}^{t_1}\delta T\,dt.\end{aligned}$$

Unter der gemachten Voraussetzung wird also aus (1)

$$\left.\begin{aligned}\int_{t_0}^{t_1}\delta(\mathfrak{A}-T)\,dt=&\int_{t_0}^{t_1}\iiint(X\,\delta u+Y\,\delta v+Z\,\delta w)\,dt\,dx\,dy\,dz+\\&+\int_{t_0}^{t_1}\iint(p_x\,\delta u+p_y\,\delta v+p_z\,\delta w)\,dt\,dO.\end{aligned}\right\}\quad(3)$$

Wenn die auf den Körper einwirkenden äußeren Kräfte derart beschaffen sind, daß die Summe der Integrale

$$\iiint(X\,\delta u+Y\,\delta v+Z\,\delta w)\,dx\,dy\,dz+\iint(p_x\,\delta u+p_y\,\delta v+p_z\,\delta w)\,dO$$

als die Variation einer einzigen Funktion W der Koordinaten x, y, z und der Verschiebungen u, v, w aufgefaßt werden kann, so läßt sich (3) in der prägnanten Form schreiben

$$\int_{t_0}^{t_1}\delta(\mathfrak{A}-W-T)\,dt\equiv\delta\int_{t_0}^{t_1}(\mathfrak{A}-W-T)\,dt=0,\tag{4}$$

wobei der Ausdruck

$$\Phi\equiv\mathfrak{A}-W-T\tag{5}$$

gewöhnlich die Lagrangesche Funktion genannt wird.

Das Oberflächenintegral in (3) läßt sich nur dann auswerten, wenn es bloß über denjenigen Oberflächenteil erstreckt zu werden braucht, wo die Oberflächenkräfte gegeben sind. Neben die Bedingung, daß für t_0 und t_1 die Variationen δu, δv, δw für alle Körperpunkte Null sind, hat man also noch die Forderung zu stellen, daß im ganzen Zeitintervall überall da, wo die Verschiebungen vorgegeben sind, die Variationen δu, δv, δw Null sein müssen. Die Formel (4) drückt dann das Hamiltonsche Prinzip aus:

Das Zeitintegral der Lagrangeschen Funktion über das Zeitintervall t_0 bis t_1 nimmt bei der wirklich eintretenden Bewegung einen extremen Wert an, falls man nur solche Variationen der Verschiebungen zuläßt, die erstens zur Zeit t_0 und zur Zeit t_1 für alle Körperpunkte verschwinden und zweitens überall da, wo die Verschiebungen vorgeschrieben sind, im ganzen Zeitintervall verschwinden.

§ 2. Arbeits- und Reziprozitätssätze.

6. Der Clapeyronsche und der Bettische Satz. Ist ein Körper im Gleichgewicht das eine Mal durch die Volumkräfte X', Y', Z' und die Oberflächenkräfte p_x', p_y', p_z' belastet, das andere Mal durch die Volumkräfte X'', Y'', Z'' und die Oberflächenkräfte p_x'', p_y'', p_z'', und sind die zugehörigen Verschiebungen das eine Mal u', v', w', das andere Mal u'', v'', w'', so folgt aus der Linearität der Gleichungen (I, **17**, 4) und der zugehörigen Randbedingungen (I, **17**, 12), daß infolge der Volumkräfte $X=X'+X''$, $Y=Y'+Y''$, $Z=Z'+Z''$ und der Oberflächenkräfte $p_x=p_x'+p_x''$, $p_y=p_y'+p_y''$, $p_z=p_z'+p_z''$ die Verschiebungen $u=u'+u''$, $v=v'+v''$, $w=w'+w''$ auftreten werden. Dies ist das Additionsgesetz der Verschiebungen.

An diese einfache Aussage knüpft sich eine ganze Reihe von Sätzen, die als Arbeits- und Reziprozitätssätze bekannt sind. Zu ihrer Herleitung bestimmen wir zunächst die Arbeit $\mathfrak{A}^*$, die von dem Kräftesystem X, Y, Z, p_x, p_y, p_z bei der von ihm verursachten Formänderung des Körpers geleistet wird. Weil nach dem Vorangehenden die endgültig eintretende Formänderung, sowie die örtliche Verzerrung des Körpers und also die Verzerrungsarbeit A unabhängig davon ist, wie das Kräftesystem sich entwickelt (wenn nur dafür gesorgt wird, daß in jedem Belastungszustand die wirkenden Kräfte ein Gleichgewichtssystem bilden), so ist auch die mit $\iiint A\,dx\,dy\,dz$ gleichzusetzende Arbeit $\mathfrak{A}^*$ der äußeren Kräfte unabhängig von der Art, in der diese Kräfte ihre Endwerte erreichen. In Anlehnung an Kap. I, Ziff. **14** lassen wir nun sowohl die Volum- wie die Oberflächenkräfte von Null an proportional miteinander bis zu ihren Endbeträgen anwachsen und finden dabei, wenn μ als Proportionalitätsfaktor eingeführt wird, die geleistete Arbeit

$$\mathfrak{A}^* = \iiint\!\!\int_{\mu=0}^{1} [\mu X\,d(\mu u) + \mu Y\,d(\mu v) + \mu Z\,d(\mu w)]\,dx\,dy\,dz + \\ + \iint\!\!\int_{\mu=0}^{1} [\mu p_x\,d(\mu u) + \mu p_y\,d(\mu v) + \mu p_z\,d(\mu w)]\,dO$$

oder

$$\mathfrak{A}^* = \frac{1}{2}\iiint (Xu+Yv+Zw)\,dx\,dy\,dz + \frac{1}{2}\iint (p_x u + p_y v + p_z w)\,dO, \tag{1}$$

wo das Raumintegral über den ganzen Körper, das Oberflächenintegral über dessen Oberfläche zu erstrecken ist und beide Integrale im Stieltjesschen Sinne zu betrachten sind. Gleichung (1) stellt den Clapeyronschen Satz dar.

Spalten wir nun das System X, Y, Z, p_x, p_y, p_z in die beiden Gleichgewichtssysteme $X', Y', Z', p_x', p_y', p_z'$ und $X'', Y'', Z'', p_x'', p_y'', p_z''$, welche wir mit I und II bezeichnen, so kann $\mathfrak{A}^*$ auch dadurch bestimmt werden, daß man zuerst das System I auf den Körper einwirken läßt und dann das System II oder umgekehrt. Im ersten Falle leistet zunächst das System I seine Eigenarbeit $\mathfrak{A}^*_{I,I}$. Wenn nachher das System II am Körper angreift, erleiden dessen Punkte Zusatzverschiebungen, die ebenso groß sind, wie wenn das System I nicht vorhanden gewesen wäre; infolgedessen wird dann neben der Eigenarbeit $\mathfrak{A}^*_{II,II}$ des Systems II noch eine Ergänzungsarbeit $\mathfrak{A}^*_{I,II}$ vom System I geleistet.

Die gesamte Arbeit ist also

$$\mathfrak{A}^* = \mathfrak{A}^*_{I,I} + \mathfrak{A}^*_{II,II} + \mathfrak{A}^*_{I,II}. \tag{2}$$

In gleicher Weise erhält man, wenn zuerst das System *II* und dann das System *I* angreift

$$\mathfrak{A}^* = \mathfrak{A}^*_{II,II} + \mathfrak{A}^*_{I,I} + \mathfrak{A}^*_{II,I}, \tag{3}$$

wo $\mathfrak{A}^*_{II,I}$ die beim Angreifen des Systems *I* geleistete Ergänzungsarbeit des Systems *II* darstellt. Aus (2) und (3) folgt die Gleichheit

$$\mathfrak{A}^*_{I,II} = \mathfrak{A}^*_{II,I}. \tag{4}$$

Weil die jeweiligen Kräfte bei der Leistung ihrer Ergänzungsarbeit einen festen Wert, nämlich ihren Endwert, behalten, so gilt

$$\left.\begin{aligned} \mathfrak{A}^*_{I,II} &= \iiint (X'u'' + Y'v'' + Z'w'')\,dx\,dy\,dz + \iint (p'_x u'' + p'_y v'' + p'_z w'')\,dO, \\ \mathfrak{A}^*_{II,I} &= \iiint (X''u' + Y''v' + Z''w')\,dx\,dy\,dz + \iint (p''_x u' + p''_y v' + p''_z w')\,dO, \end{aligned}\right\} \tag{5}$$

und man kann also die Gleichheit (4), den sogenannten Bettischen Reziprozitätssatz folgendermaßen in Worten fassen:

Wenn auf einen elastischen Körper zwei Gleichgewichtssysteme *I* und *II* wirken und je für sich die Verschiebungen u', v', w' und u'', v'', w'' erzeugen, so ist die Arbeit, die das System *I* bei den Verschiebungen u'', v'', w'' leistet, gleich der Arbeit, die das System *II* bei den Verschiebungen u', v', w' leistet.

Man bemerkt übrigens, daß die Eigenarbeiten $\mathfrak{A}^*_{I,I}$ und $\mathfrak{A}^*_{II,II}$ jedes Systems ihrer Natur nach wesentlich positiv sind, wogegen die Ergänzungsarbeiten $\mathfrak{A}^*_{I,II}$ und $\mathfrak{A}^*_{II,I}$ auch negativ sein können.

Hier ist schließlich noch die Bemerkung hinzuzufügen, daß die Gültigkeit des an die Spitze gestellten Additionsgesetzes der Verschiebungen offenbar an die Voraussetzung gebunden ist, daß das erste Kräftesystem X', Y', Z', p'_x, p'_y, p'_z nicht von den Verschiebungen u'', v'', w'' des zweiten, und das zweite X'', Y'', Z'', p''_x, p''_y, p''_z nicht von den Verschiebungen u', v', w' des ersten abhängt. Wenn diese Voraussetzung nicht zutrifft (wofür wir in Kap. VII Beispiele kennenlernen werden), so ist das Additionsgesetz der Verschiebungen samt allen seinen Folgerungen hinfällig.

7. Das de Saint-Venantsche Prinzip. Bei der wirklichen Berechnung der Spannungen und Verformungen in elastischen Körpern macht man fast unausgesetzt (bewußt oder unbewußt) Gebrauch von dem grundlegenden und sehr tiefgehenden de Saint-Venantschen Prinzip, das folgendes aussagt:

Wenn in einem beschränkten Bezirk *B* eines elastischen Körpers (z. B. in einem Teilbereich seiner Oberfläche) das eine Mal ein Kräftesystem S_1 angreift, das andere Mal eine Kräftesystem S_2, und wenn S_1 und S_2 statisch äquivalent sind (d. h. wenn $S_1 - S_2$ ein Gleichgewichtssystem bildet), so ist der durch S_1 (zusammen mit den etwa sonst noch am Körper angreifenden Kräften S_0) erzeugte Spannungszustand (σ_1) und Verformungszustand (ε_1) von dem durch S_2 (zusammen mit S_0) erzeugten Spannungszustand (σ_2) und Verformungszustand (ε_2) um so weniger verschieden, je weiter man sich im Körper von dem Bezirk *B* entfernt.

Oder auch (offenbar gleichwertig mit der vorausgehenden Fassung): Wenn in einem beschränkten Bezirk *B* eines elastischen Körpers ein Gleichgewichtssystem *S* angreift, so klingen der hierdurch erzeugte Spannungszustand (σ) und Verformungszustand (ε) mit zunehmender Entfernung von *B* mehr und mehr ab.

Man kann dies — weniger genau, aber unmißverständlich — auch noch so ausdrücken: In hinreichender Entfernung vom Angriffsbezirk *B* eines Kräftesystems hängt dessen Wirkung nicht mehr merkbar von seiner Verteilung, sondern nur noch von seiner statischen Resultante ab; oder noch kürzer: statisch äquivalente Kräftesysteme sind in hinreichender Entfernung vom Angriffsbezirk B auch elastisch äquivalent.

Man benutzt dieses Prinzip z. B. schon beim einfachsten Zugversuch, wenn man die Enden eines Stabes in Backen einklemmt und dann annimmt, daß sich die mittleren Teile des Stabes nahezu so verhalten, wie wenn die Kräfte gleichmäßig verteilt an den beiden Endquerschnitten angreifen würden; oder bei der Biegung einer eingespannten Platte, wenn man so rechnet, als ob das Einspannmoment allenthalben in Gestalt eines linear über den Einspannungsquerschnitt verlaufenden Normalspannungszustandes aufgebracht würde.

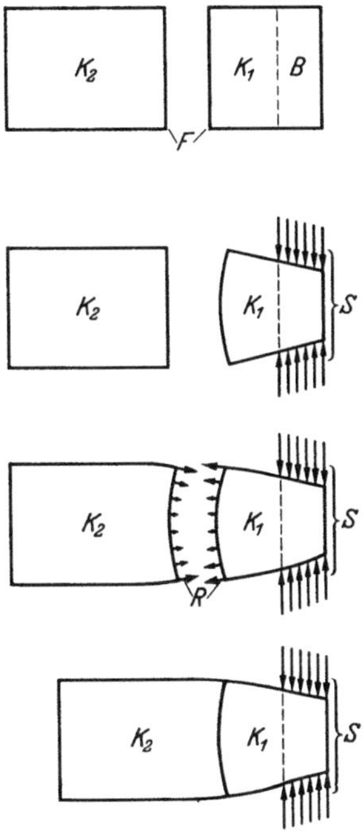

Abb. 1. Zum Beweis des Hilfssatzes.

Zum Beweis[1]) des de Saint-Venantschen Prinzips leiten wir zuerst einen Hilfssatz her, der auch für andere Zwecke nützlich ist und so lautet:

Wenn man einen elastischen Körper K_1 dadurch zu einem Körper K_1+K_2 erweitert, daß man an einem Stück F seiner Oberfläche einen genau passenden Ergänzungskörper K_2 anfügt, so ist die Formänderungsarbeit $\mathfrak{A}_1$, die ein an K_1 in einem beschränkten und von F durchaus verschiedenen Oberflächenbezirk B angreifendes Gleichgewichtssystem S in dem (sonst freien) Körper K_1 allein erzeugt, größer als die Formänderungsarbeit $\mathfrak{A}_{1+2}$, die das gleiche System S im erweiterten Körper K_1+K_2 erzeugt.

Der Beweis dieses Hilfssatzes, den man an der beispielhaften Abb. 1 verfolgen mag, verläuft so. Wir fassen die Formänderungsarbeit $\mathfrak{A}_1$ als äußere Arbeit $\mathfrak{A}^*_{S1}$ des Systems S am Körper K_1 auf:

$$\mathfrak{A}_1 = \mathfrak{A}^*_{S1}. \tag{1}$$

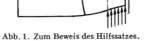

Die Verformung des Körpers K_1+K_2 durch das System S kann man sich in der Weise hervorgebracht denken, daß man zuerst den Körper K_1 allein durch das System S verformt — dies gibt wieder die Arbeit $\mathfrak{A}^*_{S1}$ — und sodann durch geeignete Kräfte R (samt ihren Reaktionen) die Oberflächenstücke F von K_1 und von K_2 so verformt, daß sie gerade zusammenpassen und diejenige Schnittfläche des erweiterten Körpers K_1+K_2 bilden, in welche F auch übergegangen wäre, wenn man K_1 und K_2 im spannungsfreien Zustande zusammengefügt und dann durch das System S belastet hätte. Bei dieser Verformung leisten die Kräfte R an K_2 die Arbeit $\mathfrak{A}^*_{R2}$, die Kräfte R und S aber an K_1 erstens die Eigenarbeit $\mathfrak{A}^*_{R1}$, die von R allein geleistet würde, wenn das System S nicht vorhanden wäre, und zweitens die Ergänzungsarbeit $\mathfrak{A}^*_{SR}$, die das System S wegen der im Bezirk B vom System R erzeugten Zusatzverschiebungen noch zusätzlich leisten muß. Da nunmehr derjenige Endzustand für den Körper K_1+K_2 hergestellt ist, den das System S auch an dem von vornherein zusammengesetzten Körper K_1+K_2 mit der Formänderungsarbeit $\mathfrak{A}_{1+2}$ unmittelbar hervorgebracht hätte, so muß

$$\mathfrak{A}_{1+2} = \mathfrak{A}^*_{S1} + \mathfrak{A}^*_{R1} + \mathfrak{A}^*_{R2} + \mathfrak{A}^*_{SR} \tag{2}$$

sein.

[1]) O. Zanaboni, Dimostrazione generale del Principio del De Saint-Venant, Atti Accad. Lincei Roma *25* (*1937*) S. *117* u. S. *595*.

Das Kräftesystem R ist, da es in Wirklichkeit die inneren Normal- und Schubspannungen im Schnitt F des Körpers K_1+K_2 darstellt, nach Ziff. **3** durch die Forderung bestimmt, daß $\mathfrak{A}_{1+2}$ ein Minimum wird. Um dieser Minimalbedingung zu genügen, denken wir uns die richtigen Kräfte R alle im gleichen Verhältnis $1:(1+\varepsilon)$ verändert, wobei $\varepsilon \gtrless 0$ sein darf. Dadurch gehen die Arbeiten $\mathfrak{A}^*_{R1}$, $\mathfrak{A}^*_{R2}$ und $\mathfrak{A}^*_{SR}$ über in $(1+\varepsilon)^2\mathfrak{A}^*_{R1}$, $(1+\varepsilon)^2\mathfrak{A}^*_{R2}$ und $(1+\varepsilon)\mathfrak{A}^*_{SR}$; denn $\mathfrak{A}^*_{R1}$ und $\mathfrak{A}^*_{R2}$ sind nach (**6**, 1) homogene lineare Funktionen sowohl der Kräfte R wie der zugehörigen Verschiebungen, die ihrerseits wieder homogene lineare Funktionen der Kräfte R sind; $\mathfrak{A}^*_{SR}$ ist eine homogene lineare Funktion der von R im Bereich B erzeugten Verschiebungen, also eine homogene lineare Funktion der Kräfte R. Die Arbeit $\mathfrak{A}_{1+2}$ geht damit über in

$$\mathfrak{A}'_{1+2} = \mathfrak{A}^*_{S1} + (1+\varepsilon)^2\mathfrak{A}^*_{R1} + (1+\varepsilon)^2\mathfrak{A}^*_{R2} + (1+\varepsilon)\mathfrak{A}^*_{SR},$$

nimmt also gegenüber (2) zu um

$$\Delta\mathfrak{A}_{1+2} = \varepsilon(2\mathfrak{A}^*_{R1} + 2\mathfrak{A}^*_{R2} + \mathfrak{A}^*_{SR}) + \varepsilon^2(\mathfrak{A}^*_{R1} + \mathfrak{A}^*_{R2}).$$

Damit $\Delta\mathfrak{A}_{1+2}$, wie es die Minimalbedingung verlangt, für jedes Vorzeichen von ε positiv ist, muß

$$\mathfrak{A}^*_{SR} = -2(\mathfrak{A}^*_{R1} + \mathfrak{A}^*_{R2}) \tag{3}$$

sein, und damit und mit (1) geht (2) über in

$$\mathfrak{A}_{1+2} = \mathfrak{A}_1 - (\mathfrak{A}^*_{R1} + \mathfrak{A}^*_{R2}). \tag{4}$$

Weil $\mathfrak{A}^*_{R1}$ und $\mathfrak{A}^*_{R2}$ als Eigenarbeiten nach Ziff. **6** wesentlich positiv sind, so ist $\mathfrak{A}_{1+2} < \mathfrak{A}_1$, womit der Hilfssatz bewiesen ist.

Da die Verringerung der Formänderungsarbeit vom Betrag $\mathfrak{A}_1$ auf den Betrag $\mathfrak{A}_{1+2}$ beim selben Kräftesystem S nach (**6**, 1) bedeutet, daß die von den Kräften S im Bezirk B erzeugten Verformungen sich im Durchschnitt verkleinert haben müssen, so kann man den Hilfssatz auch kurz dahin aussprechen, daß jede irgendwie geartete Vergrößerung eines elastischen Körpers außerhalb des Bezirks B den Körper steifer macht gegen ein im Bezirk B angreifendes Kräftesystem S, und zwar steifer in dem Sinne, daß die von den Kräften S an ihrer Angriffsstelle erzeugten Verformungen mit wachsendem Körper im Durchschnitt kleiner werden. Wenn beispielsweise auf eine Welle eine Scheibe aufgeschrumpft ist, so wird die vom Schrumpfungsdruck dort verursachte Zusammenpressung der Welle bei gleichem Schrumpfungsdruck um so geringer, je länger die Welle ist. (Bei einer wirklichen Welle wird diese Erscheinung allerdings dadurch wieder teilweise aufgehoben, daß mit abnehmender Zusammenpressung der Welle der Schrumpfungsdruck selbst zunimmt; vgl. Kap. VIII, Ziff. **6**.)

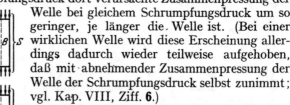

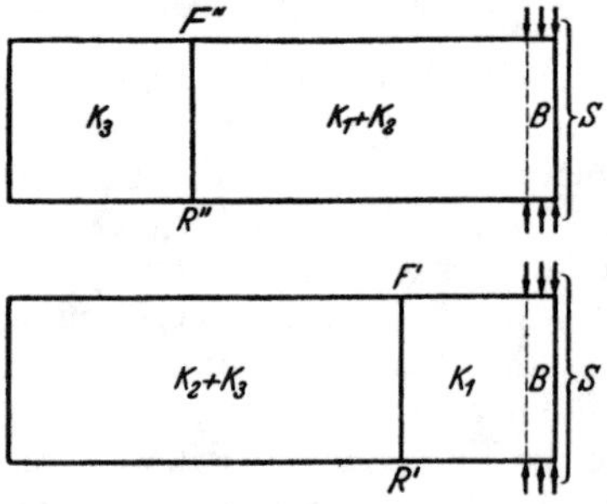

Abb. 2. Zum Beweis des de Saint-Venantschen Prinzips.

Aus dem Hifssatz folgt nun vollends leicht auch die Richtigkeit des de Saint-Venantschen Prinzips. Wenn man den Körper K_1 durch die Körper K_2 und K_3 der Reihe nach zu den Körpern K_1+K_2 und $K_1+K_2+K_3$ erweitert, wobei zwischen K_1 und K_2 zunächst die Zusammenschlußkräfte R und dann zwischen K_1+K_2 und K_3 die Zusammenschlußkräfte R'' erforderlich sind (wie dies Abb. 2 wieder beispielhaft andeutet), so gilt in ohne weiteres verständlichen Bezeichnungen analog zu (4)

$$\mathfrak{A}_{1+2+3} = \mathfrak{A}_{1+2} - (\mathfrak{A}^*_{R''(1+2)} + \mathfrak{A}^*_{R''3})$$

und also mit (4)

$$\mathfrak{A}_{1+2+3} = \mathfrak{A}_1 - (\mathfrak{A}^*_{R1} + \mathfrak{A}^*_{R2}) - (\mathfrak{A}^*_{R''(1+2)} + \mathfrak{A}^*_{R''3}). \tag{5}$$

Andererseits hat man aber auch, indem man den Körper $K_1 + K_2 + K_3$ aus K_1 und $K_2 + K_3$ bildet, wobei die Zusammenschlußkräfte R' nötig sind (die von R durchaus verschieden sind),

$$\mathfrak{A}_{1+2+3} = \mathfrak{A}_1 - (\mathfrak{A}^*_{R'1} + \mathfrak{A}^*_{R'(2+3)}). \tag{6}$$

Der Vergleich von (5) und (6) zeigt, daß

$$\mathfrak{A}^*_{R'1} + \mathfrak{A}^*_{R'(2+3)} > \mathfrak{A}^*_{R''(1+2)} + \mathfrak{A}^*_{R''3} \tag{7}$$

wird, und diese Ungleichung hat man als formelmäßigen Ausdruck des de Saint-Venantschen Prinzips anzusehen. Denn das System R' stellt in Wirklichkeit die Normal- und Schubspannungen (σ') vor, die in der Schnittfläche F' des Gesamtkörpers $K_1 + K_2 + K_3$ durch das Gleichgewichtssystem S hervorgerufen werden; und also ist $\mathfrak{A}^*_{R'1} + \mathfrak{A}^*_{R'(2+3)} = \mathfrak{A}_{R'}$ ein unmittelbares Maß für die Spannungen in der Schnittfläche F'. In gleicher Weise ist $\mathfrak{A}^*_{R''(1+2)} + \mathfrak{A}^*_{R''3} = \mathfrak{A}_{R''}$ ein Maß für die durch das System S hervorgerufenen Spannungen (σ'') in der weiter entfernten Schnittfläche F''. Die Ungleichung (7) aber stellt dann in der Form $\mathfrak{A}_{R''} < \mathfrak{A}_{R'}$ das vom de Saint-Venantschen Prinzip behauptete Abklingen des Spannungszustandes (σ) und damit natürlich auch des Verformungszustandes (ε) mit wachsender Entfernung vom Kraftbezirk B dar.

8. Die Castiglianoschen Sätze. Wir betrachten einen elastischen Körper, der vorläufig in statisch bestimmter Weise starr gestützt sei. Die äußeren Kräfte $P_1, P_2, \ldots, P_n$ zusammen mit den zugehörigen Stützkräften sollen das System I genannt werden. Die in die zugehörige Wirkungslinie fallende Verschiebungskomponente des Angriffspunktes einer Kraft P_j sei mit y_j bezeichnet. Das System II bestehe aus einem Zuwachs ΔP_i der einzigen Kraft P_i und den dazu gehörigen Zuwächsen der Stützkräfte. Für beide Systeme bestimmen wir nach Ziff. **6** die Ergänzungsarbeit. Diejenige $\mathfrak{A}^*_{II,I}$ des Systems II ist einfach

$$\mathfrak{A}^*_{II,I} = y_i \cdot \Delta P_i, \tag{1}$$

weil die zuerst aufgebrachte Last ΔP_i sich beim Hinzutreten des Systems I in ihrer Wirkungsrichtung über den Weg y_i fortbewegt und die Stützkräfte des Systems II keine Arbeit leisten. Diejenige $\mathfrak{A}^*_{I,II}$ des Systems I erhält man, indem man den Zuwachs $\Delta\mathfrak{A}$ der Formänderungsarbeit $\mathfrak{A} \equiv \mathfrak{A}^*_{I,I}$ bestimmt, die in dem Körper unter Einwirkung des Kraftsystems I enthalten ist. Es ist offensichtlich

$$\Delta\mathfrak{A} = \mathfrak{A}^*_{II,II} + \mathfrak{A}^*_{I,II} = \frac{1}{2}\Delta y_i \cdot \Delta P_i + \mathfrak{A}^*_{I,II}, \tag{2}$$

wenn man den Clapeyronschen Satz (Ziff. **6**) beachtet und unter Δy_i die durch ΔP_i verursachte Vergrößerung der Verschiebungskomponente y_i versteht. Aus (1) und (2) folgt wegen des Bettischen Satzes (**6**, **4**)

$$\Delta\mathfrak{A} - \frac{1}{2}\Delta y_i \cdot \Delta P_i = y_i \cdot \Delta P_i.$$

Läßt man jetzt ΔP_i gegen Null gehen, so geht die letzte Gleichung in den Castiglianoschen Satz

$$\frac{\partial\mathfrak{A}}{\partial P_i} = y_i \tag{3}$$

über, welcher in Worten lautet:

Die partielle Ableitung der Formänderungsarbeit eines in statisch bestimmter Weise starr gestützten Körpers nach irgendeiner äußeren Kraft ist gleich der in die zugehörige Wirkungslinie fallenden Verschiebungskomponente des Angriffspunktes dieser Kraft.

Wirken auf den Körper in mehreren Punkten *1, 2, 3* Kräfte, die von einer einzigen Kraft P abhängig sind, z. B. im Punkte *1* eine Kraft αP, im Punkte *2* eine Kraft βP, im Punkte *3* eine Kraft γP, so hat man bei der Anwendung des Saztes darauf zu achten, daß diese Kräfte mit verschiedenen Namen P_1, P_2, P_3 belegt und erst im Endergebnis durch ihre eigentlichen Werte ersetzt werden. Nur so ist es möglich, die partielle Ableitung von $\mathfrak{A}$ nach jeder von diesen Kräften einzeln zu bilden, wie es der Satz zur Bestimmung von y_1, y_2 oder y_3 verlangt. Andernfalls fände man bei der Differentiation nach P

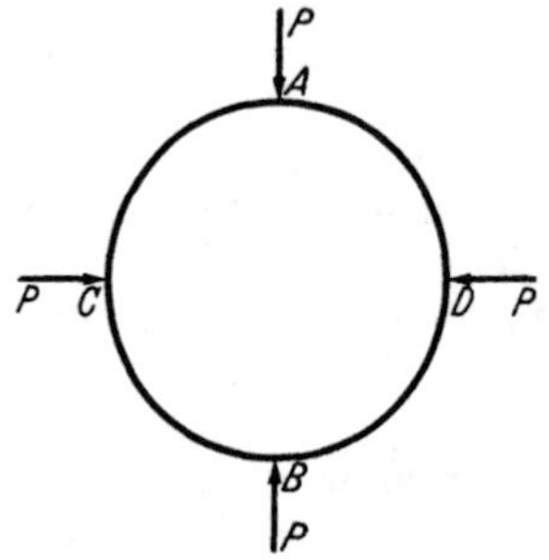

Abb. 3. Druckring einer Polysiuskupplung.

$$\frac{\partial \mathfrak{A}}{\partial P} = \frac{\partial \mathfrak{A}}{\partial P_1}\frac{\partial P_1}{\partial P} + \frac{\partial \mathfrak{A}}{\partial P_2}\frac{\partial P_2}{\partial P} + \frac{\partial \mathfrak{A}}{\partial P_3}\frac{\partial P_3}{\partial P} = \\ = \alpha y_1 + \beta y_2 + \gamma y_3.$$

Ein praktisches Beispiel, bei dem dies zu beachten ist, bildet der elastische Ring einer Polysiuskupplung (Abb. 3), der durch vier gleich große Kräfte P belastet wird, und bei dem die Verkürzung des Durchmessers AB zu berechnen ist. Entweder hat man bei dieser Berechnung die in C und D wirkenden Kräfte vorläufig mit anderen Buchstaben zu belegen, oder aber man muß auf ein doppelt zu großes Ergebnis gefaßt sein.

Ein anderer Fall, bei dem man bewußt zwei von derselben Größe abhängige Kräfte nicht voneinander unterscheiden wird, sind die beiden Kräfte P_1 und P_2 eines Kräftepaares $M = Pl$ (Abb. 4). Berechnet man hier $\frac{\partial \mathfrak{A}}{\partial P}$, so erhält man

$$\frac{\partial \mathfrak{A}}{\partial P} = \frac{\partial \mathfrak{A}}{\partial P_1}\frac{\partial P_1}{\partial P} + \frac{\partial \mathfrak{A}}{\partial P_2}\frac{\partial P_2}{\partial P} = y_1 + y_2$$

oder auch

$$\frac{1}{l}\frac{\partial \mathfrak{A}}{\partial P} = \frac{\partial \mathfrak{A}}{\partial (Pl)} = \frac{\partial \mathfrak{A}}{\partial M} = \frac{y_1 + y_2}{l}.$$

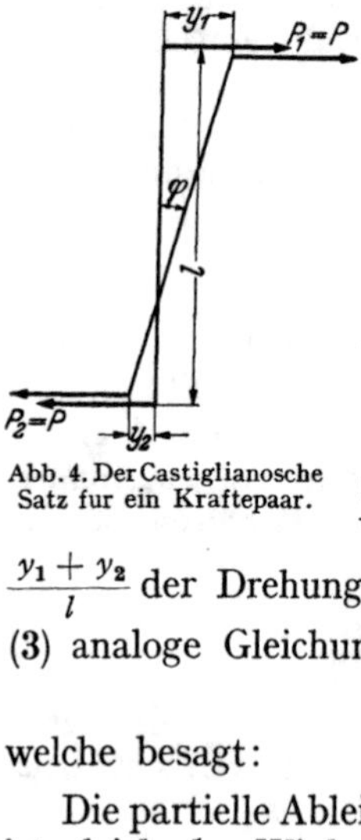

Abb. 4. Der Castiglianosche Satz für ein Kräftepaar.

Sind die Kräfte P_1 und P_2 (wie in Abb. 4) senkrecht zur Verbindungsgeraden ihrer Angriffspunkte gerichtet, so ist $\frac{y_1 + y_2}{l}$ der Drehungswinkel φ des Kräftepaares M, und es gilt dann die zu (3) analoge Gleichung

$$\frac{\partial \mathfrak{A}}{\partial M} = \varphi, \tag{4}$$

welche besagt:

Die partielle Ableitung der Formänderungsarbeit nach einem äußeren Moment ist gleich der Winkeldrehung dieses Momentes.

Ein dritter Fall, bei dem zwei äußere Kräfte oder Momente sich zugleich ändern, wird nachher behandelt werden.

Die Sätze (3) und (4) werden ausgiebig bei solchen Aufgaben benützt, bei denen es sich um einen Stab oder ein Stabsystem handelt, weil sich bei diesen Gebilden die Formänderungsarbeit sehr einfach in den resultierenden Kräften und Momenten des Querschnitts ausdrücken läßt. Zur Bestimmung dieser Größen reduziert man zunächst alle den Querschnitt belastenden Kräfte auf dessen Schwerpunkt, so daß dort eine resultierende Kraft $\mathfrak{K}$ und ein resultierendes Moment $\mathfrak{M}$ entsteht. Sodann zerlegt man diese beiden Vektoren je in ihre drei Komponenten nach der Achsenrichtung x des Stabes und nach den beiden Hauptachsenrichtungen y und z des Querschnittsschwerpunktes. So erhält man drei Kraftkomponenten N, S_y und S_z und drei Momentkomponenten M_x, M_y und M_z. Zuletzt reduziert man die in der Querschnittsebene wirkenden Größen S_y, S_z und M_x auf den sogenannten Querkraftmittelpunkt Q, den wir allerdings erst später (Ziff. **20**) näher bestimmen werden, d. h. man wählt Q als Momentenbezugspunkt. Dabei erhält man zwei in Q angreifende Kräfte S_y und S_z in der y- und z-Richtung als Komponenten der Querkraft und ein eigentliches Torsionsmoment W, wogegen N die den Querschnitt insgesamt belastende Normalkraft, M_y und M_z die Biegemomente sind. In diesen Größen nun drückt sich die Formänderungsarbeit des Stabes, wie wir als bekannt voraussetzen dürfen, folgendermaßen aus:

$$\mathfrak{A}=\frac{1}{2}\left(\int\frac{N^2}{EF}dx+k\int\frac{S_y^2}{GF}dx+k'\int\frac{S_z^2}{GF}dx+\int\frac{M_y^2}{EJ_y}dx+\int\frac{M_z^2}{EJ_z}dx+k''\int\frac{W^2}{GJ_0}dx\right). \quad (5)$$

Hierin bezeichnet F den Stabquerschnitt, J_y bzw. J_z das Trägheitsmoment des Querschnitts bezüglich der y- bzw. z-Achse, J_0 das polare Trägheitsmoment des Querschnitts bezüglich des Schwerpunkts; k, k' und k'' sind nur von der Querschnittsform abhängige Beiwerte. Die Integrationen in (5) sind über die ganze Stablänge zu erstrecken. [Die Ableitung der Formel (5) erfolgt im wesentlichen durch Integration des Ausdruckes $A(\sigma,\tau)$ in (I, **14**, 4) über den Stabquerschnitt, wobei die bei Zug, Schub, Biegung und Torsion auftretenden Spannungsgrößen eingesetzt werden.] Bemerkenswert an Formel (5) ist, daß Dehnungs-, Biegungs-, Schub- und Torsionsarbeit sich einfach addieren. Dies gilt aber nur dann, wenn die im Querschnitt wirkenden Größen auf den Querkraftmittelpunkt reduziert werden (vgl. Ziff. **20**, wo wir diesen Punkt geradezu durch diese Eigenschaft definieren und bestimmen werden). Hat der Querschnitt zwei Symmetrieachsen, so fällt übrigens der Querkraftmittelpunkt mit dem Schwerpunkt zusammen.

Auch wenn die Stabachse eine gebrochene oder eine schwach gekrümmte Linie ist, behält die Formel (5) im wesentlichen ihre Gültigkeit bei. Nur ist dann dx durch das Bogenelement ds der Stabachse zu ersetzen.

Wir wollen jetzt noch die hauptsächlichsten Aufgabentypen aufzählen, zu deren Lösung die Castiglianoschen Sätze (3) und (4) herangezogen werden können.

a) Es sei für ein statisch bestimmt gestütztes elastisches System bei vorgeschriebener Belastung die Verschiebungskomponente y_1 in irgendeinem Punkt *1* in irgendeiner Richtung r_1 gesucht. Man bringe in *1*, wenn keine äußere Kraft mit der Richtung r_1 vorhanden ist, eine solche Kraft H als Hilfskraft an und bestimme

$$y_1=\lim_{H=0}\frac{\partial\mathfrak{A}}{\partial H}. \quad (6)$$

Der Fall, daß in *1* in der Richtung r_1 eine äußere Kraft P_1 angreift, wird durch (3) unmittelbar erledigt.

b) Ein elastisches System sei statisch unbestimmt gestützt, und es seien die statisch unbestimmten Stützkräfte und -momente $R_1, R_2, \ldots, R_q$; $M_1, M_2, \ldots, M_r$ gesucht. Weil für jede statisch unbestimmte Größe die zu ihr gehörige Verschiebungs- oder Verdrehungskomponente bekannt ist oder (wie z. B. bei elastischer Stützung) zumindest in bekanntem Zusammenhang mit den örtlich angreifenden Stützgrößen steht, so sind in den Gleichungen

$$\frac{\partial\mathfrak{A}}{\partial R_j}=y_j\quad(j=1,2,\ldots,q),\qquad \frac{\partial\mathfrak{A}}{\partial M_j}=\varphi_j\quad(j=1,2,\ldots,r) \quad (7)$$

die rechten Seiten bekannt oder wenigstens in bekannter Weise von den Größen R_j, M_j abhängig. Die Gleichungen (7) bilden also die zur Bestimmung der statisch unbestimmten Größen notwendigen und hinreichenden Bedingungsgleichungen.

c) Es seien für ein mehrfach zusammenhängendes Stabsystem, das zunächst statisch bestimmt gestützt sein möge, die inneren Schnittkräfte und -momente gesucht. Man mache soviele Schnitte (Abb. 5), daß das System als ein einfach zusammenhängender Stabzug aufzufassen ist, und führe die zugehörigen Kräfte und Momente

$$N_i'=N_i,\quad S_i'=S_i,\quad M_i'=M_i,\quad N_i''=N_i,\quad S_i''=S_i,\quad M_i''=M_i\qquad (i=1,2,\ldots,p)$$

als statisch unbestimmte Größen ein. Dann gilt nach (3)

$$\frac{\partial\mathfrak{A}}{\partial N_i'}=y_i',\qquad \frac{\partial\mathfrak{A}}{\partial N_i''}=y_i'',$$

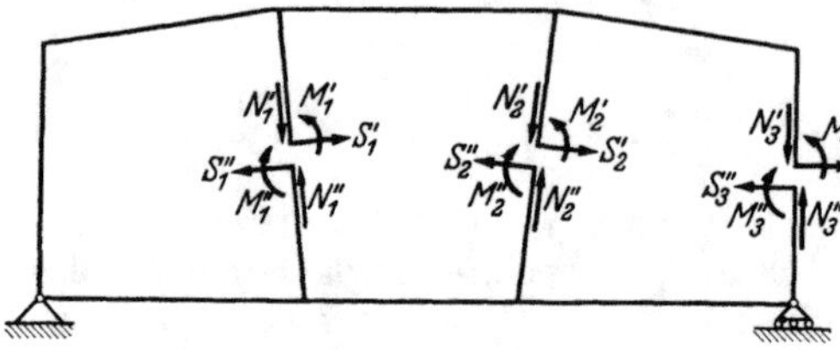

Abb. 5. Die inneren Schnittkräfte und -momente eines mehrfach zusammenhängenden Stabsystems.

wenn y_i' bzw y_i'' die Verschiebungskomponenten der Kräfte N_i' bzw. N_i'' in der Richtung von N_i' bzw. N_i'' sind. Weil die Angriffspunkte dieser Kräfte in Wirklichkeit keine relativen Verschiebungen aufweisen, so ist $y_i''=-y_i'$. Anstatt N_i' und N_i'' je für sich einen Zuwachs zu erteilen, kann man sie auch um dasselbe Differential dN_i anwachsen lassen und erhält nach einer früheren Bemerkung

$$\frac{\partial\mathfrak{A}}{\partial N_i}=\frac{\partial\mathfrak{A}}{\partial N_i'}\frac{\partial N_i'}{\partial N_i}+\frac{\partial\mathfrak{A}}{\partial N_i''}\frac{\partial N_i''}{\partial N_i}=\frac{\partial\mathfrak{A}}{\partial N_i'}+\frac{\partial\mathfrak{A}}{\partial N_i''}=y_i'+y_i''=0.$$

Ein ähnliches Ergebnis kommt für alle anderen statisch unbestimmten Größen, und ihre Bestimmungsgleichungen lauten somit im ganzen

$$\frac{\partial\mathfrak{A}}{\partial N_i}=0,\quad \frac{\partial\mathfrak{A}}{\partial S_i}=0,\quad \frac{\partial\mathfrak{A}}{\partial M_i}=0\qquad (i=1,2,\ldots,p). \tag{8}$$

d) Es seien für ein ein- oder mehrfach zusammenhängendes, statisch unbestimmt gestütztes Stabsystem die in ihre Wirkungslinien fallenden Verschiebungskomponenten $y_1, y_2, \ldots, y_n$ der äußeren Kräfte $P_1, P_2, \ldots, P_n$ gesucht. Sind N_i, S_i, M_i $(i=1,2,\ldots,p)$ wieder die zur Herstellung eines einfach zusammenhängenden Stabzugs nötigen Schnittkräfte und -momente, ferner R_j $(j=1,2,\ldots,q)$ und M_j^* $(j=1,2,\ldots,r)$ die statisch unbestimmten Stützkräfte und -momente, endlich a_j und α_j ihre hier in Betracht kommenden Verschiebungs- und Verdrehungsgrößen (welche möglicherweise noch von den Größen R_j und M_j^* abhängen können), so gelten nebeneinander die Beziehungen

$$\frac{\partial\mathfrak{A}}{\partial N_i}=0,\qquad \frac{\partial\mathfrak{A}}{\partial S_i}=0,\qquad \frac{\partial\mathfrak{A}}{\partial M_i}=0\qquad (i=1,2,\ldots,p), \tag{9a}$$

$$\frac{\partial\mathfrak{A}}{\partial R_j}=a_j\ \ (j=1,2,\ldots,q),\qquad \frac{\partial\mathfrak{A}}{\partial M_j^*}=\alpha_j\qquad (j=1,2,\ldots,r), \tag{9b}$$

$$\frac{\partial\mathfrak{A}}{\partial P_k}=y_k\ \ (k=1,2,\ldots,n). \tag{9c}$$

Sie reichen der Zahl nach aus, um sowohl die inneren und äußeren statisch unbestimmten Größen, wie die gesuchten Verschiebungen y_k zu bestimmen. Die Arbeit $\mathfrak{A}$ ist nach (5) zu berechnen, wobei zu beachten ist, daß die statisch bestimmten Stützkräfte explizit sowohl von den Kräften P_k wie von den Größen R_j und M_j^* abhängen. Dieser Abhängigkeit hat man natürlich bei den Differentiationen in (9b) und (9c) Rechnung zu tragen.

9. Die Maxwellschen Sätze. Wir greifen an einem in vorgeschriebener Weise starr gestützten Körper zwei beliebige Punkte *1* und *2* heraus und legen in diesen Punkten je eine beliebige Richtung r_1 und r_2 mit bestimmtem Richtungssinn fest. Greift im Punkte *1* in der Richtung r_1 eine Einheitskraft P_1 an, so heißt die in die Richtung r_2 fallende Verschiebungskomponente des Punktes *2* die Maxwellsche Einflußzahl α_{21}. Greift im Punkte *2* in der Richtung r_2 eine Einheitskraft P_2 an, so heißt entsprechend die in die Richtung r_1 fallende Verschiebungskomponente des Punktes *1* die Einflußzahl α_{12}. Weil die Größen α_{12} und α_{21} auf die Krafteinheit bezogene Verschiebungen darstellen, haben sie die Dimension (Länge : Kraft).

Wird nun P_1 zusammen mit den zugehörigen Stützkräften und -momenten als das Kräftesystem *I*, ebenso P_2 mit den zugehörigen Stützkräften und -momenten als das Kräftesystem *II* aufgefaßt, so liefert der Bettische Satz, weil die Stützkräfte und -momente keine Arbeit leisten, die Beziehung

$$\alpha_{12} = \alpha_{21}. \tag{1}$$

Diese Gleichheit drückt den Maxwellschen Reziprozitätssatz für die Verschiebungen aus.

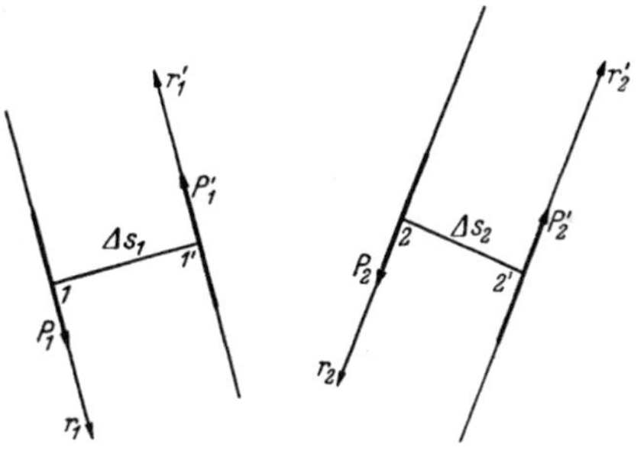

Abb. 6. Der Maxwellsche Satz für Verdrehungen.

Dieser Satz läßt seinerseits wieder verschiedene wichtige Folgerungen zu. Greift man z. B. die beiden Punktepaare (*1*, *1'*) und (*2*, *2'*) (Abb. 6) mit den zugehörigen, zu den Linienelementen Δs_1 und Δs_2 senkrecht stehenden und paarweise parallelen, aber entgegengesetzten Richtungen (r_1, r_1') und (r_2, r_2') heraus, so entsteht die Frage, um welche Winkel β_{12} und β_{21} die Linienelemente Δs_1 und Δs_2 sich um die Normalen der durch die Linienpaare (r_1, r_1') und (r_2, r_2') bestimmten Ebenen drehen, wenn das eine Mal in *2* und *2'* zwei entgegengesetzt gleiche Kräfte (P_2, P_2'), das andere Mal in *1* und *1'* zwei entgegengesetzt gleiche Kräfte (P_1, P_1') von solcher Größe angreifen, daß $P_1 \Delta s_1 = P_2 \Delta s_2$, und zwar gleich dem Einheitsmoment ist. Hierbei bedeutet β_{12} den Drehwinkel des Linienelements Δs_1 in dem durch (r_1, r_1') definierten Drehsinn, wenn die Kräfte (P_2, P_2') wirken, β_{21} den Drehwinkel des Linienelements Δs_2 in dem durch (r_2, r_2') definierten Drehsinn, wenn die Kräfte (P_1, P_1') wirken. Die Dimension beider Größen ist (Winkel : Moment). Wirkt zunächst in *2* die Kraft P_2, so tritt in *1* in der Richtung r_1 eine Verschiebung $P_2 \alpha_{12}$, in *1'* in der Richtung r_1' eine Verschiebung $P_2 \alpha_{1'2}$ auf. Ebenso liefert P_2' in *1* in der Richtung r_1 die Verschiebung $P_2' \alpha_{12'}$ und in *1'* in der Richtung r_1' die Verschiebung $P_2' \alpha_{1'2'}$. Die Drehung des Linienelements Δs_1 im Drehsinn (r_1, r_1') ist also

$$\beta_{12} = \frac{(\alpha_{12} + \alpha_{12'}) + (\alpha_{1'2} + \alpha_{1'2'})}{\Delta s_1} P_2. \tag{2}$$

Ebenso erhält man für die Drehung des Linienelements Δs_2 im Drehsinn (r_2, r_2')

$$\beta_{21} = \frac{(\alpha_{21} + \alpha_{21'}) + (\alpha_{2'1} + \alpha_{2'1'})}{\Delta s_2} P_1. \tag{3}$$

Geht man zur Grenze $\Delta s_1 \to 0$ und $\Delta s_2 \to 0$ so über, daß dabei die beiden Ebenen der Kräftepaare (P_1, P_1') und (P_2, P_2') sich nicht ändern, und daß außerdem die Produkte $P_1 \Delta s_1$ und $P_2 \Delta s_2$ gleich dem Einheitsmoment bleiben, so greifen in den Punkten *1* = *1'* und *2* = *2'* des elastischen Körpers zwei Einheitskräftepaare an, und der Vergleich der beiden Ausdrücke (2) und (3) liefert zufolge (1) und der Bedingung $P_1 \Delta s_1 = P_2 \Delta s_2$

$$\beta_{12} = \beta_{21}. \tag{4}$$

Dies ist der Reziprozitätssatz für die Verdrehungen. Man beachte hierbei, daß beim Grenzübergang den Kräftepaaren (P_1, P'_1) und (P_2, P'_2) je noch ein bestimmtes Linienelement (als gemeinsame Normale der jeweiligen beiden Wirkungslinien der Kräfte) zugeordnet bleibt, auf dessen Drehung sich β_{12} und β_{21} beziehen.

Wirkt dagegen das eine Mal im Punkte *1* in der Richtung r_1 eine Einzelkraft P_1 von der Größe Eins, das andere Mal in den Punkten *2* und *2'* ein Kräftepaar (P_2, P'_2), dessen Moment $P_2 \Delta s_2$ ebenfalls gleich Eins sein soll, so entsteht im ersten Falle im Punkte *2* um die Normale der Momentebene eine Verdrehung γ_{21} des Linienelements Δs_2 von der Größe

$$\gamma_{21} = \frac{\alpha_{21} + \alpha_{2'1}}{\Delta s_2} P_1, \tag{5}$$

im zweiten Falle im Punkte *1* eine Verschiebung δ_{12} in die Richtung r_1 von der Größe

$$\delta_{12} = (\alpha_{12} + \alpha_{12'}) P_2. \tag{6}$$

Die Dimensionen von γ_{21} und δ_{12} stimmen überein; denn γ_{21} ist eine auf die Krafteinheit bezogene Winkelverdrehung, δ_{12} eine auf die Momenteinheit bezogene Verschiebung. Geht man zur Grenze $\Delta s_2 \to 0$ so über, daß die Ebene des Kräftepaares P_2, P'_2 sich nicht ändert, und daß außerdem das Produkt $P_2 \Delta s_2$ gleich dem Einheitsmoment bleibt, so greift im Punkte *2* ein Einheitskräftepaar an, und der Vergleich der beiden Ausdrücke (5) und (6) liefert zufolge (1) und der Bedingungen $P_1 = 1,\ P_2 \Delta s_2 = 1$

$$\gamma_{21} = \delta_{12}. \tag{7}$$

Dies ist der Reziprozitätssatz für die von einem Einheitsmoment verursachte Verschiebung und die von einer Einheitskraft verursachte Verdrehung.

Rechnet man das Linienelement Δs_2 positiv in dem Sinne, daß es nach einer Verdrehung um 90° im gleichen Drehsinn, in welchem auch γ_{21} positiv gezählt wird, in die Richtung r_2 fällt, so wird beim Grenzübergang $\alpha_{2'1} = -\alpha_{21} + \frac{\partial \alpha_{21}}{\partial s_2} ds_2$ und somit nach (5) mit (7)

$$\gamma_{21} = \delta_{12} = \frac{\partial \alpha_{21}}{\partial s_2}. \tag{8}$$

Entsprechend folgt aus (2) und (5)

$$\beta_{12} = \frac{\partial \gamma_{12}}{\partial s_2} = \frac{\partial \delta_{21}}{\partial s_2}. \tag{9}$$

Mit Hilfe der Formel (1) beweist man leicht die folgenden Sätze, die in der Technik vielfach angewendet werden:

Die Abstandsvergrößerung zweier Punkte *1* und *2* infolge der Wirkung einer Einheitskraft im Punkte *3* in der Richtung r_3 ist gleich der Verschiebungskomponente des Punktes *3* in der Richtung r_3 infolge der Wirkung zweier in den Punkten *1* und *2* angreifenden, in die Gerade *12* fallenden, auseinander gerichteten Einheitskräfte.

Die Abstandsvergrößerung zweier Punkte *1* und *2* infolge der Wirkung zweier in den Punkten *3* und *4* angreifenden, in die Gerade *34* fallenden, auseinander gerichteten Einheitskräfte ist gleich der Abstandsvergrößerung der Punkte *3* und *4* infolge der Wirkung zweier in den Punkten *1* und *2* angreifenden, in die Gerade *12* fallenden, auseinander gerichteten Einheitskräfte.

Auch hier bemerken wir noch, daß die Eigeneinflußzahlen $\alpha_{11}, \alpha_{22}, \beta_{11}, \beta_{22}$, die sich auf den Kraft- bzw. Kräftepaarangriffspunkt selbst (und die dortige

Richtung der Kraft bzw. den Drehsinn und die Wirkungsliniennormale des Kräftepaares) beziehen, wesentlich positiv sind, wogegen α_{12}, β_{12}, γ_{12} und δ_{12} auch negativ sein können (weil Eigenarbeiten immer positiv sind, Ergänzungsarbeiten aber auch negativ sein können; vgl. Ziff. **6**).

10. Allgemeine Sätze über Determinanten aus Maxwellschen Einflußzahlen[1]). Bildet man aus den für n Punkte definierten n^2 Einflußzahlen α_{ij} $(i=1, 2, \ldots, n, j=1, 2, \ldots, n)$ die Determinante, so gilt für sie der wichtige Satz:

$$D_n \equiv \begin{vmatrix} \alpha_{11} & \alpha_{12} & \ldots & \alpha_{1n} \\ \alpha_{21} & \alpha_{22} & \ldots & \alpha_{2n} \\ \vdots & \vdots & & \vdots \\ \alpha_{n1} & \alpha_{n2} & \ldots & \alpha_{nn} \end{vmatrix} > 0, \tag{1}$$

vorausgesetzt, daß kein Punkt i mit einem Stützpunkt des Körpers zusammenfällt oder daß, wenn dies doch zutrifft, wenigstens die zugehörige Richtung r_i mit keiner der Richtungen zusammenfällt, in denen dort infolge der Stützung die Verschiebung verhindert wird [andernfalls hätte man statt (1) das triviale Ergebnis $D_n = 0$].

Zum Beweis betrachten wir zunächst nur zwei Punkte, als welche wir, ohne die Allgemeinheit zu beeinträchtigen, die Punkte *1* und *2* wählen dürfen. Wirkt im Punkt *1* in der Richtung r_1 die Kraft P_1, so tritt im Punkte *2* in der Richtung r_2 eine Verschiebung $\alpha_{21} P_1$ auf. Diese Verschiebung denken wir uns durch eine im Punkte *2* in der Richtung r_2 wirkende Kraft X_2 aufgehoben; dann muß

$$\alpha_{21} P_1 + \alpha_{22} X_2 = 0, \quad \text{also} \quad X_2 = -\frac{\alpha_{21}}{\alpha_{22}} P_1$$

sein. Wirken die Kräfte P_1 und X_2 zusammen, so ist im Punkte *1* die Verschiebung u in der Richtung r_1

$$u = \alpha_{11} P_1 + \alpha_{12} X_2 = \alpha_{11} P_1 - \alpha_{12} \left(\frac{\alpha_{21}}{\alpha_{22}} P_1 \right) = \frac{\alpha_{11}\,\alpha_{22} - \alpha_{12}\,\alpha_{21}}{\alpha_{22}} P_1. \tag{2}$$

Sie ist wesentlich positiv, weil sie die in die Wirkungsrichtung von P_1 fallende Verschiebung des Punktes *1* darstellt für den Fall, daß der Körper außer in seinen vorgegebenen Stützpunkten auch noch im Punkte *2* in der Richtung r_2 gestützt wird. Aber auch α_{22} ist wesentlich positiv, so daß der Zähler der rechten Seite von (2) ebenfalls positiv sein muß. Es gilt also für jedes beliebige Punktepaar $D_2 > 0$.

Zum Beweise dafür, daß auch D_3 positiv ist, fassen wir drei Punkte *1, 2, 3* ins Auge, bringen in den Punkten *2* und *3* in den zugehörigen Richtungen r_2 und r_3 Hilfsstützen an, die den Körper in diesen Richtungen am Verschieben verhindern, und belasten den Körper im Punkte *1* in der Richtung r_1 durch eine Kraft P_1. Bezeichnet man die im Punkte *1* in der Richtung r_1 auftretende (wesentlich positive) Verschiebung mit u, die in den Punkten *2* und *3* auftretenden Reaktionen mit X_2 und X_3, so gelten die Beziehungen

$$\begin{aligned} \alpha_{11} P_1 + \alpha_{12} X_2 + \alpha_{13} X_3 &= u, \\ \alpha_{21} P_1 + \alpha_{22} X_2 + \alpha_{23} X_3 &= 0, \\ \alpha_{31} P_1 + \alpha_{32} X_2 + \alpha_{33} X_3 &= 0. \end{aligned}$$

[1]) C. B. BIEZENO u. R. GRAMMEL, Die Eigenschaften der Determinanten aus Maxwellschen Einflußzahlen und ihre Anwendung bei Eigenwertproblemen, Ing.-Arch. **8** (1937) S. 364.

Aus diesen Gleichungen folgt

$$P_1 = u \begin{vmatrix} \alpha_{22} & \alpha_{23} \\ \alpha_{32} & \alpha_{33} \end{vmatrix} : \begin{vmatrix} \alpha_{11} & \alpha_{12} & \alpha_{13} \\ \alpha_{21} & \alpha_{22} & \alpha_{23} \\ \alpha_{31} & \alpha_{32} & \alpha_{33} \end{vmatrix}. \qquad (3)$$

Weil nach dem Vorangehenden $\begin{vmatrix} \alpha_{22} & \alpha_{23} \\ \alpha_{32} & \alpha_{33} \end{vmatrix}$ positiv ist, so ist auch $D_3 > 0$. Durch vollständige Induktion kann so der Satz (1) allgemein bewiesen werden.

Auch jede Teildeterminante, die aus D_n dadurch entsteht, daß man irgendwelche (etwa die i-te, j-te, ..., l-te) Spalten und die ebenso numerierten Zeilen wegstreicht, ist positiv; denn sie ist selbst eine vollständige Determinante der für die Punkte *1*, *2*, ..., n, jedoch ohne die Punkte $i, j, \ldots, l$, definierten Einflußzahlen.

In derselben Weise zeigt man, daß die Determinante

$$D'_n \equiv \begin{vmatrix} \beta_{11} & \beta_{12} & \ldots & \beta_{1n} \\ \beta_{21} & \beta_{22} & \ldots & \beta_{2n} \\ \vdots & \vdots & & \vdots \\ \beta_{n1} & \beta_{n2} & \ldots & \beta_{nn} \end{vmatrix} > 0 \qquad (4)$$

ist, wieder vorausgesetzt, daß kein Punkt mit einem Stützpunkt des Körpers zusammenfällt oder daß, wenn dies doch zutrifft, wenigstens die zugehörige Drehrichtung nicht zu den infolge der Stützung verhinderten gehört (andernfalls hätte man wieder das triviale Ergebnis $D'_n = 0$).

Noch allgemeiner ist der Satz, daß jede Determinante D''_n von der Form

$$D''_n \equiv \left|\begin{array}{cccc:cccc} \alpha_{11} & \alpha_{12} & \ldots & \alpha_{1p} & \delta_{1,p+1} & \delta_{1,p+2} & \ldots & \delta_{1n} \\ \alpha_{21} & \alpha_{22} & \ldots & \alpha_{2p} & \delta_{2,p+1} & \delta_{2,p+2} & \ldots & \delta_{2n} \\ \vdots & \vdots & & \vdots & \vdots & \vdots & & \vdots \\ \alpha_{p1} & \alpha_{p2} & \ldots & \alpha_{pp} & \delta_{p,p+1} & \delta_{p,p+2} & \ldots & \delta_{pn} \\ \hdashline \gamma_{p+1,1} & \gamma_{p+1,2} & \ldots & \gamma_{p+1,p} & \beta_{p+1,p+1} & \beta_{p+1,p+2} & \ldots & \beta_{p+1,n} \\ \gamma_{p+2,1} & \gamma_{p+2,2} & \ldots & \gamma_{p+2,p} & \beta_{p+2,p+1} & \beta_{p+2,p+2} & \ldots & \beta_{p+2,n} \\ \vdots & \vdots & & \vdots & \vdots & \vdots & & \vdots \\ \gamma_{n1} & \gamma_{n2} & \ldots & \gamma_{np} & \beta_{n,p+1} & \beta_{n,p+2} & \ldots & \beta_{nn} \end{array}\right| > 0 \qquad (5)$$

ist, in welcher die α_{ij}, β_{ij}, γ_{ij}, δ_{ij} die zu n beliebigen Punkten *1*, *2*, ..., n eines elastischen Körpers gehörigen Maxwellschen Einflußzahlen darstellen.

Beim Beweise dieses Satzes nehmen wir der Einfachheit halber an, daß alle Punkte unter sich verschieden sind, so daß sie in zwei Gruppen zerfallen, deren erste diejenigen Punkte *1*, *2*, ..., p enthält, die — soweit es sich um ihre „eigenen" Einflußzahlen handelt — nur durch die Zahlen α vertreten sind, und deren zweite die übrigen Punkte $p+1$, $p+2, \ldots, n$ umfaßt, für welche die „eigenen" Einflußzahlen β eine Rolle spielen. Es sei aber ausdrücklich darauf hingewiesen, daß diese Annahme unwesentlich ist, und daß sehr wohl Punkte aus verschiedenen Gruppen zusammenfallen dürfen.

Setzen wir voraus, der Satz sei bereits für alle Werte $n \leq q$ bewiesen, so folgt leicht, daß er auch für $n = q+1$ gelten muß. Um dies einzusehen, berechne man im Punkte $q+1$ die Winkelverdrehung φ eines dort angreifenden Momentes M

unter der Annahme, daß in den Punkten *1*, *2*, ..., p Kräfte $X_1, X_2, \ldots, X_p$ und in den Punkten $p+1, p+2, \ldots, q$ Momente $Y_{p+1}, Y_{p+2}, \ldots, Y_q$ von noch zu bestimmender Größe derart angreifen, daß in den Punkten *1*, *2*, ..., p keine Verschiebung und in den Punkten $p+1, p+2, \ldots, q$ keine Verdrehung auftritt. Dann handelt es sich um die Bestimmung der durch ein Moment im Punkte $q+1$ am gleichen Ort erzeugten Verdrehung, wenn der Körper außer in seinen eigentlichen Stützpunkten noch in den Punkten *1*, *2*, ..., p schiebungsfest und in den Punkten $p+1, p+2, \ldots, q$ drehungsfest gelagert ist, also um die Bestimmung einer ihrer Natur nach positiven Größe.

Schreibt man nun die Bedingungsgleichungen für die Unbekannten

$$X_i (i = 1, 2, \ldots, p) \quad \text{und} \quad Y_i (i = p+1, p+2, \ldots, q)$$

sowie die Bestimmungsgleichung für φ an, so erhält man

$$\begin{aligned}
&\alpha_{11} X_1 + \alpha_{12} X_2 + \cdots + \alpha_{1p} X_p + \delta_{1,p+1} Y_{p+1} + \delta_{1,p+2} Y_{p+2} + \cdots + \delta_{1q} Y_q + \delta_{1,q+1} M = 0,\\
&\alpha_{21} X_1 + \alpha_{22} X_2 + \cdots + \alpha_{2p} X_p + \delta_{2,p+1} Y_{p+1} + \delta_{2,p+2} Y_{p+2} + \cdots + \delta_{2q} Y_q + \delta_{2,q+1} M = 0,\\
&\vdots\\
&\alpha_{p1} X_1 + \alpha_{p2} X_2 + \cdots + \alpha_{pp} X_p + \delta_{p,p+1} Y_{p+1} + \delta_{p,p+2} Y_{p+2} + \cdots + \delta_{pq} Y_q + \delta_{p,q+1} M = 0,\\
&\gamma_{p+1,1} X_1 + \gamma_{p+1,2} X_2 + \cdots + \gamma_{p+1,p} X_p + \beta_{p+1,p+1} Y_{p+1} + \beta_{p+1,p+2} Y_{p+2} + \cdots + \beta_{p+1,q} Y_q + \beta_{p+1,q+1} M = 0,\\
&\vdots\\
&\gamma_{q1} X_1 + \gamma_{q2} X_2 + \cdots + \gamma_{qp} X_p + \beta_{q,p+1} Y_{p+1} + \beta_{q,p+2} Y_{p+2} + \cdots + \beta_{qq} Y_q + \beta_{q,q+1} M = 0,\\
&\gamma_{q+1,1} X_1 + \gamma_{q+1,2} X_2 + \cdots + \gamma_{q+1,p} X_p + \beta_{q+1,p+1} Y_{p+1} + \beta_{q+1,p+2} Y_{p+2} + \cdots + \beta_{q+1,q} Y_q + \beta_{q+1,q+1} M = \varphi.
\end{aligned}$$

Die Auflösung dieses Gleichungssystems nach M (bei bekannt gedachtem φ) liefert

$$M = \frac{D''_q}{D''_{q+1}} \varphi, \quad \text{also} \quad \frac{\varphi}{M} = \frac{D''_{q+1}}{D''_q}.$$

Weil das linke Glied der letzten Gleichung sowie voraussetzungsgemäß der Nenner des rechten Gliedes positiv sind, so ist auch D''_{q+1} positiv.

Der Beweis ist vollends geliefert, wenn wir jetzt noch zeigen, daß schon D''_{p+1} positiv ist. Dies gelingt, indem wir nur die Punkte *1*, *2*, ..., $p+1$ in Betracht ziehen, die Punkte *1*, *2*, ..., p in derselben Weise wie soeben stützen und die Verdrehung φ' im Punkte $p+1$ zufolge eines im Punkte $p+1$ angreifenden Momentes M' berechnen. Es wird nicht nötig sein, die zugehörigen Gleichungen hier anzuschreiben. Wie man sich leicht überzeugt, erhält man als Ergebnis

$$\frac{\varphi'}{M'} = \frac{D''_{p+1}}{D''_p}.$$

Weil D''_p mit der früheren Determinante D_p identisch ist, welche nach (1) positiv ist, und weil auch $\varphi' : M'$ eine wesentlich positive Größe ist, so muß D''_{p+1} ebenfalls positiv sein, womit der Beweis erbracht ist.

Die Beziehungen (2) und (3) lassen folgende Deutung zu, die ebenfalls für manche Anwendungen nützlich ist. Sind bei einem irgendwie gestützten Körper α_{ij} $(i, j = 1, 2)$ die Maxwellschen Einflußzahlen für zwei Punkte *1*, *2* und diesen zugeordnete Richtungen r_1, r_2, so geht die Einflußzahl α_{11} dadurch, daß man den Körper nachträglich auch noch im Punkt *2* in der Richtung r_2 unbeweglich stützt, über in $\bar{\alpha}_{11}$, und zwar ist nach (2)

$$\bar{\alpha}_{11} = \begin{vmatrix} \alpha_{11} & \alpha_{12} \\ \alpha_{21} & \alpha_{22} \end{vmatrix} : \alpha_{22}. \tag{6}$$

Da infolge der zusätzlichen Stützung im Punkte *2* die Nachgiebigkeit im Punkte *1* nur geringer werden kann, so muß $\bar{\alpha}_{11} \leqq \alpha_{11}$ sein oder nach (6)

$$\alpha_{11} \cdot \alpha_{22} \geqq \begin{vmatrix} \alpha_{11} & \alpha_{12} \\ \alpha_{21} & \alpha_{22} \end{vmatrix}, \tag{7}$$

was hier auch noch unmittelbar einleuchtet. Ebenso geht aus (3) hervor, daß bei einem Körper mit den Einflußzahlen α_{ij} $(i, j = 1, 2, 3)$, wenn man ihn in den zwei Punkten *2, 3* in den zugehörigen Richtungen r_2, r_3 unbeweglich stützt, die Einflußzahl α_{11} infolge dieser doppelten Einschränkung der Bewegungsfreiheit übergeht in

$$\bar{\alpha}_{11} = \begin{vmatrix} \alpha_{11} & \alpha_{12} & \alpha_{13} \\ \alpha_{21} & \alpha_{22} & \alpha_{23} \\ \alpha_{31} & \alpha_{32} & \alpha_{33} \end{vmatrix} : \begin{vmatrix} \alpha_{22} & \alpha_{23} \\ \alpha_{32} & \alpha_{33} \end{vmatrix}, \tag{8}$$

und hieraus schließt man dann wegen $\bar{\alpha}_{11} \leqq \alpha_{11}$ auf

$$\alpha_{11} \cdot \begin{vmatrix} \alpha_{22} & \alpha_{23} \\ \alpha_{32} & \alpha_{33} \end{vmatrix} \geqq \begin{vmatrix} \alpha_{11} & \alpha_{12} & \alpha_{13} \\ \alpha_{21} & \alpha_{22} & \alpha_{23} \\ \alpha_{31} & \alpha_{32} & \alpha_{33} \end{vmatrix}. \tag{9}$$

So fortfahrend findet man durch vollständige Induktion für beliebiges n den Satz:

$$\bar{\alpha}_{11} = \begin{vmatrix} \alpha_{11} & \alpha_{12} & \ldots & \alpha_{1n} \\ \alpha_{21} & \alpha_{22} & \ldots & \alpha_{2n} \\ \vdots & \vdots & & \vdots \\ \alpha_{n1} & \alpha_{n2} & \ldots & \alpha_{nn} \end{vmatrix} : \begin{vmatrix} \alpha_{22} & \alpha_{23} & \ldots & \alpha_{2n} \\ \alpha_{32} & \alpha_{33} & \ldots & \alpha_{3n} \\ \vdots & \vdots & & \vdots \\ \alpha_{n2} & \alpha_{n3} & \ldots & \alpha_{nn} \end{vmatrix} \tag{10}$$

und

$$\alpha_{11} \cdot \begin{vmatrix} \alpha_{22} & \alpha_{23} & \ldots & \alpha_{2n} \\ \alpha_{32} & \alpha_{33} & \ldots & \alpha_{3n} \\ \vdots & \vdots & & \vdots \\ \alpha_{n2} & \alpha_{n3} & \ldots & \alpha_{nn} \end{vmatrix} \geqq \begin{vmatrix} \alpha_{11} & \alpha_{12} & \ldots & \alpha_{1n} \\ \alpha_{21} & \alpha_{22} & \ldots & \alpha_{2n} \\ \vdots & \vdots & & \vdots \\ \alpha_{n1} & \alpha_{n2} & \ldots & \alpha_{nn} \end{vmatrix}; \tag{11}$$

das Gleichheitszeichen in (11) gilt nur für den Fall $\alpha_{12} = \alpha_{13} = \cdots = \alpha_{1n} = 0$.

Die Formeln (10) und (11) lassen sich noch weiter verallgemeinern, und auch diese Verallgemeinerungen sind wichtig (z. B. bei der Berechnung kritischer Drehzahlen, Kap. X). Betrachten wir beispielsweise fünf Punkte *1* bis *5* samt den zugehörigen Richtungen r_1 bis r_5 in einem beliebig gestützten Körper, und greifen in den Punkten *1* und *2* in den Richtungen r_1 und r_2 die Kräfte P_1 und P_2, in den Punkten *3, 4, 5* in den Richtungen r_3, r_4, r_5 die Kräfte X_3, X_4, X_5 so an, daß der Körper in den Punkten *3, 4, 5* in den Richtungen r_3, r_4, r_5 am Verschieben verhindert wird, so folgen für die Verschiebungen u_1 und u_2 in den Punkten *1* und *2* in den Richtungen r_1 und r_2 die Beziehungen

$$\begin{aligned}
\alpha_{11} P_1 + \alpha_{12} P_2 + \alpha_{13} X_3 + \alpha_{14} X_4 + \alpha_{15} X_5 &= u_1, \\
\alpha_{21} P_1 + \alpha_{22} P_2 + \alpha_{23} X_3 + \alpha_{24} X_4 + \alpha_{25} X_5 &= u_2, \\
\alpha_{31} P_1 + \alpha_{32} P_2 + \alpha_{33} X_3 + \alpha_{34} X_4 + \alpha_{35} X_5 &= 0, \\
\alpha_{41} P_1 + \alpha_{42} P_2 + \alpha_{43} X_3 + \alpha_{44} X_4 + \alpha_{45} X_5 &= 0, \\
\alpha_{51} P_1 + \alpha_{52} P_2 + \alpha_{53} X_3 + \alpha_{54} X_4 + \alpha_{55} X_5 &= 0.
\end{aligned}$$

Bezeichnet man mit D_5 die Determinante $|\alpha_{ij}|$ und mit A_{ij} die Unterdeterminante[1]) des Elements α_{ij}, so geben diese Gleichungen aufgelöst

$$P_1 = \frac{\mathsf{A}_{11}}{D_5} u_1 + \frac{\mathsf{A}_{21}}{D_5} u_2, \qquad P_2 = \frac{\mathsf{A}_{12}}{D_5} u_1 + \frac{\mathsf{A}_{22}}{D_5} u_2$$

oder vollends nach u_1 und u_2 aufgelöst

$$u_1 = \bar{\alpha}_{11} P_1 + \bar{\alpha}_{12} P_2, \qquad u_2 = \bar{\alpha}_{21} P_1 + \bar{\alpha}_{22} P_2,$$

wenn man unter

$$\left.\begin{aligned} \bar{\alpha}_{11} &= \frac{D_5}{\mathsf{A}} \mathsf{A}_{22}, & \bar{\alpha}_{12} &= -\frac{D_5}{\mathsf{A}} \mathsf{A}_{21}, \\ \bar{\alpha}_{21} &= -\frac{D_5}{\mathsf{A}} \mathsf{A}_{12}, & \bar{\alpha}_{22} &= \frac{D_5}{\mathsf{A}} \mathsf{A}_{11} \end{aligned}\right\} \quad \text{mit} \quad \mathsf{A} \equiv \begin{vmatrix} \mathsf{A}_{11} & \mathsf{A}_{12} \\ \mathsf{A}_{21} & \mathsf{A}_{22} \end{vmatrix}$$

wieder die Einflußzahlen der beiden Punkte *1, 2* bei Verhinderung der Beweglichkeit in den Punkten *3, 4, 5* in den Richtungen r_3, r_4, r_5 versteht. Nach dem Jacobischen Determinantensatz[2]) ist aber

$$\mathsf{A} \equiv \begin{vmatrix} \mathsf{A}_{11} & \mathsf{A}_{12} \\ \mathsf{A}_{21} & \mathsf{A}_{22} \end{vmatrix} = D_5 \cdot \begin{vmatrix} \alpha_{33} & \alpha_{34} & \alpha_{35} \\ \alpha_{43} & \alpha_{44} & \alpha_{45} \\ \alpha_{53} & \alpha_{54} & \alpha_{55} \end{vmatrix}, \tag{12}$$

und mithin wird die Determinante der $\bar{\alpha}_{ij}$ $(i, j = 1, 2)$

$$\begin{vmatrix} \bar{\alpha}_{11} & \bar{\alpha}_{12} \\ \bar{\alpha}_{21} & \bar{\alpha}_{22} \end{vmatrix} = \begin{vmatrix} \mathsf{A}_{22} & -\mathsf{A}_{21} \\ -\mathsf{A}_{12} & \mathsf{A}_{11} \end{vmatrix} : \left(\begin{vmatrix} \alpha_{33} & \alpha_{34} & \alpha_{35} \\ \alpha_{43} & \alpha_{44} & \alpha_{45} \\ \alpha_{53} & \alpha_{54} & \alpha_{55} \end{vmatrix} \right)^2 = D_5 : \begin{vmatrix} \alpha_{33} & \alpha_{34} & \alpha_{35} \\ \alpha_{43} & \alpha_{44} & \alpha_{45} \\ \alpha_{53} & \alpha_{54} & \alpha_{55} \end{vmatrix}. \tag{13}$$

Weiter gilt

$$\begin{vmatrix} \bar{\alpha}_{11} & \bar{\alpha}_{12} \\ \bar{\alpha}_{21} & \bar{\alpha}_{22} \end{vmatrix} : \bar{\alpha}_{22} \leqq \begin{vmatrix} \alpha_{11} & \alpha_{12} \\ \alpha_{21} & \alpha_{22} \end{vmatrix} : \alpha_{22}. \tag{14}$$

Denn rechts steht hier nach (6) die Einflußzahl für den Punkt *1*, falls nur im Punkt *2* die Verschiebung r_2 verhindert wird; links steht die Einflußzahl für den Punkt *1*, falls im Punkt *2* und in den Punkten *3, 4, 5* die Verschiebungen r_2 bis r_5 verhindert werden; und somit sagt (14) einfach wieder aus, daß eine zusätzliche Freiheitsbehinderung die Nachgiebigkeit im Punkte *1* nur verringern kann. Da aber sowieso schon $\bar{\alpha}_{22} \leqq \alpha_{22}$ ist, so folgt aus (14)

$$\begin{vmatrix} \bar{\alpha}_{11} & \bar{\alpha}_{12} \\ \bar{\alpha}_{21} & \bar{\alpha}_{22} \end{vmatrix} \leqq \begin{vmatrix} \alpha_{11} & \alpha_{12} \\ \alpha_{21} & \alpha_{22} \end{vmatrix}. \tag{15}$$

Mit (15) gibt (13) schließlich

$$\begin{vmatrix} \alpha_{11} & \alpha_{12} \\ \alpha_{21} & \alpha_{22} \end{vmatrix} \cdot \begin{vmatrix} \alpha_{33} & \alpha_{34} & \alpha_{35} \\ \alpha_{43} & \alpha_{44} & \alpha_{45} \\ \alpha_{53} & \alpha_{54} & \alpha_{55} \end{vmatrix} \geqq D_5. \tag{16}$$

Diese Ableitungen lassen sich in gleicher Weise auf beliebig viele freie und beliebig viele durch Kräfte X_i in vorgeschriebenen Richtungen fixierte Punkte

---

[1]) Wir bezeichnen der Kürze halber als „Unterdeterminante eines Elements α_{ij}“ stets die sogenannte algebraische Adjungierte, d. h. die mit dem Faktor $(-1)^{i+j}$ versehene Unterdeterminante, die aus der ursprünglichen Determinante entsteht, wenn man die i-te Zeile und die j-te Spalte streicht.

[2]) Siehe E. Pascal, Repertorium der höheren Mathematik, Bd. I, 1, S. 61, 2. Aufl., *Leipzig u. Berlin 1910.*

ausdehnen und liefern dann als Verallgemeinerung von (10) und (11) den Satz:

$$\begin{vmatrix} \bar\alpha_{11} & \bar\alpha_{12} \dots & \bar\alpha_{1k} \\ \bar\alpha_{21} & \bar\alpha_{22} \dots & \bar\alpha_{2k} \\ \vdots & \vdots & \vdots \\ \bar\alpha_{k1} & \bar\alpha_{k2} \dots & \bar\alpha_{kk} \end{vmatrix} = \begin{vmatrix} \alpha_{11} & \alpha_{12} \dots & \alpha_{1n} \\ \alpha_{21} & \alpha_{22} \dots & \alpha_{2n} \\ \vdots & \vdots & \vdots \\ \alpha_{n1} & \alpha_{n2} \dots & \alpha_{nn} \end{vmatrix} : \begin{vmatrix} \alpha_{k+1,k+1} & \alpha_{k+1,k+2} \dots & \alpha_{k+1,n} \\ \alpha_{k+2,k+1} & \alpha_{k+2,k+2} \dots & \alpha_{k+2,n} \\ \vdots & \vdots & \vdots \\ \alpha_{n,k+1} & \alpha_{n,k+2} \dots & \alpha_{nn} \end{vmatrix} \tag{17}$$

und

$$\begin{vmatrix} \alpha_{11} & \alpha_{12} \dots & \alpha_{1k} \\ \alpha_{21} & \alpha_{22} \dots & \alpha_{2k} \\ \vdots & \vdots & \vdots \\ \alpha_{k1} & \alpha_{k2} \dots & \alpha_{kk} \end{vmatrix} \cdot \begin{vmatrix} \alpha_{k+1,k+1} & \alpha_{k+1,k+2} \dots & \alpha_{k+1,n} \\ \alpha_{k+2,k+1} & \alpha_{k+2,k+2} \dots & \alpha_{k+2,n} \\ \vdots & \vdots & \vdots \\ \alpha_{n,k+1} & \alpha_{n,k+2} \dots & \alpha_{nn} \end{vmatrix} \geq \begin{vmatrix} \alpha_{11} & \alpha_{12} \dots & \alpha_{1n} \\ \alpha_{21} & \alpha_{22} \dots & \alpha_{2n} \\ \vdots & \vdots & \vdots \\ \alpha_{n1} & \alpha_{n2} \dots & \alpha_{nn} \end{vmatrix}; \tag{18}$$

das Gleichheitszeichen in (18) gilt nur für den Fall $\alpha_{i,k+1} = \alpha_{i,k+2} = \dots = \alpha_{in} = 0$ $(i = 1, 2, \dots, k)$.

Man kann die Beziehungen (6), (8) und (10) endlich dazu verwenden, den Determinanten D_n aus Maxwellschen Einflußzahlen α_{ij} eine anschauliche Deutung zu geben. Bezeichnet man mit $\alpha_{11}^{(2)}$ (statt mit $\bar\alpha_{11}$) die Einflußzahl im Punkt *1* für die Richtung r_1, falls der Körper (außer in den vorgegebenen Stützpunkten) auch noch im Punkt *2* in der Richtung r_2 festgehalten wird, so lautet (6)

$$\begin{vmatrix} \alpha_{11} & \alpha_{12} \\ \alpha_{21} & \alpha_{22} \end{vmatrix} = \alpha_{22} \cdot \alpha_{11}^{(2)}. \tag{19}$$

Ist ebenso $\alpha_{11}^{(2,3)}$ die Einflußzahl im Punkt *1*, falls der Körper (außer in den vorgegebenen Stützpunkten) auch noch in den Punkten *2* und *3* in den Richtungen r_2 und r_3 festgehalten wird, so lautet (8) [wenn man gleich noch (19) mit weitergeschobenen Zeigern benützt]

$$\begin{vmatrix} \alpha_{11} & \alpha_{12} & \alpha_{13} \\ \alpha_{21} & \alpha_{22} & \alpha_{23} \\ \alpha_{31} & \alpha_{32} & \alpha_{33} \end{vmatrix} = \begin{vmatrix} \alpha_{22} & \alpha_{23} \\ \alpha_{32} & \alpha_{33} \end{vmatrix} \cdot \alpha_{11}^{(2,3)} = \alpha_{33} \cdot \alpha_{22}^{(3)} \cdot \alpha_{11}^{(2,3)}. \tag{20}$$

So fortfahrend erhält man schließlich aus (10) den Satz:

$$D_n \equiv \begin{vmatrix} \alpha_{11} & \alpha_{12} \dots & \alpha_{1n} \\ \alpha_{21} & \alpha_{22} \dots & \alpha_{2n} \\ \vdots & \vdots & \vdots \\ \alpha_{n1} & \alpha_{n2} \dots & \alpha_{nn} \end{vmatrix} = \alpha_{nn} \cdot \alpha_{n-1,n-1}^{(n)} \cdot \alpha_{n-2,n-2}^{(n-1,n)} \cdot \dots \cdot \alpha_{22}^{(3,4,\dots,n)} \cdot \alpha_{11}^{(2,3,\dots,n)} \tag{21}$$

oder übersichtlicher mit Vertauschung der Nummernfolge der Punkte

$$D_n \equiv \begin{vmatrix} \alpha_{11} & \alpha_{12} \dots & \alpha_{1n} \\ \alpha_{21} & \alpha_{22} \dots & \alpha_{2n} \\ \vdots & \vdots & \vdots \\ \alpha_{n1} & \alpha_{n2} \dots & \alpha_{nn} \end{vmatrix} = \alpha_{11} \cdot \alpha_{22}^{(1)} \cdot \alpha_{33}^{(1,2)} \cdot \alpha_{44}^{(1,2,3)} \cdot \dots \cdot \alpha_{n-1,n-1}^{(1,2,\dots,n-2)} \cdot \alpha_{nn}^{(1,2,\dots,n-1)}. \tag{22}$$

Die Deutung der Beziehungen (21) bzw. (22) ist einfach. Man stelle der Reihe nach fest: die Einflußzahl α_{11} des in den vorgegebenen Stützpunkten gehaltenen Körpers, dann diejenige $\alpha_{22}^{(1)}$ des nun auch noch im Punkt *1* in der Richtung r_1 gehaltenen Körpers, weiter diejenige $\alpha_{33}^{(1,2)}$ des außerdem noch im Punkt *2* in der Richtung r_2 gehaltenen Körpers, und so fort bis zu derjenigen

$\alpha_{nn}^{(1,2,\ldots,n-1)}$ des (außer in den vorgegebenen Stützpunkten) in allen Punkten $1, 2, \ldots, n-1$ in ihren zugeordneten Richtungen gehaltenen Körpers; dann ist die Determinante D_n der Einflußzahlen α_{ij} des nur in seinen vorgegebenen Stützpunkten gehaltenen Körpers gleich dem Produkt aller so gefundenen „gebundenen“ Einflußzahlen $\alpha_{ii}^{(1,2,\ldots,i-1)}$. Weil alle diese Einflußzahlen $\alpha_{ii}^{(1,2,\ldots,i-1)}$ ihrer Natur nach wesentlich positiv sind, so folgt aus (21) oder (22) Satz (1) noch einmal.

Die Formeln (17), (18), (21) und (22) dürfen, wie man in gleicher Weise zeigen kann, auf die Determinanten $D_n'(4)$ und $D_n''(5)$ entsprechend angewendet werden.

11. Die zu den Maxwellschen Einflußzahlen dualen Größen. Wie die Maxwellschen Einflußzahlen α_{ij} es ermöglichen, in den Punkten eines elastischen Körpers die Verschiebungen in vorgeschriebenen Richtungen formal einfach anzuschreiben, wenn der Körper in diesen Punkten durch Kräfte beliebiger Größe (aber von vorgeschriebener Richtung) belastet ist, so ermöglichen die sofort zu definierenden Zahlen a_{ij} die Bestimmung der in den Punkten eines elastischen Körpers in vorgeschriebenen Richtungen erforderlichen Kräfte, wenn dort die Verschiebungen (in festgelegten Richtungen) vorgegeben sind. Unter der Zahl a_{ij} hat man hierbei, indem man sogleich n Punkte in Betracht zieht, diejenige Kraft zu verstehen, die im Punkte i nötig ist, wenn im Punkte j die Einheitsverschiebung, in allen anderen Punkten aber die Verschiebung Null vorgeschrieben ist. (Man hat sich dies so vorzustellen, daß alle Punkte außer dem Punkt j in der ihnen zugeordneten Richtung festgehalten werden und daß im Punkte j eine Einheitsverschiebung in vorgeschriebener Richtung durch eine geeignete Kraft daselbst erzeugt wird; dann ist unter a_{ij} die Lagerreaktion im Punkte i in vorgeschriebener Richtung zu verstehen.) Genau so, wie man im ersten Falle bei vorgeschriebenen Kräften $P_1, P_2, \ldots, P_n$ mit den Zahlen α_{ij} für die Verschiebung y_i im Punkte i den Ausdruck

$$y_i = \alpha_{i1} P_1 + \alpha_{i2} P_2 + \cdots + \alpha_{in} P_n \quad (i = 1, 2, \ldots, n) \qquad (1)$$

erhält, so erhält man im zweiten Falle bei vorgeschriebenen Verschiebungen $y_1, y_2, \ldots, y_n$ mit den Zahlen a_{ij} für die Kraft P_i im Punkte i den Ausdruck

$$P_i = a_{i1} y_1 + a_{i2} y_2 + \cdots + a_{in} y_n \quad (i = 1, 2, \ldots, n). \qquad (2)$$

Man zeigt leicht, daß auch für die Zahlen a_{ij} der Reziprozitätssatz

$$a_{ij} = a_{ji} \qquad (3)$$

gilt. Schreibt man nämlich die Gleichung (1) für alle Zeiger i an und ersetzt in diesem Gleichungssystem y_j durch Eins, alle übrigen $y_i (i \neq j)$ durch Null und die Kräfte $P_1, P_2, \ldots, P_n$ durch $a_{1j}, a_{2j}, \ldots, a_{nj}$, so erhält man die folgenden Definitionsgleichungen für die $a_{ij} (i\, j = 1, 2, \ldots, n)$:

$$\begin{aligned}
0 &= \alpha_{11} a_{1j} + \alpha_{12} a_{2j} + \cdots + \alpha_{1n} a_{nj}, \\
0 &= \alpha_{21} a_{1j} + \alpha_{22} a_{2j} + \cdots + \alpha_{2n} a_{nj}, \\
&\vdots \\
1 &= \alpha_{j1} a_{1j} + \alpha_{j2} a_{2j} + \cdots + \alpha_{jn} a_{nj}, \\
&\vdots \\
0 &= \alpha_{n1} a_{1j} + \alpha_{n2} a_{2j} + \cdots + \alpha_{nn} a_{nj}.
\end{aligned}$$

Bezeichnet man die Unterdeterminante des Elements α_{ij} in der Determinante D_n der Maxwellschen Einflußzahlen wieder mit A_{ij}, so findet man

$$a_{ij} = \frac{\mathsf{A}_{ji}}{D_n} \qquad (i, j = 1, 2, \ldots, n). \qquad (4)$$

Weil nach dem Maxwellschen Satze (**9**, 1) die Determinante D_n symmetrisch ist zu ihrer Hauptdiagonale, so ist $A_{ji}=A_{ij}$, und mithin gilt auch der Satz (3) allgemein.

Wir nennen die Zahlen a_{ij} die zu den Maxwellschen Zahlen dualen Größen. Die Erweiterung des Dualitätsbegriffs auf die Zahlen β, γ, δ, sowie die Übertragung der Sätze von Ziff. **10** auf die a_{ij} und auf die zu den β_{ij}, γ_{ij} und δ_{ij} dualen Größen b_{ij}, c_{ij} und d_{ij} bereitet keine Schwierigkeiten.

§ 3. Spannungsfunktionen der zweidimensionalen Spannungsprobleme.

12. Der ebene Verzerrungszustand; die Spannungen. Während die Variationsprinzipe (§ 1) und die Reziprozitäts- und Arbeitssätze (§ 2) für den allgemeinen Spannungs- und Verzerrungszustand gelten, wenden wir uns jetzt einer Gattung von besonderen Problemen zu, die man als zweidimensional zu bezeichnen pflegt. Wir gehen von den Gleichungen (I, **17**, 11) aus

$$\left.\begin{aligned}
&\Delta\sigma_x+\frac{m}{m+1}\frac{\partial^2 s}{\partial x^2}=0, && \Delta\tau_{yz}+\frac{m}{m+1}\frac{\partial^2 s}{\partial y\,\partial z}=0,\\
&\Delta\sigma_y+\frac{m}{m+1}\frac{\partial^2 s}{\partial y^2}=0, && \Delta\tau_{zx}+\frac{m}{m+1}\frac{\partial^2 s}{\partial z\,\partial x}=0,\\
&\Delta\sigma_z+\frac{m}{m+1}\frac{\partial^2 s}{\partial z^2}=0, && \Delta\tau_{xy}+\frac{m}{m+1}\frac{\partial^2 s}{\partial x\,\partial y}=0,
\end{aligned}\right\}\tag{1}$$

welche, wie in Kap. I, Ziff. **17** auseinandergesetzt, zusammen mit den Gleichgewichtsbedingungen (I, **17**, 3)

$$\left.\begin{aligned}
&\frac{\partial\sigma_x}{\partial x}+\frac{\partial\tau_{yx}}{\partial y}+\frac{\partial\tau_{zx}}{\partial z}=0,\\
&\frac{\partial\tau_{xy}}{\partial x}+\frac{\partial\sigma_y}{\partial y}+\frac{\partial\tau_{zy}}{\partial z}=0,\\
&\frac{\partial\tau_{xz}}{\partial x}+\frac{\partial\tau_{yz}}{\partial y}+\frac{\partial\sigma_z}{\partial z}=0,
\end{aligned}\right\}\tag{2}$$

und den Randbedingungen (I, **17**, 12)

$$\left.\begin{aligned}
\sigma_x\cos(n,x)+\tau_{yx}\cos(n,y)+\tau_{zx}\cos(n,z)&=p_x,\\
\tau_{xy}\cos(n,x)+\sigma_y\cos(n,y)+\tau_{zy}\cos(n,z)&=p_y,\\
\tau_{xz}\cos(n,x)+\tau_{yz}\cos(n,y)+\sigma_z\cos(n,z)&=p_z
\end{aligned}\right\}\tag{3}$$

eine eindeutige Lösung zulassen. Die Form der Gleichungen (2) drückt aus, daß wir von vornherein auf Volumkräfte verzichten.

Es werde nun die Frage gestellt, ob und, wenn ja, unter welchen Umständen der durch die Gleichungen (1), (2) und (3) bedingte Spannungszustand nur von zwei Koordinaten, etwa y und z, abhängt. Für einen solchen Fall vereinfachen sich die Gleichungen (2), weil alle Differentialquotienten nach x verschwinden, zu

$$\left.\begin{aligned}
&\frac{\partial\tau_{yx}}{\partial y}+\frac{\partial\tau_{zx}}{\partial z}=0,\\
&\frac{\partial\sigma_y}{\partial y}+\frac{\partial\tau_{zy}}{\partial z}=0,\\
&\frac{\partial\tau_{yz}}{\partial y}+\frac{\partial\sigma_z}{\partial z}=0,
\end{aligned}\right\}\tag{4}$$

und es läßt sich sofort zeigen, daß die Spannungskomponenten σ_y, σ_z, τ_{yz}, τ_{zx}, τ_{xy}, wenn überhaupt eine Lösung der verlangten Art existiert, sich mit Hilfe zweier Funktionen F und Φ folgendermaßen ausdrücken lassen:

$$\sigma_y = \frac{\partial^2 F}{\partial z^2}, \qquad \sigma_z = \frac{\partial^2 F}{\partial y^2}, \qquad \tau_{yz} = -\frac{\partial^2 F}{\partial y\,\partial z}. \tag{5a}$$

$$\tau_{zx} = -\frac{\partial \Phi}{\partial y}, \qquad \tau_{xy} = +\frac{\partial \Phi}{\partial z}. \tag{5b}$$

Zunächst sieht man nämlich unmittelbar, daß diese Ansätze die Gleichungen (4) identisch erfüllen. Um einzusehen, daß sie alle Lösungen von (4) umfassen, denkt man sich irgendeine derartige Lösung σ_y, σ_z, τ_{yz}, τ_{zx}, τ_{xy} vorgegeben und bestimme zuerst durch zweifache Integration von σ_y nach z eine Funktion $F^* = \int\limits_0^z\int\limits_0^z \sigma_y\, d z^2$, so daß

$$\sigma_y = \frac{\partial^2 F^*}{\partial z^2}$$

ist. Aus der zweiten Gleichung (4) folgt dann für τ_{yz} durch Integration nach z

$$\tau_{yz} = -\frac{\partial^2 F^*}{\partial y\,\partial z} + \varphi(y).$$

Die Integrationsfunktion $\varphi(y)$ kann als $-\dfrac{\partial^2 \varphi^*}{\partial y\,\partial z}$ geschrieben werden, wenn unter φ^* verstanden wird

$$\varphi^* = -\int\limits_0^z\int\limits_0^y \varphi(y)\, d y\, d z.$$

Hiermit wird

$$\tau_{yz} = -\frac{\partial^2 (F^* + \varphi^*)}{\partial y\,\partial z}.$$

Aus der dritten Gleichung (4) folgt nun, daß σ_z von der Form

$$\sigma_z = \frac{\partial^2 (F^* + \varphi^*)}{\partial y^2} + \psi(y)$$

ist. Ersetzt man hierin wieder $\psi(y)$ durch $\dfrac{\partial^2 \psi^*}{\partial y^2}$, wobei also unter ψ^* verstanden wird

$$\psi^* = \int\limits_0^y\int\limits_0^y \psi(y)\, d y^2,$$

so findet man

$$\sigma_z = \frac{\partial^2 (F^* + \varphi^* + \psi^*)}{\partial y^2}.$$

Setzt man schließlich noch

$$F = F^* + \varphi^* + \psi^*,$$

so folgt aus der Tatsache, daß $\dfrac{\partial^2 \varphi^*}{\partial z^2} = \dfrac{\partial^2 \psi^*}{\partial z^2} = \dfrac{\partial^2 \psi^*}{\partial y\,\partial z} = 0$ ist,

$$\sigma_y = \frac{\partial^2 F}{\partial z^2}, \qquad \sigma_z = \frac{\partial^2 F}{\partial y^2}, \qquad \tau_{yz} = -\frac{\partial^2 F}{\partial y\,\partial z}.$$

In ähnlicher Weise schließt man, daß jede Lösung der ersten Gleichung (4) in der Form (5b) geschrieben werden kann.

Beschränken wir uns auf solche Belastungsfälle, bei denen $\tau_{xy} = 0$ und $\tau_{xz} = 0$ ist — auf den wichtigen Fall der Torsion, bei welchem τ_{xy} und τ_{xz} verschieden von Null, dagegen σ_x, σ_y, σ_z, τ_{yz} gleich Null sind, kommen wir in Ziff. **18** ausführlich zurück —, so haben wir jetzt noch zu untersuchen, welchen Bedingungen die Funktion F, welche als Airysche Spannungsfunktion bezeichnet wird, unterworfen ist. Dazu greifen wir auf die Gleichungen (1) zurück, welche mit den Größen

$$s' = \sigma_y + \sigma_z \qquad (s' = s - \sigma_x), \qquad \Delta' \equiv \frac{\partial^2}{\partial y^2} + \frac{\partial^2}{\partial z^2} \qquad \left(\Delta' \equiv \Delta - \frac{\partial^2}{\partial x^2}\right), \tag{6}$$

für den jetzigen Sonderfall übergehen in

$$\Delta' \sigma_x = 0, \tag{7a}$$

$$\Delta' \sigma_y + \frac{m}{m+1} \frac{\partial^2 s'}{\partial y^2} + \frac{m}{m+1} \frac{\partial^2 \sigma_x}{\partial y^2} = 0, \tag{7b}$$

$$\Delta' \sigma_z + \frac{m}{m+1} \frac{\partial^2 s'}{\partial z^2} + \frac{m}{m+1} \frac{\partial^2 \sigma_x}{\partial z^2} = 0, \tag{7c}$$

$$\Delta' \tau_{yz} + \frac{m}{m+1} \frac{\partial^2 s'}{\partial y\, dz} + \frac{m}{m+1} \frac{\partial^2 \sigma_x}{\partial y\, \partial z} = 0. \tag{7d}$$

Mit (7a) folgt durch Addition von (7b) und (7c)

$$\Delta'(\sigma_y + \sigma_z) \equiv \Delta' s' = 0, \tag{8}$$

also die sogenannte Potentialgleichung, womit s' als eine Potentialfunktion erwiesen ist. Mit (5a) wird aus (8) vollends

$$\Delta' \Delta' F = 0. \tag{9}$$

Für F gilt also die sogenannte Bipotentialgleichung; die Funktion F ist eine Bipotentialfunktion.

Bevor wir zur Aufstellung ihrer Randbedingungen übergehen, bestimmen wir zuerst mit Hilfe der Gleichungen (7b) bis (7d) die Spannung σ_x, von der bis jetzt noch nicht die Rede war. Aus (7b) folgt zunächst mit (5a)

$$\frac{\partial^2 \sigma_x}{\partial y^2} = -\frac{\partial^2 s'}{\partial y^2} - \frac{m+1}{m} \Delta' \frac{\partial^2 F}{\partial z^2} = -\frac{\partial^2 s'}{\partial y^2} - \frac{m+1}{m} \frac{\partial^2}{\partial z^2} \Delta' F.$$

Nun ist aber wegen (9), (5a) und (6)

$$\frac{\partial^2}{\partial z^2} \Delta' F = -\frac{\partial^2}{\partial y^2} \Delta' F = -\frac{\partial^2 s'}{\partial y^2},$$

so daß man

$$\frac{\partial^2 \sigma_x}{\partial y^2} = \frac{1}{m} \frac{\partial^2 s'}{\partial y^2}$$

erhält. Ebenso schließt man aus (7c) und (7d) auf

$$\frac{\partial^2 \sigma_x}{\partial z^2} = \frac{1}{m} \frac{\partial^2 s'}{\partial z^2}, \qquad \frac{\partial^2 \sigma_x}{\partial y\, \partial z} = \frac{1}{m} \frac{\partial^2 s'}{\partial y\, \partial z}.$$

Bis auf Glieder ersten Grades in y und z ist also σ_x identisch mit s'/m, so daß man hat

$$\sigma_x = \frac{s'}{m} + \alpha y + \beta z + \gamma,$$

wo α, β und γ Konstanten sind. Die Glieder mit diesen Konstanten stellen aber einen trivialen Spannungszustand dar, der z. B. für einen prismatischen Körper eine Kombination von Zug und Biegung ist, und den wir weiterhin ausschließen. Unter dieser Einschränkung gilt daher

$$\sigma_x - \frac{1}{m}(\sigma_y + \sigma_z) = 0. \tag{10}$$

Diese Gleichung drückt nach (I, **17**, 2a) aus, daß in der x-Richtung keine Dehnung auftritt, oder aber, wenn man von einer Bewegung des Körpers als Ganzes absieht, daß alle Punkte des Körpers nur Verschiebungen senkrecht zur x-Achse erleiden. Man sagt, der Körper befinde sich in einem ebenen Verzerrungszustand.

Jetzt haben wir noch festzustellen, was die Randbedingungen (3) für die Funktion F aussagen, und beschränken uns dabei auf den wichtigsten Fall eines in der x-Richtung prismatischen Körpers. Es sei (Abb. 7) k der Schnitt der zylindrischen Körperoberfläche mit der (y, z)-Ebene, A ein beliebiger Punkt auf ihm, für den die Randbedingungen angeschrieben werden sollen, n die nach außen gerichtete Normale, l die von einem Nullpunkte A_0 aus bis A gemessene Bogenlänge von k, dann ist $\cos(n, y) = \frac{\partial z}{\partial l}$ und $\cos(n, z) = -\frac{\partial y}{\partial l}$.

Die zweite und dritte Gleichung (3) nehmen also für unseren Sonderfall $\tau_{xy} = \tau_{xz} = 0$ wegen (5a) die Form an

$$\left.\begin{aligned} \frac{\partial^2 F}{\partial z^2}\frac{\partial z}{\partial l} + \frac{\partial^2 F}{\partial y\,\partial z}\frac{\partial y}{\partial l} &= p_y, \\ \frac{\partial^2 F}{\partial y\,\partial z}\frac{\partial z}{\partial l} + \frac{\partial^2 F}{\partial y^2}\frac{\partial y}{\partial l} &= -p_z \end{aligned}\right\} \quad (11\text{a})$$

oder etwas anders geschrieben

$$\left.\begin{aligned} \frac{\partial \frac{\partial F}{\partial z}}{\partial y} dy + \frac{\partial \frac{\partial F}{\partial z}}{\partial z} dz &\equiv d\frac{\partial F}{\partial z} = p_y\, dl, \\ \frac{\partial \frac{\partial F}{\partial y}}{\partial y} dy + \frac{\partial \frac{\partial F}{\partial y}}{\partial z} dz &\equiv d\frac{\partial F}{\partial y} = -p_z\, dl, \end{aligned}\right\} \quad (11\text{b})$$

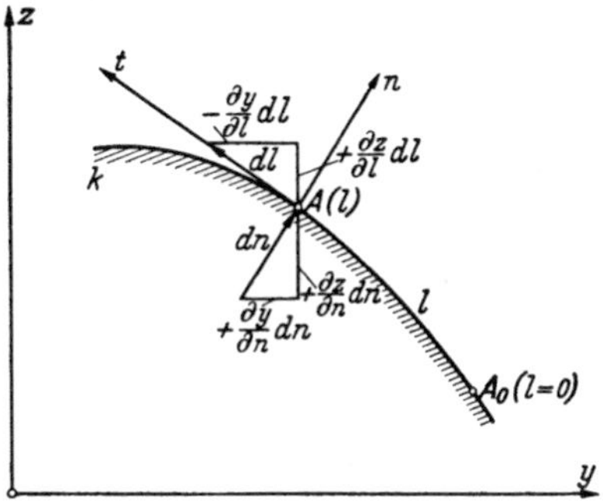

Abb. 7. Beziehungen zwischen den Ableitungen in der Tangenten- und Normalenrichtung einer Randkurve k.

woraus hervorgeht, daß $\partial F/\partial y$ und $\partial F/\partial z$ als Randintegrale von $-p_z$ und p_y aufzufassen sind. Wählt man irgendeinen Punkt des Randes als Nullpunkt, so ist also

$$\left.\begin{aligned} \frac{\partial F}{\partial y} &= -\int_0^l p_z\, dl + C_1 \equiv -F_1(l) + C_1, \\ \frac{\partial F}{\partial z} &= \int_0^l p_y\, dl + C_2 \equiv F_2(l) + C_2, \end{aligned}\right\} \quad (12)$$

so daß F selbst am Rande bestimmt ist durch

$$\left.\begin{aligned} F \equiv \int_0^l \left(\frac{\partial F}{\partial y} dy + \frac{\partial F}{\partial z} dz\right) &= \int_0^l [-F_1(l)\, dy + F_2(l)\, dz] + \\ &+ C_1(y_l - y_0) + C_2(z_l - z_0) + C_3 \quad (\text{am Rand}). \end{aligned}\right\} \quad (13)$$

Ist der betrachtete Querschnitt einfach zusammenhängend, so daß er nur eine in sich geschlossene Randkurve hat, so können C_1, C_2 und C_3 ohne weiteres Null gesetzt werden. Stellt man nämlich F als eine räumliche Fläche dar, deren Randordinaten durch die Gleichung (13) vorgeschrieben sind, so sieht man leicht ein, daß eine Änderung der Konstanten C_1, C_2 und C_3 nur eine Lageänderung der Fläche F gegen die (y, z)-Ebene bedeutet, welche aber ihre Krümmung und also nach (5a) auch die Spannungen σ_y, σ_z und τ_{yz} unberührt läßt. Für den *einfach zusammenhängenden* Querschnitt kann also gesetzt werden

$$F=\int_0^l(-F_1\,dy+F_2\,dz)=[-F_1y+F_2z]_0^l+\int_0^l(y\,dF_1-z\,dF_2)$$
$$=-y_l\int_0^l p_z\,dl+z_l\int_0^l p_y\,dl+\int_0^l(y\,p_z-z\,p_y)\,dl$$

oder kürzer

$$F=\int_0^l(y-y_l)\,p_z\,dl-\int_0^l(z-z_l)\,p_y\,dl \quad \text{(am Rand)}. \tag{14}$$

Hieraus geht hervor, daß am Querschnittsrand die Funktion F als das Moment aller auf den Bogen l wirkenden Randkräfte, bezogen auf den Endpunkt dieses Bogens, gedeutet werden kann, und daß also F am Rande vorgeschriebene Werte hat.

Eine zweite Randbedingung erhält man aus den Gleichungen (12), indem man für einen beliebigen Randpunkt den Wert $\partial F/\partial n$ bestimmt. Man findet wegen $\cos(n,y)=\frac{\partial y}{\partial n}=\frac{\partial z}{\partial l}$ und $\cos(n,z)=\frac{\partial z}{\partial n}=-\frac{\partial y}{\partial l}$ mit (12)

$$\frac{\partial F}{\partial n}\equiv\frac{\partial F}{\partial y}\frac{\partial y}{\partial n}+\frac{\partial F}{\partial z}\frac{\partial z}{\partial n}=\frac{\partial F}{\partial y}\frac{\partial z}{\partial l}-\frac{\partial F}{\partial z}\frac{\partial y}{\partial l}=(-F_1+C_1)\frac{\partial z}{\partial l}-(F_2+C_2)\frac{\partial y}{\partial l}. \tag{15}$$

Beim einfach zusammenhängenden Querschnitt, für welchen C_1 und C_2 wieder gleich Null gesetzt werden dürfen, kann also die rechte Seite von

$$\frac{\partial F}{\partial n}=-F_1\frac{\partial z}{\partial l}-F_2\frac{\partial y}{\partial l}\equiv-\frac{\partial z}{\partial l}\int_0^l p_z\,dl-\frac{\partial y}{\partial l}\int_0^l p_y\,dl \quad \text{(am Rand)} \tag{16}$$

mechanisch gedeutet werden als die in der negativen t-Richtung (Abb. 7) gemessene Projektion der Resultierenden aller auf den Bogen l wirkenden Randkräfte.

Dadurch, daß sowohl F als $\partial F/\partial n$ am Querschnittsrande vorgeschrieben ist, ist die der Differentialgleichung (9) genügende Airysche Spannungsfunktion F für den prismatischen Körper mit einfach zusammenhängendem Querschnitt eindeutig bestimmt.

Die erste Gleichung (3) schreibt schließlich zusammen mit (10) für die Stirnflächen des Körpers die Oberflächenspannung p_x vor. Es ist

$$p_x=\sigma_x=\frac{1}{m}(\sigma_y+\sigma_z). \tag{17}$$

13. Der ebene Verzerrungszustand; die Verschiebungen. Zur Bestimmung der Verschiebungskomponenten v und w gehen wir aus von den Beziehungen (I, **17**, 1) und (I, **17**, 2) und haben mit (**12**, 6) und (**12**, 10)

$$\left.\begin{aligned}\frac{\partial v}{\partial y}&\equiv\varepsilon_y=\frac{1}{2G}\left(\sigma_y-\frac{s}{m+1}\right)=\frac{1}{2G}\left(\sigma_y-\frac{s'}{m}\right),\\ \frac{\partial w}{\partial z}&\equiv\varepsilon_z=\frac{1}{2G}\left(\sigma_z-\frac{s}{m+1}\right)=\frac{1}{2G}\left(\sigma_z-\frac{s'}{m}\right),\\ \frac{\partial v}{\partial z}+\frac{\partial w}{\partial y}&\equiv\psi_{yz}=\frac{\tau_{yz}}{G}.\end{aligned}\right\} \tag{1}$$

Differentiation dieser Gleichungen liefert mit (**12**, 5a)

$$\left.\begin{aligned}\frac{\partial^2 v}{\partial y^2}&\equiv\frac{\partial\varepsilon_y}{\partial y}=\frac{1}{2G}\left(\frac{\partial^3 F}{\partial y\,\partial z^2}-\frac{1}{m}\frac{\partial\Delta' F}{\partial y}\right),\\ \frac{\partial^2 v}{\partial y\,\partial z}&\equiv\frac{\partial\varepsilon_y}{\partial z}=\frac{1}{2G}\left(\frac{\partial^3 F}{\partial z^3}-\frac{1}{m}\frac{\partial\Delta' F}{\partial z}\right),\\ \frac{\partial^2 v}{\partial z^2}&\equiv\frac{\partial\psi_{yz}}{\partial z}-\frac{\partial^2 w}{\partial y\,\partial z}\equiv\frac{\partial\psi_{yz}}{\partial z}-\frac{\partial\varepsilon_z}{\partial y}=-\frac{1}{2G}\left(2\frac{\partial^3 F}{\partial y\,\partial z^2}+\frac{\partial^3 F}{\partial y^3}-\frac{1}{m}\frac{\partial\Delta' F}{\partial y}\right).\end{aligned}\right\} \tag{2}$$

Aus der Identität

$$\frac{\partial v}{\partial z} \equiv \int \left(\frac{\partial^2 v}{\partial y\, \partial z} dy + \frac{\partial^2 v}{\partial z^2} dz \right)$$

findet man mit Hilfe der beiden letzten Gleichungen (2)

$$\frac{\partial v}{\partial z} = \frac{1}{2G} \int \left[\left(\frac{\partial^3 F}{\partial z^3} - \frac{1}{m} \frac{\partial \Delta' F}{\partial z} \right) dy - \left(2 \frac{\partial^3 F}{\partial y\, \partial z^2} + \frac{\partial^3 F}{\partial y^3} - \frac{1}{m} \frac{\partial \Delta' F}{\partial y} \right) dz \right].$$

Wegen

$$\frac{\partial^3 F}{\partial y^3} = \frac{\partial \Delta' F}{\partial y} - \frac{\partial^3 F}{\partial y\, \partial z^2}, \qquad \frac{\partial^3 F}{\partial z^3} = \frac{\partial \Delta' F}{\partial z} - \frac{\partial^3 F}{\partial y^2 \partial z}$$

geht dieser Ausdruck über in

$$\frac{\partial v}{\partial z} = -\frac{1}{2G} \int \left[\left(\frac{\partial^3 F}{\partial y^2 \partial z} - \frac{m-1}{m} \frac{\partial \Delta' F}{\partial z} \right) dy + \left(\frac{\partial^3 F}{\partial y\, \partial z^2} + \frac{m-1}{m} \frac{\partial \Delta' F}{\partial y} \right) dz \right]$$

$$= -\frac{1}{2G} \int \left[\left(\frac{\partial^3 F}{\partial y^2 \partial z} - \frac{m-1}{m} \frac{\partial s'}{\partial z} \right) dy + \left(\frac{\partial^3 F}{\partial y\, \partial z^2} + \frac{m-1}{m} \frac{\partial s'}{\partial y} \right) dz \right].$$

Führt man jetzt die zur Potentialfunktion s' [vgl. (**12**, 8)] konjugierte Funktion t ein, d. h. diejenige Funktion, welche $(s' + it)$ zu einer analytischen Funktion von $(y + iz)$ macht und also mit s' durch die Beziehungen

$$\frac{\partial s'}{\partial y} = \frac{\partial t}{\partial z}, \qquad \frac{\partial s'}{\partial z} = -\frac{\partial t}{\partial y} \tag{3}$$

verknüpft ist, so wird weiter

$$\frac{\partial v}{\partial z} = -\frac{1}{2G} \int \left[\left(\frac{\partial^3 F}{\partial y^2 \partial z} dy + \frac{\partial^3 F}{\partial y\, \partial z^2} dz \right) + \frac{m-1}{m} \left(\frac{\partial t}{\partial y} dy + \frac{\partial t}{\partial z} dz \right) \right]$$

$$= -\frac{1}{2G} \int d \left(\frac{\partial^2 F}{\partial y\, \partial z} + \frac{m-1}{m} t \right) = -\frac{1}{2G} \left(\frac{\partial^2 F}{\partial y\, \partial z} + \frac{m-1}{m} t \right) + C_2'.$$

Wird schließlich noch gesetzt

$$\int (s' + i t)\, d(y + i z) = S + i T, \tag{4}$$

so daß, wegen $d/d(y + iz) = \partial/\partial y = -i\, \partial/\partial z$,

$$\frac{\partial S}{\partial y} = \frac{\partial T}{\partial z} = s', \qquad -\frac{\partial S}{\partial z} = \frac{\partial T}{\partial y} = t \tag{5}$$

ist, so wird

$$\frac{\partial v}{\partial z} = \frac{1}{2G} \frac{\partial}{\partial z} \left(\frac{m-1}{m} S - \frac{\partial F}{\partial y} \right) + C_2'.$$

Aus der ersten Gleichung (1) folgt mit (5) und (**12**, 5a) noch rascher

$$\frac{\partial v}{\partial y} = \frac{1}{2G} \left(\sigma_y - \frac{s'}{m} \right) = \frac{1}{2G} \left(\frac{m-1}{m} s' - \sigma_z \right) = \frac{1}{2G} \frac{\partial}{\partial y} \left(\frac{m-1}{m} S - \frac{\partial F}{\partial y} \right),$$

und somit kommt im ganzen

$$v \equiv \int \left(\frac{\partial v}{\partial y} dy + \frac{\partial v}{\partial z} dz \right) = \frac{1}{2G} \left(\frac{m-1}{m} S - \frac{\partial F}{\partial y} \right) + C_2' z + C_3'. \tag{6a}$$

Ebenso berechnet sich

$$w = \frac{1}{2G} \left(\frac{m-1}{m} T - \frac{\partial F}{\partial z} \right) + C_1'' y + C_3''. \tag{6b}$$

Bestimmt man schließlich mit den Werten (6a) und (6b) $\psi_{yz} \equiv \frac{\partial v}{\partial z} + \frac{\partial w}{\partial y}$, so findet man wegen (5) und (**12**, 5a)

$$\psi_{yz} = \frac{\tau_{yz}}{G} + C_2' + C_1'',$$

so daß zufolge der dritten Gleichung (1)

$$C_1'' = -C_2'$$

sein muß. Die Verschiebungen des ebenen Verzerrungszustandes sind also

$$\left.\begin{aligned} v &= \frac{1}{2G}\left(\frac{m-1}{m}S - \frac{\partial F}{\partial y}\right) + C_2' z + C_3', \\ w &= \frac{1}{2G}\left(\frac{m-1}{m}T - \frac{\partial F}{\partial z}\right) - C_2' y + C_3''. \end{aligned}\right\} \tag{7}$$

Die rechten Glieder mit den Integrationskonstanten C_2', C_3' und C_3'' stellen eine Verschiebung und Drehung des Querschnitts als Ganzes dar. Sie können, ohne daß hierdurch die Allgemeinheit der Lösung beeinflußt wird, unterdrückt werden.

Wir kommen jetzt noch auf einen Umstand zu sprechen, der für die experimentelle Untersuchung von ebenen Verzerrungs- und zugehörigen Spannungszuständen von großer Bedeutung ist. Wie aus Ziff. **12** hervorgeht, treten, so lange man sich auf einfach zusammenhängende Querschnitte beschränkt, weder in der Differentialgleichung (**12**, 9) für F, noch in ihren Randbedingungen (**12**, 14) und (**12**, 16) Elastizitätskonstanten auf. Hieraus zieht man den wichtigen Schluß, daß bei einem Modellversuch der benützte Stoff keine Rolle spielt, soweit er nur homogen und isotrop ist und dem Hookeschen Gesetze folgt.

Es fragt sich nun, ob dies auch noch bei mehrfach zusammenhängenden Querschnitten der Fall sein wird. In Ziff. **12** ist betont worden, aus welchem Grund beim einfach zusammenhängenden Querschnitt die drei Integrationskonstanten in der Randbedingung (**12**, 13) Null gesetzt werden können. Beim mehrfach zusammenhängenden Querschnitt treten auf jedem Rande drei solche Konstanten auf. Auch hier kann über ein einziges Tripel, z. B. dasjenige, das zum Außenrand gehört, frei verfügt werden. Die anderen Konstanten dagegen bestimmen sich durch die Forderung, daß die Verschiebungs- und Verzerrungsgrößen eindeutige Funktionen der Koordinaten y und z sein sollen. Insbesondere müssen die Verschiebungen v und w nach einem Umlauf um ein Loch herum zu ihren Anfangswerten zurückkehren. Sieht man von den unwesentlichen Integrationskonstanten in (7) ab, so müssen also für jedes Loch die Randintegrale

$$\oint dv = \frac{1}{2G}\oint d\left(\frac{m-1}{m}S - \frac{\partial F}{\partial y}\right) \quad \text{und} \quad \oint dw = \frac{1}{2G}\oint d\left(\frac{m-1}{m}T - \frac{\partial F}{\partial z}\right)$$

den Wert Null haben. Nun ist wegen (5)

$$\oint dS \equiv \oint\left(\frac{\partial S}{\partial y}dy + \frac{\partial S}{\partial z}dz\right) = \oint (s'dy - t\,dz), \oint dT \equiv \oint\left(\frac{\partial T}{\partial y}dy + \frac{\partial T}{\partial z}dz\right) = \oint (t\,dy + s'dz)$$

und wegen (**12**, 11)

$$\oint d\frac{\partial F}{\partial y} = -\oint p_z\,dl = -Z,$$

$$\oint d\frac{\partial F}{\partial z} = \oint p_y\,dl = Y,$$

wenn mit Y und Z die y- und z-Komponente der auf den Lochrand wirkenden resultierenden Kraft bezeichnet werden. Für jedes Loch soll also gelten

$$\oint (s'dy - t\,dz) = -\frac{m}{m-1}Z, \qquad \oint (t\,dy + s'dz) = \frac{m}{m-1}Y. \tag{8}$$

Eine dritte Gleichung erhält man, indem man fordert, daß auch die x-Komponente der in (I, **12**, 8) definierten Drehung ω, d. h. der Ausdruck

$$\frac{\partial w}{\partial y} - \frac{\partial v}{\partial z} \equiv \frac{1}{G}\,\frac{m-1}{m}\,t$$

[wie mit (7) und (5) folgt] eindeutig sein soll. Dazu muß zufolge (3) an jedem Lochrand

$$\oint dt = \oint\left(\frac{\partial t}{\partial y} dy + \frac{\partial t}{\partial z} dz\right) = -\oint\left(\frac{\partial s'}{\partial z} dy - \frac{\partial s'}{\partial y} dz\right) = 0 \tag{9}$$

sein. Nun ist nach Ziff. **12**, Abb. 7 mit $\frac{\partial y}{\partial l} = -\frac{\partial z}{\partial n}$ und $\frac{\partial z}{\partial l} = \frac{\partial y}{\partial n}$

$$\frac{\partial s'}{\partial z} dy - \frac{\partial s'}{\partial y} dz = \left(\frac{\partial s'}{\partial z}\frac{\partial y}{\partial l} - \frac{\partial s'}{\partial y}\frac{\partial z}{\partial l}\right) dl = -\frac{\partial s'}{\partial n} dl,$$

so daß (9) übergeht in

$$\oint \frac{\partial s'}{\partial n} dl = 0. \tag{10}$$

Die Gleichungen (8) und (10) genügen, um alle auftretenden Integrationskonstanten eindeutig zu bestimmen. Aus den Gleichungen (8) folgert man aber außerdem den wichtigen Satz:

Bilden für jeden Lochrand die auf ihn wirkenden Kräfte ein Gleichgewichtssystem (so daß für jeden Rand $Y = 0$ und $Z = 0$ ist), so ist auch beim mehrfach zusammenhängenden Querschnitt die Spannungsverteilung unabhängig von den Elastizitätskonstanten.

14. Der ebene Spannungszustand. Wir betrachten einen plattenförmigen, von den Ebenen $x = \pm a$ begrenzten Körper, welcher nur an seinem Rand durch Kräfte belastet ist, die über die Dicke symmetrisch zur (y, z)-Ebene verteilt und überdies zur (y, z)-Ebene parallel sind. Ist die Dicke $2a$ dieser Platte im Verhältnis zu ihren anderen Abmessungen gering, so ist von vornherein klar, daß Spannungs- und Verzerrungszustand über die Dicke der Platte nur sehr wenig veränderlich sein können, so daß man sich mit der Kenntnis der über die Plattendicke genommenen Mittelwerte aller Spannungen und Verzerrungen begnügen kann.

Bezeichnet man die in diesem Sinne genommenen Mittelwerte der Spannungen $\sigma_x, \ldots, \tau_{yz}, \ldots$ mit $\bar\sigma_x, \ldots, \bar\tau_{yz}, \ldots$, so daß also

$$\int_{-a}^{+a} \sigma_x\, dx = 2a\,\bar\sigma_x, \ldots, \int_{-a}^{+a} \tau_{yz}\, dx = 2a\,\bar\tau_{yz}, \ldots$$

ist, so sind, weil die Ebene $x = 0$ eine Symmetrieebene ist, $\bar\tau_{xy}$ und $\bar\tau_{xz}$ beide Null; $\bar\sigma_x$ dagegen wird im allgemeinen einen von Null verschiedenen, wenn auch kleinen, Wert haben. Gewöhnlich stellt man sich auf den Standpunkt, daß die Spannungen σ_x, τ_{xy} und τ_{xz}, welche voraussetzungsgemäß für $x = \pm a$ genau gleich Null sind, überall sonst im Körper so klein bleiben, daß sie vernachlässigt werden können. In diesem Falle bezeichnet man den Spannungszustand als einen ebenen Spannungszustand, weil auf Grund der eingeführten Vernachlässigung jetzt der Spannungsvektor eines beliebigen Flächenelements zur (y, z)-Ebene parallel ist.

Zur Bestimmung der Mittelwerte $\bar\sigma_y$, $\bar\sigma_z$ und $\bar\tau_{yz}$ greifen wir zurück auf die Gleichungen (**12**, 2) und integrieren diese nach x zwischen den Grenzen $-a$ und $+a$. Vertauscht man dabei die Reihenfolge der vorkommenden Differentiationen und Integrationen, so findet man

$$\int_{-a}^{+a} \frac{\partial \sigma_x}{\partial x} dx + \frac{\partial}{\partial y}\int_{-a}^{+a} \tau_{yx}\, dx + \frac{\partial}{\partial z}\int_{-a}^{+a} \tau_{zx}\, dx = 0,$$

$$\int_{-a}^{+a} \frac{\partial \tau_{xy}}{\partial x} dx + \frac{\partial}{\partial y}\int_{-a}^{+a} \sigma_y\, dx + \frac{\partial}{\partial z}\int_{-a}^{+a} \tau_{zy}\, dx = 0,$$

$$\int_{-a}^{+a} \frac{\partial \tau_{xz}}{\partial x} dx + \frac{\partial}{\partial y}\int_{-a}^{+a} \tau_{yz}\, dx + \frac{\partial}{\partial z}\int_{-a}^{+a} \sigma_z\, dx = 0.$$

Die erste dieser Gleichungen scheidet aus, weil

$$\int_{-a}^{+a} \frac{\partial \sigma_x}{\partial x} d x = (\sigma_x)_{+a} - (\sigma_x)_{-a} = 0, \quad \int_{-a}^{+a} \tau_{yx} d x = 2 a \bar{\tau}_{yx} = 0, \quad \int_{-a}^{+a} \tau_{zx} d x = 2 a \bar{\tau}_{zx} = 0$$

ist. Die beiden anderen reduzieren sich auf

$$\left.\begin{aligned} \frac{\partial \bar{\sigma}_y}{\partial y} + \frac{\partial \bar{\tau}_{yz}}{\partial z} &= 0, \\ \frac{\partial \bar{\tau}_{yz}}{\partial y} + \frac{\partial \bar{\sigma}_z}{\partial z} &= 0. \end{aligned}\right\} \tag{1}$$

Weil die Gleichungen (1) in ihrer Form mit den letzten zwei Gleichungen (**12**, 4) übereinstimmen, so können die Spannungsmittelwerte $\bar{\sigma}_y$, $\bar{\sigma}_z$, $\bar{\tau}_{yz}$ auch hier aus einer einzigen Funktion F hergeleitet werden, welche der Differentialgleichung

$$\Delta' \Delta' F = 0 \tag{2}$$

genügt, indem man setzt

$$\bar{\sigma}_y = \frac{\partial^2 F}{\partial z^2}, \qquad \bar{\sigma}_z = \frac{\partial^2 F}{\partial y^2}, \qquad \bar{\tau}_{yz} = -\frac{\partial^2 F}{\partial y \, \partial z}. \tag{3}$$

Integriert man auch die Gleichungen (I, **17**, 2a) und (I, **17**, 2d) nach x zwischen $-a$ und $+a$ und führt dabei die über die Plattendicke genommenen Mittelwerte $\bar{u}$, $\bar{v}$, $\bar{w}$ der Verschiebungskomponenten u, v, w ein, indem man $\int_{-a}^{+a} u \, d x = 2 a \bar{u}, \ldots$ setzt, so erhält man wegen der Symmetrie bezüglich der Ebene $x = 0$

$$\left.\begin{aligned} &\frac{u_a - u_{-a}}{2a} = -\frac{1}{mE} (\bar{\sigma}_y + \bar{\sigma}_z), \\ &\left.\begin{aligned} \frac{\partial \bar{v}}{\partial y} &= \frac{1}{E}\left(\bar{\sigma}_y - \frac{1}{m} \bar{\sigma}_z\right) = \frac{1}{2G}\left(\bar{\sigma}_y - \frac{\bar{s}'}{m+1}\right), \\ \frac{\partial \bar{w}}{\partial z} &= \frac{1}{E}\left(\bar{\sigma}_z - \frac{1}{m} \bar{\sigma}_y\right) = \frac{1}{2G}\left(\bar{\sigma}_z - \frac{\bar{s}'}{m+1}\right), \end{aligned}\right\} (\bar{s}' = \bar{\sigma}_y + \bar{\sigma}_z) \\ &\frac{\partial \bar{v}}{\partial z} + \frac{\partial \bar{w}}{\partial y} = \frac{\bar{\tau}_{yz}}{G}. \end{aligned}\right\} \tag{4}$$

Die drei letzten Gleichungen stimmen in ihrer Form mit den Gleichungen (**13**, 1) überein; nur ist der dortige Faktor m durch $m+1$ zu ersetzen. Die Formeln (**13**, 7) für v und w können also ohne weiteres für $\bar{v}$ und $\bar{w}$ übernommen werden, wenn der Faktor $\frac{m-1}{m}$ durch $\frac{m}{m+1}$ ersetzt wird. Unterdrückt man die unwesentlichen Konstanten C_2', C_3', C_3'', so erhält man mithin

$$\left.\begin{aligned} \bar{v} &= \frac{1}{2G}\left(\frac{m}{m+1} S - \frac{\partial F}{\partial y}\right), \\ \bar{w} &= \frac{1}{2G}\left(\frac{m}{m+1} T - \frac{\partial F}{\partial z}\right). \end{aligned}\right\} \tag{5}$$

Die in (3) und (5) erhaltenen Ergebnisse drücken die Filonschen Mittelwertsätze aus.

15. Der rotationssymmetrische Verzerrungs- und Spannungszustand. Ein anderer wichtiger Fall, bei dem der Spannungs- und Verzerrungszustand nur von zwei Koordinaten abhängt, tritt auf, wenn der Körper und seine Belastung rotationssymmetrisch bezüglich einer bestimmten Achse sind. Wählt man diese Achse zur z-Achse und benutzt Zylinderkoordinaten r, φ, z, so sind alle Spannungen und alle Verzerrungen vom Winkel φ unabhängig, und die Gleichungen (I, **18**, 12) vereinfachen sich zu

$$\left.\begin{aligned}\varepsilon_r &= \frac{\partial u}{\partial r},\\ \varepsilon_\varphi &= \frac{u}{r},\\ \varepsilon_z &= \frac{\partial w}{\partial z},\end{aligned}\right\}\text{(1a)}\quad \left.\begin{aligned}\psi_{\varphi z} &= \frac{\partial v}{\partial z},\\ \psi_{zr} &= \frac{\partial w}{\partial r}+\frac{\partial u}{\partial z},\\ \psi_{r\varphi} &= \frac{\partial v}{\partial r}-\frac{v}{r},\end{aligned}\right\}\text{(1b)}\quad \left.\begin{aligned}&\frac{\partial \sigma_r}{\partial r}+\frac{\partial \tau_{rz}}{\partial z}+\frac{\sigma_r-\sigma_\varphi}{r}+X_r=0,\\ &\frac{\partial \tau_{r\varphi}}{\partial r}+\frac{\partial \tau_{\varphi z}}{\partial z}+2\frac{\tau_{r\varphi}}{r}+X_\varphi=0,\\ &\frac{\partial \tau_{rz}}{\partial r}+\frac{\partial \sigma_z}{\partial z}+\frac{\tau_{rz}}{r}+X_z=0.\end{aligned}\right\}\text{(1c)}$$

Für die Spannungen findet man daraus nach (I, **17**, 2c) und (I, **17**, 2d)

$$\left.\begin{aligned}\sigma_r &= 2G\left(\varepsilon_r+\frac{e}{m-2}\right)=\frac{2G}{m-2}\left[(m-1)\frac{\partial u}{\partial r}+\frac{u}{r}+\frac{\partial w}{\partial z}\right],\\ \sigma_\varphi &= 2G\left(\varepsilon_\varphi+\frac{e}{m-2}\right)=\frac{2G}{m-2}\left[\frac{\partial u}{\partial r}+(m-1)\frac{u}{r}+\frac{\partial w}{\partial z}\right],\\ \sigma_z &= 2G\left(\varepsilon_z+\frac{e}{m-2}\right)=\frac{2G}{m-2}\left[\frac{\partial u}{\partial r}+\frac{u}{r}+(m-1)\frac{\partial w}{\partial z}\right],\\ \tau_{\varphi z} &= G\frac{\partial v}{\partial z},\\ \tau_{zr} &= G\left(\frac{\partial w}{\partial r}+\frac{\partial u}{\partial z}\right),\\ \tau_{r\varphi} &= G\left(\frac{\partial v}{\partial r}-\frac{v}{r}\right).\end{aligned}\right\}\quad (2)$$

Setzt man diese Werte in die Gleichungen (1c) ein, so erhält man

$$\left.\begin{aligned}&G\left(\Delta''u+\frac{m}{m-2}\frac{\partial e}{\partial r}-\frac{u}{r^2}\right)+X_r=0,\\ &G\left(\Delta''v-\frac{v}{r^2}\right)+X_\varphi=0,\\ &G\left(\Delta''w+\frac{m}{m-2}\frac{\partial e}{\partial z}\right)+X_z=0\end{aligned}\right\}\text{ mit }\left\{\begin{aligned}\Delta'' &\equiv \frac{\partial^2}{\partial r^2}+\frac{1}{r}\frac{\partial}{\partial r}+\frac{\partial^2}{\partial z^2}\\ &\equiv \frac{1}{r}\frac{\partial}{\partial r}\left(r\frac{\partial}{\partial r}\right)+\frac{\partial^2}{\partial z^2},\\ e &= \frac{\partial u}{\partial r}+\frac{u}{r}+\frac{\partial w}{\partial z}.\end{aligned}\right\}\quad (3)$$

Die Randbedingungen lauten, wenn t_r, t_φ, t_z die Oberflächenspannungen in den Koordinatenrichtungen sind und n die Richtung der nach außen gerichteten Oberflächennormale bezeichnet,

$$\left.\begin{aligned}\sigma_r\cos(r,n)+\tau_{zr}\cos(z,n) &= t_r,\\ \tau_{r\varphi}\cos(r,n)+\tau_{\varphi z}\cos(z,n) &= t_\varphi,\\ \tau_{zr}\cos(r,n)+\sigma_z\cos(z,n) &= t_z.\end{aligned}\right\}\quad (4)$$

Man bemerkt, daß $\tau_{\varphi z}$ und $\tau_{r\varphi}$ nur von v abhängen, und daß v selbst nur in der mittleren Gleichung (3) vorkommt. Die anderen Spannungskomponenten dagegen hängen nur von u und w ab, und diese Größen sind, wie aus der ersten und letzten Gleichung (3) hervorgeht, ihrerseits unabhängig von v. Man hat es also mit zwei getrennten Sätzen von Unbekannten und also auch mit zwei getrennten Spannungs- und Verzerrungsproblemen zu tun.

Wir wollen jetzt noch für das zweite dieser Probleme bei fehlenden Volumkräften zeigen, wie für die Verschiebungen u und w eine gemeinsame Differentialgleichung aufgestellt werden kann. Differentiiert man die erste Gleichung (3) nach z, die dritte nach r und setzt zur Abkürzung

$$\alpha = 2\frac{m-1}{m-2},\quad \beta=\frac{m}{m-2},\quad E^2\equiv\frac{\partial^2}{\partial r^2}+\frac{1}{r}\frac{\partial}{\partial r}-\frac{1}{r^2}\equiv\frac{\partial}{\partial r}\left(\frac{1}{r}\frac{\partial}{\partial r}r\right),\quad D^2\equiv\frac{\partial^2}{\partial z^2},$$

so erhält man

$$(\alpha E^2 + D^2)\frac{\partial u}{\partial z} + \beta D^2 \frac{\partial w}{\partial r} = 0,$$

$$\beta E^2 \frac{\partial u}{\partial z} + (E^2 + \alpha D^2)\frac{\partial w}{\partial r} = 0.$$

Eliminiert man aus diesen beiden Gleichungen $\partial u/\partial z$, indem man auf die erste den Differentialoperator βE^2, auf die zweite den Differentialoperator $(\alpha E^2 + D^2)$ anwendet und dann die erste von der zweiten subtrahiert, so entsteht wegen $\alpha^2 + 1 - \beta^2 = 2\alpha$ mit dem neuen Differentialoperator

$$\Delta''' \equiv \frac{\partial^2}{\partial r^2} + \frac{1}{r}\frac{\partial}{\partial r} - \frac{1}{r^2} + \frac{\partial^2}{\partial z^2} \equiv \frac{\partial}{\partial r}\left(\frac{1}{r}\frac{\partial}{\partial r} r\right) + \frac{\partial^2}{\partial z^2} \tag{5}$$

die Gleichung

$$\Delta''' \Delta''' \frac{\partial w}{\partial r} = 0. \tag{6}$$

Ebenso findet man

$$\Delta''' \Delta''' \frac{\partial u}{\partial z} = 0. \tag{7}$$

Somit ist die Bestimmung der Verschiebungen u und w und also nach (2) auch der Spannungen σ_r, σ_φ, σ_z, τ_{zr} auf die Lösung der Gleichung

$$\Delta''' \Delta''' F = 0 \tag{8}$$

zurückgeführt.

Auf das andere Teilproblem, das die Größen $\tau_{\varphi z}$, $\tau_{r\varphi}$ und v umfaßt und offenbar eine Torsion des Körpers darstellt, kommen wir in Ziff. **19** zurück.

16. Die Verschiebungsfunktionen für den ebenen und für den rotationssymmetrischen Verzerrungszustand. Für manche Aufgaben noch geeigneter als die Airysche Spannungsfunktion F [vgl. (**12**, 5a) und (**12**, 9)] ist eine andere Funktion[1]), die an die Verschiebungen anknüpft und nicht nur für das ebene, sondern auch für das rotationssymmetrische Problem eine einfache Darstellung zuläßt, falls keine Volumkräfte wirken.

a) Der ebene Verzerrungszustand. Wenn v und w die Verschiebungen eines ebenen Verzerrungszustandes ohne Volumkräfte sind, welche also den Gleichungen (I, **17**, 4) mit $u=0$, $\partial/\partial x = 0$ und $X=Y=Z=0$

$$\Delta' v + \frac{m}{m-2}\frac{\partial e'}{\partial y} = 0, \qquad \Delta' w + \frac{m}{m-2}\frac{\partial e'}{\partial z} = 0 \tag{1}$$

genügen, wobei

$$\Delta' \equiv \frac{\partial^2}{\partial y^2} + \frac{\partial^2}{\partial z^2}, \qquad e' = \frac{\partial v}{\partial y} + \frac{\partial w}{\partial z} \tag{2}$$

ist, so kann man mit zwei Funktionen $\varphi(y, z)$ und $\psi(y, z)$ die Ansätze

$$v = \frac{\partial \varphi}{\partial y} + 2\frac{m-1}{m-2}\frac{\partial \psi}{\partial z}, \qquad w = \frac{\partial \varphi}{\partial z} - 2\frac{m-1}{m-2}\frac{\partial \psi}{\partial y} \tag{3}$$

machen. Dies gibt nach (2) zunächst $e' = \Delta'\varphi$, und dann nach (1)

$$\Delta'\left(\frac{\partial \varphi}{\partial y} + \frac{\partial \psi}{\partial z}\right) = 0, \qquad \Delta'\left(\frac{\partial \varphi}{\partial z} - \frac{\partial \psi}{\partial y}\right) = 0. \tag{4}$$

Die erste dieser Potentialgleichungen (4) wird identisch befriedigt, wenn man φ und ψ aus einer neuen Funktion Φ folgendermaßen ableitet:

$$\varphi = \frac{\partial \Phi}{\partial z}, \qquad \psi = -\frac{\partial \Phi}{\partial y}. \tag{5}$$

---

[1]) Von A. E. H. Love, Lehrbuch der Elastizität (deutsch von A. Timpe), S. 317, Leipzig 1907, für das rotationssymmetrische Problem angegeben, von K. Marguerre, Spannungsverteilung und Wellenausbreitung in der kontinuierlich gestützten Platte, Ing.-Arch. 4 (1933) S. 332, für das ebene Problem.

Hiermit geht die zweite Gleichung (4) über in die Bipotentialgleichung

$$\Delta'\Delta'\Phi = 0 \tag{6}$$

für die Funktion Φ. In ihr drücken sich die Verschiebungen sehr einfach aus, weshalb Φ die Verschiebungsfunktion heißt. Man findet nämlich nach (3)

$$\left.\begin{aligned} v &= -\frac{m}{m-2}\frac{\partial^2\Phi}{\partial y\,\partial z}, \\ w &= 2\frac{m-1}{m-2}\frac{\partial^2\Phi}{\partial y^2}+\frac{\partial^2\Phi}{\partial z^2} \equiv 2\frac{m-1}{m-2}\Delta'\Phi-\frac{m}{m-2}\frac{\partial^2\Phi}{\partial z^2}. \end{aligned}\right\} \tag{7}$$

Die räumliche Dehnung wird

$$e' = \frac{\partial}{\partial z}\Delta'\Phi. \tag{8}$$

Die Spannungen folgen schließlich aus (I, **17**, 2c) und (I, **17**, 2d) zu

$$\left.\begin{aligned} \sigma_x &= \frac{2G}{m-2}\frac{\partial}{\partial z}\Delta'\Phi, \\ \sigma_y &= \frac{2G}{m-2}\frac{\partial}{\partial z}\left(\Delta'\Phi - m\frac{\partial^2\Phi}{\partial y^2}\right), \\ \sigma_z &= \frac{2(2m-1)G}{m-2}\frac{\partial}{\partial z}\left(\Delta'\Phi-\frac{m}{2m-1}\frac{\partial^2\Phi}{\partial z^2}\right), \\ \tau_{yz} &= \frac{2(m-1)G}{m-2}\frac{\partial}{\partial y}\left(\Delta'\Phi-\frac{m}{m-1}\frac{\partial^2\Phi}{\partial z^2}\right), \end{aligned}\right\} \tag{9}$$

wogegen τ_{zx} und τ_{xy} auch hier abseits bleiben.

b) Der rotationssymmetrische Verzerrungszustand. Wenn u und w die in die Meridianebene fallenden Verschiebungskomponenten eines rotationssymmetrischen Verzerrungszustandes ohne Volumkräfte sind, welche also der ersten und dritten Gleichung (**15**, 3) mit $X_r = X_z = 0$

$$\Delta'' u + \frac{m}{m-2}\frac{\partial e}{\partial r} - \frac{u}{r^2} = 0, \qquad \Delta'' w + \frac{m}{m-2}\frac{\partial e}{\partial z} = 0 \tag{10}$$

genügen, wobei

$$\Delta'' \equiv \frac{\partial^2}{\partial r^2}+\frac{1}{r}\frac{\partial}{\partial r}+\frac{\partial^2}{\partial z^2}, \qquad e = \frac{\partial u}{\partial r}+\frac{u}{r}+\frac{\partial w}{\partial z} \tag{11}$$

ist, so kann man setzen

$$u = \frac{\partial\varphi}{\partial r} + 2\frac{m-1}{m-2}\frac{\partial\psi}{\partial z}, \qquad w = \frac{\partial\varphi}{\partial z} - 2\frac{m-1}{m-2}\frac{1}{r}\frac{\partial(r\psi)}{\partial r}. \tag{12}$$

Dies gibt nach (11) zunächst $e = \Delta''\varphi$, und dann wird wegen

$$\frac{\partial}{\partial r}\Delta'' = \Delta''\frac{\partial}{\partial r} - \frac{1}{r^2}\frac{\partial}{\partial r} \tag{13}$$

vollends aus (10)

$$\left(\Delta''-\frac{1}{r^2}\right)\left(\frac{\partial\varphi}{\partial r}+\frac{\partial\psi}{\partial z}\right) = 0, \qquad \Delta''\left[\frac{\partial\varphi}{\partial z}-\frac{1}{r}\frac{\partial(r\psi)}{\partial r}\right] = 0. \tag{14}$$

Die erste dieser Gleichungen (14) wird identisch befriedigt, wenn man φ und ψ aus einer Verschiebungsfunktion Φ folgendermaßen ableitet:

$$\varphi = \frac{\partial\Phi}{\partial z}, \qquad \psi = -\frac{\partial\Phi}{\partial r}. \tag{15}$$

Hiermit geht die zweite Gleichung (14) über in die Gleichung

$$\Delta''\Delta''\Phi = 0 \tag{16}$$

für die Funktion Φ. In ihr ausgedrückt, werden nach (12) die Verschiebungen

$$\left.\begin{aligned} u &= -\frac{m}{m-2}\frac{\partial^2\Phi}{\partial r\,\partial z}, \\ w &= 2\frac{m-1}{m-2}\left(\frac{\partial^2\Phi}{\partial r^2}+\frac{1}{r}\frac{\partial\Phi}{\partial r}\right)+\frac{\partial^2\Phi}{\partial z^2} \equiv 2\frac{m-1}{m-2}\Delta''\Phi-\frac{m}{m-2}\frac{\partial^2\Phi}{\partial z^2}. \end{aligned}\right\} \tag{17}$$

Die räumliche Dehnung wird

$$e=\frac{\partial}{\partial z}\Delta''\Phi. \tag{18}$$

Die Spannungen folgen schließlich aus (**15**, 2) zu

$$\left.\begin{aligned} \sigma_r &= \frac{2G}{m-2}\frac{\partial}{\partial z}\left(\Delta''\Phi-m\frac{\partial^2\Phi}{\partial r^2}\right), \\ \sigma_\varphi &= \frac{2G}{m-2}\frac{\partial}{\partial z}\left(\Delta''\Phi-\frac{m}{r}\frac{\partial\Phi}{\partial r}\right), \\ \sigma_z &= \frac{2(2m-1)G}{m-2}\frac{\partial}{\partial z}\left(\Delta''\Phi-\frac{m}{2m-1}\frac{\partial^2\Phi}{\partial z^2}\right), \\ \tau_{zr} &= \frac{2(m-1)G}{m-2}\frac{\partial}{\partial r}\left(\Delta''\Phi-\frac{m}{m-1}\frac{\partial^2\Phi}{\partial z^2}\right), \end{aligned}\right\} \tag{19}$$

wogegen $\tau_{\varphi z}$ und $\tau_{r\varphi}$ wieder, ebenso wie v, abseits bleiben.

Wie bei der Airyschen Spannungsfunktion in Ziff. **12**, so kann man auch für die Funktion Φ zeigen[1]), daß jeder ebene bzw. rotationssymmetrische Verzerrungszustand sich in ihr durch die Formeln (7) bis (9) bzw. (17) bis (19) darstellen läßt.

Außerdem erkennt man leicht, daß sich zu diesen Darstellungen je noch ein duales Gegenstück bilden läßt, indem man die Rolle der beiden Gleichungen (4) bzw. der beiden Gleichungen (14) je unter sich vertauscht, also beim ebenen Problem statt (5) mit einer andern Verschiebungsfunktion Ψ

$$\varphi=\frac{\partial\Psi}{\partial y}, \qquad \psi=\frac{\partial\Psi}{\partial z} \tag{20}$$

setzt, was dann auf

$$\Delta'\Delta'\Psi=0 \tag{21}$$

führt und auf analog zu (7) bis (9) gebaute Formeln, in denen nun einfach y mit z und v mit w vertauscht erscheinen. Beim rotationssymmetrischen Problem sind die dualen Formeln etwas umständlicher gebaut. Den Ansätzen (15) entspricht hier

$$\varphi=\frac{1}{r}\frac{\partial\Psi}{\partial r}, \qquad \psi=\frac{1}{r}\frac{\partial\Psi}{\partial z}, \tag{22}$$

die Gleichung (16) aber ist zu ersetzen durch

$$\left[\frac{\partial}{\partial r}\left(\frac{1}{r}\frac{\partial}{\partial r}r\right)+\frac{\partial^2}{\partial z^2}\right]\left[\frac{\partial}{\partial r}\left(\frac{1}{r}\frac{\partial\Psi}{\partial r}\right)+\frac{1}{r}\frac{\partial^2\Psi}{\partial z^2}\right]=0. \tag{23}$$

Die duale Darstellung bietet hier also im allgemeinen keinen Vorteil.

17. Beispiel: die Einzelkraft auf den elastischen Halbraum. Als Anwendung der vorangehenden Methode der Verschiebungsfunktionen behandeln wir ein Beispiel, dem, wie wir erkennen werden, eine sehr allgemeine und wichtige

[1]) C. B. Biezeno, Über die Marguerresche Spannungsfunktion, Ing.-Arch. 5 (1934) S. 120.

Bedeutung zukommt. Es soll sich um den rotationssymmetrischen Fall, also um die Gleichung (**16**, 16)

$$\Delta''\Delta''\Phi = 0 \qquad \left(\Delta'' \equiv \frac{\partial^2}{\partial r^2} + \frac{1}{r}\frac{\partial}{\partial r} + \frac{\partial^2}{\partial z^2}\right) \tag{1}$$

handeln. Wir gehen aus von den Boussinesqschen Funktionen

$$\Phi_1 \equiv R, \ \Phi_2 \equiv z \ln(z+R) \quad \text{mit} \quad R = \sqrt{r^2+z^2} \tag{2}$$

und überzeugen uns zunächst davon, daß sie in der Tat die Gleichung (1) erfüllen. Es ist nämlich

$$\frac{\partial \Phi_1}{\partial r} = \frac{r}{R}, \quad \frac{\partial \Phi_1}{\partial z} = \frac{z}{R}, \quad \frac{\partial^2 \Phi_1}{\partial r^2} = \frac{z^2}{R^3}, \quad \frac{\partial^2 \Phi_1}{\partial r\,\partial z} = -\frac{rz}{R^3}, \quad \frac{\partial^2 \Phi_1}{\partial z^2} = \frac{r^2}{R^3}, \quad \Delta''\Phi_1 = \frac{2}{R} \tag{3}$$

und ebenso weiter (mit der Funktion $\Delta''\Phi_1$) nach kurzer Rechnung $\Delta''\Delta''\Phi_1 = 0$, ferner

$$\left.\begin{aligned} &\frac{\partial \Phi_2}{\partial r} = \frac{rz}{R(z+R)}, \quad \frac{\partial \Phi_2}{\partial z} = \ln(z+R) + \frac{z}{R}, \quad \frac{\partial^2 \Phi_2}{\partial r^2} = \frac{z^2}{R^3} - \frac{z}{R(z+R)}, \\ &\frac{\partial^2 \Phi_2}{\partial r\,\partial z} = \frac{r}{R(z+R)} - \frac{rz}{R^3}, \quad \frac{\partial^2 \Phi_2}{\partial z^2} = \frac{1}{R} + \frac{r^2}{R^3}, \quad \Delta''\Phi_2 = \frac{2}{R} \end{aligned}\right\} \tag{4}$$

und daher ebenfalls $\Delta''\Delta''\Phi_2 = 0$. Der Ansatz

$$\Phi = A\,\Phi_1 + B\,\Phi_2 \tag{5}$$

für die Verschiebungsfunktion mit den noch offenen Konstanten A und B führt also nach (**16**, 17) und (**16**, 19) mit den Werten (3) und (4) auf die Verschiebungen

$$\left.\begin{aligned} u &= \frac{m}{m-2}\left[(A+B)\frac{rz}{R^3} - B\,\frac{r}{R(z+R)}\right], \\ w &= \frac{m}{m-2}\left[\left(\frac{3m-4}{m}A + 2\,\frac{m-2}{m}B\right)\frac{1}{R} + (A+B)\frac{z^2}{R^3}\right] \end{aligned}\right\} \tag{6}$$

und die Spannungen

$$\left.\begin{aligned} \sigma_r &= 2G\left[\frac{m}{m-2}B\,\frac{1}{R(z+R)} + \left(A - \frac{2}{m-2}B\right)\frac{z}{R^3} - \frac{3m}{m-2}(A+B)\frac{r^2 z}{R^5}\right], \\ \sigma_\varphi &= 2G\left[(A+B)\frac{z}{R^3} - \frac{m}{m-2}B\,\frac{1}{R(z+R)}\right], \\ \sigma_z &= -2G\left[\left(A - \frac{2}{m-2}B\right)\frac{z}{R^3} + \frac{3m}{m-2}(A+B)\frac{z^3}{R^5}\right], \\ \tau_{zr} &= -2G\left[\left(A - \frac{2}{m-2}B\right)\frac{r}{R^3} + \frac{3m}{m-2}(A+B)\frac{rz^2}{R^5}\right]. \end{aligned}\right\} \tag{7}$$

Wir verfügen jetzt über die Konstante B so, daß in der Ebene $z = 0$ (Abb. 8) keine Schubspannung vorhanden ist [abgesehen von dem singulären Nullpunkt des (r, z)-Systems], setzen also

$$B = \frac{m-2}{2}A \tag{8}$$

und haben damit statt der dritten Gleichung (7)

$$\sigma_z = -\frac{3m^2 G}{m-2}A\,\frac{z^3}{R^5}. \tag{9}$$

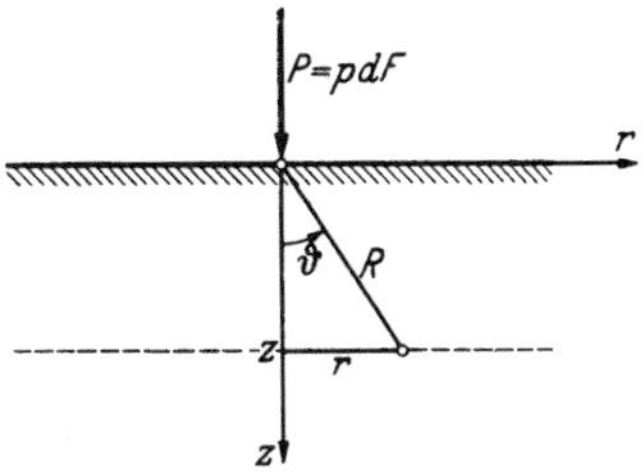

Abb. 8. Halbraum mit Einzelkraft.

Da die Ebene $z = 0$ also (abgesehen vom Nullpunkt) auch keine Normalspannung trägt, so können wir sie als unbelastete Begrenzungsebene des Körpers ansehen, der sich etwa über positive Werte von z erstrecken soll und mithin als elastischer Halbraum anzusprechen ist.

Im Nullpunkt gehen die Spannungen über alle Grenzen, es sei denn, daß wir A als unendlich klein von zweiter Ordnung ansehen. In diesem Fall herrscht im Nullpunkt eine endliche Normalspannung p, die wir uns als Druckkraft $P = p\,dF$ (unter dF ein Element der Oberfläche im Nullpunkt verstanden) von außen her aufgebracht denken wollen. Die Konstante A bestimmt man aus P, indem man ausdrückt, daß der Kraft P das Gleichgewicht gehalten wird durch die Gesamtheit der Normalspannungen σ_z in jeder Ebene $z = \text{konst.}$ (>0). Dies gibt mit (9)

$$P = -\int_{r=0}^{r=\infty} \sigma_z\,dF = \frac{3\,m^2 G}{m-2} A z^3 \int_0^\infty \frac{2\pi r\,dr}{(r^2+z^2)^{5/2}} = \frac{2\pi m^2 G}{m-2} A\,,$$

so daß also

$$A = \frac{m-2}{2\pi m^2 G} P \tag{10}$$

wird. Geht man mit den Werten von A und B aus (10) und (8) in (6) und (7) ein, so findet man die endgültigen Werte der Verschiebungen

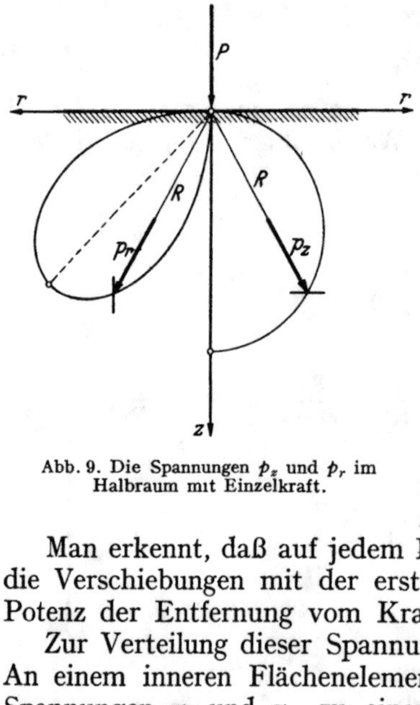

Abb. 9. Die Spannungen p_z und p_r im Halbraum mit Einzelkraft.

$$\left.\begin{aligned} u &= \frac{P}{4\pi G}\left[\frac{rz}{R^3} - \frac{m-2}{m}\frac{r}{R(z+R)}\right],\\ w &= \frac{P}{4\pi G}\left[\frac{2(m-1)}{m}\frac{1}{R} + \frac{z^2}{R^3}\right] \end{aligned}\right\} \tag{11}$$

und der Spannungen

$$\left.\begin{aligned} \sigma_r &= \frac{P}{2\pi}\left[\frac{m-2}{m}\frac{1}{R(z+R)} - 3\frac{r^2 z}{R^5}\right],\\ \sigma_\varphi &= \frac{P}{2\pi}\frac{m-2}{m}\left[\frac{z}{R^3} - \frac{1}{R(z+R)}\right],\\ \sigma_z &= -\frac{3P}{2\pi}\frac{z^3}{R^5},\\ \tau_{zr} &= -\frac{3P}{2\pi}\frac{r z^2}{R^5} \end{aligned}\right\} \tag{12}$$

für den elastischen Halbraum mit einer Einzelkraft P an der Oberfläche.

Man erkennt, daß auf jedem Fahrstrahl durch den Angriffspunkt der Kraft die Verschiebungen mit der ersten Potenz, die Spannungen mit der zweiten Potenz der Entfernung vom Kraftangriffspunkt abnehmen.

Zur Verteilung dieser Spannungen soll hier nur folgendes bemerkt werden. An einem inneren Flächenelement $z = \text{konst.}$ (Abb. 9 rechts) setzen sich die Spannungen σ_z und τ_{zr} zu einem Spannungsvektor p_z zusammen, der nach (12) den Betrag

$$p_z = \sqrt{\sigma_z^2 + \tau_{zr}^2} = \frac{3P}{2\pi}\frac{z^2}{R^4} \tag{13}$$

und wegen $\sigma_z : \tau_{zr} = z : r$ die Richtung des Fahrstrahls R hat. Die Punkte, deren Flächenelemente $z = \text{konst.}$ Spannungsvektoren von gleichem Betrag p_z aufweisen, liegen auf einer Fläche, deren Meridianschnitt der Gleichung

$$r^2 + z^2 = z\sqrt{\frac{3P}{2\pi p_z}}$$

gehorcht, und das ist ein die r-Achse im Kraftangriffspunkt berührender Kreis vom Durchmesser $\sqrt{3P/2\pi p_z}$. Für $m = 2$ kann man eine ähnlich einfache

Aussage über die Flächenelemente $r =$ konst. (Abb. 9 links) machen; dort setzen sich die Spannungen σ_r und τ_{zr} zu einem Spannungsvektor p_r zusammen, der dann den Betrag

$$p_r = \sqrt{\sigma_r^2 + \tau_{zr}^2} = \frac{3P}{2\pi} \frac{rz}{R^4} \tag{14}$$

und wegen $\sigma_r : \tau_{zr} = r : z$ wieder die Richtung des Fahrstrahls R hat. Die Punkte, deren Flächenelemente $r =$ konst. Spannungsvektoren von gleichem Betrag p_r aufweisen, liegen auf einer Fläche, deren Meridianschnitt der Gleichung

$$(r^2 + z^2)^2 = \frac{3P}{2\pi p_r} rz$$

gehorcht, und das ist eine Vierblattkurve mit dem größten Fahrstrahl $\sqrt{3P/4\pi p_r}$.

Wenn P eine Drucklast ist, so ist nach (12) auch σ_z eine Druckspannungen im ganzen Halbraum, wogegen σ_r und σ_φ je innerhalb eines zur z-Achse koaxialen Kreiskegels Zugspannungen, je außerhalb des Kegels jedoch Druckspannungen bedeuten. Der Nullkegel für σ_r gehorcht der Gleichung

$$r^2 z(z + R) = \frac{m-2}{3m} R^4$$

oder mit $r/R = \sin\vartheta$ und $z/R = \cos\vartheta$ (Abb. 8)

$$\sin^2\vartheta \cos\vartheta\,(1 + \cos\vartheta) = \frac{m-2}{3m},$$

was mit $m = 10/3$ einen Erzeugungswinkel des Kegels von $\vartheta_1 = 15{,}4°$ gibt. Der Nullkegel für σ_φ gehorcht der Gleichung

$$z(z + R) = R^2$$

oder, in ϑ geschrieben,

$$\cos^2\vartheta + \cos\vartheta = 1,$$

was, unabhängig von m, auf $\vartheta_2 = 52°$ führt.

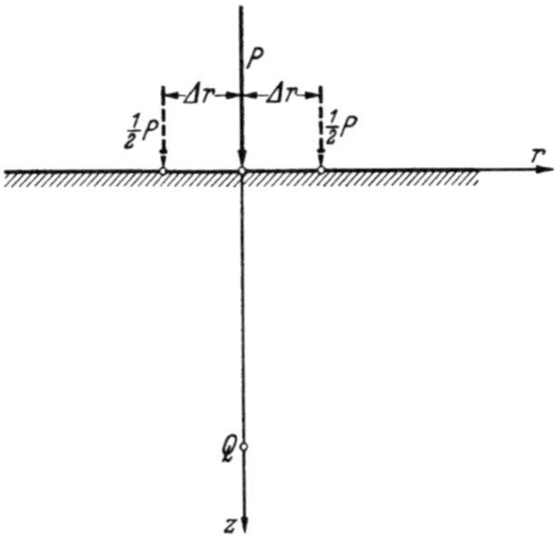

Abb. 10. Nachprufung des de Saint-Venantschen Prinzips am Halbraum mit Einzelkraften.

Wir benützen dieses Beispiel schließlich, um das de Saint-Venantsche Prinzip (Ziff. **7**) quantitativ nachzuprüfen. Der Halbraum werde das eine Mal durch die Einzelkraft P im Nullpunkt des (r, z)-Systems belastet, das andere Mal durch zwei Einzelkräfte je vom Betrag $\frac{1}{2}P$ in derselben Meridianebene (Abb. 10) je im Abstand Δr von der ersten Kraft P. Diese beiden Belastungsfälle sind statisch äquivalent. In einem Punkt Q der z-Achse beispielsweise erzeugt die erste Belastung nach (12) eine Spannung

$$\sigma_z = -\frac{3P}{2\pi} \frac{1}{z^2},$$

die zweite Belastung dagegen eine Spannung

$$\sigma_z' = -\frac{3P}{2\pi} \frac{z^3}{[(\Delta r)^2 + z^2]^{5/2}} = \sigma_z \left[1 + \left(\frac{\Delta r}{z}\right)^2\right]^{-5/2}.$$

Die zweite Formel entsteht einfach dadurch, daß man, anstatt die Angriffspunkte der Kräfte $\frac{1}{2}P$ um die Strecken $\pm\Delta r$ zu verschieben, den Aufpunkt Q umgekehrt um $\mp\Delta r$ verschoben denkt und die so nach (12) erhaltenen Ausdrücke addiert. Der relative Unterschied der Spannungen σ_z und σ_z' für diese beiden statisch äquivalenten Belastungen ist also

$$\frac{\sigma_z - \sigma_z'}{\sigma_z} = 1 - \left[1 + \left(\frac{\Delta r}{z}\right)^2\right]^{-5/2} = \frac{5}{2}\left(\frac{\Delta r}{z}\right)^2 + \cdots.$$

Betrachtet man das Abstandsverhältnis $\Delta r : z$ als klein von erster Ordnung, so *ist mithin der relative* Spannungsunterschied klein von zweiter Ordnung. Das gleiche Ergebnis findet man in ähnlicher Weise auch für die anderen Spannungen (12) und für andere Aufpunkte.

Man kann aus der Fundamentallösung (12) unbegrenzt viele weitere Lösungen durch Überlagerung gewinnen, z. B. die Wirkung eines Stempels, der auf dem Oberflächenbereich F mit vorgeschriebener Druckverteilung $p(x, y)$ lastet, wobei (x, y) ein ebenes Koordinatensystem in der Oberflächenebene ist. Zur Lösung dieser Aufgabe denkt man sich den Nullpunkt des (r, z)-Systems der Reihe nach in die einzelnen Elemente dF von F gelegt (was wieder einfach auf eine entgegengesetzte Verschiebung des Aufpunktes hinauskommt), wendet die Formeln (12) für jedes Element mit $P = p(x, y)\,dF$ an und überlagert (integriert) die Einzelwirkungen zur Gesamtspannung. (Die Rechnung ist i. a. recht mühsam.) Indem man sich dann vollends wieder auf das de Saint-Venantsche Prinzip beruft, wird man solche Lösungen als mehr oder weniger gute Näherungen auch auf endlich begrenzte Körper beziehen dürfen, wenn nur die Begrenzungsflächen (außer der Ebene, auf die der Stempel drückt) hinreichend weit vom Stempel und vom Aufpunkt entfernt sind; mit anderen Worten: man erhält so für endliche Körper eine brauchbare Näherung der Spannungsverteilung in der Umgebung der Stempelfläche, also gerade in dem Bereich, wo die Kenntnis der Spannungen wohl am wichtigsten ist.

18. Die reine Torsion des prismatischen Stabes. In Ziff. **12** haben wir für das Torsionsproblem eine gesonderte Behandlung angekündigt. Wir wenden uns jetzt diesem Problem zu und gehen in die allgemeinen Gleichungen (**12**, 1) mit dem Ansatz

$$\left.\begin{aligned} &\sigma_x = \sigma_y = \sigma_z = \tau_{yz} = 0, \\ &\tau_{xz} \text{ und } \tau_{xy} \text{ unabhängig von } x \end{aligned}\right\} \tag{1}$$

ein. Dann bleiben für die beiden letztgenannten Spannungen gerade zwei Gleichungen übrig, welche die Form

$$\Delta'\tau_{xz} = 0, \qquad \Delta'\tau_{xy} = 0 \qquad \left(\Delta' \equiv \frac{\partial^2}{\partial y^2} + \frac{\partial^2}{\partial z^2}\right) \tag{2}$$

annehmen. Diese beiden notwendigen, aber keineswegs hinreichenden, Bedingungsgleichungen für τ_{xz} und τ_{xy} verknüpfen wir mit den ebenfalls notwendigen Gleichgewichtsbedingungen (**12**, 2), welche sich in unserem Falle auf die Gleichung

$$\frac{\partial \tau_{xy}}{\partial y} + \frac{\partial \tau_{xz}}{\partial z} = 0 \tag{3}$$

reduzieren. Differentiiert man (3) das eine Mal nach z, das andere Mal nach y und subtrahiert jedesmal von (2), so kommt

$$\frac{\partial}{\partial y}\left(\frac{\partial \tau_{xz}}{\partial y} - \frac{\partial \tau_{xy}}{\partial z}\right) = 0, \qquad \frac{\partial}{\partial z}\left(\frac{\partial \tau_{xz}}{\partial y} - \frac{\partial \tau_{xy}}{\partial z}\right) = 0$$

und somit

$$\frac{\partial \tau_{xz}}{\partial y} - \frac{\partial \tau_{xy}}{\partial z} = \text{konst.} = c. \tag{4}$$

Die Gleichungen (3) und (4) lassen sich ihrerseits wieder durch eine einzige Gleichung zweiter Ordnung ersetzen, indem man im Einklang mit (3) setzt [vgl. (**12**, 5b)]

$$\tau_{xz} = -\frac{\partial \Phi}{\partial y}, \qquad \tau_{xy} = +\frac{\partial \Phi}{\partial z}. \tag{5}$$

Nach (4) genügt dann Φ selbst der Gleichung

$$\Delta'\Phi = -c. \tag{6}$$

Es handelt sich also nur noch um die Feststellung der der Funktion Φ aufzuerlegenden Randbedingungen. Diese erhält man, indem man beachtet, daß für jedes Randelement des Querschnitts die Richtung der resultierenden Schubspannung mit derjenigen der Umrißtangente zusammenfällt. Dies heißt für die Schubspannungskomponenten τ_{xz} und τ_{xy} (Abb. 11)

$$\frac{\tau_{xz}}{\tau_{xy}} = \frac{dz}{dy} \tag{7}$$

und demzufolge für die Randwerte der Funktion Φ

$$-\frac{\partial \Phi}{\partial y} : \frac{\partial \Phi}{\partial z} = dz : dy$$

oder

$$\frac{\partial \Phi}{\partial y} dy + \frac{\partial \Phi}{\partial z} dz \equiv d\Phi = 0 \quad \text{(am Rand)}. \tag{8}$$

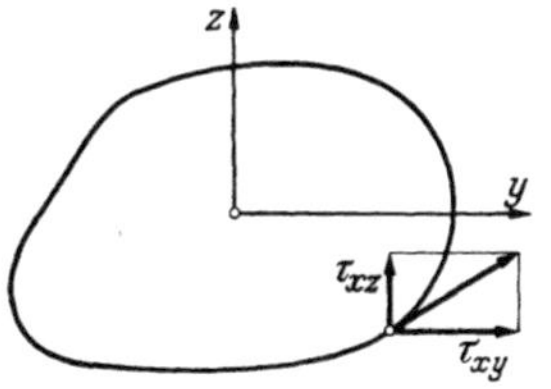

Abb. 11. Zur Randbedingung des Torsionsproblems.

Dies besagt, daß die Funktion Φ an jeder in sich geschlossenen Begrenzungskurve des Querschnitts einen konstanten Wert hat (welcher aber bei Hohlquerschnitten für die verschiedenen Begrenzungskurven verschieden ist).

Bildet der Querschnitt ein einfach zusammenhängendes Gebiet, so daß er nur eine Randkurve hat, so kann — weil nicht die Funktionswerte Φ selbst, sondern nur ihre Ableitungen für unser Problem Bedeutung haben — der Randwert von Φ, ohne daß die Allgemeinheit der Lösung beeinträchtigt wird, gleich Null gesetzt werden. Stellt man die gesuchte Funktion Φ durch eine sich über den Querschnitt wölbende Fläche dar, so läuft unsere Aufgabe für den einfach zusammenhängenden Querschnitt auf die Bestimmung einer durch den Querschnittsrand hindurchgehenden und der Gleichung (6) genügenden Fläche hinaus.

Zur mechanischen Deutung der in (6) vorkommenden Integrationskonstanten c aus (4) verbinden wir den Ansatz (1) mit den Gleichungen (I, **17**, 1), (I, **17**, 2a) und (I, **17**, 2d) und schließen so auf

$$\frac{\partial u}{\partial x} = 0, \qquad \frac{\partial v}{\partial y} = 0, \qquad \frac{\partial w}{\partial z} = 0, \qquad \frac{\partial v}{\partial z} + \frac{\partial w}{\partial y} = 0. \tag{9}$$

Aus den letzten dreien dieser Beziehungen folgt, daß die Projektionen der Flächenelemente eines Stabquerschnitts auf die (y, z)-Ebene bei der Verformung des Stabes keine Formänderung erleiden, d. h., daß die (y, z)-Projektion jedes Querschnitts sich bei der Torsion des Stabes als Ganzes bewegt.

Stellt man die Forderung, daß die Schnittpunkte A und B der x-Achse mit den beiden Endquerschnitten des Stabes keine Verschiebungen v und w erleiden (was durch eine Bewegung des Stabes als Ganzes immer erreichbar ist), so werden für alle Punkte der x-Achse diese Verschiebungskomponenten zu Null. Betrachtet man nämlich eine Reihe von äquidistanten Punkten auf dieser Achse, so hat, weil der Spannungszustand voraussetzungsgemäß von x unabhängig ist, die Relativverschiebung je zweier aufeinanderfolgender Punkte einen festen Wert. Somit ist die Relativverschiebung zweier Punkte der x-Achse proportional zu ihrem Abstand, so daß für einen beliebigen Punkt x dieser Achse mit den Verschiebungen v, w gilt

$$\frac{v_A - v_B}{x_A - x_B} = \frac{v - v_A}{x - x_A} \quad \text{und} \quad \frac{w_A - w_B}{x_A - x_B} = \frac{w - w_A}{x - x_A}.$$

Weil $v_A = v_B = 0$ und $w_A = w_B = 0$ ist, so muß also auch $v = v_A = 0$, $w = w_A = 0$ sein. Unter der gemachten Voraussetzung fällt daher der gemeinsame Drehpol der Projektionen aller Querschnitte auf die (y, z)-Ebene mit dem Koordinatenanfang zusammen. Es sei ausdrücklich darauf hingewiesen, daß dieser Punkt für den Stabquerschnitt keinerlei Bedeutung hat, und daß jeder Punkt der

(y, z)-Ebene durch eine geeignete Bewegung des Körpers als Ganzes zum Drehpol gemacht werden kann. Wählt man aber den Koordinatenanfang zu diesem Punkte, so erhält man für v und w die einfachsten Ausdrücke. Ist nämlich α der Drehwinkel eines beliebigen Querschnitts x gegen den Querschnitt $x=0$, so gilt (Abb. 12) $s=\alpha r$ oder in Komponenten

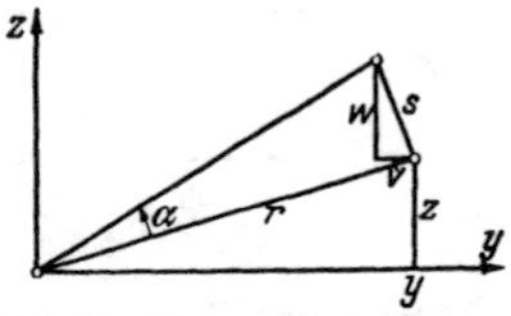

Abb. 12. Die zu einer reinen Drehung gehörigen Verschiebungskomponenten.

$$v=-\alpha z, \qquad w=\alpha y.$$

Weil die Relativdrehung zweier aufeinanderfolgender Stabquerschnitte voraussetzungsgemäß von x unabhängig und also α zu x proportional ist, so kann mit der auf die Längeneinheit bezogenen spezifischen Verdrehung ω auch geschrieben werden

$$v=-\omega x z, \qquad w=\omega x y. \tag{10}$$

Die dritte Verschiebungsgröße u ist nach der ersten Gleichung (9) von x unabhängig, so daß sie als eine Funktion der Koordinaten y und z allein angeschrieben werden kann:

$$u\equiv u(y,z). \tag{11}$$

Sie stellt die Verwölbung des Querschnitts infolge der Torsion des Stabes dar.

Kehren wir jetzt wieder zu den Schubspannungen τ_{xz} und τ_{xy} zurück, so lassen diese sich in zweifacher Weise ausdrücken: das eine Mal nach (I, **17**, 2d) mit (I, **17**, 1) in den Verschiebungen u, v, w, das andere Mal nach (5) in der Funktion Φ:

$$\tau_{xz}=G\left(\frac{\partial w}{\partial x}+\frac{\partial u}{\partial z}\right)=-\frac{\partial\Phi}{\partial y}, \qquad \tau_{xy}=G\left(\frac{\partial u}{\partial y}+\frac{\partial v}{\partial x}\right)=\frac{\partial\Phi}{\partial z}.$$

Mit (10) und (11) findet man also

$$\frac{\partial\Phi}{\partial y}=-G\left(\omega y+\frac{\partial u}{\partial z}\right), \qquad \frac{\partial\Phi}{\partial z}=-G\left(\omega z-\frac{\partial u}{\partial y}\right), \tag{12}$$

und hieraus folgt durch Elimination von u

$$\Delta'\Phi=-2G\omega. \tag{13}$$

Vergleicht man dieses Ergebnis mit (6), so erhält man

$$c=2G\omega. \tag{14}$$

Die Konstante c stellt also die $2G$-fache spezifische Verdrehung des Stabes dar.

Ist die Funktion Φ aus (13) mit der Randbedingung (8) bestimmt, so folgen die Spannungen aus (5), die Querschnittsverwölbung u aus (12), indem man zunächst

$$\frac{\partial u}{\partial y}=\omega z+\frac{1}{G}\frac{\partial\Phi}{\partial z}, \qquad \frac{\partial u}{\partial z}=-\omega y-\frac{1}{G}\frac{\partial\Phi}{\partial y} \tag{15}$$

und daraus

$$u=\int\left(\frac{\partial u}{\partial y}dy+\frac{\partial u}{\partial z}dz\right) \tag{16}$$

bildet.

Auf die mechanische Bedeutung der Φ-Fläche, welche nunmehr durch die Gleichung (13) und die Randbedingung (8) völlig definiert ist, kommen wir in Kap. III, *Ziff.* **24** bei der Behandlung des sogenannten Seifenhautgleichnisses noch ausführlich zu sprechen. Hier sei nur festgestellt, daß bei einfach zusammenhängenden Querschnitten das vom ganzen Querschnitt übertragene Torsionsmoment W, das dem Stab die zur Integrationskonstanten c gehörige spezifische Verdrehung $\omega=c/(2G)$ erteilt, durch das über den Querschnitt erstreckte Doppelintegral

$$W = 2\iint \Phi \, dy \, dz \tag{17}$$

dargestellt wird. Denn es ist (Abb. 13)

$$\begin{aligned} W &= \iint (\tau_{xz}\, y - \tau_{xy}\, z)\, dy\, dz = -\iint \left(\frac{\partial \Phi}{\partial y} y + \frac{\partial \Phi}{\partial z} z\right) dy\, dz \\ &= 2\iint \Phi\, dy\, dz - \iint \frac{\partial(\Phi y)}{\partial y}\, dy\, dz - \iint \frac{\partial(\Phi z)}{\partial z}\, dy\, dz \\ &= 2\iint \Phi\, dy\, dz - \int \left[\Phi y\right]_{y_1}^{y_2} dz - \int \left[\Phi z\right]_{z_1}^{z_2} dy, \end{aligned}$$

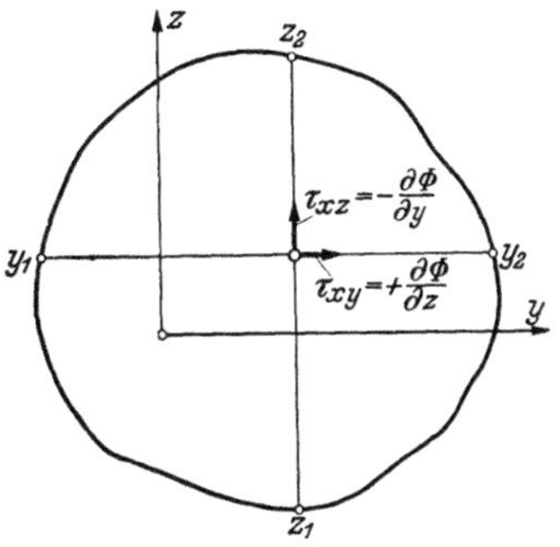

Abb. 13. Zur Berechnung des Torsionsmomentes W.

wenn y_1, y_2 die zu einem beliebigen z gehörigen Integrationsgrenzen von y und z_1, z_2 die zu einem beliebigen y gehörigen Integrationsgrenzen von z sind. Weil diese Integrationsgrenzen sich alle auf Randpunkte beziehen, für welche Φ den Wert Null hat, so sind die Integranden der beiden letzten Integrale identisch Null, womit die Behauptung bewiesen ist.

Die rechnerische Bestimmung von Φ macht im allgemeinen recht viel Schwierigkeiten, so daß man auf Näherungslösungen oder experimentelle Methoden zurückzugreifen gezwungen ist (vgl. hierzu Kap. III, Ziff. **11**, **20** und **24** bis **30**); doch gibt es einen besonderen Fall, für welchen Φ in geschlossener Form angegeben werden kann. Wird nämlich die Querschnittsrandkurve durch die Gleichung

$$f(y, z) = 0 \tag{18}$$

dargestellt, und genügt die Funktion f der Gleichung

$$\Delta' f = \alpha, \tag{19}$$

wo α eine Konstante bezeichnet, so ist

$$\Phi = -\frac{2G\omega}{\alpha} f(y, z)\,. \tag{20}$$

Denn erstens gilt wegen (19)

$$\Delta'\Phi = -\frac{2G\omega}{\alpha}\Delta' f = -2G\omega,$$

und zweitens ist Φ wegen (18) für alle Randpunkte wirklich Null.

Diese Bemerkung ermöglicht es, beispielsweise die Spannungsverteilung für den elliptischen Querschnitt, dessen Randkurve durch

$$\frac{y^2}{b^2} + \frac{z^2}{c^2} - 1 = 0 \tag{21}$$

dargestellt wird, sofort anzuschreiben; denn nach (19) und (20) ist hier

$$\Phi = -\frac{G\omega b^2 c^2}{b^2 + c^2}\left(\frac{y^2}{b^2} + \frac{z^2}{c^2} - 1\right) \tag{22}$$

und somit nach (5)

$$\tau_{xz} = \frac{2G\omega c^2}{b^2 + c^2}\, y, \qquad \tau_{xy} = -\frac{2G\omega b^2}{b^2 + c^2}\, z. \tag{23}$$

Das vom Querschnitt übertragene Torsionsmoment W berechnet sich entweder aus (17) oder aus $W = \iint (\tau_{xz}\, y - \tau_{xy}\, z)\, dy\, dz$ zu

$$W = \frac{\pi G\omega b^3 c^3}{b^2 + c^2}, \tag{24}$$

so daß die allgemein durch

$$W = \alpha_t \omega \tag{25}$$

definierte Torsionssteifigkeit α_t hier den Wert

$$\alpha_t = \frac{\pi b^3 c^3}{b^2+c^2} G \tag{26}$$

besitzt. Die Spannungen haben, in W ausgedrückt, folgende Werte:

$$\tau_{xz} = \frac{2Wy}{\pi b^3 c}, \qquad \tau_{xy} = -\frac{2Wz}{\pi b c^3}. \tag{27}$$

Für die Querschnittsverwölbung u folgt aus (15) mit (22)

$$\frac{\partial u}{\partial y} = -\frac{b^2-c^2}{b^2+c^2}\omega z, \qquad \frac{\partial u}{\partial z} = -\frac{b^2-c^2}{b^2+c^2}\omega y.$$

Weil aus Symmetriegründen die Verschiebung u des Querschnittsmittelpunktes Null ist, nimmt u die Gestalt

$$u = -\frac{b^2-c^2}{b^2+c^2}\omega y z \tag{28}$$

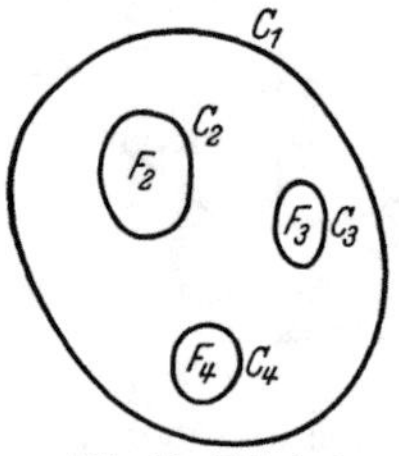

Abb. 14. Mehrfach zusammenhangender Querschnitt.

an, und es zeigt sich also, daß der Querschnitt in ein hyperbolisches Paraboloid übergeht.

Die bekannten Ergebnisse für den Kreisquerschnitt vom Halbmesser a folgen natürlich als Sonderfälle aus (23) bis (28) mit $b = c = a$.

Bis jetzt war immer nur von einfach zusammenhängenden Querschnitten die Rede, so daß für die Funktion Φ nur ein einziger Randwert in Betracht kam, der gleich Null gesetzt werden konnte. Beim mehrfach zusammenhängenden Querschnitt (Abb. 14) hat man es aber mit mehreren Randkurven und also mit ebenso vielen Randwerten der Funktion Φ zu tun, von denen nur ein einziger frei wählbar ist, z. B. der, der zur äußeren Begrenzungskurve C_1 des Querschnitts gehört. Auch hier werde dieser Wert gleich Null gesetzt. Es fragt sich dann, wie die anderen Randwerte bestimmt werden können. Hierzu bemerken wir, daß die axiale Verschiebung u eines beliebigen Querschnittspunktes nach ihrer mechanischen Bedeutung eine eindeutige Funktion von y und z sein muß, so daß für jede in sich geschlossene Querschnittskurve C die Bedingung

$$\oint \frac{\partial u}{\partial s} ds = 0 \tag{29}$$

gilt. Weil u nach (15) mit Φ verknüpft ist, so kann diese Bedingung auch als eine Bedingungsgleichung für Φ aufgefaßt werden. Schreibt man nämlich (29) in der Form

$$\oint \left(\frac{\partial u}{\partial y}\frac{\partial y}{\partial s} + \frac{\partial u}{\partial z}\frac{\partial z}{\partial s}\right) ds = 0,$$

so findet man mit (15)

$$\oint \left[\left(\frac{1}{G}\frac{\partial \Phi}{\partial z} + \omega z\right)\frac{\partial y}{\partial s} - \left(\frac{1}{G}\frac{\partial \Phi}{\partial y} + \omega y\right)\frac{\partial z}{\partial s}\right] ds = 0$$

oder

$$\omega \oint (z\,dy - y\,dz) + \frac{1}{G}\oint \left(\frac{\partial \Phi}{\partial z}\frac{\partial y}{\partial s} - \frac{\partial \Phi}{\partial y}\frac{\partial z}{\partial s}\right) ds = 0. \tag{30}$$

Nun gilt, wenn wir unter n die „äußere" Normale der Kurve C_ι verstehen (vgl. Abb. 7 von Ziff. **12**),

$$\frac{\partial \Phi}{\partial n} = \frac{\partial \Phi}{\partial y}\frac{\partial y}{\partial n} + \frac{\partial \Phi}{\partial z}\frac{\partial z}{\partial n} = \frac{\partial \Phi}{\partial y}\frac{\partial z}{\partial s} - \frac{\partial \Phi}{\partial z}\frac{\partial y}{\partial s},$$

so daß (29) übergeht in

$$\frac{1}{G}\oint\frac{\partial\Phi}{\partial n}\,ds=\omega\oint(z\,dy-y\,dz). \tag{31}$$

Bezeichnen wir mit F_i die von der Kurve C_i umschlossene Fläche, so ist unter Berücksichtigung des für die Kurve C_i angenommenen positiven Umlaufsinnes

$$\oint y\,dz=F_i,\qquad \oint z\,dy=-F_i.$$

Die Bedingungsgleichung (31) für Φ lautet also

$$\oint\frac{\partial\Phi}{\partial n}\,ds=-2\,\omega\,F_i\,G. \tag{32}$$

Wendet man sie auf jede der Randkurven $C_2, C_3, \ldots$ an, so erhält man so viele Gleichungen, wie es unbekannte Randwerte gibt.

19. Die Torsion des Umdrehungskörpers. In Ziff. **15** ist festgestellt worden, daß für den rotationssymmetrisch belasteten Umdrehungskörper die Spannungen und Verschiebungen sich in zwei voneinander unabhängige Sätze $(\sigma_r, \sigma_\varphi, \sigma_z, \tau_{rz}, u, w)$ und $(\tau_{\varphi z}, \tau_{\varphi r}, v)$ trennen lassen. Man erhält also einen möglichen Spannungs- und Verzerrungszustand, wenn man alle Größen der ersten Gruppe gleich Null setzt und dafür sorgt, daß die Oberflächenspannungen mit diesem Ansatz verträglich sind. Hierzu ist nach (**15**, 4) erforderlich, daß an der Oberfläche überall $t_r=t_z=0$ ist, so daß der Körper nur durch tangential gerichtete Oberflächenkräfte belastet wird. Unser Ansatz bezieht sich also auf den Belastungsfall der reinen Torsion. Die ihn kennzeichnenden Größen $\tau_{\varphi z}$, $\tau_{\varphi r}$ und v sind bei Vernachlässigung der Volumkräfte eindeutig bestimmt durch die folgenden Gleichungen [vgl. (**15**, 1c), (**15**, 2), (**15**, 4)]:

$$\frac{\partial\tau_{\varphi r}}{\partial r}+\frac{\partial\tau_{\varphi z}}{\partial z}+2\,\frac{\tau_{\varphi r}}{r}=0, \tag{1}$$

$$\tau_{\varphi r}=G\left(\frac{\partial v}{\partial r}-\frac{v}{r}\right),\qquad \tau_{\varphi z}=G\,\frac{\partial v}{\partial z}, \tag{2}$$

$$\tau_{\varphi r}\cos(r,n)+\tau_{\varphi z}\cos(z,n)=t_\varphi. \tag{3}$$

Mit der Hilfsvariablen $\vartheta=v/r$ gehen die Gleichungen (2) über in

$$\tau_{\varphi r}=G\,r\,\frac{\partial\vartheta}{\partial r},\qquad \tau_{\varphi z}=G\,r\,\frac{\partial\vartheta}{\partial z}. \tag{4}$$

Führt man diese Ausdrücke in (1) ein, so erhält man als Differentialgleichung für ϑ

$$\varDelta''''\vartheta=0\quad\text{mit}\quad \varDelta''''\equiv\frac{\partial^2}{\partial r^2}+\frac{3}{r}\frac{\partial}{\partial r}+\frac{\partial^2}{\partial z^2}\equiv\frac{1}{r}\frac{\partial}{\partial r}\left(\frac{1}{r}\frac{\partial}{\partial r}r^2\right)+\frac{\partial^2}{\partial z^2}. \tag{5}$$

Die Randbedingung (3) geht über in

$$G\,r\left[\frac{\partial\vartheta}{\partial r}\cos(r,n)+\frac{\partial\vartheta}{\partial z}\cos(z,n)\right]=t_\varphi. \tag{6}$$

Dem durch (5) und (6) definierten Problem kann man zwei verschiedene Formulierungen geben[1]), von denen die eine sich für die Fälle eignet, wo die Randspannungen vorgeschrieben sind, und die andere sich auf die Fälle bezieht, wo die Oberflächenverschiebungen vorgegeben sind.

---

[1]) F. A. Willers, Die Torsion eines Rotationskörpers um seine Achse, Z. Math. Phys. 55 (1907) S. 225; A. Timpe, Die Torsion von Umdrehungskörpern, Math. Ann. 71 (1912) S. 480.

a) Vorgeschriebene Oberflächenspannungen. Schreibt man (1) in der Form

$$\frac{\partial}{\partial r}(r^2\tau_{\varphi r}) + \frac{\partial}{\partial z}(r^2\tau_{\varphi z}) = 0, \tag{7}$$

so sieht man, daß $\tau_{\varphi r}$ und $\tau_{\varphi z}$ aus einer Spannungsfunktion Φ hergeleitet werden können, indem gesetzt wird

$$r^2\tau_{\varphi r} = -\frac{\partial\Phi}{\partial z}, \qquad r^2\tau_{\varphi z} = +\frac{\partial\Phi}{\partial r}. \tag{8}$$

Weil nach (4)

$$\frac{\partial}{\partial r}\left(\frac{\tau_{\varphi z}}{r}\right) = \frac{\partial}{\partial z}\left(\frac{\tau_{\varphi r}}{r}\right)$$

ist, so genügt Φ der Differentialgleichung

$$\frac{\partial}{\partial r}\left(\frac{1}{r^3}\frac{\partial\Phi}{\partial r}\right) + \frac{\partial}{\partial z}\left(\frac{1}{r^3}\frac{\partial\Phi}{\partial z}\right) = 0 \quad \text{oder} \quad \frac{\partial^2\Phi}{\partial r^2} - \frac{3}{r}\frac{\partial\Phi}{\partial r} + \frac{\partial^2\Phi}{\partial z^2} = 0. \tag{9}$$

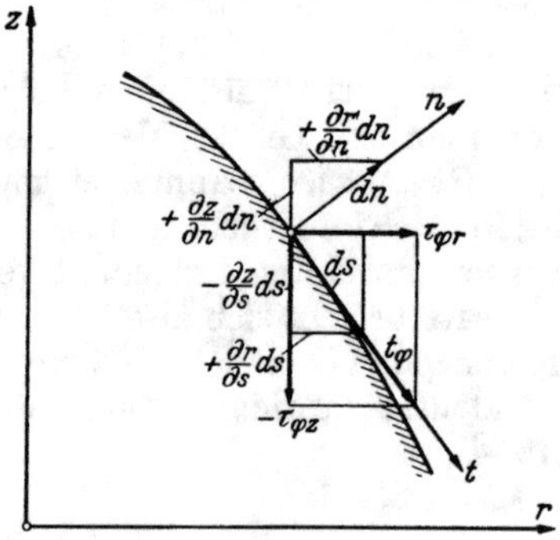

Abb. 15. Beziehungen zwischen den Ableitungen in der Tangenten- und Normalenrichtung einer Meridiankurve.

Gemäß (3) lautet die Randbedingung für Φ

$$\frac{1}{r^2}\frac{\partial\Phi}{\partial r}\cos(z,n) - \frac{1}{r^2}\frac{\partial\Phi}{\partial z}\cos(r,n) = t_\varphi$$

oder, wenn mit s die Bogenlänge der Meridiankurve bezeichnet wird, wegen $\cos(r,n) = -\frac{\partial z}{\partial s}$ und $\cos(z,n) = \frac{\partial r}{\partial s}$ (Abb. 15), kürzer

$$\frac{1}{r^2}\frac{\partial\Phi}{\partial s} = t_\varphi \quad \text{(am Rand)}. \tag{10}$$

Es läßt sich auch sofort zeigen, daß die Schubspannungslinien der Meridianebene mit den Kurven

$$\Phi = \text{konst.} \tag{11}$$

identisch sind. Denn aus der Bedingungsgleichung für die Schubspannungslinien

$$\frac{dr}{dz} = \frac{\tau_{\varphi r}}{\tau_{\varphi z}} \tag{12}$$

folgt wegen (8)

$$d\Phi \equiv \frac{\partial\Phi}{\partial r}dr + \frac{\partial\Phi}{\partial z}dz = 0,$$

also Φ = konst. Man kann auch beweisen, daß die Schubspannungslinien Φ = konst. Orthogonaltrajektorien zu den Linien ϑ = konst. sind.

b) Vorgeschriebene Oberflächenverschiebungen. Setzt man

$$\frac{1}{r}\frac{\partial(r^2\vartheta)}{\partial r} = 2\,\overline{\omega}_z, \qquad \frac{1}{r}\frac{\partial(r^2\vartheta)}{\partial z} = -2\,\overline{\omega}_r, \tag{13}$$

so kann die Gleichung (5) in der Form geschrieben werden

$$\frac{\partial}{\partial r}(2\,\overline{\omega}_z) - \frac{\partial}{\partial z}(2\,\overline{\omega}_r) = 0, \tag{14}$$

so daß sie durch den Ansatz

$$2\,\overline{\omega}_z = \frac{\partial\Phi}{\partial z}, \qquad 2\,\overline{\omega}_r = \frac{\partial\Phi}{\partial r} \tag{15}$$

befriedigt wird. Aus (13) folgt dann

$$\frac{\partial(2\,r\,\overline{\omega}_z)}{\partial z} = -\frac{\partial(2\,r\,\overline{\omega}_r)}{\partial r}$$

und also wegen (15) für Φ selbst

$$\Delta''\Phi \equiv \frac{\partial^2\Phi}{\partial r^2} + \frac{1}{r}\frac{\partial\Phi}{\partial r} + \frac{\partial^2\Phi}{\partial z^2} = 0. \tag{16}$$

Die Randbedingung für Φ erhält man, indem man zuerst die Gleichungen (13) und (15) durch

$$\frac{\partial\Phi}{\partial r} = -\frac{1}{r}\frac{\partial(r^2\vartheta)}{\partial z}, \qquad \frac{\partial\Phi}{\partial z} = \frac{1}{r}\frac{\partial(r^2\vartheta)}{\partial r}$$

ersetzt und dann aus diesen beiden Gleichungen die für jeden Randpunkt geltende Beziehung

$$r\left[\frac{\partial\Phi}{\partial r}\cos(r,n) + \frac{\partial\Phi}{\partial z}\cos(z,n)\right] = \frac{\partial(r^2\vartheta)}{\partial r}\cos(z,n) - \frac{\partial(r^2\vartheta)}{\partial z}\cos(r,n) \tag{17}$$

ableitet. Bezeichnet man nun mit s wieder die Bogenlänge der Meridiankurve, so kann wegen $\cos(r,n) = -\frac{\partial z}{\partial s} = \frac{\partial r}{\partial n}$, $\cos(z,n) = \frac{\partial r}{\partial s} = \frac{\partial z}{\partial n}$ (Abb. 15) für (17) geschrieben werden

$$\frac{\partial\Phi}{\partial n} = \frac{1}{r}\frac{\partial(r^2\vartheta)}{\partial s} \quad \text{(am Rand)}. \tag{18}$$

Ist ϑ, also auch $r^2\vartheta$, am Rande vorgegeben, so ist damit auch die Normalableitung von Φ an diesem Rande bestimmt.

Hätte man den Ansatz

$$r^2\vartheta = \Psi$$

gemacht, so daß nach (13)

$$2\bar\omega_z = \frac{1}{r}\frac{\partial\Psi}{\partial r}, \qquad 2\bar\omega_r = -\frac{1}{r}\frac{\partial\Psi}{\partial z} \tag{19}$$

wäre, so hätte man wegen (14) als Differentialgleichung für Ψ

$$\frac{\partial^2\Psi}{\partial r^2} - \frac{1}{r}\frac{\partial\Psi}{\partial r} + \frac{\partial^2\Psi}{\partial z^2} = 0 \tag{20}$$

gefunden. Ist ϑ, also auch $r^2\vartheta$, am Rande vorgegeben, so werden damit auch die Randwerte von Ψ selbst vorgeschrieben.

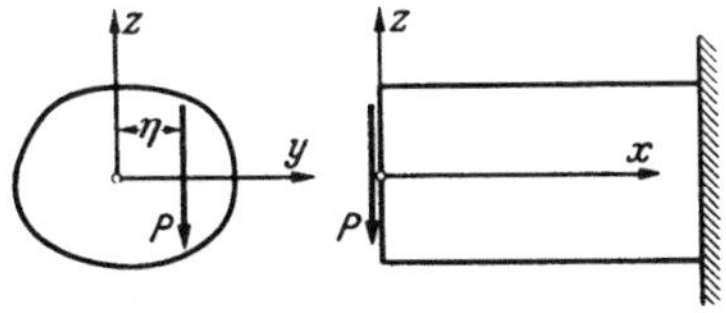

Abb. 16. Einseitig eingespannter Balken.

20. Der Querkraftmittelpunkt. In Ziff. **8** haben wir betont, daß die in einem Stabe aufgespeicherte Formänderungsenergie nur dann in der Form (**8**, 5) geschrieben werden kann, wenn die den Stabquerschnitt belastenden Kräfte in ganz bestimmter Weise reduziert werden, nämlich bezogen auf den Querkraftmittelpunkt, dessen Lage noch näher bestimmt werden sollte. Wir treten jetzt an diese Aufgabe heran[1]) und betrachten dazu den Balken in Abb. 16, der in seinem linken Ende durch eine lotrechte Kraft P belastet wird, welche der Hauptträgheitsachse z des Querschnittsschwerpunktes parallel ist. Der Abstand η dieser Achse von P soll derart bestimmt werden, daß die Formänderungsarbeit $\mathfrak{A}$ des Balken sich als Summe der Torsionsarbeit $\mathfrak{A}_1$ und der Biegungsarbeit $\mathfrak{A}_2$ darstellen läßt.

Nach Ziff. **18** lassen sich die Spannungen, soweit sie von der Torsion herstammen, mittels einer Spannungsfunktion Φ ausdrücken:

$$\tau_{xz} = -\frac{\partial\Phi}{\partial y}, \qquad \tau_{xy} = \frac{\partial\Phi}{\partial z}, \tag{1}$$

wobei

$$\Delta'\Phi = -c, \qquad \Phi_{\text{Rand}} = 0 \tag{2}$$

[1]) Vgl. E. Trefftz, Über den Schubmittelpunkt in einem durch eine Einzellast gebogenen Balken, Z. angew. Math. Mech. 15 (1935) S. 220.

ist. Aber auch die von der Biegung hervorgerufenen Spannungen lassen sich mit einer Spannungsfunktion Ψ darstellen, indem man setzt

$$\sigma_y=\sigma_z=\tau_{yz}=0,\qquad \sigma_x=\frac{Pxz}{J_y},\qquad \tau_{xy}=\frac{\partial\Psi}{\partial z},\qquad \tau_{xz}=-\frac{\partial\Psi}{\partial y}-\frac{Pz^2}{2J_y}. \tag{3}$$

Denn erstens bedeutet eine solche Spannungsverteilung, wie insbesondere an σ_x ersichtlich und aus der elementaren Biegelehre bekannt, in der Tat eine Biegebeanspruchung des so belasteten Balkens; zweitens werden die Gleichgewichtsbedingungen (**12**, 2) durch diesen Ansatz (3) identisch befriedigt, sobald Ψ unabhängig von x ist, und drittens reduzieren sich dann die Gleichungen (**12**, 1) auf

$$\frac{\partial}{\partial y}\Delta'\Psi=-\frac{P}{(m+1)J_y},\qquad \frac{\partial}{\partial z}\Delta'\Psi=0$$

und werden also befriedigt, wenn

$$\Delta'\Psi=-\frac{P(y-y_0)}{(m+1)J_y} \tag{4}$$

gesetzt wird, wo y_0 eine Integrationskonstante bedeutet.

Weil am Querschnittsrande die Richtung der Schubspannung mit derjenigen der Querschnittstangente übereinstimmen muß, so gilt dort

$$\frac{dy}{dz}=\frac{\tau_{xy}}{\tau_{xz}},\quad \text{also}\quad \tau_{xz}\,dy-\tau_{xy}\,dz=0 \tag{5}$$

oder wegen (3)

$$d\Psi\equiv\frac{\partial\Psi}{\partial y}dy+\frac{\partial\Psi}{\partial z}dz=-\frac{Pz^2dy}{2J_y}\quad\text{(am Rand)}. \tag{6}$$

Durch (4) und (6) ist Ψ eindeutig bestimmt, sobald y_0 bekannt ist. Diese Konstante bestimmt sich nun zuletzt aus der erwähnten Bedingung, daß

$$\mathfrak{A}=\mathfrak{A}_1+\mathfrak{A}_2 \tag{7}$$

sein soll. Nach (I, **14**, 4) und (1) ist

$$\mathfrak{A}_1=\frac{l}{2G}\iint\left[\left(\frac{\partial\Phi}{\partial y}\right)^2+\left(\frac{\partial\Phi}{\partial z}\right)^2\right]dy\,dz,$$

ebenso nach (I, **14**, 4) und (3) mit $E=2G(m+1)/m$

$$\mathfrak{A}_2=\frac{1}{2E}\iiint\sigma_x^2\,dx\,dy\,dz+\frac{l}{2G}\iint\left[\left(\frac{\partial\Psi}{\partial y}+\frac{Pz^2}{2J_y}\right)^2+\left(\frac{\partial\Psi}{\partial z}\right)^2\right]dy\,dz,$$

und endlich noch einmal nach (I, **14**, 4) mit (1) und (3) zusammen

$$\mathfrak{A}=\frac{1}{2E}\iiint\sigma_x^2\,dx\,dy\,dz+\frac{l}{2G}\iint\left[\left(\frac{\partial\Phi}{\partial y}+\frac{\partial\Psi}{\partial y}+\frac{Pz^2}{2J_y}\right)^2+\left(\frac{\partial\Phi}{\partial z}+\frac{\partial\Psi}{\partial z}\right)^2\right]dy\,dz,$$

so daß (7) übergeht in

$$\iint\left[\frac{\partial\Phi}{\partial y}\left(\frac{\partial\Psi}{\partial y}+\frac{Pz^2}{2J_y}\right)+\frac{\partial\Phi}{\partial z}\frac{\partial\Psi}{\partial z}\right]dy\,dz=0. \tag{8}$$

Nun ist

$$\iint\frac{\partial\Phi}{\partial y}z^2\,dy\,dz=\int z^2\,dz\int\frac{\partial\Phi}{\partial y}dy=\int z^2\,dz\cdot\Phi\Big|_{y_1}^{y_2}=0,$$

weil Φ nach (2) am Rande verschwindet. Die Bedingung (8) vereinfacht sich folglich noch zu

$$\iint\left(\frac{\partial\Phi}{\partial y}\frac{\partial\Psi}{\partial y}+\frac{\partial\Phi}{\partial z}\frac{\partial\Psi}{\partial z}\right)dy\,dz=0.$$

Diese Gleichung läßt sich unter Berücksichtigung der Randbedingung (2) durch Teilintegration schließlich auf

$$-\iint\Phi\Delta'\Psi\,dy\,dz=\iint\Phi\frac{P(y-y_0)}{(m+1)J_y}dy\,dz=0 \tag{9}$$

umformen, wobei noch (4) benützt ist, und liefert so

$$y_0 = \frac{\iint y\,\Phi\,dy\,dz}{\iint \Phi\,dy\,dz}. \tag{10}$$

Die aus der nunmehr durch (4) und (6) eindeutig bestimmten Funktion Ψ herzuleitenden Kräfte $\tau_{xy}\,dy\,dz$ und $\tau_{xz}\,dy\,dz$ sind nach unserer Voraussetzung einer lotrechten Kraft P gleichwertig. Denn aus der Tatsache, daß das Gleichgewicht jedes Stabelements durch den Ansatz (3) gewährleistet wird, sobald Ψ unabhängig von x ist, folgt das Gleichgewicht eines durch zwei benachbarte Stabquerschnitte begrenzten Stabteils. Weil die an den Stirnflächen dieses Stabteils angreifenden Normalkräfte $\sigma_x\,dy\,dz$ nach (3) kein Moment in bezug auf die z-Achse aufweisen, muß auch das Moment aller an den beiden Stirnflächen angreifenden Schubkräfte in der y-Richtung bezüglich dieser Achse Null sein, und dies ist nur möglich, wenn die in die y-Richtung fallende Schubkraft jeder Stirnebene Null ist. Ebenso folgt aus dem Gleichgewicht aller Momente um die y-Achse, daß die Schubkraft dieser Stirnebenen in der z-Richtung den Wert P haben muß. Der Abstand η dieser Schubkraft von der z-Achse berechnet sich aus der Gleichung

$$P\eta = \iint (y\,\tau_{xz} - z\,\tau_{xy})\,dy\,dz \equiv -\iint\left(y\frac{\partial\Psi}{\partial y} + z\frac{\partial\Psi}{\partial z} + \frac{P y z^2}{2 J_y}\right)dy\,dz, \tag{11}$$

welche diese Gleichwertigkeit durch Gleichsetzung der Momente bezüglich des Koordinatenanfangs ausdrückt. Hiermit ist die y-Koordinate des Querkraftmittelpunktes eindeutig bestimmt. [Da Ψ, wie aus (4) hervorgeht, proportional zu P ist, so ist (11) homogen in P, und also η, wie zu erwarten, unabhängig von der Größe von P, die man gleich Eins setzen mag.] In gleicher Weise findet man die z-Koordinate ζ dieses Punktes.

Bemerkenswert ist, daß η und ζ nicht von der Stoffzahl m abhängen. Um dies einzusehen, braucht man, soweit es sich um η handelt, nach (11) nur zu zeigen, daß das Integral

$$J \equiv \iint\left(y\frac{\partial\Psi}{\partial y} + z\frac{\partial\Psi}{\partial z}\right)dy\,dz \tag{12}$$

von m unabhängig ist. Zerspaltet man zu diesem Zweck Ψ in $\Psi_1 + \Psi_2$, wobei zur Befriedigung von (4) und (6) gesetzt werden soll

$$\left.\begin{aligned} \Delta'\Psi_1 &= -\frac{P(y-y_0)}{(m+1)J_y}, & \Psi_{1\,\mathrm{Rand}} &= 0,\\ \Delta'\Psi_2 &= 0, & d\Psi_{2\,\mathrm{Rand}} &= -\frac{P z^2\,dy}{2 J_y}, \end{aligned}\right\} \tag{13}$$

so darf man sich bei der Auswertung von (12) auf die mit Ψ_1 behafteten Glieder

$$J_1 \equiv \iint\left(y\frac{\partial\Psi_1}{\partial y} + z\frac{\partial\Psi_1}{\partial z}\right)dy\,dz \tag{14}$$

beschränken, weil Ψ_2 definitionsgemäß von m unabhängig ist. Wir beweisen nun, daß $J_1 = 0$, also ebenfalls sicher unabhängig von m ist, und formen zunächst um:

$$J_1 = \int dz \int_y y\,d\Psi_1 + \int dy \int_z z\,d\Psi_1 = \int (y\,\Psi_1)_{y_1}^{y_2} dz + \int (z\,\Psi_1)_{z_1}^{z_2} dy - 2\iint \Psi_1\,dy\,dz$$

oder wegen $\Psi_{1\,\mathrm{Rand}} = 0$

$$J_1 = -2\iint \Psi_1\,dy\,dz.$$

Mit der durch (2) definierten Funktion Φ, für welche ja $\Delta'\Phi = -c$ und $\Phi_{\mathrm{Rand}} = 0$ ist, kann man auch schreiben

$$J_1 = \frac{2}{c}\iint \Psi_1\,\Delta'\Phi\,dy\,dz.$$

Nun ist aber nach dem Greenschen Satze

$$\iint (\Psi_1 \Delta' \Phi - \Phi \Delta' \Psi_1)\, dy\, dz = \oint \left(\Psi_1 \frac{\partial \Phi}{\partial n} - \Phi \frac{\partial \Psi_1}{\partial n}\right) ds = 0,$$

da am Rande sowohl Ψ_1 wie Φ verschwinden. Folglich wird

$$J_1 = \frac{2}{c} \iint \Phi \Delta' \Psi_1\, dy\, dz.$$

Führt man wieder $\Psi_1 = \Psi - \Psi_2$ ein, so kommt

$$J_1 = \frac{2}{c} \iint \Phi \Delta' \Psi\, dy\, dz - \frac{2}{c} \iint \Phi \Delta' \Psi_2\, dy\, dz.$$

Das erste Integral verschwindet zufolge (9), das zweite wegen $\Delta' \Psi_2 = 0$, so daß in der Tat $J_1 = 0$ ist.

Hiermit geht Gleichung (11) über in

$$P\eta = -\iint \left(y \frac{\partial \Psi_2}{\partial y} + z \frac{\partial \Psi_2}{\partial z} + \frac{P y z^2}{2 J_y}\right) dy\, dz, \tag{15}$$

und daraus folgt, daß die Bestimmung des Querkraftmittelpunktes im wesentlichen zurückgeführt ist auf das Problem, die Funktion Ψ_2 zu bestimmen, welche der Gleichung $\Delta' \Psi_2 = 0$ genügt und vorgeschriebene Randwerte aufweist. Auf die experimentelle Lösung dieses Problems kommen wir in Kap. III, § 6 und 7 ausführlich zu sprechen.

Hat der Querschnitt eine Symmetrieachse, so enthält diese den Querkraftmittelpunkt. Ist der Querschnitt zweifach symmetrisch, so fällt der Querkraftmittelpunkt mit dem Schwerpunkt zusammen.

Hat man es mit dünnwandigen, einfach zusammenhängenden Querschnitten zu tun, wie z. B. bei Profileisen, so hat nach den gebräuchlichen Näherungsmethoden die von der Biegung herrührende Schubspannung über die Stegdicke einen festen Wert, während die von der Torsion herrührende Schubspannung in der Mitte des Stegs Null ist und über die Stegdicke einen linearen Verlauf zeigt. Demzufolge ist für solche Querschnitte die Forderung (7) von selbst erfüllt, so daß man die Lage des Querkraftmittelpunktes dann einfach aus der Bedingung erhält, daß die äußere, den Querschnitt belastende Kraft mit der Resultante der auftretenden Schubspannungen zusammenfällt.

Kapitel III.

Lösungsmethoden.

1. Einleitung. Ehe wir zur Untersuchung einzelner Maschinenteile und ganzer Maschinen schreiten, geben wir hier als Rüstzeug einige besonders wichtige rechnerische und experimentelle Lösungsmethoden an, welche hauptsächlich für elastomechanische Probleme verwendbar sind, und auf die wir uns später öfters beziehen werden: zunächst als Rechenhilfsmittel einen Katalog von Integralen der Potential- und Bipotentialgleichungen sowie einen Abriß über die harmonische Analyse (§ 1), sodann die sogenannten direkten Rechenmethoden zur Lösung von Randwertproblemen (§ 2) und von Eigenwertproblemen (§ 3) nebst einigen Sondermethoden, die darauf beruhen, daß man einen kontinuierlichen Körper in ein diskontinuierliches System auflöst (§ 4). Endlich folgt ein kurzer Überblick über die am besten durchgebildeten experimentellen Verfahren zur Spannungsermittlung, nämlich die Methoden zur mechanischen Spannungsbestimmung (§ 5), die Seifenhautmethode (§ 6), die elektrische Methode (§ 7) und die optische Methode (§ 8).

§ 1. Rechenhilfsmittel.

2. Katalog von Integralen der Potential- und Bipotentialgleichungen. Wie in Kap. II, § 3 erörtert, lassen sich viele Aufgaben der Elastomechanik darauf zurückführen, Lösungen von gewissen Differentialgleichungen aufzusuchen, welche bestimmten Randbedingungen genügen. Dabei bildet in der Regel die Befriedigung dieser Randbedingungen die eigentliche Schwierigkeit des Problems. Nur in wenigen Fällen (ein Beispiel hierfür bietet Kap. II, Ziff. **18**) gelingt es, unmittelbar eine Lösung der Differentialgleichung zu finden, welche zugleich die Randbedingungen erfüllt. Daß man trotzdem in vielen Fällen wenigstens mittelbar eine strenge oder eine genäherte Lösung aufstellen kann, beruht auf der Linearität jener Differentialgleichungen. Ihr zufolge ist nämlich auch jede lineare Kombination von Lösungen (mit beliebigen Koeffizienten) selbst wieder eine Lösung der Differentialgleichung. Es ist daher wichtig, daß man sich einen Vorrat von Elementarlösungen der Differentialgleichungen verschafft, um versuchen zu können, daraus Funktionen aufzubauen, die die vorgeschriebenen Randbedingungen entweder genau erfüllen oder wenigstens in befriedigender Weise annähern.

Wir stellen daher hier die elementaren Lösungen der Potential- und Bipotentialgleichungen, denen wir in Kap. II, § 3 begegnet sind, zusammen und bemerken dazu vorweg,

1. daß zu jeder der folgenden Lösungen eine beliebige Konstante additiv oder multiplikativ hinzugefügt werden kann,

2. daß der auftretende Parameter λ jede beliebige reelle Zahl sein kann,

3. daß in jeder Elementarlösung die etwaige Kreisfunktion cos durch sin ersetzt werden darf, die etwaige Hyperbelfunktion $\mathfrak{Cof}$ durch $\mathfrak{Sin}$, die etwaige Zylinderfunktion erster Art k-ter Ordnung J_k durch diejenige zweiter Art k-ter Ordnung N_k [wobei man noch beachten mag, daß für rein imaginäres Argument die Funktionen $J_0(ix)$, $N_0(ix)$, $iJ_1(ix)$ und $iN_1(ix)$ reell sind]. Der folgende Katalog enthält insbesondere möglichst vollständig alle Elementarlösungen, die

sich als Produkte zweier Funktionen darstellen lassen, deren jede nur eine Veränderliche enthält.

a) Die Potentialgleichung erster Art $\Delta' F = 0$ (Kap. II, Ziff. **12** und **18**).

1) Sie lautet in cartesischen Koordinaten y, z

$$\Delta' F \equiv \frac{\partial^2 F}{\partial y^2} + \frac{\partial^2 F}{\partial z^2} = 0 \tag{1}$$

und hat die Lösungen

$$F = y,\ z,\ yz,\ \cos\lambda y \operatorname{\mathfrak{Cof}} \lambda z,\ \operatorname{\mathfrak{Cof}} \lambda y \cos\lambda z;\ y^2 - z^2,\ y^3 - 3yz^2,\ z^3 - 3y^2 z$$

und allgemein

$$\Re f(y \pm iz),\ \Im f(y \pm iz), \tag{2}$$

d. h. den Realteil und den (ohne den Faktor i geschriebenen) Imaginärteil jeder (zweimal differentiierbaren) Funktion des komplexen Arguments $(y + iz)$ oder des Arguments $(y - iz)$.

Weil, wie leicht nachzurechnen, $\Delta' \frac{\partial}{\partial y} \equiv \frac{\partial}{\partial y} \Delta'$ und $\Delta' \frac{\partial}{\partial z} \equiv \frac{\partial}{\partial z} \Delta'$ sowie $\Delta'\left(y \frac{\partial}{\partial y} + z \frac{\partial}{\partial z}\right) \equiv \left(y \frac{\partial}{\partial y} + z \frac{\partial}{\partial z} + 2\right) \Delta'$ und $\Delta'\left(z \frac{\partial}{\partial y} - y \frac{\partial}{\partial z}\right) \equiv \left(z \frac{\partial}{\partial y} - y \frac{\partial}{\partial z}\right) \Delta'$ ist, so gilt der Satz:

Ist $F(y, z)$ eine Potentialfunktion ($\Delta' F = 0$), so sind auch

$$\frac{\partial F}{\partial y}, \quad \frac{\partial F}{\partial z}, \quad y \frac{\partial F}{\partial y} + z \frac{\partial F}{\partial z}, \quad z \frac{\partial F}{\partial y} - y \frac{\partial F}{\partial z} \tag{3}$$

Potentialfunktionen.

Aber auch die Umkehrung gilt: Jede Potentialfunktion läßt sich in jeder der vier Formen (3) durch Ableitung einer anderen Potentialfunktion darstellen.

Der Beweis für die Umkehrung stützt sich auf die Tatsache, daß sich jede Potentialfunktion φ als Realteil einer (analytischen) Funktion des komplexen Arguments $x = y + iz$ darstellen läßt: $\varphi \equiv \Re f(x)$. Bildet man deren komplexes Integral

$$\Phi(x) \equiv \int f(x)\, dx,$$

so ist mit $F \equiv \Re \Phi(x)$, $G \equiv \Im \Phi(x)$ und wegen $d/dx = \partial/\partial y = -i\,\partial/\partial z$

$$\varphi = \Re f(x) = \Re \frac{d\Phi}{dx} = \Re \frac{\partial \Phi}{\partial y} = \frac{\partial F}{\partial y}$$

oder auch

$$\varphi = -\Re\, i \frac{\partial \Phi}{\partial z} = \Im \frac{\partial \Phi}{\partial z} = \frac{\partial G}{\partial z},$$

womit die Möglichkeit der beiden ersten Darstellungen (3) erwiesen ist. Bildet man ferner das komplexe Integral

$$\Phi^*(x) \equiv \int \frac{f(x)}{x}\, dx,$$

so ist mit $F^* \equiv \Re \Phi^*(x)$, $G^* \equiv \Im \Phi^*(x)$

$$\varphi = \Re f(x) = \Re\left[x \frac{d\Phi^*}{dx}\right] = \Re\left[(y + iz)\left(\frac{\partial F^*}{\partial y} + i \frac{\partial G^*}{\partial y}\right)\right] = y \frac{\partial F^*}{\partial y} - z \frac{\partial G^*}{\partial y}$$

oder auch

$$\varphi = -\Re\, i\left[(y + iz)\left(\frac{\partial F^*}{\partial z} + i \frac{\partial G^*}{\partial z}\right)\right] = z \frac{\partial F^*}{\partial z} + y \frac{\partial G^*}{\partial z}.$$

Dies geht wegen

$$\frac{\partial G^*}{\partial y} = -\frac{\partial F^*}{\partial z}\left(= \Im \frac{d\Phi^*}{dx}\right)$$

über in

$$\varphi = y \frac{\partial F^*}{\partial y} + z \frac{\partial F^*}{\partial z} \quad \text{oder auch} \quad \varphi = -\left(z \frac{\partial G^*}{\partial y} - y \frac{\partial G^*}{\partial z}\right),$$

also in die beiden letzten Darstellungen (3). Man erkennt übrigens, daß diese Darstellungen noch verallgemeinert werden können. So folgt beispielsweise aus dem komplexen Integral

$$\Phi^{**}(x) \equiv \frac{1}{x}\int f(x)\,dx$$

in gleicher Weise, daß sich jede Potentialfunktion in der Form

$$F^{**} + y\,\frac{\partial F^{**}}{\partial y} + z\,\frac{\partial F^{**}}{\partial z} \tag{4}$$

durch eine andere Potentialfunktion F^{**} ausdrücken läßt, wovon wir nachher auch Gebrauch machen werden.

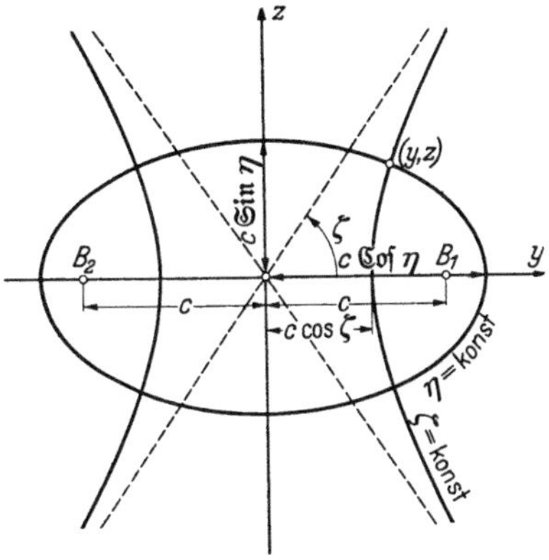

Abb. 1. Elliptische Koordinaten; konfokale Ellipsen und Hyperbeln mit den Brennpunkten $B_1(\eta=0, \zeta=0)$ und $B_2(\eta=0, \zeta=\pi)$

2) In Polarkoordinaten r, φ, wo also

$$y = r\cos\varphi, \quad z = r\sin\varphi \tag{5}$$

ist, lautet die Gleichung

$$\Delta' F \equiv \frac{\partial^2 F}{\partial r^2} + \frac{1}{r}\frac{\partial F}{\partial r} + \frac{1}{r^2}\frac{\partial^2 F}{\partial \varphi^2} = 0 \tag{6}$$

und hat die Lösungen

$$F = \ln r, \quad \varphi, \quad \varphi \ln r, \quad r^\lambda \cos\lambda\varphi. \tag{7}$$

3) In elliptischen Koordinaten η, ζ (Abb. 1), wo also

$$y = c\,\mathfrak{Cof}\,\eta\cos\zeta, \qquad z = c\,\mathfrak{Sin}\,\eta\sin\zeta \tag{8}$$

ist, lautet die Gleichung

$$\left.\begin{aligned} &\Delta' F \equiv \frac{1}{c^2}\,\frac{\Delta^* F}{\mathfrak{Sin}^2\eta + \sin^2\zeta} = 0 \\ &\text{mit} \\ &\Delta^* \equiv \frac{\partial^2}{\partial\eta^2} + \frac{\partial^2}{\partial\zeta^2} \end{aligned}\right\} \tag{9}$$

und hat also die in η, ζ statt y, z geschriebenen Lösungen (2).

4) In Bipolarkoordinaten η, ζ (Abb. 2), wo also

$$\left.\begin{aligned} y &= c\,\frac{\mathfrak{Sin}\,\eta}{\mathfrak{Cof}\,\eta - \cos\zeta}, \\ z &= -c\,\frac{\sin\zeta}{\mathfrak{Cof}\,\eta - \cos\zeta} \end{aligned}\right\} \tag{10}$$

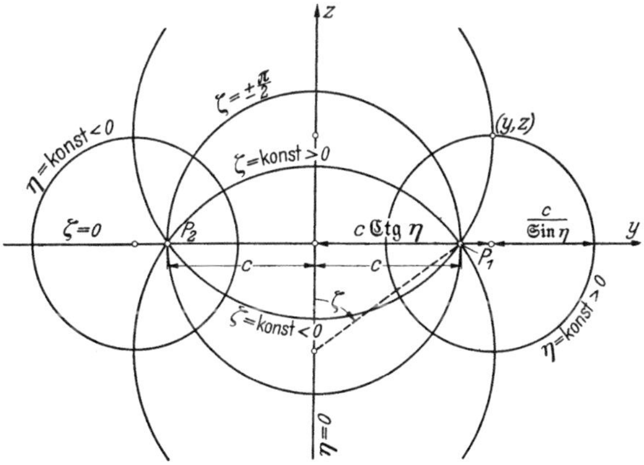

Abb 2. Bipolarkoordinaten, orthogonale Kreise mit den Polen $P_1(\eta=+\infty)$ und $P_2(\eta=-\infty)$

ist, lautet die Gleichung

$$\Delta' F \equiv \frac{1}{c^2}(\mathfrak{Cof}\,\eta - \cos\zeta)^2\Delta^* F = 0 \quad \text{mit} \quad \Delta^* \equiv \frac{\partial^2}{\partial\eta^2} + \frac{\partial^2}{\partial\zeta^2} \tag{11}$$

und hat also die in η, ζ statt y, z geschriebenen Lösungen (2).

Aus 2) bis 4) kann man weitere Lösungen von (1) in cartesischen Koordinaten y, z gewinnen, indem man in den Lösungen von (6) bzw. (9) und (11) die Koordinaten r, φ bzw. η, ζ vermöge (5) bzw. (8) und (10) in y, z ausdrückt; und Entsprechendes gilt natürlich für die Herstellung weiterer Lösungen in den Koordinaten r, φ und η, ζ.

Man kann die Transformationen (8) und (10) in der komplexen Form

$$y + iz = c\,\mathfrak{Cof}\,(\eta + i\zeta) \quad \text{und} \quad y + iz = c\,\mathfrak{Ctg}\,\tfrac{1}{2}\,(\eta + i\zeta) \tag{12}$$

schreiben, und das sind Sonderfälle der allgemeinen konformen Transformation

$$y + iz = f(\eta + i\zeta). \tag{13}$$

Bildet man Δ^*, indem man beachtet, daß gemäß (13) η und ζ als Funktionen von y und z anzusehen sind, und daß

$$\frac{\partial y}{\partial \eta} = \frac{\partial z}{\partial \zeta} \, (= \mathfrak{Re}\, f'), \qquad \frac{\partial z}{\partial \eta} = -\frac{\partial y}{\partial \zeta} \, (= \mathfrak{Im}\, f')$$

ist, so findet man nach einfacher Rechnung

$$\Delta' F \equiv h^2 \Delta^* F \quad \text{mit} \quad h = \left[\left(\frac{\partial y}{\partial \eta}\right)^2 + \left(\frac{\partial z}{\partial \eta}\right)^2\right]^{-\frac{1}{2}} = \left[\left(\frac{\partial y}{\partial \zeta}\right)^2 + \left(\frac{\partial z}{\partial \zeta}\right)^2\right]^{-\frac{1}{2}}, \tag{14}$$

wovon (9) und (11) wieder nur Sonderfälle sind.

b) Die Bipotentialgleichung erster Art $\Delta'\Delta' F = 0$ (Kap. II, Ziff. **12**, **14** und **16**).

1) Sie lautet in cartesischen Koordinaten y, z

$$\Delta'\Delta' F \equiv \frac{\partial^4 F}{\partial y^4} + 2\,\frac{\partial^4 F}{\partial y^2 \partial z^2} + \frac{\partial^4 F}{\partial z^4} = 0 \tag{15}$$

und hat die Lösungen

$$\left.\begin{aligned} F = {} & y,\ y^2,\ y^3,\ z,\ z^2,\ z^3,\ yz,\ y^2 z,\ y^3 z,\ yz^2,\ yz^3, \\ & \cos\lambda y\,\mathfrak{Cof}\,\lambda z,\ \mathfrak{Cof}\,\lambda y \cos\lambda z,\ y\cos\lambda y\,\mathfrak{Cof}\,\lambda z,\ y\,\mathfrak{Cof}\,\lambda y\cos\lambda z, \\ & z\cos\lambda y\,\mathfrak{Cof}\,\lambda z,\ z\,\mathfrak{Cof}\,\lambda y\cos\lambda z;\ y^2 - z^2,\ y^4 - z^4, \\ & \text{und allgemein} \\ & \mathfrak{Re}\, f(y \pm iz),\ \mathfrak{Im}\, f(y \pm iz),\ y\,\mathfrak{Re}\, f(y \pm iz),\ y\,\mathfrak{Im}\, f(y \pm iz), \\ & z\,\mathfrak{Re}\, f(y \pm iz),\ z\,\mathfrak{Im}\, f(y \pm iz),\ (y^2 + z^2)\,\mathfrak{Re}\, f(y \pm iz),\ (y^2 + z^2)\,\mathfrak{Im}\, f(y \pm iz). \end{aligned}\right\} \tag{16}$$

Ist ψ eine Potentialfunktion ($\Delta'\psi = 0$), so ist, wie man leicht nachrechnet,

$$\Delta'\Delta'(y\psi) = 0, \quad \Delta'\Delta'(z\psi) = 0, \quad \Delta'\Delta'\,[(y^2 + z^2)\psi] = 0$$

und somit gilt der Satz:

Sind φ und ψ Potentialfunktionen ($\Delta'\varphi = 0$, $\Delta'\psi = 0$), so sind

$$\varphi + y\psi, \quad \varphi + z\psi, \quad \varphi + (y^2 + z^2)\psi \tag{17}$$

Bipotentialfunktionen.

Aber auch die Umkehrung gilt: Jede Bipotentialfunktion F läßt sich in jeder der drei Formen (17) durch Potentialfunktionen φ und ψ darstellen.

Um dies für die Darstellung $F = \varphi + y\psi$ zu beweisen, gehen wir von der Funktion $g \equiv \frac{1}{2}\Delta' F$ aus, welche wegen $\Delta' g \equiv \frac{1}{2}\Delta'\Delta' F = 0$ eine Potentialfunktion ist. Folglich gibt es nach (3) eine Potentialfunktion ψ so, daß $g = \partial\psi/\partial y$ ist. Wegen $\Delta'(y\psi) = y\Delta'\psi + 2\,\partial\psi/\partial y$ und $\Delta'\psi = 0$ hat man also $\Delta'(y\psi) = 2g \equiv \Delta' F$ oder $\Delta'(F - y\psi) = 0$. Mithin ist die Funktion $\varphi \equiv F - y\psi$ eine Potentialfunktion, womit die Umkehrung unseres Satzes für die erste Darstellung (17) bewiesen ist. Für die zweite Darstellung (17) geht der Beweis ganz analog. Für die dritte Darstellung benützt man die oben angeführte Tatsache (4), daß sich jede Potentialfunktion und somit auch $g' \equiv \frac{1}{4}\Delta' F$ in der Form $g' = \psi + y\dfrac{\partial\psi}{\partial y} + z\dfrac{\partial\psi}{\partial z}$ mit einer Potentialfunktion ψ darstellen läßt, und schließt dann genau wie vorhin weiter.

2) In Polarkoordinaten r, φ (5) lautet die Gleichung

$$\Delta'\Delta' F \equiv \left(\frac{\partial^2}{\partial r^2} + \frac{1}{r}\frac{\partial}{\partial r} + \frac{1}{r^2}\frac{\partial^2}{\partial \varphi^2}\right)\left(\frac{\partial^2 F}{\partial r^2} + \frac{1}{r}\frac{\partial F}{\partial r} + \frac{1}{r^2}\frac{\partial^2 F}{\partial \varphi^2}\right) = 0 \tag{18}$$

und hat die Lösungen

$$\left.\begin{array}{l} F = r^2,\ \ln r,\ r^2 \ln r,\ \varphi,\ \varphi^2,\ \varphi^3,\ r^2\varphi,\ \varphi \ln r,\ r^2\varphi\ln r,\ r\ln r\cos\varphi, \\ r\varphi\cos\varphi,\ r^\lambda\cos\lambda\varphi,\ r^{\lambda+2}\cos\lambda\varphi,\ \ \cos(\lambda\ln r)\,\mathfrak{Cof}\,\lambda\varphi,\ r^2\cos(\lambda\ln r)\,\mathfrak{Cof}\,\lambda\varphi. \end{array}\right\} \quad (19)$$

3) In elliptischen Koordinaten η, ζ (8) lautet die Gleichung

$$\left.\begin{array}{l} \Delta'\Delta'F \equiv \dfrac{1}{c^4(\mathfrak{Sin}^2\eta+\sin^2\zeta)^4}\Big[(\mathfrak{Sin}^2\eta+\sin^2\zeta)^2\Delta^*\Delta^*F - 2(\mathfrak{Sin}^2\eta+\sin^2\zeta)\times \\ \quad\times\left(\mathfrak{Sin}\,2\eta\dfrac{\partial}{\partial\eta}\Delta^*F+\sin 2\zeta\dfrac{\partial}{\partial\zeta}\Delta^*F\right)+(\mathfrak{Sin}^2 2\eta+\sin^2 2\zeta)\Delta^*F\Big]=0 \end{array}\right\} \quad (20)$$

und hat die Lösungen

$$\left.\begin{array}{l} F=\eta,\ \mathfrak{Sin}\,2\eta\ \text{(jedoch nicht } \mathfrak{Cof}\,2\eta),\ \zeta,\ \sin 2\zeta\ \text{(jedoch} \\ \quad \text{nicht } \cos 2\zeta),\ \eta\zeta,\ \cos\lambda\eta\,\mathfrak{Cof}\,\lambda\zeta,\ \mathfrak{Cof}\,\lambda\eta\cos\lambda\zeta;\ \eta^2-\zeta^2, \\ \text{und allgemein} \\ \quad \Re f(\eta\pm i\zeta),\ \Im f(\eta\pm i\zeta). \end{array}\right\} \quad (21)$$

4) In Bipolarkoordinaten η, ζ (10) lautet die Gleichung

$$\left.\begin{array}{l} \Delta'\Delta'F \equiv \dfrac{1}{c^4}(\mathfrak{Cof}\,\eta-\cos\zeta)^3\Big[(\mathfrak{Cof}\,\eta-\cos\zeta)\Delta^*\Delta^*F+ \\ \quad +4\left(\mathfrak{Sin}\,\eta\dfrac{\partial}{\partial\eta}\Delta^*F+\sin\zeta\dfrac{\partial}{\partial\zeta}\Delta^*F\right)+4(\mathfrak{Cof}\,\eta+\cos\zeta)\Delta^*F\Big]=0 \end{array}\right\} \quad (22)$$

und hat die Lösungen

$$\left.\begin{array}{l} F=\eta,\ \zeta,\ \eta\zeta,\ \cos\lambda\eta\,\mathfrak{Cof}\,\lambda\zeta,\ \mathfrak{Cof}\,\lambda\eta\cos\lambda\zeta;\ \eta^2-\zeta^2, \\ \text{und allgemein} \\ \quad \Re f(\eta\pm i\zeta),\ \Im f(\eta\pm i\zeta). \end{array}\right\} \quad (23)$$

Die Bemerkung von Abschnitt a) über die Gewinnung weiterer Lösungen durch Koordinatentransformationen gilt sinngemäß auch für die Gleichung $\Delta'\Delta'F=0$.

Die Formeln (20) und (22) sind Sonderfälle der allgemeinen Formel

$$\Delta'\Delta'F\equiv h^4\Delta^*\Delta^*F+4h^3\left(\frac{\partial h}{\partial\eta}\frac{\partial}{\partial\eta}\Delta^*F+\frac{\partial h}{\partial\zeta}\frac{\partial}{\partial\zeta}\Delta^*F\right)+2h^2\left[\frac{\partial}{\partial\eta}\left(h\frac{\partial h}{\partial\eta}\right)+\frac{\partial}{\partial\zeta}\left(h\frac{\partial h}{\partial\zeta}\right)\right]\Delta^*F \quad (24)$$

mit dem Wert h(14).

Stellt F eine Airysche Spannungsfunktion (Kap. II, Ziff. **12**) dar, so lauten die Spannungskomponenten

1) in cartesischen Koordinaten y, z

$$\sigma_y=\frac{\partial^2 F}{\partial z^2},\qquad \sigma_z=\frac{\partial^2 F}{\partial y^2},\qquad \tau_{yz}=-\frac{\partial^2 F}{\partial y\,\partial z}, \quad (25)$$

2) in Polarkoordinaten r, φ

$$\sigma_r=\frac{1}{r^2}\frac{\partial^2 F}{\partial\varphi^2}+\frac{1}{r}\frac{\partial F}{\partial r},\qquad \sigma_\varphi=\frac{\partial^2 F}{\partial r^2},\qquad \tau_{r\varphi}=-\frac{\partial}{\partial r}\left(\frac{1}{r}\frac{\partial F}{\partial\varphi}\right), \quad (26)$$

3) in elliptischen Koordinaten η, ζ

$$\left.\begin{array}{l} \sigma_\eta=\dfrac{1}{c^2(\mathfrak{Sin}^2\eta+\sin^2\zeta)^2}\left[(\mathfrak{Sin}^2\eta+\sin^2\zeta)\dfrac{\partial^2 F}{\partial\zeta^2}+\dfrac{1}{2}\mathfrak{Sin}\,2\eta\dfrac{\partial F}{\partial\eta}-\dfrac{1}{2}\sin 2\zeta\dfrac{\partial F}{\partial\zeta}\right], \\ \sigma_\zeta=\dfrac{1}{c^2(\mathfrak{Sin}^2\eta+\sin^2\zeta)^2}\left[(\mathfrak{Sin}^2\eta+\sin^2\zeta)\dfrac{\partial^2 F}{\partial\eta^2}-\dfrac{1}{2}\mathfrak{Sin}\,2\eta\dfrac{\partial F}{\partial\eta}+\dfrac{1}{2}\sin 2\zeta\dfrac{\partial F}{\partial\zeta}\right], \\ \tau_{\eta\zeta}=-\dfrac{1}{c^2(\mathfrak{Sin}^2\eta+\sin^2\zeta)^2}\left[(\mathfrak{Sin}^2\eta+\sin^2\zeta)\dfrac{\partial^2 F}{\partial\eta\,\partial\zeta}-\dfrac{1}{2}\sin 2\zeta\dfrac{\partial F}{\partial\eta}-\dfrac{1}{2}\mathfrak{Sin}\,2\eta\dfrac{\partial F}{\partial\zeta}\right], \end{array}\right\} \quad (27)$$

4) in Bipolarkoordinaten η, ζ

$$\left.\begin{aligned}\sigma_\eta &= \frac{1}{c^2}(\mathfrak{Cof}\,\eta - \cos\zeta)\left[(\mathfrak{Cof}\,\eta - \cos\zeta)\frac{\partial^2 F}{\partial\zeta^2} - \mathfrak{Sin}\,\eta\frac{\partial F}{\partial\eta} + \sin\zeta\frac{\partial F}{\partial\zeta}\right],\\ \sigma_\zeta &= \frac{1}{c^2}(\mathfrak{Cof}\,\eta - \cos\zeta)\left[(\mathfrak{Cof}\,\eta - \cos\zeta)\frac{\partial^2 F}{\partial\eta^2} + \mathfrak{Sin}\,\eta\frac{\partial F}{\partial\eta} - \sin\zeta\frac{\partial F}{\partial\zeta}\right],\\ \tau_{\eta\zeta} &= -\frac{1}{c^2}(\mathfrak{Cof}\,\eta - \cos\zeta)\left[(\mathfrak{Cof}\,\eta - \cos\zeta)\frac{\partial^2 F}{\partial\eta\,\partial\zeta} + \sin\zeta\frac{\partial F}{\partial\eta} + \mathfrak{Sin}\,\eta\frac{\partial F}{\partial\zeta}\right],\end{aligned}\right\} \quad (28)$$

und allgemein in den durch die konforme Transformation $y+iz=f(\eta+i\zeta)$ definierten Koordinaten

$$\left.\begin{aligned}\sigma_\eta &= h^2\frac{\partial^2 F}{\partial\zeta^2} - h\frac{\partial h}{\partial\eta}\frac{\partial F}{\partial\eta} + h\frac{\partial h}{\partial\zeta}\frac{\partial F}{\partial\zeta},\\ \sigma_\zeta &= h^2\frac{\partial^2 F}{\partial\eta^2} + h\frac{\partial h}{\partial\eta}\frac{\partial F}{\partial\eta} - h\frac{\partial h}{\partial\zeta}\frac{\partial F}{\partial\zeta},\\ \tau_{\eta\zeta} &= -h^2\frac{\partial^2 F}{\partial\eta\,\partial\zeta} - h\frac{\partial h}{\partial\zeta}\frac{\partial F}{\partial\eta} - h\frac{\partial h}{\partial\eta}\frac{\partial F}{\partial\zeta}.\end{aligned}\right\} \quad (29)$$

c) Die Potentialgleichung zweiter Art $\Delta'' F = 0$ (Kap. II, Ziff. **16** und **19**). Sie lautet

$$\Delta'' F \equiv \frac{\partial^2 F}{\partial r^2} + \frac{1}{r}\frac{\partial F}{\partial r} + \frac{\partial^2 F}{\partial z^2} = 0 \quad (30)$$

und hat die Lösungen

$$\left.\begin{aligned}F = \ln r,\ z,\ z\ln r,\ J_0(\lambda r)\mathfrak{Cof}\,\lambda z,\ J_0(i\lambda r)\cos\lambda z;\\ \frac{1}{R},\ \frac{z}{R^3},\ \ln\frac{R+z}{R-z},\ \frac{1}{R}\ln\frac{R+z}{R-z},\ z\ln(R+z)-R \text{ mit } R=\sqrt{r^2+z^2}.\end{aligned}\right\} \quad (31)$$

d) Die Bipotentialgleichung zweiter Art $\Delta''\Delta'' F = 0$ (Kap. II, Ziff. **16**). Sie lautet

$$\Delta''\Delta'' F \equiv \left(\frac{\partial^2}{\partial r^2} + \frac{1}{r}\frac{\partial}{\partial r} + \frac{\partial^2}{\partial z^2}\right)\left(\frac{\partial^2 F}{\partial r^2} + \frac{1}{r}\frac{\partial F}{\partial r} + \frac{\partial^2 F}{\partial z^2}\right) = 0 \quad (32)$$

und hat die Lösungen

$$\left.\begin{aligned}F = r^2,\ \ln r,\ r^2\ln r,\ z,\ z^2,\ z^3,\ r^2 z,\ z\ln r,\ z^2\ln r,\ z^3\ln r,\ r^2 z\ln r,\\ J_0(\lambda r)\mathfrak{Cof}\,\lambda z,\ J_0(i\lambda r)\cos\lambda z,\ rJ_1(\lambda r)\,\mathfrak{Cof}\,\lambda z,\ irJ_1(i\lambda r)\cos\lambda z,\\ zJ_0(\lambda r)\mathfrak{Cof}\,\lambda z,\ zJ_0(i\lambda r)\cos\lambda z;\ R,\ \frac{1}{R},\ \frac{1}{R^2},\ zR^2,\ \frac{z}{R},\ \frac{z}{R^3},\\ \ln\frac{R+z}{R-z},\ \frac{1}{R}\ln\frac{R+z}{R-z},\ z\ln(R+z) \text{ mit } R=\sqrt{r^2+z^2}.\end{aligned}\right\} \quad (33)$$

e) Die Potentialgleichung dritter Art $\Delta''' F = 0$ (Kap. II, Ziff. **15**). Sie lautet

$$\Delta''' F \equiv \frac{\partial^2 F}{\partial r^2} + \frac{1}{r}\frac{\partial F}{\partial r} - \frac{F}{r^2} + \frac{\partial^2 F}{\partial z^2} = 0 \quad (34)$$

und hat die Lösungen

$$F = r,\ \frac{1}{r},\ z,\ rz,\ \frac{z}{r},\ J_1(\lambda r)\mathfrak{Cof}\,\lambda z,\ iJ_1(i\lambda r)\cos\lambda z. \quad (35)$$

f) Die Bipotentialgleichung dritter Art $\Delta'''\Delta''' F = 0$ (Kap. II, Ziff. **15**). Sie lautet

$$\Delta'''\Delta''' F \equiv \left(\frac{\partial^2}{\partial r^2} + \frac{1}{r}\frac{\partial}{\partial r} - \frac{1}{r^2} + \frac{\partial^2}{\partial z^2}\right)\left(\frac{\partial^2 F}{\partial r^2} + \frac{1}{r}\frac{\partial F}{\partial r} - \frac{F}{r^2} + \frac{\partial^2 F}{\partial z^2}\right) = 0 \quad (36)$$

und hat die Lösungen

$$\left.\begin{aligned}F=r,\ r^3,\ \frac{1}{r},\ r\ln r,\ z,\ z^2,\ z^3,\ rz,\ \frac{z}{r},\ J_1(\lambda r)\mathfrak{Cos}\,\lambda z,\ iJ_1(i\lambda r)\cos\lambda z,\\ rJ_0(\lambda r)\mathfrak{Cos}\,\lambda z,\ rJ_0(i\lambda r)\cos\lambda z,\ zJ_1(\lambda r)\mathfrak{Cos}\,\lambda z,\ izJ_1(i\lambda r)\cos\lambda z.\end{aligned}\right\} \tag{37}$$

g) Die Potentialgleichung vierter Art $\Delta''''F=0$ (Kap. II, Ziff. **19**). Sie lautet

$$\Delta''''F\equiv\frac{\partial^2 F}{\partial r^2}+\frac{3}{r}\frac{\partial F}{\partial r}+\frac{\partial^2 F}{\partial z^2}=0 \tag{38}$$

und geht mit $F=F'/r$ in die Potentialgleichung dritter Art $\Delta'''F'=0$ über, hat also nach (35) die Lösungen

$$F=\frac{1}{r^2},\ z,\ \frac{z}{r},\ \frac{z}{r^2},\ \frac{1}{r}J_1(\lambda r)\,\mathfrak{Cos}\,\lambda z,\ \frac{i}{r}J_1(i\lambda r)\cos\lambda z. \tag{39}$$

h) Die Bipotentialgleichung vierter Art $\Delta''''\Delta''''F=0$. Sie lautet

$$\Delta''''\Delta''''F\equiv\left(\frac{\partial^2}{\partial r^2}+\frac{3}{r}\frac{\partial}{\partial r}+\frac{\partial^2}{\partial z^2}\right)\left(\frac{\partial^2 F}{\partial r^2}+\frac{3}{r}\frac{\partial F}{\partial r}+\frac{\partial^2 F}{\partial z^2}\right)=0 \tag{40}$$

und geht mit $F=F'/r$ in die Bipotentialgleichung dritter Art $\Delta'''\Delta'''F'=0$ über, hat also nach (37) die Lösungen

$$\left.\begin{aligned}F=r^2,\ \frac{1}{r^2},\ \ln r,\ z,\ \frac{z}{r},\ \frac{z}{r^2},\ \frac{z^2}{r},\ \frac{z^3}{r},\ J_0(\lambda r)\mathfrak{Cos}\,\lambda z,\ J_0(i\lambda r)\cos\lambda z,\\ \frac{1}{r}J_1(\lambda r)\,\mathfrak{Cos}\,\lambda z,\ \frac{i}{r}J_1(i\lambda r)\cos\lambda z,\ \frac{z}{r}J_1(\lambda r)\mathfrak{Cos}\,\lambda z,\ \frac{iz}{r}J_1(i\lambda r)\cos\lambda z.\end{aligned}\right\} \tag{41}$$

i) Weitere Potential- und Bipotentialgleichungen kann man häufig durch geeignete Substitutionen auf eine der behandelten Gleichungen zurückführen. So geht beispielsweise die Potentialgleichung

$$\frac{\partial^2 F}{\partial r^2}-\frac{1}{r}\frac{\partial F}{\partial r}+\frac{\partial^2 F}{\partial z^2}=0 \tag{42}$$

(Kap. II, Ziff. **19**) mit $F=rF'$ über in $\Delta'''F'=0$, so daß ihre Lösungen sofort aus (35) folgen.

3. Die harmonische Analyse. Ein weiteres Rechenhilfsmittel, das wir später oft benutzen werden, betrifft die Zerlegung einer in einem Bereich gegebenen Funktion in eine Reihe von bestimmten Elementarfunktionen.

Es handle sich zuerst um die Aufgabe, eine im Bereich $0\leq x\leq 2\pi$ gegebene Funktion $f(x)$ durch eine Summe von der Form

$$\left.\begin{aligned}g(x)\equiv a_0+a_1\cos x+a_2\cos 2x+\cdots+a_n\cos nx+\\ +b_1\sin x+b_2\sin 2x+\cdots+b_n\sin nx,\end{aligned}\right\} \tag{1}$$

wo $a_0, a_1, a_2, \ldots, a_n, b_1, b_2, \ldots, b_n$ noch zu bestimmende Konstanten bezeichnen, derart zu approximieren, daß das mittlere Fehlerquadrat

$$F(a_0, a_1, a_2, \ldots, a_n, b_1, b_2, \ldots, b_n)\equiv\frac{1}{2\pi}\int_0^{2\pi}[f(x)-g(x)]^2\,dx \tag{2}$$

zum Minimum wird. Hierzu müssen die partiellen Ableitungen von F nach $a_0, a_1, \ldots, a_n, b_1, \ldots, b_n$ gleich Null gesetzt werden, so daß das Gleichungssystem

$$\left.\begin{aligned}
-\pi\frac{\partial F}{\partial a_0} &\equiv \int_0^{2\pi}\left[f(x)-g(x)\right]dx = 0,\\
-\pi\frac{\partial F}{\partial a_k} &\equiv \int_0^{2\pi}\left[f(x)-g(x)\right]\cos kx\,dx = 0 \qquad (k=1,2,\ldots,n),\\
-\pi\frac{\partial F}{\partial b_k} &\equiv \int_0^{2\pi}\left[f(x)-g(x)\right]\sin kx\,dx = 0 \qquad (k=1,2,\ldots,n)
\end{aligned}\right\}. \tag{3}$$

entsteht. Beachtet man, daß

$$\left.\begin{aligned}
&\frac{1}{\pi}\int_0^{2\pi}\cos ix\cos jx\,dx = \begin{cases}1 \text{ für } i=j\\ 0 \text{ für } i\neq j\end{cases}, \qquad \frac{1}{\pi}\int_0^{2\pi}\sin ix\sin jx\,dx = \begin{cases}1 \text{ für } i=j\\ 0 \text{ für } i\neq j\end{cases},\\
&\int_0^{2\pi}\cos ix\sin jx\,dx = 0
\end{aligned}\right\} \tag{4}$$

ist, so findet man

$$\left.\begin{aligned}
a_0 = \frac{1}{2\pi}\int_0^{2\pi}f(x)\,dx, \qquad a_k = \frac{1}{\pi}\int_0^{2\pi}f(x)\cos kx\,dx, \qquad b_k = \frac{1}{\pi}\int_0^{2\pi}f(x)\sin kx\,dx\\
(k=1,2,\ldots,n).
\end{aligned}\right\} \tag{5}$$

Bildet man an Hand von (3) die Summe $a_0\frac{\partial F}{\partial a_0} + a_1\frac{\partial F}{\partial a_1} + \cdots + a_n\frac{\partial F}{\partial a_n} + b_1\frac{\partial F}{\partial b_1} + \cdots + b_n\frac{\partial F}{\partial b_n}$, so findet man, weil jeder der Summanden für sich Null ist, wegen (1)

$$\int_0^{2\pi}\left[g(x)-f(x)\right]g(x)\,dx = 0 \qquad \text{oder} \qquad \int_0^{2\pi}f(x)\,g(x)\,dx = \int_0^{2\pi}\left[g(x)\right]^2dx,$$

so daß der Minimumwert $F_{\min}$ des mittleren Fehlerquadrates (2) sich berechnet zu

$$F_{\min} = \frac{1}{2\pi}\left\{\int_0^{2\pi}\left[f(x)\right]^2dx - \int_0^{2\pi}\left[g(x)\right]^2dx\right\}.$$

Nun ist aber nach (1) und (4)

$$\frac{1}{2\pi}\int_0^{2\pi}\left[g(x)\right]^2dx = a_0^2 + \frac{1}{2}\left(a_1^2+a_2^2+\cdots+a_n^2+b_1^2+b_2^2+\cdots+b_n^2\right),$$

so daß man hat

$$F_{\min} = \frac{1}{2\pi}\int_0^{2\pi}\left[f(x)\right]^2dx - \left(a_0^2 + \frac{1}{2}\sum_{k=1}^{n}a_k^2 + \frac{1}{2}\sum_{k=1}^{n}b_k^2\right). \tag{6}$$

Man bemerkt, daß die Werte $a_0, a_1, \ldots, a_n, b_1, \ldots, b_n$ unabhängig von der Zahl der in (1) vorkommenden Glieder sind, und daß $F_{\min}$ eine mit wachsendem n monoton abnehmende Funktion ist. Es läßt sich zeigen, daß bei unbegrenzt wachsendem n die Funktion $g(x)$ gegen $f(x)$ und der Ausdruck $F_{\min}$ gegen Null konvergiert, wenn die Funktion $f(x)$ samt ihrer ersten Ableitung stetig ist bis auf eine endliche Anzahl von Unstetigkeitsstellen mit endlichen Sprüngen. In abgeschlossenen Stetigkeitsbereichen konvergiert $g(x)$ gleichmäßig. An den

Sprungstellen konvergiert die Reihe $g(x)$ ebenfalls und stellt dort das arithmetische Mittel des linken und rechten Grenzwertes der Funktion $f(x)$ dar. (Für unsere Zwecke genügt die genannte hinreichende Bedingung für die Konvergenz; die Bedingung ist aber keineswegs notwendig.)

Die Entwicklung

$$f(x) = a_0 + \sum_{k=1}^{\infty} (a_k \cos k x + b_k \sin k x) \tag{7}$$

wird eine Fourierreihe genannt; die Konstanten a_k und b_k heißen die Fourierkoeffizienten der Funktion $f(x)$. Ein kennzeichnendes Merkmal der Funktionen $\cos k x$ und $\sin k x$, nach denen die Entwicklung fortschreitet, bilden die Beziehungen (4): multipliziert man zwei verschiedene dieser Funktionen und integriert von 0 bis 2π, so ergibt sich stets Null. Man sagt, die Funktionen

$$\frac{1}{\sqrt{2}}, \; \cos x, \; \cos 2x, \ldots, \cos nx, \; \sin x, \; \sin 2x, \ldots, \sin nx \tag{8}$$

bilden ein System von zueinander orthogonalen Funktionen. Multipliziert man eine solche durch $\sqrt{\pi}$ dividierte Funktion mit sich selbst und integriert von 0 bis 2π, so ergibt sich stets 1. Man nennt daher die durch $\sqrt{\pi}$ dividierten Funktionen (8) normierte orthogonale Funktionen.

Soll eine in dem Bereich $0 \leq x \leq l$ definierte Funktion $f(x)$ in eine Fourierreihe entwickelt werden, so führt man am besten eine neue Veränderliche $\bar{x} = \frac{2\pi}{l} x$ ein, so daß die Funktion $f\left(\frac{l}{2\pi}\bar{x}\right)$ jetzt im Bereich $0 \leq \bar{x} \leq 2\pi$ definiert ist. Nach (5) findet man dann die Fourierkoeffizienten

$$a_0 = \frac{1}{2\pi}\int_0^{2\pi} f\left(\frac{l}{2\pi}\bar{x}\right) d\bar{x}, \quad a_k = \frac{1}{\pi}\int_0^{2\pi} f\left(\frac{l}{2\pi}\bar{x}\right) \cos k\bar{x}\, d\bar{x}, \quad b_k = \frac{1}{\pi}\int_0^{2\pi} f\left(\frac{l}{2\pi}\bar{x}\right) \sin k\bar{x}\, d\bar{x}$$
$$(k = 1, 2, \ldots, n)$$

oder mit der alten Veränderlichen x

$$\left. a_0 = \frac{1}{l}\int_0^l f(x)\, dx, \quad a_k = \frac{2}{l}\int_0^l f(x) \cos k \frac{2\pi x}{l}\, dx, \quad b_k = \frac{2}{l}\int_0^l f(x) \sin k \frac{2\pi x}{l}\, dx \quad (k = 1, 2, \ldots, n). \right\} \tag{9}$$

Als Beispiel behandeln wir die in Abb. 3 dargestellte Funktion, welche für den Bereich $0 \leq x \leq l\,(=36)$ definiert ist durch

$$f(x) = (18\,x - x^2) \text{ für } 0 \leq x \leq 18, \; f(x) = -\,[18(x-18) - (x-18)^2] \text{ für } 18 \leq x \leq 36.$$

Man erkennt leicht, daß alle Koeffizienten $a_k = 0$ sind, weil $f(x)$ bezüglich des Punktes $x = 18$ schiefsymmetrisch ist, alle Funktionen $\cos k \frac{2\pi x}{l}$ aber bezüglich dieses Punktes symmetrisch sind. Ebenso verschwinden die Koeffizienten b_k mit geradem Zeiger k; denn im Bereich $0 \leq x \leq 18$ sind die Funktionen $\sin k \frac{2\pi x}{l}$ schiefsymmetrisch bezüglich des Punktes $x = 9$, während $f(x)$ selbst in diesem Bereich symmetrisch bezüglich dieses Punktes ist. Ähnliches gilt im Bereich

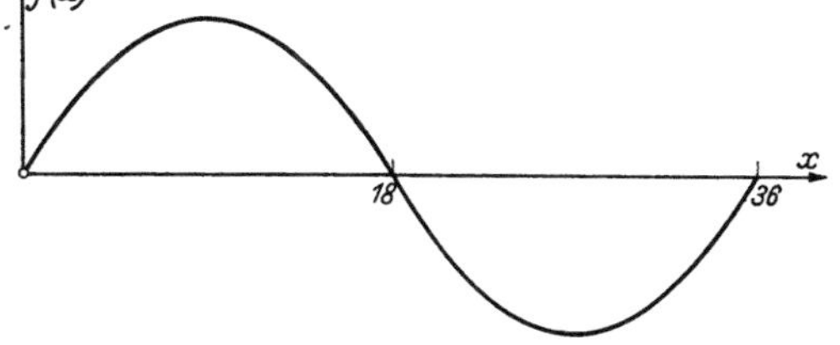

Abb. 3. Fourieranalyse einer Kurve aus zwei Parabelbogen.

$18 \leq x \leq 36$ bezüglich des Punktes $x = 27$, so daß das Integral $\int f(x) \sin k \frac{2\pi x}{l} dx$ für gerade k in beiden Hälften des Integrationsgebietes verschwindet. Für ungerade k gilt, ebenfalls aus Symmetriegründen,

$$b_k = \frac{2}{l}\int_0^l f(x) \sin k \frac{2\pi x}{l} dx = \frac{4}{l}\int_0^{l/2} f(x) \sin k \frac{2\pi x}{l} dx.$$

Man findet, wenn $\varphi = \frac{k\pi x}{18}$ als neue Integrationsveränderliche benutzt wird,

$$b_k = \frac{4}{l}\int_0^{l/2} f(x) \sin k \frac{2\pi x}{l} dx = \frac{2 \cdot 18^2}{\pi^3 k^3}\int_0^{k\pi} (k\pi\varphi - \varphi^2) \sin\varphi \, d\varphi = \frac{8 \cdot 18^2}{\pi^3 k^3} (k \text{ ungerade}). \quad (10)$$

Zur Ermittlung der Fourierkoeffizienten sind für den Fall, daß ihre Bestimmungsintegrale zu analytischen Schwierigkeiten führen, oder daß $f(x)$ nur gezeichnet vorliegt, zahlreiche Methoden entwickelt und viele sinnreiche Instrumente entworfen worden. Wir beschränken uns hier auf die Behandlung je eines rechnerischen und je eines zeichnerischen Verfahrens.

4. Ein rechnerisches Verfahren zur Ermittlung von Fourierkoeffizienten. Das Rungesche Verfahren[1]) zur rechnerischen Bestimmung der Fourierkoeffizienten stützt sich auf die Tatsache, daß bei passender Wahl der in der Näherungslösung

$$g(x) \equiv a_0 + \sum_{k=1}^{2n} a_k \cos kx + \sum_{k=1}^{2n-1} b_k \sin kx$$

auftretenden Konstanten $a_0, a_1, \ldots, a_{2n}, b_1, \ldots, b_{2n-1}$ für $4n$ beliebige Abszissen $x_0, x_1, x_2, \ldots, x_{4n-1}$

$$g(x) = f(x)$$

gemacht werden kann. Wählt man für diese Abszissen insbesondere die Werte $x_0 = 0$, $x_1 = \frac{2\pi}{4n} = \varphi, \ldots, x_j = j\varphi, \ldots, x_{4n-1} = (4n-1)\varphi$ und nennt die zugehörigen Funktionswerte $f(x)$ der Reihe nach $y_0, y_1, \ldots, y_j, \ldots, y_{4n-1}$, so erhält man für die Konstanten die folgenden Bestimmungsgleichungen:

$$\begin{aligned}
y_0 &= a_0 + \sum_{k=1}^{2n} a_k \cos(k \cdot 0 \cdot \varphi) &&+ \sum_{k=1}^{2n-1} b_k \sin(k \cdot 0 \cdot \varphi), \\
y_1 &= a_0 + \sum_{k=1}^{2n} a_k \cos(k \cdot 1 \cdot \varphi) &&+ \sum_{k=1}^{2n-1} b_k \sin(k \cdot 1 \cdot \varphi), \\
&\vdots \\
y_j &= a_0 + \sum_{k=1}^{2n} a_k \cos kj\varphi &&+ \sum_{k=1}^{2n-1} b_k \sin kj\varphi, \\
&\vdots \\
y_{4n-1} &= a_0 + \sum_{k=1}^{2n} a_k \cos k(4n-1)\varphi &&+ \sum_{k=1}^{2n-1} b_k \sin k(4n-1)\varphi.
\end{aligned}$$

Auf Grund von elementar-goniometrischen Beziehungen gelingt es, die Lösung a_k, b_k dieser Gleichungen nach einem festen Schema zu bestimmen, das für die Fälle $4n = 12$ und $4n = 36$ als Anhang I und II dem Buche beigefügt ist. Und zwar gibt Anhang Ia bzw. IIa jeweils die Rechenvorschrift (auf deren durchaus elementare Begründung wir hier verzichten); Anhang Ib bzw. IIb zeigt das leere Rechenformular, das, nach der Vorschrift von Anhang Ia bzw. IIa ausgefüllt, am Schlusse die Fourierkoeffizienten liefert. Der Rechenvorgang spielt sich also beispielsweise im Formular I folgendermaßen ab: Die vorgegebenen

[1]) C. Runge, Theorie und Praxis der Reihen, S. 143, Leipzig 1904.

Funktionswerte $y_0, \ldots, y_{11}$ werden in das Schema A eingetragen, dann werden von je zwei untereinanderstehenden Werten die Summen $s_0, \ldots, s_6$ und die Differenzen $d_1, \ldots, d_5$ gebildet. Aus diesen Werten werden im Schema B und C in gleicher Weise die weiteren Summen $s_0', \ldots, s_3'$; $d_1', \ldots, d_3'$ und Differenzen $s_0'', \ldots, s_2''$; d_1'', d_2'' gebildet und in die dünnumrandeten Rechtecke D und E vorschriftsmäßig eingeschrieben. Sodann werden alle Zahlen jeder Reihe mit dem vor der Reihe stehenden sin- bzw. cos-Faktor multipliziert und die Produkte vorschriftsmäßig in die dickumrandeten Rechtecke F und G eingetragen. Die dort angegebenen Vorschriften zeigen, wie daraus die gesuchten Koeffizienten gewonnen werden. Im Falle $4n = 36$ verfährt man nach Anhang II ganz entsprechend.

Um die Genauigkeit dieses Näherungsverfahrens zu zeigen, sind für die in Abb. 3 (Ziff. **3**) dargestellte Funktion die so gefundenen Näherungswerte mit den genauen, nach (**3**, **10**) berechneten Werten der Fourierkoeffizienten in Tabelle 1 und 2 zusammengestellt und verglichen.

Tabelle 1.

	Naherungswert	genauer Wert	Fehler in %
b_1	83,5695	83,5960	−0,0317
b_3	3,0000	3,0961	−3,11
b_5	0,4305	0,6688	−35,6

Tabelle 2.

	Naherungswert	genauer Wert	Fehler in %
b_1	83,5957	83,5960	−0,0004
b_3	3,0952	3,0961	−0,0291
b_5	0,6671	0,6688	−0,253
b_7	0,2412	0,2437	−1,026
b_9	0,1111	0,1147	−3,13
b_{11}	0,0577	0,0628	−8,12
b_{13}	0,0316	0,0381	−17,1
b_{15}	0,0159	0,0248	−35,9
b_{17}	0,0046	0,0170	−72,9

Man ersieht aus den Tabellen, was übrigens zu erwarten war, daß die höheren Koeffizienten (etwa von b_5 bzw. von b_{13} an) unzuverlässig sind. Man tut also gut daran, die Rechnung auf wesentlich mehr Koeffizienten einzustellen als man schließlich gebraucht. Wünscht man beispielsweise a_0 bis a_9 und b_1 bis b_9 zuverlässig zu kennen, so rechnet man mit dem Formular II und läßt einfach in den Schlußspalten die Differenzen $A - B$ fort.

5. Ein zeichnerisches Verfahren zur Ermittlung von Fourierkoeffizienten.

Beim Meißnerschen Verfahren[1]) wird die zu analysierende Kurve, die wieder zwischen 0 und 2π definiert sein mag, durch eine Treppenkurve von n gleichbreiten Stufen derart ersetzt (Abb. 4), daß in jedem Intervall $\Delta x_j = \frac{2\pi}{n} = \varphi$ der angenommene Funktionswert f_j gleich dem Mittelwert der zum Intervall gehörigen gegebenen Funktionswerte ist. Für die Ersatzkurve wird dann

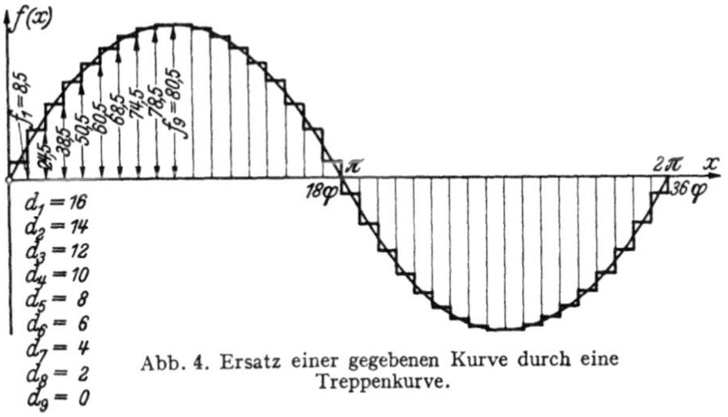

Abb. 4. Ersatz einer gegebenen Kurve durch eine Treppenkurve.

$$a_k = \frac{1}{\pi}\int\limits_0^{2\pi} f(x)\cos kx\,dx = \frac{1}{k\pi}\sum_{j=1}^{n}\int\limits_{(j-1)\varphi}^{j\varphi} f(x)\cos kx\,d\,kx = \frac{1}{k\pi}\sum_{j=1}^{n} f_j \int\limits_{(j-1)\varphi}^{j\varphi} d\sin kx,$$

also

$$a_k = \frac{1}{k\pi}\sum_{j=1}^{n} f_j\,[\sin j\,k\varphi - \sin(j-1)\,k\varphi] \tag{1}$$

[1]) E. Meissner, Zur Schwingungslehre, Schweiz. Bauztg. 84 (1924) S. 273.

und ebenso

$$b_k \equiv \frac{1}{\pi}\int_0^{2\pi} f(x)\sin k x\,dx = -\frac{1}{k\pi}\sum_{j=1}^{n} f_j\left[\cos j k\varphi - \cos(j-1)k\varphi\right]. \tag{2}$$

Diese Summen lassen sich in einfacher Weise graphisch darstellen, indem man, ausgehend von einem Pol O_1 und einer Polachse b (Abb. 5), zuerst einen Kreisbogen A_0A_1 zeichnet, dessen Mittelpunkt O_1, dessen Halbmesser f_1 und dessen Zentriwinkel $k\varphi$ ist, dann einen anschließenden Kreisbogen A_1A_2, dessen Mittelpunkt O_2, dessen Halbmesser f_2 und dessen Zentriwinkel wieder $k\varphi$ ist, usw. Betrachtet man das j-te Element dieser Konstruktion (Abb. 6), so findet man, daß

$$\overline{A}_j A_j = f_j\left[\sin j k\varphi - \sin(j-1)k\varphi\right]$$

und

$$A_{j-1}\overline{A}_j = f_j\left[\cos j k\varphi - \cos(j-1)k\varphi\right]$$

ist. Die Projektion des (gerichteten) Bogens $A_{j-1}A_j$ auf die positive Lotachse a stellt also bis auf den Faktor $1/k\pi$ den j-ten Summanden von a_k, die Projektion

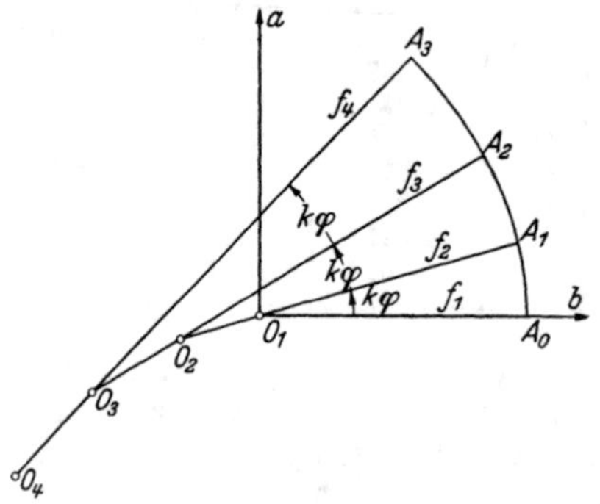

Abb. 5. Graphische Bestimmung der Fourierkoeffizienten.

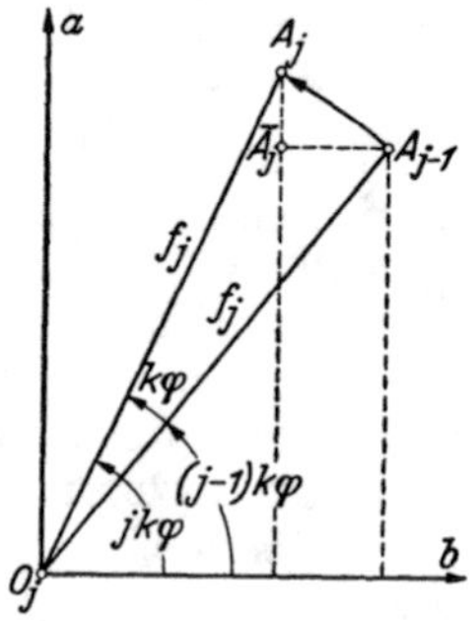

Abb. 6. Das j-te Element der Konstruktion.

auf die positive Polachse b bis auf den Faktor $-1/k\pi$ den j-ten Summanden von b_k dar. Man hat daher die Konstruktion des Kreisbogenzuges $A_0A_1 \ldots A_j$ bis zu dem Punkte A_n fortzusetzen und findet in der Projektion des Vektors A_0A_n auf die Lotachse den Wert $k\pi a_k$, in der Projektion dieses Vektors auf die Polachse den Wert $-k\pi b_k$.

Benützt man ein mit Parallelführung und drehbarem Lineal versehenes Zeichenbrett, so läßt sich dieses an und für sich schon einfache Verfahren noch sehr stark abkürzen, wenn man nur den Linienzug $A_0O_1O_2 \ldots O_n$ markiert und das Zeichnen des Bogens $A_0A_1A_2 \ldots A_n$ unterdrückt. Man geht, nachdem man eine Liste der Funktionsdifferenzen $d_1 = f_2 - f_1$, $d_2 = f_3 - f_2, \ldots, d_{n-1} = f_n - f_{n-1}$ aufgestellt hat (Abb. 4), vor, wie folgt (Abb. 7). Zuerst wird auf einer waagerechten Achse der Punkt A_0 und im Abstand f_1 nach links der Punkt O_1 markiert. Sodann wird im Punkt O_1 das Lineal um $k\varphi$ gedreht und die Strecke $O_1O_2 = d_1$ abgetragen, das Lineal wieder um $k\varphi$ gedreht und die Strecke $O_2O_3 = d_2$ abgetragen usw. Nachdem im Punkt O_{n-1} das Lineal zum letztenmal um $k\varphi$ gedreht worden ist, wird von diesem Punkt aus in der zuletzt gewonnenen Richtung die Strecke f_n abgetragen, womit der Punkt A_n, um den es allein zu tun war, erhalten ist.

In Abb. 7 sind für die in Abb. 4 dargestellte Funktion (vgl. auch Abb. 3 von Ziff. 3) die Koeffizienten b_1 und b_3 bestimmt. Dabei ist für jeden Koeffizienten nur ein Viertel der vollständigen Konstruktion ausgeführt worden. Denn man sieht leicht (vgl. z. B. die sich auf b_1 beziehende Konstruktion), daß wegen der Symmetrie der zu analysierenden Funktion die Punkte $O_{11}, O_{12}, \ldots, O_{18}$ bezüglich der Lotrechten durch $O_9 \equiv O_{10}$ spiegelbildlich mit $O_8, O_7, \ldots, O_1$ sind, so daß O_{18} auf der Waagerechten durch A_0 liegt. Der Punkt O_{19} liegt auf dieser Waagerechten um $2 \cdot 8{,}5 = 17$ Einheiten weiter nach links. Von da an wiederholt sich die ganze bisherige Konstruktion noch einmal in der Weise, daß O_{19} dem Punkt O_1 entspricht, so daß der ganze Linienzug $O_1 O_2 \ldots O_{36}$ symmetrisch ist bezüglich der die Strecke $O_{18}\,O_{19}$ halbierenden Lotrechten. Von dem Punkte O_{36} muß man schließlich noch in waagerechter Richtung die Strecke $f_{36} = -8{,}5$ nach links abtragen, um zu dem gesuchten Punkt A_{36} zu gelangen. Der Vektor $A_0 A_{36}$ läuft also in der negativen b-Richtung. Der durch ihn bestimmte Koeffizient b_1 ist somit positiv; der Koeffizient a_1 ist Null, wie es sein muß. Zur zahlenmäßigen Bestimmung von b_1 genügt der Punkt O_9. Ähnliches gilt für b_3.

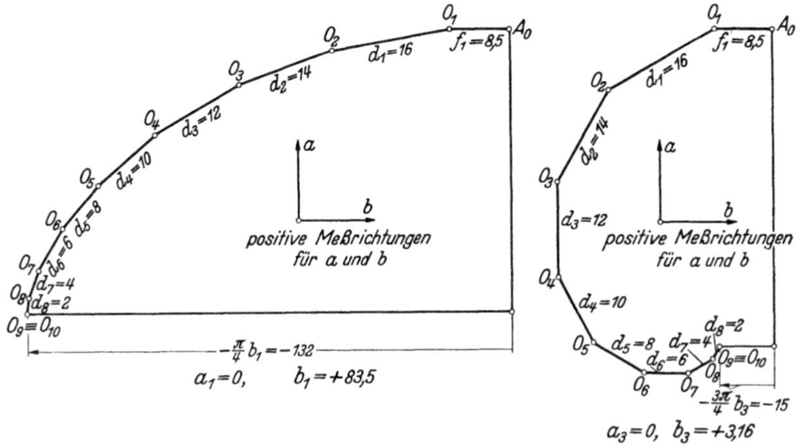

Abb. 7. Vereinfachte graphische Bestimmung der Fourierkoeffizienten von Abb. 4.

Aus dem in Abb. **7** abzulesenden Ergebnis und dem Vergleich mit Tabelle 1 von Ziff. **4** geht hervor, wie genau das Verfahren ist. Wenn nur wenige Koeffizienten zu bestimmen sind, arbeitet es schneller als das Rungesche Verfahren.

§ 2. Rechnerische Lösung von Randwertproblemen.

6. Die Ritzsche Methode. Viele mechanische Probleme, und darunter gerade die technisch wichtigsten, lassen keine strenge Lösung zu. Dies gilt insbesondere für die sogenannten Randwertprobleme; darunter versteht man solche, bei denen eine Differentialgleichung oder ein System von Differentialgleichungen mit vorgeschriebenen Randbedingungen zu lösen ist, wofür wir in Kap. II, § **3** viele Ansätze kennengelernt haben. Wie schon in Ziff. **2** betont, besteht hier die Schwierigkeit meistens nicht darin, überhaupt Lösungen der zugehörigen Differentialgleichungen zu finden, sondern darin, diese Lösungen an die vorgeschriebenen Randbedingungen anzupassen. Man muß sich daher oft mit einer Näherungslösung des Problems begnügen. Eines der fruchtbarsten allgemeinen Hilfsmittel, um solche Näherungslösungen, namentlich bei Randwertproblemen der Elastizitätstheorie, zu gewinnen, bildet die sogenannte Ritzsche Methode[1]), der das in Kap. II, Ziff. **2** aufgestellte Minimalprinzip für die Verschiebungen zugrunde liegt. Nach jenem Prinzip zeichnet sich das wirklich eintretende System von Verschiebungen u, v, w im Vergleich mit allen anderen, unendlich benachbarten Verschiebungen, welche die Randbedingungen da, wo die Verschiebungen

[1]) W. Ritz, Über eine neue Methode zur Lösung gewisser Variationsprobleme der mathematischen Physik, Crelles Journal 135 (1909) S. 1.

vorgeschrieben sind, erfüllen (und welche die Randbedingungen da, wo die Kräfte vorgeschrieben sind, nicht zu erfüllen brauchen), dadurch aus, daß die potentielle Energie

$$P \equiv \mathfrak{A} - \iiint (Xu + Yv + Zw)\, dx\, dy\, dz - \iint (p_x u + p_y v + p_z w)\, dO \qquad (1)$$

ein Minimum ist. Die Randbedingungen der Verschiebungen wollen wir künftig wohl auch kurz die geometrischen Randbedingungen nennen, die Randbedingungen der Kräfte dagegen die dynamischen Randbedingungen. (Zu den dynamischen gehört insbesondere die Bedingung des Verschwindens der Kräfte an freien Rändern, weswegen man sie manchmal als natürliche Randbedingungen bezeichnet.) Das Minimalprinzip $\delta P = 0$ verlangt also nur die Erfüllung der geometrischen Randbedingungen.

Zur angenäherten Erfüllung dieser Minimumforderung wird nun für die Verschiebungen u, v, w der Ansatz gemacht

$$\left.\begin{aligned} \bar{u} &= u_0 + a_1 u_1 + a_2 u_2 + \cdots + a_n u_n, \\ \bar{v} &= v_0 + b_1 v_1 + b_2 v_2 + \cdots + b_n v_n, \\ \bar{w} &= w_0 + c_1 w_1 + c_2 w_2 + \cdots + c_n w_n, \end{aligned}\right\} \qquad (2)$$

wo $u_0(x, y, z)$, $v_0(x, y, z)$, $w_0(x, y, z)$ geeignet gewählte Funktionen sind, welche die geometrischen Randbedingungen, also die Randbedingungen da, wo die Verschiebungen vorgeschrieben sind, befriedigen, während $u_k(x, y, z)$, $v_k(x, y, z)$, $w_k(x, y, z)$ gewählte Funktionen bezeichnen, die daselbst Null sind. Natürlich kann man ebensogut (unter Fortlassen der Funktionen u_0, v_0, w_0) die Funktionen u_k, v_k, w_k so wählen, daß jede von ihnen selbst die geometrischen Randbedingungen erfüllt.

Nimmt man an, daß die beim wirklichen Variationsproblem zur Konkurrenz zugelassenen Funktionen samt ihren ersten Differentialquotienten bei passender Wahl der Koeffizienten a_k, b_k, c_k in befriedigender Weise durch die Funktionen $\bar{u}, \bar{v}, \bar{w}$ approximiert werden können, so erhält man eine Näherungslösung des Problems, indem man in (1) u, v, w durch $\bar{u}, \bar{v}, \bar{w}$ ersetzt, und den so gewonnenen Ausdruck P, als Funktion der Koeffizienten a_k, b_k, c_k aufgefaßt, zum Minimum macht. Weil $\mathfrak{A} = \iiint A\, dx\, dy\, dz$ [vgl. (I, **14**, 5) in Verbindung mit (I, **17**, 1)] in diesen Koeffizienten quadratisch ist, so sind die Bedingungsgleichungen für das Eintreten eines Minimums

$$\frac{\partial P}{\partial a_k} = 0, \qquad \frac{\partial P}{\partial b_k} = 0, \qquad \frac{\partial P}{\partial c_k} = 0 \qquad (k = 1, 2, \ldots, n) \qquad (3)$$

in den Unbekannten a_k, b_k, c_k linear, so daß bei vorgegebenen u_0, v_0, w_0, u_k, v_k, w_k die Näherungslösung eindeutig ist.

Sowohl über die Art wie über die Anzahl n der zu benützenden Funktionen u_k, v_k, w_k wird man in jedem Einzelfalle für sich zu entscheiden haben. Sind z. B. an der Körperoberfläche nur Spannungen vorgeschrieben, so wird man i. a. für die u_k, v_k, w_k solche Funktionen wählen, die den allgemeinen Differentialgleichungen (I, **17**, 4) genügen, weil damit von selbst gewährleistet ist, daß die zu suchende Näherungslösung diese Gleichungen ebenfalls befriedigt.

Die schwierige Frage, inwiefern die Ritzsche Näherungslösung (2) bei Erhöhung der Anzahl n der Hilfsfunktionen u_k, v_k, w_k gegen die wahre Lösung des Problems konvergiert, lassen wir hier unerörtert[1]).

Die Aufstellung der Gleichungen (3) nach der Ritzschen Vorschrift kostet zumeist viel Rechenarbeit. Wir sehen von einem Beispiel ab, weil, wie wir nun zeigen wollen, die Gleichungen (3) auch noch in einfacherer Weise erhalten werden können.

---

[1]) Vgl. E. Trefftz, Konvergenz und Fehlerabschätzung beim Ritzschen Verfahren, Math. Ann. 100 (1928) S. 503.

7. Die Galerkinsche Methode. Neben der Ritzschen Methode ist eine anscheinend andere Methode entwickelt worden, bei der ebenfalls die Verschiebungen u, v, w als Summen von (mit unbekannten Koeffizienten versehenen) Funktionen angesetzt werden. Die Bedingungsgleichungen für die Koeffizienten werden aber bei dieser sogenannten Galerkinschen Methode[1] viel einfacher gewonnen, so daß sie in der praktischen Anwendung der Ritzschen Methode zumeist weit überlegen ist, um so mehr, als sich zeigen lassen wird, daß beide Methoden im Wesen dieselben sind.

Zunächst wollen wir die Galerkinsche Methode (vorbehaltlich späterer Begründung) an dem Beispiel der senkrecht zu ihrer Ebene belasteten dünnen Platte erläutern. Ist p die Plattenbelastung der Flächeneinheit und u die Plattendurchbiegung, so gilt, wie in Kap. VI, Ziff. **9** ausführlich gezeigt werden wird, die Gleichung

$$\Delta'\Delta' u - A p = 0 \qquad \left(\Delta' \equiv \frac{\partial^2}{\partial y^2} + \frac{\partial^2}{\partial z^2}\right), \tag{1}$$

wo A die von den Stoffzahlen m und E und von der Plattendicke h abhängige Konstante

$$A = \frac{12(m^2-1)}{m^2 E h^3} \tag{2}$$

ist. Es sei u diejenige Lösung dieser Differentialgleichung, die auch die (geometrischen und dynamischen) Randbedingungen des Problems befriedigt. Erteilt man nun der Platte eine virtuelle Durchbiegung δu, so kann die zugehörige virtuelle Arbeit auf zwei verschiedene Weisen bestimmt werden: das eine Mal unmittelbar durch das Integral

$$(\delta\mathfrak{A})_1 = \iint p\,\delta u\,dy\,dz, \tag{3a}$$

das andere Mal mittelbar, indem man mit (1) ansetzt

$$(\delta\mathfrak{A})_2 = \iint \frac{\Delta'\Delta' u}{A}\,\delta u\,dy\,dz. \tag{3b}$$

Die von vornherein garantierte Äquivalenz der beiden Ausdrücke (3a) und (3b) hört im allgemeinen auf, wenn u durch eine Näherungslösung

$$\bar{u} = a_1\varphi_1 + a_2\varphi_2 + \cdots + a_n\varphi_n \tag{4}$$

ersetzt wird, in welcher jede der sogenannten Koordinatenfunktionen φ_i für sich die Randbedingungen des Problems befriedigen muß, damit dies auch $\bar{u}$ tut. Man kann aber wenigstens erreichen, daß für n willkürlich wählbare virtuelle Verschiebungen $\delta u_1, \delta u_2, \ldots, \delta u_n$ die Gleichheit $(\delta\mathfrak{A})_1 = (\delta\mathfrak{A})_2$ aufrecht erhalten bleibt, indem man die n Koeffizienten a_i den n Bedingungsgleichungen

$$\iint \frac{\Delta'\Delta'\bar{u}}{A}\,\delta u_k\,dy\,dz = \iint p\,\delta u_k\,dy\,dz \qquad (k = 1, 2, \ldots, n)$$

unterwirft. Wählt man nun für die Verschiebungen $\delta u_1, \delta u_2, \ldots, \delta u_n$ im besonderen diejenigen Funktionen $\varphi_1, \varphi_2, \ldots, \varphi_n$, die zur Aufstellung der Näherungslösung (4) benutzt wurden, so entstehen die Galerkinschen Gleichungen

$$\iint \frac{\Delta'\Delta'\bar{u}}{A}\,\varphi_k\,dy\,dz = \iint p\,\varphi_k\,dy\,dz \qquad (k = 1, 2, \ldots, n),$$

welche besser in die Form

$$\iint (\Delta'\Delta'\bar{u} - A\,p)\,\varphi_k\,dy\,dz = 0 \qquad (k = 1, 2, \ldots, n) \tag{5}$$

gebracht werden. Man sieht, daß diese Gleichungen nach der folgenden Vorschrift gebildet sind: Man setze in die Differentialgleichung (1) des Problems die Näherungslösung (4) ein, multipliziere ihre linke Seite der Reihe nach mit

[1] B. G. Galerkin, Reihenentwicklungen für einige Fälle des Gleichgewichts von Platten und Balken, Wjestnik Ingenerow Petrograd (1915) Heft 19 (russisch).

jeder der Koordinatenfunktionen φ_k, integriere über die ganze Plattenfläche und setze die so erhaltenen Integrale gleich Null.

Wir erweitern diese nunmehr genauer zu begründende Vorschrift auf das allgemeine Problem der Elastizitätstheorie, indem wir als Näherungslösung der allgemeinen Grundgleichungen (I, **17**, 4)

$$\left.\begin{aligned} G\left(\Delta u + \frac{m}{m-2}\frac{\partial e}{\partial x}\right) + X = 0,\\ G\left(\Delta v + \frac{m}{m-2}\frac{\partial e}{\partial y}\right) + Y = 0,\\ G\left(\Delta w + \frac{m}{m-2}\frac{\partial e}{\partial z}\right) + Z = 0 \end{aligned}\right\} \tag{6}$$

ansetzen

$$\left.\begin{aligned} \bar u &= u_0 + a_1 u_1 + a_2 u_2 + \cdots + a_n u_n,\\ \bar v &= v_0 + b_1 v_1 + b_2 v_2 + \cdots + b_n v_n,\\ \bar w &= w_0 + c_1 w_1 + c_2 w_2 + \cdots + c_n w_n \end{aligned}\right\} \tag{7}$$

und fordern, daß

$$\left.\begin{aligned} \iiint\left(\Delta\bar u + \frac{m}{m-2}\frac{\partial\bar e}{\partial x} + \frac{X}{G}\right) u_k\,dx\,dy\,dz = 0,\\ \iiint\left(\Delta\bar v + \frac{m}{m-2}\frac{\partial\bar e}{\partial y} + \frac{Y}{G}\right) v_k\,dx\,dy\,dz = 0,\\ \iiint\left(\Delta\bar w + \frac{m}{m-2}\frac{\partial\bar e}{\partial z} + \frac{Z}{G}\right) w_k\,dx\,dy\,dz = 0 \end{aligned}\right\} \quad (k = 1, 2, \ldots, n) \tag{8}$$

sein soll, wobei der Querstrich bei der Volumdehnung $\bar e$ bedeutet, daß auch sie mit der Näherung (7) zu berechnen ist, und die Koordinatenfunktionen $u_0, v_0, w_0, u_k, v_k, w_k$ nun so gewählt sein sollen, daß alle Randbedingungen des Problems erfüllt sind, also sowohl die geometrischen wie die dynamischen.

Zur Begründung dieser Vorschrift zeigen wir[1]), daß sie auf dieselben Bedingungsgleichungen für die a_k, b_k, c_k führt wie das Ritzsche Verfahren. Hierzu betrachten wir die k-te Ritzsche Gleichung (**6**, **3**)

$$\frac{\partial P}{\partial a_k} = 0,$$

welche mit (**6**, 1) und der leicht umgeformten Gleichung (I, **14**, 5a), also mit

$$P = G\iiint\left[\bar\varepsilon_x^2 + \bar\varepsilon_y^2 + \bar\varepsilon_z^2 + \frac{\bar e^2}{m-2} + \frac{1}{2}\left(\bar\psi_{yz}^2 + \bar\psi_{zx}^2 + \bar\psi_{xy}^2\right)\right] dx\,dy\,dz -$$
$$-\iiint(X\bar u + Y\bar v + Z\bar w)\,dx\,dy\,dz - \iint(p_x\bar u + p_y\bar v + p_z\bar w)\,dO$$

wegen $\bar\varepsilon_x = \frac{\partial\bar u}{\partial x}$ usw. und $\bar\psi_{yz} = \frac{\partial\bar v}{\partial z} + \frac{\partial\bar w}{\partial y}$ usw. [vgl. (I, **17**, 1)] übergeht in

$$G\iiint\left[2\left(\bar\varepsilon_x + \frac{\bar e}{m-2}\right)\frac{\partial u_k}{\partial x} + \bar\psi_{yx}\frac{\partial u_k}{\partial y} + \bar\psi_{zx}\frac{\partial u_k}{\partial z}\right] dx\,dy\,dz -$$
$$-\iiint X u_k\,dx\,dy\,dz - \iint p_x u_k\,dO = 0.$$

Schreibt man hierfür

$$G\iiint\left[2\frac{\partial\left[\left(\bar\varepsilon_x + \frac{\bar e}{m-2}\right)u_k\right]}{\partial x} + \frac{\partial(\bar\psi_{yx}u_k)}{\partial y} + \frac{\partial(\bar\psi_{zx}u_k)}{\partial z}\right] dx\,dy\,dz -$$
$$-G\iiint\left[2\frac{\partial\left(\bar\varepsilon_x + \frac{\bar e}{m-2}\right)}{\partial x} + \frac{\partial\bar\psi_{yx}}{\partial y} + \frac{\partial\bar\psi_{zx}}{\partial z} + \frac{X}{G}\right] u_k\,dx\,dy\,dz - \iint p_x u_k\,dO = 0,$$

---

[1]) C. B. Biezeno, Over een vereenvoudiging en over een uitbreiding van de methode van Ritz, Christiaan Huygens 3 (1923/1924) S. 69.

und wendet man auf das erste Raumintegral den Gaußschen Integralsatz an, nach welchem, wenn $\cos\alpha$, $\cos\beta$, $\cos\gamma$ die Richtungskosinus der äußeren Normale der das Integrationsgebiet umschließenden Fläche bezeichnen,

$$\iiint\left(\frac{\partial A}{\partial x}+\frac{\partial B}{\partial y}+\frac{\partial C}{\partial z}\right)dx\,dy\,dz=\iint(A\cos\alpha+B\cos\beta+C\cos\gamma)\,dO$$

ist, so findet man

$$G\iint\left[2\left(\bar{\varepsilon}_x+\frac{\bar{e}}{m-2}\right)\cos\alpha+\bar{\psi}_{yx}\cos\beta+\bar{\psi}_{zx}\cos\gamma-\frac{p_x}{G}\right]u_k\,dO-$$

$$-G\iiint\left[2\frac{\partial\left(\bar{\varepsilon}_x+\frac{\bar{e}}{m-2}\right)}{\partial x}+\frac{\partial\bar{\psi}_{yx}}{\partial y}+\frac{\partial\bar{\psi}_{zx}}{\partial z}+\frac{X}{G}\right]u_k\,dx\,dy\,dz=0.$$

Formt man schließlich das erste Integral mit (I, **17**, 2c) und (I, **17**, 2d), das zweite Integral mit (I, **17**, 1) und der zweiten Gleichung (I, **17**, 2e) um, so erhält man

$$\iint(\bar{\sigma}_x\cos\alpha+\bar{\tau}_{yx}\cos\beta+\bar{\tau}_{zx}\cos\gamma-p_x)\,u_k\,dO-G\iiint\left(\Delta\bar{u}+\frac{m}{m-2}\frac{\partial\bar{e}}{\partial x}+\frac{X}{G}\right)u_k\,dx\,dy\,dz=0. \quad (9)$$

Weil voraussetzungsgemäß der Ansatz (7) die Randbedingungen des Problems alle befriedigt, so ist nach (I, **17**, 12) in jedem Punkt der Körperoberfläche

$$\bar{\sigma}_x\cos\alpha+\bar{\tau}_{yx}\cos\beta+\bar{\tau}_{zx}\cos\gamma-p_x\equiv 0,$$

so daß (9) endgültig übergeht in

$$\iiint\left(\Delta\bar{u}+\frac{m}{m-2}\frac{\partial\bar{e}}{\partial x}+\frac{X}{G}\right)u_k\,dx\,dy\,dz=0,$$

und diese Gleichung ist in der Tat mit der ersten Gleichung (8) identisch.

Damit ist gezeigt, daß bei den Randwertproblemen der Elastizitätstheorie die Galerkinsche Methode für Ansätze (7), die alle Randbedingungen streng erfüllen, auf dieselben Gleichungen wie die Ritzsche Methode führt. Die Galerkinsche Vorschrift (8) ist, wie gesagt, einfacher als die Ritzsche Vorschrift (**6**, 1) nebst (**6**, 3), weil sie die linearen Gleichungen für die Koeffizienten a_k, b_k, c_k unmittelbar ergibt und nicht erst auf dem Umweg über die quadratische Form (**6**, 1).

8. Beispiel; die eingespannte Rechteckplatte mit gleichmäßiger Belastung. Als Beispiel für die Galerkinsche Methode wählen wir die senkrecht und gleichmäßig belastete, in der (y, z)-Ebene liegende, an ihrem Rand eingespannte dünne Platte, welche in ihrer Ebene durch die Geraden $y=\pm b$, $z=\pm c$ begrenzt ist. Von den vier Koordinatenfunktionen φ, aus denen wir gemäß (**7**, 4) die Näherungsfunktion $\bar{u}$ von u zusammensetzen wollen, verlangen wir, daß jede für sich die Randbedingungen des Problems

$$\left.\begin{aligned}&u=0 \quad \text{für} \quad y=\pm b,\ z=\pm c,\\ &\frac{\partial u}{\partial y}=0 \quad \text{für} \quad y=\pm b, \qquad \frac{\partial u}{\partial z}=0 \quad \text{für} \quad z=\pm c\end{aligned}\right\} \quad (1)$$

erfüllt und sich als Produkt einer Funktion $Y(y)$ und einer Funktion $Z(z)$ darstellen läßt. Die einfachsten algebraischen Funktionen Y und Z, aus denen sich derartige Koordinatenfunktionen aufbauen lassen, sind, wie man schnell nachrechnet,

$$Y_1=y^4-2y^2b^2+b^4, \qquad Z_1=z^4-2z^2c^2+c^4,$$
$$Y_2=y^6-2y^4b^2+y^2b^4, \qquad Z_2=z^6-2z^4c^2+z^2c^4,$$

und man genügt allen Forderungen, wenn man ansetzt

$$\bar{u} = \frac{\alpha_{11}}{b^4 c^4} Y_1 Z_1 + \frac{\alpha_{12}}{b^4 c^6} Y_1 Z_2 + \frac{\alpha_{21}}{b^6 c^4} Y_2 Z_1 + \frac{\alpha_{22}}{b^6 c^6} Y_2 Z_2,$$

wobei statt der Koeffizienten a_k zweckmäßigerweise die Koeffizienten α_{ij} eingeführt sind. Führt man die dimensionslosen Veränderlichen $\bar{y} = y/b$, $\bar{z} = z/c$ ein und setzt noch

$$\left.\begin{aligned} \bar{Y}_1 &= \bar{y}^4 - 2\bar{y}^2 + 1, & \bar{Z}_1 &= \bar{z}^4 - 2\bar{z}^2 + 1, \\ \bar{Y}_2 &= \bar{y}^6 - 2\bar{y}^4 + \bar{y}^2, & \bar{Z}_2 &= \bar{z}^6 - 2\bar{z}^4 + \bar{z}^2, \end{aligned}\right\} \tag{2}$$

so vereinfacht sich dieser Ausdruck zu

$$\bar{u} = \alpha_{11} \bar{Y}_1 \bar{Z}_1 + \alpha_{12} \bar{Y}_1 \bar{Z}_2 + \alpha_{21} \bar{Y}_2 \bar{Z}_1 + \alpha_{22} \bar{Y}_2 \bar{Z}_2. \tag{3}$$

Geht man in die (ebenfalls in die Koordinaten $\bar{y}$ und $\bar{z}$ umgeschriebenen) Galerkinschen Gleichungen (**7**, 5) mit dem Ansatz (3) und mit den entsprechenden Produkten $\bar{Y}_k \bar{Z}_l$ statt φ_k ein und integriert, der Symmetrie wegen, nur über ein Viertel der Plattenoberfläche, so findet man mit $\nu = c^2/b^2$

$$\left.\begin{aligned} &\int_0^1\!\!\int_0^1 \Big[\sum_{\substack{i=1,2\\ j=1,2}} \alpha_{ij} \Big(\nu \bar{Y}_i'''' \bar{Z}_j + 2 \bar{Y}_i'' \bar{Z}_j'' + \frac{1}{\nu} \bar{Y}_i \bar{Z}_j''''\Big)\Big] \bar{Y}_k \bar{Z}_l \, d\bar{y} \, d\bar{z} = \\ &\qquad = A \nu b^4 p \int_0^1\!\!\int_0^1 \bar{Y}_k \bar{Z}_l \, d\bar{y} \, d\bar{z} \qquad \begin{pmatrix} k = 1, 2 \\ l = 1, 2 \end{pmatrix}. \end{aligned}\right\} \tag{4}$$

In der folgenden Tabelle sind die Integranden aller derjenigen Integrale zusammengestellt, deren Bestimmung für die Auswertung dieser Gleichungen erforderlich ist.

	$i = 1$ $j = 1$	$i = 1$ $j = 2$	$i = 2$ $j = 1$	$i = 2$ $j = 2$	
$k = 1$ $l = 1$	$\nu \bar{Y}_1'''' \bar{Z}_1 \bar{Y}_1 \bar{Z}_1$ $2 \bar{Y}_1'' \bar{Z}_1'' \bar{Y}_1 \bar{Z}_1$ $\frac{1}{\nu} \bar{Y}_1 \bar{Z}_1'''' \bar{Y}_1 \bar{Z}_1$	$\nu \bar{Y}_1'''' \bar{Z}_2 \bar{Y}_1 \bar{Z}_1$ $2 \bar{Y}_1'' \bar{Z}_2'' \bar{Y}_1 \bar{Z}_1$ $\frac{1}{\nu} \bar{Y}_1 \bar{Z}_2'''' \bar{Y}_1 \bar{Z}_1$	$\nu \bar{Y}_2'''' \bar{Z}_1 \bar{Y}_1 \bar{Z}_1$ $2 \bar{Y}_2'' \bar{Z}_1'' \bar{Y}_1 \bar{Z}_1$ $\frac{1}{\nu} \bar{Y}_2 \bar{Z}_1'''' \bar{Y}_1 \bar{Z}_1$	$\nu \bar{Y}_2'''' \bar{Z}_2 \bar{Y}_1 \bar{Z}_1$ $2 \bar{Y}_2'' \bar{Z}_2'' \bar{Y}_1 \bar{Z}_1$ $\frac{1}{\nu} \bar{Y}_2 \bar{Z}_2'''' \bar{Y}_1 \bar{Z}_1$	$\bar{Y}_1 \bar{Z}_1$
$k = 1$ $l = 2$	$\nu \bar{Y}_1'''' \bar{Z}_1 \bar{Y}_1 \bar{Z}_2$ $2 \bar{Y}_1'' \bar{Z}_1'' \bar{Y}_1 \bar{Z}_2$ $\frac{1}{\nu} \bar{Y}_1 \bar{Z}_1'''' \bar{Y}_1 \bar{Z}_2$	$\nu \bar{Y}_1'''' \bar{Z}_2 \bar{Y}_1 \bar{Z}_2$ $2 \bar{Y}_1'' \bar{Z}_2'' \bar{Y}_1 \bar{Z}_2$ $\frac{1}{\nu} \bar{Y}_1 \bar{Z}_2'''' \bar{Y}_1 \bar{Z}_2$	$\nu \bar{Y}_2'''' \bar{Z}_1 \bar{Y}_1 \bar{Z}_2$ $2 \bar{Y}_2'' \bar{Z}_1'' \bar{Y}_1 \bar{Z}_2$ $\frac{1}{\nu} \bar{Y}_2 \bar{Z}_1'''' \bar{Y}_1 \bar{Z}_2$	$\nu \bar{Y}_2'''' \bar{Z}_2 \bar{Y}_1 \bar{Z}_2$ $2 \bar{Y}_2'' \bar{Z}_2'' \bar{Y}_1 \bar{Z}_2$ $\frac{1}{\nu} \bar{Y}_2 \bar{Z}_2'''' \bar{Y}_1 \bar{Z}_2$	$\bar{Y}_1 \bar{Z}_2$
$k = 2$ $l = 1$	$\nu \bar{Y}_1'''' \bar{Z}_1 \bar{Y}_2 \bar{Z}_1$ $2 \bar{Y}_1'' \bar{Z}_1'' \bar{Y}_2 \bar{Z}_1$ $\frac{1}{\nu} \bar{Y}_1 \bar{Z}_1'''' \bar{Y}_2 \bar{Z}_1$	$\nu \bar{Y}_1'''' \bar{Z}_2 \bar{Y}_2 \bar{Z}_1$ $2 \bar{Y}_1'' \bar{Z}_2'' \bar{Y}_2 \bar{Z}_1$ $\frac{1}{\nu} \bar{Y}_1 \bar{Z}_2'''' \bar{Y}_2 \bar{Z}_1$	$\nu \bar{Y}_2'''' \bar{Z}_1 \bar{Y}_2 \bar{Z}_1$ $2 \bar{Y}_2'' \bar{Z}_1'' \bar{Y}_2 \bar{Z}_1$ $\frac{1}{\nu} \bar{Y}_2 \bar{Z}_1'''' \bar{Y}_2 \bar{Z}_1$	$\nu \bar{Y}_2'''' \bar{Z}_2 \bar{Y}_2 \bar{Z}_1$ $2 \bar{Y}_2'' \bar{Z}_2'' \bar{Y}_2 \bar{Z}_1$ $\frac{1}{\nu} \bar{Y}_2 \bar{Z}_2'''' \bar{Y}_2 \bar{Z}_1$	$\bar{Y}_2 \bar{Z}_1$
$k = 2$ $l = 2$	$\nu \bar{Y}_1'''' \bar{Z}_1 \bar{Y}_2 \bar{Z}_2$ $2 \bar{Y}_1'' \bar{Z}_1'' \bar{Y}_2 \bar{Z}_2$ $\frac{1}{\nu} \bar{Y}_1 \bar{Z}_1'''' \bar{Y}_2 \bar{Z}_2$	$\nu \bar{Y}_1'''' \bar{Z}_2 \bar{Y}_2 \bar{Z}_2$ $2 \bar{Y}_1'' \bar{Z}_2'' \bar{Y}_2 \bar{Z}_2$ $\frac{1}{\nu} \bar{Y}_1 \bar{Z}_2'''' \bar{Y}_2 \bar{Z}_2$	$\nu \bar{Y}_2'''' \bar{Z}_1 \bar{Y}_2 \bar{Z}_2$ $2 \bar{Y}_2'' \bar{Z}_1'' \bar{Y}_2 \bar{Z}_2$ $\frac{1}{\nu} \bar{Y}_2 \bar{Z}_1'''' \bar{Y}_2 \bar{Z}_2$	$\nu \bar{Y}_2'''' \bar{Z}_2 \bar{Y}_2 \bar{Z}_2$ $2 \bar{Y}_2'' \bar{Z}_2'' \bar{Y}_2 \bar{Z}_2$ $\frac{1}{\nu} \bar{Y}_2 \bar{Z}_2'''' \bar{Y}_2 \bar{Z}_2$	$\bar{Y}_2 \bar{Z}_2$

Setzt man zur Abkürzung

$$\left.\begin{aligned}&\int_0^1 \overline{Y}_i\overline{Y}_j\,d\overline{y}=\int_0^1 \overline{Z}_i\overline{Z}_j\,d\overline{z}=a_{ij},\quad \int_0^1 \overline{Y}_i\overline{Y}_j''\,d\overline{y}=\int_0^1 \overline{Z}_i\overline{Z}_j''\,d\overline{z}=b_{ij},\quad \int_0^1 \overline{Y}_i\overline{Y}_j''''\,d\overline{y}=\int_0^1 \overline{Z}_i\overline{Z}_j''''\,d\overline{z}=c_{ij},\\ &\int_0^1 \overline{Y}_1\,d\overline{y}=\int_0^1 \overline{Z}_1\,d\overline{z}=d_1,\qquad \int_0^1 \overline{Y}_2\,d\overline{y}=\int_0^1 \overline{Z}_2\,d\overline{z}=d_2\end{aligned}\right\}\quad(5)$$

und stellt (gegebenenfalls durch Teilintegration) noch fest, daß $a_{ij}=a_{ji}$, $b_{ij}=b_{ji}$, $c_{ij}=c_{ji}$ ist, so lautet die Koeffiziententabelle der Gleichungen (4)

	$i=1$, $j=1$	$i=1$, $j=2$	$i=2$, $j=1$	$i=2$, $j=2$	
$k=1$, $l=1$	$\nu\, a_{11}\, c_{11}$ $2\, b_{11}^2$ $\frac{1}{\nu}\, a_{11}\, c_{11}$	$\nu\, a_{12}\, c_{11}$ $2\, b_{11}\, b_{12}$ $\frac{1}{\nu}\, a_{11}\, c_{12}$	$\nu\, a_{11}\, c_{12}$ $2\, b_{11}\, b_{12}$ $\frac{1}{\nu}\, a_{12}\, c_{11}$	$\nu\, a_{12}\, c_{12}$ $2\, b_{12}^2$ $\frac{1}{\nu}\, a_{12}\, c_{12}$	$\nu\, d_1^2\, A\, b^4\, p$
$k=1$, $l=2$	$\nu\, a_{12}\, c_{11}$ $2\, b_{11}\, b_{12}$ $\frac{1}{\nu}\, a_{11}\, c_{12}$	$\nu\, a_{22}\, c_{11}$ $2\, b_{11}\, b_{22}$ $\frac{1}{\nu}\, a_{11}\, c_{22}$	$\nu\, a_{12}\, c_{12}$ $2\, b_{12}^2$ $\frac{1}{\nu}\, a_{12}\, c_{12}$	$\nu\, a_{22}\, c_{12}$ $2\, b_{12}\, b_{22}$ $\frac{1}{\nu}\, a_{12}\, c_{22}$	$\nu\, d_1\, d_2\, A\, b^4\, p$
$k=2$, $l=1$	$\nu\, a_{11}\, c_{12}$ $2\, b_{11}\, b_{12}$ $\frac{1}{\nu}\, a_{12}\, c_{11}$	$\nu\, a_{12}\, c_{12}$ $2\, b_{12}^2$ $\frac{1}{\nu}\, a_{12}\, c_{12}$	$\nu\, a_{11}\, c_{22}$ $2\, b_{11}\, b_{22}$ $\frac{1}{\nu}\, a_{22}\, c_{11}$	$\nu\, a_{12}\, c_{22}$ $2\, b_{12}\, b_{22}$ $\frac{1}{\nu}\, a_{22}\, c_{12}$	$\nu\, d_1\, d_2\, A\, b^4\, p$
$k=2$, $l=2$	$\nu\, a_{12}\, c_{12}$ $2\, b_{12}^2$ $\frac{1}{\nu}\, a_{12}\, c_{12}$	$\nu\, a_{22}\, c_{12}$ $2\, b_{12}\, b_{22}$ $\frac{1}{\nu}\, a_{12}\, c_{22}$	$\nu\, a_{12}\, c_{22}$ $2\, b_{12}\, b_{22}$ $\frac{1}{\nu}\, a_{22}\, c_{12}$	$\nu\, a_{22}\, c_{22}$ $2\, b_{22}^2$ $\frac{1}{\nu}\, a_{22}\, c_{22}$	$\nu\, d_2^2\, A\, b^4\, p$

Die erforderliche Rechenarbeit beschränkt sich also auf die Ermittlung von

$$\left.\begin{aligned}&a_{11}=\frac{128}{3\cdot 105},\quad a_{12}=\frac{128}{33\cdot 105},\quad a_{22}=\frac{128}{143\cdot 105},\\ &b_{11}=-\frac{128}{105},\quad b_{12}=0,\quad b_{22}=-\frac{128}{11\cdot 105},\\ &c_{11}=\frac{64}{5},\quad c_{12}=\frac{64}{35},\quad c_{22}=\frac{3\cdot 64}{35},\\ &d_1=\frac{8}{15},\quad d_2=\frac{8}{105}.\end{aligned}\right\}\quad(6)$$

Hiermit stehen alle Daten zur Berechnung einer Platte mit beliebigem Seitenverhältnis c/b zur Verfügung.

Wir verfolgen das Beispiel für den besonderen Fall $c/b=1{,}5$ (also $\nu=2{,}25$) und erhalten als Gleichungen (4)

$$\left.\begin{aligned}16{,}98668\,\alpha_{11}+1{,}39414\,\alpha_{12}+1{,}88199\,\alpha_{21}+0{,}18200\,\alpha_{22}&=0{,}640000\,A\,b^4 p,\\ 1{,}39414\,\alpha_{11}+1{,}50642\,\alpha_{12}+0{,}18200\,\alpha_{21}+0{,}12513\,\alpha_{22}&=0{,}091424\,A\,b^4 p,\\ 1{,}88199\,\alpha_{11}+0{,}18200\,\alpha_{12}+5{,}33425\,\alpha_{21}+0{,}46289\,\alpha_{22}&=0{,}091424\,A\,b^4 p,\\ 0{,}18200\,\alpha_{11}+0{,}12513\,\alpha_{12}+0{,}46289\,\alpha_{21}+0{,}15057\,\alpha_{22}&=0{,}013061\,A\,b^4 p.\end{aligned}\right\}\quad(7)$$

Ihre Lösung ist

$$\left.\begin{aligned} \alpha_{11} &= 0{,}035035\,A\,b^4 p, & \alpha_{12} &= 0{,}026786\,A\,b^4 p, \\ \alpha_{21} &= 0{,}002648\,A\,b^4 p, & \alpha_{22} &= 0{,}014031\,A\,b^4 p. \end{aligned}\right\} \tag{8}$$

Zum Vergleich dieser Werte mit der anderweitig bekannten, aber sehr viel umständlicher zu berechnenden strengen Lösung[1]) bestimmen wir die im Punkte $(y=b,\ z=0)$, also $(\bar{y}=1,\ \bar{z}=0)$ auftretende größte Biegespannung σ_y, welche sich mit dem Biegemoment [vgl. (VI, **8**, 14)]

$$m_{yz} = -\frac{1}{A}\left(\frac{\partial^2 \bar{u}}{\partial y^2} + \frac{1}{m}\frac{\partial^2 \bar{u}}{\partial z^2}\right) \tag{9}$$

zu

$$|\sigma_y|_{\max} = \frac{|m_{yz}|}{h^2/6} = \frac{48}{A\,b^2 h^2}(\alpha_{11} + \alpha_{21}) = 1{,}808\left(\frac{b}{h}\right)^2 p \tag{10}$$

berechnet, wenn $m = 10/3$ ist. Dieser Wert liegt nur 1,5% unter dem Wert der strengen Theorie

$$|\sigma_y|_{\max} = 1{,}836\left(\frac{b}{h}\right)^2 p. \tag{11}$$

Die in der Plattenmitte auftretende größte Durchbiegung ist

$$\bar{u}_{\max} = \bar{u}_{0,0} = \frac{\alpha_{11}}{b^4 c^4}(Y_1 Z_1)_{0,0} = \alpha_{11} = 0{,}035035\,A\,b^4 p. \tag{12}$$

Der Fehler in diesem Wert beträgt nur 0,4%.

9. Die Methode der Problemumkehrung. Eine sehr fruchtbare Methode zur genauen oder genäherten Lösung vieler Probleme besteht darin, daß man die Fragestellung umkehrt. Wenn das umgekehrte Problem lösbar ist, so muß man dann eine solche Lösung lediglich noch so gut als möglich an das ursprüngliche Problem anpassen. Wie das zu geschehen hat, zeigen wir am Beispiel einer Randwertaufgabe, bemerken aber, daß sich eine allgemeine Regel für diese Methode, die im einzelnen Fall immer einigen Takt erfordert, nicht angeben läßt.

Wir betrachten[2]) noch einmal die senkrecht belastete, eingespannte Platte mit der zugehörigen Differentialgleichung

$$\Delta'\Delta' u = A\,p \tag{1}$$

und machen ebenso wie bei der Ritzschen und der Galerkinschen Methode den Näherungsansatz

$$\bar{u} = a_1\varphi_1 + a_2\varphi_2 + \cdots + a_n\varphi_n, \tag{2}$$

wobei die als linear voneinander unabhängig vorausgesetzten Funktionen φ_i hinsichtlich der Randbedingungen wie in Ziff. **8** konstruiert werden. Bei beliebiger Wahl der Koeffizienten a_i wird der Ansatz (2) die Gleichung (1), in welcher p eine vorgeschriebene Belastungsfunktion von y und z bezeichnet, nicht befriedigen. Trotzdem kann der Ansatz (2), weil er nach Voraussetzung allen Randbedingungen genügt, als die genaue Lösung eines neuen Plattenproblems betrachtet werden, wobei die Randbedingungen unverändert geblieben sind, die Belastung dagegen eine andere ist, nämlich

$$\bar{p} = \frac{1}{A}\Delta'\Delta'\bar{u}. \tag{3}$$

Denn in der Form $\Delta'\Delta'\bar{u} = A\,\bar{p}$ geschrieben, ist die Beziehung (3) mit der Plattengleichung identisch. Dies legt den Gedanken nahe, die Koeffizienten a_i jetzt

[1]) Vgl. H. Hencky, Der Spannungszustand in rechteckigen Platten (Diss. Darmstadt), S. 53, München und Berlin 1913.

[2]) C. B. Biezeno und J. J. Koch, Over een nieuwe methode ter berekening van vlakke platen met toepassing op enkele voor de techniek belangrijke belastingsgevallen, Ingenieur, Haag 38 (1923) S. 25.

durch die Forderung zu bestimmen, daß die Belastung $\bar{p}$ die vorgegebene Plattenbelastung p so gut wie möglich approximiert. Es wäre unzweckmäßig, dabei zu verlangen, daß die Funktionen p und $\bar{p}$ in n diskreten Punkten (y, z) denselben Wert aufweisen, weil dann doch noch in allen anderen Punkten (y, z) große Differenzen zwischen diesen Funktionen auftreten könnten. Vielmehr wird man verlangen, daß über n Gebiete $O_1, O_2, \ldots, O_n$, in welche man die Plattenfläche unterteilt hat, die durch p und $\bar{p}$ dargestellte Gesamtbelastung jeweils die gleiche wird, daß also gilt

$$\iint\limits_{O_k} \bar{p}\, dy\, dz = \iint\limits_{O_k} p\, dy\, dz \qquad (k = 1, 2, \ldots, n). \tag{4}$$

Abgesehen von ihrer bequemen Handhabung liegt der Vorteil dieser Vorschrift darin, daß sie unmittelbar anschaulich ist und daher ohne weiteres übersehen läßt, daß die Approximation sich verbessert, wenn man die Zahl n der Hilfsfunktionen φ_i vergrößert. Denn je größer n wird, desto kleiner werden die Teilflächen, auf denen jeweils wenigstens die Gesamtbelastung den vorgeschriebenen Wert auch wirklich besitzt, desto kleiner wird auch der Einfluß, den die nicht genaue Verteilung dieser jeweiligen Gesamtbelastungen auf den gesuchten Spannungs- und Verzerrungszustand hat.

Zum Vergleich mit der Methode von Ziff. **7** führen wir das Beispiel der eingespannten Rechteckplatte von Ziff. **8** auch hier durch. Mit den früheren Bezeichnungen

$$\left.\begin{aligned} \frac{y}{b} &= \bar{y}, & \frac{z}{c} &= \bar{z}, & \frac{c^2}{b^2} &= \nu, \\ \bar{Y}_1 &= \bar{y}^4 - 2\bar{y}^2 + 1, & \bar{Z}_1 &= \bar{z}^4 - 2\bar{z}^2 + 1, \\ \bar{Y}_2 &= \bar{y}^6 - 2\bar{y}^4 + \bar{y}^2, & \bar{Z}_2 &= \bar{z}^6 - 2\bar{z}^4 + \bar{z}^2 \end{aligned}\right\} \tag{5}$$

machen wir auch jetzt den Ansatz

$$\bar{u} = \alpha_{11}\,\bar{Y}_1\bar{Z}_1 + \alpha_{12}\,\bar{Y}_1\bar{Z}_2 + \alpha_{21}\,\bar{Y}_2\bar{Z}_1 + \alpha_{22}\,\bar{Y}_2\bar{Z}_2 \tag{6}$$

und erhalten also nach (3)

$$\bar{p} = \frac{1}{A\,b^2 c^2} \sum_{\substack{i=1,2\\ j=1,2}} \alpha_{ij} \left(\nu\, \bar{Y}_i'''' \bar{Z}_j + 2\, \bar{Y}_i'' \bar{Z}_j'' + \frac{1}{\nu}\, \bar{Y}_i \bar{Z}_j''''\right). \tag{7}$$

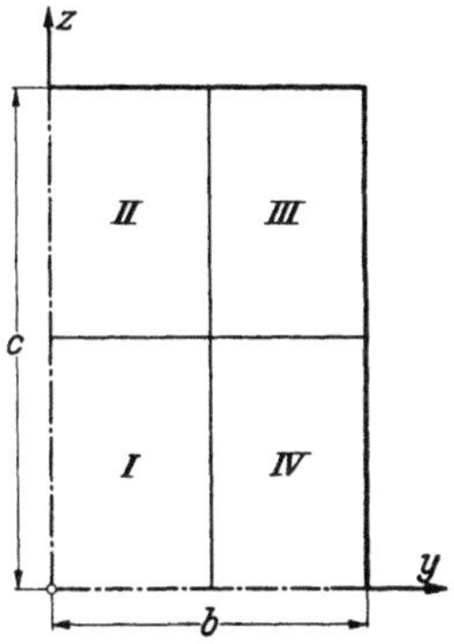

Abb. 8. Die eingespannte Rechteckplatte; Unterteilung eines Plattenviertels.

Weil der Ansatz (5) und (6) der Symmetrie der Platte schon Rechnung trägt, kann man sich auf die Betrachtung eines Plattenviertels (Abb. 8) beschränken und fordern, daß für die mit I, II, III und IV zu bezeichnenden Viertel dieses Plattenviertels jeweils

$$\iint \bar{p}\, d\bar{y}\, d\bar{z} = p \iint d\bar{y}\, d\bar{z} \tag{8}$$

ist. Die Integrationsgrenzen sind

für I: $0 \leftarrow \bar{y} \rightarrow \frac{1}{2}$, $0 \leftarrow \bar{z} \rightarrow \frac{1}{2}$,
für II: $0 \leftarrow \bar{y} \rightarrow \frac{1}{2}$, $\frac{1}{2} \leftarrow \bar{z} \rightarrow 1$,
für III: $\frac{1}{2} \leftarrow \bar{y} \rightarrow 1$, $\frac{1}{2} \leftarrow \bar{z} \rightarrow 1$,
für IV: $\frac{1}{2} \leftarrow \bar{y} \rightarrow 1$, $0 \leftarrow \bar{z} \rightarrow \frac{1}{2}$.

Die Rechenarbeit zur Auswertung der Bedingungen (8) beschränkt sich, wie man leicht sieht, auf die Größen der nebenstehenden Tabelle, und die

	$\Big\vert_0^{\frac{1}{2}}$	$\Big\vert_{\frac{1}{2}}^{1}$
$\int \bar{Y}_1\, d\bar{y} = \int \bar{Z}_1\, d\bar{z}$	$\frac{203}{480}$	$\frac{53}{480}$
$\bar{Y}_1' = \bar{Z}_1'$	$-\frac{3}{2}$	$\frac{3}{2}$
$\bar{Y}_1''' = \bar{Z}_1'''$	12	12
$\int \bar{Y}_2\, d\bar{y} = \int \bar{Z}_2\, d\bar{z}$	$\frac{407}{105 \cdot 128}$	$\frac{617}{105 \cdot 128}$
$\bar{Y}_2' = \bar{Z}_2'$	$\frac{3}{16}$	$-\frac{3}{16}$
$\bar{Y}_2''' = \bar{Z}_2'''$	-9	81

Gleichungen (8) selbst nehmen die Form an:

$$\left.\begin{aligned}
&\left(5{,}075\,\nu+4{,}5+\frac{5{,}075}{\nu}\right)\alpha_{11}+\left(0{,}3634\,\nu-0{,}5625-\frac{3{,}8063}{\nu}\right)\alpha_{12}+\left(-3{,}8063\,\nu-\right.\\
&\quad\left.-0{,}5625+\frac{0{,}3634}{\nu}\right)\alpha_{21}+\left(-0{,}2725\,\nu+0{,}0703-\frac{0{,}2725}{\nu}\right)\alpha_{22}=\frac{1}{4}A\,b^2c^2p,\\
&\left(5{,}075\,\nu-4{,}5+\frac{1{,}325}{\nu}\right)\alpha_{11}+\left(0{,}3634\,\nu+0{,}5625-\frac{0{,}9938}{\nu}\right)\alpha_{12}+\left(34{,}2563\,\nu+\right.\\
&\quad\left.+0{,}5625+\frac{0{,}5509}{\nu}\right)\alpha_{21}+\left(2{,}4529\,\nu-0{,}0703-\frac{0{,}4132}{\nu}\right)\alpha_{22}=\frac{1}{4}A\,b^2c^2p,\\
&\left(1{,}325\,\nu-4{,}5+\frac{5{,}075}{\nu}\right)\alpha_{11}+\left(0{,}5509\,\nu+0{,}5625+\frac{34{,}2563}{\nu}\right)\alpha_{12}+\left(-0{,}9938\,\nu+\right.\\
&\quad\left.+0{,}5625+\frac{0{,}3634}{\nu}\right)\alpha_{21}+\left(-0{,}4132\,\nu-0{,}0703+\frac{2{,}4529}{\nu}\right)\alpha_{22}=\frac{1}{4}A\,b^2c^2p,\\
&\left(1{,}325\,\nu+4{,}5+\frac{1{,}325}{\nu}\right)\alpha_{11}+\left(0{,}5509\,\nu-0{,}5625+\frac{8{,}9438}{\nu}\right)\alpha_{12}+\left(8{,}9438\,\nu-\right.\\
&\quad\left.-0{,}5625+\frac{0{,}5509}{\nu}\right)\alpha_{21}+\left(3{,}7185\,\nu+0{,}0703+\frac{3{,}7185}{\nu}\right)\alpha_{22}=\frac{1}{4}A\,b^2c^2p.
\end{aligned}\right\}\quad(9)$$

Diese Gleichungen gestatten, für jedes Seitenverhältnis c/b die Plattenberechnung weiter durchzuführen. Für den besonderen Fall $c/b = 1{,}5$ (also $\nu = 2{,}25$), gehen sie über in

$$\left.\begin{aligned}
18{,}1743\,\alpha_{11}-1{,}4366\,\alpha_{12}-8{,}9600\,\alpha_{21}-0{,}6641\,\alpha_{22}&=0{,}5625\,A\,b^4p,\\
7{,}5076\,\alpha_{11}-0{,}9384\,\alpha_{12}+77{,}8839\,\alpha_{21}+5{,}2652\,\alpha_{22}&=0{,}5625\,A\,b^4p,\\
0{,}7368\,\alpha_{11}+17{,}0270\,\alpha_{12}-1{,}5118\,\alpha_{21}+0{,}0902\,\alpha_{22}&=0{,}5625\,A\,b^4p,\\
8{,}0701\,\alpha_{11}+4{,}6520\,\alpha_{12}+19{,}8058\,\alpha_{21}+10{,}0897\,\alpha_{22}&=0{,}5625\,A\,b^4p.
\end{aligned}\right\}\quad(10)$$

Ihre Lösung ist

$$\left.\begin{aligned}
\alpha_{11}&=0{,}035183\,A\,b^4p, & \alpha_{12}&=0{,}031739\,A\,b^4p,\\
\alpha_{21}&=0{,}002966\,A\,b^4p, & \alpha_{22}&=0{,}007157\,A\,b^4p.
\end{aligned}\right\}\quad(11)$$

Abb. 9. Die Belastungsfläche zum Ansatz (6).

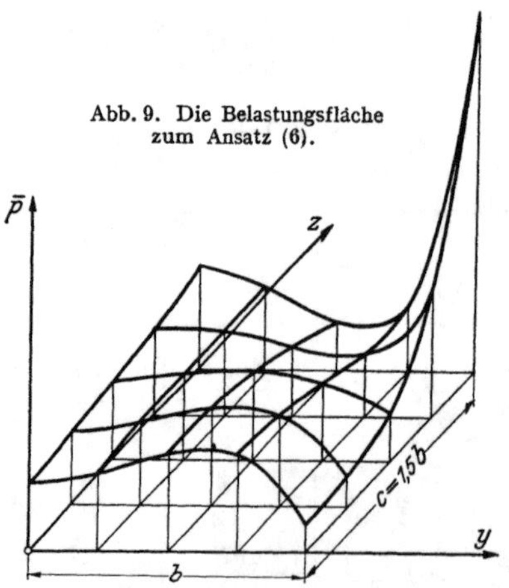

Für die größte Biegespannung findet man jetzt [vgl. (**8**, 9) und (**8**, 10)]

$$|\sigma_y|_{\max}=\frac{48}{A\,b^2h^2}(\alpha_{11}+\alpha_{22})=1{,}832\left(\frac{b}{h}\right)^2 p \quad (12)$$

und für die größte Durchbiegung

$$\bar u_{\max}=\alpha_{11}=0{,}035182\,A\,b^4p. \quad (13)$$

Diese Werte sind noch genauer als die Galerkinschen (**8**, 10) und (**8**, 12). Abb. 9 zeigt für das betrachtete Plattenviertel den Verlauf der zur Näherungslösung $\bar u$ gehörigen Plattenbelastung $\bar p$. Aus ihr geht deutlich hervor, wie unempfindlich der Spannungs- und der Verzerrungszustand gegen örtliche Belastungsverschiebungen sind.

10. Verallgemeinerung der vorangehenden Methoden[1]). Wir setzen noch einmal zur genäherten Lösung der allgemeinen Elastizitätsgleichungen (I, **17**, 4)

[1]) C. B. Biezeno, Over een vereenvoudiging en over een uitbreiding van de methode van Ritz, Christiaan Huygens 3 (1923—1924) S. 69.

die Reihen

$$\left.\begin{aligned}\bar{u} &= u_0 + a_1 u_1 + a_2 u_2 + \cdots + a_n u_n,\\ \bar{v} &= v_0 + b_1 v_1 + b_2 v_2 + \cdots + b_n v_n,\\ \bar{w} &= w_0 + c_1 w_1 + c_2 w_2 + \cdots + c_n w_n\end{aligned}\right\} \quad (1)$$

an, deren Glieder einzeln alle Randbedingungen befriedigen. Wären $\bar{u}$, $\bar{v}$, $\bar{w}$ die richtigen Lösungen, so gälte

$$\left.\begin{aligned}\iiint\left(\Delta\bar{u} + \frac{m}{m-2}\frac{\partial\bar{e}}{\partial x} + \frac{X}{G}\right)\Phi\, dx\, dy\, dz = 0,\\ \iiint\left(\Delta\bar{v} + \frac{m}{m-2}\frac{\partial\bar{e}}{\partial y} + \frac{Y}{G}\right)\Psi\, dx\, dy\, dz = 0,\\ \iiint\left(\Delta\bar{w} + \frac{m}{m-2}\frac{\partial\bar{e}}{\partial z} + \frac{Z}{G}\right)X\, dx\, dy\, dz = 0,\end{aligned}\right\} \quad (2)$$

unabhängig von den Funktionen Φ, Ψ, X und unabhängig von dem Integrationsgebiet, soweit dieses in dem vom Körper erfüllten Raum liegt. Sind dagegen $\bar{u}, \bar{v}, \bar{w}$ nur Näherungslösungen, so zeigt sich dies darin, daß sie die Integrale (2) sicherlich nicht für alle Φ, Ψ und X zu Null machen. Die Güte der Näherung offenbart sich in der Anzahl und in dem Charakter der Funktionen Φ, Ψ und X, welche die Integrale zum Verschwinden bringen. Bei der Aufstellung einer Näherungslösung wird man also dafür sorgen, daß diese Integrale für eine möglichst große Anzahl von Funktionen Φ, Ψ und X zu Null werden, d. h. in unserem Falle für eine Anzahl, welche übereinstimmt mit der Zahl der in (1) auftretenden Koeffizienten a_k, b_k, c_k. Bei der Ritzschen Methode sowie bei der mit ihr im wesentlichen übereinstimmenden Galerkinschen Methode werden für Φ die Funktionen u_k, für Ψ die Funktionen v_k, für X die Funktionen w_k gewählt, während die Integration sich über den ganzen vom Körper erfüllten Raum erstreckt. Die Methode von Ziff. **9** dagegen läßt sich, verallgemeinert, so deuten, daß die Integrationen (2) sich über n Teilgebiete erstrecken, die zusammen den vom Körper eingenommenen Raum erfüllen, und daß für jedes Teilgebiet die betreffende Funktion Φ, Ψ und X je gleich Eins gesetzt wird. Diese allgemeinere Deutung von (2) faßt wegen der Freiheit, welche sowohl für die Unterteilung des Integrationgebietes wie für die Wahl der Funktionen Φ, Ψ und X besteht, die früheren Methoden von einem einzigen Gesichtspunkt aus zusammen und führt ohne weiteres zu neuen Näherungsmethoden.

11. Methode der Zerlegung der Lösung in einfachere Teillösungen. In Ziff. **9** ist gezeigt, wie durch Umkehrung der Fragestellung eine Näherungslösung der Gleichung

$$\Delta'\Delta' F = A\, p(y, z)$$

unter vorgeschriebenen Randbedingungen erhalten werden kann. Jetzt zeigen wir, daß dieselbe Methode durch einen Kunstgriff auch auf die Gleichung

$$\Delta'\Delta' F = 0 \quad (1)$$

anwendbar wird. Dazu stellen wir die gesuchte Funktion F derart als Summe $F \equiv F_1 + F_2$ zweier Teilfunktionen F_1 und F_2 dar, daß

1) F_1 alle Randbedingungen, dagegen nicht notwendig die Differentialgleichung (1) befriedigt,

2) $(F_1 + F_2)$ die Differentialgleichung (1) und alle Randbedingungen befriedigt. Dies heißt für die Funktion F_2 erstens, daß sie der Gleichung

$$\Delta'\Delta' F_2 = -\Delta'\Delta' F_1 \quad (2)$$

genügt, und zweitens, daß diejenigen Größen, deren Randwerte beim Hauptproblem vorgeschrieben sind, für F_2 den Randwert Null haben.

Beispielsweise bei einer in ihrer Ebene durch vorgeschriebene Randkräfte belasteten Platte [die, wie wir in Kap. II, Ziff. **14** gesehen haben, der Gleichung (1) gehorcht] bedeutet dies für F_2, daß am ganzen Plattenrand gelten muß [vgl. die Randbedingungen (II, **12**, 11a)]

$$\frac{\partial^2 F_2}{\partial z^2}\frac{\partial z}{\partial l}+\frac{\partial^2 F_2}{\partial y\,\partial z}\frac{\partial y}{\partial l}=0,\qquad \frac{\partial^2 F_2}{\partial y\,\partial z}\frac{\partial z}{\partial l}+\frac{\partial^2 F_2}{\partial y^2}\frac{\partial y}{\partial l}=0. \tag{3}$$

Faßt man nun für eine solche Platte, nach getroffener Wahl von F_1, den Ausdruck $-\Delta'\Delta' F_1$ als das Produkt einer senkrecht zur Platte wirkenden Belastung $p(y,z)$ und der Plattenkonstanten A (**7**, 2) auf, so definieren die Gleichungen (2) und (3) die Durchbiegung F_2 der am Rande eingespannten Platte unter der Last p. Denn nach Kap. II, Ziff. **12** sind die Randbedingungen (3) gleichbedeutend mit

$$F_2=0,\qquad \frac{\partial F_2}{\partial n}=0 \qquad \text{(am Rand)}. \tag{4}$$

Mithin kann F_2 nunmehr nach Ziff. **7** oder **9** näherungsweise bestimmt werden.

Ein zweites, etwas anders geartetes Beispiel für die Zerspaltung einer Funktion in zwei Teile bezieht sich auf das Torsionsproblem eines prismatischen Stabes. Hierbei handelt es sich, wie in Kap. II, Ziff. **18** gezeigt, um die Bestimmung einer (dort mit Φ bezeichneten) Funktion F, die für jeden inneren Punkt des Stabquerschnitts die Gleichung (II, **18**, 13)

$$\Delta' F=-2G\omega \tag{5}$$

(wo ω die auf die Längeneinheit bezogene Winkelverdrehung des Stabes ist) befriedigt und am Querschnittsrande den Wert Null hat. Auch hier wird F in zwei Hilfsfunktionen F_1 und F_2 zerlegt, welche jetzt aber den folgenden Bedingungen unterworfen sind:

1) F_1 soll der Gleichung (5) genügen, ohne die Randbedingung des Problems befriedigen zu müssen,

2) F_2 soll der Gleichung

$$\Delta' F_2=0 \tag{6}$$

genügen, dabei aber solche Randwerte annehmen, daß $F\equiv F_1+F_2$ die Randbedingung des Problems erfüllt (also am Rande Null wird). Wie man leicht einsieht, ist auch hier die Schwierigkeit des Problems auf die Ermittlung der Funktion F_2 zurückgeführt.

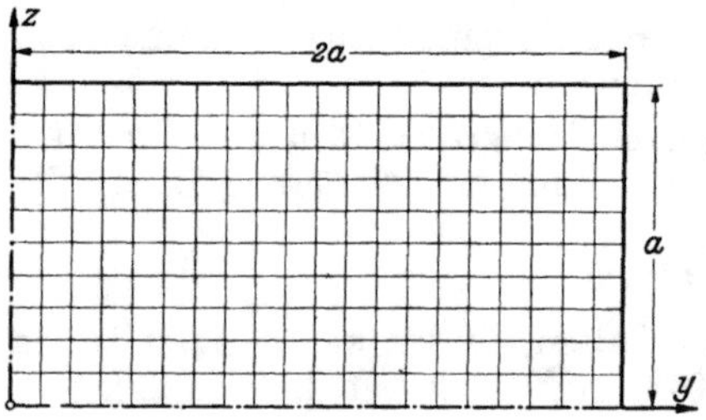

Abb. 10. Viertel des Rechteckquerschnitts eines tordierten Stabes.

Wir wollen die Methode auf den in Abb. 10 (nur zu einem Viertel gezeichneten) rechteckigen Querschnitt mit den Seitenlängen $4a$ und $2a$ anwenden und wählen für F_1 die denkbar einfachste Funktion

$$F_1=G\omega a^2\left(1-\frac{z^2}{a^2}\right), \tag{7}$$

die die Gleichung (5) befriedigt; sie hat die Randwerte

$$\left.\begin{aligned} F_1&=G\omega a^2\left(1-\frac{z^2}{a^2}\right) &&\text{für}\quad y=\pm 2a,\\ F_1&=0 &&\text{für}\quad z=\pm a. \end{aligned}\right\} \tag{8}$$

Die Funktion F_2 schreiben wir in die Form einer Reihe

$$F_2=\sum_{n=1,3,5\ldots} A_n \operatorname{Cof}\frac{n\pi y}{2a}\cos\frac{n\pi z}{2a}, \tag{9}$$

deren Glieder nach (**2**, 2) einzeln der Gleichung (6) genügen und für $z=\pm a$ einzeln den Wert Null annehmen. Es braucht also nur noch die Bedingung erfüllt zu werden, daß für $y=\pm 2a$ die Summe $F_1+F_2=0$ wird, d. h. es müssen die Beiwerte A_n derart bestimmt werden, daß

$$G\omega a^2\left(1-\frac{z^2}{a^2}\right)+\sum_{n=1,3,5\ldots} A_n \mathfrak{Cof}\, n\pi \cos\frac{n\pi z}{2a}\equiv 0$$

ist. Weil nach (**3**, 4)

$$G\omega a^2\int_{-a}^{+a}\left(1-\frac{z^2}{a^2}\right)\cos\frac{n\pi z}{2a}\,dz=-A_n \mathfrak{Cof}\, n\pi\int_{-a}^{+a}\cos^2\frac{n\pi z}{2a}\,dz$$

ist, so findet man nach kurzer Rechnung

$$A_n=-(-1)^{\frac{n-1}{2}}\frac{32\,G\omega a^2}{\pi^3 n^3 \mathfrak{Cof}\, n\pi}. \tag{10}$$

Setzt man noch $y/2a=\bar{y}$, $z/a=\bar{z}$, so ist

$$F=G\omega a^2\left[(1-\bar{z}^2)-\sum_{n=1,3,5\ldots}(-1)^{\frac{n-1}{2}}\frac{32}{\pi^3 n^3 \mathfrak{Cof}\, n\pi}\mathfrak{Cof}\, n\pi\bar{y}\cos\frac{n\pi\bar{z}}{2}\right]. \tag{11}$$

Zur Auswertung der Funktionen unter dem Summenzeichen sind für $n=1,3,5,7,9$ und $0\leq k\leq 20$ die Werte von $\frac{32}{\pi^3 n^3 \mathfrak{Cof}\, n\pi}\mathfrak{Cof}\,\frac{nk\pi}{20}$ (soweit größer als 0,001) berechnet worden, ebenso für $n=1,3,5,7,9$ und $0\leq k'\leq 10$ die Werte von $\cos\frac{nk'\pi}{20}$. Diese Größen genügen, um die Funktionswerte

$$\sum_{n=1,3,5\ldots}(-1)^{\frac{n-1}{2}}\frac{32}{\pi^3 n^3 \mathfrak{Cof}\, n\pi}\mathfrak{Cof}\, n\pi\bar{y}\cos\frac{n\pi\bar{z}}{2} \tag{12}$$

(bei Beschränkung auf die erwähnten Werte $n=1,3,5,7,9$) für alle Gitterpunkte $\bar{y}=\frac{k}{20}$ $(0\leq k\leq 20)$ und $\bar{z}=\frac{k'}{10}$ $(0\leq k'\leq 10)$ zu bestimmen. In der folgenden Tabelle sind, in Tausendsteln ausgedrückt, die Werte, die zu $\bar{y}=0{,}0$; 0,1; 0,2; ...; 1,0 und $\bar{z}=0{,}0$; 0,1; 0,2; ...; 1,0 gehören, zusammengestellt. Wir werden sie in Ziff. **29** zum Vergleich mit den experimentell gewonnenen Ergebnissen gebrauchen.

Tabelle der Werte $\sum_{n=1,3,5\ldots}(-1)^{\frac{n-1}{2}}\frac{32}{\pi^3 n^3 \mathfrak{Cof}\, n\pi}\mathfrak{Cof}\, n\pi\bar{y}\cos\frac{n\pi\bar{z}}{2}$.

$\bar{y}$ \ $\bar{z}$	0,0	0,1	0,2	0,3	0,4	0,5	0,6	0,7	0,8	0,9	1,0
0,0	89	88	85	79	72	63	52	40	28	14	0
0,1	93	92	88	83	75	66	55	42	29	15	0
0,2	107	106	102	95	86	76	63	49	33	17	0
0,3	131	129	125	117	106	93	77	59	40	20	0
0,4	169	167	161	151	136	119	99	77	52	26	0
0,5	223	220	212	199	180	158	131	101	69	35	0
0,6	299	295	284	267	242	213	177	137	94	47	0
0,7	404	399	385	362	329	288	241	186	127	64	0
0,8	547	541	522	492	448	395	331	257	176	89	0
0,9	742	734	709	670	612	544	458	359	247	126	0
1,0	1000	991	960	911	839	750	639	512	360	188	0

§ 3. Rechnerische Lösung von Eigenwertproblemen.

12. Eigenlösungen. Eine weitere wichtige Klasse von Aufgaben bezeichnet man als Eigenwertprobleme. Wir werden solchen später vielfach bei Stabilitäts- und Schwingungsfragen begegnen. Dabei handelt es sich stets um folgende Erscheinung. Gewisse, etwa durch Differentialgleichungen und Randbedingungen definierte Probleme haben i. a. bloß identisch verschwindende Lösungen; nur bei bestimmten (gesuchten) Werten eines Parameters haben sie außer der Nulllösung auch noch nicht identisch verschwindende Lösungen. Diese nennt man dann Eigenlösungen des Problems, jene Parameterwerte Eigenwerte.

Wir erörtern dies zunächst an einem Beispiel mit endlich vielen Freiheitsgraden und betrachten hierzu einen statisch bestimmt oder statisch unbestimmt gestützten Körper, der in n vorgeschriebenen Punkten *1, 2, ..., n* durch Kräfte $P_1, P_2, \ldots, P_n$ in vorgeschriebener Richtung belastet wird. Dann läßt sich die in die zugehörige Kraftrichtung fallende Verschiebungskomponente u_i im Punkte i mit den zugehörigen Maxwellschen Einflußzahlen $\alpha_{ij} = \alpha_{ji}$ (Kap. II, Ziff. **9**) wie folgt ausdrücken:

$$u_i = \alpha_{i1} P_1 + \alpha_{i2} P_2 + \cdots + \alpha_{in} P_n \qquad (i = 1, 2, \ldots, n). \qquad (1)$$

Sind umgekehrt die Verschiebungen u_i vorgegeben, so sind diese Gleichungen als Bestimmungsgleichungen für die $P_i\,(i = 1, 2, \ldots, n)$ aufzufassen, und die P_i lassen sich, weil nach (II, **10**, 1) die Determinante D_n aus den Koeffizienten α_{ij} von Null verschieden ist, stets eindeutig bestimmen.

In vielen Problemen der Mechanik (vgl. z. B. Kap. IV, Ziff. **11**, **12**, **15**, **18**; Kap. V, Ziff. **15**, **26** und sonst noch mehrfach) tritt nun die Frage auf, ob die Verschiebungen u_i proportional zu vorgegebenen Vielfachen der Kräfte P_i sein können. Dies führt auf die Forderung, daß

$$u_i = \lambda \mu_i P_i \qquad (i = 1, 2, \ldots, n) \qquad (2)$$

sein soll, wo die μ_i beliebige, aber fest vorgeschriebene Beiwerte sind und λ ein noch unbekannter Parameter ist. Die damit aus (1) entstehenden Gleichungen

$$\lambda \mu_i P_i = \alpha_{i1} P_1 + \alpha_{i2} P_2 + \cdots + \alpha_{in} P_n \qquad (i = 1, 2, \ldots, n) \qquad (3)$$

lassen im allgemeinen keine von $P_i = 0\,(i = 1, 2, \ldots, n)$ verschiedenen Lösungen zu, weil man es jetzt mit einem System von homogenen Gleichungen zu tun hat. Wir scheiden die triviale und für uns bedeutungslose Nullösung ein für allemal aus und sagen, die Gleichungen (3) haben im allgemeinen keine Lösung. Nur in dem besonderen Falle, daß die Gleichungen (3) voneinander abhängig sind, also nur, wenn die Determinante D des Systems (3)

$$D \equiv \begin{vmatrix} \alpha_{11} - \mu_1 \lambda & \alpha_{12} & \cdots & \alpha_{1n} \\ \alpha_{21} & \alpha_{22} - \mu_2 \lambda & \cdots & \alpha_{2n} \\ \vdots & \vdots & & \vdots \\ \alpha_{n1} & \alpha_{n2} & \cdots & \alpha_{nn} - \mu_n \lambda \end{vmatrix} = 0 \qquad (4)$$

ist, wird das System lösbar, und es zeigt sich also, daß dieser Fall nur für n Sonderwerte von λ, nämlich $\lambda_1, \lambda_2, \ldots, \lambda_n$, die wir die Eigenwerte des Problems nennen, eintritt. Bezeichnen wir ein zu dem Eigenwert λ_k gehöriges Lösungssystem $P_1, P_2, \ldots, P_n$ mit $P_{k1}, P_{k2}, \ldots, P_{kn}$, so stellt natürlich auch tP_{k1}, $tP_{k2}, \ldots, tP_{kn}$ eine Lösung der Gleichungen (3) dar. Wir repräsentieren daher alle zu den verschiedenen Werten von t gehörigen Lösungen durch eine einzige, deren Wert t durch die Bedingungsgleichung

$$\mu_1 (t P_{k1})^2 + \mu_2 (t P_{k2})^2 + \cdots + \mu_n (t P_{kn})^2 = 1$$

bestimmt sein soll, und schreiben von da an wieder einfach P_{ki} statt $t P_{ki}$. Die so definierte, zu λ_k gehörige Lösung wird die k-te normierte Eigenlösung des Systems (3) genannt. Sie gehorcht also der Normierungsbedingung

$$\sum_{i=1}^{n} \mu_i P_{ki}^2 = 1. \tag{5}$$

Wenn weiterhin schlechtweg von einer k-ten Eigenlösung $P_{k1}, P_{k2}, \ldots, P_{kn}$ gesprochen wird, so nehmen wir stets an, daß diese Lösung schon normiert sei.

Wir kehren jetzt zu der Gleichung (4) zurück und dividieren die erste Reihe und die erste Spalte von D durch $\sqrt{\mu_1}$, ebenso die zweite Reihe und die zweite Spalte durch $\sqrt{\mu_2}$, usw. Dann entsteht eine sogenannte Säkulargleichung

$$D' \equiv \begin{vmatrix} \frac{\alpha_{11}}{\mu_1} - \lambda & \frac{\alpha_{12}}{\sqrt{\mu_1 \mu_2}} & \cdots & \frac{\alpha_{1n}}{\sqrt{\mu_1 \mu_n}} \\ \frac{\alpha_{21}}{\sqrt{\mu_2 \mu_1}} & \frac{\alpha_{22}}{\mu_2} - \lambda & \cdots & \frac{\alpha_{2n}}{\sqrt{\mu_2 \mu_n}} \\ \vdots & \vdots & & \vdots \\ \frac{\alpha_{n1}}{\sqrt{\mu_n \mu_1}} & \frac{\alpha_{n2}}{\sqrt{\mu_n \mu_2}} & \cdots & \frac{\alpha_{nn}}{\mu_n} - \lambda \end{vmatrix} = 0, \tag{6}$$

welche sich von der Gleichung (4) dadurch unterscheidet, daß die mit λ behafteten, nur in der Hauptdiagonale von D' vorkommenden Glieder alle den Koeffizienten 1 haben, darin aber mit ihr übereinstimmt, daß ihre linke Seite eine symmetrische Determinante ist. Eine solche Gleichung hat bekanntlich lauter reelle Wurzeln. Somit besitzt unser Problem sicherlich n reelle, von Null verschiedene (wenn auch nicht notwendig voneinander verschiedene) Eigenwerte.

Wir betrachten nun zwei zu verschiedenen Eigenwerten λ_k und λ_l gehörige, normierte Eigenlösungen

$$P_{k1}, P_{k2}, \ldots, P_{kn},$$
$$P_{l1}, P_{l2}, \ldots, P_{ln}$$

und bestimmen den Wert der Summe

$$\sum_{i=1}^{n} \mu_i P_{ki} P_{li}.$$

Beachtet man die Vorschrift (2), so findet man, indem man das eine Mal die P_{ki} in den u_{ki}, das andere Mal die P_{li} in den u_{li} ausdrückt,

$$\sum \mu_i P_{ki} P_{li} = \frac{1}{\lambda_k} \sum u_{ki} P_{li} = \frac{1}{\lambda_l} \sum u_{li} P_{ki}.$$

Auf Grund des Bettischen Satzes (Kap. II, Ziff. **6**), nach welchem $\sum u_{ki} P_{li} = \sum u_{li} P_{ki}$ ist, schließt man für $\lambda_k \neq \lambda_l$, daß die in den beiden letzten Gliedern dieser Gleichung vorkommenden Summen Null sein müssen, und daß infolgedessen auch

$$\sum_{i=1}^{n} \mu_i P_{ki} P_{li} = 0 \qquad (\lambda_k \neq \lambda_l) \tag{7}$$

ist. Wir nennen, einen bereits in Ziff. **3** eingeführten Begriff erweiternd, die Kräftesysteme P_{ki} und P_{li} auf Grund der Beziehung (7) orthogonal zueinander und sprechen somit den Satz aus:

Sind die Eigenwerte λ_k $(k = 1, 2, \ldots, n)$ alle verschieden, so gibt es n linear unabhängige normierte Eigenlösungen, welche zueinander orthogonal sind.

Aber auch für den Fall, daß Gleichung (4) oder die mit ihr gleichwertige Gleichung (6) eine j-fache Wurzel λ_1 hat, so daß es nur $n-j+1$ verschiedene Eigenwerte gibt, gilt Ähnliches, nur mit dem Unterschiede, daß jetzt, wie sich zeigen wird, $\infty^{\frac{1}{2}j(j-1)}$ Sätze von zueinander orthogonalen Eigenlösungen existieren.

Bei der Konstruktion eines solchen Systems von Eigenlösungen stützen wir uns auf einen aus der Theorie der algebraischen Gleichungen bekannten Satz, nach welchem das Gleichungssystem (3) mit nur $n-j$ seiner Gleichungen gleichwertig ist, wenn die Gleichung (4) eine j-fache Wurzel hat. Weil die Numerierung der Angriffspunkte der Kräfte P_i unwesentlich ist, können wir, ohne die Allgemeinheit einzuschränken, annehmen, daß diese $n-j$ Gleichungen die folgenden sind:

$$\left.\begin{array}{l}(\alpha_{11}-\mu_1\lambda_1)\,P_1+\alpha_{12}\,P_2+\cdots+\alpha_{1l}\,P_l+\alpha_{1,l+1}\,P_{l+1}+\cdots+\alpha_{1n}\,P_n=0,\\ \alpha_{21}\,P_1+(\alpha_{22}-\mu_2\lambda_1)\,P_2+\cdots+\alpha_{2l}\,P_l+\alpha_{2,l+1}\,P_{l+1}+\cdots+\alpha_{2n}\,P_n=0,\\ \vdots \\ \alpha_{l1}\,P_1+\alpha_{l2}P_2+\cdots+(\alpha_{ll}-\mu_l\lambda_1)\,P_l+\alpha_{l,l+1}\,P_{l+1}+\cdots+\alpha_{ln}\,P_n=0,\end{array}\right\}\quad(8)$$

wobei zur Abkürzung $n-j=l$ gesetzt ist. Unter den verschiedenen Determinanten l-ten Grades, welche aus der Koeffizientenmatrix dieses Gleichungssystems gebildet werden können, muß wenigstens eine von Null verschieden sein, und die Numerierung der Angriffspunkte der Kräfte P_i konnte sicherlich so getroffen werden, daß die symmetrische Determinante

$$D_l\equiv\begin{vmatrix}\alpha_{11}-\mu_1\lambda_1 & \alpha_{12} & \cdots & \alpha_{1l}\\ \alpha_{21} & \alpha_{22}-\mu_2\lambda_1 & \cdots & \alpha_{2l}\\ \vdots & \vdots & & \vdots\\ \alpha_{l1} & \alpha_{l2} & \cdots & \alpha_{ll}-\mu_l\lambda_1\end{vmatrix}\neq 0$$

ist. Von den Gleichungen (8) bestimmen wir nun zuerst eine Lösung

$$P_1=P'_{11},\ \ P_2=P'_{12},\ \ldots,P_n=P'_{1n},$$

für welche

$$\mu_1\,P'^2_{11}+\mu_2\,P'^2_{12}+\cdots+\mu_n\,P'^2_{1n}=1 \qquad (9)$$

ist. Dazu nehmen wir die willkürlich wählbaren Zahlen $Q_{l+1}, Q_{l+2},\ldots, Q_n$ an (welche nicht alle zugleich Null sein dürfen), setzen

$$P'_{1,l+1}=t\,Q_{l+1},\quad P'_{1,l+2}=t\,Q_{l+2},\quad \ldots,\quad P'_{1n}=t\,Q_n$$

und lösen dann die Gleichungen (8) nach $P_1, P_2,\ldots, P_l$ auf, was wegen $D_l\neq 0$ möglich ist. Die Wurzeln sind von der Form

$$P'_{11}=tQ_1,\quad P'_{12}=tQ_2,\quad \ldots,\quad P'_{1n}=tQ_n,$$

wo die $Q_1, Q_2,\ldots, Q_l$ bekannte Größen sind, welche von den Koeffizienten der Gleichungen (8) und von $Q_{l+1}, Q_{l+2},\ldots, Q_n$ abhängen. Den Faktor t bestimmt man nun zuletzt mit Hilfe der Bedingung

$$(\mu_1\,Q_1^2+\mu_2\,Q_2^2+\cdots+\mu_n\,Q_n^2)\,t^2=1,$$

womit (9) Genüge geleistet wird. Weil es bei der Wahl der Zahlen Q_{l+1}, $Q_{l+2},\ldots, Q_n$ nur auf deren Verhältnisse ankommt, so kann man die Zahlen $P'_{11}, P'_{12},\ldots, P'_{1n}$ auf $\infty^{n-l-1}=\infty^{j-1}$ verschiedene Weisen bestimmen.

Sodann betrachtet man die Gleichungen (8) zusammen mit der Gleichung

$$\mu_1\,P'_{11}P_1+\mu_2\,P'_{12}P_2+\cdots+\mu_n\,P'_{1n}P_n=0 \qquad (10)$$

und sucht in genau derselben Weise eine Lösung

$$P_1 = P_{11}'', \quad P_2 = P_{12}'', \quad \ldots, \quad P_n = P_{1n}'',$$

für welche

$$\mu_1 P_{11}''^2 + \mu_2 P_{12}''^2 + \cdots + \mu_n P_{1n}''^2 = 1 \tag{11}$$

ist, indem man jetzt für die Unbekannten $P_{l+2} = tQ'_{l+2}, \ldots, P_n = tQ'_n$ die Werte Q' frei annimmt. (Daß bei willkürlicher Wahl solcher Werte die Lösung stets möglich und eindeutig ist, werde ohne Beweis festgestellt.) Weil es bei der Wahl der Zahlen $Q'_{l+2}, Q'_{l+3}, \ldots, Q'_n$ wieder nur auf die Verhältnisse ankommt, kann man die $P_{11}'', P_{12}'', \ldots, P_{1n}''$ auf $\infty^{n-l-2} = \infty^{j-2}$ verschiedene Weisen bestimmen.

Beim nächsten Schritt werden die Gleichungen (8) und (10) mit der neuen Bedingung

$$\mu_1 P_{11}'' P_1 + \mu_2 P_{12}'' P_2 + \cdots + \mu_n P_{1n}'' P_n = 0 \tag{12}$$

verknüpft, und es wird in analoger Weise jetzt eine Lösung

$$P_1 = P_{11}''', \quad P_2 = P_{12}''', \quad \cdots, \quad P_n = P_{1n}'''$$

von (8), (10) und (12) ermittelt, für welche

$$\mu_1 P_{11}'''^2 + \mu_2 P_{12}'''^2 + \cdots + \mu_n P_{1n}'''^2 = 1 \tag{13}$$

ist, usw. Man findet so ein System von j zum selben Eigenwert λ_1 gehörenden Lösungen

$$\left.\begin{array}{llll} P_{11}', & P_{12}', & \ldots, & P_{1n}', \\ P_{11}'', & P_{12}'', & \ldots, & P_{1n}'', \\ \vdots & \vdots & & \vdots \\ P_{11}^{(j)}, & P_{12}^{(j)}, & \ldots, & P_{1n}^{(j)}, \end{array}\right\} \tag{14}$$

welche nach (10), (12) usw. unter sich orthogonal und nach (9), (11), (13) usw. zugleich normiert sind. Wie man leicht feststellt, können die Zahlen (14) wegen der Freiheit, die man bei der Wahl der Zahlen $Q_{l+1}, Q_{l+2}, \ldots, Q_n$; $Q'_{l+2}, Q'_{l+3}, \ldots, Q'_n$; usw. hat, auf $\infty^{(j-1)+(j-2)+\cdots+2+1} = \infty^{\frac{1}{2}j(j-1)}$ verschiedene Weisen bestimmt werden.

Weil jede mehrfache Wurzel der Gleichung (4) in derselben Weise behandelt werden kann, ist hiermit sichergestellt, daß sich stets ein System von n normierten, zueinander orthogonalen und linear unabhängigen Eigenlösungen konstruieren läßt.

Wir zeigen jetzt noch, daß ein beliebiges Kräftesystem $P_1, P_2, \ldots, P_n$ stets als eine lineare Funktion dieser n Eigenlösungen darstellbar ist; d. h., daß es n Zahlen $c_1, c_2, \ldots, c_n$ gibt, für welche die Beziehungen

$$\left.\begin{array}{l} P_1 = c_1 P_{11} + c_2 P_{21} + c_3 P_{31} + \cdots + c_n P_{n1}, \\ P_2 = c_1 P_{12} + c_2 P_{22} + c_3 P_{32} + \cdots + c_n P_{n2}, \\ \vdots \\ P_n = c_1 P_{1n} + c_2 P_{2n} + c_3 P_{3n} + \cdots + c_n P_{nn} \end{array}\right\} \tag{15}$$

gelten. Hierzu multiplizieren wir die erste Gleichung (15) mit $\mu_1 P_{k1}$, die zweite mit $\mu_2 P_{k2}$ usw. und addieren dann diese Gleichungen. Beachten wir dabei, daß

$$\sum_{i=1}^{n} \mu_i P_{ki} P_{li} = \begin{cases} 0 & \text{für } k \neq l \\ 1 & \text{für } k = l \end{cases} \tag{16}$$

ist, so erhalten wir

$$c_k = \sum_{i=1}^{n} \mu_i P_i P_{ki}, \tag{17}$$

womit die Koeffizienten c_k eindeutig bestimmt sind. Sind die Eigenlösungen nicht normiert, so behält nur die erste Gleichung (16) ihre Gültigkeit. In diesem Falle ist

$$c_k = \frac{\sum_{i=1}^{n} \mu_i P_i P_{ki}}{\sum_{i=1}^{n} \mu_i P_{ki}^2}. \tag{18}$$

Entwickelt man die Säkulargleichung (6) nach Potenzen von λ, so kommt

$$(-1)^n D' \equiv \lambda^n - \lambda^{n-1} \sum_{i=1}^{n} \frac{\alpha_{ii}}{\mu_i} + \lambda^{n-2} \sum{}' \begin{vmatrix} \frac{\alpha_{ii}}{\mu_i} & \frac{\alpha_{ij}}{\sqrt{\mu_i \mu_j}} \\ \frac{\alpha_{ji}}{\sqrt{\mu_j \mu_i}} & \frac{\alpha_{jj}}{\mu_j} \end{vmatrix} - \cdots + (-1)^n \frac{D_n}{\mu_1 \mu_2 \ldots \mu_n} = 0, \tag{19a}$$

wo die zweite Summe über alle i und $j > i$ läuft, oder auch etwas anders geschrieben

$$(-1)^n D' \equiv \lambda^n - \frac{\lambda^{n-1}}{1!} \sum_{i=1}^{n} \frac{\alpha_{ii}}{\mu_i} + \frac{\lambda^{n-2}}{2!} \sum_{i=1}^{n} \sum_{j=1}^{n} \begin{vmatrix} \frac{\alpha_{ii}}{\mu_i} & \frac{\alpha_{ij}}{\sqrt{\mu_i \mu_j}} \\ \frac{\alpha_{ji}}{\sqrt{\mu_j \mu_i}} & \frac{\alpha_{jj}}{\mu_j} \end{vmatrix} - \cdots + (-1)^n \frac{D_n}{\mu_1 \mu_2 \ldots \mu_n} = 0. \tag{19b}$$

Weil die α_{ii}, wenn sie Maxwellsche Einflußzahlen sind, alle positiv bleiben, weil ferner die Determinanten hinter Σ' sich von den nach Kap. II, Ziff. **10** ebenfalls positiven Determinanten

$$\begin{vmatrix} \alpha_{ii} & \alpha_{ij} \\ \alpha_{ji} & \alpha_{jj} \end{vmatrix}$$

nur um den Faktor $\mu_i \mu_j$ unterscheiden, und weil entsprechendes für die folgenden Glieder und auch für die Determinante D_n aus den sämtlichen α_{ij} gilt, so stellt man leicht fest, daß die reellen Eigenwerte λ_k alle positiv sind, wenn die μ_i alle positiv sind.

Schließlich bemerken wir noch, daß das durch das lineare Gleichungssystem (3) definierte Eigenwertproblem häufig auch in der Form

$$y_i = \lambda(\alpha_{i1} m_1 y_1 + \alpha_{i2} m_2 y_2 + \cdots + \alpha_{in} m_n y_n) \qquad (i = 1, 2, \ldots, n) \tag{20}$$

auftritt. Dieses Gleichungssystem (20) ist natürlich mit dem System (3) völlig gleichwertig; denn man erhält es aus (3), indem man P_i, μ_i und λ der Reihe nach ersetzt durch $m_i y_i$, $1/m_i$ und $1/\lambda$. Mit etwas geändertem Sprachgebrauch nennt man jetzt Eigenwerte diejenigen Sonderwerte $\lambda_1, \lambda_2, \ldots, \lambda_n$ von λ, für welche das System (20) eine (von der trivialen Nullösung verschiedene) Lösung hat; die zum Eigenwert λ_k gehörige Lösung $y_{k1}, y_{k2}, \ldots, y_{kn}$ heißt wieder die k-te Eigenlösung. Die Normierung der Eigenlösungswerte y_{ki} geschieht hier in der Regel durch Bedingungsgleichungen von der Form

$$\sum_{i=1}^{n} m_i y_{ki}^2 = 1, \tag{21}$$

und die Orthogonalitätsbedingungen (7) lauten

$$\sum_{i=1}^{n} m_i y_{ki} y_{li} = 0 \qquad (\lambda_k \neq \lambda_l). \tag{22}$$

Entwickelt man ein beliebiges Wertesystem $y_i (i = 1, 2, \ldots, n)$ nach den Eigenlösungen y_{ki} in der Form

$$y_i = \sum_{k=1}^{n} c_k y_{ki} \qquad (i = 1, 2, \ldots, n), \tag{23}$$

so bestimmen sich [bei der Normierung (21)] die Koeffizienten c_k eindeutig zu

$$c_k = \sum_{i=1}^{n} m_i y_i y_{ki} \qquad (k = 1, 2, \ldots, n). \tag{24}$$

Der Säkulargleichung (6) für die Eigenwerte λ_k entspricht jetzt

$$D' \equiv \begin{vmatrix} \alpha_{11} m_1 - \frac{1}{\lambda} & \alpha_{12}\sqrt{m_1 m_2} & \ldots & \alpha_{1n}\sqrt{m_1 m_n} \\ \alpha_{21}\sqrt{m_2 m_1} & \alpha_{22} m_2 - \frac{1}{\lambda} & \ldots & \alpha_{2n}\sqrt{m_2 m_n} \\ \vdots & \vdots & & \vdots \\ \alpha_{n1}\sqrt{m_n m_1} & \alpha_{n2}\sqrt{m_n m_2} & \ldots & \alpha_{nn} m_n - \frac{1}{\lambda} \end{vmatrix} = 0 \tag{25}$$

und der Entwicklung (19) die Entwicklung

$$(-1)^n \lambda^n D' \equiv 1 - \lambda \sum_{i=1}^{n} \alpha_{ii} m_i + \lambda^2 \sum{}' \begin{vmatrix} \alpha_{ii} m_i & \alpha_{ij}\sqrt{m_i m_j} \\ \alpha_{ji}\sqrt{m_j m_i} & \alpha_{jj} m_j \end{vmatrix} - \cdots + (-1)^n \lambda^n D_n m_1 m_2 \ldots m_n = 0 \tag{26a}$$

oder auch wieder etwas anders geschrieben

$$(-1)^n \lambda^n D' \equiv 1 - \frac{\lambda}{1!} \sum_{i=1}^{n} \alpha_{ii} m_i + \frac{\lambda^2}{2!} \sum_{i=1}^{n} \sum_{j=1}^{n} \begin{vmatrix} \alpha_{ii} m_i & \alpha_{ij}\sqrt{m_i m_j} \\ \alpha_{ji}\sqrt{m_j m_i} & \alpha_{jj} m_j \end{vmatrix} - \cdots + (-1)^n \lambda^n D_n m_1 m_2 \ldots m_n \tag{26b}$$

mit gleicher Folgerung: alle λ_k sind positiv, wenn alle m_i positiv sind. Aus (26a) folgt weiter

$$\sum_{i=1}^{n} \alpha_{ii} m_i = \sum_{i=1}^{n} \frac{1}{\lambda_i} \tag{27}$$

und

$$\sum{}' \begin{vmatrix} \alpha_{ii} m_i & \alpha_{ij}\sqrt{m_i m_j} \\ \alpha_{ji}\sqrt{m_j m_i} & \alpha_{jj} m_j \end{vmatrix} \equiv \sum{}' \alpha_{ii} \alpha_{jj} m_i m_j - \sum{}' \alpha_{ij}^2 m_i m_j = \sum{}' \frac{1}{\lambda_i \lambda_j}. \tag{28}$$

Quadriert man (27) und zieht das Doppelte von (28) davon ab, so kommt statt (28) einfacher

$$\sum_{i=1}^{n} \sum_{j=1}^{n} \alpha_{ij}^2 m_i m_j = \sum_{i=1}^{n} \frac{1}{\lambda_i^2}. \tag{29}$$

Die Formeln (27) und (29) können, falls die Eigenwerte positiv sind, zur Abschätzung des tiefsten Eigenwertes λ_1 dienen, was namentlich bei großem n nützlich sein mag. Aus (27) folgt dann nämlich

$$\frac{1}{\lambda_1} < \sum_{i=1}^{n} \alpha_{ii} m_i, \tag{30}$$

aus (29)

$$\frac{1}{\lambda_1^2} < \sum_{i=1}^{n} \sum_{j=1}^{n} \alpha_{ij}^2 m_i m_j. \tag{31}$$

Damit sind untere Schranken für λ_1 gefunden, und zwar stellt (31) offenbar eine höhere, also genauere untere Schranke vor als (30).

13. Eigenfunktionen. Es ist naheliegend, die vorangehenden Überlegungen auf Systeme mit unendlich vielen Freiheitsgraden zu übertragen. Hierzu knüpfen wir etwa an die Darstellung (**12**, 20) des Eigenwertproblems an, ersetzen dort die „Einzelmassen" m_i durch eine kontinuierliche „Massenverteilung" $m(x)$ längs eines Bereiches, der von $x = 0$ bis $x = 1$ gehen mag, und die rechtsseitige

Summe durch ein Integral über die „Massenelemente“ $m(x)\,dx$. So kommt die Integralgleichung

$$y(x) = \lambda \int_0^1 G(x,\xi)\, y(\xi)\, m(\xi)\, d\xi. \tag{1}$$

Die Maxwellsche Einflußzahl, als Funktion der beiden Veränderlichen x und ξ in der Form $G(x,\xi)$ geschrieben, heißt die Greensche Funktion dieses Eigenwertproblems. Bei elastomechanischen Problemen gilt für sie die Symmetriebeziehung

$$G(x,\xi) = G(\xi, x). \tag{2}$$

Die Funktion $m(x)$ heißt die Belegungsfunktion. Wenn für jede beliebige (im Integrationsbereich mindestens stückweise stetige) Funktion $\psi(x)$

$$\int_0^1\int_0^1 G(x,\xi)\, \psi(x)\, \psi(\xi)\, dx\, d\xi > 0 \tag{3}$$

ist, so nennt man die Greensche Funktion $G(x,\xi)$ positiv definit. [Bei elastomechanischen Problemen trifft dies immer dann zu, wenn das Doppelintegral (3) sich als Formänderungsarbeit oder sonst eine wesentlich positive Energie erweist.] Die Ungleichung (3) ist für die Greensche Funktion bei allen Problemen, die wir mit ihr behandeln werden, ebenso kennzeichnend wie die Ungleichungen von Kap. II, Ziff. **10** über Determinanten aus Maxwellschen Einflußzahlen für diese Einflußzahlen.

Die Übertragung der Ergebnisse von Ziff. **12** auf die Integralgleichung (1) ist durchweg möglich, wenn die zugehörige Greensche Funktion $G(x, \xi)$ die Bedingungen (2) und (3) erfüllt (und stetig ist). Den Nachweis hierfür, der in der Theorie der Integralgleichungen geführt wird, unterdrücken wir hier und zählen nur die (an sich einleuchtenden) Ergebnisse auf, wobei wir uns auf symmetrische, positiv definite, stetige Greensche Funktionen $G(x,\xi)$ und überall positive Belegungsfunktionen $m(x)$ beschränken, wie sie allein in den späteren Anwendungen vorkommen werden.

Unter diesen Voraussetzungen hat die Integralgleichung (1) nicht identisch verschwindende Lösungen $y(x)$ nur für eine abzählbar unendliche Folge λ_1, $\lambda_2, \lambda_3, \ldots$ von Werten des Parameters λ, die sogenannten Eigenwerte; diese (die wir weiterhin als unter sich verschieden voraussetzen) sind alle reell und positiv und gehorchen [analog zu (**12**, 26b)] der Gleichung

$$\left.\begin{aligned} D(\lambda) \equiv 1 - \frac{\lambda}{1!}\int_0^1 G(x,x)\, m(x)\, dx + {} \\ + \frac{\lambda^2}{2!}\int_0^1\int_0^1 \begin{vmatrix} G(x,x)\, m(x) & G(x,\xi)\sqrt{m(x)\, m(\xi)} \\ G(\xi,x)\sqrt{m(\xi)\, m(x)} & G(\xi,\xi)\, m(\xi) \end{vmatrix} dx\, d\xi - \cdots = 0. \end{aligned}\right\} \tag{4}$$

Aus dieser Gleichung schließt man [analog zu (**12**, 27) und (**12**, 28)], daß

$$\int_0^1 G(x,x)\, m(x)\, dx = \sum_{i=1}^{\infty} \frac{1}{\lambda_i} \tag{5}$$

und

$$\left.\begin{aligned} \int_0^1\int_0^1 \begin{vmatrix} G(x,x)\, m(x) & G(x,\xi)\sqrt{m(x)\, m(\xi)} \\ G(\xi,x)\sqrt{m(\xi)\, m(x)} & G(\xi,\xi)\, m(\xi) \end{vmatrix} dx\, d\xi \equiv \left[\int_0^1 G(x,x)\, m(x)\, dx\right]^2 - {} \\ - \int_0^1\int_0^1 G^2(x,\xi)\, m(x)\, m(\xi)\, dx\, d\xi = 2\sum{}' \frac{1}{\lambda_i \lambda_j} \end{aligned}\right\} \tag{6}$$

ist, wo die Summe Σ' über alle i und alle $j > i$ läuft. Quadriert man (5) und zieht (6) davon ab, so kommt statt (6) einfacher [analog zu (**12**, 29)]

$$\int_0^1\int_0^1 G^2(x,\xi)\, m(x)\, m(\xi)\, dx\, d\xi = \sum_{i=1}^{\infty} \frac{1}{\lambda_i^2}. \tag{7}$$

Die Formeln (5) und (7) sind wieder nützlich für die Abschätzung des kleinsten Eigenwertes λ_1. Aus (5) folgt nämlich

$$\frac{1}{\lambda_1} < \int_0^1 G(x,x)\, m(x)\, dx, \tag{8}$$

aus (7)

$$\frac{1}{\lambda_1^2} < \int_0^1\int_0^1 G^2(x,\xi)\, m(x)\, m(\xi)\, dx\, d\xi. \tag{9}$$

Damit sind untere Schranken für den tiefsten Eigenwert λ_1 gefunden, und zwar stellt (9) wieder eine höhere, also genauere untere Schranke als (8) dar.

Die zu dem Eigenwert λ_k gehörige Lösung $y_k(x)$ von (1) heißt die k-te Eigenfunktion des Problems. Zwei zu verschiedenen Eigenwerten λ_k und λ_l gehörige Eigenfunktionen $y_k(x)$ und $y_l(x)$ erfüllen die Orthogonalitätsbedingung [analog zu (**12**, 22)]

$$\int_0^1 y_k(x)\, y_l(x)\, m(x)\, dx = 0 \qquad (\lambda_k \neq \lambda_l), \tag{10}$$

und es ist zweckmäßig, die Eigenfunktionen durch die Vorschrift [analog zu (**12**, 21)]

$$\int_0^1 y_k^2(x)\, m(x)\, dx = 1 \qquad (k = 1, 2, \ldots) \tag{11}$$

zu normieren.

Endlich gilt, daß jede Funktion $y(x)$, welche die (für alle Eigenfunktionen und auch für die Greensche Funktion gültigen) Randbedingungen des Problems erfüllt (und gewissen, praktisch stets zutreffenden Stetigkeitsforderungen genügt), in eine absolut und gleichmäßig konvergente Reihe

$$y(x) = \sum_{k=1}^{\infty} c_k\, y_k(x) \quad \text{mit} \quad c_k = \int_0^1 y(x)\, y_k(x)\, m(x)\, dx \tag{12}$$

nach den Eigenfunktionen entwickelt werden kann [analog zu (**12**, 23) und (**12**, 24)].

Diese Ergebnisse gelten alle auch noch für den Fall, daß außer der kontinuierlichen „Massenverteilung" $m(x)$ auch „Einzelmassen" m_i vorkommen. Man hat dann die Integrale im Stieltjesschen Sinne aufzufassen.

Es sei nur noch erwähnt, daß man die Integralgleichung (1) oft auch mit

$$y(x)\sqrt{m(x)} \equiv \varphi(x), \qquad G(x,\xi)\sqrt{m(x)\, m(\xi)} \equiv K(x,\xi) \tag{13}$$

in die Gestalt

$$\varphi(x) = \lambda \int_0^1 K(x,\xi)\, \varphi(\xi)\, d\xi$$

umschreibt und dann $K(x,\xi)$ als ihren Kern und die zu den Eigenwerten λ_k gehörigen (nicht identisch verschwindenden) Lösungen $\varphi_k(x)$ ebenfalls als Eigenfunktionen bezeichnet.

14. Die Bestimmung des tiefsten Eigenwerts durch Iteration. Unter einer iterativen Lösung eines Problems verstehen wir eine solche, bei welcher man eine Reihe von Näherungslösungen, die gegen die wahre Lösung des Problems konvergieren, in der Weise konstruiert, daß jede Näherungslösung aus der vorangehenden nach einem festen Gesetz abgeleitet wird. Es ist nicht möglich, feste Regeln aufzustellen, an die man sich in allen Fällen, wo eine iterative Lösung angebracht ist, zu halten hätte; denn das Gepräge des einzelnen Problems entscheidet über das Gesetz, nach welchem die aufeinanderfolgenden Iterationen auseinander abgeleitet werden sollen.

Das folgende Beispiel für die Methode der Iteration schließt an das Eigenwertproblem vom Schluß der Ziff. **12** an und betrifft die genäherte Bestimmung der Eigenwerte λ_k, und zwar zunächst die Bestimmung des kleinsten Eigenwertes λ_1 des Gleichungssystems (**12**, 20)

$$y_i = \lambda \sum_{j=1}^{n} \alpha_{ij} m_j y_j \qquad (i = 1, 2, \ldots, n). \tag{1}$$

Dieses definiert ein System von n linear unabhängigen, normierten und untereinander orthogonalen Eigenlösungen, die wir jetzt mit η_{ki} bezeichnen wollen. Jede Eigenlösung $\eta_{ki}(i=1, 2, \ldots, n)$ gehört zu einem bestimmten Eigenwert λ_k des Parameters λ. Es werde angenommen, daß die m_j alle positiv sind, also nach Ziff. **12** auch alle Eigenwerte λ_k, und wir denken uns dann die Eigenwerte in der Reihe $\lambda_1, \lambda_2, \ldots, \lambda_k, \ldots, \lambda_n$ als eine steigende Zahlenfolge geordnet. Man wähle nun zuerst einen beliebigen Satz von y-Werten $y_{0i}(i=1, 2, \ldots, n)$ und bestimme mit Hilfe der Gleichungen (1), in denen dabei aber $\lambda=1$ gesetzt wird, einen zweiten Satz von y-Werten nach der Vorschrift

$$y_{1i} = \sum_{j=1}^{n} \alpha_{ij} m_j y_{0j}; \tag{2}$$

nach derselben Vorschrift bestimme man aus diesem zweiten Satz einen dritten Satz

$$y_{2i} = \sum_{j=1}^{n} \alpha_{ij} m_j y_{1j} \tag{3}$$

usw. [Dabei sei bemerkt, daß man die Vorschriften (2), (3) usw. rechnerisch oder graphisch durchführen kann; vgl. Kap. X, Ziff. **15**.] Hiermit ist ein Iterationsverfahren definiert, bei welchem, wie wir beweisen werden, für unbegrenzt wachsendes N das Verhältnis $y_{N-1,i} : y_{Ni}$ unabhängig von i dem festen Wert λ_1 zustrebt.

Zum Beweise entwickeln wir die angenommene Näherungslösung y_{0i} nach den n Eigenlösungen $\eta_{ki}(k=1, 2, \ldots, n)$,

$$y_{0i} = c_1\eta_{1i} + c_2\eta_{2i} + \cdots + c_k\eta_{ki} + \cdots + c_n\eta_{ni} \quad (i = 1, 2, \ldots, n) \tag{4}$$

und wenden das Iterationsverfahren vorläufig nur auf das k-te Glied $\bar{y}_{0i} \equiv c_k\eta_{ki}$ dieser Entwicklung an. Vorschriftsmäßig erhält man dann für die erste Iteration dieses Gliedes

$$\bar{y}_{1i} = \sum_{j=1}^{n} \alpha_{ij} m_j \bar{y}_{0j} = c_k \sum_{j=1}^{n} \alpha_{ij} m_j \eta_{kj}. \tag{5}$$

Weil aber die Glieder η_{ki} der k-ten Eigenlösung nach ihrer Definition in der Form

$$\eta_{ki} = \lambda_k \sum_{j=1}^{n} \alpha_{ij} m_j \eta_{kj}$$

geschrieben werden können, so vereinfacht sich (5) zu

$$\bar{y}_{1i} = \frac{c_k}{\lambda_k}\eta_{ki} = \frac{\bar{y}_{0i}}{\lambda_k}.$$

Das bedeutet, daß für eine Eigenlösung die vorgeschriebene Iteration zu einer Multiplikation der Funktionswerte η_{ki} mit dem Faktor $1/\lambda_k$ führt. Die erste Iteration der angenommenen Näherungslösung y_{0i} $(i = 1, 2, \ldots, n)$, welche nach (4) als Summe von lauter Eigenlösungen aufgefaßt werden kann, ist also ohne weiteres hinzuschreiben, und man findet

$$y_{1i} = \frac{c_1}{\lambda_1}\eta_{1i} + \frac{c_2}{\lambda_2}\eta_{2i} + \cdots + \frac{c_k}{\lambda_k}\eta_{ki} + \cdots + \frac{c_n}{\lambda_n}\eta_{ni}. \tag{6}$$

Demzufolge gilt allgemein

$$y_{Ni} = \frac{c_1}{\lambda_1^N}\eta_{1i} + \frac{c_2}{\lambda_2^N}\eta_{2i} + \cdots + \frac{c_k}{\lambda_k^N}\eta_{ki} + \cdots + \frac{c_n}{\lambda_n^N}\eta_{ni},$$

so daß

$$\frac{y_{N-1,i}}{y_{Ni}} = \lambda_1 \frac{c_1\eta_{1i} + c_2\eta_{2i}\left(\frac{\lambda_1}{\lambda_2}\right)^{N-1} + c_3\eta_{3i}\left(\frac{\lambda_1}{\lambda_3}\right)^{N-1} + \cdots + c_n\eta_{ni}\left(\frac{\lambda_1}{\lambda_n}\right)^{N-1}}{c_1\eta_{1i} + c_2\eta_{2i}\left(\frac{\lambda_1}{\lambda_2}\right)^{N} + c_3\eta_{3i}\left(\frac{\lambda_1}{\lambda_3}\right)^{N} + \cdots + c_n\eta_{ni}\left(\frac{\lambda_1}{\lambda_n}\right)^{N}}$$

wird. Weil $\lambda_1 < \lambda_2 < \lambda_3 < \cdots < \lambda_n$ ist, so konvergiert für wachsendes N sowohl der Zähler wie der Nenner dieses Bruches gegen $c_1\eta_{1i}$, so daß in der Tat, unabhängig vom Zeiger i,

$$\lim_{N\to\infty} \frac{y_{N-1,i}}{y_{Ni}} = \lambda_1 \tag{7}$$

ist.

Bei der praktischen Handhabung des Verfahrens wird man die Iteration soweit fortsetzen, bis für zwei aufeinanderfolgende Iterationen je die entsprechenden Glieder befriedigend genau zueinander proportional werden. Das Verfahren kann aber noch erheblich gekürzt, in vielen Fällen sogar auf eine einzige Iteration zurückgeführt werden, indem man den Ausdruck

$$\sum_{i=1}^{n} m_i\, y_{0i}\, y_{1i} : \sum_{i=1}^{n} m_i\, y_{1i}^2$$

bestimmt[1]. Aus (4) und (6) und wegen der Normierung und der Orthogonalität der Eigenlösungen findet man nämlich

$$\begin{aligned}\sum_{i=1}^{n} m_i\, y_{0i}\, y_{1i} &= \sum_{i=1}^{n} m_i\,(c_1\eta_{1i} + c_2\eta_{2i} + \cdots + c_n\eta_{ni})\left(\frac{c_1}{\lambda_1}\eta_{1i} + \frac{c_2}{\lambda_2}\eta_{2i} + \cdots + \frac{c_n}{\lambda_n}\eta_{ni}\right) = \\ &= \frac{c_1^2}{\lambda_1} + \frac{c_2^2}{\lambda_2} + \cdots + \frac{c_n^2}{\lambda_n},\end{aligned}$$

$$\sum_{i=1}^{n} m_i\, y_{1i}^2 = \sum_{i=1}^{n} m_i\left(\frac{c_1}{\lambda_1}\eta_{1i} + \frac{c_2}{\lambda_2}\eta_{2i} + \cdots + \frac{c_n}{\lambda_n}\eta_{ni}\right)^2 = \frac{c_1^2}{\lambda_1^2} + \frac{c_2^2}{\lambda_2^2} + \cdots + \frac{c_n^2}{\lambda_n^2}.$$

Es ist also

$$\frac{\sum\limits_{i=1}^{n} m_i\, y_{0i}\, y_{1i}}{\sum\limits_{i=1}^{n} m_i\, y_{1i}^2} = \lambda_1 \frac{1 + \left(\frac{c_2}{c_1}\right)^2\frac{\lambda_1}{\lambda_2} + \left(\frac{c_3}{c_1}\right)^2\frac{\lambda_1}{\lambda_3} + \cdots + \left(\frac{c_n}{c_1}\right)^2\frac{\lambda_1}{\lambda_n}}{1 + \left(\frac{c_2}{c_1}\right)^2\left(\frac{\lambda_1}{\lambda_2}\right)^2 + \left(\frac{c_3}{c_1}\right)^2\left(\frac{\lambda_1}{\lambda_3}\right)^2 + \cdots + \left(\frac{c_n}{c_1}\right)^2\left(\frac{\lambda_1}{\lambda_n}\right)^2}. \tag{8}$$

Der Wert des rechtsstehenden Bruches hängt einerseits von den Verhältnissen $\frac{\lambda_1}{\lambda_k}$ $(k = 1, 2, \ldots, n)$, andererseits von den Verhältnissen $\frac{c_k}{c_1}$ $(k = 1, 2, \ldots, n)$

[1]) Vgl. J. J. KOCH, Eenige toepassingen van de leer der eigenfunkties op vraagstukken uit de toegepaste mechanica (Diss. Delft) S. 7, Delft 1929.

ab. Die ersten Verhältnisse sind durch die Natur des Problems selbst bedingt. Sie sind aber nach unserer Voraussetzung stets kleiner als Eins und klingen wenigstens bei den Problemen, auf die wir die Formel (8) anwenden werden, schnell mit wachsendem k ab (z. B. proportional zu k^{-4}). Die Verhältnisse c_k/c_1 dagegen hängen ausschließlich von dem Ausgangssatz y_{0i} der Iteration ab. Wenn auch streng genommen die Eigenlösungen eines Problems zunächst unbekannt sind, so ist doch in der Regel eine gute Abschätzung der ersten Eigenlösung sehr wohl möglich. Das heißt, man kann es zumeist leicht erreichen, daß in der Entwicklung (4) die Koeffizienten $c_2, c_3, \ldots, c_n$ alle viel kleiner sind als c_1, so daß auch die Brüche $\left(\frac{c_k}{c_1}\right)^2$ alle sehr klein sind. Aus diesen Gründen gilt bei zweckmäßiger Wahl der ersten Näherungslösung y_{0i}

$$\lambda_1 \approx \frac{\sum_{i=1}^{n} m_i y_{0i} y_{1i}}{\sum_{i=1}^{n} m_i y_{1i}^2}, \tag{9}$$

und zwar stellt diese Näherung stets eine obere Schranke für den genauen Wert dar, wie aus (8) hervorgeht, worin der rechtsstehende Bruch wegen $\frac{\lambda_1}{\lambda_k} < 1 \; (k = 2, 3, \ldots, n)$ stets größer als 1 ist.

Man bemerkt leicht, daß der Wert (9) auch durch eine Mittelwertsbildung entstanden gedacht werden kann. Ist nämlich $\lambda_{(0i)1}$ derjenige Näherungswert von λ_1, der die i-te Gleichung (1) erfüllt, wenn dort der Anfangssatz y_{0i} eingeführt wird, so ist also

$$y_{0i} = \lambda_{(0i)1} \sum_{j=1}^{n} \alpha_{ij} m_j y_{0j}.$$

Multipliziert man diese Gleichung mit $m_i y_{1i}$ und addiert dann alle Gleichungen, so kommt wegen (2)

$$\sum_{i=1}^{n} m_i y_{0i} y_{1i} = \sum_{i=1}^{n} \lambda_{(0i)1} m_i y_{1i}^2.$$

Dies geht in (9) über, wenn man

$$\lambda_1 \approx \frac{\sum_{i=1}^{n} \lambda_{(0i)1} m_i y_{1i}^2}{\sum_{i=1}^{n} m_i y_{1i}^2}$$

setzt, also den Näherungswert (9) als den mit den Gewichten $m_i y_{1i}^2$ gebildeten Mittelwert aller $\lambda_{(0i)1}$ deutet. Der Mittelwert (9) gleicht somit die möglicherweise noch stark streuenden ersten Näherungen $\lambda_{(0i)1}$ schon weitgehend aus.

An vielen durchgerechneten Beispielen hat sich gezeigt, daß der Fehler in der Näherung (9) unter 0,5% gehalten werden kann. Sollte man trotzdem in einem gegebenen Fall noch an der Genauigkeit zweifeln, so kann man diese kontrollieren und zugleich erhöhen, indem man eine zweite Iteration ausführt und

$$\lambda_1 \approx \frac{\sum_{i=1}^{n} m_i y_{1i} y_{2i}}{\sum_{i=1}^{n} m_i y_{2i}^2} \tag{10}$$

nimmt; dies ist eine tiefere, also genauere obere Schranke für λ_1. Wie eine Wiederholung der soeben ausgeführten Rechnung zeigt, ist nämlich

$$\frac{\sum\limits_{i=1}^{n} m_i y_{1i} y_{2i}}{\sum\limits_{i=1}^{n} m_i y_{2i}^2} = \lambda_1 \frac{1+\left(\frac{c_2}{c_1}\right)^2\left(\frac{\lambda_1}{\lambda_2}\right)^3+\cdots+\left(\frac{c_n}{c_1}\right)^2\left(\frac{\lambda_1}{\lambda_n}\right)^3}{1+\left(\frac{c_2}{c_1}\right)^2\left(\frac{\lambda_1}{\lambda_2}\right)^4+\cdots+\left(\frac{c_n}{c_1}\right)^2\left(\frac{\lambda_1}{\lambda_n}\right)^4}. \tag{11}$$

Soll dieser Ausdruck den Wert λ_1 besser annähern als (8), so muß, weil die rechten Seiten von (8) und (11) beide größer als λ_1 sind,

$$\frac{1+\left(\frac{c_2}{c_1}\right)^2\left(\frac{\lambda_1}{\lambda_2}\right)+\cdots+\left(\frac{c_n}{c_1}\right)^2\left(\frac{\lambda_1}{\lambda_n}\right)}{1+\left(\frac{c_2}{c_1}\right)^2\left(\frac{\lambda_1}{\lambda_2}\right)^2+\cdots+\left(\frac{c_n}{c_1}\right)^2\left(\frac{\lambda_1}{\lambda_n}\right)^2} > \frac{1+\left(\frac{c_2}{c_1}\right)^2\left(\frac{\lambda_1}{\lambda_2}\right)^3+\cdots+\left(\frac{c_n}{c_1}\right)^2\left(\frac{\lambda_1}{\lambda_n}\right)^3}{1+\left(\frac{c_2}{c_1}\right)^2\left(\frac{\lambda_1}{\lambda_2}\right)^4+\cdots+\left(\frac{c_n}{c_1}\right)^2\left(\frac{\lambda_1}{\lambda_n}\right)^4}$$

sein. Hiervon überzeugt man sich nun, indem man zur Abkürzung $\left(\frac{c_k}{c_1}\right)^2 = \alpha_k$, $\frac{\lambda_1}{\lambda_k} = \beta_k$ setzt, beide Seiten dieser Ungleichung um Eins vermindert (so daß man es nur mit den Fehlern in λ_1 zu tun hat) und die neu entstehende Ungleichung

$$\frac{\sum\limits_{k=2}^{n} \alpha_k \beta_k (1-\beta_k)}{1+\sum\limits_{k=2}^{n} \alpha_k \beta_k^2} > \frac{\sum\limits_{k=2}^{n} \alpha_k \beta_k^3 (1-\beta_k)}{1+\sum\limits_{k=2}^{n} \alpha_k \beta_k^4}$$

dadurch beweist, daß man beide Seiten mit $\left(1+\sum\limits_{k=2}^{n} \alpha_k \beta_k^2\right)\left(1+\sum\limits_{k=2}^{n} \alpha_k \beta_k^4\right)$ multipliziert. So kommt

$$\sum_{i=2}^{n}\alpha_i\beta_i(1-\beta_i)+\sum_{i=2}^{n}\sum_{j=2}^{n}\alpha_i\alpha_j\beta_i(1-\beta_i)\beta_j^4 > \sum_{i=2}^{n}\alpha_i\beta_i^3(1-\beta_i)+\sum_{i=2}^{n}\sum_{j=2}^{n}\alpha_i\alpha_j\beta_i^2(1-\beta_j)\beta_j^3$$

oder

$$\sum_{i=2}^{n}\alpha_i\beta_i(1-\beta_i)(1-\beta_i^2)+\sum_{i=2}^{n}\sum_{j=2}^{n}\alpha_i\alpha_j\beta_i\beta_j^3(\beta_j-\beta_i) > 0.$$

In der zweiten Summe sind alle Glieder, für welche $i=j$ ist, Null; die anderen lassen sich paarweise zusammenfassen, so daß noch zu beweisen ist, daß

$$\sum_{i=2}^{n}\alpha_i\beta_i(1-\beta_i)(1-\beta_i^2)+\frac{1}{2}\sum_{i=2}^{n}\sum_{j=2}^{n}\alpha_i\alpha_j\left[\beta_i\beta_j^3(\beta_j-\beta_i)+\beta_i^3\beta_j(\beta_i-\beta_j)\right] > 0$$

oder also

$$\sum_{i=2}^{n}\alpha_i\beta_i(1-\beta_i)(1-\beta_i^2)+\frac{1}{2}\sum_{i=2}^{n}\sum_{j=2}^{n}\alpha_i\alpha_j\beta_i\beta_j(\beta_j-\beta_i)(\beta_j^2-\beta_i^2) > 0$$

wird. Dies ist in der Tat der Fall, weil die Glieder, über welche jetzt summiert wird, alle für sich positiv sind.

In gleicher Weise wie (8) leitet man die Formel her:

$$\frac{\sum\limits_{i=1}^{n} m_i y_{0i}^2}{\sum\limits_{i=1}^{n} m_i y_{0i} y_{1i}} = \lambda_1 \frac{1+\left(\frac{c_2}{c_1}\right)^2+\left(\frac{c_3}{c_1}\right)^2+\cdots+\left(\frac{c_n}{c_1}\right)^2}{1+\left(\frac{c_2}{c_1}\right)^2\frac{\lambda_1}{\lambda_2}+\left(\frac{c_3}{c_1}\right)^2\frac{\lambda_1}{\lambda_3}+\cdots+\left(\frac{c_n}{c_1}\right)^2\frac{\lambda_1}{\lambda_n}}. \tag{12}$$

Sie zeigt, daß[1])

$$\lambda_1 \approx \frac{\sum\limits_{i=1}^{n} m_i y_{0i}^2}{\sum\limits_{i=1}^{n} m_i y_{0i} y_{1i}} \tag{13}$$

[1]) R. Grammel, Neuere Untersuchungen über kritische Zustände rasch umlaufender Wellen, Erg. d. exakt. Naturwiss. Bd. 1, S. 99, Berlin 1922.

ebenfalls eine obere Schranke für λ_1 liefert, allerdings i. a. eine höhere, also ungenauere als (9), wie aus dem Vergleich von (12) mit (8) ohne weiteres hervorgeht. Dafür ist λ_1 nach (13) in manchen Fällen bequemer zu berechnen als nach (9), wie wir an späteren Beispielen sehen werden (Kap. X, Ziff. **14**).

Die mit (9) und (13) gewonnenen oberen Schranken für den tiefsten Eigenwert λ_1 des Systems (1) liegen im allgemeinen sehr viel näher bei dem genauen Wert von λ_1 als die unteren Schranken (**12**, 30) und (**12**, 31) für diesen Eigenwert.

Endlich bemerken wir, daß dieses ganze Verfahren sich ohne weiteres auch wieder auf Eigenwertprobleme mit unendlich vielen Freiheitsgraden übertragen läßt. Geht man von (**13**, 1) statt von (1) aus, so hat man in allen Formeln α_{ij} zu ersetzen durch $G(x, \xi)$ und die Summen durch die entsprechenden Integrale, insbesondere also in (2), (3) sowie (9), (10) und (13). Da allerdings die Greensche Funktion $G(x, \xi)$ von zwei Veränderlichen abhängt, also unbequem zu handhaben ist, so wird man praktisch zumeist doch wieder die kontinuierliche „Massenverteilung" $m(x)$ bei diesem Iterationsverfahren in „Einzelmassen" aufteilen und das Problem so auf endlich viele Freiheitsgrade bringen.

15. Die Bestimmung von höheren Eigenwerten. Wäre man bei dem Iterationsverfahren in Ziff. **14** von einer Lösung y_{0i}^* ausgegangen, welche die erste Eigenlösung η_{1i} zufälligerweise nicht enthalten hätte, so daß ihre Entwicklung nach den Eigenlösungen gelautet hätte

$$y_{0i}^* = c_2\eta_{2i} + c_3\eta_{3i} + \cdots + c_k\eta_{ki} + \cdots + c_n\eta_{ni} \quad (i = 1, 2, \ldots, n), \tag{1}$$

so hätte die Bestimmung des Ausdrucks $\sum_{i=1}^{n} m_i y_{0i} y_{1i} : \sum_{i=1}^{n} m_i y_{1i}^2$ jetzt zu

$$\frac{\sum_{i=1}^{n} m_i y_{0i}^* y_{1i}^*}{\sum_{i=1}^{n} m_i y_{1i}^{*2}} = \lambda_2 \frac{1 + \left(\frac{c_3}{c_2}\right)^2 \frac{\lambda_2}{\lambda_3} + \left(\frac{c_4}{c_2}\right)^2 \frac{\lambda_2}{\lambda_4} + \cdots + \left(\frac{c_n}{c_2}\right)^2 \frac{\lambda_2}{\lambda_n}}{1 + \left(\frac{c_3}{c_2}\right)^2 \left(\frac{\lambda_2}{\lambda_3}\right)^2 + \left(\frac{c_4}{c_2}\right)^2 \left(\frac{\lambda_2}{\lambda_4}\right)^2 + \cdots + \left(\frac{c_n}{c_2}\right)^2 \left(\frac{\lambda_2}{\lambda_n}\right)^2} \tag{2}$$

[vgl. (**14**, 8)] geführt, und man hätte nunmehr einen genäherten Wert von λ_2 erhalten, der nötigenfalls noch verfeinert werden könnte, indem man die Iteration um eine Stufe weiter triebe.

Es handelt sich bei der Bestimmung des zweiten Eigenwertes also nur um die Wahl einer η_1-freien Lösung y_{0i}^*. Zu einer solchen Lösung[1]) kommt man, indem man zuerst mit der Methode von Ziff. **14** die erste Eigenlösung η_{1i} genähert bestimmt. Dabei geht man aus von einer (stets leicht anzugebenden) Lösung y_{0i}, für welche angenommen werden kann, daß in der Entwicklung (**14**, 4) der Koeffizient c_1 groß ist gegen die Koeffizienten $c_2, \ldots, c_n$. Iteriert man eine solche Funktion, so tritt Proportionalität zwischen entsprechenden Lösungswerten $y_{N-1,i}$ und y_{Ni} zweier aufeinanderfolgender Iterationen sehr schnell näherungsweise ein (oft sogar schon bei der ersten Iteration y_{1i}), so daß y_{Ni} bis auf einen konstanten Faktor α die erste Eigenlösung η_{1i} angenähert darstellt. Wählt man α so, daß $\Sigma m_i(\alpha y_{Ni})^2 = 1$ ist, so stellt αy_{Ni} die (angenäherte) normierte erste Eigenlösung selbst dar. Wir bezeichnen sie mit $\bar{\eta}_{1i}$.

Jetzt wählt man eine neue Funktion z_{0i}, in deren Entwicklung (**14**, 4) nach den Eigenlösungen die zweite Eigenlösung voraussichtlich stark vertreten ist, und bestimmt nach der Vorschrift (**12**, 24) den Koeffizienten $c_{01} = \Sigma m_i z_{0i} \bar{\eta}_{1i}$ dieser Entwicklung; dann stellt

$$\bar{y}_{0i}^* = z_{0i} - c_{01}\bar{\eta}_{1i} \tag{3}$$

angenähert die gesuchte Ausgangslösung y_{0i}^* dar. Man muß aber darauf gefaßt sein, daß die $\bar{\eta}_{1i}$ und demzufolge auch c_{01} nur Näherungswerte sind, so daß $\bar{y}_{0i}^*$

[1]) Vgl. J. J. Koch, a. a. O. S. 10.

aus diesen zwei Gründen durch ein kleines Vielfach $\beta\eta_{1i}$ von η_{1i} verunreinigt ist. Dies hat zur Folge, daß die erste Iteration y_{1i} von $\bar{y}_{0i}^*$ ebenfalls die erste Eigenlösung η_{1i}, und zwar (β/λ_1)-mal, enthält. Obwohl es den Anschein hat, daß diese Verunreinigung in y_{1i} wenig zu bedeuten hätte, trifft das Gegenteil zu. Weil nämlich η_{1i} nach einer Iteration gemäß Ziff. **14** in η_{1i}/λ_1, ebenso η_{2i} in η_{2i}/λ_2 usw. übergeht und λ_k mit wachsendem k gewöhnlich sehr stark zunimmt, so ist η_{1i} diejenige Eigenlösung, welche die Tendenz hat, bei der Iteration die andern Lösungen η_{ki} zu überwuchern, selbst dann, wenn ihr Koeffizient in der Entwicklung von $\bar{y}_{0i}^*$ nach den Eigenlösungen nur klein ist. (Dies ist gerade die Eigenschaft, welche die in Ziff. **14** behandelte Annäherung an λ_1 ermöglichte.) Daher ist mit Sicherheit zu erwarten, daß auch dann, wenn die Verunreinigung in $\bar{y}_{0i}^*$ selbst nur klein ist, sie doch in y_{1i} wieder merkbar wird. Es muß also auch die erste Iteration y_{1i} von ihrem Anteil in η_{1i} befreit werden, indem man in ihrer Entwicklung nach Eigenfunktionen den Koeffizienten $c_{11} = \Sigma\, m_i y_{1i} \bar{\eta}_{1i}$ bestimmt und dann als gereinigte Lösung jetzt

$$\bar{y}_{1i}^* = y_{1i} - c_{11}\bar{\eta}_{1i} \tag{4}$$

ansetzt. (Der Strich über y_{1i}^* weist darauf hin, daß trotz der vorgenommenen Reinigung $\bar{y}_{1i}^*$ immerhin nur näherungsweise von der ersten Eigenlösung befreit ist.) Wendet man nun die Näherungsformel (2) auf die Lösungen (3) und (4) an, so erhält man mit großer Annäherung λ_2.

Natürlich kann man auch hier wieder eine Verschärfung dieses Wertes erhalten, wenn man die Iteration um einen Schritt weiter treibt, wobei zur Gewinnung von $\bar{y}_{2i}^*$ das erhaltene y_{2i} von η_{1i} gesäubert werden muß.

In gleicher Weise gelingt es, höhere Eigenwerte zu bestimmen, wobei aber sofort betont sei, daß die erforderliche Rechenarbeit sich schnell vermehrt. Deshalb wollen wir jetzt noch zeigen, wie das Iterationsverfahren in einfacher Weise so abgeändert werden kann, daß die Eigenwerte in umgekehrter Reihenfolge, d. h. vom höchsten an, zu bestimmen sind. Hierzu benützen wir die in Kap. II, Ziff. **11** behandelten Zahlen a_{ij}, die nach (II, **11**, 4) mit den α_{ij} durch die Formeln

$$a_{ij} = \frac{\mathsf{A}_{ji}}{D_n} = \frac{\mathsf{A}_{ij}}{D_n} \qquad \begin{Bmatrix} i = 1, 2, \ldots, n \\ j = 1, 2, \ldots, n \end{Bmatrix} \tag{5}$$

zusammenhängen, worin D_n die Determinante der α_{ij} und A_{ji} die Unterdeterminante des Elements α_{ji} bezeichnet.

Von einem beliebig angenommenen Wertesatz y_{0i} von „Auslenkungen" ausgehend leite man für jeden Punkt i den Ausdruck

$$P_{0i} \equiv \sum_{j=1}^{n} a_{ij}\, y_{0j} \qquad (i = 1, 2, \ldots, n) \tag{6}$$

her und betrachte für jeden solchen Punkt den Quotienten $P_{0i}:m_i$ als eine neue Auslenkung. Dann ist durch

$$y_{1i} = \frac{1}{m_i} \sum_{j=1}^{n} a_{ij}\, y_{0j} \tag{7}$$

eine Iteration definiert, für welche, wie wir beweisen werden,

$$\lim_{N\to\infty} \frac{\sum\limits_{i=1}^{n} m_i\, y_{N+1,i}\, y_{Ni}}{\sum\limits_{i=1}^{n} m_i\, y_{N+1,i}^2} = \frac{1}{\lambda_n} \tag{8}$$

ist, wo also λ_n den höchsten Eigenwert darstellt.

Denkt man sich nämlich, ebenso wie früher, die Funktion y_{0i} nach den normierten Eigenfunktionen η_{ki} des Problems entwickelt

$$y_{0i} = c_1 \eta_{1i} + c_2 \eta_{2i} + \cdots + c_k \eta_{ki} + \cdots + c_n \eta_{ni} \quad (i = 1, 2, \ldots, n), \tag{9}$$

und wendet man das neue Iterationsverfahren vorläufig nur auf das k-te Glied $\bar{y}_{0i} \equiv c_k \eta_{ki}$ dieser Entwicklung an, so erhält man definitionsgemäß für die zugehörigen $\bar{y}_{1i}$

$$\bar{y}_{1i} = \frac{1}{m_i} \sum_{j=1}^{n} a_{ij} \bar{y}_{0j} = \frac{c_k}{m_i} \sum_{j=1}^{n} a_{ij} \eta_{kj}$$

oder wegen $\eta_{kj} = \lambda_k \sum_{l=1}^{n} \alpha_{jl} m_l \eta_{kl}$ und $a_{ij} = a_{ji}$ (II, **11**, 3)

$$\bar{y}_{1i} = \frac{c_k}{m_i} \lambda_k \sum_{j=1}^{n} \Big(a_{ij} \sum_{l=1}^{n} \alpha_{jl} m_l \eta_{kl} \Big)$$

$$= \frac{c_k}{m_i} \lambda_k \sum_{l=1}^{n} \Big(m_l \eta_{kl} \sum_{j=1}^{n} a_{ji} \alpha_{jl} \Big).$$

Nun ist nach (5) und einem bekannten Determinantensatz

$$\sum_{j=1}^{n} a_{ji} \alpha_{jl} \equiv \frac{1}{D_n} \sum_{j=1}^{n} \mathsf{A}_{ji} \alpha_{jl} = \begin{Bmatrix} 0 \text{ für } i \neq l \\ 1 \text{ für } i = l \end{Bmatrix},$$

so daß

$$\bar{y}_{1i} = \frac{c_k}{m_i} \lambda_k m_i \eta_{ki} = \lambda_k \bar{y}_{0i}$$

wird. Hieraus folgt, daß die Funktion y_{0i} bei der ersten Iteration in

$$y_{1i} = c_1 \lambda_1 \eta_{1i} + c_2 \lambda_2 \eta_{2i} + \cdots + c_k \lambda_k \eta_{ki} + \cdots + c_n \lambda_n \eta_{ni} \tag{10}$$

und allgemein bei der N-ten Iteration in

$$y_{Ni} = c_1 \lambda_1^N \eta_{1i} + c_2 \lambda_2^N \eta_{2i} + \cdots + c_n \lambda_n^N \eta_{ni} \tag{11}$$

übergeht.

Bildet man jetzt den Quotienten $\Sigma m_i y_{N+1,i} y_{Ni} : \Sigma m_i y_{N+1,i}^2$ und beachtet bei seiner Auswertung die Orthogonalität der normierten Eigenfunktionen, so erhält man

$$\frac{\sum_{i=1}^{n} m_i y_{N+1,i} y_{Ni}}{\sum_{i=1}^{n} m_i y_{N+1,i}^2} = \frac{\sum_{i=1}^{n} m_i \Big(\sum_{k=1}^{n} c_k \lambda_k^{N+1} \eta_{ki} \Big) \Big(\sum_{k=1}^{n} c_k \lambda_k^N \eta_{ki} \Big)}{\sum_{i=1}^{n} m_i \Big(\sum_{k=1}^{n} c_k \lambda_k^{N+1} \eta_{ki} \Big)^2}$$

$$= \frac{1}{\lambda_n} \frac{1 + \left(\frac{c_{n-1}}{c_n}\right)^2 \left(\frac{\lambda_{n-1}}{\lambda_n}\right)^{2N+1} + \cdots + \left(\frac{c_1}{c_n}\right)^2 \left(\frac{\lambda_1}{\lambda_n}\right)^{2N+1}}{1 + \left(\frac{c_{n-1}}{c_n}\right)^2 \left(\frac{\lambda_{n-1}}{\lambda_n}\right)^{2N+2} + \cdots + \left(\frac{c_1}{c_n}\right)^2 \left(\frac{\lambda_1}{\lambda_n}\right)^{2N+2}},$$

so daß in der Tat der Grenzübergang die Richtigkeit von (8) erweist.

Man erhält in der Regel bereits bei sehr kleinem N (schon bei $N = 1$ oder 2) mit

$$\frac{1}{\lambda_n} \approx \frac{\sum_{i=1}^{n} m_i y_{N+1,i} y_{Ni}}{\sum_{i=1}^{n} m_i y_{N+1,i}^2} \tag{12}$$

einen sehr genauen Näherungswert für $1:\lambda_n$, und zwar stellt (12) eine untere Schranke für λ_n dar. Auch die Berechnung der nächst niedrigeren Eigenwerte $\lambda_{n-1}, \lambda_{n-2}$ usw. ist natürlich nach diesem umgekehrten Iterationsverfahren möglich. Der hierbei durchzuführende Reinigungsprozeß entspricht vollständig dem früher beschriebenen.

Die Übertragung aller dieser Ergebnisse auf Eigenwertprobleme mit unendlich vielen Freiheitsgraden ist auch hier wieder ohne weiteres möglich, indem man die Summen durch Integrale ersetzt.

Die praktische Durchführung der Methoden von Ziff. **14** und **15** werden wir später (Kap. X, Ziff. **15** und **16**) im einzelnen zeigen.

16. Die Rayleighsche Methode. Man nennt eine Darstellung mit Summen bzw. Integralen über Ausdrücke, die mit Hilfe von Maxwellschen Einflußzahlen bzw. einer Greenschen Funktion gebildet sind, quellenmäßig und sagt also, Eigenwertprobleme mit den Ausgangsformeln (**12**, 3) oder (**12**, 20) oder endlich (**13**, 1) seien quellenmäßig dargestellt. Es gibt noch einen zweiten Zugang zu den Eigenwertproblemen, nämlich die Übertragung und Erweiterung derjenigen Methoden, die wir bei den Randwertaufgaben in § 2 kennengelernt haben. Wie bei der Ritzschen oder bei der Galerkinschen Methode (Ziff. **6** und **7**) kann man auch hier entweder die Energiebilanz oder, eng damit zusammenhängend, die zugehörige Differentialgleichung benützen.

Wir beschränken uns der Einfachheit halber hier (wie in fast allen späteren technischen Anwendungen) auf kontinuierliche Systeme mit einer unabhängigen Veränderlichen x im Bereich von $x=0$ bis $x=1$, und gehen vom Hamiltonschen Prinzip aus, wie es in Kap. II, Ziff. **5** für elastomechanische Probleme formuliert worden ist. Bei elastischen Schwingungen mit kleinen Ausschlägen und ohne Energiezerstreuung — einem Hauptanwendungsgebiet der Eigenwertprobleme — hat die Lagrangesche Funktion (II, **5**, 5), wie wir später an Beispielen immer wieder bestätigen werden, regelmäßig die Gestalt

$$\Phi \equiv P - T \quad \text{mit} \quad P \equiv \int_0^1 F\left(x, \frac{\partial y}{\partial x}, \frac{\partial^2 y}{\partial x^2}\right) dx, \qquad T \equiv \frac{1}{2}\int_0^1 \left(\frac{\partial y}{\partial t}\right)^2 m(x)\, dx, \tag{1}$$

wobei F eine im ganzen Bereich positive, in $\partial y/\partial x$ und $\partial^2 y/\partial x^2$ homogene quadratische Funktion bedeutet, und die sogenannte Belegungsfunktion $m(x)$ ebenfalls durchweg positiv ist; und zwar ist P die potentielle, T die kinetische Energie des schwingenden Systems.

Ein solches System läßt, wie man rasch erkennt, stationäre Schwingungen zu. Denn mit dem Ansatz

$$y(x,t) \equiv Y(x) \sin 2\pi\alpha t \tag{2}$$

für stationäre Schwingungen von der Frequenz α und der Amplitudenfunktion $Y(x)$ geht die Lagrangesche Funktion (1) über in

$$\left.\begin{aligned} &\Phi \equiv U \sin^2 2\pi\alpha t - \lambda K \cos^2 2\pi\alpha t \\ &\text{mit} \\ &U \equiv \int_0^1 F(x, Y', Y'')\, dx, \quad K \equiv \frac{1}{2}\int_0^1 Y^2 m(x)\, dx, \quad \lambda = (2\pi\alpha)^2, \end{aligned}\right\} \tag{3}$$

und dann kann das Hamiltonsche Integral $\int_{t_0}^{t_1} \Phi\, dt$ nach t ausgewertet werden. Weil die Variationen der Verschiebungen nach (2) die Form $\delta y = \delta Y(x) \cdot \sin 2\pi\alpha t$ haben und das Hamiltonsche Prinzip nach Kap. II, Ziff. **5** nur solche Variationen zuläßt, die zur Zeit t_0 und t_1 für alle Punkte verschwinden, so muß man für t_0

und t_1 zwei Zeiten des Durchgangs durch die Ruhelage wählen, also nach (2) etwa $t_0=0$ und $t_1=1/(2\alpha)$. Damit aber geht das Hamiltonsche Prinzip $\delta\int\Phi\,dt=0$ (II, **5**, 4) wegen

$$\int_{t_0}^{t_1}\sin^2 2\pi\alpha t\,dt=\int_{t_0}^{t_1}\cos^2 2\pi\alpha t\,dt=\frac{1}{4\alpha}$$

in der Tat über in die sinnvolle Variationsaufgabe

$$\delta(U-\lambda K)=0, \tag{4}$$

mit den Werten (3) von U und K, worin nun F eine im ganzen Bereich positive, in Y' und Y'' homogen quadratische Funktion ist; und zwar bedeutet jetzt U die größte potentielle Energie (in den Augenblicken des größten Ausschlages) und λK die größte kinetische Energie (in den Augenblicken des Durchgangs durch die Ruhelage des Systems). Man nennt $\Psi\equiv U-\lambda K$ wohl auch das kinetische Potential des Problems.

Die Variationsaufgabe (4) hat offensichtlich für jeden beliebigen Wert λ die identische Nullösung $Y(x)\equiv 0$; sie hat aber möglicherweise für bestimmte Werte von λ auch noch nicht identisch verschwindende Lösungen $Y(x)$ und definiert somit ein Eigenwertproblem, und zwar gelten unter den gemachten Voraussetzungen, wie in der Variationsrechnung gezeigt wird, folgende Grundtatsachen:

Die Variationsaufgabe (4) hat nicht identisch verschwindende Lösungen $Y(x)$ nur für eine abzählbar unendliche Folge $\lambda_1, \lambda_2, \lambda_3, \ldots$ von Werten des Parameters λ, die sogenannten Eigenwerte; diese (die wir weiterhin als unter sich verschieden voraussetzen) sind alle reell und positiv. Die zum Eigenwert λ_k gehörige Lösung $Y_k(x)$ heißt wieder die k-te Eigenfunktion des Problems, wohl auch die k-te Eigenschwingung.

Sieht man die Eigenwerte λ_k als Lagrangesche Faktoren an, so kann man die Variationsaufgabe (4) auch dahin deuten, daß für derartige stationäre Eigenschwingungen Y_k die zugehörige potentielle Energie U_k ein Extremum wird (gegenüber allen zur Konkurrenz zuzulassenden Nachbarfunktionen Y) mit der Nebenbedingung $K_k=$ konst. oder, indem wir die Konstante ohne jede Einschränkung gleich 1 wählen, mit der Nebenbedingung

$$\int_0^1 Y_k^2\,m\,dx=1 \qquad (k=1,2,\ldots), \tag{5}$$

womit auch schon eine Normierungsvorschrift für die Eigenfunktionen Y_k gewonnen ist. Aber auch die Orthogonalitätsbedingung

$$\int_0^1 Y_k Y_l\,m\,dx=0 \qquad (\lambda_k\neq\lambda_l) \tag{6}$$

gilt wieder, wie man folgendermaßen einsieht. Bildet man gemäß (4) die Variation $\delta U_k=\lambda_k\delta K_k$, indem man als Variation von Y_k insbesondere $\delta Y_k\equiv Y_l$ nimmt, also

$$\delta_l U_k=\lambda_k\int_0^1 Y_k\,\delta Y_k\,m\,dx=\lambda_k\int_0^1 Y_k Y_l\,m\,dx,$$

wo das Symbol δ_l eben diese besondere Variation ausdrücken soll, und bildet man analog

$$\delta_k U_l=\lambda_l\int_0^1 Y_l\,\delta Y_l\,m\,dx=\lambda_l\int_0^1 Y_l Y_k\,m\,dx,$$

so ist nach dem Bettischen Satze (II, **6**, 4) $\delta_l U_k=\delta_k U_l$. [Denn die zur Verschiebung Y_k gehörige d'Alembertsche Kraft ist gleich dem Amplitudenwert von $-(\partial^2 y_k/\partial t^2)m$, also nach (2) gleich $\lambda_k Y_k m$, und folglich ist $\delta_l U_k$ die Ergänzungsarbeit, die die Zusatzverschiebung Y_l an dem System mit der potentiellen Energie U_k leistet, und ebenso $\delta_k U_l$ die Ergänzungsarbeit der Zusatzverschiebung Y_k am System U_l.] Mithin müssen auch die rechten Seiten der beiden letzten Gleichungen übereinstimmen, und das tritt für $\lambda_k \neq \lambda_l$ nur ein, wenn (6) erfüllt ist.

Was den besonderen Charakter des durch (4) vorgeschriebenen Extremums betrifft, so gilt (wie wir aus der Variationsrechnung ohne Beweis entnehmen, aber wenigstens für λ_1 nachher noch bestätigen werden) folgendes:

Für den tiefsten Eigenwert λ_1 ist $U_1 - \lambda_1 K_1$ ein wahres Minimum, und zwar hat dieses Minimum den Wert Null; denn der Energiesatz verlangt für die tiefste Eigenschwingung (Grundschwingung), daß $U_1 = \lambda_1 K_1$ ist.

Für den nächsthöheren Eigenwert λ_2 ist $U_2 - \lambda_2 K_2$ ebenfalls ein wahres Minimum (vom Wert Null), wenn man zur Konkurrenz nur solche Funktionen Y zuläßt, die zur ersten Eigenfunktion Y_1 orthogonal sind, also die Bedingung $\int_0^1 Y Y_1 m\,dx = 0$ erfüllen; beim dritten Eigenwert λ_3 ebenso, wenn die zugelassenen Funktionen Y sowohl zu Y_1 wie zu Y_2 orthogonal sind; usw.

Hieraus ergibt sich insbesondere für die Grundschwingung das Rayleighsche Theorem, welches besagt, daß für alle möglichen Vergleichsfunktionen der Ausdruck

$$\lambda^* \equiv \frac{U}{K} \geqq \lambda_1 \tag{7}$$

ist, womit auch hier eine obere Schranke für den tiefsten Eigenwert λ_1 gewonnen ist. Wie die Herleitung dieses Theorems aus dem Hamiltonschen Prinzip zeigt, müssen die Vergleichsfunktionen Y (außer gewissen, praktisch immer von selbst erfüllten Stetigkeitsforderungen) lediglich die geometrischen Randbedingungen erfüllen (nicht aber etwaige dynamische Randbedingungen, wie etwa an freien Rändern), damit (7) wirklich eine obere Schranke darstellt.

In (7) gilt das Gleichheitszeichen dann und nur dann, wenn zur Bildung der Ausdrücke U und K die erste Eigenfunktion Y_1 selbst benützt wird; diese erfüllt selbstverständlich außer den geometrischen auch die vorgeschriebenen dynamischen Randbedingungen. Aus dieser Tatsache ist zu schließen, daß man, wenn man eine möglichst tiefe, also möglichst gute, obere Schranke für λ_1 finden will, solche Vergleichsfunktionen Y nehmen soll, welche außer der ganz unerläßlichen Eigenschaft, die geometrischen Randbedingungen zu befriedigen, womöglich auch noch die weitere Eigenschaft haben, die dynamischen Randbedingungen zu erfüllen. Für solche Funktionen als Vergleichsfunktionen des Variationsproblems ist nun auch vollends leicht einzusehen, daß der Ausdruck $U_1 - \lambda_1 K_1$ ein wahres Minimum darstellt. Derartige Funktionen lassen sich nämlich, weil sie alle Randbedingungen der Eigenfunktionen Y_k erfüllen, in eine absolut und gleichmäßig konvergente Reihe (**13**, 12) nach den Eigenfunktionen Y_k entwickeln:

$$Y = \sum_{k=1}^{\infty} c_k Y_k \quad \text{mit} \quad c_k = \int_0^1 Y Y_k m\,dx, \tag{8}$$

wie auch hier mittels (5) und (6) folgt. Nun ist U, als Integral über eine homogen quadratische Funktion in Y' und Y'' sicher von der Form

$$U = \int_0^1 \left[A(x) Y'^2 + B(x)\, Y' Y'' + C(x)\, Y''^2\right] dx,$$

und somit wird mit (8)

$$U=\int_0^1\left[A(\Sigma c_k Y_k')^2+B(\Sigma c_k Y_k')(\Sigma c_k Y_k'')+C(\Sigma c_k Y_k'')^2\right]dx$$
$$=\Sigma c_k^2\int_0^1\left[AY_k'^2+BY_k'Y_k''+CY_k''^2\right]dx$$
$$+2\,\Sigma' c_k c_l\int_0^1\left[AY_k'Y_l'+\tfrac{1}{2}B(Y_k'Y_l''+Y_k''Y_l')+CY_k''Y_l''\right]dx.$$

Die erste Summe rechts ist einfach gleich $\Sigma c_k^2 U_k$, wo U_k wieder die zur Auslenkung Y_k gehörige potentielle Energie bedeutet. Die zweite Summe geht über alle Zeiger k und $l>k$ und bedeutet die Summe aller Ergänzungsarbeiten, die die Zusatzverschiebung Y_l am System mit der potentiellen Energie U_k leistet; denn es ist hierbei (in früherer Bezeichnung)

$$\delta_l U_k=2\int_0^1\left[AY_k'\,\delta Y_k'+\tfrac{1}{2}B(Y_k'\,\delta Y_k''+Y_k''\,\delta Y_k')+CY_k''\,\delta Y_k''\right]dx$$
$$=2\int_0^1\left[AY_k'Y_l'+\tfrac{1}{2}B(Y_k'Y_l''+Y_k''Y_l')+CY_k''Y_l''\right]dx.$$

Da aber, wie schon oben festgestellt, $\delta_l U_k=\lambda_k\int_0^1 Y_kY_l\,m\,dx=0$ ist, so verschwinden in diesem Falle sämtliche Zusatzarbeiten und damit auch die ganze zweite Summe mit dem Symbol Σ'. Mithin ist also

$$U=\sum_{k=1}^{\infty}c_k^2U_k. \tag{9}$$

Andererseits ist mit Beachtung von (6) sowie der Energiebilanzen $U_k=\lambda_kK_k$ der einzelnen Eigenschwingungen

$$\lambda_1K=\frac{1}{2}\lambda_1\int_0^1 Y^2m\,dx=\frac{1}{2}\lambda_1\int_0^1\left(\sum c_kY_k\right)^2m\,dx=\frac{1}{2}\lambda_1\sum c_k^2\int_0^1 Y_k^2m\,dx$$
$$=\lambda_1\sum c_k^2K_k=\sum\frac{\lambda_1}{\lambda_k}c_k^2U_k,$$

oder wegen $\lambda_1<\lambda_2<\lambda_3<\cdots$

$$\lambda_1K\leq\sum_{k=1}^{\infty}c_k^2U_k, \tag{10}$$

wobei das Gleichheitszeichen offenbar nur in dem Falle $c_1=1,\ c_2=c_3=\cdots=0$ gilt. Der Vergleich von (9) und (10) ergibt

$$U-\lambda_1K\geq 0, \tag{11}$$

womit gezeigt ist, daß der Ausdruck $U-\lambda_1K$ in der Tat beim Wert Null, den er nur für $Y\equiv Y_1$ erreicht, ein wahres Minimum besitzt.

Wie man die auf dem Satz (7) fußende Rayleighsche Methode zur Berechnung einer oberen Schranke für den tiefsten Eigenwert λ_1 (sowie auch für höhere Eigenwerte) im einzelnen durchzuführen hat, werden wir später an technischen Problemen ausführlich zeigen. Es wird immer darauf hinauskommen, daß man mit einem mindestens die geometrischen Randbedingungen erfüllenden Ansatz $Y\equiv Y(x,a_1,a_2,\ldots,a_n)$, welcher noch n Parameter a_i enthalten kann, den Rayleighschen Quotienten U/K bildet und dann die Parameter a_i so bestimmt, daß dieser Quotient ein Minimum wird. In dem besonderen Fall, daß der Ansatz die Form

$$Y \equiv a_1 \mathfrak{y}_1 + a_2 \mathfrak{y}_2 + \cdots + a_n \mathfrak{y}_n \tag{12}$$

hat, wo die Koordinatenfunktionen $\mathfrak{y}_i(x)$ schon einzeln mindestens die geometrischen Randbedingungen erfüllen, heißt dieses Verfahren wieder Ritzsche Methode[1]).

17. Die Galerkinsche Methode. Wir wollen jetzt die durch (**16**, 4) vorgeschriebene Variation mit den Werten (**16**, 3) von U und K wirklich ausführen:

$$\delta \int_0^1 \left[F(x, Y', Y'') - \frac{1}{2}\lambda Y^2 m(x)\right] dx = 0. \tag{1}$$

Hierzu bilden wir nach der Vorschrift der Variationsrechnung

$$\int_0^1 \left[\frac{\partial F}{\partial Y'}\delta Y' + \frac{\partial F}{\partial Y''}\delta Y'' - \lambda Y m \delta Y\right] dx = 0$$

und beachten, daß $\delta Y' = (\delta Y)'$ und $\delta Y'' = (\delta Y)''$ ist, d. h., daß Variation und Ableitung vertauschbare Operationen sind (wenn nur die Variation δY gewisse, hier immer selbstverständliche Stetigkeitsforderungen erfüllt). Man formt das erste Glied durch einmalige, das zweite durch zweimalige Teilintegration um und erhält

$$\left[\frac{\partial F}{\partial Y'}\delta Y\right]_0^1 - \int_0^1 \left(\frac{\partial F}{\partial Y'}\right)' \delta Y\, dx + \left[\frac{\partial F}{\partial Y''}(\delta Y)'\right]_0^1 - \left[\left(\frac{\partial F}{\partial Y''}\right)' \delta Y\right]_0^1 + \int_0^1 \left(\frac{\partial F}{\partial Y''}\right)'' \delta Y\, dx - \lambda \int_0^1 Y m \delta Y\, dx = 0$$

oder geordnet

$$\int_0^1 \left[\left(\frac{\partial F}{\partial Y''}\right)'' - \left(\frac{\partial F}{\partial Y'}\right)' - \lambda Y m\right] \delta Y\, dx + \left\{\frac{\partial F}{\partial Y''}(\delta Y)'\right\}_0^1 - \left\{\left[\left(\frac{\partial F}{\partial Y''}\right)' - \frac{\partial F}{\partial Y'}\right] \delta Y\right\}_0^1 = 0. \tag{2}$$

Damit diese Gleichung für jede Variation δY bestehen kann, muß erstens in dem Integral der Integrand verschwinden; dies liefert die (sogenannte Eulersche) Differentialgleichung des Eigenwertproblems, ausführlich geschrieben

$$L(Y) - \lambda Y m \equiv \frac{d^2}{dx^2}\left(\frac{\partial F}{\partial Y''}\right) - \frac{d}{dx}\left(\frac{\partial F}{\partial Y'}\right) - \lambda Y m = 0. \tag{3}$$

Bei vielen Schwingungsproblemen wird sich diese Differentialgleichung unmittelbar auf ganz anderem Weg ergeben, mitunter empfiehlt sich aber auch die vorangehende Herleitung aus dem Variationsansatz (1). (Einem Beispiel hierfür werden wir in Kap. VIII, Ziff. **32** begegnen.)

Zweitens müssen nun aber auch die geschweiften Klammern in (2) verschwinden; dies liefert die (zumeist nicht von vornherein bekannten) dynamischen Randbedingungen, wie wir an dem folgenden Beispiel zeigen. Es sei etwa für $x = 0$ Einspannung vorgeschrieben, so daß die geometrischen Randbedingungen

$$Y = 0, \quad Y' = 0 \qquad \text{für } x = 0 \tag{4}$$

gelten. Dann müssen nach Kap. II, Ziff. **5** dort auch die Variation δY und ihre Ableitung $\delta Y'$ verschwinden, und die geschweiften Klammern in (2) verschwinden also für $x = 0$ von selbst. Damit sie dies auch für $x = 1$ tun, muß

$$\frac{\partial F}{\partial Y''} = 0, \qquad \frac{d}{dx}\left(\frac{\partial F}{\partial Y''}\right) - \frac{\partial F}{\partial Y'} = 0 \qquad \text{für } x = 1 \tag{5}$$

[1]) W. Ritz, Theorie der Transversalschwingungen einer quadratischen Platte mit freien Rändern, Ann. Physik 28 (1909) S. 737.

sein, und dies sind gerade die dynamischen (auch als „natürlich" bezeichneten) Bedingungen am „freien" Rand $x=1$. Sie ergeben sich ebenfalls häufig unmittelbar auf anderem Wege, mitunter empfiehlt sich aber auch bei ihnen die vorangehende Herleitung aus dem Variationsansatz (1) (vgl. Kap. VIII, Ziff. **32**).

Die strenge Lösung unseres Variationsproblems (2) würde also verlangen, daß man die zugehörige Differentialgleichung (3) mit den Randbedingungen [also in unserem Beispiel: (4) und (5)] exakt auflöst. Das ist aber bei wichtigen technischen Eigenwertproblemen häufig nicht möglich, und man muß sich dann mit einer Näherung begnügen. Die Galerkinsche Methode für eine solche Näherung besteht nun darin, daß man das Variationsproblem (2) mildert, indem man 1) nur noch verlangt, daß in der Variationsgleichung (2) bloß die Näherungsansätze von der Form

$$Y = a_1\,\mathfrak{y}_1 + a_2\,\mathfrak{y}_2 + \cdots + a_n\,\mathfrak{y}_n \tag{6}$$

zur Konkurrenz zuzulassen seien, wobei aber die Koordinatenfunktionen $\mathfrak{y}_i$ (im Gegensatz zu Ziff. **16**) sowohl die geometrischen als auch die dynamischen Randbedingungen erfüllen müssen, und indem man 2) nur diejenigen Variationen δY zur Konkurrenz zuläßt, die sich als Variationen des Ansatzes (6) darstellen lassen, also von der Form

$$\delta Y = \mathfrak{y}_1\,\delta a_1 + \mathfrak{y}_2\,\delta a_2 + \cdots + \mathfrak{y}_n\,\delta a_n \tag{7}$$

sind, wobei die δa_i willkürliche Zahlen sein sollen. Weil man jetzt nicht mehr alle Funktionen zur Konkurrenz zuläßt, so bekommt man im allgemeinen nicht mehr die genaue Lösung λ_1, sondern nur eine obere Schranke $\lambda^* \geqq \lambda_1$, und damit also eine Näherung für den tiefsten Eigenwert λ_1.

In der Variationsgleichung (2) verschwinden nun zufolge unserer Voraussetzungen über den Ansatz (6) die geschweiften Klammern von selbst; die ganze Gleichung (in der wir von jetzt an λ^* statt λ schreiben wollen, um auszudrücken, daß λ nur noch eine Näherung ist) nimmt wegen (7) mit dem in (3) definierten Differentialausdruck $L(Y)$ die Gestalt

$$\int_0^1 [L(Y) - \lambda^* Y m]\,(\mathfrak{y}_1\,\delta a_1 + \cdots + \mathfrak{y}_n\,\delta a_n)\,dx = 0$$

an, und dies zerfällt wegen der Willkürlichkeit der Variationen δa_ι und mit dem Ansatz (6) in die sogenannten Galerkinschen Gleichungen

$$\int_0^1 \Big[L\Big(\sum_{\iota=1}^{n} a_\iota\,\mathfrak{y}_\iota\Big) - \lambda^* m \sum_{\iota=1}^{n} a_\iota\,\mathfrak{y}_\iota\Big]\,\mathfrak{y}_k\,dx = 0 \qquad (k = 1, 2, \ldots, n). \tag{8}$$

Da, wie man leicht erkennt, $L(Y)$ in den Ableitungen von Y linear ist, so kann man die Symbole L und Σ vertauschen und hat somit auch folgende Form der Galerkinschen Gleichungen:

$$\sum_{\iota=1}^{n} a_\iota \int_0^1 [L(\mathfrak{y}_\iota) - \lambda^* m\,\mathfrak{y}_\iota]\,\mathfrak{y}_k\,dx = 0 \qquad (k = 1, 2, \ldots, n). \tag{9}$$

Das sind n lineare homogene Gleichungen für die a_ι. Das notwendige Verschwinden ihrer Koeffizientendeterminante liefert n Werte λ^*; der kleinste davon ist eine obere Schranke für λ_1, die übrigen sind erfahrungsgemäß als mehr oder weniger gute Näherungen der höheren Eigenwerte $\lambda_2, \lambda_3, \ldots, \lambda_n$ anzusprechen (man kann beweisen, daß sie ebenfalls obere Schranken dieser höheren Eigenwerte darstellen).

Die Durchführung dieser Galerkinschen Methode werden wir später (Kap. IX, Ziff. **7** bis **9**) an technischen Beispielen zeigen. Hier erwähnen wir nur noch, daß diese Methode (wie schon bei den Randwertproblemen, Ziff. **7**) im wesentlichen mit der Ritzschen Methode (Ziff. **16**) gleichlaufend, aber zumeist erheblich kürzer als jene ist, und daß man sie insbesondere dann mit Vorteil anwendet, wenn die Differentialgleichung $L(Y) - \lambda Y \cdot m = 0$ des Problems schon bekannt ist. Denn man hat dann nach der Galerkinschen Vorschrift (8) einfach einen Näherungsansatz (6) in die Differentialgleichung einzuführen, diese der Reihe nach mit den einzelnen Koordinatenfunktionen $\mathfrak{y}_k$ zu multiplizieren und das Ganze jedesmal über den ganzen x-Bereich zu integrieren und gleich Null zu setzen, im wesentlichen also nur Quadraturen vorzunehmen. Doch bemerken wir ausdrücklich, daß die rechten Seiten der Galerkinschen Gleichungen (8) oder (9) nur dann gleich Null sind, wenn die Randbedingungen den unbekannten Eigenwert λ nicht explizit enthalten, wie wir das bisher stillschweigend vorausgesetzt haben. Wie man andernfalls die Galerkinschen Gleichungen abzuändern hat, werden wir später (Kap. IX, Ziff. **9**) zeigen.

18. Ein Gegenstück zur Galerkinschen Methode. Eine in vielen Fällen noch bequemere Methode[1]) erhält man, indem man in der Variationsgleichung (**17**, 2), die wir mit (**17**, 3) kürzer in der Form

$$\int_0^1 [L(\bar{Y}) - \lambda \bar{Y} m]\, \delta \bar{Y}\, dx + \left\{ \frac{\partial F}{\partial \bar{Y}''} (\delta \bar{Y})' \right\}_0^1 - \left\{ \left[\left(\frac{\partial F}{\partial \bar{Y}''} \right)' - \frac{\partial F}{\partial \bar{Y}'} \right] \delta \bar{Y} \right\}_0^1 = 0 \qquad (1)$$

schreiben wollen, die nun mit $\bar{Y}$ (statt Y) bezeichnete Amplitudenfunktion als Ergebnis einer alsbald zu definierenden Iteration aus einer Ausgangsfunktion $Y(x)$ darstellt. Um eine solche Iteration zu gewinnen, erinnern wir uns daran, daß man das zur Differentialgleichung

$$L(\bar{Y}) = \lambda \bar{Y} m \qquad (2)$$

gehörige Eigenwertproblem nach Ziff. **13** auch quellenmäßig durch eine Integralgleichung

$$\bar{Y}(x) = \lambda \int_0^1 G(x, \xi)\, \bar{Y}(\xi)\, m(\xi)\, d\xi \qquad (3)$$

darstellen kann, wo $G(x, \xi)$ die zugehörige Greensche Funktion des Eigenwertproblems ist. Da die Differentialgleichung (2) und die Integralgleichung (3) voraussetzungsgemäß miteinander äquivalent sein sollen, so ist die (schon in Ziff. **14** für endlich viele Freiheitsgrade benützte) Iterationsvorschrift

$$\bar{Y}(x) = \int_0^1 G(x, \xi)\, Y(\xi)\, m(\xi)\, d\xi \qquad (4)$$

äquivalent mit der dazu reziproken Vorschrift

$$L(\bar{Y}) = Y m, \qquad (5)$$

wie der Vergleich mit (2) und (3) zeigt, wenn man dort rechts beide Male $\lambda \bar{Y}$ durch Y ersetzt.

Weil die Greensche Funktion $G(x, \xi)$ als Einflußfunktion ihrer Bedeutung nach alle Randbedingungen (sowohl die geometrischen wie die dynamischen) erfüllt, so tut dies nach (4) auch die iterierte Funktion $\bar{Y}(x)$, selbst wenn die Ausgangsfunktion $Y(x)$ es nicht tut. Gehen wir also mit der Iterationsvorschrift (4) samt ihrer Umkehrung (5) in die Variationsgleichung (1) ein und setzen von der Variation $\delta \bar{Y}$ wenigstens voraus, daß sie die geometrischen Randbedingungen erfüllt — dies müssen wir gemäß der Herleitung von (1) aus dem Hamiltonschen

[1]) R. Grammel, Ein neues Verfahren zur Lösung technischer Eigenwertprobleme, Ing.-Arch. 10 (1939) S. 35.

Prinzip nach Kap. II, Ziff. **5** fordern —, so verschwinden in (1) die geschweiften Klammern, und es bleibt

$$\int_0^1 \left[Y(x) - \lambda^* \int_0^1 G(x,\xi)\, Y(\xi)\, m(\xi)\, d\xi\right] m(x)\, \delta \overline{Y}\, dx = 0. \tag{6}$$

Hierin haben wir sofort wieder λ^* statt λ geschrieben, um anzudeuten, daß wir dieses Eigenwertproblem wieder nicht streng lösen wollen — dies würde mit willkürlichem $\delta\overline{Y}$ auf die zugehörige Integralgleichung (3) führen, deren strenge Auflösung ja gerade umgangen werden soll —, sondern nur genähert. Unsere jetzige Methode für eine solche Näherung besteht nun darin, daß man das Variationsproblem wieder mildert, indem man 1) nur noch verlangt, daß in der Variationsgleichung (6) nur die Näherungsansätze von der Form

$$Y = a_1 \mathfrak{y}_1 + a_2 \mathfrak{y}_2 + \cdots + a_n \mathfrak{y}_n \tag{7}$$

zur Konkurrenz zuzulassen seien, wobei die Koordinatenfunktionen $\mathfrak{y}_\iota$ mindestens die geometrischen Randbedingungen erfüllen müssen, und indem man 2) nur diejenigen Variationen $\delta\overline{Y}$ zur Konkurrenz zuläßt, die sich als Variationen des Ansatzes (7) darstellen lassen:

$$\delta\overline{Y} = \mathfrak{y}_1\, \delta a_1 + \mathfrak{y}_2\, \delta a_2 + \cdots + \mathfrak{y}_n\, \delta a_n, \tag{8}$$

also im Einklang mit unserer Voraussetzung dann auch mindestens die geometrischen Randbedingungen erfüllen. Dies muß, da nun wieder nicht mehr alle Funktionen zur Konkurrenz zugelassen sind, ebenfalls eine obere Schranke $\lambda^* \geq \lambda_1$ für den tiefsten Eigenwert liefern.

Wegen der Willkürlichkeit der δa_ι führt (6) mit (7) und (8) auf das Gleichungssystem

$$\left.\begin{aligned}\int_0^1 \left[\sum_{\iota=1}^n a_\iota \mathfrak{y}_\iota(x) - \lambda^* \int_0^1 G(x,\xi) \sum_{\iota=1}^n a_\iota \mathfrak{y}_\iota(\xi)\, m(\xi)\, d\xi\right] \mathfrak{y}_k(x)\, m(x)\, dx = 0 \\ (k = 1, 2, \ldots, n)\end{aligned}\right\} \tag{9}$$

oder auch anders geordnet

$$\left.\begin{aligned}\sum_{\iota=1}^n a_\iota \int_0^1 \left[\mathfrak{y}_\iota(x) - \lambda^* \int_0^1 G(x,\xi)\, \mathfrak{y}_\iota(\xi)\, m(\xi)\, d\xi\right] \mathfrak{y}_k(x)\, m(x)\, dx = 0 \\ (k = 1, 2, \ldots, n).\end{aligned}\right\} \tag{10}$$

Das sind wieder n lineare homogene Gleichungen für die a_i. Das notwendige Verschwinden ihrer Koeffizientendeterminante liefert n Werte λ^*; der kleinste davon ist eine obere Schranke für λ_1, die übrigen sind erfahrungsgemäß Näherungen der höheren Eigenwerte $\lambda_2, \lambda_3, \ldots, \lambda_n$ (nämlich wieder obere Schranken von ihnen).

Die Rechenvorschrift (9) oder (10) ist das genaue Gegenstück zu der Galerkinschen Vorschrift (**17**, 8) oder (**17**, 9), lediglich mit dem Unterschied, daß sie jetzt auf die Integralgleichung (3) statt auf die Differentialgleichung (2) angewendet wird, und daß jetzt vor der Integration außer mit einer Koordinatenfunktion $\mathfrak{y}_k$ auch noch mit der Belegungsfunktion m zu multiplizieren ist.

Dieses Verfahren hat in vielen Fällen Vorzüge vor dem Galerkinschen. Zunächst braucht man nur solche Koordinatenfunktionen $\mathfrak{y}_\iota$, die die geometrischen Randbedingungen erfüllen. [Die implizit in den Endformeln (9) oder (10) enthaltene Iteration besorgt von selbst die Anpassung an die dynamischen Randbedingungen, um die man sich daher bei dieser Methode gar nicht zu kümmern braucht.] Ferner kann man beweisen[1]), daß die jetzt entstehenden

[1]) R. Grammel, a. a. O. S. 38.

Näherungen immer eine tiefere, also bessere obere Schranke für λ_1 liefern als die Galerkinschen Näherungen, falls man in beiden Fällen von den gleichen Koordinatenfunktionen $\mathfrak{y}_i$ ausgeht.

Außerdem läßt sich die jetzige Vorschrift (9) oder (10) häufig bequemer auswerten als die Galerkinsche, obwohl sie etwas umständlicher aussieht. Man braucht nämlich in der Regel die Greensche Funktion $G(x, \xi)$ des Problems gar nicht explizit zu kennen, um das innere Integral (über ξ) zu ermitteln. Handelt es sich beispielsweise um einen schwingenden Stab, so bedeutet

$$\bar{\mathfrak{y}}_i(x) \equiv \int_0^1 G(x, \xi)\, \mathfrak{y}_i(\xi)\, m(\xi)\, d\xi$$

die zur „Belastung" $\mathfrak{y}_i m$ gehörige Durchbiegung, und somit ist

$$A_{ik} \equiv \int_0^1 \Big[\int_0^1 G(x, \xi)\, \mathfrak{y}_i(\xi)\, m(\xi)\, d\xi\Big]\, \mathfrak{y}_k(x)\, m(x)\, dx = \int_0^1 \bar{\mathfrak{y}}_i \cdot \mathfrak{y}_k\, m\, dx \tag{11}$$

die doppelte Arbeit, die die „Belastung" $\mathfrak{y}_k m$ bei der Durchbiegung $\bar{\mathfrak{y}}_i$ (die ihrerseits zur „Belastung" $\mathfrak{y}_i m$ gehört) leisten würde. Nennt man $M(\mathfrak{y}_j m)$ das Biegemoment der „Belastung" $\mathfrak{y}_j m$ und ist $\alpha(x)$ die (möglicherweise längs des Stabes veränderliche) Biegesteifigkeit, so gilt aber, wie wir sofort beweisen werden,

$$A_{ik} = A_{ki} = \int_0^1 \frac{M(\mathfrak{y}_i m)\, M(\mathfrak{y}_k m)}{\alpha(x)}\, dx. \tag{12}$$

Man hat nämlich als bekannte Darstellung der doppelten Formänderungsarbeit der „Belastung" $\mathfrak{y}_j m$ bei reiner Biegung (also ohne Berücksichtigung der Querkraft)

$$A_{jj} = \int_0^1 \frac{M^2(\mathfrak{y}_j m)}{\alpha(x)}\, dx, \tag{13}$$

und daher gilt folgende Umformung:

$$\begin{aligned} A_{i+k,\, i+k} &\equiv \int_0^1 \Big\{\int_0^1 G(x, \xi)\, \big[\mathfrak{y}_i(\xi) + \mathfrak{y}_k(\xi)\big]\, m(\xi)\, d\xi\Big\}\, \big[\mathfrak{y}_i(x) + \mathfrak{y}_k(x)\big]\, m(x)\, dx \\ &= \int_0^1 \frac{M^2(\mathfrak{y}_i m + \mathfrak{y}_k m)}{\alpha(x)}\, dx = \int_0^1 \frac{[M(\mathfrak{y}_i m) + M(y_k m)]^2}{\alpha(x)}\, dx \\ &= \int_0^1 \frac{M^2(\mathfrak{y}_i m)}{\alpha(x)}\, dx + \int_0^1 \frac{M^2(\mathfrak{y}_k m)}{\alpha(x)}\, dx + 2\int_0^1 \frac{M(\mathfrak{y}_i m)\, M(\mathfrak{y}_k m)}{\alpha(x)}\, dx. \end{aligned} \tag{14}$$

Andererseits ist aber gemäß der Definition (11) des Ausdrucks A_{ik}

$$A_{i+k,\, i+k} = A_{ii} + A_{kk} + A_{ik} + A_{ki}$$

oder, da wegen der Symmetrieeigenschaft $G(x, \xi) = G(\xi, x)$ der Greenschen Funktion $A_{ik} = A_{ki}$ ist,

$$A_{i+k,\, i+k} = A_{ii} + A_{kk} + 2\, A_{ik}. \tag{15}$$

Der Vergleich von (15) und (14) zeigt wegen (13) ohne weiteres die Richtigkeit von (12).

Hiermit gehen dann die Gleichungen (10) über in

$$\sum_{i=1}^{n} a_i \Big[\int_0^1 \mathfrak{y}_i\, \mathfrak{y}_k\, m\, dx - \lambda^* \int_0^1 \frac{M(\mathfrak{y}_i m)\, M(\mathfrak{y}_k m)}{\alpha(x)}\, dx\Big] = 0 \quad (k = 1, 2, \ldots, n). \tag{16}$$

Die hier vorkommenden Integrale sind, nachdem man geeignete Koordinatenfunktionen $\mathfrak{y}_j$ gewählt hat, leicht auszuwerten (nötigenfalls graphisch), weil man ja auch die zu gegebenen „Belastungen" $\mathfrak{y}_j m$ gehörigen Biegemomente $M(\mathfrak{y}_j m)$ immer ohne Schwierigkeit findet (nötigenfalls mit einer Seileckskonstruktion).

Wie man dieses Verfahren auch auf verwickeltere Fälle anwenden kann, zeigen wir später (Kap. IX, Ziff. **11**).

§ 4. Diskontinuierliche Rechenmethoden.

19. Die Ersatzmethode. Manche Stabaufgaben können einer einfachen Näherungslösung dadurch zugänglich gemacht werden, daß man die kontinuierlich über die Stablänge verteilten Größen wie Volumkräfte, Biegeelastizität usw. in einzelnen Punkten der Stabachse konzentriert denkt. Am besten zerlegt man hierzu die ganze Stablänge in gleichlange Teilstrecken und ersetzt auf jeder Teilstrecke die kontinuierliche Größe durch je drei Ersatzgrößen, die in den beiden Endpunkten der Teilstrecke und in ihrer Mitte konzentriert sind. Die Ersatzgrößen bestimmt man dabei aus solchen Forderungen, die die Äquivalenz beider Systeme möglichst weit verbürgen.

Wir zeigen den Gang der Methode an dem Beispiel des auf Biegung beanspruchten Stabes. Hier haben wir die kontinuierliche Biegesteifigkeit $\alpha \equiv EJ$ auf einzelne Punkte zu konzentrieren, also den wirklichen Stab zu ersetzen durch ein System von starren Teilstäben, die in jenen Punkten durch elastische Gelenke miteinander verbunden sind. Die Elastizität der Gelenke ist dann so zu bestimmen, daß die ganze Gelenkkette und der wirkliche Stab in ihren elastischen Eigenschaften möglichst gleichwertig sind.

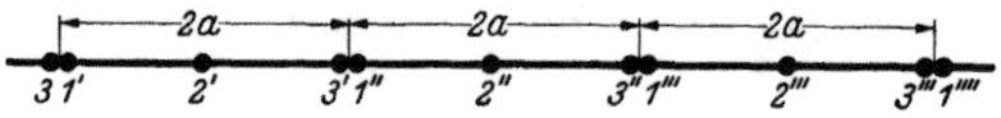

Abb. 11. Ersatz der Biegesteifigkeit eines Stabes durch elastische Gelenke.

Hierzu unterteilt man die ganze Stablänge in n Teilstrecken von der Länge $2a$ (Abb. 11) und ersetzt den Stab auf jeder dieser n Teilstrecken durch je zwei gleich lange Glieder der elastischen Gelenkkette. In Abb. 12 ist ein solcher

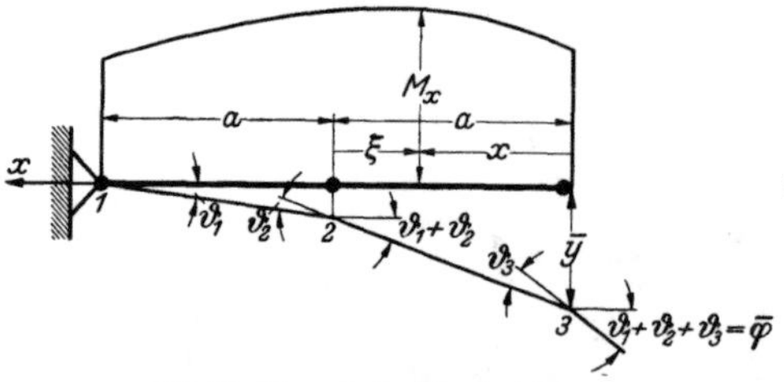

Abb. 12. Element des Ersatzstabes.

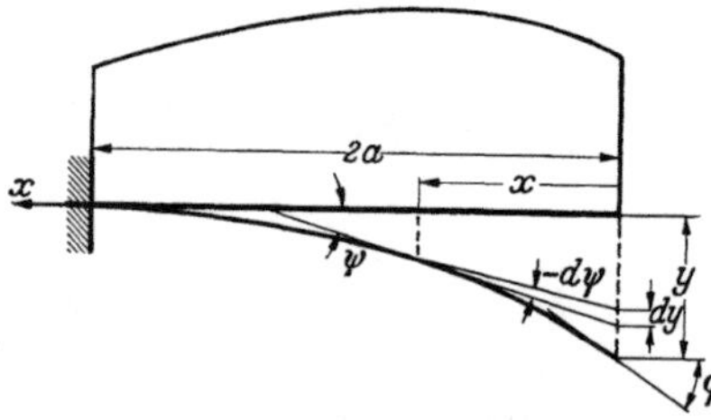

Abb. 13. Element des wirklichen Stabes.

aus zwei Gliedern bestehender Teil der Gelenkkette gezeichnet. Der links vom Gelenk *1* gelegene Teil dieser Kette soll waagerecht eingespannt sein, das Stabelement rechts vom Gelenk *3* soll frei sein. Abb. 13 zeigt den entsprechenden Teil des wirklichen Stabes, gleichfalls im linken Ende eingespannt und am rechten Ende frei. Wir bestimmen nun die Elastizität der Gelenke *1, 2, 3* derart, daß für die Stäbe in Abb. 12 und 13 bei jeder beliebigen Belastung, d. h. bei jeder beliebigen Biegemomentenfläche, der Neigungswinkel und die Durchbiegung am freien Ende möglichst gleich sind. Dabei beschränken wir uns auf solche Belastungen, die nur Durchbiegungen in einer Ebene (die eine Hauptachse jedes Stabquerschnittes enthält) hervorrufen.

Bezeichnet man die relative Winkelverdrehung im Gelenk i unter Wirkung eines Einheitsmomentes als Gelenkkonstante k_i und setzt voraus, daß das Biegemoment in der Form

$$M_x = M_0 + M_1 x + M_2 x^2 + \cdots \tag{1}$$

dargestellt werden kann, wo x vom freien Stabende aus gerechnet ist und $M_0, M_1, M_2, \ldots$ gegebene Konstanten sind, so sind die relativen Winkelverdrehungen in den Punkten *1, 2, 3* des Ersatzstabes (Abb. 12)

$$\vartheta_1 = (M_0 + 2aM_1 + 4a^2 M_2 + \cdots) k_1,$$
$$\vartheta_2 = (M_0 + aM_1 + a^2 M_2 + \cdots) k_2,$$
$$\vartheta_3 = M_0 k_3.$$

Die Winkelverdrehung $\bar{\varphi}$ unmittelbar rechts von *3* und die Durchbiegung $\bar{y}$ in *3* ist also

$$\bar{\varphi} = \vartheta_1 + \vartheta_2 + \vartheta_3 = M_0(k_1 + k_2 + k_3) + aM_1(2k_1 + k_2) + a^2 M_2(4k_1 + k_2) + \cdots,$$
$$\bar{y} = 2\vartheta_1 a + \vartheta_2 a = aM_0(2k_1 + k_2) + a^2 M_1(4k_1 + k_2) + a^3 M_2(8k_1 + k_2) + \cdots.$$

Die entsprechenden Größen φ und y des wirklichen Stabes (Abb. 13) berechnen sich nach der elementaren Biegetheorie gemäß den Formeln

$$\alpha \frac{d\psi}{dx} = -M_x, \qquad dy = -x\,d\psi$$

zu

$$\varphi = \int_0^{2a} \frac{M_x\,dx}{\alpha} = M_0 \int_0^{2a} \frac{dx}{\alpha} + M_1 \int_0^{2a} \frac{x\,dx}{\alpha} + M_2 \int_0^{2a} \frac{x^2\,dx}{\alpha} + \cdots,$$
$$y = \int_0^{2a} \frac{M_x\,x\,dx}{\alpha} = M_0 \int_0^{2a} \frac{x\,dx}{\alpha} + M_1 \int_0^{2a} \frac{x^2\,dx}{\alpha} + M_2 \int_0^{2a} \frac{x^3\,dx}{\alpha} + \cdots.$$

Stellt man die Forderung, daß für alle Werte $M_0, M_1, M_2, \ldots$ sowohl φ mit $\bar{\varphi}$ als auch y mit $\bar{y}$ übereinstimmen soll, so erhält man für die Gelenkkonstanten k_1, k_2, k_3 die folgenden Bedingungsgleichungen:

aus $\varphi = \bar{\varphi}$

$$\left.\begin{aligned} k_1 + k_2 + k_3 &= \int_0^{2a} \frac{dx}{\alpha}, \\ a(2k_1 + k_2) &= \int_0^{2a} \frac{x\,dx}{\alpha}, \\ a^2(4k_1 + k_2) &= \int_0^{2a} \frac{x^2\,dx}{\alpha}, \\ &\vdots \end{aligned}\right\} \tag{2a}$$

aus $y = \bar{y}$

$$\left.\begin{aligned} a(2k_1 + k_2) &= \int_0^{2a} \frac{x\,dx}{\alpha}, \\ a^2(4k_1 + k_2) &= \int_0^{2a} \frac{x^2\,dx}{\alpha}, \\ a^3(8k_1 + k_2) &= \int_0^{2a} \frac{x^3\,dx}{\alpha}, \\ &\vdots \end{aligned}\right\} \tag{2b}$$

welche, wie zu erwarten war, nicht alle gleichzeitig erfüllt werden können. Man erhält aber eine eindeutige Lösung für k_1, k_2, k_3, wenn man sich auf die ersten drei Bedingungen (2a) und die ersten zwei Bedingungen (2b), welche offensichtlich miteinander verträglich sind, beschränkt. Bezeichnet man $dx:\alpha$ als das „elastische Gewicht" des wirklichen Stabelements dx und k_i als das „elastische Gewicht" des Gelenkes i und setzt

$$\int_0^{2a} \frac{dx}{\alpha} = S_0, \quad \int_0^{2a} \frac{x\,dx}{\alpha} = a\,S_1, \quad \int_0^{2a} \frac{x^2\,dx}{\alpha} = a^2\,S_2, \tag{3}$$

so drücken die drei Gleichungen

$$\left.\begin{aligned} k_1 + k_2 + k_3 &= S_0, \\ 2\,k_1 + k_2 &= S_1, \\ 4\,k_1 + k_2 &= S_2 \end{aligned}\right\} \qquad (4)$$

für die beiden Systeme einfach die Gleichheit ihrer elastischen Gewichte und deren Momente erster und zweiter Ordnung aus.

Führt man statt der Koordinate x lieber eine vom Gelenkpunkte *2* nach rechts hin gerichtete Koordinate $\xi\,(=a-x)$ ein (Abb. 12) und die auf den Punkt *2* bezogenen Größen

$$\int\limits_{-a}^{+a} \frac{d\xi}{\alpha} = S_0^*, \qquad \int\limits_{-a}^{+a} \frac{\xi\, d\xi}{\alpha} = a\, S_1^*, \qquad \int\limits_{-a}^{+a} \frac{\xi^2\, d\xi}{\alpha} = a^2\, S_2^*, \qquad (5)$$

so gilt offenbar

$$S_0 = S_0^*, \qquad S_1 = S_0^* - S_1^*, \qquad S_2 = S_0^* - 2\,S_1^* + S_2^*, \qquad (6)$$

und die Gleichungen (4) haben in S_0^*, S_1^*, S_2^* geschrieben die Lösungen

$$k_1 = \frac{1}{2}\,(S_2^* - S_1^*), \qquad k_2 = S_0^* - S_2^*, \qquad k_3 = \frac{1}{2}\,(S_2^* + S_1^*). \qquad (7)$$

Sind für einen Stab, dessen Länge in n Teilstrecken von der Länge $2a$ aufgeteilt ist (Abb. 11), die Gelenkkonstanten k_i bestimmt, so können die Gelenke *3* und *1'*, *3'* und *1''* usw. zu Einzelgelenken zusammengefaßt werden mit den Gelenkkonstanten $(k_3 + k_1')$, $(k_3' + k_1'')$ usw. Dabei muß die Verabredung getroffen werden, daß der in einem solchen Doppelgelenk auftretende Neigungswinkel der Neigungswinkel des nunmehr unterdrückten Stabelements sei.

Zur Beurteilung der Frage, wie groß die Länge $2a$ gewählt werden soll, greifen wir zurück auf die Gleichungen (1), (2a) und (2b), aus denen hervorgeht, daß bei einem linear verlaufenden Biegemoment $M = M_0 + M_1 x$ die Bedingungen (2a) und (2b), von denen dann nur je die beiden ersten übrigbleiben, durch unsere Formeln vollauf befriedigt werden, so daß der Ersatzstab in allen Doppelgelenken denselben Neigungswinkel und dieselbe Durchbiegung wie der wirkliche Stab aufweist. Es läge also nahe, bei einem nicht linearen Momentenverlauf den Abstand $2a$ so klein zu wählen, daß für jede Teilstrecke die Momentenkurve genügend genau durch eine Gerade ersetzt werden kann. Es zeigt sich aber, daß ohne Bedenken die Teilstrecken größer gewählt werden dürfen, und zwar so groß, daß streckenweise der Momentenverlauf genügend genau als parabolisch betrachtet werden kann. Ist nämlich dieser Momentenverlauf (streckenweise) genau parabolisch $M = M_0 + M_1 x + M_2 x^2$, so werden die aus der Forderung $\varphi = \overline{\varphi}$ folgenden Gleichungen (2a) noch ganz befriedigt, so daß die Gelenkkette in jedem Doppelgelenk den Neigungswinkel genau wiedergibt. Bei der Durchbiegung tritt allerdings ein kleiner Fehler auf, den man leicht abschätzen könnte. Wir sehen hiervon ab und bemerken nur, daß bei parabolischem Momentenverlauf auch die Durchbiegung in den Doppelgelenken noch genau wiedergegeben wird, wenn für jede Teilstrecke die Größe $\alpha \equiv EJ$ symmetrisch verläuft. Dann ist nämlich die dritte Gleichung (2b) von den beiden ersten abhängig.

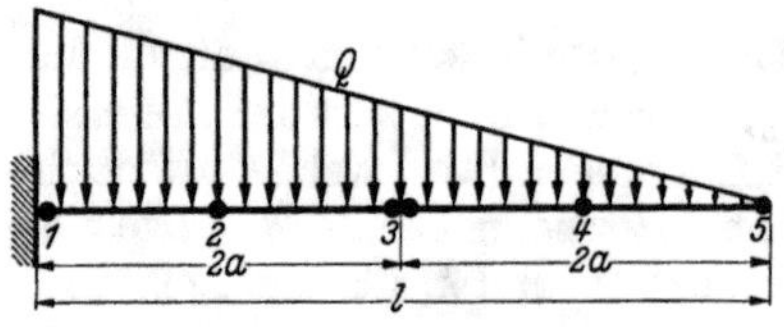

Abb. 14. Ersatz der Biegesteifigkeit eines kontinuierlich belasteten Stabes.

Zwei Beispiele sollen das Verfahren erläutern. Abb. 14 zeigt einen einseitig eingespannten prismatischen Stab, dessen Belastung linear verläuft, wobei Q

die Gesamtlast sein soll. Es werden bei einer Unterteilung in zwei Teilstrecken von den Längen $2a$ (also $a=\frac{1}{4}l$) der Neigungswinkel und die Durchbiegung am freien Ende bestimmt. Die Tabelle gibt den Verlauf der Rechnung. In der ersten Spalte ist die Gelenknummer angegeben, in der zweiten Spalte (bis auf den Faktor $l/12\alpha$) die zugehörige Gelenkkonstante, berechnet nach (7) mit den Werten (5), nämlich $S_0^*=2a/\alpha=l/2\alpha$, $S_1^*=0$, $S_2^*=2a/3\alpha=l/6\alpha$. Die dritte Spalte enthält [bis auf den Faktor $lQ/(3\cdot 64)$] die Biegemomente in den Gelenken, berechnet aus der gegebenen Belastung. Dann kommen die relativen Winkelverdrehungen $\vartheta=Mk$ in den Gelenken, aus denen durch sukzessive Addition zuerst die Verhältnisgrößen der Winkelverdrehung $\bar{\varphi}$ und dann diejenigen der Durchbiegung $\bar{y}$ berechnet werden. Die Multiplikatoren dieser Größen sind unter jeder Spalte angegeben. Für den Neigungswinkel und für die Durchbiegung im freien Balkenende erhält man also

Gelenk	k	M	$\vartheta=Mk$	$\bar{\varphi}$	$\bar{y}$
1	1	64	64	64	0
2	4	27	108	172	64
3	2	8	16	188	236
4	4	1	4	192	424
5	1	0	0		616
mal	$\frac{l}{12\alpha}$	$\frac{lQ}{3\cdot 64}$	$\frac{l^2Q}{36\cdot 64\alpha}$	$\frac{l^2Q}{36\cdot 64\alpha}$	$\frac{l^3Q}{36\cdot 256\alpha}$

$$\bar{\varphi}=\frac{192}{36\cdot 64}\frac{l^2Q}{\alpha}=\frac{1}{12}\frac{l^2Q}{\alpha},\qquad \bar{y}=\frac{616}{36\cdot 256}\frac{l^3Q}{\alpha}=\frac{77}{1152}\frac{l^3Q}{\alpha},$$

während die genauen Werte sind

$$\varphi=\frac{1}{12}\frac{l^2Q}{\alpha},\qquad y=\frac{1}{15}\frac{l^3Q}{\alpha}=\frac{77}{1155}\frac{l^3Q}{\alpha}.$$

Der Fehler in y beträgt weniger als $^1/_4$%.

Weil beim prismatischen Stabe die Größe $\alpha\equiv EJ$ für jede Teilstrecke symmetrisch verläuft (nämlich unveränderlich ist), so wird, wie vorhin bemerkt, die dritte Gleichung (2b) und deshalb auch die vierte Gleichung (2a) von selbst befriedigt. Weil die Biegemomentenkurve in unserem Beispiel vom dritten Grad ist, so wird die Forderung $\varphi=\bar{\varphi}$ durch die ersten vier Gleichungen (2a) erschöpft, so daß von vornherein zu erwarten war, daß der Neigungswinkel φ genau richtig herauskommt.

Das zweite Beispiel (Abb. 15) betrifft einen Stab mit Einzellast P. Auch hier soll die (für diese Belastung sehr ungünstige) Unterteilung in nur zwei Teilstrecken von den Längen $2a$ (also $a=\frac{1}{4}l$) benutzt werden. Die Tabelle enthält das erforderliche Rechenschema, und man findet

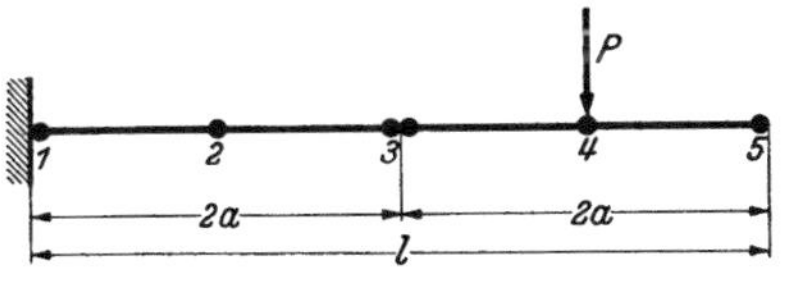

Abb. 15. Ersatz der Biegesteifigkeit eines Stabes mit Einzellast P.

$$\bar{\varphi}=\frac{13}{48}\frac{l^2P}{\alpha},\qquad \bar{y}=\frac{40}{192}\frac{l^3P}{\alpha},$$

während genau

$$\varphi=\frac{13{,}5}{48}\frac{l^2P}{\alpha},\qquad y=\frac{40{,}5}{192}\frac{l^3P}{\alpha}$$

ist. Der Fehler beträgt 4% in φ und 1,25% in y.

Gelenk	k	M	$\vartheta=Mk$	$\bar{\varphi}$	$\bar{y}$
1	1	3	3	3	0
2	4	2	8	11	3
3	2	1	2	13	14
4	4	0	0	13	27
5	1	0	0		40
mal	$\frac{l}{12\alpha}$	$\frac{lP}{4}$	$\frac{l^2P}{48\alpha}$	$\frac{l^2P}{48\alpha}$	$\frac{l^3P}{192\alpha}$

20. Die Differenzenmethode. Für die Lösung vieler technischer Probleme läßt sich die sogenannte Differenzenrechnung nutzbar machen, wie wir hier wenigstens an einigen für diese Methode kennzeichnenden Beispielen zeigen wollen.

Ist y_x eine Funktion von x, so versteht man unter ihrer Differenz den Wert $\Delta y_x = y_{x+h} - y_x$, worin h eine endliche Größe ist. Ohne Beschränkung der Allgemeinheit kann, durch Änderung des Maßstabes, $h=1$ gesetzt werden; es wird dann

$$\Delta y_x = y_{x+1} - y_x. \tag{1}$$

Unter zweiter Differenz versteht man den Wert

$$\Delta^2 y_x = \Delta(\Delta y_{x-1}) = (y_{x+1} - y_x) - (y_x - y_{x-1}) = y_{x+1} - 2\,y_x + y_{x-1}, \tag{2}$$

unter dritter Differenz den Wert

$$\Delta^3 y_x = \Delta(\Delta^2 y_x) = y_{x+2} - 3\,y_{x+1} + 3\,y_x - y_{x-1}, \tag{3}$$

unter vierter Differenz den Wert

$$\Delta^4 y_x = \Delta(\Delta^3 y_{x-1}) = y_{x+2} - 4\,y_{x+1} + 6\,y_x - 4\,y_{x-1} + y_{x-2} \tag{4}$$

usw. Als Differenzengleichung n-ter Ordnung bezeichnet man eine Gleichung zwischen einer zu suchenden Funktion y_x und ihren ersten n Differenzen, also eine Gleichung von der Form

$$f(x, y_x, \Delta y_x, \Delta^2 y_x, \ldots, \Delta^n y_x) = 0. \tag{5}$$

Führt man in (5) die Ausdrücke (1), (2) usw. ein, so entsteht, je nachdem n ungerade oder gerade ist, eine Funktionalgleichung

$$g(x, y_x, y_{x+1}, \ldots, y_{x+\frac{1}{2}(n+1)}, y_{x-1}, y_{x-2}, \ldots, y_{x-\frac{1}{2}(n-1)}) = 0$$

oder

$$g(x, y_x, y_{x+1}, \ldots, y_{x+\frac{1}{2}n}, y_{x-1}, y_{x-2}, \ldots, y_{x-\frac{1}{2}n} = 0;$$

hierfür kann man, wenn man x durch $x + \frac{1}{2}(n-1)$ bzw. durch $x + \frac{1}{2}n$ ersetzt, auch gemeinsam schreiben

$$g(x, y_x, y_{x+1}, \ldots, y_{x+n}) = 0. \tag{6}$$

Eine solche Gleichung wird, obwohl sie keine Differenzen mehr enthält, immer noch als Differenzengleichung bezeichnet. Am wichtigsten für die technischen Anwendungen sind die linearen Differenzengleichungen, deren allgemeine Form

$$y_{x+n} + p_x^{(1)} y_{x+n-1} + p_x^{(2)} y_{x+n-2} + \cdots + p_x^{(n)} y_x = q_x \tag{7}$$

ist, wo $p_x^{(i)}$ und q_x gegebene Funktionen von x sind. Ist $q_x = 0$, so spricht man von einer homogenen Differenzengleichung. Wir beschränken uns im folgenden auf Gleichungen mit konstanten Koeffizienten p_i:

$$y_{x+n} + p_1\, y_{x+n-1} + p_2\, y_{x+n-2} + \cdots + p_n\, y_x = q_x. \tag{8}$$

Ein Beispiel einer solchen Gleichung bildet der Clapeyronsche Dreimomentensatz. Für einen prismatischen Stab mit mehreren Stützen lautet dieser Satz für die Biegemomente in den Stützen bei gleicher Stützenhöhe, gleicher Stützenentfernung l und gleicher konstanter Belastung q in allen Feldern, wie wir in Kap. IV, Ziff. **3** zeigen werden:

$$M_x + 4\,M_{x+1} + M_{x+2} = \frac{1}{2}\,q\,l^2, \tag{9}$$

wobei der (ganzzahlige) Zeiger x die Nummer der zu M_x gehörigen Stütze bezeichnet. Betrachtet man zunächst die homogene Gleichung

$$M_x + 4\,M_{x+1} + M_{x+2} = 0, \tag{10}$$

und setzt man $M_x = \lambda^x$, so findet man als charakteristische Gleichung für λ

$$\lambda^2 + 4\lambda + 1 = 0,$$

also

$$\lambda_1 = -2 + \sqrt{3}, \qquad \lambda_2 = -2 - \sqrt{3}, \tag{11}$$

so daß die allgemeine Lösung von (10) in der Form

$$M_x = C_1 \lambda_1^x + C_2 \lambda_2^x$$

gefunden ist. Eine Partikularlösung von (9) erhält man, indem man $M_x = C q l^2$ setzt. Dann muß $6C = \frac{1}{2}$, also $C = \frac{1}{12}$ sein. Die allgemeine Lösung von (9) lautet somit

$$M_x = C_1 \lambda_1^x + C_2 \lambda_2^x + \frac{1}{12} q l^2. \tag{12}$$

Die Konstanten C_1 und C_2 werden aus den Auflagerbedingungen für die Stabenden bestimmt. So findet man z. B. für den in diesen Enden frei aufliegenden Stab mit $n+1$ Stützen aus $M_0 = 0$ und $M_n = 0$

$$C_1 \lambda_1^0 + C_2 \lambda_2^0 + \frac{1}{12} q l^2 = 0, \qquad C_1 \lambda_1^n + C_2 \lambda_2^n + \frac{1}{12} q l^2 = 0,$$

also

$$C_1 = \frac{q l^2}{12} \frac{\lambda_2^n - 1}{\lambda_1^n - \lambda_2^n}, \qquad C_2 = -\frac{q l^2}{12} \frac{\lambda_1^n - 1}{\lambda_1^n - \lambda_2^n},$$

womit für die Biegemomente in den Zwischenstützen kommt

$$M_x = \frac{q l^2}{12} \left(1 + \frac{\lambda_2^n - 1}{\lambda_1^n - \lambda_2^n} \lambda_1^x - \frac{\lambda_1^n - 1}{\lambda_1^n - \lambda_2^n} \lambda_2^x \right). \tag{13}$$

Als zweites Beispiel für eine lineare Differenzengleichung dient die Bestimmung der kleinsten Knicklast P eines axial gedrückten prismatischen Stabes, der an seinen Enden $x = 0$ und $x = l$ gelenkig gelagert ist. Ist y die seitliche Auslenkung der Stabachse an der Stelle x und $\alpha \equiv EJ$ die Biegesteifigkeit des Stabes, so lautet die Differentialgleichung dieses Problems, wie wir als bekannt voraussetzen dürfen (vgl. auch Kap. VII, Ziff. **2**)

$$\alpha y'' + P y = 0. \tag{14}$$

Wir gelangen zu der entsprechenden Differenzengleichung, indem wir die Stablänge in n gleiche Teile von der Länge l/n zerlegen und für jeden Zwischenpunkt x (wo also $x = 1, 2, \ldots, n-1$ ist) den zweiten Differentialquotienten y'' ersetzen durch den nach (2) zu bildenden Differenzenquotienten

$$\frac{\Delta^2 y_x}{(l/n)^2} = \frac{y_{x+1} + y_{x-1} - 2 y_x}{(l/n)^2}.$$

An die Stelle von (14) tritt dann das Gleichungssystem

$$\alpha \frac{y_{x+1} + y_{x-1} - 2 y_x}{(l/n)^2} + P y_x = 0 \quad (x = 1, 2, \ldots, n-1) \tag{15}$$

mit den Randbedingungen $y_0 = 0$, $y_n = 0$.

Für den Sonderfall $n = 4$ erhält man mit $\frac{l^2 P}{n^2 \alpha} = \omega$ die Gleichungen

$$\left.\begin{aligned} x = 1:&\quad (\omega - 2) y_1 + y_2 &&= 0, \\ x = 2:&\quad y_1 + (\omega - 2) y_2 + y_3 &&= 0, \\ x = 3:&\quad y_2 + (\omega - 2) y_3 &&= 0, \end{aligned}\right\} \tag{16}$$

welche nur dann eine Lösung zulassen, wenn ihre Koeffizientendeterminante verschwindet, wenn also

$$\begin{vmatrix} \omega-2 & 1 & 0 \\ 1 & \omega-2 & 1 \\ 0 & 1 & \omega-2 \end{vmatrix} \equiv (\omega-2)(\omega^2-4\omega+2)=0 \tag{17}$$

ist. Die zu ihrer kleinsten Wurzel $\omega_1 = 2-\sqrt{2}$ gehörende kleinste Knicklast ist

$$P_1 = \frac{4^2\alpha}{l^2}\,\omega_1 = 9{,}37\,\frac{\alpha}{l^2} \quad \left(\text{statt genau} = \pi^2\frac{\alpha}{l^2}\right), \tag{18}$$

also nur um 5% zu klein, obwohl die Unterteilung der Stablänge in nur vier Teilstrecken recht grob erscheint.

Ähnlich wie gewöhnliche Differentialgleichungen können auch partielle Differentialgleichungen durch Differenzengleichungen ersetzt werden. Hat man es z. B. mit einer Funktion F zweier unabhängiger Veränderlicher y und z zu tun, so betrachtet man in dem Gebiet, für das die Differentialgleichung gilt, nur die Punkte (y, z) mit ganzzahligen Koordinaten und definiert als

$$\left.\begin{aligned}
&\text{ersten partiellen Differenzenquotienten nach } y \text{ den Wert:}\\
&\qquad F_{y+1,z} - F_{y,z},\\
&\text{ersten partiellen Differenzenquotienten nach } z \text{ den Wert:}\\
&\qquad F_{y,z+1} - F_{y,z},\\
&\text{zweiten partiellen Differenzenquotienten nach } y \text{ den Wert:}\\
&\qquad (F_{y+1,z} - F_{y,z}) - (F_{y,z} - F_{y-1,z}) \equiv F_{y+1,z} + F_{y-1,z} - 2F_{y,z},\\
&\text{zweiten partiellen Differenzenquotienten nach } z \text{ den Wert:}\\
&\qquad (F_{y,z+1} - F_{y,z}) - (F_{y,z} - F_{y,z-1}) \equiv F_{y,z+1} + F_{y,z-1} - 2F_{y,z},\\
&\text{zweiten gemischten Differenzenquotienten den Wert:}\\
&\qquad (F_{y+1,z+1} - F_{y,z+1}) - (F_{y+1,z} - F_{y,z}) \equiv (F_{y+1,z+1} - F_{y+1,z}) -\\
&\qquad\quad - (F_{y,z+1} - F_{y,z}) \equiv F_{y+1,z+1} + F_{y,z} - F_{y,z+1} - F_{y+1,z}
\end{aligned}\right\} \tag{19}$$

usw. In dieser Weise wird z. B. die Potentialgleichung

$$\Delta' F = 0 \qquad \left(\Delta' \equiv \frac{\partial^2}{\partial y^2} + \frac{\partial^2}{\partial z^2}\right)$$

ersetzt durch die Differenzengleichung

$$F_{y+1,z} + F_{y-1,z} + F_{y,z+1} + F_{y,z-1} - 4F_{y,z} = 0. \tag{20}$$

Diese Gleichung drückt aus, daß der Funktionswert $F_{y,z}$ eines beliebigen Gitterpunktes gleich dem arithmetischen Mittel der Funktionswerte der vier benachbarten Gitterpunkte ist. Sind für den Gitterbereich die Randwerte von F vorgegeben, so kann die Gleichung (20) dadurch angenähert gelöst werden[1]), daß man unter Berücksichtigung dieser Randwerte zunächst für den ganzen Gitterbereich beliebige Funktionswerte annimmt, sodann für jeden inneren Punkt den zugehörigen Funktionswert durch das arithmetische Mittel der Funktionswerte seiner vier Nachbarpunkte ersetzt und dieses Verfahren so lange wiederholt, bis die Funktionswerte sich nicht mehr merklich ändern. Daß diese

[1]) H. LIEBMANN, Die angenäherte Ermittlung harmonischer Funktionen und konformer Abbildungen, Sitz. Ber. (math. phys. Kl.) Bayr. Ak. Wiss. München (1918) S. 385.

Vorschrift wirklich einen gegen die wahre Lösung konvergierenden Prozeß darstellt, kann bewiesen werden[1]). Das ganze Verfahren läßt sich auch auf die Gleichung $\Delta'\Delta'F=0$ erweitern.

So einfach diese Rechenvorschrift an und für sich ist, so zeitraubend ist es doch im allgemeinen, sie wirklich durchzuführen. Im besonderen empfiehlt sich dringend, die Anfangswerte schon in Anlehnung an die etwa zu erwartenden Funktionswerte zu wählen. Ist keinerlei Anhaltspunkt hierfür vorhanden, so teilt man das ganze Gebiet zunächst in wenige große Maschen auf, so daß man zuerst nur mit wenigen unbekannten Funktionswerten zu rechnen hat; sodann geht man zu einer größeren Zahl von Gitterpunkten über und interpoliert zwischen den bereits gewonnenen alten Funktionswerten neue für die hinzukommenden Gitterpunkte.

Ist man so bei der endgültigen Zahl von Gitterpunkten angelangt, so kann man das Verfahren dadurch beschleunigen, daß man jeden errechneten Funktionswert sofort bei der Mittelwertbildung der benachbarten Funktionswerte benutzt. Dies hat den großen Vorteil, daß die Ermittlung der Funktionswerte in einem einzigen Werteschema ausgeführt werden kann, indem man nämlich einfach jede zu verbessernde Zahl ausradiert und an deren Stelle sogleich den verbesserten neuen Wert einsetzt.

Man kann sich die Rechenarbeit weiter dadurch wesentlich erleichtern, daß man, sobald die Zahlen, mit denen man arbeiten muß, unbequem groß werden, die gesuchte Funktion F in zwei Teile F' und F'' zerlegt, wovon F' die bis dahin gefundene Approximation von F bezeichnet. Weil $\Delta'F=0$ ist, gilt für $F''=F-F'$ im Inneren des Gebietes

$$\Delta'F''=-\Delta'F'$$

und am Rande des Gebietes

$$F''=0.$$

Aus dem gefundenen Schema für F' errechnet man also in der durch (20) vorgeschriebenen Weise ein anderes für $-\Delta'F'$ und betrachtet jetzt ein neues Randwertproblem, bei welchem die Randwerte der gesuchten Funktion alle Null sind und $\Delta'F''$ einen vorgeschriebenen Wert $-\Delta'F'$ hat. Dabei geht man wie beim ursprünglichen Problem vor, nur errechnet man jetzt jeden neuen Funktionswert $F''_{y,z}$ aus der Bedingung

$$F''_{y,z}=\frac{1}{4}\left(F''_{y+1,z}+F''_{y-1,z}+F''_{y,z+1}+F''_{y,z-1}+\Delta'F'_{y,z}\right). \tag{21}$$

Um ein Bild des Verfahrens und der verlangten Rechenarbeit zu geben, sind für den in Ziff. **11** behandelten Fall eines auf Torsion beanspruchten Rechtecks in den Tabellen 1 bis 4 einige wenige Schritte der Rechnung, nämlich der 10., 20., 30. Schritt und das nach 42 Schritten erreichte Endergebnis dargestellt. Die Tabellen geben die Näherungswerte der in Ziff. **11** benützten Funktion F_2, für welche im Rechteckinnern $\Delta F_2=0$ ist, und für welche die in den Tabellen stark umrandeten Randwerte vorgeschrieben sind [die man aus den Randbedingungen (**11**, 8) entnimmt, wobei willkürlich $G\omega a^2=1000$ gesetzt ist, um den Vergleich mit der diese Funktion ebenfalls darstellenden Tabelle am Schluß von Ziff. **11** zu erleichtern].

Das Verfahren ist hier so weit fortgesetzt, bis eine Änderung in den Einheiten nicht mehr eintritt. Die Anfangswerte sind dabei so ungünstig wie möglich, nämlich alle gleich Null, angenommen, damit man nachträglich feststellen kann, wie sehr sich durch vernünftig angenommene Anfangswerte die Rechenarbeit

[1]) R. Courant, Über Randwertaufgaben bei partiellen Differenzengleichungen, Z. angew. Math. Mech. 6 (1926) S. 322.

Tabelle 1.

$\bar{y}$ \ $\bar{z}$	0,0	0,2	0,4	0,6	0,8	1,0
0,0	0	0	0	0	0	0
0,1	0	0	0	0	0	0
0,2	0	0	0	0	0	0
0,3	0	0	0	0	0	0
0,4	40	40	40	40	40	0
0,5	120	120	120	80	40	0
0,6	240	200	160	120	80	0
0,7	360	320	280	200	80	0
0,8	520	480	400	280	160	0
0,9	720	680	600	440	240	0
1,0	1000	960	840	640	360	0

Tabelle 2.

$\bar{y}$ \ $\bar{z}$	0,0	0,2	0,4	0,6	0,8	1,0
0,0	44	40	32	24	12	0
0,1	48	44	36	24	12	0
0,2	56	52	44	32	16	0
0,3	80	76	64	44	24	0
0,4	120	112	96	68	36	0
0,5	176	168	144	104	52	0
0,6	260	248	212	152	80	0
0,7	376	356	308	224	116	0
0,8	528	504	436	320	168	0
0,9	732	700	608	452	244	0
1,0	1000	960	840	640	360	0

Tabelle 3.

$\bar{y}$ \ $\bar{z}$	0,0	0,2	0,4	0,6	0,8	1,0
0,0	72	68	56	44	24	0
0,1	76	72	60	44	24	0
0,2	88	84	72	52	28	0
0,3	116	108	92	64	36	0
0,4	156	148	124	88	48	0
0,5	212	200	168	124	64	0
0,6	288	276	232	168	88	0
0,7	400	380	324	236	124	0
0,8	544	520	444	328	176	0
0,9	740	708	612	456	248	0
1,0	1000	960	840	640	360	0

Tabelle 4.

$\bar{y}$ \ $\bar{z}$	0,0	0,2	0,4	0,6	0,8	1,0
0,0	88	83	70	50	25	0
0,1	92	87	74	53	27	0
0,2	105	100	85	61	32	0
0,3	130	124	105	76	40	0
0,4	168	160	136	99	52	0
0,5	223	212	180	131	69	0
0,6	299	285	243	178	94	0
0,7	404	385	330	242	128	0
0,8	548	523	450	332	177	0
0,9	742	710	615	459	249	0
1,0	1000	960	840	640	360	0

abkürzen läßt. Geht man etwa schon von den Zahlen in Tabelle 2 aus, so wird die Arbeit auf die Hälfte verringert.

Die Genauigkeit des erreichten Endergebnisses kann man dadurch prüfen, daß man für das letzte Schema $\Delta' F$ berechnet und nachsieht, ob erstens die Abweichung der Größe $\Delta' F$ von dem vorgeschriebenen Wert wechselndes Vorzeichen hat, und ob zweitens schon für verhältnismäßig kleine Teilgebiete die algebraische Summe der Fehler ungefähr Null ist.

§ 5. Methoden zur mechanischen Spannungsbestimmung.

21. Die direkte Dehnungsmessung. Neben den rechnerischen sind auch einige experimentelle Methoden zur Ermittlung des Verzerrungs- und Spannungszustandes eines Körpers entwickelt worden. Die einfachste dieser Methoden besteht darin, entweder am Körper selbst oder an einem Modellkörper die Verzerrungen unmittelbar zu messen und daraus die Spannungen zu berechnen. Sie eignet sich besonders zur Bestimmung von ebenen Spannungszuständen, wie sie in scheibenförmigen Körpern von gleicher Dicke, die nur in ihrer Ebene belastet sind, auftreten. Der Verzerrungszustand in einem beliebigen Punkt einer solchen Scheibe ist durch drei Verzerrungskomponenten bestimmt, so daß man an jeder Stelle der Scheibe drei Messungen vorzunehmen hat, die entweder Winkeländerungen oder Dehnungen bestimmen. Zwar sind auch Instrumente zur Messung von Winkeländerungen gebaut worden, doch beschränken wir uns hier auf eine kurze Besprechung der Dehnungsmessung und erwähnen nur den Huggenbergerschen Dehnungsmesser, der eine verbesserte Ausführung des Okhuizenschen Dehnungsmessers ist.

Der Hauptteil I dieses Instrumentes (Abb. 16) ruht mit der Spitze S_1 auf dem Probekörper. Er trägt die Meßskala A und den festen Drehpunkt B des Zeigers IV. Mit einer Schneide C sitzt er auf dem Drehpunkt des beweglichen Teiles II, der seinerseits mit der Spitze S_2 auf dem Probekörper ruht. Der Teil II ist im Punkte D durch den Hebel III mit dem Punkt E des Zeigers IV verbunden. Dehnt sich der Probekörper, so wird die Abstandsänderung der beiden Spitzen S_1 und S_2 durch eine zweifache Übersetzung ungefähr 1200-fach vergrößert auf der Skala A angezeigt. Die normale Meßlänge l des Instrumentes beträgt 2 cm; doch kann sie zu besonderen Zwecken auf nur 1 cm verkürzt werden.

Zur Ausgleichung der Ungleichmäßigkeit des Verzerrungs- und Spannungszustandes in der Dickenrichtung der Scheibe muß jede Messung jeweils auf beiden

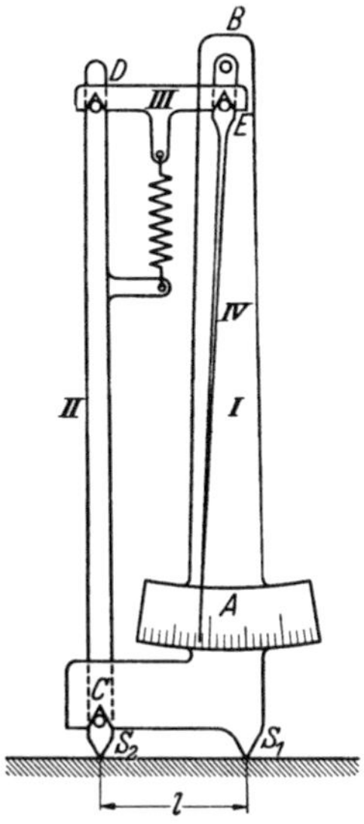

Abb. 16. Der Okhuyzen-Huggenberger-Dehnungsmesser.

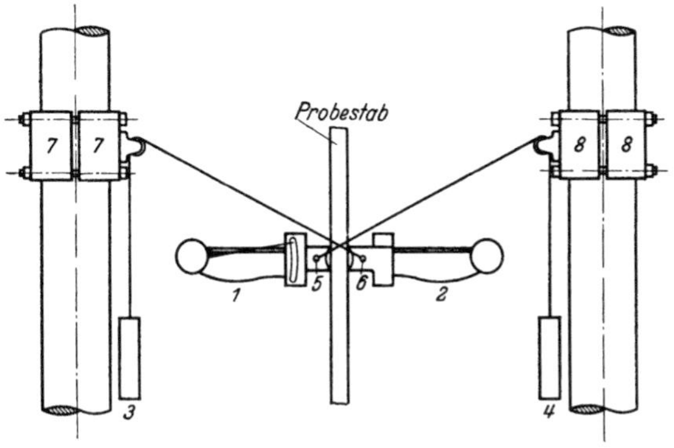

Abb. 17. Anbringung der Dehnungsmesser an einem Probestab in der Zerreißmaschine.

Seiten des Probekörpers vorgenommen werden. Abb. 17 zeigt an einem in der Zugmaschine eingespannten Probestab eine empfehlenswerte Aufstellung zweier zusammengehöriger Dehnungsmesser. Jedes der beiden Instrumente *1*, *2* wird durch zwei von Gewichten *3*, *4* erzeugte Drahtkräfte, die an den Enden je einer den Hauptteil I durchsetzenden Nadel *5*, *6* angreifen, waagerecht gegen den Probekörper gedrückt. Das rechte Instrument wird von den Gewichten links, das linke von den Gewichten rechts getragen. Die Neigung der Spanndrähte kann, weil die Klötze *7*, *8* an den Säulen der Zugmaschine verschiebbar befestigt sind, so gewählt werden, daß das Eigengewicht der Dehnungsmesser keinen störenden Einfluß ausübt. Anstatt durch gewichtsbelastete Spanndrähte kann man den Apparat (wenn zu seiner Montierung nur wenig Raum vorhanden ist) auch durch Federn gegen den Probekörper andrücken. Dazu benützt man zweckmäßigerweise einen Rahmen, der sich magnetisch an den Probekörper anpreßt und in welchem ein Schlitten mittels einer Stellschraube so verschoben und eingestellt werden kann, daß die zwischen Schlitten und Meßapparat gespannten Federn beim Andrücken des Meßapparates gegen den Probekörper das Eigengewicht des Meßapparates gerade kompensieren.

Zur vollständigen Beschreibung eines ebenen Spannungszustandes muß man die Dehnungen in drei verschiedenen Richtungen kennen. Wie daraus die Hauptdehnungen ε_1 und ε_2 nach Größe und Richtung bestimmt werden können, erkennt man am leichtesten, wenn man die Meßrichtungen auf die (zunächst einmal als bekannt gedachte) erste Hauptrichtung (Kap. I, Ziff. **5**) bezieht und die gemessenenen Dehnungen in den Hauptdehnungen ausdrückt. Für jede

Richtung φ gegen die erste Hauptrichtung, die wir zur x-Richtung in einem (x, y)-System nehmen (Abb. 18), gilt definitionsgemäß

$$\varepsilon_\varphi = \frac{\bar{d}s - ds}{ds} = \frac{\varepsilon_1 dx \cos\varphi + \varepsilon_2 dy \sin\varphi}{ds} = \varepsilon_1 \cos^2\varphi + \varepsilon_2 \sin^2\varphi, \tag{1}$$

so daß zwischen den drei gemessenen Dehnungen $\varepsilon_{\varphi_1}, \varepsilon_{\varphi_2}, \varepsilon_{\varphi_3}$ und den Hauptdehnungen ε_1 und ε_2 die folgenden Beziehungen bestehen:

$$\left.\begin{aligned} \varepsilon_{\varphi_1} &= \varepsilon_1 \cos^2\varphi_1 + \varepsilon_2 \sin^2\varphi_1, \\ \varepsilon_{\varphi_2} &= \varepsilon_1 \cos^2(\varphi_1 + \beta) + \varepsilon_2 \sin^2(\varphi_1 + \beta), \\ \varepsilon_{\varphi_3} &= \varepsilon_1 \cos^2(\varphi_1 + \gamma) + \varepsilon_2 \sin^2(\varphi_1 + \gamma), \end{aligned}\right\} \tag{2}$$

worin β und γ die bekannten Winkeldifferenzen $\varphi_2 - \varphi_1$ und $\varphi_3 - \varphi_1$ bezeichnen.

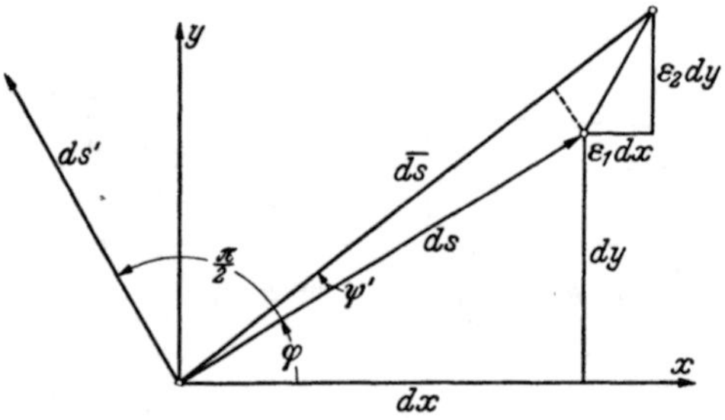

Abb. 18. Meßrichtungen φ und $\varphi + \pi/2$ eines ebenen Verzerrungszustandes.

Viel einfacher als durch Lösung dieser Gleichungen erhält man aber die Unbekannten ε_1, ε_2 und φ_1 auf graphischem Wege, wenn man außer den Größen ε_φ, die man nach (1) auch in der Form

$$\varepsilon_\varphi = \frac{1}{2}(\varepsilon_1 + \varepsilon_2) + \frac{1}{2}(\varepsilon_1 - \varepsilon_2)\cos 2\varphi \tag{3}$$

schreiben kann, noch die Winkeländerungen $\psi_{\varphi, \varphi+\pi/2}$ benützt. Zur Berechnung einer solchen Winkeländerung überlegt man (Abb. 18), daß sich das in die Richtung φ fallende Linienelement ds bei der Verzerrung um den Winkel

$$\psi' = \frac{\varepsilon_2\, dy \cos\varphi - \varepsilon_1\, dx \sin\varphi}{ds} = (\varepsilon_2 - \varepsilon_1)\sin\varphi\cos\varphi,$$

und folglich das dazu senkrechte Element ds' um den Winkel

$$\psi'' = (\varepsilon_2 - \varepsilon_1)\sin\left(\varphi + \frac{\pi}{2}\right)\cos\left(\varphi + \frac{\pi}{2}\right) = (\varepsilon_1 - \varepsilon_2)\sin\varphi\cos\varphi$$

(je positiv im Gegenzeigersinn) dreht. Es ist also

$$\psi_{\varphi, \varphi+\pi/2} = \psi'' - \psi' = (\varepsilon_1 - \varepsilon_2)\sin 2\varphi. \tag{4}$$

Vergleicht man (3) und (4) mit (I, **6**, 1) und (I, **6**, 2), so erkennt man, daß ε_φ und $\frac{1}{2}\psi_{\varphi, \varphi+\pi/2}$ in derselben Weise von den Hauptdehnungen ε_1 und ε_2 abhängen, wie die Spannungskomponenten σ_φ und τ_φ einer Ebene φ von den Hauptspannungen σ_1 und σ_2. Insbesondere folgt hieraus, daß der betrachtete Verzerrungszustand durch einen Mohrschen Verzerrungskreis abgebildet werden kann, derart, daß die Koordinaten eines zum Zentriwinkel 2φ gehörigen Bildpunktes die zur Richtung φ gehörigen Verzerrungsgrößen ε_φ und $\frac{1}{2}\psi_{\varphi, \varphi+\pi/2}$ darstellen.

Es handelt sich nun nur noch darum, diesen Kreis zu konstruieren, wenn die Abszissen $\varepsilon_{\varphi_1}, \varepsilon_{\varphi_2}, \varepsilon_{\varphi_3}$ dreier Bildpunkte B_1, B_2, B_3 sowie die zu diesen Punkten gehörigen Zentriwinkel 2β und 2γ bekannt sind (Abb. 19 links). Man zeichnet zuerst einen beliebigen Kreis (Abb. 19 rechts) mit drei Punkten $\bar{B}_1$, $\bar{B}_2$, $\bar{B}_3$ in den vorgeschriebenen Winkelabständen 2β und 2γ. Dann konstruiert man auf der Geraden $\bar{B}_1 \bar{B}_3$ den Punkt $\bar{B}_2''$ so, daß

$$\frac{\bar{B}_1 \bar{B}_2''}{\bar{B}_2'' \bar{B}_3} = \frac{B_1 B_2''}{B_2'' B_3} = \frac{\varepsilon_{\varphi_1} - \varepsilon_{\varphi_2}}{\varepsilon_{\varphi_2} - \varepsilon_{\varphi_3}}$$

ist, und zeichnet den zu $\bar{B}_2 \bar{B}_2''$ senkrechten Durchmesser $\bar{d}$. Projiziert man sodann die Punkte $\bar{B}_1$, $\bar{B}_2$, $\bar{B}_3$ in $\bar{B}_1'$, $\bar{B}_2'$, $\bar{B}_3'$ auf diesen Durchmesser, so erhält man eine Konfiguration $\bar{B}_1$, $\bar{B}_2$, $\bar{B}_3$, $\bar{B}_1'$, $\bar{B}_2'$, $\bar{B}_3'$, die zu der gesuchten B_1, B_2, B_3, B_1', B_2', B_3' ähnlich ist. Ausgehend von den Punkten B_1', B_2', B_3' in Abb. **19** links kann man also sofort den Kreismittelpunkt M finden und hiernach den Halbmesser des gesuchten Kreises, indem man $\sphericalangle B_1' M B_1 = \sphericalangle \bar{B}_1 \bar{M} \bar{B}_1$ macht

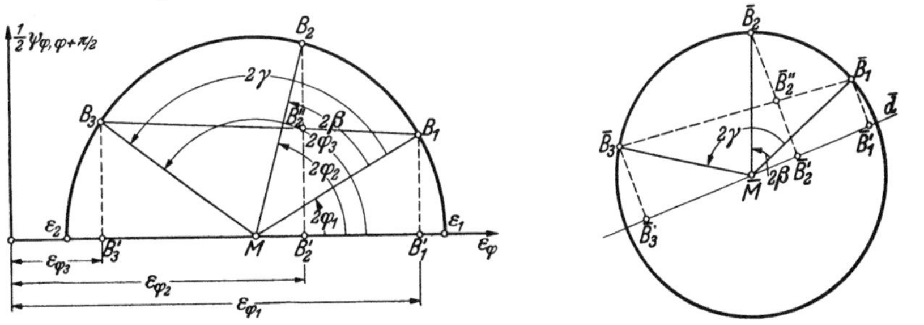

Abb. 19. Konstruktion des Mohrschen Verzerrungskreises aus drei Dehnungen in vorgegebenen Richtungen.

und die Gerade MB_1 mit dem in B_1' auf MB_1' errichteten Lot schneidet. **Die** Abszissen seiner Schnittpunkte mit der ε-Achse sind dann die gesuchten Hauptdehnungen ε_1 und ε_2, und $\sphericalangle B_1' M B_1 = 2\varphi_1$ gibt die Richtung φ_1 der ersten Meßrichtung gegen die erste Hauptrichtung an. Natürlich kann man auch den Kreis von Abb. 19 rechts selbst als den gesuchten Verzerrungskreis ansehen, wenn man die Strecken $\bar{B}_2'\bar{B}_3'$ und $\bar{B}_1'\bar{B}_2'$ als $(\varepsilon_{\varphi_2} - \varepsilon_{\varphi_3})$ und $(\varepsilon_{\varphi_1} - \varepsilon_{\varphi_2})$ auffaßt. Hierdurch ist der Maßstab festgelegt, in welchem die Dehnungen auf dem Durchmesser $\bar{d}$ (der jetzt die ε-Achse bildet) aufgetragen sind, so daß auch der auf diesem Durchmesser liegende Nullpunkt ohne weiteres gefunden werden kann.

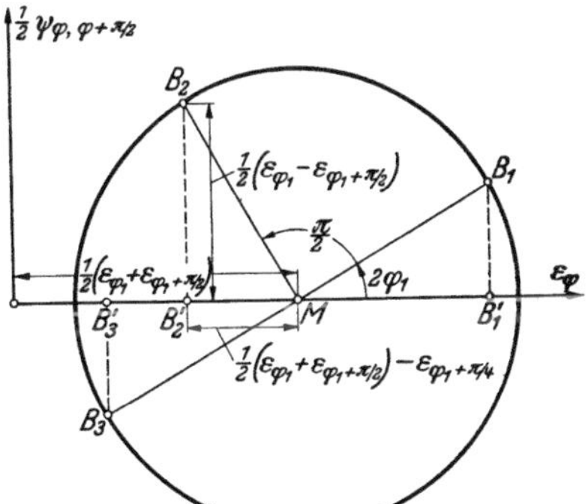

Abb. 20. Vereinfachte Konstruktion des Mohrschen Verzerrungskreises.

Im allgemeinen wird man für die Winkel β und γ die Werte $\pi/4$ und $\pi/2$ wählen. In diesem Falle kann der Verzerrungskreis unmittelbar konstruiert werden (Abb. 20), weil jetzt der Mittelpunkt M die Strecke $B_1' B_3'$ halbiert und die beiden Dreiecke $M B_2 B_2'$ und $M B_3 B_3'$ kongruent sind. Für die gesuchten Größen ε_1, ε_2 und φ_1 findet man hier, wie leicht aus Abb. 20 abzulesen ist,

$$\left.\begin{aligned} \operatorname{tg} 2\varphi_1 &= \frac{\varepsilon_{\varphi_1} + \varepsilon_{\varphi_1+\pi/2} - 2\varepsilon_{\varphi_1+\pi/4}}{\varepsilon_{\varphi_1} - \varepsilon_{\varphi_1+\pi/2}}, \\ \left.\begin{matrix}\varepsilon_1\\ \varepsilon_2\end{matrix}\right\} &= \frac{1}{2}(\varepsilon_{\varphi_1} + \varepsilon_{\varphi_1+\pi/2}) \pm \sqrt{\frac{1}{2}\left[(\varepsilon_{\varphi_1} - \varepsilon_{\varphi_1+\pi/4})^2 + (\varepsilon_{\varphi_1+\pi/2} - \varepsilon_{\varphi_1+\pi/4})^2\right]}. \end{aligned}\right\} \quad (5)$$

Wenn man die Hauptdehnungen ε_1 und ε_2 so bestimmt hat, so folgen die Hauptspannungen σ_1 und σ_2 aus den beiden ersten Gleichungen (I, **13**, 2) mit

$\sigma_3 = 0$, also aus

$$E\varepsilon_1 = \sigma_1 - \frac{\sigma_2}{m}, \qquad E\varepsilon_2 = \sigma_2 - \frac{\sigma_1}{m}$$

sofort vollends zu

$$\sigma_1 = \frac{mE}{m^2-1}(m\,\varepsilon_1 + \varepsilon_2), \qquad \sigma_2 = \frac{mE}{m^2-1}(\varepsilon_1 + m\,\varepsilon_2). \tag{6}$$

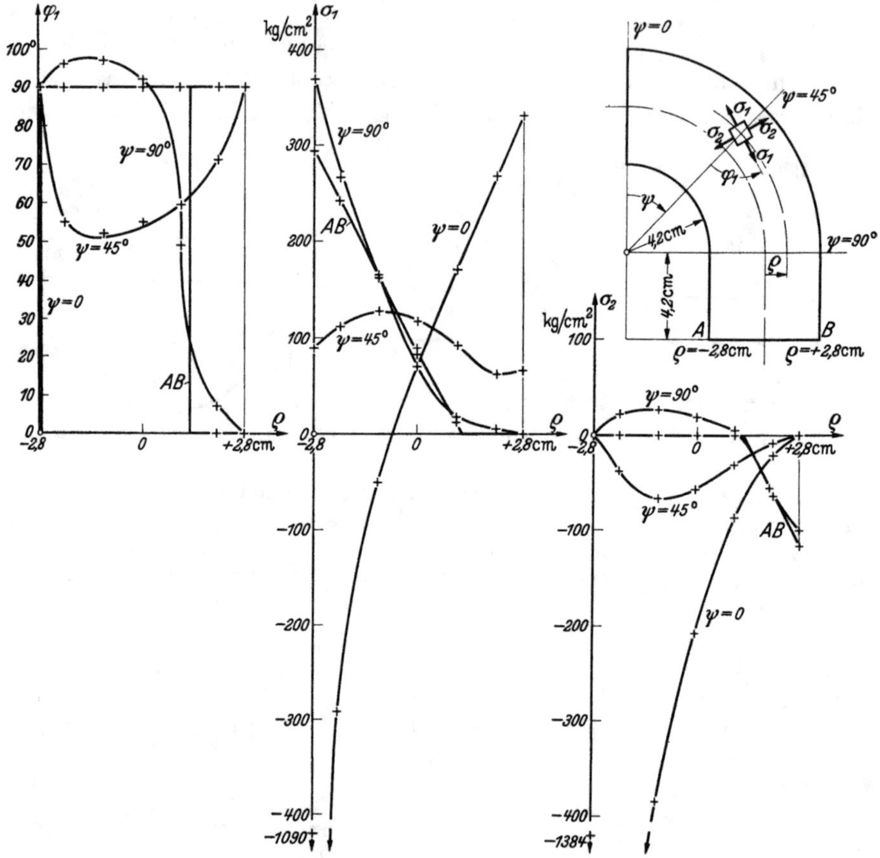

Abb. 21. Spannungen in dem scheibenformigen Modell eines Kettengliedviertels, bestimmt mit Dehnungsmessung.

Abb. 21 zeigt (zwecks Vergleich mit einer späteren Methode; Ziff. **32**) die mit dieser Methode erhaltenen Meßergebnisse für das Modell eines (nur zum vierten Teil dargestellten) Kettengliedes.

Der beschriebene Dehnungsmesser wird für Fälle, wo die zu messende Dehnung sehr stark variiert und also eine sehr kleine Meßlänge erforderlich ist, als Dehnungsmesser mit Differentialmeßlänge umgebaut. Bei diesem Apparat ist die Spitze S_1 der Ausführung Abb. 16 mit einer Mikrometerschraube im Gerüst des Hauptteils I waagerecht gegen S_2 hin verschiebbar. Soll in einem Punkt P in vorgeschriebener Richtung eine Dehnung gemessen werden, so führt man eine Doppelmessung aus, bei der sich die Spitze S_2 beidemal in der normalen Entfernung l von P befindet, wogegen die Spitze S_1 das erstemal in den Punkt P selbst, das zweitemal in einen sehr benachbarten Punkt P' gesetzt wird. Dazu kippt man nach der ersten Messung das Gerät um die bewegliche Spitze S_2 etwas um und verschiebt die Spitze S_1 mit der Mikrometerschraube über den mit großer Genauigkeit abzulesenden Abstand PP'. Wird der Probekörper bei beiden Versuchen in derselben Weise belastet, so liefert die Differenz der beiden Zeigerablesungen die auf die Meßlänge PP' bezogene Dehnung.

Natürlich ist dieser Dehnungsmesser nur bei ruhender Belastung brauchbar. Außerdem setzt der zu seiner richtigen Aufstellung erforderliche Raum seiner Brauchbarkeit gewisse Schranken. Darum sei noch ein neuer elektrischer dynamischer Dehnungsmesser[1]) erwähnt, der die Spannung auch unter Betriebsverhältnissen, z. B. an Kurbeln, Pleueln, Luftschrauben, zu messen ermöglicht. Seine Meßlänge ist 10 mm, sein Gewicht 0,5 g. Die Meßgenauigkeit für Stahl beträgt etwa 0,25 kg/mm². Der Apparat zeichnet Frequenzen von 1200 Hz noch verzerrungsfrei in Form und Größe auf.

22. Die Methode der Bohrlochverformungen. Ein anderes Verfahren liefert aus der Messung von Bohrlochverformungen die Spannungen in Bauteilen. Wir betrachten zur Erläuterung dieser Matharschen Methode[2]) zunächst einen Plattenstreifen von großer Breite, der in seiner Längsrichtung gleichmäßig mit einer Normalspannung σ gezogen ist. Wird in diesen Streifen ein Loch gebohrt (Abb. 22), so tritt eine Spannungsstörung auf, welche eine Abstandsvermehrung der Punkte A und B zur Folge hat. Ist entweder experimentell oder rechnerisch die Abhängigkeit dieser Abstandsänderung von der zugehörigen Spannung ein für alle Mal in Form einer Eichkurve ermittelt, so kann bei jedem anderen auf Zug beanspruchten Streifen aus der bei einem Bohrlochversuch auftretenden Abstandsänderung der Punkte A und B auf die Spannung σ im Streifen geschlossen werden. Ist diese Spannung kleiner als etwa 40% der Proportionalitätsgrenze, so ist sie der Abstandsänderung von AB proportional, und der Proportionalitätsfaktor ist in diesem Falle bekannt[3]). Überschreitet σ jenen Betrag, so wird durch die in den Punkten C und D auftretende Spannungserhöhung die Proportionalitäts- und sehr bald auch die Fließgrenze überschritten, so daß dann eine experimentell ermittelte Eichkurve vorhanden sein muß.

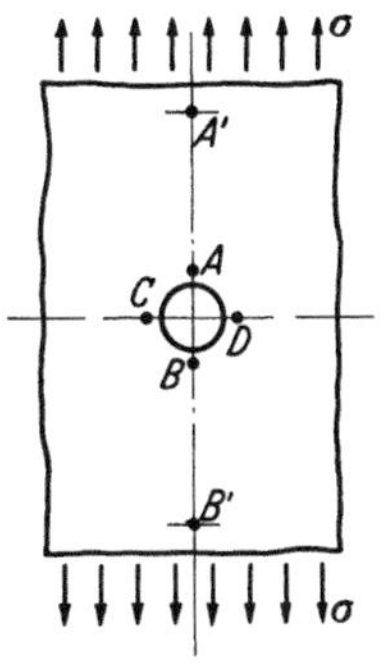

Abb. 22. Bohrloch in einem auf reinen Zug beanspruchten Streifen.

Nimmt man an, daß in den Punkten A' und B' die durch das Bohrloch verursachte Spannungs- und Verzerrungsstörung nicht mehr merkbar ist, so daß diese Punkte beim Bohren keinerlei Verschiebung erleiden, so ist die Verlängerung von AB gleich der Summe der Verkürzungen von AA' und BB', und weil diese beiden aus Symmetriegründen einander gleich sind, so braucht man nur eine zu messen. Außerdem ist die Aufstellung der Meßvorrichtung bei dieser Art des Messens im allgemeinen viel einfacher.

Ist der Streifen dick, so braucht man, wie Versuche gezeigt haben, das Stück nicht ganz zu durchbohren; es genügt, wenn die Bohrtiefe das 1,5- bis 2-fache des Bohrdurchmessers beträgt; alle Spannungen, die beim tieferen Bohren durch die Wegnahme des Werkstoffes frei werden, beeinflussen mithin die Verformung an der Oberfläche nicht merkbar.

---

[1]) J. Ratzke, Ein neuer elektrischer dynamischer Dehnungsmesser, Jb. dtsch. Luftf.-forsch. 2 (1937) S. 278 (Triebwerk).

[2]) J. Mathar, Ermittlung von Eigenspannungen durch Messung von Bohrloch-Verformungen, Arch. Eisenhuttenw. 6 (1932—1934) S. 277.

[3]) Vgl. Kirsch, Die Theorie der Elastizität und die Bedürfnisse der Festigkeitslehre, Z. VDI 42 (1898) S. 797, wo sich die Formeln für die auf Zug beanspruchte unendlich ausgedehnte Platte finden, und R. C. J. Howland, On the stresses in the neighbourhood of a circular hole in a strip under tension, Phil. Trans. Roy. Soc. (A) 229 (1930) S. 49, wo die Platte endlicher Breite durchgerechnet ist.

In ganz ähnlicher Weise wie beim gezogenen Streifen kann man vorgehen bei einer Platte, die einem homogenen Spannungszustand mit den Hauptspannungen σ_1 und σ_2 ausgesetzt ist. Mißt man die durch ein Bohrloch hervorgerufenen Längenänderungen der in die Hauptspannungsrichtungen fallenden Durchmesser AB und CD des Bohrloches (Abb. 23), so schließt man bei vorgegebener Eichkurve leicht auf die beiden Hauptspannungen σ_1 und σ_2. Sind die Richtungen von σ_1 und σ_2 unbekannt, so hat man die bei einem Bohrvorgang auftretende Lochverformung in drei verschiedenen Richtungen festzustellen und dann nach Ziff. **21** zu verfahren.

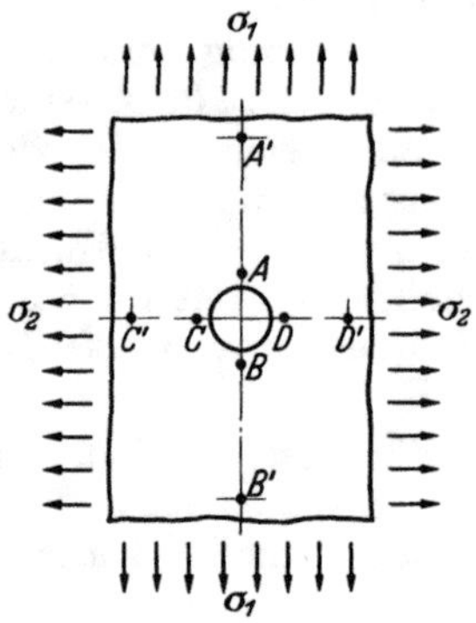

Abb. 23. Bohrloch in einem nach zwei Richtungen gezogenen Streifen.

Besteht für irgendeinen Bauteil die Gewißheit, daß in einem nicht allzu kleinen Teil seiner Oberfläche ein homogener (oder nahezu homogener) Spannungszustand herrscht, so kann man so die in diesem Teil vorhandenen Spannungen ermitteln[1]).

23. Die Beggssche Methode. Zur experimentellen Untersuchung von hochgradig statisch unbestimmten Stabgebilden ist eine auf den Maxwellschen Sätzen (Kap. II, Ziff. **9**) fußende, die sogenannte Beggssche Methode[2]) entwickelt worden. Als Anwendungsbeispiel wählen wir ein 18-fach statisch unbestimmtes Zahnrad mit sechs Speichen, in Abb. 24 schematisch dargestellt. Die Punkte $z_1, z_2, \ldots, z_n$ bezeichnen die Angriffsstellen der im allgemeinen schiefgerichteten Zahndrücke. Es genügt, nur ein Drittel der Zähne in Betracht zu ziehen, weil die von der Belastung eines Zwischenzahnes herrührende Beanspruchung dann hinreichend genau durch Interpolation bestimmt werden kann. Wir greifen einen beliebigen Schnitt OO heraus und stellen uns die Aufgabe, die dortigen Schnittkräfte und -momente (d. h. die Normalkraft N, die Querkraft S und das Biegemoment M) zu bestimmen. Dazu rücken wir (an einem Modell des zu untersuchenden Körpers) die beiden durch den Schnitt OO wirklich getrennten Teile, unter Verhinderung sowohl einer relativen Querverschiebung als auch einer relativen Drehung, um eine bekannte Strecke u_0 auseinander und bestimmen mikroskopisch in jedem Punkt z_i die radialen und tangentialen Komponenten u_i und v_i der örtlichen Verschiebung. Ist K die zur Herstellung von u_0 erforderliche Kraft, so sind die zugehörigen Maxwellschen Einflußzahlen

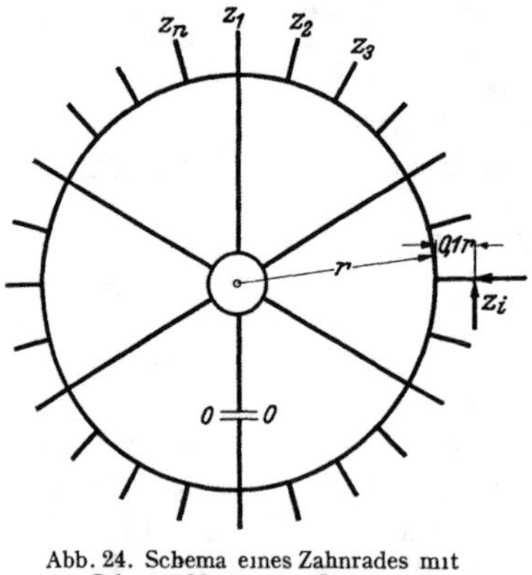

Abb. 24. Schema eines Zahnrades mit Schnitt OO in einer Speiche.

$$\alpha_{00}^{rr} = \frac{u_0}{K}, \qquad \alpha_{i0}^{rr} = \frac{u_i}{K}, \qquad \alpha_{i0}^{tr} = \frac{v_i}{K} \tag{1}$$

[1]) Man vgl. hierzu auch noch F. Bollenrath, Über mechanische Verfahren zur Bestimmung der Eigenspannungen, Jahrbuch der Lilienthalgesellschaft für Luftfahrtforschung, Munchen und Berlin 1936, wo darauf hingewiesen wird, daß der Anwendungsbereich des Mathar-Verfahrens mit der Vervollkommnung der Auswertverfahren noch erheblich erweitert werden kann. Am meisten Erfolg verspricht hierbei die stereophotogrammetrische Verschiebungsmessung, die es wahrscheinlich ermöglichen wird, mit dem Bohrlochdurchmesser auf 1 bis 0,6 mm herunterzugehen.

[2]) G. E. Beggs, The use of models in the solution of indeterminate structures, J. Franklin Inst. 203 (1927) S. 375 (oder auch Verh. d. 2. Intern. Kongr. f. Techn. Mech. S. 301 Zürich 1927).

(von den beiden oberen Zeigern bezeichnet der erste jedesmal die Richtung, in welcher die Verschiebung gemessen wird, der zweite die Richtung der Kraft, die im Punkte O angreift). Wirkt nun im Punkte i eine radiale Kraft R_i, so ruft diese im Punkte O nach dem Maxwellschen Reziprozitätssatz eine relative Verschiebung

$$R_i \alpha_{0i}^{rr} = R_i \alpha_{i0}^{rr} = R_i \frac{u_i}{K}$$

hervor. Soll diese Verschiebung durch zwei im Schnitt OO wirkende Normalkräfte N aufgehoben werden, so muß

$$N\alpha_{00}^{rr} = N\frac{u_0}{K} = R_i \frac{u_i}{K}$$

sein, so daß

$$N = \frac{u_i}{u_0} R_i$$

ist. Zur Bestimmung der von der Kraft R_i hervorgerufenen Normalkraft N genügt also das Verhältnis der gemessenen Größe u_i zu der von vornherein bekannten Größe u_0. Wirken in den Punkten z_i die vorgegebenen radialen und tangentialen Kräfte R_i und T_i gleichzeitig, so ist die gesamte Normalkraft im Schnitt OO

$$N = \sum_{i=1}^{n} \frac{u_i}{u_0} R_i + \sum_{i=1}^{n} \frac{v_i}{u_0} T_i .$$

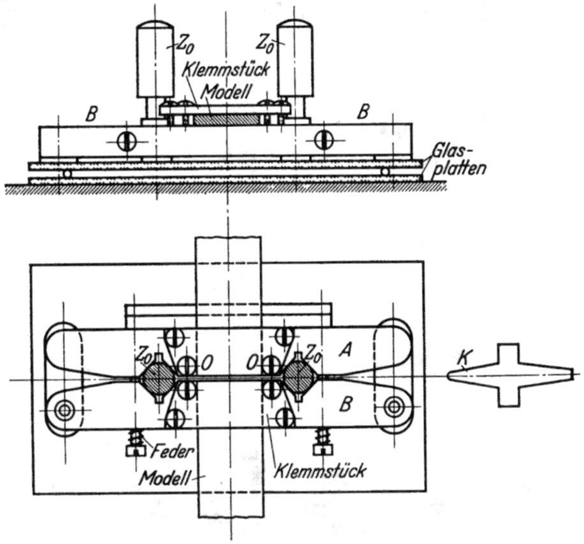

Abb. 25. Die Beggssche Spannvorrichtung.

In ähnlicher Weise werden die Querkraft S und das Biegemoment M im Schnitt OO berechnet, indem die im Punkte O aneinanderstoßenden Teile das eine Mal, unter Verhinderung einer relativen Drehung und einer relativen Radialverschiebung, um eine bekannte Strecke v_0 seitlich gegeneinander verschoben werden, das andere Mal, unter Verhinderung jeder relativen Verschiebung, um einen bekannten Winkel φ_0 gegeneinander verdreht werden. Nennt man in den beiden Fällen die in den Punkten z_i gemessenen Verschiebungen zur Unterscheidung von u_i und v_i jetzt u_i', v_i' und u_i'', v_i'', so findet man

$$\left.\begin{aligned} N &= \sum_{i=1}^{n} \frac{u_i}{u_0} R_i + \sum_{i=1}^{n} \frac{v_i}{u_0} T_i ,\\ S &= \sum_{i=1}^{n} \frac{u_i'}{v_0} R_i + \sum_{i=1}^{n} \frac{v_i'}{v_0} T_i ,\\ M &= \sum_{i=1}^{n} \frac{u_i''}{\varphi_0} R_i + \sum_{i=1}^{n} \frac{v_i''}{\varphi_0} T_i . \end{aligned}\right\} \quad (2)$$

Abb. 25 zeigt, wie die zum Messen der Größen u_i, v_i, u_i', v_i', u_i'', v_i'' erforderlichen relativen Lagenänderungen u_0, v_0, φ_0 der im Schnitt OO zusammenstoßenden beiden Teile erzeugt werden. Auf jedem dieser Teile ist ein mit zwei V-förmigen Einschnitten versehener Stahlkörper A (bzw. B) befestigt. Die beiden Stahlkörper werden durch starke Federn gegeneinander gezogen und können mit

Hilfe zweier Keile K so weit auseinandergeschoben werden, daß es möglich wird, zwischen jedes Paar von gegenüberliegenden Einschnitten einen gehärteten stählernen Kaliber einzulegen. Der Normalzustand, von dem aus alle Messungen ausgeführt werden, ist derjenige, bei dem die Normalzylinder Z_0 eingelegt sind; in diesem Zustand soll der Versuchskörper praktisch spannungsfrei sein. Die Normalzylinder werden nun der Reihe nach durch andere Kaliberpaare ersetzt, und zwar (Abb. 26)

a) zur Erzeugung einer relativen Längsverschiebung u_0 zuerst durch ein Paar gleich große Zylinder Z_n von kleinerem, dann durch ein Paar gleich große Zylinder von größerem Durchmesser als die Normalzylinder,

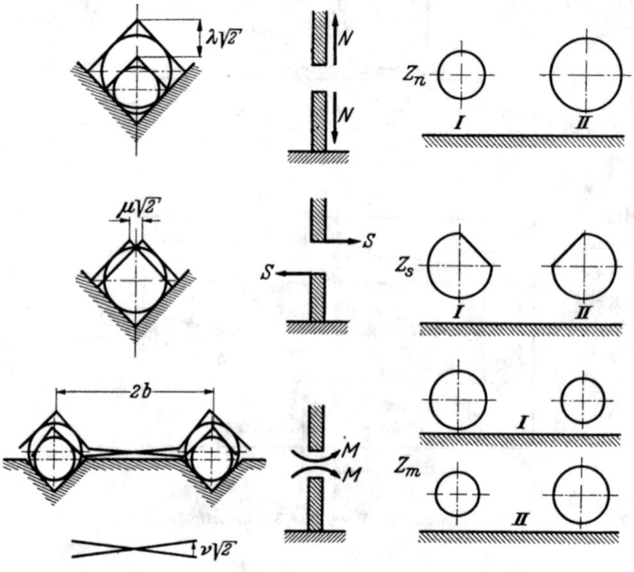

Abb. 26. Die Kaliber.

b) zur Erzeugung einer relativen Querverschiebung v_0 durch ein Paar (gleich große) abgeplattete Zylinder Z_s, die das eine Mal mit der abgeplatteten Seite nach rechts, das andere Mal mit der abgeplatteten Seite nach links eingesetzt werden,

c) zur Erzeugung einer relativen Drehung φ_0 durch zwei ungleich große Zylinder Z_m, die bei den beiden mit ihnen vorzunehmenden Messungen ihre Stellung wechseln.

Im Fall a) gehört zu jedem Zylinderpaar Z_n eine Verschiebung u_0 (zum ersten Paar $\bar{u}_0$, zum zweiten Paar $\bar{\bar{u}}_0$), ein Satz von Verschiebungsgrößen u_i ($\bar{u}_i$ und $\bar{\bar{u}}_i$) und ein Satz von Verschiebungsgrößen v_i ($\bar{v}_i$ und $\bar{\bar{v}}_i$). Zur Ausgleichung etwaiger Meßfehler werden nun, unter Beachtung der Tatsache, daß $\bar{u}_0$ und $\bar{\bar{u}}_0$, $\bar{u}_i$ und $\bar{\bar{u}}_i$, $\bar{v}_i$ und $\bar{\bar{v}}_i$ je entgegengesetztes Vorzeichen haben, die in der ersten Gleichung (2) vorkommenden Verhältnisse $\frac{u_i}{u_0}$ und $\frac{v_i}{v_0}$ durch die Werte $\frac{\bar{\bar{u}}_i-\bar{u}_i}{\bar{\bar{u}}_0-\bar{u}_0}$ und $\frac{\bar{\bar{v}}_i-\bar{v}_i}{\bar{\bar{v}}_0-\bar{v}_0}$ ersetzt. Analog verfährt man in den Fällen b) und c).

Zur Bestimmung der Größen $u_0=\bar{\bar{u}}_0-\bar{u}_0$, $v_0=\bar{\bar{v}}_0-\bar{v}_0$, $\varphi_0=\bar{\bar{\varphi}}_0-\bar{\varphi}_0$ braucht man im Falle a) den Durchmesserunterschied λ der beiden Zylindersätze Z_n, im Falle b) die Pfeilhöhe μ der von den Kalibern Z_s abgeschnittenen Zylindersegmente, im Falle c) den Quotienten ν des Durchmesserunterschiedes der Zylinder Z_m und deren halben Achsenabstand b. Dann ist nach Abb. 26

$$u_0=\lambda\sqrt{2},\quad v_0=\mu\sqrt{2},\quad \varphi_0=\nu\sqrt{2}.$$

Die Verschiebungen u_i und v_i werden, wie schon erwähnt, mit einem Mikroskop gemessen. Auf dem Modell ist an jeder Meßstelle ein schwarzer Punkt so klein wie möglich gezeichnet, der sich in der Mitte des Gesichtsfeldes des Mikroskopes befindet, wenn die Normalkaliber eingeschaltet sind. Außerdem sind auf dem Modell an jeder Meßstelle zwei zueinander senkrechte Richtungen verzeichnet (in unserem Falle die radiale und die tangentiale Richtung), in denen die äußeren Kräfte wirken sollen. Der positive Sinn dieser beiden Richtungen bestimmt das Vorzeichen der äußeren Kräfte. Die Verschiebung des Meßpunktes wird im Mikroskop an einer Skala abgelesen, die sich unter dem Okular befindet. Parallel zu dieser Skala sind mit Hilfe einer Mikrometerschraube zwei Kreuzfäden verstellbar, deren Richtungen je einen Winkel von 45° mit der Skala einschließen (Abb. 27). Okular und Mikrometer sind als Ganzes frei drehbar, so daß die Kreuzfäden ohne Schwierigkeit den radialen und tangentialen Meßrichtungen parallel gestellt werden können. Verschiebt sich nun im Gesichtsfeld des Mikroskopes der schwarze Punkt von der Stelle *I* nach der Stelle *II*, so wird zur Bestimmung der radialen Verschiebung u_i für beide Lagen das Fadenkreuz so lange verschoben, bis der tangential gerichtete Faden den Punkt jeweils an der untersten Stelle berührt. An der Skala wird sodann mittels des mit dem Fadenkreuz verbundenen Doppelstriches s der Wert $u_i\sqrt{2}$ abgelesen. Ebenso bestimmt man die im Gesichtsfeld des Mikroskopes sichtbare tangentiale Verschiebung $v_i\sqrt{2}$, indem man die Bewegung des radial gerichteten Fadens verfolgt. Jeder Teilstrich der Skala entspricht einer vollen Umdrehung der Mikrometerschraube, d. h. einer Verschiebung $u_i\sqrt{2}$ (bzw. $v_i\sqrt{2}$) $=$ 1 mm.

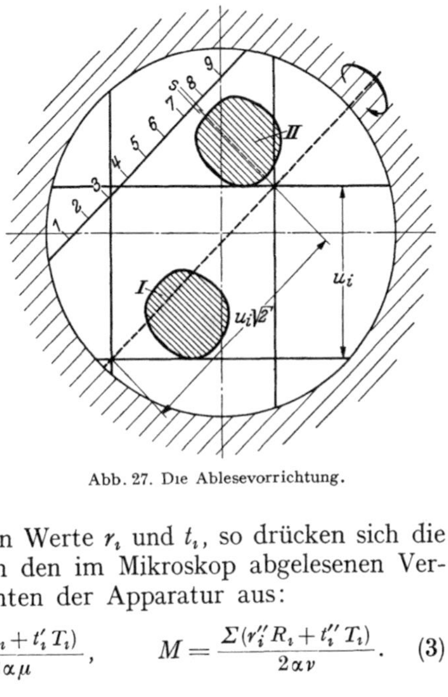

Abb. 27. Die Ablesevorrichtung.

Ist α die Vergrößerung des Mikroskopes, so gehört zu einer auf der Skala abgelesenen Verschiebung a_i eine wirkliche Verschiebung $\frac{a_i}{\alpha\sqrt{2}}$ am Modell. Ersetzt man also die Größen u_i und v_i in den Gleichungen (2) durch die ihnen entsprechenden, an der Skala abgelesenen Werte r_i und t_i, so drücken sich die Größen N, S und M folgendermaßen in den im Mikroskop abgelesenen Verschiebungseinheiten und in den Konstanten der Apparatur aus:

$$N = \frac{\Sigma(r_i R_i + t_i T_i)}{2\alpha\lambda}, \qquad S = \frac{\Sigma(r_i' R_i + t_i' T_i)}{2\alpha\mu}, \qquad M = \frac{\Sigma(r_i'' R_i + t_i'' T_i)}{2\alpha\nu}. \qquad (3)$$

Außerdem hat man die folgenden Vorschriften zu beachten:

1) Zur Bestimmung von jeder Größe N, S und M sind stets je zwei Messungen mit zwei verschiedenen Sätzen (bzw. Stellungen) von Kalibern auszuführen; die Reihenfolge dieser Messungen sei stets die in Abb. 26 durch die Ziffern *I* und *II* bezeichnete.

2) Man stelle in jedem Meßpunkt das Mikroskop derart auf, daß die Achse der Mikrometerschraube in den von den positiven Meßrichtungen gebildeten Quadranten fällt, so daß zu jeder im Gesichtsfelde des Mikroskopes betrachteten positiven Verschiebung r_i oder t_i eine positive Verdrehung der Mikrometerschraube gehört und also auch eine positive Verschiebung des Striches s an der Skala. Dann haben, falls die Gleichungen (3) positive Werte ergeben, die Größen N, S und M den in Abb. 26 angegebenen Sinn.

Diese Aussage möge an der ersten Formel (3) kontrolliert werden. Setzt man zuerst die kleinen und dann die großen Kaliber in den Apparat ein, so werden die Stahlkörper A und B (Abb. 25) auseinandergedrückt. In irgendeinem Meßpunkte i möge nun im Mikroskop eine positive Verschiebung r_i abgelesen werden. *Dann schließt man* nach dem Maxwellschen Satze, daß eine im Punkte i

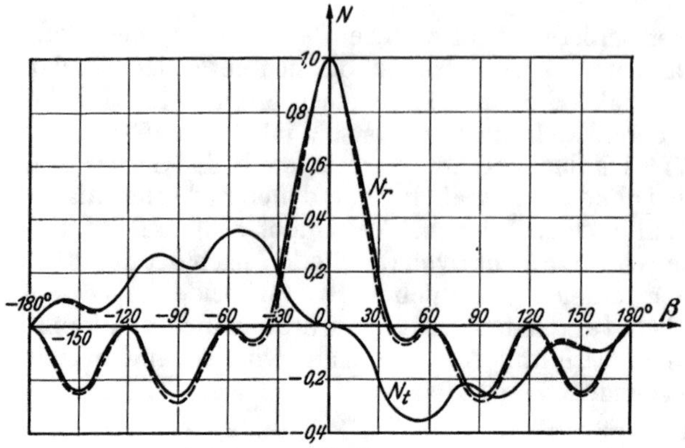

Abb 28.

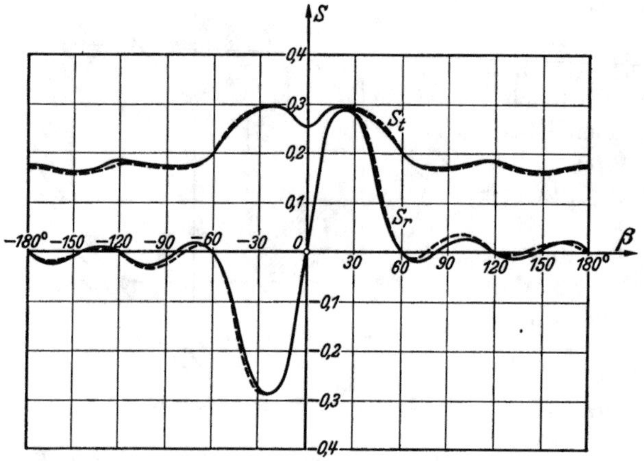

Abb. 29.

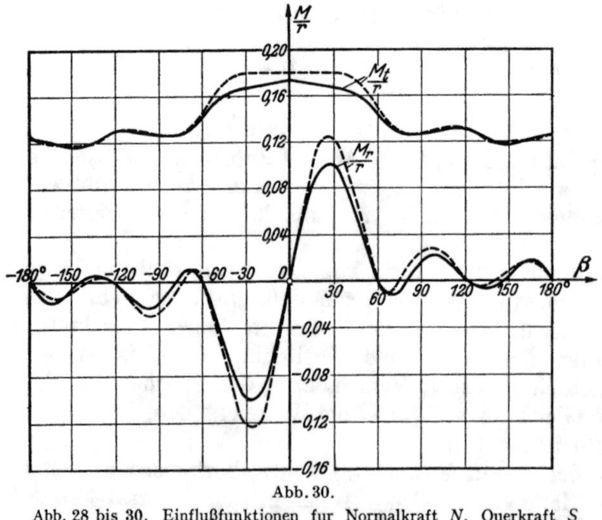

Abb. 30.

Abb. 28 bis 30. Einflußfunktionen für Normalkraft N, Querkraft S und reduziertes Biegemoment M/r an der Einspannstelle der Speiche in die Nabe eines Zahnrades, herrührend von radialen und tangentialen Einheitskräften in den Zahnen.

——— gemessen,

– – – – berechnet.

wirkende Kraft R_i die Teile A und B auseinanderrückt, so daß im Querschnitt OO eine Zugkraft N erforderlich zu sein scheint. Einer im Gesichtsfeld des Mikroskopes auftretenden positiven Verschiebung entspricht aber am Modell selbst eine negative Verschiebung, so daß in Wirklichkeit auch mit einer positiven Verschiebung r_i im Mikroskop eine Druckkraft N übereinstimmt. Ähnliche Überlegungen gelten für die Größen S und M.

Während N und S in der Kräfteeinheit ausgedrückt sind, in der auch die äußeren Kräfte gemessen werden, spielt bei der Dimension von M noch die Längeneinheit eine Rolle. Eine n-fache Vergrößerung des Modelles zieht eine n-fache Vergrößerung des Momentes M nach sich. Gibt das Modell die Wirklichkeit in dem Maßstab $1:n$ wieder, so ist das wirkliche Moment gleich nM.

Das Modell wird gewöhnlich aus Zelluloid angefertigt; dieses folgt dem Hookeschen Gesetze in befriedigender Weise. Bei der Herstellung ist zu beachten, daß die Querschnittsträgheitsmomente der einzelnen stabförmigen Teile des Modelles zu den entsprechenden Größen des Originals proportional sein müssen. Hat das Modell unveränderliche Dicke, so sind also die Breiten seiner Stabteile porportional zu den Kubikwurzeln der wirklichen Querschnittsträgheitsmomente zu wählen. Außerdem sollte eigentlich dafür gesorgt sein, daß auch die Querschnittsflächen des Modelles denjenigen des Originals porportional sind, und daß das Verhältnis E/G beim Zelluloid den Wert des wirklichen Baustoffes hat. Weil diese beiden Forderungen im allgemeinen nicht zu erfüllen sind, wird man in Kauf nehmen müssen, daß die von Normal- und Querkräften erzeugten Formänderungen im Modell unrichtig wiedergegeben werden. Dieser Nachteil ist aber meist nur klein, da im allgemeinen die Formänderungen, die von der Biegung herrühren, wesentlich überwiegen.

Die reibungsfreie Aufstellung des Modells auf Stahlkugeln und die Beleuchtung der Meßstellen müssen sehr sorgfältig sein, weil jede Behinderung der Bewegungsfreiheit des Modelles und jede ungleichmäßige Erwärmung die Meßergebnisse in unkontrollierbarer Weise beeinflussen. Insbesondere ist auch darauf zu achten, daß die Glieder des Modelles nicht zu breit dimensioniert werden, weil sonst, wie die Erfahrung gelehrt hat, zu kleine Werte für das Moment und für die Querkraft gefunden werden. Berücksichtigt man aber dies alles, so erhält man sehr befriedigende Ergebnisse, wie die Abb. 28 bis 30 und 31 bis 33 für ein Zahnrad mit sechs Speichen zeigen. Die Kurven von Abb. 28 bis 30 bedeuten für die Einspannstelle einer Speiche in die Nabe die sogenannten E i n f l u ß f u n k t i o n e n der dortigen Normalkraft N, der Querkraft S und des (durch den Radhalbmesser r geteilten) Biegemomentes M/r, d. h. diejenigen Werte von N, S und M/r, die dort infolge einer Einheitskraft hervorgerufen werden, welche an einem Zahn mit dem

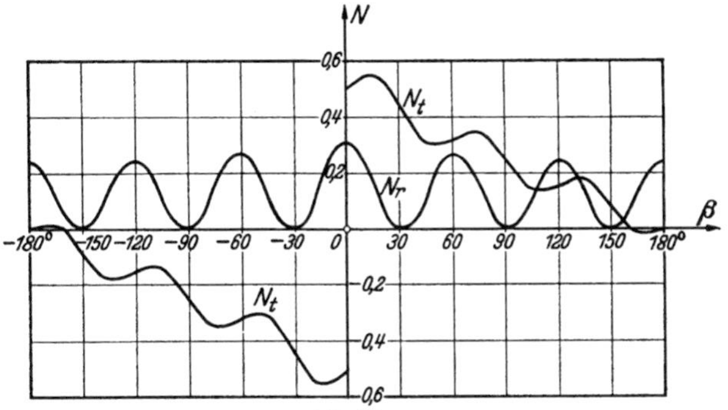

Abb. 31.

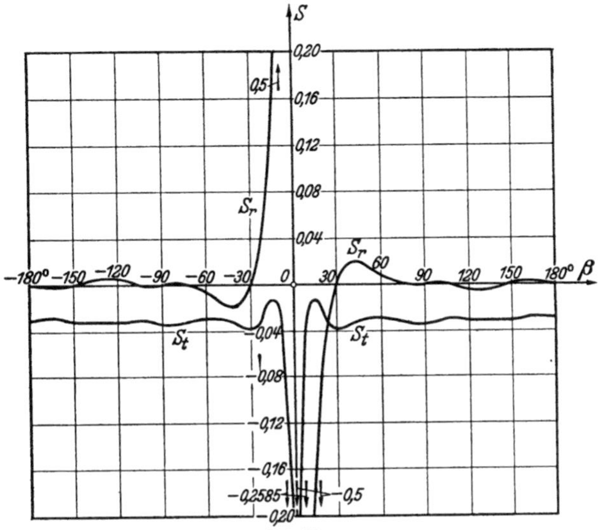

Abb. 32.

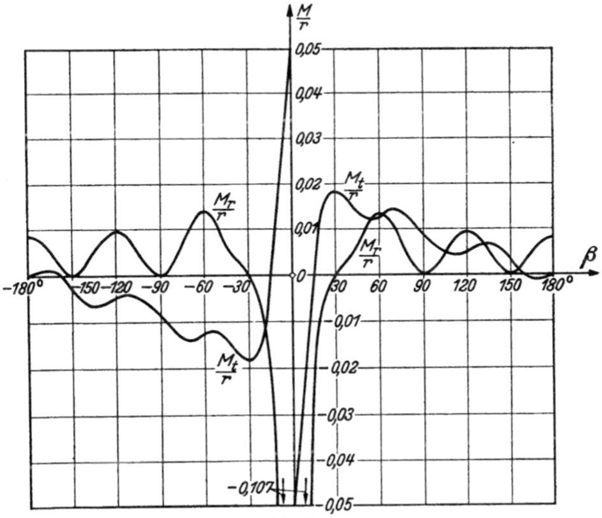

Abb. 33.

Abb. 31 bis 33. Einflußfunktionen fur Normalkraft N, Querkraft S und reduziertes Biegemoment M/r fur einen Symmetriequerschnitt des Kranzes, herruhrend von radialen und tangentialen Einheitskraften in den Zahnen.

Azimut β (von der betrachteten Speichenachse aus gerechnet) wirkt, und zwar entweder als radiale Einheitskraft (Zeiger r) oder als tangentiale Einheitskraft (Zeiger t). In gleicher Weise bedeuten die Kurven von Abb. 31 bis 33 die Einflußfunktionen für eine Stelle des Kranzes in der Mitte zwischen zwei Speichen. In Abb. 28 bis 30 sind die später in Kap. V, Ziff. **31** errechneten Werte zum Vergleich (gestrichelt) miteingetragen. Die Übereinstimmung ist für die Normal- und Querkraft sehr gut. Dagegen sind beim Moment die gemessenen Werte zu klein; dies dürfte auf die Elastizität der Modellnabe zurückzuführen sein. Natürlich genügten die Meßergebnisse nicht genau den Symmetriebedingungen des Zahnrades. Die in den Abbildungen verzeichneten Meßwerte sind denn auch nur die Mittelwerte der bei symmetrisch gelegenen Kraftangriffsstellen gemessenen Größen.

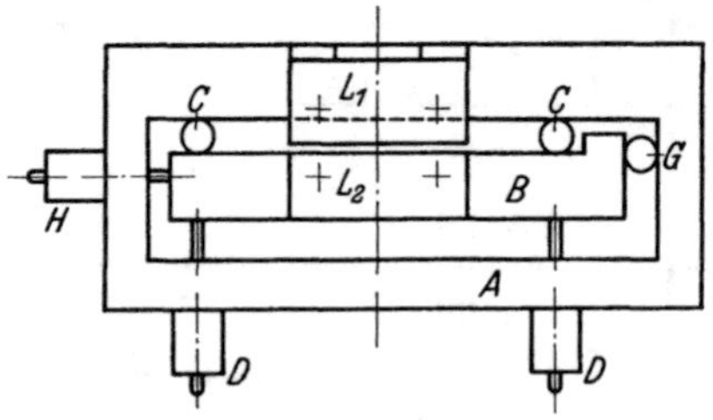

Abb. 34. Die Magnelsche Spannvorrichtung.

Abb. 34 zeigt die Magnelsche Abart[1]) der Beggsschen Spannvorrichtung. Zur Bestimmung der in einem Schnitt OO auftretenden Schnittgrößen wird der (auf Stahlkugeln gelagerte) Rahmen A an der Stelle L_1 mit dem einen Teil des in OO zerschnittenen Modells, das Stück B, welches von A unabhängig ist, an der Stelle L_2 mit dem anderen Teil des Modells verbunden. Das Stück B wird durch die Zylinder C und G und die Federn D und H in seiner Stellung bezüglich A gehalten. Zur Erzeugung einer relativen Normalverschiebung werden die Zylinder C durch zwei größere ersetzt. Zur Erzeugung einer relativen Querverschiebung wird nur der eine Zylinder G durch einen größeren Zylinder ersetzt. Die relative Drehung schließlich erzielt man mit zwei ungleich großen Zylindern C.

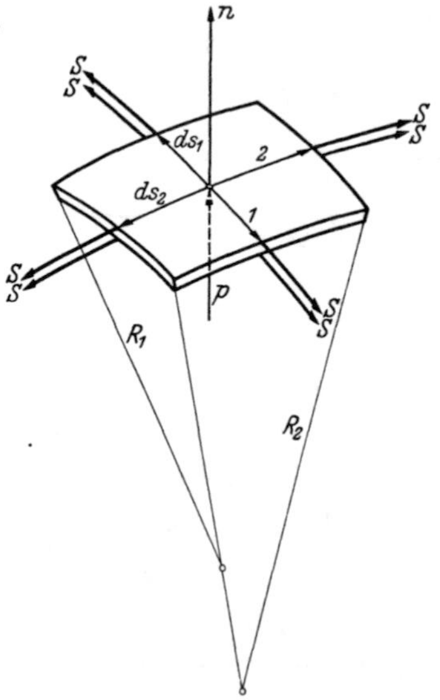

Abb. 35. Gleichgewicht eines Seifenhautelements.

§ 6. Die Seifenhautmethode.

24. Das Seifenhautgleichnis. Das nun zu behandelnde Seifenhautgleichnis bildet ein wertvolles Hilfsmittel zur Lösung sehr verschiedener Spannungsaufgaben. Die Prandtlsche Untersuchung[2]), die die Bedeutung dieses Gleichnisses für die Elastomechanik aufdeckte, geht vom Torsionsproblem (Kap. II, Ziff. **18**) aus.

Wir betrachten zunächst eine durch einen Überdruck p belastete Seifenhaut mit der Oberflächenspannung S und bestimmen deren Differentialgleichung. Für ein Oberflächenelement (Abb. **35**), dessen Kanten ds_1 und ds_2 je den beiden Hauptrichtungen *1* und *2* seines Mittelpunktes parallel sein mögen, bezeichnen wir mit n die Normalenrichtung des Elements, mit R_1 und R_2 die beiden Krümmungsradien der Schnittkurven der Seifenhaut mit den Hauptebenen (*1*, n)

[1]) G. Magnel, Rapport sur la recherche expérimentale des lignes d'influence relatives aux constructions hyperstatiques planes, Prem. Congr. Intern. du Béton et du Béton Armé, Luttich 1930.

[2]) L. Prandtl, Eine neue Darstellung der Torsionsspannungen bei prismatischen Stäben von beliebigem Querschnitt, Jber. dtsch. Math.-Ver. 13 (1904) S. 31.

und $(2, n)$. Dann lautet die Gleichgewichtsbedingung des Elements in der Richtung n

$$2 S ds_1 \frac{ds_2}{R_2} + 2 S ds_2 \frac{ds_1}{R_1} = p\, ds_1\, ds_2$$

oder

$$\frac{1}{R_1} + \frac{1}{R_2} = \frac{p}{2S}. \tag{1}$$

Bezieht man diese Gleichung auf ein rechtwinkliges Koordinatensystem (x, y, z) und bezeichnet mit Ψ die x-Koordinate der Seifenhaut, so nimmt sie wegen der aus der Differentialgeometrie bekannten Formel[1])

$$\left[1+\left(\frac{\partial\Psi}{\partial y}\right)^2+\left(\frac{\partial\Psi}{\partial z}\right)^2\right]\left(\frac{1}{R_1}+\frac{1}{R_2}\right)=-\left[1+\left(\frac{\partial\Psi}{\partial z}\right)^2\right]\frac{\partial^2\Psi}{\partial y^2}+2\frac{\partial\Psi}{\partial y}\frac{\partial\Psi}{\partial z}\frac{\partial^2\Psi}{\partial y\, dz}-\left[1+\left(\frac{\partial\Psi}{\partial y}\right)^2\right]\frac{\partial^2\Psi}{\partial z^2},$$

unter der Einschränkung, daß die Neigungswinkel $\frac{\partial\Psi}{\partial y}$, $\frac{\partial\Psi}{\partial z}$ der Seifenhaut gegen die (y, z)-Ebene klein sind, die Form an:

$$\Delta'\Psi = -\frac{p}{2S} \qquad \left(\Delta' \equiv \frac{\partial^2}{\partial y^2} + \frac{\partial^2}{\partial z^2}\right). \tag{2}$$

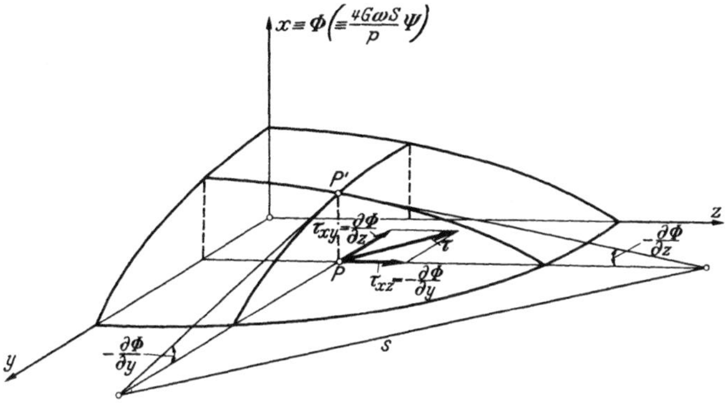

Abb. 36. Zusammenhang zwischen den Neigungswinkeln der Seifenhaut und den Schubspannungskomponenten.

Faßt man diese Gleichung als Differentialgleichung für $2S\Psi/p$ auf, die Gleichung (II, **18**, 13) als Differentialgleichung für $\Phi/2G\omega$, so sind beide identisch. Sorgt man außerdem dafür, daß auch die Randbedingungen beider Gleichungen übereinstimmen, d. h. betrachtet man eine über den Querschnittsrand gespannte Seifenhaut, für welche also die Randordinaten, ebenso wie nach Kap. II, Ziff. **18** die Randordinaten von Φ, Null sind, so gilt (weil die Lösungen der Gleichungen durch deren Randbedingungen eindeutig festgelegt sind) für jeden Punkt des Querschnitts

$$\frac{\Phi}{2G\omega} = \frac{2S\Psi}{p}. \tag{3}$$

Hieraus folgt, daß alle Größen des Torsionsproblems an einer Seifenhaut untersucht werden können. Das sind erstens die Spannungskomponenten τ_{xz} und τ_{xy} eines Punktes P. Diese werden zufolge (II, **18**, 5) sowohl der Größe wie dem Sinne nach bestimmt durch die Neigungswinkel, die im entsprechenden Punkte P' der Φ-Fläche die zur (x, y)- bzw. zur (x, z)-Ebene parallele Tangente der Φ-Fläche mit der Richtung der positiven y- bzw. negativen z-Achse bilden (Abb. 36). Weil aber die y- und z-Richtung für den Stabquerschnitt keine ausgezeichnete Bedeutung haben, so gilt allgemein für die Schubspannungskomponente eines

[1]) Siehe etwa „Hütte" Bd. 1, S. 122, 25. Aufl., Berlin 1925.

Punktes P in beliebiger Richtung l, daß sie der Größe und dem Sinne nach bestimmt wird durch den Neigungswinkel der durch P' hindurchgehenden Tangente t der Φ-Fläche, welche die Richtung l senkrecht kreuzt. Wenn die Tangente t senkrecht steht zu der Schnittgeraden s der zu P' gehörigen Tangentialebene mit der (y, z)-Ebene, so erreicht ihr Neigungswinkel seinen größten Wert. Hieraus folgt:

1) Der größte Wert unter allen Schubspannungskomponenten in einem bestimmten Punkte P, d. h. die Größe des zu P gehörigen Spannungsvektors wird durch den Neigungswinkel der Tangentialebene im entsprechenden Punkte P' der Φ-Fläche oder also der nach (3) zugehörigen Ψ-Fläche dargestellt.

2) Die Richtung dieses Spannungsvektors ist parallel zur Schnittgeraden s der Tangentialebene in P' mit der (y, z)-Ebene.

Zweitens aber kann auch die Torsionssteifigkeit des Stabes an der Seifenhaut abgelesen werden. Um dies einzusehen, führen wir die Spannungslinien ein, d. h. diejenigen Kurven des Querschnitts, deren Tangenten in jedem Punkte die Richtung des dortigen Spannungsvektors angeben. Sie gehorchen der Differentialbedingung

$$dz : dy = \tau_{xz} : \tau_{xy},$$

welche wegen (II, **18**, 5) gleichbedeutend mit

$$\frac{\partial \Phi}{\partial y} dy + \frac{\partial \Phi}{\partial z} dz \equiv d\Phi = 0,$$

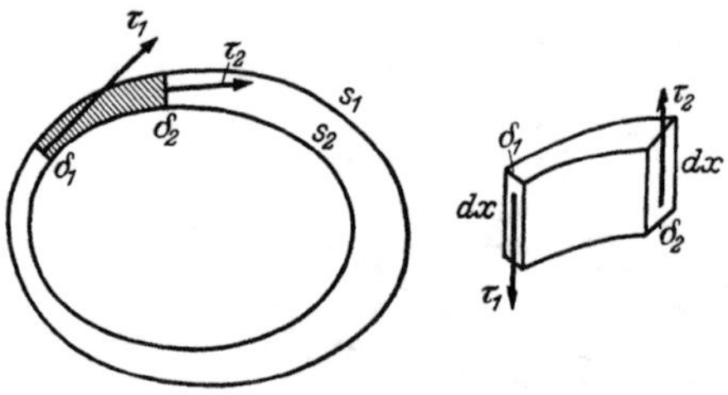

Abb 37. Von zwei Spannungslinien begrenzter Ringstreifen nebst Korperelement.

also $\Phi =$ konst. oder $\Psi =$ konst. ist. Hieraus folgt, daß die Spannungslinien des Querschnitts die Projektionen der Höhenlinien der Φ- oder Ψ-Fläche auf den Querschnitt sind. Sowohl die Spannungs- wie die Höhenlinien sind geschlossene Kurven, wie man am leichtesten an den Höhenlinien feststellt.

In einem von zwei unendlich benachbarten Spannungslinien s_1 und s_2 begrenzten Ringstreifen (Abb. **37** links) wird im allgemeinen sowohl die Breite δ des Streifens, wie die Spannungsgröße τ längs des Streifens veränderlich sein.

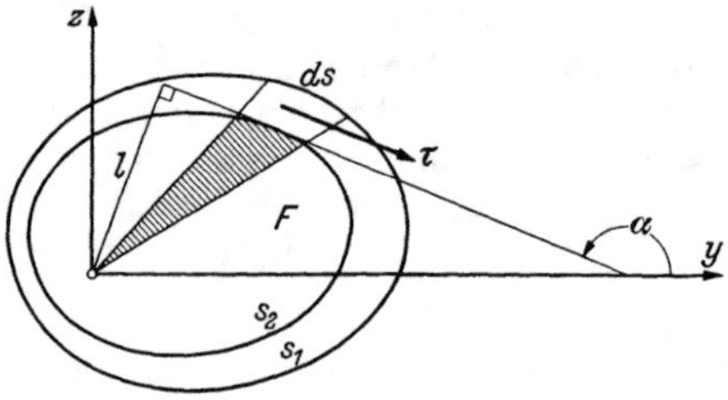

Abb. 38. Das von einem Ringstreifen ubertragene Torsionsmoment.

Man zeigt aber leicht — indem man nämlich das Gleichgewicht eines Körperelements (Abb. **37** rechts) in der x-Richtung betrachtet und daraus auf $\delta_1 \tau_1 = \delta_2 \tau_2$ schließt —, daß für den ganzen Ringstreifen die Beziehung

$$\tau \delta = \text{konst.} \tag{4}$$

gilt. Bildet man weiter die Resultierende aller auf den Ring wirkenden Kräfte, so findet man für deren Komponenten in y- und z-Richtung (Abb. **38**)

$$\oint \tau \delta \, ds \cos\alpha = \tau\delta \oint ds \cos\alpha = 0, \qquad \oint \tau\delta \, ds \sin\alpha = \tau\delta \oint ds \sin\alpha = 0.$$

Hieraus folgt, daß die auf den Ring entfallenden Kräfte keine Resultante besitzen und also nur für ein (infinitesimales) Torsionsmoment aufkommen. Die Größe dieses Momentes ist

$$dW = \oint l \tau \delta \, ds = \tau\delta \oint l \, ds = 2\tau\delta F, \tag{5}$$

wenn unter F die vom Ring umschlossene Fläche verstanden wird. Dem von den Spannungslinien s_1 und s_2 begrenzten Querschnittsstreifen entspricht ein Streifen der Φ-Fläche, der durch die Ebenen $x=\Phi$ und $x=\Phi+d\Phi$ ausgeschnitten wird (Abb. 39). Da $d\Phi/\delta$ die Neigung der Tangentialebene dieses Streifens der Φ-Fläche darstellt und also gleich τ ist, so geht (5) über in

$$dW = 2F\,d\Phi; \tag{6}$$

und dies bedeutet, daß das Elementarmoment dW der Größe nach durch den doppelten Inhalt des (in Abb. 39 schraffierten) Raumteils dargestellt wird. Zusammenfassend erhalten wir also folgendes Ergebnis:

Mit jeder Spannungslinie des Querschnitts stimmt eine Höhenlinie der Φ-Fläche überein. Jeder Querschnittsteil zwischen zwei beliebigen Spannungslinien s_1 und s_2 überträgt ein Torsionsmoment. Die Größe dieses Momentes ist das Doppelte des Rauminhalts desjenigen Teils des durch die Φ-Fläche dargestellten sogenannten **Spannungshügels**, welcher zwischen den beiden mit s_1 und s_2 übereinstimmenden Schichtebenen liegt. Das vom ganzen Querschnitt übertragene Torsionsmoment W, das nach (II, **18**, 14) dem Stab die zu der Integrationskonstanten c gehörige spezifische Verdrehung $\omega=c/2G$ erteilt, wird also (weil der Querschnittsumriß selbst Spannungslinie ist) durch den zweifachen Inhalt des Spannungshügels dargestellt (vgl. Kap. II, Ziff. **18**, wo dieses Ergebnis bereits auf andere Weise erhalten wurde).

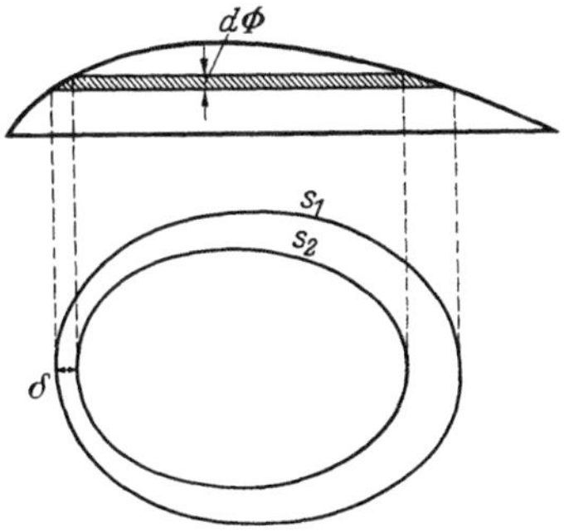

Abb. 39. Der Prandtlsche Spannungshügel.

Weil zwischen Φ und Ψ die Beziehung (3) besteht, so ist

$$W = 2\iint \Phi\,dy\,dz = \frac{8G\omega S}{p}\iint \Psi\,dy\,dz \equiv \frac{8G\omega S}{p}J \tag{7}$$

und also nach (II, **18**, 25) die Torsionssteifigkeit

$$\alpha_t \equiv \frac{W}{\omega} = \frac{8GS}{p}J, \tag{8}$$

wenn unter J jetzt der Rauminhalt des Seifenhauthügels verstanden wird. Für die experimentelle Auswertung der Schubspannung τ gilt eine analoge Bemerkung. Führt man anstatt des mit der Dimension einer Spannung versehenen Neigungswinkels der Φ-Fläche den dimensionslosen Neigungswinkel γ der Ψ-Fläche ein, so gilt

$$\tau = \frac{4G\omega S}{p}\gamma. \tag{9}$$

Aus (8) und (9) geht hervor, daß es zur experimentellen Bestimmung von α_t und τ lediglich auf die Ermittlung der Größe $4S/p$ ankommt. Obwohl es möglich wäre, S und p für sich zu bestimmen, so ist es doch viel einfacher, eine zweite Seifenhaut mit derselben Oberflächenspannung S und unter demselben Überdruck p über den Rand eines kreisförmigen Querschnitts zu spannen. Für diese zweite Haut gilt, weil sie die Gestalt einer Kugelkalotte (vom Kugelhalbmesser R) annimmt, nach (1)

$$\frac{2}{R} = \frac{p}{2S}, \quad \text{also} \quad \frac{4S}{p} = R. \tag{10}$$

Ist h die Maximalhöhe dieser Vergleichshaut und r der Halbmesser des kreisförmigen Querschnitts, so ist

$$R = \frac{r^2 + h^2}{2h}. \tag{11}$$

Man braucht also an der Vergleichshaut nur die Maximalhöhe h zu messen.

Eine andere Möglichkeit, $4S/p$ zu ermitteln, besteht darin, daß man die Größe $\Delta'\Psi$ an der ursprünglichen Seifenhaut mißt. Es sei (Abb. 40) (y_0, z_0) der Punkt, für den dieser Ausdruck bestimmt werden soll, und $(y_1, z_1), \ldots, (y_4, z_4)$ die vier Nachbarpunkte eines Punktgitters mit der Maschenweite a. Dann gilt nach (**20**, 20) näherungsweise mit den Werten $\Psi_0, \Psi_1, \ldots, \Psi_4$ in diesen fünf Punkten

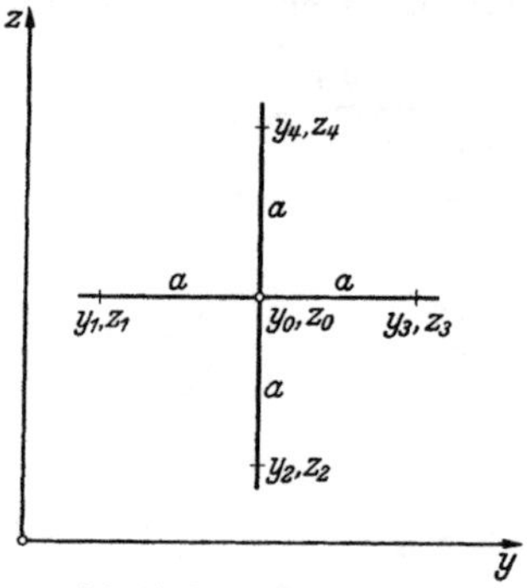

Abb. 40. Punktgitter mit der Maschenweite a.

$$\frac{\partial^2 \Psi}{\partial y^2} + \frac{\partial^2 \Psi}{\partial z^2} = \frac{\Psi_1 + \Psi_2 + \Psi_3 + \Psi_4 - 4\Psi_0}{a^2},$$

so daß wegen (2)

$$\frac{4S}{p} \approx -\frac{2a^2}{\Psi_1 + \Psi_2 + \Psi_3 + \Psi_4 - 4\Psi_0} \tag{12}$$

ist. Natürlich wird man diesen Ausdruck für mehrere Punkte berechnen und seinen Mittelwert bestimmen.

Wird zur Bestimmung von $4S/p$ eine Vergleichshaut gebraucht, so folgt noch aus (7), daß das Verhältnis der Rauminhalte der beiden Seifenhauthügel gleich dem Verhältnis der Torsionsmomente W ist, die den beiden Stäben dieselbe spezifische Verdrehung ω erteilen, und aus (9) schließt man, daß bei gleicher spezifischer Verdrehung ω beider Stäbe die Schubspannung eines beliebigen Punktes des zu untersuchenden Querschnitts unmittelbar mit derjenigen eines beliebigen Punktes des kreisförmigen Vergleichsquerschnitts verglichen werden kann, weil das Verhältnis beider Spannungen gleich dem Verhältnis der zugehörigen Neigungswinkel γ beider Seifenhäute ist.

25. Die Apparatur der Seifenhautmethode. Zur Ausmessung der Seifenhaut gibt es verschiedene Methoden[1]). Abb. 41 zeigt einen Apparat[2]), mit dem man die Seifenhautmessung einfach und zuverlässig ausführen kann. An dem mit der Grundplatte A ein einziges Gußstück bildenden Haupt- oder Längsbalken B wird mittels einer Schraubenspindel C_1, deren Ganghöhe 1 mm ist, der Querbalken D bewegt. Die am Querbalken befestigte Mutter, die die Schraubenspindel nur zur Hälfte umschließt, ist ausschaltbar, so daß größere Bewegungen des Querbalkens, wie sie bei der Herstellung oder Erneuerung einer Seifenhaut erforderlich sind, von Hand ausgeführt werden können. Der Querbalken trägt ebenfalls eine Schraubenspindel C_2 mit einer Ganghöhe von 1 mm, die die Querbewegung der eigentlichen Meßeinrichtung E ermöglicht. Auch hier ist eine Vorrichtung vorgesehen, um die Meßeinrichtung E von Hand über größere Abstände zu verschieben. Die Meßeinrichtung E selbst besteht aus einem durch eine Klemmbüchse gehaltenen Mikrometer. Bei Lösung der Klemmschraube ist also das Mikrometer von Hand lotrecht verstellbar. Die Klemmbüchse ist in einem Gleitstück derart befestigt, daß sie zusammen mit dem Mikrometer mittels einer Schraube über einen Abstand von etwa 10 mm fein

[1]) A. A. Griffith u. G. I. Taylor, On the use of soap films in solving torsion problems, Engineering 104 (1917) S. 652 und S. 699.

[2]) C. B. Biezeno u. Jos. M. Rademaker, Het experimenteel bepalen van de schuifspanningsverdeeling in de dwarsdoorsnede van een gewrongen prismatische staaf, Ingenieur Haag 46 (1931), Werkt. en Scheepsb. S. 185.

eingestellt werden kann. Die Höhe der Meßnadel wird genau in $^1/_{100}$ mm bestimmt und kann auf $^1/_{1000}$ mm geschätzt werden. Die Längs- und Querbewegung der Meßnadel können mit derselben Genauigkeit abgelesen werden, weil auf jeder der beiden Spindeln C_1 bzw. C_2 eine in 100 Teile unterteilte Scheibe F_1 bzw. F_2 sitzt. Die Scheiben F_1 und F_2 werden von ihrer Spindel nur durch Reibung mitgenommen, so daß ihr Nullpunkt nach Bedarf eingestellt werden kann. Ebenso sind die beiden mit B und D verbundenen Skalen, an denen die Längs- und Querbewegung in mm abgelesen werden, über Abstände von 10 mm frei verschiebbar. Dadurch wird es möglich, einem beliebigen Punkt des Meßraumes, den wir als Fixierpunkt bezeichnen wollen, ganzzahlige Koordinaten beizulegen. Diese scheinbar unwesentliche Kleinigkeit ist deshalb praktisch von großer

Abb. 41. Apparatur der Seifenhautmethode.

Bedeutung, weil bei einer Messung von einiger Zeitdauer mit mehrmaligem Platzen der Seifenhaut zu rechnen ist. Wenn nun dafür gesorgt wird, daß die erste Seifenhaut durch einen bequem einstellbaren Fixierpunkt hindurchgeht, so braucht man bei der Herstellung einer neuen Seifenhaut nur wenig Zeit, um die Meßnadel nach diesem Fixierpunkt zu verschieben und die Seifenhaut bis zu diesem Punkte aufzublasen.

Um das Aufblasen in wenigen Sekunden ausführen zu können, ist eine beiderseits durch Membranen abgeschlossene Luftkammer G vorgesehen. Jede Membran kann durch eine von einer Schraube bewegte Scheibe belastet werden, so daß die Luft aus der Kammer G unter die Seifenhaut gepreßt wird. Die Grobregelung geschieht mit der Schraube H, die die große Membran links bedient (mit dieser Regelung wird übrigens die Seifenhaut durchschnittlich schon bis auf $^1/_{10}$ mm genau eingestellt); die Feinregelung besorgt die Schraube J, die die rechte, sehr viel kleinere Membran eindrückt. Nach Belieben können mit der Luftkammer G zwei Seifenhäute (etwa die zu untersuchende Haut und eine kreisförmige Vergleichshaut) zugleich oder einzeln aufgeblasen werden.

Nachdem die richtige Einstellung erreicht ist, wird die Luft unter den Seifenhäuten mittels eines Hahnes K (zur Verhütung eines Leckverlustes) von der Luftkammer abgeschlossen. Weil jeder Zeitverlust die Möglichkeit, die Seifenhaut innerhalb ihrer Lebensdauer auszumessen, herabsetzt, so ist schließlich *ein sicheres und schnelles* Einstellen und Ablesen des Kontaktes zwischen

Nadel und Seifenhaut erforderlich, und es liegt nahe, diesen Kontakt elektrisch anzeigen zu lassen. Dies ist in verschiedener Weise möglich, z. B. visuell mit Hilfe eines Einthoven-Galvanometers. Mannigfache Versuche haben aber gezeigt, daß das Einstellen der Meßnadel viel schneller und zuverlässiger vor sich geht, wenn der Kontakt akustisch angezeigt wird, weil man in diesem Falle mit dem Auge nur auf die Nadel zu achten hat. Abb. 41 zeigt auch die Aufstellung des hierfür benützten Lautsprechers L.

Um einen Begriff von der Genauigkeit der Methode zu geben, zeigen wir in den Abb. 42, 44 und 45 einige Meßergebnisse für den kreisförmigen Querschnitt. Der Kreishalbmesser betrug 5,119 cm, die Koordinaten des Mittelpunktes waren $y = 6$ cm, $z = 7$ cm (y in Richtung des Längsbalkens, z in Richtung des Querbalkens gemessen). Die Meßnadel war derart eingestellt, daß der Querschnittsrand die Ordinate Null aufwies; die Maximalhöhe der Seifenhaut betrug 8,5 mm. Weil zur Inhaltsbestimmung des Spannungshügels die Kenntnis der Meridiankurve genügt, ist zuerst die in der Ebene $z = 7$ gelegene Kurve gemessen worden (Abb. 42 oben). Sodann ist der Kreis konstruiert, der durch die Punkte ($y = 6$, $\Psi = 8{,}5$) und ($y = 6 \pm 5{,}119$, $\Psi = 0$) hindurchgeht. Nur der zu $y = 11$ gehörige Meßpunkt liegt ersichtlich ein wenig über diesem Kreis. Die Ursache dieser Abweichung ist verständlich: da, wo die Seifenhaut an der Messingplatte, über deren Rand sie gespannt ist, haftet, bildet sich ein kleiner Flüssigkeitskanal, wie in Abb. 43 wiedergegeben. Dieser Umstand ist bei der Bestimmung des von der Seifenhaut eingeschlossenen Rauminhaltes ohne jede Bedeutung; bei der Bestimmung der Seifenhautneigung spielt er aber eine wesentliche Rolle. Um seinen Einfluß zu eliminieren, ist in Abb. 42 (unten) auch der Neigungswinkel, also die Ableitung $\partial\Psi/\partial y$ aufgetragen; in der Nähe des Randes ist ihr Verlauf einfach durch Extrapolation bestimmt. So fand sich für die Neigung am Rande der Wert $\operatorname{tg}\gamma = 0{,}3350$, während er, wie die Rechnung zeigte, 0,3415 hätte sein müssen. Der Fehler in der Spannungsbestimmung beträgt also ungefähr 2%.

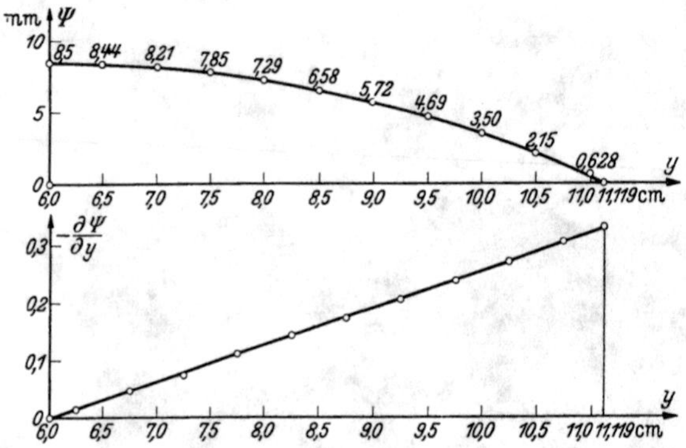

Abb. 42. Meridianschnitt und Neigungswinkel einer Seifenhaut beim Kreisquerschnitt.

Abb. 43. Flussigkeitskanal am Rande des Querschnitts.

Der Inhalt des Seifenhauthügels

$$J = \int_0^{2\pi}\int_0^r \Psi r\,dr\,d\varphi = 2\pi\int_0^r \Psi r\,dr$$

wurde dadurch bestimmt, daß Ψr über r aufgetragen (Abb. 44) und die so entstandene Fläche planimetriert wurde. Mit dem gefundenen Wert $J = 36{,}13\ \text{cm}^3$ findet man nach (**24**, 7) und (**24**, 9) den Quotienten $W/\tau_{\max}$, also das sogenannte Widerstandsmoment W_d

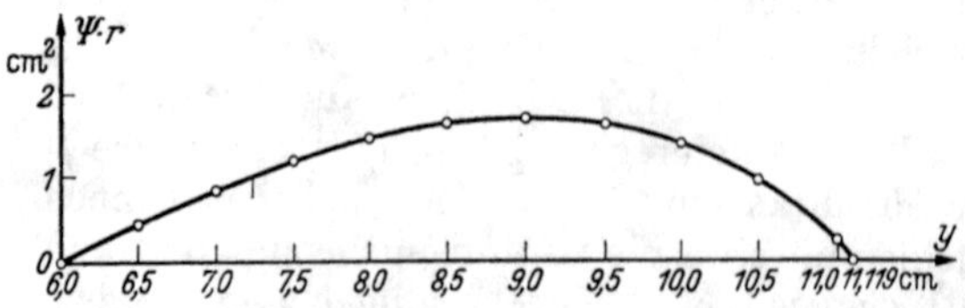

Abb 44. Darstellung von Ψr als Funktion von r.

$$W_d \equiv \frac{W}{\tau_{\max}} = \frac{2J}{\operatorname{tg}\gamma_{\max}} = \frac{72{,}26}{0{,}3350} = 215{,}7 \text{ cm}^3,$$

während sein wirklicher Wert, wie bekannt, $\frac{1}{2}\pi r^3$ beträgt, also hier 210,7 cm³.

In Abb. 45 sind schließlich für verschiedene beliebig gewählte Höhen einige beliebig gelegene Punkte der zu diesen Höhen gehörigen Schichtlinien gezeichnet. Jede zu einer bestimmten Höhe gehörige Punktgruppe muß auf einem zum Querschnittsumfang konzentrischen Kreise liegen. Man sieht, wie genau diese Bedingung erfüllt ist.

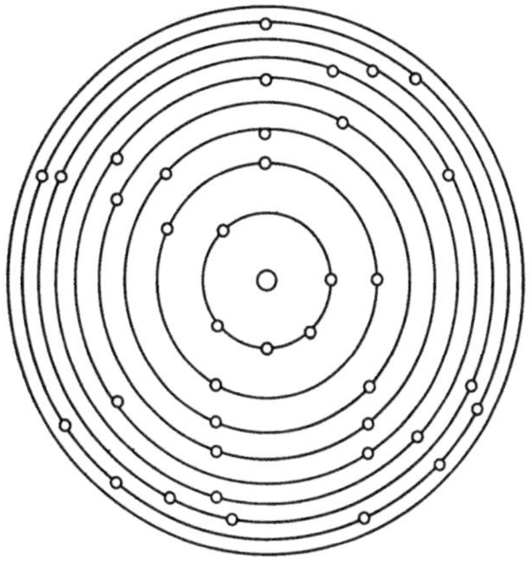

Abb. 45. Experimentell bestimmte Schichtlinien beim Kreisquerschnitt.

Für das gleichseitige Dreieck und für das Rechteck mit dem Seitenverhältnis 1:2 geben die Tabellen 1 und 2 eine Übersicht der erhaltenen Meßergebnisse. Auch bei diesen Querschnitten ist der Fehler sehr klein, so daß die Methode als vollkommen zuverlässig bezeichnet werden kann[1]).

Tabelle 1. Gleichseitiges Dreieck.

$\Psi_{\max}$ mm	J cm³	$\operatorname{tg}\gamma_{\max}$	$2J.\operatorname{tg}\gamma_{\max}$ gemessen	$2J.\operatorname{tg}\gamma_{\max}$ berechnet	Fehler %	Mittl. Fehler %
4,0	7,812	0,312	50,08	50,0	0,16	1,43
5,2	10,312	0,41	50,30		0,6	
6,05	11,650	0,45	51,77		3,54	

Tabelle 2. Rechteck 1:2.

$\Psi_{\max}$ mm	J cm³	$\operatorname{tg}\gamma_{\max}$	$2J.\operatorname{tg}\gamma_{\max}$ gemessen	$2J.\operatorname{tg}\gamma_{\max}$ berechnet	Fehler %	Mittl. Fehler %
4,0	10,15	0,33	61,51	61,49	+ 0,03	0,24
5,0	12,57	0,41	61,31		− 0,3	
6,02	15,219	0,49	62,118		+ 1	

26. Mehrfach zusammenhängende Querschnitte. In Kap. II, Ziff. **18** haben wir untersucht, welchen Sonderbedingungen die Φ-Fläche zu genügen hat, wenn der Querschnitt mehrfach zusammenhängend ist. Ersetzt man dort in (II, **18**, 32) Φ nach (**24**, 3) durch $\frac{4G\omega S}{p}\Psi$, so erhält man die für die Seifenhaut geltende Bedingung

$$2S\oint\frac{\partial\Psi}{\partial n}ds = -pF, \tag{1}$$

wo n die äußere Normale bedeutet. Das Randintegral ist über diejenige Raumkurve C_i' auf der Ψ-Fläche zu erstrecken, deren Projektion die wirkliche Randkurve C_i des Querschnitts ist. Es stellt offensichtlich die Resultante aller senkrecht zur (y,z)-Ebene wirkenden Komponenten der Kräfte dar, die in der Seifenhaut vom Außengebiet der Kurve C_i' her auf das Innengebiet einwirken,

[1]) Von neueren Arbeiten, die sich mit Seifenhautmessungen befassen, erwähnen wir: H. Quest, Eine experimentelle Lösung des Torsionsproblems, Ing.-Arch. 4 (1933) S. 510; A. Thiel, Photogrammetrisches Verfahren zur versuchsmäßigen Lösung von Torsionsaufgaben (nach einem Seifenhautgleichnis von L. Föppl), Ing.-Arch. 5 (1934) S. 417; L. Föppl, Eine Ergänzung des Prandtlschen Seifenhautgleichnisses zur Torsion, Z. angew Math. Mech. 15 (1935) S. 37; F. Engelmann, Verdrehung von Stäben mit einseitig-ringförmigem Querschnitt, Forsch. Ing.-Wes. 6 (1935) S. 146; H. Reichenbächer, Selbsttätige Ausmessung von Seifenhautmodellen (Anwendungen auf das Torsionsproblem), Ing.-Arch. 7 (1936) S. 257; H. Deutler, Zur versuchsmäßigen Lösung von Torsionsaufgaben mit Hilfe des Seifenhautgleichnisses, Ing.-Arch. 9 (1938) S. 280.

und zwar positiv gerechnet in der positiven x- (also Ψ-) Richtung. Nach (1) ist für jede geschlossene Kurve C_i' diese Resultante dem Betrage nach gleich dem Produkte aus p und der von der Projektion C_i umschlossenen Fläche F. Insbesondere gilt dieser Satz (der auf einen einfach zusammenhängenden Teil der Seifenhaut angewandt eine triviale Gleichgewichtsbedingung ausspricht) für jede Randkurve $C_2, C_3, \ldots$ des Querschnitts (Abb. 46), so daß man seine Ψ-Fläche herstellen kann, indem man über den von den Kurven $C_2, C_3, \ldots$ umschlossenen Löchern dünne, nur senkrecht bewegliche Metallscheiben von in sich ausgeglichenen Gewichten schweben läßt (deren Projektionen also gerade die Löcher des Querschnitts bedecken) und zwischen den Rändern $C_1, C_2, \ldots$, von denen C_1 festgehalten wird, eine Seifenhaut mit dem Überdruck p spannt. Die Randkurven $C_2, C_3, \ldots$ stellen sich dann nach dem ausgesprochenen Satze von selbst in der richtigen Höhe ein.

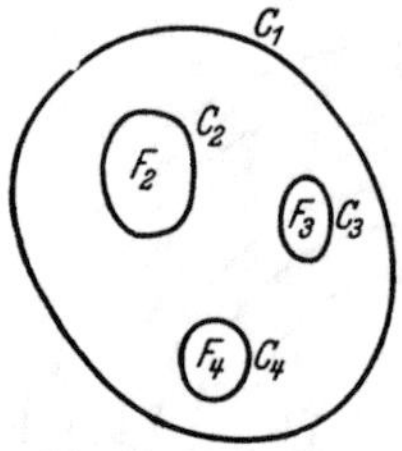

Abb. 46. Mehrfach zusammenhangender Querschnitt.

Abb. 47 zeigt den Apparat, der zur Spannungsbestimmung in einem zweifach zusammenhängenden Querschnitt erforderlich ist. Die waagerecht gestellte Metallscheibe A, deren lotrechte Bewegung durch eine Parallelführung (*1, 2*) gesichert ist, wird durch das an dem Hebel *3* verschiebbare Gewicht G_1 ausgewogen. Die Empfindlichkeit der Auswiegung wird durch ein mit dem Hebel *3* verbundenes, durch eine Schraube verstellbares Gewicht G_2 geregelt. Die ganze Vorrichtung ist außerdem durch eine Schraube S lotrecht verstellbar. In Abb. 47 ist die Scheibe A kreisförmig; sie hat bei der Spannungsbestimmung in einem exzentrisch durchlochten Kreisquerschnitt gedient. Sein Außenhalbmesser betrug $R = 50$ mm, sein Innenhalbmesser $r = 20$ mm, die Exzentrizität beider Begrenzungskreise $e = 10$ mm. Die Ordinaten der Seifenhaut wurden in etwa 1000 Punkten eines Punktgitters mit einer Maschenweite von 2,5 mm bestimmt. Wir beschränken uns auf einige wenige Ergebnisse, die mit den auf rechnerischem Wege erhaltenen[1]) verglichen werden können. (Übrigens wird in Ziff. **30** dieselbe Spannungsverteilung mit der elektrischen Methode noch einmal ermittelt werden.)

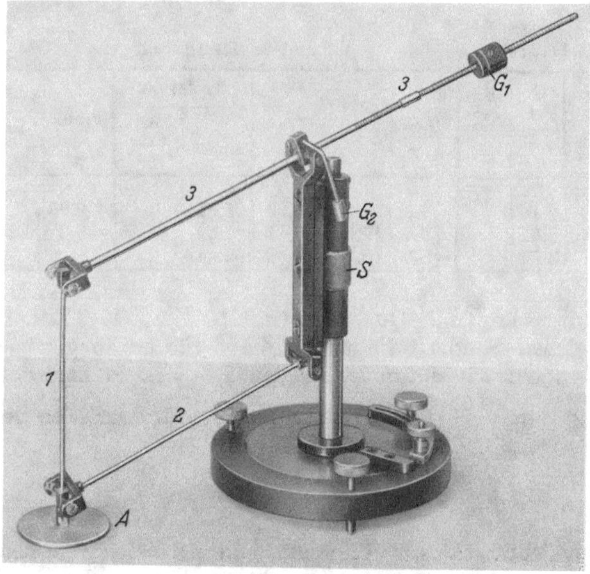

Abb. 47. Vorrichtung fur zweifach zusammenhangende Querschnitte.

Am Innenrand wie am Außenrand tritt die größte Schubspannung $\tau_{\max}$ da auf, wo der Querschnitt die kleinste Breite hat. Es ergab sich mit dem

[1]) E. Weinel, Das Torsionsproblem fur den exzentrischen Kreisring, Ing.-Arch. 3 (1932) S. 67.

Torsionsmoment W

$$\text{am Außenrand:}\quad \tau_{\max} = 1{,}204\,\frac{WR}{\frac{\pi}{2}(R^4-r^4)} \quad \text{statt genau} \quad 1{,}122\,\frac{WR}{\frac{\pi}{2}(R^4-r^4)},$$

$$\text{am Innenrand:}\quad \tau_{\max} = 0{,}786\,\frac{WR}{\frac{\pi}{2}(R^4-r^4)} \quad \text{statt genau} \quad 0{,}926\,\frac{WR}{\frac{\pi}{2}(R^4-r^4)}.$$

Die Torsionssteifigkeit $\alpha_t = W/\omega$ ergab sich zu

$$\alpha_t = 1{,}063\cdot\frac{1}{2}\pi(R^4-r^4)\,G \quad \text{statt genau} \quad 0{,}968\cdot\frac{1}{2}\pi(R^4-r^4)\,G.$$

Somit sind $\tau_{\max}$ am Außenrand sowie die Torsionssteifigkeit recht befriedigend bestimmt worden. Die größte Schubspannung am Innenrand dagegen zeigt einen verhältnismäßig großen Fehler, der hauptsächlich darauf zurückzuführen sein dürfte, daß die Metallscheibe A einen etwas zu tiefen Stand angenommen hat. Beim Einstellen der Seifenhaut wurde nämlich zuerst eine Seifenhaut über die volle Querschnittsöffnung gezogen. Auf diese Haut wurde die ausgewogene Metallscheibe gesenkt, und dann erst wurde die übrigbleibende ringförmige Haut samt der Scheibe A aufgeblasen. Die Scheibe wird also durch das an ihrer Unterseite haftende Seifenwasser zusätzlich belastet, was den genannten Fehler zur Folge hat.

Die technischen Schwierigkeiten sind bei Querschnitten mit mehr als zweifachem Zusammenhang kaum zu überwinden. Man kann ihnen nur dadurch entgehen, daß man bei einem n-fach zusammenhängenden Querschnitt n verschiedene Seifenhäute $\Psi_1, \Psi_2, \ldots, \Psi_n$ statt einer einzigen Seifenhaut Ψ erzeugt. Bei der ersten Seifenhaut Ψ_1, die zum Überdruck p gehöre, werden die Randkurven $C_2, C_3, \ldots, C_n$ in beliebiger Höhe eingestellt. Zur Erzeugung der anderen Flächen Ψ_k $(k=2, 3, \ldots, n)$ wird jedesmal zwischen der in beliebiger Höhe eingestellten Randkurve C_k und den übrigen (in der Höhe Null eingestellten) Randkurven eine Seifenhaut gespannt, bei welcher der Druck auf beiden Seiten gleich ist. Dann befriedigt offenbar die Funktion

$$\Psi = x_1\Psi_1 + x_2\Psi_2 + \cdots + x_n\Psi_n \qquad (x_1 = 1), \tag{2}$$

in welcher die x_i $(i=2, 3, \ldots, n)$ unbekannte Zahlen sind, einerseits die Gleichung (**24**, 2), weil

$$\frac{\partial^2\Psi_1}{\partial y^2} + \frac{\partial^2\Psi_1}{\partial z^2} = -\frac{p}{2S} \quad \text{und} \quad \frac{\partial^2\Psi_k}{\partial y^2} + \frac{\partial^2\Psi_k}{\partial z^2} = 0 \qquad (k = 2, 3, \ldots, n) \tag{3}$$

ist, und andererseits nimmt Ψ für jede Randkurve C_k einen festen Wert an. Bestimmt man nun bei jeder der Flächen Ψ_k $(k=2, 3, \ldots, n)$ für jede Randkurve C_i das Randintegral

$$c_{ik} = \oint \frac{\partial\Psi_k}{\partial n}\,ds, \tag{4}$$

so gelten nach (1) die $n-1$ Gleichungen

$$2S(c_{i1} + x_2 c_{i2} + x_3 c_{i3} + \cdots + x_n c_{in}) = -pF_i \qquad (i = 2, 3, \ldots, n), \tag{5}$$

welche zur Bestimmung der Koeffizienten x_i ausreichen. Die Schubspannung in einem beliebigen Punkt des Querschnitts endlich erhält man als Vektorsumme der den Flächen $\Psi_1, x_2\Psi_2, x_3\Psi_3, \ldots$ zu entnehmenden Spannungskomponenten.

27. Die Schubspannungen im Querschnitt eines gebogenen Stabes. Als zweites Beispiel für die Anwendungsmöglichkeit des Seifenhautgleichnisses nennen wir die *experimentelle* Bestimmung der Schubspannungen im Querschnitt des gebogenen Stabes[1]). Wir greifen dabei zurück auf die Formeln (II, **20**, 3), aus denen hervorgeht, daß die Schubspannungskomponenten τ_{xy} und τ_{xz} aus einer Spannungsfunktion Ψ hergeleitet werden können, die der Gleichung (II, **20**, 4) genügt.

Führt man anstatt Ψ die Funktion Ψ' ein, welche mit ihr durch die Gleichung

$$\Psi = \Psi' - \frac{P}{6(m+1) J_y} y^3 + \frac{P y_0}{2(m+1) J_y} y^2 + \beta y + \gamma z \tag{1}$$

verknüpft ist, wo β und γ beliebige Konstanten bezeichnen und y_0 die aus (II, **20**, 4) und (II, **20**, 10) hervorgehende Bedeutung hat, so werden τ_{xy} und τ_{xz} jetzt durch

$$\left.\begin{aligned} \tau_{xy} &= \frac{\partial \Psi'}{\partial z} + \gamma, \\ \tau_{xz} &= -\frac{\partial \Psi'}{\partial y} + \frac{P y^2}{2(m+1) J_y} - \frac{P z^2}{2 J_y} - \frac{P y_0}{(m+1) J_y} y - \beta \end{aligned}\right\} \tag{2}$$

dargestellt, und Ψ' gehorcht nunmehr der Gleichung

$$\Delta' \Psi' = 0. \tag{3}$$

Die Randbedingung (II, **20**, 5), welche ausdrückt, daß am Querschnittsrande die Richtung der Schubspannung mit derjenigen der Querschnittstangente übereinstimmt, lautet jetzt nach (II, **20**, 6)

$$d\Psi' = \frac{P}{J_y}\left[\frac{y^2}{2(m+1)} - \frac{z^2}{2} - \frac{y_0 y}{(m+1)}\right] dy - \beta\, dy - \gamma\, dz \quad \text{(am Rand)}, \tag{4}$$

so daß Ψ' bis auf eine für das Problem unwesentliche Konstante, welche wir ebenso wie die Konstanten β und γ gleich Null setzen, am Rande bestimmt ist durch

$$\Psi' = \frac{P}{J_y}\left[\frac{y^3}{6(m+1)} - \frac{y_0 y^2}{2(m+1)} - \frac{1}{2}\int z^2\, dy\right] \quad \text{(am Rand)}, \tag{5}$$

wobei das Integral längs des Randes von einem beliebigen bis zu dem betrachteten Punkte zu nehmen ist.

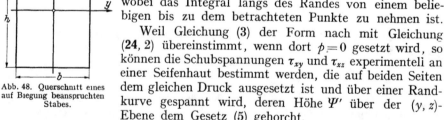

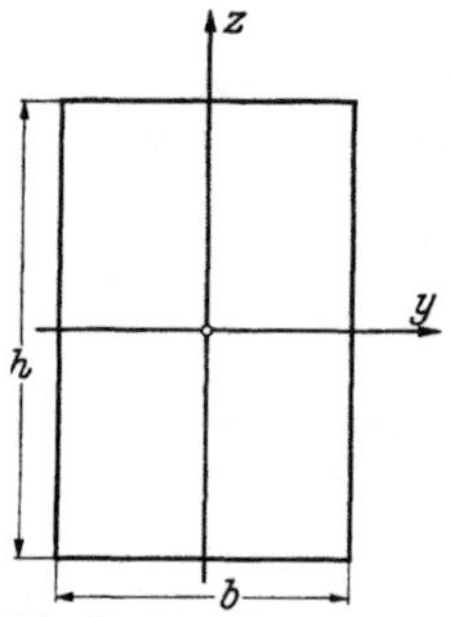

Abb. 48. Querschnitt eines auf Biegung beanspruchten Stabes.

Weil Gleichung (3) der Form nach mit Gleichung (**24**, 2) übereinstimmt, wenn dort $p = 0$ gesetzt wird, so können die Schubspannungen τ_{xy} und τ_{xz} experimentell an einer Seifenhaut bestimmt werden, die auf beiden Seiten dem gleichen Druck ausgesetzt ist und über einer Randkurve gespannt wird, deren Höhe Ψ' über der (y, z)-Ebene dem Gesetz (5) gehorcht.

Als Beispiel betrachten wir das Rechteck mit den Seitenlängen b und h (Abb. 48). Nach (II, **20**, 10) ist $y_0 = 0$, weil die dort vorkommende Funktion Φ (als „Spannungshügel" im Sinne von Ziff. **24**) ebenso wie der Querschnitt selbst in bezug auf die z-Achse symmetrisch ist. Wird bei der durch (5) geforderten Integration der Punkt $(0, \frac{1}{2} h)$ als Ausgangspunkt gewählt, so hat die Randkurve an den Seiten $y = \pm \frac{1}{2} b$ die festen Höhen

$$\Psi' = \pm \frac{P}{J_y}\left[\frac{b^3}{48(m+1)} - \frac{h^2 b}{16}\right],$$

[1]) F. Vening Meinesz, De verdeeling der spanningen in een lichaam, dat zich volgens de wet van Hooke gedraagt, Ingenieur, Haag 26 (1911) S. 180; B. P. Nemenyi, Über die Berechnung der Schubspannungen im gebogenen Balken, Z. angew. Math. Mech. 1 (1921) S. 89.

an den Seiten $z = \pm \frac{1}{2} h$ dagegen die mit y veränderliche Höhe

$$\Psi' = \frac{P}{J_y}\left[\frac{y^3}{6(m+1)} - \frac{h^2 y}{8}\right].$$

Man hat eine nach diesen Vorschriften verlaufende Randkurve etwa aus Draht herzustellen, die Seifenhaut darüber zu spannen und diese auszumessen.

§ 7. Die elektrische Methode.

28. Das elektrische Gleichnis. Weil das Potential V eines ebenen elektrischen Feldes der Gleichung

$$\Delta' V = 0 \qquad \left(\Delta' \equiv \frac{\partial^2}{\partial y^2} + \frac{\partial^2}{\partial z^2}\right) \quad (1)$$

genügt, so kann jedem mechanischen Problem, das auf die Gleichung

$$\Delta' F = 0 \text{ oder auch } \Delta' F = p(y,z) \quad (2)$$

zurückführbar ist, eine elektrische Aufgabe zugeordnet werden, bei der es darauf ankommt, in einem vorgeschriebenen Gebiet das einer gewissen Randbedingung genügende Potential zu bestimmen. Abb. 49 zeigt das Schema einer Apparatur, mit der diese Aufgabe experimentell gelöst werden kann für alle Fälle, bei welchen die Randbedingung des mechanischen Problems sich, elektrisch gesprochen, durch die Bedingung vorgeschriebener Randpotentiale ersetzen läßt.

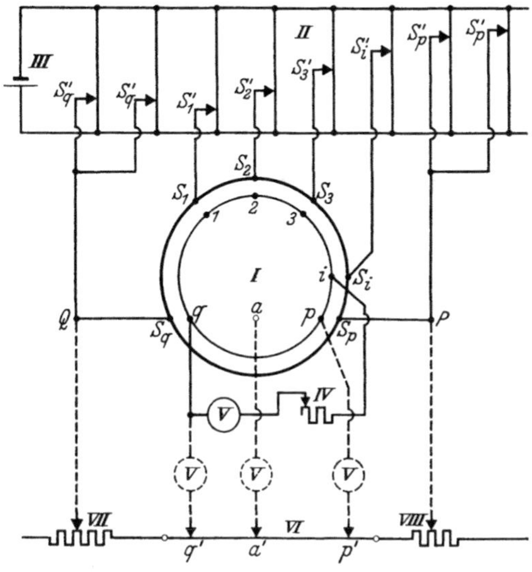

Abb. 49. Schema der elektrischen Apparatur.

Die Modellplatte I ist aus Manganin hergestellt, dessen elektrischer Widerstand unempfindlich gegen Temperaturschwankungen ist. Ihre Form stimmt mit der des zu untersuchenden Gebietes überein, ist jedoch in Abb. 49 der Einfachheit wegen durch einen Kreis dargestellt. Die Punkte $1, 2, \ldots, n$ liegen auf dem Rande des eigentlichen Meßgebietes; dies sind also die Punkte mit vorgeschriebenem Potential. Die Modellplatte hat, wie aus Abb. 49 ersichtlich, etwas größere Abmessungen als das Meßgebiet, damit die Zufuhrdrähte, deren Stromstärken die Potentiale in den Punkten $1, 2, \ldots, n$ bedingen, nicht in diesen Punkten selbst verlötet zu werden brauchen, sondern in einigem Abstand in den zugehörigen Punkten $S_1, S_2, \ldots, S_n$ mit der Platte verbunden werden können. Diese Anordnung hat den Vorteil, daß am Rande des Meßgebietes eine gleichmäßige Spannungsverteilung eintritt und die Potentiale daher in einfacherer Weise einstellbar sind. Jede Stelle S_i ist mit einem Zweig des Spannungsteilers II verbunden. Der Kontakt S_i' des Verbindungsdrahtes ist an diesem Zweig entlang frei verschiebbar. Ist für mehrere Punkte $1, 2, \ldots$ dasselbe Potential vorgeschrieben, so werden die entsprechenden Punkte $S_1, S_2, \ldots$ durch einen schweren Kupferstreifen ersetzt und die zugehörigen Zweige des Spannungsteilers parallel geschaltet, damit der von dem Kupferstreifen geforderte, verhältnismäßig große Strom mühelos geliefert werden kann. Der ganze Strom rührt von der Akkumulatorenbatterie III her, deren Klemmenspannung 2,2 V und deren Stromstärke 60 bis 150 A beträgt.

Bei der Einstellung der Potentiale werden nun zuerst diejenigen Punkte p und q des Randes herausgegriffen, deren Potentiale V_p und V_q den größten Unterschied aufweisen. Von den zugehörigen Kontakten S'_p und S'_q wird (wenn $V_p > V_q$ ist) S'_p hart an den Oberrand, S'_q hart an den Unterrand des Spannungsteilers II geschoben. Alle anderen Kontakte S'_i werden schätzungsweise eingestellt. Sodann wird das mit einem Vorschaltwiderstand IV versehene Millivoltmeter V mit seinem positiven Pol an p, mit dem negativen Pol an q gelegt und der Widerstand IV derart eingestellt, daß das Voltmeter einen vorgeschriebenen Ausschlag (von z. B. 100 Einheiten) anzeigt. Verbindet man sodann den positiven Pol des Voltmeters mit einem anderen Randpunkte i von vorgeschriebenem Potential V_i, so ist der Kontakt S'_i so einzustellen, daß das Voltmeter jetzt $100\,\frac{V_i - V_q}{V_p - V_q}$ Einheiten anzeigt. Nach der Einstellung dieses Potentials wird mit Hilfe des Widerstandes IV dafür gesorgt, daß das Voltmeter aufs neue 100 anzeigt, wenn man seinen positiven Pol mit p verbindet. Weil die Einstellung eines jeden neuen Potentials alle bereits eingestellten Potentiale beeinflußt, wird man in der beschriebenen Weise alle Randpunkte der Reihe nach mehrere Male zu behandeln haben. Man kann dabei aber sehr gut erreichen, daß das endgültig auf dem Voltmeter abgelesene Potential für jeden Punkt um weniger als einen Teilstrich von dem vorgeschriebenen Potential abweicht.

Jetzt schaltet man den Meßdraht VI von hohem Widerstand ein, welcher unter Vorschaltung der Widerstände VII und VIII und der Widerstandsdrähte PS_p und QS_q mit S_p und S_q verbunden wird. Das Potential V_Q ist kleiner als V_q, wogegen V_P größer als V_p ist; und es kann leicht so eingerichtet werden, daß $V_P - V_Q$ doppelt so groß ist wie $V_p - V_q$. Mit Hilfe der Widerstände VII und VIII wird nun dafür gesorgt, daß ein möglichst weit rechts auf dem Meßdraht gelegener Punkt p' dasselbe Potential wie p, ein möglichst weit links gelegener Punkt q' dasselbe Potential wie q hat. (Durch Vergrößerung der Widerstände VII und VIII wird nämlich der Abstand der beiden Punkte p' und q' vergrößert; vergrößert man dagegen den Widerstand VII und verkleinert man dabei zugleich den Widerstand VIII um denselben Betrag, so verschieben sich beide Punkte nach links.) Um nun schließlich das Potential eines inneren Punktes a der Modellplatte zu messen, verbindet man den einen Pol des Voltmeters mit a und verschiebt den anderen Pol über den Meßdraht VI bis zu demjenigen Punkte a' (vgl. den gestrichelten Teil in Abb. 49), für welchen das Voltmeter Null zeigt. Es gilt dann, wenn jetzt p', q' und a' die auf dem Meßdraht abgelesenen Maßzahlen bedeuten,

$$\frac{V_p - V_a}{V_a - V_q} = \frac{V_{p'} - V_{a'}}{V_{a'} - V_{q'}} = \frac{p' - a'}{a' - q'},$$

woraus folgt

$$V_a = \frac{a' - q'}{p' - q'} V_p + \frac{p' - a'}{p' - q'} V_q. \tag{3}$$

Wie schon bemerkt, können die Randpotentiale der Punkte $1, 2, \ldots, n$ nicht vollkommen genau eingestellt werden. Es hat sich gezeigt, daß man besser auf eine allzugroße Genauigkeit bewußt verzichtet, dafür aber eine Ergänzungsmessung ausführt, bei der als neue Randpotentiale die (z. B. 20-mal) vergrößerten Fehlerpotentiale der ersten Messung eingestellt werden, und die so erhaltenen Ergebnisse zu denen der Hauptmessung addiert. Die neuen Fehlerpotentiale brauchen dann ebensowenig mit großer Genauigkeit eingestellt zu werden. Läßt man z. B. bei dem Hauptversuch Abweichungen von 5% in den Randpotentialen zu und bei der Korrekturmessung Fehler von 10%, so beträgt der Fehler im Endergebnis nur $1/10 \cdot 5\% = 0{,}5\%$. Dies hat zur weiteren Folge, daß man beim Korrekturversuch mit einer unmittelbaren Voltmeterablesung, also ohne Meßdraht auskommt.

29. Anwendung auf das Torsionsproblem. Als erstes Anwendungsbeispiel, das auch die Meßgenauigkeit der Methode erläutern soll, wählen wir den (schon in Ziff. **11** rechnerisch behandelten) Fall des auf Torsion beanspruchten rechteckigen Querschnitts mit den Seitenlängen $4a$ und $2a$. Auch hier wird das Problem zurückgeführt auf die Bestimmung einer Funktion F_2 (s. Ziff. **11**), welche der Gleichung $\Delta' F_2 = 0$ genügt, für $z = \pm a$ den Wert Null und für $y = \pm 2a$ den Wert $G\omega a^2\left(1 - \frac{z^2}{a^2}\right)$ annimmt. Beschränkt man sich auf ein Viertel des Querschnitts (Abb. 50), so hat man, weil (der Symmetrie wegen) im vollständigen Querschnitt senkrecht zu den Seiten OB und OC keine Ströme fließen, diese Ränder der Modellplatte einfach als freie Ränder auszuführen. Weil am Rande CD das Potential den Wert Null haben muß, ist diese Seite mit einem durchlaufenden schweren Kupferstreifen verlötet; die Seite BD dagegen ist in den Punkten $\bar{z}\,(\equiv z/a) = 0$, $\bar{z} = 0{,}1$, $\bar{z} = 0{,}2, \ldots, \bar{z} = 0{,}9$ (welche weiterhin mit $S_0, S_1, \ldots, S_9$ bezeichnet werden) mit 10 Messingklötzchen versehen, an welche die Zufuhrdrähte angeschlossen sind. Die Zahlenwerte des Meßdrahtes, die mit den in den Punkten $S_0, S_1, S_2, \ldots, S_9$ und D eingestellten Potentialen übereinstimmen, zeigt die erste Zeile von Tabelle 1.

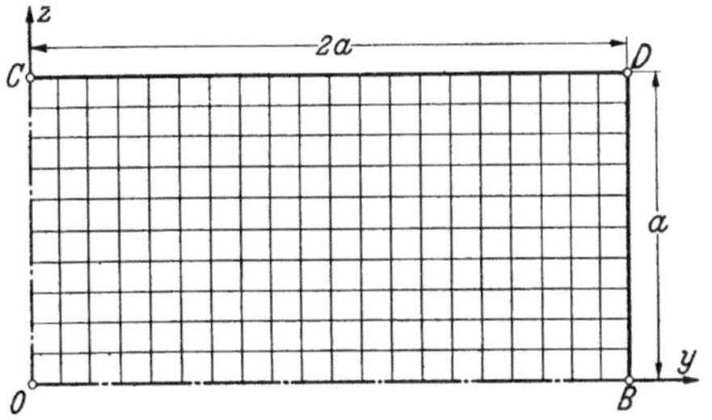

Abb 50 Viertel des Rechteckquerschnitts eines tordierten Stabes.

Tabelle 1.

Punkte $\bar{y} = 1{,}0$	S_0	S_1	S_2	S_3	S_4	S_5	S_6	S_7	S_8	S_9	D
Anfang des Versuches	901	892	865	825	766	691	598	489	364	221	62
Zwischenwerte . . .	895	887	861	820	762	686	594	486	362	218	58
Ende des Versuches .	895	887	864	820	761	686	594	485	358	216	58

Zur Kontrolle wurden diese Potentiale während und nach Ablauf des Versuches noch einmal gemessen (zweite und dritte Zeile von Tabelle 1). Es zeigte sich, daß, obwohl die Werte während des Versuches ein klein wenig zurückgingen, diese Fehlerquelle nicht beachtet zu werden brauchte.

Die Potentiale der Gitterpunkte $\bar{y}\,(\equiv y/2a) = k/20\;(k = 0, 1, 2, \ldots, 19)$, $\bar{z}\,(\equiv z/a) = k'/10\;(k' = 0, 1, 2, \ldots, 10)$ wurden reihenweise bestimmt, und zwar zuerst für die Punkte $\bar{y} = 19/20$, dann für die Punkte $\bar{y} = 18/20$ usw. Ihre Werte (aber wieder nur für die zu $\bar{y} = 0{,}0$; $0{,}1$; $0{,}2; \ldots; 0{,}9$ gehörigen Punkte) zeigt Tabelle 2. Aus der letzten Spalte dieser Tabelle ersieht man, daß auch das (in jedem Zeitpunkt konstante) Potential längs CD mit der Zeit etwas zurückgeht. Die Größen in Tabelle 2 müssen nun zuerst derart reduziert werden, daß das Potential für alle Punkte $\bar{z} = 1$ den Wert Null annimmt. Dazu sind (weil die inneren Potentiale reihenweise bestimmt wurden) alle Größen in derselben Zeile um den Wert der letzten Spalte zu verringern, wodurch die Veränderlichkeit der Randspannung CD so gut wie möglich berücksichtigt wird; so entsteht die hier nicht wiedergegebene Tabelle der „reduzierten Werte". Geht man in derselben Weise für die *Randpunkte* S_i vor, so erhält man aus Tabelle 1 die Tabelle 3,

Tabelle 2.

$\bar{y}$ \ $\bar{z}$	0,0	0,1	0,2	0,3	0,4	0,5	0,6	0,7	0,8	0,9	1,0
0,0	129	128	127	122	115	108	99	90	80	68	58
0,1	133	133	130	125	119	111	102	93	82	70	58
0,2	145	145	141	136	129	119	109	98	86	72	59
0,3	166	165	162	154	145	134	121	107	91	74	57
0,4	199	198	193	183	172	158	141	122	103	81	59
0,5	248	245	237	225	211	191	170	145	117	90	58
0,6	312	309	300	285	265	238	208	175	139	101	59
0,7	402	396	384	364	337	302	261	216	170	120	61
0,8	521	514	497	472	437	392	339	278	212	138	61
0,9	683	674	655	621	576	520	447	367	275	175	62

Tabelle 3.

Punkte $\bar{y}=1{,}0$	S_0	S_1	S_2	S_3	S_4	S_5	S_6	S_7	S_8	S_9	D
Anfang des Versuches	839	830	803	763	704	629	536	427	302	159	0
Zwischenwerte . . .	837	829	803	762	704	628	536	428	304	160	0
Ende des Versuches .	837	829	806	762	703	628	536	427	300	158	0
Mittelwerte	$837\frac{2}{3}$	$829\frac{1}{3}$	804	$762\frac{1}{3}$	$703\frac{2}{3}$	$628\frac{1}{3}$	536	$427\frac{1}{3}$	302	159	0

welche zeigt, wie man hieraus dann noch Mittelwerte zu bilden hat. Um schließlich die erhaltenen Ergebnisse mit denen der berechneten Tabelle in Ziff. **11** vergleichen zu können, sind alle „reduzierten Werte" sowie die Mittelwerte in Tabelle **3** mit dem Faktor p zu multiplizieren, der das für den Punkt $B (\equiv S_0)$ gefundene Potential auf 1000 bringt $\left(p = \frac{1000}{837\frac{2}{3}}\right)$. Man erhält so die Tabelle 4.

Tabelle 4.

$\bar{y}$ \ $\bar{z}$	0,0	0,1	0,2	0,3	0,4	0,5	0,6	0,7	0,8	0,9	1,0
0,0	85	84	82	76	68	60	49	38	26	12	0
0,1	90	90	86	80	73	63	53	42	29	14	0
0,2	103	103	98	92	84	72	60	47	32	16	0
0,3	130	129	125	116	105	92	76	60	39	20	0
0,4	167	166	160	148	135	118	98	75	53	26	0
0,5	227	223	214	199	183	159	134	104	71	38	0
0,6	302	298	288	270	246	214	178	138	96	50	0
0,7	407	400	386	362	329	288	239	185	130	71	0
0,8	549	541	520	491	449	395	332	259	180	92	0
0,9	741	731	708	667	614	547	460	364	254	135	0
1,0	1000	990	960	910	840	750	640	510	360	190	0

Der Vergleich mit der Tabelle in Ziff. **11** zeigt, daß im Durchschnitt die Fehler unter $^1/_2$% liegen.

30. Zweifach zusammenhängende Querschnitte. Als zweites Anwendungsbeispiel führen wir den auf Torsion beanspruchten, zweifach zusammenhängenden Querschnitt an. Die gesuchte Spannungsfunktion Φ muß jetzt an zwei Rändern je einen festen Wert annehmen. Für den Außenrand kann man diesen Wert, ohne die Allgemeinheit zu beeinträchtigen, gleich Null setzen (vgl. Kap. II, Ziff. **18**). Über den Innenrandwert C dagegen kann nicht frei verfügt werden; vielmehr ist dieser nach (II, **18**, **32**) durch die Bedingung

$$\oint \frac{\partial \Phi}{\partial n}\, ds = -2\omega F G \tag{1}$$

eindeutig bestimmt. Wir machen uns nun zuerst klar, in welcher Weise die beiden Randbedingungen auf die zwei Funktionen F_1 und F_2, in welche Φ zerlegt werden soll, zu übertragen sind. Dies kann auf verschiedene Weise geschehen, doch legen wir vorläufig im Hinblick auf (II, **18**, 13) und (1) fest:

1) die Funktion F_1 genügt im betrachteten Gebiet der Gleichung

$$\Delta' F_1 = -2\,G\omega \quad \text{und der Bedingung} \quad \oint \frac{\partial F_1}{\partial n}\, ds = -2\,\omega F G, \tag{2}$$

und sie nimmt am Außenrand a die Werte $(F_1)_a$, am Innenrand i die Werte $(F_1)_i$ an;

2) die Funktion F_2 genügt im betrachteten Gebiet der Gleichung

$$\Delta' F_2 = 0 \quad \text{und der Bedingung} \quad \oint \frac{\partial F_2}{\partial n}\, ds = 0, \tag{3}$$

und ihre Randwerte sind

$$(F_2)_a = -(F_1)_a, \quad (F_2)_i = -(F_1)_i + C. \tag{4}$$

Die Funktion F_1 kann, weil ihre Randwerte nicht vorgeschrieben sind, in den mannigfachsten Weisen analytisch leicht bestimmt werden. Es handelt sich also auch hier nur um die experimentelle Bestimmung der Potentialfunktion F_2. Wäre die Konstante C von vornherein bekannt, so könnte man ohne weiteres wie beim ersten Beispiel vorgehen. Dies ist aber nicht der Fall, und so muß also zuerst die Bedingungsgleichung für diese Konstante elektrisch gedeutet werden.

Bezeichnet dn ein zum Innenrand normales Linienelement, ferner i_n die auf die Einheit der Bogenlänge des Innenrandes bezogene und zum Innenrand normale Stromstärke, endlich w den spezifischen Widerstand der Manganinplatte, so gilt für ein Flächenelement (ds, dn) am Innenrand nach dem Ohmschen Gesetz

$$i_n\, ds\, \frac{w\, dn}{ds} = \frac{\partial V}{\partial n}\, dn = \frac{\partial F_2}{\partial n}\, dn,$$

so daß

$$\oint \frac{\partial F_2}{\partial n}\, ds = w \oint i_n\, ds$$

ist. Die Bedingung (3) bedeutet also elektrisch, daß der Innenrand im ganzen keinen Strom durchlassen darf.

Man könnte nun daran denken, zum Einstellen der Randpotentiale zwei voneinander unabhängige Akkumulatorenbatterien zu benutzen, deren eine nur den Außenrand und deren andere nur den Innenrand bedient. Jede dieser Batterien erfüllt nämlich für sich — und für jeden der beiden Ränder — die Bedingung $\oint i_n ds = 0$. Obwohl diese Lösung grundsätzlich sicher die einfachste ist, so ist doch zu beachten, daß die Spannungen beider Stromquellen sich während des Versuches unabhängig voneinander ändern, so daß keine genügende Genauigkeit der Meßergebnisse zu erwarten ist. Man tut darum besser, nur mit einer einzigen Stromquelle zu arbeiten, die Zufuhrdrähte des Innenrandes mit Amperemetern zu versehen und zwei Lösungen F_2' und F_2'' zu bestimmen, die zu zwei verschiedenen, beliebig angenommenen Werten C_1 und C_2 von C gehören. Ist beim ersten Versuch $\oint i_n ds = J_1$, beim zweiten Versuch $\oint i_n ds = J_2$, so kann man zwei Zahlen x_1 und x_2 derart bestimmen, daß

$$x_1 J_1 + x_2 J_2 = 0 \quad \text{und} \quad x_1 + x_2 = 1 \tag{5}$$

wird. Die gesuchte Lösung F_2 ist dann offenbar

$$F_2 = x_1 F_2' + x_2 F_2''. \tag{6}$$

Ein anderes Verfahren, bei dem ebenfalls nur mit einer Stromquelle gearbeitet wird, ist folgendes. Man stellt nur die Außenrandpotentiale ein und verlötet den Innenrand mit einem schweren Kupferstreifen, so daß an diesem Rand ein unveränderliches Potential auftritt. Die zugehörige Lösung sei $\overline{F}_2'$. Sodann wiederholt man den Versuch, indem man jetzt den Außenrand mit einem Kupferstreifen verlötet und die Innenrandpotentiale einstellt. Ist $\overline{F}_2''$ die zugehörige Lösung, so ist

$$F_2 = \overline{F}_2' + \overline{F}_2''.$$

Dieses Verfahren bietet Vorteile, wenn die Funktion F_1 so bestimmt werden kann, daß für einen der beiden Ränder, z. B. für den Innenrand, die Randwerte fest sind. In solchem Falle ist nämlich der zweite Versuch überflüssig. Ein Beispiel hierzu liefert der in Ziff. **26** behandelte, von zwei exzentrischen Kreisen begrenzte Querschnitt (Abb. 51). Wählt man als [nach (2) offensichtlich zulässige] Funktion F_1 ein durch den Punkt $A(y=e-R, z=0)$ gehendes Umdrehungsparaboloid, dessen Achse die x-Achse ist:

$$F_1 = \frac{1}{2} G\omega\,[(R-e)^2 - y^2 - z^2], \qquad (7)$$

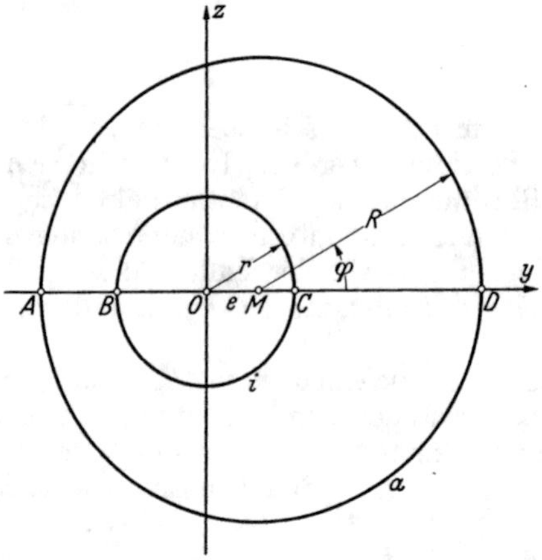

Abb. 51. Von zwei exzentrischen Kreisen begrenzter Querschnitt eines tordierten Stabes.

so erreicht man, abgesehen davon, daß F_1 am Innenrand $(y^2+z^2=r^2)$ einen festen Wert annimmt, daß auch die Außenrandwerte einen einfachen Verlauf zeigen. Das Paraboloid (7) und der über dem Außenrand errichtete Zylinder

$$(y-e)^2 + z^2 = R^2 \qquad (8)$$

schneiden sich nämlich in einer Ebene, für die man aus (7) und (8) die Gleichung findet, die dann zugleich die Außenrandwerte von F_1 angibt,

$$(F_1)_a = -G\omega\, e\,(y + R - e). \qquad (9)$$

Die elektrische Aufgabe besteht jetzt darin, die Funktion F_2 derart zu bestimmen, daß

$$\Delta' F_2 = 0,\quad (F_2)_i = \text{konst.},\quad (F_2)_a = G\omega e\,(y+R-e),\quad \oint \frac{\partial F_2}{\partial n}\, ds = \oint i_n\, ds = 0 \qquad (10)$$

wird. Sie wurde für den bereits in Ziff. **26** behandelten Fall ($R=50$ mm, $r=20$ mm, $e=10$ mm) mit dem dort erwähnten Punktgitter durchgeführt. Auch hier beschränken wir uns auf die wichtigsten Ergebnisse der Messung. Es ergab sich

$$\text{am Außenrand:}\quad \tau_{\max} = 1{,}165\,\frac{WR}{\frac{\pi}{2}(R^4-r^4)} \quad\text{statt}\quad 1{,}122\,\frac{WR}{\frac{\pi}{2}(R^4-r^4)},$$

$$\text{am Innenrand:}\quad \tau_{\max} = 0{,}905\,\frac{WR}{\frac{\pi}{2}(R^4-r^4)} \quad\text{statt}\quad 0{,}926\,\frac{WR}{\frac{\pi}{2}(R^4-r^4)},$$

$$\alpha_t = 0{,}97 \cdot \frac{1}{2}\,\pi\,(R^4 - r^4)\,G \quad\text{statt}\quad 0{,}968 \cdot \frac{1}{2}\,\pi\,(R^4-r^4)\,G.$$

Die auf elektrischem Wege erhaltenen Werte sind also, wie zu erwarten war, zuverlässiger als die bei der Seifenhautmessung gefundenen.

Eine andere Anwendung der elektrischen Methode werden wir in Ziff. **32** c) kennenlernen.

§ 8. Die optische Methode.

31. Der vollständige Gang eines Lichtstrahls. Bei ebenen Spannungszuständen läßt sich, wie wir jetzt zeigen wollen, die Differenz $\sigma_1 - \sigma_2$ der beiden Hauptspannungen auf optischem Weg an Glasmodellen (oder Modellen aus sonstigem durchsichtigem Stoff wie Zelluloid, Bakelit oder Phenolit) bestimmen. Zur Erklärung schicken wir einige Bemerkungen über polarisiertes Licht voran. Trifft ein gewöhnlicher Lichtstrahl l auf einen doppelt-brechenden einachsigen Kristall, so wird er in zwei linear-polarisierte Lichtstrahlen l_1 und l_2 zerlegt. Während beim ursprünglichen Lichtstrahl die transversalen Schwingungen alle möglichen Richtungen senkrecht zum Lichtstrahl aufweisen, tritt bei jedem der polarisierten Lichtstrahlen nur eine einzige Schwingungsrichtung auf, welche zusammen mit der Richtung des Lichtstrahls die Schwingungsebene V des Strahls bestimmt. Die zum Strahl l_1 gehörige Schwingungsebene V_1 ist zur optischen Kristallachse parallel und wird als Hauptebene bezeichnet; die zum Strahl l_2 gehörige Schwingungsebene V_2 ist senkrecht zu V_1. Man nennt l_1 den außerordentlichen Lichtstrahl, l_2 den ordentlichen Lichtstrahl.

Es gibt verschiedene Mittel, um den ordentlichen und den außerordentlichen Lichtstrahl voneinander zu trennen. Am meisten verwendet wird das sogenannte Nicolprisma; dieses läßt den außerordentlichen Lichtstrahl durch und spiegelt den ordentlichen Lichtstrahl an einer Canadabalsamschicht, welche die zwei Teile trennt, aus denen das Prisma besteht. Das gespiegelte Licht wird von dem Gehäuse, in welchem der Nicol sitzt, völlig absorbiert. Als Schwingungsebene des Nicols wird die Schwingungsebene des von ihm durchgelassenen Lichtes bezeichnet, als Polarisationsrichtung des Nicols die zum Lichtstrahl senkrechte Richtung in dieser Schwingungsebene. Zwei hintereinander gestellte gekreuzte Nicols, d. h. zwei Nicols, deren Schwingungsebenen und also Polarisationsrichtungen senkrecht zueinander sind, lassen somit kein Licht durch.

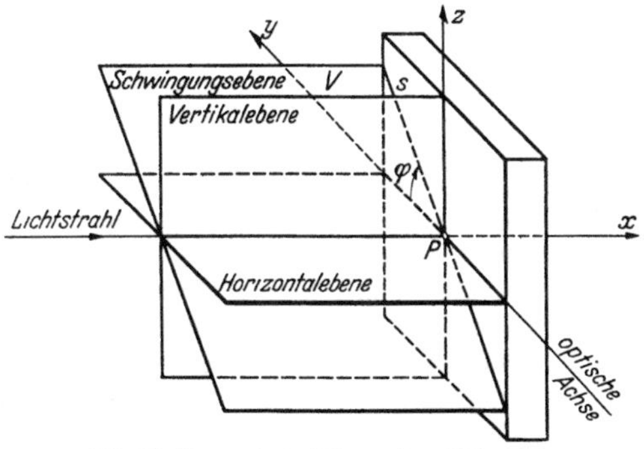

Abb. 52. Der optische Effekt einer Kristallplatte.

Wird ein Plättchen eines doppelt-brechenden Kristalls, dessen optische Achse in die Ebene des Plättchens fällt, von einem linear polarisierten Lichtstrahl mit der Schwingungsebene V senkrecht getroffen (Abb. 52), so wird er also im allgemeinen in zwei (ebenfalls linear polarisierte) Lichtstrahlen zerlegt, deren Ebenen wir als Horizontal- und Vertikalebene bezeichnen wollen. Ist $t=0$ der Zeitpunkt, in welchem der Lichtstrahl die Vorderseite des Plättchens trifft, so wird im Treffpunkt P längs der Geraden s eine Schwingung erzeugt, die durch

$$r = a \sin \omega t \quad \text{mit} \quad \omega = 2\pi\nu \tag{1}$$

dargestellt werden kann, wo a die (gerichtete) Amplitude der Schwingung, ν ihre Frequenz und r die zeitliche (gerichtete) Auslenkung bedeuten. Für die Schwingungskomponenten in der y- und z-Richtung erhält man mit dem Neigungswinkel φ der Ebene V gegen die (als y-Achse gewählte) optische Achse

$$y = a \cos\varphi \sin\omega t, \qquad z = a \sin\varphi \sin\omega t, \tag{2}$$

so daß die Amplituden dieser Komponenten gleich $a\cos\varphi$ und $a\sin\varphi$ sind. Zerspaltung in Komponenten tritt nur dann auf, wenn φ von Null oder einem Vielfachen von $\pi/2$ verschieden ist.

Wäre die Fortpflanzungsgeschwindigkeit durch das Plättchen für beide Komponenten dieselbe, so hätten die von ihnen auf der Hinterseite des Plättchens erzeugten Schwingungen dieselbe Phase, so daß die resultierende Schwingung dort die gleiche Schwingungsebene (und natürlich die Amplitude a und die Frequenz ν) hätte. Tatsächlich ist aber die Fortpflanzungsgeschwindigkeit beider Komponenten im allgemeinen verschieden, so daß die von ihnen auf der Hinterseite des Plättchens erzeugten Schwingungen in der Horizontal- und Vertikalebene eine Phasendifferenz ε aufweisen. Diese Schwingungen lassen sich also, wenn man den Zeitpunkt, in welchem die Horizontalschwingung dort einsetzt, mit $t=0$ bezeichnet, in der Form darstellen:

$$y = a\cos\varphi\sin\omega t, \qquad z = a\sin\varphi\sin(\omega t-\varepsilon). \tag{3}$$

In dem besonderen Falle, daß die vom Plättchen verursachte Phasendifferenz $\varepsilon=\pi/2$ und daß außerdem $\varphi=\pi/4$ ist, gilt

$$y=\frac{1}{2}a\sqrt{2}\sin\omega t, \qquad z=-\frac{1}{2}a\sqrt{2}\cos\omega t \tag{4}$$

und somit

$$y^2+z^2=\frac{1}{2}a^2. \tag{5}$$

Die Schwingungsbahn ist also jetzt ein Kreis geworden, und man nennt das Licht deshalb zirkular-polarisiert. Sind λ_1 und λ_2 die Wellenlängen der beiden Komponenten, in die das Plättchen den einfallenden linear-polarisierten Lichtstrahl zerlegt, so gehen auf die Plattendicke d offenbar d/λ_1 und d/λ_2 Wellenlängen. Zur Erzeugung einer Phasendifferenz $\varepsilon=\pi/2$ ist somit nötig, daß

$$\frac{d}{\lambda_2}-\frac{d}{\lambda_1}=\frac{1}{4}, \quad \text{also} \quad d=\frac{1}{4}:\left(\frac{1}{\lambda_2}-\frac{1}{\lambda_1}\right) \tag{6}$$

ist. Ein Plättchen von dieser Dicke wird als Viertelwellenplättchen bezeichnet.

Wir stellen noch fest, daß zwei hintereinander gestellte, aber mit ihren optischen Achsen um 90° gegeneinander verdrehte Viertelwellenplättchen für einen senkrecht einfallenden polarisierten Lichtstrahl im ganzen ohne Wirkung sind. Denn die außerordentliche Komponente im ersten Plättchen spielt die Rolle der ordentlichen Komponente im zweiten (und umgekehrt), und mithin ist die Differenz der Fortpflanzungsgeschwindigkeiten beider Komponenten im zweiten Plättchen der im ersten Plättchen erzeugten Differenz entgegengesetzt gleich.

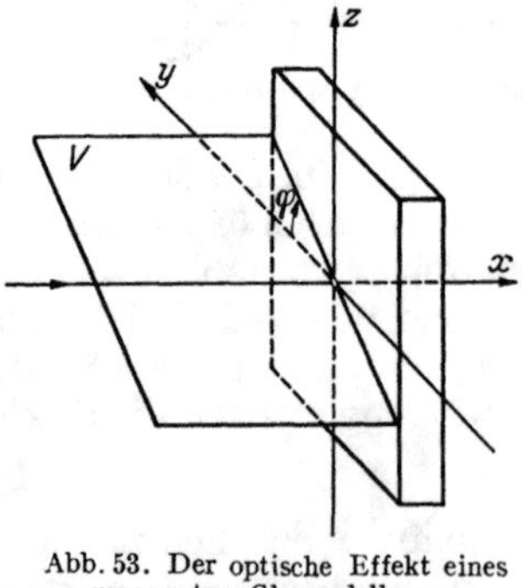

Abb. 53. Der optische Effekt eines gespannten Glasmodells.

Etwas Ähnliches wie bei einer Kristallplatte ereignet sich, wie BREWSTER[1]) zuerst beobachtet hat, bei einem Glasmodell, das in einem ebenen Spannungszustand ist und einem linear-polarisierten Lichtstrahl ausgesetzt wird (Abb. 53). Während ein in der Ebene V schwingender, polarisierter Lichtstrahl das ungespannte Modell unbeeinflußt verlassen würde, wird er beim gespannten Modell in zwei linear-polarisierte Komponenten zerlegt, deren Schwingungsebenen durch die Hauptspannungsrichtungen des Treffpunktes des Lichtstrahls bestimmt sind. Die beiden Komponenten pflanzen sich auch hier mit verschiedener Geschwindigkeit durch das Modell fort, so

[1]) D. BREWSTER, On the communication of the structure of doubly refracting crystals to glass, muriate of soda, fluor spar, and other substances by mechanical compression and dilatation, Phil. Trans. Roy. Soc. 106 (1816) S. 156.

daß an der Austrittsseite der Glasplatte wieder zwei senkrecht zueinander stehende Schwingungen zusammengesetzt werden müssen, die zwar gleiche Frequenz, aber verschiedene Phase besitzen. Der Phasenunterschied ε ist nach dem Wertheimschen Gesetz proportional zur Dicke d des Modells und zur Hauptspannungsdifferenz $\sigma_1 - \sigma_2$, so daß man mit einem Proportionalitätsfaktor c schreiben kann

$$\varepsilon = c\,(\sigma_1 - \sigma_2)\,d. \tag{7}$$

Wir betrachten nun den Fall, daß die gespannte Glasplatte zwischen zwei gekreuzten Nicols aufgestellt ist, und suchen den Zusammenhang zwischen den Amplituden der aus dem ersten Nicol austretenden und der aus dem zweiten Nicol austretenden Lichtschwingungen. In Abb. 54 stellt die Zeichenebene die Ebene der Glasplatte dar, P den Treffpunkt des Lichtstrahls; y und z sind die Polarisationsrichtungen des ersten und des zweiten Nicols, $\bar{y}$ und $\bar{z}$ die Hauptspannungsrichtungen im Punkte P, und φ ist der Winkel zwischen den Richtungen y und $\bar{y}$. Der Lichtstrahl gehe in der positiven x-Richtung und komme also auf den Beschauer von Abb. 54 zu. Ferner sei a die Amplitude der durch den ersten Nicol durchgelassenen (horizontalen) Schwingung und ε die vom Glasmodell erzeugte Phasendifferenz. Bei geeigneter Wahl des Zeitanfangspunktes gilt dann für die $\bar{y}$- und $\bar{z}$-Komponente des aus dem Glasmodell austretenden Lichtes

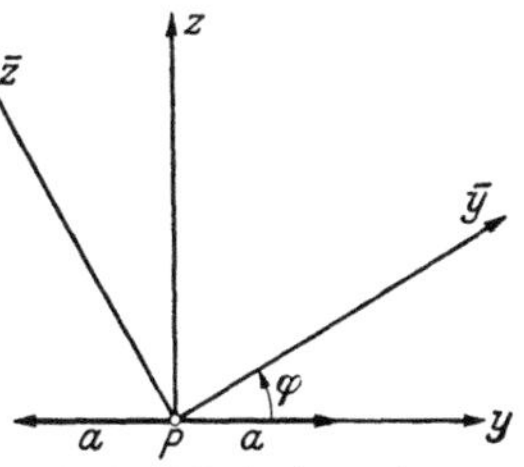

Abb. 54. Polarisationsrichtungen des Nicols und Hauptspannungsrichtungen.

$$\bar{y} = a\cos\varphi\sin\omega t, \qquad \bar{z} = -a\sin\varphi\sin(\omega t - \varepsilon).$$

Die Schwingung des vom zweiten Nicol durchgelassenen Lichtes ist also bestimmt durch

$$\begin{aligned} z &= \bar{y}\sin\varphi + \bar{z}\cos\varphi \\ &= a\sin\varphi\cos\varphi\,[\sin\omega t - \sin(\omega t - \varepsilon)] \\ &= a\sin\varphi\cos\varphi\,[(1-\cos\varepsilon)\sin\omega t + \sin\varepsilon\cos\omega t]. \end{aligned}$$

Die Amplitude a' dieser Schwingung ist

$$a' = a\sin\varphi\cos\varphi\sqrt{(1-\cos\varepsilon)^2 + \sin^2\varepsilon} = a\sin\varphi\cos\varphi\sqrt{2\,(1-\cos\varepsilon)}. \tag{8}$$

Die Intensität des aus dem zweiten Nicol heraustretenden Lichtes ist also sowohl von dem Winkel φ, wie von der durch die Glasplatte erzeugten Phasendifferenz ε abhängig. Das austretende Licht ist völlig gelöscht,

1) wenn $\varphi = n\frac{\pi}{2}$ (n = ganzzahlig),

2) wenn $\varepsilon = 2\,n_1\pi$ (n_1 = ganzzahlig)

ist.

Im ersten Falle sind die Hauptspannungsrichtungen des Punktes P den Polarisationsrichtungen y und z der beiden Nicols parallel. Im zweiten Falle treten die beiden durch die Glasplatte in der $\bar{y}$- und $\bar{z}$-Richtung durchgelassenen Lichtstrahlen in gleicher Phase aus der Glasplatte heraus; die Anzahl d/λ der auf die Dicke d fallenden Wellen des einen Lichtstrahls ist um eine ganze Zahl größer als die auf dieselbe Dicke fallende Anzahl der Wellen des zweiten Strahls.

Wirft man ein Bild der gesamten Glasplatte auf einen hinter dem zweiten Nicol aufgestellten Schirm, so muß man also beachten, daß die dunklen Punkte im Bilde von zweierlei Art sind. Wir bezeichnen die Punkte, für welche $\varphi = n\pi/2$ ist, als α-Punkte und ihren geometrischen Ort als Isokline, dagegen die Punkte, für welche $\varepsilon = 2n_1\pi$ ist, als β-Punkte. Unter diesen gibt es wieder besondere β'-Punkte, für welche $\varepsilon = 0$ ist, dies sind nach (7) die Punkte, für die die Hauptspannungen einander gleich sind.

Es ist leicht, die α-, β- und β'-Punkte voneinander zu unterscheiden. Weil nämlich die α-Punkte dadurch gekennzeichnet sind, daß ihre Hauptspannungsrichtungen mit den Polarisationsrichtungen der Nicols übereinstimmen, müssen sie im Bilde ihren Platz ändern, sobald man die beiden Nicols um denselben Winkel dreht. Die Lage der β-Punkte dagegen hängt von dem besonderen Wert der von der Glasplatte erzeugten Phasendifferenz ab, und diese wird ja durch eine gemeinsame Drehung der Nicols nicht beeinflußt. Die β'-Punkte unterscheidet man wieder von den β-Punkten, indem man die Belastung der Glasplatte gleichförmig vergrößert: die β'-Punkte bleiben dann dunkel, weil ihre Hauptspannungsdifferenz und also auch ε Null bleibt; die β-Punkte hingegen leuchten nun auf, weil ihre Hauptspannungsdifferenz und also auch ihr ε sich vergrößert. Übrigens erkennt man die β'-Punkte — sie werden singuläre Punkte genannt — auch bei der Drehung beider Nicols. Weil nämlich in einem singulären Punkte die Richtungen der Hauptspannungen unbestimmt sind, können bei jeder Lage der gekreuzten Nicols die Hauptspannungsrichtungen mit den Polarisationsrichtungen der Nicols identifiziert werden. Somit sind die β'-Punkte diejenigen Punkte, durch welche alle Isoklinen hindurchgehen.

Wenn in der Glasplatte die Hauptspannungsrichtungen von Punkt zu Punkt verschieden sind, können im optischen Bilde die Hauptspannungsdifferenzen verschiedener Punkte nicht unmittelbar miteinander verglichen werden, weil nach (7) und (8) der optische Effekt nicht nur von der Hauptspannungsdifferenz, sondern auch noch von den Hauptspannungsrichtungen abhängt. Diesen Übelstand kann man beseitigen, wenn man unmittelbar hinter dem ersten Nicol und unmittelbar vor dem zweiten Nicol ein Viertelwellenplättchen einschaltet, und zwar derart, daß die optischen Achsen dieser Plättchen zueinander senkrecht sind und mit den Polarisationsrichtungen der Nicols Winkel von $\pi/4$ (bzw. $3\pi/4$) einschließen. Um dies einzusehen, verfolgen wir noch einmal einen Lichtstrahl auf seinem Wege beim Durchgang durch den ersten Nicol, das erste Viertelwellenplättchen, das Glasmodell, das zweite Viertelwellenplättchen und den zweiten Nicol. Das mit dem ersten Nicol verbundene Achsenkreuz (Abb. 55) bezeichnen wir mit (y_1, z_1), wobei y_1 die Polarisationsrichtung des Nicols ist; das mit dem ersten Viertelwellenplättchen verbundene Achsenkreuz mit (y_2, z_2), wobei y_2 die kristallographische Achse des Plättchens ist; die Hauptspannungsrichtungen des vom Lichtstrahl getroffenen Punktes der Glasplatte mit (y_3, z_3), das mit dem zweiten Viertelwellenplättchen verbundene Achsenkreuz mit (y_4, z_4), wobei y_4 die kristallographische Achse des Plättchens ist; und schließlich das mit dem zweiten Nicol verbundene Achsenkreuz mit (y_5, z_5), wobei z_5 die Polarisationsrichtung des zweiten Nicols ist. Bei der Glasplatte wie bei den Viertelwellenplättchen muß unterschieden werden zwischen eintretenden und austretenden Schwingungskomponenten; die zweiten werden deshalb mit einem Stern versehen. Der Lichtstrahl geht wieder in der positiven x-Richtung auf den Beschauer zu.

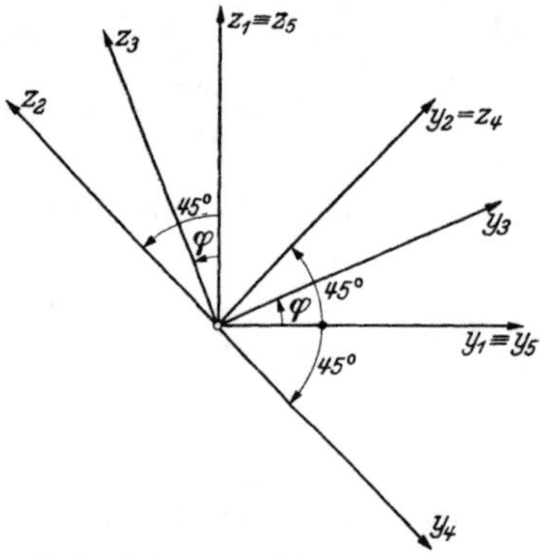

Abb. 55 Polarisationsrichtungen des Nicols, Achsenrichtungen des Viertelwellenplättchens, Hauptspannungsrichtungen.

Man stellt nun folgendes fest: Aus dem ersten Nicol tritt Licht, dessen Schwingung in die (x, y_1)-Ebene fällt und dargestellt wird durch

$$y_1 = a \sin \omega t \quad \text{mit} \quad \omega = 2\pi\nu.$$

Dieses Licht trifft das erste Viertelwellenplättchen und wird in die zwei Komponenten

$$y_2 = \frac{1}{2} a \sqrt{2} \sin \omega t, \qquad z_2 = -\frac{1}{2} a \sqrt{2} \sin \omega t$$

zerlegt. Während des Durchganges durch das Plättchen tritt zwischen beiden Komponenten eine Phasendifferenz $\pi/2$ auf, so daß beim Austritt gilt

$$y_2^* = \frac{1}{2} a \sqrt{2} \sin \omega t, \qquad z_2^* = \frac{1}{2} a \sqrt{2} \cos \omega t;$$

das Licht ist zirkular-polarisiert und trifft die Glasplatte. Weil zirkular-polarisiertes Licht in jedem Paar zueinander senkrechter Richtungen Schwingungskomponenten von gleicher Amplitude und mit einer Phasendifferenz $\pi/2$ aufweist, so wird das auf die Glasplatte einfallende Licht auch durch

$$y_3 = \frac{1}{2} a \sqrt{2} \sin \omega t, \qquad z_3 = \frac{1}{2} a \sqrt{2} \cos \omega t$$

dargestellt. In der Glasplatte tritt zufolge ihres Spannungszustandes eine Phasendifferenz ε auf, so daß beim Austritt

$$y_3^* = \frac{1}{2} a \sqrt{2} \sin \omega t, \qquad z_3^* = \frac{1}{2} a \sqrt{2} \cos (\omega t - \varepsilon)$$

wird. Von diesem Licht wird das zweite Viertelwellenplättchen getroffen. Für die Komponenten in der y_4- und z_4-Richtung findet man also

$$y_4 = y_3^* \cos (45° + \varphi) - z_3^* \sin (45° + \varphi), \qquad z_4 = y_3^* \sin (45° + \varphi) + z_3^* \cos (45° + \varphi)$$

oder

$$y_4 = \frac{1}{2} a \sqrt{2} \left[\cos (45° + \varphi) \sin \omega t - \sin (45° + \varphi) \cos (\omega t - \varepsilon)\right],$$

$$z_4 = \frac{1}{2} a \sqrt{2} \left[\sin (45° + \varphi) \sin \omega t + \cos (45° + \varphi) \cos (\omega t - \varepsilon)\right].$$

Beim Durchgang durch das Plättchen tritt aber zwischen diesen beiden Komponenten wieder eine Phasendifferenz $\pi/2$ auf, so daß beim Austritt gilt

$$y_4^* = \frac{1}{2} a \sqrt{2} \left[\cos (45° + \varphi) \sin \omega t - \sin (45° + \varphi) \cos (\omega t - \varepsilon)\right],$$

$$z_4^* = \frac{1}{2} a \sqrt{2} \left[\sin (45° + \varphi) \sin \left(\omega t - \frac{\pi}{2}\right) + \cos (45° + \varphi) \cos \left(\omega t - \frac{\pi}{2} - \varepsilon\right)\right]$$

oder

$$y_4^* = \frac{1}{2} a \sqrt{2} \left\{[\cos (45° + \varphi) - \sin (45° + \varphi) \sin \varepsilon] \sin \omega t - \sin (45° + \varphi) \cos \varepsilon \cos \omega t\right\},$$

$$z_4^* = \frac{1}{2} a \sqrt{2} \left\{\cos (45° + \varphi) \cos \varepsilon \sin \omega t - [\sin (45° + \varphi) + \cos (45° + \varphi) \sin \varepsilon] \cos \omega t\right\}.$$

Dieses Licht trifft den zweiten Nicol, der nur Vertikalschwingungen durchläßt. Das aus diesem Nicol tretende Licht ist also

$$\begin{aligned} z_5 &= -y_4^* \cos 45° + z_4^* \cos 45° = \frac{1}{2} \sqrt{2} (z_4^* - y_4^*) \\ &= \frac{1}{2} a \left\{[\cos (45° + \varphi - \varepsilon) - \cos (45° + \varphi)] \sin \omega t + [\sin (45° + \varphi - \varepsilon) - \sin (45° + \varphi)] \cos \omega t\right\}. \end{aligned}$$

Die Amplitude a' dieser Schwingungen berechnet sich zu

$$\left.\begin{aligned} a' &= \frac{1}{2} a \sqrt{[\cos (45° + \varphi - \varepsilon) - \cos (45° + \varphi)]^2 + [\sin (45° + \varphi - \varepsilon) - \sin (45° + \varphi)]^2} \\ &= \frac{1}{2} a \sqrt{2} \sqrt{1 - \cos \varepsilon}. \end{aligned}\right\} \quad (9)$$

Sie ist, wie zu beweisen war, unabhängig von den Hauptspannungsrichtungen der in der Glasplatte getroffenen Punkte.

Das auf einen Schirm geworfene Bild der Glasplatte zeigt also jetzt qualitativ den Verlauf der Hauptspannungsdifferenz $\sigma_1 - \sigma_2$ für die ganze Platte. Zur quantitativen Bestimmung ist nötig, daß man die Phasenverschiebung ε von Punkt zu Punkt mißt. Dies geschieht mit einem sogenannten Kompensator, welcher unmittelbar vor oder hinter dem Modell angebracht und derart eingestellt wird, daß in dem betrachteten Punkt der optische Effekt gerade aufgehoben ist, was sich im Bild als Verdunkelung der Stelle bemerkbar macht. Jeder Stellung des Kompensators entspricht eine bestimmte Hauptspannungsdifferenz, welche dem Kompensator tabellarisch [bis auf die Modellkonstante cd, vgl. (7)] beigefügt ist. Die Modellkonstante bestimmt man an einem Vergleichszug- oder -druckstab, der von derselben Dicke und aus demselben Stoffe wie das eigentliche Modell ist, und der eine bekannte Zug- oder Druckspannung besitzt.

Um den Spannungszustand völlig zu kennen, ermittelt man außer $\sigma_1 - \sigma_2$ auch noch die Summe $\sigma_1 + \sigma_2$ der Hauptspannungen. Wie dies geschehen kann, untersuchen wir in Ziff. **32**.

Handelt es sich aber ausschließlich um die Bestimmung von Randspannungen, so kommt man sowohl beim unbelasteten wie bei dem in bekannter Weise belasteten Rand mit $\sigma_1 - \sigma_2$, also mit der optischen Messung aus. Beim unbelasteten Rand ist wegen des Verschwindens einer Hauptspannung die Hauptspannungsdifferenz mit der übrigbleibenden Hauptspannung identisch; beim belasteten Rand kann aus der bekannten Randspannung, der Hauptspannungsdifferenz und den ebenfalls optisch zu messenden Hauptspannungsrichtungen der Mohrsche Spannungskreis in einfacher Weise konstruiert werden.

Auch in Fällen, denen man bei der weiteren Berechnung die Schubspannungsbruchhypothese zugrunde legt, kommt man oft mit der optischen Messung aus, und zwar immer dann, wenn die beiden Hauptspannungen in allen Punkten des Körpers verschiedenes Vorzeichen haben. Gibt es jedoch Punkte, für welche σ_1 und σ_2 gleiches Vorzeichen haben, so muß man darauf gefaßt sein, daß dort die größte Schubspannung gleich der Hälfte der (absolut) größten Hauptspannung ist. Für solche Punkte ist dann die getrennte Bestimmung von σ_1 und σ_2 unerläßlich.

32. Die Meßmethoden. a) Die Mesnager-Cokersche Methode. Die älteste und verbreiteste Methode zur optischen Ermittlung ebener Spannungszustände ist diejenige, bei der einerseits mit polarisiertem Licht und einem Kompensator die Hauptspannungsdifferenz gemessen, andererseits aus der Dickenänderung des Modells die Hauptspannungssumme berechnet wird. Der optische Teil dieser Messungen ist ausführlich in Ziff. **31** behandelt (vgl. auch später unter c); wir können uns hier also auf einige Bemerkungen über die mechanische Dickenmessung beschränken, welche eine sehr große Genauigkeit erfordert. Die Änderung Δd der Dicke d der Modellplatte gehorcht nämlich nach der dritten Gleichung (I, **13**, 2) der Beziehung

$$\frac{\Delta d}{d} = -\frac{1}{mE}(\sigma_1 + \sigma_2). \tag{1}$$

Bei Modellen z. B. aus Zelluloid, für welches nach Angaben von Coker $E = 21000$ kg/cm² und $m = 2{,}5$ ist, beträgt daher die Dickenänderung einer Platte von 5 mm Dicke unter einer Belastung von 1 kg/cm² nur $0{,}95 \cdot 10^{-4}$ mm, so daß, wenn die Spannungsverteilung bis auf 1 kg/cm² genau bestimmt werden soll, eine Meßgenauigkeit von $0{,}95 \cdot 10^{-4}$ mm erforderlich ist. Dies verlangt vor allem, daß die Temperatur des Meßraumes ganz unveränderlich gehalten wird, und daß auch alle Luftströmungen in diesem Raume aufs sorgfältigste vermieden werden. Aber auch an das eigentliche Meßgerät werden sehr hohe Anforderungen gestellt[1]). Hier sei nur noch betont, daß in jedem Meßpunkt des Modells eine zu zwei verschiedenen Belastungen gehörende Doppelmessung der Dickenänderung vorgenommen werden muß, weil die natürlichen Dickenunterschiede an verschiedenen Stellen des Modells von derselben Größenordnung sind wie die zu messenden Dickenänderungen.

Die folgenden Methoden umgehen die Schwierigkeiten dieser Dickenmessung.

b) Die Filon-Föpplsche Methode. Diese Methode[2]) besteht darin, daß, nachdem die Hauptspannungsdifferenz optisch bestimmt ist, die Hauptspannungen selbst durch graphische Integration ermittelt werden.

Das optische Bild des gespannten Glasmodells wird von einem in einen Kasten unter 45° gestellten Spiegel auf eine drehbare Mattscheibe im Kastendeckel geworfen. Das Glasmodell, das in einer Spannvorrichtung gehalten und in der vorgeschriebenen Weise belastet wird, ist zusammen mit der gesamten Spannvorrichtung um die optische Achse der ganzen Apparatur drehbar. Durch geeignete Montierung der Mattscheibe im Kastendeckel ist dafür gesorgt, daß die Drehachse der Mattscheibe mit dem Spiegelbild der optischen Achse zusammenfällt. Wird also bei einer bestimmten Anfangslage der Umriß des Modells auf der Mattscheibe aufgezeichnet, so kann bei jeder andern Lage des Modells dieser Umriß mit dem gedrehten optischen Bilde des Modells zur Deckung gebracht werden. Wie in Ziff. **31** erwähnt, gehört zu jeder Lage des Modells ein geometrischer Ort von Punkten (α-Punkten), deren Hauptspannungsrichtungen mit den Polarisationsrichtungen der beiden Nicols übereinstimmen; sein Bild auf der Mattscheibe erscheint als eine schwarze Linie. Diese sogenannten Isoklinen werden für verschiedene Lagen des Modells (nachdem jedesmal die Mattscheibe so weit gedreht ist, daß der auf ihr gezeichnete Modellumriß mit dem optischen Bild des Modells zusammenfällt) auf der Mattscheibe aufgezeichnet, so daß ein Isoklinennetz entsteht. Dieses Isoklinennetz bildet den Ausgangspunkt zur Bestimmung sowohl von $\sigma_1 - \sigma_2$ wie von $\sigma_1 + \sigma_2$.

Zunächst liefert das Verfahren für jeden Punkt die Richtungen der Hauptspannungen. Zeichnet man nämlich auf der Mattscheibe, wenn das Modell seine Anfangslage hat, die Spiegelbilder der Polarisationsrichtungen der beiden Nicols auf, und nennt man diese Richtungen die Horizontal- und Vertikalrichtung oder kurz das Koordinatensystem im Zeichenbild, schreibt man weiter als Zeiger zu jeder Isokline denjenigen Drehwinkel α des Modells, der diese Isokline entstehen ließ, so sind für alle Punkte einer Isokline die Hauptspannungsrichtungen bezüglich des soeben definierten Koordinatensystems durch α und $\alpha + \pi/2$ bestimmt. Soll ferner in einem bestimmten Punkt der Isokline α auch die Differenz $\sigma_1 - \sigma_2$ der Hauptspannungen gemessen werden, so wird der Aufspanntisch des Modells mit einer Kreuzverschiebung so weit verschoben, bis dieser Punkt in die Mittelachse der Apparatur fällt, und um den Winkel α aus seiner Anfangslage gedreht. Auf der Mattscheibe entsteht dann in der Mitte ein schwarzer Punkt. Dreht man den Aufspanntisch nun um 45° weiter, so hat nach (**31**, 8) der optische Effekt seinen größten Wert. Dieser Effekt wird mit einem Kompensator wieder aufgehoben und also seiner Größe nach bestimmt, so daß für $\sigma_1 - \sigma_2$ eine Maßzahl erhalten wird. Die wirkliche Größe von $\sigma_1 - \sigma_2$ kann man entweder dadurch bestimmen, daß man an einem auf Zug beanspruchten Vergleichsstab eine Eichkurve des Kompensators herstellt, oder aber dadurch, daß man nach beendeter Durchmessung des ganzen Modells aus den

[1]) Wir verweisen auf das grundlegende Buch von E. G. Coker u. L. N. G. Filon, A treatise on photoelasticity, Cambridge 1931.

[2]) L. Föppl, *Festigkeitslehre mittels Spannungsoptik*, München und Berlin 1935.

Gleichgewichtsbeziehungen zwischen den in einem beliebigen Schnitt übertragenen Spannungen und den vorgegebenen äußeren Belastungen den fehlenden Proportionalitätsfaktor errechnet.

Zur Bestimmung der Summe $\sigma_1+\sigma_2$ der Hauptspannungen wird zunächst auf graphischem Wege aus dem Isoklinennetz das System von orthogonalen Hauptspannungstrajektorien (welche wir weiterhin durch die Zeiger 1 und 2 unterscheiden werden) hergeleitet. Dazu markiert man bei jeder Stellung der Mattscheibe in den Punkten der zugehörigen Isokline die horizontale und vertikale Richtung (das sind also für diese Punkte die Hauptspannungsrichtungen), womit eine große Zahl von Linienelementen der gesuchten Spannungstrajektorien erhalten wird. Durch zeichnerische Interpolation erhält man leicht die gesuchten Kurven selbst.

Betrachtet man nun ein Körperelement, das von zwei Paaren unendlich benachbarter Hauptspannungslinien begrenzt ist (Abb. 56), so lauten die auf seine Seitenrichtungen bezogenen Gleichgewichtsbedingungen

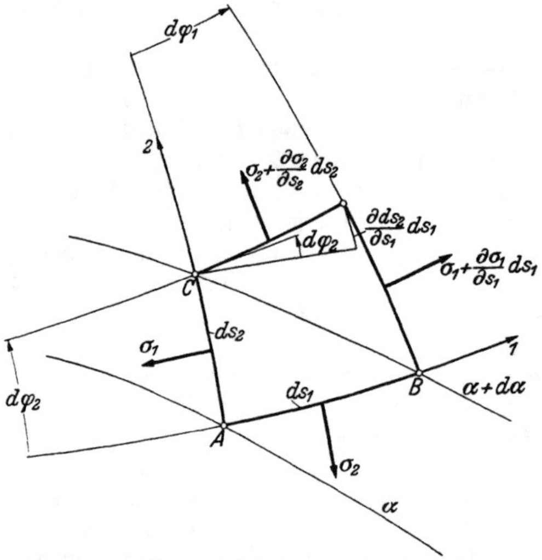

Abb. 56. Von Spannungslinien begrenztes Korperelement.

$$\frac{\partial(\sigma_1 ds_2)}{\partial s_1}ds_1-\sigma_2\,ds_1\,d\varphi_2=0,$$

$$\frac{\partial(\sigma_2 ds_1)}{\partial s_2}ds_2+\sigma_1\,ds_2\,d\varphi_1=0$$

oder, wenn man $\frac{\partial\,ds_2}{\partial s_1}$ durch $d\varphi_2$ und $\frac{\partial\,ds_1}{\partial s_2}$ durch $-d\varphi_1$ ersetzt,

$$\left.\begin{aligned}\frac{\partial\sigma_1}{\partial s_1}&=-(\sigma_1-\sigma_2)\frac{\partial\varphi_2}{\partial s_2},\\ \frac{\partial\sigma_2}{\partial s_2}&=-(\sigma_1-\sigma_2)\frac{\partial\varphi_1}{\partial s_1}.\end{aligned}\right\}\qquad(2)$$

Gehört zum Punkte A die Isokline mit dem Parameter α, und wählt man das Verhältnis der Linienelemente ds_1 und ds_2 so, daß die Punkte B und C auf derselben benachbarten Isokline $\alpha+d\alpha$ liegen, so haben die Winkel $d\varphi_1$ und $d\varphi_2$ den gemeinschaftlichen Wert $d\alpha$; denn nach dem Gesagten bezeichnet $d\alpha$ gerade den Winkel, um den die Hauptspannungsrichtungen (also auch die Tangenten und die Normalen der Hauptspannungslinien) sich drehen, wenn man von einem Punkt A der Isokline zu einem Punkte der Isokline $\alpha+d\alpha$ übergeht. Die Gleichungen (2) lassen sich also auch schreiben

$$\left.\begin{aligned}d\sigma_1&=-(\sigma_1-\sigma_2)\frac{ds_1}{ds_2}d\alpha,\\ d\sigma_2&=-(\sigma_1-\sigma_2)\frac{ds_2}{ds_1}d\alpha\end{aligned}\right\}\qquad(3)$$

oder in Differenzenform

$$\left.\begin{aligned}\Delta\sigma_1&=-(\sigma_1-\sigma_2)\frac{\Delta s_1}{\Delta s_2}\Delta\alpha,\\ \Delta\sigma_2&=-(\sigma_1-\sigma_2)\frac{\Delta s_2}{\Delta s_1}\Delta\alpha.\end{aligned}\right\}\qquad(4)$$

Wenn nun ein zu einem bestimmten Wert von $\Delta\alpha$ (z. B. $\Delta\alpha=5°$) gehöriges Isoklinennetz sowie das Orthogonalsystem von Hauptspannungslinien gezeichnet vorliegt, so gestatten die Gleichungen (4) offensichtlich eine Integration von

$\Delta\sigma_1$ und $\Delta\sigma_2$ längs der Hauptspannungslinien, sobald σ_1 und σ_2 im Ausgangspunkte A bekannt sind. Als ein solcher Ausgangspunkt ist jeder Randpunkt des Modells zu betrachten, in welchem die am Umfang angreifenden Spannungen σ und τ bekannt sind. Denn aus diesen Werten und der optisch gemessenen Hauptspannungsdifferenz $\sigma_1 - \sigma_2$ sind mit Hilfe des Mohrschen Spannungskreises die Hauptspannungen σ_1 und σ_2 leicht zu konstruieren.

Wie aus Abb. 56 hervorgeht, versagt dieses graphische Verfahren, sobald für den Punkt A eine der beiden Hauptspannungslinien die Isokline durch A unter einem sehr spitzen Winkel schneidet; dann kann nämlich der Quotient $\Delta s_1/\Delta s_2$ nicht genügend genau bestimmt werden. In einem solchen Falle benutzt man aber einfach das orthogonale Netz von Hauptschubspannungslinien, das leicht aus den Hauptspannungslinien abgeleitet werden kann, weil die Schubspannungslinien die Hauptspannungslinien überall unter einem Winkel von 45° schneiden.

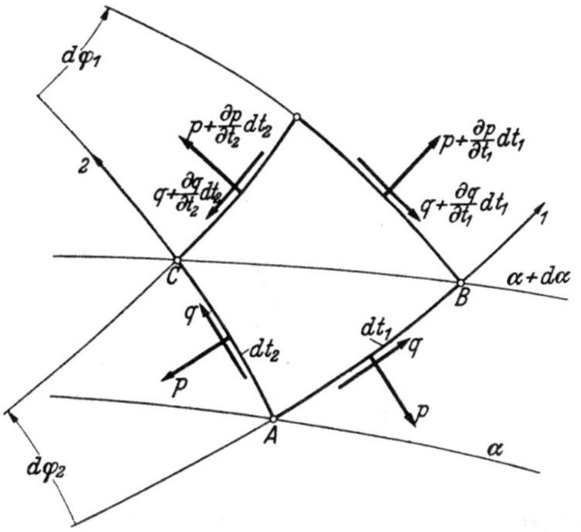

Abb. 57. Von Hauptschubspannungslinien begrenztes Korperelement.

Bestimmt man nämlich für ein Körperelement, welches von zwei Paaren unendlich benachbarter Hauptschubspannungslinien begrenzt wird (Abb. 57), auch jetzt die Gleichgewichtsbedingungen in den beiden Seitenrichtungen, so erhält man, wenn man zur Abkürzung $\frac{1}{2}(\sigma_1 + \sigma_2) = p$ und $\frac{1}{2}(\sigma_1 - \sigma_2) = q$ setzt und jetzt mit dt_1 und dt_2 die Linienelemente der Hauptschubspannungslinien bezeichnet,

$$\left.\begin{aligned}\frac{\partial(p\,dt_2)}{\partial t_1}dt_1 - (p\,dt_1)\,d\varphi_2 - \frac{\partial(q\,dt_1)}{\partial t_2}dt_2 + (q\,dt_2)\,d\varphi_1 = 0,\\ \frac{\partial(p\,dt_1)}{\partial t_2}dt_2 + (p\,dt_2)\,d\varphi_1 - \frac{\partial(q\,dt_2)}{\partial t_1}dt_1 - (q\,dt_1)\,d\varphi_2 = 0.\end{aligned}\right\}$$

Ersetzt man auch in diesen Gleichungen wieder $\frac{\partial\,dt_2}{\partial t_1}$ durch $d\varphi_2$ und $\frac{\partial\,dt_1}{\partial t_2}$ durch $-d\varphi_1$ und wählt auch hier das Verhältnis der Linienelemente dt_1 und dt_2 derart, daß die Punkte B und C auf derselben Isokline $\alpha + d\alpha$ liegen, so daß $d\varphi_1 = d\varphi_2 = d\alpha$ ist (wenn unter $d\alpha$ entweder $\frac{\partial\alpha}{\partial t_1}dt_1$ oder $\frac{\partial\alpha}{\partial t_2}dt_2$ verstanden wird), so findet man

$$\left.\begin{aligned}\frac{\partial p}{\partial t_1} &= \frac{\partial q}{\partial t_2} - 2q\frac{\partial\alpha}{\partial t_1},\\ \frac{\partial p}{\partial t_2} &= \frac{\partial q}{\partial t_1} + 2q\frac{\partial\alpha}{\partial t_2}\end{aligned}\right\} \tag{5}$$

oder in Differenzenform

$$\left.\begin{aligned}(\Delta p)_1 &= (\Delta q)_2\frac{\Delta t_1}{\Delta t_2} - 2q\,\Delta\alpha,\\ (\Delta p)_2 &= (\Delta q)_1\frac{\Delta t_2}{\Delta t_1} + 2q\,\Delta\alpha.\end{aligned}\right\} \tag{6}$$

Weil die rechten Seiten lauter Größen enthalten, die den zeichnerisch gefundenen Liniennetzen entnommen werden können, so ermöglichen die Gleichungen (6) eine Integration von $p \equiv \frac{1}{2}(\sigma_1 + \sigma_2)$ längs der Hauptschubspannungslinien. Gerade in den Fällen, wo die Gleichungen (4) versagen, führen die Gleichungen (6) zum Ziel, weil die Winkel, unter denen die Hauptschubspannungslinien eines Punktes A die zugehörige Isokline schneiden, ungefähr 45° sind, wenn einer der beiden Winkel, unter denen die Hauptspannungslinien dieses Punktes die Isokline schneiden, sehr spitz ist.

Ein zweites Verfahren[1]) besteht darin, daß auf graphischem Wege die sogenannten Isopachen, d. h. die Linien konstanter Hauptspannungssumme $\sigma_1 + \sigma_2 = 2p$ konstruiert werden, und zwar mit Hilfe der Isoklinen und der Linien konstanter Hauptspannungsdifferenz $\sigma_1 - \sigma_2 = 2q$, der sogenannten Isochromaten, welche dem optischen Bilde unmittelbar entnommen werden.

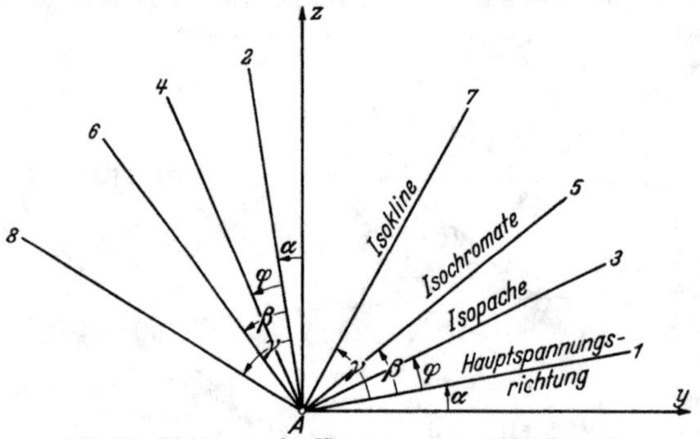

Abb. 58. Richtungen der Hauptspannungen, der Isopache, der Isochromate und der Isokline.

Bezeichnen für einen Punkt A (Abb. 58) y und z die Koordinatenrichtungen, *1* und *2* die Hauptspannungsrichtungen, ist ferner *3* die Richtung der Isopache, *4* die dazu senkrechte Richtung, *5* die Richtung der Isochromate, *6* die dazu senkrechte Richtung, *7* die Richtung der Isokline und *8* die dazu senkrechte Richtung, so sind nach Voraussetzung α, β, γ und q bekannt. Wir bestimmen nun der Reihe nach die Differentialquotienten $\frac{\partial p}{\partial s_1}, \frac{\partial p}{\partial s_2}, \frac{\partial q}{\partial s_1}, \frac{\partial q}{\partial s_2}, \frac{\partial \alpha}{\partial s_1}, \frac{\partial \alpha}{\partial s_2}$, indem wir für die ersten zwei Differentialquotienten die Richtungen *3* und *4*, für die zwei nächsten die Richtungen *5* und *6*, für die beiden letzten die Richtungen *7* und *8* als Bezugssystem wählen. So erhalten wir

$$\frac{\partial p}{\partial s_1} = \frac{\partial p}{\partial s_3}\frac{\partial s_3}{\partial s_1} + \frac{\partial p}{\partial s_4}\frac{\partial s_4}{\partial s_1}, \quad \frac{\partial q}{\partial s_1} = \frac{\partial q}{\partial s_5}\frac{\partial s_5}{\partial s_1} + \frac{\partial q}{\partial s_6}\frac{\partial s_6}{\partial s_1}, \quad \frac{\partial \alpha}{\partial s_1} = \frac{\partial \alpha}{\partial s_7}\frac{\partial s_7}{\partial s_1} + \frac{\partial \alpha}{\partial s_8}\frac{\partial s_8}{\partial s_1},$$
$$\frac{\partial p}{\partial s_2} = \frac{\partial p}{\partial s_3}\frac{\partial s_3}{\partial s_2} + \frac{\partial p}{\partial s_4}\frac{\partial s_4}{\partial s_2}, \quad \frac{\partial q}{\partial s_2} = \frac{\partial q}{\partial s_5}\frac{\partial s_5}{\partial s_2} + \frac{\partial q}{\partial s_6}\frac{\partial s_6}{\partial s_2}, \quad \frac{\partial \alpha}{\partial s_2} = \frac{\partial \alpha}{\partial s_7}\frac{\partial s_7}{\partial s_2} + \frac{\partial \alpha}{\partial s_8}\frac{\partial s_8}{\partial s_2}.$$

Weil für die Richtungen *3*, *5* und *7* der Reihe nach p, q und α konstant sind, gehen diese Gleichungen mit den Winkeln φ, β und γ über in

$$\left.\begin{aligned} \frac{\partial p}{\partial s_1} &= -\frac{\partial p}{\partial s_4}\sin\varphi, & \frac{\partial q}{\partial s_1} &= -\frac{\partial q}{\partial s_6}\sin\beta, & \frac{\partial \alpha}{\partial s_1} &= -\frac{\partial \alpha}{\partial s_8}\sin\gamma, \\ \frac{\partial p}{\partial s_2} &= \frac{\partial p}{\partial s_4}\cos\varphi, & \frac{\partial q}{\partial s_2} &= \frac{\partial q}{\partial s_6}\cos\beta, & \frac{\partial \alpha}{\partial s_2} &= \frac{\partial \alpha}{\partial s_8}\cos\gamma. \end{aligned}\right\} \tag{7}$$

Schreibt man jetzt noch die Gleichgewichtsbedingungen (3) mit $\sigma_1 = p + q$ und $\sigma_2 = p - q$ in der Form

$$\frac{\partial p}{\partial s_1} + \frac{\partial q}{\partial s_1} + 2q\frac{\partial \alpha}{\partial s_2} = 0, \qquad \frac{\partial p}{\partial s_2} - \frac{\partial q}{\partial s_2} + 2q\frac{\partial \alpha}{\partial s_1} = 0, \tag{8}$$

so folgt aus (7) und (8)

$$\left.\begin{aligned} \frac{\partial p}{\partial s_4}\sin\varphi &= -\frac{\partial q}{\partial s_6}\sin\beta + 2q\frac{\partial \alpha}{\partial s_8}\cos\gamma, \\ \frac{\partial p}{\partial s_4}\cos\varphi &= \frac{\partial q}{\partial s_6}\cos\beta + 2q\frac{\partial \alpha}{\partial s_8}\sin\gamma. \end{aligned}\right\} \tag{9}$$

[1]) H. Neuber, New method of deriving stresses graphically from photo-elastic observations, Proc. Roy. Soc. Lond. (A) **141** (1933) S. 314.

Weil die rechten Seiten dieser Gleichungen lauter bekannte Größen enthalten, so ist in jedem Punkt die Richtung φ der durch ihn hindurchgehenden Isopache sowie die Ableitung von p in der zu dieser Isopache senkrechten Richtung bekannt, und damit kann p durch eine graphische Integration für das ganze Spannungsfeld erhalten werden.

c) Die kombinierte optische und elektrische Methode. Die folgende Methode[1]) hat, soweit es sich um die Bestimmung von $\sigma_1 - \sigma_2$ handelt, vieles mit der vorigen gemeinsam; doch unterscheidet sie sich von ihr einerseits in der Anordnung der Apparatur, andererseits in der Ablesung der optischen Meßergebnisse, sowie in der Bestimmung der Hauptspannungssumme, welche hier ohne graphische Integration geschieht und ohne das Zeichnen von Isoklinen auskommt.

Die Apparatur, deren Schema Abb. 59 zeigt, unterscheidet sich von der unter b) besprochenen dadurch, daß nicht das Glasmodell, sondern die beiden

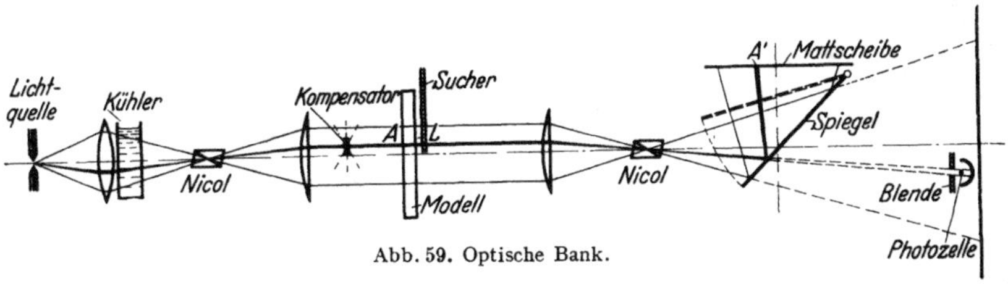

Abb. 59. Optische Bank.

miteinander gekoppelten Nicols gedreht werden. Damit sind die folgenden Vorteile verknüpft:

1) der schwere Aufspanntisch braucht nicht gedreht zu werden;

2) der veränderliche Einfluß des Eigengewichtes von Modell und Belastungsvorrichtung fällt weg;

3) die drehbare Mattscheibe im Deckel des Beobachtungskastens kann durch eine feste Scheibe ersetzt werden;

4) es ist nicht nötig, diese Scheibe so sorgfältig zu montieren, wie es das Zusammenfallen ihrer Drehachse mit dem Spiegelbild der Achse der optischen Bank erfordern würde.

Ehe optisch gemessen wird, beklebt man das Modell mit einem durchsichtigen gerad- oder krummlinigen Koordinatensystem, dessen Bild auf der festen Mattscheibe kopiert wird. Dann entfernt man das aufgeklebte Koordinatensystem wieder vom Modell. Um einen bestimmten Punkt A des Modells, der mit einem bestimmten Punkt A' auf der Mattscheibe übereinstimmt, zu fixieren, stellt man vor dem Modell einen Sucher derart ein, daß das Bild eines winzigen Loches L des Suchers mit A' zur Deckung kommt. Die Stelle von L gibt dann die Lage von A an. Eine andere, direkte Methode des Fixierens besteht darin, daß auf der Aufspannvorrichtung des Glasmodells ein rechtwinkliges Koordinatensystem befestigt wird, in bezug auf das die Lage des Suchers mittels zweier, mit Noniusablesung versehenen Schrauben bestimmt werden kann. Soll nun in einem (auf die eine oder andere Weise fixierten) Punkte A die Hauptspannungsdifferenz gemessen werden, so wird der Spiegel im Beobachtungskasten hochgezogen und ein Bild des Glasmodells auf eine Wand geworfen, an der eine Photozelle in zwei zueinander senkrechten Richtungen frei bewegt werden kann. Diese Photozelle, vor der eine verstellbare Blende angebracht ist, wird so lange verschoben, bis das Bild des Loches L gerade in die Blendenöffnung fällt, so daß die Zelle ausschließlich auf den im Punkt A erregten optischen Effekt anspricht.

[1]) J. R. J. van Dongen, Vergelijkend spanningsonderzoek, Diss. Delft 1936.

Dieser Effekt wird, durch einen Verstärker vergrößert, an einem Galvanometer abgelesen, und zwar geht man in folgender Weise vor.

Zuerst werden die Nicols gemeinsam so weit gedreht, bis der optische Effekt am kleinsten ist; der Drehwinkel bestimmt, wie früher gezeigt, die Richtungen der Hauptspannungen im Punkte A. Dann werden beide Nicols mittels einer geeigneten Einschnappvorrichtung um 45° weitergedreht, so daß der optische Effekt am größten ist. Hiernach wird der Kompensator, der im wesentlichen aus einer drehbaren doppelt-brechenden Kristallplatte besteht, vor den Punkt A

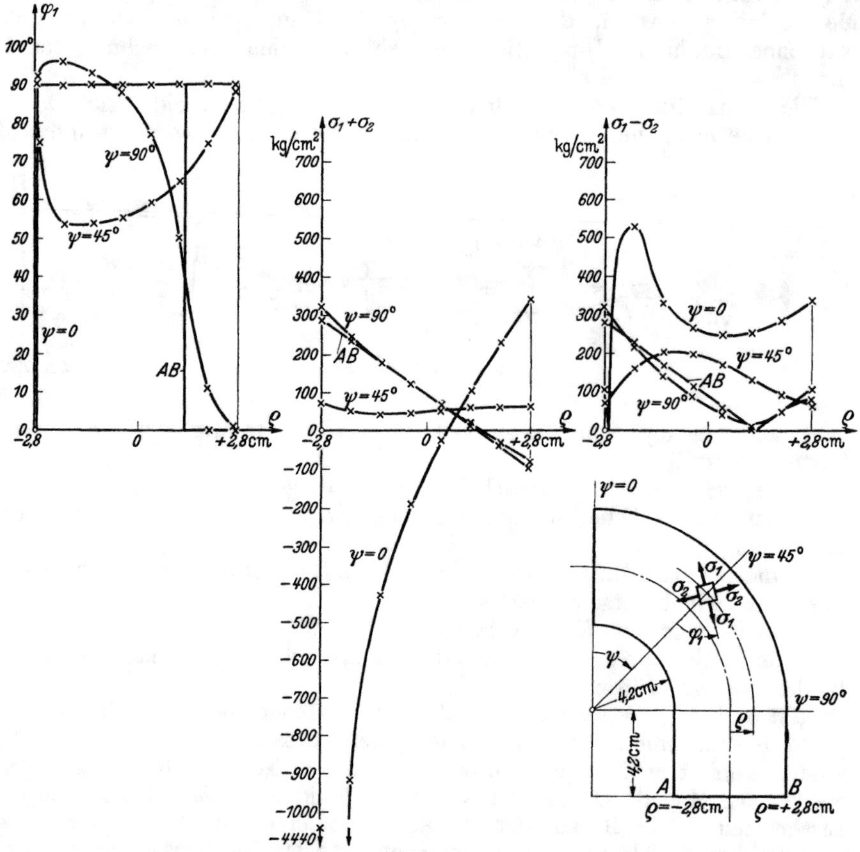

Abb. 60. Spannungen in dem scheibenförmigen Modell eines Kettengliedviertels, bestimmt mit der kombinierten optischen und elektrischen Methode.

geschoben, und zwar so, daß die Richtung seiner Drehachse mit der Richtung der kleinsten Hauptspannung zusammenfällt. Endlich wird der Kompensator so weit gedreht, bis der optische Effekt abermals möglichst verschwindet. Der Drehwinkel des Kompensators gibt dann in einem bestimmten Maßstabe (vgl. Ziff. **31**) die Hauptspannungsdifferenz $\sigma_1 - \sigma_2$.

Bei der Einstellung der Achsenrichtung des Kompensators hat man noch die Wahl zwischen den beiden bekannten Hauptspannungsrichtungen, weil über die Größe der zugehörigen Hauptspannungen nichts bekannt ist. Stellt man die Achse aber falsch ein, so erweist sich die Kompensation als unmöglich. Im ganzen erfordert also die Bestimmung von $\sigma_1 - \sigma_2$ zwei Messungen, bei denen der Kleinstausschlag eines Galvanometers festgestellt wird.

Die Hauptspannungssumme $\sigma_1+\sigma_2$ wird bei dieser Methode auf elektrischem Wege an einem Manganinmodell bestimmt. Diese Summe gehorcht nämlich wegen $\sigma_1+\sigma_2=\sigma_x+\sigma_y$ nach (II, **12**, 8) der Differentialgleichung

$$\Delta'(\sigma_1+\sigma_2)=0 \qquad (10)$$

und kann somit nach Ziff. **28** elektrisch gemessen werden.

Abb. 60 zeigt die mit dieser Methode gefundenen Werte an dem scheibenförmigen Modell des gleichen Kettengliedviertels, dessen aus Dehnungsmessungen gewonnene Werte in Abb. 21 von Ziff. **21** wiedergegeben sind.

d) Die rein optische Methode. Schließlich erwähnen wir noch eine Methode[1]), bei der man die Hauptspannungen auf rein optischem Wege erhält. Man benützt dabei die Tatsache, daß die in Ziff. **31** besprochene Phasenverschiebung ε als Differenz zweier Phasenverschiebungen ε_1 und ε_2 aufzufassen ist, die den beiden Komponenten zugehören, in welche der aus dem ersten Nicol austretende linear polarisierte Lichtstrahl zerlegt wird, wenn er das gespannte Modell trifft. Zwischen diesen Größen ε_1 und ε_2 und den Hauptspannungen σ_1 und σ_2 bestehen, wie verhältnismäßig leicht nachgewiesen werden kann, zwei Beziehungen von der Form

$$\varepsilon_1=(a\,\sigma_1+b\,\sigma_2)\,d\,, \qquad \varepsilon_2=(b\,\sigma_1+a\,\sigma_2)\,d\,, \qquad (11)$$

worin wieder d die Dicke der Glasplatte bezeichnet und a und b Konstanten sind, die von den optischen und elastischen Eigenschaften des Modells und von der Wellenlänge des benutzten Lichtes abhängen. Diese Konstanten werden ebenso wie die Konstante c in (**31**, 7) an einem auf reinen Zug oder Druck beanspruchten Probekörper bestimmt, der aus demselben Stoff besteht wie das Modell. Gelingt es, im belasteten Modell ε_1 und ε_2 zu messen, so stehen also in jedem Punkte zur Berechnung von σ_1 und σ_2 die zwei Gleichungen (11) und die Gleichung (**31**, 7)

$$\varepsilon=c(\sigma_1-\sigma_2)\,d \qquad (12)$$

zur Verfügung.

Bei genauer Bestimmung von ε_1, ε_2, ε würden natürlich zwei dieser drei Gleichungen zur Berechnung von σ_1 und σ_2 genügen. In Wirklichkeit sind aber ε_1, ε_2 und ε mit Meßfehlern behaftet, so daß man besser die drei Gleichungen aufstellt und aus ihnen in bekannter Weise die wahrscheinlichsten Werte von σ_1 und σ_2 und die mittleren Fehler der Ergebnisse berechnet.

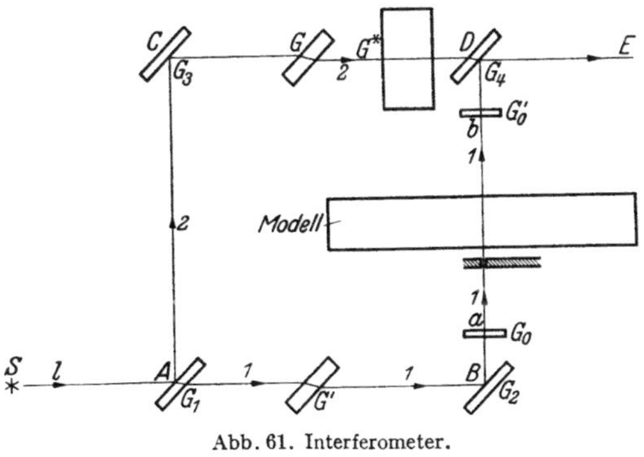

Abb. 61. Interferometer.

Zur Bestimmung von ε und zur Bestimmung der Hauptspannungsrichtungen kann man die unter b) oder c) beschriebene Methode verwenden. Zur Messung von ε_1 und ε_2 ist ein sogenanntes Mach-Zehndersches Interferometer erforderlich. Dieses (von Zeiß gebaute) Instrument (Abb. 61) besteht aus vier gleichen und parallel gestellten Glasplatten G_1, G_2, G_3, G_4, die in den Eckpunkten eines Rechteckes $ABCD$ sitzen. Die Glasplatten stehen lotrecht und bilden Winkel von 45° mit den Seiten des Rechtecks. Die Platten G_1 und G_4 sind mit einer sehr dünnen Platinschicht versehen, deren Dicke so gewählt ist, daß sie 30% des unter 45° einfallenden Lichtes durchlassen und 30% reflektieren (40%

[1]) H. Favre, Sur une nouvelle méthode optique de détermination des tensions intérieures (Diss. Zürich), Paris 1929.

des Lichtes wird also absorbiert). Die Platten G_2 und G_3 sind mit einer starken Platinschicht bedeckt, so daß sie wie Spiegel wirken und mehr als 90% des einfallenden Lichtes reflektieren.

Wird nun von der monochromatischen Lichtquelle S ein Lichtstrahl l ausgesandt, so wird von G_1 30% des Lichtes in der Richtung *1* durchgelassen und 30% in der Richtung *2* reflektiert. Der Strahl *1* wird von G_2 reflektiert und trifft G_4, wo wieder 30% in der Richtung DE reflektiert wird. Der Strahl *2* dagegen wird an G_3 reflektiert und zu 30% von G_4 durchgelassen. Der ganze Strahl l wird also in zwei gleiche Komponenten *1* und *2* von gleicher Intensität zerlegt, welche verschiedene, aber gleich lange Wege durchlaufen und sich in D wieder zu einer gemeinsamen Schwingung vereinigen. Der von S ausgesandte Lichtstrahl geht, ehe er G_1 erreicht, durch ein Nicol mit lotrechter Polarisationsrichtung, so daß die Komponenten *1* und *2* linear-polarisierte Lichtstrahlen mit lotrechter Schwingungsebene sind. Der Strahl *1* wird auf der Strecke ab durch das gespannte Modell geschickt, und zwar so, daß seine Schwingungsrichtung mit einer der beiden Hauptspannungsrichtungen des von ihm getroffenen Modellpunktes zusammenfällt. Bei a und b sind hierzu zwei Halbwellenplättchen G_0 und G_0' angebracht, die es ermöglichen, die Schwingungsebene des (bei G_0 eintretenden lotrecht schwingenden) Lichtes um einen vorgeschriebenen Winkel φ zu drehen. An Hand der Formeln von Ziff. **31** überzeugt man sich leicht, daß die Achse des ersten Halbwellenplättchens G_0 um den Winkel $\varphi/2$ gegen die Lotlinie geneigt sein muß. Wenn die optische Achse des zweiten Halbwellenplättchens G_0' im selben Sinne um $\varphi/2$ gedreht wird, tritt der (bei G_0' unter der Neigung φ eintretende) Lichtstrahl wieder lotrecht schwingend aus diesem Plättchen aus. Durchsetzt also der Lichtstrahl *1* zwischen a und b das Modell in einem Punkt, dessen Hauptspannungsrichtungen die Winkel φ und $\varphi + 90°$ mit der Lotlinie einschließen, so werden zur Bestimmung von ε_1 die Halbwellenplättchen um den Winkel $\frac{1}{2}\varphi$ verdreht, zur Bestimmung von ε_2 um den Winkel $\frac{1}{2}(\varphi + 90°)$. Im ersten Fall erleidet der Lichtstrahl *1* gegen den Lichtstrahl *2* die Phasendifferenz $\varepsilon_1(10)$, im zweiten Fall die Phasendifferenz $\varepsilon_2(10)$, jedoch in beiden Fällen ohne im ganzen seine lotrechte Schwingungsrichtung zu ändern, so daß die Strahlen *1* und *2* rechts von G_4 miteinander interferieren. Dieser optische Effekt, der in einem rechts von G_4 aufgestellten Fernrohr wahrgenommen werden kann, wird mittels eines zwischen G_3 und G_4 sitzenden Kompensators G wieder aufgehoben. Dieser Kompensator hat den Zweck, den optischen Weg ACD zu verlängern oder zu verkürzen und besteht einfach in einer planparallelen Glasplatte, die um eine lotrechte Achse fein regulierbar gedreht werden kann. Der Drehwinkel des Kompensators ist dann ein Maß für die Größen ε_1 und ε_2.

Auf dem Wege AB ist eine Glasplatte G' von derselben Dicke wie G eingeschaltet; sie muß die Gleichheit der optischen Wege ABD und ACD wieder herstellen, welche durch die Platte G, schon wenn sie noch in ihrer Nullage ist, gestört wird. Aus dem gleichen Grunde ist auf dem Wege CD eine Glasplatte G^* von derselben Dicke wie das zu untersuchende Modell eingefügt.

Die hier beschriebenen optischen Methoden beziehen sich alle nur auf den ebenen Spannungszustand. Man hat neuerdings auch den Versuch gemacht, räumliche Spannungs- und Dehnungszustände optisch zu bestimmen[1]) und es besteht die Hoffnung, daß künftig auch der allgemeine räumliche Belastungsfall durch optische Modellversuche behandelt werden kann.

---

[1]) G. Oppel, Polarisationsoptische Untersuchungen raumlicher Spannungs- und Dehnungszustände, Forschung A 7 (1936) S. 240; R. Hiltscher, Polarisationsoptische Untersuchung des räumlichen Spannungszustandes ım konvergentem Licht, Forschung B 9 (1938) S. 91.

33. Der Stoff der Versuchsmodelle. Eine der größten Schwierigkeiten, die der optischen Methode anhaften, bildet der Modellstoff, für den man Glas, Zelluloid, Bakelit oder Phenolit verwendet. Keiner dieser Stoffe genügt allen Anforderungen, die man stellen muß. Die erste Forderung ist, daß der Modellstoff isotrop und im unbelasteten Zustand spannungsfrei sein soll. Das sogenannte optische Glas genügt dieser Forderung in hohem Maße, und auch gutes Spiegelglas entspricht dem Zwecke genügend. Zelluloid weist erhebliche Eigenspannungen auf, die sich aber durch passende Wärmebehandlung verringern lassen. Für genaue Messungen eignet sich dieser Stoff nicht. Bakelit zeigt noch höhere Eigenspannungen als Zelluloid.

Phenolit dagegen genügt hohen Anforderungen. Es verlangt jedoch eine äußerst gewissenhafte thermische und mechanische Behandlung. Zunächst muß die beiderseits mit einer Schutzschicht bedeckte Platte (deren übliche Abmessungen 17 auf 22 cm betragen) zur Beseitigung der in hohem Grade vorhandenen Eigenspannungen ausgeglüht werden: die Platte muß eine Stunde lang auf einer Temperatur zwischen 70° und 75° C gehalten werden und darf danach nur sehr langsam (4° bis 5° C je Stunde) abkühlen. Hierfür ist ein sehr genau arbeitender, automatisch wirkender Glühofen unerläßlich. Bei dieser thermischen Behandlung liegt die Phenolitplatte zwischen zwei Glasplatten, die von ihr durch ein Papierblatt getrennt sind.

Nach dem Ausglühen wird das gewünschte Modell mit einem Übermaß von 2,5 mm auf der Platte aufgezeichnet und sehr vorsichtig ausgesägt, wobei vor allem darauf zu achten ist, daß möglichst wenig Wärme entwickelt wird. Sodann wird das Modell von seinen beiden Schutzschichten befreit und auf die gewünschte Dicke abgeschliffen. Auch hierbei vermeide man jede merkliche Temperatursteigerung. Jetzt wird das Modell von neuem bei einer Temperatur von 70° bis 75° ausgeglüht, und erst nach abermaligem langsamen Abkühlen findet das feinere Schleifen und Polieren statt. Dieses Polieren geschieht zunächst mit Chromoxyd und dann mit Aluminiumoxyd. Zuletzt erhält das Modell auf einer Kopierfräsbank das vorgeschriebene Maß.

Das in dieser Weise hergestellte Modell erfüllt, wie nachher noch an einem Beispiel gezeigt werden wird, bezüglich Isotropie und Spannungsfreiheit im unbelasteten Zustand hohe Ansprüche. Jedoch verliert es seine guten Eigenschaften mit der Zeit ziemlich schnell, so daß die an ihm vorzunehmenden Messungen am Tag der Herstellung geschehen müssen. Erfordert die vollständige Durchmessung eines Modells zu viel Zeit, so empfiehlt es sich, das Isochromatenbild für wenigstens zwei (unter sich proportionale) Belastungen zu photographieren.

Eine zweite an den Modellstoff zu stellende Forderung ist, daß er dem Wertheimschen Gesetz (**31**, 7) gehorcht. Dieser Forderung genügt Glas (dessen optische Konstante $c = 0{,}25 \cdot 10^{-6}$ bis $0{,}35 \cdot 10^{-6}$ cm/kg beträgt) vollkommen. Bei Bakelit und noch mehr bei Zelluloid ist der Zusammenhang zwischen ε und $\sigma_1 - \sigma_2$ nicht linear. Außerdem zeigen beide Stoffe eine bedeutende elastische Nachwirkung. Diesem Übel kann man aber wiederum durch Photographieren der Isoklinen und Isochromaten begegnen. Phenolit folgt dem Wertheimschen Gesetz sehr gut.

Drittens ist es erwünscht, daß die Proportionalitätsgrenze des Modellstoffes so hoch wie möglich liegt. Hier ist Glas sehr stark im Vorteil, weil seine Proportionalitätsgrenze bei Zug nahezu mit der Bruchgrenze (400 bis 800 kg/cm²) zusammenfällt. Benutzt man Zelluloid, so sollte keine höhere Normalspannung als 150 kg/cm² zugelassen werden, weil sonst die Abweichungen vom Hookeschen Gesetz zu groß werden. Auch für Bakelit und für Phenolit, die beide dem Hookeschen Gesetz gut gehorchen, liegt die Proportionalitätsgrenze ziemlich niedrig, so daß man mit der Normalspannung nicht über 200 kg/cm² gehen soll.

Viertens soll der Modellstoff möglichst homogen sein. Auch in dieser Hinsicht ist Glas den übrigen Stoffen weit überlegen.

Fünftens soll der Modellstoff leicht zu bearbeiten sein. Hier ist das Glas sehr stark im Nachteil. Komplizierte Modelle sind kaum herzustellen und außerdem recht kostspielig. Dagegen sind die anderen drei Stoffe leicht und billig zu bearbeiten.

Sechstens soll die optische Konstante möglichst groß sein. Auch hier steht das Glas zurück und ist das Phenolit den anderen Stoffen weit überlegen.

Es zeigt sich also, daß für einfache Modelle Glas, für kompliziert gestaltete hauptsächlich Phenolit in Betracht kommt.

34. Versuchsergebnisse. Um einen Einblick in die Genauigkeit der besprochenen Meßmethoden zu geben, führen wir einige von uns erhaltene Meß-

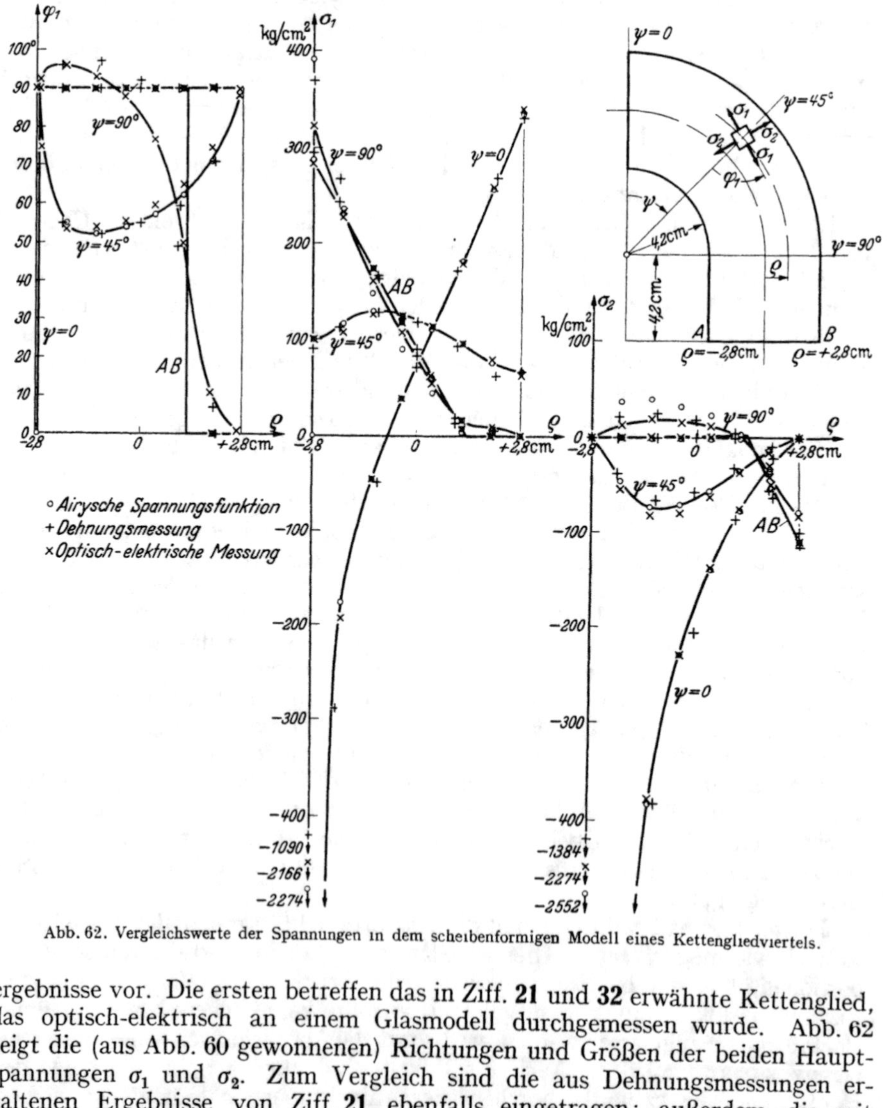

Abb. 62. Vergleichswerte der Spannungen in dem scheibenformigen Modell eines Kettengliedviertels.

ergebnisse vor. Die ersten betreffen das in Ziff. **21** und **32** erwähnte Kettenglied, das optisch-elektrisch an einem Glasmodell durchgemessen wurde. Abb. 62 zeigt die (aus Abb. 60 gewonnenen) Richtungen und Größen der beiden Hauptspannungen σ_1 und σ_2. Zum Vergleich sind die aus Dehnungsmessungen erhaltenen Ergebnisse von Ziff. **21** ebenfalls eingetragen; außerdem die mit Hilfe der Airyschen Spannungsfunktion berechneten Werte. Nur in allernächster

Nähe des Kraftangriffspunktes ($\psi = 0$, $\varrho = -2{,}8$ cm) weichen die mechanisch und die optisch-elektrisch erhaltenen Ergebnisse stark voneinander ab. Diese Abweichung erklärt sich wohl daraus, daß die bei der Dehnungsmessung gefundenen Werte dieses Punktes nur das Ergebnis einer Extrapolation sind. Eine genaue Messung war dort nämlich aus zwei Gründen ausgeschlossen: erstens konnten Dehnungsmesser dort nicht angebracht werden, und zweitens wäre die Meßlänge der verwendeten Dehnungsmesser zu groß gewesen, um bei den örtlich

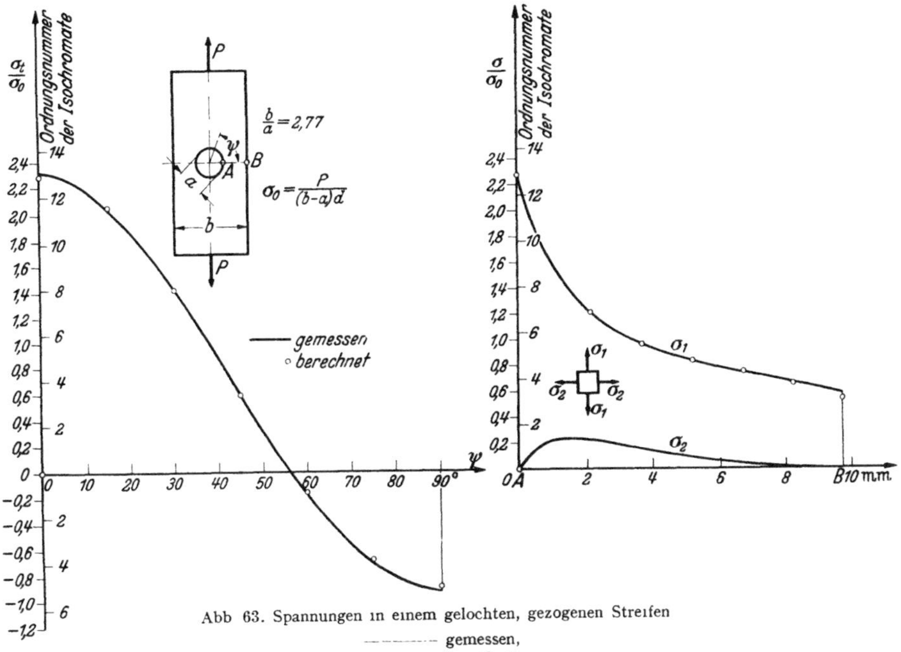

Abb 63. Spannungen in einem gelochten, gezogenen Streifen
———— gemessen,
o o o o o o berechnet.

auftretenden sehr großen Spannungsgradienten auch nur annähernd richtige Ergebnisse zu liefern. Wie fehlerhaft die Abschätzung durch Extrapolation ist, zeigen die optisch-elektrisch erhaltenen Ergebnisse, die mit den berechneten sehr gut übereinstimmen. Auf die Schwierigkeiten, die die optisch-elektrische Methode bei der Bestimmung der Spannungen an der Kraftangriffsstelle bot, kann hier nicht im einzelnen eingegangen werden.

Das zweite Beispiel betrifft einen auf Zug beanspruchten Streifen, der durch ein kreisförmiges Loch geschwächt ist. Abb. **63** gibt die optisch-elektrisch gefundenen und zum Vergleich auch die berechneten[1]) Ergebnisse und zeigt, wie zuverlässig die Messung gewesen ist.

[1]) R. C. J. Howland, On the stresses in the neighbourhood of a circular hole in a strip under tension, Phil. Trans. Roy. Soc. (A) 229 (1930) S. 49.

Zweiter Abschnitt.

Einzelne Maschinenteile.

Kapitel IV.

Stab und Welle.

1. Einleitung. Die Wellen sind der erste Bauteil, dem wir uns nun zuwenden. Obwohl uns im folgenden hauptsächlich die Berechnung von Maschinenwellen vorschwebt, so behandeln wir doch zunächst etwas allgemeiner eine Reihe von Biegungsaufgaben, die auch bei anderen Festigkeitsproblemen eine wichtige Rolle spielen und den geraden, entweder in einzelnen Punkten oder über seine ganze Länge gestützten Stab betreffen. Beim Stab mit Einzelstützen unterscheiden wir noch die beiden Fälle starrer und elastischer Stützen, beim kontinuierlich gestützten Stab soll die Unterstützung elastisch sein. Der Stab braucht nicht prismatisch zu sein, doch werden wir wenigstens voraussetzen, daß die Hauptträgheitsachsen aller Querschnitte in zwei festen, durch die Stabachse hindurchgehenden (und dann notwendig zueinander senkrechten) Ebenen liegen. Wenn der Stab elastisch gestützt ist, sollen diese Ebenen außerdem alle Federreaktionen enthalten. Unbeschadet der Allgemeinheit unserer Aufgabe können wir alle äußeren Kräfte in einer von diesen Ebenen — wir bezeichnen sie als die Vertikalebene — annehmen; denn der allgemeinere Belastungsfall ist stets als die Zusammensetzung zweier Einzelfälle aufzufassen, bei denen alle Kräfte entweder in der Vertikal- oder in der Horizontalebene liegen.

Die technische Festigkeitsaufgabe für einen solchen Stab kann als gelöst angesehen werden, sobald in jedem Querschnitt das Biegemoment und etwa noch die Querkraft bekannt sind. Dies ist der Fall, wenn man außer der Belastung auch die Stützkräfte und die Stützmomente kennt. Bei Stäben mit einer oder mit zwei Stützen lassen sich die Stützreaktionen stets elementar aus den Lasten bestimmen; mit dieser Aufgabe, deren Lösung wir als wohlbekannt voraussetzen, beschäftigen wir uns hier nicht. Bei Stäben mit drei und mehr Stützen dagegen liegt ein nicht ganz einfaches Problem vor, das wir zuvörderst behandeln, und zwar zuerst für den Stab mit starren Einzelstützen (§ 1) und mit elastischen Einzelstützen (§ 2) und dann für den kontinuierlich gestützten Stab (§ 3). Wir werden bei der Lösung dieser Aufgabe stets im Rahmen der „technischen" Biegelehre bleiben, d. h. den Stab als eindimensionales Gebilde von bestimmter Biegesteifigkeit α (= Produkt aus dem Elastizitätsmodul und dem axialen Flächenträgheitsmoment des Querschnitts) und mit „kleiner" Durchbiegung ansehen.

Nachdem diese Voraufgabe für den Stab gelöst ist, bietet auch die Spannungsberechnung wenigstens für die glatte Maschinenwelle keinerlei Schwierigkeiten mehr. Darüber hinaus ist es aber praktisch nötig, zu wissen, wie stark die Spannung von ihrem Normalwert abweicht, wenn die Welle mit Bohrungen, Nuten oder Rillen versehen wird, Hohlräume aufweist oder von veränderlichem Querschnitt ist. Für diese Fragen gibt es ausreichende Näherungslösungen (§ 4).

Neben der geraden Welle kommt in allen Kolbenmaschinen die gekröpfte Welle als wichtiger Bauteil vor. Auch für sie ist die Spannungsermittlung daran gebunden, daß zuerst die Stützkräfte und -momente aus den hier als „Lasten" auftretenden Kurbelkräften bestimmt werden. Diese Aufgabe kann zwar unter der Annahme, daß die gekröpfte Welle in den Kurbel- und Lagerzapfen punktförmig belastet und gelagert sei, rechnerisch gelöst werden[1]). Aber eine solche vereinfachende Annahme trifft auf die Kurbelwelle moderner Brennkraftmaschinen, wie neuere Versuche gezeigt haben[2]), nicht mehr zu; und man muß dann auf eine rein rechnerische Lösung vorerst noch verzichten. Wie man einen besonders wichtigen Teil dieser Aufgabe wenigstens versuchsmäßig lösen kann, werden wir in Kap. XIII, Ziff. **2** zeigen, wo wir auf das Problem der Kurbelwelle noch einmal zurückkommen.

§ 1. Der Stab mit starren Einzelstützen.

2. Der Clapeyronsche Dreimomentensatz. Wir wollen zeigen, daß bei einem in mehreren Punkten starr gestützten Stab zwischen je drei aufeinanderfolgenden Stützmomenten eine lineare Beziehung besteht, und beweisen zu diesem Zweck zuerst einige wichtige Hilfssätze.

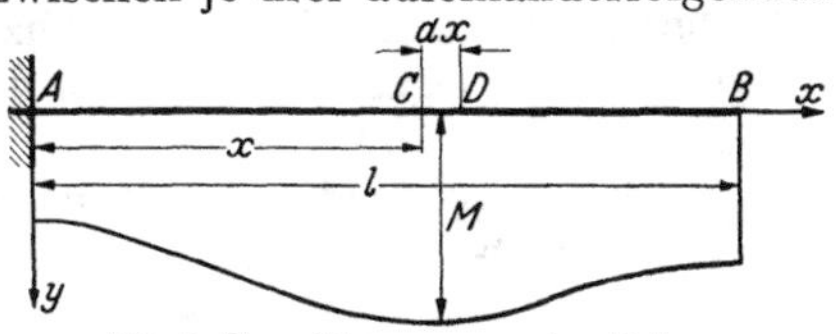

Abb. 1. Einseitig eingespannter Stab.

Es sei (Abb. 1) AB ein links eingespannter, durch Vertikalkräfte belasteter Stab von der Länge l, dessen Momentenfläche $M = f(x)$ vorgegeben ist. Zu bestimmen seien der Neigungswinkel φ und die Durchbiegung y an seinem rechten Ende B. Nehmen wir für einen Augenblick an, der Stab sei bis auf das Stabelement CD vollkommen starr, so bildet dieses eine Element einen durch das Moment $M = f(x)$ gebogenen Stab von der Länge dx, dessen rechtes Ende D nach den Grundlehren der technischen Biegetheorie den Neigungswinkel $d\varphi = (M/\alpha)\,dx$ aufweist (wo α die Biegesteifigkeit des Stabes bezeichnet). Zufolge dieses Neigungswinkels entsteht am rechten Stabende B ein gleich großer Neigungswinkel und eine Durchbiegung von der Größe $(l - x)\,d\varphi$. Der gesamte Neigungswinkel und die gesamte Durchbiegung in B, wenn alle Stabelemente dx ihre eigene Biegeelastizität wieder erlangen, sind also

$$\varphi = \int_0^l \frac{M}{\alpha}\,dx, \qquad y = \int_0^l \frac{M}{\alpha}(l - x)\,dx. \tag{1}$$

Nennt man $M_{\mathrm{red}} \equiv M/\alpha$ das reduzierte Biegemoment und die graphische Darstellung dieser Größe die reduzierte Momentenfläche, so gelten nach (1) folgende Sätze:

1) Der Neigungswinkel am freien Ende eines einseitig eingespannten Stabes ist gleich dem Inhalt der reduzierten Momentenfläche.

2) Die Durchbiegung am freien Ende eines einseitig eingespannten Stabes ist gleich dem statischen Moment der reduzierten Momentenfläche in bezug auf die Endvertikale.

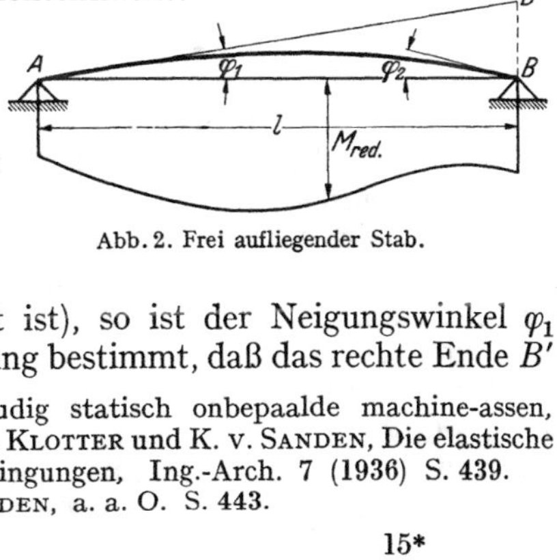

Abb. 2. Frei aufliegender Stab.

Ist AB ein in seinen beiden Endpunkten gestützter Stab (Abb. 2, wo ein von unten her belasteter Stab dargestellt ist), so ist der Neigungswinkel φ_1 an seinem linken Ende A durch die Bedingung bestimmt, daß das rechte Ende B'

[1]) C. B. Biezeno, Berekening van meervoudig statisch onbepaalde machine-assen, Ingenieur, Haag **42** (1927) S. 921; R. Grammel, K. Klotter und K. v. Sanden, Die elastische Verformung von Kurbelwellen bei Torsionsschwingungen, Ing.-Arch. **7** (1936) S. 439.

[2]) R. Grammel, K. Klotter und K. v. Sanden, a. a. O. S. 443.

des links unter dem Neigungswinkel φ_1 unbelastet eingespannten Stabes sich zufolge der Belastung um den Betrag $B'B = l\varphi_1$ senken muß. Wird das statische Moment der reduzierten Momentenfläche M_{red} bezüglich der Vertikalen BB' mit S_B bezeichnet, so gilt also $l\varphi_1 = S_B$ oder

$$\varphi_1 = \frac{S_B}{l} \tag{2}$$

und analog, wenn das statische Moment der reduzierten Momentenfläche bezüglich der Vertikalen durch A mit S_A bezeichnet wird,

$$\varphi_2 = \frac{S_A}{l}. \tag{3}$$

Jetzt betrachten wir den in mehreren Punkten $0, 1, 2, \ldots, i, \ldots, n$ gestützten Stab, der außerdem an seinen Enden unter vorgeschriebenen Winkeln eingespannt sein mag. Die Stützpunkte dürfen sehr wohl verschieden hoch liegen. Diesen Stab zerlegen wir zunächst durch Schnitte in den Stützquerschnitten in n Teilstäbe $(0, 1), (1, 2), \ldots, (i-1, i), (i, i+1), \ldots, (n-1, n)$, die an ihren Enden auf den zugehörigen Stützpunkten frei gelagert sind. Dann ist zwar das Gleichgewicht jedes belasteten Teilstabes gesichert, doch schließen sich zwei in einem

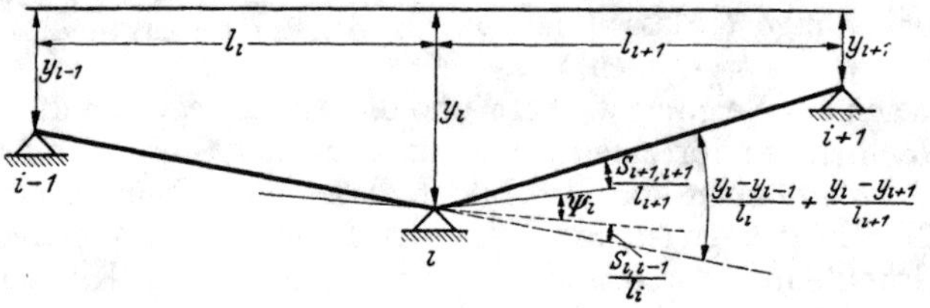

Abb. 3. Der durch die äußere Belastung und durch die Höhenunterschiede der Stützpunkte verursachte Winkel zwischen zwei Teilstäben.

Stützpunkt i zusammenstoßende Stäbe nicht mehr zusammen, weil nun ihre Endtangenten im allgemeinen einen Winkel ψ_i einschließen. Dieser Winkel läßt sich leicht berechnen.

Bezeichnet man nämlich (Abb. 3) die Ordinaten der Stützpunkte $i-1, i$ und $i+1$ mit y_{i-1}, y_i und y_{i+1}, die Längen der beiden Teilstäbe mit l_i und l_{i+1}, das auf den Punkt $i-1$ bezogene statische Moment der reduzierten i-ten Teilmomentenfläche (d. h. der Momentenfläche, die von der vorgegebenen äußeren Belastung des als frei gelagert zu denkenden i-ten Teilstabes samt den allein zu dieser äußeren Belastung gehörenden Stützkräften herrührt) mit $S_{i,i-1}$, das auf den Punkt $i+1$ bezogene statische Moment der reduzierten $(i+1)$-ten Teilmomentenfläche mit $S_{i+1,i+1}$, so gilt, wie sofort zu erklären,

$$\psi_i = \frac{y_i - y_{i-1}}{l_i} + \frac{y_i - y_{i+1}}{l_{i+1}} - \frac{S_{i,i-1}}{l_i} - \frac{S_{i+1,i+1}}{l_{i+1}}. \tag{4}$$

Hierin stellen, wie man Abb. 3 entnimmt, die ersten beiden Glieder der rechten Seite den Winkel dar, den die völlig unbelasteten Teilstäbe miteinander einschließen würden, und die letzten beiden Glieder den Betrag, um den dieser Winkel zufolge der äußeren Belastung beider Stäbe nach (2) und (3) verkleinert wird. Bei der Bestimmung von $S_{i,i-1}$ und $S_{i+1,i+1}$ ist eine reduzierte Teilmomentenfläche positiv zu rechnen, wenn der zugehörige Stabteil nach unten konvex gebogen wird.

Die in den Punkten $i-1$, i und $i+1$ tatsächlich auftretenden Stützmomente M_{i-1}, M_i, M_{i+1} haben dafür aufzukommen, daß der Winkel ψ_i im Punkte i zu Null wird. Zur Berechnung der von diesen Stützmomenten verursachten relativen Winkeländerung ψ_i' führen wir noch einige Hilfsgrößen ein und setzen mit den Bezeichnungen von Abb. 4

$$\left.\begin{aligned}\lambda_i &= \frac{1}{l_i^2}\int\limits_0^{l_i}\frac{x_i^2}{\alpha}\,dx_i, & \mu_i &= \frac{1}{l_i^2}\int\limits_0^{l_i}\frac{x_i(l_i-x_i)}{\alpha}\,dx_i,\\ \lambda_{i+1} &= \frac{1}{l_{i+1}^2}\int\limits_0^{l_{i+1}}\frac{x_{i+1}^2}{\alpha}\,dx_{i+1}, & \mu_{i+1} &= \frac{1}{l_{i+1}^2}\int\limits_0^{l_{i+1}}\frac{x_{i+1}(l_{i+1}-x_{i+1})}{\alpha}\,dx_{i+1}.\end{aligned}\right\} \tag{5}$$

Wirkt nun zunächst allein das Moment M_{i-1} auf den i-ten Teilstab (positiv im Gegenzeigersinn gerechnet), so entsteht hierdurch im rechten Lager des i-ten Teilstabes die Stützkraft $-M_{i-1}/l_i$ (positiv nach oben gerechnet) und also im i-ten Stab das Biegemoment $M_{i-1}(l_i-x_i)/l_i$ (positiv gerechnet bei einer Biegung des Teilstabes konvex nach oben). Das Moment der zugehörigen reduzierten Momentenfläche bezüglich des Stützpunktes $i-1$ ist daher mit der Bezeichnung (5) gleich $l_i\mu_i M_{i-1}$, und somit die im Stützpunkt i vom Moment M_{i-1} allein erzeugte Winkeländerung des i-ten Teilstabes nach (3) gleich $\mu_i M_{i-1}$. In gleicher Weise rechnet man aus, daß das Moment M_i allein im i-ten Teilstab

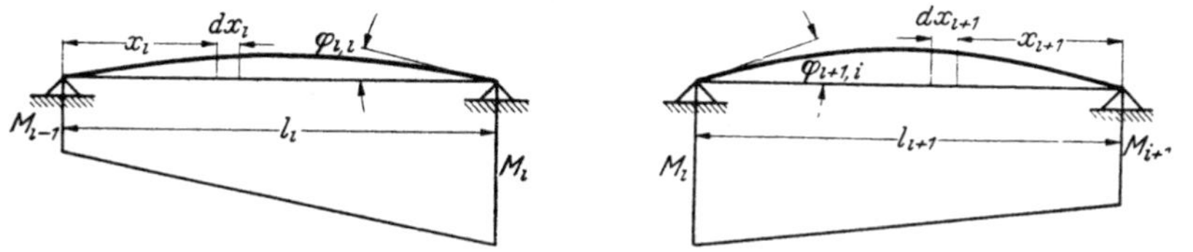

Abb. 4. Der durch die Stützmomente verursachte Winkel zwischen zwei Teilstaben.

an seinem Ende i die Winkeländerung $\lambda_i M_i$ hervorruft. Dies gibt im ganzen am rechten Ende des i-ten Teilstabes die Winkeländerung

$$\varphi_{i,i} = \mu_i M_{i-1} + \lambda_i M_i$$

und ganz entsprechend am linken Ende des $(i+1)$-ten Teilstabes die Winkeländerung

$$\varphi_{i+1,i} = \mu_{i+1} M_{i+1} + \lambda_{i+1} M_i,$$

so daß

$$\psi_i' = \varphi_{i,i} + \varphi_{i+1,i} = \mu_i M_{i-1} + (\lambda_i + \lambda_{i+1}) M_i + \mu_{i+1} M_{i+1} \tag{6}$$

ist. In dieser Formel sind die Stützmomente M_{i-1}, M_i, M_{i+1} positiv zu rechnen, wenn sie die Stäbe, auf die sie wirken, konvex nach oben biegen. Weil

$$\psi_i + \psi_i' = 0 \tag{7}$$

sein muß, gilt wegen (4) und (6) der sogenannte Clapeyronsche Dreimomentensatz:

$$\frac{y_i - y_{i-1}}{l_i} + \frac{y_i - y_{i+1}}{l_{i+1}} + \mu_i M_{i-1} + (\lambda_i + \lambda_{i+1}) M_i + \mu_{i+1} M_{i+1} = \frac{S_{i,i-1}}{l_i} + \frac{S_{i+1,i+1}}{l_{i+1}}. \tag{8}$$

Ist der Stab in seinen Endpunkten *0* und n frei aufliegend, so liefert dieser Satz, auf alle Zwischenstützpunkte angewandt, genau $n-1$ Bedingungsgleichungen für die $n-1$ unbekannten Stützmomente. Dies ist auch dann noch der Fall, wenn der Stab über seine äußeren Stützpunkte hinausragt. Die in den Stützpunkten *0* und n auftretenden Stützmomente sind dann nämlich bekannt. Beim eingespannten Stab ergänzt man das Gleichungssystem noch durch zwei für die Einspannstellen geltende Bedingungsgleichungen, die durch einen Grenzübergang aus (8) gewonnen werden können. Wir erläutern diesen Grenzübergang an der Einspannstelle *0* (Abb. 5), die wir zunächst durch zwei einfache Stützpunkte *0* und *—1* derart ersetzen, daß die Verbindungsgerade dieser Punkte die im Punkte *0* vorgeschriebene Tangentenneigung φ_0 des eingespannten Stabes hat. Wendet man dann auf die Felder l_0 und l_1 die Gleichung (8) an und berücksichtigt dabei, daß

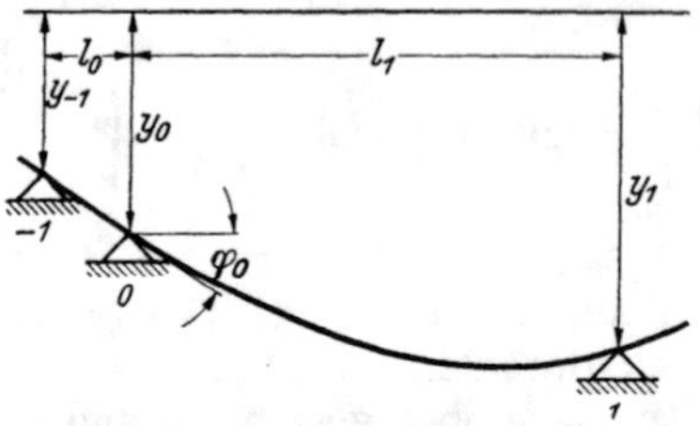

Abb. 5. Die durch zwei Stutzen ersetzte Einspannung am linken Stabende.

$$\frac{y_0 - y_{-1}}{l_0} = \varphi_0, \qquad M_{-1} = 0, \qquad S_{0,-1} = 0$$

ist, so erhält man

$$\varphi_0 + \frac{y_0 - y_1}{l_1} + (\lambda_0 + \lambda_1) M_0 + \mu_1 M_1 = \frac{S_{1,1}}{l_1}.$$

Geht man nun zum Grenzfall $l_0 \to 0$ so über, daß $\frac{y_0 - y_{-1}}{l_0}$ gleich φ_0 bleibt, so strebt λ_0 gegen Null, und man findet

$$\varphi_0 + \frac{y_0 - y_1}{l_1} + \lambda_1 M_0 + \mu_1 M_1 = \frac{S_{1,1}}{l_1}. \tag{9}$$

In gleicher Weise gilt für die Einspannstelle rechts (Abb. 6)

$$\frac{y_n - y_{n-1}}{l_n} + \varphi_n + \mu_n M_{n-1} + \lambda_n M_n = \frac{S_{n,n-1}}{l_n}. \tag{10}$$

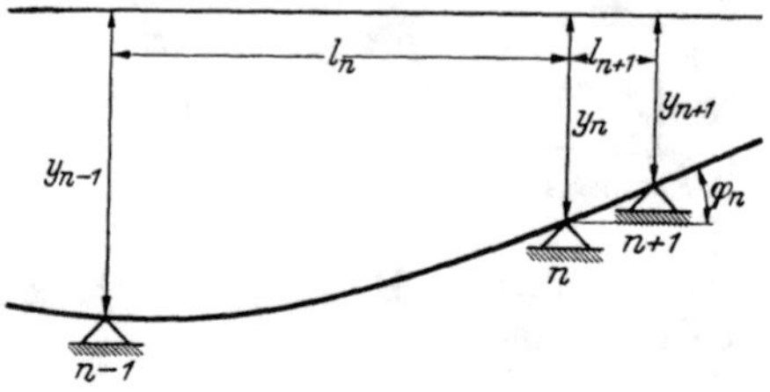

Abb. 6. Die durch zwei Stutzen ersetzte Einspannung am rechten Stabende.

Bezeichnet man die (bekannten) Stützkräfte des in seinen Endpunkten frei aufliegenden i-ten Teilstabes mit $R_{i,i-1}, R_{i,i}$ und entsprechend die des $(i+1)$-ten Teilstabes mit $R_{i+1,i}$, $R_{i+1,i+1}$, so setzt sich beim durchgehenden Stab die Stützkraft R_i in der Stütze i zusammen aus den Kräften $R_{i,i}$ und $R_{i+1,i}$ (welche auftreten würden, wenn die dort zusammenstoßenden Stäbe in ihren Enden momentenfrei wären) und aus den vom linken und vom rechten Teilstab herrührenden Kräften $(M_i - M_{i-1})/l_i$ und $(M_i - M_{i+1})/l_{i+1}$ (welche auftreten würden, wenn diese Stäbe nur durch die Endmomente M_{i-1}, M_i und M_i, M_{i+1} belastet wären). Es gilt also

$$R_i = R_{i,i} + R_{i+1,i} + \frac{M_i - M_{i-1}}{l_i} + \frac{M_i - M_{i+1}}{l_{i+1}} \qquad (0 < i < n) \tag{11}$$

und im besonderen

$$R_0 = [R_{0,0}] + R_{1,0} + \frac{M_0 - M_1}{l_1}, \qquad R_n = R_{n,n} + [R_{n+1,n}] + \frac{M_n - M_{n-1}}{l_n}. \tag{11a}$$

Die Glieder $[R_{0,0}]$ und $[R_{n+1,n}]$ haben nur für den Kragbalken eine Bedeutung und stellen dann die in den Punkten *0* und n für das Gleichgewicht benötigten Vertikalkräfte der freigemachten, überhängenden Stabteile dar.

3. Anwendung auf den prismatischen Stab. Ist die Biegesteifigkeit α des Stabes unveränderlich, so findet man für die in (**2**, 5) definierten Größen

$$\left.\begin{aligned}
\lambda_i &= \frac{1}{\alpha l_i^2}\int_0^{l_i} x_i^2\,dx_i = \frac{l_i}{3\alpha}, & \mu_i &= \frac{1}{\alpha l_i^2}\int_0^{l_i} x_i(l_i - x_i)\,dx_i = \frac{l_i}{6\alpha},\\
\lambda_{i+1} &= \frac{1}{\alpha l_{i+1}^2}\int_0^{l_{i+1}} x_{i+1}^2\,dx_{i+1} = \frac{l_{i+1}}{3\alpha}, & \mu_{i+1} &= \frac{1}{\alpha l_{i+1}^2}\int_0^{l_{i+1}} x_{i+1}(l_{i+1} - x_{i+1})\,dx_{i+1} = \frac{l_{i+1}}{6\alpha}.
\end{aligned}\right\} \tag{1}$$

Zur Berechnung von $S_{i,i-1}/l_i$ nehmen wir zunächst an, daß der i-te Teilstab nur von einer einzigen Kraft P_i belastet wird. In diesem Falle hat seine Momentenfläche die Gestalt von Abb. 7. Das statische Moment der zugehörigen reduzierten Momentenfläche bezüglich der Vertikalen durch den Punkt $i-1$ ist also

$$S_{i,i-1} = \frac{1}{2}\,\frac{x_i(l_i - x_i)}{l_i}\,\frac{P_i}{\alpha}\,l_i \cdot \left[x_i - \frac{2}{3}\left(x_i - \frac{1}{2}l_i\right)\right],$$

so daß

$$\frac{S_{i,i-1}}{l_i} = \frac{x_i(l_i^2 - x_i^2)}{6\alpha l_i}\,P_i$$

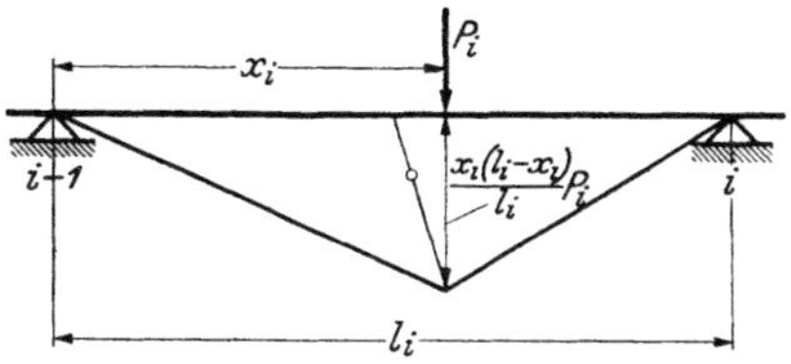

Abb. 7. Die zu einer Einzellast gehörige Momentenfläche.

wird. Wirken mehrere Kräfte auf den i-ten Teilstab, so ist

$$\frac{S_{i,i-1}}{l_i} = \sum \frac{x_i(l_i^2 - x_i^2)}{6\alpha l_i}\,P_i. \tag{2}$$

Ebenso gilt für den $(i+1)$-ten Teilstab

$$\frac{S_{i+1,i+1}}{l_{i+1}} = \sum \frac{x_{i+1}(l_{i+1}^2 - x_{i+1}^2)}{6\alpha l_{i+1}}\,P_{i+1}, \tag{3}$$

so daß (**2**, 8) nach Multiplikation mit 6α übergeht in

$$\left.\begin{aligned} 6\alpha\left(\frac{y_i - y_{i-1}}{l_i} + \frac{y_i - y_{i+1}}{l_{i+1}}\right) + l_i M_{i-1} + 2(l_i + l_{i+1})M_i + l_{i+1}M_{i+1} = \\ = \sum \frac{x_i(l_i^2 - x_i^2)}{l_i}\,P_i + \sum \frac{x_{i+1}(l_{i+1}^2 - x_{i+1}^2)}{l_{i+1}}\,P_{i+1}. \end{aligned}\right\} \tag{4}$$

Zu beachten ist dabei, daß die x_i von der linken Stütze des i-ten Teilstabes, die x_{i+1} von der rechten Stütze des $(i+1)$-ten Teilstabes aus gemessen werden.

Den Einfluß eines im Punkte x_i angreifenden (im Uhrzeigersinn positiven) äußeren Momentes $\overline{M}_i$ berechnet man am einfachsten, indem man sich statt dessen in den Punkten x_i und $x_i + \Delta x_i$ zwei entgegengesetzt gleiche Kräfte $-P_i$ und $+P_i$ denkt, deren Größe durch $P_i\,\Delta x_i = \overline{M}_i$ bestimmt ist. Schreibt man nach (2) die Summe der zu diesen Kräften gehörigen Beiträge an und geht nachträglich zur Grenze $\Delta x_i \to 0$ über, so findet man

$$\frac{d}{d x_i}\left[\frac{x_i(l_i^2 - x_i^2)}{6\alpha l_i}\,P_i\right] d x_i = \frac{l_i^2 - 3x_i^2}{6\alpha l_i}\,\overline{M}_i.$$

Wirkt im Punkte x_{i+1} des $(i+1)$-ten Teilstabes ein (ebenfalls im Uhrzeigersinn positives) Moment $\overline{M}_{i+1}$, so wird auch dieses durch zwei Kräfte $+P_{i+1}$ und $-P_{i+1}$ in den Punkten x_{i+1} und $x_{i+1} + \Delta x_{i+1}$ derart ersetzt, daß $P_{i+1}\Delta x_{i+1} = \overline{M}_{i+1}$ ist. Weil jetzt aber zu dem Punkte $x_{i+1} + \Delta x_{i+1}$ mit dem größeren Wert x_{i+1} die negative Kraft P_{i+1} gehört, erhält man nach erfolgtem Grenzübergang $\Delta x_{i+1} \to 0$ für das von beiden Kräften herrührende Glied

$$-\frac{d}{d x_{i+1}}\left[\frac{x_{i+1}(l_{i+1}^2 - x_{i+1}^2)}{6\alpha l_{i+1}}\,P_{i+1}\right] d x_{i+1} = -\frac{l_{i+1}^2 - 3x_{i+1}^2}{6\alpha l_{i+1}}\,\overline{M}_{i+1}.$$

Für den allgemeinsten Belastungsfall nimmt also beim prismatischen Stab der Dreimomentensatz folgende Form an:

$$\left.\begin{aligned} 6\alpha\left(\frac{y_i - y_{i-1}}{l_i} + \frac{y_i - y_{i+1}}{l_{i+1}}\right) + l_i M_{i-1} + 2(l_i + l_{i+1})M_i + l_{i+1}M_{i+1} = \\ = \sum \frac{x_i(l_i^2 - x_i^2)}{l_i}\,P_i + \sum \frac{x_{i+1}(l_{i+1}^2 - x_{i+1}^2)}{l_{i+1}}\,P_{i+1} + \sum \frac{l_i^2 - 3x_i^2}{l_i}\,\overline{M}_i - \sum \frac{l_{i+1}^2 - 3x_{i+1}^2}{l_{i+1}}\,\overline{M}_{i+1}. \end{aligned}\right\} \tag{5}$$

Die Summen rechts sind bei kontinuierlich verteilten Kräften und Momenten durch die entsprechenden Integrale zu ersetzen. So erhält man z. B. den Beitrag, den eine über die Strecke $a \leq x_i \leq b$ wirkende kontinuierliche Belastung q_i in der rechten Seite von Gleichung (5) liefert, indem man rechts im ersten Glied P_i durch $q_i dx_i$ ersetzt und den so gewonnenen Ausdruck nach x_i zwischen $x_i = a$ und $x_i = b$ integriert. Ist q_i konstant und über die ganze Länge l_i des Teilstabes verteilt, so erhält man für dieses Glied

$$\int_0^{l_i} \frac{x_i(l_i^2 - x_i^2)}{l_i} q_i dx_i = \frac{1}{4} q_i l_i^3. \tag{6}$$

4. Graphische Bestimmung der Stützmomente. Die rechnerische Bestimmung der Stützmomente erfordert, wenn viele Stützpunkte vorhanden sind, recht viel Arbeit. In einem solchen Falle verdient ein graphisches Verfahren den Vorzug. Zu seiner Erläuterung benutzen wir einige Sätze aus der graphischen Statik, die wir ohne Beweis vorausschicken.

Satz I: Die entsprechenden Seiten zweier zu demselben Kräftesystem gehöriger Seilpolygone schneiden sich in Punkten einer Geraden (Parallelachse), welche der Verbindungsgeraden der beiden verwendeten Pole (Polachse) parallel ist. (Die Reihenfolge der Kräfte ist willkürlich, muß aber für beide Seilpolygone dieselbe sein.)

Satz II: Liegt ein System von Kräften $P_1, P_2, \ldots, P_n$ numeriert vor, und faßt man diese Kräfte in aufeinanderfolgende Gruppen $G_1, G_2, \ldots, G_k$ derart zusammen, daß jede Gruppe G_i eine Anzahl aufeinanderfolgender Kräfte umfaßt und daß die Zeiger der zu dieser Gruppe G_i gehörigen Kräfte alle niedriger sind als diejenigen jeder Gruppe G_{i+p} $(p > 0)$, bildet man außerdem die Resultierenden $R_1, R_2, \ldots, R_k$ dieser Gruppen, so sind, wenn man von einem gemeinsamen Anfangspunkt ausgeht, die Eckpunkte des zu $R_1, R_2, \ldots, R_k$ gehörigen Kräftepolygons auch Eckpunkte des zu $P_1, P_2, \ldots, P_n$ gehörigen Kräftepolygons. Konstruiert man mit einem gemeinsamen Pol zu beiden Kraftsystemen (P) und (R) die beiden Seilpolygone derart, daß ihre ersten Seiten zusammenfallen, so sind alle Seiten des zum System (R) gehörigen Seilpolygons auch Seiten des zum System (P) gehörigen Seilpolygons. Dieser Satz behält auch dann noch seine Gültigkeit bei — und dies ist für die spätere Anwendung wesentlich —, wenn die Kräfte P innerhalb der Gruppen G, zu denen sie gehören, beliebig umnumeriert werden.

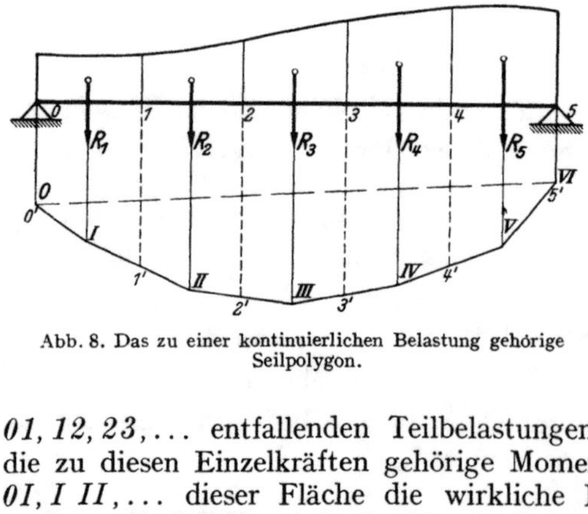

Abb. 8. Das zu einer kontinuierlichen Belastung gehörige Seilpolygon.

Eine Folge dieses Satzes ist

Satz III: Ersetzt man die kontinuierliche Belastung eines Stabes (Abb. 8) durch Einzelkräfte $R_1, R_2, \ldots$, die die Resultierenden der auf die Stablängen *01, 12, 23, ...* entfallenden Teilbelastungen darstellen, und konstruiert man die zu diesen Einzelkräften gehörige Momentenfläche, so berühren die Seiten *0I, I II, ...* dieser Fläche die wirkliche Momentenkurve in ihren Schnittpunkten *0', 1', 2', ...* mit den durch *0, 1, 2, ...* gehenden Vertikalen.

Satz IV: Faßt man die reduzierte Momentenfläche eines Stabes als kontinuierliche „Belastung" des Stabes auf, so stellt die zu dieser Belastung gehörige Seilkurve die elastische Linie des Stabes dar.

Satz V: Die Strecke, die die erste und letzte Seite eines zu einem Kräftesystem gehörenden Seilpolygons auf derjenigen Geraden abschneiden, die durch einen Punkt O parallel zur Resultierenden des Kräftesystems geht, ist gleich dem Moment des Kräftesystems bezüglich O, geteilt durch den Abstand des Pols von der Resultierenden in der Polfigur.

Wir betrachten jetzt (Abb. 9 oben) einen in drei gleich hohen Punkten A_0, A_1, A_2 gestützten prismatischen Stab und zerlegen ihn durch einen in A_1 angebrachten Schnitt in die beiden Teilstäbe A_0A_1 und A_1A_2. Wird im Querschnitt A_1 das auf beide Teilstäbe wirkende Stützmoment M_1 eingeführt, so setzt sich für jeden Teilstab die Momentenfläche zusammen aus der von den äußeren Kräften herrührenden und aus der von dem Moment M_1 erzeugten

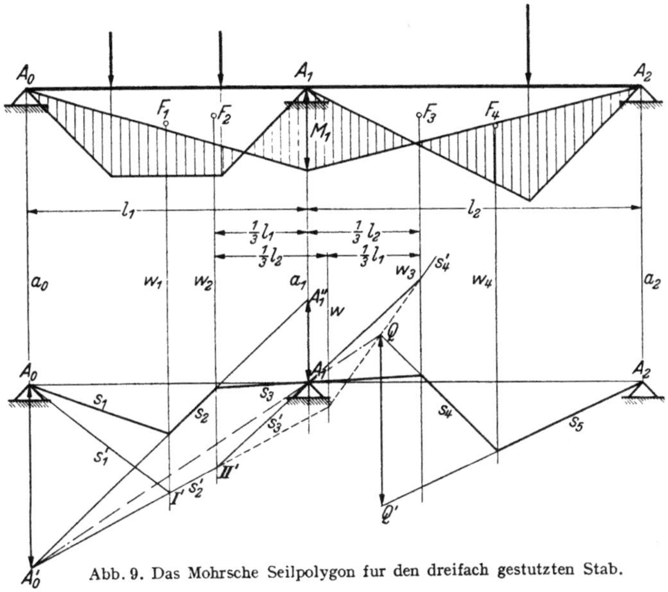

Abb. 9. Das Mohrsche Seilpolygon fur den dreifach gestutzten Stab.

Momentenfläche. In Abb. 9 oben sind (bei bekannt gedachtem M_1) diese Momentenflächen mit F_1, F_2, F_3, F_4 bezeichnet. Die schraffierte Fläche stellt also die resultierende Momentenfläche des durchgehenden Stabes dar.

Faßt man die schraffierte Fläche durch passende Änderung des Maßstabes als reduzierte Belastungsfläche auf und teilt sie durch Vertikalen in Streifen, so wird das zu den Resultierenden dieser Streifen gehörige Seilpolygon nach den Sätzen III und IV die elastische Linie des durchgehenden Stabes umhüllen. Sorgt man dafür, daß auch die Vertikale durch A_1 Trennungslinie zweier aufeinanderfolgender Streifen ist, so sind nach Satz III die Schnittpunkte der Vertikalen durch A_0, A_1 und A_2 mit dem Seilpolygon Berührungspunkte von Seilpolygon und elastischer Linie; sie liegen außerdem, weil nach unserer Voraussetzung A_0, A_1 und A_2 gleich hoch liegen, in einer geraden Linie.

Teilt man dagegen die Momentenfläche für jeden der beiden Teilstäbe in die genannten (und mit passenden Vorzeichen versehenen) Teilflächen F_1, F_2 bzw. F_3, F_4 und sieht diese Flächen als „Kräfte" an, so gehört nach Satz III zu dem neuen „Kraft"system ein zweites Seilpolygon, das zwar mit dem ersten nur noch die durch A_0, A_1 und A_2 gehenden Seiten gemein hat, die elastische Linie aber noch immer in diesen Punkten berührt. Der wesentliche Vorzug dieses zweiten Mohrschen Verfahrens[1]) gegenüber dem ersten besteht darin, daß die

[1]) O. Mohr, Technische Mechanik, S. 342, 2. Aufl., Berlin 1914.

Wirkungslinien aller in Betracht kommenden Kräfte auch dann noch bekannt sind, wenn die Größe des Stützmomentes M_1 selbst noch unbekannt ist; denn die Schwerpunktslage der vom Moment M_1 herrührenden dreieckigen Momentenflächen F_2 und F_3 liegt ja in horizontaler Richtung von vornherein fest.

Zur Konstruktion dieses Stützmomentes M_1 nimmt man nun (Abb. 9 unten) vertikal unter A_0 einen beliebigen Punkt A_0' an und betrachtet eine beliebige Gerade $I'II'$ durch diesen Punkt als zweite Seite s_2' des nach dem zweiten Verfahren zu konstruierenden Seilpolygons. Wegen der Forderung, daß die erste Seite s_1' dieses Polygons durch A_0 gehen soll, ist die Seite s_1' bestimmt. Weil die Strecke A_0A_0' nach Satz V (abgesehen von einem festen Faktor) das Moment der in die Wirkungslinie w_1 fallenden und durch α geteilten Momentenfläche F_1 bezüglich A_0 darstellt, welches einen im voraus zu bestimmenden Wert hat, so ist durch die Wahl des Punktes A_0' der Längenmaßstab für die vertikale Meßrichtung festgelegt.

Die Seilseite s_2' bestimmt übrigens auch die Seilseite s_3', weil diese nach unserer Voraussetzung durch den Punkt A_1 hindurchgehen soll. Sogar die Seilseite s_4' kann konstruiert werden, weil s_2' und s_4' sich auf der Resultierenden der in w_2 und w_3 fallenden, von M_1 bedingten ,,Kräfte" schneiden. Obwohl die Größen dieser ,,Kräfte" unbekannt sind, so ist doch ihr Verhältnis durch den Quotienten $l_1:l_2$ gegeben, und die Wirkungslinie w ihrer Resultierenden hat also den Abstand $\frac{1}{3}l_2$ von w_2 (bzw. $\frac{1}{3}l_1$ von w_3). Die Seilseite s_4' liefert aber ihrerseits die Richtung der Seilseite s_5'. Denn weil die in w_4 fallende ,,Kraft" die reduzierte bekannte Momentenfläche F_4 des zweiten Teilstabes darstellt, so ist das Moment dieser ,,Kraft" bezüglich irgendeines Punktes (für den wir sogleich eine bestimmte Wahl treffen werden) bekannt; das heißt aber nach Satz V, daß s_4' und s_5' von einer bestimmten vertikalen Geraden eine Strecke von bekannter Länge abschneiden müssen. Zugleich aber müßte die mit dieser Forderung zu konstruierende Seilseite s_5' durch den Punkt A_2 gehen. Im allgemeinen wird dies, weil s_2' aufs Geradewohl gezogen wurde, nicht zutreffen, und unsere Aufgabe läuft eben darauf hinaus, s_2' so zu ziehen, daß der Widerspruch behoben wird.

Den verschiedenen Seilseiten s_2' durch A_0' entsprechen verschiedene Tripel von Seilseiten s_2', s_3', s_4', welche alle als Seilpolygone zweier in die Wirkungslinien w_2 und w_3 fallenden, zwar unbekannten, aber in einem festen Verhältnis stehenden ,,Kräfte" aufzufassen sind, deren Seilseiten s_2' und s_3' je einen gemeinschaftlichen Punkt A_0' und A_1 aufweisen. Nach Satz I schneiden sich dann auch die Geraden s_4' in einem gemeinsamen, auf der Geraden $A_0'A_1$ liegenden Punkte Q, der also durch die bereits in Abb. 9 unten gezeichnete Seilseite s_4' festgelegt ist. Dann hat aber auch die Seilseite s_5' einen vorgeschriebenen Drehpunkt Q', wie aus der schon erwähnten Tatsache hervorgeht, daß s_4' und s_5' von jeder Vertikalen, also auch von der durch Q gehenden Vertikalen eine Strecke von vorgeschriebener Länge abschneiden. Dieser Punkt Q' legt zusammen mit dem Punkte A_2 die letzte Seite s_5 des gesuchten Seilpolygons fest. Ist diese Seite s_5 gezeichnet, so kann rückwärts das Seilpolygon leicht vervollständigt werden; denn s_4 geht durch Q, s_3 durch A_1, s_2 durch A_0', s_1 durch A_0.

Mit dem nunmehr konstruierten Seilpolygon s_1 bis s_5 (Abb. 9 unten) läßt sich das Moment M_1 in einfacher Weise bestimmen. Schneidet man nämlich s_2 mit der Vertikalen durch A_1 in dem Punkte A_1'', so stellt A_1A_1'' nach Satz V in bekanntem Maßstabe das Moment der von M_1 erzeugten reduzierten Momentenfläche für den Teilstab A_0A_1 bezogen auf A_1, d.h. also den Wert $\frac{1}{6}\frac{M_1l_1^2}{\alpha}$ dar. In Abb. 9 unten ist der Vertikalmaßstab so gewählt, daß die Strecke A_1A_1'' unmittelbar als das Moment M_1 in Abb. 9 oben eingetragen werden kann.

Die Konstruktion läßt sich ohne weiteres auf den in beliebig vielen Punkten gestützten Stab verallgemeinern. Betrachtet man zunächst den in vier Punkten A_0, A_1, A_2, A_3 gestützten Stab (Abb. 10 oben), so kann jetzt die Momentenfläche des mittleren Teilstabes A_1A_2 in drei Teilflächen zerlegt werden: die von der vorgegebenen Belastung herrührende Fläche und die beiden von den unbekannten Stützmomenten M_1 und M_2 erzeugten dreieckigen Momentenflächen. Führt man für den in drei Punkten gestützten Stab $A_0A_1A_2$ die soeben behandelte Konstruktion aus (Abb. 10 unten), so findet man, daß auch hier ein Versuchspolygon bis zur Seite s_4' konstruiert werden kann, und daß also auch in der früheren Weise zwei Festpunkte Q_1 und Q_1' gefunden werden können. In Q_1' erhält man aber einen Punkt, der für die Bestimmung des zu den Stäben A_1A_2

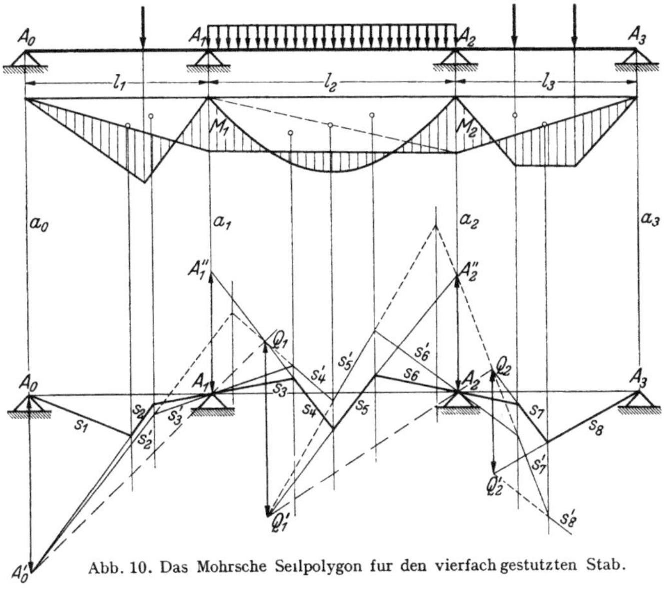

Abb. 10. Das Mohrsche Seilpolygon fur den vierfach gestutzten Stab.

und A_2A_3 gehörigen Polygonzuges genau dieselbe Rolle spielt wie der Punkt A_0' für die Stäbe A_0A_1 und A_1A_2. Ein Versuchspolygon $s_5's_6's_7'$ (dessen Seite s_5' nebenbei bemerkt nicht notwendigerweise an die Seite s_4' anzuschließen braucht) liefert nämlich in der früher besprochenen Weise als Schnitt der Geraden $Q_1'A_2$ und s_7' einen Festpunkt Q_2 für die Seilseite s_7' und deshalb auch einen Festpunkt Q_2' für die Seilseite s_8'. Durch diesen letzten Punkt ist die Seite s_8 des gesuchten Seilpolygons, welche ja auch durch den Punkt A_3 hindurchgehen soll, eindeutig bestimmt. Auch hier kann das gesuchte Seilpolygon in einfacher Weise rückwärts ergänzt werden. Die Stützmomente M_1 und M_2 werden in den Strecken A_1A_1'' und A_2A_2'' abgelesen, welche im verwendeten Maßstab die Werte $\frac{1}{6}\frac{M_1 l_2^2}{\alpha}$ und $\frac{1}{6}\frac{M_2 l_2^2}{\alpha}$ darstellen. Wie man leicht sieht, kann die Konstruktion in derselben Weise auf den Stab mit beliebig vielen Stützen erweitert werden.

Für den Fall, daß die Stützpunkte ungleich hoch liegen, sind die Höhenunterschiede natürlich im Maßstabe der vertikalen Meßrichtung aufzuzeichnen.

Ist der Stab nicht prismatisch, so müssen die Ordinaten der Momentenflächen, die zur Konstruktion des Seilpolygons dienen, im Verhältnis $\alpha_0:\alpha$ umgezeichnet werden. Die neuen Momentenflächen können dann als zu einem prismatischen Stab mit der Biegesteifigkeit α_0 gehörend angesehen werden. Die dreieckigen Stützmomentenflächen sind bei dieser Konstruktion zwar der Größe nach noch nicht bekannt, aber die Wirkungslinien der ihnen zugeordneten reduzierten Momentenflächen können doch konstruiert werden, weil die Lage dieser Linien nur vom Verlauf und nicht von der Größe der Stützmomentenfläche abhängt.

Ist die Momentenfläche des Stabes vollständig bekannt, so kann nach Satz IV die elastische Linie gezeichnet werden. Diese liefert eine wertvolle Kontrolle, weil sie von den Vertikalen $a_0, a_1, \ldots$ in Punkten geschnitten werden muß, welche vorgeschriebene Höhenunterschiede aufweisen. An und für sich ist diese Kontrolle zu scharf; denn es ist sehr wohl möglich, daß ein verhältnismäßig kleiner Fehler in den Stützmomenten eine merkliche Verschiebung der Stützpunkte zur Folge hat. Man wird deshalb, wenn die Kontrolle nicht stimmt, die Mohrsche Konstruktion noch einmal wiederholen, und zwar für die neuen Stützpunktslagen und den unbelasteten Stab. Die dabei erhaltenen Stützmomente stellen die bei der ersten Konstruktion gemachten Fehler dar.

§ 2. Der Stab mit elastischen Einzelstützen.

5. Der Fünfmomentensatz des Stabes mit elastischen Stützen. Der Dreimomentensatz (**2**, 8) gilt sowohl für den in festen Punkten gestützten Stab, wie für den elastisch gestützten Stab. Während aber für den ersten die dort vorkommenden Größen y_{i-1}, y_i und y_{i+1} von vornherein bekannt sind, sind sie für den zweiten als Unbekannte anzusehen. Nimmt man indessen an, daß bei dem zweiten Stab die Senkung y_i im Stützpunkt i zu der dortigen Stützkraft R_i proportional ist, so daß mit den Federungszahlen ν_i

$$y_i = \nu_i R_i \qquad (i = 0, 1, 2, \ldots, n) \tag{1}$$

gilt, so können die Größen y_{i-1}, y_i und y_{i+1} mittels (1) durch die entsprechenden Stützkräfte R_{i-1}, R_i und R_{i+1} ersetzt werden und diese wiederum nach (**2**, **11**) durch die Stützmomente $M_{i-2}, M_{i-1}, M_i, M_{i+1}, M_{i+2}$. Führt man die Rechnung aus, so erhält man die Gleichung

$$\left.\begin{aligned}
&\frac{\nu_{i-1}}{l_{i-1} l_i} M_{i-2} - \left[\frac{\nu_{i-1}}{l_i}\left(\frac{1}{l_{i-1}} + \frac{1}{l_i}\right) + \frac{\nu_i}{l_i}\left(\frac{1}{l_i} + \frac{1}{l_{i+1}}\right) - \mu_i\right] M_{i-1} + \left[\frac{\nu_{i-1}}{l_i^2} + \nu_i\left(\frac{1}{l_i} + \frac{1}{l_{i+1}}\right)^2 + \right.\\
&\quad \left. + \frac{\nu_{i+1}}{l_{i+1}^2} + \lambda_i + \lambda_{i+1}\right] M_i - \left[\frac{\nu_i}{l_{i+1}}\left(\frac{1}{l_i} + \frac{1}{l_{i+1}}\right) + \frac{\nu_{i+1}}{l_{i+1}}\left(\frac{1}{l_{i+1}} + \frac{1}{l_{i+2}}\right) - \mu_{i+1}\right] M_{i+1} + \\
&\quad + \frac{\nu_{i+1}}{l_{i+1} l_{i+2}} M_{i+2} = \frac{S_{i,i-1}}{l_i} + \frac{S_{i+1,i+1}}{l_{i+1}} + \frac{\nu_{i-1}}{l_i}\left(R_{i-1,i-1} + R_{i,i-1}\right) - \\
&\qquad - \nu_i\left(\frac{1}{l_i} + \frac{1}{l_{i+1}}\right)\left(R_{i,i} + R_{i+1,i}\right) + \frac{\nu_{i+1}}{l_{i+1}}\left(R_{i+1,i+1} + R_{i+2,i+1}\right),
\end{aligned}\right\} \tag{2}$$

welche man als Fünfmomentensatz bezeichnet. Sie gilt für alle Zeiger $i = 2$ bis $i = n-2$. Unterdrückt man auf der linken Seite die Glieder $\frac{\nu_{i-1}}{l_{i-1} l_i} M_{i-2}$ und $\frac{\nu_{i-1}}{l_{i-1} l_i} M_{i-1}$, so behält sie ihre Gültigkeit auch für $i = 1$. Entsprechendes gilt für $i = n-1$, wenn links die Glieder $\frac{\nu_{i+1}}{l_{i+1} l_{i+2}} M_{i+1}$ und $\frac{\nu_{i+1}}{l_{i+1} l_{i+2}} M_{i+2}$ unterdrückt werden. Die Größen $R_{0,0}$ und $R_{n+1,n}$ in den so erhaltenen Gleichungen haben nur für den Kragbalken eine Bedeutung. Sie stellen die in den Punkten *0* und n für das Gleichgewicht nötigen Vertikalkräfte der freigemachten überhängenden Stabteile dar. Schreibt man die Gleichung (2) für alle Zeiger $i = 1$ bis $i = n-1$ an, so entsteht ein Gleichungssystem, das zur Berechnung aller Stützmomente ausreicht.

6. Erste Methode zur graphischen Bestimmung der Stützmomente des dreifach elastisch gestützten Stabes. Die Mohrsche Konstruktion von Ziff. **4**, die nur für einen auf starren Stützpunkten gelagerten Stab gilt, ist einer Verallgemeinerung[1]) auf den elastisch gestützten Stab fähig, welche zunächst für den dreifach gestützten Stab $A_0 A_1 A_2$, dessen Feldlängen gleich groß sind, und dessen Stützen gleiche Federungszahlen ν haben, auseinandergesetzt werden soll (Abb. 11). Wir denken uns den Stab in A_1 durchgeschnitten und daselbst versuchsweise ein Moment M_1 von der Größe Null eingeführt. Dann sind einerseits die Stützkräfte ebenso wie die zu ihnen proportionalen Stützpunktssenkungen $A_0 A_{0,0}$, $A_1 A_{1,0}$ und $A_2 A_{2\,0}$ unmittelbar zu berechnen. Andererseits aber kann man (in einer erst später zu erläuternden Weise), immer noch unter der falschen Annahme $M_1 = 0$, formal ein Mohrsches Seilpolygon $s_{2,0}$, $s_{3,0}$, $s_{4,0}$, $s_{5,0}$ ($s_{2,0} \equiv s_{3,0} \equiv s_{4,0}$) zeichnen, wie es zum durchgehenden Stab

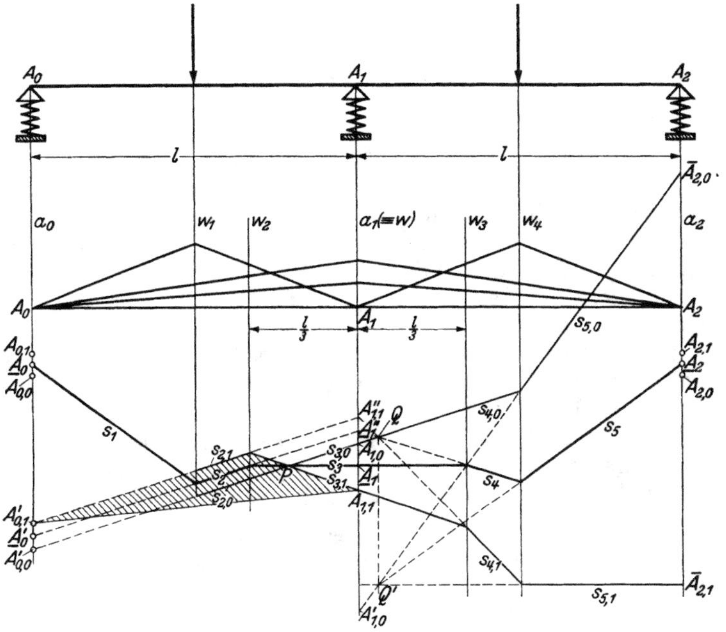

Abb. 11. Der in drei Punkten elastisch gestutzte Stab.

$A_0 A_1 A_2$ gehört, dessen Punkte A_0 und A_1 mit $A_{0,0}$ und $A_{1,0}$ zusammenfallen, und dessen Querschnitt A_1 nicht fähig ist, ein Biegemoment zu übertragen. Dabei tritt dann an die Stelle des Punkte $A_{2,0}$ ein Punkt $A_{2,0}$.

Führt man im Querschnitt A_1 (wieder unter Aufrechterhaltung der äußeren Belastung) ein Biegemoment von beliebiger Größe $M_1 = x$ ein, so kann man erstens in statischer Weise die von M_1 hervorgerufenen Stützpunktssenkungen $A_{0,0} A_{0,x}$, $A_{1,0} A_{1,x}$ und $A_{2,0} A_{2,x}$ bestimmen, zweitens mit Hilfe eines Mohrschen Seilpolygons $A'_{0,x}$, $s_{2,x}$, $s_{3,x}$, $s_{4,x}$, $s_{5,x}$, $A_{2,x}$, welches für $x = 1$ in Abb. 11 gezeichnet ist (und dessen Konstruktion ebenfalls erst später erläutert wird), die Lage $A_{2,x}$ des rechten Stabendes A_2 konstruieren. Für jeden Wert x des Momentes M_1 erhält man in dieser Weise zwei Punkte $A_{2,x}$ und $A_{2,x}$, die im allgemeinen verschieden sind. Nur für den wirklichen Wert des Momentes M_1 würden beide Punkte zusammenfallen.

Wir zeigen nun zunächst, daß die Punktreihen $A_{2,x}$ und $A_{2,x}$ ähnlich sind, indem wir beweisen, daß jede Reihe für sich der Punktreihe $A'_{0,x}$ ähnlich ist.

[1]) C. B. BIEZENO, Graphische bepaling der overgangsmomenten van een elastisch ondersteunden, statisch onbepaalden balk, Versl Kon Ak Wet. Amst. 26 (1917) S. 996 und 23 (1917) S. 60.

Für die Punktreihe $A_{2,x}$ leuchtet dies unmittelbar ein; denn, wenn in A_1 ein Moment $M_1 = x$ wirkt, so steigen die beiden Punkte $A'_{0,0}$ und $A_{2,0}$ um den gleichen Betrag $\nu x/l$. (Für den allgemeineren Fall ungleicher Feldlängen l_1 und l_2 und ungleicher Federungszahlen ν_0, ν_1, ν_2 wäre $A'_{0,0}\,A'_{0,x} = \nu_0 x/l_1$ und $A_{2,0}\,A_{2,x} = \nu_2 x/l_2$, so daß auch dann noch $A'_{0,0}\,A'_{0,x} : A_{2,0}\,A_{2,x}$ konstant wäre.) Die Ähnlichkeit der Punktreihen $A'_{0,x}$ und $\bar{A}_{2,x}$ ist dargetan, wenn wir zeigen, daß alle Seiten des Seilpolygons $s_{2,x}, s_{3,x}, s_{4,x}, s_{5,x}$ bei veränderlichem x feste Drehpunkte haben. Nun ist

$$A'_{0,0}\,A'_{0,x} = x \cdot A'_{0,0}\,A'_{0,1}, \qquad A_{1,0}\,A_{1,x} = x \cdot A_{1,0}\,A_{1,1}, \qquad A_{1,x}\,A''_{1,x} = x \cdot A_{1,1}\,A''_{1,1}$$

und also auch

$$A_{1,0}\,A''_{1,x} = (A_{1,x}\,A''_{1,x} - A_{1,x}\,A_{1,0}) = x\,(A_{1,1}\,A''_{1,1} - A_{1,1}\,A_{1,0}) = x \cdot A_{1,0}\,A''_{1,1}.$$

Hieraus folgt

$$\frac{A'_{0,0}\,A'_{0,x}}{A'_{0,0}\,A'_{0,1}} = \frac{A_{1,0}\,A_{1,x}}{A_{1,0}\,A_{1,1}} \quad \text{und} \quad \frac{A'_{0,0}\,A'_{0,x}}{A'_{0,0}\,A'_{0,1}} = \frac{A_{1,0}\,A''_{1,x}}{A_{1,0}\,A''_{1,1}};$$

also sind die Punktreihen $A'_{0,x}$ und $A_{1,x}$ sowie $A'_{0,x}$ und $A''_{1,x}$ ähnlich. Jede der beiden veränderlichen Geraden $A'_{0,x}A_{1,x}$ und $A'_{0,x}A''_{1,x}$ hat somit einen festen Drehpunkt. Betrachtet man nun das veränderliche (für den Fall $x = 1$ in Abb. 11 schraffierte) Dreieck mit den Seiten $s_{2,x}$, $s_{3,x}$ und $A'_{0,x}\,A_{1,x}$, so drehen sich zwei seiner Seiten je um einen festen Punkt, während sich alle seine Eckpunkte je auf einer festen Geraden bewegen. Nach einem Satze der projektiven Geometrie hat dann auch die dritte Seite $s_{3,x}$ einen festen Drehpunkt P. Für das veränderliche Dreieck aus den Seiten $s_{2,x}, s_{3,x}, s_{4,x}$ gilt ebenfalls, daß alle seine Eckpunkte sich auf festen Geraden bewegen, und daß zwei seiner Seiten sich um feste Punkte drehen, so daß auch die dritte Seite $s_{4,x}$ einen Festpunkt Q hat. Weil für den besonderen Wert $x = 0$ die Seiten $s_{2,0}$, $s_{3,0}$ und $s_{4,0}$ des veränderlichen Seilpolygons $A'_{0,x}, s_{2,x}, s_{3,x}, s_{4,x}, s_{5,x}, \bar{A}_{2,x}$ in eine Gerade, nämlich in $A'_{0,0}A_{1,0}$ fallen, so liegen alle bis jetzt erwähnten Festpunkte auf dieser Geraden. Folglich sind sie als deren Schnittpunkte mit den Seiten $s_{2,1}$, $A'_{0,1}A_{1,1}$, $s_{3,1}$ und $s_{4,1}$ des zum Wert $x = 1$ gehörigen Seilpolygons unmittelbar zu finden. Weil von den beiden zuerst genannten Festpunkten nicht weiter Gebrauch gemacht wird, sind in Abb. 11 nur die Festpunkte P und Q der Seilseiten $s_{3,x}$ und $s_{4,x}$ gezeichnet.

Daß nun schließlich auch die Seilseite $s_{5,x}$ einen festen Drehpunkt Q' hat, folgt aus der Tatsache, daß die Seilseiten $s_{4,x}$ und $s_{5,x}$ von jeder Vertikalen, also auch von der durch Q hindurchgehenden, eine Strecke von fester Länge abschneiden, die das Moment der zum zweiten Teilstab gehörigen, reduzierten (bekannten) Momentenfläche bezüglich dieser Geraden darstellt. Wird also dieses Moment in dem vorgeschriebenen Maßstab durch die Strecke QQ' abgebildet, so ist der Punkt Q' Festpunkt der Seilseite $s_{5,x}$.

Hiermit ist der Beweis dafür erbracht, daß die Punktreihen A_{2x} und $\bar{A}_{2,x}$ ähnlich sind. Der durch diese Reihen definierte, im Endlichen gelegene Doppelpunkt $\underline{A}_2$, dessen Lage mit Hilfe der Gleichung

$$\frac{\underline{A}_2\,A_{2,0}}{\underline{A}_2\,\bar{A}_{2,0}} = \frac{A_{2,1}\,A_{2,0}}{\bar{A}_{2,1}\,\bar{A}_{2,0}} \tag{1}$$

unmittelbar gefunden wird, bildet den Endpunkt des gesuchten Seilpolygons, das nun rückwärts konstruiert werden kann, weil seine letzte Seite durch die beiden Punkte $\underline{A}_2$ und Q', und jede weitere vorangehende Seite je durch ihren zugehörigen Festpunkt festgelegt ist.

Die Größe des Stützmomentes M_1, um welche es sich schließlich handelt, wird in dem bereits in Ziff. **4** besprochenen Maßstab durch die Strecke $\underline{A}_1 \underline{A}_1''$ dargestellt.

Die Zeichenvorschrift für die gesamte Konstruktion lautet also folgendermaßen:

a) Man bestimme zuerst für die in A_1 getrennten Teilstäbe $A_0 A_1$ und $A_1 A_2$ die Senkungen $A_0 A_{0,0}$, $A_1 A_{1,0}$, $A_2 A_{2,0}$ sowie die Punkte $A'_{0,0}$ und $A'_{1,0}$. Dabei stellt $A_{0,0} A'_{0,0}$ das Moment der reduzierten (bekannten) Momentenfläche des ersten Teilstabes bezüglich A_0 dar, $A_{1,0} A'_{1,0}$ dasjenige der reduzierten (bekannten) Momentenfläche des zweiten Teilstabes bezüglich A_1.

b) Man zeichne die beiden Geraden $s_{2,0} \equiv s_{3,0} \equiv s_{4,0}$ und $s_{5,0}$.

c) Man bestimme die Verschiebungen $A'_{0,0} A'_{0,1}$, $A_{1,0} A_{1,1}$ und $A_{2,0} A_{2,1}$, die die Punkte $A'_{0,0}$, $A_{1,0}$ und $A_{2,0}$ erleiden, wenn in A_1 ein Stützmoment von der Größe Eins angreift, und trage die Strecke $A_{1,1} A''_{1,1}$ auf, die das Moment der auf den ersten Stabteil entfallenden reduzierten Momentenfläche dieses Übergangsmomentes bezüglich A_1 darstellt.

d) Sodann konstruiere man das Seilpolygon $A'_{0,1}$, $s_{2,1}$, $s_{3,1}$, $s_{4,1}$, $s_{5,1}$, indem man zuerst die Gerade $A'_{0,1} A''_{1,1} \equiv s_{2,1}$ zeichnet, dann die Seite $s_{3,1}$, die durch den Punkt $A_{1,1}$ geht, und darauf die Seite $s_{4,1}$, die die Seite $s_{2,1}$ auf der Vertikalen durch A_1, d. h. in $A''_{1,1}$ schneiden muß. Hiermit sind die Festpunkte P und Q gefunden. Zieht man schließlich noch die Vertikale durch Q, so schneidet diese auf $s_{5,0}$ den Drehpunkt Q' ein, durch den jetzt die Seite $s_{5,1}$ und also auch der Punkt $\bar{A}_{2,1}$ bestimmt ist.

e) Schließlich wird nach (1) der Punkt $\underline{A}_2$ markiert und das Seilpolygon $\underline{A}_2$, s_5, s_4, s_3, s_2, s_1, $\underline{A}_0$ konstruiert. Den letzten (für unsere Aufgabe unwesentlichen) Punkt $\underline{A}_0$ erhält man, indem man $\underline{A}'_0 \underline{A}_0 = A'_{0,0} A_{0,0}$ macht.

Wie man leicht sieht, behält die Konstruktion im wesentlichen ihre Gültigkeit bei für den allgemeinen Fall, daß die Teilstäbe ungleiche Längen l_1 und l_2 und veränderliche Biegesteifigkeit haben und die Federungszahlen ν_0, ν_1 und ν_2 verschieden sind. In diesem Falle verschieben sich nur die Geraden w_2 und w_3 ebenso wie die Vertikale w, auf der sich die Seiten s_2 und s_4 schneiden. Auch sind für die Strecken $A'_{0,0} A'_{0,1}$, $A_{1,0} A_{1,1}$ und $A_{2,0} A_{2,1}$ jetzt die Beträge ν_0/l_1, $\nu_1(1/l_1 + 1/l_2)$ und ν_2/l_2 in Rechnung zu setzen.

Wir fügen noch die (für die nachher zu behandelnde Verallgemeinerung wichtige) Bemerkung hinzu, daß die Lage der Festpunkte P und Q in der horizontalen Richtung nicht von der Stabbelastung beeinflußt wird. Die vertikale Lage dieser Punkte dagegen ist ausschließlich durch diese Belastung bedingt.

7. Der vier- und mehrfach elastisch gestützte Stab; die Hilfsaufgabe. Für den in den vier Punkten A_0, A_1, A_2, A_3 vierfach elastisch gestützten Stab liegt die folgende Verallgemeinerung der Konstruktion von Ziff. **6** nahe. Man zerlegt den Stab mit einem Schnitt durch A_2 in zwei Teilstäbe und bestimmt die Lage des Punktes A_3 auf zwei verschiedene Arten. Das eine Mal berechnet man die Verschiebung $A_3 A_{3,0}$ des Punktes A_3 beim statisch bestimmten Stab $A_2 A_3$; das andere Mal konstruiert man, unter der falschen Voraussetzung $M_2 = 0$ und mit der für den dreifach gestützten Stab gültigen Konstruktion, das Mohrsche Seilpolygon für den durchlaufenden Stab $A_0 A_1 A_2 A_3$ und erhält dadurch einen Punkt $\bar{A}_{3,0}$. Sodann führt man im Schnitt A_2 ein Stützmoment von der Größe $M_2 = x$ ein und konstruiert in entsprechender Weise zwei Punkte $A_{3,x}$ und $\bar{A}_{3,x}$. Man kann auch jetzt beweisen, daß die Punktreihen $A_{3,x}$ und $A_{3,x}$ ähnlich sind, so daß der im Endlichen gelegene Doppelpunkt $\underline{A}_3$ dieser Reihen als Endpunkt des nach rückwärts zu konstruierenden wahren Seilpolygons zu betrachten ist. Eine entsprechende Verallgemeinerung wäre für den Stab mit fünf oder mehr elastischen Stützen denkbar. Es zeigt sich aber, daß bereits bei dem vierfach elastisch gestützten Stab die Konstruktion kaum mehr praktisch zu verwenden ist, und daß die Schwierigkeiten noch erheblich steigen, wenn man es mit dem allgemeinen Fall (als dessen einfachster Vertreter der Stab mit fünf elastischen Stützen zu betrachten ist) zu tun hat.

Um zu einer praktisch möglichen Konstruktion zu gelangen, lösen wir zunächst folgende Hilfsaufgabe: Gegeben sei ein in den Punkten $A_0, A_1, \ldots, A_n$ elastisch gestützter Stab; gesucht sind in seinem Endpunkt A_n die Senkung $y_{n,\varkappa}$ bzw. $y_{n,\mu}$ und der Neigungswinkel $\varphi_{n,\varkappa}$ bzw. $\varphi_{n,\mu}$, falls in diesem Punkte eine Einheitskraft $\varkappa$ bzw. ein Einheitsmoment μ angreift und der Stab sonst völlig unbelastet ist. Der Einfachheit halber werde auch jetzt angenommen, daß der Stab prismatisch ist, und daß alle Feldlängen und alle Federungszahlen unter sich gleich sind.

Weil es sich herausstellen wird, daß die Größen $y_{n,\varkappa}, \varphi_{n,\varkappa}, y_{n,\mu}, \varphi_{n,\mu}$ in einfacher Weise aus den entsprechenden Größen $y_{n-1,\varkappa}, \varphi_{n-1,\varkappa}, y_{n-1,\mu}, \varphi_{n-1,\mu}$ des in den Punkten $A_0, A_1, \ldots, A_{n-1}$ gestützten Teilstabes $A_0 \ldots A_{n-1}$ gewonnen werden können, so fangen wir unsere Aufgabe bei dem in seinen beiden Endpunkten elastisch gestützten Stab $A_0 A_1$ an (Abb. 12). Wird dieser Stab im Punkte A_1 durch eine Einheitskraft $\varkappa$ belastet, so senkt sich A_1 gemäß (**5**, 1) einfach um $y_{1,\varkappa} \equiv A_1 A_{1,\varkappa} = \nu$, während der Stab selbst gerade bleibt. Der Neigungswinkel $\varphi_{1,\varkappa}$ im Punkt A_1 wird also durch die Gerade $A_0 A_{1,\varkappa}$ bestimmt.

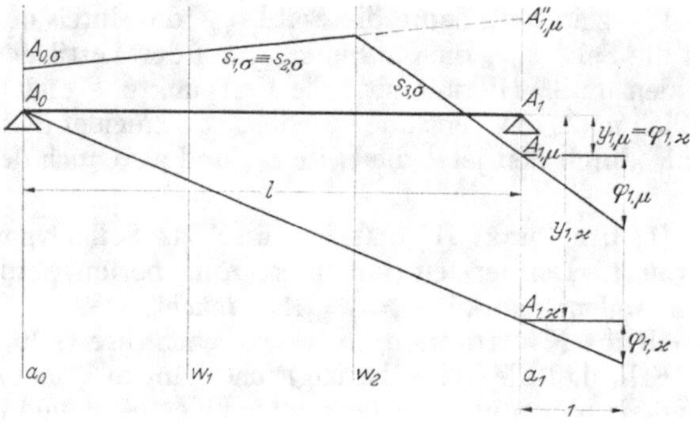

Abb. 12. Die Größen $y_{1,\varkappa}, \varphi_{1,\varkappa}, y_{1,\mu}, \varphi_{1,\mu}$.

Ersetzt man, wie dies bei der technischen Biegelehre üblich ist, diesen Winkel durch seinen Tangens, so liest man seinen Betrag auf der Vertikalen ab, die im Abstand Eins rechts von der Vertikalen a_1 gezogen ist.

Greift dagegen im Punkte A_1 ein Einheitsmoment μ an, so hebt sich der Punkt A_0 um den Betrag $A_0 A_{0,\sigma} = \nu/l$, während der Punkt A_1 sich um denselben Betrag $y_{1,\mu} \equiv A_1 A_{1,\mu} = \nu/l$ senkt. Wendet man das Mohrsche Verfahren (Ziff. **4**) an, so erkennt man, daß das zu dieser Belastung gehörige Seilpolygon, weil links kein Moment wirkt und der Stab auch sonst lastfrei ist, nur zwei Seiten hat, welche von der Geraden a_1 eine Strecke von vorgegebener Länge $A_{1,\mu} A''_{1,\mu}$ abschneiden; denn diese Länge stellt im festgelegten Maßstab das Moment der vom Einheitsmoment μ herrührenden reduzierten Momentenfläche bezüglich A_1 dar. Weil $A_{1,\mu}$ bereits festliegt, ist auch $A''_{1,\mu}$ bekannt, so daß die Gerade $A_{0,\sigma} A''_{1,\mu}$ die zusammenfallenden Seilseiten $s_{1,\sigma}$ und $s_{2,\sigma}$ liefert und damit auch die Seilseite $s_{3,\sigma}$ festlegt, die ihrerseits den Winkel $\varphi_{1,\mu}$ bestimmt.

Jetzt schreiten wir zu dem allgemeinen Fall des in den Punkten $A_0, A_1, \ldots, A_n$ elastisch gestützten Stabes $A_0 \ldots A_n$ (Abb. **13**) und konstruieren unter der Voraussetzung, daß die Größen $y_{n-1,\varkappa}, \varphi_{n-1,\varkappa}, y_{n-1,\mu}, \varphi_{n-1,\mu}$ schon bekannt seien, die Unbekannten $y_{n,\varkappa}, \varphi_{n,\varkappa}, y_{n,\mu}, \varphi_{n,\mu}$.

Zuerst greife die Einheitskraft $\varkappa$ in A_n an. Wird der Stab in A_{n-1} zerschnitten, so wird die ganze Last von der Stütze A_n aufgenommen, so daß sich diese um den Betrag $A_n 1 = \nu$ senkt. Die Teilstäbe $A_0 \ldots A_{n-1}$ und $A_{n-1} A_n$ werden nicht gebogen: alle Punkte $A_0, A_1, \ldots, A_{n-1}$ bleiben in ihrer ursprünglichen Lage.

Würde man für den durchgehenden Stab unter der falschen Voraussetzung $M_{n-1}=0$ ein Mohrsches Seilpolygon konstruieren, so fielen alle Seiten dieses Polygons in die Gerade A_0A_n, und man erhielte für die Lage seines Endpunktes den Punkt $\bar{1}\,(\equiv A_n)$. Führt man jetzt versuchsweise im Schnitte A_{n-1} ein Stützmoment M_{n-1} von der Größe Eins ein, so entsteht im Punkt A_n eine zusätzliche Stützkraft von der Größe $1/l$, und der Punkt 1 hebt sich also um die Strecke $1\,2=\nu/l$. Konstruiert man auch jetzt für den durchgehenden Stab, nunmehr unter der falschen Voraussetzung $M_{n-1}=1$, ein Mohrsches Seilpolygon, so findet man für den Endpunkt des Stabes einen andern Punkt $\bar{2}$. Die über den Endpunkt der Feder A_{n-1} gehende Seite dieses Seilpolygons, welche wir mit $s_{1,\varrho}$ bezeichnen, ist bekannt. Denn die Wirkung des im Schnitte A_{n-1} eingeführten

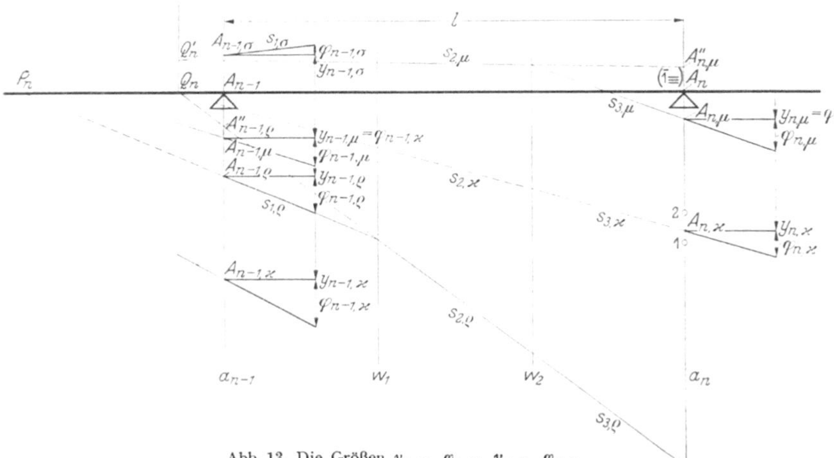

Abb. 13. Die Größen $y_{n,\varkappa}$, $\varphi_{n,\varkappa}$, $y_{n,\mu}$, $\varphi_{n,\mu}$.

Stützmomentes ist für den Stab $A_0 \ldots A_{n-1}$ gleichbedeutend mit der Gesamtwirkung eines Einheitsmomentes und einer Kraft vom Betrage $1/l$. Demzufolge senkt sich der Punkt A_{n-1} um $y_{n-1,\varrho}\equiv A_{n-1}A_{n-1,\varrho}=y_{n-1,\mu}+y_{n-1,\varkappa}/l$, während der Neigungswinkel in diesem Punkt $\varphi_{n-1,\varrho}=\varphi_{n-1,\mu}+\varphi_{n-1,\varkappa}/l$ ist. Die auf $s_{1,\varrho}$ folgende Seite $s_{2,\varrho}$ schneidet mit $s_{1,\varrho}$ auf der Geraden a_{n-1} eine Strecke $A_{n-1,\varrho}A''_{n-1,\varrho}$ von bekannter Größe ab; denn $A_{n-1,\varrho}A''_{n-1,\varrho}$ stellt in bekanntem Maßstabe das Moment der vom Stützmoment M_{n-1} herrührenden reduzierten Momentenfläche des Teilstabes $A_{n-1}A_n$ bezüglich A_{n-1} dar. Weil im Punkt A_n kein Moment wirkt, so fallen die Seilseiten $s_{2,\varrho}$ und $s_{3,\varrho}$ zusammen, und der Punkt $\bar{2}$ ist also als Schnitt der Seilseite $s_{2,\varrho}(\equiv s_{3,\varrho})$ mit a_n festgelegt.

Weil $y_{n-1,\varrho}\equiv A_{n-1}A_{n-1,\varrho}$ und $\varphi_{n-1,\varrho}$ proportional zum Stützmoment M_{n-1} wachsen, so ist auch die Strecke $\bar{1}\,\bar{2}$ zu diesem Moment proportional, ebenso wie die Strecke $1\,2$. Die Punktreihen 2 und $\bar{2}$, die zu dem veränderlichen Stützmoment M_{n-1} gehören, sind also ähnlich, und somit ist der Punkt $A_{n,\varkappa}$, der die gesuchte Durchbiegung $y_{n,\varkappa}$ bestimmt, als der im Endlichen gelegene Doppelpunkt dieser Punktreihen festgelegt. Das Verhältnis ε_n der Strecken $A_{n,\varkappa}\bar{1}$ und $A_{n,\varkappa}1$ ist nach (**6**, 1) (auch dem Vorzeichen nach) gegeben durch

$$\varepsilon_n \equiv \frac{A_{n,\varkappa}\bar{1}}{A_{n,\varkappa}1} = \frac{\bar{2}\,\bar{1}}{2\,1}\,. \tag{1}$$

Übrigens entnimmt man Abb. **13** sofort, daß bei veränderlichem Stützmoment M_{n-1} die den Seilseiten $s_{1,\varrho}$ und $s_{2,\varrho}$ $(\equiv s_{3,\varrho})$ entsprechenden Seilseiten s_1 und

$s_2 (\equiv s_3)$ je einen Festpunkt P_n und Q_n auf der Geraden $A_0 A_n$ besitzen. Die Gerade $Q_n A_{n,\varkappa} \equiv s_{2,\varkappa} \equiv s_{3,\varkappa}$ bestimmt also unmittelbar den Neigungswinkel $\varphi_{n,\varkappa}$.

Greift anstatt einer Einheitskraft $\varkappa$ im Punkte A_n ein Einheitsmoment μ an, so ist eine der beiden zu diesem Moment gehörigen Größen $y_{n,\mu}$ und $\varphi_{n,\mu}$ bereits bekannt; denn nach dem Maxwellschen Satze (II, **9**, 7) ist $y_{n,\mu} = \varphi_{n,\varkappa}$. Der Punkt $A_{n,\mu}$ ist somit festgelegt. Zur Bestimmung der noch übrig bleibenden Größe $\varphi_{n,\mu}$ schneiden wir auch jetzt den Stab im Punkt A_{n-1} durch, so daß an dem Stab $A_0 \ldots A_{n-1}$ eine von dem Moment μ herrührende, nach oben gerichtete Kraft $1/l$ angreift. Hierdurch entsteht am rechten Ende dieses Stabes eine (nach oben gerichtete) Durchbiegung $A_{n-1} A_{n-1,\sigma} = y_{n-1,\varkappa}/l$ und ein Neigungswinkel $\varphi_{n-1,\sigma} = \varphi_{n-1,\varkappa}/l$, welche in Abb. 13 eingetragen sind. Würde man nunmehr zu verschiedenen Stützmomenten M_{n-1} für den durchlaufenden Träger $A_0 \ldots A_n$ ein Mohrsches Seilpolygon konstruieren, so hätte man es jedesmal, von der Vertikalen a_{n-1} an, mit einem Tripel $s_{1,\sigma}, s_{2,\sigma}, s_{3,\sigma}$ von Seilseiten zu tun, und es würde sich herausstellen, daß die Seilseiten $s_{1,\sigma}$ und $s_{2,\sigma}$ wiederum Festpunkte besäßen. Denn die Lageänderung des Punktes $A_{n-1,\sigma}$ und die Richtungsänderung der Seilseite $s_{1,\sigma}$ sind bei der Einführung eines beliebigen Stützmomentes M_{n-1} genau dieselben wie für den Punkt $A_{n-1,\varrho}$ und die Seilseite $s_{1,\varrho}$ bei dem im Punkte A_n durch eine Einheits*kraft* belasteten Stab. Gemäß der Schlußbemerkung von Ziff. **6** liegen diese Festpunkte senkrecht über P_n und Q_n, und im besonderen erhält man also den Festpunkt Q'_n der veränderlichen Seilseite $s_{2,\sigma}$, indem man $s_{1,\sigma}$ mit der durch Q_n gehenden Vertikalen schneidet. Weil die zum wirklichen Stützmoment gehörige Seilseite $s_{2,\mu}$ zusammen mit der auf sie folgenden Seite $s_{3,\mu}$ von der Geraden a_n eine Strecke von bekannter Länge $A_{n,\mu} A''_{n,\mu}$ abschneiden muß (welche ja im bekannten Maßstab das Moment der von μ herrührenden reduzierten Momentenfläche bezüglich A_n darstellt), so kann $s_{2,\mu}$ als Verbindungsgerade von Q'_n und $A''_{n,\mu}$ und damit auch die Seite $s_{3,\mu}$ gezeichnet werden, welche den Neigungswinkel $\varphi_{n,\mu}$ bestimmt.

Die Konstruktionsvorschrift für die Größen $y_{n,\varkappa}, \varphi_{n,\varkappa}, y_{n,\mu}, \varphi_{n,\mu}$ lautet also wie folgt:

a) Man bestimme zuerst nach Abb. 12 die Größen $y_{1,\varkappa}, \varphi_{1,\varkappa}, y_{1,\mu}, \varphi_{1,\mu}$.

b) Sodann bestimme man für $n > 1$ unter der Annahme, daß die Größen $y_{n-1,\varkappa}, \varphi_{n-1,\varkappa}, y_{n-1,\mu}, \varphi_{n-1,\mu}$ nach dem jetzt vorzuschreibenden Iterationsverfahren bereits gefunden sind, auf der Geraden a_{n-1} die Punkte $A_{n-1,\varrho}, A''_{n-1,\varrho}$ und $A_{n-1,\sigma}$ (wobei $A_{n-1} A_{n-1,\varrho} = y_{n-1,\mu} + y_{n-1,\varkappa}/l$ und $A_{n-1} A_{n-1,\sigma} = y_{n-1,\varkappa}/l$ ist) sowie die Seilseiten $s_{1,\varrho}$ und $s_{1,\sigma}$ (wobei $\varphi_{n-1,\varrho} = \varphi_{n-1,\mu} + \varphi_{n-1,\varkappa}/l$ und $\varphi_{n-1,\sigma} = \varphi_{n-1,\varkappa}/l$ ist) sowie auf der Geraden a_n die Punkte 1, 2 und $\bar{1}$.

c) Man konstruiere die an $s_{1,\varrho}$ anschließende und durch $A''_{n-1,\varrho}$ gehende Seite $s_{2,\varrho} \equiv s_{3,\varrho}$, schneide sie in dem Punkte $\bar{2}$ mit der Vertikalen a_n und bestimme nach (1) den Punkt $A_{n,\varkappa}$; dann verbinde man diesen Punkt mit dem durch $s_{2,\varrho}$ bestimmten Festpunkt Q_n. Damit sind $y_{n,\varkappa}$ und $\varphi_{n,\varkappa}$ gefunden.

d) Man bestimme nach dem Maxwellschen Satze, gemäß welchem $A_n A_{n,\mu} = \varphi_{n,\varkappa}$ ist, den Punkt $A_{n,\mu}$, sowie den Punkt $A''_{n,\mu}$, verbinde den letzten Punkt durch $s_{2,\mu}$ mit dem Festpunkt Q'_n, der als Schnittpunkt von $s_{1,\sigma}$ mit der Vertikalen durch Q_n bestimmt ist, und zeichne die an $s_{2,\mu}$ anschließende Seilseite $s_{3,\mu}$. Damit sind $y_{n,\mu}$ und $\varphi_{n,\mu}$ gefunden.

Sieht man die Punkte $A_{n-1,\varrho}, A''_{n-1,\varrho}, A_{n-1,\sigma}$ der Geraden a_{n-1}, die Punkte 1, 2, $\bar{1}$, $A_{n,\mu}, A''_{n,\mu}$ der Geraden a_n und die Seiten $s_{1,\varrho}$ und $s_{1,\sigma}$ als gegeben an, so erfordert die ganze Konstruktion nur fünf Hilfsgeraden sowie die Berechnung der Doppelpunktlage $A_{n,\varkappa}$. Sie ist in Abb. 14 für einen fünffach elastisch gestützten Stab durchgeführt, soweit es für die Lösung der nun folgenden Hauptaufgabe erforderlich ist. Die Konstruktion erfährt keine wesentliche Änderung, wenn der Stab nicht prismatisch ist und die Feldlängen und Federungszahlen nicht untereinander gleich sind.

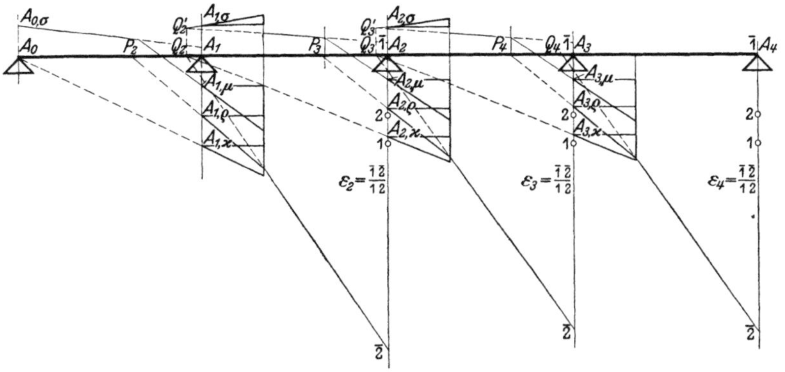

Abb. 14. Die Größen $y_{i,\varkappa}$, $\varphi_{i,\varkappa}$, $y_{i,\mu}$, $\varphi_{i,\mu}$ für den in fünf Punkten elastisch gestützten Stab.

8. Der vier- und mehrfach elastisch gestützte Stab; die Hauptaufgabe. Die Hilfskonstruktion von Ziff. **7** setzt uns zunächst instand, für einen Stab $A_0 \ldots A_n$ mit vorgeschriebener Belastung die Lage $\underline{A}_n$ seines rechten Endpunktes zu bestimmen, indem wir Schritt für Schritt dieselbe Aufgabe für die

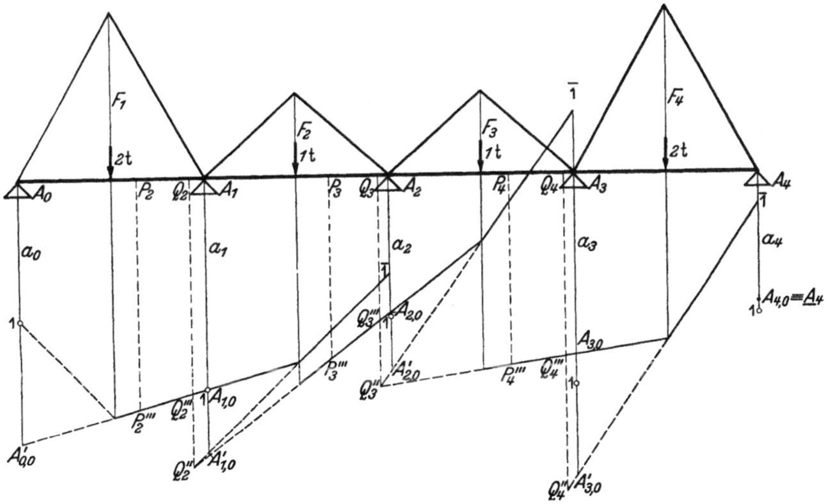

Abb. 15. Hilfskonstruktion zur Bestimmung der letzten Stützensenkung.

Teilstäbe A_0A_1, $A_0A_1A_2$, $A_0A_1A_2A_3$ usw. lösen, und zwar unter der Voraussetzung, daß jeweils der rechts liegende Reststab $A_1 \ldots A_n$, $A_2 \ldots A_n$, $A_3 \ldots A_n$ usw. in allen seinen Zwischenpunkten durchgeschnitten ist. Ist dieser Endpunkt $\underline{A}_n$ bekannt, so kann auch vollends das endgültig gesuchte Seilpolygon des ungeteilten Stabes $A_0 \ldots A_n$ in ähnlicher Weise, wie dies in Ziff. **4** für den in festen Punkten gestützten Stab geschah, von $\underline{A}_n$ aus rückwärts konstruiert werden.

Wir erläutern die beiden Konstruktionen an dem in Ziff. **7** (Abb. 14) vorgeführten Stab auf fünf elastischen Stützen, welcher nunmehr nach Abb. 15 durch Einzelkräfte belastet ist. Die mit der Ziffer 1 bezeichneten Punkte der

Geraden $a_0, a_1, \ldots, a_4$ geben die Lagen der Stützpunkte $A_0, A_1, \ldots, A_4$ an, wenn der Stab in allen seinen Zwischenstützpunkten durchgeschnitten ist.

Wird nun für den belasteten, aber an seinem rechten Ende freien Stab $A_0A_1A_2$ die Lage $A_{2,0}$ des rechten Endpunktes unter der Voraussetzung gesucht, daß der Stab $A_2A_3A_4$ im Punkt A_3 durchgeschnitten ist, so konstruiert man zuerst nach Ziff. **6** unter der falschen Annahme $M_1=0$ das Seilpolygon $A'_{0,0}, A_{1,0}, \bar{1}$, indem man in dem bereits festgelegten Längenmaßstab das Moment der zu F_1 gehörigen reduzierten Momentenfläche bezüglich A_0 als $1A'_{0,0}$ aufträgt, die Gerade $A'_{0,0}1 \equiv A'_{0,0}A_{1,0}$ zieht, das Moment der zu F_2 gehörigen reduzierten Momentenfläche bezüglich A_1 als $A_{1,0}A'_{1,0}$ aufträgt und die Seilseite $A'_{1,0}\bar{1}$ zeichnet. Hiernach könnte man unter der falschen Voraussetzung $M_1=1$ auf der Geraden a_2 die zugehörigen, den Punkten 1 und $\bar{1}$ entsprechenden Punkte 2 und $\bar{2}$ und aus der Lage der beiden Punktpaare $1\bar{1}$ und $2\bar{2}$ die Lage des Doppelpunktes $A_{2,0}$ berechnen. Diese Konstruktion ist aber überflüssig; denn das Verhältnis ε_2 der beiden Teilstrecken, in welche die Strecke $1\bar{1}$ durch den Punkt $A_{2,0}$ geteilt wird, ist bereits bei der Hilfsaufgabe von Ziff. **7** bestimmt worden. Der Punkt $A_{2,0}$ ist also mit Hilfe der Punkte $1, \bar{1}$ und des Verhältnisses ε_2 unmittelbar anzugeben.

Auch die über $A_{2,0}$ gehende letzte Seite des zum durchgehenden Stab $A_0A_1A_2$ gehörigen Seilpolygons ist jetzt bekannt. Denn die zu den Stützmomenten $M_1=0$, $M_1=1$ usw. gehörigen letzten Seilseiten haben einen Festpunkt Q''_2, der nach einer früheren Bemerkung senkrecht unter dem bereits in Abb. 14 erhaltenen und nach Abb. 15 übertragenen Punkt Q_2 liegt. Man erhält also Q''_2 als Schnittpunkt der durch Q_2 gehenden Vertikalen mit der Seite $A'_{1,0}\bar{1}$; die Seite $Q''_2A_{2,0}$ kann also tatsächlich gezogen werden.

Geht man jetzt zum Stab $A_0A_1A_2A_3$ über, so konstruiert man zuerst unter der falschen Annahme $M_2=0$ den zwischen a_2 und a_3 fallenden Teil des zugehörigen Seilpolygons, indem man das Moment der zu F_3 gehörigen reduzierten Momentenfläche bezüglich A_2 als $A_{2,0}A'_{2,0}$ aufträgt und die an die Seilseite $Q''_2A_{2,0}$ anschließende Seilseite $A'_{2,0}\bar{1}$ zeichnet. Zur späteren Benutzung bestimmt man zugleich den Schnittpunkt Q''_3 dieser Seite mit der Vertikalen, die durch den der Abb. 14 zu entnehmenden Punkt Q_3 geht. Das Verhältnis ε_3, in dem der Punkt $A_{3,0}$ die Strecke $1\bar{1}$ unterteilt, ist bereits bei der Hilfskonstruktion von Ziff. **7** berechnet worden, so daß dieser Punkt konstruiert werden kann. In gleicher Weise erhält man natürlich den Punkt $A_{4,0} \equiv \underline{A}_4$, der in unserem Falle zugleich der Endpunkt des jetzt noch rückwärts zu konstruierenden wahren Seilpolygons des durchgehenden Stabes $A_0 \ldots A_4$ ist. Die letzte Seite s_{11} dieses Seilpolygons (Abb. 16) ist natürlich mit der Geraden $\underline{A}_4Q''_4$ identisch. Sie schneidet die Vertikale a_3 im Punkte A'_3. Trägt man auf dieser Vertikalen eine Strecke $A'_3A''_3$ auf, die gleich der Strecke $A'_{3,0}A_{3,0}$ von Abb. 15 ist, so bestimmt der Punkt A''_3 die Seilseite s_{10}. Übrigens muß diese Seilseite auch durch den bereits in Abb. 15 mit Q'''_4 bezeichneten Punkt hindurchgehen. Macht man hiervon Gebrauch, so erhält man also die Seilseite s_{10} noch einfacher. Die Seilseite s_9 ist durch ihren Festpunkt P'''_4 bestimmt (Ziff. **7**). Zusammen mit s_{10} bestimmt sie auf der Geraden a_3 eine Strecke, die in bekanntem Maßstabe das Stützmoment M_3 darstellt. Weil die Seilseiten s_8 und s_{10} sich in einer vorgeschriebenen Vertikalen (in unserem Falle in der Geraden a_3) schneiden, so kann auch die Seilseite s_8 gezeichnet werden, welche a_2 in dem Punkt A'_2 trifft. Weil die Strecke $A'_2A''_2$, welche s_8 und s_7 von der Geraden a_2 abschneiden, der Strecke $A'_{2,0}A_{2,0}$ von Abb. 15 gleich sein muß, so ist der Punkt A''_2 und damit die Seilseite s_7 bekannt.

Zur Konstruktion der Seilseite s_6 müssen wir noch einmal auf die Hilfskonstruktion von Ziff. **7** zurückgreifen und uns die Bedeutung der dort auftretenden Festpunkte P_3 und Q_3 vor Augen halten. Sie waren die Drehpunkte der den Seilseiten s_6 und s_7 entsprechenden Seiten derjenigen Mohrschen Seilpolygone, die für den nur in seinem Ende durch eine Einzelkraft belasteten Stab $A_0 \ldots A_3$ bei den versuchsweise eingeführten Stützmomenten $M_2 = 0, M_2 = 1$ usw. konstruiert wurden. Ist der Stab $A_0 \ldots A_3$ in der vorgeschriebenen Weise belastet (siehe jetzt Abb. 15), und wirkt auf die Stütze A_3 sowohl die vom Stab $A_0 \ldots A_3$ wie die vom Stab $A_3 A_4$ herrührende Stützpunktbelastung, so haben die Seiten s_6 und s_7 der Mohrschen Seilpolygone, die auch jetzt zu den versuchsweise eingeführten Stützmomenten $M_2 = 0, M_2 = 1$ usw. konstruiert werden können,

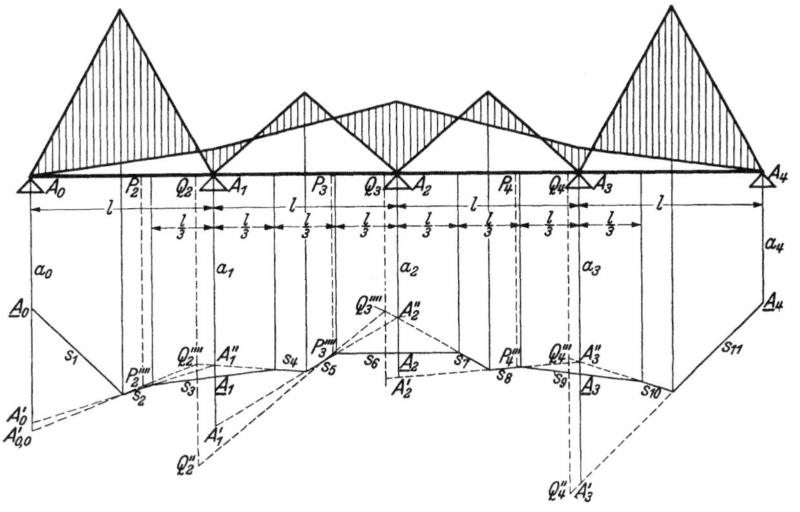

Abb. 16. Das Seilpolygon des elastisch gestutzten Stabes.

Festpunkte P_3''' und Q_3''', die auf der Geraden $Q_2'' A_{2,0}$ und senkrecht unter P_3 und Q_3 liegen. Würde man in A_3 außerdem das inzwischen bekannt gewordene Stützmoment M_3 angreifen lassen und abermals für verschiedene Stützmomente $M_2 = 0, M_2 = 1$ usw. die Seilpolygone des Stabes $A_0 \ldots A_3$ konstruieren, so bestünde der Unterschied gegenüber dem vorangehenden Falle lediglich darin, daß die Lage des Punktes 1 auf a_2 und damit auch die Lage des Punktes $A_{2,0}$ sich änderte. In dem vorangehenden Falle nämlich war die Lage des Punktes 1 auf a_2 lediglich durch die äußeren Kräfte an den freigedachten Teilstäben $A_1 A_2$ und $A_2 A_3$ bedingt, während jetzt im rechten Endpunkt A_3 von $A_2 A_3$ noch das Stützmoment M_3 angreift, das die Senkung des Stützpunktes A_2 mit beeinflußt. Die Lageänderung des Punktes 1 auf a_2 hat zur Folge, daß die Gerade $Q_2'' P_3''' Q_3'''$ sich um den Punkt Q_2'' um einen gewissen Winkel dreht, und daß die Festpunkte P_3''' und Q_3''' für die Seilseiten s_6 und s_7 in Abb. 16 durch zwei andere, P_3'''' und Q_3'''', ersetzt werden müssen, deren Lage leicht zu bestimmen ist, weil die bereits konstruierte Seilseite s_7 auf der Vertikalen durch Q_3 den Punkt Q_3'''' einschneidet. Die Gerade $Q_2'' Q_3''''$ liefert somit in ihrem Schnittpunkt mit der Vertikalen durch P_3 den Punkt P_3'''', der seinerseits die Seilseite s_6 bestimmt.

Von jetzt an wiederholt sich die Zeichenarbeit: s_5 schneidet s_7 in einer vorgeschriebenen Vertikalen (in unserem Falle in a_2), s_4 und s_5 schneiden von a_1 eine Strecke von bekannter Länge ab; die hierdurch definierte Seilseite s_4

schneidet auf der durch Q_2 bestimmten Vertikalen den Punkt Q_2'''' ein; die Gerade $A'_{0,0}Q_2''''$ bestimmt den Punkt P_2''''; dieser Punkt bestimmt s_3 usw. Liegt das Seilpolygon gezeichnet vor, so sind die Stützmomente durch die Strecken $\underline{A_1}A_1''$, $\underline{A_2}A_2''$, $\underline{A_3}A_3''$ bestimmt. Für unser Beispiel ist die resultierende Momentenfläche in Abb. 16 über der Geraden $A_0, \ldots, A_4$ aufgetragen.

9. Zweite Methode zur graphischen Bestimmung der Stützmomente des elastisch gestützten Stabes (Iterationsverfahren). Der Methode von Ziff. **6** bis **8** zur graphischen Bestimmung der Stützmomente eines elastisch gestützten Stabes kann eine andere Methode[1]) zur Seite gestellt werden, die nur die wiederholte Anwendung der elementaren Mohrschen Konstruktion für die elastische Linie eines in bekannter Weise belasteten Stabes erfordert und in vielen Fällen ebenfalls schnell zum Ziele führt. Auch bei dieser Methode nehmen wir für alle Stützen A_i, die wir jetzt von $i=0$ bis $i=n+1$ numerieren wollen, Proportionalität zwischen Stützkraft R_i und dortiger Einsenkung y_i an und setzen mit den (zu den früheren Federungszahlen ν_i reziproken) Steifigkeitszahlen $\varkappa_i$

$$R_i = \varkappa_i y_i \qquad (i = 0, 1, \ldots, n+1). \tag{1}$$

a) Erster Schritt des Verfahrens. Zunächst bestimmen wir, unter der Voraussetzung, daß der Stab vollkommen starr sei, die bei der vorgeschriebenen Belastung auftretenden Durchsenkungen $y_0^0, y_1^0, \ldots, y_{n+1}^0$ der Stützpunkte A_0, $A_1, \ldots, A_{n+1}$ und die diesen Durchsenkungen entsprechenden Stützkräfte $\varkappa_0 y_0^0$, $\varkappa_1 y_1^0, \ldots, \varkappa_{n+1} y_{n+1}^0$. Danach unterwerfen wir den nunmehr elastischen Stab der Wirkung eines im Gleichgewicht befindlichen Kräftesystems, das sich aus der äußeren Belastung und aus den Kräften $-\varkappa_0 y_0^0$, $-\varkappa_1 y_1^0, \ldots, -\varkappa_{n+1} y_{n+1}^0$ zusammensetzt, und bestimmen die zugehörige elastische Linie. Die von der Verbindungsgeraden der äußersten Punkte $\bar{A}_0, \bar{A}_{n+1}$ aus gemessenen Durchbiegungen (Abb. 17) seien $\bar{y}_1^1, \bar{y}_2^1, \ldots, \bar{y}_n^1$. Hierauf wird zu der gefundenen elastischen Linie eine Nullinie derart gezogen, daß die von ihr aus gemessenen Durchbiegungen $y_0^1, y_1^1, \ldots, y_{n+1}^1$, multipliziert mit den zugehörigen Steifigkeitszahlen $\varkappa_0$, $\varkappa_1, \ldots, \varkappa_{n+1}$, ein Gleichgewichtssystem von Kräften darstellen.

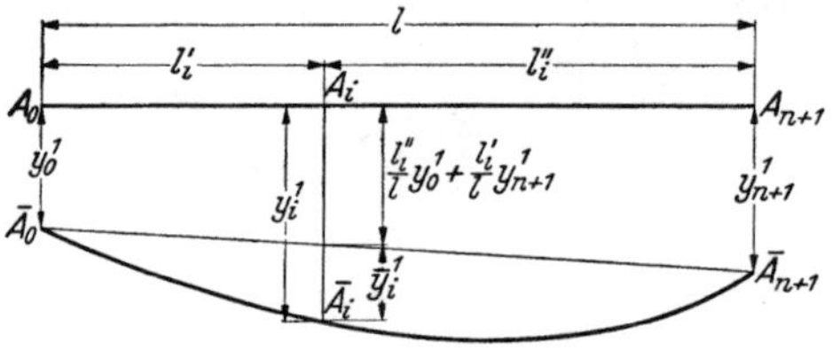

Abb. 17. Elastische Linie des gebogenen Stabes.

Untersucht man, wie die Durchbiegungen $y_0^1, y_1^1, \ldots, y_{n+1}^1$ mit den Größen $\bar{y}_1^1, \bar{y}_2^1, \ldots, \bar{y}_n^1$ zusammenhängen, so erhält man (Abb. 17) zuerst n geometrische Beziehungen von der Form

$$y_i^1 = \bar{y}_i^1 + \left(\frac{l_i''}{l} y_0^1 + \frac{l_i'}{l} y_{n+1}^1\right) \qquad (i = 1, 2, \ldots, n). \tag{2}$$

Außerdem gelten aber noch zwei Gleichgewichtsbedingungen für die Kräfte $\varkappa_i y_i^1 (i=0, 1, \ldots, n+1)$. Eliminiert man aus den n Gleichungen (2) und diesen zwei Gleichgewichtsbedingungen die zwei Größen y_0^1 und y_{n+1}^1, so erhält man n Gleichungen von der Form

$$\left.\begin{aligned} y_1^1 &= a_{11}\bar{y}_1^1 + a_{12}\bar{y}_2^1 + \cdots + a_{1n}\bar{y}_n^1, \\ y_2^1 &= a_{21}\bar{y}_1^1 + a_{22}\bar{y}_2^1 + \cdots + a_{2n}\bar{y}_n^1, \\ &\vdots \\ y_n^1 &= a_{n1}\bar{y}_1^1 + a_{n2}\bar{y}_2^1 + \cdots + a_{nn}\bar{y}_n^1. \end{aligned}\right\} \tag{3}$$

[1]) C. B. Biezeno, Zeichnerische Ermittlung der elastischen Linie eines federnd gestützten, statisch unbestimmten Balkens, Z. angew. Math. Mech. 4 (1924) S. 93.

b) Zweiter Schritt des Verfahrens. Der Stab werde nun den unter a) definierten Kräften $-\varkappa_0 y_0^1, -\varkappa_1 y_1^1, \ldots, -\varkappa_{n+1} y_{n+1}^1$ unterworfen und seine elastische Linie erneut gezeichnet. Die dieser elastischen Linie zu entnehmenden Durchbiegungen $\bar{y}_1^2, \bar{y}_2^2, \ldots, \bar{y}_n^2$ der Punkte $A_1, A_2, \ldots, A_n$, von der Verbindungsgeraden $A_0 A_{n+1}$ aus gemessen, können folgendermaßen in den y_i^1 $(i=1, 2, \ldots, n)$ ausgedrückt werden:

$$\left.\begin{aligned} \bar{y}_1^2 &= -(\alpha_{11}\varkappa_1 y_1^1 + \alpha_{12}\varkappa_2 y_2^1 + \cdots + \alpha_{1n}\varkappa_n y_n^1), \\ \bar{y}_2^2 &= -(\alpha_{21}\varkappa_1 y_1^1 + \alpha_{22}\varkappa_2 y_2^1 + \cdots + \alpha_{2n}\varkappa_n y_n^1), \\ &\vdots \\ \bar{y}_n^2 &= -(\alpha_{n1}\varkappa_1 y_1^1 + \alpha_{n2}\varkappa_2 y_2^1 + \cdots + \alpha_{nn}\varkappa_n y_n^1). \end{aligned}\right\} \tag{4}$$

Hierbei bezeichnen die α_{ij} die Einflußzahlen des nur in seinen Endpunkten A_0 und A_{n+1} starr gestützten Stabes.

Auch jetzt wird zu der gefundenen elastischen Linie eine neue Nullinie derart gezogen, daß die auf diese Nullinie bezogenen Durchbiegungen $y_0^2, y_1^2, \ldots, y_{n+1}^2$, multipliziert mit den zugehörigen Steifigkeitszahlen $\varkappa_0, \varkappa_1, \ldots, \varkappa_{n+1}$, ein Gleichgewichtssystem von Kräften darstellen. Dabei gelten die zu (3) analogen Beziehungen

$$\left.\begin{aligned} y_1^2 &= a_{11}\bar{y}_1^2 + a_{12}\bar{y}_2^2 + \cdots + a_{1n}\bar{y}_n^2, \\ y_2^2 &= a_{21}\bar{y}_1^2 + a_{22}\bar{y}_2^2 + \cdots + a_{2n}\bar{y}_n^2, \\ &\vdots \\ y_n^2 &= a_{n1}\bar{y}_1^2 + a_{n2}\bar{y}_2^2 + \cdots + a_{nn}\bar{y}_n^2. \end{aligned}\right\} \tag{5}$$

Es zeigt sich also, daß die Durchbiegungen y_i^2 aus den Durchbiegungen y_i^1 zufolge (4) und (5) durch eine homogene lineare Transformation

$$\left.\begin{aligned} y_1^2 &= \beta_{11} y_1^1 + \beta_{12} y_2^1 + \cdots + \beta_{1n} y_n^1, \\ y_2^2 &= \beta_{21} y_1^1 + \beta_{22} y_2^1 + \cdots + \beta_{2n} y_n^1, \\ &\vdots \\ y_n^2 &= \beta_{n1} y_1^1 + \beta_{n2} y_2^1 + \cdots + \beta_{nn} y_n^1 \end{aligned}\right\} \tag{6}$$

hergeleitet werden können; und zwar ist die Transformation $|\beta|$ das Produkt der beiden Transformationen $|\alpha|$ und $|a|$.

c) Fortsetzung des Verfahrens. Wir stellen nun die Frage, welche Bedeutung die bis jetzt definierten Systeme von Durchbiegungen y_i^0, y_i^1 und y_i^2 $(i=0, 1, \ldots, n+1)$ für unser Problem haben. Die y_i^0 waren diejenigen Stützpunktssenkungen, die von dem in der vorgeschriebenen Weise belasteten, aber vollkommen starr gedachten Stab erzeugt würden. Betrachten wir die Gesamtheit der elastischen Stützen und den Stab als zwei getrennte Systeme, so ist klar, daß wir den biegsamen Stab, durch die äußeren Kräfte und durch die Kräfte $-\varkappa_i y_i^0$ $(i=0, 1, \ldots, n+1)$ belastet, nicht mit den durch die Kräfte $\varkappa_i y_i^0$ belasteten und also entsprechend gesenkten elastischen Stützen in Verbindung bringen können, wie dies bei dem starren Stabe möglich gewesen wäre. Jedoch könnte man versuchen, die Verbindung vermittels zweier entgegengesetzt gleicher Kräftesysteme $\varkappa_i y_i^1$ und $-\varkappa_i y_i^1$, deren jedes für sich im Gleichgewicht ist, zustande zu bringen. Dieser Versuch würde, wie aus a) folgt, gelingen, wenn der einmal gebogene Stab erstarrt bliebe. In Wirklichkeit ist dies nicht der Fall, sondern der Stab erleidet durch die Kräfte $-\varkappa_i y_i^1$ eine neue Formänderung. Dies hat zur Folge, daß auch jetzt die Verbindung zwischen Stützen und Stab noch nicht hergestellt werden kann, und daß vermittels zweier Kräftesysteme $\varkappa_i y_i^2$ und $-\varkappa_i y_i^2$ der eben gemachte Versuch wiederholt werden muß. Wenn nur die Stützen von den Kräften $\varkappa_i y_i^2$ belastet würden, könnte der Stab ohne weiteres mit allen Stützpunkten verbunden werden. Diese Verbindung mißlingt aber von neuem, weil der Stab eine zweite Zusatzdurchbiegung erhält, durch die ein neues System von Größen y_i^3 definiert wird, welches aus dem System y_i^2 durch dieselbe Substitution (6) hergeleitet wird, wie das System y_i^2 aus dem System y_i^1. Man wird also zu einem unendlich fortlaufenden Prozeß geführt, der nur dann konvergiert, wenn alle Reihen

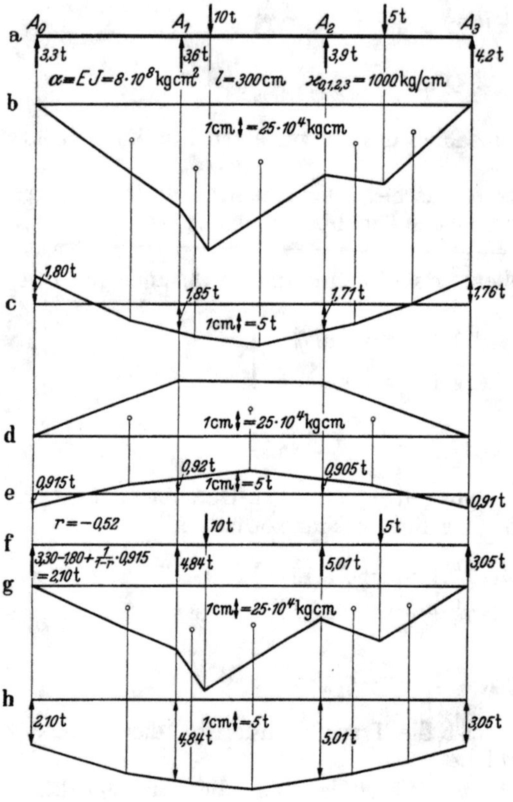

Abb. 18. Beispiel zum ersten Iterationsverfahren.

$$\sum_{m=0}^{\infty} y_1^m,\ \sum_{m=0}^{\infty} y_2^m,\ \ldots,\ \sum_{m=0}^{\infty} y_n^m$$

konvergieren. In diesem Falle aber haben die gesuchten Reaktionen R_i den Wert

$$R_i = \varkappa_i \sum_{m=0}^{\infty} y_i^m \quad (i=0,1,\ldots,n+1). \quad (7)$$

Aus ihnen und den gegebenen Belastungen lassen sich die Stützmomente nachträglich mühelos herleiten, da nun alle auf den Stab wirkenden Kräfte bekannt sind.

10. Beispiel zum Iterationsverfahren. In Abb. 18 zeigen wir an einem Beispiel die zeichnerische Durchführung dieses Iterationsverfahrens. Der Stab ist auf vier elastischen Stützen gelagert, die alle dieselbe Steifigkeit $\varkappa_i = \varkappa$ haben. Zuerst werden Größe und Lage der Einzelkraft K_1 bestimmt, die dem starr gedachten Stab im Punkt A_0 eine Senkung Eins, im Punkt A_3 eine Einsenkung Null erteilt. Dazu wird mittels eines Seilpolygons die Resultierende der in den Punkten A_0, A_1 und A_2 wirkenden Kräfte $\varkappa_0$, $\frac{A_1A_3}{A_0A_3}\varkappa_1$ und $\frac{A_2A_3}{A_0A_3}\varkappa_2$ bestimmt. Diese Resultierende ist dann offenbar gerade K_1. In derselben Weise konstruiere man die Lage und Größe der Kraft K_2, die dem starr gedachten Stab im Punkt A_0 eine Senkung Null, im Punkt A_3 eine Senkung Eins erteilt. Dann zerlege man, abermals mittels eines Seilpolygons, die vorgegebene Stabbelastung in zwei Kräfte, die in die Wirkungslinien von K_1 und K_2 fallen. Die Größen K_1' und K_2' dieser beiden Kräfte bestimmen unmittelbar die Stützkräfte, die beim starr gedachten Stab durch die äußere Belastung in den elastischen Stützen hervorgerufen würden. Diese Hilfskonstruktion ist in Abb. 18 weggelassen; sie hat zu den Stützkräften 3,3 t, 3,6 t, 3,9 t und 4,2 t geführt. Zu dem in Abb. 18a eingetragenen Gleichgewichtssystem von Kräften ist in Abb. 18b die Momentenfläche konstruiert. Die zu dieser Fläche gehörige elastische Linie zeigt Abb. 18c. Die Konstruktion der zu dieser Linie gehörigen Nullinie, welche, wie erläutert, derart zu ziehen ist, daß die aus Abb. 18c zu entnehmenden Stützkräfte $\varkappa_i y_i$ ein Gleichgewichtssystem bilden, ist wieder unterdrückt; sie stimmt im wesentlichen mit der vorhin erwähnten Hilfskonstruktion überein. Abb. 18d zeigt die zu diesem neuen Kraftsystem gehörige Momentenfläche, Abb. 18e die entsprechende elastische Linie samt ihrer Nullinie.

Von jetzt an wäre das Zeichenverfahren nun so oft zu wiederholen, bis die Stützkräfte vernachlässigbar klein werden. In vielen Fällen — so auch bei unserem Beispiel — kann man aber eine bedeutende Abkürzung erzielen, wenn die zu zwei aufeinanderfolgenden Iterationen gehörigen Stützkräfte in einem festen (oder nahezu festen) Verhältnis zueinander stehen. Tritt dies etwa bei der m-ten und $(m+1)$-ten Iteration ein, so daß für jedes i

$$\frac{R_i^{m+1}}{R_i^m} = r \tag{1}$$

ist, so gilt auch weiterhin für jedes $p > 0$

$$\frac{R_i^{m+p+1}}{R_i^{m+p}} = r .$$

Der Beitrag, den alle Iterationen von der m-ten an zu den Stützkräften R_i liefern, ist also, falls $|r| < 1$ bleibt,

$$R_i^m (1 + r + r^2 + \cdots) = R_i^m \frac{1}{1-r} . \tag{2}$$

In unserem Beispiel tritt, wie der Vergleich von Abb. 18c und e zeigt, schon zwischen der ersten und zweiten Iteration ziemlich gute Proportionalität auf; zwischen der zweiten und der (in Abb. 18 nicht mehr aufgenommenen) dritten Iteration ist diese Proportionalität praktisch vollkommen, und zwar mit $r = -0{,}52$. Wir haben uns also in Abb. 18f darauf beschränkt, zu den Kräften R_i^0 die Kräfte R_i^1 und $\frac{1}{1-r} R_i^2$ zu addieren. Zur Kontrolle ist mit den so bestimmten Kräften R_i in Abb. 18g und h noch einmal die elastische Linie konstruiert. Die der Abb. 18h zu entnehmenden Senkungen liefern Stützkräfte $\varkappa_i y_i$, welche von den Kräften R_i in Abb. 18f in der Tat nicht zu unterscheiden sind.

Die Konvergenz des Iterationsverfahrens ist in dem vorgeführten Beispiel gesichert, da in der Tat $|r| < 1$ ist. Wir wollen nun auch ein analytisches Konvergenzkriterium allgemein aufsuchen.

11. Die Konvergenzbedingung des Iterationsverfahrens. Wie aus Ziff. **9**b) und c) hervorgeht, stimmt das vorgeschlagene Iterationsverfahren analytisch mit der unablässig wiederholten linearen Substitution (**9**, 6) überein, und diese kann geometrisch als eine affine Transformation eines n-dimensionalen Raumes gedeutet werden, wenn man die $y_1, y_2, \ldots, y_n$ als Koordinaten eines Punktes Q in einem vollständig rechtwinkligen Koordinatensystem auffaßt. Die erste Iteration führt dann den Punkt $Q^0(y_1^0, y_2^0, \ldots, y_n^0)$ in den Punkt $Q^1(y_1^1, y_2^1, \ldots, y_n^1)$ über, die zweite Iteration den Punkt $Q^1(y_1^1, y_2^1, \ldots, y_n^1)$ in den Punkt $Q^2(y_1^2, y_2^2, \ldots, y_n^2)$ usw., und im allgemeinen werden zwei aufeinanderfolgende Punkte Q^m und Q^{m+1} auf zwei verschiedenen Fahrstrahlen durch den Nullpunkt des Koordinatensystems liegen. Die Bedingung dafür, daß ein Punkt Q des Raumes bei der Iteration auf seinem eigenen Fahrstrahl bliebe, läßt sich leicht aus den Transformationsgleichungen (**9**, 6) herleiten, indem man die y_i^2 durch ϱy_i^1 ersetzt und fordert, daß die neuen Gleichungen eine von Null verschiedene Lösung $y_i^1 (i = 1, 2, \ldots, n)$ zulassen. Man erhält dann eine Bestimmungsgleichung n-ten Grades für den Faktor ϱ, so daß es im allgemeinen n Werte ϱ_i gibt und also im allgemeinen n Geraden z_i, die in sich selbst transformiert werden. In unserem Falle sind, wie sich später zeigen wird, alle ϱ_i und also auch diese Geraden reell.

Es handelt sich nun darum, zu untersuchen, wie die aus dem Punkt Q^0 hergeleiteten Punkte $Q^1, Q^2, \ldots$ im Raume liegen, und es empfiehlt sich, diese Untersuchung in dem (im allgemeinen) schiefwinkligen Achsenkreuz $z_1, z_2, \ldots, z_n$ anzustellen. Bezeichnet man nämlich die z-Koordinaten des Punktes Q^m mit $z_1^m, z_2^m, \ldots, z_n^m$, so sind die Koordinaten des Punktes Q^{m+1} nach dem vorangehenden $\varrho_1 z_1^m, \varrho_2 z_2^m, \ldots, \varrho_n z_n^m$, und man ersieht hieraus mit einem Schlag, daß das Iterationsverfahren stets dann und auch nur dann konvergiert, wenn

$$|\varrho_i| < 1 \qquad (i = 1, 2, \ldots, n) \qquad (1)$$

ist. Denn in diesem Falle sind offensichtlich die (geometrischen) Reihen $z_i^0 + z_i^1 + z_i^2 + \cdots$ $(i = 1, 2, \ldots, n)$ alle konvergent, und damit auch, wie man wiederum am einfachsten geometrisch einsieht, die Summen $y_i^0 + y_i^1 + y_i^2 + \cdots$ $(i = 1, 2, \ldots, n)$. Umgekehrt divergieren die y_i-Reihen, wenn wenigstens eine z_i-Reihe divergiert.

Um festzustellen, unter welchen Umständen die Bedingungen (1) nun wirklich erfüllt sind, erinnern wir uns noch einmal daran, daß die Senkungen $y_0^1, y_1^1, \ldots, y_{n+1}^1$ ein Gleichgewichtssystem von Kräften $P_0^1 = \varkappa_0 y_0^1$, $P_1^1 = \varkappa_1 y_1^1, \ldots$, $P_{n+1}^1 = \varkappa_{n+1} y_{n+1}^1$ definieren. Wirkt dieses System auf den freigedachten Stab, so gehört zu der dann entstehenden Biegelinie eine Nullinie derart, daß die auf sie bezogenen Durchbiegungen $y_0^2, y_1^2, \ldots, y_{n+1}^2$ ein zweites Gleichgewichtssystem von Kräften $P_0^2 = \varkappa_0 y_0^2$, $P_1^2 = \varkappa_1 y_1^2, \ldots$, $P_{n+1}^2 = \varkappa_{n+1} y_{n+1}^2$ bestimmen. Sollten nun zufälligerweise die Verhältnisse $P_i^1 : P_i^2$ sich für alle i als gleich erweisen (was nur eintritt, wenn der Bildpunkt Q_1 auf einer der n z_i-Achsen liegt), so daß also

$$P_0^1 : P_0^2 = P_1^1 : P_1^2 = \cdots = P_{n+1}^1 : P_{n+1}^2 = 1 : \varrho \qquad (2)$$

gesetzt werden kann (wo ϱ der entsprechende der n Werte ϱ_i ist), so hieße dies, wie wir nun zeigen wollen, daß der vom System P_i^1 belastete und in den Punkten $A_0, A_1, \ldots, A_{n+1}$ elastisch gestützte Stab Stützkräfte R_i hervorrufen würde, die zu den Kräften P_i^2 und also laut (2) auch zu den Kräften P_i^1 proportional wären:

$$R_i = \mu P_i^1 = \frac{\mu}{\varrho} P_i^2 \qquad (i = 0, 1, \ldots, n+1). \qquad (3)$$

Denn denkt man sich Stab und Stützen voneinander gelöst und den durch die Kräfte P_i^1 gebogenen Stab derart über die noch unbelasteten und also in gleicher Höhe liegenden Stützen $A_0, A_1, \ldots, A_{n+1}$ gelegt, daß in diesen Punkten gerade die Höhenunterschiede $y_0^2, y_1^2, \ldots, y_{n+1}^2$ zwischen Stützen und Stab auftreten, so würden diese Höhenunterschiede gerade aufgehoben, wenn man auf die Stützen die Kräfte $P_i^2 = \varrho P_i^1$ wirken ließe. Damit würden zwar Stab und Stützen geometrisch zusammenpassen, aber noch nicht mechanisch, da das Prinzip von Wirkung gleich Gegenwirkung für das System Stützen und Stab verletzt würde. Ein mechanisch möglicher Zusammenhang zwischen Stab und Stützen kommt jedoch zustande, wenn man die Stützen mit geeigneten Kräften $R_i = \mu P_i^2/\varrho$, den Stab außer den Kräften P_i^1 mit den entsprechenden Reaktionen $-R_i = -\mu P_i^1$ belastet, wo μ aus der Forderung zu bestimmen ist, daß in jedem Stützpunkt die Verschiebung von Stab und Stütze unter der Wirkung dieser Kräfte einander gleich sein müssen, daß also für alle i

$$(1-\mu)\, y_i^2 = \frac{\mu}{\varrho} y_i^2$$

und somit

$$\frac{\mu}{1-\mu} = \varrho \qquad (4)$$

sein soll. Jeder z-Achse des Abbildungsraumes entspricht also eine gewisse Sonderbelastung $P_0, P_1, \ldots, P_{n+1}$ des Stabes.

Nun lassen sich die Bedingungsgleichungen der Sonderbelastungen P_0, $P_1, \ldots, P_{n+1}$ leicht anschreiben. Sind nämlich α_{ij} wieder die Einflußzahlen des nur in seinen Endpunkten starr gestützten Stabes, und drückt man aus, daß der durch die Kräfte P_i und die Stützreaktionen $-R_i = -\mu P_i$ gebogene Stab mit den durch die Kräfte $R_i = \mu P_i$ belasteten elastischen Stützen in Verbindung gebracht werden muß, so erhält man an Hand von Abb. 19

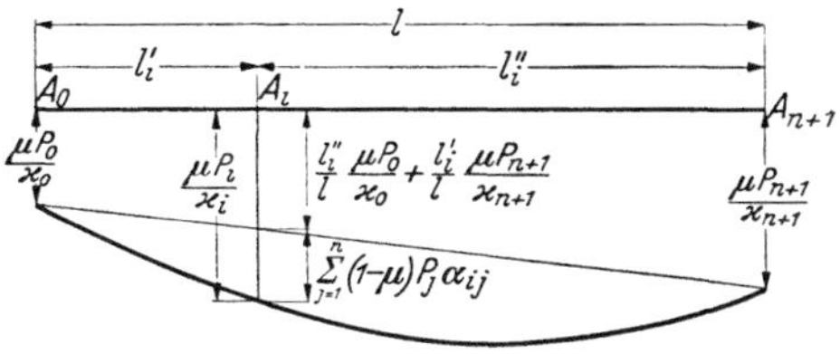

Abb. 19. Elastische Linie des gebogenen Stabes.

$$\left.\begin{aligned}
(1-\mu)\, P_1\alpha_{11} + (1-\mu)\, P_2\alpha_{12} + \cdots + (1-\mu)\, P_n\alpha_{1n} &= \frac{\mu P_1}{\varkappa_1} - \frac{l_1''}{l}\frac{\mu P_0}{\varkappa_0} - \frac{l_1'}{l}\frac{\mu P_{n+1}}{\varkappa_{n+1}},\\
(1-\mu)\, P_1\alpha_{21} + (1-\mu)\, P_2\alpha_{22} + \cdots + (1-\mu)\, P_n\alpha_{2n} &= \frac{\mu P_2}{\varkappa_2} - \frac{l_2''}{l}\frac{\mu P_0}{\varkappa_0} - \frac{l_2'}{l}\frac{\mu P_{n+1}}{\varkappa_{n+1}},\\
&\vdots\\
(1-\mu)\, P_1\alpha_{n1} + (1-\mu)\, P_2\alpha_{n2} + \cdots + (1-\mu)\, P_n\alpha_{nn} &= \frac{\mu P_n}{\varkappa_n} - \frac{l_n''}{l}\frac{\mu P_0}{\varkappa_0} - \frac{l_n'}{l}\frac{\mu P_{n+1}}{\varkappa_{n+1}}.
\end{aligned}\right\} \quad (5)$$

Ersetzt man in diesen Gleichungen P_0 und P_{n+1} durch die für sie aus den Gleichgewichtsbedingungen folgenden Werte

$$P_0 = -\left(\frac{l_1''}{l}P_1 + \frac{l_2''}{l}P_2 + \cdots + \frac{l_n''}{l}P_n\right), \quad P_{n+1} = -\left(\frac{l_1'}{l}P_1 + \frac{l_2'}{l}P_2 + \cdots + \frac{l_n'}{l}P_n\right), \quad (6)$$

so erhält man die Gleichungen

$$\left.\begin{aligned}
&\left[(1-\mu)\alpha_{11} - \mu\left(\frac{1}{\varkappa_1} + \frac{l_1''^2}{\varkappa_0 l^2} + \frac{l_1'^2}{\varkappa_{n+1} l^2}\right)\right]P_1 + \left[(1-\mu)\alpha_{12} - \mu\left(\frac{l_1'' l_2''}{\varkappa_0 l^2} + \frac{l_1' l_2'}{\varkappa_{n+1} l^2}\right)\right]P_2 + \cdots = 0,\\
&\left[(1-\mu)\alpha_{21} - \mu\left(\frac{l_2'' l_1''}{\varkappa_0 l^2} + \frac{l_2' l_1'}{\varkappa_{n+1} l^2}\right)\right]P_1 + \left[(1-\mu)\alpha_{22} - \mu\left(\frac{1}{\varkappa_2} + \frac{l_2''^2}{\varkappa_0 l^2} + \frac{l_2'^2}{\varkappa_{n+1} l^2}\right)\right]P_2 + \cdots = 0,\\
&\vdots\\
&\left[(1-\mu)\alpha_{n1} - \mu\left(\frac{l_n'' l_1''}{\varkappa_0 l^2} + \frac{l_n' l_1'}{\varkappa_{n+1} l^2}\right)\right]P_1 + \left[(1-\mu)\alpha_{n2} - \mu\left(\frac{l_n'' l_2''}{\varkappa_0 l^2} + \frac{l_n' l_2'}{\varkappa_{n+1} l^2}\right)\right] P_2 + \cdots = 0.
\end{aligned}\right\} \quad (7)$$

Aus diesen in $P_1, P_2, \ldots, P_n$ homogenen Gleichungen geht hervor, daß die bis jetzt als Sonderbelastungen bezeichneten Systeme $P_0, P_1, \ldots, P_{n+1}$ im Sinne von Kap. III, Ziff. **12** als Eigenbelastungen des Stabes anzusehen sind.

Nach dieser Vorbetrachtung kehren wir zu der Konvergenzfrage des allgemeinen Iterationsverfahrens zurück und stellen fest, daß nach Kap. III, Ziff. **12** jede beliebige Belastung $P_0^1, P_1^1, \ldots, P_{n+1}^1$ sich nach den Eigenbelastungen entwickeln läßt. Daher genügt es von jetzt an, die weitere Konvergenzuntersuchung an die Eigenbelastungen anzuschließen.

Denkt man sich den Stab vollkommen starr und nur in seinen Endpunkten A_0 und A_{n+1} (elastisch) gelagert und die unteren Endpunkte der als Federn gedachten Zwischenstützen frei, so läßt das so definierte elastische Hilfssystem eine einfache mechanische Deutung der Größen

$$a_{ii} = \frac{1}{\varkappa_i} + \frac{l_i''^2}{\varkappa_0 l^2} + \frac{l_i'^2}{\varkappa_{n+1} l^2}, \qquad a_{ij} = \frac{l_i'' l_j''}{\varkappa_0 l^2} + \frac{l_i' l_j'}{\varkappa_{n+1} l^2} \quad (8)$$

zu [welche mit den gleichbenannten Koeffizienten in (**9**, 3) nicht verwechselt werden sollen]. Belastet man nämlich den freien unteren Endpunkt der

Zwischenfeder i mit einer Einheitskraft, so senkt sich dieser Punkt infolge der Elastizität der Feder i und wegen der Nachgiebigkeit der Stützen A_0 und A_{n+1} um einen Betrag gleich demjenigen der ersten Größe (8), während sich der freie Endpunkt der Zwischenfeder j um den Betrag der zweiten Größe (8) senkt. Die Ausdrücke (8) sind also die Maxwellschen Einflußzahlen des eingeführten Hilfssystems. Führt man gemäß (4) außerdem noch ϱ statt μ ein, so gehen die Gleichungen (7) über in

$$\left.\begin{aligned} (\alpha_{11}-a_{11}\varrho)\,P_1+(\alpha_{12}-a_{12}\varrho)\,P_2+\cdots&=0,\\ (\alpha_{21}-a_{21}\varrho)\,P_1+(\alpha_{22}-a_{22}\varrho)\,P_2+\cdots&=0,\\ &\vdots\\ (\alpha_{n1}-a_{n1}\varrho)\,P_1+(\alpha_{n2}-a_{n2}\varrho)\,P_2+\cdots&=0. \end{aligned}\right\} \tag{9}$$

Diese lassen nur dann eine von Null verschiedene Lösung zu, wenn

$$\Delta_n \equiv \begin{vmatrix} (\alpha_{11}-a_{11}\varrho) & (\alpha_{12}-a_{12}\varrho) & \dots & (\alpha_{1n}-a_{1n}\varrho)\\ (\alpha_{21}-a_{21}\varrho) & (\alpha_{22}-a_{22}\varrho) & \dots & (\alpha_{2n}-a_{2n}\varrho)\\ \vdots & \vdots & & \vdots\\ (\alpha_{n1}-a_{n1}\varrho) & (\alpha_{n2}-a_{n2}\varrho) & \dots & (\alpha_{nn}-a_{nn}\varrho) \end{vmatrix} = 0 \tag{10}$$

ist.

Diese Gleichung hat, wie sich zeigen läßt, lauter reelle Wurzeln ϱ. Subtrahiert man nämlich die mit einem konstanten Beiwert versehenen Elemente der ersten Spalte von den entsprechenden Elementen aller übrigen Spalten und wählt den Beiwert jedesmal so, daß die Elemente der neuen ersten Zeile (bis auf das erste Element) die Unbekannte ϱ nicht mehr enthalten, so entsteht eine Determinante, deren Elemente γ_{ij} für alle i und für $j>1$ lauten

$$\gamma_{ij}=\alpha_{ij}-a_{ij}\varrho-\frac{a_{1j}}{a_{11}}(\alpha_{i1}-a_{i1}\varrho).$$

Subtrahiert man dann in der neu entstandenen Determinante die mit einem Beiwert versehenen Elemente der ersten Zeile von den entsprechenden Elementen der übrigen Zeilen und wählt den Beiwert wieder jedesmal so, daß die Elemente der neuen ersten Spalte (bis auf das erste Element) die Unbekannte ϱ nicht mehr enthalten, so entsteht eine Determinante, deren Elemente δ_{ij} für alle $i>1$ und $j>1$ lauten

$$\delta_{ij}=\alpha_{ij}-a_{ij}\varrho-\frac{a_{1j}}{a_{11}}(\alpha_{i1}-a_{i1}\varrho)-\frac{a_{i1}}{a_{11}}\left(\alpha_{1j}-\frac{a_{1j}}{a_{11}}\alpha_{11}\right);$$

für $i=1$ bzw. $j=1$ gilt dagegen

$$\delta_{1j}=\alpha_{1j}-\frac{a_{1j}}{a_{11}}\alpha_{11}\quad(j>1)\qquad\text{bzw.}\qquad \delta_{i1}=\alpha_{i1}-\frac{a_{i1}}{a_{11}}\alpha_{11}\quad(i>1).$$

Weil wegen $\alpha_{ij}=\alpha_{ji}$, $a_{ij}=a_{ji}$ auch $\delta_{ij}=\delta_{ji}$ ist, so ist die δ-Determinante symmetrisch. In der ersten Zeile und Spalte enthält nur noch das erste Element die Unbekannte ϱ. Man sieht leicht ein, wie durch geeignete Wiederholung des beschriebenen Verfahrens die linke Seite der Gleichung (10) in eine symmetrische Determinante verwandelt werden kann, deren Elemente, bis auf diejenigen der Hauptdiagonale, Konstanten ε_{ij} sind. Die Elemente der Hauptdiagonale haben die Form $(\varepsilon_{ii}-e_{ii}\varrho)$. Dividiert man schließlich die Elemente der zum Element $(\varepsilon_{ii}-e_{ii}\varrho)$ gehörigen Zeile und Spalte durch $\sqrt{e_{ii}}$, so erhält man in der transformierten Gleichung (10) eine Säkulargleichung, und eine solche hat bekanntlich nur reelle Wurzeln ϱ.

Es kommt jetzt nach (1) nur noch darauf an, festzustellen, unter welchen Umständen alle Wurzeln von Gleichung (10) zwischen -1 und $+1$ liegen. Hierzu benutzen wir einen aus der Algebra bekannten Satz, wonach die Funktionsreihe

$$\Delta_n, \Delta_{n-1}, \Delta_{n-2}, \ldots, \Delta_1, \Delta_0, \tag{11}$$

wo Δ_0 eine beliebige positive Konstante bezeichnet, eine sogenannte Sturmsche Kette der Gleichung (10) darstellt. Setzt man also in dieser Reihe das eine Mal $\varrho = -1$, das andere Mal $\varrho = +1$, so müssen, damit alle Wurzeln ϱ zwischen -1 und $+1$ liegen, die so erhaltenen Funktionswerte das eine Mal keinen, das andere Mal n Zeichenwechsel aufweisen. Die erste Forderung ist ohne weiteres befriedigt. Betrachtet man nämlich das aus elastischem Stab und Federn bestehende System, bei dem die unteren Endpunkte aller Zwischenfedern frei gedacht sind, so sind für dieses System die Zahlen $(\alpha_{ij} + a_{ij})$ als die zu den Federendpunkten gehörigen Maxwellschen Einflußzahlen aufzufassen. Nach Kap. II, Ziff. **10** sind die aus diesen Einflußzahlen zu bildenden Determinanten, welche mit $\Delta_i^{(\alpha+a)}$ bezeichnet werden mögen, alle positiv. Weil aber diese Determinanten mit den Funktionen (11) für $\varrho = -1$ identisch sind, so haben diese Funktionen für $\varrho = -1$ tatsächlich dasselbe Vorzeichen. [Es sei übrigens bemerkt, daß die Determinanten (11) nach Kap. II, Ziff. **10** auch für $\varrho = 0$ alle positives Vorzeichen haben, so daß alle Wurzeln ϱ der Gleichung (10) wesentlich positiv sind.]

Die notwendige und hinreichende Bedingung für die Konvergenz unseres Iterationsverfahrens ist also, daß die Determinanten

$$\Delta_1^{(\alpha-a)} \equiv (\alpha_{11} - a_{11}), \quad \Delta_2^{(\alpha-a)} \equiv \begin{vmatrix} (\alpha_{11} - a_{11}) & (\alpha_{12} - a_{12}) \\ (\alpha_{21} - a_{21}) & (\alpha_{22} - a_{22}) \end{vmatrix}, \quad \ldots, \quad \Delta_n^{(\alpha-a)} \tag{12}$$

abwechselnd negatives und positives Vorzeichen haben. Im allgemeinen ist es natürlich sehr schwierig oder gar unmöglich, diese Konvergenzkriterien explizit darzustellen. In einem besonderen und wichtigen Falle wird uns dies aber später (Ziff. **14**) doch gelingen.

12. Die Umkehrung des Iterationsverfahrens. Wir zeigen jetzt, daß ein ähnliches Verfahren wie das in Ziff. **9** entwickelte zum Ziele führen kann, wenn alle Wurzeln ϱ der Gleichung (**11**, 10) größer als Eins sind. In diesem Falle betrachtet man anstatt des Stabes zunächst die Stützen als vollkommen starr und bestimmt mit Hilfe der Mohrschen Konstruktion von Ziff. **4** die Stützkräfte. Hierauf erteilt man den Stützen ihre tatsächliche Elastizität und bestimmt die zu diesen Stützkräften gehörigen Senkungen. Wir lassen den jetzt vom Stabe gelösten Stützen auch wirklich ihre Senkungen zukommen und stellen fest, daß der in seiner alten Form gebogene Stab, dessen Punkte $A_0, A_1, \ldots, A_{n+1}$ in gerader Linie liegen, jetzt nicht mehr mit den gesenkten Stützpunkten in Verbindung zu bringen ist, ohne daß man ihn durch ein neues Kräftesystem nachträglich biegt. Dieses Kräftesystem unterwerfen wir der Bedingung, daß es nur aus Einzelkräften in den Punkten $A_0, A_1, \ldots, A_{n+1}$ besteht, welche untereinander im Gleichgewicht sind. Die Bestimmung dieser Einzelkräfte erfolgt auch jetzt (nach Ziff. **4**) graphisch mit Hilfe eines Mohrschen Seilpolygons. Die Stützen werden, nachdem sie den besprochenen Senkungen unterzogen worden sind, bei dieser Konstruktion natürlich als starr angesehen. Die so gewonnenen Einzelkräfte sollen nun von den Stützen ausgeübt werden, und dies bedeutet, daß die Stützen von den Reaktionen dieser Kräfte belastet werden. Man erteilt also den erneut vom Stabe gelösten Stützen die zu diesen Reaktionen gehörenden Senkungen und versucht abermals, den Stab mit einem neuen Gleichgewichtssystem von Kräften die ihm wieder entrinnenden Stützpunkte einholen zu lassen, usw.

Daß dieser Prozeß wirklich dann konvergiert, wenn alle Werte ϱ größer als Eins sind, sieht man am einfachsten wie folgt ein. Das bei den starr gedachten Stützen zuerst auftretende System von Stützkräften läßt sich nach Kap. III, Ziff. **12** in die in Ziff. **11** definierten Eigenbelastungen des elastischen Systems zerlegen. Notwendig und hinreichend für die Konvergenz des neuen Verfahrens ist also die Bedingung, daß es, auf jede der Eigenbelastungen für sich angewandt, konvergiert. Nun ruft eine Eigenbelastung $P_0, P_1, \ldots, P_{n+1}$, wenn sie an dem elastisch gestützten Stab angreift, definitionsgemäß die Stützkräfte $\mu P_0, \mu P_1, \ldots, \mu P_{n+1}$ hervor; d. h. der mit $(1-\mu)P_0, (1-\mu)P_1, \ldots, (1-\mu)P_{n+1}$ belastete Stab und die mit $\mu P_0, \mu P_1, \ldots, \mu P_n$ belasteten Stützen können ohne irgendwelche Zusatzkräfte miteinander in Verbindung gebracht werden. Wäre also beim frei gedachten Stabe nur das Aufbringen einer einzigen Eigenbelastung $P_0, P_1, \ldots, P_{n+1}$ erforderlich, um ihn über die Endpunkte der bereits eingesenkten Stützen hinzubiegen, so würden die Stützen, da sie für diese Kräfte aufzukommen haben, die Kräfte $-P_0, -P_1, \ldots, -P_{n+1}$ erfahren und also, nachdem sie ihre Elastizität wieder erhalten haben, Senkungen erleiden, die zu $-P_0, -P_1, \ldots, -P_{n+1}$ proportional sind. Da die gleichen Durchbiegungen beim Stab nach dem soeben Gesagten $(1-\mu)/\mu$-mal größere Kräfte erfordern, so wäre bei der nächsten Iteration ein Kräftesystem $-\frac{1-\mu}{\mu}P_0$, $-\frac{1-\mu}{\mu}P_1, \ldots, -\frac{1-\mu}{\mu}P_{n+1}$ nötig. Damit das Näherungsverfahren für die betrachtete Eigenbelastung konvergiert, müßte also $\left|\frac{1-\mu}{\mu}\right| < 1$, mithin nach (**11**, 4) $|\varrho| > 1$ sein. Weil bei dem Iterationsverfahren i. a. alle Eigenbelastungen mitspielen, so muß diese Bedingung für alle Werte ϱ erfüllt sein, damit das Verfahren wirklich konvergiert.

13. Beispiel zum umgekehrten Iterationsverfahren. Abb. 20a zeigt denselben Stab wie Abb. 18 von Ziff. **10**. Nur ist die Steifigkeit der Stützen diesmal 20-mal so groß wie dort. Zunächst ist in Abb. 20b bei starr gedachten Stützen das Mohrsche Seilpolygon konstruiert. Die Strecken A_1A_1' und A_2A_2' stellen die Stützmomente in A_1 und A_2 dar. Sie werden in geeignetem Maßstabe auf Abb. 20c übertragen, so daß die gesamte Momentenfläche des Stabes bekannt ist. Aus dieser Momentenfläche werden mit Hilfe der danebenstehenden Polfigur die Stützkräfte bestimmt. Die Werte dieser Stützkräfte sind in Abb. 20c eingeschrieben.

Der nächste Schritt besteht darin, daß die Stützen den umgekehrten Stützkräften unterworfen werden, und daß die Senkungen der Zwischenstützen in bezug auf die Verbindungsgerade der Endpunkte mittels der Steifigkeitszahlen $\varkappa_i$ daraus bestimmt werden. Diese relativen Senkungen sind in Abb. 20d als $A_1\bar{A}_1$ und $A_2\bar{A}_2$ eingetragen. Hiernach wird das zweite Mohrsche Seilpolygon für den über $A_0, \bar{A}_1, \bar{A}_2, A_3$ gehenden Stab konstruiert, welchem (in bekanntem Maßstab) die Stützmomente $\bar{A}_1A_1'$ und $\bar{A}_2A_2'$ zu entnehmen sind. Weil hierbei auf den Stab keine äußeren Kräfte wirken, kann die zugehörige Momentenlinie (Abb. 20e) unmittelbar gezeichnet werden. Die zugehörigen Stützkräfte werden wieder mit Hilfe einer Polfigur ermittelt. Dieser Prozeß ist in Abb. 20f bis k noch dreimal wiederholt. Beim letzten Schritt tritt Proportionalität zwischen den neu gefundenen und den bei der vorherigen Iteration erhaltenen Stützkräften auf, und zwar mit dem Proportionalitätsfaktor $r = -0{,}8$. Die gesuchten Stützkräfte können also gleich

$$R_i = R_i^0 + R_i^1 + R_i^2 + R_i^3 + \frac{1}{1-r} R_i^4 \tag{1}$$

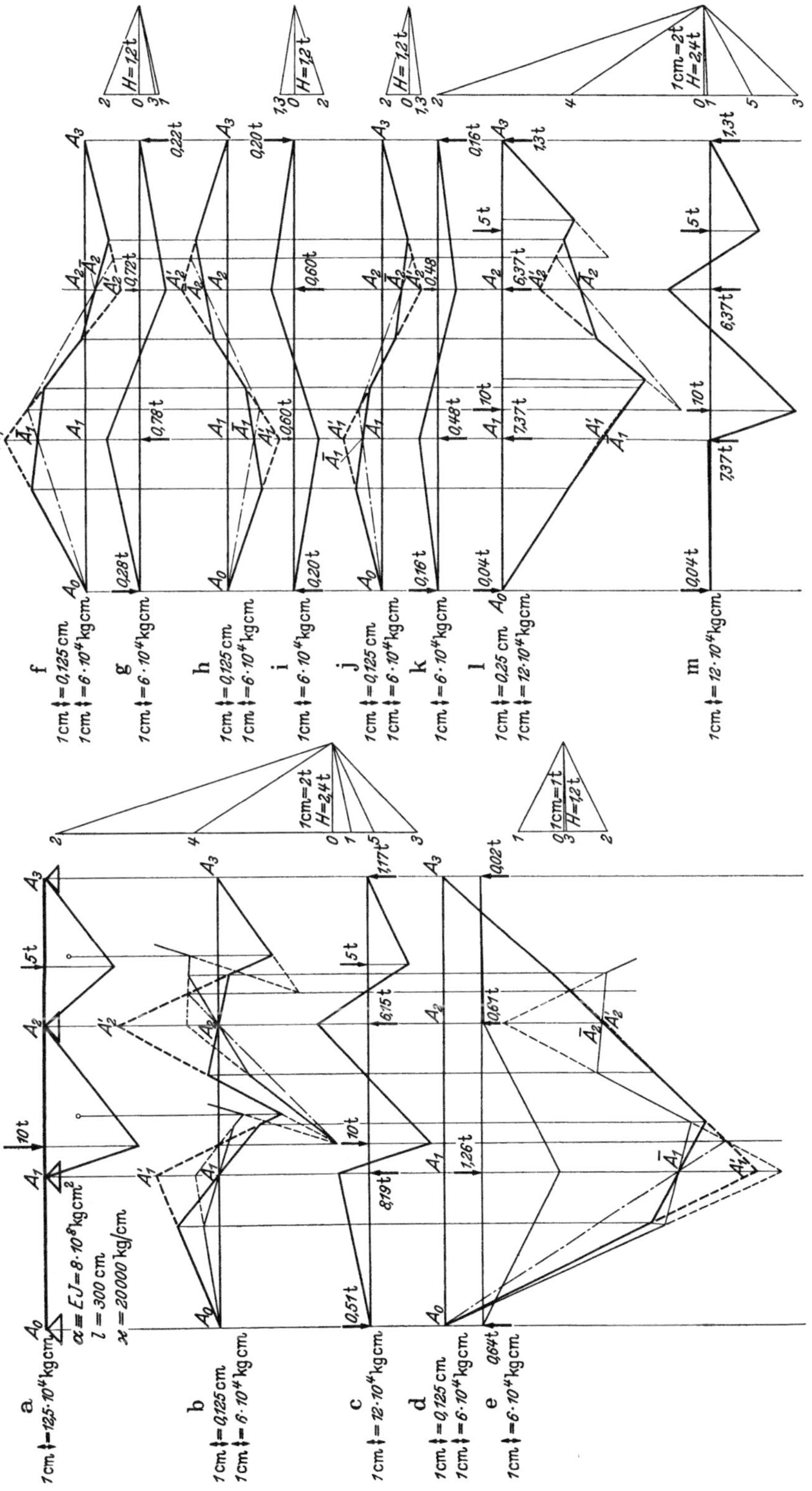

Abb. 20. Beispiel zum umgekehrten Iterationsverfahren.

gesetzt werden. Bei den aus diesen Stützkräften zu berechnenden Senkungen der Zwischenstützen ist zur Kontrolle noch einmal ein Mohrsches Seilpolygon für den durch seine äußeren Kräfte belasteten Stab konstruiert worden. Die nachträglich mit Hilfe einer Polfigur zu konstruierenden Stützkräfte sind nicht von den Kräften (1) zu unterscheiden. Die Konvergenz des Verfahrens zeigt sich wieder unmittelbar daran, daß $|r|<1$ ist.

14. Die Konvergenzbedingungen für den Stab mit gleichen Stützweiten und -steifigkeiten. In Ziff. **11** und **12** sind die Konvergenzkriterien für die beiden Iterationsverfahren in allgemeiner Form dargestellt. Wir zeigen jetzt, wie diese Kriterien für den Stab mit gleichen Stützweiten und gleichen Steifigkeitszahlen in eine praktisch brauchbare Form gebracht werden können, indem wir zuerst allgemein für den Stab mit n Zwischenstützen, also insgesamt $n+2$ Stützpunkten, die Einflußzahlen α_{ij} und a_{ij} bestimmen, und sodann für die Einzelfälle $n=1, n=2, \ldots$ die Bedingung dafür aufstellen, daß alle Wurzeln der Gleichung (**11**, 10) kleiner bzw. größer als Eins sind.

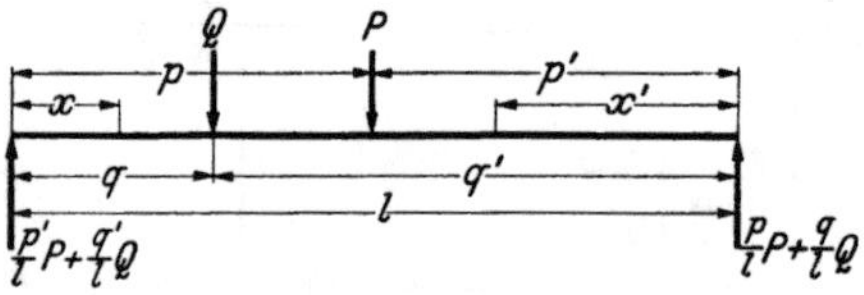

Abb 21. Die Einflußzahlen des in seinen Endpunkten gestutzten Stabes.

Zur Berechnung der allgemeinen Einflußzahlen $\alpha_{pq}=\alpha_{qp} (p \geq q)$, wobei also die Punkte p und q nicht notwendig mit dem Angriffspunkt einer Stützkraft zusammenzufallen brauchen, betrachten wir den in seinen Endpunkten gestützten Stab (Abb. 21), belasten ihn in p durch eine Kraft P, in q durch eine Hilfskraft Q und bestimmen den Wert von $\partial \mathfrak{A}/\partial Q$ für $P=1$ und $Q=0$. Dieser stimmt nach (II, **8**, 6) mit den gesuchten Einflußzahlen $\alpha_{pq}=\alpha_{qp}$ überein. Weil

$$\mathfrak{A}=\frac{1}{2\alpha}\left\{\int_0^q\left[\left(\frac{p'}{l}P+\frac{q'}{l}Q\right)x\right]^2 dx+\int_q^p\left[\left(\frac{p'}{l}P+\frac{q'}{l}Q\right)x-Q(x-q)\right]^2 dx+\int_0^{p'}\left[\left(\frac{p}{l}P+\frac{q}{l}Q\right)x'\right]^2 dx'\right\}$$

ist, so findet man

$$\left(\frac{\partial \mathfrak{A}}{\partial Q}\right)_{\substack{P=1\\Q=0}}=\frac{1}{\alpha l^2}\left\{\int_0^q p'q'x^2\,dx+\int_q^p p'\left[q'x-l(x-q)\right]x\,dx+\int_0^{p'} p\,q\,x'^2\,dx'\right\}.$$

Es ist somit

$$\alpha_{pq}=\alpha_{qp}=\frac{p'q}{3\alpha l}\left[p p'+\frac{1}{2}(p^2-q^2)\right] \qquad (p \geq q). \tag{1}$$

Bezeichnen p und q von jetzt an die Nummern der p-ten und q-ten Zwischenstütze des Stabes von der Länge l, so ist in dieser Formel p durch $p\frac{l}{n+1}$, q durch $q\frac{l}{n+1}$ und p' durch $(n+1-p)\frac{l}{n+1}$ zu ersetzen, und man erhält

$$\alpha_{pq}=\alpha_{qp}=\frac{(n+1-p)\,q}{3(n+1)^4}\left[p(n+1-p)+\frac{1}{2}(p^2-q^2)\right]\frac{l^3}{\alpha} \qquad (p \geq q). \tag{2}$$

Hieraus folgt weiter

$$\alpha_{pp}=\frac{p^2(n+1-p)^2}{3(n+1)^4}\,\frac{l^3}{\alpha} \tag{3}$$

und

$$\alpha_{qp}=\alpha_{pq}=\frac{(n+1-q)\,p}{3(n+1)^4}\left[q(n+1-q)+\frac{1}{2}(q^2-p^2)\right]\frac{l^3}{\alpha} \qquad (q \geq p). \tag{4}$$

Die Einflußzahlen $a_{pq}=a_{qp}$ (**11**, 8) erhält man noch einfacher. Es gilt (Abb. 22), wenn auch hier mit p und q die Nummern der betrachteten Zwischenfedern bezeichnet werden,

$$a_{pq}=a_{qp}=\frac{p}{n+1}\,\frac{q}{n+1}\,\frac{1}{\varkappa}+\frac{n+1-p}{n+1}\,\frac{n+1-q}{n+1}\,\frac{1}{\varkappa}=\frac{p\,q+(n+1-p)\,(n+1-q)}{(n+1)^2}\,\frac{1}{\varkappa}. \quad (5)$$

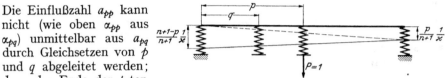

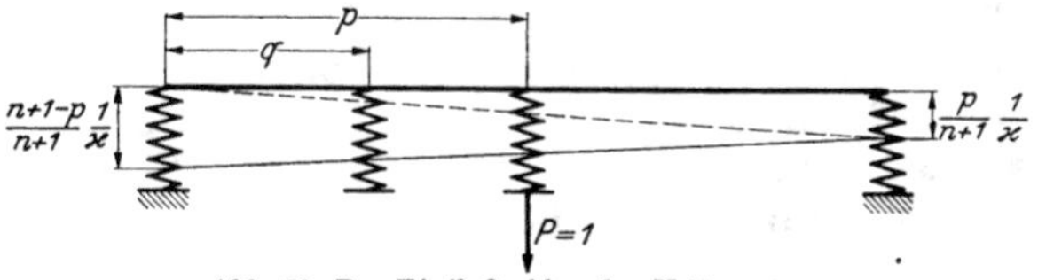

Abb. 22. Die Einflußzahlen des Hilfssystems.

Die Einflußzahl a_{pp} kann nicht (wie oben α_{pp} aus α_{pq}) unmittelbar aus a_{pq} durch Gleichsetzen von p und q abgeleitet werden; denn das Ende der p-ten Feder erfährt wegen der Belastung dieser Feder eine zusätzliche Verschiebung $1/\varkappa$. Es ist also

$$a_{pp}=\left[\frac{p^2+(n+1-p)^2}{(n+1)^2}+1\right]\frac{1}{\varkappa}. \quad (6)$$

Im Fall $n=1$ (Stab auf drei Stützen) muß die Gleichung (**11**, 10)

$$\alpha_{11}-a_{11}\varrho=0$$

zur Konvergenz des ersten Iterationsverfahrens eine Wurzel kleiner als Eins, zur Konvergenz des zweiten Iterationsverfahrens eine Wurzel größer als Eins aufweisen. Die gemeinsame Konvergenzgrenze ist also durch $\alpha_{11}=a_{11}$ oder wegen (3) und (6) mit $n=1$, $p=1$ durch

$$\frac{\varkappa l^3}{\alpha}=72 \quad (7)$$

bestimmt.

Für $n=2$ geht Gleichung (**11**, 10) wegen $\alpha_{22}=\alpha_{11}$, $a_{22}=a_{11}$ über in

$$(\alpha_{11}-a_{11}\varrho)^2-(\alpha_{12}-a_{12}\varrho)^2=0;$$

ihre beide Wurzeln sind

$$\varrho_1=\frac{\alpha_{11}-\alpha_{12}}{a_{11}-a_{12}}, \qquad \varrho_2=\frac{\alpha_{11}+\alpha_{12}}{a_{11}+a_{12}}.$$

Aus (3) bis (6) entnimmt man mit $n=2$, $p=1$, $q=2$

$$\alpha_{11}=\alpha_{22}=\frac{4}{243}\frac{l^3}{\alpha}, \quad \alpha_{12}=\alpha_{21}=\frac{3{,}5}{243}\frac{l^3}{\alpha}, \quad a_{11}=a_{22}=\frac{14}{9}\frac{1}{\varkappa}, \quad a_{12}=a_{21}=\frac{4}{9}\frac{1}{\varkappa},$$

so daß

$$\varrho_1=\frac{4{,}5}{2430}\frac{\varkappa l^3}{\alpha}, \qquad \varrho_2=\frac{7{,}5}{486}\frac{\varkappa l^3}{\alpha}$$

wird. Für die Konvergenz des ersten Iterationsverfahrens muß die größte dieser Wurzeln kleiner als Eins, für die Konvergenz des zweiten Iterationsverfahrens die kleinste dieser Wurzeln größer als Eins sein. Für die Konvergenz des ersten Verfahrens gilt also die Bedingung

$$\frac{\varkappa l^3}{\alpha}<64{,}8, \quad (8)$$

für diejenige des zweiten Verfahrens

$$\frac{\varkappa l^3}{\alpha}>540. \quad (9)$$

In derselben Weise kann man für $n=3, 4, \ldots$ vorgehen. Es ist dabei von Wichtigkeit, zu wissen, daß die Gleichung (**11**, 10) stets in zwei andere

$$\Delta'=0 \quad \text{und} \quad \Delta''=0 \quad (10)$$

zerlegt werden kann, deren erste die zu den symmetrischen Eigenbelastungen und deren zweite die zu den schiefsymmetrischen Eigenbelastungen gehörigen Eigenwerte bestimmt. Die Gradzahlen von Δ' und Δ'' sind für gerades n gleich $\frac{1}{2}n$, für ungerades n gleich $\frac{1}{2}(n+1)$ und $\frac{1}{2}(n-1)$. Außerdem kann man zeigen, daß für gerades n die größte Wurzel $\varrho_{\max}$ eine Wurzel von $\Delta'_{\frac{1}{2}n}=0$, die kleinste $\varrho_{\min}$ eine Wurzel von $\Delta''_{\frac{1}{2}n}=0$ ist, und daß für ungerades n sowohl $\varrho_{\max}$ als $\varrho_{\min}$ eine Wurzel von $\Delta'_{\frac{1}{2}(n+1)}=0$ ist. Somit lassen sich also auch für $n>2$ die Konvergenzbedingungen $\varrho_{\max}<1$ und $\varrho_{\min}>1$ beider Iterationsverfahren leicht auswerten. Die Ergebnisse der Rechnung sind für $n=1$ bis 5 und $n=\infty$ in folgender Tabelle zusammengestellt:

		$n=1$	$n=2$	$n=3$	$n=4$	$n=5$	$n=\infty$
Erstes Verfahren	$(n+2)\frac{\varkappa l^3}{\alpha}<$	216	259,2	291,5	316,4	336	500,55
Zweites Verfahren	$(n+2)\frac{\varkappa l^3}{\alpha}>$	216	2160	9034	25267	56406	∞

[Die letzte Zahl der ersten Zeile stellt einen in Ziff. **18** abzuleitenden Wert dar, der für den über seine ganze Länge elastisch gestützten Stab gilt. Ersetzt man bei dem Grenzübergang $(n+2)\varkappa$ durch die Kraft, die dem über seine ganze Länge gestützten Stab die Einsenkung Eins erteilt und in Ziff. **18** mit $\varkappa l$ bezeichnet werden wird, so stimmt die hier gegebene Bedingung mit der Bedingung (**18**, 17) überein.] Die Konvergenzbedingung des ersten Verfahrens kann mit sehr großer Genauigkeit dargestellt werden durch

$$(n+2)\,\varkappa\,\frac{\left(\frac{n+3}{n+2}\,l\right)^3}{\alpha}<500,$$

diejenige des zweiten Verfahrens wenigstens für $n>2$ durch

$$\varkappa\,\frac{\left(\frac{l}{n+1}\right)^3}{\alpha}>48-\frac{35,1}{n}-\frac{72,5}{n^2}.$$

15. Das gemischte Verfahren. Aus dem Sonderfall Ziff. **14** geht hervor, daß unter Umständen weder das erste noch das zweite Iterationsverfahren zum Ziele führt. Wie man dann vorzugehen hat[1]), zeigen wir jetzt an Hand der Überlegungen von Kap. III, Ziff. **12**.

Aus der Begründung von Gleichung (**11**, 4) geht hervor, daß man zu den dort definierten Eigenbelastungen des Stabes auch unmittelbar gelangt, wenn man die Einflußzahlen γ_{ij} des gesamten, aus Stützen und Stab bestehenden elastischen Systems einführt; denn mit den γ_{ij} läßt sich die Gleichheit der von einer Eigenbelastung hervorgerufenen Stabdurchbiegungen und Stützensenkungen wegen (**11**, 3) folgendermaßen ausdrücken:

$$\left.\begin{aligned}
\gamma_{00}P_0+\gamma_{01}P_1+\cdots+\gamma_{0,n+1}P_{n+1}&=\mu\frac{P_0}{\varkappa_0},\\
\gamma_{10}P_0+\gamma_{11}P_1+\cdots+\gamma_{1,n+1}P_{n+1}&=\mu\frac{P_1}{\varkappa_1},\\
&\;\vdots\\
\gamma_{n+1,0}P_0+\gamma_{n+1,1}P_1+\cdots+\gamma_{n+1,n+1}P_{n+1}&=\mu\frac{P_{n+1}}{\varkappa_{n+1}}.
\end{aligned}\right\}\qquad(1)$$

[1]) J. J. Koch, Eenige toepassingen van de leer der eigenfuncties op vraagstukken uit de Toegepaste Mechanica (Diss. Delft), S. 57, Delft 1929.

Diese Gleichungen stimmen ihrer Form nach mit den Gleichungen (III, **12**, 3) überein, so daß nach (III, **12**, 7) ohne weiteres gefolgert werden kann, daß zwischen zwei zu verschiedenen Eigenwerten μ_k und μ_l gehörigen Eigenbelastungen die Orthogonalitätsbeziehung

$$\sum_{i=0}^{n+1} \frac{P_{ki} P_{li}}{\varkappa_i} = 0 \tag{2}$$

besteht. Außerdem setzen wir fest, daß auch hier unter einer „Eigenbelastung" eine normierte Eigenbelastung verstanden wird, so daß für jedes l gilt

$$\sum_{i=0}^{n+1} \frac{P_{li}^2}{\varkappa_i} = 1. \tag{3}$$

Wirkt auf den elastisch gestützten Stab die Eigenbelastung P_{ki} $(i = 0, 1, \ldots, n+1)$, so entstehen nach (**11**, 3) die Stützkräfte $\mu_k P_{ki}$, so daß der Stab im ganzen den Kräften $(1 - \mu_k) P_{ki}$ unterworfen ist. Weil der Stab sich im Gleichgewicht befindet, so folgt hieraus, daß für jeden Eigenwert $\mu_k \neq 1$ die zugehörige Eigenbelastung ein Gleichgewichtssystem von Kräften darstellt. Ist dagegen $\mu_k = 1$, so wird die zugehörige Eigenbelastung ganz durch die Stützen allein getragen, und der Schluß, daß die Eigenbelastung ein Gleichgewichtssystem von Kräften darstellt, wird hinfällig. Im Gegenteil stellt dann die Eigenbelastung sicher kein Gleichgewichtssystem von Kräften dar. Denn wenn die auf den Stab wirkende Belastung ganz von den Stützen getragen wird, so bleibt der Stab selbst gerade, so daß auch die Endpunkte der belasteten Stützen in einer Geraden liegen. Haben aber dabei alle Stützen sich gehoben oder alle sich gesenkt, so haben alle Stützkräfte dasselbe Vorzeichen und können also sicher nicht im Gleichgewicht sein. Haben einige Stützen sich gehoben und andere sich gesenkt, so ist das Moment aller Stützkräfte bezüglich des Schnittpunktes derjenigen beiden Geraden, die durch die unbelasteten und durch die belasteten Stützpunkte gehen, sicher nicht Null, so daß auch in diesem Falle kein Gleichgewicht vorhanden sein kann.

Wir zeigen nun, daß die zum System (1) gehörige Determinantengleichung

$$D \equiv \begin{vmatrix} \varkappa_0 \gamma_{00} - \mu & \varkappa_0 \gamma_{01} & \cdots & \varkappa_0 \gamma_{0,n+1} \\ \varkappa_1 \gamma_{10} & \varkappa_1 \gamma_{11} - \mu & \cdots & \varkappa_1 \gamma_{1,n+1} \\ \vdots & \vdots & & \vdots \\ \varkappa_{n+1} \gamma_{n+1,0} & \varkappa_{n+1} \gamma_{n+1,1} & \cdots & \varkappa_{n+1} \gamma_{n+1,n+1} - \mu \end{vmatrix} = 0 \tag{4}$$

zwei Wurzeln $\mu = 1$ hat, und betrachten zu diesem Zweck zunächst den in der Stütze i durch eine Einheitskraft belasteten, elastisch gestützten Stab (Abb. 23). Weil die senkrechte Verschiebung der Stütze j definitionsgemäß gleich γ_{ji} ist, so sind die auf den Stab wirkenden Reaktionskräfte $\varkappa_j \gamma_{ji}$ $(j = 0, 1, 2, \ldots, n+1)$, und es folgen aus den Gleichgewichtsbedingungen des Stabes folgende Beziehungen zwischen den Größen γ_{ij}:

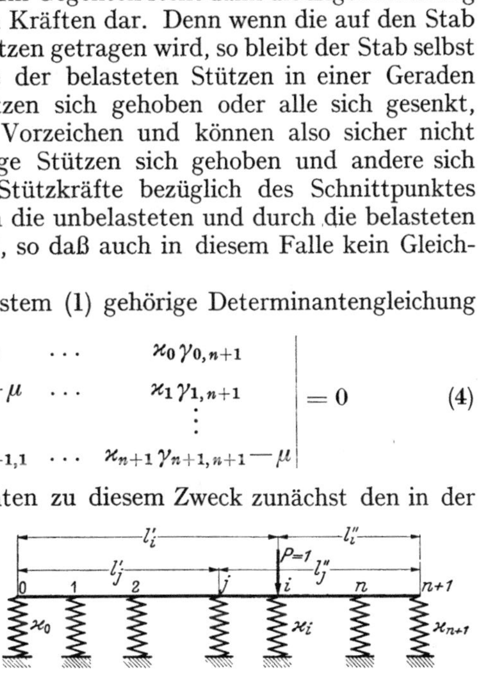

Abb. 23. Der in der Stutze i durch eine Einheitskraft belastete Stab.

$$\sum_{j=1}^{n+1} \varkappa_j \gamma_{ji} l_j' = l_i', \quad \sum_{j=0}^{n} \varkappa_j \gamma_{ji} l_j'' = l_i'' \quad (i = 0, 1, \ldots, n+1). \tag{5}$$

Addiert man nun in der Determinante D zu den mit l_{n+1}' multiplizierten Elementen der letzten Zeile die entsprechenden mit l' multiplizierten Elemente der $(j+1)$-ten Zeile $(j = 1, 2, \ldots, n)$, so erhält man eine neue Determinante, deren $n+1$ erste Zeilen ungeändert geblieben sind, und deren letzte Zeile sich wegen der ersten Beziehung (5) schreiben läßt:

$$0 \quad (1-\mu)l_1' \quad (1-\mu)l_2' \quad \ldots \quad (1-\mu)l_{n+1}'.$$

Hiermit ist die erste Wurzel $\mu=1$ erhalten. Die zweite Wurzel erhält man in gleicher Weise, indem man in der neuen Determinante zu den mit l_0'' multiplizierten Elementen der ersten Zeile die mit l_j'' multiplizierten Elemente der $(j+1)$-ten Zeile $(j=1, 2, \ldots, n)$ addiert und die zweiten Beziehungen (5) benutzt. Die erste Zeile der so erhaltenen neuen Determinante

$$(1-\mu)l_0'' \quad (1-\mu)l_1'' \quad (1-\mu)l_2'' \quad \ldots \quad 0$$

zeigt dann, daß Gleichung (4) in der Tat eine zweite Wurzel $\mu=1$ besitzt.

Man kann die Gesamtheit der zu diesen beiden Wurzeln gehörigen (nicht normierten) Eigenlösungen (welche zweifach unendlich ist, vgl. Kap. III, Ziff. **12**) leicht angeben. Denn erteilt man der Stütze 0 eine Einsenkung y_0, der Stütze $n+1$ eine Einsenkung y_{n+1}, so ist, wenn man nach dem oben Gesagten die Forderung stellt, daß alle Stützpunkte in eine Gerade fallen sollen, die Einsenkung y_i einer beliebigen Zwischenstütze i

$$y_i = \frac{l_i''}{l} y_0 + \frac{l_i'}{l} y_{n+1}$$

und also die zugehörige Stützkraft

$$P_i = \varkappa_i \left(\frac{l_i''}{l} y_0 + \frac{l_i'}{l} y_{n+1} \right).$$

Jede Belastung

$$P_i = \varkappa_i \left(\frac{l_i''}{l} \frac{P_0}{\varkappa_0} + \frac{l_i'}{l} \frac{P_{n+1}}{\varkappa_{n+1}} \right) \qquad (i = 0, 1, 2, \ldots, n+1), \tag{6}$$

ist also, wie auch P_0 und P_{n+1} gewählt werden mögen, eine zu $\mu=1$ gehörige Eigenbelastung.

Jede andere, nicht durch (6) darstellbare Eigenbelastung P_{ki} bildet, wie wir noch einmal erkennen können, ein Gleichgewichtssystem. Weil nämlich eine solche Belastung zu allen Belastungen (6) orthogonal ist, so gilt nach (2) für alle Wertepaare P_0 und P_{n+1}

$$\sum_{i=0}^{n+1} \left(\frac{l_i''}{l} \frac{P_0}{\varkappa_0} + \frac{l_i'}{l} \frac{P_{n+1}}{\varkappa_{n+1}} \right) P_{ki} = 0,$$

also insbesondere für $P_0 = 0$, $P_{n+1} \neq 0$ bzw. für $P_0 \neq 0$, $P_{n+1} = 0$

$$\sum_{i=0}^{n+1} P_{ki} l_i' = 0, \qquad \sum_{i=0}^{n+1} P_{ki} l_i'' = 0,$$

und diese Gleichungen drücken gerade das Gleichgewicht des Kräftesystems P_{ki} aus.

Alle Eigenbelastungen, die kein Gleichgewichtssystem bilden, sind also in (6) enthalten, und somit gibt es nicht mehr als zwei Wurzeln $\mu=1$. Folglich gibt es sicherlich auch n voneinander unabhängige, normierte und zueinander orthogonale Eigenbelastungen, die zu den übrigen, von Eins verschiedenen Eigenwerten $\mu_k (k=1, 2, \ldots, n)$ gehören, und deren jede für sich ein Gleichgewichtssystem darstellt. Dies sind allein die Eigenbelastungen, die eine Bedeutung für unsere Aufgabe haben, und die wir deshalb, unter Ausschaltung der durch (6) dargestellten Systeme, von jetzt an als die Eigenbelastungen des Problems ansprechen werden. Anstatt der von Eins verschiedenen Eigenwerte μ_k [bzw. nach (**11**, 4) ϱ_k] führen wir noch die mit ihnen durch die Beziehungen

$$\lambda_k = \frac{1-\mu_k}{\mu_k} = \frac{1}{\varrho_k} \tag{7}$$

zusammenhängenden Zahlen λ_k ein und bezeichnen sie kurz (ebenso wie die μ_k und ϱ_k) als Eigenwerte unseres Problems. Die mechanische Bedeutung dieser Zahlen läßt sich leicht angeben. Wirkt auf den elastisch gestützten Stab die Eigenbelastung $P_{ki}(i=0, 1, \ldots, n+1)$, so ist, wie wir wissen, der Stab im ganzen den Kräften $(1-\mu_k) P_{ki}$ unterworfen, während die Stützen durch die Kräfte $\mu_k P_{ki}$ belastet sind. Die Zahl λ_k stellt also die Verhältniszahl zweier ähnlicher Gleichgewichtssysteme dar, die je für sich den Stab und die Stützen derart verformen, daß diese auch nach der Verformung noch zusammenpassen.

Wir unterwerfen nun den von seinen Stützen losgelösten Stab einem beliebigen Gleichgewichtssystem von Kräften $Q_{1i}(i=0, 1, \ldots, n+1)$, welches wir nach den Eigenbelastungen folgendermaßen entwickeln:

$$Q_{1i}=\sum_{k=1}^{n} c_k P_{ki} \qquad (i=0, 1, \ldots, n+1). \tag{8}$$

Betrachten wir von dieser Belastung zunächst nur die eine Komponente $c_k P_{ki}(i=0, 1, \ldots, n+1)$, so müssen nach dem Vorangehenden die Stützen mit $c_k P_{ki}/\lambda_k (i=0, 1, \ldots, n+1)$ belastet werden, damit der durchgebogene Stab passend über die eingesenkten Stützpunkte gelegt werden kann. Beim Kräftesystem (8) sind also zur Erfüllung derselben Bedingung die Stützkräfte

$$Q_{2i}=\sum_{k=1}^{n} c_k \frac{P_{ki}}{\lambda_k} \qquad (i=0, 1, \ldots, n+1) \tag{9}$$

erforderlich. Aus dem System Q_{2i} leitet man in derselben Weise ein System

$$Q_{3i}=\sum_{k=1}^{n} c_k \frac{P_{ki}}{\lambda_k^2} \qquad (i=0, 1, \ldots, n+1) \tag{10}$$

her, indem man den von seinen Stützen gelösten Stab jetzt dem System Q_{2i} unterwirft und die Stützkräfte Q_{3i} aufs neue derart bestimmt, daß der durch Q_{2i} belastete Stab passend über die durch Q_{3i} belasteten Stützen gelegt werden kann, usw. Wir stellen nun einerseits fest, daß die Iteration der Systeme Q_{mi} $(m=1, 2, \ldots)$ genau mit der in Ziff. **12** behandelten Iteration übereinstimmt, so daß diese Kräftesysteme in einfacher Weise graphisch ermittelt werden können, andererseits, daß diese Iteration, nach den Ausführungen von Kap. III, Ziff. **14**, zur Bestimmung des kleinsten Eigenwertes λ_1 und der zugehörigen Eigenbelastung führt. Insbesondere gilt also nach (III, **14**, 9), daß bei einem zweckmäßig angenommenen System Q_{1i} mit großer Genauigkeit

$$\lambda_1 \approx \frac{\sum\limits_{i=0}^{n+1} Q_{1i} Q_{2i}/\varkappa_i}{\sum\limits_{i=0}^{n+1} Q_{2i}^2/\varkappa_i} \tag{11}$$

wird und daß die zugehörige (nicht normierte) Eigenbelastung P_{1i} in demjenigen System Q_{mi} erhalten wird, das sich dem vorangehenden $Q_{m-1,i}$ als ähnlich erweist. Für die genauere Bestimmung von λ_1, sowie für die Bestimmung höherer Eigenwerte und höherer Eigenbelastungen, sofern diese sich bei der nun folgenden Methode als notwendig erweisen würden, verweisen wir auf Kap. III, Ziff. **14** und **15**.

Jetzt kehren wir zu unserer eigentlichen Aufgabe zurück und betrachten, bei einer vorgegebenen Belastung (B), einen Stab, für den weder das erste Iterationsverfahren (Ziff. **9**) noch das zweite Iterationsverfahren (Ziff. **12**) zum Ziele führt. Zunächst ersetzen wir die elastischen Stützen durch starre Stützen und bezeichnen die Gesamtheit der (nach einer der bekannten Methoden zu bestimmenden) Stützkräfte mit $-(B_1)$. Zerlegen wir dann die Stabbelastung in die Teilbelastungen $(B_2) \equiv (B) - (B_1)$ und (B_1), so erzeugt beim elastisch gestützten Stab die Belastung (B_2) keine Federkräfte; denn definitionsgemäß ist das System (B_2) ein Gleichgewichtssystem, welches auf den Stab wirkend dessen mit den Stützen in Berührung kommenden Punkten keine Verschiebung erteilt. Wir haben es also nur noch mit dem System (B_1) zu tun, dessen Kräfte ausschließlich in den Stützpunkten angreifen. Wirkt dieses System auf den elastisch gestützten, aber nunmehr starr gedachten Stab, so entstehen Stützkräfte, deren Gesamtheit mit $(-B_3)$ bezeichnet wird. Zerlegt man (B_1) in $(B_4) \equiv (B_1) - (B_3)$ und (B_3), so erzeugt beim elastisch gestützten, elastischen Stab die Belastung (B_3) die Stützkräfte $-B_{3i}$; sie ruft definitionsgemäß keine Biegung des Stabes hervor. Die Kräfte B_{3i} können nach Ziff. **12** in der einfachsten Weise graphisch bestimmt werden. Anstatt des durch (B) belasteten Stabes haben wir also letzten Endes den in seinen Stützpunkten durch das Gleichgewichtssystem $(B_4) \equiv (B_1) - (B_3)$ belasteten Stab zu untersuchen.

Entwickelt man nun (B_4) nach den normierten Eigenbelastungen P_{ki} $(k = 1, 2, \ldots, n)$, so daß

$$B_{4i} = \sum_{k=1}^{n} c_k P_{ki} \qquad (i = 0, 1, 2, \ldots, n+1) \qquad (12)$$

wird, und wendet auf jede dieser Eigenbelastungen das in Ziff. **9** und **10** behandelte Iterationsverfahren an, so führt dieses Verfahren gemäß Ziff. **11** nur bei denjenigen Eigenbelastungen zu einem konvergenten Prozeß, für welche der zugehörige Wert ϱ kleiner als Eins, also die zugehörige Zahl λ(7) größer als Eins ist. Es liegt daher auf der Hand, in der soeben beschriebenen Weise diejenigen λ-Werte $\lambda_1, \lambda_2, \ldots, \lambda_{d-1}$, welche kleiner als Eins sind, samt ihren zugehörigen Eigenbelastungen $P_{1i}, P_{2i}, \ldots, P_{d-1,i}$ zu bestimmen und die Belastung (B_4) abermals in zwei Teile (B_4') und (B_4'') zu zerlegen, so daß

$$B_{4i}' = \sum_{k=1}^{d-1} c_k P_{ki}, \qquad B_{4i}'' = \sum_{k=d}^{n} c_k P_{ki} \qquad (13)$$

wird.

Die von B_{4i}' herrührenden Stützkräfte sind unmittelbar bekannt; denn weil für jede Eigenbelastung P_{ki} die zugehörigen Stützkräfte $\mu_k P_{ki} \equiv \frac{1}{1+\lambda_k} P_{ki}$ sind, so sind die zu B_{4i}' gehörigen Stützkräfte

$$R_i' = \sum_{k=1}^{d-1} \frac{c_k}{1+\lambda_k} P_{ki} \qquad (i = 0, 1, 2, \ldots, n+1). \qquad (14)$$

Die Koeffizienten c_k sind dabei nach (III, **12**, 17)

$$c_k = \sum_{i=0}^{n+1} \frac{B_{4i} P_{ki}}{\varkappa_i}. \qquad (15)$$

Auf die Belastung (B_4'') kann das Iterationsverfahren von Ziff. **9** ohne weiteres angewendet werden. Bezeichnet man die zur m-ten Iteration gehörigen Kräfte mit R_{mi}'', so wird das Verfahren so lange wiederholt, bis die Kräfte $R_{m-1,i}''$ und R_{mi}'' (nahezu) zueinander proportional sind, so daß der Eigenwert λ_d (gemäß seiner mechanischen Bedeutung) bestimmt werden kann. Mit großer Genauigkeit sind dann die von (B_4'') herrührenden Stützkräfte, wie wir sofort zeigen,

$$R_i'' = R_{1i}'' - R_{2i}'' + R_{3i}'' - \cdots + (-1)^m R_{m-1,i}'' + (-1)^{m+1} \frac{\lambda_d}{1+\lambda_d} R_{mi}'' \quad (i = 0, 1, \ldots, n+1). \qquad (16)$$

Weil nämlich wegen (9) und (10)

$$R_{1i}'' = \sum_{k=d}^{n} \frac{c_k}{\lambda_k} P_{ki}, \quad R_{2i}'' = \sum_{k=d}^{n} \frac{c_k}{\lambda_k^2} P_{ki}, \quad \ldots, \quad R_{mi}'' = \sum_{k=d}^{n} \frac{c_k}{\lambda_k^m} P_{ki} \quad (i = 0, 1, \ldots, n+1) \qquad (17)$$

ist, so ist die rechte Seite von (16) identisch mit

$$\sum_{k=d}^{n} c_k \left[\frac{1}{\lambda_k} - \frac{1}{\lambda_k^2} + \cdots + (-1)^m \frac{1}{\lambda_k^{m-1}} + (-1)^{m+1} \frac{\lambda_d}{1+\lambda_d} \frac{1}{\lambda_k^m}\right] P_{ki} \equiv$$

$$\equiv \sum_{k=d}^{n} \frac{c_k}{1+\lambda_k} P_{ki} + \sum_{k=d+1}^{n} (-1)^{m+1} \frac{c_k}{\lambda_k^m} \left(\frac{\lambda_d}{1+\lambda_d} - \frac{\lambda_k}{1+\lambda_k}\right) P_{ki},$$

und hierin stellt das erste Glied genau die von (B_4'') herrührende Stützkraft R_i'' dar [vgl. Gleichung (14), welche die zu (B_4') gehörige Stützkraft R_i' bedeutete]. Der somit in der Formel (16) enthaltene Fehler

$$\sum_{k=d+1}^{n} (-1)^{m+1} \frac{c_k}{\lambda_k^m} \left[\frac{\lambda_d}{1+\lambda_d} - \frac{\lambda_k}{1+\lambda_k}\right] P_{ki}$$

ist, da von $k=d$ an $\lambda_k > 1$ ist, bei genügend großem m verschwindend klein.

Weil bei der praktischen Durchführung dieses gemischten Verfahrens weder die $\lambda_k (k \leq d)$ noch die $c_k (k \leq d)$ genau bestimmt werden, enthält die Belastung (B_4'') im allgemeinen noch Spuren der niedrigeren, und für die Konvergenz der auf sie anzuwendenden Iteration also schädlichen Eigenbelastungen. Wie diesem Umstand, wenn nötig, bei jeder folgenden Iteration Rechnung getragen werden kann, ist in Kap. III, Ziff. **15** ausführlich erörtert.

16. Beispiel zum gemischten Verfahren. Wir zeigen die Ausführung des gemischten Verfahrens an einem Stab mit gleichen Stützweiten und gleichen

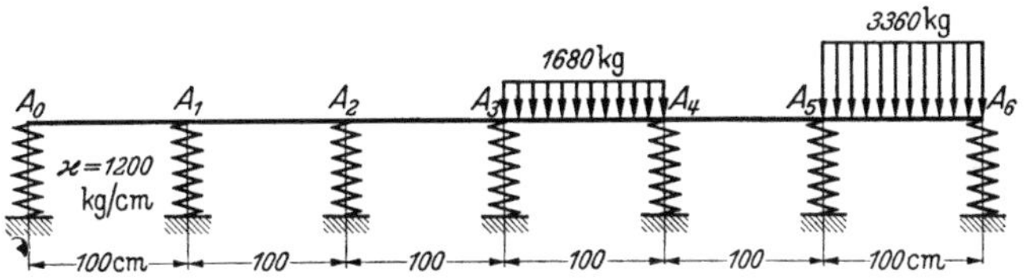

Abb. 24. Stab auf 7 elastischen Stutzen.

Steifigkeitszahlen (Abb. 24). Die Biegesteifigkeit α des Stabes sei $12 \cdot 10^8$ kg cm², die gemeinsame Steifigkeitszahl der Stützen $\varkappa = 1200$ kg/cm. Die gesamte gleichmäßige Belastung des vierten Feldes beträgt 1680 kg, diejenige des sechsten Feldes 3360 kg. Weil für den Stab die benötigten Einflußzahlen bereits aus Ziff. **14** bekannt sind, behandeln wir das Beispiel im ganzen analytisch.

Zunächst bestimmen wir also mit Hilfe des Dreimomentensatzes (**3**, 5) nebst (**3**, 6) die Stützkräfte des starr gestützten elastischen Stabes. Aus den Gleichungen

$$4M_1 + M_2 = 0,$$
$$M_1 + 4M_2 + M_3 = 0,$$
$$M_2 + 4M_3 + M_4 = \frac{16{,}8 \cdot 100^2}{4},$$
$$M_3 + 4M_4 + M_5 = \frac{16{,}8 \cdot 100^2}{4},$$
$$M_4 + 4M_5 \qquad = \frac{33{,}6 \cdot 100^2}{4},$$

$$R_0 = -\frac{M_1}{100},$$
$$R_1 = \frac{M_1}{100} + \frac{M_1 - M_2}{100},$$
$$R_2 = \frac{M_2 - M_1}{100} + \frac{M_2 - M_3}{100},$$
$$R_3 = \frac{M_3 - M_2}{100} + \frac{M_3 - M_4}{100} + 840,$$
$$R_4 = \frac{M_4 - M_3}{100} + \frac{M_4 - M_5}{100} + 840,$$
$$R_5 = \frac{M_5 - M_4}{100} + \frac{M_5}{100} + 1680,$$
$$R_6 = -\frac{M_5}{100} + 1680$$

berechnen sich diese Kräfte zu

$$R_0 = -7,\ R_1 = 42,\ R_2 = -168,\ R_3 = 1050,\ R_4 = 588,\ R_5 = 2058,\ R_6 = 1477\,\mathrm{kg}.$$

Hierbei bedeutet, wie üblich, das Minuszeichen eine nach unten gerichtete Stützkraft. Weil wir aber von jetzt an alle nach unten gerichteten Kräfte auf den Stab folgerichtig als positiv bezeichnen, so dürfen die Kräfte (1) als das in Ziff. **15** definierte Kräftesystem (B_1) angesehen werden.

Das mit (B_1) statisch gleichwertige System (B_3), das einen linearen Verlauf der Stützendurchsenkungen verbürgt, berechnet sich in einfacher Weise zu

$$B_{30} = -270,\ B_{31} = 60,\ B_{32} = 390,\ B_{33} = 720,\ B_{34} = 1050,\ B_{35} = 1380,\ B_{36} = 1710\,\mathrm{kg}.$$

Das System $(B_4) \equiv (B_1) - (B_3)$, das nunmehr in Eigenbelastungen zerlegt werden soll, ergibt sich also zu

$$\begin{aligned} &B_{40} = 263, \quad B_{41} = -18, \quad B_{42} = -558, \quad B_{43} = 330, \\ &B_{44} = -462, \quad B_{45} = 678, \quad B_{46} = -233\,\mathrm{kg}. \end{aligned}$$

Zur genäherten Bestimmung der ersten Eigenbelastung nehmen wir das Kräftesystem Q_1 folgendermaßen an:

$$Q_{10} = -5,\quad Q_{11} = 0,\quad Q_{12} = 3,\quad Q_{13} = 4,\quad Q_{14} = 3,\quad Q_{15} = 0,\quad Q_{16} = -5\,\mathrm{kg}$$

und bestimmen mit den nach Ziff. **14** berechneten und nebenstehend tabellarisch vereinigten Einflußzahlen α_{ij} die Verschiebungen y_{2i} der Punkte A_1 bis A_5 in bezug auf die Verbindungsgerade A_0A_6. Es ist

$\frac{18\alpha}{100^3}\alpha_{ij}$	$i=1$	2	3	4	5
$j=1$	25	38	39	31	17
2	38	64	69	56	31
3	39	69	81	69	39
4	31	56	69	64	38
5	17	31	39	38	25

$$y_{21} = 363,\quad y_{22} = 636,\quad y_{23} = 738,$$
$$y_{24} = 636,\quad y_{25} = 363 \cdot \frac{100^3}{18\alpha}.$$

Die Kräfte Q_{2i}, die die Stützpunkte in die Lagen y_{2i} bringen müssen, erhält man nun, indem man

$$Q_{2i} = \varkappa\,[y_{2i} + (\beta + \gamma x_i)]$$

setzt (wobei x_i die Abszisse des Stützpunktes i bezeichnet) und β und γ derart bestimmt, daß die Kräfte Q_{2i} im Gleichgewicht sind. Man findet so

$$\begin{aligned} &Q_{20} = -391, \quad Q_{21} = -28, \quad Q_{22} = 245, \quad Q_{23} = 348, \\ &Q_{24} = 245, \quad Q_{25} = -28, \quad Q_{26} = -391 \cdot \frac{100^3\varkappa}{18\alpha}\,\mathrm{kg}. \end{aligned}$$

Zwischen den Q_{2i} und den Q_{1i} besteht schon nahezu Proportionalität, so daß λ_1 nach (**15**, 11) mit großer Genauigkeit zu

$$\lambda_1 = \frac{\sum\limits_{i=0}^{6} Q_{1i} Q_{2i}}{\sum\limits_{i=0}^{6} Q_{2i}^2} = 0{,}222$$

bestimmt ist. Die zugehörige normierte Eigenbelastung P_{1i} findet man zu

$$\begin{aligned} &P_{10} = -18{,}27, \quad P_{11} = -1{,}31, \quad P_{12} = 11{,}45, \quad P_{13} = 16{,}26, \\ &P_{14} = 11{,}45, \quad P_{15} = -1{,}31, \quad P_{16} = -18{,}27\,\mathrm{kg}. \end{aligned}$$

Der Koeffizient c_1 von P_{1i} in der Entwicklung von (B_4) nach Eigenbelastungen

$$B_{4i} = \sum_{k=1}^{5} c_k P_{ki}$$

errechnet sich nach (**15**, 15) zu

$$c_1 = \sum_{i=0}^{6} \frac{B_{4i} P_{1i}}{\varkappa} = -6{,}46.$$

Weil voraussichtlich schon der zweite Eigenwert λ_2 größer als 1 ist, beschränken wir uns auf die Bestimmung der ersten Eigenbelastung und wenden auf die Differenz $(\overline{B}_4) \equiv (B_4) - c_1(P_1)$, die durch die Kräfte

$$\overline{B}_{40} = 145, \quad \overline{B}_{41} = -27, \quad \overline{B}_{42} = -484, \quad \overline{B}_{43} = 436,$$
$$\overline{B}_{44} = -388, \quad \overline{B}_{45} = 669, \quad \overline{B}_{46} = -351 \text{ kg}$$

dargestellt wird, das erste Iterationsverfahren (Ziff. **9**) an. Nach einer einzigen Iteration finden wir

$$R_{10} = 101, \quad R_{11} = -86, \quad R_{12} = -132, \quad R_{13} = 4,$$
$$R_{14} = 110, \quad R_{15} = 117, \quad R_{16} = -114 \text{ kg}.$$

Berechnet man hiernach λ_2 aus

$$\lambda_2 \approx \frac{\sum\limits_{i=0}^{6} \overline{B}_{4i} R_{1i}}{\sum\limits_{i=0}^{6} R_{1i}^2},$$

so findet man tatsächlich einen Wert, der größer als Eins ist, nämlich $\lambda_2 = 2{,}149$. Natürlich kann diese Zahl nur als ein verhältnismäßig grober Näherungswert angesehen werden, da bei der Iteration die Kräfte R_i keineswegs proportional zu den Kräften $\overline{B}_{4i}$ herauskamen. Trotzdem kann dieser Wert ohne Schaden beibehalten werden, weil es uns um die vom System R_{1i} auf die Stützen entfallenden Kräfte zu tun ist, die nach (**15**, 16) gleich $\frac{\lambda_2}{1+\lambda_2} R_{1i}$ zu setzen sind. Denn wie man leicht einsieht, ist der Bruch $\frac{\lambda_2}{1+\lambda_2}$ für Werte von $\lambda_2 > 1$ in hohem Grade unempfindlich gegen Schwankungen von λ_2.

Bei dieser gröbsten Annäherung, die übrigens leicht durch eine fortgesetzte Iteration von R_{1i} zu verbessern wäre, erhält man also für die Federkräfte $\overline{R}_i$ nach (**15**, 14) und (**15**, 16)

$$\overline{R}_i = B_{3i} + \frac{1}{1+\lambda_1} c_1 P_{1i} + \frac{\lambda_2}{1+\lambda_2} R_{1i}.$$

Man findet

$$\overline{R}_0 = -104, \quad \overline{R}_1 = 9, \quad \overline{R}_2 = 239, \quad \overline{R}_3 = 635,$$
$$\overline{R}_4 = 1064, \quad \overline{R}_5 = 1468, \quad \overline{R}_6 = 1729 \text{ kg}.$$

Die mit Hilfe des Fünfmomentensatzes (**5**, 2) zu berechnenden genauen Werte sind

$$\overline{R}_0 = -109{,}3, \quad \overline{R}_1 = 14{,}1, \quad \overline{R}_2 = 244{,}4, \quad \overline{R}_3 = 637{,}6,$$
$$\overline{R}_4 = 1052{,}6, \quad \overline{R}_5 = 1469{,}7, \quad \overline{R}_6 = 1730{,}9 \text{ kg}.$$

Die Fehler sind also trotz der ziemlich groben Rechnung recht klein. Hätte man die auf R_{1i} angewandte Iteration einmal weiter fortgesetzt, so wäre das Ergebnis gewesen

$$\overline{R}_0 = -108{,}7, \quad \overline{R}_1 = 14{,}0, \quad \overline{R}_2 = 243{,}8, \quad \overline{R}_3 = 637{,}9,$$
$$\overline{R}_4 = 1051{,}7, \quad \overline{R}_5 = 1469{,}9, \quad \overline{R}_6 = 1731{,}4 \text{ kg}.$$

Diese Werte sind fast vollständig genau.

§ 3. Der elastisch gebettete Stab.

17. Das Iterationsverfahren. Das umgekehrte Iterationsverfahren von Ziff. **12** läßt sich, wenn eine nachher noch abzuleitende Konvergenzbedingung erfüllt ist, ohne weiteres auf den über seine ganze Länge elastisch gestützten Stab übertragen[1]).

Zuerst ersetze man die gegebene äußere Belastung q je Längeneinheit des Stabes durch eine statisch gleichwertige, kontinuierliche, linear verlaufende Belastung $q_0 = \beta x + \gamma$ und betrachte die zu dieser Belastung gehörige Durchsenkung

$$y_0 = \frac{\beta x + \gamma}{\varkappa}, \tag{1}$$

wo $\varkappa$ jetzt die auf die Längeneinheit und auf die ganze Stabbreite bezogene Bettungsziffer des Stabes bezeichnet, als erste Näherung der gesuchten elastischen Linie.

Weil die gegebene Belastung um den Betrag $q - q_0$ von der eingeführten Belastung q_0 abweicht, müßte zur Wiederherstellung des tatsächlichen Belastungszustandes die Belastung $q - q_0$, die für den Stab als Ganzes eine Gleichgewichtsbelastung ist, hinzugefügt werden. Hiermit wäre aber für den von seiner Unterlage befreit gedachten Stab eine Formänderung y_1 verbunden, die aus der Differentialgleichung

$$\alpha y_1'''' = q - q_0 \tag{2}$$

entweder analytisch oder graphisch leicht bestimmt werden kann. Die so bestimmte elastische Linie bezieht man auf eine solche Nullinie, daß die durch $\varkappa y_1$ definierte Belastung abermals ein Gleichgewichtssystem bildet. Würde man die elastische Unterlage (Bettung) durch dieses Kraftsystem belasten, so würde die Einsenkung y_1 eintreten, und Stab und Unterlage könnten zur Deckung gebracht werden. Die Belastung der Unterlage kann aber nur vom Stabe herrühren, so daß die Belastung $\varkappa y_1$ notwendig eine Reaktionsbelastung $-\varkappa y_1$ auf den Stab hervorruft. Diese Reaktionsbelastung verursacht eine neue Durchbiegung y_2 des Stabes, deren Differentialgleichung jetzt

$$\alpha y_2'''' = -\varkappa y_1 \tag{3}$$

lautet. Auch zu der elastischen Linie y_2 wird eine Nullinie derart konstruiert, daß die durch $\varkappa y_2$ definierte Belastung ein Gleichgewichtssystem bildet. Wiederholung des Prozesses führt, wenn die Iterationen gegen Null konvergieren, zu einer Reihe von Funktionen $y_0, y_1, y_2, \ldots$, deren Summe die gesuchte Durchbiegung y des Stabes darstellt.

Wir wenden das Verfahren auf den Stab von Abb. 25 an, für den $l = 200$ cm, $\alpha = 5 \cdot 10^8$ kgcm², $\varkappa = 125$ kg/cm² ist. Die gesamte Belastung beträgt 15000 kg; sie verlaufe parabolisch und sei symmetrisch. Die Endbelastung des Stabes sei $^1/_4$ von der Belastung in der Mitte. Der horizontale Längenmaßstab von Abb. 25 beträgt $n = 40$ (1 cm ↔ der Zeichnung stellt also 40 cm in Wirklichkeit dar); der vertikale Längenmaßstab beträgt $m = 0{,}32$ (1 cm ↕ der Zeichnung stellt also 0,32 cm in Wirklichkeit dar). Die linear verlaufende Belastung q_0, die mit der vorgegebenen parabolischen Belastung statisch gleichwertig ist, verursacht eine Einsenkung vom Betrage

$$y_0 = \frac{15000\ \mathrm{kg}}{125\ \mathrm{kg/cm^2} \cdot 200\ \mathrm{cm}} = 0{,}6\ \mathrm{cm}.$$

[1]) C. B. Biezeno, Een toepassing van de leer der integraalvergelijkingen op de bepaling van de elastische lijn van een over zijn geheele lengte elastisch ondersteunden balk, Versl. Kon. Ak. Amst. 32 (1923) S. 248.

Sie ist in Abb. 25a durch 0,6 : 0,32 = 1,875 cm dargestellt. Faßt man die Gerade y_0 als Belastungskurve auf, so stellt 1 cm ↕ den Wert $\frac{15000\text{ kg}}{200 \cdot 1{,}875\text{ cm}} = 40\text{ kg/cm} = m_1\text{ kg/cm}$ dar. In diesem Maßstab m_1 ist in Abb. 25a auch die vorgegebene parabolische Belastung q eingetragen, so daß die schraffierte Fläche diejenige Belastungsfläche $q - q_0$ vorstellt, mit Hilfe derer die erste Iteration y_1 bestimmt werden soll. Die hierzu erforderliche Konstruktion ist in bekannter Weise ausgeführt; zuerst wird mittels der Polfigur *1* die Momentenfläche in Abb. 25b konstruiert, sodann mittels der Polfigur *2* die elastische Linie in Abb. 25c.

a
b
c
d
e

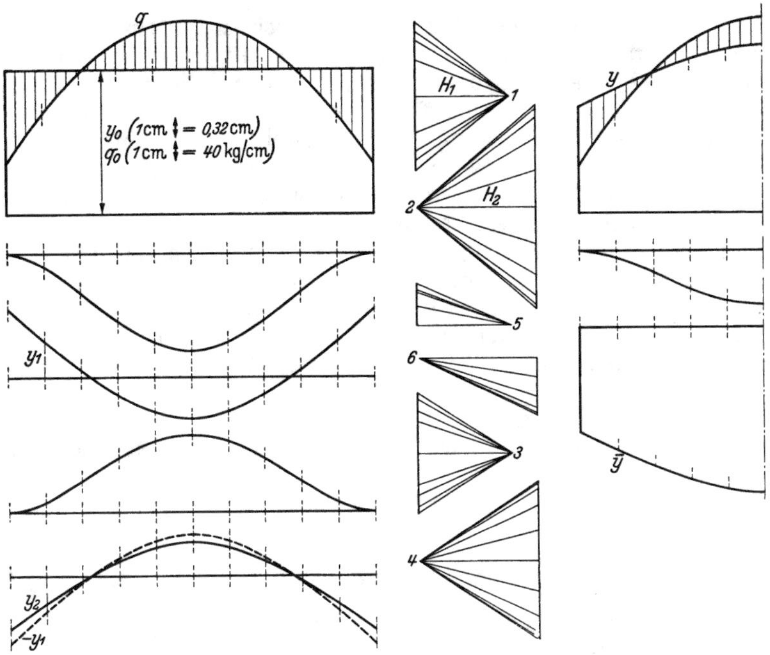

f
g
h

Abb. 25. Graphische Bestimmung der elastischen Linie eines über seine ganze Länge elastisch gestützten Stabes.

In Abb. 25a stellt 1 cm ↔ n cm, 1 cm ↕ m_1 kg/cm dar. Demzufolge bedeutet 1 cm² dort $n m_1$ kg. Stellt man fest, daß in der Polfigur *1* jeder cm (entweder ↔ oder ↕) m_2 cm² (in unserem Falle $m_2 = 0{,}625$) von Abb. 25a darstellen soll, und daß die Länge des ersten Polabstandes H_1 cm (= 1,25 cm) beträgt, so ist dem ersten Polabstand H_1 die mechanische Bedeutung von $m_1 m_2 n H_1$ kg beizulegen. Demzufolge stellt 1 cm ↕ in Abb. 25b $m_1 m_2 n^2 H_1$ kg cm dar, und 1 cm² in Abb. 25b hat für die nun folgende graphische Integration die Bedeutung von $m_1 m_2 n^3 H_1/\alpha$ Einheiten. Stellt in der Polfigur *2* jeder cm (entweder ↔ oder ↕) m_3 cm² (in unserem Falle $m_3 = 1{,}25$) von Abb. 25b dar, so bedeutet H_2 jetzt $m_1 m_2 m_3 n^3 H_1 H_2/\alpha$ Einheiten, so daß 1 cm ↕ in Abb. 25c also $m_1 m_2 m_3 n^4 H_1 H_2/\alpha$ cm darstellt. Weil die Kurve y_1 im selben Maßstab (m) wie y_0 erscheinen soll, muß

$$\frac{m_1 m_2 m_3 n^4 H_1 H_2}{\alpha} = m$$

sein, so daß H_2 berechnet werden kann. Man findet

$$H_2 = \frac{m\alpha}{m_1 m_2 m_3 n^4 H_1} = 1{,}6\text{ cm}.$$

Die Konstruktion ist in Abb. 25d und e noch einmal wiederholt. Wie aus Abb. 25e (in der die Kurve $-y_1$ gestrichelt eingetragen ist) hervorgeht, besteht zwischen den Kurven y_1 und y_2 praktisch genau Proportionalität. Damit wird auch hier, ebenso wie bei dem in einzelnen Punkten gestützten Stab, die weitere Fortsetzung des Iterationsprozesses überflüssig. Denn bezeichnet man mit r das negative Verhältnis $y_2:y_1$, so ist auch $y_3=ry_2$, $y_4=ry_3$, usw. Die gesuchte Durchbiegung y des Stabes wird also in unserem Falle

$$y = y_0 + y_1 + r y_1 + r^2 y_1 + \cdots = y_0 + \frac{y_1}{1-r}. \tag{4}$$

Die Gesamtdurchbiegung ist in Abb. 25f noch einmal eingetragen. Im veränderten Maßstabe m_1 stellt sie auch die von der elastischen Unterlage herrührende Reaktionsbelastung des Stabes dar. Die schraffierte Fläche in Abb. 25f gibt also die endgültige Gesamtbelastungsfläche an. Aus ihr kann somit auch die endgültige Stabdurchbiegung $\bar{y}$ mittels zweifacher graphischer Integration abgeleitet werden, was in Abb. 25g und h geschehen ist. Zur Kontrolle muß $\bar{y}$ mit y übereinstimmen. In unserem Beispiel ist ein Unterschied zwischen beiden Kurven tatsächlich nicht festzustellen.

Schließlich sei bemerkt, daß, auch wenn $|r|>1$ gewesen wäre, so daß von einer Summation der in (4) vorkommenden Reihe nicht die Rede hätte sein können, die gesuchte Kurve y doch durch die rechte Seite von (4) dargestellt wird. Wenn nämlich bei der n-ten Iteration (wie in unserem Beispiel für $n=1$) die Belastung $-\varkappa y_n$ die Durchbiegung $+r y_n$ zur Folge hat, so gilt

$$\alpha (r y_n)'''' = -\varkappa y_n. \tag{5}$$

Man bestätigt leicht, daß in diesem Falle die Lösung der Gleichung des elastisch gebetteten Stabes

$$\alpha y'''' + \varkappa y = q \tag{6}$$

in der Form

$$y = y_0 + y_1 + \cdots + y_{n-1} + \frac{1}{1-r} y_n = y_0 + y_1 + \cdots + y_n + \frac{r}{1-r} y_n \tag{7}$$

angesetzt werden kann. Geht man nämlich mit diesem Ausdruck in die Gleichung (6) ein, so erhält man

$$\alpha\left(y_0'''' + y_1'''' + \cdots + y_n'''' + \frac{r}{1-r} y_n''''\right) + \varkappa\left(y_0 + y_1 + \cdots + y_{n-1} + y_n + \frac{r}{1-r} y_n\right) = q,$$

was wegen $\varkappa y_0 = q_0$ sowie wegen (1), (2) und der verallgemeinerten Gleichung (3) und mit (5) in der Tat eine Identität wird, womit unsere Behauptung bewiesen ist.

18. Die Konvergenzbedingung des Verfahrens. Es liegt auf der Hand, auch bei der Behandlung des über seine ganze Länge elastisch gestützten Stabes zunächst die Eigenbelastungen q_i zu bestimmen, bei denen ein fester Bruchteil $\mu_i q_i$ auf die elastische Unterlage übertragen wird, und für welche also $\varkappa y_i = \mu_i q_i$ oder $q_i = \frac{\varkappa y_i}{\mu_i}$ gesetzt werden kann. Die allgemein gültige Gleichung (**17**, 6) geht für eine solche Belastung über in

$$\alpha y'''' + \varkappa y = \frac{\varkappa y}{\mu}. \tag{1}$$

Setzt man zur Abkürzung

$$\frac{1-\mu}{\mu}\,\frac{\varkappa}{\alpha} = \beta^4, \tag{2}$$

so ist die allgemeine Lösung dieser Gleichung

$$y = C_1 \mathfrak{Cof}\, \beta x + C_2 \mathfrak{Sin}\, \beta x + C_3 \cos \beta x + C_4 \sin \beta x. \tag{3}$$

Wird der Koordinatenanfang in die Stabmitte gelegt, und beschränken wir uns zunächst auf die symmetrischen Lösungen von Gleichung (1), so müssen die Koeffizienten C_2 und C_4 der ungeraden Bestandteile in (3) gleich Null sein. Ist l die Stablänge, so gilt für den an seinen Enden freigelagerten Stab

$$y''=0, \qquad y'''=0 \quad \text{für} \quad x=\pm\frac{l}{2},$$

so daß, wenn noch

$$\frac{1}{2}\beta l = p \tag{4}$$

gesetzt wird, für C_1 und C_3 die Gleichungen

$$\left.\begin{aligned} C_1\,\mathfrak{Cos}\,p - C_3\cos p &= 0,\\ C_1\,\mathfrak{Sin}\,p + C_3\sin p &= 0 \end{aligned}\right\} \tag{5}$$

kommen. Aus diesen Gleichungen geht hervor, daß nur diejenigen besonderen Werte p_i von p (bzw. μ) eine von Null verschiedene Lösung für C_1 und C_3 zulassen, für welche

$$\begin{vmatrix} \mathfrak{Cos}\,p & -\cos p\\ \mathfrak{Sin}\,p & \sin p \end{vmatrix} = 0, \quad \text{also} \quad \operatorname{tg} p = -\mathfrak{Tg}\,p \tag{6}$$

ist. Zu jeder Wurzel p_i dieser Gleichung gehört eine Verhältniszahl

$$\frac{C_1}{C_3}=\frac{\cos p_i}{\mathfrak{Cos}\,p_i} \tag{7}$$

und eine bis auf einen Faktor a_i bestimmte Durchbiegung y_i

$$y_i = a_i\left(\frac{\mathfrak{Cos}\,p_i\frac{2x}{l}}{\mathfrak{Cos}\,p_i}+\frac{\cos p_i\frac{2x}{l}}{\cos p_i}\right)$$

mit zugehöriger Eigenbelastung $q_i=\varkappa y_i/\mu_i$. Wir wählen diesen Faktor a_i so, daß

$$\int_{-\frac{1}{2}l}^{+\frac{1}{2}l} q_i^2\,dx = l \tag{8}$$

ist, und nennen die so definierte Eigenbelastung normiert.

Wie man leicht nachrechnet, ist die Bedingung (8) erfüllt, wenn $a_i\varkappa/\mu_i=1$ ist, so daß die normierten symmetrischen Eigenbelastungen q_i durch

$$q_i=\frac{\mathfrak{Cos}\,p_i\frac{2x}{l}}{\mathfrak{Cos}\,p_i}+\frac{\cos p_i\frac{2x}{l}}{\cos p_i} \tag{9}$$

dargestellt werden.

In gleicher Weise bestimmt man die schiefsymmetrischen normierten Eigenbelastungen $\bar{q}_i$ des Stabes, indem man in (3) die Integrationskonstanten C_1 und C_3 gleich Null setzt und auch jetzt wieder verlangt, daß für beide Stabenden y'' und y''' gleich Null sind. Man findet jetzt

$$\bar{q}_i=\frac{\mathfrak{Sin}\,\bar{p}_i\frac{2x}{l}}{\mathfrak{Sin}\,\bar{p}_i}+\frac{\sin\bar{p}_i\frac{2x}{l}}{\sin\bar{p}_i} \tag{10}$$

mit der Bedingung

$$\operatorname{tg}\bar{p}=\mathfrak{Tg}\,\bar{p}. \tag{11}$$

Jede der Gleichungen (6) und (11) hat eine Wurzel Null, so daß wegen (2) und (4) unser Problem einen zweifachen Eigenwert $\mu=1$ aufweist. Die von Null verschiedenen Wurzeln p_i und $\bar{p}_i$ dieser beiden Gleichungen lassen sich genähert, und zwar mit großer Genauigkeit, durch

$$p_i = \left(i - \frac{1}{4}\right)\pi \quad \text{und} \quad \bar{p}_i = \left(i + \frac{1}{4}\right)\pi \qquad (i = 1, 2, \ldots) \tag{12}$$

wiedergeben. Die entsprechenden Werte von μ_i und $\bar{\mu}_i$ sind nach (2) und (4)

$$\mu_i = \frac{1}{1 + \beta_i^4 \frac{\alpha}{\varkappa}} = \frac{1}{1 + (2p_i)^4 \frac{\alpha}{\varkappa l^4}} = \frac{1}{1 + \left[\left(2i - \frac{1}{2}\right)\pi\right]^4 \frac{\alpha}{\varkappa l^4}}, \quad \bar{\mu}_i = \frac{1}{1 + \left[\left(2i + \frac{1}{2}\right)\pi\right]^4 \frac{\alpha}{\varkappa l^4}}. \tag{13}$$

Man erkennt leicht, daß die zu $\mu = 1$ gehörige Mannigfaltigkeit von (nicht normierten) Eigenbelastungen durch $q = a + bx$ dargestellt wird, wo a und b beliebige Konstanten bezeichnen. Dies sind die Eigenbelastungen, die keine Gleichgewichtssysteme sind und ganz durch die Bettung getragen werden (vgl. Ziff. **15**). Die zu $\mu \neq 1$ gehörigen Eigenbelastungen dagegen sind auch hier wieder Gleichgewichtssysteme, die teils durch den Stab (und zwar mit dem Bruchteil $1 - \mu$), teils durch die Bettung (mit dem Bruchteil μ) getragen werden.

Für die Eigenbelastungen q_i und $\bar{q}_i$ gelten die Orthogonalitätsbedingungen

$$\int_{-\frac{1}{2}l}^{+\frac{1}{2}l} q_i q_j \, dx = 0, \qquad \int_{-\frac{1}{2}l}^{+\frac{1}{2}l} \bar{q}_i \bar{q}_j \, dx = 0, \qquad \int_{-\frac{1}{2}l}^{+\frac{1}{2}l} q_i \bar{q}_j \, dx = 0 \qquad (i \neq j). \tag{14}$$

Betrachtet man z. B. das erste Integral, so ist wegen $q_i = \varkappa y_i / \mu_i$, $q_j = \varkappa y_j / \mu_j$

$$\int_{-\frac{1}{2}l}^{+\frac{1}{2}l} q_i q_j \, dx = \frac{\varkappa}{\mu_i} \int_{-\frac{1}{2}l}^{+\frac{1}{2}l} y_i q_j \, dx = \frac{\varkappa}{\mu_j} \int_{-\frac{1}{2}l}^{+\frac{1}{2}l} y_j q_i \, dx.$$

Aus der letzten Gleichheit folgt, in Verbindung mit dem Bettischen Satze (Kap. II, Ziff. **6**), nach welchem die beiden letzten Integrale einander gleich sind, daß jedes dieser Integrale für sich Null ist, sobald $\mu_i \neq \mu_j$, d. h. $i \neq j$ ist.

Wir stellen nun (ebenso wie in Kap. III, Ziff. **13**) ohne Beweis fest, daß — unter gewissen beschränkenden Voraussetzungen, die bei technischen Problemen immer erfüllt sind — jede Funktion q in der Form

$$q = a_0 + b_0 x + a_1 q_1 + a_2 q_2 + \cdots + b_1 \bar{q}_1 + b_2 \bar{q}_2 + \cdots \tag{15}$$

nach den Eigenbelastungen q_i und $\bar{q}_i$ entwickelt werden kann. Hierin stellt $a_0 + b_0 x$ die mit q statisch gleichwertige, aber linear veränderliche Belastung q_0 dar. Die Koeffizienten a_i und b_i berechnen sich, weil die q_i und $\bar{q}_i$ sowohl normiert wie untereinander orthogonal sind, zu

$$a_i = \frac{1}{l} \int_{-\frac{1}{2}l}^{+\frac{1}{2}l} (q - q_0) \, q_i \, dx, \qquad b_i = \frac{1}{l} \int_{-\frac{1}{2}l}^{+\frac{1}{2}l} (q - q_0) \, \bar{q}_i \, dx. \tag{16}$$

Die Frage, unter welchen Umständen das Iterationsverfahren von Ziff. **17** konvergiert, ist also dahin zu beantworten, daß die Konvergenz für jede beliebige Belastung nur dann gewährleistet ist, wenn sie für jede Eigenbelastung gesondert gesichert ist.

Unterwirft man aber den freigedachten Stab gesondert einer Eigenbelastung q_i, so wird man die elastische Unterlage einer Belastung $\frac{\mu_i}{1 - \mu_i} q_i$ unterwerfen müssen, um ihr dieselbe Formänderung wie dem Stabe zu erteilen; denn definitionsgemäß erleiden der freie Stab und die Unterlage dieselbe Formänderung unter den Belastungen $(1 - \mu_i) q_i$ und $\mu_i q_i$. Diese (mit umgekehrtem Vorzeichen genommene) Belastung gilt für den Stab als erste „iterierte" Belastung. Also ist die Reihe der durch q_i bedingten iterierten Belastungen

$$-\left(\frac{\mu_i}{1-\mu_i}\right)q_i, \qquad \left(\frac{\mu_i}{1-\mu_i}\right)^2 q_i, \qquad -\left(\frac{\mu_i}{1-\mu_i}\right)^3 q_i, \ \ldots,$$

und die Summe dieser Belastungen konvergiert nur dann, wenn $\frac{\mu_i}{1-\mu_i} < 1$ ist. Die notwendige und hinreichende Bedingung dafür, daß der Prozeß für jede beliebige Stabbelastung konvergiert, ist also, daß der größte (d. h. der zu p_1 gehörige) Wert $\mu/(1-\mu)$ noch kleiner als Eins ist. Wegen (2), (4) und (12) findet man so als Konvergenzbedingung $\varkappa l^4/\alpha(2p_1)^4 < 1$ oder

$$\frac{\varkappa l^4}{\alpha} < 500{,}55. \tag{17}$$

Ist diese Bedingung nicht erfüllt, so könnte man daran denken, durch Bestimmung der ersten Eigenwerte und der zugehörigen Eigenbelastungen die gegebene Belastung von denjenigen Bestandteilen zu reinigen, die die Divergenz des Iterationsverfahrens zur Folge haben (vgl. das gemischte Verfahren von Ziff. **15**). In einem solchen Falle ist aber die Verwendung eines der beiden folgenden Rechenverfahren vorteilhafter.

19. Der Belastungsersatz; erste Methode. In Ziff. **18** ist festgestellt worden, daß jede Stabbelastung q, nach Abspaltung der mit ihr statisch gleichwertigen, aber linear verlaufenden Belastung $q_0 = a_0 + b_0 x$, nach den zugehörigen Eigenbelastungen q_i(**18**, 9) und $\bar{q}_i$(**18**, 10) entwickelt werden kann. Zerlegt man von vornherein die Belastung $q - q_0$ in einen symmetrischen Teil q' und einen schiefsymmetrischen Teil q'', so enthält die Entwicklung von q' nur die Funktionen q_i, diejenige von q'' nur die Funktionen $\bar{q}_i$. Im folgenden denken wir uns die Zerlegung von q in q' und q'' stets ausgeführt und behandeln jede dieser Teilbelastungen für sich.

Wir betrachten zuerst die Belastung q' und stellen uns die Aufgabe, sie durch eine lineare Funktion q^* der vier Eigenbelastungen q_1, q_2, q_3 und q_4

$$q^* = c_1 q_1 + c_2 q_2 + c_3 q_3 + c_4 q_4 \tag{1}$$

derart zu ersetzen, daß für die Stabintervalle $(0, \frac{1}{8}l)$, $(\frac{1}{8}l, \frac{1}{4}l)$, $(\frac{1}{4}l, \frac{3}{8}l)$, $(\frac{3}{8}l, \frac{7}{16}l)$ und $(\frac{7}{16}l, \frac{1}{2}l)$ und also wegen der Symmetrie zugleich für die Stabintervalle $(0, -\frac{1}{8}l)$, $(-\frac{1}{8}l, -\frac{1}{4}l)$, $(-\frac{1}{4}l, -\frac{3}{8}l)$, $(-\frac{3}{8}l, -\frac{7}{16}l)$ und $(-\frac{7}{16}l, -\frac{1}{2}l)$ die von q' und q^* herrührenden Gesamtbelastungen einander gleich sind (vgl. Kap. III, Ziff. **9**, wo diese Ersatzmethode auf die zweidimensionale Aufgabe der senkrecht zu ihrer Ebene belasteten Platte angewandt wurde.) Ist diese Bedingung für die ersten vier Intervalle erfüllt, oder, was dasselbe ist, für das Intervall $(0, \frac{7}{16}l)$, so wird sie von selbst auch für das letzte Intervall befriedigt. Denn einerseits gilt, weil q' und q^* symmetrisch sind und, über die ganze Stablänge betrachtet, Gleichgewichtssysteme darstellen,

$$\int_0^{\frac{1}{2}l} q^* dx = \int_0^{\frac{1}{2}l} q' dx = 0 \tag{2}$$

und andererseits nach unserer Voraussetzung

$$\int_0^{\frac{7}{16}l} q^* dx = \int_0^{\frac{7}{16}l} q' dx. \tag{3}$$

Aus (2) und (3) folgt, daß auch

$$\int_{\frac{7}{16}l}^{\frac{1}{2}l} q^* dx = \int_{\frac{7}{16}l}^{\frac{1}{2}l} q' dx \tag{4}$$

ist. Es werden also der Belastung q^* in Wirklichkeit nur vier Bedingungen auferlegt, die sich folgendermaßen ausdrücken:

$$c_1 \int_i q_1\,dx + c_2 \int_i q_2\,dx + c_3 \int_i q_3\,dx + c_4 \int_i q_4\,dx = \int_i q'dx \qquad (i = 1, 2, 3, 4). \qquad (5)$$

Der Zeiger i soll darauf hinweisen, daß die Integrale der Reihe nach über das erste, zweite, dritte und vierte Intervall zu erstrecken sind. Die linken Integrale sind auf Grund von (**18**, 9) und (**18**, 12) ein für allemal zu berechnen und in der Tabelle 1 zusammengestellt.

Tabelle 1.

	$\frac{2}{l}\int_i q_1\,dx$	$\frac{2}{l}\int_i q_2\,dx$	$\frac{2}{l}\int_i q_3\,dx$	$\frac{2}{l}\int_i q_4\,dx$
$i=1$	$-0{,}28337$	$+0{,}25493$	$-0{,}13592$	$+0{,}02343$
$i=2$	$-0{,}15339$	$-0{,}14496$	$+0{,}28868$	$-0{,}06914$
$i=3$	$+0{,}07508$	$-0{,}27804$	$-0{,}17135$	$+0{,}11689$
$i=4$	$+0{,}13927$	$+0{,}00337$	$-0{,}09874$	$-0{,}14446$

Die rechten Integrale von (5) müssen von Fall zu Fall berechnet werden. Sie sind für Einzelkräfte im Stieltjesschen Sinne aufzufassen. Für Einzelkräfte, die ziemlich nahe an einem Grenzpunkt zweier Intervalle angreifen, empfiehlt sich eine Zerlegung in zwei in den Mittelpunkten dieser Intervalle wirkende Komponenten.

Sind mittels der Gleichungen (5) die Koeffizienten c_i berechnet, so stellt wegen (**18**, 2) und (**18**, 4)

$$\sum_{i=1}^{4} c_i \mu_i q_i = \sum_{i=1}^{4} \frac{c_i q_i}{1 + (2p_i)^4 \frac{\alpha}{\varkappa l^4}} \qquad (6)$$

die von der Bettung auf den Stab ausgeübte Reaktionsbelastung dar. Die zu q' und dieser Reaktionsbelastung gehörige Momentenlinie kann also jetzt rechnerisch oder graphisch ermittelt werden. Zur bequemen Auswertung der Summe (6) sind in Tabelle 2 für $2x/l = 0;\ 0{,}05;\ 0{,}1;\ \ldots;\ 1$ die Funktionswerte q_1 bis q_4 angegeben.

Tabelle 2.

$\frac{2x}{l}$	q_1	q_2	q_3	q_4
0	$-1{,}216$	$+1{,}422$	$-1{,}414$	$+1{,}414$
0,05	$-1{,}205$	$+1{,}370$	$-1{,}284$	$+1{,}176$
0,10	$-1{,}172$	$+1{,}215$	$-0{,}918$	$+0{,}541$
0,15	$-1{,}117$	$+0{,}971$	$-0{,}303$	$-0{,}276$
0,20	$-1{,}042$	$+0{,}656$	$+0{,}222$	$-1{,}000$
0,25	$-0{,}944$	$+0{,}293$	$+0{,}787$	$-1{,}387$
0,30	$-0{,}829$	$-0{,}089$	$+1{,}208$	$-1{,}306$
0,35	$-0{,}695$	$-0{,}461$	$+1{,}408$	$-0{,}705$
0,40	$-0{,}548$	$-0{,}794$	$+1{,}351$	$+0{,}001$
0,45	$-0{,}378$	$-1{,}062$	$+1{,}047$	$+0{,}787$
0,50	$-0{,}199$	$-1{,}242$	$+0{,}554$	$+1{,}309$
0,55	$-0{,}007$	$-1{,}320$	$-0{,}035$	$+1{,}392$
0,60	$+0{,}189$	$-1{,}286$	$-0{,}611$	$+1{,}009$
0,65	$+0{,}406$	$-1{,}138$	$-1{,}062$	$+0{,}292$
0,70	$+0{,}624$	$-0{,}883$	$-1{,}300$	$-0{,}512$
0,75	$+0{,}847$	$-0{,}533$	$-1{,}272$	$-1{,}122$
0,80	$+1{,}066$	$-0{,}104$	$-0{,}967$	$-1{,}320$
0,85	$+1{,}304$	$+0{,}383$	$-0{,}417$	$-1{,}005$
0,90	$+1{,}535$	$+0{,}907$	$+0{,}312$	$-0{,}234$
0,95	$+1{,}764$	$+1{,}451$	$+1{,}139$	$+0{,}831$
1,00	$+2{,}000$	$+2{,}000$	$+2{,}000$	$+2{,}000$

In ähnlicher Weise geht man bei der schiefsymmetrischen Belastung q'' vor, indem man q'' durch

$$q^{**} = \bar{c}_1 \bar{q}_1 + \bar{c}_2 \bar{q}_2 + \bar{c}_3 \bar{q}_3 + \bar{c}_4 \bar{q}_4 \quad (7)$$

ersetzt, jetzt aber die Bedingungsgleichungen

$$\bar{c}_1 \int_i \bar{q}_1 x\,dx + \bar{c}_2 \int_i \bar{q}_2 x\,dx + \bar{c}_3 \int_i \bar{q}_3 x\,dx + \bar{c}_4 \int_i \bar{q}_4 x\,dx = \int_i q'' x\,dx \qquad (i = 1, 2, 3, 4) \qquad (8)$$

anschreibt, welche für die ersten vier Intervalle der rechten Stabhälfte die Gleichheit der auf den Koordinatenanfang bezogenen Momente der Ersatzbelastung q^{**} und der wirklich vorhandenen Belastung q'' ausdrücken. Würde man (wie beim symmetrischen Belastungsfall) einfach die Gleichheit der betreffenden Belastungsflächen fordern, so müßte man, unter Heranziehung der fünften Eigenbelastung $\bar{q}_5$, diese Forderung für alle fünf Intervalle rechts vom

Koordinatenanfang erfüllen. Denn beim schiefsymmetrischen Belastungsfall gilt die zu (2) analoge Gleichung nicht, so daß aus den entsprechenden Gleichungen (3) nicht auf die entsprechende Gleichung für das fünfte Intervall geschlossen werden kann. Dagegen gilt jetzt, eben weil q'' und q^{**} schiefsymmetrisch sind, die Gleichung

$$\int_0^{\frac{1}{2}l} q^{**}\, x\, dx = \int_0^{\frac{1}{2}l} q''\, x\, dx = 0. \tag{9}$$

Wenn also wegen der Gleichungen (8)

$$\int_0^{\frac{7}{16}l} q^{**}\, x\, dx = \int_0^{\frac{7}{16}l} q''\, x\, dx$$

ist, so wird auch von selbst

$$\int_{\frac{7}{16}l}^{\frac{1}{2}l} q^{**} x\, dx = \int_{\frac{7}{16}l}^{\frac{1}{2}l} q''\, x\, dx.$$

Tabelle 3.

	$\frac{4}{l^2}\int\limits_i \bar{q}_1\, x\, dx$	$\frac{4}{l^2}\int\limits_i \bar{q}_2\, x\, dx$	$\frac{4}{l^2}\int\limits_i \bar{q}_3\, x\, dx$	$\frac{4}{l^2}\int\limits_i \bar{q}_4\, x\, dx$
$i = 1$	—0,02533	+ 0,03760	—0,03633	+ 0,02442
$i = 2$	—0,11893	+ 0,04545	+ 0,07560	—0,07082
$i = 3$	—0,09087	—0,17523	—0,02734	+ 0,10929
$i = 4$	+ 0,05711	—0,04191	—0,10398	—0,11708

Der Ansatz (7) mit (8) hat den Vorteil, daß man auch jetzt mit nur vier unbekannten Konstanten $\bar{c}_i$ auskommt, und daß eine völlige Analogie zwischen dem symmetrischen und dem schiefsymmetrischen Belastungsfall hergestellt ist. Die linken Integrale von (8) sind in Tabelle 3 vereinigt.

Die dem Belastungsersatz entsprechende Reaktionsbelastung des Stabes wird durch

$$\sum_{i=1}^{4} \bar{c}_i \bar{\mu}_i \bar{q}_i = \sum_{i=1}^{4} \frac{\bar{c}_i \bar{q}_i}{1 + (2\bar{p}_i)^4 \dfrac{\alpha}{\varkappa l^4}} \tag{10}$$

dargestellt. Die zur Auswertung dieser Summe erforderlichen Funktionswerte gibt Tabelle 4.

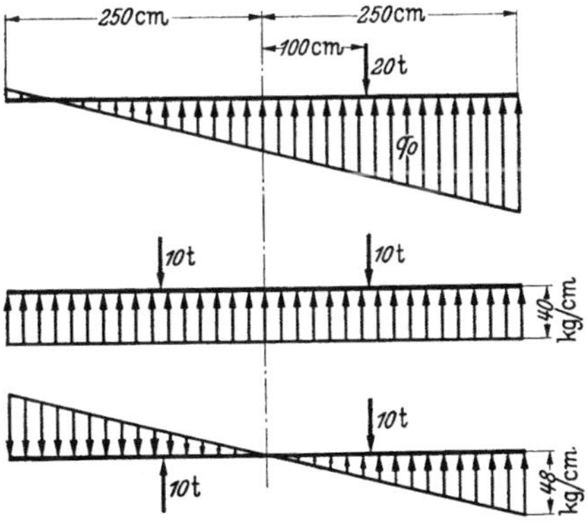

Abb. 26. Zerlegung einer Belastung in eine symmetrische und in eine schiefsymmetrische Komponente

Tabelle 4.

$\frac{2x}{l}$	$\bar{q}_1$	$\bar{q}_2$	$\bar{q}_3$	$\bar{q}_4$
0,00	0	0	0	0
0,05	—0,268	+ 0,490	—0,691	+ 0,876
0,10	—0,525	+ 0,920	—1,206	+ 1,375
0,15	—0,761	+ 1,236	—1,413	+ 1,284
0,20	—0,966	+ 1,400	—1,200	+ 0,642
0,25	—1,131	+ 1,392	—0,785	—0,276
0,30	—1,249	+ 1,213	—0,110	—1,075
0,35	—1,314	+ 0,886	+ 0,593	—1,413
0,40	—1,324	+ 0,451	+ 1,146	—1,144
0,45	—1,275	—0,035	+ 1,408	—0,383
0,50	—1,170	—0,512	+ 1,313	+ 0,542
0,55	—1,007	—0,919	+ 0,886	+ 1,236
0,60	—0,794	—1,201	+ 0,238	+ 1,402
0,65	—0,534	—1,320	—0,461	+ 0,969
0,70	—0,235	—1,255	—1,028	+ 0,129
0,75	+ 0,098	—1,005	—1,307	—0,750
0,80	+ 0,453	—0,590	—1,215	—1,276
0,85	+ 0,830	—0,038	—0,744	—1,192
0,90	+ 1,211	+ 0,603	+ 0,030	—0,474
0,95	+ 1,608	+ 1,295	+ 0,984	+ 0,679
1,00	+ 2,000	+ 2,000	+ 2,000	+ 2,000

Als Beispiel führen wir die Rechenergebnisse für den Stab von Abb. 26 an, dessen in einem Punkt konzentrierte Belastung in einen symmetrischen und einen schiefsymmetrischen Teil zerlegt ist. Die Daten dieses Stabes sind

$$l = 500 \text{ cm}, \quad \alpha = 5 \cdot 10^8 \text{ kgcm}^2, \quad \varkappa = 125 \text{ kg/cm}^2, \quad \frac{\varkappa l^4}{\alpha} = 15625,$$

$$\frac{1}{\mu_1} = 1{,}032, \quad \frac{1}{\mu_2} = 1{,}936, \quad \frac{1}{\mu_3} = 6{,}705, \quad \frac{1}{\mu_4} = 20{,}725,$$
$$\frac{1}{\bar\mu_1} = 1{,}244, \quad \frac{1}{\bar\mu_2} = 3{,}556, \quad \frac{1}{\bar\mu_3} = 12{,}128, \quad \frac{1}{\bar\mu_4} = 33{,}541.$$

Die Gleichungssysteme (5) und (8) nehmen hier die Form an

$$-0{,}28337\, c_1 + 0{,}25493\, c_2 - 0{,}13592\, c_3 + 0{,}02343\, c_4 = -2500\,\frac{2}{l} = -10,$$
$$-0{,}15339\, c_1 - 0{,}14496\, c_2 + 0{,}28868\, c_3 - 0{,}06914\, c_4 = +6500\,\frac{2}{l} = +26,$$
$$+0{,}07508\, c_1 - 0{,}27804\, c_2 - 0{,}17135\, c_3 + 0{,}11689\, c_4 = -1500\,\frac{2}{l} = -6,$$
$$+0{,}13927\, c_1 + 0{,}00337\, c_2 - 0{,}09874\, c_3 - 0{,}14446\, c_4 = -1250\,\frac{2}{l} = -5$$

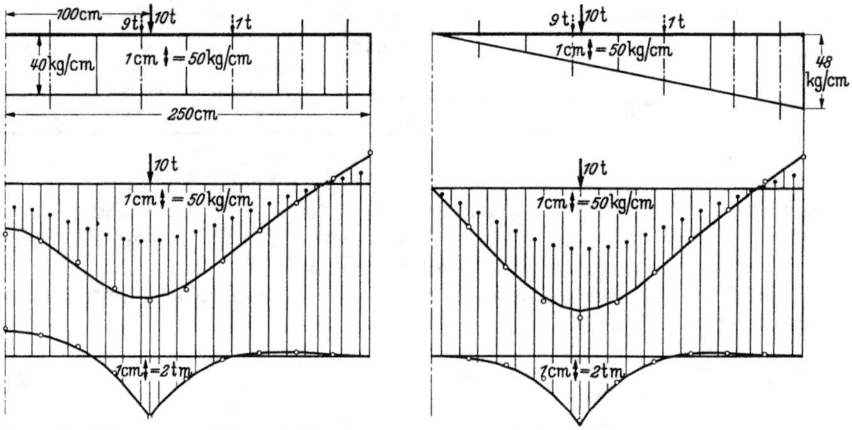

Abb 27a und b. Belastungs- und Momentenlinie eines symmetrisch und eines schiefsymmetrisch belasteten Stabes.

und

$$-0{,}02533\, \bar c_1 + 0{,}03760\, \bar c_2 - 0{,}03633\, \bar c_3 + 0{,}02442\, \bar c_4 = \frac{-10^6}{64}\left(\frac{2}{l}\right)^2 = -0{,}2500,$$
$$-0{,}11893\, \bar c_1 + 0{,}04545\, \bar c_2 + 0{,}07560\, \bar c_3 - 0{,}07082\, \bar c_4 = \frac{47 \cdot 10^6}{64}\left(\frac{2}{l}\right)^2 = +11{,}1750,$$
$$-0{,}09087\, \bar c_1 - 0{,}17523\, \bar c_2 - 0{,}02734\, \bar c_3 + 0{,}10929\, \bar c_4 = \frac{-9 \cdot 10^6}{64}\left(\frac{2}{l}\right)^2 = -2{,}2500,$$
$$+0{,}05711\, \bar c_1 - 0{,}04191\, \bar c_2 - 0{,}10398\, \bar c_3 - 0{,}11708\, \bar c_4 = \frac{-127 \cdot 10^6}{512}\left(\frac{2}{l}\right)^2 = -3{,}96875.$$

Ihre Lösungen sind

$$c_1 = -21{,}581, \quad \bar c_1 = -51{,}253,$$
$$c_2 = -30{,}369, \quad \bar c_2 = +14{,}822,$$
$$c_3 = +57{,}133, \quad \bar c_3 = +37{,}798,$$
$$c_4 = -25{,}953, \quad \bar c_4 = -29{,}978.$$

Mit Hilfe dieser Koeffizienten sind die Reaktionsbelastungen (6) und (10) berechnet und in Abb. 27a und b eingetragen. Diese zeigen unten die jetzt leicht zu konstruierenden Momentenlinien des Stabes, sowie die mit kleinen Kreisen verzeichneten, auf genauem Wege erhaltenen Ergebnisse. In Abb. 27a kann ein Unterschied zwischen den größten Momenten nicht festgestellt werden; in Abb. 27b beträgt dieser Unterschied 6%.

Der Vorteil dieser Methode fällt an diesem Beispiel eigentlich nicht genügend ins Auge, weil der Stab nur durch eine Kraft belastet ist. Wir haben dieses Beispiel jedoch deshalb gewählt, weil hier die genaue Vergleichsrechnung leicht durchzuführen war.

20. Der Belastungsersatz; zweite Methode. Die Methode von Ziff. **19** beruht darauf, daß jede der Belastungen q' und q'' durch eine Summe von vier Eigenbelastungen derart ersetzt wird, daß für jedes der Intervalle, in die die Stablänge unterteilt wird, eine gewisse statische Äquivalenz zwischen der gegebenen und der Ersatzbelastung erfüllt wird. Man kann sich aber auch auf einen anderen Standpunkt stellen und die genauen Entwicklungen

$$q' = \sum_{i=1}^{\infty} c_i q_i, \qquad q'' = \sum_{i=1}^{\infty} \bar{c}_i \bar{q}_i, \tag{1}$$

in welchen die Koeffizienten c_i und $\bar{c}_i$ gemäß (**18**, 16) durch

$$c_i = \frac{1}{l} \int_{-\frac{1}{2}l}^{+\frac{1}{2}l} (q - q_0) q_i \, dx, \qquad \bar{c}_i = \frac{1}{l} \int_{-\frac{1}{2}l}^{+\frac{1}{2}l} (q - q_0) \bar{q}_i \, dx \tag{2}$$

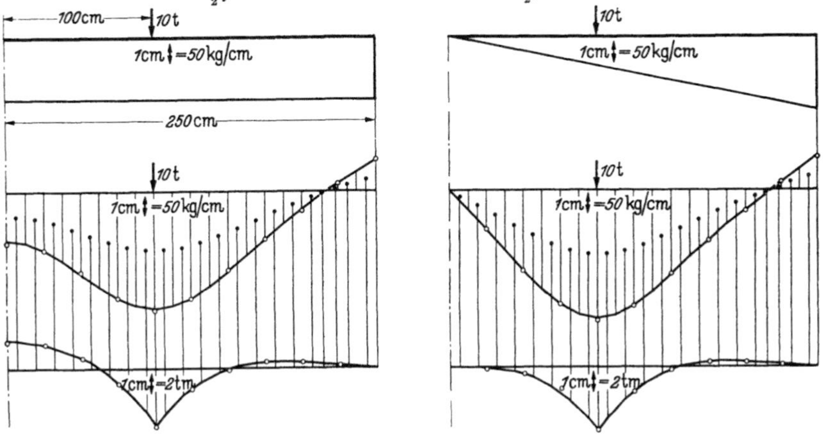

Abb. 28a und b. Belastungs- und Momentenlinie eines symmetrisch und eines schiefsymmetrisch belasteten Stabes.

bestimmt sind, einfach nach dem vierten Glied abbrechen und die so entstehenden Ausdrücke

$$\sum_{i=1}^{4} c_i \mu_i q_i = \sum_{i=1}^{4} \frac{c_i q_i}{1 + (2p_i)^4 \frac{\alpha}{\varkappa l^4}}, \qquad \sum_{i=1}^{4} \bar{c}_i \bar{\mu}_i \bar{q}_i = \sum_{i=1}^{4} \frac{\bar{c}_i \bar{q}_i}{1 + (2\bar{p}_i)^4 \frac{\alpha}{\varkappa l^4}} \tag{3}$$

als Näherungswerte für die durch q' und q'' wachgerufenen Reaktionsdrücke der Bettung ansehen.

Bei der wirklichen Berechnung von c_i und $\bar{c}_i$ wird man erstens die Integrale (2) durch die mit ihnen gleichwertigen

$$c_i = \frac{1}{l} \int_{-\frac{1}{2}l}^{+\frac{1}{2}l} q q_i \, dx, \qquad \bar{c}_i = \frac{1}{l} \int_{-\frac{1}{2}l}^{+\frac{1}{2}l} q \bar{q}_i \, dx \tag{4}$$

ersetzen, so daß sowohl die Berechnung von q_0 als auch die Zerlegung der gegebenen Belastung in einen symmetrischen und einen schiefsymmetrischen Teil überflüssig wird. Weil nämlich q_0 nach Ziff. **18** selbst auch eine Eigenbelastung darstellt, so ist wegen der Orthogonalitätsbedingungen (**18**, 14)

$$\int_{-\frac{1}{2}l}^{+\frac{1}{2}l} q_0 q_i \, dx = 0, \qquad \int_{-\frac{1}{2}l}^{+\frac{1}{2}l} q_0 \bar{q}_i \, dx = 0. \tag{5}$$

Zweitens aber wird man auch hier die Stablänge in eine genügend große Anzahl gleich großer Strecken unterteilen und für jede Strecke einen Mittelwert von q, q_i und $\bar{q}_i$ einführen, damit die Integrale (4) durch Summen ersetzt werden können, deren Berechnung durch die Tabellen 2 und 4 von Ziff. **19** erleichtert wird.

Zum Vergleich mit den Ergebnissen des Beispiels in Ziff. **19** sind in Abb. 28a und b für denselben Belastungsfall (der wieder in seinen symmetrischen und schiefsymmetrischen Teil zerspaltet ist) die Momentenlinien gezeichnet, wie sie sich jetzt ergeben. Die Übereinstimmung dieser Kurven mit den genau berechneten Momentenlinien ist, was man vielleicht nicht erwartet hätte, noch etwas besser als in Ziff. **19**. Man sieht aber leicht ein, daß der bei der zweiten Methode gemachte Fehler im allgemeinen nur sehr geringfügig sein kann. Denn die

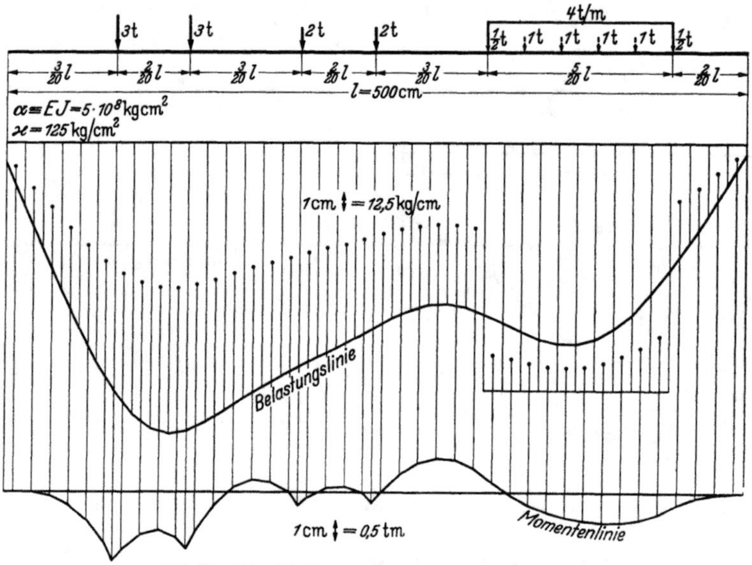

Abb. 29. Beispiel eines allgemeinen Belastungsfalles.

Vernachlässigung eines Gliedes $c_i q_i (i > 4)$ in der Stabbelastung q' hat für die Reaktionsbelastung der Unterlage nur einen Fehler vom Betrage

$$\frac{c_i q_i}{1 + (2 p_i)^4 \frac{\alpha}{\varkappa l^4}}$$

zur Folge. Weil für hohes $i\,(i > 4)$ der Nenner dieses Bruches im allgemeinen sehr groß ist, so bleibt der Fehler sehr gering. Nur in dem Falle, daß $\alpha/\varkappa l^4$ sehr klein ist, wäre unter Umständen — nämlich dann, wenn die Stabbelastung große Vielfache der höheren Eigenbelastungen enthielte — die Berechnung weiterer Koeffizienten erforderlich.

Als Beispiel einer Belastung, die einer genauen Rechnung kaum zugänglich wäre, aber mit dieser Methode leicht zu bewältigen ist, führen wir den Stab von Abb. 29 an, welcher die gleichen Abmessungen und die gleiche Bettungsziffer wie der Stab von Abb. 26 in Ziff. **19** hat. Die gleichmäßige Belastung ist, wie in Abb. 29 angegeben, durch Einzelkräfte ersetzt, die in den Teilpunkten der in 40 Teile unterteilten Stablänge angreifen. Die Tabelle, die zur Berechnung von c_1 dient (und in welcher x die von der Stabmitte aus gemessene Abszisse des Angriffspunktes einer Kraft P darstellt) läßt erkennen, wie schnell und einfach die Berechnung der Koeffizienten c_i und $\bar{c}_i$ vor sich geht. Außer dem

Koeffizienten c_1 ist (mit den in Ziff. **19** angegebenen μ_i-Werten) auch der Faktor $\mu_1 c_1$ berechnet, der angibt, mit welchem Betrage die Eigenbelastung q_1 in dem Gegendruck der Unterlage vertreten ist.

$\frac{2x}{l}$	P	q_1	Pq_1	$\frac{2x}{l}$	P	q_1	Pq_1
−0,7	3000	+0,624	+1872	+0,4	1000	−0,548	−548
−0,5	3000	−0,199	−597	+0,5	1000	−0,199	−199
−0,2	2000	−1,042	−2084	+0,6	1000	+0,189	+189
0,0	2000	−1,216	−2432	+0,7	1000	+0,624	+624
+0,3	500	−0,829	−415	+0,8	500	+1,066	+533

$$\sum Pq_1 = -3057; \quad c_1 = \frac{1}{l}\sum Pq_1 = -6{,}114; \quad \mu_1 c_1 = \frac{c_1}{1+(2p_1)^4\frac{\alpha}{\varkappa l^4}} = -\frac{6{,}114}{1{,}032} = -5{,}924.$$

§ 4. Die gerade Welle.

21. Die glatte zylindrische Welle. Eine Maschinenwelle unterscheidet sich von dem in § 1 bis **3** behandelten Stab dadurch, daß sie außer einer Biegung auch noch einer Torsion unterworfen ist. Bei ihrer Berechnung kommt es in erster Linie auf den Verlauf der Biegemomente und des Torsionsmomentes an. Der Verlauf des Torsionsmomentes ist bei einer Maschinenwelle wohl stets von vornherein bekannt. Das Biegemoment, welches im allgemeinen noch in zwei Komponenten zerlegt werden muß, deren Ebenen mit der Welle fest verbunden sind, kann für einen beliebigen Querschnitt erst dann berechnet werden, wenn alle Stützkräfte bekannt sind. Die Bestimmung dieser Kräfte aber war gerade der Gegenstand von § 1 bis **3**. Hat man es mit einer glatten zylindrischen Welle zu tun, und bezeichnet M das gesamte Biegemoment, W das Torsionsmoment, d den Wellendurchmesser und also

$$\sigma = \frac{M}{\frac{1}{32}\pi d^3}, \quad \tau = \frac{W}{\frac{1}{16}\pi d^3} \quad (1)$$

die größte Biege- und Torsionsspannung, so ist für jeden Querschnitt der gefährliche Punkt (d. h. der Punkt, in dem diese Höchstspannungen zugleich auftreten) durch den in Abb. **30** dargestellten ebenen Spannungszustand gekennzeichnet.

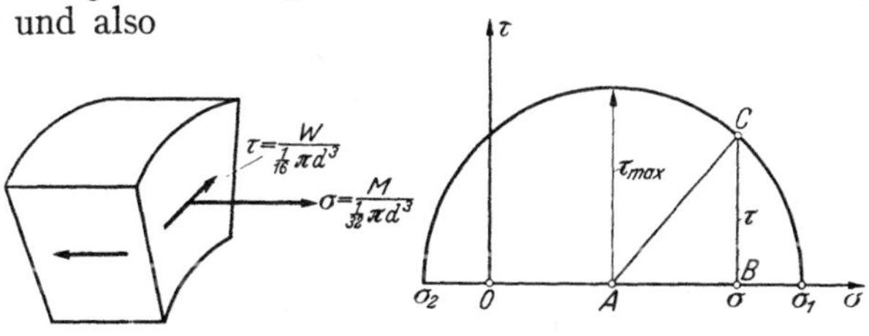

Abb. 30. Der Spannungszustand im gefahrlichen Punkt.

Für die Konstruktion des Spannungskreises nach Kap. I, Ziff. **5** (insbesondere dort Abb. 8) beachte man, daß eine zu σ senkrechte Normalspannung jetzt nicht vorhanden ist. Man hat also einfach um den Mittelpunkt A der Strecke $OB = \sigma$ einen Kreis zu beschreiben, der durch den Punkt $C(\sigma, \tau)$ geht, um die Hauptspannungen σ_1 und σ_2 sowie die größte Schubspannung τ_{max} zu erhalten. (Hierbei ist abgesehen von dem technisch nicht vorkommenden Fall, daß der Einfluß der etwa im Querschnitt auftretenden Querkraft eine Rolle spielt.) Sobald also das Kriterium für das Eintreten eines gefährlichen Grenzspannungszustandes festgestellt ist, kann die Berechnung des Wellendurchmessers vorgenommen werden.

Geht man etwa von der Coulomb-Mohr-Guestschen Hypothese aus (die für Flußstahl zur Zeit wohl am meisten üblich ist), daß die größte Schubspannung einen vorgeschriebenen Wert $\bar{\tau}$ nicht überschreiten darf, so hat man nach Abb. 30

$$\sigma_{1,2} = \frac{\sigma}{2} \pm \sqrt{\frac{\sigma^2}{4} + \tau^2} \tag{2}$$

und also

$$\tau_{\max} = \frac{\sigma_1 - \sigma_2}{2} = \sqrt{\frac{\sigma^2}{4} + \tau^2} = \frac{\sqrt{M^2 + W^2}}{\frac{1}{16}\pi d^3},$$

so daß der Wellendurchmesser d aus

$$\frac{\sqrt{M^2 + W^2}}{\frac{1}{16}\pi d^3} \leq \bar{\tau} \tag{3}$$

bestimmt werden könnte. Bezeichnet man die zulässige reine Zugspannung mit $\bar{\sigma}$, so daß (wie aus dem Spannungskreis für reinen Zug hervorgeht) $\bar{\sigma} = 2\bar{\tau}$ ist, so kann (3) auch in der Form geschrieben werden

$$\frac{\sqrt{M^2 + W^2}}{\frac{1}{32}\pi d^3} \leq \bar{\sigma}. \tag{4}$$

Ginge man dagegen von der Hencky-Huberschen Hypothese aus, wonach die Gestaltänderungsenergie (I, **14**, 10) einen bestimmten Wert $\bar{A}_g$ nicht überschreiten darf, so müßte

$$\frac{1}{12G}\left[(\sigma_2 - \sigma_3)^2 + (\sigma_3 - \sigma_1)^2 + (\sigma_1 - \sigma_2)^2\right] \leq \bar{A}_g \tag{5}$$

sein oder in unserem Falle mit (2)

$$\frac{1}{12G}\left[(\sigma_1 - \sigma_2)^2 + \sigma_1^2 + \sigma_2^2\right] = \frac{1}{6G}(\sigma^2 + 3\tau^2) \leq \bar{A}_g.$$

Ersetzt man in dieser Formel σ und τ durch ihre Werte (1) und drückt außerdem $\bar{A}_g$ noch in der zulässigen reinen Zugspannung $\bar{\sigma}$ aus, indem man (5) auf den geradlinigen Zugspannungszustand anwendet, $\bar{A}_g = \bar{\sigma}^2/6G$, so erhält man den Wellendurchmesser d jetzt aus

$$\frac{\sqrt{M^2 + \frac{3}{4}W^2}}{\frac{1}{32}\pi d^3} \leq \bar{\sigma}. \tag{6}$$

Bei der Berechnung sowohl nach der ersten wie nach der zweiten Hypothese tritt noch eine grundsätzliche Schwierigkeit auf. Weil nämlich das Biegemoment in dem Werkstoff unter allen Umständen Wechselspannungen hervorruft, das Torsionsmoment aber im allgemeinen einen festen Drehsinn hat, so sind beide Momente für die Ermüdungserscheinungen der Welle von verschiedener Gefährlichkeit. Dieser Tatsache kann man, wenn auch in etwas primitiver Weise, dadurch Rechnung tragen, daß man in den Formeln (4) und (6) M und W mit je einem Beiwert n_b bzw. n_t versieht und ansetzt

$$\frac{\sqrt{(n_b M)^2 + (n_t W)^2}}{\frac{1}{32}\pi d^3} \leq \bar{\sigma}, \tag{4a}$$

$$\frac{\sqrt{(n_b M)^2 + \frac{3}{4}(n_t W)^2}}{\frac{1}{32}\pi d^3} \leq \bar{\sigma}. \tag{6a}$$

Hierin bezeichnet n_b dann eine Zahl, die ausdrückt, daß die Spannung $\bar{\sigma}$, welche bei statischer Biegung als zulässig betrachtet wird, bei wechselnder Biegebeanspruchung auf $\bar{\sigma}_b : n_b$ verringert werden muß, und ebenso n_t eine Zahl, die ausdrückt, daß die zulässige Spannung $\bar{\tau}$, welche bei statischer Torsion als maßgebend betrachtet wird, bei wechselnder Torsionsbeanspruchung auf $\bar{\tau} : n_t$ herabgesetzt werden soll. Wie man leicht einsieht, wird so erreicht, daß die Formeln (4a) und (6a) wenigstens für die Grenzfälle der reinen Biegung und der reinen Torsion den etwaigen Wechselerscheinungen gebührend Rechnung tragen. Man darf also erwarten, daß sie auch bei kombinierter Biegung und Torsion zu einer befriedigenden Festigkeitsrechnung führen.

Hiermit könnten wir die Besprechung der geraden Welle schließen, wenn nicht noch einige Fragen zu erörtern übrig blieben, die mit dem Auftreten örtlicher Spannungskonzentrationen zusammenhängen. Diese Fragen haben übrigens auch für alle anderen Maschinenteile Bedeutung, bei denen Wechselerscheinungen im Spannungszustand auftreten. Während bei ruhender Belastung sehr eng begrenzte örtliche Spannungskonzentrationen in einem zähen Werkstoffe zumeist ungefährlich sind, weil dieser in seiner Fließeigenschaft das Vermögen besitzt, solche Spannungskonzentrationen auszugleichen, so wird bekanntlich der Widerstand des Stoffes bei wechselnder Belastung nach Überschreiten der Fließgrenze sehr bedeutend herabgesetzt, so daß die durch Spannungskonzentrationen hervorgerufenen Spannungserhöhungen oft die Veranlassung zum Entstehen von Ermüdungsbrüchen sind. Diese Spannungskonzentrationen können verschiedene Gründe haben. Erstens treten sie überall da auf, wo der Maschinenteil einen Hohlraum in seinem Inneren oder einen Riß an seiner Oberfläche hat, also da, wo der Werkstoff zufolge seiner Herstellung oder zufolge seiner Bearbeitung einen Fehler aufweist. Zweitens können sie aber auch die Folge einer durch den technischen Zweck geforderten Formgebung sein. Beispiele von solchen Spannungskonzentrationen zeigt die gerade Maschinenwelle in der Abrundungskehle jedes Durchmesserüberganges und in den Abrundungsecken jeder Nut. Wir untersuchen jetzt eine ganze Reihe solcher Störungen des normalen Spannungsfeldes.

22. Die Spannungskonzentration an einem kugelförmigen Loch. Wenn durch fehlerhafte Herstellung irgendwo in einem Werkstoff ein Loch, das wir weiterhin als kugelförmig voraussetzen, nachgeblieben ist, so wird es im allgemeinen wohl so klein sein, daß in seiner Umgebung, sagen wir in einem Kugelgebiete, dessen Halbmesser das Vierfache des Kugelhalbmessers ist, der Spannungszustand als homogen betrachtet werden könnte, wenn das Loch nicht vorhanden wäre. Unter solchen Umständen wird die Frage nach der durch das Loch verursachten Spannungskonzentration unabhängig von der besonderen Gestalt des Maschinenteiles und von seiner besonderen Belastung; sie wird auf die Aufgabe zurückgeführt, die Spannungsverteilung in der Umgebung einer Hohlkugel zu bestimmen, die sich in einem unendlich ausgedehnten Körper befindet, der einem homogenen Spannungszustand $(\sigma_1, \sigma_2, \sigma_3)$ ausgesetzt ist. Aus dieser Formulierung des Problems geht unmittelbar hervor, daß die Spannungskonzentration, auch bei einem Loch von beliebiger Gestalt, nicht von der absoluten Größe des Loches, sondern nur von seiner geometrischen Form abhängt.

Für den Sonderfall des kugelförmigen Loches[1]) lösen wir zunächst eine Hilfsaufgabe und greifen dabei zurück auf die allgemeinen Gleichungen (I, **17**, 4), welche mit Vernachlässigung der Volumkräfte übergehen in

$$\left.\begin{aligned} \Delta u + \frac{m}{m-2}\frac{\partial e}{\partial x} &= 0, \\ \Delta v + \frac{m}{m-2}\frac{\partial e}{\partial y} &= 0, \\ \Delta w + \frac{m}{m-2}\frac{\partial e}{\partial z} &= 0 \end{aligned}\right\} \qquad \left(\begin{aligned} \Delta &\equiv \frac{\partial^2}{\partial x^2} + \frac{\partial^2}{\partial y^2} + \frac{\partial^2}{\partial z^2}, \\ e &\equiv \frac{\partial u}{\partial x} + \frac{\partial v}{\partial y} + \frac{\partial w}{\partial z} \end{aligned}\right). \tag{1}$$

[1]) J. N. GOODIER, Concentration of stress around spherical and cylindrical inclusions and flaws, J. Appl. Mech. 1 (1933) S. 39.

Setzt man in diesen Gleichungen versuchsweise

$$u = \frac{\partial \Phi}{\partial x}, \qquad v = \frac{\partial \Phi}{\partial y}, \qquad w = \frac{\partial \Phi}{\partial z}, \tag{2}$$

so sieht man, daß für Φ nur eine einzige Bedingungsgleichung, nämlich die Potentialgleichung

$$\Delta \Phi = 0 \tag{3}$$

übrigbleibt. (Eine für unser Problem belanglose Konstante C, welche eigentlich als rechte Seite dieser Gleichung hätte geschrieben werden sollen, ist sofort gleich Null gesetzt.) Aus jeder Potentialfunktion kann also nach (2) eine Lösung der Gleichungen (1) hergeleitet werden. Jede solche Lösung zeichnet sich durch die Eigenschaft aus, daß in jedem Punkte die räumliche Dehnung $e = 0$ ist, wie aus (1) mit (2) und (3) sofort folgt.

Eine andere Lösungsgattung der Gleichungen (1) stellt der Ansatz

$$u = r^2 \frac{\partial \Psi_n}{\partial x} + \alpha_n x \Psi_n, \quad v = r^2 \frac{\partial \Psi_n}{\partial y} + \alpha_n y \Psi_n, \quad w = r^2 \frac{\partial \Psi_n}{\partial z} + \alpha_n z \Psi_n \quad (r^2 = x^2 + y^2 + z^2) \tag{4}$$

dar, in welchem Ψ_n eine homogene Potentialfunktion n-ten Grades bezeichnet, für welche also

$$\Delta \Psi_n = 0 \tag{5}$$

sowie die Homogenitätsbedingung

$$x \frac{\partial \Psi_n}{\partial x} + y \frac{\partial \Psi_n}{\partial y} + z \frac{\partial \Psi_n}{\partial z} = n \Psi_n \tag{6}$$

gilt, und α_n ein noch näher zu bestimmender, von n abhängiger Festwert ist. Mit $\frac{\partial r}{\partial x} = \frac{x}{r}$ und $\frac{\partial^2 r}{\partial x^2} = \frac{1}{r} - \frac{x^2}{r^3}$ erhält man nämlich zunächst

$$\frac{\partial^2}{\partial x^2}(r^2 \Psi_n) \equiv r^2 \frac{\partial^2 \Psi_n}{\partial x^2} + 4x \frac{\partial \Psi_n}{\partial x} + 2\Psi_n, \qquad \frac{\partial^2}{\partial x^2}(x \Psi_n) \equiv x \frac{\partial^2 \Psi_n}{\partial x^2} + 2 \frac{\partial \Psi_n}{\partial x}$$

nebst ähnlichen Ausdrücken bei der Differentiation nach y und z, so daß wegen (5) und (6)

$$\Delta(r^2 \Psi_n) \equiv 2(2n+3)\Psi_n, \qquad \Delta(x \Psi_n) \equiv 2 \frac{\partial \Psi_n}{\partial x}$$

wird. Somit ist

$$\Delta\left(r^2 \frac{\partial \Psi_n}{\partial x}\right) \equiv \Delta\left[\frac{\partial}{\partial x}(r^2 \Psi_n) - 2x\Psi_n\right] \equiv \frac{\partial}{\partial x}\Delta(r^2\Psi_n) - 2\Delta(x\Psi_n) \equiv 2(2n+1)\frac{\partial \Psi_n}{\partial x}$$

und

$$\Delta u = 2\left[(2n+1) + \alpha_n\right]\frac{\partial \Psi_n}{\partial x}. \tag{7}$$

Ferner gilt

$$\frac{\partial u}{\partial x} = r^2 \frac{\partial^2 \Psi_n}{\partial x^2} + 2x \frac{\partial \Psi_n}{\partial x} + \alpha_n \left(x \frac{\partial \Psi_n}{\partial x} + \Psi_n\right)$$

nebst ähnlichen Ausdrücken für $\partial v/\partial y$ und $\partial w/\partial z$, so daß wegen (5) und (6)

$$e = \left[2n + (3+n)\alpha_n\right]\Psi_n \tag{8}$$

wird. Setzt man die Ausdrücke (7) und (8) in die erste Gleichung (1) ein, so wird diese in der Tat identisch befriedigt, wenn

$$2\left[(2n+1) + \alpha_n\right] + \frac{m}{m-2}\left[2n + (3+n)\alpha_n\right] = 0$$

ist. Es muß also

$$\alpha_n = -2\,\frac{m(3n+1) - 2(2n+1)}{m(n+5) - 4} \tag{9}$$

sein.

Eine Ausnahme bildet der Fall, daß Ψ_n eine Potentialfunktion nullten Grades, also eine Konstante ist, weil dann Gleichung (1) unabhängig von α befriedigt wird. Nimmt man den konstanten Wert Ψ_0 in die Konstante α_0 auf, so lautet (4) für den Fall $n=0$

$$u=\alpha_0 x, \qquad v=\alpha_0 y, \qquad w=\alpha_0 z. \tag{4a}$$

Wir betrachten nun zunächst die Spannungsstörung, die in einem homogenen linearen Spannungszustand $(0, 0, \sigma_3)$ durch ein kugelförmiges Loch hervorgerufen wird. Zur Lösung dieses rotationssymmetrischen Spannungsproblems wählen wir (Abb. 31) den Mittelpunkt des Loches zum Pol und die der Zugrichtung parallele Gerade z durch diesen Punkt zur Polachse eines Systems von Kugelkoordinaten (r, φ, ϑ) (vgl. Kap. I, Ziff. **18**) und schreiben die aus den Ansätzen (2) und (4) folgenden Verzerrungen und Spannungen sogleich in diesen Koordinaten an. Dazu müssen zuerst die zu den neuen Koordinaten gehörigen Verschiebungen u, v und w (die weiterhin kaum mit den auf die Koordinaten x, y, z bezogenen Verschiebungen verwechselt werden können) in Φ und Ψ_n ausgedrückt werden.

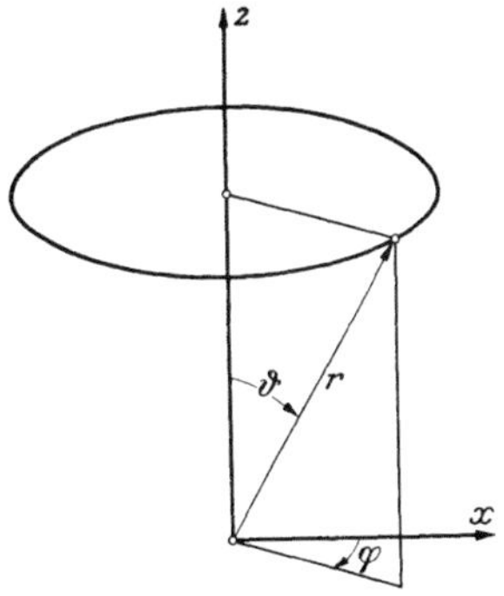

Abb 31. Kugelkoordinaten.

Weil die durch den Ansatz (2) dargestellte Verschiebung der Gradient einer Potentialfunktion ist, so kann ohne weiteres für die Verschiebungen in der Meridianebene

$$u=\frac{\partial \Phi}{\partial r}, \qquad w=\frac{1}{r}\frac{\partial \Phi}{\partial \vartheta} \tag{10}$$

gesetzt werden, wogegen für jeden Punkt die zu seiner Meridianebene senkrechte Verschiebung v in unserem Fall aus Symmetriegründen verschwindet. Die Verschiebung aus dem Ansatz (4) setzt sich zusammen aus dem r^2-fachen Gradientvektor der Funktion Ψ_n und einer Verschiebung $\alpha_n r \Psi_n$ in Richtung des Fahrstrahles. In Kugelkoordinaten drücken sich die Komponenten dieser Verschiebung also wie folgt aus:

$$u=r^2\frac{\partial \Psi_n}{\partial r}+\alpha_n r \Psi_n, \qquad w=r\frac{\partial \Psi_n}{\partial \vartheta}. \tag{11}$$

Gemäß (I, **18**, 13) findet man jetzt für die zu einer Funktion Φ gehörigen Verzerrungen zufolge (10)

$$\left.\begin{aligned}
\varepsilon_r &= \frac{\partial u}{\partial r}=\frac{\partial^2 \Phi}{\partial r^2},\\
\varepsilon_\vartheta &= \frac{1}{r}\frac{\partial w}{\partial \vartheta}+\frac{u}{r}=\frac{1}{r^2}\frac{\partial^2 \Phi}{\partial \vartheta^2}+\frac{1}{r}\frac{\partial \Phi}{\partial r},\\
\varepsilon_\varphi &= e-\varepsilon_r-\varepsilon_\vartheta=-(\varepsilon_r+\varepsilon_\vartheta),\\
\psi_{r\vartheta} &= \frac{\partial w}{\partial r}-\frac{w}{r}+\frac{1}{r}\frac{\partial u}{\partial \vartheta}=2\frac{\partial}{\partial r}\left(\frac{1}{r}\frac{\partial \Phi}{\partial \vartheta}\right).
\end{aligned}\right\} \tag{12}$$

Für die zugehörigen Spannungskomponenten σ_r, σ_ϑ, σ_φ, $\tau_{r\vartheta}$ erhält man aus den Gleichungen (I, **17**, 2c und 2d), welche für das hier verwendete Koordinatensystem die Form

$$\sigma_r=2G\left(\varepsilon_r+\frac{e}{m-2}\right), \qquad \tau_{\varphi\vartheta}=G\,\psi_{\varphi\vartheta} \quad \text{und zyklisch weiter} \tag{13}$$

annehmen (wobei jetzt zudem noch $e=0$ ist),

$$\left.\begin{aligned} \sigma_r &= 2G\frac{\partial^2\Phi}{\partial r^2}, \\ \sigma_\vartheta &= 2G\left(\frac{1}{r^2}\frac{\partial^2\Phi}{\partial\vartheta^2}+\frac{1}{r}\frac{\partial\Phi}{\partial r}\right), \\ \sigma_\varphi &= -(\sigma_r+\sigma_\vartheta), \\ \tau_{r\vartheta} &= 2G\frac{\partial}{\partial r}\left(\frac{1}{r}\frac{\partial\Phi}{\partial\vartheta}\right). \end{aligned}\right\} \tag{14}$$

Ebenso folgen aus (11) und (8) die zu einer Funktion Ψ_n gehörigen Verzerrungen

$$\left.\begin{aligned} \varepsilon_r &= \frac{\partial u}{\partial r} = r^2\frac{\partial^2\Psi_n}{\partial r^2}+(2+\alpha_n)\,r\frac{\partial\Psi_n}{\partial r}+\alpha_n\Psi_n, \\ \varepsilon_\vartheta &= \frac{1}{r}\frac{\partial w}{\partial\vartheta}+\frac{u}{r} = \frac{\partial^2\Psi_n}{\partial\vartheta^2}+r\frac{\partial\Psi_n}{\partial r}+\alpha_n\Psi_n, \\ \varepsilon_\varphi &= e-\varepsilon_r-\varepsilon_\vartheta = -r^2\frac{\partial^2\Psi_n}{\partial r^2}-\frac{\partial^2\Psi_n}{\partial\vartheta^2}-(3+\alpha_n)\,r\frac{\partial\Psi_n}{\partial r}+\left[2n+(1+n)\alpha_n\right]\Psi_n, \\ \psi_{r\vartheta} &= \frac{\partial w}{\partial r}-\frac{w}{r}+\frac{1}{r}\frac{\partial u}{\partial\vartheta} = 2r\frac{\partial^2\Psi_n}{\partial r\,\partial\vartheta}+\alpha_n\frac{\partial\Psi_n}{\partial\vartheta} \end{aligned}\right\} \tag{15}$$

und aus (13) und (8) die entsprechenden Spannungskomponenten

$$\left.\begin{aligned} \sigma_r &= 2G\left[r^2\frac{\partial^2\Psi_n}{\partial r^2}+(2+\alpha_n)\,r\frac{\partial\Psi_n}{\partial r}+\frac{[2n+(m+n+1)\alpha_n]}{m-2}\Psi_n\right], \\ \sigma_\vartheta &= 2G\left[\frac{\partial^2\Psi_n}{\partial\vartheta^2}+r\frac{\partial\Psi_n}{\partial r}+\frac{[2n+(m+n+1)\alpha_n]}{m-2}\Psi_n\right], \\ \sigma_\varphi &= -2G\left[r^2\frac{\partial^2\Psi_n}{\partial r^2}+\frac{\partial^2\Psi_n}{\partial\vartheta^2}+(3+\alpha_n)\,r\frac{\partial\Psi_n}{\partial r}-\frac{2(m-1)n+[m(1+n)+1-n]\alpha_n}{m-2}\Psi_n\right], \\ \tau_{r\vartheta} &= 2G\left[r\frac{\partial^2\Psi_n}{\partial r\,\partial\vartheta}+\frac{\alpha_n}{2}\frac{\partial\Psi_n}{\partial\vartheta}\right]. \end{aligned}\right\} \tag{16}$$

Als Potentialfunktionen Φ und Ψ können wir jetzt natürlich nur solche gebrauchen, die von φ unabhängig sind, weil die aus ihnen herzuleitenden Spannungsverteilungen voraussetzungsgemäß rotationssymmetrisch sein sollen. Bei der Auswahl aus den zur Verfügung stehenden Funktionen beschränken wir uns (aus einem später zu rechtfertigenden Grunde) auf diejenigen, die in den Gleichungen (14) und (16) keine anderen Glieder in ϑ als $\cos 2\vartheta$ und $\sin 2\vartheta$ liefern. Als solche wählen wir

$$\frac{1}{4r^3}(1+3\cos 2\vartheta), \quad \frac{1}{r}, \quad -\frac{5m-4}{2(m-2)}, \quad \frac{r^2}{4}(1+3\cos 2\vartheta).$$

Daß diese Funktionen Potentialfunktionen sind, bestätigt man durch Einsetzen in die auf Kugelkoordinaten r, φ, ϑ umgeschriebene Potentialgleichung $\Delta\Phi=0$ bzw. $\Delta\Psi_n=0$, indem man beachtet, daß

$$\Delta \equiv \frac{1}{r^2}\frac{\partial}{\partial r}\left(r^2\frac{\partial}{\partial r}\right)+\frac{1}{r^2\sin^2\vartheta}\frac{\partial^2}{\partial\varphi^2}+\frac{1}{r^2\sin\vartheta}\frac{\partial}{\partial\vartheta}\left(\sin\vartheta\frac{\partial}{\partial\vartheta}\right)$$

ist und die gewählten Funktionen unabhängig von φ sind.

Daß diese Funktionen homogen sind, sieht man leicht ein, wenn man die Homogenitätsbedingung (6) auf Kugelkoordinaten umschreibt. Da die linke Seite von (6) das skalare Produkt des Fahrstrahls r und des Gradienten von Ψ_n darstellt, also das Produkt aus r und der Projektion des Gradienten von Ψ_n auf die Richtung von r, so lautet (6) in Kugelkoordinaten einfach

$$r\frac{\partial\Psi_n}{\partial r} = n\Psi_n, \tag{6a}$$

und diese Bedingung wird von den angeschriebenen Potentialfunktionen tatsächlich erfüllt.

Setzt man also

$$\Phi_{-1} \equiv \frac{1}{r}, \quad \Phi_{-3} \equiv \frac{1}{4r^3}(1+3\cos 2\vartheta), \quad \Psi_{-3} \equiv \frac{1}{4r^3}(1+3\cos 2\vartheta) \tag{17}$$

und überlagert die aus ihnen mittels (10) und (14) bzw. (11), (16) und (9) herzuleitenden Verschiebungen und Spannungen, nachdem jeder dieser Sätze von Größen der Reihe nach mit einem Beiwert A_1^*, A_2^*, A_3^* versehen ist, so erhält man, wenn man in den so gewonnenen Ausdrücken noch

$$A_1^* - \frac{5m-4}{4(m-2)} A_3^* = A_1, \qquad A_2^* = 4A_3, \qquad A_3^* = \frac{4}{3} A_2$$

setzt und die Summengrößen mit u', w', σ_r' usw. bezeichnet,

$$\left.\begin{aligned}
u' &= -\frac{A_1}{r^2} - 3\frac{A_3}{r^4} + \left(\frac{5m-4}{m-2}\frac{A_2}{r^2} - 9\frac{A_3}{r^4}\right)\cos 2\vartheta,\\
w' &= -\left(\frac{2A_2}{r^2} + \frac{6A_3}{r^4}\right)\sin 2\vartheta,\\
\sigma_r' &= 2G\left[\frac{2A_1}{r^3} - \frac{2}{m-2}\frac{A_2}{r^3} + 12\frac{A_3}{r^5} - \left(\frac{2(5m-1)}{m-2}\frac{A_2}{r^3} - 36\frac{A_3}{r^5}\right)\cos 2\vartheta\right],\\
\sigma_\vartheta' &= -2G\left[\frac{A_1}{r^3} + \frac{2}{m-2}\frac{A_2}{r^3} + 3\frac{A_3}{r^5} - \left(\frac{A_2}{r^3} - 21\frac{A_3}{r^5}\right)\cos 2\vartheta\right],\\
\sigma_\varphi' &= -2G\left[\frac{A_1}{r^3} + \frac{2(m-1)}{m-2}\frac{A_2}{r^3} + 9\frac{A_3}{r^5} - \left(3\frac{A_2}{r^3} - 15\frac{A_3}{r^5}\right)\cos 2\vartheta\right],\\
\tau_{r\vartheta}' &= -2G\left[\frac{2(m+1)}{m-2}\frac{A_2}{r^3} - 24\frac{A_3}{r^5}\right]\sin 2\vartheta.
\end{aligned}\right\} \tag{18}$$

Setzt man dagegen

$$\Phi_2 = \frac{r^2}{4}(1+3\cos 2\vartheta), \quad \Psi_2 = \frac{r^2}{4}(1+3\cos 2\vartheta), \quad \Psi_0 = -\frac{5m-4}{2(m-2)} \tag{19}$$

(wobei, wie man leicht nachrechnet, Ψ_0 den hydrostatischen Spannungszustand $u = r$, $w = 0$, $\sigma_r = \sigma_\vartheta = \sigma_\varphi = 2\frac{m+1}{m-2}G$, $\tau_{r\vartheta} = 0$ vorstellt) und addiert auch hier die aus diesen Funktionen herzuleitenden Verschiebungen und Spannungen, nachdem jeder dieser Sätze von Größen der Reihe nach mit einem Beiwert B_1^*, B_2^*, B_3^* versehen ist, so erhält man, wenn man noch

$$B_1^* = 2B_1, \qquad B_2^* = \frac{2(7m-4)}{3m} B_3, \qquad B_3^* = B_2$$

setzt und die Summengrößen mit u'', w'', σ_r'' usw. bezeichnet,

$$\left.\begin{aligned}
u'' &= B_1 r + B_2 r + \frac{2B_3}{m} r^3 + \left(3B_1 r + 6\frac{B_3}{m} r^3\right)\cos 2\vartheta,\\
w'' &= -\left(3B_1 r + \frac{7m-4}{m} B_3 r^3\right)\sin 2\vartheta,\\
\sigma_r'' &= 2G\left[B_1 + \frac{m+1}{m-2}B_2 - \frac{B_3}{m} r^2 + \left(3B_1 - 3\frac{B_3}{m} r^2\right)\cos 2\vartheta\right],\\
\sigma_\vartheta'' &= 2G\left[B_1 + \frac{m+1}{m-2}B_2 - 5\frac{B_3}{m} r^2 - \left(3B_1 + \frac{14m+7}{m} B_3 r^2\right)\cos 2\vartheta\right],\\
\sigma_\varphi'' &= -2G\left[2B_1 - \frac{m+1}{m-2}B_2 + \frac{7m+1}{m} B_3 r^2 + \frac{7m+11}{m} B_3 r^2 \cos 2\vartheta\right],\\
\tau_{r\vartheta}'' &= -2G\left[3B_1 + \frac{7m+2}{m} B_3 r^2\right]\sin 2\vartheta.
\end{aligned}\right\} \tag{20}$$

Von den beiden Sätzen (18) und (20) ist der erste nur in einem Gebiet brauchbar, für welches $r > 0$ ist, der zweite nur in einem Gebiet, für welches r endlich bleibt.

Nach dieser Vorbetrachtung kehren wir zu unserer eigentlichen Aufgabe zurück und nehmen einen homogenen Spannungszustand $(0, 0, \sigma_3)$ an. (Hierbei sind die Spannungen $0, 0, \sigma_3$ auf ein kartesisches Achsenkreuz bezogen, dessen Ursprung mit dem Mittelpunkt des späteren kugelförmigen Loches zusammenfällt, und dessen z-Achse mit der Polachse von Abb. 31 identisch ist.) Für diesen Spannungszustand gilt an der Kugeloberfläche $r = a$, wie wir sogleich erklären werden,

$$\left.\begin{aligned} u^* = \frac{a\,\sigma_3}{4G}\left(\frac{m-1}{m+1} + \cos 2\vartheta\right), \qquad w^* = -\frac{a\,\sigma_3}{4G}\sin 2\vartheta, \\ \sigma_r^* = \frac{1}{2}\sigma_3(1+\cos 2\vartheta), \quad \sigma_\vartheta^* = \frac{1}{2}\sigma_3(1-\cos 2\vartheta), \quad \tau_{r\vartheta}^* = -\frac{1}{2}\sigma_3 \sin 2\vartheta. \end{aligned}\right\} \tag{21}$$

Um die Ausdrücke für u^* und w^* als richtig zu erkennen, braucht man nur zu beachten, daß der Punkt (a, ϑ) der Kugeloberfläche in seiner Meridianebene [welche mit der (x, z)-Ebene des kartesischen Koordinatensystems zusammenfallen möge] die Koordinaten $x = a\sin\vartheta$ und $z = a\cos\vartheta$ hat (Abb. 32), also bezogen auf den ruhend zu denkenden Kugelmittelpunkt die Verschiebungen

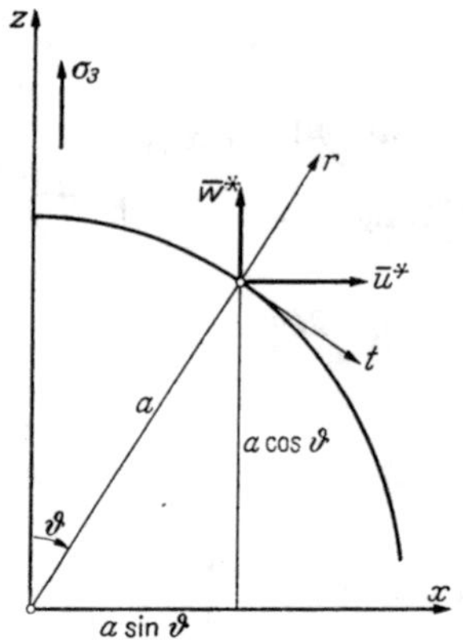

Abb. 32. Die Verschiebungen für $r = a$.

$$\bar{u}^* = -\frac{\sigma_3}{mE}a\sin\vartheta, \qquad \bar{w}^* = \frac{\sigma_3}{E}a\cos\vartheta$$

erfährt. Projiziert man diese innerhalb der Meridianebene auf die Richtungen r und t, so erhält man

$$u^* = \bar{u}^*\sin\vartheta + \bar{w}^*\cos\vartheta, \quad w^* = \bar{u}^*\cos\vartheta - \bar{w}^*\sin\vartheta,$$

und dies gibt mit den Werten u^* und $\bar{w}^*$ und mit $G = mE/2(m+1)$ gerade die Ausdrücke u^* und w^* in (21). Die Ausdrücke für $\sigma_r^*, \sigma_\vartheta^*$ und $\tau_{r\vartheta}^*$ folgen aus (I, **4**, 1), wenn man dort statt φ der Reihe nach ϑ und $\vartheta + \pi/2$ setzt.

Unsere Aufgabe besteht nun darin, diesem Spannungszustand einen anderen so zu überlagern, daß an der Kugeloberfläche die Spannungskomponenten σ_r und $\tau_{r\vartheta}$ verschwinden, während im Unendlichen die Verschiebungen und die Spannungen (21) ihren Wert nicht ändern. Die Lösung dieser Aufgabe gelingt offensichtlich mit den Werten (18). Denn erstens liefern die beiden Forderungen

$$\sigma_r' + \sigma_r^* = 0, \qquad \tau_{r\vartheta}' + \tau_{r\vartheta}^* = 0 \qquad \text{für } r = a, \tag{22}$$

welche ja identisch für alle Werte von ϑ befriedigt sein müssen, gerade drei Bedingungen für die unbekannten Beiwerte A_1, A_2, A_3, und zweitens klingen die Verschiebungen und die Spannungen des überlagerten Systems (18) sehr schnell mit r ab und werden für $r = \infty$ wirklich Null. Durch die Form der Gleichungen (21) wird nachträglich die Wahl der zur Aufstellung der Gleichungen (18) benützten Funktionen begründet. Wenn man nämlich σ_r^* und $\tau_{r\vartheta}^*$ identisch zum Verschwinden bringen will, so braucht man wenigstens drei freie Konstanten, und man kommt mit dieser Mindestzahl auch nur dann wirklich aus, wenn die Komponenten σ_r' und $\tau_{r\vartheta}'$ des überlagerten Systems genau dieselbe Bauart wie σ_r^* und $\tau_{r\vartheta}^*$ haben. Es kommen für unseren Zweck also in der Tat nur die Funktionen (17) in Betracht. Die Lösung der Gleichungen (22) lautet, wie vollends leicht auszurechnen ist,

$$\frac{A_1}{a^3} = -\frac{13m-10}{7m-5}\,\frac{\sigma_3}{8G}, \qquad \frac{A_2}{a^3} = \frac{5(m-2)}{7m-5}\,\frac{\sigma_3}{8G}, \qquad \frac{A_3}{a^5} = \frac{m}{7m-5}\,\frac{\sigma_3}{8G}. \tag{23}$$

Eine ähnliche Aufgabe entsteht, wenn in einem Körper ein unendlich harter kugelförmiger Körper eingeschlossen ist. In diesem Falle hat man dem System (21) ein anderes so zu überlagern, daß für $r=a$ jetzt die Verschiebungen u und w zu Null werden. Auch zur Erfüllung dieser Bedingungen kann das System (18) herangezogen werden, indem man setzt

$$u'+u^*=0, \qquad w'+w^*=0. \tag{24}$$

Die zugehörigen Beiwerte sind jetzt

$$\frac{A_1}{a^3}=\left[\frac{m-1}{m+1}+\frac{3m}{4(4m-5)}\right]\frac{\sigma_3}{4G}, \quad \frac{A_2}{a^3}=-\frac{5(m-2)}{2(4m-5)}\frac{\sigma_3}{8G}, \quad \frac{A_3}{a^5}=-\frac{m}{2(4m-5)}\frac{\sigma_3}{8G}. \tag{25}$$

Auch der allgemeinere Fall, daß die eingeschlossene Kugel nicht unendlich steif ist, sondern eine eigene Elastizität aufweist, läßt sich mit unseren Hilfslösungen behandeln, jetzt aber, indem man die Ausdrücke (18) und (20) gleichzeitig benützt. Wir bezeichnen dabei den eigentlichen Körper mit I, die Kugel mit II, die Elastizitätszahlen dieser Körper mit m_1, G_1, m_2, G_2, stellen den Spannungs- und Formänderungszustand der Kugel durch (20), den Spannungs- und Formänderungszustand des Körpers als die Überlagerung von (21) und (18) dar und verlangen, daß an der Kugeloberfläche die Spannungen σ_r und $\tau_{r\vartheta}$ sowie die Verschiebungen u und w für beide Körper dieselben sind. Die Forderungen

$$\left.\begin{aligned} &(u'+u^*)_I=u''_{II}, \qquad (w'+w^*)_I=w''_{II}, \\ &(\sigma'_r+\sigma^*_r)_I=\sigma''_{rII}, \qquad (\tau'_{r\vartheta}+\tau^*_{r\vartheta})_I=\tau''_{r\vartheta II} \end{aligned}\right\} \tag{26}$$

bestimmen, wie man leicht feststellt, die Konstanten $A_1, A_2, A_3, B_1, B_2, B_3$ eindeutig. Für die ersten drei Konstanten, auf die es für unseren Zweck allein ankommt, erhält man

$$\left.\begin{aligned} \frac{A_1}{a^3}&=-\frac{m_1(G_1-G_2)}{(7m_1-5)G_1+2(4m_1-5)G_2}\,\frac{2(m_2-2)\dfrac{6m_1-5}{m_1}G_1+\left(3m_2+19-\dfrac{20}{m_1}\right)G_2}{2(m_2-2)G_1+(m_2+1)G_2}\,\frac{\sigma_3}{8G_1}+\\ &\quad+\frac{\left[\dfrac{m_1-1}{m_1+1}(m_2+1)-1\right]G_2-(m_2-2)G_1}{2(m_2-2)G_1+(m_2+1)G_2}\,\frac{\sigma_3}{4G_1}, \\ \frac{A_2}{a^3}&=\frac{5(m_1-2)(G_1-G_2)}{(7m_1-5)G_1+2(4m_1-5)G_2}\,\frac{\sigma_3}{8G_1}, \quad \frac{A_3}{a^5}=\frac{m_1(G_1-G_2)}{(7m_1-5)G_1+2(4m_1-5)G_2}\,\frac{\sigma_3}{8G_1}. \end{aligned}\right\} \tag{27}$$

Die Werte (23) und (25) erhält man aus diesen Formeln als Sonderfälle, wenn man $G_2=0$ bzw. $G_2=\infty$ setzt.

Jetzt sind wir in der Lage, die Spannungskonzentration um ein kugelförmiges Loch unter den verschiedensten Umständen zu berechnen.

a) Für den einachsigen Spannungszustand $(0, 0, \sigma_3)$ erhalten wir aus (18), (21) und (23) die Spannung σ_ϑ an der Kugeloberfläche $r=a$

$$\sigma_\vartheta=\left(\frac{12m-15}{14m-10}-\frac{15m}{14m-10}\cos 2\vartheta\right)\sigma_3. \tag{28}$$

Sie erreicht am Äquator, d. h. für $\vartheta=\pi/2$, ihren Höchstwert

$$\sigma_{\vartheta B}=\frac{27m-15}{14m-10}\sigma_3 \tag{29}$$

(Abb. 33). Setzen wir $m=3{,}5$, so ist also der Konzentrationsfaktor $\frac{\sigma_{\vartheta B}}{\sigma_3}\equiv f=2{,}04$. In den

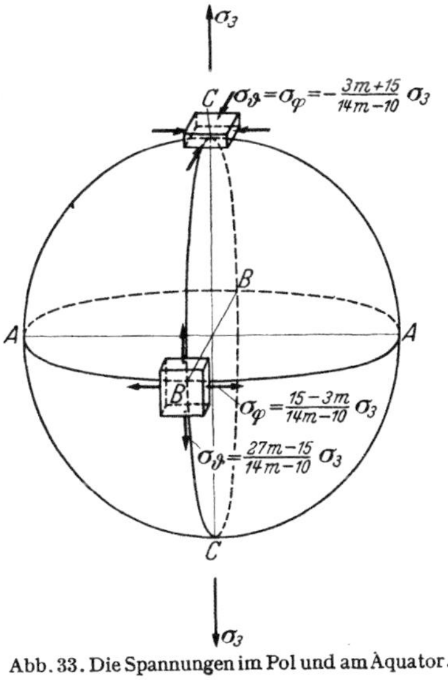

Abb. 33. Die Spannungen im Pol und am Äquator.

Polen C entsteht nach (28) eine Druckspannung $\sigma_\vartheta = \sigma_\varphi$ vom Betrage

$$\sigma_{\vartheta C} = \sigma_{\varphi C} = -\frac{3m+15}{14m-10}\sigma_3, \tag{30}$$

während die Tangentialspannung $\sigma_\varphi \equiv \sigma'_\varphi + \sigma^*_\varphi$ (mit $\sigma^*_\varphi = 0$) sich aus (18) und (23) berechnet und für $\vartheta = \pi/2$ und $r = a$ in der Äquatorebene an der Kugeloberfläche

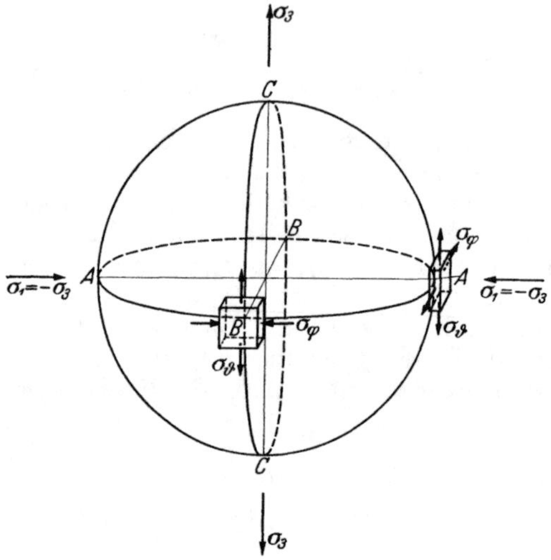

Abb. 34. Die Spannungskonzentration bei reinem Schub.

$$\sigma_{\varphi B} = \frac{15-3m}{14m-10}\sigma_3 \tag{31}$$

beträgt.

b) Beim **dreiachsigen Spannungszustand** $(\sigma_1, \sigma_2, \sigma_3)$ hat man die für σ_1, σ_2 und σ_3 gesondert nach a) aufzustellenden Werte einfach zu addieren. Wir gehen auf diesen allgemeinsten Fall nicht weiter ein und wollen nur den Fall $\sigma_1 = -\sigma_3$, $\sigma_2 = 0$, der den reinen Schub darstellt, besonders hervorheben (Abb. 34). Zunächst tritt in den Punkten B eine Schubspannungskonzentration auf, die sich nach (29) und (31) zu

$$|\tau| = |\sigma_\vartheta|_B - |\sigma_\varphi|_B = \frac{15(m-1)}{7m-5}\sigma_3 \tag{32}$$

ergibt, mit dem Konzentrationsfaktor $f = 1{,}92$. Zweitens aber tritt in den Punkten A und C eine Normalspannungskonzentration auf, die aus (29) und (30) durch Differenzbildung folgt und

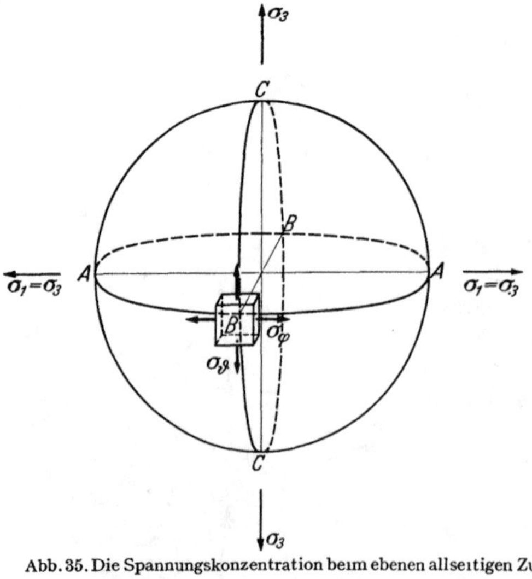

Abb. 35. Die Spannungskonzentration beim ebenen allseitigen Zug.

$$\sigma_{\vartheta A} = \frac{15m}{7m-5}\sigma_3 \tag{33}$$

beträgt, mit dem Konzentrationsfaktor $f = 2{,}7$. Die in diesen Punkten auftretende Spannung σ_φ ist viel kleiner und folgt aus (30) und (31) durch Differenzbildung zu

$$\sigma_{\varphi A} = \frac{15}{7m-5}\sigma_3. \tag{34}$$

Dieser Fall ist von Bedeutung für die Untersuchung der Frage, aus welchem Grunde der auf Ermüdungserscheinungen zurückzuführende Bruch einer tordierten Welle fast immer längs Schraubenflächen stattfindet.

c) Für den **allseitigen ebenen Zug** $\sigma_1 = \sigma_3$, $\sigma_2 = 0$ findet man (Abb. 35) als Spannungskonzentration in den Punkten B aus (29) und (31) durch Addition

$$\sigma_{\vartheta B} = \sigma_{\varphi B} = \frac{12m}{7m-5}\sigma_3. \tag{35}$$

d) Der allseitige räumliche Zug führt nach (29), (30) und (31) durch Addition zu dem Ergebnis, daß für jeden Punkt der Kugeloberfläche

$$\sigma_\vartheta = \sigma_\varphi = \frac{3}{2}\sigma \tag{36}$$

ist.

e) Befindet sich schließlich im Werkstoff eine kleine Kugel von unendlicher Steifigkeit, die mit der Umgebung in stetigem Zusammenhang bleibt (Abb. 36), so finden wir beim einachsigen Spannungszustand $(0, 0, \sigma_3)$ eine ganz anders geartete Spannungskonzentration, und zwar tritt jetzt in den Punkten C eine große Normalspannung σ_r auf. Aus (18), (21) und (25) folgt für diese Spannung

$$\sigma_{rC} = \left(\frac{2m}{m+1} + \frac{m}{4m-5}\right)\sigma_3, \tag{37}$$

mit einem Konzentrationsfaktor f von ungefähr 2.

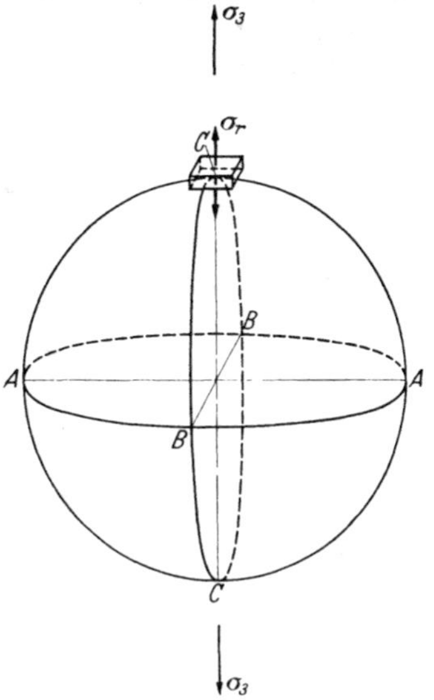

Abb. 36. Spannungskonzentration im Falle, daß das kugelformige Loch durch einen starren Stoff ausgefullt ist.

23. Das kreisförmige Loch beim ebenen Problem. Die entsprechende Aufgabe des kreisförmigen Loches beim ebenen Problem hat zwar mit der Welle eigentlich nicht unmittelbar zu tun, kann aber ganz ähnlich gelöst werden, weshalb wir sie hier gleich mit behandeln. Beim ebenen Verzerrungszustand, der durch $u = 0$ gekennzeichnet ist, haben wir es mit den beiden Gleichungen

$$\left.\begin{aligned} \Delta' v + \frac{m}{m-2}\frac{\partial e'}{\partial y} = 0, \\ \Delta' w + \frac{m}{m-2}\frac{\partial e'}{\partial z} = 0 \end{aligned}\right\} \left(\begin{aligned} \Delta' &\equiv \frac{\partial^2}{\partial y^2} + \frac{\partial^2}{\partial z^2}, \\ e' &= \frac{\partial v}{\partial y} + \frac{\partial w}{\partial z} \end{aligned}\right) \tag{1}$$

zu tun [vgl. (I, **17**, 4)]. Auch hier werden aus Potentialfunktionen Φ und Ψ_n, welche also den Gleichungen $\Delta'\Phi = 0$ und $\Delta'\Psi_n = 0$ genügen, Hilfslösungen abgeleitet, wobei das eine Mal

$$v = \frac{\partial \Phi}{\partial y}, \qquad w = \frac{\partial \Phi}{\partial z}, \tag{2}$$

das andere Mal

$$v = r^2\frac{\partial \Psi_n}{\partial y} + \alpha_n y \Psi_n, \qquad w = r^2\frac{\partial \Psi_n}{\partial z} + \alpha_n z \Psi_n \qquad (r^2 = y^2 + z^2) \tag{3}$$

gesetzt wird. Der Funktion Ψ_n ist dabei wieder die Bedingung auferlegt, daß sie homogen vom n-ten Grade in y und z ist. Unter dieser Bedingung findet man, wenn $n \neq 0$ ist, die zugehörige Konstante

$$\alpha_n = -2n\frac{3m-4}{(n+4)m-4}. \tag{4}$$

Für die homogene Funktion nullten Grades $\Psi_0 = C$ bleibt die zugehörige Konstante α_0 unbestimmt. Nimmt man C in diese Konstante mit auf, so lauten die Gleichungen (3) für $n = 0$

$$v = \alpha_0 y, \quad w = \alpha_0 z. \tag{3a}$$

Man bestätigt leicht, daß das zu einer Funktion Φ gehörige e' den Wert Null, das zu einer Funktion Ψ_n gehörige e' den Wert $[2n + (2+n)\alpha_n]\Psi_n$ annimmt.

In Polarkoordinaten r, φ umgeschrieben, ergeben sich die Verschiebungskomponenten in der r- und φ-Richtung mit einer Funktion Φ zu

$$v = \frac{\partial \Phi}{\partial r}, \qquad w = \frac{1}{r}\frac{\partial \Phi}{\partial \varphi}, \tag{5}$$

mit einer Funktion Ψ zu

$$v = r^2 \frac{\partial \Psi_n}{\partial r} + \alpha_n r \Psi_n, \qquad w = r\frac{\partial \Psi_n}{\partial \varphi}. \tag{6}$$

Hiernach kann man nach (I, **18**, 12) die Größen ε und ψ und dann nach (I, **17**, 2) die Spannungen σ und τ in der gleichen Weise ermitteln, wie wir dies in Ziff. **22** für Kugelkoordinaten getan haben.

Durch Überlagerung der so gewonnenen drei Lösungen, welche zu den Funktionen

$$\Phi = \ln r, \qquad \Phi_{-2} = \frac{1}{r^2}\cos 2\varphi, \qquad \Psi_{-2} = \frac{1}{r^2}\cos 2\varphi \tag{7}$$

gehören, die nach (III, **2**, 7) die Gleichung $\Delta'\Phi = 0$ bzw. $\Delta'\Psi = 0$ befriedigen, erhält man jetzt

$$\left.\begin{aligned}
v' &= \frac{A_1}{r} + \left(\frac{m-1}{m}\frac{2A_2}{r} - \frac{A_3}{r^3}\right)\cos 2\varphi,\\
w' &= -\left(\frac{m-2}{m}\frac{A_2}{r} + \frac{A_3}{r^3}\right)\sin 2\varphi,\\
\sigma_r' &= -2G\left[\frac{A_1}{r^2} + \left(\frac{2A_2}{r^2} - \frac{3A_3}{r^4}\right)\cos 2\varphi\right],\\
\sigma_\varphi' &= 2G\left[\frac{A_1}{r^2} - \frac{3A_3}{r^4}\cos 2\varphi\right],\\
\tau_{r\varphi}' &= -2G\left(\frac{A_2}{r^2} - \frac{3A_3}{r^4}\right)\sin 2\varphi.
\end{aligned}\right\} \tag{8}$$

Geht man dagegen von den Funktionen

$$\Phi_2 = r^2\cos 2\varphi, \qquad \Psi_0 = 1, \qquad \Psi_2 = r^2\cos 2\varphi \tag{9}$$

aus, die nach (III, **2**, 7) ebenfalls die Gleichung $\Delta'\Phi = 0$ bzw. $\Delta'\Psi = 0$ erfüllen, so findet man durch Überlagerung der zugehörigen Lösungen

$$\left.\begin{aligned}
v'' &= B_1 r + \left(B_2 r + \frac{2}{m}B_3 r^3\right)\cos 2\varphi,\\
w'' &= -\left[B_2 r + \left(3 - \frac{2}{m}\right)B_3 r^3\right]\sin 2\varphi,\\
\sigma_r'' &= 2G\left[\frac{m}{m-2}B_1 + B_2\cos 2\varphi\right],\\
\sigma_\varphi'' &= 2G\left[\frac{m}{m-2}B_1 - (B_2 + 6B_3 r^2)\cos 2\varphi\right],\\
\tau_{r\varphi}'' &= -2G(B_2 + 3B_3 r^2)\sin 2\varphi.
\end{aligned}\right\} \tag{10}$$

In einer nicht durchlochten Platte, die in der y-Richtung ($\varphi = 0$) einem gleichmäßigen Zug σ_2 unterworfen ist (und in der zu der Plattenebene senkrechten Richtung x einem gleichmäßigen Zug $\sigma_1 = \sigma_2/m$, der die ebene Verzerrung verbürgt), findet man am Kreisrand $r = a$

$$\left.\begin{aligned}
&v^* = \frac{a\sigma_2}{4G}\left(\frac{m-2}{m} + \cos 2\varphi\right), \qquad w^* = -\frac{a\sigma_2}{4G}\sin 2\varphi,\\
&\sigma_r^* = \frac{1}{2}\sigma_2(1+\cos 2\varphi), \quad \sigma_\varphi^* = \frac{1}{2}\sigma_2(1-\cos 2\varphi), \quad \tau_{r\varphi}^* = -\frac{1}{2}\sigma_2\sin 2\varphi.
\end{aligned}\right\} \tag{11}$$

Sind die Gebiete $r > a$ und $r < a$ von verschiedenen Stoffen mit den Elastizitätszahlen m_1, G_1 und m_2, G_2 erfüllt, so genügen die Gleichungen (8), (10) und (11) zur Berechnung des auftretenden Spannungszustandes, wenn die Platte im Unendlichen einem homogenen Spannungszustand unterworfen ist. Für die Verschiebungen und Spannungen im Außengebiet schreiben wir die kombinierten Gleichungen (8) und (11) (mit m_1 und G_1) an, für diejenigen des inneren Gebietes die Gleichungen (10) (mit m_2 und G_2) und verlangen wieder, daß an der Grenzkurve beider Gebiete

$$v' + v^* = v'', \qquad w' + w^* = w'',$$
$$\sigma_r' + \sigma_r^* = \sigma_r'', \qquad \tau_{r\varphi}' + \tau_{r\varphi}^* = \tau_{r\varphi}''$$

gilt. Diese Forderungen liefern gerade sechs Bedingungsgleichungen für die Konstanten A_1, A_2, A_3, B_1, B_2, B_3. Die ersten drei berechnen sich zu

$$\left.\begin{aligned} \frac{A_1}{a^2} &= \frac{(m_2-2)\,G_1 - \dfrac{m_1-2}{m_1}\,m_2 G_2}{(m_2-2)\,G_1 + m_2 G_2}\,\frac{\sigma_2}{4\,G_1}, \\ \frac{A_2}{a^2} &= \frac{m_1(G_1-G_2)}{m_1 G_1 + (3\,m_1-4)\,G_2}\,\frac{\sigma_2}{2\,G_1}, \\ \frac{A_3}{a^4} &= \frac{m_1(G_1-G_2)}{m_1 G_1 + (3\,m_1-4)\,G_2}\,\frac{\sigma_2}{4\,G_1}. \end{aligned}\right\} \tag{12}$$

Im besonderen findet man für das kreisförmige Loch vom Halbmesser a

$$\frac{A_1}{a^2} = \frac{A_3}{a^4} = \frac{\sigma_2}{4\,G}, \qquad \frac{A_2}{a^2} = \frac{\sigma_2}{2\,G}. \tag{13}$$

Die Spannungsverteilung in der Platte berechnet sich mit diesen Konstanten zu

$$\left.\begin{aligned} \sigma_r &= \frac{\sigma_2}{2}\left[1 - \frac{a^2}{r^2} + \left(1 - \frac{4\,a^2}{r^2} + \frac{3\,a^4}{r^4}\right)\cos 2\varphi\right], \\ \sigma_\varphi &= \frac{\sigma_2}{2}\left[1 + \frac{a^2}{r^2} - \left(1 + \frac{3\,a^4}{r^4}\right)\cos 2\varphi\right], \\ \tau_{r\varphi} &= -\frac{\sigma_2}{2}\left(1 + \frac{2\,a^2}{r^2} - \frac{3\,a^4}{r^4}\right)\sin 2\varphi. \end{aligned}\right\} \tag{14}$$

Am Lochrand $r = a$ herrscht also eine Tangentialspannung

$$\sigma_\varphi = \sigma_2(1 - 2\cos 2\varphi), \tag{15}$$

die auf dem zur Spannungsrichtung σ_2 senkrechten Durchmesser ($\varphi = \pi/2$) die Höchstspannung

$$\sigma_{\varphi\,\max} = 3\,\sigma_2 \tag{16}$$

ergibt, ein ebenso bekanntes wie technisch wichtiges Ergebnis. Auf dem in die Spannungsrichtung fallenden Kreisdurchmesser ($\varphi = 0$) tritt die Randspannung

$$\sigma_{\varphi\,\min} = -\sigma_2 \tag{17}$$

auf, also eine Druckspannung, wenn σ_2 ein Zug ist.

24. Das elliptische Loch beim ebenen Problem. Zur Lösung der analogen Aufgabe für das elliptische Loch[1]) führen wir elliptische Koordinaten α_2 und α_3 ein, welche mit den kartesischen Koordinaten y und z wie folgt zusammenhängen:

$$y = a\,\mathfrak{Cof}\,\alpha_2 \cos\alpha_3, \qquad z = a\,\mathfrak{Sin}\,\alpha_2 \sin\alpha_3. \tag{1}$$

Einem festen Wert von α_2 entspricht dann die Ellipse

$$\frac{y^2}{a^2\,\mathfrak{Cof}^2\,\alpha_2} + \frac{z^2}{a^2\,\mathfrak{Sin}^2\,\alpha_2} = 1, \tag{1a}$$

[1]) C. E. Inglis, Trans. Inst. naval Archit. 55 (1913) S. 219.

einem festen Wert von α_3 die Hyperbel

$$\frac{y^2}{a^2\cos^2\alpha_3}-\frac{z^2}{a^2\sin^2\alpha_3}=1. \tag{1b}$$

Gemäß Kap. I, Ziff. **18** bestimmen wir nun zuerst das Linienelement dl, indem wir schreiben

$$\left.\begin{aligned} dl^2=dy^2+dz^2&=\left(\frac{\partial y}{\partial\alpha_2}d\alpha_2+\frac{\partial y}{\partial\alpha_3}d\alpha_3\right)^2+\left(\frac{\partial z}{\partial\alpha_2}d\alpha_2+\frac{\partial z}{\partial\alpha_3}d\alpha_3\right)^2\\ &=a^2(\mathfrak{Sin}^2\alpha_2\cos^2\alpha_3+\mathfrak{Cof}^2\alpha_2\sin^2\alpha_3)(d\alpha_2^2+d\alpha_3^2), \end{aligned}\right\} \tag{2}$$

so daß

$$g_{22}=g_{33}=g=a^2(\mathfrak{Sin}^2\alpha_2\cos^2\alpha_3+\mathfrak{Cof}^2\alpha_2\sin^2\alpha_3)=\frac{a^2}{2}(\mathfrak{Cof}\,2\alpha_2-\cos 2\alpha_3) \tag{3}$$

ist. Bezeichnen wir wie in Kap. I, Ziff. **18** die in die Koordinatenrichtungen α_2 und α_3 fallenden Verschiebungen mit u_2 und u_3, die entsprechenden Koordinatenänderungen mit ξ_2 und ξ_3, so entnimmt man den Gleichungen (I, **18**, 7) bis (I, **18**, 10) nebst (I, **18**, 4) sowie der jetzigen Gleichung (3)

$$\left.\begin{aligned} \varepsilon_2&=\frac{1}{\sqrt{g_{22}}}\frac{\partial u_2}{\partial\alpha_2}+\frac{u_3}{\sqrt{g_{22}g_{33}}}\frac{\partial\sqrt{g_{22}}}{\partial\alpha_3}=\frac{1}{\sqrt{g}}\frac{\partial u_2}{\partial\alpha_2}+\frac{u_3}{g}\frac{\partial\sqrt{g}}{\partial\alpha_3},\\ \varepsilon_3&=\frac{1}{\sqrt{g_{33}}}\frac{\partial u_3}{\partial\alpha_3}+\frac{u_2}{\sqrt{g_{22}g_{33}}}\frac{\partial\sqrt{g_{33}}}{\partial\alpha_2}=\frac{1}{\sqrt{g}}\frac{\partial u_3}{\partial\alpha_3}+\frac{u_2}{g}\frac{\partial\sqrt{g}}{\partial\alpha_2},\\ \psi_{23}&=\frac{\sqrt{g_{33}}}{\sqrt{g_{22}}}\frac{\partial(u_3/\sqrt{g_{33}})}{\partial\alpha_2}+\frac{\sqrt{g_{22}}}{\sqrt{g_{33}}}\frac{\partial(u_2/\sqrt{g_{22}})}{\partial\alpha_3}=\frac{\partial(u_3/\sqrt{g})}{\partial\alpha_2}+\frac{\partial(u_2/\sqrt{g})}{\partial\alpha_3},\\ 2\omega_1(=2\omega)&=\frac{1}{\sqrt{g_{22}g_{33}}}\left[\frac{\partial(u_3\sqrt{g_{33}})}{\partial\alpha_2}-\frac{\partial(u_2\sqrt{g_{22}})}{\partial\alpha_3}\right]=\frac{1}{g}\left[\frac{\partial(u_3\sqrt{g})}{\partial\alpha_2}-\frac{\partial(u_2\sqrt{g})}{\partial\alpha_3}\right],\\ e'=\varepsilon_2+\varepsilon_3&=\frac{1}{\sqrt{g_{22}g_{33}}}\left[\frac{\partial(u_2\sqrt{g_{33}})}{\partial\alpha_2}+\frac{\partial(u_3\sqrt{g_{22}})}{\partial\alpha_3}\right]=\frac{1}{g}\left[\frac{\partial(u_2\sqrt{g})}{\partial\alpha_2}+\frac{\partial(u_3\sqrt{g})}{\partial\alpha_3}\right]. \end{aligned}\right\} \tag{4}$$

Um zu den Differentialgleichungen für u_2 und u_3 zu gelangen, schreiben wir die Gleichungen (**23**, 1) für das ebene Spannungsproblem um, indem wir die Drehung $\omega=\frac{1}{2}\left(\frac{\partial w}{\partial y}-\frac{\partial v}{\partial z}\right)$ einführen. Man bestätigt leicht, daß sie dann die Form annehmen

$$\left.\begin{aligned} \frac{m-1}{m}\frac{\partial e'}{\partial y}-\frac{m-2}{m}\frac{\partial\omega}{\partial z}&=0,\\ \frac{m-1}{m}\frac{\partial e'}{\partial z}+\frac{m-2}{m}\frac{\partial\omega}{\partial y}&=0. \end{aligned}\right\} \tag{5}$$

Weil e' und ω unabhängig von dem benutzten Achsenkreuz (y, z) sind, so lassen sich diese Gleichungen ohne weiteres auf jedes rechtwinklige Achsenkreuz transformieren, und man erhält im vorliegenden Fall

$$\left.\begin{aligned} \frac{m-1}{m}\frac{\partial e'}{\partial\alpha_2}-\frac{m-2}{m}\frac{\partial\omega}{\partial\alpha_3}&=0,\\ \frac{m-1}{m}\frac{\partial e'}{\partial\alpha_3}+\frac{m-2}{m}\frac{\partial\omega}{\partial\alpha_2}&=0, \end{aligned}\right\} \tag{6}$$

worin e' und ω jetzt die Werte (4) haben.

Aus (6) geht hervor, daß $\frac{m-1}{m}e'$ und $\frac{m-2}{m}\omega$ als der Real- und Imaginärteil einer und derselben Funktion von $(\alpha_2+i\alpha_3)$

$$\frac{m-1}{m}e'+i\,\frac{m-2}{m}\omega=F(\alpha_2+i\alpha_3)$$

aufzufassen sind, so daß eine unbegrenzte Zahl von Lösungen von (6) zu unserer Verfügung steht. Wir wählen nun im besonderen die Funktion

$$F(\alpha_2 + i\alpha_3) \equiv C \frac{e^{-n(\alpha_2+i\alpha_3)}}{\mathfrak{Sin}(\alpha_2 + i\alpha_3)}, \tag{7}$$

wo C und n Festwerte bezeichnen. Die Wahl gerade dieser Funktion wird der Erfolg rechtfertigen. Hiermit kommt

$$\left.\begin{aligned} \frac{m-1}{m} e' &= \Re e\, F = C \frac{e^{-(n-1)\alpha_2}\cos(n+1)\alpha_3 - e^{-(n+1)\alpha_2}\cos(n-1)\alpha_3}{\mathfrak{Cof}\, 2\alpha_2 - \cos 2\alpha_3}, \\ \frac{m-2}{m}\omega &= \Im m F = -C \frac{e^{-(n-1)\alpha_2}\sin(n+1)\alpha_3 - e^{-(n+1)\alpha_2}\sin(n-1)\alpha_3}{\mathfrak{Cof}\, 2\alpha_2 - \cos 2\alpha_3}. \end{aligned}\right\} \tag{8}$$

Setzt man noch

$$u_2\sqrt{g} = \bar{u}_2, \quad u_3\sqrt{g} = \bar{u}_3, \tag{9}$$

so gehen diese Gleichungen wegen (3) und (4) und mit einem neuen Festwert $a_n = \frac{1}{2} C a^2$ über in die Differentialgleichungen

$$\left.\begin{aligned} \frac{\partial \bar{u}_2}{\partial \alpha_2} + \frac{\partial \bar{u}_3}{\partial \alpha_3} &= \frac{m}{m-1} a_n \left[e^{-(n-1)\alpha_2}\cos(n+1)\alpha_3 - e^{-(n+1)\alpha_2}\cos(n-1)\alpha_3\right], \\ \frac{\partial \bar{u}_2}{\partial \alpha_3} - \frac{\partial \bar{u}_3}{\partial \alpha_2} &= \frac{2m}{m-2} a_n \left[e^{-(n-1)\alpha_2}\sin(n+1)\alpha_3 - e^{-(n+1)\alpha_2}\sin(n-1)\alpha_3\right]. \end{aligned}\right\} \tag{10}$$

Wie man rasch einsieht, können partikuläre Lösungen dieser Gleichungen mit dem Ansatz

$$\begin{aligned} \bar{u}_2 &= \mu_2 e^{-(n-1)\alpha_2}\cos(n+1)\alpha_3 + \mu_3 e^{-(n+1)\alpha_2}\cos(n-1)\alpha_3, \\ \bar{u}_3 &= \nu_2 e^{-(n-1)\alpha_2}\sin(n+1)\alpha_3 + \nu_3 e^{-(n+1)\alpha_2}\sin(n-1)\alpha_3, \end{aligned}$$

wo $\mu_2, \mu_3, \nu_2, \nu_3$ noch näher zu bestimmende Festwerte sind, berechnet werden, weil die Zahl dieser Festwerte genau mit derjenigen der ihnen gemäß (10) aufzuerlegenden Bedingungen übereinstimmt. So findet man als allgemeine Lösung der Gleichungen (10)

$$\left.\begin{aligned} \bar{u}_2 &= A_n'[(n+p)\, e^{-(n-1)\alpha_2}\cos(n+1)\alpha_3 + (n-p)\, e^{-(n+1)\alpha_2}\cos(n-1)\alpha_3] + \Phi, \\ \bar{u}_3 &= A_n'[(n-p)\, e^{-(n-1)\alpha_2}\sin(n+1)\alpha_3 + (n+p)\, e^{-(n+1)\alpha_2}\sin(n-1)\alpha_3] + \Psi, \end{aligned}\right\} \tag{11}$$

wo p an Stelle von $\frac{3m-4}{m}$ steht, A_n' die Konstante $-\frac{m^2 a_n}{4(m-1)(m-2)n}$ bezeichnet und Φ und $-\Psi$ konjugierte Funktionen von α_2 und α_3 sind, die der Potentialgleichung $\Delta'\Phi = 0$ und $\Delta'\Psi = 0$ genügen. Als derartige Funktionen Φ, Ψ wählen wir jetzt die bereits unter (III, **2**, 9) erwähnten und in (III, **2**, 2) — mit etwas anderer Schreibweise — verzeichneten Funktionen

$$\Phi = B_n' e^{-(n+1)\alpha_2}\cos(n+1)\alpha_3, \quad \Psi = B_n' e^{-(n+1)\alpha_2}\sin(n+1)\alpha_3, \tag{12}$$

worin auch B_n' ein Festwert sein soll. Geht man mit den nunmehr bestimmten Ansätzen (11) in die mit (9) umgeschriebenen Gleichungen (4), nämlich

$$\left.\begin{aligned} \varepsilon_2 &= g^{-1}\frac{\partial \bar{u}_2}{\partial \alpha_2} + \frac{\bar{u}_2}{2}\frac{\partial g^{-1}}{\partial \alpha_2} - \frac{\bar{u}_3}{2}\frac{\partial g^{-1}}{\partial \alpha_3}, \\ \varepsilon_3 &= g^{-1}\frac{\partial \bar{u}_3}{\partial \alpha_3} + \frac{\bar{u}_3}{2}\frac{\partial g^{-1}}{\partial \alpha_3} - \frac{\bar{u}_2}{2}\frac{\partial g^{-1}}{\partial \alpha_2}, \\ \psi_{23} &= \frac{\partial(\bar{u}_3 g^{-1})}{\partial \alpha_2} + \frac{\partial(\bar{u}_2 g^{-1})}{\partial \alpha_3} \end{aligned}\right\} \tag{13}$$

ein und mit diesen Ausdrücken in die Spannungs-Dehnungsgleichungen

$$\left.\begin{aligned} t_{22} &= 2G\left(\varepsilon_2 + \frac{e'}{m-2}\right),\\ t_{33} &= 2G\left(\varepsilon_3 + \frac{e'}{m-2}\right),\\ t_{23} &= G\,\psi_{23} \end{aligned}\right\}$$

[welche aus den Gleichungen (I, **17**, 2c und 2d) hervorgehen, wenn dort die für allgemeine Koordinaten angenommene Bezeichnung der Spannungskomponenten verwendet wird], so erhält man mit den Festwerten

$$A_n = \frac{2nG}{a^2} A'_n, \qquad B_n = \frac{2G}{a^2} B'_n,$$

die folgenden Formeln:

$$\left.\begin{aligned} t_{22}(\mathfrak{Cos}\,2\alpha_2 - \cos 2\alpha_3)^2 = A_n\Big\{&(n+1)e^{-(n-1)\alpha_2}\cos(n+3)\alpha_3 + (n-1)e^{-(n+1)\alpha_2}\cos(n-3)\alpha_3 -\\ &-\left[4e^{-(n+1)\alpha_2} + (n+3)e^{-(n-3)\alpha_2}\right]\cos(n+1)\alpha_3 +\\ &+\left[4e^{-(n-1)\alpha_2} - (n-3)e^{-(n+3)\alpha_2}\right]\cos(n-1)\alpha_3\Big\} +\\ +B_n\Big\{&n\,e^{-(n+1)\alpha_2}\cos(n+3)\alpha_3 + (n+2)e^{-(n+1)\alpha_2}\cos(n-1)\alpha_3 -\\ &-\left[(n+2)e^{-(n-1)\alpha_2} + n\,e^{-(n+3)\alpha_2}\right]\cos(n+1)\alpha_3\Big\},\\ t_{33}(\mathfrak{Cos}\,2\alpha_2 - \cos 2\alpha_3)^2 = A_n\Big\{&-(n-3)e^{-(n-1)\alpha_2}\cos(n+3)\alpha_3 - (n+3)e^{-(n+1)\alpha_2}\cos(n-3)\alpha_3 +\\ &+\left[(n-1)e^{-(n-3)\alpha_2} - 4e^{-(n+1)\alpha_2}\right]\cos(n+1)\alpha_3 +\\ &+\left[(n+1)e^{-(n+3)\alpha_2} + 4e^{-(n-1)\alpha_2}\right]\cos(n-1)\alpha_3\Big\} -\\ -B_n\Big\{&n\,e^{-(n+1)\alpha_2}\cos(n+3)\alpha_3 + (n+2)e^{-(n+1)\alpha_2}\cos(n-1)\alpha_3 -\\ &-\left[(n+2)e^{-(n-1)\alpha_2} + n\,e^{-(n+3)\alpha_2}\right]\cos(n+1)\alpha_3\Big\},\\ t_{23}(\mathfrak{Cos}\,2\alpha_2 - \cos 2\alpha_3)^2 = A_n\Big\{&(n-1)e^{-(n-1)\alpha_2}\sin(n+3)\alpha_3 + (n+1)e^{-(n+1)\alpha_2}\sin(n-3)\alpha_3 -\\ &-(n+1)e^{-(n-3)\alpha_2}\sin(n+1)\alpha_3 - (n-1)e^{-(n+3)\alpha_2}\sin(n-1)\alpha_3\Big\} +\\ +B_n\Big\{&n\,e^{-(n+1)\alpha_2}\sin(n+3)\alpha_3 + (n+2)e^{-(n+1)\alpha_2}\sin(n-1)\alpha_3 -\\ &-\left[(n+2)e^{-(n-1)\alpha_2} + n\,e^{-(n+3)\alpha_2}\right]\sin(n+1)\alpha_3\Big\}. \end{aligned}\right\} \quad (14)$$

Diese stellen für jedes n, A_n und B_n einen möglichen ebenen Spannungszustand dar.

Einen ähnlichen Satz von Lösungen erhält man, wenn man von der Funktion

$$F'(\alpha_2 + i\alpha_3) \equiv Ci\,\frac{e^{-n(\alpha_2 + i\alpha_3)}}{\mathfrak{Sin}\,(\alpha_2 + i\alpha_3)} \qquad (7')$$

ausgeht. Man bekommt ihn aus (14), indem man rechts alle cos und sin durch sin und cos ersetzt und außerdem das Vorzeichen von t_{23} wechselt. Wir werden ihn als den zu (14) zugeordneten Satz von Lösungen (14') bezeichnen. Aus (14) und (14') läßt sich für jeden homogenen Spannungszustand die Spannungskonzentration am Rande eines elliptischen Loches berechnen.

a) Bei allseitigem Zug gelten, wenn das elliptische Loch durch $\alpha_2 = a_2$ abgegrenzt ist, die Randbedingungen

$$t_{22} = t_{23} = 0 \quad \text{für} \quad \alpha_2 = a_2,$$
$$t_{22} = t_{33} = \sigma,\ t_{23} = 0 \quad \text{für} \quad \alpha_2 = \infty.$$

Man genügt diesen Bedingungen, indem man sich auf die zu $n = -1$ und $n = +1$ gehörigen Lösungen (14) beschränkt, dabei

$$A_{-1} = -\frac{\sigma}{8}, \qquad B_{-1} = \frac{\sigma}{2}\mathfrak{Cos}\,2a_2, \qquad A_{+1} = -\frac{\sigma}{8}, \qquad B_{+1} = 0$$

setzt und diese beiden Lösungen jeweils addiert. Man findet so

$$\left.\begin{aligned} t_{22} &= \frac{\mathfrak{Sin}\,2\alpha_2(\mathfrak{Cof}\,2\alpha_2-\mathfrak{Cof}\,2a_2)}{(\mathfrak{Cof}\,2\alpha_2-\cos 2\alpha_3)^2}\,\sigma, \\ t_{33} &= \frac{\mathfrak{Sin}\,2\alpha_2(\mathfrak{Cof}\,2\alpha_2+\mathfrak{Cof}\,2a_2-2\cos 2\alpha_3)}{(\mathfrak{Cof}\,2\alpha_2-\cos 2\alpha_3)^2}\,\sigma, \\ t_{23} &= \frac{\sin 2\alpha_3(\mathfrak{Cof}\,2\alpha_2-\mathfrak{Cof}\,2a_2)}{(\mathfrak{Cof}\,2\alpha_2-\cos 2\alpha_3)^2}\,\sigma \end{aligned}\right\} \tag{15}$$

und im besonderen am Lochrand

$$t_{33} = \frac{2\,\mathfrak{Sin}\,2a_2}{\mathfrak{Cof}\,2a_2-\cos 2\alpha_3}\,\sigma. \tag{16}$$

Da nach (1) und (1a) die Endpunkte der großen Hauptachse der Ellipse durch $\alpha_3=0$ und $\alpha_3=\pi$ dargestellt sind, die Endpunkte der kleinen Hauptachse dagegen durch $\alpha_3=\pi/2$ und $\alpha_3=3\pi/2$, so entnimmt man der Formel (16), daß die Randspannung t_{33} ihren größten Wert in den Endpunkten der großen Hauptachse, ihren kleinsten dagegen in den Endpunkten der kleinen Hauptachse hat. Diese extremen Werte sind

$$t_{33\,\max}=2\sigma\,\mathfrak{Ctg}\,a_2, \qquad t_{33\,\min}=2\sigma\,\mathfrak{Tg}\,a_2.$$

Die geometrische Bedeutung von a_2 geht aus (1a) hervor: sind b und $c(\leq b)$ die beiden Halbachsen der Ellipse, so ist $b=a\,\mathfrak{Cof}\,a_2$ und $c=a\,\mathfrak{Sin}\,a_2$, also $\mathfrak{Tg}\,a_2=c/b$. Die Extremwerte der Spannungen können also auch in der Form

$$t_{33\,\max}=2\frac{b}{c}\,\sigma, \qquad t_{33\,\min}=2\frac{c}{b}\,\sigma \tag{17}$$

geschrieben werden. Die Spannungsverteilung und die größte Spannung sind also nur von der Form, nicht von der absoluten Größe des elliptischen Loches abhängig (wodurch eine allgemeine Bemerkung in Ziff. **22** wieder am Sonderfall bestätigt ist).

b) Beim e i n s e i t i g e n Z u g in der Richtung der kleinen Hauptachse sind die Randbedingungen

$$t_{22}=t_{23}=0 \quad \text{für} \quad \alpha_2=a_2,$$

$$t_{22}=\frac{1}{2}\sigma(1-\cos 2\alpha_3), \quad t_{33}=\frac{1}{2}\sigma(1+\cos 2\alpha_3), \quad t_{23}=\frac{1}{2}\sigma\sin 2\alpha_3 \quad \text{für} \quad \alpha_2=\infty.$$

Denn nach (1) geht die Ellipse $\alpha_2=\infty$ in einen unendlich großen Kreis über und α_3 in den Winkel des vom Lochmittelpunkt gezogenen Fahrstrahls mit der y-Achse (also der großen Hauptachse), so daß die Spannungen im Unendlichen durch Ausdrücke von der Form (**23**, 11) darzustellen sind. Die Randbedingungen werden befriedigt, wenn man die zu $n=-3$, $n=-1$ und $n=+1$ gehörigen Lösungen (**14**) überlagert und dabei

$$A_{-3}=0, \quad B_{-3}=-\frac{\sigma}{8}, \quad A_{-1}=-\frac{\sigma}{16}, \quad B_{-1}=\frac{\sigma}{4}(1+\mathfrak{Cof}\,2a_2),$$
$$A_{+1}=-\frac{\sigma}{8}\left(\frac{1}{2}+e^{2a_2}\right), \quad B_{+1}=\frac{\sigma e^{4a_2}}{8}$$

setzt. Für die Spannung t_{33} am Lochrande, auf die es für unseren Zweck allein ankommt, findet man dann

$$t_{33}=\frac{\mathfrak{Sin}\,2a_2+e^{2a_2}\cos 2\alpha_3-1}{\mathfrak{Cof}\,2a_2-\cos 2\alpha_3}\,\sigma. \tag{18}$$

Die größte Spannung tritt, wie zu erwarten war, in den Endpunkten der großen Hauptachse auf (welche ja durch $\alpha_3=0$ und $\alpha_3=\pi$ gekennzeichnet sind). Nennt man die Halbachsen der Ellipse wieder b und c, so findet man für diese Spannung

$$t_{33\,\max} = \frac{\mathfrak{Sin}\,2a_2 + e^{2a_2} - 1}{\mathfrak{Cof}\,2a_2 - 1}\,\sigma = \frac{2\,\mathfrak{Sin}\,2a_2 + \mathfrak{Cof}\,2a_2 - 1}{\mathfrak{Cof}\,2a_2 - 1}\,\sigma$$

$$= \left(1 + \frac{2\,\mathfrak{Sin}\,2a_2}{\mathfrak{Cof}\,2a_2 - 1}\right)\sigma = (1 + 2\,\mathfrak{Ctg}\,a_2)\,\sigma = \left(1 + 2\,\frac{b}{c}\right)\sigma,$$

oder mit dem Krümmungshalbmesser $\varrho = c^2/b$

$$t_{33\,\max} = \left(1 + 2\sqrt{\frac{b}{\varrho}}\right)\sigma. \tag{19}$$

In den Endpunkten der kleinen Hauptachse tritt eine Druckspannung auf vom Betrage

$$t_{33\,\min} = \frac{\mathfrak{Sin}\,2a_2 - e^{2a_2} - 1}{\mathfrak{Cof}\,2a_2 + 1}\,\sigma = -\sigma. \tag{20}$$

Man erkennt in (19) und (20) die Verallgemeinerungen der Ergebnisse (**23**, 16) und (**23**, 17), in die sie übergehen, sobald die Ellipse zu einem Kreis wird.

c) Beim reinen Schub, dessen Schubrichtungen den Hauptachsen der Ellipse parallel sind, lauten die Randbedingungen

$$t_{22} = t_{23} = 0 \qquad \text{für} \qquad \alpha_2 = a_2,$$

$$t_{22} = \tau \sin 2\alpha_3, \qquad t_{33} = -\tau \sin 2\alpha_3, \qquad t_{23} = \tau \cos 2\alpha_3 \qquad \text{für} \qquad \alpha_2 = \infty,$$

wenn τ die reine Schubspannung im homogenen Spannungsgebiete bezeichnet. Diese Bedingungen können mit dem vorhin definierten Lösungssystem (14′) befriedigt werden, indem man die zu $n = -3$ und $n = 1$ gehörigen Lösungen benutzt und dabei

$$A_{-3} = 0, \qquad B_{-3} = -\frac{\tau}{4}, \qquad A_1 = \frac{\tau}{4}\,e^{2a_2}, \qquad B_1 = -\frac{\tau}{4}\,e^{4a_2}$$

setzt. Für die Randspannung am Lochrande findet man so

$$t_{33} = -\frac{2\,e^{2a_2}\sin 2\alpha_3}{\mathfrak{Cof}\,2a_2 - \cos 2\alpha_3}\,\tau. \tag{21}$$

Sie ist Null in den Endpunkten der Hauptachsen und hat ihren größten Wert

$$|t_{33}|_{\max} = \frac{2\,e^{2a_2}}{\mathfrak{Sin}\,2a_2}\,\tau = \frac{(b+c)^2}{bc}\,\tau \tag{22}$$

in den Ellipsenpunkten, deren Parameter α_3 der Gleichung $\cos 2\alpha_3 = 1/\mathfrak{Cof}\,2a_2$ gehorcht.

d) Der reine Zug in einer Richtung, die mit der großen Hauptachse den Winkel φ einschließt, wird für ein homogenes Spannungsgebiet nach Kap. I, Ziff. **4** in einem (y, z)-System, dessen y-Achse in die große Hauptachse fällt, durch die Spannungen

$$\sigma_y = \frac{1}{2}\,\sigma(1 + \cos 2\varphi), \qquad \sigma_z = \frac{1}{2}\,\sigma(1 - \cos 2\varphi), \qquad \tau_{yz} = \frac{1}{2}\,\sigma \sin 2\varphi$$

dargestellt. Man kann ihn also als die Überlagerung der drei folgenden Spannungszustände auffassen:

$$\left(\sigma_y = \sigma_z = \frac{1}{2}\,\sigma(1 + \cos 2\varphi),\ \tau_{yz} = 0\right), \qquad (\sigma_y = 0,\ \sigma_z = -\sigma\cos 2\varphi,\ \tau_{yz} = 0),$$

$$\left(\sigma_y = \sigma_z = 0,\ \tau_{yz} = \frac{1}{2}\,\sigma \sin 2\varphi\right).$$

Hiermit aber ist dieser Fall auf a), b) und c) zurückgeführt. Die gesuchte Randspannung erhält man somit, indem man (16) mit $\frac{1}{2}(1 + \cos 2\varphi)$, (18) mit $-\cos 2\varphi$

und (21) mit $\frac{1}{2}\frac{\sigma}{\tau}\sin 2\varphi$ multipliziert und die so erhaltenen Werte addiert. Man findet

$$t_{33} = \frac{\operatorname{Sin} 2a_2 + \cos 2\varphi - e^{2a_2}\cos(2\varphi - 2\alpha_3)}{\operatorname{Cof} 2a_2 - \cos 2\alpha_3}\,\sigma. \tag{23}$$

Im besonderen folgt hieraus für $\varphi = 0$, d. h. für Zug in Richtung der großen Hauptachse

$$t_{33} = \frac{\operatorname{Sin} 2a_2 + 1 - e^{2a_2}\cos 2\alpha_3}{\operatorname{Cof} 2a_2 - \cos 2\alpha_3}\,\sigma. \tag{24}$$

In den Endpunkten der kleinen Hauptachse ($\alpha_3 = \pi/2$) tritt jetzt eine Zugspannung vom Betrage

$$t_{33\,\max} = \frac{2\operatorname{Sin} 2a_2 + \operatorname{Cof} 2a_2 + 1}{\operatorname{Cof} 2a_2 + 1}\,\sigma = (1 + 2\operatorname{Tg} a_2)\,\sigma = \left(1 + \frac{2c}{b}\right)\sigma \tag{25}$$

auf, in den Endpunkten der großen Hauptachse ($\alpha_3 = 0$) dagegen eine Druckspannung vom Betrage

$$t_{33\,\min} = -\sigma. \tag{26}$$

An einem sehr schmalen elliptischen Loch ($b \gg c$) kann also, wie übrigens zu erwarten war, bei dieser Zugrichtung kaum von einer Spannungskonzentration gesprochen werden.

Zum Schluß sei ausdrücklich darauf hingewiesen, daß bei beliebiger Zugrichtung die größte Zugspannung t_{33} nicht mehr in den Endpunkten der großen Hauptachse auftritt. Für den besonderen Fall $\varphi = \pi/4$ findet man z. B., daß die höchste Spannung in demjenigen Punkte auftritt, für den der Richtungskoeffizient m der Ellipsentangente

$$m = e^{-2a_2} + \sqrt{1 + e^{-4a_2}} \tag{27}$$

ist. Das zugehörige α_3 berechnet sich aus

$$\operatorname{tg}\alpha_3 = -\frac{1}{m}\operatorname{Tg} a_2 \tag{28}$$

und der Höchstwert der Spannung zu

$$t_{33\,\max} = -e^{2a_2}\operatorname{ctg} 2\alpha_3 \cdot \sigma = \frac{b^2 + c^2 + (b + c)\sqrt{2(b^2 + c^2)}}{2bc}\,\sigma. \tag{29}$$

Bei einem elliptischen Schlitz, für den $b \gg c$ ist, wird dieser Wert sehr gut durch

$$t_{33\,\max} = \frac{b}{2c}\left(1 + \sqrt{2}\right)\sigma \tag{30}$$

angenähert.

25. Die Welle mit Keilnut. Wir wenden uns jetzt den Spannungskonzentrationen zu, die durch Nuten, Rillen und Absätze in der Welle entstehen können und betrachten zuerst den streng berechenbaren Fall der durchgehenden halbkreisförmigen Nut[1]) (Abb. 37). Wird der Koordinatenursprung im Mittelpunkt des Nutenhalbkreises angenommen und die Symmetrieachse des Querschnitts als Polachse, so lautet nach (II, **18**, **13**) mit der spezifischen Verdrehung ω die Differentialgleichung der

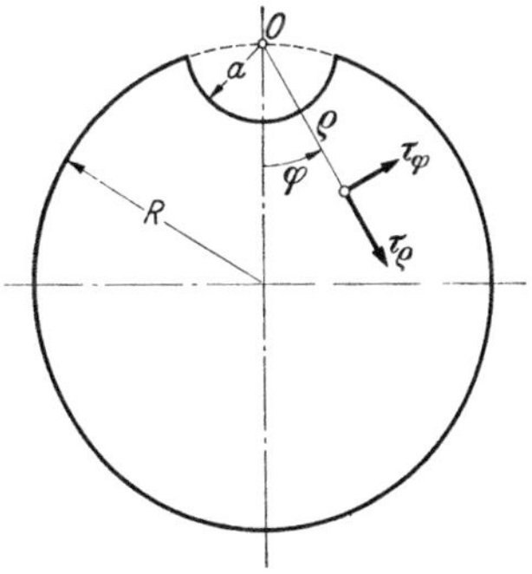

Abb 37. Welle mit halbkreisformiger Nut.

[1]) Vgl. fur die durch eine halbkreisförmige Nut geschwachte Welle C. WEBER, Die Lehre der Drehfestigkeit, Forsch.-Arb. Ing.-Wes H. 249 (1921); fur die in anderer Weise geschwächte Welle R. SONNTAG, Zur Torsion von runden Wellen mit veränderlichem Durchmesser (ein Beitrag zur Theorie der Kerbwirkung), Z. angew. Math. Mech. 9 (1929) S. 1.

Spannungsfunktion Φ in Polarkoordinaten ϱ, φ

$$\Delta'\Phi \equiv \left(\frac{\partial^2}{\partial\varrho^2} + \frac{1}{\varrho}\frac{\partial}{\partial\varrho} + \frac{1}{\varrho^2}\frac{\partial^2}{\partial\varphi^2}\right)\Phi = -2G\omega, \tag{1}$$

während mit den Halbmessern R und a des Wellenkreises und des Nutenhalbkreises am Rande gilt:

$\Phi = 0$ für $\varrho = 2R\cos\varphi$ (Punkte des großen Kreises),
$\Phi = 0$ für $\varrho = a$ (Punkte des kleinen Kreises).

Es liegt nahe, zu versuchen, diese Randbedingung dadurch zu befriedigen, daß man Φ als Produkt zweier Faktoren ansetzt, deren jeder für sich eine der beiden Teilbedingungen erfüllt. Schreibt man zu dem Zweck

$$\Phi = (2R\cos\varphi - \varrho)f(\varrho), \tag{2}$$

so erfüllt der erste Faktor tatsächlich die erste Teilbedingung, und $f(\varrho)$ soll also derart bestimmt werden, daß Φ am Nutenumfang zu Null wird und außerdem die Gleichung (1) befriedigt. Setzt man (2) in (1) ein, so erhält man

$$2R\cos\varphi\left[f''(\varrho) + \frac{1}{\varrho}f'(\varrho) - \frac{1}{\varrho^2}f(\varrho)\right] - \left[\varrho f''(\varrho) + 3f'(\varrho) + \frac{1}{\varrho}f(\varrho)\right] = -2G\omega, \tag{3}$$

so daß gleichzeitig

$$f''(\varrho) + \frac{1}{\varrho}f'(\varrho) - \frac{1}{\varrho^2}f(\varrho) = 0$$

und

$$\varrho f''(\varrho) + 3f'(\varrho) + \frac{1}{\varrho}f(\varrho) = 2G\omega \tag{4}$$

sein muß. Als allgemeine Lösung der ersten Gleichung (4) hat man

$$f(\varrho) = C_1\varrho + \frac{C_2}{\varrho}.$$

Führt man dies in die zweite Gleichung (4) ein, so kommt

$$C_1 = \frac{G\omega}{2},$$

während C_2 zunächst unbestimmt bleibt. Wird aber schließlich die nunmehr erhaltene Funktion Φ auch für $\varrho = a$ gleich Null gesetzt, so findet man

$$C_2 = -\frac{a^2 G\omega}{2},$$

so daß endgültig

$$\Phi \equiv (2R\cos\varphi - \varrho)\left(\frac{\varrho}{a} - \frac{a}{\varrho}\right)\frac{aG\omega}{2} \tag{5}$$

wird.

Nach (II, **18**, 17) ist das Torsionsmoment W gleich dem doppelten Inhalt des von Φ bestimmten Spannungshügels

$$W = 2\iint \Phi\varrho\, d\varrho\, d\varphi.$$

Erstreckt man die Integration nach φ von $-\pi/2$ bis $+\pi/2$, was bei normalen Kreisnuten sicherlich zulässig ist, so findet man

$$W = \left[\frac{\pi}{2}R^4 - \pi a^2\left(R^2 + \frac{a^2}{4} - \frac{8}{3\pi}aR\right)\right]G\omega. \tag{6}$$

Die Torsionssteifigkeit $\alpha_t = W/\omega$ der Welle [vgl. (II, **18**, 25)] hat ohne Nut den Wert $\frac{\pi}{2}R^4 G$; die Nut setzt sie herab auf den Wert

$$\alpha_t = \left[\frac{\pi}{2}R^4 - \pi a^2\left(R^2 + \frac{a^2}{4} - \frac{8}{3\pi}aR\right)\right]G. \tag{7}$$

Weil nach (II, **18**, 5) die Spannungen τ_{xy} und τ_{xz} die Komponenten des um 90° zurückgedrehten Gradienten von Φ darstellen, so gilt dementsprechend in Polarkoordinaten, wenn man dabei auch noch (6) benützt,

$$\left.\begin{aligned} \tau_\varrho &= +\frac{1}{\varrho}\frac{\partial \Phi}{\partial \varphi} = -R\sin\varphi\left(1-\frac{a^2}{\varrho^2}\right)G\omega = -\frac{W R \sin\varphi\left(1-\frac{a^2}{\varrho^2}\right)}{\frac{\pi}{2}R^4-\pi a^2\left(R^2+\frac{a^2}{4}-\frac{8}{3\pi}aR\right)},\\ \tau_\varphi &= -\frac{\partial \Phi}{\partial \varrho} = -\left[R\cos\varphi\left(1+\frac{a^2}{\varrho^2}\right)-\varrho\right]G\omega = -\frac{W\left[R\cos\varphi\left(1+\frac{a^2}{\varrho^2}\right)-\varrho\right]}{\frac{\pi}{2}R^4-\pi a^2\left(R^2+\frac{a^2}{4}-\frac{8}{3\pi}aR\right)}. \end{aligned}\right\} \quad (8)$$

Im Punkte $\varphi=0$, $\varrho=a$ erhält man als Höchstwert für τ_φ am Nutenrand

$$|\tau_\varphi|_{\max} = (2R-a)\,G\omega = \frac{W(2R-a)}{\frac{\pi}{2}R^4-\pi a^2\left(R^2+\frac{a^2}{4}-\frac{8}{3\pi}aR\right)}. \quad (9)$$

Macht man den Grenzübergang $a\to 0$, so wird dieser Wert

$$|\tau_\varphi|_{\max} = 2RG\omega = \frac{4W}{\pi R^3}, \quad (10)$$

während beim unverletzten Querschnitt die Randspannung den Betrag $RG\omega = 2W/\pi R^3$ hat. Im Grenzfalle $a=0$ tritt also bei einer halbkreisförmigen Nut eine Spannungsverdoppelung auf. Von dieser

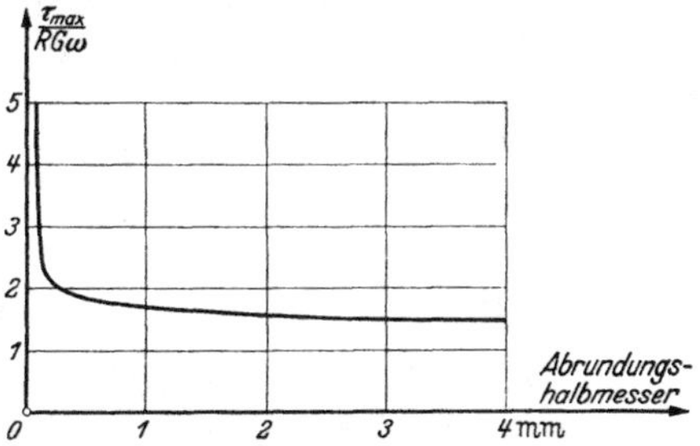

Abb. 38. Spannungskonzentration an der abgerundet rechteckigen Nut einer Vollwelle.
Wellenhalbmesser $R = 60$ mm, Nutbreite = 30 mm, Nuttiefe = 9 mm, Abrundungshalbmesser r.

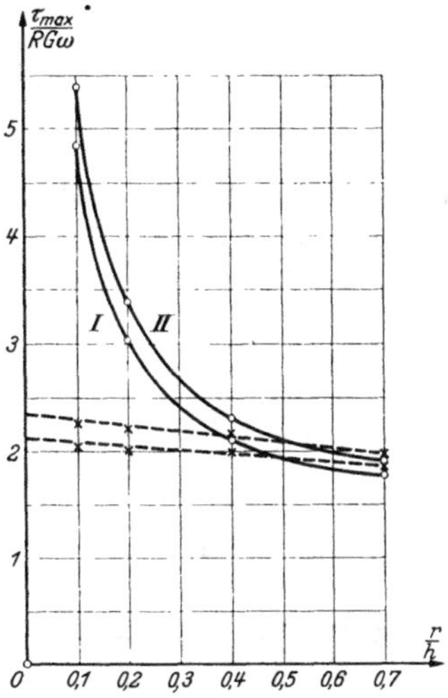

Abb. 39. Spannungskonzentration an der abgerundet rechteckigen Nut einer Hohlwelle.
Außenhalbmesser $R = 127$ mm, Innenhalbmesser = 73,5 mm, Nutbreite = 63,5 mm, Nuttiefe $h = 25,4$ mm.

Tatsache werden wir später (Ziff. **26**) noch Gebrauch zu machen haben.

Die Ermittlung der Spannungsverteilung an einer rechteckigen Keilnut geschieht am besten experimentell. Einige der hier zur Verfügung stehenden Methoden sind in Kap. III, Ziff. **24**, **25** und **29** behandelt. Wir führen einige Meßergebnisse an, die zeigen, daß, wie zu erwarten, die größte Spannungskonzentration in den einspringenden Ecken durch eine geeignete Abrundung dieser Ecken sehr stark herabgedrückt werden kann. Zunächst folgt dies aus den in Abb. **38** wiedergegebenen Messungen[1]), welche dartun, daß bei der untersuchten Welle bereits eine Abrundung von **3** mm genügt, um die Spannungserhöhung auf ihren Kleinstwert herabzusetzen. Ähnliches ersieht man aus Abb. **39**, die sich auf eine mit Keilnut versehene Hohlwelle bezieht[2]). Die

[1]) H. Quest, Eine experimentelle Lösung des Torsionsproblems, Ing.-Arch. 4 (1933) S. 510.
[2]) A. A. Griffith u. G. I. Taylor, On the use of soapfilms in solving torsion problems, Engineering 104 (1917) S. 652 u 699.

Höchstspannung, die in den einspringenden Ecken auftritt, ist in beiden Fällen als Vielfaches derjenigen größten Spannung dargestellt, die in der nicht durch eine Nut geschwächten Hohlwelle auftreten würde. Die Kurve I in Abb. 39 gilt, wenn beide Wellen um den gleichen Winkel tordiert sind, die Kurve II, wenn beide Wellen durch das gleiche Moment beansprucht sind. Der Abrundungshalbmesser r ist als Bruchteil der Nutentiefe h angegeben. Auch hier nimmt in den einspringenden Ecken die Spannungserhöhung sehr schnell zu, wenn der Abrundungshalbmesser den Betrag von etwa 0,5 der Nutentiefe unterschreitet. Die gestrichelten Kurven in Abb. 39 zeigen (unter denselben Voraussetzungen) die Spannungserhöhung in der Mitte des Nutengrundes.

26. Die Welle mit ringförmiger Halbkreisrille. Gemäß Kap. II, Ziff. **19** lassen sich auch für dieses Problem die im Meridianschnitt wirkenden Spannungskomponenten $\tau_{\varphi r}$ und $\tau_{\varphi z}$ in einer Spannungsfunktion Φ ausdrücken, indem man nach (II, **19**, 8) setzt

$$r^2 \tau_{\varphi r} = -\frac{\partial \Phi}{\partial z}, \qquad r^2 \tau_{\varphi z} = +\frac{\partial \Phi}{\partial r}. \tag{1}$$

Die Funktion Φ genügt der Gleichung (II, **19**, 9)

$$\frac{\partial^2 \Phi}{\partial r^2} - \frac{3}{r}\frac{\partial \Phi}{\partial r} + \frac{\partial^2 \Phi}{\partial z^2} = 0. \tag{2}$$

Die Kurven Φ = konst. stellen die Spannungslinien des Meridianquerschnitts dar. Weil die Meridiankurve der Welle selbst eine Spannungslinie ist, hat Φ entlang dieser Kurve einen festen Wert Φ_1. Setzt man das Moment aller im Wellenquerschnitt wirkenden Schubkräfte unter Berücksichtigung der zweiten Formel (1) gleich dem Torsionsmoment W und außerdem $\Phi = 0$ für $r = 0$, so erhält man

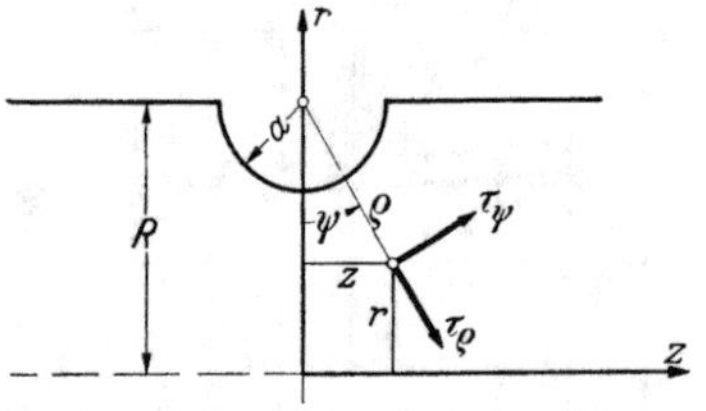

Abb. 40. Welle mit ringförmiger Halbkreisrille.

$$W = 2\pi \int \tau_{z\varphi} r^2 \, dr = 2\pi \int_0^{\Phi_1} \frac{\partial \Phi}{\partial r} dr = 2\pi \Phi_1,$$

also

$$\Phi_1 = \frac{W}{2\pi}. \tag{3}$$

Geht man zu einem neuen Koordinatensystem (ϱ, ψ) über, indem man den Mittelpunkt der Rille (vom Halbmesser a) zum Koordinatenursprung nimmt und die zur z-Achse senkrechte Gerade zur Polachse (Abb. 40), so erhält man mit den Transformationsformeln

$$z = \varrho \sin\psi, \qquad r = R - \varrho\cos\psi$$

als neue Gleichung für Φ

$$\frac{\partial^2 \Phi}{\partial \varrho^2} + \frac{1}{\varrho^2}\frac{\partial^2 \Phi}{\partial \psi^2} + \left(\frac{1}{\varrho} + \frac{3\cos\psi}{R - \varrho\cos\psi}\right)\frac{\partial \Phi}{\partial \varrho} - \frac{3\sin\psi}{\varrho(R - \varrho\cos\psi)}\frac{\partial \Phi}{\partial \psi} = 0. \tag{4}$$

Weil nach (1) die Spannung τ bis auf den Faktor r^2 gleich dem um 90° zurückgedrehten Gradienten von Φ ist, so kommt für die Spannungskomponenten τ_ϱ und τ_ψ sofort

$$\tau_\varrho = \frac{1}{(R - \varrho\cos\psi)^2}\frac{1}{\varrho}\frac{\partial \Phi}{\partial \psi}, \qquad \tau_\psi = -\frac{1}{(R - \varrho\cos\psi)^2}\frac{\partial \Phi}{\partial \varrho}. \tag{5}$$

Für eine glatte zylindrische Welle läßt die Spannungsfunktion sich leicht angeben, indem man von der bekannten Spannungsverteilung

$$\tau_{\varphi z} = \frac{2 W r}{\pi R^4}, \qquad \tau_{\varphi r} = 0$$

ausgeht und nach (1) setzt

$$\frac{\partial \Phi}{\partial r} = \frac{2\,W r^3}{\pi R^4}, \qquad \frac{\partial \Phi}{\partial z} = 0.$$

Hieraus und aus den Bedingungen, daß $\Phi = 0$ für $r = 0$ und $\Phi = W/2\pi$ für $r = R$ sein soll, folgt unmittelbar

$$\Phi = \frac{W r^4}{2\pi R^4} \quad \text{oder} \quad \Phi = \frac{W}{2\pi R^4}(R - \varrho \cos\psi)^4. \tag{6}$$

Bevor wir nun bei der Welle mit halbkreisförmiger Rille zur genäherten Bestimmung der zugehörigen Spannungsfunktion Φ übergehen, beweisen wir zuerst, daß für den Grenzfall $a \to 0$ die Spannungskonzentration gleich derjenigen sein muß, die in Ziff. **25** für die Welle mit halbkreisförmiger Nut errechnet worden ist. Zur Begründung benützen wir das sogenannte hydrodynamische Gleichnis der Torsion. Der Vergleich der Gleichungen (II, **18**, 5) sowie der Gleichungen (II, **19**, 8) mit den Gleichungen für die Geschwindigkeitskomponenten einer reibungsfreien ebenen Potentialströmung zeigt nämlich, daß sowohl die Spannungslinien im Querschnitt eines tordierten prismatischen Stabes, wie diejenigen im Meridianschnitt eines tordierten nichtprismatischen Stabes als Stromlinien einer idealen Flüssigkeit aufgefaßt werden können. Beim prismatischen Stabe ist die Stromgeschwindigkeit den Schubspannungen τ selbst proportional, beim nichtprismatischen Stabe dem Produkte $r^2\tau$.

Nehmen wir zunächst den kreisförmigen Querschnitt eines tordierten prismatischen Stabes, so lehrt die Übersetzung des Ergebnisses von Ziff. **25** in die hydrodynamische Sprache, daß die Geschwindigkeit am Umfang des zugehörigen Strömungsfeldes bei einer unendlich kleinen halbkreisförmigen Nut örtlich auf das Doppelte gesteigert wird. Dieses Ergebnis hätte sich aus einer bekannten Tatsache der Hydrodynamik voraussagen lassen. Betrachtet man nämlich (Abb. 41) ein Stück $\alpha\beta$ des Kreisumfanges in der Umgebung der Nut, welches so klein ist, daß es als Gerade angesehen werden kann, so verhält sich die Strömung in dem Gebiete $\alpha\beta\gamma\delta$ wie die eine Hälfte des Strömungsbildes in der Umgebung eines Zylinders, der sich in einem homogenen Strömungsfeld befindet. Am Zylinderumfang tritt aber in der Tat eine größte Geschwindigkeit auf, die gleich dem Doppelten der ungestörten Geschwindigkeit ist. (Natürlich muß bei diesem Vergleich die Breite $\alpha\delta$ oder $\beta\gamma$ des betrachteten Gebietes so klein angenommen werden, daß in einiger Entfernung von der Nut die Geschwindigkeit über diese Breite als unveränderlich angesehen werden kann.) Gehen wir zum Meridianquerschnitt des kreiszylindrischen Stabes über, der durch eine unendlich kleine halbkreisförmige Rille geschwächt ist, so liefert das hydrodynamische Gleichnis in der unmittelbaren Umgebung der Rille dasselbe Bild (Abb. 42), und daher wird bei einer unendlich kleinen Rille die Geschwindigkeit am Umfang örtlich ebenfalls auf das Doppelte gesteigert, und dies bedeutet, daß im tordierten Stab eine Spannungskonzentration mit dem Konzentrationsfaktor 2 auftritt.

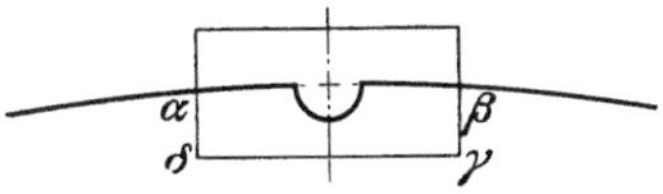

Abb. 41. Teil des Querschnitts einer tordierten Welle mit Nut.

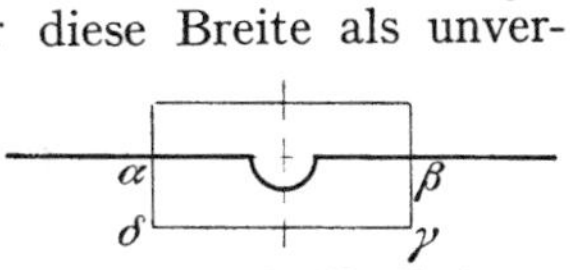

Abb. 42. Teil der Meridiankurve einer tordierten Welle mit Rille.

Diese Feststellung gibt einen wichtigen Anhaltspunkt bei der Behandlung der Welle mit endlicher Rille; denn die zugehörige Spannungsfunktion Φ muß für den Grenzfall $a \to 0$ zu der soeben gefundenen Spannungskonzentration führen. Als Näherungslösung unseres Problems suchen wir somit eine Funktion $\overline{\Phi}$ derart zu bestimmen, daß sie

1) den Randbedingungen genügt,
2) für $a=0$ in die Spannungsfunktion (6) übergeht,
3) für $\varrho \gg a$ nahezu mit der Spannungsfunktion (6) übereinstimmt,
4) bei dem Grenzübergang $a \to 0$ auf die eben erwähnte Spannungskonzentration führt.

Setzt man mit einer positiven Zahl m und zwei noch näher zu bestimmenden Funktionen $f_1(\psi)$ und $f_2(\psi)$ an

$$\bar{\Phi} = \frac{W}{2\pi R^4}\left\{R - \varrho\left[f_1(\psi)\left(\frac{a}{\varrho}\right)^m + f_2(\psi) + 1\right]\cos\psi\right\}^4, \tag{7}$$

so sind wegen der Forderung 1) die Funktionen $f_1(\psi)$, $f_2(\psi)$ und die Zahl m derart zu bestimmen, daß [im Hinblick auf $\Phi=0$ für $r=0$ und auf (3)]

$$\bar{\Phi} = 0 \quad \text{für} \quad \varrho = \frac{R}{\cos\psi},$$
$$\bar{\Phi} = \frac{W}{2\pi} \quad \text{für} \quad -\frac{\pi}{2} \leq \psi \leq +\frac{\pi}{2} \quad \text{und} \quad \varrho = a,$$
$$\bar{\Phi} = \frac{W}{2\pi} \quad \text{für} \quad \psi = \pm\frac{\pi}{2} \quad \text{und} \quad \varrho \geq a$$

wird. Die erste dieser Bedingungen führt zu

$$f_2(\psi) = -f_1(\psi)\left(\frac{a\cos\psi}{R}\right)^m, \tag{8}$$

die zweite zu $f_1(\psi) + f_2(\psi) + 1 = 0$ oder in Verbindung mit (8) zu

$$f_1(\psi) = \frac{R^m}{(a\cos\psi)^m - R^m}, \tag{9}$$

die dritte ist von selbst erfüllt. Aus dem nunmehr für $\bar{\Phi}$ erhaltenen Ausdruck

$$\bar{\Phi} = \frac{W}{2\pi R^4}\left[R - \varrho\left\{\frac{R^m}{(a\cos\psi)^m - R^m}\left[\left(\frac{a}{\varrho}\right)^m - 1\right]\right\}\cos\psi\right]^4 \tag{10}$$

folgt, daß die Forderungen 2) und 3) ebenfalls befriedigt werden. Sogar in den Punkten der Geraden $\psi=0$, für die das Glied $a\cos\psi$ in dem geschweiften Klammerausdruck seinen Höchstwert erreicht, weicht bei den technisch vorkommenden Verhältnissen a/R dieser Klammerausdruck für $\varrho \gg a$ nur wenig von Eins ab.

Somit braucht nur noch die Forderung 4) befriedigt zu werden, und hier steht gerade noch der Exponent m zur Verfügung. Bestimmt man nach (5) die Spannungskomponente τ_ψ, auf die es für unseren Zweck allein ankommt, so findet man, wenn man noch zur Abkürzung

$$R - \varrho\left\{\frac{R^m}{(a\cos\psi)^m - R^m}\left[\left(\frac{a}{\varrho}\right)^m - 1\right]\right\}\cos\psi = \chi$$

setzt,

$$\tau_\psi = -\frac{1}{(R-\varrho\cos\psi)^2}\frac{\partial\bar{\Phi}}{\partial\varrho} = -\frac{2W\chi^3}{\pi R^4(R-\varrho\cos\psi)^2}\,\frac{R^m}{(a\cos\psi)^m - R^m}\left[(m-1)\frac{a^m}{\varrho^m} + 1\right]\cos\psi.$$

Für $\psi=0$ und $\varrho=a$ ist also

$$\tau_\psi = -\frac{2W}{\pi R(R-a)^2}\,\frac{mR^m}{a^m - R^m}.$$

Die Forderung, daß für $a \to 0$ dieser Wert in $\frac{4W}{\pi R^3}$ übergeht, wie in (**25**, 10) gefunden, liefert $m=2$. Somit wird endgültig

$$\Phi = \frac{W}{2\pi R^4}\left(R - \frac{R^2\cos\psi}{R^2 - a^2\cos^2\psi}\,\frac{\varrho^2 - a^2}{\varrho}\right)^4 \tag{11}$$

und

$$\tau_\psi = \frac{2W(\varrho^2+a^2)\cos\psi}{\pi R^2\varrho^2(R-\varrho\cos\psi)^2(R^2-a^2\cos^2\psi)}\left(R-\frac{R^2\cos\psi}{R^2-a^2\cos^2\psi}\,\frac{\varrho^2-a^2}{\varrho}\right)^3. \quad (12)$$

Hieraus folgt im besonderen

$$\left.\begin{aligned}\tau_\psi\big|_{\varrho=a} &= \frac{4WR\cos\psi}{\pi(R-a\cos\psi)^3(R+a\cos\psi)},\\ \tau_\psi\big|_{\substack{\varrho=a\\ \psi=0}} &= \frac{4WR}{\pi(R-a)^3(R+a)}.\end{aligned}\right\}\quad(13)$$

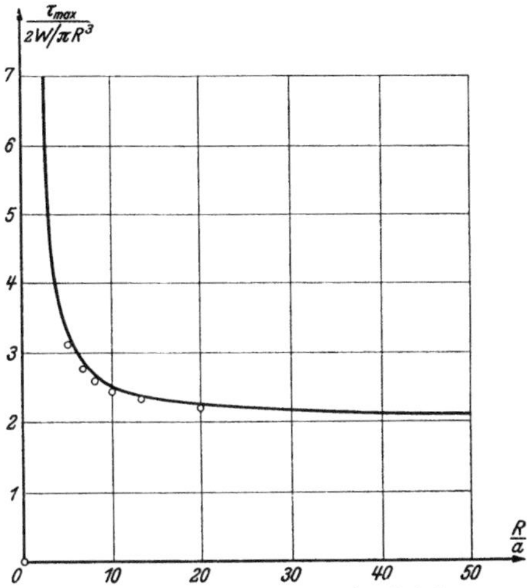

Abb. 43. Die Spannungskonzentration bei einer kreisformigen Rille als Funktion von R/a.

Natürlich kann diese Lösung nur eine Näherung darstellen, weil die Differentialgleichung (2) nicht genau erfüllt wird. Wie gut aber die erzielte Genauigkeit für die Spannungskonzentration im Rillengrunde ist, zeigt Abb. 43, wo für $\psi=0$ und $\varrho=a$ die Spannung τ_ψ als Vielfaches der Höchstspannung der glatten Welle abhängig von R/a verzeichnet ist. Zum Vergleich sind neben den hier bestimmten Werten auch die auf strengerem Wege[1]) erhaltenen Ergebnisse mit Kreisen eingetragen. Man sieht, daß die Abweichungen nur sehr gering sind. Sie bleiben bei den praktisch vorkommenden Rillen, für welche R/a wohl immer >7 sein dürfte, unter 3%.

27. Die Welle mit schlitzförmiger Eindrehung. Ähnlich wie in Ziff. **26** kann man für die in Abb. 44 dargestellte Welle mit schlitzförmiger Eindrehung versuchsweise eine Spannungsfunktion anschreiben, die beim Grenzübergang $d\to 0$ in (**26**, 11) übergeht. Setzt man zunächst

$$\bar\Phi = \frac{W}{2\pi(R+d)^4}\left[R-\varrho\left\{f_1(\psi)\left(\frac{a}{\varrho}\right)^2+f_2(\psi)+1\right\}\cos\psi\right]^4, \quad (1)$$

so können $f_1(\psi)$ und $f_2(\psi)$ derart bestimmt werden, daß

$$\bar\Phi = 0 \quad \text{für} \quad \varrho = \frac{R}{\cos\psi},$$

$$\bar\Phi = \frac{W}{2\pi} \quad \text{für} \quad -\frac{\pi}{2}\le\psi\le+\frac{\pi}{2} \quad \text{und} \quad \varrho = a$$

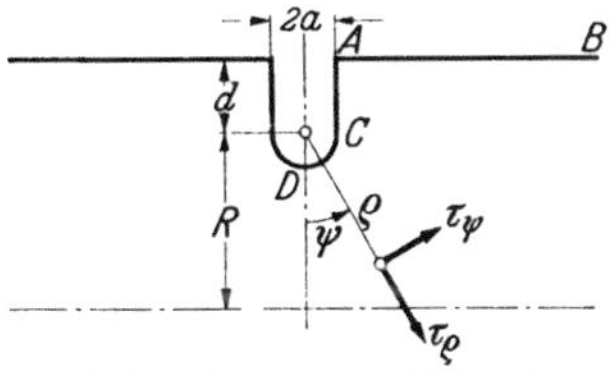

Abb. 44. Welle mit schlitzformiger Eindrehung.

ist. Damit erhält man

$$f_1(\psi) = -\frac{R^2\left(1+\frac{d}{a\cos\psi}\right)}{R^2-a^2\cos^2\psi}, \qquad f_2(\psi) = \frac{a^2\cos^2\psi+a\,d\cos\psi}{R^2-a^2\cos^2\psi}, \quad (2)$$

so daß

$$\Phi = \frac{W}{2\pi(R+d)^4}\left[R+\frac{R^2\frac{a}{\varrho}(a\cos\psi+d)-\varrho\cos\psi(R^2+a\,d\cos\psi)}{R^2-a^2\cos^2\psi}\right]^4 \equiv \frac{W}{2\pi(R+d)^4}\chi^4 \quad (3)$$

(mit einer leicht verständlichen Abkürzung χ) wird. Man überzeugt sich leicht davon, daß für Randpunkte auf der Strecke AB, für welche $\varrho \gg d$ und $\gg a$ ist, der Ausdruck χ sehr genähert gleich $(R+d)$ ist. Aber auch für nahe bei A gelegene Randpunkte ist er, wie eine numerische Rechnung zeigt, nur recht

[1]) F. W. Willers, Die Torsion eines Rotationskörpers um seine Achse, Z. Math. Phys. 55 (1907) S. 251.

wenig von $(R+d)$ verschieden. So findet man z. B. für $\frac{a}{R}=\frac{1}{10}$, $\frac{d}{R}=\frac{1}{5}$ im Punkte A selbst eine Abweichung von nur 4%. Auch entlang der Strecke AC ist χ nahezu konstant, so daß alle Randbedingungen praktisch genau befriedigt sind. Weil außerdem die für $f_1(\psi)$ und $f_2(\psi)$ gefundenen Ausdrücke (2) mit $d\to 0$ in die Formeln (**26**, 8) und (**26**, 9) übergehen, wenn darin $m=2$ gesetzt wird, so geht auch $\overline{\Phi}$ nach (3) für $d\to 0$ in (**26**, **11**) über. Also ist (3) sicherlich als eine für technische Zwecke brauchbare Näherung für Φ anzusehen, aus der man nunmehr nach (**26**, 5)

$$\left.\begin{aligned}\tau_\psi &= -\frac{1}{(R-\varrho\cos\psi)^2}\frac{\partial\overline{\Phi}}{\partial\varrho} = \\ &= \frac{2W\chi^3}{\pi(R+d)^4(R-\varrho\cos\psi)^2}\cdot \\ &\cdot\frac{\frac{R^2a}{\varrho^2}(a\cos\psi+d)+\cos\psi(R^2+a\,d\cos\psi)}{R^2-a^2\cos^2\psi}\end{aligned}\right\}\quad(4)$$

ableitet.

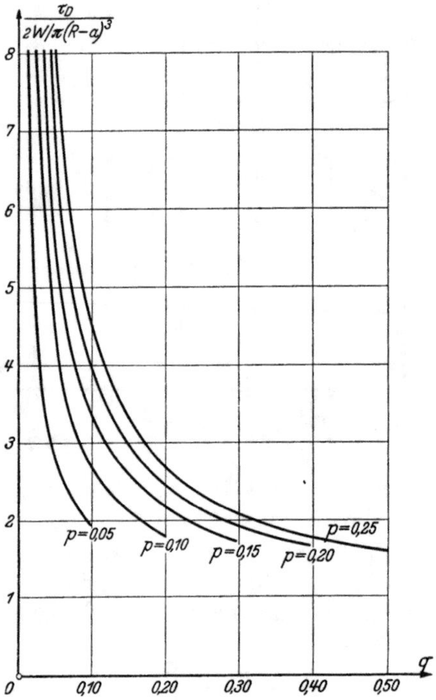

Abb 45. Der Konzentrationsfaktor bei der schlitzförmigen Eindrehung; $p=\frac{a+d}{R+d}$, $q=\frac{2a}{R+d}$.

Daraus erhält man im besonderen für $\varrho=a$ und $\psi=0$, also im Kerbgrund D

$$\tau_D=\frac{2W}{\pi(R-a)^3}\,\frac{\frac{R^2}{a}(a+d)+R^2+ad}{(R+a)(R+d)}.\qquad(5)$$

Hierin stellt der erste Faktor rechts die Schubspannung dar, die man im Kerbgrund aus der gewöhnlichen Torsionsformel (also für eine glatte Welle vom Halbmesser $R-a$ ohne Rille) berechnen würde. Der zweite Faktor bedeutet somit den auf diese Größe bezogenen Konzentrationsfaktor. Sein Wert ist in Abb. 45 für die technisch vorkommenden Verhältnisse von $p=\frac{a+d}{R+d}$ und $q=\frac{2a}{R+d}$ wiedergegeben.

28. Die abgesetzte Welle. Auch dieser Fall läßt eine Behandlung zu, die mit derjenigen von Ziff. **26** im wesentlichen übereinstimmt. Die wirkliche Durchführung ist hier aber viel schwieriger, und zwar aus drei Gründen. Erstens muß die Spannungsfunktion, soweit sie für den rechts von der Geraden $\psi=0$ liegenden Teil des Meridianschnitts Abb. 46 gilt, durch ein in ψ ungerades Glied ergänzt werden, weil die Spannungslinien nicht mehr symmetrisch bezüglich des Polstrahles $\psi=0$ verlaufen; zweitens wird man wegen der fehlenden Symmetrie der Meridiankurve für den Querschnittsteil links vom Polstrahl $\psi=0$ eine zweite Spannungsfunktion aufstellen müssen, die für $\psi=0$ und $a\le\varrho\le R$ sowohl selbst als auch in ihren ersten Ableitungen mit der ersten Spannungsfunktion übereinstimmt; und drittens hat man die neue Aufgabe, die Spannungskonzentration für den Grenzfall $a\to 0$ zu bestimmen, wenigstens falls man auch hier eine mit der Bedingung 4) von Ziff. **26** übereinstimmende Forderung stellen will. Wir gehen hier auf Rechnungen zur Lösung dieser neuen Aufgabe nicht

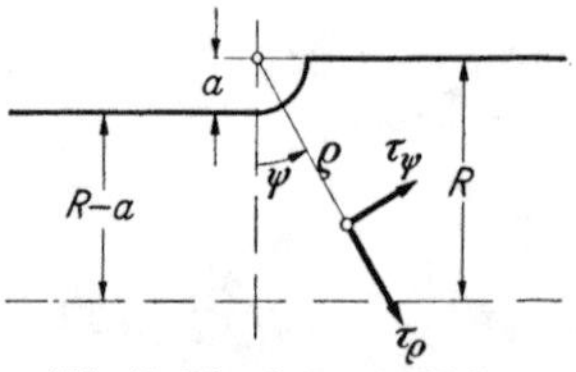

Abb. 46. Die abgesetzte Welle.

im einzelnen ein und beschränken uns auf die Mitteilung, daß für $a \to 0$ an der Übergangsstelle der Abrundungskehle und des dünneren Wellenteiles eine Spannungskonzentration vom Betrage

$$\tau\big|_{\psi=0} = \frac{3}{2}\,\frac{2W}{\pi(R-a)^3} \tag{1}$$

zu erwarten ist.

Es zeigt sich nun, daß die Spannungsfunktionen

$$\overline{\Phi} = \frac{W}{2\pi}\left[1 - \frac{(R+a\cos\psi)(\varrho-a)}{(R-a\cos\psi)\left[R+a\cos\psi\left(2+\dfrac{a\sin 2\psi}{R+a\cos\psi}\right)\right]}\left\{\frac{\varrho+2a}{\varrho+a}\cos\psi + \left(\frac{a}{\varrho+a}\right)^2\sin 2\psi\right\}\right]^4 \equiv \frac{W}{2\pi}\chi^4, \tag{2a}$$

$$\overline{\Phi}' = \frac{W}{2\pi}\left[1 - \frac{(R+a\cos\psi)(\varrho\cos\psi-a)}{(R-a)\cos\psi\left[R+a\cos\psi\left(2+\dfrac{a\sin 2\psi}{R+a\cos\psi}\right)\right]}\left\{\frac{\varrho+2a}{\varrho+a}\cos\psi + \left(\frac{a}{\varrho+a}\right)^2\sin 2\psi\right\}\right]^4 \equiv \frac{W}{2\pi}\chi'^4, \tag{2b}$$

von denen die erste nur für $0 \leq \psi \leq \pi/2$, die zweite nur für $-\pi/2 \leq \psi \leq 0$ gilt, die folgenden Bedingungen erfüllen:

1) $\overline{\Phi}$ und $\overline{\Phi}'$ genügen den Randbedingungen,

2) für $\psi = 0$ und $a \leq \varrho \leq R$ stimmen beide Funktionen sowohl selbst wie in ihren ersten Ableitungen überein,

3) für $a = 0$ stimmen beide Funktionen mit der Spannungsfunktion (**26**, 6) überein, für $a \neq 0$ und $\varrho \gg a$ nähern sie sich dieser Funktion sehr genau,

4) beim Grenzübergang $a \to 0$ liefern sie in dem Übergang von Hohlkehle und dünner Welle die verlangte Spannungskonzentration (1).

Auch hier kann also der aus diesen Funktionen folgende Spannungsverlauf als eine sehr gute Näherung der wirklichen Spannungsverteilung angesehen werden.

Berechnet man mit (**26**, 5) die Spannung τ_ψ, so erhält man für das zu $\overline{\Phi}$ gehörende Gebiet

$$\tau_\psi = -\frac{1}{(R-\varrho\cos\psi)^2}\frac{\partial\overline{\Phi}}{\partial\varrho} = \frac{2W}{\pi}\,\frac{\chi^3(R+a\cos\psi)\left[(\varrho^2+2a\varrho+3a^2)\cos\psi + \dfrac{3a^3-\varrho a^2}{\varrho+a}\sin 2\psi\right]}{(R-\varrho\cos\psi)^2(R-a\cos\psi)\left[R+a\cos\psi\left(2+\dfrac{a\sin 2\psi}{R+a\cos\psi}\right)\right](\varrho+a)^2} \tag{3}$$

und somit für die Randspannung in der Hohlkehle

$$\tau_\psi\big|_{\varrho=a} = \frac{2W}{\pi(R-a)^3}\,\frac{(R-a)^3(R+a\cos\psi)\left(\frac{3}{2}\cos\psi + \frac{1}{4}\sin 2\psi\right)}{(R-a\cos\psi)^3\left[R+a\cos\psi\left(2+\dfrac{a\sin 2\psi}{R+a\cos\psi}\right)\right]}. \tag{4}$$

Aus dieser Formel geht hervor, daß die größte Randspannung nicht im Punkte $\psi = 0$ auftritt, sondern in einem benachbarten Randpunkt der Hohlkehle. Der Unterschied zwischen den Spannungen in beiden Punkten ist aber so gering, daß unbedenklich an Stelle der gesuchten größten Spannung die Spannung im Punkt $\psi = 0$ genommen werden darf. Macht man für diesen Punkt den Grenzübergang $a \to 0$, so geht (4) in (1) über.

Die Randspannung des stärkeren Wellenteiles ist nach (**26**, 5)

$$\tau_\varrho\big|_{\psi=\pi/2} = \left[\frac{1}{(R-\varrho\cos\psi)^2}\,\frac{1}{\varrho}\,\frac{\partial\overline{\Phi}}{\partial\psi}\right]_{\psi=\pi/2} = \frac{2W}{\pi R^3}\,\frac{(\varrho-a)(\varrho^2+3a\varrho+4a^2)}{\varrho(\varrho+a)^2}. \tag{5}$$

Die aus $\overline{\Phi}'$ herzuleitende Randspannung τ' des schwächeren Wellenteiles berechnet sich einfach aus der entsprechenden Spannungskomponente τ_ψ zu

$$\tau' = \frac{1}{\cos\psi}\,\tau_\psi\big|_{\varrho=a/\cos\psi} = \frac{2W}{\pi(R-a)^3}\,\frac{(R+a\cos\psi)\left[1+\cos\psi\left(2+\dfrac{\sin 2\psi}{1+\cos\psi}\right)\right]}{\left[R+a\cos\psi\left(2+\dfrac{a\sin 2\psi}{R+a\cos\psi}\right)\right](1+\cos\psi)}. \tag{6}$$

Ist die Stufenhöhe der abgesetzten Welle größer als der Übergangshalbmesser (Abb. 47), so kann die genäherte Spannungsfunktion $\overline{\Phi}$ nicht mehr mit derselben Zuverlässigkeit wie in den vorangehenden Fällen aufgestellt werden. Wir verzichten hier auf die Herleitung der Funktion $\overline{\Phi}$ und beschränken uns auf die Mitteilung des für technische Zwecke wichtigen Endergebnisses,

$$\tau_\psi\Big|_{\substack{\varrho=a\\ \psi=0}} = \frac{2W}{\pi(R-a)^3}\,\frac{1}{2(R+d)}\left[\frac{3R(R+a)}{R+2a}+\frac{d}{3}\left(5+\frac{R}{a}\right)\right], \qquad (7)$$

welches den strengen Wert[1]) sehr gut annähert.

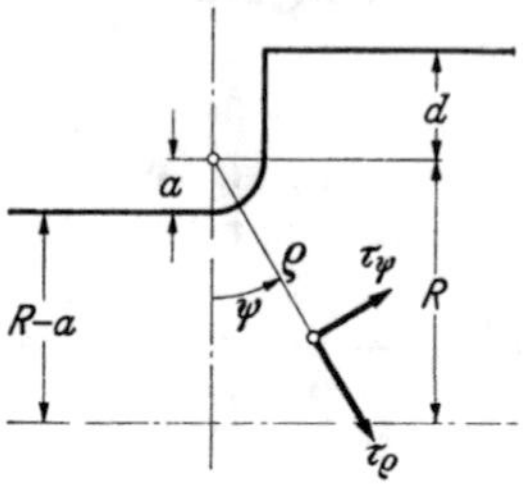

Abb. 47. Abgesetzte Welle, deren Stufenhohe großer ist als der Übergangshalbmesser.

29. Die kegelförmige Welle. Zum Schluß betrachten wir noch kurz die kegelförmige Welle, für die sich an Hand der Differentialgleichung (II, **19**, 5) eine genaue Lösung angeben läßt. Man stellt nämlich leicht fest, daß der Ansatz

$$\vartheta = \frac{C}{(z^2+r^2)^{3/2}}, \qquad (1)$$

wo C eine noch offene Konstante bezeichnet, der erwähnten Differentialgleichung genügt. Die aus ihm herzuleitenden Spannungen $\tau_{\varphi r}$ und $\tau_{\varphi z}$ ergeben sich nach (II, **19**, 4) zu

$$\tau_{\varphi r} = G r\frac{\partial\vartheta}{\partial r} = -\frac{3GCr^2}{(z^2+r^2)^{5/2}}, \qquad \tau_{\varphi z} = G r\frac{\partial\vartheta}{\partial z} = -\frac{3GCzr}{(z^2+r^2)^{5/2}}, \qquad (2)$$

so daß die Schubspannungslinien, deren Differentialgleichung nach (II, **19**, 12)

$$\frac{dr}{dz} = \frac{\tau_{\varphi r}}{\tau_{\varphi z}}$$

lautet, sich als Geraden durch den Koordinatenursprung erweisen. Legt man den Koordinatenursprung in die zu dem kegelförmigen Wellenstück gehörende Kegelspitze, so stellt (2) die Spannungsverteilung in diesem Wellenstück dar. Die Konstante C ergibt sich vollends aus der Forderung, daß die im Querschnitt wirkenden Schubkräfte einem Torsionsmoment von vorgeschriebener Größe W gleichwertig sein sollen, so daß

$$2\pi\int_0^R r^2\tau_{\varphi z}\,dr = -6\pi G C z\int_0^R \frac{r^3}{(z^2+r^2)^{5/2}}\,dr = W$$

sein muß. Man findet, wenn man noch den halben Öffnungswinkel α des Kegels einführt,

$$C = -\frac{W}{2\pi G\left[2-\dfrac{(3R^2+2z^2)z}{(z^2+R^2)^{3/2}}\right]} = -\frac{W}{2\pi G\,[2-\cos\alpha\,(2+\sin^2\alpha)]}. \qquad (3)$$

Aus (3) und (1) folgt, daß zu einem positiven Torsionsmoment W ein negativer Wert $\vartheta(=v/r)$ gehört, was scheinbar ein Widerspruch ist. Man kann aber ϑ um eine beliebige additive Konstante C_0 vergrößern und diese Konstante etwa so wählen, daß ϑ für den Mittelpunkt des der Kegelspitze am nächsten liegenden Stabquerschnitts gleich Null wird. Dann ist für alle andern Punkte der Welle ϑ positiv.

Man prüft leicht nach, daß die Formeln (2) beim Grenzübergang $\alpha\to 0$ auf die Spannungsverteilung in der zylindrischen Welle zurückführen.

Am Übergang eines kegelförmigen Wellenstückes in den zylindrischen Wellenteil wird die wirklich auftretende Spannung natürlich von der jetzt bestimmten etwas abweichen.

[1]) F. A. Willers, a. a. O. S. 256.

Kapitel V.

Feder und Ring.

1. Einleitung. Wir fassen in diesem Kapitel die Behandlung einiger wichtiger Bauteile zusammen, die zwar sehr verschiedenen technischen Zwecken dienen, aber durch das gemeinsame Merkmal der kreis- oder schraubenförmigen Krümmung verbunden sind.

Zunächst behandeln wir als Beispiele offener Ringe den Kolbenring und die Schraubenfeder (§ 1), sodann den geschlossenen Kreisring (§ 2 und 3) und weiter das Rad (§ 4), das sich von dem Ring durch den Hinzutritt von Speichen unterscheidet. Bei dem geschlossenen Kreisring werden die Fälle statisch bestimmter (§ 2) und statisch unbestimmter Unterstützung (§ 3) unterschieden, und bei jedem dieser beiden Fälle wiederum Belastung senkrecht zur Ringebene und Belastung in der Ringebene. Schließlich untersuchen wir hier noch das für mancherlei praktische Zwecke wichtig gewordene Problem der Umstülpung eines Kreisringes, also diejenige Verformung des Ringes, bei der jeder Querschnitt um die dortige Tangente der Ringmittellinie gedreht wird (§ 5).

Die ursprüngliche Krümmung der zu betrachtenden Stäbe wirft die Frage auf, inwiefern die Biegespannungen in irgendeinem Querschnitt abweichen von denjenigen Spannungen, die in einem geraden Stabe gleichen Querschnitts infolge desselben Biegemomentes auftreten würden. Quantitativ hängt die Abweichung natürlich von der Größe der ursprünglichen Krümmung des Stabes ab, und so hat sich bei der technischen Spannungsberechnung von krummen Stäben der Gebrauch eingebürgert, zwischen „schwach" und „stark" gekrümmten Stäben zu unterscheiden.

Geht man wie beim geraden Stab auch bei dem schon ursprünglich gebogenen Stab von der Bernoullischen Annahme aus, nach welcher die Punkte einer zur Stabachse senkrechten Ebene auch nach der Verformung wieder in einer Ebene liegen, die zur verformten Stabachse senkrecht steht, so folgt, daß die Biegespannungen nur dann einen nahezu linearen Verlauf haben werden, wenn alle Längsfasern zwischen zwei benachbarten Normalebenen als von gleicher Länge betrachtet werden können. Ist diese Bedingung erfüllt, so nennen wir den Stab „schwach" gekrümmt.

Weisen die Längsfasern zwischen zwei benachbarten Normalebenen zu große Längenunterschiede auf, als daß der Spannungsverlauf im Stabquerschnitt noch als linear gelten könnte, so nennt man den Stab „stark" gekrümmt. In diesem Falle ist eine genauere Berechnung erforderlich. Wenn auch eine scharfe Grenze zwischen schwach und stark gekrümmten Stäben schwer zu ziehen ist, so gibt es doch kaum Fälle, wo nicht gefühlsmäßig entschieden werden könnte, ob ein Stab zu der ersten oder zweiten Gattung gehört.

Bezeichnet für einen offenen oder geschlossenen Ring, dessen Querschnitts-Hauptträgheitsachsen in und senkrecht zu der Ringebene liegen, und welcher durch ein Moment M in seiner eigenen Ebene verbogen wird, ϱ_0 den Krümmungshalbmesser der Ringmittellinie (Stabachse) vor, ϱ den Krümmungshalbmesser nach der Verformung, so gilt mit der Biegesteifigkeit α bei „schwacher" Krümmung

$$\frac{1}{\varrho}-\frac{1}{\varrho_0}=\frac{M}{\alpha}. \tag{1}$$

War der Stab ursprünglich kreisförmig gekrümmt, und bezeichnet R den Halbmesser seiner Mittellinie, so lautet die Differentialgleichung (1) in einem Polarkoordinatensystem (r, φ), dessen Pol mit dem Kreismittelpunkt zusammenfällt,

$$\frac{r^2 + 2r'^2 - rr''}{(r^2 + r'^2)^{3/2}} - \frac{1}{R} = \frac{M}{\alpha},$$

wobei Striche Ableitungen nach φ bedeuten. Setzt man hierin $r = R + y$ (und somit $r' = y'$, $r'' = y''$), so geht, wenn man sich auf kleine Verformungen beschränkt, also r'^2 gegen r^2 vernachlässigt, diese Gleichung über in

$$\frac{1}{R+y} - \frac{y''}{(R+y)^2} - \frac{1}{R} = \frac{M}{\alpha}.$$

Entwickelt man die ersten beiden Glieder links nach Potenzen von y/R und behält nur diejenigen Glieder bei, die von erster Ordnung in y oder y'' sind, so erhält man

$$y'' + y = -\frac{MR^2}{\alpha}. \tag{2}$$

Bei der Anwendung dieser Gleichung beachte man, daß ein Moment M, das bestrebt ist, den Krümmungshalbmesser R des Stabes zu verkleinern, als positiv zu betrachten ist [vgl. hierzu Gleichung (1)], und daß y positiv den Überschuß des Fahrstrahls r über R bezeichnet.

Übrigens ist die Größe y sehr genähert als die radiale Verschiebung des auf dem Fahrstrahl r gelegenen Punktes der Ringmittellinie zu betrachten. Bezeichnet t die tangentiale Verschiebung desselben Punktes, so besteht zwischen t und y die Beziehung

$$dt = -y\,d\varphi. \tag{3}$$

Denn mit einem Bogenelement $R\,d\varphi$ der unverformten Ringmittellinie stimmt ein Bogenelement der verformten Ringmittellinie überein, dessen Länge sehr genähert gleich $(R+y)\,d\varphi + (t+dt) - t$ gesetzt werden kann. Weil aber bei der Biegung jedes Element der Mittellinie seine ursprüngliche Länge beibehält, muß dieser Ausdruck gleich $R\,d\varphi$ sein, und hieraus folgt (3) unmittelbar.

Wir merken noch an, daß für Kreisringe gemäß (1) und (2) allgemein

$$y'' + y = R^2\left(\frac{1}{R} - k_1\right) \tag{4}$$

ist, wo k_1 die Krümmung der Mittellinie nach der Verformung ist. Wird der Kreisring nicht bloß in seiner Ebene, sondern räumlich verformt, so gilt (4) für die Projektion der verformten Mittellinie auf die Ebene des unverformten Ringes. Für die Projektion der verformten Mittellinie auf einen Kreiszylinder, der auf der Ringebene senkrecht steht und diese nach der Kreislinie der unverformten Mittellinie schneidet, gilt im Rahmen dieser Näherung einfach

$$z'' = R^2 k_2, \tag{5}$$

wo z die Verformung der Mittellinie senkrecht zur Ringebene und k_2 die Krümmung derjenigen Kurve ist, in welche die genannte Projektion der verformten Mittellinie übergeht, wenn man jenen Zylinder in eine Ebene abwickelt.

§ 1. Der offene Ring.

2. Der Kolbenring. Die technischen Forderungen, die an einen Kolbenring in bezug auf seine Federung und den Anliegedruck gestellt werden, stempeln ihn von vornherein zu einem schwach gekrümmten Stab. Seine Spannungsberechnung bietet also keine Schwierigkeit, und es kommt somit bei seinem Entwurf nur darauf an, den erwähnten Forderungen Genüge zu leisten. Hierzu vergleichen wir zunächst die beiden Ringe in Abb. 1, deren einer durch zwei tangentiale Einzelkräfte T belastet ist, und deren anderer eine gleichmäßige radiale Belastung q trägt. Berechnet man in einem Querschnitt φ das Biegemoment M sowie die Normalkraft N und die Querkraft Q, so erhält man in den beiden Fällen

$$\left.\begin{aligned} M &= Tr(1-\cos\varphi),\\ N &= T\cos\varphi,\\ Q &= T\sin\varphi,\end{aligned}\right\} \quad \text{und} \quad \left.\begin{aligned} M &= qr^2(1-\cos\varphi),\\ N &= -qr(1-\cos\varphi),\\ Q &= qr\sin\varphi.\end{aligned}\right\} \tag{1}$$

Daraus folgt, daß für $T = qr$ sowohl das Biegemoment wie die Querkraft in allen entsprechenden Querschnitten beidesmal die gleichen Werte haben. Sieht man, wie dies bei Aufgaben dieser Art allgemein üblich ist, bei der Verformung der Ringe vom Einfluß der Normal- und Querkräfte ab, so erleiden also beide Ringe auch dieselbe Verformung. Diese Bemerkung führt zur folgenden Herstellungsvorschrift des Kolbenringes: Man nehme einen (geschlossenen) Ring unveränderlichen Querschnitts vom Halbmesser $r+a$ der Ringmittellinie, schneide aus ihm ein Stück von der Länge $2\pi a$ heraus, belaste die Enden des nunmehr offenen Ringes durch zwei Tangentialkräfte T derart, daß die Enden wieder zusammenstoßen und drehe sodann diesen nun etwas von der Kreisform abweichenden Ring unter möglichst geringer Verspanung innen und außen zylindrisch auf die Dicke h ab; dann ist ein Kolbenring entstanden, der in einem Zylinder vom Halbmesser $R = r + \frac{1}{2}h$ einen auf die Breite des Ringes bezogenen und auf seine Mittellinie reduzierten Anliegedruck vom Betrage $\bar{q} = T/r$ verbürgt. Das Spannen des Ringes geschieht am einfachsten, indem man die beiden Enden nach Abb. 2 formt und durch einen Stift s verbindet. Nach dem Abdrehen wird dieser Stift entfernt.

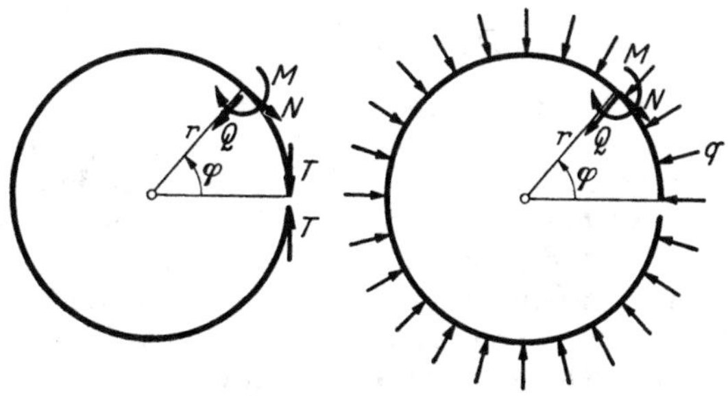

Abb. 1. Tangential und radial belasteter Ring.

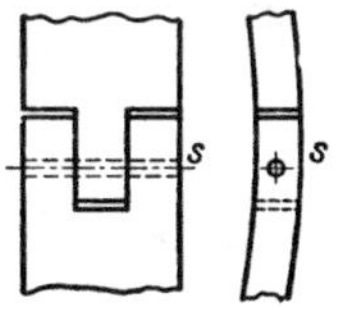

Abb. 2. Spannvorrichtung eines Kolbenringes.

Berechnet man für diesen offenen, um das Stück $2\pi a$ gekürzten Ring vom Halbmesser $r+a$, der an seinen Enden durch zwei Tangentialkräfte T belastet ist, nach dem Castiglianoschen Satze (Kap. II, Ziff. **8**) die relative Verschiebung u der beiden Enden, so erhält man, wenn näherungsweise das Arbeitsintegral über den Umfang des ungekürzten Ringes erstreckt wird,

$$u = \frac{\partial}{\partial T}\left[\frac{T^2(r+a)^3}{2\alpha}\int_0^{2\pi}(1-\cos\varphi)^2\,d\varphi\right] = \frac{3\pi}{\alpha}\,T(r+a)^3. \tag{2}$$

Wird jetzt $u = 2\pi a$ gesetzt, so ist die zugehörige Spannkraft

$$T = \frac{2\alpha}{3}\,\frac{a}{(r+a)^3} = \bar{q}r = qR,$$

wenn $q = \frac{r}{R}\bar{q}$ den mit $\bar{q}$ gleichwertigen Außendruck des Ringes bezeichnet. Bei vorgeschriebenem Anliegedruck q sind hiernach a, r, h und R durch die Gleichungen

$$\frac{a}{(r+a)^3} = \frac{3qR}{2\alpha}, \qquad r + \frac{1}{2}h = R \tag{3}$$

verknüpft.

Schließlich soll die im Querschnitt $\varphi = \pi$ auftretende größte Biegespannung einen bestimmten Grenzwert $\bar{\sigma}$ nicht überschreiten. Dazu muß, wenn b die Breite des Ringes darstellt,

$$\frac{2\bar{q}r^2}{\frac{1}{6}bh^2} \leqq \bar{\sigma}, \quad \text{also} \quad \frac{12qrR}{bh^2} \leqq \bar{\sigma} \tag{4}$$

sein.

Die in den Formeln (3) und (4) auftretende Größe q bezieht sich auf die ganze Ringbreite. Ersetzt man sie durch den in der Technik gebräuchlichen, auf die Oberflächeneinheit bezogenen Flächendruck $p = q/b$, so gehen die Gleichungen (3) und (4) mit $\alpha = \frac{1}{12}bh^3E$ über in

$$\frac{Eah^3}{18R(r+a)^3} = p, \qquad r + \frac{1}{2}h = R, \qquad 12p\frac{Rr}{h^2} \leqq \bar{\sigma}; \tag{5}$$

sie reichen zur Bestimmung von h, r und a aus.

Diese Formeln täuschen aber eine größere Genauigkeit vor, als ihnen in Wirklichkeit zukommt. Denn eigentlich haben wir es hier mit einem Falle zu tun, wo die Verformung des Körpers einen merklichen Einfluß auf die Größe des durch die Belastung in einem Querschnitt erzeugten Biegemomentes hat, so daß im Grunde genommen der Castiglianosche Satz nicht angewendet werden darf. Aus dieser Erwägung kann der Faktor $(r+a)^3$ in der ersten Gleichung (5) unbedenklich durch R^3 ersetzt werden, und der Faktor r in der dritten Gleichung (5) durch R. Wenn wir nun auch noch der praktischen Forderung, daß beim Ein- und Ausbau des Kolbenringes die dann auftretende Höchstspannung die gewöhnliche Betriebsspannung nicht allzusehr übertreffen darf, dadurch Rechnung tragen, daß $a = \frac{1}{2}h$ gesetzt wird, so gehen die Gleichungen über in

$$\frac{h}{R} = 2{,}45\sqrt[4]{\frac{p}{E}}, \qquad 2\sqrt{Ep} \leqq \bar{\sigma}. \tag{6}$$

Die erste liefert bei vorgeschriebenem Flächendruck p die Federdicke h, die zweite schreibt die Mindestspannung $\bar{\sigma}$ vor, die für den Werkstoff der Feder als zulässige Spannung verlangt werden muß. Die Gleichungen

$$a = \frac{1}{2}h, \qquad r = R - \frac{1}{2}h \tag{7}$$

bestimmen die übrigen Federabmessungen. Die Breite b kann beliebig gewählt werden.

3. Die Schraubenfeder. Die übliche Berechnung der zylindrisch gewundenen Schraubenfeder beruht auf der Annahme, daß die Abmessungen des Federquerschnittes im Vergleich zu dem Wicklungshalbmesser R der Feder klein sind, so daß der Einfluß ihrer Krümmung auf die Torsionsspannungen außer acht gelassen werden kann.

Wir wollen im folgenden nun gerade diesen Einfluß näher untersuchen[1]), und zwar unter der Voraussetzung kleiner Schraubensteigung. Dabei kann man sich, weil alle Schraubenwindungen in derselben Weise belastet sind, auf die Betrachtung einer einzelnen Windung beschränken und die Aufgabe in etwas anderer Form wie folgt stellen: zu untersuchen, wie eine Einzelwindung von kleiner Schraubensteigung unter der Wirkung einer zentralen Axialkraft zu einem ebenen Ring verformt wird. Dazu werden wir zuerst die Hauptgleichungen für die beiden Schubspannungskomponenten τ_{xy} und τ_{xz} des Stabquerschnitts

[1]) O. GÖHNER, Schubspannungsverteilung im Querschnitt einer Schraubenfeder, Ing.-Arch. 1 (1930) S. 619; Spannungsverteilung im Querschnitt eines gedrillten Ringstabs mit Anwendung auf Schraubenfedern, Ing.-Arch. 2 (1931) S. 1; ferner sei hingewiesen auf O. GÖHNER, Zur Berechnung des gebogenen und gedrillten Ringstabs mit Kreisquerschnitt und der zylindrischen Schraubenfedern, Ing.-Arch. 9 (1938) S. 355.

sowie für die die Querschnittswölbung definierende Verschiebungskomponente u aufstellen. Sodann lösen wir diese Gleichungen mit Hilfe einer Spannungsfunktion Φ nach einer bestimmten Vorschrift näherungsweise, indem wir die Funktion Φ in eine Reihe

$$\Phi = \Phi_0 + \Phi_1 + \Phi_2 + \cdots$$

entwickeln, worin das n-te Glied $\Phi_n (n > 1)$ die Größe $1/R$ in der n-ten Potenz enthält. Die Funktion Φ_0 entspricht dem Fall $R = \infty$; sie definiert den Spannungszustand eines tordierten geraden Stabes, dessen Querschnitt mit demjenigen der Einzelwindung übereinstimmt. Die Funktionen Φ_0, $\Phi_I = \Phi_0 + \Phi_1$, $\Phi_{II} = \Phi_0 + \Phi_1 + \Phi_2$ usw. bezeichnen wir als Näherungen nullter, erster, zweiter Ordnung usw.; die zu den Funktionen Φ_N ($N = 0$, I, II, $\cdots$) gehörigen Spannungen werden entsprechend benannt.

Die einfache Gestalt der Hauptgleichungen (**7**, 9), die wir für das Problem finden werden, hängt wesentlich von der Annahme ab, daß die Einzelwindung zu einem ebenen Ringwulst verformt wird, also im verformten Zustand einen Umdrehungskörper darstellt, für den die Gleichungen (II, **15**, 1c) gelten. Hat die Einzelwindung eine große Steigung, so daß sie auch im verformten Zustand immer noch die Gestalt einer Schraubenwindung beibehält, so verlieren diese Gleichungen selbstverständlich ihre strenge Gültigkeit. Eine erschöpfende Behandlung des Problems würde also eine nähere Untersuchung des Gültigkeitsbereiches der abzuleitenden Ergebnisse verlangen, was uns aber hier zu weit führen würde. Wir beschränken uns auf die Feststellung, daß unsere Ergebnisse für alle technischen Zwecke zuverlässig sein werden, und daß auch die Frage, ob in einem gegebenen Fall die Lösung nullter, erster oder zweiter Ordnung zu benutzen ist, lediglich von der praktischen Überlegung abhängt, bis zu welcher Ordnung sich das Mitführen der Verbesserungsglieder lohnt.

Ehe wir die Differentialgleichungen der Einzelwindung herleiten, schicken wir einige Bemerkungen über die Verzerrungsgrößen eines verformten, ursprünglich krummen Stabes voraus, und zwar fassen wir diese Betrachtungen zunächst allgemeiner, als es für die Schraubenfeder im besonderen nötig wäre.

4. Geometrische Beziehungen am unverformten krummen Stab. Bei der geometrischen Behandlung des allgemeinen elastischen Körpers (Kap. I, § 2) haben wir stillschweigend vorausgesetzt, daß die auf ein festes Achsenkreuz (x, y, z) bezogenen Verschiebungen u, v, w aller Punkte „klein" sein sollten. Indessen ist die Gültigkeit der dort aus dieser Voraussetzung gezogenen Folgerungen über die elastischen Verzerrungen des Körpers keineswegs an diese Voraussetzung gebunden; denn im wesentlichen kommt es auf die Kleinheit der Verzerrungen und nicht auf diejenige der Verschiebungen an. In der Tat gibt es nun Bauteile — wie eben die hier zu untersuchende Schraubenfeder —, bei denen die Verzerrungen als klein anzusehen sind, während die elastischen Verschiebungen eine beträchtliche Größe haben können. Um die früher entwickelte Theorie auch auf solche Fälle übertragen zu können, legt man jedem Punkt ein eigenes Koordinatensystem derart zugrunde, daß seine auf dieses lokale System bezogenen elastischen Verschiebungen als klein zu betrachten sind.

Im Falle des ursprünglich krummen Stabes ordnen wir so einem beliebigen Punkte P dasjenige Koordinatenkreuz zu, dessen durch P hindurchgehende (y, z)-Ebene die Stabachse in einem Punkte S senkrecht schneidet, dessen y- und z-Achsen mit den Hauptträgheitsachsen des Stabquerschnitts durch S zusammenfallen, und dessen x-Achse demzufolge in der Stabachsentangente von S liegt. In seinem „eigenen" Achsenkreuz ist somit die x-Koordinate jedes Stabpunktes gleich Null.

Wir betrachten nun zunächst zwei unendlich benachbarte Punkte S_1 und S_2 der Stabachse samt den zugehörigen, weiterhin mit I und II zu bezeichnenden Achsenkreuzen $S_1(x_1, y_1, z_1)$ und $S_2(x_2, y_2, z_2)$ und berechnen die Verschiebungen und Verdrehungen, die das erste Achsenkreuz I erleidet, wenn es in die Lage des zweiten Achsenkreuzes II übergeführt wird. Dazu werden in den Punkten S_1 und S_2 außer den Achsenkreuzen I und II noch zwei andere I' und II' folgendermaßen definiert.

Die x_1'-Achse des Systems I' fällt mit der x_1-Achse des Systems I zusammen, so daß auch die (y_1', z_1')- und die (y_1, z_1)-Ebenen sich decken; dagegen fällt die y_1'-Achse mit der Hauptnormalen, die z_1'-Achse mit der Binormalen der Stabachse zusammen. Wir setzen fest, daß die Systeme I und I' rechtshändig sind, und daß das System I' um seine x_1'-Achse um den Winkel φ_1 (positiv im Sinne einer Rechtsschraube zusammen mit der positiven x_1'-Richtung) gedreht werden muß, bis es mit dem System I zur Deckung gebracht ist. Übrigens denke man sich I und I' in ihrer gegenseitigen Lage fest miteinander verbunden. Ebenso fällt die x_2'-Achse des Systems II' mit der x_2-Achse des Systems II zusammen und fallen die y_2'- und z_2'-Achse mit der Hauptnormalen und Binormalen des Punktes S_2 zusammen. Der ebenso wie φ_1 definierte Winkel φ_2, um den das System II' um seine x_2'-Achse gedreht werden muß, damit es mit II zur Deckung kommt, wird im allgemeinen von φ_1 verschieden sein. Bezeichnet ds_1 die Länge des Bogenelements $S_1 S_2$, so kann

$$\varphi_2 = \varphi_1 + \frac{\partial \varphi_1}{\partial s_1} ds_1 \tag{1}$$

gesetzt werden. Übrigens denke man sich auch das System II' mit dem System II fest verbunden.

Anstatt nun, wie unsere Aufgabe eigentlich lautet, das System I in das System II überzuführen, bringen wir zuerst das System I' mit dem System II' zur Deckung. Dabei lassen wir die für unseren Zweck belanglose Verschiebung ds_1 außer acht und beschränken uns auf die Berechnung der erforderlichen Drehung, die durch ihren Drehvektor $\mathfrak{v}_1'$ dargestellt werden möge.

Bezeichnen wir die Krümmung der Stabachse im Punkte S_1 mit $1/\varrho_1$, die Windung mit $1/\sigma_1$, positiv gerechnet, wenn die Stabachse sich dort wie eine rechtsgängige Schraubenlinie windet, so sind die Komponenten des Vektors $\mathfrak{v}_1'$ bezüglich der Achsen x_1', y_1', z_1' nach einem (übrigens auch anschaulich leicht einzusehenden) Satze der Differentialgeometrie

$$\mathfrak{v}_1' = \left(\frac{ds_1}{\sigma_1}, \quad 0, \quad \frac{ds_1}{\varrho_1}\right).$$

Projiziert man die z_1'-Komponente dieses Vektors auf die Achsen y_1 und z_1 des Koordinatensystems I, und bezeichnet man diese Projektionen mit $\mu_1 ds_1$ und $\nu_1 ds_1$, so daß also μ_1 und ν_1 die Projektionen des (in die z_1'-Achse fallenden) Vektors $1/\varrho_1$ auf die Achsen y_1 und z_1 darstellen, so erhält man als Komponenten des Drehvektors $\mathfrak{v}_1'$ bezüglich des Achsenkreuzes I

$$\mathfrak{v}_1' = \left(\frac{ds_1}{\sigma_1}, \quad \mu_1 ds_1, \quad \nu_1 ds_1\right).$$

Es ist klar, daß diese in bezug auf das System I definierte Drehung, welche, abgesehen von der Schiebung ds_1, das System I' in das System II' überführt, zugleich das System I in das System II überführt, wenn die Winkel φ_1 und φ_2 den gleichen Wert haben. Ist dies nicht der Fall, so muß, damit das System I mit dem System II zur Deckung kommt, noch eine Zusatzdrehung um die x_2-Achse vom Betrage $\frac{\partial \varphi_1}{\partial s_1} ds_1$ stattfinden. Die gesuchten Komponenten des

Drehvektors $\mathfrak{d}_1$, der den Übergang von I nach II darstellt, sind also, bezogen auf das System I,

$$\mathfrak{d}_1 = \left(\left(\frac{1}{\sigma_1} + \frac{\partial \varphi_1}{\partial s_1}\right) ds_1, \quad \mu_1 ds_1, \quad \nu_1 ds_1\right)$$

oder, wenn noch zur Abkürzung

$$\frac{1}{\sigma_1} + \frac{\partial \varphi_1}{\partial s_1} = \lambda_1 \tag{2}$$

gesetzt wird,

$$\mathfrak{d}_1 = (\lambda_1 ds_1, \quad \mu_1 ds_1, \quad \nu_1 ds_1). \tag{3}$$

5. Geometrische Beziehungen am verformten krummen Stab. Das Koordinatensystem I dient, wie in Ziff. **4** festgestellt, zur Kennzeichnung aller derjenigen materiellen Punkte des unverformten Stabes, die in der Normalebene des Punktes S_1 der unverformten Stabachse liegen. Es soll auch nach der Verformung des Stabes dem gleichen Zwecke dienen, und zwar in der Art, daß es die Bewegung dieser Punkte „als Ganzes" möglichst gut mitmacht. Dazu betrachten wir im verformten Stab diejenigen materiellen Linienelemente $dx_1^* = ds_1^*$ und $d\bar{y}_1$ des Punktes S_1^*, welche im unverformten Stabe den materiellen Linienelementen $dx_1 = ds_1$ und dy_1 des Punktes S_1 entsprechen, und führen bei der Verformung des Stabes das Achsenkreuz $S_1(x_1, y_1, z_1)$ in ein neues, weiterhin mit I^* zu bezeichnendes Achsenkreuz $S_1^*(x_1^*, y_1^*, z_1^*)$ über, dessen x_1^*-Achse das materielle Linienelement dx_1^* enthält, dessen y_1^*-Achse in die Ebene $(dx_1^*, d\bar{y}_1)$ fällt und senkrecht zu dx_1^* ist, und dessen z_1^*-Achse demzufolge senkrecht zu der Ebene $(dx_1^*, d\bar{y}_1)$ ist.

Auf dieses, bei der Verformung des Stabes mit dem Punkte S_1 mitgeführte Achsenkreuz $S_1^*(x_1^*, y_1^*, z_1^*)$ werden die Verschiebungen u_1, v_1, w_1 aller materiellen Punkte P_1 der (y_1, z_1)-Ebene bezogen, und es gilt also definitionsgemäß, daß ein Punkt, der in dem ihm zugeordneten Achsenkreuz I die Koordinaten $0, y_1, z_1$ hat, bei der Verformung des Stabes in einen Punkt P_1^* übergeht, dessen Koordinaten im Achsenkreuz I^*

$$x_1^* = u_1, \quad y_1^* = y_1 + v_1, \quad z_1^* = z_1 + w_1 \tag{1}$$

sind.

Man braucht zur Bestimmung der Lage eines Punktes P_1 des unbelasteten Stabes zunächst die Angabe desjenigen Punktes S_1 der Stabachse, dessen Normalebene den Punkt P_1 enthält. Nimmt man irgendeinen Festpunkt S_0 auf der Stabachse als Anfangspunkt an, so ist die Lage von S_1 durch die von S_0 nach S_1 gemessene Bogenlänge s_1 der Stabachse bestimmt. Weiter braucht man zur Fixierung des Punktes P_1 noch zwei Koordinaten y_1, z_1 in der Normalebene von S_1. Anstatt mit einem normalen Satz von kartesischen Koordinaten hat man es hier also mit den drei Koordinaten s_1, y_1, z_1 zu tun. Im folgenden sind die Verschiebungen u_1, v_1, w_1 als Funktionen dieser Koordinaten aufzufassen.

Betrachtet man jetzt einen Nachbarpunkt P_2 von P_1, der nicht in der Normalebene des Punktes S_1 der Stabachse liegt und somit sein eigenes Koordinatensystem $S_2(x_2, y_2, z_2)$ besitzt, so sind seine Verschiebungen u_2, v_2, w_2 in bezug auf dasjenige System II^* zu definieren, in welches das System II in der eben beschriebenen Weise bei der Verformung des Stabes übergeführt wird, und es gilt somit für den Punkt P_2^*, in welchen P_2 übergeht,

$$x_2^* = u_2, \quad y_2^* = y_2 + v_2, \quad z_2^* = z_2 + w_2. \tag{2}$$

Zur Berechnung der Koordinaten von P_2^* bezüglich des Systems I^* braucht man die relative Lage der beiden Systeme I^* und II^*. Bezeichnet man die Dehnung des Stabachsenelements ds_1 bei der Belastung des Stabes mit ε_s, so hat der den Übergang von I^* nach II^* darstellende Verschiebungsvektor $S_1^* S_2^* = ds_1^*$ die Länge

$$ds_1^* = (1 + \varepsilon_s) ds_1. \tag{3}$$

Die Richtung dieses Vektors fällt mit derjenigen der x_1^*-Achse zusammen.

Bezeichnet man bei der verformten Stabachse mit $\lambda_1^*, \mu_1^*, \nu_1^*$ diejenigen zum Punkte S_1^* gehörigen Krümmungsgrößen, die in Ziff. **4** bei der unverformten Stabachse mit λ_1, μ_1, ν_1 bezeichnet wurden, so sind nach (**4**, 3)

$$\lambda_1^* ds_1^*, \qquad \mu_1^* ds_1^*, \qquad \nu_1^* ds_1^* \tag{4}$$

die Komponenten des den Übergang von I^* nach II^* darstellenden Drehvektors. Für die Richtungskosinus der Winkel zwischen den Achsen x_1^*, y_1^*, z_1^* und x_2^*, y_2^*, z_2^* erhält man also folgende Tabelle:

	x_1^*	y_1^*	z_1^*
x_2^*	1	$\nu_1^* ds_1^*$	$-\mu_1^* ds_1^*$
y_2^*	$-\nu_1^* ds_1^*$	1	$\lambda_1^* ds_1^*$
z_2^*	$\mu_1^* ds_1^*$	$-\lambda_1^* ds_1^*$	1

(5)

und zwischen den Koordinaten x_2^*, y_2^*, z_2^* und x_1^*, y_1^*, z_1^* eines beliebigen Punktes Q des Raumes bestehen die Beziehungen

$$\left.\begin{aligned} x_1^* &= x_2^* - y_2^* \nu_1^* ds_1^* + z_2^* \mu_1^* ds_1^* + ds_1^*, \\ y_1^* &= x_2^* \nu_1^* ds_1^* + y_2^* - z_2^* \lambda_1^* ds_1^*, \\ z_1^* &= - x_2^* \mu_1^* ds_1^* + y_2^* \lambda_1^* ds_1^* + z_2^*. \end{aligned}\right\} \tag{6}$$

Im besonderen berechnen sich also für den Punkt P_2^* [welcher im System II^* die Koordinaten (2) hat] die Koordinaten x_1^*, y_1^*, z_1^* im System I^* zu

$$(P_2^*) \left\{\begin{aligned} x_1^* &= u_2 - (y_2 + v_2) \nu_1^* ds_1^* + (z_2 + w_2) \mu_1^* ds_1^* + ds_1^*, \\ y_1^* &= u_2 \nu_1^* ds_1^* + y_2 + v_2 - (z_2 + w_2) \lambda_1^* ds_1^*, \\ z_1^* &= - u_2 \mu_1^* ds_1^* + (y_2 + v_2) \lambda_1^* ds_1^* + (z_2 + w_2). \end{aligned}\right\} \tag{7}$$

Eine ähnliche Überlegung gilt für die Koordinaten des Punktes P_2 bezüglich der beiden Achsenkreuze II und I. Die gegenseitige Lage dieser beiden Achsenkreuze ist durch die Tabelle

	x_1	y_1	z_1
x_2	1	$\nu_1 ds_1$	$-\mu_1 ds_1$
y_2	$-\nu_1 ds_1$	1	$\lambda_1 ds_1$
z_2	$\mu_1 ds_1$	$-\lambda_1 ds_1$	1

(8)

gegeben, so daß die (jetzt umgekehrt geschriebenen) Transformationsgleichungen

$$\left.\begin{aligned} x_2 &= x_1 + y_1 \nu_1 ds_1 - z_1 \mu_1 ds_1 - ds_1, \\ y_2 &= - x_1 \nu_1 ds_1 + y_1 + z_1 \lambda_1 ds_1, \\ z_2 &= x_1 \mu_1 ds_1 - y_1 \lambda_1 ds_1 + z_1 \end{aligned}\right\} \tag{9}$$

gelten.

6. Die Verzerrungen im krummen Stab. Jetzt kommen wir zu der Aufgabe, die Verzerrungen in einem beliebigen Punkte P_1 zu bestimmen. Wären die Verschiebungen u_1, v_1, w_1 aller Punkte der Umgebung von P_1 in bezug auf ein und dasselbe Achsenkreuz (x_1, y_1, z_1) definiert, so könnte man einfach die Ausdrücke (I, **12**, 2) und (I, **12**, 4) übernehmen. Da aber jedem Punkt sein eigenes Koordinatensystem zugeordnet ist, in welchem auch die zugehörigen Verschiebungen u, v, w definiert worden sind, so ist dies in unserem Falle nicht ohne weiteres möglich. Zu bemerken ist jedoch, daß die Verschiebungen aller der Punkte, die in der zu P_1 gehörigen Normalebene der Stabachse liegen, auf dasselbe Achsenkreuz I bezogen sind, so daß die partiellen Differentialquotienten $\frac{\partial u}{\partial y}, \frac{\partial u}{\partial z}, \frac{\partial v}{\partial y}, \frac{\partial v}{\partial z}, \frac{\partial w}{\partial y}, \frac{\partial w}{\partial z}$ in Kap. I, Ziff. **12** [zu deren Bestimmung nur in der (y_1, z_1)-Ebene liegende Nachbarpunkte von P_1 in Betracht kommen] hier wie dort für unser Problem dieselbe Bedeutung haben. Wir brauchen also nur die Differentialquotienten $\frac{\partial u}{\partial x}, \frac{\partial v}{\partial x}, \frac{\partial w}{\partial x}$ in unsere Koordinaten umzuschreiben. Hierzu betrachten wir jetzt außer dem Punkte $P_1(0, y_1, z_1)$ einen solchen Nachbarpunkt P_2, der im System I die Koordinaten dx_1, y_1, z_1 hat und sich also nur um einen unendlich kleinen Betrag dx_1 in seiner x_1-Koordinate von P_1 unterscheidet. Für die beiden Punkte P_1 und P_2 bestimmen wir die Lagen im verformten Stab bezogen auf das System I^* und bezeichnen die Koordinatendifferenzen, die dabei zum Vorschein kommen, mit

$$dx_1 + d\bar{u}_1, \quad d\bar{v}_1, \quad d\bar{w}_1.$$

Dann sind die Differentialquotienten

$$\frac{d\bar{u}_1}{dx_1}, \quad \frac{d\bar{v}_1}{dx_1}, \quad \frac{d\bar{w}_1}{dx_1} \tag{1}$$

nach ihrer geometrischen Bedeutung diejenigen Größen, die in den Formeln (I, **12**, 2) und (I, **12**, 4) an Stelle der dortigen Differentialquotienten zu setzen sind.

Zunächst berechnen wir die Koordinaten des Punktes P_2 in seinem eigenen Achsenkreuz II. Ersetzt man in den Gleichungen (**5**, 9) die Größen x_1, y_1, z_1 durch dx_1, y_1, z_1 und x_2, y_2, z_2 durch $0, y_2, z_2$, so erhält man

$$\left.\begin{aligned} 0 &= dx_1 - (1 + \mu_1 z_1 - \nu_1 y_1)\, ds_1, \\ y_2 &= y_1 + \lambda_1 z_1\, ds_1, \\ z_2 &= z_1 - \lambda_1 y_1\, ds_1. \end{aligned}\right\} \tag{2}$$

Aus der ersten dieser Gleichungen folgt zunächst, wenn zur Abkürzung

$$\mu_1 z_1 - \nu_1 y_1 = \gamma_1 \tag{3}$$

gesetzt wird,

$$dx_1 = (1 + \gamma_1)\, ds_1 \tag{4}$$

für die Nenner von (1).

Um auch noch die Zähler von (1) zu bestimmen, ziehen wir von den Koordinaten (**5**, 7) des Punktes P_2^* im System I^* die Koordinaten $u_1, y_1 + v_1, z_1 + w_1$ des Punktes P_1^* in bezug auf das gleiche System I^* ab. Hiermit sind die Koordinatendifferenzen $dx_1 + d\bar{u}_1, d\bar{v}_1$ und $d\bar{w}_1$ gefunden, und man erhält also

$$\left.\begin{aligned} d\bar{u}_1 &= (u_2 - u_1) - (y_2 + v_2)\, \nu_1^*\, ds_1^* + (z_2 + w_2)\, \mu_1^*\, ds_1^* + ds_1^* - dx_1, \\ d\bar{v}_1 &= u_2 \nu_1^*\, ds_1^* + (y_2 - y_1) + (v_2 - v_1) - (z_2 + w_2)\, \lambda_1^*\, ds_1^*, \\ d\bar{w}_1 &= -u_2 \mu_1^*\, ds_1^* + (y_2 + v_2)\, \lambda_1^*\, ds_1^* + (z_2 - z_1) + (w_2 - w_1). \end{aligned}\right\} \tag{5}$$

Die Verschiebungen u_2, v_2, w_2 des Punktes P_2, dessen Grundvariablen sich um $ds_1, \lambda_1 z_1 ds_1$ und $-\lambda_1 y_1 ds_1$ von denen von P_1 unterscheiden [siehe die letzten beiden Gleichungen (2)], hängen folgendermaßen mit u_1, v_1, w_1 zusammen:

$$\left.\begin{aligned} u_2 &= u_1 + \frac{\partial u_1}{\partial s_1} ds_1 + \frac{\partial u_1}{\partial y_1} \lambda_1 z_1 ds_1 - \frac{\partial u_1}{\partial z_1} \lambda_1 y_1 ds_1, \\ v_2 &= v_1 + \frac{\partial v_1}{\partial s_1} ds_1 + \frac{\partial v_1}{\partial y_1} \lambda_1 z_1 ds_1 - \frac{\partial v_1}{\partial z_1} \lambda_1 y_1 ds_1, \\ w_2 &= w_1 + \frac{\partial w_1}{\partial s_1} ds_1 + \frac{\partial w_1}{\partial y_1} \lambda_1 z_1 ds_1 - \frac{\partial w_1}{\partial z_1} \lambda_1 y_1 ds_1. \end{aligned}\right\} \qquad (6)$$

Ersetzt man jetzt in den Gleichungen (5) die Größen $y_2, z_2, dx_1, u_2, v_2, w_2$ durch ihre Werte aus (2), (4) und (6) und außerdem noch ds_1^* gemäß (**5**, 3) durch $(1+\varepsilon_s) ds_1$, so sind die Differentialquotienten (1) ohne weiteres zu berechnen. Vernachlässigt man dabei außer den Gliedern höherer Ordnung sofort die Glieder mit $\varepsilon_s u_1, \varepsilon_s v_1, \varepsilon_s w_1$, so findet man

$$\begin{aligned} \frac{d\bar{u}_1}{dx_1} &= \frac{1}{1+\gamma_1}\Big\{\left[(\mu_1^* - \mu_1) z_1 - (\nu_1^* - \nu_1) y_1 - \nu_1^* v_1 + \mu_1^* w_1\right] + \\ &\quad + \left[\frac{\partial u_1}{\partial s_1} + \lambda_1\left(\frac{\partial u_1}{\partial y_1} z_1 - \frac{\partial u_1}{\partial z_1} y_1\right)\right] + (1 + \mu_1^* z_1 - \nu_1^* y_1)\,\varepsilon_s\Big\}, \\ \frac{d\bar{v}_1}{dx_1} &= \frac{1}{1+\gamma_1}\Big\{\left[-(\lambda_1^* - \lambda_1) z_1 - \lambda_1^* w_1 + \nu_1^* u_1\right] + \left[\frac{\partial v_1}{\partial s_1} + \lambda_1\left(\frac{\partial v_1}{\partial y_1} z_1 - \frac{\partial v_1}{\partial z_1} y_1\right)\right] - \lambda_1^* z_1 \varepsilon_s\Big\}, \\ \frac{d\bar{w}_1}{dx_1} &= \frac{1}{1+\gamma_1}\Big\{\left[(\lambda_1^* - \lambda_1) y_1 + \lambda_1^* v_1 - \mu_1^* u_1\right] + \left[\frac{\partial w_1}{\partial s_1} + \lambda_1\left(\frac{\partial w_1}{\partial y_1} z_1 - \frac{\partial w_1}{\partial z_1} y_1\right)\right] + \lambda_1^* y_1 \varepsilon_s\Big\}. \end{aligned}$$

Unterdrückt man überall den Zeiger 1, so erhält man schließlich mit den nun gefundenen Differentialquotienten nach (I, **12**, 2) und (I, **12**, 4) die folgenden Verzerrungen eines beliebigen Punktes P des Stabes:

$$\left.\begin{aligned} &\varepsilon_y = \frac{\partial v}{\partial y}, \qquad \varepsilon_z = \frac{\partial w}{\partial z}, \qquad \psi_{yz} = \frac{\partial v}{\partial z} + \frac{\partial w}{\partial y}, \\ &\varepsilon_x = \frac{1}{1+\gamma}\Big\{\left[(\mu^* - \mu) z - (\nu^* - \nu) y - \nu^* v + \mu^* w\right] + \left[\frac{\partial u}{\partial s} + \lambda\left(\frac{\partial u}{\partial y} z - \frac{\partial u}{\partial z} y\right)\right] + \\ &\qquad + (1 + \mu^* z - \nu^* y)\,\varepsilon_s\Big\}, \\ &\psi_{xy} = \frac{\partial u}{\partial y} + \frac{1}{1+\gamma}\Big\{\left[-(\lambda^* - \lambda) z - \lambda^* w + \nu^* u\right] + \left[\frac{\partial v}{\partial s} + \lambda\left(\frac{\partial v}{\partial y} z - \frac{\partial v}{\partial z} y\right)\right] - \lambda^* z \varepsilon_s\Big\}, \\ &\psi_{zx} = \frac{\partial u}{\partial z} + \frac{1}{1+\gamma}\Big\{\left[(\lambda^* - \lambda) y + \lambda^* v - \mu^* u\right] + \left[\frac{\partial w}{\partial s} + \lambda\left(\frac{\partial w}{\partial y} z - \frac{\partial w}{\partial z} y\right)\right] + \lambda^* y \varepsilon_s\Big\} \\ &\text{mit} \\ &\qquad \gamma = \mu z - \nu y. \end{aligned}\right\} \qquad (7)$$

7. Die Spannungen der Einzelwindung. Nach dieser Vorbetrachtung kehren wir wieder zur Einzelwindung einer Schraubenfeder von geringer Steigung α zurück und zu der bereits gestellten Hauptfrage, ob diese Windung durch zwei entgegengesetzte, in die Schraubenachse fallende Kräfte P zu einem ebenen Ringwulst verformt werden kann. Kräfte, welche eine Verlängerung der Schraubenfeder zur Folge haben, nennen wir positiv; sie verursachen eine positive Steigungsänderung $\alpha^* - \alpha$. In unserem Falle handelt es sich also um die Bestimmung zweier negativer Kräfte P, die imstande sind, der Einzelwindung eine Endsteigung $\alpha^* = 0$ zu erteilen.

Bezeichnet man den Wicklungshalbmesser der unverformten Stabachse mit R, so hat man, wenn man sich sofort auf den praktisch wohl immer zutreffenden Fall beschränkt, daß die Hauptträgheitsachsen des Stabquerschnitts überall mit der Hauptnormalen und Binormalen der Stabachse zusammenfallen, wegen der für die Schraubenlinie geltenden Formeln $1/\varrho = \cos^2\alpha/R$ und $1/\sigma = \sin\alpha\cos\alpha/R$ sofort

$$\lambda = \frac{\sin\alpha\cos\alpha}{R}, \qquad \mu = 0, \qquad \nu = \frac{\cos^2\alpha}{R}. \tag{1}$$

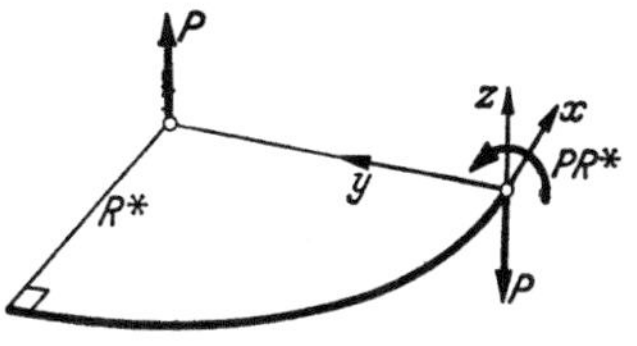

Abb. 3. Die Belastung eines beliebigen Stabquerschnitts.

Wir bezeichnen (Abb. 3) den Halbmesser der zum Ringwulst verformten Einzelwindung mit R^* und stellen zunächst fest, daß ein beliebiger Querschnitt eine Querkraft $Q = -P$ und ein Torsionsmoment $W \equiv M_x = -PR^*$ erfährt, während M_y und M_z beide Null sind. Nimmt man näherungsweise an, daß die durch Tangente, Hauptnormale und Binormale definierten Koordinatensysteme zweier sich entsprechender Punkte der Einzelwindungs- und der Ringwulstachse die Rolle der in Ziff. **5** eingeführten Achsenkreuze I und I^* spielen, so gilt für den Ringwulst analog zu (1)

$$\lambda^* = 0, \qquad \mu^* = 0, \qquad \nu^* = \frac{1}{R^*}. \tag{2}$$

Weil der Spannungszustand rotationssymmetrisch bezüglich der Schraubenachse $\bar{z}$ im Ringwulst ist, so gehen wir bei der Aufstellung der Gleichgewichtsbedingungen im Punkte A (Abb. 4) von den Gleichungen (II, **15**, 1c) aus, ersetzen darin z durch $\bar{z}$ und unterdrücken sogleich die Massenkräfte. Dann erhalten wir

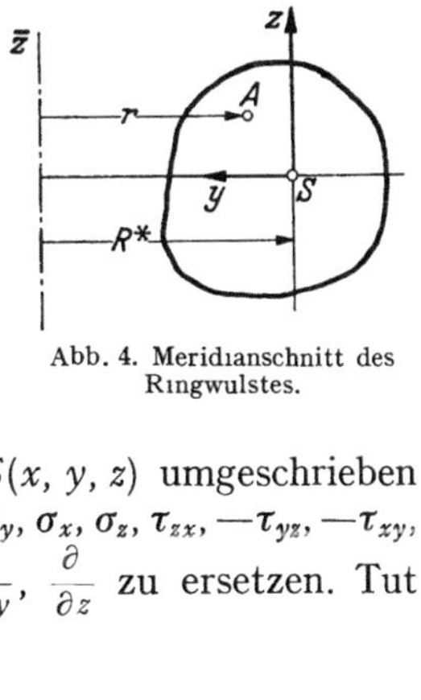

Abb. 4. Meridianschnitt des Ringwulstes.

$$\left.\begin{aligned} &\frac{\partial\sigma_r}{\partial r} + \frac{\partial\tau_{r\bar{z}}}{\partial\bar{z}} + \frac{\sigma_r - \sigma_\varphi}{r} = 0,\\ &\frac{\partial\tau_{r\varphi}}{\partial r} + \frac{\partial\tau_{\varphi\bar{z}}}{\partial\bar{z}} + 2\frac{\tau_{r\varphi}}{r} = 0,\\ &\frac{\partial\tau_{r\bar{z}}}{\partial r} + \frac{\partial\sigma_{\bar{z}}}{\partial\bar{z}} + \frac{\tau_{r\bar{z}}}{r} = 0. \end{aligned}\right\} \tag{3}$$

Sollen diese Gleichungen auf das Koordinatensystem $S(x, y, z)$ umgeschrieben werden, so hat man lediglich $\sigma_r, \sigma_\varphi, \sigma_{\bar{z}}, \tau_{\varphi\bar{z}}, \tau_{r\bar{z}}, \tau_{r\varphi}$ durch $\sigma_y, \sigma_x, \sigma_z, \tau_{zx}, -\tau_{yz}, -\tau_{xy}$, ferner r durch $R^* - y$ und endlich $\frac{\partial}{\partial r}, \frac{\partial}{\partial\bar{z}}$ durch $-\frac{\partial}{\partial y}, \frac{\partial}{\partial z}$ zu ersetzen. Tut man dies, so findet man

$$\left.\begin{aligned} &\frac{\partial\sigma_y}{\partial y} + \frac{\partial\tau_{yz}}{\partial z} + \frac{\sigma_x - \sigma_y}{R^* - y} = 0,\\ &\frac{\partial\tau_{xy}}{\partial y} + \frac{\partial\tau_{zx}}{\partial z} - 2\frac{\tau_{xy}}{R^* - y} = 0,\\ &\frac{\partial\tau_{yz}}{\partial y} + \frac{\partial\sigma_z}{\partial z} - \frac{\tau_{yz}}{R^* - y} = 0. \end{aligned}\right\} \tag{4}$$

Wir zeigen jetzt, daß sich ein mit den Gleichungen (4) und mit den Gleichungen (**6**, 7) verträgliches Spannungssystem bestimmen läßt, welches im Wulstquerschnitt weder eine Normalkraft noch ein Biegemoment hervorruft und auch sonst allen Randbedingungen genügt. Setzt man nämlich

$$\sigma_x = \sigma_y = \sigma_z = \tau_{yz} = 0, \tag{5}$$

so werden die erste und dritte der Gleichungen (4) identisch befriedigt, und es bleibt von diesen Gleichungen nur noch die zweite übrig.

Auch die Gleichungen (**6**, **7**) lassen sich in eine viel einfachere Form bringen. Denn erstens ist nach unserer Voraussetzung λ als eine sehr kleine Größe zu behandeln, so daß alle Produkte aus λ und einer der Verschiebungen u, v, w oder deren Differentialquotienten vernachlässigt werden können; zweitens sind die Differentialquotienten nach s gleich Null zu setzen; drittens ist wegen (5) $\varepsilon_x = \varepsilon_y = \varepsilon_z = \varepsilon_s = 0$ und viertens nach der üblichen Näherungstheorie des ursprünglich gekrümmten Stabes auch $\nu^* - \nu = 0$ zu setzen. Denn nach dieser Theorie wird die Krümmungsänderung $\nu^* - \nu$ als zu dem Biegemoment M_z proportional betrachtet, und dieses Moment ist, wie bereits erwähnt, in unserem Falle Null. Macht man von allen diesen Bemerkungen Gebrauch, beachtet die Gleichungen (2) und ersetzt γ gemäß (**6**, **7**) durch seinen Wert $\mu z - \nu y = -y/\varrho$, so gehen die Gleichungen (**6**, **7**) über in

$$\left.\begin{aligned}
&\varepsilon_x = -\frac{v}{R^*\left(1-\frac{y}{\varrho}\right)} = 0, &&\psi_{yz} = \frac{\partial v}{\partial z} + \frac{\partial w}{\partial y} = 0,\\
&\varepsilon_y = \frac{\partial v}{\partial y} = 0, &&\psi_{zx} = -\frac{\lambda y}{1-\frac{y}{\varrho}} + \frac{\partial u}{\partial z},\\
&\varepsilon_z = \frac{\partial w}{\partial z} = 0, &&\psi_{xy} = \frac{\lambda z}{1-\frac{y}{\varrho}} + \frac{\partial u}{\partial y} + \frac{u}{R^*\left(1-\frac{y}{\varrho}\right)}.
\end{aligned}\right\} \tag{6}$$

Aus der zweiten, dritten und fünften dieser Gleichungen schließt man, daß in der Projektion auf die (y, z)-Ebene der Querschnitt sich nur als Ganzes zu bewegen vermag. Weil aber eine solche Bewegung durch die getroffene Wahl des Koordinatensystems gerade ausgeschlossen ist, so gilt [im Einklang mit der ersten Gleichung (6)] offenbar

$$v = w = 0. \tag{7}$$

Es bleiben also nur die vierte und sechste Gleichung (6) übrig; zusammen mit der zweiten Gleichung (4) und den Beziehungen

$$\tau_{zx} = G\psi_{zx}, \quad \tau_{xy} = G\psi_{xy}$$

beherrschen sie das Problem.

Setzt man schließlich wegen der Kleinheit von α noch

$$\varrho = R^* = R \tag{8}$$

und schreibt einfacher τ_y und τ_z statt τ_{xy} und τ_{zx}, so haben wir es im folgenden mit der Lösung des Systems

$$\left.\begin{aligned}
&\tau_y = G\left(\frac{\lambda z}{1-\frac{y}{R}} + \frac{\partial u}{\partial y} + \frac{u}{R-y}\right),\\
&\tau_z = G\left(-\frac{\lambda y}{1-\frac{y}{R}} + \frac{\partial u}{\partial z}\right),\\
&\frac{\partial \tau_y}{\partial y} + \frac{\partial \tau_z}{\partial z} - \frac{2\tau_y}{R-y} = 0
\end{aligned}\right\} \tag{9}$$

zu tun, worin λ positiv oder negativ ist, je nachdem es sich um eine Rechts- oder Linksschraube handelt.

8. Lösung durch sukzessive Näherung. Zur genäherten Lösung dieser Gleichungen setzen wir zunächst $R = \infty$, halten aber λ fest und bezeichnen die zugehörige Lösung mit τ_{y0}, τ_{z0}, u_0. Dann gilt

$$\left.\begin{aligned} \tau_{y0} &= G\lambda z + G\frac{\partial u_0}{\partial y}, \\ \tau_{z0} &= -G\lambda y + G\frac{\partial u_0}{\partial z}, \\ \frac{\partial \tau_{y0}}{\partial y} &+ \frac{\partial \tau_{z0}}{\partial z} = 0. \end{aligned}\right\} \tag{1}$$

Setzt man [ähnlich wie in (II, **18**, 5)] mit einer Spannungsfunktion Φ_0

$$\tau_{y0} = \frac{\partial \Phi_0}{\partial z}, \qquad \tau_{z0} = -\frac{\partial \Phi_0}{\partial y}, \tag{2}$$

so ist die dritte Gleichung (1) befriedigt und die Elimination von u_0 aus den ersten beiden Gleichungen (1) liefert als Bedingungsgleichung für Φ_0 die Differentialgleichung

$$\frac{\partial^2 \Phi_0}{\partial y^2} + \frac{\partial^2 \Phi_0}{\partial z^2} - 2G\lambda = 0, \tag{3}$$

während die zugehörige Randbedingung, nach welcher am Querschnittsrande die resultierende Schubspannung tangential gerichtet sein soll, für den einfach zusammenhängenden Querschnitt bekanntermaßen

$$\Phi_0 = 0 \qquad \text{(am Rand)} \tag{4}$$

lautet.

Wie der Vergleich von (3) mit (II, **18**, 13) zeigt, bedeutet hier λ die spezifische Verdrehung ω des gerade gestreckt gedachten Stabes (und zwar hier mit umgekehrtem Vorzeichen, weil der Draht einer rechtsgängigen Schraubenfeder beim Zusammenpressen eine Linkstorsion erfährt).

Um die allgemeine Lösung der Gleichungen (**7**, 9) zu erhalten, erweitern wir den Ansatz (2) mit einer neuen Spannungsfunktion Φ folgendermaßen:

$$\tau_y = \frac{1}{\left(1-\frac{y}{R}\right)^2}\frac{\partial \Phi}{\partial z}, \qquad \tau_z = -\frac{1}{\left(1-\frac{y}{R}\right)^2}\frac{\partial \Phi}{\partial y}. \tag{5}$$

Hiermit wird, wie man sofort erkennt, die letzte Gleichung (**7**, 9) identisch befriedigt. Schreibt man die beiden andern Gleichungen (**7**, 9) in die Form

$$\begin{aligned} \frac{\tau_y}{1-\frac{y}{R}} &= \frac{G\lambda z}{\left(1-\frac{y}{R}\right)^2} + G\frac{\partial}{\partial y}\frac{u}{1-\frac{y}{R}}, \\ \frac{\tau_z}{1-\frac{y}{R}} &= -\frac{G\lambda y}{\left(1-\frac{y}{R}\right)^2} + G\frac{\partial}{\partial z}\frac{u}{1-\frac{y}{R}} \end{aligned}$$

und eliminiert aus diesen Gleichungen die Verschiebung u, so erhält man gemäß (5) für Φ die Differentialgleichung

$$\frac{\partial^2 \Phi}{\partial y^2} + \frac{\partial^2 \Phi}{\partial z^2} + \frac{3}{R\left(1-\frac{y}{R}\right)}\frac{\partial \Phi}{\partial y} - 2G\lambda = 0. \tag{6}$$

Die Bedingung am Querschnittsrand

$$\frac{\tau_y}{\tau_z} = \frac{\partial z}{\partial y}$$

nimmt auch jetzt die Form

$$\Phi = 0 \qquad \text{(am Rand)} \tag{7}$$

an.

Entwickelt man in den Gleichungen (5) und (6) die Brüche $1/(1-y/R)^2$ und $1/(1-y/R)$ in Potenzreihen nach y/R und berücksichtigt dabei nur die Glieder, welche y/R bis zur ersten Potenz enthalten, so entsteht das Ersatzsystem von Gleichungen

$$\left.\begin{aligned} \tau_y &= \left(1+2\frac{y}{R}\right)\frac{\partial\Phi}{\partial z}, \\ \tau_z &= -\left(1+2\frac{y}{R}\right)\frac{\partial\Phi}{\partial y}, \\ \frac{\partial^2\Phi}{\partial y^2}+\frac{\partial^2\Phi}{\partial z^2}&+\frac{3}{R}\left(1+\frac{y}{R}\right)\frac{\partial\Phi}{\partial y}-2G\lambda=0, \end{aligned}\right\} \qquad (8)$$

welches mit der Randbedingung

$$\Phi=0 \qquad \text{(am Rand)}$$

die mit τ_{yI}, τ_{zI}, Φ_I zu bezeichnende erste Näherungslösung unseres Problems bestimmt. Setzt man dann noch

$$\tau_{yI}=\tau_{y0}+\tau_{y1}, \qquad \tau_{zI}=\tau_{z0}+\tau_{z1}, \qquad \Phi_I=\Phi_0+\Phi_1,$$

so gehen diese Gleichungen über in

$$\left.\begin{aligned} \tau_{y0}+\tau_{y1} &= \left(1+2\frac{y}{R}\right)\left(\frac{\partial\Phi_0}{\partial z}+\frac{\partial\Phi_1}{\partial z}\right), \\ \tau_{z0}+\tau_{z1} &= -\left(1+2\frac{y}{R}\right)\left(\frac{\partial\Phi_0}{\partial y}+\frac{\partial\Phi_1}{\partial y}\right), \\ \frac{\partial^2\Phi_0}{\partial y^2}+\frac{\partial^2\Phi_0}{\partial z^2}+\frac{\partial^2\Phi_1}{\partial y^2}+\frac{\partial^2\Phi_1}{\partial z^2}&+\frac{3}{R}\left(1+\frac{y}{R}\right)\left(\frac{\partial\Phi_0}{\partial y}+\frac{\partial\Phi_1}{\partial y}\right)-2G\lambda=0. \end{aligned}\right\} \qquad (9)$$

Beachtet man, daß die Verbesserungsglieder τ_{y1}, τ_{z1} und Φ_1 von der Größenordnung y/R sein werden, und verzichtet man dementsprechend bei ihrer Berechnung mittels der Gleichungen (9) auf Glieder höherer Ordnung, so können diese Gleichungen mit Rücksicht auf (2) und (3) folgendermaßen geschrieben werden:

$$\left.\begin{aligned} \tau_{y1} &= \frac{2y}{R}\frac{\partial\Phi_0}{\partial z}+\frac{\partial\Phi_1}{\partial z}, \\ \tau_{z1} &= -\frac{2y}{R}\frac{\partial\Phi_0}{\partial y}-\frac{\partial\Phi_1}{\partial y}, \\ \frac{\partial^2\Phi_1}{\partial y^2}+\frac{\partial^2\Phi_1}{\partial z^2}&+\frac{3}{R}\frac{\partial\Phi_0}{\partial y}=0. \end{aligned}\right\} \qquad (10)$$

Die Randbedingung bleibt

$$\Phi_1=0 \qquad \text{(am Rand)}.$$

Geht man einen Schritt weiter, indem man bei der Entwicklung der Brüche $1/(1-y/R)^2$ und $1/(1-y/R)$ auch die zweiten Potenzen von y/R beibehält, so treten an die Stelle von (8) jetzt die Gleichungen

$$\left.\begin{aligned} \tau_y &= \left(1+2\frac{y}{R}+3\frac{y^2}{R^2}\right)\frac{\partial\Phi}{\partial z}, \\ \tau_z &= -\left(1+2\frac{y}{R}+3\frac{y^2}{R^2}\right)\frac{\partial\Phi}{\partial y}, \\ \frac{\partial^2\Phi}{\partial y^2}+\frac{\partial^2\Phi}{\partial z^2}&+\frac{3}{R}\left(1+\frac{y}{R}+\frac{y^2}{R^2}\right)\frac{\partial\Phi}{\partial y}-2G\lambda=0, \end{aligned}\right\} \qquad (11)$$

deren mit der Randbedingung $\Phi=0$ verträgliche Lösung wir durch

$$\tau_{yII}=\tau_{y0}+\tau_{y1}+\tau_{y2}, \qquad \tau_{zII}=\tau_{z0}+\tau_{z1}+\tau_{z2}, \qquad \Phi_{II}=\Phi_0+\Phi_1+\Phi_2$$

darstellen. Vernachlässigt man in den Verbesserungsgliedern τ_{y2}, τ_{z2} und Φ_2 jetzt die Größen von höherer Ordnung als $(y/R)^2$, so gehen die Gleichungen (11) wegen (2), (3) und (10) über in

$$\left.\begin{aligned} \tau_{y2} &= \frac{3\,y^2}{R^2}\,\frac{\partial \Phi_0}{\partial z} + \frac{2\,y}{R}\,\frac{\partial \Phi_1}{\partial z} + \frac{\partial \Phi_2}{\partial z}, \\ \tau_{z2} &= -\frac{3\,y^2}{R^2}\,\frac{\partial \Phi_0}{\partial y} - \frac{2\,y}{R}\,\frac{\partial \Phi_1}{\partial y} - \frac{\partial \Phi_2}{\partial y}, \\ \frac{\partial^2 \Phi_2}{\partial y^2} + \frac{\partial^2 \Phi_2}{\partial z^2} &+ \frac{3}{R}\,\frac{\partial \Phi_1}{\partial y} + \frac{3\,y}{R^2}\,\frac{\partial \Phi_0}{\partial y} = 0. \end{aligned}\right\} \tag{12}$$

Die Randbedingung für Φ_2 lautet abermals

$$\Phi_2 = 0 \qquad \text{(am Rand)}.$$

Diese Rechenvorschrift kann beliebig weit fortgesetzt werden, so daß auch die gesuchte Spannungsverteilung sowie die durch sie verursachte Verzerrung beliebig genau angenähert werden kann.

Bei der jetzt folgenden praktischen Ausarbeitung des Verfahrens beschränken wir uns auf die beiden technisch wichtigen Fälle des kreisförmigen und des rechteckigen Stabquerschnitts, und zwar behandeln wir (weil dadurch keine nennenswerte Erschwerung des Problems entsteht) den ersten als Sonderfall des elliptischen Querschnitts. In beiden Fällen nehmen wir im Einklang mit der technischen Ausführung von Schraubenfedern an, daß eine der Symmetrieachsen des Querschnitts zu der Schraubenachse parallel läuft, und beschränken uns bei der Durchrechnung auf die zwei ersten Näherungen.

9. Der elliptische Querschnitt. Ist

$$\frac{y^2}{b^2} + \frac{z^2}{c^2} = 1$$

die Gleichung der Randellipse, so ist die Näherungslösung nullter Ordnung Φ_0 von Φ gemäß (II, **18**, 22) und (II, **18**, 23), worin jetzt, wie gesagt, ω durch $-\lambda$ zu ersetzen ist,

$$\left.\begin{aligned} \Phi_0 &\equiv \frac{G\lambda}{b^2+c^2}\,(c^2 y^2 + b^2 z^2 - b^2 c^2), \\ \tau_{y0} &= \frac{2\,G\lambda b^2}{b^2+c^2}\,z, \qquad \tau_{z0} = -\frac{2\,G\lambda c^2}{b^2+c^2}\,y. \end{aligned}\right\} \tag{1}$$

Die zugehörige Verwölbung u_0 des Querschnitts und das zugehörige Torsionsmoment W_0 haben nach (II, **18**, 28) und (II, **18**, 24) die Werte

$$u_0 = \frac{b^2-c^2}{b^2+c^2}\,\lambda y z, \qquad W_0 = -\frac{\pi G\,\lambda\, b^3 c^3}{b^2+c^2}. \tag{2}$$

Die erste Näherungslösung Φ_1 soll nun nach (**8**, 10) die Gleichung

$$\Delta' \Phi_1 = -\frac{6\,G\,\lambda\, c^2\, y}{(b^2+c^2)R} \qquad \left(\Delta' \equiv \frac{\partial^2}{\partial y^2} + \frac{\partial^2}{\partial z^2}\right) \tag{3}$$

und die Randbedingung

$$\Phi_1 = 0 \qquad \text{(am Rand)}$$

befriedigen. Mit dem Ansatz

$$\Phi_1 \equiv \frac{A\,y}{R}\,(c^2 y^2 + b^2 z^2 - b^2 c^2),$$

welcher die Randbedingung ohne weiteres erfüllt, erhält man

$$\Delta' \Phi_1 \equiv \frac{2\,A\,y\,(b^2+3\,c^2)}{R},$$

und somit muß

$$A = -\frac{3\,G\,\lambda\,c^2}{(b^2+c^2)\,(b^2+3\,c^2)}$$

sein. Die Verbesserungen erster Ordnung nehmen hiermit folgende Werte an:

$$\left.\begin{aligned} \Phi_1 &\equiv -\frac{3\,G\lambda c^2 y\,(c^2 y^2 + b^2 z^2 - b^2 c^2)}{(b^2+c^2)\,(b^2+3\,c^2)\,R}, \\ \tau_{y1} &= +\frac{2\,G\,\lambda\,b^2\,(2\,b^2+3\,c^2)\,yz}{(b^2+c^2)\,(b^2+3\,c^2)\,R}, \\ \tau_{z1} &= -\frac{G\,\lambda\,c^2\,[(4\,b^2+3\,c^2)\,y^2 - 3\,b^2 z^2 + 3\,b^2 c^2]}{(b^2+c^2)\,(b^2+3\,c^2)\,R}. \end{aligned}\right\} \tag{4}$$

Nach (**8**, 12) erhalten wir jetzt für die Verbesserung zweiter Ordnung Φ_2 der Spannungsfunktion die Differentialgleichung

$$\Delta'\Phi_2 = \frac{3\,G\lambda c^2\,[(3\,c^2 - 2\,b^2)\,y^2 + 3\,b^2 z^2 - 3\,b^2 c^2]}{(b^2+c^2)\,(b^2+3\,c^2)\,R^2}, \tag{5}$$

welche wir mit Hilfe des die Randbedingung $\Phi_2 = 0$ erfüllenden Ansatzes

$$\Phi_2 \equiv -\frac{3\,G\lambda c^2\,(A\,y^2 + B\,z^2 + C\,b^2)\,(c^2 y^2 + b^2 z^2 - b^2 c^2)}{(b^2+c^2)\,(b^2+3\,c^2)\,R^2} \tag{6}$$

zu befriedigen versuchen. Wie man durch Einsetzen dieses Wertes in (5) leicht nachrechnet, ist

$$\left.\begin{aligned} A &= \frac{12\,b^4 - 13\,b^2 c^2 - 3\,c^4}{12\,(b^4 + 6\,b^2 c^2 + c^4)}, \\ B &= -\frac{5\,b^2\,(b^2+3\,c^2)}{12\,(b^4+6\,b^2 c^2 + c^4)}, \\ C &= \frac{5\,c^2\,(5\,b^2+c^2)\,(b^2+3\,c^2)}{12\,(b^2+c^2)\,(b^4+6\,b^2 c^2+c^4)}. \end{aligned}\right\} \tag{7}$$

Die Verbesserungsglieder zweiter Ordnung der Spannungen errechnen sich dann zu

$$\left.\begin{aligned} \tau_{y2} &= -\frac{6\,G\lambda z}{(b^2+c^2)\,(b^2+3\,c^2)\,R^2}\big[(-\,b^4 + (A-1)\,b^2 c^2 + B\,c^4)\,y^2 + 2\,B\,b^2\,c^2\,z^2 + \\ &\qquad + b^2\,c^2\,(C\,b^2 - B\,c^2)\big], \\ \tau_{z2} &= \frac{6\,G\lambda c^2 y}{(b^2+c^2)\,(b^2+3\,c^2)\,R^2}\big[(-\,b^2 + 2\,A\,c^2)\,y^2 + (A\,b^2 + B\,c^2 + b^2)\,z^2 + \\ &\qquad + b^2\,c^2\,(C - A - 1)\big]. \end{aligned}\right\} \tag{8}$$

Die von den Verbesserungen (4) und (8) der Spannungen erzeugten Torsionsmomente, welche wir als die Verbesserungen W_1 und W_2 des Torsionsmomentes W_0 bezeichnen, berechnen sich zu

$$\left.\begin{aligned} & W_1 = \iint (\tau_{z1}\,y - \tau_{y1}\,z)\,dy\,dz = 0 \\ \text{und}\qquad & W_2 = \iint (\tau_{z2}\,y - \tau_{y2}\,z)\,dy\,dz = \\ & \qquad = W_0\,\frac{2\,b^4 + (3 - A - 6\,C)\,b^2 c^2 - B\,c^4}{2\,(b^2+3\,c^2)\,R^2}. \end{aligned}\right\} \tag{9}$$

Es läßt sich zeigen, daß ganz allgemein für eine Einzelwindung, deren Stabquerschnitt eine zur Schraubenachse parallele Symmetrieachse besitzt, sämtliche Verbesserungen ungerader Ordnung des Torsionsmomentes (wie hier W_1) verschwinden. Weil wir die Näherung nicht weiter als bis zur zweiten Ordnung zu bestimmen beabsichtigen, sehen wir von dem Beweise dieses Satzes hier ab.

10. Der kreisförmige Querschnitt. Wir spezialisieren uns jetzt auf den technisch wichtigen Fall des kreisförmigen Querschnitts, setzen $b = c = r$ und erhalten nach (**9**, 1), (**9**, 2), (**9**, 4) und (**9**, 7) bis (**9**, 9)

$$\tau_{y0}=G\lambda z,\qquad \tau_{z0}=-G\lambda y,\qquad W_0=-\frac{1}{2}\pi r^4 G\lambda,$$
$$\tau_{y1}=\frac{5\,G\lambda}{4\,R}\,yz,\qquad \tau_{z1}=-\frac{G\lambda}{8R}(7\,y^2-3\,z^2+3\,r^2),\qquad W_1=0,$$
$$\tau_{y2}=\frac{G\lambda z}{16\,R^2}(27\,y^2+5\,z^2-10\,r^2),\quad \tau_{z2}=-\frac{G\lambda y}{16\,R^2}(13\,y^2-9\,z^2+4\,r^2),\quad W_2=-\frac{3\,\pi G\lambda r^6}{32\,R^2}.$$

Die sukzessiven Näherungen der Spannungen und des Momentes sind also

$$\left.\begin{aligned}
&(0)\quad \tau_{y0}=G\lambda z,\qquad \tau_{z0}=-G\lambda y,\qquad W_0=-\frac{1}{2}\pi r^4 G\lambda,\\
&(I)\quad \begin{cases}\tau_{yI}=G\lambda z+\dfrac{5\,G\lambda}{4\,R}\,yz,\\ \tau_{zI}=-G\lambda y-\dfrac{G\lambda}{8R}(7\,y^2-3\,z^2+3\,r^2),\qquad W_I=-\dfrac{1}{2}\pi r^4 G\lambda,\end{cases}\\
&(II)\quad \begin{cases}\tau_{yII}=G\lambda z+\dfrac{5\,G\lambda}{4\,R}\,yz+\dfrac{G\lambda z}{16\,R^2}(27\,y^2+5\,z^2-10\,r^2),\\ \tau_{zII}=-G\lambda y-\dfrac{G\lambda}{8\,R}(7\,y^2-3\,z^2+3\,r^2)-\dfrac{G\lambda y}{16\,R^2}(13\,y^2-9\,z^2+4\,r^2),\\ W_{II}=-\dfrac{1}{2}\pi r^4 G\lambda\left[1+\dfrac{3}{16}\left(\dfrac{r}{R}\right)^2\right].\end{cases}
\end{aligned}\right\}\tag{1}$$

Im besonderen gilt für die in Abb. 5 mit i, a und m bezeichneten Punkte bei der Näherung zweiter Ordnung

$$\left.\begin{aligned}
|\tau_{iII}|&=rG\lambda\left[1+\frac{5}{4}\left(\frac{r}{R}\right)+\frac{17}{16}\left(\frac{r}{R}\right)^2\right],\\
|\tau_{aII}|&=rG\lambda\left[1-\frac{5}{4}\left(\frac{r}{R}\right)+\frac{17}{16}\left(\frac{r}{R}\right)^2\right],\\
|\tau_{mII}|&=rG\lambda\left[1-\frac{5}{16}\left(\frac{r}{R}\right)^2\right].
\end{aligned}\right\}\tag{2}$$

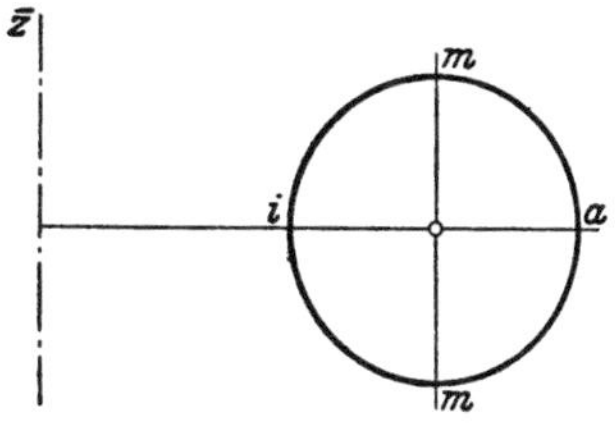

Abb. 5. Kreisförmiger Meridianschnitt des Ringwulstes.

Den Zusammenhang zwischen der g r ö ß t e n (mit τ_{iII} identischen) S c h u b s p a n n u n g $\tau_{\max}$ und dem zugehörigen Moment W_{II} erhält man durch Elimination von λ aus der letzten Formel (1) und der ersten Formel (2). Man findet

$$|\tau_{\max}|=\frac{|W_{II}|\left[1+\frac{5}{4}\left(\frac{r}{R}\right)+\frac{17}{16}\left(\frac{r}{R}\right)^2\right]}{\frac{1}{2}\pi r^3\left[1+\frac{3}{16}\left(\frac{r}{R}\right)^2\right]}.\tag{3}$$

In dieser Formel kann, wenn man sie auf eine Schraubenfeder mit kleiner Steigung anwendet, $|W_{II}|$ unbedenklich durch PR ersetzt werden, so daß bis zur zweiten Ordnung genau

$$|\tau_{\max}|=\frac{PR}{\frac{1}{2}\pi r^3}\left[1+\frac{5}{4}\left(\frac{r}{R}\right)+\frac{7}{8}\left(\frac{r}{R}\right)^2\right]$$

ist.

Zur Berechnung der für manchen Zweck wichtigen F e d e r v e r l ä n g e r u n g erinnern wir daran, daß nach unserer Annahme eine Einzelwindung zum Ringwulst verformt worden ist, so daß ihre axiale Verkürzung unter der Belastung P den Wert $2\pi R\alpha$ hat. Bei n Windungen erhielte man also, wenn sich die Windungen bei der Verformung zum Ringwulst unbeschränkt durchdringen könnten, für die gesamte Verkürzung Δh der anfänglichen Federhöhe h

$$\Delta h = 2\pi n R \alpha. \tag{4}$$

Weil nach unserer Voraussetzung α klein ist, kann hierfür wegen (**7**, 1) auch

$$\Delta h = 2\pi n R^2 \lambda \tag{5}$$

geschrieben werden. Die Elimination von λ aus dieser Gleichung und der letzten Gleichung (1), in welcher W_{II} durch $-PR$ zu ersetzen ist, liefert

$$\Delta h = \frac{4nR^3P}{r^4G\left[1+\frac{3}{16}\left(\frac{r}{R}\right)^2\right]} \approx \frac{4nR^3P}{r^4G}\left[1-\frac{3}{16}\left(\frac{r}{R}\right)^2\right]. \tag{6}$$

Wie schon in der elementaren Federtheorie darf man auch hier diese Formel in der Weise umdeuten, daß man entweder unter P eine Druckkraft versteht, die aber höchstens so groß sein darf, daß sich die Windungen beim Zusammendrücken der Feder noch eben nicht berühren, oder aber eine Zugkraft, die die Feder höchstens so weit auseinanderzieht, daß ihre Steigung immer noch als klein gelten darf. Im ersten Fall ist dann Δh die Verkürzung, im zweiten Fall die Verlängerung der ganzen Feder.

11. Der rechteckige Querschnitt. Wie beim kreisförmigen Querschnitt gehen wir auch hier von der bekannten strengen Lösung nullter Ordnung aus, in welcher die Spannungskomponenten τ_{y0} und τ_{z0}, wie wir sogleich zeigen werden, folgende Werte haben:

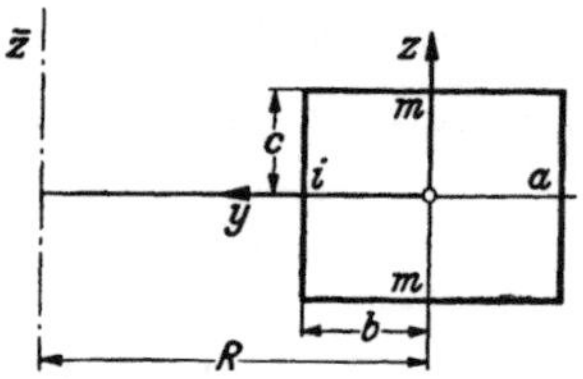

Abb. 6. Rechteckiger Meridianschnitt des Ringwulstes.

$$\left.\begin{aligned} \tau_{y0} &= 2G\lambda z - \frac{16G\lambda c}{\pi^2}\sum{}' \frac{1}{n^2}\sin\frac{n\pi z}{2c}\,\frac{\mathfrak{Cof}\,\frac{n\pi y}{2c}}{\mathfrak{Cof}\,\frac{n\pi b}{2c}}, \\ \tau_{z0} &= -\frac{16G\lambda c}{\pi^2}\sum{}' \frac{1}{n^2}\cos\frac{n\pi z}{2c}\,\frac{\mathfrak{Sin}\,\frac{n\pi y}{2c}}{\mathfrak{Cof}\,\frac{n\pi b}{2c}}. \end{aligned}\right\} \tag{1}$$

Hierin bezeichnen b und c die Halbseiten des Rechtecks (Abb. 6); das Summenzeichen Σ' soll bedeuten, daß über alle ungeraden positiven Werte von n summiert werden soll, und daß die Reihenglieder, vom ersten positiven Gliede an, abwechselnde Vorzeichen haben. Von der Richtigkeit dieser ohne Herleitung hingeschriebenen Lösung überzeugt man sich leicht. Denn erstens genügen, wie man ohne weiteres sieht, τ_{y0} und τ_{z0} den beiden aus dem Gleichungssystem (**8**, 1) folgenden Differentialgleichungen

$$\frac{\partial \tau_{y0}}{\partial z} - \frac{\partial \tau_{z0}}{\partial y} = 2G\lambda, \qquad \frac{\partial \tau_{y0}}{\partial y} + \frac{\partial \tau_{z0}}{\partial z} = 0,$$

und zweitens wird auch die Randbedingung befriedigt, nach welcher am Querschnittsrande die Schubspannung tangential gerichtet sein soll. Für die Ränder $z = \pm c$ folgt nämlich aus der zweiten Gleichung (1) sofort, daß $\tau_{z0} = 0$ ist, für die Ränder $y = \pm b$ folgt aus der ersten Gleichung (1)

$$\tau_{y0} = 2G\lambda z - \frac{16G\lambda c}{\pi^2}\sum{}' \frac{1}{n^2}\sin\frac{n\pi z}{2c}.$$

Weil aber

$$\zeta = \frac{4}{\pi}\sum{}' \frac{\sin n\zeta}{n^2} \qquad (0 \leq \zeta \leq \tfrac{1}{2}\pi)$$

ist[1]), so findet man mit $\zeta = \pi z/2c$ in der Tat, wie es sein muß, $\tau_{y0} = 0$.

[1]) Siehe etwa „Hütte" Bd. 1, S. 169, 25. Aufl., Berlin 1925.

Das durch die Spannungen (1) bedingte Torsionsmoment W_0 berechnet sich zu

$$W_0 = -\frac{16}{3} G\lambda b c^3 + G\lambda c^4 \left(\frac{4}{\pi}\right)^5 \sum_{n=0}^{\infty} \frac{1}{(2n+1)^5} \mathfrak{Tg} \frac{(2n+1)\pi b}{2c}. \tag{2}$$

Die erste Verbesserung Φ_1 der zu diesen Spannungen gehörigen Spannungsfunktion Φ_0 genügt nach (**8**, 10) der Differentialgleichung

$$\Delta' \Phi_1 = -\frac{3}{R} \frac{\partial \Phi_0}{\partial y}.$$

Weil nach (**8**, 2) $\partial\Phi_0/\partial y = -\tau_{z0}$ ist, so kann diese Gleichung, ohne daß wir die Funktion Φ_0 selbst anzuschreiben brauchen, gleich in die Form

$$\Delta' \Phi_1 = -\frac{48 G\lambda c}{\pi^2 R} \sum{}' \frac{1}{n^2} \cos\frac{n\pi z}{2c} \frac{\mathfrak{Sin}\frac{n\pi y}{2c}}{\mathfrak{Cof}\frac{n\pi b}{2c}} \tag{3}$$

gebracht werden.

Man sieht leicht, daß die Gleichung

$$\Delta' \Phi_1 = \frac{1}{n^2} \cos\frac{n\pi z}{2c} \frac{\mathfrak{Sin}\frac{n\pi y}{2c}}{\mathfrak{Cof}\frac{n\pi b}{2c}} \tag{4}$$

ein partikuläres Integral von der Form

$$A\, y \cos\frac{n\pi z}{2c} \frac{\mathfrak{Cof}\frac{n\pi y}{2c}}{\mathfrak{Cof}\frac{n\pi b}{2c}} \tag{5}$$

besitzen muß. Die Konstante A errechnet sich durch Einsetzen von (5) in (4) zu $c/\pi n^3$. Somit ist

$$\Phi_1^* \equiv -\frac{48 G\lambda c^2}{\pi^3 R} \sum{}' \frac{1}{n^3} \cos\frac{n\pi z}{2c} \frac{y\,\mathfrak{Cof}\frac{n\pi y}{2c}}{\mathfrak{Cof}\frac{n\pi b}{2c}} \tag{6}$$

ein partikuläres Integral von (3).

Es kommt jetzt noch darauf an, ein Integral Φ_1^{**} der homogenen Gleichung

$$\Delta' \Phi_1 = 0$$

derart zu bestimmen, daß

$$\Phi_1 = \Phi_1^* + \Phi_1^{**}$$

die Randbedingung befriedigt, d. h. am Querschnittsrande Null ist. Man sieht leicht ein, daß diese Forderung mit Hilfe der Lösung

$$\Phi_1^{**} \equiv \frac{48 G\lambda b c^2}{\pi^3 R} \sum{}' \frac{1}{n^3} \cos\frac{n\pi z}{2c} \frac{\mathfrak{Sin}\frac{n\pi y}{2c}}{\mathfrak{Sin}\frac{n\pi b}{2c}}$$

erfüllt werden kann, indem man schreibt

$$\Phi_1 \equiv -\frac{48 G\lambda c^2}{\pi^3 R} \sum{}' \frac{1}{n^3} \cos\frac{n\pi z}{2c} \left(\frac{y\,\mathfrak{Cof}\frac{n\pi y}{2c}}{\mathfrak{Cof}\frac{n\pi b}{2c}} - \frac{b\,\mathfrak{Sin}\frac{n\pi y}{2c}}{\mathfrak{Sin}\frac{n\pi b}{2c}} \right); \tag{7}$$

denn in der Tat verschwindet für $y=\pm b$ stets der zweite Faktor, für $z=\pm c$ stets der erste Faktor jedes Reihengliedes.

Wir schreiben sogleich die Ausdrücke für τ_{yI} und τ_{zI} an und erhalten mit (**8**, 10) nach kurzer Rechnung

$$\left.\begin{aligned}\tau_{yI}&=\tau_{y0}\left(1+\frac{2y}{R}\right)+\frac{24G\lambda c}{\pi^2 R}\sum{}'\frac{1}{n^2}\sin\frac{n\pi z}{2c}\left(\frac{y\,\mathfrak{Cof}\frac{n\pi y}{2c}}{\mathfrak{Cof}\frac{n\pi b}{2c}}-\frac{b\,\mathfrak{Sin}\frac{n\pi y}{2c}}{\mathfrak{Sin}\frac{n\pi b}{2c}}\right),\\ \tau_{zI}&=\tau_{z0}\left(1+\frac{2y}{R}\right)+\frac{48G\lambda c^2}{\pi^3 R}\sum{}'\frac{1}{n^3}\cos\frac{n\pi z}{2c}\cdot\\ &\qquad\cdot\left(\frac{\mathfrak{Cof}\frac{n\pi y}{2c}+\frac{n\pi y}{2c}\,\mathfrak{Sin}\frac{n\pi y}{2c}}{\mathfrak{Cof}\frac{n\pi b}{2c}}-\frac{\frac{n\pi b}{2c}\,\mathfrak{Cof}\frac{n\pi y}{2c}}{\mathfrak{Sin}\frac{n\pi b}{2c}}\right).\end{aligned}\right\}\qquad(8)$$

Nunmehr kann die Differentialgleichung für Φ_2 nach (**8**, 12) angeschrieben werden. Sie lautet

$$\left.\begin{aligned}\Delta'\Phi_2&=\frac{24G\lambda c y}{\pi^2 R^2}\sum{}'\frac{1}{n^2}\cos\frac{n\pi z}{2c}\,\frac{\mathfrak{Sin}\frac{n\pi y}{2c}}{\mathfrak{Cof}\frac{n\pi b}{2c}}+\\ &+\frac{144G\lambda c^2}{\pi^3 R^2}\sum{}'\frac{1}{n^3}\cos\frac{n\pi z}{2c}\left(\frac{1}{\mathfrak{Cof}\frac{n\pi b}{2c}}-\frac{\frac{n\pi b}{2c}}{\mathfrak{Sin}\frac{n\pi b}{2c}}\right)\mathfrak{Cof}\frac{n\pi y}{2c}.\end{aligned}\right\}\qquad(9)$$

Wenn man sich zuerst davon überzeugt, daß die Gleichungen

$$\Delta'\Phi_2=y\cos\frac{n\pi z}{2c}\,\mathfrak{Sin}\frac{n\pi y}{2c}\quad\text{bzw.}\quad\Delta'\Phi_2=\cos\frac{n\pi z}{2c}\,\mathfrak{Cof}\frac{n\pi y}{2c}$$

partikuläre Lösungen von der Form

$$\frac{c}{2n\pi}y^2\cos\frac{n\pi z}{2c}\,\mathfrak{Cof}\frac{n\pi y}{2c}-\frac{c^2}{n^2\pi^2}y\cos\frac{n\pi z}{2c}\,\mathfrak{Sin}\frac{n\pi y}{2c}$$

bzw.

$$\frac{c}{n\pi}y\cos\frac{n\pi z}{2c}\,\mathfrak{Sin}\frac{n\pi y}{2c}$$

besitzen, so kann leicht ein partikuläres Integral der Gleichung (9) ermittelt werden, welches aus zwei unendlichen Reihen mit Gliedern von der Form

$$\frac{A}{n^3}y^2\cos\frac{n\pi z}{2c}\,\mathfrak{Cof}\frac{n\pi y}{2c}\quad\text{bzw.}\quad\frac{B}{n^4}y\cos\frac{n\pi z}{2c}\,\mathfrak{Sin}\frac{n\pi y}{2c}$$

besteht. Sodann hat man zu dieser Lösung noch eine Lösung der homogenen Gleichung

$$\Delta'\Phi_2=0$$

hinzuzufügen, welche eine genügende Zahl von freien Konstanten enthält, um die Randbedingung des Problems befriedigen zu können. Es zeigt sich, daß man hierzu mit zwei unendlichen Reihen mit Gliedern von der Form

$$\frac{C}{n^3}\cos\frac{n\pi z}{2c}\,\mathfrak{Cof}\frac{n\pi y}{2c}\quad\text{bzw.}\quad\frac{D}{n^4}\cos\frac{n\pi z}{2c}\,\mathfrak{Cof}\frac{n\pi y}{2c}$$

auskommt, und daß Φ_2 die Form

$$\left.\begin{aligned}\Phi_2 \equiv &-\frac{72\,G\lambda b c^2 y}{\pi^3 R^2}\sum{}'\frac{1}{n^3}\cos\frac{n\pi z}{2c}\,\frac{\mathfrak{Sin}\frac{n\pi y}{2c}}{\mathfrak{Sin}\frac{n\pi b}{2c}}+\frac{120\,G\lambda c^3 y}{\pi^4 R^2}\sum{}'\frac{1}{n^4}\cos\frac{n\pi z}{2c}\,\frac{\mathfrak{Sin}\frac{n\pi y}{2c}}{\mathfrak{Cof}\frac{n\pi b}{2c}}+\\ &+\frac{12\,G\lambda c^2 y^2}{\pi^3 R^2}\sum{}'\frac{1}{n^3}\cos\frac{n\pi z}{2c}\,\frac{\mathfrak{Cof}\frac{n\pi y}{2c}}{\mathfrak{Cof}\frac{n\pi b}{2c}}+\frac{60\,G\lambda b^2 c^2}{\pi^3 R^2}\sum{}'\frac{1}{n^3}\cos\frac{n\pi z}{2c}\,\frac{\mathfrak{Cof}\frac{n\pi y}{2c}}{\mathfrak{Cof}\frac{n\pi b}{2c}}-\\ &-\frac{120\,G\lambda b c^3}{\pi^4 R^2}\sum{}'\frac{1}{n^4}\cos\frac{n\pi z}{2c}\,\frac{\mathfrak{Cof}\frac{n\pi y}{2c}}{\mathfrak{Cof}\frac{n\pi b}{2c}}\,\mathfrak{Tg}\frac{n\pi b}{2c}\end{aligned}\right\}\qquad(10)$$

annimmt.

Wir haben für die Funktion Φ die Rechnung bis zu diesem Grade der Genauigkeit fortgesetzt, um die erste von Null verschiedene Verbesserung des Torsionsmomentes, nämlich W_2, berechnen zu können. Diese beträgt

$$W_2=\int_{-b}^{b}\int_{-c}^{c}(\tau_{z2}\,y-\tau_{y2}\,z)\,dy\,dz. \qquad (11)$$

Weil wir die Verbesserungen der Spannungen nur bis zur ersten Ordnung zu kennen wünschen, so ersetzen wir, um die Berechnung der im Integranden vorkommenden Spannungen zu umgehen, τ_{y2} und τ_{z2} durch die [nach (**8**, 12) und (**8**, 2)] mit ihnen gleichwertigen Ausdrücke

$$\tau_{y2}=\frac{3\,y^2}{R^2}\tau_{y0}+2\,\frac{y}{R}\,\frac{\partial\Phi_1}{\partial z}+\frac{\partial\Phi_2}{\partial z},$$

$$\tau_{z2}=\frac{3\,y^2}{R^2}\tau_{z0}-2\,\frac{y}{R}\,\frac{\partial\Phi_1}{\partial y}-\frac{\partial\Phi_2}{\partial y}$$

und formen das Integral durch Teilintegration, unter Rücksichtnahme auf die Randbedingungen für Φ_1 und Φ_2, wie folgt um:

$$W_2=-\frac{3}{R^2}\int_{-b}^{b}\int_{-c}^{c}(\tau_{y0}y^2 z-\tau_{z0}\,y^3)\,dy\,dz+2\int_{-b}^{b}\int_{-c}^{c}\left(\frac{3\,y}{R}\Phi_1+\Phi_2\right)dy\,dz.$$

Das Endergebnis der jetzt noch auszuführenden Integrationen lautet

$$\left.\begin{aligned}W_2=-G\lambda\Bigg(&\frac{8\,b^3c^3}{3R^2}+\frac{768\,b^3c^3}{\pi^4R^2}\sum{}''\frac{1}{n^4}-\frac{3840\,b^2c^4}{\pi^5R^2}\sum{}''\frac{\mathfrak{Tg}\frac{n\pi b}{2c}}{n^5}-\\ &-\frac{2304\,b^2c^4}{\pi^5R^2}\sum{}''\frac{\mathfrak{Ctg}\frac{n\pi b}{2c}}{n^5}+\frac{8448\,bc^5}{\pi^6R^2}\sum{}''\frac{1}{n^6}+\\ &+\frac{3840\,bc^5}{\pi^6R^2}\sum{}''\frac{\mathfrak{Tg}^2\frac{n\pi b}{2c}}{n^6}-\frac{7680\,c^6}{\pi^7R^2}\sum{}''\frac{\mathfrak{Tg}\frac{n\pi b}{2c}}{n^7}\Bigg).\end{aligned}\right\}\qquad(12)$$

Das Summenzeichen Σ'' bedeutet hier, daß ohne Zeichenwechsel über alle ungeraden positiven Zahlen n summiert werden soll.

Für den technisch meist in Betracht kommenden Fall $b \geq c$ kann dieser Ausdruck allenfalls genügend genau durch

$$\left.\begin{aligned} W_2 = -\frac{32\,G\lambda b^3 c^3}{3R^2} + \frac{G\lambda b^2 c^4}{\pi^5 R^2}\left[3840\left(\mathfrak{Tg}\frac{\pi b}{2c} + 0{,}004\right) + 2304\left(\mathfrak{Ctg}\frac{\pi b}{2c} + 0{,}004\right)\right] - \\ - \frac{bc^5\lambda G}{R^2}\left[8{,}80 + \frac{3840\left(\mathfrak{Tg}^2\frac{\pi b}{2c} + 0{,}001\right)}{\pi^6}\right] - \frac{7680}{\pi^7 R^2}\,\mathfrak{Tg}\frac{\pi b}{2c} \end{aligned}\right\} \quad (13)$$

ersetzt werden. (Die Reihen $\Sigma'' 1/n^4$ und $\Sigma'' 1/n^6$ sind bei dieser letzten Umformung durch ihre Summen $\pi^4/96$ und $\pi^6/960$ ersetzt worden.)

Vergleicht man die Werte von $W_{II}\,(= W_0 + W_2)$ und W_0 miteinander, so zeigt sich, daß für die Verhältnisse b/c im Bereich $1 < b/c < 5$ der Wert W_{II} genügend genau durch

$$W_{II} = W_0\left[1 + k\left(\frac{b}{R}\right)^2\right] \quad (14)$$

dargestellt werden kann. Der Beiwert k ist folgender Tabelle zu entnehmen:

$\frac{b}{c}$	1	2	2,5	3	3,5	4	4,5	5
k	0,31	0,95	1,13	1,25	1,35	1,42	1,48	1,53

Die Frage nach dem Ort und dem Betrage der größten Schubspannung läßt sich nur für den quadratischen Querschnitt genau lösen. Doch fordert ihre Beantwortung auch in diesem Falle noch eine ziemlich langwierige Rechnung. Wir begnügen uns damit, die Endergebnisse mitzuteilen. Die Einzelrechnungen hierzu sind zwar sehr zeitraubend, aber durchaus elementar.

Beim quadratischen Querschnitt tritt die größte Schubspannung im Punkte i auf (vgl. Abb. 6, wo dieser Punkt für den rechteckigen Querschnitt angegeben ist). In den sukzessiven Näherungen $0, I, II$ hat sie folgenden Wert:

$$\left.\begin{aligned} |\tau_{i0}| &= \frac{0{,}6\,PR}{b^3}, \\ |\tau_{iI}| &= \frac{0{,}6\,PR}{b^3}\left(1 + 1{,}2\frac{b}{R}\right), \\ |\tau_{iII}| &= \frac{0{,}6\,PR}{b^3}\left(1 + 1{,}20\frac{b}{R} + 0{,}56\frac{b^2}{R^2}\right). \end{aligned}\right\} \quad (15)$$

Beim allgemeinen rechteckigen Querschnitt (vgl. ebenfalls Abb. 6) tritt längs der zur Schraubenachse parallelen Rechtecksseiten $y = \pm b$ die größte Schubspannung in der Mitte dieser Seiten auf. Von den beiden Punkten i und a hat der erste die größte Schubspannung, so daß

$$|\tau_z|_{\max} = |\tau_i|$$

ist.

Die größte Spannung längs der zur Schraubenachse senkrechten Rechteckseiten $z = \pm c$ tritt dagegen nicht in der Mitte dieser Seiten auf, sondern in einem nach der Schraubenachse hin verschobenen Punkt. Die Frage, ob in diesem Punkte oder aber in dem Punkte i die größte Schubspannung auftritt, ist nicht einwandfrei entschieden. In einem durchgerechneten[1]) Sonderfall, in welchem $b/c = 3$ und $b/R = 0{,}23$ war, ergab sich, daß $|\tau_i|$ nur um $^1/_3$% kleiner war als $|\tau_y|_{\max}$. Es läßt sich mit Grund erwarten, daß für noch größere Werte

[1]) M. Pilgram, Die Berechnung zylindrischer Schraubenfedern, Artill. Monatsh. 1913, S. 232.

von b/R die Spannung $|\tau_{i\,II}|$ den Wert $|\tau_y|_{\max}$ übertrifft, so daß in einem solchen Falle $|\tau_i|$ nach Ort und Größe die größte Schubspannung darstellt. Auch hat sich gezeigt, daß für $b/R \geq 1/6$ die zweite Näherung $|\tau_{i\,II}|$ sicherlich größer als der in der Praxis meist benutzte Wert $|\tau_{m0}|$ ausfällt, so daß abgesehen von der Frage, ob $|\tau_{i\,II}|$ wirklich die größte Schubspannung des ganzen Querschnitts darstellt, $|\tau_{i\,II}|$ jedenfalls als eine bessere Annäherung an diese Schubspannung als $|\tau_{m0}|$ zu betrachten ist.

Auf Einzelheiten, die bei andern Verhältnissen b/c und b/R noch festzustellen wären, gehen wir hier nicht ein, sondern beschränken uns auf die Wiedergabe einer Näherungsformel für $|\tau_{i\,II}|$:

$$|\tau_{i\,II}| = \frac{PR}{c^2(3{,}591\,b - 2{,}263\,c)}\left[1 + 2\frac{b}{R} - 1{,}01\,\frac{c}{R} + (3-k)\left(\frac{b}{R}\right)^2 - 3{,}03\,\frac{bc}{R^2} + 0{,}82\left(\frac{c}{R}\right)^2\right], \quad (16)$$

in welcher k den schon vorhin eingeführten und tabulierten Beiwert bezeichnet.

Es empfiehlt sich, diesen Wert $|\tau_{i\,II}|$ stets zusammen mit $|\tau_{m0}|$ zu berechnen. Ist $|\tau_{i\,II}| > |\tau_{m0}|$, so ist $|\tau_{i\,II}|$ als ein besserer Näherungswert der größten Schubspannung als $|\tau_{m0}|$ zu betrachten, wenn auch nicht unter allen Umständen gewährleistet werden kann, daß die größte Schubspannung wirklich im Punkte i auftritt. Ist $|\tau_{m0}| > |\tau_{i\,II}|$, so betrachte man $|\tau_{m0}|$ als eine untere Schranke für die größte Schubspannung. Wenn auch in beiden Fällen bei der Spannungsberechnung ein Fehler gemacht wird, so bleibt dieser doch sicherlich in mäßigen Grenzen. Abb. 7 zeigt für das auf die Koordinaten b/R und b/c bezogene Feld die Grenzkurve der beiden Gebiete $|\tau_{i\,II}| < |\tau_{m0}|$ und $|\tau_{i\,II}| > |\tau_{m0}|$.

Um endlich die Federverlängerung zu ermitteln, betrachten wir eine Feder von der Höhe h mit n Windungen unter der Wirkung zweier entgegengesetzt gleicher axialer Druckkräfte P. Man kann, wie in Ziff. **10**, ihre Verkürzung

$$\Delta h = 2\pi n R^2 \lambda \quad (17)$$

setzen. Verbindet man dies mit Gleichung (14), in welcher man zuvor W_{II} durch das wirklich angreifende Moment $-PR$, und W_0 durch seinen aus der gewöhnlichen Torsionstheorie bekannten Wert ersetzt, so liefert die Elimination des spezifischen Drehwinkels λ den gesuchten Zusammenhang zwischen Federbelastung und Federverkürzung.

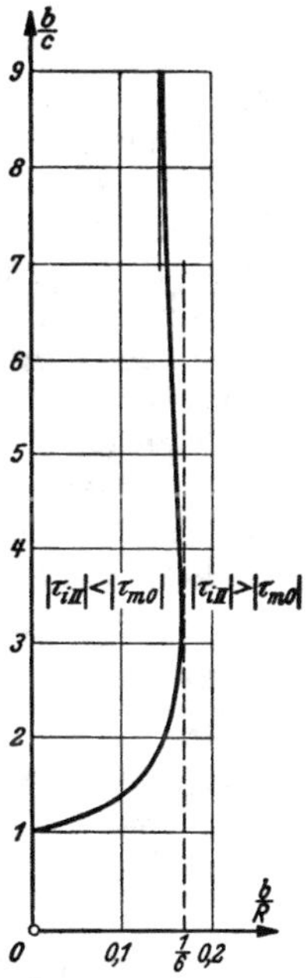

Abb. 7. Die Grenzkurve der beiden Gebiete $|\tau_{i\,II}| < |\tau_{m0}|$ und $|\tau_{i\,II}| > |\tau_{m0}|$.

Nun ist für $b = c$, also für den quadratischen Querschnitt mit der Halbseite b, nach (2)

$$W_0 = -2{,}250\,b^4 G\lambda, \quad (18)$$

für $b > c$

$$W_0 = -\left[\frac{16}{3}\,b c^3 - \frac{1024\,c^4}{\pi^5}\left(\mathfrak{Tg}\,\frac{\pi b}{2c} + \frac{1}{243}\right)\right] G\lambda. \quad (19)$$

Beim quadratischen Querschnitt ist also

$$W_{II} \equiv -PR = -2{,}250\,b^4 G\lambda\left[1 + 0{,}31\left(\frac{b}{R}\right)^2\right]$$

oder bei nicht zu großem b/R

$$\lambda = \frac{PR}{2{,}250\,b^4 G}\left[1 - 0{,}31\left(\frac{b}{R}\right)^2\right].$$

Setzt man diesen Wert in (17) ein, so erhält man als Schlußformel

$$\Delta h = \frac{2{,}792\,nPR^3}{b^4 G}\left[1 - 0{,}31\left(\frac{b}{R}\right)^2\right]. \quad (20)$$

Für den rechteckigen Querschnitt dagegen gilt unter der Voraussetzung $b > c$

$$W_{II} \equiv -PR = -\left[\frac{16}{3} b c^3 - \frac{1024\, c^4}{\pi^5}\left(\mathfrak{Tg}\,\frac{\pi b}{2\,c} + \frac{1}{243}\right)\right]\left[1 + k\left(\frac{b}{R}\right)^2\right] G\lambda. \tag{21}$$

Ist $b \geqq 2{,}7\, c$, so läßt sich das hieraus zu errechnende λ genügend genau durch

$$\lambda = \frac{PR}{c^3 G\,(5{,}333\, b - 3{,}36\, c)}\left[1 - k\left(\frac{b}{R}\right)^2\right]$$

darstellen, und man erhält somit aus (17) als Schlußformel

$$\Delta h = \frac{n P R^3}{c^3 G\,(0{,}849\, b - 0{,}533\, c)}\left[1 - k\left(\frac{b}{R}\right)^2\right]. \tag{22}$$

§ 2. Der geschlossene, statisch bestimmt gestützte Kreisring.

12. Der senkrecht zu seiner Ebene belastete Kreisring. Die Berechnung eines durch ein beliebiges räumliches Kräftesystem beanspruchten Ringes, d. h. die Ermittlung der Schnittkräfte und -momente und damit der Spannungen, bietet an sich keinerlei grundsätzliche Schwierigkeit; doch ist die Rechenarbeit, besonders wenn mehrere äußere Kräfte und Momente am Ring angreifen, recht groß. Im folgenden zeigen wir, wie die Schnittkräfte und -momente in einem beliebigen Querschnitt mit Hilfe eines aus den äußeren Kräften und Momenten herzuleitenden „reduzierten Kräftesystems" explizit angeschrieben werden können[1]). Der Ring ist dabei nur der Bedingung unterworfen, daß er einen Umdrehungskörper darstellt, und daß eine der beiden Hauptträgheitsachsen seines Querschnitts in die Ebene der Ringmittellinie fällt.

Anstatt des allgemeinen räumlichen Belastungsfalles betrachten wir gesondert die beiden einfacheren Fälle, daß alle Kräfte und Momente entweder senkrecht zur Ringebene oder alle in der Ringebene angreifen.

Beim zweiten Belastungsfall erleidet der Ring aus Symmetriegründen keine Verformung senkrecht zu seiner Ebene; in einem beliebigen Querschnitt treten also nur diejenigen Schnittkräfte und -momente auf, die bestrebt sind, den Ring in seiner Ebene zu verformen. Beim ersten Belastungsfall wird folglich der Ring nach dem Maxwellschen Satz (Kap. II, Ziff. **9**) keine Verformung in seiner Ebene erleiden. Die Durchrechnung beider Belastungsfälle verläuft dem Wesen nach gleich, die Endergebnisse weichen, wie sich zeigen wird, in Einzelheiten voneinander ab.

Zuerst behandeln wir den Fall des senkrecht zu seiner Ebene belasteten Ringes. Wir kennzeichnen einen beliebigen Querschnitt durch den Zentriwinkel $\varphi = 0$ (Abb. 8), denken uns den Ring dort durchgeschnitten und stellen uns die Aufgabe, die daselbst wirkenden Schnittgrößen Q_0 (Querkraft), M_0 (Biegemoment) und W_0 (Torsionsmoment) zu bestimmen. Die Schnittgrößen eines anderen Querschnitts φ seien mit Q_φ, M_φ, W_φ bezeichnet, die zu den Winkeln φ_i $(i = 1, 2, \ldots, n)$ gehörigen äußeren Belastungsgrößen mit P_i, M_i, W_i. Die Kräfte P_i seien dabei schon auf die Ringmittellinie reduziert. Wird die Ringebene als Horizontalebene betrachtet, so heiße eine Kraft P_i positiv, wenn sie nach unten gerichtet ist; der Drehsinn eines

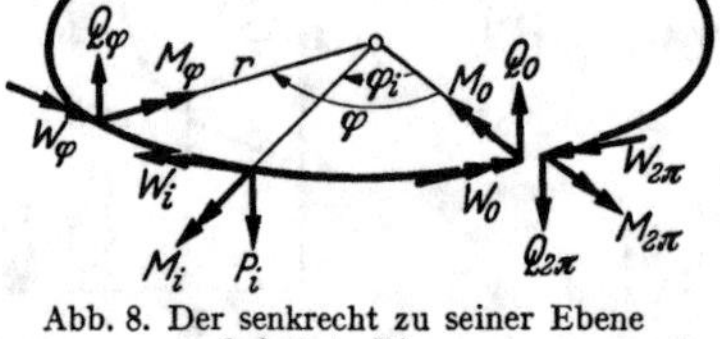

Abb. 8. Der senkrecht zu seiner Ebene belastete Ring.

[1]) C. B. Biezeno, Over de berekening van gesloten cirkelvormige ringen met constante dwarsdoorsnede, die loodrecht op hun vlak belast zijn, Ingenieur, Haag 37 (1922) S. 83; Over de quasistatische berekening van gesloten cirkelvormige ringen met constante dwarsdoorsnede, Ingenieur, Haag 42 (1927) S. 1128.

Momentes $M_\mathfrak{i}$ oder $W_\mathfrak{i}$ und die Richtung des zugehörigen Momentvektors bilden eine Rechtsschraube, ebenso der positive Sinn des Winkels φ zusammen mit der Richtung nach unten. Wir rechnen Momente M_i positiv, wenn ihr Vektor nach außen weist, Momente $W_\mathfrak{i}$, wenn ihr Vektor im Sinne wachsender φ gerichtet ist.

Berechnet man die auf der positiven Seite des Querschnitts φ angreifenden Größen Q_φ, M_φ, W_φ, so hat man es mit Beiträgen von den Unbekannten Q_0, M_0 und W_0 und mit Beiträgen von den zwischen $\varphi=0$ und φ angreifenden, gegebenen äußeren Kräften und Momenten $P_\mathfrak{i}$, M_i und W_i zu tun. Bezeichnet man die letztgenannten Beiträge vorläufig mit $\overline{Q}_\varphi$, $\overline{M}_\varphi$ und $\overline{W}_\varphi$, so gilt, wenn r der Halbmesser der Ringmittellinie ist,

$$\left.\begin{aligned} Q_\varphi &= Q_0+\overline{Q}_\varphi,\\ M_\varphi &= M_0\cos\varphi+W_0\sin\varphi-Q_0 r\sin\varphi+\overline{M}_\varphi,\\ W_\varphi &= -M_0\sin\varphi+W_0\cos\varphi+Q_0 r(1-\cos\varphi)+\overline{W}_\varphi. \end{aligned}\right\} \tag{1}$$

Nach dem Castiglianoschen Satze (Kap. II, Ziff. **8**) sind die Unbekannten Q_0, M_0 und W_0 durch die drei Gleichungen

$$\frac{\partial\mathfrak{A}}{\partial Q_0}=0,\qquad \frac{\partial\mathfrak{A}}{\partial M_0}=0,\qquad \frac{\partial\mathfrak{A}}{\partial W_0}=0 \tag{2}$$

bestimmt. Die Formänderungsarbeit $\mathfrak{A}$ berechnet sich dabei nach (II, **8**, 5) zu

$$\mathfrak{A}=\frac{1}{2}\left(k'\oint\frac{Q_\varphi^2 r\,d\varphi}{GF}+\oint\frac{M_\varphi^2 r\,d\varphi}{EJ}+k''\oint\frac{W_\varphi^2 r\,d\varphi}{GJ_0}\right) \tag{3}$$

wobei das Symbol $\oint$ ein von $\varphi=0$ bis $\varphi=2\pi$ laufendes Integral bedeuten soll. Setzt man zur Abkürzung

$$\frac{1}{EJ}=\alpha',\qquad \frac{1}{GJ_0}=\alpha'',\qquad \frac{1}{EF}=\beta',\qquad \frac{1}{GF}=\beta'', \tag{4}$$

(wobei β' erst später, Ziff. **13**, in Betracht kommt), so gehen die Gleichungen (2) mit (1), (3) und (4) über in

$$\begin{aligned} \frac{\partial\mathfrak{A}}{\partial Q_0} &\equiv k'\beta''\oint Q_\varphi r\,d\varphi-\alpha'\oint M_\varphi r^2\sin\varphi\,d\varphi+k''\alpha''\oint W_\varphi r^2(1-\cos\varphi)\,d\varphi=0,\\ \frac{\partial\mathfrak{A}}{\partial M_0} &\equiv \alpha'\oint M_\varphi r\cos\varphi\,d\varphi-k''\alpha''\oint W_\varphi r\sin\varphi\,d\varphi=0,\\ \frac{\partial\mathfrak{A}}{\partial W_0} &\equiv \alpha'\oint M_\varphi r\sin\varphi\,d\varphi+k''\alpha''\oint W_\varphi r\cos\varphi\,d\varphi=0 \end{aligned}$$

oder nach leichter Umformung in

$$\left.\begin{aligned} &k'\beta''\oint Q_\varphi\,d\varphi+k''\alpha'' r\oint W_\varphi d\varphi=0,\\ &\alpha'\oint M_\varphi\cos\varphi\,d\varphi-k''\alpha''\oint W_\varphi\sin\varphi\,d\varphi=0,\\ &\alpha'\oint M_\varphi\sin\varphi\,d\varphi+k''\alpha''\oint W_\varphi\cos\varphi\,d\varphi=0. \end{aligned}\right\} \tag{5}$$

Führt man hierin noch die Ausdrücke (1) ein und wertet die Integrale so weit als möglich aus, so erhält man

$$\left.\begin{aligned} &2\pi(k'\beta''+k''\alpha'' r^2)\,Q_0+k'\beta''\oint\overline{Q}_\varphi d\varphi+k''\alpha'' r\oint\overline{W}_\varphi d\varphi=0,\\ &\pi\,(\alpha'+k''\alpha'')\,M_0+\alpha'\oint\overline{M}_\varphi\cos\varphi\,d\varphi-k''\alpha''\oint\overline{W}_\varphi\sin\varphi\,d\varphi=0,\\ &-\pi r(\alpha'+k''\alpha'')\,Q_0+\pi(\alpha'+k''\alpha'')W_0+\alpha'\oint\overline{M}_\varphi\sin\varphi\,d\varphi+k''\alpha''\oint\overline{W}_\varphi\cos\varphi\,d\varphi=0. \end{aligned}\right\} \tag{6}$$

Zur Auswertung der in den Gleichungen (6) übriggebliebenen Integrale berechnet man zunächst für jedes von ihnen den Beitrag, welcher von der im Punkte φ_i angreifenden äußeren Belastung P_i, M_i, W_i geliefert wird, und summiert sodann über den Zeiger i. Bezeichnet man zu dem Zweck den von P_i, M_i, W_i in $\overline{Q}_\varphi$, $\overline{M}_\varphi$ und $\overline{W}_\varphi$ gelieferten Beitrag mit $\overline{Q}_\varphi^i$, $\overline{M}_\varphi^i$ und $\overline{W}_\varphi^i$, so gilt für $0 \leq \varphi \leq \varphi_i$

$$\overline{Q}_\varphi^i = \overline{M}_\varphi^i = \overline{W}_\varphi^i = 0, \tag{7}$$

dagegen für $\varphi_i \leq \varphi \leq 2\pi$

$$\left.\begin{aligned} \overline{Q}_\varphi^i &= -P_i, \\ \overline{M}_\varphi^i &= P_i r \sin(\varphi-\varphi_i) - M_i \cos(\varphi-\varphi_i) - W_i \sin(\varphi-\varphi_i), \\ \overline{W}_\varphi^i &= -P_i r\,[1-\cos(\varphi-\varphi_i)] + M_i \sin(\varphi-\varphi_i) - W_i \cos(\varphi-\varphi_i). \end{aligned}\right\} \tag{8}$$

Mit den Abkürzungen

$$\left.\begin{aligned} J_1 &= \int_{\varphi_i}^{2\pi} \cos(\varphi-\varphi_i)\cos\varphi\, d\varphi = \left(\pi - \frac{1}{2}\varphi_i\right)\cos\varphi_i - \frac{1}{2}\sin\varphi_i, \\ J_2 &= \int_{\varphi_i}^{2\pi} \sin(\varphi-\varphi_i)\cos\varphi\, d\varphi = -\left(\pi - \frac{1}{2}\varphi_i\right)\sin\varphi_i, \\ J_3 &= \int_{\varphi_i}^{2\pi} \cos(\varphi-\varphi_i)\sin\varphi\, d\varphi = \left(\pi - \frac{1}{2}\varphi_i\right)\sin\varphi_i, \\ J_4 &= \int_{\varphi_i}^{2\pi} \sin(\varphi-\varphi_i)\sin\varphi\, d\varphi = \left(\pi - \frac{1}{2}\varphi_i\right)\cos\varphi_i + \frac{1}{2}\sin\varphi_i \end{aligned}\right\} \tag{9}$$

erhält man also für die von P_i, M_i und W_i herrührenden Integrale

$$\left.\begin{aligned} \oint \overline{Q}_\varphi^i\, d\varphi &= \int_{\varphi_i}^{2\pi} \overline{Q}_\varphi^i\, d\varphi = -P_i(2\pi-\varphi_i), \\ \oint \overline{W}_\varphi^i\, d\varphi &= \int_{\varphi_i}^{2\pi} \overline{W}_\varphi^i\, d\varphi = -P_i r(2\pi-\varphi_i) - P_i r \sin\varphi_i + M_i(1-\cos\varphi_i) + W_i \sin\varphi_i, \\ \oint \overline{M}_\varphi^i \cos\varphi\, d\varphi &= \int_{\varphi_i}^{2\pi} \overline{M}_\varphi^i \cos\varphi\, d\varphi = (P_i r - W_i)\, J_2 - M_i J_1, \\ \oint \overline{W}_\varphi^i \sin\varphi\, d\varphi &= \int_{\varphi_i}^{2\pi} \overline{W}_\varphi^i \sin\varphi\, d\varphi = P_i r(1-\cos\varphi_i) + (P_i r - W_i)\, J_3 + M_i J_4, \\ \oint \overline{M}_\varphi^i \sin\varphi\, d\varphi &= \int_{\varphi_i}^{2\pi} \overline{M}_\varphi^i \sin\varphi\, d\varphi = (P_i r - W_i)\, J_4 - M_i J_3, \\ \oint \overline{W}_\varphi^i \cos\varphi\, d\varphi &= \int_{\varphi_i}^{2\pi} \overline{W}_\varphi^i \cos\varphi\, d\varphi = P_i r \sin\varphi_i + (P_i r - W_i)\, J_1 + M_i J_2. \end{aligned}\right\} \tag{10}$$

Auf Grund der Gleichgewichtsbedingungen

$$\left.\begin{aligned} &\sum_{i=1}^{n} P_i = 0, \\ &\sum_{i=1}^{n} (P_i r \sin\varphi_i + M_i \cos\varphi_i - W_i \sin\varphi_i) = 0, \\ &\sum_{i=1}^{n} (P_i r \cos\varphi_i - M_i \sin\varphi_i - W_i \cos\varphi_i) = 0 \end{aligned}\right\} \tag{11}$$

stellt man jetzt noch fest, daß zufolge (10) und (9)

$$\oint \overline{M}_\varphi \cos\varphi\, d\varphi + \oint \overline{W}_\varphi \sin\varphi\, d\varphi \equiv \sum_{\iota=1}^{n} \oint \overline{M}_\varphi^\iota \cos\varphi\, d\varphi + \sum_{\iota=1}^{n} \oint \overline{W}_\varphi^\iota \sin\varphi\, d\varphi$$
$$= \sum_{\iota=1}^{n} P_\iota r (1-\cos\varphi_\iota) + \sum_{\iota=1}^{n} (P_\iota r - W_\iota)(J_2 + J_3) - \sum_{\iota=1}^{n} M_\iota (J_1 - J_4)$$
$$= r \sum_{\iota=1}^{n} P_i - \sum_{\iota=1}^{n} (P_\iota r \cos\varphi_\iota - M_i \sin\varphi_\iota) = -\sum_{\iota=1}^{n} W_\iota \cos\varphi_\iota$$

und

$$\oint \overline{M}_\varphi \sin\varphi\, d\varphi - \oint \overline{W}_\varphi \cos\varphi\, d\varphi \equiv \sum_{\iota=1}^{n} \oint \overline{M}_\varphi^\iota \sin\varphi\, d\varphi - \sum_{\iota=1}^{n} \oint \overline{W}_\varphi^\iota \cos\varphi\, d\varphi$$
$$= -\sum_{\iota=1}^{n} P_\iota r \sin\varphi_\iota + \sum_{\iota=1}^{n} (P_\iota r - W_\iota)(J_4 - J_1) - \sum_{\iota=1}^{n} M_i (J_2 + J_3) = -\sum_{\iota=1}^{n} W_\iota \sin\varphi_\iota$$

ist und also

$$\left.\begin{aligned} \oint \overline{W}_\varphi \sin\varphi\, d\varphi &= -\oint \overline{M}_\varphi \cos\varphi\, d\varphi - \sum_{\iota=1}^{n} W_\iota \cos\varphi_\iota, \\ \oint \overline{W}_\varphi \cos\varphi\, d\varphi &= \quad \oint \overline{M}_\varphi \sin\varphi\, d\varphi + \sum_{\iota=1}^{n} W_\iota \sin\varphi_\iota. \end{aligned}\right\} \tag{12}$$

Mit (12) gehen die Gleichungen (6) über in

$$\left.\begin{aligned} &2\pi(k'\beta'' + k''\alpha'' r^2) Q_0 + k'\beta'' \oint \overline{Q}_\varphi\, d\varphi + k''\alpha'' r \oint \overline{W}_\varphi\, d\varphi = 0, \\ &\pi M_0 + \oint \overline{M}_\varphi \cos\varphi\, d\varphi + \frac{k''\alpha''}{\alpha' + k''\alpha''} \sum_{\iota=1}^{n} W_\iota \cos\varphi_\iota = 0, \\ &\pi W_0 - \pi r Q_0 + \oint \overline{M}_\varphi \sin\varphi\, d\varphi + \frac{k''\alpha''}{\alpha' + k''\alpha''} \sum_{\iota=1}^{n} W_\iota \sin\varphi_\iota = 0. \end{aligned}\right\} \tag{13}$$

Beachtet man noch einmal die Beziehungen

$$\oint \overline{Q}_\varphi\, d\varphi = \sum_{\iota=1}^{n} \oint \overline{Q}_\varphi^\iota\, d\varphi, \qquad \oint \overline{M}_\varphi\, d\varphi = \sum_{\iota=1}^{n} \oint \overline{M}_\varphi^\iota\, d\varphi$$

usw., so formt man die Gleichungen (13) vollends leicht mit (10), (9) und (11) um. Man erhält, wenn man sogleich noch Q_0, M_0, W_0 durch $Q_{2\pi}, M_{2\pi}, W_{2\pi}$ ersetzt und zur Abkürzung

$$\frac{k'\beta''}{k'\beta'' + k''\alpha'' r^2} = \varkappa, \qquad \frac{k''\alpha''}{(\alpha' + k''\alpha'')\pi} = \lambda \tag{14}$$

schreibt, die folgenden Schlußgleichungen:

$$\left.\begin{aligned} &Q_{2\pi} + \sum_{\iota=1}^{n} \frac{\varphi_\iota}{2\pi} P_\iota + \sum_{\iota=1}^{n} \frac{M_\iota}{2\pi r} - \sum_{\iota=1}^{n} \varkappa \frac{M_\iota}{2\pi r} = 0, \\ &M_{2\pi} + \sum_{\iota=1}^{n} \left(\frac{\varphi_\iota}{2\pi} P_\iota r \sin\varphi_i + \frac{\varphi_\iota}{2\pi} M_\iota \cos\varphi_\iota - \frac{\varphi_\iota}{2\pi} W_i \sin\varphi_\iota\right) + \\ &\qquad + \sum_{\iota=1}^{n} \frac{M_\iota}{2\pi r} r \sin\varphi_i + \sum_{\iota=1}^{n} \lambda W_\iota \cos\varphi_i = 0, \\ &W_{2\pi} - Q_{2\pi} r + \sum_{\iota=1}^{n} \left(-\frac{\varphi_\iota}{2\pi} P_\iota r \cos\varphi_\iota + \frac{\varphi_i}{2\pi} M_\iota \sin\varphi_\iota + \frac{\varphi_\iota}{2\pi} W_\iota \cos\varphi_i\right) - \\ &\qquad - \sum_{\iota=1}^{n} \frac{M_\iota}{2\pi r} r \cos\varphi_\iota + \sum_{\iota=1}^{n} \lambda W_\iota \sin\varphi_\iota = 0. \end{aligned}\right\} \tag{15}$$

Dieses System läßt eine einfache Deutung zu. Betrachtet man den in $\varphi=0$ aufgeschnittenen Ring unter Wirkung der gegebenen äußeren Belastung und der links und rechts am Schnitt $\varphi=0$ wirkenden inneren Größen Q_0, M_0, W_0, $Q_{2\pi}$, $M_{2\pi}$, $W_{2\pi}$, und ersetzt man dieses Kräftesystem durch ein anderes, indem man (Abb. 9)

1) alle Kräfte und Momente mit dem zugehörigen Faktor $\varphi_i/2\pi$ multipliziert (so daß insbesondere die links von $\varphi=0$ wirkenden Größen Q_0, M_0, W_0 zu Null werden und die rechts wirkenden Größen $Q_{2\pi}$, $M_{2\pi}$, $W_{2\pi}$ ihren Wert beibehalten);

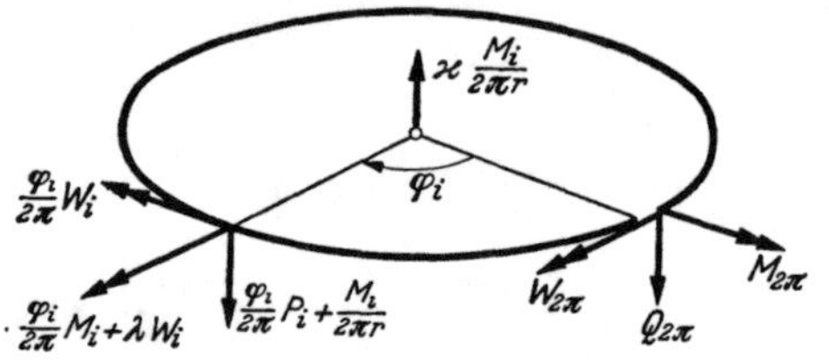

Abb. 9. Das reduzierte Kraftesystem.

2) jedem „reduzierten" Biegemoment $(\varphi_i/2\pi) M_i$ eine Kraft $M_i/2\pi r$ an derselben Stelle φ_i und außerdem eine Kraft $-\varkappa M_i/2\pi r$ im Ringmittelpunkt,

3) jedem „reduzierten" Torsionsmoment $(\varphi_i/2\pi) W_i$ ein Biegemoment λW_i an derselben Stelle φ_i zuordnet,

so bildet dieses neue (reduzierte) System nach (15) ein Gleichgewichtssystem. Man erhält also jede der rechts von $\varphi=0$ wirkenden Unbekannten $Q_{2\pi}$, $M_{2\pi}$ und $W_{2\pi}$ explizit, indem man für dieses reduzierte System

a) die Summe aller Kräfte,

b) die Summe aller Momente in bezug auf den Fahrstrahl $\varphi=0$,

c) die Summe aller Momente in bezug auf die zu $\varphi=0$ gehörige Ringtangente gleich Null setzt.

Der Deutlichkeit halber sei ausdrücklich darauf hingewiesen, erstens, daß bei einem nach außen gerichteten Momentvektor M_i die unter 2) genannte Kraft $M_i/2\pi r$ nach unten gerichtet ist; zweitens, daß der Vektor des unter 3) genannten Biegemomentes λW_i nach außen zeigt, wenn der Vektor des Torsionsmomentes W_i in die positive Tangente des Punktes φ_i fällt.

Wirken auf den Ring nur Kräfte P_i, so ist die Spannungsverteilung im Ring unabhängig von seinen elastischen Eigenschaften. Dasselbe gilt, wenn der Ring nur durch (sich das Gleichgewicht haltende) Torsionsmomente belastet ist. Wird er dagegen durch Biegemomente belastet, so tritt mit der Größe $\varkappa$ das Verhältnis seiner Schub- und Torsionssteifigkeit auf, allerdings lediglich bei der Bestimmung der Querkraft $Q_{2\pi}$.

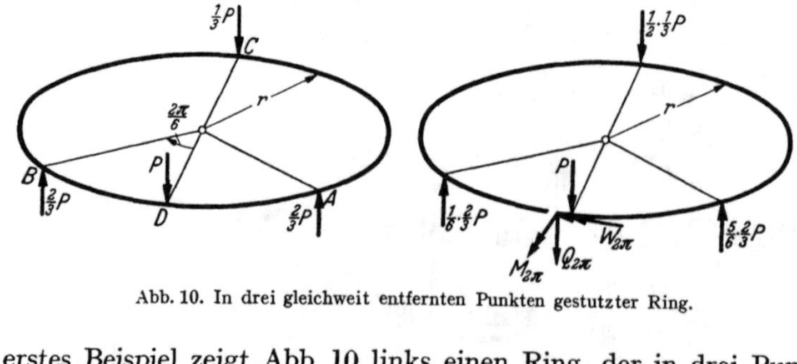

Abb. 10. In drei gleichweit entfernten Punkten gestutzter Ring.

Als erstes Beispiel zeigt Abb. 10 links einen Ring, der in drei Punkten A, B und C von gleichem Winkelabstand gestützt ist und in der Mitte D des Bogens AB durch eine Kraft P belastet wird. Zur Bestimmung der unmittelbar links von P wirkenden Schnittgrößen ist in Abb. 10 rechts das zugehörige reduzierte Kräftesystem angegeben. Die Gleichgewichtsbedingungen dieses

Systems lauten

$$Q_{2\pi} - \frac{1}{9}P + \frac{1}{6}P - \frac{5}{9}P + P = 0,$$

$$M_{2\pi} - \frac{1}{9}P \cdot \frac{1}{2}r\sqrt{3} + \frac{5}{9}P \cdot \frac{1}{2}r\sqrt{3} = 0,$$

$$W_{2\pi} - \frac{1}{9}P \cdot \frac{1}{2}r + \frac{1}{6}P \cdot 2r - \frac{5}{9}P \cdot \frac{1}{2}r = 0,$$

so daß

$$Q_{2\pi} = -\frac{1}{2}P, \qquad M_{2\pi} = -\frac{2}{9}\sqrt{3}\,Pr, \qquad W_{2\pi} = 0 \tag{16}$$

wird.

Als zweites Beispiel führen wir den in Abb. 11 links gezeichneten Ring an, der zum Ein- und Ausrücken einer Wellenkupplung dient. Bei diesem Ring

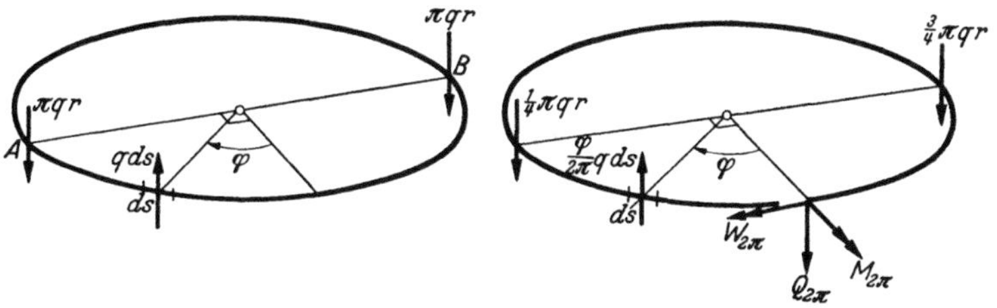

Abb. 11. Ring einer ein- und ausruckbaren Wellenkupplung.

greifen an den beiden Zapfen A und B Einzelkräfte $\pi q r$ an, denen von gleichmäßig über den Ring verteilten Kräften q das Gleichgewicht gehalten wird. Abb. 11 rechts zeigt wieder das reduzierte Kräftesystem, das zu dem gewählten, von beiden Zapfen gleich weit entfernten Querschnitt gehört. Aus Symmetriegründen folgt ohne weiteres, daß $Q_{2\pi}$ und $W_{2\pi}$ gleich Null sind. Das Biegemoment $M_{2\pi}$ bestimmt sich aus

$$M_{2\pi} - \oint \frac{\varphi}{2\pi} q r^2 \sin\varphi \, d\varphi + \frac{1}{4}\pi q r^2 - \frac{3}{4}\pi q r^2 = 0$$

zu

$$M_{2\pi} = q r^2 \left(\frac{1}{2}\pi - 1\right). \tag{17}$$

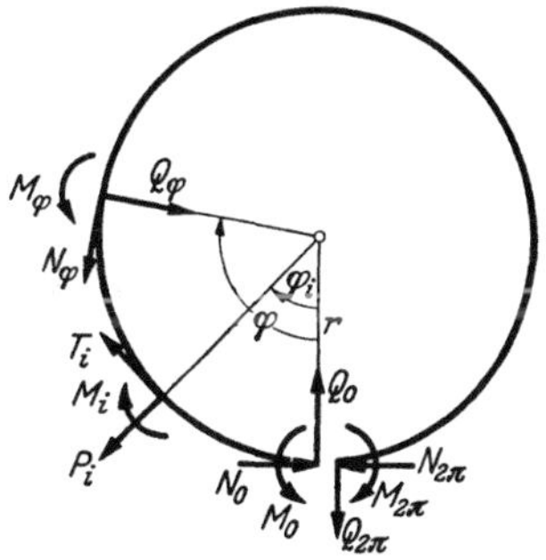

Abb. 12. Der in seiner Ebene belastete Ring.

Es bedarf kaum der Erwähnung, daß der Vorteil der hier an zwei einfachen Beispielen erläuterten Methode erst bei unsymmetrischen Belastungsfällen recht zum Vorschein kommt.

13. Der in seiner Ebene belastete Kreisring. Die Berechnung des in seiner Ebene belasteten Ringes verläuft im wesentlichen ebenso wie die des senkrecht zu ihr belasteten Ringes. Jetzt treten (Abb. 12) in jedem Querschnitt φ zwei unbekannte Kräfte N_φ und Q_φ und ein unbekanntes Moment M_φ auf; die äußere Belastung wird durch Radialkräfte P_i, Tangentialkräfte T_i und Biegemomente M_i gebildet, die wir so positiv rechnen, wie in Abb. 12 angegeben ist. Mit

$$\left.\begin{aligned} N_\varphi &= N_0\cos\varphi - Q_0\sin\varphi + \overline{N}_\varphi, \\ Q_\varphi &= N_0\sin\varphi + Q_0\cos\varphi + \overline{Q}_\varphi, \\ M_\varphi &= N_0 r(1-\cos\varphi) + Q_0 r\sin\varphi + M_0 + \overline{M}_\varphi, \end{aligned}\right\} \tag{1}$$

wo $\overline{N}_\varphi$, $\overline{Q}_\varphi$ und $\overline{M}_\varphi$ wieder die Anteile der äußeren Belastung in den Größen N_φ, Q_φ und M_φ bezeichnen, erhält man jetzt aus dem Castiglianoschen Satze

$$\frac{\partial \mathfrak{A}}{\partial N_0}=0, \qquad \frac{\partial \mathfrak{A}}{\partial Q_0}=0, \qquad \frac{\partial \mathfrak{A}}{\partial M_0}=0, \tag{2}$$

worin nach (II, **8**, 5) die Formänderungsarbeit $\mathfrak{A}$ den Wert

$$\mathfrak{A}=\frac{1}{2}\left(\oint\frac{N_\varphi^2 r\,d\varphi}{EF}+k\oint\frac{Q_\varphi^2 r\,d\varphi}{GF}+\oint\frac{M_\varphi^2 r\,d\varphi}{EJ}\right) \tag{3}$$

besitzt, mit den Abkürzungen (**12**, 4) die Bestimmungsgleichungen

$$\begin{aligned}
\beta'\oint N_\varphi\cos\varphi\,d\varphi+k\beta''\oint Q_\varphi\sin\varphi\,d\varphi+\alpha'\oint M_\varphi r(1-\cos\varphi)\,d\varphi&=0,\\
-\beta'\oint N_\varphi\sin\varphi\,d\varphi+k\beta''\oint Q_\varphi\cos\varphi\,d\varphi+\alpha'\oint M_\varphi r\sin\varphi\,d\varphi&=0,\\
\oint M_\varphi\,d\varphi&=0
\end{aligned}$$

oder

$$\left.\begin{aligned}
&\pi(\beta'+k\beta''+\alpha' r^2)N_0+\beta'\oint\overline{N}_\varphi\cos\varphi\,d\varphi+k\beta''\oint\overline{Q}_\varphi\sin\varphi\,d\varphi-\\
&\qquad\qquad-\alpha'\oint\overline{M}_\varphi r\cos\varphi\,d\varphi=0,\\
&\pi(\beta'+k\beta''+\alpha' r^2)Q_0-\beta'\oint\overline{N}_\varphi\sin\varphi\,d\varphi+k\beta''\oint\overline{Q}_\varphi\cos\varphi\,d\varphi+\\
&\qquad\qquad+\alpha'\oint\overline{M}_\varphi r\sin\varphi\,d\varphi=0,\\
&2\pi M_0+2\pi r N_0+\oint\overline{M}_\varphi\,d\varphi=0.
\end{aligned}\right\} \tag{4}$$

Hierbei haben natürlich die Faktoren k und α' im allgemeinen andere Werte als die entsprechenden Größen k' und α' von Ziff. **12**. (Weil es sich um zwei getrennte Aufgaben handelt, und also Mißverständnisse ausgeschlossen sind, behalten wir für α' die frühere Bezeichnung bei.)

Die Größen $\overline{N}_\varphi^i$, $\overline{Q}_\varphi^i$ und $\overline{M}_\varphi^i$, welche auch hier die Beiträge der in dem Einzelpunkte i angreifenden Belastung in $\overline{N}_\varphi$, $\overline{Q}_\varphi$, und $\overline{M}_\varphi$ darstellen, sind für $0\leq\varphi\leq\varphi_i$

$$\overline{N}_\varphi^i=0, \qquad \overline{Q}_\varphi^i=0, \qquad \overline{M}_\varphi^i=0, \tag{5}$$

dagegen für $\varphi_i\leq\varphi\leq 2\pi$

$$\left.\begin{aligned}
\overline{N}_\varphi^i&=P_i\sin(\varphi-\varphi_i)-T_i\cos(\varphi-\varphi_i),\\
\overline{Q}_\varphi^i&=-P_i\cos(\varphi-\varphi_i)-T_i\sin(\varphi-\varphi_i),\\
\overline{M}_\varphi^i&=-P_i r\sin(\varphi-\varphi_i)-T_i r[1-\cos(\varphi-\varphi_i)]-M_i,
\end{aligned}\right\} \tag{6}$$

so daß die Integrale in den Gleichungen (4) wiederum mittels der Hilfsgrößen J_1, J_2, J_3, J_4 (**12**, 9) ausgedrückt werden können. Für die von P_i, T_i, M_i herrührenden Teilbeträge dieser Integrale erhält man zunächst

$$\left.\begin{aligned}
&\oint\overline{N}_\varphi^i\cos\varphi\,d\varphi=P_iJ_2-T_iJ_1, \qquad \oint\overline{Q}_\varphi^i\cos\varphi\,d\varphi=-P_iJ_1-T_iJ_2,\\
&\oint\overline{N}_\varphi^i\sin\varphi\,d\varphi=P_iJ_4-T_iJ_3, \qquad \oint\overline{Q}_\varphi^i\sin\varphi\,d\varphi=-P_iJ_3-T_iJ_4,\\
&\oint\overline{M}_\varphi^i\,d\varphi=-P_i r(1-\cos\varphi_i)-T_i r[(2\pi-\varphi_i)+\sin\varphi_i]-M_i(2\pi-\varphi_i),\\
&\oint\overline{M}_\varphi^i r\cos\varphi\,d\varphi=-P_i r^2J_2+T_i r^2(J_1+\sin\varphi_i)+M_i r\sin\varphi_i,\\
&\oint\overline{M}_\varphi^i r\sin\varphi\,d\varphi=-P_i r^2J_4+T_i r^2[J_3+(1-\cos\varphi_i)]+M_i r(1-\cos\varphi_i).
\end{aligned}\right\} \tag{7}$$

Auf Grund der Gleichgewichtsbedingungen

$$\left.\begin{aligned}&\sum_{i=1}^{n} P_i\cos\varphi_i - \sum_{i=1}^{n} T_i \sin\varphi_i = 0,\\&\sum_{i=1}^{n} P_i\sin\varphi_i + \sum_{i=1}^{n} T_i \cos\varphi_i = 0,\\&\sum_{i=1}^{n} M_i + \sum_{i=1}^{n} T_i r = 0\end{aligned}\right\}\qquad(8)$$

findet man für diese Integrale selbst

$$\left.\begin{aligned}\oint \bar N_\varphi \cos\varphi\, d\varphi &= \sum_{i=1}^{n}\frac{1}{2}\varphi_i P_i \sin\varphi_i + \sum_{i=1}^{n}\frac{1}{2}\varphi_i T_i\cos\varphi_i + \sum_{i=1}^{n}\frac{1}{2} T_i \sin\varphi_i,\\
\oint \bar N_\varphi \sin\varphi\, d\varphi &= -\sum_{i=1}^{n}\frac{1}{2}\varphi_i P_i \cos\varphi_i + \sum_{i=1}^{n}\frac{1}{2}\varphi_i T_i\sin\varphi_i + \sum_{i=1}^{n}\frac{1}{2} P_i \sin\varphi_i,\\
\oint \bar Q_\varphi \cos\varphi\, d\varphi &= \sum_{i=1}^{n}\frac{1}{2}\varphi_i P_i \cos\varphi_i - \sum_{i=1}^{n}\frac{1}{2}\varphi_i T_i\sin\varphi_i + \sum_{i=1}^{n}\frac{1}{2} P_i \sin\varphi_i,\\
\oint \bar Q_\varphi \sin\varphi\, d\varphi &= \sum_{i=1}^{n}\frac{1}{2}\varphi_i P_i \sin\varphi_i + \sum_{i=1}^{n}\frac{1}{2}\varphi_i T_i\cos\varphi_i - \sum_{i=1}^{n}\frac{1}{2} T_i \sin\varphi_i,\\
\oint \bar M_\varphi\, d\varphi &= -\sum_{i=1}^{n} P_i r + \sum_{i=1}^{n}\varphi_i T_i r + \sum_{i=1}^{n}\varphi_i M_i,\\
\oint \bar M_\varphi r\cos\varphi\, d\varphi &= -\sum_{i=1}^{n}\frac{1}{2}\varphi_i P_i r^2 \sin\varphi_i - \sum_{i=1}^{n}\frac{1}{2}\varphi_i T_i r^2\cos\varphi_i + \sum_{i=1}^{n}\frac{1}{2} T_i r^2 \sin\varphi_i + \sum_{i=1}^{n} M_i r\sin\varphi_i,\\
\oint \bar M_\varphi r\sin\varphi\, d\varphi &= \sum_{i=1}^{n}\frac{1}{2}\varphi_i P_i r^2 \cos\varphi_i - \sum_{i=1}^{n}\frac{1}{2}\varphi_i T_i r^2\sin\varphi_i - \sum_{i=1}^{n}\frac{1}{2} T_i r^2 \cos\varphi_i - \sum_{i=1}^{n} M_i r\cos\varphi_i.\end{aligned}\right\}\qquad(9)$$

Benutzt man beim Einsetzen dieser Ausdrücke in die Gleichungen (4) abermals die Gleichgewichtsbedingungen (8) und schreibt zur Abkürzung

$$\frac{-\beta' + k\beta'' + \alpha' r^2}{\beta' + k\beta'' + \alpha' r^2} = \mu, \qquad \frac{\alpha' r^2}{\beta' + k\beta'' + \alpha' r^2} = \nu \qquad(10)$$

und ersetzt schließlich N_0, Q_0 und M_0 durch $N_{2\pi}$, $Q_{2\pi}$ und $M_{2\pi}$, so findet man

$$\left.\begin{aligned}&N_{2\pi} + \sum_{i=1}^{n}\frac{\varphi_i}{2\pi} P_i\sin\varphi_i + \sum_{i=1}^{n}\frac{\varphi_i}{2\pi} T_i\cos\varphi_i - \sum_{i=1}^{n}\frac{\mu}{2\pi} T_i\sin\varphi_i - \sum_{i=1}^{n}\frac{\nu M_i}{\pi r}\sin\varphi_i = 0,\\
&Q_{2\pi} + \sum_{i=1}^{n}\frac{\varphi_i}{2\pi} P_i\cos\varphi_i - \sum_{i=1}^{n}\frac{\varphi_i}{2\pi} T_i\sin\varphi_i - \sum_{i=1}^{n}\frac{\mu}{2\pi} T_i\cos\varphi_i - \sum_{i=1}^{n}\frac{\nu M_i}{\pi r}\cos\varphi_i = 0,\\
&M_{2\pi} + r N_{2\pi} - \sum_{i=1}^{n}\frac{P_i r}{2\pi} + \sum_{i=1}^{n}\frac{\varphi_i}{2\pi} T_i r + \sum_{i=1}^{n}\frac{\varphi_i}{2\pi} M_i = 0.\end{aligned}\right\}\qquad(11)$$

Diese Gleichungen werden nun ähnlich wie die Gleichungen (**12**, 15) gedeutet. Betrachtet man den in $\varphi = 0$ aufgeschnittenen Ring unter Wirkung der gegebenen äußeren Belastung und der links und rechts am Schnitt $\varphi = 0$ wirkenden inneren Größen N_0, Q_0, M_0, $N_{2\pi}$, $Q_{2\pi}$, $M_{2\pi}$, und ersetzt man dieses Kräftesystem durch ein anderes, indem man (Abb. 13)

1) alle Kräfte und Momente mit dem zugehörigen Faktor $\varphi_i/2\pi$ multipliziert (so daß insbesondere die links von $\varphi = 0$ wirkenden Größen N_0, Q_0, M_0 zu Null

werden und die rechts wirkenden Größen $N_{2\pi}$, $Q_{2\pi}$, $M_{2\pi}$ ihren Wert beibehalten);

2) jeder „reduzierten" Radialkraft $(\varphi_i/2\pi)\,P_i$ ein Moment $-P_i r/2\pi$ im Ringmittelpunkt,

3) jeder „reduzierten" Tangentialkraft $(\varphi_i/2\pi)\,T_i$ eine Radialkraft $-\mu\,T_i/2\pi$ an derselben Stelle φ_i,

4) jedem „reduzierten" Moment $(\varphi_i/2\,\pi)\,M_i$ eine Radialkraft $-\nu\,M_i/\pi r$ an derselben Stelle φ_i zuordnet,

so bildet dieses neue (reduzierte) System nach (11) ein Gleichgewichtssystem.

Jede der rechts von $\varphi=0$ wirkenden Unbekannten $N_{2\pi}$, $Q_{2\pi}$, $M_{2\pi}$ erhält man also explizit, indem man für dieses reduzierte System

a) die Summe aller Kräfte in Richtung von $N_{2\pi}$,

b) die Summe aller Kräfte in Richtung von $Q_{2\pi}$,

c) die Summe aller Momente in bezug auf den Punkt $\varphi=0$ gleich Null setzt.

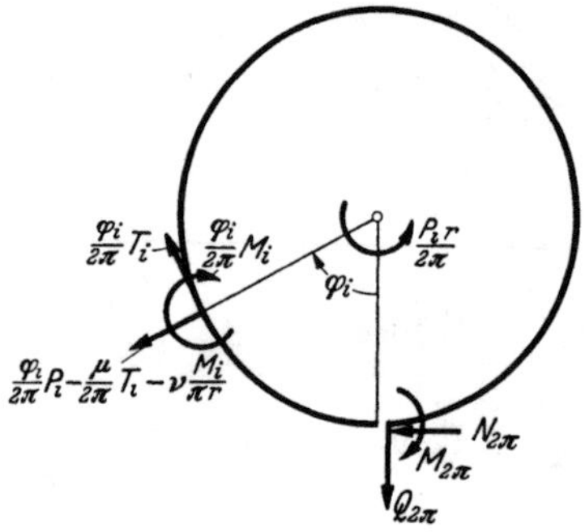

Abb. 13. Das reduzierte Kraftesystem.

Dabei sei noch einmal ausdrücklich bemerkt, daß eine nach außen gerichtete Radialkraft als positiv bezeichnet wird, und daß die positive Drehrichtung durch die Meßrichtung des Winkels φ festgelegt ist.

Wirken auf den Ring keine Momente M_i, und bilden die Kräfte P_i und T_i je für sich ein Gleichgewichtssystem, so ist die Spannungsverteilung im Ring unabhängig von den Elastizitätszahlen β', β'' und α'. Die Einführung der unter 3) genannten Kräfte $-\mu\,T_i/2\pi$ ist in diesem Falle überflüssig, weil diese sich in den Gleichgewichtsbedingungen (11) und also in der Vorschrift a), b) und c) doch nicht bemerkbar machen.

In Abb. 14 bis 16 links sind einige Beispiele und rechts die zugehörigen reduzierten Kräftesysteme wiedergegeben. Im ersten Beispiel (Abb. 14) liefern die Gleichgewichtsbedingungen

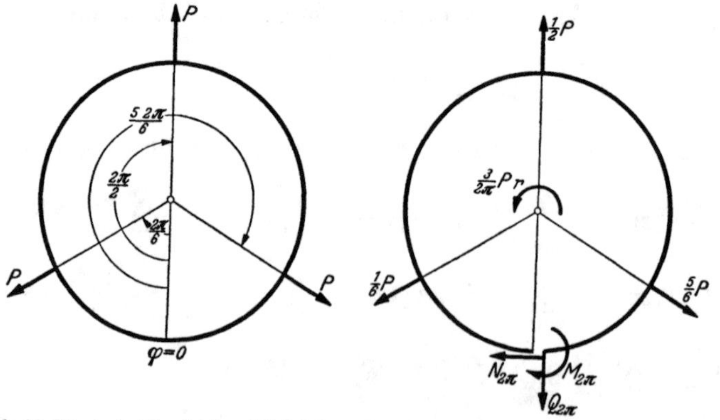

Abb. 14. Durch drei in gleichen Winkelabstanden angreifende Radialkrafte belasteter Ring.

$$\left.\begin{aligned}
N_{2\pi} &= -\frac{1}{6}P\sin\frac{\pi}{3}-\frac{1}{2}P\sin\pi-\frac{5}{6}P\sin\frac{5}{3}\pi=\frac{1}{3}P\sqrt{3}.\\
Q_{2\pi} &= -\frac{1}{6}P\cos\frac{\pi}{3}-\frac{1}{2}P\cos\pi-\frac{5}{6}P\cos\frac{5}{3}\pi=0,\\
M_{2\pi} &= -N_{2\pi}r+\frac{3}{2\pi}Pr=-\left(\frac{1}{3}\sqrt{3}-\frac{3}{2\pi}\right)Pr.
\end{aligned}\right\} \tag{12}$$

Im zweiten Beispiel (Abb. 15) sind, weil die Tangentialkräfte im Gleichgewicht stehen, die aus ihnen herzuleitenden Normalkräfte in Abb. 15 rechts nicht eingezeichnet. Man findet

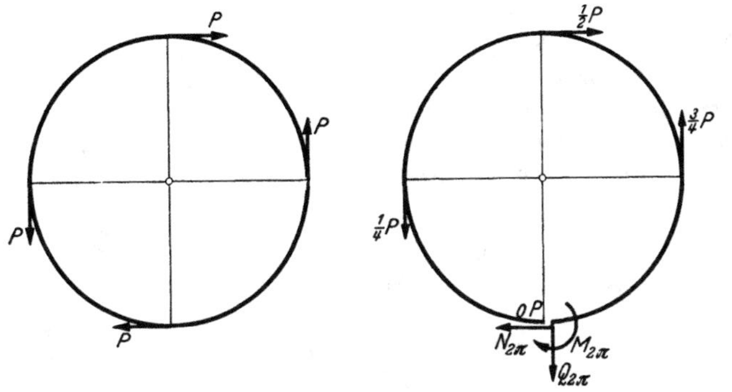

Abb. 15. Durch vier in gleichen Winkelabstanden angreifende Tangentialkrafte belasteter Ring.

$$\left.\begin{aligned} N_{2\pi} &= \frac{1}{2} P, \\ Q_{2\pi} &= -\frac{1}{4} P + \frac{3}{4} P = \frac{1}{2} P, \\ M_{2\pi} &= -N_{2\pi} r + \frac{1}{4} Pr - \frac{1}{2} Pr + \frac{3}{4} Pr = 0. \end{aligned}\right\} \tag{13}$$

Im dritten Beispiel (Abb. 16) erhält man

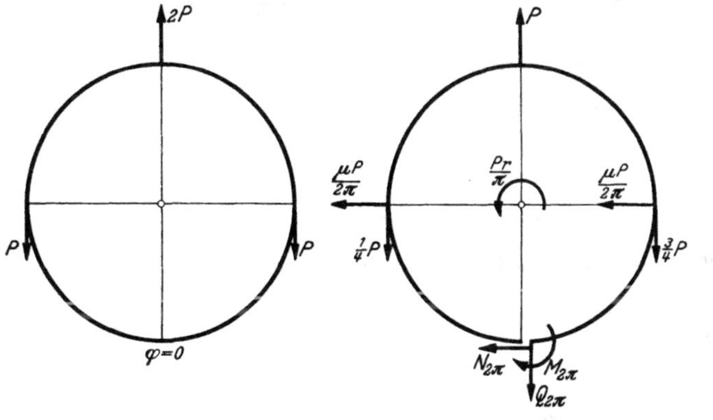

Abb. 16. Durch Radial- und Tangentialkrafte belasteter Ring.

$$\left.\begin{aligned} N_{2\pi} &= -\mu \frac{P}{\pi}, \\ Q_{2\pi} &= 0, \\ M_{2\pi} &= -N_{2\pi} r + \frac{Pr}{\pi} + \frac{1}{4} Pr - \frac{3}{4} Pr = \left(\frac{1+\mu}{\pi} - \frac{1}{2}\right) Pr. \end{aligned}\right\} \tag{14}$$

In allen diesen Beispielen ist, zur Ermöglichung einer einfachen Kontrolle, ein symmetrisch liegender Querschnitt gewählt worden. Man berechnet aber in ebenso einfacher Weise die inneren Kraftgrößen eines beliebigen Querschnitts, indem man diesen als Ausgangspunkt wählt. Es gibt sogar Fälle, in denen es von Vorteil ist, allgemein vorzugehen. Ein Beispiel hierfür bietet der Fall von

Abb. 17, in welchem es sich um die Spannungsverteilung in einem durch Eigengewicht und Wasserdruck belasteten Rohr handelt, das längs seiner unteren Erzeugenden vom Boden gestützt wird und bis zum Scheitel mit Wasser gefüllt ist. Die vom Eigengewicht q je Umfangslängeneinheit und vom Wasserdruck $\gamma r[1-\cos(\alpha+\varphi)]$ herrührenden Belastungen (wo also γ das spezifische Gewicht der Flüssigkeit ist) sind in den Abb. 17 links und rechts je für sich dargestellt, und zwar ist für jeden Fall sogleich diejenige reduzierte Belastung angegeben, die zum Querschnitt α als Ausgangsquerschnitt gehört. Der Faktor μ ist dabei, weil nur die Biegung berücksichtigt wird, gleich Eins gesetzt.

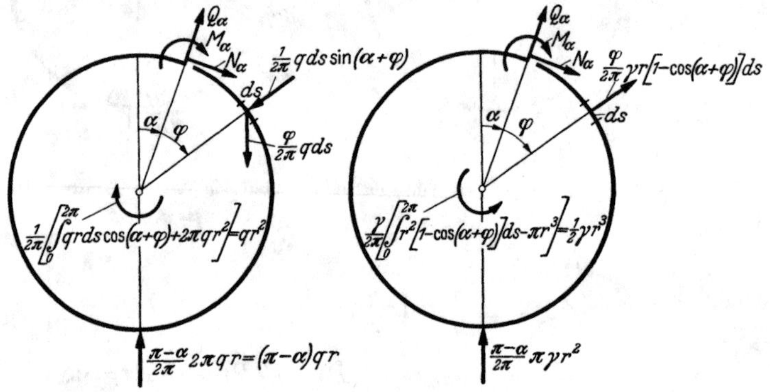

Abb. 17. Das durch Eigengewicht und Wasserdruck belastete Rohr.

Wir beschränken uns auf die Berechnung des Biegemomentes M_α im Querschnitt α und erhalten im ersten Falle (Eigengewicht)

$$M_\alpha + \oint \frac{\varphi}{2\pi} q r^2 d\varphi \left[\sin(\alpha+\varphi) - \sin\alpha\right] + \\ + \frac{1}{2\pi} \oint q r^2 \sin(\alpha+\varphi) \sin\varphi \, d\varphi + (\pi-\alpha) q r^2 \sin\alpha + q r^2 = 0$$

oder

$$M_\alpha = q r^2 \left(\alpha \sin\alpha + \frac{1}{2}\cos\alpha - 1\right), \tag{15}$$

im zweiten Falle (Wasserdruck)

$$M_\alpha - \oint \frac{\varphi}{2\pi} \gamma r^3 [1-\cos(\alpha+\varphi)] \sin\varphi \, d\varphi - \frac{1}{2}\gamma r^3 + \frac{1}{2}(\pi-\alpha)\gamma r^3 \sin\alpha = 0$$

oder

$$M_\alpha = \frac{1}{2}\gamma r^3 \left(\alpha \sin\alpha + \frac{1}{2}\cos\alpha - 1\right). \tag{16}$$

Hieraus folgt das bemerkenswerte Ergebnis, daß die vom Eigengewicht und vom Wasserdruck erzeugten Biegemomente am ganzen Ringumfang entlang verhältnisgleich sind.

§ 3. Der geschlossene, statisch unbestimmt gestützte Kreisring.

14. Der senkrecht zu seiner Ebene belastete Kreisring. Hat man es mit einem in mehr als drei Punkten gestützten, senkrecht zu seiner Ebene belasteten Ring zu tun, so müssen, ehe die Methode von Ziff. **12** verwendet werden kann, zunächst die statisch unbestimmten Stützkräfte errechnet werden. Die Herleitung der hierzu erforderlichen Formänderungsgleichungen, z. B. mit Hilfe der Castiglianoschen Sätze, ist zwar im Prinzip einfach, in Wirklichkeit erfordert sie aber eine recht langwierige Arbeit, deren zahlenmäßiger Teil außerdem mit großer Sorgfalt ausgeführt werden muß; denn die Erfahrung zeigt, daß die genannten Gleichungen außerordentlich empfindlich gegen sehr geringe Änderungen ihrer Beiwerte sind. Wir zeigen nun[1]), wie man für jede beliebige Anzahl und Lage der Stützpunkte die Formänderungsgleichungen des Ringes mit einem Schlag anschreiben kann. Sodann behandeln wir den technisch wichtigsten Sonderfall, daß die Stützpunkte regelmäßig über den Ringumfang verteilt sind.

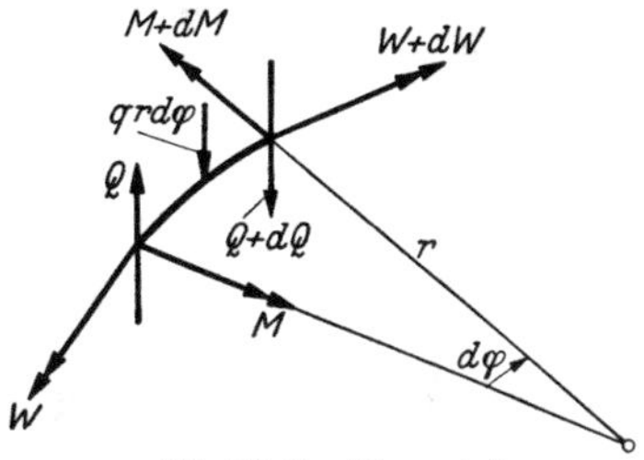

Abb. 18. Das Element des kreisformigen Ringes.

Wir betrachten das in Abb. 18 dargestellte Ringelement von der Länge $r\,d\varphi$ mit den in seinen Enden wirkenden Schnittgrößen M, W und Q und der äußeren Belastung $q\,r\,d\varphi$, von der wir voraussetzen, daß sie in der Ringmittellinie angreift. Die Gleichgewichtsbedingungen dieses Elements lauten

$$\left.\begin{aligned} q\,r\,d\varphi + dQ &= 0,\\ dW + M\,d\varphi &= 0,\\ dM - W\,d\varphi + Q\,r\,d\varphi &= 0 \end{aligned}\right\} \quad \text{oder} \quad \left.\begin{aligned} \frac{dQ}{d\varphi} &= -q\,r,\\ \frac{dW}{d\varphi} &= -M,\\ \frac{dM}{d\varphi} - W &= -Q\,r. \end{aligned}\right\} \tag{1}$$

(Es sei daran erinnert, daß bei Momentvektoren Drehsinn und Pfeilrichtung eine Rechtsschraube bilden.) Die Differentiation der dritten Gleichung führt unter Berücksichtigung der beiden andern zu

$$\frac{d^2M}{d\varphi^2} + M = q\,r^2. \tag{2}$$

Die Winkeländerung der Ringtangente, gemessen in der (senkrecht zur Ringebene stehenden) Tangentialebene des Ringes, sei mit ψ bezeichnet, die Drehung des ganzen Ringquerschnitts um die Ringtangente mit ϑ. Dann haben die Differentialbeziehungen zwischen ψ, ϑ, M und W, wie sofort zu zeigen, folgende Form:

$$\left.\begin{aligned} d\psi &= \frac{M\,r\,d\varphi}{\alpha_b} + \vartheta\,d\varphi,\\ d\vartheta &= \frac{W\,r\,d\varphi}{\alpha_t} - \psi\,d\varphi \end{aligned}\right\} \quad (\text{mit } \alpha_b = EJ,\ \alpha_t = GJ_p). \tag{3}$$

Denn wäre das Element vollkommen steif, so müßte der in seinem linken Ende durch seine Komponenten ψ und ϑ definierte Drehvektor identisch sein mit dem im rechten Ende durch $\psi + d\psi$ und $\vartheta + d\vartheta$ definierten Vektor, woraus sich

$$d\psi = \vartheta\,d\varphi, \qquad d\vartheta = -\psi\,d\varphi$$

ergäbe. In Wirklichkeit aber verursacht das Biegemoment noch eine zusätzliche Relativverdrehung der beiden Endtangenten vom Betrage $M\,r\,d\varphi/\alpha_b$ und das Torsionsmoment eine Relativverdrehung der beiden Endquerschnitte vom Betrage $W\,r\,d\varphi/\alpha_t$, so daß in der Tat die Beziehungen (3) bestehen. Die Differentiation der ersten Gleichung (3) liefert unter Berücksichtigung der zweiten

$$\frac{d^2\psi}{d\varphi^2} + \psi = \frac{r}{\alpha_b}\frac{dM}{d\varphi} + \frac{rW}{\alpha_t}. \tag{4}$$

Damit haben wir die Differentialgleichungen gewonnen, die zur Lösung unseres Problems nötig sind.

[1]) C. B. Biezeno u. J. J. Koch, Die Berechnung des statisch unbestimmt gestützten, geschlossenen Kreisringes, Z. angew. Math. Mech. 16 (1936) S. 321.

15. Eigenbelastungen und Eigendurchbiegungen. Wir betrachten jetzt zunächst den Sonderfall, daß die Belastung des Ringes durch

$$q = q_k \cos k\varphi \tag{1}$$

dargestellt wird, wo q_k eine Konstante und k eine ganze Zahl >1 bezeichnet. Damit lautet (**14**, 2)

$$\frac{d^2M}{d\varphi^2} + M = q_k r^2 \cos k\varphi.$$

Somit ist mit zwei Integrationskonstanten C_1 und C_2

$$M = C_1 \cos\varphi + C_2 \sin\varphi - \frac{q_k r^2}{k^2-1} \cos k\varphi \tag{2}$$

und also zufolge (**14**, 1) mit einer dritten Konstanten C_3

$$\left.\begin{aligned} Q &= -\frac{q_k r}{k} \sin k\varphi + C_3, \\ W &= -C_1 \sin\varphi + C_2 \cos\varphi + \frac{q_k r^2}{k(k^2-1)} \sin k\varphi + C_3 r. \end{aligned}\right\} \tag{3}$$

Gleichung (**14**, 4) geht hierdurch über in

$$\frac{d^2\psi}{d\varphi^2} + \psi = r\left(\frac{1}{\alpha_b} + \frac{1}{\alpha_t}\right)(-C_1 \sin\varphi + C_2 \cos\varphi) + \frac{C_3 r^2}{\alpha_t} + \left(\frac{k^2}{\alpha_b} + \frac{1}{\alpha_t}\right)\frac{q_k r^3}{k(k^2-1)} \sin k\varphi.$$

Ihre Lösung ist mit zwei weiteren Konstanten C_4 und C_5

$$\psi = C_4 \cos\varphi + C_5 \sin\varphi + \frac{r}{2}\left(\frac{1}{\alpha_b} + \frac{1}{\alpha_t}\right)(C_1 \varphi \cos\varphi + C_2 \varphi \sin\varphi) + \frac{C_3 r^2}{\alpha_t} - \\ - \left(\frac{k^2}{\alpha_b} + \frac{1}{\alpha_t}\right)\frac{q_k r^3}{k(k^2-1)^2} \sin k\varphi.$$

Weil für den geschlossenen Ring ψ periodisch in φ sein muß, und zwar mit der Periode 2π, so sind die Konstanten C_1 und C_2 gleich Null zu setzen, und man erhält

$$\psi = C_4 \cos\varphi + C_5 \sin\varphi + \frac{C_3 r^2}{\alpha_t} - \left(\frac{k^2}{\alpha_b} + \frac{1}{\alpha_t}\right)\frac{q_k r^3}{k(k^2-1)^2} \sin k\varphi. \tag{4}$$

Für die senkrechte Durchbiegung y des Ringes findet man schließlich mit einer letzten Konstanten C_6

$$y = \int \psi r \, d\varphi = C_4 r \sin\varphi - C_5 r \cos\varphi + \frac{C_3 r^3 \varphi}{\alpha_t} + C_6 + \left(\frac{1}{\alpha_b} + \frac{1}{k^2 \alpha_t}\right)\frac{q_k r^4}{(k^2-1)^2} \cos k\varphi. \tag{5}$$

Weil y ebenso wie ψ periodisch in φ mit der Periode 2π ist, so muß auch C_3 verschwinden. Die übrigen mit einer Integrationskonstanten behafteten Glieder stellen je für sich (und auch zusammen) eine Verschiebung oder Neigung dar, die der Ring als starrer Körper erleidet. Sie sind also für die Untersuchung der Ringverformung ohne Bedeutung und werden daher weiterhin unterdrückt.

Aus der so gewonnenen Formel

$$y = \left(\frac{1}{\alpha_b} + \frac{1}{k^2 \alpha_t}\right)\frac{q_k r^4}{(k^2-1)^2} \cos k\varphi \tag{6}$$

geht hervor, daß die von der Belastung $q = q_k \cos k\varphi$ verursachte Durchbiegung y zu dieser Belastung proportional ist. In genau derselben Weise zeigt man, daß auch jede Belastung $q = q_k \sin k\varphi$ diese Eigenschaft hat, und daß der zu $q_k \sin k\varphi$ gehörige Proportionalitätsfaktor denselben Wert wie der zu $q_k \cos k\varphi$ gehörige Faktor hat, so daß also zu der Belastung $q = q_k \sin k\varphi$ die Durchbiegung

$$y = \left(\frac{1}{\alpha_b} + \frac{1}{k^2 \alpha_t}\right)\frac{q_k r^4}{(k^2-1)^2} \sin k\varphi \tag{7}$$

gehört. In Anlehnung an Kap. III, Ziff. **12** bezeichnen wir die Belastungen

$$q = q_k \cos k\varphi \qquad \text{und} \qquad q = q_k \sin k\varphi \tag{8}$$

als Eigenbelastungen, die zugehörigen Durchbiegungen (6) und (7) als Eigendurchbiegungen.

16. Die Formänderungsgleichungen. Weil die zu den Eigenbelastungen gehörigen Eigendurchbiegungen ein für allemal bekannt sind, so kommt es zur Bestimmung der zu einer beliebigen Belastung gehörigen Durchbiegung nur noch auf die Zerlegung dieser Belastung in die (ein vollständiges System bildenden) Eigenbelastungen an. Es erweist sich als zweckmäßig, die äußere Belastung aus lauter quasikonzentrierten Belastungen P_i ($i = 1, 2, \ldots, n$) aufzubauen, d. h. aus Belastungen q_i, welche sich je über eine ganz kurze und als gerade zu betrachtende Strecke $2a = 2r\beta$ des Ringumfanges gleichmäßig verteilen und für $\beta \to 0$ einer endlichen Gesamtgröße P_i zustreben, so daß $2q_i a = P_i$ wird. Der Angriffspunkt der Kraft P_i habe die Winkelkoordinate α_i. Das System aller Kräfte P_i (die Reaktionskräfte der Stützen mit einbegriffen) bildet ein Gleichgewichtssystem, so daß gilt

$$\sum_{i=1}^{n} P_i = 0, \qquad \sum_{i=1}^{n} P_i r \cos\alpha_i = 0, \qquad \sum_{i=1}^{n} P_i r \sin\alpha_i = 0. \tag{1}$$

Betrachten wir jetzt eine einzige dieser quasikonzentrierten Kräfte, $P_i \equiv 2q_i r\beta$, deren Verteilung q_i^* über den Kreisumfang durch

$$\begin{aligned} q_i^* &= 0 && \text{für} \quad 0 \le \varphi < (\alpha_i - \beta), \\ q_i^* &= q_i && \text{für} \quad (\alpha_i - \beta) \le \varphi \le (\alpha_i + \beta), \\ q_i^* &= 0 && \text{für} \quad (\alpha_i + \beta) < \varphi \le 2\pi \end{aligned}$$

dargestellt ist, so läßt sich nach Kap. III, Ziff. **3** die Funktion q_i^* in folgende Fourierreihe entwickeln:

$$q_i^* = \frac{P_i}{2\pi r} + \sum_{k=1}^{\infty} a_k \cos k\varphi + \sum_{k=1}^{\infty} b_k \sin k\varphi,$$

mit

$$a_k = \frac{1}{\pi}\int_0^{2\pi} q_i^* \cos k\varphi\, d\varphi = \frac{q_i}{\pi}\int_{\alpha_i-\beta}^{\alpha_i+\beta} \cos k\varphi\, d\varphi = \frac{2q_i}{\pi k}\cos k\alpha_i \sin k\beta,$$

$$b_k = \frac{1}{\pi}\int_0^{2\pi} q_i^* \sin k\varphi\, d\varphi = \frac{q_i}{\pi}\int_{\alpha_i-\beta}^{\alpha_i+\beta} \sin k\varphi\, d\varphi = \frac{2q_i}{\pi k}\sin k\alpha_i \sin k\beta$$

oder in etwas anderer Form:

$$q_i^* = \frac{P_i}{2\pi r} + \frac{P_i \cos\alpha_i}{\pi r}\,\frac{\sin\beta}{\beta}\cos\varphi + \frac{P_i \sin\alpha_i}{\pi r}\,\frac{\sin\beta}{\beta}\sin\varphi + \frac{P_i}{\pi r}\sum_{k=2}^{\infty}\cos k(\varphi - \alpha_i)\,\frac{\sin k\beta}{k\beta}. \tag{2}$$

Summiert man die Belastungen q_i^* über alle Zeiger i, so erhält man unter Berücksichtigung der Gleichgewichtsbedingungen (1) für die gesamte Belastung q des Ringes

$$q = \sum_{i=1}^{n} \frac{P_i}{\pi r} \sum_{k=2}^{\infty} \cos k(\varphi - \alpha_i)\,\frac{\sin k\beta}{k\beta}. \tag{3}$$

Die von dieser Belastung erzeugte Gesamtdurchbiegung kann nach (**15**, 6) und (**15**, 7) unmittelbar angeschrieben werden. Diesem durch einfache Überlagerung zu erhaltenden Wert kann aber noch eine Zusatzdurchbiegung zugefügt werden, die von einer Bewegung des starr gedachten Ringes herrührt und also durch $A+B\cos\varphi+C\sin\varphi$ (wo A, B, C freie Konstanten bezeichnen) dargestellt wird. Man findet so

$$y=A+B\cos\varphi+C\sin\varphi+\sum_{i=1}^{n}\frac{P_i r^3}{\pi}\sum_{k=2}^{\infty}\left(\frac{1}{\alpha_b}+\frac{1}{k^2\alpha_t}\right)\frac{\cos k(\varphi-\alpha_i)}{(k^2-1)^2}\frac{\sin k\beta}{k\beta}$$

oder etwas anders geordnet

$$y=A+B\cos\varphi+C\sin\varphi+\sum_{i=1}^{n}\left[\frac{1}{\alpha_b}\sum_{k=2}^{\infty}\frac{\cos k(\varphi-\alpha_i)}{(k^2-1)^2}\frac{\sin k\beta}{k\beta}+\frac{1}{\alpha_t}\sum_{k=2}^{\infty}\frac{\cos k(\varphi-\alpha_i)}{k^2(k^2-1)^2}\frac{\sin k\beta}{k\beta}\right]\frac{P_i r^3}{\pi}. \quad (4)$$

Läßt man jetzt β gegen Null gehen, was den Übergang zu konzentrierten Kräften bedeutet, und führt die beiden Funktionen

$$S(\psi)\equiv\sum_{k=2}^{\infty}\frac{\cos k\psi}{(k^2-1)^2},\qquad T(\psi)\equiv\sum_{k=2}^{\infty}\frac{\cos k\psi}{k^2(k^2-1)^2} \quad (5)$$

ein, so geht (4) über in

$$y=A+B\cos\varphi+C\sin\varphi+\sum_{i=1}^{n}\left[\frac{1}{\alpha_b}S(\varphi-\alpha_i)+\frac{1}{\alpha_t}T(\varphi-\alpha_i)\right]\frac{P_i r^3}{\pi}. \quad (6)$$

Hat man es mit einem Ring auf m starren Stützen zu tun, so ist für jede der zugehörigen Stützkräfte die Durchbiegung gleich Null zu setzen. Ist P_j eine derartige Stützkraft und α_j ihre Winkelkoordinate, so gilt also

$$A+B\cos\alpha_j+C\sin\alpha_j+\sum_{i=1}^{n}\left[\frac{1}{\alpha_b}S(\alpha_j-\alpha_i)+\frac{1}{\alpha_t}T(\alpha_j-\alpha_i)\right]\frac{P_i r^3}{\pi}=0\ (j=1,2,\ldots,m). \quad (7)$$

Die m Gleichungen (7) bilden zusammen mit den Gleichgewichtsbedingungen (1) ein System von $m+3$ Gleichungen, welches zur Bestimmung der drei Konstanten A, B, C und der m Stützkräfte P_j ausreicht. [Es sei noch einmal betont, daß der einfachen Schreibweise wegen sowohl die unbekannten Stützkräfte wie die bekannten äußeren Kräfte alle mit P_i bezeichnet worden sind. Bei der praktischen Auswertung empfiehlt es sich, die m Stützkräfte etwa mit X_1, $X_2, \ldots, X_m$ und ihre zugehörigen Koordinaten mit $\psi_1, \psi_2, \ldots, \psi_m$ zu bezeichnen, und die Gleichungen (7) und (1) entsprechend umzuschreiben.]

Das wichtigste Ergebnis ist dies, daß die Beiwerte der Kräfte P_i in den Formänderungsgleichungen (6) und (7) aus den beiden Funktionen $S(\psi)$ und $T(\psi)$ hergeleitet werden. Sobald also die Werte dieser Funktionen für das Argument ψ tabuliert vorliegen, können für jeden Belastungsfall und für jede Zahl von Stützpunkten die Gleichungen (7) und (1), die die Stützkräfte und die Konstanten A, B, C bestimmen, unmittelbar in geschlossener Form angeschrieben werden, womit der Weg zur numerischen Lösung für alle Belastungsfälle offen liegt. Weil nach (5) die Funktionen $S(\psi)$ und $T(\psi)$ ihren Wert nicht ändern, wenn ψ durch $-\psi$ oder $(2\pi-\psi)$ ersetzt wird, so soll fortan in (7) unter $\alpha_j-\alpha_i$ stets der kleinste Winkelabstand zwischen den Angriffspunkten von P_j und P_i verstanden werden. Hierdurch erreicht man, daß die Funktionen S und T, zu deren Berechnung wir jetzt schreiten, nur für $0\leq\psi\leq\pi$ tabuliert zu werden brauchen.

17. Die Funktionen S und T. Aus der ersten Formel (**16**, 5) leitet man zunächst die folgende Differentialgleichung für S ab:

$$\frac{d^2S}{d\psi^2}+S=-\sum_{k=2}^{\infty}\frac{\cos k\psi}{k^2-1} \quad (1)$$

oder Schritt für Schritt umgeformt

$$\begin{aligned}\frac{d^2 S}{d\psi^2}+S&=-\frac{1}{2}\left(\sum_{k=2}^{\infty}\frac{\cos k\psi}{k-1}-\sum_{k=2}^{\infty}\frac{\cos k\psi}{k+1}\right)\\&=-\left(\frac{1}{2}\cos 2\psi+\frac{1}{4}\cos 3\psi+\frac{1}{2}\sum_{k=4}^{\infty}\frac{\cos k\psi-\cos(k-2)\psi}{k-1}\right)\\&=-\left(\frac{1}{2}\cos 2\psi+\frac{1}{4}\cos 3\psi-\sin\psi\sum_{k=3}^{\infty}\frac{\sin k\psi}{k}\right)\\&=-\left(\frac{1}{2}\cos 2\psi+\frac{1}{4}\cos 3\psi+\sin^2\psi+\frac{1}{2}\sin\psi\sin 2\psi-\sin\psi\sum_{k=1}^{\infty}\frac{\sin k\psi}{k}\right)\\&=-\left(\frac{1}{2}+\frac{1}{4}\cos\psi-\sin\psi\sum_{k=1}^{\infty}\frac{\sin k\psi}{k}\right).\end{aligned}$$

Nun ist aber [1])

$$\frac{1}{2}(\pi-\psi)=\sum_{k=1}^{\infty}\frac{\sin k\psi}{k}\qquad(0<\psi<2\pi),$$

so daß in diesem Intervalle gilt

$$\frac{d^2 S}{d\psi^2}+S=-\frac{1}{2}-\frac{1}{4}\cos\psi+\frac{1}{2}(\pi-\psi)\sin\psi.\tag{2}$$

Die Lösung dieser Gleichung lautet

$$S=A\cos\psi+B\sin\psi-\frac{1}{2}-\frac{\pi}{4}\psi\cos\psi-\frac{1}{4}\psi\sin\psi+\frac{1}{8}\psi^2\cos\psi.$$

Die Integrationskonstanten A und B bestimmen sich aus den Werten für $\psi=0$ und $\psi=\pi/2$ zu

$$A=\frac{1}{2}+S_{\psi=0},\qquad B=\frac{1}{2}+\frac{\pi}{8}+S_{\psi=\pi/2}.\tag{3}$$

Andererseits ist nach (**16**, 5), wenn wir die auftretenden Summen zu ihrer Auswertung sogleich geeignet umformen,

$$\begin{aligned}S_{\psi=0}&\equiv\sum_{k=2}^{\infty}\frac{1}{(k^2-1)^2}=\frac{1}{4}\sum_{k=2}^{\infty}\left[\left(\frac{1}{(k-1)^2}+\frac{1}{(k+1)^2}\right)-\left(\frac{1}{k-1}-\frac{1}{k+1}\right)\right]\\&=\frac{1}{4}\left[\left(2\sum_{k=1}^{\infty}\frac{1}{k^2}-1-\frac{1}{4}\right)-\left(1+\frac{1}{2}\right)\right]=\frac{1}{2}\sum_{k=1}^{\infty}\frac{1}{k^2}-\frac{11}{16},\\S_{\psi=\pi/2}&\equiv\sum_{\nu=1}^{\infty}\frac{(-1)^\nu}{[(2\nu)^2-1]^2}=\frac{1}{4}\sum_{\nu=1}^{\infty}(-1)^\nu\left[\left(\frac{1}{(2\nu-1)^2}+\frac{1}{(2\nu+1)^2}\right)-\left(\frac{1}{2\nu-1}-\frac{1}{2\nu+1}\right)\right]\\&=\frac{1}{4}\left[-1+\left(2\sum_{\nu=0}^{\infty}\frac{(-1)^\nu}{2\nu+1}-1\right)\right]=\frac{1}{2}\sum_{\nu=0}^{\infty}\frac{(-1)^\nu}{2\nu+1}-\frac{1}{2}.\end{aligned}$$

Setzt man diese Werte in (3) ein und beachtet, daß [2])

$$\sum_{k=1}^{\infty}\frac{1}{k^2}=\frac{\pi^2}{6},\qquad\sum_{\nu=0}^{\infty}\frac{(-1)^\nu}{2\nu+1}=\frac{\pi}{4}$$

ist, so kommt

$$A=\frac{\pi^2}{12}-\frac{3}{16},\qquad B=\frac{\pi}{4}.$$

Mithin ist

$$S(\psi)=-\frac{1}{2}+\frac{1}{4}\left(\frac{\pi^2}{3}-\frac{3}{4}-\pi\psi+\frac{1}{2}\psi^2\right)\cos\psi+\frac{1}{4}(\pi-\psi)\sin\psi\quad(0\leq\psi\leq\pi).\tag{4}$$

---

[1]) Siehe etwa „Hütte", Bd. 1, S. 168, 25. Aufl., Berlin 1925.

[2]) Siehe etwa K. Knopp, Theorie und Anwendung der unendlichen Reihen, S. 239 u. S. 215, 2. Aufl., Berlin 1924; oder S. 245 u. S. 220, 3. Aufl., Berlin 1931.

Tabelle für die Funktionen $S(\psi)$ und $T(\psi)$.

ψ^0	S	T	ψ^0	S	T	ψ^0	S	T
0	0,13497	0,029901						
1	0,13483	0,029880	61	−0,07472	−0,016514	121	−0,03923	−0,011475
2	0,13444	0,029819	62	−0,07758	−0,017299	122	−0,03598	−0,010629
3	0,13380	0,029716	63	−0,08031	−0,018060	123	−0,03270	−0,009772
4	0,13290	0,029573	64	−0,08294	−0,018797	124	−0,02939	−0,008905
5	0,13177	0,029389	65	−0,08545	−0,019509	125	−0,02607	−0,008030
6	0,13042	0,029165	66	−0,08784	−0,020194	126	−0,02271	−0,007146
7	0,12885	0,028902	67	−0,09011	−0,020854	127	−0,01935	−0,006255
8	0,12705	0,028599	68	−0,09226	−0,021485	128	−0,01598	−0,005359
9	0,12506	0,028257	69	−0,09428	−0,022089	129	−0,01259	−0,004457
10	0,12288	0,027877	70	−0,09618	−0,022663	130	−0,00920	−0,003552
11	0,12051	0,027460	71	−0,09795	−0,023208	131	−0,00582	−0,002644
12	0,11796	0,027007	72	−0,09960	−0,023724	132	−0,00243	−0,001734
13	0,11525	0,026517	73	−0,10112	−0,024209	133	0,00095	−0,000824
14	0,11237	0,025992	74	−0,10251	−0,024663	134	0,00433	0,000087
15	0,10934	0,025433	75	−0,10377	−0,025087	135	0,00769	0,000995
16	0,10615	0,024841	76	−0,10490	−0,025478	136	0,01103	0,001902
17	0,10283	0,024216	77	−0,10591	−0,025838	137	0,01435	0,002805
18	0,09940	0,023560	78	−0,10678	−0,026165	138	0,01765	0,003704
19	0,09582	0,022874	79	−0,10753	−0,026460	139	0,02093	0,004597
20	0,09214	0,022158	80	−0,10814	−0,026722	140	0,02417	0,005485
21	0,08835	0,021414	81	−0,10863	−0,026951	141	0,02739	0,006364
22	0,08446	0,020644	82	−0,10899	−0,027147	142	0,03056	0,007236
23	0,08048	0,019848	83	−0,10922	−0,027310	143	0,03370	0,008098
24	0,07642	0,019027	84	−0,10932	−0,027440	144	0,03679	0,008950
25	0,07228	0,018183	85	−0,10930	−0,027536	145	0,03984	0,009790
26	0,06807	0,017317	86	−0,10915	−0,027599	146	0,04284	0,010619
27	0,06380	0,016431	87	−0,10887	−0,027629	147	0,04579	0,011434
28	0,05948	0,015524	88	−0,10847	−0,027625	148	0,04868	0,012236
29	0,05510	0,014600	89	−0,10794	−0,027589	149	0,05152	0,013022
30	0,05069	0,013659	90	−0,10730	−0,027520	150	0,05429	0,013793
31	0,04624	0,012702	91	−0,10654	−0,027417	151	0,05700	0,014548
32	0,04176	0,011732	92	−0,10566	−0,027283	152	0,05965	0,015285
33	0,03726	0,010749	93	−0,10466	−0,027116	153	0,06223	0,016004
34	0,03275	0,009754	94	−0,10355	−0,026918	154	0,06473	0,016704
35	0,02823	0,008750	95	−0,10232	−0,026688	155	0,06717	0,017384
36	0,02371	0,007736	96	−0,10099	−0,026427	156	0,06953	0,018044
37	0,01919	0,006716	97	−0,09954	−0,026134	157	0,07181	0,018682
38	0,01468	0,005689	98	−0,09799	−0,025812	158	0,07401	0,019299
39	0,01018	0,004658	99	−0,09634	−0,025460	159	0,07613	0,019893
40	0,00571	0,003625	100	−0,09458	−0,025079	160	0,07816	0,020464
41	0,00127	0,002589	101	−0,09273	−0,024668	161	0,08011	0,021012
42	−0,00315	0,001553	102	−0,09078	−0,024230	162	0,08197	0,021534
43	−0,00753	0,000518	103	−0,08874	−0,023764	163	0,08373	0,022032
44	−0,01186	−0,000514	104	−0,08660	−0,023271	164	0,08541	0,022505
45	−0,01614	−0,001544	105	−0,08437	−0,022751	165	0,08700	0,022951
46	−0,02038	−0,002568	106	−0,08206	−0,022206	166	0,08849	0,023371
47	−0,02456	−0,003586	107	−0,07967	−0,021635	167	0,08988	0,023764
48	−0,02867	−0,004596	108	−0,07719	−0,021041	168	0,09117	0,024129
49	−0,03272	−0,005598	109	−0,07464	−0,020423	169	0,09237	0,024467
50	−0,03670	−0,006590	110	−0,07202	−0,019782	170	0,09347	0,024776
51	−0,04060	−0,007571	111	−0,06933	−0,019119	171	0,09446	0,025057
52	−0,04443	−0,008539	112	−0,06657	−0,018435	172	0,09535	0,025310
53	−0,04816	−0,009494	113	−0,06374	−0,017731	173	0,09614	0,025533
54	−0,05182	−0,010434	114	−0,06085	−0,017008	174	0,09683	0,025727
55	−0,05539	−0,011358	115	−0,05791	−0,016265	175	0,09741	0,025891
56	−0,05886	−0,012266	116	−0,05492	−0,015506	176	0,09788	0,026026
57	−0,06224	−0,013155	117	−0,05186	−0,014729	177	0,09826	0,026132
58	−0,06552	−0,014026	118	−0,04877	−0,013937	178	0,09852	0,026206
59	−0,06869	−0,014876	119	−0,04563	−0,013130	179	0,09868	0,026251
60	−0,07176	−0,015706	120	−0,04245	−0,012309	180	0,09873	0,026267

Zur Bestimmung von T bemerke man, daß nach (**16**, 5)

$$T-S=-\sum_{k=2}^{\infty}\frac{\cos k\psi}{k^2(k^2-1)}=-\sum_{k=2}^{\infty}\frac{\cos k\psi}{k^2-1}+\sum_{k=2}^{\infty}\frac{\cos k\psi}{k^2}$$

gilt. Nun ist, wie der Vergleich von (1) und (2) zeigt,

$$-\sum_{k=2}^{\infty}\frac{\cos k\psi}{k^2-1}=-\frac{1}{2}-\frac{1}{4}\cos\psi+\frac{1}{2}(\pi-\psi)\sin\psi,$$

so daß wegen (4) für T geschrieben werden kann

$$T=-1+\left(\frac{\pi^2}{12}-\frac{7}{16}-\frac{\pi}{4}\psi+\frac{1}{8}\psi^2\right)\cos\psi+\frac{3}{4}(\pi-\psi)\sin\psi+\sum_{k=2}^{\infty}\frac{\cos k\psi}{k^2}.$$

Es gilt aber[1])

$$(\psi-\pi)^2=\frac{\pi^2}{3}+4\left[\cos\psi+\sum_{k=2}^{\infty}\frac{\cos k\psi}{k^2}\right]\qquad(0\leq\psi\leq 2\pi),$$

so daß die unendliche Summe rechts bekannt ist:

$$\sum_{k=2}^{\infty}\frac{\cos k\psi}{k^2}=\frac{(\psi-\pi)^2}{4}-\frac{\pi^2}{12}-\cos\psi.$$

Damit wird schließlich

$$\left.\begin{aligned}T(\psi)\equiv -1+\frac{\pi^2}{6}-\frac{\pi}{2}\psi+\frac{1}{4}\psi^2+\frac{1}{4}\left(\frac{\pi^2}{3}-\frac{23}{4}-\pi\psi+\frac{1}{2}\psi^2\right)\cos\psi+\\+\frac{3}{4}(\pi-\psi)\sin\psi\qquad(0\leq\psi\leq\pi).\end{aligned}\right\}\qquad(5)$$

Jetzt lassen sich die Tabellen für S und T vollends leicht zahlenmäßig berechnen. Man überzeugt sich rasch davon, daß die rechten Seiten von (4) und (5) die Funktionen S und T auch in dem Gebiete $\pi\leq\psi\leq 2\pi$ darstellen; denn sie ändern ihren Wert nicht, wenn man ψ durch $(2\pi-\psi)$ ersetzt, so daß in der Tat, wie es sein muß,

$$S(2\pi-\psi)=S(\psi),\qquad T(2\pi-\psi)=T(\psi)\qquad(6)$$

ist. Dagegen ändern sich die Werte der rechten Seiten von (4) und (5), wenn man ψ durch $-\psi$ ersetzt, obwohl doch

$$S(-\psi)=S(\psi),\qquad T(-\psi)=T(\psi)\qquad(7)$$

ist, und sie stellen denn auch (wie wir wegen späterer Anwendungen ausdrücklich bemerken) für negative Argumente ψ die Funktionen $S(\psi)$ und $T(\psi)$ nicht dar.

18. Die Methode der Elementarbelastung. Zu der Hauptgleichung (**16**, 6) gelangt man auch noch in ganz anderer Weise, wenn man den Ring zunächst durch eine Einzellast P mit der Winkelkoordinate $\varphi=0$ belastet und dieser Kraft durch eine kontinuierliche Belastung

$$q=-\frac{P}{2\pi r}(1+2\cos\varphi)\qquad(1)$$

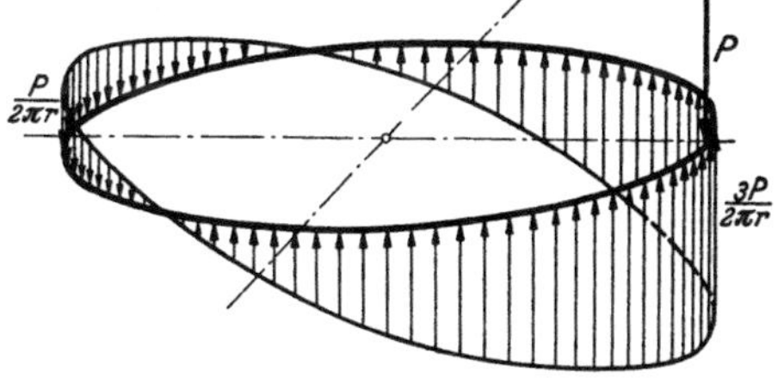

Abb. 19. Die Elementarbelastung.

das Gleichgewicht halten läßt (Abb. 19). Wir nennen dies eine Elementarbelastung. Das Biegemoment M in einem beliebigen Querschnitt φ_1 beträgt

[1]) *Siehe etwa „Hutte", Bd. 1, S. 168, 25. Aufl., Berlin 1925.*

in diesem Falle, nach der Vorschrift von Ziff. **12** gebildet,

$$\left.\begin{aligned} M &= \int\limits_{\varphi_1}^{\varphi_1+2\pi} \frac{\varphi-\varphi_1}{2\pi}\,\frac{P}{2\pi r}(1+2\cos\varphi)\cdot r\sin(\varphi-\varphi_1)\cdot r\,d\varphi + \frac{2\pi-\varphi_1}{2\pi}P\cdot r\sin\varphi_1 \\ &= -\frac{Pr}{\pi}\left(\frac{1}{2}+\frac{1}{4}\cos\varphi_1-\frac{1}{2}\pi\sin\varphi_1+\frac{1}{2}\varphi_1\sin\varphi_1\right) \end{aligned}\right\} \quad (2)$$

und das Torsionsmoment W im selben Querschnitt

$$\left.\begin{aligned} W &= \int\limits_{\varphi_1}^{2\pi+\varphi_1} \frac{\varphi-\varphi_1}{2\pi}\,\frac{P}{2\pi r}(1+2\cos\varphi)\cdot r[1-\cos(\varphi-\varphi_1)]\cdot r\,d\varphi - \frac{2\pi-\varphi_1}{2\pi}P\cdot r(1-\cos\varphi_1) \\ &= -\frac{Pr}{\pi}\left(\frac{1}{2}\pi-\frac{1}{2}\pi\cos\varphi_1-\frac{1}{2}\varphi_1-\frac{3}{4}\sin\varphi_1+\frac{1}{2}\varphi_1\cos\varphi_1\right). \end{aligned}\right\} \quad (3)$$

Setzt man die Ausdrücke (2) und (3) unter Weglassung des Zeigers 1 beim Winkel φ in die Gleichung (**14**, 4) ein, so erhält man als Differentialgleichung für ψ

$$\begin{aligned} \frac{d^2\psi}{d\varphi^2}+\psi = &-\frac{Pr^2}{\pi\alpha_b}\left(\frac{1}{4}\sin\varphi-\frac{1}{2}\pi\cos\varphi+\frac{1}{2}\varphi\cos\varphi\right) - \\ &-\frac{Pr^2}{\pi\alpha_t}\left(\frac{1}{2}\pi-\frac{1}{2}\varphi-\frac{1}{2}\pi\cos\varphi-\frac{3}{4}\sin\varphi+\frac{1}{2}\varphi\cos\varphi\right). \end{aligned}$$

Deren Lösung lautet

$$\left.\begin{aligned} \psi = C_1\cos\varphi + C_2\sin\varphi &+ \frac{Pr^2}{\pi\alpha_b}\left(\frac{1}{4}\pi\varphi\sin\varphi-\frac{1}{8}\varphi^2\sin\varphi\right) + \\ &+ \frac{Pr^2}{\pi\alpha_t}\left(\frac{1}{2}\varphi-\frac{1}{2}\pi-\frac{1}{2}\varphi\cos\varphi+\frac{1}{4}\pi\varphi\sin\varphi-\frac{1}{8}\varphi^2\sin\varphi\right). \end{aligned}\right\} \quad (4)$$

Die Durchbiegung y errechnet sich aus $y=\int\psi r\,d\varphi$ zu

$$\left.\begin{aligned} y = C_1^*\sin\varphi + C_2^*\cos\varphi + C_3 &+ \frac{Pr^3}{\pi\alpha_b}\left(\frac{1}{8}\varphi^2\cos\varphi-\frac{1}{4}\pi\varphi\cos\varphi-\frac{1}{4}\varphi\sin\varphi\right) + \\ &+ \frac{Pr^3}{\pi\alpha_t}\left(\frac{1}{4}\varphi^2-\frac{1}{2}\pi\varphi+\frac{1}{8}\varphi^2\cos\varphi-\frac{1}{4}\pi\varphi\cos\varphi-\frac{3}{4}\varphi\sin\varphi\right). \end{aligned}\right\} \quad (5)$$

Die drei Glieder mit den Konstanten C_1^*, C_2^*, C_3 stellen eine Verschiebung des ganzen Ringes dar. Verfügt man über diese Konstanten so, daß die Nullebene, auf die die Durchbiegung y bezogen wird, nach Höhenlage und Neigung durch die Bedingungen

$$\int\limits_0^{2\pi} yr\,d\varphi = 0, \qquad \int\limits_0^{2\pi} yr^2\cos\varphi\,d\varphi = 0, \qquad \int\limits_0^{2\pi} yr^2\sin\varphi\,d\varphi = 0 \quad (6)$$

festgelegt wird, so erhält man

$$\begin{aligned} y = &\frac{Pr^3}{\pi\alpha_b}\left[-\frac{1}{2}+\frac{1}{4}\left(\frac{\pi^2}{3}-\frac{3}{4}-\pi\varphi+\frac{1}{2}\varphi^2\right)\cos\varphi+\frac{1}{4}(\pi-\varphi)\sin\varphi\right] + \\ &+\frac{Pr^3}{\pi\alpha_t}\left[-1+\frac{\pi^2}{6}-\frac{\pi}{2}\varphi+\frac{1}{4}\varphi^2+\frac{1}{4}\left(\frac{\pi^2}{3}-\frac{23}{4}-\pi\varphi+\frac{1}{2}\varphi^2\right)\cos\varphi + \right. \\ &\left. \qquad +\frac{3}{4}(\pi-\varphi)\sin\varphi\right], \end{aligned}$$

oder, wie der Vergleich mit (**17**, 4) und (**17**, 5) zeigt,

$$y = \frac{Pr^3}{\pi\alpha_b}S(\varphi) + \frac{Pr^3}{\pi\alpha_t}T(\varphi). \quad (7)$$

Hiermit ist eine einfache mechanische Deutung der Funktionen S und T gewonnen: die rechts stehende Kombination beider Funktionen stellt diejenige Durchbiegung y des Ringes dar, die durch eine Elementarbelastung im Punkte $\varphi=0$, d. h. durch eine Einzelkraft P im Punkte $\varphi=0$ erzeugt wird, wenn diese Kraft durch eine kontinuierliche Belastung

$$q=-\frac{P}{2\pi r}(1+2\cos\varphi) \tag{8}$$

im Gleichgewicht gehalten wird und außerdem die Nullebene, in bezug auf die die Durchbiegung gemessen wird, derart gewählt wird, daß y die „Gleichgewichtsbedingungen“ (6) erfüllt.

Trägt der Ring mehrere Elementarbelastungen, d. h. mehrere Kräfte P_ι mit den Winkelkoordinaten α_ι, deren jede für sich durch eine kontinuierliche Belastung

$$q_\iota=-\frac{P_\iota}{2\pi r}\left[1+2\cos(\varphi-\alpha_\iota)\right] \tag{9}$$

im Gleichgewicht gehalten wird, und ist das Kräftesystem der P_ι selbst ein Gleichgewichtssystem, so ist die resultierende kontinuierliche Belastung des Ringes

$$q=\sum_{\iota=1}^{n}\frac{P_\iota}{2\pi r}\left[1+2\cos(\varphi-\alpha_\iota)\right] \tag{10}$$

identisch Null, weil nach Voraussetzung

$$\Sigma P_\iota=0,\qquad \Sigma P_\iota r\cos\alpha_\iota=0,\qquad \Sigma P_\iota r\sin\alpha_\iota=0 \tag{11}$$

ist. Hieraus folgt, daß die Durchbiegung eines durch ein Gleichgewichtssystem von Kräften belasteten Ringes, bis auf einen unbestimmt gelassenen Betrag $A+B\cos\varphi+C\sin\varphi$, gleich

$$y=\sum_{\iota=1}^{n}\left[\frac{1}{\alpha_b}S(\varphi-\alpha_\iota)+\frac{1}{\alpha_t}T(\varphi-\alpha_\iota)\right]\frac{P_\iota r^3}{\pi} \tag{12}$$

gesetzt werden kann, was in voller Übereinstimmung mit (**16**, 6) steht.

19. Der in gleichen Abständen gestützte Ring. Wir gehen jetzt zu dem Sonderfall des in gleichen Winkelabständen gestützten Ringes über, und zwar nehmen wir, was wohl immer technisch zutreffen wird, eine gerade Zahl m von Stützen an. Die unbekannten Stützkräfte bezeichnen wir nun mit $X_\iota\,(i=1,2,\ldots,m)$, ihre Winkelkoordinaten α_ι mit $\psi_\iota=i\,(2\pi/m)=i\psi$ (wo also $\psi=2\pi/m$ ist). Um zunächst die von einer äußeren Kraft P_k mit der Winkelkoordinate φ_k an den m Stützen hervorgerufenen Stützkräfte $X_\iota^{(k)}$ zu ermitteln, gehen wir folgendermaßen vor.

Wir nehmen eine Stütze, sagen wir die m-te Stütze ($\psi_m=2\pi$), fort und bringen in ihr eine (zunächst unbekannte) Kraft Y_m so an, daß daselbst eine Durchbiegung $y_m=1$ entsteht, und berechnen die zugehörigen Stützkräfte $Y_1, Y_2, \ldots, Y_{m-1}$. Die Berechnung von $Y_1, Y_2, \ldots, Y_{m-1}$ und Y_m zu vorgeschriebenem $y_m=1$ nennen wir die Grundaufgabe. Sobald sie gelöst ist (wie das geschieht, zeigen wir nachher), kann man nach (**16**, 6) (worin $P_\iota=Y_\iota$ und $\alpha_\iota=i\psi$ sowie $n=m$ zu nehmen ist) die zugehörige Durchbiegung $y(\varphi)$ für alle Winkel φ zahlenmäßig finden, d. h. also diejenige Ringbiegung y, die zu $y_m=1$ und festen Stützen $\psi_1, \psi_2, \ldots, \psi_{m-1}$ gehört. Ist aber $y(\varphi)$ die Durchbiegung an der Stelle φ infolge einer Kraft Y_m an der Stelle $\psi_m=2\pi$, so erzeugt nach dem Maxwellschen Satze (Kap. II, Ziff. **9**) eine an der Stelle φ wirkende Kraft Y_m eine ebenso große Durchbiegung $y(\varphi)$ an der Stelle ψ_m, eine an der

Stelle φ wirkende Einheitskraft also eine Durchbiegung $y(\varphi)/Y_m$ an der Stelle ψ_m. Um diese Durchbiegung an der Stelle ψ_m aufzuheben, braucht man an der Stelle ψ_m eine tatsächliche Stützkraft von der Größe $[y(\varphi)/Y_m]\cdot Y_m \equiv y(\varphi)$, da ja Y_m dort gerade die Einheitsdurchbiegung hervorrief. Mithin stellt die Funktion $y(\varphi)$, als Kraft gedeutet, die Stützkraft in der Stütze $\psi_m = 2\pi$ dar, hervorgerufen durch eine Einheitskraft an der Stelle φ. Ebenso stellt $y(\varphi - i\psi)$ die Stützkraft in $\psi_m = 2\pi$ infolge einer Einheitskraft an der Stelle $\varphi - i\psi$ dar oder auch (wenn man sich den ganzen Ring um den Winkel $i\psi$ vorwärtsgedreht denkt, und weil alle Stützen unter sich gleichwertig sind) die Stützkraft in der Stütze $\psi_i = i\psi$ infolge einer Einheitskraft an der Stelle φ. Man nennt $y(\varphi)$ die Einflußfunktion für die Stützkräfte X_i von einer beweglichen Einheitskraft am Ring und hat damit folgende Erkenntnis gewonnen:

Die von einer an der Stelle φ_k wirkenden Einheitskraft in den Stützen $\psi_i = i\psi$ hervorgerufenen Stützkräfte sind gleich den Werten $y(\varphi_k - i\psi)$ der Einflußfunktion, die Stützkräfte $X_i^{(k)}$ infolge der Kraft P_k in φ_k sind also gleich $P_k\cdot y(\varphi_k - i\psi)$; die Überlagerung aller zu den verschiedenen P_k gehörenden Stützkräfte $X_i^{(k)}$ gibt die gesuchten Stützkräfte X_i, also

$$X_i = \sum_{k=1}^{n} P_k \cdot y(\varphi_k - i\psi), \tag{1}$$

und damit ist dann die ganze Aufgabe vollends auf Ziff. **12** zurückgeführt.

Wir haben jetzt also im wesentlichen nur noch die oben formulierte Grundaufgabe zu lösen. Hierzu schreibt man die Hauptgleichung (**16**, 6) für alle Stützpunkte an und erhält mit $\varphi = j\psi$, $\alpha_i = i\psi$, $P_i = Y_i$

$$\left.\begin{aligned} y_j &= A + B\cos j\psi + C\sin j\psi + \sum_{i=1}^{m}\left[\frac{1}{\alpha_b}S(|j-i|\psi) + \frac{1}{\alpha_t}T(|j-i|\psi)\right]\frac{Y_i r^3}{\pi} = 0 \\ &\qquad\qquad (j = 1, 2, \ldots, m-1), \\ y_m &= A + B\cos m\psi + C\sin m\psi + \sum_{i=1}^{m}\left[\frac{1}{\alpha_b}S(|m-i|\psi) + \frac{1}{\alpha_t}T(|m-i|\psi)\right]\frac{Y_i r^3}{\pi} = 1. \end{aligned}\right\} \tag{2}$$

Weil das Vorzeichen des Argumentes $(j-i)\psi$ positiv oder negativ sein kann, je nachdem $j \gtrless i$ ist, so ist in den Gleichungen (2) dieses Argument mit seinem Absolutwert eingeführt worden. Versteht man unter $S(\psi)$ und $T(\psi)$ die Funktionen (**16**, 5), so ist dies überflüssig; versteht man dagegen unter $S(\psi)$ und $T(\psi)$ die rechten Seiten von (**17**, 4) und (**17**, 5), so ist diese Maßnahme unerläßlich (vgl. die Schlußbemerkung von Ziff. **17**).

Setzt man noch zur Abkürzung

$$\left[\frac{1}{\alpha_b}S(|j-i|\psi) + \frac{1}{\alpha_t}T(|j-i|\psi)\right]\frac{r^3}{\pi} = \beta_{|j-i|}, \tag{3}$$

und ergänzt die Gleichungen (2) durch die drei Gleichgewichtsbedingungen (**18**, 11) für das Kräftesystem Y_i, so schreibt sich das zu lösende Gleichungssystem in der Form

$$\left.\begin{aligned} &\left.\begin{aligned} Y_1 + Y_2 + Y_3 + \cdots + Y_m &= 0, \\ Y_1\cos\psi + Y_2\cos 2\psi + Y_3\cos 3\psi + \cdots + Y_m\cos m\psi &= 0, \\ Y_1\sin\psi + Y_2\sin 2\psi + Y_3\sin 3\psi + \cdots + Y_m\sin m\psi &= 0, \end{aligned}\right\} (4\text{a}) \\ &\left.\begin{aligned} A + B\cos\psi + C\sin\psi + \beta_0 Y_1 + \beta_1 Y_2 + \beta_2 Y_3 + \cdots + \beta_{m-1} Y_m &= 0, \\ A + B\cos 2\psi + C\sin 2\psi + \beta_1 Y_1 + \beta_0 Y_2 + \beta_1 Y_3 + \cdots + \beta_{m-2} Y_m &= 0, \\ &\vdots \\ A + B\cos m\psi + C\sin m\psi + \beta_{m-1} Y_1 + \beta_{m-2} Y_2 + \beta_{m-3} Y_3 + \cdots + \beta_0 Y_m &= 1. \end{aligned}\right\} (4\text{b}) \end{aligned}\right\} \tag{4}$$

Weil

$$\beta_{m-k} = \beta_k \qquad \left(k = 1, 2, \ldots, \frac{m}{2}\right) \tag{5}$$

ist, so kann die Zahl m der in (4b) vorkommenden Beiwerte β auf $m/2+1$ verringert werden. Wir schreiben das System (4b) nicht noch einmal mit dieser verringerten Anzahl von Beiwerten an, werden aber bei der nun folgenden Lösung des Systems fortwährend von den Beziehungen (5) Gebrauch machen.

Zunächst bestimmen wir die Integrationskonstanten A, B und C. Addiert man die Gleichungen (4b), so erhält man, weil

$$\sum_{i=1}^{m} \cos i\psi = 0, \qquad \sum_{i=1}^{m} \sin i\psi = 0$$

ist,

$$mA + \sum_{i=0}^{m-1} \beta_i \cdot \sum_{i=1}^{m} Y_i = 1$$

oder wegen der ersten Gleichung (4a)

$$A = \frac{1}{m}. \tag{6}$$

Addiert man die Gleichungen (4b) abermals, nachdem man die erste mit $\cos\psi$, die zweite mit $\cos 2\psi$ usw., die m-te mit $\cos m\psi$ multipliziert hat, so findet man mit Rücksicht auf (5)

$$\left.\begin{aligned}
&B \sum_{i=1}^{m} \cos^2 i\psi + C \sum_{i=1}^{m} \cos i\psi \sin i\psi + \\
&+ Y_1 \Big[\beta_0 \cos\psi + \beta_1 (\cos 2\psi + \cos m\psi) + \beta_2 (\cos 3\psi + \cos (m-1)\psi) + \cdots + \\
&\qquad + \beta_{\frac{m}{2}-1} \Big(\cos \frac{m}{2}\psi + \cos\left(\frac{m}{2}+2\right)\psi\Big) + \beta_{\frac{m}{2}} \cos\left(\frac{m}{2}+1\right)\psi\Big] + \\
&+ Y_2 \Big[\beta_0 \cos 2\psi + \beta_1 (\cos 3\psi + \cos\psi) + \beta_2 (\cos 4\psi + \cos m\psi) + \cdots + \\
&\qquad + \beta_{\frac{m}{2}-1} \Big(\cos\left(\frac{m}{2}+1\right)\psi + \cos\left(\frac{m}{2}+3\right)\psi\Big) + \beta_{\frac{m}{2}} \cos\left(\frac{m}{2}+2\right)\psi\Big] + \\
&+ \cdots + Y_m \Big[\beta_0 \cos m\psi + \beta_1 (\cos\psi + \cos (m-1)\psi) + \beta_2 (\cos 2\psi + \cos (m-2)\psi) + \cdots + \\
&\qquad + \beta_{\frac{m}{2}-1} \Big(\cos\left(\frac{m}{2}-1\right)\psi + \cos\left(\frac{m}{2}+1\right)\psi\Big) + \beta_{\frac{m}{2}} \cos\frac{m}{2}\psi\Big] = \cos m\psi.
\end{aligned}\right\} \tag{7}$$

Weil

$$\sum_{i=1}^{m} \cos^2 i\psi = \frac{1}{2} \sum_{i=1}^{m} (1 + \cos 2i\psi) = \frac{m}{2}, \qquad \sum_{i=1}^{m} \cos i\psi \sin i\psi = \frac{1}{2} \sum_{i=1}^{m} \sin 2i\psi = 0$$

ist und alle eckigen Klammern denselben Wert annehmen, wenn man aus der ersten den Faktor $\cos\psi$, aus der zweiten $\cos 2\psi$ usw. abspaltet, so geht (7) über in

$$\begin{aligned}
\frac{m}{2} B + \Big[\beta_0 + 2\beta_1 \cos\psi + 2\beta_2 \cos 2\psi + \cdots + 2\beta_{\frac{m}{2}-1} \cos\left(\frac{m}{2}-1\right)\psi + \beta_{\frac{m}{2}} \cos\frac{m}{2}\psi\Big] \cdot \\
\cdot \sum_{i=1}^{m} Y_i \cos i\psi = \cos m\psi = 1
\end{aligned}$$

oder schließlich wegen der zweiten Gleichung (4a)

$$B = \frac{2}{m}. \tag{8}$$

In genau derselben Weise erhält man mit den Multiplikatoren $\sin\psi$, $\sin 2\psi$ usw. statt $\cos\psi$, $\cos 2\psi$ usw. die Gleichung

$$\frac{m}{2}C+\left[\beta_0+2\beta_1\sin\psi+2\beta_2\sin 2\psi+\cdots+2\beta_{\frac{m}{2}-1}\sin\left(\frac{m}{2}-1\right)\psi+\beta_{\frac{m}{2}}\sin\frac{m}{2}\psi\right]\cdot$$
$$\cdot\sum_{i=1}^{m}Y_i\sin i\psi=\sin m\psi=0$$

oder wegen der dritten Gleichung (4a)

$$C=0. \tag{9}$$

Sodann gehen wir zur Berechnung der Kräfte $Y_1, Y_2, \ldots, Y_m$ selbst über. Multipliziert man die erste Gleichung (4b) mit $\cos k\psi$, die zweite mit $\cos 2k\psi$, usw. (k ganzzahlig und >1) und addiert die neuen Gleichungen, so findet man wegen (9) und wegen

$$\sum_{i=1}^{m}\cos ik\psi=0,\qquad \sum_{i=1}^{m}\cos i\psi\cos ik\psi=\frac{1}{2}\sum_{i=1}^{m}\cos(k+1)i\psi+\frac{1}{2}\sum_{i=1}^{m}\cos(k-1)i\psi=0$$

auf gleiche Weise wie vorhin (mit $k\psi$ statt ψ)

$$\left[\beta_0+2\beta_1\cos k\psi+2\beta_2\cos 2k\psi+\cdots+2\beta_{\frac{m}{2}-1}\cos\left(\frac{m}{2}-1\right)k\psi+\beta_{\frac{m}{2}}\cos\frac{m}{2}k\psi\right]\cdot$$
$$\cdot\sum_{i=1}^{m}Y_i\cos ik\psi=\cos mk\psi=1.$$

Setzt man also zur Abkürzung

$$a_k=\frac{1}{\beta_0+2\beta_1\cos k\psi+2\beta_2\cos 2k\psi+\cdots+2\beta_{\frac{m}{2}-1}\cos\left(\frac{m}{2}-1\right)k\psi+\beta_{\frac{m}{2}}\cos\frac{m}{2}k\psi}\quad\left(k=2,3,\ldots,\frac{m}{2}\right), \tag{10}$$

so läßt sich die letzte Gleichung in folgender Form schreiben:

$$\sum_{i=1}^{m}Y_i\cos ik\psi=a_k. \tag{11}$$

Mit den entsprechenden sin-Multiplikatoren erhält man wegen $\sin mk\psi=0$

$$\sum_{i=1}^{m}Y_i\sin ik\psi=0. \tag{12}$$

Setzt man in (11) der Reihe nach $k=2, 3, \ldots, m/2$, in (12) dagegen $k=2, 3, \ldots, m/2-1$, so erhält man $m-3$ Ersatzgleichungen des Systems (4b), in welchen die Beiwerte der Unbekannten Y_i nun einfache Funktionen des Winkels ψ (und seiner ganzen Vielfachen) sind. Fügt man den $m-3$ Gleichungen (11) und (12) die drei Gleichungen (4a) zu, so kommt das folgende System von m Gleichungen für die m Kräfte Y_i:

$$\left.\begin{array}{llll}
Y_1 & +Y_2 & +\cdots+Y_m & =a_0=0,\\
Y_1\cos\psi & +Y_2\cos 2\psi & +\cdots+Y_m\cos m\psi & =a_1=0,\\
Y_1\cos 2\psi & +Y_2\cos 4\psi & +\cdots+Y_m\cos 2m\psi & =a_2,\\
\vdots & & & \vdots\\
Y_1\cos\frac{m}{2}\psi & +Y_2\cos\frac{m}{2}\cdot 2\psi & +\cdots+Y_m\cos\frac{m^2}{2}\psi & =a_{\frac{m}{2}},\\
Y_1\sin\psi & +Y_2\sin 2\psi & +\cdots+Y_m\sin m\psi & =0,\\
Y_1\sin 2\psi & +Y_2\sin 4\psi & +\cdots+Y_m\sin 2m\psi & =0,\\
\vdots & & & \vdots\\
Y_1\sin\left(\frac{m}{2}-1\right)\psi & +Y_2\sin\left(\frac{m}{2}-1\right)2\psi & +\cdots+Y_m\sin\left(\frac{m}{2}-1\right)m\psi & =0.
\end{array}\right\} \tag{13}$$

Dieses System läßt sich in geschlossener Form lösen. Denn multipliziert man die erste Gleichung mit $\cos 0 j\psi$, die zweite mit $2\cos 1 j\psi$, die dritte mit $2\cos 2 j\psi$, usw., die $\left(\frac{m}{2}+1\right)$-te mit $\cos\frac{m}{2} j\psi$, die nächstfolgenden Gleichungen der Reihe nach mit $2\sin 1 j\psi$, $2\sin 2 j\psi$, $2\sin 3 j\psi$ usw. und addiert, so erhält im Additionsergebnis die Kraft Y_k den Beiwert

$$\begin{aligned} c_{jk} = {} & \cos 0 j\psi \cos 0 k\psi + 2\cos 1 j\psi \cos 1 k\psi + 2\cos 2 j\psi \cos 2 k\psi + \cdots + \\ & + 2\cos\left(\frac{m}{2}-1\right) j\psi \cos\left(\frac{m}{2}-1\right) k\psi + \cos\frac{m}{2} j\psi \cos\frac{m}{2} k\psi + \\ & + 2\sin 1 j\psi \sin 1 k\psi + 2\sin 2 j\psi \sin 2 k\psi + \cdots + 2\sin\left(\frac{m}{2}-1\right) j\psi \sin\left(\frac{m}{2}-1\right) k\psi \end{aligned}$$

oder

$$\begin{aligned} c_{jk} = {} & \cos 0 j\psi \cos 0 k\psi + 2\cos(j-k)\psi + 2\cos 2(j-k)\psi + \cdots + \\ & + 2\cos\left(\frac{m}{2}-1\right)(j-k)\psi + \cos\frac{m}{2} j\psi \cos\frac{m}{2} k\psi, \end{aligned}$$

und dafür kann man wegen $\cos(m-s)(j-k)\psi = \cos s(j-k)\psi$ und wegen $\cos\frac{m}{2} j\psi \cos\frac{m}{2} k\psi = \cos\frac{m}{2}(j-k)\psi$ (weil m gerade ist) auch schreiben

$$c_{jk} = \sum_{i=1}^{m} \cos i(j-k)\psi,$$

so daß also

$$c_{jk} = \begin{Bmatrix} m \\ 0 \end{Bmatrix} \text{ ist für } \begin{Bmatrix} j = k \\ j \neq k \end{Bmatrix}.$$

Man erhält mithin (wegen $a_0 = a_1 = 0$)

$$m Y_j = 2a_2 \cos 2 j\psi + 2a_3 \cos 3 j\psi + \cdots + 2a_{\frac{m}{2}-1} \cos\left(\frac{m}{2}-1\right) j\psi + a_{\frac{m}{2}} \cos\frac{m}{2} j\psi. \quad (14)$$

Weil dies für alle Zeiger $j = 1, 2, \ldots, m$ gilt, so stellt (14) die vollständige Lösung des Systems (4), also die Lösung der Grundaufgabe dar. Wie es sein muß, ist $Y_{m-j} = Y_j$.

Da mit (6), (8) und (9) auch die zugehörigen Werte von A, B und C gefunden sind, so kann man nach (**16**, 6) (mit $P_i = Y_i$ und $\alpha_i = i\psi$ sowie $n = m$) auch y für jeden Winkel φ berechnen, d. h. die Einflußfunktion $y(\varphi)$ für X_m von einer an der Stelle φ wirkenden äußeren Einheitskraft finden, womit die ganze Aufgabe für ein beliebiges äußeres Kräftesystem P_i nach (1) und Ziff. **12** als gelöst zu betrachten ist.

20. Beispiele: der Ring auf vier, sechs und acht Stützen. Als Beispiel rechnen wir jetzt den auf acht äquidistanten Stützen gelagerten Ring vollständig durch. Nach (**19**, 14) ist mit $m = 8$, $\psi = \pi/4$

$$\left.\begin{aligned} Y_1 = Y_7 &= \frac{1}{8}\left(-a_3\sqrt{2} - a_4\right), \\ Y_2 = Y_6 &= \frac{1}{8}(-2a_2 + a_4), \\ Y_3 = Y_5 &= \frac{1}{8}\left(a_3\sqrt{2} - a_4\right), \\ Y_4 &= \frac{1}{8}(2a_2 - 2a_3 + a_4), \\ Y_8 &= \frac{1}{8}(2a_2 + 2a_3 + a_4). \end{aligned}\right\} \quad (1)$$

Für die Beiwerte $a_k (k=2, 3, 4)$ finden wir nach (**19**, 10)

$$a_2 = \frac{1}{\beta_0 - 2\beta_2 + \beta_4}, \qquad a_3 = \frac{1}{\beta_0 - \beta_1\sqrt{2} + \beta_3\sqrt{2} - \beta_4}, \qquad a_4 = \frac{1}{\beta_0 - 2\beta_1 + 2\beta_2 - 2\beta_3 + \beta_4}$$

oder nach (**19**, 3) und auf Grund der S-T-Tafel in Ziff. **17**

$$\frac{1}{a_2} = \left\{\frac{1}{\alpha_b}\left[S(0) - 2\,S\left(\frac{\pi}{2}\right) + S(\pi)\right] + \frac{1}{\alpha_t}\left[T(0) - 2\,T\left(\frac{\pi}{2}\right) + T(\pi)\right]\right\}\frac{r^3}{\pi}$$
$$= \left(\frac{0{,}44830}{\alpha_b} + \frac{0{,}11121}{\alpha_t}\right)\frac{r^3}{\pi},$$

$$\frac{1}{a_3} = \left\{\frac{1}{\alpha_b}\left[S(0) - \sqrt{2}\,S\left(\frac{\pi}{4}\right) + \sqrt{2}\,S\left(\frac{3\pi}{4}\right) - S(\pi)\right] + \frac{1}{\alpha_t}\left[T(0) - \sqrt{2}\,T\left(\frac{\pi}{4}\right) + \right.\right.$$
$$\left.\left. + \sqrt{2}\,T\left(\frac{3\pi}{4}\right) - T(\pi)\right]\right\}\frac{r^3}{\pi} = \left(\frac{0{,}06994}{\alpha_b} + \frac{0{,}00723}{\alpha_t}\right)\frac{r^3}{\pi},$$

$$\frac{1}{a_4} = \left\{\frac{1}{\alpha_b}\left[S(0) - 2\,S\left(\frac{\pi}{4}\right) + 2\,S\left(\frac{\pi}{2}\right) - 2\,S\left(\frac{3\pi}{4}\right) + S(\pi)\right] + \frac{1}{\alpha_t}\left[T(0) - 2\,T\left(\frac{\pi}{4}\right) + \right.\right.$$
$$\left.\left. + 2\,T\left(\frac{\pi}{2}\right) - 2\,T\left(\frac{3\pi}{4}\right) + T(\pi)\right]\right\}\frac{r^3}{\pi} = \left(\frac{0{,}03602}{\alpha_b} + \frac{0{,}00222}{\alpha_t}\right)\frac{r^3}{\pi}.$$

Zur Weiterführung des Beispiels muß jetzt ein Zahlenwert für das Verhältnis der beiden Steifigkeiten α_b und α_t angenommen werden. Es sei $\alpha_b : \alpha_t = 10$. Dann wird

$$a_2 = 0{,}64087\,\frac{\pi\alpha_b}{r^3}, \qquad a_3 = 7{,}03240\,\frac{\pi\alpha_b}{r^3}, \qquad a_4 = 17{,}16149\,\frac{\pi\alpha_b}{r^3}$$

und also nach (1)

$$\left.\begin{aligned} &Y_1 = Y_7 = -3{,}38835\frac{\pi\alpha_b}{r^3}, \quad Y_2 = Y_6 = 1{,}98497\frac{\pi\alpha_b}{r^3}, \quad Y_3 = Y_5 = -0{,}90202\frac{\pi\alpha_b}{r^3},\\ &Y_4 = 0{,}54730\frac{\pi\alpha_b}{r^3}, \quad Y_0 = Y_8 = 4{,}06350\,\frac{\pi\alpha_b}{r^3}. \end{aligned}\right\} \quad (2)$$

Nunmehr kann mit der S-T-Tafel die zu Y_i gehörige Durchbiegung [gemäß (**16**, 6) und (**19**, 6), (**19**, 8), (**19**, 9)]

$$y = \frac{1}{8} + \frac{1}{4}\cos\varphi + \sum_{j=1}^{m}\left[S(\varphi - j\psi) + \frac{\alpha_b}{\alpha_t}T(\varphi - j\psi)\right]\frac{Y_j r^3}{\pi\alpha_b} \quad (3)$$

für jeden Punkt φ des Ringumfanges berechnet werden. Sie ist die gesuchte Einflußfunktion und in Abb. 20 dargestellt.

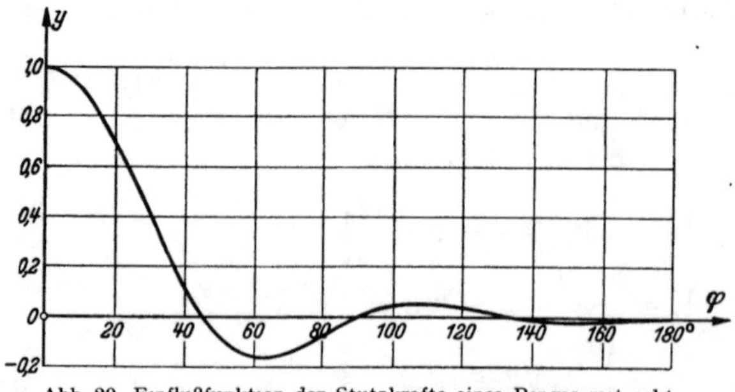

Abb. 20. Einflußfunktion der Stützkräfte eines Ringes mit acht äquidistanten Stützen.

Bei jeder vorgegebenen äußeren Belastung P_i des Ringes lassen sich also die Stützkräfte nach (**19**, 1) ohne weiteres bestimmen, und dann kann die ganze Durchrechnung des Ringes vollends nach der Methode von Ziff. **12** geschehen.

Schließlich sei erwähnt, daß die Ordinaten der in Abb. 20 dargestellten Einflußfunktion kaum merkbar von dem Verhältnis $\alpha_b : \alpha_t$ abhängen, so daß diese Kurve ohne Bedenken für alle Werte von $\alpha_b : \alpha_t$ verwendet werden darf.

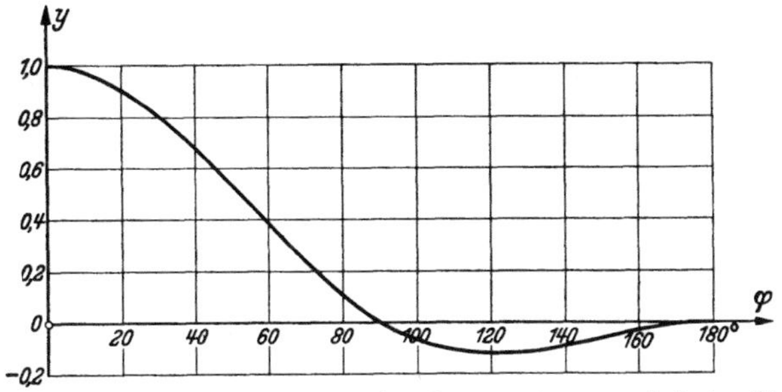

Abb. 21. Einflußfunktion der Stutzkrafte eines Ringes mit vier aquidistanten Stutzen.

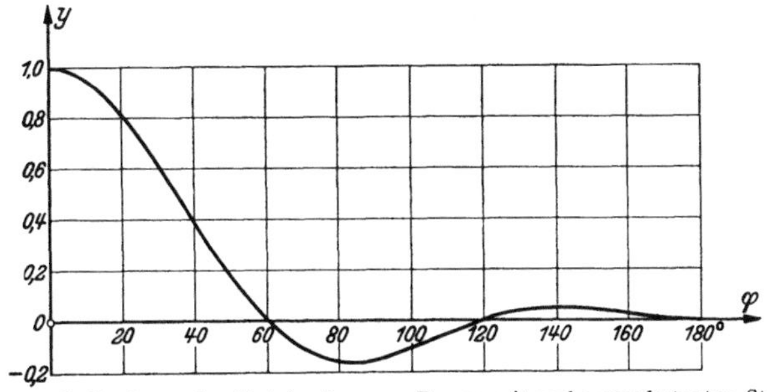

Abb. 22. Einflußfunktion der Stutzkrafte eines Ringes mit sechs aquidistanten Stutzen.

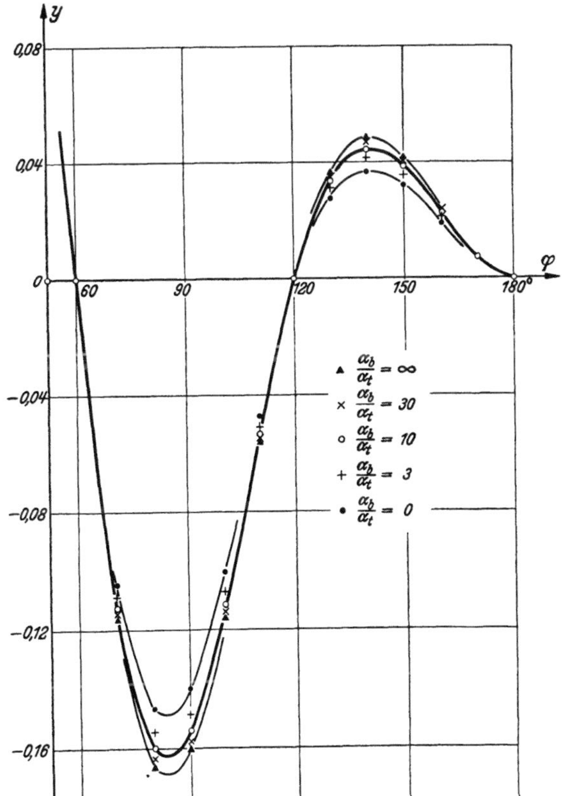

Abb. 23. Die Schwankungen der Einflußfunktion fur den Fall $m = 6$.

Ähnliches gilt für die Einflußfunktionen des in vier oder sechs äquidistanten Punkten gestützten Ringes, welche in Abb. 21 und 22 (ebenfalls für den Fall $\alpha_b:\alpha_t = 10$) dargestellt sind. In den Feldern, die unmittelbar links und rechts von der betrachteten Stützkraft liegen, ist ein Unterschied in den Ordinaten der zu verschiedenen Werten von $\alpha_b:\alpha_t$ gehörigen Kurven zeichnerisch überhaupt nicht bemerkbar. Erst in den weiter abliegenden Feldern treten kleine Differenzen auf, die sich am größten für den Fall $m=6$ erweisen. Abb. 23 zeigt für diesen Fall in vergrößertem Maßstab die Schwankung in den Ordinaten, wie diese für $\alpha_b:\alpha_t = 0$, 3, 10, 30, ∞ errechnet worden ist. Aber auch hier wird man wohl immer mit der zu $\alpha_b:\alpha_t = 10$ gehörigen Einflußfunktion von Abb. 22 auskommen.

21. Der in seiner Ebene belastete Ring. Wie schon bei dem senkrecht zu seiner Ebene belasteten Ring beschränken wir uns auch hier auf den Fall,

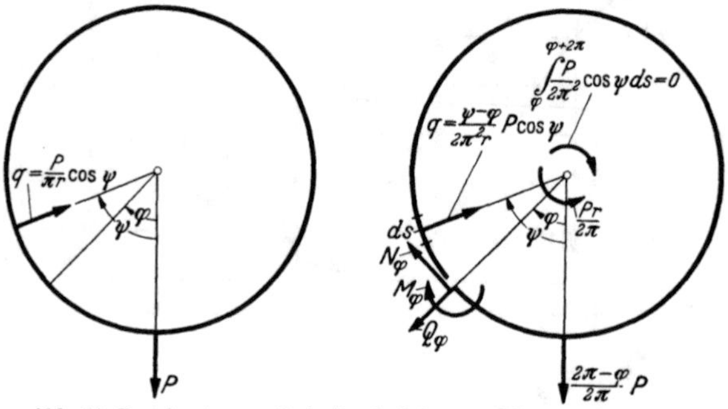

Abb. 24. Die durch eine Radialkraft definierte Elementarbelastung.

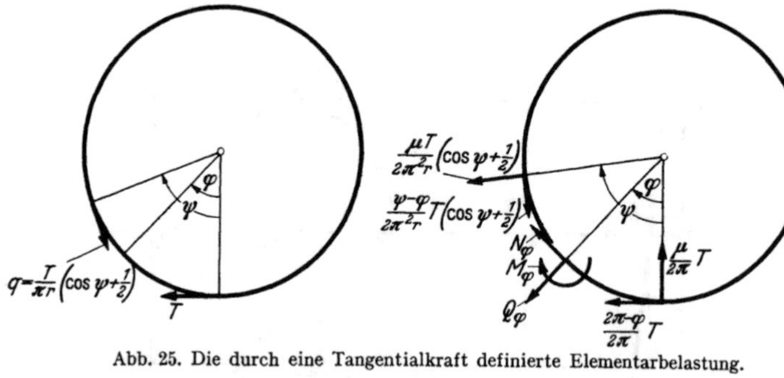

Abb. 25. Die durch eine Tangentialkraft definierte Elementarbelastung.

daß der Ring nur durch Kräfte belastet wird, die in der Ringmittellinie angreifen, und behandeln zunächst nach der Methode von Ziff. **18** zwei Elementarbelastungen, die uns bei der Aufstellung der allgemeinen Formänderungsgleichungen von Nutzen sein werden. Die erste dieser Elementarbelastungen (Abb. 24 links) besteht aus einer radialen Einzellast P an der Stelle $\psi=0$ und der kontinuierlichen radialen Belastung $q=-(P/\pi r)\cos\psi$, die zweite (Abb. 25 links) aus einer tangentialen Einzellast T an der Stelle $\psi=0$ und der kontinuierlichen Belastung $q=-(T/\pi r)(\cos\psi+\frac{1}{2})$. Beide Belastungen bilden, wie man leicht einsieht, je ein Gleichgewichtssystem. In Abb. 24 und 25 sind rechts nach der Vorschrift von Ziff. **13** die reduzierten Belastungen eingezeichnet, und man findet also das in einem beliebigen Querschnitt φ auftretende Biegemoment M_φ im ersten Falle aus der Gleichung

$$M_\varphi + \frac{2\pi-\varphi}{2\pi} Pr\sin\varphi + \int\limits_{\varphi}^{\varphi+2\pi} \frac{\psi-\varphi}{2\pi^2} Pr\sin(\psi-\varphi)\cos\psi\, d\psi - \frac{Pr}{2\pi} = 0, \qquad (1)$$

im zweiten Falle aus der Gleichung

$$\left.\begin{aligned} M_\varphi + \frac{2\pi-\varphi}{2\pi} Tr(1-\cos\varphi) - \frac{\mu}{2\pi} Tr\sin\varphi - \int\limits_\varphi^{\varphi+2\pi} \frac{\psi-\varphi}{2\pi^2} Tr\left(\cos\psi+\frac{1}{2}\right)[1-\cos(\psi-\varphi)]\,d\psi - \\ - \int\limits_\varphi^{\varphi+2\pi} \frac{\mu}{2\pi^2} Tr\left(\cos\psi+\frac{1}{2}\right)\sin(\psi-\varphi)\,d\psi = 0; \end{aligned}\right\} \quad (2)$$

und zwar kommt nach Ausführung der erforderlichen Integrationen im ersten Fall

$$M_\varphi = \frac{Pr}{2\pi}\left[1+\frac{1}{2}\cos\varphi - (\pi-\varphi)\sin\varphi\right], \quad (3)$$

im zweiten Fall

$$M_\varphi = \frac{Tr}{2\pi}\left[\frac{3}{2}\sin\varphi - (\pi-\varphi)(1-\cos\varphi)\right]. \quad (4)$$

Nach (**1**, 2) lautet also die Differentialgleichung für die radiale Verschiebung y im ersten Falle

$$\frac{d^2y}{d\varphi^2} + y = -\frac{Pr^3}{2\pi\alpha}\left[1+\frac{1}{2}\cos\varphi - (\pi-\varphi)\sin\varphi\right], \quad (5)$$

im zweiten Falle

$$\frac{d^2y}{d\varphi^2} + y = -\frac{Tr^3}{2\pi\alpha}\left[\frac{3}{2}\sin\varphi - (\pi-\varphi)(1-\cos\varphi)\right]. \quad (6)$$

Die Lösungen dieser Gleichungen sind

$$y = B_1\cos\varphi + C_1\sin\varphi + \frac{Pr^3}{2\pi\alpha}\left[-1+\frac{1}{2}(\pi-\varphi)\sin\varphi + \frac{1}{4}(\pi-\varphi)^2\cos\varphi\right] \quad (7)$$

und

$$y = B_2\cos\varphi + C_2\sin\varphi + \frac{Tr^3}{2\pi\alpha}\left[\pi-\varphi-\frac{1}{2}\left(\pi\varphi+\frac{1}{4}\right)\sin\varphi + \varphi\cos\varphi + \frac{1}{4}\varphi^2\sin\varphi\right]. \quad (8)$$

Stellt man für jede dieser Lösungen die Forderung, daß

$$\int\limits_0^{2\pi} y\cos\varphi\,d\varphi = 0 \quad \text{und} \quad \int\limits_0^{2\pi} y\sin\varphi\,d\varphi = 0$$

ist, so findet man für die Integrationskonstanten die Werte

$$B_1 = -\left(\frac{3}{8}+\frac{\pi^2}{12}\right)\frac{Pr^3}{2\pi\alpha}, \qquad C_1 = 0, \qquad B_2 = -\pi\frac{Tr^3}{2\pi\alpha}, \qquad C_3 = \left(\frac{\pi^2}{6}-\frac{5}{4}\right)\frac{Tr^3}{2\pi\alpha},$$

und somit kommt im ersten Falle

$$y = \frac{Pr^3}{\pi a}\left[-\frac{1}{2}+\frac{1}{4}\left(\frac{\pi^2}{3}-\frac{3}{4}-\pi\varphi+\frac{1}{2}\varphi^2\right)\cos\varphi + \frac{1}{4}(\pi-\varphi)\sin\varphi\right], \quad (9)$$

im zweiten Falle

$$y = \frac{Tr^3}{\pi\alpha}\left[\frac{1}{2}(\pi-\varphi)(1-\cos\varphi) + \frac{1}{4}\left(\frac{\pi^2}{3}-\frac{11}{4}-\pi\varphi+\frac{1}{2}\varphi^2\right)\sin\varphi\right]. \quad (10)$$

Berechnet man nach (**1**, 3) auch noch die tangentiale Verschiebung

$$t = -\int y\,d\varphi + C$$

und bestimmt die Konstante C derart, daß

$$\int\limits_0^{2\pi} t\,d\varphi = 0$$

ist, so erhält man im ersten Falle

$$t = -\frac{Pr^3}{\pi\alpha}\left[\frac{1}{2}(\pi-\varphi)(1-\cos\varphi) + \frac{1}{4}\left(\frac{\pi^2}{3}-\frac{11}{4}-\pi\varphi+\frac{1}{2}\varphi^2\right)\sin\varphi\right], \quad (11)$$

im zweiten Falle

$$t = \frac{Tr^3}{\pi\alpha}\left[-1 + \frac{\pi^2}{6} - \frac{\pi}{2}\varphi + \frac{1}{4}\varphi^2 + \frac{1}{4}\left(\frac{\pi^2}{3} - \frac{23}{4} - \pi\varphi + \frac{1}{2}\varphi^2\right)\cos\varphi + \frac{3}{4}(\pi - \varphi)\sin\varphi\right]. \quad (12)$$

Die Klammerausdrücke rechts in (9) und (12) stimmen mit den Funktionen $S(\varphi)$ und $T(\varphi)$ nach (**17**, 4) und (**17**, 5) überein. Setzt man außerdem noch

$$U(\varphi) \equiv \frac{1}{2}(\pi - \varphi)(1 - \cos\varphi) + \frac{1}{4}\left(\frac{\pi^2}{3} - \frac{11}{4} - \pi\varphi + \frac{1}{2}\varphi^2\right)\sin\varphi, \quad (13)$$

so lassen sich die von den beiden betrachteten Elementarbelastungen hervorgerufenen radialen und tangentialen Verschiebungen wie folgt schreiben:
im ersten Falle

$$y = \frac{Pr^3}{\pi\alpha}S(\varphi), \qquad t = -\frac{Pr^3}{\pi\alpha}U(\varphi), \quad (14)$$

im zweiten Falle

$$y = \frac{Tr^3}{\pi\alpha}U(\varphi), \qquad t = \frac{Tr^3}{\pi\alpha}T(\varphi). \quad (15)$$

Es zeigt sich also, daß bei gleichen Kräften P und T die tangentiale Verschiebung jedes Punktes im ersten Falle entgegengesetzt gleich seiner radialen Verschiebung im zweiten Falle ist.

Nun werde der Ring durch mehrere Kräfte P_i und $T_i (i = 1, 2, \ldots, n)$ mit den Winkelkoordinaten $\alpha_i (i = 1, 2, \ldots, n)$ belastet, deren jeder für sich durch eine kontinuierliche Belastung

$$-\frac{P_i}{\pi r}\cos(\varphi - \alpha_i) \quad \text{und} \quad -\frac{T_i}{\pi r}\left[\cos(\varphi - \alpha_i) + \frac{1}{2}\right] \quad (16)$$

das Gleichgewicht gehalten wird. Außerdem sollen die Kräfte P_i und T_i im Gleichgewicht stehen. Dann ist, wie wir zeigen wollen, die resultierende kontinuierliche Belastung bei der Biegung des Ringes (welche hier allein in Betracht gezogen wird) völlig unwirksam.

Diese resultierende kontinuierliche Belastung setzt sich nämlich an jeder Stelle φ aus der radialen und tangentialen Belastung

$$\left.\begin{aligned} q_r &= -\sum_{i=1}^{n}\frac{P_i}{\pi r}\cos(\varphi - \alpha_i) = -\frac{\cos\varphi}{\pi r}\sum_{i=1}^{n}P_i\cos\alpha_i - \frac{\sin\varphi}{\pi r}\sum_{i=1}^{n}P_i\sin\alpha_i, \\ q_t &= -\sum_{i=1}^{n}\frac{T_i}{\pi r}\left[\cos(\varphi - \alpha_i) + \frac{1}{2}\right] = -\frac{\cos\varphi}{\pi r}\sum_{i=1}^{n}T_i\cos\alpha_i - \frac{\sin\varphi}{\pi r}\sum_{i=1}^{n}T_i\sin\alpha_i - \frac{1}{2\pi r}\sum_{i=1}^{n}T_i \end{aligned}\right\} \quad (17)$$

zusammen. Die Gleichgewichtsbedingungen des Systems (P_i, T_i) lauten

$$\sum_{i=1}^{n}P_i\sin\alpha_i + \sum_{i=1}^{n}T_i\cos\alpha_i = 0, \quad \sum_{i=1}^{n}P_i\cos\alpha_i - \sum_{i=1}^{n}T_i\sin\alpha_i = 0, \quad \sum_{i=1}^{n}T_i r = 0. \quad (18)$$

Setzt man zur Abkürzung

$$\sum_{i=1}^{n}P_i\cos\alpha_i = a, \quad \sum_{i=1}^{n}P_i\sin\alpha_i = b,$$

so folgt aus ihnen

$$\sum_{i=1}^{n}T_i\cos\alpha_i = -b, \quad \sum_{i=1}^{n}T_i\sin\alpha_i = a,$$

so daß die Gleichungen (17) sich wie folgt schreiben lassen:

$$q_r = -\frac{a}{\pi r}\cos\varphi - \frac{b}{\pi r}\sin\varphi, \qquad q_t = \frac{b}{\pi r}\cos\varphi - \frac{a}{\pi r}\sin\varphi. \quad (19)$$

Nunmehr zerlegen wir diese Belastung in zwei Teilbelastungen I und II

$$\left.\begin{array}{ll} q_r^I = -\frac{a}{\pi r}\cos\varphi, & q_t^I = -\frac{a}{\pi r}\sin\varphi, \\ q_r^{II} = -\frac{b}{\pi r}\sin\varphi, & q_t^{II} = +\frac{b}{\pi r}\cos\varphi, \end{array}\right\} \tag{20}$$

welche in Abb. 26 links und rechts gesondert dargestellt sind. Die Belastung II ist aber für den ganzen Ring gleichbedeutend mit der Belastung I; man braucht nämlich den Ring samt seiner Belastung I nur um 90° im positiven Sinne zu drehen, also φ zu ersetzen durch $\varphi - \pi/2$, und die Belastung mit dem Faktor b/a zu multiplizieren, um die Belastung II zu erhalten.

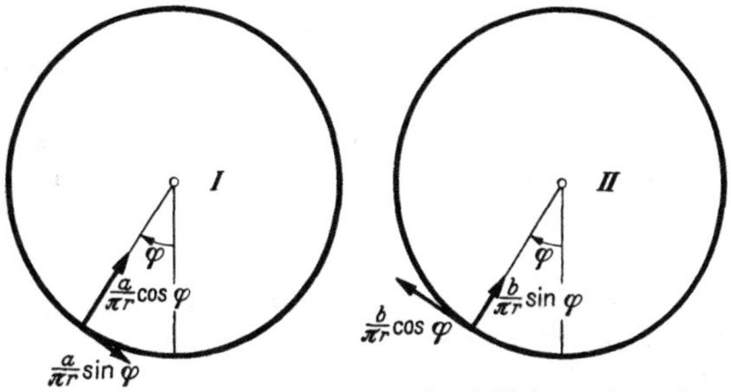

Abb. 26. Die beiden Komponenten I und II der resultierenden kontinuierlichen Belastung.

Es genügt daher, wenn wir jetzt noch zeigen, daß die Belastung I eine Gleichgewichtsbelastung darstellt, die dem Ring keine Biegung erteilt. Wie man unmittelbar einsieht, werden die Gleichgewichtsbedingungen für die Belastung I in der Tat erfüllt. Zum Beweise dafür, daß in jedem Querschnitt auch vollends das Biegemoment den Wert Null hat, könnte man noch einmal auf das Hilfsmittel des reduzierten Kräftesystems zurückgreifen und für einen beliebigen Querschnitt das Biegemoment berechnen. Indessen kommt man einfacher zum Ziel, wenn man nachprüft, ob die für ein beliebiges Ringelement geltenden allgemeinen Gleichgewichtsbedingungen (Abb. 27)

$$\left.\begin{array}{l} dQ_\varphi - N_\varphi d\varphi - \frac{a}{\pi}\cos\varphi\, d\varphi \quad = 0, \\ dN_\varphi + Q_\varphi d\varphi - \frac{a}{\pi}\sin\varphi\, d\varphi \quad = 0, \\ dM_\varphi + r\, dN_\varphi - \frac{a}{\pi}\sin\varphi \cdot r\, d\varphi = 0 \end{array}\right\} \tag{21}$$

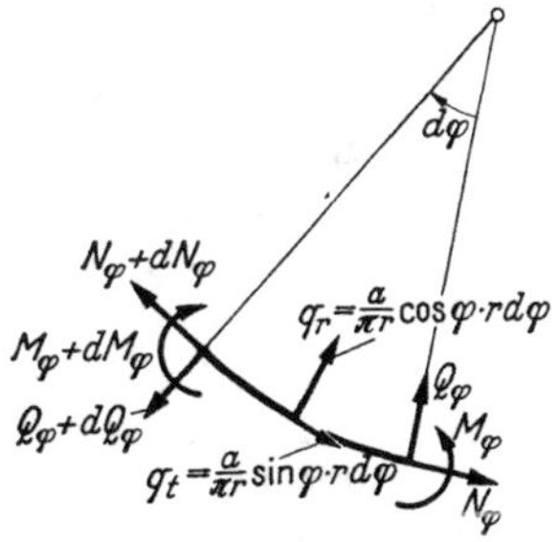

Abb. 27. Das Gleichgewicht eines Ringelements.

mit $M_\varphi \equiv 0$ und $Q_\varphi \equiv 0$ befriedigt werden. Tatsächlich gehen die Gleichungen (21) damit in das verträgliche System

$$N_\varphi + \frac{a}{\pi}\cos\varphi = 0, \qquad dN_\varphi - \frac{a}{\pi}\sin\varphi\, d\varphi = 0$$

über. Es wird aber in dieser Weise nicht nur das Gleichgewicht aller Ringelemente sichergestellt, sondern auch deren geometrischer Zusammenhang; denn, weil die Verlängerung der Ringmittellinie folgerichtig auch hier außer acht gelassen werden muß, so erleiden die Ringelemente durch die noch immer vorhandene Normalkraft N_φ keinerlei Verformung, so daß der Ring als Ganzes die Kreisform beibehält.

Damit ist bewiesen, daß die Gesamtheit der Elementarbelastungen [d. h. der Kräfte P_i und T_i nebst den ihnen zugeordneten kontinuierlichen Lasten (16)] für den Ring gleichwertig ist mit dem System der äußeren Kräfte P_i und T_i, und somit sind wir nunmehr imstande, die von einem Gleichgewichtssystem

(P_ι, T_ι) erzeugten Verschiebungen mit Hilfe der Gleichungen (14) und (15) wie folgt anzuschreiben:

$$\left.\begin{aligned} y &= B\cos\varphi + C\sin\varphi + \sum_{\iota=1}^{n}\frac{P_\iota r^3}{\pi\alpha}S(\varphi-\alpha_\iota) + \sum_{\iota=1}^{n}\frac{T_\iota r^3}{\pi\alpha}U(\varphi-\alpha_\iota),\\ t &= A - B\sin\varphi + C\cos\varphi - \sum_{\iota=1}^{n}\frac{P_\iota r^3}{\pi\alpha}U(\varphi-\alpha_\iota) + \sum_{\iota=1}^{n}\frac{T_\iota r^3}{\pi\alpha}T(\varphi-\alpha_\iota).\end{aligned}\right\}\tag{22}$$

Hierin stellen die Glieder mit A, B und C Verschiebungen dar, welche ein beliebiger Punkt bei einer Verschiebung B längs des einen (vertikalen) Ringdurchmessers, bei einer Verschiebung C längs des andern (horizontalen) Ringdurchmessers und bei einer Drehung A des starr gedachten Ringes erleidet.

Ist der Ring in m Punkten radial und tangential gestützt, so können die Formänderungsgleichungen zur Berechnung der Stützkräfte aus (22), worin dann die linken Größen y und t gleich Null zu setzen sind, unmittelbar gewonnen werden.

22. Der in gleichen Abständen radial gestützte, in einem seiner Stützpunkte auch tangential verankerte Ring. Im folgenden betrachten wir nun insbesondere einen Ring, der in einer geraden Anzahl m Punkten von gleichen Winkelabständen radial gestützt und durch beliebig viele äußere Kräfte in seiner Ebene belastet wird. Ist die Momentensumme dieser Kräfte in bezug auf den Kreismittelpunkt nicht Null, so verbürgen die radialen Stützkräfte das Gleichgewicht des Ringes nicht, und er muß also in wenigstens einem Punkte auch noch tangential gestützt werden. Wir nehmen an, daß dies in dem Punkte 0 $(\equiv m)$ geschieht. Gesucht sind wieder alle Stützkräfte.

Die Aufgabe ist als gelöst zu betrachten, wenn die Einflußfunktionen sowohl für eine radiale, wie für eine tangentiale Einheitskraft bekannt sind. Zunächst behandeln wir den Fall der radialen Einheitskraft, bei welcher also die tangentiale Stützkraft im Punkte 0 $(\equiv m)$ gleich Null gesetzt werden kann. Die Bedeutung der Einflußfunktion für die Lösung der ganzen Aufgabe ist dieselbe wie in Ziff. **19**. Überhaupt folgen wir dem dortigen Gedankengang Schritt für Schritt und wiederholen ihn deshalb hier nur in großen Zügen.

Wir heben also die m-te Stütze auf und bestimmen die Größe derjenigen Kraft Y_m, die an ihrer Angriffsstelle eine radiale Verschiebung von der Größe Eins verursacht, sowie die Größen der durch Y_m in den anderen Stützpunkten erzeugten Reaktionskräfte $Y_i (i=1, 2, \ldots, m-1)$. Mit $\psi_\iota = i\,(2\pi/m) = i\psi$ statt α_ι und Y_i statt P_ι gelten nach (**21**, 22) die folgenden Gleichungen:

$$\left.\begin{aligned} y_j &= B\cos j\psi + C\sin j\psi + \sum_{\iota=1}^{m}\frac{Y_\iota r^3}{\pi\alpha}S\big(|j-i|\,\psi\big) = 0 \quad (j=1,2,\ldots,m-1),\\ y_m &= B\cos m\psi + C\sin m\psi + \sum_{\iota=1}^{m}\frac{Y_\iota r^3}{\pi\alpha}S\big(|m-i|\,\psi\big) = 1.\end{aligned}\right\}\tag{1}$$

Setzt man zur Abkürzung

$$\frac{r^3}{\pi\alpha}S\big(|j-i|\,\psi\big) = \beta_{|j-\iota|}\tag{2}$$

und ergänzt die Gleichungen (1) durch die zwei für das System Y_ι geltenden Gleichgewichtsbedingungen, so erhält man, bis auf die erste Gleichung, das System (**19**, 4), wenn man dort die Konstante A gleich Null setzt. Die Berechnung der Kräfte $Y_\iota (i=1, 2, \ldots, m)$ sowie der Konstanten B und C verläuft in genau derselben Weise wie in Ziff. **19**. Es ändert sich lediglich das Summationsergebnis der Gleichungen (**19**, 4b), welches dort auf die Gleichung

(**19**, 6) für A führte. Denn weil jetzt die Konstante A von vornherein Null ist, so liefert die Summation der Gleichungen (**19**, 4b) jetzt

$$\sum_{i=0}^{m-1} \beta_i \cdot \sum_{i=1}^{m} Y_i = 1,$$

womit für die Kräfte Y_i die neue Gleichung

$$\sum_{i=1}^{m} Y_i = 1 : \sum_{i=0}^{m-1} \beta_i = a_0 \tag{3}$$

gewonnen wird, wo a_0 eine Abkürzung bedeutet, die im Gegensatz zu Ziff. **19** im allgemeinen nicht verschwindet.

Die Gleichungen (**19**, 11) und (**19**, 12) bleiben (abgesehen von der veränderten Bedeutung der Beiwerte β) unverändert bestehen, so daß man jetzt das folgende System von Gleichungen für die Y_i erhält:

$$\left.\begin{array}{llll}
Y_1 & + Y_2 & + \cdots + Y_m & = a_0, \\
Y_1 \cos\psi & + Y_2 \cos 2\psi & + \cdots + Y_m \cos m\psi & = a_1 = 0, \\
Y_1 \cos 2\psi & + Y_2 \cos 4\psi & + \cdots + Y_m \cos 2m\psi & = a_2, \\
\vdots & & & \\
Y_1 \cos\frac{m}{2}\psi & + Y_2 \cos\frac{m}{2}\cdot 2\psi & + \cdots + Y_m \cos\frac{m^2}{2}\psi & = a_{\frac{m}{2}}, \\
Y_1 \sin\psi & + Y_2 \sin 2\psi & + \cdots + Y_m \sin m\psi & = 0, \\
Y_1 \sin 2\psi & + Y_2 \sin 4\psi & + \cdots + Y_m \sin 2m\psi & = 0, \\
\vdots & & & \\
\multicolumn{4}{l}{Y_1 \sin\left(\frac{m}{2}-1\right)\psi + Y_2 \sin\left(\frac{m}{2}-1\right)2\psi + \cdots + Y_m \sin\left(\frac{m}{2}-1\right)m\psi = 0,}
\end{array}\right\} \tag{4}$$

wenn auch hier

$$a_k = \frac{1}{\beta_0 + 2\beta_1 \cos k\psi + 2\beta_2 \cos 2k\psi + \cdots + 2\beta_{\frac{m}{2}-1} \cos\left(\frac{m}{2}-1\right)k\psi + \beta_{\frac{m}{2}} \cos\frac{m}{2}k\psi} \quad \left(k = 2, 3, \ldots, \frac{m}{2}\right) \tag{5}$$

gesetzt wird.

Die Lösung des Systems (4) liefert schließlich für die Y_j $(j = 1, 2, \ldots, m)$ genau so wie in Ziff. **19**

$$\left.\begin{aligned}
mY_j = {} & a_0 \cos 0\, j\psi + 2\, a_2 \cos 2 j\psi + 2\, a_3 \cos 3 j\psi + \cdots + \\
& + 2\, a_{\frac{m}{2}-1} \cos\left(\frac{m}{2}-1\right) j\psi + a_{\frac{m}{2}} \cos\frac{m}{2} j\psi \qquad (j = 1, 2, \ldots, m).
\end{aligned}\right\} \tag{6}$$

Die Konstanten B und C berechnen sich nach (**19**, 8) und (**19**, 9) zu

$$B = \frac{2}{m}, \qquad C = 0.$$

Nunmehr kann mit der Tabelle für S (Ziff. **17**) die zu dem Kräftesystem Y_j gehörige Durchbiegung gemäß der ersten Formel (**21**, 22)

$$y = \frac{2}{m} \cos\varphi + \sum_{j=1}^{m} \frac{Y_j r^3}{\pi\alpha} S(\varphi - j\psi) \tag{7}$$

für jeden Punkt des Ringumfanges berechnet werden.

Als Beispiel zeigen wir für den Fall $m=16$ in Abb. 28 die in dieser Weise bestimmte Einflußfunktion.

Jetzt behandeln wir noch den Fall einer tangentialen Einheitskraft. Es leuchtet ein, daß die tangentiale Stützkraft der m-ten Stütze einen konstanten Wert (nämlich Eins) hat, und daß in diesem Falle die Einflußfunktion zunächst nur die radiale Stützkraft in der m-ten Stütze angibt. Wie man daraus aber auch die radialen Stützkräfte in den andern Stützen in einfacher Weise finden kann, werden wir bald sehen.

Betrachtet man zuerst die m-te radiale Stützkraft Z_m, die von einer tangentialen, im Punkt φ angreifenden Einheitskraft erzeugt wird, so findet man, wie wir sogleich beweisen werden,

$$Z_m = \int_0^{\varphi} y(\varphi')\, d\varphi', \tag{8}$$

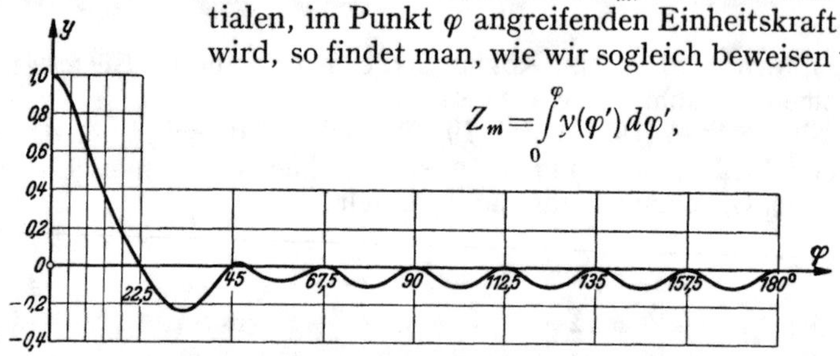

Abb. 28. Einflußfunktion fur die radialen Stutzkrafte eines Ringes mit 16 aquidistanten radialen Stutzen von einer beweglichen radialen Einheitskraft.

wo $y(\varphi')$ diejenige radiale Verschiebung des Punktes φ' darstellt, welche auftritt, wenn im Punkte m die radiale Unterstützung aufgehoben und daselbst von einer radialen Kraft Y_m eine radiale Einheitsverschiebung erzeugt wird. Denn nach dem Maxwellschen Satze erzeugt eine tangentiale Kraft von der Größe Y_m, die im Punkte φ angreift, im Punkte m eine radiale Verschiebung, die ebenso groß ist wie die tangentiale Verschiebung, welche die im Punkte m angreifende radiale Kraft Y_m im Punkte φ erzeugt, und die nach (**1**, **3**) gleich $-\int_0^{\varphi} y(\varphi')\, d\varphi'$ zu setzen ist. Die im Punkte φ angreifende tangentiale Einheitskraft erzeugt also im Punkte m die radiale Verschiebung

$$y_m^{(1)} = -\frac{1}{Y_m} \int_0^{\varphi} y(\varphi')\, d\varphi'. \tag{9}$$

Diese soll durch eine in m angreifende radiale Kraft Z_m aufgehoben werden, welche ihrerseits eine radiale Verschiebung

$$y_m^{(2)} = \frac{Z_m}{Y_m} \tag{10}$$

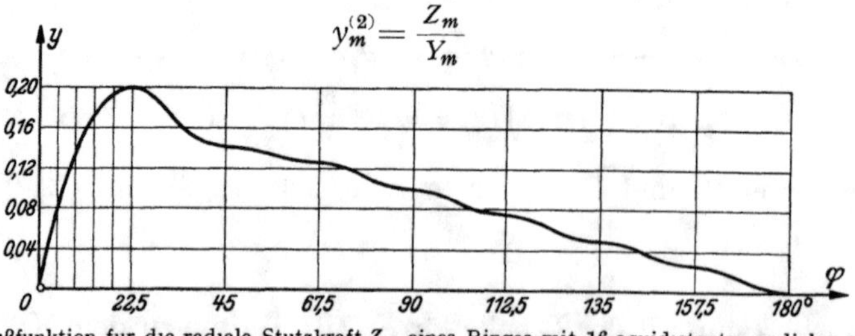

Abb. 29. Einflußfunktion fur die radiale Stutzkraft Z_m eines Ringes mit 16 aquidistanten radialen und einer tangentialen Stutze (im Punkt m) von einer beweglichen tangentialen Einheitskraft.

erzeugt (da ja Y_m die radiale Einheitsverschiebung hervorrief). Setzt man die Summe der Beträge (9) und (10) gleich Null, so folgt (8). Es zeigt sich also, daß die Einflußfunktion zur Bestimmung von Z_m als Integralkurve der in Abb. 28 dargestellten Einflußfunktion erhalten werden kann. Sie ist in Abb. 29 wiedergegeben.

Zur Bestimmung der k-ten radialen Stützkraft Z_k endlich berechnet man für jeden Punkt φ diejenige tangentiale Verschiebung, welche daselbst erzeugt wird, wenn dem Punkte k, nachdem die k-te Stütze aufgehoben ist, eine radiale Einheitsverschiebung durch eine Kraft Y_k erteilt wird. Zählt man den Winkel φ jetzt von dem Punkte k an, so liefert der Maxwellsche Satz (Kap. II, Ziff. **9**) die Gleichung

$$-\frac{1}{Y_k}\int_{-k\psi}^{\varphi} y(\varphi')\,d\varphi' + \frac{Z_k}{Y_k} = 0,$$

aus welcher

$$Z_k = \int_{-k\psi}^{\varphi} y(\varphi')\,d\varphi' = \int_{0}^{\varphi} y(\varphi')\,d\varphi' + \int_{0}^{k\psi} y(\varphi')\,d\varphi'$$

oder nach (8)

$$Z_k = Z_m + \int_{0}^{k\psi} y(\varphi)\,d\varphi \tag{11}$$

folgt. Weil das Integral in (11) von φ unabhängig ist, so erhält man Z_k aus Z_m durch eine einfache Verschiebung der Abszissenachse.

§ 4. Das Rad.

23. Die Berechnungsmethode. Der in seiner Ebene belastete Ring, der durch eine Anzahl gleichmäßig über seinen Umfang verteilter, gerader Speichen versteift ist, wird je nach der Art seiner technischen Verwendung als Rad, Zahnrad, Schwungrad, Riemenscheibe usw. bezeichnet; wir brauchen indessen hier auf eine solche Unterscheidung nicht einzugehen, weil wir die Berechnung, d. h. die Ermittlung der Schnittkräfte und -momente und damit wieder der Spannungen im Rad unabhängig von dem Verwendungszweck in einheitlicher Weise durchführen werden. Wir beschränken uns auf solche Fälle, wo den am Kranz angreifenden Kräften durch ein an der Nabe angreifendes Moment und durch eine zentrisch in der Radachse angreifende Kraft das Gleichgewicht gehalten wird. Die Angriffspunkte aller äußeren Kräfte und Momente sollen in der Mittellinie des Kranzes liegen. Es wird also angenommen, daß etwaige exzentrisch angreifende Kräfte (wie diese z. B. beim Zahnrad stets auftreten) schon auf den ihrem Angriffspunkt am nächsten liegenden Punkt der Kranzmittellinie reduziert sind. Als Kranzmittellinie bezeichnen wir dabei den geometrischen Ort der Schwerpunkte der Meridianschnitte des Kranzes. Von den Speichen wird nur die Biegeelastizität berücksichtigt, so daß sie als dehnungssteif gelten sollen. Die folgenden Überlegungen werden unabhängig von der Zahl n der Speichen sein, bei der zahlenmäßigen Auswertung der allgemeinen Ergebnisse beschränken wir uns jedoch auf die praktisch wichtigsten Sonderfälle $n=4$ und $n=6$.

Zur Erläuterung der Berechnungsmethode schneiden wir zunächst ein zwischen zwei aufeinanderfolgenden Speichen liegendes Kranzsegment aus dem Rad heraus und bestimmen zu der vorgeschriebenen äußeren Belastung dieses Segmentes diejenigen Reaktionen in den Segmentenden, die bei starrer Einspannung der Segmentenden erforderlich wären. Würde man das außerhalb des Segmentes unbelastete (aber vollständige) Rad in dem betrachteten (nun nicht mehr starr eingespannten) Segment durch die dort vorgeschriebene Belastung und durch die so erhaltenen Reaktionskräfte (welche dabei als äußere Kräfte aufgefaßt werden) belasten, so würde das ganze Rad, außer in dem betrachteten Segment, von dieser Belastung nichts spüren. Das Segment selbst dagegen wäre belastet, wie wenn es beiderseitig starr eingespannt wäre. Führt man das Verfahren für alle Kranzsegmente durch, so entsteht eine weiterhin mit I zu bezeichnende Radbelastung, bei welcher alle Speichen unbelastet sind und alle Kranzsegmente sich als beiderseits starr eingespannte Träger berechnen lassen. Die wirkliche Belastung des Rades kann man wieder herstellen, indem man das Rad einer zweiten Belastung II unterwirft, welche aus den mit umgekehrten Vorzeichen versehenen und in den Speichenanschlußstellen als äußere Belastung angreifenden Kräften und Momenten des Systems I besteht. Es ist somit stets möglich, die vorgegebene Radbelastung in zwei Belastungen I und II derart zu zerlegen, daß sich alle Kranzsegmente unter Wirkung der Belastung I wie beiderseits eingespannte Träger verhalten, und daß die Belastung II ausschließlich aus Kräften und Momenten in den Knotenpunkten (wie wir die Anschlußstellen der Speichen am Kranz kurz nennen wollen) besteht.

Wir zeigen weiter, daß jede in einem Knotenpunkt angreifende Kraft sowie jedes in einem Knotenpunkt angreifende Moment stets als lineare Kombination von n zum voraus und ein für allemal zu bestimmenden Eigenbelastungen dargestellt werden kann, deren zugehörige innere Kräfte- und Momentenverteilung im Rade ebenfalls zum voraus und ein für allemal zu berechnen ist. Hierdurch wird die folgende Berechnungsweise des Rades ermöglicht:

a) Man bestimme für ein beiderseits starr eingespanntes Kranzsegment die Einflußfunktionen für die in den Endquerschnitten auftretenden Reaktionsgrößen, und zwar je getrennt von einer am Segment entlang wandernden radialen und einer tangentialen Einheitskraft, sowie von einem entlang wandernden Einheitsmoment.

b) Mit Hilfe dieser Einflußfunktionen berechne man zu der vorgegebenen Radbelastung für jedes Segment die Reaktionsgrößen, welche in seinen Endpunkten im Falle starrer Speichen auftreten würden, sowie die zu dieser Belastung I gehörige innere Kräfte- und Momentenverteilung.

c) Die unter b) erhaltenen Reaktionsgrößen versehe man mit umgekehrten Vorzeichen und bringe sie als (äußere) Knotenbelastung II an dem sonst unbelasteten Rad an.

d) Zu jeder Einzelkraft und zu jedem Einzelmoment dieser Belastung II bestimme man die im Rad hervorgerufene innere Kräfteverteilung und daraus durch Überlagerung die von II im ganzen hervorgerufene innere Kräfteverteilung.

e) Dann stellt schließlich die Summe der unter b) und d) erhaltenen Ergebnisse das gesuchte Endergebnis dar.

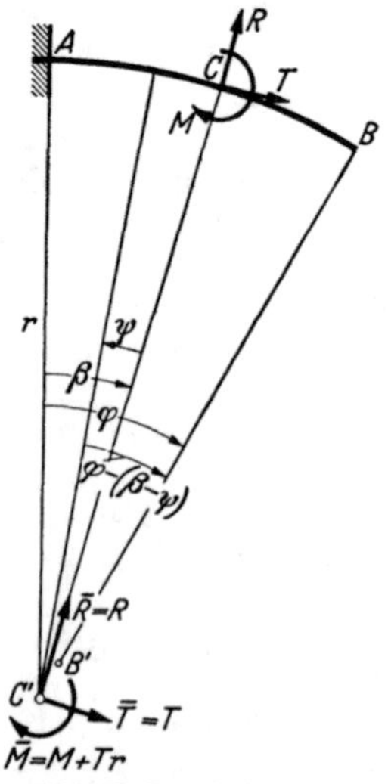

Abb. 30. Das einseitig eingespannte Segment.

24. Das beiderseits eingespannte Segment. Wir betrachten das in Abb. 30 dargestellte Kranzsegment, welches vorläufig nur in seinem linken Ende A eingespannt sein soll. Sein Halbmesser sei r, der von ihm überspannte Bogen φ. Im Punkte C mit dem Bogenabstand β vom linken Ende greife eine äußere Radialkraft R, eine äußere Tangentialkraft T und ein äußeres Moment M an. Gesucht sind die radiale Verschiebung u, die tangentiale Verschiebung v und die Winkelverdrehung ϑ des freien rechten Endes B.

Zur Berechnung dieser Größen formen wir die Aufgabe etwas um, indem wir die in C angreifenden Größen R, T und M auf den Bogenmittelpunkt reduzieren, also dort als Kräfte und Momente die Größen

$$\bar{R} = R, \qquad \bar{T} = T, \qquad \bar{M} = M + Tr \tag{1}$$

an dem freien Ende C' eines gedachten starren Hebelarmes CC' angreifen lassen. Ebenso führen wir anstatt der Verschiebungsgrößen u, v und ϑ des Punktes B die Verschiebungsgrößen $\bar{u}$, $\bar{v}$, $\bar{\vartheta}$ im Punkte B' des gedachten starren Hebelarmes BB' ein, welche mit u, v, ϑ folgendermaßen zusammenhängen:

$$\bar{u} = u, \qquad \bar{v} = v - r\vartheta, \qquad \bar{\vartheta} = \vartheta. \tag{2}$$

Damit sind alle in Betracht kommenden Größen im Bogenmittelpunkt vereinigt. Obwohl die hierdurch erzielte Vereinfachung bei der vorliegenden Aufgabe nicht groß ist, führen wir sie gleich im Anfang unserer Berechnung ein, weil wir auch späterhin von ihr Gebrauch machen werden.

Das Biegemoment M_ψ in einem Punkte ψ (wobei wir ψ entgegengesetzt zu φ zählen) berechnet sich zu

$$M_\psi = -\bar{R} r \sin\psi - \bar{T} r \cos\psi + \bar{M} \tag{3}$$

für $0 \leq \psi \leq \beta$; es ist Null für alle negativen ψ.

Wendet man nun (wie schon in Kap. IV, Ziff. **2**) die Methode an, die Verschiebung des Punktes B' so zu berechnen, als ob der Reihe nach jedes Kranzelement allein biegsam, die übrigen Elemente aber starr wären, so findet man mit der Biegesteifigkeit α des Kranzes durch Überlagerung aller Elementarverschiebungen

$$\left.\begin{aligned} \bar{u} &= -\frac{1}{\alpha}\int_0^\beta M_\psi r^2 \sin(\varphi + \psi - \beta)\, d\psi, \\ \bar{v} &= -\frac{1}{\alpha}\int_0^\beta M_\psi r^2 \cos(\varphi + \psi - \beta)\, d\psi, \\ \bar{\vartheta} &= \frac{1}{\alpha}\int_0^\beta M_\psi r\, d\psi. \end{aligned}\right\} \tag{4}$$

Greifen am freien Ende B des Bogens die Kräfte S_2, N_2 und das Moment M_2 an (Abb. 31) und reduziert man sie ebenso wie die Größen R, T und M auf den Bogenmittelpunkt, so daß

$$\bar{S}_2 = S_2, \qquad \bar{N}_2 = N_2, \qquad \bar{M}_2 = M_2 + N_2 r \tag{5}$$

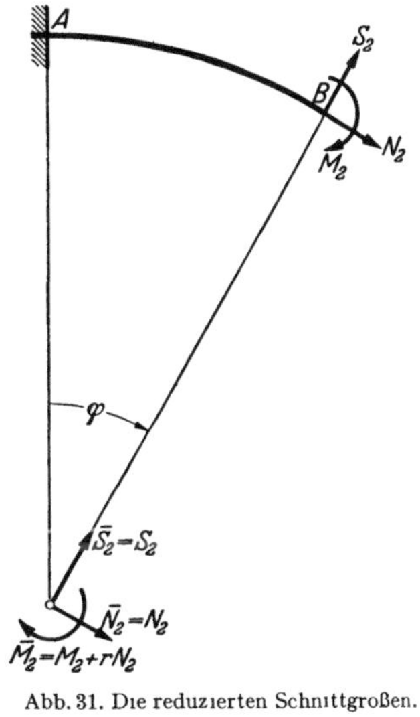

Abb. 31. Die reduzierten Schnittgroßen.

wird, und bezeichnet man weiter die von diesen Kräften und Momenten herrührenden Verschiebungsgrößen des Punktes B mit u_2, v_2, ϑ_2, die zugehörigen reduzierten Verschiebungsgrößen mit $\bar{u}_2$, $\bar{v}_2$, $\bar{\vartheta}_2$, so daß

$$\bar{u}_2 = u_2, \qquad \bar{v}_2 = v_2 - r\vartheta_2, \qquad \bar{\vartheta}_2 = \vartheta_2 \tag{6}$$

ist, so erhält man diese letzten Größen, indem man in den Integralen (4) $\beta = \varphi$ nimmt, die Integrationsgrenze β durch φ ersetzt und in M_ψ (3) die Größen $\bar{S}_2$, $\bar{N}_2$, $\bar{M}_2$ an Stelle von $\bar{R}$, $\bar{T}$, $\bar{M}$ einführt. Ist der Bogen im Punkte B eingespannt, so sind $\bar{S}_2$, $\bar{N}_2$ und $\bar{M}_2$ durch die drei Bedingungsgleichungen

$$\bar{u} + \bar{u}_2 = 0, \qquad \bar{v} + \bar{v}_2 = 0, \qquad \bar{\vartheta} + \bar{\vartheta}_2 = 0 \tag{7}$$

bestimmt.

Wertet man die Integrale (4) und die entsprechenden Integrale für die Größen (6) aus, setzt zur Abkürzung

$$\left.\begin{aligned}
&p_{11}=-\frac{1}{2}\beta\cos(\varphi-\beta)+\frac{1}{2}\sin\beta\cos\varphi, \quad p_{12}=-\frac{1}{2}\beta\sin(\varphi-\beta)-\frac{1}{2}\sin\beta\sin\varphi,\\
&p_{21}=\frac{1}{2}\beta\sin(\varphi-\beta)-\frac{1}{2}\sin\beta\sin\varphi, \quad p_{22}=-\frac{1}{2}\beta\cos(\varphi-\beta)-\frac{1}{2}\sin\beta\cos\varphi,\\
&p_{31}=1-\cos\beta, \quad p_{32}=\sin\beta,\\
&p_{13}=-\cos\varphi+\cos(\varphi-\beta),\\
&p_{23}=\sin\varphi-\sin(\varphi-\beta),\\
&p_{33}=-\beta,
\end{aligned}\right\}\tag{8}$$

und bezeichnet die Werte, welche die $-p_{ij}\,(i=1,2,3;\ j=1,2,3)$ für $\beta=\varphi$ annehmen, mit α_{ij}, so daß also

$$\left.\begin{aligned}
&\alpha_{11}=\frac{1}{2}\varphi-\frac{1}{2}\sin\varphi\cos\varphi, \quad \alpha_{12}=\frac{1}{2}\sin^2\varphi, \quad \alpha_{13}=-1+\cos\varphi,\\
&\alpha_{21}=\frac{1}{2}\sin^2\varphi, \quad \alpha_{22}=\frac{1}{2}\varphi+\frac{1}{2}\sin\varphi\cos\varphi, \quad \alpha_{23}=-\sin\varphi,\\
&\alpha_{31}=-1+\cos\varphi, \quad \alpha_{32}=-\sin\varphi, \quad \alpha_{33}=\varphi
\end{aligned}\right\}\tag{9}$$

ist, so nehmen die Gleichungen (7) die folgende Form an:

$$\begin{aligned}
\alpha_{11}\bar{S}_2+\alpha_{12}\bar{N}_2+\alpha_{13}\frac{\bar{M}_2}{r}&=p_{11}\bar{R}+p_{12}\bar{T}+p_{13}\frac{\bar{M}}{r},\\
\alpha_{21}\bar{S}_2+\alpha_{22}\bar{N}_2+\alpha_{23}\frac{\bar{M}_2}{r}&=p_{21}\bar{R}+p_{22}\bar{T}+p_{23}\frac{\bar{M}}{r},\\
\alpha_{31}\bar{S}_2+\alpha_{32}\bar{N}_2+\alpha_{33}\frac{\bar{M}_2}{r}&=p_{31}\bar{R}+p_{32}\bar{T}+p_{33}\frac{\bar{M}}{r}.
\end{aligned}$$

Setzt man

$$\begin{vmatrix}\alpha_{11}&\alpha_{12}&\alpha_{13}\\ \alpha_{21}&\alpha_{22}&\alpha_{23}\\ \alpha_{31}&\alpha_{32}&\alpha_{33}\end{vmatrix}=\varDelta \text{ und } A_{ij}=\text{Unterdeterminante}^{1)} \text{ von } \alpha_{ij},\tag{10}$$

so ist ihre Lösung

$$\left.\begin{aligned}
\bar{S}_2\varDelta&=(p_{11}A_{11}+p_{21}A_{21}+p_{31}A_{31})\bar{R}+(p_{12}A_{11}+p_{22}A_{21}+p_{32}A_{31})\bar{T}+\\
&\quad+(p_{13}A_{11}+p_{23}A_{21}+p_{33}A_{31})\frac{\bar{M}}{r},\\
\bar{N}_2\varDelta&=(p_{11}A_{12}+p_{21}A_{22}+p_{31}A_{32})\bar{R}+(p_{12}A_{12}+p_{22}A_{22}+p_{32}A_{32})\bar{T}+\\
&\quad+(p_{13}A_{12}+p_{23}A_{22}+p_{33}A_{32})\frac{\bar{M}}{r},\\
\bar{M}_2\varDelta&=(p_{11}A_{13}+p_{21}A_{23}+p_{31}A_{33})\bar{R}r+(p_{12}A_{13}+p_{22}A_{23}+p_{32}A_{33})\bar{T}r+\\
&\quad+(p_{13}A_{13}+p_{23}A_{23}+p_{33}A_{33})\bar{M},
\end{aligned}\right\}\tag{11}$$

und daraus folgt sofort nach (5)

$$S_2=\bar{S}_2,\qquad N_2=\bar{N}_2,\qquad M_2=\bar{M}_2-N_2r.\tag{12}$$

---

[1]) Siehe die Fußnote von S. 93.

Aus den Gleichgewichtsbedingungen des beiderseits eingespannten Segmentes (Abb. 32) findet man dann vollends für die Reaktionen S_1, N_1 und M_1 im linken Ende

$$\left.\begin{aligned} S_1 &= S_2\cos\varphi - N_2\sin\varphi + R\cos\beta - T\sin\beta,\\ N_1 &= S_2\sin\varphi + N_2\cos\varphi + R\sin\beta + T\cos\beta,\\ M_1 &= -S_2 r\sin\varphi + N_2 r(1-\cos\varphi) + M_2 - Rr\sin\beta + Tr(1-\cos\beta) + M. \end{aligned}\right\} \quad (13)$$

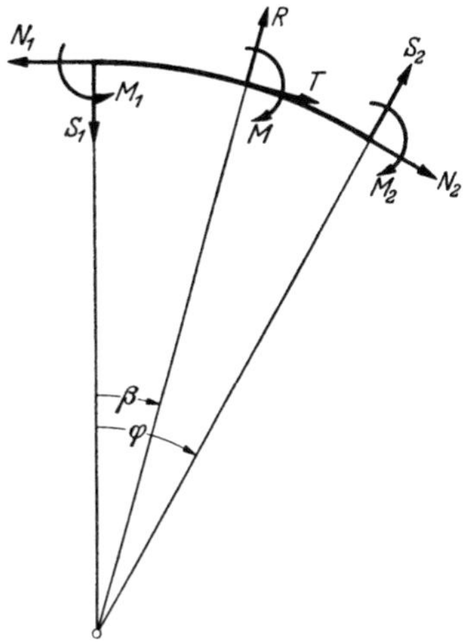

Abb. 32. Das beiderseits eingespannte Segment.

Damit sind die in Ziff. **23** a) genannten Einflußfunktionen zahlenmäßig berechenbar geworden, und die Aufgabe Ziff. **23** b) ist also ohne weiteres lösbar.

25. Die Zahlenwerte für das Rad mit vier und mit sechs Speichen.

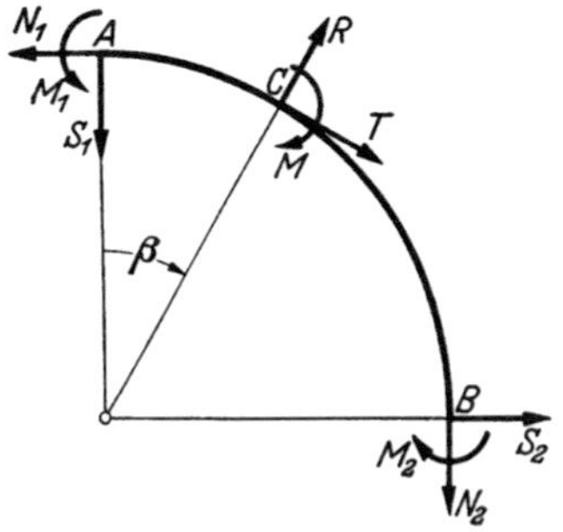

Abb. 33. Der beiderseits eingespannte Viertelkreisbogen.

Die erhaltenen allgemeinen Ergebnisse werten wir nunmehr für die beiden Sonderfälle $\varphi=\pi/2$ und $\varphi=\pi/3$, also für das vier- und sechsspeichige Rad, näher aus.

a) Das vierspeichige Rad. Im Falle $\varphi=\pi/2$ (Abb. 33) findet man aus (**24**, 8) bis (**24**, 10)

$$p_{11} = -\frac{1}{2}\beta\sin\beta,\qquad p_{12} = -\frac{1}{2}(\beta\cos\beta+\sin\beta),\qquad p_{13} = \sin\beta,$$

$$p_{21} = \frac{1}{2}(\beta\cos\beta-\sin\beta),\qquad p_{22} = -\frac{1}{2}\beta\sin\beta,\qquad p_{23} = 1-\cos\beta,$$

$$p_{31} = 1-\cos\beta,\qquad p_{32} = \sin\beta,\qquad p_{33} = -\beta,$$

$$\alpha_{11} = \frac{\pi}{4},\qquad \alpha_{12} = \frac{1}{2},\qquad \alpha_{13} = -1,$$

$$\alpha_{21} = \frac{1}{2},\qquad \alpha_{22} = \frac{\pi}{4},\qquad \alpha_{23} = -1,$$

$$\alpha_{31} = -1,\qquad \alpha_{32} = -1,\qquad \alpha_{33} = \frac{\pi}{2}$$

sowie

$$\Delta = \frac{\pi^3}{32} - \frac{5\pi}{8} + 1 = 0{,}0054507.$$

Berechnet man mit Hilfe dieser Werte nach (**24**, 11) und (**24**, 1) die Größen $\overline{S}_2$, $\overline{N}_2$ und $\overline{M}_2$ und hieraus dann nach (**24**, 12) die Größen S_2, N_2 und M_2 selbst, so findet man

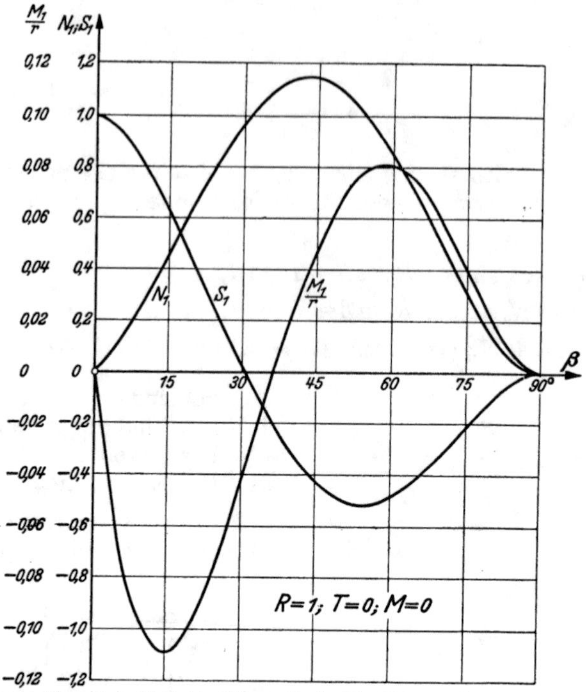

Abb. 34. Das vierspeichige Rad. Einflußfunktionen für S_1, N_1, M_1/r von einer beweglichen Radialkraft $R = 1$.

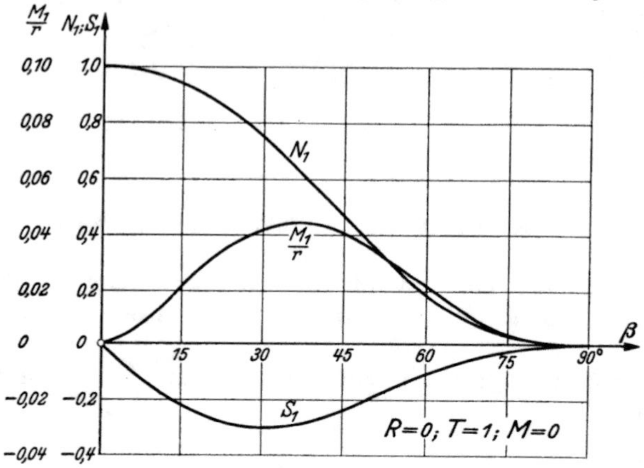

Abb. 35. Das vierspeichige Rad. Einflußfunktionen für S_1, N_1, M_1/r von einer beweglichen Tangentialkraft $T = 1$.

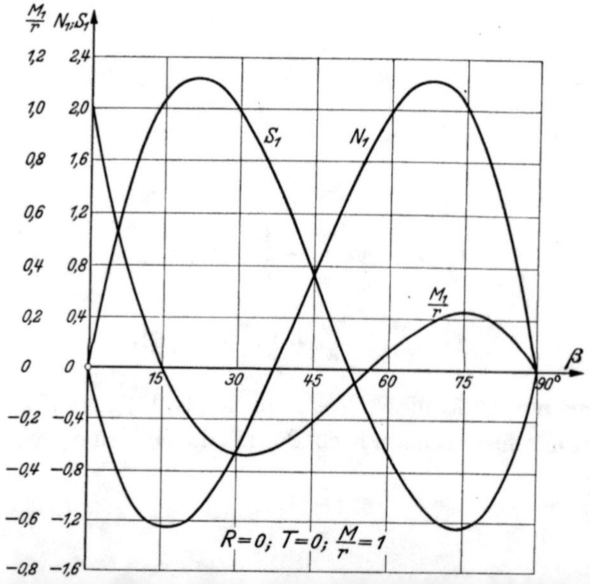

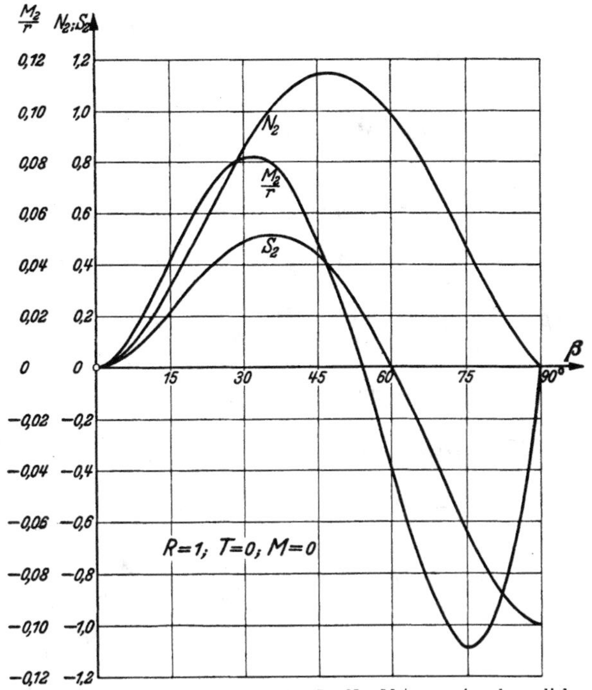

Abb. 37. Das vierspeichige Rad. Einflußfunktionen für S_2, N_2, M_2/r von einer beweglichen Radialkraft $R = 1$.

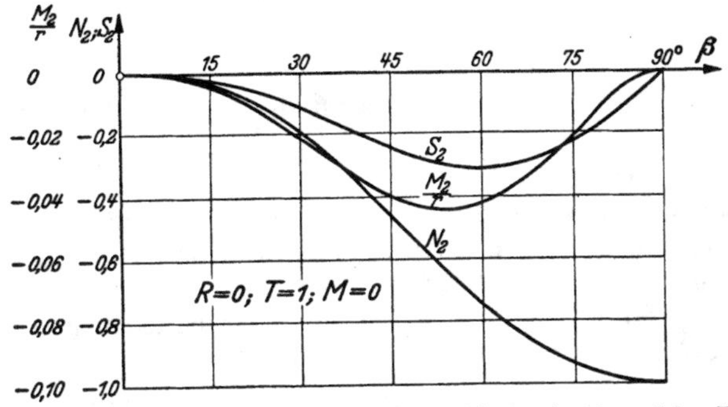

Abb. 38. Das vierspeichige Rad. Einflußfunktionen für S_2, N_2, M_2/r von einer beweglichen Tangentialkraft $T = 1$.

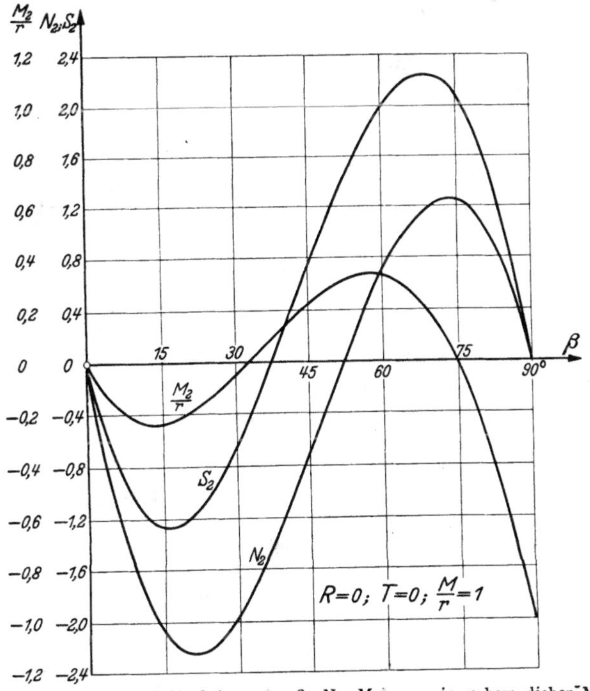

$$\left.\begin{aligned}
S_2\Delta=&\left[-\left(\frac{\pi^2}{16}-\frac{1}{2}\right)\beta\sin\beta-\left(\frac{1}{2}-\frac{\pi}{8}\right)\beta(1-\cos\beta)+\left(\frac{1}{2}-\frac{\pi}{8}\right)(\beta-\sin\beta)+\left(\frac{\pi}{4}-\frac{1}{2}\right)(1-\cos\beta)\right]R+\\
&+\left[-\left(\frac{1}{2}-\frac{\pi}{8}\right)\beta\sin\beta+\left(\frac{\pi^2}{16}-\frac{1}{2}\right)\beta(1-\cos\beta)-\left(\frac{\pi^2}{16}+\frac{\pi}{4}-1\right)(\beta-\sin\beta)+\left(1-\frac{\pi}{4}\right)(1-\cos\beta)\right]T+\\
&+\left[-\left(\frac{1}{2}+\frac{\pi}{4}-\frac{\pi^2}{8}\right)\sin\beta-\left(\frac{\pi}{4}-\frac{1}{2}\right)(\beta-\sin\beta)+\left(1-\frac{\pi}{4}\right)(1-\cos\beta)\right]\frac{M}{r},\\
N_2\Delta=&\left[-\left(\frac{1}{2}-\frac{\pi}{8}\right)\beta\sin\beta-\left(\frac{\pi^2}{16}-\frac{1}{2}\right)\beta(1-\cos\beta)+\left(\frac{\pi^2}{16}-\frac{1}{2}\right)(\beta-\sin\beta)+\left(\frac{\pi}{4}-\frac{1}{2}\right)(1-\cos\beta)\right]R+\\
&+\left[-\left(\frac{\pi^2}{16}-\frac{1}{2}\right)\beta\sin\beta+\left(\frac{1}{2}-\frac{\pi}{8}\right)\beta(1-\cos\beta)-\frac{\pi}{8}(\beta-\sin\beta)+\left(\frac{\pi^2}{8}-1\right)(1-\cos\beta)\right]T+\\
&+\left[-\left(\frac{\pi}{2}-\frac{3}{2}\right)\sin\beta-\left(\frac{\pi}{4}-\frac{1}{2}\right)(\beta-\sin\beta)+\left(\frac{\pi^2}{8}-1\right)(1-\cos\beta)\right]\frac{M}{r},\\
\frac{M_2}{r}\Delta=&\left[-\left(\frac{\pi}{4}-\frac{3}{4}\right)\beta\sin\beta-\left(\frac{1}{4}+\frac{\pi}{8}-\frac{\pi^2}{16}\right)\beta(1-\cos\beta)+\left(\frac{1}{4}+\frac{\pi}{8}-\frac{\pi^2}{16}\right)(\beta-\sin\beta)+\right.\\
&\left.\qquad+\left(\frac{1}{4}-\frac{\pi}{4}+\frac{\pi^2}{16}\right)(1-\cos\beta)\right]R+\\
&+\left[-\left(\frac{1}{4}+\frac{\pi}{8}-\frac{\pi^2}{16}\right)\beta\sin\beta+\left(\frac{\pi}{4}-\frac{3}{4}\right)\beta(1-\cos\beta)-\left(\frac{\pi^2}{16}-\frac{1}{2}\right)(\beta-\sin\beta)+\right.\\
&\left.\qquad+\left(\frac{1}{2}+\frac{\pi}{4}-\frac{\pi^2}{8}\right)(1-\cos\beta)\right]T+\\
&+\left[-\left(\frac{7}{4}-\frac{3\pi}{4}+\frac{\pi^2}{16}\right)\sin\beta-\left(\frac{1}{4}-\frac{\pi}{4}+\frac{\pi^2}{16}\right)(\beta-\sin\beta)+\left(\frac{1}{2}+\frac{\pi}{4}-\frac{\pi^2}{8}\right)(1-\cos\beta)\right]\frac{M}{r}.
\end{aligned}\right\}\quad(1)$$

Die Größen S_1, N_1 und M_1 folgen zuletzt zahlenmäßig aus (**24**, 13).

Zur praktischen Durchführung des in Ziff. **23** auseinandergesetzten Rechenschrittes b) ist eine tabellarische oder graphische Auswertung der Formeln (1) und (**24**, 13) unerläßlich. In Abb. **34** bis **39** sind die Einflußfunktionen für die Reaktionen $S_1, N_1, M_1, S_2, N_2, M_2$ je von einer beweglichen Kraft $R=1$, einer beweglichen Kraft $T=1$ und einem beweglichen Moment $M=r$ wiedergegeben. Die zu $\beta=p\,\frac{\pi}{36}\,(p=1, 2, \ldots, 18)$ gehörigen Ordinaten sind genau berechnet. Eigentlich wären die Abb. **37** bis **39** überflüssig; denn es gelten aus Symmetriegründen die folgenden Beziehungen:

bei der Belastung durch eine Radialkraft R

$$(S_1)_\beta=-(S_2)_{\frac{\pi}{2}-\beta},\quad (N_1)_\beta=+(N_2)_{\frac{\pi}{2}-\beta},\quad (M_1)_\beta=+(M_2)_{\frac{\pi}{2}-\beta},$$

bei der Belastung durch eine Tangentialkraft T

$$(S_1)_\beta=+(S_2)_{\frac{\pi}{2}-\beta},\quad (N_1)_\beta=-(N_2)_{\frac{\pi}{2}-\beta},\quad (M_1)_\beta=-(M_2)_{\frac{\pi}{2}-\beta},$$

bei der Belastung durch ein Moment M

$$(S_1)_\beta=+(S_2)_{\frac{\pi}{2}-\beta},\quad (N_1)_\beta=-(N_2)_{\frac{\pi}{2}-\beta},\quad (M_1)_\beta=-(M_2)_{\frac{\pi}{2}-\beta}.$$

Zur Vermeidung lästiger Vorzeichenfehler sind die Kurven für S_2, T_2 und M_2/r trotzdem gesondert wiedergegeben.

b) Das sechsspeichige Rad. Im Falle $\varphi=\pi/3$ haben die p_{ij}, die α_{ij} und Δ folgende Werte:

$$p_{11}=-\frac{1}{4}\beta\cos\beta-\frac{1}{4}\left(\sqrt{3}\beta-1\right)\sin\beta,\qquad p_{12}=-\frac{1}{4}\sqrt{3}\beta\cos\beta+\frac{1}{4}\left(\beta-\sqrt{3}\right)\sin\beta,$$

$$p_{21}=\frac{1}{4}\sqrt{3}\beta\cos\beta-\frac{1}{4}\left(\beta+\sqrt{3}\right)\sin\beta,\qquad p_{22}=-\frac{1}{4}\beta\cos\beta-\frac{1}{4}\left(\sqrt{3}\beta+1\right)\sin\beta,$$

$$p_{31}=1-\cos\beta,\qquad p_{32}=\sin\beta,$$

$$
\begin{aligned}
p_{13} &= -\frac{1}{2}(1-\cos\beta) + \frac{1}{2}\sqrt{3}\sin\beta,\\
p_{23} &= \frac{1}{2}\sqrt{3}(1-\cos\beta) + \frac{1}{2}\sin\beta,\\
p_{33} &= -\beta,
\end{aligned}
$$

$$
\begin{array}{lll}
\alpha_{11} = \dfrac{\pi}{6} - \dfrac{1}{8}\sqrt{3}, & \alpha_{12} = \dfrac{3}{8}, & \alpha_{13} = -\dfrac{1}{2},\\[2mm]
\alpha_{21} = \dfrac{3}{8}, & \alpha_{22} = \dfrac{\pi}{6} + \dfrac{1}{8}\sqrt{3}, & \alpha_{23} = -\dfrac{1}{2}\sqrt{3},\\[2mm]
\alpha_{31} = -\dfrac{1}{2}, & \alpha_{32} = -\dfrac{1}{2}\sqrt{3}, & \alpha_{33} = \dfrac{\pi}{3},
\end{array}
$$

$$
\Delta = \frac{\pi^3}{108} - \frac{11}{48}\pi + \frac{1}{4}\sqrt{3} = 0{,}0001596.
$$

Die Gleichungen (**24**, 11), (**24**, 1) und (**24**, 12) liefern

$$
\left.
\begin{aligned}
S_2\Delta = \Big[&-\frac{1}{8}\sqrt{3}\left(\frac{\pi^2}{9}-1\right)\beta\sin\beta - \frac{1}{8}\left(3-\frac{\pi}{3}\sqrt{3}-\frac{\pi^2}{9}\right)\beta(1-\cos\beta) +\\
&+\frac{1}{8}\left(3-\frac{\pi}{3}\sqrt{3}-\frac{\pi^2}{9}\right)(\beta-\sin\beta) + \left(\frac{\pi}{12}-\frac{1}{8}\sqrt{3}\right)(1-\cos\beta)\Big]R +\\
+\Big[&-\frac{1}{8}\left(3-\frac{\pi}{3}\sqrt{3}-\frac{\pi^2}{9}\right)\beta\sin\beta + \frac{1}{8}\sqrt{3}\left(\frac{\pi^2}{9}-1\right)\beta(1-\cos\beta) -\\
&-\frac{1}{4}\sqrt{3}\left(\frac{\pi^2}{18}+\frac{\pi}{9}\sqrt{3}-1\right)(\beta-\sin\beta) + \frac{1}{4}\left(3-\frac{\pi}{3}\sqrt{3}-\frac{\pi^2}{9}\right)(1-\cos\beta)\Big]T +\\
+\Big[&-\frac{1}{4}\sqrt{3}\left(\frac{1}{2}+\frac{\pi}{9}\sqrt{3}-\frac{\pi^2}{9}\right)\sin\beta - \frac{1}{4}\left(\frac{\pi}{3}-\frac{1}{2}\sqrt{3}\right)(\beta-\sin\beta) + \frac{1}{4}\left(3-\frac{\pi}{3}\sqrt{3}-\frac{\pi^2}{9}\right)(1-\cos\beta)\Big]\frac{M}{r},\\[3mm]
N_2\Delta = \Big[&-\frac{1}{8}\left(\frac{\pi^2}{9}-\frac{\pi}{3}\sqrt{3}+1\right)\beta\sin\beta - \frac{1}{8}\sqrt{3}\left(\frac{\pi^2}{9}-1\right)\beta(1-\cos\beta) +\\
&+\frac{1}{8}\sqrt{3}\left(\frac{\pi^2}{9}-1\right)(\beta-\sin\beta) + \left(\frac{\pi}{12}\sqrt{3}-\frac{3}{8}\right)(1-\cos\beta)\Big]R +\\
+\Big[&-\frac{1}{8}\sqrt{3}\left(\frac{\pi^2}{9}-1\right)\beta\sin\beta + \frac{1}{8}\left(\frac{\pi^2}{9}-\frac{\pi}{3}\sqrt{3}+1\right)\beta(1-\cos\beta) -\\
&-\frac{1}{4}\left(\frac{\pi^2}{18}+\frac{\pi}{6}\sqrt{3}-1\right)(\beta-\sin\beta) + \frac{1}{4}\sqrt{3}\left(\frac{\pi^2}{9}-1\right)(1-\cos\beta)\Big]T +\\
+\Big[&-\frac{1}{2}\left(\frac{\pi}{3}\sqrt{3}-\frac{5}{4}-\frac{\pi^2}{18}\right)\sin\beta - \frac{1}{4}\left(\frac{\pi}{3}\sqrt{3}-\frac{3}{2}\right)(\beta-\sin\beta) + \frac{1}{4}\sqrt{3}\left(\frac{\pi^2}{9}-1\right)(1-\cos\beta)\Big]\frac{M}{r},\\[3mm]
\frac{M_2}{r}\Delta = \Big[&-\frac{1}{4}\left(\frac{\pi}{3}\sqrt{3}-\frac{5}{4}-\frac{\pi^2}{18}\right)\beta\sin\beta - \frac{1}{8}\sqrt{3}\left(\frac{1}{2}+\frac{\pi}{9}\sqrt{3}-\frac{\pi^2}{9}\right)\beta(1-\cos\beta) +\\
&+\frac{1}{8}\sqrt{3}\left(\frac{1}{2}+\frac{\pi}{9}\sqrt{3}-\frac{\pi^2}{9}\right)(\beta-\sin\beta) + \frac{1}{4}\left(\frac{\pi^2}{9}-\frac{\pi}{3}\sqrt{3}+\frac{3}{4}\right)(1-\cos\beta)\Big]R +\\
+\Big[&-\frac{1}{8}\sqrt{3}\left(\frac{1}{2}+\frac{\pi}{9}\sqrt{3}-\frac{\pi^2}{9}\right)\beta\sin\beta + \frac{1}{8}\left(\frac{2\pi}{3}\sqrt{3}-\frac{5}{2}-\frac{\pi^2}{9}\right)\beta(1-\cos\beta) -\\
&-\frac{1}{8}\left(\frac{\pi^2}{9}-1\right)(\beta-\sin\beta) + \frac{1}{4}\sqrt{3}\left(\frac{1}{2}+\frac{\pi}{9}\sqrt{3}-\frac{\pi^2}{9}\right)(1-\cos\beta)\Big]T +\\
+\Big[&-\frac{1}{2}\left(\frac{\pi^2}{9}-\frac{\pi}{2}\sqrt{3}+\frac{13}{8}\right)\sin\beta - \frac{1}{4}\left(\frac{\pi^2}{9}-\frac{\pi}{3}\sqrt{3}+\frac{3}{4}\right)(\beta-\sin\beta) +\\
&+\frac{1}{4}\sqrt{3}\left(\frac{1}{2}+\frac{\pi}{9}\sqrt{3}-\frac{\pi^2}{9}\right)(1-\cos\beta)\Big]\frac{M}{r}.
\end{aligned}
\right\}\quad(2)
$$

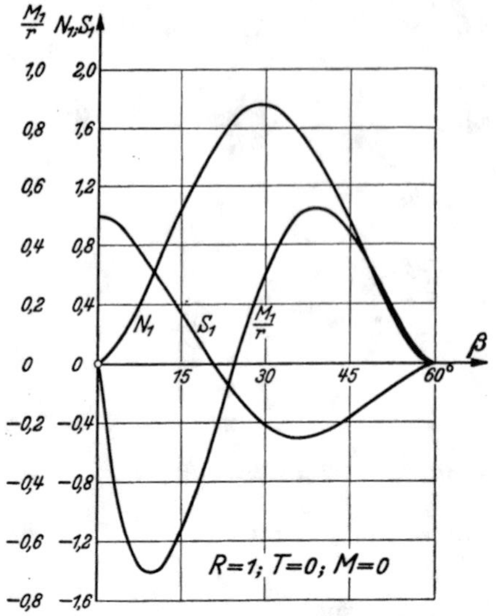

Abb. 40. Das sechsspeichige Rad. Einflußfunktionen für S_1, N_1, M_1/r von einer beweglichen Radialkraft $R = 1$.

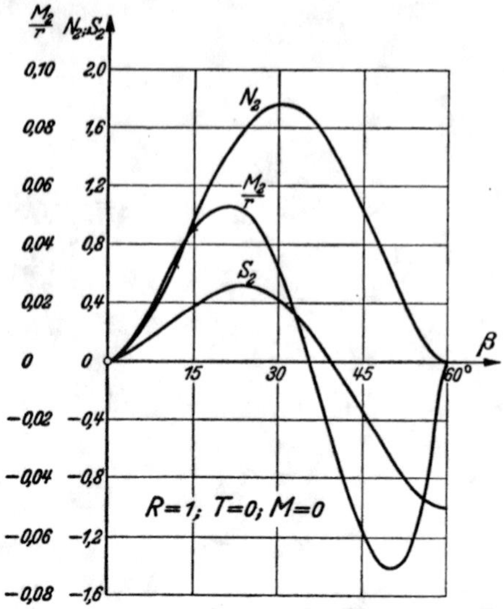

Abb. 43. Das sechsspeichige Rad. Einflußfunktionen für S_2, N_2, M_2/r von einer beweglichen Radialkraft $R = 1$.

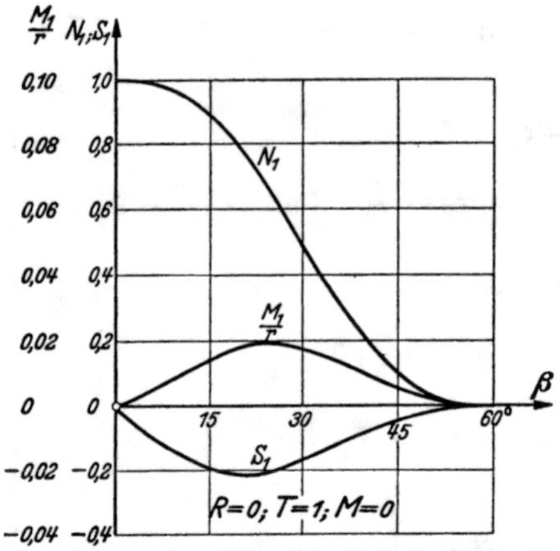

Abb. 41. Das sechsspeichige Rad. Einflußfunktionen für S_1, N_1, M_1/r von einer beweglichen Tangentialkraft $T=1$.

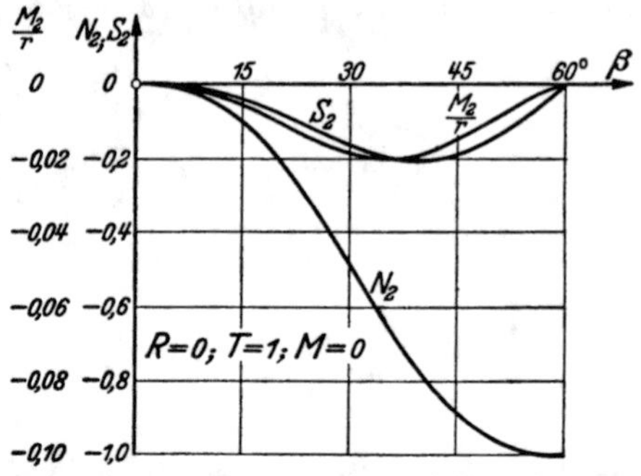

Abb. 44. Das sechsspeichige Rad. Einflußfunktionen für S_2, N_2, M_2/r von einer beweglichen Tangentialkraft $T=1$.

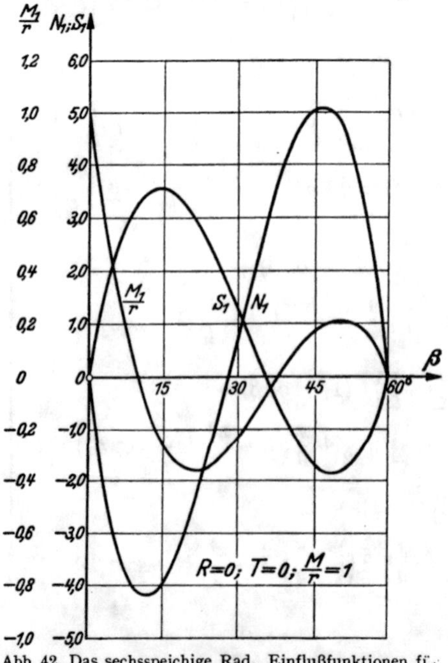

Abb. 42. Das sechsspeichige Rad. Einflußfunktionen für S_1, N_1, M_1/r von einem beweglichen Moment $M = r$.

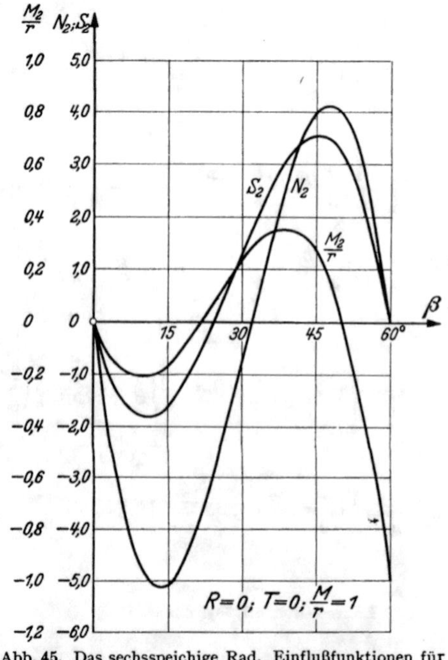

Abb. 45. Das sechsspeichige Rad. Einflußfunktionen für S_2, N_2, M_2/r von einem beweglichen Moment $M = r$.

Aus ihnen werden die zugehörigen Werte der S_1, N_1 und M_1 mittels der Gleichungen (**24**, 13) hergeleitet. Die sämtlichen Einflußfunktionen für die Reaktionen $S_1, N_1, M_1, S_2, N_2, M_2$ sind in Abb. 40 bis 45 dargestellt.

Hiermit ist der erste Teil unserer Aufgabe erledigt. Bei einer beliebigen äußeren Belastung des Radkranzes sind jetzt für das vier- und sechsspeichige Rad die Reaktionen in den Knotenpunkten, welche bei starren Speichen auftreten würden, der Rechnung unmittelbar zugänglich gemacht. Sie bilden die Belastung *I*. Die mit umgekehrten Vorzeichen versehenen Reaktionen werden nunmehr als eine äußere Belastung *II* des (sonst am Umfang unbelasteten) Rades mit biegsamen Speichen aufgefaßt. Die Kräfte S dieser Belastung *II* werden ohne weiteres von den dehnungssteifen Speichen aufgenommen, und es kommt also nur noch darauf an, zu zeigen, wie die übrigen Belastungsgrößen in den sogenannten Eigenbelastungen des Rades ausgedrückt werden können.

26. Die Eigenbelastungen des Speichenrades. Zunächst betrachten wir den allgemeinen Fall des n-speichigen Rades und nennen ein System von in den Knotenpunkten $1, 2, \ldots, n (\equiv 0)$ angreifenden Tangentialkräften T_1, $T_2, \ldots, T_n (\equiv T_0)$ (Abb. 46) dann wieder eine Eigenbelastung, wenn diese Kräfte zu den tangentialen Verschiebungen v_i ihrer Angriffspunkte in einem festen (von i unabhängigen) Verhältnis λ stehen. Bezeichnet man die tangentiale Verschiebung des Punktes i zufolge einer im Punkte j angreifenden tangentialen Einheitskraft mit α_{ij}, so kann man zuerst feststellen, daß es nur $\frac{1}{2}(n+1)$ oder $\frac{1}{2}n+1$ verschiedene Einflußzahlen α_{ij} gibt, je nachdem die Zahl der Speichen ungerade oder gerade ist. Denn erstens gilt wegen der Rotationssymmetrie

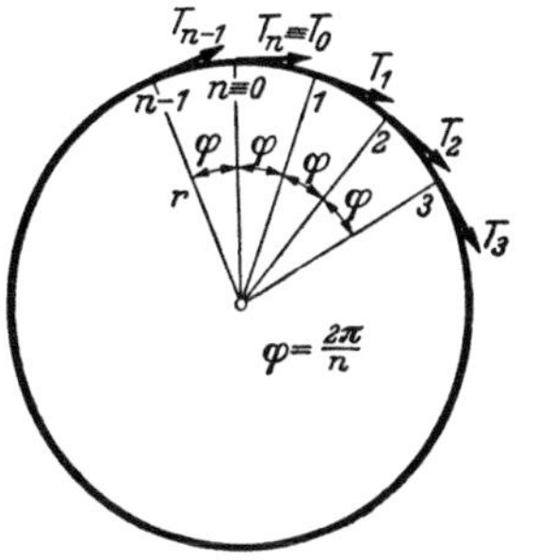

Abb. 46. Das n-speichige Rad und seine Eigenbelastungen.

$$\alpha_{ij} = \alpha_{i+1, j+1} = \alpha_{i+2, j+2} = \cdots = \alpha_{i+n, j+n},$$

womit die n^2 Einflußzahlen bereits auf n reduziert sind, etwa auf $\alpha_{11}, \alpha_{12}, \alpha_{13}, \ldots, \alpha_{1n}$; und zweitens gilt für diese übriggebliebenen n Größen aus Gründen der gewöhnlichen Symmetrie noch, daß

$$\alpha_{1p} = \alpha_{1, n-p+2}$$

ist, womit die Einflußzahlen α_{ij} in der Tat auf die angegebene Anzahl reduziert sind.

Die eine Eigenbelastung und ihren zugehörigen Eigenwert λ definierenden Gleichungen lauten [siehe die Gleichungen (III, **12**, 3), in denen jetzt alle $\mu_i = 1$ gesetzt werden sollen] für gerades n

$$\left.\begin{array}{l}
(\alpha_{11}-\lambda) T_1 + \alpha_{12} T_2 + \alpha_{13} T_3 + \cdots + \alpha_{1,\frac{n}{2}+1} T_{\frac{n}{2}+1} + \cdots + \alpha_{13} T_{n-1} + \alpha_{12} T_n = 0, \\
\alpha_{12} T_1 + (\alpha_{11}-\lambda) T_2 + \alpha_{12} T_3 + \cdots + \alpha_{1,\frac{n}{2}} T_{\frac{n}{2}+1} + \cdots + \alpha_{14} T_{n-1} + \alpha_{13} T_n = 0, \\
\vdots \\
\alpha_{1,\frac{n}{2}+1} T_1 + \alpha_{1,\frac{n}{2}} T_2 + \alpha_{1,\frac{n}{2}-1} T_3 + \cdots + (\alpha_{11}-\lambda) T_{\frac{n}{2}+1} + \cdots + \alpha_{1,\frac{n}{2}-1} T_{n-1} + \alpha_{1,\frac{n}{2}} T_n = 0, \\
\vdots \\
\alpha_{13} T_1 + \alpha_{14} T_2 + \alpha_{15} T_3 + \cdots + \alpha_{1,\frac{n}{2}-1} T_{\frac{n}{2}+1} + \cdots + (\alpha_{11}-\lambda) T_{n-1} + \alpha_{12} T_n = 0, \\
\alpha_{12} T_1 + \alpha_{13} T_2 + \alpha_{14} T_3 + \cdots + \alpha_{1,\frac{n}{2}} T_{\frac{n}{2}+1} + \cdots + \alpha_{12} T_{n-1} + (\alpha_{11}-\lambda) T_n = 0,
\end{array}\right\} \quad (1)$$

und die Bestimmungsgleichung für die sämtlichen Eigenwerte λ nimmt nach (III, **12**, 4) folgende Form an:

$$D \equiv \begin{vmatrix} (\alpha_{11}-\lambda) & \alpha_{12} & \alpha_{13} & \cdots & \alpha_{1,\frac{n}{2}+1} & \cdots & \alpha_{13} & \alpha_{12} \\ \alpha_{12} & (\alpha_{11}-\lambda) & \alpha_{12} & \cdots & \alpha_{1,\frac{n}{2}} & \cdots & \alpha_{14} & \alpha_{13} \\ \vdots & & & & & & & \vdots \\ \alpha_{1,\frac{n}{2}+1} & \alpha_{1,\frac{n}{2}} & \alpha_{1,\frac{n}{2}-1} & \cdots & (\alpha_{11}-\lambda) & \cdots & \alpha_{1,\frac{n}{2}-1} & \alpha_{1,\frac{n}{2}} \\ \vdots & & & & & & & \vdots \\ \alpha_{13} & \alpha_{14} & \alpha_{15} & \cdots & \alpha_{1,\frac{n}{2}-1} & \cdots & (\alpha_{11}-\lambda) & \alpha_{12} \\ \alpha_{12} & \alpha_{13} & \alpha_{14} & \cdots & \alpha_{1,\frac{n}{2}} & \cdots & \alpha_{12} & (\alpha_{11}-\lambda) \end{vmatrix} = 0. \tag{2}$$

Der Fall, daß n ungerade ist, muß für sich behandelt werden. Wir verzichten aber auf die Wiedergabe der zugehörigen Gleichungen, weil die für gerades n zu erhaltenden Ergebnisse in einleuchtender Weise auf den Fall ungerader n übertragen werden können.

Zur Lösung der Gleichung (2) ziehen wir die Wurzeln

$$\varepsilon_k = \cos k\varphi + i \sin k\varphi \qquad \left(\varphi = \frac{2\pi}{n},\quad k = 1, 2, \ldots, n\right) \tag{3}$$

der Binomialgleichung

$$\varepsilon^n = 1$$

heran, und zwar greifen wir zunächst e i n e dieser Wurzeln ε_k heraus. Multipliziert man die Elemente der ersten Zeile von D(2) mit ε_k, die der zweiten Zeile mit ε_k^2, die der dritten Zeile mit ε_k^3 usw., dividiert gleichzeitig die Elemente der ersten Spalte durch ε_k, die der zweiten Spalte durch ε_k^2 usw. und addiert die so erhaltenen Elemente der letzten $n-1$ Zeilen zu den entsprechenden Elementen der ersten Zeile und bezeichnet schließlich die in dieser Weise entstandenen neuen Elemente der ersten Zeile mit β_{1j}, so findet man

$$\beta_{1j} = \alpha_{1j}\varepsilon_k^{-j+1} + \alpha_{1,j-1}\varepsilon_k^{-j+2} + \cdots + \alpha_{12}\varepsilon_k^{-1} + (\alpha_{11}-\lambda)\varepsilon_k^{0} + \alpha_{12}\varepsilon_k +$$
$$+ \alpha_{13}\varepsilon_k^{2} + \cdots + \alpha_{1,\frac{n}{2}+1}\varepsilon_k^{\frac{n}{2}} + \alpha_{1,\frac{n}{2}}\varepsilon_k^{\frac{n}{2}+1} + \cdots + \alpha_{1,j+1}\varepsilon_k^{n-j} \quad \text{für} \quad 1 \leq j \leq \frac{n}{2}$$

bzw.

$$\beta_{1j} = \alpha_{1,n-j+2}\varepsilon_k^{-j+1} + \cdots + \alpha_{1,\frac{n}{2}+1}\varepsilon_k^{-\frac{n}{2}} + \alpha_{1,\frac{n}{2}}\varepsilon_k^{-\frac{n}{2}+1} + \cdots + (\alpha_{11}-\lambda)\varepsilon_k^{0} +$$
$$+ \alpha_{12}\varepsilon_k + \cdots + \alpha_{1,n-j+1}\varepsilon_k^{n-j} \quad \text{für} \quad \frac{n}{2}+1 \leq j \leq n.$$

Multipliziert man in diesen Gleichungen alle Glieder, welche eine negative Potenz von ε_k enthalten, mit $\varepsilon_k^n \equiv 1$, so kommt

$$\beta_{1j} = \alpha_{1j}\varepsilon_k^{n-j+1} + \alpha_{1,j-1}\varepsilon_k^{n-j+2} + \cdots + \alpha_{12}\varepsilon_k^{n-1} + (\alpha_{11}-\lambda) + \alpha_{12}\varepsilon_k +$$
$$+ \alpha_{13}\varepsilon_k^{2} + \cdots + \alpha_{1,\frac{n}{2}+1}\varepsilon_k^{\frac{n}{2}} + \alpha_{1,\frac{n}{2}}\varepsilon_k^{\frac{n}{2}+1} + \cdots + \alpha_{1,j+1}\varepsilon_k^{n-j}$$

bzw.

$$\beta_{1j} = \alpha_{1,n-j+2}\varepsilon_k^{n-j+1} + \cdots + \alpha_{1,\frac{n}{2}+1}\varepsilon_k^{\frac{n}{2}} + \alpha_{1,\frac{n}{2}}\varepsilon_k^{\frac{n}{2}+1} + \cdots + \alpha_{12}\varepsilon_k^{n-1} +$$
$$+ (\alpha_{11}-\lambda) + \alpha_{12}\varepsilon_k + \cdots + \alpha_{1,n-j+1}\varepsilon_k^{n-j}$$

oder also — in beiden Fällen —

$$\beta_{1j} = (\alpha_{11}-\lambda) + \alpha_{12}\left(\varepsilon_k + \varepsilon_k^{n-1}\right) + \alpha_{13}\left(\varepsilon_k^{2} + \varepsilon_k^{n-2}\right) + \cdots + \alpha_{1,\frac{n}{2}}\left(\varepsilon_k^{\frac{n}{2}-1} + \varepsilon_k^{\frac{n}{2}+1}\right) + \alpha_{1,\frac{n}{2}+1}\varepsilon_k^{\frac{n}{2}}.$$

Weil für jedes p zwischen 1 und $\frac{1}{2}n-1$

$$\varepsilon_k^p+\varepsilon_k^{n-p}=2\cos pk\varphi \qquad \text{und außerdem} \qquad \varepsilon_k^{\frac{n}{2}}=\cos k\pi$$

ist, so erhält man für alle β_{1j}, unabhängig vom Zeiger j,

$$\beta_{1j}=(\alpha_{11}-\lambda)+2\,\alpha_{12}\cos k\varphi+2\,\alpha_{13}\cos 2k\varphi+2\,\alpha_{14}\cos 3k\varphi+\cdots+ \\ +2\,\alpha_{1,\frac{n}{2}}\cos\left(\frac{n}{2}-1\right)k\varphi+\alpha_{1,\frac{n}{2}+1}\cos k\pi.$$

Die Determinante D enthält daher den Faktor β_{1j}, und somit verschwindet sie für denjenigen Wert λ_k von λ, für welchen $\beta_{1j}=0$ wird. Man erhält also in der Formel

$$\left.\begin{aligned}\lambda_k=\alpha_{11}+2\,\alpha_{12}\cos k\varphi+2\,\alpha_{13}\cos 2k\varphi+\cdots+2\,\alpha_{1,\frac{n}{2}}\cos\left(\frac{n}{2}-1\right)k\varphi+ \\ +\alpha_{1,\frac{n}{2}+1}\cos k\pi \qquad (k=1,2,\ldots,n)\ (n\ \text{gerade})\end{aligned}\right\} \tag{4}$$

mit einem Schlag alle Eigenwerte λ_k. In genau derselben Weise zeigt man, daß für ungerade n

$$\left.\begin{aligned}\lambda_k=\alpha_{11}+2\,\alpha_{12}\cos k\varphi+2\,\alpha_{13}\cos 2k\varphi+\cdots+2\,\alpha_{1,\frac{1}{2}(n+1)}\cos\frac{1}{2}(n-1)k\varphi \\ (k=1,2,\ldots,n)\ (n\ \text{ungerade})\end{aligned}\right\} \tag{4a}$$

ist. Auf die Tatsache, daß

$$\lambda_\mu=\lambda_{n-\mu}\quad\left\{\begin{aligned}&\mu=1,2,\ldots,\frac{n}{2}-1 && \text{für gerades } n \\ &\mu=1,2,\ldots,\frac{1}{2}(n-1) && \text{für ungerades } n\end{aligned}\right\} \tag{5}$$

ist, kommen wir später noch zu sprechen.

Um die zu den Eigenwerten λ_k gehörigen Eigenlösungen T_i zu bestimmen, kehren wir jetzt zu den Gleichungen (1) zurück und betrachten (für ein festes λ_k) eine beliebige dieser Gleichungen, z. B. diejenige mit der Nummer i, welche also lautet

$$\alpha_{1i}T_1+\alpha_{1,i-1}T_2+\cdots+\alpha_{12}T_{i-1}+(\alpha_{11}-\lambda_k)\,T_i+\alpha_{12}T_{i+1}+\alpha_{13}T_{i+2}+\cdots+ \\ +\alpha_{1,\frac{n}{2}+1}T_{\frac{n}{2}+i}+\cdots+\alpha_{1,i+1}T_n=0 \quad \text{für} \quad i\leq\frac{n}{2}$$

bzw.

$$\alpha_{1,n-i+2}T_1+\alpha_{1,n-i+3}T_2+\cdots+\alpha_{1,\frac{n}{2}+1}T_{i-\frac{n}{2}}+\alpha_{1,\frac{n}{2}}T_{i+1-\frac{n}{2}}+\cdots+ \\ +\alpha_{12}T_{i-1}+(\alpha_{11}-\lambda_k)T_i+\cdots+\alpha_{1,n-i+1}T_n=0 \quad \text{für} \quad i\geq\frac{n}{2}+1.$$

Ersetzt man hierin $(\alpha_{11}-\lambda_k)$ durch seinen aus (4) hervorgehenden Wert, so läßt diese Gleichung sich in die Form

$$\alpha_{12}\left[T_{i-1}+T_{i+1}-2\,T_i\cos k\varphi\right]+\alpha_{13}\left[T_{i-2}+T_{i+2}-2\,T_i\cos 2\,k\varphi\right]+\cdots+ \\ +\alpha_{1i}\left[T_1+T_{2i-1}-2\,T_i\cos(i-1)\,k\varphi\right]+\alpha_{1,i+1}\left[T_n+T_{2i}-2\,T_i\cos i\,k\varphi\right]+ \\ +\alpha_{1,i+2}\left[T_{n-1}+T_{2i+1}-2T_i\cos(i+1)\,k\varphi\right]+\cdots+\alpha_{1,\frac{n}{2}}\left[T_{\frac{n}{2}+i+1}+T_{\frac{n}{2}+i-1}-2T_i\cos\left(\frac{n}{2}-1\right)k\varphi\right]+ \\ +\alpha_{1,\frac{n}{2}+1}\left[T_{\frac{n}{2}+i}-T_i\cos k\pi\right]=0 \qquad \text{für } i\leq\frac{n}{2}$$

bzw.

$$\begin{aligned}&\alpha_{12}[T_{i-1}+T_{i+1}-2\,T_i\cos k\varphi]+\alpha_{13}[T_{i-2}+T_{i+2}-2\,T_i\cos 2k\varphi]+\cdots+\\&+\alpha_{1,n-i+1}[T_{2i-n}+T_n-2T_i\cos(n-i)k\varphi]+\alpha_{1,n-i+2}[T_1+T_{2i-n-1}-2T_i\cos(n-i+1)k\varphi]+\\&+\alpha_{1,n-i+3}[T_2+T_{2i-n-2}-2\,T_i\cos(n-i+2)k\varphi]+\cdots+\\&+\alpha_{1,\frac{n}{2}}\Big[T_{-\frac{n}{2}+i-1}+T_{-\frac{n}{2}+i+1}-2\,T_i\cos\Big(\frac{n}{2}-1\Big)k\varphi\Big]+\alpha_{1,\frac{n}{2}+1}\Big(T_{-\frac{n}{2}+i}-T_i\cos k\pi\Big)=0\end{aligned}$$

$$\text{für } i\geq\frac{n}{2}+1$$

schreiben, und man sieht rasch, daß in beiden Fällen die Gleichung identisch befriedigt wird durch

$$T_i=\cos(ik\varphi+\chi)\qquad (i=1,2,\ldots,n),\qquad (6)$$

wo χ ein beliebiger Winkel ist. Betrachtet man nämlich z. B. das p-te Glied der ersten Gleichung ($1\leq p\leq i$), so findet man für den Beiwert von $\alpha_{1,p+1}$

$$\begin{aligned}T_{i-p}+T_{i+p}-2\,T_i\cos pk\varphi=\cos[(i-p)k\varphi+\chi]+\cos[(i+p)k\varphi+\chi]-\\-2\cos(ik\varphi+\chi)\cos pk\varphi=0;\end{aligned}$$

ebenso gilt, wenn man berücksichtigt, daß $\frac{1}{2}n\varphi=\pi$ ist, für $i\leq p\leq\frac{1}{2}n$

$$\begin{aligned}&T_{n-p+i}+T_{p+i}-2\,T_i\cos pk\varphi=\cos[(n-p+i)k\varphi+\chi]+\cos[(p+i)k\varphi+\chi]-\\&-2\cos(ik\varphi+\chi)\cos pk\varphi=2\cos\Big[\Big(\frac{n}{2}+i\Big)k\varphi+\chi\Big]\cos\Big(\frac{n}{2}-p\Big)k\varphi-2\cos(ik\varphi+\chi)\cos pk\varphi=\\&=2\cos(ik\varphi+\chi)\cos pk\varphi-2\cos(ik\varphi+\chi)\cos pk\varphi=0\end{aligned}$$

und schließlich

$$T_{\frac{n}{2}+i}-T_i\cos k\pi=\cos\Big[\Big(\frac{n}{2}+i\Big)k\varphi+\chi\Big]-\cos k\pi\cos(ik\varphi+\chi)=0,$$

so daß die Beiwerte aller α_{ij} der ersten Gleichung (und ebenso auch alle diejenigen der zweiten Gleichung) je für sich Null sind. Zu demselben Schluß kommt man aber für jede der Gleichungen (1), so daß (6) in Wirklichkeit die Lösung des ganzen Gleichungssystems (1) für $\lambda=\lambda_k$ darstellt; weil außerdem der Beweis unabhängig von dem besonderen Wert des Zeigers k geliefert ist, so stellt (6) für jedes k ($k=1, 2, \ldots, n$) die zu λ_k gehörigen Eigenlösungen des Systems (1) dar.

Es wurde bereits in (5) festgestellt, daß die Eigenwerte (4) bzw. (4a) im allgemeinen paarweise gleich sind:

$$\lambda_\mu=\lambda_{n-\mu}.$$

Für den Fall gerader n, auf den wir uns weiterhin beschränken, bilden lediglich die zu $\mu=n/2$ und $\mu=n$ gehörigen Eigenwerte $\lambda_{\frac{n}{2}}$ und λ_n eine Ausnahme; ihre Werte sind

$$\begin{aligned}\lambda_{\frac{n}{2}}&=\alpha_{11}-2\,\alpha_{12}+2\,\alpha_{13}-2\,\alpha_{14}+\cdots+(-1)^{\frac{n}{2}-1}2\,\alpha_{1,\frac{n}{2}}+(-1)^{\frac{n}{2}}\alpha_{1,\frac{n}{2}+1},\\\lambda_n&=\alpha_{11}+2\,\alpha_{12}+2\,\alpha_{13}+2\,\alpha_{14}+\cdots+2\,\alpha_{1,\frac{n}{2}}+\alpha_{1,\frac{n}{2}+1}.\end{aligned}$$

Dem entspricht, daß die Lösung (6) für $k=2, 3, \ldots, \frac{1}{2}n-1, \frac{1}{2}n+1, \ldots, n-1$, abgesehen von einem stets noch hinzuzufügenden Proportionalitätsfaktor (vgl. Kap. III, Ziff. **12**), wegen der Unbestimmtheit von χ eine unendliche Mannigfaltigkeit von Eigenlösungen darstellt, für $k=\frac{1}{2}n$ und $k=n$ jedoch nur eine einzige Lösung. Diese letzte Behauptung bestätigt man leicht, indem man für $k=\frac{1}{2}n$ und $k=n$ die Lösung (6) in der Form

$$T_i=\cos\Big(i\frac{n}{2}\varphi+\chi\Big)=\cos(i\pi+\chi)=(-1)^i\cos\chi\qquad\Big(k=\frac{n}{2}\Big)$$

bzw.

$$T_i = \cos(in\varphi + \chi) = \cos(i \cdot 2\pi + \chi) = \cos\chi \qquad (k = n)$$

schreibt, aus der erhellt, daß für diese Eigenlösungen $\cos\chi$ ein belangloser Proportionalitätsfaktor ist.

Hierzu bemerken wir noch folgendes. Während die zu verschiedenen Eigenwerten λ_k gehörigen Eigenlösungen stets zueinander orthogonal sind, so sind die zu einem mehrfachen Eigenwert λ_k gehörigen Eigenlösungen dies im allgemeinen nicht. Jedoch läßt sich, wie in Kap. III, Ziff. **12** gezeigt wurde, bei einer p-fachen Wurzel λ_k stets ein System von p zueinander orthogonalen und linear voneinander unabhängigen Eigenlösungen konstruieren, aus denen jede der zu λ_k gehörigen Eigenlösungen linear zusammengesetzt werden kann.

In dem vorliegenden Falle der Doppelwurzeln λ_k ist es in der Tat leicht, für das zu einem bestimmten k gehörige System (6) zwei Werte χ_1 und χ_2 derart zu bestimmen, daß die ihnen zugeordneten Eigenlösungen unter sich orthogonal sind; denn die Bedingung hierfür lautet

$$\sum_{i=1}^{n} \cos(ik\varphi + \chi_1)\cos(ik\varphi + \chi_2) = 0$$

oder

$$\sum_{i=1}^{n} \cos[2ik\varphi + (\chi_1 + \chi_2)] + n\cos(\chi_1 - \chi_2) = 0.$$

Weil die Summe wegen[1])

$$\sum_{i=1}^{n} \cos[2ik\varphi + (\chi_1 + \chi_2)] = \frac{\cos[(n+1)k\varphi]}{\sin k\varphi} \sin nk\varphi$$

mit

$$\varphi = \frac{2\pi}{n}$$

identisch verschwindet, muß also

$$\chi_2 = \chi_1 + \left(\frac{1}{2} + q\right)\pi \qquad (q = \text{ganze Zahl})$$

sein. Der Einfachheit halber wählen wir $\chi_1 = 0$, $\chi_2 = \pi/2$. Für gerades n bilden also die Systeme

$$\left.\begin{array}{llll} T_i = \cos ik\varphi & \left(1 \leq k < \frac{n}{2}\right), & T_i = (-1)^i & \left(k = \frac{n}{2}\right), \\ T_i = \cos\left(ik\varphi + \frac{\pi}{2}\right) & \left(\frac{n}{2} < k < n\right), & T_i = 1 & (k = n) \end{array}\right\} (i = 1, 2, \ldots, n) \quad (7)$$

ein System von n zueinander orthogonalen Eigenlösungen.

Wichtig ist nun noch folgende Feststellung. Ebensogut wie wir von den Kräften T Proportionalität mit den von ihnen hervorgerufenen tangentialen Verschiebungen ihrer Angriffspunkte forderten, hätten wir die Proportionalität dieser Kräfte mit den von ihnen erzeugten Winkeländerungen in ihren Angriffspunkten fordern können. Bei der Bestimmung derartiger Kraftsysteme hätten die Einflußzahlen α_{ij} einfach durch andere, γ_{ij}, ersetzt werden müssen. Zu dem neuen Problem gehören allerdings andere Eigenwerte, welche analog zu (4) leicht anzugeben sind. Als Eigenlösungen aber findet man wieder das System (7); denn dieses ist von den Größen α_{ij} offensichtlich unabhängig.

---

[1]) Siehe etwa E. HAMMER, Lehr- und Handbuch der ebenen und sphärischen Trigonometrie, S. 216, 3. Aufl. Stuttgart 1907.

Hieraus folgt weiter noch, daß die Frage nach denjenigen in den Knotenpunkten angreifenden Momentsystemen, die im oben erörterten Sinne als Eigenbelastungen zu betrachten sind, nicht besonders untersucht zu werden braucht. Ersetzt man in (7) die T_i durch M_i, so hat man n voneinander linear unabhängige, unter sich orthogonale Momentensätze von der Beschaffenheit, daß die zu einem Satz gehörigen Momente in den Knotenpunkten Verschiebungen und Verdrehungen erzeugen, welche zu ihnen proportional sind.

Weil die für Kräfte und Momente definierten Eigenlösungen identische Systeme bilden, so bezeichnen wir sie weiterhin mit dem gemeinsamen Symbol

$$E_{ki} = \cos ik\varphi \quad \text{bzw.} \quad = \cos\left(ik\varphi + \frac{\pi}{2}\right). \tag{8}$$

Der Zeiger k bezeichnet dabei stets die Nummer der Eigenlösung, der Zeiger i die Nummer des in der Eigenlösung betrachteten Knotenpunktes.

27. Die Schnittkräfte und -momente einer Eigenbelastung. Zur Bestimmung der durch eine Eigenbelastung E_k erzeugten Schnittkräfte und -momente lösen wir zuvor die folgende allgemeinere Hilfsaufgabe, die eine Art Umkehrproblem vorstellt.

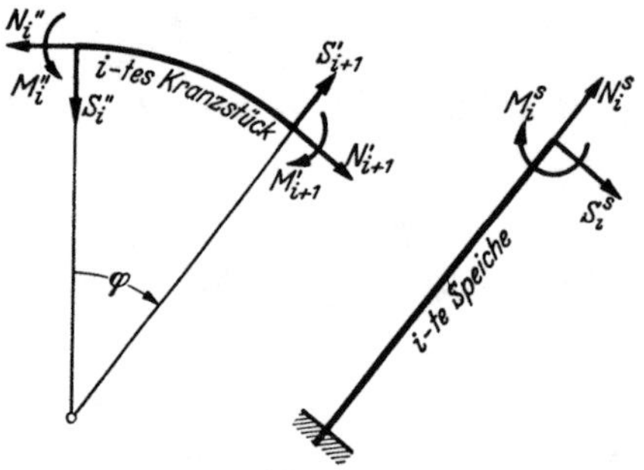

Abb. 47. Die Belastung des i-ten Kranzstucks und der i-ten Speiche.

Es seien die tangentialen Verschiebungen v_i und die Verdrehungen ϑ_i $(i = 1, 2, \ldots, n)$ der n Knotenpunkte beliebig vorgegeben; gesucht sind die zu diesen Verschiebungen und Verdrehungen gehörigen äußeren Kräfte und Momente T_i und M_i in den Knotenpunkten (also die Belastung II im Sinne von Ziff. **23**c) sowie die Schnittgrößen in der unmittelbaren Nachbarschaft der Knotenpunkte.

Wir fangen mit der letzten Teilaufgabe an und setzen zunächst einige Bezeichnungen fest: die Numerierung der Knotenpunkte geschieht (wie bisher) im Uhrzeigersinne; das Bogenstück zwischen dem i-ten und $(i+1)$-ten Knotenpunkt heißt das i-te Feld des Radkranzes. Die Schnittgrößen S, N und M in den Endquerschnitten eines solchen Bogenstückes (welche natürlich nicht mit den ebenso bezeichneten Reaktionen in Ziff. **24** verwechselt werden dürfen, von denen sie durchaus verschieden sind) werden mit der zugehörigen Speichennummer numeriert; und zwar werden (Abb. 47) die Größen im „linken" Endquerschnitt (welche also „rechts" von der i-ten Speiche liegen) mit S_i'', N_i'', M_i'', die Größen im „rechten" Endquerschnitt [welche also „links" von der $(i+1)$-ten Speiche liegen] mit S_{i+1}', N_{i+1}', M_{i+1}' bezeichnet; ferner seien S_i^s, N_i^s, M_i^s die im Ende der i-ten Speiche wirkenden Größen.

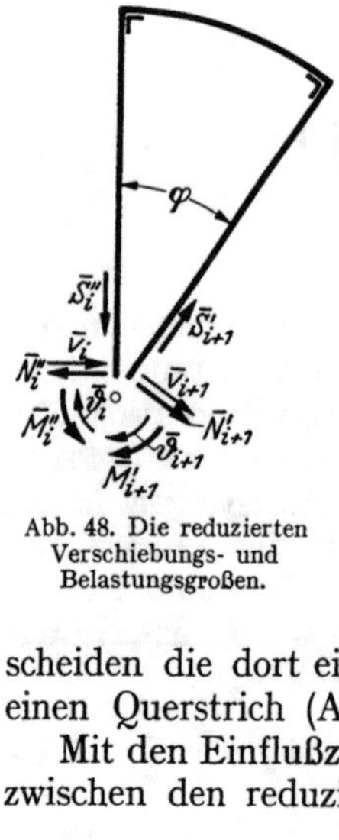
Abb. 48. Die reduzierten Verschiebungs- und Belastungsgroßen.

Genau so wie in Ziff. **24** reduzieren wir die in den Enden des i-ten Kranzstückes auftretenden Kräfte und Verschiebungen alle auf den Kreismittelpunkt und unterscheiden die dort einzuführenden Größen von den wirklich auftretenden durch einen Querstrich (Abb. 48).

Mit den Einflußzahlen α_{ij} (**24**, 9) erhält man dann die folgenden Beziehungen zwischen den reduzierten Kräften und den reduzierten Verschiebungsgrößen:

$$\left.\begin{aligned} 0=\bar u_{i+1}&=\bar v_i\sin\varphi+\frac{r^3}{\alpha}\alpha_{11}\bar S'_{i+1}+\frac{r^3}{\alpha}\alpha_{12}\bar N'_{i+1}+\frac{r^2}{\alpha}\alpha_{13}\bar M'_{i+1},\\ \bar v_{i+1}&=\bar v_i\cos\varphi+\frac{r^3}{\alpha}\alpha_{21}\bar S'_{i+1}+\frac{r^3}{\alpha}\alpha_{22}\bar N'_{i+1}+\frac{r^2}{\alpha}\alpha_{23}\bar M'_{i+1},\\ \bar\vartheta_{i+1}&=\bar\vartheta_i\qquad\;\,+\frac{r^2}{\alpha}\alpha_{31}\bar S'_{i+1}+\frac{r^2}{\alpha}\alpha_{32}\bar N'_{i+1}+\frac{r}{\alpha}\alpha_{33}\bar M'_{i+1},\end{aligned}\right\}\tag{1}$$

oder aufgelöst

$$\left.\begin{aligned} \frac{r^3}{\alpha}\bar S'_{i+1}\Delta&=-A_{11}\bar v_i\sin\varphi+A_{21}(\bar v_{i+1}-\bar v_i\cos\varphi)+A_{31}(\bar\vartheta_{i+1}-\bar\vartheta_i)r,\\ \frac{r^3}{\alpha}\bar N'_{i+1}\Delta&=-A_{12}\bar v_i\sin\varphi+A_{22}(\bar v_{i+1}-\bar v_i\cos\varphi)+A_{32}(\bar\vartheta_{i+1}-\bar\vartheta_i)r,\\ \frac{r^2}{\alpha}\bar M'_{i+1}\Delta&=-A_{13}\bar v_i\sin\varphi+A_{23}(\bar v_{i+1}-\bar v_i\cos\varphi)+A_{33}(\bar\vartheta_{i+1}-\bar\vartheta_i)r,\end{aligned}\right\}\tag{2}$$

wo Δ wieder die Determinante der α_{ij} bezeichnet und A_{ij} die Unterdeterminante des Elements α_{ij} dieser Determinante.

Mit den Abkürzungen

$$\left.\begin{aligned} a_1\Delta&=\frac12(1-\cos\varphi)(\varphi-\sin\varphi), & a_5\Delta&=\frac12\varphi^2-\frac12\varphi\cos\varphi\sin\varphi-(1-\cos\varphi)^2,\\ a_2\Delta&=\sin\varphi\left(\frac12\varphi\sin\varphi-1+\cos\varphi\right), & a_6\Delta&=-\frac12\varphi^2\cos\varphi+\frac12\varphi\sin\varphi-(1-\cos\varphi)^2,\\ a_3\Delta&=\sin\varphi\left(\frac12\varphi^2-1+\cos\varphi\right), & a_7\Delta&=\frac14(\varphi^2-\sin^2\varphi),\\ a_4\Delta&=\frac12\sin\varphi(\varphi-\sin\varphi) \end{aligned}\right\}\tag{3}$$

läßt sich das System (2) in folgender Form schreiben:

$$\left.\begin{aligned} \bar S'_{i+1}&=\frac{\alpha a_1}{r^2}(\bar\vartheta_{i+1}-\bar\vartheta_i)-\frac{\alpha a_2}{r^3}\bar v_{i+1}-\frac{\alpha a_3}{r^3}\bar v_i,\\ \bar N'_{i+1}&=\frac{\alpha a_4}{r^2}(\bar\vartheta_{i+1}-\bar\vartheta_i)+\frac{\alpha a_5}{r^3}\bar v_{i+1}+\frac{\alpha a_6}{r^3}\bar v_i,\\ \bar M'_{i+1}&=\frac{\alpha a_7}{r}(\bar\vartheta_{i+1}-\bar\vartheta_i)+\frac{\alpha a_4}{r^2}\bar v_{i+1}-\frac{\alpha a_4}{r^2}\bar v_i.\end{aligned}\right\}\tag{4}$$

Geht man jetzt durch die Transformationsformeln (**24**, 5) und (**24**, 6)

$$\left.\begin{aligned} \bar u_{i+1}&=u_{i+1}, & \bar S'_{i+1}&=S'_{i+1},\\ \bar v_{i+1}&=v_{i+1}-r\vartheta_{i+1}, & \bar N'_{i+1}&=N'_{i+1},\\ \bar\vartheta_{i+1}&=\vartheta_{i+1}, & \bar M'_{i+1}&=M'_{i+1}+N'_{i+1}r \end{aligned}\right\}\tag{5}$$

zu den nicht reduzierten Größen u_{i+1}, v_{i+1}, ϑ_{i+1}, S'_{i+1}, N'_{i+1}, M'_{i+1} über, so erhält man

$$\left.\begin{aligned} S'_{i+1}&=-\frac{\alpha a_3}{r^3}v_i-\frac{\alpha a_2}{r^3}v_{i+1}-\frac{\alpha(a_1-a_3)}{r^2}\vartheta_i+\frac{\alpha(a_1+a_2)}{r^2}\vartheta_{i+1},\\ N'_{i+1}&=\frac{\alpha a_6}{r^3}v_i+\frac{\alpha a_5}{r^3}v_{i+1}-\frac{\alpha(a_4+a_6)}{r^2}\vartheta_i+\frac{\alpha(a_4-a_5)}{r^2}\vartheta_{i+1},\\ M'_{i+1}&=-\frac{\alpha(a_4+a_6)}{r^2}v_i+\frac{\alpha(a_4-a_5)}{r^2}v_{i+1}+\frac{\alpha(2a_4+a_6-a_7)}{r}\vartheta_i-\frac{\alpha(2a_4-a_5-a_7)}{r}\vartheta_{i+1}.\end{aligned}\right\}\tag{6}$$

Die Gleichgewichtsbedingungen des i-ten Kranzstückes lauten, wie man aus Abb. 47 abliest,

$$\left.\begin{aligned} S''_i&=S'_{i+1}\cos\varphi-N'_{i+1}\sin\varphi,\\ N''_i&=S'_{i+1}\sin\varphi+N'_{i+1}\cos\varphi,\\ M''_i&=-S'_{i+1}r\sin\varphi+N'_{i+1}r(1-\cos\varphi)+M'_{i+1}.\end{aligned}\right\}\tag{7}$$

Wegen (6) und wegen der zwischen den a_i bestehenden Beziehungen erhält man hieraus

$$\left.\begin{aligned} S_i'' &= -\frac{\alpha a_2}{r^3} v_i - \frac{\alpha a_3}{r^3} v_{i+1} + \frac{\alpha(a_1+a_2)}{r^2}\vartheta_i - \frac{\alpha(a_1-a_3)}{r^2}\vartheta_{i+1},\\ N_i'' &= -\frac{\alpha a_5}{r^3} v_i - \frac{\alpha a_6}{r^3} v_{i+1} - \frac{\alpha(a_4-a_5)}{r^2}\vartheta_i + \frac{\alpha(a_4+a_6)}{r^2}\vartheta_{i+1},\\ M_i'' &= -\frac{\alpha(a_4-a_5)}{r^2} v_i + \frac{\alpha(a_4+a_6)}{r^2} v_{i+1} + \frac{\alpha(2a_4-a_5-a_7)}{r}\vartheta_i - \frac{\alpha(2a_4+a_6-a_7)}{r}\vartheta_{i+1}. \end{aligned}\right\} \quad (8)$$

Wie man leicht kontrolliert, gehen diese Gleichungen — wie es bei einer Spiegelung um die Halbierungslinie des Segmentwinkels φ sein muß — in die Gleichungen (6) über, wenn man S_i'' durch $-S_{i+1}'$, N_i'' durch N_{i+1}', M_i'' durch M_{i+1}', v_i durch $-v_{i+1}$, v_{i+1} durch $-v_i$, ϑ_i durch $-\vartheta_{i+1}$ und ϑ_{i+1} durch $-\vartheta_i$ ersetzt.

Der Zusammenhang endlich zwischen den die i-te Speiche belastenden Größen S_i^s, N_i^s, M_i^s und den vorgeschriebenen Verschiebungsgrößen v_i und ϑ_i läßt sich am einfachsten mit Hilfe von Einflußzahlen α_{ij}^s $(i=1,2;\ j=1,2)$ aufstellen, von denen α_{11}^s bzw. α_{12}^s die tangentiale Verschiebung des Speichenendes zufolge einer Einheitsquerkraft bzw. eines Einheitsmomentes daselbst, $\alpha_{21}^s=\alpha_{12}^s$ bzw. α_{22}^s die Winkeländerung des Speichenendes zufolge einer Einheitsquerkraft bzw. eines Einheitsmomentes daselbst bedeuten (sie werden in Ziff. **29** für einen besonders wichtigen Fall bestimmt werden). Denn damit hat man

$$\left.\begin{aligned} v_i &= \alpha_{11}^s S_i^s + \alpha_{12}^s M_i^s,\\ \vartheta_i &= \alpha_{21}^s S_i^s + \alpha_{22}^s M_i^s. \end{aligned}\right\} \quad (9)$$

Setzt man noch

$$\Delta^s \equiv \begin{vmatrix} \alpha_{11}^s & \alpha_{12}^s \\ \alpha_{21}^s & \alpha_{22}^s \end{vmatrix} \quad \text{und} \quad \beta_{ij}^s = \frac{A_{ij}^s}{\Delta^s} \quad (10)$$

wo A_{ij}^s die Unterdeterminante von α_{ij}^s ist, so findet man

$$\left.\begin{aligned} S_i^s &= \beta_{11}^s v_i + \beta_{21}^s \vartheta_i,\\ M_i^s &= \beta_{12}^s v_i + \beta_{22}^s \vartheta_i. \end{aligned}\right\} \quad (11)$$

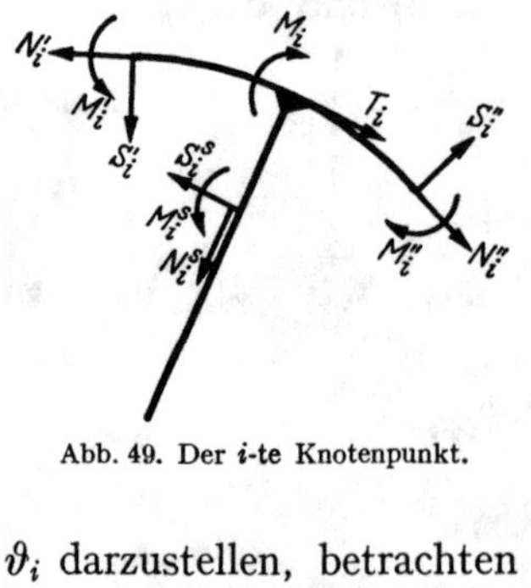

Abb. 49. Der i-te Knotenpunkt.

Hiermit sind die Schnittgrößen in der unmittelbaren Nachbarschaft der Knotenpunkte ausgedrückt in den als vorgeschrieben gedachten Verschiebungen v_i und Verdrehungen ϑ_i, und der zweite Teil unserer Hilfsaufgabe ist als gelöst zu betrachten.

Um den ersten Teil der Hilfsaufgabe zu lösen, also die äußeren Belastungen T_i, M_i in den v_i und ϑ_i darzustellen, betrachten wir den i-ten Knotenpunkt (Abb. 49) unter Wirkung aller auf ihn wirkenden Kräfte und Momente. Dies sind erstens die Reaktionen der Größen aus (6), (8) und (11) und zweitens die gesuchten, örtlich angreifenden äußeren Größen T_i und M_i. Die Gleichgewichtsbedingungen dieses Knotenpunktes lauten

$$\left.\begin{aligned} S_i'' - S_i' - N_i^s &= 0,\\ T_i + N_i'' - N_i' - S_i^s &= 0,\\ M_i + M_i'' - M_i' - M_i^s &= 0. \end{aligned}\right\} \quad (12)$$

Hierbei ist natürlich angenommen, daß man die Hebelarme von Kräften innerhalb des „Knotenpunktes" vernachlässigen darf, ebenso die Winkel zwischen „fast parallelen" Kräften. Die erste Gleichung (12) liefert die Normalkraft N_ι^s in der Speiche, die letzten beiden Gleichungen liefern T_ι und M_ι (und zwar hier zunächst im Sinne unserer Hilfsaufgabe; in Wirklichkeit sind T_i und M_i als Teilbelastung *II* vorgeschriebene Größen und die hier vorgegeben gedachten Verschiebungen v_ι und Verdrehungen ϑ_ι unbekannte Hilfsgrößen, die es nun vollends zu bestimmen gilt).

Nachdem die Hilfsaufgabe gelöst ist, kehren wir zu unserer eigentlichen Fragestellung zurück: die Schnittkräfte und -momente zu bestimmen, wenn das Rad die Eigenbelastung E_k trägt. Bezeichnet man die von dieser Belastung hervorgerufenen tangentialen Knotenpunktsverschiebungen mit $v_{k\iota}$, die Knotenpunktsverdrehungen mit $\vartheta_{k\iota}$, so kann (laut Definition der Eigenbelastungen) geschrieben werden

$$v_{k\iota} = \lambda_k E_{ki}, \qquad \vartheta_{k\iota} = \mu_k E_{k\iota}, \tag{13}$$

wo λ_k und μ_k vom Zeiger i unabhängige Proportionalitätskonstanten bezeichnen. Im besonderen ist λ_k mit dem früher definierten Eigenwert λ_k identisch. Stellt $E_{k\iota}$ eine Eigenbelastung von Kräften dar, so hat man

$$T_\iota = E_{k\iota}, \qquad M_\iota = 0 \tag{14}$$

zu setzen, und es gelte hierfür (13). Ist dagegen $E_{k\iota}$ eine Momenten-Eigenbelastung, so muß

$$T_\iota = 0, \qquad M_\iota = E_{ki} \tag{15}$$

gesetzt werden, und nun gelte

$$v'_{ki} = \lambda'_k E_{ki}, \qquad \vartheta'_{k\iota} = \mu'_k E_{ki}, \tag{16}$$

wo λ'_k und μ'_k zwei andere, von λ_k und μ_k im allgemeinen verschiedene Proportionalitätsfaktoren bezeichnen.

Wir betrachten zunächst den Fall $M_\iota = 0$ und ersetzen also in der zweiten und dritten Gleichung (12) T_ι durch E_{ki}, M_ι durch Null, N_i'', M_ι'' durch die Ausdrücke (8), N_ι', M_ι' durch die Ausdrücke (6) (nachdem dort zuvor der Zeiger i überall um Eins erniedrigt ist), S_ι^s, M_ι^s durch die Ausdrücke (11). Ordnet man die so erhaltenen Gleichungen nach λ_k und μ_k, so findet man, wenn man auf (13) achtet,

$$\begin{aligned} E_{k\iota} - \left[\frac{2\alpha a_5}{r^3} E_{k\iota} + \frac{\alpha a_6}{r^3}(E_{k,i-1} + E_{k,i+1}) + \beta_{11}^s E_{k\iota}\right]\lambda_k - \\ - \left[\frac{2\alpha(a_4 - a_5)}{r^2} E_{k\iota} - \frac{\alpha(a_4 + a_6)}{r^2}(E_{k,i-1} + E_{k,i+1}) + \beta_{21}^s E_{ki}\right]\mu_k = 0, \end{aligned}$$

$$\begin{aligned} \left[\frac{2\alpha(a_4 - a_5)}{r^2} E_{k\iota} - \frac{\alpha(a_4 + a_6)}{r^2}(E_{k,i-1} + E_{k,i+1}) + \beta_{12}^s E_{k\iota}\right]\lambda_k + \\ + \left[\frac{-2\alpha(2a_4 - a_5 - a_7)}{r} E_{k\iota} + \frac{\alpha(2a_4 + a_6 - a_7)}{r}(E_{k,\iota-1} + E_{k,\iota+1}) + \beta_{22}^s E_{k\iota}\right]\mu_k = 0. \end{aligned}$$

Weil nach (**26**, 8)

$$E_{k,i-1} + E_{k,i+1} = \cos(i-1)k\varphi + \cos(i+1)k\varphi = 2E_{k\iota}\cos k\varphi$$

ist, so können die beiden Gleichungen durch E_{ki} dividiert werden, so daß (wie es sein muß) die Werte von λ und μ sich als unabhängig vom Zeiger i erweisen.

Man findet

$$\left.\begin{aligned}&\left[\beta_{11}^s+\frac{2\alpha a_5}{r^3}+\frac{2\alpha a_6}{r^3}\cos k\varphi\right]\lambda_k+\left[\beta_{21}^s+\frac{2\alpha(a_4-a_5)}{r^2}-\frac{2\alpha(a_4+a_6)}{r^2}\cos k\varphi\right]\mu_k=1,\\&\left[\beta_{12}^s+\frac{2\alpha(a_4-a_5)}{r^2}-\frac{2\alpha(a_4+a_6)}{r^2}\cos k\varphi\right]\lambda_k+\left[\beta_{22}^s-\frac{2\alpha(2a_4-a_5-a_7)}{r}+\right.\\&\qquad\qquad\left.+\frac{2\alpha(2a_4+a_6-a_7)}{r}\cos k\varphi\right]\mu_k=0.\end{aligned}\right\}\quad(17)$$

Weil, wie bereits festgestellt wurde, λ_k mit dem Eigenwert λ_k in Ziff. **26** identisch ist und λ_k und λ_{n-k} nach (**26**, 5) gleich groß sind, so müssen die Gleichungen (17), wenn man hierin k durch $n-k$ ersetzt, für λ_{n-k} den Wert $\lambda_{n-k}=\lambda_k$ liefern. Auch diese Kontrolle stimmt.

Soll für alle aus Kräften bestehenden Eigenbelastungen E_{ki} die Schnittkräfteverteilung des Rades bestimmt werden, so hat man die Gleichungen (17) für die folgenden Werte k:

$$1\leq k\leq\frac{n}{2}\qquad\text{und}\quad k=n\quad(\text{für } n \text{ gerade}),$$

$$1\leq k\leq\frac{1}{2}(n-1)\quad\text{und}\quad k=n\quad(\text{für } n \text{ ungerade})$$

zu lösen. Die im allgemeinen äußerst mühsame und zeitraubende Bestimmung der Eigenwerte eines Problems ist also hier auf die Lösung von $\frac{1}{2}n+1$ bzw. $\frac{1}{2}(n+1)$ Paaren linearer Gleichungen zurückgeführt, je nachdem n gerade oder ungerade ist.

Die gesuchten Schnittgrößen selbst erhält man schließlich, indem man in den Gleichungen (6), (8) und (11) die v_i und ϑ_i durch die nun als gefunden anzusehenden Werte (13), also $\lambda_k E_{ki}$ und $\mu_k E_{ki}$ ersetzt, unter E_{ki} die Werte T_i (**26**, **7**) verstanden.

Die ganze Rechnung muß dann noch für die aus Momenten bestehenden Eigenbelastungen wiederholt werden. In diesem Falle hat man bei der k-ten Eigenbelastung $T_i=0$ und $M_i=E_{ki}$ zu setzen, und die Bestimmungsgleichungen für die Konstanten λ_k' und μ_k' lauten jetzt

$$\left.\begin{aligned}&\left[\beta_{11}^s+\frac{2\alpha a_5}{r^3}+\frac{2\alpha a_6}{r^3}\cos k\varphi\right]\lambda_k'+\left[\beta_{21}^s+\frac{2\alpha(a_4-a_5)}{r^2}-\frac{2\alpha(a_4+a_6)}{r^2}\cos k\varphi\right]\mu_k'=0,\\&\left[\beta_{12}^s+\frac{2\alpha(a_4-a_5)}{r^2}-\frac{2\alpha(a_4+a_6)}{r^2}\cos k\varphi\right]\lambda_k'+\left[\beta_{22}^s-\frac{2\alpha(2a_4-a_5-a_7)}{r}+\right.\\&\qquad\qquad\left.+\frac{2\alpha(2a_4+a_6-a_7)}{r}\cos k\varphi\right]\mu_k'=1.\end{aligned}\right\}\quad(18)$$

Bei der weiteren Verwertung dieser Gleichungen gelten dieselben Bemerkungen wie bei den Gleichungen (17).

28. Entwicklung einer tangentialen Knotenpunktskraft und eines Knotenpunktsmomentes nach den Eigenbelastungen. Nach dem Programm von Ziff. **23** braucht man jetzt nur noch die dort mit *II* bezeichnete äußere Belastung nach den Eigenbelastungen zu entwickeln und die zu diesen Komponenten gehörigen Schnittkräfte und -momente insgesamt zu den durch die Belastung *I* erzeugten Schnittgrößen zu addieren. Die Zerlegung des Systems *II* kann nun noch auf zweierlei Weise vorgenommen werden. Erstens könnte man daran denken, das System der in *II* enthaltenen Tangentialkräfte als Ganzes in die n aus Kräften bestehenden Eigenbelastungen zu zerlegen und ebenso das System der in *II* enthaltenen Momente als Ganzes in die n aus Momenten bestehenden Eigenbelastungen. In diesem Falle müßte man bei jeder neuen Aufgabe, nachdem die Belastung II erhalten ist, noch eine zweifache und von Fall zu Fall verschiedene Zerlegung vornehmen. Zweitens kann man aber auch ein für allemal eine in einem beliebigen Knotenpunkt angreifende Einzelkraft in die aus Kräften bestehenden Eigenbelastungen und ein daselbst angreifendes Moment in die aus Momenten bestehenden Eigenbelastungen zerlegen. Die so erhaltenen Ergebnisse sind dann, unter passender Vertauschung der Knotenpunktsnummern, auch für die in anderen Knotenpunkten angreifenden Kräfte und Momente und, was mehr sagt, auch bei jeder beliebigen Belastung des Rades verwendbar. Die zweite Methode ist der ersten bei der numerischen Durchrechnung einer Aufgabe weit überlegen. Wir entwickeln daher nur die zweite. Dabei können wir uns auf den Fall einer Einzelkraft beschränken, weil die Ergebnisse unmittelbar auf den eines Einzelmomentes übertragbar sind.

Als Angriffspunkt der Einheitseinzelkraft $T=1$ wählen wir den Knotenpunkt $n\equiv 0$. Sind $b_1, b_2, \ldots, b_n$ die Beiwerte der Eigenbelastungen E_{ki}, in welche T zerlegt wird, so gelten für sie die folgenden n Gleichungen:

$$\begin{aligned} 0 &= b_1 E_{11} + b_2 E_{21} + b_3 E_{31} + \cdots + b_n E_{n1}, \\ 0 &= b_1 E_{12} + b_2 E_{22} + b_3 E_{32} + \cdots + b_n E_{n2}, \\ &\vdots \\ 0 &= b_1 E_{1,n-1} + b_2 E_{2,n-1} + b_3 E_{3,n-1} + \cdots + b_n E_{n,n-1}, \\ T = 1 &= b_1 E_{1n} + b_2 E_{2n} + b_3 E_{3n} + \cdots + b_n E_{nn}. \end{aligned}$$

Zur Bestimmung des Beiwertes b_k multipliziert man diese Gleichungen der Reihe nach mit $E_{k1}, E_{k2}, \ldots, E_{kn}$ und addiert sie. Wegen der Orthogonalität der Eigenbelastungen erhält man dann

$$E_{kn} = b_k \sum_{i=1}^{n} E_{ki}^2, \quad \text{also} \quad b_k = \frac{E_{kn}}{\sum\limits_{i=1}^{n} E_{ki}^2}.$$

Betrachten wir zunächst den Fall gerader n, so ist

$$\begin{aligned} E_{kn} &= \cos n k\varphi = 1 && \text{für } 1 \leqq k \leqq \frac{n}{2} \text{ sowie für } k=n, \\ E_{kn} &= \cos\left(n k\varphi + \frac{\pi}{2}\right) = 0 && \text{für } \frac{n}{2} < k < n, \end{aligned}$$

$$\sum_{i=1}^{n} E_{ki}^2 = \sum_{i=1}^{n} \cos^2 ik\varphi = \sum_{i=1}^{n} \frac{1}{2}(1+\cos 2ik\varphi) = \begin{cases} \dfrac{n}{2} & \text{für } 1 \leqq k < \dfrac{n}{2}, \\ n & \text{für } k = \dfrac{n}{2} \text{ und } k = n, \end{cases}$$

$$\sum_{i=1}^{n} E_{ki}^2 = \sum_{i=1}^{n} \cos^2\left(ik\varphi + \frac{\pi}{2}\right) = \sum_{i=1}^{n} \frac{1}{2}\left[1+\cos(2ik\varphi+\pi)\right] = \frac{n}{2} \quad \text{für } \frac{n}{2} < k < n.$$

Es gilt also für gerades n

$$b_k = \frac{2}{n} \quad \text{für } 1 \leqq k < \frac{n}{2}, \quad b_k = 0 \quad \text{für } \frac{n}{2} < k < n, \quad b_{\frac{n}{2}} = b_n = \frac{1}{n}. \tag{1}$$

Ebenso findet man für ungerades n

$$b_k = \frac{2}{n} \quad \text{für } 1 \leqq k \leqq \frac{1}{2}(n-1), \quad b_k = 0 \quad \text{für } \frac{1}{2}(n-1) < k < n, \quad b_n = \frac{1}{n}. \tag{2}$$

Hiermit ist unsere Aufgabe im ganzen als gelöst zu betrachten.

29. Die Einflußzahlen der Speichen. Bevor wir die erhaltenen allgemeinen Ergebnisse auf die Sonderfälle $n=4$ und $n=6$ anwenden, bestimmen wir zunächst noch für die vielfach verwendete Speiche gleicher Dicke, aber linear veränderlicher Breite die in Ziff. **27** eingeführten Einflußzahlen α_{ij}^s und β_{ij}^s. Bezeichnet man in Abb. 50 die Speichenlänge AB mit l, die Länge AC mit a, den Abstand eines beliebigen Querschnitts vom Punkte C mit x und ist J_s das Trägheitsmoment des Fußquerschnitts A, also $J_x = (x/a)^3 J_s$ das Trägheitsmoment eines beliebigen Querschnitts x, und setzt man noch

$$\gamma = \frac{a-l}{a}, \tag{1}$$

so findet man in bekannter Weise die Durchbiegung α_{11}^s in B infolge einer dort angreifenden Einheitskraft

$$\alpha_{11}^s = \frac{l^3}{EJ_s(1-\gamma)^2}\left[\frac{1}{1-\gamma}\ln\frac{1}{\gamma} - 2 + \frac{1}{2}(1+\gamma)\right] \tag{2}$$

und ebenso

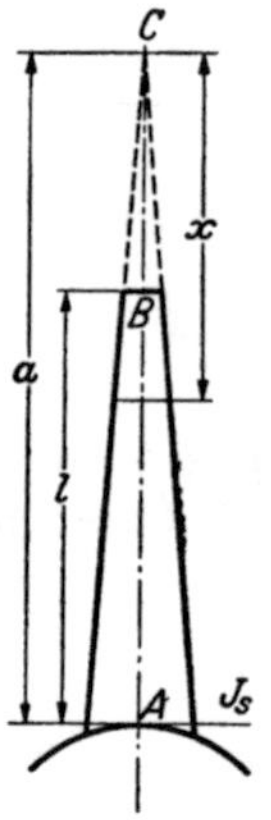

Abb. 50. Die Speiche von linear veränderlicher Breite.

$$\alpha_{12}^s = \alpha_{21}^s = \frac{l^2}{2EJ_s\gamma}, \qquad \alpha_{22}^s = \frac{(1+\gamma)l}{2EJ_s\gamma^2}, \tag{3}$$

so daß für diesen Sonderfall

$$\Delta^s \equiv \alpha_{11}^s\alpha_{22}^s - (\alpha_{12}^s)^2 = \frac{l^4}{2E^2J_s^2\gamma^2}\left[\frac{1+\gamma}{(1-\gamma)^3}\ln\frac{1}{\gamma} - \frac{2}{(1-\gamma)^2}\right] \tag{4}$$

ist und somit nach (**27**, 10)

$$\left.\begin{aligned}
\beta_{11}^s &= \frac{\alpha_{22}^s}{\Delta^s} = \frac{1+\gamma}{\dfrac{1+\gamma}{(1-\gamma)^3}\ln\dfrac{1}{\gamma} - \dfrac{2}{(1-\gamma)^2}}\,\frac{EJ_s}{l^3},\\
\beta_{12}^s &= \beta_{21}^s = \frac{-\alpha_{21}^s}{\Delta^s} = -\frac{\gamma}{\dfrac{1+\gamma}{(1-\gamma)^3}\ln\dfrac{1}{\gamma} - \dfrac{2}{(1-\gamma)^2}}\,\frac{EJ_s}{l^2},\\
\beta_{22}^s &= \frac{\alpha_{11}^s}{\Delta^s} = \frac{2\gamma^2\left[\dfrac{1}{1-\gamma}\ln\dfrac{1}{\gamma} - 2 + \dfrac{1}{2}(1+\gamma)\right]}{\dfrac{1+\gamma}{1-\gamma}\ln\dfrac{1}{\gamma} - 2}\,\frac{EJ_s}{l}.
\end{aligned}\right\} \tag{5}$$

Für Speichen mit beliebig veränderlichem Trägheitsmoment hat man statt (2) und (3) allgemein

$$\alpha_{11}^s = \int\limits_{a-l}^{a}\frac{(x-a+l)^2}{EJ_x}\,dx, \qquad \alpha_{12}^s = \alpha_{21}^s = \int\limits_{a-l}^{a}\frac{x-a+l}{EJ_x}\,dx, \qquad \alpha_{22}^s = \int\limits_{a-l}^{a}\frac{dx}{EJ_x}, \tag{6}$$

und muß dann die Integrale eben graphisch oder sonstwie auswerten.

30. Das Rad mit vier Speichen. Als Beispiel rechnen wir jetzt ein vierspeichiges Rad durch, dessen Abmessungen einer technischen Ausführung entnommen sind. Es soll sein

$$l = 0{,}8025\,r, \qquad \gamma = 0{,}802, \qquad EJ_s = 21\,\alpha,$$

wo α die Biegesteifigkeit des Radkranzes ist. Man findet zunächst nach (**29**, 5) die Einflußzahlen

$$\beta_{11}^s = 366{,}1035\,\frac{\alpha}{r^3}, \qquad \beta_{12}^s = \beta_{21}^s = -132{,}3708\,\frac{\alpha}{r^2}, \qquad \beta_{22}^s = 67{,}1886\,\frac{\alpha}{r},$$

ferner nach (**27**, 3), wo nun $\varphi = \pi/2$ zu setzen ist,

$$a_1\Delta = \frac{1}{2}\left(\frac{\pi}{2} - 1\right) = 0{,}2853982, \qquad a_5\Delta = \frac{\pi^2}{8} - 1 = 0{,}2337006,$$

$$a_2\Delta = \frac{\pi}{4} - 1 = -0{,}2146018, \qquad a_6\Delta = \frac{\pi}{4} - 1 = -0{,}2146018,$$

$$a_3\Delta = \frac{\pi^2}{8} - 1 \qquad = 0{,}2337006, \qquad a_7\Delta = \frac{1}{4}\left(\frac{\pi^2}{4} - 1\right) = 0{,}3668503,$$

$$a_4\Delta = \frac{1}{2}\left(\frac{\pi}{2} - 1\right) = 0{,}2853982, \qquad \text{mit} \quad \Delta = 0{,}0054507 \text{ (Ziff. **25**)},$$

so daß die Gleichungen (**27**, 17) und (**27**, 18) die Gestalt annehmen

$$\left(451{,}8526 - 78{,}7414\cos\frac{2\pi k}{n}\right)\frac{\alpha}{r^3}\lambda_k - \left(113{,}4016 + 25{,}9770\cos\frac{2\pi k}{n}\right)\frac{\alpha}{r^2}\mu_k = 1,$$

$$-\left(113{,}4016 + 25{,}9770\cos\frac{2\pi k}{n}\right)\frac{\alpha}{r^2}\lambda_k + \left(78{,}1063 - 3{,}9098\cos\frac{2\pi k}{n}\right)\frac{\alpha}{r}\mu_k = 0$$

und

$$\left(451{,}8526 - 78{,}7414\cos\frac{2\pi k}{n}\right)\frac{\alpha}{r^3}\lambda_k' - \left(113{,}4016 + 25{,}9770\cos\frac{2\pi k}{n}\right)\frac{\alpha}{r^2}\mu_k' = 0,$$

$$-\left(113{,}4016 + 25{,}9770\cos\frac{2\pi k}{n}\right)\frac{\alpha}{r^2}\lambda_k' + \left(78{,}1063 - 3{,}9098\cos\frac{2\pi k}{n}\right)\frac{\alpha}{r}\mu_k' = 1.$$

Diese Gleichungssysteme müssen für $n = 4$ und $k = 1$, $k = 2$ und $k = 4$ (oder $= 0$) gelöst werden. Das Ergebnis dieser Rechnung ist folgendes:

k	$\frac{\alpha}{r^3}\lambda_k$	$\frac{\alpha}{r^2}\mu_k$	$\frac{\alpha}{r^2}\lambda_k'$	$\frac{\alpha}{r}\mu_k'$
1	0,003482	0,005055	0,005055	0,020143
2	0,002286	0,002437	0,002437	0,014790
3	0,003482	0,005055	0,005055	0,020143
4	0,008986	0,016880	0,016880	0,045187

Die zu $k = 1, 2, 3, 4 (\equiv 0)$ gehörigen Eigenbelastungen sind nach (**26**, 8) mit $\varphi = \pi/2$

E_{ki}	$i = 1$	$i = 2$	$i = 3$	$i = 4$
$k = 1$	$\cos\frac{\pi}{2} = 0$	$\cos 2\frac{\pi}{2} = -1$	$\cos 3\frac{\pi}{2} = 0$	$\cos 4\frac{\pi}{2} = 1$
$k = 2$	$\cos\pi = -1$	$\cos 2\pi = +1$	$\cos 3\pi = -1$	$\cos 4\pi = 1$
$k = 3$	$\cos\left(\frac{3\pi}{2} + \frac{\pi}{2}\right) = 1$	$\cos\left(2\frac{3\pi}{2} + \frac{\pi}{2}\right) = 0$	$\cos\left(3\frac{3\pi}{2} + \frac{\pi}{2}\right) = -1$	$\cos\left(4\frac{3\pi}{2} + \frac{\pi}{2}\right) = 0$
$k = 4$	$\cos 1\cdot 2\pi = 1$	$\cos 2\cdot 2\pi = 1$	$\cos 3\cdot 2\pi = 1$	$\cos 4\cdot 2\pi = 1$

Die von den Eigenbelastungen hervorgerufenen Knotenpunktsverschiebungen und Verdrehungen sind also bei einer aus Kräften bestehenden Eigenbelastung nach (**27**, 13)

$\frac{\alpha}{r^3}v_{ki}$	$i = 1$	$i = 2$	$i = 3$	$i = 4$
$k = 1$	0	−0,003482	0	+0,003482
$k = 2$	−0,002286	+0,002286	−0,002286	+0,002286
$k = 3$	+0,003482	0	−0,003482	0
$k = 4$	+0,008986	+0,008986	+0,008986	+0,008986

$\frac{\alpha}{r^2}\vartheta_{ki}$	$i=1$	$i=2$	$i=3$	$i=4$
$k=1$	0	−0,005055	0	+0,005055
$k=2$	−0,002437	+0,002437	−0,002437	+0,002437
$k=3$	+0,005055	0	−0,005055	0
$k=4$	+0,016880	+0,016880	+0,016880	+0,016880

und bei einer aus Momenten bestehenden Eigenbelastung nach (**27**, 16)

$\frac{\alpha}{r^2}v'_{ki}$	$i=1$	$i=2$	$i=3$	$i=4$
$k=1$	0	−0,005055	0	+0,005055
$k=2$	−0,002437	+0,002437	−0,002437	+0,002437
$k=3$	+0,005055	0	−0,005055	0
$k=4$	+0,016880	+0,016880	+0,016880	+0,016880

$\frac{\alpha}{r}\vartheta'_{ki}$	$i=1$	$i=2$	$i=3$	$i=4$
$k=1$	0	−0,020143	0	+0,020143
$k=2$	−0,014790	+0,014790	−0,014790	+0,014790
$k=3$	+0,020143	0	−0,020143	0
$k=4$	+0,045187	+0,045187	+0,045187	+0,045187

Die Zahlen b_k, mit denen die Eigenbelastungen der Reihe nach zu multiplizieren sind, damit sie nach Addition im 4-ten (oder 0-ten) Knotenpunkt eine tangentiale Einheitsbelastung und in den andern Knotenpunkten gar keine Belastung hervorrufen, errechnen sich nach (**28**, 1) zu

$$b_1=\frac{1}{2}, \qquad b_2=\frac{1}{4}, \qquad b_3=0, \qquad b_4(\equiv b_0)=\frac{1}{4}.$$

Wenn man also in jeder der Tabellen für die v_{ki}, ϑ_{ki}, v'_{ki}, ϑ'_{ki} die Zeilen der Reihe nach mit $\frac{1}{2}$, $\frac{1}{4}$, 0 und $\frac{1}{4}$ multipliziert und dann spaltenweise addiert, so erhält man (bis auf Faktoren α/r^ν) die Verschiebungen $v_{i(4)}$ bzw. $v'_{i(4)}$ und Verdrehungen $\vartheta_{i(4)}$ bzw. $\vartheta'_{i(4)}$, welche eine im 4-ten (oder 0-ten) Knotenpunkt angreifende Einheitskraft bzw. ein dort angreifendes Einheitsmoment in den Knotenpunkten *1, 2, 3, 4* erzeugt:

	$i=1$	$i=2$	$i=3$	$i=4$
$\frac{\alpha}{r^3}v_{i(4)}$	0,001675	0,001078	0,001675	0,004560
$\frac{\alpha}{r^2}\vartheta_{i(4)}$	0,003611	0,002301	0,003611	0,007357
$\frac{\alpha}{r^2}v'_{i(4)}$	0,003611	0,002301	0,003611	0,007357
$\frac{\alpha}{r}\vartheta'_{i(4)}$	0,007599	0,004923	0,007599	0,025067

Jetzt greifen wir auf die Gleichungen (**27**, 6), (**27**, 8) und (**27**, 11) zurück und ersetzen das eine Mal die v_i und ϑ_i durch die Werte $v_{i(4)}$ und $\vartheta_{i(4)}$ dieser Tabelle,

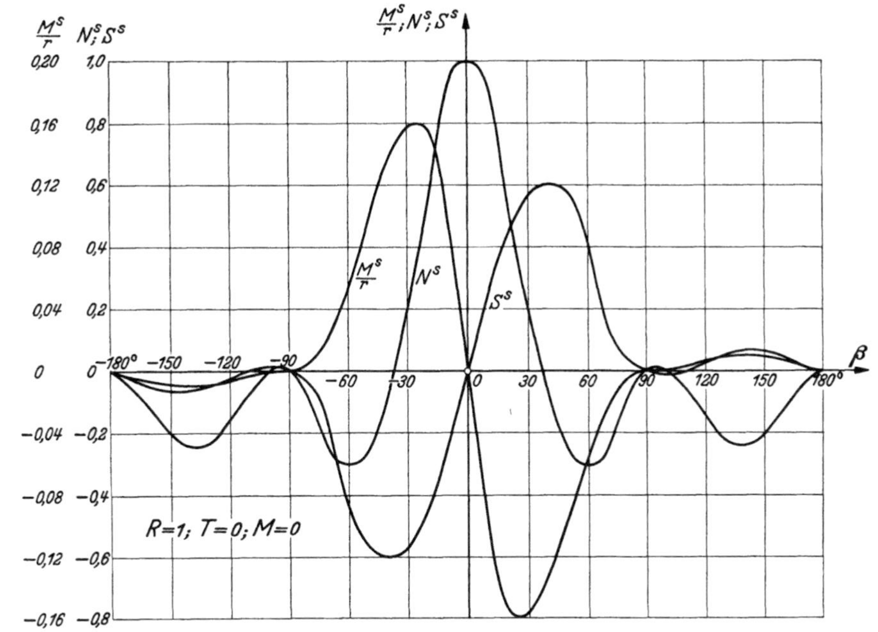

Abb. 51. Die Einflußfunktionen fur die Großen S^s, N^s und M^s/r in einem Speichenendquerschnitt von einer beweglichen radialen Einheitskraft am Radumfang.

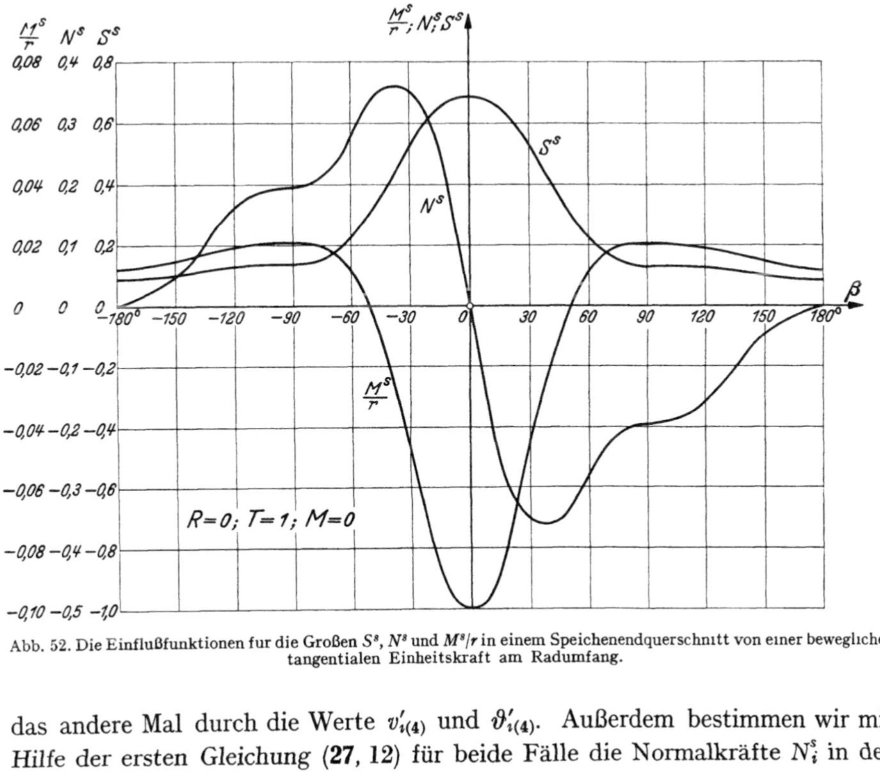

Abb. 52. Die Einflußfunktionen fur die Großen S^s, N^s und M^s/r in einem Speichenendquerschnitt von einer beweglichen tangentialen Einheitskraft am Radumfang.

das andere Mal durch die Werte $v'_{i(4)}$ und $\vartheta'_{i(4)}$. Außerdem bestimmen wir mit Hilfe der ersten Gleichung (**27**, 12) für beide Fälle die Normalkräfte N_i^s in den

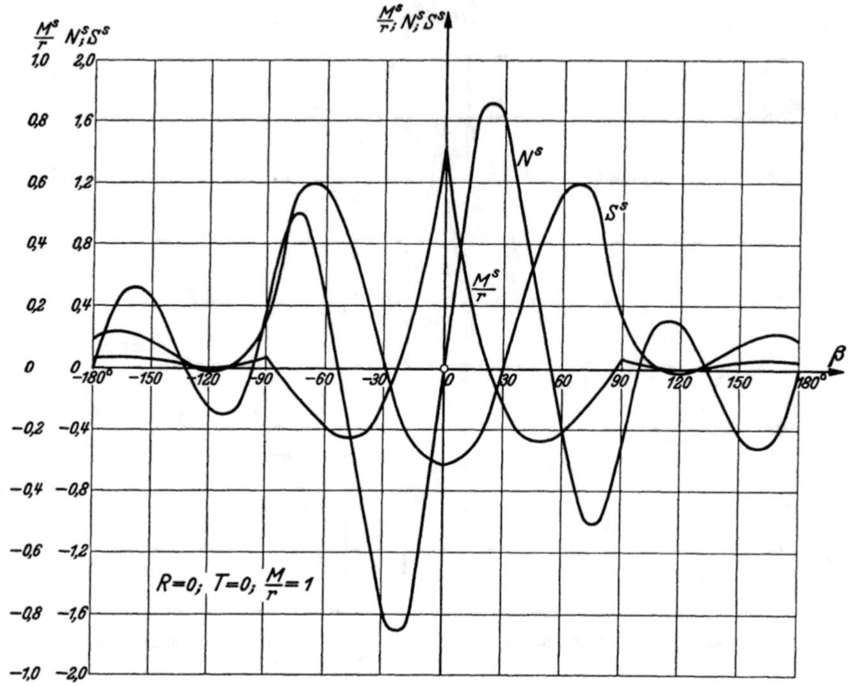

Abb. 53. Die Einflußfunktionen fur die Großen S^s, N^s und M^s/r in einem Speichenendquerschnitt von einem beweglichen Einheitsmoment am Radumfang.

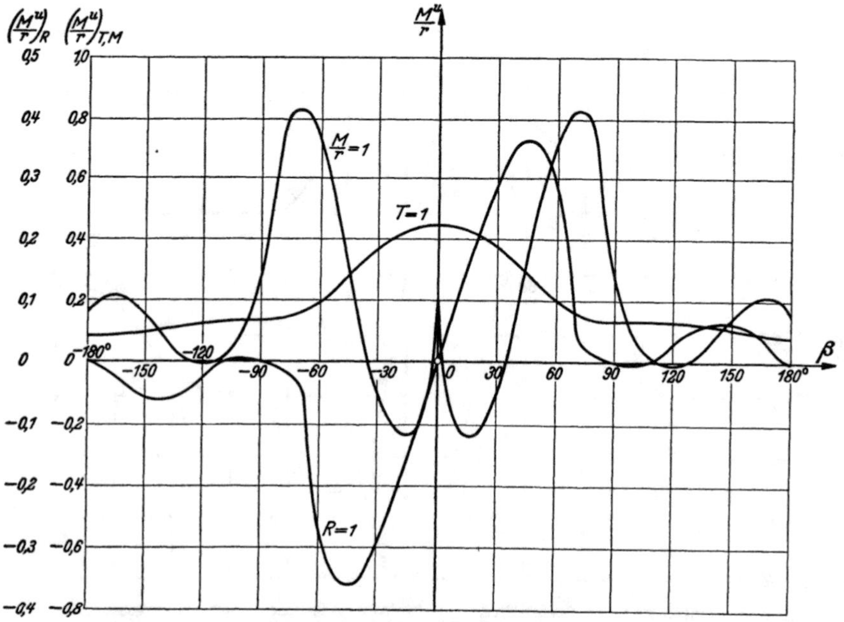

Abb. 54. Die Einflußfunktionen fur die Große M^u/r im Nabenquerschnitt einer Speiche von den drei beweglichen Einheitsbelastungen.

Speichen. Dann sind damit alle Schnittgrößen in der unmittelbaren Umgebung der Knotenpunkte des Rades bekannt, sowohl für den Fall, daß im 4-ten (oder

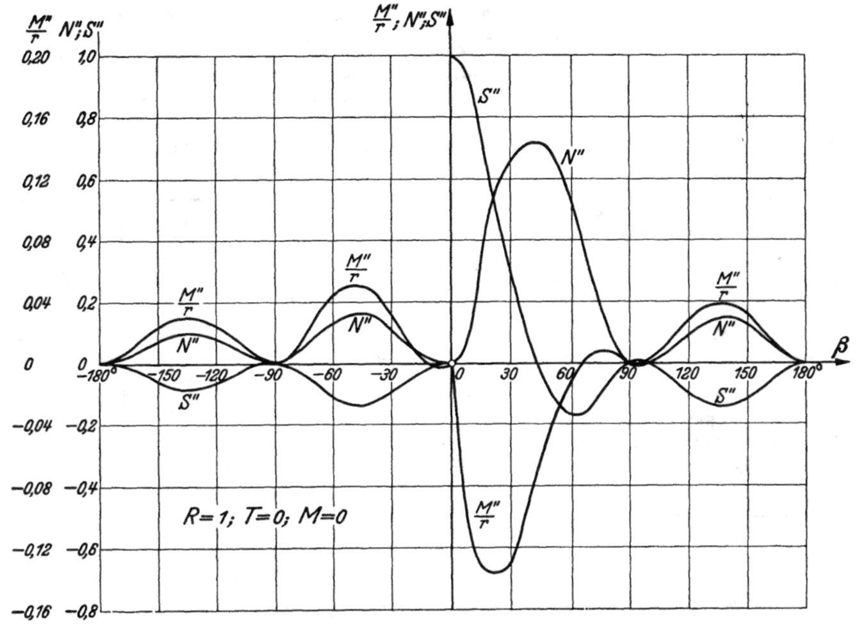

Abb. 55. Die Einflußfunktionen fur die Großen S'', N'' und M''/r in einem Kranzquerschnitt unmittelbar rechts von einer Speiche von einer beweglichen radialen Einheitskraft am Radumfang.

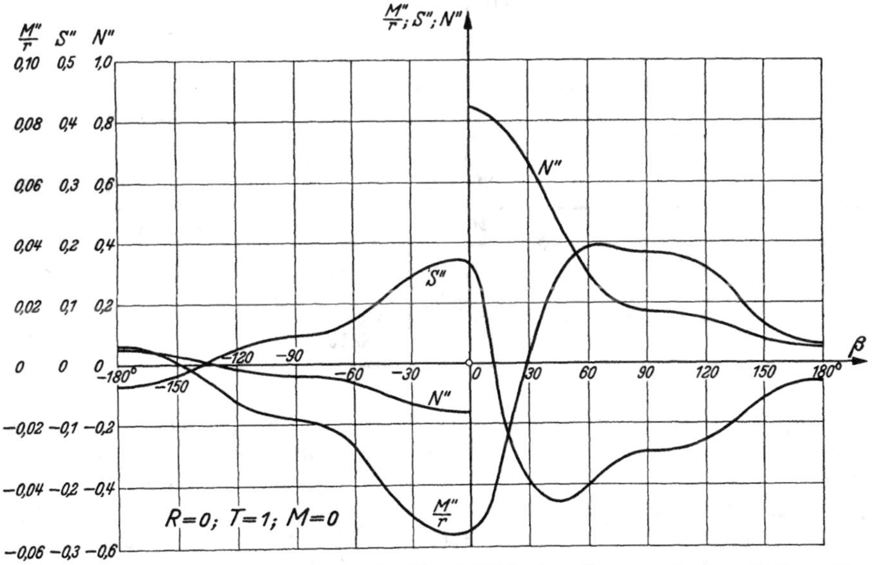

Abb. 56. Die Einflußfunktionen fur die Großen S'', N'' und M''/r in einem Kranzquerschnitt unmittelbar rechts von einer Speiche von einer beweglichen tangentialen Einheitskraft am Radumfang.

0-ten) Knotenpunkt eine äußere tangentiale Einheitskraft angreift, als für den Fall, daß dort ein äußeres Einheitsmoment wirkt. Die Ergebnisse sind in den Zeilen $p = 4$ der Tabellen A und B eingetragen. Die übrigen Werte der Tabellen A bzw. B, welche also die inneren Knotenpunktsbelastungen infolge von tangentialen Einheitskräften bzw. -momenten in den Knotenpunkten $p = 1, 2, 3$

Tabelle A. Die Knotenpunktsschnittgrößen infolge einer im Knotenpunkt

p	S_1'	N_1'	M_1'/r	S_2'	N_2'	M_2'/r
1	+0,16885	+0,15227	+0,05454	−0,15227	−0,16885	−0,03797
2	+0,04475	+0,03367	+0,01708	+0,16885	+0,15227	+0,05454
3	−0,03367	−0,04475	−0,00601	+0,04475	+0,03367	+0,01708
4	−0,15227	−0,16885	−0,03797	−0,03367	−0,04475	−0,00601
p	S_1''	N_1''	M_1''/r	S_2''	N_2''	M_2''/r
1	+0,16885	−0,15227	−0,05454	+0,04475	−0,03367	−0,01708
2	−0,15227	+0,16885	+0,03797	+0,16885	−0,15227	−0,05454
3	−0,03367	+0,04475	+0,00601	−0,15227	+0,16885	+0,03797
4	+0,04475	−0,03367	−0,01708	−0,03367	+0,04475	+0,00601
p	S_1^s	N_1^s	M_1^s/r	S_2^s	N_2^s	M_2^s/r
1	+0,69523	0,00000	−0,10923	+0,13523	+0,19702	+0,02089
2	+0,13523	−0,19702	+0,02089	+0,69523	0,00000	−0,10923
3	+0,08964	0,00000	+0,01213	+0,13523	−0,19702	+0,02089
4	+0,13523	+0,19702	+0,02089	+0,08964	0,00000	+0,01213

Tabelle B. Die Knotenpunktsschnittgrößen infolge eines im

p	$S_1'r$	$N_1'r$	M_1'	$S_2'r$	$N_2'r$	M_2'
1	+0,38818	+0,31219	+0,14479	−0,31219	−0,38818	−0,06880
2	+0,09546	+0,07231	+0,03620	+0,38818	+0,31219	+0,14479
3	−0,07231	−0,09546	−0,01305	+0,09546	+0,07231	+0,03620
4	−0,31219	−0,38818	−0,06880	−0,07231	−0,09546	−0,01305
p	$S_1''r$	$N_1''r$	M_1''	$S_2''r$	$N_2''r$	M_2''
1	+0,38818	−0,31219	−0,14479	+0,09546	−0,07231	−0,03612
2	−0,31219	+0,38818	+0,06880	+0,38818	−0,31219	−0,14479
3	−0,07231	+0,09546	+0,01305	−0,31219	+0,38818	+0,06880
4	+0,09546	−0,07231	−0,03612	−0,07231	+0,09546	+0,01305
p	$S_1^s r$	$N_1^s r$	M_1^s	$S_2^s r$	$N_2^s r$	M_2^s
1	−0,62452	0,00000	+0,71027	+0,31600	+0,40765	+0,03262
2	+0,31600	−0,40765	+0,03262	−0,62452	0,00000	+0,71027
3	+0,19089	0,00000	+0,02612	+0,31600	−0,40765	+0,03262
4	+0,31600	+0,40765	+0,03262	+0,19089	0,00000	+0,02612

angeben, gehen aus den Werten für $p=4$ durch einfache zyklische Vertauschung hervor. [Die hierbei nicht mehr benützte zweite und dritte Gleichung (**27**, 12) können zur Kontrolle der Tabellenwerte dienen: die Tabellenwerte A müssen $T_i=1$ oder 0 und $M_i=0$ geben, je nachdem $p=i$ oder $\neq i$ ist, die Tabellenwerte B analog $M_i/r=1$ oder 0 und $T_i=0$.] Diese Tabellen, zusammen mit den in den Abb. **34** bis **39** von Ziff. **25** dargestellten Einflußfunktionen erlauben vollends ohne weitere Mühe, das vierspeichige Rad bei einer beliebigen gegebenen äußeren Belastung nach der Vorschrift von Ziff. **23** vollständig durchzurechnen.

Im besonderen sind wir imstande, die Einflußfunktionen aller bis jetzt erwähnten Schnittgrößen zu berechnen, und zwar für den Fall, daß eine Radialkraft, eine Tangentialkraft oder ein Moment sich am Radumfang entlang bewegt. Die Rechnung verläuft genau nach dem Programm a) bis d) von Ziff. **23**: zuerst

$p = 1, 2, 3, 4$ angreifenden tangentialen Einheitskraft.

S_3'	N_3'	M_3'/r	S_4'	N_4'	M_4'/r
−0,03367	−0,04475	−0,00601	+0,04475	+0,03367	+0,01708
−0,15227	−0,16885	−0,03797	−0,03367	−0,04475	−0,00601
+0,16885	+0,15227	+0,05454	−0,15227	−0,16885	−0,03797
+0,04475	+0,03367	+0,01708	+0,16885	+0,15227	+0,05454
S_3''	N_3''	M_3''/r	S_4''	N_4''	M_4''/r
−0,03367	+0,04475	+0,00601	−0,15227	+0,16885	+0,03797
+0,04475	−0,03367	−0,01708	−0,03367	+0,04475	+0,00601
+0,16885	−0,15227	−0,05454	+0,04475	−0,03367	−0,01708
−0,15227	+0,16885	+0,03797	+0,16885	−0,15227	−0,05454
S_3^s	N_3^s	M_3^s/r	S_4^s	N_4^s	M_4^s/r
+0,08964	0,00000	+0,01213	+0,13523	−0,19702	+0,02089
+0,13523	+0,19702	+0,02089	+0,08964	0,00000	+0,01213
+0,69523	0,00000	−0,10923	+0,13523	+0,19702	+0,02089
+0,13523	−0,19702	+0,02089	+0,69523	0,00000	−0,10923

Knotenpunkt $p = 1, 2, 3, 4$ angreifenden Einheitsmomentes.

$S_3' r$	$N_3' r$	M_3'	$S_4' r$	$N_4' r$	M_4'
−0,07231	−0,09546	−0,01305	+0,09546	+0,07231	+0,03620
−0,31219	−0,38818	−0,06880	−0,07231	−0,09546	−0,01305
+0,38818	+0,31219	+0,14479	−0,31219	−0,38818	−0,06880
+0,09546	+0,07231	+0,03620	+0,38818	+0,31219	+0,14479
$S_3'' r$	$N_3'' r$	M_3''	$S_4'' r$	$N_4'' r$	M_4''
−0,07231	+0,09546	+0,01305	−0,31219	+0,38818	+0,06880
+0,09546	−0,07231	−0,03612	−0,07231	+0,09546	+0,01305
+0,38818	−0,31219	−0,14479	+0,09546	−0,07231	−0,03612
−0,31219	+0,38818	+0,06880	+0,38818	−0,31219	−0,14479
$S_3^s r$	$N_3^s r$	M_3^s	$S_4^s r$	$N_4^s r$	M_4^s
+0,19089	0,00000	+0,02612	+0,31600	−0,40765	+0,03262
+0,31600	+0,40765	+0,03262	+0,19089	0,00000	+0,02612
−0,62452	0,00000	+0,71027	+0,31600	+0,40765	+0,03262
+0,31600	−0,40765	+0,03262	−0,62452	0,00000	+0,71027

Bestimmung der zu einer Radumfangs-Einheitskraft (bzw. zu einem Einheitsmoment) gehörigen Reaktionen gemäß Abb. 34 bis 39 von Ziff. **25**; dann Berechnung der zu diesen (mit umgekehrtem Vorzeichen versehenen) „äußeren" Knotenpunktsbelastungen gehörigen Schnittgrößen gemäß Tabelle A und B (wobei zu beachten ist, daß radiale „äußere" Knotenpunktsbelastungen natürlich unverändert auf die zugehörige Speiche übergehen und einfach zu deren Normalkraft N_i^s beitragen); endlich Überlagerungen dieser Schnittgrößen und jener Reaktionen. Es hat keinen Sinn, die dazu erforderliche Rechenarbeit hier im einzelnen wiederzugeben; das Endergebnis der Rechnung ist in Abb. 51 bis 58 dargestellt.

Die Abb. 51 bis 53 beziehen sich auf die Einflußfunktionen für die Größen in einem Speichenendquerschnitt, und zwar zu jeder der drei genannten beweglichen *Einheitsbelastungen*. Für die Berechnung des Nabenquerschnitts der

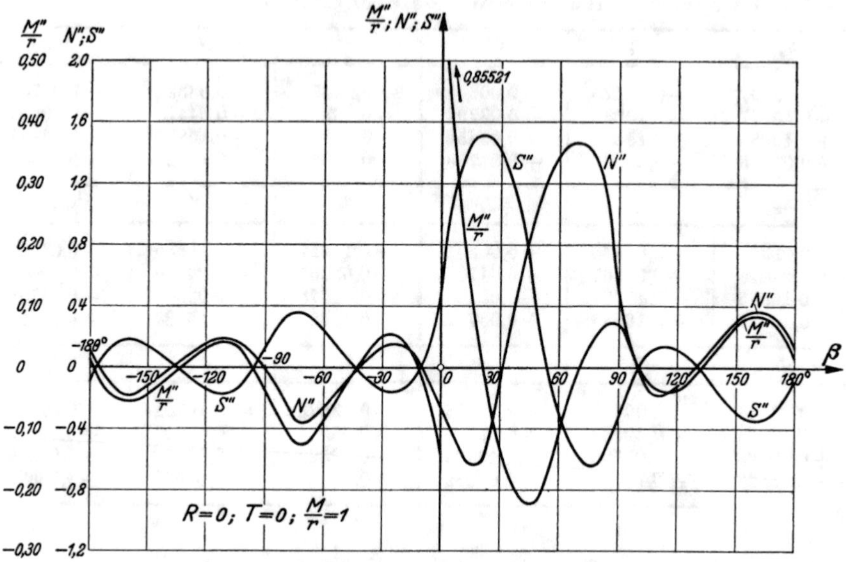

Abb. 57. Die Einflußfunktionen fur die Großen S'', N'' und M''/r in einem Kranzquerschnitt unmittelbar rechts von einer Speiche von einem beweglichen Einheitsmoment am Radumfang.

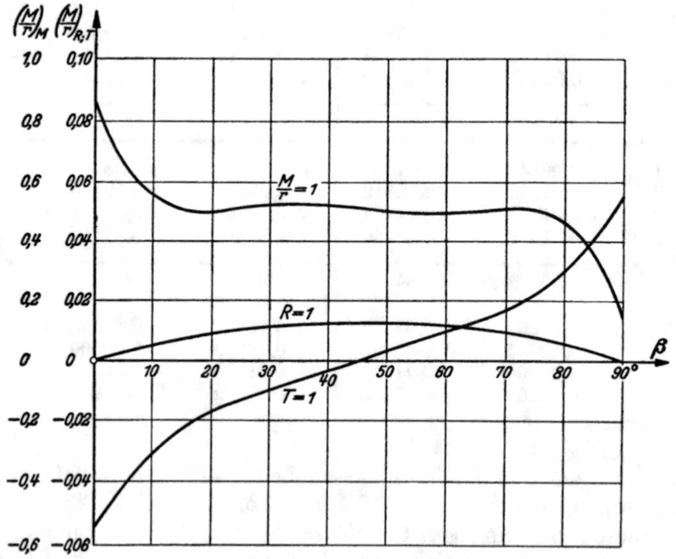

Abb. 58. Die Einflußfunktionen fur das Biegemoment im Kranzquerschnitt unmittelbar links von der Belastung von den drei beweglichen Einheitsbelastungen.

Speichen kommt praktisch nur das dort auftretende Biegemoment, das wir M^u nennen, in Betracht. Die drei Einflußfunktionen für M^u in diesem Querschnitt sind in Abb. 54 vereinigt. Die Abb. 55 bis 57 zeigen die Einflußfunktionen für die Größen in einem Kranzquerschnitt unmittelbar rechts von einer Speiche ebenfalls zu den drei beweglichen Einheitsbelastungen. Abb. 58 schließlich gibt die Einflußfunktion des Biegemomentes unmittelbar links von der beweglichen Einheitsbelastung.

Aus diesen Einflußfunktionen können nun ohne weiteres alle zu gegebener äußerer Belastung gehörenden Schnittgrößen gefunden werden, welche für die Berechnung des vierspeichigen Rades erforderlich sind.

31. Das Rad mit sechs Speichen. Wir wiederholen kurz die entwickelte Rechnung für das sechsspeichige Rad, dessen Abmessungen auch hier einer technischen Ausführung entnommen sind und das in Kap. III, Ziff. **23** schon experimentell untersucht worden ist. Es ist jetzt

$$l = 0{,}8025\, r, \qquad \gamma = 0{,}802, \qquad \alpha_s = 10{,}159\, \alpha,$$

so daß (**29**, 5)

$$\beta_{11}^s = 170{,}9299 \frac{\alpha}{r^3}, \qquad \beta_{12}^s = \beta_{21}^s = -60{,}9650 \frac{\alpha}{r^2}, \qquad \beta_{22}^s = 30{,}7245 \frac{\alpha}{r}$$

liefert. Ferner ist nach (**27**, 3), wo nun $\varphi = \pi/3$ zu setzen ist,

$$a_1 \Delta = \frac{1}{4}\left(\frac{\pi}{3} - \frac{1}{2}\sqrt{3}\right) = 0{,}0452931, \qquad a_5 \Delta = \frac{\pi^2}{18} - \frac{\pi\sqrt{3}}{24} - \frac{1}{4} = 0{,}0715864,$$

$$a_2 \Delta = \frac{1}{2}\left(\frac{\pi}{4} - \frac{1}{2}\sqrt{3}\right) = -0{,}0403136, \qquad a_6 \Delta = -\frac{\pi^2}{36} + \frac{\pi\sqrt{3}}{12} - \frac{1}{4} = -0{,}0707058,$$

$$a_3 \Delta = \frac{\sqrt{3}}{2}\left(\frac{\pi^2}{18} - \frac{1}{2}\right) = 0{,}0418389, \qquad a_7 \Delta = \frac{1}{4}\left(\frac{\pi^2}{9} - \frac{3}{4}\right) = 0{,}0866557,$$

$$a_4 \Delta = \frac{1}{4}\left(\frac{\pi\sqrt{3}}{3} - \frac{3}{2}\right) = 0{,}0784499, \qquad \Delta = 0{,}0001596 \text{ (Ziff. } \mathbf{25}\text{)}.$$

Die Hauptgleichungen (**27**, 17) und (**27**, 18) lauten jetzt

$$\left(1068{,}2275 - 886{,}2597 \cos\frac{2\pi k}{n}\right)\frac{\alpha}{r^3}\lambda_k + \left(25{,}0653 - 97{,}0682 \cos\frac{2\pi k}{n}\right)\frac{\alpha}{r^2}\mu_k = 1,$$

$$\left(25{,}0653 - 97{,}0682 \cos\frac{2\pi k}{n}\right)\frac{\alpha}{r^2}\lambda_k + \left(47{,}5495 - 5{,}7872 \cos\frac{2\pi k}{n}\right)\frac{\alpha}{r}\mu_k = 0$$

und

$$\left(1068{,}2275 - 886{,}2597 \cos\frac{2\pi k}{n}\right)\frac{\alpha}{r^3}\lambda_k' + \left(25{,}0653 - 97{,}0682 \cos\frac{2\pi k}{n}\right)\frac{\alpha}{r^2}\mu_k' = 0,$$

$$\left(25{,}0653 - 97{,}0682 \cos\frac{2\pi k}{n}\right)\frac{\alpha}{r^2}\lambda_k' + \left(47{,}5495 - 5{,}7872 \cos\frac{2\pi k}{n}\right)\frac{\alpha}{r}\mu_k' = 1.$$

Ihre Lösungen sind für $n = 6$

k	$\frac{\alpha}{r^3}\lambda_k$	$\frac{\alpha}{r^2}\mu_k$	$\frac{\alpha}{r^2}\lambda_k'$	$\frac{\alpha}{r}\mu_k'$
1	0,001632	0,000858	0,000858	0,022844
2	0,000712	−0,001039	−0,001039	0,021341
3	0,000597	−0,001367	−0,001367	0,021880
4	0,000712	−0,001039	−0,001039	0,021341
5	0,001632	0,000858	0,000858	0,022844
6	0,017293	0,029815	0,029815	0,075349

Die zu $k = 1, 2, \ldots, 6 (\equiv 0)$ gehörigen Eigenbelastungen sind nach (**26**, 8) mit $\varphi = \pi/3$

E_{ki}	$i=1$	$i=2$	$i=3$
$k=1$	$\cos\frac{\pi}{3}=+0{,}5$	$\cos\frac{2\pi}{3}=-0{,}5$	$\cos\frac{3\pi}{3}=-1$
$k=2$	$\cos\frac{2\pi}{3}=-0{,}5$	$\cos\frac{4\pi}{3}=-0{,}5$	$\cos\frac{6\pi}{3}=+1$
$k=3$	$\cos\frac{3\pi}{3}=-1$	$\cos\frac{6\pi}{3}=+1$	$\cos\frac{9\pi}{3}=-1$
$k=4$	$\cos\left(\frac{4\pi}{3}+\frac{\pi}{2}\right)=+\frac{1}{2}\sqrt{3}$	$\cos\left(\frac{8\pi}{3}+\frac{\pi}{2}\right)=-\frac{1}{2}\sqrt{3}$	$\cos\left(\frac{12\pi}{3}+\frac{\pi}{2}\right)=0$
$k=5$	$\cos\left(\frac{5\pi}{3}+\frac{\pi}{2}\right)=+\frac{1}{2}\sqrt{3}$	$\cos\left(\frac{10\pi}{3}+\frac{\pi}{2}\right)=+\frac{1}{2}\sqrt{3}$	$\cos\left(\frac{15\pi}{3}+\frac{\pi}{2}\right)=0$
$k=6$	$\cos\frac{6\pi}{3}=+1$	$\cos\frac{12\pi}{3}=+1$	$\cos\frac{18\pi}{3}=+1$

Wenn wir jetzt noch nach (**28**, 1) die Faktoren

$$b_1=\frac{1}{3},\qquad b_2=\frac{1}{3},\qquad b_3=\frac{1}{6},\qquad b_4=0,\qquad b_5=0,\qquad b_6=\frac{1}{6}$$

anschreiben, mit denen die sechs Eigenbelastungen der Reihe nach multipliziert werden müssen, damit ihre Summe eine im 6-ten (oder 0-ten) Knotenpunkt

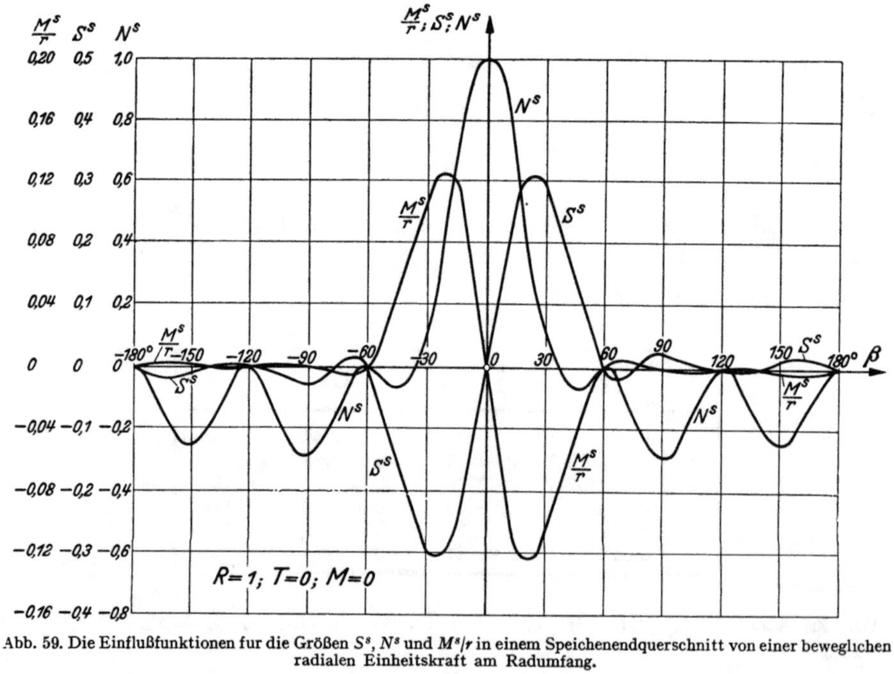

Abb. 59. Die Einflußfunktionen fur die Größen S^s, N^s und M^s/r in einem Speichenendquerschnitt von einer beweglichen radialen Einheitskraft am Radumfang.

$i=4$	$i=5$	$i=6$
$\cos\frac{4\pi}{3} = -0{,}5$	$\cos\frac{5\pi}{3} = +0{,}5$	$\cos\frac{6\pi}{3} = +1$
$\cos\frac{8\pi}{3} = -0{,}5$	$\cos\frac{10\pi}{3} = -0{,}5$	$\cos\frac{12\pi}{3} = +1$
$\cos\frac{12\pi}{3} = +1$	$\cos\frac{15\pi}{3} = -1$	$\cos\frac{18\pi}{3} = +1$
$\cos\left(\frac{16\pi}{3}+\frac{\pi}{2}\right) = +\frac{1}{2}\sqrt{3}$	$\cos\left(\frac{20\pi}{3}+\frac{\pi}{2}\right) = -\frac{1}{2}\sqrt{3}$	$\cos\left(\frac{24\pi}{3}+\frac{\pi}{2}\right) = 0$
$\cos\left(\frac{20\pi}{3}+\frac{\pi}{2}\right) = -\frac{1}{2}\sqrt{3}$	$\cos\left(\frac{25\pi}{3}+\frac{\pi}{2}\right) = -\frac{1}{2}\sqrt{3}$	$\cos\left(\frac{30\pi}{3}+\frac{\pi}{2}\right) = 0$
$\cos\frac{24\pi}{3} = +1$	$\cos\frac{30\pi}{3} = +1$	$\cos\frac{36\pi}{3} = +1$

angreifende Einheitskraft bzw. ein dort angreifendes Einheitsmoment darstellt, so stehen sämtliche Daten zur Verfügung, um nach dem Muster von Ziff. **30** alle in Betracht kommenden Einflußfunktionen mühelos zu bestimmen. Das Ergebnis ist in Abb. 59 bis 66 dargestellt.

Auch hier können aus diesen Einflußfunktionen wieder ohne weiteres alle diejenigen Schnittgrößen hergeleitet werden, die zur Berechnung eines sechsspeichigen Rades erforderlich sind.

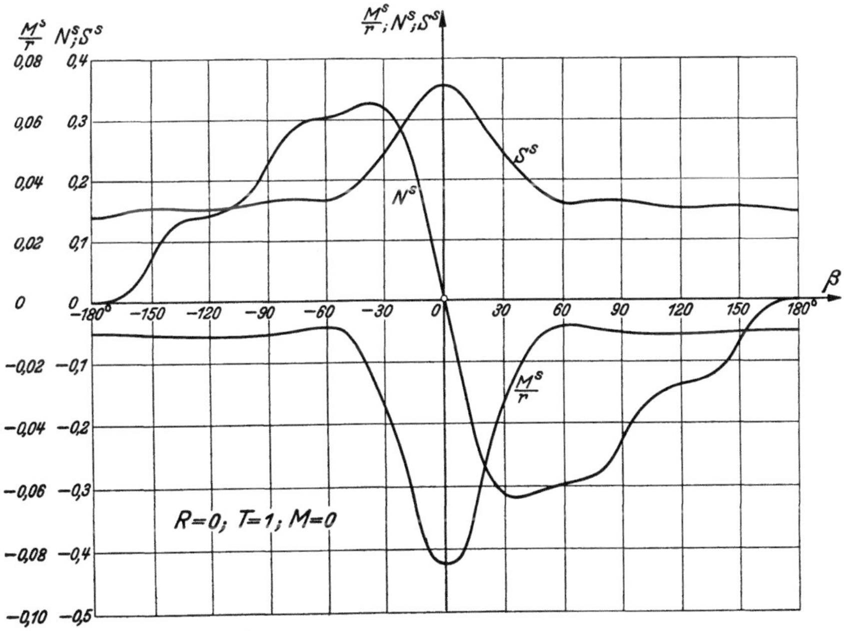

Abb. 60. Die Einflußfunktionen für die Größen S^s, N^s und M^s/r in einem Speichenendquerschnitt von einer beweglichen tangentialen Einheitskraft am Radumfang.

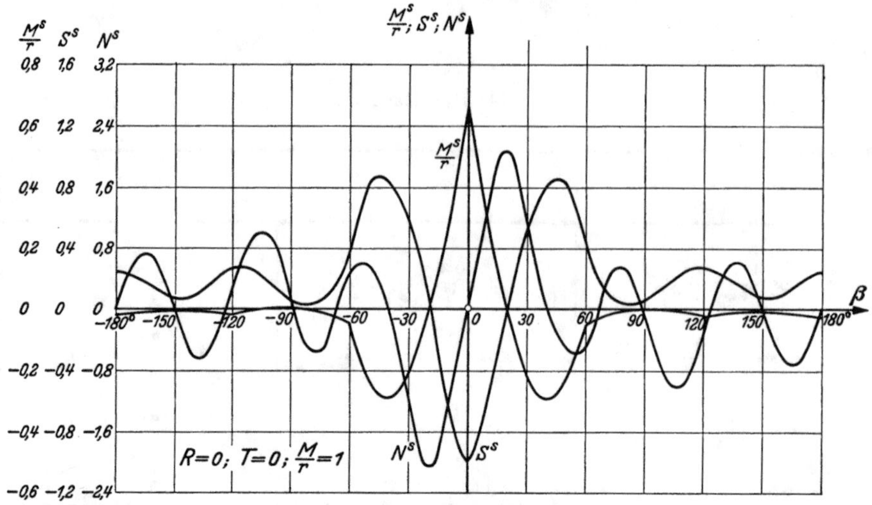

Abb. 61. Die Einflußfunktionen für die Größen S^s, N^s und M^s/r in einem Speichenendquerschnitt von einem beweglichen Einheitsmoment am Radumfang.

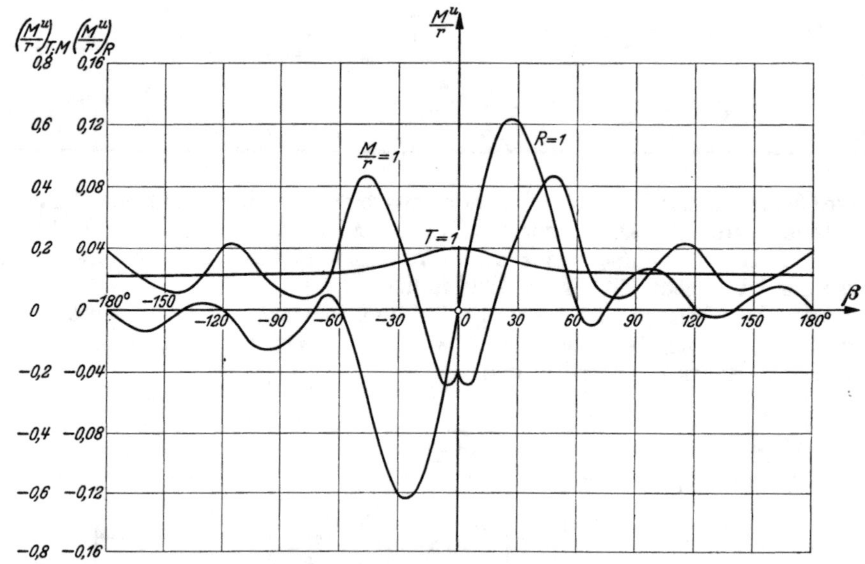

Abb. 62. Die Einflußfunktionen für die Größe M^u/r im Nabenquerschnitt einer Speiche von den drei beweglichen Einheitsbelastungen.

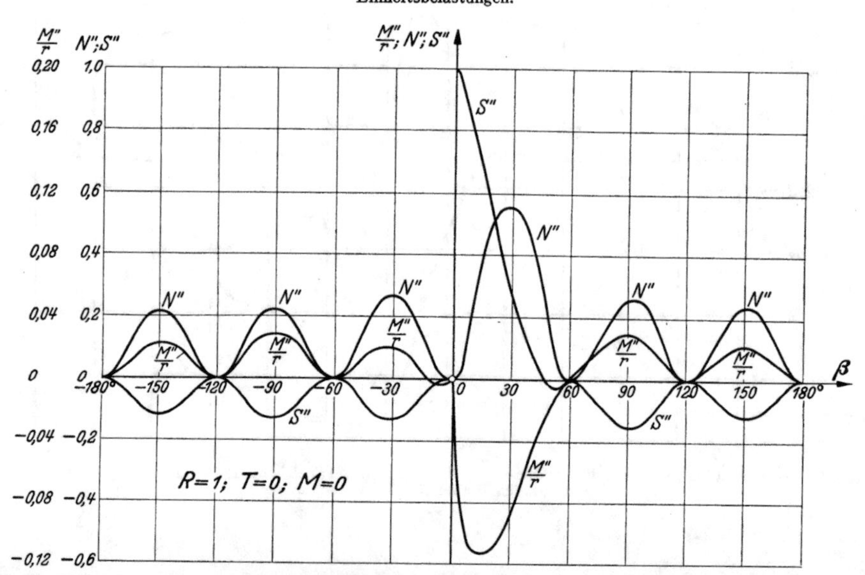

Abb. 63. Die Einflußfunktionen für die Größen S'', N'' und M''/r in einem Kranzquerschnitt unmittelbar rechts von

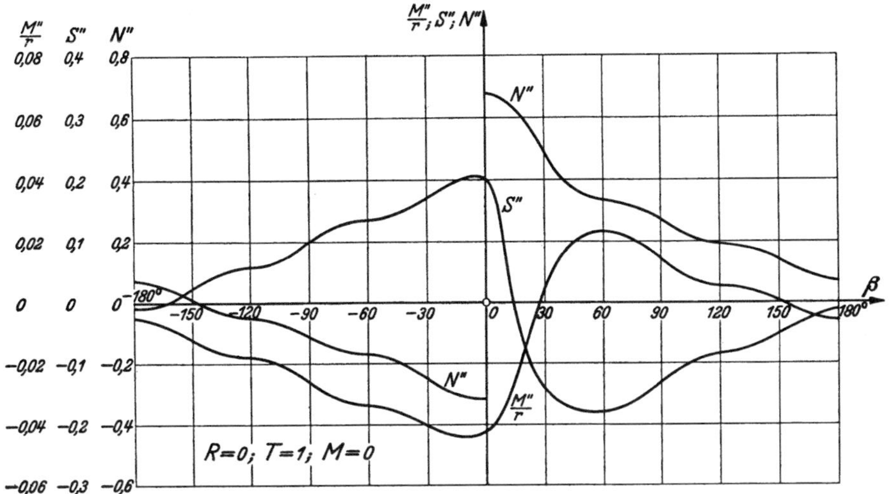

Abb. 64.

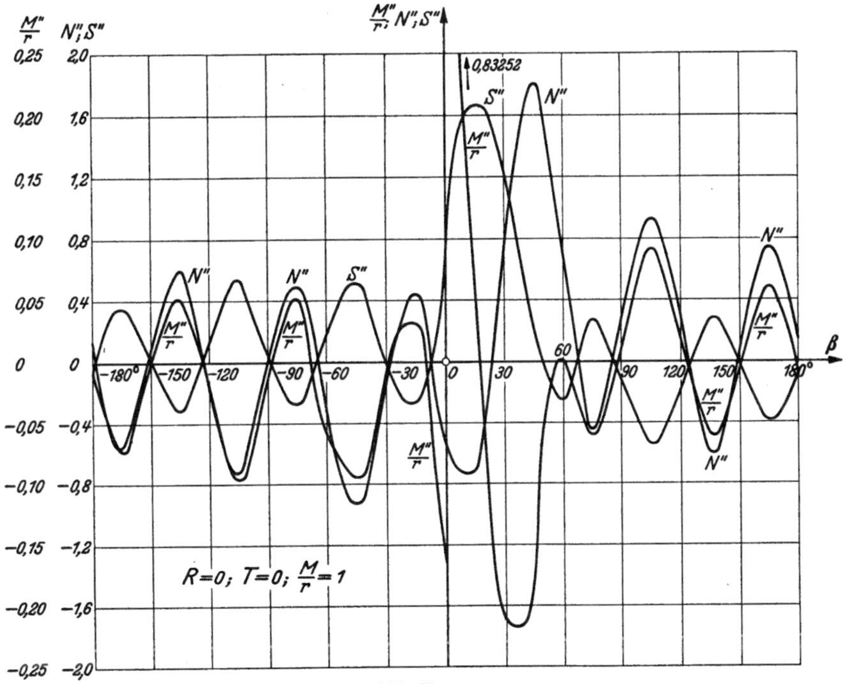

Abb. 65.

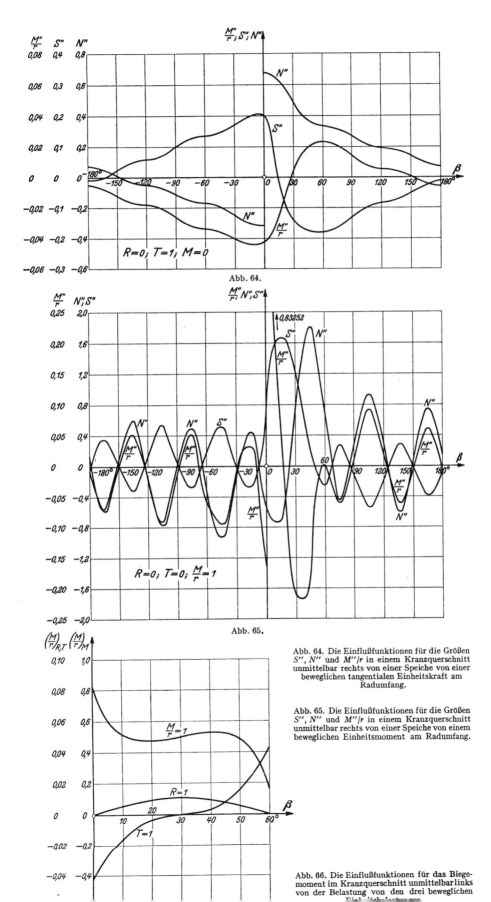

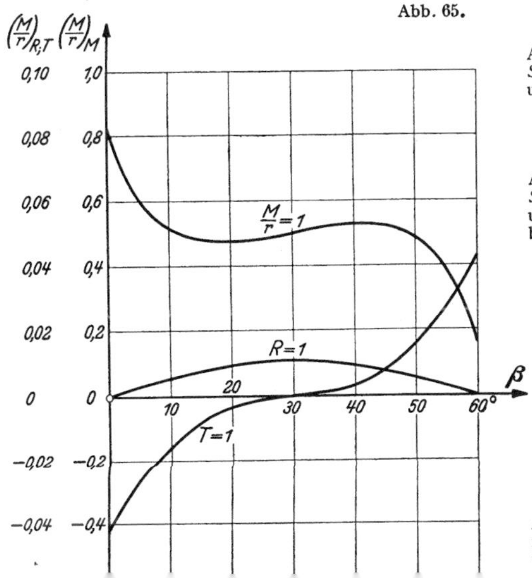

Abb. 64. Die Einflußfunktionen für die Größen S'', N'' und M''/r in einem Kranzquerschnitt unmittelbar rechts von einer Speiche von einer beweglichen tangentialen Einheitskraft am Radumfang.

Abb. 65. Die Einflußfunktionen für die Größen S'', N'' und M''/r in einem Kranzquerschnitt unmittelbar rechts von einer Speiche von einem beweglichen Einheitsmoment am Radumfang.

Abb. 66. Die Einflußfunktionen für das Biegemoment im Kranzquerschnitt unmittelbar links von der Belastung von den drei beweglichen

§ 5. Die Umstülpung von Kreisringen.

32. Gleichmäßige Umstülpung. Ein Ringproblem[1]) von besonderer Art, das beispielsweise bei der Verformung des Kranzes einer Dampfturbinenscheibe bei deren Biegung auftritt, entsteht dadurch, daß auf einen rotationssymmetrischen Ring mit dem Meridianschnitt F (Abb. 67) ein rotationssymmetrisches Feld von zunächst kontinuierlich längs des Ringes verteilten Momenten W einwirkt. Die Folge wird sein, daß alle Meridianschnitte sich um einen festen Winkel ψ drehen. Wir nennen diese Verformung „Umstülpen". Infolge der Querdehnung bzw. Querzusammenziehung der Ringfasern wird sich auch eine gewisse Verformung des Querschnitts F in seiner Ebene einstellen; wir wollen hier jedoch auf diese Querverformung, die bei weiten Ringen sicherlich sehr gering ist, keine Rücksicht nehmen, sondern voraussetzen, daß die Querschnitte F bei ihrer Lageänderung als sich selbst kongruent bleibend angesehen werden dürfen. Von einer etwaigen Verschiebung des Ringes längs seiner Achse AA dürfen wir natürlich bei der Umstülpung sowieso absehen. Wir stellen uns die Aufgabe, den Zusammenhang zwischen W und ψ aufzufinden, also den Widerstand anzugeben, den der Ring einer Umstülpung ψ entgegenstellt.

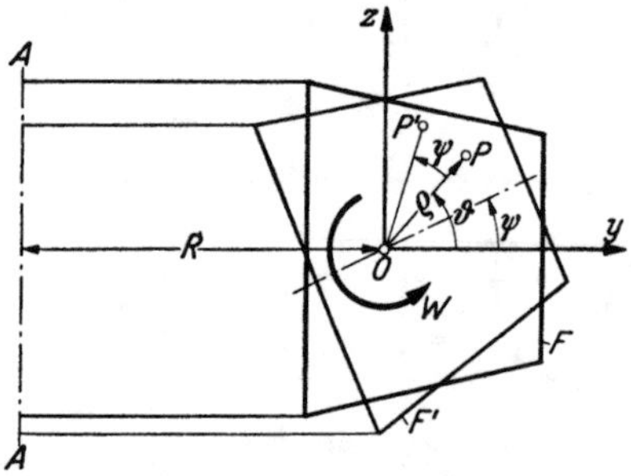

Abb. 67. Die Drehung des Meridianschnitts beim Umstulpen eines Ringes.

Es ist klar, daß man den Meridianschnitt F in seine neue Lage F' (Abb. 67) durch Drehung um einen bestimmten Punkt O überführen kann. Zunächst wäre zu erwarten, daß zu jedem Drehwinkel (Umstülpwinkel) ψ i. a. ein anderer „Momentanpol" O gehörte. Wir wollen nun aber zeigen, daß es einen allen Winkeln ψ gemeinsamen Drehpunkt O gibt.

Hat der nun aufzusuchende Punkt O die Entfernung R von der Achse AA, so hat ein beliebiger Punkt P, dem wir vor der Umstülpung ψ einerseits die (aus Abb. 67 zu ersehenden) kartesischen Koordinaten y, z, andererseits die Polarkoordinaten ϱ, ϑ zuordnen, vor der Umstülpung die Achsentfernung

$$r = R + \varrho\cos\vartheta = R + y, \tag{1}$$

welche infolge der Umstülpung (bei welcher P in P' übergeht) um

$$\Delta r = \varrho\left[\cos(\vartheta+\psi) - \cos\vartheta\right] = -y(1-\cos\psi) - z\sin\psi \tag{2}$$

zunimmt. Die durch P gehende Ringfaser erleidet daher eine (als Zug positiv gerechnete) Spannung

$$\sigma = E\frac{\Delta r}{r}. \tag{3}$$

Wir setzen nun weiter voraus, daß der Ring ohne Eigenspannungen war, und daß an der Verformung keine Einzelkräfte, sondern nur Kräftepaare W in den Meridianebenen beteiligt sind. Ist dies nicht der Fall, wie z. B. bei einem rotierenden Ring, der durch Fliehkräfte gespannt wird, so bedeuten σ eben die Zusatzspannungen infolge der Umstülpung. Auf alle Fälle muß die Resultante aller dieser Ringspannungen σ des gedrehten Querschnitts F' verschwinden:

$$\int_{F'} \sigma\, dF = 0, \tag{4}$$

unter dF den Querschnitt der Faser P' verstanden, in die die Faser durch P bei der Umstülpung übergegangen ist. Man kann der Bedingung (4) zufolge

[1]) R. Grammel, Das Umstülpen und Umkippen von elastischen Ringen, Z. angew. Math. Mech. 3 (1923) S. 429.

(3), (2) und (1) die Form

$$B(1-\cos\psi)+C\sin\psi=0 \tag{5}$$

geben, wenn man die nur von Gestalt und Lage des unverformten Querschnitts F abhängigen Integrale

$$B=\int_F \frac{y\,dF}{R+y}, \qquad C=\int_F \frac{z\,dF}{R+y} \tag{6}$$

einführt. Die Bedingung (5) läßt sich nun für alle Umstülpwinkel ψ erfüllen, wenn

$$B=0 \quad \text{und} \quad C=0 \tag{7}$$

ist, und diese beiden Gleichungen bestimmen offenbar den gesuchten Punkt O. Wir nennen O den neutralen Punkt des Querschnitts F und die durch ihn gehende Ringfaser, da sie nach (3) und (2) spannungsfrei bleibt, die neutrale Faser.

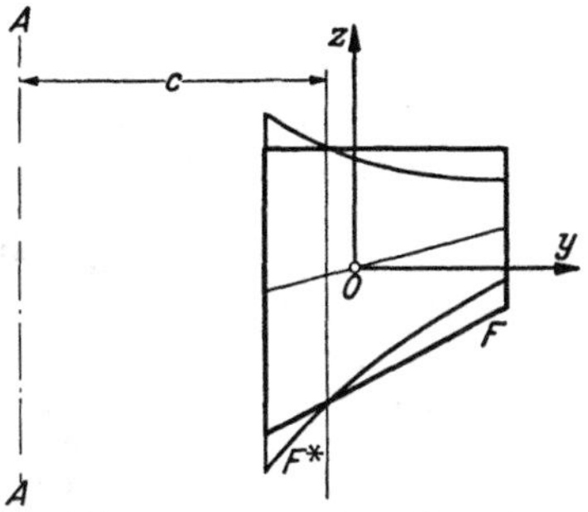

Abb. 68. Die Verwandelte F^* von F.

Man findet den neutralen Punkt O leicht, wenn man aus der Fläche F eine neue Fläche F^* — sie möge die Verwandelte von F genannt sein — dadurch ableitet, daß man (Abb. 68) die Fläche F in lauter schmale Streifen parallel zur z-Achse zerlegt und jeden Streifen von seiner Mitte aus nach beiden Seiten hin im Verhältnis $c:r$ verlängert oder verkürzt, je nachdem sein Achsenabstand r $(=R+y)$ kleiner oder größer als eine feste Vergleichslänge c ist, die man beliebig, aber zweckmäßig wählt. Die Verwandelte F^* hat also mit F alle Streifenmitten gemeinsam, ist aber in der z-Richtung allenthalben c/r-mal so breit wie F. Wählt man nun den Schwerpunkt von F^* zum Koordinatenursprung, so verschwinden, wie man ohne weiteres einsieht, die Integrale (6), und somit ist gemäß (7) der neutrale Punkt O der Schwerpunkt der Verwandelten F^* des Querschnittes F. Er liegt stets näher bei der Ringachse als der Schwerpunkt von F selbst. Besitzt der Ring insbesondere eine zur Ringachse AA senkrechte Symmetrieebene, so enthält diese die neutrale Faser.

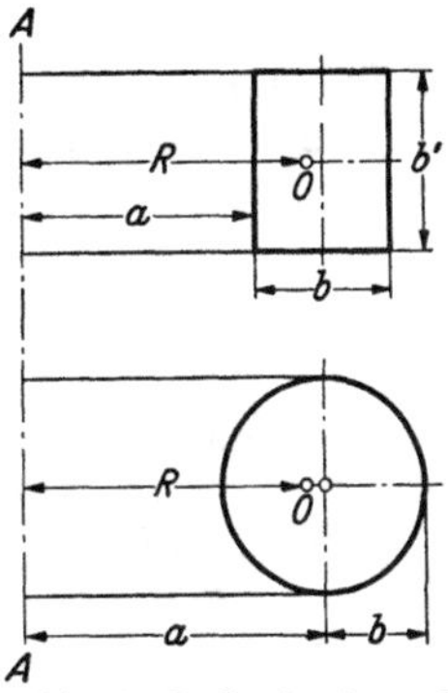

Abb. 69. Rechteckwulst und Kreiswulst.

Für die beiden Ringquerschnitte von Abb. 69 beispielsweise erhält man als Achsenabstand R des neutralen Punktes

$$\left.\begin{aligned} &\text{beim Rechteckwulst:} \quad R=\frac{b}{\ln\left(1+\frac{b}{a}\right)},\\ &\text{beim Kreiswulst:} \quad R=\frac{a}{2}\left(1+\sqrt{1-\frac{b^2}{a^2}}\right)\approx a\left(1-\frac{1}{4}\frac{b^2}{a^2}\right), \end{aligned}\right\} \tag{8}$$

wobei der letzte Ausdruck eine Näherung für kleine Werte von b/a angibt.

Für die Spannungen gilt gemäß (1) bis (3)

$$\frac{\sigma}{E}=-\frac{y(1-\cos\psi)+z\sin\psi}{R+y} \tag{9}$$

oder

$$y\left(\frac{\sigma}{E}+1-\cos\psi\right)+z\sin\psi+\frac{\sigma}{E}R=0, \tag{10}$$

worin wohlgemerkt y, z die Koordinaten der Faser vor der Umstülpung ψ sind. Die Kurven gleicher Spannung σ, im unverdrehten Querschnitt F aufgetragen, sind somit Geraden, die sämtlich durch den auf der Ringachse AA liegenden Punkt $y_1=-R$, $z_1=R\operatorname{tg}\frac{1}{2}\psi$ hindurchgehen. Dies bedeutet, auf den umgestülpten Ring übertragen: die Flächen gleicher Faserspannung σ sind konzentrische Kreiskegel mit der Achse AA und der gemeinsamen Spitze $z_2=-R\operatorname{tg}\frac{1}{2}\psi$, die mit dem Umstülpwinkel ψ auf der Achse AA wandert. Derjenige dieser Kegel, der durch die neutrale Faser geht und also den Erzeugungswinkel $90°-\frac{1}{2}\psi$ hat, enthält lauter spannungslose Fasern und ist also der zum Umstülpwinkel ψ gehörige neutrale Kegel. Sein Innenraum enthält die gedrückten Fasern, sein Außenraum die gezogenen. Wenn man den Ring allmählich umstülpt, so gibt es zwar in jedem Augenblick unendlich viele spannungsfreie Fasern (nämlich die des jeweiligen neutralen Kegels); aber nur eine einzige Ringfaser bleibt dauernd spannungsfrei, eben die neutrale Faser durch O.

Jetzt suchen wir den Zusammenhang zwischen dem Umstülpwinkel ψ und dem Umstülpmoment W, und zwar wollen wir unter W die algebraische Summe aller Umstülpmomente auf dem ganzen Ringumfang verstehen, so daß $(W/2\pi)\,d\varphi$ das Umstülpmoment auf ein Ringelement ist, welches durch zwei Meridianebenen, die den Winkel $d\varphi$ miteinander bilden, herausgeschnitten wird. Die in den Schnittflächen an der Faser P' (Abb. 67) angreifenden Kräfte σdF haben eine radiale Resultante vom Betrage $\sigma dF\,d\varphi$ und somit bezüglich O ein Moment $\sigma\varrho\sin(\vartheta+\psi)\,dF\,d\varphi$, positiv gerechnet im Sinne wachsender ψ. Wird also das äußere umstülpende Moment $(W/2\pi)\,d\varphi$ auf das Ringelement $d\varphi$ ebenfalls positiv gerechnet im Sinne wachsender ψ, so erfordert das Gleichgewicht dieses Ringelementes, daß

$$W=-2\pi\int_{F'}\sigma\varrho\sin(\vartheta+\psi)\,dF \tag{11}$$

sei. Hierbei wird übrigens die schon durch die ursprünglichen Annahmen bedingte Voraussetzung gemacht, daß das äußere Moment W den inneren Momenten $\sigma\varrho\sin(\vartheta+\psi)\,dF$ wirklich so das Gleichgewicht halten könne, daß der verformte Querschnitt F' dem unverformten F kongruent bleibt (eine Voraussetzung, die etwa der in der elementaren Biegetheorie üblichen entspricht, daß die Querschnitte eines Balkens sich unter dem Einfluß einer Biegebelastung nicht ändern sollen).

Setzt man den Wert von σ aus (9) in (11) ein und führt überall wieder die Koordinaten y, z der Punkte des unverdrehten Querschnitts ein, so kommt der gesuchte Zusammenhang in der Form

$$W=U_y\sin\psi\cos\psi+U_z\sin\psi(1-\cos\psi)+U_{yz}(\cos\psi-\cos 2\psi) \tag{12}$$

mit den Abkürzungen

$$U_y=2\pi E\int_F\frac{z^2dF}{R+y},\qquad U_z=2\pi E\int_F\frac{y^2dF}{R+y},\qquad U_{yz}=2\pi E\int_F\frac{yz\,dF}{R+y}. \tag{13}$$

Die Integrale in U_z und U_{yz} sind, wenn man bei der Verwandlung der Fläche F in F^* nun zweckmäßig $c=R$ wählt, das $1/R$-fache des Flächenträgheitsmomentes bezüglich der z-Achse und des Zentrifugalmomentes bezüglich der y- und z-Achse für die Verwandelte F^*. Das Integral in U_y kann man veranschaulichen, wenn man von jedem der zur Erzeugung der Verwandelten F^* benutzten Streifen den Trägheitshalbmesser $\varkappa$ bezüglich der y-Achse ermittelt und die Verlängerung (Verkürzung) des Streifens im Verhältnis R/r so vornimmt, daß dabei der Trägheitsarm $\varkappa$ des Streifens nicht geändert wird. So entsteht eine zweite Verwandelte F^{**} von F, und das Integral in U_y ist dann das $1/R$-fache des Flächenträgheitsmomentes von F^{**} bezüglich der y-Achse.

Die Größen U_y und U_z sind stets wesentlich positiv, wogegen U_{yz} beispielsweise für Ringe mit äquatorialer Symmetrieebene verschwindet. Allgemein mögen Ringe, für welche $U_{yz}=0$ ist, symmetrieartig heißen.

Für den technisch wichtigsten Fall kleiner Umstülpwinkel ψ darf man statt (12) einfach

$$W = U_y \psi = 2\pi E \psi \int_F \frac{z^2 dF}{R+y} \tag{14}$$

schreiben. Dieser Ausdruck gibt zugleich die Größe des Widerstandes an, den der Ring einer Umstülpung ψ entgegensetzt. Einen solchen Widerstand übt z. B. der Kranz einer Dampfturbine aus, wenn die Scheibe achsensymmetrisch gebogen wird.

Zwar nicht bei Scheibenkränzen, aber bei sonstigen Maschinenteilen (z. B. bei Kreiswulstkolbenringen) können beliebig große Umstülpwinkel ψ und sogar vollständige Umstülpungen von 180° und darüber hinaus vorkommen. Die dabei auftretenden Vorgänge gehören in das Gebiet der Kipp- und Durchschlagerscheinungen (Kap. VII, Ziff. **21** und **22**) und werden dort behandelt werden.

33. Umstülpung durch Einzelmomente. Die Umstülpmomente mögen nun nicht mehr stetig über den Ring verteilt sein, sondern nur noch in einzelnen Meridianebenen wirken. Diese Meridianebenen sollen in gleichen Winkelabständen

$$2\varphi_0 = \frac{2\pi}{n} \tag{1}$$

aufeinander folgen, wo n eine ganze Zahl, und zwar mindestens 2 ist. Die Umstülpmomente seien alle gleich groß; ihr Betrag werde mit W_0 bezeichnet, und sie seien als Vektoren je im Sinne einer Rechtsschraube senkrecht auf ihrer Meridianebene dargestellt (Abb. 70). Eine dieser Meridianebenen soll das Azimut $\varphi=0$ besitzen. Denkt man sich ein Ringstück zwischen dieser Ebene und der Meridianebene $\varphi=2\varphi_0$ herausgeschnitten, so hat man sich an seinen beiden Schnittflächen je die Hälfte der Umstülpmomente, also je Momente vom Betrage $\frac{1}{2}W_0$ angebracht zu denken; die anderen Hälften gehören dann je den Nachbarringstücken zu. Diese Nachbarstücke üben vor dem Durchschneiden auf das herauszuschneidende Stück Biegemomente aus, deren Komponenten in Richtung der Ringachse AA mit M_1 bezeichnet werden, wogegen ihre zur Ringachse senkrechte Komponente M_2 heiße.

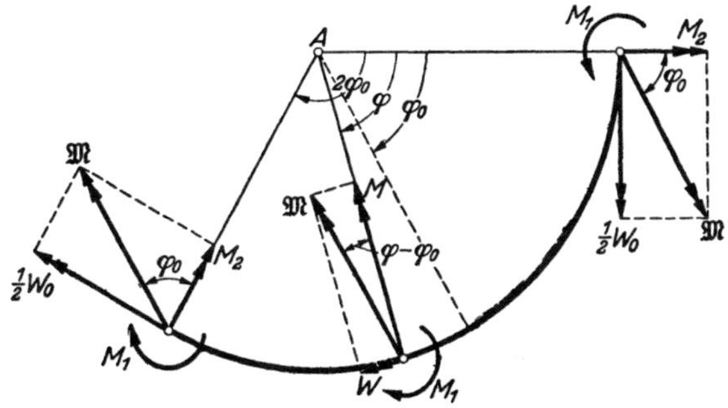

Abb. 70. Umstulpung durch Einzelmomente.

Wegen der Symmetrie des Ringstücks erfordert das Gleichgewicht, daß die Resultante 𝔐 von $\frac{1}{2}W_0$ und M_2 an beiden Enden des Ringstücks ein Vektor vom Azimut φ_0 ist, weshalb

$$M_2 = \frac{1}{2} W_0 \operatorname{ctg} \varphi_0 \tag{2}$$

wird, während die Komponente M_1 vorerst noch unbekannt bleibt. Der Vektor 𝔐, vom Ende $\varphi=2\varphi_0$ in irgendeinen Meridianschnitt φ zwischen den beiden Enden des Ringstücks verpflanzt, stellt das Schnittmoment an der

Stelle φ vor und hat als Komponenten ein Torsionsmoment

$$W = \mathfrak{M} \sin(\varphi - \varphi_0) = \frac{1}{2} W_0 \frac{\sin(\varphi - \varphi_0)}{\sin\varphi_0} \tag{3}$$

und ein Biegemoment

$$M = \mathfrak{M} \cos(\varphi - \varphi_0) = \frac{1}{2} W_0 \frac{\cos(\varphi - \varphi_0)}{\sin\varphi_0}. \tag{4}$$

Dabei ist W positiv im Sinne wachsender Umstülpwinkel ψ gezählt, wogegen dem Vektor M ein positiver Betrag zugeschrieben wird, wenn er senkrecht zur Ringachse AA hinweist. Außerdem muß man sich im Meridianschnitt φ noch das Moment M_1 denken; dieses sei positiv im Sinne wachsender φ gerechnet.

Es werde vorausgesetzt, daß der Ringdurchmesser so groß gegenüber den Querschnittsmaßen ist, daß man die für „schwach gekrümmte" Stäbe übliche Näherungstheorie auf ihn anwenden darf. Da man dann insbesondere auch in (**32**, 1) die Größe $\varrho\cos\vartheta$ gegen R wird streichen können, so folgt aus (**32**, 6) und (**32**, 7), daß der neutrale Punkt O vom Schwerpunkt S der Fläche F nicht mehr merklich zu unterscheiden ist. Man lege von ihm aus (Abb. 71) außer dem in der Zeichenebene festen alten (y, z)-System ein im Querschnitt festes neues kartesisches (η, ζ)-System derart an, daß die neuen Achsen mit den zunächst als unterscheidbar vorausgesetzten Hauptträgheitsachsen des Querschnitts F zusammenfallen und aus den alten vor der Umstülpung durch eine Drehung um den allen Querschnitten gemeinsamen Winkel λ im Sinne positiver ψ hervorgehen. Nach der Umstülpung, die jetzt für die verschiedenen Meridianschnitte φ i. a. verschieden groß sein wird, ist dieser Winkel gleich $\lambda + \psi$, also i. a. ebenfalls von Querschnitt zu Querschnitt ein anderer. Übrigens mögen der positive Drehsinn des Azimutes φ und die negative z-Achse zusammen eine Rechtsschraube bilden.

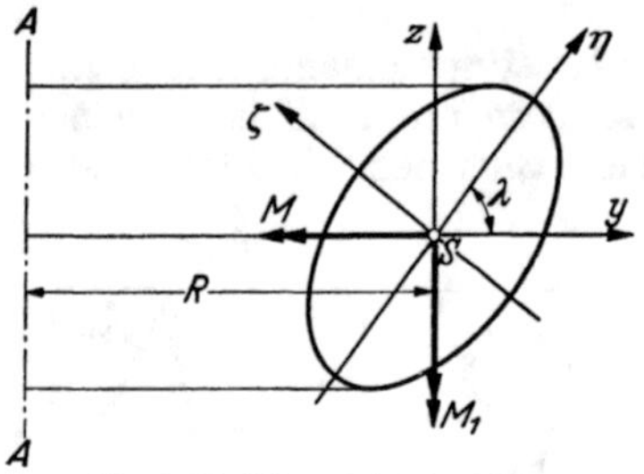

Abb. 71. Meridianschnitt des Ringes.

Die Mittellinie des Ringes, d. h. der Ort der Flächenschwerpunkte S, wird bei der Umstülpung zu einer Raumkurve verbogen. Deren Krümmung soll als Vektor $\mathfrak{k}$ in der Binormalen so aufgetragen werden, daß seine Richtung zu einer Rechtsschraube ergänzt wird vom Umlaufssinn eines Rades, das in der Schmiegungsebene auf der konvexen Seite der Kurve in der Richtung wachsender φ abrollt. Die Komponenten k_η bzw. k_ζ von $\mathfrak{k}$ in der η- bzw. ζ-Achse stellen die Krümmungen der Projektionen der Raumkurve auf die (ζ, ξ)- bzw. (η, ξ)-Ebene dar, unter ξ eine Achse in Richtung der Kurventangenten verstanden. Die ursprüngliche Krümmung $1/R$ der Ringmittellinie ist ein Vektor, der in die Richtung der negativen z-Achse fällt. Mithin sind die Komponenten der durch die Umstülpung hervorgerufenen Krümmungsänderung am Azimut φ

$$\Delta k_\eta = k_\eta - \left(-\frac{1}{R}\right)\sin\lambda = k_\eta + \frac{\sin\lambda}{R},$$

$$\Delta k_\zeta = k_\zeta - \left(-\frac{1}{R}\right)\cos\lambda = k_\zeta + \frac{\cos\lambda}{R}.$$

Nach der Theorie der schwach gekrümmten Stäbe (Ziff. **1**) entstehen aus diesen Krümmungsänderungen durch Multiplikation mit den zugehörigen Biegesteifigkeiten

$$\alpha_1 = E\int \zeta^2\, dF, \qquad \alpha_2 = E\int \eta^2\, dF \tag{5}$$

die Biegemomente; und da diese durch die entsprechenden Komponenten von M_1 und M hervorgerufen sind, so kommt

$$\left.\begin{aligned} -M_1 \sin(\lambda+\psi) - M\cos(\lambda+\psi) &= \alpha_1 \Delta k_\eta = \alpha_1\left(k_\eta + \frac{\sin\lambda}{R}\right), \\ -M_1 \cos(\lambda+\psi) + M\sin(\lambda+\psi) &= \alpha_2 \Delta k_\zeta = \alpha_2\left(k_\zeta + \frac{\cos\lambda}{R}\right). \end{aligned}\right\} \tag{6}$$

Die Projektion der Mittellinie des Ringes auf die Ringebene des unverformten Ringes hat die Krümmung

$$k_1 = -k_\eta \sin(\lambda+\psi) - k_\zeta \cos(\lambda+\psi),$$

positiv gerechnet in der negativen z-Achse. Ebenso ist die Krümmung der Projektion der Mittellinie des Ringes auf einen zum Ring koaxialen Zylinder, der von der mit wachsendem φ fortschreitenden ξ-Achse stets berührt wird, nach dessen Abwicklung auf eine Ebene

$$k_2 = -k_\eta \cos(\lambda+\psi) + k_\zeta \sin(\lambda+\psi),$$

positiv gerechnet nach der Innenseite des Zylinders. Die Ausrechnung auf Grund von (6) ergibt

$$\left.\begin{aligned} \alpha_1\alpha_2\left(k_1 - \frac{\cos\psi}{R}\right) &= M_1[\alpha_1\cos^2(\lambda+\psi) + \alpha_2\sin^2(\lambda+\psi)] - M(\alpha_1-\alpha_2)\sin(\lambda+\psi)\cos(\lambda+\psi), \\ \alpha_1\alpha_2\left(k_2 + \frac{\sin\psi}{R}\right) &= M\,[\alpha_1\sin^2(\lambda+\psi) + \alpha_2\cos^2(\lambda+\psi)] - M_1(\alpha_1-\alpha_2)\sin(\lambda+\psi)\cos(\lambda+\psi). \end{aligned}\right\} \tag{7}$$

Unter der Voraussetzung, daß die Abweichung der Ringmittellinie von der ursprünglichen Kreisform nur klein sei, hängen die Verlängerung $\bar{y}$ des Ringhalbmessers R und die Durchbiegung $\bar{z}$, positiv gerechnet in Richtung der positiven y- und z-Achse, mit dem Azimut φ nach (**1**, 4) und (**1**, 5) zusammen durch

$$\frac{d^2\bar{y}}{d\varphi^2} + \bar{y} = R^2\left(\frac{1}{R} - k_1\right), \qquad \frac{d^2\bar{z}}{d\varphi^2} = R^2 k_2. \tag{8}$$

Zur Integration dieser Gleichungen ist die Kenntnis der Abhängigkeit des Umstülpwinkels ψ vom Azimut φ erforderlich. Versteht man unter α_t die Torsionssteifigkeit des Ringquerschnitts, so wird im Rahmen der bisherigen Voraussetzungen jene Abhängigkeit ausgedrückt durch die Gleichung

$$d\psi = \frac{RW\,d\varphi}{\alpha_t};$$

diese läßt sich vermöge (3) sofort integrieren in der Form

$$\psi = \psi_0 - \frac{RW_0}{2\,\alpha_t \sin\varphi_0}\left[\cos(\varphi-\varphi_0) - \cos\varphi_0\right], \tag{9}$$

wo ψ_0 der Umstülpwinkel in denjenigen Meridianebenen ist, in denen auch die Umstülpmomente W_0 selbst angreifen.

Durch die Verknüpfung der Gleichungen (7) und (9) mit den Gleichungen (8) ist die Berechnung der verformten Mittellinie des Ringes auf lauter Quadraturen zurückgeführt. Die bis jetzt noch unbekannten Größen ψ_0 und M_1 bestimmen sich dann vollends mit Hilfe der Randbedingungen aus den Umstülpmomenten W_0. Statt solcher Randbedingungen kann man auch zweckmäßigerweise die (mit ihnen gleichwertigen) Symmetriebedingungen

$$\frac{d\bar{y}}{d\varphi} = 0, \qquad \frac{d\bar{z}}{d\varphi} = 0 \qquad \text{für} \qquad \varphi = \varphi_0 \tag{10}$$

wählen.

Die allgemeinen Integrale von (8) lauten mit vier Integrationskonstanten A, B, C, D

$$\left.\begin{aligned} \bar{y} &= A\cos\varphi + B\sin\varphi + R^2\int_0^{\varphi}\sin(\varphi-\bar{\varphi})\left[\frac{1}{R}-k_1(\bar{\varphi})\right]d\bar{\varphi}, \\ \bar{z} &= C + D\varphi + R^2\int_0^{\varphi}\int_0^{\bar{\varphi}} k_2(\bar{\varphi})\,d\bar{\varphi}\,d\bar{\bar{\varphi}}. \end{aligned}\right\} \tag{11}$$

Hierin sind k_1 und k_2 nach (7) und (9) als Funktionen von φ ausgedrückt zu denken, und zur Unterscheidung von dem (im ersten Integral als Parameter auftretenden) Argument φ ist die Integrationsvariable mit $\bar{\varphi}$ bezeichnet. Die Randbedingungen

$$\bar{y}=0, \quad \frac{d\bar{y}}{d\varphi}=0, \quad \bar{z}=0, \quad \frac{d\bar{z}}{d\varphi}=0 \quad \text{für} \quad \varphi=0$$

verlangen $A=B=C=D=0$, und dann liefern die Symmetriebedingungen (10) vollends

$$\int_0^{\varphi_0}\cos(\varphi_0-\bar{\varphi})\left[\frac{1}{R}-k_1(\bar{\varphi})\right]d\bar{\varphi}=0, \qquad \int_0^{\varphi_0}k_2(\bar{\varphi})\,d\bar{\varphi}=0. \tag{12}$$

Das aber sind gemäß (7), (9) und (4) zwei Gleichungen zur Bestimmung von ψ_0 und M_1 als Funktionen von W_0. Es ist lediglich eine Sache der Rechengeduld, sie allgemein aufzulösen (vgl. später Kap. VII, Ziff. **23**). Wir wollen das hier nicht allgemein tun, sondern uns nachher auf den wichtigsten Sonderfall beschränken.

Dabei wird es dann nützlich sein, statt der Größen U_y, U_z, U_{yz} (**32**, 13) ihre jetzigen Näherungswerte, die wir (nach Streichung des hier unnötigen Faktors 2π) mit a_1, a_2, a_3 bezeichnen wollen, nämlich

$$a_1=\frac{E}{R}\int z^2\,dF, \qquad a_2=\frac{E}{R}\int y^2\,dF, \qquad a_3=\frac{E}{R}\int yz\,dF \tag{13}$$

einzuführen und zu beachten, daß zwischen den a_i und den α_i die Beziehungen gelten

$$a_1R=\alpha_1\cos^2\lambda+\alpha_2\sin^2\lambda, \quad a_2R=\alpha_1\sin^2\lambda+\alpha_2\cos^2\lambda, \quad a_3R=(\alpha_2-\alpha_1)\sin\lambda\cos\lambda. \tag{14}$$

34. Schwache Umstülpung. Die durch das System (**33**, 8) vorgeschriebenen Quadraturen werden besonders einfach in dem Falle, daß es sich nur um kleine Werte des Umstülpwinkels ψ handelt. Dann muß nämlich, wie aus (**33**, 9) hervorgeht, auch der Ausdruck RW_0/α_t klein bleiben. Da weiterhin α_1, α_2 und α_t von ungefähr gleicher Größenordnung zu sein pflegen, so sind gemäß (**33**, 4) und der zweiten Gleichung (**33**, 7) die Quotienten

$$\frac{RM_1}{\alpha_1}, \quad \frac{RM_1}{\alpha_2}, \quad \frac{RM}{\alpha_1}, \quad \frac{RM}{\alpha_2}$$

ebenfalls als kleine Zahlen anzusehen. Behandelt man sie, wie ψ, als klein von der ersten Ordnung, so gehen zunächst die Gleichungen (**33**, 7) mit (**33**, 14) über in

$$k_1-\frac{1}{R}=\frac{a_1R}{\alpha_1\alpha_2}M_1+\frac{a_3R}{\alpha_1\alpha_2}M,$$

$$k_2+\frac{\psi}{R}=\frac{a_2R}{\alpha_1\alpha_2}M+\frac{a_3R}{\alpha_1\alpha_2}M_1.$$

Mit den hieraus zu entnehmenden Werten von k_1 und k_2 und mit den Werten M und ψ aus (**33**, 4) und (**33**, 9) nehmen jetzt die Differentialgleichungen (**33**, 8) die Form an

$$\left.\begin{aligned} H\left(\frac{d^2\bar{y}}{d\varphi^2}+\bar{y}\right) &= -K_1\cos(\varphi-\varphi_0)-L_1, \\ H\frac{d^2\bar{z}}{d\varphi^2} &= K_2\cos(\varphi-\varphi_0)+L_2 \end{aligned}\right\} \tag{1}$$

mit den Abkürzungen

$$\left.\begin{aligned} &H=\frac{\alpha_1\alpha_2}{R^3}, \qquad K_1=\frac{a_3W_0}{2\sin\varphi_0}, \qquad L_1=a_1M_1, \\ &K_2=\left(a_2+\frac{\alpha_1\alpha_2}{R\alpha_t}\right)\frac{W_0}{2\sin\varphi_0}, \qquad L_2=a_3M_1-\frac{\alpha_1\alpha_2}{R^2}\left(\psi_0+\frac{R}{2\alpha_t}W_0\operatorname{ctg}\varphi_0\right). \end{aligned}\right\} \tag{2}$$

Die den Randbedingungen $d\bar{y}/d\varphi=0$ und $d\bar{z}/d\varphi=0$ für $\varphi=0$ angepaßten ersten Integrale von (1)

$$H\frac{d\bar{y}}{d\varphi}=-\frac{1}{2}K_1[\varphi\cos(\varphi-\varphi_0)+\sin\varphi\cos\varphi_0]-L_1\sin\varphi,$$

$$H\frac{d\bar{z}}{d\varphi}=K_2[\sin(\varphi-\varphi_0)+\sin\varphi_0]+L_2\varphi$$

liefern mit den Symmetriebedingungen (**33**, 10) die beiden Gleichungen

$$\frac{1}{2}K_1(\varphi_0+\sin\varphi_0\cos\varphi_0)+L_1\sin\varphi_0=0, \qquad K_2\sin\varphi_0+L_2\varphi_0=0 \tag{3}$$

zur Bestimmung von ψ_0 und M_1. Setzt man die Werte von (2) in (3) ein, so findet man durch Auflösen

$$\psi_0=\left(\frac{\varepsilon_1}{\alpha_t}+R\frac{a_1a_2-\varepsilon_2a_3^2}{2a_1\alpha_1\alpha_2}\right)\frac{RW_0}{\varphi_0} \tag{4}$$

und

$$M_1=-\frac{\varepsilon_2a_3W_0}{2a_1\varphi_0} \tag{5}$$

mit den Abkürzungen

$$\varepsilon_1=\frac{1}{2}(1-\varphi_0\operatorname{ctg}\varphi_0), \qquad \varepsilon_2=\frac{1}{2}\varphi_0\left(\frac{\varphi_0}{\sin^2\varphi_0}+\operatorname{ctg}\varphi_0\right). \tag{6}$$

Durch (5) und (**33**, 3) und (**33**, 4) sind die Schnittgrößen M_1, W und M des Ringes (vgl. Abb. 70 von Ziff. **33**) im Umstülpmoment W_0 ausgedrückt.

Beachtet man schließlich, daß aus (**33**, 14) folgt

$$R^2(a_1a_2-a_3^2)=\alpha_1\alpha_2, \tag{7}$$

und führt noch die Größe

$$c=\frac{\alpha_t}{R} \tag{8}$$

als Torsionszahl ein, so nimmt (4) die Gestalt an

$$\psi_0=\left(\frac{\varepsilon_1}{c}+\frac{1}{2a_1}\frac{a_1a_2-\varepsilon_2a_3^2}{a_1a_2-a_3^2}\right)\frac{W_0}{\varphi_0}. \tag{9}$$

Der Zusammenhang zwischen dem Umstülpmoment W_0 und dem Umstülpwinkel ψ_0 (im Angriffsquerschnitt von W_0) ist mithin, wie für schwache Umstülpungen zu erwarten war, linear und abhängig von Biege- und Torsionssteifigkeit des Ringquerschnitts.

Für symmetrieartige Ringe (Ziff. **32**) insbesondere wird mit $a_3=0$

$$\psi_0=\left(\frac{\varepsilon_1}{c}+\frac{1}{2a_1}\right)\frac{W_0}{\varphi_0}, \tag{10}$$

und zwar jetzt bemerkenswerterweise unabhängig von der zweiten Biegesteifigkeit α_2, da nach (**33**, 14) wegen $\lambda=0$ auch noch $a_1R=\alpha_1$ ist.

Beachtet man, daß nach (7) stets $a_1 a_2 > a_3^2$ ist, so kann man statt (9) einfachere Näherungsformeln angeben. Ist nämlich $n > 2$, so gilt bis auf einen Fehler von höchstens 3% die Formel (10) auch für nichtsymmetrieartige Ringe, oder bis auf einen Fehler, der sich erst in der zweiten Dezimalstelle bemerklich macht,

$$\psi_0 = \left(\frac{\varphi_0}{6c} + \frac{1}{2a_1\varphi_0}\right) W_0 . \tag{11}$$

Ist $n = 2$, so stellt die für symmetrieartige Ringe genaue Formel

$$\psi_0 = \frac{1}{\pi}\left(\frac{1}{c} + \frac{1}{a_1}\right) W_0 \tag{12}$$

eine allerdings schlechtere Näherung auch für nichtsymmetrieartige Ringe vor.

Läßt man schließlich n über alle Grenzen wachsen, so kommt man wieder zu einem gleichmäßig umgestülpten Ringe zurück. Da das Moment W_0 auf den Winkel $2\varphi_0$ entfällt, so hängt im Grenzfalle das frühere stetige Umstülpmoment W mit dem jetzigen W_0 zusammen durch

$$W_0 = \frac{\varphi_0}{\pi} W ,$$

und damit geht dann wegen $\lim \varepsilon_1 = 0$, $\lim \varepsilon_2 = 1$ die Formel (9) in der Tat in (**32**, 14) über.

Auf die auch hier möglichen Durchschlagerscheinungen kommen wir später (Kap. VII, Ziff. **23**) zu sprechen.

Kapitel VI.

Platte und Schale.

1. Einleitung. Sowohl bei der Platte wie bei der Schale beschränken wir uns auf einige willkürlich ausgewählte Sonderaufgaben.

Wir nehmen im folgenden stets an, daß die Platten- oder Schalendicke h im Vergleich mit den übrigen Abmessungen des Körpers klein ist. Unter dieser Voraussetzung können die Angriffspunkte der unmittelbar am Körper angreifenden Kräfte in seine Mittelfläche verlegt werden, entweder in der Kraftrichtung oder aber in der Richtung der Platten- oder Schalennormalen, ohne daß dadurch der Spannungs- und Verzerrungszustand des Körpers oder sein Gleichgewichtszustand merklich gestört würde. Daselbst können dann alle Kräfte in eine Komponente senkrecht zu der Mittelfläche und eine Komponente tangential zur Mittelfläche zerlegt werden. Für die ebene Platte hat dies den Vorteil, daß sich die Aufgabe in zwei Teilaufgaben trennen läßt: die in ihrer Mittelebene belastete Platte (§ 1) und die senkrecht zu ihrer Mittelebene belastete Platte (§ 2). Wir behandeln diese beiden Teilaufgaben nacheinander, und zwar in der Hauptsache für die Kreisplatte von unveränderlicher Dicke h. Die Berechnung der durch Fliehkräfte beanspruchten Turbinenscheibe könnte an die in ihrer Ebene belastete Platte angeschlossen werden; wegen ihrer Sonderbedeutung werden wir aber die rotierende Scheibe später (Kap. VIII) für sich erledigen, wobei außer ihren quasistatischen Beanspruchungen zugleich auch ihre nicht minder wichtigen Schwingungen untersucht werden sollen. Von den Schalen wählen wir insbesondere die Rotationsschale aus (§ 3). Als Sonderfälle werden wir dabei den Zylinder und die Kugel ausführlicher untersuchen.

§ 1. Die in ihrer Ebene belastete Platte.

2. Die Inversion. Wir betrachten den bereits in Kap. II, Ziff. **14** eingeführten, zwischen den Ebenen $x=\pm h/2$ gelegenen plattenförmigen Körper, der durch Kräfte belastet ist, welche über seine Dicke symmetrisch zur (y, z)-Ebene verteilt und zu dieser Ebene parallel sind. Gemäß Kap. II, Ziff. **14** führen wir von vornherein die über die Plattendicke genommenen Mittelwerte der Spannungen ein. Zur einfachen Schreibweise bezeichnen wir sie hier mit σ_y, σ_z und τ_{yz} (also ohne den früher benützten Querstrich). Wie in Kap. II, Ziff. **12** bis **14** gezeigt, kann die Berechnung der Spannungen auf die Bestimmung einer einzigen Funktion, der sogenannten Airyschen Spannungsfunktion, zurückgeführt werden, welche im betrachteten Spannungsgebiete der Gleichung (II, **12**, 9)

$$\Delta'\Delta' F=0 \qquad \left(\Delta'\equiv\frac{\partial^2}{\partial y^2}+\frac{\partial^2}{\partial z^2}\right) \tag{1}$$

genügt und am Rande des Gebietes samt ihrer normalen Ableitung vorgeschriebene Werte hat. Die Spannungen selbst hängen mit dieser Funktion nach (II, **12**, 5a) wie folgt zusammen:

$$\sigma_y=\frac{\partial^2 F}{\partial z^2}, \qquad \sigma_z=\frac{\partial^2 F}{\partial y^2}, \qquad \tau_{yz}=-\frac{\partial^2 F}{\partial y\,\partial z}. \tag{2}$$

Auch die Mittelwerte der Verschiebungen v und w können nach (II, **14**, 5) mit Hilfe von F berechnet werden.

Obwohl mit diesen Feststellungen das Plattenproblem seiner Lösung formal einen bedeutsamen Schritt nähergebracht ist, so bietet die Lösung praktisch doch noch manche Schwierigkeit. Ein Hilfsmittel, das in gewissen Fällen zum Ziele führt, bildet die sogenannte Inversion, welche mittels einer gleichzeitigen Koordinaten- und Spannungstransformation gestattet, aus einem bekannten Spannungsproblem die Lösung neuer Probleme herzuleiten. Zur Aufstellung der benötigten Transformationsregeln[1]) gehen wir von den in Polarkoordinaten (r, φ) umgeschriebenen Gleichungen (1) und (2) aus, welche nach (III, **2**, 18) und (III, **2**, 26) lauten

$$\Delta'\Delta'F=0 \qquad \left(\Delta'\equiv\frac{\partial^2}{\partial r^2}+\frac{1}{r}\frac{\partial}{\partial r}+\frac{1}{r^2}\frac{\partial^2}{\partial\varphi^2}\right), \tag{3}$$

$$\sigma_r=\frac{1}{r^2}\frac{\partial^2 F}{\partial\varphi^2}+\frac{1}{r}\frac{\partial F}{\partial r}, \qquad \sigma_\varphi=\frac{\partial^2 F}{\partial r^2}, \qquad \tau_{r\varphi}=-\frac{\partial}{\partial r}\left(\frac{1}{r}\frac{\partial F}{\partial\varphi}\right). \tag{4}$$

Jede Lösung der Gleichung (3) läßt sich nach (III, **2**, 17) in der Form

$$F(r,\varphi)=r^2F_1(r,\varphi)+F_2(r,\varphi) \tag{5}$$

schreiben, wo F_1 und F_2 Lösungen von

$$\Delta'F=0 \tag{6}$$

darstellen.

Anstatt der Koordinaten (r, φ) führen wir jetzt die neuen Koordinaten (ϱ, ψ) ein, welche mit r und φ verknüpft sind durch

$$\varrho=\frac{a^2}{r}, \qquad \psi=\varphi. \tag{7}$$

Jedem Punkt $P\ (r, \varphi)$ wird hiermit ein Punkt $P'\ (\varrho, \psi)$ auf demselben Fahrstrahl derart zugeordnet, daß das Produkt der beiden Radien ϱ und r einen festen Wert a^2 hat. Das Gebiet (r, φ) wird, wie man sagt, in das Gebiet (ϱ, ψ) invertiert.

Neben der Lösung (5) von Gleichung (3) betrachten wir nun die Funktion

$$\Phi\equiv\frac{\varrho^2}{a^2}F(r,\varphi)\equiv\frac{\varrho^2}{a^2}\left[\frac{a^4}{\varrho^2}F_1\left(\frac{a^2}{\varrho},\psi\right)+F_2\left(\frac{a^2}{\varrho},\psi\right)\right]\equiv a^2F_1(r,\varphi)+\frac{\varrho^2}{a^2}F_2(r,\varphi). \tag{8}$$

Für die Funktion $F_1(r,\varphi)\equiv F_1(a^2/\varrho,\psi)$ erhält man mit

$$\frac{\partial F_1}{\partial\varrho}=\frac{\partial F_1}{\partial r}\frac{\partial r}{\partial\varrho}=-\frac{a^2}{\varrho^2}\frac{\partial F_1}{\partial r}, \qquad \frac{\partial^2F_1}{\partial\varrho^2}=\frac{a^4}{\varrho^4}\frac{\partial^2F_1}{\partial r^2}+\frac{2a^2}{\varrho^3}\frac{\partial F_1}{\partial r}$$

sofort den Differentialausdruck

$$\frac{\partial^2F_1}{\partial\varrho^2}+\frac{1}{\varrho}\frac{\partial F_1}{\partial\varrho}+\frac{1}{\varrho^2}\frac{\partial^2F_1}{\partial\psi^2}\equiv\frac{a^4}{\varrho^4}\left(\frac{\partial^2F_1}{\partial r^2}+\frac{\varrho}{a^2}\frac{\partial F_1}{\partial r}+\frac{\varrho^2}{a^4}\frac{\partial^2F_1}{\partial\varphi^2}\left(\equiv\frac{a^4}{\varrho^4}\left(\frac{\partial^2F_1}{\partial r^2}+\frac{1}{r}\frac{\partial F_1}{\partial r}+\frac{1}{r^2}\frac{\partial^2F_1}{\partial\varphi^2}\right)\equiv\frac{a^4}{\varrho^4}\Delta'F_1,\right.\right.$$

also wegen (6)

$$\frac{\partial^2F_1}{\partial\varrho^2}+\frac{1}{\varrho}\frac{\partial F_1}{\partial\varrho}+\frac{\partial^2F_1}{\varrho^2\partial\psi^2}=0.$$

Mithin genügen $F_1(a^2/\varrho,\psi)$ und $F_2(a^2/\varrho,\psi)$ beide der Gleichung

$$\Delta'F=0 \qquad \left(\Delta'\equiv\frac{\partial^2}{\partial\varrho^2}+\frac{1}{\varrho}\frac{\partial}{\partial\varrho}+\frac{1}{\varrho^2}\frac{\partial^2}{\partial\psi^2}\right),$$

und somit ist die Funktion

$$\Phi\equiv\frac{\varrho^2}{a^2}F\left(\frac{a^2}{\varrho},\psi\right)\equiv\frac{\varrho^2}{a^2}F(r,\varphi)$$

[1]) Wir verdanken diese Herleitung einer Mitteilung von E. TREFFTZ († 1937). Vgl. übrigens J. H. MICHELL, The inversion of plane stress, Proc. Lond. math. Soc. 34 (1902) S. 134.

eine Airysche Spannungsfunktion, deren zugehörige Spannungskomponenten σ_ϱ, σ_ψ und $\tau_{\varrho\psi}$ durch

$$\sigma_\varrho = \frac{1}{\varrho^2}\frac{\partial^2\Phi}{\partial\psi^2} + \frac{1}{\varrho}\frac{\partial\Phi}{\partial\varrho}, \qquad \sigma_\psi = \frac{\partial^2\Phi}{\partial\varrho^2}, \qquad \tau_{\varrho\psi} = -\frac{\partial}{\partial\varrho}\left(\frac{1}{\varrho}\frac{\partial\Phi}{\partial\psi}\right) \tag{9}$$

bestimmt sind.

Diese dem Punkte $P'(\varrho, \psi)$ zugeordneten Spannungskomponenten lassen sich nun in einfacher Weise in den entsprechenden Spannungen des Punktes $P(r, \varphi)$ ausdrücken. Denn es ist, wenn man auch jetzt wiederum F zunächst als Funktion von r und φ auffaßt und r und φ nach (7) als Funktionen von ϱ und ψ,

$$\frac{\partial\Phi}{\partial\varrho} = \frac{2\varrho}{a^2}F + \frac{\varrho^2}{a^2}\frac{\partial F}{\partial r}\frac{\partial r}{\partial\varrho} = \frac{2\varrho}{a^2}F - \frac{\partial F}{\partial r},$$

und also

$$\left.\begin{aligned}\sigma_\varrho &= \frac{1}{\varrho^2}\frac{\partial^2\Phi}{\partial\psi^2} + \frac{1}{\varrho}\frac{\partial\Phi}{\partial\varrho} = \frac{1}{a^2}\frac{\partial^2 F}{\partial\psi^2} + \frac{2}{a^2}F - \frac{1}{\varrho}\frac{\partial F}{\partial r} = \frac{a^2}{\varrho^2}\left(\frac{1}{r^2}\frac{\partial^2 F}{\partial\varphi^2} + \frac{1}{r}\frac{\partial F}{\partial r}\right) + \frac{2}{a^2}\left(F - r\frac{\partial F}{\partial r}\right)\\ &= \frac{a^2}{\varrho^2}\sigma_r + \frac{2}{a^2}\left(F - r\frac{\partial F}{\partial r}\right),\end{aligned}\right\} \tag{10a}$$

$$\sigma_\psi = \frac{\partial^2\Phi}{\partial\varrho^2} = \frac{2}{a^2}F - \frac{2}{\varrho}\frac{\partial F}{\partial r} + \frac{a^2}{\varrho^2}\frac{\partial^2 F}{\partial r^2} = \frac{a^2}{\varrho^2}\sigma_\varphi + \frac{2}{a^2}\left(F - r\frac{\partial F}{\partial r}\right), \tag{10b}$$

$$\left.\begin{aligned}\tau_{\varrho\psi} &= -\frac{\partial}{\partial\varrho}\left(\frac{1}{\varrho}\frac{\partial\Phi}{\partial\psi}\right) = -\frac{\partial}{\partial\varrho}\left(\frac{1}{\varrho}\frac{\partial\Phi}{\partial\varphi}\right) = \frac{1}{\varrho^2}\frac{\partial\Phi}{\partial\varphi} - \frac{1}{\varrho}\frac{\partial^2\Phi}{\partial\varrho\,\partial\varphi}\\ &= \frac{1}{a^2}\frac{\partial F}{\partial\varphi} - \frac{1}{\varrho}\left(\frac{2\varrho}{a^2}\frac{\partial F}{\partial\varphi} - \frac{\partial^2 F}{\partial r\partial\varphi}\right) = -\frac{1}{a^2}\frac{\partial F}{\partial\varphi} + \frac{1}{\varrho}\frac{\partial^2 F}{\partial r\,\partial\varphi}\\ &= -\frac{a^2}{\varrho^2}\left(\frac{1}{r^2}\frac{\partial F}{\partial\varphi} - \frac{1}{r}\frac{\partial^2 F}{\partial r\,\partial\varphi}\right) = -\frac{a^2}{\varrho^2}\tau_{r\varphi}.\end{aligned}\right\} \tag{10c}$$

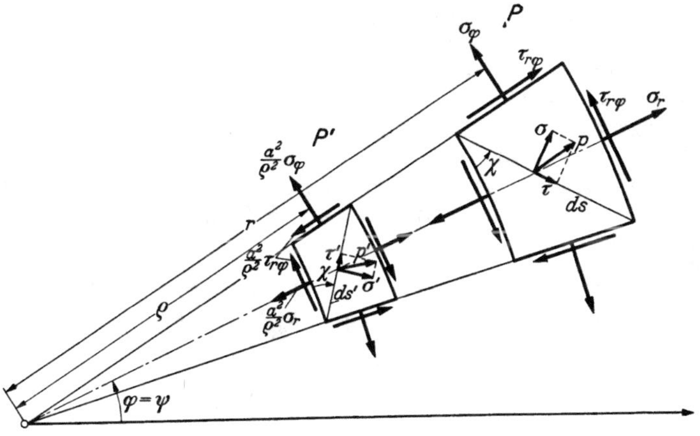

Abb. 1. Die Inversion des ebenen Spannungszustandes.

Man erhält somit den Spannungszustand des Punktes P', wenn man die Normalspannungen σ_r und σ_φ des Punktes P mit dem Faktor a^2/ϱ^2, die Schubspannung $\tau_{r\varphi}$ mit dem Faktor $-a^2/\varrho^2$ multipliziert, und diesem Spannungszustand des Punktes P' außerdem eine allseitige Normalspannung vom Betrage $\frac{2}{a^2}\left(F - r\frac{\partial F}{\partial r}\right)$ überlagert. Abb. 1 zeigt, abgesehen von dieser allseitigen Normalspannung, den Zusammenhang der in P und P' herrschenden Spannungszustände.

Bestimmt man mit Hilfe der Mohrschen Spannungskreise (Abb. 2) die Spannungen $p(\sigma,\tau)$ und $p'(\sigma',\tau')$ zweier entsprechenden Linienelemente ds und ds', deren Richtungen, wie aus der Definition der Inversion unmittelbar hervorgeht, bezüglich des Fahrstrahls $OP'P$ symmetrisch sind, so sieht man, daß die Richtungen dieser Spannungen ebenfalls bezüglich dieser Fahrstrahlrichtung $OP'P$ symmetrisch liegen und also als zugeordnete Richtungen der Inversion zu betrachten sind. Weil $ds:ds'=r:\varrho$ und $r\varrho=a^2$ ist, so gilt

$$ds'=\frac{\varrho\, ds}{r}=\frac{\varrho^2}{a^2}ds, \tag{11}$$

und somit sind die von ds und ds' übertragenen Kräfte gleich groß.

Im besonderen entsprechen sich auch die Hauptspannungsrichtungen der bis jetzt betrachteten Spannungszustände. Weil sich aber die Hauptspannungsrichtungen des Punktes P' bei der Überlagerung der allseitigen Normalspannung $\frac{2}{a^2}\left(F-r\frac{\partial F}{\partial r}\right)$ nicht ändern, so werden bei der Inversion die Hauptspannungs-

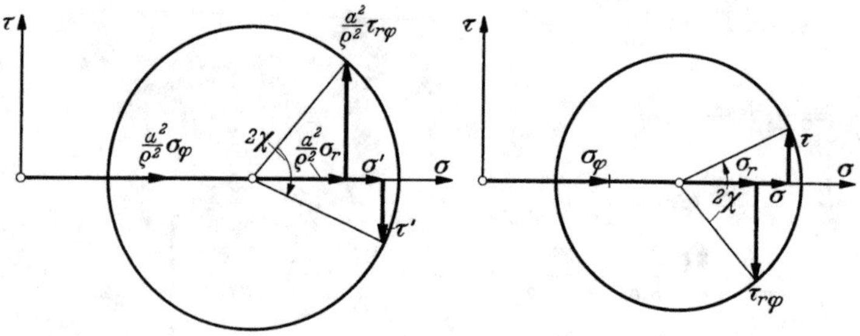

Abb. 2. Die Mohrschen Spannungskreise zweier inverser Spannungszustände.

richtungen eines Punktes P in die Hauptspannungsrichtungen des entsprechenden Punktes P' transformiert und allgemein die Hauptspannungstrajektorien des Gebietes (r,φ) in die Hauptspannungstrajektorien des Gebietes (ϱ,ψ).

Außerdem zeigt man leicht, daß einer unbelasteten Randstrecke des Gebietes (r,φ) eine von einer unveränderlichen Normalspannung beanspruchte Randstrecke des Gebietes (ϱ,ψ) entspricht. Denn weil die erste Randstrecke Hauptspannungstrajektorie ist, so muß die zweite es auch sein, so daß sie auf alle Fälle schubspannungsfrei ist. Um zu zeigen, daß ihre Normalspannung wirklich unveränderlich ist, braucht man nur noch festzustellen, daß am spannungsfreien Rande des Gebietes (r,φ) der Ausdruck $\left(F-r\frac{\partial F}{\partial r}\right)$ einen festen Wert hat. Nun folgt aber aus (II, **12**, 12), weil $F_1(l)$ und $F_2(l)$ für ein spannungsfreies Randsegment Festwerte sind, daß

$$\frac{d}{dl}\frac{\partial F}{\partial y}=0 \quad \text{und} \quad \frac{d}{dl}\frac{\partial F}{\partial z}=0 \tag{12}$$

ist. Wählt man also die Polachse des Polarkoordinatensystems (r,φ) als y-Achse, die im Pol hierzu senkrechte Gerade als z-Achse, so gilt wegen (12)

$$\begin{aligned}\frac{d}{dl}\left(F-r\frac{\partial F}{\partial r}\right)&=\frac{d}{dl}\left[F-r\left(\frac{\partial F}{\partial y}\frac{\partial y}{\partial r}+\frac{\partial F}{\partial z}\frac{\partial z}{\partial r}\right)\right]\\&=\frac{d}{dl}\left[F-r\left(\frac{\partial F}{\partial y}\frac{y}{r}+\frac{\partial F}{\partial z}\frac{z}{r}\right)\right]=\frac{dF}{dl}-\frac{d}{dl}\left(y\frac{\partial F}{\partial y}+z\frac{\partial F}{\partial z}\right)\\&=\frac{dF}{dl}-\frac{\partial F}{\partial y}\frac{dy}{dl}-\frac{\partial F}{\partial z}\frac{dz}{dl}=\frac{dF}{dl}-\frac{dF}{dl}=0,\end{aligned}$$

was zu beweisen war.

Eine in einem Randpunkt P in der Richtung l angreifende, konzentrierte Kraft K wird in eine in P' in der entsprechenden Richtung l' wirkende Kraft K von gleicher Größe transformiert. Man sieht dies am einfachsten ein, wenn man die Kraft K zunächst über eine endliche, den Punkt P einschließende Umfangslänge s gleichmäßig verteilt, diese Ersatzbelastung invertiert, und unter Beachtung, daß entsprechende Bogenelemente ds und ds' gleich große Kräfte von zugeordneter Richtung tragen, nachträglich den Grenzübergang $s \to 0$ macht.

3. Die Kreisplatte mit zwei entgegengesetzt gleichen Randkräften. Wir betrachten[1]) die in Abb. 3 rechts von der Geraden l liegende Halbebene

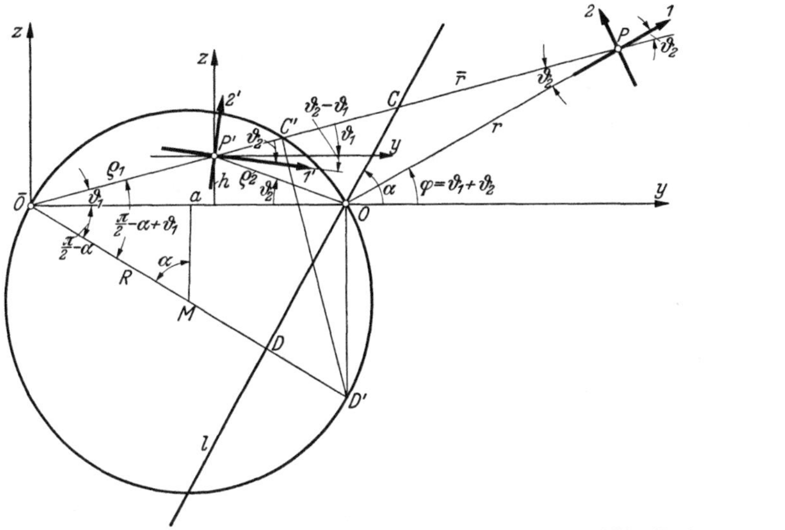

Abb. 3. Die Inversion der Halbebene mit Einzelkraft in eine Kreisplatte mit zwei Einzelkraften.

und schreiben für sie (in bezug auf den Punkt O als Pol und die Gerade Oy als Polachse) die Airysche Spannungsfunktion

$$F = \frac{K}{\pi} r\varphi \sin\varphi \tag{1}$$

an, welche nach (III, **2**, 19) der Gleichung (**2**, 3) genügt. Nach (**2**, 4) werden die zugehörigen Spannungen

$$\sigma_r = \frac{2K}{\pi}\frac{\cos\varphi}{r}, \quad \sigma_\varphi = 0, \quad \tau_{r\varphi} = 0. \tag{2}$$

Dies bedeutet in jedem Punkte P einen geradlinigen Spannungszustand (Kap. I, Ziff. **4**), dessen Hauptspannungsrichtung im Fahrstrahl OP liegt. Hieraus folgt im besonderen, daß die zur Zeichenebene senkrechten Flächenelemente des Randes l der Halbebene (außer in dem Punkte O) spannungsfrei sind.

Berechnet man für einen Halbkreis um O mit dem Halbmesser r_0 (in der Halbebene rechts von l) die Resultierende der Kräfte an seinem Rande, so erhält man für ihre Komponente K_1 in Richtung der Polachse

$$K_1 = \int_{-(\pi-\alpha)}^{\alpha} \sigma_{r_0} r_0 \cos\varphi \, d\varphi = \frac{2K}{\pi} \int_{-(\pi-\alpha)}^{\alpha} \cos^2\varphi \, d\varphi = K$$

[1]) Vgl. H. Hertz, Über die Verteilung der Druckkräfte in einem elastischen Kreiszylinder, Z. Math. Phys. 28 (1883) S. 125; sowie J. H. Michell, Elementary distributions of plane stress, Proc. Lond. math. Soc. 32 (1900) S. 35 und A. E. H. Love, A treatise on the mathematical theory of elasticity, S. 217, 5. Aufl. Cambridge 1927.

und für die Komponente K_2 senkrecht dazu

$$K_2 = \int_{-(\pi-\alpha)}^{\alpha} \sigma_{r_0} r_0 \sin\varphi \, d\varphi = \frac{2K}{\pi} \int_{-(\pi-\alpha)}^{\alpha} \sin\varphi \cos\varphi \, d\varphi = 0.$$

Macht man den Grenzübergang $r_0 \to 0$, so erfordert das Gleichgewicht des halbkreisförmigen Stückes, daß in O eine konzentrierte Kraft K in der Richtung $\varphi = \pi$ wirkt.

Invertiert man das von F erzeugte Spannungsfeld gemäß Ziff. **2** mit $\bar{O}$ als Pol und $\bar{O}O = a$ als Inversionskonstante, so gewinnt man, wie wir jetzt zeigen wollen, das Spannungsbild der in Abb. **3** dargestellten Kreisplatte vom Mittelpunkt M, welche in O und $\bar{O}$ durch zwei entgegengesetzt gleiche Zugkräfte längs $O\bar{O}$ sowie durch eine unveränderliche kontinuierliche, normale Randbelastung beansprucht ist. Denn fällt man von $\bar{O}$ das Lot $\bar{O}D$ auf l und schneidet dieses Lot mit der in O auf Oy errichteten Normale OD', so liest man im Dreieck $\bar{O}OD'$ ab, daß

$$\bar{O}D' \cdot \bar{O}D = a^2$$

ist, so daß D' der Bildpunkt von D ist. Der über $\bar{O}D'$ als Durchmesser beschriebene Kreis ist dann in der Tat die Inversion der Geraden l; denn ist C ein beliebiger Punkt auf dem Rand l, so liest man aus der Ähnlichkeit der Dreiecke $\bar{O}DC$ und $\bar{O}D'C'$ ab

$$\bar{O}C' : \bar{O}D' = \bar{O}D : \bar{O}C \quad \text{oder} \quad \bar{O}C' \cdot \bar{O}C = \bar{O}D' \cdot \bar{O}D = a^2.$$

Daß die Kreisplatte wirklich in der genannten Weise belastet ist, folgt unmittelbar aus den Bemerkungen am Schluß von Ziff. **2**. Die an der Halbebene angreifende Zugkraft K geht in eine Zugkraft K im selben Punkte O für die Platte über; der spannungsfreien Begrenzung der Halbebene entspricht eine unveränderliche Normalbelastung des Kreisrandes (welche also für sich ein Gleichgewichtssystem bildet), und die Abbildung der am unendlich fernen Rand der Halbebene angreifenden Kräfte muß also eine Kraft sein, die der in O an der Scheibe angreifenden Kraft K das Gleichgewicht hält und in dem Bildpunkte des unendlich fernen Randes der Ebene, d. h. in $\bar{O}$ angreift. Zur Berechnung der Spannungen im Bildpunkte P' von P machen wir nun von den Transformationsregeln in Ziff. **2** Gebrauch, wobei wir die Bezeichnungen von Abb. **3** benützen.

Zieht man in P' zunächst die allseitige Normalspannung $\frac{2}{a^2}\left(F - \bar{r}\frac{\partial F}{\partial \bar{r}}\right)$ ab (man beachte, daß $\bar{O}$ das Inversionszentrum ist), so erhält man die Hauptspannungen des übrigbleibenden Spannungszustandes aus den Hauptspannungen des Punktes P durch Multiplikation mit dem Faktor a^2/ϱ_1^2. Die einander entsprechenden Hauptrichtungen *1* und *1'* (bzw. *2* und *2'*) sind außerdem bezüglich des Fahrstrahls $\bar{O}P'P$ symmetrisch.

Bei der nunmehr folgenden Rechnung schicken wir zwei Beziehungen voraus, von welchen die erste sich auf die Definitionsgleichung der reziproken Radien ϱ_1 und $\bar{r}$, auf die aus dieser Definition folgende Ähnlichkeit der Dreiecke $\bar{O}OP$ und $\bar{O}P'O$ und auf $\varphi = \vartheta_1 + \vartheta_2$ stützt, nämlich

$$\left.\begin{aligned} \bar{r} : r : a = a : \varrho_2 : \varrho_1 = \sin\varphi : \sin\vartheta_1 : \sin\vartheta_2, \\ h = \varrho_1 \sin\vartheta_1 = \varrho_2 \sin\vartheta_2. \end{aligned}\right\} \qquad (3)$$

Man erhält zunächst

$$\frac{\partial F}{\partial \bar r} = \frac{\partial F}{\partial r}\frac{\partial r}{\partial \bar r} + \frac{1}{r}\frac{\partial F}{\partial \varphi}\frac{r\,\partial \varphi}{\partial \bar r} = \frac{\partial F}{\partial r}\cos\vartheta_2 - \frac{1}{r}\frac{\partial F}{\partial \varphi}\sin\vartheta_2$$

$$= \frac{K}{\pi}\varphi\sin\varphi\cos\vartheta_2 - \frac{K}{\pi}(\varphi\cos\varphi + \sin\varphi)\sin\vartheta_2$$

oder wieder wegen $\varphi = \vartheta_1 + \vartheta_2$

$$\frac{\partial F}{\partial \bar r} = \frac{K}{\pi}\varphi\sin\vartheta_1 - \frac{K}{\pi}\sin\varphi\sin\vartheta_2.$$

Hieraus folgt, wenn man auf (3) achtet,

$$\frac{2}{a^2}\left(F - \bar r\frac{\partial F}{\partial \bar r}\right) = \frac{2K}{\pi a^2}(r\varphi\sin\varphi - \bar r\varphi\sin\vartheta_1 + \bar r\sin\varphi\sin\vartheta_2) = \frac{2K}{\pi a^2}\bar r\sin\varphi\sin\vartheta_2$$

oder, wieder wegen (3),

$$\frac{2}{a^2}\left(F - \bar r\frac{\partial F}{\partial \bar r}\right) = \frac{2K}{\pi a}\sin^2\varphi. \tag{4}$$

Für Punkte P', deren zugehörige Punkte P zu festem Winkel φ gehören und also einen Halbstrahl durch O erfüllen, ist dieser Wert konstant. Hieraus folgt, daß die Randpunkte der Kreisplatte, welche der Geraden l (d. h. dem Wert $\varphi = \alpha$) entsprechen, die Normalspannung

$$\sigma_{\text{Rand}} = \frac{2}{a^2}\left(F - \bar r\frac{\partial F}{\partial \bar r}\right)_{\text{Rand}} = \frac{2K}{\pi a}\sin^2\alpha = \frac{K}{\pi R}\sin\alpha \tag{5}$$

tragen, wo R der Halbmesser der Platte ist.

Bezeichnet man ferner die beiden Hauptspannungen des Punktes P' mit σ_1' und σ_2', diejenigen des Punktes P mit σ_1 und σ_2, so ist

$$\sigma_1' = \frac{a^2}{\varrho_1^2}\sigma_1 + \frac{2K}{\pi a}\sin^2\varphi, \qquad \sigma_2' = \frac{a^2}{\varrho_1^2}\sigma_2 + \frac{2K}{\pi a}\sin^2\varphi$$

oder wegen (2) und (3)

$$\sigma_1' = \frac{2K}{\pi}\left(\frac{a^2\cos\varphi}{\varrho_1^2 r} + \frac{\sin^2\varphi}{a}\right) = \frac{2K}{\pi}\left(\frac{a^2\sin\varphi\cos\varphi}{\varrho_1^2\bar r\sin\vartheta_1} + \frac{\sin^2\varphi}{a}\right) = \frac{2K}{\pi}\left(\frac{\sin\varphi\cos\varphi}{\varrho_1\sin\vartheta_1} + \frac{\sin\varphi\sin\vartheta_2}{\varrho_1}\right),$$

$$\sigma_2' = \frac{2K}{\pi}\frac{\sin^2\varphi}{a} = \frac{2K}{\pi}\frac{\sin\varphi\sin\vartheta_2}{\varrho_1}$$

oder endlich, wieder wegen (3),

$$\sigma_1' = \frac{2K}{\pi h}\sin\varphi\cos\vartheta_1\cos\vartheta_2, \qquad \sigma_2' = \frac{2K}{\pi h}\sin\varphi\sin\vartheta_1\sin\vartheta_2. \tag{6}$$

Zur Berechnung der Spannungskomponenten σ_y', σ_z' und τ_{yz}' greifen wir auf die Formeln (I, **5**, 2) zurück. Ersetzt man dort σ_0 durch σ_2', $\sigma_{\pi/2}$ durch σ_1' und φ durch den aus Abb. **3** zu entnehmenden Winkel $(\vartheta_2 - \vartheta_1)$ bzw. $(\frac{1}{2}\pi + \vartheta_2 - \vartheta_1)$, so erhält man

$$\sigma_y' = \sigma_1'\cos^2(\vartheta_2 - \vartheta_1) + \sigma_2'\sin^2(\vartheta_2 - \vartheta_1),$$

$$\sigma_z' = \sigma_1'\sin^2(\vartheta_2 - \vartheta_1) + \sigma_2'\cos^2(\vartheta_2 - \vartheta_1),$$

$$\tau_{yz}' = -(\sigma_1' - \sigma_2')\sin(\vartheta_2 - \vartheta_1)\cos(\vartheta_2 - \vartheta_1).$$

Diese Ausdrücke lassen sich mit Hilfe von (6) und (3) umschreiben in

$$
\begin{aligned}
\sigma_y' &= \frac{2K}{\pi h}\sin\varphi\left[\cos\vartheta_1\cos\vartheta_2\cos^2(\vartheta_2-\vartheta_1)+\sin\vartheta_1\sin\vartheta_2\sin^2(\vartheta_2-\vartheta_1)\right]\\
&= \frac{2K}{\pi h}\left[(\sin\vartheta_1\cos\vartheta_1\cos^2\vartheta_2+\cos^2\vartheta_1\sin\vartheta_2\cos\vartheta_2)\cos^2(\vartheta_2-\vartheta_1)+\right.\\
&\qquad\left.+(\sin^2\vartheta_1\sin\vartheta_2\cos\vartheta_2+\sin\vartheta_1\cos\vartheta_1\sin^2\vartheta_2)\sin^2(\vartheta_2-\vartheta_1)\right]\\
&= \frac{2K}{\pi h}\left\{\sin\vartheta_1\cos\vartheta_1\left[\cos^2\vartheta_2\cos^2(\vartheta_2-\vartheta_1)+\sin^2\vartheta_2\sin^2(\vartheta_2-\vartheta_1)\right]+\right.\\
&\qquad\left.+\sin\vartheta_2\cos\vartheta_2\left[\cos^2\vartheta_1\cos^2(\vartheta_2-\vartheta_1)+\sin^2\vartheta_1\sin^2(\vartheta_2-\vartheta_1)\right]\right\}\\
&= \frac{2K}{\pi h}\left\{\sin\vartheta_1\cos\vartheta_1\left[\cos\vartheta_2\cos(\vartheta_2-\vartheta_1)+\sin\vartheta_2\sin(\vartheta_2-\vartheta_1)\right]^2+\right.\\
&\qquad\left.+\sin\vartheta_2\cos\vartheta_2\left[\cos\vartheta_1\cos(\vartheta_2-\vartheta_1)-\sin\vartheta_1\sin(\vartheta_2-\vartheta_1)\right]^2\right\}\\
&= \frac{2K}{\pi h}(\sin\vartheta_1\cos^3\vartheta_1+\sin\vartheta_2\cos^3\vartheta_2),
\end{aligned}
$$

$$
\begin{aligned}
\sigma_z' &= \frac{2K}{\pi h}\left\{\sin\vartheta_1\cos\vartheta_1\left[\cos^2\vartheta_2\sin^2(\vartheta_2-\vartheta_1)+\sin^2\vartheta_2\cos^2(\vartheta_2-\vartheta_1)\right]+\right.\\
&\qquad\left.+\sin\vartheta_2\cos\vartheta_2\left[\cos^2\vartheta_1\sin^2(\vartheta_2-\vartheta_1)+\sin^2\vartheta_1\cos^2(\vartheta_2-\vartheta_1)\right]\right\}\\
&= \frac{2K}{\pi h}\left\{\sin\vartheta_1\cos\vartheta_1\left[\cos\vartheta_2\sin(\vartheta_2-\vartheta_1)-\sin\vartheta_2\cos(\vartheta_2-\vartheta_1)\right]^2+\right.\\
&\qquad\left.+\sin\vartheta_2\cos\vartheta_2\left[\cos\vartheta_1\sin(\vartheta_2-\vartheta_1)+\sin\vartheta_1\cos(\vartheta_2-\vartheta_1)\right]^2\right\}\\
&= \frac{2K}{\pi h}(\sin^3\vartheta_1\cos\vartheta_1+\sin^3\vartheta_2\cos\vartheta_2),
\end{aligned}
$$

$$
\begin{aligned}
\tau_{yz}' &= -\frac{2K}{\pi h}\sin\varphi(\cos\vartheta_1\cos\vartheta_2-\sin\vartheta_1\sin\vartheta_2)\sin(\vartheta_2-\vartheta_1)\cos(\vartheta_2-\vartheta_1)\\
&= -\frac{2K}{\pi h}\sin(\vartheta_1+\vartheta_2)\cos(\vartheta_1+\vartheta_2)\sin(\vartheta_2-\vartheta_1)\cos(\vartheta_2-\vartheta_1)\\
&= -\frac{K}{2\pi h}(\sin 2\vartheta_2+\sin 2\vartheta_1)(\sin 2\vartheta_2-\sin 2\vartheta_1) = -\frac{K}{2\pi h}(\sin^2 2\vartheta_2-\sin^2 2\vartheta_1)
\end{aligned}
$$

oder auch wegen (3)

$$
\left.
\begin{aligned}
\sigma_y' &= \frac{2K}{\pi}\left(\frac{\cos^3\vartheta_1}{\varrho_1}+\frac{\cos^3\vartheta_2}{\varrho_2}\right),\\
\sigma_z' &= \frac{2K}{\pi}\left(\frac{\cos\vartheta_1\sin^2\vartheta_1}{\varrho_1}+\frac{\cos\vartheta_2\sin^2\vartheta_2}{\varrho_2}\right),\\
\tau_{yz}' &= \frac{2K}{\pi}\left(\frac{\sin\vartheta_1\cos^2\vartheta_1}{\varrho_1}-\frac{\sin\vartheta_2\cos^2\vartheta_2}{\varrho_2}\right).
\end{aligned}
\right\}\qquad(7)
$$

Der Spannungszustand $(\sigma_y', \sigma_z', \tau_{yz}') \equiv (\sigma_1', \sigma_2')$ kann somit als Summe zweier geradliniger Spannungszustände aufgefaßt werden, deren Hauptspannungsrichtungen längs $\overline{O}P'$ und OP' fallen, und deren Hauptspannungen die Werte

$$\frac{2K}{\pi}\frac{\cos\vartheta_1}{\varrho_1} \quad\text{und}\quad \frac{2K}{\pi}\frac{\cos\vartheta_2}{\varrho_2}$$

haben. Addiert man zu diesem Spannungszustand $(\sigma_y', \sigma_z', \tau_{yz}')$ das Entgegengesetzte der allseitigen Spannung (5)

$$\sigma = -\frac{2K}{\pi a}\sin^2\alpha = -\frac{K}{\pi R}\sin\alpha,$$

so erhält man schließlich den Spannungszustand in P', welcher durch zwei in O und $\overline{O}$ angreifende, entgegengesetzt gleiche Einzelkräfte K erzeugt wird.

4. Die Kreisplatte mit beliebiger Randbelastung. Um die Spannungsverteilung in einer kreisförmigen Platte bei beliebig vorgeschriebener Randbelastung zu erhalten, gehen wir wiederum von der rechts von l liegenden Halbebene (Abb. 4) und der Spannungsfunktion (**3**, 1) aus. Betrachtet man die aus dieser Halbebene ausgeschnittene Kreisplatte mit Mittelpunkt M, so wirken in einem Randpunkt B dieser Platte nach (I, **4**, 1) die Spannungen

$$\left.\begin{aligned} \sigma_B &= \frac{1}{2}\,\sigma_r\left[1+\cos 2\left(\psi-\frac{\pi}{2}\right)\right] \\ &= \sigma_r \cos^2\left(\psi-\frac{\pi}{2}\right), \\ \tau_B &= \frac{1}{2}\,\sigma_r \sin 2\left(\psi-\frac{\pi}{2}\right) \\ &= \sigma_r \sin\left(\psi-\frac{\pi}{2}\right)\cos\left(\psi-\frac{\pi}{2}\right) \end{aligned}\right\} \quad (1)$$

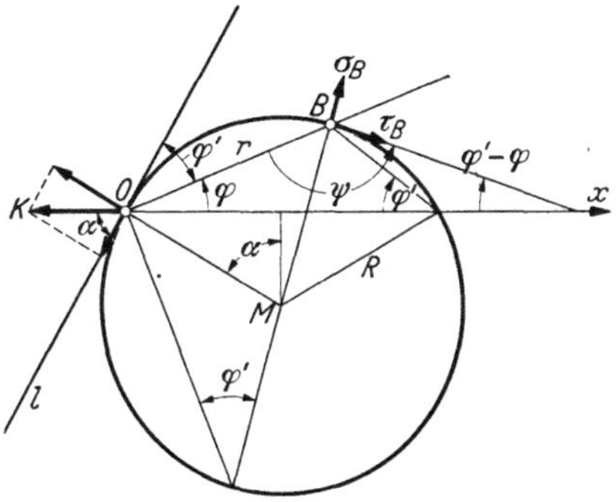

Abb. 4. Die Kreisplatte mit Einzelkraften.

oder mit $\psi=\pi-\varphi'$ und dem Werte σ_r (**3**, 2)

$$\sigma_B = \frac{2K}{\pi r}\cos\varphi\sin^2\varphi',$$

$$\tau_B = \frac{2K}{\pi r}\cos\varphi\sin\varphi'\cos\varphi'.$$

Ersetzt man hierin noch r durch $2R\sin\varphi'$, so lassen diese Formeln sich wegen $\alpha=\varphi+\varphi'$ umwandeln in

$$\left.\begin{aligned} \sigma_B &= \frac{K}{\pi R}\cos\varphi\sin\varphi' = \frac{K\sin\alpha}{2\pi R}+\frac{K\sin(\varphi'-\varphi)}{2\pi R} \\ \tau_B &= \frac{K}{\pi R}\cos\varphi\cos\varphi' = \frac{K\cos\alpha}{2\pi R}+\frac{K\cos(\varphi'-\varphi)}{2\pi R}. \end{aligned}\right\} \quad (2)$$

Die einzelnen Glieder rechts lassen je für sich eine einfache Deutung zu. So stimmt die Normalspannung $(K\sin\alpha)/2\pi R$ dem Betrage nach mit der über den Kreisumfang gleichmäßig verteilt gedachten Normalkomponente $K\sin\alpha$ der Kraft K überein, ebenso die Schubspannung $(K\cos\alpha)/2\pi R$, abgesehen vom Vorzeichen, mit der über den Kreisumfang gleichmäßig verteilt gedachten tangentialen Komponente $-K\cos\alpha$ von K. Schließlich stellen die Glieder

$$\frac{K\sin(\varphi'-\varphi)}{2\pi R} \quad \text{und} \quad \frac{K\cos(\varphi'-\varphi)}{2\pi R}$$

die Komponenten einer in B wirkenden Spannung p vom Betrage $K/2\pi R$ dar, welche die entgegengesetzte Richtung von K hat.

Wenn es sich nun darum handelt, die Spannungsverteilung in einer Platte zu berechnen, welche durch ein beliebiges, im Gleichgewicht befindliches Kraftsystem $K_i(i=1,2,\ldots,n)$ belastet ist, so ordnet man zunächst jeder Kraft K_i ein Randspannungssystem (2) zu. Die Spannung in einem beliebigen Randpunkte B setzt sich nach dem Vorangehenden zusammen aus einer radialen Spannung vom Betrage

$$\sum_{i=1}^{n}\frac{K_i\sin\alpha_i}{2\pi R},$$

einer tangentialen Spannung vom Betrage

$$\sum_{i=1}^{n}\frac{K_i\cos\alpha_i}{2\pi R}$$

und einer Spannung, deren Vektor sich als die Vektorsumme

$$\sum_{i=1}^{n}\frac{\mathfrak{K}_i}{2\pi R}$$

der durch $2\pi R$ dividierten Vektoren $\mathfrak{K}_i$ der Kräfte K_i darstellen läßt. Weil die Kräfte K_i ein Gleichgewichtssystem bilden, ist

$$\sum_{i=1}^{n} \mathfrak{K}_i = 0 \quad \text{und} \quad \sum_{i=1}^{n} K_i R \cos\alpha_i = R \sum_{i=1}^{n} K_i \cos\alpha_i = 0,$$

so daß die Platte außer durch die vorgeschriebenen Kräfte K_i nur noch durch eine normale, unveränderliche Randspannung

$$\sigma_m = \sum_{i=1}^{n} \frac{K_i \sin\alpha_i}{2\pi R} \tag{3}$$

belastet ist, welche den auf den Kreisumfang bezogenen Mittelwert der radialen Zugspannung der äußeren Kräfte darstellt. Hieraus folgt, daß der in einem beliebigen Plattenpunkt von den Kräften K_i hervorgerufene Spannungszustand als Summe von n geradlinigen Spannungszuständen und einem ebenen Spannungszustand aufgefaßt werden kann. Jeder der n geradlinigen Spannungszustände ist nach (**3**, 1) durch die zu einer Einzelkraft K_i gehörige Spannungsfunktion

$$F_i = \frac{K_i}{\pi} r_i \varphi_i \sin\varphi_i,$$

und zwar nach (**3**, 2) durch die Formeln

$$\sigma_{r_i} = \frac{2K_i}{\pi} \frac{\cos\varphi_i}{r_i}, \qquad \sigma_{\varphi_i} = 0, \qquad \tau_{r_i\varphi_i} = 0 \tag{4}$$

definiert, der ebene Spannungszustand durch die allseitige Normalspannung

$$\sigma = -\sigma_m = -\sum_{i=1}^{n} \frac{K_i \sin\alpha_i}{2\pi R}. \tag{5}$$

Die Bemerkung am Schluß von Ziff. **3** ist ein besonderer Fall dieser allgemeinen Aussage.

5. Die Kreisplatte; zweite Lösungsmethode. Eine zweite Lösungsmethode, die sich gleichfalls auf die Airysche Spannungsfunktion stützt, benutzt die in Kap. III, Ziff. **2** aufgezählten Sonderlösungen der Gleichung $\Delta'\Delta' F = 0$. Man sucht sich eine beliebige Anzahl von diesen Lösungen aus, versieht jede mit einem noch näher zu bestimmenden Beiwert und bildet ihre Summe, die somit ebenfalls eine Airysche Funktion darstellt. Sodann bestimmt man die durch diese Funktion definierten Spannungen und Verschiebungen und sucht die noch freigelassenen Beiwerte derart zu bestimmen, daß diese Größen ihre vorgeschriebenen Randwerte annehmen. Sowohl für die Vollplatte wie für die Ringplatte reicht der Funktionenvorrat von (III, **2**, 19) aus, um bei vorgeschriebenen Randspannungen allen Forderungen zu genügen. Den Beweis liefern wir gleich für den allgemeinen Fall der Ringplatte, deren Randspannungen am äußeren Rand $r = r_a$ mit $\sigma_r^a, \tau_{r\varphi}^a$, am inneren Rand $r = r_i$ mit $\sigma_r^i, \tau_{r\varphi}^i$ bezeichnet werden mögen. Der Pol O des benutzten Polarkoordinatensystems (r, φ) liege im Mittelpunkt der Platte, die Polachse sei ein beliebiger Fahrstrahl durch O.

Wir entwickeln zunächst die vorgegebenen Randspannungen in ihre Fourierreihen

$$\left.\begin{aligned} \sigma_r^a &= a_0 + \sum_{n=1}^{\infty} a_n \cos n\varphi + \sum_{n=1}^{\infty} b_n \sin n\varphi, & \sigma_r^i &= a_0'' + \sum_{n=1}^{\infty} a_n'' \cos n\varphi + \sum_{n=1}^{\infty} b_n'' \sin n\varphi, \\ \tau_{r\varphi}^a &= a_0' + \sum_{n=1}^{\infty} a_n' \cos n\varphi + \sum_{n=1}^{\infty} b_n' \sin n\varphi, & \tau_{r\varphi}^i &= a_0''' + \sum_{n=1}^{\infty} a_n''' \cos n\varphi + \sum_{n=1}^{\infty} b_n''' \sin n\varphi \end{aligned}\right\} \tag{1}$$

und stellen fest, daß für jedes $n>1$ jede der Randbelastungen

$$\left.\begin{aligned} &\sigma_{rn}^{a}=a_n\cos n\varphi, && \tau_{r\varphi n}^{a}=a_n'\cos n\varphi, && \sigma_{rn}^{i}=a_n''\cos n\varphi, && \tau_{r\varphi n}^{i}=a_n'''\cos n\varphi,\\ &\sigma_{rn}^{a*}=b_n\sin n\varphi, && \tau_{r\varphi n}^{a*}=b_n'\sin n\varphi, && \sigma_{rn}^{i*}=b_n''\sin n\varphi, && \tau_{r\varphi n}^{i*}=b_n'''\sin n\varphi \end{aligned}\right\} \quad (2)$$

für sich ein Gleichgewichtssystem bildet; denn es gilt z. B. für die Belastungen σ_{rn}^{a}, wenn $n>1$ ist,

$$\int_0^{2\pi}\sigma_{rn}^{a}r_a\cos\varphi\,d\varphi=a_n r_a\int_0^{2\pi}\cos\varphi\cos n\varphi\,d\varphi=0,$$

$$\int_0^{2\pi}\sigma_{rn}^{a}r_a\sin\varphi\,d\varphi=a_n r_a\int_0^{2\pi}\sin\varphi\cos n\varphi\,d\varphi=0,$$

und für die Belastungen $\tau_{r\varphi n}^{a}$

$$\int_0^{2\pi}\tau_{r\varphi n}^{a}r_a\cos\varphi\,d\varphi=a_n' r_a\int_0^{2\pi}\cos\varphi\cos n\varphi\,d\varphi=0,$$

$$\int_0^{2\pi}\tau_{r\varphi n}^{a}r_a\sin\varphi\,d\varphi=a_n' r_a\int_0^{2\pi}\sin\varphi\cos n\varphi\,d\varphi=0,$$

$$\int_0^{2\pi}\tau_{r\varphi n}^{a}r_a^2\,d\varphi=a_n' r_a^2\int_0^{2\pi}\cos n\varphi\,d\varphi=0.$$

Dasselbe gilt für die Belastungen

$$\sigma_{r0}^{a}=a_0 \quad\text{und}\quad \sigma_{r0}^{i}=a_0''. \qquad (2\text{a})$$

Eine Ausnahme dagegen bilden die Belastungssysteme

$$\left.\begin{aligned} &(\text{I})\ \sigma_{r1}^{a}=a_1\cos\varphi+b_1\sin\varphi, && (\text{III})\ \sigma_{r1}^{i}=a_1''\cos\varphi+b_1''\sin\varphi,\\ &(\text{II})\ \tau_{r\varphi 01}^{a}=a_0'+a_1'\cos\varphi+b_1'\sin\varphi, && (\text{IV})\ \tau_{r\varphi 01}^{i}=a_0'''+a_1'''\cos\varphi+b_1'''\sin\varphi. \end{aligned}\right\} \quad (3)$$

Das System (I) ist statisch gleichwertig mit einer Kraft von der Größe $\pi a_1 r_a$ längs der Polachse und einer dazu senkrechten Kraft von der Größe $\pi b_1 r_a$ durch den Pol O, das System (II) mit einer Kraft $-\pi b_1' r_a$ in der Polachse, einer dazu senkrechten Kraft $\pi a_1' r_a$ durch O und einem Moment von der Größe $2\pi a_0' r_a^2$. Ähnliches gilt für die Belastungssysteme (III) und (IV). Die Beiwerte a und b in (3) sind miteinander verknüpft. Weil nämlich die gesamte Randbelastung ein Gleichgewichtssystem bilden soll und die Belastungen (2) und (2a) je für sich im Gleichgewicht sind, so müssen die Belastungen (3) ebenfalls im Gleichgewicht sein, d. h. es muß (wenn man den Faktor π sofort wegläßt und beachtet, daß die Spannungen am Außen- und Innenrand in entgegengesetzter Richtung positiv gezählt werden) gelten:

$$\left.\begin{aligned} (a_1-b_1')r_a-(a_1''-b_1''')r_i&=0,\\ (b_1+a_1')r_a-(b_1''+a_1''')r_i&=0,\\ a_0'r_a^2-a_0'''r_i^2&=0. \end{aligned}\right\} \qquad (4)$$

Wir wenden uns nun zuerst den Gleichgewichtsbelastungen (2) zu und zeigen, wie für eine solche Belastung, etwa die Belastung $\sigma_{rn}^{a}=a_n\cos n\varphi\,(n>1)$, die Spannungsverteilung ermittelt werden kann.

Aus unserem Funktionenvorrat (III, **2**, 19) bilden wir mit

$$R_n\equiv c_1 r^n+c_2 r^{-n}+c_3 r^{n+2}+c_4 r^{-n+2} \qquad (n>1), \qquad (5)$$

wo c_1, c_2, c_3, c_4 beliebige Konstanten bezeichnen, die Funktion

$$F_n \equiv R_n \cos n\varphi \qquad (n > 1). \tag{6}$$

Sodann berechnen wir nach (**2**, 4) die Spannungskomponenten σ_r, σ_φ und $\tau_{r\varphi}$ und erhalten

$$\left.\begin{aligned} \sigma_r &= \left[-n(n-1)\,c_1 r^{n-2} - n(n+1)\,c_2 r^{-n-2} - (n-2)(n+1)\,c_3 r^n - (n-1)(n+2)\,c_4 r^{-n}\right]\cos n\varphi,\\ \sigma_\varphi &= \left[n(n-1)\,c_1 r^{n-2} + n(n+1)\,c_2 r^{-n-2} + (n+1)(n+2)\,c_3 r^n + (n-2)(n-1)\,c_4 r^{-n}\right]\cos n\varphi,\\ \tau_{r\varphi} &= \left[n(n-1)\,c_1 r^{n-2} - n(n+1)\,c_2 r^{-n-2} + n(n+1)\,c_3 r^n - n(n-1)\,c_4 r^{-n}\right]\sin n\varphi. \end{aligned}\right\} \tag{7}$$

Setzt man nun, wie es ja sein soll,

$$\left.\begin{aligned} \sigma_r &= \sigma_{rn}^a \equiv a_n \cos n\varphi, \quad & \tau_{r\varphi} &= 0 \quad \text{für} \quad r = r_a,\\ \sigma_r &= 0, & \tau_{r\varphi} &= 0 \quad \text{für} \quad r = r_i, \end{aligned}\right\} \tag{8}$$

so erhält man für die Konstanten c die Bedingungsgleichungen

$$\left.\begin{aligned} -n(n-1)\,r_a^{n-2}c_1 - n(n+1)\,r_a^{-n-2}c_2 - (n-2)(n+1)\,r_a^n c_3 - (n-1)(n+2)\,r_a^{-n}c_4 &= a_n,\\ -n(n-1)\,r_i^{n-2}c_1 - n(n+1)\,r_i^{-n-2}c_2 - (n-2)(n+1)\,r_i^n c_3 - (n-1)(n+2)\,r_i^{-n}c_4 &= 0,\\ n(n-1)\,r_a^{n-2}c_1 - n(n+1)\,r_a^{-n-2}c_2 + n(n+1)\,r_a^n c_3 - n(n-1)\,r_a^{-n}c_4 &= 0,\\ n(n-1)\,r_i^{n-2}c_1 - n(n+1)\,r_i^{-n-2}c_2 + n(n+1)\,r_i^n c_3 - n(n-1)\,r_i^{-n}c_4 &= 0, \end{aligned}\right\} \tag{9}$$

wodurch diese Konstanten und also auch die Spannungen σ_r, σ_φ und $\tau_{r\varphi}$ eindeutig bestimmt sind.

Obwohl wir hiermit allem Anschein nach das Ringplattenproblem für die betrachtete Sonderbelastung gelöst haben, so muß die Lösung doch noch auf ihre Gültigkeit hin kontrolliert werden. Weil wir es nämlich mit einem zweifach zusammenhängenden Gebiet zu tun haben, so ist die Lösung (7) nur dann brauchbar, wenn die ihr zugeordneten radialen und tangentialen Verschiebungen u und v sich als periodische Funktionen von φ (mit der Periode 2π) erweisen. Wäre dies nämlich nicht der Fall, so würde die gefundene Spannungsverteilung nur dann einen möglichen Spannungszustand für das betrachtete ringförmige Gebiet definieren, wenn dieses durch einen radialen Schlitz in ein einfach zusammenhängendes Gebiet verwandelt ist; denn dann würde die auf den geschlossenen Ring zutreffende Forderung nicht mehr gelten, wonach auch nach der Verformung der Zusammenhang am Schlitzrand noch gewährleistet sein muß. Wie unerläßlich diese Kontrolle ist, die wir jetzt ausführen, werden wir später, bei der Behandlung der Belastungsfälle (3), noch deutlich sehen.

Nach (I, **18**, 12) sind die Verzerrungen ε_r, ε_φ und $\psi_{r\varphi}$ mit den Verschiebungen u und v durch die Beziehungen

$$\varepsilon_r = \frac{\partial u}{\partial r}, \qquad \varepsilon_\varphi = \frac{1}{r}\frac{\partial v}{\partial \varphi} + \frac{u}{r}, \qquad \psi_{r\varphi} = \frac{1}{r}\frac{\partial u}{\partial \varphi} + \frac{\partial v}{\partial r} - \frac{v}{r} \tag{10}$$

verknüpft, während andererseits

$$E\,\varepsilon_r = \sigma_r - \frac{1}{m}\sigma_\varphi, \qquad E\,\varepsilon_\varphi = \sigma_\varphi - \frac{1}{m}\sigma_r, \qquad G\psi_{r\varphi} = \tau_{r\varphi} \tag{11}$$

zu setzen ist. Der Zusammenhang zwischen Spannungen und Verschiebungen ist also durch die drei Gleichungen gegeben

$$E\frac{\partial u}{\partial r} = \sigma_r - \frac{1}{m}\sigma_\varphi, \quad E\left(\frac{1}{r}\frac{\partial v}{\partial \varphi} + \frac{u}{r}\right) = \sigma_\varphi - \frac{1}{m}\sigma_r, \quad G\left(\frac{1}{r}\frac{\partial u}{\partial \varphi} + \frac{\partial v}{\partial r} - \frac{v}{r}\right) = \tau_{r\varphi}, \tag{12}$$

welche in unserem Falle laut (7) die Form

$$\left.\begin{aligned}
E\frac{\partial u}{\partial r} &= \Big[-n(n-1)\left(1+\frac{1}{m}\right)c_1 r^{n-2} - n(n+1)\left(1+\frac{1}{m}\right)c_2 r^{-n-2} - \\
&\quad -(n+1)\left(n-2+\frac{n+2}{m}\right)c_3 r^n - (n-1)\left(n+2+\frac{n-2}{m}\right)c_4 r^{-n}\Big]\cos n\varphi, \\
E\left(\frac{1}{r}\frac{\partial v}{\partial\varphi}+\frac{u}{r}\right) &= \Big[n(n-1)\left(1+\frac{1}{m}\right)c_1 r^{n-2} + n(n+1)\left(1+\frac{1}{m}\right)c_2 r^{-n-2} + \\
&\quad +(n+1)\left(n+2+\frac{n-2}{m}\right)c_3 r^n + (n-1)\left(n-2+\frac{n+2}{m}\right)c_4 r^{-n}\Big]\cos n\varphi, \\
\frac{mE}{2(m+1)}\left(\frac{1}{r}\frac{\partial u}{\partial\varphi}+\frac{\partial v}{\partial r}-\frac{v}{r}\right) &= \big[n(n-1)c_1 r^{n-2} - n(n+1)c_2 r^{-n-2} + \\
&\quad + n(n+1)c_3 r^n - n(n-1)c_4 r^{-n}\big]\sin n\varphi
\end{aligned}\right\}\quad(13)$$

annehmen.

Integriert man die erste Gleichung nach r, so erhält man mit einer Integrationsfunktion Φ_1, welche nur von φ abhängt,

$$\left.\begin{aligned}
Eu = \Big[&-n\left(1+\frac{1}{m}\right)c_1 r^{n-1} + n\left(1+\frac{1}{m}\right)c_2 r^{-n-1} - \left(n-2+\frac{n+2}{m}\right)c_3 r^{n+1} + \\
&+\left(n+2+\frac{n-2}{m}\right)c_4 r^{-n+1}\Big]\cos n\varphi + \Phi_1.
\end{aligned}\right\}\quad(14)$$

Setzt man diesen Ausdruck in die zweite und dritte Gleichung (13) ein, so erhält man zwei Differentialgleichungen für v, deren erste sich mit einer nur von r abhängigen Integrationsfunktion R zu

$$\left.\begin{aligned}
Ev = \Big[&n\left(1+\frac{1}{m}\right)c_1 r^{n-1} + n\left(1+\frac{1}{m}\right)c_2 r^{-n-1} + \left(n+4+\frac{n}{m}\right)c_3 r^{n+1} + \\
&+\left(n-4+\frac{n}{m}\right)c_4 r^{-n+1}\Big]\sin n\varphi - \int\Phi_1\,d\varphi + R
\end{aligned}\right\}\quad(15)$$

integrieren läßt, und deren zweite, mit einer zweiten nur von φ abhängigen Integrationsfunktion Φ_2, auf

$$\left.\begin{aligned}
Ev = \Big[&n\left(1+\frac{1}{m}\right)c_1 r^{n-1} + n\left(1+\frac{1}{m}\right)c_2 r^{-n-1} + \left(n+4+\frac{n}{m}\right)c_3 r^{n+1} + \\
&+\left(n-4+\frac{n}{m}\right)c_4 r^{-n+1}\Big]\sin n\varphi + \frac{\partial\Phi_1}{\partial\varphi} + \Phi_2 r
\end{aligned}\right\}\quad(16)$$

führt.

Die Ausdrücke (15) und (16) stimmen nur dann überein, wenn

$$\frac{\partial\Phi_1}{\partial\varphi} + \int\Phi_1\,d\varphi + \Phi_2 r - R \equiv 0,$$

d. h. wenn

$$\frac{\partial\Phi_1}{\partial\varphi} + \int\Phi_1\,d\varphi = \alpha \qquad \text{und} \qquad \Phi_2 r - R = -\alpha$$

ist. Hieraus folgt

$$\begin{aligned}
\Phi_1 &= \beta\cos\varphi + \gamma\sin\varphi, & \int\Phi_1\,d\varphi &= \beta\sin\varphi - \gamma\cos\varphi + \alpha, \\
\Phi_2 &= \delta, & R &= \delta r + \alpha.
\end{aligned}$$

Die durch Φ_1, Φ_2 und R bedingten Verschiebungen u' und v', wobei

$$Eu' = \beta\cos\varphi + \gamma\sin\varphi, \qquad Ev' = -\beta\sin\varphi + \gamma\cos\varphi + \delta r$$

ist, stellen aber eine Verschiebung (β, γ) und eine Drehung δ der Ringplatte als Ganzes dar, welche für unsere Untersuchung unwesentlich sind und deshalb unterdrückt werden dürfen. Die übrigbleibenden Verschiebungen

$$\left.\begin{aligned} E u &= \Big[-n\left(1+\frac{1}{m}\right) c_1 r^{n-1} + n\left(1+\frac{1}{m}\right) c_2 r^{-n-1} - \left(n-2+\frac{n+2}{m}\right) c_3 r^{n+1} + \\ &\qquad + \left(n+2+\frac{n-2}{m}\right) c_4 r^{-n+1}\Big] \cos n\varphi, \\ E v &= \Big[n\left(1+\frac{1}{m}\right) c_1 r^{n-1} + n\left(1+\frac{1}{m}\right) c_2 r^{-n-1} + \left(n+4+\frac{n}{m}\right) c_3 r^{n+1} + \\ &\qquad + \left(n-4+\frac{n}{m}\right) c_4 r^{-n+1}\Big] \sin n\varphi \end{aligned}\right\} \tag{17}$$

sind in φ periodisch (mit der Periode 2π), so daß die Gleichungen (7) für $n > 1$ in der Tat mögliche Spannungszustände im geschlossenen Kreisring darstellen.

Hiermit sind die Belastungen (2) erledigt, so daß nur noch die von dem System (3) erzeugte Spannungsverteilung berechnet werden muß. Hierzu zerspalten wir dieses Belastungssystem in drei Hilfssysteme:

$$\left.\begin{aligned} &(\mathrm{A})\ \sigma_r^a = a_1 \cos\varphi, \quad \tau_{r\varphi}^a = b_1' \sin\varphi, \quad \sigma_r^i = a_1'' \cos\varphi, \quad \tau_{r\varphi}^i = b_1''' \sin\varphi \\ &\qquad \text{mit der Nebenbedingung } (a_1 - b_1') r_a - (a_1'' - b_1''') r_i = 0 \ \text{[vgl. (4)]}, \\ &(\mathrm{B})\ \sigma_r^a = b_1 \sin\varphi, \quad \tau_{r\varphi}^a = a_1' \cos\varphi, \quad \sigma_r^i = b_1'' \sin\varphi, \quad \tau_{r\varphi}^i = a_1''' \cos\varphi \\ &\qquad \text{mit der Nebenbedingung } (b_1 + a_1') r_a - (b_1'' + a_1''') r_i = 0, \\ &(\mathrm{C})\ \tau_{r\varphi}^a = a_0', \quad \tau_{r\varphi}^i = a_0''' \\ &\qquad \text{mit der Nebenbedingung } a_0' r_a^2 - a_0''' r_i^2 = 0, \end{aligned}\right\} \tag{18}$$

welche je für sich ein Gleichgewichtssystem bilden. Zuerst behandeln wir das System (A) und untersuchen zunächst, ob nicht auch hier analog zu (6) der Ansatz

$$F_1 \equiv R_1 \cos\varphi \tag{19}$$

zum Ziele führt. Man überzeugt sich leicht, daß die allgemeinste Funktion R_1, welche F_1 zu einer Airyschen Spannungsfunktion macht, nicht durch die Formel (5) (mit $n = 1$) wiedergegeben wird; denn die Glieder mit c_1 und c_4 sind für $n = 1$ nicht mehr linear unabhängig. Die gesuchte allgemeine Lösung nimmt in diesem Falle die Form

$$R_1 \equiv c_1 r + c_2 r^{-1} + c_3 r^3 + c_4 r \ln r \tag{20}$$

an [vgl. (III, **2**, 19)]. Ermittelt man nach (**2**, 4) die zu (19) gehörigen Spannungskomponenten, so findet man

$$\left.\begin{aligned} \sigma_r &= \left(-2\frac{c_2}{r^3} + 2 c_3 r + \frac{c_4}{r}\right) \cos\varphi, \\ \sigma_\varphi &= \left(+2\frac{c_2}{r^3} + 6 c_3 r + \frac{c_4}{r}\right) \cos\varphi, \\ \tau_{r\varphi} &= \left(-2\frac{c_2}{r^3} + 2 c_3 r + \frac{c_4}{r}\right) \sin\varphi, \end{aligned}\right\} \tag{21}$$

und es zeigt sich zunächst, wie übrigens von vornherein zu erwarten war, daß die Spannungsfunktion $c_1 r \cos\varphi$ (welche räumlich durch eine Ebene dargestellt wird) für unser Problem keine Bedeutung hat, weil sie zu Spannungskomponenten vom Betrage Null führt. Ferner ergibt sich, daß die Lösungen (21) nur zu ganz besonderen Randspannungssystemen gehören können, nämlich zu solchen, bei denen sowohl am Außen- wie am Innenrand die Beiwerte von $\sin\varphi$

und $\cos\varphi$ der Spannungen σ_r und $\tau_{r\varphi}$ unter sich gleich sind, so daß die Randkräfte an jedem der beiden Ränder je für sich im Gleichgewicht sind. Sie reichen also (wenn sie überhaupt brauchbar sind) sicherlich nicht aus, um den allgemeineren Spannungszustand (A) bzw. (B) darzustellen. Aber diese Brauchbarkeit selbst ist noch zweifelhaft, weil noch untersucht werden muß, ob die ihnen zugeordneten Verschiebungen u und v periodisch in φ (mit der Periode 2π) sind.

Die Gleichungen (12) führen bei der hierzu erforderlichen Kontrolle auf

$$E\frac{\partial u}{\partial r}=\left[-2\left(1+\frac{1}{m}\right)\frac{c_2}{r^3}+2\left(1-\frac{3}{m}\right)c_3 r+\left(1-\frac{1}{m}\right)\frac{c_4}{r}\right]\cos\varphi,$$

$$E\left(\frac{1}{r}\frac{\partial v}{\partial\varphi}+\frac{u}{r}\right)=\left[2\left(1+\frac{1}{m}\right)\frac{c_2}{r^3}+2\left(3-\frac{1}{m}\right)c_3 r+\left(1-\frac{1}{m}\right)\frac{c_4}{r}\right]\cos\varphi,$$

$$\frac{mE}{2(m+1)}\left(\frac{1}{r}\frac{\partial u}{\partial\varphi}+\frac{\partial v}{\partial r}-\frac{v}{r}\right)=\left[-2\frac{c_2}{r^3}+2c_3 r+\frac{c_4}{r}\right]\sin\varphi.$$

Integriert man diese Gleichungen in derselben Weise wie die Gleichungen (13), so erhält man

$$\left.\begin{aligned}Eu&=\left[\left(1+\frac{1}{m}\right)\frac{c_2}{r^2}+\left(1-\frac{3}{m}\right)c_3 r^2+\left(1-\frac{1}{m}\right)c_4\ln r\right]\cos\varphi+\Phi_1,\\ Ev&=\left[\left(1+\frac{1}{m}\right)\frac{c_2}{r^2}+\left(5+\frac{1}{m}\right)c_3 r^2+\left(1-\frac{1}{m}\right)c_4(1-\ln r)\right]\sin\varphi-\int\Phi_1\,d\varphi+R\end{aligned}\right\}\quad(22)$$

und

$$Ev=\left[\left(1+\frac{1}{m}\right)\frac{c_2}{r^2}+\left(5+\frac{1}{m}\right)c_3 r^2-\left(1-\frac{1}{m}\right)c_4(1+\ln r)-2\left(1+\frac{1}{m}\right)c_4\right]\sin\varphi+\frac{d\Phi_1}{d\varphi}+\Phi_2 r.$$

Die Identifizierung der letzten beiden Gleichungen führt zu der Bedingung

$$\left(1-\frac{1}{m}\right)c_4(1-\ln r)\sin\varphi-\int\Phi_1 d\varphi+R\equiv\left[-\left(1-\frac{1}{m}\right)c_4(1+\ln r)-2\left(1+\frac{1}{m}\right)c_4\right]\sin\varphi+\frac{d\Phi_1}{d\varphi}+\Phi_2 r$$

oder

$$\int\Phi_1 d\varphi+\frac{d\Phi_1}{d\varphi}\equiv 4c_4\sin\varphi+R-\Phi_2 r,$$

also

$$\int\Phi_1 d\varphi+\frac{d\Phi_1}{d\varphi}=4c_4\sin\varphi+\alpha,\qquad R=\Phi_2 r+\alpha.$$

Die zweite dieser Gleichungen wird nur durch

$$\Phi_2=\delta,\qquad R=\delta r+\alpha,$$

die erste durch

$$\Phi_1=\beta\cos\varphi+\gamma\sin\varphi+2c_4\varphi\sin\varphi$$

befriedigt. Sehen wir auch jetzt von einer Verschiebung und Drehung der Ringplatte als Ganzes ab, so werden die zum Spannungssystem (21) gehörigen Verschiebungen durch

$$\left.\begin{aligned}Eu&=\left[\left(1+\frac{1}{m}\right)\frac{c_2}{r^2}+\left(1-\frac{3}{m}\right)c_3 r^2+\left(1-\frac{1}{m}\right)c_4\ln r\right]\cos\varphi+2c_4\varphi\sin\varphi,\\ Ev&=\left\{\left(1+\frac{1}{m}\right)\frac{c_2}{r^2}+\left(5+\frac{1}{m}\right)c_3 r^2-\left[\left(1+\frac{1}{m}\right)+\left(1-\frac{1}{m}\right)\ln r\right]c_4\right\}\sin\varphi+2c_4\varphi\cos\varphi\end{aligned}\right\}\quad(23)$$

dargestellt. Hieraus folgt, daß nur die mit c_2 und c_3 behafteten Spannungssysteme periodische Verschiebungen besitzen, und daß das mit c_4 behaftete Spannungssystem für unseren Zweck ausscheidet.

Wir stehen jetzt also noch vor der Aufgabe, ein weiteres Hilfssystem von in φ periodischen Spannungen und Verschiebungen zu bestimmen, welches von den beiden mit c_2 und c_3 behafteten Systemen linear unabhängig ist und sich von diesen außerdem dadurch unterscheidet, daß die Randkräfte nicht für jeden Rand gesondert im Gleichgewicht sind. Diese letzte Forderung ist wesentlich, weil das vorgegebene Randkräftesystem (18 A) — im Gegensatz zu den aus (21) hervorgehenden Randsystemen — zwar als Ganzes, aber nicht an jedem Rand für sich ein Gleichgewichtssystem bildet. Ist ein solches weiteres Hilfssystem bekannt, so kann aus den sodann zur Verfügung stehenden drei Hilfslösungen sicher eine lineare Kombination derart gebildet werden, daß die vier Randbedingungen (18 A), welche wegen der ihnen zugeordneten Gleichgewichtsbedingung in Wirklichkeit nur drei voneinander unabhängige Forderungen darstellen, vollauf befriedigt werden.

Eine einfache Überlegung lehrt, daß im gesuchten weiteren Hilfssystem die Abhängigkeit sowohl der Spannungen wie diejenige der Verschiebungen von der Veränderlichen φ die gleiche sein muß wie bei den bereits gefundenen beiden anderen Systemen, und es liegt deshalb nahe, systematisch alle Lösungen des ebenen Spannungszustandes zu ermitteln, für welche die Verschiebungen u und v die Form

$$u = U\cos\varphi, \qquad v = V\sin\varphi \tag{24}$$

annehmen, wobei U und V als Funktionen von r allein zu betrachten sind.

Berechnet man zunächst mit Hilfe der Gleichungen (10) die Verzerrungen

$$\varepsilon_r = \frac{\partial u}{\partial r} = U'\cos\varphi,\ \varepsilon_\varphi = \frac{1}{r}\frac{\partial v}{\partial\varphi} + \frac{u}{r} = \frac{U+V}{r}\cos\varphi,\ \psi_{r\varphi} = \frac{1}{r}\frac{\partial u}{\partial\varphi} + \frac{\partial v}{\partial r} - \frac{v}{r} = \left(-\frac{U+V}{r} + V'\right)\sin\varphi,$$

wobei Striche Ableitungen nach r bedeuten, so liefern die Gleichungen (11) die Spannungen

$$\sigma_r = \frac{m^2E}{m^2-1}\left(U' + \frac{U+V}{mr}\right)\cos\varphi, \qquad \sigma_\varphi = \frac{m^2E}{m^2-1}\left(\frac{U+V}{r} + \frac{1}{m}U'\right)\cos\varphi,$$
$$\tau_{r\varphi} = G\left(-\frac{U+V}{r} + V'\right)\sin\varphi.$$

Setzt man diese Größen in die beiden (entsprechend vereinfachten) Gleichgewichtsbedingungen (I, **18**, 12)

$$\frac{\partial\sigma_r}{\partial r} + \frac{1}{r}\frac{\partial\tau_{r\varphi}}{\partial\varphi} + \frac{\sigma_r - \sigma_\varphi}{r} = 0,$$
$$\frac{\partial\tau_{r\varphi}}{\partial r} + \frac{1}{r}\frac{\partial\sigma_\varphi}{\partial\varphi} + 2\frac{\tau_{r\varphi}}{r} = 0$$

ein, so erhält man, wenn noch $(m-1)/2m = p$ gesetzt wird, die folgenden simultanen Differentialgleichungen für U und V:

$$\left.\begin{aligned} r^2U'' + rU' + (1-p)rV' - (1+p)(U+V) &= 0,\\ pr^2V'' + prV' - (1-p)rU' - (1+p)(U+V) &= 0. \end{aligned}\right\} \tag{25}$$

Eliminiert man V'' aus der einmal weiter differentiierten ersten Gleichung (25) und aus der zweiten Gleichung (25), so erhält man

$$pr^3U''' + 3pr^2U'' + (1-2p)rU' + (1-p^2)U - p(1+p)rV' + (1-p^2)V = 0. \tag{26}$$

Eliminiert man ferner V' aus dieser Gleichung und der ersten Gleichung (25), so findet man

$$\left.\begin{aligned}(1-p)\,p\,r^3U'''+(4p-2p^2)\,r^2U''+(1-2p+3p^2)\,rU'+\\+(1+p)(1-3p)\,U+(1+p)(1-3p)\,V=0.\end{aligned}\right\}\tag{27}$$

Differentiiert man diese Gleichung abermals nach r und eliminiert V' und V aus der neuen Gleichung, aus Gleichung (26) und der ersten Gleichung (25), indem man diese Gleichungen der Reihe nach mit $-r$, $(1+p)$ und $(1+p)(1-p)$ multipliziert und addiert, so findet man schließlich

$$r^4U''''+6r^3U'''+3r^2U''-3rU'=0\tag{28}$$

und hieraus

$$U=C_1+\frac{C_2}{r^2}+C_3r^2+C_4\ln r.\tag{29}$$

Aus (27) folgt dann vollends

$$V=-C_1+\frac{C_2}{r^2}-\frac{3-p}{1-3p}\,C_3r^2-C_4\left(\ln r+\frac{1-p}{1+p}\right).\tag{30}$$

Der Vergleich mit den Formeln (23) lehrt, daß die dort mit c_2 und c_3 behafteten Lösungen mit den hier durch C_2 und C_3 gekennzeichneten übereinstimmen, wenn man $\frac{c_2}{E}\left(1+\frac{1}{m}\right)$ durch C_2 und $\frac{c_3}{E}\left(1-\frac{3}{m}\right)$ durch C_3 ersetzt. Ferner stellt die mit C_1 behaftete Lösung

$$u=C_1\cos\varphi,\qquad v=-C_1\sin\varphi$$

eine Verschiebung der Ringplatte als Ganzes dar, so daß sie für unser Problem ohne Bedeutung ist. Die gesuchte neue Lösung ist also

$$\begin{aligned}u&=C_4\ln r\cos\varphi,\\v&=-C_4\left(\ln r+\frac{1-p}{1+p}\right)\sin\varphi\qquad\left(p=\frac{m-1}{2m}\right)\end{aligned}$$

oder, mit einer neuen Konstanten $c_1=\frac{mE}{m+1}\,\frac{3m+1}{3m-1}\,C_4$,

$$\left.\begin{aligned}u&=\frac{m+1}{mE}\,\frac{3m-1}{3m+1}\,c_1\ln r\cos\varphi,\\v&=-\frac{m+1}{mE}\,\frac{3m-1}{3m+1}\,c_1\left(\ln r+\frac{m+1}{3m-1}\right)\sin\varphi.\end{aligned}\right\}\tag{31}$$

Die hierzu gehörigen Spannungen berechnen sich mit Hilfe der Gleichungen (10) und (11) zu

$$\sigma_r=\frac{c_1}{r}\cos\varphi,\qquad\sigma_\varphi=-\frac{m-1}{3m+1}\,\frac{c_1}{r}\cos\varphi,\qquad\tau_{r\varphi}=-\frac{m-1}{3m+1}\,\frac{c_1}{r}\sin\varphi.\tag{32}$$

Schließlich kann (wenn wir auch weiterhin von ihr keinen Gebrauch machen werden) die zugehörige Airysche Spannungsfunktion in einfacher Weise mit Hilfe der Gleichungen (**2**, 4) ermittelt werden. Wenn man Glieder von der Gestalt

$$\beta r\cos\varphi,\quad\gamma r\sin\varphi,\quad\delta,$$

welche für die Spannungsverteilung unwesentlich sind, gleich unterdrückt, so erhält man

$$F\equiv-\frac{m-1}{3m+1}\,c_1r(\ln r-1)\cos\varphi+\frac{2m}{3m+1}\,c_1r\varphi\sin\varphi.\tag{33}$$

Obwohl die Spannungsfunktion in φ nicht periodisch ist, so liefert sie für die Ringplatte doch periodische Spannungen und Verschiebungen. (Man vergleiche dies mit dem vorhin behandelten Fall, wo eine in φ periodische Spannungsfunktion zu nichtperiodischen Verschiebungen führte.)

Die Verbindung des Systems (32) und des Systems (21) (mit $c_4=0$) liefert in

$$\left.\begin{aligned}\sigma_r &= \left(\frac{c_1}{r} - 2\frac{c_2}{r^3} + 2c_3 r\right)\cos\varphi,\\ \sigma_\varphi &= \left(-\frac{m-1}{3m+1}\frac{c_1}{r} + 2\frac{c_2}{r^3} + 6c_3 r\right)\cos\varphi,\\ \tau_{r\varphi} &= \left(-\frac{m-1}{3m+1}\frac{c_1}{r} - 2\frac{c_2}{r^3} + 2c_3 r\right)\sin\varphi\end{aligned}\right\} \tag{34}$$

das zur Befriedigung der Randbedingungen (18 A) geeignete Spannungssystem. Analog lautet das System für (18 B).

Für (18 C) führt die Airysche Spannungsfunktion

$$F \equiv c\varphi \tag{35}$$

zum Ziel; denn sie liefert nach (**2**, 4) die Spannungen

$$\sigma_r = 0, \qquad \sigma_\varphi = 0, \qquad \tau_{r\varphi} = \frac{c}{r^2}, \tag{36}$$

die man an (18 C) anschließen kann.

Der Vollständigkeit halber fügen wir schließlich noch den elementaren Fall (2a) hinzu. Die zu $\sigma_{r0}^a = a_0$, $\sigma_{r0}^i = a_0''$ gehörige Airysche Spannungsfunktion ist offenbar

$$F_0 \equiv c_1 r^2 + c_2 \ln r; \tag{37}$$

denn sie führt nach (**2**, 4) auf die von φ unabhängigen Spannungen

$$\sigma_r = 2c_1 + \frac{c_2}{r^2}, \qquad \sigma_\varphi = 2c_1 - \frac{c_2}{r^2}, \qquad \tau_{r\varphi} = 0, \tag{38}$$

die man ohne weiteres an die Randbedingungen (2a) anschließen kann.

Hiermit steht der Weg zur Berechnung der an ihrem Rande belasteten Ringplatte vollständig offen; alle nicht behandelten Belastungsfälle (2) sowie die Belastung (18 B) lassen sich nämlich, wie wir nun zeigen, auf die bis jetzt untersuchten zurückführen.

6. Die zu den Einzelbelastungen gehörigen Lösungen. Wir greifen noch einmal auf die Randbedingungen (**5**, 1) nebst (**5**, 4) zurück, betrachten demgemäß nacheinander die Sonderfälle

$$\begin{aligned}
&\text{(I)} && \sigma_r^a = a_0,\ \sigma_r^i = a_0'',\ \tau_{r\varphi}^a = 0,\ \tau_{r\varphi}^i = 0,\\
&\text{(II)} && \sigma_r^a = 0,\ \sigma_r^i = 0,\ \tau_{r\varphi}^a = a_0',\ \tau_{r\varphi}^i = a_0''' \ \text{mit}\ a_0' r_a^2 - a_0''' r_i^2 = 0,\\
&\text{(III)} && \sigma_r^a = a_1\cos\varphi,\ \sigma_r^i = a_1''\cos\varphi,\ \tau_{r\varphi}^a = b_1'\sin\varphi,\ \tau_{r\varphi}^i = b_1'''\sin\varphi\\
& && \qquad \text{mit}\ (a_1 - b_1')r_a - (a_1'' - b_1''')r_i = 0,\\
&\text{(IV)} && \sigma_r^a = b_1\sin\varphi,\ \sigma_r^i = b_1''\sin\varphi,\ \tau_{r\varphi}^a = a_1'\cos\varphi,\ \tau_{r\varphi}^i = a_1'''\cos\varphi\\
& && \qquad \text{mit}\ (b_1 + a_1')r_a - (b_1'' + a_1''')r_i = 0,
\end{aligned}$$

$$\left.\begin{aligned}
&\text{(V)} && \sigma_r^a = a_n\cos n\varphi + b_n\sin n\varphi,\ \sigma_r^i = 0,\ \tau_{r\varphi}^a = 0,\ \tau_{r\varphi}^i = 0,\\
&\text{(VI)} && \sigma_r^a = 0,\ \sigma_r^i = a_n''\cos n\varphi + b_n''\sin n\varphi,\ \tau_{r\varphi}^a = 0,\ \tau_{r\varphi}^i = 0,\\
&\text{(VII)} && \sigma_r^a = 0,\ \sigma_r^i = 0,\ \tau_{r\varphi}^a = a_n'\cos n\varphi + b_n'\sin n\varphi,\ \tau_{r\varphi}^i = 0,\\
&\text{(VIII)} && \sigma_r^a = 0,\ \sigma_r^i = 0,\ \tau_{r\varphi}^a = 0,\ \tau_{r\varphi}^i = a_n'''\cos n\varphi + b_n'''\sin n\varphi
\end{aligned}\right\}\ n > 1$$

und schreiben für jeden dieser Sonderfälle die Spannungs- und Verschiebungskomponenten explizit an, damit auch für den allgemeinsten Belastungsfall jede dieser Größen in einfachster Weise durch Überlagerung berechnet werden kann.

Dabei setzen wir zur Abkürzung

$$\frac{r_i}{r_a}=\beta,\quad \frac{r}{r_a}=\varrho, \tag{1}$$

beziehen also alle Radien auf den Außenhalbmesser der Platte.

I) $\sigma_r^a=a_0,\ \sigma_r^i=a_0'',\ \tau_{r\varphi}=0,\ \tau_{r\varphi}^i=0.$

Die hierzu gehörigen Spannungs- und Verschiebungskomponenten sind, wie man aus (**5**, 38) durch Bestimmen der Konstanten c_1, c_2 und dann vollends aus (**5**, 10) und (**5**, 11) elementar herleitet,

$$\left.\begin{aligned}
\sigma_r&=\frac{1}{1-\beta^2}\left[a_0-a_0''\beta^2-(a_0-a_0'')\frac{\beta^2}{\varrho^2}\right],\\
\sigma_\varphi&=\frac{1}{1-\beta^2}\left[a_0-a_0''\beta^2+(a_0-a_0'')\frac{\beta^2}{\varrho^2}\right],\\
\tau_{r\varphi}&=0,\\
u&=\frac{1}{(1-\beta^2)E}\left[\left(1-\frac{1}{m}\right)(a_0-a_0''\beta^2)+\left(1+\frac{1}{m}\right)(a_0-a_0'')\frac{\beta^2}{\varrho^2}\right]r_a\varrho,\\
v&=0.
\end{aligned}\right\} \tag{2}$$

II) $\sigma_r^a=0,\ \sigma_r^i=0,\ \tau_{r\varphi}^a=a_0',\ \tau_{r\varphi}^i=a_0''',\ a_0'r_a^2-a_0'''r_i^2=0.$

Hier findet man in gleicher Weise aus (**5**, 36)

$$\left.\begin{aligned}
&\sigma_r=0,\quad \sigma_\varphi=0,\quad \tau_{r\varphi}=\frac{a_0}{\varrho^2},\\
&u=0,\quad v=\frac{a_0'}{2G}\,r_a\left(\varrho-\frac{1}{\varrho}\right),
\end{aligned}\right\} \tag{3}$$

wobei v derart bestimmt ist, daß es für $r=r_a\,(\varrho=1)$ den Wert Null hat.

III) $\sigma_r^a=a_1\cos\varphi,\ \sigma_r^i=a_1''\cos\varphi,\ \tau_{r\varphi}^a=b_1'\sin\varphi,\ \tau_{r\varphi}^i=b_1'''\sin\varphi,\ (a_1-b_1')r_a-(a_1''-b_1''')r_i=0.$

Die Beiwerte c_1, c_2, c_3 der Lösung (**5**, 34) von (**5**, 18A) müssen wegen der vorgeschriebenen Randbelastung den vier Bedingungen genügen

$$\frac{c_1}{r_a}-2\frac{c_2}{r_a^3}+2c_3r_a=a_1,\qquad \frac{c_1}{r_i}-2\frac{c_2}{r_i^3}+2c_3r_i=a_1'',$$

$$-\frac{m-1}{3m+1}\frac{c_1}{r_a}-2\frac{c_2}{r_a^3}+2c_3r_a=b_1',\qquad -\frac{m-1}{3m+1}\frac{c_1}{r_i}-2\frac{c_2}{r_i^3}+2c_3r_i=b_1'''.$$

Weil aber die rechten Seiten dieser Gleichungen durch die Gleichgewichtsbedingung

$$(a_1-b_1')r_a-(a_1''-b_1''')r_i=0$$

verbunden sind, hängen die vier Gleichungen voneinander ab, so daß c_1, c_2 und c_3 in eindeutiger Weise aus drei von ihnen berechnet werden können. Man findet

$$\left.\begin{aligned}
&c_1'\equiv\frac{c_1}{r_a}=\frac{3m+1}{4m}(a_1-b_1'),\quad c_2'\equiv\frac{c_2}{r_a^3}=\frac{3m+1}{8m}\,\frac{\beta^2(a_1-b_1')}{1+\beta^2}+\frac{(a_1\beta-a_1'')\beta^3}{2(1-\beta^4)},\\
&c_3'\equiv c_3r_a=\frac{a_1}{2}-\frac{3m+1}{8m}\,\frac{a_1-b_1'}{1+\beta^2}+\frac{(a_1\beta-a_1'')\beta^3}{2(1-\beta^4)},
\end{aligned}\right\} \tag{4}$$

so daß

$$\left.\begin{aligned}
\sigma_r&=\left[\varrho a_1+\frac{3m+1}{4m(1+\beta^2)}(a_1-b_1')\left(\frac{1+\beta^2}{\varrho}-\frac{\beta^2}{\varrho^3}-\varrho\right)+\frac{\beta^3}{1-\beta^4}(a_1\beta-a_1'')\left(\varrho-\frac{1}{\varrho^3}\right)\right]\cos\varphi,\\
\sigma_\varphi&=\left[3\varrho a_1+\frac{3m+1}{4m(1+\beta^2)}(a_1-b_1')\left(-\frac{m-1}{3m+1}\frac{1+\beta^2}{\varrho}+\frac{\beta^2}{\varrho^3}-3\varrho\right)+\frac{\beta^3}{1-\beta^4}(a_1\beta-a_1'')\left(3\varrho+\frac{1}{\varrho^3}\right)\right]\cos\varphi,\\
\tau_{r\varphi}&=\left[\varrho a_1+\frac{3m+1}{4m(1+\beta^2)}(a_1-b_1')\left(-\frac{m-1}{3m+1}\frac{1+\beta^2}{\varrho}-\frac{\beta^2}{\varrho^3}-\varrho\right)+\frac{\beta^3}{1-\beta^4}(a_1\beta-a_1'')\left(\varrho-\frac{1}{\varrho^3}\right)\right]\sin\varphi
\end{aligned}\right\} \tag{5}$$

wird. Die Verschiebungen u und v berechnen sich nach (**5**, 22) und (**5**, 31) zu

$$\left.\begin{aligned} u &= \frac{1}{E}\left[\frac{m+1}{m}\,\frac{3m-1}{3m+1}\,c_1'\ln\varrho + \frac{m+1}{m}\,\frac{c_2'}{\varrho^2} + \frac{m-3}{m}\,c_3'\varrho^2\right] r_a\cos\varphi,\\ v &= \frac{1}{E}\left[-\frac{m+1}{m}\,\frac{3m-1}{3m+1}\,c_1'\left(\ln\varrho + \frac{m+1}{3m-1}\right) + \frac{m+1}{m}\,\frac{c_2'}{\varrho^2} + \frac{5m+1}{m}\,c_3'\varrho^2\right] r_a\sin\varphi. \end{aligned}\right\} \quad (6)$$

IV) $\sigma_r^a = b_1\sin\varphi,\ \sigma_r^i = b_1''\sin\varphi,\ \tau_{r\varphi}^a = a_1'\cos\varphi,\ \tau_{r\varphi}^i = a_1'''\cos\varphi,\ (b_1 + a_1')\,r_a - (b_1'' + a_1''')\,r_i = 0.$

Die Spannungs- und Verschiebungskomponenten zu dieser Belastung können in einfacher Weise aus (4), (5) und (6) hergeleitet werden. Vergleicht man nämlich die in Abb. 5a und 5b dargestellten Belastungsfälle (III) und (IV) und zieht

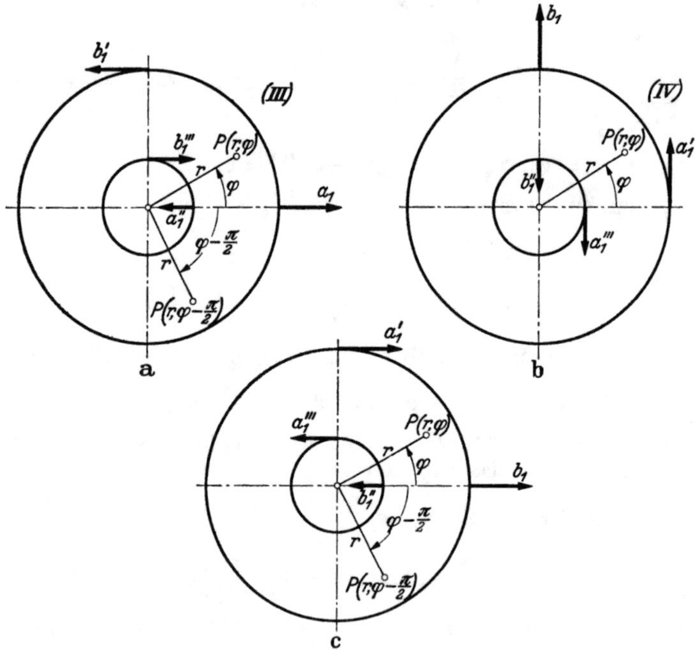

Abb. 5. Zusammenhang zwischen den Belastungszustanden (III) und (IV).

noch die Hilfsbelastung Abb. 5c in Betracht, so erkennt man sofort, daß die Spannungen des Punktes $P(r, \varphi)$ von Abb. 5b übereinstimmen mit denjenigen des Punktes $P(r, \varphi - \pi/2)$ von Abb. 5c. Diese letzten aber kann man unmittelbar mit den Spannungen des Punktes $P(r, \varphi - \pi/2)$ von Abb. 5a vergleichen. Denn der Belastungszustand Abb. 5c unterscheidet sich von dem Belastungszustand Abb. 5a nur quantitativ. Ähnliches gilt für den Verzerrungszustand, so daß folgende Vorschrift gilt: Alle Größen des Falles (IV) erhält man aus den entsprechenden Größen des Falles (III), wenn a_1 durch b_1, a_1'' durch b_1'', b_1' durch $-a_1'$, b_1''' durch $-a_1'''$ und φ durch $(\varphi - \pi/2)$ ersetzt wird. Man findet somit

$$\left.\begin{aligned} &c_1' \equiv \frac{c_1}{r_a} = \frac{3m+1}{4m}\,(b_1 + a_1'), \qquad c_2' \equiv \frac{c_2}{r_a^3} = \frac{3m+1}{8m}\,\frac{\beta^2(b_1 + a_1')}{1+\beta^2} + \frac{(b_1\beta - b_1'')\beta^3}{2(1-\beta^4)},\\ &c_3' \equiv c_3 r_a = \frac{b_1}{2} - \frac{3m+1}{8m}\,\frac{b_1 + a_1'}{1+\beta^2} + \frac{(b_1\beta - b_1'')\beta^3}{2(1-\beta^4)} \end{aligned}\right\} \quad (7)$$

und

$$\left.\begin{aligned}
\sigma_r &= +\left[\varrho b_1 + \frac{3m+1}{4m(1+\beta^2)}(b_1+a_1')\left(\frac{1+\beta^2}{\varrho}-\frac{\beta^2}{\varrho^3}-\varrho\right)+\frac{\beta^3}{1-\beta^4}(b_1\beta-b_1'')\left(\varrho-\frac{1}{\varrho^3}\right)\right]\sin\varphi,\\
\sigma_\varphi &= +\left[3\varrho b_1 + \frac{3m+1}{4m(1+\beta^2)}(b_1+a_1')\left(-\frac{m-1}{3m+1}\frac{1+\beta^2}{\varrho}+\frac{\beta^2}{\varrho^3}-3\varrho\right)+\frac{\beta^3}{1-\beta^4}(b_1\beta-b_1'')\left(3\varrho+\frac{1}{\varrho^3}\right)\right]\sin\varphi,\\
\tau_{r\varphi} &= -\left[\varrho b_1 + \frac{3m+1}{4m(1+\beta^2)}(b_1+a_1')\left(-\frac{m-1}{3m+1}\frac{1+\beta^2}{\varrho}-\frac{\beta^2}{\varrho^3}-\varrho\right)+\frac{\beta^3}{1-\beta^4}(b_1\beta-b_1'')\left(\varrho-\frac{1}{\varrho^3}\right)\right]\cos\varphi;
\end{aligned}\right\} \quad (8)$$

$$\left.\begin{aligned}
u &= \frac{1}{E}\left[\frac{m+1}{m}\frac{3m-1}{3m+1}c_1'\ln\varrho+\frac{m+1}{m}\frac{c_2'}{\varrho^2}+\frac{m-3}{m}c_3'\varrho^2\right]r_a\sin\varphi,\\
v &= \frac{1}{E}\left[\frac{m+1}{m}\frac{3m-1}{3m+1}c_1'\left(\ln\varrho+\frac{m+1}{3m-1}\right)-\frac{m+1}{m}\frac{c_2'}{\varrho^2}-\frac{5m+1}{m}c_3'\varrho^2\right]r_a\cos\varphi.
\end{aligned}\right\} \quad (9)$$

V) $\sigma_r^a = a_n\cos n\varphi + b_n \sin n\varphi,\quad \sigma_r^i = 0,\quad \tau_{r\varphi}^a = 0,\quad \tau_{r\varphi}^i = 0.$

Zunächst stellen wir fest, daß die Spannungs- und Verschiebungskomponenten, die zu der Randbelastung $\sigma_r^a = b_n \sin n\varphi$ gehören, aus den entsprechenden Größen

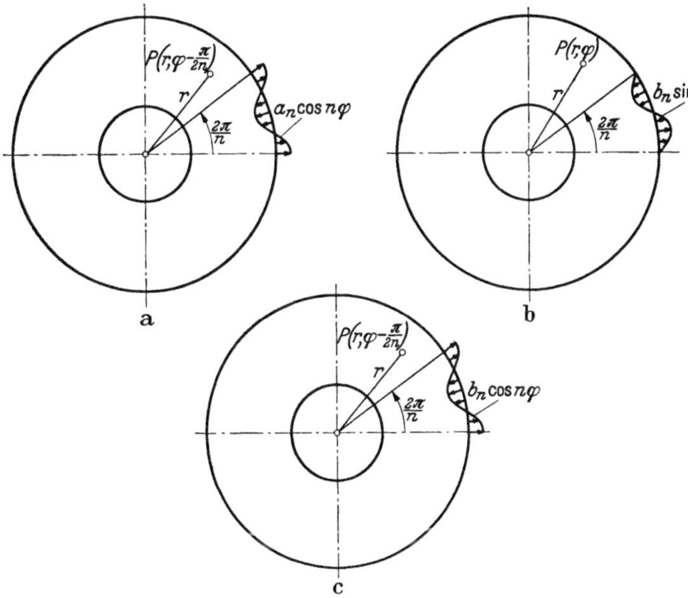

Abb. 6. Zusammenhang zwischen der sin- und der cos-Randbelastung.

der Randbelastung $\sigma_r^a = a_n \cos n\varphi$ gewonnen werden, wenn man a_n durch b_n und φ durch $(\varphi - \pi/2n)$ ersetzt. Vergleicht man nämlich die in Abb. 6a und 6b dargestellten Belastungen, so erkennt man, daß diese sich qualitativ nur durch eine Phasenverschiebung vom Betrag $\pi/2n$ unterscheiden. Dreht man die Platte von Abb. 6b unter Beibehaltung der Polachse um einen Winkel $\pi/2n$ im Uhrzeigersinne, so daß Abb. 6c entsteht, so sind die Spannungs- und Verschiebungskomponenten des dortigen Punktes $P(r, \varphi - \pi/2n)$ dieselben wie diejenigen des Punktes $P(r, \varphi)$ von Abb. 6b, und außerdem unmittelbar mit den entsprechenden Größen des Punktes $P(r, \varphi)$ von Abb. 6a zu vergleichen.

Löst man nun das Gleichungssystem (**5**, 9), so findet man, wenn

$$N = 2(n^2-1) - n^2(\beta^2+\beta^{-2}) + (\beta^{2n}+\beta^{-2n}) \quad (10)$$

gesetzt wird,

$$\left.\begin{aligned}
c_1 &= \frac{-(n-1)+n\beta^2-\beta^{-2n}}{2(n-1)N}\, r_a^{-n+2} a_n \equiv c_1' r_a^{-(n-2)} a_n,\\
c_2 &= \frac{-(n+1)+n\beta^2+\beta^{2n}}{2(n+1)N}\, r_a^{n+2} a_n \equiv c_2' r_a^{n+2} a_n,\\
c_3 &= \frac{-(n+1)+n\beta^{-2}+\beta^{-2n}}{2(n+1)N}\, r_a^{-n} a_n \equiv c_3' r_a^{-n} a_n,\\
c_4 &= \frac{-(n-1)+n\beta^{-2}-\beta^{2n}}{2(n-1)N}\, r_a^{n} a_n \equiv c_4' r_a^{n} a_n.
\end{aligned}\right\} \tag{11}$$

Führt man diese Werte in (**5**, 7) ein und benutzt zugleich die soeben gemachte Feststellung, so erhält man für die Spannungen im ganzen

$$\left.\begin{aligned}
\sigma_r &= \frac{1}{2N}\Big\{n\left[(n-1)-n\beta^2+\beta^{-2n}\right]\varrho^{n-2}+n\left[(n+1)-n\beta^2-\beta^{2n}\right]\varrho^{-(n+2)}+\\
&\quad+(n-2)\left[(n+1)-n\beta^{-2}-\beta^{-2n}\right]\varrho^{n}+(n+2)\left[(n-1)-n\beta^{-2}+\beta^{2n}\right]\varrho^{-n}\Big\}\cdot\\
&\quad\cdot(a_n\cos n\varphi+b_n\sin n\varphi),\\
\sigma_\varphi &= \frac{1}{2N}\Big\{n\left[-(n-1)+n\beta^2-\beta^{-2n}\right]\varrho^{n-2}+n\left[-(n+1)+n\beta^2+\beta^{2n}\right]\varrho^{-(n+2)}+\\
&\quad+(n+2)\left[-(n+1)+n\beta^{-2}+\beta^{-2n}\right]\varrho^{n}+(n-2)\left[-(n-1)+n\beta^{-2}-\beta^{2n}\right]\varrho^{-n}\Big\}\cdot\\
&\quad\cdot(a_n\cos n\varphi+b_n\sin n\varphi),\\
\tau_{r\varphi} &= \frac{1}{2N}\Big\{n\left[-(n-1)+n\beta^2-\beta^{-2n}\right]\varrho^{n-2}+n\left[(n+1)-n\beta^2-\beta^{2n}\right]\varrho^{-(n+2)}+\\
&\quad+n\left[-(n+1)+n\beta^{-2}+\beta^{-2n}\right]\varrho^{n}+n\left[(n-1)-n\beta^{-2}+\beta^{2n}\right]\varrho^{-n}\Big\}\cdot\\
&\quad\cdot(a_n\sin n\varphi-b_n\cos n\varphi).
\end{aligned}\right\} \tag{12}$$

Die Verschiebungen berechnen sich mit den in (11) eingeführten neuen Koeffizienten c_1', c_2', c_3', c_4' aus (**5**, 17) zu

$$\left.\begin{aligned}
u &= \frac{1}{E}\Big[-n\Big(1+\frac{1}{m}\Big)c_1'\varrho^{n-1}+n\Big(1+\frac{1}{m}\Big)c_2'\varrho^{-(n+1)}-\Big(n-2+\frac{n+2}{m}\Big)c_3'\varrho^{n+1}+\\
&\quad+\Big(n+2+\frac{n-2}{m}\Big)c_4'\varrho^{-(n-1)}\Big]r_a(a_n\cos n\varphi+b_n\sin n\varphi),\\
v &= \frac{1}{E}\Big[n\Big(1+\frac{1}{m}\Big)c_1'\varrho^{n-1}+n\Big(1+\frac{1}{m}\Big)c_2'\varrho^{-(n+1)}+\Big(n+4+\frac{n}{m}\Big)c_3'\varrho^{n+1}+\\
&\quad+\Big(n-4+\frac{n}{m}\Big)c_4'\varrho^{-(n-1)}\Big]r_a(a_n\sin n\varphi-b_n\cos n\varphi).
\end{aligned}\right\} \tag{13}$$

VI) $\sigma_r^a=0,\quad \sigma_r^i=a_n''\cos n\varphi+b_n''\sin n\varphi,\quad \tau_{r\varphi}^a=0,\quad \tau_{r\varphi}^i=0.$

Dieser Fall erledigt sich dadurch, daß in den soeben zu (V) gewonnenen Ergebnissen r_a durch $r_i=\beta r_a$, β durch β^{-1}, ϱ durch $\beta^{-1}\varrho$, a_n durch a_n'' und b_n durch b_n'' ersetzt wird. Man erhält

$$\left.\begin{aligned}
c_1 &= \frac{-(n-1)+n\beta^{-2}-\beta^{2n}}{2(n-1)N}\,\beta^{-n+2} r_a^{-n+2} a_n'' \equiv c_1' r_a^{-(n-2)} a_n'',\\
c_2 &= \frac{-(n+1)+n\beta^{-2}+\beta^{-2n}}{2(n+1)N}\,\beta^{n+2} r_a^{n+2} a_n'' \equiv c_2' r_a^{n+2} a_n'',\\
c_3 &= \frac{-(n+1)+n\beta^{2}+\beta^{2n}}{2(n+1)N}\,\beta^{-n} r_a^{-n} a_n'' \equiv c_3' r_a^{-n} a_n'',\\
c_4 &= \frac{-(n-1)+n\beta^{2}-\beta^{-2n}}{2(n-1)N}\,\beta^{n} r_a^{n} a_n'' \equiv c_4' r_a^{n} a_n''.
\end{aligned}\right\} \tag{14}$$

Die Spannungen sind

$$\left.\begin{aligned}
\sigma_r &= \frac{1}{2N}\Big\{n\left[(n-1)-n\beta^{-2}+\beta^{2n}\right]\beta^{-(n-2)}\varrho^{n-2}+n\left[(n+1)-n\beta^{-2}-\beta^{-2n}\right]\beta^{n+2}\varrho^{-(n+2)}+\\
&\quad+(n-2)\left[(n+1)-n\beta^{2}-\beta^{2n}\right]\beta^{-n}\varrho^{n}+(n+2)\left[(n-1)-n\beta^{2}+\right.\\
&\quad\left.+\beta^{-2n}\right]\beta^{n}\varrho^{-n}\Big\}(a_n''\cos n\varphi+b_n''\sin n\varphi),\\
\sigma_\varphi &= \frac{1}{2N}\Big\{n\left[-(n-1)+n\beta^{-2}-\beta^{2n}\right]\beta^{-(n-2)}\varrho^{n-2}+n\left[-(n+1)+n\beta^{-2}+\right.\\
&\quad\left.+\beta^{-2n}\right]\beta^{n+2}\varrho^{-(n+2)}+(n+2)\left[-(n+1)+n\beta^{2}+\beta^{2n}\right]\beta^{-n}\varrho^{n}+\\
&\quad+(n-2)\left[-(n-1)+n\beta^{2}-\beta^{-2n}\right]\beta^{n}\varrho^{-n}\Big\}(a_n''\cos n\varphi+b_n''\sin n\varphi),\\
\tau_{r\varphi} &= \frac{1}{2N}\Big\{n\left[-(n-1)+n\beta^{-2}-\beta^{2n}\right]\beta^{-(n-2)}\varrho^{n-2}+n\left[(n+1)-n\beta^{-2}-\beta^{-2n}\right]\beta^{n+2}\varrho^{-(n+2)}+\\
&\quad+n\left[-(n+1)+n\beta^{2}+\beta^{2n}\right]\beta^{-n}\varrho^{n}+n\left[(n-1)-n\beta^{2}+\right.\\
&\quad\left.+\beta^{-2n}\right]\beta^{n}\varrho^{-n}\Big\}(a_n''\sin n\varphi-b_n''\cos n\varphi)\,.
\end{aligned}\right\}\quad(15)$$

Die Verschiebungen sind

$$\left.\begin{aligned}
u &= \frac{1}{E}\Big[-n\Big(1+\frac{1}{m}\Big)c_1'\varrho^{n-1}+n\Big(1+\frac{1}{m}\Big)c_2'\varrho^{-(n+1)}-\Big(n-2+\frac{n+2}{m}\Big)c_3'\varrho^{n+1}+\\
&\quad+\Big(n+2+\frac{n-2}{m}\Big)c_4'\varrho^{-(n-1)}\Big]r_a(a_n''\cos n\varphi+b_n''\sin n\varphi)\,,\\
v &= \frac{1}{E}\Big[n\Big(1+\frac{1}{m}\Big)c_1'\varrho^{n-1}+n\Big(1+\frac{1}{m}\Big)c_2'\varrho^{-(n+1)}+\Big(n+4+\frac{n}{m}\Big)c_3'\varrho^{n+1}+\\
&\quad+\Big(n-4+\frac{n}{m}\Big)c_4'\varrho^{-(n-1)}\Big]r_a(a_n''\sin n\varphi-b_n''\cos n\varphi)\,.
\end{aligned}\right\}\quad(16)$$

VII) $\sigma_r^a=0,\ \sigma_r^i=0,\ \tau_{r\varphi}^a=a_n'\cos n\varphi+b_n'\sin n\varphi,\ \tau_{r\varphi}^i=0.$

Zur Behandlung dieses Falles muß zunächst das Gleichungssystem

$$\begin{aligned}
-n(n-1)r_a^{n-2}c_1-n(n+1)r_a^{-n-2}c_2-(n-2)(n+1)r_a^{n}c_3-(n-1)(n+2)r_a^{-n}c_4&=0,\\
-n(n-1)r_i^{n-2}c_1-n(n+1)r_i^{-n-2}c_2-(n-2)(n+1)r_i^{n}c_3-(n-1)(n+2)r_i^{-n}c_4&=0,\\
n(n-1)r_a^{n-2}c_1-n(n+1)r_a^{-n-2}c_2+n(n+1)r_a^{n}c_3-n(n-1)r_a^{-n}c_4&=b_n',\\
n(n-1)r_i^{n-2}c_1-n(n+1)r_i^{-n-2}c_2+n(n+1)r_i^{n}c_3-n(n-1)r_i^{-n}c_4&=0,
\end{aligned}$$

welches sich auf die Randbelastung $\tau_{r\varphi}^a=b_n'\sin n\varphi$ bezieht, gelöst werden. Man findet

$$\left.\begin{aligned}
c_1 &= \frac{(n-1)(n+2)-n^2\beta^2-(n-2)\beta^{-2n}}{2n(n-1)N}r_a^{-n+2}b_n'\equiv c_1'r_a^{-(n-2)}b_n'\,,\\
c_2 &= \frac{-(n-2)(n+1)+n^2\beta^2-(n+2)\beta^{2n}}{2n(n+1)N}r_a^{n+2}b_n'\equiv c_2'r_a^{n+2}b_n'\,,\\
c_3 &= \frac{(n+1)-(n+2)\beta^{-2}+\beta^{-2n}}{2(n+1)N}r_a^{-n}b_n'\equiv c_3'r_a^{-n}b_n'\,,\\
c_4 &= \frac{-(n-1)+(n-2)\beta^{-2}+\beta^{2n}}{2(n-1)N}r_a^{n}b_n'\equiv c_4'r_a^{n}b_n'.
\end{aligned}\right\}\quad(17)$$

Die zu der gesamten Randbelastung gehörigen Spannungen berechnen sich mit Hilfe dieser Beiwerte aus (**5**, 7) zu

$$
\left.\begin{aligned}
\sigma_r = \frac{1}{2N}\Big\{&\big[-(n-1)(n+2)+n^2\beta^2+(n-2)\beta^{-2n}\big]\varrho^{n-2}+\big[(n-2)(n+1)-n^2\beta^2+\\
&+(n+2)\beta^{2n}\big]\varrho^{-(n+2)}+\big[-(n-2)(n+1)+(n^2-4)\beta^{-2}-(n-2)\beta^{-2n}\big]\varrho^{n}+\\
&+\big[(n-1)(n+2)-(n^2-4)\beta^{-2}-(n+2)\beta^{2n}\big]\varrho^{-n}\Big\}(-a_n'\sin n\varphi+b_n'\cos n\varphi),\\
\sigma_\varphi = \frac{1}{2N}\Big\{&\big[(n-1)(n+2)-n^2\beta^2-(n-2)\beta^{-2n}\big]\varrho^{n-2}+\big[-(n-2)(n+1)+n^2\beta^2-\\
&-(n+2)\beta^{2n}\big]\varrho^{-(n+2)}+\big[(n+1)(n+2)-(n+2)^2\beta^{-2}+(n+2)\beta^{-2n}\big]\varrho^{n}+\\
&+\big[-(n-2)(n-1)+(n-2)^2\beta^{-2}+(n-2)\beta^{2n}\big]\varrho^{-n}\Big\}(-a_n'\sin n\varphi+b_n'\cos n\varphi),\\
\tau_{r\varphi} = \frac{1}{2N}\Big\{&\big[(n-1)(n+2)-n^2\beta^2-(n-2)\beta^{-2n}\big]\varrho^{n-2}+\big[(n-2)(n+1)-n^2\beta^2+\\
&+(n+2)\beta^{2n}\big]\varrho^{-(n+2)}+\big[n(n+1)-n(n+2)\beta^{-2}+n\beta^{-2n}\big]\varrho^{n}+\\
&+\big[n(n-1)-n(n-2)\beta^{-2}-n\beta^{2n}\big]\varrho^{-n}\Big\}(a_n'\cos n\varphi+b_n'\sin n\varphi).
\end{aligned}\right\}\quad(18)
$$

Die Verschiebungen sind

$$
\left.\begin{aligned}
u=\frac{1}{E}\Big[&-n\Big(1+\frac{1}{m}\Big)c_1'\varrho^{n-1}+n\Big(1+\frac{1}{m}\Big)c_2'\varrho^{-(n+1)}-\Big(n-2+\frac{n+2}{m}\Big)c_3'\varrho^{n+1}+\\
&+\Big(n+2+\frac{n-2}{m}\Big)c_4'\varrho^{-(n-1)}\Big]r_a(-a_n'\sin n\varphi+b_n'\cos n\varphi),\\
v=\frac{1}{E}\Big[&n\Big(1+\frac{1}{m}\Big)c_1'\varrho^{n-1}+n\Big(1+\frac{1}{m}\Big)c_2'\varrho^{-(n+1)}+\Big(n+4+\frac{n}{m}\Big)c_3'\varrho^{n+1}+\\
&+\Big(n-4+\frac{n}{m}\Big)c_4'\varrho^{-(n-1)}\Big]r_a(a_n'\cos n\varphi+b_n'\sin n\varphi).
\end{aligned}\right\}\quad(19)
$$

VIII) $\sigma_r^a=0,\quad \sigma_r^i=0,\quad \tau_{r\varphi}^a=0,\quad \tau_{r\varphi}^i=a_n'''\cos n\varphi+b_n'''\sin n\varphi.$

Die Spannungs- und Verschiebungskomponenten dieses Belastungsfalls werden wieder aus den Ergebnissen (VII) gewonnen, indem man r_a durch βr_a, β durch β^{-1}, ϱ durch $\beta^{-1}\varrho$, a_n' durch a_n''', b_n' durch b_n''' ersetzt. Man findet

$$
\left.\begin{aligned}
c_1&=\frac{\big[(n-1)(n+2)-n^2\beta^{-2}-(n-2)\beta^{2n}\big]\beta^{-(n-2)}}{2n(n-1)N}r_a^{-n+2}b_n'''\equiv c_1' r_a^{-(n-2)}b_n''',\\
c_2&=\frac{\big[-(n-2)(n+1)+n^2\beta^{-2}-(n+2)\beta^{-2n}\big]\beta^{n+2}}{2n(n+1)N}r_a^{n+2}b_n'''\equiv c_2' r_a^{n+2}b_n''',\\
c_3&=\frac{\big[(n+1)-(n+2)\beta^{2}+\beta^{2n}\big]\beta^{-n}}{2(n+1)N}r_a^{-n}b_n'''\equiv c_3' r_a^{-n}b_n''',\\
c_4&=\frac{\big[-(n-1)+(n-2)\beta^{2}+\beta^{-2n}\big]\beta^{n}}{2(n-1)N}r_a^{n}b_n'''\equiv c_4' r_a^{n}b_n''',
\end{aligned}\right\}\quad(20)
$$

ferner

$$
\left.\begin{aligned}
\sigma_r=\frac{1}{2N}\Big\{&\big[-(n-1)(n+2)+n^2\beta^{-2}+(n-2)\beta^{2n}\big]\beta^{-(n-2)}\varrho^{n-2}+\\
&+\big[(n-2)(n+1)-n^2\beta^{-2}+(n+2)\beta^{-2n}\big]\beta^{n+2}\varrho^{-(n+2)}+\\
&+\big[-(n-2)(n+1)+(n^2-4)\beta^{2}-(n-2)\beta^{2n}\big]\beta^{-n}\varrho^{n}+\big[(n-1)(n+2)-\\
&-(n^2-4)\beta^{2}-(n+2)\beta^{-2n}\big]\beta^{n}\varrho^{-n}\Big\}(-a_n'''\sin n\varphi+b_n'''\cos n\varphi),\\
\sigma_\varphi=\frac{1}{2N}\Big\{&\big[(n-1)(n+2)-n^2\beta^{-2}-(n-2)\beta^{2n}\big]\beta^{-(n-2)}\varrho^{n-2}+\\
&+\big[-(n-2)(n+1)+n^2\beta^{-2}-(n+2)\beta^{-2n}\big]\beta^{n+2}\varrho^{-(n+2)}+\\
&+\big[(n+1)(n+2)-(n+2)^2\beta^{2}+(n+2)\beta^{2n}\big]\beta^{-n}\varrho^{n}+\big[-(n-2)(n-1)+\\
&+(n-2)^2\beta^{2}+(n-2)\beta^{-2n}\big]\beta^{n}\varrho^{-n}\Big\}(-a_n'''\sin n\varphi+b_n'''\cos n\varphi),
\end{aligned}\right\}\quad(21)
$$

$$\left.\begin{aligned}\tau_{r\varphi}=\frac{1}{2N}\Big\{&\left[(n-1)(n+2)-n^2\beta^{-2}-(n-2)\beta^{2n}\right]\beta^{-(n-2)}\varrho^{n-2}+\\&+\left[(n-2)(n+1)-n^2\beta^{-2}+(n+2)\beta^{-2n}\right]\beta^{n+2}\varrho^{-(n+2)}+\\&+\left[n(n+1)-n(n+2)\beta^2+n\beta^{2n}\right]\beta^{-n}\varrho^{n}+\\&+\left[n(n-1)-n(n-2)\beta^2-n\beta^{-2n}\right]\beta^{n}\varrho^{-n}\Big\}(a_n'''\cos n\varphi+b_n'''\sin n\varphi)\end{aligned}\right\}$$

und

$$\left.\begin{aligned}u&=\frac{1}{E}\Big[-n\Big(1+\frac{1}{m}\Big)c_1'\varrho^{n-1}+n\Big(1+\frac{1}{m}\Big)c_2'\varrho^{-(n+1)}-\Big(n-2+\frac{n+2}{m}\Big)c_3'\varrho^{n+1}+\\&\qquad+\Big(n+2+\frac{n-2}{m}\Big)c_4'\varrho^{-(n-1)}\Big]r_a(-a_n'''\sin n\varphi+b_n'''\cos n\varphi),\\v&=\frac{1}{E}\Big[n\Big(1+\frac{1}{m}\Big)c_1'\varrho^{n-1}+n\Big(1+\frac{1}{m}\Big)c_2'\varrho^{-(n+1)}+\Big(n+4+\frac{n}{m}\Big)c_3'\varrho^{n+1}+\\&\qquad+\Big(n-4+\frac{n}{m}\Big)c_4'\varrho^{-(n-1)}\Big]r_a(a_n'''\cos n\varphi+b_n'''\sin n\varphi).\end{aligned}\right\}\quad(22)$$

Damit sind alle Formeln gewonnen, die zur Berechnung der beliebig belasteten Platte nötig sind.

Als Beispiel behandeln wir die Ringplatte Abb. 7, welche nur an ihrem Außenrand durch radiale Kräfte beansprucht wird. Die einander gegenüberliegenden Zentriwinkel, über die die Kräfte verteilt sind, mögen die Größe $\pi/10$ haben. Gesucht sei die tangentiale Spannung am Außenrand.

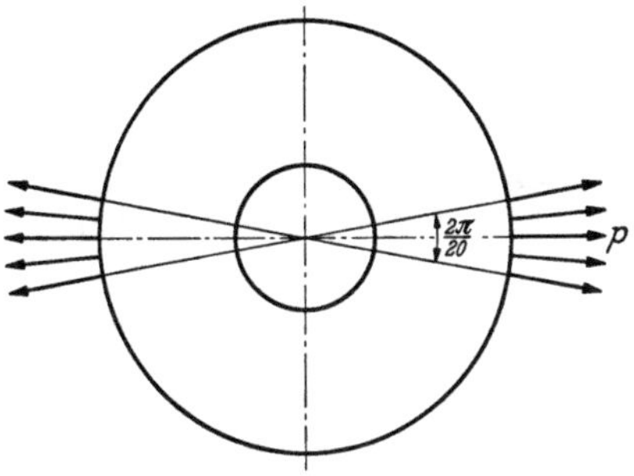

Abb. 7. Durch radiale Krafte beanspruchte Ringplatte.

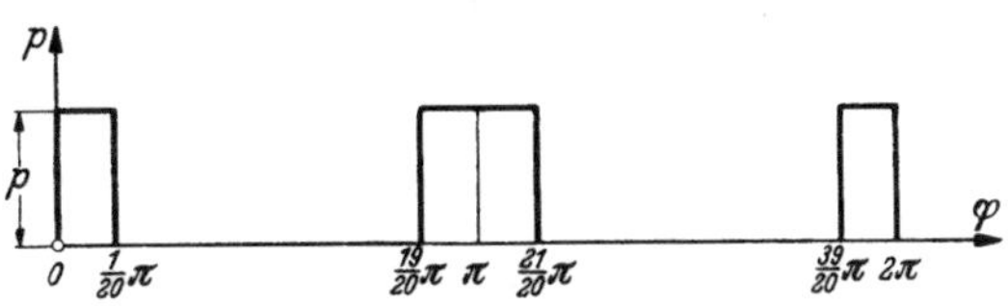

Abb. 8. Die Verteilung der Belastung uber den Plattenumfang.

Nach (III, **3**, 5) läßt sich die in Abb. 8 noch einmal gesondert dargestellte Randspannung σ_r^a in die Fourierreihe

$$\sigma_r^a=\frac{p}{10}+\sum_{n=2}^{\infty}{}'\,\frac{4p}{\pi n}\sin\frac{n\pi}{20}\cos n\varphi \tag{23}$$

entwickeln, wobei der Strich am Σ-Zeichen darauf hinweisen soll, daß nur über die geraden Zahlen n summiert werden darf. Wir haben es also mit einer Überlagerung der Belastungsfälle (I) und (V) zu tun, wobei

$$a_0=\frac{p}{10},\quad a_0''=0,\quad\left\{\begin{aligned}&a_n=\frac{4p}{\pi n}\sin\frac{n\pi}{20}&&(n\ \text{gerade})\\&a_n=0&&(n\ \text{ungerade})\end{aligned}\right\},\quad b_n=0$$

zu setzen ist. Aus (2) und (12) erhält man also mit $\varrho=1$ die gesuchte Spannung am Außenrand

$$\sigma_\varphi^a=\frac{1+\beta^2}{1-\beta^2}\,\frac{p}{10}-\sum_{n=2}^{\infty}{}'\,\frac{4p}{\pi n}\sin\frac{\pi n}{20}\,\frac{2(n^2+1)-n^2(\beta^2+\beta^{-2})-(\beta^{2n}+\beta^{-2n})}{2(n^2-1)-n^2(\beta^2+\beta^{-2})+(\beta^{2n}+\beta^{-2n})}\cos n\varphi. \tag{24}$$

Bei der zahlenmäßigen Berechnung dieser Spannung stößt man noch auf eine Schwierigkeit, die mit der langsamen Konvergenz der rechtsseitigen Reihe zusammenhängt. So erhält man z. B. mit $\beta = 0{,}6115$ für den Faktor

$$\frac{2(n^2+1) - n^2(\beta^2+\beta^{-2}) - (\beta^{2n}+\beta^{-2n})}{2(n^2-1) - n^2(\beta^2+\beta^{-2}) + (\beta^{2n}+\beta^{-2n})}$$

folgende Werte:

$n=2$	$-8{,}64$	$n=10$	$-1{,}0113$
$n=4$	$-2{,}037$	$n=12$	$-1{,}00226$
$n=6$	$-1{,}233$	$n=14$	$-1{,}00043$
$n=8$	$-1{,}0527$	$n=16$	$-1{,}000079$

Diese sind von $n=6$ an alle nur sehr wenig von -1 verschieden. Spaltet man jedoch von diesen Zahlen den Betrag -1 ab, so läßt sich die Reihe in (24) in der Form schreiben

$$\sum_{n=2}^{\infty}{}' \frac{4p}{\pi n} \sin\frac{\pi n}{20} \cos n\varphi + \frac{4p}{2\pi} \sin\frac{2\pi}{20} \cdot 7{,}64 \cos 2\varphi + \frac{4p}{4\pi} \sin\frac{4\pi}{20} \cdot 1{,}037 \cos 4\varphi +$$
$$+ \frac{4p}{6\pi} \sin\frac{6\pi}{20} \cdot 0{,}233 \cos 6\varphi + \frac{4p}{8\pi} \sin\frac{8\pi}{20} \cdot 0{,}0527 \cos 8\varphi + \cdots.$$

Die Summe Σ' stellt nun aber nach (23) entweder $9\,p/10$ oder $-p/10$ dar, je nachdem man es mit einem belasteten oder einem unbelasteten Randpunkt der Platte zu tun hat, während die übrigen Glieder eine schnell konvergierende Reihe bilden.

§ 2. Die senkrecht zu ihrer Ebene belastete Platte.

7. Das Plattenelement und seine Schnittgrößen. Wir beziehen die Platte zunächst auf ein rechtwinkliges Koordinatensystem (x, y, z). Die y- und die z-Achse liegen in der waagerecht gedachten Mittelebene, die positive x-Achse zeigt nach oben. Als Plattenelement führen wir einen Quader ein, der von zwei unendlich benachbarten Ebenen $y = \text{konst.}$ und zwei unendlich benachbarten Ebenen $z = \text{konst.}$ aus der Platte ausgeschnitten wird. Er hat also die endliche Höhenabmessung h und die unendlich kleinen Querabmessungen dy und dz. Wenn man für jede der senkrechten Seitenflächen dieses Elements die auf sie wirkenden Kräfte auf ihren Schwerpunkt reduziert, so entsteht eine resultierende Kraft und ein resultierendes Moment, welche unendlich klein von der ersten Ordnung sind. Bezieht man beide auf die Breiteneinheit der zugehörigen Seitenfläche, indem man sie durch dy bzw. dz dividiert, so erhält man eine endliche Kraft k und ein endliches Moment m, deren in die Achsenrichtung fallende Komponenten in Abb. 9a und 9b für alle sichtbaren Seitenflächen eingezeichnet sind. Die Bezeichnung dieser Komponenten stimmt mit der in der Spannungslehre für die Spannungskomponenten verwendeten Bezeichnung überein und bedarf also keiner weiteren Erläuterung. Je zwei an parallelen Seitenflächen angreifende gleichnamige Komponenten sind im allgemeinen um ein Differential verschieden. Auf dieses kommt es für unseren jetzigen Zweck noch nicht an, so daß es in

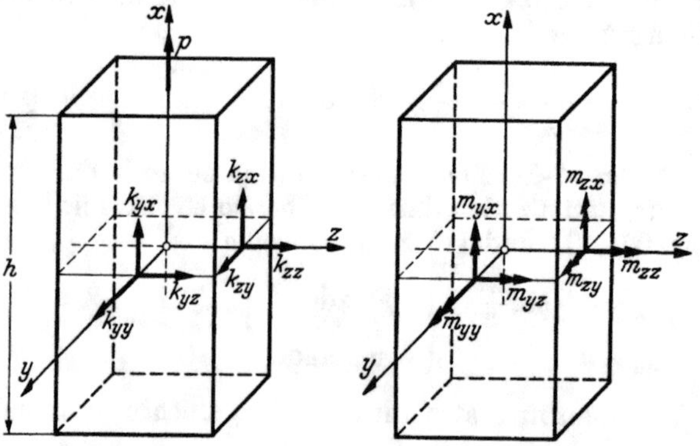

Abb. 9. Die allgemeine Belastung des Plattenelementes.

Abb. 9 nicht berücksichtigt ist. Wir kümmern uns zunächst nur um die Frage, ob alle eingezeichneten Kraft- und Momentkomponenten wirklich vorhanden sind.

Was die Kräfte betrifft, so sieht man leicht ein, daß die in der Plattenebene liegenden Kräfte k_{yy}, k_{zz}, k_{yz} und k_{zy} eine Verzerrung der Mittelebene zur Folge hätten, die dem Wesen der Biegebelastung widerspricht. Derartige Kräfte entstehen nur dann, wenn die Platte durch Kräfte in ihrer Mittelebene belastet wird; solche schließen wir aber jetzt ausdrücklich aus, da wir sie in § 1 behandelt haben. Es bleiben also nur die Komponenten k_{yx} und k_{zx} übrig.

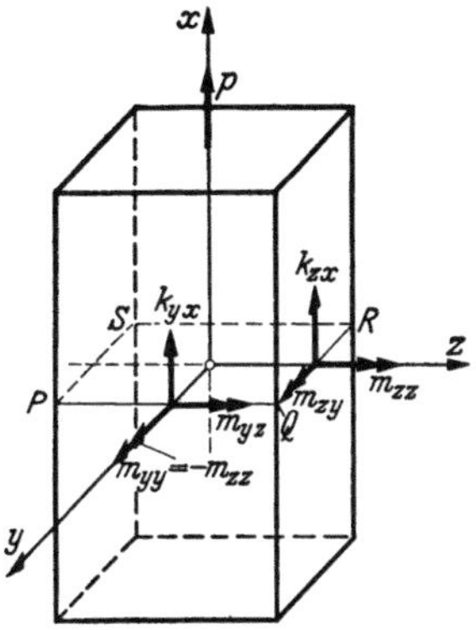

Abb. 10. Die Schnittgrößen an einem Plattenelement bei der Biegebelastung.

Von den Momentkomponenten dagegen verschwinden gerade m_{yx} und m_{zx}, weil beim Grenzübergang $dy \to 0$ und $dz \to 0$ die Spannungen σ_y und σ_z (bis auf Größen höherer Ordnung) über die Breiten dy und dz gleichmäßig verteilt sind und also um die x-Achse ein Moment m_{yx} bzw. m_{zx} liefern, dessen Grenzwert Null ist. Die Momentkomponenten m_{yy} und m_{zz} sind bis auf das Vorzeichen gleich; denn die sie erzeugenden Schubkräfte $\tau_{yz}dx$ und $\tau_{zy}dx$ sind in gleicher Höhe x paarweise nach Größe und Vorzeichen gleich, so daß m_{yy} negativ ausfällt, wenn m_{zz} positiv ist, oder umgekehrt. Es bleiben daher als Belastungsgrößen des Plattenelements nur noch die in Abb. 10 verzeichneten übrig.

8. Die Krümmung der Plattenmittelebene. Wir legen, wie dies in der technischen Biegelehre der dünnen Platte üblich ist, unserer weiteren Rechnung die Annahme zugrunde, daß die Spannungen $\sigma_y, \sigma_z, \tau_{yz} = \tau_{zy}$ von x linear abhängig sind, und untersuchen zuerst, welche Folgerung daraus für die Momente m_{yz} und m_{zy} zu ziehen ist.

Dabei sei zunächst an das analoge Problem des Stabes bei reiner Biegung erinnert. Wird ein solcher Stab (Abb. 11) in seinen beiden Stirnflächen durch die linear verlaufenden Spannungen $\sigma_y = \mu x$ belastet, so ist sein Spannungszustand durch

$$\sigma_x = 0, \quad \sigma_y = \mu x, \quad \sigma_z = \tau_{yz} = \tau_{zx} = \tau_{xy} = 0 \quad (1)$$

gekennzeichnet. Denn erstens genügen diese Spannungskomponenten den Grundgleichungen (I, **17**, 11), und zweitens werden alle Randbedingungen befriedigt. Aus ihnen leitet man nach (I, **17**, 1) und (I, **17**, 2a) die folgenden Gleichungen für die Verschiebungen u, v, w her:

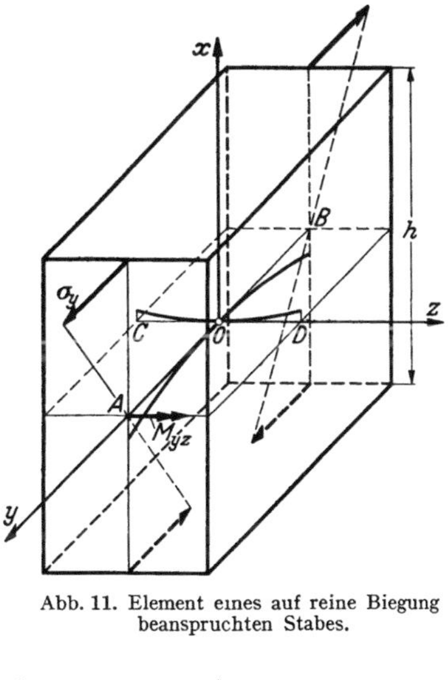

Abb. 11. Element eines auf reine Biegung beanspruchten Stabes.

$$\left.\begin{aligned} &\frac{\partial u}{\partial x} = -\frac{\mu x}{mE}, \quad \frac{\partial v}{\partial y} = \frac{\mu x}{E}, \quad \frac{\partial w}{\partial z} = -\frac{\mu x}{mE}, \\ &\frac{\partial v}{\partial z} + \frac{\partial w}{\partial y} = 0, \quad \frac{\partial w}{\partial x} + \frac{\partial u}{\partial z} = 0, \quad \frac{\partial u}{\partial y} + \frac{\partial v}{\partial x} = 0, \end{aligned}\right\} \quad (2)$$

und aus diesen wiederum

$$\frac{\partial^2 u}{\partial y^2} = -\frac{\partial^2 v}{\partial x \, \partial y} = -\frac{\mu}{E}, \qquad \frac{\partial^2 u}{\partial z^2} = -\frac{\partial^2 w}{\partial x \, \partial z} = \frac{\mu}{mE}.$$

In allen Punkten der Geraden AB von Abb. 11 ist $\partial v/\partial y=0$ (wegen $x=0$); ihre Linienelemente erfahren also keine Längenänderung. Setzt man die Verschiebung v des Punktes O gleich Null, so ist sie es auch für alle anderen Punkte von AB. Weil aus Symmetriegründen die Verschiebung w aller dieser Punkte ebenfalls gleich Null ist, so erfahren sie nur eine lotrechte Verschiebung u_0, deren zweite Ableitung nach y also mit der Krümmung $1/R_z$ der verformten Strecke AB gleichgesetzt werden kann. In gleicher Weise stellt man fest, daß die Strecke CD in der (x, z)-Ebene eine Krümmung $1/R'_y$ erfährt, welche gleich der zweiten Ableitung von u_0 nach z ist. Bezeichnet man das Trägheitsmoment der belasteten Querschnittsfläche bezüglich ihrer Schnittgeraden mit der (y, z)-Ebene mit J, und nennt man das die Fläche belastende Gesamtmoment M_{yz}, so erhält man

$$M_{yz}=\int_{-h/2}^{+h/2}\sigma_y\, x\, df=\int_{-h/2}^{+h/2}\mu\, x^2\, df=\mu J.$$

Es gilt also

$$\frac{1}{R_z}=\frac{\partial^2 u_0}{\partial y^2}=-\frac{\mu}{E}=-\frac{M_{yz}}{EJ}, \qquad \frac{1}{R'_y}=\frac{\partial^2 u_0}{\partial z^2}=\frac{\mu}{mE}=\frac{1}{m}\frac{M_{yz}}{EJ}. \tag{3}$$

Das Minuszeichen im ersten Formelsatz weist darauf hin, daß die Krümmung in der (x, y)-Ebene nach der negativen x-Richtung hin erfolgt.

Bezeichnet man das auf die Breiteneinheit des Balkens bezogene Biegemoment auch hier mit m_{yz} und ersetzt dementsprechend J durch $h^3/12$, so sind die der Mittelfläche erteilten Hauptkrümmungen

$$\frac{1}{R_z}=-\frac{12\, m_{yz}}{E h^3}, \qquad \frac{1}{R'_y}=\frac{12\, m_{yz}}{mE h^3}. \tag{4}$$

Sind auch die zu der (x, y)-Ebene parallelen Seitenflächen durch Biegemomente M_{zy} (oder m_{zy} je Breiteneinheit) belastet, so erzeugen diese in der (x, z)-Ebene eine (positive) Krümmung $1/R_y$ und in der (x, y)-Ebene eine (negative) Krümmung $1/R'_z$ von der Größe

$$\frac{1}{R_y}=\frac{12\, m_{zy}}{E h^3}, \qquad \frac{1}{R'_z}=-\frac{12\, m_{zy}}{mE h^3}. \tag{5}$$

Wirken die Momente m_{yz} und m_{zy} gleichzeitig, so gilt, wenn u_0^* nun die von beiden Momenten erzeugte Verschiebung eines Punktes der Mittelfläche $x=0$ bezeichnet,

$$\left.\begin{aligned}
\frac{\partial^2 u_0^*}{\partial y^2}&=-\frac{12}{E h^3}\left(m_{yz}+\frac{1}{m}\, m_{zy}\right),\\
\frac{\partial^2 u_0^*}{\partial z^2}&=\frac{12}{E h^3}\left(m_{zy}+\frac{1}{m}\, m_{yz}\right),\\
\frac{\partial^2 u_0^*}{\partial y\,\partial z}&=0.
\end{aligned}\right\} \tag{6}$$

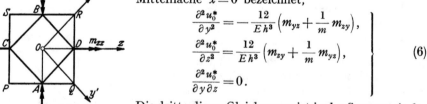

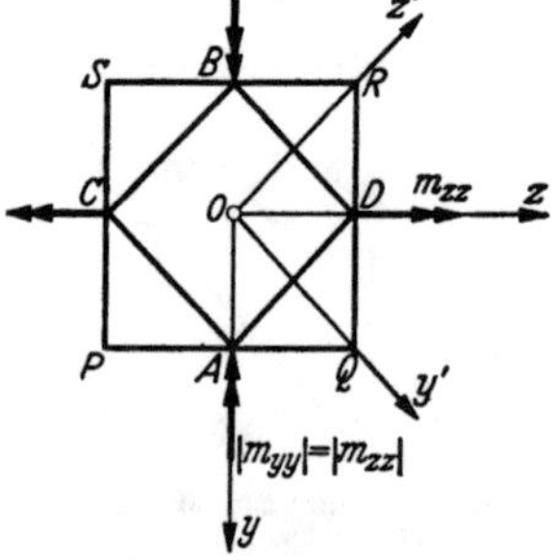

Abb. 12.
Schnittgrößen eines auf reine Verwindung belasteten Plattenelements.

Die dritte dieser Gleichungen ist in der Symmetrie des Verzerrungszustandes begründet. In allen Punkten der Strecke AB ist die zu der (x, z)-Ebene parallele Tangente der gebogenen Mittelfläche waagerecht, so daß in der Tat $\frac{\partial}{\partial y}\left(\frac{\partial u_0^*}{\partial z}\right)$ gleich Null ist.

Man könnte das Ergebnis (6) ohne weiteres auf das in Ziff. **7** eingeführte Plattenelement übertragen, wenn dieses außer durch die Momente m_{yz} und m_{zy} nicht auch noch durch die Momente m_{yy} und m_{zz} belastet wäre (vgl. Abb. 10). Wir betrachten deshalb jetzt noch das nur durch die Momente $m_{yy}(=-m_{zz})$ und m_{zz} belastete Plattenelement, dessen nun quadratisch angenommene Mittelebene in Abb. 12 wiedergegeben ist, und zeigen zunächst, daß die Linienelemente

AB und CD in den durch sie hindurchgehenden lotrechten Ebenen keine Krümmung erfahren. Erstens bleibt, wenn nicht dem Plattenelement als Ganzem eine Verschiebung in der x-Richtung erteilt wird, der Schnittpunkt der Strecken AB und CD an Ort und Stelle. Denn eine lotrechte Verschiebung, die diesem Punkte etwa durch die Momente m_{yy} erteilt wäre, würde durch die Momente m_{zz} wieder aufgehoben. Zweitens erfährt auch keiner der Punkte A, B, C, D eine lotrechte Verschiebung; denn erführe z. B. A eine positive Verschiebung u_0^{**}, so wiese, wenn das Plattenelement um 180° um die Achse AB gedreht würde, derselbe Punkt eine gleich große negative Verschiebung u_0^{**} auf. Weil aber das Belastungsbild des Plattenelements in der ersten und zweiten Lage das gleiche ist, so entstände ein Widerspruch, der nur mit $u_0^{**}=0$ behoben wird. Die Linienelemente AB und CD erfahren also wirklich keine Krümmung, so daß für die durch m_{yy} und m_{zz} erzeugte Verschiebung u_0^{**} jedenfalls gilt

$$\frac{\partial^2 u_0^{**}}{\partial y^2}=0, \qquad \frac{\partial^2 u_0^{**}}{\partial z^2}=0. \qquad (7)$$

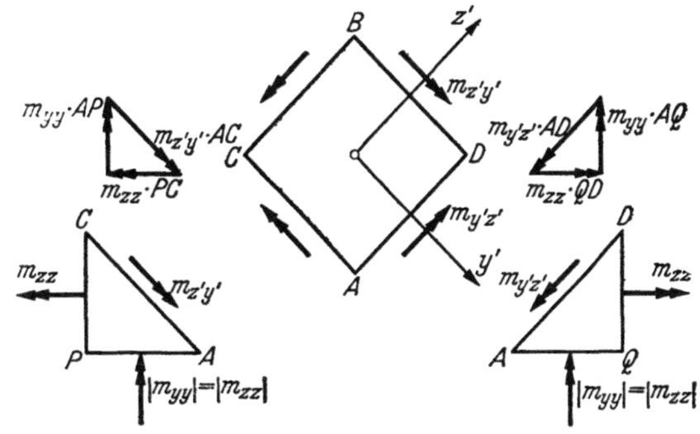

Abb. 13. Die eine reine Verwindung erzeugende Biegebelastung.

Hiermit aber ist noch keineswegs gesagt, daß die Mittelebene als Ganzes keine Krümmung erfährt. Betrachten wir zur weiteren Untersuchung dieser Frage das Plattenelement, dessen Mittelquerschnitt in Abb. 12 durch $ADBC$ dargestellt wird, so zeigt sich an Hand von Abb. 13, daß die Seitenflächen dieses Elements auf reine Biegung beansprucht sind. Das Gleichgewicht des Elements ACP erfordert nämlich, daß die Vektoren der an seinen Seitenflächen angreifenden Momente ein geschlossenes Polygon bilden, so daß der zu der Seitenfläche AC gehörige Momentvektor in die Richtung von AC fallen muß und je Breiteneinheit die Größe

$$|m_{z'y'}|=|m_{yy}|=|m_{zz}|$$

hat. Führt man beim Plattenelement $ADBC$ die in Abb. 13 gezeichneten Richtungen y' und z' als positive Koordinatenrichtungen ein, so muß das auf die Seite BD wirkende Moment $m_{z'y'}=m_{zz}$ als positives Moment bezeichnet werden. Man überzeugt sich leicht, daß auch das auf die Seite AD wirkende Moment $m_{y'z'}=m_{zz}$ ein positives Vorzeichen hat. Die Krümmungen des verzerrten Flächenelements $ADBC$ in der (x, y')- und (x, z')-Ebene sind also nach (4) und (5)

$$-\frac{12}{Eh^3}\left(1+\frac{1}{m}\right)m_{zz} \quad \text{und} \quad +\frac{12}{Eh^3}\left(1+\frac{1}{m}\right)m_{zz}$$

und es gilt somit nach (6)

$$\frac{\partial^2 u_0^{**}}{\partial y'^2}=-\frac{12(m+1)}{mEh^3}m_{zz}=\frac{12(m+1)}{mEh^3}m_{yy}, \qquad \frac{\partial^2 u_0^{**}}{\partial z'^2}=\frac{12(m+1)}{mEh^3}m_{zz}. \qquad (8)$$

Die Differentialquotienten links können nun in einfacher Weise in die (y, z)-Koordinaten umgeschrieben werden. Bezeichnet man nach Abb. 12 die Verschiebungen u_0 der Punkte P, Q, R, S kurzweg mit u_P, u_Q, u_R, u_S, so ist, wie man bei einer Drehung des Plattenelements um 180° um die x-Achse sieht,

$$u_P=u_R, \quad u_Q=u_S.$$

Außerdem ist

$$u_P=-u_Q, \quad u_R=-u_S;$$

denn dreht man das Plattenelement um 90° um die x-Achse, so ist das Belastungsbild des gedrehten Elements abgesehen vom Vorzeichen identisch mit demjenigen des ungedrehten Elements. Nun ist, wenn $SO = OQ = \Delta y'$ gesetzt wird, definitionsgemäß

$$\frac{\partial^2 u_0^{**}}{\partial y'^2} = \lim_{\Delta y' \to 0} \frac{\frac{u_Q - u_0}{\Delta y'} - \frac{u_0 - u_S}{\Delta y'}}{\Delta y'} = \lim_{\Delta y' \to 0} \frac{2 u_Q}{\Delta y'^2}; \tag{9}$$

andererseits aber gilt mit $OA = \Delta y = OD = \Delta z$

$$\frac{\partial^2 u_0^{**}}{\partial y \, \partial z} = \lim_{\substack{\Delta y \to 0 \\ \Delta z \to 0}} \frac{\frac{u_Q - u_D}{\Delta y} - \frac{u_A - u_0}{\Delta y}}{\Delta z} = \lim_{\substack{\Delta y \to 0 \\ \Delta z \to 0}} \frac{u_Q}{\Delta y \, \Delta z} \tag{10}$$

(denn u_A und u_D sind, wie bereits festgestellt, Null, wenn u_0 gleich Null ist). Weil $OQ = \Delta y' = \Delta y \sqrt{2} = \Delta z \sqrt{2}$ ist, so führt der Vergleich von (9) und (10) zu

$$\frac{\partial^2 u_0^{**}}{\partial y'^2} \left(= - \frac{\partial^2 u_0^{**}}{\partial z'^2} \right) = \frac{\partial^2 u_0^{**}}{\partial y \, \partial z}, \tag{11}$$

so daß (8) auch wie folgt geschrieben werden kann:

$$\frac{\partial^2 u_0^{**}}{\partial y \, \partial z} = \frac{12(m+1)}{m E h^3} m_{yy} = - \frac{12(m+1)}{m E h^3} m_{zz}. \tag{12}$$

Wirken jetzt endlich die Momente m_{yz}, m_{zy}, m_{zz} und $m_{yy} = -m_{zz}$ gleichzeitig auf das Plattenelement, so daß für jeden Punkt der Mittelebene die Verschiebung

$$u_0 = u_0^* + u_0^{**}$$

gesetzt werden kann, so gelten nach (6), (7) und (12) die Beziehungen

$$\left.\begin{aligned} \frac{\partial^2 u_0}{\partial y^2} &= - \frac{12}{E h^3} \left(m_{yz} + \frac{1}{m} m_{zy} \right), \\ \frac{\partial^2 u_0}{\partial z^2} &= \frac{12}{E h^3} \left(m_{zy} + \frac{1}{m} m_{yz} \right), \\ \frac{\partial^2 u_0}{\partial y \, \partial z} &= \frac{12(m+1)}{m E h^3} m_{yy} = - \frac{12(m+1)}{m E h^3} m_{zz}. \end{aligned}\right\} \tag{13}$$

Hiermit wäre der Zusammenhang zwischen der Belastung eines Plattenelements und der Biegung seiner Mittelebene vollständig erledigt, wenn nicht, wie in Ziff. **7** gezeigt, auch noch Querkräfte k_{yx} und k_{zx} an den Seitenflächen des Elements angriffen. Streng genommen müßte also auch noch der Einfluß dieser Kräfte auf die Verformung der Mittelfläche untersucht werden. Ebenso wie in der einfachen Biegetheorie des Stabes üblich, wird nun aber auch hier dieser Einfluß vernachlässigt, so daß tatsächlich die Gleichungen (13) oder die durch Auflösen nach den Momenten entstehenden, mit ihnen gleichwertigen Gleichungen

$$\left.\begin{aligned} m_{yz} &= - \frac{m^2 E h^3}{12(m^2 - 1)} \left(\frac{\partial^2 u_0}{\partial y^2} + \frac{1}{m} \frac{\partial^2 u_0}{\partial z^2} \right), \\ m_{zy} &= \frac{m^2 E h^3}{12(m^2 - 1)} \left(\frac{\partial^2 u_0}{\partial z^2} + \frac{1}{m} \frac{\partial^2 u_0}{\partial y^2} \right), \\ m_{yy} &= - m_{zz} = \frac{m E h^3}{12(m+1)} \frac{\partial^2 u_0}{\partial y \, \partial z} \end{aligned}\right\} \tag{14}$$

das Endergebnis unserer bisherigen Betrachtungen darstellen.

Wir bemerken schließlich noch, daß die Gleichungen (14) auch in anderer Weise erhalten werden können, indem man gleich von der Annahme ausgeht, daß Punkte, die sich anfänglich auf einer Plattennormale befinden, nach der Verformung auf der entsprechenden Normale der verformten Plattenmittelfläche liegen. Von dieser Tatsache werden wir an anderer Stelle (Ziff. **20**) noch Gebrauch machen.

9. Die Plattengleichung und die Randbedingungen. Wie bereits in Ziff. **7** betont, werden im allgemeinen die gleichnamigen Momente und Kräfte, die an zwei parallelen Seitenflächen des Plattenelements angreifen, um ein Differential verschieden sein, so daß in Wirklichkeit die Belastung dieses Elements durch Abb. 14 gekennzeichnet ist. Es gelten also, wenn p die auf die Flächeneinheit bezogene äußere Plattenbelastung bezeichnet, die folgenden (wie immer auf das unverzerrte Element bezogenen) Gleichgewichtsbedingungen (in denen ein gemeinsamer Faktor $dy\,dz$ sogleich unterdrückt ist):

$$\left.\begin{aligned}\frac{\partial m_{yy}}{\partial y}+\frac{\partial m_{zy}}{\partial z}+k_{zx}&=0,\\ \frac{\partial m_{yz}}{\partial y}+\frac{\partial m_{zz}}{\partial z}-k_{yx}&=0,\\ \frac{\partial k_{yx}}{\partial y}+\frac{\partial k_{zx}}{\partial z}+p\quad&=0,\end{aligned}\right\}\qquad(1)$$

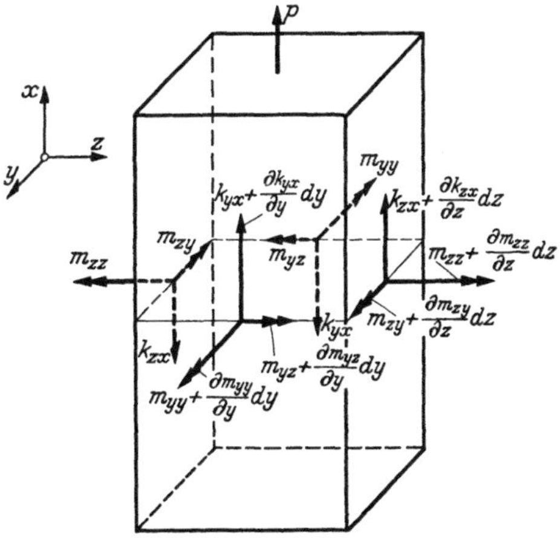

Abb. 14. Die Belastung eines Plattenelements mit den Differentialen der Schnittgroßen.

aus welchen durch Elimination von k_{yx} und k_{zx} die Gleichung

$$\frac{\partial^2 m_{yz}}{\partial y^2}-\frac{\partial^2 m_{zy}}{\partial z^2}+\frac{\partial^2 m_{zz}}{\partial y\,\partial z}-\frac{\partial^2 m_{yy}}{\partial y\,\partial z}+p=0 \qquad (2)$$

hervorgeht. Setzt man in die Gleichung (2) die Ausdrücke (**8**, 14) ein, so erhält man die Differentialgleichung

$$\frac{\partial^4 u_0}{\partial y^4}+2\frac{\partial^4 u_0}{\partial y^2\,\partial z^2}+\frac{\partial^4 u_0}{\partial z^4}=\frac{12(m^2-1)p}{m^2 E h^3}$$

oder kurz

$$\left.\begin{aligned}&\Delta'\Delta' u_0=A p \qquad \left(\Delta'\equiv\frac{\partial^2}{\partial y^2}+\frac{\partial^2}{\partial z^2}\right)\\ &A=\frac{12(m^2-1)}{m^2 E h^3},\end{aligned}\right\}\qquad(3)$$

mit

welche weiterhin als die Plattengleichung bezeichnet wird.

Zur eindeutigen Bestimmung von u_0 müssen die das Problem kennzeichnenden Randbedingungen mit herangezogen werden. Ist die Platte längs ihres Randes eingespannt, so drücken sich diese Randbedingungen unmittelbar in u_0 selbst aus; denn es gilt dann

$$u_0=0,\qquad \frac{\partial u_0}{\partial n}=0 \qquad \text{(am Rand)}, \qquad (4)$$

wobei n die nach außen positiv gerechnete Normale des Plattenrandes bezeichnen mag. Im Prinzip ändert sich nichts, wenn u_0 und $\partial u_0/\partial n$ am Rande von Null *verschiedene* Werte haben.

Anders ist es, wenn die Plattenbelastung am Rande vorgeschrieben und der Plattenrand sonst vollkommen frei ist. In diesem Falle hat man zunächst die Randbedingungen für die Größen m_{yz}, m_{zy}, m_{yy} $(=-m_{zz})$, m_{zz}, k_{yx} und k_{zx} herzuleiten und sodann diese Bedingungen mit Hilfe der Gleichungen (**8**, 14) und (1) in u_0 auszudrücken.

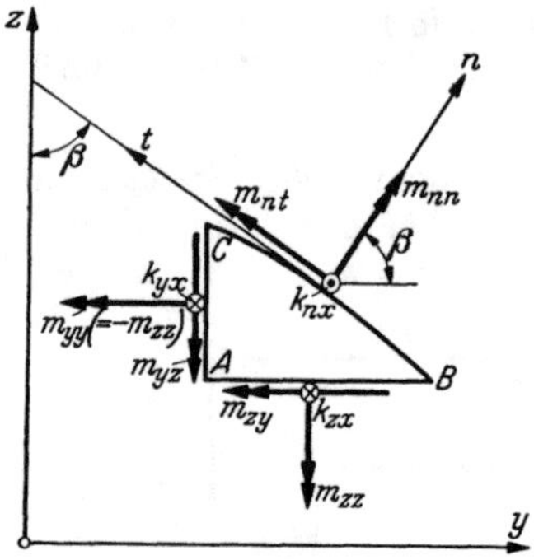

Abb. 15.
Das Randelement und seine Belastung.

Wir betrachten das in Abb. 15 dargestellte Randelement und legen zuerst die Vorzeichen der in der freien Seitenfläche wirkenden Momente und Kräfte fest, indem wir die x-Richtung, die Richtung der nach außen gerichteten Normale n und die dem positiven Umlaufssinn $y \to z$ entsprechende Tangentenrichtung t als positive Richtungen definieren. Sodann schreiben wir für diese x-, n- und t-Richtungen die Gleichgewichtsbedingungen des Randelements an und erhalten

$$-k_{zx}\cdot AB - k_{yx}\cdot AC + k_{nx}\cdot BC = 0,$$
$$-m_{zz}\cdot AB\cdot\sin\beta - m_{zy}\cdot AB\cdot\cos\beta - m_{yy}\cdot AC\cdot\cos\beta - m_{yz}\cdot AC\cdot\sin\beta + m_{nn}\cdot BC = 0,$$
$$-m_{zz}\cdot AB\cdot\cos\beta + m_{zy}\cdot AB\cdot\sin\beta + m_{yy}\cdot AC\cdot\sin\beta - m_{yz}\cdot AC\cdot\cos\beta + m_{nt}\cdot BC = 0$$

oder, wenn überall durch BC dividiert wird,

$$\left.\begin{aligned} k_{nx} &= k_{yx}\cos\beta + k_{zx}\sin\beta,\\ m_{nn} &= m_{zz}\sin^2\beta + m_{yy}\cos^2\beta + (m_{yz}+m_{zy})\sin\beta\cos\beta,\\ m_{nt} &= (m_{zz}-m_{yy})\sin\beta\cos\beta + m_{yz}\cos^2\beta - m_{zy}\sin^2\beta.\end{aligned}\right\} \qquad (5)$$

Ist nun am Plattenrande die Belastung $\bar{k}_{nx}$, $\bar{m}_{nn}$, $\bar{m}_{nt}$ vorgegeben, so wäre man versucht, die Forderung

$$k_{nx} = \bar{k}_{nx}, \quad m_{nn} = \bar{m}_{nn}, \quad m_{nt} = \bar{m}_{nt} \qquad (6)$$

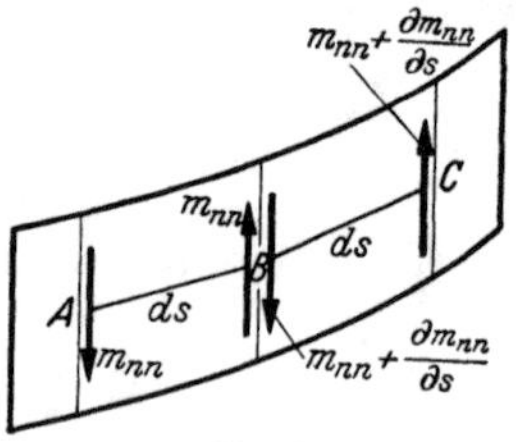

Abb. 16.
Statischer Ersatz der Torsionsbelastung eines Randelements.

aufzustellen. Drückt man dann k_{nx}, m_{nn}, m_{nt} in u_0 aus, so erhält man für u_0 am Rande drei Bedingungsgleichungen. Hiermit aber ist diese Verschiebungsgröße überbestimmt, und man stößt deshalb auf einen grundsätzlichen Widerspruch. Die Gleichungen (6) stellen anscheinend eine Forderung, die im Rahmen der unserer Rechnung zugrunde gelegten vereinfachenden Annahmen nicht erfüllt werden kann. Wir zeigen aber, daß eine geringe Milderung dieser Forderung ausreicht, um den entstandenen Widerspruch zu beheben.

Am einfachsten leuchtet dies ein, wenn man am Plattenrande das auf jedes Flächenelement von der Breite ds entfallende Torsionsmoment $m_{nn}ds$ durch zwei gleich große, aber entgegengesetzt gerichtete lotrechte Kräfte m_{nn} ersetzt (vgl. Abb. 16, wo dies für zwei Elemente ds geschehen ist). In jedem Teilpunkt des Plattenrandes greift dann eine lotrechte Kraft $-\frac{\partial m_{nn}}{\partial s}ds$ an. Macht man den Grenzübergang $ds \to 0$, so erhält man eine kontinuierliche, auf die Längeneinheit bezogene Querkraft k_{nx}^* von der Größe

$$k_{nx}^* = -\frac{\partial m_{nn}}{\partial s},$$

welche die kontinuierliche Momentbelastung statisch ersetzt. In derselben Weise kann die vorgeschriebene Belastung $\bar{m}_{nn}$ durch eine Querkraft

$$\bar{k}_{nx}^* = -\frac{\partial \bar{m}_{nn}}{\partial s}$$

ersetzt werden, und es zeigt sich somit, daß die vom inneren Spannungszustand herrührende Randbelastung sowie die vorgegebene Randbelastung im wesentlichen eine Quer- und Biegebelastung darstellen, deren statische Äquivalenz durch die beiden Bedingungen

$$k_{nx}-\frac{\partial m_{nn}}{\partial s}=\bar{k}_{nx}-\frac{\partial \bar{m}_{nn}}{\partial s}, \qquad m_{nt}=\bar{m}_{nt} \qquad \text{(am Rand)} \tag{7}$$

ausgedrückt wird, von denen die erste einfach besagt, daß nicht die Größen k_{nx} und $\bar{k}_{nx}$ sowie die Größen m_{nn} und $\bar{m}_{nn}$ je für sich übereinstimmen müssen, sondern lediglich die Summen $k_{nx}+k_{nx}^*$ und $\bar{k}_{nx}+\bar{k}_{nx}^*$ ihrer statisch äquivalenten Werte, und zwar an jeder Stelle des Randes. Dies sind denn auch die beiden Randbedingungen, die wir zur eindeutigen Bestimmung von u_0 weiterhin gebrauchen.

Zur weiteren Ausnutzung der Gleichungen (7) hat man natürlich die k_{nx}, m_{nn} und m_{nt} durch die Ausdrücke (5) und dann vollends die k_{yx}, k_{zx}, m_{yy}, m_{zz}, m_{yz} und m_{zy} mittels (1) und (**8**, 14) durch die Differentialquotienten von u_0 zu ersetzen.

Ist die Durchbiegung u_0 durch Auflösen der Plattengleichung (3) und Berücksichtigen der Randbedingungen gefunden, so berechnen sich schließlich die Spannungen σ_y, σ_z und τ_{yz} eines beliebigen Punktes (x, y, z) mit Hilfe der die Linearität der Spannungsverteilung längs der x-Richtung ausdrückenden Formeln

$$\sigma_y=\frac{m_{yz}}{h^3/12}\,x, \qquad \sigma_z=-\frac{m_{zy}}{h^3/12}\,x, \qquad \tau_{yz}=-\frac{m_{yy}}{h^3/12}\,x, \tag{8}$$

welche mit (**8**, 14) die Gestalt

$$\left.\begin{aligned}
\sigma_y&=-\frac{mEx}{m^2-1}\left(m\frac{\partial^2 u_0}{\partial y^2}+\frac{\partial^2 u_0}{\partial z^2}\right),\\
\sigma_z&=-\frac{mEx}{m^2-1}\left(\frac{\partial^2 u_0}{\partial y^2}+m\frac{\partial^2 u_0}{\partial z^2}\right),\\
\tau_{yz}&=-\frac{mEx}{m+1}\,\frac{\partial^2 u_0}{\partial y\,\partial z}
\end{aligned}\right\} \tag{9}$$

annehmen.

10. Die Plattengleichung in Polarkoordinaten. In manchen Fällen, besonders bei kreisförmigen Platten, ist es erwünscht, auf Polarkoordinaten r, φ überzugehen. Man findet aus

$$y=r\cos\varphi, \quad z=r\sin\varphi$$

zunächst

$$\begin{aligned}
\frac{\partial}{\partial y}&=\frac{\partial r}{\partial y}\frac{\partial}{\partial r}+\frac{\partial \varphi}{\partial y}\frac{\partial}{\partial \varphi}=\cos\varphi\frac{\partial}{\partial r}-\frac{\sin\varphi}{r}\frac{\partial}{\partial \varphi},\\
\frac{\partial}{\partial z}&=\frac{\partial r}{\partial z}\frac{\partial}{\partial r}+\frac{\partial \varphi}{\partial z}\frac{\partial}{\partial \varphi}=\sin\varphi\frac{\partial}{\partial r}+\frac{\cos\varphi}{r}\frac{\partial}{\partial \varphi}
\end{aligned}$$

und daraus die für später wichtigen Zwischenformeln

$$\left.\begin{aligned}
\frac{\partial^2}{\partial y^2}&=\cos^2\varphi\frac{\partial^2}{\partial r^2}-\frac{2\cos\varphi\sin\varphi}{r}\frac{\partial^2}{\partial r\partial\varphi}+\frac{\sin^2\varphi}{r^2}\frac{\partial^2}{\partial\varphi^2}+\frac{\sin^2\varphi}{r}\frac{\partial}{\partial r}+\frac{2\cos\varphi\sin\varphi}{r^2}\frac{\partial}{\partial\varphi},\\
\frac{\partial^2}{\partial y\,\partial z}&=\cos\varphi\sin\varphi\frac{\partial^2}{\partial r^2}+\frac{\cos^2\varphi-\sin^2\varphi}{r}\frac{\partial^2}{\partial r\,\partial\varphi}-\frac{\cos\varphi\sin\varphi}{r^2}\frac{\partial^2}{\partial\varphi^2}-\frac{\cos\varphi\sin\varphi}{r}\frac{\partial}{\partial r}-\frac{\cos^2\varphi-\sin^2\varphi}{r^2}\frac{\partial}{\partial\varphi},\\
\frac{\partial^2}{\partial z^2}&=\sin^2\varphi\frac{\partial^2}{\partial r^2}+\frac{2\cos\varphi\sin\varphi}{r}\frac{\partial^2}{\partial r\,\partial\varphi}+\frac{\cos^2\varphi}{r^2}\frac{\partial^2}{\partial\varphi^2}+\frac{\cos^2\varphi}{r}\frac{\partial}{\partial r}-\frac{2\cos\varphi\sin\varphi}{r^2}\frac{\partial}{\partial\varphi},\\
\Delta'&\equiv\frac{\partial^2}{\partial y^2}+\frac{\partial^2}{\partial z^2}=\frac{\partial^2}{\partial r^2}+\frac{1}{r}\frac{\partial}{\partial r}+\frac{1}{r^2}\frac{\partial^2}{\partial\varphi^2}.
\end{aligned}\right\} \tag{1}$$

Die Plattengleichung (**9**, 3) transformiert sich also in

$$\left(\frac{\partial^2}{\partial r^2}+\frac{1}{r}\frac{\partial}{\partial r}+\frac{1}{r^2}\frac{\partial^2}{\partial \varphi^2}\right)^2 u_0 = A p \tag{2}$$

[wie wir schon von (III, **2**, 18) her wissen]. Zur Berechnung der Spannungen σ_r, σ_φ, $\tau_{r\varphi}$ sollte man die Transformationsgleichungen (I, **5**, 2) der Spannungslehre benützen, in deren erster das eine Mal σ_φ, σ_0, $\sigma_{\pi/2}$, τ_0 zu ersetzen sind durch σ_r, σ_y, σ_z, $-\tau_{yz}$, das zweite Mal durch σ_φ, σ_z, σ_y, τ_{yz}, während in der zweiten τ_φ, σ_0, $\sigma_{\pi/2}$, τ_0 zu ersetzen sind durch $\tau_{r\varphi}$, σ_z, σ_y, τ_{yz}, also

$$\left.\begin{aligned}
\sigma_r &= \frac{1}{2}(\sigma_y+\sigma_z)+\frac{1}{2}(\sigma_y-\sigma_z)\cos 2\varphi+\tau_{yz}\sin 2\varphi,\\
\sigma_\varphi &= \frac{1}{2}(\sigma_y+\sigma_z)-\frac{1}{2}(\sigma_y-\sigma_z)\cos 2\varphi-\tau_{yz}\sin 2\varphi,\\
\tau_{r\varphi} &= -\frac{1}{2}(\sigma_y-\sigma_z)\sin 2\varphi+\tau_{yz}\cos 2\varphi,
\end{aligned}\right\} \tag{3}$$

und in diese Gleichungen die auf Polarkoordinaten transformierten Ausdrücke (**9**, 9) einsetzen. Die Rechnung wird aber erheblich gekürzt, wenn man (mit Beibehaltung des Koordinatenursprungs) ein neues (y', z')-System einführt, dessen y'-Achse durch den betrachteten Punkt hindurchgeht, und diese Achse zugleich als Polachse eines neuen Polarkoordinatensystems (r, φ') ansieht. Die neuen Koordinaten des Punktes sind dann einerseits $(y', 0)$, andererseits $(r, 0)$. Die Gleichungen (3) vereinfachen sich dadurch zu

$$\sigma_r=\sigma_{y'},\quad \sigma_{\varphi'}=\sigma_\varphi=\sigma_{z'},\quad \tau_{r\varphi'}=\tau_{r\varphi}=\tau_{y'z'},$$

so daß nach (**9**, 9)

$$\left.\begin{aligned}
\sigma_r &=\sigma_{y'} = -\frac{mE\varkappa}{m^2-1}\left(m\frac{\partial^2 u_0}{\partial y'^2}+\frac{\partial^2 u_0}{\partial z'^2}\right),\\
\sigma_\varphi &=\sigma_{z'} = -\frac{mE\varkappa}{m^2-1}\left(\frac{\partial^2 u_0}{\partial y'^2}+m\frac{\partial^2 u_0}{\partial z'^2}\right),\\
\tau_{r\varphi} &=\tau_{y'z'} = -\frac{mE\varkappa}{m+1}\frac{\partial^2 u_0}{d y'\, d z'}
\end{aligned}\right\} \tag{4}$$

wird. Ersetzt man in den Gleichungen (1) y, z und φ durch y', z' und φ' und beachtet, daß $\partial/\partial\varphi' \equiv \partial/\partial\varphi$ ist, so gilt für den betrachteten Punkt, für den ja $\varphi'=0$ ist,

$$\frac{\partial^2}{\partial y'^2}=\frac{\partial^2}{\partial r^2},\qquad \frac{\partial^2}{\partial y'\,\partial z'}=\frac{1}{r}\frac{\partial^2}{\partial r\,\partial\varphi}-\frac{1}{r^2}\frac{\partial}{\partial\varphi},\qquad \frac{\partial^2}{\partial z'^2}=\frac{1}{r^2}\frac{\partial^2}{\partial\varphi^2}+\frac{1}{r}\frac{\partial}{\partial r}.$$

Somit gehen die Gleichungen (4) über in

$$\left.\begin{aligned}
\sigma_r &= -\frac{mE\varkappa}{m^2-1}\left(m\frac{\partial^2 u_0}{\partial r^2}+\frac{1}{r^2}\frac{\partial^2 u_0}{\partial\varphi^2}+\frac{1}{r}\frac{\partial u_0}{\partial r}\right),\\
\sigma_\varphi &= -\frac{mE\varkappa}{m^2-1}\left(\frac{\partial^2 u_0}{\partial r^2}+\frac{m}{r^2}\frac{\partial^2 u_0}{\partial\varphi^2}+\frac{m}{r}\frac{\partial u_0}{\partial r}\right),\\
\tau_{r\varphi} &= -\frac{mE\varkappa}{m+1}\left(\frac{1}{r}\frac{\partial^2 u_0}{\partial r\,\partial\varphi}-\frac{1}{r^2}\frac{\partial u_0}{\partial\varphi}\right).
\end{aligned}\right\} \tag{5}$$

Dies sind die transformierten Gleichungen für die Spannungen.

Die den Momenten m_{yy}, m_{zz}, m_{yz} und m_{zy} von Ziff. **8** entsprechenden Momente m_{rr}, $m_{\varphi\varphi}$, $m_{r\varphi}$ und $m_{\varphi r}$ berechnen sich aus (5) zu

$$\left.\begin{aligned}
m_{rr} &= -m_{\varphi\varphi} = -\int\limits_{-h/2}^{+h/2} \tau_{r\varphi}\, x\, d\,x = +\frac{m E h^3}{12(m+1)}\left(\frac{1}{r}\frac{\partial^2 u_0}{\partial r\,\partial\varphi} - \frac{1}{r^2}\frac{\partial u_0}{\partial\varphi}\right),\\
m_{r\varphi} &= \int\limits_{-h/2}^{+h/2} \sigma_r\, x\, d\,x = -\frac{m E h^3}{12(m^2-1)}\left(m\frac{\partial^2 u_0}{\partial r^2} + \frac{1}{r^2}\frac{\partial^2 u_0}{\partial\varphi^2} + \frac{1}{r}\frac{\partial u_0}{\partial r}\right),\\
m_{\varphi r} &= -\int\limits_{-h/2}^{+h/2} \sigma_\varphi\, x\, d\,x = +\frac{m E h^3}{12(m^2-1)}\left(\frac{\partial^2 u_0}{\partial r^2} + \frac{m}{r^2}\frac{\partial^2 u_0}{\partial\varphi^2} + \frac{m}{r}\frac{\partial u_0}{\partial r}\right).
\end{aligned}\right\}\qquad(6)$$

Schließlich bestimmen sich die den Kräften k_{yx} und k_{zx} von Ziff. **8** entsprechenden Querkräfte k_{rx} und $k_{\varphi x}$ mit Hilfe der beiden folgenden Momentengleichungen, die das Gleichgewicht um die r-Achse und um die Achse senkrecht zur r- und x-Richtung ausdrücken und an Hand von Abb. **17** genau so entstehen, wie die Gleichgewichtsbedingungen (**9**,1) an Hand von Abb. **14** entstanden sind:

$$\left.\begin{aligned}
\frac{\partial m_{rr}}{\partial r} + \frac{1}{r}\frac{\partial m_{\varphi r}}{\partial\varphi} + \frac{m_{rr}-m_{\varphi\varphi}}{r} + k_{\varphi x} &= 0,\\
\frac{\partial m_{r\varphi}}{\partial r} + \frac{1}{r}\frac{\partial m_{\varphi\varphi}}{\partial\varphi} + \frac{m_{r\varphi}+m_{\varphi r}}{r} - k_{rx} &= 0.
\end{aligned}\right\}\qquad(7)$$

Setzt man hier die Werte (6) ein, so erhält man

$$\left.\begin{aligned}
k_{rx} &= -\frac{m^2 E h^3}{12(m^2-1)}\frac{\partial}{\partial r}\Delta' u_0,\\
k_{\varphi x} &= -\frac{m^2 E h^3}{12(m^2-1)}\frac{1}{r}\frac{\partial}{\partial\varphi}\Delta' u_0.
\end{aligned}\right\}\qquad(8)$$

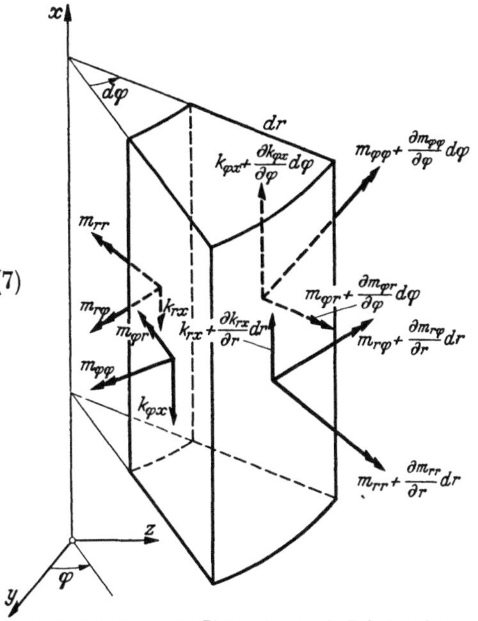

Abb. 17. Belastung eines Plattenelements in Polarkoordinaten.

11. Die gleichmäßig belastete Kreisplatte. Für die gleichmäßig belastete Vollkreisplatte vom Halbmesser r_a sind, wenn der Pol in den Plattenmittelpunkt gelegt wird, alle Verschiebungs- und Spannungskomponenten von φ unabhängig. Die Plattengleichung (**10**, 2) geht in diesem Fall also in eine gewöhnliche Differentialgleichung

$$\left(\frac{d^2}{dr^2} + \frac{1}{r}\frac{d}{dr}\right)^2 u_0 = A p \qquad (1)$$

über, deren Auflösung keine Schwierigkeiten macht. In der Regel kann man den Lösungsweg abkürzen, wenn man statt u_0 den Winkel ψ benützt, den die Plattennormale mit der x-Achse bildet, und der mit u_0 durch die Beziehung

$$\psi = -\frac{d u_0}{d r} = -u_0' \qquad (2)$$

verknüpft ist, wobei Striche jetzt Ableitungen nach r bedeuten sollen. In der neuen Veränderlichen ψ schreiben sich die Formeln (**10**, 5) und (**10**, 6) wie folgt:

$$\left.\begin{aligned}
&\sigma_r = \frac{m E x}{m^2-1}\left(m\psi' + \frac{\psi}{r}\right), &&\sigma_\varphi = \frac{m E x}{m^2-1}\left(\psi' + m\frac{\psi}{r}\right), &&\tau_{r\varphi} = 0,\\
&m_{r\varphi} = \frac{m E h^3}{12(m^2-1)}\left(m\psi' + \frac{\psi}{r}\right), &&m_{\varphi r} = -\frac{m E h^3}{12(m^2-1)}\left(\psi' + m\frac{\psi}{r}\right), &&m_{rr} = m_{\varphi\varphi} = 0.
\end{aligned}\right\}\qquad(3)$$

Bei gleichmäßiger positiver Belastung p kann die Querkraft k_{rx} ohne weiteres angegeben werden; denn das Gleichgewicht des Plattenstückes innerhalb eines Kreises vom Halbmesser $r \leq r_a$ erfordert, daß

$$\pi r^2 p + 2\pi r k_{rx} = 0, \quad \text{also} \quad k_{rx} = -\frac{1}{2} r p \tag{4}$$

ist. Hiermit und mit (3) geht die zweite Gleichung (**10**, 7) oder auch die erste Gleichung (**10**, 8) über in

$$r^2\psi'' + r\psi' - \psi = -\frac{1}{2} A p r^3. \tag{5}$$

Diese Differentialgleichung zweiter Ordnung für ψ ist wesentlich einfacher zu lösen als (1); ihr allgemeines Integral lautet

$$\psi = C_1 r + \frac{C_2}{r} - \frac{1}{16} A p r^3, \tag{6}$$

und daraus folgt vollends nach (2)

$$u_0 = C_0 - \frac{1}{2} C_1 r^2 - C_2 \ln r + \frac{1}{64} A p r^4. \tag{7}$$

Bei einer vollen Platte ohne Innenbohrung muß $C_2 = 0$ sein, da sonst die Größen ψ und u_0 in der Plattenmitte $r = 0$ nicht endlich blieben. Die beiden übrigen Integrationskonstanten C_0 und C_1 bestimmen sich aus den Randbedingungen, nämlich aus

$$u_0 = 0, \ \psi = 0 \quad \text{für} \quad r = r_a$$

bei der eingespannten Platte, und aus

$$u_0 = 0, \qquad \sigma_r \equiv \frac{mEx}{m^2-1}\left(m\psi' + \frac{\psi}{r}\right) = 0 \quad \text{für} \quad r = r_a$$

bei der frei aufliegenden Platte. Wir unterdrücken die elementare Rechnung und geben sofort die Spannungsverteilung nach (3) in diesen beiden Fällen an. Man findet

$$\left.\begin{aligned} \sigma_r &= \frac{3}{4}\frac{px}{h^3}\left[\left(1+\frac{1}{m}\right)r_a^2 - \left(3+\frac{1}{m}\right)r^2\right], \\ \sigma_\varphi &= \frac{3}{4}\frac{px}{h^3}\left[\left(1+\frac{1}{m}\right)r_a^2 - \left(1+\frac{3}{m}\right)r^2\right] \end{aligned}\right\} \quad \text{bei eingespanntem Rand} \tag{8}$$

und

$$\left.\begin{aligned} \sigma_r &= \frac{3}{4}\frac{px}{h^3}\left(3+\frac{1}{m}\right)(r_a^2 - r^2), \\ \sigma_\varphi &= \frac{3}{4}\frac{px}{h^3}\left[\left(3+\frac{1}{m}\right)r_a^2 - \left(1+\frac{3}{m}\right)r^2\right] \end{aligned}\right\} \quad \text{bei freiem Rand.} \tag{9}$$

Die Diskussion der Spannungsverteilung ist einfach. Wir erwähnen nur, daß bei der Platte mit eingespanntem Rand die größte auftretende Spannung die Größe σ_r am Rand (für $x = \pm h/2$) ist, und zwar mit dem Wert $\sigma_{r\max} = \mp \frac{3}{4} p\,(r_a/h)^2$; die frei aufliegende Platte hat die größte Spannung im Mittelpunkt (für $x = \pm h/2$), nämlich $\sigma_{r\max} = \sigma_{\varphi\max} = \pm \frac{3}{8}(3 + 1/m)\,p\,(r_a/h)^2$.

Die Kreisringplatte kann in ganz entsprechender Weise behandelt werden. Wir verzichten hier darauf, da wir später in Ziff. **14** sowieso einen solchen Fall durchrechnen werden.

12. Der allgemeine Belastungsfall der Kreisplatte. Wir betrachten jetzt eine kreisförmige Platte, die an ihrem Rande gestützt und elastisch eingespannt ist und eine beliebig verteilte Last zu tragen hat. Weil jede Belastung als Überlagerung von endlich vielen oder unendlich vielen, aber dann unendlich kleinen, Einzellasten aufgefaßt werden kann, so genügt es, wenn wir nur den Sonderfall einer an beliebiger Stelle angreifenden Einzellast behandeln[1]). Ihren Angriffspunkt dürfen wir ohne Einschränkung auf die Polachse legen.

Wir führen zuvörderst den Plattenhalbmesser r_a als Einheitslänge ein, bezeichnen jetzt die Plattendicke, die Plattendurchbiegung, den Fahrstrahl eines beliebigen Punktes und den Fahrstrahl des Kraftangriffspunktes der Reihe nach mit $\bar{h}$, $\bar{u}_0$, $\bar{r}$ und $\bar{a}$, und setzen

$$\frac{\bar{h}}{r_a} = h, \qquad \frac{\bar{u}_0}{r_a} = u_0, \qquad \frac{\bar{r}}{r_a} = r, \qquad \frac{\bar{a}}{r_a} = a. \tag{1}$$

Fragen wir zunächst nach den der Durchbiegung u_0 aufzuerlegenden Bedingungen, so gilt, wenn die Platte am Rande in gleicher Höhe gestützt ist, erstens

$$u_0 = 0 \quad \text{für} \quad r = 1. \tag{2}$$

Weil außerdem eine elastische Einspannung vorhanden ist, so daß überall am Rande ein auf die Einheitslänge bezogenes Einspannmoment

$$m_{r\varphi} = k\frac{\partial \bar{u}_0}{\partial \bar{r}} = k\frac{\partial u_0}{\partial r}$$

wirkt, wo k die Einspannungsziffer sein soll, so ist nach (**10**, 6) wegen $\partial u_0/\partial\varphi = 0$ am Rand

$$-\frac{mE\bar{h}^3}{12(m^2-1)}\left(m\frac{\partial^2 \bar{u}_0}{\partial \bar{r}^2} + \frac{1}{\bar{r}}\frac{\partial \bar{u}_0}{\partial \bar{r}}\right) = k\frac{\partial \bar{u}_0}{\partial \bar{r}} \quad \text{für} \quad \bar{r} = r_a.$$

Schreibt man diese Gleichung in dimensionsloser Form und setzt dabei

$$\frac{1}{m} + \frac{12(m^2-1)k}{m^2 E r_a^2 h^3} = \nu, \tag{3}$$

so geht sie über in

$$\frac{\partial^2 u_0}{\partial r^2} + \nu\frac{\partial u_0}{\partial r} = 0 \quad \text{für} \quad r = 1. \tag{4}$$

Die Sonderfälle der starr eingespannten und der längs ihres Randes frei gelagerten Platte erhält man, indem man das eine Mal $\nu = \infty$, das andere Mal $\nu = 1/m$ setzt. Im ersten Falle vereinfacht sich (4) zu

$$\frac{\partial u_0}{\partial r} = 0 \quad \text{für} \quad r = 1. \tag{4a}$$

Ferner soll, mit Ausnahme des Kraftangriffspunktes ($r = a$, $\varphi = 0$) im ganzen Plattengebiet ($0 \leq r \leq 1$)

$$\Delta'\Delta' u_0 = 0 \quad \left(\Delta' \equiv \frac{\partial^2}{\partial r^2} + \frac{1}{r}\frac{\partial}{\partial r} + \frac{1}{r^2}\frac{\partial^2}{\partial\varphi^2}\right) \tag{5}$$

sein.

Schlägt man um die Wirkungslinie der Kraft P als Achse einen die Platte senkrecht durchsetzenden Zylinder vom Halbmesser ϱ, so soll schließlich für ein beliebig kleines ϱ die Summe der am Zylindermantel angreifenden Querkräfte (abgesehen vom Vorzeichen) gleich P sein. Führt man außer dem bereits vorhandenen Polarkoordinatensystem noch ein rechtwinkliges (y, z)-System ein, dessen Ursprung mit dem Pol und dessen y-Achse mit der Polachse zusammenfällt, und setzt noch

$$\frac{y + iz}{r_a} = \frac{\bar{r}e^{i\varphi}}{r_a} = re^{i\varphi} = \zeta, \tag{6}$$

---

[1]) E. Reissner, Über die Biegung der Kreisplatte mit exzentrischer Einzellast, Math. Ann. *111 (1935)* S. *777*.

so läßt sich diese Forderung, wie wir sogleich zeigen werden, dahin formulieren, daß u_0 von der Gestalt

$$u_0 = \frac{P r_a A}{8\pi}\left[|\zeta - a|^2 \ln|\zeta - a| + u_0^*(r,\varphi)\right] \quad \text{mit} \quad A = \frac{12(m^2-1)}{m^2 E \bar{h}^3} \tag{7}$$

sein soll, wo $u_0^*(r,\varphi)$ eine die Gleichung (5) befriedigende Funktion bezeichnet, welche im Gebiete $r \leq 1$ keine Singularität aufweist. Um dies als richtig einzusehen, benützen wir ein neues Polarkoordinatensystem (ϱ, ψ), dessen Pol im Kraftangriffspunkt liegt (Abb. 18), so daß $|\zeta - a|^2 \ln|\zeta - a| = \varrho^2 \ln \varrho$ wird; dabei soll ϱ schon gleich dimensionslos gemacht sein. Sodann haben wir gemäß (**10**, 8) das Integral über einen kleinen Kreis vom Halbmesser ϱ um den Kraftangriffspunkt zu bilden:

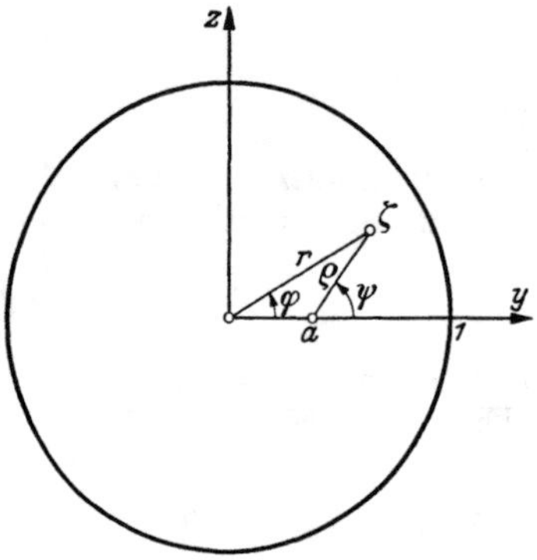

Abb. 18. Koordinatensysteme der Platte.

$$r_a \int_0^{2\pi} k_{rx}\, \varrho\, d\psi = -\frac{m^2 E \bar{h}^3}{12(m^2-1) r_a} \int_0^{2\pi} \varrho \frac{\partial}{\partial \varrho}(\Delta' u_0)\, d\psi$$

$$\left(\Delta' \equiv \frac{\partial^2}{\partial \varrho^2} + \frac{1}{\varrho}\frac{\partial}{\partial \varrho} + \frac{1}{\varrho^2}\frac{\partial^2}{\partial \psi^2}\right).$$

Dies gibt nach (7) und wegen $\varrho \frac{\partial}{\partial \varrho}[\Delta'(\varrho^2 \ln \varrho)] = 4$ einfach

$$r_a \int_0^{2\pi} k_{rx}\, \varrho\, d\psi = -P - \frac{P}{8\pi}\int_0^{2\pi} \varrho \frac{\partial}{\partial \varrho}(\Delta' u_0^*)\, d\psi.$$

Da aber u_0^* voraussetzungsgemäß keine Singularität im Kreise ϱ besitzt, so verschwindet das zweite Glied rechts identisch, und da $\varrho^2 \ln \varrho$ nach (III, **2**, 19) der Gleichung (5) genügt, so ist die Behauptung (7) bewiesen.

Mit der bereits in (III, **2**, 17) festgestellten Tatsache, daß jede Funktion von der Form

$$u_0 = r^2 \psi_1 + y \psi_2 + \psi_3 \qquad (\Delta' \psi_i = 0, \quad i = 1, 2, 3) \tag{8}$$

eine Lösung der Gleichung (5) darstellt, kontrolliert man rasch, daß

$$u_0 = \frac{P r_a A}{8\pi} \Re\left[|\zeta - a|^2 \ln \frac{\zeta - a}{1 - a\zeta} + (1 - r^2) f(\zeta)\right], \tag{9}$$

wo $f(\zeta)$ eine im Plattenbereich reguläre analytische Funktion darstellt, die Bedingungen (2), (5) und (7) befriedigt. Weil nämlich für einen Randpunkt ζ^* (Abb. 19)

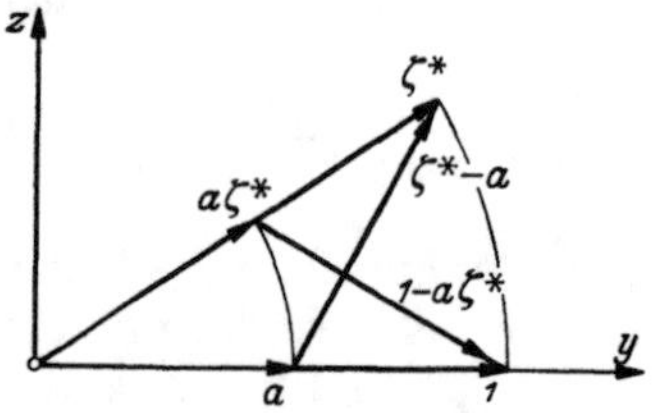

Abb. 19. Die Vektoren $1 - a\zeta^*$ und $\zeta^* - a$ eines Randpunktes.

$$|\zeta^* - a| = |1 - a\zeta^*|$$

ist, so hat der absolute Betrag der komplexen Zahl $(\zeta^* - a)/(1 - a\zeta^*)$ den Wert Eins, so daß der Realteil ihres Logarithmus gleich Null ist. Die Bedingung (2) ist also erfüllt. Weil ferner $|\zeta - a|^2 = r^2 + a^2 - 2ay$ ist, und weil die Realteile von $\ln(\zeta - a)$, von $\ln(1 - a\zeta)$ und überhaupt von jeder analytischen Funktion $f(\zeta)$ die Gleichung $\Delta'\psi = 0$ befriedigen, so ist (9) von der Form (8) und erfüllt also auch die Forderung (5). Endlich geht (9) in (7) über, wenn man

$$u_0^* = \Re\left[-|\zeta - a|^2 \ln(1 - a\zeta) + (1 - r^2) f(\zeta)\right] \tag{10}$$

setzt und beachtet, daß $\Re \ln(\zeta - a) = \ln|\zeta - a|$ ist. Da (10) ebenfalls von der Form (8) ist, so befriedigt $u_0^*(10)$ die Gleichung (5), und da $u_0^*(10)$ im betrachteten Bereich keine Singularität aufweist, so ist auch die Forderung (7) erfüllt.

Die noch unbekannte Funktion $f(\zeta)$ soll nun derart bestimmt werden, daß vollends auch die Bedingung (4) erfüllt wird. Wegen

$$\frac{\partial^2 u_0}{\partial r^2} \equiv \Delta' u_0 - \frac{1}{r}\frac{\partial u_0}{\partial r} - \frac{1}{r^2}\frac{\partial^2 u_0}{\partial \varphi^2}$$

und weil überall am Rande $u_0 = 0$ ist, gilt

$$\frac{\partial^2 u_0}{\partial r^2} = \Delta' u_0 - \frac{\partial u_0}{\partial r} \quad \text{für} \quad r = 1.$$

Hiermit geht die Bedingungsgleichung (4) über in

$$\Delta' u_0 - (1-\nu)\frac{\partial u_0}{\partial r} = 0 \quad \text{für} \quad r = 1. \tag{11}$$

Bevor wir in diese Gleichung den Ausdruck (9) einsetzen, schreiben wir zwei Hilfsformeln an, von denen wir nachher Gebrauch zu machen haben. Die erste lautet

$$\Delta'\left[r^2 \Re f(\zeta)\right] = 4\,\Re\left\{\frac{d}{d\zeta}\left[\zeta f(\zeta)\right]\right\}. \tag{12}$$

In der Tat ist, wenn

$$f(\zeta) = f(r e^{i\varphi}) = \psi_1(r,\varphi) + i\psi_2(r,\varphi) \qquad (\Delta'\psi_1 = 0,\ \Delta'\psi_2 = 0)$$

gesetzt wird,

$$\Delta'\left[r^2 \Re f(\zeta)\right] = \Delta'(r^2\psi_1) = r^2\Delta'\psi_1 + 4r\frac{\partial\psi_1}{\partial r} + 4\psi_1 = 4\left(r\frac{\partial\psi_1}{\partial r} + \psi_1\right)$$

$$= 4\,\Re\left[r\frac{\partial f(\zeta)}{\partial r} + f(\zeta)\right] = 4\,\Re\left[r\frac{d f(\zeta)}{d\zeta}e^{i\varphi} + f(\zeta)\right] = 4\,\Re\left\{\frac{d}{d\zeta}\left[\zeta f(\zeta)\right]\right\}.$$

Die zweite Hilfsformel lautet

$$\Delta'\left[y\,\Re f(\zeta)\right] = 2\,\Re\left[\frac{d}{d\zeta}f(\zeta)\right]. \tag{13}$$

Es ist nämlich

$$\Delta'\left[y\,\Re f(\zeta)\right] = \Delta'(r\cos\varphi\cdot\psi_1) = r\cos\varphi\cdot\Delta'\psi_1 + 2\left(\cos\varphi\frac{\partial\psi_1}{\partial r} - \frac{\sin\varphi}{r}\frac{\partial\psi_1}{\partial\varphi}\right)$$

$$= 2\,\Re\left[\cos\varphi\frac{\partial f(\zeta)}{\partial r} - \frac{\sin\varphi}{r}\frac{\partial f(\zeta)}{\partial\varphi}\right]$$

$$= 2\,\Re\left[\cos\varphi\frac{d f(\zeta)}{d\zeta}e^{i\varphi} - \frac{\sin\varphi}{r}\frac{d f(\zeta)}{d\zeta}i r e^{i\varphi}\right] = 2\,\Re\left[\frac{d}{d\zeta}f(\zeta)\right].$$

Schreiben wir jetzt (9) in der Form

$$u_0 = \frac{P r_a A}{8\pi}\,\Re\left[(r^2 + a^2 - 2ay)\ln\frac{\zeta - a}{1 - a\zeta} + (1 - r^2) f(\zeta)\right],$$

so läßt sich die Bedingungsgleichung (11) mit $\Delta'\Re\ln\frac{\zeta - a}{1 - a\zeta} = 0$ und $\Delta'\Re f(\zeta) = 0$ wie folgt umschreiben:

$$\Delta'\Re\left[r^2\ln\frac{\zeta - a}{1 - a\zeta}\right] - 2a\,\Delta'\Re\left[y\ln\frac{\zeta - a}{1 - a\zeta}\right] - \Delta'\Re\left[r^2 f(\zeta)\right] -$$

$$-(1-\nu)\frac{\partial}{\partial r}\Re\left[(r^2 + a^2 - 2ay)\ln\frac{\zeta - a}{1 - a\zeta} + (1 - r^2) f(\zeta)\right] = 0 \quad \text{für} \quad r = 1$$

oder mit den Hilfsformeln (12) und (13)

$$4\,\Re\left[\frac{d}{d\zeta}\zeta\ln\frac{\zeta-a}{1-a\zeta}-a\frac{d}{d\zeta}\ln\frac{\zeta-a}{1-a\zeta}-\frac{d}{d\zeta}\zeta f(\zeta)\right]-$$
$$-(1-\nu)\,\Re\left[2(r-a\cos\varphi)\ln\frac{\zeta-a}{1-a\zeta}+\right.$$
$$\left.+(r^2+a^2-2ay)\frac{\partial}{\partial r}\ln\sqrt{\frac{r^2+a^2-2ar\cos\varphi}{1+a^2r^2-2ar\cos\varphi}}-2rf(\zeta)\right]=0 \quad \text{für } r=1$$

oder wegen $\Re\ln\frac{\zeta-a}{1-a\zeta}=0$ für $r=1$ (wie schon oben festgestellt)

$$4\,\Re\left[\frac{1-a^2}{1-a\zeta}-f(\zeta)-\zeta\frac{df(\zeta)}{d\zeta}\right]-(1-\nu)\,\Re\left[(1-a^2)-2f(\zeta)\right]=0 \quad \text{für } r=1$$

oder schließlich

$$\Re\left[\frac{4(1-a^2)}{1-a\zeta}-(1-\nu)(1-a^2)-2(1+\nu)f(\zeta)-4\zeta\frac{df(\zeta)}{d\zeta}\right]=0 \quad \text{für } r=1. \qquad (14)$$

Weil $f(\zeta)$ im Gebiete $r\leq 1$ eine reguläre analytische Funktion sein soll, so stellt der Realteil des links stehenden Klammerausdruckes eine Potentialfunktion ψ dar, welche kraft der Bedingung (14) auf dem Kreise $r=1$ den Wert Null haben muß. Dies heißt (nach einem bekannten funktionentheoretischen Satze), daß ψ im ganzen Gebiete $r\leq 1$ Null ist. Aus den Cauchy-Riemannschen Gleichungen folgt dann unmittelbar, daß die zu ψ konjugierte Funktion im betrachteten Gebiet eine Konstante b ist, so daß (14) durch die folgende Differentialgleichung ersetzt werden kann:

$$\frac{4(1-a^2)}{1-a\zeta}-(1-\nu)(1-a^2)-2(1+\nu)f(\zeta)-4\zeta\frac{df(\zeta)}{d\zeta}=ib.$$

Die allgemeine Lösung dieser Gleichung lautet, wie leicht nachzurechnen,

$$f(\zeta)=c\,\zeta^{-\frac{1+\nu}{2}}+2(1-a^2)(a\zeta)^{-\frac{1+\nu}{2}}\int_0^{\sqrt{a\zeta}}\frac{\xi^\nu d\xi}{1-\xi^2}-\frac{1-a^2}{2}\,\frac{1-\nu}{1+\nu}-i\frac{b}{2(1+\nu)},$$

wo c eine (im allgemeinen komplexe) Integrationskonstante bezeichnet. Weil aber $f(\zeta)$ für $r\leq 1$ regulär sein soll, ist diese Konstante gleich Null zu setzen. Ebenso kann b gleich Null gesetzt werden, weil für uns nur der Realteil von $f(\zeta)$ in Betracht kommt. Wir erhalten also das Endergebnis für $\bar{u}_0=r_a u_0$

$$\bar{u}_0=\frac{Pr_a^2A}{8\pi}\,\Re\left\{|\zeta-a|^2\ln\frac{\zeta-a}{1-a\zeta}+(1-a^2)(1-r^2)\left[2(a\zeta)^{-\frac{1+\nu}{2}}\int_0^{\sqrt{a\zeta}}\frac{\xi^\nu d\xi}{1-\xi^2}-\frac{1}{2}\,\frac{1-\nu}{1+\nu}\right]\right\}. \qquad (15)$$

Der Sonderfall der eingespannten Platte erledigt sich am einfachsten, wenn man auf die Randbedingung (4a) zurückgreift. Sie führt zu der Bedingungsgleichung

$$\Re\left[(1-a^2)-2f(\zeta)\right]=0 \quad \text{für} \quad r=1,$$

aus welcher jetzt folgt

$$\Re f(\zeta)=\frac{1}{2}(1-a^2).$$

Für die eingespannte Platte gilt also

$$\bar{u}_0=\frac{Pr_a^2A}{8\pi}\,\Re\left[|\zeta-a|^2\ln\frac{\zeta-a}{1-a\zeta}+\frac{1}{2}(1-a^2)(1-r^2)\right]. \qquad (16)$$

Die Spannungsverteilung in der Platte kann vollends mit Hilfe der Formeln (**10**, 5) aus (15) bzw. (16) hergeleitet werden.

13. Die an ihrem Rand belastete Kreisringplatte. Die Durchbiegung u_0 einer nur an ihrem Rande belasteten Platte genügt nach (**10**, 2) mit $p=0$ der Differentialgleichung

$$\Delta'\Delta' u_0 = 0 \qquad \left(\Delta' \equiv \frac{\partial^2}{\partial r^2} + \frac{1}{r}\frac{\partial}{\partial r} + \frac{1}{r^2}\frac{\partial^2}{\partial \varphi^2}\right). \tag{1}$$

Sie stimmt ihrer Form nach mit der Gleichung (**2**, 3) der Airyschen Spannungsfunktion F überein. Jede Lösungsmethode dieser Gleichung ist also auch zur Lösung der Gleichung (1) brauchbar, und insbesondere läßt sich der Gedankengang von Ziff. **5** ohne weiteres auf die nur an ihrem Rande senkrecht belastete Kreisringplatte übertragen[1]).

Wir stellen also u_0 durch eine Fourierreihe

$$u_0 = \sum_0^\infty (R_n \cos n\varphi + R_n^* \sin n\varphi) \tag{2}$$

dar, in welcher die Funktionen R_n und R_n^* im Hinblick auf (**5**, 5) und (**5**, 20) die folgende Form haben:

$$\left.\begin{array}{l}
R_0 = c_{10} + c_{20} \ln r + c_{30} r^2 + c_{40} r^2 \ln r, \\
R_1 = c_{11} r + c_{21} r^{-1} + c_{31} r^3 + c_{41} r \ln r, \\
R_1^* = c_{11}^* r + c_{21}^* r^{-1} + c_{31}^* r^3 + c_{41}^* r \ln r, \\
\left.\begin{array}{l}
R_n = c_{1n} r^n + c_{2n} r^{-n} + c_{3n} r^{n+2} + c_{4n} r^{-n+2}, \\
R_n^* = c_{1n}^* r^n + c_{2n}^* r^{-n} + c_{3n}^* r^{n+2} + c_{4n}^* r^{-n+2}.
\end{array}\right\} n > 1
\end{array}\right\} \tag{3}$$

Die Konstanten c und c^* bestimmen sich aus den Randbedingungen, die sich entweder auf die Verschiebung u_0 selbst oder aber auf die Belastungen an beiden Rändern beziehen. Wir gehen auf die explizite Behandlung der verschiedenen möglichen Randwertaufgaben hier nicht ein und beschränken uns mit Hinweis auf Ziff. **5** und **6** auf die Bemerkung, daß man alle vorgegebenen Randgrößen mit Hilfe der Gleichungen (2), (3) sowie (**10**, 6) und (**10**, 8) in Fourierreihen entwickelt und die so erhaltenen Reihen mit den vorgegebenen Fourierentwicklungen dieser Größen gliedweise identifiziert.

Sind an einem oder an beiden Rändern $k_{rx} = \bar{k}_{rx}$ oder $m_{rr} = \bar{m}_{rr}$ vorgeschrieben, so achtet man auf die Bedingungsgleichung (**9**, 7), welche in unserem Fall die Gestalt

$$k_{rx} - \frac{1}{r}\frac{\partial m_{rr}}{\partial \varphi} = \bar{k}_{rx} - \frac{1}{r}\frac{\partial \bar{m}_{rr}}{\partial \varphi} \qquad \text{(am Rand)}$$

annimmt, oder wegen (**10**, 6) und (**10**, 8)

$$\left.\begin{array}{l}
-\dfrac{m^2 E h^3}{12(m^2-1)}\left(\dfrac{\partial^3 u_0}{\partial r^3} + \dfrac{1}{r}\dfrac{\partial^2 u_0}{\partial r^2} - \dfrac{1}{r^2}\dfrac{\partial u_0}{\partial r} + \dfrac{2m-1}{m}\dfrac{1}{r^2}\dfrac{\partial^3 u_0}{\partial r \partial \varphi^2} - \dfrac{3m-1}{m}\dfrac{1}{r^3}\dfrac{\partial^2 u_0}{\partial \varphi^2}\right) \\
\qquad = \bar{k}_{rx} - \dfrac{1}{r}\dfrac{\partial \bar{m}_{rr}}{\partial \varphi} \qquad \text{(am Rand)}.
\end{array}\right\} \tag{4}$$

14. Der durch Rippen versteifte Zylinderdeckel. Im Anschluß an das Plattenproblem behandeln wir hier noch eine einfache Aufgabe aus der technischen Praxis. Es ist eine bekannte Tatsache, daß Rippen, die eine Konstruktion versteifen sollen, in Wirklichkeit mitunter eine Schwächung bedeuten. Das folgende Beispiel, nämlich ein Zylinderdeckel mit angegossenem Packungsgehäuse, zeigt, wie gefährlich solche Rippen unter Umständen sein können.

[1]) H. Reissner, Über die unsymmetrische Biegung dunner Kreisringplatten, Ing.-Arch. 1 (1929) S. 72.

Der Deckel ist in Abb. 20 im Grundriß und im Querschnitt schematisch wiedergegeben. Der Druck, dem er ausgesetzt ist, beträgt 8 kg/cm². Es wird angenommen, daß er am Rande frei aufliegt, wenn auch tatsächlich mindestens eine elastische Einspannung vorhanden sein wird. Diesem Umstand wird übrigens dadurch Rechnung getragen, daß wir als Halbmesser des Stützrandes den Zylinderhalbmesser annehmen.

Wir denken uns die Rippen zunächst noch nicht vorhanden und zerteilen dann den Deckel durch einen ringförmigen Schnitt in zwei Teile: die eigentliche Platte und das zylindrische Packungsgehäuse, und betrachten unter Einführung der Schnittkräfte jeden dieser Teile für sich.

Wie aus Abb. 21 ersichtlich, besteht die Belastung der Platte, abgesehen von ihren Stützkräften, aus

a) dem über ihre Oberfläche gleichmäßig verteilten Druck p,

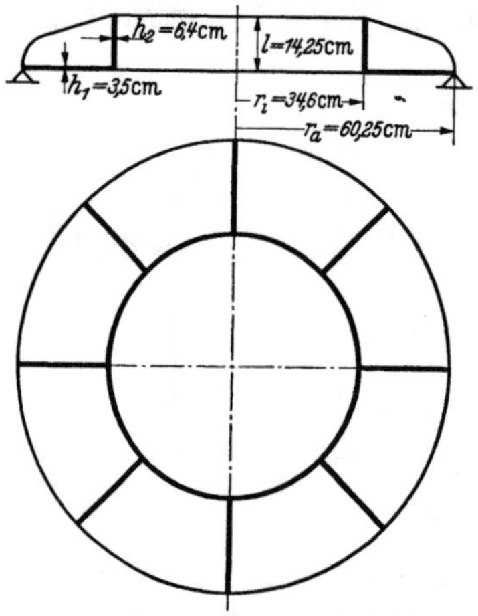

Abb. 20. Der durch Rippen versteifte Zylinderdeckel.

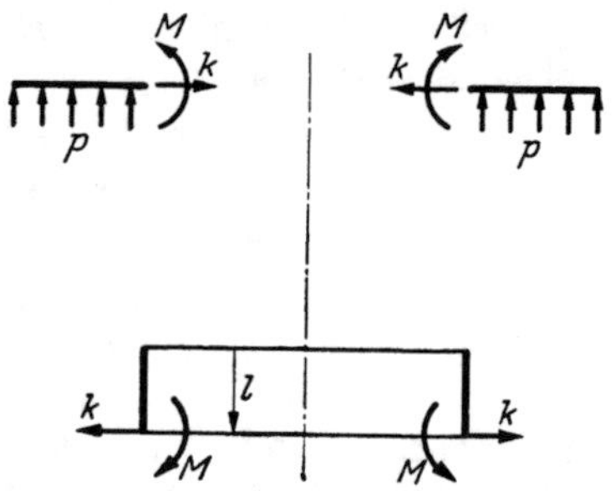

Abb. 21. Die Belastung von Deckel und Packungsgehäuse.

b) den über ihren Innenrand gleichmäßig verteilten Biegemomenten, deren Betrag je Längeneinheit, um Verwechslung mit der Poissonschen Zahl m zu vermeiden, diesmal mit M bezeichnet wird (wobei der positive Drehsinn, wie er in Abb. 21 definiert ist, allerdings nicht dem Drehsinn des wirklich auftretenden Momentes entspricht, sondern aus später anzugebenden Gründen gewählt ist),

c) den über ihren Innenrand gleichmäßig verteilten, je Längeneinheit mit k bezeichneten Normalkräften.

Auf den Zylinder wirken an seinem unteren Rande die Momente b) und die Kräfte c) mit umgekehrten Vorzeichen. Die Momente sind auch für den Zylinder Biegemomente (im Sinne der Schalentheorie, § 3); die Kräfte k, die für die Platte Normalkräfte bezeichnen, sind für den Zylinder Querkräfte.

Die Größen von M und k berechnen sich aus der zweifachen Bedingung, daß Platte und Zylinder da, wo sie zusammenstoßen, gleiche radiale Verschiebungen und gleiche Winkeländerungen aufweisen müssen.

Zur Durchrechnung zunächst der Platte schlagen wir den gleichen Weg ein wie in Ziff. **11**, benützen also die Veränderliche $\psi = -u_0'$ und die Spannungsgleichungen (**11**, 3), die mit der Plattendicke h_1 lauten:

$$\left.\begin{aligned}
\sigma_r &= \frac{mEx}{m^2-1}\left(m\psi' + \frac{\psi}{r}\right), \qquad \sigma_\varphi = \frac{mEx}{m^2-1}\left(\psi' + m\frac{\psi}{r}\right), \qquad \tau_{r\varphi} = 0\\
m_{r\varphi} &= \frac{mEh_1^3}{12(m^2-1)}\left(m\psi' + \frac{\psi}{r}\right), \quad m_{\varphi r} = -\frac{mEh_1^3}{12(m^2-1)}\left(\psi' + m\frac{\psi}{r}\right), \quad m_{rr} = m_{\varphi\varphi} = 0.
\end{aligned}\right\}\quad(1)$$

Für die Querkraft k_{rx} gilt jetzt, wenn r_i der Innen- und r_a der Außenhalbmesser der Platte ist, analog zu (**11**, 4)

$$\pi(r^2-r_i^2)p+2\pi r k_{rx}=0, \quad \text{also} \quad k_{rx}=-\frac{p}{2}\frac{r^2-r_i^2}{r}. \tag{2}$$

Hiermit und mit (1) geht die zweite Gleichung (**10**, 7) wieder in eine Differentialgleichung zweiter Ordnung für ψ über, nämlich

$$r^2\psi''+r\psi'-\psi=-\frac{Ap}{2}r(r^2-r_i^2) \tag{3}$$

mit dem allgemeinen Integral

$$\psi=C_1 r+\frac{C_2}{r}-\frac{Ap}{16}\left[r^3-r r_i^2\left(4\ln\frac{r}{r_i}-2\right)\right]. \tag{4}$$

Für die nur durch p belastete, am Außenrand frei aufliegende, am Innenrand zunächst noch nicht durch die Momente M belastete Platte ist $m_{r\varphi}$ sowohl bei $r=r_a$ wie bei $r=r_i$ gleich Null. Man erhält somit aus der vierten Gleichung (1) die folgenden Bedingungsgleichungen für C_1 und C_2:

$$(m+1)C_1-(m-1)\frac{C_2}{r_a^2}=\frac{Ap}{16}\left[(3m+1)r_a^2-2(m-1)r_i^2-4(m+1)r_i^2\ln\frac{r_a}{r_i}\right],$$

$$(m+1)C_1-(m-1)\frac{C_2}{r_i^2}=\frac{Ap}{16}(m+3)r_i^2.$$

Hieraus folgt

$$C_1=\frac{Ap}{16}\left(\frac{3m+1}{m+1}r_a^2+\frac{m+3}{m+1}r_i^2-\frac{4r_a^2r_i^2}{r_a^2-r_i^2}\ln\frac{r_a}{r_i}\right),$$

$$C_2=\frac{Ap}{16}r_a^2r_i^2\left(\frac{3m+1}{m-1}-4\frac{m+1}{m-1}\frac{r_i^2}{r_a^2-r_i^2}\ln\frac{r_a}{r_i}\right),$$

so daß

$$\left.\begin{aligned}\psi=\frac{Ap}{16}\Big[-r^3+\left(\frac{3m+1}{m+1}r_a^2-\frac{m-1}{m+1}r_i^2\right)r+\frac{3m+1}{m-1}\frac{r_a^2r_i^2}{r}-\\-4r_i^2r\left(\frac{r_a^2}{r_a^2-r_i^2}\ln\frac{r_a}{r_i}-\ln\frac{r}{r_i}\right)-4\frac{m+1}{m-1}\frac{r_a^2r_i^4}{r_a^2-r_i^2}\frac{1}{r}\ln\frac{r_a}{r_i}\Big]\end{aligned}\right\} \tag{5}$$

wird. Wir brauchen diesen Ausdruck für $r=r_i$ und erhalten dort mit dem Wert $A=12(m^2-1)/(m^2Eh_1^3)$

$$\psi_1=\frac{3(m^2-1)pr_i}{4m^2Eh_1^3}\left[\frac{2m}{m+1}\left(\frac{3m+1}{m-1}r_a^2-r_i^2\right)-\frac{8m}{m-1}\frac{r_a^2r_i^2}{r_a^2-r_i^2}\ln\frac{r_a}{r_i}\right]. \tag{6}$$

Für die lediglich am Innenrand durch Biegemomente M belastete Platte gilt die Differentialgleichung

$$r^2\psi''+r\psi'-\psi=0, \tag{7}$$

welche aus (3) durch Nullsetzen von p folgt. Die in ihrer Lösung

$$\psi=C_1r+\frac{C_2}{r} \tag{8}$$

auftretenden Konstanten bestimmen sich jetzt aus den Bedingungen $m_{r\varphi}=0$ für $r=r_a$, $m_{r\varphi}=-M$ für $r=r_i$. Diese lauten nach (1)

$$(m+1)C_1-\frac{(m-1)}{r_a^2}C_2=0,$$

$$\frac{mEh_1^3}{12(m^2-1)}\left[(m+1)C_1-\frac{m-1}{r_i^2}C_2\right]=-M.$$

Man findet

$$C_1 = \frac{12(m-1)}{mEh_1^3}\,\frac{r_i^2}{r_a^2-r_i^2}\,M, \qquad C_2 = \frac{12(m+1)}{mEh_1^3}\,\frac{r_a^2 r_i^2}{r_a^2-r_i^2}\,M,$$

so daß

$$\psi = \frac{12}{mEh_1^3}\,\frac{r_i^2}{r_a^2-r_i^2}\left[(m-1)r + (m+1)\frac{r_a^2}{r}\right]M \tag{9}$$

wird. Wir brauchen diesen Ausdruck wiederum für $r = r_i$ und erhalten dort

$$\psi_2 = \frac{12}{mEh_1^3}\,\frac{r_i^2}{r_a^2-r_i^2}\left[(m-1)r_i + (m+1)\frac{r_a^2}{r_i}\right]M. \tag{10}$$

Schließlich bestimmt sich die radiale Randverschiebung v der an ihrem Innenrand durch Normalkräfte k belasteten Platte nach der vierten Formel (**6**, 2), in welcher u durch v zu ersetzen und $a_0 = 0$, $a_0'' = k/h_1$, $\beta = \varrho = r_i/r_a$ zu nehmen ist:

$$v = -\frac{k r_i}{Eh_1}\left(\frac{r_a^2+r_i^2}{r_a^2-r_i^2} + \frac{1}{m}\right). \tag{11}$$

Die Verformungsgrößen des Zylinders von der Länge l und der Wandstärke h_2 werden erst später in Ziff. **19** ausführlich abgeleitet; hier schreiben wir sie einfach an. Ist der Zylinder lediglich an seinem Rande durch Momente M belastet, so gilt nach (**19**, 14), wenn man dort h durch h_2, ferner u_l' durch ψ_3 und u_l durch v_3 ersetzt und beachtet, daß dort die Momente M positiv im Sinne einer Ausbiegung nach außen gerechnet werden (weshalb wir dies auch hier, wie schon erwähnt, getan haben),

$$\left.\begin{aligned} \psi_3 &= \frac{12(m^2-1)}{m^2Eh_2^3\mu}\,\frac{\mathfrak{Sin}\,2\beta + \sin 2\beta}{\mathfrak{Cof}\,2\beta + \cos 2\beta - 2}\,M, \\ v_3 &= \frac{6(m^2-1)}{m^2Eh_2^3\mu^2}\,\frac{\mathfrak{Cof}\,2\beta - \cos 2\beta}{\mathfrak{Cof}\,2\beta + \cos 2\beta - 2}\,M \end{aligned}\right\} \text{ mit } \mu^4 = \frac{3(m^2-1)}{m^2h_2^2r_i^2}, \quad \beta = \mu l. \tag{12}$$

Dagegen gilt bei der Belastung k nach (**19**, 16) mit $\psi_4 \equiv u_l'$, $v_4 \equiv u_l$, $k \equiv q$,

$$\left.\begin{aligned} \psi_4 &= \frac{6(m^2-1)}{m^2Eh_2^3\mu^2}\,\frac{\mathfrak{Cof}\,2\beta - \cos 2\beta}{\mathfrak{Cof}\,2\beta + \cos 2\beta - 2}\,k, \\ v_4 &= \frac{6(m^2-1)}{m^2Eh_2^3\mu^3}\,\frac{\mathfrak{Sin}\,2\beta - \sin 2\beta}{\mathfrak{Cof}\,2\beta + \cos 2\beta - 2}\,k. \end{aligned}\right\} \tag{13}$$

Setzt man jetzt die aus Abb. 20 zu entnehmenden Zahlenwerte, nämlich $r_a = 60{,}25$ cm, $r_i = 34{,}6$ cm, $l = 14{,}25$ cm, $h_1 = 3{,}5$ cm, $h_2 = 6{,}4$ cm sowie $p = 8$ kg/cm², $E = 10^6$ kg/cm², $m = 4$ ein, so kommt $\mu = 0{,}087$, $\beta = \mu l = 1{,}24$, $2\beta = 142°$, $\mathfrak{Cof}\,2\beta = 6{,}0125$, $\mathfrak{Sin}\,2\beta = 5{,}9288$, $\cos 2\beta = -0{,}78901$, $\sin 2\beta = 0{,}61437$, und man erhält nach (6), (10), (11), (12) und (13)

$$\begin{aligned} \psi_1 &= 0{,}0583, & v &= 22\cdot 10^{-6}\,k \text{ cm}, \\ \psi_2 &= 21{,}5\cdot 10^{-6}M, & v_3 &= 5{,}99\cdot 10^{-6}M \text{ cm}, \\ \psi_3 &= 1{,}001\cdot 10^{-6}M, & v_4 &= 53{,}65\cdot 10^{-6}k \text{ cm}. \\ \psi_4 &= 5{,}99\cdot 10^{-6}k, \end{aligned}$$

Die Verträglichkeitsbedingungen für Zylinder und Platte

$$v_3 + v_4 = -v, \qquad \psi_3 + \psi_4 = -(\psi_2 + \psi_1) \tag{14}$$

gehen hiermit über in

$$\begin{aligned} 5{,}99\cdot 10^{-6}M + (53{,}65 + 22)\cdot 10^{-6}k &= 0, \\ (1{,}001 + 21{,}5)\cdot 10^{-6}M + 5{,}99\cdot 10^{-6}k &= -0{,}0583, \end{aligned}$$

so daß gefunden wird

$$M = -2650\,\mathrm{kg}, \qquad k = 210\,\mathrm{kg/cm}.$$

(M ist negativ, wie zu erwarten war.)

Zur Berechnung der Ringspannung σ_φ am Obenrand des Zylinders hat man nur noch die dortige Ausbiegung zufolge der soeben berechneten Momente und Querkräfte zu bestimmen. Aus den Gleichungen (**19**, 14) und (**19**, 16) erhält man hierfür

$$v_0 = -\frac{12(m^2-1)}{m^2 E h_2^3 \mu^2}\,\frac{\mathfrak{Sin}\,\beta \sin\beta}{\mathfrak{Sin}^2\beta - \sin^2\beta}\,M - \frac{6(m^2-1)}{m^2 E h_2^3 \mu^3}\,\frac{\mathfrak{Cof}\,\beta \sin\beta - \mathfrak{Sin}\,\beta\cos\beta}{\mathfrak{Sin}^2\beta - \sin^2\beta}\,k, \tag{15}$$

was zu einer Vergrößerung des Halbmessers um den Betrag 0,00861 cm führt. Die gesuchte Ringspannung σ_φ beträgt somit

$$\sigma_\varphi = 0{,}00861\,\frac{E}{r_i} = 249\,\mathrm{kg/cm^2}.$$

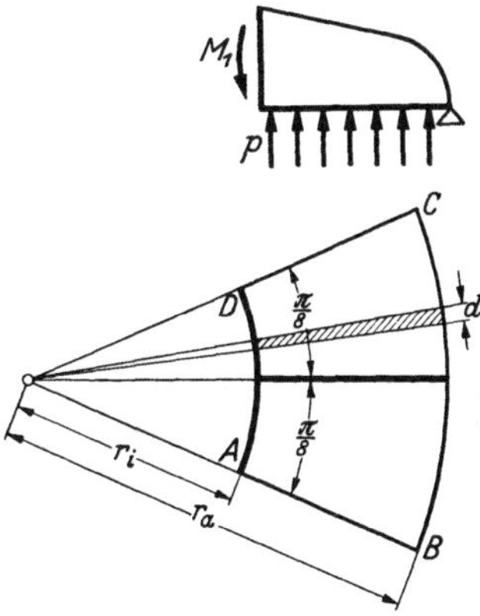

Abb. 22. Achtel des Deckels.

Auch wenn man berücksichtigt, daß der obere Rand des Packungsgehäuses wohl durch Gewindelöcher geschwächt ist, so daß eine erhebliche Spannungserhöhung zu erwarten sein wird, braucht dort doch noch kein Bruch einzutreten. Wir zeigen aber jetzt, mit einer zwar ziemlich groben, jedoch ausreichend genauen Näherungsrechnung, daß die Rippen den Bruch zur Folge haben werden. Dazu betrachten wir das in Abb. 22 angegebene Achtel des nunmehr mit Rippen versehenen und durch einen zylindrischen Schnitt vom Packungsgehäuse getrennt gedachten Deckels und berechnen zunächst das im Querschnitt AD zum Gleichgewicht benötigte Biegemoment M_1. Dabei machen wir zwei vereinfachende Annahmen: erstens soll der Einfluß der in den Seitenflächen AB und CD wirkenden und von den Ringspannungen herrührenden Momente vernachlässigt werden dürfen; zweitens soll der Lagerdruck am Rande BC als unveränderlich angesehen werden dürfen, so daß jedes Randelement ds einen Lagerdruck erleidet, der der belastenden Kraft des ihm zugehörigen (in Abb. 22 schraffierten) Streifens gleich ist. Unter diesen Umständen wird

$$M_1 = \int\limits_{-\pi/8}^{+\pi/8} (r_a - r_i)\cos\varphi \int\limits_{r_i}^{r_a} p\,r\,dr\,d\varphi - \int\limits_{-\pi/8}^{+\pi/8}\int\limits_{r_i}^{r_a} (r - r_i)\cos\varphi \cdot p\,r\,dr\,d\varphi$$

$$= \frac{1}{3}\,p\,(r_a - r_i)^2 (r_a + 2r_i)\sin\frac{\pi}{8} = 86700\,\mathrm{kgcm}.$$

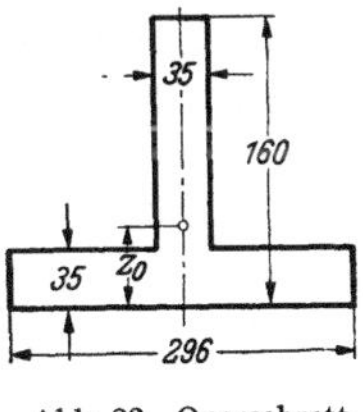

Abb. 23. Querschnitt eines Achtels des Deckels an der Einspannstelle.

Dieses Moment wird von einem Querschnitt der in Abb. 23 angegebenen Form übertragen. Die Schwerpunktskoordinate dieses Querschnitts berechnet sich zu $z_0 = 4{,}5$ cm und das in Betracht kommende Trägheitsmoment zu $J = 2423\,\mathrm{cm^4}$. Die größte Biegespannung wird also

$$\frac{86700\,(16 - 4{,}5)}{2423} = 411\,\mathrm{kg/cm^2}.$$

Das Packungsgehäuse wird durch die Reaktionsmomente M_1 belastet. Teilt man dieses Gehäuse durch waagerechte Schnitte in Ringe von 1 cm Höhe, und vernachlässigt man ihre gegenseitige Einwirkung, so wird jeder Ring durch acht radiale Kräfte belastet (Abb. 24). Der oberste Ring wird am stärksten beansprucht, und zwar durch Kräfte von der Größe $K = 3{,}5 \cdot 411 = 1440$ kg. Berechnet man nach Kap. V, Ziff. **13** das dadurch im Ring geweckte größte Biegemoment, so findet man, daß dieses an der Angriffstelle einer Kraft auftritt und $M_{\max} = 3310$ kgcm beträgt. Im selben Querschnitt wirkt außerdem infolge der Kräfte K eine Normalkraft $N = 1440 \cdot \left(\frac{1}{2} + \cos\frac{\pi}{4}\right) = 1730$ kg, so daß die größte Normalspannung sich zu

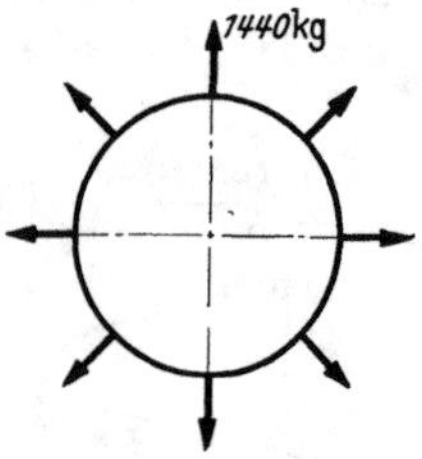

Abb. 24. Belastung des obersten Ringes des Packungsgehauses.

$$\sigma_{\max} = \frac{3310}{\frac{1}{6} \cdot 6{,}4^2} + \frac{1730}{6{,}4} = 755 \text{ kg/cm}^2$$

berechnet, während ohne Rippen an derselben Stelle die größte Normalspannung nur 249 kg/cm² betrug.

Auch wenn man im Auge behält, daß diese Rechnung nur eine grobe Näherung darstellt, kann in dem gefundenen Ergebnis ein Beweis dafür gesehen werden, daß die zur Verstärkung angebrachten Rippen die Konstruktion erheblich geschwächt haben. (Der tatsächlich eingetretene Bruch ist ohne Zweifel der Spannungskonzentration durch die Gewindelöcher zuzuschreiben.)

§ 3. Die Schale.

15. Die Schnittkräfte und -momente der biegesteifen und der biegeschlaffen Schale. Bei der ebenen Platte konnte sowohl der Spannungs- wie der Verformungszustand in zwei Teile getrennt werden, nämlich herrührend je von Belastungen in der Mittelebene und senkrecht zur Mittelebene. Die von vornherein gekrümmte Platte, die sogenannte Schale, läßt eine einfache Übertragung dieser das Problem stark vereinfachenden Zerspaltung nicht mehr zu, und daher ist die Schalentheorie[1]) ihrem Wesen nach viel verwickelter als die Plattentheorie.

Ihren Ausgangspunkt bildet, ebenso wie in der Plattentheorie, ein Schalenelement, an dem wir zunächst alle an ihm angreifenden Kräfte und Momente betrachten wollen. Das Element wird, wie aus Abb. 25 ersichtlich, von den beiden Schalenoberflächen und von vier die Schale senkrecht durchsetzenden Ebenen begrenzt, die aus der Schalenmittelebene ein rechtwinkliges Flächenelement $dy\,dz$ ausschneiden. Ebenso wie in der technischen Plattentheorie nehmen wir auch hier an, daß die Abhängigkeit der Spannungen σ_y, σ_z, $\tau_{yz} (= \tau_{zy})$ von x linear ist, und ebenso wie dort beziehen wir die von den Spannungen erzeugten resultierenden Kräfte und Momente auf die (in der Mittelfläche zu messende) Breiteneinheit der Seitenflächen des Elements. Es ist also mit den entsprechenden Krümmungshalbmessern R_y und R_z der Mittelfläche

$$\left.\begin{aligned}
k_{yx} &= \int_{-h/2}^{+h/2} \tau_{yx}\left(1 + \frac{x}{R_y}\right) dx, \quad & k_{yy} &= \int_{-h/2}^{+h/2} \sigma_y\left(1 + \frac{x}{R_y}\right) dx, \quad & k_{yz} &= \int_{-h/2}^{+h/2} \tau_{yz}\left(1 + \frac{x}{R_y}\right) dx,\\
k_{zx} &= \int_{-h/2}^{+h/2} \tau_{zx}\left(1 + \frac{x}{R_z}\right) dx, \quad & k_{zy} &= \int_{-h/2}^{+h/2} \tau_{zy}\left(1 + \frac{x}{R_z}\right) dx, \quad & k_{zz} &= \int_{-h/2}^{+h/2} \sigma_z\left(1 + \frac{x}{R_z}\right) dx;
\end{aligned}\right\} \tag{1}$$

[1]) Es sei hier auf das vorzügliche Buch von W. Flügge, Statik und Dynamik der Schalen, Berlin 1934, hingewiesen, an dessen Darstellung wir uns vielfach anschließen.

$$\left.\begin{aligned} m_{yy} &= -\int_{-h/2}^{+h/2} \tau_{yz}\left(1+\frac{x}{R_y}\right) x\,dx, & m_{yz} &= \int_{-h/2}^{+h/2} \sigma_y\left(1+\frac{x}{R_y}\right) x\,dx, \\ m_{zy} &= -\int_{-h/2}^{+h/2} \sigma_z\left(1+\frac{x}{R_z}\right) x\,dx, & m_{zz} &= \int_{-h/2}^{+h/2} \tau_{zy}\left(1+\frac{x}{R_z}\right) x\,dx. \end{aligned}\right\} \qquad (2)$$

In diesen Ausdrücken macht sich die Krümmung der Schale in den mit R_y und R_z behafteten Gliedern bemerkbar. In weitaus den meisten technischen Fällen sind aber die Brüche x/R_y und x/R_z gegen 1 sehr klein, so daß sie ohne jedes Bedenken vernachlässigt werden können.

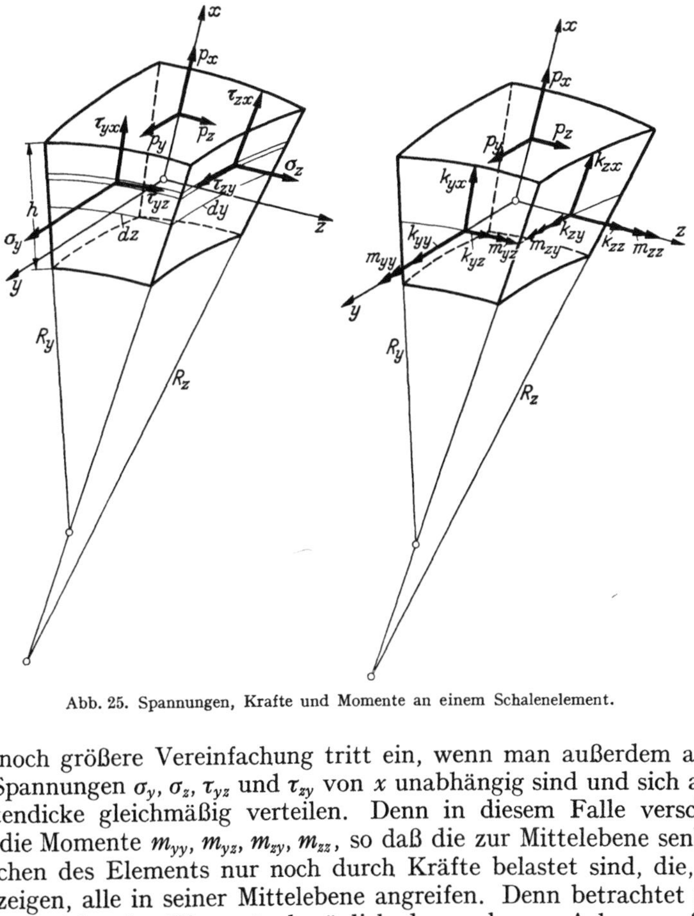

Abb. 25. Spannungen, Krafte und Momente an einem Schalenelement.

Eine noch größere Vereinfachung tritt ein, wenn man außerdem annimmt, daß die Spannungen σ_y, σ_z, τ_{yz} und τ_{zy} von x unabhängig sind und sich also über die Plattendicke gleichmäßig verteilen. Denn in diesem Falle verschwinden nach (2) die Momente m_{yy}, m_{yz}, m_{zy}, m_{zz}, so daß die zur Mittelebene senkrechten Seitenflächen des Elements nur noch durch Kräfte belastet sind, die, wie wir sogleich zeigen, alle in seiner Mittelebene angreifen. Denn betrachtet man das Drehgleichgewicht des Elements bezüglich der y- bzw. z-Achse, so folgt unmittelbar, daß k_{zx} bzw. k_{yx} gleich Null sein muß. Unsere Annahme ist, wie man leicht einsieht, gleichbedeutend mit der Auffassung, daß die Schale keine Biegesteifigkeit besitzt und sich wie eine dünne Haut benimmt. Man pflegt den Spannungszustand, der dann in der Schale auftritt, Membranspannungszustand zu nennen. Doch vermeiden wir dieses Wort lieber, weil in der Technik mit dem Wort Membran gerade biegesteife, wenn auch dünne, Platten bezeichnet werden. Wir wollen vielmehr in einem solchen Falle von einer biegeschlaffen Schale sprechen, andernfalls von einer biegesteifen.

Bei einer biegeschlaffen Schale reichen die Gleichgewichtsbedingungen gerade zur Bestimmung der unbekannten Spannungen aus. Denn wegen $k_{yx}=k_{zx}=0$ und $k_{yz}=k_{zy}$ sind die Momentengleichungen bezüglich der drei Koordinatenachsen identisch befriedigt, und es bleiben also gerade drei Gleichgewichtsbedingungen zur Berechnung von k_{yy}, k_{zz} und k_{yz} ($=k_{zy}$) übrig. Die biegeschlaffe Schale ist also ein statisch bestimmtes System, dessen Spannungsberechnung unabhängig von der elastischen Verformung durchgeführt werden kann.

Selbstverständlich gilt diese Aussage nur so lange, wie die Krümmungen der Schale nicht merklich von der elastischen Verformung beeinflußt werden. Denn in die Gleichgewichtsbedingungen des Schalenelements gehen die Krümmungen seiner Mittelfläche ein. Hat man es also mit einer Schale zu tun, bei welcher erhebliche Krümmungsänderungen zu erwarten sind, so daß das Gleichgewicht eines Elements für die verformte Schale angeschrieben werden muß, so ist die Berechnung der als biegeschlaff aufgefaßten Schale zwar noch immer einfacher als diejenige der biegesteifen Schale; aber die Schale ist nun nicht mehr statisch bestimmt, weil in den Gleichgewichtsbedingungen auch die Verformungen mitspielen und also der Zusammenhang zwischen Verschiebungen und Spannungen zur Spannungsberechnung herangezogen werden muß.

Ob eine Schale wirklich als biegeschlaff durchgerechnet werden darf, hängt in der Hauptsache von ihren Randbedingungen ab; diese dürfen den Merkmalen der Biegeschlaffheit nicht widersprechen. Es ist z. B. ohne weiteres klar, daß eine Schale, an deren Rand sogenannte Krempelmomente angreifen, unmöglich als biegeschlaff durchgerechnet werden kann, weil eine biegeschlaffe Schale definitionsgemäß zur Aufnahme solcher Momente unfähig ist.

Aber auch wenn die Randbelastung keinen solchen Widerspruch mit dem Wesen der biegeschlaffen Schale bildet, kann es unstatthaft sein, die Schale als biegeschlaff zu rechnen. Denn neben Randbelastungen sind öfters auch Randverschiebungen vorgeschrieben, und über diese kann, wie man am einfachsten bei der statischen Berechnung im eigentlichen Sinne überblickt, nicht frei verfügt werden. Hat man es z. B. mit einer kugelförmigen Schale zu tun, die durch zwei Parallelkreise begrenzt wird, und sind (außer an der Schalenoberfläche) am oberen Rand die Spannungen, am unteren Rand die Verschiebungen vorgeschrieben, so liefert die statische Berechnung der als biegeschlaff aufgefaßten Schale eindeutig diejenige Spannungsverteilung, die den Bedingungen am Oberrand genügt. Diese Spannungsverteilung definiert ihrerseits die elastische Verformung der Schale eindeutig, und es können also im allgemeinen die für den Unterrand geltenden Verschiebungsbedingungen nicht mehr befriedigt werden. Inwiefern bei nicht zu erfüllenden Randbedingungen eine Schale trotzdem als biegeschlaff gelten kann, oder in welcher Weise eine der wahren Natur der Schale Rechnung tragende Verbesserung angebracht werden kann, ist oft Sache weitgehender Überlegungen, auf welche wir hier aber nicht weiter eingehen.

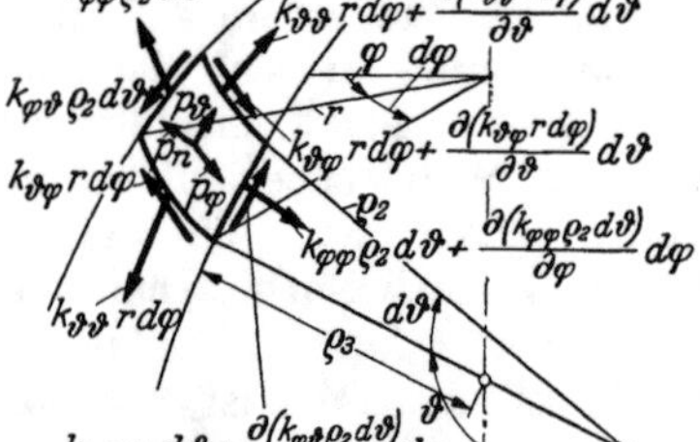

Abb. 26. Element einer biegeschlaffen Umdrehungsschale.

16. Die Spannungen der biegeschlaffen Umdrehungsschale. Bei der Aufstellung der allgemeinen Spannungsgleichungen für die biegeschlaffe Schale beschränken wir uns auf Umdrehungsflächen. Ihr Flächenelement sei mit Hilfe zweier Parallelkreise und zweier Meridianschnitte definiert (Abb. 26). Die Lage eines Meridianschnitts soll durch den Winkel φ angegeben sein, den er mit einer festen Meridianebene einschließt, die Lage eines Parallelkreises durch den Winkel ϑ, den die Flächennormale eines seiner Punkte mit der Drehachse, vom Südpol an gerechnet, einschließt. Jedem Flächenpunkt sind drei Richtungen zugeordnet, nämlich die äußere Flächennormale und die beiden Flächentangenten in den Richtungen wachsender φ und ϑ. Nach diesen Richtungen wird die Oberflächenbelastung p in ihre drei Komponenten p_n, p_φ und p_ϑ zerlegt. Der (feste) Halbmesser eines Parallelkreises sei mit r, der (veränderliche) Krümmungshalbmesser der Meridiankurve mit ϱ_2 bezeichnet. Die Größe ϱ_2 ist der eine der beiden Hauptkrümmungshalbmesser; der andere Hauptkrümmungshalbmesser gehört zu der Schnittkurve, die in der zur Meridianebene senkrechten Normalebene liegt; er ist nach einem bekannten Satze aus der Flächentheorie gleich dem Stück der Flächennormalen zwischen Fläche und Drehachse und in Abb. 26 mit ϱ_3 bezeichnet.

Schreibt man nun für das Flächenelement in Abb. 26 die Gleichgewichtsbedingungen in den Richtungen n, φ, ϑ an, so erhält man, wie sogleich noch näher erklärt werden wird,

$$\left.\begin{aligned}
&-k_{\vartheta\vartheta} r\, d\varphi\, d\vartheta - k_{\varphi\varphi}\varrho_2\, d\vartheta\, d\varphi \sin\vartheta + p_n r\, d\varphi\, \varrho_2\, d\vartheta = 0,\\
&\frac{\partial(k_{\varphi\varphi}\varrho_2\, d\vartheta)}{\partial\varphi} d\varphi + \frac{\partial(k_{\vartheta\varphi} r\, d\varphi)}{\partial\vartheta} d\vartheta - k_{\varphi\vartheta}\varrho_2\, d\vartheta\, d\psi + p_\varphi r\, d\varphi\, \varrho_2\, d\vartheta = 0,\\
&\frac{\partial(k_{\varphi\vartheta}\varrho_2\, d\vartheta)}{\partial\varphi} d\varphi + \frac{\partial(k_{\vartheta\vartheta} r\, d\varphi)}{\partial\vartheta} d\vartheta - k_{\varphi\varphi}\varrho_2\, d\vartheta\, d\varphi \cos\vartheta + p_\vartheta r\, d\varphi\, \varrho_2\, d\vartheta = 0.
\end{aligned}\right\} \quad (1)$$

Das zweite Glied der ersten und das dritte Glied der dritten Gleichung stammen von den in den Meridianschnitten wirkenden Normalkräften, welche eine die Drehachse senkrecht schneidende Resultierende vom Betrage $k_{\varphi\varphi}\varrho_2\, d\vartheta\, d\varphi$ aufweisen, die, wie aus Abb. 27 ersichtlich, sowohl eine Komponente in die Richtung der Meridiantangente wie in die der Flächennormale wirft. Das dritte Glied der zweiten Gleichung stammt von den in den Meridianschnitten wirkenden Querkräften, die, wie aus Abb. 28 ersichtlich, eine waagerechte Resultierende vom Betrage $k_{\varphi\vartheta}\varrho_2\, d\vartheta\, d\psi$ liefern, und zwar ist wegen $t\, d\psi = r\, d\varphi$ und $r/t = -\cos\vartheta$ hierbei noch $d\psi = -\cos\vartheta\, d\varphi$. Beachtet man außerdem, daß $r = \varrho_3 \sin\vartheta$ ist, so vereinfachen sich die Gleichungen (1) zu

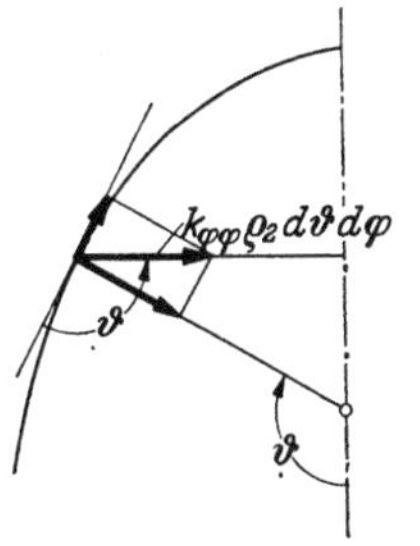

Abb. 27. Komponenten der Kraft $k_{\varphi\varphi}\varrho_2\, d\vartheta\, d\varphi$ in der n- und ϑ-Richtung.

$$\left.\begin{aligned}
&\frac{k_{\varphi\varphi}}{\varrho_3} + \frac{k_{\vartheta\vartheta}}{\varrho_2} - p_n = 0,\\
&\varrho_2 \frac{\partial k_{\varphi\varphi}}{\partial\varphi} + \frac{\partial r k_{\vartheta\varphi}}{\partial\vartheta} + \varrho_2 k_{\varphi\vartheta}\cos\vartheta + r\varrho_2 p_\varphi = 0,\\
&\varrho_2 \frac{\partial k_{\varphi\vartheta}}{\partial\varphi} + \frac{\partial r k_{\vartheta\vartheta}}{\partial\vartheta} - \varrho_2 k_{\varphi\varphi}\cos\vartheta + r\varrho_2 p_\vartheta = 0.
\end{aligned}\right\} \quad (2)$$

Entwickelt man die gegebenen Belastungen p_n, p_φ, p_ϑ in Fourierreihen nach φ

$$\left.\begin{aligned}
p_n &= \sum_{\mu=1}^{\infty} p_n^\mu \cos\mu\varphi + \sum_{\mu=1}^{\infty} \bar{p}_n^\mu \sin\mu\varphi,\\
p_\varphi &= \sum_{\mu=1}^{\infty} p_\varphi^\mu \sin\mu\varphi + \sum_{\mu=1}^{\infty} \bar{p}_\varphi^\mu \cos\mu\varphi,\\
p_\vartheta &= \sum_{\mu=1}^{\infty} p_\vartheta^\mu \cos\mu\varphi + \sum_{\mu=1}^{\infty} \bar{p}_\vartheta^\mu \sin\mu\varphi,
\end{aligned}\right\} \quad (3)$$

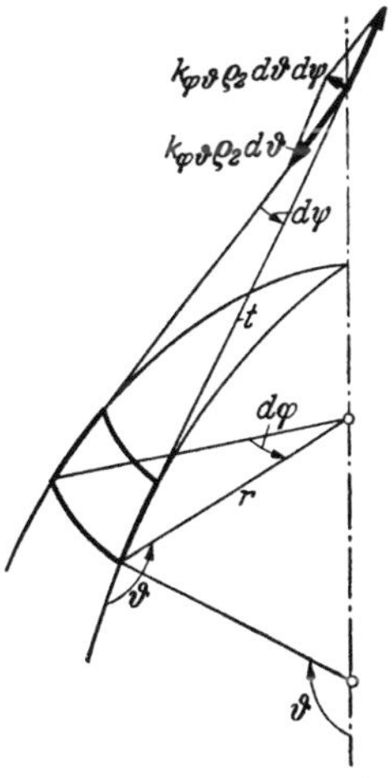

Abb. 28. Resultierende der Kräfte $k_{\varphi\vartheta}\,\varrho_2\, d\vartheta$.

worin also die p_n^μ, $\bar{p}_n^\mu$, p_φ^μ, $\bar{p}_\varphi^\mu$, p_ϑ^μ, $\bar{p}_\vartheta^\mu$ bekannte Funktionen von ϑ sind, so kann, wegen der Linearität des Gleichungssystems (2), für jede der Belastungen

$$p_n^\mu \cos\mu\varphi, \qquad p_\varphi^\mu \sin\mu\varphi, \qquad p_\vartheta^\mu \cos\mu\varphi \tag{4a}$$

und

$$\bar{p}_n^\mu \sin\mu\varphi, \qquad \bar{p}_\varphi^\mu \cos\mu\varphi, \qquad \bar{p}_\vartheta^\mu \sin\mu\varphi \tag{4b}$$

gesondert die Lösung der Gleichungen (2) bestimmt und dann ihre Gesamtlösung als Summe der so erhaltenen Einzellösungen gewonnen werden.

Betrachten wir zuerst die Belastung (4a), so zeigt sich, daß die Gleichungen (2) mit dem Ansatz

$$\left.\begin{aligned} k_{\varphi\varphi} &= k_{\varphi\varphi}^\mu \cos\mu\varphi; \\ k_{\vartheta\vartheta} &= k_{\vartheta\vartheta}^\mu \cos\mu\varphi, \\ k_{\varphi\vartheta} = k_{\vartheta\varphi} &= k_{\varphi\vartheta}^\mu \sin\mu\varphi, \end{aligned}\right\} \tag{5}$$

worin die $k_{\varphi\varphi}^\mu$, $k_{\vartheta\vartheta}^\mu$, $k_{\varphi\vartheta}^\mu\ (=k_{\vartheta\varphi}^\mu)$ nur von ϑ abhängen, übergehen in

$$\left.\begin{aligned} \frac{k_{\varphi\varphi}^\mu}{\varrho_3} + \frac{k_{\vartheta\vartheta}^\mu}{\varrho_2} - p_n^\mu &= 0, \\ \frac{d r k_{\vartheta\varphi}^\mu}{d\vartheta} - \mu\varrho_2 k_{\varphi\varphi}^\mu + \varrho_2 k_{\varphi\vartheta}^\mu \cos\vartheta + r\varrho_2 p_\varphi^\mu &= 0, \\ \frac{d r k_{\vartheta\vartheta}^\mu}{d\vartheta} + \mu\varrho_2 k_{\varphi\vartheta}^\mu - \varrho_2 k_{\varphi\varphi}^\mu \cos\vartheta + r\varrho_2 p_\vartheta^\mu &= 0. \end{aligned}\right\} \tag{6}$$

Eliminiert man noch mit Hilfe der ersten Gleichung die Unbekannte $k_{\varphi\varphi}^\mu$, so bleiben (wenn man einige Male r durch $\varrho_3 \sin\vartheta$ ersetzt) die folgenden simultanen Differentialgleichungen erster Ordnung für $k_{\vartheta\vartheta}^\mu$ und $k_{\varphi\vartheta}^\mu (=k_{\vartheta\varphi}^\mu)$ übrig:

$$\left.\begin{aligned} \frac{d k_{\varphi\vartheta}^\mu}{d\vartheta} + \left(\frac{1}{r}\frac{dr}{d\vartheta} + \frac{\varrho_2}{\varrho_3}\operatorname{ctg}\vartheta\right) k_{\varphi\vartheta}^\mu + \frac{\mu}{\sin\vartheta} k_{\vartheta\vartheta}^\mu &= \frac{\mu\varrho_2}{\sin\vartheta} p_n^\mu - \varrho_2 p_\varphi^\mu, \\ \frac{d k_{\vartheta\vartheta}^\mu}{d\vartheta} + \left(\frac{1}{r}\frac{dr}{d\vartheta} + \operatorname{ctg}\vartheta\right) k_{\vartheta\vartheta}^\mu + \frac{\mu\varrho_2}{\varrho_3 \sin\vartheta} k_{\varphi\vartheta}^\mu &= \varrho_2 p_n^\mu \operatorname{ctg}\vartheta - \varrho_2 p_\vartheta^\mu. \end{aligned}\right\} \tag{7}$$

Das Belastungssystem (4b) führt mit dem Ansatz

$$\left.\begin{aligned} k_{\varphi\varphi} &= \bar{k}_{\varphi\varphi}^\mu \sin\mu\varphi, \\ k_{\vartheta\vartheta} &= \bar{k}_{\vartheta\vartheta}^\mu \sin\mu\varphi, \\ k_{\varphi\vartheta} = k_{\vartheta\varphi} &= \bar{k}_{\varphi\vartheta}^\mu \cos\mu\varphi \end{aligned}\right\} \tag{8}$$

zu analogen Gleichungen, welche aus (7) hervorgehen, indem man überall μ durch $-\mu$ ersetzt.

Für die biegeschlaffe Kugel- und Kreiskegelschale kann die Lösung der Gleichungen (7) verhältnismäßig einfach durchgeführt werden[1]). Setzt man nämlich bei der Kugel $\varrho_2 = \varrho_3 = R$, $\frac{1}{r}\frac{dr}{d\vartheta} = \operatorname{ctg}\vartheta$, so gehen die Gleichungen (7) über in

$$\begin{aligned} \frac{d k_{\varphi\vartheta}^\mu}{d\vartheta} + 2 k_{\varphi\vartheta}^\mu \operatorname{ctg}\vartheta + \frac{\mu}{\sin\vartheta} k_{\vartheta\vartheta}^\mu &= R\left(\frac{\mu}{\sin\vartheta} p_n^\mu - p_\varphi^\mu\right), \\ \frac{d k_{\vartheta\vartheta}^\mu}{d\vartheta} + 2 k_{\vartheta\vartheta}^\mu \operatorname{ctg}\vartheta + \frac{\mu}{\sin\vartheta} k_{\varphi\vartheta}^\mu &= R\,(p_n^\mu \operatorname{ctg}\vartheta - p_\vartheta^\mu) \end{aligned}$$

oder mit den neuen Veränderlichen

$$U_1 = k_{\vartheta\vartheta}^\mu + k_{\varphi\vartheta}^\mu, \qquad U_2 = k_{\vartheta\vartheta}^\mu - k_{\varphi\vartheta}^\mu$$

---

[1]) H. Reissner, Spannungen in Kugelschalen, Müller-Breslau-Festschrift, S. 181, Leipzig 1912.

in die beiden voneinander unabhängigen linearen Gleichungen

$$\left.\begin{aligned}\frac{dU_1}{d\vartheta}+\left(2\operatorname{ctg}\vartheta+\frac{\mu}{\sin\vartheta}\right)U_1&=R\left(\frac{\mu+\cos\vartheta}{\sin\vartheta}\,p_n^\mu-p_\varphi^\mu-p_\vartheta^\mu\right),\\ \frac{dU_2}{d\vartheta}+\left(2\operatorname{ctg}\vartheta-\frac{\mu}{\sin\vartheta}\right)U_2&=-R\left(\frac{\mu-\cos\vartheta}{\sin\vartheta}\,p_n^\mu-p_\varphi^\mu+p_\vartheta^\mu\right).\end{aligned}\right\}\tag{9}$$

Die Lösung dieser Gleichungen lautet, wie man leicht nachprüft,

$$\left.\begin{aligned}U_1&=\frac{\operatorname{ctg}^\mu\frac{1}{2}\vartheta}{\sin^2\vartheta}\left[C_1+R\int\left(\frac{\mu+\cos\vartheta}{\sin\vartheta}\,p_n^\mu-p_\varphi^\mu-p_\vartheta^\mu\right)\sin^2\vartheta\operatorname{tg}^\mu\tfrac{1}{2}\vartheta\,d\vartheta\right],\\ U_2&=\frac{\operatorname{tg}^\mu\frac{1}{2}\vartheta}{\sin^2\vartheta}\left[C_2-R\int\left(\frac{\mu-\cos\vartheta}{\sin\vartheta}\,p_n^\mu-p_\varphi^\mu+p_\vartheta^\mu\right)\sin^2\vartheta\operatorname{ctg}^\mu\tfrac{1}{2}\vartheta\,d\vartheta\right].\end{aligned}\right\}\tag{10}$$

Hat man hieraus

$$k_{\vartheta\vartheta}^\mu=\frac{1}{2}(U_1+U_2),\quad k_{\varphi\vartheta}^\mu=k_{\vartheta\varphi}^\mu=\frac{1}{2}(U_1-U_2)\tag{11}$$

berechnet, so folgt schließlich $k_{\varphi\varphi}^\mu$ aus der ersten Gleichung (6) zu

$$k_{\varphi\varphi}^\mu=R\,p_n^\mu-k_{\vartheta\vartheta}^\mu.\tag{12}$$

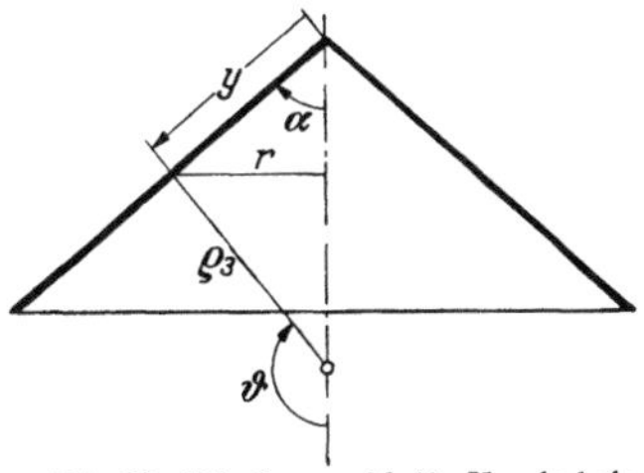

Abb. 29. Die biegeschlaffe Kegelschale.

Beim **Kreiskegel** ist für alle Punkte einer Meridiankurve ϑ fest und ϱ_2 unendlich. Anstatt der Koordinate ϑ führt man deshalb die Koordinate y ein (Abb. 29), welche den Abstand eines Punktes von der Kegelspitze bezeichnet. Dabei ist zu beachten, daß die positive y-Richtung der positiven ϑ-Richtung entgegengesetzt ist, und daß das Koordinatensystem dadurch linkshändig wird. Die Folge davon ist, daß p_ϑ^μ und $k_{\varphi\vartheta}^\mu$ in bezug auf das neue System nicht wie üblich orientiert sind. Wir ersetzen sie deshalb durch $-p_y^\mu$ und $-k_{\varphi y}^\mu$. Der Übergang zum neuen System vollzieht sich, indem man beide Gleichungen (7) durch ϱ_2 dividiert, sodann ϱ_2 nach unendlich gehen läßt, $\varrho_2 d\vartheta=-dy$ setzt und außerdem k_{yy}^μ, $-k_{\varphi y}^\mu$, $-p_y^\mu$ an Stelle von $k_{\vartheta\vartheta}^\mu$, $k_{\varphi\vartheta}^\mu$, p_ϑ^μ schreibt (Abb. 30). Man erhält so

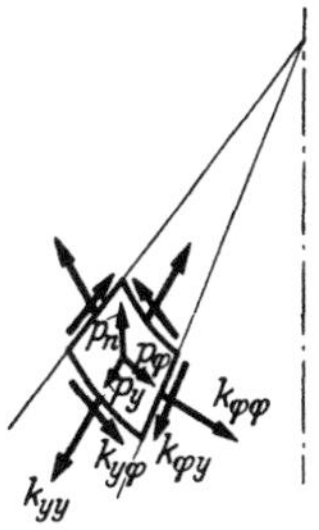

Abb. 30. Element der Kegelschale mit seinen Kräften.

$$\begin{aligned}\frac{dk_{\varphi y}^\mu}{dy}+\left(\frac{1}{r}\frac{dr}{dy}-\frac{\operatorname{ctg}\vartheta}{\varrho_3}\right)k_{\varphi y}^\mu&=\frac{\mu}{\sin\vartheta}\,p_n^\mu-p_\varphi^\mu,\\ \frac{dk_{yy}^\mu}{dy}+\frac{1}{r}\frac{dr}{dy}\,k_{yy}^\mu+\frac{\mu}{\varrho_3\sin\vartheta}\,k_{\varphi y}^\mu&=-p_n^\mu\operatorname{ctg}\vartheta-p_y^\mu.\end{aligned}$$

Bezeichnet man den halben Öffnungswinkel des Kegels mit α, so vereinfachen sich diese Gleichungen wegen

$$\vartheta=\frac{1}{2}\pi+\alpha,\qquad r=y\sin\alpha,\qquad \frac{dr}{dy}=\sin\alpha,\qquad \varrho_3=y\operatorname{tg}\alpha$$

zu

$$\left.\begin{aligned}\frac{dk_{\varphi y}^\mu}{dy}+\frac{2}{y}\,k_{\varphi y}^\mu&=\frac{\mu}{\cos\alpha}\,p_n^\mu-p_\varphi^\mu,\\ \frac{dk_{yy}^\mu}{dy}+\frac{1}{y}\,k_{yy}^\mu+\frac{\mu}{y\sin\alpha}\,k_{\varphi y}^\mu&=p_n^\mu\operatorname{tg}\alpha-p_y^\mu.\end{aligned}\right\}\tag{13}$$

Sie können nacheinander in geschlossener Form integriert werden und geben

$$\left.\begin{aligned}k_{\varphi y}^\mu&=\frac{1}{y^2}\left[C_1+\int\left(\frac{\mu}{\cos\alpha}\,p_n^\mu-p_\varphi^\mu\right)y^2\,dy\right],\\ k_{yy}^\mu&=\frac{1}{y}\left[C_2+\int\left(y\,p_n^\mu\operatorname{tg}\alpha-y\,p_y^\mu-\frac{\mu}{\sin\alpha}\,k_{\varphi y}^\mu\right)dy\right].\end{aligned}\right\}\tag{14}$$

Die erste Gleichung (6) lautet hier

$$k^{\mu}_{\varphi\varphi} = y p^{\mu}_{n} \operatorname{tg} \alpha. \tag{15}$$

Sie liefert unmittelbar die Ringspannung $k^{\mu}_{\varphi\varphi}$.

Bei beliebiger Gestalt der Meridiankurve bietet die Lösung der Gleichungen (7) große Schwierigkeiten. Sind an einem Rande $k^{\mu}_{\vartheta\vartheta}$ und $k^{\mu}_{\varphi\vartheta}$ vorgeschrieben, so faßt man die Gleichungen am besten als Differenzengleichungen für $\Delta k^{\mu}_{\varphi\vartheta}$ und $\Delta k^{\mu}_{\vartheta\vartheta}$ auf und berechnet, vom Rande ausgehend, diese Größen dann bei angenommenem $\Delta\vartheta$ Schritt für Schritt.

17. Die Formänderungen der biegeschlaffen Umdrehungsschale. Wir bezeichnen die Verschiebungen eines Punktes in den positiven Koordinatenrichtungen n, φ, ϑ mit u, v, w und die zugehörigen Verzerrungen mit ε_φ, ε_ϑ und $\psi_{\varphi\vartheta}$. Weil wir uns auf sehr kleine Formänderungen beschränken, ist jede dieser Größen eine lineare Funktion von u, v und w und deren Ableitungen, so daß jede von ihnen als Summe derjenigen Verzerrungen aufgefaßt werden kann, welche auftreten, wenn der Reihe nach v und w oder w und u oder u und v Null gesetzt werden.

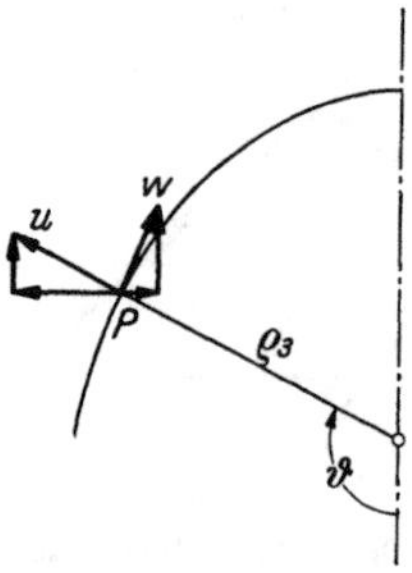

Abb. 31. Die Beitrage von u und w zur Dehnung ε_φ.

Betrachten wir zur Berechnung von ε_φ zwei unendlich benachbarte Punkte P und Q eines Parallelkreises mit den Koordinaten φ, ϑ und $\varphi + d\varphi, \vartheta$ und setzen zunächst die Verschiebungen dieser Punkte gleich u, 0, 0, so entfernen sie sich von der Drehachse ohne Änderung ihres Winkelabstandes $d\varphi$ um den Betrag $u \sin\vartheta$ (Abb. 31), so daß ihre spezifische Abstandsänderung

$$\varepsilon'_\varphi = u \sin\vartheta \, d\varphi : r \, d\varphi = \frac{u \sin\vartheta}{r}$$

beträgt. Daß die Verschiebungen u der Punkte P und Q sich in Wirklichkeit noch um einen unendlich kleinen Betrag du unterscheiden, äußert sich in ε'_φ nur in einem Glied höherer Ordnung und ist also für unsere Rechnung bedeutungslos. Nehmen wir ferner an, daß die Verschiebungen von P und Q gleich 0, v, 0 und 0, $v + \frac{\partial v}{\partial \varphi} d\varphi$, 0 sind, so wird

$$\varepsilon''_\varphi = \frac{\partial v}{\partial \varphi} d\varphi : r \, d\varphi = \frac{1}{r} \frac{\partial v}{\partial \varphi}.$$

Sind schließlich die Verschiebungen beider Punkte 0, 0, w, so entfernen sie sich, wiederum ohne Änderung ihres Winkelabstandes $d\varphi$, um den Betrag $w \cos\vartheta$ von der Drehachse, so daß ihr Abstand sich um $w \cos\vartheta \, d\varphi$ vergrößert. Die zugehörige Dehnung beträgt somit

$$\varepsilon'''_\varphi = w \cos\vartheta \, d\varphi : r \, d\varphi = \frac{w \cos\vartheta}{r}.$$

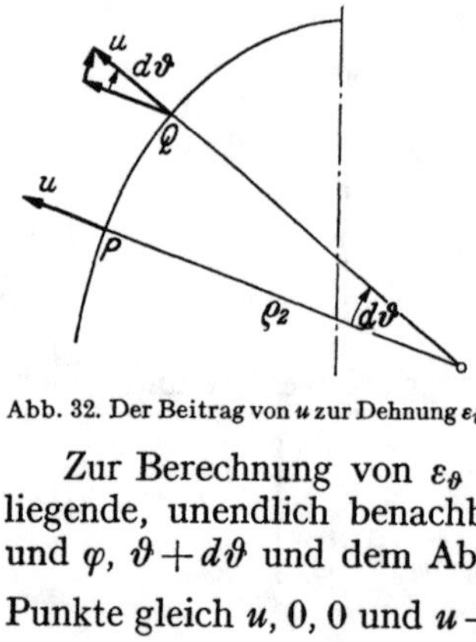

Abb. 32. Der Beitrag von u zur Dehnung ε_ϑ.

Wenn die Verschiebungen w einen unendlich kleinen Unterschied $\frac{\partial w}{\partial \varphi} d\varphi$ aufweisen, äußert sich dieser in ε'''_φ wieder nur in einem Glied höherer Ordnung. Die gesuchte spezifische Verlängerung ε_φ ist also im ganzen

$$\varepsilon_\varphi = \varepsilon'_\varphi + \varepsilon''_\varphi + \varepsilon'''_\varphi = \frac{\sin\vartheta}{r} u + \frac{1}{r} \frac{\partial v}{\partial \varphi} + \frac{\cos\vartheta}{r} w. \tag{1}$$

Zur Berechnung von ε_ϑ betrachten wir jetzt zwei auf demselben Meridian liegende, unendlich benachbarte Punkte P und Q mit den Koordinaten φ, ϑ und $\varphi, \vartheta + d\vartheta$ und dem Abstand $\varrho_2 \, d\vartheta$. Sind die Verschiebungen der beiden Punkte gleich u, 0, 0 und $u + \frac{\partial u}{\partial \vartheta} d\vartheta$, 0, 0, so ersieht man aus Abb. 32 (wo beiden

Punkten die gleiche Verschiebung u erteilt worden ist), daß

$$\varepsilon'_\vartheta = u\,d\vartheta : \varrho_2\,d\vartheta = \frac{u}{\varrho_2}$$

wird. Erhalten die beiden Punkte die Verschiebungen $0, v, 0$ und $0, v + \frac{\partial v}{\partial \vartheta} d\vartheta, 0$, so ist ε''_ϑ gleich Null. Ist ihre Verschiebung $0, 0, w$ und $0, 0, w + \frac{\partial w}{\partial \vartheta} d\vartheta$, so wird

$$\varepsilon'''_\vartheta = \frac{\partial w}{\partial \vartheta} d\vartheta : \varrho_2\,d\vartheta = \frac{1}{\varrho_2}\frac{\partial w}{\partial \vartheta}.$$

Im ganzen gilt also

$$\varepsilon_\vartheta = \varepsilon'_\vartheta + \varepsilon''_\vartheta + \varepsilon'''_\vartheta = \frac{1}{\varrho_2}\left(u + \frac{\partial w}{\partial \vartheta}\right). \tag{2}$$

Schließlich betrachten wir das in Abb. **33** dargestellte Flächenelement und berechnen den Betrag, um den der rechte Winkel SPQ sich zufolge der Verschiebungen u, v und w ändert. Daß die Verschiebungen u den Winkel ungeändert lassen und also $\psi'_{\varphi\vartheta} = 0$ gesetzt werden muß, sieht man ohne weiteres. Was die Verschiebungen v betrifft, so wird eine Änderung des Winkels SPQ nur durch die Drehung des Linienelements SP gegen die mit P bewegte Tangente des Parallelkreises verursacht. Auch wenn die Verschiebungen v der beiden Punkte P und S gleich wären, träte bereits eine solche Winkeländerung ein. Denn damit der Winkel $S'P'Q'$ ein rechter bliebe, müßten S' und P' auf demselben Meridian liegen, was bei gleich großen Verschiebungen von P und S nicht eintritt. Macht man $SS' = PP'$, so zeigt Abb. **33**, daß der Winkel SPQ bei seiner Verwandlung in $S'P'Q'$ eine Verkleinerung vom Betrage

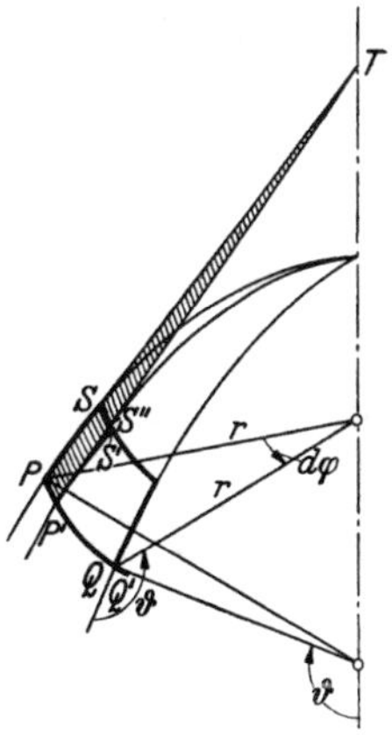

Abb. 33.
Die Winkelanderung eines rechteckigen Schalenelements.

$$\frac{S''S'}{P'S''} = \frac{PP'}{TP} = -\frac{v}{r : \cos\vartheta} = -\frac{v\cos\vartheta}{r}$$

erleidet. Wenn der Punkt S eine um $\frac{\partial v}{\partial \vartheta} d\vartheta$ größere Verschiebung v als der Punkt P erfährt, so verkleinert sich der Winkel SPQ um den Betrag

$$\frac{\partial v}{\partial \vartheta} d\vartheta : \varrho_2\,d\vartheta = \frac{1}{\varrho_2}\frac{\partial v}{\partial \vartheta},$$

so daß die ganze Verkleinerung $\psi''_{\varphi\vartheta}$ des Winkels SPQ den Wert

$$\psi''_{\varphi\vartheta} = \frac{1}{\varrho_2}\frac{\partial v}{\partial \vartheta} - \frac{v\cos\vartheta}{r}$$

hat. Die Verschiebungen w beeinflussen den Winkel SPQ nur dann, wenn diejenige von Q von derjenigen von P abweicht, so daß

$$\psi'''_{\varphi\vartheta} = \frac{\partial w}{\partial \varphi} d\varphi : r\,d\varphi = \frac{1}{r}\frac{\partial w}{\partial \varphi}$$

wird. Im ganzen hat man somit

$$\psi_{\varphi\vartheta} = \psi'_{\varphi\vartheta} + \psi''_{\varphi\vartheta} + \psi'''_{\varphi\vartheta} = \frac{1}{\varrho_2}\frac{\partial v}{\partial \vartheta} - \frac{\cos\vartheta}{r} v + \frac{1}{r}\frac{\partial w}{\partial \varphi}. \tag{3}$$

Weil die Kräfte $k_{\varphi\varphi}$, $k_{\vartheta\vartheta}$, $k_{\varphi\vartheta}$ mit den Verzerrungen ε_φ, ε_ϑ, $\psi_{\varphi\vartheta}$ nach dem Hookeschen Gesetz zusammenhängen durch

$$\left.\begin{aligned} \varepsilon_\varphi &= \frac{1}{Eh}\left(k_{\varphi\varphi} - \frac{1}{m}k_{\vartheta\vartheta}\right), \\ \varepsilon_\vartheta &= \frac{1}{Eh}\left(k_{\vartheta\vartheta} - \frac{1}{m}k_{\varphi\varphi}\right), \\ \psi_{\varphi\vartheta} &= \frac{1}{Gh}k_{\varphi\vartheta}, \end{aligned}\right\} \quad \text{oder} \quad \left.\begin{aligned} k_{\varphi\varphi} &= B\left(\varepsilon_\varphi + \frac{1}{m}\varepsilon_\vartheta\right), \\ k_{\vartheta\vartheta} &= B\left(\varepsilon_\vartheta + \frac{1}{m}\varepsilon_\varphi\right), \\ k_{\varphi\vartheta} &= B\frac{m-1}{2m}\psi_{\varphi\vartheta} \end{aligned}\right\} \text{mit } B = \frac{m^2Eh}{m^2-1}, \tag{4}$$

so erhält man für die Verschiebungen u, v, w folgendes System von Differentialgleichungen:

$$\left.\begin{aligned} \frac{\sin\vartheta}{r}u+\frac{1}{r}\frac{\partial v}{\partial\varphi}+\frac{\cos\vartheta}{r}w&=\frac{1}{Eh}\left(k_{\varphi\varphi}-\frac{1}{m}k_{\vartheta\vartheta}\right),\\ \frac{1}{\varrho_2}\left(u+\frac{\partial w}{\partial\vartheta}\right)&=\frac{1}{Eh}\left(k_{\vartheta\vartheta}-\frac{1}{m}k_{\varphi\varphi}\right),\\ \frac{1}{\varrho_2}\frac{\partial v}{\partial\vartheta}-\frac{\cos\vartheta}{r}v+\frac{1}{r}\frac{\partial w}{\partial\varphi}&=\frac{2(m+1)}{mEh}k_{\varphi\vartheta}. \end{aligned}\right\} \tag{5}$$

Damit haben wir nun vollends alle Grundgleichungen für die biegeschlaffe Umdrehungsschale gefunden. Wir wenden sie jetzt auf ein technisches wichtiges Beispiel an.

18. Der Kesselboden gleicher Festigkeit. Obwohl natürlich erst die Theorie der biegesteifen Schale der Berechnung eines Kesselbodens völlig gerecht werden kann, so läßt sich doch die Frage der Formgebung eines solchen Bodens schon mit der Theorie der biegeschlaffen Schale ziemlich weit verfolgen[1]). Erfahrungsgemäß treten bei Kesselböden von der in Abb. 34 dargestellten Art bei kleiner Krempung sehr hohe und gefährliche Spannungen auf. Der Verlauf dieser Spannungen hängt stark von der geometrischen Gestalt des Bodens ab, und man kann ohne viel Mühe diejenige Meridiankurve bestimmen, für die der Boden, als biegeschlaff betrachtet, unter der Wirkung eines gleichmäßigen Innendrucks p ein Körper gleicher Festigkeit ist.

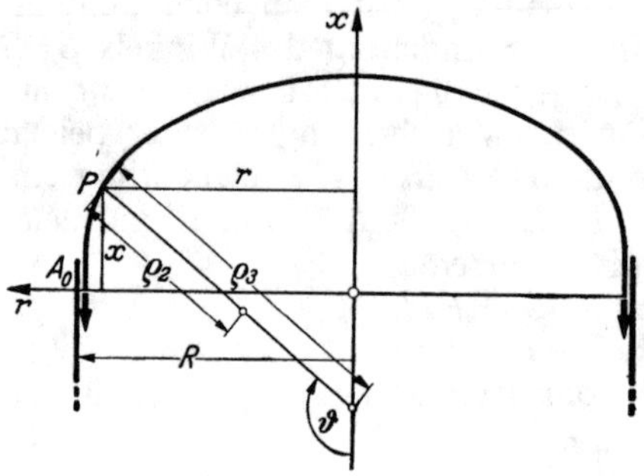

Abb. 34. Kesselboden.

Wir sehen zunächst von der Verbindung zwischen Kessel und Boden gänzlich ab und kommen darauf später noch zurück. Zur Berechnung der Kräfte $k_{\varphi\varphi}$ und $k_{\vartheta\vartheta}$ (die Kraft $k_{\varphi\vartheta}$ ist in diesem Falle offenbar Null) können wir natürlich auf die allgemeinen Gleichungen (**16**, 2) zurückgreifen, und wir werden dies für die erste dieser Gleichungen auch tun. Es gilt also erstens

$$\frac{k_{\varphi\varphi}}{\varrho_3}+\frac{k_{\vartheta\vartheta}}{\varrho_2}=p. \tag{1}$$

Die zweite Gleichung erhält man in diesem Falle am einfachsten, wenn man den Boden längs des Parallelkreises von P durchschneidet und das Gleichgewicht des abgetrennten Bodenteiles in axialer Richtung betrachtet. Man erhält dann sofort

$$2\pi r\,k_{\vartheta\vartheta}\sin\vartheta=\pi r^2 p. \tag{2}$$

Aus (1) und (2) folgt wegen $r=\varrho_3\sin\vartheta$

$$k_{\varphi\varphi}=\frac{1}{2}p\varrho_3\left(2-\frac{\varrho_3}{\varrho_2}\right),\qquad k_{\vartheta\vartheta}=\frac{1}{2}p\varrho_3. \tag{3}$$

Für die zylindrische Kesselwand findet man mit Hilfe derselben Gleichungen, wenn man $\varrho_3=R$ und $\varrho_2=\infty$ setzt,

$$k'_{\varphi\varphi}=pR,\qquad k'_{\vartheta\vartheta}=\frac{1}{2}pR. \tag{4}$$

[1]) C. B. Biezeno, Bijdrage tot de berekening van ketelfronten, Ingenieur, Haag 37 (1922) S. 781.

Führt man an Stelle der Schnittkräfte $k_{\varphi\varphi}$, $k_{\vartheta\vartheta}$, $k'_{\varphi\varphi}$, $k'_{\vartheta\vartheta}$ die zugehörigen Spannungen σ_φ, σ_ϑ, σ'_φ, σ'_ϑ ein, so findet man, wenn h_1 die Dicke der Bodenschale, h_2 die Dicke der Kesselschale bezeichnet,

$$\left.\begin{aligned} \sigma_\varphi &= \frac{p\varrho_3}{2h_1}\left(2-\frac{\varrho_3}{\varrho_2}\right), & \sigma_\vartheta &= \frac{p\varrho_3}{2h_1}, \\ \sigma'_\varphi &= \frac{pR}{h_2}, & \sigma'_\vartheta &= \frac{pR}{2h_2}. \end{aligned}\right\} \tag{5}$$

Die beiden letzten Spannungen haben gleiche Vorzeichen; die Bodenspannungen σ_φ und σ_ϑ dagegen haben verschiedene Vorzeichen, solange $\varrho_2 < \frac{1}{2}\varrho_3$ bleibt, was in der Krempung sicherlich der Fall ist. Die größte Schubspannung $\tau_{\max}$ in einem Punkt P der Krempung ist also nach (I, **7**, 4), solange σ_φ negativ bleibt,

$$\tau_{\max} = \frac{1}{2}(\sigma_\vartheta - \sigma_\varphi) = \frac{p\varrho_3}{4h_1}\left(\frac{\varrho_3}{\varrho_2}-1\right), \tag{6}$$

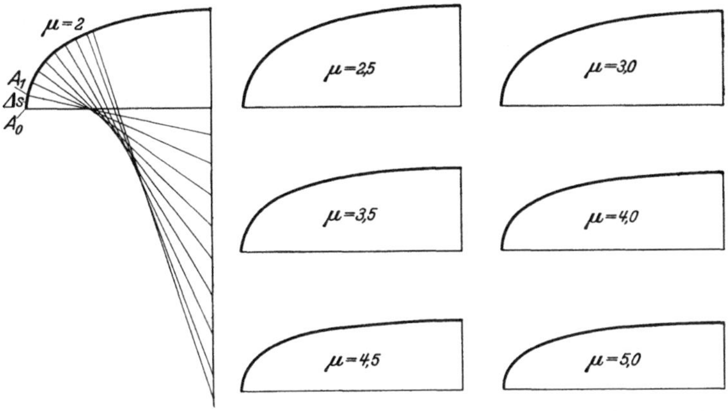

Abb. 35. Die Form des biegeschlaffen Kesselbodens gleicher Festigkeit fur verschiedene Werte von μ.

diejenige im Kessel selbst ist nach (I, **7**, 4)

$$\tau'_{\max} = \frac{1}{2}\sigma'_\varphi = \frac{pR}{2h_2}.$$

Weil aber der Kessel zufolge seiner Nietung eine Schwächung erfährt, führen wir einen diesem Umstand Rechnung tragenden Verbesserungsfaktor $\nu > 1$ ein und setzen somit

$$\tau'_{\max} = \nu \frac{pR}{2h_2}. \tag{7}$$

Soll nun die Krempung in allen ihren Punkten die gleiche Festigkeit haben, und zwar dieselbe wie der Kessel, und legt man der Berechnung die Guest-Coulombsche Bruchhypothese zugrunde, so gilt $\tau_{\max} = \tau'_{\max}$ oder nach (6) und (7) und wenn noch

$$\mu = 2\nu \frac{h_1}{h_2} \tag{8}$$

gesetzt wird,

$$\varrho_2 = \frac{\varrho_3^2}{\mu R + \varrho_3}. \tag{9}$$

Diese Gleichung führt zu einer einfachen Konstruktion der gesuchten Meridiankurve, indem man, von dem Punkte $A_0 (x=0)$ in Abb. 35 ausgehend, jedesmal ein Bogenelement Δs von der durch (9) vorgeschriebenen Krümmung konstruiert. In A_0 ist $\varrho_3 = R$, und also $\varrho_2 = R/(\mu+1)$. Zeichnet man mit diesem Halbmesser ein Bogenelement A_0A_1 von der Länge Δs, so bestimmt die Normale im Endpunkt A_1 dieses Elements die Länge des zu diesem Punkte gehörigen Wertes ϱ_3, und der Krümmungshalbmesser ϱ_2 des anschließenden Bogenelements kann aufs neue aus (9) berechnet werden. Hierauf zeichnet man mit diesem Krümmungshalbmesser ϱ_2 dieses zweite Bogenelement selbst, usw. Wählt man die Länge des Bogenelements klein genug, so kann jeder Grad von Genauigkeit erreicht werden. Abb. 35 zeigt das Ergebnis für die Werte $\mu = 2$; 2,5; 3; 3,5; 4; 4, 5 und 5. Die Konstruktion ist dabei nach der gegebenen Vorschrift immer nur solange fortgesetzt, bis ϱ_2 den Wert $\frac{1}{2}\varrho_3$, oder was auf dasselbe hinauskommt, bis ϱ_3 den Wert μR erreicht. Von da an ist die Meridiankurve durch einen anschließenden Kreisbogen vom Halbmesser μR ergänzt, der Kesselboden also vollends als Kugelschale konstruiert. Sobald nämlich $\varrho_2 \geqq \frac{1}{2}\varrho_3$ wird, ist nach (5) die Spannung σ_φ positiv, so daß die größte Schubspannung nicht länger durch $\frac{1}{2}(\sigma_\vartheta - \sigma_\varphi)$, sondern durch $\frac{1}{2}\sigma_\vartheta$ dargestellt wird. Soll von dem Punkte an, wo $\varrho_2 = \frac{1}{2}\varrho_3$ ist, der Kesselboden auch weiterhin die gleiche Festigkeit wie der Kessel selbst haben, so hat man also der Bedingung $\frac{1}{2}\sigma_\vartheta = \frac{1}{2}\sigma'_\varphi$ zu genügen, woraus nach (5) in der Tat $\varrho_3 = \mu R$ folgt.

Es hat sich gezeigt, daß der mit der Krempung zusammenfallende Teil der konstruierten Meridiankurve sehr genau durch eine Ellipse ersetzt werden kann, deren große Halbachse a den Festwert R hat, deren kleine Halbachse b dagegen vom Wert μ abhängt. Abb. 36 zeigt für die praktisch in Betracht kommenden Werte μ, welche wohl immer zwischen 2 und 5 liegen dürften, den zugehörigen Wert b/R. Auch eine solche, die Meridiankurve ersetzende Ellipse muß natürlich durch einen sie berührenden Kreis mit dem Halbmesser μR ergänzt werden.

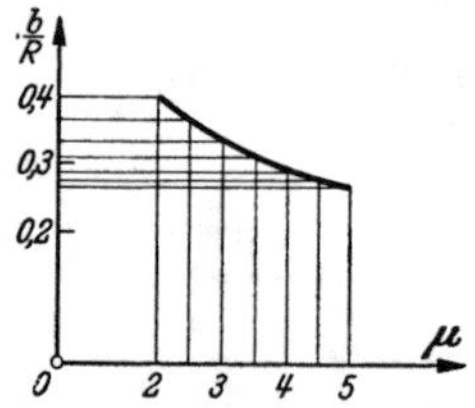

Abb. 36. Die kleine Halbachse b der die Krempung ersetzenden Ellipse, abhängig von μ.

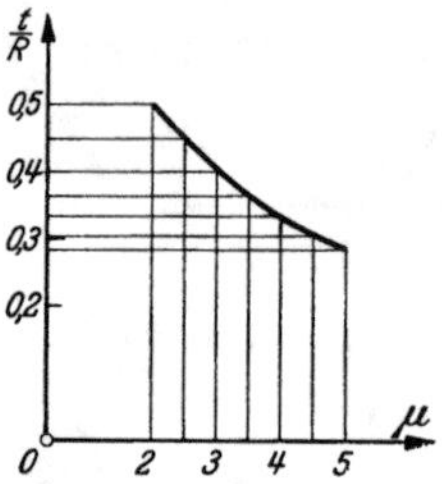

Abb. 37. Die Tiefe t des Kesselbodens, abhängig von μ.

Abb. 37 zeigt die Abhängigkeit des Verhältnisses der ganzen Bodentiefe t zum Kesselhalbmesser R als Funktion des Parameters μ.

Bei der wirklichen Gestaltung eines Kesselbodens wird man, mit Rücksicht auf die bis jetzt außer acht gelassene Verbindung von Boden und Kessel, der Konstruktion seiner Meridiankurve einen etwas kleineren Wert μ als (8) zugrunde legen. Betrachtet man nämlich Boden und Kessel als zwei getrennte Bauteile, so sind die tangentialen Dehnungen an ihrer Verbindungsstelle nach (**17**, 4) sowie (3), (4) und (9) mit $\varrho_3 = R$

$$\varepsilon_\varphi = \frac{pR}{2h_1E}\left(1 - \mu - \frac{1}{m}\right), \qquad \varepsilon'_\varphi = \frac{pR}{h_2E}\left(1 - \frac{1}{2m}\right).$$

Während der Kessel sich örtlich dehnt ($\varepsilon'_\varphi > 0$), zieht der Boden sich also zusammen ($\varepsilon_\varphi < 0$), so daß sowohl am Boden- wie am Kesselrand gleichmäßig verteilte Momente und radiale Querkräfte erforderlich sind, um den in Wirklichkeit vorhandenen Zusammenhang zwischen Kessel und Boden zu verbürgen. Für den Boden wirken diese Größen ausbiegend, und es tritt an der Innenseite der Krempung also sicherlich eine Erhöhung σ_ϑ^* der Meridianspannungen auf, welche, wie unmittelbar aus der [aus (1) mit $p = 0$ hervorgehenden] Gleichgewichtsbedingung

$$\frac{\sigma_\varphi^*}{\varrho_3} + \frac{\sigma_\vartheta^*}{\varrho_2} = 0$$

eines Wandelements folgt, eine Vergrößerung des Absolutwertes $|\sigma_\varphi|$ zur Folge hat. Die früher in der Krempung berechnete größte Schubspannung (6) wird also um den Betrag

$$\tau^*_{\max} = \frac{1}{2}(\sigma^*_\vartheta - \sigma^*_\varphi) = \frac{1}{2}\sigma^*_\vartheta\left(1 + \frac{\varrho_3}{\varrho_2}\right) \tag{10}$$

erhöht.

Berechnet man diesen Betrag für die äußersten Werte des Verhältnisses $\varrho_3/\varrho_2 = (\mu R + \varrho_3)/\varrho_3$, so erhält man an der Innenseite der Krempung eine Schubspannungserhöhung, welche zwischen

$$\tau^*_{\max} = \frac{3}{2}\sigma^*_\vartheta \quad \left(\text{für } \frac{\varrho_3}{\varrho_2} = 2\right) \quad \text{und} \quad \tau^*_{\max} = \frac{2+\mu}{2}\sigma^*_\vartheta \quad \left(\text{für } \frac{\varrho_3}{\varrho_2} = 1 + \mu\right)$$

liegt. Diesem Umstand kann man, wenn auch in etwas primitiver Weise, dadurch Rechnung tragen, daß man die größte Schubspannung (6) des Kesselbodens einem etwas kleineren Wert als (7) gleichsetzt und also in der rechten Seite der Gleichung $\tau_{\max} = \tau'_{\max}$ einen Verkleinerungsfaktor η einführt. Dies aber läuft auf dasselbe hinaus, wie wenn man mit einem etwas kleineren Wert μ als (8) die Konstruktion der Meridiankurve durchführt.

Eine genauere Berechnung der Spannungsstörung infolge der Verbindung von Boden und Kessel würde natürlich die Berücksichtigung der Biegesteifigkeit beider Teile erfordern.

19. Die biegesteife Kreiszylinderschale mit rotationssymmetrischer Belastung. Bevor wir den allgemeinen Belastungsfall der biegesteifen Kreiszylinderschale behandeln, betrachten wir den wichtigen Sonderfall des durch Radialkräfte rotationssymmetrisch belasteten Kreiszylinders, für den jetzt eine der Balkentheorie entnommene Lösung aufgestellt werden soll. Dabei wird der Zylinder vom Halbmesser a durch Meridianschnitte, von denen je zwei aufeinanderfolgende den festen Winkelabstand $d\varphi$ haben, in Dauben geteilt und jede Daube unter Einführung geeigneter Schnittkräfte als Balken behandelt.

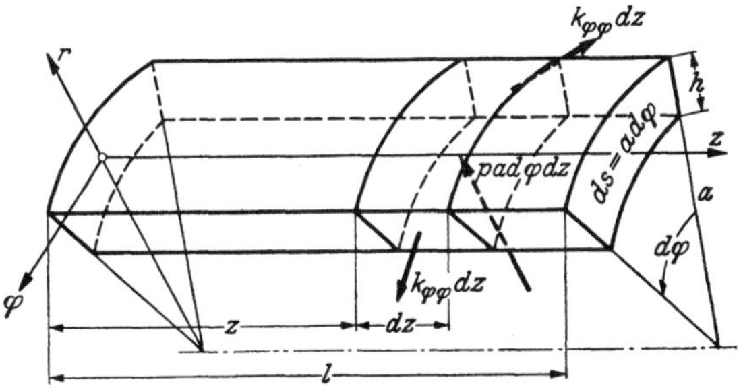

Abb. 38. Daube eines rotationssymmetrisch belasteten Kreiszylinders.

In Abb. 38 ist eine solche Daube des waagerecht gedachten Zylinders wiedergegeben. In ihren meridionalen Seitenflächen greifen aus Symmetriegründen keine Schubkräfte an, so daß nur die tangential gerichteten (wieder auf die Dicke h und die Länge Eins bezogenen) Kräfte $k_{\varphi\varphi}$ übrigbleiben. Für zwei einander gegenüberliegende Elemente von der Länge dz dieser Seitenflächen haben die beiden Kräfte $k_{\varphi\varphi}dz$ eine radiale Resultante $k_{\varphi\varphi}dz\,d\varphi$, die für die Daube die Rolle einer elastischen Stützkraft spielt. Bezeichnet man die Durchbiegung der Daube an der Stelle z mit u, so hat das Kreisbogenelement $a\,d\varphi$ im verformten Zustand die Länge $(a+u)d\varphi$, und somit ist die tangentiale Dehnung

$$\varepsilon_\varphi = \frac{u}{a}.$$

Weil bei der Biegung der Daube keine Normalkraft im Querschnitt senkrecht zur z-Richtung auftritt (Abb. 39), so ist

$$k_{\varphi\varphi} = \frac{Eh}{a}u \tag{1}$$

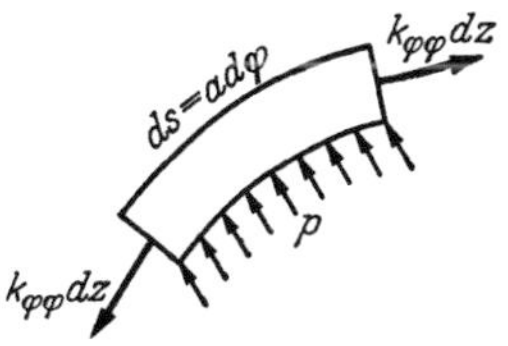

Abb. 39. Querschnitt der Kreiszylinderdaube.

zu setzen, und die auf die Längeneinheit in der z-Richtung und Breiteneinheit in der φ-Richtung bezogene elastische Stützkraft ist also

$$k_{\varphi\varphi} d\varphi : a\, d\varphi = \frac{Eh}{a^2} u.$$

Bezeichnet α die auf die Breiteneinheit bezogene Biegesteifigkeit der Daube, so würde daher die Differentialgleichung für u lauten

$$\alpha \frac{d^4 u}{dz^4} = p - \frac{Eh}{a^2} u, \tag{2}$$

wenn nicht in unserem Falle die sogenannte antiklastische Biegung der Daube mit in Rechnung gestellt werden müßte.

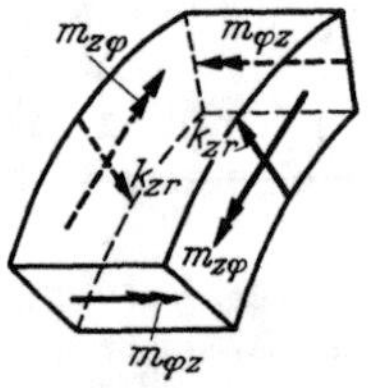

Abb. 40. Das Daubenelement.

Die Krümmungsänderung d^2u/dz^2 der Daube in der Meridianebene hängt nämlich außer von dem Moment $m_{z\varphi}$ im Querschnitt auch noch von den Biegemomenten $m_{\varphi z}$ in ihren Seitenflächen (Abb. 40) ab, und zwar gilt mit gleicher Herleitung wie für die erste Gleichung (**8**, 6)

$$\frac{d^2 u}{dz^2} = \frac{1}{\alpha}\left(m_{z\varphi} + \frac{1}{m} m_{\varphi z}\right). \tag{3}$$

In unserem Falle läßt sich $m_{\varphi z}$ in einfacher Weise in $m_{z\varphi}$ ausdrücken. Denn setzt man für $u \ll a$ die entsprechende Krümmungsänderung in der Parallelkreisebene

$$\frac{1}{a} - \frac{1}{a+u} \approx \frac{u}{a^2} = \frac{1}{\alpha}\left(m_{\varphi z} + \frac{1}{m} m_{z\varphi}\right)$$

wegen der Kleinheit von u gegen a^2 näherungsweise Null, so findet man

$$m_{\varphi z} = -\frac{1}{m} m_{z\varphi}, \tag{4}$$

so daß (3) übergeht in

$$\frac{m^2\alpha}{m^2-1} \frac{d^2 u}{dz^2} = m_{z\varphi}. \tag{5}$$

Differentiiert man diese Gleichung zweimal nach z und bezeichnet solche Differentiationen fortan durch Striche, so erhält man anstatt der Gleichung (2) die genauere Gleichung

$$\frac{m^2\alpha}{m^2-1} u'''' = p - \frac{Eh}{a^2} u, \tag{6}$$

welche mit

$$\alpha = \frac{1}{12} E h^3, \qquad \mu^4 = \frac{3(m^2-1)}{m^2 h^2 a^2} \tag{7}$$

übergeht in

$$u'''' + 4\mu^4 u = \frac{12(m^2-1)}{m^2 E h^3} p. \tag{8}$$

Wir fassen weiterhin allein den Fall $p=0$ ins Auge, wobei der Zylinder also nur noch an seinem Rand belastet sein kann, und finden aus der vereinfachten Gleichung

$$u'''' + 4\mu^4 u = 0 \tag{9}$$

das allgemeine Integral

$$u = A \operatorname{Cof} \mu z \cos \mu z + B \operatorname{Cof} \mu z \sin \mu z + C \operatorname{Sin} \mu z \cos \mu z + D \operatorname{Sin} \mu z \sin \mu z. \tag{10}$$

Durch Differentiation erhält man hieraus der Reihe nach

$$\left.\begin{aligned}
\frac{u'}{\mu} &= A\,(\mathfrak{Sin}\,\mu z \cos\mu z - \mathfrak{Cof}\,\mu z \sin\mu z) + B\,(\mathfrak{Sin}\,\mu z \sin\mu z + \mathfrak{Cof}\,\mu z \cos\mu z)\\
&\quad + C\,(\mathfrak{Cof}\,\mu z \cos\mu z - \mathfrak{Sin}\,\mu z \sin\mu z) + D\,(\mathfrak{Cof}\,\mu z \sin\mu z + \mathfrak{Sin}\,\mu z \cos\mu z),\\
\frac{u''}{2\mu^2} &= -A\,\mathfrak{Sin}\,\mu z \sin\mu z + B\,\mathfrak{Sin}\,\mu z \cos\mu z - C\,\mathfrak{Cof}\,\mu z \sin\mu z + D\,\mathfrak{Cof}\,\mu z \cos\mu z,\\
\frac{u'''}{2\mu^3} &= -A\,(\mathfrak{Cof}\,\mu z \sin\mu z + \mathfrak{Sin}\,\mu z \cos\mu z) + B\,(\mathfrak{Cof}\,\mu z \cos\mu z - \mathfrak{Sin}\,\mu z \sin\mu z)\\
&\quad - C\,(\mathfrak{Sin}\,\mu z \sin\mu z + \mathfrak{Cof}\,\mu z \cos\mu z) + D\,(\mathfrak{Sin}\,\mu z \cos\mu z - \mathfrak{Cof}\,\mu z \sin\mu z).
\end{aligned}\right\} \quad (11)$$

Ist der Zylinder an seinem linken Ende $z=0$ frei, dagegen an seinem rechten Ende $z=l$ über seinen Umfang durch gleichmäßig verteilte Biegemomente von der Größe M je Längeneinheit belastet, so gelten gemäß (5) die Randbedingungen

$$u''=0, \qquad u'''=0 \qquad \text{für } z=0,$$
$$\frac{m^2 E h^3}{12(m^2-1)}\,u''=M, \qquad u'''=0 \qquad \text{für } z=l.$$

Die ersten beiden Bedingungen liefern zufolge (11)

$$D=0, \qquad B=C,$$

die letzten beiden

$$-A\,\mathfrak{Sin}\,\beta \sin\beta + B\,(\mathfrak{Sin}\,\beta\cos\beta - \mathfrak{Cof}\,\beta\sin\beta) = \frac{6(m^2-1)}{m^2 E h^3 \mu^2} M,$$
$$-A\,(\mathfrak{Cof}\,\beta\sin\beta + \mathfrak{Sin}\,\beta\cos\beta) - 2B\,\mathfrak{Sin}\,\beta\sin\beta = 0,$$

wenn zur Abkürzung noch

$$\mu l = \beta \qquad (12)$$

gesetzt wird. Hieraus folgt

$$\left.\begin{aligned}
A &= -\frac{12(m^2-1)}{m^2 E h^3 \mu^2}\,\frac{\mathfrak{Sin}\,\beta\sin\beta}{\mathfrak{Sin}^2\beta - \sin^2\beta}\,M,\\
B = C &= \frac{6(m^2-1)}{m^2 E h^3 \mu^2}\,\frac{\mathfrak{Cof}\,\beta\sin\beta + \mathfrak{Sin}\,\beta\cos\beta}{\mathfrak{Sin}^2\beta - \sin^2\beta}\,M,\\
D &= 0.
\end{aligned}\right\} \quad (13)$$

Die Durchbiegungen und Neigungswinkel an den Stellen $z=0$ und $z=l$ (von denen wir bereits in Ziff. **14** Gebrauch gemacht haben, und die wir auch noch in Ziff. **22** benutzen werden) sind nach (10) und (11)

$$\left.\begin{aligned}
u_0 &= -\frac{12(m^2-1)}{m^2 E h^3 \mu^2}\,\frac{\mathfrak{Sin}\,\beta\sin\beta}{\mathfrak{Sin}^2\beta - \sin^2\beta}\,M, & u_0' &= \frac{12(m^2-1)}{m^2 E h^3 \mu}\,\frac{\mathfrak{Cof}\,\beta\sin\beta + \mathfrak{Sin}\,\beta\cos\beta}{\mathfrak{Sin}^2\beta - \sin^2\beta}\,M,\\
u_l &= \frac{6(m^2-1)}{m^2 E h^3 \mu^2}\,\frac{\mathfrak{Cof}\,2\beta - \cos 2\beta}{\mathfrak{Cof}\,2\beta + \cos 2\beta - 2}\,M, & u_l' &= \frac{12(m^2-1)}{m^2 E h^3 \mu}\,\frac{\mathfrak{Sin}\,2\beta + \sin 2\beta}{\mathfrak{Cof}\,2\beta + \cos 2\beta - 2}\,M.
\end{aligned}\right\} \quad (14)$$

Ist der Zylinder an seinem linken Ende $z=0$ frei, dagegen an seinem rechten Ende $z=l$ über seinen Umfang durch gleichmäßig verteilte, nach außen gerichtete Querkräfte von der Größe q je Längeneinheit belastet, so gelten die Randbedingungen

$$u''=0, \qquad u'''=0 \qquad \text{für } z=0,$$
$$u''=0, \qquad \frac{m^2 E h^3}{12(m^2-1)}\,u'''=-q \qquad \text{für } z=l,$$

aus denen jetzt folgt

$$\left.\begin{aligned}
A &= -\frac{6(m^2-1)}{m^2 E h^3 \mu^3}\,\frac{\mathfrak{Cof}\,\beta\sin\beta - \mathfrak{Sin}\,\beta\cos\beta}{\mathfrak{Sin}^2\beta - \sin^2\beta}\,q,\\
B = C &= \frac{6(m^2-1)}{m^2 E h^3 \mu^3}\,\frac{\mathfrak{Sin}\,\beta\sin\beta}{\mathfrak{Sin}^2\beta - \sin^2\beta}\,q,\\
D &= 0.
\end{aligned}\right\} \quad (15)$$

Die Durchbiegungen und Neigungswinkel an den Stellen $z=0$ und $z=l$ berechnen sich aus (10) und (11) für diesen Belastungsfall zu

$$\left.\begin{aligned} u_0 &= -\frac{6(m^2-1)}{m^2Eh^3\mu^3}\,\frac{\mathfrak{Cof}\,\beta\sin\beta-\mathfrak{Sin}\,\beta\cos\beta}{\mathfrak{Sin}^2\beta-\sin^2\beta}\,q, & u_0' &= \frac{12(m^2-1)}{m^2Eh^3\mu^2}\,\frac{\mathfrak{Sin}\,\beta\sin\beta}{\mathfrak{Sin}^2\beta-\sin^2\beta}\,q,\\ u_l &= \frac{6(m^2-1)}{m^2Eh^3\mu^3}\,\frac{\mathfrak{Sin}\,2\beta-\sin 2\beta}{\mathfrak{Cof}\,2\beta+\cos 2\beta-2}\,q, & u_l' &= \frac{6(m^2-1)}{m^2Eh^3\mu^2}\,\frac{\mathfrak{Cof}\,2\beta-\cos 2\beta}{\mathfrak{Cof}\,2\beta+\cos 2\beta-2}\,q. \end{aligned}\right\} \quad (16)$$

Eine Kontrolle der erhaltenen Ergebnisse liefert der Maxwellsche Satz (Kap. II, Ziff. **9**), nach welchem $\mu_l/M=u_l'/q$ sein muß. Die Werte (14) und (16) bestätigen das in der Tat.

Natürlich ist mit den Formeln (13) und (15) für beide Belastungsfälle auch der Verlauf des Biegemomentes $m_{z\varphi}$ und der Querkraft k_{zr} (Abb. 40) berechenbar geworden; denn es gilt wegen (5) und (7)

$$m_{z\varphi}=\frac{m^2Eh^3}{12(m^2-1)}\,u'', \qquad k_{zr}=-\frac{d\,m_{z\varphi}}{dz}=-\frac{m^2Eh^3}{12(m^2-1)}\,u''' \quad (17)$$

und also nach (11) mit (13) bzw. (15) für den ersten Fall

$$\left.\begin{aligned} m_{z\varphi} &= \left[\frac{2\,\mathfrak{Sin}\,\beta\sin\beta}{\mathfrak{Sin}^2\beta-\sin^2\beta}\,\mathfrak{Sin}\,\mu z\sin\mu z+\frac{\mathfrak{Cof}\,\beta\sin\beta+\mathfrak{Sin}\,\beta\cos\beta}{\mathfrak{Sin}^2\beta-\sin^2\beta}\,(\mathfrak{Sin}\,\mu z\cos\mu z-\mathfrak{Cof}\,\mu z\sin\mu z)\right]M,\\ k_{zr} &= -2\mu\left[\frac{\mathfrak{Sin}\,\beta\sin\beta}{\mathfrak{Sin}^2\beta-\sin^2\beta}(\mathfrak{Cof}\,\mu z\sin\mu z+\mathfrak{Sin}\,\mu z\cos\mu z)-\frac{\mathfrak{Cof}\,\beta\sin\beta+\mathfrak{Sin}\,\beta\cos\beta}{\mathfrak{Sin}^2\beta-\sin^2\beta}\,\mathfrak{Sin}\,\mu z\sin\mu z\right]M, \end{aligned}\right\} \quad (18)$$

für den zweiten Fall

$$\left.\begin{aligned} m_{z\varphi} &= \frac{1}{\mu}\left[\frac{\mathfrak{Cof}\,\beta\sin\beta-\mathfrak{Sin}\,\beta\cos\beta}{\mathfrak{Sin}^2\beta-\sin^2\beta}\,\mathfrak{Sin}\,\mu z\sin\mu z+\frac{\mathfrak{Sin}\,\beta\sin\beta}{\mathfrak{Sin}^2\beta-\sin^2\beta}\,(\mathfrak{Sin}\,\mu z\cos\mu z-\mathfrak{Cof}\,\mu z\sin\mu z)\right]q,\\ k_{zr} &= -\left[\frac{\mathfrak{Cof}\,\beta\sin\beta-\mathfrak{Sin}\,\beta\cos\beta}{\mathfrak{Sin}^2\beta-\sin^2\beta}\,(\mathfrak{Cof}\,\mu z\sin\mu z+\mathfrak{Sin}\,\mu z\cos\mu z)-\frac{2\,\mathfrak{Sin}\,\beta\sin\beta}{\mathfrak{Sin}^2\beta-\sin^2\beta}\,\mathfrak{Sin}\,\mu z\sin\mu z\right]q. \end{aligned}\right\} \quad (19)$$

Wenn man die Lage des betrachteten Querschnitts nicht auf das freie Zylinderende, sondern auf den Angriffsquerschnitt der äußeren Momente M oder der Querkräfte q beziehen will und seinen Abstand vom Angriffsquerschnitt mit z_1 bezeichnet, so erhält man die entsprechenden Größen $m^1_{z\varphi}$ und k^1_{zr}, indem man in den Formeln (18) und (19) z durch $(l-z_1)$ ersetzt.

Wir fügen noch einige Bemerkungen hinzu, die bei der praktischen Durchrechnung von Trommeln von großer Wichtigkeit sind, und von denen wir auch späterhin noch Gebrauch machen werden. Sie beziehen sich auf den Verlauf der in (14) und (16) vorkommenden Funktionen

$$\left.\begin{aligned} &\frac{\mathfrak{Sin}\,\beta\sin\beta}{\mathfrak{Sin}^2\beta-\sin^2\beta}, \quad \frac{\mathfrak{Cof}\,\beta\sin\beta+\mathfrak{Sin}\,\beta\cos\beta}{\mathfrak{Sin}^2\beta-\sin^2\beta}, \quad \frac{\mathfrak{Cof}\,\beta\sin\beta-\mathfrak{Sin}\,\beta\cos\beta}{\mathfrak{Sin}^2\beta-\sin^2\beta},\\ &\frac{\mathfrak{Cof}\,2\beta-\cos 2\beta}{\mathfrak{Cof}\,2\beta+\cos 2\beta-2}, \quad \frac{\mathfrak{Sin}\,2\beta+\sin 2\beta}{\mathfrak{Cof}\,2\beta+\cos 2\beta-2}, \quad \frac{\mathfrak{Sin}\,2\beta-\sin 2\beta}{\mathfrak{Cof}\,2\beta+\cos 2\beta-2}, \end{aligned}\right\} \quad (20)$$

welche in Abb. 41 dargestellt sind. Man entnimmt diesen Kurven, daß für $\beta>3$ die ersten drei Funktionen unbedenklich gleich Null, die übrigen gleich Eins gesetzt werden können. Weil die Ungleichheit $\beta>3$ für $m=10/3$ gleichbedeutend ist mit

$$\frac{l}{\sqrt{ha}}>\sqrt[4]{\frac{27\,m^2}{m^2-1}}=2{,}34, \quad (21)$$

so bedeutet dies nach (14) und (16), daß bei jedem Zylinder, dessen Länge $l>2{,}34\sqrt{ha}$ ist, die Randbelastung sich nur über einen Abstand $2{,}34\sqrt{ha}$, von ihrem Angriffsquerschnitt an gerechnet, bemerkbar macht, und daß der übrige

Teil des Zylinders (praktisch) verzerrungsfrei (und damit auch spannungsfrei) ist, endlich, daß in diesem Fall an der Angriffsstelle selbst die Durchbiegung und der Neigungswinkel folgende Werte haben:

$$\left.\begin{aligned} u &= \frac{6\,(m^2-1)}{m^2 E h^3 \mu^2} M, \quad u' = \frac{12\,(m^2-1)}{m^2 E h^3 \mu} M \\ \text{und}\quad u &= \frac{6\,(m^2-1)}{m^2 E h^3 \mu^3} q, \quad u' = \frac{6\,(m^2-1)}{m^2 E h^3 \mu^2} q. \end{aligned}\right\} \tag{22}$$

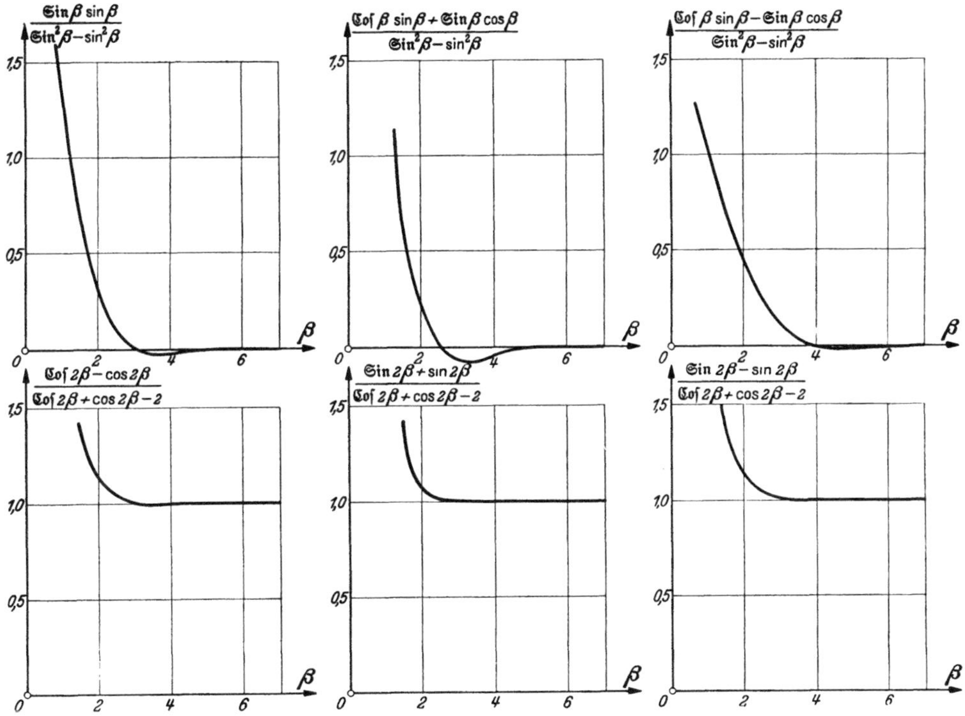

Abb. 41. Die Beiwerte der Formeln (14) und (16) als Funktionen von β.

Um dann (wieder unter der Annahme, daß die belastenden Kräfte und Momente den Zylinder an ihrer Angriffsstelle nach außen biegen) auch noch die Momenten- und Querkraftverteilung zu finden, nehmen wir die Kraftangriffsstelle als Nullpunkt und fordern dementsprechend im ersten Fall

$$\frac{m^2 E h^3}{12\,(m^2-1)} u'' = M, \quad u''' = 0 \qquad \text{für } z = 0,$$

$$u'' = u''' = 0 \qquad \text{für } z = \infty,$$

im zweiten Fall

$$u'' = 0, \quad \frac{m^2 E h^3}{12\,(m^2-1)} u''' = q \qquad \text{für } z = 0,$$

$$u'' = u''' = 0 \qquad \text{für } z = \infty.$$

Im ersten Fall erhält man dann mit (10) und (11)

$$A = -B = -C = D = \frac{6\,(m^2-1)}{m^2 E h^3 \mu^2} M$$

und somit

$$u = \frac{6\,(m^2-1)}{m^2 E h^3 \mu^2}\, e^{-\mu z} (\cos \mu z - \sin \mu z)\, M\,, \tag{23}$$

im zweiten Fall

$$B = D = 0\,, \quad A = -C = \frac{6\,(m^2-1)}{m^2 E h^3 \mu^3}\, q$$

und somit

$$u = \frac{6\,(m^2-1)}{m^2 E h^3 \mu^3}\, e^{-\mu z} \cos \mu z \cdot q\,. \tag{24}$$

Im ersten Fall folgt aus (17) wegen (23)

$$\left.\begin{aligned} m_{z\varphi} &= e^{-\mu z} (\cos \mu z + \sin \mu z)\, M\,, \\ k_{zr} &= 2\,\mu e^{-\mu z} \sin \mu z \cdot M\,, \end{aligned}\right\} \tag{25}$$

im zweiten Fall aus (17) wegen (24)

$$\left.\begin{aligned} m_{z\varphi} &= \frac{e^{-\mu z} \sin \mu z}{\mu}\, q\,, \\ k_{zr} &= e^{-\mu z} (\sin \mu z - \cos \mu z)\, q\,. \end{aligned}\right\} \tag{26}$$

Diese Formeln bestätigen wegen $e^{-\mu z} < 0{,}05$ für $\mu z > 3$ die früheren Feststellungen über das Abklingen der Spannungen in einer Entfernung $> 2{,}34\,\sqrt{h a}$ vom Angriffsquerschnitt und bilden zugleich einen zahlenmäßigen Beleg für das de Saint-Venantsche Prinzip (Kap. II, Ziff. **7**).

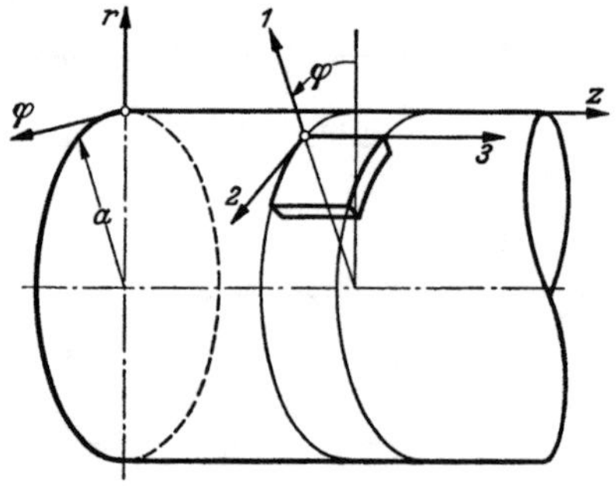

Abb. 42. Das Koordinatensystem beim beliebig belasteten Kreiszylinder.

20. Die biegesteife Kreiszylinderschale mit beliebiger Belastung. Die Daubenmethode von Ziff. **19** ist, wie man leicht einsieht, nicht anwendbar auf die nicht rotationssymmetrischen Belastungen der Kreiszylinderschale, zu deren Behandlung wir jetzt übergehen. Wir führen wieder Zylinderkoordinaten r, φ, z ein (Abb. 42). Der Halbmesser der Zylindermittelfläche sei wieder a, der Abstand eines beliebigen Schalenpunktes von dieser Mittelfläche sei x, so daß $r = a + x$ wird. Zwei benachbarte Querschnittsebenen und zwei benachbarte Meridianebenen bestimmen das Schalenelement; es ist in Abb. 43 und 44

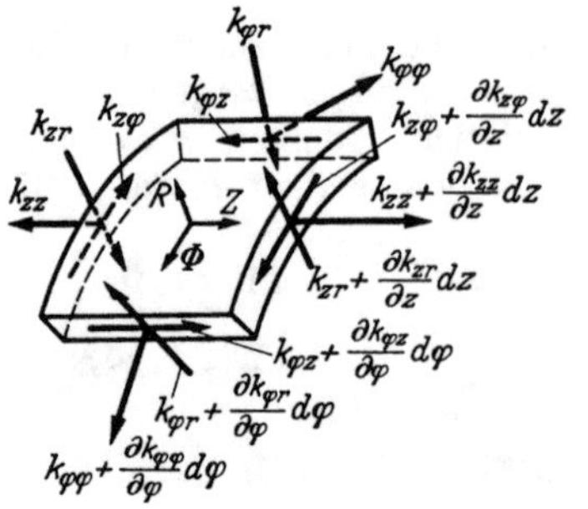

Abb. 43. Zylinderelement mit seinen Kraften.

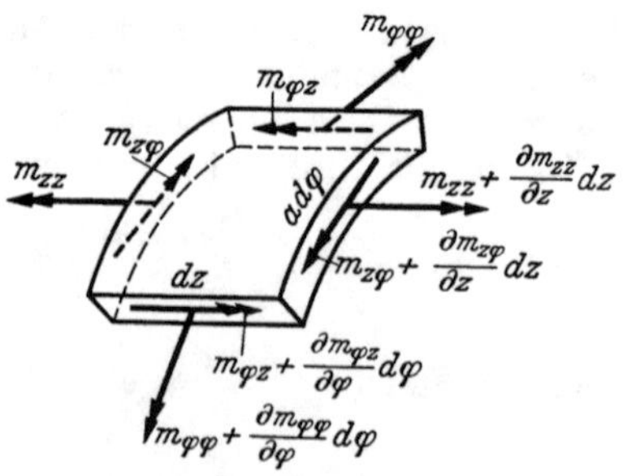

Abb. 44. Zylinderelement mit seinen Momenten.

noch einmal vergrößert dargestellt, und zwar das eine Mal mit allen Kräften, das andere Mal mit allen Momenten. Die gegebenen äußeren Kräfte mit ihren Komponenten R, Φ, Z sind auf die Einheit der Oberfläche bezogen, die unbekannten Kräfte und Momente an den Schnittflächen wieder auf die Einheit der Schnittlänge. Die gesamte Belastung der Schalenelemente ist den sechs Gleichgewichtsbedingungen unterworfen, die, wenn man sogleich durch den Faktor $d\varphi\, dz$ teilt, lauten

$$\left.\begin{aligned} &\frac{\partial k_{\varphi r}}{\partial \varphi} - k_{\varphi\varphi} + a\frac{\partial k_{zr}}{\partial z} + aR = 0, \\ &\frac{\partial k_{\varphi\varphi}}{\partial \varphi} + k_{\varphi r} + a\frac{\partial k_{z\varphi}}{\partial z} + a\Phi = 0, \\ &\frac{\partial k_{\varphi z}}{\partial \varphi} + a\frac{\partial k_{zz}}{\partial z} + aZ \qquad = 0, \end{aligned}\right\} \text{(1a)} \qquad \left.\begin{aligned} &-m_{\varphi\varphi} + ak_{\varphi z} - ak_{z\varphi} \quad = 0, \\ &\frac{\partial m_{\varphi\varphi}}{\partial \varphi} + a\frac{\partial m_{z\varphi}}{\partial z} + ak_{zr} = 0, \\ &\frac{\partial m_{\varphi z}}{\partial \varphi} - ak_{\varphi r} + a\frac{\partial m_{zz}}{\partial z} = 0. \end{aligned}\right\} \text{(1b)}$$

Außer diesen Schnittgrößen spielen in unserem Problem die Spannungen σ_r, σ_φ, σ_z, $\tau_{\varphi z}$, τ_{zr}, $\tau_{r\varphi}$ sowie die Verschiebungen u, v, w eines beliebigen Schalenpunktes eine Rolle. Zu ihrer Berechnung[1]) gehen wir einen ähnlichen Weg wie bei der Aufstellung der Plattengleichung; nur wählen wir hier die Schlußbemerkung von Ziff. **8** zum Ausgang, indem wir annehmen, daß Punkte, die ursprünglich auf einer Schalennormalen lagen, auch nach der Belastung auf einer Normalen der verbogenen Schalenmittelfläche liegen, und daß die Verkürzung in Richtung der Schalennormalen wegen der geringen Schalendicke keine Rolle spielt. Hierdurch werden die Verschiebungen u, v, w eines beliebigen Schalenpunktes $P(a+x, \varphi, z)$ in einfachen Zusammenhang mit den Verschiebungen u_0, v_0, w_0 des entsprechenden Punktes $P_0(a, \varphi, z)$ der Mittelfläche gebracht. Nimmt man für einen Augenblick an, die Punkte P_2 und P_3 in Abb. 45 hätten gleich große Verschiebungen u_0, v_0, w_0 wie der Punkt P_0, so wäre die durch $ds_2 = a\, d\varphi$ und $ds_3 = dz$ bestimmte Ebene nach der Verformung Tangentialebene eines mit der Zylinderschale koaxialen Zylinders vom Halbmesser $a+u_0$, und die Strecke P_0P wäre also (in dem verschobenen Punkte P_0) eine Normale dieses Zylinders. Demzufolge wären die Verschiebungen u^*, v^*, w^* des Punktes P in diesem Falle

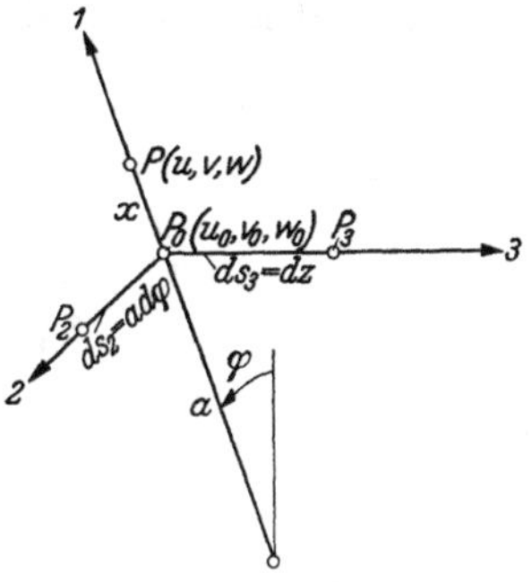

Abb. 45. Die Verschiebungen eines Punktes außerhalb der Zylindermittelfläche.

$$u^* = u_0, \qquad v^* = \frac{a+x}{a} v_0, \qquad w^* = w_0.$$

In Wirklichkeit aber dreht sich das Element ds_3 um die Achse *2* im positiven Drehsinn um den Winkel $\partial u_0/\partial z$, weil die Verschiebung des Punktes P_3 in der Richtung *1* um $\frac{\partial u_0}{\partial z} dz$ größer ist als diejenige des Punktes P_0. Ebenso dreht sich das Element ds_2 um die Achse *3* im positiven Drehsinn um den Winkel $-\frac{1}{a}\frac{\partial u_0}{\partial \varphi}$. Weil die Strecke P_0P bei der Verformung senkrecht zu den Linienelementen ds_2 und ds_3 bleibt, macht sie die beiden Drehungen mit, und der Punkt P erfährt demzufolge in den positiven Richtungen *2* und *3* die Verschiebungen

$$v^{**} = -\frac{x}{a}\frac{\partial u_0}{\partial \varphi}, \qquad w^{**} = -x\frac{\partial u_0}{\partial z},$$

so daß die gesuchten Verschiebungen u, v, w sich zu

$$u = u^* = u_0, \quad v = v^* + v^{**} = \frac{a+x}{a} v_0 - \frac{x}{a}\frac{\partial u_0}{\partial \varphi}, \quad w = w^* + w^{**} = w_0 - x\frac{\partial u_0}{\partial z} \tag{2}$$

ergeben.

---

[1]) Vgl. hierzu auch W. FLUGGE, Die Stabilität der Kreiszylinderschale, Ing.-Arch. 3 (1932) S. 463.

Jetzt bestimmt man leicht die Verzerrungsgrößen des Punktes P; denn nach unserer Voraussetzung ist $\varepsilon_r = \psi_{zr} = \psi_{r\varphi} = 0$, während die Gleichungen (I, **18**, 12) wegen (2) und $r = a + x$ für die übrigen Größen

$$\left.\begin{aligned}\varepsilon_\varphi &= \frac{1}{r}\frac{\partial v}{\partial \varphi} + \frac{u}{r} = -\frac{x}{a(a+x)}\frac{\partial^2 u_0}{\partial \varphi^2} + \frac{u_0}{a+x} + \frac{1}{a}\frac{\partial v_0}{\partial \varphi},\\ \varepsilon_z &= \frac{\partial w}{\partial z} = -x\frac{\partial^2 u_0}{\partial z^2} + \frac{\partial w_0}{\partial z},\\ \psi_{\varphi z} &= \frac{\partial v}{\partial z} + \frac{1}{r}\frac{\partial w}{\partial \varphi} = -\left(\frac{x}{a} + \frac{x}{a+x}\right)\frac{\partial^2 u_0}{\partial \varphi\, \partial z} + \frac{a+x}{a}\frac{\partial v_0}{\partial z} + \frac{1}{a+x}\frac{\partial w_0}{\partial \varphi}\end{aligned}\right\} \quad (3)$$

liefern.

Vernachlässigt man, wie dies in der Schalentheorie üblich ist, die Spannungen σ_r gegenüber den Spannungen σ_φ und σ_z, so gilt nach dem Hookeschen Gesetz

$$\varepsilon_\varphi = \frac{1}{E}\left(\sigma_\varphi - \frac{1}{m}\sigma_z\right), \qquad \varepsilon_z = \frac{1}{E}\left(\sigma_z - \frac{1}{m}\sigma_\varphi\right), \qquad \psi_{\varphi z} = \frac{\tau_{\varphi z}}{G} = \frac{2(m+1)}{mE}\tau_{\varphi z}$$

oder umgekehrt

$$\sigma_\varphi = \frac{m^2 E}{m^2-1}\left(\varepsilon_\varphi + \frac{1}{m}\varepsilon_z\right), \qquad \sigma_z = \frac{m^2 E}{m^2-1}\left(\varepsilon_z + \frac{1}{m}\varepsilon_\varphi\right), \qquad \tau_{\varphi z} = \frac{mE}{2(m+1)}\psi_{\varphi z}, \quad (4)$$

und die Gleichungen (4) und (3) drücken also die Spannungen σ_φ, σ_z, $\tau_{\varphi z}$ in u_0, v_0, w_0 aus.

Andererseits gilt definitionsgemäß (nach Abb. **43** und **44**, aus denen die Bedeutung der Schnittgrößen ohne weiteres hervorgeht)

$$\left.\begin{aligned}k_{\varphi\varphi} &= \int_{-h/2}^{+h/2} \sigma_\varphi\, dx, & k_{z\varphi} &= \int_{-h/2}^{+h/2} \tau_{z\varphi}\left(1 + \frac{x}{a}\right) dx,\\ k_{\varphi z} &= \int_{-h/2}^{+h/2} \tau_{\varphi z}\, dx, & k_{zz} &= \int_{-h/2}^{+h/2} \sigma_z\left(1 + \frac{x}{a}\right) dx,\\ m_{\varphi\varphi} &= -\int_{-h/2}^{+h/2} \tau_{\varphi z}\, x\, dx, & m_{z\varphi} &= -\int_{-h/2}^{+h/2} \sigma_z\left(1 + \frac{x}{a}\right) x\, dx,\\ m_{\varphi z} &= \int_{-h/2}^{+h/2} \sigma_\varphi\, x\, dx, & m_{zz} &= \int_{-h/2}^{+h/2} \tau_{z\varphi}\left(1 + \frac{x}{a}\right) x\, dx,\end{aligned}\right\} \quad (5)$$

so daß auch alle diese Schnittgrößen in u_0, v_0, w_0 ausdrückbar sind. Man prüft leicht nach, daß wegen $\tau_{\varphi z} = \tau_{z\varphi}$

$$-m_{\varphi\varphi} + a k_{\varphi z} - a k_{z\varphi} = 0$$

ist, so daß die erste Gleichung (1b) von selbst erfüllt ist. Hätte man bei der Aufstellung jener Gleichung von vornherein darauf geachtet, daß alle Momente in ihr von den Spannungen $\tau_{\varphi z} = \tau_{z\varphi}$ herrühren, so wäre dies auch ohne weiteres klar gewesen; denn die vier Schubkräfte in den Schnittflächen zwischen x und $x + dx$ halten sich für jedes x das Gleichgewicht.

Hiermit ist der Ansatz für unser Problem grundsätzlich fertig; denn die jetzt noch übrig bleibenden fünf Gleichgewichtsbedingungen (1) sowie die Gleichungen (3), (4) und (5) bilden ein geschlossenes Formelsystem, aus dem man nunmehr die drei Differentialgleichungen für u_0, v_0, w_0 herleiten kann. Zunächst entnimmt man der zweiten und dritten Gleichung (1b)

$$k_{\varphi r} = \frac{1}{a}\frac{\partial m_{\varphi z}}{\partial \varphi} + \frac{\partial m_{zz}}{\partial z}, \qquad k_{zr} = -\frac{1}{a}\frac{\partial m_{\varphi\varphi}}{\partial \varphi} - \frac{\partial m_{z\varphi}}{\partial z}, \quad (6)$$

so daß die Gleichungen (1a) übergehen in

$$\left.\begin{aligned}
&\frac{1}{a^2}\frac{\partial^2 m_{\varphi z}}{\partial \varphi^2}+\frac{1}{a}\frac{\partial^2 m_{zz}}{\partial \varphi\,\partial z}-\frac{k_{\varphi\varphi}}{a}-\frac{1}{a}\frac{\partial^2 m_{\varphi\varphi}}{\partial \varphi\,\partial z}-\frac{\partial^2 m_{z\varphi}}{\partial z^2}+R=0,\\
&\frac{1}{a}\frac{\partial k_{\varphi\varphi}}{\partial \varphi}+\frac{1}{a^2}\frac{\partial m_{\varphi z}}{\partial \varphi}+\frac{1}{a}\frac{\partial m_{zz}}{\partial z}+\frac{\partial k_{z\varphi}}{\partial z}+\Phi=0,\\
&\frac{1}{a}\frac{\partial k_{\varphi z}}{\partial \varphi}+\frac{\partial k_{zz}}{\partial z}+Z=0.
\end{aligned}\right\}\qquad(7)$$

Sodann berechnet man mit (4) und (3), indem man sogleich die Abkürzungen

$$A^*=\frac{1}{A}=\frac{m^2 E h^3}{12(m^2-1)},\qquad B=\frac{m^2 E h}{m^2-1}\qquad(8)$$

einführt und in den Integralen $\int\frac{dx}{a+x}$ den Integranden in eine Reihe entwickelt, die Schnittgrößten (5) und findet, wenn man keine höheren Potenzen von h als die dritte berücksichtigt,

$$\left.\begin{aligned}
k_{\varphi\varphi}&=\frac{A^*}{a^3}\left(\frac{\partial^2 u_0}{\partial \varphi^2}+u_0\right)+B\left(\frac{u_0}{a}+\frac{1}{a}\frac{\partial v_0}{\partial \varphi}+\frac{1}{m}\frac{\partial w_0}{\partial z}\right),\\
k_{\varphi z}&=\frac{(m-1)A^*}{2ma^2}\left(\frac{\partial^2 u_0}{\partial \varphi\,\partial z}+\frac{1}{a}\frac{\partial w_0}{\partial \varphi}\right)+\frac{(m-1)B}{2m}\left(\frac{\partial v_0}{\partial z}+\frac{1}{a}\frac{\partial w_0}{\partial \varphi}\right),\\
m_{\varphi\varphi}&=\frac{(m-1)A^*}{2ma}\left(2\frac{\partial^2 u_0}{\partial \varphi\,\partial z}-\frac{\partial v_0}{\partial z}+\frac{1}{a}\frac{\partial w_0}{\partial \varphi}\right),\\
m_{\varphi z}&=-A^*\left(\frac{1}{a^2}\frac{\partial^2 u_0}{\partial \varphi^2}+\frac{1}{m}\frac{\partial^2 u_0}{\partial z^2}+\frac{u_0}{a^2}\right),\\
k_{z\varphi}&=\frac{(m-1)A^*}{2ma^2}\left(-\frac{\partial^2 u_0}{\partial \varphi\,\partial z}+\frac{\partial v_0}{\partial z}\right)+\frac{(m-1)B}{2m}\left(\frac{\partial v_0}{\partial z}+\frac{1}{a}\frac{\partial w_0}{\partial \varphi}\right),\\
k_{zz}&=-\frac{A^*}{a}\frac{\partial^2 u_0}{\partial z^2}+B\left(\frac{u_0}{ma}+\frac{1}{ma}\frac{\partial v_0}{\partial \varphi}+\frac{\partial w_0}{\partial z}\right),\\
m_{z\varphi}&=A^*\left(\frac{1}{ma^2}\frac{\partial^2 u_0}{\partial \varphi^2}+\frac{\partial^2 u_0}{\partial z^2}-\frac{1}{ma^2}\frac{\partial v_0}{\partial \varphi}-\frac{1}{a}\frac{\partial w_0}{\partial z}\right),\\
m_{zz}&=\frac{(m-1)A^*}{ma}\left(-\frac{\partial^2 u_0}{\partial \varphi\,\partial z}+\frac{\partial v_0}{\partial z}\right).
\end{aligned}\right\}\qquad(9)$$

Schließlich führt man diese Größen noch in (7) ein und erhält so

$$\left.\begin{aligned}
&\frac{1}{a}\left(\frac{u_0}{a}+\frac{1}{a}\frac{\partial v_0}{\partial \varphi}+\frac{1}{m}\frac{\partial w_0}{\partial z}\right)+\frac{A^*}{B}\left(\frac{1}{a^4}\frac{\partial^4 u_0}{\partial \varphi^4}+\frac{2}{a^2}\frac{\partial^4 u}{\partial \varphi^2\,\partial z^2}+\frac{\partial^4 u_0}{\partial z^4}+\frac{2}{a^4}\frac{\partial^2 u_0}{\partial \varphi^2}+\right.\\
&\qquad\left.+\frac{u_0}{a^4}-\frac{3m-1}{2ma^2}\frac{\partial^3 v_0}{\partial \varphi\,\partial z^2}+\frac{m-1}{2ma^3}\frac{\partial^3 w_0}{\partial \varphi^2\,\partial z}-\frac{1}{a}\frac{\partial^3 w_0}{\partial z^3}\right)-\frac{R}{B}=0,\\
&\frac{1}{a^2}\frac{\partial u_0}{\partial \varphi}+\frac{1}{a^2}\frac{\partial^2 v_0}{\partial \varphi^2}+\frac{m-1}{2m}\frac{\partial^2 v_0}{\partial z^2}+\frac{m+1}{2ma}\frac{\partial^2 w_0}{\partial \varphi\,\partial z}+\frac{A^*}{B}\left(-\frac{3m-1}{2ma^2}\frac{\partial^3 u_0}{\partial \varphi\,\partial z^2}+3\frac{m-1}{2ma^2}\frac{\partial^2 v_0}{\partial z^2}\right)+\frac{\Phi}{B}=0,\\
&\frac{1}{ma}\frac{\partial u_0}{\partial z}+\frac{m+1}{2ma}\frac{\partial^2 v_0}{\partial \varphi\,\partial z}+\frac{m-1}{2ma^2}\frac{\partial^2 w_0}{\partial \varphi^2}+\frac{\partial^2 w_0}{\partial z^2}+\frac{A^*}{B}\left(\frac{m-1}{2ma^3}\frac{\partial^3 u_0}{\partial \varphi^2\,\partial z}-\frac{1}{a}\frac{\partial^3 u_0}{\partial z^3}+\frac{m-1}{2ma^4}\frac{\partial^2 w_0}{\partial \varphi^2}\right)+\frac{Z}{B}=0
\end{aligned}\right\}\qquad(10)$$

als gesuchte Differentialgleichungen für die beliebig belastete, biegesteife Kreiszylinderschale.

21. Die Lösung der allgemeinen Gleichungen. Die Lösung der soeben aufgestellten Grundgleichungen erfordert im allgemeinen eine recht erhebliche Rechenarbeit, deren Schwierigkeit vornehmlich in der Befriedigung der Randbedingungen steckt. Häufig wird man sich daher mit einer Näherungslösung zufrieden geben. Ob man eine exakte oder nur eine Näherungslösung aufsuchen soll, ist durch die verlangte Genauigkeit des Endergebnisses bedingt, aber auch durch den zur Erreichung dieser Genauigkeit erforderlichen Zeitaufwand.

Hier machen wir zunächst einige Bemerkungen über die genaue Lösung des Problems, während wir später an Hand einer der Praxis entnommenen Aufgabe eine Näherungslösung behandeln werden. In beiden Fällen handelt es sich um den durch gegebene Oberflächenkräfte belasteten Zylinder, der in seinen Endquerschnitten gewissen Randbedingungen unterworfen ist.

Die Aufgabe zerfällt in zwei Teile: a) die Bestimmung einer Partikularlösung der vollständigen Gleichungen (**20**, 10), b) die Bestimmung der allgemeinen Lösung des durch Nullsetzen von R, Φ und Z homogenisierten Gleichungssystems (**20**, 10). Wenn die Lösung a) zufälligerweise die Randbedingungen befriedigt, so ist mit ihr natürlich das Problem schon ganz gelöst. Im allgemeinen ist dies aber nicht der Fall, und es treten somit an den beiden Rändern Verschiebungen und Spannungen auf, die mit den vorgeschriebenen Randbedingungen nicht im Einklang stehen. Man erhält dann, wie leicht einzusehen, die gesuchte Lösung, wenn man zu den am Rande vorgeschriebenen Verschiebungen und Spannungen die bei der Aufgabe a) erhaltenen, entsprechenden Größen mit umgekehrtem Vorzeichen hinzufügt, die zu diesen neuen Randwerten gehörige Lösung des homogenisierten Gleichungssystems (**20**, 10) bestimmt und diese Lösung b) zu der Lösung a) addiert.

Die Aufgabe a). Zur Lösung der ersten Hilfsaufgabe entwickelt man die vorgegebene äußere Belastung (R, Φ, Z) in Doppel-Fourierreihen nach den Argumenten φ und z

$$\left.\begin{aligned}
R &= \sum_{p=0}^{\infty}\sum_{q=0}^{\infty} a'_{pq}\cos p\varphi\sin\lambda\frac{z}{a} + \sum_{p=0}^{\infty}\sum_{q=0}^{\infty} b'_{pq}\cos p\varphi\cos\lambda\frac{z}{a} + \\
&\quad + \sum_{p=0}^{\infty}\sum_{q=0}^{\infty} c'_{pq}\sin p\varphi\sin\lambda\frac{z}{a} + \sum_{p=0}^{\infty}\sum_{q=0}^{\infty} d'_{pq}\sin p\varphi\cos\lambda\frac{z}{a},\\
\Phi &= \sum_{p=0}^{\infty}\sum_{q=0}^{\infty} a''_{pq}\sin p\varphi\sin\lambda\frac{z}{a} + \sum_{p=0}^{\infty}\sum_{q=0}^{\infty} b''_{pq}\sin p\varphi\cos\lambda\frac{z}{a} + \\
&\quad + \sum_{p=0}^{\infty}\sum_{q=0}^{\infty} c''_{pq}\cos p\varphi\sin\lambda\frac{z}{a} + \sum_{p=0}^{\infty}\sum_{q=0}^{\infty} d''_{pq}\cos p\varphi\cos\lambda\frac{z}{a},\\
Z &= \sum_{p=0}^{\infty}\sum_{q=0}^{\infty} a'''_{pq}\cos p\varphi\cos\lambda\frac{z}{a} + \sum_{p=0}^{\infty}\sum_{q=0}^{\infty} b'''_{pq}\cos p\varphi\sin\lambda\frac{z}{a} + \\
&\quad + \sum_{p=0}^{\infty}\sum_{q=0}^{\infty} c'''_{pq}\sin p\varphi\cos\lambda\frac{z}{a} + \sum_{p=0}^{\infty}\sum_{q=0}^{\infty} d'''_{pq}\sin p\varphi\sin\lambda\frac{z}{a},\\
&\text{mit } \lambda = q\pi a/l \qquad (p \text{ und } q \text{ ganze Zahlen}),
\end{aligned}\right\} \tag{1}$$

wo l die Zylinderlänge ist. Jedes Tripel von Belastungskomponenten, die in diesen Reihenentwicklungen zu denselben Zeigern p und q und zu gleichbenannten Beiwerten gehören, betrachten wir als eine Einzelbelastung. Zu jeder solchen Einzelbelastung läßt sich ein zugehöriges partikuläres Integral der Gleichungen (**20**, 10) leicht angeben.

Betrachtet man als Beispiel die Belastung

$$\left.\begin{aligned}
R^a_{pq} &= a'_{pq}\cos p\varphi\sin\lambda\frac{z}{a},\\
\Phi^a_{pq} &= a''_{pq}\sin p\varphi\sin\lambda\frac{z}{a},\\
Z^a_{pq} &= a'''_{pq}\cos p\varphi\cos\lambda\frac{z}{a},
\end{aligned}\right\} \tag{2}$$

so führt der Ansatz

$$\left.\begin{aligned} u &= \overset{a}{u}_{pq} \cos p\varphi \sin \lambda \frac{z}{a}, \\ v &= \overset{a}{v}_{pq} \sin p\varphi \sin \lambda \frac{z}{a}, \\ w &= \overset{a}{w}_{pq} \cos p\varphi \cos \lambda \frac{z}{a}, \end{aligned}\right\} \tag{3}$$

wobei von jetzt an die Verschiebungen eines Punktes der Mittelebene nur noch mit u, v und w bezeichnet werden, zum Ziel. Denn setzt man diese Werte in die Gleichungen (**20**, 10) ein, so kann man sie der Reihe nach durch

$$\cos p\varphi \sin \lambda \frac{z}{a}, \qquad \sin p\varphi \sin \lambda \frac{z}{a}, \qquad \cos p\varphi \cos \lambda \frac{z}{a}$$

dividieren, so daß drei lineare Gleichungen zur Berechnung von $\overset{a}{u}_{pq}$, $\overset{a}{v}_{pq}$, $\overset{a}{w}_{pq}$ übrigbleiben. Diese lauten, wenn noch zur Abkürzung

$$\frac{A^*}{B a^2} = \frac{h^2}{12 a^2} = k \tag{4}$$

gesetzt wird,

$$\left.\begin{aligned} &[1 + k(p^4 + 2p^2\lambda^2 + \lambda^4 - 2p^2 + 1)]\overset{a}{u}_{pq} + \left[p + \frac{3m-1}{2m} k p \lambda^2\right]\overset{a}{v}_{pq} + \\ &\qquad + \left[-\frac{\lambda}{m} + k\left(\frac{m-1}{2m} p^2\lambda - \lambda^3\right)\right]\overset{a}{w}_{pq} = \frac{a^2}{B} a'_{pq}, \\ &\left[p + \frac{3m-1}{2m} k p \lambda^2\right]\overset{a}{u}_{pq} + \left[p^2 + \frac{m-1}{2m}(1+3k)\lambda^2\right]\overset{a}{v}_{pq} - \frac{m+1}{2m} p \lambda \overset{a}{w}_{pq} = \frac{a^2}{B} a''_{pq}, \\ &\left[-\frac{\lambda}{m} + k\left(\frac{m-1}{2m} p^2\lambda - \lambda^3\right)\right]\overset{a}{u}_{pq} - \frac{m+1}{2m} p \lambda \overset{a}{v}_{pq} + \\ &\qquad + \left[\lambda^2 + \frac{m-1}{2m}(1+k)p^2\right]\overset{a}{w}_{pq} = \frac{a^2}{B} a'''_{pq}. \end{aligned}\right\} \tag{5}$$

Für die zu den Teilbelastungen

$$\left.\begin{aligned} &R^b_{pq} = b'_{pq} \cos p\varphi \cos \lambda \frac{z}{a}, \quad R^c_{pq} = c'_{pq} \sin p\varphi \sin \lambda \frac{z}{a}, \quad R^d_{pq} = d'_{pq} \sin p\varphi \cos \lambda \frac{z}{a}, \\ &\Phi^b_{pq} = b''_{pq} \sin p\varphi \cos \lambda \frac{z}{a}, \quad \Phi^c_{pq} = c''_{pq} \cos p\varphi \sin \lambda \frac{z}{a}, \quad \Phi^d_{pq} = d''_{pq} \cos p\varphi \cos \lambda \frac{z}{a}, \\ &Z^b_{pq} = b'''_{pq} \cos p\varphi \sin \lambda \frac{z}{a}, \quad Z^c_{pq} = c'''_{pq} \sin p\varphi \cos \lambda \frac{z}{a}, \quad Z^d_{pq} = d'''_{pq} \sin p\varphi \sin \lambda \frac{z}{a} \end{aligned}\right\} \tag{6}$$

gehörigen Verschiebungen

$$\left.\begin{aligned} &\overset{b}{u}_{pq} \cos p\varphi \cos \lambda \frac{z}{a}, \quad \overset{c}{u}_{pq} \sin p\varphi \sin \lambda \frac{z}{a}, \quad \overset{d}{u}_{pq} \sin p\varphi \cos \lambda \frac{z}{a}, \\ &\overset{b}{v}_{pq} \sin p\varphi \cos \lambda \frac{z}{a}, \quad \overset{c}{v}_{pq} \cos p\varphi \sin \lambda \frac{z}{a}, \quad \overset{d}{v}_{pq} \cos p\varphi \cos \lambda \frac{z}{a}, \\ &\overset{b}{w}_{pq} \cos p\varphi \sin \lambda \frac{z}{a}, \quad \overset{c}{w}_{pq} \sin p\varphi \cos \lambda \frac{z}{a}, \quad \overset{d}{w}_{pq} \sin p\varphi \sin \lambda \frac{z}{a} \end{aligned}\right\} \tag{7}$$

gelten ähnliche Gleichungen, welche aus (5) hervorgehen, indem man der Reihe nach

$$\begin{aligned} &\lambda,\ a'_{pq},\ a''_{pq},\ a'''_{pq} \quad \text{durch} \quad -\lambda,\ b'_{pq},\ b''_{pq},\ b'''_{pq}, \\ &p,\ a'_{pq},\ a''_{pq},\ a'''_{pq} \quad \text{durch} \quad -p,\ c'_{pq},\ c''_{pq},\ c'''_{pq}, \\ &\lambda,\ p,\ a'_{pq},\ a''_{pq},\ a'''_{pq} \quad \text{durch} \quad -\lambda,\ -p,\ d'_{pq},\ d''_{pq},\ d'''_{pq} \end{aligned}$$

ersetzt.

Man braucht diese Gleichungen aber gar nicht anzuschreiben, denn man sieht leicht, daß ihre Lösungen sich in einfacher Weise aus den Lösungen des Systems (5) herleiten lassen. Schreibt man diese in der Form

$$\left.\begin{aligned} u^a_{pq} &= \alpha_{11}\, a'_{pq} + \alpha_{12}\, a''_{pq} + \alpha_{13}\, a'''_{pq}, \\ v^a_{pq} &= \alpha_{21}\, a'_{pq} + \alpha_{22}\, a''_{pq} + \alpha_{23}\, a'''_{pq}, \\ w^a_{pq} &= \alpha_{31}\, a'_{pq} + \alpha_{32}\, a''_{pq} + \alpha_{33}\, a'''_{pq}, \end{aligned}\right\} \tag{8}$$

so lauten die Lösungen der übrigen Systeme

$$\left.\begin{aligned} u^b_{pq} &= \alpha_{11}\, b'_{pq} + \alpha_{12}\, b''_{pq} - \alpha_{13}\, b'''_{pq}, \\ v^b_{pq} &= \alpha_{21}\, b'_{pq} + \alpha_{22}\, b''_{pq} - \alpha_{23}\, b'''_{pq}, \\ w^b_{pq} &= -\alpha_{31}\, b'_{pq} - \alpha_{32}\, b''_{pq} + \alpha_{33}\, b'''_{pq}; \\[4pt] u^c_{pq} &= \alpha_{11}\, c'_{pq} - \alpha_{12}\, c''_{pq} + \alpha_{13}\, c'''_{pq}, \\ v^c_{pq} &= -\alpha_{21}\, c'_{pq} + \alpha_{22}\, c''_{pq} - \alpha_{23}\, c'''_{pq}, \\ w^c_{pq} &= \alpha_{31}\, c'_{pq} - \alpha_{32}\, c''_{pq} + \alpha_{33}\, c'''_{pq}; \\[4pt] u^d_{pq} &= \alpha_{11}\, d'_{pq} - \alpha_{12}\, d''_{pq} - \alpha_{13}\, d'''_{pq}, \\ v^d_{pq} &= -\alpha_{21}\, d'_{pq} + \alpha_{22}\, d''_{pq} + \alpha_{23}\, d'''_{pq}, \\ w^d_{pq} &= -\alpha_{31}\, d'_{pq} + \alpha_{32}\, d''_{pq} + \alpha_{33}\, d'''_{pq}. \end{aligned}\right\} \tag{9}$$

Die von $R^a_{pq}, \Phi^a_{pq}, Z^a_{pq}$ hervorgerufenen Schnittgrößen berechnen sich aus (**20**, 6) und (**20**, 9) zu

$$\left.\begin{aligned} k_{\varphi r} &= -\frac{A^*}{a^3}\left[(p^3+p\lambda^2-p)\,u^a_{pq} + \frac{m-1}{m}\lambda^2 v^a_{pq}\right]\sin p\varphi \sin\lambda\frac{z}{a}, \\ k_{\varphi\varphi} &= \left[\frac{A^*}{a^3}(-p^2+1)\,u^a_{pq} + \frac{B}{a}\left(u^a_{pq} + p\,v^a_{pq} - \frac{\lambda}{m} w^a_{pq}\right)\right]\cos p\varphi \sin\lambda\frac{z}{a}, \\ k_{\varphi z} &= \left[\frac{(m-1)A^*}{2\,m\,a^3}(-p\lambda u^a_{pq} - p\,w^a_{pq}) + \frac{(m-1)B}{2\,m\,a}(\lambda v^a_{pq} - p\,w^a_{pq})\right]\sin p\varphi\cos\lambda\frac{z}{a}, \\ m_{\varphi\varphi} &= -\frac{(m-1)A^*}{2\,m\,a^2}\left[2\,p\lambda u^a_{pq} + \lambda v^a_{pq} + p\,w^a_{pq}\right]\sin p\varphi\cos\lambda\frac{z}{a}, \\ m_{\varphi z} &= \frac{A^*}{a^2}\left[p^2 + \frac{\lambda^2}{m} - 1\right]u^a_{pq}\cos p\varphi\sin\lambda\frac{z}{a}, \\ k_{zr} &= \frac{A^*}{a^3}\left[(p^2\lambda+\lambda^3)\,u^a_{pq} + \frac{m+1}{2\,m}p\lambda v^a_{pq} + \left(\frac{m-1}{2\,m}p^2 - \lambda^2\right)w^a_{pq}\right]\cos p\varphi\cos\lambda\frac{z}{a}, \\ k_{z\varphi} &= \left[\frac{(m-1)A^*}{2\,m\,a^3}(p\lambda u^a_{pq} + \lambda v^a_{pq}) + \frac{(m-1)B}{2\,m\,a}(\lambda v^a_{pq} - p\,w^a_{pq})\right]\sin p\varphi\cos\lambda\frac{z}{a}, \\ k_{zz} &= \left[\frac{A^*}{a^3}\lambda^2 u^a_{pq} + \frac{B}{a}\left(\frac{1}{m}u^a_{pq} + \frac{p}{m}v^a_{pq} - \lambda w^a_{pq}\right)\right]\cos p\varphi\sin\lambda\frac{z}{a}, \\ m_{z\varphi} &= \frac{A^*}{a^2}\left[-\left(\frac{p^2}{m}+\lambda^2\right)u^a_{pq} - \frac{p}{m}v^a_{pq} + \lambda w^a_{pq}\right]\cos p\varphi\sin\lambda\frac{z}{a}, \\ m_{zz} &= \frac{(m-1)A^*}{m\,a^2}\left[p\lambda u^a_{pq} + \lambda v^a_{pq}\right]\sin p\varphi\cos\lambda\frac{z}{a}. \end{aligned}\right\} \tag{10}$$

Setzt man insbesondere in den letzten fünf Gleichungen $z=0$ oder $z=l$, so erhält man die durch die Belastung $R^a_{pq}, \Phi^a_{pq}, Z^a_{pq}$ und die zugehörigen Verschiebungen $u^a_{pq}, v^a_{pq}, w^a_{pq}$ bedingten Randbelastungen.

Die zu den andern Teilbelastungen gehörigen Schnittgrößen schreiben wir wieder nicht explizit an. Man erhält sie aus (10), wenn man dort der Reihe nach

$\lambda,\ u^a_{pq},\ v^a_{pq},\ w^a_{pq},\ \sin\lambda\frac{z}{a},\ \cos\lambda\frac{z}{a}$ durch $-\lambda,\ u^b_{pq},\ v^b_{pq},\ w^b_{pq},\ \cos\lambda\frac{z}{a},\ \sin\lambda\frac{z}{a}$,

$p,\ u^a_{pq},\ v^a_{pq},\ w^a_{pq},\ \sin p\varphi,\ \cos p\varphi$ durch $-p,\ u^c_{pq},\ v^c_{pq},\ w^c_{pq},\ \cos p\varphi,\ \sin p\varphi$,

$p,\ \lambda,\ u^a_{pq},\ v^a_{pq},\ w^a_{pq},\ \sin p\varphi,\ \cos p\varphi,\ \sin\lambda\frac{z}{a},\ \cos\lambda\frac{z}{a}$ durch

$-p,\ -\lambda,\ u^d_{pq},\ v^d_{pq},\ w^d_{pq},\ \cos p\varphi,\ \sin p\varphi,\ \cos\lambda\frac{z}{a},\ \sin\lambda\frac{z}{a}$

ersetzt.

Die Aufgabe b). Die zweite Teilaufgabe besteht darin, bei gegebener Randbelastung, aber für den sonst unbelasteten Zylinder die Formänderungen und Spannungen zu bestimmen. Wir kehren diese Aufgabe zunächst um und berechnen eine unendliche Mannigfaltigkeit von Verschiebungssätzen $u,\ v,\ w$, bei denen die zugehörige Zylinderbelastung sich nur als eine Randbelastung erweist. Durch lineare Kombination dieser Einzellösungen kann dann, wie wir sehen werden, die tatsächlich vorgeschriebene Randbelastung erhalten werden.

Weil jede Formänderung des (in der φ-Richtung) geschlossenen Zylinders in φ periodisch mit der Periode $\varphi = 2\pi$ ist, so kann für die gesuchten Sonderlösungen sicherlich der Ansatz

$$\left.\begin{aligned} u &= \sum_{p=0}^{\infty} u_p \sin p\varphi + \sum_{p=0}^{\infty} \bar{u}_p \cos p\varphi, \\ v &= \sum_{p=0}^{\infty} v_p \cos p\varphi + \sum_{p=0}^{\infty} \bar{v}_p \sin p\varphi, \\ w &= \sum_{p=0}^{\infty} w_p \sin p\varphi + \sum_{p=0}^{\infty} \bar{w}_p \cos p\varphi \end{aligned}\right\} \tag{11}$$

gemacht werden, worin $u_p,\ v_p,\ w_p,\ \bar{u}_p,\ \bar{v}_p,\ \bar{w}_p$ Funktionen von z bezeichnen. Wir zeigen aber, daß schon der Ansatz

$$\left.\begin{aligned} u &= u_p \sin p\varphi, \\ v &= v_p \cos p\varphi, \\ w &= w_p \sin p\varphi \end{aligned}\right\} \ (12\text{a}) \qquad \text{oder} \qquad \left.\begin{aligned} u &= \bar{u}_p \cos p\varphi, \\ v &= \bar{v}_p \sin p\varphi, \\ w &= \bar{w}_p \cos p\varphi \end{aligned}\right\} \ (12\text{b})$$

zu einer Randbelastung führen kann. Denn weil $u,\ v,\ w$ den Gleichungen (**20**, 10), in denen R, Φ und Z gleich Null zu setzen sind, genügen müssen, so erhält man mit dem Ansatz (12a) die folgenden drei simultanen Differentialgleichungen für $u_p,\ v_p,\ w_p$, in denen Striche Differentiationen nach z bedeuten:

$$\left.\begin{aligned} &\frac{1}{a}\left(\frac{u_p}{a} - \frac{p}{a} v_p + \frac{w_p'}{m}\right) + \frac{A^*}{B}\left(\frac{p^4}{a^4} u_p - \frac{2p^2}{a^2} u_p'' + u_p'''' - \frac{2p^2}{a^4} u_p + \frac{u_p}{a^4} + \frac{3m-1}{2ma^2} p v_p'' - \right. \\ &\qquad\qquad \left. - \frac{m-1}{2ma^3} p^2 w_p' - \frac{1}{a} w_p'''\right) = 0, \\ &\frac{p}{a^2} u_p - \frac{p^2}{a^2} v_p + \frac{m-1}{2m} v_p'' + \frac{m+1}{2ma} p w_p' - \frac{A^*}{B}\left(\frac{3m-1}{2ma^2} p u_p'' - 3\frac{m-1}{2ma^2} v_p''\right) = 0, \\ &\frac{1}{ma} u_p' - \frac{m+1}{2ma} p v_p' - \frac{m-1}{2ma^2} p^2 w_p + w_p'' - \frac{A^*}{B}\left(\frac{m-1}{2ma^3} p^2 u_p' + \frac{1}{a} u_p''' + \frac{m-1}{2ma^4} p^2 w_p\right) = 0. \end{aligned}\right\} \tag{13}$$

Sie gehen mit dem Ansatz

$$u_p = A^p e^{\frac{\lambda z}{a}}, \quad v_p = B^p e^{\frac{\lambda z}{a}}, \quad w_p = C^p e^{\frac{\lambda z}{a}} \tag{14}$$

in die drei homogenen linearen Gleichungen

$$\left.\begin{aligned}&[1+k(p^4-2p^2\lambda^2+\lambda^4-2p^2+1)]A^p-\left[p-\frac{(3m-1)kp}{2m}\lambda^2\right]B^p+\\&\qquad+\left[\frac{\lambda}{m}-k\left(\frac{(m-1)p^2}{2m}\lambda+\lambda^3\right)\right]C^p=0,\\&\left[p-\frac{(3m-1)kp}{2m}\lambda^2\right]A^p-\left[p^2-\frac{m-1}{2m}\lambda^2-\frac{3(m-1)k}{2m}\lambda^2\right]B^p+\frac{(m+1)p}{2m}\lambda C^p=0,\\&\left[\frac{\lambda}{m}-k\left(\frac{(m-1)p^2}{2m}\lambda+\lambda^3\right)\right]A^p-\frac{(m+1)p}{2m}\lambda B^p-\left[\frac{(m-1)p^2}{2m}(1+k)-\lambda^2\right]C^p=0\end{aligned}\right\}\quad(15)$$

über, in welchen wieder $k=A^*/a^2B$ ist.

Diese Gleichungen haben nur dann eine von Null verschiedene Lösung, wenn ihre Koeffizientendeterminante gleich Null ist, und man erhält somit die folgende Bedingungsgleichung für λ:

$$\left.\begin{aligned}&(1+3k)(1-k)\lambda^8+\left[\left(-4+\frac{9k^2-9k^2m-11km+3k}{2m}\right)p^2+\frac{2}{m}(1+3k)\right]\lambda^6+\\&+\left[\left(6+\frac{6km^2-3km-k^2}{m^2}\right)p^4-3\left(2+\frac{2km^2-km+k}{m^2}\right)p^2+\frac{1+3k}{k}\left(1-\frac{1}{m^2}+k\right)\right]\lambda^4+\\&+\left[\left(-4+\frac{3k^2-3k^2m+3k-7km}{2m}\right)p^6+\left(\frac{8m-2}{m}+\frac{3k^2m-3k^2+7km-5k}{m}\right)p^4+\right.\\&\left.+\left(-\frac{8m-4}{2m}+\frac{3k^2-3k^2m+7k-7km}{2m}\right)p^2\right]\lambda^2+[(k+1)(p^8-2p^6+p^4)]=0.\end{aligned}\right\}\quad(16)$$

Beschränkt man sich auf Werte von k, welche klein gegen Eins sind, so geht diese Gleichung über in

$$\left.\begin{aligned}&\lambda^8-2\left(2p^2-\frac{1}{m}\right)\lambda^6+\left[\frac{m^2-1}{m^2k}+6p^2(p^2-1)\right]\lambda^4-2p^2\left[2p^4-\frac{4m-1}{m}p^2+\right.\\&\qquad\left.+\frac{2m-1}{m}\right]\lambda^2+p^4(p^2-1)^2=0.\end{aligned}\right\}\quad(16\text{a})$$

Man überzeugt sich leicht davon, daß der Ansatz (12b) zu derselben Bedingungsgleichung für λ führt; denn der Übergang von (12a) nach (12b) hat nur zur Folge, daß in den Gleichungen (13) und somit auch in den Gleichungen (16) überall p durch $-p$ ersetzt wird.

Die Wurzeln der Gleichung (16) sind paarweise konjugiert komplex und haben außerdem auch paarweise verschiedenes Vorzeichen, so daß gesetzt werden kann

$$\left.\begin{matrix}\lambda_1\\\lambda_2\end{matrix}\right\}=-\varkappa_1\pm i\mu_1,\quad\left.\begin{matrix}\lambda_3\\\lambda_4\end{matrix}\right\}=-\varkappa_2\pm i\mu_2,\quad\left.\begin{matrix}\lambda_5\\\lambda_6\end{matrix}\right\}=\varkappa_1\mp i\mu_1,\quad\left.\begin{matrix}\lambda_7\\\lambda_8\end{matrix}\right\}=\varkappa_2\mp i\mu_2.\quad(17)$$

Zu jedem λ gehört ein Satz von Werten A^p, B^p, C^p, von denen einer, z. B. A^p, frei gewählt werden kann; die zugehörigen Werte B^p und C^p sind dann durch die Gleichungen (15) bestimmt. Weil die Zahl der Konstanten A^p mit der Ordnung der aus (13) herzuleitenden Differentialgleichung für u übereinstimmt, so stellt

$$\left.\begin{aligned}u_p=&e^{-\frac{\varkappa_1 z}{a}}\left(A_1^p e^{i\frac{\mu_1 z}{a}}+A_2^p e^{-i\frac{\mu_1 z}{a}}\right)+e^{-\frac{\varkappa_2 z}{a}}\left(A_3^p e^{i\frac{\mu_2 z}{a}}+A_4^p e^{-i\frac{\mu_2 z}{a}}\right)+\\&+e^{\frac{\varkappa_1 z}{a}}\left(A_5^p e^{i\frac{\mu_1 z}{a}}+A_6^p e^{-i\frac{\mu_1 z}{a}}\right)+e^{\frac{\varkappa_2 z}{a}}\left(A_7^p e^{i\frac{\mu_2 z}{a}}+A_8^p e^{-i\frac{\mu_2 z}{a}}\right)\end{aligned}\right\}\quad(18)$$

die allgemeinste Lösung für u_p dar.

Hat man es insbesondere mit großen Werten von p zu tun, so daß in (16a) das Glied $(m^2-1)/m^2k$ gegen $6p^2(p^2-1)$, ferner 1 gegen p^2 und endlich p^2 gegen p^4 vernachlässigbar ist, so vereinfacht sich (16a) in

$$(\lambda^2-p^2)^4=0,\quad(16\text{b})$$

und (18) nimmt dann die Gestalt

$$u_p = \left(A_1^p z^3 + A_2^p z^2 + A_3^p z + A_4^p\right) e^{-pz} + \left(A_5^p z^3 + A_6^p z^2 + A_7^p z + A_8^p\right) e^{pz} \qquad (18\text{a})$$

an.

Der Ansatz (12b) führt zu einem ähnlichen Ausdruck für $\bar{u}_p$, welcher aus (18) oder (18a) entsteht, indem man die Konstanten A_i^p $(i = 1, 2, \ldots, 8)$ durch andere, $\bar{A}_i^p$ $(i = 1, 2, \ldots, 8)$ ersetzt. Die allgemeine Lösung

$$u = u_p \sin p\varphi + \bar{u}_p \cos p\varphi \qquad (19\text{a})$$

enthält also **16** frei wählbare Konstanten. Die in den entsprechenden allgemeinen Lösungen

$$\left.\begin{aligned} v &= v_p \cos p\varphi + \bar{v}_p \sin p\varphi, \qquad (19\text{b}) \\ w &= w_p \sin p\varphi + \bar{w}_p \cos p\varphi \qquad (19\text{c}) \end{aligned}\right\}$$

auftretenden Konstanten B_i^p, $\bar{B}_i^p$, C_i^p, $\bar{C}_i^p$ sind, wie bereits erwähnt, von den A_i^p und $\bar{A}_i^p$ abhängig.

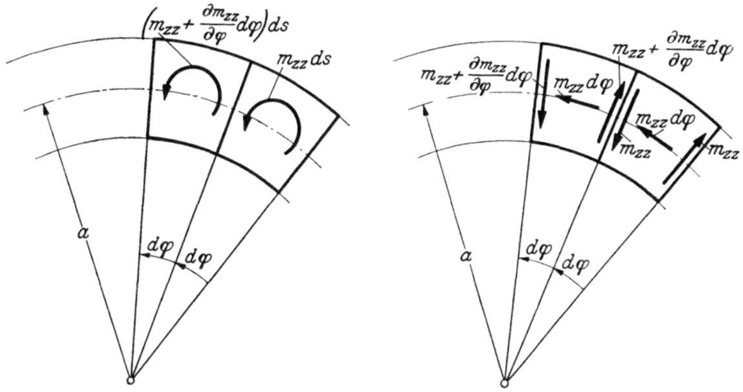

Abb. 46. Die Torsionsbelastung des Zylinderrandes und ihr statischer Ersatz.

Wir zeigen jetzt noch kurz, wie man mit Hilfe der nunmehr explizit gewonnenen Reihen (11) beliebig vorgegebene Randbedingungen zu befriedigen vermag, und zwar beschränken wir uns hierbei auf die Fälle, daß entweder die Verschiebungen oder aber die Belastungen an den beiden Rändern vorgeschrieben sind. (Wie bei sogenannten gemischten Randbedingungen vorzugehen ist, mag man sich dann vollends leicht zurechtlegen.) Was die Verformung des Zylinders betrifft, so kann man an beiden Rändern u, v, w und $\partial u/\partial z$ als (kontinuierliche) Funktionen von φ beliebig vorschreiben. Entwickelt man diese Größen in Fourierreihen ihres Argumentes, so hat man die freien Konstanten in (19) derart zu bestimmen, daß die aus (11) für $x = 0$ und $x = l$ zu gewinnenden Reihen für u, v, w und $\partial u/\partial z$ mit diesen Fourierreihen identisch werden. Man sieht sofort, daß die Anzahl der Konstanten A_i^p hierzu gerade ausreicht. Dieselbe Überlegung gilt, wenn an jedem der beiden Ränder vier Belastungsgrößen, z. B. k_{zr}, $k_{z\varphi}$, k_{zz} und $m_{z\varphi}$ vorgeschrieben sind.

Wenn an diesen Rändern außerdem auch noch m_{zz} vorgeschrieben ist, könnte man darüber in Zweifel sein, ob die Anzahl der Konstanten noch ausreicht. Dies ist aber wirklich der Fall; denn man zeigt leicht, daß eine m_{zz}-Belastung durch eine ihr gleichwertige k_{zr}^*- und $k_{z\varphi}^*$-Belastung ersetzt werden kann (vgl. schon Ziff. **9**). In Abb. 46 links sind für den Querschnitt $z = l$ zwei Randelemente von der Länge $ds = a\, d\varphi$ samt ihrer Torsionsbelastung wiedergegeben. In Abb. 46 rechts ist für jedes Element eine statisch gleichwertige Belastung eingezeichnet, die aus zwei radialen Kräften und einer tangentialen Einzelkraft besteht. Die zwei Kräfte $-m_{zz}$ und $\left(m_{zz}+\frac{\partial m_{zz}}{\partial \varphi} d\varphi\right)$ längs der Begrenzungsgeraden haben eine Resultierende $\frac{\partial m_{zz}}{\partial \varphi} d\varphi$, die sich über die Breite $ds = a\, d\varphi$ gleichmäßig verteilt und also die radiale Belastung

$$k_{zr}^{*} = \frac{1}{a} \frac{\partial m_{zz}}{\partial \varphi} \tag{20}$$

erzeugt. Die tangentiale Kraft $m_{zz} d\varphi$ wirkt ebenfalls auf die Länge ds, und erzeugt mithin auf der Längeneinheit eine tangentiale Querkraft von der Größe

$$k_{z\varphi}^{*} = \frac{m_{zz}}{a}. \tag{21}$$

Sind also an einem Rande die Werte von k_{zr}, $k_{z\varphi}$, k_{zz}, $m_{z\varphi}$ und m_{zz} vorgegeben, so ersetzt man diese Belastung durch

$$k_{zr} + k_{zr}^{*} = k_{zr} + \frac{1}{a} \frac{\partial m_{zz}}{\partial \varphi}, \quad k_{z\varphi} + k_{z\varphi}^{*} = k_{z\varphi} + \frac{m_{zz}}{a}, \quad k_{zz}, \quad m_{z\varphi} \tag{22}$$

und geht nach der vorhin beschriebenen Methode vor.

Endlich sei noch darauf hingewiesen, daß man bei der praktischen Durchrechnung eines verhältnismäßig langen Zylinders gut tun wird, in Formel (18) von den Konstanten A_5^p, A_6^p den Faktor $e^{-\frac{\varkappa_1 l}{a}}$ und von den Konstanten A_7^p, A_8^p den Faktor $e^{-\frac{\varkappa_2 l}{a}}$ abzuspalten und also u_p in der Form zu schreiben

$$\left.\begin{aligned} u_p = {} & e^{-\frac{\varkappa_1 z}{a}} \left(A_1^p e^{i\frac{\mu_1 z}{a}} + A_2^p e^{-i\frac{\mu_1 z}{a}}\right) + e^{-\frac{\varkappa_2 z}{a}} \left(A_3^p e^{i\frac{\mu_2 z}{a}} + A_4^p e^{-i\frac{\mu_2 z}{a}}\right) + \\ & + e^{\frac{\varkappa_1 (z-l)}{a}} \left(A_5^p e^{i\frac{\mu_1 z}{a}} + A_6^p e^{-i\frac{\mu_1 z}{a}}\right) + e^{\frac{\varkappa_2 (z-l)}{a}} \left(A_7^p e^{i\frac{\mu_2 z}{a}} + A_8^p e^{-i\frac{\mu_2 z}{a}}\right). \end{aligned}\right\} \tag{23}$$

Die Produkte in der ersten Zeile klingen mit wachsendem z schnell ab, so daß sie für $z = l$ gleich Null gesetzt werden können; die Produkte in der zweiten Zeile klingen schnell ab, wenn z von l an abnimmt, so daß sie für $z = 0$ vernachlässigbar sind. Ähnliches gilt natürlich für die Funktionen v_p und w_p. Weil nun zur Bestimmung der Konstanten in u_p, v_p und w_p entweder $z = 0$ oder $z = l$ gesetzt werden muß, so treten, wenn man den Faktor $e^{-\frac{\varkappa_1 l}{a}}$ bzw. $e^{-\frac{\varkappa_2 l}{a}}$ näherungsweise gleich Null setzen darf, in den Ausdrücken $(u_p)_{z=0}$, $(u_p)_{z=l}$, $(v_p)_{z=0}$ usw. jedesmal nur vier statt acht Konstanten auf, was sehr viel Rechenarbeit erspart.

22. Berechnung einer Seiltrommel. Als praktische Anwendung der Schalentheorie zeigen wir jetzt die Näherungsberechnung einer Seiltrommel. Die Trommel bestehe aus einem glatten Zylinder vom Halbmesser a und von fester Wandstärke h, welcher an seinen Enden durch zwei (voll gedachte, in ihren Mitten gelagerte) Scheiben gleicher Dicke abgeschlossen ist. Die Reaktionen der Trommelbelastung greifen in den Mittelpunkten dieser Vollscheiben an. Das Zugkabel, das an einem Randpunkt der linken Endscheibe befestigt sei, möge (reibungsfrei auf der Trommel aufliegend) über seine ganze Länge durch eine unveränderliche Zugkraft K belastet sein. Der Kabeldruck jeder Windung werde auf die Trommel in axialer Breite gleichmäßig über eine Länge s verteilt, die gleich dem axialen Abstand zweier Kabelwindungen ist. Das Kabel wird also durch ein die Trommel voll umschließendes Band ersetzt (Abb. 47).

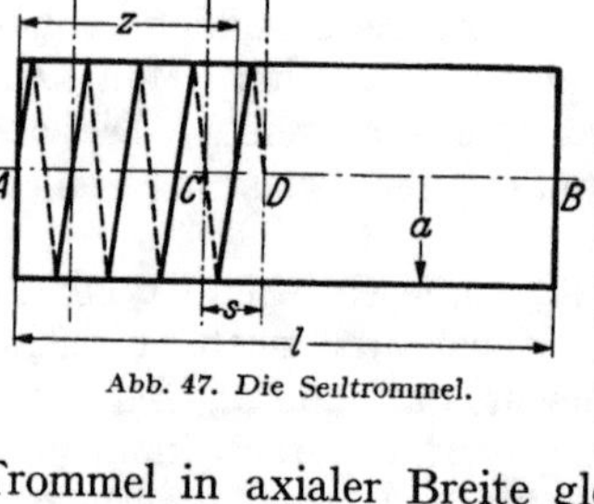

Abb. 47. Die Seiltrommel.

Unter den gemachten Voraussetzungen besteht die äußere Belastung der Trommel aus einer tangentialen Zugkraft K, welche in einem Umfangspunkt der linken Scheibe angreift, und einer radialen Druckbelastung q_0, die sich über den Teil der zylindrischen Oberfläche erstreckt, der von dem die Trommel umschnürenden Hilfsband bedeckt ist. Dieser Druck hat den Wert

$$q_0 = \frac{K}{a s}, \tag{1}$$

wie man an jedem Kabelelement einer ,,mittleren" Windung von der Länge $a\,d\varphi$ und der Breite s erkennt, wenn man beachtet, daß die an seinen Enden angreifenden Kräfte K durch eine radiale Reaktion $K\,d\varphi$ (also je Flächeneinheit $K\,d\varphi : s\,a\,d\varphi$) im Gleichgewicht gehalten werden müssen. Eine Ausnahme bilden nur die Anfangs- und die Endwindung.

An Hand von Abb. 47, wo angenommen ist, daß das Band an der Hinterseite der Trommel über die Breite CD ,,abläuft", erkennt man, daß rechts von der Ebene V_2 die Zylinderfläche der Trommel unbelastet ist, daß sie links von der Ebene V_1, bis hart an die linke Endscheibe, nämlich bis zur Ebene V_3, dem gleichmäßigen Druck q_0 (1) unterworfen ist, und daß die zwischen den Ebenen V_1 und V_2 liegende Ringfläche nur teilweise durch den Druck q_0 belastet ist. Man entnimmt Abb. 48, wo die Schraffur andeutet, welcher Teil des Ringes noch dem Umschnürungsdruck unterworfen ist, daß dieser Ring je Einheit seines Umfanges eine radiale Kraft

$$q = \frac{\varphi}{2\pi}\,\frac{K}{a} \tag{2}$$

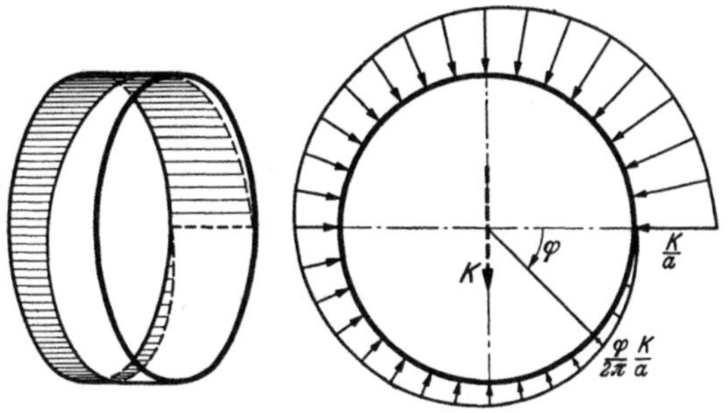

Abb. 48. Die Belastungsverteilung in der Ablaufzone des Seiles.

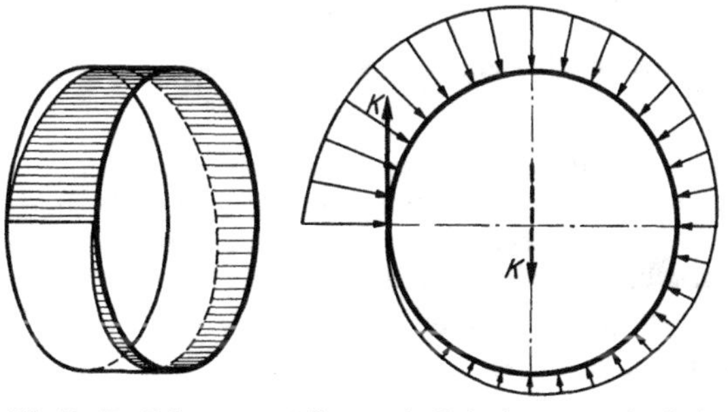

Abb. 49. Die Belastungsverteilung in der Befestigungszone des Seiles.

trägt. Weil die Breite s des Ringes $V_1 V_2$ im Vergleich zu den Hauptabmessungen der Trommel (Länge l und Halbmesser a) sehr gering ist, so nehmen wir an, daß alle an diesem Ring angreifenden Radialkräfte in derselben Querebene der Trommel liegen, welche wir die Ablaufebene des Kabels nennen, und deren Lage durch ihren Abstand z von der linken Endfläche gekennzeichnet wird.

Für den äußersten linken Ring der Trommel (Breite s) gelten ähnliche Überlegungen. Wenn das Band im ,,vorderen" Punkt des Zylinders befestigt ist, so ist wieder nur der in Abb. 49 schraffierte Teil des Ringes dem Umschnürungsdruck unterworfen, so daß die radiale Druckkraft den dort dargestellten Verlauf hat. Außerdem aber greift an diesem Ring noch die tangentiale Zugkraft K des Kabels an. Wir nehmen an, daß alle an diesem Ring angreifenden Kräfte ebenfalls in einer Ebene (der linken Endebene) liegen.

Man überzeugt sich leicht davon, daß die radialen Ringbelastungen in Abb. 48 und 49 je einer vertikal nach unten wirkenden Einzelkraft K gleichwertig sind, welche dort gestrichelt angegeben ist; denn es gilt

$$-\int_0^{2\pi} \frac{\varphi}{2\pi} K \sin\varphi d\varphi = K, \qquad \int_0^{2\pi} \frac{\varphi}{2\pi} K \cos\varphi d\varphi = 0.$$

Abgesehen von der rotationssymmetrischen Belastung q_0 über der Länge z (welche keine Reaktionen hervorruft), ist die Trommel also durch die in Abb. 50 eingetragenen Kräfte und Reaktionen belastet, von denen dem Kräftepaar in der linken Endfläche durch das Antriebsmoment $M = aK$ der Trommel das Gleichgewicht gehalten wird. Dieses fordert außerdem in den Punkten A und B zwei nach oben gerichtete Lagerkräfte von der Größe

$$A = \frac{l-z}{l} K, \qquad B = \frac{z}{l} K.$$

Man erkennt, daß die Trommel nicht tordiert wird. (In Wirklichkeit weist das Kabel links gewöhnlich einige sogenannte „lose“ Windungen auf, welche beim Heben zuerst straffgezogen werden müssen. Hierbei entstehen zwischen Kabel

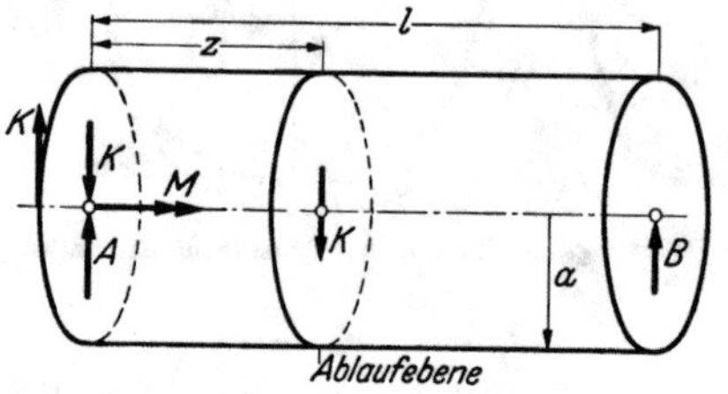

Abb. 50. Die Krafte und Reaktionen an der Seiltrommel.

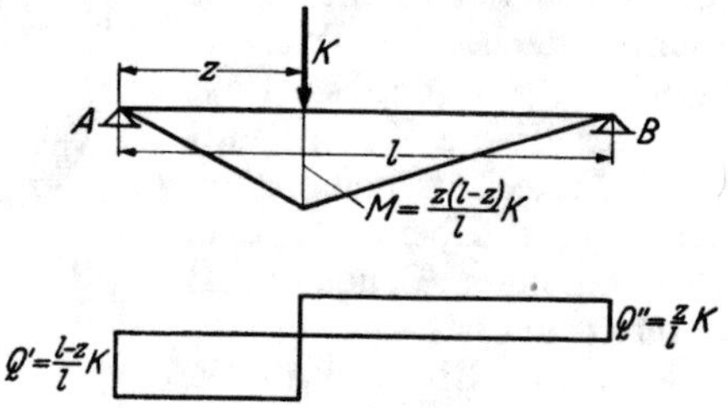

Abb. 51. Biegemoment- und Querkraftverteilung der Trommel.

und Trommel Reibungskräfte, und die Zugkraft in diesem „losen“ Kabelteil nimmt von rechts nach links ab, so daß dann die Trommel über eine kleine Länge doch etwas tordiert wird. Diese Tatsache lassen wir, als vollkommen belanglos, außer acht.)

Wir erleichtern uns die Lösung der Aufgabe, indem wir die äußere Belastung der Trommel in einzelne Gruppen zerlegen, die wir je für sich untersuchen.

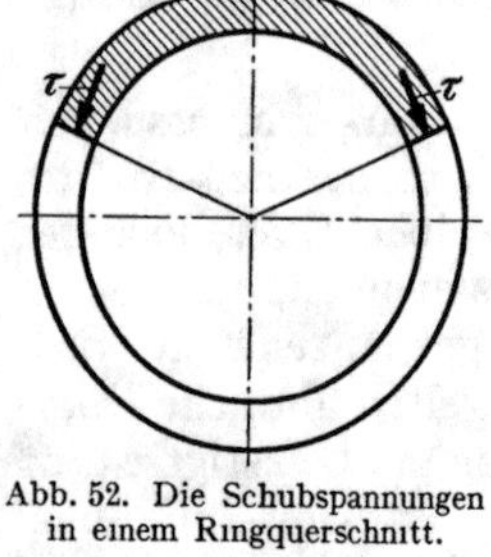

Abb. 52. Die Schubspannungen in einem Ringquerschnitt.

a) Die A-Belastung. Die Radialkräfte in der Ablaufebene zusammen mit den von ihnen erzeugten Lagerkräften stellen für die Trommel als Ganzes eine Biegebelastung dar, deren Moment- und Querkraftverteilung in Abb. 51 wiedergegeben ist. Damit die von dieser Biegebelastung herrührenden Normal- und Schubspannungen σ und τ mit den in der Biegetheorie gebräuchlichen Formeln

$$\sigma = \frac{M}{W_b}, \qquad \tau = \frac{QS}{2hJ} \tag{3}$$

berechnet werden dürfen, wo W_b das Widerstandsmoment gegen Biegung und S das statische Moment des in Abb. 52 schraffierten Querschnittsteils bezüglich der Neutrallinie bezeichnet, sollte, genau genommen, die in der Ablaufebene z angreifende resultierende Kraft K von einer ganz bestimmten, in dieser Ebene kontinuierlich verteilten tangentialen Belastung t erzeugt werden. Betrachtet man nämlich von dem in Abb. 53 dargestellten Ring, dessen Mittelebene die Ebene z sein soll, das besonders herausgezeichnete, zum Winkel φ gehörige Element (α), das in seiner linken und rechten Seitenfläche durch die in der üblichen Weise berechneten Schubspannungen $\frac{Q'S}{2hJ}$ und $\frac{Q''S}{2hJ}$ belastet sein möge, so fordert das Gleichgewicht dieses Elements eine tangential gerichtete Kraft, deren Größe t je Einheit des Umfangs sich mit $S = 2a^2h\cos\varphi$ und $J = \pi a^3 h$ zu

$$\left.\begin{aligned} t &= \left(\frac{Q'S}{2hJ} + \frac{Q''S}{2hJ}\right)h = \frac{(Q'+Q'')S}{2J} \\ &= \frac{KS}{2J} = \frac{K\cos\varphi}{\pi a} \end{aligned}\right\} \quad (4)$$

bestimmt.

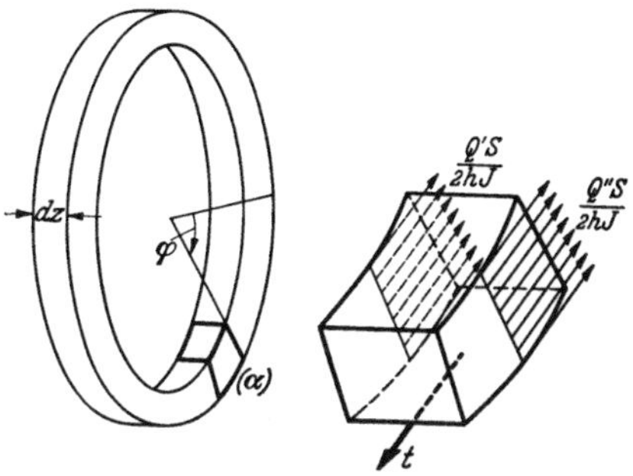

Abb. 53. Die durch die A-Belastung geforderten Tangentialkräfte in der Ablaufebene.

Man faßt also zweckmäßig die in Wirklichkeit in der z-Ebene vorhandene Radialbelastung $q = K\varphi/2\pi a$ als Summe der beiden in Abb. 54 dargestellten Einzelbelastungen auf. Die erste dieser Belastungen (Abb. 54 links), welche, wie es sein muß, einer Vertikalkraft K im Ringmittelpunkt gleichwertig ist und weiterhin als die A-Belastung bezeichnet wird, erzeugt dann in der Trommel die Spannungsverteilung (3), die zweite, weiterhin als C-Belastung bezeichnete (Abb. 54 rechts), muß für sich untersucht werden. Bevor wir dies tun, betrachten wir zunächst die bis jetzt noch nicht besprochene rotationssymmetrische Belastung q_0, die wir die B-Belastung nennen.

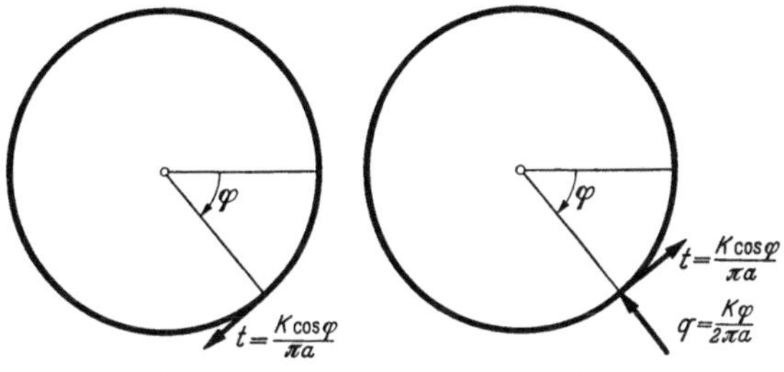

Abb. 54. Zerlegung in die A- und C-Belastung.

b) Die B-Belastung. Zur Berechnung der Spannungen infolge der B-Belastung denken wir uns die Trommel mit ihren beiden Endscheiben so zerlegt, wie dies Abb. 55 zeigt, nämlich in die beiden Endscheiben, in den belasteten Trommelteil und in den unbelasteten Trommelteil. In den drei durch die Zeiger 1, 2 und 3 bezeichneten Schnitten führen wir die Schnittkräfte und -momente k_i und m_i $(i = 1, 2, 3)$ ein, welche über den Umfang gleichmäßig verteilt und wieder auf die Einheit des Umfangs bezogen sind. Die Größen k_i und m_i werden positiv so gerechnet wie in Abb. 55 dargestellt. Im gleichen Sinne positiv rechnen wir die wie in Kap. II, Ziff. 9 definierten Einflußzahlen α, β, γ, δ, herrührend von Einheitsschnittkräften und -momenten an den Angriffstellen der k_i und m_i.

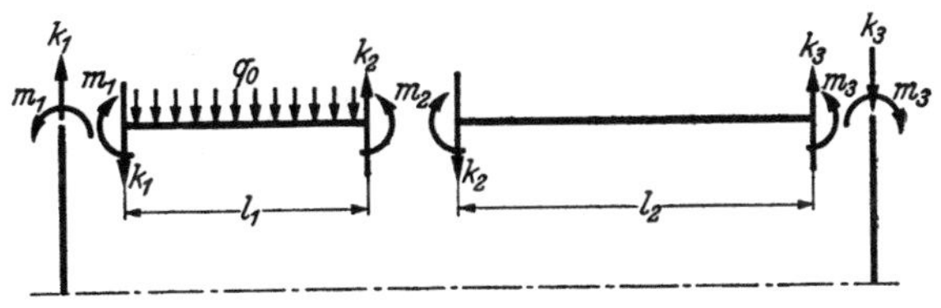

Abb. 55. Die Schnittgrößen in der Seiltrommel infolge der B-Belastung.

Die Einflußzahlen für die beiden Trommelteile (von den Teillängen l_1 und l_2) sind in Abb. 56 je für die Kräfte und für die Momente dargestellt (wobei $l = l_1$ oder $= l_2$ ist und Abb. 56 auch um die Lotrechte gespiegelt zu denken ist).

Die Werte dieser Einflußzahlen gehen aus (**19**, 14) und (**19**, 16) hervor. Wir stellen sie der Übersicht halber noch einmal zusammen. Mit den Abkürzungen

$$\mu^4 = \frac{3(m^2-1)}{m^2 h^2 a^2}, \qquad \beta = \mu l, \qquad A = \frac{12(m^2-1)}{m^2 E h^3}, \tag{5}$$

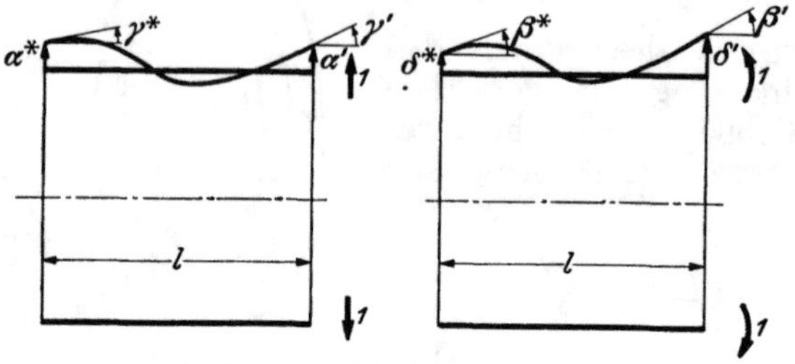

Abb. 56. Die Einflußzahlen des Zylinders.

hat man

$$\left.\begin{aligned}
\alpha^* &= -\frac{A}{2\mu^3}\,\frac{\mathfrak{Cof}\,\beta\sin\beta - \mathfrak{Sin}\,\beta\cos\beta}{\mathfrak{Sin}^2\beta - \sin^2\beta}, & \gamma^* &= \frac{A}{\mu^2}\,\frac{\mathfrak{Sin}\,\beta\sin\beta}{\mathfrak{Sin}^2\beta - \sin^2\beta},\\
\alpha' &= \frac{A}{2\mu^3}\,\frac{\mathfrak{Sin}\,2\beta - \sin 2\beta}{\mathfrak{Cof}\,2\beta + \cos 2\beta - 2}, & \gamma' &= \frac{A}{2\mu^2}\,\frac{\mathfrak{Cof}\,2\beta - \cos 2\beta}{\mathfrak{Cof}\,2\beta + \cos 2\beta - 2},\\
\beta^* &= \frac{A}{\mu}\,\frac{\mathfrak{Cof}\,\beta\sin\beta + \mathfrak{Sin}\,\beta\cos\beta}{\mathfrak{Sin}^2\beta - \sin^2\beta}, & \delta^* &= -\frac{A}{\mu^2}\,\frac{\mathfrak{Sin}\,\beta\sin\beta}{\mathfrak{Sin}^2\beta - \sin^2\beta},\\
\beta' &= \frac{A}{\mu}\,\frac{\mathfrak{Sin}\,2\beta + \sin 2\beta}{\mathfrak{Cof}\,2\beta + \cos 2\beta - 2}, & \delta' &= \frac{A}{2\mu^2}\,\frac{\mathfrak{Cof}\,2\beta - \cos 2\beta}{\mathfrak{Cof}\,2\beta + \cos 2\beta - 2}.
\end{aligned}\right\} \tag{6}$$

Die Einflußzahlen für die Endscheiben berechnen sich aus den in Abb. 57 dargestellten Belastungsfällen; man erhält mit der Scheibendicke h_1

$$\alpha'' = \frac{m-1}{m}\,\frac{a}{E h_1}, \qquad \gamma'' = 0, \qquad \beta'' = \frac{12(m-1)}{m}\,\frac{a}{E h_1^3}, \qquad \delta'' = 0. \tag{7}$$

Die Einflußzahl α'' folgt hierbei aus (**6**, 2), wenn man in der Formel für u dort $\beta = 0$, $\varrho = 1$, $a_0 = 1/h_1$ und $r_a = a$ setzt (da zur Kraft $k = 1$ die Spannung $\sigma_r^a = 1/h_1$ gehört). Die Einflußzahl β'' folgt aus (**11**, 3) und (**11**, 6) mit $m_{r\varphi} = 1$, $aC_1 = \beta''$, $C_2 = 0$ und $r = a$ sowie $p = 0$.

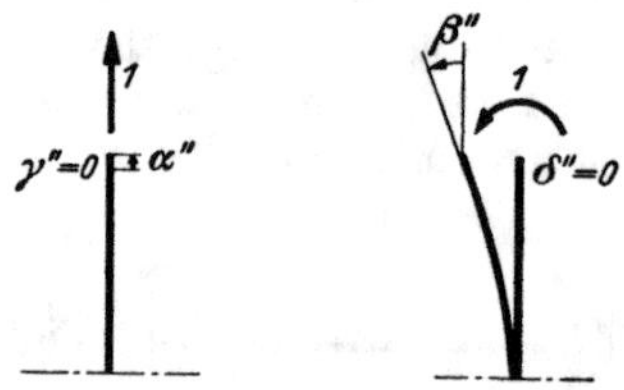

Abb. 57. Die Einflußzahlen der Endscheiben.

Endlich brauchen wir noch die radiale Verschiebung u_0 der allseitig mit q_0 gedrückten, an beiden Enden freien Trommel, und zwar positiv in Richtung q_0, also nach innen gerechnet. Sie folgt elementar zu $u_0 = q_0 a^2/E h$ oder wegen (1) zu

$$u_0 = \frac{aK}{Ehs}. \tag{8}$$

Damit haben wir alle Unterlagen zur Verfügung, um die Verträglichkeitsbedingungen an den drei Schnittstellen anzuschreiben. Da in vielen Fällen die Teillängen l_1 und l_2 oder wenigstens eine von ihnen $> 2{,}34\sqrt{ha}$ ist, so merken wir noch nach Ziff. **19** an, daß für $l > 2{,}34\sqrt{ha}$ statt (6) recht genau

$$\alpha^* = \beta^* = \gamma^* = \delta^* = 0, \qquad \bar{\alpha}' = \frac{A}{2\mu^3}, \qquad \bar{\beta}' = \frac{A}{\mu}, \qquad \bar{\gamma}' = \bar{\delta}' = \frac{A}{2\mu^2} \tag{9}$$

gesetzt werden darf. Wir unterscheiden daher bei der weiteren Behandlung der B-Belastung drei Fälle, und zwar erstens den einfachsten Fall, daß beide Trommellängen l_1 und l_2 größer als $2{,}34\sqrt{ha}$ sind, zweitens den Fall, daß

$l_1 < 2{,}34\sqrt{ha}$ und $l_2 > 2{,}34\sqrt{ha}$ ist, und drittens den Fall, daß $l_1 > 2{,}34\sqrt{ha}$, dagegen $l_2 < 2{,}34\sqrt{ha}$ ist.

Im ersten Fall bekommt man als Bedingungen dafür, daß in den drei Schnitten die radialen Verschiebungen rechts und links von der Schnittstelle zusammenstimmen und ebenso die Schiefstellungen, die folgenden sechs Gleichungen (bei denen gehörig auf die Vorzeichen der in Abb. 55 bis 57 definierten Größen zu achten ist):

$$\left.\begin{aligned} (\bar\alpha'+\alpha'')k_1-\bar\delta' m_1+u_0&=0, & \bar\gamma' k_1-(\bar\beta'+\beta'')m_1&=0,\\ 2\bar\alpha' k_2-u_0&=0, & 2\bar\beta' m_2&=0,\\ (\bar\alpha'+\alpha'')k_3+\bar\delta' m_3&=0, & \bar\gamma' k_3+(\bar\beta'+\beta'')m_3&=0. \end{aligned}\right\} \tag{10}$$

Ihre Lösung ist

$$\left.\begin{aligned} k_1&=-\frac{\bar\beta'+\beta''}{(\bar\alpha'+\alpha'')(\bar\beta'+\beta'')-\bar\gamma'\bar\delta'}u_0, & m_1&=-\frac{\bar\gamma'}{(\bar\alpha'+\alpha'')(\bar\beta'+\beta'')-\bar\gamma'\bar\delta'}u_0,\\ k_2&=\frac{1}{2\bar\alpha'}u_0, & m_2&=k_3=m_3=0 \end{aligned}\right\} \tag{11}$$

bei bekanntem Wert u_0 (8).

Zur Berechnung der von diesen Kräften k_i und Momenten m_i in den Trommeln erzeugten Spannungen stehen die Formeln (**19**, 25) und (**19**, 26) zur Verfügung, in welchen q und M durch die berechneten k_i und m_i zu ersetzen sind.

Die Berechnung des zweiten Falles, für den $l_1 < 2{,}34\sqrt{ha}$, dagegen $l_2 > 2{,}34\sqrt{ha}$ ist, bietet ebenfalls keine Schwierigkeit. Anstatt der Gleichungen (10) bekommt man jetzt auf die gleiche Weise

$$\left.\begin{aligned} &(\alpha'+\alpha'')k_1-\alpha^* k_2-\delta' m_1-\delta^* m_2+u_0=0,\\ &\alpha^* k_1-(\alpha'+\bar\alpha')k_2-\delta^* m_1-(\delta'-\bar\delta')m_2+u_0=0,\\ &(\bar\alpha'+\alpha'')k_3+\bar\delta' m_3=0,\\ &\gamma' k_1+\gamma^* k_2-(\beta'+\beta'')m_1+\beta^* m_2=0,\\ &\gamma^* k_1+(\gamma'-\bar\gamma')k_2-\beta^* m_1+(\beta'+\bar\beta')m_2=0,\\ &\bar\gamma' k_3+(\bar\beta'+\beta'')m_3=0. \end{aligned}\right\} \tag{12}$$

Hier greift man, nachdem k_1, k_2, m_1, m_2 ermittelt worden sind (k_3 und m_3 sind beide Null), zur Spannungsberechnung des linken Trommelteils auf die Formeln (**19**, 18) und (**19**, 19) zurück, während man zur Spannungsberechnung des rechten Teils wieder die Formeln (**19**, 25) und (**19**, 26) benützen kann.

Der dritte Fall (Abb. 58), bei dem $l_1 > 2{,}34\sqrt{ha} > l_2$ ist, erledigt sich mit Hilfe der beiden ersten. Denn man sieht leicht ein, daß die Belastung in

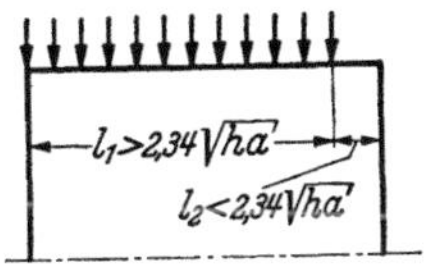

Abb. 58. Der dritte Fall der *B*-Belastung.

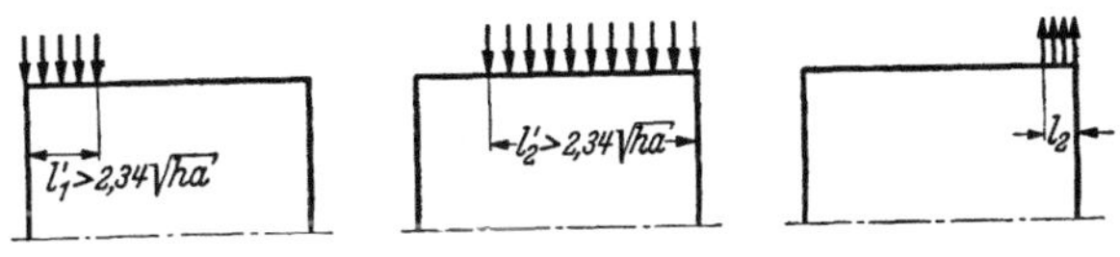

Abb. 59. Zerlegung des dritten Falles.

Abb. 58 eine Überlagerung der drei Belastungen in Abb. 59 ist, welche alle mit den bereits zur Verfügung stehenden Hilfsmitteln bewältigt werden können.

Hiermit ist die *B*-Belastung vollständig erschöpft. Bei der wirklichen Durchrechnung achte man darauf, daß sowohl die axialen Spannungen in der Trommel als auch die tangentialen Spannungen in den Meridianschnitten berücksichtigt werden müssen. Die größte axiale Biegespannung berechnet sich (ihrem Absolutwert nach) einfach aus der Formel

$$|\sigma| = \left| \frac{6\, m_{z\varphi}}{h^2} \right| . \tag{13}$$

Die tangentiale Biegespannung, die dadurch entsteht, daß die sogenannte antiklastische Biegung verhindert wird, beträgt $1/m$-tel dieses Wertes. Außerdem ist noch eine über die Dicke gleichmäßig verteilte Tangentialspannung vorhanden, die bei einer Vergrößerung u des Halbmessers a den Wert $E u/a$ hat.

c) Die C-Belastung. Die eigentliche Schwierigkeit unseres Problems liegt, wie wir gleich sehen werden, in der Behandlung der C-Belastung, die in der

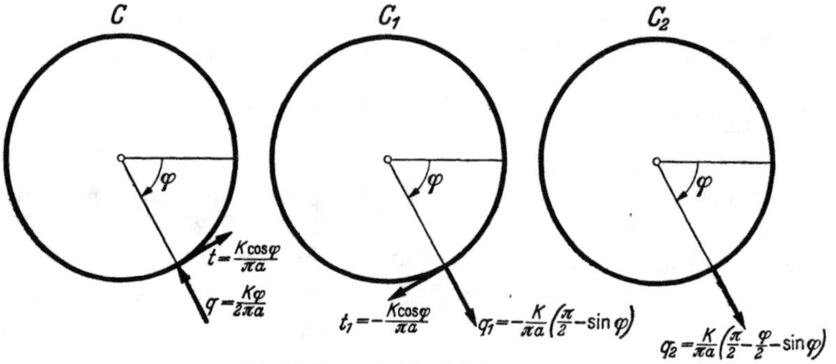

Abb. 60. Zerlegung der C-Belastung.

Ablaufebene des Seiles angreift und noch einmal in Abb. 60 links dargestellt ist. Wir zerspalten sie zunächst in zwei Komponenten C_1 und C_2, deren erste der Bedingung genügen soll, daß sie in einem Ring weder eine Querkraft noch ein Biegemoment erzeugt, und deren zweite eine radiale Belastung q_2 darstellt, für welche gelten soll

$$\oint q_2 a\, d\varphi = 0 . \tag{14}$$

Um diese beiden Teilbelastungen C_1 und C_2 zu finden, betrachten wir in Abb. 61 ein Element eines Ringes vom Halbmesser a, das eine radiale Belastung q und eine tangentiale Belastung t trägt. Für dieses gelten mit der Querkraft Q und dem Biegemoment M ganz allgemein die Gleichgewichtsbedingungen

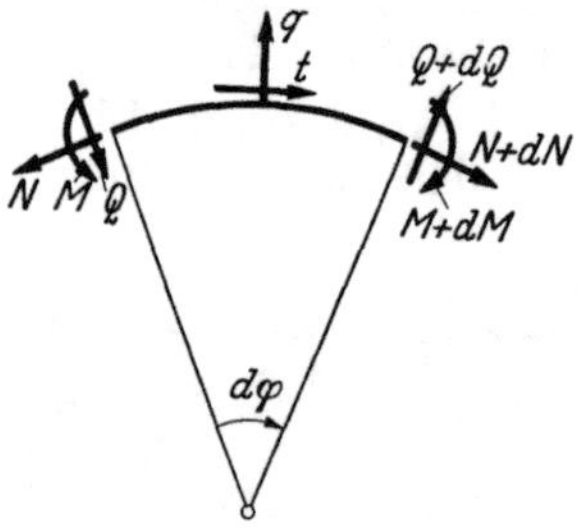

Abb. 61. Gleichgewicht eines Ringelements.

$$\left.\begin{aligned} dN + Q\, d\varphi + t a\, d\varphi &= 0, \\ dQ - N\, d\varphi + q a\, d\varphi &= 0, \\ dM - Q a\, d\varphi &= 0. \end{aligned}\right\} \tag{15}$$

Verlangt man jetzt, daß Q gleich Null sein soll, so werden sie nur dann befriedigt, wenn die Gleichungen

$$dN + t a\, d\varphi = 0,$$
$$N\, d\varphi - q a\, d\varphi = 0$$

ein verträgliches System bilden, d. h. wenn

$$t = -\frac{dq}{d\varphi} \tag{16}$$

ist. Weil wir fordern, daß die Belastung C_2 nur eine radiale Komponente hat, muß die Belastung C_1 die ganze tangentiale Komponente der C-Belastung umfassen, d. h. es muß

$$t_1 = -\frac{K\cos\varphi}{\pi a}$$

gewählt werden. Nach (16) muß dann die radiale Komponente der C_1-Belastung

$$q_1 = \frac{K\sin\varphi}{\pi a} + q^*$$

sein, und hieraus folgt wegen

$$q_1 + q_2 = -q = -\frac{K\varphi}{2\pi a}$$

sofort die radiale Komponente der C_2-Belastung zu

$$q_2 = -\frac{K\varphi}{2\pi a} - \frac{K\sin\varphi}{\pi a} - q^*.$$

Die Konstante q^* bestimmt sich vollends aus der Forderung (14) zu

$$q^* = -\frac{K}{2a},$$

so daß die gesuchte Zerlegung der C-Belastung lautet (Abb. 60 Mitte und rechts):

$$\left.\begin{aligned} q_1 &= -\frac{K}{\pi a}\left(\frac{\pi}{2} - \sin\varphi\right), & t_1 &= -\frac{K}{\pi a}\cos\varphi, \\ q_2 &= \frac{K}{\pi a}\left(\frac{\pi}{2} - \frac{\varphi}{2} - \sin\varphi\right), & t_2 &= 0. \end{aligned}\right\} \tag{17}$$

Die dritte Gleichung (15) liefert schließlich

$$dM = 0, \quad \text{also} \quad M = \text{konst.}$$

Man sieht aber leicht, daß — wenn man den Einfluß der Normalkraft N auf die Krümmungsänderung außer acht läßt — dieses Moment Null sein muß; denn ein konstantes Moment erzeugt eine konstante Krümmungsänderung, und dies widerspricht dem Geschlossensein des Ringes.

Die von der C_1-Belastung also lediglich erzeugte Normalkraft N berechnet sich nach der zweiten Gleichung (15) zu

$$N = q_1 a = -\frac{K}{\pi}\left(\frac{\pi}{2} - \sin\varphi\right).$$

Die Größe der von ihr hervorgerufenen Normalspannung hängt von der Breite des Ringes ab, von welcher bis jetzt noch nicht die Rede war. Nimmt man an, die C_1-Belastung werde von einem Ring mit der Breite s aufgenommen — eine Annahme, welche sich dadurch rechtfertigt, daß die ganze C-Belastung ja tatsächlich über eine Breite s verteilt ist, und die übrigens sicherlich zu ungünstig ist, weil nach beiden Seiten noch eine Kraftübertragung vom Ring auf die angrenzenden Zylinderteile stattfindet —, so findet man eine tangentiale Druckspannung vom Betrag

$$|\sigma| = \frac{K}{\pi h s}\left(\frac{\pi}{2} - \sin\varphi\right).$$

Sie ist immer kleiner als die tangentiale Spannung unmittelbar links von der Ablaufebene.

Wir sehen von dem Einfluß der C_1-Belastung, da man sie auch ohnehin als ungefährlich erkennt, weiterhin ab und wenden uns schließlich der noch übrigbleibenden C_2-Belastung zu.

Wie man leicht an Hand von Kap. III, Ziff. **3** nachrechnet[1]), läßt diese sich in die Fourierreihe

$$q_2 = \frac{K}{\pi a}\left(\frac{1}{2}\sin 2\varphi + \frac{1}{3}\sin 3\varphi + \frac{1}{4}\sin 4\varphi + \cdots\right)$$

entwickeln, wobei φ den in Abb. 60 dargestellten Winkel bezeichnet, welcher noch immer von der rückwärtigen Ablaufstelle des Seiles aus gerechnet ist. Weil wir den in Abb. 62 wiedergegebenen rechten Teil der Trommel betrachten werden und unseren Rechnungen wie stets ein rechtshändiges Koordinatensystem (r, φ, z) zugrunde legen, so schreiben wir die Belastung q_2 mit $-\varphi$ statt φ auf Abb. 62 um:

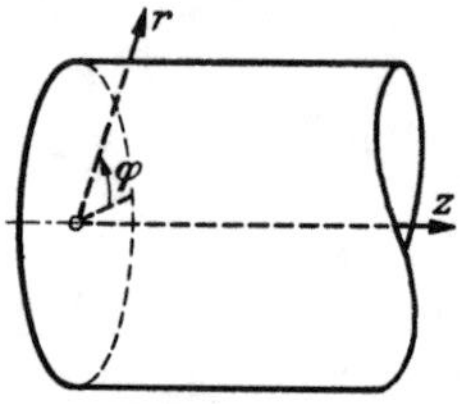

Abb. 62. Der rechte Teil der unendlich langen Trommel.

$$q_2^* = \sum_{p=2}^{\infty} b_p \sin p\varphi \qquad \text{mit} \qquad b_p = -\frac{K}{\pi p a}. \tag{19}$$

Wir dürfen uns offenbar auf ein einziges Glied dieser Belastung (19) beschränken. Außerdem nehmen wir vorläufig an, die Trommel sei unendlich lang.

Die Randbedingungen des rechten Trommelteils Abb. 62 lauten, wenn man bezüglich der dritten und vierten sich an die Ausführungen von Ziff. **21** erinnert [vgl. (**21**, 22)] und außerdem beachtet, daß die radiale Belastung des ungeteilten Zylinders zur Hälfte als Querbelastung von diesem Teil getragen werden muß, für $z=0$

$$w=0, \qquad \frac{\partial u}{\partial z}=0, \qquad k_{z\varphi}+\frac{m_{zz}}{a}=0, \qquad k_{zr}+\frac{1}{a}\frac{\partial m_{zz}}{\partial\varphi}=-\frac{1}{2}b_p\sin p\varphi, \tag{20}$$

während für $z=\infty$ alle Verschiebungen und Spannungen Null sein müssen.

Diese Bedingungen kann man mit dem Ansatz (**21**, 12a) befriedigen, und es kommt somit auf die zahlenmäßige Bestimmung der Konstanten $A_1^p, \ldots, A_8^p$ in (**21**, 18) sowie der mit diesen Konstanten durch die Gleichungen (**21**, 15) verknüpften Konstanten $B_1^p, \ldots, B_8^p$ und $C_1^p, \ldots, C_8^p$ an.

Zunächst stellen wir fest, daß wegen der Randbedingungen für $z=\infty$ die Konstanten A_5^p, A_6^p, A_7^p und A_8^p Null sein müssen und dementsprechend auch die Konstanten B_5^p bis B_8^p und C_5^p bis C_8^p.

Ferner verabreden wir, daß die Konstanten B^p und C^p mit Hilfe der zweiten und dritten Gleichung (**21**,15) in A^p ausgedrückt werden. Eine explizite Rechnung ist, solange λ nicht bekannt ist, zwecklos, doch schreiben wir

$$\left.\begin{aligned} B_k^p &= (\beta_k + i\beta_k')A_k^p, \\ C_k^p &= (\gamma_k + i\gamma_k')A_k^p, \end{aligned}\right\} \quad (k=1,2,3,4), \tag{21}$$

wobei $\beta_1, \beta_1', \gamma_1, \gamma_1'$ mit Hilfe von λ_1, ferner $\beta_2, \beta_2', \gamma_2, \gamma_2'$ mit Hilfe von λ_2 usw. [vgl. (**21**, 17)] aus jenen Gleichungen zu ermitteln sind.

Damit alle Randbedingungen (20) reelle Gestalt annehmen, schreiben wir den in (**21**, 18) vorkommenden Ausdruck

$$A_1^p e^{i\frac{\mu_1 z}{a}} + A_2^p e^{-i\frac{\mu_1 z}{a}} \qquad \text{in} \qquad (A_1^p + A_2^p)\cos\frac{\mu_1 z}{a} + i(A_1^p - A_2^p)\sin\frac{\mu_1 z}{a}$$

um und führen statt der (konjugiert) komplexen Beiwerte A_1^p und A_2^p die reellen Beiwerte D_1^p und D_2^p ein, die mit ihnen zusammenhängen durch

$$A_1^p + A_2^p = 2D_1^p, \qquad i(A_1^p - A_2^p) = 2D_2^p.$$

[1]) Siehe auch etwa „Hütte“, Bd. 1, S. 168, 25. Aufl., Berlin 1925.

Analog behandeln wir $A_3^p e^{i\frac{\mu_2 z}{a}} + A_4^p e^{-i\frac{\mu_2 z}{a}}$ und setzen

$$A_3^p + A_4^p = 2\,D_3^p, \qquad i\,(A_3^p - A_4^p) = 2\,D_4^p,$$

so daß

$$\left.\begin{aligned} A_1^p &= D_1^p - i\,D_2^p, & A_3^p &= D_3^p - i\,D_4^p, \\ A_2^p &= D_1^p + i\,D_2^p, & A_4^p &= D_3^p + i\,D_4^p \end{aligned}\right\} \tag{22}$$

wird. Die Konstanten B^p und C^p ersetzen wir in genau derselben Weise durch Konstanten E^p und F^p, mit denen sie also wie folgt verbunden sind:

$$\left.\begin{aligned} B_1^p &= E_1^p - i\,E_2^p, & C_1^p &= F_1^p - i\,F_2^p, \\ B_2^p &= E_1^p + i\,E_2^p, & C_2^p &= F_1^p + i\,F_2^p, \\ B_3^p &= E_3^p - i\,E_4^p, & C_3^p &= F_3^p - i\,F_4^p, \\ B_4^p &= E_3^p + i\,E_4^p, & C_4^p &= F_3^p + i\,F_4^p. \end{aligned}\right\} \tag{23}$$

Weil die Konstanten B^p und C^p von den Konstanten A^p abhängen, so kann man die Konstanten E^p und F^p in den Konstanten D^p ausdrücken. Man findet

$$\begin{aligned} E_1^p &= \frac{1}{2}\,(B_1^p + B_2^p) = \frac{1}{2}\,[(\beta_1 + i\beta_1')\,A_1^p + (\beta_2 + i\beta_2')\,A_2^p] \\ &= \frac{1}{2}\,[(\beta_1 + i\beta_1')\,(D_1^p - i\,D_2^p) + (\beta_2 + i\beta_2')\,(D_1^p + i\,D_2^p)], \\ E_2^p &= \frac{1}{2}\,(B_1^p - B_2^p)\,i = \frac{1}{2}\,[(\beta_1 + i\beta_1')\,A_1^p - (\beta_2 + i\beta_2')\,A_2^p]\,i \\ &= \frac{1}{2}\,[(i\beta_1 - \beta_1')\,(D_1^p - i\,D_2^p) - (i\beta_2 - \beta_2')\,(D_1^p + i\,D_2^p)] \end{aligned}$$

oder

$$\left.\begin{aligned} E_1^p &= \frac{1}{2}\,\{[(\beta_1 + \beta_2)\,D_1^p + (\beta_1' - \beta_2')\,D_2^p] + [(\beta_1' + \beta_2')\,D_1^p - (\beta_1 - \beta_2)\,D_2^p]\,i\}, \\ E_2^p &= \frac{1}{2}\,\{[(-\beta_1' + \beta_2')\,D_1^p + (\beta_1 + \beta_2)\,D_2^p] + [(\beta_1 - \beta_2)\,D_1^p + (\beta_1' + \beta_2')\,D_2^p]\,i\}. \end{aligned}\right\} \tag{24}$$

Weil E_1^p und E_2^p beide reell sind, so bestehen zwischen den β_1, β_1' und β_2, β_2' offensichtlich die Beziehungen

$$\beta_2 = \beta_1, \qquad \beta_2' = -\beta_1'. \tag{25}$$

Ebenso gilt natürlich

$$\beta_4 = \beta_3, \quad \beta_4' = -\beta_3', \quad \gamma_2 = \gamma_1, \quad \gamma_2' = -\gamma_1', \quad \gamma_4 = \gamma_3, \quad \gamma_4' = -\gamma_3'. \tag{26}$$

Damit findet man für die Konstanten E^p und F^p

$$\left.\begin{aligned} E_1^p &= \beta_1 D_1^p + \beta_1' D_2^p, & F_1^p &= \gamma_1 D_1^p + \gamma_1' D_2^p, \\ E_2^p &= -\beta_1' D_1^p + \beta_1 D_2^p, & F_2^p &= -\gamma_1' D_1^p + \gamma_1 D_2^p, \\ E_3^p &= \beta_3 D_3^p + \beta_3' D_4^p, & F_3^p &= \gamma_3 D_3^p + \gamma_3' D_4^p, \\ E_4^p &= -\beta_3' D_3^p + \beta_3 D_4^p, & F_4^p &= -\gamma_3' D_3^p + \gamma_3 D_4^p. \end{aligned}\right\} \tag{27}$$

Nunmehr gehen wir zur Aufstellung der Randbedingungen (20) über, deren erste lautet [vgl. (**21**, 18) samt den analogen Gleichungen für v_p und w_p]

$$C_1^p + C_2^p + C_3^p + C_4^p = 0$$

oder wegen (23) in reeller Form

$$F_1^p + F_3^p = 0. \tag{28}$$

Die zweite Randbedingung (20) lautet in den A^p

$$\lambda_1 A_1^p + \lambda_2 A_2^p + \lambda_3 A_3^p + \lambda_4 A_4^p = 0$$

oder wegen (22) und (**21**, 17), reell geschrieben,

$$\varkappa_1 D_1^p - \mu_1 D_2^p + \varkappa_2 D_3^p - \mu_2 D_4^p = 0. \tag{29}$$

Die dritte Randbedingung ist wegen (**20**, 9) gleichbedeutend mit

$$\frac{3}{2}\,\frac{(m-1)A^*}{m a^2}\left(-\frac{\partial^2 u_0}{\partial\varphi\,\partial z} + \frac{\partial v_0}{\partial z}\right) + \frac{(m-1)B}{2m}\left(\frac{\partial v_0}{\partial z} + \frac{1}{a}\frac{\partial w_0}{\partial\varphi}\right) = 0 \quad \text{für } z=0.$$

Schreibt man diese Bedingung zunächst mit Hilfe von

$$\left.\begin{aligned} u_0 &= \left[A_1^p e^{\frac{\lambda_1 z}{a}} + A_2^p e^{\frac{\lambda_2 z}{a}} + A_3^p e^{\frac{\lambda_3 z}{a}} + A_4^p e^{\frac{\lambda_4 z}{a}}\right]\sin p\varphi,\\ v_0 &= \left[B_1^p e^{\frac{\lambda_1 z}{a}} + B_2^p e^{\frac{\lambda_2 z}{a}} + B_3^p e^{\frac{\lambda_3 z}{a}} + B_4^p e^{\frac{\lambda_4 z}{a}}\right]\cos p\varphi,\\ w_0 &= \left[C_1^p e^{\frac{\lambda_1 z}{a}} + C_2^p e^{\frac{\lambda_2 z}{a}} + C_3^p e^{\frac{\lambda_3 z}{a}} + C_4^p e^{\frac{\lambda_4 z}{a}}\right]\sin p\varphi \end{aligned}\right\} \tag{30}$$

[vgl. (**21**, 12a) und (**21**, 18)] in den Konstanten A^p, B^p, C^p und sodann in den Konstanten D^p, E^p, F^p, so erhält man nach einer einfachen Zwischenrechnung, unter Berücksichtigung von (28) und (29),

$$\varkappa_1 E_1^p - \mu_1 E_2^p + \varkappa_2 E_3^p - \mu_2 E_4^p = 0. \tag{31}$$

Schließlich lautet die vierte Randbedingung (20) wegen (**20**, 9) und (**20**, 6)

$$\frac{A^*}{a^2}\left(\frac{1-2m}{m}\frac{\partial^3 u_0}{\partial\varphi^2\,\partial z} - a^2\frac{\partial^3 u_0}{\partial z^3} + \frac{3m-1}{2m}\frac{\partial^2 v_0}{\partial\varphi\,\partial z} - \frac{m-1}{2ma}\frac{\partial^2 w_0}{\partial\varphi^2} + a\frac{\partial^2 w_0}{\partial z^2}\right) = -\frac{1}{2} b_p \sin p\varphi.$$

Schreibt man auch diese Gleichung zunächst in die Konstanten A^p, B^p, C^p und dann in die Konstanten D^p, E^p, F^p um, und beachtet man dabei außerdem noch (28), (29) und (31), so findet man

$$\left.\begin{aligned} &[(\varkappa_1^3 - 3\varkappa_1\mu_1^2) D_1^p + (\mu_1^3 - 3\varkappa_1^2\mu_1) D_2^p + (\varkappa_2^3 - 3\varkappa_2\mu_2^2) D_3^p + (\mu_2^3 - 3\varkappa_2^2\mu_2) D_4^p] + \\ &+ [(\varkappa_1^2 - \mu_1^2) F_1^p - 2\varkappa_1\mu_1 F_2^p + (\varkappa_2^2 - \mu_2^2) F_3^p - 2\varkappa_2\mu_2 F_4^p] = -\frac{a^3}{4A^*} b_p\left(\text{mit } b_p = -\frac{K}{\pi p a}\right). \end{aligned}\right\} \tag{32}$$

Ersetzt man jetzt noch in den Gleichungen (28), (31) und (32) die Konstanten E^p und F^p durch ihre Werte (27), so lauten endgültig die Gleichungen für D_1^p bis D_4^p

$$\left.\begin{aligned} &\gamma_1 D_1^p + \gamma_1' D_2^p + \gamma_3 D_3^p + \gamma_3' D_4^p = 0,\\ &\varkappa_1 D_1^p - \mu_1 D_2^p + \varkappa_2 D_3^p - \mu_2 D_4^p = 0,\\ &(\varkappa_1\beta_1 + \mu_1\beta_1') D_1^p + (\varkappa_1\beta_1' - \mu_1\beta_1) D_2^p + (\varkappa_2\beta_3 + \mu_2\beta_3') D_3^p + (\varkappa_2\beta_3' - \mu_2\beta_3) D_4^p = 0,\\ &[\varkappa_1^3 - 3\varkappa_1\mu_1^2 + (\varkappa_1^2 - \mu_1^2)\gamma_1 + 2\varkappa_1\mu_1\gamma_1'] D_1^p + [\mu_1^3 - 3\varkappa_1^2\mu_1 + (\varkappa_1^2 - \mu_1^2)\gamma_1' - 2\varkappa_1\mu_1\gamma_1] D_2^p + \\ &+ [\varkappa_2^3 - 3\varkappa_2\mu_2^2 + (\varkappa_2^2 - \mu_2^2)\gamma_3 + 2\varkappa_2\mu_2\gamma_3'] D_3^p + \\ &+ [\mu_2^3 - 3\varkappa_2^2\mu_2 + (\varkappa_2^2 - \mu_2^2)\gamma_3' - 2\varkappa_2\mu_2\gamma_3] D_4^p = -\frac{a^3}{4A^*} b_p; \end{aligned}\right\} \tag{33}$$

diese dürfen wir uns nach D_1 bis D_4 aufgelöst denken.

Die Verschiebungen u_0, v_0, w_0 schreiben sich schließlich wegen (30), (22), (23) und (**21**, 17) in der folgenden Form:

$$\left.\begin{aligned}
u_0 &= 2\left[e^{-\frac{\varkappa_1 z}{a}}\left(D_1^p \cos\frac{\mu_1 z}{a} + D_2^p \sin\frac{\mu_1 z}{a}\right) + e^{-\frac{\varkappa_2 z}{a}}\left(D_3^p \cos\frac{\mu_2 z}{a} + D_4^p \sin\frac{\mu_2 z}{a}\right)\right]\sin p\varphi,\\
v_0 &= 2\left[e^{-\frac{\varkappa_1 z}{a}}\left(E_1^p \cos\frac{\mu_1 z}{a} + E_2^p \sin\frac{\mu_1 z}{a}\right) + e^{-\frac{\varkappa_2 z}{a}}\left(E_3^p \cos\frac{\mu_2 z}{a} + E_4^p \sin\frac{\mu_2 z}{a}\right)\right]\cos p\varphi,\\
w_0 &= 2\left[e^{-\frac{\varkappa_1 z}{a}}\left(F_1^p \cos\frac{\mu_1 z}{a} + F_2^p \sin\frac{\mu_1 z}{a}\right) + e^{-\frac{\varkappa_2 z}{a}}\left(F_3^p \cos\frac{\mu_2 z}{a} + F_4^p \sin\frac{\mu_2 z}{a}\right)\right]\sin p\varphi,
\end{aligned}\right\} \quad (34)$$

wobei die Beiwerte E^p und F^p durch ihre Werte (27) zu ersetzen sind.

Hiermit ist die Rechnung zu Ende geführt; denn aus (**20**, 9) können jetzt alle Schnittgrößen berechnet werden.

Wenn diese Rechnung sich bis jetzt auf ein besonderes Belastungsbeispiel bezog, so sei doch darauf hingewiesen, daß man ganz analog auch die Spannungsverteilung des in einem bestimmten Querschnitt in beliebiger Weise belasteten, unendlich langen Zylinders bestimmen kann. Denn obwohl die Fourierreihe einer solchen allgemeinen Belastung im Gegensatz zu der Entwicklung (19) auch Glieder mit $\cos p\varphi$ $(p=1,2,\ldots)$ enthalten wird, zu deren Behandlung also der Ansatz (**21**, 12b) herangezogen werden müßte, so kann man doch die Bestimmung der zugehörigen Verschiebungen dadurch sofort auf die vorangehende Rechnung zurückführen, daß man das Koordinatensystem um die Zylinderachse um einen Winkel $\pi/2p$ zurückdreht. Denn für dieses System lautet dann die Belastung $a_p \cos p\varphi$ offenbar $a_p \cos p\,(\bar\varphi - \pi/2p) \equiv a_p \sin p\bar\varphi$, wenn $\bar\varphi$ die neue Winkelkoordinate bezeichnet. Die zugehörigen Verschiebungen u_0, v_0, w_0 erhält man also, wenn man in (**34**) φ durch $\bar\varphi$ ersetzt, und die Konstanten D_1^p bis D_4^p durch die entsprechenden Größen $\bar D_1^p$ bis $\bar D_4^p$, deren Bestimmungsgleichungen aus (**33**) hervorgehen, wenn man hierin die D_i^p $(i=1, 2, 3, 4)$ durch $\bar D_i^p$ und b_p durch a_p ersetzt. Für das alte Koordinatensystem lauten die zu der Belastung $a_p \cos p\varphi$ gehörigen Verschiebungen

$$\left.\begin{aligned}
u_0 &= 2\left[e^{-\frac{\varkappa_1 z}{a}}\left(\bar D_1^p \cos\frac{\mu_1 z}{a} + \bar D_2^p \sin\frac{\mu_1 z}{a}\right) + e^{-\frac{\varkappa_2 z}{a}}\left(\bar D_3^p \cos\frac{\mu_2 z}{a} + \bar D_4^p \sin\frac{\mu_2 z}{a}\right)\right]\cos p\varphi,\\
v_0 &= -2\left[e^{-\frac{\varkappa_1 z}{a}}\left(\bar E_1^p \cos\frac{\mu_1 z}{a} + \bar E_2^p \sin\frac{\mu_1 z}{a}\right) + e^{-\frac{\varkappa_2 z}{a}}\left(\bar E_3^p \cos\frac{\mu_2 z}{a} + \bar E_4^p \sin\frac{\mu_2 z}{a}\right)\right]\sin p\varphi,\\
w_0 &= 2\left[e^{-\frac{\varkappa_1 z}{a}}\left(\bar F_1^p \cos\frac{\mu_1 z}{a} + \bar F_2^p \sin\frac{\mu_1 z}{a}\right) + e^{-\frac{\varkappa_2 z}{a}}\left(\bar F_3^p \cos\frac{\mu_2 z}{a} + \bar F_4^p \sin\frac{\mu_2 z}{a}\right)\right]\cos p\varphi.
\end{aligned}\right\} \quad (35)$$

Hat man es insbesondere mit großen Werten von p zu tun, so vereinfacht sich die ganze Rechnung erheblich; denn in diesem Falle kann man die Formel (**21**, 18a) und die analog gebauten Formeln für v_p und w_p unmittelbar verwenden:

$$\left.\begin{aligned}
u_p &= (A_1^p z^3 + A_2^p z^2 + A_3^p z + A_4^p)\,e^{-pz} + (A_5^p z^3 + A_6^p z^2 + A_7^p z + A_8^p)\,e^{pz},\\
v_p &= (B_1^p z^3 + B_2^p z^2 + B_3^p z + B_4^p)\,e^{-pz} + (B_5^p z^3 + B_6^p z^2 + B_7^p z + B_8^p)\,e^{pz},\\
w_p &= (C_1^p z^3 + C_2^p z^2 + C_3^p z + C_4^p)\,e^{-pz} + (C_5^p z^3 + C_6^p z^2 + C_7^p z + C_8^p)\,e^{pz}.
\end{aligned}\right\} \quad (36)$$

Natürlich sind auch jetzt wieder A_5^p bis A_8^p, B_5^p bis B_8^p und C_5^p bis C_8^p gleich Null zu setzen. Die übrigen Konstanten bestimmen sich in einfacher Weise aus den Randbedingungen (20).

Nach diesen Bemerkungen kehren wir zu unserer eigentlichen Aufgabe zurück, welche darin besteht, bei der Belastung (19) für die an beiden Enden durch Scheiben abgeschlossene Trommel von endlicher Länge die Spannungen zu ermitteln. Dazu betrachten wir bei der unendlich langen Trommel, deren Belastungsebene mit V bezeichnet werden möge, zwei Ebenen I und II, die mit den Endflächen der endlichen Trommel zusammenfallen, und spiegeln V an I, sodann dieses Spiegelbild V_1 wieder an II, das neue Spiegelbild V_{12} wieder an $I(V_{121})$ usw. Ebenso wird V an II gespiegelt (V_2), V_2 an $I(V_{21})$, V_{21} wieder an II, usw. Ferner bringt man in jeder Ebene eine Belastung an, welche, außer dem Vorzeichen, mit der Belastung jener Ebene übereinstimmt, aus der sie durch Spiegelung hervorging.

Weil die Belastungen $q_2^*(19)$ und $-q_2^*$ in den Ebenen V und V_1 in bezug auf die Ebene I schiefsymmetrisch sind, müssen in dieser Ebene die radialen Verschiebungen Null sein. Auch das Biegemoment in dieser Ebene ist Null. Ebenso sind die Belastungen q_2^* und $-q_2^*$ in den Ebenen V_{21} und V_2, V_{121} und V_{12}, V_{2121} und V_{212}, V_{12121} und V_{1212} usw. in bezug auf die Ebene I schiefsymmetrisch, so daß die Gesamtheit aller Belastungen in der Ebene I weder eine radiale Verschiebung noch ein Biegemoment erzeugt. Ähnliches gilt für die Ebene II. Schneidet man also den zwischen den Ebenen I und II liegenden Teil aus der unendlich langen Trommel aus, so ist dieser Teil außer der gegebenen äußeren Belastung nur noch durch Schubkräfte in seinen Endflächen belastet, und diese können bei der geschlossenen Trommel mühelos von den Endscheiben aufgenommen werden.

Die durch Spiegelung erhaltene Spannungsverteilung kann also vollends als das gesuchte Endergebnis angesehen werden. Sie stellt keine genaue Lösung des Problems dar; denn die geometrischen Anschlußbedingungen zwischen Scheiben und Trommel sind dabei außer acht gelassen. Im besonderen ist dabei angenommen, daß die Neigung, die die Trommelerzeugenden in ihren Endpunkten erfahren, von den Endscheiben widerstandslos zugelassen wird. Diese Näherung liegt aber auf der sicheren Seite. Überhaupt liegt die Schwierigkeit bei der Lösung von technischen Aufgaben der hier behandelten Art immer darin, abzuschätzen, von wann an man eine größere Genauigkeit auf Kosten von kaum zu bewältigender Rechenarbeit nicht mehr anstreben soll. Die hier vorgeführte Rechnung stellt bei ihrer praktischen Durchführung an den Rechner schon sehr hohe Anforderungen.

Wir führen, damit man sich von einer solchen Rechnung einen Begriff bilden kann, ein einziges Zahlenergebnis an. Es handelt sich dabei um die radiale Verschiebung u (welche am anschaulichsten das Bild der Trommelverformung wiedergibt) bei der Belastung $-\frac{K}{2\pi a}\sin 2\varphi$, also der zweiten Harmonischen der Belastung (19). Die Daten der betrachteten Trommel sind [bezüglich k siehe (**21**, 4)]

$$l:a=6 \quad \text{und} \quad a:h=20, \quad \text{also} \quad k=1:4800.$$

Die Belastung greift in der Mitte der Trommel an. Für die Wurzeln der Gleichung (**21**, 16a) erhält man

$$\lambda=\pm 6{,}1378 \pm 5{,}4717\,i,$$

und

$$\lambda=\pm 0{,}3113 \pm 0{,}2838\,i,$$

so daß nach (**21**, 17)

$$\varkappa_1=6{,}1378, \qquad \mu_1=5{,}4717,$$
$$\varkappa_2=0{,}3113, \qquad \mu_2=0{,}2838$$

wird. Die durch (21) definierten und mittels (**21**, 15) zu bestimmenden Größen β und γ berechnen sich zu

$$\begin{aligned} \beta_1 &= \beta_2 = -0{,}000684, & \gamma_1 &= \gamma_2 = +0{,}014081, \\ \beta_3 &= \beta_4 = +0{,}500964, & \gamma_3 &= \gamma_4 = +0{,}070941, \\ \beta_1' &= -\beta_2' = -0{,}066942, & \gamma_1' &= -\gamma_2' = +0{,}029397, \\ \beta_3' &= -\beta_4' = +0{,}005705, & \gamma_3' &= -\gamma_4' = -0{,}078978. \end{aligned}$$

Die Gleichungen (**33**) liefern mit $p = 2$ die Beiwerte

$$D_1^2 = -0{,}0004608 \frac{K a^2}{E h^3}, \qquad D_2^2 = -0{,}0006587 \frac{K a^2}{E h^3},$$

$$D_3^2 = -0{,}0154168 \frac{K a^2}{E h^3}, \qquad D_4^2 = -0{,}0141752 \frac{K a^2}{E h^3}.$$

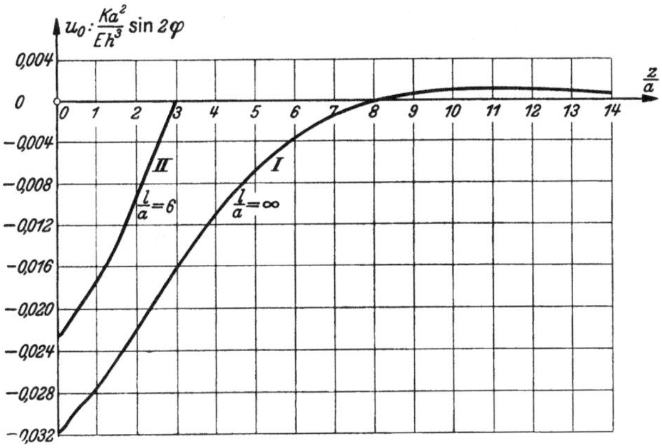

Abb. 63. Das Abklingen der radialen Verschiebung u_0 bei der unendlichen und bei der endlich langen Trommel.

Mit diesen Werten kann u_0 nach (**34**) tabuliert werden. In Abb. **63** ist $u_0 : \frac{K a^2}{E h^3} \sin 2\varphi$ über $z:a$ aufgetragen, und zwar erstens für die unendlich lange Trommel (Kurve I), zweitens für eine in ihren Enden abgestützte Trommel mit $l/a = 6$ (Kurve II). Aus der ersten Kurve erkennt man die bei der unendlich langen Trommel auftretende „Dämpfung" von u_0; der Vergleich mit der zweiten Kurve gibt einen qualitativen Eindruck von der versteifenden Wirkung der Endflächen.

23. Die biegesteife Umdrehungsschale mit rotationssymmetrischer Belastung. Die Methode von Ziff. **20** zur Berechnung der beliebig belasteten biegesteifen Kreiszylinderschale läßt sich Schritt für Schritt auf die Berechnung der biegesteifen Umdrehungsschale beliebiger Gestalt übertragen. Nur wird die ganze Rechnung viel umständlicher, und im besonderen macht die Bestimmung der Verzerrungsgrößen erheblich mehr Mühe. Verhältnismäßig einfach lassen sich hier aber alle rotationssymmetrischen Belastungen erledigen, welche keine Komponente senkrecht zur Meridianebene haben, und auf diesen Fall[1]) wollen wir uns denn auch beschränken, wobei wir aber die Schalendicke h nun als möglicherweise veränderlich mit dem Winkel ϑ betrachten.

Auch jetzt gehen wir (wie bei der biegeschlaffen Umdrehungsschale) vom Gleichgewicht des Schalenelements Abb. **64** zwischen zwei Meridianebenen und

[1]) H. Reissner, Spannungen in Kugelschalen, Müller-Breslau-Festschrift, S. 181, Leipzig 1912.

zwei Parallelkreisen aus, für das in Abb. 64 rechts alle Kräfte und Momente unter Berücksichtigung der Symmetrie angegeben sind. Die äußeren Belastungen p_n und p_ϑ beziehen sich auf die Flächeneinheit, die Schnittkräfte und -momente auf die Einheit der Schnittlänge; die zu $d\vartheta$ gehörigen Differentiale der Schnittgrößen sind in Abb. 64 nicht eingetragen. Die Summe aller Kräfte in der φ-Richtung und die Summe aller Momente um die ϑ- und n-Richtung

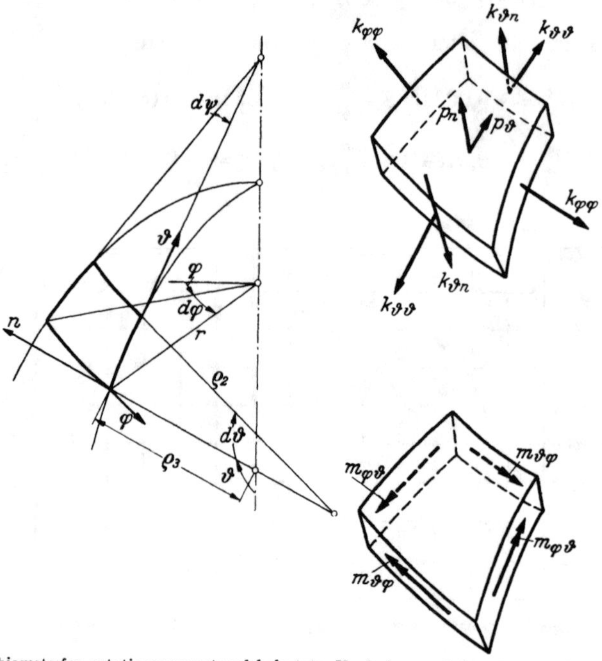

Abb. 64. Element der biegesteifen, rotationssymmetrisch belasteten Umdrehungsschale mit seinen Kräften und Momenten.

ist voraussetzungsgemäß von vornherein Null, so daß nur drei Gleichgewichtsbedingungen übrigbleiben. Sie lauten wie sofort zu erklären, mit den Bezeichnungen von Abb. 64

$$\left.\begin{aligned} \varrho_2 k_{\varphi\varphi}\sin\vartheta + r k_{\vartheta\vartheta} - \frac{d(r k_{\vartheta n})}{d\vartheta} - r\varrho_2 p_n &= 0, \\ \varrho_2 k_{\varphi\varphi}\cos\vartheta - \frac{d(r k_{\vartheta\vartheta})}{d\vartheta} - r k_{\vartheta n} - r\varrho_2 p_\vartheta &= 0, \\ \varrho_2 m_{\varphi\vartheta}\cos\vartheta + \frac{d(r m_{\vartheta\varphi})}{d\vartheta} + r\varrho_2 k_{\vartheta n} \qquad &= 0. \end{aligned}\right\} \tag{1}$$

Man erkennt die Richtigkeit dieser Gleichungen, wenn man darauf achtet, daß die (bei lotrechter Drehachse in einer waagerechten Ebene liegenden) Kräfte $k_{\varphi\varphi}\varrho_2 d\vartheta$ eine Resultante senkrecht zur Drehachse haben, welche in der ϑ- und in der n-Richtung eine Komponente hat; daß die Kräfte $k_{\vartheta n} r\,d\varphi$ außer einem Beitrag in der n-Richtung auch noch einen Beitrag in der ϑ-Richtung liefern, und desgleichen die Kräfte $k_{\vartheta\vartheta}$ außer einem Beitrag in der ϑ-Richtung auch einen Beitrag in der n-Richtung; und schließlich, daß das Moment $m_{\varphi\vartheta}\varrho_2 d\vartheta$ in der Breitenkreistangentenrichtung eine Komponente $-m_{\varphi\vartheta}\varrho_2 d\vartheta\, d\psi$ erzeugt (vgl. Abb. 28 von Ziff. **16**), welche sich wegen $r\,d\psi/\cos(\pi-\vartheta) = r\,d\varphi$ zu $m_{\varphi\vartheta}\,\varrho_2\cos\vartheta\, d\vartheta\, d\varphi$ errechnet.

Die zweite und wichtigste Vereinfachung der Berechnung besteht nun darin, daß wir den Zusammenhang zwischen den Schnittgrößen $k_{\varphi\varphi}$, $k_{\vartheta\vartheta}$, $m_{\varphi\vartheta}$, $m_{\vartheta\varphi}$ und den zugehörigen (auf die Mittelebene der Schale bezogenen) Verzerrungsgrößen ε_φ, ε_ϑ, $\varkappa_2$ und $\varkappa_3$, von denen die letzten beiden die Hauptkrümmungsänderungen darstellen, einfach in der Form

$$\left.\begin{aligned} \varepsilon_\varphi &= \frac{1}{E h}\left(k_{\varphi\varphi} - \frac{1}{m} k_{\vartheta\vartheta}\right), & -\varkappa_2 &= \frac{12}{E h^3}\left(m_{\vartheta\varphi} + \frac{1}{m} m_{\varphi\vartheta}\right), \\ \varepsilon_\vartheta &= \frac{1}{E h}\left(k_{\vartheta\vartheta} - \frac{1}{m} k_{\varphi\varphi}\right), & \varkappa_3 &= \frac{12}{E h^3}\left(m_{\varphi\vartheta} + \frac{1}{m} m_{\vartheta\varphi}\right) \end{aligned}\right\} \tag{2}$$

oder umgekehrt in der Form

$$\left.\begin{aligned} k_{\varphi\varphi} &= B\left(\varepsilon_\varphi + \frac{1}{m}\varepsilon_\vartheta\right), & m_{\varphi\vartheta} &= A^*\left(\varkappa_3 + \frac{1}{m}\varkappa_2\right), \\ k_{\vartheta\vartheta} &= B\left(\varepsilon_\vartheta + \frac{1}{m}\varepsilon_\varphi\right), & -m_{\vartheta\varphi} &= A^*\left(\varkappa_2 + \frac{1}{m}\varkappa_3\right) \end{aligned}\right\} \tag{3}$$

mit

$$A^* = \frac{m^2 E h^3}{12(m^2-1)}, \qquad B = \frac{m^2 E h}{m^2-1} \tag{4}$$

anschreiben. Mit dieser Vereinfachung wird die Durchführung der Rechnung nach Art der Zylinderschale aufgegeben. Denn hierbei hätten wir auf Grund der Annahme, daß Punkte einer Schalennormalen bei der Verformung in Punkte einer Normalen der verformten Schale übergehen, und daß Verkürzungen in Richtung der Normalen vernachlässigbar sind, die Verzerrungen eines beliebigen Punktes in den Verschiebungen u_0, w_0 der Mittelfläche ausdrücken müssen und hernach die Spannungen nach dem Hookeschen Gesetz in diesen Verschiebungen und schließlich auch die als Integrale über die Spannungen zu berechnenden Schnittgrößen in den Verschiebungen. Würden wir dann noch die so erhaltenen Formeln in die Verzerrungen und Krümmungsänderungen der Mittelfläche umschreiben, so würden in den Formeln für $k_{\varphi\varphi}$ und $k_{\vartheta\vartheta}$ die Krümmungsänderungen, in denen für $m_{\varphi\vartheta}$ und $m_{\vartheta\varphi}$ die Dehnungen auftreten. Die Ansätze (3) sind also nicht genau; sie stellen aber eine brauchbare Näherung dar, mit der wir uns hier begnügen. Unsere Aufgabe besteht also jetzt nur noch darin, ε_φ, ε_ϑ, $\varkappa_2$ und $\varkappa_3$ in den Verschiebungen u_0, w_0 der Mittelfläche auszudrücken.

Infolge der Verschiebungen u_0 und w_0 wird der Abstand eines beliebigen Punktes P dieser Mittelfläche (Abb. 65) von der Drehachse um den Betrag $u_0 \sin\vartheta + w_0 \cos\vartheta$ größer. Der Parallelkreis vom Halbmesser r geht somit über in einen Kreis vom Halbmesser $r + u_0 \sin\vartheta + w_0 \cos\vartheta$, und die tangentiale Dehnung ε_φ berechnet sich somit zu

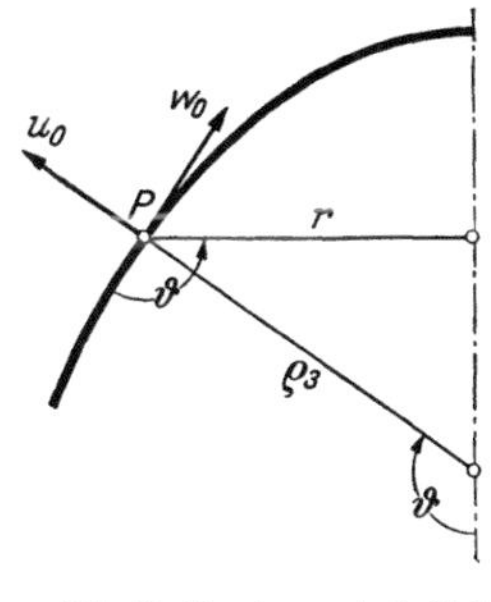

Abb. 65. Die tangentiale Dehnung in einem Punkte der Umdrehungsschale.

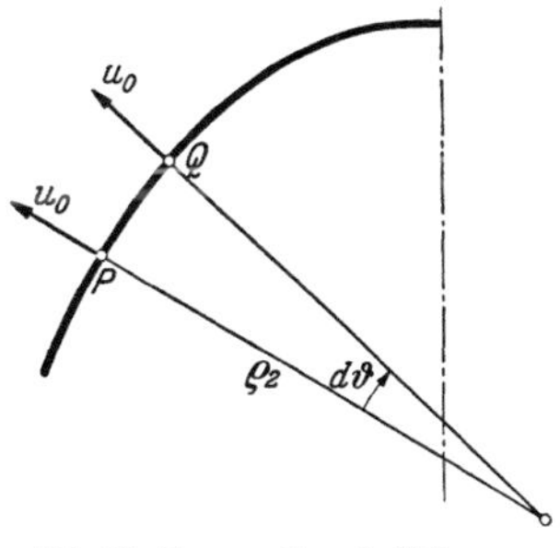

Abb. 66. Die meridionale Dehnung in einem Punkte der Umdrehungsschale.

$$\varepsilon_\varphi = \frac{u_0 \sin\vartheta + w_0 \cos\vartheta}{r} = \frac{u_0 \sin\vartheta + w_0 \cos\vartheta}{\varrho_3 \sin\vartheta} = \frac{1}{\varrho_3}\left(u_0 + w_0 \operatorname{ctg}\vartheta\right). \tag{5}$$

Zur Berechnung der meridionalen Dehnung ε_ϑ betrachtet man zwei Nachbarpunkte P und Q der Meridiankurve (Abb. 66). Zufolge der ungleichen Verschiebungen w_0 und $w_0 + \frac{d w_0}{d\vartheta} d\vartheta$ tritt zunächst eine Dehnung $d w_0 / \varrho_2 d\vartheta$ auf, dann aber wird zufolge der Verschiebungen u_0 das Element $\varrho_2 d\vartheta$ um den Betrag

$u_0 d\vartheta$ verlängert, was eine weitere Dehnung u_0/ϱ_2 zur Folge hat, und es gilt also

$$\varepsilon_\vartheta = \frac{1}{\varrho_2}\left(u_0 + \frac{d w_0}{d\vartheta}\right). \tag{6}$$

Bei der Berechnung der Krümmungsänderung $\varkappa_3$ führen wir als Hilfsgröße die (positiv entgegen dem Drehsinn von ϑ gemessene) Drehung χ der Meridiantangente ein. Weil die Punkte P und Q (Abb. 66) nach außen positiv gerechnete Verschiebungen u_0 haben, die sich um den Betrag du_0 unterscheiden, so dreht sich die Tangente um den Winkel $du_0/\varrho_2 d\vartheta$. Würden sich die Punkte P und Q hingegen lediglich in der Meridiankurve verschieben, so würde sich die Meridiannormale und deshalb auch die Meridiantangente um den Winkel $-w_0/\varrho_2$ drehen, so daß im ganzen

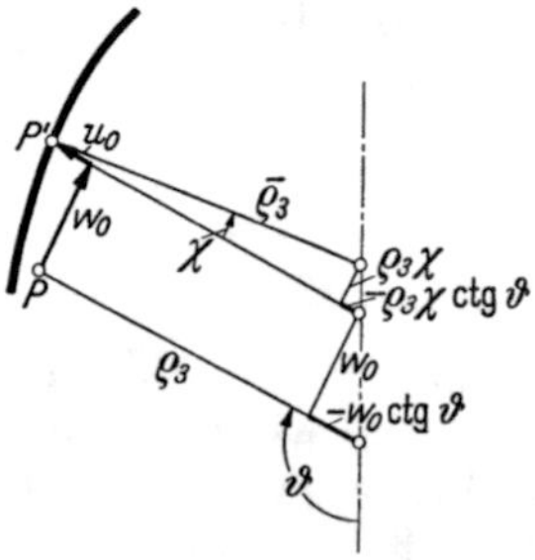

Abb. 67.
Die Krummungsanderung $\varkappa_3$.

$$\chi = \frac{1}{\varrho_2}\left(\frac{du_0}{d\vartheta} - w_0\right) \tag{7}$$

ist.

Der neue Krümmungshalbmesser $\bar\varrho_3$, d. h. die Normale der verformten Meridiankurve, hat die Länge

$$\bar\varrho_3 = \varrho_3 + u_0 + w_0 \operatorname{ctg}\vartheta + \varrho_3\chi \operatorname{ctg}\vartheta;$$

denn wenn die Normale im Punkte P' der verformten Meridiankurve dieselbe Richtung hätte wie die Normale des Punktes P der unverformten Kurve, so würde sie wegen der Verschiebung des Punktes P um $u_0 + w_0 \operatorname{ctg}\vartheta$ verlängert (Abb. 67). Außerdem dreht sich aber die Normale von P noch um den Winkel χ, und hierdurch erfährt sie die Verlängerung $\varrho_3 \chi \operatorname{ctg}\vartheta$. Die Krümmungsänderung $\varkappa_3$ ist also

$$\varkappa_3 = \frac{1}{\varrho_3 + u_0 + w_0 \operatorname{ctg}\vartheta + \varrho_3\chi\operatorname{ctg}\vartheta} - \frac{1}{\varrho_3} \approx -\left(\frac{u_0}{\varrho_3^2} + \frac{w_0}{\varrho_3^2}\operatorname{ctg}\vartheta + \frac{\chi\operatorname{ctg}\vartheta}{\varrho_3}\right)$$

oder, da man die beiden ersten Glieder vernachlässigen darf, gemäß (7)

$$\varkappa_3 = -\frac{\chi}{\varrho_3}\operatorname{ctg}\vartheta = -\frac{\operatorname{ctg}\vartheta}{\varrho_2\varrho_3}\left(\frac{du_0}{d\vartheta} - w_0\right). \tag{8}$$

Die Krümmungsänderung $\varkappa_2$ bestimmt sich schließlich sofort zu

$$\varkappa_2 = -\frac{1}{\varrho_2}\frac{d\chi}{d\vartheta} = -\frac{1}{\varrho_2}\frac{d}{d\vartheta}\left[\frac{1}{\varrho_2}\left(\frac{du_0}{d\vartheta} - w_0\right)\right], \tag{9}$$

so daß die Gleichungen (3) in den Verschiebungen u_0 und w_0 folgende Form annehmen:

$$\left.\begin{aligned}
k_{\varphi\varphi} &= B\left[\frac{1}{\varrho_3}(u_0 + w_0\operatorname{ctg}\vartheta) + \frac{1}{m\varrho_2}(u_0 + w_0')\right], \quad m_{\varphi\vartheta} = -A^*\left(\frac{\chi}{\varrho_3}\operatorname{ctg}\vartheta + \frac{\chi'}{m\varrho_2}\right),\\
k_{\vartheta\vartheta} &= B\left[\frac{1}{\varrho_2}(u_0 + w_0') + \frac{1}{m\varrho_3}(u_0 + w_0\operatorname{ctg}\vartheta)\right], \quad m_{\vartheta\varphi} = A^*\left(\frac{\chi'}{\varrho_2} + \frac{\chi}{m\varrho_3}\operatorname{ctg}\vartheta\right)\\
&\qquad\text{mit } \chi = \frac{1}{\varrho_2}(u_0' - w_0).
\end{aligned}\right\} \tag{10}$$

Hierin und auch künftig bedeuten, weil ϑ die einzige Veränderliche ist, Striche Ableitungen nach ϑ.

Die Gleichungen (1) und (10) bestimmen das Problem eindeutig, und es kommt jetzt nur noch darauf an, sie durch geeignete Umformung auf ein System mit weniger Unbekannten zu reduzieren. Es läge auf der Hand, auch hier dem früher begangenen Weg zu folgen und die Schnittgrößen (10) in die ersten beiden

Gleichungen (1) einzuführen, nachdem hierin zuvor $k_{\vartheta n}$ durch seinen Wert aus der dritten Gleichung (1) ersetzt ist. Denn so erhielte man sofort zwei Gleichungen mit den beiden Unbekannten u_0 und w_0. Diese Gleichungen wären aber wenig handlich, und es zeigt sich, daß das Problem viel übersichtlicher wird, wenn man als Unbekannte die Größen χ und

$$U = \varrho_3 k_{\vartheta n} \tag{11}$$

einführt. So erhält man zunächst, wenn man (10) in die dritte Gleichung (1) einsetzt und beachtet, daß $r = \varrho_3 \sin\vartheta$ und bei veränderlicher Wandstärke h

$$\frac{dA^*}{d\vartheta} = \frac{3A^*h'}{h}$$

ist, als erste Grundgleichung

$$\frac{\varrho_3}{\varrho_2}\frac{\chi''}{\varrho_2} + \left[\left(\frac{\varrho_3}{\varrho_2}\right)' + \frac{\varrho_3}{\varrho_2}\operatorname{ctg}\vartheta + 3\frac{\varrho_3}{\varrho_2}\frac{h'}{h}\right]\frac{\chi'}{\varrho_2} - \left[\frac{\varrho_2}{\varrho_3}\operatorname{ctg}^2\vartheta + \frac{1}{m} - \frac{3h'}{mh}\operatorname{ctg}\vartheta\right]\frac{\chi}{\varrho_2} = -\frac{U}{A^*}. \tag{12}$$

Zur Gewinnung einer zweiten Grundgleichung benutzen wir die zwei ersten Gleichungen (1) und die linken Gleichungen (10). Die beiden ersten gestatten, $k_{\varphi\varphi}$ und $k_{\vartheta\vartheta}$ in der Unbekannten U und in bekannten Funktionen von ϑ auszudrücken; die linken Gleichungen (10) liefern, wie wir zeigen werden, χ als Funktion von $k_{\varphi\varphi}$ und $k_{\vartheta\vartheta}$; die Verbindung dieser Ergebnisse führt also zu einer zweiten Gleichung zwischen U und χ.

Eliminiert man zuerst aus den beiden ersten Gleichungen (1) die Unbekannte $k_{\varphi\varphi}$, so erhält man

$$(r k_{\vartheta\vartheta})' \sin\vartheta + r k_{\vartheta\vartheta}\cos\vartheta - (r k_{\vartheta n})'\cos\vartheta + r k_{\vartheta n}\sin\vartheta + r\varrho_2(p_\vartheta \sin\vartheta - p_n\cos\vartheta) = 0$$

oder

$$(r k_{\vartheta\vartheta}\sin\vartheta)' - (r k_{\vartheta n}\cos\vartheta)' + r\varrho_2(p_\vartheta\sin\vartheta - p_n\cos\vartheta) = 0.$$

Integriert man nach ϑ, so findet man mit einer Integrationskonstanten C und wegen $r = \varrho_3 \sin\vartheta$

$$k_{\vartheta\vartheta} = \frac{U}{\varrho_3}\operatorname{ctg}\vartheta - \frac{1}{\varrho_3\sin^2\vartheta}\int r\varrho_2(p_\vartheta\sin\vartheta - p_n\cos\vartheta)\,d\vartheta + \frac{C}{\varrho_3\sin^2\vartheta} \equiv \frac{U}{\varrho_3}\operatorname{ctg}\vartheta + \Phi. \tag{13}$$

Die Gleichung drückt, wie man leicht erkennt, das Gleichgewicht des über dem Parallelkreis ϑ liegenden Teiles der Umdrehungsschale in Richtung ihrer Achse aus. Aus der ersten Gleichung (1) folgt dann weiter

$$k_{\varphi\varphi} = \frac{U'}{\varrho_2} + \frac{1}{\varrho_2\sin^2\vartheta}\int r\varrho_2(p_\vartheta\sin\vartheta - p_n\cos\vartheta)\,d\vartheta - \frac{C}{\varrho_2\sin^2\vartheta} + \varrho_3 p_n \equiv \frac{U'}{\varrho_2} + \Psi. \tag{14}$$

Jetzt schreiten wir zu den linken Gleichungen (10), welche sich, nach $(u_0 + w_0')$ und $(u_0 + w_0\operatorname{ctg}\vartheta)$ aufgelöst, in der Form schreiben

$$\left.\begin{aligned} u_0 + w_0' &= \frac{m^2\varrho_2}{(m^2-1)B}\left(k_{\vartheta\vartheta} - \frac{1}{m}k_{\varphi\varphi}\right),\\ u_0 + w_0\operatorname{ctg}\vartheta &= \frac{m^2\varrho_3}{(m^2-1)B}\left(k_{\varphi\varphi} - \frac{1}{m}k_{\vartheta\vartheta}\right). \end{aligned}\right\} \tag{15}$$

Hieraus folgt durch Subtraktion

$$w_0' - w_0\operatorname{ctg}\vartheta = \frac{m^2}{(m^2-1)B}\left[k_{\vartheta\vartheta}\left(\varrho_2 + \frac{\varrho_3}{m}\right) - k_{\varphi\varphi}\left(\varrho_3 + \frac{\varrho_2}{m}\right)\right]. \tag{16}$$

Differentiiert man ferner die zweite Gleichung (15) nach ϑ und eliminiert w_0' aus der so erhaltenen Gleichung und aus (16), so erhält man gerade einen

Ausdruck für $u_0'-w_0$ oder wegen (7) für $\varrho_2\chi$. Man findet

$$u_0'-w_0\equiv\varrho_2\chi=-\frac{m^2}{m^2-1}\left[\frac{k_{\vartheta\vartheta}}{B}\left(\varrho_2+\frac{\varrho_3}{m}\right)\operatorname{ctg}\vartheta-\frac{k_{\varphi\varphi}}{B}\left(\varrho_3+\frac{\varrho_2}{m}\right)\operatorname{ctg}\vartheta-\left(\frac{\varrho_3 k_{\varphi\varphi}}{B}\right)'+\frac{1}{m}\left(\frac{\varrho_3 k_{\vartheta\vartheta}}{B}\right)'\right]. \quad (17)$$

Setzt man hierin die Ausdrücke (13) und (14) ein, so erscheint als zweite Gleichung für χ und U

$$\frac{\varrho_3}{\varrho_2}\frac{U''}{\varrho_2}+\left[\left(\frac{\varrho_3}{\varrho_2}\right)'+\frac{\varrho_3}{\varrho_2}\operatorname{ctg}\vartheta-\frac{\varrho_3}{\varrho_2}\frac{h'}{h}\right]\frac{U'}{\varrho_2}-\left[\frac{\varrho_2}{\varrho_3}\operatorname{ctg}^2\vartheta-\frac{1}{m}-\frac{1}{m}\frac{h'}{h}\operatorname{ctg}\vartheta\right]\frac{U}{\varrho_2}=\frac{m^2-1}{m^2}B\chi+F(\vartheta). \quad (18)$$

Hierin ist $F(\vartheta)$ eine bekannte Funktion von ϑ, nämlich

$$F(\vartheta)\equiv\frac{1}{\varrho_2}\left[\Phi\left(\varrho_2+\frac{\varrho_3}{m}\right)\operatorname{ctg}\vartheta-\Psi\left(\varrho_3+\frac{\varrho_2}{m}\right)\operatorname{ctg}\vartheta-(\varrho_3\Psi)'+\varrho_3\Psi\frac{h'}{h}+\frac{(\varrho_3\Phi)'}{m}-\frac{\varrho_3\Phi}{m}\frac{h'}{h}\right]. \quad (19)$$

Die Gleichungen (12) und (18) stellen unser formales Endergebnis dar, und es kommt jetzt nur noch darauf an, eine Lösungsmethode für dieses recht verwickelte System anzugeben. Dabei werden wir uns lediglich um die homogenen Gleichungen kümmern und also annehmen, daß sich eine Partikularlösung, die der Funktion $F(\vartheta)$ Rechnung trägt, wohl immer ohne allzugroße Mühe finden lassen wird. Die Hauptschwierigkeit steckt auch wirklich in der Bestimmung der Lösung der homogenen Gleichungen; denn diese enthält immer die Integrationskonstanten, die zur Erfüllung der Randbedingungen des Problems dienen.

24. Die Lösung der homogenen Gleichungen. Bis jetzt ist der Winkel χ als eine der Grundveränderlichen benutzt. Vergleicht man aber die Gleichungen (**23**, 12) und (**23**, 18) miteinander, so liegt es nahe, zu versuchen, durch Einführung einer neuen Veränderlichen die Beiwerte der ersten Ableitungen in den Grundgleichungen einander anzugleichen[1]), und in der Tat zeigt sich, daß dies mit der neuen Veränderlichen

$$V=h^2\chi \quad (1)$$

erreicht wird. Hiermit gehen nämlich die (homogenen) Gleichungen (**23**, 12) und (**23**, 18) über in

$$\left.\begin{aligned}&\frac{\varrho_3}{\varrho_2}\frac{hV''}{\varrho_2}+\left[\left(\frac{\varrho_3}{\varrho_2}\right)'+\frac{\varrho_3}{\varrho_2}\operatorname{ctg}\vartheta-\frac{\varrho_3}{\varrho_2}\frac{h'}{h}\right]\frac{hV'}{\varrho_2}-\left[\frac{\varrho_2}{\varrho_3}\operatorname{ctg}^2\vartheta+\frac{1}{m}-\frac{3}{m}\frac{h'}{h}\operatorname{ctg}\vartheta+\right.\\&\qquad\left.+2\left\{\left(\frac{\varrho_3}{\varrho_2}\right)'+\frac{\varrho_3}{\varrho_2}\operatorname{ctg}\vartheta\right\}\frac{h'}{h}+2\frac{\varrho_3}{\varrho_2}\frac{h''}{h}\right]\frac{hV}{\varrho_2}=-\frac{12(m^2-1)}{m^2E}U,\\&\frac{\varrho_3}{\varrho_2}\frac{hU''}{\varrho_2}+\left[\left(\frac{\varrho_3}{\varrho_2}\right)'+\frac{\varrho_3}{\varrho_2}\operatorname{ctg}\vartheta-\frac{\varrho_3}{\varrho_2}\frac{h'}{h}\right]\frac{hU'}{\varrho_2}-\left[\frac{\varrho_2}{\varrho_3}\operatorname{ctg}^2\vartheta-\frac{1}{m}-\frac{1}{m}\frac{h'}{h}\operatorname{ctg}\vartheta\right]\frac{hU}{\varrho_2}=EV.\end{aligned}\right\} \quad (2)$$

Führt man jetzt den Differentialoperator

$$L\equiv\frac{\varrho_3 h}{\varrho_2^2}\frac{d^2}{d\vartheta^2}+\left[\frac{h}{\varrho_2}\left(\frac{\varrho_3}{\varrho_2}\right)'+\frac{h\varrho_3}{\varrho_2^2}\operatorname{ctg}\vartheta-\frac{\varrho_3 h'}{\varrho_2^2}\right]\frac{d}{d\vartheta}-\left[\frac{h}{\varrho_3}\operatorname{ctg}^2\vartheta-\frac{1}{m}\frac{h}{\varrho_2}-\frac{1}{m}\frac{h'}{\varrho_2}\operatorname{ctg}\vartheta\right] \quad (3)$$

und außerdem zur Abkürzung noch die Funktion

$$f(\vartheta)\equiv\frac{2h}{m\varrho_2}-\frac{2h'}{m\varrho_2}\operatorname{ctg}\vartheta+2\left[\left(\frac{\varrho_3}{\varrho_2}\right)'+\frac{\varrho_3}{\varrho_2}\operatorname{ctg}\vartheta\right]\frac{h'}{\varrho_2}+\frac{2\varrho_3 h''}{\varrho_2^2} \quad (4)$$

ein, so nehmen diese Gleichungen die einfache Gestalt

$$\left.\begin{aligned}L(V)-f(\vartheta)V&=-\frac{12(m^2-1)}{m^2E}U,\\L(U)&=EV\end{aligned}\right\} \quad (5)$$

[1]) E. Meissner, Das Elastizitätsproblem fur dünne Schalen von Ringflächen-, Kugel- oder Kegelform, Phys. Z. 14 (1913) S. 343; Über Elastizität und Festigkeit dünner Schalen, Vjschr. naturforsch. Ges. Zürich 60 (1915) S. 23.

an, welche uns vollends instandsetzt, zwei getrennte Gleichungen für U und V anzuschreiben. Man findet leicht

$$\left.\begin{aligned} LL(U) - f(\vartheta) L(U) + 12\frac{m^2-1}{m^2} U = 0, \\ LL(V) - L\left[f(\vartheta) V\right] + 12\frac{m^2-1}{m^2} V = 0. \end{aligned}\right\} \quad (6)$$

Hiermit ist das gesteckte Ziel, zwei „einfache" Gleichungen für die beiden Unbekannten zu gewinnen, erreicht. Der praktischen Durchführung der Rechnung stehen indessen im allgemeinen wegen der verwickelten Gestalt von L und f kaum zu überwindende Schwierigkeiten entgegen.

Eine große Vereinfachung entsteht, wenn es gelingt, die Gleichungen (6) je in zwei Gleichungen zweiter Ordnung vom Typus

$$L(U) + cU = 0, \quad (7)$$

wo c eine Konstante bezeichnet, zu zerspalten [vgl. etwa später (**25**, 3) und (**25**, 4)]. Dazu ist wegen der ersten Gleichung (6) nötig, daß

$$c^2 + cf(\vartheta) + 12\frac{m^2-1}{m^2} = 0 \quad (8)$$

ist, und dies erfordert, daß

$$f(\vartheta) = C_1, \quad (9)$$

d. h. eine Konstante sei. Die zweite Gleichung (6) nimmt in diesem Falle die gleiche Form wie die erste an.

Die Zerfallsbedingung (9) ist eine Differentialgleichung zweiter Ordnung für h, in deren allgemeiner Lösung außer C_1 also noch zwei weitere Integrationskonstanten C_2 und C_3 vorkommen. Es empfiehlt sich, ein vorgegebenes h, das die Gleichung (9) nicht erfüllt, durch geeignete Wahl der Konstanten C_1, C_2 und C_3 so gut wie möglich durch eine Lösung von (9) zu approximieren.

Wenn die Schalendicke h unveränderlich ist, so führt man zweckmäßig einen neuen Differentialoperator L^* ein, der mit dem Operator L (in welchem jetzt $h' = 0$ zu setzen ist) verknüpft ist durch:

$$L = h\left(L^* + \frac{1}{m\varrho_2}\right), \quad (10)$$

so daß

$$L^* = \frac{\varrho_3}{\varrho_2^2}\frac{d^2}{d\vartheta^2} + \left[\frac{1}{\varrho_2}\left(\frac{\varrho_3}{\varrho_2}\right)' + \frac{\varrho_3}{\varrho_2^2}\operatorname{ctg}\vartheta\right]\frac{d}{d\vartheta} - \frac{1}{\varrho_3}\operatorname{ctg}^2\vartheta \quad (11)$$

wird. Beachtet man, daß in diesem Fall

$$f(\vartheta) = \frac{2h}{m\varrho_2} \quad (12)$$

ist, so gehen die homogenen Gleichungen (**23**, 12) und (**23**, 18) über in

$$\left.\begin{aligned} L^*(\chi) - \frac{\chi}{m\varrho_2} = -\frac{U}{A^*}, \\ L^*(U) + \frac{U}{m\varrho_2} = \frac{m^2-1}{m^2} B\chi, \end{aligned}\right\} \quad (13)$$

und die Gleichungen (6) dementsprechend in

$$\left.\begin{aligned} L^*L^*(\chi) - \frac{1}{m} L^*\left(\frac{\chi}{\varrho_2}\right) + \frac{1}{m\varrho_2} L^*(\chi) - \frac{\chi}{m^2\varrho_2^2} = -\frac{12}{h^2}\frac{m^2-1}{m^2}\chi, \\ L^*L^*(U) + \frac{1}{m} L^*\left(\frac{U}{\varrho_2}\right) - \frac{1}{m\varrho_2} L^*(U) - \frac{U}{m^2\varrho_2^2} = -\frac{12}{h^2}\frac{m^2-1}{m^2} U. \end{aligned}\right\} \quad (14)$$

Diese bereits durch Symmetrie ausgezeichneten Gleichungen vereinfachen sich noch wesentlich für diejenigen Umdrehungsschalen, für welche ϱ_2 unveränderlich ist (Kugel, Kreisringfläche und Kegel). Für diese Flächen stimmen beide völlig überein, so daß, wenn noch

$$\frac{12}{h^2}\,\frac{m^2-1}{m^2}-\frac{1}{m^2\varrho_2^2}=\mu^2 \tag{15}$$

gesetzt wird, das ganze Problem auf die Lösung der Gleichung

$$L^*L^*(W)+\mu^2 W=0 \tag{16}$$

zurückgeführt ist.

Die weitere und letzte Spezialisierung des Problems, bei welcher $\varrho_2=\varrho_3=$ konst. ist (Kugelschale), behandeln wir nun noch gesondert.

25. Die Kugelschale. Ist $\varrho_2=\varrho_3=a$, so wird nach (**24**, 11)

$$L^*=\frac{1}{a}\left(\frac{d^2}{d\vartheta^2}+\operatorname{ctg}\vartheta\frac{d}{d\vartheta}-\operatorname{ctg}^2\vartheta\right)\equiv\frac{1}{a}L^{**}. \tag{1}$$

Setzt man also noch

$$a^2\mu^2\equiv\frac{12\,(m^2-1)}{m^2}\,\frac{a^2}{h^2}-\frac{1}{m^2}=\varkappa^2, \tag{2}$$

so geht (**24**, 16) über in

$$L^{**}L^{**}(W)+\varkappa^2 W=0. \tag{3}$$

Diese Gleichung zerfällt in die konjugierten Gleichungen zweiter Ordnung

$$\left.\begin{aligned}L^{**}(W)+i\varkappa W=0,\\ L^{**}(W)-i\varkappa W=0,\end{aligned}\right\}\qquad\left(i=\sqrt{-1}\right) \tag{4}$$

deren Lösungen konjugiert komplex sind, so daß man sich auf die erste beschränken kann. Führt man

$$W=S\sin\vartheta,\qquad \sin^2\vartheta=x \tag{5}$$

ein, so geht sie in eine hypergeometrische Differentialgleichung für S, nämlich in

$$x\,(x-1)\frac{d^2S}{dx^2}+\left(\frac{5}{2}\,x-2\right)\frac{dS}{dx}+\frac{1-i\varkappa}{4}\,S=0 \tag{6}$$

über.

Versteht man unter $F(\alpha,\beta,\gamma;x)$ die Reihe

$$F(\alpha,\beta,\gamma;x)\equiv 1+\frac{\alpha\cdot\beta}{1\cdot\gamma}\,x+\frac{\alpha(\alpha+1)\cdot\beta(\beta+1)}{1\cdot2\cdot\gamma(\gamma+1)}\,x^2+\cdots \tag{7}$$

und setzt

$$\lambda=\sqrt{5+4i\varkappa},$$

so ist

$$S_1=F\left(\frac{3+\lambda}{4},\ \frac{3-\lambda}{4},\ 2;\ x\right) \tag{8}$$

eine Lösung dieser Gleichung. Ein zweites Integral hat die Form

$$S_2=S_1\ln x+\frac{1}{x}\,P(x), \tag{9}$$

wo $P(x)$ eine Potenzreihe ist, deren Koeffizientengesetz sich allgemein angeben läßt[1]). Die Integrale S_1 und S_2 bestimmen die zwei komplexen Lösungen

$$W_1=S_1\sin\vartheta,\qquad W_2=S_2\sin\vartheta. \tag{10}$$

---

[1]) Vgl. etwa Riemann-Weber, Partielle Differentialgleichungen der mathematischen Physik, Bd. 2, S. 27, 5. Aufl., Braunschweig 1912.

Setzt man

$$W_1 = J_1 + i J_2, \quad W_2 = J_3 + i J_4, \tag{11}$$

so folgt aus der ersten Gleichung (4)

$$L^{**}(J_1) = \varkappa J_2, \quad L^{**}(J_2) = -\varkappa J_1, \quad L^{**}(J_3) = \varkappa J_4, \quad L^{**}(J_4) = -\varkappa J_3,$$

und man kontrolliert also leicht, daß

$$W = c_1 J_1 + c_2 J_2 + c_3 J_3 + c_4 J_4 \tag{12}$$

die allgemeine Lösung der Gleichung (3) darstellt.

Damit ist insbesondere das Problem des nur an seinen Rändern (rotationssymmetrisch) belasteten Kugelringsegmentes zu Ende geführt. Für eine in ihrem Scheitel geschlossene Kugelkalottenschale, bei welcher für $\vartheta = \pi$ also $x = 0$ wird, sind die Konstanten c_3 und c_4 gleich Null zu setzen, weil die Lösung W_2 für $x = 0$ unendlich wird. Die beiden anderen Konstanten dienen dazu, die Bedingungen am Rand zu erfüllen.

Ein Anwendungsbeispiel bildet der Hochdruckkessel[1]), der aus einem Zylinder vom Halbmesser a und zwei ihn abschließenden Halbkugeln besteht, welche auf Innendruck p beansprucht sind. Zerlegt man den Kessel durch Schnitte an den Endflächen des Zylinders in drei Teile, wie dies Abb. 68 zeigt, und führt in diesen Schnitten je Längeneinheit eine Zugkraft $\frac{1}{2} p a$ ein, so ist das Gleichgewicht sämtlicher Teile gesichert. Die radiale Ausweitung von Kugel und Zylinder, wenn sie unabhängig voneinander unter dem Innendruck p stünden, läßt sich leicht berechnen. Bei der Kugel erzeugt die offenbar überall gleiche Schnittkraft $k_{\varphi\varphi} = k_{\vartheta\vartheta} = \frac{1}{2} p a$ nach (**23**, 2) eine Tangentialdehnung $\varepsilon_\varphi = \varepsilon_\vartheta = (m-1) a p / 2 m E h$, und dazu gehört eine radiale Ausweitung

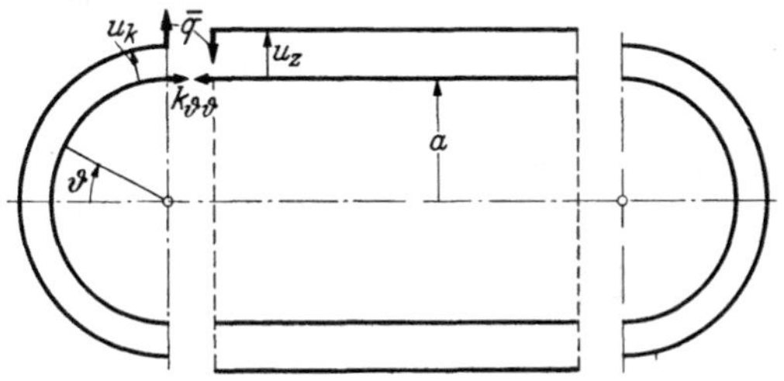

Abb. 68. Hochdruckkessel mit kugelformigen Boden.

$$u_k = \frac{m-1}{2m} \frac{p a^2}{E h}. \tag{13}$$

Für den Zylinder erhält man ebenfalls elementar mit $k_{\varphi\varphi} = p a$ und $k_{\vartheta\vartheta} = \frac{1}{2} p a$ die Ausweitung

$$u_z = \frac{2m-1}{2m} \frac{p a^2}{E h}, \tag{14}$$

also das $\frac{2m-1}{m-1}$-fache von u_k.

Die Teile, obwohl im Gleichgewicht, passen also zunächst nicht mehr aneinander, und man muß in den Schnittflächen Querkräfte und Momente hinzunehmen, um den verlangten Anschluß wieder herzustellen. Diese sind aus der Bedingung zu berechnen, daß nunmehr die radialen Verschiebungen u von Zylinder und Halbkugel gleich werden und ebenso ihre meridionalen Ableitungen. Die Durchführung der Rechnung, deren Grundlagen in Ziff. **19** und **23** bis **25** zur Verfügung stehen, ist noch recht langwierig, zumal sie die Kenntnis der Zusammenhänge zwischen der hypergeometrischen Reihe und der Γ-Funktion für das Argument $x = 1$ und ferner noch die der asymptotischen Entwicklung dieser

[1]) E. Meissner, Zur Festigkeitsberechnung von Hochdruck-Kesseltrommeln, Schweiz. *Bauztg* 86 (1925) S. 1.

Γ-Funktion nach der Stirlingschen Formel voraussetzt. Wir sehen hier von der Darstellung dieser Einzelheiten ab, weisen dafür aber auf eine Näherungslösung hin, die sich beim Vergleich mit den Werten, die die exakte Methode liefert, als außerordentlich gut erwiesen hat, und die auch für allgemeinere Fälle von großer Bedeutung ist.

Man geht dabei von der schon in Ziff. **19** erwähnten Tatsache aus, daß die an einem Zylinderrand angreifenden Kräfte und Momente sehr schnell abklingen und sich also nur in einem verhältnismäßig kurzen Teil des Zylinders bemerkbar machen. Es kommt somit gar nicht darauf an, welche Form und Steifigkeit der Zylinder außerhalb dieses kurzen Teiles hat, und man könnte also diesen Teil ebensogut durch eine Halbkugel abschließen. Hieraus folgt, daß man in erster Annäherung die an ihrem Rande belastete Halbkugel umgekehrt durch den sie umhüllenden Zylinder ersetzen kann. Tut man dies, so läuft unsere Aufgabe darauf hinaus, diejenigen Querkräfte und Biegemomente zu bestimmen, welche zwei Zylinder, deren Halbmesser einen Unterschied

$$\left(\frac{2m-1}{2m}-\frac{m-1}{2m}\right)\frac{pa^2}{Eh}=\frac{pa^2}{2Eh}$$

aufweisen, zum Anschluß aneinander bringen. Wenn nicht gerade diese Differenz selbst ins Spiel kommt, kann der Halbmesser jedes der beiden Zylinder unbedenklich gleich a gesetzt werden, und man sieht aus diesem Grunde leicht ein, daß die zu errechnenden Querkräfte für eine zusätzliche radiale Verschiebung

$$\bar{u}=\pm\frac{pa^2}{4Eh} \tag{15}$$

aufzukommen haben (nämlich beim einen Zylinder nach außen, beim andern nach innen), und daß die zu errechnenden Momente gleich Null sind. Denn die Querkräfte, welche beim einen Zylinder eine Erweiterung $\bar{u}$, beim andern eine Einschnürung $\bar{u}$ erzeugen, drehen die Meridiantangenten beider Zylinder um denselben Winkel, und zwar im selben Sinne, so daß sie allein die beiden Anschlußbedingungen erfüllen.

Nach (**19**, 22) berechnet sich die gesuchte Querkraft mit (15) zu

$$\bar{q}=\pm\frac{m^2\mu^3}{24(m^2-1)}pa^2h^2 \quad \text{mit} \quad \mu^4=\frac{3(m^2-1)}{m^2a^2h^2}, \tag{16}$$

wobei das obere Vorzeichen für die Halbkugel, das untere für den Zylinder gilt. Hierzu gehört nach (**19**, 1) und (**19**, 24) eine Ringspannungskraft

$$k_{\varphi\varphi}=\frac{6(m^2-1)}{m^2ah^2\mu^3}e^{-\mu z}\cos\mu z\cdot\bar{q} \tag{17}$$

und nach (**19**, 26) ein Biegemoment

$$m_{z\varphi}=\frac{e^{-\mu z}\sin\mu z}{\mu}\bar{q},$$

aus dem wir sofort das h-fache der zugehörigen Biegespannung (in der äußersten Faser des Zylinders) $\sigma_z=-m_{z\varphi}/\frac{1}{6}h^2$, also die Größe

$$k_{zz}=h\sigma_z=-\frac{6}{h}m_{z\varphi}=-\frac{6e^{-\mu z}\sin\mu z}{\mu h}\bar{q} \tag{18}$$

herleiten, um diese Werte (17) und (18), also die h-fachen Zusatzspannungen für den Zylinder mit den nach den Kesselformeln (**18**, 4) berechneten Werten

$$k_{\varphi\varphi}=pa, \qquad k'_{\vartheta\vartheta}=\frac{1}{2}pa \tag{19}$$

der h-fachen Ring- und Meridianspannung vergleichen zu können.

Der absolut größte Wert zunächst von $k_{\varphi\varphi}$ (17) tritt an der Zusammenschlußstelle $z=0$ von Zylinder und Halbkugel auf und beträgt nach (17) mit (16)

$$k_{\varphi\varphi 0}=-\frac{1}{4}\,p a, \tag{20}$$

und das bedeutet dort eine Erniedrigung der Ringspannung um 25% ihres Wertes nach der Kesselformel (19).

Der größte Wert von k_{zz} (18) tritt an der Stelle $\mu z=\pi/4$ auf und beträgt nach (18) mit (16)

$$k_{zz\,\max}=\frac{3}{8}\sqrt{2}\,e^{-\frac{\pi}{4}}\sqrt{\frac{m^2}{3(m^2-1)}}\,p a \tag{21}$$

oder mit $m=10/3$

$$k_{zz\,\max}=0{,}146\,p a, \tag{22}$$

was dort eine Erhöhung der Meridianspannung (19) um 29,2% bedeutet.

An der gleichen Stelle $\mu z=\pi/4$ hat man nach (17) mit (16)

$$k_{\varphi\varphi}\Big|_{z=\frac{\pi}{4\mu}}=-\frac{\sqrt{2}}{8}\,e^{-\frac{\pi}{4}}\,p a=-0{,}086\,p a, \tag{23}$$

also noch eine Erniedrigung der Ringspannung (19) um 8,6%.

Ein nächster Extremwert von $k_{\varphi\varphi}$ (17) tritt ein für $\mu z=3\pi/4$ und beträgt nach (17) mit (16)

$$k_{\varphi\varphi\,\max}=+\frac{\sqrt{2}}{8}\,e^{-\frac{3\pi}{4}}\,p a=+0{,}017\,p a, \tag{24}$$

und das bedeutet eine Erhöhung der Ringspannung (19) um nur 1,7%.

Die entsprechende Vergleichsrechnung für die Halbkugel unterdrücken wir, da diese ja schon an sich bei gleicher Wandstärke viel kleinere Spannungen als der Zylinder auszuhalten hat.

Kapitel VII.

Ausweichprobleme.

1. Einleitung. Wenn ein (geeignet gelagerter) elastischer Körper durch äußere Kräfte und Momente beansprucht wird, die von Null an stetig und hinreichend langsam wachsen (so daß also die Beanspruchung in jedem Augenblick noch als statisch angesehen werden darf), so kann sein elastisches Verhalten je nach den Umständen (Körpergestalt, Lagerungsform, Art der äußeren Belastung) drei wesentlich verschiedene Typen zeigen, welche wir der Reihe nach kurz beschreiben wollen. Dabei nehmen wir (ohne hierdurch die Allgemeingültigkeit unserer Betrachtungen zu beschränken) an, daß als äußere Belastung nur eine Einzelkraft P am Körper angreift, und untersuchen für jeden der drei Typen den Zusammenhang zwischen dieser Kraft und der Verschiebung u ihres Angriffspunktes in ihrer Richtung. Obwohl bei allen später zu behandelnden technischen Problemen nur das Hookesche Gesetz als Elastizitätsgesetz benutzt werden wird, so gelten doch die folgenden Feststellungen, weil sie lediglich qualitativ sind, auch für ein allgemeineres Elastizitätsgesetz. Wir drücken dies hier dadurch aus, daß wir der (P, u)-Kurve auch da, wo sie nach dem Hookeschen Gesetz gerade sein sollte, eine Krümmung beilegen.

Der erste der drei möglichen Fälle liegt vor, wenn der Körper auf die stetig wachsende Kraft P mit einer ebenso stetig wachsenden Verschiebung u ihres Angriffspunktes derart antwortet, daß im (P, u)-Diagramm die Kraft P eine eindeutige, stetige und monoton wachsende Funktion von u ist (Abb. 1). Man kann diesen Fall den Normalfall nennen: er war (außer in Kap. I, § 5) Gegenstand aller unserer bisherigen Betrachtungen.

Der zweite Fall ist dadurch gekennzeichnet, daß der Körper zwar immer noch einer Formänderung fähig ist, bei der die Kraft P monoton mit u wächst

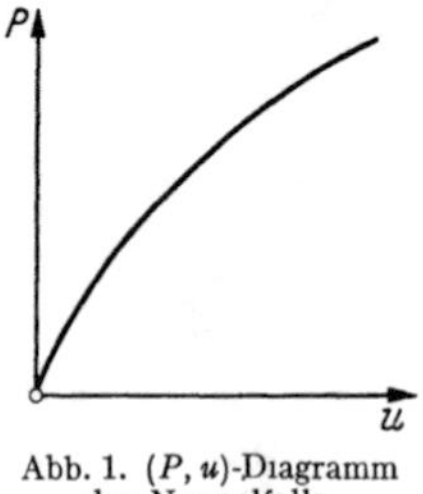

Abb. 1. (P, u)-Diagramm des Normalfalls.

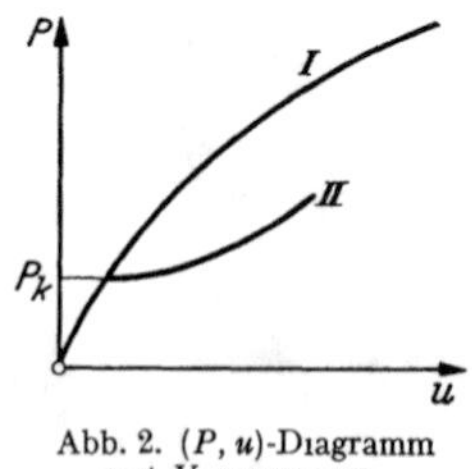

Abb. 2. (P, u)-Diagramm mit Verzweigung.

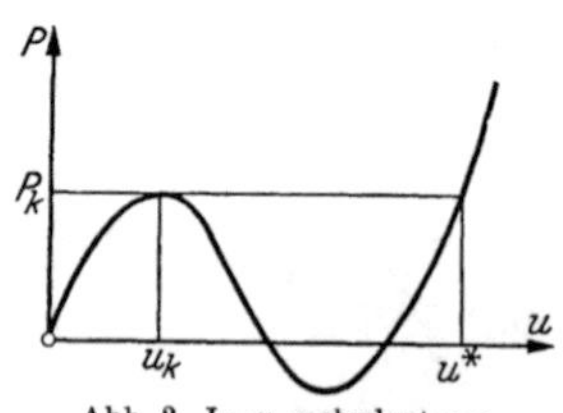

Abb. 3. In u mehrdeutiges (P, u)-Diagramm.

(Kurve I von Abb. 2), aber von einer bestimmten Belastung P_k an kein eindeutiges Verhalten mehr zeigt, so daß er bei dieser Kraft der natürlichen Verformung (Kurve I) auszuweichen vermag (Kurve II von Abb. 2): dieser (singuläre) Fall umfaßt die sogenannten Knick- und Kipperscheinungen.

Der dritte (ebenfalls singuläre) Fall tritt ein, wenn P eine nicht monoton steigende (aber immerhin eindeutige) Funktion von u ist, so daß es Werte von P gibt, zu denen mehrere Werte von u und also mehrere verschiedene Gleichgewichtslagen des Körpers gehören. Wächst P stetig von Null an, so verläßt der Körper, sobald P einen bestimmten Wert P_k überschreitet, bei $u = u_k$ zunächst das Gebiet möglichen Gleichgewichts (Abb. 3); er weicht der Belastung wieder aus und schlägt möglicherweise in eine neue Gleichgewichtslage durch (die in

Abb. 3 durch die Verschiebung u^* angedeutet ist): hierher gehören die sogenannten Durchschlagerscheinungen.

In diesem dritten Falle ist u, mindestens in einem gewissen Bereich der Kraft P, eine mehrdeutige Funktion von P; und zwar kann dieser mehrdeutige Bereich entweder schon bei $P=0$ auftreten (Abb. 3) oder auch wohl erst von einem Wert $P_k^* > 0$ an (Abb. 4). Die (P,u)-Kurve braucht übrigens keinen monoton ansteigenden Ast zu haben, so daß zu P_k nicht immer eine zweite Gleichgewichtslage u^* gehören und bei noch größeren Kräften überhaupt nicht mehr Gleichgewicht möglich sein muß. Eine Abart dieses dritten Falles, der wir später ebenfalls begegnen werden, liegt vor, wenn die (P, u)-Kurve weder in P noch in u eindeutig ist (Abb. 5).

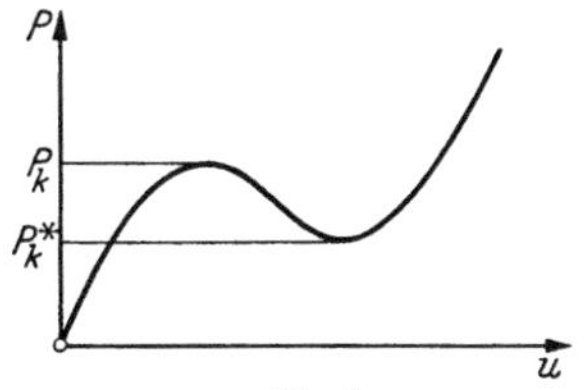

Abb. 4.
In u mehrdeutiges (P, u)-Diagramm.

Abb. 5. In P und u mehrdeutiges (P, u)-Diagramm.

Mit der Aufzählung der zwei letzten Hauptfälle sind die verschiedenen Möglichkeiten des singulären elastischen Verhaltens eines Körpers im wesentlichen erschöpft. Doch treten fast bei jedem Problem dieser Art noch Besonderheiten auf. So gibt es im zweiten Falle immer eine ganze Reihe von (zu verschiedenen Werten von P gehörigen) Verzweigungsstellen, und es kann sogar vorkommen, daß an einer Stelle sich mehrere Äste abzweigen. Im dritten Falle können, wie wir später mehrfach sehen werden, auch noch Verzweigungsstellen auftreten. Hier erwähnen wir noch, daß im zweiten Falle die Verzweigungsäste der (P, u)-Kurve sich im allgemeinen waagerecht abzweigen, so daß im zweiten und dritten Fall alle Gleichgewichtszustände P_k (Abb. 2 bis 5) als Sonderfälle des neutralen Gleichgewichts (Kap. I, § 5) aufzufassen sind.

Wir wählen für die hier zu behandelnden Sonderaufgaben den Namen Ausweichprobleme, um auszudrücken, daß ihr gemeinsames Merkmal darin besteht, daß der Körper entweder der natürlichen Verformung oder aber der Vergrößerung der belastenden Kraft ausweicht, und untersuchen nun die einzelnen Bauteile in der gleichen Reihenfolge, in der wir in Kap. IV bis VI ihr normales elastisches Verhalten behandelt haben, auch auf ihr singuläres elastisches Verhalten hin. Wir behandeln also zuerst die Knick- und Durchschlagprobleme des Stabes und der Welle (§ 1), dann diejenigen der Feder und des Ringes (§ 2) und schließlich wenigstens noch einige wichtige Knick- und Durchschlagprobleme der Platte und der Schale (§ 3). Dabei beschränken wir uns durchweg auf den elastischen Bereich des Werkstoffes.

§ 1. Stab und Welle.

2. Der gedrückte Stab. Das einfachste Beispiel eines Ausweichproblems bildet der prismatische Stab, der lediglich in seinen Enden durch Druckkräfte beansprucht wird, die in den Flächenschwerpunkten der Endflächen angreifen und die Richtung der ursprünglich geraden Stabachse haben. Für jeden Wert P der belastenden Kräfte ist eine mögliche Gleichgewichtslage sofort anzugeben: diejenige, bei der die Stabachse gerade bleibt und also jeder Stabquerschnitt auf reinen Druck beansprucht wird. Es ist aber von vornherein nicht sicher, ob diese Gleichgewichtslage auch die einzig mögliche ist, und ob der Stab nicht auch mit gebogener Achse im Gleichgewicht sein kann. In diesem Falle müßte ihre Biegung natürlich der Differentialgleichung (oder im Falle einer räumlichen Verbiegung den Differentialgleichungen) der elastischen Linie des gebogenen

Stabes genügen, und es handelt sich also um die Frage, ob von dieser Gleichung (oder diesen Gleichungen) bei der vorgeschriebenen Belastung Lösungen existieren, die mit den Randbedingungen im Einklang sind. Weil beim prismatischen Stabe die Hauptträgheitsachsen aller Stabquerschnitte feste Richtungen haben (welche für den Stab von Abb. 6 mit der y- und z-Richtung zusammenfallen mögen), so kann eine räumliche Biegung des Stabes als Überlagerung zweier voneinander unabhängiger Biegungen in der (x, y)- und in der (x, z)-Ebene aufgefaßt werden, so daß wir uns auf die Biegung in einer dieser Ebenen, z. B. in der (x, y)-Ebene, beschränken dürfen. Wird die zugehörige Biegesteifigkeit des Stabes wieder mit α bezeichnet, und bedeuten Striche Ableitungen nach x, so lautet mit dem Biegemoment $M = -Py$ die Differentialgleichung der elastischen Linie

Abb. 6. Gelenkig gelagerter, gedruckter Stab.

$$\alpha y'' = M = -Py \tag{1}$$

oder, wenn $P/\alpha = \mu^2$ gesetzt wird,

$$y'' + \mu^2 y = 0. \tag{2}$$

Ihre allgemeine Lösung ist

$$y = A \cos \mu x + B \sin \mu x, \tag{3}$$

und es fragt sich nun beim beiderseits gelenkig gelagerten Stab (auf den wir uns hier beschränken wollen), ob die Konstanten A und B derart bestimmt werden können, daß für $x = 0$ und für $x = l$ je $y = 0$ wird, wenn l die Stablänge ist. Die aus dieser Forderung folgenden Bedingungsgleichungen

$$A = 0, \qquad A \cos \mu l + B \sin \mu l = 0,$$

welche homogen linear in A und B sind, lassen nur dann eine von Null verschiedene Lösung zu, wenn die Determinante des Systems gleich Null ist, also wenn

$$\sin \mu l = 0, \text{ d. h. } \mu = \mu_k \equiv \frac{k\pi}{l}, \quad \text{also} \quad P = P_k \equiv \frac{k^2\pi^2\alpha}{l^2} \quad (k = 1, 2, \ldots) \tag{4}$$

ist. Somit ist nur bei ganz bestimmten Werten P_k der Druckkraft P eine von der geraden Linie abweichende Gleichgewichtslage des Stabes möglich. Wir bezeichnen diese Werte P_k weiterhin als die Knickkräfte des Stabes, die zugehörigen Werte μ_k als die Eigenwerte des Problems.

Die zu einem Eigenwert $\mu_k = k\pi/l$ gehörige Eigendurchbiegung, die nach (3) durch

$$y_k = B \sin \mu_k x = B \sin \frac{k\pi x}{l} \tag{5}$$

dargestellt wird, ist nur bis auf den Proportionalitätsfaktor B bestimmt. Sie bedeutet für die gebogene Stabachse eine Sinuslinie mit k halben Sinuswellen im Bereich von $x = 0$ bis $x = l$.

Die verschiedenen Eigendurchbiegungen $y_1, y_2, \ldots$ bilden (wie wir das schon von Kap. III, Ziff. **13** her wissen) ein orthogonales System, d. h. es gilt für je zwei von ihnen die Beziehung

$$\int_0^l y_i y_j \, dx = 0 \qquad (i \neq j), \tag{6}$$

wie man aus (5) auch unmittelbar bestätigt. Die Eigendurchbiegungen bilden außerdem ein vollständiges System, so daß jede beliebige Funktion y, die die

Randbedingungen ($y=0$ für $x=0$ und $x=l$) erfüllt, nach ihnen in eine Reihe entwickelt werden kann [die sich in diesem Fall als eine Fourierreihe (Kap. III, Ziff. **3**) erweist].

3. Die Stabilität der Eigendurchbiegungen. Wenn ein Stab im gebogenen Zustand unter Wirkung einer seiner Knickkräfte im neutralen Gleichgewicht ist, so nennen wir diese Gleichgewichtslage stabil, falls zur Erzeugung jeder beliebigen, aber unendlich kleinen Zusatzdurchbiegung ein positiver Arbeitsaufwand (darunter der Wert Null mitgerechnet) erforderlich ist, dagegen labil, falls bei irgendeiner solchen Zusatzdurchbiegung Arbeit frei wird.

Ist beim beiderseits gelenkig gelagerten Stab (den wir auch hier allein betrachten)

$$y_k = B \sin \frac{k\pi x}{l} \tag{1}$$

die von der Knickkraft P_k erzeugte Durchbiegung, und

$$\delta y = \sum_{m=1}^{\infty} c_m \sin \frac{m\pi x}{l} \tag{2}$$

eine nach den Eigendurchbiegungen entwickelte beliebige, unendlich kleine Zusatzdurchbiegung, so bestimmt man zunächst die Zunahme der Formänderungsarbeit, die zufolge der Zusatzdurchbiegung δy im Stabe auftritt. Dabei braucht man nur die Zunahme $\delta \mathfrak{A}_1$ der Biegearbeit zu berechnen, weil bei der Herleitung der Gleichung (1) der Einfluß der im Stabquerschnitt auftretenden Normal- und Querkraft auf die Formänderung des Stabes außer acht gelassen worden ist und daher folgerichtig auch deren Beitrag zur Formänderungsenergie gleich Null gesetzt werden muß. Gemäß (II, **8**, 5) und (**2**, 1) ist die Biegearbeit des Biegemomentes M bei einer Durchbiegung y

$$\mathfrak{A}_1 = \frac{1}{2} \int_0^l \frac{M^2}{\alpha} dx = \frac{\alpha}{2} \int_0^l y''^2 dx \tag{3}$$

und also

$$\delta \mathfrak{A}_1 = \frac{\alpha}{2} \int_0^l [(y_k + \delta y)''^2 - y_k''^2]\, dx. \tag{4}$$

Dieser zur Erzeugung der Zusatzdurchbiegung δy erforderlichen Arbeit steht eine Arbeitsleistung der äußeren Kräfte gegenüber. Bei einem Stab mit kleiner Durchbiegung y ist nämlich der Unterschied zwischen der Länge der gebogenen Stabachse ACB und der ursprünglichen, geraden Stabachse AB (Abb. 7)

$$\Delta l = \int_{x=0}^l ds - l = \int_0^l \sqrt{1+y'^2}\, dx - l \approx \frac{1}{2} \int_0^l y'^2 dx \tag{5}$$

und also die von der Druckkraft P geleistete Arbeit

$$\mathfrak{A}_2 = \frac{P}{2} \int_0^l y'^2 dx, \tag{6}$$

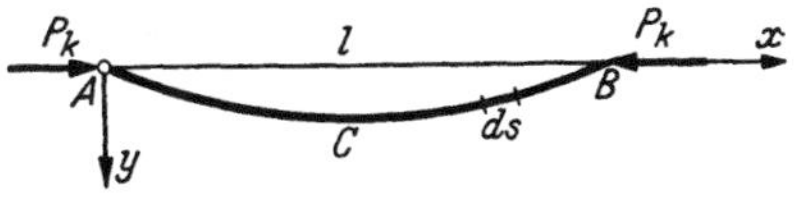

Abb. 7. Sehnenlange eines schwach gebogenen Stabes.

so daß von der Kraft P_k bei der zusätzlichen Durchbiegung δy eine zusätzliche Arbeit

$$\delta \mathfrak{A}_2 = \frac{P_k}{2} \int_0^l [(y_k + \delta y)'^2 - y_k'^2]\, dx \tag{7}$$

geleistet wird.

Stabiles Gleichgewicht besteht mithin nur dann, wenn der Ausdruck

$$\delta\mathfrak{A}_1 - \delta\mathfrak{A}_2 \equiv \frac{\alpha}{2}\int_0^l [2\,y_k''\,\delta y'' + (\delta y'')^2]\,dx - \frac{P_k}{2}\int_0^l [2\,y_k'\,\delta y' + (\delta y')^2]\,dx$$

für alle möglichen δy, d. h. für alle möglichen Wertsätze $c_m\,(m=1,2,\ldots\infty)$ nicht kleiner als Null ist. Setzt man die Ausdrücke (1) und (2) hier ein und beachtet die Orthogonalitätseigenschaft der Funktionen $\sin(m\pi x/l)$ und $\cos(m\pi x/l)$, sowie die Formel $\int_0^l \sin^2\frac{m\pi x}{l}\,dx = \int_0^l \cos^2\frac{m\pi x}{l}\,dx = \frac{l}{2}$, so ist diese Forderung identisch mit

$$\alpha\Big(B c_k\frac{k^4\pi^4}{l^3} + \sum_{m=1}^\infty c_m^2\frac{m^4\pi^4}{2\,l^3}\Big) - P_k\Big(B c_k\frac{k^2\pi^2}{l} + \sum_{m=1}^\infty c_m^2\frac{m^2\pi^2}{2\,l}\Big) \geq 0$$

oder mit

$$B c_k k^2\Big(\frac{k^2\pi^2\alpha}{l^2} - P_k\Big) + \frac{1}{2}\sum_{m=1}^\infty c_m^2 m^2\Big(\frac{m^2\pi^2\alpha}{l^2} - P_k\Big) \geq 0. \tag{8}$$

Weil nach (**2, 4**)

$$P_k = \frac{k^2\pi^2\alpha}{l^2}$$

ist, so muß, damit die Bedingung (8) für alle möglichen Wertsätze c_m erfüllt ist,

$$m^2 \geq k^2 \qquad\qquad (m=1,2,\ldots) \tag{9}$$

sein. Diese Bedingung wird nur für $k=1$ erfüllt, und somit stellt unter allen Eigendurchbiegungen nur die erste eine stabile Gleichgewichtslage dar.

4. Das Verhalten des Stabes oberhalb der ersten Knickkraft. Nach (**2, 5**) ist beim beiderseits gelenkig gelagerten Stab die zur ersten Knickkraft $P_1 = \pi^2\alpha/l^2$ gehörige Durchbiegung $y = B\sin(\pi x/l)$, solange sie als klein von erster Ordnung angesehen wird, ihrer Größe nach unbestimmt. Sobald man es jedoch mit endlichen Durchbiegungen zu tun hat, so daß die Stabkrümmung nicht mehr durch y'' dargestellt werden kann, hört diese Unbestimmtheit auf. Die vollständige Integration der dann geltenden Differentialgleichung

$$\frac{\alpha}{\varrho} = M = -Py, \tag{1}$$

wo ϱ den Krümmungshalbmesser der elastischen Linie bedeutet, führen wir hier nicht durch. Wir beschränken uns vielmehr auf solche Belastungen, bei denen die erste Knickkraft nur um ein geringes überschritten wird, und bestimmen dann den Zusammenhang zwischen der belastenden Stabkraft P und der von ihr verursachten größten Stabdurchbiegung[1].

Es sei φ die Neigung der elastischen Linie, ds ihr Bogenelement; dann ist

$$\frac{dy}{ds} = \sin\varphi, \qquad \frac{d^2y}{ds^2} = \frac{d\varphi}{ds}\cos\varphi = \frac{1}{\varrho}\cos\varphi.$$

Die Differentialgleichung (1) lautet also

$$\alpha\frac{d^2y}{ds^2} = -Py\cos\varphi. \tag{2}$$

---

[1] R. von Mises, Ausbiegung eines auf Knicken beanspruchten Stabes, Z. angew. Math. Mech. 4 (1924) S. 435.

Ersetzt man hierin näherungsweise $\cos\varphi$ durch $1-\frac{1}{2}\varphi^2\approx 1-\frac{1}{2}(dy/ds)^2$, so geht sie mit $P/\alpha=\mu^2$ über in

$$\frac{d^2y}{ds^2}+\mu^2 y=\frac{1}{2}\mu^2 y\left(\frac{dy}{ds}\right)^2. \tag{3}$$

Bei der Lösung dieser Gleichung beschränken wir uns wiederum auf kleine Durchbiegungen, so daß die rechte Seite als kleine Größe von der dritten Ordnung aufgefaßt werden kann. Ein kleiner Fehler in diesem Gliede ist also bedeutungslos, so daß es naheliegt, dort y näherungsweise durch

$$y=c\sin\mu_1 s \qquad \left(\text{mit } \mu_1=\frac{\pi}{l}\right) \tag{4}$$

zu ersetzen, wo c eine noch näher zu bestimmende Konstante bezeichnet. Hiermit geht Gleichung (3) über in

$$\frac{d^2y}{ds^2}+\mu^2 y=\frac{1}{2}\mu^2\mu_1^2c^3\sin\mu_1 s\cos^2\mu_1 s=\frac{1}{8}\mu^2\mu_1^2c^3(\sin\mu_1 s+\sin 3\mu_1 s). \tag{5}$$

Sie besitzt eine den Randbedingungen ($y=0$ für $s=0$ und $s=l$) genügende Lösung von der Form

$$y=c\sin\mu_1 s+c_1\sin 3\mu_1 s. \tag{6}$$

Die Konstanten c und c_1 bestimmt man, indem man (6) in Gleichung (5) einführt. Man erhält dann

$$c^2=8\frac{\mu^2-\mu_1^2}{\mu^2\mu_1^2}, \qquad c_1=\frac{1}{8}\frac{\mu^2\mu_1^2}{\mu^2-9\mu_1^2}c^3 \tag{7}$$

oder mit $\mu^2=P/\alpha$ und $\mu_1^2=\pi^2/l^2=P_1/\alpha$

$$c^2=\frac{8l^2}{\pi^2}\left(1-\frac{P_1}{P}\right). \tag{8}$$

Mit diesen Werten von c und c_1 stellt (6) also in erster Näherung die von der geraden Linie abweichende Gleichgewichtslage dar, in der der Stab unter der Wirkung einer die erste Knickkraft P_1 nur wenig überschreitenden Belastung P verharren kann. Weil nach (7) c_1 in bezug auf c von dritter Ordnung ist, so ist die Näherung (4) als zulässig bestätigt, und außerdem darf aus diesem Grunde die größte Durchbiegung $y_{\max}$ (in der Mitte des Stabes) einfach gleich c gesetzt werden, so daß man nach (8) hat

$$\frac{y_{\max}}{l}=\frac{\sqrt{8}}{\pi}\sqrt{1-\frac{P_1}{P}}. \tag{9}$$

Ist P nur um 1% größer als P_1, so ist $y_{\max}$ schon 10% der Stablänge l; ist $P=1{,}05\,P_1$, so ist $y_{\max}=0{,}2\,l$. Man erkennt, wie außerordentlich schnell $y_{\max}$ mit P wächst, so daß in allen praktischen Fällen Bruch zu befürchten ist, wenn die Belastung die erste Knickkraft P_1 auch nur ganz wenig überschreitet. Man beachte in diesem Zusammenhang noch einmal die (nur qualitativ entworfene) Abb. 2 von Ziff. **1**, aus der wegen des nahezu waagerechten Abzweigens des Astes II ebenfalls hervorgeht, daß eine kleine Vergrößerung der kritischen Last P_k eine große zusätzliche Verformung erzeugt.

Andere Lagerungsfälle, wie etwa der einseitig oder beidseitig eingespannte Stab, lassen sich ganz nach dem Muster von Ziff. **2** bis **4** behandeln.

5. Die Rayleighsche Methode bei Knickaufgaben. Da es sich bei der Knickung des Stabes um ein Eigenwertproblem handelt, so lassen sich die hierfür in Kap. III, § 3 entwickelten Näherungsverfahren anwenden. Wir zeigen dies zuerst für die Rayleighsche Methode (Kap. III, Ziff. **16**) in der Ritzschen Fassung[1]), und zwar für die Bestimmung der ersten Knickkraft P_1. Wenn der Stab bei dieser Knickkraft, die wir vorläufig unbestimmt mit P bezeichnen, aus der geraden Gleichgewichtslage in eine unendlich benachbarte Eigendurchbiegung y übergeht, so wird in ihm eine Biegearbeit $\mathfrak{A}_1$(**3**, **3**) aufgespeichert, die der von P dabei geleisteten Arbeit $\mathfrak{A}_2 \equiv \frac{1}{2} P \Delta l$ gleich ist, wo Δl den Wert (**3**, 5) hat. Es gilt also

$$\alpha \int_0^l y''^2 dx = P \int_0^l y'^2 dx. \tag{1}$$

Mit $\lambda = \mu^2 = P/\alpha$ geht dies über in den Rayleighschen Quotienten

$$\lambda = \frac{\int_0^l y''^2 dx}{\int_0^l y'^2 dx}. \tag{2}$$

Ganz entsprechend, wie wir in Kap. III, Ziff. **16** auf Grund des Hamiltonschen Prinzips für Eigenwertprobleme bei schwingenden Systemen die Minimaleigenschaft des Rayleighschen Quotienten λ für den tiefsten Eigenwert λ_1 gezeigt haben, kann man auf Grund des Minimalprinzips der Verschiebungen (Kap. II, Ziff. **2**) beweisen, daß der Quotient (2) seinen tiefsten Wert, nämlich $\lambda_1 = P_1/\alpha$, gerade bei der ersten Eigendurchbiegung y_1 annimmt, wenn man zur Konkurrenz alle Funktionen y zuläßt, die mindestens die geometrischen Randbedingungen erfüllen.

Benützt man für y einen Ritzschen Ansatz

$$y = a_1 \mathfrak{y}_1 + a_2 \mathfrak{y}_2 + \cdots + a_n \mathfrak{y}_n, \tag{3}$$

wo also die Koordinatenfunktionen $\mathfrak{y}_i(x)$ die geometrischen Randbedingungen erfüllen, so erhält man in dem Minimum des mit (3) gebildeten Ausdruckes (2) einen Näherungswert für λ_1, und zwar eine obere Schranke.

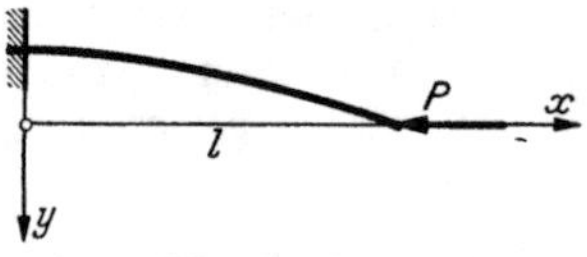

Abb. 8. Einseitig eingespannter, gedruckter Stab.

Läßt man im Ansatz (3) $n \to \infty$ gehen, so kann man sogar die strenge Lösung für λ_1 erhalten, wie wir an dem Beispiel des einseitig eingespannten, sonst freien Stabes (Abb. 8) zeigen wollen. Mit dem Ansatz

$$y = a_1 \cos\frac{\pi x}{2l} + a_3 \cos\frac{3\pi x}{2l} + a_5 \cos\frac{5\pi x}{2l} + \cdots, \tag{4}$$

der die beiden geometrischen Randbedingungen ($y' = 0$ für $x = 0$ und $y = 0$ für $x = l$) Glied für Glied erfüllt, erhält man (unter der stillschweigenden Annahme, daß die nötigen Differentiationen und Integrationen gliedweise ausgeführt werden dürfen)

$$\int_0^l y'^2 dx = \int_0^l \left[\sum_{i=1}^{\infty} \frac{(2i-1)\pi}{2l} a_{2i-1} \sin\frac{(2i-1)\pi x}{2l}\right]^2 dx = \frac{\pi^2}{8l} \sum_{i=1}^{\infty} (2i-1)^2 a_{2i-1}^2,$$

$$\int_0^l y''^2 dx = \int_0^l \left[\sum_{i=1}^{\infty} \frac{(2i-1)^2\pi^2}{4l^2} a_{2i-1} \cos\frac{(2i-1)\pi x}{2l}\right]^2 dx = \frac{\pi^4}{32 l^3} \sum_{i=1}^{\infty} (2i-1)^4 a_{2i-1}^2,$$

---

[1]) S. Timoshenko, Sur la stabilité des systèmes élastiques, Ann. Ponts Chauss. 83, 9. Reihe, 15 (1913) S. 496; 83, 9. Reihe, 16 (1913) S. 73 und 83, 9. Reihe, 17 (1913) S. 372.

so daß der Rayleighsche Quotient (2) die Form

$$\lambda = \frac{\pi^2}{4\,l^2} \frac{\sum\limits_{i=1}^{\infty} (2\,i-1)^4 a_{2i-1}^2}{\sum\limits_{i=1}^{\infty} (2\,i-1)^2 a_{2i-1}^2}$$

annimmt. Weil alle Glieder im Zähler und Nenner positiv sind, und weil der Quotient entsprechender Glieder von Zähler und Nenner stets größer ist, als der Quotient der ersten Glieder von Zähler und Nenner, so nimmt dieser Bruch seinen kleinsten Wert an, wenn $a_3 = a_5 = \cdots = 0$ und nur $a_1 \neq 0$ ist. Es ist also $\lambda_{\min} \equiv \lambda_1 = \pi^2/4\,l^2$, woraus der genaue Wert

$$P_1 = \frac{\pi^2 \alpha}{4\,l^2} \tag{5}$$

der ersten Knickkraft dieses Stabes folgt.

Seine eigentliche Bedeutung gewinnt dieses Näherungsverfahren natürlich erst bei Stäben mit veränderlicher Biegesteifigkeit α, wobei nur vorausgesetzt werden muß, daß die Hauptträgheitsachsen aller Stabquerschnitte feste Richtungen haben. In diesem Fall ist der Rayleighsche Quotient (2), wie aus seiner Herleitung hervorgeht, zu ersetzen durch

$$P = \frac{\int\limits_0^l \alpha\, y''^2 dx}{\int\limits_0^l y'^2 dx}. \tag{6}$$

Wir verzichten darauf, für diesen Fall ein Beispiel vorzuführen, weil die nun folgende Galerkinsche Methode in der Regel noch etwas bequemer ist.

6. Die Galerkinsche Methode bei Knickaufgaben. Schreibt man zur Bestimmung des Minimumwertes von P (**5**, 6) die Variationsbedingung $\delta P = 0$ in der Form

$$\int\limits_0^l y'^2 d\,x \cdot \delta \int\limits_0^l \alpha\, y''^2 d\,x - \int\limits_0^l \alpha\, y''^2 d\,x \cdot \delta \int\limits_0^l y'^2 d\,x = 0$$

oder [wieder wegen (**5**, 6)] in der Form

$$\delta \int\limits_0^l (\alpha\, y''^2 - P\, y'^2)\, d\,x \equiv \delta \int\limits_0 F(y', y'')\, d\,x = 0 \tag{1}$$

und wendet das in Kap. III, Ziff. **17** formulierte Grundgesetz der Variationsrechnung an, wonach die Lösung von $\delta \int F\, d\,x = 0$ durch die Differentialgleichung

$$\left(\frac{\partial F}{\partial y''}\right)'' - \left(\frac{\partial F}{\partial y'}\right)' = 0$$

gegeben wird, so erhält man

$$(\alpha\, y'')'' + P\, y'' = 0. \tag{2}$$

Dies ist also die für alle möglichen Randbedingungen gültige Differentialgleichung des axial durch die Kraft P gedrückten Stabes von der (möglicherweise mit x veränderlichen) Biegesteifigkeit α.

Die in Kap. III, Ziff. **17** entwickelte und offenbar auch hier anwendbare Galerkinsche Methode[1]) besteht darin, daß man mit einem Ansatz (**5**, 3), dessen

[1]) B. G. GALERKIN, *Balken und Platten* (russisch), Wjestnik Ingenerow (1915) Heft 19.

Koordinatenfunktionen $\mathfrak{y}_i(x)$ nun aber sowohl die geometrischen wie die dynamischen Randbedingungen erfüllen müssen, in (2) eingeht und damit das Galerkinsche System

$$\int_0^l [(\alpha y'')'' + P y''] \mathfrak{y}_i \, dx = 0 \qquad (i = 1, 2, \ldots, n) \tag{3}$$

bildet. Dies ist ein in den a_k lineares homogenes System. Das notwendige Verschwinden seiner Koeffizientendeterminante liefert eine Gleichung n-ten Grades in P, und deren kleinste Wurzel P_1^* ist ein Näherungswert der ersten Knickkraft P_1, nämlich eine obere Schranke, wie in Kap. III, Ziff. **17** gezeigt.

Wir wenden dies auf das Beispiel des am linken Ende eingespannten, am rechten Ende axial geführten prismatischen Stabes an (Abb. 9). Bezeichnet man die Druckkraft wieder mit P, die Querkraft im rechten Ende mit Q, so lautet die Differentialgleichung des gebogenen Stabes

$$\alpha y'' = -Q(l - x) - P y,$$

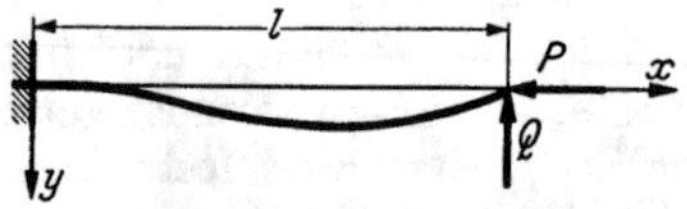

Abb. 9. Einseitig eingespannter, gedruckter Stab, dessen anderes Ende axial gefuhrt wird.

was nach zweimaliger Differentiation in der Tat in (2) übergeht. Wir machen den eingliedrigen Ansatz

$$y = a_1\left(\cos\frac{\pi x}{2l} - \cos\frac{3\pi x}{2l}\right), \tag{4}$$

der alle Randbedingungen ($y = 0$ und $y' = 0$ für $x = 0$, sowie $y = 0$ und $y'' = 0$ für $x = l$) erfüllt. Die einzige Galerkinsche Gleichung lautet dann

$$\alpha \int_0^l \left[\left(\frac{\pi}{2l}\right)^4 \cos\frac{\pi x}{2l} - \left(\frac{3\pi}{2l}\right)^4 \cos\frac{3\pi x}{2l}\right]\left(\cos\frac{\pi x}{2l} - \cos\frac{3\pi x}{2l}\right) dx -$$

$$- P \int_0^l \left[\left(\frac{\pi}{2l}\right)^2 \cos\frac{\pi x}{2l} - \left(\frac{3\pi}{2l}\right)^2 \cos\frac{3\pi x}{2l}\right]\left(\cos\frac{\pi x}{2l} - \cos\frac{3\pi x}{2l}\right) dx = 0$$

und liefert nach einfacher Rechnung die Näherung

$$P_1^* = \frac{1 + 3^4}{1 + 3^2} \frac{\pi^2 \alpha}{4 l^2} = 2{,}050 \frac{\pi^2 \alpha}{l^2}. \tag{5}$$

Der genaue Wert, wie ihn die strenge Lösung der Differentialgleichung (2) gibt, ist

$$P_1 = 2{,}046 \frac{\pi^2 \alpha}{l^2}. \tag{6}$$

Die (viel rascher ermittelte) Näherung P_1^* ist somit nur um 0,2% zu hoch.

Als zweites Beispiel behandeln wir den in gleicher Weise gelagerten Druckstab (Abb. 9), dessen Biegesteifigkeit nun aber von links nach rechts linear veränderlich sei nach dem Gesetz

$$\alpha = \alpha_0\left(1 + c\frac{x}{l}\right), \tag{7}$$

wo α_0 die Biegesteifigkeit am linken Ende und c eine reine Zahl (> -1) ist. Hier empfiehlt sich der Ansatz

$$y = a_1(x^2 + A x^3 + B x^4), \tag{8}$$

der die Randbedingungen am linken Ende ($y = 0$ und $y' = 0$ für $x = 0$ schon erfüllt. Aus den Randbedingungen am rechten Ende ($y = 0$ und $y'' = 0$ für $x = l$) folgt sofort

$$A = -\frac{5}{3l}, \quad B = \frac{2}{3l^2}. \tag{9}$$

Setzt man (7) und (8) mit (9) in (3) ein, so kommt nach Ausführung der einfachen Integrationen der Näherungswert

$$P_1^* = \frac{21\,\alpha_0}{l^2}\left(1 + \frac{5}{12}\,c\right). \tag{10}$$

Dieser Wert ist für den Sonderfall $c = 0$, wie der Vergleich mit (6) zeigt, um nur etwa 4% zu hoch.

7. Die Iterationsmethode bei Knickaufgaben. Die vorangehenden Methoden eignen sich vornehmlich für Stäbe, die an ihren Enden axial belastet sind. Für verwickeltere Knickaufgaben kann man mit Vorteil die Ersatzmethode von Kap. III, Ziff. **19** in Verbindung mit der Iterationsmethode von Kap. III, Ziff. **14** heranziehen[1]). Als Beispiel betrachten wir den in seinen Enden gelenkig gelagerten Stab (Abb. 10), der durch ein System von axialen Kräften P_i belastet wird, welches bis auf einen Proportionalitätsfaktor λ vorgegeben ist. Die in den Punkten x_i angreifenden Kräfte P_i können also in der Form

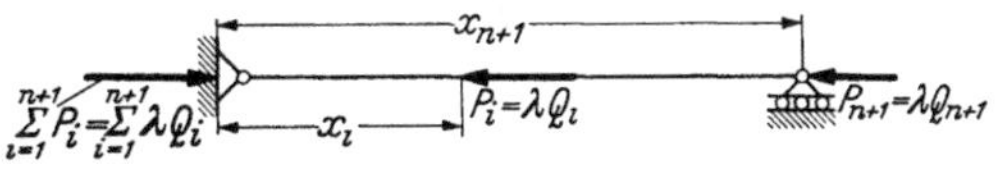

Abb. 10. Gelenkig gelagerter, längs seiner Achse gedrückter Stab.

$$P_i = \lambda Q_i \quad (i = 1, 2, \ldots, n+1) \tag{1}$$

angesetzt werden, wobei die Q_i vorgeschriebene Kräfte bezeichnen und λ ein zunächst noch unbekannter Faktor ist. Der Stab braucht nicht prismatisch zu sein; wir nehmen aber an, daß die Hauptträgheitsachsen seiner Querschnitte feste Richtungen haben. Nach der Methode von Kap. III, Ziff. **19** wird dieser Stab durch eine Gelenkkette ersetzt, deren $n+1$ Glieder starr sind, und deren Gelenke (nämlich n innere Gelenke und gegebenenfalls je noch eines an den beiden Enden) mit den nach Kap. III, Ziff. **19** berechneten Gelenkkonstanten k_i die Biegeelastizität des Stabes näherungsweise darstellen. Alle Kräfte P_i mögen in den Gelenken selbst angreifen. Sollte dies nicht der Fall sein, so wird eine zwischen zwei Gelenken angreifende Kraft statisch auf diese beiden Gelenke verteilt. Einen Wert λ, dessen zugehöriges Kraftsystem (1) die Gelenkkette in einer von der Geraden abweichenden Gleichgewichtslage zu halten vermag, nennen wir wieder einen Eigenwert des Problems.

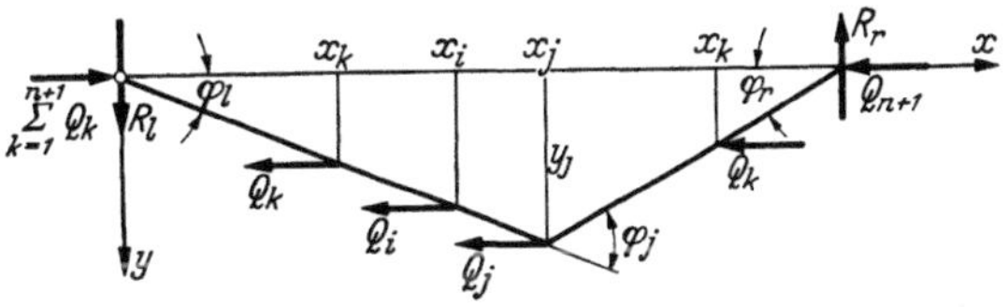

Abb. 11. Die Einflußzahlen α_{ij}.

Zur Berechnung der Eigenwerte definieren wir nun zunächst einen Satz von Einflußzahlen, indem wir (Abb. 11) bei der durch die Kräfte Q_i belasteten Gelenkkette alle Gelenke bis auf das j-te als starr ansehen, in diesem j-ten Gelenk eine Winkelverdrehung φ_j künstlich erzeugen und das Biegemoment im Gelenkquerschnitt i, auf die Einheit von φ_j bezogen, mit α_{ij} bezeichnen. Ersetzt man in der aus Abb. 11 abzulesenden Gleichheit

$$\varphi_j = \varphi_l + \varphi_r \tag{2}$$

die Winkel φ_l und φ_r durch ihre Tangens

$$\varphi_l = \frac{y_j}{x_j}, \qquad \varphi_r = \frac{y_j}{x_{n+1} - x_j}, \tag{3}$$

[1]) J. J. Koch, Eenige toepassingen van de leer der eigenfuncties op vraagstukken uit de *toegepaste mechanica* (Diss. Delft) S. 34, Delft 1929.

so erhält man aus (2) die zum Winkel φ_j gehörige Ordinate

$$y_j = \frac{x_j(x_{n+1} - x_j)}{x_{n+1}} \varphi_j$$

und hieraus die von φ_j verursachten Winkelverdrehungen an den beiden Stabenden

$$\varphi_l = \frac{x_{n+1} - x_j}{x_{n+1}} \varphi_j, \qquad \varphi_r = \frac{x_j}{x_{n+1}} \varphi_j.$$

Es ist also

$$y_k = \frac{x_k(x_{n+1} - x_j)}{x_{n+1}} \varphi_j \text{ für } k \leqq j, \qquad y_k = \frac{x_j(x_{n+1} - x_k)}{x_{n+1}} \varphi_j \text{ für } k \geqq j. \tag{4}$$

Nunmehr läßt sich das im Querschnitt i auftretende Biegemoment

$$M_{ij} = (x_{n+1} - x_i) R_r - \sum_{k=i+1}^{n+1} (y_k - y_i) Q_k \tag{5}$$

in φ_j und den Kräften Q_i ausdrücken. Denn wegen des Momentengleichgewichts ist

$$x_{n+1} R_r = \sum_{k=1}^{n+1} y_k Q_k \tag{6}$$

und somit

$$M_{ij} = \sum_{k=1}^{n+1} \frac{x_{n+1} - x_i}{x_{n+1}} y_k Q_k - \sum_{k=i+1}^{n+1} (y_k - y_i) Q_k,$$

und dies geht mit den Werten (4) nach einfacher Zwischenrechnung und Division mit φ_j über in die gesuchte Einflußzahl

$$\left.\begin{aligned} \alpha_{ij} \equiv \frac{M_{ij}}{\varphi_j} = \sum_{k=1}^{i} \frac{x_k(x_{n+1} - x_j)(x_{n+1} - x_i)}{x_{n+1}^2} Q_k + \sum_{k=i+1}^{j} \frac{x_i(x_{n+1} - x_j)(x_{n+1} - x_k)}{x_{n+1}^2} Q_k + \\ + \sum_{k=j+1}^{n+1} \frac{x_i(x_{n+1}^2 - 2x_{n+1}x_j + x_k x_j)}{x_{n+1}^2} Q_k \qquad (j > i). \end{aligned}\right\} \tag{7}$$

In entsprechender Weise erhält man, wenn $q < p$ ist,

$$\left.\begin{aligned} \alpha_{pq} = \sum_{k=1}^{q} \frac{x_k(x_{n+1} - x_q)(x_{n+1} - x_p)}{x_{n+1}^2} Q_k + \sum_{k=q+1}^{p} \frac{x_q(x_{n+1} - x_p)(x_{n+1} - x_k)}{x_{n+1}^2} Q_k + \\ + \sum_{k=p+1}^{n+1} \frac{x_q(x_{n+1}^2 - 2x_{n+1}x_p + x_k x_p)}{x_{n+1}^2} Q_k \qquad (q < p). \end{aligned}\right\} \tag{8}$$

Ersetzt man hierin p durch j und q durch i, so liefert der Vergleich der Ausdrücke (7) und (8) die auch für diese Einflußzahlen gültige Reziprozitätsbeziehung

$$\alpha_{ij} = \alpha_{ji}. \tag{9}$$

Wenn nun unter Wirkung des Kraftsystems $P_i = \lambda Q_i$ eine Gleichgewichtslage der Gelenkkette mit den zugehörigen Winkelverdrehungen φ_i möglich ist, so kann für jedes Gelenk i das dortige Biegemoment M_i in zweifacher Weise bestimmt werden: das eine Mal gemäß der Definition der Größen k_i zu

$$M_i = \frac{\varphi_i}{k_i}, \tag{10}$$

das andere Mal mit den Einflußzahlen α_{ij}. Weil nämlich statt der Kräfte Q_i jetzt die Kräfte $P_i = \lambda Q_i$ wirken, so entspricht der Winkelverdrehung φ_j im Punkt j ein Moment $\lambda \alpha_{ij} \varphi_j$ im Punkte i. Das gesamte Moment M_i im Gelenk i, wenn alle Winkelverdrehungen φ_j gleichzeitig auftreten, wird also

$$M_i = \lambda \sum_{j=1}^{n} \alpha_{ij} \varphi_j. \tag{11}$$

Setzt man die beiden Ausdrücke (10) und (11) einander gleich, so erhält man für die Winkelverdrehungen φ_i das Gleichungssystem

$$\frac{\varphi_i}{k_i} = \lambda \sum_{j=1}^{n} \alpha_{ij} \varphi_j \qquad (i = 1, 2, \ldots, n). \tag{12}$$

Diese Gleichungen stimmen formal mit den Gleichungen (III, **12**, 3) überein, wie man sofort erkennt, wenn man die dortigen Größen P_i, μ_i und λ durch φ_i, $1/k_i$ und $1/\lambda$ ersetzt. Wir schließen also aus (III, **12**, 4) und (III, **12**, 7) auf die folgenden Sätze:

1) Es gibt stets n linear voneinander unabhängige und unter sich orthogonale Systeme φ_{ki} $(k = 1, 2, \ldots, n)$, deren zugehörige Eigenwerte λ_k die (stets reellen) Wurzeln der Gleichung

$$\begin{vmatrix} \alpha_{11} - \frac{1}{k_1 \lambda} & \alpha_{12} & \cdots & \alpha_{1n} \\ \alpha_{21} & \alpha_{22} - \frac{1}{k_2 \lambda} & \cdots & \alpha_{2n} \\ \vdots & \vdots & & \vdots \\ \alpha_{n1} & \alpha_{n2} & \cdots & \alpha_{nn} - \frac{1}{k_n \lambda} \end{vmatrix} = 0 \tag{13}$$

sind.

2) Die Orthogonalitätsbedingungen dieser Systeme haben die Form

$$\sum_{i=1}^{n} \frac{\varphi_{ki} \varphi_{li}}{k_i} = 0 \qquad (k \neq l). \tag{14}$$

3) Zu jedem Eigenwert λ_k gehört eine Knickbelastung $P_{ki} = \lambda_k Q_i$ $(i = 1, 2, \ldots, n+1)$.

Hiermit ist unsere Aufgabe der Methode von Kap. III, Ziff. **14** zugänglich gemacht. Zur genäherten Berechnung des ersten Eigenwertes λ_1 geht man von beliebig angenommenen relativen Winkeländerungen ϑ_{1i} $(i = 0, 1, 2, \ldots, n+1)$ in den Gelenken aus, konstruiert hierzu die elastische Linie (die hier ein Polygon ist) und bestimmt die zugehörigen, von den Kräften Q_i hervorgerufenen Biegemomente M_{1i}. Hiernach berechnet man die Winkelverdrehungen ϑ_{2i}, die von diesen Momenten in den Gelenken hervorgerufen werden:

$$\vartheta_{2i} = k_i M_{1i} \qquad (i = 0, 1, 2, \ldots, n+1). \tag{15}$$

Dann ist nach (III, **14**, 9) mit großer Genauigkeit

$$\lambda_1 = \sum_{i=1}^{n} \frac{\vartheta_{1i} \vartheta_{2i}}{k_i} : \sum_{i=1}^{n} \frac{\vartheta_{2i}^2}{k_i}. \tag{16}$$

An durchgerechneten Beispielen, von denen man auch die genaue Lösung kennt, hat sich gezeigt, daß der Fehler in (16) bei vernünftig angenommenen Ausgangswerten ϑ_{1i} sehr klein bleibt (beispielsweise nur rund 0,4% für einen beiderseits gelenkig gelagerten und nur in seinen Enden gedrückten, prismatischen Stab, dessen Biegeelastizität durch 9 elastische Gelenke ersetzt ist, so daß der Stab im Sinne von Kap. III, Ziff. **19** in vier Teilstäbe unterteilt ist, wobei sich die Gelenkkonstanten k_i wie $\frac{1}{2}:2:1:2:1:2:1:2:\frac{1}{2}$ verhalten).

Die Güte des Ausgangssatzes ϑ_{1i} läßt sich übrigens immer nach den aus ihnen hergeleiteten ϑ_{2i} beurteilen. Sind diese im großen ganzen den ϑ_{1i} proportional, so genügt eine einzige Iteration. Wird die Proportionalität zu grob verletzt, so hat man den Iterationsprozeß ein oder mehrere Male zu wiederholen. Wie die Erfahrung lehrt, ist eine derartige Wiederholung aber nur in seltenen Fällen erforderlich.

Wie in Kap. III, Ziff. **15** gezeigt, kann die Methode auch zur Berechnung von höheren Eigenwerten, d. h. in unserem Falle zur Berechnung von höheren Knicklasten verwendet werden.

Als Beispiel dieser Methode führen wir nun den anders nicht leicht zu behandelnden prismatischen Stab von Abb. 12 vor, welcher in seinen Enden gelenkig gelagert ist und in seiner Mitte sowie in seinem rechten Ende je eine axiale Kraft Q trägt. Die Stablänge l wird in 8 Teile je von der Länge $2a$ unterteilt, so daß die Biegeelastizität durch 17 elastische Gelenke ersetzt wird. Die Kräfte Q_ι in diesen Gelenken sind alle Null außer Q_0, Q_8 und Q_{16}. Die Berechnung der ersten Knickbelastung zeigt Tabelle 1.

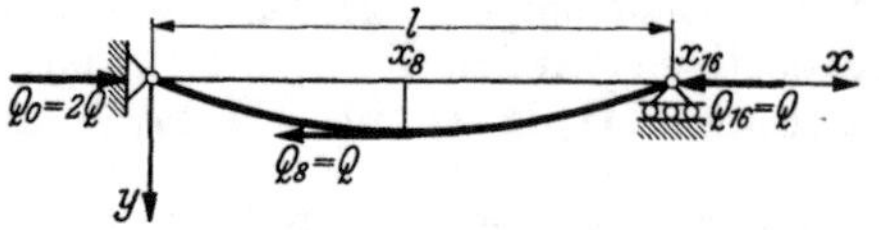

Abb. 12. Beispiel eines längs seiner Achse gedrückten Stabes.

Spalte 1 enthält die Gelenknummern, Spalte 2 die zu den Gelenkkonstanten proportionalen Zahlen $\frac{1}{2}$, 2, 1, ..., 2, $\frac{1}{2}$. (Daß an Stelle der in Kap. III, Ziff. **19** ermittelten Gelenkkonstanten 1, 4, 2, ..., 4, 1 hier die halben Werte benutzt

Ta-

1	2	3	4	5	6	7	8	9	10	11	12	13	14	15	16
ι	k_ι	$\vartheta_{1\iota}$	$\psi^*_{1\iota}$	$\psi_{1\iota}$	$y_{1\iota}$	$M^*_{2\iota}$	$M^{**}_{2\iota}$	$M^{***}_{2\iota}$	$M_{2\iota}$	$\vartheta_{2\iota}$	$\frac{\vartheta_{1\iota}\vartheta_{2\iota}}{k_\iota}$	$\frac{\vartheta^2_{2\iota}}{k_\iota}$	$\psi^*_{2\iota}$	$\psi_{2\iota}$	$y_{2\iota}$
0	0,5	0,5			0	0	−48	48	0	0	0	0			0
			− 0,5	11,5									0	605,4	
1	2	2			11,5	11,5	−36,5	45	20	40	40	800			605,4
			− 2,5	9,5									− 40	565,4	
2	1	1			21	21	−27	42	36	36	36	1296			1170,8
			− 3,5	8,5									− 76	529,4	
3	2	2			29,5	29,5	−18,5	39	50	100	100	5000			1700,1
			− 5,5	6,5									−176	429,4	
4	1	1			36	36	−12	36	60	60	60	3600			2129,5
			− 6,5	5,5									−236	369,4	
5	2	2			41,5	41,5	− 6,5	33	68	136	136	9248			2498,9
			− 8,5	3,5									−372	233,4	
6	1	1			45	45	− 3	30	72	72	72	5184			2732,3
			− 9,5	2,5									−444	161,4	
7	2	2			47,5	47,5	− 0,5	27	74	148	148	10952			2893,6
			−11,5	0,5									−592	13,4	
8	1	1			48	48	0	24	72	72	72	5184			2907
			−12,5	−0,5									−664	− 58,6	
9	2	2			47,5	47,5	0	21	68,5	137	137	9384,5			2848,4
			−14,5	−2,5									−801	−195,6	
10	1	1			45	45	0	18	63	63	63	3969			2652,8
			−15,5	−3,5									−869	−263,6	
11	2	2			41,5	41,5	0	15	56,5	113	113	6384,5			2389,1
			−17,5	−5,5									−982	−376,6	
12	1	1			36	36	0	12	48	48	48	2304			2012,5
			−18,5	−6,5									−1030	−424,6	
13	2	2			29,5	29,5	0	9	38,5	77	77	2964,5			1587,9
			−20,5	−8,5									−1107	−501,6	
14	1	1			21	21	0	6	27	27	27	729			1086,3
			−21,5	−9,5									−1134	−528,6	
15	2	2			11,5	11,5	0	3	14,5	29	29	420,5			557,6
			−23,5	−11,5									−1163	−557,6	
16	0,5	0,5			0	0	0	0	0	0	0	0			0
			−192								1158	67420	−9686		
	$\frac{l}{24\alpha}$	$\frac{1}{100}$	$\frac{1}{100}$	$\frac{1}{100}$	$\frac{l}{1600}$	$\frac{Ql}{1600}$	$\frac{Ql}{1600}$	$\frac{Ql}{1600}$	$\frac{Ql}{1600}$	$\frac{Ql^2}{24\ 1600\alpha}$	$\frac{Ql}{16\cdot 10^4}$	$\frac{Q^2 l^3}{24\ 16^2\ 10^4\ \alpha}$	$\frac{Ql^2}{24\ 1600\alpha}$	$\frac{Ql^2}{24\cdot 1600\alpha}$	$\frac{Ql^3}{24\ 16^2\ 10^2\ \alpha}$

werden, hat seinen Grund darin, daß die Gelenkkonstanten mehrmals als Faktoren in der Rechnung auftreten und also jede Gelenkkonstante von der Größe Eins Multiplikationen erspart.) Der Proportionalitätsfaktor, mit dem diese Zahlen multipliziert werden müssen, ist unten an der Spalte verzeichnet. Auch bei allen anderen Spalten sind die Multiplikatoren unten angegeben. In Spalte **3** sind die frei zu wählenden relativen Drehwinkel ϑ_{1i} eingetragen; sie sind proportional zu den k_i angenommen, was nach (15) gleichwertig ist mit der Annahme, daß alle Gelenkmomente gleich groß sind. Spalte **4** enthält die Drehwinkel ψ_{1i}^* der Kettenglieder, welche auftreten würden, wenn das ψ_{10}^* des unendlich kurzen, links vom nullten Gelenk zu denkenden Kettengliedes Null wäre. Die Summe dieser mit der Länge $a = l/16$ multiplizierten ψ_{1i}^*-Werte stellt die Ausbiegung dar, die das rechte Stabende unter dieser Annahme erleiden würde. Um diese Verschiebung aufzuheben, muß der ganzen Gelenkkette eine Drehung $\psi^* = 192:16 = 12$ erteilt werden. Addiert man diesen Wert zu den ψ_{1i}^*, so erhält man in Spalte **5** die zu den ϑ_{1i} gehörigen Drehwinkel ψ_{1i} der Kettenglieder. Durch sukzessive Addition dieser (mit a zu multiplizierenden) Zahlen erhält man in Spalte **6** die Verschiebungen y_{1i} der Gelenke. Die Spalten **7** bis **10** zeigen

belle 1.

17	18	19	20	21	22	23	24	25	26	27
M_{3i}	ϑ_{3i}	$\frac{\vartheta_{2i}\,\vartheta_{3i}}{k_i}$	$\frac{\vartheta_{3i}^2}{k_i}$	ψ_{3i}^*	ψ_{3i}	y_{3i}	M_{4i}	ϑ_{4i}	$\frac{\vartheta_{3i}\,\vartheta_{4i}}{k_i}$	$\frac{\vartheta_{4i}^2}{k_i}$
0	0	0	0			0	0	0	0	0
				0	35394					
1029,1	2058,2	412	212			35394	60045	120090	124	721
				− 2058	33336					
1978,1	1978,1	712	391			68730	115975	115975	229	1345
				− 4036	31358					
2855,2	5710,4	2855	1630			100088	167948	335896	959	5641
				− 9747	25648					
3532,3	3532,3	2119	1248			125763	208502	208502	736	4347
				−13279	22115					
4089,3	8178,6	5561	3344			147851	241989	483978	1979	11712
				−21458	13936					
4374,4	4374,4	3150	1914			161787	259119	259119	1133	6714
				−25832	9562					
4515,4	9030,8	6683	4078			171349	267500	535000	2416	14311
				−34863	532					
4360,5	4360,5	3140	1901			171881	257822	257822	1124	6647
				−39223	− 3829					
4120,2	8240,4	5645	3395			168052	243250	486500	2004	11834
				−47464	−12070					
3742,9	3742,9	2545	1401			155982	220437	220437	825	4859
				−51206	−15812					
3297,6	6595,2	3726	2175			140170	193883	387766	1279	7518
				−57802	−22408					
2739,3	2739,3	1315	750			117762	160732	160732	440	2583
				−60541	−25146					
2132,9	4265,8	1642	910			92616	124844	249688	533	3117
				−64807	−29413					
1449,6	1449,6	391	210			63203	84687	84687	123	717
				−66256	−30862					
739,3	1478,6	214	109			32341	43084	86168	64	371
				−67735	−32341					
0	0	0	0			0	0	0	0	0
		40110	23268	−566307					13968	82437
$\frac{Q^2 l^3}{24\,16^2\,10^2\,\alpha}$	$\frac{Q^2 l^4}{24^2\cdot 16^2\,10^2\cdot\alpha^2}$	$\frac{Q^3 l^5}{24^2\cdot 16^3\,10^2\cdot\alpha^2}$	$\frac{Q^4 l^7}{24^3\,16^4\,\alpha^3}$	$\frac{Q^2 l^4}{24^2\,16^2\,10^2\cdot\alpha^2}$	$\frac{Q^2 l^4}{24^2\cdot 16^2\cdot 10^2\,\alpha^2}$	$\frac{Q^2 l^5}{24^2\,16^3\,10^2\,\alpha^2}$	$\frac{Q^3 l^5}{24^2\,16^3\,10^2\,\alpha^2}$	$\frac{Q^3 l^6}{24^3\cdot 16^3\cdot 10^2\,\alpha^3}$	$\frac{Q^5 l^9\cdot 10^2}{24^4\cdot 16^5\cdot\alpha^4}$	$\frac{Q^6 l^{11}\cdot 10^3}{24^5\cdot 16^6\,\alpha^5}$

die Berechnung der durch die Durchbiegung y_{1i} von der äußeren Belastung in den Gelenken hervorgerufenen Biegemomente. Man bestimmt sie als Summe der statischen Momente aller rechts vom betrachteten Gelenkpunkt wirkenden äußeren Kräfte in bezug auf diesen Gelenkpunkt, und zwar wie folgt. Die Beiträge der im Punkte *16* angreifenden Kraft Q und der durch das Gleichgewicht erforderten Reaktionskraft R_r (vgl. Abb. 11) sowie der im Punkte *8* angreifenden Kraft Q sind je für sich berechnet. Spalte 7 enthält die Beiträge $M_{2i}^{*}=y_{1i}Q$ der im Punkte *16* wirkenden Kraft Q, Spalte 8 die Beiträge $M_{2i}^{**}=(y_{1i}-y_{1,8})Q$ für $i\leq 8$ und $M_{2i}^{**}=0$ für $i>8$ der im Punkte *8* wirkenden Kraft Q. Die im Punkte *16* angreifende, zunächst unbekannte Reaktionskraft R_r liefert ein statisches Moment M_{2i}^{***}, welches linear mit dem Abstand $(16-i)a$ des Knotenpunktes i vom Knotenpunkt *16* verläuft. Dieses Moment muß im Punkte *0* so groß sein, daß das gesamte Moment $M_{2,0}=M_{2,0}^{*}+M_{2,0}^{**}+M_{2,0}^{***}=0$ wird; d. h. es muß $M_{2,0}^{***}=48$ sein. Dividiert man diesen Wert durch 16, so erhält man den Betrag, um den das Moment M_{2i}^{***} sich in jedem folgenden Gelenkpunkt verringert, und Spalte 9 kann somit ausgefüllt werden. Durch Addition von M_{2i}^{*}, M_{2i}^{**} und M_{2i}^{***} findet man die Momente M_{2i} in Spalte 10. Aus den Momenten M_{2i}

Ta-

1	2	3	4	5	6	7	8	9
i	ϑ_{5i}	$\frac{\vartheta_{4i}\,\vartheta_{5i}}{k_i}$	$\frac{0{,}4641\;24^3\cdot 16^3\cdot\alpha^3}{10^6 Q^3 l^6}\,\vartheta_{4i}$	$\bar{\vartheta}_{5i}$	ψ_{5i}^{*}	ψ_{5i}	y_{5i}	M_{6i}
0	−0,5	0	0	−0,500			0	0
					0,500	−4,531		
1	−2	−120090	0,056	−1,944			−4,531	− 9,356
					2,444	−2,587		
2	−1	−115975	0,053	−0,947			−7,118	−14,825
					3,391	−1,640		
3	−2	−335896	0,156	−1,844			−8,758	−18,399
					5,235	0,203		
4	−1	−208502	0,097	−0,903			−8,555	−18,288
					6,138	1,107		
5	−2	−483978	0,225	−1,775			−7,448	−16,368
					7,913	2,882		
6	−1	−259119	0,120	−0,880			−4,566	−10,898
					8,793	3,762		
7	−2	−535000	0,248	−1,752			−0,804	− 3,669
					10,545	5,514		
8	0	0	0,120	0,120			4,710	7,065
					10,425	5,393		
9	2	486500	0,226	2,226			10,103	12,164
					8,199	3,168		
10	1	220437	0,102	1,102			13,271	15,037
					7,097	2,066		
11	2	387766	0,180	2,180			15,337	16,809
					4,917	−0,114		
12	1	160732	0,075	1,075			15,223	16,401
					3,842	−1,190		
13	2	249688	0,116	2,116			14,033	14,916
					1,726	−3,305		
14	1	84687	0,039	1,039			10,728	11,317
					0,687	−4,344		
15	2	86186	0,040	2,040			6,384	6,678
					−1,352	−6,384		
16	0,5	0	0	0,500			0	0
		−382582			80,499			
	$\frac{1}{100}$	$\frac{Q^3 l^5}{24^3\cdot 16^3\cdot 10^4\cdot\alpha^2}$	$\frac{1}{100}$	$\frac{1}{100}$	$\frac{1}{100}$	$\frac{1}{100}$	$\frac{l}{1600}$	$\frac{Ql}{1600}$

leitet man in Spalte 11 die Winkel $\vartheta_{2i} = k_i M_{2i}$ her. Schließlich berechnet man noch die Beträge $\vartheta_{1i}\vartheta_{2i}/k_i$ und ϑ_{2i}^2/k_i in Spalte 12 und 13 und erhält dann als ersten Näherungswert für λ_1

$$\lambda_1 = \frac{16 \cdot 24 \cdot 1158}{67\,420} \frac{\alpha}{Q l^2} = 6{,}5956 \frac{\alpha}{Q l^2}.$$

In den Spalten 14 bis 20 und 21 bis 27 sind auch die beiden folgenden Iterationen durchgeführt und ϑ_{3i} und ϑ_{4i} berechnet. Man erhält als nächstfolgende Näherungswerte

$$\lambda_1' = \sum_{i=1}^{n} \frac{\vartheta_{2i}\,\vartheta_{3i}}{k_i} : \sum_{i=1}^{n} \frac{\vartheta_{3i}^2}{k_i} = 6{,}5076 \frac{\alpha}{Q l^2},$$

$$\lambda_1'' = \sum_{i=1}^{n} \frac{\vartheta_{3i}\,\vartheta_{4i}}{k_i} : \sum_{i=1}^{n} \frac{\vartheta_{4i}^2}{k_i} = 6{,}5064 \frac{\alpha}{Q l^2},$$

so daß λ_1' als ein äußerst genauer Näherungswert zu betrachten ist; sogar λ_1 zeigt keinen größeren Fehler als 1,5%.

belle 2.

10	11	12	13	14	15	16	17
ϑ_{6i}	$\frac{\vartheta_{4i}\,\vartheta_{6i}}{k_i}$	$\frac{0{,}07885 \cdot 24^2\, 16^2 \cdot \alpha^2}{10^6 Q^2 l^4}\vartheta_{4i}$	$\bar\vartheta_{6i}$	$\frac{\bar\vartheta_{5i}\,\bar\vartheta_{6i}}{k_i}$	$\frac{\bar\vartheta_{6i}^2}{k_i}$	$\bar\vartheta_{7i}$	$\bar\vartheta_{8i}$
0	0	0	0	0	0	0	0
−18,712	−1124	0,009	−18,703	18,18	174,9	−270,67	−4177,1
−14,825	−1719	0,009	−14,816	14,03	219,5	−233,26	−3635,9
−36,798	−6180	0,026	−36,772	33,90	676,1	−603,14	−9433,4
−18,288	−3801	0,016	−18,270	16,50	333,8	−296,37	−4591,6
−32,736	−7922	0,038	−32,698	29,02	534,6	−509,24	−7747,8
−10,898	−2824	0,020	−10,878	9,57	118,3	−147,53	−2138,0
− 7,338	−1963	0,042	− 7,296	6,39	26,6	− 37,37	− 214,0
7,065	1824	0,020	7,085	0,85	50,2	124,68	1998,1
24,328	5918	0,038	24,366	27,12	296,9	373,34	5768,7
15,037	3315	0,017	15,054	16,59	226,6	224,29	3397,1
33,618	6518	0,031	33,649	38,68	566,1	493,68	7371,2
16,401	2636	0,013	16,414	17,65	269,4	235,73	3480,1
29,832	3724	0,020	29,852	31,58	445,6	416,41	6077,8
11,317	958	0,007	11,324	11,77	128,2	150,80	2181,2
13,356	575	0,007	13,363	13,63	89,3	164,80	2345,4
0	0	0	0	0	0	0	0
	−65			283,46	4156,1		
$\frac{Q l^2}{24\ 1600\ \alpha^3}$	$\frac{Q^7 l^4}{24^3\ 16^4 \cdot 10\alpha^3}$	$\frac{Q l^2}{24\ 1600\alpha}$	$\frac{Q l^2}{24 \cdot 1600\alpha}$	$\frac{Q l}{16 \cdot 10^4}$	$\frac{Q^2 l^3}{24\ 16^2\ 10^4 \cdot \alpha}$	$\frac{Q^2 l^4}{24^2 \cdot 16^2 \cdot 10^2 \cdot \alpha^2}$	$\frac{Q^3 l^6}{24^3 \cdot 16^3 \cdot 10^2 \cdot \alpha^3}$

In Tabelle 2 ist die Berechnung des zweiten Eigenwertes λ_2 ausgeführt. Als Anfangswerte ϑ_{5i} sind jetzt die Zahlen $-\frac{1}{2}, -2, -1, \ldots, -2, 0, 2, 1, \ldots, 2, \frac{1}{2}$ gewählt, welche jedenfalls der Tatsache gerecht werden, daß die zweite Eigendurchbiegung des Stabes zwei Halbwellen aufweisen muß. Der nächste Schritt besteht darin, daß dieser Wertesatz von der ersten Eigenlösung, als welche mit großer Genauigkeit die ϑ_{4i} von Tabelle 1 angesehen werden kann, gereinigt wird. Nach Kap. III, Ziff. **15** ist die erste Eigenlösung (genähert)

$$c_1 = \sum_{i=1}^{n} \frac{\vartheta_{4i}\,\vartheta_{5i}}{k_i} : \sum_{i=1}^{n} \frac{\vartheta_{4i}^2}{k_i}$$

Mal in den ϑ_{5i} enthalten. Deshalb ist in Spalte 3 die im Zähler dieses Bruches stehende Summe tabuliert. Der Nenner ist bereits in der letzten Spalte der Tabelle 1 erhalten, so daß

$$c_1 = -\frac{382582}{82437} \cdot \frac{24^3 \cdot 16^3 \cdot \alpha^3}{10^7 Q^3 l^6} = -\frac{0{,}4641 \cdot 24^3 \cdot 16^3 \cdot \alpha^3}{10^6 Q^3 l^6}$$

wird. Die Zahlen von Spalte 5 erhält man also, indem man zu den Zahlen von Spalte 2 die mit $0{,}4641 \cdot 10^{-6}$ multiplizierten Zahlen von Spalte 25 aus Tabelle 1 (siehe Spalte 4) addiert. Hiernach kann die erste Iteration vorgenommen werden. Ebenso wie bei der Bestimmung von λ_1 berechnet man nacheinander ψ_{5i}^*, ψ_{5i}, y_{5i}, das Moment M_{6i} (das wieder nur mit seinem Endbetrag aufgenommen ist) und hieraus ϑ_{6i} in Spalte 10. Dieses Wertsystem wird nach dem in Spalte 2 bis 5 vorgeführten Verfahren von der ersten Eigenlösung gereinigt, wie Spalte 10 bis 13 zeigt. Die gereinigten Werte $\bar{\vartheta}_{6i}$ bestimmen dann zusammen mit den Werten $\bar{\vartheta}_{5i}$ die erste Näherung des zweiten Eigenwertes λ_2

$$\lambda_2 = \sum_{i=1}^{n} \frac{\bar{\vartheta}_{5i}\,\bar{\vartheta}_{6i}}{k_i} : \sum_{i=1}^{n} \frac{\bar{\vartheta}_{6i}^2}{k_i} = 26{,}1901 \frac{\alpha}{Ql^2}.$$

Die Spalten 16 und 17 enthalten die Ergebnisse der beiden folgenden Iterationen. Aus ihnen findet man die beiden besseren Näherungswerte

$$\lambda_2' = \sum_{i=1}^{n} \frac{\bar{\vartheta}_{6i}\,\bar{\vartheta}_{7i}}{k_i} : \sum_{i=1}^{n} \frac{\bar{\vartheta}_{7i}^2}{k_i} = 25{,}3194 \frac{\alpha}{Ql^2},$$

$$\lambda_2'' = \sum_{i=1}^{n} \frac{\bar{\vartheta}_{7i}\,\bar{\vartheta}_{8i}}{k_i} : \sum_{i=1}^{n} \frac{\bar{\vartheta}_{8i}^2}{k_i} = 25{,}2300 \frac{\alpha}{Ql^2}.$$

Man erkennt hieraus, daß der erste Näherungswert λ_2 in bezug auf λ_2'' einen Fehler von 4%, der zweite einen Fehler von nur noch 0,4% aufweist.

8. Der auf Druck (oder Zug) und Biegung beanspruchte Stab; erste Methode. Wir wenden uns jetzt einem eigentlich zu Kapitel IV gehörigen Belastungsfalle zu, der aber besser erst hier erledigt wird, weil dafür die Kenntnis des Knickproblems unerläßlich ist. Es handelt sich um den Stab mit gleichzeitiger Axial- und Querbelastung. Seine Verformungen zufolge der beiden Belastungen können nicht unabhängig voneinander berechnet und dann überlagert werden, weil die von der axialen Belastung erzeugte Verformung wesentlich von der durch die Biegebelastung bedingten abhängt. Denn erst die endgültige Durchbiegung eines solchen Stabes bestimmt die Größe der von den axialen Kräften herrührenden Biegemomente, und es handelt sich also in erster Linie darum, die elastische Linie des Stabes zu finden. Zwar steht zur exakten Lösung dieser Aufgabe die Differentialgleichung der elastischen Linie $\alpha y'' = M$

zur Verfügung, aber ihre Lösung erfordert hier schon in einfachen Fällen eine recht umständliche Rechenarbeit. Wir gehen anders vor und greifen auf das weitreichende Hilfsmittel der Eigendurchbiegungen zurück, und zwar ersetzen wir den Stab wieder durch eine elastische Gelenkkette, wobei wir annehmen, daß die axialen sowie die transversalen äußeren Kräfte entweder in den Gelenken dieser Kette angreifen oder zuvor (in der in Ziff. **7** genannten Weise) auf diese Gelenke verteilt worden sind. Der Stab sei in seinen Enden gelenkig gestützt; die Anzahl der Zwischengelenke sei n.

Genau wie in Ziff. **7** definieren wir ein System von Einflußzahlen α_{ij} zu den axialen Kräften Q_i, wobei also α_{ij} das von den axialen Kräften im Punkte i erzeugte Biegemoment bedeutet, welches auftritt, wenn im Punkte j ein relativer Drehwinkel von der Größe Eins erzeugt wird. Bezeichnen wir weiterhin mit M_i das im Punkte i von den transversalen Kräften erzeugte (ohne weiteres berechenbare) Biegemoment, mit ψ_i die gesamte Winkeländerung im Gelenk i und mit k_i wieder die Gelenkkonstante des Gelenkes i, so gelten bei gleichzeitiger axialer und transversaler Belastung die folgenden Gleichungen:

$$\psi_i = k_i\Big(M_i + \sum_{j=1}^{n} \alpha_{ij}\psi_j\Big) \qquad (i=1,2,\ldots,n). \tag{1}$$

Zur Lösung dieser Gleichungen führen wir jetzt noch die durch das axiale Kräftesystem definierten normierten Eigenlösungen φ_{ki} $(i=1,2,\ldots,n)$ ein, welche zu den Knickbelastungen

$$P_{ki} = \lambda_k Q_i \qquad (k=1,2,\ldots,n)$$

gehören (Ziff. **7**).

Sowohl die von den Momenten M_i herrührenden Winkeländerungen $\vartheta_i = k_i M_i$ wie die gesamten Winkeländerungen ψ_i können gemäß Kap. III, Ziff. **12** nach diesen Eigenlösungen entwickelt werden, so daß gesetzt werden kann

$$\vartheta_i \equiv k_i M_i = \sum_{k=1}^{n} a_k \varphi_{ki}, \qquad \psi_i = \sum_{k=1}^{n} b_k \varphi_{ki}. \tag{2}$$

Hiermit gehen die Gleichungen (1) über in

$$\sum_{k=1}^{n} b_k \varphi_{ki} = \sum_{k=1}^{n} a_k \varphi_{ki} + k_i \sum_{j=1}^{n} \alpha_{ij} \sum_{k=1}^{n} b_k \varphi_{kj} \qquad (i=1,2,\ldots,n)$$

oder, nach Vertauschung der Summationen im letzten Gliede rechts,

$$\sum_{k=1}^{n} b_k \varphi_{ki} = \sum_{k=1}^{n} a_k \varphi_{ki} + k_i \sum_{k=1}^{n} b_k \sum_{j=1}^{n} \alpha_{ij} \varphi_{kj} \qquad (i=1,2,\ldots,n). \tag{3}$$

Nach (**7**, 12) gilt aber

$$\sum_{j=1}^{n} \alpha_{ij} \varphi_{kj} = \frac{1}{k_i} \frac{\varphi_{ki}}{\lambda_k},$$

so daß für (**3**) geschrieben werden kann

$$\sum_{k=1}^{n} \Big(\frac{\lambda_k - 1}{\lambda_k} b_k - a_k\Big) \varphi_{ki} = 0 \qquad (i=1,2,\ldots,n). \tag{4}$$

Multipliziert man die i-te dieser Gleichungen mit φ_{li}/k_i und summiert dann über alle Gleichungen, so kommt (nach Vertauschung der Summationszeichen)

$$\sum_{k=1}^{n} \Big(\frac{\lambda_k - 1}{\lambda_k} b_k - a_k\Big) \sum_{i=1}^{n} \frac{\varphi_{ki}\varphi_{li}}{k_i} = 0. \tag{5}$$

Weil für normierte Eigenlösungen

$$\sum_{i=1}^{n} \frac{\varphi_{ki}\varphi_{li}}{k_i} = \begin{cases} 1 \\ 0 \end{cases} \text{für} \begin{cases} k=l \\ k \neq l \end{cases}$$

ist, so folgt aus (5)

$$\frac{\lambda_l - 1}{\lambda_l} b_l - a_l = 0$$

oder allgemein

$$b_k = a_k\left(1 + \frac{1}{\lambda_k - 1}\right) \qquad (k=1,2,\ldots,n). \tag{6}$$

Damit aber lassen sich die Unbekannten ψ_i in den von vornherein bekannten Beiwerten a_k ausdrücken, und es gilt nach (2) und (6)

$$\psi_i = k_i M_i + \sum_{k=1}^{n} \frac{1}{\lambda_k - 1} a_k \varphi_{ki} \qquad (i=1,2,\ldots,n). \tag{7}$$

Die von der axialen Belastung herrührende zusätzliche Durchbiegung $\overline{\psi}_i$ wird also durch

$$\overline{\psi}_i = \sum_{k=1}^{n} \frac{1}{\lambda_k - 1} a_k \varphi_{ki} \qquad (i=1,2,\ldots,n) \tag{8}$$

dargestellt.

Aus Gleichung (7) läßt sich noch eine weitere, für die praktische Anwendung wichtige Folgerung ziehen, wenn man folgendermaßen umformt:

$$\psi_i = k_i M_i + \sum_{k=1}^{n} \frac{1}{\lambda_1 - 1} a_k \varphi_{ki} + \sum_{k=2}^{n}\left(\frac{1}{\lambda_k - 1} - \frac{1}{\lambda_1 - 1}\right) a_k \varphi_{ki}$$

oder zufolge der ersten Gleichung (2)

$$\psi_i = \frac{\lambda_1}{\lambda_1 - 1} k_i M_i - \sum_{k=2}^{n}\left(\frac{1}{\lambda_1 - 1} - \frac{1}{\lambda_k - 1}\right) a_k \varphi_{ki}. \tag{9}$$

In allen Belastungsfällen, bei denen die von den transversalen Kräften erzeugte Durchbiegung ungefähr zur ersten Eigendurchbiegung proportional wird (was immer schätzungsweise leicht festzustellen ist), kann das letzte Glied in (9) unbedenklich vernachlässigt werden; denn unter diesen Umständen sind nicht nur von $k=2$ an die Beiwerte a_k sicherlich klein, sondern auch offensichtlich die Faktoren $\left(\frac{1}{\lambda_1 - 1} - \frac{1}{\lambda_k - 1}\right)$. Man kann nämlich $\lambda_1 (= P_{1i}/Q_i)$ als den Sicherheitskoeffizienten s gegen Knicken bezeichnen, wenn der Stab nur seiner axialen Belastung Q_i ausgesetzt ist, und dieser Sicherheitskoeffizient wird praktisch stets ziemlich groß sein müssen (schätzungsweise größer als 6), weil der Stab ja auch noch einer weiteren Biegung unterworfen ist, welche die Knickgefahr erhöht. Es gilt also statt (9) gemäß (2) in guter Näherung

$$\psi_i = \frac{s}{s-1} \vartheta_i \qquad (i=1,2,\ldots,n). \tag{10}$$

Hieraus geht die folgende Näherungsberechnung des Stabes hervor:

Man bestimme den zu den axialen Kräften gehörigen ersten Eigenwert $\lambda_1 = s$, vergrößere die zu der transversalen Belastung gehörigen Winkeländerungen $\vartheta_i = k_i M_i$ im Verhältnis $s/(s-1)$, konstruiere (oder berechne) mit den so erhaltenen Winkeln ψ_i(10) die Durchbiegungen in den Gelenken und bestimme hieraus schließlich die Biegemomente.

Eine noch bessere Näherung, die auch dann noch ihre Bedeutung beibehält, wenn nicht alle Beiwerte a_k vom Zeiger $k=2$ an gegen a_1 klein sind, erhält man, wenn man ψ_i aus Gleichung (7) durch

$$\psi_i^* = k_i M_i + \frac{1}{\lambda_1 - 1} a_1 \varphi_{1i} \tag{11}$$

ersetzt und also die Summe

$$\sum_{k=2}^{n} \frac{1}{\lambda_k - 1} a_k \varphi_{ki}$$

vernachlässigt. Weil die Eigenwerte λ_k mit wachsendem Zeiger k schnell anwachsen und außerdem λ_1 bereits ziemlich groß ist (in allen technischen Anwendungen mag λ_1 kaum je unter 6 liegen), so wird der vernachlässigte Ausdruck nur in den seltensten Fällen (welche sich übrigens durch den Verlauf ihrer Biegebelastung gleich verraten) ins Gewicht fallen. Allerdings muß man, wenn man die Näherungslösung (11) benutzen will, nicht nur [wie bei (10)] den ersten Eigenwert λ_1, sondern auch noch die erste (normierte) Eigenlösung φ_{1i} bestimmen.

Es leuchtet ein, daß diese Methode auch für einen auf Zug beanspruchten Stab brauchbar ist. In diesem Falle sind alle λ_k negativ; außerdem können jetzt auch Werte λ auftreten, die absolut genommen kleiner als Eins sind. Beispielsweise sind bei einem in seinen Enden gelenkig gelagerten, prismatischen Stab, der durch Zugkräfte beansprucht wird, welche 10-mal größer als seine erste Knicklast sind, die Eigenwerte

$$-\frac{1}{10}, \quad -\frac{4}{10}, \quad -\frac{9}{10}, \quad -\frac{16}{10}, \quad -\frac{25}{10} \quad \text{usw.}$$

Die Näherungslösungen (10) oder (11) sind jetzt nur dann verwendbar, wenn in (7) die Beiwerte $a_k (k \geq 2)$ wirklich sehr klein bleiben. Im allgemeinen wird man genötigt sein, alle Eigenwerte (und ihre zugehörigen Eigendurchbiegungen) zu bestimmen, welche kleiner als Eins sind.

9. Der auf Druck (oder Zug) und Biegung beanspruchte Stab; zweite Methode. Sind alle $|\lambda_k| > 1$, wie dies bei einem auf Druck und Biegung beanspruchten Stab sicherlich der Fall ist, so kann die folgende Iteration (welche derjenigen in Kap. IV, Ziff. **9** ähnlich ist) verwendet werden.

Zunächst bestimmt man die von den transversalen Kräften allein herrührenden Biegemomente M_i sowie die Winkeländerungen $\vartheta_i = k_i M_i$ und das zu ihnen gehörige elastische Gelenkpolygon. Sodann unterwirft man den in dieser Weise gebogenen, erstarrt gedachten Stab der vorgegebenen axialen Belastung und bestimmt die durch die axiale Belastung zusätzlich hervorgerufenen Biegemomente M_{1i}. Erteilt man hiernach den erstarrten Gelenken wieder ihre natürliche Elastizität, so treten zusätzliche Winkeländerungen $\vartheta_{1i} = k_i M_{1i}$ auf. Diese Winkeländerungen erzeugen Zusatzbiegungen, welche neue, von der axialen Belastung herrührende Biegemomente M_{2i} hervorrufen usw.

Wir zeigen jetzt, daß die Summe von ϑ_i und von allen in dieser Weise definierten ϑ_{mi} die Größe ψ_i darstellt, daß also

$$\psi_i = \vartheta_i + \sum_{m=1}^{\infty} \vartheta_{mi} \qquad (i = 1, 2, \ldots, n) \tag{1}$$

ist. Hierzu entwickeln wir die ϑ_i nach den dem Problem zugeordneten Eigenlösungen φ_{ki}

$$\vartheta_i = \sum_{k=1}^{n} a_k \varphi_{ki} \qquad (i = 1, 2, \ldots, n) \tag{2}$$

und erhalten für die ϑ_{1i} gemäß der Definition der Größen α_{ij} (Ziff. **7**)

$$\vartheta_{1i}=k_i\sum_{j=1}^{n}\alpha_{ij}\vartheta_j=k_i\sum_{j=1}^{n}\alpha_{ij}\sum_{k=1}^{n}a_k\varphi_{kj}=k_i\sum_{k=1}^{n}a_k\sum_{j=1}^{n}\alpha_{ij}\varphi_{kj}$$

oder wegen (**7**, 12)

$$\vartheta_{1i}=\sum_{k=1}^{n}\frac{1}{\lambda_k}a_k\varphi_{ki}. \tag{3}$$

In gleicher Weise kommt

$$\vartheta_{2i}=\sum_{k=1}^{n}\frac{1}{\lambda_k^2}a_k\varphi_{ki}$$

und allgemein

$$\vartheta_{mi}=\sum_{k=1}^{n}\frac{1}{\lambda_k^m}a_k\varphi_{ki}. \tag{4}$$

Die rechte Seite von (1) läßt sich also in der Form schreiben

$$\vartheta_i+\sum_{m=1}^{\infty}\vartheta_{mi}=\vartheta_i+\sum_{m=1}^{\infty}\sum_{k=1}^{n}\frac{1}{\lambda_k^m}a_k\varphi_{ki}=\vartheta_i+\sum_{k=1}^{n}a_k\varphi_{ki}\sum_{m=1}^{\infty}\frac{1}{\lambda_k^m},$$

und hieraus folgt wegen der Voraussetzung $|\lambda_k|>1\,(k=1,2,\ldots,n)$ und mit (**8**, 7) in der Tat als Bestätigung von (1)

$$\vartheta_i+\sum_{m=1}^{\infty}\vartheta_{mi}=\vartheta_i+\sum_{k=1}^{n}\frac{1}{\lambda_k-1}a_k\varphi_{ki}=\psi_i. \tag{5}$$

Die praktische Durchführung dieser Methode erfordert nur sehr wenige Iterationen. Um dies einzusehen, zeigen wir, daß mit großer Genauigkeit

$$\psi_i=\vartheta_i+\sum_{m=1}^{p}\vartheta_{mi}+\frac{1}{\lambda_1-1}\vartheta_{pi} \tag{6}$$

gesetzt werden kann. Es ist nämlich wegen (4)

$$\begin{aligned}\vartheta_i+\sum_{m=1}^{p}\vartheta_{mi}+\frac{1}{\lambda_1-1}\vartheta_{pi}&=\vartheta_i+\sum_{m=1}^{p}\sum_{k=1}^{n}\frac{1}{\lambda_k^m}a_k\varphi_{ki}+\frac{1}{\lambda_1-1}\sum_{k=1}^{n}\frac{1}{\lambda_k^p}a_k\varphi_{ki}\\&=\vartheta_i+\sum_{k=1}^{n}a_k\varphi_{ki}\sum_{m=1}^{p}\frac{1}{\lambda_k^m}+\sum_{k=1}^{n}\frac{1}{(\lambda_1-1)\lambda_k^p}a_k\varphi_{ki}\\&=\vartheta_i+\sum_{k=1}^{n}\left[\frac{\lambda_k^p-1}{\lambda_k^p(\lambda_k-1)}+\frac{1}{\lambda_k^p(\lambda_1-1)}\right]a_k\varphi_{ki}\\&=\vartheta_i+\sum_{k=1}^{n}\frac{1}{\lambda_k-1}a_k\varphi_{ki}+\sum_{k=1}^{n}\left[\frac{\lambda_k^p-1}{\lambda_k^p(\lambda_k-1)}+\frac{1}{\lambda_k^p(\lambda_1-1)}-\frac{1}{\lambda_k-1}\right]a_k\varphi_{ki}\\&=\vartheta_i+\sum_{k=1}^{n}\frac{1}{\lambda_k-1}a_k\varphi_{ki}+\sum_{k=2}^{n}\frac{1}{\lambda_k^p}\left(\frac{1}{\lambda_1-1}-\frac{1}{\lambda_k-1}\right)a_k\varphi_{ki}\end{aligned}$$

oder wegen (5)

$$\vartheta_i+\sum_{m=1}^{p}\vartheta_{mi}+\frac{1}{\lambda_1-1}\vartheta_{pi}=\psi_i+\sum_{k=2}^{n}\frac{1}{\lambda_k^p}\left(\frac{1}{\lambda_1-1}-\frac{1}{\lambda_k-1}\right)a_k\varphi_{ki}. \tag{7}$$

Die rechts stehende Summe ist sicherlich sehr klein (man vergleiche Ziff. **8**, wo schon auf die Kleinheit des Faktors $\frac{1}{\lambda_1-1}-\frac{1}{\lambda_k-1}$ hingewiesen wurde, und bemerke, daß hier außerdem der Verkleinerungsfaktor $1:\lambda_k^p$ einen sehr günstigen

Einfluß hat), so daß sie auch für sehr kleine p-Werte ($p=2$ oder 3) ohne Bedenken vernachlässigt werden kann. Somit genügen zur Bestimmung der ψ_i in der Tat zwei oder drei Iterationen; der hierbei nötige Wert λ_1 läßt sich mit der Näherungsformel

$$\lambda_1=\sum_{i=1}^{n}\frac{\vartheta_{p-1,i}\,\vartheta_{pi}}{k_i}:\sum_{i=1}^{n}\frac{\vartheta_{pi}^2}{k_i}\qquad (p=2 \text{ oder } 3)$$

genügend genau bestimmen [vgl. Ziff. **7**, insbesondere (**7**, 16)].

Aus den ψ_i gewinnt man schließlich die gesuchten Biegemomente mit Hilfe der Formeln

$$M_i=\frac{\psi_i}{k_i}\qquad (i=1,2,\ldots,n). \tag{8}$$

Die Schlußbemerkung von Ziff. **8**, welche sich auf den Fall bezieht, daß der Stab axial auf Zug beansprucht wird, gilt sinngemäß auch hier. Wie bereits festgestellt, können in diesem Falle sehr wohl ein oder mehrere Eigenwerte ihrem Absolutbetrag nach kleiner als 1 sein. Es leuchtet ein, daß die durch die Formeln (3) und (4) definierte Iteration dann zu einem divergierenden Prozeß führt. Ist nur der erste Eigenwert λ_1 seinem Betrag nach kleiner als 1, so behält im allgemeinen dieses Rechnungsverfahren trotzdem seine Bedeutung; denn dann bleibt, wenn λ_2 nur genügend größer als 1 ist, das letzte Glied von (7) vernachlässigbar und somit Formel (6) in Kraft.

10. Der elastisch gebettete, gedrückte Stab. Unser nächstes Problem betrifft den axial gedrückten Stab, der elastisch gebettet ist[1]). Dieser Fall unterscheidet sich von dem scheinbar ähnlichen von Ziff. **8** und **9** dadurch, daß die transversalen Kräfte erst in Erscheinung treten, wenn eine Ausbiegung des Stabes sich als möglich erweist, und ihrer Größe nach von dieser Ausbiegung abhängig sind. Wir nehmen an, daß diese Abhängigkeit linear sei, so daß bei einer Ausbiegung $y(x)$ der auftretende kontinuierliche Querdruck $q(x)$ mit der schon in Kap. IV, Ziff. **17** benutzten Bettungsziffer $\varkappa$ durch

$$q=-\varkappa y \tag{1}$$

dargestellt wird.

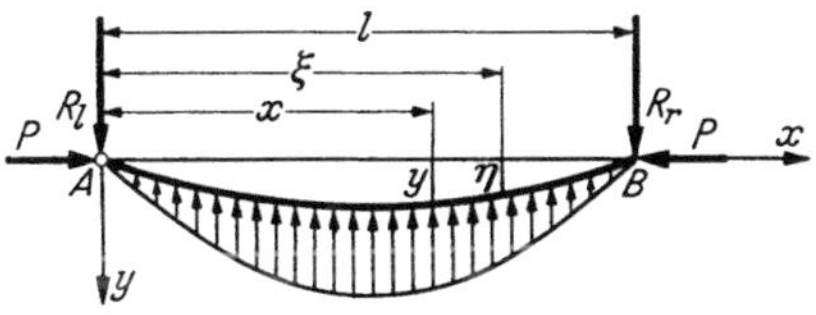

Abb. 13. Elastisch gebetteter, gedruckter Stab.

Ist $y(x)$ eine mögliche Gleichgewichtsform der Stabachse von der Länge l, so ist

$$R_r=\frac{1}{l}\int_0^l \varkappa y x\,dx$$

die von der Querbelastung (1) geweckte Reaktionskraft am rechten Ende B (Abb. 13). Zum Biegemoment im Querschnitt x liefern je einen Beitrag die rechts vom Querschnitt x angreifende Querbelastung (1), ferner die in B angreifende Druckkraft P und endlich die Reaktionskraft R_r, und man erhält somit als Gleichung der elastischen Linie (wenn η die Durchbiegung an der Stelle ξ bezeichnet)

$$\alpha y''=-Py-\int_x^l \varkappa\eta\,(\xi-x)\,d\xi+R_r(l-x).$$

Zweimalige Differentiation dieser Gleichung nach x liefert

$$\alpha y''''=-Py''-\varkappa y$$

[1]) Vgl. etwa M. SMOLUCHOVSKI, Anz. der Akad. d. Wissensch. in Krakau (1909^{II}) S. 3, wo dieser Gegenstand wohl zuerst, wenn auch in etwas anderer Weise, behandelt wird.

oder

$$y'''' + \mu^2 y'' + \beta y = 0 \quad \text{mit} \quad \mu^2 = \frac{P}{\alpha}, \; \beta = \frac{\varkappa}{\alpha} \tag{2}$$

als Differentialgleichung des Problems.

Zur Lösung dieser Gleichung entwickeln wir y nach den zur Differentialgleichung

$$y'' + \lambda^2 y = 0$$

gehörigen Eigenlösungen des beiderseits gelenkig gelagerten Stabes

$$\eta_k = \sin \lambda_k x \quad \text{mit} \quad \lambda_k = \frac{k\pi}{l} \qquad (k = 1, 2, \ldots) \tag{3}$$

und schreiben also

$$y = \sum_{k=1}^{\infty} c_k \sin \lambda_k x. \tag{4}$$

Führt man diesen Ausdruck in (2) ein, so kommt

$$\sum_{k=1}^{\infty} c_k (\lambda_k^4 - \mu^2 \lambda_k^2 + \beta) \sin \lambda_k x = 0,$$

und diese Gleichung wird (wenn der triviale Fall, daß alle c_k gleich Null sind, außer acht bleibt) nur dann für alle Punkte x der Stabachse identisch befriedigt, wenn der Klammerausdruck $(\lambda_k^4 - \mu^2 \lambda_k^2 + \beta)$ für bestimmte λ_k zu Null wird und jedesmal zugleich alle Koeffizienten c_i verschwinden, die nicht zu dem betreffenden Zeiger k gehören. Eine Ausbiegung des elastisch quergestützten Stabes ist also nur dann möglich, wenn μ^2 einen der Werte

$$\mu_k^2 = \frac{\lambda_k^4 + \beta}{\lambda_k^2} \qquad (k = 1, 2, \ldots) \tag{5}$$

annimmt. Bei vorgeschriebenem β gehören im allgemeinen zu verschiedenen λ_k auch verschiedene Werte μ. Es tritt nur dann eine Ausnahme ein, wenn für zwei verschiedene λ_k, z. B. für λ_{k_1} und λ_{k_2} gelten sollte

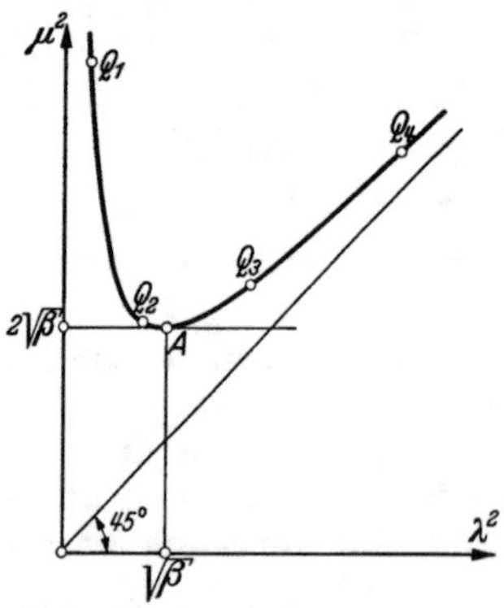

Abb. 14. Die Knickkrafte des elastisch gebetteten, gedruckten Stabes.

$$\frac{\lambda_{k_1}^4 + \beta}{\lambda_{k_1}^2} = \frac{\lambda_{k_2}^4 + \beta}{\lambda_{k_2}^2}$$

oder nach (2) und (3)

$$\frac{\varkappa l^4}{\pi^4 \alpha} = k_1^2 k_2^2. \tag{6}$$

Wir schließen diesen Fall vorläufig aus und haben also die Knickkräfte

$$P_k = \alpha \mu_k^2 = \alpha \frac{\lambda_k^4 + \beta}{\lambda_k^2} \tag{7}$$

samt den zugehörigen, bis auf den Beiwert c_k bestimmten elastischen Linien

$$y_k = c_k \sin \lambda_k x. \tag{8}$$

Das aus (5) berechnete Diagramm Abb. 14 zeigt in Gestalt einer Hyperbel den Zusammenhang zwischen μ_k^2 und λ_k^2. Die auf der Hyperbel markierten Punkte Q gehören zu den Abszissen $\lambda_k^2 = k^2 (\pi/l)^2 (k = 1, 2, \ldots)$, so daß ihre Ordinaten (bis auf den Faktor α) die Knicklasten P_k darstellen. Der kleinst mögliche Wert μ^2 (im Punkte A) berechnet sich leicht zu $\mu_{\min}^2 = 2\sqrt{\beta}$, die zugehörige Abszisse ist $\lambda^2 = \sqrt{\beta}$.

Hieraus folgt zunächst, daß eine Ausbiegung sicher nicht eintreten kann, wenn $P < 2\alpha\sqrt{\beta}$ ist, ferner, daß eine Ausbiegung bei dem Grenzwert

$$P_{\min} = \alpha\,\mu_{\min}^2 = 2\alpha\sqrt{\beta} \tag{9}$$

nur dann vorkommen kann, wenn für irgendeine ganze Zahl q

$$\sqrt{\beta} = q^2\,\frac{\pi^2}{l^2} \tag{10}$$

ist. Andernfalls hat man zur Berechnung der kleinsten Knickkraft diejenigen beiden ganzen Zahlen q und $(q+1)$ zu ermitteln, für welche gilt

$$q^2\,\frac{\pi^2}{l^2} < \sqrt{\beta} < (q+1)^2\,\frac{\pi^2}{l^2}, \tag{11}$$

und dann nach (7) die zugehörigen Kräfte P_q und P_{q+1} zu bestimmen und die kleinere von beiden auszusuchen. Um festzustellen, ob P_q oder P_{q+1} die kleinere dieser beiden Kräfte ist, überlege man, daß nach (7) die Ungleichheit

$$P_q \gtrless P_{q+1}$$

gleichbedeutend ist mit

$$\lambda_q^2 + \frac{\beta}{\lambda_q^2} \gtrless \lambda_{q+1}^2 + \frac{\beta}{\lambda_{q+1}^2}.$$

Ersetzt man hierin λ_q und λ_{q+1} durch ihre Werte nach (3), so geht diese Ungleichung nach kurzer Umformung über in

$$\sqrt{\beta} \gtrless q(q+1)\,\frac{\pi^2}{l^2}. \tag{12}$$

Für $\sqrt{\beta} > q(q+1)\pi^2/l^2$ ist also P_{q+1} die kleinste Knickkraft, für $\sqrt{\beta} < q(q+1)\pi^2/l^2$ ist es P_q. Von dieser Tatsache werden wir weiterhin noch Gebrauch zu machen haben.

Weil nach (3) die zur Kraft P_k gehörige elastische Linie k halbe Wellen aufweist, und weil P_1 durchaus nicht die niederste Knickkraft zu sein braucht, so gehört beim elastisch gebetteten Stabe zur niedersten Knicklast im allgemeinen eine Ausbiegung mit mehreren Halbwellen. Nur wenn entweder (11) und die Ungleichung (12) mit dem Zeichen $<$ durch $q=1$ befriedigt werden, d. h. wenn $\pi^2/l^2 < \sqrt{\beta} < 2\pi^2/l^2$ ist, oder wenn Q_1 rechts von A liegt oder mit A zusammenfällt, d. h., wenn $\sqrt{\beta} \leqq \pi^2/l^2$ ist, tritt bei der kleinsten Knickkraft eine Ausbiegung mit e i n e r Halbwelle ein.

Auch hier kann man nach der Stabilität der zu den einzelnen Knickkräften P_k gehörigen Biegungskurven fragen. Diese sind, ebenso wie in Ziff. **3**, als stabil dann anzusehen, wenn zur Erzeugung jeder beliebigen, unendlich kleinen Zusatzdurchbiegung ein nichtnegativer Arbeitsaufwand erforderlich ist.

Es sei y_p die Durchbiegung bei der Knicklast P_p, also

$$y_p = c_p \sin\lambda_p x, \tag{13}$$

und δy die beliebige (unendlich kleine) Zusatzdurchbiegung, welche, nach den Eigendurchbiegungen entwickelt, in der Form

$$\delta y = \sum_{k=1}^{\infty} b_k \sin\lambda_k x \tag{14}$$

angesetzt werden kann. Die Biegearbeit $\mathfrak{A}_1$ und die Arbeit $\mathfrak{A}_2$ der Druckkräfte P_p können von (**3**, 3) und (**3**, 6) übernommen werden; die Arbeit $\mathfrak{A}_3$ gegen die

Bettung ist bei einer Biegung y offenbar

$$\mathfrak{A}_3 = \frac{\varkappa}{2}\int_0^l y^2\,dx.$$

Die bei der zusätzlichen Durchbiegung δy zu leistende Arbeit $\delta\mathfrak{A}$ ist also

$$\left.\begin{aligned}\delta\mathfrak{A} = \delta\mathfrak{A}_1 - \delta\mathfrak{A}_2 + \delta\mathfrak{A}_3 &= \frac{\alpha}{2}\int_0^l [(y_p'' + \delta y'')^2 - y_p''^2]\,dx - \frac{P_p}{2}\int_0^l [(y_p' + \delta y')^2 - y_p'^2]\,dx + \\ &\qquad + \frac{\varkappa}{2}\int_0^l [(y_p + \delta y)^2 - y_p^2]\,dx \\ &= \frac{\alpha}{2}\int_0^l (2\,y_p''\,\delta y'' + \delta y''^2)\,dx - \frac{P_p}{2}\int_0^l (2\,y_p'\,\delta y' + \delta y'^2)\,dx + \frac{\varkappa}{2}\int_0^l (2\,y_p\,\delta y + \delta y^2)\,dx.\end{aligned}\right\} \quad (15)$$

Berücksichtigt man die Orthogonalitätseigenschaften des Funktionensystems $\sin\lambda_k x$, $\cos\lambda_k x\,(\lambda_k = k\pi/l;\ k = 1, 2, \ldots)$, so findet man mit (13) und (14)

$$\begin{aligned}\delta\mathfrak{A} &= \frac{\alpha l}{4}\,(2\,c_p b_p \lambda_p^4 + \sum_{k=1}^{\infty} b_k^2\lambda_k^4) - \frac{P_p l}{4}\,(2\,c_p b_p \lambda_p^2 + \sum_{k=1}^{\infty} b_k^2\lambda_k^2) + \frac{\varkappa l}{4}\,(2\,c_p b_p + \sum_{k=1}^{\infty} b_k^2) \\ &= \frac{\alpha l}{2}\,(\lambda_p^4 - \mu_p^2\lambda_p^2 + \beta)\,c_p b_p + \frac{\alpha l}{4}\sum_{k=1}^{\infty}(\lambda_k^4 - \mu_p^2\lambda_k^2 + \beta)\,b_k^2\end{aligned}$$

oder wegen

$$\lambda_p^4 - \mu_p^2\lambda_p^2 + \beta = 0, \qquad (16)$$

wie aus (5) mit $k = p$ folgt,

$$\delta\mathfrak{A} = \frac{\alpha l}{4}\sum_{k=1}^{\infty}(\lambda_k^4 - \mu_p^2\lambda_k^2 + \beta)\,b_k^2. \qquad (17)$$

Damit dieser Ausdruck für alle möglichen Wertsätze $b_k\,(k = 1, 2, \ldots)$ nichtnegativ ist, muß für jedes ganzzahlige $k \neq p$

$$\lambda_k^4 - \mu_p^2\lambda_k^2 + \beta \geq 0 \qquad (18)$$

oder wegen (16)

$$(\lambda_k^4 - \lambda_p^4) - \mu_p^2(\lambda_k^2 - \lambda_p^2) \geq 0 \quad \text{oder} \quad (\lambda_k^2 + \lambda_p^2 - \mu_p^2)\,(\lambda_k^2 - \lambda_p^2) \geq 0$$

oder schließlich

$$\begin{aligned}\lambda_k^2 + \lambda_p^2 - \mu_p^2 &\geq 0 \quad \text{für} \quad k > p \qquad (\lambda_k > \lambda_p), \\ \lambda_k^2 + \lambda_p^2 - \mu_p^2 &\leq 0 \quad \text{für} \quad k < p \qquad (\lambda_k < \lambda_p)\end{aligned}$$

sein. Ersetzt man hierin noch μ_p^2 durch seinen Wert aus (5), λ_k und λ_p durch ihre Werte aus (3), so erhält man als Endbedingung

$$kp \geq \left(\frac{l}{\pi}\right)^2 \sqrt{\beta} \quad \text{oder} \quad kp \leq \left(\frac{l}{\pi}\right)^2 \sqrt{\beta}, \quad \text{je nachdem } k \gtrless p \text{ ist.}$$

Hieraus folgt, wenn man $k = p + 1$ bzw. $k = p - 1$ setzt,

$$(p+1)\,p \geq \left(\frac{l}{\pi}\right)^2 \sqrt{\beta} \geq (p-1)\,p$$

oder

$$\left(p + \frac{1}{2}\right)^2 \geq \frac{1}{4} + \left(\frac{l}{\pi}\right)^2 \sqrt{\beta} \quad \text{und} \quad \left(p - \frac{1}{2}\right)^2 \leq \frac{1}{4} + \left(\frac{l}{\pi}\right)^2 \sqrt{\beta}$$

oder

$$p + \frac{1}{2} \geq \sqrt{\frac{1}{4} + \left(\frac{l}{\pi}\right)^2 \sqrt{\beta}} \quad \text{und} \quad p - \frac{1}{2} \leq \sqrt{\frac{1}{4} + \left(\frac{l}{\pi}\right)^2 \sqrt{\beta}},$$

so daß p an die Bedingung

$$-\frac{1}{2}+\sqrt{\frac{1}{4}+\left(\frac{l}{\pi}\right)^2\sqrt{\beta}}\leq p\leq +\frac{1}{2}+\sqrt{\frac{1}{4}+\left(\frac{l}{\pi}\right)^2\sqrt{\beta}} \tag{19}$$

gebunden ist.

Weil der (geschlossene) Bereich, in dem p liegen muß, die Länge Eins hat und seine Endwerte im allgemeinen nicht ganzzahlig sind, so gibt es im allgemeinen nur einen einzigen Wert für p, der zu einer stabilen Durchbiegung (13) gehört.

Es ist zu erwarten, daß dieser Wert p zugleich die kleinste Knickkraft P definiert, so daß P_p identisch ist mit einer der bereits früher definierten Kräfte P_q und P_{q+1}; und in der Tat läßt sich dies auch leicht beweisen. Betrachten wir zuerst den Fall des Zeichens > in (12), so daß P_{q+1} die kleinste Knickkraft ist, so muß man nach (19) zeigen, daß

$$-\frac{1}{2}+\sqrt{\frac{1}{4}+\left(\frac{l}{\pi}\right)^2\sqrt{\beta}}<(q+1)<+\frac{1}{2}+\sqrt{\frac{1}{4}+\left(\frac{l}{\pi}\right)^2\sqrt{\beta}}$$

ist. In der Tat gilt wegen (12) einerseits

$$q(q+1)<\left(\frac{l}{\pi}\right)^2\sqrt{\beta}\quad\text{oder}\quad\left(q+\frac{1}{2}\right)^2<\frac{1}{4}+\left(\frac{l}{\pi}\right)^2\sqrt{\beta}\quad\text{oder}\quad q+1<\frac{1}{2}+\sqrt{\frac{1}{4}+\left(\frac{l}{\pi}\right)^2\sqrt{\beta}}$$

und andererseits wegen (11) $(q+1)^2>\left(\frac{l}{\pi}\right)^2\sqrt{\beta}$ und um so mehr

$$(q+1)(q+2)>\left(\frac{l}{\pi}\right)^2\sqrt{\beta}\qquad\text{oder}\qquad\left(q+\frac{3}{2}\right)^2>\frac{1}{4}+\left(\frac{l}{\pi}\right)^2\sqrt{\beta}$$

oder

$$q+1>-\frac{1}{2}+\sqrt{\frac{1}{4}+\left(\frac{l}{\pi}\right)^2\sqrt{\beta}}\,.$$

In ähnlicher Weise zeigt man, daß für den Fall des Zeichens < in (12) die Kraft P_p mit P_q identisch ist.

Ist in (19) die Zahl $\left(\frac{l}{\pi}\right)^2\sqrt{\beta}$ insbesondere das Quadrat einer ganzen Zahl q, so daß nach (10) die kleinste Knickkraft durch (9) angegeben wird, so sieht man ohne weiteres, daß

$$-\frac{1}{2}+\sqrt{\frac{1}{4}+q^2}<q<\frac{1}{2}+\sqrt{\frac{1}{4}+q^2}$$

ist, so daß dann auch p mit q, und also auch P_p mit der kleinsten Knickkraft identisch ist.

Schließlich betrachten wir noch den Fall $\left(\frac{l}{\pi}\right)^2\sqrt{\beta}=q(q+1)$. Jetzt sind, wie aus (19) hervorgeht, die Endwerte $\mp\frac{1}{2}+\sqrt{\frac{1}{4}+\left(\frac{l}{\pi}\right)^2\sqrt{\beta}}$ des p-Bereiches die ganzen Zahlen q und $q+1$. Dies ist der Ausnahmefall, bei dem die zu q und $q+1$ gehörigen Knickkräfte einander gleich sind. Hier gibt es zwei stabile Knickformen

$$y_q=c_q\sin\lambda_q x,\qquad y_{q+1}=c_{q+1}\sin\lambda_{q+1}x,$$

(auf diese Möglichkeit ist schon in Ziff. **1** hingewiesen worden). Auch jede der Kurven

$$y=c_q\sin\lambda_q x+c_{q+1}\sin\lambda_{q+1}x$$

stellt nun eine mögliche, zur Knickkraft $P_q=P_{q+1}$ gehörige, stabile Ausbiegung des Stabes dar.

11. Der durchschlagende Stab; erste Methode. Als erstes Beispiel[1]) der in Ziff. **1** erwähnten Durchschlagprobleme, bei denen die belastende Kraft eine nicht monoton steigende Funktion der Verschiebung ihres Angriffspunktes ist, behandeln wir nun den in seinen Enden gelenkig gelagerten, schwach gekrümmten Stab von der Sehnenlänge $2l$, welcher in seiner Mitte eine Einzellast $2P$ trägt. Die Gleichung der Mittellinie des unbelasteten Stabes sei mit den Bezeichnungen von Abb. 15

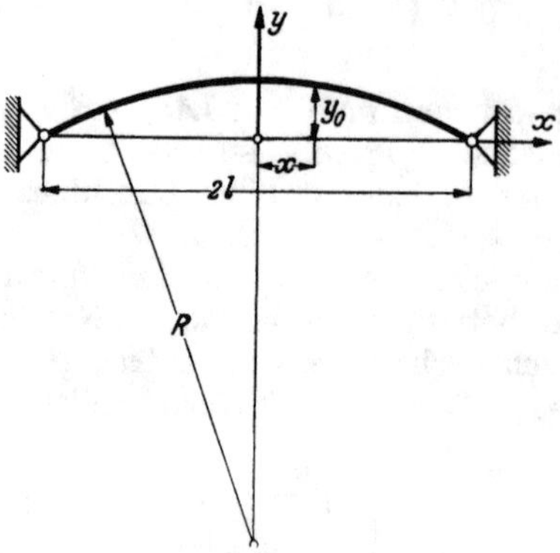

Abb. 15. Schwachgekrummter Stab.

$$y_0 = \frac{l^2 - x^2}{2R}. \tag{1}$$

Die Krümmung des Stabes sei so gering, daß sie in jedem Punkte gleich $1/R$ gesetzt werden kann.

Bezeichnet y die Ordinate eines Punktes der Mittellinie des belasteten Stabes (Abb. 16), ϱ deren Krümmungshalbmesser und Q die waagerechte Lagerkraft, positiv gerechnet als Druck, so gilt nach (V, **1**, 1) für die rechte Stabhälfte

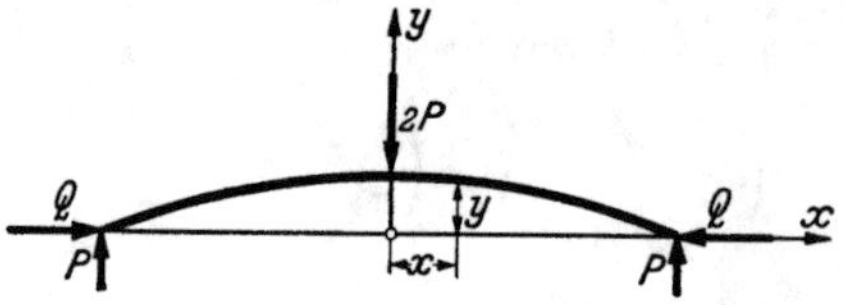

Abb. 16. Belastung des schwachgekrummten Stabes.

$$\frac{1}{\varrho} - \frac{1}{R} = \frac{M}{\alpha} = \frac{-P(l-x) + Qy}{\alpha}$$

oder, wenn näherungsweise $1/\varrho = -y''$ gesetzt wird,

$$y'' + \mu^2 y = \frac{P(l-x)}{\alpha} - \frac{1}{R} \quad \text{mit} \quad \mu^2 = \frac{Q}{\alpha}. \tag{2}$$

Beschränkt man sich vorläufig auf den Fall der symmetrischen Biegung, so gelten zur Bestimmung der beiden Integrationskonstanten C_1 und C_2 in der allgemeinen Lösung

$$y = C_1 \cos \mu x + C_2 \sin \mu x + \frac{P}{\mu^2 \alpha}(l-x) - \frac{1}{\mu^2 R} \tag{3}$$

dieser Gleichung die Randbedingungen

$$y' = 0 \quad \text{für} \quad x = 0 \quad \text{und} \quad y = 0 \quad \text{für} \quad x = l,$$

und man findet somit

$$C_1 = \frac{1}{\mu^2 R \cos \mu l} - \frac{P}{\mu^3 \alpha} \operatorname{tg} \mu l, \qquad C_2 = \frac{P}{\mu^3 \alpha}. \tag{4}$$

Bezeichnet L_0 die halbe Stablänge im unbelasteten, L die halbe Stablänge im belasteten Zustand, und setzt man die Normalkraft im Stabquerschnitt näherungsweise gleich Q, so gilt, wenn noch $\alpha \equiv EJ = EFi^2$ gesetzt wird, wieder näherungsweise

$$L_0 - L = \frac{Ql}{EF} = \mu^2 i^2 l. \tag{5}$$

Nun ist

$$L_0 = \int_0^l \sqrt{1 + y_0'^2}\, dx \approx l + \frac{1}{2}\int_0^l y_0'^2\, dx, \qquad L = \int_0^l \sqrt{1 + y'^2}\, dx \approx l + \frac{1}{2}\int_0^l y'^2\, dx,$$

---

[1]) C. B. Biezeno, Über eine Stabilitätsfrage beim gelenkig gelagerten, schwachgekrümmten Stabe, Proc. Acad. Sci. Amst. 32 (1929) S. 990.

so daß (5) übergeht in

$$\int_0^l y_0'^2 dx - \int_0^l y'^2 dx = 2\mu^2 i^2 l. \tag{6}$$

Setzt man schließlich noch zur Abkürzung

$$t = \frac{Rl}{\alpha} P, \qquad u = \mu l = l\sqrt{\frac{Q}{\alpha}}, \qquad p = \frac{iR}{l^2}, \tag{7}$$

so wird aus (6) mit (1), (3) und (4) nach Ausführung der elementaren Integrationen und nach gehörigem Ordnen

$$\left.\begin{aligned} F(t,u) \equiv t^2\left(1 + \frac{1}{2}\cos 2u - \frac{3}{4u}\sin 2u\right) - t(1 - 2\cos u + u\sin u + \cos 2u) + \\ + \frac{1}{2}u^2 - \frac{1}{6}u^4(1 - 6p^2u^2)(1 + \cos 2u) - \frac{1}{4}u\sin 2u = 0. \end{aligned}\right\} \tag{8}$$

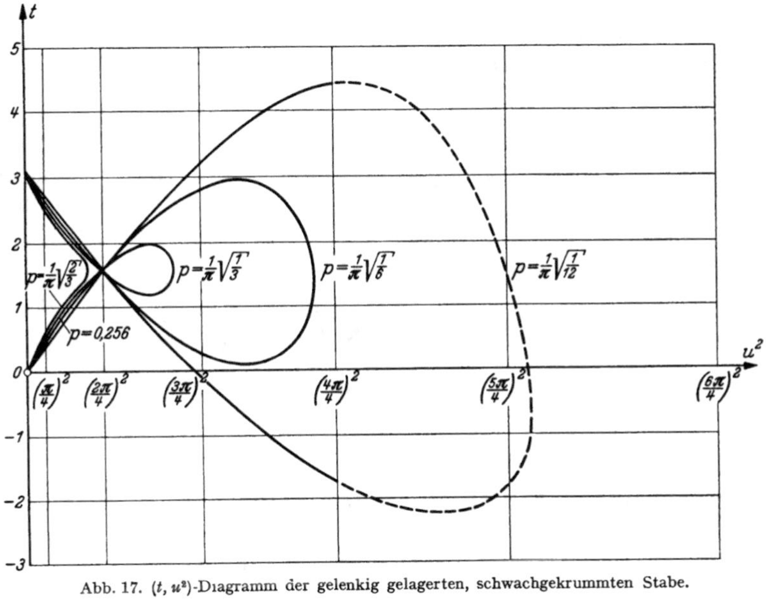

Abb. 17. (t, u^2)-Diagramm der gelenkig gelagerten, schwachgekrummten Stabe.

Diese Gleichung benutzen wir zum Entwerfen eines Diagrammes, welches für verschiedene Werte des Parameters p den Zusammenhang zwischen den dimensionslosen Größen $t = \frac{Rl}{\alpha} P$ und $u^2 = \frac{l^2}{\alpha} Q$ darstellt. Am besten löst man bei einem fest angenommenen Wert p Gleichung (8) nach t für verschiedene Werte von u. Dann entstehen Kurven, wie sie in Abb. 17 für die Werte

$$p = \frac{1}{\pi}\sqrt{\frac{2}{3}}; \quad 0{,}256; \quad \frac{1}{\pi}\sqrt{\frac{1}{3}}; \quad \frac{1}{\pi}\sqrt{\frac{1}{6}}; \quad \frac{1}{\pi}\sqrt{\frac{1}{12}}$$

wiedergegeben sind. Aus ihnen liest man die sogenannte Durchschlagkraft unmittelbar ab. Denn verfolgt man für einen Stab von vorgeschriebenem Wert p den Belastungsvorgang von $P = 0$ an, so sieht man, daß in dem Augenblicke, wo die zugehörige Kurve eine waagerechte Tangente hat, einer Vergrößerung der Kraft P kein möglicher Gleichgewichtszustand mehr entspricht und also das Durchschlagen des Stabes eintritt. Weil, wie wir sogleich beweisen werden, für $p > 0{,}256$ die Kurve keine waagerechte Tangente besitzt, so ist ein Durchschlagen des Stabes in diesem Falle nicht möglich. Dagegen hat die Kurve für $p < 0{,}256$ eine Schleife, auf der man leicht den ersten Punkt mit waagerechter Tangente feststellt. Abb. 18 zeigt den so bestimmten kritischen t-Wert (der zur Durchschlagkraft P proportional ist) abhängig vom Parameter p.

Zum Beweise der erwähnten Behauptung bilden wir aus (8)

$$\begin{aligned}\frac{\partial F}{\partial u} &\equiv t^2\left(-\sin 2u - \frac{3}{2}\frac{\cos 2u}{u} + \frac{3}{4}\frac{\sin 2u}{u^2}\right) - t(3\sin u + u\cos u - 2\sin 2u) + \\ &+ u - \frac{2}{3}u^3(1-6p^2u^2)(1+\cos 2u) + 2p^2u^5(1+\cos 2u) + \\ &+ \frac{1}{3}u^4(1-6p^2u^2)\sin 2u - \frac{1}{4}\sin 2u - \frac{1}{2}u\cos 2u,\end{aligned}$$

$$\frac{\partial F}{\partial t} \equiv 2t\left(1+\frac{1}{2}\cos 2u - \frac{3}{4u}\sin 2u\right) - 1 + 2\cos u - u\sin u - \cos 2u$$

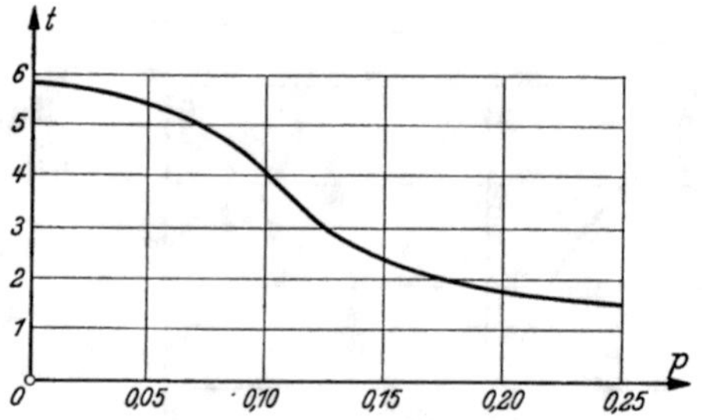

Abb. 18. Diagramm für die Durchschlagkraft schwachgekrümmter Stäbe.

und kontrollieren leicht, daß die Werte

$$t = (-1)^k\frac{2k+1}{2}\pi, \qquad u = \frac{2k+1}{2}\pi \tag{9}$$

für jedes $k = 0, 1, 2, \ldots$ sowohl $\partial F/\partial u$ und $\partial F/\partial t$, wie auch $F(u, t)$ selbst zu Null machen, so daß alle Kurven in Abb. 17 eine unendliche Reihe von (gemeinsamen) Doppelpunkten besitzen.

Ob ein solcher Doppelpunkt ein reeller Doppelpunkt, eine Spitze oder ein isolierter Punkt ist, wird bekanntlich durch das folgende Kriterium entschieden:

$$\frac{\partial^2 F}{\partial u\,\partial t} - \frac{\partial^2 F}{\partial u^2}\frac{\partial^2 F}{\partial t^2} \gtreqless 0 \quad \left.\begin{array}{l}\text{reeller Doppelpunkt,}\\ \text{Spitze,}\\ \text{isolierter Punkt.}\end{array}\right\} \tag{10}$$

Dieses nimmt in unserem Fall mit der Abkürzung $z = \frac{2k+1}{2}\pi$ für die Koordinaten (9) die Form an

$$1 + (-1)^k 4z - 3z^2 + \frac{2}{3}z^4 - 4p^2z^6 \gtreqless 0$$

oder

$$p^2 \lesseqgtr \frac{1+(-1)^k 4z - 3z^2 + \frac{2}{3}z^4}{4z^6}. \tag{11}$$

Der Grenzwert von p, der die reellen Doppelpunkte von den isolierten Punkten trennt, berechnet sich somit für den ersten Doppelpunkt ($k = 0$) mit $z = \pi/2$ zu dem obenerwähnten Betrage

$$p = 0{,}256. \tag{12}$$

Für $k = 1$ folgt aus (11) mit $z = 3\pi/2$ als Grenzwert

$$p_1 = 0{,}0753, \tag{13}$$

während für alle folgenden Werte k in guter Näherung als Grenzwert

$$p_k = \frac{1}{\pi}\sqrt{\frac{2}{3(2k+1)^2}} \tag{14}$$

gesetzt werden kann. Ist $p_{k+1} < p < p_k$, so hat die (t, u)-Kurve $k+1$ Schleifen.

Bis jetzt haben wir uns auf den symmetrischen Biegezustand des Stabes beschränkt. Es ist aber auch eine unsymmetrische Ausbiegung möglich, und zwar dann, wenn die Kraft Q die zweite Knickkraft des (gerade gedachten) Stabes übersteigt. Dies wäre natürlich dadurch nachzurechnen, daß man für jede Stabhälfte die Gleichung der elastischen Linie aufstellt und unter Verzicht auf die Symmetriebedingung den glatten Verlauf sowohl der Durchbiegung selbst als ihrer Ableitung im Punkte $x=0$ fordert. Ein weit anschaulicheres Bild dieses Vorganges erhält man aber, wenn man bedenkt, daß man in dem Augenblick, in dem die Kraft Q gleich der zweiten Knickkraft wird, der bereits vorhandenen Durchbiegung eine andere, aus zwei Wellen bestehende sinusförmige Durchbiegung überlagern kann, ohne daß für deren Ausbildung eine Vergrößerung der Kraft Q erforderlich wäre. Von diesem Augenblicke an tritt also eine weitere, jedoch unsymmetrische Verformung des Stabes bei konstantem $u^2=\mu^2 l^2=\pi^2$ ein (vgl. etwa den Fall $p=\frac{1}{\pi}\sqrt{\frac{1}{12}}$ von Abb. 17, wo der gestrichelte Teil der Schleife durch die Vertikale $u^2=\pi^2$ ersetzt werden muß).

12. Der durchschlagende Stab; zweite Methode. Die folgende zweite Behandlung[1]) zeigt die Bedeutung der Knickkräfte des gerade gedachten Stabes für unser Durchschlagproblem noch von einer anderen Seite. Wir gehen wieder von Gleichung (**11**, 2) aus, welche jetzt mit

$$\frac{Pl}{\alpha}-\frac{1}{R}=a_0, \qquad \frac{P}{\alpha}=a_1, \qquad \mu^2=\frac{Q}{\alpha} \tag{1}$$

in der Form

$$y''+\mu^2 y=a_0-a_1 x \qquad (0\leqq x\leqq l) \tag{2}$$

geschrieben werden kann. Die Gleichung hat nur im Bereich $0\leqq x\leqq l$ mechanische Bedeutung und muß für den Bereich $-l\leqq x\leqq 0$ durch

$$y''+\mu^2 y=a_0+a_1 x \qquad (-l\leqq x\leqq 0) \tag{2a}$$

ersetzt werden.

Entwickelt man die Funktion

$$f(x)=a_0+a_1 x \quad \text{für} \quad -l\leqq x\leqq 0$$
$$f(x)=a_0-a_1 x \quad \text{für} \quad 0\leqq x\leqq l$$

im Bereich $-l\leqq x\leqq l$ in eine Fourierreihe

$$f(x)=b_1\cos\frac{\pi x}{2l}+b_3\cos\frac{3\pi x}{2l}+\cdots,$$

so findet man nach Kap. III, Ziff. **3** die Beiwerte

$$b_{2k+1}=(-1)^k\frac{4(a_0-a_1 l)}{(2k+1)\pi}+\frac{8a_1 l}{(2k+1)^2\pi^2}=(-1)^{k+1}\frac{4}{(2k+1)\pi R}+\frac{8lP}{(2k+1)^2\pi^2\alpha}, \tag{3}$$

so daß die Gleichungen (2) und (2a) in der einen Gleichung

$$y''+\mu^2 y=\sum_{k=0}^{\infty} b_{2k+1}\cos\frac{(2k+1)\pi x}{2l} \tag{4}$$

mit den Beiwerten (3) zusammengefaßt werden können.

Setzt man

$$\mu^2=\nu^2\frac{\pi^2}{4l^2}, \tag{5}$$

[1]) C. B. Biezeno, Das Durchschlagen eines schwachgekrummten Stabes, Z. angew. Math. Mech. *18* (*1938*) S. *21*.

so daß

$$\nu^2 = \frac{4\mu^2 l^2}{\pi^2} = \frac{4 Q l^2}{\pi^2 \alpha} = \frac{Q}{Q_1}$$

das Verhältnis der Stützkraft Q zur ersten Knickkraft $Q_1 = \frac{\pi^2 \alpha}{4 l^2}$ des gerade gedachten Stabes darstellt, so ist die Lösung von (4)

$$y = C_1 \cos \mu x + C_2 \sin \mu x + \frac{4 l^2}{\pi^2} \sum_{k=0}^{\infty} \frac{b_{2k+1}}{\nu^2 - (2k+1)^2} \cos \frac{(2k+1)\pi x}{2l}, \tag{6}$$

wenigstens solange μ von den Zahlen $\frac{(2k+1)\pi}{2l}$ verschieden ist.

Beschränken wir uns zunächst auf diesen Fall, so führen die Bedingungen, daß y für $x = \pm l$ verschwinden soll, zu den Gleichungen

$$C_1 \cos \mu l + C_2 \sin \mu l = 0, \qquad C_1 \cos \mu l - C_2 \sin \mu l = 0, \tag{7}$$

aus denen, wenn $\cos \mu l \sin \mu l \neq 0$ ist,

$$C_1 = C_2 = 0$$

folgt. Es gilt also

$$y = \frac{4 l^2}{\pi^2} \sum_{k=0}^{\infty} \frac{b_{2k+1}}{\nu^2 - (2k+1)^2} \cos \frac{(2k+1)\pi x}{2l}. \tag{8}$$

Der Betrag, um den sich die Bogenlänge der gebogenen Stabachse von der Sehnenlänge $2l$ unterscheidet, läßt sich auf zwei verschiedene Weisen bestimmen: das eine Mal aus (8), indem man

$$\frac{1}{2} \int_{-l}^{+l} y'^2 \, dx \tag{9}$$

berechnet, das andere Mal, indem man von dem durch (**11**, 1) definierten Integral

$$\frac{1}{2} \int_{-l}^{+l} y_0'^2 \, dx$$

die axiale Verkürzung $2 \frac{lQ}{EF}$ infolge der Kraft Q abzieht. Macht man bei der Auswertung von (9) Gebrauch von der Orthogonalität der Funktionen $\sin \frac{(2k+1)\pi x}{2l}$, so findet man nach einer kurzen Zwischenrechnung mit den Werten (3) die das ganze Problem beherrschende Gleichung

$$\frac{l^3}{3R^2} - \frac{2lQ}{EF} = \frac{2l^3}{\pi^2} \sum_{k=0}^{\infty} \left[\frac{(-1)^{k+1} \frac{4}{\pi R} + \frac{8lP}{(2k+1)\pi^2 \alpha}}{\nu^2 - (2k+1)^2} \right]^2, \tag{10}$$

welche den Zusammenhang zwischen P und Q liefert und also mit Gleichung (**11**, 8) gleichwertig ist.

Es fragt sich jetzt, inwiefern die erhaltenen Ergebnisse sich ändern, wenn entweder $\cos \mu l = 0$ oder $\sin \mu l = 0$ ist. Wir betrachten zunächst den ersten Ausnahmefall und nehmen an, es sei

$$\mu = \frac{(2j+1)\pi}{2l}, \tag{11}$$

dann wird die Lösung von Gleichung (4)

$$\left.\begin{aligned} y = C_1 \cos\frac{(2j+1)\pi x}{2l} + C_2 \sin\frac{(2j+1)\pi x}{2l} + \frac{4l^2}{\pi^2}\sum_{k=0}^{\infty}{}' \frac{b_{2k+1}}{\nu^2-(2k+1)^2}\cos\frac{(2k+1)\pi x}{2l} + \\ + \frac{l b_{2j+1}}{(2j+1)\pi} x \sin\frac{(2j+1)\pi x}{2l}, \end{aligned}\right\} \quad (12)$$

wobei das Zeichen $\sum'$ bedeutet, daß bei der Summation das j-te Glied unterdrückt werden soll.

Die Randbedingungen ($y=0$ für $x=\pm l$) lauten jetzt

$$\left.\begin{aligned} C_1\cos\frac{(2j+1)\pi}{2} + C_2\sin\frac{(2j+1)\pi}{2} + \frac{l^2 b_{2j+1}}{(2j+1)\pi}\sin\frac{(2j+1)\pi}{2} = 0, \\ C_1\cos\frac{(2j+1)\pi}{2} - C_2\sin\frac{(2j+1)\pi}{2} + \frac{l^2 b_{2j+1}}{(2j+1)\pi}\sin\frac{(2j+1)\pi}{2} = 0. \end{aligned}\right\} \quad (13)$$

Solange $b_{2j+1} \neq 0$ ist, widersprechen sich diese Gleichungen. Der Fall

$$\mu = \frac{(2j+1)\pi}{2l} \quad \text{oder also} \quad Q = (2j+1)^2 Q_1$$

[vgl. die Bemerkung zu (5)] kann somit nur dann eintreten, wenn $b_{2j+1}=0$ ist, d. h. wenn P zufolge (3) den Wert

$$P = (-1)^j \frac{(2j+1)\pi\alpha}{2Rl} \quad (14)$$

hat. In diesem Falle folgt aus den Gleichungen (13), daß $C_2=0$, dagegen C_1 unbestimmt ist, und (12) geht somit über in

$$y = C_1\cos\frac{(2j+1)\pi x}{2l} + \frac{4l^2}{\pi^2}\sum_{k=0}^{\infty}{}' \frac{b_{2k+1}}{\nu^2-(2k+1)^2}\cos\frac{(2k+1)\pi x}{2l}. \quad (15)$$

Berechnet man jetzt wieder auf zwei verschiedene Weisen die Länge der gebogenen Stabachse, so erhält man an Stelle der Gleichung (10)

$$\frac{l^3}{3R^2} - \frac{2lQ}{EF} = \frac{2l^3}{\pi^2}\sum_{k=0}^{\infty}{}' \left[\frac{(-1)^{k+1}\frac{4}{\pi R} + \frac{8lP}{(2k+1)\pi^2\alpha}}{\nu^2-(2k+1)^2}\right]^2 + \frac{(2j+1)^2\pi^2}{8l} C_1^2, \quad (16)$$

so daß sich die unbestimmt gebliebene Konstante C_1 aus

$$C_1^2 = \frac{8l}{(2j+1)^2\pi^2}\left(\frac{l^3}{3R^2} - \frac{2lQ}{EF}\right) - \frac{16l^4}{(2j+1)^2\pi^4}\sum_{k=0}^{\infty}{}' \left[\frac{(-1)^{k+1}\frac{4}{\pi R} + \frac{8lP}{(2k+1)\pi^2\alpha}}{\nu^2-(2k+1)^2}\right]^2 \quad (17)$$

berechnet. In dieser Gleichung ist ν durch $2j+1$ und P durch seinen Wert (14) zu ersetzen. Ferner ist gemäß (1), (11), (**11**, 5) und (**11**, 7)

$$\frac{2lQ}{EF} = \frac{2\mu^2\alpha l}{EF} = \frac{1}{2}(2j+1)^2\pi^2 p^2\frac{l^3}{R^2}.$$

Hierdurch geht (17) über in

$$C_1^2 = \frac{8}{(2j+1)^2\pi^2}\left\{\frac{1}{3} - \frac{1}{2}(2j+1)^2\pi^2p^2 - \frac{32}{\pi^4}\sum_{k=0}^{\infty}{}' \left[\frac{(-1)^{k+1} + (-1)^j\frac{2j+1}{2k+1}}{(2j+1)^2-(2k+1)^2}\right]^2\right\}\frac{l^4}{R^2}. \quad (18)$$

Aus dieser Formel geht hervor, daß es im allgemeinen zwei verschiedene Lösungen für C_1 gibt, so daß zu der Belastung

$$\left.\begin{aligned} Q &= (2j+1)^2 Q_1 \qquad (Q_1 = \text{erste Knickkraft}),\\ P &= (-1)^j \frac{(2j+1)\pi\alpha}{2Rl} \end{aligned}\right\} \tag{19}$$

zwei voneinander verschiedene Durchbiegungen des Stabes gehören. Der Wertesatz (19) markiert also in dem (t, u^2)-Diagramm von Abb. 17 (Ziff. **11**) eine Reihe von Doppelpunkten

$$t = (-1)^j \frac{2j+1}{2}\pi, \qquad u = \frac{2j+1}{2}\pi, \tag{20}$$

welche für alle möglichen Stäbe die gleichen sind.

Ob ein solcher Doppelpunkt ein isolierter Punkt oder ein reeller Doppelpunkt ist, hängt von den Stababmessungen ab und wird dadurch entschieden, ob die aus (18) folgenden Werte C_1 und damit die durch sie definierten Durchbiegungen (15) imaginär oder reell sind. Der Grenzwert des Parameters p, für den die Belastung (19) von einem Stabe reell erreicht werden kann, berechnet sich somit aus

$$p^2 = \frac{2}{3(2j+1)^2\pi^2} - \frac{64}{(2j+1)^2\pi^6} \sum_{k=0}^{\infty}{}' \left[\frac{(-1)^{k+1} + (-1)^j \dfrac{2j+1}{2k+1}}{(2j+1)^2 - (2k+1)^2}\right]^2. \tag{21}$$

Für die Fälle $j=0$ und $j=1$ findet man

$$p^2 = 0{,}0655 \quad \text{und} \quad p^2 = 0{,}005571, \tag{22}$$

was in Übereinstimmung mit den aus der Gleichung (**11**, 11) berechneten Werten steht, wie z. B. (**11**, 12) zeigt. [Die Werte (22) sind durch Berechnung genügend vieler Glieder der Reihe in (21) bestimmt worden. Man kann aber ganz allgemein zeigen, daß die hier erhaltenen Ergebnisse, wie es sein muß, mit den in Ziff. **11** erhaltenen übereinstimmen.]

Es lohnt sich, die bisherigen Ergebnisse noch einmal näher zu untersuchen, und wir stellen dabei zuerst fest, daß die rechte Seite der Gleichungen (2) und (2a) diejenige Stabkrümmung darstellt, die bei dem beiderseits frei verschieblich gelagerten Stab ($Q=0$) auftreten würde. Wir nennen sie die statisch bestimmte Krümmung. Sie besteht aus zwei Teilen: der erste rührt von der ursprünglichen Krümmung des unbelasteten Stabes her, der zweite von der Belastung P. Diese Krümmung haben wir in eine Fourierreihe entwickelt, in der jedes Glied die Krümmung einer zum geraden Stab gehörigen Eigendurchbiegung darstellt. Jede solche Krümmung kann durch eine zu der Eigendurchbiegung proportionale Eigenbelastung aufrechterhalten werden. Würde man alle diese Eigenbelastungen bestimmen, so wäre ihre Summe natürlich mit der Kraft P identisch.

Es ist nun einfach, die von den Druckkräften Q verursachte zusätzliche Verformung des Stabes zu verfolgen, wenn wir sie als Summe unendlich vieler Teilverformungen auffassen, von denen jede mit einem Glied der statisch bestimmten Krümmung zusammenhängt. Denn greifen an einem einer Eigenbelastung unterworfenen und also nach der zugehörigen Eigendurchbiegung verformten Stab in seinen Enden zwei axiale Druckkräfte Q an, so wird die vorhandene Biegung in einem bestimmten Verhältnis vergrößert, welches nach unendlich geht, wenn die Kräfte Q sich der (durch die betrachtete Eigendurchbiegung definierten) Knickkraft nähern. In Übereinstimmung hiermit liefert (8) die Gesamtdurchbiegung y als Summe der mit bestimmten Beiwerten versehenen Eigendurchbiegungen des Stabes.

Um das Entstehen der Doppelpunkte in Abb. 17 (Ziff. **11**) zu erklären, denken wir uns den Stab einen Augenblick frei gemacht und fragen, ob es ein System von Kräften (P, Q) gibt, bei dem Q den Wert einer Knickkraft hat und die Durchbiegung des Stabes trotzdem endlich bleiben kann. Die Antwort lautet, daß dies nur dann zutrifft, wenn die statisch bestimmte Krümmung die zur Knickkraft Q gehörige Eigendurchbiegung nicht enthält. Denn ein nach dieser Eigenfunktion gekrümmter Stab würde durch die zu ihr gehörige Knickkraft Q eine über alle Grenzen wachsende Biegung erleiden. Es muß also P einen ganz bestimmten Wert annehmen, und zwar den, der in der statisch bestimmten Krümmung den Beiwert der zu der Knickkraft Q gehörigen Eigenfunktion zu Null macht [vgl. das Ergebnis in den Gleichungen (19)]. Unter der Wirkung dieser Kraft Q und der ihr zugeordneten Kraft P wird nun der immer noch frei gedachte Stab im allgemeinen nicht zwischen die beiden Gelenke passen. Mitunter jedoch bietet sich eine Möglichkeit, dies zu bewerkstelligen, ohne daß sich hierbei die Kräfte P und Q ändern. Man sieht nämlich leicht ein, daß der Stab, wenn er unter der Wirkung der Kraft P und ihrer Reaktionen die zu Q gehörige Eigendurchbiegung nicht enthält, sich unter der Wirkung der Kräfte P und Q insofern wie ein gerader Stab benimmt, als er im indifferenten Gleichgewicht ist, so daß sich seiner Durchbiegung ein beliebiges Vielfaches der zu Q gehörigen Eigendurchbiegung überlagern kann.

Mit einer solchen Überlagerung ist unter allen Umständen eine Abstandsverkleinerung der beiden Stabenden verbunden. War dieser Abstand also ursprünglich zu groß, so kann dem Stab unter Aufrechterhaltung des betrachteten Kraftsystems (P, Q) trotzdem die verlangte Sehnenlänge erteilt werden. War er aber ursprünglich zu klein, so ist dies unmöglich, und die betrachtete Knickkraft in den Gelenken kann dann nicht erzeugt werden. Jetzt versteht man auch, daß im ersten Falle im (P, Q)-Diagramm ein reeller Doppelpunkt entsteht. Denn wenn die vorgeschriebene Sehnenlänge durch Überlagerung von z. B. C_1-mal der zu Q gehörigen Eigendurchbiegung erhalten werden kann, so kann offenkundig dasselbe Ergebnis auch durch Überlagerung von $-C_1$-mal dieser Eigendurchbiegung zustande kommen [vgl. Gleichung (18), welche in der Tat zwei entgegengesetzte Werte für C_1 liefert]. Hiermit ist der erste Ausnahmefall vollständig erledigt.

Es bleibt also nur noch der zweite Fall $\sin\mu l = 0$ übrig, wobei

$$\mu = \frac{m\pi}{l}, \qquad \nu = 2m \qquad (m = 1, 2, \ldots) \tag{23}$$

ist und der Wert von Q mit der zweiten, vierten usw. Knickkraft übereinstimmt. Aus den hier gültigen Gleichungen (7) folgt jetzt, daß $C_1 = 0$ und C_2 unbestimmt ist, so daß die Lösung (6) in

$$y = C_2 \sin\frac{m\pi x}{l} + \frac{4l^2}{\pi^2}\sum_{k=0}^{\infty}\frac{b_{2k+1}}{4m^2-(2k+1)^2}\cos\frac{(2k+1)\pi x}{2l} \tag{24}$$

übergeht, wobei die b_{2k+1} wiederum durch (3) definiert sind. Die Formänderungsbedingung, welche im Falle $\cos\mu l = 0$ zu Gleichung (16) führte, lautet hier

$$\frac{l^3}{3R^2} - \frac{2lQ}{EF} = \frac{2l^3}{\pi^2}\sum_{k=0}^{\infty}\left[\frac{(-1)^{k+1}\frac{4}{\pi R} + \frac{8lP}{(2k+1)\pi^2\alpha}}{4m^2-(2k+1)^2}\right]^2 + \frac{m^2\pi^2}{2l}C_2^2 \tag{25}$$

oder entsprechend umgeschrieben [mit Beachtung von (**11**, 5) und (**11**, 7)]

$$C_2^2 = \frac{2}{m^2\pi^2}\left\{\frac{1}{3} - 2\pi^2 m^2 p^2 - \frac{32}{\pi^4}\sum_{k=0}^{\infty}\left[\frac{(-1)^{k+1} + \frac{2t}{(2k+1)\pi}}{4m^2-(2k+1)^2}\right]^2\right\}\frac{l^4}{R^2}. \tag{26}$$

Wir untersuchen diese Gleichung nur noch für den Fall $m=1$ (wobei also Q gleich der zweiten Knickkraft ist) und schreiben sie in der Form

$$C_2^2=\frac{2}{\pi^2}\left(\frac{1}{3}-2\pi^2 p^2-\frac{32\cdot 0{,}11111}{\pi^4}+\frac{128\cdot 0{,}09817}{\pi^5}t-\frac{128\cdot 0{,}11565}{\pi^6}t^2\right)\frac{l^4}{R^2}, \quad (27)$$

wobei die Zahlenwerte 0,11111, 0,09817, 0,11565 durch Summation genügend vieler Reihenglieder erhalten sind.

Zunächst entnimmt man der Gleichung (27), daß es Werte p gibt, für welche die rechte Seite dauernd negativ ist, so daß für diese Stäbe die zweite Knickkraft überhaupt nicht erreicht werden kann. Die zugehörigen (t, u^2)-Kurven dieser Stäbe (Abb. 17 von Ziff. **11**) liegen links von der Abszisse $u^2=\pi^2$. Der Grenzwert p berechnet sich aus der Bedingung, daß die quadratische Gleichung in t, die durch Nullsetzen der runden Klammer in (27) entsteht, zwei gleiche Wurzeln hat. Denselben Wert erhält man natürlich aus Gleichung (10), wenn man dort $u=\mu l=\pi$ setzt und die Forderung stellt, daß jene Gleichung zwei gleiche Wurzeln aufweist.

Ist p kleiner als dieser Grenzwert, so daß in Abb. 17 von Ziff. **11** die zugehörige Schleife die Gerade $u^2=\pi^2$ in zwei Punkten t_1 und t_2 $(<t_1)$ schneidet, so ist für alle Werte im Bereich $t_2<t<t_1$ ein Gleichgewichtszustand des Stabes möglich, bei dem sich die zweite Eigendurchbiegung des Stabes C_2-mal ausbildet. Gleichung (27) lehrt, wie groß das zu jedem Wert t $(t_2<t<t_1)$ gehörige C_2 ist. Daß zu jedem Wert t zwei Werte C_2 gehören, hat in diesem Fall keine besondere Bedeutung, weil die ihnen zugeordneten Durchbiegungen bezüglich der Wirkungslinie der Kraft spiegelbildlich sind und sich also mechanisch nicht unterscheiden.

13. Beispiel zum durchschlagenden Stab. Wie unerwartet verwickelt die Verhältnisse sind, die bei diesem an und für sich einfachen Problem vorkommen können, zeigen wir an Hand einiger Diagramme, die sich auf den willkürlich ausgewählten Sonderfall $p=\frac{R\iota}{l^2}=\frac{1}{\pi}\sqrt{\frac{1}{30}}$ beziehen. Bezeichnet man das Verhältnis $y:y_0$ in der Stabmitte mit η, so kommen zur Nachprüfung der verschiedenen möglichen Gleichgewichtszustände vor allem die drei Diagramme in Betracht, die den Zusammenhang zwischen je zweien der drei Größen P, Q und η darstellen. Sie sind in Abb. 19 bis 21 wiedergegeben, wobei statt P und Q jedesmal die auch früher benutzten dimensionslosen Größen $Rl P/\alpha\,(=t)$ und $\sqrt{l^2 Q/\alpha}\,(=u)$ verwendet sind. Außerdem ist in Abb. 22 die im Stab aufgespeicherte Formänderungsenergie $\mathfrak{A}$ in der dimensionslosen Größe $l^2\mathfrak{A}/2R\alpha$ abhängig von η aufgezeichnet. Die Diagramme beziehen sich alle auf den Fall der symmetrischen Biegung, die wir uns gewährleistet denken müssen.

Einige beim Durchschlagvorgang wichtige Zwischenlagen sind in sämtlichen Diagrammen mit I bis XVII numeriert. Zu ihrer Erläuterung stellen wir zunächst fest, daß das Durchschlagen des Stabes auf dreierlei Art erzeugt werden kann. Erstens kann man den Stab mit einem stetig wachsenden Gewicht belasten; zweitens kann man ihn mit einer Druckschraube nach unten drücken, so daß er zwar nach oben, aber nicht nach unten gestützt ist; drittens kann man die Stabmitte zwangsläufig führen, so daß in jedem Belastungszustand eine Bewegung dieses Stabpunktes weder nach oben noch nach unten möglich ist.

Im ersten Falle schlägt der Stab im Zustand II, im zweiten Fall im Zustand IV durch (Abb. 20). Im dritten Falle tritt, wenn man vom Anfangszustand aus die Senkung der Stabmitte zwangsläufig vergrößert, ein Durchschlagen vom Zustand VIII in den Zustand XV ein. Führt man die Stabmitte, nachdem dieses Durchschlagen einmal stattgefunden hat, wieder zwangsläufig in die Höhe, so werden die Zustände XV, XIV, XIII, XII, XI, X durchlaufen, und von hier aus schlägt der Stab in den Zustand *III* über, wie man am einfachsten aus Abb. 22 (oder auch aus Abb. 21) erkennt. Übrigens zeigt Abb. 22,

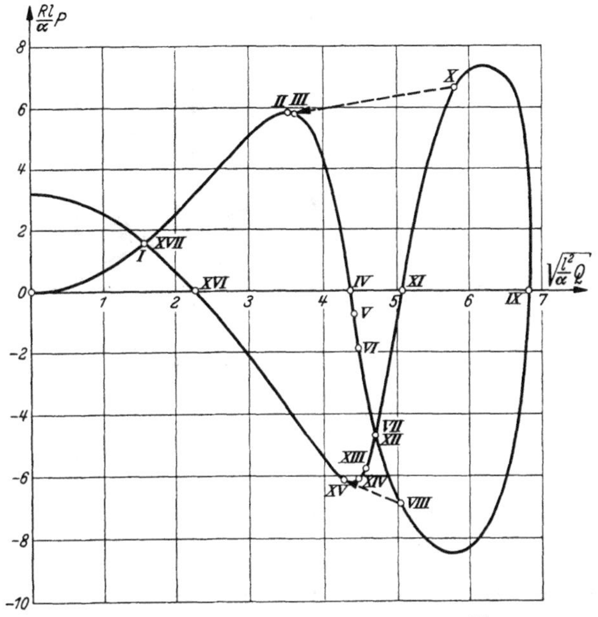

Abb. 19. (P, Q)-Diagramm fur den Fall $p = \frac{1}{\pi}\sqrt{\frac{1}{30}}$.

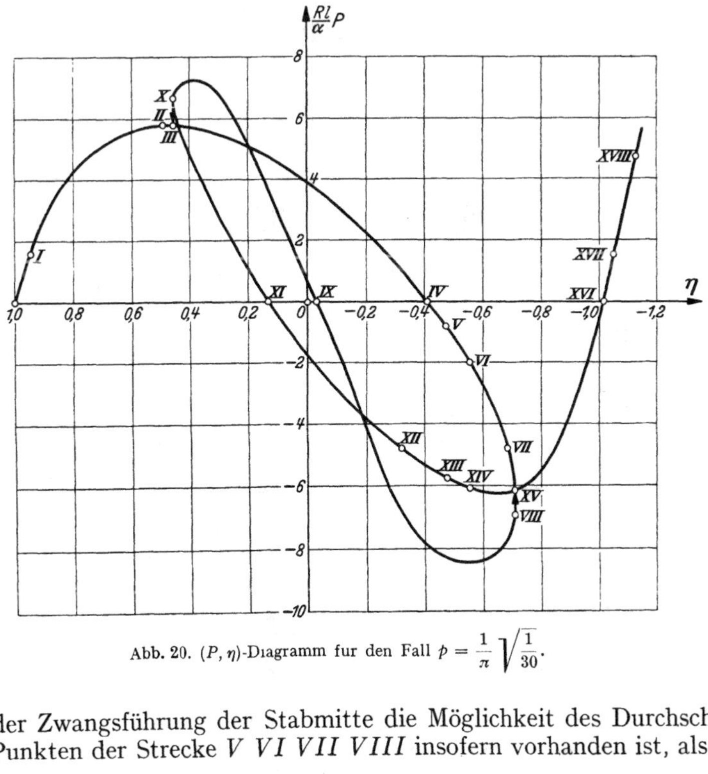

Abb. 20. (P, η)-Diagramm fur den Fall $p = \frac{1}{\pi}\sqrt{\frac{1}{30}}$.

daß bei der Zwangsführung der Stabmitte die Möglichkeit des Durchschlagens in allen Punkten der Strecke *V VI VII VIII* insofern vorhanden ist, als jedem dieser Gleichgewichtszustände ein anderer entspricht, für den bei gleicher Höhe des Stabmittelpunktes die Formänderungsenergie kleiner ist (vgl. die Strecke

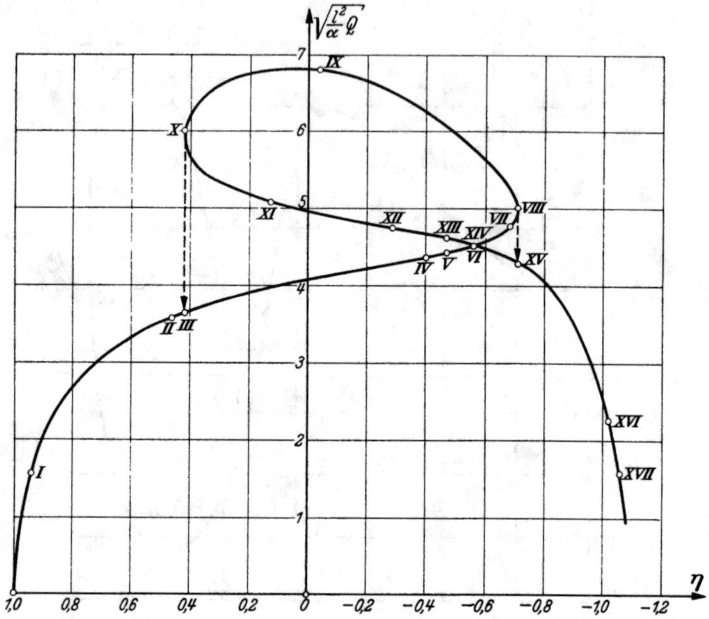

Abb. 21. (Q, η)-Diagramm fur den Fall $p = \frac{1}{\pi}\sqrt{\frac{1}{30}}$.

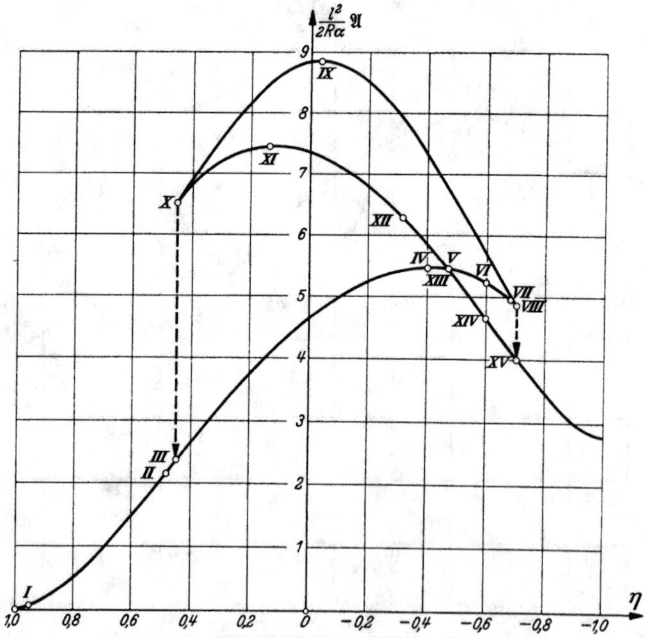

Abb. 22. $(\mathfrak{A}, \eta)$-Diagramm fur den Fall $p = \frac{1}{\pi}\sqrt{\frac{1}{30}}$.

XIII XIV XV). Ob der Stab wirklich von selbst in einer solchen Lage durchschlägt, könnte streng genommen nur durch Energiebetrachtungen entschieden werden. Eine ähnliche Bemerkung gilt, wenn man den Stab vom Zustand *XVII* zurückführt, für die Strecke *XIII XII XI X*.

In den Zuständen *IV*, *IX*, *XI* und *XVI* ist keine äußere Kraft vorhanden. Da die Arbeit $\mathfrak{A}$ durch $\int P\,dy$ definiert ist, so erkennt man sofort, daß in diesen Lagen $d\mathfrak{A}/dy$ (oder auch $d\mathfrak{A}/d\eta$) gleich Null ist, so daß $\mathfrak{A}$ selbst ein Maximum oder Minimum aufweist.

Die mechanische Bedeutung der Doppelpunkte (*I*, *XVII*) und (*VII*, *XII*) von Abb. 19 ist schon in Ziff. **11** und **12** klargestellt worden. Es bleibt also nur noch der Doppelpunkt (*VI*, *XIV*) von Abb. 21 zu besprechen. Doppelpunkte im $\left(\sqrt{\frac{l^2}{\alpha}Q}, \eta\right)$-Diagramm sind, wie wir zeigen wollen, nur bei gewissen Knickkräften des Stabes möglich. Bezeichnet man nämlich mit (P_1, Q_0, η_0) und (P_2, Q_0, η_0) die beiden für die Doppellagen des Stabes maßgebenden Größen, so kann man zur Erzeugung dieser Doppellagen, indem man erst einmal die beiden Scharniere an den Stabenden löst (Abb. 23), zunächst durch eine lotrechte Belastung $2S$ in der Stabmitte und lotrechte Kräfte S in den beiden Scharnieren erreichen, daß die Stabmitte die Verschiebung η_0 erleidet. Die Stabenden haben dann im allgemeinen nicht den vorgeschriebenen Abstand $2\,l$, und es ist (wenn ihr Abstand zu groß ist) die Aufgabe der Druckkräfte Q_0, diesen Abstand auf $2\,l$ zurückzuführen. Mit den Kräften Q_0 kommen aber zugleich weitere lotrechte Kräfte S' ins Spiel; denn denkt man sich den Stab in der Mitte eingeklemmt, so dürfen sich ja die Stabenden nicht lotrecht verschieben. Um nun zu sehen, unter welchen Umständen die Kräfte Q_0 die verlangte Abstandsverkürzung beider Stabenden auf zwei Arten (und also wohl auch mit zwei verschiedenen Zusatzkräften S') zustande bringen können, betrachten wir solche Knickkräfte, bei denen die Stabenden gegen die Stabmitte keine lotrechte Verschiebung erleiden. Wir nennen diese Kräfte kurz Knickkräfte zweiter Art und ihre zugehörigen Biegelinien Eigendurchbiegungen zweiter Art.

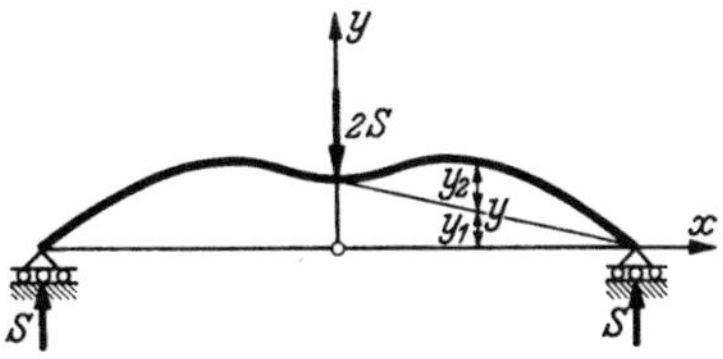

Abb. 23. Schwachgekrummter Stab.

Die von den Kräften S verursachte statisch bestimmte Durchbiegung y des Stabes kann nun als Summe einer linear verlaufenden Durchbiegung y_1 und einer (nach den Eigendurchbiegungen zweiter Art zu entwickelnden) Durchbiegung y_2 aufgefaßt werden (Abb. 23). Die Durchbiegung y_2 darf die k-te Eigendurchbiegung zweiter Art nicht enthalten, wenn die waagerechten Druckkräfte Q_0 den Wert der k-ten Knickkraft zweiter Art erreichen; denn sonst würde beim Auftreten dieser Kräfte die statisch bestimmte Durchbiegung ins unendliche vergrößert. Dadurch ist die Größe der Kräfte S (die ja diese Durchbiegung erzeugen mußten) bestimmt. Greift nun bei dieser Belastung S die k-te Knickkraft zweiter Art an, so kann sich der statisch bestimmten Durchbiegung ein beliebiges Vielfaches der k-ten Durchbiegung zweiter Art derart überlagern, daß der Abstand der Endpunkte des Stabes gerade auf die vorgeschriebene Länge $2\,l$ verkleinert wird. (Wenn der Abstand dieser Punkte anfänglich zu klein war, so kann die k-te Knickkraft zweiter Art, und damit der betreffende Doppelpunkt, überhaupt nicht auftreten.)

Dieser vorgeschriebene Abstand kann nun aber offensichtlich durch eine Überlagerung entweder eines positiven oder eines gleich großen negativen Vielfachen jener Eigendurchbiegung erzielt werden, und hiermit ist gezeigt, daß, wenn die waagerechten Kräfte Q_0 wirklich den Wert einer Knickkraft zweiter Art erreichen, auch in der Tat ein Doppelpunkt im $\left(\sqrt{\frac{l^2}{\alpha}Q}, \eta\right)$-Diagramm entstehen muß. Die lotrechten Zusatzkräfte S' und $2S'$, die bei der k-ten Eigendurchbiegung in den Stabenden und in der Stabmitte entstehen, haben in den beiden möglichen Fällen verschiedenes Vorzeichen, so daß die belastenden Kräfte $2P_1 = 2(S+S')$ und $2P_2 = 2(S-S')$ in beiden Fällen verschieden sind. Dadurch erklärt es sich auch, daß mit den Doppelpunkten von Abb. 21 keine Doppelpunkte in Abb. 19 übereinstimmen.

14. Die tordierte Welle von kreisförmigem Querschnitt. Eine Welle kann nicht nur durch axiale Druckkräfte, wenn diese die Werte der Knickkräfte erreichen, zum Ausknicken gebracht werden, sondern auch, wie man an jedem Draht leicht beobachten kann, durch Torsionsmomente, sobald diese bestimmte kritische Werte annehmen. Wir wollen insbesondere das kleinste und also praktisch wichtigste dieser sogenannten Knickmomente berechnen.

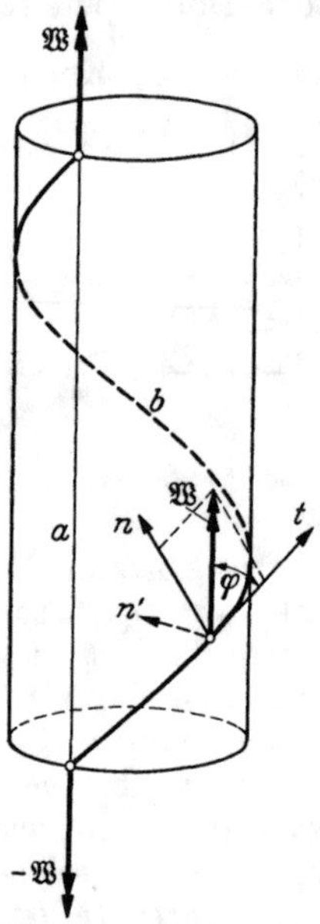

Abb. 24. Die ausgeknickte Welle von kreisförmigem Querschnitt

Zuerst betrachten wir den häufigsten Fall der Welle von kreisförmigem Querschnitt. Für sie läßt sich das gesuchte Knickmoment W_1 durch folgende ganz einfache Überlegung[1]) fast ohne jede Rechnung herleiten, wenn man sich auf die bei Wellen meist zutreffende Lagerung ohne Einspannmoment an beiden Enden beschränkt.

Die ursprünglich gerade Achse a der beiderseits vom Torsionsmoment W beanspruchten, sonst aber freien Welle geht im Augenblick des Ausknickens in eine (möglicherweise räumliche) Kurve b über (Abb. 24). Denken wir uns des einfacheren Ausdrucks halber die Achse a lotrecht, so greift in jedem Querschnitt der Welle lediglich ein lotrechter Momentvektor $\mathfrak{W}$ (vom Betrag W) an; er wirft in die Richtung der Tangente t die Komponente $W\cos\varphi$ als eigentliches Torsionsmoment, wenn $\varphi = \sphericalangle(t, a)$ ist, und in die Richtung der mit t und $\mathfrak{W}$ in einer (lotrechten) Ebene liegenden Normalen n die Komponente $M = W\sin\varphi$ als Biegemoment. In die waagerechte (d. h. auf t und $\mathfrak{W}$ senkrecht stehende) Kurvennormale n' wirft $\mathfrak{W}$ kein Biegemoment. Wir wollen zeigen, daß dann die Kurve b eine Schraubenlinie sein muß (Abb. 24, wo der Anschaulichkeit halber der Zylinder mit dargestellt ist, auf dem diese Schraubenlinie verläuft).

Weil nämlich bei kreisförmigem Querschnitt jede Querschnittsachse durch den Kreismittelpunkt eine Hauptträgheitsachse ist, so bedeutet nach dem Grundgesetz der technischen Biegelehre das waagerechte Biegemoment Null dort auch eine Krümmung Null der Projektion der Kurve b auf eine zu n' senkrechte Ebene, und folglich ist die Ebene tn' die Schmiegungsebene der Kurve b und n' ihre Hauptnormale. Außerdem hat die Kurve b eine unveränderliche Steigung φ; denn nur ein von Null verschiedenes Biegemoment, dessen Vektor längs der Waagerechten n' fällt, könnte die Steigung der Welle (deren Querschnitt ja eine waagerechte Hauptträgheitsachse besitzt) ändern. Mit φ ist aber auch das Biegemoment $M = W\sin\varphi$ in der (zur Schmiegungsebene senkrechten) Kurvennormale n unveränderlich und damit die (in der Schmiegungsebene zu messende) Krümmung k der Kurve b. Eine Raumkurve mit unveränderlicher Krümmung, waagerechter Hauptnormale und unveränderlicher Steigung der Schmiegungsebene ist aber in der Tat eine Schraubenlinie mit lotrechter Schraubenachse.

[1]) R. Grammel, Das kritische Torsionsmoment kreiszylindrischer Drähte (Wellen), Ing.-Arch. 1 (1930) S. 243.

Da nur solche Punkte einer derartigen Schraubenlinie senkrecht übereinander liegen, welche um eine Ganghöhe (oder ein ganzes Vielfaches davon) auseinanderliegen, so muß die Kurve b von Lager zu Lager gerade eine Ganghöhe (oder mehrere) umfassen. Mithin darf man beim Beginn des Ausknickens die Länge l der Welle mit der Ganghöhe gleichsetzen (falls man nur die Ausknickung erster Ordnung in Betracht ziehen will). Ist r der Halbmesser des Kreiszylinders, auf den diese Schraubenlinie aufgewickelt ist (also die halbe Amplitude der Ausknickung), so gilt, wie geometrisch bekannt ist[1]),

$$\operatorname{tg}\varphi = \frac{2\pi r}{l}, \qquad k = \frac{\sin^2\varphi}{r}.$$

Setzt man diese Werte in die Biegegleichung

$$\alpha k = M \equiv W \sin\varphi$$

ein (wo α wieder die Biegesteifigkeit ist) und beachtet, daß beim Beginn des Ausknickens noch $\sin\varphi = \operatorname{tg}\varphi = \varphi$ ist, so folgt

$$\frac{2\pi\alpha r}{l} = W r,$$

und dies besagt, daß das Moment W, wenn es von Null an stetig wächst, zum erstenmal dann die Welle zum Ausknicken ($r \neq 0$) bringen kann, wenn es den kritischen Wert, das Knickmoment

$$W_1 = \frac{2\pi\alpha}{l}, \tag{1}$$

erreicht hat.

Bei Drähten läßt sich dieser Wert W_1 praktisch ganz leicht erreichen, bei Maschinenwellen liegt er wohl immer weit über der zulässigen Grenze der Beanspruchung, wie man allgemein folgendermaßen erkennt. Ist α_t die Torsionssteifigkeit der Welle, so ist der zu W_1 gehörige Torsionswinkel $\varphi_1 = l W_1/\alpha_t$ oder nach (1)

$$\varphi_1 = 2\pi\frac{\alpha}{\alpha_t}. \tag{2}$$

Nun ist aber für kreisförmige Querschnitte mit dem Elastizitätsmodul E, dem Schubmodul G und der Querdehnungszahl m

$$\frac{\alpha}{\alpha_t} = \frac{E}{2G} = \frac{m+1}{m}$$

und also

$$\varphi_1 = 2\pi\frac{m+1}{m}. \tag{3}$$

Das Moment W müßte also die Welle um mehr als 360° tordieren, ehe sie zum Ausknicken käme.

Die Formel (1) hat somit bei Maschinenwellen zumeist nur die Bedeutung, daß sie die (in der Regel sehr große) Sicherheit gegen Torsionsknickung abzuschätzen gestattet. Sie kann aber unmittelbar wertvoll werden, sobald die Welle außer dem Torsionsmoment einen großen Axialdruck P erfährt. Dieser setzt nämlich, wie wir später sehen werden, das Knickmoment unter Umständen stark herab, und dann wird $W_1(1)$ zusammen mit der Knicklast P_1 der nichttordierten Welle in einfacher Weise den Wert des tatsächlichen, zu P gehörenden Knickmomentes W_1^* liefern; $W_1(1)$ ist dann eine praktisch wichtige Hilfsgröße zur Berechnung von W_1^*.

[1]) *Siehe etwa „Hütte", Bd. 1, S. 120, 25. Aufl., Berlin 1925.*

15. Die tordierte Welle von beliebigem Querschnitt. Aus dem gleichen Grunde ermitteln wir jetzt auch das kleinste Knickmoment W_1 für Wellen von beliebigem Querschnitt, z. B. Wellen mit Längsnuten. Eine elementare Betrachtung führt hier nicht mehr zum Ziel, da die Kurve b der ausgeknickten Wellenmittellinie keine so einfache Raumkurve mehr ist. Wir verallgemeinern die vorangehende Untersuchung folgenderweise[1]).

In die zu einer Raumkurve b gebogene Wellenmittellinie legen wir, im einen Lager beginnend, einen krummlinigen Maßstab t. Im Querschnitt t wird ein rechtwinkliges Achsenkreuz definiert, dessen x-Achse in der dortigen Tangente der Kurve b liegt und zu wachsenden Werten von t weist; die y- und z-Achse sollen die dortigen Hauptträgheitsachsen des Querschnitts angeben. Im besonderen bezeichnen wir mit x, y, z die Koordinaten des Endpunktes eines Einheitsvektors $\mathfrak{e}$, der vom Punkt t der Kurve b ausgeht und die Richtung der ursprünglichen Wellenachse a (die wir uns nach wie vor lotrecht vorstellen) im Sinne wachsender t angibt, so daß x, y, z einfach die Richtungskosinusse des Achsenkreuzes gegen die Lotlinie bedeuten. Der im Querschnitt t zu übertragende Momentvektor $\mathfrak{W} = W\mathfrak{e}$ hat also die Komponenten Wx, Wy, Wz im Achsenkreuz (x, y, z). Neben dem Momentvektor $\mathfrak{W}$ definieren wir im Punkt t einen Verzerrungsvektor $\mathfrak{d}$, der dort die Krümmungsverhältnisse der Kurve b sowie die Torsion der Welle messen soll: Ist ω die dortige spezifische Verdrehung (also der auf die Längeneinheit der Welle bezogene Torsionswinkel) und sind k_1 und k_2 die dortigen Krümmungen der Projektionen der Kurve b auf die Ebenen (x, z) und (x, y), so soll $\mathfrak{d}$ der Vektor mit den Komponenten ω, k_1, k_2 sein.

Das Elastizitätsgesetz sagt aus, daß der Vektor $\mathfrak{W}$ eine lineare Vektorfunktion des Vektors $\mathfrak{d}$ ist, nämlich im Rahmen der technischen Biege- und Torsionslehre

$$W x = \alpha_t \omega, \qquad W y = \alpha_1 k_1, \qquad W z = \alpha_2 k_2, \tag{1}$$

wenn α_t die Torsionssteifigkeit, α_1 und α_2 die Biegesteifigkeiten der Welle sind, die wir alle drei als unveränderlich voraussetzen.

Wir gewinnen die Differentialgleichungen des Problems, indem wir feststellen, wie sich die Komponenten der Vektoren $\mathfrak{e}$ und $\mathfrak{W}$ beim Fortschreiten auf der Kurve b ändern. Dies gelingt sehr einfach, wenn wir die Aufgabe kinematisch umdeuten. Bewegt sich der Ursprung des Achsenkreuzes (x, y, z) auf der Kurve b mit der Geschwindigkeit Eins, d. h. deutet man die Koordinate t als Zeit, so ist $\mathfrak{d}$, wie man aus der Bedeutung seiner Komponenten ω, k_1, k_2 ohne weiteres erkennt, der Drehvektor des Achsenkreuzes (x, y, z). Nun ist aber für jeden zeitlich unveränderlichen Vektor $\mathfrak{a}$ die relative Änderungsgeschwindigkeit $d\mathfrak{a}/dt$ in einem mit der Drehgeschwindigkeit $\mathfrak{d}$ sich drehenden System nach einem bekannten Satz der Kinematik gleich dem Vektorprodukt $[\mathfrak{a}\,\mathfrak{d}]$ aus $\mathfrak{a}$ und $\mathfrak{d}$, und folglich hat man für die beiden Vektoren $\mathfrak{e}$ und $\mathfrak{W}$

$$\frac{d\mathfrak{e}}{dt} = [\mathfrak{e}\,\mathfrak{d}], \qquad \frac{d\mathfrak{W}}{dt} = [\mathfrak{W}\,\mathfrak{d}] \tag{2}$$

oder in Komponenten [mit Rücksicht auf (1)]

$$\frac{dx}{dt} = y k_2 - z k_1, \qquad \frac{dy}{dt} = z\omega - x k_2, \qquad \frac{dz}{dt} = x k_1 - y\omega, \tag{3}$$

$$\alpha_t \frac{d\omega}{dt} = (\alpha_1 - \alpha_2) k_1 k_2, \qquad \alpha_1 \frac{dk_1}{dt} = (\alpha_2 - \alpha_t) k_2 \omega, \qquad \alpha_2 \frac{dk_2}{dt} = (\alpha_t - \alpha_1) k_1 \omega, \tag{4}$$

falls (x, y, z) ein rechtshändiges System ist.

---

[1]) R. Grammel, Das kritische Drillungsmoment von Wellen, Z. angew. Math. Mech. 3 (1923) S. 262.

Diese Gleichungen kommen auch in der Kinetik des starren Körpers vor: deutet man (x, y, z) als Hauptachsenkreuz des Schwerpunktes, $\alpha_t, \alpha_1, \alpha_2$ als die zugehörigen Hauptträgheitsmomente, $\mathfrak{e}$ als einen raumfesten Einheitsvektor durch den Schwerpunkt und $\mathfrak{o}$ als den Drehvektor des im Schwerpunkt reibungslos gestützten Körpers, so sind (2) oder (3) und (4) die Bewegungsgleichungen dieses sogenannten kräftefreien Kreisels, und dieser Sachverhalt drückt die Kirchhoffsche Analogie zwischen der Theorie der elastischen Linie und der Bewegung des kräftefreien Kreisels (Poinsotbewegung) aus.

Von den Bewegungsgleichungen eines solchen Kreisels ist bekannt, daß sie sich durch elliptische Funktionen integrieren lassen. In unserem Falle kommt man aber schon mit einer elementaren Näherung vollständig aus. Wir wollen ja nicht die allgemeine Gestalt der beliebig weit ausgeknickten Welle kennen, sondern dasjenige kritische Moment W_1, das die Welle gerade eben zum Ausknicken bringt. Dazu genügt es, eine mit diesem Moment verträgliche Gleichgewichtsform der Welle aufzusuchen, die sich hinsichtlich der Kurve b nur beliebig wenig von der ursprünglichen Geraden a unterscheidet. Mit anderen Worten: um das Knickmoment W_1 zu erhalten, darf man y, z, k_1 und k_2 als kleine Größen erster Ordnung behandeln und ihre Produkte und Potenzen streichen.

Dann aber ist es nach der ersten Gleichung (3) erlaubt, $x = 1$ zu setzen, und nach der ersten Gleichung (4), ω als unveränderlich längs der ganzen Welle anzunehmen, so daß nach der ersten Gleichung (1) einfach

$$W = \alpha_t \omega \tag{5}$$

wird. Die jetzt noch übrig gebliebenen zweiten und dritten Gleichungen (3) und (4) mit $x = 1$ sind elementar integrierbar. Schreibt man sie in der Form

$$\frac{dk_1}{dt} = \frac{\alpha_2 - \alpha_t}{\alpha_1} \omega k_2, \qquad \frac{dk_2}{dt} = -\frac{\alpha_1 - \alpha_t}{\alpha_2} \omega k_1, \tag{6}$$

$$\frac{dy}{dt} - \omega z = -k_2, \qquad \frac{dz}{dt} + \omega y = k_1, \tag{7}$$

so erkennt man sofort, daß das nur k_1 und k_2 enthaltende System (6) die Lösung

$$\left.\begin{aligned} k_1 &= A_1 \omega \cos(\varrho\omega t - \tau_1), \\ k_2 &= -\varkappa A_1 \omega \sin(\varrho\omega t - \tau_1) \end{aligned}\right\} \tag{8}$$

hat, wo A_1 und τ_1 zwei Integrationskonstanten sind (der Faktor ω ist nur aus Dimensionsgründen hinzugefügt); die Zahlen $\varkappa$ und ϱ bestimmen sich durch Einsetzen von (8) in (6) zu

$$\varkappa = \sqrt{\frac{\alpha_1}{\alpha_2} \frac{\alpha_1 - \alpha_t}{\alpha_2 - \alpha_t}}, \qquad \varrho = \sqrt{\frac{(\alpha_1 - \alpha_t)(\alpha_2 - \alpha_t)}{\alpha_1 \alpha_2}}. \tag{9}$$

Mit den so gefundenen Integralen k_1 und k_2 geben auch die Gleichungen (7) vollends leicht die Lösungen

$$\left.\begin{aligned} y &= \frac{\alpha_1}{\alpha_t} A_1 \cos(\varrho\omega t - \tau_1) + A_2 \cos(\omega t - \tau_2), \\ z &= -\frac{\alpha_2}{\alpha_t} \varkappa A_1 \sin(\varrho\omega t - \tau_1) - A_2 \sin(\omega t - \tau_2), \end{aligned}\right\} \tag{10}$$

wovon man sich durch Einsetzen überzeugt; A_2 und τ_2 sind weitere Integrationskonstanten.

Diese allgemeine Lösung haben wir nun an den besonderen Fall der beiderseits fest gelagerten Welle anzupassen. Da haben wir zuerst die Bedingungen

$$\alpha_1 k_1 = \alpha_t \omega y, \qquad \alpha_2 k_2 = \alpha_t \omega z \quad \text{für alle } t \tag{11}$$

zu erfüllen; sie drücken aus, daß in jedem Wellenquerschnitt t die Biegemomente $\alpha_1 k_1$ und $\alpha_2 k_2$ [vgl. (1)] den Projektionen des Momentvektors $\mathfrak{W}$ vom Betrag (5) gleich sein müssen. Dies liefert sogleich

$$A_2 = 0. \tag{12}$$

Weiter haben wir auszudrücken, daß die Welle auch durch das zweite Lager hindurchgehen muß. Hierzu denken wir uns die ausgeknickte Wellenmittellinie b auf eine Ebene, die senkrecht zur ursprünglichen Wellenachse a steht, projiziert. Dabei entsteht als Projektion der jeweiligen Hauptachsen ein (bis auf vernachlässigbare Größen genau) rechtwinkliges Achsenkreuz (η', ζ') das sich mit der Winkelgeschwindigkeit ω gleichförmig dreht (wenn wir die kinematische Sprechweise von vorhin beibehalten), und in welchem die Projektion $\mathfrak{v}'$ des die Bewegung längs der Kurve b ausdrückenden Geschwindigkeitsvektors $\mathfrak{v}$ (vom Betrag Eins) offenbar gerade die Komponenten $-y$ und $-z$ hat. In einem nicht mitrotierenden Achsenkreuz (ξ, η, ζ), dessen ξ-Achse mit der ursprünglichen Wellenachse a zusammenfällt und dessen η- und ζ-Achsen mit den Projektionen der Hauptträgheitsachsen des Querschnitts $t=0$ zusammenfallen, sind diese Komponenten

$$\mathfrak{v}_\eta = -(y\cos\omega t - z\sin\omega t), \qquad \mathfrak{v}_\zeta = -(y\sin\omega t + z\cos\omega t).$$

Wie aber $\mathfrak{v}$ die Geschwindigkeit vorstellt, mit der die Kurve b vom Ursprung des Hauptachsenkreuzes (x, y, z) durchlaufen wird, so bedeutet $\mathfrak{v}'$ die Geschwindigkeit, mit der dessen Projektion hierbei die Projektionskurve von b durchläuft; und folglich sind deren Koordinaten

$$\eta = \int_0^t \mathfrak{v}_\eta\,dt = -\int_0^t (y\cos\omega t - z\sin\omega t)\,dt, \quad \zeta = \int_0^t \mathfrak{v}_\zeta\,dt = -\int_0^t (y\sin\omega t + z\cos\omega t)\,dt, \tag{13}$$

berechnet als Funktionen der Bogenlänge t, die ihrerseits wieder (bis auf kleine Größen höherer Ordnung) mit der räumlichen Koordinate ξ der Kurve b übereinstimmt, wenn man $\xi=0$ mit $t=0$ zusammenfallen läßt.

Die gesuchten Bedingungen dafür, daß die Welle auch durch das zweite Lager hindurchgeht, lauten mit der Länge l der Welle $\eta(l) = \zeta(l) = 0$ oder nach (13)

$$\int_0^l (y\cos\omega t - z\sin\omega t)\,dt = 0, \qquad \int_0^l (y\sin\omega t + z\cos\omega t)\,dt = 0. \tag{14}$$

Setzt man hier die Lösung (10) mit $A_2 = 0$ ein und benützt noch folgende Abkürzungen für die auftretenden Integrale:

$$\left.\begin{aligned}
J_1 &= \int_0^l \cos\omega t\cos\varrho\omega t\,dt = \frac{\sin(1-\varrho)\omega l}{2(1-\varrho)\omega} + \frac{\sin(1+\varrho)\omega l}{2(1+\varrho)\omega},\\
J_2 &= \int_0^l \cos\omega t\sin\varrho\omega t\,dt = -\frac{1-\cos(1-\varrho)\omega l}{2(1-\varrho)\omega} + \frac{1-\cos(1+\varrho)\omega l}{2(1+\varrho)\omega},\\
J_3 &= \int_0^l \sin\omega t\cos\varrho\omega t\,dt = \frac{1-\cos(1-\varrho)\omega l}{2(1-\varrho)\omega} + \frac{1-\cos(1+\varrho)\omega l}{2(1+\varrho)\omega},\\
J_4 &= \int_0^l \sin\omega t\sin\varrho\omega t\,dt = \frac{\sin(1-\varrho)\omega l}{2(1-\varrho)\omega} - \frac{\sin(1+\varrho)\omega l}{2(1+\varrho)\omega},
\end{aligned}\right\} \tag{15}$$

so folgt aus (14) entweder auch $A_1 = 0$ oder aber $A_1 \neq 0$ und dann

$$(\alpha_1 J_1 + \varkappa\alpha_2 J_4)\cos\tau_1 + (\alpha_1 J_2 - \varkappa\alpha_2 J_3)\sin\tau_1 = 0,$$
$$(\alpha_1 J_3 - \varkappa\alpha_2 J_2)\cos\tau_1 + (\alpha_1 J_4 + \varkappa\alpha_2 J_1)\sin\tau_1 = 0,$$

und hieraus entsteht durch Entfernen von τ_1 die Knickbedingung

$$(\alpha_1^2+\varkappa^2\alpha_2^2)(J_1J_4-J_2J_3)+\varkappa\alpha_1\alpha_2(J_1^2+J_2^2+J_3^2+J_4^2)=0$$

oder mit den Werten J_1 bis J_4 aus (15) nach kurzer Zwischenrechnung

$$\left[\frac{\alpha_1+\varkappa\alpha_2}{1-\varrho}\sin(1-\varrho)\frac{\omega l}{2}\right]^2=\left[\frac{\alpha_1-\varkappa\alpha_2}{1+\varrho}\sin(1+\varrho)\frac{\omega l}{2}\right]^2. \tag{16}$$

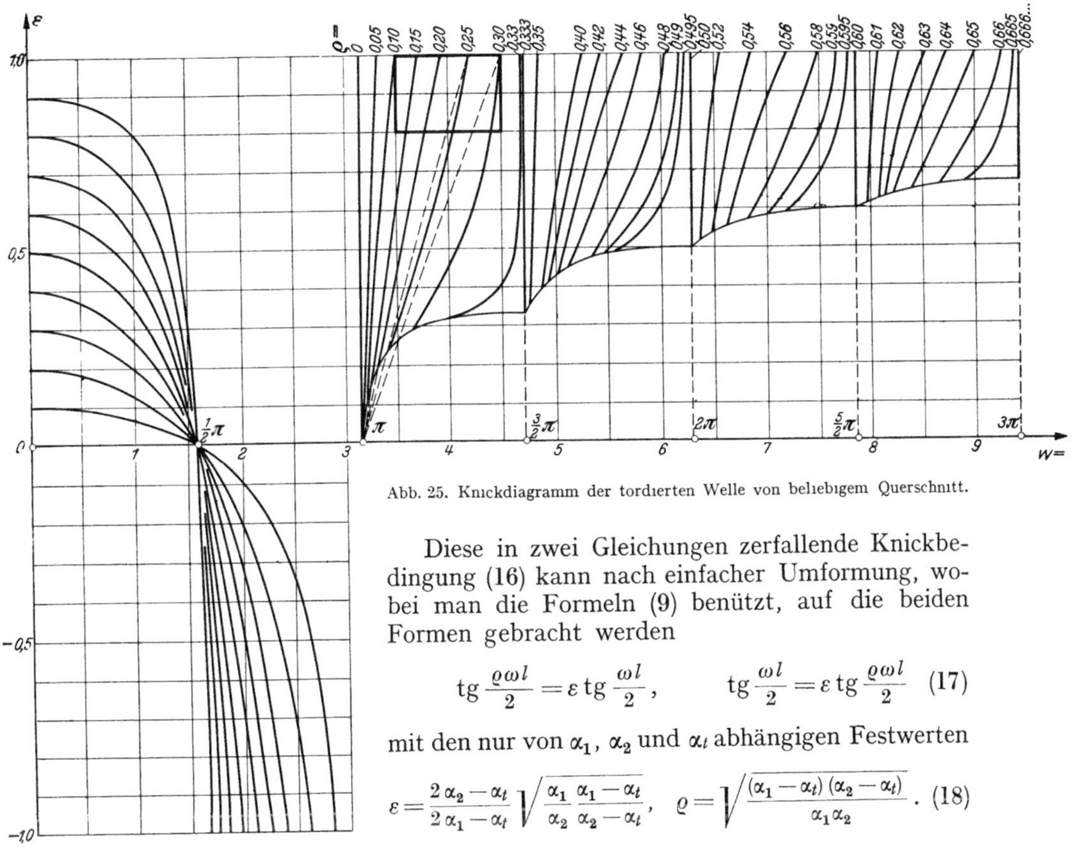

Abb. 25. Knickdiagramm der tordierten Welle von beliebigem Querschnitt.

Diese in zwei Gleichungen zerfallende Knickbedingung (16) kann nach einfacher Umformung, wobei man die Formeln (9) benützt, auf die beiden Formen gebracht werden

$$\operatorname{tg}\frac{\varrho\omega l}{2}=\varepsilon\operatorname{tg}\frac{\omega l}{2},\qquad \operatorname{tg}\frac{\omega l}{2}=\varepsilon\operatorname{tg}\frac{\varrho\omega l}{2} \tag{17}$$

mit den nur von α_1, α_2 und α_t abhängigen Festwerten

$$\varepsilon=\frac{2\alpha_2-\alpha_t}{2\alpha_1-\alpha_t}\sqrt{\frac{\alpha_1}{\alpha_2}\frac{\alpha_1-\alpha_t}{\alpha_2-\alpha_t}},\quad \varrho=\sqrt{\frac{(\alpha_1-\alpha_t)(\alpha_2-\alpha_t)}{\alpha_1\alpha_2}}. \tag{18}$$

Von diesen beiden Knickbedingungen (17) ist jeweils diejenige zu benützen, die die kleinste positive, von Null verschiedene Wurzel $\omega=\omega_1$ besitzt. Dann ist nach (5)

$$W_1=\alpha_t\,\omega_1 \tag{19}$$

das gesuchte kleinste Knickmoment.

In Abb. 25 ist die Schar der Kurven (17) mit $w\equiv\omega l/2$ als Abszisse und ε als Ordinate sowie ϱ als Parameter dargestellt. Die Kurvenzweige sind nur soweit gezeichnet, als dies zur Auffindung des kleinsten positiven Wertes ω nötig ist; dabei war im Abszissenbereich von 0 bis π die erste Gleichung (17) zu benützen, im Bereich von π bis $\frac{3}{2}\pi$ die zweite, im Bereich von $\frac{3}{2}\pi$ bis 2π wieder die erste und so abwechslungsweise weiter. Außerdem genügte es, die Kurven für solche Ordinaten ε zu entwerfen, die zwischen -1 und $+1$ liegen, da durch Reziproknehmen von ε die beiden Gleichungen (17) wechselseitig ineinander übergehen. Ist also ε als positiver oder negativer unechter Bruch gegeben, so nimmt man sofort seinen reziproken Wert.

Jede Kurve der Schar trifft auf der ε-Achse mit einer Ordinate ein, welche ihr eigener Parameter ϱ ist, so daß die Skala der ε-Achse dort zugleich als Skala der Parameter ϱ gilt. Die Kurve schneidet ferner die Gerade $\varepsilon=1$ bei der Abszisse

$$\left(\frac{\omega l}{2}\right)_{\varepsilon=1}=\frac{\pi}{1-\varrho}, \tag{20}$$

so daß an einer daselbst entsprechend angebrachten Skala der Parameter ϱ ebenfalls abzulesen ist.

Die Benützung des Kurvenbildes geschieht in der Weise, daß die zu dem gegebenen Parameter ϱ gehörende Kurve herausgegriffen und auf ihr die zur Ordinate ε gehörende Abszisse w_1 aufgesucht wird. Das kleinste Knickmoment ist dann $W_1=2\,\alpha_t w_1/l$. (Übrigens haben bei weitem nicht alle Punkte des gezeichneten Kurvenbildes eine wirkliche Bedeutung. Beispielsweise würden die in w doppeldeutigen Punkte, für welche $\varrho=\varepsilon$ ist, zu Wellen mit der Eigenschaft $\alpha_t=\alpha_1+\alpha_2$ gehören; es gibt aber keinen Wellenquerschnitt, auf den dies zuträfe.)

Für Wellen ohne Nut, also $\alpha_1=\alpha_2(=\alpha)$ ist $\varepsilon=1$ und

$$\varrho=1-\frac{\alpha_t}{\alpha}=1-\frac{2G}{E}=\frac{1}{m+1}\approx 0{,}20\div 0{,}25$$

sowie

$$w_1\equiv\frac{\omega_1 l}{2}=\frac{\pi}{1-\varrho}=\pi\frac{\alpha}{\alpha_t}=\pi\frac{m+1}{m}\approx 4$$

in Übereinstimmung mit Ziff. **14**.

Bei Wellen mit Nut kommt mithin praktisch nur ein Kurvenbereich in der Umgebung des Punktes $w=4$, $\varepsilon=1$ in Betracht. In Abb. 25 ist dieser Bereich von einem Rechteck deutlich umgrenzt. Ersetzt man in diesem Bereiche die Kurven genähert durch Geraden (in Abb. 25 gestrichelt), welche vom Punkte $w=\pi$, $\varepsilon=0$ ausstrahlen und jeweils mit der Kurve auf der Ordinate $\varepsilon=1$ zusammmentreffen, so unterschätzt man w_1 und damit W_1 nur wenig. Die Gleichung dieser Geraden lautet

$$w=\pi\,\frac{1-\varrho(1-\varepsilon)}{1-\varrho},$$

und dies liefert gemäß (19) folgende Näherungsformel für das kleinste Knickmoment von Wellen mit Nuten:

$$W_1=\frac{2\pi\alpha_t}{l}\,\frac{1-\varrho(1-\varepsilon)}{1-\varrho}. \tag{21}$$

In diese Formel, die bei Maschinenwellen fast immer völlig ausreicht, sind nur noch die Werte ε und ϱ aus (18) einzusetzen.

Auf den (bei Maschinenwellen kaum je vorkommenden, ebenfalls nicht schwierig zu überblickenden) Fall, daß α_1 oder α_2 kleiner als α_t ist, so daß ϱ imaginär wird, gehen wir hier nicht weiter ein. Wir bemerken nur noch, daß der Zwischenfall $\alpha_1>\alpha_2=\alpha_t$ ein Knickmoment

$$W_1=\frac{2\pi\alpha_2}{l} \tag{22}$$

ergibt, bei welchem also die größere Biegesteifigkeit α_1 gar nicht ausgenützt wird. Man kann dann in der Tat zeigen, daß die ausgeknickte Wellenmittellinie nun wieder einfach eine Schraubenlinie ist, wobei die Welle außer ihrer Torsion allenthalben nur eine Biegung um die Achse der kleineren Biegesteifigkeit erleidet. Im allgemeinen Falle ist die ausgeknickte Wellenmittellinie aber keine Schraubenlinie mehr.

16. Die gedrückte und tordierte Welle. Die Welle soll jetzt außer einem Torsionsmoment W noch eine axiale Druckkraft P übertragen. Um diejenigen Werte von W und P zu finden, die die Welle zusammen zum Ausknicken bringen, greifen wir noch einmal auf die Gleichungen (**15**, 2) zurück. Der in dem Querschnitt t übertragene Momentvektor ist jetzt nicht mehr gleich dem Vektor $\mathfrak{W}$, und er ist auch nicht mehr längs der Welle unveränderlich. Wir wollen ihn mit $\mathfrak{M}$ bezeichnen, und mit $\mathfrak{P}=-P\mathfrak{e}$ den Vektor der axialen Druckkraft P. Ist wieder $\mathfrak{v}$ ein Einheitsvektor tangential zur Wellenmittellinie, also $\mathfrak{v}\,dt$ ein vektorielles Linienelement der Kurve b, so gibt

$$d'\mathfrak{M}=[\mathfrak{P}\mathfrak{v}]\,dt \tag{1}$$

die vektorielle Änderung von $\mathfrak{M}$ längs dt an (das Differentiationssymbol d' soll einen sogleich genauer zu erklärenden Unterschied vom Symbol d ausdrücken). Mithin sind die Gleichungen (**15**, 2) zu erweitern in

$$\frac{d\mathfrak{e}}{dt}=[\mathfrak{e}\,\mathfrak{o}], \qquad \frac{d\mathfrak{M}}{dt}=[\mathfrak{M}\mathfrak{o}]+[\mathfrak{P}\mathfrak{v}]. \tag{2}$$

Die zweite Gleichung sagt hier aus, daß (wieder kinematisch ausgedrückt) die relative Änderungsgeschwindigkeit des Vektors $\mathfrak{M}$ in dem mit der Drehgeschwindigkeit $\mathfrak{o}$ rotierenden System (x, y, z) gleich der Vektorsumme aus seiner absoluten Änderungsgeschwindigkeit $d'\mathfrak{M}/dt$ (1) und der von der Drehung $\mathfrak{o}$ herrührenden Scheingeschwindigkeit $[\mathfrak{M}\mathfrak{o}]$ sein muß.

Beachtet man noch, daß der Vektor $\mathfrak{M}$ wie in (**15**, 1) die Komponenten $\alpha_t\omega$, $\alpha_1 k_1$, $\alpha_2 k_2$ hat, der Vektor $\mathfrak{P}=-P\mathfrak{e}$ die Komponenten $-Px$, $-Py$, $-Pz$ und der Vektor $\mathfrak{v}$ die Komponenten 1, 0, 0, so kann man die beiden Vektorgleichungen (2) sofort in ihre Komponenten zerlegen:

$$\frac{dx}{dt}=yk_2-zk_1, \qquad \frac{dy}{dt}=z\omega-xk_2, \qquad \frac{dz}{dt}=xk_1-y\omega, \tag{3}$$

$$\alpha_t\frac{d\omega}{dt}=(\alpha_1-\alpha_2)k_1k_2, \quad \alpha_1\frac{dk_1}{dt}=(\alpha_2-\alpha_t)k_2\omega-Pz, \quad \alpha_2\frac{dk_2}{dt}=(\alpha_t-\alpha_1)k_1\omega+Py. \tag{4}$$

In der Kirchhoffschen Analogie sind dies die Bewegungsgleichungen des schweren (d. h. außerhalb seines Schwerpunktes gestützten) Kreisels. Wie schon in Ziff. **15** ausgeführt, brauchen wir für unseren jetzigen Zweck nicht die allgemeinen Integrale von (3) und (4), sondern dürfen in ihnen y, z, k_1 und k_2 als kleine Größen behandeln. Dann aber liefern die ersten Gleichungen (3) und (4) wieder einfach $x=1$ und $\omega=$ konst.

Die weiteren Gleichungen (3) und (4) behandeln wir zuerst für die Welle von kreisförmigem Querschnitt, setzen also $\alpha_1=\alpha_2=\alpha$. Dann lauten diese Gleichungen

$$\left.\begin{aligned} &\frac{dy}{dt}-\omega z=-k_2, && \frac{dz}{dt}+\omega y=k_1,\\ &\frac{dk_1}{dt}-\varrho\omega k_2=-pz, && \frac{dk_2}{dt}+\varrho\omega k_1=py \end{aligned}\right\} \tag{5}$$

mit den Abkürzungen

$$\varrho=1-\frac{\alpha_t}{\alpha}, \qquad p=\frac{P}{\alpha}. \tag{6}$$

Man kann sie am bequemsten integrieren, wenn man die komplexen Veränderlichen

$$X=y+iz, \qquad Y=k_1+ik_2 \tag{7}$$

einführt. In diesen schreiben sich die Gleichungen so:

$$\frac{dX}{dt}+i\omega X=iY, \qquad \frac{dY}{dt}+i\varrho\omega Y=ipX. \tag{8}$$

Die Ansätze $X=A\,e^{-i\mu t}$, $Y=B\,e^{-i\mu t}$ führen auf

$$A(\omega-\mu)=B, \qquad B(\varrho\,\omega-\mu)=A\,p,$$

und dies gibt für B/A und μ die Gleichungen

$$\frac{B}{A}=\omega-\mu, \qquad \mu^2-\mu(1+\varrho)\,\omega+\varrho\,\omega^2-p=0. \tag{9}$$

Sind μ_1 und μ_2 die beiden Wurzeln der letzten Gleichung, und ist dabei $\mu_1 \neq \mu_2$, so sind mithin

$$X=A_1 e^{-i\mu_1 t}+A_2 e^{-i\mu_2 t}, \qquad Y=A_1(\omega-\mu_1)\,e^{-i\mu_1 t}+A_2(\omega-\mu_2)\,e^{-i\mu_2 t} \tag{10}$$

die allgemeinen Integrale von (8). A_1 und A_2 sind zwei komplexe Integrationskonstanten. Den Fall $\mu_1=\mu_2$ schließen wir ausdrücklich aus (wir werden nachträglich erkennen, daß er nicht in Betracht kommt).

Die Bedingung (**15**, 11) gilt jetzt nicht mehr für alle t, wohl aber für $t=0$ und drückt dann aus, daß die Biegemomente αk_1 und αk_2 wenigstens für $t=0$ den Projektionen des Momentvektors gleich sein müssen. Schreibt man sie wieder in komplexer Form und fügt die ebenfalls komplex geschriebene Randbedingung (**15**, 14), die unverändert auch hier gilt, hinzu, so kommt

$$Y=\frac{\alpha_t}{\alpha}\,\omega X\equiv(1-\varrho)\,\omega X \quad \text{für } t=0, \qquad \int_0^l X e^{i\omega t}\,dt=0. \tag{11}$$

Die erste dieser Bedingungen liefert

$$A_1(\varrho\,\omega-\mu_1)+A_2(\varrho\,\omega-\mu_2)=0$$

oder, da nach der zweiten Gleichung (9) $\mu_1+\mu_2=(1+\varrho)\omega$ und also $\varrho\,\omega-\mu_1=\mu_2-\omega$ sowie $\varrho\,\omega-\mu_2=\mu_1-\omega$ ist,

$$A_1(\mu_2-\omega)+A_2(\mu_1-\omega)=0,$$

so daß man mit einer neuen Integrationskonstanten A

$$A_1=A\,(\omega-\mu_1), \qquad A_2=-A\,(\omega-\mu_2)$$

setzen kann. Dann aber gibt die zweite Randbedingung (11) alsbald

$$A\left[e^{i(\omega-\mu_1)l}-e^{i(\omega-\mu_2)l}\right]=0.$$

Ein wirkliches Ausknicken ($A\neq 0$) tritt folglich nur dann ein, wenn $e^{i\mu_1 l}=e^{i\mu_2 l}$ wird, und das ist der Fall, wenn

$$(\mu_1-\mu_2)\,l=2\,n\,\pi \tag{12}$$

wird, wo n eine positive ganze (wegen $\mu_1\neq\mu_2$ von Null verschiedene) Zahl ist.

Nach der zweiten Gleichung (9) ist

$$\mu_1-\mu_2=2\sqrt{\frac{1}{4}\,(1-\varrho)^2\omega^2+p} \tag{13}$$

oder mit den Werten von ϱ und p aus (6) und mit dem Torsionsmoment $W=\alpha_t\omega$

$$\mu_1-\mu_2=2\sqrt{\frac{W^2}{4\alpha^2}+\frac{P}{\alpha}}. \tag{14}$$

Nimmt man in (12) den kleinsten erlaubten Wert von n, nämlich $n=1$, so liefert (14)

$$\frac{W^2}{4\,\alpha^2}+\frac{P}{\alpha}=\frac{\pi^2}{l^2} \tag{15}$$

oder auch

$$\frac{W^2}{W_1^2}+\frac{P}{P_1}=1 \quad \text{mit} \quad W_1=\frac{2\,\pi\,\alpha}{l}, \; P_1=\frac{\pi^2\alpha}{l^2}, \tag{16}$$

und dies gibt mit $W=0$ den Grenzfall $P=P_1$ des reinen Druckes und mit $P=0$ den Grenzfall $W=W_1$ (**14**, 1) der reinen Torsion. Somit ist (15) oder (16) die gesuchte Knickbedingung. Schreibt man sie in einer der beiden Formen

$$W_1^*=W_1\sqrt{1-\frac{P}{P_1}}, \qquad P_1^*=P_1\left(1-\frac{W^2}{W_1^2}\right), \tag{17}$$

so zeigt sie, wie das Knickmoment W_1 der nicht gedrückten Welle durch eine hinzutretende axiale Druckkraft P auf einen kleineren Wert W_1^* herabgesetzt wird, oder auch, wie die Knicklast P_1 der nicht tordierten Welle durch ein hinzutretendes Torsionsmoment W auf einen kleineren Wert P_1^* vermindert wird.

In den rechtwinkligen Koordinaten (W/W_1) und (P/P_1) gedeutet, stellt die Knickbedingung (16) eine Parabel dar (Abb. 26). Ein Ausknicken der Welle ist nicht zu befürchten für solche zusammengehörigen Werte von W und P, deren Bildpunkte auf der hohlen Seite der Parabel liegen. Die Parabel oder die Knickbedingung (17) zeigen auch, wie eine hinzutretende axiale Zugkraft ($P<0$) das Knickmoment W_1 erhöht, die Knicksicherheit also vergrößert. Daß keinerlei Torsionsmoment W ($\lesseqgtr 0$) die Sicherheit gegen Knickung durch axiale Lasten hinaufsetzen kann, ist ebenfalls einleuchtend.

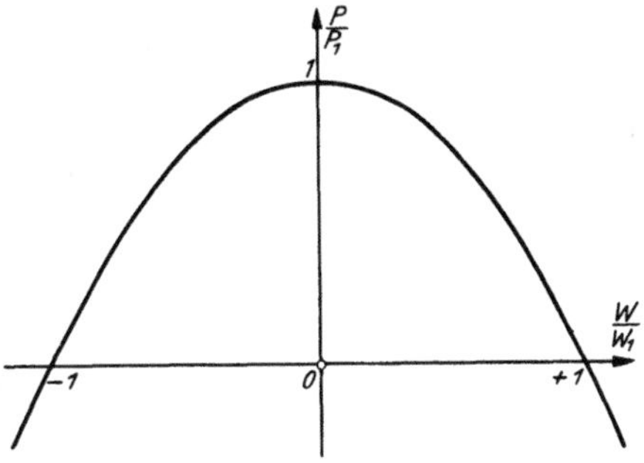

Abb. 26.
Knickdiagramm der gedruckten und tordierten Welle.

In dem bis jetzt ausgeschlossenen Fall $\mu_1=\mu_2$, der nach der zweiten Gleichung (9) über (13) und (14) auf

$$\frac{W^2}{4\alpha^2}+\frac{P}{\alpha}=0 \tag{18}$$

führt, haben die Gleichungen (8) nicht mehr die allgemeinen Integrale (10). Verfolgt man diesen Fall weiter, so tritt an Stelle von (12) hier die Knickbedingung $W=0$ und daher nach (18) auch $P=0$, so daß $\mu_1=\mu_2$ also nur den trivialen Fall des unbelasteten Stabes bedeutet und sonach mit Recht ausgeschlossen bleiben konnte.

Bei Wellen mit beliebigem Querschnitt müßte man auf die allgemeinen Gleichungen (3) und (4) zurückgreifen. Die Lösung läßt sich auch dafür vollständig durchführen[1]). Die Knickbedingung erscheint aber in so unbequemer transzendenter Form, daß die zahlenmäßige Auswertung äußerst mühsam wäre. Indessen ist bei den in der technischen Praxis benützten Wellen, soweit diese nicht überhaupt kreiszylindrisch und also schon durch (15) bis (17) erledigt sind, die Abweichung von der kreiszylindrischen Symmetrie meistens nur durch verhältnismäßig kleine Längsnuten verursacht, so daß sich die Biegesteifigkeiten α_1 und α_2 bloß um geringe Beträge unterscheiden. Denkt man sich dann den Zusammenhang zwischen den kritischen Werten von P und W in der Art von Abb. 26 veranschaulicht, so wird eine Kurve entstehen, die sich sicherlich um so weniger von der für den Fall $\alpha_1=\alpha_2$ gültigen Parabel (16) entfernt, je kleiner das Verhältnis

$$\delta=\frac{\alpha_1-\alpha_2}{\alpha_1+\alpha_2} \quad (\alpha_1\geq\alpha_2)$$

ausfällt. Und zwar muß die Kurve die P-Achse bei der Ordinate $P/P_1=1$ waagerecht schneiden, wo $P_1=\pi^2\alpha_2/l^2$ die kleinste Eulersche Knicklast ist, und auf der W-Achse mit den Abszissen $W/W_1=\pm 1$ eintreffen, wobei W_1 den in

[1]) R. Grammel, Z. angew. Math. Mech. 3 (1923) S. 265.

Ziff. **15** gefundenen Wert bedeutet [weil α_1 nahe bei α_2 liegen soll, so kommt hauptsächlich (**15**, 21) in Betracht]. Man kann die Kurve also in erster Näherung durch die Parabel (16), mit den genannten Werten von W_1 und P_1, ersetzen. Der Fehler ist hierbei, wie die Entwicklung der genauen Lösung nach Potenzen von δ zeigt, im wesentlichen nur von der Größenordnung δ^2.

§ 2. Feder und Ring.

17. Die gedrückte Schraubenfeder. Eine Schraubenfeder, deren Länge l_0 gegenüber ihrem Wicklungshalbmesser R groß genug ist, verhält sich, wenn an ihren Enden Kräfte und Momente angreifen, als Ganzes wie ein Stab von geringer Steifigkeit. Die Berechnung[1]) ihrer Knickkraft bietet denn auch keine Schwierigkeit, sobald man diese Steifigkeit kennt. Dabei ist zweierlei zu beachten. Erstens hat man hier neben der Biegesteifigkeit α auch die Schubsteifigkeit β zu berücksichtigen, die bei der Biegung gewöhnlicher Stäbe gegen die Biegesteifigkeit ganz zurücktritt; denn wegen des kleinen Widerstandes, den die Schraubenfeder einer Verformung durch Querkräfte entgegensetzt, hat die in jedem Federquerschnitt wirkende Querkraft einen merklichen Einfluß auf die Federbiegung und damit auf die gesuchte Knickkraft. Zweitens hat man hier, wieder im Gegensatz zum gewöhnlichen Stab, auch noch die Drucksteifigkeit γ der Feder zu beachten; denn auch die Federverkürzung infolge einer Druckkraft hat einen merklichen Einfluß auf die Größe der Knickkraft, weil die Feder sowohl gegen Biegung als gegen Querschub um so „weicher" wird, je mehr Windungen je Längeneinheit vorhanden sind.

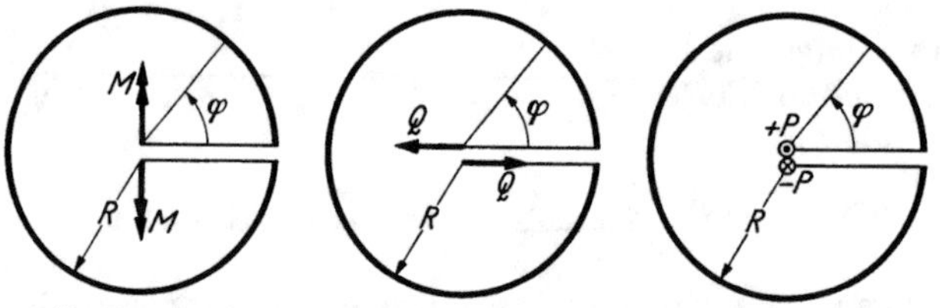

Abb. 27. Einzelwindung einer Schraubenfeder mit ihren Belastungen.

Zur Berechnung der Steifigkeitszahlen α, β, γ betrachten wir die drei elementaren Belastungsfälle in Abb. 27, bei denen es sich jedesmal um eine einzige Federwindung handelt, die der Reihe nach durch ein Biegemoment M, eine Querkraft Q und eine Axialkraft P (je paarweise angebracht) beansprucht ist. Die Verbindung dieser Momente und Kräfte mit der Federwindung ist durch starre Traversen gedacht. Bedeutet dann $\Delta\bar{\psi}$ die relative Drehung der beiden Traversen gegeneinander im Belastungsfall M, ferner $\Delta\bar{a}$ ihre relative Verschiebung in Richtung Q gegeneinander im Belastungsfall Q und endlich $\Delta\bar{l}$ die relative Axialverschiebung der Angriffspunkte von P gegeneinander im Belastungsfall P, so sind die zu einer Windung gehörenden Steifigkeiten zu definieren durch

$$\bar{\alpha}=\frac{M}{\Delta\bar{\psi}}, \qquad \bar{\beta}=\frac{Q}{\Delta\bar{a}}, \qquad \bar{\gamma}=\frac{P}{\Delta\bar{l}}.$$

Bei einer Feder von der axialen Länge l_0 und n Windungen entfällt auf die axiale Längeneinheit eine Winkeldrehung der Federachsentangente $\Delta\psi_0$, ferner eine Querverschiebung Δa_0 und endlich eine Längenänderung Δl_0, und zwar ist

$$\Delta\psi_0=\frac{n}{l_0}\Delta\bar{\psi}, \qquad \Delta a_0=\frac{n}{l_0}\Delta\bar{a}, \qquad \Delta l_0=\frac{n}{l_0}\Delta\bar{l};$$

[1]) R. Grammel, Die Knickung von Schraubenfedern, Proc. 1. Intern. Congr. Appl. Mech. Delft 1925, S. 276, und C. B. Biezeno u. J. J. Koch, Knickung von Schraubenfedern, Z. angew. Math. Mech. 5 (1925) S. 279.

die Steifigkeiten der ganzen Feder sind also

$$\alpha_0=\frac{M}{\Delta\psi_0}=\frac{l_0}{n}\frac{M}{\Delta\overline{\psi}},\qquad \beta_0=\frac{Q}{\Delta a_0}=\frac{l_0}{n}\frac{Q}{\Delta\overline{a}},\qquad \gamma_0=\frac{P}{\Delta l_0}=\frac{l_0}{n}\frac{P}{\Delta\overline{l}}. \tag{1}$$

Zur Berechnung der noch fehlenden Größen $\Delta\overline{\psi}$, $\Delta\overline{a}$, $\Delta\overline{l}$ eignen sich am besten die Castiglianoschen Sätze (Kap. II, Ziff. **8**). Man hat nämlich mit der von M, Q und P an einer Windung geleisteten Formänderungsarbeit $\mathfrak{A}$

$$\Delta\overline{\psi}=\frac{\partial\mathfrak{A}}{\partial M},\qquad \Delta\overline{a}=\frac{\partial\mathfrak{A}}{\partial Q},\qquad \Delta\overline{l}=\frac{\partial\mathfrak{A}}{\partial P}. \tag{2}$$

Da M im Querschnitt φ ein Biegemoment $M\sin\varphi$ und ein Torsionsmoment $M\cos\varphi$ hervorbringt, ferner Q ein Biegemoment $QR\sin\varphi$ und endlich P ein Torsionsmoment PR, so ist die Formänderungsarbeit einer Windung

$$\mathfrak{A}=\frac{1}{2}\int\limits_0^{2\pi}\left[\frac{(M\sin\varphi)^2}{EJ_1}+\frac{(QR\sin\varphi)^2}{EJ_2}+k\,\frac{(M\cos\varphi+PR)^2}{GJ_0}\right]R\,d\varphi. \tag{3}$$

Dabei bedeuten E und G den Elastizitäts- und Schubmodul des Federdrahtes, J_0 das polare Trägheitsmoment des Drahtquerschnittes (bezogen auf den Querschnittsschwerpunkt), J_1 und J_2 die axialen Hauptträgheitsmomente des Drahtquerschnitts, und zwar J_1 bezogen auf eine Achse in Richtung des Federradius R und J_2 bezogen auf eine Achse parallel zur Federachse (je durch den Schwerpunkt des Drahtquerschnitts); der Faktor k hängt nur von der Form des Drahtquerschnitts ab, und zwar ist für Runddrähte $k=1$, für Drähte von quadratischem Querschnitt $k=1{,}183$. In dem Ausdruck (3) ist die Formänderungsarbeit, die die Normal- und Querkraft im Drahtquerschnitt selbst leisten, als belanglos vernachlässigt.

Die Auswertung von (3) gibt mit $G=Em/2(m+1)$

$$\mathfrak{A}=\frac{\pi}{2}\frac{R}{E}\left[\left(\frac{1}{J_1}+2k\frac{m+1}{mJ_0}\right)M^2+\frac{R^2}{J_2}Q^2+4k\frac{m+1}{m}\frac{R^2}{J_0}P^2\right] \tag{4}$$

und daraus

$$\frac{\partial\mathfrak{A}}{\partial M}=\frac{\pi R}{EJ_1}\left(1+2k\frac{m+1}{m}\frac{J_1}{J_0}\right)M,\qquad \frac{\partial\mathfrak{A}}{\partial Q}=\frac{\pi R^3}{EJ_2}Q,\qquad \frac{\partial\mathfrak{A}}{\partial P}=4k\frac{m+1}{m}\frac{\pi R^3}{EJ_0}P. \tag{5}$$

Setzt man diese Werte in (2) und von da aus in (1) ein, so findet man für die Kehrwerte der gesuchten Biege-, Schub- und Drucksteifigkeit der ganzen Feder

$$\frac{1}{\alpha_0}=\frac{n}{l_0}\frac{\pi R}{EJ_1}\left(1+2k\frac{m+1}{m}\frac{J_1}{J_0}\right),\qquad \frac{1}{\beta_0}=\frac{n}{l_0}\frac{\pi R^3}{EJ_2},\qquad \frac{1}{\gamma_0}=4k\frac{m+1}{m}\frac{n}{l_0}\frac{\pi R^3}{EJ_0}. \tag{6}$$

Diese Werte gelten zunächst nur, solange die Feder noch ihre ursprüngliche Länge l_0 hat, also zu Beginn der Beanspruchung. Ist sie auf die Länge l zusammengedrückt, so muß man in (1) und also auch in (6) l_0 ersetzen durch l. Für die Steifigkeiten α, β, γ der auf die Länge l zusammengedrückten Feder hat man also

$$\alpha=\alpha_0 z,\qquad \beta=\beta_0 z,\qquad \gamma=\gamma_0 z\quad\text{mit}\quad z=\frac{l}{l_0}. \tag{7}$$

Die Federsteifigkeiten nehmen mithin um so mehr ab, je mehr Windungen infolge ihrer Zusammendrückung auf die axiale Längeneinheit entfallen.

Diese Erkenntnisse benützen wir nun insbesondere dazu, die Knickaufgabe für eine beiderseits gelenkig gelagerte, axial gedrückte Feder zu lösen. Die Feder habe im Augenblick des Ausknickens noch die Länge l. Wir ersetzen sie also durch einen beiderseits gelenkig gelagerten Stab von der Länge l und den Steifigkeiten α, β, γ nach (7), welcher unter den beiderseitigen Axialkräften P eine kleine Auslenkung y erfährt (Abb. 28). Die Krümmung y'' wird nun aber nicht mehr, wie beim gewöhnlichen Stab, durch das Biegemoment $M=-Py$ allein erzeugt, sondern durch Biegemoment M und Querkraft Q zusammen, und zwar ist $Q=Py'$.

Abb. 28. Achse der geknickten Schraubenfeder.

Der von M herrührende Krümmungsanteil ist

$$y_1''=\frac{M}{\alpha}=-\frac{Py}{\alpha};\tag{8}$$

der von Q herrührende Krümmungsanteil y_2'' berechnet sich aus der Erwägung, daß gemäß der Definition von β

$$y_2'=\frac{Q}{\beta}$$

ist, zu

$$y_2''=\frac{Q'}{\beta}=\frac{Py''}{\beta}.\tag{9}$$

Mithin gilt wegen $y''=y_1''+y_2''$ die Differentialgleichung

$$y''=-\frac{Py}{\alpha}+\frac{Py''}{\beta}$$

oder

$$y''+\frac{\beta}{\alpha}\frac{P}{\beta-P}y=0.\tag{10}$$

Beschränken wir uns auf die kleinste Knickkraft P_1, so ist diese nach der Rechnung von Ziff. **2** bestimmt durch

$$\frac{\beta}{\alpha}\frac{P_1}{\beta-P_1}=\frac{\pi^2}{l_1^2},\tag{11}$$

wo l_1 die Federlänge im Augenblick des Ausknickens ist. Andererseits ist bei einer beliebigen Federlänge l zwischen l_0 und l_1 die von einem Kraftzuwachs dP erzeugte zusätzliche Federverkürzung $d\Delta l$ gemäß der Definition von γ und wegen (7)

$$d\Delta l=\frac{l}{\gamma}dP=\frac{l_0}{\gamma_0}dP.$$

Integriert man dies von $P=0$ bis $P=P_1$, so kommt

$$\Delta l_1\equiv l_0-l_1=\frac{l_0}{\gamma_0}P_1\tag{12}$$

oder

$$P_1=\gamma_0(1-z_1)\quad\text{mit}\quad z_1=\frac{l_1}{l_0}.\tag{13}$$

Führt man aus (13) P_1 und $l_1=z_1l_0$ in (11) ein und achtet noch auf (7), so kommt für z_1 die folgende kubische Gleichung:

$$z_1^3-z_1^2+\left(\frac{\alpha_0}{\beta_0}+\frac{\alpha_0}{\gamma_0}\right)\frac{\pi^2}{l_0^2}z_1-\frac{\alpha_0}{\beta_0}\frac{\pi^2}{l_0^2}=0.\tag{14}$$

Diese Gleichung hat, wie wir sofort zeigen werden, genau eine reelle Wurzel z_1, und zwar stets im Bereich zwischen 0 und 1. Hat man diese Wurzel gefunden, so stellt P_1(13) die kleinste Knickkraft der Schraubenfeder dar.

Jetzt bleibt noch die kubische Gleichung (14) zu untersuchen. Weil ihre linke Seite für $z_1=0$ den negativen Wert $-(\alpha_0\pi^2/\beta_0l_0^2)$ annimmt, für $z_1=1$

aber den positiven Wert $+(\alpha_0\pi^2/\gamma_0 l_0^2)$, so besitzt sie in der Tat stets eine reelle Wurzel z_1 zwischen 0 und 1. Weil die linke Seite von (14) für $z_1 > 1$ offensichtlich stets positiv, für $z_1 < 0$ offensichtlich stets negativ bleibt, so kann sie weitere reelle Wurzeln außerhalb des Bereiches von 0 bis 1 nicht haben. Wohl aber wäre es denkbar, daß sie in diesem Bereich noch zwei weitere reelle Wurzeln hätte, und dann müßte von diesen drei Wurzeln jeweils die größte ausgesucht werden, um die tiefste Knicklast P_1 zu liefern. Es ist darum wichtig, zu zeigen, daß keine weitere reelle Wurzel vorhanden sein kann.

Zu diesem Zweck schreiben wir (14) kürzer in der Gestalt

$$z_1^3 - z_1^2 + usz_1 - s = 0 \quad \text{mit} \quad s = \frac{\alpha_0}{\beta_0}\frac{\pi^2}{l_0^2}, \quad u = 1 + \frac{\beta_0}{\gamma_0} \tag{15}$$

und bringen dies durch die Substitution $z_1 = \bar{z} + \frac{1}{3}$ auf die Normalform

$$\bar{z}^3 + 3p\bar{z} + 2q = 0 \quad \text{mit} \quad p = \frac{us}{3} - \frac{1}{9}, \quad q = \frac{s}{2}\left(\frac{u}{3} - 1\right) - \frac{1}{27}. \tag{16}$$

Die notwendige und hinreichende Bedingung dafür, daß diese Gleichung außer einer reellen nur noch zwei komplexe Wurzeln hat, lautet bekanntlich

$$p^3 + q^2 > 0, \tag{17}$$

und dies gibt mit den Werten (16) von p und q

$$4u^3s^2 - (u^2 + 18u - 27)s + 4 > 0. \tag{18}$$

Diese Bedingung ist wegen $u > 0$ für hinreichend große Werte von $|s|$ sicher erfüllt. Damit sie für alle Werte von s zutrifft, darf also die linke Seite von (18) keine Nullstelle in s haben. Dafür aber ist notwendig und hinreichend, daß

$$\Delta(u) \equiv (u^2 + 18u - 27)^2 - 64u^3 < 0 \tag{19}$$

bleibt. Man prüft leicht nach, daß $\Delta(1) = 0$ ist und daß von $u = 1$ an $\Delta(u)$ immer negativ bleibt bis zu einem Wert u, der ein klein wenig über 8 liegt. Wenn die bei Federn vorkommenden Werte u in dem Bereich zwischen 1 und 8 liegen, so ist also die Bedingung (17) sicher erfüllt, und dann treten keine weiteren reellen Wurzeln von (14) auf.

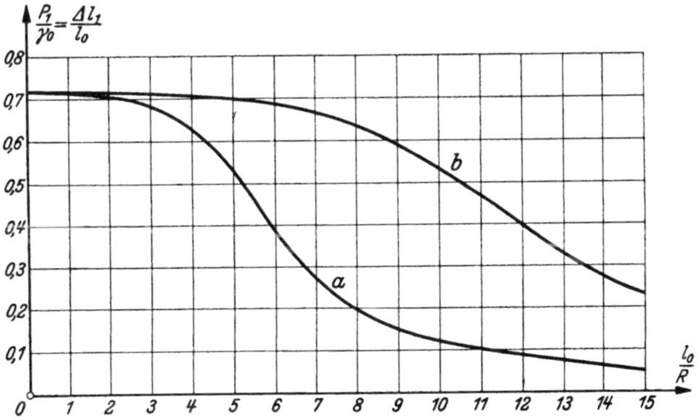

Abb. 29. Knickdiagramm der Schraubenfeder.

Nun ist nach (6) und (15)

$$u = 1 + 4k\frac{m+1}{m}\frac{J_2}{J_0}, \tag{20}$$

und dies ist in der Tat einerseits größer als 1 und andererseits auch immer kleiner als 8, weil für Querschnitte, wie sie für Federdrähte in Betracht kommen, k stets in der Nähe von 1 bleibt, und weil $(m+1)/m < 1{,}5$ und $J_2 < J_0$ ist.

Für Runddraht ist $k = 1$ und $J_1 = J_2 = J$ sowie $J_0 = 2J$, und man hat dann nach (6) und (15)

$$s = \pi^2 \frac{m}{2m+1}\frac{R^2}{l_0^2}, \qquad u = \frac{3m+2}{m}. \tag{21}$$

Rechnet man für verschiedene Schlankheitsgrade l_0/R der Feder und für $m = 10/3$ die Wurzel z_1 von (14) und daraus nach (13) die (dimensionslos gemachte) Knickkraft P_1/γ_0 aus, so gewinnt man die Kurve a in Abb. 29. Diese Kurve bedeutet nach (12) zugleich die relative Zusammendrückung $\Delta l_1/l_0$, bei welcher das Knicken eintritt. Die Kurve b gibt den in gleicher Weise zu behandelnden Fall der beiderseits eingespannten Feder wieder.

In beiden Fällen hat das Diagramm wie überhaupt unsere ganze Rechnung natürlich nur solange Bedeutung, als keine Federwindungen aneinander anliegen.

18. Die tordierte Schraubenfeder. Wie schon der gewöhnliche Stab, so kann auch die Schraubenfeder anstatt durch eine axiale Druckkraft durch ein axiales, also die Feder als Ganzes tordierendes Moment W zum Ausknicken veranlaßt werden. Wenn man sich auf den Fall beschränkt, daß die Schraubenfeder an beiden Enden drehbar gelagert ist, so ist die Bestimmung des kleinsten Knickmomentes W_1 eine ganz einfache Aufgabe. Weil nämlich ein Moment W keine Querkraft erzeugt, so kann die vom gewöhnlichen Rundstab bekannte Formel (**14**, 1) unverändert übernommen werden:

$$W_1 = \frac{2\pi\alpha_0}{l_0} \tag{1}$$

oder auch mit dem Wert (**17**, 6) von α_0

$$W_1 = \frac{2EJ_1}{nR}\,\frac{1}{1+2k\dfrac{m+1}{m}\dfrac{J_1}{J_0}}. \tag{2}$$

Hierin ist J_1 das Hauptträgheitsmoment des Drahtquerschnitts bezüglich einer Achse in Richtung des Federradius R durch den Querschnittsschwerpunkt, J_0 das zugehörige polare Trägheitsmoment.

Wir wollen auch noch die Winkelverdrehung, also die ,,Torsion" der Feder ϑ_1 im Augenblick des Ausknickens berechnen. Hierzu brauchen wir die Torsionssteifigkeit δ_0 der ganzen Feder. Diese Steifigkeit ist für eine einzelne Windung definiert durch $\bar{\delta} = W/\Delta\bar{\chi}$, wenn $\Delta\bar{\chi}$ die gegenseitige Winkelverdrehung ist, die das Moment W samt seinem Gegenmoment an den beiden gedachten Traversen, vermittels derer diese Momente in die Windung eingeleitet werden, in der Ebene dieser Windung hervorbringt. Auf die axiale Längeneinheit der ganzen Feder entfällt die Winkelverdrehung $\Delta\chi_0 = (n/l_0)\Delta\bar{\chi}$, und die Torsionssteifigkeit der ganzen Feder ist dann

$$\delta_0 = \frac{W}{\Delta\chi_0} = \frac{l_0}{n}\frac{W}{\Delta\bar{\chi}}. \tag{3}$$

Dabei ist nach den Castiglianoschen Sätzen

$$\Delta\bar{\chi} = \frac{\partial\mathfrak{A}}{\partial W}, \tag{4}$$

wenn

$$\mathfrak{A} = \frac{1}{2}\int\limits_0^{2\pi}\frac{W^2}{EJ_2}R\,d\varphi \tag{5}$$

die Formänderungsarbeit einer Windung ist. Hier bedeutet J_2 wieder das zweite axiale Hauptträgheitsmoment des Drahtquerschnitts. Die Ausrechnung ergibt

$$\frac{1}{\delta_0} = \frac{n}{l_0}\frac{2\pi R}{EJ_2}. \tag{6}$$

Die gesamte Winkelverdrehung der Feder ist $\vartheta = l_0\Delta\chi_0$, und dies führt mit $W = W_1$ nach (3), (2) und (6) auf den kritischen Wert

$$\vartheta_1 = \frac{l_0 W_1}{\delta_0} = \frac{4\pi\dfrac{J_1}{J_2}}{1+2k\dfrac{m+1}{m}\dfrac{J_1}{J_0}}. \tag{7}$$

Dieser Wert ist bemerkenswerterweise unabhängig von Federlänge l_0 und Wicklungshalbmesser R und für alle Schraubenfedern von gleichem Federdraht gleich.

Für Runddraht findet man mit $k=1$ und $J_1=J_2=\frac{1}{2}J_0=J$ insbesondere

$$W_1=\frac{2m}{2m+1}\frac{EJ}{nR}, \qquad \vartheta_1=4\pi\frac{m}{2m+1}. \tag{8}$$

Mit $m=10/3$ gibt dies $\vartheta_1=0{,}87\cdot 2\pi$, und das besagt, daß die Feder auszuknicken beginnt, wenn sie um rund 310° „tordiert" ist.

19. Die gedrückte und tordierte Schraubenfeder. Schließlich behandeln wir noch die beiderseits gelenkig gelagerte Schraubenfeder, die durch eine axiale Druckkraft P und ein Torsionsmoment W zugleich beansprucht wird[1]). Für den sie ersetzenden Stab müssen wir die Überlegungen von Ziff. **16** mit den Erkenntnissen von Ziff. **17** und **18** verbinden. In einem beliebigen Schnitt der Federachse, den wir wie in Ziff. **16** durch die Koordinate t bezeichnen, wirkt jetzt ein Momentvektor $\mathfrak{M}$ und der Vektor $\mathfrak{P}=-P\mathfrak{e}$ der axialen Druckkraft. Die vektoriellen Änderungen von $\mathfrak{e}$ und $\mathfrak{M}$ sind nach (**16**, 2) gegeben durch

$$\frac{d\mathfrak{e}}{dt}=[\mathfrak{e}\mathfrak{v}], \qquad \frac{d\mathfrak{M}}{dt}=[\mathfrak{M}\mathfrak{v}]+[\mathfrak{P}\mathfrak{v}]. \tag{1}$$

Definieren wir den Vektor $\mathfrak{v}$ und das Koordinatensystem (x, y, z) wie in Ziff. **16**, die Steifigkeitszahlen $\alpha, \beta, \gamma, \delta$ wie in Ziff. **17** und **18**, so liefert das Moment $\mathfrak{M}$ zur vektoriellen Krümmung $\mathfrak{v}$ die Beiträge $\omega'=M_x/\delta$, $k_1'=M_y/\alpha$ und $k_2'=M_z/\alpha$, die Kraft $\mathfrak{P}=-P\mathfrak{e}$ dagegen nach (**17**, 9) die Beiträge

$$\omega''=0, \qquad k_1''=-\frac{1}{\beta}\frac{dP_z}{dt}=\frac{P}{\beta}\frac{dz}{dt}, \qquad k_2''=\frac{1}{\beta}\frac{dP_y}{dt}=-\frac{P}{\beta}\frac{dy}{dt},$$

so daß insgesamt

$$\omega=\frac{M_x}{\delta}, \qquad k_1=\frac{M_y}{\alpha}+\frac{P}{\beta}\frac{dz}{dt}, \qquad k_2=\frac{M_z}{\alpha}-\frac{P}{\beta}\frac{dy}{dt}$$

ist. Setzt man hier die nach (**16**, 3) mit der ersten Beziehung (1) gleichwertigen Ausdrücke

$$\frac{dx}{dt}=yk_2-zk_1, \qquad \frac{dy}{dt}=z\omega-xk_2, \qquad \frac{dz}{dt}=xk_1-y\omega \tag{2}$$

ein und löst nach den Komponenten von $\mathfrak{M}$ auf, so erhält man für das Torsionsmoment und die Biegemomente die Ausdrücke

$$M_x=\delta\omega, \qquad M_y=\alpha\left[\frac{P}{\beta}y\omega+\left(1-\frac{P}{\beta}x\right)k_1\right], \qquad M_z=\alpha\left[\frac{P}{\beta}z\omega+\left(1-\frac{P}{\beta}x\right)k_2\right] \tag{3}$$

und hieraus durch Ableitung unter Beachtung von (2)

$$\frac{dM_x}{dt}=\delta\frac{d\omega}{dt},$$

$$\frac{dM_y}{dt}=\alpha\left[\frac{P}{\beta}y\frac{d\omega}{dt}+\left(1-\frac{P}{\beta}x\right)\frac{dk_1}{dt}+\frac{P}{\beta}(z\omega-xk_2)\,\omega-\frac{P}{\beta}(yk_2-zk_1)\,k_1\right],$$

$$\frac{dM_z}{dt}=\alpha\left[\frac{P}{\beta}z\frac{d\omega}{dt}+\left(1-\frac{P}{\beta}x\right)\frac{dk_2}{dt}+\frac{P}{\beta}(xk_1-y\omega)\,\omega-\frac{P}{\beta}(yk_2-zk_1)\,k_2\right].$$

---

[1]) H. Ziegler, Das Knicken der gedrückten und tordierten Schraubenfeder, Ing.-Arch. 10 (1939) S. 227.

Setzt man diese Ausdrücke in die zweite Vektorgleichung (1) ein, die unter Benützung von (**3**) in die drei Komponentengleichungen

$$\frac{dM_x}{dt}=M_y k_2-M_z k_1 \qquad =\alpha\frac{P}{\beta}\omega(yk_2-zk_1),$$

$$\frac{dM_y}{dt}=M_z\omega-M_x k_2-Pz=\alpha\omega\left[\frac{P}{\beta}z\omega+\left(1-\frac{P}{\beta}x\right)k_2\right]-\delta\omega k_2-Pz,$$

$$\frac{dM_z}{dt}=M_x k_1-M_y\omega+Py=\delta\omega k_1-\alpha\omega\left[\frac{P}{\beta}y\omega+\left(1-\frac{P}{\beta}x\right)k_1\right]+Py$$

übergeht, so erhält man das System

$$\left.\begin{aligned}
&\delta\frac{d\omega}{dt}=\alpha\frac{P}{\beta}\omega(yk_2-zk_1),\\
&\alpha\left[\frac{P}{\beta}y\frac{d\omega}{dt}+\left(1-\frac{P}{\beta}x\right)\frac{dk_1}{dt}-\frac{P}{\beta}(yk_2-zk_1)k_1\right]+(\delta-\alpha)\omega k_2=-Pz,\\
&\alpha\left[\frac{P}{\beta}z\frac{d\omega}{dt}+\left(1-\frac{P}{\beta}x\right)\frac{dk_2}{dt}-\frac{P}{\beta}(yk_2-zk_1)k_2\right]-(\delta-\alpha)\omega k_1=Py,
\end{aligned}\right\}\qquad(4)$$

das zusammen mit (2) zur Integration grundsätzlich ausreicht.

Beschränken wir uns wiederum auf den Beginn des Ausknickens, so dürfen wir y, z, k_1 und k_2 als kleine Größen behandeln und ihre Quadrate und Produkte vernachlässigen. Dann liefern die ersten Gleichungen (2) und (4) wieder einfach $x=1$ und $\omega=$ konst., während sich die übrigen auf

$$\left.\begin{aligned}
&\frac{dy}{dt}-\omega z=-k_2, &&\frac{dz}{dt}+\omega y=k_1,\\
&\alpha\left(1-\frac{P}{\beta}\right)\frac{dk_1}{dt}+(\delta-\alpha)\omega k_2=-Pz, &&\alpha\left(1-\frac{P}{\beta}\right)\frac{dk_2}{dt}-(\delta-\alpha)\omega k_1=Py
\end{aligned}\right\}\qquad(5)$$

reduzieren. Setzt man noch

$$\varrho=\frac{1-\dfrac{\delta}{\alpha}}{1-\dfrac{P}{\beta}} \quad\text{und}\quad p=\frac{P}{\alpha\left(1-\dfrac{P}{\beta}\right)},\qquad(6)$$

so geht das System (5) in das System

$$\left.\begin{aligned}
&\frac{dy}{dt}-\omega z=-k_2, &&\frac{dz}{dt}+\omega y=k_1,\\
&\frac{dk_1}{dt}-\varrho\omega k_2=-pz, &&\frac{dk_2}{dt}+\varrho\omega k_1=py
\end{aligned}\right\}\qquad(7)$$

über, das sich vom entsprechenden System (**16**, 5) des gedrückten und tordierten Stabes mit kreisförmigem Querschnitt nur in den Beiwerten (6) unterscheidet; diese sind gegenüber den dortigen Beiwerten (**16**, 6) — abgesehen von der geänderten Bezeichnung der Torsionssteifigkeit — auf das $(1-P/\beta)^{-1}$-fache verkleinert. In den komplexen Veränderlichen

$$X=y+iz,\qquad Y=k_1+ik_2\qquad(8)$$

lauten die Gleichungen (7) schließlich

$$\frac{dX}{dt}+i\omega X=iY,\qquad \frac{dY}{dt}+i\varrho\omega Y=ipX\qquad(9)$$

in Übereinstimmung mit (**16**, 8).

Die erste Randbedingung drückt aus, daß im einen Lager der Feder ($t=0$) die Biegemomente M_y und M_z (3) den Projektionen $\delta\omega y$ und $\delta\omega z$ des Momentvektors $\mathfrak{W}$ vom Betrage $W=\delta\omega$ gleich sein müssen; sie lautet also in komplexer Schreibweise

$$\alpha\left[\frac{P}{\beta}X\omega+\left(1-\frac{P}{\beta}\right)Y\right]=\delta\omega X \qquad \text{für} \quad t=0$$

oder geordnet

$$Y=\frac{\left(\delta-\alpha\frac{P}{\beta}\right)\omega}{\alpha\left(1-\frac{P}{\beta}\right)}X \qquad \text{für} \quad t=0$$

und geht wegen

$$1-\varrho=\frac{\delta-\alpha\frac{P}{\beta}}{\alpha\left(1-\frac{P}{\beta}\right)}$$

über in die Bedingung

$$Y=(1-\varrho)\,\omega X \qquad \text{für} \quad t=0, \tag{10}$$

die wieder mit der ersten Randbedingung (**16**, 11) des Stabes übereinstimmt. Die zweite Randbedingung drückt aus, daß die Schraubenfeder auch durch das obere Lager hindurchgehen muß; da sie rein kinematischer Natur ist, darf sie vom Stabproblem her unmittelbar übernommen werden und lautet nach (**16**, 11) in komplexer Schreibweise

$$\int_0^l X e^{i\omega t}\,dt=0. \tag{11}$$

Da die Differentialgleichungen (9) und die Randbedingungen (10) und (11) der Knickaufgabe für die Feder bis auf die geänderte Bedeutung der Beiwerte ϱ und p mit den Differentialgleichungen (**16**, 8) und den Randbedingungen (**16**, 11) der Knickaufgabe für den Stab übereinstimmen, verläuft die Integration bei beiden Aufgaben genau gleich, und man überzeugt sich durch Vergleich mit (**16**, 12) und (**16**, 13) davon, daß ein wirkliches Ausknicken der Schraubenfeder nur dann eintritt, wenn

$$\sqrt{\frac{1}{4}(1-\varrho)^2\omega^2+p}=\frac{n\pi}{l}$$

wird, wo n eine ganze Zahl ist. Führt man hier noch die Werte von ϱ und p aus (6) sowie das Moment $W=\delta\omega$ ein und quadriert auf beiden Seiten, so kommt die K n i c k b e d i n g u n g

$$\frac{\left(\frac{\delta}{\alpha}-\frac{P}{\beta}\right)^2}{\left(1-\frac{P}{\beta}\right)^2}\frac{W^2}{4\delta^2}+\frac{P}{\alpha\left(1-\frac{P}{\beta}\right)}=n^2\frac{\pi^2}{l^2}. \tag{12}$$

Ebenso wie in Ziff. **16** schließt man, daß der Wert $n=0$ unbrauchbar ist und daß also $n=1$ die kleinste Knickbeanspruchung ergibt. Mit $n=1$ geht die Knickbedingung (12) erwartungsgemäß für $\beta=\infty$ in die Knickbedingung (**16**, 15) der Welle, für $W=0$ in die Bedingung (**17**, 11) der gedrückten und für $P=0$ in diejenige (**18**, 1) der tordierten Schraubenfeder über. Der Zusammenhang zwischen der Druckkraft P und der Federlänge l ist auch hier durch die Beziehung (**17**, 13)

$$P=\gamma_0(1-z) \qquad \text{mit} \qquad z=\frac{l}{l_0} \tag{13}$$

gegeben. Führt man dies und die aus (**17**, 7) übernommenen bzw. aus (**18**, 6) folgenden Beziehungen

$$\alpha = \alpha_0 z, \quad \beta = \beta_0 z, \quad \gamma = \gamma_0 z, \quad \delta = \delta_0 z$$

in (12) ein, so kommt nach kurzer Zwischenrechnung

$$\left[\left(\frac{\delta_0}{\alpha_0} + \frac{\gamma_0}{\beta_0}\right) z - \frac{\gamma_0}{\beta_0}\right]^2 \frac{W^2}{4\,\delta_0^2} = \left[\left(1 + \frac{\gamma_0}{\beta_0}\right) z - \frac{\gamma_0}{\beta_0}\right]\left\{\frac{\gamma_0}{\alpha_0}(z-1) z^2 + \frac{\pi^2}{l_0^2}\left[\left(1 + \frac{\gamma_0}{\beta_0}\right) z - \frac{\gamma_0}{\beta_0}\right]\right\}. \quad (14)$$

Es ist zweckmäßig, an Stelle des Momentes W die Größe

$$w = \frac{W l_0}{2\pi\alpha_0} = \frac{W}{W_1}, \quad (15)$$

also gemäß (**18**, 1) das Verhältnis des wirklichen Knickmomentes zu demjenigen bei fehlender Knicklast P einzuführen. Definiert man zugleich noch das Verhältnis der Länge l_0 der ungespannten Feder zur Länge einer Windung

$$s = \frac{l_0}{2\pi R} \quad (16)$$

als Schlankheitsgrad der Schraubenfeder, so geht (14) über in

$$A^2(z)\, w^2 = B(z)\, C(z), \quad (17)$$

wobei zur Abkürzung

$$\left.\begin{aligned} A(z) &= \frac{\alpha_0}{\delta_0}\left[\left(\frac{\delta_0}{\alpha_0} + \frac{\gamma_0}{\beta_0}\right) z - \frac{\gamma_0}{\beta_0}\right], \qquad B(z) = \left(1 + \frac{\gamma_0}{\beta_0}\right) z - \frac{\gamma_0}{\beta_0}, \\ C(z) &= 4\, s^2 R^2 \frac{\gamma_0}{\alpha_0}(z-1) z^2 + B(z) \end{aligned}\right\} \quad (18)$$

gesetzt ist. Damit ist w als Funktion von z und zufolge (13) also auch als Funktion von P bekannt und kann etwa in einem rechtwinkligen (z, w)-Koordinatensystem aufgetragen werden.

Die Funktionen $A(z)$, $B(z)$ und $C(z)$ besitzen je eine einzige Nullstelle, die der Reihe nach mit z_1, z_2 und z_3 bezeichnet werden sollen. Denn die ersten beiden sind linear in z, und die dritte stimmt (bis auf den festen Faktor $4\, s^2 R^2 \gamma_0/\alpha_0$) mit der schon behandelten Funktion (**17**, 14) überein. Da $C(z)$ im Bereich $0 \leq z < 1$ durchweg kleiner als $B(z)$ ist und nach den Feststellungen von Ziff. **17** an der Stelle z_3 mit wachsendem z von negativen zu positiven Werten übergeht, so ist $z_2 < z_3$. Im Bereich $z_2 < z < z_3$ hat aber (17) keinen Sinn, da dort die linke Seite positiv, die rechte negativ ist. Die Kurve $w(z)$ zerfällt also in zwei Zweige, von denen nur derjenige brauchbar ist, der im Bereich $z_3 \leq z \leq 1$ verläuft, da der andere Zweig mit stetig abnehmendem Torsionsmoment $|W|$ für $W = 0$ auf $z = z_2 < z_3$ führen würde, während doch mit $W = 0$ nach Ziff. **17** $z = z_3$ werden muß. Weil w nur im Quadrat auftritt, dürfen wir uns ferner auf denjenigen Teil des Streifens zwischen den Parallelen $z = z_3$ und $z = 1$ beschränken, der in der einen, etwa der oberen Halbebene $(w \geq 0)$ liegt.

An Hand von (17) und (18) stellt man leicht fest, daß die Kurve $w(z)$ durch den Punkt $z = 1$, $w = 1$ und (abgesehen vom Sonderfall $z_1 = z_3$) durch den Punkt $z = z_3$, $w = 0$ geht, welche die Grenzfälle reiner Torsions- und reiner Druckbeanspruchung darstellen (Ziff. **18** und **17**). Ferner zieht man aus der Tatsache, daß die durch Ableitung nach z aus (17) entstehende Beziehung

$$2\,A\,w\left(A\,\frac{dw}{dz} + \frac{dA}{dz}\,w\right) = B\,\frac{dC}{dz} + \frac{dB}{dz}\,C$$

für $z=z_3$, $w=0$ nur dann erfüllt ist, wenn $dw/dz=\infty$ ist, den Schluß, daß die Kurve die z-Achse senkrecht schneidet. Im Grenzfall unendlich kleiner Schlankheit s geht (17) über in die Beziehung

$$A(z)\,w = \pm B(z), \tag{19}$$

worin bei Beschränkung auf die obere Halbebene das Vorzeichen so zu wählen ist, daß w positiv wird. Die zu verschiedenen Schlankheitsgraden s gehörigen Kurven $w(z)$ nähern sich mit abnehmender Schlankheit mehr und mehr der Grenzkurve (19), und zwar von unten her, da im betrachteten Bereich $C(z) < B(z)$ und $B(z) > 0$ ist. Für die weitere Untersuchung der Kurven müssen die Fälle $\delta_0 \gtreqless \alpha_0$ unterschieden werden.

a) Der Fall $\delta_0 \geqq \alpha_0$. Zufolge (**17**, 6) und (**18**, 6) ist

$$\frac{\delta_0}{\alpha_0} = \frac{J_2}{2J_1}\left(1 + 2k\,\frac{m+1}{m}\,\frac{J_1}{J_0}\right), \tag{20}$$

so daß die hierhergehörenden Drahtquerschnitte der Bedingung

$$\frac{J_2}{J_1} + 2k\,\frac{m+1}{m}\,\frac{J_2}{J_0} \geqq 2 \tag{21}$$

genügen müssen. Sie ist erfüllt, wenn das Hauptträgheitsmoment J_2 des Drahtquerschnitts bezüglich einer zur Federachse parallelen Achse durch den Querschnittsschwerpunkt größer, gleich oder nur wenig kleiner ist als das Hauptträgheitsmoment J_1 bezüglich einer Normalen zur Federachse durch den Schwerpunkt des Querschnitts. Hierher gehören also insbesondere Federprofile, für die $J_1 = J_2$ ist, beispielsweise der kreisförmige und der quadratische Querschnitt.

Aus (18) geht hervor, daß für $\delta_0 \geqq \alpha_0$ sicher $z_1 \leqq z_2$ ist. Da außerdem $z_2 < z_3$ ist, besitzt $w(z)$ im Bereich $z_3 < z \leqq 1$ weder einen Pol noch eine Nullstelle. Überdies läßt sich leicht zeigen, daß $w(z)$ im ganzen Bereich monoton ansteigt. Löst man nämlich (17) nach w^2 auf und leitet nach z ab, so kommt

$$2A^3 w\,\frac{dw}{dz} = 2C\left(A\,\frac{dB}{dz} - \frac{dA}{dz}\,B\right) + A\left(B\,\frac{dC}{dz} - \frac{dB}{dz}\,C\right).$$

Da im Bereich $z_3 < z \leqq 1$ die Funktionen $A(z)$, $C(z)$, $w(z)$ positiv sind, so genügt es, zu zeigen, daß auch die beiden runden Klammern rechts positiv sind. Nun ist zunächst

$$A\,\frac{dB}{dz} - \frac{dA}{dz}\,B \equiv \frac{\alpha_0}{\delta_0}\,\frac{\gamma_0}{\beta_0}\left(\frac{\delta_0}{\alpha_0} - 1\right) \geqq 0 \qquad \text{für } \delta_0 \geqq \alpha_0. \tag{22}$$

Ferner ist

$$B\,\frac{dC}{dz} - \frac{dB}{dz}\,C \equiv 4s^2R^2\,\frac{\gamma_0}{\alpha_0}\,z\left[2\left(1 + \frac{\gamma_0}{\beta_0}\right)z^2 - \left(1 + 4\,\frac{\gamma_0}{\beta_0}\right)z + 2\,\frac{\gamma_0}{\beta_0}\right],$$

und dieser Ausdruck ist sicher dann für positives z größer als Null, wenn die Diskriminante

$$\left(1 + 4\,\frac{\gamma_0}{\beta_0}\right)^2 - 16\,\frac{\gamma_0}{\beta_0}\left(1 + \frac{\gamma_0}{\beta_0}\right) \equiv 1 - 8\,\frac{\gamma_0}{\beta_0}$$

des eckigen Klammerausdruckes negativ ist. Dies ist aber hier der Fall; denn zufolge (**17**, 6) ist

$$\beta_0 - 8\gamma_0 = \frac{l_0}{n}\,\frac{EJ_2}{\pi R^3}\left(1 - \frac{2}{k}\,\frac{m}{m+1}\,\frac{J_0}{J_2}\right),$$

und dieser Ausdruck ist für die gebräuchlichen Federprofile negativ, da für solche k stets in der Nähe von 1 bleibt, und weil $m/(m+1) > \frac{2}{3}$ und $J_0 > J_2$ ist. Bei Querschnitten mit großem k (also solchen, die senkrecht zur Federachse langgezogen sind) wird der letzte Ausdruck allerdings positiv; es können dann, wie die genaue Untersuchung zeigt, auch Kurven $w(z)$ auftreten, die nicht monoton ansteigen. Diese verlaufen nach wie vor unterhalb der Grenzkurve $s=0$.

Diese Grenzkurve (19) steigt im Falle $\delta_0 > \alpha_0$ unter allen Umständen, also auch für große k, monoton an, wie man mit Hilfe von (22) sofort feststellt. Im Falle $\delta_0 = \alpha_0$ dagegen besitzt (19) wegen $A(z) = B(z) = C(z)$ die beiden Lösungen $z = z_1 = z_2 = z_3$ und $w = 1$; die Grenzkurve besteht also jetzt aus zwei Geraden, die den Koordinatenachsen parallel sind und durch die Punkte $z = z_3$, $w = 0$ und $z = 1$, $w = 1$ gehen.

Im Falle $\delta_0 \geq \alpha_0$ erniedrigt daher eine vorhandene Druckkraft das Knickmoment und ebenso ein vorhandenes Torsionsmoment die Knickkraft. Lediglich für $\delta_0 = \alpha_0$ werden im Grenzfall unendlich kleiner Schlankheit die Knickkraft und das Knickmoment voneinander unabhängig.

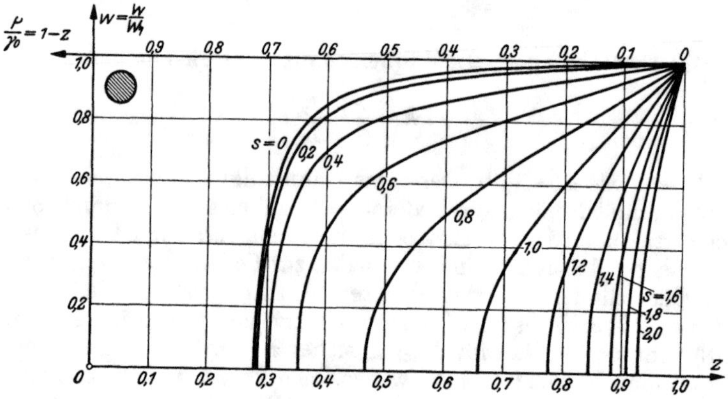

Abb. 30. Knickdiagramm der gedrückten und tordierten Schraubenfeder aus Runddraht.

Für Runddraht ist $k=1$, $J_1 = J_2 = J$ und $J_0 = 2J$. Mit $m = 10/3$ wird dann $\delta_0/\alpha_0 = 23/20$. Wertet man (17) für verschiedene Schlankheitsgrade s aus, so erhält man die Kurven von Abb. 30. Sie vermitteln den Zusammenhang zwischen dem Verhältnis w des Knickmomentes W bei gemischter Beanspruchung und des Knickmomentes W_1 bei reiner Torsionsbeanspruchung einerseits und dem Verkürzungsverhältnis $z = l/l_0$ bzw. der dimensionslos gemachten Knickkraft $P/\gamma_0 = 1 - z$ andererseits.

b) Der Fall $\delta_0 < \alpha_0$. Hierher gehören gemäß (20) Drahtquerschnitte, für die

$$\frac{J_2}{J_1} + 2k\frac{m+1}{m}\frac{J_2}{J_0} < 2, \tag{23}$$

mithin J_1 wesentlich größer als J_2 ist, welche also in Richtung der Federachse langgezogen sind. Abb. 31 zeigt für einen Federdraht, dessen Querschnitt ein Rechteck vom Seitenverhältnis 1:3 ist, die Zusammenhänge, die wir nun vollends erklären wollen.

An Hand von (18) stellt man leicht fest, daß in diesem Falle $z_1 > z_2$ ist. Dagegen ist noch immer $z_3 > z_2$, und zwar strebt die Differenz $z_3 - z_2$ mit abnehmender Schlankheit s gegen Null. Eine solche Feder verhält sich also für verschiedene Schlankheiten verschieden. Ist die Schlankheit s so groß, daß $z_3 > z_1$ ist, dann besitzt $w(z)$ im Bereich $z_3 < z \leq 1$ nach wie vor weder einen Pol noch eine Nullstelle, aber im Gegensatz zum Fall a) möglicherweise ein Maximum, das über Eins liegt (vgl. die Kurve $s=1$ in Abb. 31). Ist dagegen die Schlankheit genügend klein, so daß $z_3 < z_1$ ist, so besitzt $w(z)$ an der Stelle z_1

einen Pol (vgl. die Kurven $s = 0$ bis $s = 0{,}8$ in Abb. 31). Im oben erwähnten Sonderfall $z_1 = z_3$ fällt der Pol gerade in den Endpunkt z_3 des Bereichs.

Obschon also auch in diesem Falle ein vorhandenes Torsionsmoment die Knickkraft stets verringert, so kann bei nicht zu großer Schlankheit eine Druckkraft merkwürdigerweise das Knickmoment, also die Knicksicherheit erhöhen. Ist insbesondere die Schlankheit so klein, daß bei reiner Druckbeanspruchung das Verkürzungsverhältnis $z_1 = \frac{\gamma_0}{\beta_0} : \left(\frac{\delta_0}{\alpha_0} + \frac{\gamma_0}{\beta_0}\right)$ ohne Knicken erreicht werden

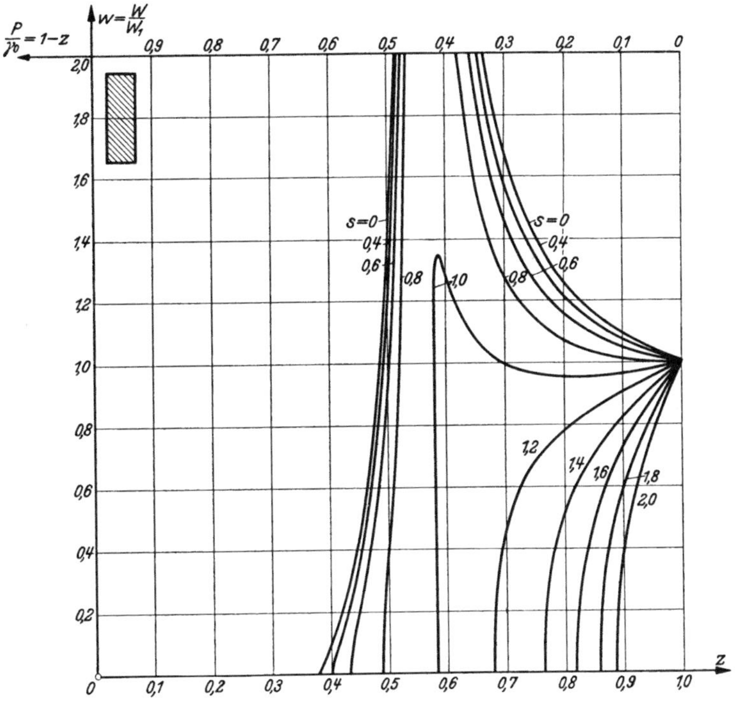

Abb. 31. Knickdiagramm der gedruckten und tordierten Schraubenfeder aus Flachdraht.

kann, daß also gemäß (13) eine reine Druckkraft von der Größe

$$P^* = \frac{\gamma_0}{1 + \frac{\alpha_0}{\delta_0}\frac{\gamma_0}{\beta_0}} \tag{24}$$

noch nicht zum Ausknicken führt, dann genügt das Anbringen dieser Druckkraft P^*, um die Schraubenfeder für beliebig große Torsionsmomente knickfest zu machen (vgl. die Kurven $s = 0$ bis 0,8 in Abb. 31, für welche sich diese volle Knicksicherheit erreichen läßt). Diese Feststellung behält auch dann noch ihre Gültigkeit, wenn die Knickbeanspruchungen höherer Ordnung miteinbezogen werden. Um dies einzusehen, hat man nur zu beachten, daß gemäß (12) die Knickbeanspruchung n-ter Ordnung einer Schraubenfeder von gegebener Schlankheit s mit der Knickbeanspruchung erster Ordnung der entsprechenden Schraubenfeder mit der Schlankheit s/n übereinstimmt, woraus hervorgeht, daß an der Stelle z_1 mit $w(z)$ auch die den höheren Ordnungen entsprechenden Kurven ins Unendliche gehen.

20. Der knickende Kreisring. Bei den geschlossenen Ringen, denen wir uns jetzt zuwenden, sind Ausweichprobleme von recht mannigfacher Art möglich, die man als Knicken, Kippen und Durchschlagen des Ringes bezeichnen kann.

Knickung zunächst ist möglich, wenn der Ring einem allseitigen radial einwärts gerichteten Druck q ausgesetzt wird. Die Erfahrung zeigt, daß ein solcher Ring bei bestimmten Lasten q_k seine kreisförmige Gestalt verlieren und innerhalb seiner Ebene einknicken kann.

Zur Berechnung[1]) der Knickdrücke q_k betrachten wir zunächst das Element ds eines beliebigen krummen Stabes, der einer Normalbelastung q je Einheit der Bogenlänge unterworfen ist. Mit den Bezeichnungen von Abb. 32, worin M das Biegemoment, X und Y die Komponenten der Querkraft sind, erhalten wir in der x- und y-Richtung die Gleichgewichtsbedingungen

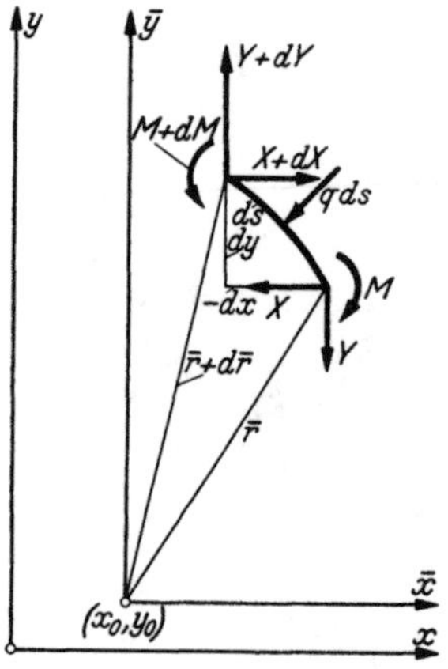

Abb. 32. Element des auf Knickung beanspruchten Ringes.

$$dX - q\,dy = 0, \qquad dY + q\,dx = 0. \tag{1}$$

Hieraus folgt mit zwei Integrationskonstanten C_1 und C_2

$$X = qy + C_1, \qquad Y = -qx + C_2.$$

Geht man zu einem zum (x, y)-System parallelen Koordinatensystem $(\bar{x}, \bar{y})$ über, so daß

$$x = \bar{x} + x_0, \qquad y = \bar{y} + y_0$$

gesetzt werden kann, so kommt

$$X = q\bar{y} + (q y_0 + C_1), \qquad Y = -q\bar{x} - (q x_0 - C_2).$$

Genügen die Verschiebungsgrößen x_0, y_0 den Gleichungen

$$q x_0 - C_2 = 0, \qquad q y_0 + C_1 = 0,$$

so gilt

$$X = q\bar{y}, \qquad Y = -q\bar{x}, \tag{2}$$

und es zeigt sich somit, daß die von einem beliebigen Stabquerschnitt übertragene Kraft K senkrecht zu dem vom Punkte (x_0, y_0) ausgehenden Fahrstrahl $\bar{r}$ ist und den Wert

$$K = q\bar{r} \tag{3}$$

hat. Die dritte Gleichgewichtsbedingung des Stabelementes ds lautet somit einfach

$$dM = q\bar{r}\,d\bar{r}$$

oder

$$M = \frac{1}{2}q\bar{r}^2 + C, \tag{4}$$

wo C eine Konstante bezeichnet.

Wendet man dieses Ergebnis auf den allseitig gedrückten Kreisring vom Halbmesser R an, so fällt der Punkt (x_0, y_0) mit dem Ringmittelpunkt zusammen. Außerdem hat die Konstante C in diesem Falle den Wert $-\frac{1}{2}qR^2$, weil in jedem Ringquerschnitt das Biegemoment (4) gleich Null ist, solange der Ring seine Kreisgestalt beibehält. (Berücksichtigt man die von der Zusammendrückung des Ringes herrührende Krümmungsänderung, so gilt diese Aussage natürlich nicht mehr.)

Wenn nun der Ring unter Wirkung eines näher zu bestimmenden Druckes q einer Knickung, also einer (unendlich kleinen) Ausbiegung fähig ist, so liegt,

[1]) Vgl. M. Lévy, Mémoire sur un nouveau cas intégrable du problème de l'élastique et l'une de ses applications, J. de Math. (Liouville), 3. Reihe, 10 (1884) S. 5.

wie eine Kontinuitätsbetrachtung zeigt, der Punkt (x_0, y_0) in unmittelbarer Nähe des Ringmittelpunktes. Betrachtet man diesen Punkt als Pol eines Polarkoordinatensystems $(\bar{r}, \varphi)$, auf das die gebogene Ringmittellinie bezogen werden soll, und setzt

$$\bar{r} = R + u, \tag{5}$$

so stellt u eine kleine Größe dar, welche nach (V, **1**, 2) die Differentialgleichung

$$u'' + u = -\frac{MR^2}{\alpha} \tag{6}$$

befriedigt, wo α die Biegesteifigkeit des Ringes in seiner Ebene, M das jetzt i. a. von Null verschiedene Biegemoment, und Striche Ableitungen nach φ bedeuten. Setzt man (4) mit (5) in (6) ein und berücksichtigt nur die in u linearen Glieder, so erhält man mit

$$1 + \frac{qR^3}{\alpha} = \mu^2 \quad \text{und} \quad -\frac{R^2}{2\alpha}(qR^2 + 2C) = C^* \tag{7}$$

die Gleichung

$$u'' + \mu^2 u = C^*. \tag{8}$$

Deren Lösung lautet

$$u = C_1 \cos \mu\varphi + C_2 \sin \mu\varphi + \frac{C^*}{\mu^2}, \tag{9}$$

wenn φ den Winkel zwischen dem Fahrstrahl $\bar{r}$ und einer beliebigen Polachse bezeichnet.

Weil sowohl u selbst wie seine Ableitung periodisch mit der Periode 2π sein muß, so gelten die Bedingungsgleichungen

$$\begin{aligned} C_1 \cos \mu(\varphi + 2\pi) + C_2 \sin \mu(\varphi + 2\pi) &\equiv C_1 \cos \mu\varphi + C_2 \sin \mu\varphi, \\ -C_1 \sin \mu(\varphi + 2\pi) + C_2 \cos \mu(\varphi + 2\pi) &\equiv -C_1 \sin \mu\varphi + C_2 \cos \mu\varphi \end{aligned}$$

oder umgeformt

$$\begin{aligned} &[C_1(\cos 2\pi\mu - 1) + C_2 \sin 2\pi\mu] \cos \mu\varphi - [C_1 \sin 2\pi\mu - C_2(\cos 2\pi\mu - 1)] \sin \mu\varphi \equiv 0, \\ &[C_1 \sin 2\pi\mu - C_2(\cos 2\pi\mu - 1)] \cos \mu\varphi + [C_1(\cos 2\pi\mu - 1) + C_2 \sin 2\pi\mu] \sin \mu\varphi \equiv 0 \end{aligned}$$

oder aber

$$\left.\begin{aligned} C_1(\cos 2\pi\mu - 1) + C_2 \sin 2\pi\mu = 0, \\ C_1 \sin 2\pi\mu - C_2(\cos 2\pi\mu - 1) = 0. \end{aligned}\right\} \tag{10}$$

Damit diese Gleichungen eine von Null verschiedene Lösung C_1, C_2 aufweisen, muß

$$\begin{vmatrix} (\cos 2\pi\mu - 1) & \sin 2\pi\mu \\ \sin 2\pi\mu & -(\cos 2\pi\mu - 1) \end{vmatrix} = 0, \quad \text{also} \quad \cos 2\pi\mu = 1 \tag{11}$$

sein. Die den Wurzeln $\mu_k = k\,(k = 0, 1, 2, \ldots)$ dieser Gleichung entsprechenden kritischen Knickdrücke q_k haben nach (7) die Werte

$$q_k = \frac{\alpha}{R^3}(k^2 - 1). \tag{12}$$

Weil nur positive Werte für q_k in Betracht kommen, scheiden die Fälle $k = 0$ und $k = 1$ aus, so daß der kleinste Knickdruck durch

$$q_{\min} \equiv q_2 \equiv \frac{3\alpha}{R^3} \tag{13}$$

gegeben ist.

Die Konstante C^* der Lösung (9) gewinnt man aus der Bedingung, daß der Ring bei der Ausbiegung seine Länge nicht ändert. Es gilt somit, wenn u sehr klein ist,

$$\int_0^{2\pi} \bar{r}\, d\varphi = \int_0^{2\pi} (R+u)\, d\varphi = 2\pi R, \qquad \text{also} \qquad \int_0^{2\pi} u\, d\varphi = 0,$$

und hieraus folgt mit $\mu = \mu_k = k\,(k = 2, 3, \ldots)$

$$C^* = 0.$$

Die zu q_k gehörige Biegelinie befolgt daher die Gleichung

$$u = C_1 \cos k\varphi + C_2 \sin k\varphi$$

oder, wenn zwei neue, in einfacher Weise mit C_1 und C_2 zusammenhängende Integrationskonstanten u_0 und φ_0 eingeführt werden,

$$u = u_0 \sin(k\varphi + \varphi_0) \qquad (k \geq 2). \tag{14}$$

Die zu q_k gehörige elastische Linie hat also die Periode $2\pi/k$ und weist somit k Wellen auf.

Die Untersuchung der Stabilität der verschiedenen Knickformen kann nach der Methode von Ziff. **3** durchgeführt werden.

21. Der umkippende Kreisring. Ein zweites Ausweichproblem des geschlossenen Kreisrings knüpft an die Umstülpungerscheinungen an, die bei einem solchen Ringe möglich sind. In Kap. V, § 5 haben wir die Umstülpung eines Ringwulstes unter dem Einfluß von ringsum angreifenden Umstülpmomenten W untersucht. Wir wollen nun zeigen, daß auch ein radiales Kraftfeld eine solche Umstülpung des Ringes (verbunden mit einer Ringerweiterung oder -verengung) hervorrufen kann, und zwar eine Umstülpung, die bei bestimmter Stärke des Kraftfeldes mehr oder weniger plötzlich einsetzt und also in die Klasse der sogenannten Kipperscheinungen fällt[1]). Dieses Problem ist praktisch wichtig beispielsweise bei Versteifungsringen, welche um dünnwandige Druckrohre gelegt sind, um den Innendruck aufzunehmen.

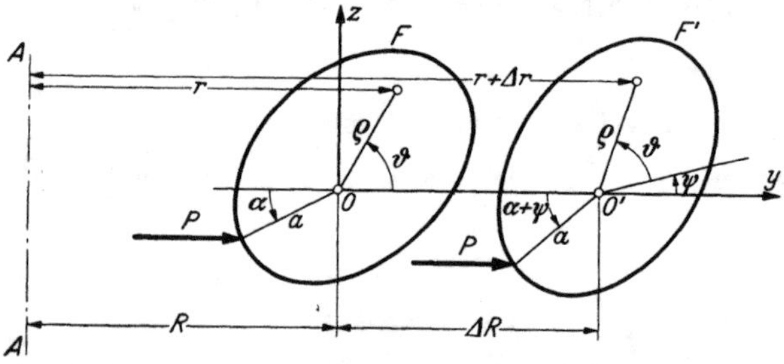

Abb. 33. Meridianschnitt eines Ringes unter Innenlast vor und nach der Kippung.

Wir benützen die gleichen Bezeichnungen wie früher: in Abb. 33 bedeutet F den Meridianschnitt des unbelasteten Ringes, P ein gleichmäßig über den ganzen Ringumfang verteiltes radiales Kraftfeld, das zunächst aus Innenkräften besteht, und zwar sei P die algebraische Summe aller Kräfte über den ganzen Ringumfang, also $(P/2\pi)\,d\varphi$ die auf ein Ringelement $d\varphi$ entfallende Radialkraft; ferner sei O derjenige Querschnittspunkt, der bei der Ringumstülpung durch Momente W festbliebe, für den also nach (V, **32**, 6) und (V, **32**, 7)

$$\int_F \frac{y\,dF}{R+y} = 0, \qquad \int_F \frac{z\,dF}{R+y} = 0 \tag{1}$$

[1]) R. GRAMMEL, Das Umstulpen und Umkippen von elastischen Ringen, Z. angew. Math. Mech. 3 (1923) S. 438; Die Kipperscheinungen bei elastischen Ringen, Z. angew. Math. Mech. 7 (1927) S. 198.

ist, wo R den Abstand zwischen O und der Ringachse AA bedeutet und (y, z) ein von O ausgehendes raumfestes kartesisches Koordinatensystem, neben dem wir wie früher noch ein körperfestes Polarkoordinatensystem (ϱ, ϑ) benützen, dessen Ursprung sich mit O mitbewegt. Das Kraftfeld P greife an dem Ringkreis mit den Polarkoordinaten $a (>0)$ und $180° + \alpha$ an.

Behalten wir die frühere Voraussetzung bei, daß die Querschnitte F bei der Verformung des Ringes zu sich kongruent bleiben, und beschränken wir uns auf solche Verformungen, bei denen der Ring seine axiale Symmetrie behält (Kippungen erster Ordnung), so können die Kräfte P lediglich eine starre Verschiebung der Fläche F in ihrer Ebene nach F' hervorbringen, d. h. eine radiale Verschiebung ΔR des Punktes O nach O', verbunden mit einer etwaigen Drehung (Umstülpung) ψ um O' (Abb. **33**); von einer axialen Verschiebung des Punktes O kann abgesehen werden. Je nachdem $\psi \gtrless 0$ ist, wollen wir die Umstülpung positiv oder negativ nennen.

Bei dieser Verformung des Ringes entsteht mit dem Elastizitätsmodul E in der Faser ϱ, ϑ infolge der Änderung Δr ihres Achsenabstandes r eine Spannung [vgl. schon (V, **32**, 1) bis (V, **32**, 3)]

$$\sigma = E\frac{\Delta r}{r} = E\frac{\Delta R + \varrho[\cos(\vartheta+\psi) - \cos\vartheta]}{R + \varrho\cos\vartheta}. \tag{2}$$

Die Bedingungen aber dafür, daß an einem durch zwei konsekutive Meridianebenen herausgeschnittenen Ringelement $d\varphi$ die inneren Spannungen σ der äußeren Kraft $(P/2\pi)\,d\varphi$ und ihrem Moment bezüglich O' das Gleichgewicht halten, lauten jetzt

$$\int_{F'}\sigma\,dF = \frac{P}{2\pi}, \qquad \int_{F'}\sigma\varrho\sin(\vartheta+\psi)\,dF = -\frac{P}{2\pi}a\sin(\psi+\alpha). \tag{3}$$

Wir definieren folgende, zum Teil schon früher (Kap. V, Ziff. **32**) benützte Abkürzungen:

$$A = 2\pi E\int_F\frac{dF}{R+y}, \quad U_y = 2\pi E\int_F\frac{z^2\,dF}{R+y}, \quad U_z = 2\pi E\int_F\frac{y^2\,dF}{R+y}, \quad U_{yz} = 2\pi E\int_F\frac{yz\,dF}{R+y}. \tag{4}$$

Dann lassen sich die Gleichungen (3), nachdem dort σ aus (2) eingesetzt ist und ϱ, ϑ in y, z ausgedrückt sind, wegen (1) in der Form schreiben

$$\left.\begin{aligned} A\,\Delta R &= P, \\ U_y\sin\psi\cos\psi + U_z\sin\psi(1-\cos\psi) + U_{yz}(\cos\psi - \cos 2\psi) &= Pa\sin(\psi+\alpha). \end{aligned}\right\} \tag{5}$$

Diese Gleichungen besagen, daß der durch die Bedingungen (1) definierte Punkt O die merkwürdige Eigenschaft hat, seinen Achsenabstand R proportional zu P zu ändern, unabhängig von einer etwa eintretenden Kippung ψ. Wir nennen daher O den Kippmittelpunkt und die Faser durch ihn die kippfreie Faser. Die nun zu untersuchenden Kippungen erweisen sich als mehr oder weniger unstetig einsetzende Umstülpbewegungen ψ um die kippfreie Faser (die übrigens identisch ist mit der früher definierten neutralen Faser der reinen Umstülpungen, Kap. V, Ziff. **32**).

Vertauscht man in den Gleichungen (5) P mit $-P$, α mit $180° + \alpha$ und ΔR mit $-\Delta R$, so bleiben sie unverändert. Dies besagt:

Der Ring verhält sich bei Außenkräften genau wie bei (auf den ganzen Umfang gerechnet) ebenso großen, entgegengesetzt gerichteten Innenkräften, falls ihre Angriffspunkte zu denen der Innenkräfte symmetrisch bezüglich des Kippmittelpunktes liegen. (Natürlich ist dabei vorausgesetzt, daß die Außenlast unter dem Betrag bleibt, der die Stabilität des Ringes als eines rotationssymmetrischen Gebildes überhaupt vernichten würde; s. Ziff. **20**.)

Wie die Größen U_y, U_z, U_{yz} und entsprechend auch A an Hand einer Verwandelten F^* (bzw. F^{**}) der Querschnittsfläche F zu deuten sind, ist schon in Kap. V, Ziff. **32** gezeigt worden. Wie dort, so nennen wir auch hier einen Ring symmetrieartig, falls $U_{yz}=0$ ist. (Hierher gehören beispielsweise alle Ringe mit äquatorialer Symmetrieebene.) Wenn $U_{yz}\neq 0$ ist, so kann man sich den Ring stets so zum Koordinatensystem (y, z) gelegt denken, daß $U_{yz}>0$ bleibt. Für das Folgende ist noch wichtig, daß stets

$$U_{yz}^2 < U_y U_z \tag{6}$$

bleibt. Ist nämlich x irgendeine reelle Zahl, so ist nach (4)

$$U_y x^2 + 2\,U_{yz} x + U_z \equiv 2\,\pi E \int\limits_F \frac{(xz+y)^2}{R+y}\, dF > 0,$$

und somit kann für keinen reellen Wert x je $U_y x^2 + 2\,U_{yz} x + U_z = 0$ werden. Die Bedingung aber dafür, daß diese Gleichung keine reelle Wurzel hat, ist gerade (6).

Es ist zweckmäßig, die dimensionslosen Abkürzungen

$$\lambda = \frac{U_z}{U_y}, \qquad \mu = \frac{U_{yz}}{U_y}, \qquad p = \frac{a P}{U_y} \tag{7}$$

einzuführen und dann die zweite Gleichung (5) als die eigentliche Kippgleichung in der Form

$$[\lambda + (1-\lambda)\cos\psi]\sin\psi + \mu(\cos\psi - \cos 2\psi) = p\sin(\psi+\alpha) \tag{8}$$

zu schreiben und die Ungleichung (6) in der Form

$$\mu^2 < \lambda. \tag{9}$$

Wir unterscheiden weiterhin die beiden Fälle $\alpha=0$ und $\alpha\neq 0$ als zentrische und exzentrische Innen- bzw. Außenbelastung und werden die Ergebnisse der Kürze halber immer nur für die Innenlast aussprechen, indem wir uns bezüglich der Außenlast ein für allemal auf den Satz von vorhin berufen. Den sowieso nur künstlich zu verwirklichenden Fall $a=0$ schließen wir weiterhin aus, indem wir nur bemerken, daß für $a=0$ auch p aus der Kippgleichung (8) ganz fortfällt, daß also Lasten, die in der kippfreien Faser angreifen, überhaupt keine Kippung des Ringes hervorbringen.

Ferner unterscheiden wir die Ringe als flach, rundlich oder breit, je nachdem $U_z \gtreqless U_y$, d. h. je nachdem $\lambda \gtreqless 1$ ist. Wir werden nämlich sehen, daß die Kipperscheinungen für diese drei Ringarten zum Teil verschieden sind.

I) Zentrische Innenbelastung. Praktisch am wichtigsten ist und eine gesonderte Behandlung verdient:

a) Der symmetrieartige Ring. Hier ist $\alpha=0$ und $\mu=0$ (wegen $U_{yz}=0$), und man erhält aus (8)

$$[\lambda + (1-\lambda)\cos\psi - p]\sin\psi = 0. \tag{10}$$

Es gibt mithin drei Gleichgewichtsformen des belasteten Ringes:

1) $\psi\equiv 0°$ für alle Werte von p (ungestülpte Ringform),

2) $|\psi|\equiv 180°$ für alle Werte von p (völlig umgestülpte Ringform),

3) $0°\leq|\psi|\leq 180°$, nämlich $\cos\psi=(p-\lambda)/(1-\lambda)$ für ein bestimmtes Intervall von p (gekippte Ringform). Wir führen zur weiteren Untersuchung dieser dritten Ringform die beiden kritischen Werte

$$p_k = 1, \quad \text{also} \quad P_k = \frac{U_y}{a} \quad \text{und} \quad p_k^* = 2\lambda - 1, \quad \text{also} \quad P_k^* = \frac{2\,U_z - U_y}{a} \tag{11}$$

ein und unterscheiden jetzt die drei Fälle:

α) Flache Ringe. Wegen $\lambda > 1$ ist hier $p_k < p_k^*$. Das Ergebnis zeigt Abb. 34 für $\lambda = 3$. Die Lösung 3) zweigt von der Lösung 1) bei $p = p_k$ ab, von der Lösung 2) bei $p = p_k^*$. An Hand der potentiellen Energie stellt man leicht fest, daß die Lösung $\psi \equiv 0°$ nur für $p < p_k$ stabil ist, die Lösung $|\psi| \equiv 180°$ nur für $p > p_k^*$, wogegen im Intervall $p_k \leq p \leq p_k^*$ die Lösung 3) stabil ist. Die stark ausgezogene Kurve in Abb. 34 stellt das stabile Verhalten des Ringes dar. Wir sprechen den Sachverhalt aus wie folgt:

Zentrische Innenbelastung, von Null an stetig wachsend, erweitert den symmetrieartigen flachen Ring zunächst ohne Umstülpung. Sobald die Kipplast erster Art $P_k(11)$ überschritten wird, kippt der Ring plötzlich (positiv oder negativ) aus, bis er bei einer Kipplast zweiter Art $P_k^*(11)$ ebenso plötzlich in die völlig umgestülpte Form übergeht. (Das Wort „plötzlich" soll dabei den durch die waagerechte Tangente gekennzeichneten Sachverhalt ausdrücken, wie ihn auch alle Knickerscheinungen zeigen: Möglichkeit großer Formänderung bei kleiner Kraftänderung in der Nähe der Verzweigungspunkte.) Bei weiterem Anwachsen der Last erweitert sich der Ring in der völlig umgestülpten Form stetig weiter. Läßt man die Last wieder abnehmen, so kippt er bei P_k^* plötzlich in die nicht völlig umgestülpte Form ein und von dieser ebenso plötzlich bei P_k in die ungestülpte Form zurück.

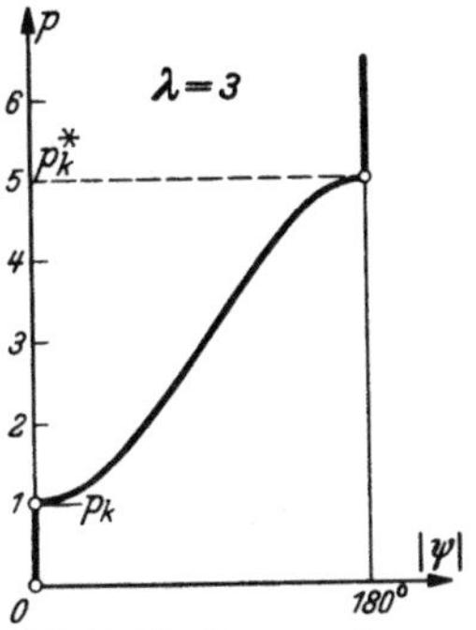

Abb. 34. Kippdiagramm des symmetrieartigen flachen Ringes bei zentrischer Belastung.

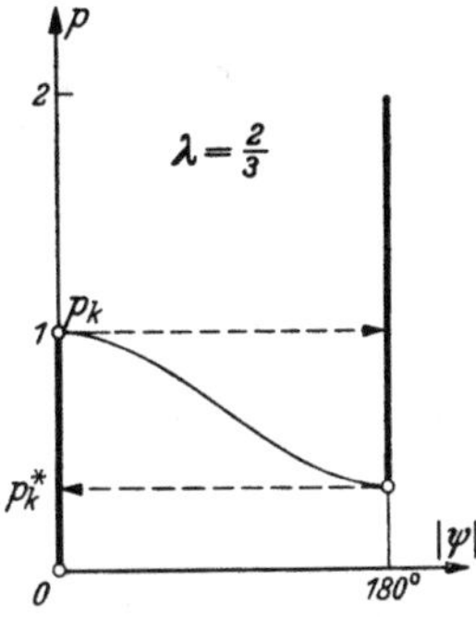

Abb. 35. Kippdiagramm des symmetrieartigen breiten Ringes bei zentrischer Belastung.

β) Rundliche Ringe. Wegen $\lambda = 1$ ist nun $p_k = p_k^*$. Die in Abb. 34 gezeichnete Kurve der Lösung $180° \neq |\psi| \neq 0°$ artet jetzt in eine waagerechte Gerade aus, die Kipplasten erster und zweiter Art fallen zusammen. Steigert man P über P_k hinaus, so kippt der bis dahin ungestülpte Ring sofort in die völlig umgestülpte Form; läßt man P wieder unter P_k sinken, so kippt er aus der völlig umgestülpten Form sofort in die ungestülpte zurück.

γ) Breite Ringe. Wegen $\lambda < 1$ ist nun $p_k > p_k^*$. Die teilweise umgestülpte Form ist jetzt, soweit sie überhaupt existiert, stets labil (Abb. 35). Wir haben nun folgenden Sachverhalt:

Beim Überschreiten der Kipplast erster Art P_k kippt der Ring plötzlich in die völlig umgestülpte Form; läßt man die Last wieder abnehmen, so bleibt der Ring auch noch beim Unterschreiten von P_k zunächst in der völlig umgestülpten Form stabil; erst wenn die Kipplast zweiter Art P_k^* unterschritten wird, kippt er, und zwar plötzlich, in die ungestülpte Form zurück. Ist $P_k^* < 0$, was für hinreichend breite Ringe von der Eigenschaft $2\,U_z < U_y$ zutrifft, so kehrt der Ring beim Entlasten überhaupt nicht mehr von selbst aus der völlig umgestülpten Form in die ungestülpte Urform zurück.

Das praktisch wichtigste Ergebnis für alle symmetrieartigen Ringe bei zentrischer Belastung besteht in der Vorschrift, daß man zur Vermeidung jeder Kippgefahr die Last

$$P < \frac{U_y}{a} \equiv \frac{2\pi E}{a} \int_F \frac{z^2\,dF}{R+y} \tag{12}$$

halten muß.

b) Der beliebige Ring. Im allgemeinen Fall, wo $\mu \neq 0$ sein kann, geht man ebenfalls von (8) mit $\alpha = 0$ aus. Teilt man sofort durch den Faktor $\sin\psi$, um die Lösung der ausgekippten Ringform allein zu erhalten, so kommt

$$\lambda + (1-\lambda)\cos\psi + \mu\left(2\sin\psi - \operatorname{tg}\frac{\psi}{2}\right) = p. \tag{13}$$

Da diese Lösung durch $\psi = 0$, $p = 1$ befriedigt wird, so zweigt sie von der Lösung $\psi \equiv 0$ ebenfalls an der Stelle $p = p_k = 1$ ab; man hat mithin allgemein in P_k (11) eine Kipplast erster Art vor sich, und zwar, wie sich zeigen wird, die kleinste, die bei stetigem Anwachsen der Last P von Null an erreicht wird.

Die Mannigfaltigkeit der Lösungen (13) ist, geordnet nach den Parametern λ und μ, in den Kurven von Abb. 36 bis 39 aufgezeigt. Die stark ausgezogenen Teile dieser Kurven stellen stabile Ringformen dar, die Pfeile geben plötzliches Überschlagen von einer Form in eine andere bei weiterem Steigern bzw. Absenken der Last an. (Der schon erledigte Fall $\mu = 0$ ist in den Abbildungen der Vollständigkeit halber mit aufgenommen.) Im einzelnen unterscheiden wir auch hier die drei Fälle $\lambda \gtreqless 1$ (je mit $\mu < \sqrt{\lambda}$).

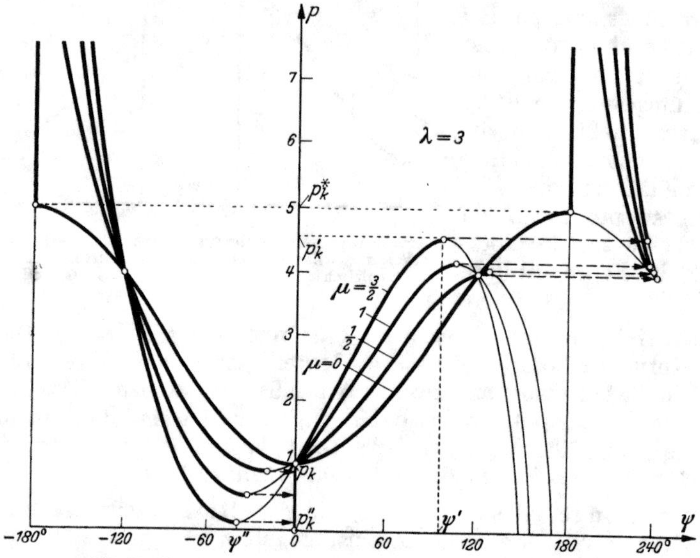

Abb. 36. Kippdiagramm der flachen Ringe bei zentrischer Belastung.

α) Flache Ringe (Abb. 36). Abgesehen von dem Fall $\mu = 0$ beginnt beim Überschreiten der Knicklast erster Art P_k(11) die Umstülpung nicht plötzlich, sondern stetig, und zwar nur nach der positiven Seite hin; sie führt aber nicht stetig in die völlig umgestülpte Form über, sondern der Ring springt bei einer Kipplast zweiter Art $P_k' > P_k$ von einem Winkel $\psi' < 180°$ plötzlich zu einem Winkel über 180° um; bei weiterem Anwachsen der Last geht der Umstülpwinkel asymptotisch gegen 180° zurück. Entlastet man den Ring wieder, so nimmt der Umstülpwinkel (den man jetzt negativ rechnen mag) zunächst stetig bis zu einem Wert ψ'' zu, wobei eine Kipplast dritter Art $P_k'' < P_k$ erreicht wird; dann kippt er plötzlich in die ungestülpte Form zurück. Man kann bei einem solchen Ring ($\mu \neq 0$) also durch eine (zwischen den Grenzen $P'' < P_k''$ und $P' > P_k'$) pulsierende Radialkraft, falls $P_k'' > 0$ ist, eine unablässige Stülprotation des Ringes in positivem Sinne erzeugen. (Für $\mu = 0$ fällt P_k' mit P_k^* zusammen und P_k'' mit P_k.)

Die Kipplasten zweiter und dritter Art sind

$$P_k' = \frac{U_y}{a} p_k' \quad \text{und} \quad P_k'' = \frac{U_y}{a} p_k'', \tag{14}$$

wobei p_k und p_k'' zusammen mit den zugehörigen Kippwinkeln ψ' und ψ'' die simultanen Gleichungen (13) und $dp/d\psi = 0$ befriedigen müssen. Die hieraus zu berechnenden Werte p_k' und p_k'' sind in Abb. 37 zusammengestellt.

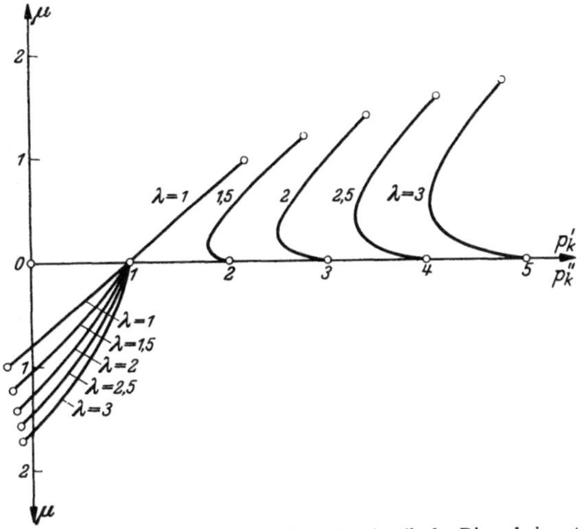

Abb. 37. Kipplastzahlen p_k' und p_k'' zweiter und dritter Art fur flache Ringe bei zentrischer Belastung.

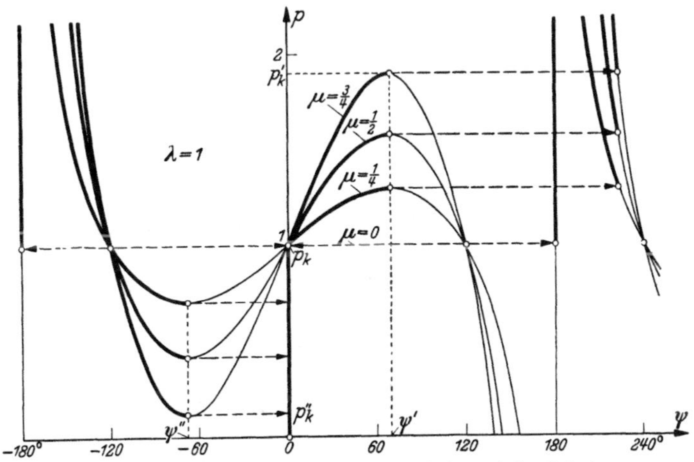

Abb. 38. Kippdiagramm der rundlichen Ringe bei zentrischer Belastung.

β) Rundliche Ringe (Abb. 38). Diese verhalten sich (abgesehen von dem schon erledigten Fall $\mu = 0$) qualitativ wie die flachen Ringe. Die Kippwinkel ψ' und ψ'' sowie die Kipplasten P_k' und P_k'' lassen sich hier explizit angeben. Mit $\lambda = 1$ gibt $dp/d\psi = 0$ gemäß (13) einfach $\cos\psi = \frac{1}{2}(\sqrt{3} - 1)$ und also

$$\psi' = +68{,}5^\circ, \quad \psi'' = -68{,}5^\circ, \tag{15}$$

womit dann aus (13) vollends

$$p_k' = 1 + 1{,}18\,\mu, \quad p_k'' = 1 - 1{,}18\,\mu \tag{16}$$

und also

$$P'_k = \frac{1}{a}(U_y + 1{,}18\,U_{yz}), \qquad P''_k = \frac{1}{a}(U_y - 1{,}18\,U_{yz}) \tag{17}$$

folgt.

γ) Breite Ringe (Abb. 39). Auch diese verhalten sich (abgesehen von dem schon erledigten Fall $\mu=0$) qualitativ wie die flachen Ringe, nur daß das Umkippen bei den Kipplasten P'_k und P''_k noch heftiger erfolgt als bei jenen, und daß

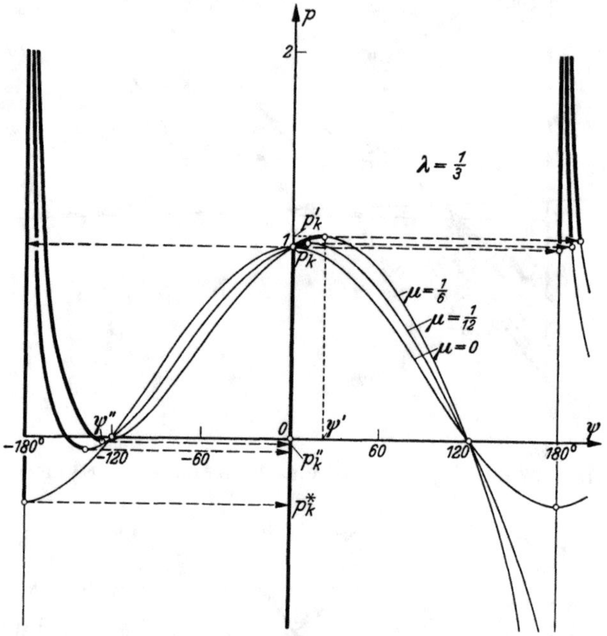

Abb. 39. Kippdiagramm der breiten Ringe bei zentrischer Belastung.

hier viel leichter der Fall $P''_k < 0$ eintreten kann, bei welchem der umgestülpte Ring nach seiner Entlastung nicht mehr von selbst in die ungestülpte Urform zurückkehrt.

Die kritischen Werte zweiter und dritter Art p'_k und p''_k der breiten Ringe können leicht aus der für flache Ringe entworfenen Abb. 37 abgeleitet werden. Man stellt nämlich rasch fest, daß durch die Transformationsformeln

$$p = 1 + \lambda - \lambda\bar{p}, \qquad \psi = -\bar{\psi}, \qquad \mu = \lambda\bar{\mu}, \qquad \lambda = \frac{1}{\bar{\lambda}}$$

die Kippgleichung (13) in sich selbst übergeht und mit den überstrichenen Größen wiedererscheint. Infolgedessen ist

$$p'_k = 1 + \lambda - \lambda\bar{p}''_k, \qquad p''_k = 1 + \lambda - \lambda\bar{p}'_k$$

oder

$$\bar{p}'_k = 1 + \bar{\lambda} - \bar{\lambda}p''_k, \qquad \bar{p}''_k = 1 + \bar{\lambda} - \bar{\lambda}p'_k, \tag{18}$$

und dies besagt, daß man für den breiten Ring mit den Parametern $\bar{\lambda}$, $\bar{\mu}$ die kritischen Werte $\bar{p}'_k$ und $\bar{p}''_k$ erhält, indem man die in Abb. 37 zu den Parametern $\lambda = 1/\bar{\lambda}$ und $\mu = \bar{\mu}/\bar{\lambda}$ gehörigen Werte p''_k und p'_k aufsucht und in (18) einsetzt.

Die praktische Vorschrift (12) kann für nichtsymmetrieartige Ringe dahin abgeschwächt werden, daß es zwar auch hier erwünscht ist,

$$P < P_k \equiv \frac{U_y}{a} \tag{19}$$

zu halten, daß aber ein Überschreiten von P_k um so weniger gefährlich erscheint, je größer $\mu (= U_{yz}/U_y)$ ist, weil dann die Auskippung um so weniger heftig einsetzt. Auf alle Fälle muß aber hier

$$P < P_k' \tag{20}$$

gehalten werden.

II) Exzentrische Innenbelastung. Die Belastung P möge nun nicht mehr in der Ebene der Kippmittelpunkte liegen, so daß in der früheren Kippgleichung (8) jetzt $\alpha \neq 0$ ist. Es handelt sich also darum, den Zusammenhang zwischen p und ψ gemäß Gleichung

$$[\lambda + (1-\lambda)\cos\psi]\sin\psi + \mu(\cos\psi - \cos 2\psi) = p \sin(\psi + \alpha) \tag{21}$$

sowie die Stabilität dieses Zusammenhangs für die drei Parameter α, λ, μ klarzustellen.

Allgemein folgt aus (21), daß für $p \neq 0$ und $\alpha \neq 0$ keine Lösung $\psi = 0$ möglich ist: Jede exzentrische Innenbelastung hat eine Umstülpung zur Folge, ohne daß P erst einen kritischen Wert P_k erreichen müßte; die frühere Kipplast erster Art liegt jetzt schon bei Null. Die praktische Vorschrift $P < P_k$ kann hier also grundsätzlich nicht mehr eingehalten werden: mit jeder Erweiterung (oder Verengung) des Ringes ist nun unweigerlich auch eine Umstülpung des Ringes verbunden.

Bei der Untersuchung des weiteren Verlaufs der Umstülpung betrachten wir wieder zuerst

a) den symmetrieartigen Ring. Für $\mu = 0$ hat man statt (21)

$$\lambda \sin\psi + \frac{1}{2}(1-\lambda)\sin 2\psi = p \sin(\psi + \alpha). \tag{22}$$

In Abb. 40 bis 43 ist je für einen flachen Ring ($\lambda = 2$), für einen rundlichen ($\lambda = 1$), für einen schwach breiten ($\lambda = 2/3$) und für einen stark breiten ($\lambda = 1/3$) die Mannigfaltigkeit der Lösungen (22) durch eine Kurvenschar mit α als Parameter dargestellt, wobei wieder die stark ausgezogenen Kurvenstücke den stabilen, die dünn ausgezogenen den labilen Formen entsprechen. Da ein Vorzeichenwechsel von α lediglich einen solchen von ψ nach sich zieht, so kann man sich im Falle $\mu = 0$ auf positive Winkel α beschränken. Zu diesen Kurven, die das Verhalten der symmetrieartigen Ringe übersichtlich wiedergeben, ist noch folgendes zu bemerken:

Isolierte stabile Kurvenstücke (wie z. B. bei $\alpha = 10°$ in Abb. 40, bei $\alpha = 90°$ und 135° in Abb. 43) sind ohne praktische Bedeutung und sollen weiterhin nicht mehr beachtet werden. (Es gelingt zwar, den Ring dort durch Innenlast in einer Form, die mit der ungestülpten Ringform nicht durch stabile Zwischenlagen zusammenhängt, stabil zu halten; aber der Ring springt beim Sinken oder Steigen der Last P schließlich doch wieder auf die stabilen Zweige zurück, die mit der Urform stabil zusammenhängen.)

Waagerechte Tangenten kommen (abgesehen von dem erledigten Fall $\alpha = 0°$ und abgesehen von den isolierten stabilen Kurvenstücken) bei den Kurven der flachen und rundlichen Ringe nicht vor, wohl aber bei breiten Ringen. Sie folgen aus (22) mit $dp/d\psi = 0$, also aus

$$\lambda \cos\psi + (1-\lambda)\cos 2\psi = p \cos(\psi + \alpha). \tag{23}$$

Sie sind zugleich Wendetangenten, wenn auch noch $d^2p/d\psi^2=0$ ist oder also

$$\lambda \sin\psi + 2(1-\lambda)\sin 2\psi = p\sin(\psi+\alpha). \tag{24}$$

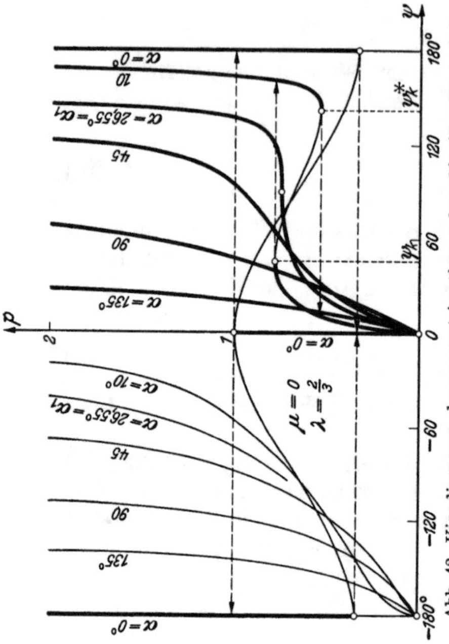

Abb. 42. Kippdiagramm der symmetrieartigen schwachbreiten Ringe bei exzentrischer Belastung.

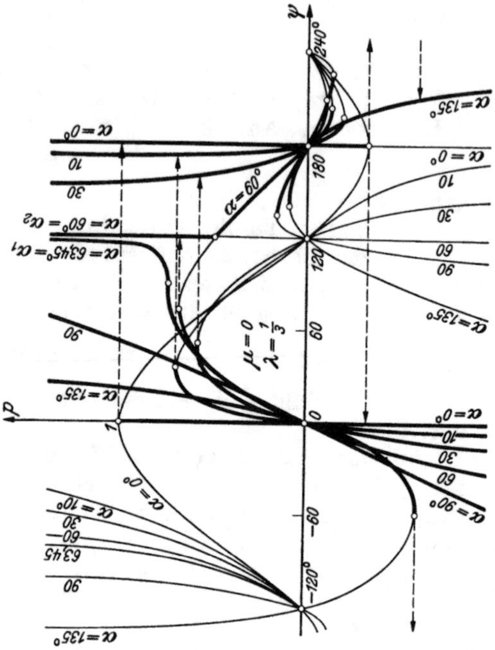

Abb. 43. Kippdiagramm der symmetrieartigen starkbreiten Ringe bei exzentrischer Belastung.

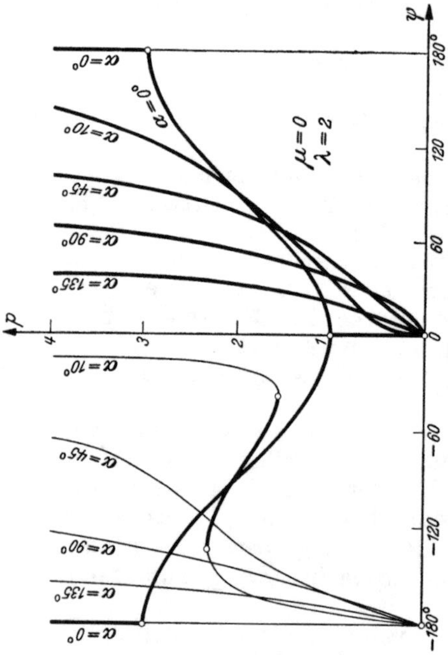

Abb. 40. Kippdiagramm der symmetrieartigen flachen Ringe bei exzentrischer Belastung.

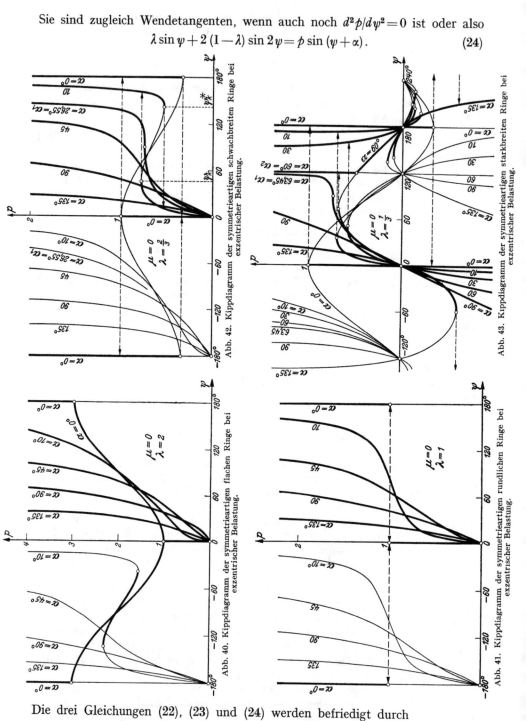

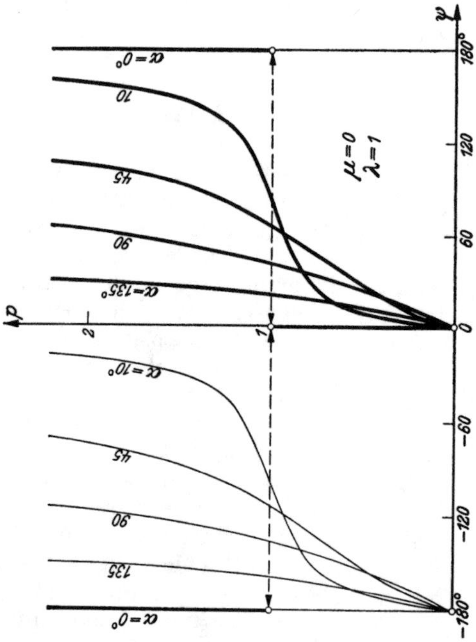

Abb. 41. Kippdiagramm der symmetrieartigen rundlichen Ringe bei exzentrischer Belastung.

Die drei Gleichungen (22), (23) und (24) werden befriedigt durch

$$\psi_1 = 90^\circ, \qquad \alpha_1 = \operatorname{arc\,tg}\frac{1-\lambda}{\lambda}, \qquad p_1 = \sqrt{\lambda^2+(1-\lambda)^2}. \tag{25}$$

Abb. 42 zeigt dies bei $\alpha_1 = 26{,}55^\circ$, Abb. 43 bei $\alpha_1 = 63{,}45^\circ$.

Von der Kurve (22) läßt sich eine lotrechte Gerade $\psi = 180° - \alpha_2$ abspalten, wenn α_2 die Bedingung

$$\cos\alpha_2 = \frac{\lambda}{1-\lambda} \tag{26}$$

erfüllt. Dies ist nur für stark breite Ringe ($\lambda < \frac{1}{2}$) möglich und in Abb. 43 mit $\alpha_2 = 60°$ gezeigt. Dabei ist stets $\alpha_2 < \alpha_1$ ($< 90°$).

Jetzt läßt sich das Verhalten der symmetrieartigen Ringe bei exzentrischer Innenbelastung vollständig überblicken:

Flache und rundliche Ringe werden mit wachsender Last ohne eigentliche Kipperscheinung stetig positiv umgestülpt, wobei sich der Umstülpwinkel dem Wert $180° - \alpha$ asymptotisch nähert. Dasselbe gilt für breite Ringe, solange $\alpha > \alpha_1$ bleibt.

Ist bei schwach breiten Ringen ($1 > \lambda \geq \frac{1}{2}$) $\alpha \leq \alpha_1$, so wird bei wachsender Last P ein kritischer Wert P_k erreicht, bei dem der Ring plötzlich zu Winkeln kleiner als $180° - \alpha$ umkippt; von hier aus nähert sich der Umstülpwinkel wachsend asymptotisch dem Wert $180° - \alpha$. Beim Entlasten nimmt der Umstülpwinkel ab, und der Ring kippt bei einer Kipplast zweiter Art P_k^* plötzlich zu kleineren Werten ψ zurück. Die zugehörigen Kippzahlen p_k und p_k^* sind durch das simultane System (22), (23) gegeben.

Bei stark breiten Ringen ($\lambda < \frac{1}{2}$) hat man für $\alpha \leq \alpha_1$ mit wachsender Last dasselbe Verhalten wie bei schwach breiten Ringen, nur mit dem Unterschied, daß sich der Umstülpwinkel nach der plötzlichen Kippung von unten oder von oben her seiner Asymptote $180° - \alpha$ nähert, je nachdem $\alpha \gtrless \alpha_2$ ist. Beim Entlasten geht der umgekippte Ring im Falle $\alpha < \alpha_2$ nicht mehr von selbst in die ungestülpte Urform zurück, sondern in die völlig umgestülpte Form, wobei in dem besonderen Fall $\alpha = \alpha_2$ noch eine (praktisch allerdings belanglose) Kipplast vierter Art P_k''' auftritt, die sich aus (22) für $\psi = 180° - \alpha_2$ mit (26) zu

$$P_k''' = \frac{U_y}{a} \frac{U_y - 2U_z}{U_y - U_z} \tag{27}$$

berechnet.

b) Der beliebige Ring. Jetzt bleibt uns noch ein letzter Schritt zu tun und die Untersuchung auch auf den nichtsymmetrieartigen Ring ($\mu \neq 0$) zu erweitern. Wir wollen zeigen, daß sich dieser Fall auf den erledigten Fall $\mu = 0$ zurückführen läßt. Man setzt nämlich mit zwei neuen Parametern λ' und β

$$\left.\begin{aligned} 1-\lambda &= (1-\lambda')\cos 2\beta, \\ 2\mu &= (1-\lambda')\sin 2\beta \end{aligned}\right\} \quad \text{oder} \quad \left.\begin{aligned} \operatorname{tg} 2\beta &= \frac{2\mu}{1-\lambda}, \\ \lambda' &= 1 \pm \sqrt{(1-\lambda)^2 + 4\mu^2}, \end{aligned}\right\} \tag{28}$$

wobei der Quadratwurzel nach Belieben das eine oder andere Zeichen gegeben werden kann, jedoch so, daß λ' jedenfalls positiv wird; den Winkel β beschränkt man auf den Bereich $-45° < \beta < +45°$. Wählt man jetzt einen neuen Umstülpwinkel

$$\psi' = \psi - \beta, \tag{29}$$

d. h. rechnet man den Umstülpwinkel vom Azimut β aus, so kommt statt der Kippgleichung (21)

$$\lambda' \sin\psi' + \frac{1}{2}(1-\lambda')\sin 2\psi' = p\sin(\psi' + \alpha + \beta) + u\sin\psi' + v\cos\psi' \tag{30}$$

mit

$$u = \lambda' - \lambda\cos\beta + \mu\sin\beta, \qquad v = -\lambda\sin\beta - \mu\cos\beta. \tag{31}$$

Setzt man endlich

$$\left.\begin{aligned} u &= c\cos\gamma, \\ v &= c\sin\gamma \end{aligned}\right\} \quad \text{oder} \quad \left.\begin{aligned} \operatorname{tg}\gamma &= \frac{v}{u}, \\ c &= \sqrt{u^2+v^2}, \end{aligned}\right\} \tag{32}$$

so wird aus (30)

$$\lambda' \sin\psi' + \frac{1}{2}(1-\lambda')\sin 2\psi' = p\sin(\psi'+\alpha+\beta) + c\sin(\psi'+\gamma). \tag{33}$$

Der Vergleich mit (22) zeigt: Ein nichtsymmetrieartiger Ring mit den Parametern λ, μ besitzt unter einer Innenlast (p, α) einen um $\beta(28)$ größeren Umstülpwinkel als ein symmetrieartiger Ring mit dem Parameter $\lambda'(28)$ unter einer Innenlast $(p, \alpha+\beta)$ zuzüglich einer Last (c, γ).

Will man sich hierbei auf positive Werte μ beschränken, so können beim symmetrieartigen Vergleichsring negative Werte α vorkommen. Dies bereitet aber keine Schwierigkeiten, da ja für negative α die Abb. **40** bis **43** einfach um die p-Achse umzuklappen sind.

Hieraus geht nun hervor, daß bei nichtsymmetrieartigen Ringen keine anderen Kipperscheinungen auftreten als bei den symmetrieartigen, jedoch mit dem Zusatz, daß die dort nur für breite Ringe möglichen Kipperscheinungen hier auch schon bei rundlichen oder flachen Ringen vorkommen können, und daß die dort (Abb. **43**) erst bei negativen Lasten möglichen Kippungen wegen der Ergänzungslast (c, γ) hier möglicherweise schon bei positiven Lasten, also vor der völligen Entlastung eintreten mögen.

Schließlich liegt hier die Frage nahe, ob ein Ring nicht auch durch solche Spannungen zum Kippen gebracht werden kann, die etwa schon zum Voraus in ihn hineingebracht werden, wenn er aus dem geraden Draht gebogen und zusammengelötet wird. Wir wollen sie allgemein als V o r s p a n n u n g e n bezeichnen und bemerken, daß hierher natürlich auch solche Spannungen gehören, die z. B. von ungleichmäßiger (aber wenigstens rotationssymmetrischer) Erwärmung herrühren. Um jene Frage zu beantworten, fügen wir zu den Umstülpspannungen $\sigma(2)$ die (als Zug positiv gerechneten) Vorspannungen σ^* hinzu, die wir ebenfalls als axialsymmetrisch voraussetzen, und deren Verteilung über den Querschnitt F gegeben sein soll. Sehen wir jetzt von äußeren Kräften P ab, so gilt

$$\int_{F'} (\sigma+\sigma^*)\, dF = 0, \qquad \int_{F'} (\sigma+\sigma^*)\varrho\sin(\vartheta+\psi)\, dF = 0. \tag{34}$$

In der zweiten dieser Gleichungen kommen die statischen Momente der Vorspannungen σ^* bezüglich der Koordinatenachsen y, z vor; es empfiehlt sich, mit einer positiven Zahl T und einem keiner Einschränkung unterworfenen Winkel τ diese Momente folgendermaßen auszudrücken:

$$\int_F \sigma^* y\, dF = T\cos\tau, \qquad \int_F \sigma^* z\, dF = T\sin\tau. \tag{35}$$

Diejenige Ringfaser, in der eine Zugspannung vom Betrage T wirkend dieselben statischen Momente besäße, wie die Vorspannungen σ^*, hat offenbar die Polarkoordinaten $\varrho = 1$ und $\vartheta = \tau$. Wir nennen T und τ die Parameter der Vorspannung σ^*.

Nunmehr kann man die Gleichungen (**34**) mit Hilfe von (**35**) sowie (**2**) und (**4**) in die Gestalt bringen.

$$\left.\begin{aligned} A\Delta R &= -2\pi\int_F \sigma^* dF, \\ U_y\sin\psi\cos\psi + U_z\sin\psi(1-\cos\psi) + U_{yz}(\cos\psi-\cos 2\psi) &= 2\pi T\sin(\psi+\tau). \end{aligned}\right\} \tag{36}$$

Die erste dieser beiden Gleichungen zeigt, daß die durch (1) definierte kippfreie Faser auch im Falle von Vorspannungen ihre Eigenschaft als solche behält. Der Vergleich der zweiten Gleichung mit der zweiten Gleichung (5) aber besagt: Vorspannungen mit den Parametern (T, τ) rufen dieselben Kipperscheinungen hervor, wie radiale Innenbelastung mit den Parametern $Pa = 2\pi T$ und $\alpha = \tau$.

Ist beispielsweise eine äquatoriale Symmetrieebene sowohl für den Ring selbst wie auch für die Verteilung der Vorspannungen σ^* vorhanden, so verschwindet außer U_{yz} auch τ, und es kommt jetzt nur auf das statische Moment T der Vorspannungen bezüglich der z-Achse an. Erzeugt man diese Vorspannungen etwa dadurch, daß man die Außenfasern $(y > 0)$ des Ringes erwärmt oder die Innenfasern $(y < 0)$ abkühlt, so ist offensichtlich T negativ, und Vorspannungen dieser Art führen niemals zur Kippung (weil auch Innenzug $P < 0$ dies für $\alpha = 0$ keinesfalls tut; vgl. oben unter I). Vorspannungen mit positivem Moment T treten dagegen auf, wenn man die Innenfasern erwärmt oder die Außenfasern abkühlt oder einen nicht ganz geschlossenen Ring zu einem Vollringe zubiegt und verlötet. Der kritische Wert des Momentes solcher Vorspannungen ist gemäß der ersten Formel (11)

$$T_k = \frac{U_y}{2\pi}. \tag{37}$$

Ein flacher Ring kippt nach Überschreiten dieses Wertes (gemäß I a) mehr oder weniger weit, ein rundlicher ganz um, wogegen ein breiter schon beim Erreichen des kritischen Wertes sich völlig umstülpt.

Man prüft den Kippwert (37) leicht an einem wohlbekannten Falle nach: ein prismatischer Stab von rechteckigem Querschnitt, an beiden Enden senkrecht zur Stabachse abgeschnitten, werde zum Ringe zusammengebogen. Die Rechteckskanten b und h seien klein gegen den Halbmesser R der kippfreien Faser. Dann begeht man nur einen kleinen Fehler, wenn man die Faser der Rechtecksmittelpunkte mit der kippfreien Faser verwechselt. Ist die Kante h parallel zur y-Achse, so findet man

$$T = \frac{E b h^3}{12 R}, \qquad T_k = \frac{E b^3 h}{12 R}. \tag{38}$$

Der Ring kippt mithin oder bleibt stabil (indifferent), je nachdem $h > b$ oder $h \leq b$ ist. Nun ist innerhalb der Genauigkeit dieser Rechnung die Ungleichheit $h > b$ das Kennzeichen des flachen Ringes. Ferner gehört zum Wert T(38), also $T = U_z/2\pi$, nach (7) der Wert $p = 2\pi T/U_y = U_z/U_y = \lambda$. Man stellt aber an Hand von (10) für einen solchen Ring sofort fest, daß der zu $p = \lambda$ gehörige Kippwinkel gleich 90° ist. Somit hat man das durch den Versuch gut bestätigte Ergebnis: Wenn ein gerader, schlanker Stab zu einem flachen Ring zusammengebogen wird, so kippt er sofort in einen breiten Ring um.

22. Der gleichförmig durchschlagende Kreisring. Ein Teil der in Ziff. **21** behandelten Ringkippungen zeigt schon deutlich die Merkmale der Durchschlagprobleme (so z. B. die Kurve $\alpha = 10°$ in Abb. 42 von Ziff. **21**). In reiner Form tritt das Durchschlagen bei einem Kreisring auf, wenn er durch Umstülpmomente wie in Kap. V, § 5 verformt wird[1]). Technische Anwendungen dieses Problems kommen bei Kolbenringen und Kreisbogenfedern vor.

Es möge sich zuerst um den Fall handeln, daß die umstülpenden Momente W stetig und gleichförmig am ganzen Ringumfang angreifen. Dann hängen W und der erzeugte Umstülpwinkel ψ nach (V, **32**, 12) zusammen durch die Beziehung

$$W = U_y \sin\psi\cos\psi + U_z \sin\psi(1 - \cos\psi) + U_{yz}(\cos\psi - \cos 2\psi). \tag{1}$$

[1]) R. Grammel, Das Durchschlagen von Kreisringen, Ing.-Arch. 9 (1938) S. 126.

Dabei ist, wie früher, W die algebraische Summe aller Umstülpmomente über den ganzen Ringumfang, also $(W/2\pi)\,d\varphi$ das an jedem Ringelement $d\varphi$ angreifende Moment; ferner sind U_y, U_z und U_{yz} wieder die schon in (V, **32**, 13) oder vorhin in (**21**, 4) definierten, den Ring kennzeichnenden Größen, und zwar sind U_y und U_z wesentlich positiv. Auch hier ist es zweckmäßig, dimensionslose Abkürzungen einzuführen, nämlich

$$\lambda = \frac{U_z}{U_y}, \qquad \mu = \frac{U_{yz}}{U_y}, \qquad w = \frac{W}{U_y} \tag{2}$$

und die Umstülpgleichung (1) also in der Form zu schreiben

$$w = [\lambda + (1-\lambda)\cos\psi]\sin\psi + \mu(\cos\psi - \cos 2\psi). \tag{3}$$

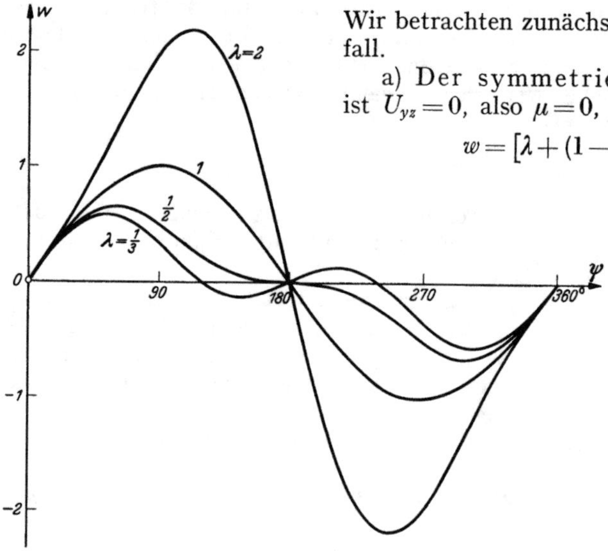

Abb. 44. Zusammenhang zwischen Umstulpmoment und Umstulpwinkel bei symmetrieartigen Ringen.

Wir betrachten zunächst den wichtigsten Sonderfall.

a) Der symmetrieartige Ring. Für ihn ist $U_{yz}=0$, also $\mu=0$, und es gilt statt (3)

$$w = [\lambda + (1-\lambda)\cos\psi]\sin\psi. \tag{4}$$

Um einen Überblick über die verschiedenen Möglichkeiten zu geben, haben wir in Abb. 44 die dimensionslose Größe $w = W/U_y$ für verschiedene Parameter λ über dem Umstülpwinkel ψ aufgetragen. Man erkennt aus diesen Kurven zweierlei: erstens, daß es eine obere Grenze für W gibt, jenseits welcher ein Gleichgewichtszustand überhaupt nicht mehr möglich ist, und zweitens, daß der Ring außer seiner natürlichen (spannungsfreien) Gleichgewichtslage $\psi=0$ auch noch umgestülpte Lagen $\psi \neq 0$ besitzt, in denen er [trotz der dann vorhandenen inneren Spannungen σ, vgl. (V, **32**, 9)] ohne Umstülpmoment W im Gleichgewicht verharren kann. Solche Lagen sollen freie Gleichgewichtslagen des Ringes heißen. Diese Lagen und ihre Stabilität untersuchen wir zuerst. Aus (4) folgt:

Für symmetrieartige Ringe ist auch die völlig umgestülpte Form ($\psi=180°$) eine freie Gleichgewichtslage. Symmetrieartige Ringe, bei denen $\lambda<\frac{1}{2}$ bleibt (wir haben sie in Ziff. **21** stark breit genannt), besitzen außerdem noch genau zwei weitere freie Gleichgewichtslagen ψ_1 und ψ_2 mit den Umstülpwinkeln $\psi_{1,2} = \pm \arccos[-\lambda/(1-\lambda)]$, deren absolute Beträge gleich sind und zwischen 90° und 180° liegen. Weitere freie Gleichgewichtslagen gibt es bei symmetrieartigen Ringen nicht.

Eine freie Gleichgewichtslage ψ ist als stabil anzusehen, wenn dort zu einer benachbarten (nichtfreien) Gleichgewichtslage $\psi + d\psi$ ein Umstülpmoment dW gehört, für welches $dw/d\psi > 0$ ist, dagegen als labil, wenn dort $dw/d\psi < 0$ ist. Denn im ersten Fall ist die zugeführte Energie $dW \cdot d\psi$ positiv, die (nichtfreien) Nachbar-Gleichgewichtslagen der betrachteten freien Gleichgewichtslage besitzen größere Lageenergien, die Lageenergie der freien Gleichgewichtslage ist also ein Minimum; im zweiten Falle ist sie, wie man ebenso schließt, ein Maximum. In dem Sonderfall $dw/d\psi=0$, der, wie man aus (4) zusammen mit $w=0$ leicht feststellt, nur für $\psi=180°$ und $\lambda=\frac{1}{2}$, also $U_y=2\,U_z$ eintritt und zur Folge hat, daß auch $d^2w/d\psi^2=0$ wird, entscheidet in gleicher Weise das Vorzeichen der dritten Ableitung $d^3w/d\psi^3$ über die Stabilität einer freien Gleichgewichtslage. Da nach (4) $dw/d\psi\,|_{\psi=180°}=1-2\,\lambda$ und, falls $\lambda=\frac{1}{2}$ ist, $d^3w/d\psi^3\,|_{\psi=180°}=-3\,\lambda$ wird, so gilt:

Die völlig umgestülpte Form ($\psi=180°$) eines symmetrieartigen Ringes ist stabil, wenn $U_y>2\,U_z$ bleibt, dagegen labil, wenn $U_y\leq 2\,U_z$ ist.

Beispielsweise ist der vollständig umgestülpte Rechteckwulst nur dann stabil, wenn er breit genug ist, nämlich, in den Bezeichnungen von Abb. 69 von Kap. V, Ziff. **32** und für große Werte a/b, wenn $b'>b\sqrt{2}$ ist, wogegen der vollständig umgestülpte Kreiswulst immer labil ist.

Da für die bei symmetrieartigen Ringen mit $\lambda<\frac{1}{2}$, also $U_y>2\,U_z$ vorhandenen zwei weiteren freien Gleichgewichtslagen, wie leicht auszurechnen ist, $dw/d\psi\,|_{\psi=\psi_{1,2}}=-(1-2\lambda)/(1-\lambda)$ negativ ausfällt, so gilt weiter:

Die vier freien Gleichgewichtslagen symmetrieartiger Ringe von der Eigenschaft $U_y>2\,U_z$ sind abwechslungsweise stabil und labil; stabil sind die Lagen $\psi=0°$ und $\psi=180°$, labil die beiden dazwischenliegenden anderen.

Man kann alle diese Ergebnisse auch aus Abb. 44 ablesen.

Um das Durchschlagproblem ganz zu überblicken, müssen wir nun aber auch noch die obere Grenze W^* aller Umstülpmomente W aufsuchen, denen der Umstülpwiderstand des Ringes das Gleichgewicht halten kann. Man findet dieses Maximum aus (4) und $dw/d\psi=0$. Diese Bestimmungsgleichungen lauten

$$w^*=[\lambda+(1-\lambda)\cos\psi^*]\sin\psi^*,\qquad 2(1-\lambda)\cos^2\psi^*+\lambda\cos\psi^*-(1-\lambda)=0 \tag{5}$$

mit der Abkürzung

$$w^*=\frac{W^*}{U_y}. \tag{6}$$

Aus der zweiten Gleichung (5) folgt für den zugehörigen Winkel ψ^*

$$\left.\begin{aligned}\cos\psi^*&=\frac{-\lambda+\sqrt{\lambda^2+8(1-\lambda)^2}}{4(1-\lambda)} &&\text{für } \lambda\neq 1,\\ \cos\psi^*&=0 &&\text{für } \lambda=1.\end{aligned}\right\} \tag{7}$$

(Das negative Vorzeichen der Quadratwurzel führt für $\lambda>\frac{1}{2}$ auf imaginäre ψ^*, für $\lambda<\frac{1}{2}$ auf die nicht interessierenden sekundären Extremalwinkel; vgl. die Kurve $\lambda=\frac{1}{3}$ in Abb. 44.) Aus (7) und der ersten Gleichung (5) folgt schließlich

$$\left.\begin{aligned}w^*&=\pm\frac{\sqrt{2}}{16\,|1-\lambda|}\left[3\lambda+\sqrt{\lambda^2+8(1-\lambda)^2}\right]\sqrt{4(1-\lambda)^2-\lambda^2+\lambda\sqrt{\lambda^2+8(1-\lambda)^2}} &&\text{für } \lambda\neq 1,\\ w^*&=\pm\lambda &&\text{für } \lambda=1.\end{aligned}\right\} \tag{8}$$

Wir wollen ψ^* und $W^*=U_y w^*$ den Durchschlagwinkel und das Durchschlagmoment nennen. Diese Bezeichnungen werden sich sogleich erklären.

Das Verhalten des symmetrieartigen Ringes beim Umstülpen läßt sich jetzt an Hand von Abb. 44 vollständig beschreiben. Wenn man, mit der spannungsfreien, natürlichen Gleichgewichtslage $\psi=0°$ beginnend, das Umstülpmoment W von Null an langsam steigert, so nimmt der Umstülpwinkel ψ monoton zu, bis mit dem Moment W^* der Winkel ψ^* erreicht ist. Jede Steigerung des Momentes W über den Grenzwert W^* hinaus bringt den ganzen Ring zum Durchschlagen. Läßt man das Moment $W>W^*$ weiterwirken, so wächst ψ beschleunigt und unbegrenzt weiter und der Ring vollzieht eine (ungleichmäßig) schneller und schneller werdende Umstülprotation. Nimmt man dagegen sofort nach dem

Beginn des Durchschlagens das Moment W ganz fort, so strebt der Ring, nach Abklingen etwaiger Umstülpschwingungen, einer seiner stabilen freien Gleichgewichtslagen zu, also der Lage $\psi=0^\circ$, falls $U_y \leqq 2\,U_z$, einer der beiden Lagen $\psi=0^\circ$ oder $\psi=180^\circ$, falls $U_y > 2\,U_z$ ist (der letzten aber nur dann, wenn ψ in den Bereich zwischen den beiden hier vorhandenen labilen freien Gleichgewichtslagen eindringt und in diesem Bereich etwa durch Dämpfung zur Ruhe kommt). Für alle Umstülpmomente W, deren Beträge unter der oberen Grenze W^* bleiben ($-W^* < W < W^*$), sind mehrere (zwei oder vier) Gleichgewichtslagen möglich.

b) Der nichtsymmetrieartige Ring. Für $U_{yz} \neq 0$, also $\mu \neq 0$ wird die Mannigfaltigkeit der Erscheinungen noch etwas größer. Aus (3) folgt zunächst:

Bei nichtsymmetrieartigen Ringen ist die völlig umgestülpte Form ($\psi=180^\circ$) keine freie Gleichgewichtslage.

Untersucht man die Nullstellen ψ der Funktion w(3) näher, so findet man, daß es außer $\psi=0^\circ$ noch mindestens eine und höchstens drei freie Gleichgewichtslagen des nichtsymmetrieartigen Ringes gibt.

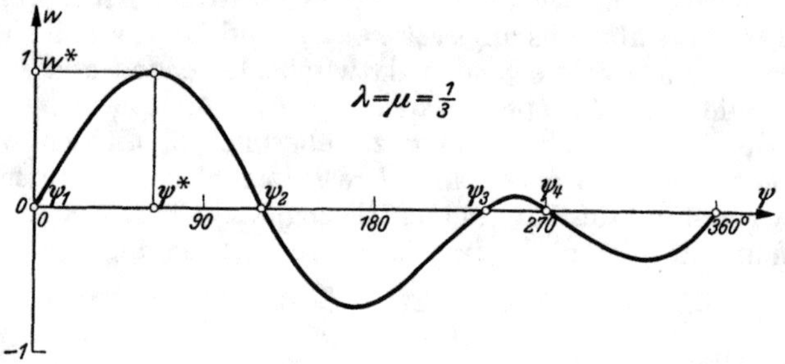

Abb. 45. Zusammenhang zwischen Umstulpmoment und Umstulpwinkel bei einem nichtsymmetrieartigen Ring.

In Abb. 45 ist als Beispiel ein Ring vorgeführt, der außer $\psi_1=0^\circ$ noch drei weitere freie Gleichgewichtslagen hat. Untersucht man die Stabilitätsverhältnisse, so findet man rasch:

Besitzt der nichtsymmetrieartige Ring außer $\psi=0^\circ$ noch eine einzige weitere freie Gleichgewichtslage, so ist diese stets labil; sind noch zwei vorhanden, so sind diese ebenfalls labil; sind noch drei vorhanden, so sind sie wieder (wie beim symmetrieartigen Ring) abwechslungsweise labil und stabil.

Für das Durchschlagmoment W^* und den Durchschlagwinkel ψ^* gelten jetzt die beiden Gleichungen

$$\left.\begin{aligned} w^* &= [\lambda+(1-\lambda)\cos\psi^*]\sin\psi^* + \mu(\cos\psi^* - \cos 2\psi^*),\\ 0 &= \lambda\cos\psi^* + (1-\lambda)\cos 2\psi^* - \mu(\sin\psi^* - 2\sin 2\psi^*).\end{aligned}\right\} \tag{9}$$

Um sie aufzulösen, sucht man die kleinste Wurzel $\psi^*(>0)$ der zweiten Gleichung und setzt sie in die erste Gleichung ein. Wir wollen dies nicht allgemein durchführen, da man in jedem Einzelfall numerisch vorgehen wird und dabei auf keine Schwierigkeit stößt (Abb. 45 zeigt ein Beispiel). Für den Ablauf des Durchschlagens beim Überschreiten von W^* gelten die entsprechenden Folgerungen wie beim symmetrieartigen Ring.

23. Der unter Einzelmomenten durchschlagende Kreisring. Sind die Umstülpmomente nicht mehr stetig über den Ring verteilt, sondern nur noch in n einzelnen Meridianschnitten wirksam, welche wir als äquidistant voraussetzen, so müssen wir auf Kap. V, Ziff. **33** zurückgreifen. Die Lösung des hier auftretenden Umstülpproblems ist enthalten in den Ansätzen (V, **33**, 12),

(V, **33**, 7), (V, **33**, 4) und (V, **33**, 9), die wir deswegen noch einmal (mit leicht geänderter Schreibweise) hierhersetzen:

$$\int_0^{\varphi_0} \cos(\varphi_0-\varphi)\left[\frac{1}{R}-k_1(\varphi)\right]d\varphi=0, \qquad \int_0^{\varphi_0} k_2(\varphi)\,d\varphi=0, \tag{1}$$

$$\left.\begin{aligned} \alpha_1\alpha_2\left(k_1-\frac{\cos\psi}{R}\right)&=M_1\left[\alpha_1\cos^2(\lambda+\psi)+\alpha_2\sin^2(\lambda+\psi)\right]-\frac{1}{2}M(\alpha_1-\alpha_2)\sin 2(\lambda+\psi),\\ \alpha_1\alpha_2\left(k_2+\frac{\sin\psi}{R}\right)&=M\left[\alpha_1\sin^2(\lambda+\psi)+\alpha_2\cos^2(\lambda+\psi)\right]-\frac{1}{2}M_1(\alpha_1-\alpha_2)\sin 2(\lambda+\psi), \end{aligned}\right\}\tag{2}$$

$$M=\frac{W_0}{2\sin\varphi_0}\cos(\varphi_0-\varphi), \tag{3}$$

$$\psi=\psi_0-\frac{R W_0}{2\alpha_t}\,\frac{\cos(\varphi_0-\varphi)-\cos\varphi_0}{\sin\varphi_0}. \tag{4}$$

Hierin sind W_0 die in den n äquidistanten Meridianschnitten wirkenden, gleich großen Umstülpmomente, ψ_0 die dort erzeugten Umstülpwinkel, $2\varphi_0(=2\pi/n)$ die Winkelabstände jener Meridianschnitte, R der — gegenüber den Querschnittsmaßen als groß vorausgesetzte — Ringhalbmesser, λ der Winkel der Querschnittshauptachsen gegen das wie damals orientierte Achsenkreuz, α_1, α_2 und α_t die beiden zugehörigen Biegesteifigkeiten und die Torsionssteifigkeit des Ringquerschnitts, ferner M_1 die Komponente des Biegemomentes, deren Vektor parallel zur Ringachse ist, endlich k_1, k_2 und M drei Hilfsgrößen, auf deren (in Kap. V, Ziff. **33** angegebene) Bedeutung es hier nicht ankommt, da wir sie sofort eliminieren, indem wir ihre Werte aus (2) und (3) in (1) einsetzen. So kommt

$$\left.\begin{aligned} &\frac{\alpha_t(\alpha_1-\alpha_2)}{2\alpha_1\alpha_2}\,\frac{R W_0}{2\alpha_t}\int_0^{\varphi_0}\frac{\cos^2(\varphi_0-\varphi)}{\sin^2\varphi_0}\sin 2(\lambda+\psi)\,d\varphi-\int_0^{\varphi_0}\frac{\cos(\varphi_0-\varphi)}{\sin\varphi_0}\cos\psi\,d\varphi+1\\ &\qquad=\frac{R M_1}{\alpha_t}\int_0^{\varphi_0}\frac{\cos(\varphi_0-\varphi)}{\sin\varphi_0}\left[\frac{\alpha_t}{\alpha_1}\sin^2(\lambda+\psi)+\frac{\alpha_t}{\alpha_2}\cos^2(\lambda+\psi)\right]d\varphi,\\ &\frac{R W_0}{2\alpha_t}\int_0^{\varphi_0}\frac{\cos(\varphi_0-\varphi)}{\sin\varphi_0}\left[\frac{\alpha_t}{\alpha_1}\cos^2(\lambda+\psi)+\frac{\alpha_t}{\alpha_2}\sin^2(\lambda+\psi)\right]d\varphi-\int_0^{\varphi_0}\sin\psi\,d\varphi\\ &\qquad=\frac{\alpha_t(\alpha_1-\alpha_2)}{2\alpha_1\alpha_2}\,\frac{R M_1}{\alpha_t}\int_0^{\varphi_0}\sin 2(\lambda+\psi)\,d\varphi. \end{aligned}\right\}\tag{5}$$

Es ist zweckmäßig, folgende dimensionslosen Abkürzungen einzuführen:

$$\left.\begin{aligned} \frac{R W_0}{2\alpha_t}&=x, & \frac{R M_1}{\alpha_t}&=y,\\ \frac{\cos(\varphi_0-\varphi)}{\sin\varphi_0}&=u, & \frac{\cos(\varphi_0-\varphi)}{\sin\varphi_0}-\operatorname{ctg}\varphi_0&=v \end{aligned}\right\}\tag{6}$$

sowie die bestimmten Integrale

$$\left.\begin{aligned} f(x)&\equiv\int_0^{\varphi_0}\cos(xv)\,d\varphi, & g(x)&\equiv\int_0^{\varphi_0}\sin(xv)\,d\varphi,\\ f^*(x)&\equiv\int_0^{\varphi_0}u\cos(xv)\,d\varphi, & g^*(x)&\equiv\int_0^{\varphi_0}u\sin(xv)\,d\varphi,\\ f^{**}(x)&\equiv\int_0^{\varphi_0}u^2\cos(xv)\,d\varphi, & g^{**}(x)&\equiv\int_0^{\varphi_0}u^2\sin(xv)\,d\varphi. \end{aligned}\right\}\tag{7}$$

Hierin ist überall $\varphi_0=\pi/n$ zu nehmen.

Geht man dann mit (4) in der Form $\psi=\psi_0-xv$ in (5) ein, so findet man

$$\left.\begin{aligned}
&\frac{\alpha_t(\alpha_1-\alpha_2)}{2\alpha_1\alpha_2}\left[f^{**}(2x)\sin 2(\lambda+\psi_0)-g^{**}(2x)\cos 2(\lambda+\psi_0)\right]x-f^*(x)\cos\psi_0-\\
&\qquad\qquad-g^*(x)\sin\psi_0+1\\
&=\left\{\frac{\alpha_i(\alpha_1+\alpha_2)}{2\alpha_1\alpha_2}+\frac{\alpha_t(\alpha_1-\alpha_2)}{2\alpha_1\alpha_2}\left[f^*(2x)\cos 2(\lambda+\psi_0)+g^*(2x)\sin 2(\lambda+\psi_0)\right]\right\}y,\\
&\left\{\frac{\alpha_t(\alpha_1+\alpha_2)}{2\alpha_1\alpha_2}-\frac{\alpha_t(\alpha_1-\alpha_2)}{2\alpha_1\alpha_2}\left[f^*(2x)\cos 2(\lambda+\psi_0)+g^*(2x)\sin 2(\lambda+\psi_0)\right]\right\}x-\\
&\qquad\qquad-f(x)\sin\psi_0+g(x)\cos\psi_0\\
&=\frac{\alpha_t(\alpha_1-\alpha_2)}{2\alpha_1\alpha_2}\left[f(2x)\sin 2(\lambda+\psi_0)-g(2x)\cos 2(\lambda+\psi_0)\right]y.
\end{aligned}\right\}\quad(8)$$

Denkt man sich aus diesen beiden Gleichungen y eliminiert, so bleibt eine Beziehung zwischen ψ_0 und $x(=RW_0/2\alpha_t)$ übrig, und diese stellt den gesuchten Zusammenhang zwischen den Umstülpmomenten W_0 und den Umstülpwinkeln ψ_0 (in den Meridianschnitten, in denen auch die W_0 angreifen) vor, und zwar auch für beliebig große Umstülpwinkel ψ_0. Damit ist es also möglich, das Durchschlagproblem zu lösen: man hat nur den größten Wert x zu suchen, der zu einem reellen Umstülpwinkel ψ_0 gehört; der zugehörige größte Wert W_0 ist das Durchschlagmoment W_0^*.

Die zahlenmäßige Lösung des Problems hängt von der Kenntnis der Hilfsfunktionen (7) ab, die als bestimmte Integrale definiert sind. Zunächst stellt man fest, daß sich f^*, g^*, f^{**} und g^{**} auf f und g und ihre Ableitungen f', g', f'' und g'' zurückführen lassen. Es ist nämlich wegen $v=u-\operatorname{ctg}\varphi_0$

$$\begin{aligned}
g'(x)&=\int_0^{\varphi_0} v\cos(xv)\,d\varphi=\int_0^{\varphi_0} u\cos(xv)\,d\varphi-\operatorname{ctg}\varphi_0\int_0^{\varphi_0}\cos(xv)\,d\varphi\\
&=f^*(x)-f(x)\operatorname{ctg}\varphi_0,
\end{aligned}$$

und dies gibt die erste der folgenden vier Formeln, deren übrige drei in gleicher Weise herzuleiten sind:

$$\left.\begin{aligned}
f^*(x)&\equiv f(x)\operatorname{ctg}\varphi_0+g'(x),\\
g^*(x)&\equiv g(x)\operatorname{ctg}\varphi_0-f'(x),\\
f^{**}(x)&\equiv f(x)\operatorname{ctg}^2\varphi_0+2g'(x)\operatorname{ctg}\varphi_0-f''(x),\\
g^{**}(x)&\equiv g(x)\operatorname{ctg}^2\varphi_0-2f'(x)\operatorname{ctg}\varphi_0-g''(x).
\end{aligned}\right\}\quad(9)$$

Mithin ist es nur noch nötig, die beiden Funktionen $f(x)$ und $g(x)$ nebst ihren ersten und zweiten Ableitungen zu ermitteln.

Diese Aufgabe ist für den Fall $n=2$, also $\varphi_0=\pi/2$ längst gelöst. Hier ist nämlich $u\equiv v\equiv\sin\varphi$, und man erkennt in

$$\left.\begin{aligned}
f(x)&\equiv\int_0^{\pi/2}\cos(x\sin\varphi)\,d\varphi\equiv\frac{\pi}{2}J_0(x),\\
g(x)&\equiv\int_0^{\pi/2}\sin(x\sin\varphi)\,d\varphi\equiv\frac{\pi}{2}\Omega_0(x)
\end{aligned}\right\}\quad(10)$$

bekannte Integraldarstellungen der Besselschen und der Weber-Lommelschen Zylinderfunktionen nullter Ordnung[1]). Für J_0, Ω_0 und ihre beiden ersten Ableitungen (die man ja in J_1, J_0, Ω_1, Ω_0 ausdrücken kann) liegen ausführliche Tafeln vor[2]).

[1]) Siehe etwa JAHNKE-EMDE, Funktionentafeln, S. 150 u. 211, 3. Aufl., Leipzig u. Berlin 1938.

[2]) Siehe ebenda S. 156 u. 212.

In den Fällen $n > 2$ kann man sich genügend rasch konvergente Reihen verschaffen, indem man $\cos(xv)$ und $\sin(xv)$ in Reihen entwickelt. Wegen

$$\int_0^{\varphi_0} v^m\,d\varphi = \frac{1}{\sin^m\varphi_0}\int_0^{\varphi_0}\left[\cos(\varphi_0-\varphi)-\cos\varphi_0\right]^m d\varphi = \frac{1}{\sin^m\varphi_0}\int_0^{\varphi_0}(\cos\varphi-\cos\varphi_0)^m\,d\varphi$$

findet man so mit $\varphi_0 = \pi/n$

$$\left.\begin{aligned} f(x) &= \frac{\pi}{n}\sum_0^\infty(-1)^m a_{2m}x^{2m} \equiv \frac{\pi}{n}\Phi_n(x),\\ g(x) &= \frac{\pi}{n}\sum_0^\infty(-1)^m a_{2m+1}x^{2m+1} \equiv \frac{\pi}{n}\Psi_n(x)\end{aligned}\right\} \tag{11}$$

mit

$$a_m = \frac{n}{\pi\, m!\,\sin^m\frac{\pi}{n}}\int_0^{\pi/n}\left(\cos\varphi-\cos\frac{\pi}{n}\right)^m d\varphi. \tag{12}$$

In der folgenden Tabelle sind die Koeffizienten a_m für $n = 3$, 4 und 6 angegeben. Die Reihen konvergieren für kleine Werte x sehr gut und reichen also, da in der Regel nur Werte $x < 1$ in Frage kommen, völlig aus.

Tabelle der a_m.

	$n=3$	$n=4$	$n=6$
a_0	1	1	1
a_1	0,3776	0,2732	0,1778
a_2	0,0865	0,0451	0,0190
a_3	0,0142	0,0053	0,0015
a_4	0,0018	0,0005	0,0001
a_5	0,0002	0,0000	0,0000
a_6	0,0000		

Damit hat man auch die Möglichkeit, nach (9) die übrigen Hilfsfunktionen zu berechnen[1]). Wir werden diese bei dem nun folgenden Sonderfall jedoch nicht weiter brauchen.

Praktisch ist wohl am wichtigsten der Fall $\alpha_1 = \alpha_2 (= \alpha)$, zu dem beispielsweise die Ringe mit kreisförmigem Querschnitt gehören. Hier vereinfacht sich die (allein noch nötige) zweite Gleicnung (8) zu

$$f(x)\sin\psi_0 - g(x)\cos\psi_0 = \frac{\alpha_t}{\alpha}x \tag{13}$$

oder gemäß (10) bzw. (11)

$$J_0(x)\sin\psi_0 - \Omega_0(x)\cos\psi_0 = \varepsilon_2 x \quad \text{mit} \quad \varepsilon_2 = \frac{2\alpha_t}{\pi\alpha} \quad (n=2) \tag{14}$$

bzw.

$$\Phi_n(x)\sin\psi_0 - \Psi_n(x)\cos\psi_0 = \varepsilon_n x \quad \text{mit} \quad \varepsilon_n = \frac{n\alpha_t}{\pi\alpha} \quad (n>2). \tag{14a}$$

Um das Durchschlagmoment W_0^* zu finden, hat man (14) bzw. (14a) nach ψ_0 zu differentiieren und $dx/d\psi_0 = 0$ zu setzen. So kommt im Falle $n = 2$

$$J_0(x)\cos\psi_0 + \Omega_0(x)\sin\psi_0 = 0, \tag{15}$$

und dies gibt mit (14) sofort durch Quadrieren und Addieren als Bestimmungsgleichung für den zugehörigen Wert $x^* (= RW_0^*/2\alpha_t)$

$$J_0^2(x^*) + \Omega_0^2(x^*) = \varepsilon_2^2 x^{*2} \quad \text{für } n=2 \tag{16}$$

und analog

$$\Phi_n^2(x^*) + \Psi_n^2(x^*) = \varepsilon_n^2 x^{*2} \quad \text{für } n>2. \tag{16a}$$

Hat man die transzendente Gleichung (16) bzw. (16a) gelöst, so folgt das Durchschlagmoment selbst zu

$$W_0^* = 2x^*\frac{\alpha_t}{R} \tag{17}$$

---

[1]) Siehe R. Grammel, Das Durchschlagen von Kreisringen, Ing.-Arch. 9 (1938) S. 131.

und schließlich der hierzu gehörige Durchschlagwinkel ψ_0^* (in den Angriffsebenen der Durchschlagmomente) gemäß (15) aus

$$\operatorname{tg}\psi_0^* = -\frac{J_0(x^*)}{\Omega_0(x^*)} \qquad \text{für } n=2 \tag{18}$$

bzw.

$$\operatorname{tg}\psi_0^* = -\frac{\Phi_n(x^*)}{\Psi_n(x^*)} \qquad \text{für } n>2. \tag{18a}$$

Für kreisförmige Querschnitte beispielsweise ist mit dem Elastizitätsmodul E, dem Schubmodul G und der Poissonschen Zahl m im Falle $n=2$, also im Falle zweier Umstülpmomente an zwei diametral gegenüberliegenden Ringstellen,

$$\varepsilon_2 = \frac{4G}{\pi E} = \frac{2m}{\pi(m+1)} \approx 0{,}5,$$

und für diesen Wert ist das Beispiel weiter gerechnet. Aus den Tafeln für J_0 und Ω_0 findet man leicht durch Probieren als Lösung von (16) den Wert $x^* = \pm 1{,}73$ und daraus nach (17) und (18)

$$W_0^* = \pm 3{,}46 \frac{\alpha_t}{R}, \qquad \psi_0^* = \pm 154^\circ$$

als Durchschlagmoment und Durchschlagwinkel, womit die Aufgabe gelöst ist.

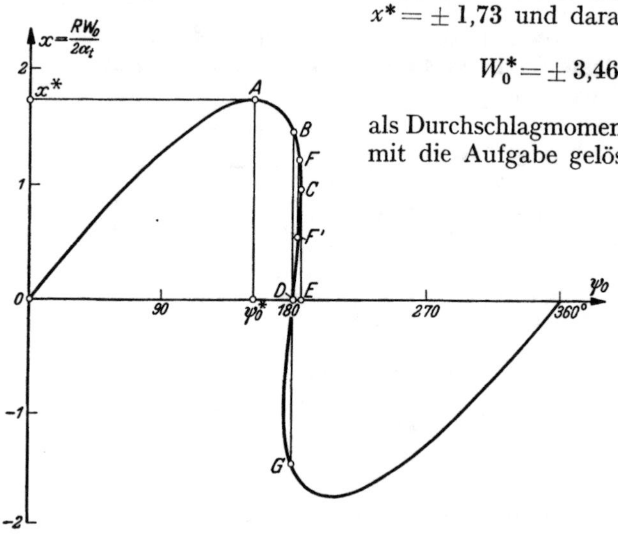

Abb. 46. Zusammenhang zwischen Umstülpmoment und Umstülpwinkel bei einem Kreiswulst mit zwei Umstülpmomenten.

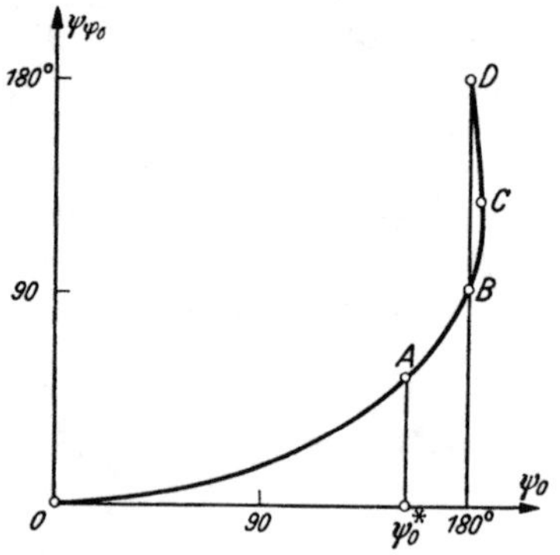

Abb. 47. Zugehörige Umstülpwinkel in den Meridianschnitten $\varphi = \varphi_0$ (= 90°).

Will man den Durchschlagvorgang auch im einzelnen verfolgen, so berechnet man den Umstülpwinkel ψ_0 als Funktion des Torsionsmomentes W_0, indem man (14) etwa nach $\sin\psi_0$ auflöst:

$$\sin\psi_0 = \frac{1}{J_0^2+\Omega_0^2}\left[\varepsilon_2 x J_0 \pm \Omega_0\sqrt{J_0^2+\Omega_0^2-\varepsilon_2^2 x^2}\right]. \tag{19}$$

In Abb. 46 ist für $\varepsilon_2 = 0{,}5$ der Zusammenhang zwischen ψ_0 und x als Kurve dargestellt. Außerdem ist in Abb. 47 auch noch der Umstülpwinkel ψ_{φ_0} der beiden von W_0 am weitesten entfernten Querschnitte $\varphi = \pm\varphi_0 = \pm\pi/2$ über ψ_0 aufgetragen; er folgt aus (4) hier einfach zu

$$\psi_{\varphi_0} = \psi_0 - x. \tag{20}$$

Hiernach spielt sich der Vorgang folgendermaßen ab: Läßt man die beiden Momente W_0 von Null an stetig und langsam zunehmen, so wachsen zunächst auch die Umstülpwinkel ψ_0 und ψ_{φ_0} monoton, und zwar ψ_{φ_0} schwächer als ψ_0, bis W_0 seinen größten Wert W_0^* erreicht hat, bei welchem überhaupt noch ein Gleichgewichtszustand möglich ist. Bei jeder Steigerung der Momente W_0

über W_0^* hinaus schlägt der Ring vollständig durch. Läßt man dagegen W_0 von W_0^* an wieder vorsichtig abnehmen, so stülpt sich der Ring weiter um, wobei ψ_0 bald den Wert 180° erreicht, während ψ_{φ_0} erst bei 93° angelangt ist. Bei weiterer Abnahme von W_0 steigt ψ_0 zunächst noch ein wenig bis 185°, indessen ψ_{φ_0} rasch nacheilend schließlich zusammen mit ψ_0 den Wert 180° erreicht, so daß nun mit $W_0=0$ der ganze Ring völlig umgestülpt ist. Daß diese so erreichte freie Gleichgewichtslage labil ist, wissen wir schon aus Ziff. **22** vom kreisförmigen Querschnitt. Sie ist sogar noch dann labil, wenn man den Ring in den Meridianschnitten $\varphi=0$ und $\varphi=\pi$ mit hinreichend großen Momenten W_0 in der Lage $\psi_0=180°$ festhält: bei der geringsten Störung schnappen die Zwischenquerschnitte $\varphi=\pm\pi/2$ auf $\psi_{\varphi_0}=93°$ (oder auch 360° — 93°) zurück (oder vorwärts). Denn man kann die senkrecht unter (bzw. über) der Kurve in Abb. 46 liegende Fläche, nach unten (bzw. oben) begrenzt durch die ψ_0-Achse, als Maß der Formänderungsenergie ansehen, die beim Umstülpen in den Ring eingeführt wird. Diese Energie wächst von O über A und B bis zum Zustand C stetig an und nimmt dann bis D hin wieder ab (um die Fläche CDE), ist also in D noch größer als in B (um die Fläche BCD), und daher wird der mit $\psi_0=180°$ festgehaltene Ring aus seiner umgestülpten Lage D heraus bei jeder Störung die Lage B des kleineren Energieinhaltes aufsuchen. Aus dem gleichen Grund sind auch die Zustände F', die zwischen C und D liegen, labil: sie können selbst bei festgehaltenem ψ_0 ohne weiteres in die entsprechenden Zustände F mit (um die Fläche FCF') kleinerer Energie zurückfallen. Dasselbe gilt natürlich auch für alle Zustände zwischen D und G.

Die Existenz eines solchen metastabilen Bereiches ist offenbar an die Bedingung

$$\frac{dW_0}{d\psi_0} > 0 \quad \text{für } \psi_0=\pi \tag{21}$$

gebunden. Diese ist nach (14) erfüllt, wenn

$$\left.\frac{dx}{d\psi_0}\right|_{\psi_0=\pi} = \frac{J_0(0)}{\Omega_0'(0)-\varepsilon_2} > 0, \quad \text{also } \Omega_0'(0) > \varepsilon_2$$

bleibt, und das besagt, wegen $\Omega_0'(0)=2/\pi$ und $\varepsilon_2=(2/\pi)(\alpha_t/\alpha)$, wenn $\alpha>\alpha_t$ ist, d. h. wenn die Biegesteifigkeit des Ringdrahtes größer als seine Torsionssteifigkeit ist. Diese Bedingung ist für alle Querschnitte von der Eigenschaft $\alpha_1=\alpha_2$ $(=\alpha)$ wegen $\alpha:\alpha_t=(m+1):m$ erfüllt.

Der an mehr als zwei äquidistanten Stellen tordierte Ring mit gleichen Biegesteifigkeiten $\alpha_1=\alpha_2(=\alpha)$ läßt sich ganz nach dem Muster des erledigten Falles $n=2$ behandeln. Man hat nur die Zylinderfunktionen J_0 und Ω_0 durch die entsprechenden Hilfsfunktionen Φ_n und Ψ_n zu ersetzen. Wählt man als Beispiel etwa wieder den kreisförmigen Querschnitt und also

$$\varepsilon_n=\frac{n\alpha_t}{\pi\alpha}=\frac{n}{\pi}\,\frac{m}{m+1}\approx\frac{n}{4},$$

so findet man folgende Werte für Durchschlagmoment und Durchschlagwinkel:

$$W_0^*=\pm\,2{,}60\,\frac{\alpha_t}{R},\qquad \psi_0^*=\pm\,118° \qquad \text{für } n=3,$$

$$W_0^*=\pm\,1{,}98\,\frac{\alpha_t}{R},\qquad \psi_0^*=\pm\,105{,}5° \qquad \text{für } n=4,$$

$$W_0^*=\pm\,1{,}33\,\frac{\alpha_t}{R},\qquad \psi_0^*=\pm\,96{,}8° \qquad \text{für } n=6.$$

Der Verlauf der Kurven nach Abb. 46 und 47 ist analog. Metastabile Bereiche gibt es jetzt gemäß (21) nur für $\Psi_n'(0)>\varepsilon_n$ oder wegen $\Psi_n'(0)=a_1$, wenn

$$\frac{\alpha_t}{\alpha}<\frac{\pi}{n}\,a_1 \tag{22}$$

ist. Für Querschnitte von der Eigenschaft $\alpha_1 = \alpha_2$ trifft dies bei keinem Wert $n > 2$ mehr zu.

Man sieht aus den angegebenen Zahlen, daß sich mit wachsendem n, also mit wachsender Zahl der Umstülpmomente, das Durchschlagmoment W_0^* asymptotisch dem Wert $\pm \frac{2\pi}{n} \frac{m+1}{m} \frac{\alpha_t}{R}$ nähert, der Durchschlagwinkel ψ_0^* asymptotisch dem Wert $\pm 90°$, und kann dies auch aus Ziff. **22** streng bestätigen.

Man bemerkt, daß dieses Durchschlagproblem auch auf Kreisbogenfedern anwendbar ist, also auf Federn, die aus einem kreisbogenförmigen Draht vom Zentriwinkel $2\varphi_0$ bestehen, und auf welche ein Umstülpmoment nach Abb. 70 von Kap. V, Ziff. **33** so ausgeübt wird, daß die beiden Endquerschnitte ($\varphi = 0$ und $\varphi = 2\varphi_0$) ihre Raumstellung dabei nicht ändern. Dies trifft beispielsweise

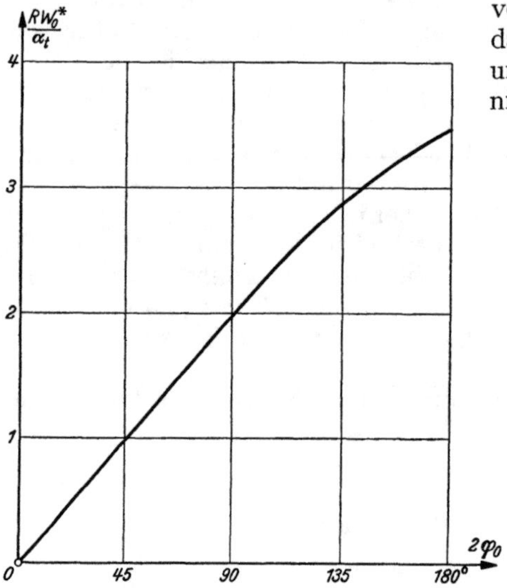

Abb. 48. Abhangigkeit des Durchschlagmomentes vom Sektorwinkel bei Kreisbogenfedern.

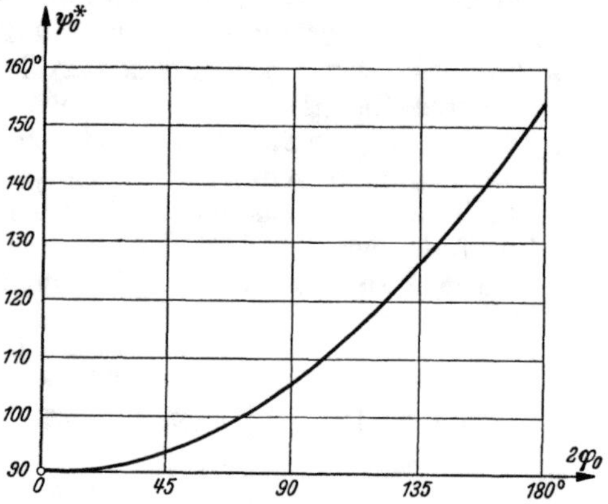

Abb. 49. Abhangigkeit des Durchschlagwinkels vom Sektorwinkel bei Kreisbogenfedern.

auf Kreisbogenfedern zu, die in Zapfen eingespannt sind, welche sich in festen Lagern drehen. Hier gelten alle früheren Formeln ohne weiteres, nur ist jetzt φ_0 nicht notwendig ein ganzzahliger Teil von π, sondern kann ein beliebiger Winkel sein. Die Lösung ist also nach wie vor in den Formeln (8) bzw. für Federn mit gleichen Biegesteifigkeiten α_1 und α_2 in der Formel (13) enthalten; nur muß man jetzt die Funktionen $f(x)$, $g(x)$ usw. für allgemeinere Winkel φ_0 erneut berechnen, um die Lösung zahlenmäßig auswerten zu können. Dies geschieht aber nach wie vor an Hand der Formeln (11) und (12), in welchen lediglich überall der allgemeinere Wert φ_0 statt π/n zu nehmen ist. In Abb. 48 und 49 ist für den Fall, daß die Biegesteifigkeiten α_1 und α_2 gleich groß sind, das Durchschlagmoment W_0^* (dimensionslos gemacht durch den Faktor R/α_t) und der Durchschlagwinkel ψ_0^* über dem Sektorwinkel $2\varphi_0$ der Feder aufgetragen, und zwar mit Benützung der schon ausgerechneten Werte und mittels des asymptotischen Wertes, der in Abb. 48 die Nullpunktstangente der Kurve liefert.

§ 3. Platte und Schale.

24. Die allgemeine Knickgleichung der Platte. Wenn eine ebene Platte an ihrem Rande durch Kräfte in ihrer Mittelebene belastet wird, welche bis auf einen Proportionalitätsfaktor λ vorgegeben sind, so besteht bei gewissen Werten von λ die Möglichkeit einer Ausbiegung oder Ausbeulung, also einer

Knickung der Platte. Zur Herleitung der die Ausbiegung beherrschenden Differentialgleichung greifen wir auf Kap. VI, § 2, insbesondere Ziff. **7** bis **10** zurück. Betrachten wir in dem dortigen Koordinatensystem (x, y, z) (Abb. 10 von Kap. VI, Ziff. **7**) das Gleichgewicht eines Plattenelementes, wie es in Abb. 50 noch einmal dargestellt ist, so fällt die äußere Belastung p senkrecht zu der Plattenebene hier weg; dagegen greifen an den Seitenflächen außer den in Abb.10 von Kap. VI, Ziff. **7** eingetragenen Kräften und Momenten k_{yx}, k_{zx}, m_{yz}, m_{zy}, m_{yy} $(=-m_{zz})$ und m_{zz} noch die in Abb. 50 allein eingetragenen Kräfte k_{yy}, k_{zz} und k_{yz}, $k_{zy}\,(=k_{yz})$ an, die von der Randbelastung der Platte herrühren und ebenso wie alle anderen Größen auf die Breiteneinheit der belasteten Seitenflächen bezogen sein mögen. Die Ermittlung dieser Kräfte ist eine Aufgabe für sich, die für die ebene Platte an Hand der Methoden von Kap. VI, § 1 im voraus erledigt sein muß. Die unendlich kleine Größenänderung, die diese Kräfte bei einer etwaigen unendlich kleinen Ausbiegung der Platte erleiden, kann in der für die x-Richtung geltenden Gleichgewichtsbedingung des Elementes offenbar keine Rolle spielen; dagegen macht sich ihre Richtungsänderung deutlich bemerkbar.

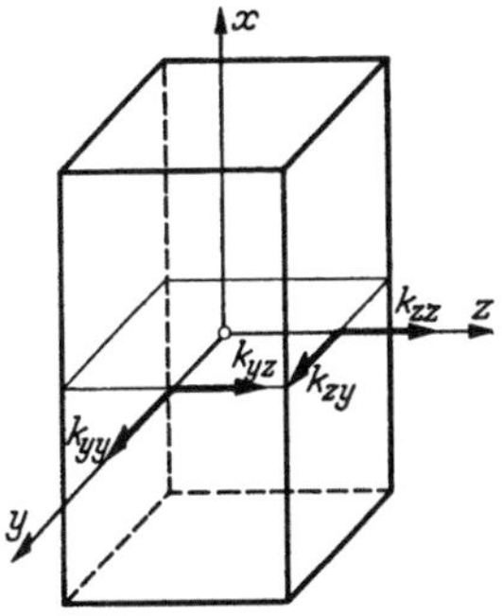

Abb. 50. Element der auf Knickung beanspruchten Platte.

Wir können also die Ausführungen von Kap. VI, Ziff. **7** bis **9** bis auf die dritte Gleichgewichtsbedingung (VI, **9**, 1) ungeändert übernehmen. Bei der Aufstellung der dritten Gleichgewichtsbedingung haben wir darauf zu achten, daß das Gleichgewicht jetzt am verformten Körperelement untersucht werden muß, und daß die Kräfte k_{yy}, k_{zz}, k_{yz}, k_{zy}, welche ursprünglich in der (y, z)-Ebene lagen, nach der Ausbiegung der Platte die Winkel $\partial u_0/\partial y$, $\partial u_0/\partial z$, $\partial u_0/\partial z$, $\partial u_0/\partial y$ mit der x-Richtung bilden. Die Gleichungen (VI, **9**, 1) sind somit jetzt zu ersetzen durch die folgenden:

$$\left.\begin{aligned}
&\frac{\partial m_{yy}}{\partial y}+\frac{\partial m_{zy}}{\partial z}+k_{zx}=0,\\
&\frac{\partial m_{yz}}{\partial y}+\frac{\partial m_{zz}}{\partial z}-k_{yx}=0,\\
&\frac{\partial k_{yx}}{\partial y}+\frac{\partial k_{zx}}{\partial z}+\frac{\partial\left(k_{yy}\frac{\partial u_0}{\partial y}\right)}{\partial y}+\frac{\partial\left(k_{yz}\frac{\partial u_0}{\partial z}\right)}{\partial y}+\frac{\partial\left(k_{zy}\frac{\partial u_0}{\partial y}\right)}{\partial z}+\frac{\partial\left(k_{zz}\frac{\partial u_0}{\partial z}\right)}{\partial z}=0.
\end{aligned}\right\}\qquad(1)$$

Die Elimination von k_{yx} und k_{zx} liefert

$$\frac{\partial^2 m_{yz}}{\partial y^2}-\frac{\partial^2 m_{zy}}{\partial z^2}+\frac{\partial^2 m_{zz}}{\partial y\,\partial z}-\frac{\partial^2 m_{yy}}{\partial y\,\partial z}+$$
$$+\frac{\partial\left(k_{yy}\frac{\partial u_0}{\partial y}\right)}{\partial y}+\frac{\partial\left(k_{yz}\frac{\partial u_0}{\partial z}\right)}{\partial y}+\frac{\partial\left(k_{zy}\frac{\partial u_0}{\partial y}\right)}{\partial z}+\frac{\partial\left(k_{zz}\frac{\partial u_0}{\partial z}\right)}{\partial z}=0.$$

Führt man hierin die Ausdrücke (VI, **8**, 14) für m_{yz}, m_{zy}, $m_{yy}\,(=-m_{zz})$ und m_{zz} ein, so erhält man

$$\left.\begin{aligned}
&\Delta'\Delta' u_0=A\Big(k_{yy}\frac{\partial^2 u_0}{\partial y^2}+2k_{yz}\frac{\partial^2 u_0}{\partial y\,\partial z}+k_{zz}\frac{\partial^2 u_0}{\partial z^2}+\\
&\qquad+\frac{\partial k_{yy}}{\partial y}\frac{\partial u_0}{\partial y}+\frac{\partial k_{yz}}{\partial y}\frac{\partial u_0}{\partial z}+\frac{\partial k_{zy}}{\partial z}\frac{\partial u_0}{\partial y}+\frac{\partial k_{zz}}{\partial z}\frac{\partial u_0}{\partial z}\Big)\\
&\text{mit } \Delta'\equiv\frac{\partial^2}{\partial y^2}+\frac{\partial^2}{\partial z^2}\quad\text{und}\quad A=\frac{12(m^2-1)}{m^2 E h^3}.
\end{aligned}\right\}\qquad(2)$$

Weil wir uns im nachstehenden vor allem mit der kreisförmigen Platte beschäftigen, so schreiben wir Gleichung (2) auch gleich noch in Polarkoordinaten (r, φ) um. Die linke Seite transformiert sich nach (VI, **10**, 1) und (VI, **10**, 2) in $\Delta'\Delta' u_0$ mit

$$\Delta' \equiv \frac{\partial^2}{\partial r^2} + \frac{1}{r}\frac{\partial}{\partial r} + \frac{1}{r^2}\frac{\partial^2}{\partial \varphi^2}. \tag{3}$$

Die rechte Seite schreibt man um, indem man die Transformationsformeln (I, **5**, 2) auf die k anwendet; und zwar ersetzt man in der ersten Formel das eine Mal σ_φ, σ_0, $\sigma_{\pi/2}$, τ_0 durch k_{yy}, k_{rr}, $k_{\varphi\varphi}$, $k_{r\varphi}$, das andere Mal durch k_{zz}, $k_{\varphi\varphi}$, k_{rr}, $-k_{r\varphi}$, in der zweiten Formel τ_φ, σ_0, $\sigma_{\pi/2}$, τ_0 durch k_{yz}, k_{rr}, $k_{\varphi\varphi}$, $k_{r\varphi}$ und erhält so

$$\left.\begin{aligned} k_{yy} &= \frac{1}{2}(k_{rr}+k_{\varphi\varphi}) + \frac{1}{2}(k_{rr}-k_{\varphi\varphi})\cos 2\varphi - k_{r\varphi}\sin 2\varphi, \\ k_{zz} &= \frac{1}{2}(k_{rr}+k_{\varphi\varphi}) - \frac{1}{2}(k_{rr}-k_{\varphi\varphi})\cos 2\varphi + k_{r\varphi}\sin 2\varphi, \\ k_{yz} &= \frac{1}{2}(k_{rr}-k_{\varphi\varphi})\sin 2\varphi + k_{r\varphi}\cos 2\varphi. \end{aligned}\right\} \tag{4}$$

Außerdem müßte man die Transformationsformeln für die Differentialoperatoren $\partial/\partial y$, $\partial/\partial z$, $\partial^2/\partial y^2$, $\partial^2/\partial y\,\partial z$, $\partial^2/\partial z^2$ von Kap. VI, Ziff. **10** benützen. Man erspart aber wieder einen sehr großen Teil der Rechenarbeit, wenn man die Polachse durch den betrachteten Punkt (y, z) legt, so daß diese Differentialoperatoren sich nach (VI, **10**, 1) zu

$$\frac{\partial}{\partial y} = \frac{\partial}{\partial r}, \qquad \frac{\partial}{\partial z} = \frac{1}{r}\frac{\partial}{\partial \varphi},$$

$$\frac{\partial^2}{\partial y^2} = \frac{\partial^2}{\partial r^2}, \qquad \frac{\partial^2}{\partial y\,\partial z} = \frac{1}{r}\frac{\partial^2}{\partial r\,\partial \varphi} - \frac{1}{r^2}\frac{\partial}{\partial \varphi}, \qquad \frac{\partial^2}{\partial z^2} = \frac{1}{r^2}\frac{\partial^2}{\partial \varphi^2} + \frac{1}{r}\frac{\partial}{\partial r}$$

vereinfachen und k_{yy}, k_{zz}, k_{yz}, sofern sie nicht einer Differentiation unterworfen sind, durch k_{rr}, $k_{\varphi\varphi}$ und $k_{r\varphi}$ ersetzt werden können. Beachtet man dabei noch, daß erst in den mit (4) berechneten Differentialquotienten

$$\frac{\partial k_{yy}}{\partial y} \equiv \frac{\partial k_{yy}}{\partial r}, \qquad \frac{\partial k_{yz}}{\partial y} \equiv \frac{\partial k_{yz}}{\partial r}, \qquad \frac{\partial k_{zy}}{\partial z} \equiv \frac{1}{r}\frac{\partial k_{zy}}{\partial \varphi}, \qquad \frac{\partial k_{zz}}{\partial z} \equiv \frac{1}{r}\frac{\partial k_{zz}}{\partial \varphi}$$

φ gleich Null gesetzt werden darf, so geht (2) nach kurzer Rechnung über in

$$\left.\begin{aligned} \Delta'\Delta' u_0 = A\Big[& k_{rr}\Big(\frac{\partial^2 u_0}{\partial r^2} + \frac{1}{r}\frac{\partial u_0}{\partial r}\Big) + 2k_{r\varphi}\frac{1}{r}\frac{\partial^2 u_0}{\partial r\,\partial \varphi} + k_{\varphi\varphi}\frac{1}{r^2}\frac{\partial^2 u_0}{\partial \varphi^2} + \\ & + \frac{\partial k_{rr}}{\partial r}\frac{\partial u_0}{\partial r} + \frac{\partial k_{r\varphi}}{\partial r}\frac{1}{r}\frac{\partial u_0}{\partial \varphi} + \frac{1}{r}\frac{\partial k_{\varphi r}}{\partial \varphi}\frac{\partial u_0}{\partial r} + \frac{1}{r^2}\frac{\partial k_{\varphi\varphi}}{\partial \varphi}\frac{\partial u_0}{\partial \varphi}\Big]. \end{aligned}\right\} \tag{5}$$

Schreibt man die Gleichungen (2) und (5) in der Form

$$\Delta'\Delta' u_0 = A\Big[\frac{\partial}{\partial y}\Big(k_{yy}\frac{\partial u_0}{\partial y}\Big) + \frac{\partial}{\partial y}\Big(k_{yz}\frac{\partial u_0}{\partial z}\Big) + \frac{\partial}{\partial z}\Big(k_{zy}\frac{\partial u_0}{\partial y}\Big) + \frac{\partial}{\partial z}\Big(k_{zz}\frac{\partial u_0}{\partial z}\Big)\Big] \tag{6}$$

und

$$\Delta'\Delta' u_0 = A\Big[\frac{1}{r}\frac{\partial}{\partial r}\Big(r k_{rr}\frac{\partial u_0}{\partial r}\Big) + \frac{1}{r}\frac{\partial}{\partial r}\Big(r k_{r\varphi}\frac{1}{r}\frac{\partial u_0}{\partial \varphi}\Big) + \frac{1}{r}\frac{\partial}{\partial \varphi}\Big(k_{\varphi r}\frac{\partial u_0}{\partial r}\Big) + \frac{1}{r}\frac{\partial}{\partial \varphi}\Big(k_{\varphi\varphi}\frac{1}{r}\frac{\partial u_0}{\partial \varphi}\Big)\Big], \tag{7}$$

so erkennt man, daß der Klammerausdruck rechts als eine „äußere Belastung“ p gedeutet werden kann [vgl. (VI, **9**, 3) und (VI, **10**, 2)], welche von den ursprünglich in der Plattenebene wirkenden Kräften herrührt. Diese Kräfte erzeugen nämlich bei der Plattenbiegung quergerichtete Komponenten, deren Beträge man unmittelbar aus der Schiefstellung des Plattenelementes ableiten kann.

Für den Fall, daß die Randbelastung einen homogenen Spannungszustand in der Platte hervorruft, so daß $k_{yy}, k_{yz}, k_{zy}, k_{zz}$ als feste Werte zu betrachten sind, vereinfacht sich Gleichung (2) zu

$$\Delta'\Delta' u_0 = A\left(k_{yy}\frac{\partial^2 u_0}{\partial y^2} + 2\,k_{yz}\frac{\partial^2 u_0}{\partial y\,\partial z} + k_{zz}\frac{\partial^2 u_0}{\partial z^2}\right). \tag{8}$$

Wird schließlich die Platte an ihrem Rande durch einen überall gleichen Druck beansprucht, so daß $k_{yy} = k_{zz} = -\lambda p$, $k_{yz} = 0$ ist, so geht (2) über in

$$\Delta'\Delta' u_0 = -A\lambda p \Delta' u_0. \tag{9}$$

In Polarkoordinaten hat für diesen Sonderfall die Knickgleichung natürlich genau dieselbe Gestalt, wie man auch leicht aus (5) bestätigt, wenn man dort $k_{rr} = k_{\varphi\varphi} = -\lambda p$ und $k_{r\varphi} = 0$ setzt.

Wie übrigens die Randspannungen auch geartet sein mögen, stets handelt es sich darum, den in ihnen steckenden Parameter λ so zu bestimmen, daß die Differentialgleichungen (2) oder (5) eine mit den Randbedingungen des Problems verträgliche Lösung zulassen.

25. Die rotationssymmetrische Knickung der Kreisplatte. Als einfachstes Beispiel[1]) behandeln wir die an ihrem Rande durch einen gleichmäßigen Druck $-\lambda p$ belastete Kreisplatte und beschränken uns dabei vorläufig auf ihre rotationssymmetrischen Knickzustände. Weil hierbei u_0 von φ unabhängig ist, so geht (**24**, 9) über in

$$\left(\frac{d^2}{dr^2} + \frac{1}{r}\frac{d}{dr}\right)\left(\frac{d^2 u_0}{dr^2} + \frac{1}{r}\frac{du_0}{dr} + A\,\lambda p u_0\right) = 0. \tag{1}$$

Diese Gleichung läßt sich leicht zweimal integrieren; man findet

$$\frac{d^2 u_0}{dr^2} + \frac{1}{r}\frac{du_0}{dr} + A\,\lambda p u_0 = C_1 + C_2 \ln r. \tag{2}$$

Weil in der Plattenmitte u_0 und d^2u_0/dr^2 endlich sind und

$$\lim_{r\to 0}\frac{1}{r}\frac{du_0}{dr} = \left(\frac{d^2 u_0}{dr^2}\right)_{r=0}$$

ist, so bleibt die linke Seite von (2) für $r = 0$ endlich, und somit muß $C_2 = 0$ sein.

Für unseren Zweck empfiehlt es sich, mit der einmal nach r differentiierten Gleichung (2) weiter zu rechnen und wieder $\psi = -du_0/dr$, also die Neigung der Plattennormale gegen die Drehachse als neue Veränderliche einzuführen. Man erhält dann

$$\frac{d^2\psi}{dr^2} + \frac{1}{r}\frac{d\psi}{dr} - \left(\frac{1}{r^2} - A\,\lambda p\right)\psi = 0$$

oder, wenn man schließlich noch

$$r = \frac{1}{\nu}x \qquad \text{mit} \qquad \nu^2 = A\,\lambda p \tag{3}$$

setzt, die Gleichung

$$x^2\frac{d^2\psi}{dx^2} + x\frac{d\psi}{dx} + (x^2 - 1)\psi = 0, \tag{4}$$

deren Lösung

$$\psi = C_1 J_1(x) + C_2 N_1(x)$$

ist, wo J_1 und N_1 die Zylinderfunktionen erster und zweiter Art von der Ordnung 1 bezeichnen. Weil $N_1(x)$ für $x = 0$ unendlich ist, so muß wieder $C_2 = 0$ sein, so daß

$$\psi = C_1 J_1(x) \tag{5}$$

wird.

---

[1]) A. Nádai, Über das Ausbeulen von kreisförmigen Platten, Z. VDI 59 (1915) S. 169.

Die Konstante C_1 bestimmt man bei der am Rande eingespannten Platte aus der Bedingung, daß an ihrem Rande $r = r_a$ oder $x = \nu r_a$ der Winkel ψ Null ist. Wenn νr_a keine Nullstelle der Funktion $J_1(x)$ ist, so muß $C_1 = 0$ sein. Eine andere Gleichgewichtslage der Platte als die ebene ist in diesem Falle nicht vorhanden. Ist dagegen νr_a eine Wurzel der Gleichung $J_1(x) = 0$, so bleibt die Konstante C_1 unbestimmt, so daß Knickung der Platte eintreten kann. Die kleinste Wurzel von $J_1(x) = 0$ hat den Wert[1]) $x_1 = 3{,}8317$, so daß der kleinste (immer noch auf die Längeneinheit bezogene) Knickdruck sich nach (3) zu

$$\lambda p = \frac{\nu^2}{A} = 3{,}8317^2 \frac{m^2}{12(m^2-1)} \frac{E h^3}{r_a^2} \tag{6}$$

berechnet.

Hat man es mit einer am Rande frei aufliegenden Platte zu tun, so muß für $r = r_a$ das Moment $m_{r\varphi}$ gleich Null gesetzt werden, und man erhält also [vgl. die zweite Gleichung (VI, **10**, 6)] in diesem Falle als Bedingungsgleichung

$$m \frac{d\psi}{dr} + \frac{1}{r} \psi = 0 \qquad \text{für } r = r_a$$

oder mit (3) und (5) in x umgeschrieben

$$C_1 \left[m J_1'(x) + \frac{1}{x} J_1(x) \right] = 0 \qquad \text{für } x = \nu r_a. \tag{7}$$

Eine Ausbiegung ist also nur dann möglich, wenn νr_a eine Wurzel der Gleichung

$$m J_1'(x) + \frac{1}{x} J_1(x) = 0$$

ist oder wegen $J_1' = J_0 - \frac{1}{x} J_1$ eine Wurzel der Gleichung

$$x J_0(x) - \frac{m-1}{m} J_1(x) = 0. \tag{8}$$

Die kleinste Wurzel dieser Gleichung berechnet sich für $m = \frac{10}{3}$ zu $x_1 = 2{,}0487$, so daß der kleinste Knickdruck jetzt

$$\lambda p = \frac{\nu^2}{A} = 2{,}0487^2 \frac{m^2}{12(m^2-1)} \frac{E h^3}{r_a^2} \tag{9}$$

beträgt.

26. Die nichtrotationssymmetrische Knickung der Kreisplatte. Bisher haben wir angenommen, daß der zu berechnende Knickdruck eine rotationssymmetrische Biegung hervorruft. Wir zeigen jetzt, daß auch noch andere Verformungszustände möglich sind[2]), indem wir auf die allgemeine Gleichung (**24**, 9) zurückgreifen und diese mit Hilfe des Ansatzes

$$u_0 = R \sin \mu\varphi, \tag{1}$$

in welchem R eine Funktion von r allein bedeuten soll, zu lösen versuchen. Geht man mit (1) in jene Gleichung ein und beachtet (**24**, 3), so erhält man für R die gewöhnliche Differentialgleichung

$$R'''' + \frac{2}{r} R''' - \left(\frac{1+2\mu^2}{r^2} - A\lambda p \right) R'' + \left(\frac{1+2\mu^2}{r^3} + \frac{A\lambda p}{r} \right) R' - \left(\frac{4\mu^2 - \mu^4}{r^4} + \frac{A\lambda p \mu^2}{r^2} \right) R = 0$$

---

[1]) Siehe etwa JAHNKE-EMDE, Funktionentafeln, S. 166, 3. Aufl., Leipzig u. Berlin 1938; man findet dort (insbesondere S. 145) auch die im folgenden vorkommenden Formeln für Zylinderfunktionen.

[2]) A. NÁDAI, Über das Ausbeulen von kreisförmigen Platten, Z. VDI 59 (1915) S. 221.

oder wieder mit $x = \nu r$ und $\nu^2 = A\lambda p$

$$x^4 R'''' + 2x^3 R''' - x^2(1+2\mu^2 - x^2)R'' + x(1+2\mu^2 + x^2)R' - (4\mu^2 - \mu^4 + \mu^2 x^2)R = 0, \tag{2}$$

und das kann man entweder in der Form

$$x^4 R'''' + 2x^3 R''' - (1+2\mu^2)x^2 R'' + (1+2\mu^2)xR' - \mu^2(4-\mu^2)R + x^2(x^2R'' + xR' - \mu^2 R) = 0 \tag{3}$$

oder auch in der Form

$$\left.\begin{aligned} x^2[x^2R'' + xR' + (x^2-\mu^2)R]'' - 3x[x^2R'' + xR' + (x^2-\mu^2)R]' + \\ + (4-\mu^2)[x^2R'' + xR' + (x^2-\mu^2)R] = 0 \end{aligned}\right\} \tag{4}$$

schreiben.

Aus der Schreibweise (4) geht hervor, daß jede Lösung

$$R = C_1 J_\mu(x) + C_2 N_\mu(x) \tag{5}$$

der Gleichung

$$x^2 R'' + xR' + (x^2 - \mu^2)R = 0$$

auch eine Lösung von (2) ist.

Die Schreibweise (3) dagegen legt es nahe, zu untersuchen, ob es Lösungen von der Gestalt

$$R = x^q$$

gibt. Führt man diesen Ansatz in (3) ein, so findet man

$$[q^4 - 4q^3 + (4-2\mu^2)q^2 + 4\mu^2 q - \mu^2(4-\mu^2)]\,x^q + (q^2-\mu^2)\,x^{q+2} = 0.$$

Diese Gleichung wird nur dann identisch befriedigt, wenn q den beiden Gleichungen

$$q^2 - \mu^2 = 0,$$

$$q^4 - 4q^3 + (4-2\mu^2)q^2 + 4\mu^2 q - \mu^2(4-\mu^2) = 0$$

gleichzeitig genügt. Wie man leicht feststellt, ist dies in der Tat für $q = \pm\mu$ der Fall, so daß auch

$$R = C_3 x^\mu + C_4 x^{-\mu} \tag{6}$$

eine Lösung von (2) darstellt. Die allgemeine Lösung der Gleichung (2) ist deshalb

$$R = C_1 J_\mu(x) + C_2 N_\mu(x) + C_3 x^\mu + C_4 x^{-\mu}. \tag{7}$$

Weil bei der vollen Platte für $x = 0$ die Durchbiegung u_0 und ihre Ableitung nach r endlich sein müssen und die mit C_2 und C_4 behafteten Glieder $N_\mu(x)$ und $x^{-\mu}$ für $x = 0$ unendlich werden, so hat man C_2 und C_4 gleich Null zu nehmen und also die Rechnung mit der Durchbiegung

$$u_0 = [C_1 J_\mu(x) + C_3 x^\mu] \sin \mu\varphi \tag{8}$$

weiterzuführen.

Für die am Rande eingespannte Platte muß bei $r = r_a$, d. h. $x = \nu r_a$ sowohl $u_0 = 0$ wie $\partial u_0/\partial x = 0$ sein, so daß man die folgenden, in C_1 und C_3 homogenen Bedingungsgleichungen erhält:

$$\left.\begin{aligned} C_1 J_\mu(x) + C_3 x^\mu &= 0, \\ C_1 J'_\mu(x) + C_3 \mu x^{\mu-1} &= 0 \end{aligned}\right\} \quad \text{für } x = \nu r_a.$$

Diese lassen nur dann eine von Null verschiedene Lösung in den Konstanten C_1 und C_3, also eine Ausknickung der Platte zu, wenn

$$\mu J_\mu(x) - x J'_\mu(x) = 0 \qquad \text{für } x = \nu r_a \tag{9}$$

wird. Weil $J'_\mu(x) = \frac{\mu}{x} J_\mu(x) - J_{\mu+1}(x)$ ist, so kann (9) in der Form

$$J_{\mu+1}(x) = 0 \quad \text{für} \quad x = \nu r_a \tag{10}$$

geschrieben werden, so daß die kritischen Knickdrücke sich mit Hilfe der Nullstellen $x_{(\mu+1)1}, x_{(\mu+1)2}, \ldots$ der Besselschen Funktion von der Ordnung $\mu+1$ berechnen lassen. Es gilt mit $\nu_{(\mu+1)k} = x_{(\mu+1)k} : r_a$ allgemein

$$(\lambda p)_{(\mu+1)k} = \frac{\nu^2_{(\mu+1)k}}{A} = x^2_{(\mu+1)k} \frac{m^2}{12(m^2-1)} \frac{Eh^3}{r_a^2}. \tag{11}$$

Da u_0 in φ periodisch (mit der Periode 2π) sein muß, so muß μ eine ganze Zahl sein. Diese gibt die Anzahl der Knotendurchmesser an, für welche $u_0 = 0$ ist. Die Gradzahl k bestimmt die Anzahl der Knotenkreise bei der Knickung.

Sondert man den Fall $\mu = 0$ (Ziff. **25**) aus, so gehört der kleinste Wert von $(\lambda p)_{(\mu+1)k}$ zu $\mu = 1$, $k = 1$ und man findet[1] $x_{(2)1} = 5{,}135$ und also

$$(\lambda p)_{(2)1} = 5{,}135^2 \frac{m^2}{12(m^2-1)} \frac{Eh^3}{r_a^2}. \tag{12}$$

Dieser Wert ist immer noch größer als der kleinste Knickdruck (**25**, 6), bei dem eine rotationssymmetrische Ausbiegung auftritt, so daß eine allseitig gedrückte, am Rande eingespannte Platte zuerst in eine Umdrehungsfläche mit nur einer Welle ausknickt.

Für die am Rand frei aufliegende Platte ändern sich lediglich die Randbedingungen; für $r = r_a$ oder $x = \nu r_a$ ist hier

$$u_0 = 0 \quad \text{und} \quad m \frac{\partial^2 u_0}{\partial r^2} + \frac{1}{r^2} \frac{\partial^2 u_0}{\partial \varphi^2} + \frac{1}{r} \frac{\partial u_0}{\partial r} = 0.$$

[vgl. die zweite Gleichung (VI, **10**, 6)]. Schreibt man die zweite Gleichung in x um und macht bei ihrer Auswertung für die Lösung (8) von den beiden Beziehungen

$$J'_\mu(x) = \frac{\mu}{x} J_\mu(x) - J_{\mu+1}(x), \qquad J''_\mu(x) = \left[\frac{\mu(\mu-1)}{x^2} - 1\right] J_\mu(x) + \frac{1}{x} J_{\mu+1}(x)$$

Gebrauch, so führt sie in Verbindung mit der ersten Gleichung zu der Bedingung

$$C_1 \left[\frac{m-1}{m} J_{\mu+1}(x) - x J_\mu(x)\right] = 0 \qquad \text{für } x = \nu r_a, \tag{13}$$

so daß eine Ausbiegung der Platte nur dann möglich ist, wenn νr_a eine Wurzel der Gleichung

$$x J_\mu(x) = \frac{m-1}{m} J_{\mu+1}(x)$$

ist. Bezeichnet man ihre Wurzeln mit $x_{(\mu)1}, x_{(\mu)2}, \ldots$, so sind die Knickdrücke der Platte

$$(\lambda p)_{(\mu)k} = x^2_{(\mu)k} \frac{m^2}{12(m^2-1)} \frac{Eh^3}{r_a^2}. \tag{14}$$

Der kleinste Wert von $(\lambda p)_{(\mu)k}$ gehört zu $\mu = 1$, $k = 1$, und man findet $x_{(1)1} = 3{,}625$ und also

$$(\lambda p)_{(1)1} = 3{,}625^2 \frac{m^2}{12(m^2-1)} \frac{Eh^3}{r_a^2}. \tag{15}$$

27. Die am Außenrand radial gedrückte Kreisringplatte. Die Behandlung der an ihren Rändern gedrückten Kreisringplatte[2]) ist weit schwieriger als

[1]) Siehe etwa JAHNKE-EMDE, a. a. O. S. 168.

[2]) E. MEISSNER, Über das Knicken kreisringförmiger Scheiben, Schweiz. Bauztg. 101 (1933) S. 87. Für Ringplatten mit veränderlicher Dicke vgl. R. GRAN OLSSON, Knickung der Kreisringplatte von quadratisch veränderlicher Steifigkeit. Ing.-Arch. 9 (1938) S. 205.

die der Vollscheibe, weil der Spannungszustand nun i. a. nicht mehr homogen ist. Als Ausgangspunkt kann jetzt nur die allgemeine Gleichung (**24**, 5) dienen, in welcher k_{rr}, $k_{\varphi\varphi}$ und $k_{r\varphi}$ durch diejenigen Spannungskomponenten zu ersetzen sind, die im Ring durch die am Außenrand $r = r_a$ auf die Längeneinheit wirkende Druckkraft p_1 und durch die am Innenrand $r = r_i$ auf die Längeneinheit wirkende Druckkraft p_2 erzeugt werden. Nach (VI, **6**, 2) gilt in den jetzigen Bezeichnungen

$$\left.\begin{aligned} k_{rr} &= -\frac{p_1 r_a^2 - p_2 r_i^2}{r_a^2 - r_i^2} + \frac{(p_1 - p_2) r_a^2 r_i^2}{(r_a^2 - r_i^2) r^2}, \\ k_{\varphi\varphi} &= -\frac{p_1 r_a^2 - p_2 r_i^2}{r_a^2 - r_i^2} - \frac{(p_1 - p_2) r_a^2 r_i^2}{(r_a^2 - r_i^2) r^2}, \\ k_{r\varphi} &= 0. \end{aligned}\right\} \tag{1}$$

Setzt man zur Abkürzung

$$\alpha = A \frac{p_1 r_a^2 - p_2 r_i^2}{r_a^2 - r_i^2}, \qquad \beta = -A \frac{(p_1 - p_2) r_a^2 r_i^2}{r_a^2 - r_i^2} \quad \text{mit} \quad A = \frac{12(m^2-1)}{m^2 E h^3}, \tag{2}$$

so geht (**24**, 5) mit (1) über in

$$\varDelta'\varDelta' u_0 = -\alpha\left(\frac{\partial^2 u_0}{\partial r^2} + \frac{1}{r}\frac{\partial u_0}{\partial r} + \frac{1}{r^2}\frac{\partial^2 u_0}{\partial \varphi^2}\right) - \frac{\beta}{r^2}\left(\frac{\partial^2 u_0}{\partial r^2} - \frac{1}{r}\frac{\partial u_0}{\partial r} - \frac{1}{r^2}\frac{\partial^2 u_0}{\partial \varphi^2}\right)$$

und bei Beschränkung auf rotationssymmetrische Knickzustände in

$$\left(\frac{1}{r}\frac{d}{dr} r \frac{d}{dr}\right)\left(\frac{1}{r}\frac{d}{dr} r \frac{d}{dr}\right) u_0 = -\frac{\alpha}{r}\frac{d}{dr}\left(r\frac{du_0}{dr}\right) - \frac{\beta}{r}\frac{d}{dr}\left(\frac{1}{r}\frac{du_0}{dr}\right).$$

Diese Gleichung kann einmal integriert werden. Führt man außerdem als neue Unbekannte wieder $\psi = -du_0/dr$ ein, so erhält man

$$r\frac{d}{dr}\left(\frac{d\psi}{dr} + \frac{1}{r}\psi\right) = -\alpha r \psi - \frac{\beta}{r}\psi + C$$

oder

$$\frac{d^2\psi}{dr^2} + \frac{1}{r}\frac{d\psi}{dr} - \frac{\psi}{r^2} = -\left(\alpha + \frac{\beta}{r^2}\right)\psi + \frac{C}{r}. \tag{3}$$

Wir betrachten von jetzt an nur noch den Sonderfall, daß der Ring an seinem Innenrand unbelastet ist ($p_2 = 0$). Dann muß für $r = r_i$ sowohl k_{rr} wie k_{rx} verschwinden. Die erste Bedingung besagt wegen (1) und (2), daß dort

$$\alpha + \frac{\beta}{r^2} = 0,$$

die zweite nach (VI, **10**, 8), daß dort zugleich auch

$$\frac{d}{dr}\varDelta' u_0 \equiv \frac{d}{dr}\left(\frac{d^2 u_0}{dr^2} + \frac{1}{r}\frac{du_0}{dr}\right) \equiv -\left(\frac{d^2\psi}{dr^2} + \frac{1}{r}\frac{d\psi}{dr} - \frac{\psi}{r^2}\right) = 0$$

ist. Somit muß in unserem Falle $C = 0$ sein, und (3) geht, wenn noch

$$x = r\sqrt{\alpha}, \qquad n = \sqrt{1-\beta} \qquad \text{mit} \qquad \alpha = A\frac{p_1 r_a^2}{r_a^2 - r_i^2} \qquad \text{und} \qquad \beta = -A\frac{p_1 r_a^2 r_i^2}{r_a^2 - r_i^2} \tag{4}$$

gesetzt wird, über in die Differentialgleichung

$$\frac{d^2\psi}{dx^2} + \frac{1}{x}\frac{d\psi}{dx} + \psi\left(1 - \frac{n^2}{x^2}\right) = 0. \tag{5}$$

Deren allgemeine Lösung lautet

$$\psi = C_1 J_n(x) + C_2 N_n(x). \tag{6}$$

Für die am Außenrand eingespannte Platte gelten nun die weiteren Bedingungen, daß für $r=r_a$ oder $x=x_1\equiv r_a\sqrt{\alpha}$ die Neigung $\psi=0$, für $r=r_i$ oder $x=x_2\equiv r_i\sqrt{\alpha}$ das Moment $m_{r\varphi}=0$ sein soll. Die erste Bedingung führt zu

$$C_1 J_n(x)+C_2 N_n(x)=0 \qquad \text{für } x=x_1, \tag{7}$$

die zweite wegen der zweiten Gleichung (VI, **10**, 6) zu

$$C_1[m x J_n'(x)+J_n(x)]+C_2[m x N_n'(x)+N_n(x)]=0 \qquad \text{für } x=x_2. \tag{8}$$

Die beiden Bedingungen (7) und (8) sind für nicht verschwindende C_1, C_2 nur dann verträglich, d. h. eine Ausknickung der Ringplatte wird nur dann möglich, wenn

$$\frac{J_n(x_1)}{N_n(x_1)}=\left.\frac{m x J_n'(x)+J_n(x)}{m x N_n'(x)+N_n(x)}\right|_{x=x_2} \tag{9}$$

ist. Eine direkte Auflösung dieser Gleichung nach p_1 erscheint ausgeschlossen. Die folgende Umkehrung des Problems führt aber dennoch zum Ziele.

Wegen (4) gilt

$$\beta=-r_i^2\alpha, \qquad n^2=1-\beta=1+r_i^2\alpha=1+x_2^2.$$

Es ist also

$$x_2=\sqrt{n^2-1}, \qquad x_1=\frac{1}{\mu}\sqrt{n^2-1} \qquad \text{mit} \qquad \mu=\frac{r_i}{r_a}, \tag{10}$$

so daß (9) als eine Gleichung in μ und n aufgefaßt werden kann.

Wird ein Wert $n=n_1$ angenommen, so kann die rechte Seite von (9) berechnet werden. Danach wird x_1 durch Probieren derart ermittelt, daß die linke Seite von (9) der rechten Seite gleich wird. Einerseits bestimmt dann dieser Wert x_1 nach (10) einen Wert $\mu=\mu_1$ (also ein bestimmtes Verhältnis r_i/r_a), andererseits einen Wert

$$Z=x_1^2+1-n^2, \tag{11}$$

mit dessen Hilfe sich der Knickdruck p_1 wegen (4), (10) und $x_1^2=\alpha r_a^2$ zu

$$p_1=Z\frac{E h^3 m^2}{12(m^2-1)r_a^2} \tag{12}$$

berechnen läßt.

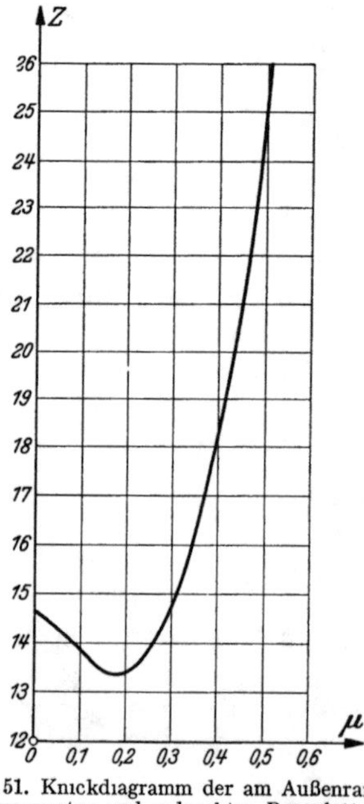

Abb. 51. Knickdiagramm der am Außenrande eingespannten und gedruckten Ringplatten.

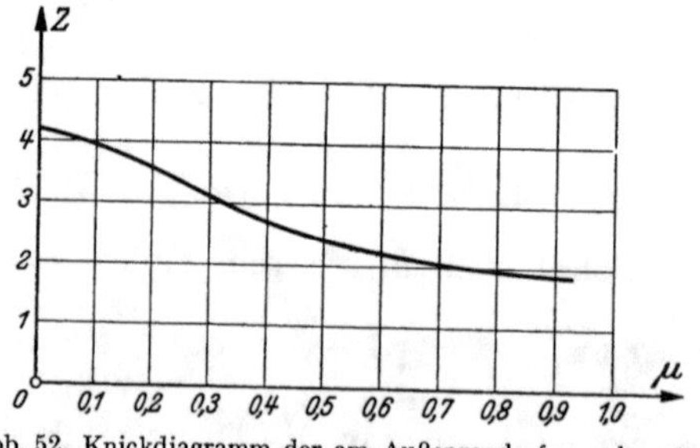

Abb. 52. Knickdiagramm der am Außenrande frei gelagerten und gedruckten Ringplatten.

Beim Aufsuchen von x_1 kann man sich, wenn es sich nur um die Bestimmung des kleinsten Knickdruckes handelt, auf den ersten Wert x_1 beschränken, der x_2 übersteigt und (9) genügt. Abb. 51 zeigt Z abhängig von μ und stellt, zusammen mit der Formel (12), die Lösung unseres Problems dar.

In gleicher Weise läßt sich die am Außenrand gestützte und nur dort gedrückte Ringplatte behandeln. Nur muß in diesem Falle die Bedingung (7) durch

$$C_1\left[m\,x\,J_n'(x)+J_n(x)\right]+C_2\left[m\,x\,N_n'(x)+N_n(x)\right]=0 \quad \text{für } x=x_1 \tag{13}$$

ersetzt werden, welche zum Ausdruck bringt, daß jetzt auch am Außenrand $m_{r\varphi}=0$ ist. Aus (8) und (13) folgt dann die Bedingungsgleichung

$$\left.\frac{m\,x\,J_n'(x)+J_n(x)}{m\,x\,N_n'(x)+N_n(x)}\right|_{x=x_1}=\left.\frac{m\,x\,J_n'(x)+J_n(x)}{m\,x\,N_n'(x)+N_n(x)}\right|_{x=x_2}. \tag{14}$$

Auch hier berechnet sich der kritische Druck p_1 mit Hilfe der Gleichung (12), wobei nun $Z(11)$ durch Abb. 52 dargestellt ist. (Auf die rechentechnischen Schwierigkeiten, die bei der Herstellung der Diagramme Abb. 51 und 52 überwunden werden müssen, gehen wir hier nicht ein.)

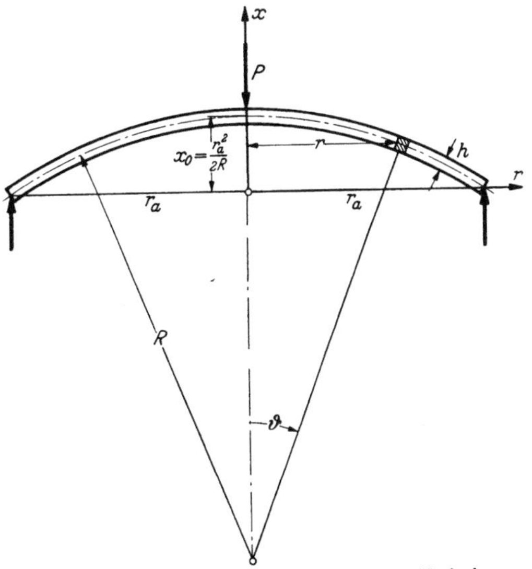

Abb. 53. Meridianschnitt der schwachgekrummten Kreisplatte.

28. Die durchschlagende Kreisplatte. Als ein letztes Beispiel der

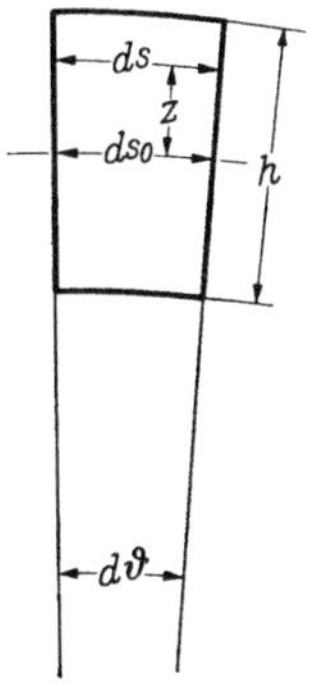

Abb. 54. Element des Meridianschnitts.

Durchschlagprobleme behandeln wir hier die am Rande frei gelagerte, schwachgewölbte Kreisplatte gleicher Dicke, die in der Mitte durch eine Einzelkraft P belastet wird[1]). Abb. 53 zeigt den Meridianschnitt der Platte im unverformten Zustand, Abb. 54 ein vergrößertes Element dieses Meridianschnittes. In Abb. 55 ist ein solches Element noch einmal, und zwar im unverformten und im verformten Zustand dargestellt. Der überall gleiche Krümmungshalbmesser der Mittelfläche der unbelasteten Platte sei R, der meridionale Krümmungshalbmesser der verformten Mittelfläche sei ϱ. Die Verformung sei bestimmt durch die Verschiebungen u_0 und v_0 eines Punktes P_0 der Plattenmittelebene in der x- und r-Richtung und durch den Drehwinkel ψ der Plattennormalen. Schließlich sei noch ε_ϑ die Dehnung des meridionalen Linienelementes ds im

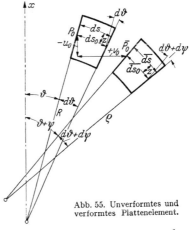

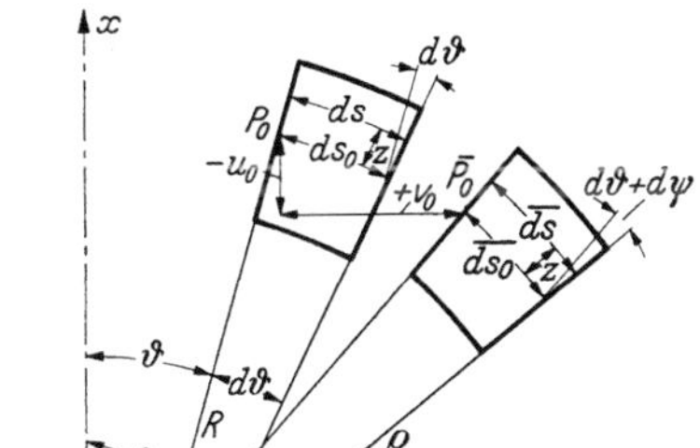

Abb. 55. Unverformtes und verformtes Plattenelement.

[1]) C. B. Biezeno, Über die Bestimmung der Durchschlagkraft einer schwachgekrümmten kreisförmigen Platte, Z. angew. Math. Mech. 15 (1935) S. 10.

Abstand z von der Plattenmittelebene, ε_φ die dortige tangentiale Dehnung, ferner σ_ϑ die dortige Normalspannung in der Richtung $\overline{ds}$, endlich σ_φ die tangential gerichtete Normalspannung daselbst. Dann gilt mit den Bezeichnungen von Abb. 55

$$ds = ds_0 + z\frac{d\vartheta}{ds_0}ds_0 = \left(1+\frac{z}{R}\right)ds_0,$$

$$\overline{ds} = \overline{ds_0} + z\frac{d\vartheta+d\psi}{\overline{ds_0}}\overline{ds_0} = \left(1+\frac{z}{\varrho}\right)\overline{ds_0}.$$

Es ist also

$$\varepsilon_\vartheta = \frac{\overline{ds}-ds}{ds} = \frac{1+\frac{z}{\varrho}}{1+\frac{z}{R}}\,\frac{\overline{ds_0}}{ds_0} - 1.$$

Setzt man in diesem Ausdruck näherungsweise $ds_0 \approx \sqrt{1+\vartheta^2}\,dr$ und $\overline{ds_0} \approx \sqrt{1+(\vartheta+\psi)^2}\,\overline{dr} = \sqrt{1+(\vartheta+\psi)^2}\,(dr+dv_0)$, so findet man

$$\varepsilon_\vartheta = \frac{1+\frac{z}{\varrho}}{1+\frac{z}{R}}\,\frac{\sqrt{1+(\vartheta+\psi)^2}\,(dr+dv_0)}{\sqrt{1+\vartheta^2}\,dr} - 1$$

$$\approx \left(1+\frac{z}{\varrho}-\frac{z}{R}\right)\left(1+\vartheta\psi+\frac{1}{2}\psi^2\right)\left(1+\frac{dv_0}{dr}\right) - 1 \approx \frac{dv_0}{dr}+\frac{z}{\varrho}-\frac{z}{R}+\vartheta\psi+\frac{1}{2}\psi^2.$$

Weiter ist

$$\frac{1}{\varrho} = \frac{d\vartheta+d\psi}{ds_0}\,\frac{ds_0}{\overline{ds_0}} = \left(\frac{1}{R}+\frac{d\psi}{ds_0}\right)\frac{ds_0}{\overline{ds_0}} \approx \left(\frac{1}{R}+\frac{d\psi}{dr}\,\frac{dr}{ds_0}\right)\frac{\sqrt{1+\vartheta^2}}{\sqrt{1+(\vartheta+\psi)^2}}$$

$$\approx \left[\frac{1}{R}+\frac{d\psi}{dr}\left(1-\frac{1}{2}\vartheta^2\right)\right]\left(1-\vartheta\psi-\frac{1}{2}\psi^2\right) \approx \frac{1}{R}-\frac{1}{R}\left(\vartheta\psi+\frac{1}{2}\psi^2\right)+\frac{d\psi}{dr},$$

also

$$\frac{1}{\varrho}-\frac{1}{R} = -\frac{1}{R}\left(\vartheta\psi+\frac{1}{2}\psi^2\right)+\frac{d\psi}{dr},$$

und daher kommt

$$\varepsilon_\vartheta = \frac{dv_0}{dr}+\left(1-\frac{z}{R}\right)\left(\vartheta\psi+\frac{1}{2}\psi^2\right)+z\frac{d\psi}{dr}. \tag{1}$$

Weit einfacher ist die Bestimmung von ε_φ; denn es gilt

$$\varepsilon_\varphi = \frac{2\pi[(r+v_0)+z(\vartheta+\psi)]-2\pi(r+z\vartheta)}{2\pi(r+z\vartheta)}$$

oder also

$$\varepsilon_\varphi = \frac{v_0+z\psi}{r+z\vartheta} \approx \frac{1}{r}(v_0+z\psi). \tag{2}$$

Löst man die Gleichungen des Hookeschen Gesetzes

$$E\varepsilon_\vartheta = \sigma_\vartheta - \frac{1}{m}\sigma_\varphi, \qquad E\varepsilon_\varphi = \sigma_\varphi - \frac{1}{m}\sigma_\vartheta$$

nach σ_ϑ und σ_φ auf, so findet man mit (1) und (2)

$$\left.\begin{aligned} \sigma_\vartheta &= \frac{m^2E}{m^2-1}\left(\varepsilon_\vartheta+\frac{1}{m}\varepsilon_\varphi\right) = \frac{m^2E}{m^2-1}\left[\frac{dv_0}{dr}+\frac{1}{m}\frac{v_0}{r}+\vartheta\psi+\frac{1}{2}\psi^2+z\left(\frac{d\psi}{dr}+\frac{1}{m}\frac{\psi}{r}\right)\right],\\ \sigma_\varphi &= \frac{m^2E}{m^2-1}\left(\varepsilon_\varphi+\frac{1}{m}\varepsilon_\vartheta\right) = \frac{m^2E}{m^2-1}\left[\frac{v_0}{r}+\frac{1}{m}\left(\frac{dv_0}{dr}+\vartheta\psi+\frac{1}{2}\psi^2\right)+z\left(\frac{\psi}{r}+\frac{1}{m}\frac{d\psi}{dr}\right)\right], \end{aligned}\right\} \tag{3}$$

wobei gleich noch die Ausdrücke mit z/R in (1) vernachlässigt sind.

Betrachtet man jetzt das von zwei benachbarten Meridianschnitten und von zwei benachbarten, die Platte senkrecht durchsetzenden Kreiskegelflächen begrenzte Plattenelement in Abb. 56, und setzt man zur Abkürzung

$$\left.\begin{aligned} X_1 &= \frac{dv_0}{dr} + \frac{1}{m}\frac{v_0}{r} + \vartheta\psi + \frac{1}{2}\psi^2, & X_2 &= \frac{d\psi}{dr} + \frac{1}{m}\frac{\psi}{r}, \\ X_3 &= \frac{v_0}{r} + \frac{1}{m}\left(\frac{dv_0}{dr} + \vartheta\psi + \frac{1}{2}\psi^2\right), & X_4 &= \frac{\psi}{r} + \frac{1}{m}\frac{d\psi}{dr}, \end{aligned}\right\} \tag{4}$$

so erhält man für die Schnittgrößen $k_{\vartheta\vartheta}$, $k_{\varphi\varphi}$ und $m_{\vartheta\varphi}$, $m_{\varphi\vartheta}$, welche hier auf die Einheitsbreite des verformten Elementes zu beziehen sind,

$$\left.\begin{aligned} k_{\vartheta\vartheta} &= \frac{1}{r+v_0}\int_{-\frac{1}{2}h}^{+\frac{1}{2}h} \sigma_\vartheta\left[r+v_0+z(\vartheta+\psi)\right]dz = \frac{m^2E}{m^2-1}\left(X_1 h + X_2\frac{\vartheta+\psi}{r+v_0}\frac{h^3}{12}\right), \\ k_{\varphi\varphi} &= \frac{1}{dr+dv_0}\int_{-\frac{1}{2}h}^{+\frac{1}{2}h} \sigma_\varphi\left[dr+dv_0+z(d\vartheta+d\psi)\right]dz = \frac{m^2E}{m^2-1}\left(X_3 h + X_4\frac{d\vartheta+d\psi}{dr+dv_0}\frac{h^3}{12}\right), \\ m_{\vartheta\varphi} &= \frac{1}{r+v_0}\int_{-\frac{1}{2}h}^{+\frac{1}{2}h} \sigma_\vartheta\left[r+v_0+z(\vartheta+\psi)\right]z\,dz = \frac{m^2Eh^3}{12(m^2-1)}\left(X_2 + \frac{\vartheta+\psi}{r+v_0}X_1\right), \\ m_{\varphi\vartheta} &= -\frac{1}{dr+dv_0}\int_{-\frac{1}{2}h}^{+\frac{1}{2}h} \sigma_\varphi\left[dr+dv_0+z(d\vartheta+d\psi)\right]z\,dz = -\frac{m^2Eh^3}{12(m^2-1)}\left(X_4 + \frac{d\vartheta+d\psi}{dr+dv_0}X_3\right). \end{aligned}\right\} \tag{5}$$

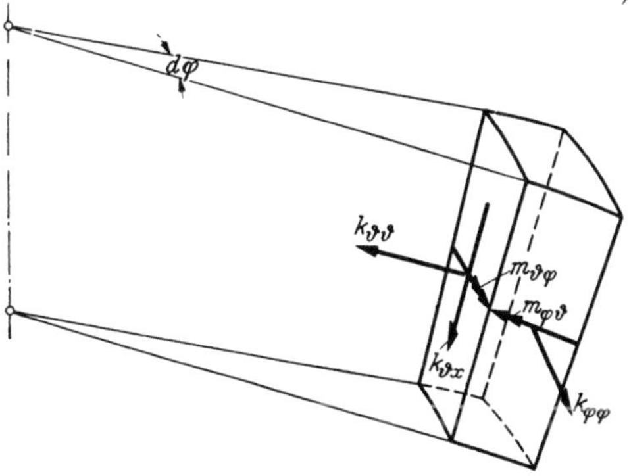

Abb. 56. Plattenelement mit seinen Kraften und Momenten.

Man sieht leicht ein, daß die zweiten Glieder der Klammern rechts im Vergleich zu den ersten Gliedern sehr klein sind und deshalb vernachlässigt werden können. Denn es gilt, wenn $\bar{n}$ die Länge der Normale der verformten Mittelfläche bis zur x-Achse bezeichnet,

$$\frac{\vartheta+\psi}{r+v_0} = \frac{1}{\bar{n}}.$$

Weil $\bar{n}$ sehr groß ist und X_1 und X_2 von derselben Größenordnung sind, so bleibt in der ersten und dritten Formel (5) der Ausdruck mit $(\vartheta+\psi)/(r+v_0)$ vernachlässigbar klein. Ähnliches gilt für die mit $(d\vartheta+d\psi)/(dr+dv_0)$ behafteten Glieder, so daß mit

$$A^* = \frac{m^2Eh^3}{12(m^2-1)}, \qquad B = \frac{m^2Eh}{m^2-1} \tag{6}$$

gesetzt werden kann

$$\left.\begin{aligned} k_{\vartheta\vartheta} &= BX_1, & m_{\vartheta\varphi} &= A^*X_2, \\ k_{\varphi\varphi} &= BX_3, & m_{\varphi\vartheta} &= -A^*X_4. \end{aligned}\right\} \tag{7}$$

Schließlich soll noch die quergerichtete Schnittkraft $k_{\vartheta x}$ bestimmt werden (Abb. 56). Hierzu betrachtet man die Plattenkalotte, die von einer zur Mittelfläche senkrechten Kegelfläche im Abstand $r+v_0$ von der x-Achse aus der verformten Platte ausgeschnitten wird. Das Gleichgewicht dieser Kalotte in der x-Richtung verlangt

$$2\pi(r+v_0)k_{\vartheta\vartheta}\sin(\vartheta+\psi) - 2\pi(r+v_0)k_{\vartheta x}\cos(\vartheta+\psi) + P = 0$$

oder wegen $\sin(\vartheta+\psi)\approx\vartheta+\psi$, $\cos(\vartheta+\psi)\approx 1$

$$k_{\vartheta x}=k_{\vartheta\vartheta}(\vartheta+\psi)+\frac{P}{2\pi(r+v_0)}\,. \tag{8}$$

Nunmehr können wir die Gleichgewichtsbedingungen des Plattenelementes anschreiben. Setzt man die Summe aller radial gerichteten Kräfte und die Summe aller Momentenvektoren in der φ-Richtung je gleich Null, so erhält man, indem man einen gemeinsamen Faktor $dr\,d\varphi$ sogleich unterdrückt,

$$\left.\begin{aligned}&\frac{d}{dr}\left[k_{\vartheta\vartheta}(r+v_0)\cos(\vartheta+\psi)\right]-k_{\varphi\varphi}\left(1+\frac{dv_0}{dr}\right)+\frac{d}{dr}\left[k_{\vartheta x}(r+v_0)\sin(\vartheta+\psi)\right]=0,\\&\frac{d}{dr}\left[m_{\vartheta\varphi}(r+v_0)\right]+m_{\varphi\vartheta}\left(1+\frac{dv_0}{dr}\right)-k_{\vartheta x}(r+v_0)\left(1+\frac{dv_0}{dr}\right)=0.\end{aligned}\right\} \tag{9}$$

Führt man den Ausdruck für $k_{\vartheta x}$(8) in diese Gleichungen ein, so erhält man, wieder mit $\cos(\vartheta+\psi)\approx 1$ und $\sin(\vartheta+\psi)\approx\vartheta+\psi$,

$$\left.\begin{aligned}&\frac{d}{dr}\left[k_{\vartheta\vartheta}(r+v_0)\right]-k_{\varphi\varphi}\left(1+\frac{dv_0}{dr}\right)+\frac{d}{dr}\left[k_{\vartheta\vartheta}(r+v_0)(\vartheta+\psi)^2+\frac{P}{2\pi}(\vartheta+\psi)\right]=0,\\&\frac{d}{dr}\left[m_{\vartheta\varphi}(r+v_0)\right]+m_{\varphi\vartheta}\left(1+\frac{dv_0}{dr}\right)-k_{\vartheta\vartheta}(r+v_0)\left(1+\frac{dv_0}{dr}\right)(\vartheta+\psi)-\frac{P}{2\pi}\left(1+\frac{dv_0}{dr}\right)=0\end{aligned}\right\} \tag{10}$$

oder nach Streichung aller zu vernachlässigenden Glieder und mit $d\vartheta/dr\approx 1/R$

$$\left.\begin{aligned}&r\frac{dk_{\vartheta\vartheta}}{dr}+k_{\vartheta\vartheta}-k_{\varphi\varphi}+\frac{P}{2\pi}\left(\frac{1}{R}+\frac{d\psi}{dr}\right)=0,\\&r\frac{dm_{\vartheta\varphi}}{dr}+m_{\vartheta\varphi}+m_{\varphi\vartheta}-k_{\vartheta\vartheta}r(\vartheta+\psi)-\frac{P}{2\pi}=0.\end{aligned}\right\} \tag{11}$$

Setzt man schließlich in diese Gleichungen noch die Ausdrücke (7) mit (4) ein, so kommen die beiden das Problem beherrschenden Differentialgleichungen mit den Unbekannten v_0 und ψ. Für das Folgende ist es hierbei zweckmäßig, die Größe $k_{\vartheta\vartheta}$ in der zweiten Gleichung (11) zunächst stehen zu lassen. Die gesuchten Differentialgleichungen nehmen dann nach kurzer Rechnung (mit $\vartheta\approx r/R$) die folgende Form an:

$$r^2\frac{d^2v_0}{dr^2}+r\frac{dv_0}{dr}-v_0+r^2\left(\frac{r}{R}+\psi\right)\frac{d\psi}{dr}+\frac{2m-1}{m}\frac{r^2}{R}\psi+\frac{m-1}{2m}r\psi^2=-\frac{Pr}{2\pi B}\left(\frac{1}{R}+\frac{d\psi}{dr}\right), \tag{12}$$

$$r^2\frac{d^2\psi}{dr^2}+r\frac{d\psi}{dr}-\psi=\frac{r}{A^*}\left[\frac{P}{2\pi}+r\,k_{\vartheta\vartheta}\left(\frac{r}{R}+\psi\right)\right]; \tag{13}$$

und dabei ist nach (7) mit (4)

$$k_{\vartheta\vartheta}=B\left[\frac{dv_0}{dr}+\frac{1}{m}\frac{v_0}{r}+\left(\frac{r}{R}+\frac{1}{2}\psi\right)\psi\right]. \tag{14}$$

Diese Gleichungen scheinen aber keine strenge Lösung zuzulassen. Wir werden uns also mit einer hinreichend genauen Näherung begnügen müssen. Dabei werden wir insbesondere von der Tatsache Gebrauch machen, daß in der Gleichung (12) das rechte Glied, wie die Herleitung über (8) und (10) zeigt, lediglich den Einfluß der Querkräfte darstellt. Da die Gleichung (12) das radiale Kräftegleichgewicht ausdrückt, so ist dieser Einfluß nur ganz gering, und wir dürfen mithin die rechte Seite von (12) weiterhin unbedenklich gleich Null setzen. [Für die Momentengleichung (13) wäre ein solcher Schluß nicht zulässig; diese Gleichung sagt ja im wesentlichen gerade aus, daß die Änderung des Momentes von der Querkraft herrührt.]

29. Näherungslösung der Aufgabe. Um einen Näherungsansatz zur Lösung der Differentialgleichungen (**28**, 12) und (**28**, 13) vorzubereiten, stellen wir uns zunächst die zugehörige Lösung $\overline{\psi}$ für die ebene Platte mit Einzellast P in der Mitte her. Mit $R=\infty$ und $k_{\vartheta\vartheta}=0$ geht (**28**, 13) über in

$$r^2 \frac{d^2\overline{\psi}}{dr^2} + r\frac{d\overline{\psi}}{dr} - \overline{\psi} = \frac{Pr}{2\pi A^*}$$

mit der Lösung

$$\overline{\psi} = Cr - \frac{Pr}{4\pi A^*}\left(\frac{1}{2} - \ln r\right),$$

wobei sich die Integrationskonstante C aus der Bedingung $m_{\vartheta\varphi}=0$ für den frei aufliegenden Rand $r=r_a$ nach (**28**, 7) und (**28**, 4) zu

$$C = -\frac{P}{4\pi A^*}\left[\frac{m-1}{2(m+1)} + \ln r_a\right]$$

bestimmt, so daß für diesen Sonderfall

$$\overline{\psi} = -\frac{Pr}{4\pi A^*}\left(\frac{m}{m+1} + \ln\frac{r_a}{r}\right) \tag{1}$$

würde. Es liegt nun nahe, für die wirkliche Platte ψ darzustellen als Summe eines unbekannten Vielfachen von $\overline{\psi}$ und eines unbekannten (den Rest approximierenden) Lineargliedes und also den Näherungsansatz zu machen

$$\psi = C_1 \frac{r}{R} + C_2 \frac{r}{R}\ln\frac{r_a}{r}, \tag{2}$$

in welchem C_1 und C_2 noch näher zu bestimmende Konstanten bezeichnen.

Geht man mit dem Ansatz (2) in Gleichung (**28**, 12) ein und vernachlässigt dabei gemäß der Schlußbemerkung von Ziff. **28** das rechte Glied, so erhält man für v_0 die Differentialgleichung

$$r^2\frac{d^2v_0}{dr^2} + r\frac{dv_0}{dr} - v_0 = \left[(1+C_1)C_2 - C_1\left(1+\frac{1}{2}C_1\right)\frac{3m-1}{m}\right]\frac{r^3}{R^2} + \\ + \left[C_2^2 - (1+C_1)C_2\frac{3m-1}{m}\right]\frac{r^3}{R^2}\ln\frac{r_a}{r} - C_2^2\frac{3m-1}{2m}\frac{r^3}{R^2}\ln^2\frac{r_a}{r}$$

mit der Lösung

$$v_0 = A_1 r + \frac{A_2}{r} - \left[(1+C_1)C_2\frac{5m-3}{4m} + C_1\left(1+\frac{1}{2}C_1\right)\frac{3m-1}{m} + C_2^2\frac{9m-7}{16m}\right]\frac{r^3}{8R^2} - \\ - \left[C_2^2\frac{5m-3}{4m} + (1+C_1)C_2\frac{3m-1}{m}\right]\frac{r^3}{8R^2}\ln\frac{r_a}{r} - C_2^2\frac{3m-1}{2m}\frac{r^3}{8R^2}\ln^2\frac{r_a}{r}.$$

Weil für $r=0$ auch $v_0=0$ ist, so muß $A_2=0$ sein. Hiermit und mit (2) folgt aus (**28**, 14)

$$\frac{k_{\vartheta\vartheta}}{B} = \frac{m+1}{m}A_1 - \frac{m^2-1}{8m^2}\left\{\left[\frac{3}{4}(1+C_1)C_2 + C_1\left(1+\frac{1}{2}C_1\right) + \frac{7}{16}C_2^2\right]\frac{r^2}{R^2} + \right. \\ \left. + \left[\frac{3}{4}C_2^2 + (1+C_1)C_2\right]\frac{r^2}{R^2}\ln\frac{r_a}{r} + \frac{1}{2}C_2^2\frac{r^2}{R^2}\ln^2\frac{r_a}{r}\right\}.$$

Beschränkt man sich auf sehr schwach gewölbte Platten und setzt also zur Bestimmung von A_1 die Normalkraft $k_{\vartheta\vartheta}$ für $r=r_a$ gleich Null, so erhält man für $k_{\vartheta\vartheta}$ selbst

$$\left.\begin{aligned} k_{\vartheta\vartheta} = -\frac{(m^2-1)B}{8m^2R^2}&\left\{\left[\frac{3}{4}(1+C_1)C_2 + C_1\left(1+\frac{1}{2}C_1\right) + \frac{7}{16}C_2^2\right](r^2-r_a^2) + \right. \\ &\left. + \left[\frac{3}{4}C_2^2 + (1+C_1)C_2\right]r^2\ln\frac{r_a}{r} + \frac{1}{2}C_2^2 r^2\ln^2\frac{r_a}{r}\right\}. \end{aligned}\right\} \tag{3}$$

Nunmehr gehen wir zur Gleichung (**28**, 13) über und führen darin rechts für $k_{\vartheta\vartheta}$ und ψ die Ausdrücke (3) und (2) ein; dann lautet sie

$$\left.\begin{aligned} & r^2\frac{d^2\psi}{dr^2}+r\frac{d\psi}{dr}-\psi= \\ & =\frac{Pr}{2\pi A^*}-\gamma r^3\left[\delta_1(r^2-r_a^2)+\delta_2 r_a^2\ln\frac{r_a}{r}+\delta_3 r^2\ln\frac{r_a}{r}+\delta_4 r^2\ln^2\frac{r_a}{r}+\delta_5 r^2\ln^3\frac{r_a}{r}\right]\end{aligned}\right\}\quad(4)$$

mit den Abkürzungen

$$\gamma=\frac{(m^2-1)\,B}{8\,m^2R^3A^*}=\frac{3\,(m^2-1)}{2\,m^2h^2R^3}\,,\qquad(5)$$

$$\left.\begin{aligned} & \varepsilon_1=C_1\left(1+\frac{1}{2}C_1\right)(1+C_1), \qquad \varepsilon_2=C_1\left(1+\frac{1}{2}C_1\right)C_2, \\ & \varepsilon_3=(1+C_1)^2C_2, \qquad \varepsilon_4=(1+C_1)\,C_2^2, \qquad \varepsilon_5=C_2^3\end{aligned}\right\}\quad(6)$$

und daraus

$$\left.\begin{aligned} & \delta_1=C_1\left(1+\frac{1}{2}C_1\right)(1+C_1)+\frac{3}{4}(1+C_1)^2C_2+\frac{7}{16}(1+C_1)\,C_2^2=\varepsilon_1+\frac{3}{4}\varepsilon_3+\frac{7}{16}\varepsilon_4, \\ & \delta_2=-\left[C_1\left(1+\frac{1}{2}C_1\right)C_2+\frac{3}{4}(1+C_1)\,C_2^2+\frac{7}{16}C_2^3\right]=-\varepsilon_2-\frac{3}{4}\varepsilon_4-\frac{7}{16}\varepsilon_5, \\ & \delta_3=C_1\left(1+\frac{1}{2}C_1\right)C_2+(1+C_1)^2C_2+\frac{3}{2}(1+C_1)\,C_2^2+\frac{7}{16}C_2^3=\varepsilon_2+\varepsilon_3+\frac{3}{2}\varepsilon_4+\frac{7}{16}\varepsilon_5, \\ & \delta_4=\frac{3}{2}(1+C_1)\,C_2^2+\frac{3}{4}C_2^3=\frac{3}{2}\varepsilon_4+\frac{3}{4}\varepsilon_5, \\ & \delta_5=\frac{1}{2}C_2^3=\frac{1}{2}\varepsilon_5.\end{aligned}\right\}\quad(7)$$

Die Lösung von (4) ist

$$\left.\begin{aligned} \psi=B_1 r+\frac{B_2}{r}+\varkappa_1 r_a^2 r^3+\varkappa_2 r^5+\varkappa_3 r\ln\frac{r_a}{r}+\varkappa_4 r_a^2 r^3\ln\frac{r_a}{r}+ & \\ +\varkappa_5 r^5\ln\frac{r_a}{r}+\varkappa_6 r^5\ln^2\frac{r_a}{r}+\varkappa_7 r^5\ln^3\frac{r_a}{r} & \end{aligned}\right\}\quad(8)$$

mit den weiteren Abkürzungen

$$\left.\begin{aligned} & \varkappa_1=+\frac{\gamma}{8}\left(\delta_1-\frac{3}{4}\delta_2\right)=\frac{\gamma}{8}\left(\varepsilon_1+\frac{3}{4}\varepsilon_2+\frac{3}{4}\varepsilon_3+\varepsilon_4+\frac{21}{64}\varepsilon_5\right), \\ & \varkappa_2=-\frac{\gamma}{24}\left(\delta_1+\frac{5}{12}\delta_3+\frac{19}{72}\delta_4+\frac{65}{288}\delta_5\right)=-\frac{\gamma}{24}\left(\varepsilon_1+\frac{5}{12}\varepsilon_2+\frac{7}{6}\varepsilon_3+\frac{35}{24}\varepsilon_4+\frac{71}{144}\varepsilon_5\right), \\ & \varkappa_3=-\frac{P}{4\pi A^*}, \\ & \varkappa_4=-\frac{\gamma}{8}\delta_2=\frac{\gamma}{8}\left(\varepsilon_2+\frac{3}{4}\varepsilon_4+\frac{7}{16}\varepsilon_5\right), \\ & \varkappa_5=-\frac{\gamma}{24}\left(\delta_3+\frac{5}{6}\delta_4+\frac{19}{24}\delta_5\right)=-\frac{\gamma}{24}\left(\varepsilon_2+\varepsilon_3+\frac{11}{4}\varepsilon_4+\frac{35}{24}\varepsilon_5\right), \\ & \varkappa_6=-\frac{\gamma}{24}\left(\delta_4+\frac{5}{4}\delta_5\right)=-\frac{\gamma}{24}\left(\frac{3}{2}\varepsilon_4+\frac{11}{8}\varepsilon_5\right), \\ & \varkappa_7=-\frac{\gamma}{24}\delta_5=-\frac{\gamma}{48}\varepsilon_5.\end{aligned}\right\}\quad(9)$$

Auch hier muß, weil $\psi=0$ für $r=0$ ist, die zweite Integrationskonstante $B_2=0$ gesetzt werden. Die Konstante B_1 bestimmt man wieder aus der Bedingung, daß für $r=r_a$ das Moment $m_{\vartheta\varphi}=0$ ist, gemäß (**28**, 7) mit (**28**, 4) zu

$$B_1=\frac{m}{m+1}\varkappa_3-\frac{m}{m+1}\left(\frac{3m+1}{m}\varkappa_1+\frac{5m+1}{m}\varkappa_2-\varkappa_4-\varkappa_5\right)r_a^4.\qquad(10)$$

Es handelt sich jetzt nur noch darum, die beiden Konstanten C_1 und C_2 des Ansatzes (2) näher zu bestimmen. Dazu fordern wir, daß die Funktionen (2) und (8) zu derselben Durchbiegung in der Plattenmitte und zu derselben Neigung am Plattenrande führen.

Weil zwischen der Ordinate x der unverformten Platte und dem Winkel ϑ, und zwischen der Ordinate $\bar{x}$ der verformten Platte und dem Winkel $\vartheta+\psi$ die Beziehungen

$$\frac{dx}{dr}=-\vartheta, \quad \frac{d\bar{x}}{d\bar{r}}=-(\vartheta+\psi)$$

bestehen, so daß (wegen der Randbedingungen $x=0$ für $r=r_a$ und $\bar{x}=0$ für $\bar{r}=r_a$)

$$x=-\int_r^{r_a}\vartheta\,dr, \qquad \bar{x}=-\int_{\bar{r}}^{r_a}(\vartheta+\psi)\,d\bar{r}=-\int_{\bar{r}}^{r_a}(\vartheta+\psi)\left(1+\frac{dv_0}{dr}\right)dr\approx-\int_r^{r_a}(\vartheta+\psi)\,dr$$

gesetzt werden kann, so findet man für die Plattendurchbiegung u_0 in der Mitte

$$u_0=\bar{x}_0-x_0=-\int_0^{r_a}\psi\,dr. \tag{11}$$

Berechnet man dies je mit Hilfe von (2) und (8), so findet man durch Gleichsetzen

$$\left(C_1+\frac{1}{2}C_2\right)\frac{1}{R}=\left(B_1+\frac{\varkappa_3}{2}\right)+\left(\frac{\varkappa_1}{2}+\frac{\varkappa_2}{3}+\frac{\varkappa_4}{8}+\frac{\varkappa_5}{18}+\frac{\varkappa_6}{54}+\frac{\varkappa_7}{108}\right)r_a^4$$

oder mit (10)

$$\left(C_1+\frac{1}{2}C_2\right)\frac{1}{R}=\frac{3m+1}{2(m+1)}\varkappa_3+\left[-\frac{5m+1}{2(m+1)}\varkappa_1-\frac{2(7m+1)}{3(m+1)}\varkappa_2+\right.$$
$$\left.+\frac{9m+1}{8(m+1)}\varkappa_4+\frac{19m+1}{18(m+1)}\varkappa_5+\frac{\varkappa_6}{54}+\frac{\varkappa_7}{108}\right]r_a^4.$$

Geht man hierin mit den Ausdrücken (9) ein, so erhält man

$$\frac{(3m+1)RP}{2\pi A^*}+\gamma\left(\frac{17m+5}{36}\varepsilon_1+\frac{49m+19}{216}\varepsilon_2+\frac{89m+29}{432}\varepsilon_3+\right.$$
$$\left.+\frac{105m+41}{576}\varepsilon_4+\frac{437m+191}{10368}\varepsilon_5\right)r_a^4R=-4(m+1)\left(C_1+\frac{1}{2}C_2\right)$$

oder mit $m=3{,}5$ und $A^*=m^2Eh^3/12(m^2-1)$ sowie γ (5)

$$\left.\begin{aligned}\frac{RP}{Eh^3}=-0{,}8924\left(C_1+\frac{1}{2}C_2\right)-(0{,}12237\,\varepsilon_1+0{,}06023\,\varepsilon_2+0{,}05383\,\varepsilon_3+\\+0{,}04844\,\varepsilon_4+0{,}01133\,\varepsilon_5)\frac{r_a^4}{R^2h^2}\,.\end{aligned}\right\} \tag{12}$$

Setzt man ebenso für $r=r_a$ die ψ-Werte (2) und (8) einander gleich, so findet man

$$\frac{C_1}{R}=B_1+(\varkappa_1+\varkappa_2)\,r_a^4$$

oder mit (10)

$$\frac{m+1}{m}\frac{C_1}{R}=\varkappa_3+(-2\varkappa_1-4\varkappa_2+\varkappa_4+\varkappa_5)\,r_a^4.$$

Führt man auch hierin die Ausdrücke (9) ein, so kommt

$$\frac{RP}{4\pi A^*}+\frac{\gamma r_a^4R}{8}\left(\frac{2}{3}\varepsilon_1+\frac{5}{18}\varepsilon_2+\frac{5}{18}\varepsilon_3+\frac{2}{9}\varepsilon_4+\frac{41}{864}\varepsilon_5\right)=-\frac{m+1}{m}C_1$$

oder schließlich mit $m=3{,}5$ und $A^*=m^2Eh^3/12(m^2-1)$ sowie (5)

$$\left.\begin{aligned}\frac{RP}{Eh^3}=-1{,}4661\,C_1-(0{,}13090\,\varepsilon_1+0{,}05454\,\varepsilon_2+0{,}05454\,\varepsilon_3+\\+0{,}04363\,\varepsilon_4+0{,}00932\,\varepsilon_5)\frac{r_a^4}{R^2h^2}.\end{aligned}\right\}\quad(13)$$

Es kommt jetzt nur noch auf eine zweckmäßige Weiterbehandlung der Gleichungen (12) und (13) an. Wäre eine explizite Lösung nach C_1 und C_2 möglich, so würde der Ansatz (2) ψ als Funktion von P explizit darstellen. Weil die in (12) und (13) vorkommenden ε_i die Konstanten C_1 und C_2 nach (6) im dritten Grade enthalten, so sind beide Gleichungen vom dritten Grade in C_1 und C_2. Man ist also genötigt, die Aufgabe umzukehren und zu jedem Wertepaar C_1 und C_2 die beiden Größen

$$\lambda=\frac{r_a^4}{R^2h^2}\quad\text{und}\quad\mu=\frac{RP}{Eh^3}\tag{14}$$

zu berechnen. Wir schreiben daher (12) und (13) in der Form

$$\mu=a_1+b_1\lambda,\qquad\mu=a_2+b_2\lambda\tag{15}$$

mit

$$\left.\begin{aligned}&a_1=-0{,}8924\left(C_1+\tfrac{1}{2}C_2\right),\quad b_1=-(0{,}12237\,\varepsilon_1+0{,}06023\,\varepsilon_2+0{,}05383\,\varepsilon_3+\\&\qquad\qquad+0{,}04844\,\varepsilon_4+0{,}01133\,\varepsilon_5),\\&a_2=-1{,}4661\,C_1,\qquad b_2=-(0{,}13090\,\varepsilon_1+0{,}05454\,\varepsilon_2+0{,}05454\,\varepsilon_3+\\&\qquad\qquad+0{,}04363\,\varepsilon_4+0{,}00932\,\varepsilon_5),\end{aligned}\right\}\quad(16)$$

wobei wir sogleich noch

$$\left.\begin{aligned}&a_1-a_2=0{,}5737\,C_1-0{,}4462\,C_2,\\&b_2-b_1=-(0{,}00853\,\varepsilon_1-0{,}00569\,\varepsilon_2+0{,}00071\,\varepsilon_3-0{,}00481\,\varepsilon_4-0{,}00201\,\varepsilon_5)\end{aligned}\right\}\quad(17)$$

notieren, und lösen die Gleichungen (15) nach λ und μ auf:

$$\lambda=\frac{a_1-a_2}{b_2-b_1},\qquad\mu=a_1+b_1\lambda.\tag{18}$$

Weil λ nach (14) eine wesentlich positive Größe ist, so ist das Gebiet der Werte C_1, C_2 beschränkt. Es liegt, wie man versuchsweise festgestellt hat, zwischen $C_1=-2{,}4$ und $+0{,}4$ und $C_2=-2{,}4$ und $+2{,}4$.

Die weitere numerische Durchrechnung, die wir hier nicht in allen Einzelheiten wiedergeben wollen, hat zum Ziel, eine Kurvenschar mit dem Parameter λ herzustellen, welche μ als Funktion von

$$\nu=-\left(C_1+\frac{1}{2}C_2\right)\tag{19}$$

darstellt, wobei nach (11) wegen $u_0=-\left(C_1+\frac{1}{2}C_2\right)\frac{r_a^2}{2R}$ und $x_0=\frac{r_a^2}{2R}$

$$\nu=\frac{u_0}{x_0}\tag{20}$$

ist, also bis auf den Faktor x_0 die Durchbiegung u_0 in der Plattenmitte bedeutet. Dies geschieht in der Weise, daß man C_1 innerhalb seines Geltungsbereiches variiert und zugleich C_2 so mitvariiert, daß dabei ν (19) einen festen Wert behält, und mit den so gekoppelten Werten von C_1 und C_2 nach (16) und (18) die zugehörigen Werte b_1 und λ berechnet und etwa über C_1 als Kurven aufträgt. Abb. 57 zeigt beispielshalber die zu $\nu=0{,}8$ gehörigen Kurven. Sodann kann man für einen bestimmten Wert $\lambda=\lambda_1$ die aus allen diesen Diagrammen folgenden zugehörigen Werte b_1 ablesen und daraus und aus $a_1 = 0{,}8924\,\nu$ die zu λ_1 gehörigen Werte μ nach (18) berechnen und so die zu λ_1 gehörige (μ, ν)-Kurve punktweise zeichnen. Das Ergebnis zeigt Abb. 58 in den Kurven c für die Parameter

$$\lambda = 0,\ 10,\ 20,\ 30,\ 40,\ 50,\ 100,\ 150,\ 200,\ 300,\ 500.$$

Diese Kurven stellen für jede Platte von gegebenem Parameter λ (14) den Zusammenhang zwischen der Druckkraft P und der Verschiebung u_0 ihres Angriffspunktes dar.

Die in Abb. 58 links auftretenden Höchstwerte der Ordinaten dieser Kurven bedeuten nun die zur Durchschlagkraft proportionalen Werte μ. Sie sind noch einmal in Abb. 59, die das eigentliche Ziel unserer Untersuchung bildet, vereinigt.

Abb. 57. Hilfsdiagramm zur Ermittlung von b_1 und λ für $\nu = 0{,}8$.

Abb. 58. Durchschlagdiagramm der schwachgekrümmten Kreisplatte.

Abb. 59. Diagramm der Durchschlagkräfte von schwachgekrümmten Kreisplatten.

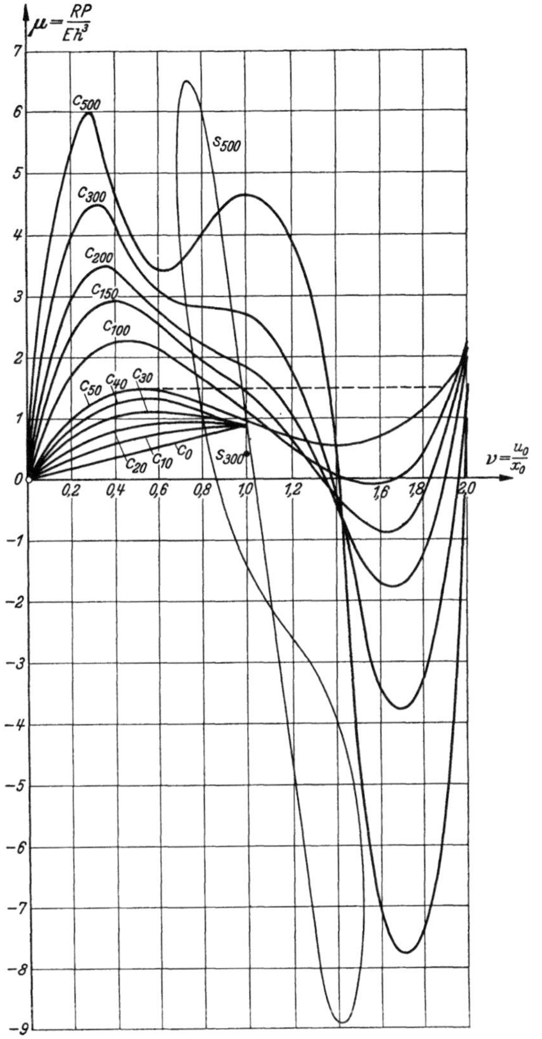

Abb. 58.

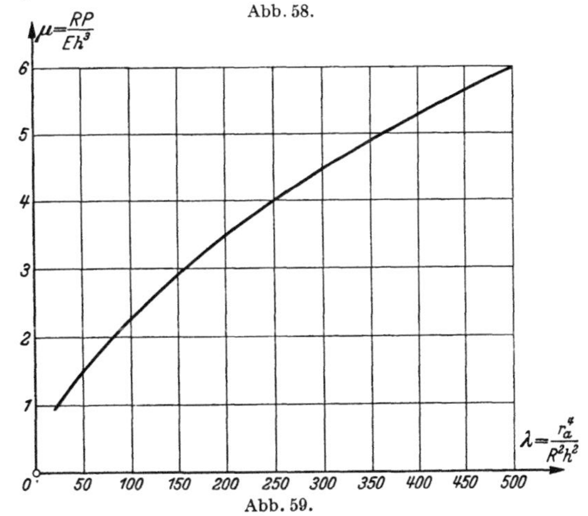

Abb. 59.

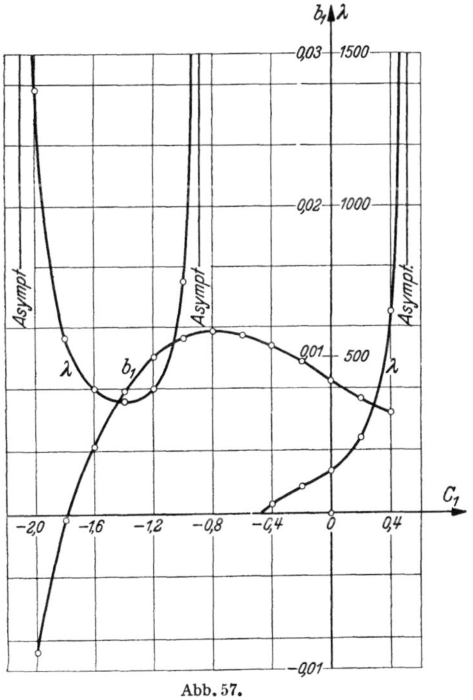

Abb. 57.

Die Kurven von Abb. 58 für $0 < \lambda < 20$ steigen monoton an. Bei solchen Werten λ befindet sich also eine zentrisch belastete, schwachgewölbte Platte stets im stabilen Gleichgewicht. Ein Durchschlagen der Platte ist erst möglich, wenn $\lambda > 20$ ist. Die Kurve von Abb. 59 hat also erst von $\lambda = 20$ an für unsere Fragestellung eine Bedeutung. Sie wird sehr genau durch die beiden folgenden Formeln approximiert, welche die Durchschlagkraft als Funktion der Plattenabmessungen explizit darstellen:

$$\left.\begin{aligned} \mu &= \sqrt{0{,}152\,(\lambda + 74{,}9)} - 2{,}88 \quad \text{für} \quad 20 < \lambda < 100, \\ \mu &= \sqrt{0{,}093\,(\lambda + 11{,}5)} - 0{,}94 \quad \text{für} \quad 100 < \lambda < 500. \end{aligned}\right\} \tag{21}$$

Übrigens sind bei $\lambda > 20$ noch verschiedene Fälle zu unterscheiden, je nachdem man die Belastung oder die Senkung der Plattenmitte in vorgeschriebener Weise steigert. Betrachtet man z. B. den Fall $\lambda = 50$, so zeigt die Kurve c_{50}, daß eine unveränderliche Belastung, die etwas größer ist, als zum Wert $\mu = 1{,}5$ gehört, die Platte durchschlagen läßt, und zwar so, daß die Plattendurchbiegung in der Mitte sich etwa von $u_0 = 0{,}52\, x_0$ auf $u_0 = 1{,}9\, x_0$ steigert. Beim Abheben der Last würde die Platte wieder in ihre ursprüngliche Gleichgewichtslage zurückspringen. Würde man dagegen die Platte mittels einer Schraubenspindel in ihrer Mitte hinunterschrauben, so würde von Durchschlagen nicht die Rede sein; wohl aber würde sich der Anlegedruck zwischen Platte und Spindel von $u_0 = 0{,}52\, x_0$ an zeitweise verringern.

Anders liegt der Fall für $\lambda > 100$, weil nun die c-Kurven die ν-Achse schneiden. Wird eine solche Platte durch eine Kraft belastet, die dem (aus der zugehörigen c-Kurve folgenden) Höchstwert von μ entspricht, so schlägt die Platte ebenfalls durch, kehrt aber beim Aufheben der Kraft nicht mehr selbständig in die ursprüngliche Gleichgewichtslage zurück, weil sie dabei Zwischenlagen passieren müßte, zu deren Aufrechterhaltung eine Zugkraft erforderlich wäre. Die Platte sucht vielmehr diejenige Gleichgewichtslage auf, die durch den zweiten Schnittpunkt der c-Kurve mit der ν-Achse angegeben wird. Würde man die Platte mittels einer Schraube hinunterdrücken, so würde sie von der Gleichgewichtslage, die zum ersten Schnittpunkt der c-Kurve und der ν-Achse gehört, in diejenige überschlagen, die zum zweiten Schnittpunkt gehört.

Schließlich tritt von $\lambda \approx 300$ an noch eine neue Erscheinung ein. Sobald nämlich die c-Kurve noch ein zweites relatives Maximum aufweist (das sich bei $\lambda = 300$ durch das Auftreten eines Wendepunktes mit waagerechter Tangente ankündigt), tritt eine isolierte Schleife s auf (die sich bei $\lambda = 300$ als ein isolierter Punkt s_{300} ankündigt).

30. Die radial und axial gedrückte Kreiszylinderschale von gleicher Wandstärke. Bei der Kreiszylinderschale kann sowohl ein gleichmäßiger radialer Druck q auf die Mantelfläche, wie ein gleichmäßiger axialer Druck Q auf die Endflächen eine Knickung hervorrufen. Wir betrachten hier gleich den allgemeinen Fall[1]), daß diese Belastungen gleichzeitig wirken, und greifen dazu auf die Grundgleichungen (VI, **20**, 10) der biegesteifen Kreiszylinderschale zurück, welche bei geeigneter Deutung der darin vorkommenden Größen als die gesuchten Knickgleichungen aufgefaßt werden können. Als Ausgangszustand hat man dann aber nicht, wie dies dort der Fall war, den spannungslosen Zustand I anzusehen, sondern denjenigen durch gewisse Werte von q und Q hervorgerufenen Spannungszustand II, bei dem ein unendlich benachbarter Gleichgewichtszustand II' möglich sein soll. Dementsprechend verstehen

[1]) Vgl. W. Flügge, Statik und Dynamik der Schalen, S. 189, Berlin 1934; K. v. Sanden u. F. Tölke, Über Stabilitätsprobleme dünner, kreiszylindrischer Schalen, Ing.-Arch. 3 (1932) S. 24.

wir unter u_0, v_0, w_0 jetzt nicht die sehr kleinen, aber endlichen Verschiebungen, die die Punkte der Mittelfläche erleiden, wenn der Zylinder von dem spannungslosen Zustand *I* in den Spannungszustand *II* übergeht, sondern die unendlich kleinen Zusatzverschiebungen, die beim Übergang von *II* nach *II'* auftreten. Hierbei könnte man zunächst versucht sein, die äußeren Belastungsgrößen R, Φ und Z in den Gleichungen (VI, **20**, 10) gleich Null zu setzen. Denn diese Größen sollen jetzt naturgemäß auch die Zusatzbelastungen darstellen, die beim Übergang von *II* nach *II'* ins Spiel kommen, und ein Knickvorgang ist eben dadurch gekennzeichnet, daß unter gleichbleibender äußerer Belastung ein unendlich benachbarter Gleichgewichtszustand möglich ist. Obwohl wir nun annehmen, daß der (hydrostatische) radiale Druck q und die axiale Kraft Q sich beim Übergang von *II* nach *II'* nicht ändern, sind trotzdem R, Φ und Z durch bestimmte Funktionen von u_0, v_0, w_0 zu ersetzen, welche wir jetzt ermitteln.

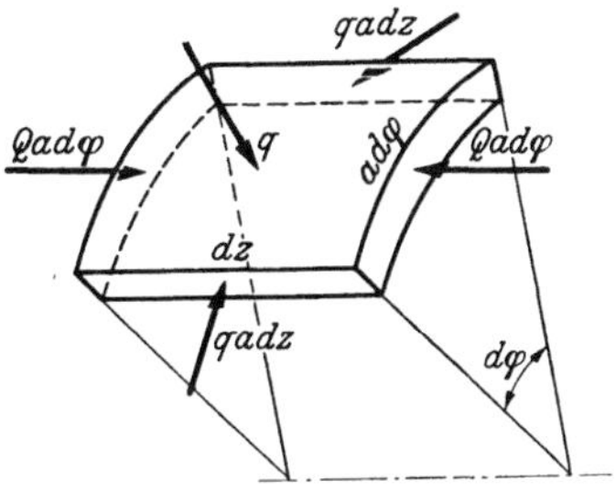

Abb. 60. Element der radial und axial gedruckten Zylinderschale.

Im Spannungszustand *II* ist das Schalenelement von Abb. 60 an der Außenfläche durch den Druck q, den wir auf die Flächeneinheit beziehen, und an seinen Schnittflächen durch die Kräfte qa und Q, die wir auf die Längeneinheit beziehen, belastet (wobei a den Halbmesser der Zylindermittelfläche bedeutet). Denn dann hält die radiale Komponente $qa\,dz \cdot d\varphi$ von $qa\,dz$ der äußeren radialen Kraft $qa\,d\varphi\,dz$ gerade das Gleichgewicht; desgleichen halten sich die Kräfte $Qa\,d\varphi$ das Gleichgewicht. Nach der Verschiebung u_0, v_0, w_0 des Elements tun sie dies aber nicht mehr, sondern erzeugen drei Kraftkomponenten in den drei Koordinatenrichtungen r, φ und z. Gerade diese, als äußere Kräfte aufzufassenden Komponenten sind es, die den Übergang vom Zustand *II* zum Zustand *II'* ermöglichen, und sie sind deshalb für unser Problem als die Größen R, Φ, Z in den Gleichungen (VI, **20**, 10) zu betrachten.

Die Kraftkomponente R in der Koordinatenrichtung r setzt sich aus drei Beiträgen zusammen. Der erste, R_1, rührt davon her, daß sich die Oberfläche des Elements vergrößert, so daß dann dem hydrostatischen Druck q eine größere Angriffsfläche zur Verfügung steht; der zweite, R_2, rührt von der Winkeländerung zwischen zwei benachbarten Meridianschnitten her, der dritte, R_3, von der Winkeländerung zwischen zwei benachbarten Ringschnitten.

Weil nach (VI, **20**, 3) die Dehnungen der Mittelfläche

$$\varepsilon_\varphi = \frac{u_0}{a} + \frac{1}{a}\frac{\partial v_0}{\partial \varphi}, \qquad \varepsilon_z = \frac{\partial w_0}{\partial z}$$

sind, so daß sich ihr Flächenelement $a\,d\varphi\,dz$ auf $a\,d\varphi(1+\varepsilon_\varphi)\,dz(1+\varepsilon_z)$, also um $a\,d\varphi\,dz(\varepsilon_\varphi+\varepsilon_z)$ vergrößert, so wird

$$R_1 = -q(\varepsilon_\varphi + \varepsilon_z) = -q\left(\frac{u_0}{a} + \frac{1}{a}\frac{\partial v_0}{\partial \varphi} + \frac{\partial w_0}{\partial z}\right). \tag{1}$$

Der zweite Beitrag R_2 entsteht durch die Vergrößerung des Kontingenzwinkels $d\varphi$ zwischen benachbarten Meridianschnitten. Wegen der Verschiedenheit der Verschiebungen v_0 und $(v_0 + dv_0)$ wächst dieser Winkel um den Betrag dv_0/a, so daß die von den Kräften $qa\,dz$ erzeugte und nach außen gerichtete Resultante $qa\,dz\,d\varphi$ sich um $qa\,dz\,dv_0/a$ vergrößert. Auf die Einheit des Flächenelements $a\,d\varphi\,dz$ bezogen, liefert dies zu R_2 einen positiv nach außen gerichteten Beitrag R_2' von der Größe

$$R_2' = \frac{q}{a}\frac{\partial v_0}{\partial \varphi}. \tag{2}$$

Einen zweiten Beitrag zu der Veränderung des Kontingenzwinkels $d\varphi$ liefert die Verschiebung u_0. Denn weil die Tangente am Ringquerschnitt sich infolge der Verschiebung u_0 um den Winkel $\frac{\partial u_0}{\partial \varphi} d\varphi : a\, d\varphi = \frac{1}{a} \frac{\partial u_0}{\partial \varphi}$ verdreht (Abb. 61), so verdrehen sich die zwei meridionalen Seitenflächen des betrachteten Schalenelements (welche nach wie vor senkrecht zu ihren zugehörigen Ringtangenten bleiben) gegeneinander um den (als Verkleinerung des Kontingenzwinkels aufzufassenden) Winkel $\frac{\partial}{\partial \varphi}\left(\frac{1}{a}\frac{\partial u_0}{\partial \varphi}\right) d\varphi$. Die Kräfte $q a\, dz$ liefern also, bezogen auf die Einheit der Fläche $a\, d\varphi\, dz$, eine nach außen gerichtete Kraft R_2'' von der Größe

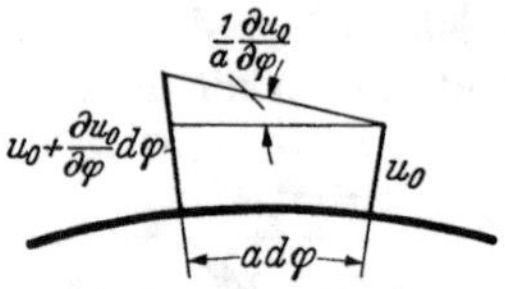

Abb. 61. Meridianverdrehung als Folge der radialen Verformung eines Zylinderelementes.

$$R_2'' = -\frac{q}{a} \frac{\partial^2 u_0}{\partial \varphi^2}. \tag{3}$$

Schließlich dreht sich die Zylindererzeugende in ihrer Meridianebene um den Betrag $\partial u_0/\partial z$, so daß die beiden Ringschnitte des Schalenelements eine gegenseitige Drehung $(\partial^2 u_0/d z^2)\, dz$ erfahren. Die an ihnen angreifenden Kräfte $Q a\, d\varphi$ erzeugen dadurch je Oberflächeneinheit eine nach außen gerichtete Kraft

$$R_3 = -Q \frac{\partial^2 u_0}{\partial z^2}. \tag{4}$$

Im ganzen hat man also nach (1) bis (4)

$$R = R_1 + R_2' + R_2'' + R_3 = -q\left(\frac{u_0}{a} + \frac{\partial w_0}{\partial z} + \frac{1}{a}\frac{\partial^2 u_0}{\partial \varphi^2}\right) - Q \frac{\partial^2 u_0}{\partial z^2}. \tag{5}$$

Projiziert man ferner im Spannungszustand II das betrachtete Schalenelement samt seiner Umgebung auf die zugeordnete Tangentialebene des Zylinders, so projizieren sich (Abb. 62) sowohl die Erzeugenden wie die dazu senkrecht stehenden Ringkreise als Gerade. Beim Übergang in den Spannungszustand II' gehen diese Geraden in Kurven über, deren Krümmung sich für das eine System unmittelbar zu $\partial^2 v_0/\partial z^2$, für das andere System zu $\partial^2 w_0/a^2 \partial \varphi^2$ errechnet. Hierdurch erleiden die beiden Ringschnitte des Elements eine in der Tangentialebene zu messende gegenseitige Drehung $(\partial^2 v_0/\partial z^2)\, dz$, die beiden Meridianschnitte eine gegenseitige Drehung $(\partial^2 w_0/a^2 \partial \varphi^2)\, a\, d\varphi$. Die Kräfte $Q a\, d\varphi$ liefern also in die negative φ-Richtung eine Resultierende

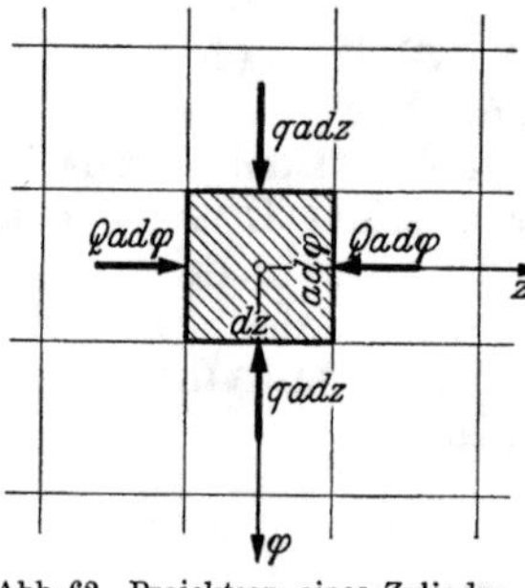

Abb. 62. Projektion eines Zylinderelementes auf seine Tangentialebene.

$$Q a\, d\varphi \cdot \frac{\partial^2 v_0}{\partial z^2}\, dz,$$

die Kräfte $q a\, dz$ in die negative z-Richtung eine Resultierende

$$q a\, dz \cdot \frac{1}{a^2} \frac{\partial^2 w_0}{\partial \varphi^2}\, a\, d\varphi.$$

Bezogen auf die Oberflächeneinheit des Schalenelements gibt das die Kräfte

$$\Phi = -Q \frac{\partial^2 v_0}{\partial z^2}, \quad Z = -q a \frac{1}{a^2} \frac{\partial^2 w_0}{\partial \varphi^2}. \tag{6}$$

Bis jetzt haben wir außer der Oberflächenvergrößerung des Elements nur seine Krümmungsänderungen in Betracht gezogen; aber es tritt i. a. auch noch eine Drehung des ganzen Elements auf. Offensichtlich ruft diese Drehung bei dem in Abb. 60 dargestellten, mit dem Element mitbewegten Gleichgewichtssystem von Kräften keine weiteren Zusatzkräfte R, Φ, Z hervor. Anders wäre es, wenn der Manteldruck nicht hydrostatischer Natur wäre und also beim Übergang vom Zustand II nach dem Zustand II' gegenüber dem Flächenelement seine Richtung änderte. Denn dann bliebe das erwähnte Kraftsystem bei dem Übergang i. a. nicht im Gleichgewicht, und es entstünde je nach der Art des ausgeübten Manteldruckes sowohl eine Φ- wie eine Z-Komponente. Auf solche Fälle gehen wir hier nicht ein.

Nunmehr erhalten wir für den hier betrachteten Belastungsfall die gesuchten Stabilitätsgleichungen, indem wir in den Gleichungen (VI, **20**, 10) die Größen R, Φ und Z durch die berechneten Werte (5) und (6) ersetzen. Sie lauten also

$$\left.\begin{aligned}
&\left(\frac{u_0}{a}+\frac{1}{a}\frac{\partial v_0}{\partial\varphi}+\frac{1}{m}\frac{\partial w_0}{\partial z}\right)+\frac{A^*}{B}\left(\frac{1}{a^4}\frac{\partial^4 u_0}{\partial\varphi^4}+\frac{2}{a^2}\frac{\partial^4 u_0}{\partial\varphi^2\partial z^2}+\frac{\partial^4 u_0}{\partial z^4}+\frac{2}{a^4}\frac{\partial^2 u_0}{\partial\varphi^2}+\right.\\
&\qquad\left.+\frac{u_0}{a^4}-\frac{3m-1}{2ma^2}\frac{\partial^3 v_0}{\partial\varphi\,\partial z^2}+\frac{m-1}{2ma^3}\frac{\partial^3 w_0}{\partial\varphi^2\partial z}-\frac{1}{a}\frac{\partial^3 w_0}{\partial z^3}\right)+\frac{q}{B}\left(\frac{u_0}{a}+\frac{\partial w_0}{\partial z}+\frac{1}{a}\frac{\partial^2 u_0}{\partial\varphi^2}\right)+\frac{Q}{B}\frac{\partial^2 u_0}{\partial z^2}=0,\\
&\frac{1}{a^2}\frac{\partial u_0}{\partial\varphi}+\frac{1}{a^2}\frac{\partial^2 v_0}{\partial\varphi^2}+\frac{m-1}{2m}\frac{\partial^2 v_0}{\partial z^2}+\frac{m+1}{2ma}\frac{\partial^2 w_0}{\partial\varphi\,\partial z}+\frac{A^*}{B}\left(-\frac{3m-1}{2ma^2}\frac{\partial^3 u_0}{\partial\varphi\,\partial z^2}+\frac{3(m-1)}{2ma^2}\frac{\partial^2 v_0}{\partial z^2}\right)-\frac{Q}{B}\frac{\partial^2 v_0}{\partial z^2}=0,\\
&\frac{1}{ma}\frac{\partial u_0}{\partial z}+\frac{m+1}{2ma}\frac{\partial^2 v_0}{\partial\varphi\,\partial z}+\frac{m-1}{2ma^2}\frac{\partial^2 w_0}{\partial\varphi^2}+\frac{\partial^2 w_0}{\partial z^2}+\frac{A^*}{B}\left(\frac{m-1}{2ma^3}\frac{\partial^3 u_0}{\partial\varphi^2\partial z}-\frac{1}{a}\frac{\partial^3 u_0}{\partial z^3}+\frac{m-1}{2ma^4}\frac{\partial^2 w_0}{\partial\varphi^2}\right)-\frac{q}{Ba}\frac{\partial^2 w_0}{\partial\varphi^2}=0.
\end{aligned}\right\}\qquad(7)$$

Die Lösung dieser Gleichungen bietet im allgemeinen große Schwierigkeiten. Wir beschränken uns auf den einfachsten Fall, daß man mit dem Ansatz

$$\left.\begin{aligned}
u_0&=U\cos p\varphi\sin\lambda\frac{z}{a},\\
v_0&=V\sin p\varphi\sin\lambda\frac{z}{a},\\
w_0&=W\cos p\varphi\cos\lambda\frac{z}{a}
\end{aligned}\right\}\quad\text{mit}\quad \lambda=\frac{n\pi a}{l}\qquad(8)$$

auskommt, wo U, V und W Festwerte, p und n aber ganze positive Zahlen sind. Dieser Ansatz bezieht sich auf den Fall, daß an den Rändern des Zylinders weder eine radiale noch eine tangentiale Verschiebung auftritt, wohl aber die Erzeugenden an diesen Stellen einer Neigungsänderung fähig sind, und daß eine axiale Verschiebung möglich ist. Eine zu den ganzen Zahlen p und n gehörige Lösung definiert ein System von Belastungen, bei denen der Zylinder so ausbeult, daß $2p$ Erzeugende als Knotenlinien und $n+1$ Ringkreise als Knotenkreise erscheinen.

Die Gleichungen (7) gehen, wenn man noch

$$\frac{A^*}{Ba^2}=k,\quad \frac{qa}{B}=q_1,\quad \frac{Q}{B}=q_2\quad\text{mit}\quad A^*=\frac{m^2Eh^3}{12(m^2-1)},\quad B=\frac{m^2Eh}{m^2-1}\qquad(9)$$

setzt, mit (8) über in

$$\left.\begin{aligned}
&U\left[1+k(\lambda^4+2\lambda^2p^2+p^4-2p^2+1)+q_1(1-p^2)-q_2\lambda^2\right]+\\
&\qquad+V\left[p+k\frac{3m-1}{2m}\lambda^2p\right]-W\left[\frac{1}{m}\lambda+k\left(\lambda^3-\frac{m-1}{2m}\lambda p^2\right)+q_1\lambda\right]=0,\\
&U\left[p+k\frac{3m-1}{2m}\lambda^2p\right]+V\left[p^2+\frac{m-1}{2m}\lambda^2+k\frac{3}{2}\frac{m-1}{m}\lambda^2-q_2\lambda^2\right]-W\left[\frac{m+1}{2m}\lambda p\right]=0,\\
&U\left[\frac{1}{m}\lambda+k\left(\lambda^3-\frac{m-1}{2m}\lambda p^2\right)\right]+V\left[\frac{m+1}{2m}\lambda p\right]-W\left[\lambda^2+\frac{m-1}{2m}p^2+k\frac{m-1}{2m}p^2-q_1p^2\right]=0.
\end{aligned}\right\}\qquad(10)$$

Die gleich Null gesetzte Determinante dieses in U, V und W homogenen Gleichungssystems liefert die gesuchte Stabilitätsbedingung. Sie ist, wie man leicht nachprüft, vom dritten Grade in den Hilfsgrößen q_1 und q_2; doch kann man sich auf die in q_1 und q_2 linearen Glieder beschränken, weil die ganze Rechnung sich wie immer auf solche Spannungszustände beschränkt, bei denen die Fließgrenze nicht überschritten wird, so daß q_1 und q_2 unter allen Umständen als kleine Größen angesehen werden können. Natürlich hat man sich dabei zuvor noch davon zu überzeugen, daß die Beiwerte der zu vernachlässigenden Glieder höherer Ordnung nicht groß sind im Vergleich mit den Beiwerten der beizubehaltenden Glieder erster Ordnung: es zeigt sich, daß dies wirklich nicht der Fall ist. Vernachlässigt man außerdem noch die Glieder, welche von höherer als der ersten Ordnung in der kleinen Größe k sind, so läßt sich die Knickbedingung (10) in der Form schreiben

$$c_1 + c_2 k + c_3 q_1 + c_4 q_2 = 0 \tag{11}$$

mit

$$\left.\begin{aligned}
c_1 &= \frac{m-1}{2m}\,\frac{m^2-1}{m^2}\,\lambda^4,\\
c_2 &= \frac{m-1}{2m}\left[(\lambda^2+p^2)^4 - 2\left(\frac{1}{m}\lambda^6 + 3\lambda^4p^2 + \frac{4m-1}{m}\lambda^2p^4 + p^6\right) + \right.\\
&\qquad\left. + \frac{4m^2-3}{m^2}\lambda^4 + 2\,\frac{2m-1}{m}\lambda^2p^2 + p^4\right],\\
c_3 &= -\frac{m-1}{2m}\left[(\lambda^2+p^2)^2p^2 - \frac{m-1}{m}\lambda^4 - 2\lambda^2p^2 - p^4\right],\\
c_4 &= -\frac{m-1}{2m}\left[(\lambda^2+p^2)^2\lambda^2 + 2\,\frac{m+1}{m}\lambda^4 + \lambda^2p^2\right].
\end{aligned}\right\} \tag{12}$$

Man gewinnt am einfachsten einen Überblick über die möglichen Knickzustände, wenn man bei vorgegebenem k und für verschiedene Wertsätze p und n die Gleichung (11) in einem (q_1, q_2)-Diagramm jeweils durch eine Gerade darstellt, und bei jeder dieser Geraden die zugehörigen Werte p und n anschreibt. Der nicht von diesen Geraden überdeckte Teil der (q_1, q_2)-Ebene umfaßt dann alle stabilen Belastungen. Die Grenzkurve dieses Flächenteils markiert in jedem ihrer Punkte $(\bar{q}_1, \bar{q}_2)$ einen kritischen Spannungszustand

$$q_1 = \frac{B}{a}\bar{q}_1, \qquad Q_1 = B\bar{q}_2, \tag{13}$$

wobei noch einmal daran erinnert sei, daß sich q_1 auf die Einheit der Zylinderoberfläche, Q_1 auf die Längeneinheit der Zylinderränder bezieht. Und zwar gibt $(\bar{q}_1, \bar{q}_2)$ den Spannungszustand an, bei dem für ein festes Verhältnis

$$aq : Q = \bar{q}_1 : \bar{q}_2$$

der erste Verzweigungspunkt auftritt. Die Anzahl der bei der Knickung auftretenden Knotengeraden und Knotenkreise liest man an derjenigen Geraden des Diagrammes ab, die die Grenzkurve im Punkt $(\bar{q}_1, \bar{q}_2)$ berührt.

31. Der Kreiszylinder mit sehr großem Halbmesser. Wegen einer in Ziff. **32** zu behandelnden Sonderaufgabe[1]) stellen wir die Frage, wie sich die Gleichungen (**30**, 7) vereinfachen, wenn beim Knickvorgang die Zahl der Ringwellen groß (z. B. $p > 20$) und λ^2/p^2 gegen Eins zu vernachlässigen ist. Zu ihrer Beantwortung schreiben wir mit den Abkürzungen

$$a\frac{\partial u_0}{\partial z} = u_0', \qquad a\frac{\partial v_0}{\partial z} = v_0', \qquad a\frac{\partial w_0}{\partial z} = w_0', \qquad \frac{\partial u_0}{\partial \varphi} = \dot{u}_0, \qquad \frac{\partial v_0}{\partial \varphi} = \dot{v}_0, \qquad \frac{\partial w_0}{\partial \varphi} = \dot{w}_0 \tag{1}$$

---

[1]) C. B. Biezeno u. J. J. Koch, The buckling of a cylindrical tank of variable thickness under external pressure, Proc. 5. Intern. Congr. Appl. Mech. Cambridge (Mass.) 1938, S. 34.

sowie mit (**30**, 9) diese Gleichungen zunächst in der etwas übersichtlicheren Form

$$\left.\begin{aligned}
&u_0+v_0^{\cdot}+\frac{1}{m}w_0'+k\Big(u_0^{\cdot\cdot\cdot\cdot}+2u_0^{\prime\prime\cdot\cdot}+u_0^{\prime\prime\prime\prime}+2u_0^{\cdot\cdot}+u_0-\frac{3m-1}{2m}v_0^{\prime\prime\cdot}+\\
&\qquad+\frac{m-1}{2m}w_0^{\prime\cdot\cdot}-w_0^{\prime\prime\prime}\Big)+q_1(u_0+u_0^{\cdot\cdot}+w_0')+q_2u_0''=0,\\
&u_0^{\cdot}+v_0^{\cdot\cdot}+\frac{m-1}{2m}v_0''+\frac{m+1}{2m}w_0^{\prime\cdot}+k\Big(-\frac{3m-1}{2m}u_0^{\prime\prime\cdot}+\frac{3(m-1)}{2m}v_0''\Big)-q_2v_0''=0,\\
&\frac{1}{m}u_0'+\frac{m+1}{2m}v_0^{\prime\cdot}+\frac{m-1}{2m}w_0^{\cdot\cdot}+w_0''+k\Big(\frac{m-1}{2m}u_0^{\prime\cdot\cdot}-u_0^{\prime\prime\prime}+\frac{m-1}{2m}w_0^{\cdot\cdot}\Big)-q_1w_0^{\cdot\cdot}=0.
\end{aligned}\right\}\quad(2)$$

An Hand des Ansatzes (**30**, 8) stellt man nun fest, daß

$$\frac{\partial^{2n}u_0}{\partial\varphi^{2n}}=(-1)^n p^{2n}u_0$$

ist, so daß

$$\left|\frac{\partial^{2n-2}u_0}{\partial\varphi^{2n-2}}\right|=\frac{1}{p^2}\left|\frac{\partial^{2n}u_0}{\partial\varphi^{2n}}\right|$$

wird. Hat also p den Wert 20, so ist $|u_0^{\cdot\cdot}|=\frac{1}{400}|u_0^{\cdot\cdot\cdot\cdot}|$, und somit ohne jedes Bedenken gegen $u_0^{\cdot\cdot\cdot\cdot}$ vernachlässigbar. Dasselbe gilt in verstärktem Maße für u_0 selbst. Ebenso kann $u_0^{\prime\prime\prime\prime}$ wegen $(\lambda/p)^2\ll 1$ gegen $u_0^{\cdot\cdot\cdot\cdot}$ gestrichen werden; denn es ist $u_0^{\prime\prime\prime\prime}=(\lambda/p)^4u_0^{\cdot\cdot\cdot\cdot}$.

Auch wenn v_0 und w_0 dieselbe Größenordnung wie u_0 hätten, was sicherlich nicht der Fall ist, so wären trotzdem die Glieder $v_0^{\prime\prime\cdot}$, $w_0^{\prime\cdot\cdot}$, $w_0^{\prime\prime\prime}$ gegenüber $u_0^{\cdot\cdot\cdot\cdot}$ sehr klein, und es vereinfacht sich also die erste Gleichung (2) zu

$$u_0+v_0^{\cdot}+\frac{1}{m}w_0'+k(u_0^{\cdot\cdot\cdot\cdot}+2u_0^{\prime\prime\cdot\cdot})+q_1(u_0+u_0^{\cdot\cdot}+w_0')+q_2u_0''=0. \qquad (3)$$

In der zweiten und dritten Gleichung (2) können für Zylinder, bei denen der Halbmesser a das Mehrhundertfache der Wandstärke h beträgt, wegen (**30**, 9) alle Glieder mit k unbedenklich gestrichen werden, so daß die zweite und dritte Gleichung (2) durch

$$u_0^{\cdot}+v_0^{\cdot\cdot}+\frac{m-1}{2m}v_0''+\frac{m+1}{2m}w_0^{\prime\cdot}-q_2v_0''=0 \qquad (4)$$

und

$$\frac{1}{m}u_0'+\frac{m+1}{2m}v_0^{\prime\cdot}+\frac{m-1}{2m}w_0^{\cdot\cdot}+w_0''-q_1w_0^{\cdot\cdot}=0 \qquad (5)$$

ersetzt werden können.

Mit den Abkürzungen

$$\left.\begin{aligned}
\chi_1&=u_0+k(u_0^{\cdot\cdot\cdot\cdot}+2u_0^{\prime\prime\cdot\cdot})+q_1(u_0+u_0^{\cdot\cdot}+w_0')+q_2u_0'',\\
\chi_2&=u_0^{\cdot}-q_2v_0'',\\
\chi_3&=\frac{1}{m}u_0'-q_1w_0^{\cdot\cdot}
\end{aligned}\right\}\quad(6)$$

vereinfachen sich die Gleichungen (3) bis (5) noch zu

$$\left.\begin{aligned}
(\mathrm{I})&\equiv v_0^{\cdot}+\frac{1}{m}w_0'+\chi_1=0,\\
(\mathrm{II})&\equiv\frac{m-1}{2m}v_0''+v_0^{\cdot\cdot}+\frac{m+1}{2m}w_0^{\prime\cdot}+\chi_2=0,\\
(\mathrm{III})&\equiv\frac{m+1}{2m}v_0^{\prime\cdot}+w_0''+\frac{m-1}{2m}w_0^{\cdot\cdot}+\chi_3=0.
\end{aligned}\right\}\quad(7)$$

Schreibt man jetzt die sieben Gleichungen

$$\left.\begin{array}{lll} (\mathrm{I})^{\prime\prime\prime\prime}=0, & (\mathrm{I})^{\prime\prime\cdot\cdot}=0, & (\mathrm{I})^{\cdot\cdot\cdot\cdot}=0, \\ (\mathrm{II})^{\prime\prime\cdot}=0, & (\mathrm{II})^{\cdot\cdot\cdot}=0, & \\ (\mathrm{III})^{\prime\prime\prime}=0, & (\mathrm{III})^{\prime\cdot\cdot}=0 & \end{array}\right\} \tag{8}$$

an, so können aus diesem System die darin explizit vorkommenden Größen $v_0^{\prime\prime\prime\prime\cdot}$, $v_0^{\prime\prime\cdot\cdot\cdot}$, $v_0^{\cdot\cdot\cdot\cdot\cdot}$, $w_0^{\prime\prime\prime\prime\prime}$, $w_0^{\prime\prime\prime\cdot\cdot}$, $w_0^{\prime\cdot\cdot\cdot\cdot}$ folgendermaßen eliminiert werden.

Die Gleichungen

$$(\mathrm{I})^{\prime\prime\prime\prime}=0, \quad (\mathrm{I})^{\prime\prime\cdot\cdot}=0, \quad (\mathrm{I})^{\cdot\cdot\cdot\cdot}=0$$

schreibt man in der Form

$$\left.\begin{array}{l} \frac{1}{m} w_0^{\prime\prime\prime\prime\prime} = -v_0^{\prime\prime\prime\prime\cdot} - \chi_1^{\prime\prime\prime\prime}, \\ \frac{1}{m} w_0^{\prime\prime\prime\cdot\cdot} = -v_0^{\prime\prime\cdot\cdot\cdot} - \chi_1^{\prime\prime\cdot\cdot}, \\ \frac{1}{m} w_0^{\prime\cdot\cdot\cdot\cdot} = -v_0^{\cdot\cdot\cdot\cdot\cdot} - \chi_1^{\cdot\cdot\cdot\cdot}, \end{array}\right\} \tag{9}$$

die übrigen Gleichungen (8) in der Form

$$\left.\begin{array}{l} \frac{m-1}{2m} v_0^{\prime\prime\prime\prime\cdot} + v_0^{\prime\prime\cdot\cdot\cdot} + \frac{m+1}{2m} w_0^{\prime\prime\prime\cdot\cdot} + \chi_2^{\prime\prime\cdot} = 0, \\ \frac{m-1}{2m} v_0^{\prime\prime\cdot\cdot\cdot} + v_0^{\cdot\cdot\cdot\cdot\cdot} + \frac{m+1}{2m} w_0^{\prime\cdot\cdot\cdot\cdot} + \chi_2^{\cdot\cdot\cdot} = 0, \\ \frac{m+1}{2m} v_0^{\prime\prime\prime\prime} + w_0^{\prime\prime\prime\prime\prime} + \frac{m-1}{2m} w_0^{\prime\prime\prime\cdot\cdot} + \chi_3^{\prime\prime\prime} = 0, \\ \frac{m+1}{2m} v_0^{\prime\prime\cdot\cdot\cdot} + w_0^{\prime\prime\prime\cdot\cdot} + \frac{m-1}{2m} w_0^{\prime\cdot\cdot\cdot\cdot} + \chi_3^{\prime\cdot\cdot} = 0. \end{array}\right\} \tag{10}$$

Setzt man die Ausdrücke (9) in (10) ein, so erhält man zur Elimination von $v_0^{\prime\prime\prime\prime\cdot}$, $v_0^{\prime\prime\cdot\cdot\cdot}$, $v_0^{\cdot\cdot\cdot\cdot\cdot}$ die vier Gleichungen

$$\left.\begin{array}{l} \frac{m-1}{2m^2} v_0^{\prime\prime\prime\prime\cdot} - \frac{m-1}{2m} v_0^{\prime\prime\cdot\cdot\cdot} - \frac{m+1}{2m} \chi_1^{\prime\prime\cdot\cdot} + \frac{1}{m} \chi_2^{\prime\prime\cdot} = 0, \\ \frac{m-1}{2m^2} v_0^{\prime\prime\cdot\cdot\cdot} - \frac{m-1}{2m} v_0^{\cdot\cdot\cdot\cdot\cdot} - \frac{m+1}{2m} \chi_1^{\cdot\cdot\cdot\cdot} + \frac{1}{m} \chi_2^{\cdot\cdot\cdot} = 0, \\ \frac{2m^2-m-1}{2m^2} v_0^{\prime\prime\prime\prime\cdot} + \frac{m-1}{2m} v_0^{\prime\prime\cdot\cdot\cdot} + \chi_1^{\prime\prime\prime\prime} + \frac{m-1}{2m} \chi_1^{\prime\prime\cdot\cdot} - \frac{1}{m} \chi_3^{\prime\prime\prime} = 0, \\ \frac{2m^2-m-1}{2m^2} v_0^{\prime\prime\cdot\cdot\cdot} + \frac{m-1}{2m} v_0^{\cdot\cdot\cdot\cdot\cdot} + \chi_1^{\prime\prime\cdot\cdot} + \frac{m-1}{2m} \chi_1^{\cdot\cdot\cdot\cdot} - \frac{1}{m} \chi_3^{\prime\cdot\cdot} = 0. \end{array}\right\} \tag{11}$$

Eliminiert man aus der ersten und dritten Gleichung (11) $v_0^{\prime\prime\prime\prime\cdot}$, aus der zweiten und vierten $v_0^{\cdot\cdot\cdot\cdot\cdot}$, so findet man

$$\left.\begin{array}{l} \frac{m^2-1}{m^2} v_0^{\prime\prime\cdot\cdot\cdot} + \frac{1}{m} \chi_1^{\prime\prime\prime\prime} + \frac{m+2}{m} \chi_1^{\prime\prime\cdot\cdot} - \frac{2m+1}{m^2} \chi_2^{\prime\prime\cdot} - \frac{1}{m^2} \chi_3^{\prime\prime\prime} = 0, \\ \frac{m^2-1}{m^2} v_0^{\prime\prime\cdot\cdot\cdot} + \chi_1^{\prime\prime\cdot\cdot} - \frac{1}{m} \chi_1^{\cdot\cdot\cdot\cdot} + \frac{1}{m} \chi_2^{\cdot\cdot\cdot} - \frac{1}{m} \chi_3^{\prime\cdot\cdot} = 0 \end{array}\right\} \tag{12}$$

und hieraus durch Elimination von $v_0^{\prime\prime\cdot\cdot\cdot}$

$$\chi_1^{\prime\prime\prime\prime} + 2\chi_1^{\prime\prime\cdot\cdot} + \chi_1^{\cdot\cdot\cdot\cdot} - \frac{2m+1}{m} \chi_2^{\prime\prime\cdot} - \chi_2^{\cdot\cdot\cdot} - \frac{1}{m} \chi_3^{\prime\prime\prime} + \chi_3^{\prime\cdot\cdot} = 0. \tag{13}$$

Setzt man hierin die Ausdrücke (6) wieder ein, so erhält man die Gleichung

$$\left.\begin{aligned}&2u_0^{\prime\prime\prime\prime\prime\prime\cdot\cdot}+5u_0^{\prime\prime\prime\prime\cdot\cdot\cdot\cdot}+4u_0^{\prime\prime\cdot\cdot\cdot\cdot\cdot\cdot}+u_0^{\cdot\cdot\cdot\cdot\cdot\cdot\cdot\cdot}+\frac{m^2-1}{m^2k}u_0^{\prime\prime\prime\prime}+\\&+\frac{q_1}{k}\Big(u_0^{\prime\prime\prime\prime\cdot\cdot}+2u_0^{\prime\prime\cdot\cdot\cdot\cdot}+u_0^{\cdot\cdot\cdot\cdot\cdot\cdot}+u_0^{\prime\prime\prime\prime}+2u_0^{\prime\prime\cdot\cdot}+u_0^{\cdot\cdot\cdot\cdot}+w_0^{\prime\prime\prime\prime\prime}+\frac{2m+1}{m}w_0^{\prime\prime\prime\cdot\cdot}\Big)+\\&+\frac{q_2}{k}\Big(u_0^{\prime\prime\prime\prime\prime\prime}+2u_0^{\prime\prime\prime\prime\cdot\cdot}+u_0^{\prime\prime\cdot\cdot\cdot\cdot}+\frac{2m+1}{m}v_0^{\prime\prime\prime\prime\cdot}+v_0^{\prime\prime\cdot\cdot\cdot}\Big)=0.\end{aligned}\right\}\qquad(14)$$

Vergleicht man jetzt noch einmal auf Grund der anfangs gemachten Bemerkung die Größen der Glieder dieser Gleichung miteinander, so sieht man, daß $u_0^{\prime\prime\prime\prime\prime\prime\cdot\cdot}$, $u_0^{\prime\prime\prime\prime\cdot\cdot\cdot\cdot}$ und $u_0^{\prime\prime\cdot\cdot\cdot\cdot\cdot\cdot}$ gegenüber $u_0^{\cdot\cdot\cdot\cdot\cdot\cdot\cdot\cdot}$ gestrichen werden dürfen. Das Glied $\frac{m^2-1}{m^2k}u_0^{\prime\prime\prime\prime}$ dagegen muß wegen der Kleinheit von k beibehalten werden.

Von den Gliedern im ersten Klammerausdruck überwiegt das Glied $u_0^{\cdot\cdot\cdot\cdot\cdot\cdot}$, weil es nach φ wenigstens zwei Differentiationen mehr zeigt als alle übrigen Glieder und also wenigstens $(p/\lambda)^2$-mal größer ist als diese.

Wenn q_1 und q_2 (**30**, 9) von derselben Größenordnung sind, kann der zweite Klammerausdruck vollständig gestrichen werden. Denn in ihm überwiegt das Glied $u_0^{\prime\prime\cdot\cdot\cdot\cdot}$, und ein solches Glied ist bereits im ersten Klammerausdruck vernachlässigt worden.

Unter den gemachten Voraussetzungen wird die Knickaufgabe somit durch die Gleichung

$$u_0^{\cdot\cdot\cdot\cdot\cdot\cdot\cdot\cdot}+\frac{m^2-1}{m^2k}u_0^{\prime\prime\prime\prime}+\frac{q_1}{k}u_0^{\cdot\cdot\cdot\cdot\cdot\cdot}=0\qquad(15)$$

beherrscht.

32. Der radial und axial gedrückte Kreiszylinder von veränderlicher Wandstärke. Die in Ziff. **32** bis **35** zu behandelnde Aufgabe bezieht sich auf einen großen Flüssigkeitsbehälter, der aus Ringen von je in sich unveränderlicher (aber mit der Höhe über dem Boden abnehmender) Dicke h aufgebaut ist, und der unter gewissen Betriebsumständen einem allseitigen gleichmäßigen Druck q und in axialer Richtung außerdem seinem Eigengewicht und dem Gewicht der Dachkonstruktion ausgesetzt ist. Es läge nahe, einen solchen Behälter rechnerisch durch einen anderen mit kontinuierlich veränderlicher Wandstärke zu ersetzen, für den neuen Behälter nach dem Muster von Kap. VI, Ziff. **20** die den Gleichungen (VI, **20**, 10) entsprechenden Differentialgleichungen und aus diesen die eigentlichen Knickgleichungen herzuleiten. Diese Knickgleichungen (die wir hier nicht anschreiben wollen) sind jedoch so ungemein umständlich, daß man rasch zu der Überzeugung kommt, daß dieser Weg kaum zu einem Erfolg führt. (Man wird vielmehr umgekehrt bei einem Behälter mit kontinuierlich veränderlicher Wandstärke diese als stückweise unveränderlich betrachten und das Problem auf unsere jetzige Aufgabe zurückführen.)

Für jeden Ring eines Behälters mit stückweise unveränderlicher Wandstärke gelten die Gleichungen (**31**, 2) mit den jeweils ihm zugehörigen Werten von q_1, q_2 und k. Zur Lösung dieser Gleichungen kommt man mit dem Ansatz (**30**, 8) nicht aus, weil dieser die für einen beliebigen Ring geltenden Randbedingungen nicht befriedigt. An seine Stelle tritt jetzt der Ansatz

$$\left.\begin{aligned}u_0&=U\cos p\varphi,\\v_0&=V\sin p\varphi,\\w_0&=W\cos p\varphi,\end{aligned}\right\}\qquad(1)$$

worin die Funktionen U, V, W an Stelle von $U\sin\lambda\frac{z}{a}$, $V\sin\lambda\frac{z}{a}$, $W\cos\lambda\frac{z}{a}$ in (**30**, 8) treten und Funktionen von z darstellen, welche von Ring zu Ring verschieden sein können.

Die Frage, ob der in Ziff. **31** entwickelte Gedankengang, dessen Endergebnis die vereinfachte Gleichung (**31**, 15) war, auf diesen Fall übertragen werden darf, läßt sich formal nicht ohne weiteres entscheiden; denn hierzu ist eine Abschätzung der Differentialquotienten von u_0 nach φ und z unentbehrlich, und diese ist erst dann möglich, wenn die Funktion U in ihrer Abhängigkeit von z bekannt ist. Aber aus mechanischen Gründen ist trotzdem zu erwarten, daß auch jetzt

$$|u_0''| = |U''| \cdot |\cos p\varphi| \ll |\ddot{u}_0| = |p^2 U| \cdot |\cos p\varphi| \tag{2}$$

ist. Geht man von dieser Annahme, welche immerhin nachträglich bestätigt werden kann, aus, so gilt die Gleichung (**31**, 15) auch für unser Problem. Wegen (1) geht sie über in

$$p^8 U + \frac{m^2-1}{m^2 k} U'''' - p^6 \frac{q_1}{k} U = 0$$

oder

$$U'''' + \frac{m^2 p^6}{m^2-1} (k p^2 - q_1) U = 0, \tag{3}$$

und ihre Lösung kann ohne weiteres angegeben werden.

Die Schwierigkeit unserer Aufgabe liegt aber jetzt in der Aufstellung der Randbedingungen. Denn die von uns eingeführte Vereinfachung des Problems bringt es mit sich, daß die exakten Randbedingungen der verschiedenen Ringe nicht mehr erfüllt werden können, so daß eine Entscheidung darüber zu treffen ist, welche dieser Randbedingungen ohne Schaden beiseite gelassen werden können, und in welcher Weise andere geändert oder gemildert werden müssen.

Auf formalem Wege ist eine Lösung dieser Schwierigkeit kaum möglich; dagegen läßt sie sich auf mechanischem Wege leicht erzwingen, weil sich ein Modell des Behälters angeben läßt, für das die Gleichung (**31**, 15) genau gilt, und dessen Randbedingungen also in vollem Umfang berücksichtigt werden können. Wenn man nun die Randbedingungen des Modells auch für den wirklichen Behälter als gültig erklärt, so unterwirft man diesen einer ebenso vernünftigen wie rechnerisch erfüllbaren Forderung.

Die Abweichungen, die das (sogleich anzugebende) Modell in seinen Eigenschaften gegenüber dem Behälter zeigt, sind eine mechanische Veranschaulichung der von uns eingeführten Vereinfachungen; weil diese aber, wenigstens unter den gemachten Voraussetzungen, als durchaus zulässig zu betrachten sind, so kann man rückwärts schließen, daß der Behälter sich beim Knickvorgang genau so verhält wie das Modell, dessen Eigenschaften wir jetzt beschreiben wollen.

1) Das Modell besteht aus einer anisotropen Haut, die nur den in ihrer Tangentialebene wirkenden Kräften Widerstand bietet.

2) Die Haut wird gestützt durch Versteifungsringe, die über die ganze Höhe kontinuierlich verteilt sind und nur in ihrer Ebene eine Biegesteifigkeit aufweisen.

3) Die Haut ist in axialer Richtung elastisch, in azimutaler Richtung undehnbar.

4) Die in der Haut auftretenden axialen und azimutalen Schubspannungen verursachen keine Verzerrung.

Wir zeigen jetzt, daß das Knickproblem dieses Modells wirklich auf Gleichung (3) führt.

Bezeichnet $\varkappa$ die Krümmungsänderung der Versteifungsringe, so gelten nach (I, **18**, 12) und (V, **1**, 4) für Haut und Ringe folgende geometrischen Beziehungen zwischen den Verzerrungen und Verschiebungen:

$$\left.\begin{aligned} \varepsilon_\varphi &= \frac{u_0}{a} + \frac{1}{a}\frac{\partial v_0}{\partial \varphi}, \\ \psi_{\varphi z} &= \frac{\partial v_0}{\partial z} + \frac{1}{a}\frac{\partial w_0}{\partial \varphi}, \\ \varepsilon_z &= \frac{\partial w_0}{\partial z}, \\ a^2\varkappa &= \frac{\partial^2 u_0}{\partial \varphi^2} + u_0. \end{aligned}\right\} \tag{4}$$

Die der Haut und den Versteifungsringen eingeprägten mechanischen Eigenschaften führen zu $\varepsilon_\varphi = \psi_{\varphi z} = 0$ und verlangen, daß ε_z zu k_{zz} und $\varkappa$ zu $m_{\varphi z}$ proportional ist. Bezeichnet S_d die Dehnungssteifigkeit der Haut in axialer Richtung, S_b die Biegesteifigkeit der Versteifungsringe je Einheit ihrer axialen Höhe, so hat man also wegen (4)

$$\left.\begin{aligned} \frac{u_0}{a} + \frac{1}{a}\frac{\partial v_0}{\partial \varphi} &= 0, \\ \frac{\partial v_0}{\partial z} + \frac{1}{a}\frac{\partial w_0}{\partial \varphi} &= 0, \\ \frac{\partial w_0}{\partial z} &= \frac{1}{S_d} k_{zz}, \\ \frac{\partial^2 u_0}{\partial \varphi^2} + u_0 &= -\frac{a^2}{S_b} m_{\varphi z}. \end{aligned}\right\} \tag{5}$$

Ferner gelten die früher hergeleiteten Gleichgewichtsbedingungen (VI, **20**, 1a) und (VI, **20**, 1b), wobei aber beachtet werden muß, daß als Folge unserer Voraussetzungen

$$m_{z\varphi} = m_{\varphi\varphi} = m_{zz} = k_{zr} = 0$$

zu setzen sind. Dementsprechend lauten diese Gleichungen jetzt

$$\left.\begin{aligned} &\frac{\partial k_{\varphi r}}{\partial \varphi} - k_{\varphi\varphi} + aR = 0, \\ &\frac{\partial k_{\varphi\varphi}}{\partial \varphi} + k_{\varphi r} + a\frac{\partial k_{z\varphi}}{\partial z} + a\Phi = 0, \\ &\frac{\partial k_{\varphi z}}{\partial \varphi} + a\frac{\partial k_{zz}}{\partial z} + aZ = 0, \\ &k_{\varphi z} - k_{z\varphi} = 0, \\ &\frac{\partial m_{\varphi z}}{\partial \varphi} - a k_{\varphi r} = 0. \end{aligned}\right\} \tag{6}$$

Die neun Gleichungen (5) und (6) enthalten die neun Unbekannten u_0, v_0, w_0, $m_{\varphi z}$, $k_{\varphi\varphi}$, $k_{\varphi r}$, $k_{\varphi z}$, k_{zz}, $k_{z\varphi}$ und bilden also ein geschlossenes System.

Mit den zwei letzten Gleichungen (6) gehen die drei ersten über in

$$\left.\begin{aligned} &\frac{1}{a}\frac{\partial^2 m_{\varphi z}}{\partial \varphi^2} - k_{\varphi\varphi} + aR = 0, \\ &\frac{\partial k_{\varphi\varphi}}{\partial \varphi} + \frac{1}{a}\frac{\partial m_{\varphi z}}{\partial \varphi} + a\frac{\partial k_{\varphi z}}{\partial z} + a\Phi = 0, \\ &\frac{\partial k_{\varphi z}}{\partial \varphi} + a\frac{\partial k_{zz}}{\partial z} + aZ = 0. \end{aligned}\right\} \tag{7}$$

Eliminiert man aus den zwei letzten Gleichungen (7) $k_{\varphi z}$, so erhält man

$$-\frac{1}{a}\frac{\partial^2 k_{\varphi\varphi}}{\partial\varphi^2}-\frac{1}{a^2}\frac{\partial^2 m_{\varphi z}}{\partial\varphi^2}-\frac{\partial\Phi}{\partial\varphi}+a\frac{\partial^2 k_{zz}}{\partial z^2}+a\frac{\partial Z}{\partial z}=0. \tag{8}$$

Eliminiert man $k_{\varphi\varphi}$ aus dieser Gleichung und der ersten Gleichung (7), so kommt

$$-\frac{1}{a^2}\frac{\partial^4 m_{\varphi z}}{\partial\varphi^4}-\frac{\partial^2 R}{\partial\varphi^2}-\frac{1}{a^2}\frac{\partial^2 m_{\varphi z}}{\partial\varphi^2}-\frac{\partial\Phi}{\partial\varphi}+a\frac{\partial^2 k_{zz}}{\partial z^2}+a\frac{\partial Z}{\partial z}=0. \tag{9}$$

Differentiiert man diese Gleichung zweimal nach φ, so findet man mit den zwei letzten Gleichungen (5)

$$\frac{S_b}{a^4}\left[\overset{\cdot\cdot\cdot\cdot\cdot\cdot\cdot\cdot}{u}_0+2\overset{\cdot\cdot\cdot\cdot\cdot\cdot}{u}_0+\overset{\cdot\cdot\cdot\cdot}{u}_0\right]+a\,S_d\frac{\partial^5 w_0}{\partial z^3\,\partial\varphi^2}-\frac{\partial^4 R}{\partial\varphi^4}-\frac{\partial^3\Phi}{\partial\varphi^3}+a\frac{\partial^3 Z}{\partial z\,\partial\varphi^2}=0. \tag{10}$$

Mit den Werten (**30**, 5) und (**30**, 6) für R, Φ und Z und den aus den beiden ersten Gleichungen (5) folgenden Werten

$$\frac{\partial v_0}{\partial\varphi}=-u_0,\qquad\frac{\partial^2 v_0}{\partial z\,\partial\varphi}=-\frac{1}{a}\frac{\partial^2 w_0}{\partial\varphi^2}=-\frac{\partial u_0}{\partial z}$$

geht (10) über in

$$\frac{S_b}{a^2}\left[\overset{\cdot\cdot\cdot\cdot\cdot\cdot\cdot\cdot}{u}_0+2\,\overset{\cdot\cdot\cdot\cdot\cdot\cdot}{u}_0+\overset{\cdot\cdot\cdot\cdot}{u}_0\right]+S_d u_0''''+q\,a\left[\overset{\cdot\cdot\cdot\cdot}{u}_0+\overset{\cdot\cdot\cdot\cdot\cdot\cdot}{u}_0\right]+Q\left[\overset{\cdot\cdot\cdot\cdot}{u}{}_0''-\ddot{u}_0''\right]=0 \tag{11}$$

oder wegen (**30**, 9) in

$$\overset{\cdot\cdot\cdot\cdot\cdot\cdot\cdot\cdot}{u}_0+2\,\overset{\cdot\cdot\cdot\cdot\cdot\cdot}{u}_0+\overset{\cdot\cdot\cdot\cdot}{u}_0+\frac{a^2 S_d}{S_b}u_0''''+\frac{a^2 q_1 B}{S_b}\left[\overset{\cdot\cdot\cdot\cdot}{u}_0+\overset{\cdot\cdot\cdot\cdot\cdot\cdot}{u}_0\right]+\frac{a^2 q_2 B}{S_b}\left[\overset{\cdot\cdot\cdot\cdot}{u}{}_0''-\ddot{u}_0''\right]=0. \tag{12}$$

Läßt man, ebenso wie dies schon beim wirklichen Behälter geschah, den axialen Druck außer acht und setzt wieder

$$u_0=U\cos p\varphi\quad(U\text{ nur von }z\text{ abhängig}),$$

so erhält man die folgende Differentialgleichung für U:

$$p^4(p^2-1)^2 U+\frac{a^2 S_d}{S_b}U''''+p^4(1-p^2)\frac{a^2 q_1 B}{S_b}U=0. \tag{13}$$

Verfügt man jetzt über die beiden noch offenen Steifigkeiten S_d und S_b des Modells folgendermaßen:

$$S_d=\frac{m^2-1}{m^2}B=Eh,\qquad S_b=a^2 k B=A^*, \tag{14}$$

so daß

$$\frac{a^2 S_d}{S_b}=\frac{m^2-1}{m^2 k},\qquad\frac{a^2 q_1 B}{S_b}=\frac{q_1}{k}$$

wird, so geht (13) über in

$$U''''+\frac{m^2 p^4(p^2-1)}{m^2-1}\left[k(p^2-1)-q_1\right]U=0. \tag{15}$$

Damit diese Gleichung vollständig mit (3) übereinstimmt, muß der Faktor (p^2-1) noch durch p^2 ersetzt werden, und dies ist, wenn $p>20$ ist, ohne weiteres erlaubt.

Für das Modell lassen sich die Randbedingungen der einzelnen Behälterringe sehr leicht angeben. Zunächst sollen im Grenzschnitt je zweier aufeinanderfolgender Behälteringe die Größen u_0, v_0, w_0, k_{zz}, $k_{z\varphi}$, k_{zr}, m_{zz}, $m_{z\varphi}$ (von denen aber k_{zr}, $m_{z\varphi}$ und m_{zz} nach unserer Voraussetzung Null sind) je einander gleich sein. Drückt man diese Bedingungen, von denen vorläufig fünf übrigbleiben, in U aus, so findet man folgendes:

1) Die Bedingung, daß u_0 an der Grenzstelle zweier Behälterringe für beide gleich sein soll, ist gleichbedeutend mit der Forderung, daß U beiderseits gleich ist.

2) Aus der Bedingung, daß v_0 beiderseits gleich ist, folgt dasselbe für $\dot{v}_0$. Hieraus folgt, daß die v_0 auferlegte Bedingung keine neue Forderung an u_0 stellt, wie man anfänglich auf Grund der ersten Gleichung (5) glauben möchte. Denn diese Gleichung besagt, daß $\dot{v}_0$ zugleich mit u_0 sprungfrei ist, und die Stetigkeit von u_0 ist bereits durch die erste Forderung gewährleistet.

3) Aus der Bedingung, daß w_0 an beiden Seiten einer Grenzstelle gleiche Werte haben muß, folgt wegen der zweiten Gleichung (5), daß dies auch für $\partial v_0/\partial z$ gilt. Aus der nach z differentiierten ersten Gleichung (5)

$$\frac{\partial u_0}{\partial z}+\frac{\partial}{\partial z}\left(\frac{\partial v_0}{\partial \varphi}\right)=0$$

schließt man, daß $\partial u_0/\partial z$, und also auch dU/dz beiderseitig gleich sein muß.

4) Wenn k_{zz} an beiden Seiten einer Grenzstelle gleiche Werte zeigen soll, so gilt nach der dritten Gleichung (5) dasselbe für $S_d\frac{\partial w_0}{\partial z}$. Die zweite Gleichung (5) überträgt die Forderung auf $S_d\frac{\partial^2 v_0}{\partial z^2}$ und sodann die erste Gleichung (5) auf $S_d\frac{\partial^2 u_0}{\partial z^2}$ und $S_d\frac{d^2 U}{d z^2}$.

5) Die Forderung, daß $k_{z\varphi}$ an beiden Seiten einer Grenzstelle gleich groß ist, wird von der vierten Gleichung (6) auf $k_{\varphi z}$ und von dieser Größe wegen der dritten Gleichung (7), in welcher noch Z durch $-qa\frac{1}{a^2}\frac{\partial^2 w_0}{\partial \varphi^2}$ zu ersetzen ist, weiter auf $\frac{\partial k_{zz}}{\partial z}$ übertragen. Die dritte Gleichung (5) überträgt die Forderung dann auf $S_d\frac{\partial^2 w_0}{\partial z^2}$, die zweite Gleichung (5) auf $S_d\frac{\partial^3 v_0}{\partial z^3}$, und die erste Gleichung (5) endlich auf $S_d\frac{\partial^3 u_0}{\partial z^3}$ und $S_d\frac{d^3 U}{d z^3}$.

Wir ergänzen die bis jetzt erhaltenen Bedingungen noch durch diejenigen, die am oberen Rande des oberen Behälterringes und am unteren Rande des unteren Behälterringes gelten. Sie lauten

$$u_0=0 \quad \text{und} \quad k_{zz}=0$$

oder in U umgeschrieben

$$U=0 \quad \text{und} \quad U''=0.$$

Mit Hilfe der nunmehr in U umgeschriebenen Randbedingungen (deren es bei n Behälterringen $4n$ gibt) und der Differentialgleichung (3), die für jeden Behälterring mit dem zugehörigen q_1 und k gesondert angeschrieben werden muß, läßt sich die Knickaufgabe des Behälters wie folgt umschreiben.

Man bestimme den kleinsten Wert q, für den das System

$$U_\iota''''+\frac{m^2 p^6}{m^2-1}\left(k_\iota p^2-q_{1\iota}\right)U_\iota=0 \qquad (\iota=1,2,\ldots,n) \tag{16}$$

eine von Null verschiedene Lösung zuläßt, welche den folgenden Bedingungen genügt:

$$\left.\begin{aligned} &U_1=0,\ U_1''=0 \text{ am Oberrand des oberen Behälterringes,}\\ &U_n=0,\ U_n''=0 \text{ am Unterrand des unteren Behälterringes,}\end{aligned}\right\} \tag{17}$$

$$\left.\begin{aligned} &U_\iota=U_{\iota+1},\ U_\iota'=U_{\iota+1}',\ S_{d,\iota}U_\iota''=S_{d,\iota+1}U_{\iota+1}'',\ S_{d,\iota}U_\iota'''=S_{d,\iota+1}U_{\iota+1}'''\\ &\qquad\qquad (\iota=1,2,\ldots,n-1)\end{aligned}\right\} \tag{18}$$

überall da, wo zwei Behälterringe aneinanderstoßen, alles unter der Bedingung, daß p eine positive ganze Zahl ist.

33. Der Ersatzstab. Die Lösung der soeben formulierten Aufgabe vereinfacht sich merklich, wenn wir von jetzt an das Verhalten des Behälters an einem elastisch gebetteten, noch näher zu definierenden Ersatzstab untersuchen, der aus n Teilstäben zusammengesetzt ist. Bezeichnet man die auf die Breiteneinheit bezogene Biegesteifigkeit des i-ten Teilstabes mit S_i, seine Bettungsziffer mit $\varkappa_i$, seine auf die Längeneinheit bezogene Belastung mit r_i und endlich seine Durchbiegung mit y_i, so lautet die Differentialgleichung dieses Teilstabes nach (IV, **17**, 6)

$$S_i \frac{d^4 y_i}{d z^4} + \varkappa_i y_i = r_i . \tag{1}$$

Für unseren jetzigen Zweck würde es genügen, in dieser Gleichung $r_i = 0$ zu setzen, und die Gleichung (1) des Ersatzstabes mit der Gleichung (**32**, 16) (in der $U_i'''' \equiv a^4 d^4 U/dz^4$ ist) dadurch zu identifizieren, daß

$$\frac{\varkappa_i}{S_i} = \frac{m^2 p^6}{(m^2-1)\,a^4} (k_i p^2 - q_{1i}) \tag{2}$$

gewählt wird. Eine spätere Überlegung (Ziff. **35**) fordert aber, daß wir nicht nur das Verhältnis $\varkappa_i/S_i$, sondern auch jede der Größen $\varkappa_i$ und S_i für sich kennen, und deshalb untersuchen wir, wie (**32**, 16) sich ändern würde, wenn beim Knickvorgang die äußere Belastung um einen Betrag $\overline{R} = \overline{\overline{R}} \cos p\varphi$ (wo $\overline{\overline{R}}$ eine Funktion von z bezeichnet) zunimmt.

Verfolgt man die Herleitung dieser Gleichung in Ziff. **30** und **32**, so zeigt sich, daß in (**30**, 5) rechts das Glied $\overline{R}$ hinzugefügt werden muß. Demzufolge tritt in (**32**, 11) links das Glied $-a^2\overline{R}''''$, in (**32**, 12) links das Glied $-a^4\overline{R}''''/S_b$, in (**32**, 13) links das Glied $-a^4 p^4 \overline{\overline{R}}/S_b$ und schließlich in (**32**, 15) rechts das Glied $a^2 p^4 \overline{\overline{R}}/S_d = a^2 p^4 \overline{\overline{R}}/E h$ hinzu. Hierdurch geht die Gleichung (**32**, 16) (die sich auf den i-ten Teilstab bezieht), wenn man noch das Symbol U' durch $a\,dU/dz$ ersetzt, über in

$$\frac{E h_i a^2}{p^4} \frac{d^4 U_i}{d z^4} + \frac{m^2 E h_i p^2 (k_i p^2 - q_{1i})}{(m^2-1)\,a^2} U_i = \overline{\overline{R}}_i , \tag{3}$$

und man erkennt aus dem Vergleich von (3) und (1), daß die Gleichungen (1) und (**32**, 16) sinngemäß identifiziert werden, wenn man

$$S_i = \frac{E h_i a^2}{p^4}, \qquad \varkappa_i = \frac{m^2 E h_i p^2}{(m^2-1)\,a^2} (k_i p^2 - q_{1i})$$

oder wegen (**30**, 9)

$$S_i = \frac{E h_i a^2}{p^4}, \qquad \varkappa_i = \frac{m^2 E h_i^3 p^4}{12(m^2-1)\,a^4} - \frac{p^2}{a} q \tag{4}$$

setzt und folglich die Differentialgleichung der Durchbiegung y_i in folgender Form anschreibt:

$$\frac{E h_i a^2}{p^4} \frac{d^4 y_i}{d z^4} + \left[\frac{m^2 E h_i^3 p^4}{12(m^2-1)\,a^4} - \frac{p^2}{a} q \right] y_i = 0 . \tag{5}$$

Die Randbedingungen (**32**, 17) und (**32**, 18) für die Größen U_i lassen sich, wie unmittelbar einleuchtet, ohne weiteres auf die y_i übertragen, wenn man U_i durch y_i und S_{di} durch S_i ersetzt, und somit läßt sich unsere Behälteraufgabe auf die folgende Stabaufgabe zurückführen.

Ein durchlaufender Stab, der aus n Teilstäben von der Länge l_i $(i = 1, 2, \ldots, n)$ besteht, ist elastisch gebettet und in seinen Endpunkten fest, aber drehbar, gestützt. Die Biegesteifigkeit und die Bettungsziffer ist von Teilstab zu Teilstab verschieden und durch (4) definiert. Gesucht ist der kleinste Wert von q, für den der Stab unter alleinigem Einfluß der Wirkung seiner elastischen Bettung einer Ausbiegung fähig ist, wenn p alle positiven ganzzahligen Werte annehmen darf.

34. Zwei Hilfsaufgaben. Bevor wir an die Lösung dieser Stabaufgabe herantreten, behandeln wir zwei Hilfsaufgaben. Die erste bezieht sich auf den in Abb. 63 dargestellten elastisch gebetteten, nur in seinen Enden durch Querkräfte belasteten Stab, dessen Enddurchbiegungen y_1 und y_2 vorgeschrieben sind, und für welchen die Querkräfte Q_1 und Q_2 sowie die Neigungswinkel ψ_1 und ψ_2 in den Enden zu bestimmen sind. Die zweite Hilfsaufgabe bezieht sich

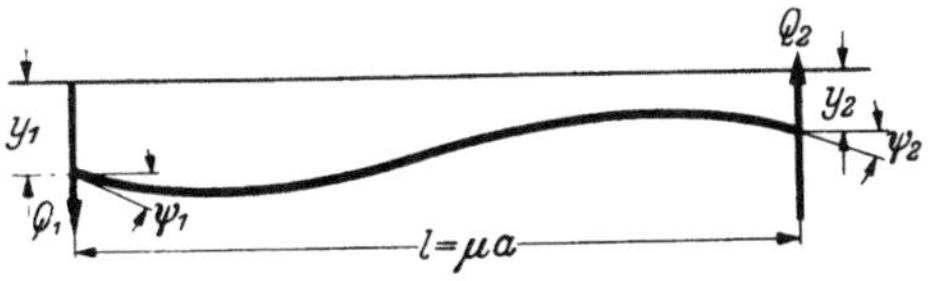

Abb. 63. Elastisch gebetteter Stab, in seinen Enden durch Kräfte belastet.

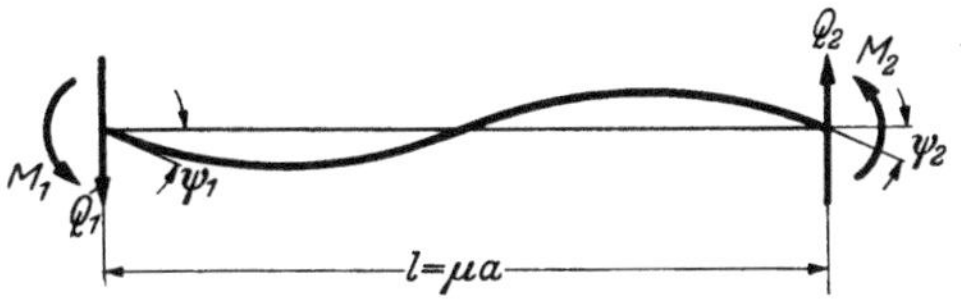

Abb. 64. Elastisch gebetteter Stab, in seinen Enden durch Kräfte und Momente derart belastet, daß die Enddurchbiegungen Null sind.

auf den in Abb. 64 dargestellten Stab, der in seinen Enden durch vorgeschriebene Momente M_1 und M_2 belastet ist, und dessen Enddurchbiegungen Null sein sollen. Zu bestimmen sind die erforderlichen Querkräfte Q_1 und Q_2 sowie die Neigungswinkel ψ_1 und ψ_2 in den Enden.

a) Die erste Hilfsaufgabe. Wir behandeln zunächst den Fall $y_1=1$, $y_2=0$ (Abb. 65). Aus der Differentialgleichung

$$S\frac{d^4 y}{dz^4}+\varkappa y=0 \tag{1}$$

erhält man mit

$$\frac{\varkappa}{S}=4\frac{\alpha^4}{a^4}, \qquad l=\mu a \tag{2}$$

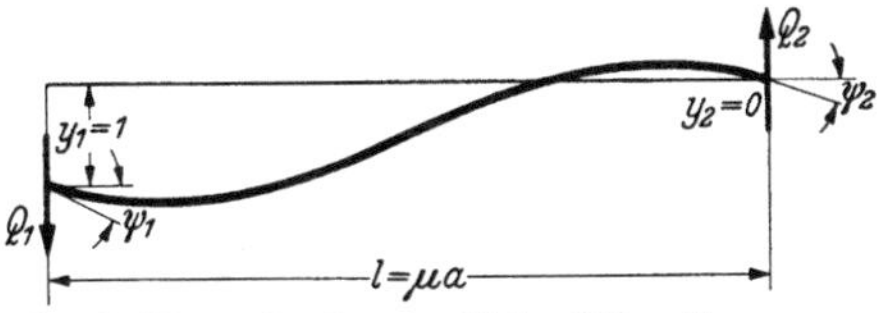

Abb. 65. Elastisch gebetteter Stab mit Durchbiegung Eins im linken und Durchbiegung Null im rechten Ende.

für y und seine Ableitungen

$$\left.\begin{aligned}
y&=C_1\,\mathfrak{Cof}\frac{\alpha z}{a}\cos\frac{\alpha z}{a}+C_2\,\mathfrak{Cof}\frac{\alpha z}{a}\sin\frac{\alpha z}{a}+C_3\,\mathfrak{Sin}\frac{\alpha z}{a}\cos\frac{\alpha z}{a}+C_4\,\mathfrak{Sin}\frac{\alpha z}{a}\sin\frac{\alpha z}{a},\\
\frac{dy}{dz}&=\frac{\alpha}{a}\Big[C_1\Big(\mathfrak{Sin}\frac{\alpha z}{a}\cos\frac{\alpha z}{a}-\mathfrak{Cof}\frac{\alpha z}{a}\sin\frac{\alpha z}{a}\Big)+C_2\Big(\mathfrak{Sin}\frac{\alpha z}{a}\sin\frac{\alpha z}{a}+\mathfrak{Cof}\frac{\alpha z}{a}\cos\frac{\alpha z}{a}\Big)+\\
&\quad+C_3\Big(\mathfrak{Cof}\frac{\alpha z}{a}\cos\frac{\alpha z}{a}-\mathfrak{Sin}\frac{\alpha z}{a}\sin\frac{\alpha z}{a}\Big)+C_4\Big(\mathfrak{Cof}\frac{\alpha z}{a}\sin\frac{\alpha z}{a}+\mathfrak{Sin}\frac{\alpha z}{a}\cos\frac{\alpha z}{a}\Big)\Big],\\
\frac{d^2y}{dz^2}&=\frac{2\alpha^2}{a^2}\Big[-C_1\,\mathfrak{Sin}\frac{\alpha z}{a}\sin\frac{\alpha z}{a}+C_2\,\mathfrak{Sin}\frac{\alpha z}{a}\cos\frac{\alpha z}{a}-C_3\,\mathfrak{Cof}\frac{\alpha z}{a}\sin\frac{\alpha z}{a}+C_4\,\mathfrak{Cof}\frac{\alpha z}{a}\cos\frac{\alpha z}{a}\Big],\\
\frac{d^3y}{dz^3}&=\frac{2\alpha^3}{a^3}\Big[-C_1\Big(\mathfrak{Cof}\frac{\alpha z}{a}\sin\frac{\alpha z}{a}+\mathfrak{Sin}\frac{\alpha z}{a}\cos\frac{\alpha z}{a}\Big)+C_2\Big(\mathfrak{Cof}\frac{\alpha z}{a}\cos\frac{\alpha z}{a}-\mathfrak{Sin}\frac{\alpha z}{a}\sin\frac{\alpha z}{a}\Big)-\\
&\quad-C_3\Big(\mathfrak{Sin}\frac{\alpha z}{a}\sin\frac{\alpha z}{a}+\mathfrak{Cof}\frac{\alpha z}{a}\cos\frac{\alpha z}{a}\Big)+C_4\Big(\mathfrak{Sin}\frac{\alpha z}{a}\cos\frac{\alpha z}{a}-\mathfrak{Cof}\frac{\alpha z}{a}\sin\frac{\alpha z}{a}\Big)\Big].
\end{aligned}\right\} \tag{3}$$

Mit den Randbedingungen

$$\left.\begin{aligned}
y&=1, \quad \frac{d^2y}{dz^2}=0 \text{ für } z=0,\\
y&=0, \quad \frac{d^2y}{dz^2}=0 \text{ für } z=\mu a
\end{aligned}\right\} \tag{4}$$

findet man die Integrationskonstanten

$$C_1=1\,,\qquad C_2=-\frac{\cos\alpha\mu\sin\alpha\mu}{\mathfrak{Cof}^2\alpha\mu-\cos^2\alpha\mu},\qquad C_3=-\frac{\mathfrak{Cof}\,\alpha\mu\,\mathfrak{Sin}\,\alpha\mu}{\mathfrak{Cof}^2\alpha\mu-\cos^2\alpha\mu},\qquad C_4=0. \tag{5}$$

Setzt man noch zur Abkürzung

$$\left.\begin{aligned}
A_1&=\frac{\mathfrak{Cof}\,\alpha\mu\,\mathfrak{Sin}\,\alpha\mu+\cos\alpha\mu\sin\alpha\mu}{\mathfrak{Cof}^2\alpha\mu-\cos^2\alpha\mu},\\
A_2&=\frac{\mathfrak{Cof}\,\alpha\mu\,\mathfrak{Sin}\,\alpha\mu-\cos\alpha\mu\sin\alpha\mu}{\mathfrak{Cof}^2\alpha\mu-\cos^2\alpha\mu},\\
A_3&=\frac{\mathfrak{Cof}\,\alpha\mu\sin\alpha\mu+\mathfrak{Sin}\,\alpha\mu\cos\alpha\mu}{\mathfrak{Cof}^2\alpha\mu-\cos^2\alpha\mu},\\
A_4&=\frac{\mathfrak{Cof}\,\alpha\mu\sin\alpha\mu-\mathfrak{Sin}\,\alpha\mu\cos\alpha\mu}{\mathfrak{Cof}^2\alpha\mu-\cos^2\alpha\mu},
\end{aligned}\right\} \tag{6}$$

so erhält man die gesuchten Neigungswinkel und Querkräfte zu

$$\left.\begin{aligned}
\psi_1&=\left(\frac{dy}{dz}\right)_{z=0}=-\frac{\alpha}{a}A_1, & Q_1&=\left(S\frac{d^3y}{dz^3}\right)_{z=0}=\frac{2\alpha^3S}{a^3}A_2,\\
\psi_2&=\left(\frac{dy}{dz}\right)_{z=\mu a}=-\frac{\alpha}{a}A_3, & Q_2&=\left(S\frac{d^3y}{dz^3}\right)_{z=\mu a}=-\frac{2\alpha^3S}{a^3}A_4.
\end{aligned}\right\} \tag{7}$$

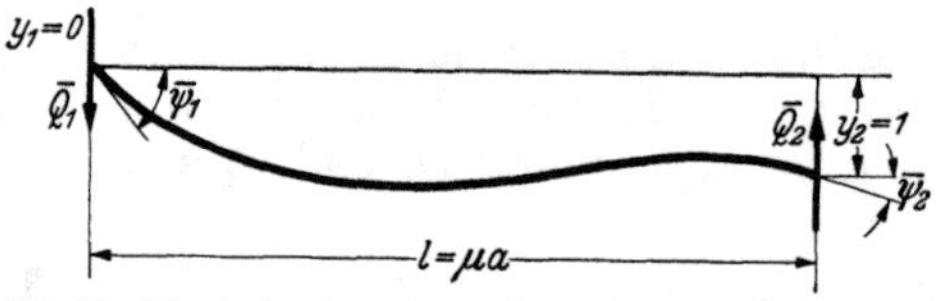

Abb. 66. Elastisch gebetteter Stab mit Durchbiegung Null im linken und Durchbiegung Eins im rechten Ende.

Vergleicht man den in Abb. 66 dargestellten Fall $y_1=0$, $y_2=1$ mit dem soeben behandelten, so sieht man, daß

$$\bar\psi_1=-\psi_2,\qquad \bar\psi_2=-\psi_1,$$
$$\bar Q_1=-Q_2,\qquad \bar Q_2=-Q_1$$

ist, so daß für diesen zweiten Sonderfall die gesuchten Größen $\bar\psi_1$, $\bar\psi_2$, $\bar Q_1$ und $\bar Q_2$ sich zu

$$\left.\begin{aligned}
\bar\psi_1&=\frac{\alpha}{a}A_3, & \bar Q_1&=\frac{2\alpha^3S}{a^3}A_4,\\
\bar\psi_2&=\frac{\alpha}{a}A_1, & \bar Q_2&=-\frac{2\alpha^3S}{a^3}A_2
\end{aligned}\right\} \tag{8}$$

berechnen. Sind die Enddurchbiegungen y_1 und y_2 beliebig vorgeschrieben, so gilt also

$$\left.\begin{aligned}
\psi_1&=\frac{\alpha}{a}(-A_1y_1+A_3y_2),\\
\psi_2&=\frac{\alpha}{a}(-A_3y_1+A_1y_2),
\end{aligned}\right\} \tag{9a}\qquad
\left.\begin{aligned}
Q_1&=\frac{2\alpha^3S}{a^3}(A_2y_1+A_4y_2),\\
Q_2&=-\frac{2\alpha^3S}{a^3}(A_4y_1+A_2y_2).
\end{aligned}\right\} \tag{9b}$$

Bis jetzt wurde die Berechnung unter der Annahme, daß $\varkappa$ positiv sei, durchgeführt. Ist $\varkappa$ negativ, so erhält man mit

$$\frac{\varkappa}{S}=-\frac{\beta^4}{a^4} \tag{10}$$

als Lösung von (1) die Funktion

$$y=C_1^*\,\mathfrak{Cof}\frac{\beta z}{a}+C_2^*\,\mathfrak{Sin}\frac{\beta z}{a}+C_3^*\cos\frac{\beta z}{a}+C_4^*\sin\frac{\beta z}{a}, \tag{11}$$

deren Ableitungen man in diesem Falle ohne weiteres anschreiben kann. Mit den Randbedingungen (4) findet man die Integrationskonstanten

$$C_1^*=\frac{1}{2},\quad C_2^*=-\frac{1}{2}\,\mathfrak{Ctg}\,\beta\mu,\quad C_*=\frac{1}{2},\quad C_4^*=-\frac{1}{2}\operatorname{ctg}\beta\mu. \tag{12}$$

Setzt man zur Abkürzung

$$\left.\begin{aligned} B_1 &= \mathfrak{Ctg}\,\beta\mu + \operatorname{ctg}\beta\mu, \\ B_2 &= \mathfrak{Ctg}\,\beta\mu - \operatorname{ctg}\beta\mu, \\ B_3 &= \frac{1}{\mathfrak{Sin}\,\beta\mu} + \frac{1}{\sin\beta\mu}, \\ B_4 &= -\frac{1}{\mathfrak{Sin}\,\beta\mu} + \frac{1}{\sin\beta\mu}, \end{aligned}\right\} \tag{13}$$

so erhält man

$$\left.\begin{aligned} \psi_1 &= -\frac{\beta}{2a} B_1, & Q_1 &= -\frac{\beta^3 S}{2a^3} B_2, \\ \psi_2 &= -\frac{\beta}{2a} B_3, & Q_2 &= \frac{\beta^3 S}{2a^3} B_4. \end{aligned}\right\} \tag{14}$$

Analog findet man für den zweiten Sonderfall, bei dem $y_1 = 0$, $y_2 = 1$ ist,

$$\left.\begin{aligned} \bar\psi_1 &= \frac{\beta}{2a} B_3, & \bar Q_1 &= -\frac{\beta^3 S}{2a^3} B_4, \\ \bar\psi_2 &= \frac{\beta}{2a} B_1, & \bar Q_2 &= \frac{\beta^3 S}{2a^3} B_2, \end{aligned}\right\} \tag{15}$$

so daß im allgemeinen Fall, wo y_1 und y_2 beliebig vorgeschrieben sind, die Formeln

$$\left.\begin{aligned} \psi_1 &= \frac{\beta}{2a}(-B_1 y_1 + B_3 y_2), \\ \psi_2 &= \frac{\beta}{2a}(-B_3 y_1 + B_1 y_2), \end{aligned}\right\} \text{(16a)} \qquad \left.\begin{aligned} Q_1 &= -\frac{\beta^3 S}{2a^3}(B_2 y_1 + B_4 y_2), \\ Q_2 &= \frac{\beta^3 S}{2a^3}(B_4 y_1 + B_2 y_2) \end{aligned}\right\} \text{(16b)}$$

gelten.

b) Die zweite Hilfsaufgabe. Zur Lösung der zweiten Hilfsaufgabe betrachten wir auch hier zwei Sonderfälle, die durch Abb. 67 gekennzeichnet

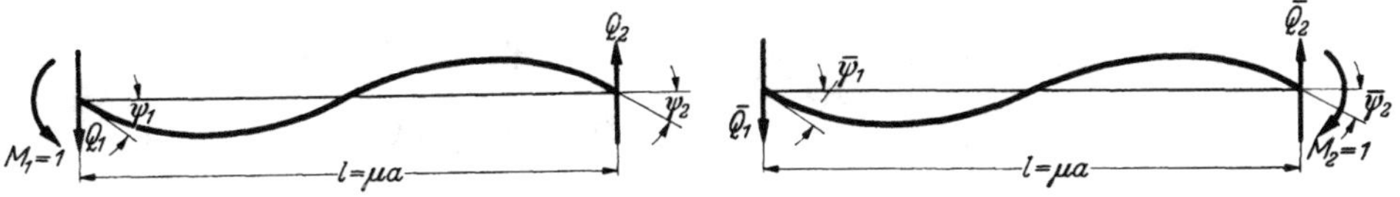

Abb. 67. Elastisch gebetteter, in seinen Endpunkten fest gestutzter Stab, entweder links oder rechts durch ein Einheitsmoment belastet.

sind. Für den ersten Sonderfall $M_1 = 1$, $M_2 = 0$ erhält man, wenn $\varkappa$ positiv ist, wegen der Randbedingungen

$$y = 0, \quad S\frac{d^2 y}{dz^2} = 1 \text{ für } z = 0, \qquad y = 0, \quad \frac{d^2 y}{dz^2} = 0 \text{ für } z = \mu a \tag{17}$$

für die Konstanten in (3)

$$C_1 = 0, \; C_2 = -\frac{a^2}{2\alpha^2 S}\,\frac{\mathfrak{Cof}\,\alpha\mu\,\mathfrak{Sin}\,\alpha\mu}{\mathfrak{Cof}^2\alpha\mu - \cos^2\alpha\mu}, \; C_3 = \frac{a^2}{2\alpha^2 S}\,\frac{\cos\alpha\mu\,\sin\alpha\mu}{\mathfrak{Cof}^2\alpha\mu - \cos^2\alpha\mu}, \; C_4 = \frac{a^2}{2\alpha^2 S}. \tag{18}$$

Mit den Abkürzungen (6) kommt

$$\left.\begin{aligned} \psi_1 &= -\frac{a}{2\alpha S} A_2, & Q_1 &= -\frac{\alpha}{a} A_1, \\ \psi_2 &= \frac{a}{2\alpha S} A_4, & Q_2 &= -\frac{\alpha}{a} A_3. \end{aligned}\right\} \tag{19}$$

Für den zweiten Sonderfall leitet man hieraus die Formeln

$$\left.\begin{aligned} \overline{\psi}_1 &= -\frac{a}{2\alpha S}A_4, & \overline{Q}_1 &= \frac{\alpha}{a}A_3, \\ \overline{\psi}_2 &= \frac{a}{2\alpha S}A_2, & \overline{Q}_2 &= \frac{\alpha}{a}A_1 \end{aligned}\right\} \tag{20}$$

her, so daß für den allgemeinen Fall, bei dem M_1 und M_2 beliebig vorgeschrieben sind, die Formeln

$$\left.\begin{aligned} \psi_1 &= -\frac{a}{2\alpha S}(A_2M_1 + A_4M_2), \\ \psi_2 &= \frac{a}{2\alpha S}(A_4M_1 + A_2M_2), \end{aligned}\right\} \text{(21a)} \qquad \left.\begin{aligned} Q_1 &= \frac{\alpha}{a}(-A_1M_1 + A_3M_2), \\ Q_2 &= \frac{\alpha}{a}(-A_3M_1 + A_1M_2) \end{aligned}\right\} \text{(21b)}$$

gelten.

Ist $\varkappa$ negativ, so erhält man für die Konstanten in (11) im ersten Sonderfall

$$C_1^* = \frac{a^2}{2\beta^2 S}, \quad C_2^* = -\frac{a^2}{2\beta^2 S}\,\mathfrak{Ctg}\,\beta\mu, \quad C_3^* = -\frac{a^2}{2\beta^2 S}, \quad C_4^* = \frac{a^2}{2\beta^2 S}\operatorname{ctg}\beta\mu \tag{22}$$

und damit

$$\left.\begin{aligned} \psi_1 &= -\frac{a}{2\beta S}B_2, & Q_1 &= -\frac{\beta}{2a}B_1, \\ \psi_2 &= \frac{a}{2\beta S}B_4, & Q_2 &= -\frac{\beta}{2a}B_3. \end{aligned}\right\} \tag{23}$$

Für den zweiten Sonderfall findet man hieraus wieder

$$\left.\begin{aligned} \overline{\psi}_1 &= -\frac{a}{2\beta S}B_4, & \overline{Q}_1 &= \frac{\beta}{2a}B_3, \\ \overline{\psi}_2 &= \frac{a}{2\beta S}B_2, & \overline{Q}_2 &= \frac{\beta}{2a}B_1, \end{aligned}\right\} \tag{24}$$

so daß allgemein gilt

$$\left.\begin{aligned} \psi_1 &= -\frac{a}{2\beta S}(B_2M_1 + B_4M_2), \\ \psi_2 &= \frac{a}{2\beta S}(B_4M_1 + B_2M_2), \end{aligned}\right\} \text{(25a)} \qquad \left.\begin{aligned} Q_1 &= \frac{\beta}{2a}(-B_1M_1 + B_3M_2), \\ Q_2 &= \frac{\beta}{2a}(-B_3M_1 + B_1M_2). \end{aligned}\right\} \text{(25b)}$$

Hiermit sind in (9), (16), (21) und (25) die Unterlagen gewonnen, die uns instand setzen, unsere Hauptaufgabe weiter zu verfolgen.

35. Die Knickbedingung des Behälters. Wie am Schluß von Ziff. **33** auseinandergesetzt, besteht diese Aufgabe darin, zu untersuchen, ob der dort

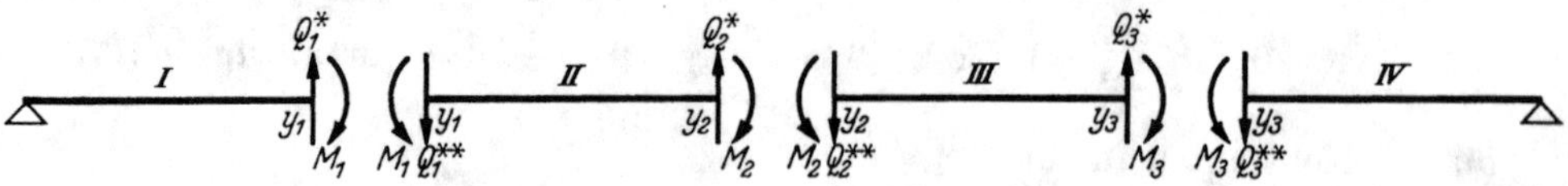

Abb. 68. Die Teilstabe.

definierte Ersatzstab (bestehend aus n Teilstäben je von bestimmter Biegesteifigkeit und bestimmter Bettungsziffer) einer Ausbiegung fähig ist, und insbesondere den kleinsten Wert q zu bestimmen, bei dem eine solche Ausbiegung auftreten kann. Wir beschränken uns im folgenden auf den Fall, daß der Stab aus vier Teilstäben *I, II, III, IV* besteht, und betrachten diese vorläufig als voneinander getrennt und so belastet, wie dies Abb. 68 darstellt. Da, wo zwei Teilstäbe zusammenstoßen, wirken vorläufig ungleiche Querkräfte Q^* und

Q^{**}, dagegen gleiche, aber entgegengesetzte Biegemomente M, die so zu bestimmen sind, daß die in ihren Angriffspunkten *1*, *2* und *3* zusammenstoßenden Teilstabenden gleiche und zwar vorgeschriebene Durchbiegungen y_1, y_2, y_3 und außerdem gleiche Neigungswinkel aufweisen. Der linke Teilstab I, der dem oberen Behälterring entsprechen soll, ist in seinem linken Ende fest, aber frei drehbar, gestützt, ebenso das rechte Ende des letzten Teilstabes IV.

Weil der Behälter von oben nach unten an Dicke zunimmt, so werden die Teilstäbe I bis IV gemäß (**33**, 4) von links nach rechts steifer und nehmen ihre Bettungsziffern (bei fest angenommenen p und q) von links nach rechts zu, und zwar, wie die Erfahrung der Rechnung lehrt, von einem negativen zu einem positiven Wert. Weil p und q sich erst ganz am Schluß ergeben, so weiß man von vornherein nicht mit Sicherheit, wieviele Teilstäbe eine negative und wieviele eine positive Bettungsziffer haben, so daß man in jedem Einzelfall zunächst einmal eine vernünftig erscheinende Annahme machen muß. Wir nehmen als Beispiel an, daß $\varkappa_I$ und $\varkappa_{II}$ negativ, $\varkappa_{III}$ und $\varkappa_{IV}$ positiv sind, so daß für die Teilstäbe I und II die Formeln (**34**, 16) und (**34**, 25), für die Teilstäbe III und IV die Formeln (**34**, 9) und (**34**, 21) gelten.

Beachtet man, daß die Belastung jedes Teilstabes als Überlagerung der beiden Belastungsfälle von Ziff. **34** angesehen werden kann, wenn man die Durchbiegungen und die Momente als vorgeschriebene Größen betrachtet, so prüft man an Hand der Formeln (**34**, 9a), (**34**, 16a), (**34**, 21a), (**34**, 25a) leicht nach, daß die Stäbe I und II, II und III, III und IV in den Punkten *1*, *2*, *3* jeweils gleiche Neigungswinkel aufweisen, wenn die folgenden Bedingungen erfüllt sind:

$$\left.\begin{aligned}
&\frac{\beta_I}{2a} B_1^I y_1 + \frac{a}{2\beta_I S_I} B_2^I M_1 = -\frac{\beta_{II}}{2a}\left(B_1^{II} y_1 - B_3^{II} y_2\right) - \frac{a}{2\beta_{II} S_{II}}\left(B_2^{II} M_1 + B_4^{II} M_2\right),\\
&\frac{\beta_{II}}{2a}\left(B_3^{II} y_1 - B_1^{II} y_2\right) - \frac{a}{2\beta_{II} S_{II}}\left(B_4^{II} M_1 + B_2^{II} M_2\right) =\\
&\qquad\qquad = \frac{\alpha_{III}}{a}\left(A_1^{III} y_2 - A_3^{III} y_3\right) + \frac{a}{2\alpha_{III} S_{III}}\left(A_2^{III} M_2 + A_4^{III} M_3\right),\\
&\frac{\alpha_{III}}{a}\left(A_3^{III} y_2 - A_1^{III} y_3\right) - \frac{a}{2\alpha_{III} S_{III}}\left(A_4^{III} M_2 + A_2^{III} M_3\right) =\\
&\qquad\qquad = \frac{\alpha_{IV}}{a} A_1^{IV} y_3 + \frac{a}{2\alpha_{IV} S_{IV}} A_2^{IV} M_3 .
\end{aligned}\right\} \tag{1}$$

Die Querkräfte $Q_1^*, Q_2^*, Q_3^*, Q_1^{**}, Q_2^{**}, Q_3^{**}$ bestimmen sich mit Hilfe der Gleichungen (**34**, 9b), (**34**, 16b), (**34**, 21b) und (**34**, 25b) zu

$$\left.\begin{aligned}
Q_1^* &= \frac{\beta_I^3 S_I}{2a^3} B_2^I y_1 + \frac{\beta_I}{2a} B_1^I M_1,\\
Q_2^* &= \frac{\beta_{II}^3 S_{II}}{2a^3}\left(B_4^{II} y_1 + B_2^{II} y_2\right) - \frac{\beta_{II}}{2a}\left(B_3^{II} M_1 - B_1^{II} M_2\right),\\
Q_3^* &= -\frac{2\alpha_{III}^3 S_{III}}{a^3}\left(A_4^{III} y_2 + A_2^{III} y_3\right) - \frac{\alpha_{III}}{a}\left(A_3^{III} M_2 - A_1^{III} M_3\right)
\end{aligned}\right\} \tag{2}$$

und

$$\left.\begin{aligned}
Q_1^{**} &= -\frac{\beta_{II}^3 S_{II}}{2a^3}\left(B_2^{II} y_1 + B_4^{II} y_2\right) - \frac{\beta_{II}}{2a}\left(B_1^{II} M_1 - B_3^{II} M_2\right),\\
Q_2^{**} &= \frac{2\alpha_{III}^3 S_{III}}{a^3}\left(A_2^{III} y_2 + A_4^{III} y_3\right) - \frac{\alpha_{III}}{a}\left(A_1^{III} M_2 - A_3^{III} M_3\right),\\
Q_3^{**} &= \frac{2\alpha_{IV}^3 S_{IV}}{a^3} A_2^{IV} y_3 - \frac{\alpha_{IV}}{a} A_1^{IV} M_3 .
\end{aligned}\right\} \tag{3}$$

Obwohl die Teilstäbe *I, II, III* und *IV* geometrisch zusammenschließen (denn wo sie zusammentreffen, sind die Durchbiegungen und die Neigungswinkel gleich), so sind doch die Bedingungen für einen mechanischen Anschluß dieser Stäbe nicht erfüllt, weil für die Querkräfte das Prinzip der Gleichheit von Wirkung und Gegenwirkung verletzt wird.

Diese mechanische Verbindung wird aber möglich, wenn beim durchgehenden Stab in den Punkten *1, 2* und *3* nach unten gerichtete äußere Kräfte P_1, P_2, P_3 von der Größe

$$P_1 = Q_1^{**} - Q_1^*, \qquad P_2 = Q_2^{**} - Q_2^*, \qquad P_3 = Q_3^{**} - Q_3^* \tag{4}$$

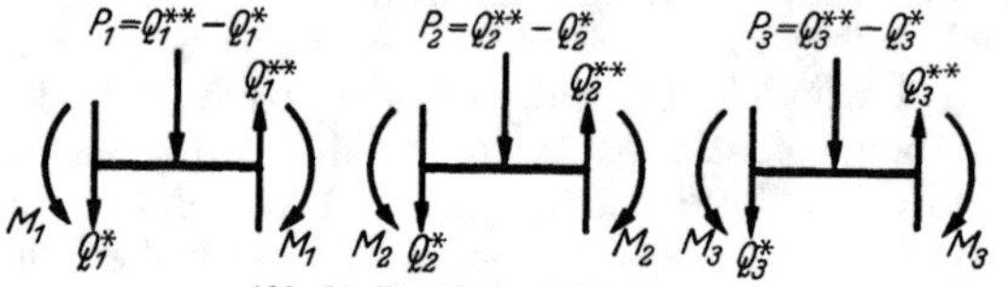

Abb. 69. Die Verbindungselemente.

angreifen, wie man unmittelbar einsieht, wenn man sich den Anschluß mittels der in Abb. 69 dargestellten Verbindungselemente verwirklicht denkt.

Setzt man $Q_1^*, Q_2^*, Q_3^*, Q_1^{**}, Q_2^{**}, Q_3^{**}$ aus (2) und (3) in (4) ein und eliminiert noch mit Hilfe der Gleichungen (1) die Größen M_1, M_2, M_3, so erhält man drei Gleichungen von der Form

$$\left.\begin{aligned} P_1 &= a_{11} y_1 + a_{12} y_2 + a_{13} y_3, \\ P_2 &= a_{21} y_1 + a_{22} y_2 + a_{23} y_3, \\ P_3 &= a_{31} y_1 + a_{32} y_2 + a_{33} y_3. \end{aligned}\right\} \tag{5}$$

Aus diesen Gleichungen liest man die Knickbedingung des Behälters ohne weiteres ab. Eine von Null verschiedene Ausbiegung des Stabes unter alleiniger Einwirkung seiner elastischen Bettung ist nämlich nur dann möglich, wenn es Werte y_1, y_2, y_3 gibt, für welche die Kräfte P_1, P_2, P_3 aus (5) zu Null werden, d. h. wenn das System von homogenen linearen Gleichungen

$$\left.\begin{aligned} a_{11} y_1 + a_{12} y_2 + a_{13} y_3 &= 0, \\ a_{21} y_1 + a_{22} y_2 + a_{23} y_3 &= 0, \\ a_{31} y_1 + a_{32} y_2 + a_{33} y_3 &= 0 \end{aligned}\right\} \tag{6}$$

eine von Null verschiedene Lösung besitzt, und hierzu ist nötig, daß

$$D \equiv \begin{vmatrix} a_{11} & a_{12} & a_{13} \\ a_{21} & a_{22} & a_{23} \\ a_{31} & a_{32} & a_{33} \end{vmatrix} = 0 \tag{7}$$

ist.

Für jeden beliebigen (jedoch positiv ganzzahligen) Wert p hat diese transzendente Gleichung unendlich viele Wurzeln $q^{(p)}$, deren kleinste mit $q_{\min}^{(p)}$ bezeichnet wird. Das kleinste aller möglichen $q_{\min}^{(p)}$ $(p = 1, 2, \ldots)$ ist der gesuchte Knickdruck.

Wir geben jetzt noch an, wie sich die Werte $q_{\min}^{(p)}$ näherungsweise bestimmen lassen. Dazu kehren wir zu den Gleichungen (5) zurück und legen den Kräften P_i, von denen zunächst noch nicht verlangt werden soll, daß sie Null sind, die Bedingungen

$$\left.\begin{aligned} P_1 &= \frac{1}{2}\lambda(l_I + l_{II})\, y_1 \equiv \lambda s_1 y_1, \\ P_2 &= \frac{1}{2}\lambda(l_{II} + l_{III})\, y_2 \equiv \lambda s_2 y_2, \\ P_3 &= \frac{1}{2}\lambda(l_{III} + l_{IV})\, y_3 \equiv \lambda s_3 y_3 \end{aligned}\right\} \tag{8}$$

auf, in welchen λ einen noch zu bestimmenden Proportionalitätsfaktor darstellt, und s_1, s_2, s_3 Abkürzungen für die halben Summen $\frac{1}{2}(l_I+l_{II})$, $\frac{1}{2}(l_{II}+l_{III})$, $\frac{1}{2}(l_{III}+l_{IV})$ der Stablängen sind. Die Gleichungen (5) gehen dadurch über in

$$\left.\begin{aligned}(a_{11}-\lambda s_1)\,y_1+a_{12}\,y_2+a_{13}\,y_3=0,\\ a_{21}\,y_1+(a_{22}-\lambda s_2)\,y_2+a_{23}\,y_3=0,\\ a_{31}\,y_1+a_{32}\,y_2+(a_{33}-\lambda s_3)\,y_3=0,\end{aligned}\right\}\tag{9}$$

und es gibt also nur dann eine von Null verschiedene Lösung für y_1, y_2, y_3, wenn

$$\begin{vmatrix} a_{11}-\lambda s_1 & a_{12} & a_{13}\\ a_{21} & a_{22}-\lambda s_2 & a_{23}\\ a_{31} & a_{32} & a_{33}-\lambda s_3\end{vmatrix}=0\tag{10}$$

ist.

Gleichung (10) ist eine algebraische Gleichung dritten Grades in λ und kann also bei vorgegebenen p und q leicht nach λ aufgelöst werden. Soll eine der Wurzeln λ der Gleichung Null sein, so muß ihr Absolutglied

$$D\equiv\begin{vmatrix} a_{11} & a_{12} & a_{13}\\ a_{21} & a_{22} & a_{23}\\ a_{31} & a_{32} & a_{33}\end{vmatrix}=0\tag{11}$$

sein, womit man auf die Knickbedingung (7) zurückkommt, wie zu erwarten; denn nach (8) sind mit λ zugleich P_1, P_2 und P_3 Null.

Man kann somit bei fest angenommenem p den zugehörigen Wert $q_{\min}^{(p)}$ dadurch bestimmen, daß für eine Reihe von Null an steigender Werte q die Gleichung dritten Grades (10) solange nach λ aufgelöst wird, bis zum erstenmal eine der Wurzeln λ Null ist.

Obwohl diese Art der Rechnung augenscheinlich mehr Arbeit bei der exakten Lösung erfordert als die direkte Behandlung der Gleichung (7) (die darin bestünde, daß man bei fest angenommenem Wert p für verschiedene Werte q die Determinante D solange auswerten würde, bis sie zum ersten Male den Wert Null annimmt), so hat das hier vorgeschlagene Verfahren trotzdem Vorteile, weil es zu einer bequemen Näherungslösung, nämlich zu einer Iteration führt, die den gesuchten Wert $q_{\min}^{(p)}$ schnell zu ermitteln gestattet.

Man denke sich einen (immer leicht zu bestimmenden) Wert q^* von q vorgegeben, bei dem Ausbiegung des Stabes noch nicht möglich ist, und bezeichne die kleinste der zu diesem Wert q^* gehörigen Wurzeln λ der Gleichung (10) mit λ^*. Berechnet man dann aus (9) die Verhältnisse $y_1^*:y_2^*:y_3^*$ der Größen y_1, y_2, y_3, so sieht man rasch ein, daß der Stab, der für $q=q^*$ unter der Wirkung der elastischen Bettung allein noch nicht ausbiegen kann, hierzu wohl imstande ist, sobald in den Punkten *1*, *2* und *3* die äußeren Kräfte

$$\left.\begin{aligned}P_1&=\lambda^* s_1\,y_1^*,\\ P_2&=\lambda^* s_2\,y_2^*,\\ P_3&=\lambda^* s_3\,y_3^*\end{aligned}\right\}\tag{12}$$

angreifen; denn dann sind ja nach (8) bis (10) die Bedingungen für das Ausbiegen gerade erfüllt.

Wir ersetzen nun diese konzentrierten Kräfte (12) durch kontinuierliche Belastungen, die sich gleichmäßig über die links und rechts von den Angriffspunkten liegenden halben Teilstablängen verteilen, so daß die erste Ersatzbelastung $\lambda^* y_1$ sich über die Länge s_1, die zweite $\lambda^* y_2$ sich über die Länge s_2, die dritte $\lambda^* y_3$ sich über die Länge s_3 erstreckt. Nimmt man an, daß dieser Belastungsersatz das mechanische Verhalten des Stabes nicht merklich beeinflußt, so bedeutet unsere vorige Feststellung, daß der Stab einer Ausbiegung y_1, y_2, y_3 fähig ist, wenn er außer von der durch p und q^* bedingten elastischen Stützung in der Umgebung des Punktes *1* kontinuierlich mit $\lambda^* y_1$, in der Umgebung des Punktes *2* kontinuierlich mit $\lambda^* y_2$, in der Umgebung des Punktes *3* kontinuierlich mit $\lambda^* y_3$ belastet ist.

Dürfte man diese Belastungen als proportional zu der örtlichen Durchbiegung y des Stabes ansehen, was wir jetzt näherungsweise annehmen, so käme man zu dem Schluß, daß der Stab auch belastungsfrei in der zu P_1, P_2, P_3 gehörigen Durchbiegung mittels einer bestimmten Verkleinerung seiner Bettungsziffer erhalten werden könnte. Denn es gilt nach (**33**, 5) für jeden Teilstab, der eine äußere Belastung $\lambda^* y$ trägt, die Differentialgleichung

$$\frac{E h_i a^2}{p^4} \frac{d^4 y}{d z^4} + \left[\frac{m^2 E h_i^3 p^4}{12(m^2-1) a^4} - \frac{p^2}{a} q^*\right] y = \lambda^* y$$

oder

$$\frac{E h_i a^2}{p^4} \frac{d^4 y}{d z^4} + \left[\frac{m^2 E h_i^3 p^4}{12(m^2-1) a^4} - \frac{p^2}{a}\left(q^* + \frac{\lambda^* a}{p^2}\right)\right] y = 0,$$

und diese Gleichung zeigt, daß der Druck

$$q^{**} = q^* + \frac{\lambda^* a}{p^2} \tag{13}$$

im Rahmen unserer Näherung als Knickdruck des Behälters zu betrachten ist.

Mit dem Wert q^{**}(13) löst man also beim selben Werte p aufs Neue die Gleichung (10), bestimmt ihre kleinste Wurzel λ^{**} und erhält als zweite Näherung für den gesuchten Wert $q_{\min}^{(p)}$

$$q^{***} = q^{**} + \frac{\lambda^{**} a}{p^2}.$$

Ist $q_{\min}^{(p)}$ für einen bestimmten Wert p genau genug approximiert, so hat man die ganze Rechnung natürlich noch für genügend viele andere ganzzahlige, positive Werte von p zu wiederholen, um den wirklich kleinsten Knickdruck zu erhalten.

Zum Schluß bemerken wir noch, daß bei jedem gefundenen $q_{\min}^{(p)}$ nachträglich geprüft werden muß, ob das Vorzeichen der mittels (**33**, 4) zu berechnenden Bettungsziffer $\varkappa_i$ mit der dafür gemachten Annahme tatsächlich in Einklang steht.

Dritter Abschnitt.

Dampfturbinen.

Kapitel VIII.

Rotierende Scheiben.

1. Einleitung. Einer der wichtigsten Bauteile der Dampfturbinen sind die rotierenden Scheiben, die an ihrem Außenrand die Laufschaufeln tragen und das von jenen aufgenommene Drehmoment auf die Maschinenwelle überleiten müssen. Neben solcher torsionalen Beanspruchung (§ 1) kann die Scheibe auch noch eine Biegung erleiden, nämlich wenn die Welle nicht waagrecht liegt, oder wenn die Schaufeln oder die Scheibe selbst axial gerichtete Kräfte erfahren (§ 4). Während diese Torsions- und Biegespannungen zumeist ziemlich geringfügig sind, weckt in rasch umlaufenden Scheiben die Fliehkraft recht erhebliche radiale und azimutale Spannungen, die für die Festigkeit der Scheibe von entscheidender Bedeutung werden (§ 2).

Zu den genannten Beanspruchungen können entsprechende Schwingungen hinzutreten, nämlich azimutale oder Torsionsschwingungen (§ 3), radiale oder Dehnungsschwingungen (§ 3) und axiale oder Biegeschwingungen (§ 5). Diese Schwingungen bergen mannigfache Resonanzgefahren in sich, einerseits wegen etwaiger Überschreitung der zulässigen Spannungen, andererseits wegen der Amplituden selbst, die schon für die Dehnungsschwingungen durch das Gehäuse, aber mehr noch für die Biegeschwingungen durch die Leitvorrichtung in ganz enge Grenzen gezwungen sind.

Unsere Untersuchung gliedert sich also jeweils in einen quasistatischen und in einen kinetischen Teil. Wir behandeln zuerst diejenige Beanspruchung, bei der die (als Symmetrieebene vorausgesetzte) Mittelebene der Scheibe sich in sich selbst verformt, also die Torsion und die Radialdehnung der Scheibe nebst den zugehörigen Schwingungen, und sodann die Biegungen und Biegeschwingungen der Scheibe.

Hat die (als homogen angenommene) Scheibe überall gleiche Dicke und sind die Randkräfte sowohl am Innenrand wie am Außenrand gleichförmig verteilt und noch keine Volumkräfte (Fliehkräfte) vorhanden, so hat man es streng mit einem zweidimensionalen (ebenen) Spannungszustand zu tun. Wenn diese Voraussetzungen nicht erfüllt sind, kann man wenigstens eine zweidimensionale Näherung aufstellen, die statt der wirklichen Spannungen ihre über die Scheibendicke genommenen Mittelwerte zugrunde legt (wie in Kap. II, Ziff. **14**) und sich praktisch durchaus bewährt.

Wir setzen die Drehgeschwindigkeit ω der Scheibe im folgenden stets als unveränderlich voraus (abgesehen von etwaigen azimutalen Schwingungen, die aber nur um diese gleichförmige Drehung ω erfolgen sollen) und legen ein mit der Drehgeschwindigkeit ω rotierendes Koordinatensystem zugrunde, in welchem die Scheibe (wieder abgesehen von etwaigen Schwingungen) ruht; dann müssen wir die Fliehkraft und gegebenenfalls die Corioliskraft als Volumkräfte hinzufügen. Von der Schwere dürfen wir fast immer absehen.

In der Regel ist die Beaufschlagung der Schaufeln und damit das äußere *Kraftfeld gleichförmig* über den Scheibenumfang verteilt; in diesem Fall ist auch die ganze Beanspruchung der in sich rotationssymmetrischen Scheibe vollständig rotationssymmetrisch. Wir werden dies zumeist voraussetzen. Ist die Beaufschlagung ungleichförmig, so ist ein quasistatischer Zustand der Scheibe gar nicht möglich und es müssen Schwingungen eintreten.

§ 1. Die Torsion der Scheiben.

2. Der Spannungszustand. Streng genommen ist, sobald Volumkräfte wie z. B. die Fliehkraft vorhanden sind, ein ebener Spannungszustand in einem endlichen Bereich eines elastischen Körpers i. a. nicht möglich. Macht man aber die einleuchtende Annahme, daß in einer Scheibe keine oder doch nur vernachlässigbar kleine Schubspannungen in den Flächenelementen vorhanden sind, welche parallel zur Mittelebene der Scheibe liegen, und daß die vorhandenen Spannungen unabhängig von der in Richtung der Scheibenachse weisenden z-Koordinate bleiben, so erhält man in guter Näherung einen ebenen Spannungszustand. Benutzt man Polarkoordinaten r, φ, so ist von den Gleichgewichtsbedingungen (I, **18**, 12) mit $\tau_{rz}=0$, $\tau_{\varphi z}=0$, $\sigma_z=0$ sowie $X_z=0$ die dritte in der Tat von selbst erfüllt. Schreibt man kurz τ statt $\tau_{r\varphi}$, so hat man mithin die zweidimensionalen Gleichgewichtsbedingungen

$$\left.\begin{aligned}\frac{\partial\sigma_r}{\partial r}+\frac{1}{r}\frac{\partial\tau}{\partial\varphi}+\frac{\sigma_r-\sigma_\varphi}{r}+X_r=0,\\ \frac{\partial\tau}{\partial r}+\frac{1}{r}\frac{\partial\sigma_\varphi}{\partial\varphi}+2\frac{\tau}{r}+X_\varphi=0,\end{aligned}\right\}\tag{1}$$

dazu die Spannungs-Dehnungsgleichungen (Hookesches Gesetz) [vgl. (I, **18**, 12) nebst (I, **17**, 2a und 2d)]

$$\left.\begin{aligned}\varepsilon_r&\equiv\frac{\partial u}{\partial r}=\frac{1}{E}\left(\sigma_r-\frac{\sigma_\varphi}{m}\right),\\ \varepsilon_\varphi&\equiv\frac{1}{r}\frac{\partial v}{\partial\varphi}+\frac{u}{r}=\frac{1}{E}\left(\sigma_\varphi-\frac{\sigma_r}{m}\right),\\ \psi_{r\varphi}&\equiv\frac{1}{r}\frac{\partial u}{\partial\varphi}+\frac{\partial v}{\partial r}-\frac{v}{r}=\frac{\tau}{G}.\end{aligned}\right\}\tag{2}$$

Hierin sind σ_r die Radialspannung, σ_φ die Azimutal- (oder Tangential-) Spannung, X_r und X_φ die entsprechenden spezifischen Volumkräfte, u und v die radiale und azimutale Verschiebung, ε_r und ε_φ die zugehörigen Dehnungen, $\psi_{r\varphi}$ die zu τ gehörige Winkeländerung und schließlich E und $G=mE/2(m+1)$ der Elastizitäts- und der Schubmodul mit der Querdehnungszahl m. Die fünf Gleichungen (1) und (2) reichen in Verbindung mit den zugehörigen Randbedingungen aus, die fünf Unbekannten σ_r, σ_φ, τ, u, v zu bestimmen, welche den Spannungs- und Verzerrungszustand vollständig wiedergeben. Die einzige wesentliche Schwierigkeit besteht darin, daß diese fünf Gleichungen stark unter sich verkoppelt sind.

Diese Verkoppelung löst sich weitgehend, sobald man den in Ziff. **1** erwähnten Regelfall der Rotationssymmetrie voraussetzt und also alle Ableitungen nach φ verschwinden läßt. Dann spaltet sich, wie wir auch schon in Kap. II, Ziff. **15** gefunden haben, das System (1), (2) in zwei getrennte Systeme auf, nämlich erstens

$$\frac{d\tau}{dr}+2\frac{\tau}{r}+X_\varphi=0,\qquad \frac{dv}{dr}-\frac{v}{r}=\frac{\tau}{G}\tag{3}$$

und zweitens

$$\frac{d\sigma_r}{dr}+\frac{\sigma_r-\sigma_\varphi}{r}+X_r=0,\qquad \frac{du}{dr}=\frac{1}{E}\left(\sigma_r-\frac{\sigma_\varphi}{m}\right),\qquad \frac{u}{r}=\frac{1}{E}\left(\sigma_\varphi-\frac{\sigma_r}{m}\right).\tag{4}$$

Das erste System enthält nur noch τ und v; es stellt (als Sonderfall von Kap. II, Ziff. **19**, jedoch erweitert durch eine Volumkraft) die torsionale Beanspruchung der Scheibe dar. Das zweite enthält nur noch σ_r, σ_φ und u; es beschreibt die radiale Verformung allein.

Diese Schlußfolgerung gilt zunächst lediglich für Scheiben von unveränderlicher Dicke. Wir machen jetzt die weitreichende Annahme, daß auch für die Scheiben von schwach veränderlicher Dicke die getrennte Behandlung der beiden Beanspruchungen statthaft sei. Diese Annahme ist nicht streng richtig, sie liefert aber, wie die Erfahrung bestätigt hat, sehr gute Näherungswerte für alle Scheiben, die im Dampfturbinenbau vorkommen.

Aus (3) geht überdies hervor, daß die Schubspannung τ von der radialen Volumkraft X_r, in unserem Falle also von der Fliehkraft unabhängig ist: Die Schubspannung τ darf so berechnet werden, wie wenn die rotierende Scheibe ruhte. — Von einer azimutalen Volumkraft X_φ, die ja im statischen Zustand nur ganz künstlich erzeugt werden könnte, wird vorläufig nicht weiter die Rede sein.

3. Die Torsion der Scheibe beliebigen Profils. Mit $X_\varphi = 0$ geben die beiden Gleichungen (**2**, 3) durch Integration zunächst für die Scheibe gleicher Dicke

$$r^2 \tau = c, \qquad \vartheta \equiv \frac{v}{r} = c' - \frac{c}{2 G r^2}, \tag{1}$$

wobei ϑ der Zentriwinkel der azimutalen Verschiebung v ist. Die Integrationskonstanten c und c' sind aus den vorgeschriebenen Bedingungen am Außen- und Innenrand zu bestimmen. Ist die Scheibe am Innenrand $r = r_0$ auf einer Welle befestigt, so daß man $\vartheta = 0$ für $r = r_0$ setzen wird, und muß sie ein Drehmoment M vom Außenrand auf den Innenrand (oder umgekehrt) übertragen, so wird bei einer Scheibendicke b

$$c = \frac{M}{2\pi b}, \qquad c' = \frac{M}{4\pi b G r_0^2}. \tag{2}$$

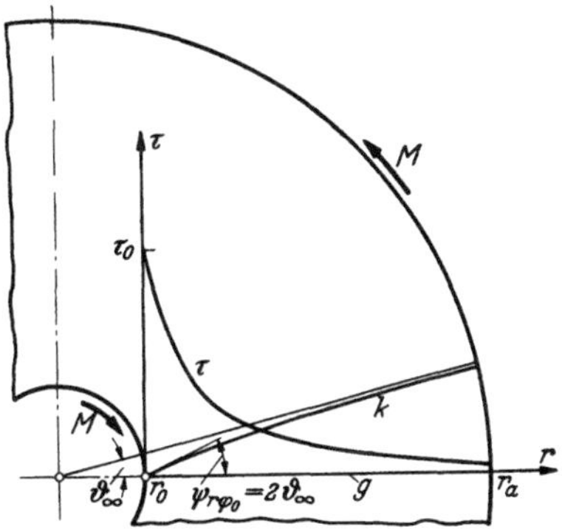

Abb 1 Schubspannung und Torsion der Scheibe gleicher Dicke.

Abb. 1 zeigt die Verteilung der Schubspannung τ längs eines Halbmessers und (in starker Übertreibung) die Kurve k, in welche der ursprünglich gerade Halbmesser g infolge der Torsion der Scheibe übergegangen ist. Die Kurve k hat die Asymptote $\vartheta_\infty = c'$ und beginnt, wie man leicht ausrechnet, mit einer Neigung (Winkeländerung) $\psi_{r\varphi 0} = 2c'$.

Die Spannungen τ sind in der Regel ganz gefahrlos. Hat beispielsweise eine Scheibe von $r_0 = 10$ cm Innenhalbmesser und der Dicke $b = 5$ cm eine Leistung von 1000 PS bei 1500 Uml/min zu übertragen, so ist die größte Schubspannung $\tau_0 = 15$ kg/cm².

Wir wollen nun die Formeln (1) ohne Benutzung der allgemeinen Grundgleichungen von Ziff. **2** noch einmal unmittelbar herleiten und dabei sogleich auf Scheiben mit beliebigem Profil[1]) erweitern. Abb. 2 zeigt eine solche Scheibe in der Axialansicht und im Querschnittsprofil, und zwar sei die jeweilige Scheibendicke y als Funktion $y(r)$ von r gegeben. Machen wir die gegen Ende von Ziff. **2** ausgesprochene Annahme, so dürfen wir die in einem koaxialen Kreisschnitt vom Halbmesser r übertragene Schubspannung aus dem in diesem

[1]) R. Grammel, Drillung und Drillungsschwingungen von Scheiben, Z. angew. Math. Mech. 5 (1925) S. 193.

Schnitt zu übertragenden Drehmoment nach der einfachen Formel $2\pi r^2 y \tau = M$ berechnen zu

$$\tau = \frac{M}{2\pi r^2 y}, \tag{3}$$

worin man schon die gesuchte Verallgemeinerung der beiden ersten Formeln (1) und (2) für veränderliche Profilstärke y zu sehen hat.

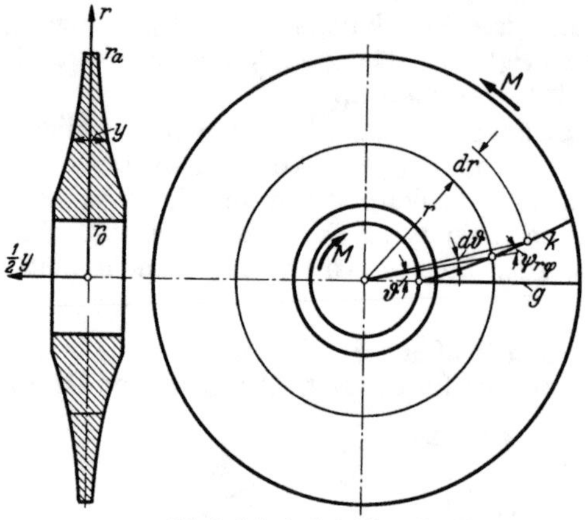

Abb. 2. Scheibe beliebigen Profils.

Ferner wird gemäß Abb. 2 die Winkeländerung $\psi_{r\varphi}$ infolge der Schubspannung τ

$$\psi_{r\varphi} = \frac{(r+dr)\,d\vartheta}{dr} = r\,\frac{d\vartheta}{dr}. \tag{4}$$

Da aber auch $\psi_{r\varphi} = \tau/G$ ist, so hat man für den Zentriwinkel ϑ der Verschiebung v

$$d\vartheta = \frac{\tau\,dr}{G r} \tag{5}$$

und sonach wegen (3) den Torsionswinkel

$$\vartheta = \frac{M}{2\pi G}\int_{r_0}^{r} \frac{dr}{r^3 y}. \tag{6}$$

Dies ist die Verallgemeinerung der zweiten Formeln (1) und (2).

Man erhält beispielsweise eine unveränderliche Schubspannung $\tau = \tau^*$, wenn die Scheibe das hyperbolische Profil

$$y = \frac{M}{2\pi\tau^*}\,\frac{1}{r^2} \tag{7}$$

besitzt. Dann wird der Torsionswinkel

$$\vartheta = \frac{\tau^*}{G}\ln\frac{r}{r_0}. \tag{8}$$

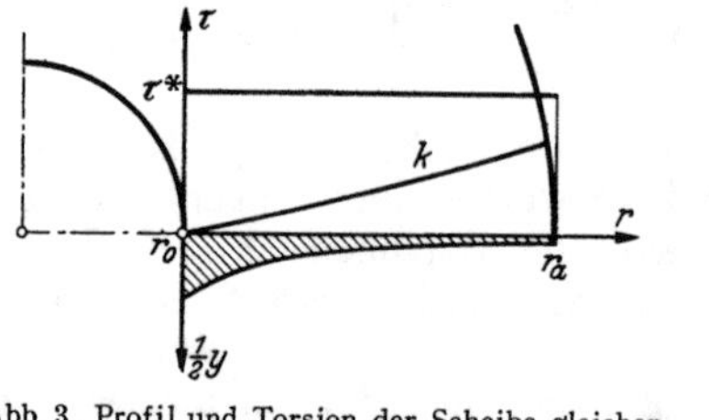

Abb. 3. Profil und Torsion der Scheibe gleicher Schubspannung.

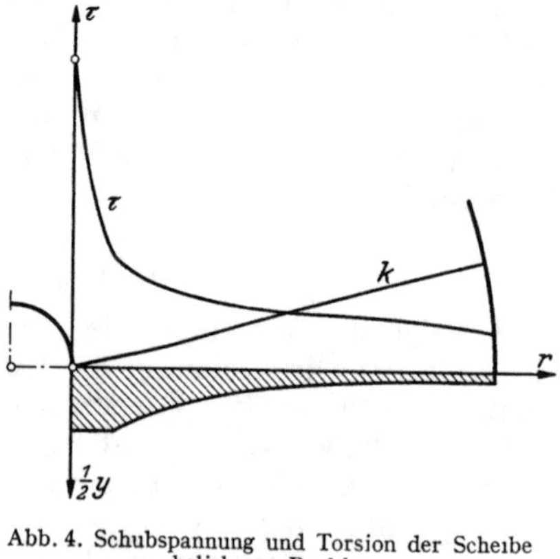

Abb. 4. Schubspannung und Torsion der Scheibe beliebigen Profils.

Abb. 3 zeigt für dieses Profil die Art der Kontur, die Schubspannung und den tordierten Halbmesser k (in starker Übertreibung).

Aber auch für ein beliebig vorgeschriebenes Profil $y(r)$ liefern die Formeln (3) und (6) mühelos die Verteilung der Schubspannungen τ sowie (nach einer graphischen Integration) den Torsionswinkel ϑ und damit den tordierten Halbmesser k. In Abb. 4 ist beides für ein gebräuchliches Profil dargestellt.

Die Ergebnisse können natürlich nur solange Anspruch darauf machen, eine gute Näherung zu sein, als die Profilkurve noch einigermaßen flach verläuft. Dagegen ist es nicht sehr wesentlich, ob die Scheibendicke y je genau zur Hälfte auf beiden Seiten der r-Achse verteilt ist oder nur angenähert: es schadet der

Genauigkeit der Rechnung nur wenig, wenn die Mittelebene der Scheibe nur genähert eine Symmetrieebene ist.

§ 2. Die Radialdehnung der Scheiben.

4. Die allgemeinen Gleichungen für die Spannungen und für die radiale Verschiebung. Wir haben es jetzt mit dem zweiten Spannungssystem von Ziff. **2** zu tun, also mit den Gleichungen (**2**, 4), worin $X_r = (\gamma/g)\, r\omega^2$ die spezifische Fliehkraft sein soll (γ ist das spezifische Gewicht der als homogen vorausgesetzten Scheibe). Wir wollen die erste jener Gleichungen zuerst wieder unmittelbar herleiten[1]), und zwar sogleich für die Scheibe beliebigen Profils $y(r)$. Man greift aus der Scheibe ein Element heraus, bringt an seinen Begrenzungsflächen die von den Spannungen σ_r und σ_φ herrührenden Kräfte an und hat dann mit Berücksichtigung der Fliehkraft des Elements gemäß Abb. 5 folgende Gleichung für das quasistatische Gleichgewicht in radialer Richtung:

$$d(\sigma_r r\, y\, d\varphi) - \sigma_\varphi\, y\, dr\, d\varphi + \frac{\gamma}{g}\omega^2 r^2 y\, dr\, d\varphi = 0$$

oder

$$\frac{r}{y}\frac{d}{dr}(\sigma_r\, y) + \sigma_r - \sigma_\varphi + \frac{\gamma}{g}\,\omega^2 r^2 = 0. \qquad (1)$$

Dies ist die Verallgemeinerung der ersten Gleichung (**2**, 4). Sie beherrscht, verbunden mit den beiden anderen Gleichungen (**2**, 4), nämlich den Spannungs-Dehnungsgleichungen

$$E\frac{du}{dr} = \sigma_r - \frac{\sigma_\varphi}{m}, \qquad E\frac{u}{r} = \sigma_\varphi - \frac{\sigma_r}{m}, \qquad (2)$$

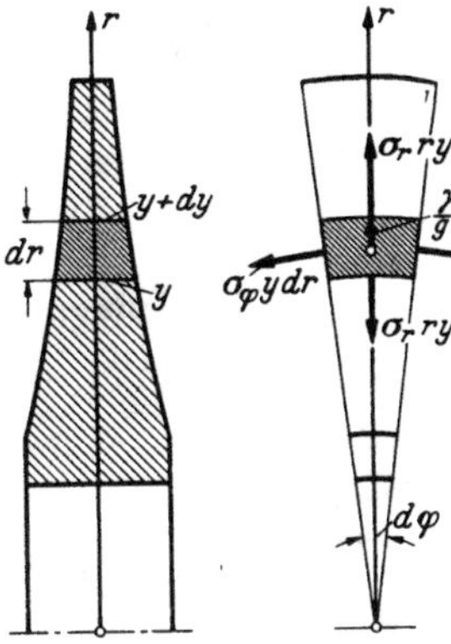

Abb. 5. Krafte am Element einer rotierenden Scheibe.

das Problem vollständig. Es ist zweckmäßig, noch die Gleichung hinzuzufügen, die aus den Gleichungen (2) dadurch entsteht, daß man u entfernt: sie lautet

$$r\left(\frac{d\sigma_r}{dr} - m\frac{d\sigma_\varphi}{dr}\right) + (m+1)(\sigma_r - \sigma_\varphi) = 0. \qquad (3)$$

Wenn die Spannungen σ_r und σ_φ aus dem simultanen System (1), (3) berechnet sind, so liefert die zweite Gleichung (2) vollends die radiale Verschiebung u.

Wir wenden uns zuerst solchen Profilen $y(r)$ zu, für welche man Lösungen in geschlossener Form unmittelbar angeben kann, suchen sodann eine Näherungsmethode für beliebige Profile, behandeln weiter die Scheibe gleicher Festigkeit und zuletzt noch einige mit besonderen Methoden zu bewältigende Profile.

5. Die Scheibe gleicher Dicke. Ist die Scheibendicke y unveränderlich, so fällt sie aus der Gleichung (**4**, 1) heraus, und man erhält das gekoppelte System

$$\left.\begin{aligned} r\frac{d\sigma_r}{dr} + \sigma_r - \sigma_\varphi &= -\frac{\gamma}{g}\,\omega^2 r^2,\\ r\frac{d\sigma_r}{dr} - m\, r\frac{d\sigma_\varphi}{dr} + (m+1)(\sigma_r - \sigma_\varphi) &= 0. \end{aligned}\right\} \qquad (1)$$

Diese linearen Gleichungen werden integriert durch den Ansatz

$$\left.\begin{aligned} \sigma_r &= A_1 r^{\varrho_1} + A_2 r^{\varrho_2} - \alpha\,\omega^2 r^2,\\ \sigma_\varphi &= A_1' r^{\varrho_1} + A_2' r^{\varrho_2} - \beta\,\omega^2 r^2. \end{aligned}\right\} \qquad (2)$$

1) A. Stodola, Dampf- und Gasturbinen, S. 312f. u. 889f., 5. Aufl., Berlin 1922.

Setzt man dies in (1) ein, so kommt durch Koeffizientenvergleichung

$$(\varrho_i + 1)\, A_i = A_i', \qquad (\varrho_i + m + 1)\, A_i = (m\varrho_i + m + 1)\, A_i' \qquad (i = 1, 2), \tag{3}$$

$$3\alpha - \beta = \frac{\gamma}{g}, \qquad (m+3)\,\alpha = (3m+1)\,\beta. \tag{4}$$

Aus (3) folgt erstens

$$\varrho_i + 1 = \frac{\varrho_i + m + 1}{m\varrho_i + m + 1} \quad \text{oder} \quad \varrho_i^2 + 2\varrho_i = 0, \quad \text{also} \quad \varrho_1 = 0,\ \varrho_2 = -2$$

und dann zweitens mit $\varrho_1 = 0$ bzw. $\varrho_2 = -2$

$$A_1' = A_1, \quad A_2' = -A_2.$$

Aus (4) folgt

$$\alpha = \frac{3m+1}{8m}\,\frac{\gamma}{g}, \qquad \beta = \frac{m+3}{8m}\,\frac{\gamma}{g}. \tag{5}$$

Somit lautet jetzt die allgemeine Lösung von (1) mit den Stoffzahlen (5)

$$\left.\begin{aligned} \sigma_r &= A_1 + \frac{A_2}{r^2} - \alpha\,\omega^2 r^2, \\ \sigma_\varphi &= A_1 - \frac{A_2}{r^2} - \beta\,\omega^2 r^2. \end{aligned}\right\} \tag{6}$$

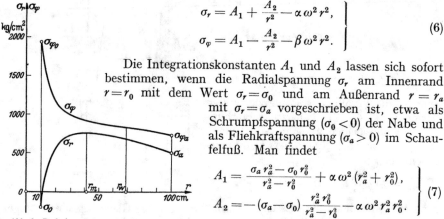

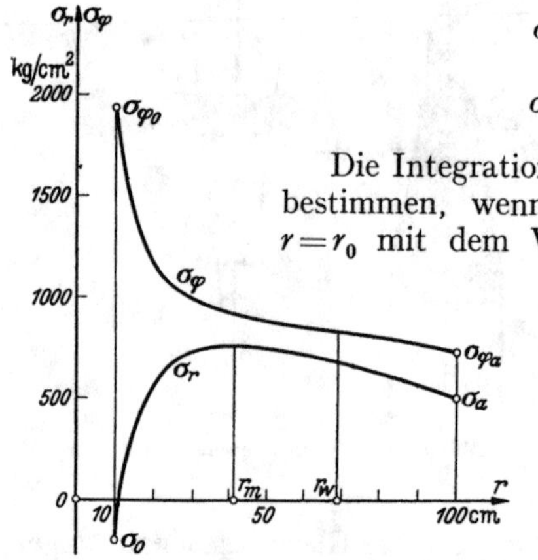

Abb. 6. Radial- und Azimutalspannung in der rotierenden Scheibe gleicher Dicke.

Die Integrationskonstanten A_1 und A_2 lassen sich sofort bestimmen, wenn die Radialspannung σ_r am Innenrand $r = r_0$ mit dem Wert $\sigma_r = \sigma_0$ und am Außenrand $r = r_a$ mit $\sigma_r = \sigma_a$ vorgeschrieben ist, etwa als Schrumpfspannung ($\sigma_0 < 0$) der Nabe und als Fliehkraftspannung ($\sigma_a > 0$) im Schaufelfuß. Man findet

$$\left.\begin{aligned} A_1 &= \frac{\sigma_a r_a^2 - \sigma_0 r_0^2}{r_a^2 - r_0^2} + \alpha\,\omega^2 (r_a^2 + r_0^2), \\ A_2 &= -(\sigma_a - \sigma_0)\frac{r_a^2 r_0^2}{r_a^2 - r_0^2} - \alpha\,\omega^2 r_a^2 r_0^2. \end{aligned}\right\} \tag{7}$$

Abb. 6 zeigt die Verteilung der beiden Spannungen längs eines Halbmessers (und zwar für $\sigma_0 = -200$ kg/cm², $\sigma_a = 500$ kg/cm², $n = 1000$ Uml/min, $\gamma = 7{,}85 \cdot 10^{-3}$ kg/cm³ und $m = 3{,}3$). Die Radialspannung σ_r hat einen Größtwert σ_m beim Halbmesser

$$r_m = \sqrt{r_a r_0}\,\sqrt[4]{1 + \frac{\sigma_a - \sigma_0}{\alpha\,\omega^2 (r_a^2 - r_0^2)}}, \tag{8}$$

welcher natürlich nicht notwendig in den Bereich r_0 bis r_a fallen muß. Die Azimutalspannung σ_φ nimmt für negative Werte von σ_0 (die die Regel bilden) von ihrem Höchstwert $\sigma_{\varphi 0}$ am Innenrand monoton ab bis zu ihrem Tiefstwert $\sigma_{\varphi a}$ am Außenrand, und man bestätigt wegen $\alpha > \beta$ leicht, daß dann auch stets noch $\sigma_{\varphi a} > \sigma_a$ ist. (Der Wendepunkt der σ_φ-Kurve liegt bei $r_w = r_m \sqrt[4]{3\alpha/\beta}$).

Die Radialdehnung der Scheibe folgt aus (**4**, 2) zu

$$u = \frac{r}{E}\left(\sigma_\varphi - \frac{\sigma_r}{m}\right) \tag{9}$$

und hat insbesondere am Innen- und Außenrand die Werte

$$\left.\begin{aligned} u_0 &= \frac{r_0}{E}\left\{\sigma_a \frac{2 r_a^2}{r_a^2 - r_0^2} - \sigma_0\left(\frac{r_a^2 + r_0^2}{r_a^2 - r_0^2} + \frac{1}{m}\right) + \omega^2\left[2\alpha r_a^2 + (\alpha - \beta) r_0^2\right]\right\}, \\ u_a &= \frac{r_a}{E}\left\{\sigma_a\left(\frac{r_a^2 + r_0^2}{r_a^2 - r_0^2} - \frac{1}{m}\right) - \sigma_0 \frac{2 r_0^2}{r_a^2 - r_0^2} + \omega^2\left[(\alpha - \beta) r_a^2 + 2\alpha r_0^2\right]\right\}. \end{aligned}\right\} \tag{10}$$

Bei der Vollscheibe hat man die Innenrandbedingung durch die Bedingung $\sigma_r = \sigma_\varphi$ für $r = r_0 = 0$ zu ersetzen und erhält $A_1 = \sigma_a + \alpha\omega^2 r_a^2$ und $A_2 = 0$ und somit die Spannungen

$$\left.\begin{aligned} \sigma_r &= \sigma_a + \alpha\omega^2 (r_a^2 - r^2), \\ \sigma_\varphi &= \sigma_a + \omega^2 (\alpha r_a^2 - \beta r^2); \end{aligned}\right\} \tag{11}$$

die Vergrößerung des Scheibenhalbmessers wird

$$u_a = \frac{m-1}{mE} r_a \left(\sigma_a + \frac{\gamma\omega^2}{4g} r_a^2\right). \tag{12}$$

Die ausgezogenen Kurven von Abb. 7 zeigen die Spannungen (11); sie nehmen vom Größtwert in der Scheibenmitte

$$\sigma_{r0} = \sigma_{\varphi 0} = \sigma_a + \alpha\omega^2 r_a^2 \tag{13}$$

parabolisch nach dem Außenrand hin ab, und zwar ist für $r > 0$ jeweils $\sigma_\varphi > \sigma_r$.

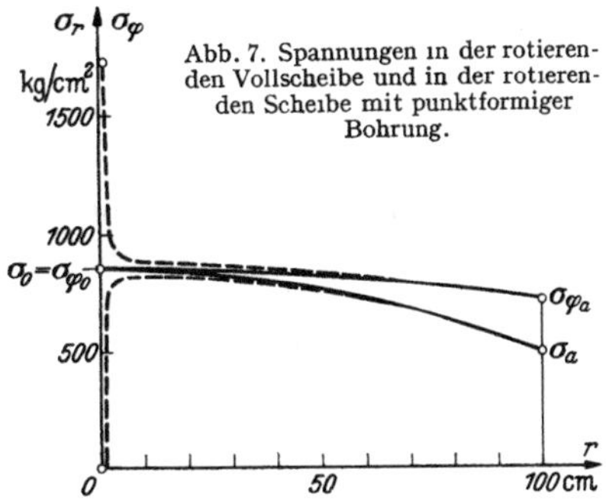

Abb. 7. Spannungen in der rotierenden Vollscheibe und in der rotierenden Scheibe mit punktförmiger Bohrung.

Zum Vergleich überlegen wir noch, wie sich eine Scheibe mit sehr kleiner Innenbohrung verhält. Setzt man in (6) nebst (7) zuerst $r = r_0$ und läßt dann $r_0 \to 0$ gehen, so findet man am Rand eines solchen punktförmigen Loches mit $\sigma_0 = 0$

$$\sigma_{\varphi 0} = 2(\sigma_a + \alpha\omega^2 r_a^2), \tag{14}$$

also das Doppelte des Wertes (13) der Vollscheibe. In Abb. 7 ist die Spannungsverteilung in einer Scheibe mit sehr kleiner Mittelbohrung gestrichelt angedeutet: sie unterscheidet sich von derjenigen in der Vollscheibe stark in der Umgebung des Loches, sonst aber nur wenig.

6. Schrumpfspannung und Schrumpfmaß. Die Radialspannungen σ_0 und σ_a am Innen- und Außenrand sind, genau besehen, nicht so ohne weiteres bekannt, wie wir bis jetzt der Einfachheit halber angenommen haben. Wir wenden uns zunächst der Innenspannung σ_0 zu. Sie entsteht durch das Aufschrumpfen der Scheibe auf ihre Welle. Um diese Spannung zu finden, betrachten wir zuerst eine Hohlscheibe, die auf eine gleichbreite Vollscheibe (Wellenstück) aufgesetzt wird. In Abb. 8 stellt a den Meridianschnitt der Vollscheibe, b den der Hohlscheibe je vor dem Aufsetzen dar. Der Halbmesser der Vollscheibe r_w unterscheidet sich von dem des Loches r_0 um $\Delta r_0 = r_w - r_0$.

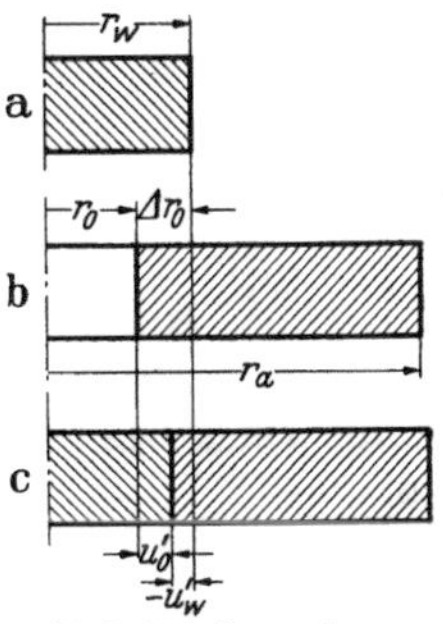

Abb. 8. Aufschrumpfen einer Hohlscheibe auf eine Vollscheibe.

Nachdem die Hohlscheibe sich durch Erhitzen hinreichend ausgedehnt hat, läßt sie sich über die Vollscheibe ziehen; nach der Wiederabkühlung entsteht Bild c. Die jetzt zwischen Vollscheibe und Hohlscheibe herrschende radiale Druckspannung $-p'$ verkleinert den Halbmesser der Vollscheibe um $-u_w'$ und vergrößert den Innenhalbmesser der Hohlscheibe um u_0', und zwar muß

$$\Delta r_0 = u_0' - u_w' \tag{1}$$

sein. (Dabei ist folgerichtig u_w', ebenso wie u_0', positiv gerechnet für Vergrößerung des Halbmessers.)

Solange die Scheiben noch nicht rotieren, folgt u_w' aus (**5**, 12) mit $r_a = r_w$, $\sigma_a = -p'$ und $\omega = 0$ zu

$$u_w' = -\frac{m-1}{mE} r_w p' \tag{2}$$

und ebenso u_0' aus (**5**, 10) mit $\sigma_0 = -p'$, $\sigma_a = 0$ und $\omega = 0$ zu

$$u_0' = \frac{r_0 p'}{E}\left(\frac{r_a^2 + r_0^2}{r_a^2 - r_0^2} + \frac{1}{m}\right). \tag{3}$$

Somit ergibt (1) mit $r_w = r_0 + \Delta r_0$

$$\Delta r_0 \left(1 - \frac{m-1}{m}\frac{p'}{E}\right) = \frac{2 r_a^2 r_0}{r_a^2 - r_0^2}\frac{p'}{E} \tag{4}$$

als Zusammenhang zwischen der sogenannten Schrumpfspannung p' (positiv gerechnet als Druck) und dem sogenannten Schrumpfmaß Δr_0 bei nichtrotierenden Scheiben. Da für alle technisch wichtigen Stoffe (etwa ausgenommen Gummi usw.) der Quotient aus den zulässigen Werten p' und der Stoffzahl $mE/(m-1)$ ein außerordentlich kleiner Bruch ist, so darf man statt (4) auch wohl schreiben

$$\Delta r_0 = \frac{2 r_a^2 r_0}{r_a^2 - r_0^2}\frac{p'}{E} \qquad \text{oder} \qquad p' = E\frac{r_a^2 - r_0^2}{2 r_a^2 r_0}\Delta r_0. \tag{5}$$

Hiermit läßt sich für nichtrotierende Scheiben bei vorgeschriebener Schrumpfspannung p' das Schrumpfmaß Δr_0 berechnen oder umgekehrt.

Sobald die Scheibe rotiert, ändern sich die Schrumpfspannung und die Dehnungen u_w' und u_0'. Wir nennen diese Größen jetzt p, u_w und u_0. Aus (**5**, 12) und (**5**, 10) folgt

$$\left.\begin{aligned} u_w &= -\frac{m-1}{mE} r_w \left(p - \frac{\gamma\omega^2}{4g} r_w^2\right), \\ u_0 &= \frac{r_0}{E}\left\{\sigma_a \frac{2 r_a^2}{r_a^2 - r_0^2} + p\left(\frac{r_a^2 + r_0^2}{r_a^2 - r_0^2} + \frac{1}{m}\right) + \omega^2\left[2\alpha r_a^2 + (\alpha - \beta) r_0^2\right]\right\}. \end{aligned}\right\} \tag{6}$$

Bildet man daraus wie in (1) wieder $\Delta r_0 = u_0 - u_w$, so kommt wegen

$$\alpha - \beta = \frac{m-1}{4m}\frac{\gamma}{g} \qquad \text{und} \qquad r_w = r_0 + \Delta r_0$$

das Ergebnis

$$\Delta r_0 \left\{1 - \frac{m-1}{mE}\left[p - \frac{\gamma\omega^2}{4g}\left(3 r_0^2 + 3 r_0 \Delta r_0 + \Delta r_0^2\right)\right]\right\} = \frac{2 r_a^2 r_0}{E}\left(\frac{\sigma_a + p}{r_a^2 - r_0^2} + \alpha\omega^2\right) \tag{7}$$

als Erweiterung von (4) auf rotierende Scheiben. In der geschweiften Klammer kann wieder das Glied mit p vernachlässigt werden, aber auch das Glied mit ω^2, solange

$$\omega r_0 \ll \sqrt{\frac{4 g m E}{3\gamma(m-1)}}$$

bleibt. Für Stahl beispielsweise heißt dies: solange die Umfangsgeschwindigkeit der Welle $\omega r_0 \ll 7000$ m/sek bleibt, was ganz sicher der Fall ist. Somit wird es genau genug sein, statt (7) zu schreiben

$$\Delta r_0 = \frac{2 r_a^2 r_0}{E}\left(\frac{\sigma_a + p}{r_a^2 - r_0^2} + \alpha\omega^2\right) \tag{8}$$

oder auch

$$p = \left(E\frac{\Delta r_0}{2 r_a^2 r_0} - \alpha\omega^2\right)(r_a^2 - r_0^2) - \sigma_a. \tag{9}$$

[Man bemerkt, daß die in (5), (8) und (9) begangenen Vernachlässigungen einfach darauf hinauslaufen, daß man den kleinen Unterschied zwischen r_0 und r_w außer acht läßt.]

Die Schrumpfspannung nimmt infolge der Rotation ab um

$$\Delta p = p' - p = \sigma_a + \alpha\omega^2 (r_a^2 - r_0^2), \tag{10}$$

was übrigens auch schon aus (**5**, 11) hätte geschlossen werden können.

Häufig verlangt man, daß die Schrumpfspannung p der rotierenden Scheibe sicher positiv ist. Dazu ist nach (9) ein Schrumpfmaß

$$\Delta r_0 > \frac{2 r_a^2 r_0}{E}\left(\frac{\sigma_a}{r_a^2 - r_0^2} + \alpha\,\omega^2\right) \qquad (11)$$

erforderlich.

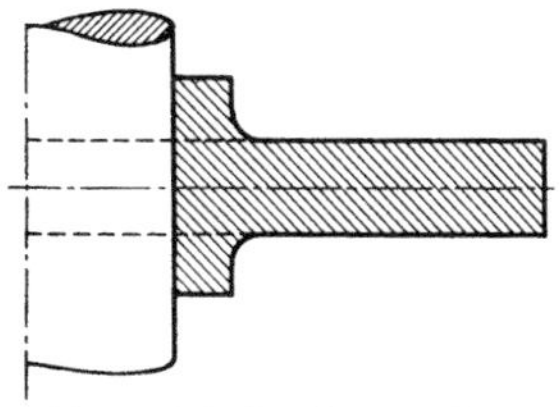
Abb. 9. Scheibe gleicher Dicke, auf eine Welle aufgeschrumpft.

Nun ist auch vollends der Fall, daß die Scheibe mit einer Nabe auf eine Welle aufgeschrumpft sitzt, rasch zu überblicken. Er erledigt sich für dünne Naben (auf die wir uns beschränken) durch die Bemerkung, daß man jedenfalls nach der sichereren Seite rechnet, wenn man nur den in Abb. 9 gestrichelt angedeuteten Bereich berücksichtigt, also die Nabenverbreiterung außer Betracht läßt und von der Welle lediglich das scheibenförmige Stück, das der Scheibenbreite ohne Nabe entspricht, als gedrückt ansieht.

Der aus (9) mit dem konstruktiven Schrumpfmaß Δr_0 errechnete Schrumpfdruck p ist als Wert von $-\sigma_0$ in die Formeln von Ziff. **5** einzuführen.

Für das Beispiel der Scheibe Abb. 6 in Ziff. **5** kommt mit $p = 200$ kg/cm², $E = 2{,}2 \cdot 10^6$ kg/cm² ein Schrumpfmaß $\Delta r_0 = 0{,}0096$ cm $\approx 0{,}1$ mm und also nach (5) eine Schrumpfspannung der nichtrotierenden Scheibe von $p' = 1045$ kg/cm². Das aus dieser Schrumpfspannung für die ruhende Scheibe aus (**5**, 6) und (**5**, 7) ermittelte Spannungsbild (σ_r', σ_φ') zeigt Abb. 10: die Schrumpfung beansprucht die Scheibe in der Nähe ihres Innenrandes ganz erheblich. (Zum Vergleich sind gestrichelt die Spannungen der rotierenden Scheibe aus Abb. 6 hinzugezeichnet.)

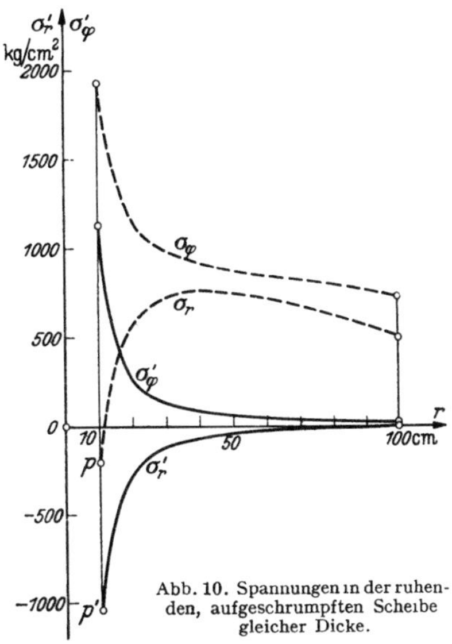

Abb. 10. Spannungen in der ruhenden, aufgeschrumpften Scheibe gleicher Dicke.

7. Der Einfluß des Kranzes. Die äußere Radialspannung σ_a wäre aus dem gesamten Gewicht G_s der Schaufeln, ihrem Schwerpunktsabstand r_s von der Drehachse und der Scheibendicke y_a leicht zu berechnen, wenn die Schaufeln unmittelbar am Außenrand ($r = r_a$) der Scheibe befestigt wären. Dann müßte nämlich

$$2\pi r_a y_a \sigma_a = \frac{G_s}{g}\,\omega^2 r_s$$

sein, also

$$\sigma_a = \frac{G_s}{2\pi g}\,\frac{r_s}{r_a y_a}\,\omega^2. \qquad (1)$$

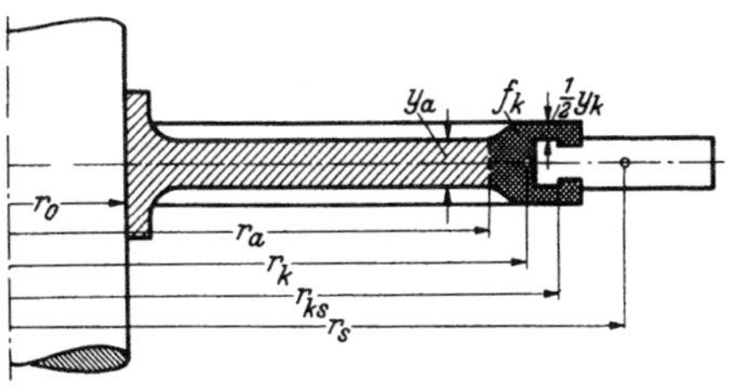

Abb. 11. Scheibe gleicher Dicke mit Schaufelkranz.

Tatsächlich aber trägt die Scheibe einen Kranz, in welchem die Schaufelfüße befestigt sind (Abb. 11). Würde man sich diesen Kranz durch radiale Sägeschnitte in lauter Stücke wie die Einzelschaufeln zerspalten denken und ihre Masse der Masse der Schaufeln zuschlagen, so könnte man σ_a immer noch aus (1) berechnen. Es fragt sich nun, wieweit diese Formel dadurch gestört wird, daß der Kranz in Wirklichkeit zusammenhängt, also auch azimutale Spannungen σ_φ aufnehmen kann.

Dieser Einfluß des Kranzes entzieht sich einer genauen Rechnung; er läßt sich aber wenigstens abschätzen[1]). Mit den Bezeichnungen von Abb. 11, worin insbesondere f_k die Querschnittsfläche des Kranzes und r_k den Abstand ihres Schwerpunkts von der Achse bedeutet, hat man als Bedingung des radialen Gleichgewichts eines Kranzelements vom Sektorwinkel $d\varphi$

$$r_a y_a \sigma_a d\varphi + f_k \sigma_{\varphi k} d\varphi = \frac{G_s}{2\pi g}\omega^2 r_s d\varphi + \frac{\gamma}{g}\omega^2 f_k r_k^2 d\varphi. \tag{2}$$

Dabei ist $\sigma_{\varphi k}$ der Mittelwert der azimutalen Spannung im Kranz. Die radiale Spannung σ_{rk} im Kranz fängt mit der Außenspannung σ_a der Scheibe an, wird dann i. a. wegen der Verbreiterung des Kranzes sinken und in den beiden Flanken (je von der Breite $\frac{1}{2} y_k$) wieder bis zu dem Wert $\sigma_a' = \frac{G_s \omega^2 r_s}{2\pi r_{ks} y_k g}$ ansteigen, der von den Schaufelfliehkräften herrührt. Da das Produkt $r_{ks} y_k$ jedenfalls von gleicher Größenordnung wie das Produkt $r_a y_a$ sein wird, so ist gemäß der Näherungsformel (1) der Wert σ_a' nicht allzuweit von σ_a entfernt und demgemäß auch der Mittelwert $\bar\sigma_{rk}$ dieser Radialspannungen im ganzen Kranze, so daß man mit einem Faktor ε, der zwar nicht näher bekannt, aber sicher nicht weit von der Zahl 1 entfernt sein mag und i. a. eher unter 1 als über 1 liegt,

$$\sigma_{rk} = \varepsilon \sigma_a \tag{3}$$

setzen kann.

Mit den Mittelwerten $\sigma_{\varphi k}$ und $\bar\sigma_{rk}$ berechnet sich die mittlere Vergrößerung des Kranzhalbmessers r_k zu

$$\bar u_k = \frac{r_k}{E}\left(\bar\sigma_{\varphi k} - \frac{\bar\sigma_{rk}}{m}\right) \tag{4}$$

oder gemäß (2) und (3) zu

$$\bar u_k = \frac{r_k}{E}\left[\frac{G_s r_s}{2\pi g f_k}\omega^2 + \frac{\gamma}{g} r_k^2 \omega^2 - \sigma_a\left(\frac{r_a y_a}{f_k} + \frac{\varepsilon}{m}\right)\right]. \tag{5}$$

Andererseits ist die Vergrößerung u_a des Scheibenhalbmessers r_a durch (**5**, 10) bekannt. Da der verbreiterte Fuß des Kranzes ein in radialer Richtung sehr steifes Gebilde ist, so darf man annehmen, daß er nur eine ganz geringfügige radiale Dehnung erleidet, d. h., daß die Differenz $r_k - r_a$ sich bei der Verformung des ganzen Gebildes nahezu gleich bleibt. Dies besagt offenbar, daß man sehr genähert $\bar u_k = u_a$ setzen darf. Damit aber bekommt man gemäß (5) und (**5**, 10)

$$\left.\begin{aligned} \sigma_a\left[\frac{r_a y_a}{f_k} + \frac{\varepsilon}{m} + \frac{r_a}{r_k}\left(\frac{r_a^2 + r_0^2}{r_a^2 - r_0^2} - \frac{1}{m}\right)\right] - \sigma_0 \frac{2 r_a r_0^2}{r_k (r_a^2 - r_0^2)} = \\ = \omega^2\left\{\frac{G_s r_s}{2\pi g f_k} + \frac{\gamma}{g} r_k^2 - \frac{r_a}{r_k}\left[(\alpha-\beta) r_a^2 + 2\alpha r_0^2\right]\right\}. \end{aligned}\right\} \tag{6}$$

Dies ist die gesuchte Gleichung für σ_a, die an die Stelle von (1) tritt.

In den meisten Fällen wird das Rechteck $r_a y_a$ sehr viel größer als der Kranzquerschnitt f_k sein, und dann darf man in der eckigen Klammer links alle übrigen Glieder (die in der Regel < 1 sind) gegen das erste Glied weglassen, ebenso das Glied mit σ_0, und hat also die Näherungsformel

$$\sigma_a = \frac{\omega^2}{r_a y_a}\left\{\frac{G_s r_s}{2\pi g} + f_k r_k^2\left[\frac{\gamma}{g} - (\alpha-\beta)\frac{r_a^3}{r_k^3} - 2\alpha \frac{r_a r_0^2}{r_k^3}\right]\right\}. \tag{7}$$

Ohne Rücksicht auf die azimutale Festigkeit des Kranzes (also wenn dieser durch Sägeschnitte unterteilt wäre), aber mit Berücksichtigung seiner Fliehkräfte hätte man

$$\sigma_a' = \frac{\omega^2}{r_a y_a}\left(\frac{G_s r_s}{2\pi g} + \frac{\gamma}{g} f_k r_k^2\right). \tag{8}$$

[1]) Vgl A. Stodola, Dampf- und Gasturbinen, S. 315, 5. Aufl., Berlin 1922.

Die Glieder mit α und β in (7) bedeuten folglich (im Rahmen der Genauigkeit dieser Abschätzung) den Einfluß der azimutalen Festigkeit des Kranzes.

Mit dem so ermittelten Wert σ_a ist in Ziff. **5** zu rechnen.

8. Scheiben mit hyperbolischen Profilen. Eine Lösung in geschlossener Form lassen außer der Scheibe gleicher Dicke alle Scheiben mit Profilen von der Form

$$y=\frac{c}{r^n} \tag{1}$$

zu, wo c und n irgendwelche reelle Zahlen sind. Viele praktisch vorkommenden Profile können genähert durch die Formel (1) mit meist positivem Exponenten n wiedergegeben werden (hyperbolische Profile). Gemäß (**4**, 1) und (**4**, 3) hat man es jetzt mit dem simultanen System

$$\left.\begin{aligned} r\frac{d\sigma_r}{dr}+(1-n)\,\sigma_r-\sigma_\varphi &= -\frac{\gamma}{g}\,\omega^2 r^2,\\ r\frac{d\sigma_r}{dr}-m\,r\frac{d\sigma_\varphi}{dr}+(m+1)\,(\sigma_r-\sigma_\varphi) &= 0\end{aligned}\right\} \tag{2}$$

zu tun. Man findet genau wie bei der Scheibe gleicher Dicke (die ja den Sonderfall $n=0$ vorstellt) als allgemeine Lösung

$$\left.\begin{aligned}\sigma_r &= A_1 r^{\varrho_1}+A_2 r^{\varrho_2}-\alpha'\omega^2 r^2,\\ \sigma_\varphi &= (\varrho_1+1-n)\,A_1 r^{\varrho_1}+(\varrho_2+1-n)\,A_2 r^{\varrho_2}-\beta'\omega^2 r^2\end{aligned}\right\} \tag{3}$$

mit

$$\varrho_{1,2}=\frac{n}{2}-1\mp\sqrt{1+\frac{n}{m}+\frac{n^2}{4}} \tag{4}$$

und

$$\alpha'=\frac{3m+1}{8m-3mn-n}\,\frac{\gamma}{g},\qquad \beta'=\frac{m+3}{8m-3mn-n}\,\frac{\gamma}{g}. \tag{5}$$

Mit den Radialspannungen σ_0 und σ_a für den Innenrand $r=r_0$ und den Außenrand $r=r_a$ werden die Integrationskonstanten

$$\left.\begin{aligned} A_1 &= \frac{\sigma_a r_0^{\varrho_2}-\sigma_0 r_a^{\varrho_2}+\alpha'\omega^2\,(r_a^2 r_0^{\varrho_2}-r_0^2 r_a^{\varrho_2})}{r_a^{\varrho_1} r_0^{\varrho_2}-r_a^{\varrho_2} r_0},\\ A_2 &= \frac{\sigma_a r_0^{\varrho_1}-\sigma_0 r_a^{\varrho_1}+\alpha'\omega^2\,(r_a^2 r_0^{\varrho_1}-r_0^2 r_a^{\varrho_1})}{r_a^{\varrho_2} r_0^{\varrho_1}-r_a^{\varrho_1} r_0^{\varrho_2}}.\end{aligned}\right\} \tag{6}$$

Schrumpft man die hyperbolische Scheibe auf eine Scheibe gleicher Dicke, welche wieder die Welle ersetzen mag, so findet man als Zusammenhang zwischen dem Schrumpfmaß Δr_0 und dem Schrumpfdruck $-\sigma_0=p$ [mit denselben Vernachlässigungen wie in Formel (**6**, 8)]

$$\left.\begin{aligned}\Delta r_0=\frac{r_0}{E}\Bigg\{&\frac{m-1}{m}\,p+\left(\frac{\alpha'}{m}-\beta'-\frac{m-1}{4m}\,\frac{\gamma}{g}\right)\omega^2 r_0^2+\\ &+\frac{\left(\varrho_1+1-n-\frac{1}{m}\right)r_0^{\varrho_1}}{r_a^{\varrho_1} r_0^{\varrho_2}-r_a^{\varrho_2} r_0^{\varrho_1}}\left[\sigma_a r_0^{\varrho_2}+p\,r_a^{\varrho_2}+\alpha'\omega^2\,(r_a^2 r_0^{\varrho_2}-r_0^2 r_a^{\varrho_2})\right]+\\ &+\frac{\left(\varrho_2+1-n-\frac{1}{m}\right)r_0^{\varrho_2}}{r_a^{\varrho_2} r_0^{\varrho_1}-r_a^{\varrho_1} r_0^{\varrho_2}}\left[\sigma_a r_0^{\varrho_1}+p\,r_a^{\varrho_1}+\alpha'\omega^2\,(r_a^2 r_0^{\varrho_1}-r_0^2 r_a^{\varrho_1})\right]\Bigg\}.\end{aligned}\right\} \tag{7}$$

Kleine Abweichungen von der hyperbolischen Form, wie sie insbesondere an der Nabe vorkommen mögen (vgl. Abb. 12, wo die Hyperbel $y=c/r^n$ gestrichelt ist), darf man dabei ohne Bedenken in Kauf nehmen, da man mit (7) wieder nach der sicheren Seite hin rechnet.

Für die Fliehkraftspannung σ_a kommt auf demselben Wege wie in Ziff. **7**

$$\sigma_a = \frac{\omega^2}{r_a y_a}\left[\frac{G_s r_s}{2\pi g} + f_k r_k^2\left(\frac{\gamma}{g} - k\right)\right] \tag{8}$$

mit dem Korrekturglied k, das wieder den Einfluß der azimutalen Festigkeit des Kranzes ausdrückt,

$$k = \frac{r_a^3}{r_k^3}\left[\frac{\alpha'}{m} - \beta' + \alpha'\frac{\left(\varrho_1 + 1 - n - \frac{1}{m}\right)\left(r_a^{\varrho_1+2}\, r_0^{\varrho_2} - r_a^{\varrho_1+\varrho_2} r_0^2\right) - \left(\varrho_2 + 1 - n - \frac{1}{m}\right)\left(r_a^{\varrho_2+2} r_0^{\varrho_1} - r_a^{\varrho_1+\varrho_2}\, r_0^2\right)}{r_a^{\varrho_1+2}\, r_0^{\varrho_2} - r_a^{\varrho_2+2}\, r_0^{\varrho_1}}\right]. \tag{9}$$

Mit den aus (7) und (8) zu entnehmenden Werten von $\sigma_0 = -p$ und σ_a ist in (6) zu rechnen. Das Korrekturglied k ist schon bei den hyperbolischen Profilen und mehr noch bei den folgenden allgemeineren Profilen recht unbequem zu ermitteln. Daher läßt man es praktisch häufig außer acht, indem man erwägt, daß man mit $k = 0$ jedenfalls nach der sicheren Seite hin rechnet; oder aber man rechnet den Kranz als Teil der Scheibe, wie wir das bei dem nun folgenden allgemeinen Verfahren tun werden.

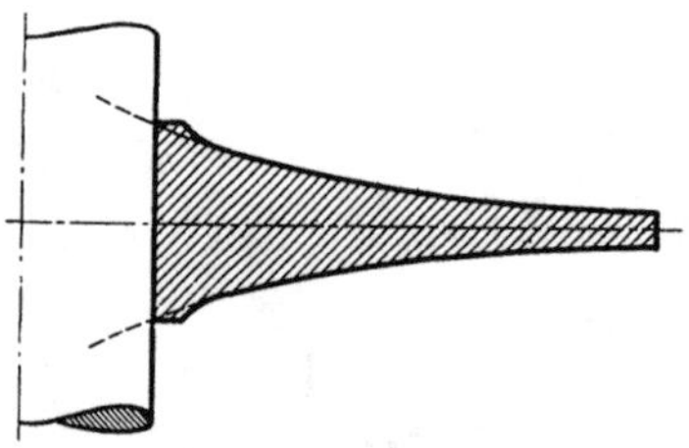

Abb. 12. Hyperbolisches Profil, auf eine Welle aufgeschrumpft.

9. Scheiben mit beliebigem Profil. Wenn das Profil $y(r)$ beliebig vorgeschrieben ist, wie bei den Scheiben der Dampfturbinen, so lassen die Grundgleichungen (**4**, 1) und (**4**, 3) für die beiden Spannungen σ_r und σ_φ i. a. keine Lösung in geschlossener Form mehr zu. Von den vielen Näherungsverfahren, die für solche allgemeinen Profile entwickelt worden sind, ist das folgende[1]) wohl am einfachsten und übersichtlichsten.

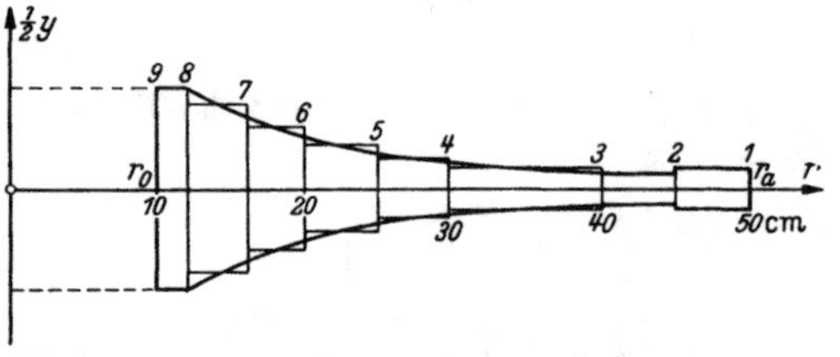

Abb. 13. Zerlegung einer Scheibe beliebigen Profils in Teilscheiben von je gleicher Dicke.

Man ersetzt das wirkliche Scheibenprofil durch eine treppenförmige Näherung, so daß also die Scheibe aus lauter ringförmigen Teilscheiben von je gleicher Dicke aufgebaut erscheint (Abb. 13). Für jede dieser Teilscheiben gelten die Gleichungen (**5**, 6), wobei die Konstanten A_1 und A_2 von Teilscheibe zu Teilscheibe andere Werte annehmen können. Führt man eine neue Veränderliche

$$x = \frac{1}{r^2} \tag{1}$$

und neue Spannungswerte

$$s = \sigma_r + \alpha\omega^2 r^2, \qquad t = \sigma_\varphi + \beta\omega^2 r^2 \tag{2}$$

ein, wobei wieder

$$\alpha = \frac{3m+1}{8m}\frac{\gamma}{g}, \qquad \beta = \frac{m+3}{8m}\frac{\gamma}{g} \tag{3}$$

ist, so nehmen jene Gleichungen (**5**, 6) die einfache Gestalt an

$$s = A_1 + A_2 x, \qquad t = A_1 - A_2 x. \tag{4}$$

Sind bei einer Teilscheibe etwa an ihrem Außenrand r_ι die Spannungen $\sigma_{r,i}$ und $\sigma_{\varphi,i}$ schon bekannt, so kennt man nach (2) auch ihre Randwerte s_ι und t_ι

[1]) R. Grammel, Ein neues Verfahren zur Berechnung rotierender Scheiben, Dinglers polytechn. J. **338** (1923) S. 217.

daselbst und findet dann die Werte $s_{\iota+1}$ und $t_{\iota+1}$ an ihrem Innenrand $r_{\iota+1}$ gemäß (4) entweder rechnerisch, indem man aus

$$s_i = A_1 + A_2 x_\iota, \qquad t_\iota = A_1 - A_2 x_\iota$$

die Konstanten A_1 und A_2 berechnet und in

$$s_{\iota+1} = A_1 + A_2 x_{\iota+1}, \qquad t_{\iota+1} = A_1 - A_2 x_{\iota+1}$$

einsetzt, was mit dem (aus lauter schon bekannten Größen gebildeten) Ausdruck

$$q = \frac{x_{\iota+1} - x_\iota}{2 x_\iota}(s_\iota - t_\iota) \tag{5}$$

auf

$$s_{\iota+1} = s_\iota + q, \qquad t_{\iota+1} = t_\iota - q \tag{6}$$

führt; oder aber graphisch, indem man (Abb. 14) auf einer x-Achse über der Abszisse $x_\iota = 1/r_\iota^2$ die Ordinaten s_ι und t_ι aufträgt und durch die so erhaltenen Punkte gemäß (4) zwei Geraden von entgegengesetzter Neigung zieht, die sich auf der Ordinatenachse schneiden: diese Geraden liefern über der Abszisse $x_{\iota+1} = 1/r_{\iota+1}^2$ die Ordinaten s_{i+1} und $t_{\iota+1}$. [Die beiden Geraden (4) haben nämlich den gemeinsamen Punkt mit der Ordinate A_1 auf der Ordinatenachse und entgegengesetzte Steigungen $\pm A_2$.] Aus s_{i+1} und t_{i+1} folgen dann nach (2) ohne weiteres die Spannungen $\sigma_{r,\,\iota+1}$ und $\sigma_{\varphi,\,i+1}$ am Innenrand $r_{\iota+1}$ dieser Teilscheibe.

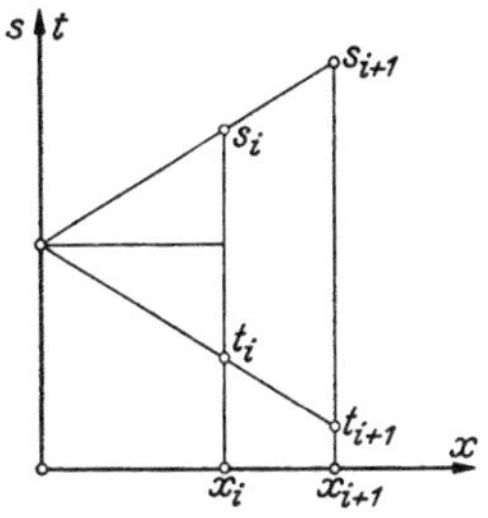

Abb. 14. Konstruktion von $s_{\iota+1}$ und $t_{\iota+1}$ aus s_ι und t_ι.

Um von einer Teilscheibe zur nächstfolgenden überzugehen, muß man die Sprünge Δs und Δt ermitteln, die die Größen s und t dabei erleiden. Springt die Scheibendicke um Δy, die Spannung σ_r um $\Delta\sigma_r$, so muß doch die Radialkraft (je Längeneinheit des gemeinsamen Randes beider Teilscheiben) sprunglos übertragen werden; dies gibt

$$y\,\sigma_r = (y + \Delta y)(\sigma_r + \Delta\sigma_r). \tag{7}$$

Damit die beiden Teilscheiben an der Sprungstelle nicht ihren Zusammenhang verlieren, muß außerdem an dieser Stelle die radiale Verschiebung u für beide gleich groß sein; das heißt aber nach (**4**, 2), daß der Ausdruck $\sigma_\varphi - \sigma_r/m$ sprungfrei bleiben muß, daß also

$$\Delta\sigma_\varphi = \frac{\Delta\sigma_r}{m} \tag{8}$$

ist. Indem man (7) nach $\Delta\sigma_r$ auflöst und beachtet, daß gemäß (2) die gesuchten Sprünge von s und t mit den Sprüngen von σ_r und σ_φ übereinstimmen — da die Größen $\alpha\omega^2 r^2$ und $\beta\omega^2 r^2$ die Sprungstellen stetig durchsetzen —, so gewinnt man aus (7) und (8) die Sprungwerte

$$\Delta s = -\frac{\Delta y}{y + \Delta y}\sigma_r, \qquad \Delta t = \frac{\Delta s}{m}. \tag{9}$$

Die Formeln (1), (2), (3) und (9) in Verbindung entweder mit (5) und (6) oder mit einer Konstruktion nach Abb. 14 reichen zur Ermittlung der Spannungen σ_r und σ_φ in einer ganz beliebigen Scheibe völlig aus.

Als Beispiel nehmen wir die in Abb. 13 gezeichnete Stahlscheibe. Sie rotiere mit 3000 Uml/min und habe an der Nabe eine Schrumpfspannung $\sigma_0 = -75$ kg/cm² und am Außenrand eine von den Schaufelfliehkräften herrührende Radialspannung $\sigma_a = 200$ kg/cm². Mit dem spezifischen Gewicht $\gamma = 7{,}85 \cdot 10^{-3}$ kg/cm³ und mit $m = 10/3$ wird $\alpha\omega^2 = 0{,}327$ kg/cm⁴ und $\beta\omega^2 = 0{,}188$ kg/cm⁴. Man legt sich ein Rechenformular an, das in der zweckmäßigsten

Gestalt als Anhang IIIa ausgefüllt und als Anhang IIIb leer dem Buche beigefügt ist. Man kann entweder von außen nach innen rechnen oder umgekehrt; wir beginnen in diesem Beispiel beim Außenrand.

Da am Außenrand $\sigma_{\varphi a}$ nicht bekannt ist, so wählt man in einem ersten Rechnungsgang neben $\sigma'_{ra} \equiv \sigma_a = 200$ kg/cm² einen willkürlichen Wert $\sigma'_{\varphi a} = 500$ kg/cm² und trägt diese beiden Werte in die umrandeten, mit ● und ✦ bezeichneten Felder des Formulars ein. Sodann füllt man die Zeilen a bis l aus. Soweit die Zahlen nicht einfach der Profilzeichnung Abb. 13 entnommen sind, ist ihre Rechenvorschrift in der Vorspalte angegeben.

Die nun folgende eigentliche Scheibenrechnung umfaßt zunächst die Zeilengruppe I und schreitet dort von Spalte zu Spalte weiter. Die Vorspalte zeigt die Rechenvorschrift sowohl durch Formeln wie durch Pfeile an. Auch in das Formular selbst sind die Pfeile als Wegweiser eingetragen, so daß ganz automatisch gerechnet werden kann. (Der gewandte Rechner wird, wenn er die Rechnung öfters wiederholen muß, auf die Pfeile bald verzichten können.) In dem Formular ist dafür gesorgt, daß nur solche Zahlen miteinander in einer Rechenoperation verbunden werden müssen, die unmittelbar oder schräg übereinanderstehen. Die erste Spalte befolgt ihr eigenes Gesetz, das im Formular deutlich vorgeschrieben ist. Im einzelnen geht beim vorliegenden Beispiel die Rechnung folgendermaßen.

Man addiert in der Pfeilrichtung der ersten Spalte $200 + 817 = 1017$ und $500 + 470 = 970$. Der gemeinsam von 1017 und 970 ausgehende Pfeil (in der Vorspalte) weist auf die Differenz $1017 - 970 = 47$, von da auf das Produkt $0{,}117 \cdot 47 = 5$. Diese Zahl wird, wie der Pfeil (vor der Vorspalte) zeigt, nach oben (zwischen 1017 und 970) übertragen. Von da gehen zwei Pfeile (in der Spalte 2) aus; der obere weist zur Summe $1017 + 5 = 1022$, weiter zur Differenz $1022 - 662 = 360$ (die Zwischenzahl 154 bei der punktierten Pfeillinie ist noch gar nicht vorhanden, kann also die Rechnung nicht stören). Der bei 0,428 beginnende Pfeil weist abwärts auf das Produkt $0{,}428 \cdot 360 = 154$ und weiter auf die Summe $1022 + 154 = 1176$ in der s'_*-Zeile. Ebenso weist der von der Zahl 5 ausgehende, abwärts gerichtete Pfeil auf die Differenz $970 - 5 = 965$ und weiter auf $965 - 381 = 584$. Um in dieser Spalte aufwärts schreiten zu können, muß man offenbar zuerst den Wert $\Delta t'$ kennen; auf ihn weist (in der Vorspalte) der von $\Delta s'$ ausgehende Pfeil, welcher das Produkt $154/m = 46$ liefert. Weiter führt dann die Summe $965 + 46 = 1011$ in die t'_*-Zeile zurück. Der gemeinsam von 1176 und 1011 ausgehende Pfeil (in der Vorspalte) weist auf die Differenz 165, sodann auf das Produkt 22, das nach oben übertragen wird, wonach die Rechnung in gleicher Weise zur nächsten Spalte fortschreitet. Schließlich erreicht man den unterstrichenen Endwert $\sigma'_{r0} = -158$ kg/cm² in der letzten Spalte. Dieser wird i. a. nicht mit der vorgeschriebenen Schrumpfspannung σ_0 übereinstimmen.

Man überlagert daher diesem e r s t e n Spannungszustand σ'_r, σ'_φ (herrührend von den Eigenfliehkräften der Scheibe sowie von der radialen Randspannung $\sigma'_{ra} = \sigma_a$ und der willkürlichen azimutalen Randspannung $\sigma'_{\varphi a}$) einen z w e i t e n Spannungszustand, der in der n i c h t rotierenden Scheibe nur von einer beliebigen Azimutalspannung $\sigma''_{\varphi a}$ am Außenrand allein hervorgebracht wird. Man nimmt somit $\omega = 0$, also $s'' = \sigma''_r$ und $t'' = \sigma''_\varphi$ und wiederholt in der Zeilengruppe II die Rechnung mit dem Anfangswert $\sigma''_{ra} = 0$ und mit dem willkürlichen Wert $\sigma''_{\varphi a} = 100$ kg/cm². Diese zweite Rechnung geht genau in der Folge der ersten Rechnung vor sich, jedoch mit der Vereinfachung, daß dabei wegen $\omega = 0$ einige Zeilen weggefallen sind. Der wiederum unterstrichene Endwert der Rechnung II ist $\sigma''_{r0} = -676$ kg/cm².

Um nun die vorgeschriebene Schrumpfspannung $\sigma_0 = -75$ kg/cm² zu erreichen, muß man zum ersten Spannungszustand ein gewisses $\varkappa$-faches des zweiten Spannungszustandes hinzufügen, und zwar muß gelten

$$\sigma_0 = \sigma'_{r0} + \varkappa\, \sigma''_{r0},$$

also

$$\varkappa = \frac{\sigma_0 - \sigma'_{r0}}{\sigma''_{r0}}. \tag{10}$$

In unserem Beispiel ist $\varkappa = -0{,}123$. Außerdem wird man an den Sprungstellen jeweils den Mittelwert von σ_r und $\sigma_r + \Delta s$, also den Wert $\bar{\sigma}_r = \sigma_r + \frac{1}{2}\Delta s$ nehmen und ebenso $\bar{\sigma}_\varphi = \sigma_\varphi + \frac{1}{2}\Delta t$. Diese Mittelwertsbildungen und Überlagerungen der beiden Spannungszustände sind vollends in der Zeilengruppe *III* unmittelbar verständlich durchgeführt und liefern die endgültigen Spannungswerte σ_r und σ_φ.

Wie man leicht bemerkt, besteht der Leitgedanke dieses Verfahrens darin, daß man sich zwei geeignete Integrale des zugehörigen Differentialgleichungssystems [als welches man die Gleichungen (**4**, 1) und (**4**, 3) mit abteilungsweise

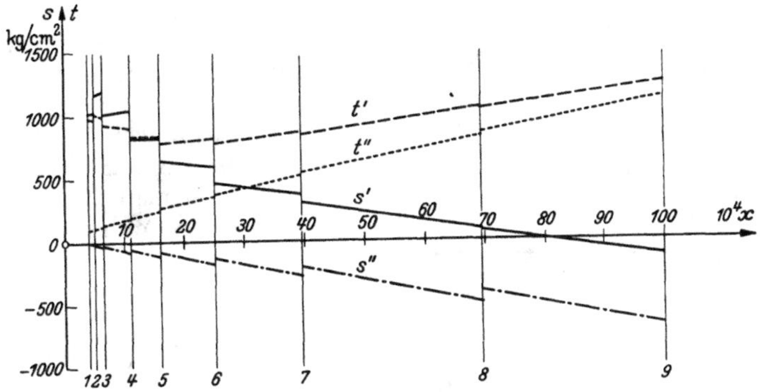

Abb. 15. Graphische Ermittlung der Scheibenspannungen.

festem y ansehen kann] näherungsweise herstellt, nämlich ein partikuläres Integral σ'_r, σ'_φ der unverkürzten Gleichungen ($\omega \neq 0$), welches die Außenrandbedingung für σ_r erfüllt, und dasjenige Integral $\varkappa\sigma''_r$, $\varkappa\sigma''_\varphi$ der verkürzten Gleichungen ($\omega = 0$), welches zusammen mit σ'_r, σ'_φ immer noch die Außenrandbedingung für σ_r befriedigt, und daß man schließlich die Integrationskonstante $\varkappa$ bestimmt, indem man die Gesamtlösung $\sigma_r \equiv \sigma'_r + \varkappa\sigma''_r$ auch noch an die Innenrandbedingung von σ_r anpaßt.

Ungefähr ebenso rasch, wenn auch wohl weniger genau, führt die halbgraphische Ermittlung nach Abb. 14 zum Ziel. Man benützt zur Hilfe ebenfalls das vorige Rechenformular in Anhang IIIa und IIIb, jedoch ohne die rechts (in der Schraffur) mit einem * versehenen Zeilen. Nachdem wieder die Zeilen *a* bis *k* (ohne *i* und *l*) vorbereitet sind, hat man die Konstruktion von Abb. 15 durchzuführen, und zwar wieder zweimal, das erstemal beginnend mit den aus σ'_{ra} und $\sigma'_{\varphi a}$ folgenden Anfangswerten $s' = 1017$ kg/cm², $t' = 970$ kg/cm², das zweitemal mit den Anfangswerten $s'' = \sigma''_{ra} = 0$ und $t'' = \sigma''_{\varphi a} = 100$ kg/cm². Man zieht also von den Anfangswerten am Querschnitt *1* aus zwei entgegengesetzt geneigte Geraden, die sich auf der Ordinatenachse schneiden, trägt die am Querschnitt *2* erhaltenen Werte in die Zeilen $s'_* + q'$ und $t'_* - q'$ der zweiten Spalte ein und geht von da in den Pfeilrichtungen weiter bis σ'_r (bzw. σ''_r) und σ'_φ (bzw. σ''_φ) sowie zu den Sprüngen Δs und Δt. Diese fügt man in Abb. 15 am Querschnitt *2* zu den alten s- und t-Werten hinzu und wiederholt von den so gewonnenen neuen s- und t-Werten aus die Konstruktion. Die Auswertung der Ergebnisse geschieht wie oben.

Bei dem willkürlichen Anfangswert $\sigma'_{\varphi a}$ möge man darauf achten, daß die Anfangswerte s' und t' der ganzen Konstruktion nahe beisammen liegen, da sonst in den ersten Intervallen schiefe Schnitte vorkommen können; man wähle also $\sigma'_{\varphi a}$ in der Nähe von $\sigma'_{ra}+(\alpha-\beta)\omega^2 r_a^2$.

Wenn das Verhältnis r_a/r_0 zwischen Außen- und Innenhalbmesser der Scheibe groß ist, so kann, je nach dem gewählten x-Maßstab, entweder x_a allzu klein oder x_0 unzugänglich groß ausfallen. Man umgeht diese Schwierigkeit dadurch, daß man den Bereich von x_a bis x_0 in zwei Bereiche, etwa von x_a bis x' und von x' bis x_0 unterteilt und für jeden der beiden Teilbereiche mit je einem geeigneten x-Maßstab die Konstruktion besonders durchführt.

Natürlich können sowohl Rechnung wie Zeichnung auch vom Innenrand zum Außenrand fortschreiten. Alle Vorschriften bleiben dabei erhalten; nur ist in den Bezeichnungen und also auch in Formel (10) der Zeiger 0 mit dem Zeiger a zu vertauschen.

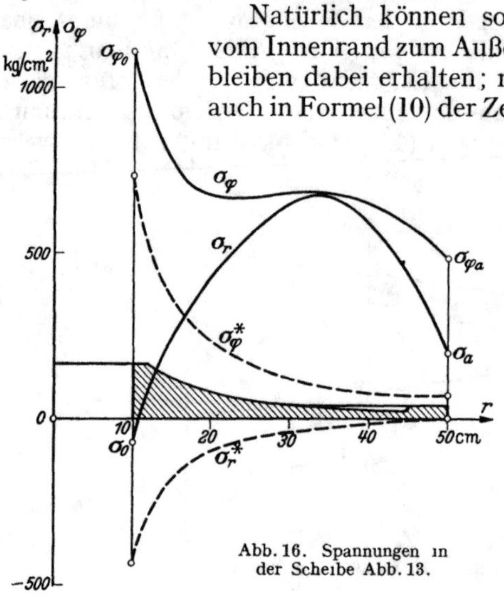

Abb. 16. Spannungen in der Scheibe Abb. 13.

Aus den ermittelten Spannungen σ_r und σ_φ, die für unser Beispiel in Abb. 16 über dem Scheibenprofil aufgetragen sind, ergibt sich auch das Schrumpfmaß Δr_0, indem man die Überlegungen von Ziff. **6** sinngemäß überträgt. Für die rotierende Scheibe hat man am Innenrand mit $\sigma_0=-p$ eine radiale Erweiterung

$$u_0=\frac{r_0}{E}\left(\sigma_{\varphi 0}+\frac{p}{m}\right).$$

Für die rotierende Welle gilt nach (**6**,6)

$$u_w=-\frac{m-1}{mE}r_w\left(p-\frac{\gamma\omega^2}{4g}r_w^2\right),$$

und somit folgt $\Delta r_0=u_0-u_w$, wenn man wieder $r_0\approx r_w$ setzt, zu

$$\Delta r_0=\frac{r_0}{E}\left(\sigma_{\varphi 0}+p-\frac{m-1}{4m}\frac{\gamma}{g}\omega^2 r_0^2\right). \tag{11}$$

In unserem Beispiel wird das Schrumpfmaß $\Delta r_0=0{,}0053$ cm.

Aber auch die Schrumpfspannung p' der nichtrotierenden Scheibe und deren Spannungen σ_r^* und σ_φ^* lassen sich vollends leicht angeben. Der für die Scheibe schon ermittelte „zweite" Spannungszustand σ_r', $\bar\sigma_\varphi''$ würde, da er zu $\omega=0$ gehört, die gesuchten Werte σ_r^*, σ_φ^* darstellen, wenn $\bar\sigma_0''=-p'$ wäre. Das wird aber, da ja $\bar\sigma_{\varphi a}''=\sigma_{\varphi a}''$ ($=100$ kg/cm²) willkürlich gewählt war, i. a. nicht zutreffen. Wohl aber weiß man, daß ein beliebiger Faktor z, mit dem man den Anfangswert $\sigma_{\varphi a}''$ multiplizieren würde, bei der ganzen Ermittlung des „zweiten" Spannungszustandes unverändert mitliefe, so daß also alle Werte $\bar\sigma_r''$, $\bar\sigma_\varphi''$ einfach mit diesem Faktor z behaftet erschienen. (Man überzeugt sich hiervon sofort, wenn man sich an den Gang der Rechnung oder der Konstruktion erinnert.) Folglich ist der Quotient der Endwerte (sie sind in der letzten Spalte der Zeilengruppe *III* des Formulars unterstrichen)

$$\varkappa'=\frac{\bar\sigma_{\varphi 0}''}{\bar\sigma_0''} \tag{12}$$

unabhängig von z; er ist also überhaupt unabhängig vom Anfangswert $\sigma_{\varphi a}''$ und lediglich abhängig vom Scheibenprofil. In unserem Beispiel ist $\varkappa'=$

1137 : —676 = — 1,68. Nun ist ohne Rotation mit $\sigma_0^* = -p'$

$$u_0' = \frac{r_0}{E}\left(\sigma_{\varphi 0}^* + \frac{p'}{m}\right) = \frac{r_0 p'}{E}\left(\frac{1}{m} - \varkappa'\right),$$

$$u_w' = -\frac{m-1}{mE} r_w p',$$

und somit folgt aus $\varDelta r_0 = u_0' - u_w'$ mit $r_0 \approx r_w$ der Schrumpfdruck p' der ruhenden Scheibe zu

$$p' = \frac{E}{1-\varkappa'} \frac{\varDelta r_0}{r_0}, \tag{13}$$

im Falle unseres Beispiels $p' = 435$ kg/cm². Die hiervon herrührenden Spannungen werden, da nun $z = p'/(-\sigma_0'')$ bekannt ist, in der Form

$$\sigma_r^* = \frac{p'}{-\sigma_0''} \sigma_r'', \qquad \sigma_\varphi^* = \frac{p'}{-\sigma_0''} \sigma_\varphi'' \tag{14}$$

berechenbar. Sie sind in Abb. **16** gestrichelt hinzugefügt.

Auch Vollscheiben ohne Mittelbohrung (die also ein Stück mit der Welle bilden) lassen sich mit dem vorstehenden Verfahren erledigen. Bei Vollscheiben tritt an die Stelle der vorgegebenen Schrumpfspannung $\sigma_0 = -p$ die Forderung, daß im Scheibenmittelpunkt $r = 0$ die beiden Spannungen σ_r und σ_φ einander gleich werden müssen (vgl. Ziff. **5**). Nach (2) ist für $r = 0$ aber auch $s = \sigma_r$ und $t = \sigma_\varphi$, also $s = t$. Man beginnt mithin die Scheibenrechnung im Punkte $r = 0$ oder $x = \infty$ mit willkürlich gewählten, unter sich gleichen Werten $s' = t'$ und hat im ersten (innersten) Scheibenabschnitt $\xi = -\frac{1}{2}$ und $q' = 0$. Von da an geht die Rechnung in der gewöhnlichen Weise weiter, bis zu dem Außenwert σ_{ra}', der mit dem vorgeschriebenen Wert σ_a noch nicht übereinzustimmen braucht. Dann wird die Rechnung mit einem zweiten Spannungszustand bei gleichen Anfangswerten $s'' = t''$ und $\omega = 0$ wiederholt. [In unserem Formular steht jetzt also statt der Zahlen 200, 1017, 970, 500 der ersten Spalte eine und dieselbe Zahl $s' (= t')$, statt 0, 0, 100, 100 ebenfalls eine und dieselbe Zahl $s'' (= t'')$, statt 0,117 (ξ) der Wert 0,500 und statt 5 (q') und — 12 (q'') die Zahl 0.] Ist der Endwert σ_{ra}'', so wird der Überlagerungsfaktor (10)

$$\varkappa = \frac{\sigma_a - \sigma_{ra}'}{\sigma_{ra}''}. \tag{15}$$

Bei der graphischen Ermittlung (vgl. Abb. 15) wird die Zeichnung rechts begonnen, und zwar mit zwei zusammenfallenden waagerechten (s', t')-Geraden, die aus dem Unendlichen (Querschnitt *0*) kommen und beim Querschnitt *1* endigen. Dort werden die Sprungwerte $\varDelta s'$ und $\varDelta t'$ zugefügt, und die Konstruktion geht nach linkshin weiter in der üblichen Weise. Eine zweite Konstruktion beginnt in gleicher Weise mit einer waagerechten (s'', t'')-Geraden und führt mit $\omega = 0$ weiter und schließlich zum Ziel.

10. Scheiben gleicher Festigkeit. Wir kehren noch einmal zu den Grundgleichungen (**4**, 1) und (**4**, 3) der rotierenden Scheiben zurück:

$$\left.\begin{aligned} \frac{r}{y}\frac{d}{dr}(\sigma_r y) + \sigma_r - \sigma_\varphi + \frac{\gamma}{g}\omega^2 r^2 = 0, \\ r\left(\frac{d\sigma_r}{dr} - m\frac{d\sigma_\varphi}{dr}\right) + (m+1)(\sigma_r - \sigma_\varphi) = 0 \end{aligned}\right\} \tag{1}$$

und fragen, ob man die Scheibe so ausbilden kann, daß die beiden Spannungen σ_r und σ_φ in der ganzen Scheibe je einen festen Wert annehmen. Die zweite Gleichung (1) zeigt, daß dies nur möglich ist, wenn σ_r und σ_φ außerdem einander gleich sind. Mit dem gemeinsamen Festwert

$$\sigma_r = \sigma_\varphi = \sigma \tag{2}$$

wird dann aus der ersten Gleichung (1)

$$\frac{1}{y}\frac{dy}{dr}+\frac{\gamma\omega^2}{g\sigma}r=0$$

oder integriert

$$y=y_0 e^{-\frac{\gamma\omega^2}{2g\sigma}r^2}. \tag{3}$$

Die Integrationskonstante y_0 stellt hier offensichtlich die Scheibendicke für $r=0$ dar, und da die Gleichung (3) zwei Parameter, nämlich y_0 und $c=\gamma\omega^2/2g\sigma$ enthält, so gibt es eine zweifach unendliche Schar von Profilkurven, die der Forderung $\sigma_r=\sigma_\varphi=$ konst. genügen.

Diese de Lavalschen Scheiben gleicher Festigkeit (Abb. 17) besitzen nach (3) keine Mittelbohrung und müssen daher entweder mit der Welle aus einem Stück hergestellt sein (obere Hälfte von Abb. 17) oder mit besonderen Bolzen an der Stirnseite der Welle befestigt werden (untere Hälfte von Abb. 17).

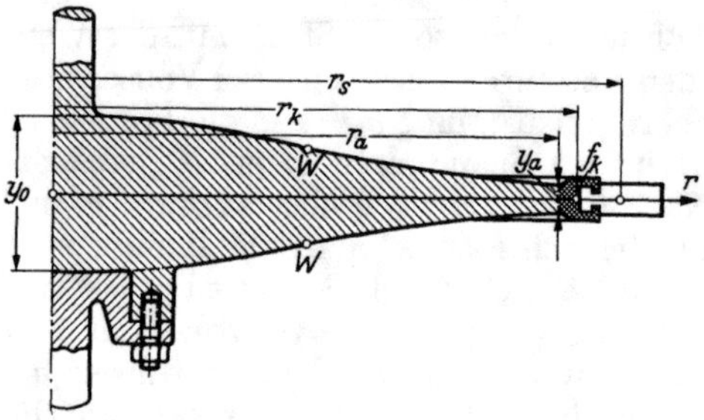

Abb. 17. Scheibe gleicher Festigkeit.

Die Profilkurve besitzt einen Wendepunkt W bei

$$r=\sqrt{\frac{g\sigma}{\gamma\omega^2}} \tag{4}$$

und ist bemerkenswerterweise von den Elastizitätszahlen E und m unabhängig.

Die radiale Verschiebung wird gemäß (**4**, 2)

$$u=\frac{m-1}{m}\frac{\sigma}{E}r, \tag{5}$$

nimmt also von der Achse nach dem Außenrand $r=r_a$ gleichmäßig zu und erreicht am Außenrand ihren größten Wert

$$u_a=\frac{m-1}{m}\frac{\sigma}{E}r_a. \tag{6}$$

Die größte Scheibendicke y_0 ergibt sich aus der erforderlichen Scheibendicke y_a am Außenrand zu

$$y_0=y_a e^{+\frac{\gamma\omega^2 r_a^2}{2g\sigma}}, \tag{7}$$

und für die Ermittlung der Scheibendicke y_a hat man dasselbe Verfahren wie in Ziff. **7** anzuwenden. Setzt man den Wert u_a (6) dem Wert $\bar{u}_k$ (**7**, 5) gleich, so kommt

$$y_a=\frac{1}{r_a}\left\{\left(\frac{G_s r_s}{2\pi g}+\frac{\gamma}{g}r_k^2 f_k\right)\frac{\omega^2}{\sigma}-\frac{f_k}{m}\left[\varepsilon+(m-1)\frac{r_a}{r_k}\right]\right\}. \tag{8}$$

Das Glied $\frac{f_k}{m r_a}\left[\varepsilon+(m-1)\frac{r_a}{r_k}\right]$ stellt den versteifenden Einfluß des Kranzes dar. Die Bezeichnungen sind der Ziff. **7** und der Abb. 17 zu entnehmen; diese gehört zu folgenden Zahlenwerten: $r_a=50$ cm, $r_k=52$ cm, $r_s=56$ cm, $f_k=10$ cm², $G_s=40$ kg, $\gamma=7{,}85\cdot10^{-3}$ kg/cm³, $m=10/3$, $\sigma=500$ kg/cm² und $n=3000$ Uml/min. Schätzt man $\varepsilon=1$, so wird $y_a=2{,}12$ cm. Ohne Rücksicht auf die versteifende Wirkung des Kranzes käme $y_a=2{,}31$ cm. Die größte Scheibendicke wird schließlich $y_0=15{,}6$ cm.

Da mit $\sigma_r=\sigma_\varphi=\sigma$ gemäß (**4**, 2) die radiale Dehnung $\varepsilon_r=du/dr$ und die azimutale Dehnung $\varepsilon_\varphi=u/r$ den gemeinsamen Festwert

$$\varepsilon_r=\varepsilon_\varphi=\frac{m-1}{m}\frac{\sigma}{E} \tag{9}$$

annehmen, so ist die Scheibe gleicher Spannung σ auch eine Scheibe gleicher Dehnung ε (also gleicher reduzierter Spannung $\sigma_{\mathrm{red}} = E\varepsilon$). Da ferner die axiale Spannung Null ist, so ist σ hier zugleich die größte Hauptspannungsdifferenz und also nach (I, **7**, 4) das Doppelte der größten Schubspannung, und mithin ist die Scheibe gleicher Spannung σ auch eine Scheibe gleicher größter Schubspannung. Das Profil (**3**) stellt also, gleichviel ob man die größte Normalspannung oder die größte Dehnung oder die größte Schubspannung als zulässiges Festigkeitsmaß ansieht, in jedem Fall die Scheibe gleicher Festigkeit vor. Dagegen trifft dies nicht mehr zu, wenn man ein anderes Festigkeitsmaß, etwa die größte Verzerrungsarbeit oder die größte Gestaltänderungsenergie zugrunde legt. Die zugehörigen Profilformen sind bis jetzt unbekannt[1]).

11. Konische Scheiben. Es gibt noch eine Scheibenform, für die die Spannungsberechnung sich vollständig durchführen läßt und auch zahlenmäßig bequem zugänglich gemacht ist[2]), nämlich die konische Scheibe, und zwar mit oder ohne Mittelbohrung, mit zugespitztem oder abgeschnittenem Rand (Abb. 18). Man greift auf die Grundgleichungen (**4**, 1) und (**4**, 2) zurück, löst die beiden letztgenannten nach σ_r und σ_φ auf:

$$\left.\begin{aligned} \sigma_r &= \frac{m^2 E}{m^2-1}\left(\frac{du}{dr}+\frac{1}{m}\frac{u}{r}\right), \\ \sigma_\varphi &= \frac{m^2 E}{m^2-1}\left(\frac{u}{r}+\frac{1}{m}\frac{du}{dr}\right) \end{aligned}\right\} \qquad (1)$$

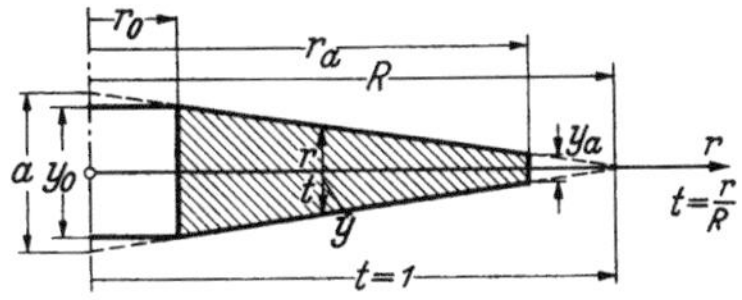

Abb. 18 Konische Scheibe.

und setzt diese Werte, zusammen mit der Scheibendicke

$$y = a\left(1-\frac{r}{R}\right), \qquad (2)$$

wo a und R die in Abb. 18 angegebene Bedeutung haben, in die Spannungsgleichung (**4**, 1) ein. So erhält man

$$\frac{r}{R-r}\frac{d}{dr}\left[(R-r)\left(\frac{du}{dr}+\frac{1}{m}\frac{u}{r}\right)\right]+\frac{m-1}{m}\left(\frac{du}{dr}-\frac{u}{r}\right)+\frac{m^2-1}{m^2 E}\frac{\gamma}{g}\omega^2 r^2 = 0. \qquad (3)$$

Es ist zweckmäßig, an Stelle von r die dimensionslose Veränderliche t durch die Festsetzung

$$r = Rt \qquad (4)$$

einzuführen, deren Bedeutung aus Abb. 18 zu erkennen ist. Dann wird aus (3) nach einfacher Umformung

$$\frac{d^2u}{dt^2}+\left(\frac{1}{t}-\frac{1}{1-t}\right)\frac{du}{dt}-\left(\frac{1}{t}+\frac{1}{m}\frac{1}{1-t}\right)\frac{u}{t} = -\frac{m^2-1}{m^2E}\frac{\gamma}{g}\omega^2 R^3 t. \qquad (5)$$

Dies ist die Differentialgleichung für die radiale Verschiebung der konischen Scheibe. Aus der Lösung $u(t)$ dieser Gleichung folgen dann vollends die Spannungen gemäß (1) zu

$$\sigma_r = \frac{1}{R}\frac{m^2E}{m^2-1}\left(\frac{du}{dt}+\frac{1}{m}\frac{u}{t}\right), \qquad \sigma_\varphi = \frac{1}{R}\frac{m^2E}{m^2-1}\left(\frac{u}{t}+\frac{1}{m}\frac{du}{dt}\right). \qquad (6)$$

Mithin ist das ganze Problem darauf zurückgeführt, die allgemeine Lösung von (5) zu finden. Diese setzt sich zusammen aus irgendeinem partikulären Integral u^* der ganzen Gleichung (5) und dem allgemeinen Integral u^{**} der verkürzten Gleichung, die mit $\omega = 0$ aus (5) entsteht.

---

[1]) Vgl. hierzu A. Basch u. A. Leon, Über rotierende Scheiben gleichen Fliehkraftwiderstandes, Sitzgsber. Akad. Wiss. Wien **116** (1907) S. 1353.

[2]) Nach einer von E. Meissner entwickelten Methode von E. Honegger [Festigkeitsberechnung von rotierenden konischen Scheiben, Z. angew. Math. Mech 7 (1927) S. 120] ausgearbeitet.

Ein partikuläres Integral von (5) läßt sich aber sofort in der Form

$$u^* = B t^3 + C t^2 + D t$$

gewinnen. Setzt man dies nämlich in (5) ein, so kommt durch Koeffizientenvergleichung

$$B = -\frac{\gamma\omega^2 R^3}{gE}\,\frac{m^2-1}{m(11m+1)}, \qquad C = -\frac{3m+1}{5m+1}B, \qquad D = \frac{3m}{m+1}C,$$

und mithin ist ein partikuläres Integral

$$u^*(t) = \frac{\gamma\omega^2 R^3}{gE}\,\xi(t) \tag{7}$$

mit der nur von m abhängigen Funktion dritten Grades

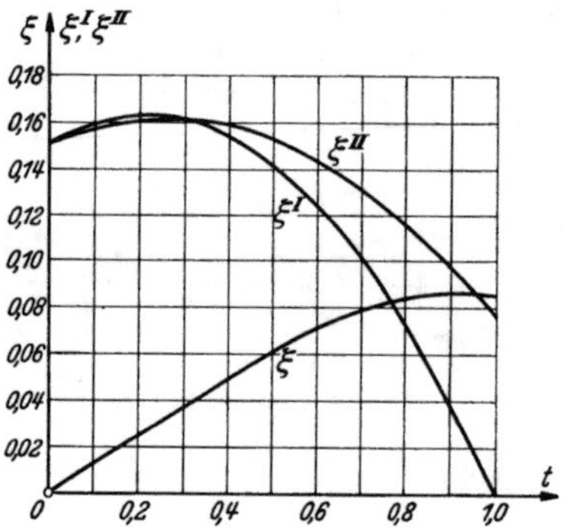

Abb. 19. Die Funktionen $\xi(t)$, $\xi^I(t)$ und $\xi^{II}(t)$.

$$\left.\begin{aligned}\xi(t) &\equiv -\frac{m^2-1}{m(11m+1)}\,t\cdot\\ &\cdot\left[t^2-\frac{3m+1}{5m+1}\left(t+\frac{3m}{m+1}\right)\right].\end{aligned}\right\} \tag{8}$$

In der folgenden Tabelle ist diese Funktion für die Querdehnungszahl $m = 10/3$, die für die meisten Scheibenbaustoffe gilt, dargestellt, und außerdem sind wegen (6) die Funktionen

$$\xi^I(t) \equiv \xi' + \frac{1}{m}\,\frac{\xi}{t}, \qquad \xi^{II}(t) \equiv \frac{\xi}{t} + \frac{1}{m}\,\xi' \tag{9}$$

(Striche bedeuten Ableitungen nach t) hinzugefügt. Abb. 19 zeigt diese Funktionen als Kurven. Wir bemerken für später, daß aus (8) und (9) unabhängig vom Wert m

$$\xi^I(0) = \xi^{II}(0) \quad \text{und} \quad \xi^I(1) = 0 \tag{10}$$

folgt.

t	ξ	η_1	η_2	$\xi^I = \xi' + \frac{1}{m}\frac{\xi}{t}$	$\eta_1^I \equiv \eta_1' + \frac{1}{m}\frac{\eta_1}{t}$	$\eta_2^I \equiv \eta_2' + \frac{1}{m}\frac{\eta_2}{t}$	$\xi^{II} \equiv \frac{\xi}{t} + \frac{1}{m}\xi'$	$\eta_1^{II} \equiv \frac{\eta_1}{t} + \frac{1}{m}\eta_1'$	$\eta_2^{II} \equiv \frac{\eta_2}{t} + \frac{1}{m}\eta_2'$
0,0	0,0000	0,0000	∞	0,1504	1,300	−∞	0,1504	1,300	∞
0,1	0,0120	0,1046	4,899	0,1593	1,410	−30,34	0,1569	1,375	35,38
0,2	0,0245	0,2200	2,660	0,1629	1,547	−7,08	0,1604	1,465	9,98
0,3	0,0371	0,3491	1,929	0,1611	1,720	−2,876	0,1607	1,575	4,99
0,4	0,0492	0,4960	1,574	0,1540	1,949	−1,440	0,1580	1,713	3,148
0,5	0,0603	0,6671	1,367	0,1417	2,266	−0,796	0,1523	1,894	2,249
0,6	0,0701	0,8724	1,235	0,1240	2,736	−0,457	0,1435	2,144	1,736
0,7	0,0779	1,1371	1,145	0,1009	3,515	−0,259	0,1316	2,533	1,411
0,8	0,0834	1,5020	1,081	0,0726	5,053	−0,136	0,1167	3,225	1,189
0,9	0,0860	2,1108	1,035	0,0390	9,621	−0,055	0,0987	5,020	1,030
1,0	0,0853	∞	1,000	0,0000	∞	0,000	0,0776	∞	0,910

Das allgemeine Integral u^{**} der verkürzten Gleichung (5) läßt sich mit zwei Integrationskonstanten A_1 und A_2 in der Form

$$u^{**}(t) = A_1\,\eta_1(t) + A_2\,\eta_2(t) \tag{11}$$

schreiben, wo η_1 und η_2 zwei voneinander unabhängige Integrale der verkürzten Gleichung sind. Diese ist eine hypergeometrische Differentialgleichung und läßt sich also durch hypergeometrische Reihen lösen. Da die Differentialgleichung die singulären Stellen $t = 0$ und $t = 1$ hat, so gibt es je ein an einer dieser Stellen unendlich werdendes Integral; wir können daher nach allgemeinen Sätzen aus der Theorie der Differentialgleichungen so normieren, daß

$$\eta_1(0) = 0, \quad \eta_1'(0) = 1, \quad \eta_1(1) = \infty, \quad \eta_2(0) = \infty, \quad \eta_2(1) = 1 \tag{12}$$

wird. Die durch diese Festsetzungen vollständig definierten Funktionen $\eta_1(t)$ und $\eta_2(t)$ sind für den Parameter $m = 10/3$ berechnet worden[1]) und zusammen mit den aus ihnen abgeleiteten Funktionen

$$\eta_1^I(t) \equiv \eta_1' + \frac{1}{m}\frac{\eta_1}{t}, \quad \eta_1^{II}(t) \equiv \frac{\eta_1}{t} + \frac{1}{m}\eta_1', \quad \eta_2^I(t) \equiv \eta_2' + \frac{1}{m}\frac{\eta_2}{t}, \quad \eta_2^{II}(t) \equiv \frac{\eta_2}{t} + \frac{1}{m}\eta_2' \tag{13}$$

in die Tabelle aufgenommen und in Abb. 20 und 21 dargestellt. Aus (12) bzw. der verkürzten Gleichung (5) kann man schließen, daß

$$\eta_1^I(0) = \eta_1^{II}(0) = 1 + \frac{1}{m} \quad \text{bzw.} \quad \eta_2^I(1) = 0 \tag{14}$$

ist, was ja auch die Tabelle bestätigt.

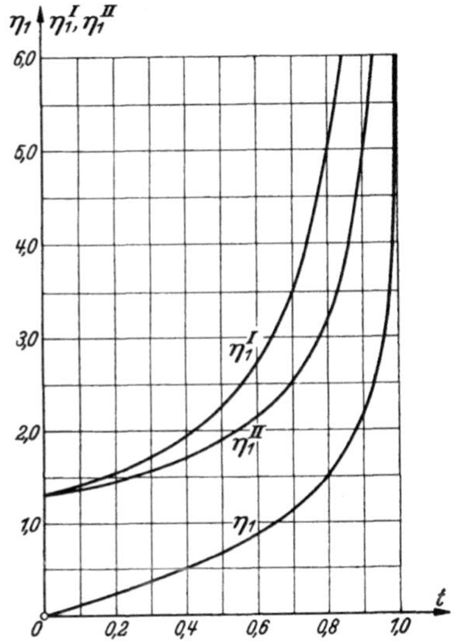

Abb 20. Die Funktionen $\eta_1(t)$, $\eta_1^I(t)$ und $\eta_1^{II}(t)$.

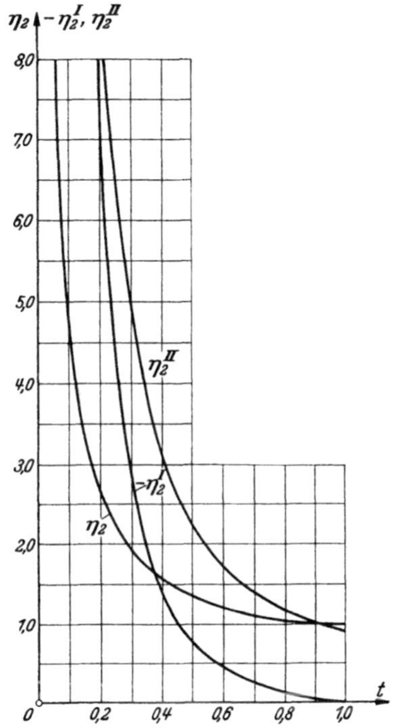

Abb. 21. Die Funktionen $\eta_2(t)$, $\eta_2^I(t)$ und $\eta_2^{II}(t)$

Den Funktionen ξ^I, ξ^{II} bzw. η_1^I, η_1^{II} bzw. η_2^I, η_2^{II} kommen selbständige Bedeutungen zu. Gemäß (6), (7), (9) und (10) stellen ξ^I und ξ^{II} bis auf einen festen Faktor

$$b = \frac{m^2}{m^2-1}\frac{\gamma}{g}\omega^2 R^2 \tag{15}$$

die Spannungen σ_r und σ_φ einer rotierenden Vollscheibe ohne Radialspannung am Außenrand vor (Abb. 22 oben). Ebenso bedeuten bis auf einen festen Faktor

$$c_1 = \frac{A_1}{R}\frac{m^2 E}{m^2-1}, \qquad c_2 = \frac{A_2}{R}\frac{m^2 E}{m^2-1} \tag{16}$$

die Funktionen η_1^I und η_1^{II} bzw. die Funktionen η_2^I und η_2^{II} die Spannungen σ_r und σ_φ in einer nichtrotierenden Vollscheibe mit Radialspannung am Außenrand

[1]) von E. Honegger in der soeben zitierten Arbeit.

(Abb. 22 Mitte) bzw. in einer nichtrotierenden Scheibe mit Mittelbohrung und Radialspannung am Innenrand (Abb. 22 unten, wobei σ_r negativ ist).

Mit den Faktoren (15) und (16) ist allgemein

$$\left.\begin{aligned}\sigma_r &= b\,\xi^I + c_1\eta_1^I + c_2\eta_2^I\,,\\ \sigma_\varphi &= b\,\xi^{II} + c_1\eta_1^{II} + c_2\eta_2^{II}\,,\end{aligned}\right\}\qquad(17)$$

und man kann die noch offenen Konstanten c_1 und c_2 vollends leicht aus den Randbedingungen bestimmen. Ist wieder für den Innenrand $r = r_0$ die Schrumpfspannung $\sigma_r = \sigma_0$ vorgeschrieben und für den Außenrand $r = r_a$ die von den Schaufelfliehkräften herrührende Spannung $\sigma_r = \sigma_a$, und gehören zu r_0 und r_a nach (4) die Werte t_0 und t_a, so hat man für c_1 und c_2 die zwei Gleichungen

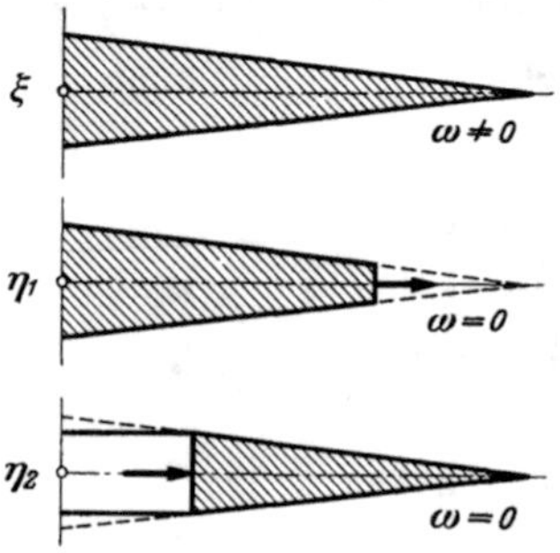

Abb. 22. Die zu den Funktionen ξ, η_1 und η_2 gehörigen Scheiben.

$$\sigma_0 = b\,\xi^I(t_0) + c_1\eta_1^I(t_0) + c_2\eta_2^I(t_0)\,,$$
$$\sigma_a = b\,\xi^I(t_a) + c_1\eta_1^I(t_a) + c_2\eta_2^I(t_a)\,,$$

aus denen sich mit den Abkürzungen

$$\left.\begin{aligned}&\Delta = \eta_1^I(t_0)\,\eta_2^I(t_a) - \eta_1^I(t_a)\,\eta_2^I(t_0)\,,\\ &s_0 = \sigma_0 - b\,\xi^I(t_0)\,,\qquad s_a = \sigma_a - b\,\xi^I(t_a)\end{aligned}\right\}\qquad(18)$$

die Konstanten

$$\left.\begin{aligned}c_1 &= \frac{1}{\Delta}\left[s_0\,\eta_2^I(t_a) - s_a\,\eta_2^I(t_0)\right],\\ c_2 &= \frac{1}{\Delta}\left[s_a\,\eta_1^I(t_0) - s_0\,\eta_1^I(t_a)\right]\end{aligned}\right\}\qquad(19)$$

ergeben, womit dann auch die Spannungen (17) in der Scheibe völlig bekannt sind. Bei der zahlenmäßigen Auswertung muß man vor allem die Größe R kennen, mittels deren das Argument $t = r/R$ der Funktionen ξ und η zu berechnen ist. In der Regel sind außer den Randhalbmessern r_0 und r_a die Randdicken y_0 und y_a der Scheibe vorgegeben (Abb. 18), und dann hat man $(R - r_0):(R - r_a) = y_0 : y_a$ oder

$$R = \frac{y_0 r_a - y_a r_0}{y_0 - y_a}\,.\qquad(20)$$

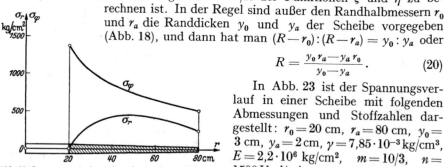

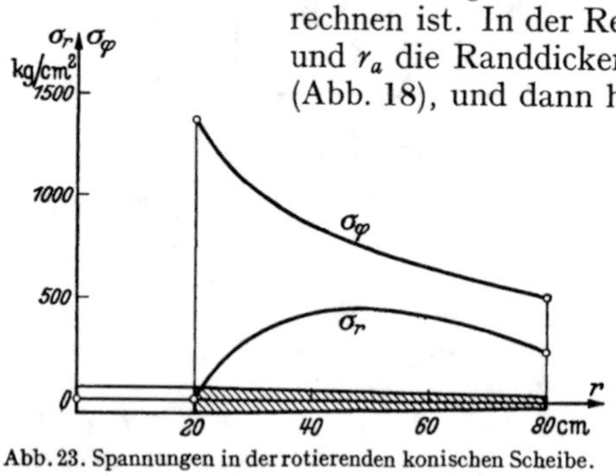

Abb. 23. Spannungen in der rotierenden konischen Scheibe.

In Abb. 23 ist der Spannungsverlauf in einer Scheibe mit folgenden Abmessungen und Stoffzahlen dargestellt: $r_0 = 20$ cm, $r_a = 80$ cm, $y_0 = 3$ cm, $y_a = 2$ cm, $\gamma = 7{,}85\cdot 10^{-3}$ kg/cm³, $E = 2{,}2\cdot 10^6$ kg/cm², $m = 10/3$, $n = 1500$ Uml/min, $\sigma_0 = -25$ kg/cm², $\sigma_a = 250$ kg/cm².

Handelt es sich um eine konische Vollscheibe, so braucht man die Funktionen η_2, η_2^I und η_2^{II} nicht und hat einfach

$$\left.\begin{aligned}\sigma_r &= b\,\xi^I + c_1\eta_1^I,\\ \sigma_\varphi &= b\,\xi^{II} + c_1\eta_1^{II},\end{aligned}\right\}\qquad(21)$$

und c_1 bestimmt sich aus der vorgeschriebenen Radialspannung σ_a für $r = r_a$ (oder $t = t_a$) zu

$$c_1 = \frac{s_a}{\eta_1^I(t_a)}\,.\qquad(22)$$

Bei einer solchen konischen Vollscheibe liegt die Frage nahe, ob man es nicht so einrichten kann, daß auch die Mittelpunktsspannungen $\sigma_{r0} = \sigma_{\varphi 0}$ den Wert σ_a

annehmen, so daß also die Spannungen σ_r und σ_φ womöglich überhaupt über die ganze Scheibe hinweg nicht allzusehr schwanken. Dies führt auf die Bedingungen

$$\sigma_a = b\,\xi^I(0) + c_1\,\eta_1^I(0),$$
$$\sigma_a = b\,\xi^I(t_a) + c_1\,\eta_1^I(t_a).$$

Eliminiert man hieraus c_1, so kommt eine Bestimmungsgleichung für t_a (und damit für $R = r_a/t_a$), die man auf die einfache Gestalt

$$\vartheta(t_a) = k \qquad (23)$$

bringen kann, wenn man außer der Konstanten [vgl. (15)]

$$k = \frac{b\,t_a^2}{\sigma_a} = \frac{m^2}{m^2-1}\,\frac{\gamma\,r_a^2\,\omega^2}{g\,\sigma_a} \qquad (24)$$

die neue Funktion

$$\left.\begin{aligned}\vartheta(t) &\equiv \frac{t^2\,[\eta_1^I(t) - \eta_1^I(0)]}{\xi^I(0)\,\eta_1^I(t) - \eta_1^I(0)\,\xi^I(t)}\\ &\equiv \frac{t^2\,(\eta_1^I - 1{,}300)}{0{,}1504\,\eta_1^I - 1{,}300\,\xi^I}\end{aligned}\right\}(25)$$

einführt. Diese Funktion ist nebenstehend tabuliert und in Abb. 24 aufgetragen. Die Konstante k hängt nur noch von den Stoffzahlen m und γ, von der vorgeschriebenen Außenspannung σ_a und von der Umfangsgeschwindigkeit $r_a\,\omega$ ab. Ist beispielsweise $\gamma = 7{,}85 \cdot 10^{-3}$ kg/cm³, $\sigma_a = 1000$ kg/cm², $r_a = 60$ cm und $n = 3000$ Uml/min vorgeschrieben, so ist $k = 3{,}16$ und also zufolge (23) $t_a = 0{,}75$ und somit $R = r_a/t_a = 80$ cm. Diese Scheibe samt den aus (21) und (22) berechneten Spannungen ist in Abb. 25 veranschaulicht. Es fällt auf, daß die Spannungen tatsächlich nur noch wenig schwanken: die Radialspannung σ_r entfernt sich von ihrem Mittelwert (1050 kg/cm²) nur um $\pm 5{,}4\%$, die Azimutalspannung σ_φ von dem ihrigen (1045 kg/cm²) nur um 4,2%, und die beiden Mittelwerte fallen nahezu zusammen. Solche konische Scheiben von nahezu gleicher Festigkeit haben fast die guten Eigenschaften der in Ziff. **10** untersuchten Scheiben mit gekrümmten Profilen, sind aber einfacher herzustellen.

t	ϑ
0,0	0,000
0,1	0,229
0,2	0,423
0,3	0,766
0,4	1,114
0,5	1,540
0,6	2,055
0,7	2,730
0,8	3,61
0,9	4,81
1,0	6,66

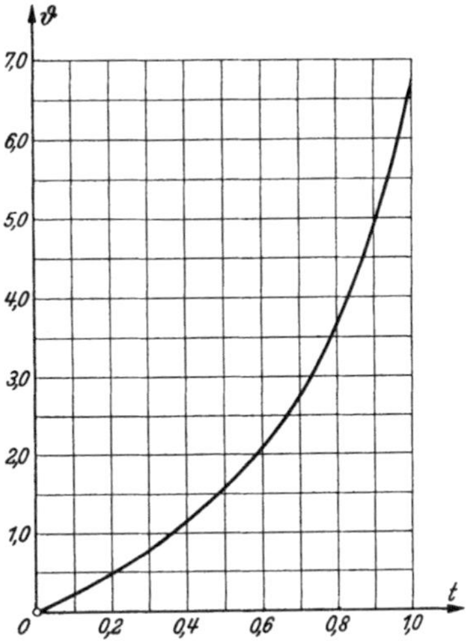

Abb. 24. Die Funktion ϑ.

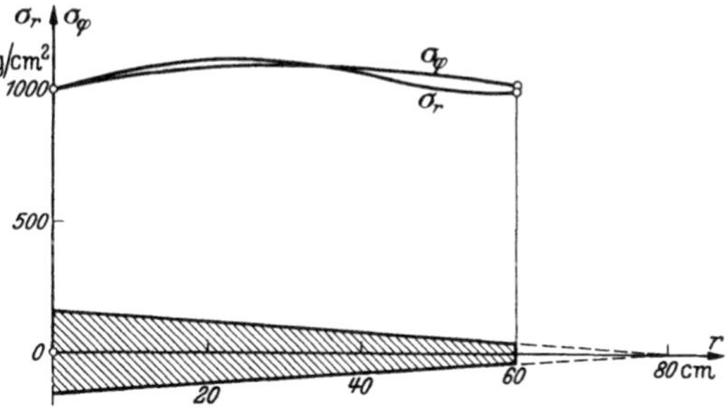

Abb. 25. Konische Scheibe von nahezu gleicher Festigkeit.

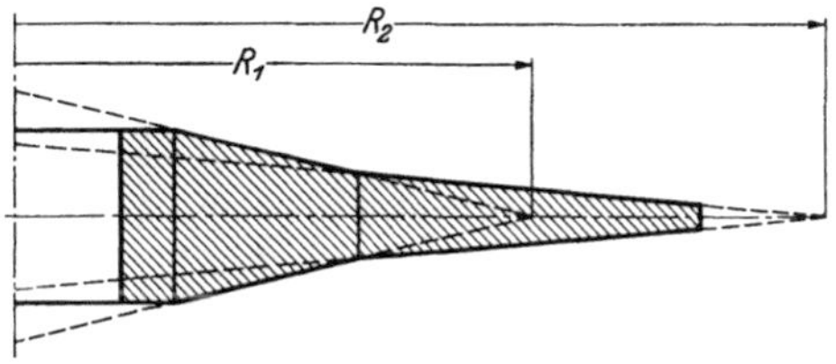

Abb. 26. Aus konischen Teilen zusammengesetzte Scheibe.

Man kann die Rechnung endlich noch ausdehnen auf solche Scheiben, die aus konischen Teilen zusammengesetzt sind, etwa nach Art von Abb. 26. Die Rechnung geht dabei folgendermaßen. Aus den gegebenen Werten r_0, r_a, y_0, y_a

der einzelnen Teilscheiben werden nach (20) zunächst die Werte R_i und daraus die Werte t_{i0}, t_{ia} der einzelnen Teilscheiben ermittelt. Hat die Scheibe als Nabe eine Teilscheibe gleicher Dicke, so wird nach Ziff. **5** aus der gegebenen Schrumpfspannung σ_0 und einer angenommenen inneren Azimutalspannung $\sigma_{\varphi 0}$ das Spannungspaar σ_{ra}, $\sigma_{\varphi a}$ an ihrem Außenrand berechnet. Ist zwischen Nabe und innerster (erster) konischer Teilscheibe kein Sprung der y-Werte, so müssen die Spannungen σ_{ra}, $\sigma_{\varphi a}$ unverändert als Innenspannungen σ_{r10}, $\sigma_{\varphi 10}$ der ersten konischen Teilscheibe auftreten. Damit aber kann man nach (19) die Konstanten c_{11} und c_{21} der ersten konischen Teilscheibe berechnen und hat dann nach (17) auch die Spannungsverteilung in dieser Teilscheibe und also insbesondere die Außenwerte σ_{r1a}, $\sigma_{\varphi 1a}$. Diese sind, wenn kein Sprung in y auftritt, zugleich die Innenwerte σ_{r20}, $\sigma_{\varphi 20}$ der folgenden (zweiten) konischen Teilscheibe, für die die Rechnung in der gleichen Weise weitergeht. Schließlich erreicht man den Außenrand der ganzen Scheibe und kann dort nachprüfen, ob die vorgeschriebene Fliehkraftspannung σ_a der Beschaufelung erreicht ist. Wenn nicht, so muß die ganze Rechnung mit einem neuen Innenwert $\sigma_{\varphi 0}$ und mit $\sigma_0 = 0$ und $\omega = 0$ wiederholt werden. Die Überlagerung beider Spannungszustände (wie in Ziff. **9** geschildert) führt dann vollends zum Ziel. — Wo beim Übergang von einer Teilscheibe zur andern ein Sprung Δy auftritt (wie z. B. häufig zwischen Nabe und erster konischer Teilscheibe), sind die Übergangsbedingungen $\sigma_{r,i+1,0} = \sigma_{ria}$ und $\sigma_{\varphi,i+1,0} = \sigma_{\varphi ia}$ zu ersetzen durch die sogleich zu erklärenden Bedingungen

$$\sigma_{r,i+1,0} = \frac{y_{ia}}{y_{i+1,0}}\,\sigma_{ria}, \qquad \sigma_{\varphi,i+1,0} = \sigma_{\varphi ia} + \frac{y_{ia} - y_{i+1,0}}{m\,y_{i+1,0}}\,\sigma_{ria}. \tag{26}$$

Die erste sagt aus, daß auch an einer solchen Sprungstelle die radiale Kraft sprungfrei übertragen wird; die zweite besagt, daß dort die radialen Verschiebungen u_{ia} und $u_{i+1,0}$ übereinstimmen müssen, daß also der Ausdruck $\sigma_\varphi - \sigma_r/m$ sprungfrei bleibt.

Die ganze Rechnung[1]) ist in Wirklichkeit (wegen der unhandlichen, weil vielfach nicht mehr linear erlaubten Interpolationen) ziemlich mühsam. Außerdem ist es sehr umständlich, den Einfluß der versteifenden Wirkung des Kranzes (Ziff. **7**) abzuschätzen. Viele Beispiele haben gezeigt, daß bei mehr als zwei Teilscheiben i. a. das Verfahren von Ziff. **9**, das ja auch ohne weiteres den Kranz und die Nabe mit umfaßt, bequemer und rascher zum Ziele führt.

Wir bemerken zum Schluß, daß alle bis jetzt analytisch behandelten Profile sich dem allgemeinen Gesetz[2])

$$y = a\left[1 - b\left(\frac{r}{c}\right)^p\right]^q \tag{27}$$

unterordnen, wo a, b, c, p, q irgendwelche reellen Zahlen sind. In der Tat kommt mit $p = 0$ die Scheibe gleicher Dicke, mit $p = q = 1$ die konische Scheibe, mit $a \to 0$, $b \to \infty$, aber $ab^q \to c'$ (endlich) die hyperbolische Scheibe, und mit $b = \gamma\omega^2/2g\sigma$, $p = 2$ und $c^2 = q \to \infty$ die Scheibe gleicher Festigkeit. Wiederholt man die Rechnung mit (27) statt mit (2), und führt man die neue Veränderliche t durch die Festsetzung

$$b\,r^p = c^p t \tag{28}$$

[1]) C. Keller, Beitrag zur analytischen Berechnung hochdruckbelasteter Radscheiben, Stodola-Festschr. S. 342, Zurich 1929.

[2]) A. Fischer, Beitrag zur genauen Berechnung der Dampfturbinenscheibenräder mit veränderlicher Dicke, Z. ost. Ing.- u. Archit.-Ver. 74 (1922) S. 46; und noch allgemeiner bei T. Suhara, On the stresses in a rotating circular disc, Trans. Soc. mech. Engrs. Japan 3 (1937) Nr. 10, S. 1.

ein statt durch (4), so findet man an Stelle von (5) die Differentialgleichung

$$\frac{d^2u}{dt^2}+\left(\frac{1}{t}-\frac{q}{1-t}\right)\frac{du}{dt}-\frac{1}{p^2}\left(\frac{1}{t}+\frac{pq}{m}\frac{1}{1-t}\right)\frac{u}{t}=-\frac{c^3}{b^{3/p}p^2}\frac{m^2-1}{m^2E}\frac{\gamma\omega^2}{g}t^{\frac{3}{p}-2}. \quad (29)$$

Auch sie ist eine hypergeometrische Differentialgleichung und kann daher durch Reihen von bekannten Eigenschaften integriert werden[1]). Zu den bisherigen Sonderfällen tritt nun noch ein weiterer hinzu, den man aus (27) mit $b=1/q$ und $q\to\infty$ erhält, nämlich die Exponentialprofile $y=ae^{-(r/c)^p}$, wo a, c und p verfügbare reelle Zahlen sind. Diese Profile[2]), von denen wir ein wichtiges jetzt noch behandeln wollen, sind unmittelbare Verallgemeinerungen der Scheibe gleicher Festigkeit.

12. Exponentialscheiben. Wir greifen noch einmal auf die Grundgleichungen (**4**, 1) und (**4**, 3) zurück:

$$\left.\begin{aligned}&\frac{r}{y}\frac{d}{dr}(\sigma_r y)+\sigma_r-\sigma_\varphi+\frac{\gamma}{g}\omega^2r^2=0,\\&r\left(\frac{d\sigma_r}{dr}-m\frac{d\sigma_\varphi}{dr}\right)+(m+1)(\sigma_r-\sigma_\varphi)=0.\end{aligned}\right\} \quad (1)$$

Die erste dieser beiden Gleichungen wird befriedigt, wenn man mit einer neuen Funktion $S(r)$

$$\sigma_r=\frac{S}{y},\qquad \sigma_\varphi=\frac{S}{y}+\frac{r}{y}\frac{dS}{dr}+\frac{\gamma}{g}\omega^2r^2 \quad (2)$$

setzt, und die zweite Gleichung (1) liefert dann für S die Bestimmungsgleichung

$$r^2\frac{d^2S}{dr^2}+r\left(3-\frac{r}{y}\frac{dy}{dr}\right)\frac{dS}{dr}-\frac{m-1}{m}\frac{r}{y}\frac{dy}{dr}S+\frac{3m+1}{m}\frac{\gamma}{g}\omega^2r^2y=0. \quad (3)$$

Der Ausdruck $\frac{r}{y}\frac{dy}{dr}$ legt es nahe, diejenigen Profile zu untersuchen, die der Gleichung

$$y=ae^{-x}\quad\text{mit}\quad x=\left(\frac{r}{c}\right)^p \quad (4)$$

gehorchen; denn für sie wird jener Ausdruck gleich $-px$. Führt man x anstatt r als unabhängige Veränderliche ein, so geht wegen

$$\frac{d}{dr}=\frac{px}{r}\frac{d}{dx},\qquad \frac{d^2}{dr^2}=\frac{p^2x^2}{r^2}\frac{d^2}{dx^2}+p(p-1)\frac{x}{r^2}\frac{d}{dx}$$

die Differentialgleichung (3) über in

$$x\frac{d^2S}{dx^2}+\left(x+1+\frac{2}{p}\right)\frac{dS}{dx}+\frac{m-1}{mp}S+\frac{3m+1}{mp^2}\frac{\gamma}{g}\omega^2c^2ae^{-x}x^{\frac{2}{p}-1}=0. \quad (5)$$

Man bemerkt leicht, daß sich diese Gleichung durch Quadraturen lösen läßt, wenn man über die noch offene Profilkonstante p so verfügt, daß der Koeffizient von S gleich 1 wird, also

$$p=\frac{m-1}{m}. \quad (6)$$

Denn dann wird aus (5)

$$\frac{d}{dx}\left[x\frac{dS}{dx}+\left(x+\frac{2m}{m-1}\right)S\right]+\frac{(3m+1)m}{(m-1)^2}\frac{\gamma}{g}\omega^2c^2ae^{-x}x^{\frac{2m}{m-1}-1}=0 \quad (7)$$

---

[1]) Der Fall $p=1$, $q=m$ läßt sich mit elementaren Funktionen erledigen; vgl. R. Gran Olsson, Über einige Lösungen des Problems der rotierenden Scheibe, Ing.-Arch. 8 (1937) S. 270 u. 373.

[2]) Ihre allgemeine Behandlung hat R. Gran Olsson a. a. O. mit konfluenten hypergeometrischen Funktionen zahlenmäßig sehr weit durchgeführt.

oder nach einmaliger Integration mit einer Integrationskonstanten, die wir $-aA_2$ nennen wollen,

$$\frac{dS}{dx}+\left(1+\frac{2m}{m-1}\frac{1}{x}\right)S-\frac{a}{x}\left[A_2-\frac{(3m+1)m}{(m-1)^2}\frac{\gamma}{g}\omega^2c^2\int e^{-x}x^{\frac{2m}{m-1}-1}dx\right]=0. \qquad (8)$$

Diese lineare Differentialgleichung läßt sich in bekannter Weise integrieren und hat, mit einer weiteren Integrationskonstanten aA_1, die Lösung

$$\left.\begin{aligned}S=a e^{-x}x^{-\frac{2m}{m-1}}\Bigg[A_1+A_2\int e^{x}x^{\frac{2m}{m-1}-1}dx-\\ -\frac{(3m+1)m}{(m-1)^2}\frac{\gamma}{g}\omega^2c^2\int e^{x}x^{\frac{2m}{m-1}-1}\int e^{-x}x^{\frac{2m}{m-1}-1}dx\,dx\Bigg].\end{aligned}\right\} \qquad (9)$$

Die Integrale können nur dann in geschlossener Form ausgewertet werden, wenn $\frac{2m}{m-1}$ eine ganze Zahl $\geqq 1$ ist. Im technischen Bereich trifft dies nur für $m=3$, also $p=\frac{2}{3}$ zu. Man bekommt in diesem Falle

$$S=a\left[A_1\frac{e^{-x}}{x^3}+A_2\frac{x^2-2x+2}{x^3}+\frac{\gamma}{g}\omega^2c^2e^{-x}\left(\frac{3}{2}x^2+\frac{15}{4}x+5\right)\right] \qquad (10)$$

und also nach (2) mit (4) die Spannungen

$$\left.\begin{aligned}\sigma_r&=\frac{1}{x^3}\left[A_1+A_2e^x(x^2-2x+2)\right]+\frac{\gamma}{g}\omega^2c^2\left(\frac{3}{2}x^2+\frac{15}{4}x+5\right),\\ \sigma_\varphi&=\frac{1}{3x^3}\left[-A_1(2x+3)+A_2e^x(x^2+2x-6)\right]+\frac{\gamma}{g}\omega^2c^2\left(x^2+\frac{35}{12}x+5\right)\end{aligned}\right\}\text{ mit } x=\left(\frac{r}{c}\right)^{\frac{2}{3}}. \qquad (11)$$

Dies ist die (verhältnismäßig einfache) allgemeine Lösung[1]) für die Exponentialscheibe

$$y=a\,e^{-\left(\frac{r}{c}\right)^{\frac{2}{3}}} \quad \text{bei} \quad m=3. \qquad (12)$$

Setzt man $r/c=\xi$ und $y/a=\eta$, so kann man die Kurve $\eta=e^{-\xi^{2/3}}$ ein für alle Mal entwerfen (Abb. 27) und das zusagende Profil in der Weise aussuchen, daß man sich die Kurvenordinaten in einem geeigneten Verhältnis $a:1$ vergrößert oder verkleinert denkt. Große Werte a liefern dicke Profile, kleine a schlanke Profile. Sind die Scheibendicken y_0 für $r=r_0$ und y_a für $r=r_a$ vorgegeben, so berechnet sich die für die Spannungen wichtige Größe c, wie man leicht findet, zu

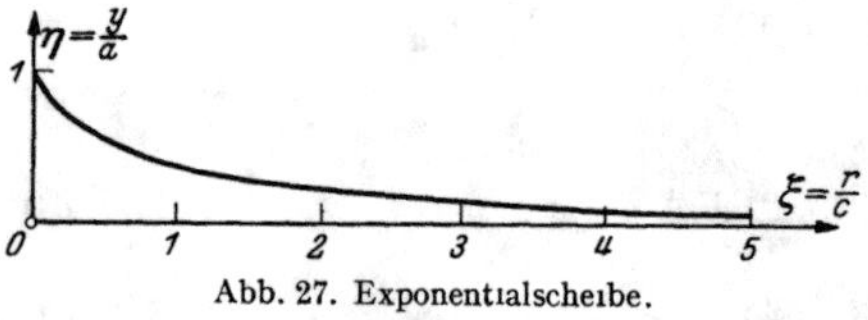

Abb. 27. Exponentialscheibe.

$$c=\left(\frac{r_a^{2/3}-r_0^{2/3}}{\ln y_0-\ln y_a}\right)^{\frac{3}{2}}. \qquad (13)$$

Die weitere Verarbeitung der Formeln (11) zur Spannungsermittlung geschieht dann vollends genau wie bei den schon behandelten analytischen Profilen. Da die Formeln (11) von der gleichen Gestalt wie die Formeln (**11**, 17) sind, so kann man die Werte der Integrationskonstanten A_1 und A_2 nach dem Schema von (**11**, 19) berechnen: man hat jenes Schema lediglich auf die jetzigen Bezeichnungen und auf die in (11) auftretenden Funktionen umzuschreiben.

[1]) I. MALKIN, Festigkeitsberechnung rotierender Scheiben, S. 67, Berlin 1935.

13. Das Umkehrproblem. Würde man aus den noch einmal in Ziff. **12** angeschriebenen Grundgleichungen (**12**, 1) entweder σ_φ oder σ_r eliminieren, so käme eine lineare Differentialgleichung zweiter Ordnung für σ_r oder für σ_φ. Eine ebenso geartete Gleichung entstünde auch für die radiale Verschiebung u (vgl. das Beispiel in Ziff. **11**) und gleicherweise für andere lineare Funktionen der Spannungen, z. B. für das Produkt $S = \sigma_r y$ [vgl. (**12**, 3)]. Darin, daß diese Differentialgleichung für beliebige Scheibenprofile $y(r)$ nicht allgemein geschlossen integriert werden kann, liegt der eigentliche Grund für die Schwierigkeit des Problems der rotierenden Scheibe. Man kann nun aber diese Schwierigkeit gewissermaßen umgehen und viele weitere analytische Lösungen finden, indem man die Fragestellung umkehrt[1]: man gibt nicht das Profil vor und sucht dann die Spannungen; sondern man geht von geeignet vorgeschriebenen Spannungsverteilungen aus und fragt nach dem zugehörigen Profil. Dann ist, wie wir sofort sehen werden, lediglich die getrennte Lösung zweier linearer Differentialgleichungen erster Ordnung erforderlich, und diese Aufgabe läßt sich ja stets auf bloße Quadraturen zurückführen.

Wir schreiben die erste Grundgleichung (**12**, 1) um in die Form

$$\frac{1}{y}\frac{dy}{dr} = -\frac{1}{r\sigma_r}\left(r\frac{d\sigma_r}{dr} + \sigma_r - \sigma_\varphi + \frac{\gamma}{g}\omega^2 r^2\right) \tag{1}$$

und fügen die zweite Grundgleichung (**12**, 1) hinzu:

$$r\left(\frac{d\sigma_r}{dr} - m\frac{d\sigma_\varphi}{dr}\right) + (m+1)(\sigma_r - \sigma_\varphi) = 0. \tag{2}$$

Denkt man sich die Spannungen $\sigma_r(r)$ und $\sigma_\varphi(r)$ als Funktionen von r bekannt, so ist die rechte Seite von (1) bekannt und man erhält aus (1) durch Integration mit einer Integrationskonstanten a (wenn man statt e^x hier besser $\exp x$ schreibt)

$$y = a \exp\left[-\int\frac{1}{r\sigma_r}\left(r\frac{d\sigma_r}{dr} + \sigma_r - \sigma_\varphi + \frac{\gamma}{g}\omega^2 r^2\right)dr\right]. \tag{3}$$

Die Spannungen aber sind jetzt nur noch an die Bedingung (2) gebunden. Wir mögen drei Fälle unterscheiden.

Erster Fall. Es sei die Radialspannung $\sigma_r = \sigma_r(r)$ vorgegeben. Dann ist (2) eine lineare Differentialgleichung erster Ordnung für die Tangentialspannung σ_φ; sie hat mit einer Integrationskonstanten C' die Lösung

$$\sigma_\varphi = \frac{\sigma_r}{m} + \frac{m^2-1}{m^2}\frac{1}{r^{\frac{m+1}{m}}}\left(\int \sigma_r r^{\frac{1}{m}}\,dr + C'\right). \tag{4'}$$

Zweiter Fall. Es sei die Tangentialspannung $\sigma_\varphi = \sigma_\varphi(r)$ vorgegeben. Dann folgt aus (2) ebenso die Radialspannung

$$\sigma_r = m\sigma_\varphi - \frac{m^2-1}{r^{m+1}}\left(\int \sigma_\varphi r^m\,dr + C''\right). \tag{4''}$$

Dritter Fall. Es sei die (doppelte) Hauptschubspannung als Differenz von σ_r und σ_φ vorgegeben, $\sigma_r - \sigma_\varphi = 2\tau(r)$. Jetzt liefert (2)

$$\left.\begin{aligned} \sigma_r &= \frac{2m}{m-1}\tau + 2\frac{m+1}{m-1}\int\frac{\tau}{r}\,dr + C''', \\ \sigma_\varphi &= \frac{2}{m-1}\tau + 2\frac{m+1}{m-1}\int\frac{\tau}{r}\,dr + C'''. \end{aligned}\right\} \tag{4'''}$$

[1] R. Grammel, Neue Losungen des Problems der rotierenden Scheibe, Ing.-Arch. 7 (1936) S. 137.

Die bisherigen analytischen Lösungen des Scheibenproblems sind natürlich, wie man auch unmittelbar nachrechnen kann, in den Formeln (3) und (4) enthalten. Um weitere Lösungen zu gewinnen, braucht man nur weitere Funktionen $\sigma_r(r)$ bzw. $\sigma_\varphi(r)$ bzw. $\tau(r)$ zu wählen, für welche die Integrale in (3) und (4) geschlossen auswertbar sind. Wie man dabei vorzugehen hat, zeigt das folgende Beispiel zur Veranschaulichung des ersten Falles.

Wir nehmen für die Radialspannung den einfachsten hyperbolischen Ansatz, der zu einer neuen, gut brauchbaren Profilform führt. Wir schreiben am Innenrand $r=r_0$ die Radialspannung $\sigma_r=0$, am Außenrand $r=r_a$ die Radialspannung $\sigma_r=\sigma_a$ vor und setzen also an

$$\sigma_r=\frac{(r-r_0)(r+kr_0)}{cr^2} \quad \text{mit} \quad c=\frac{(r_a-r_0)(r_a+kr_0)}{\sigma_a r_a^2}, \tag{5}$$

wobei k ein noch offener dimensionsloser Faktor sein soll, den wir später bestimmen werden. Da wir über C' willkürlich verfügen dürfen, so wählen wir $C'=0$ und finden aus (4′) und (3)

$$\sigma_\varphi=\frac{r^2+m(k-1)r_0r+kr_0^2}{cr^2}, \tag{6}$$

$$y=a(r-r_0)^{A-B}\cdot(r+kr_0)^{-(A+kB)}\cdot\exp\left\{-\frac{\gamma}{g}\omega^2cr\left[\frac{r}{2}-(k-1)r_0\right]\right\} \tag{7}$$

mit den Abkürzungen

$$A=\frac{k-1}{k+1}\left(m+k\frac{\gamma}{g}\omega^2cr_0^2\right), \qquad B=\frac{k^2-k+1}{k+1}\frac{\gamma}{g}\omega^2cr_0^2. \tag{8}$$

Um überhaupt ein praktisch verwendbares Profil zu bekommen, verfügen wir jetzt noch über k so, daß die Scheibe am Innenrand $r=r_0$ eine endliche und von Null verschiedene Dicke y hat. Dies ist dann und nur dann der Fall, wenn der Exponent von $(r-r_0)$ in (7) verschwindet, wenn also $A=B$ wird. Mit den Werten von A und B aus (8) und mit dem Wert c aus (5) gibt dies

$$\left.\begin{aligned} k&=\frac{1+\lambda}{1-\frac{r_0}{r_a}\lambda}\\ \text{mit}\quad \lambda&=\frac{r_a-r_0}{r_a}\,\frac{\gamma\omega^2r_0^2}{mg\sigma_a}.\end{aligned}\right\} \tag{9}$$

Ersetzt man dann (wegen $A=B$) vollends auch noch den Exponenten von $(r+kr_0)$ in (7) durch $-(1+k)B$, so hat man das Scheibenprofil in der Form

$$\left.\begin{aligned} y&=a'(\varrho+k)^{-\alpha}\cdot e^{\beta\varrho^2+\gamma\varrho}\\ &\text{mit}\quad \varrho=\frac{r}{r_0}\end{aligned}\right\} \tag{10}$$

und den Abkürzungen

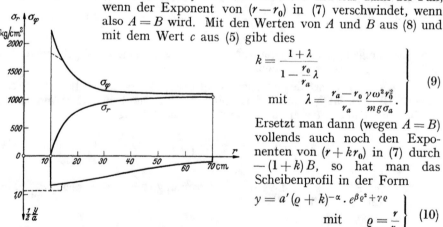

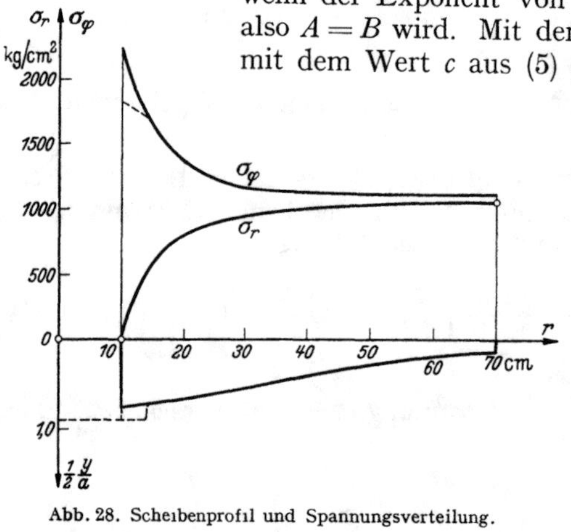

Abb. 28. Scheibenprofil und Spannungsverteilung.

$$\alpha=(k^2-k+1)\mu, \qquad \beta=-\frac{1}{2}\mu, \qquad \gamma=(k-1)\mu \qquad \left(\mu=\frac{\gamma}{g}\omega^2cr_0^2\right). \tag{11}$$

Für Dampfturbinenscheiben ist λ in der Regel ein recht kleiner Bruch, so daß k nur wenig größer als 1 wird und also bei Abschätzungen einfach $k\approx 1$ sowie

$$\alpha\approx\mu, \qquad \beta=-\frac{1}{2}\mu, \qquad \gamma\approx 0 \qquad \left(\mu=\frac{\gamma}{g}\omega^2cr_0^2\right) \tag{11a}$$

gesetzt werden darf.

Abb. 28 zeigt für $\gamma=7{,}85\cdot10^{-3}$ kg/cm³, $n=3000$ Uml/min, $r_0=10$ cm, $r_a=70$ cm, $\sigma_a=1040$ kg/cm² und $m=3{,}3$ das Profil und die Spannungsverteilung, die zu dem geschlossenen Formelkomplex (5), (6), (9), (10) und (11) gehören.

Man kann die Formeln und Kurven ohne weiteres zu Werten $r < r_0$ fortsetzen und hat dann sogleich auch die Lösung für den Fall, daß am Innenrand $r_0'(< r_0)$ eine negative Radialspannung σ_r, etwa als Schrumpfspannung (Ziff. **6**), vorgeschrieben ist. (Gestrichelt ist in Abb. 28 noch schätzungsweise angedeutet, wie man die Spitze der Tangentialspannung σ_φ am Innenrand durch eine geringfügige Verbreiterung der Nabe herabsetzen kann.)

Wir erwähnen noch, daß sich die Lösungen (3) und (4) des Umkehrproblems auch dazu verwenden lassen, aus einer kurvenmäßig vorgegebenen Spannungsverteilung die Profilform und die fehlenden Spannungswerte graphisch herzuleiten, eine Aufgabe, die z. B. bei durchlochten Scheiben von Gleichdruckstufen auftritt, indem man (zur Herabsetzung der großen Spannungen an den Lochrändern; vgl. Kap. IV, Ziff. **23**) verlangt, daß die nicht durchlocht gedachte Scheibe für die den tatsächlichen Lochbereichen angehörenden r-Werte besonders kleine Spannungen haben soll.

Weitere gut brauchbare Scheibenformen erhält man, wenn man von allgemeineren Ansätzen als (5) ausgeht und $C' \neq 0$ nimmt[1]).

§ 3. Die Torsions- und Dehnungsschwingungen der Scheiben.

14. Die resonanzgefährlichen Frequenzen. Eine Scheibe kann zu Schwingungen angeregt werden entweder von der Achse her oder vom Außenrand aus. Bei rotierenden Dampfturbinenscheiben rührt die Außenerregung, die wir zunächst allein betrachten, von den Schaufeln her. Da Schaufel und Schaufelkanal regelmäßig abwechseln, so übt der vom Leitapparat eintretende Dampfstrahl eine rasch pulsierende Kraft aus, die i. a. eine axiale und eine azimutale, aber keine nennenswerte radiale Komponente hat. Vorläufig kommt nur die azimutale Kraft in Frage, die die Scheibe zu Torsionsschwingungen anregen kann.

Wäre die Zahl z der Laufschaufeln genau gleich der Zahl z' der Leitschaufeln, so daß alle Dampfstrahlen gleichzeitig die Mitten aller Laufschaufelkanäle träfen, dann hätte man genau $z = z'$ Azimutalstöße je Umlauf, also bei einer Drehgeschwindigkeit ω der Scheibe eine Stoßfrequenz $z\omega/2\pi$ (je Zeiteinheit). Sind die Zahlen z und z' verschieden, so sucht man ihren größten gemeinsamen Teiler a, wonach mit zwei teilerfremden ganzen Zahlen p und p'

$$z = p\,a, \qquad z' = p'a \tag{1}$$

ist. Numeriert man die Lauf- und die Leitschaufeln im Drehsinn der Scheibe von 1 bis z und von 1 bis z', und steht in einem bestimmten Augenblick die bewegte Schaufel 1 der ruhenden Schaufel 1 genau gegenüber (etwa Kante gegen Kante), so trifft dies auch für die Schaufeln mit den Nummern $p+1$ und $p'+1$ zu und allgemein für die Schaufeln $np+1$ und $np'+1$, wo $n = 0, 1, 2, \ldots, a-1$ ist. Alle anderen Schaufeln stehen einander in diesem Augenblicke nicht genau gegenüber. Denkt man sich die Laufschaufeln $np+1$ und die Leitschaufeln $np'+1$ markiert (vgl. Abb. 29, wo der innere Ring die Laufschaufelkanten, der äußere die Leitschaufelkanten vorstellen soll und die

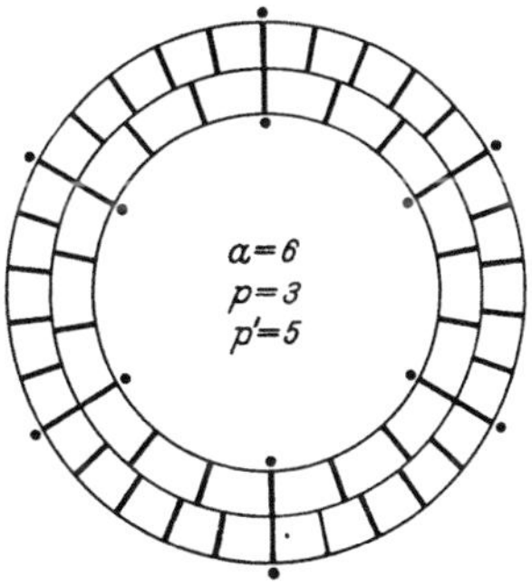

Abb. 29. Schema der Einteilung der Leit- und Laufschaufeln.

[1]) A. Held, Lösungen des Problems der rotierenden Scheibe zu vorgegebenen Spannungsverteilungen, Diss. Stuttgart 1939.

Markierung durch Punkte angedeutet ist), so wird der ganze Kreis in a Sektoren von je p Laufschaufelkanälen und je p' Leitschaufelkanälen eingeteilt. Das Laufrad dreht sich in der Zeit $t' = 2\pi/a\,\omega$ gerade um einen Sektorwinkel weiter. In dieser Zeit ist jede markierte Laufschaufel an p' Leitschaufeln vorbeigestrichen, hat also p' Dampfstöße erhalten. Das gleiche gilt aber auch von den übrigen $p-1$ Laufschaufeln jedes Sektors, so daß auf die Zeit t' im ganzen pp' Stöße kommen, von denen (da p und p' teilerfremd sind) keine zwei zeitlich zusammenfallen. Vielmehr erfolgen diese Stöße in gleichen Abständen $t'' = t'/pp'$ oder

$$t'' = \frac{2\pi}{p\,p'a\,\omega} = \frac{2\pi}{p\,z'\omega} = \frac{2\pi}{p'z\,\omega}. \tag{2}$$

Mithin ist die Stoßfrequenz

$$\nu = \frac{p\,z'\omega}{2\pi} = \frac{p'z\,\omega}{2\pi} \text{ je Zeiteinheit oder } \nu^* = p\,z' = p'z \text{ je Umlauf;} \tag{3}$$

und da man jeden Stoß in eine Fourierreihe mit dieser Grundfrequenz entwickeln kann, so sind folgende Schwingungszahlen (je Zeiteinheit) resonanzgefährlich:

$$a_j = j\,\nu \qquad (j = 1, 2, 3, \ldots). \tag{4}$$

Gleichzeitige Stöße erfolgen in räumlichen Abständen, die jeweils gleich dem Sektorwinkel $2\pi/a$ sind. Die gesamte Stärke aller solcher gleichzeitiger Stöße ist also unter sonst gleichen Umständen um so kleiner, je größer diese Sektorwinkel sind, oder also je kleiner der größte gemeinsame Teiler a der beiden Schaufelzahlen z und z' ist. Man wird somit den Schluß ziehen dürfen, daß auch die Resonanzgefahr mit abnehmendem größtem Teiler a abnimmt und am geringsten ist, wenn die beiden Schaufelzahlen z und z' überhaupt teilerfremd sind (was $a = 1$ bedeutet).

Um die Schwingungsformen zu erkennen, denkt man sich die rotierende Scheibe auf Ruhe transformiert, d. h. von einem mitrotierenden Beobachter aus betrachtet. Resonanzgefahr kann dann nur bei Schwingungen drohen, die relativ zur Scheibe stehend sind. Solche stehende Schwingungen sind ohne und mit Knotendurchmessern, ohne und mit Knotenkreisen (genauer gesagt: Knotenkreiszylindern) denkbar. In erster Linie gefährlich werden diejenigen ohne Knotendurchmesser und mit keinem oder nur wenigen Knotenkreisen sein. Daß die stehenden Schwingungen mit Knotendurchmessern dagegen zurücktreten, geht aus folgender Überlegung hervor. Ist zunächst wieder $z = z'$, so können — außer den leicht erregbaren knotendurchmesserlosen Schwingungen — nur Schwingungen mit $2z$, $4z$, $6z, \ldots$ Knotenhalbmessern, also z, $2z$, $3z, \ldots$ Knotendurchmessern durch die Dampfstöße erregt werden. Diese haben aber, da ja die Schaufelzahl z immer sehr groß und schon die knotenfreie Grundschwingung bei Dampfturbinenscheiben (wie wir sehen werden) immer sehr hochfrequent ist, eine so ungeheuer hohe Frequenz, daß sie ganz außer acht bleiben dürfen. Ist jedoch $z \neq z'$, vielmehr wieder $z = pa$ und $z' = p'a$, so kommen — außer den knotendurchmesserlosen — nur Schwingungen mit mindestens a Knotendurchmessern in Betracht, nämlich mit mindestens zwei Knotenhalbmessern in jedem Sektor. Ist a ziemlich groß, so gilt der gleiche Schluß wie vorhin: die Schwingungen mit Knotendurchmessern sind gegenüber denen ohne solche belanglos. Wenn aber a klein ist, so ist ja, wie vorhin erörtert, auch die Erregung klein, die Schwingung also von vornherein harmlos. Im ganzen wird man mithin feststellen dürfen, daß bei voll beaufschlagten Scheiben die Schwingungen mit Knotendurchmessern kaum, diejenigen ohne Knotendurchmesser nur dann gefährlich werden können, wenn die Schaufelzahlen z und z' einen großen gemeinsamen Teiler haben.

Bei nur teilweise beaufschlagten Scheiben hat man zunächst die gleichen Schwingungsmöglichkeiten, jedoch mit geringerer Resonanzgefahr, da die jeweils nicht beaufschlagten Schaufeln stoßfrei laufen. Wenn aber, wie das der Fall zu sein pflegt, die beaufschlagenden Leitschaufelgruppen in z'' regelmäßig angeordneten, gleichen Sektoren angebracht sind (Abb. 30), so können, wie man leicht erkennt, auch die stehenden Schwingungen mit Knotendurchmessern von Bedeutung sein. Man kann dann nämlich die Dampfkräfte in eine Fourierreihe mit den Argumenten $jz''\varphi'$ $(j=0, 1, 2, \ldots)$ entwickeln, wo φ' der Azimutwinkel am Leitapparat ist. Denkt man sich die Scheibe wieder ruhend und dafür den Leitapparat mit der Drehgeschwindigkeit $-\omega$ umlaufend, so sind die Fourierargumente in der Form $jz''(\varphi-\omega t)$ zu schreiben, wo nun $\varphi=\varphi'+\omega t$ der Azimutwinkel an der Scheibe ist. (Es bedeutet also φ eine in der Scheibe feste, φ' eine im Leitapparat feste Koordinate, je positiv gerechnet in der Drehrichtung.) Formt man das erste Fourierglied der Zwangskraft folgendermaßen um:

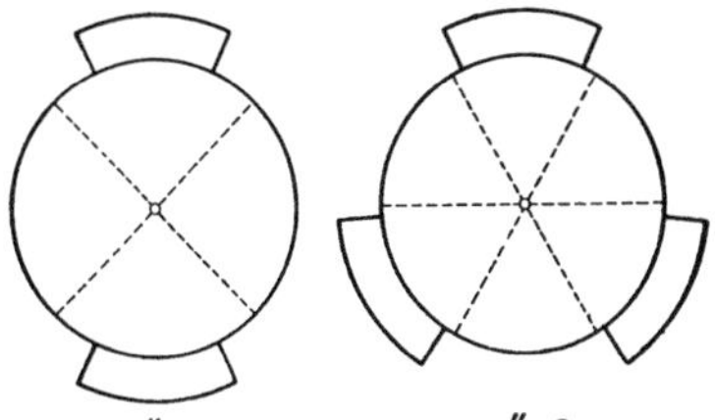

Abb. 30. Teilweise beaufschlagte Scheiben.

$$\begin{aligned}Z_1 &\equiv a_1 \cos z''\varphi' = a_1 \cos z''(\varphi-\omega t)\\ &= a_1\left[\cos z''(\omega t-\beta)\cos z''(\varphi-\beta) + \right.\\ &\quad \left.+ \sin z''(\omega t-\beta)\sin z''(\varphi-\beta)\right],\end{aligned}$$

wo β ein unbestimmter Winkel ist, so erkennt man, daß die Zwangskraft Z_1 zerlegt gedacht werden kann in zwei mit der Scheibe rotierende (und dort zeitlich periodische) Zwangskräfte, von denen die erste dauernd Null bleibt in den scheibenfesten Azimuten $\varphi=(\pi/2z'')+\beta$, $(3\pi/2z'')+\beta, \ldots, [(4z''-1)\pi/2z'']+\beta$ — in Abb. 30 für $\beta=0$ gestrichelt —, die zweite in den Azimuten φ, die gegen die vorigen um $\pi/2z''$ verschoben sind. Ist eine Scheibenschwingung mit z'' Knotendurchmessern und der gleichen Frequenz $z''\omega/2\pi$ wie diese beiden stehend schwingenden Zwangskräfte möglich und zufälligerweise so angestoßen, daß sie die Knotenreihe $\varphi=(\pi/2z'')+\beta$ usw. hat, so führt ihr die erste Zwangskraft dauernd Energie zu, ist also in Resonanz mit ihr (wogegen die zweite im ganzen keine Energie zuzuführen vermag). Berücksichtigt man auch noch die höheren Fourierglieder, so kann man das Ergebnis dahin aussprechen, daß bei regelmäßig z''-fach intermittierender Beaufschlagung Resonanzgefahr mit Schwingungen von der Frequenz

$$\alpha_j = \frac{jz''\omega}{2\pi} \qquad (j=1, 2, 3, \ldots) \tag{5}$$

mit jz'' Knotendurchmessern besteht. Die Zahl der Knotenkreise ist dabei beliebig. Da z'' (im Gegensatz zu z) ziemlich klein zu sein pflegt, so können diese knotendurchmesserbehafteten Schwingungen hier wohl in Betracht kommen. Allerdings zeigt es sich, daß bei den vorkommenden Dampfturbinenscheiben die Resonanzgleichung (5) in der Regel nur für ziemlich große j erfüllbar ist; und da man annehmen darf, daß die Fourierglieder der Dampfkraft mit wachsender Ordnungszahl j rasch kleiner werden, so mag auch bei nur teilweise beaufschlagten Scheiben die Resonanzgefahr mit knotendurchmesserbehafteten Torsionsschwingungen nicht besonders groß sein. Wir werden daher im folgenden besonders ausführlich die Schwingungen ohne Knotendurchmesser untersuchen.

Die schon in Ziff. **1** erwähnten Dehnungsschwingungen rotierender Scheiben können von den Dampfkräften nicht unmittelbar erregt werden. Trotzdem gelten die vorangehenden Ergebnisse alle auch für die Dehnungsschwingungen, und zwar wegen ihrer alsbald aufzudeckenden Verkoppelung mit den Torsionsschwingungen, und weil ihre Eigenfrequenzen, wie wir sehen werden, von der gleichen Größenordnung wie die der Torsionsschwingungen sind.

Wir bemerken hier gleich, daß die vorstehenden Betrachtungen samt den Resonanzformeln (3) bis (5) natürlich ebenso auch für die axialen Kräfte und die axialen oder Biegeschwingungen der Scheibe gelten, daß aber deren Eigenfrequenzen i. a. viel tiefer liegen, und daß dann sehr wohl gerade die Resonanzbedingung (5) die wichtigere werden kann. Von weiteren Resonanzquellen wird dabei später noch die Rede sein.

15. Rotationssymmetrische Torsions- und Dehnungsschwingungen. Wir wenden uns zuerst den Schwingungen ohne Knotendurchmesser zu[1]). Diese sind rotationssymmetrisch und also für Scheiben gleicher Dicke in den Ansätzen (**2**, 1) enthalten, wenn man dort die Trägheitsglieder der Schwingungen hinzufügt. Wir ziehen wieder lieber vor, diese Gleichungen sofort für Scheiben von beliebigem Profil $y(r)$ allgemeiner herzuleiten, und betrachten hierzu Abb. 31

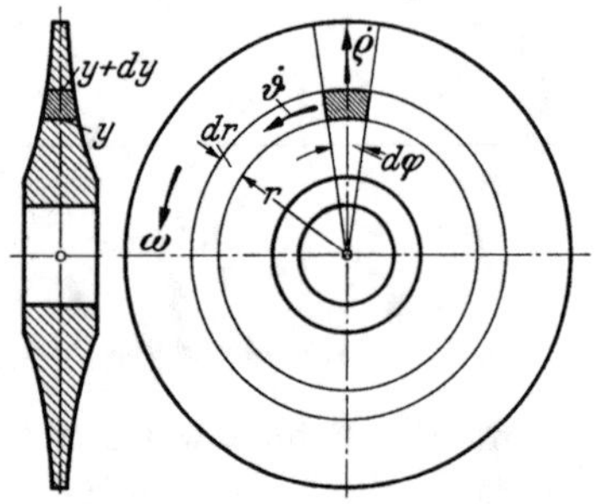

Abb. 31. Rotierende Scheibe mit Torsionsschwingung $\dot\vartheta$ und Dehnungsschwingung $\dot\varrho$.

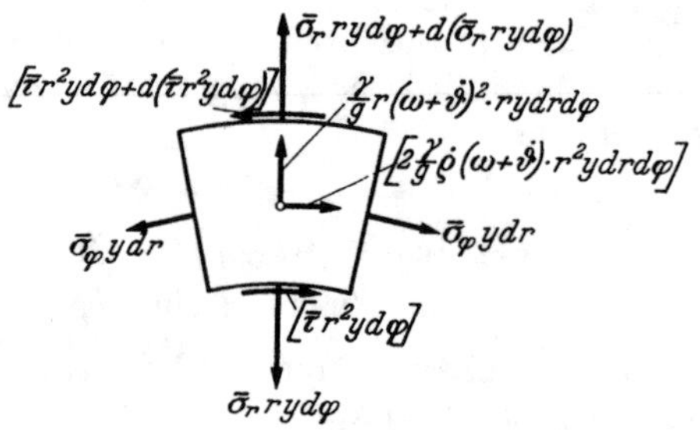

Abb. 32. Element der Scheibe Abb. 31.

samt dem vergrößert herausgezeichneten Element in Abb. 32. Wir bezeichnen die Spannungen mit $\bar\sigma_r$, σ_φ und τ, die (auf die rotierende Scheibe bezogene) radiale und azimutale Schwingungsgeschwindigkeit des Elements mit $\dot\varrho$ und $\dot\vartheta$. An diesem Element greifen die in Abb. 32 eingetragenen Kräfte und Momente an, nämlich einerseits die von σ_r und σ_φ herrührenden Kräfte, andererseits die von τ herrührenden Drehmomente, bezogen auf den Scheibenmittelpunkt. (In Abb. 32 sind die Momente, zum Unterschied von den Kräften, in eckige Klammern gesetzt, und die Schubkräfte in den Seitenschnitten $y\,dr$ haben wir weggelassen, da sie in den Schwingungsgleichungen nicht vorkommen können.) Dazu treten, wenn wir ein gleichförmig mitrotierendes System zugrunde legen. als d'Alembertsche Kräfte die Fliehkraft $\frac{\gamma}{g}\, r(\omega+\dot\vartheta)^2 r\,y\,dr\,d\varphi$ und das Moment der Corioliskraft $2\,\frac{\gamma}{g}\,\dot\varrho\,(\omega+\dot\vartheta)\,r^2 y\,dr\,d\varphi$, wobei Ableitung nach der Zeit durch einen übergesetzten Punkt bezeichnet ist. Somit lauten die Schwingungsgleichungen des Elements (wenn man sogleich in allen Gliedern den Faktor $d\varphi$ wegläßt)

$$\left.\begin{aligned}\frac{\gamma}{g}\, r^3\, y\, dr\, \ddot\vartheta &= d(\tau r^2 y) - 2\,\frac{\gamma}{g}\,\dot\varrho\,(\omega+\dot\vartheta)\, r^2\, y\, dr,\\ \frac{\gamma}{g}\, r\, y\, dr\, \ddot\varrho &= d(\bar\sigma_r\, r\, y) - \sigma_\varphi\, y\, dr + \frac{\gamma}{g}\,(\omega+\dot\vartheta)^2 r^2\, y\, dr.\end{aligned}\right\} \quad (1)$$

Beschränkt man sich, was praktisch ausreichen mag, auf solche Schwingungen, bei denen die Ausschläge und die Geschwindigkeiten $\dot\varrho$ und $\dot\vartheta$ als klein von erster Ordnung gelten können, so darf man statt (1) einfacher schreiben

$$\left.\begin{aligned}\frac{\gamma}{g}\, r^3\, \ddot\vartheta &= \frac{1}{y}\,\frac{\partial}{\partial r}\,(\tau r^2 y) - 2\,\frac{\gamma}{g}\,\omega\, r^2\,\dot\varrho,\\ \frac{\gamma}{g}\, r\,\ddot\varrho &= \frac{r}{y}\,\frac{\partial}{\partial r}\,(\sigma_r\, y) + \bar\sigma_r - \sigma_\varphi + \frac{\gamma}{g}\,\omega^2 r^2 + 2\,\frac{\gamma}{g}\,\omega\, r^2\,\dot\vartheta.\end{aligned}\right\} \quad (2)$$

[1]) R. Grammel, Drillungs- und Dehnungsschwingungen umlaufender Scheiben, Ing.-Arch. 6 (1935) S. 256.

Man unterteilt nun die Spannungen $\bar\sigma_r$, $\bar\sigma_\varphi$, $\bar\tau$ in ihre stationären Bestandteile σ_r^0, σ_φ^0, τ^0 und in die nur von den Schwingungen herrührenden Bestandteile σ_r, σ_φ, τ. Für die ersten gilt zufolge (**3**, **3**) und (**4**, 1)

$$\left.\begin{aligned} 0 &= \frac{1}{y}\frac{\partial}{\partial r}(\tau^0 r^2 y), \\ 0 &= \frac{r}{y}\frac{\partial}{\partial r}(\sigma_r^0 y) + \sigma_r^0 - \sigma_\varphi^0 + \frac{\gamma}{g}\omega^2 r^2. \end{aligned}\right\} \tag{3}$$

Zieht man diese Gleichungen von den Gleichungen (2) ab und setzt also $\sigma_r = \bar\sigma_r - \sigma_r^0$, $\sigma_\varphi = \bar\sigma_\varphi - \sigma_\varphi^0$, $\tau = \bar\tau - \tau^0$, so kommt

$$\left.\begin{aligned} \frac{\gamma}{g} r^3 \ddot\vartheta &= \frac{1}{y}\frac{\partial}{\partial r}(\tau r^2 y) - 2\frac{\gamma}{g}\omega r^2 \dot\varrho, \\ \frac{\gamma}{g} r \ddot\varrho &= \frac{r}{y}\frac{\partial}{\partial r}(\sigma_r y) + \sigma_r - \sigma_\varphi + 2\frac{\gamma}{g}\omega r^2 \dot\vartheta. \end{aligned}\right\} \tag{4}$$

Zerspaltet man ebenso die radiale Verschiebung $\bar u$ in ihren stationären Teil u^0 und den Schwingungsteil ϱ, so hat man [vgl. (**11**, 1)]

$$\sigma_r = \frac{m^2 E}{m^2-1}\left(\frac{\partial\varrho}{\partial r} + \frac{1}{m}\frac{\varrho}{r}\right), \qquad \sigma_\varphi = \frac{m^2 E}{m^2-1}\left(\frac{\varrho}{r} + \frac{1}{m}\frac{\partial\varrho}{\partial r}\right). \tag{5}$$

Zerspaltet man endlich gleicherweise die azimutale Verschiebung $\bar v$ und damit auch ihren Zentriwinkel $\bar\vartheta$ in ϑ^0 und ϑ, so ist [vgl. (**3**, 5)]

$$\tau = G r \frac{\partial\vartheta}{\partial r}. \tag{6}$$

Führt man jetzt die Spannungen σ_r, σ_φ und τ durch (5) und (6) in (4) ein, so erscheinen die allgemeinen Gleichungen aller rotationssymmetrischen Schwingungen nach kurzer Umformung in der folgenden Gestalt (worin Striche Ableitungen nach r bedeuten, Punkte nach wie vor Ableitungen nach der Zeit):

$$\left.\begin{aligned} &\vartheta'' + \left(\frac{y'}{y} + \frac{3}{r}\right)\vartheta' - \frac{\gamma}{gG}\left(\ddot\vartheta + 2\omega\frac{\dot\varrho}{r}\right) = 0, \\ &\varrho'' + \left(\frac{y'}{y} + \frac{1}{r}\right)\varrho' + \left(\frac{y'}{mry} - \frac{1}{r^2}\right)\varrho - \frac{\gamma(m^2-1)}{gm^2E}(\ddot\varrho - 2\omega r\dot\vartheta) = 0. \end{aligned}\right\} \tag{7}$$

Diese Gleichungen lassen insbesondere stehende Schwingungen zu gemäß dem Ansatz (dem allgemeinsten, den wir hier brauchen)

$$\vartheta = \Psi\sin 2\pi\alpha t, \qquad \varrho = R\cos 2\pi\alpha t, \tag{8}$$

worin α die gesuchte Frequenz, Ψ und R aber Funktionen von r allein sind. Geht man mit dem Ansatz (8) in (7) ein, so kommen folgende Bestimmungsgleichungen für Ψ und R:

$$\left.\begin{aligned} &\Psi'' + \left(\frac{y'}{y} + \frac{3}{r}\right)\Psi' + \lambda^2\Psi + \frac{\omega}{\pi\alpha}\lambda^2\frac{R}{r} = 0, \\ &R'' + \left(\frac{y'}{y} + \frac{1}{r}\right)R' + \left(\mu^2 + \frac{y'}{mry} - \frac{1}{r^2}\right)R + \frac{\omega}{\pi\alpha}\mu^2 r\Psi = 0 \end{aligned}\right\} \tag{9}$$

mit den reziproken Längen

$$\lambda = 2\pi\alpha\sqrt{\frac{\gamma}{gG}}, \qquad \mu = 2\pi\alpha\sqrt{\frac{\gamma(m^2-1)}{gm^2E}}, \tag{10}$$

die wir die Leitwerte der Eigenfrequenzen α nennen wollen, und die wegen $G = mE/2(m+1)$ durch die Beziehung

$$\mu^2 = \frac{m-1}{2m}\lambda^2 \tag{11}$$

verbunden sind. Die gesuchten Eigenfrequenzen

$$\alpha = \frac{\lambda}{2\pi}\sqrt{\frac{gG}{\gamma}} = \frac{\mu}{2\pi}\sqrt{\frac{g\,m^2 E}{\gamma(m^2-1)}} \tag{12}$$

sind also gefunden, sobald λ oder μ bestimmt ist. Für Abschätzungen ist es nützlich zu wissen, daß bei Stahlscheiben mit $\gamma = 7{,}85 \cdot 10^{-3}\,\mathrm{kg/cm^3}$, $E = 2{,}2 \cdot 10^6\,\mathrm{kg/cm^2}$, $G = 0{,}85 \cdot 10^6\,\mathrm{kg/cm^2}$, $m = 10/3$

$$c_1 \equiv \sqrt{\frac{gG}{\gamma}} = 3{,}26 \cdot 10^5\,\frac{\mathrm{cm}}{\mathrm{sek}}, \qquad c_2 \equiv \sqrt{\frac{g\,m^2 E}{\gamma(m^2-1)}} = 5{,}50 \cdot 10^5\,\frac{\mathrm{cm}}{\mathrm{sek}} \tag{13}$$

ist, und daß für die Grundschwingungen in der Regel die dimensionslosen Produkte λr_a und μr_a aus den Leitwerten λ, μ und dem Außenhalbmesser r_a der Scheibe von der Größenordnung 1 sind (wie spätere Beispiele zeigen werden). Da man die Formel (12) auch in der Form

$$\alpha = (\lambda r_a)\frac{c_1}{2\pi r_a} = (\mu r_a)\frac{c_2}{2\pi r_a} \tag{14}$$

schreiben kann, so heißt dies, daß für die Grundschwingungen die Frequenz α von gleicher Größenordnung ist, wie die Zahl, welche angibt, wie oft eine Störung, die sich mit der Geschwindigkeit c_1 bzw. c_2 fortpflanzt, den Scheibenumfang in der Zeiteinheit durchlaufen würde. (Man könnte die Größen c_1 und c_2 deuten als die Fortpflanzungsgeschwindigkeiten gewisser torsionaler und radialer Wellen; doch wollen wir hier nicht weiter darauf eingehen, da für uns nur stehende Schwingungen als resonanzgefährlich in Betracht kommen.)

Die Gleichungen (9) zeigen, daß, sobald die Scheibe rotiert ($\omega \neq 0$), die Torsionsschwingungen (Ψ) mit den Dehnungsschwingungen (R) durch die Flieh- und Corioliskräfte verkoppelt sind, und zwar ist diese Verkoppelung, wie aus (7) hervorgeht, von der ersten Ordnung in den Geschwindigkeiten $\dot{\vartheta}$ und $\dot{\varrho}$. [Für nichtrotierende Scheiben ist zwar eine solche Verkoppelung auch vorhanden, aber sie ist dann klein von zweiter Ordnung, nämlich, wie aus (1) mit $\omega = 0$ hervorgeht, proportional mit $\dot{\vartheta}^2$ bzw. $\dot{\vartheta}\dot{\varrho}$.] Da es kein Profil $y(r)$ zu geben scheint, für welches die beiden verkoppelten Gleichungen (9) durch elementare oder wenigstens tabulierte Funktionen Ψ und R streng lösbar sind, so bedeutet diese Koppelung eine grundsätzliche Schwierigkeit, die aber durch eine Abschätzung behoben werden kann. Denkt man sich, um beide Gleichungen (9) auf gleiche Dimension zu bringen, die erste mit r multipliziert, so verhalten sich die Trägheitskräfte der Schwingungen, dargestellt durch die Glieder $\lambda^2 r\Psi$ bzw. $\mu^2 R$, zu den Koppelungskräften $\frac{\omega}{\pi\alpha}\lambda^2 R$ bzw. $\frac{\omega}{\pi\alpha}\mu^2 r\Psi$ bei gleicher Amplitude $r\Psi$ und R der beiden Schwingungskomponenten wie $1:(\omega/\pi\alpha)$, also der Größenordnung nach gemäß (14) wie $c_1 : 2r_a\omega$, d. h. wie die Geschwindigkeit c_1 zur (doppelten) Umfangsgeschwindigkeit der Scheibe, und das ist im Hinblick auf (13) von der Größenordnung 10:1 oder (wie eine genauere Abschätzung zeigt) noch größer. Mithin sind die Koppelungskräfte tatsächlich klein gegen die für die Schwingungen maßgebenden Trägheitskräfte. Dies besagt, daß eine irgendwie erregte Torsionsschwingung sich zwar auch als Dehnungsschwingung bemerklich macht, aber immerhin nur s c h w a c h e Dehnungsschwingungen anregen wird, oder anders ausgedrückt, daß eine torsionale Störung (etwa die pulsierenden Dampfstöße) nicht bloß mit Torsionsschwingungen in Resonanz kommen kann, sondern auch mit Dehnungsschwingungen, daß aber die zweite Resonanzgefahr wesentlich kleiner ist als die erste.

Jetzt bleibt noch die Frage, ob die Koppelung die Frequenzen α selbst merklich beeinflußt. Würde man aus den beiden Gleichungen (9) die Größe R eliminieren, so käme offensichtlich eine Gleichung vierter Ordnung für Ψ von der Form

$$\Psi'''' + a_1 \Psi''' + a_2 \Psi'' + a_3 \Psi' + \left[a_4 + \lambda^2 \mu^2 \left(1 - \frac{\omega^2}{\pi^2 \alpha^2}\right)\right] \Psi = 0, \qquad (15)$$

worin a_1, a_2, a_3 und a_4 gewisse Funktionen von r sind, die auch noch λ^2 und μ^2 linear enthalten können, aber nicht $\omega^2/\pi^2 \alpha^2$. Sieht man, was nach dem Gesagten unbedenklich ist, $\omega/\pi\alpha$ als klein von erster Ordnung an, so darf man $\omega^2/\pi^2 \alpha^2$ gegen 1 streichen, und dann kommt ω in (15) gar nicht mehr vor. Weil nun (15) zugleich auch die Bestimmungsgleichung für die Frequenzen α sein muß [die ja gemäß (10) noch in λ^2 und μ^2 enthalten sind], so besagt dies, daß die Drehgeschwindigkeit ω der Scheibe, obwohl sie eine Koppelung erster Ordnung in den Kräften erzeugt, doch die Zahlenwerte der Frequenzen der Torsions- und Dehnungsschwingungen in erster Ordnung nicht beeinflussen kann.

Hiermit haben wir folgenden Sachverhalt gefunden: Bei rotierenden Scheiben besteht für torsionale Störungen Resonanzgefahr in erster Linie mit den Torsionsschwingungen, in geringerem Maße aber auch mit den Dehnungsschwingungen; und man darf bei beiden Schwingungen die für die Resonanzgefahr maßgebenden Eigenfrequenzen α ausreichend genau an der nichtrotierenden Scheibe ermitteln.

Wir werden daher von jetzt an die Koppelglieder (mit $\omega/\pi\alpha$) in dem Gleichungspaar (9) streichen und die Eigenfrequenzen je für die Torsions- und Dehnungsschwingungen getrennt berechnen.

16. Torsionsschwingungen von Scheiben mit hyperbolischem Profil. Eine sehr allgemeine, praktisch wichtige und analytisch zu bewältigende Klasse von Profilen sind wieder die hyperbolischen

$$y = \frac{c}{r^n}, \qquad (1)$$

wo c und n irgendwelche reellen Zahlen sind. Wegen $y'/y = -n/r$ nimmt jetzt die erste Gleichung (**15**, 9), also die Gleichung für die Torsionsschwingungen mit $\omega = 0$ die Gestalt

$$\Psi'' + \frac{3-n}{r} \Psi' + \lambda^2 \Psi = 0 \qquad (2)$$

an. Sie ist eine Besselsche Differentialgleichung und hat mit zwei Integrationskonstanten A und B die allgemeine Lösung

$$\Psi = r^k [A\, J_k(\lambda r) + B\, N_k(\lambda r)] \qquad \text{mit} \qquad k = \frac{n}{2} - 1. \qquad (3)$$

Hierin sind J_k und N_k die Zylinderfunktionen erster und zweiter Art von der Ordnung k. Im besonderen ist beispielsweise für

$$\left.\begin{aligned}
n &= 0 \quad (y = c): & \Psi &= r^{-1}[A\, J_1(\lambda r) + B\, N_1(\lambda r)],\\
n &= 1 \quad (y r = c): & \Psi &= r^{-1}[A \cos \lambda r + B \sin \lambda r],\\
n &= 2 \quad (y r^2 = c): & \Psi &= A\, J_0(\lambda r) + B\, N_0(\lambda r),\\
n &= 3 \quad (y r^3 = c): & \Psi &= A \cos \lambda r + B \sin \lambda r,\\
n &= 4 \quad (y r^4 = c): & \Psi &= r[A\, J_1(\lambda r) + B\, N_1(\lambda r)].
\end{aligned}\right\} \qquad (4)$$

Die Fälle $n = 1$ und $n = 3$ lassen sich auch unmittelbar aus (2) bestätigen.

Um die Leitwerte λ und damit nach (**15**, 12) die Eigenfrequenzen α zu finden, muß man diese Lösungen an die Randbedingungen anpassen. Hierzu überlegt man, daß an einem starr eingespannten Rand $\vartheta \equiv 0$ und also nach (**15**, 8) $\Psi = 0$ sein muß, an einem freien Rand dagegen $\tau \equiv 0$ und also nach (**15**, 6) und (**15**, 8) $\Psi' = 0$. Noch allgemeiner hat man an einem elastisch eingespannten Rand mit einer Bettungsziffer ε

$$\tau = \varepsilon \vartheta, \quad \text{also} \quad G r \Psi' - \varepsilon \Psi = 0. \tag{5}$$

Trägt endlich ein Rand eine träge Masse mit dem Trägheitsmoment Θ je Flächeneinheit des Randes (bezogen auf die Drehachse), und setzt man voraus, daß diese Masse wie lauter dichtverteilte, aber unter sich nicht verbundene Punktmassen wirke (was für eine Beschaufelung in guter Näherung zutreffen mag), so hat man an diesem Rand

$$r \tau = - \Theta \ddot{\vartheta} = 4 \pi^2 \alpha^2 \Theta \vartheta, \quad \text{also} \quad G r^2 \Psi' - 4 \pi^2 \alpha^2 \Theta \Psi = 0. \tag{6}$$

In den allgemeinen Randbedingungen (5) und (6) ist die feste Einspannung als Sonderfall $\varepsilon = \infty$ bzw. $\Theta = \infty$ enthalten, der freie Rand als Sonderfall $\varepsilon = 0$ bzw. $\Theta = 0$.

Die Berechnung der Bettungsziffer ε ist eine Aufgabe für sich. Der technisch wichtigste Fall ist wohl der, daß die Scheibe mit ihrem Innenrand r_0 auf einer elastischen Welle sitzt, die ihrerseits am einen Ende oder an beiden Enden starr eingespannt sein mag, wobei „starre Einspannstellen" in Wirklichkeit auch einfach Knotenpunkte der Schwingung sein können. Haben die beiden Wellenstücke

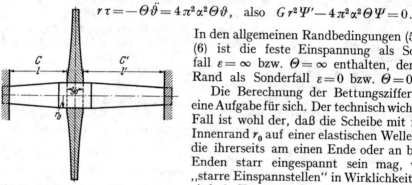

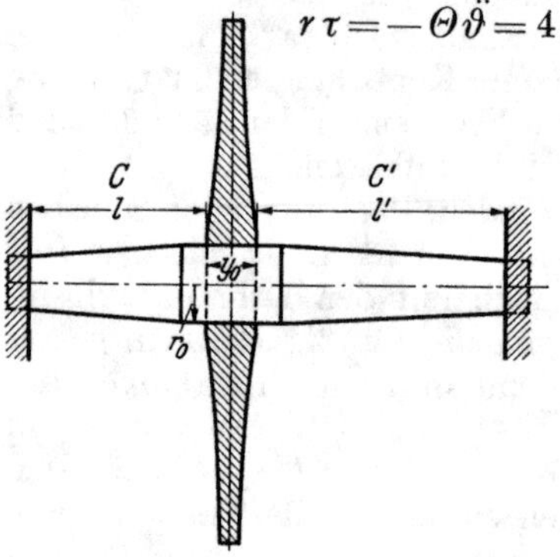

Abb. 33. Scheibe auf eine Welle aufgesetzt.

(Abb. 33) die Längen l und l' sowie die Torsionssteifigkeiten C und C', so daß also die Quotienten l/C und l'/C' definitionsgemäß die von der Einheit eines Torsionsmomentes hervorgerufenen Torsionswinkel der beiden Wellenstücke sind, so verteilt sich ein am Ort der Scheibe wirkendes Torsionsmoment M_0 auf die beiden Einspannstellen mit den (leicht auszurechnenden) Beträgen

$$M = \frac{l'/C'}{l/C + l'/C'} M_0, \qquad M' = \frac{l/C}{l/C + l'/C'} M_0$$

und ruft somit einen Torsionswinkel $\vartheta_0 = l M / C = l' M'/C'$ oder

$$\vartheta_0 = \frac{l l'}{l C' + l' C} M_0 \tag{7}$$

hervor. Ist y_0 die Scheibendicke am Innenrand r_0, so muß das Moment M_0 in Wahrheit von der Schubspannung τ_0 am Scheibeninnenrand herrühren:

$$M_0 = 2 \pi r_0^2 y_0 \tau_0. \tag{8}$$

Aus (7) und (8) folgt im Hinblick auf die erste Gleichung (5) die Bettungsziffer

$$\varepsilon = \frac{l C' + l' C}{2 \pi r_0^2 y_0 l l'}. \tag{9}$$

Ist die Welle am einen Ende frei (oder das eine Wellenstück gar nicht vorhanden), so kommt mit $C' = 0$

$$\varepsilon = \frac{C}{2 \pi r_0^2 y_0 l}. \tag{10}$$

Von der eigenen Trägheit der Welle bei den Schwingungen ist hierbei abgesehen. Dies mag zumeist statthaft sein wegen des gegenüber der Scheibe geringen Trägheitsmomentes der Welle; andernfalls ist die Bettungsziffer ε viel umständlicher zu berechnen.

Jedenfalls kann man für den Innen- und Außenrand in leicht verständlicher Schreibweise die Bedingungen

$$\Psi_0' = b_0 \Psi_0, \qquad \Psi_a' = b_a \Psi_a \tag{11}$$

ansetzen, wobei b_0 und b_a nun im Hinblick auf (5) und (6) entweder als gegebene (oder leicht berechenbare) Festwerte zu gelten haben, die für freie Ränder 0, für starr festgehaltene ∞ sind, oder selbst auch den Faktor α^2, also nach (**15**, 10) den Faktor λ^2 enthalten können. Bei Vollscheiben (die freilich bei hyperbolischen Profilen mit positivem n nicht vorkommen können) hat man anstatt der ersten Randbedingung (11) die Forderung, daß die Kurven, in die die Scheibendurchmesser bei der Torsionsschwingung übergehen, im Scheibenmittelpunkt einen Wendepunkt haben müssen; dies führt auf $\vartheta_0' = 0$ oder $\Psi_0' = 0$. Tatsächlich kommt aber dieser Fall bei rotierenden Scheiben kaum vor, da auch die Vollscheibe immer irgendwie mit ihrer Welle verbunden sein muß (vgl. Ziff. **10** und Abb. 17), so daß man auch da eine elastische oder starre Bettung an einem „Innenrand" haben wird.

Um nun die Randbedingungen (11) explizit anzuschreiben, beachtet man, daß für die Ableitungen der Zylinderfunktionen gilt

$$\frac{d}{dr} J_k(\lambda r) = \lambda J_{k-1}(\lambda r) - \frac{k}{r} J_k(\lambda r), \qquad \frac{d}{dr} N_k(\lambda r) = \lambda N_{k-1}(\lambda r) - \frac{k}{r} N_k(\lambda r). \tag{12}$$

Deshalb gibt (3) durch Differentiieren

$$\Psi' = \lambda r^k [A\, J_{k-1}(\lambda r) + B\, N_{k-1}(\lambda r)], \tag{13}$$

und die Randbedingungen (11) lauten dann

$$\left.\begin{aligned} A\,[\lambda J_{k-1}(\lambda r_0) - b_0 J_k(\lambda r_0)] + B\,[\lambda N_{k-1}(\lambda r_0) - b_0 N_k(\lambda r_0)] = 0, \\ A\,[\lambda J_{k-1}(\lambda r_a) - b_a J_k(\lambda r_a)] + B\,[\lambda N_{k-1}(\lambda r_a) - b_a N_k(\lambda r_a)] = 0. \end{aligned}\right\} \tag{14}$$

Soll A und B nicht gleichzeitig verschwinden, also eine wirkliche Schwingung entstehen, so muß die Determinante der Koeffizienten von A und B in diesen Gleichungen Null sein. Dies führt auf folgende transzendente Frequenzgleichung für λ:

$$\frac{\lambda J_{k-1}(\lambda r_0) - b_0 J_k(\lambda r_0)}{\lambda N_{k-1}(\lambda r_0) - b_0 N_k(\lambda r_0)} = \frac{\lambda J_{k-1}(\lambda r_a) - b_a J_k(\lambda r_a)}{\lambda N_{k-1}(\lambda r_a) - b_a N_k(\lambda r_a)}. \tag{15}$$

Wir behandeln diese für einige Sonderfälle.

Im Falle $n = 3$ des hyperbolischen Profils $y = c r^{-3}$ findet man — entweder unmittelbar aus (4) oder aber aus (15) mit der Erwägung, daß für die Zylinderfunktionen von den Ordnungen $\frac{1}{2}$ und $-\frac{1}{2}$

$$J_{\frac{1}{2}}(\lambda r) \equiv N_{-\frac{1}{2}}(\lambda r) \equiv \frac{\sin \lambda r}{\sqrt{\frac{1}{2}\pi \lambda r}}, \qquad J_{-\frac{1}{2}}(\lambda r) \equiv -N_{\frac{1}{2}}(\lambda r) \equiv \frac{\cos \lambda r}{\sqrt{\frac{1}{2}\pi \lambda r}} \tag{16}$$

ist — die Frequenzgleichung

$$\operatorname{tg}[\lambda(r_a - r_0)] = \frac{\lambda(b_0 - b_a)}{\lambda^2 + b_0 b_a}. \tag{17}$$

Ebenso kommt im Falle $n = 1$ des hyperbolischen Profils $y = c r^{-1}$

$$\operatorname{tg}[\lambda(r_a - r_0)] = \frac{\lambda\,[r_0 r_a (b_0 - b_a) + r_a - r_0]}{(\lambda^2 + b_0 b_a) r_0 r_a + r_0 b_0 + r_a b_a + 1}. \tag{18}$$

Die Auflösung dieser Gleichungen nach λ und damit nach (**15**, 12) die Bestimmung der Eigenfrequenzen α macht keine besonderen Schwierigkeiten. Man erhält meist schon genügend genaue Näherungswerte, wenn man beide Seiten der Gleichung als Kurven, etwa über der Abszisse $\lambda(r_a - r_0)$, aufzeichnet und die

Abszissen ihrer Schnittpunkte aufsucht, wobei natürlich der Wert $\lambda=0$ auszuscheiden hat.

Um die Größenordnung abzuschätzen, nehmen wir die Scheibe $y=cr^{-3}$ am Innenrand starr eingespannt, am Außenrand dagegen vollkommen frei an und haben also in (17) zuerst $b_0\to\infty$ gehen zu lassen und dann $b_a=0$ zu setzen. Dies gibt $\operatorname{tg}[\lambda(r_a-r_0)]=\infty$ oder

$$\lambda_i(r_a-r_0)=(i-\tfrac{1}{2})\pi \qquad (i=1,2,3,\ldots). \tag{19}$$

Bei ganz weicher Einspannung am Innenrand, also $b_0\approx 0$, und freiem Außenrand ($b_a=0$) hat man $\operatorname{tg}[\lambda(r_a-r_0)]=0$ oder

$$\lambda_i(r_a-r_0)=i\pi \qquad (i=1,2,3,\ldots). \tag{20}$$

Wenn die Scheibe am Außenrand eine Beschaufelung trägt, deren Gewicht G_s bezogen auf den Trägheitshalbmesser r_a den Wert $G_s=\beta\cdot\pi r_a^2 y_a\gamma$ hat, wo β eine meist kleine Zahl und γ das spezifische Gewicht der Scheibe ist, so wird das Trägheitsmoment der Beschaufelung je Flächeneinheit des Randes

$$\Theta=\frac{1}{2\pi r_a y_a}\frac{r_a^2 G_s}{g}=\frac{\beta}{2}\frac{\gamma r_a^3}{g}$$

und somit nach (6), (11) und (**15**, 10)

$$b_a=\frac{\beta}{2}\lambda^2 r_a.$$

Nimmt man an, die Scheibe sei am Innenrand starr eingespannt, so kommt also aus (17) mit $b_0=\infty$

$$\operatorname{tg}[\lambda(r_a-r_0)]=\frac{\lambda}{b_a}=\frac{2}{\beta}\frac{1}{\lambda r_a}. \tag{21}$$

Ist beispielsweise $r_a=4r_0$, also $r_a=\frac{4}{3}(r_a-r_0)$ und schwankt β zwischen 1 und 0, so schwankt für die Grundschwingung der Wert von $\lambda(r_a-r_0)$ gemäß (21) zwischen 0,99 und $\pi/2$. Nimmt man dagegen an, die Scheibe sei am Innenrand ganz weich eingespannt, so kommt aus (17) mit $b_0=0$

$$\operatorname{tg}[\lambda(r_a-r_0)]=-\frac{b_a}{\lambda}=-\frac{\beta}{2}\lambda r_a. \tag{22}$$

Ist wieder $r_a=4r_0$ und schwankt β zwischen 1 und 0, so schwankt $\lambda(r_a-r_0)$ für die Grundschwingung zwischen 2,17 und π.

Man darf aus diesen Beispielen den Schluß ziehen, daß in der Tat, wie schon in Ziff. **15** ausgesprochen worden ist, das dimensionslose Produkt λr_a für die Grundschwingungen der technisch verwerteten Scheiben wohl immer die Größenordnung 1 hat.

Für Stahlscheiben folgen aus den Werten $\lambda_i(r_a-r_0)$ nach (**15**, 12) und (**15**, 13) die Eigenfrequenzen (je sec)

$$\alpha_i=51800\,\lambda_i \qquad (\lambda_i \text{ in cm}^{-1} \text{ gemessen}). \tag{23}$$

Als Beispiel wählen wir die Scheibe $y=cr^{-3}$ mit starrer Einspannung am Innenrand $r_0=10$ cm und einer Beschaufelung mit dem Gewichtsfaktor $\beta=1/20$ am Außenrand $r_a=40$ cm. Hierfür wird die Frequenzgleichung (21)

$$\operatorname{tg}(30\lambda)=\frac{1}{\lambda}$$

mit den beiden niedrigsten Lösungen $\lambda_1=0{,}0507\ \text{cm}^{-1}$ und $\lambda_2=0{,}151\ \text{cm}^{-1}$, aus welchen nach (23) die Eigenfrequenzen

$$\alpha_1=2630\ \text{Hz}, \qquad \alpha_2=7850\ \text{Hz}$$

folgen. Dies gibt nach (**14**, 3) und (**14**, 4) Resonanz, wenn die Scheibe sich mit 3000 Uml/min dreht und dabei

53, 26, 18, ... oder 157, 79, 52, ... Stöße je Umlauf

erhält, oder wenn sie bei 1500 Uml/min

105, 53, 35, ... oder 315, 157, 105, ... Stöße je Umlauf

empfängt. Je nach der Zahl der Leit- und Laufschaufeln liegen solche Stoßzahlen durchaus im Bereich des Möglichen.

Die Behandlung der allgemeinen Frequenzgleichung (15) ist zahlenmäßig ziemlich unbequem, insbesondere wenn die Ordnungszahl k der Zylinderfunktionen nicht mehr ganz ist. Man wird dann die Auflösung umgehen, indem man ein in Ziff. **18** zu entwickelndes Verfahren benützt.

17. Ein Sonderprofil. Die analytisch bequemsten Profile $y = cr^{-3}$ haben den Nachteil, daß sie sich gemäß r^{-3} nach außen hin außerordentlich stark verjüngen. Man kann diesen Nachteil beheben, indem man die Profilfunktion cr^{-3} noch mit einer geeigneten Exponentialfunktion multipliziert und also

$$y = c\,\frac{e^{2\varkappa r}}{r^3} \tag{1}$$

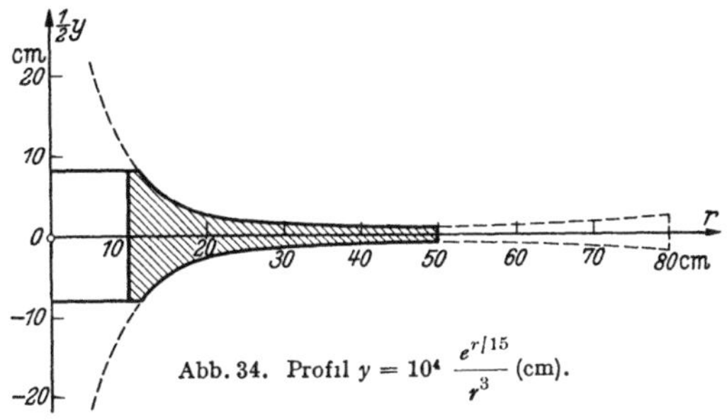

Abb. 34. Profil $y = 10^4\,\frac{e^{r/15}}{r^3}$ (cm).

wählt, wo neben c auch $\varkappa$ eine gegebene Zahl ist, die, damit das Profil nach außen hin wirklich dünner wird, hinreichend klein sein muß. In Abb. 34 ist ein solches Profil für die Werte $c = 10^4\,\mathrm{cm}^4$, $\varkappa = (1/30)\,\mathrm{cm}^{-1}$ dargestellt. Die Dicke nimmt nach außen hin ab bis zu dem Halbmesser $r^* = 3/(2\varkappa) = 45$ cm.

Mit $y'/y = 2\varkappa - 3/r$ und $\omega = 0$ erhält die erste Gleichung (**15**, 9) die leicht integrable Form

$$\Psi'' + 2\varkappa\Psi' + \lambda^2\Psi = 0; \tag{2}$$

deren allgemeines Integral lautet

$$\Psi = e^{-\varkappa r}\left[A\cos\left(r\sqrt{\lambda^2-\varkappa^2}\right) + B\sin\left(r\sqrt{\lambda^2-\varkappa^2}\right)\right]. \tag{3}$$

Die Randbedingungen (**16**, 11) führen jetzt auf die Frequenzgleichung

$$\operatorname{tg}\left[\sqrt{\lambda^2-\varkappa^2}\,(r_a - r_0)\right] = \frac{\sqrt{\lambda^2-\varkappa^2}\,(b_0 - b_a)}{\lambda^2 + \varkappa\,(b_0 + b_a) + b_0 b_a}, \tag{4}$$

die mit $\varkappa = 0$ wieder auf (**16**, 17) zurückginge.

Die Formeln (3) und (4) nehmen für $\varkappa > \lambda$ scheinbar imaginäre Form an; will man imaginäre Argumente vermeiden, so hat man dann die Kreisfunktionen durch Hyperbelfunktionen zu ersetzen und also die Frequenzgleichung (4) durch die folgende Gleichung zu ergänzen:

$$\mathfrak{Tg}\left[\sqrt{\varkappa^2-\lambda^2}\,(r_a - r_0)\right] = \frac{\sqrt{\varkappa^2-\lambda^2}\,(b_0 - b_a)}{\lambda^2 + \varkappa\,(b_0 + b_a) + b_0 b_a}. \tag{5}$$

Im allgemeinen umfassen (wenn man nur mit reellen Argumenten von tg und $\mathfrak{Tg}$ rechnen will) erst die beiden Gleichungen (4) und (5) den ganzen Bereich der Leitwerte λ_i, nämlich (4) diejenigen λ_i, die größer als $\varkappa$ sind, und (5) diejenigen, die kleiner als $\varkappa$ sind. Natürlich braucht die Gleichung (5) nicht unbedingt reelle Wurzeln λ_i zu haben; dann sind alle $\lambda_i > \varkappa$. Der stets vorhandene Leitwert $\lambda = \varkappa$ ist gemeinsame Wurzel beider Gleichungen.

18. Beliebige Profile. Wenn das Profil $y(r)$ beliebig vorgegeben ist, etwa in Gestalt einer gezeichneten Kurve, so kann die Lösung der ersten Schwingungsgleichung (**15**, 9) i. a. nicht mehr in geschlossener Form durch bekannte Funktionen dargestellt werden. Man geht dann folgendermaßen vor.

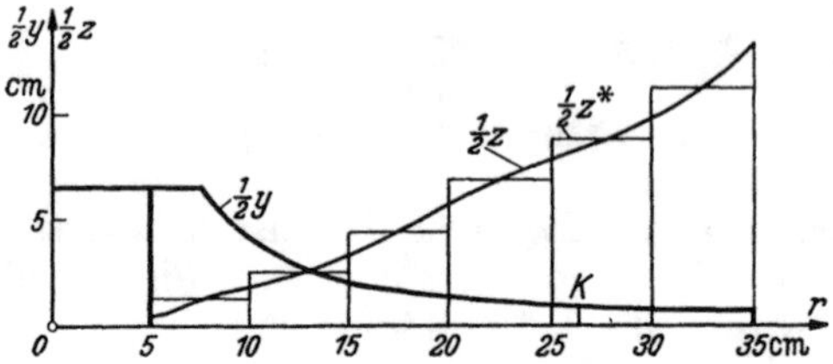

Abb. 35. Beliebiges Profil.

Zuerst verwandelt man die gegebene Profilkurve $y(r)$ in eine andere mit den Ordinaten

$$z = r^3\, y(r) \tag{1}$$

(Abb. 35) und ersetzt diese durch eine treppenförmige Näherung z^* mit den Mittelordinaten $z_1, z_2, \ldots, z_N$, womit die ganze Scheibe in N ringförmige Teilscheiben je vom Profil $y^* = z^*/r^3$ aufgespaltet ist. Jede dieser Teilscheiben erfüllt gemäß (**16**, 2), worin jetzt $n = 3$ zu setzen ist, die Gleichung

$$\Psi'' + \lambda^2 \Psi = 0,$$

deren allgemeines Integral man für die i-te Teilscheibe in der Gestalt

$$\Psi = A_i \sin(\lambda r + \beta_i) \tag{2}$$

schreiben darf, wo A_i und β_i zwei der i-ten Teilscheibe eigentümliche Festwerte sind, die von dem Zusammenhalt dieser Teilscheibe mit ihren beiden Nachbarscheiben abhängen. Ist r_i der Trennungshalbmesser der i-ten und $(i+1)$-ten Teilscheibe, und bezeichnet man mit den Zeigern $i-0$ und $i+0$ den Wert einer Größe unmittelbar vor und nach dem Übergang über den Grenzhalbmesser r_i, so muß an der Übergangsstelle r_i erstens

$$\Psi_{i+0} = \Psi_{i-0} \tag{3}$$

sein, d. h. die Schwingungsamplitude Ψ muß dort sprungfrei bleiben. Zweitens darf auch das Drehmoment der inneren Spannungen τ, also der Ausdruck $2\pi r^2 y^* \tau$, dort keinen Sprung erleiden; dabei ist aber y^* wiederum nicht das (i. a. stetige) Profil der wirklichen Scheibe, sondern das (bei r_i unstetige) Profil $y^* = z^*/r^3$, wo $z^* = z_i$ im Bereich $r_{i-1} \leq r \leq r_i$ zu nehmen ist. Nach (**15**, 6) und (**15**, 8) bedeutet dies

$$\Psi'_{i+0} = q_i \Psi'_{i-0} \tag{4}$$

mit dem Sprungverhältnis

$$q_i = \frac{y^*_{i-0}}{y^*_{i+0}} = \frac{z^*_{i-0}}{z_{i+0}}, \tag{5}$$

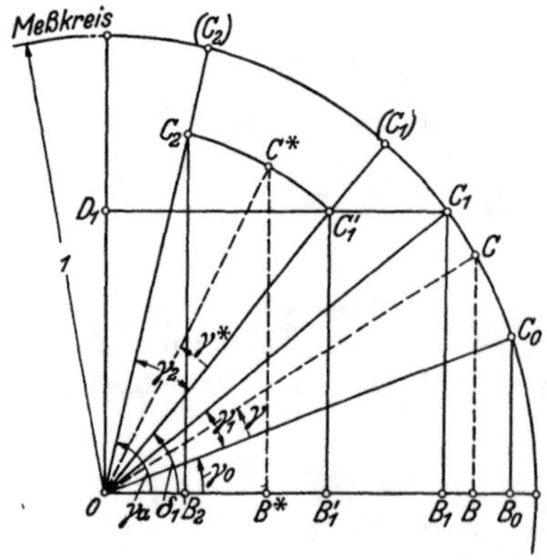

Abb. 36. Graphische Ermittlung des Leitwertes λ.

das man, ohne y^* zu berechnen, unmittelbar aus der Treppenkurve an den Sprungstellen abgreifen kann. Und nun handelt es sich einfach darum, die den einzelnen Teilscheiben eigentümlichen Sinuskurven (2) so zusammenzufügen, daß dabei jeweils die Bedingungen (3) und (4) erfüllt sind, d. h. so, daß die Gesamtkurve zwar stetig ist, aber an den Stellen r_i Tangentensprünge q_i hat.

Man kann das unbequeme Zeichnen von Sinuskurven vermeiden, wenn man ein Kreisdiagramm benutzt. Abb. 36 zeigt schematisch, wie man vorzugehen hat, wenn es sich beispielsweise um zwei Teilscheiben handelt und die Randbedingungen für $r = r_0$ und $r = r_a (= r_2)$ wieder allgemein lauten

$$\Psi'_0 = b_0 \Psi_0, \qquad \Psi'_a = b_a \Psi_a. \tag{6}$$

Man schlägt einen Meßkreis vom Halbmesser 1, trägt an seinen waagerechten Durchmesser den Zentriwinkel γ_0 an, für welchen

$$\operatorname{ctg} \gamma_0 = \frac{b_0}{\lambda} \tag{7}$$

ist. Dabei soll λ ein möglichst gut abgeschätzter Näherungswert sein, mit dem man die folgende Konstruktion zunächst probeweise durchführt. Der freie Schenkel von γ_0 trifft den Meßkreis in C_0. Man trägt auf dem Meßkreise $C_0 C_1 = \lambda (r_1 - r_0)$ ab, so daß der Winkel $\gamma_1 = \lambda (r_1 - r_0)$ und für einen beliebigen Punkt C zwischen C_0 und C_1 der Winkel $\gamma = \lambda (r - r_0)$ ist. Dann wird

$$BC = \sin (\gamma + \gamma_0) = \sin (\lambda r + \gamma_0 - \lambda r_0),$$
$$OB = \cos (\gamma + \gamma_0) = \cos (\lambda r + \gamma_0 - \lambda r_0) = \frac{1}{\lambda} \frac{d}{dr} (BC).$$

Da man bei der ersten Teilscheibe mit $A_1 = 1$ beginnen darf, so hat man gemäß (2) für diese erste Teilscheibe

$$\Psi = BC, \qquad \Psi' = \lambda \cdot OB \qquad (\beta_1 = \gamma_0 - \lambda r_0),$$

d. h. die Koordinaten der Punkte C des Kreisbogens $C_0 C_1$ stellen dann die Lösung Ψ und, bis auf einen Faktor λ, ihre Ableitung Ψ' vor. Und offensichtlich ist auch die Randbedingung für $r = r_0$ gerade erfüllt; denn es ist dort wegen (7)

$$\frac{\Psi'_0}{\Psi_0} = \lambda \frac{OB_0}{B_0 C_0} = \lambda \operatorname{ctg} \gamma_0 = b_0,$$

was mit der ersten Bedingung (6) übereinstimmt.

Fällt man jetzt das Lot $C_1 D_1$ auf den senkrechten Durchmesser und macht $D_1 C'_1 = q_1 \cdot D_1 C_1$, so stellt der Punkt C'_1 den Anfangspunkt der Lösung für die zweite Teilscheibe vor; denn die Gleichheiten $B'_1 C'_1 = B_1 C_1$ und $D_1 C'_1 = q_1 \cdot D_1 C_1$ bedeuten ja genau die Übergangsbedingungen (3) und (4). Trägt man also an OC'_1 den Zentriwinkel $\gamma_2 = \lambda (r_2 - r_1)$ an [indem man auf dem Meßkreis $(C_1)(C_2) = \lambda (r_2 - r_1)$ abgreift], und ist C^* wieder ein beliebiger Punkt des Bogens $C'_1 C_2$ und γ^* sein Zentriwinkel, so ist mit $OC^* = A_2$

$$B^*C^* = A_2 \sin (\gamma^* + \delta_1) = A_2 \sin (\lambda r + \delta_1 - \lambda r_1),$$
$$OB^* = A_2 \cos (\gamma^* + \delta_1) = A_2 \cos (\lambda r + \delta_1 - \lambda r_1) = \frac{1}{\lambda} \frac{d}{dr} (B^* C^*)$$

und somit für die zweite Teilscheibe

$$\Psi = B^*C^*, \quad \Psi' = \lambda \cdot OB^* \qquad (\beta_2 = \delta_1 - \lambda r_1),$$

d. h. die Koordinaten des Bogens $C'_1 C_2$ stellen nun für die zweite Teilscheibe die Lösung Ψ und, wieder bis auf den Faktor λ, ihre Ableitung Ψ' vor.

Man kann diese einfache Konstruktion ohne weiteres fortsetzen, wenn noch weitere Teilscheiben folgen. Andernfalls hat man jetzt nachzuprüfen, ob die zweite Randbedingung (6) am Außenrand $r = r_2 = r_a$ erfüllt wird. Dies ist wegen

$$\frac{\Psi'_a}{\Psi_a} = \lambda \frac{OB_2}{B_2 C_2} = \lambda \operatorname{ctg} \gamma_a$$

dann der Fall, wenn für den Endwinkel γ_a

$$\operatorname{ctg} \gamma_a = \frac{b_a}{\lambda} \tag{8}$$

gilt. Trifft die Konstruktion auf dem freien Schenkel dieses Winkels γ_a ein, so war der gewählte Wert von λ schon richtig. Sonst muß die Konstruktion mit einem verbesserten Wert λ, den man auf Grund des Ergebnisses der ersten Konstruktion leicht besser abschätzen kann, so oft wiederholt werden, bis die äußere Randbedingung wirklich erfüllt ist oder λ wenigstens durch Interpolation bestimmt werden kann. Die Durchführung gelingt sehr rasch und in der Regel nach ganz wenigen Versuchen, wenn man, um sich das Abgreifen der zu den Zentriwinkeln

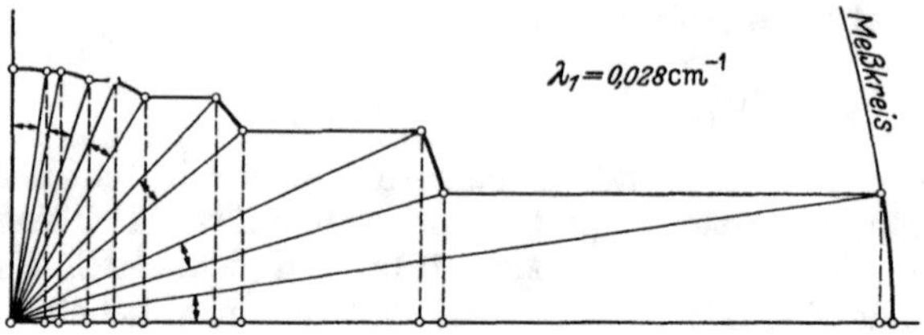

Abb. 37. Graphische Ermittlung des ersten Leitwertes λ_1 des Profils Abb. 35.

$$\gamma_i = \lambda(r_i - r_{i-1}) \qquad (9)$$

gehörigen Kreisbögen $C'_{i-1}C_i$ zu erleichtern, Polarkoordinaten-Millimeterpapier verwendet und die Strecken $r_i - r_{i-1}$ womöglich alle gleich groß macht, so daß auch alle γ_i unter sich gleich werden.

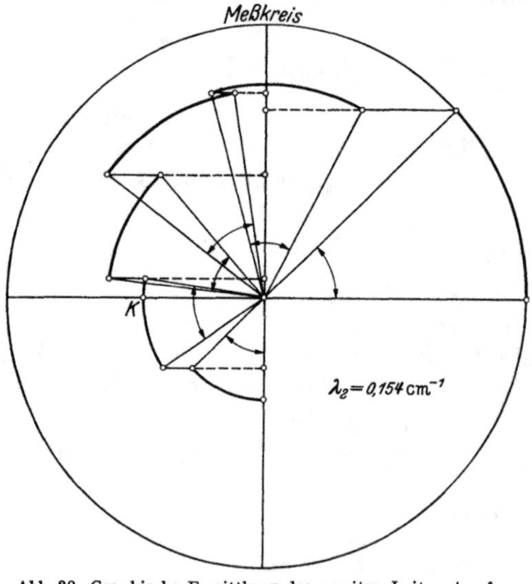

Abb. 38. Graphische Ermittlung des zweiten Leitwertes λ_2 des Profils Abb. 35.

Für einen festen Rand muß der Anfangs- (End-) Punkt wegen $\Psi = 0$ auf einem waagerechten Durchmesser liegen, für einen freien Rand wegen $\Psi' = 0$ auf einem senkrechten; und man kann nach Belieben die Konstruktion auch von außen nach innen, statt von innen nach außen gehen lassen. Die Lote $C_i D_i$ und $C'_i D_i$ kann man natürlich auch an einem Maßstab auf dem waagerechten Durchmesser abgreifen und braucht dann die Punkte D_i nicht.

Beide Arten der Konstruktion sind in Abb. 37 und 38 zahlenmäßig richtig durchgeführt, und zwar für die Scheibe mit dem Profil Abb. 35 bei festem Innen- und freiem Außenrand. In Abb. 37 ist der niederste Leitwert λ_1 bestimmt, in Abb. 38 der nächsthöhere λ_2. Für Stahlscheiben gibt dies nach (**16**, 23) die beiden Eigenfrequenzen

$$\alpha_1 = 1450\ \text{Hz}, \qquad \alpha_2 = 8000\ \text{Hz},$$

somit Resonanz bei 3000 Uml/min mit rund

29, 15, 10, ... oder 160, 80, 53, ... Stößen je Umlauf,

bei 1500 Uml/min mit rund

58, 29, 19, ... oder 320, 160, 107, ... Stößen je Umlauf.

Solche Stoßzahlen liegen auch hier durchaus im Bereich des Möglichen, und es ist anzunehmen, daß manche sonst unerklärliche Störungen im Betrieb von Dampfturbinen auf Resonanzen dieser Art zurückzuführen sind.

Bei der in Abb. 38 dargestellten Schwingung zweiter Ordnung bedeutet der Schnittpunkt K des Diagramms mit dem waagerechten Meßkreisdurchmesser einen Schwingungsknoten. Der Ort dieses Knotenkreises der Schwingung ist in Abb. 35 ebenfalls mit K bezeichnet. Allgemein geben die fett gezeichneten Bögen der Diagramme Abb. 37 und 38 die ganze Schwingungsform quantitativ wieder: die Ordinaten der Punkte dieser Bögen sind ja (bis auf einen belanglosen Maßstabsfaktor) die Ausschläge Ψ derjenigen Ringkreise der Scheibe, deren Halbmesser r gerade jenen Punkten entsprechen.

19. Dehnungsschwingungen von Scheiben mit hyperbolischem Profil. Wir untersuchen jetzt in gleicher Weise die (nach Ziff. **15** wesentlich weniger gefährlichen) Dehnungsschwingungen, wenden uns also nun der zweiten Gleichung (**15**, 9) zu und dürfen dort $\omega=0$ setzen. Für die hyperbolischen Profile $y=c/r^n$ erhält man dann als Schwingungsgleichung

$$R''+\frac{1-n}{r}R'+\left(\mu^2-\frac{m+n}{m r^2}\right)R=0. \tag{1}$$

Auch sie ist eine Besselsche Differentialgleichung und hat die allgemeine Lösung

$$R=r^{\frac{n}{2}}\left[A J_k(\mu r)+B N_k(\mu r)\right] \qquad \text{mit} \qquad k=\sqrt{\frac{n^2}{4}+\frac{n}{m}+1}. \tag{2}$$

Im besonderen ist beispielsweise für

$$\left.\begin{aligned} &n=0\ (y=c): && R=A J_1(\mu r)+B N_1(\mu r),\\ &n=3,\ m=4\ (y r^3=c): && R=r^{\frac{3}{2}}\left[A J_2(\mu r)+B N_2(\mu r)\right]. \end{aligned}\right\} \tag{3}$$

Man hat nun zuerst wieder die Randbedingungen festzustellen. An einem starren Rand ist die von der Schwingung herrührende Radialverschiebung $\varrho\equiv 0$ und also nach (**15**, 8) $R=0$; an einem freien Rand dagegen ist die Radialspannung $\sigma_r\equiv 0$ und also nach (**15**, 5) $m r R'+R=0$. Noch allgemeiner hat man an einem elastisch eingespannten Rand mit einer Bettungsziffer η

$$\sigma_r=\eta\varrho, \qquad \text{also} \qquad m r R'+\left(1-\frac{m^2-1}{mE}\eta r\right)R=0. \tag{4}$$

Trägt endlich ein Rand gleichmäßig verteilte Massen vom Betrag M je Flächeneinheit, und setzt man wieder voraus, daß diese sich wie lauter dichtverteilte, aber unter sich nicht verbundene Punktmassen verhalten, so hat man an diesem Rand

$$\sigma_r=-M\ddot{\varrho}=4\pi^2\alpha^2 M\varrho, \qquad \text{also} \qquad m r R'+\left(1-4\pi^2\alpha^2\frac{m^2-1}{mE}M r\right)R=0. \tag{5}$$

In den Randbedingungen (4) und (5) ist die feste Einspannung als Sonderfall $\eta=\infty$, $M=\infty$ enthalten, der freie Rand als Sonderfall $\eta=0$, $M=0$.

Die Berechnung der Bettungsziffer η ist wieder eine Aufgabe für sich. Sitzt die Scheibe beispielsweise auf einer Welle und sieht man das innerhalb der Nabe liegende Wellenstück als Vollscheibe an (ohne Rücksicht auf die angeschlossenen Wellenteile), so hat man gemäß (**5**, 12) mit $u_a=\varrho$, r_0 statt r_a und σ_{r0} statt σ_a sowie $\omega=0$

$$\eta=\frac{mE}{m-1}\frac{1}{r_0}. \tag{6}$$

Sind also Welle und Scheibe aus gleichem Stoff, so kommt als Randbedingung (4)

$$r_0 R_0'=R_0. \tag{7}$$

Dabei ist allerdings von der Trägheit der Welle bei den Schwingungen, die sich von der Scheibe auch auf die Welle übertragen, abgesehen. Der begangene Fehler dürfte aber zumeist belanglos sein.

Man kann wieder allgemein für den Innen- und Außenrand die Bedingungen in der Form

$$R_0' = a_0 R_0, \qquad R_a' = a_a R_a \tag{8}$$

ansetzen, wobei a_0 und a_a gemäß (4) und (5) entweder als bekannte Festwerte zu gelten haben, die für freie Ränder gleich $-1/m r_0$ bzw. $-1/m r_a$, für festgehaltene Ränder ∞ sind, oder auch selbst den Faktor α^2, also nach (**15**, 10) den Faktor μ^2 enthalten können. Bei Vollscheiben (die freilich bei hyperbolischen Profilen mit positivem n nicht vorkommen können) hat man anstatt der ersten Randbedingung (8) die Forderung, daß im Scheibenmittelpunkt $\sigma_r = \sigma_\varphi$ sein muß; dies gibt nach (**15**, 5) $\lim (R_0' - R_0/r_0) = 0$ für $r_0 \to 0$. [Beispielsweise im Falle $n=0$ der Scheibe gleicher Dicke würde dies schließlich auf $B=0$ führen, ein Ergebnis, das schon deswegen zu erwarten war, weil $N_1(\mu r)$ für $r=0$ über alle Grenzen wächst wie $-2/\pi \mu r$.]

Die Randbedingungen (8) ergeben, auf gleiche Weise wie in Ziff. **16**, die Frequenzgleichung für μ:

$$\frac{\mu r_0 J_{k-1}(\mu r_0) + \left(\frac{n}{2} - k - a_0 r_0\right) J_k(\mu r_0)}{\mu r_0 N_{k-1}(\mu r_0) + \left(\frac{n}{2} - k - a_0 r_0\right) N_k(\mu r_0)} = \frac{\mu r_a J_{k-1}(\mu r_a) + \left(\frac{n}{2} - k - a_a r_a\right) J_k(\mu r_a)}{\mu r_a N_{k-1}(\mu r_a) + \left(\frac{n}{2} - k - a_a r_a\right) N_k(\mu r_a)}. \tag{9}$$

Für die Scheibe gleicher Dicke, also $n=0$ und $k=1$ kommt so bei starrem Innenrand r_0 (also $a_0 = \infty$) und freiem Außenrand r_a (also $a_a = -1/m r_a$) die Frequenzgleichung

$$\frac{J_1(\mu r_0)}{N_1(\mu r_0)} = \frac{\mu r_a J_0(\mu r_a) - \frac{m-1}{m} J_1(\mu r_a)}{\mu r_a N_0(\mu r_a) - \frac{m-1}{m} N_1(\mu r_a)}, \tag{10}$$

für die innen starr festgehaltene, außen freie Scheibe $y = c r^{-3}$ $(m=4)$ ebenso

$$\frac{\frac{1}{2}\mu r_0 J_0(\mu r_0) - J_1(\mu r_0)}{\frac{1}{2}\mu r_0 N_0(\mu r_0) - N_1(\mu r_0)} = \frac{J_0(\mu r_a) + \left(4\mu r_a - \frac{2}{\mu r_a}\right) J_1(\mu r_a)}{N_0(\mu r_a) + \left(4\mu r_a - \frac{2}{\mu r_a}\right) N_1(\mu r_a)}, \tag{11}$$

wobei sogleich von den Rekursionsformeln der Zylinderfunktionen

$$J_2(\mu r) = \frac{2}{\mu r} J_1(\mu r) - J_0(\mu r), \qquad N_2(\mu r) = \frac{2}{\mu r} N_1(\mu r) - N_0(\mu r) \tag{12}$$

Gebrauch gemacht worden ist, um J_2 und N_2 auf die tabulierten Funktionen J_1, J_0 und N_1, N_0 zurückzuführen.

Sind die Leitwerte μ_i gefunden, so folgen die Schwingungsfrequenzen α_i für Stahlscheiben gemäß (**15**, 12) und (**15**, 13) zu

$$\alpha_i = 87\,500\,\mu_i \qquad (\mu_i \text{ in cm}^{-1} \text{ gemessen}). \tag{13}$$

Die Auflösung von transzendenten Gleichungen der Form (10) oder (11) ist trotz der vorhandenen Tafeln[1]) für die Zylinderfunktionen J_0, J_1, N_0, N_1 recht unbequem, wenn man nicht wenigstens schon Näherungswerte besitzt. Solche sind aber verhältnismäßig leicht zu gewinnen, wenn man sich daran erinnert, daß die genannten Funktionen folgende asymptotische (d. h. mit wachsendem Argument immer genauer werdende) Darstellungen besitzen:

$$J_0(\mu r) \approx \frac{\cos\left(\mu r - \frac{\pi}{4}\right)}{\sqrt{\frac{1}{2}\pi\mu r}}, \quad N_0(\mu r) \approx \frac{\sin\left(\mu r - \frac{\pi}{4}\right)}{\sqrt{\frac{1}{2}\pi\mu r}} \approx J_1(\mu r), \quad N_1(\mu r) \approx -\frac{\cos\left(\mu r - \frac{\pi}{4}\right)}{\sqrt{\frac{1}{2}\pi\mu r}}. \tag{14}$$

[1]) Jahnke-Emde, Funktionentafeln, 3. Aufl., Leipzig u. Berlin 1938.

Geht man mit diesen Ausdrücken beispielsweise in die Frequenzgleichung (11) der hyperbolischen Scheibe $y = c r^{-3}$ ein, so nimmt diese nach kurzer Zwischenrechnung die Gestalt an

$$\operatorname{tg}\left[\mu(r_a - r_0)\right] = -2\,\frac{\mu(r_a - r_0) + 2\mu^3 r_0 r_a^2}{\mu^2 r_a (8 r_a - r_0) - 4}. \tag{15}$$

Es ist zweckmäßig, alles in der Unbekannten

$$x = \mu(r_a - r_0) \tag{16}$$

auszudrücken. Setzt man $r_a = s r_0$, so wird $\mu r_0 = \frac{1}{s-1} x$ und $\mu r_a = \frac{s}{s-1} x$, und statt (15) kommt

$$\operatorname{tg} x = -\frac{2}{s-1}\,\frac{x\left[2 s^2 x^2 + (s-1)^3\right]}{s(8s-1)x^2 - 4(s-1)^2}. \tag{17}$$

Wir wählen als Beispiel $s = 3$ und haben dann die Gleichung

$$\operatorname{tg} x = -\frac{2x(9x^2+4)}{69x^2 - 16}$$

aufzulösen. Man findet (indem man etwa beide Seiten als Kurven aufzeichnet) als kleinste Wurzeln $x_1 = 2{,}52$ und $x_2 = 5{,}33$. Von diesen Näherungswerten aus erhält man dann vollends ohne Schwierigkeit die genaueren Lösungen der strengen Gleichung (11) zu $x_1 = 2{,}62$ und $x_2 = 5{,}32$. Es fällt auf, daß die asymptotischen Näherungswerte schon recht gut sind, ja zumeist schon völlig ausreichen werden. Hat die Scheibe einen Innenhalbmesser $r_0 = 15$ cm und somit einen Außenhalbmesser $r_a = 45$ cm, so kommen nach (16) die Leitwerte $\mu_1 = 0{,}087\ \text{cm}^{-1}$ und $\mu_2 = 0{,}177\ \text{cm}^{-1}$ und also nach (13) die beiden niedersten Frequenzen der Dehnungsschwingungen

$$\alpha_1 = 7620\ \text{Hz}, \quad \alpha_2 = 15500\ \text{Hz}.$$

Dies bedeutet bei 3000 Uml/min Resonanz mit rund

152, 76, 51, . . . oder 310, 155, 103, . . . Stößen je Umlauf,

bei 1500 Uml/min mit rund

304, 152, 101, . . . oder 620, 310, 206, . . . Stößen je Umlauf.

Auch Stoßzahlen von dieser Größenordnung liegen bei Dampfturbinen im Bereich des Möglichen. Allerdings mag daran erinnert werden, daß diese Resonanzen, da nur mittelbar erregt, nicht besonders gefährlich sein dürften (vgl. Ziff. **15**).

Wir wollen zudem ausdrücklich bemerken, daß wir die Scheibe mit fester Einspannung hier nur als besonders einfaches Beispiel vorgeführt haben. In Wirklichkeit muß man die stets nachgiebige Lagerung der Scheibe wohl berücksichtigen; die Rechnung geht dann ganz analog und bietet keine weiteren Schwierigkeiten.

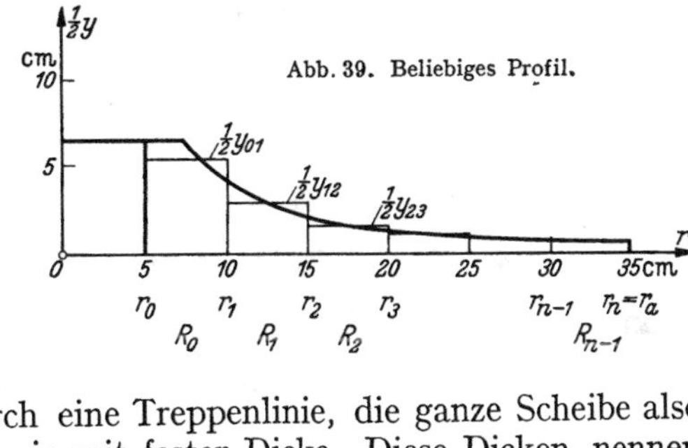

Abb. 39. Beliebiges Profil.

20. Beliebige Profile. Ist die Profilkurve beliebig vorgegeben (Abb. 39), so ersetzen wir sie durch eine Treppenlinie, die ganze Scheibe also durch eine Folge von Teilscheiben je mit fester Dicke. Diese Dicken nennen wir $y_{01}, y_{12}, \ldots$. Für jede Teilscheibe hat man das Integral (**19**, 3)

$$R_i = A_i J_1(\mu r) + B_i N_1(\mu r) \quad (i = 0, 1, 2, \ldots, n-1), \tag{1}$$

wo A_i und B_i die der $(i+1)$-ten Teilscheibe eigentümlichen Integrationskonstanten sind.

Wir beginnen die Rechnung[1]) etwa am Innenrand $r=r_0$. Dort gilt gemäß (**19**, 4) die Randbedingung

$$m r_0 R_0' + (1 - m c_0) R_0 = 0 \quad \text{mit} \quad c_0 = \frac{m^2-1}{m^2 E} \eta r_0. \tag{2}$$

Wir wählen einen möglichst gut abgeschätzten Näherungswert μ und setzen

$$x = \mu r, \quad x_i = \mu r_i \qquad (i = 0, 1, 2, \ldots, n). \tag{3}$$

Die Randbedingung (2) gibt

$$A_0\left[m x \frac{d J_1}{d x} + (1 - m c_0) J_1\right] + B_0\left[m x \frac{d N_1}{d x} + (1 - m c_0) N_1\right] = 0 \quad \text{für } x = x_0.$$

Das Argument $x=\mu r$ der Zylinderfunktionen lassen wir hier und fortan der Kürze halber weg. Wir wählen, was ja erlaubt ist, willkürlich

$$A_0 = 1 \tag{4}$$

und haben dann wegen $\frac{d J_1}{d x} = J_0 - \frac{1}{x} J_1$, $\frac{d N_1}{d x} = N_0 - \frac{1}{x} N_1$ [vgl. (**16**, 12)]

$$B_0 = -\left.\frac{\frac{m-1}{m} J_1 - x J_0 + c_0 J_1}{\frac{m-1}{m} N_1 - x N_0 + c_0 N_1}\right|_{x=x_0}.$$

Es erweist sich weiterhin als zweckmäßig, folgende neuen Funktionen einzuführen:

$$U \equiv \frac{\pi}{2}\left(\frac{m-1}{m} J_1 - x J_0\right) N_1, \quad V \equiv \frac{\pi}{2}\left(\frac{m-1}{m} N_1 - x N_0\right) N_1. \tag{5}$$

Damit kommt

$$B_0 = -\left.\frac{U + \frac{\pi}{2} c_0 J_1 N_1}{V + \frac{\pi}{2} c_0 N_1^2}\right|_{x=x_0}. \tag{6}$$

An der Sprungstelle $r=r_1$ bleibt sowohl die radiale Verschiebung ϱ als auch die Kraft, d. h. die Größe $y\sigma_r$ sprungfrei, und dies verlangt, daß

$$R_1|_{x_1} = R_0|_{x_1} \quad \text{und} \quad y_{12}\left(m x \frac{d R_1}{d x} + R_1\right)_{x_1} = y_{01}\left(m x \frac{d R_0}{d x} + R_0\right)_{x_1}$$

sein muß oder explizit, allenthalben für das Argument x_1,

$$\left.\begin{aligned} A_1 J_1 + B_1 N_1 &= A_0 J_1 + B_0 N_1, \\ A_1 U + B_1 V &= (q_1 + 1)(A_0 U + B_0 V), \end{aligned}\right\} \tag{7}$$

wobei noch die Abkürzungen

$$q_i = \frac{y_{i-1,i}}{y_{i,i+1}} - 1 \qquad (i = 1, 2, \ldots, n-1) \tag{8}$$

benützt werden sollen. Eliminiert man B_1 aus (7), so kommt

$$A_1 (U N_1 - V J_1) = A_0[(q_1 + 1) U N_1 - V J_1] + B_0 q_1 V N_1. \tag{9}$$

Nun folgt aber aus (5)

$$U N_1 - V J_1 \equiv \frac{\pi}{2} x (J_1 N_0 - J_0 N_1) N_1,$$

$$(q_1 + 1) U N_1 - V J_1 \equiv \frac{\pi}{2} x (J_1 N_0 - J_0 N_1) N_1 + q_1 U N_1.$$

---

[1]) R. Grammel, Dehnungsschwingungen von achsensymmetrischen Scheiben beliebigen Profils, Ing.-Arch. 6 (1935) S. 442.

Da für die Zylinderfunktionen die Identität

$$J_1 N_0 - J_0 N_1 \equiv \frac{2}{\pi x} \tag{10}$$

gilt, so hat man kürzer

$$U N_1 - V J_1 \equiv N_1,$$
$$(q_1 + 1)\, U N_1 - V J_1 \equiv (1 + q_1 U)\, N_1,$$

und somit wird aus (9)

$$A_1 = A_0 + q_1 (A_0 U + B_0 V)_{x=x_1}. \tag{11}$$

Aus der ersten Gleichung (7) folgt dann vollends

$$B_1 = B_0 + (A_0 - A_1) \frac{J_1}{N_1}\bigg|_{x=x_1}. \tag{12}$$

Es ist vorteilhaft, dies noch umzuformen, indem man aus (5) mit (10) folgert

$$U - 1 \equiv \frac{\pi}{2}\left(\frac{m-1}{m} J_1 - x J_0\right) N_1 - \frac{\pi x}{2}(J_1 N_0 - J_0 N_1) \equiv \frac{\pi}{2}\left(\frac{m-1}{m} N_1 - x N_0\right) J_1 \equiv V \frac{J_1}{N_1}$$

oder

$$\frac{J_1}{N_1} \equiv \frac{U-1}{V}. \tag{13}$$

Somit kann man statt (12) auch schreiben

$$B_1 = B_0 + (A_0 - A_1)\frac{U-1}{V}\bigg|_{x=x_1}. \tag{14}$$

In gleicher Weise liefert die i-te Sprungstelle $r = r_i$

$$\left.\begin{aligned} A_i &= A_{i-1} + q_i (A_{i-1} U + B_{i-1} V) \\ B_i &= B_{i-1} + (A_{i-1} - A_i)\frac{U-1}{V} \end{aligned}\right\} \quad \text{für} \quad x = x_i, \tag{15}$$

und damit sind Rekursionsformeln gewonnen, die die A_i und B_i aus $A_0 (=1)$ und B_0 (6) mit Hilfe von Tafeln für die Funktionen U und V mühelos zu berechnen gestatten.

Zuletzt muß auch am Außenrand $r = r_n (= r_a)$ noch eine Randbedingung erfüllt werden, nämlich die Bedingung (**19**, 5)

$$m r_n R'_{n-1} + (1 - m c_a) R_{n-1} = 0 \quad \text{mit} \quad c_a = 4\pi^2 \alpha^2 \frac{m^2-1}{m^2 E} M r_n. \tag{16}$$

Dabei ist M die am Außenrand je Flächeneinheit mitschwingende Zusatzmasse (z. B. Schaufeln), und man hat wegen (**15**, 10) auch

$$c_a = \frac{g M}{\gamma r_n} x_n^2. \tag{17}$$

Setzt man (1) in (16) ein, so kommt als Bedingung für die zuletzt berechneten Werte A_{n-1} und B_{n-1}

$$A_{n-1}\left(U + \frac{\pi}{2} c_a J_1 N_1\right)_{x=x_n} + B_{n-1}\left(V + \frac{\pi}{2} c_a N_1^2\right)_{x=x_n} = 0. \tag{18}$$

Ist diese Bedingung nicht erfüllt, so muß die Rechnung mit einem zweiten Wert oder sogar noch weiteren Werten μ wiederholt werden, bis man durch Interpolation auf den richtigen Leitwert μ schließen kann. Aus ihm folgt α nach (**19**, 13).

Wir wählen als Beispiel die Scheibe mit dem Profil Abb. 39 (für die wir in Ziff. **18** auch die Frequenzen der Torsionsschwingungen ermittelt haben). Die Scheibe sei am Innenrand starr eingespannt, am Außenrand dagegen frei. Wir verfolgen die Rechnung an Hand des ausgefüllten Formulars (ein leeres Formular ist als Anhang IV beigefügt). Nachdem man roh abgeschätzt hat [etwa indem man die Scheibe durch eine solche vom Profil $y = cr^{-3}$ ersetzt und dann nach (**19**, 17) verfährt], daß ein Näherungswert von μ_1 in der Gegend von 0,07 liegen muß, rechnet man das Formular zunächst für diesen Wert folgendermaßen durch. Zuerst bestimmt man aus (6) B_0 mit $c_0 = \infty$ (fester Rand) und füllt sodann die Zeilen 1 bis 4 gemäß der Profilzeichnung sowie die Zeilen 5 und 6 aus der U-V-Tafel aus. Von da an wird Spalte für Spalte gerechnet, wobei innerhalb jeder Spalte die Zeilen in der Reihenfolge ihrer Nummern durchlaufen werden. Am Schluß ist die linke Seite von (18) auszuwerten; für freien Außenrand ($c_a = 0$) stimmt sie mit dem eingerahmten Endwert von Zeile **9** überein, und man braucht dann die letzten Zeilen der letzten Spalte nicht mehr auszufüllen. Die Zeilen 10 und 13 unterscheiden sich nur im Vorzeichen.

Berechnung der Dehnungsschwingungen einer Scheibe.

$\mu = 0{,}07\,\text{cm}^{-1},\ A_0 = 1,\ B_0 = -\frac{J_1}{N_1}\Big|_{x\,=\,0{,}35} = 0{,}0861$

	Querschnitt Nr.	0	1	2	3	4	5	6
1	r (cm)	5	10	15	20	25	30	35
2	$x = \mu r$	0,35	0,70	1,05	1,40	1,75	2,10	2,45
3	$y_{i,\,i+1}$ (cm)	11,0	6,0	3,5	2,5	2,0	1,7	
4	$q_i = \frac{y_{i-1,\,i}}{y_{i,\,i+1}} - 1$		0,8333	0,7143	0,4000	0,2500	0,1765	
5	U_i		0,6697	0,5337	0,3118	0,0968	−0,0039	0,0820
6	V_i		1,106	0,7554	0,6084	0,3949	0,0913	−0,2222
7	$A_{i-1} U_i$		0,6697	0,8739	0,7517	0,2802	−0,0121	0,2558
8	$B_{i-1} V_i$		0,0952	0,2089	0,4587	0,5140	0,1603	−0,4536
9	$\Sigma_i = A_{i-1} U_i + B_{i-1} V_i$		0,7649	1,0828	1,2104	0,7942	0,1482	−0,1978
10	$h_i = q_i \Sigma_i$		0,6375	0,7734	0,4842	0,1986	0,0262	—
11	$A_i = A_{i-1} + h_i$	1,000	1,6375	2,4109	2,8951	3,0937	3,1199	—
15	$B_i = B_{i-1} + k_i$	0,0861	0,2765	0,7539	1,3016	1,7558	2,0416	—
14	$k_i = (A_{i-1} - A_i)\,\frac{U_i - 1}{V_i}$		0,1904	0,4774	0,5477	0,4542	0,2858	—
13	$A_{i-1} - A_i\ (= -h_i)$		−0,6375	−0,7734	−0,4842	−0,1986	−0,0262	—
12	$U_i - 1$		−0,3303	−0,4663	−0,6882	−0,9032	−0,9961	—

Tafel der Funktionen U, V, J_1 und N_1.

x	U	V	J_1	N_1	x	U	V	J_1	N_1
0,0	0,6500	∞	0,0000	— ∞	5,0	0,1530	0,3824	— 0,3276	0,1479
0,1	0,6578	44,33	0,0499	— 6,46	5,1	0,0893	0,3072	— 0,3371	0,1137
0,2	0,6702	11,02	0,0995	— 3,324	5,2	0,0415	0,2212	— 0,3432	0,0792
0,3	0,6824	4,909	0,1483	— 2,293	5,3	0,0112	0,1272	— 0,3460	0,0445
0,4	0,6909	2,810	0,1960	— 1,781	5,4	— 0,0003	0,0293	— 0,3453	0,0101
0,5	0,6924	1,865	0,2423	— 1,471	5,5	0,0075	— 0,0692	— 0,3414	— 0,0238
0,6	0,6858	1,379	0,2867	— 1,260	5,6	0,0344	— 0,1640	— 0,3343	— 0,0568
0,7	0,6697	1,106	0,3290	— 1,103	5,7	0,0792	— 0,2520	— 0,3241	— 0,0887
0,8	0,6435	0,9450	0,3688	— 0,978	5,8	0,1404	— 0,3294	— 0,3110	— 0,1192
0,9	0,6070	0,8451	0,4059	— 0,8731	5,9	0,2155	— 0,3937	— 0,2951	— 0,1481
1,0	0,5610	0,7794	0,4401	— 0,7812	6,0	0,3016	— 0,4417	— 0,2767	— 0,1750
1,1	0,5065	0,7315	0,4709	— 0,6981	6,1	0,3957	— 0,4719	— 0,2559	— 0,1998
1,2	0,4454	0,6912	0,4983	— 0,6211	6,2	0,4936	— 0,4832	— 0,2329	— 0,2223
1,3	0,3797	0,6517	0,5220	— 0,5485	6,3	0,5918	— 0,4750	— 0,2081	— 0,2422
1,4	0,3118	0,6084	0,5419	— 0,4791	6,4	0,6868	— 0,4476	— 0,1816	— 0,2596
1,5	0,2443	0,5584	0,5579	— 0,4123	6,5	0,7743	— 0,4021	— 0,1538	— 0,2741
1,6	0,1800	0,5001	0,5699	— 0,3476	6,6	0,8508	— 0,3403	— 0,1250	— 0,2857
1,7	0,1217	0,4328	0,5778	— 0,2847	6,7	0,9145	— 0,2648	— 0,0953	— 0,2945
1,8	0,0720	0,3570	0,5815	— 0,2237	6,8	0,9614	— 0,1780	— 0,0652	— 0,3002
1,9	0,0332	0,2735	0,5812	— 0,1644	6,9	0,9903	— 0,0840	— 0,0349	— 0,3029
2,0	0,0075	0,1842	0,5767	— 0,1070	7,0	1,0004	0,0145	— 0,0047	— 0,3027
2,1	— 0,0039	0,0913	0,5683	— 0,0517	7,1	0,9908	0,1127	0,0252	— 0,2995
2,2	0,0004	— 0,0027	0,5560	0,0015	7,2	0,9617	0,2071	0,0543	— 0,2934
2,3	0,0206	— 0,0949	0,5399	0,0523	7,3	0,9147	0,2940	0,0826	— 0,2846
2,4	0,0565	— 0,1823	0,5202	0,1005	7,4	0,8515	0,3699	0,1096	— 0,2731
2,5	0,1075	— 0,2620	0,4971	0,1459	7,5	0,7743	0,4319	0,1352	— 0,2591
2,6	0,1720	— 0,3313	0,4708	0,1884	7,6	0,6868	0,4776	0,1592	— 0,2428
2,7	0,2480	— 0,3876	0,4416	0,2276	7,7	0,5917	0,5051	0,1813	— 0,2243
2,8	0,3331	— 0,4288	0,4097	0,2635	7,8	0,4930	0,5134	0,2014	— 0,2039
2,9	0,4245	— 0,4535	0,3754	0,2959	7,9	0,3945	0,5019	0,2192	— 0,1817
3,0	0,5191	— 0,4608	0,3391	0,3247	8,0	0,3003	0,4715	0,2346	— 0,1581
3,1	0,6129	— 0,4497	0,3009	0,3496	8,1	0,2136	0,4227	0,2476	— 0,1331
3,2	0,7032	— 0,4211	0,2613	0,3707	8,2	0,1383	0,3580	0,2580	— 0,1072
3,3	0,7864	— 0,3756	0,2207	0,3879	8,3	0,0773	0,2798	0,2657	— 0,0806
3,4	0,8592	— 0,3149	0,1792	0,4010	8,4	0,0329	0,1911	0,2708	— 0,0535
3,5	0,9192	— 0,2412	0,1374	0,4102	8,5	0,0068	0,0953	0,2731	— 0,0262
3,6	0,9640	— 0,1572	0,0955	0,4154	8,6	0,0001	— 0,0040	0,2728	0,0011
3,7	0,9915	— 0,0660	0,0538	0,4167	8,7	0,0131	— 0,1025	0,2697	0,0280
3,8	1,0010	0,0291	0,0128	0,4141	8,8	0,0453	— 0,1967	0,2641	0,0544
3,9	0,9916	0,1244	— 0,0272	0,4078	8,9	0,0954	— 0,2825	0,2559	0,0799
4,0	0,9639	0,2163	— 0,0660	0,3979	9,0	0,1613	— 0,3565	0,2453	0,1043
4,1	0,9191	0,3016	— 0,1033	0,3846	9,1	0,2405	— 0,4164	0,2324	0,1275
4,2	0,8582	0,3766	— 0,1386	0,3680	9,2	0,3302	— 0,4593	0,2174	0,1491
4,3	0,7837	0,4385	— 0,1719	0,3484	9,3	0,4268	— 0,4839	0,2004	0,1691
4,4	0,6986	0,4848	— 0,2028	0,3260	9,4	0,5258	— 0,4884	0,1816	0,1871
4,5	0,6054	0,5139	— 0,2311	0,3010	9,5	0,6240	— 0,4737	0,1613	0,2032
4,6	0,5084	0,5244	— 0,2566	0,2737	9,6	0,7179	— 0,4401	0,1395	0,2171
4,7	0,4111	0,5159	— 0,2791	0,2445	9,7	0,8022	— 0,3882	0,1166	0,2287
4,8	0,3171	0,4887	— 0,2985	0,2136	9,8	0,8750	— 0,3205	0,0928	0,2379
4,9	0,2298	0,4435	— 0,3147	0,1812	9,9	0,9328	— 0,2393	0,0684	0,2447
5,0	0,1530	0,3824	— 0,3276	0,1479	10,0	0,9737	— 0,1497	0,0435	0,2490

Zur wirklichen Durchführung der Rechnung braucht man neben den bekannten Tafeln für J_1 und N_1 noch Tafeln für U und V. Eine berechnete U-V-Tafel ist hier eingeschoben. Der Bequemlichkeit halber sind auch die

Werte für J_1 und N_1 hinzugefügt; diese braucht man aber nur für die Randbedingungen und auch da nur insoweit, als es sich nicht um einen freien Rand ($c_0=0$ oder $c_a=0$) handelt. Die U-V-Tafel gilt für den Wert $m=10/3$ der Querdehnungszahl und ist in Abb. 40 graphisch dargestellt. Mit wachsendem Argument nähern sich die Kurven mehr und mehr einem periodischen Verlauf; in der Tat schließt man aus den asymptotischen Darstellungen (**19**, 14), daß für große Argumente x genähert gelten muß

$$U(x) \approx \tfrac{1}{2}(1+\sin 2x), \quad V(x) \approx -\tfrac{1}{2}\cos 2x. \tag{19}$$

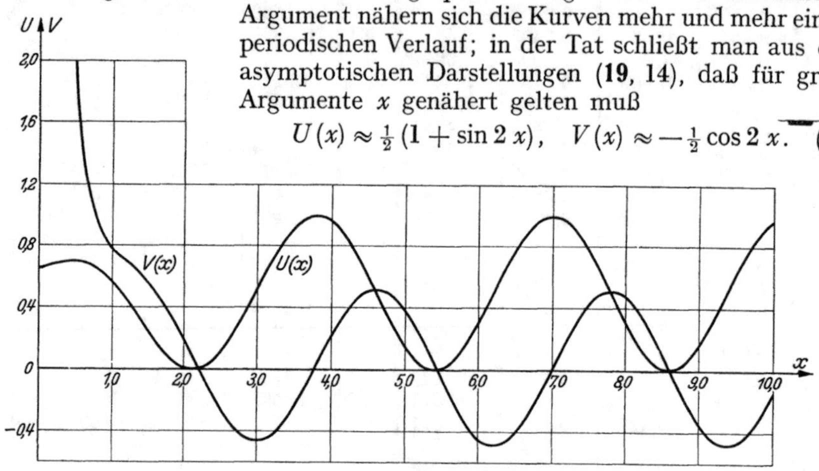

Abb. 40. Die Funktionen $U(x)$ und $V(x)$.

Für Argumente $x>10$, also jenseits des Geltungsbereiches der U-V-Tafel, beträgt der Fehler in den Näherungsformeln (19) weniger als 5 Einheiten der zweiten Dezimalstelle.

Rechnet man das Formular auch noch für $\mu=0{,}06$ und $\mu=0{,}08$ durch, so findet man der Reihe nach die Schlußwerte

$$A_{n-1}U_n + B_{n-1}V_n = +0{,}163; \; -0{,}198; \; -0{,}712 \quad \text{(statt genau 0)}$$

und schließt daraus durch Interpolation auf den niedersten Leitwert $\mu_1=0{,}0652\ \text{cm}^{-1}$. Ebenso findet man den nächsthöheren Leitwert $\mu_2=0{,}168\ \text{cm}^{-1}$. Dies gibt die Eigenfrequenzen

$$\alpha_1 = 5700\ \text{Hz}, \qquad \alpha_2 = 14700\ \text{Hz}$$

und somit Resonanz bei 3000 Uml/min mit rund

114, 57, 38, ... oder 294, 147, 98, ... Stößen je Umlauf,

bei 1500 Uml/min mit rund

228, 114, 76, ... oder 588, 294, 196, ... Stößen je Umlauf.

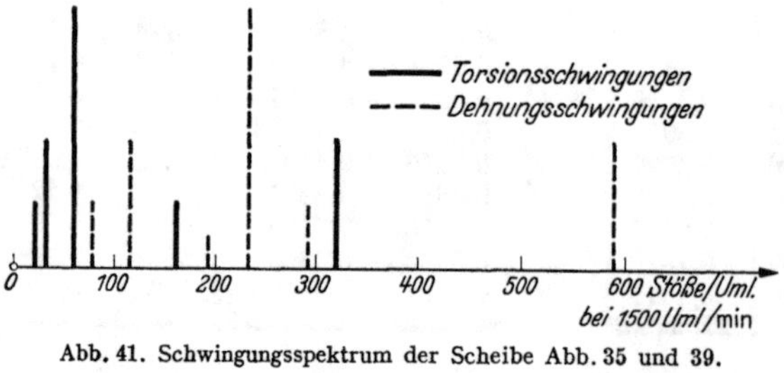

Abb. 41. Schwingungsspektrum der Scheibe Abb. 35 und 39.

Nimmt man die gefährlichen Stoßzahlen von Ziff. **18** (Schluß) hinzu, so ergibt sich das gesamte Schwingungsspektrum dieser Scheibe für 1500 Uml/min so, wie in Abb. **41** dargestellt. Die Längen der Linien sollen etwa die Größe der Resonanzgefahr veranschaulichen. Die Dehnungsschwingungs-Resonanzen sind dabei aber ganz allgemein viel ungefährlicher als die Torsionsschwingungs-Resonanzen. Man macht sich gemäß (**14**, **3**) für diese Scheibe folgendes klar: Resonanzdrohende Stoßzahlen treten in erster Linie auf, wenn die Lauf- und Leitschaufelzahlen gleich groß sind und etwa (kleinere Schaufelzahlen kommen kaum vor) 160 oder 196 oder 228 oder 294 oder 320 betragen; in zweiter Linie aber auch bei verschiedenen Lauf- und Leitschaufelzahlen, beispielsweise bei 294 Lauf- und 196 Leitschaufeln (größter gemeinsamer Teiler $a = 98$, somit $\nu^* = pz' = 3 \cdot 196 = 588$) oder nahezu auch bei 159 Lauf- und 106 Leitschaufeln (größter gemeinsamer Teiler $a = 53$, somit $\nu^* = pz' = 3 \cdot 106 = 318$, was nahe bei der torsionsschwingungsgefährlichen Stoßzahl 320 liegt).

21. Torsions- und Dehnungsschwingungen mit Knotendurchmessern. Wir wenden uns nun noch denjenigen Scheibenschwingungen zu, welche neben etwaigen Knotenkreisen auch noch Knotendurchmesser haben. Solche Schwingungsformen sind nach Ziff. **14** namentlich bei nur teilweise beaufschlagten Scheiben zu befürchten. Im Gegensatz zu bisher sind nun alle Spannungen und auch die radialen und die azimutalen Schwingungsausschläge ϱ und ϑ vom Azimut φ abhängig. In Abb. 42 sind (als Erweiterung zu Abb. 32 von Ziff. **15**) die an einem Scheibenelement angreifenden Kräfte und Momente [eingeklammert] eingetragen. Die Rotation der Scheibe beachten wir weiter nicht, indem wir die am Schlusse von Ziff. **15** ausgesprochene Feststellung auch hier als richtig ansehen. Somit bleiben die Flieh- und Corioliskraft außer Betracht, und ebenso die Vorspannungen, die von der Rotation der Scheibe herrühren würden. Die Schwingungsgleichungen des Elements lauten dann (wenn man sogleich in allen Gliedern die Faktoren $dr\, d\varphi$ weglãßt)

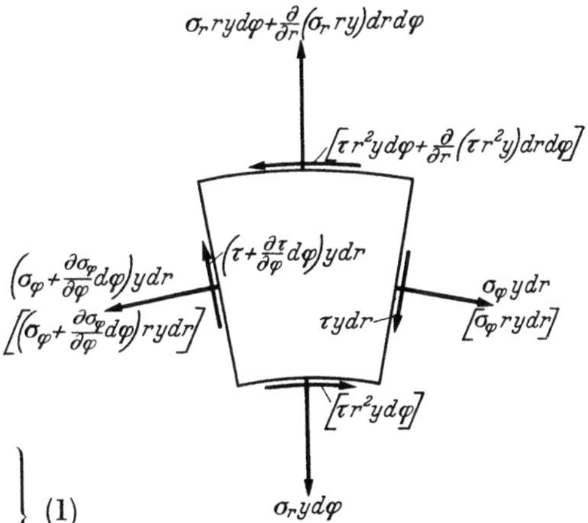

Abb. 42. Scheibenelement.

$$\left.\begin{aligned} \frac{\gamma}{g} r^3 y \ddot{\vartheta} &= \frac{\partial}{\partial r}(\tau r^2 y) + \frac{\partial \sigma_\varphi}{\partial \varphi} r y, \\ \frac{\gamma}{g} r y \ddot{\varrho} &= \frac{\partial}{\partial r}(\sigma_r r y) - \sigma_\varphi y + \frac{\partial \tau}{\partial \varphi} y. \end{aligned}\right\} \quad (1)$$

Dazu treten die Spannungsdehnungsgleichungen (**2**, 2), in welchen nach unseren jetzigen Bezeichnungen $u = \varrho$ und $v = r\vartheta$ zu schreiben ist:

$$\left.\begin{aligned} E\frac{\partial \varrho}{\partial r} = \sigma_r - \frac{\sigma_\varphi}{m}, \quad E\left(\frac{\varrho}{r} + \frac{\partial \vartheta}{\partial \varphi}\right) = \sigma_\varphi - \frac{\sigma_r}{m}, \\ G\left(\frac{1}{r}\frac{\partial \varrho}{\partial \varphi} + r\frac{\partial \vartheta}{\partial r}\right) = \tau, \end{aligned}\right\} \quad (2)$$

wovon die beiden ersten, nach σ_r und σ_φ aufgelöst, ergeben

$$\sigma_r = \frac{m^2 E}{m^2 - 1}\left(\frac{\partial \varrho}{\partial r} + \frac{1}{m}\frac{\varrho}{r} + \frac{1}{m}\frac{\partial \vartheta}{\partial \varphi}\right), \qquad \sigma_\varphi = \frac{m^2 E}{m^2 - 1}\left(\frac{\varrho}{r} + \frac{\partial \vartheta}{\partial \varphi} + \frac{1}{m}\frac{\partial \varrho}{\partial r}\right). \quad (3)$$

[Man erkennt in (2) und (3) die Verallgemeinerungen von (**15**, 5) und (**15**, 6).] Setzt man die Werte von τ, σ_r und σ_φ aus (2) und (3) in (1) ein und beachtet, daß

$$\frac{m^2 E}{m^2 - 1} = \frac{2 m G}{m - 1}$$

ist, so nehmen die Schwingungsgleichungen die Form an

$$\left.\begin{aligned}
&\frac{\partial^2\vartheta}{\partial r^2}+\left(\frac{3}{r}+\frac{y'}{y}\right)\frac{\partial\vartheta}{\partial r}+\frac{2m}{m-1}\frac{1}{r^2}\frac{\partial^2\vartheta}{\partial\varphi^2}-\frac{\gamma}{gG}\ddot{\vartheta}+\\
&\qquad+\frac{1}{r^2}\left[\frac{m+1}{m-1}\frac{\partial^2\varrho}{\partial r\,\partial\varphi}+\left(\frac{3m-1}{m-1}\frac{1}{r}+\frac{y'}{y}\right)\frac{\partial\varrho}{\partial\varphi}\right]=0,\\
&\frac{\partial^2\varrho}{\partial r^2}+\left(\frac{1}{r}+\frac{y'}{y}\right)\frac{\partial\varrho}{\partial r}+\frac{m-1}{2m}\frac{1}{r^2}\frac{\partial^2\varrho}{\partial\varphi^2}+\left(\frac{1}{m}\frac{y'}{y}-\frac{1}{r}\right)\frac{\varrho}{r}-\frac{m-1}{2m}\frac{\gamma}{gG}\ddot{\varrho}+\\
&\qquad+\frac{m+1}{2m}\frac{\partial^2\vartheta}{\partial r\,\partial\varphi}+\left(-\frac{m-1}{m}\frac{1}{r}+\frac{1}{m}\frac{y'}{y}\right)\frac{\partial\vartheta}{\partial\varphi}=0.
\end{aligned}\right\}\tag{4}$$

Für stehende Schwingungen mit k Knotendurchmessern darf man die Ansätze

$$\left.\begin{aligned}
\vartheta&=\frac{1}{r^2}P(r)\cos k\varphi\sin 2\pi\alpha t,\\
\varrho&=\frac{1}{r}Q(r)\sin k\varphi\sin 2\pi\alpha t
\end{aligned}\right\}\tag{5}$$

machen, wo wieder α die gesuchte Frequenz ist und P und Q Funktionen von r allein sind. (Wir schreiben $\frac{1}{r^2}P$ statt des früheren Ψ und $\frac{1}{r}Q$ statt des früheren R, weil die folgenden Gleichungen dann ihre einfachste Gestalt annehmen.) Geht man mit den Ansätzen (5) in die Schwingungsgleichungen (4) ein, benützt wieder die Abkürzungen

$$\lambda^2=4\pi^2\alpha^2\frac{\gamma}{gG},\qquad \mu^2=\frac{m-1}{2m}\lambda^2\tag{6}$$

und beachtet noch, daß dann

$$\frac{\lambda^2}{\mu^2}-1=\frac{m+1}{m-1},\qquad \frac{\mu^2}{\lambda^2}-1=-\frac{m+1}{2m}$$

wird, so erhält man für P und Q die simultanen Gleichungen

$$\left.\begin{aligned}
P''-\frac{P'}{r}+\left(\lambda^2-\frac{\lambda^2}{\mu^2}\frac{k^2}{r^2}\right)P+k\left[\left(\frac{\lambda^2}{\mu^2}-1\right)\frac{Q'}{r}+2\frac{Q}{r^2}\right]+Y_1=0,\\
Q''-\frac{Q'}{r}+\left(\mu^2-\frac{\mu^2}{\lambda^2}\frac{k^2}{r^2}\right)Q+k\left[\left(\frac{\mu^2}{\lambda^2}-1\right)\frac{P'}{r}+2\frac{P}{r^2}\right]+Y_2=0.
\end{aligned}\right\}\tag{7}$$

Dabei sind mit

$$Y_1\equiv\frac{y'}{y}\left(P'-2\frac{P}{r}+k\frac{Q}{r}\right),\quad Y_2\equiv\frac{y'}{y}\left(Q'-\frac{m-1}{m}\frac{Q}{r}-\frac{k}{m}\frac{P}{r}\right)\tag{8}$$

die Glieder bezeichnet, die allein die Veränderlichkeit der Scheibendicke ausdrücken.

Wir wollen zunächst nur die Scheibe gleicher Dicke erledigen, setzen also $Y_1=0$ und $Y_2=0$. Dann fällt auf, daß die verkürzten Gleichungen (7) vollständig symmetrisch gebaut sind: die eine geht in die andere über, wenn man P mit Q und λ mit μ vertauscht. Folglich müssen auch ihre Integrale durch Vertauschen von λ und μ auseinander hervorgehen. Es liegt nahe, zu vermuten, daß es Integrale gibt, die nur von λ, und solche, die nur von μ abhängen. Um die nur von λ abhängigen zu finden, schreiben wir die zweite Gleichung (7) (mit $Y_2=0$) in der Form

$$\lambda^2\left[Q''-\frac{Q'}{r}-k\frac{P'}{r}+2k\frac{P}{r^2}\right]+\mu^2\left[k\frac{P'}{r}+\left(\lambda^2-\frac{k^2}{r^2}\right)Q\right]=0.$$

Soll ein von μ unabhängiges Integral vorhanden sein, so muß es jede der beiden eckigen Klammern zum Verschwinden bringen. Die erste Klammer verschwindet, wie man rasch erkennt, wenn

$$P = \frac{r}{k} Q' \tag{9}$$

ist; mit (9) aber wird aus der zweiten eckigen Klammer der Ausdruck

$$Q'' + \frac{Q'}{r} + \left(\lambda^2 - \frac{k^2}{r^2}\right) Q \equiv \Phi, \tag{10}$$

wogegen die linke Seite der ersten Gleichung (7) (mit $Y_1 = 0$) übergeht in

$$\frac{r}{k}\left[Q''' + \frac{Q''}{r} + \left(\lambda^2 - \frac{1+k^2}{r^2}\right) Q' + 2\,\frac{k^2}{r^3}\,Q\right] \equiv \frac{r}{k}\,\frac{d\Phi}{d r}. \tag{11}$$

Mithin sind beide Gleichungen (7) erfüllt, wenn Q der Gleichung $\Phi = 0$, d. h. der Besselschen Differentialgleichung

$$Q'' + \frac{Q'}{r} + \left(\lambda^2 - \frac{k^2}{r^2}\right) Q = 0 \tag{12}$$

genügt und P dann vollends aus (9) bestimmt wird. Die allgemeine Lösung von (12) aber lautet

$$Q = A\,J_k(\lambda r) + B\,N_k(\lambda r). \tag{13}$$

Macht man die gleiche Überlegung mit dem zu (9) dualen Ansatz $Q = \frac{r}{k} P'$, so gewinnt man die nur von μ abhängigen Integrale. Im ganzen kommen so die folgenden allgemeinen Integrale der Schwingungsgleichungen der Scheibe gleicher Dicke:

$$\left.\begin{aligned} P &= \frac{r}{k}\,\frac{d}{dr}\left[A\,J_k(\lambda r) + B\,N_k(\lambda r)\right] + C\,J_k(\mu r) + D\,N_k(\mu r), \\ Q &= A\,J_k(\lambda r) + B\,N_k(\lambda r) + \frac{r}{k}\,\frac{d}{dr}\left[C\,J_k(\mu r) + D\,N_k(\mu r)\right]. \end{aligned}\right\} \tag{14}$$

Hier sind A, B, C, D vier Integrationskonstanten und J_k, N_k wieder die Zylinderfunktionen von der Ordnung k.

Wir wollen diese Lösung für den Fall $k = 1$, d. h. für Schwingungen mit einem Knotendurchmesser weiter verfolgen. Nach den Differentiationsformeln (**16**, 12) für Zylinderfunktionen wird jetzt

$$\left.\begin{aligned} P &= A\left[\lambda r J_0(\lambda r) - J_1(\lambda r)\right] + B\left[\lambda r N_0(\lambda r) - N_1(\lambda r)\right] + C\,J_1(\mu r) + D\,N_1(\mu r), \\ Q &= A\,J_1(\lambda r) + B\,N_1(\lambda r) + C\left[\mu r J_0(\mu r) - J_1(\mu r)\right] + D\left[\mu r N_0(\mu r) - N_1(\mu r)\right] \end{aligned}\right\} \tag{15}$$

und dazu wegen $J_{-1} = -J_1$ und $N_{-1} = -N_1$

$$\left.\begin{aligned} P' &= \left(\frac{1}{r} - r\lambda^2\right)\left[A\,J_1(\lambda r) + B\,N_1(\lambda r)\right] + C\left[\mu\,J_0(\mu r) - \frac{1}{r}\,J_1(\mu r)\right] + \\ &\qquad + D\left[\mu\,N_0(\mu r) - \frac{1}{r}\,N_1(\mu r)\right], \\ Q' &= A\left[\lambda\,J_0(\lambda r) - \frac{1}{r}\,J_1(\lambda r)\right] + B\left[\lambda\,N_0(\lambda r) - \frac{1}{r}\,N_1(\lambda r)\right] + \\ &\qquad + \left(\frac{1}{r} - r\mu^2\right)\left[C\,J_1(\mu r) + D\,N_1(\mu r)\right]. \end{aligned}\right\} \tag{16}$$

Als Randbedingungen hat man nach (5) an einem starren Rand $P = 0$ und $Q = 0$, an einem freien Rand dagegen gemäß der letzten Gleichung (2) und der ersten Gleichung (3)

$$r P' - 2P + kQ = 0, \qquad m r Q' - (m-1)\,Q - kP = 0 \quad \text{mit} \quad k = 1. \tag{17}$$

Für eine Scheibe mit starrem Innenrand und freiem Außenrand kommt man so auf eine vierreihige Frequenzdeterminante, die zwar leicht anzuschreiben, aber schwer auszuwerten ist. Ersetzt man jedoch die Zylinderfunktionen durch ihre asymptotischen Näherungen (**19**, 14) und unterdrückt also systematisch alle Potenzen $1/r^2$, $1/r^3$ usw. gegen $1/r^0$ und $1/r^1$, so findet man mit den Abkürzungen

$$S_0^\lambda = \sin\left(\lambda r_0 - \frac{\pi}{4}\right),\quad S_a^\lambda = \sin\left(\lambda r_a - \frac{\pi}{4}\right),\quad C_0^\lambda = \cos\left(\lambda r_0 - \frac{\pi}{4}\right),\quad C_a^\lambda = \cos\left(\lambda r_a - \frac{\pi}{4}\right) \tag{18}$$

und analog für μ statt λ die folgende Determinante aus den Koeffizienten der A, B, C, D:

$$\begin{vmatrix} \lambda r_0 C_0^\lambda - S_0^\lambda & \lambda r_0 S_0^\lambda + C_0^\lambda & S_0^\mu & -C_0^\mu \\ S_0^\lambda & -C_0^\lambda & \mu r_0 C_0^\mu - S_0^\mu & \mu r_0 S_0^\mu + C_0^\mu \\ -\lambda^2 r_a^2 S_a^\lambda - 2\lambda r_a C_a^\lambda & \lambda^2 r_a^2 C_a^\lambda - 2\lambda r_a S_a^\lambda & 2\mu r_a C_a^\mu - 4 S_a^\mu & 2\mu r_a S_a^\mu + 4 C_a^\mu \\ \lambda r_a C_a^\lambda - 2 S_a^\lambda & \lambda r_a S_a^\lambda + 2 C_a^\lambda & -\frac{m}{m-1}\mu^2 r_a^2 S_a^\mu - \mu r_a C_a^\mu & \frac{m}{m-1}\mu^2 r_a^2 C_a^\mu - \mu r_a S_a^\mu \end{vmatrix}. \tag{19}$$

Setzt man diese Determinante gleich Null und unterdrückt bei ihrer Entwicklung wieder $1/r^2$, $1/r^3$ usw. gegen $1/r^0$ und $1/r^1$, so kommt nach einiger Zwischenrechnung [bei der auch von der zweiten Gleichung (6) Gebrauch gemacht wird] schließlich

$$\left(\frac{1}{r_0} - \frac{2}{r_a}\right) \operatorname{tg}\left[\lambda (r_a - r_0)\right] + \left(\frac{1}{r_0}\sqrt{\frac{2m}{m-1}} - \frac{1}{r_a}\sqrt{\frac{2(m-1)}{m}}\right) \operatorname{tg}\left[\lambda \sqrt{\frac{m-1}{2m}}(r_a - r_0)\right] + \lambda = 0. \tag{20}$$

Diese Frequenzgleichung ist für gegebene Werte von r_0, r_a und m ohne jede Schwierigkeit zahlenmäßig lösbar. Nach unseren Erfahrungen von Ziff. **19** ist zu vermuten, daß ihre Wurzeln λ_i recht gute Näherungen für die Leitwerte sein werden, aus denen sich gemäß (6) dann vollends die Frequenzen α_i dieser Schwingungen wie in (**16**, 23) sofort berechnen lassen. — Es ist lediglich Sache der Rechengeduld, die entsprechende Frequenzgleichung auch für andere Randbedingungen oder mit noch größerer Genauigkeit (also etwa auch noch mit den Potenzen $1/r^2$) aufzustellen und aufzulösen.

Wir wollen noch ein zweites Rechenverfahren, das mit ebenfalls erträglichem Aufwand die Leitwerte λ, und zwar beliebig genau, liefert, wenigstens in seinen Grundgedanken skizzieren. Die vier Randbedingungen am Innen- und Außenrand seien

$$F_1(A, B, C, D;\ \lambda r_0) = 0, \qquad F_2(A, B, C, D;\ \lambda r_0) = 0, \tag{21}$$

$$F_3(A, B, C, D;\ \lambda r_a) = 0, \qquad F_4(A, B, C, D;\ \lambda r_a) = 0, \tag{22}$$

wo die Funktionen F_i in A, B, C und D jedenfalls linear sind. Man wählt von vornherein $A = 1$ und geht von einem willkürlichen Wert $C = C_1$ sowie von einem schon möglichst gut abgeschätzten Wert $\lambda = \lambda'$ aus. Die beiden Gleichungen (21) liefern dann, nach B und D aufgelöst, bestimmte Werte $B = B_1$ und $D = D_1$. Man berechnet daraus die Funktionswerte

$$F_3^{1\prime} = F_3(1, B_1, C_1, D_1;\ \lambda' r_a), \qquad F_4^{1\prime} = F_4(1, B_1, C_1, D_1;\ \lambda' r_a).$$

Nun wiederholt man die Rechnung mit $A = 1$ und einem zweiten Wert $C = C_2$ sowie mit $\lambda = \lambda'$ und erhält

$$F_3^{2\prime} = F_3(1, B_2, C_2, D_2;\ \lambda' r_a), \qquad F_4^{2\prime} = F_4(1, B_2, C_2, D_2;\ \lambda' r_a)$$

und ebenso gegebenenfalls noch mit weiteren Werten $C = C_3$, $C = C_4$ usw. und immer noch $\lambda = \lambda'$. Die erhaltenen Funktionswerte $F_3^{i\prime}$ und $F_4^{i\prime}$ trägt man als

Ordinaten über den Abszissen C_i auf, so daß zwei Kurven entstehen, die in Abb. **43** mit F_3' und F_4' bezeichnet sind und also zum Parameterwert λ' gehören. Wenn sich diese beiden Kurven zufällig auf der Abszissenachse schneiden, so ist λ' nach (22) schon der gesuchte Leitwert. Wenn nicht, so wiederholt man die ganze Rechnung mit einem zweiten Wert λ'' bis zu den Kurven F_3'' und F_4'' und, wenn nötig, noch mit einem dritten Wert λ''' bis zu den Kurven F_3''' und F_4'''. Schließlich verbindet man die Schnittpunkte zusammengehöriger Kurven F_3, F_4 zu einem Kurvenzug und stellt durch Interpolation fest, bei welchem Parameterwert λ dieser Kurvenzug die Abszissenachse schneidet. Dieser Wert λ ist der gesuchte.

Man erkennt leicht, daß dieses Verfahren auch auf Scheiben veränderlicher Dicke anwendbar sein wird. Da die Gleichungen (7) für $Y_1 \neq 0$, $Y_2 \neq 0$ keine geschlossene Lösung mehr zuzulassen scheinen, so unterteilt man die Scheibe, wie schon in Ziff. **20**, in Teilscheiben von je gleicher Dicke. Man beginnt die Rechnung am Innenrand der innersten Teilscheibe mit $A=1$, $C=C_1$, $\lambda=\lambda'$ und rechnet nach (15) und (16) die Werte von P, Q, P' und Q' am Außenrand dieser Teilscheibe aus. Beim Übergang zur nächsten Teilscheibe gelten die Sprungbedingungen $\vartheta_1=\vartheta_2$, $\varrho_1=\varrho_2$, $y_1\tau_1=y_2\tau_2$, $y_1\sigma_{r1}=y_2\sigma_{r2}$ (vgl. Ziff. **18** und **20**). Schreibt man diese gemäß (2), (3), (5), (15) und (16) explizit an, so erscheinen sie als vier lineare Gleichungen für die Werte A^*, B^*, C^*, D^* der nächsten Teilscheibe, so daß sich diese aus den Ausgangswerten C_1 und λ' ohne weiteres berechnen lassen. Analog berücksichtigt man den Sprung zur nächsten Teilscheibe usw. und kann zuletzt wieder die Randwerte $F_3^{1\prime}$, $F_4^{1\prime}$ der äußersten Teilscheibe ermitteln. Die Wiederholung der Rechnung mit anderen Werten C_i und $\lambda^{(i)}$ liefert in gleicher Weise wie vorhin den gesuchten Wert λ. Es darf allerdings nicht verschwiegen werden, daß das Verfahren, wenn es sich um viele Teilscheiben handelt, wegen der Auflösung der vielen Gleichungssysteme ungemein zeitraubend ist (bei nur zwei Teilscheiben ist der Rechenaufwand eben noch erträglich). Wir verzichten darauf, ein Zahlenbeispiel vorzuführen, da, wie am Schluß von Ziff. **15** gesagt, die Resonanzgefahr mit diesen Schwingungen verhältnismäßig selten in Rücksicht gezogen werden muß.

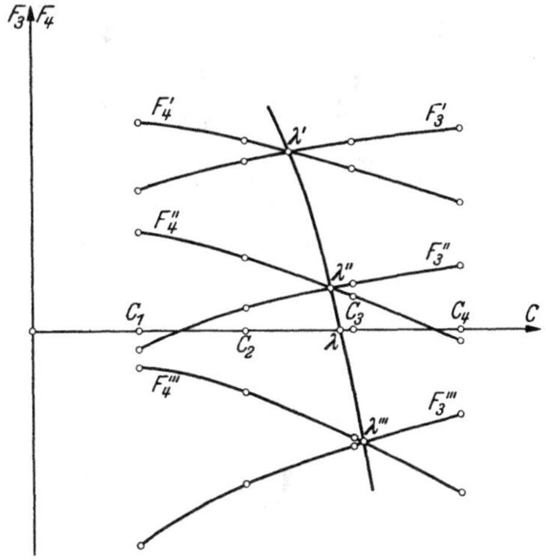

Abb. 43. Bestimmung des Leitwertes λ.

22. Torsionsschwingungen der mit Scheiben besetzten Wellen. Wir betrachten schließlich nun auch noch den ganzen Rotor, d. h. die Maschinenwelle samt den aufgesetzten Scheiben. Dieses ganze Gebilde kann Torsionsschwingungen ausführen, die zu den Erregungen an jeder einzelnen Scheibe in Resonanz treten können. Man mag diese Schwingungen in erster Näherung so berechnen, daß man die Scheiben als starr und massebehaftet, die Welle als elastisch und masselos ansieht (vgl. Kap. XIII, insbesondere § 10). Während es aber wohl zumeist als unbedenklich hingenommen werden kann, wenn man das Massenträgheitsmoment der Welle gegenüber dem großen Massenträgheitsmoment der Scheiben vernachlässigt, so sollte man bei genaueren Untersuchungen die elastische Nachgiebigkeit der Scheiben doch berücksichtigen, zumal da die Rechnung dadurch nicht viel verwickelter zu werden braucht.

Wir zeigen dies an dem Beispiel des Rotors Abb. 44, der in Abb. 45 noch einmal schematisch dargestellt ist. Die Scheiben und die Wellenstücke werden am zweckmäßigsten von links und von rechts her numeriert bis etwa zur Mitte des Rotors. Mit Θ_i, Θ_i^* bezeichnen wir die Massenträgheitsmomente der Scheiben, mit l_i, l_i^* die Abstände ihrer Mittelebenen, also die Längen der Wellenstücke, mit C_i, C_i^* deren (wie in Ziff. **16** definierte) Torsionssteifigkeiten. Wir haben der Anschaulichkeit halber in Abb. 45 diejenige Schwingung dargestellt, bei der zwischen je zwei Scheiben ein reeller Schwingungsknoten liegt; dieser unterteilt sein Wellenstück l_i bzw. l_i^* in zwei Teile l_i' und l_i'' bzw. $l_i^{*\prime}$ und $l_i^{*\prime\prime}$, so daß

$$l_i'+l_i''=l_i \quad \text{bzw.} \quad l_i^{*\prime}+l_i^{*\prime\prime}=l_i^* \tag{1}$$

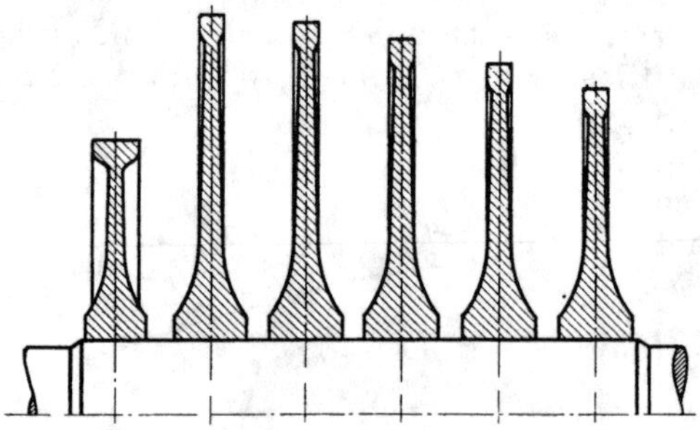

Abb. 44. Dampfturbinenrotor.

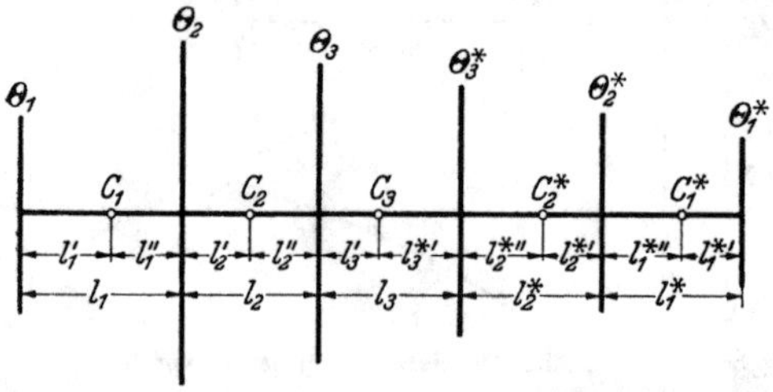

Abb. 45. Schematische Darstellung des Dampfturbinenrotors.

ist (mit entsprechend geänderter Formel für das mittlere Wellenstück). Sind einzelne Knotenpunkte virtuell (d. h. liegen sie außerhalb des zugehörigen Wellenstückes und sind dann also nicht mehr wirklich vorhanden), so ist von den beiden zusammengehörigen l_i', l_i'' das eine größer als l_i und das andere negativ, doch so, daß immer noch die Summe gleich l_i bleibt (vgl. auch Kap. XIII, Ziff. **8**). Der ganze Rotor ist so in Elementarsysteme zerlegt, die aus je einer Scheibe und zwei Wellenstücken, an den beiden Enden aus je einer Scheibe und einem Wellenstück bestehen und bei den allein resonanzgefährlichen s t e h e n d e n Schwingungen synchron miteinander schwingen müssen.

Wir behandeln zunächst den einfachsten Fall, daß alle Scheiben die Profilformen $y_i=c_i r^{-3}$ besitzen und am Außenrand völlig frei seien. Dann haben wir nach (**16**, 4) mit den Lösungen

$$\Psi_i = A_i \cos\lambda r + B_i \sin\lambda r \qquad (i=1,2,\ldots) \tag{2}$$

zu rechnen, und die Randbedingung am Außenrand $r=r_{ia}$ der i-ten Scheibe lautet

$$\Psi_{ia}' = 0 \qquad (i=1,2,\ldots). \tag{3}$$

Für den Innenrand $r=r_{10}$ der ersten Scheibe hat man zufolge (**16**, 5) und (**16**, 10)

$$G r_{10} \Psi_{10}' - \frac{C_1}{2\pi r_{10}^2 y_{10} l_1'} \Psi_{10} = 0. \tag{4}$$

Setzt man (2) für $i=1$ in (3) und (4) ein, so kommen zwei lineare homogene Gleichungen für A_1 und B_1, deren Determinante, gleich Null gesetzt, auf die Frequenzgleichung

$$\frac{1}{l_1'} = \frac{2\pi r_{10}^3 y_{10} G\lambda}{C_1} \operatorname{tg}\left[\lambda(r_{1a}-r_{10})\right] \tag{5}$$

führt. Beachtet man noch, daß das Massenträgheitsmoment dieser Scheibe sich wegen $r^3 y = r_{10}^3 y_{10}$ zu

$$\Theta_1 = 2\pi r_{10}^3 y_{10} \frac{\gamma}{g} (r_{1a}-r_{10}) \tag{6}$$

berechnet, so kann man mit $h_1 = r_{1a} - r_{10}$ statt (5) auch schreiben

$$\frac{1}{l_1'} = \frac{gG}{\gamma} \frac{\Theta_1}{C_1 h_1} \lambda \operatorname{tg} \lambda h_1. \tag{7}$$

Dieselbe Gleichung (mit $l_1^{*\prime}$, Θ_1^*, C_1^*, h_1^*) gilt auch für die letzte Scheibe.

Für die zweite Scheibe hat man am Innenrand $r = r_{20}$ zufolge (**16**, 5) und (**16**, 9)

$$G r_{20} \Psi_{20}' - \frac{l_1'' C_2 + l_2' C_1}{2\pi r_{20}^2 \gamma_{20} l_1'' l_2'} \Psi_{20} = 0, \tag{8}$$

und dies führt zusammen mit (3) auf

$$\frac{1}{l_2'} = \frac{gG}{\gamma} \frac{\Theta_2}{C_2 h_2} \lambda \operatorname{tg} \lambda h_2 - \frac{1}{l_1''} \frac{C_1}{C_2}; \tag{9}$$

dabei ist natürlich $h_2 = r_{2a} - r_{20}$ gesetzt. Mit den gesternten Größen gilt (9) ebenso auch für die zweitletzte Scheibe. Schiebt man in (9) die Zeiger um 1 vor, so entsteht die Frequenzgleichung für die dritte (bzw. drittletzte) Scheibe usw.

Die Zahlenrechnung ist jetzt vollends ganz einfach. Man geht von einem schon möglichst gut abgeschätzten Näherungswert λ aus, berechnet nach (7) die zugehörigen Werte l_1' und $l_1^{*\prime}$, dann nach (1) die Ergänzungswerte l_1'' und $l_1^{*\prime\prime}$, weiter nach (9) die Werte l_2' und $l_2^{*\prime}$ samt ihren Ergänzungen l_2'' und $l_2^{*\prime\prime}$, endlich ebenso die Werte l_3' und $l_3^{*\prime}$. Zuletzt prüft man (in unserem Beispiel) nach, ob $l_3' + l_3^{*\prime} = l_3$ ist. Wenn ja, so ist der angenommene Wert λ richtig; wenn nicht, so ist die Rechnung mit anderen Werten λ ein- oder mehrmals zu wiederholen, bis man durch Interpolation auf den richtigen Leitwert λ schließen kann. Aus λ findet man die Frequenz α gemäß (**15**, 12), für Stahlscheiben auch unmittelbar aus (**16**, 23).

Will man vergleichen, wie das Ergebnis für starre Scheiben wäre, so hat man in den Formeln (7) und (9) zuerst nach (**15**, 12) $\lambda = 2\pi\alpha\sqrt{\gamma/gG}$ zu setzen und dann den Grenzübergang zu $G \to \infty$ zu machen. Man findet so an Stelle von (7) und (9)

$$l_1' = \frac{C_1}{4\pi^2\alpha^2\Theta_1}, \qquad l_2' = \frac{C_2}{4\pi^2\alpha^2\Theta_2 - \dfrac{C_1}{l_1''}}, \tag{10}$$

zwei Formeln, die man für die zugehörigen Elementarsysteme auch unmittelbar leicht herleiten kann, und mit denen man von einem abgeschätzten Wert α aus die Rechnung in gleicher Weise durchzuführen hat.

Für die Grundschwingung muß man λ bzw. α so abschätzen, daß nur ein reeller Knotenpunkt auftritt; die erste Oberschwingung hat zwei reelle Knotenpunkte usw.

Als Zahlenbeispiel wählen wir den Rotor von Abb. 44 und 45 mit

$$l_1 = l_2 = l_3 = l_2^* = l_1^* = 16 \text{ cm}, \quad C_1 = C_2 = C_3 = C_2^* = C_1^* = 2{,}8 \cdot 10^{10} \text{ kgcm}^2,$$

$gG/\gamma = 1{,}06 \cdot 10^{11}$ cm²/sek² sowie folgenden Werten von h_i und Θ_i:

$i =$	1	2	3	3*	2*	1*	
$h_i =$	32	52	50	48	44	40	cm
$\Theta_i =$	150	500	450	400	300	200	kgcmsek²

Man findet für elastische Scheiben die Frequenz der Grundschwingung zu $\alpha_1 = 209{,}5$ Hz, für starre Scheiben $\alpha_1' = 211$ Hz, also nahezu den gleichen Wert.

Die Durchrechnung vieler Rotoren hat nun gezeigt, daß bei den üblichen Bauarten die Grundschwingung fast gar nicht durch die Elastizität der Scheiben beeinflußt wird. Dies liegt daran, daß die Grundfrequenz der üblichen Rotoren viel tiefer liegt als die niederste Frequenz der am Innenrand starr eingespannt gedachten Scheiben. Man darf daher i. a. für die Grundfrequenz unbedenklich so rechnen, als ob die Scheiben starr wären.

Für die Oberschwingungen gilt diese Faustregel jedoch nicht mehr; hier können sich die Frequenzen der Rotoren mit elastischen und der Rotoren mit starren Scheiben weit trennen. Dies zeigt deutlich das folgende Beispiel, das wir so wählen, daß auch schon die Grundfrequenzen merklich verschieden sind.

Es handle sich um einen Rotor mit nur zwei Scheiben, und zwar sei $l = 8$ cm, $C = 10^{11}$ kg cm^2, $gG/\gamma = 1{,}06 \cdot 10^{11}$ cm^2/sek^2, $h_1 = 60$ cm, $h_2 = 80$ cm, $\Theta_1 = 300$ kg cm sek^2, $\Theta_2 = 1000$ kg cm sek^2. Rechnet man mit starren Scheiben, so kommt nur eine Frequenz, nämlich $\alpha_1' = 1163$ Hz. Sieht man dagegen die Scheiben als elastisch an (mit den Profilen $y_i = c_i\, r^{-3}$), so findet man ein ganzes Frequenzspektrum; dessen niedrigste Werte sind

$$\alpha_1 = 876, \quad \alpha_2 = 2120, \quad \alpha_3 = 6230 \text{ Hz}.$$

Man würde also die Schwingungsfähigkeit dieses besonderen Rotors ganz falsch beurteilen, wenn man seine Scheiben als starr ansähe.

Wir wollen jetzt noch kurz angeben, wie man sich von den einschränkenden Voraussetzungen, die wir bisher zugrunde legten (Profilform, freier Außenrand) freimachen kann. Für jedes Profil kann die Schwingungsform dargestellt werden durch

$$\Psi_i = A_i f_i(\lambda r) + B_i g_i(\lambda r) \qquad (i = 1, 2, \ldots). \tag{11}$$

Hier sind f_i und g_i die zu dem Profil der i-ten Scheibe gehörigen Eigenfunktionen [d. h. zwei linear unabhängige partikuläre Integrale der ersten Gleichung (**15**, 9) mit $\omega = 0$]; diese sind stets bestimmbar: für hyperbolische Profile nach Ziff. **16**, für beliebige Profile nach dem Verfahren von Ziff. **18**. Für nichtfreien Außenrand hat man statt (3) die allgemeine Randbedingung (**16**, 6)

$$\Psi_{ia}' = \frac{4\pi^2 \alpha^2 \Theta_i'}{G\, r_{ia}^2}\, \Psi_{ia} = \frac{g\, \Theta_i'}{\gamma\, r_{ia}^2}\, \lambda^2\, \Psi_{ia}, \tag{12}$$

wobei Θ_i' das Massenträgheitsmoment der Beschaufelung der i-ten Scheibe (je Flächeneinheit des Außenrandes) sein soll. Nimmt man für $i = 1$ die Innenrandbedingung (4) hinzu, so kann man sofort die Determinante aus den Koeffizienten von A_1 und B_1 bilden und gleich Null setzen. Führt man dabei folgende Abkürzungen ein:

$$\left.\begin{aligned}
F_{i1} &= f_i(\lambda r_{ia})\, g_i(\lambda r_{i0}) - f_i(\lambda r_{i0})\, g_i(\lambda r_{ia}), \\
F_{i2} &= f_i(\lambda r_{ia})\, g_i'(\lambda r_{i0}) - f_i'(\lambda r_{i0})\, g_i(\lambda r_{ia}), \\
F_{i3} &= f_i'(\lambda r_{ia})\, g_i(\lambda r_{i0}) - f_i(\lambda r_{i0})\, g_i'(\lambda r_{ia}), \\
F_{i4} &= f_i'(\lambda r_{ia})\, g_i'(\lambda r_{i0}) - f_i'(\lambda r_{i0})\, g_i'(\lambda r_{ia}), \\
\beta_i &= \frac{2\pi\, r_{i0}^3\, y_{i0}\, G}{C_i}, \qquad s_i = \frac{g\, \Theta_i'}{\gamma\, r_{ia}^2},
\end{aligned}\right\} \tag{13}$$

wobei die Striche bei f_i und g_i die Ableitung nach r bedeuten, so findet man an Stelle von (7)

$$\frac{1}{l_1'} = \lambda\, \beta_1\, \frac{F_{14} - \lambda\, s_1 F_{12}}{F_{13} - \lambda\, s_1 F_{11}} \tag{14}$$

und ebenso an Stelle von (9)

$$\frac{1}{l_2'} = \lambda\, \beta_2\, \frac{F_{24} - \lambda\, s_2 F_{22}}{F_{23} - \lambda\, s_2 F_{21}} - \frac{1}{l_1''}\, \frac{C_1}{C_2} \tag{15}$$

und entsprechend weiter für die anderen Elementarsysteme des Rotors. Die Gleichungen (10) für starre Scheiben gelten allgemein; man muß aber natürlich das Trägheitsmoment der Beschaufelung dort jeweils zu dem der Scheibe hinzufügen.

Sobald also die Eigenfunktionen f_i und g_i gefunden sind (Beispiele hierfür sind in Ziff. **16** und **17** gegeben), kann man mit den Gleichungen (14) und (15) gerade so hantieren wie mit (7) und (9), und damit ist das Schwingungsproblem des Rotors in beliebiger Allgemeinheit zahlenmäßig lösbar geworden.

§ 4. Die Biegung der Scheiben.

23. Die allgemeinen Gleichungen für die rotationssymmetrische Biegung. Als Ursachen für die Biegung einer rotierenden Scheibe kommen in Betracht: erstens axiale Randkräfte am Außenrand, herrührend von einer axialen Komponente der Dampfkraft auf die Schaufeln, zweitens Randmomente am Außenrand, herrührend von den Schaufelfliehkräften (wenn die Schaufelschwerpunkte nicht in der Mittelebene der Scheibe liegen), drittens einseitiger Dampfdruck auf die ganze Scheibenfläche bei Überdruckscheiben und viertens das Eigengewicht der Scheibe samt ihrer Beschaufelung (wenn deren Achse nicht waagerecht, sondern senkrecht steht). Man wünscht dabei nicht nur die zusätzlichen Biegespannungen zu kennen, sondern, angesichts der kleinen Spaltbreiten, mehr noch die Größe der Durchbiegung selbst. Die Fliehkräfte der Scheibe wirken offensichtlich wie eine scheinbare Erhöhung der Biegesteifigkeit und setzen also die Durchbiegung auf alle Fälle herab. Da das biegende Kraftfeld ebenso wie die Scheibe selber rotationssymmetrisch ist (abgesehen von dem Fall axialer Randkräfte bei ungleichförmiger Beaufschlagung, wo dann die Biegung überhaupt nicht stationär ist, sondern zu Schwingungen führt), so dürfen wir uns auf die Berechnung rotationssymmetrischer Biegeformen beschränken.

Wir greifen das Problem in der Weise an, daß wir von vornherein eine bestimmte Spannungsverteilung in der Scheibe als gegeben ansehen, nämlich einerseits ein Spannungsfeld σ_r, σ_φ, erzeugt durch die Drehung der Scheibe und ermittelt nach den Methoden von § 2, und andererseits ein Feld von axial gerichteten Schubspannungen τ_m in den koaxialen Kreiszylinderschnitten der Scheibe, erzeugt durch die axiale Dampfkraft K_d am Außenrand, durch den einseitigen Dampfdruck p auf die Scheibenfläche und gegebenenfalls durch das Eigengewicht G der Scheibe und durch das Gewicht G_s der Schaufeln. Wir schreiben τ_m, um dadurch anzudeuten, daß es sich lediglich um den Mittelwert der axialen Schubspannung in jedem Ringschnitt r handelt. Sind wieder mit r_0 und r_a die Halbmesser des Innen- und Außenrandes der Scheibe bezeichnet, so muß diese durch eine axiale Kraft in der Drehachse vom Betrag

$$P_0 = K_d + \pi (r_a^2 - r_0^2)\, p + G + G_s \tag{1}$$

gehalten werden (bei den Vorzeichen ist vorausgesetzt, daß K_d, p, G und G_s die gleiche Richtung haben), und dem entspricht im Schnitt r bei der dortigen Scheibendicke y und dem spezifischen Gewicht γ der Scheibe eine mittlere axiale Schubspannung τ_m gemäß der Gleichung

$$2\pi r \tau_m y = P_0 - \pi (r^2 - r_0^2)\, p - 2\pi\gamma \int_{r_0}^{r} r\, y\, dr \tag{2}$$

oder auch wohl

$$2\pi r \tau_m y = K_d + G_s + \pi (r_a^2 - r^2)\, p + 2\pi\gamma \int_{r}^{r_a} r\, y\, dr, \tag{2a}$$

so daß bei einer gegebenen Scheibe auch τ_m als bekannte Funktion von r anzusehen ist. Die Glieder G und G_s und die mit γ in (1), (2) und (2a) kommen natürlich nur bei Scheiben mit lotrechter Achse in Betracht.

Unsere wesentlichste Voraussetzung ist nun die, daß die Biegung z der Mittelebene der Scheibe klein von erster Ordnung sein soll. Wir dürfen dann annehmen, daß das Spannungsfeld σ_r, σ_φ, τ_m unabhängig von der Biegung ist und lediglich von den zusätzlichen Biegespannungen σ_r^b und σ_φ^b überlagert wird, die wir zu berechnen haben (wobei wir uns natürlich ähnlicher Gedankengänge wie in Kap. VI bedienen). Diese Biegespannungen verändern sich, wenn man von der einen Plattenseite in axialer Richtung bis zur anderen Plattenseite quer durch die Platte hindurch geht, von einem negativen Größtwert über Null (in der Mittelebene der Platte) bis zu einem positiven Größtwert. Nehmen wir (im Rahmen der technischen Biegelehre) diese Veränderung als linear an (Geradliniengesetz) und bezeichnen wir genauer mit σ_r^b und σ_φ^b jene Größtwerte, so erzeugen diese Biegespannungen mit den Widerstandsmomenten $\frac{1}{6}\, r y^2\, d\varphi$ und $\frac{1}{6}\, y^2\, dr$ der Flächenelemente $r y\, d\varphi$ und $y\, dr$ eines durch den Zentriwinkel $d\varphi$ und zwei Ringschnitte r und $r+dr$ begrenzten Scheibenelements (Abb. 46) die Biegemomente

$$\left.\begin{aligned} M_r^b &= \tfrac{1}{6}\, r\, \sigma_r^b\, y^2\, d\varphi, \\ M_\varphi^b &= \tfrac{1}{6}\, \sigma_\varphi^b\, y^2\, dr. \end{aligned}\right\} \tag{3}$$

Dazu treten die von σ_r und τ_m herrührenden Momente

$$\left.\begin{aligned} dM &= r \sigma_r\, y\, dz\, d\varphi, \\ dM_1 &= r \tau_m\, y\, dr\, d\varphi. \end{aligned}\right\} \tag{4}$$

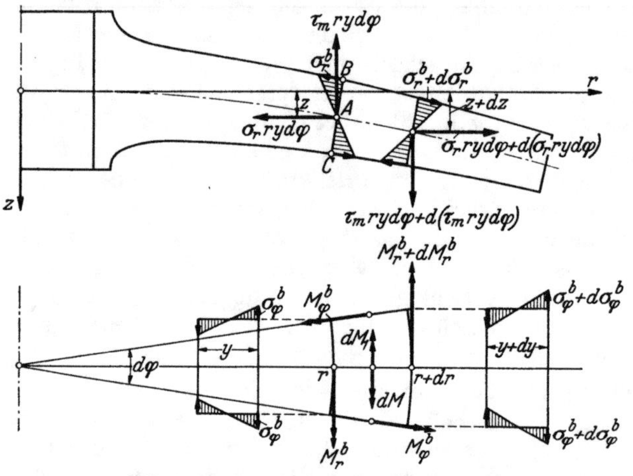

Abb. 46. Krafte und Momente am Scheibenelement.

Die Gleichgewichtsbedingung der azimutalgerichteten Momentvektoren lautet

$$dM_r^b - M_\varphi^b\, d\varphi = dM - dM_1 \tag{5}$$

und gibt mit den Werten aus (3) und (4)

$$\frac{d}{dr}\left(r\, \sigma_r^b\, y^2\right) - \sigma_\varphi^b\, y^2 = 6\, r\, y \left(\sigma_r \frac{dz}{dr} - \tau_m\right). \tag{6}$$

Infolge der Biegung erleiden die äußeren Fasern des Ringschnittes r eine Dehnung in radialer Richtung vom Betrag $\varepsilon_r^b = \frac{1}{2} y : R$, wo R der Krümmungshalbmesser der Biegelinie, d. h. der Meridiankurve der gebogenen Mittelfläche ist. Für kleine Biegungen ist $1/R = z''$ (Striche bedeuten Ableitungen nach r) und also

$$\varepsilon_r^b = \frac{1}{2}\, y\, z''. \tag{7}$$

In azimutaler Richtung kommt infolge der Biegung eine Dehnung dadurch zustande, daß ein koaxialer Kreis, der vor der Biegung den Halbmesser r hatte, nach der Biegung für die äußeren Fasern den Halbmesser $r \pm \frac{1}{2} y z'$ hat (vgl. die Punkte A, B und C in Abb. 46). Dies gibt eine azimutale Dehnung

$$\varepsilon_\varphi^b = \frac{1}{2}\, \frac{y}{r}\, z'. \tag{8}$$

Die Spannungs-Dehnungsgleichungen

$$E\,\varepsilon_r^b = \sigma_r^b - \frac{\sigma_\varphi^b}{m}, \qquad E\,\varepsilon_\varphi^b = \sigma_\varphi^b - \frac{\sigma_r^b}{m} \tag{9}$$

geben mit (7) und (8) und nach σ_r^b und σ_φ^b aufgelöst

$$\sigma_r^b = \frac{1}{2}\frac{m^2E}{m^2-1}\,y\left(z'' + \frac{z'}{m r}\right), \qquad \sigma_\varphi^b = \frac{1}{2}\frac{m^2E}{m^2-1}\,y\left(\frac{z''}{m} + \frac{z'}{r}\right). \tag{10}$$

Setzt man diese Werte in (6) ein, so erhält man die Differentialgleichung der gebogenen Mittelfläche der Scheibe in der Form

$$r^2 z''' + r\left(1 + 3r\frac{y'}{y}\right)z'' - \left(1 - \frac{3r}{m}\frac{y'}{y}\right)z' = 12\,\frac{m^2-1}{m^2E}\,\frac{r^2}{y^2}\,(\sigma_r z' - \tau_m). \tag{11}$$

[Diese Gleichung ist die Verallgemeinerung der Biegegleichung der Kreisplatte (VI, **11**, 5), in welche sie mit $z' = -\psi$, $y = h$, $y' = 0$, $\sigma_r = 0$ und dem Wert τ_m (2) mit $P_0 = 0$, $r_0 = 0$, $\gamma = 0$ für gleichförmige Belastung übergeht.] Hat man bei gegebenem Scheibenprofil $y(r)$ und gegebenem Spannungsfeld $\sigma_r(r)$, $\tau_m(r)$ die Gleichung (11) gelöst und die Meridiankurve $z(r)$ der gebogenen Mittelfläche der Scheibe gefunden, so folgen die Biegespannungen σ_r^b und σ_φ^b vollends einfach aus (10).

Die Hauptschwierigkeit bei der Lösung der Gleichung (11) liegt natürlich in dem rechtsseitigen Gliede mit σ_r, nicht nur weil die Radialspannung σ_r in der Regel eine verwickelte Funktion von r ist, sondern mehr noch weil dieses Glied mit dem unbekannten Faktor z' behaftet ist. Dieses Glied ist aber für das vorliegende Problem sehr wichtig; denn es enthält den versteifenden Einfluß der Scheibenrotation und ist, wie man leicht abschätzt, ungefähr von der gleichen Größenordnung wie das letzte Glied der linken Seite von (11). Bei großen Scheiben mit lotrechter Achse allerdings will man wohl auch schon die Durchbiegung im Ruhezustand kennen, und in diesem einzigen Falle kann man auf das Glied σ_r in (11) verzichten und die Lösung zuweilen elementar durchführen. Wir erledigen also zuerst die ruhende waagerechte Scheibe und zeigen dann, wie man auch den Einfluß der Fliehkräfte wenigstens näherungsweise ermitteln kann.

24. Die ruhende waagerechte Scheibe mit hyperbolischem Profil. Die Biegegleichung (**23**, 11) läßt sich im Falle $\sigma_r = 0$ (also $\omega = 0$) für hyperbolische Profile

$$y = \frac{c}{r^n} \tag{1}$$

ohne weiteres integrieren[1]). Mit $K_d = 0$ und $p = 0$ (also ohne die Dampfkräfte, die ja bei der ruhenden Scheibe noch keine wesentliche Rolle spielen werden) liefert (**23**, 2a)

$$\tau_m = \left(\frac{G_s}{2\pi c} + \frac{\gamma r_a^{2-n}}{2-n}\right) r^{n-1} - \frac{\gamma}{2-n}\,r, \tag{2}$$

und mithin wird die Biegegleichung

$$r^2 z''' + (1 - 3n)\,r z'' - \left(1 + \frac{3n}{m}\right)z' = a_1 r^{3+2n} - a_2 r^{1+3n} \tag{3}$$

mit den Abkürzungen

$$a_1 = 12\,\frac{m^2-1}{m^2E}\,\frac{\gamma}{(2-n)c^2}, \quad a_2 = 12\,\frac{m^2-1}{m^2E}\left[\frac{G_s}{2\pi c^3} + \frac{\gamma r_a^{2-n}}{(2-n)c^2}\right]. \tag{4}$$

[1]) A. Stodola, Dampf- und Gasturbinen, S. 899, 5. Aufl., Berlin 1922.

Das allgemeine Integral von (3) kann mit drei Integrationskonstanten A_0, A_1, A_2 sofort in der Form

$$z = A_0 + A_1 r^{\lambda_1} + A_2 r^{\lambda_2} + C_1 r^{4+2n} - C_2 r^{2+3n} \tag{5}$$

angeschrieben werden, wobei, wie man durch Einsetzen der Lösung (5) in die Differentialgleichung (3) findet, λ_1 und λ_2 die beiden (stets reellen) Wurzeln der quadratischen Gleichung

$$\lambda^2 - (2+3n)\lambda + 3n\frac{m-1}{m} = 0 \tag{6}$$

sind und außerdem

$$C_1 = \frac{a_1}{2(2+n)\left(8+3n\frac{m-1}{m} - 2n^2\right)}, \qquad C_2 = \frac{m}{m-1}\,\frac{a_2}{3n(2+3n)} \tag{7}$$

ist. Die Integrationskonstanten A_0, A_1 und A_2 bestimmen sich aus den Randbedingungen: am Innenrand $r = r_0$ wird man die Scheibe als eingespannt ansehen dürfen, hat also

$$z = 0 \quad \text{und} \quad z' = 0 \quad \text{für} \quad r = r_0; \tag{8}$$

am Außenrand $r = r_a$ wird durch das Schaufelgewicht eine Biegespannung σ_{ra}^b hervorgerufen, die mit der Entfernung a_s des Schaufelschwerpunktes vom Außenrand der Scheibe und der dortigen Scheibendicke y_a den Wert

$$\sigma_{ra}^b = \frac{G_s a_s}{2\pi}\,\frac{1}{\frac{1}{6} r_a y_a^2} \tag{9}$$

hat, so daß man gemäß (**23**, 10) die weitere Randbedingung

$$z'' + \frac{z'}{m r} = a_3 \quad \text{mit} \quad a_3 = \frac{6}{\pi}\,\frac{m^2-1}{m^2 E}\,\frac{G_s a_s r_a^{3n-1}}{c^3} \quad \text{für} \quad r = r_a \tag{10}$$

bekommt. Praktisch ist zumeist σ_{ra}^b ziemlich klein, so daß man dann angenähert $a_3 = 0$ setzen darf. Ein etwaiger versteifender Einfluß des Kranzes ist in der Formel (10) übrigens noch nicht berücksichtigt (vgl. später Ziff. **26**).

In unseren Formeln sind die Sonderfälle, daß $n = 0$ oder $n = 2$, oder daß eine der beiden Wurzeln λ_1, λ_2 von Gleichung (6) gleich $4 + 2n$ oder gleich $2 + 3n$ wird, oder daß der Nenner von C_1 oder C_2 verschwindet, zunächst auszuschließen. Man kann diese Fälle leicht durch Grenzübergang erhalten und wird dabei in bekannter Weise auf logarithmische Glieder geführt. Wir verzichten darauf, alle diese Fälle zu diskutieren, und beschränken uns auf den wichtigsten davon, nämlich den Fall $n = 0$ der Scheibe gleicher Dicke. Hier erhält man statt (5)

$$z = A_0 + A_1 \ln r + A_2 r^2 + \frac{a_1}{32} r^4 - \frac{a_2}{4} r^2 \ln r \tag{11}$$

mit den früheren Abkürzungen (4), in denen $n = 0$ zu setzen ist und c die Scheibendicke bedeutet. Für die Vollscheibe gleicher Dicke gelten mit $r_0 = 0$ die Randbedingungen (8), so daß $A_0 = 0$ und $A_1 = 0$ sein muß; A_2 folgt dann aus (10).

Wir zeigen am Beispiel der hyperbolischen Scheibe (im engeren Sinne) $n = 1$ mit $m = 4$, wie man die Rechnung am besten gestaltet. Hier ist $\lambda_1 = \frac{1}{2}$ und $\lambda_2 = \frac{9}{2}$. Führt man mit der Scheibendicke y_a am Außenrand dimensionslose Konstanten und Veränderliche

$$\left.\begin{aligned} &\varrho = \frac{r}{r_0}, \quad \zeta = \frac{z}{y_a}, \quad \mathsf{A}_0 = \frac{A_0}{y_a}, \quad \mathsf{A}_1 = \frac{A_1 r_0^{1/2}}{y_a}, \quad \mathsf{A}_2 = \frac{A_2 r_0^{9/2}}{y_a}, \\ &\Gamma_1 = \frac{C_1 r_0^6}{y_a} = \frac{2}{99}\,\frac{a_1 r_0^6}{y_a}, \quad \Gamma_2 = \frac{C_2 r_0^5}{y_a} = \frac{4}{45}\,\frac{a_2 r_0^5}{y_a} \end{aligned}\right\} \tag{12}$$

sowie (für später)

$$\varrho_1 = \frac{r_a}{r_0}, \qquad \alpha_3 = \frac{8\,a_3\,r_0^2}{\varrho_1^{5/2}\,y_a}\left(=\frac{8}{\varrho^{5/2}}\left[\frac{d^2\zeta}{d\varrho^2}+\frac{1}{4\varrho}\frac{d\zeta}{d\varrho}\right]\right)_{\varrho=\varrho_1} \tag{13}$$

ein, so kann man die Lösung in der Form

$$\zeta = \mathsf{A}_0 + \mathsf{A}_1\varrho^{1/2} + \mathsf{A}_2\varrho^{9/2} + \Gamma_1\varrho^6 - \Gamma_2\varrho^5 \tag{14}$$

schreiben mit den Randbedingungen

$$\zeta = 0 \quad \text{und} \quad \frac{d\zeta}{d\varrho} = 0 \quad \text{für} \quad \varrho = 1,$$

$$\varrho^2\frac{d^2\zeta}{d\varrho^2} + \frac{\varrho}{4}\frac{d\zeta}{d\varrho} = \frac{1}{8}\varrho^{9/2}\alpha_3 \quad \text{für} \quad \varrho = \varrho_1.$$

Dies gibt

$$\begin{aligned} \mathsf{A}_0 &= -\mathsf{A}_1 - \mathsf{A}_2 - \Gamma_1 + \Gamma_2, \\ \mathsf{A}_1 + 9\,\mathsf{A}_2 &= -12\,\Gamma_1 + 10\,\Gamma_2, \\ -\mathsf{A}_1 + 135\,\varrho_1^4\,\mathsf{A}_2 &= -252\,\varrho_1^{11/2}\,\Gamma_1 + 170\,\varrho_1^{9/2}\,\Gamma_2 + \varrho_1^4\,\alpha_3. \end{aligned} \tag{15}$$

Löst man die beiden letzten Gleichungen nach A_1 und A_2 auf, wobei man echte Brüche gegen die stets sehr große Zahl ϱ_1^4 unterdrücken kann, und geht mit diesen Werten und mit dem Wert A_0 aus (15) in die Gleichung (14) ein, so ergibt sich allgemein die Durchbiegung z_a am Außenrand für $n=1$ und $m=4$ aus

$$\left.\begin{aligned} \frac{z_a}{y_a} = &-(0{,}867\,\varrho_1^6 - 16{,}80\,\varrho_1^2 + 14{,}93\,\varrho_1^{3/2} + 12\,\varrho_1^{1/2} - 11)\,\Gamma_1 + \\ &+ (0{,}259\,\varrho_1^5 - 11{,}33\,\varrho_1 + 20{,}07\,\varrho_1^{1/2} - 9)\,\Gamma_2 + (0{,}0074\,\varrho_1^{9/2} - 0{,}0667\,\varrho_1^{1/2} + 0{,}0593)\,\alpha_3. \end{aligned}\right\} \tag{16}$$

Hat man beispielsweise eine Scheibe mit folgenden Werten: $r_0 = 16$ cm, $r_a = 64$ cm (also $\varrho_1 = 4$), $y_a = 1$ cm (also $c = 64\ \text{cm}^2$), $G_s = 100$ kg, $a_s = 10$ cm, $\gamma = 7{,}8\cdot 10^{-3}\ \text{kg/cm}^3$, $E = 2{,}2\cdot 10^6\ \text{kg/cm}^2$, so findet man eine Durchbiegung am Außenrand $z_a = 0{,}14$ mm, wovon 0,03 mm auf das Randmoment (a_3) entfallen. Die Biegespannungen, die man nach (**23**, 10) berechnen kann, sind gering.

Allgemein ist an einem eingespannten Innenrand (wegen $z' = 0$) nach (**23**, 10) $\sigma_r^b = m\,\sigma_\varphi^b$; gegen den Außenrand hin überwiegt in der Regel die azimutale Biegespannung σ_φ^b gegen die radiale σ_r^b.

Handelt es sich um ein beliebiges, nichthyperbolisches Scheibenprofil, so widersteht die Biegegleichung einer Integration in geschlossener Form. Wie man dann vorgehen mag, zeigt die nachfolgende Methode, welche sich sogleich auf den noch allgemeineren Fall der rotierenden Scheibe bezieht.

25. Die rotierende Scheibe. Um die Biegegleichung (**23**, 11) auch für $\sigma_r \neq 0$, also für die rotierende Scheibe aufzulösen, könnte man daran denken, in dem Glied mit σ_r den unbequemen Differentialquotienten z' dadurch zu beseitigen, daß man eine gut abgeschätzte Biegelinie $\bar{z}(r)$, etwa eine Parabel mit einem noch offenen Parameter, annimmt und mit der zugehörigen Ableitung $\bar{z}'$ an Stelle von z' in jenes Glied eingeht. Dann wäre die rechte Seite der Biegegleichung eine (bis auf jenen Parameter) bekannte Funktion von r. Ließe sich dann die verkürzte Biegegleichung integrieren (z. B. für hyperbolische Profile), so könnte man durch bloße Quadraturen auch das allgemeine Integral erhalten und hätte zuletzt die drei Integrationskonstanten und den Parameter zu berechnen aus den drei Randbedingungen

$$z = 0 \quad \text{und} \quad z' = 0 \quad \text{für} \quad r = r_0, \tag{1}$$

$$z'' + \frac{z'}{mr} = 2\,\frac{m^2-1}{m^2 E}\,\frac{\sigma_{ra}^b}{y_a} \qquad \text{für} \qquad r = r_a \tag{2}$$

sowie aus der Forderung, daß die angenommene Biegelinie $\bar{z}(r)$ wenigstens in der Durchbiegung am Außenrand mit der gefundenen Biegelinie $z(r)$ zusammenstimmt: $\bar{z}(r_a) = z(r_a)$. Die Biegespannung am Rand σ_{ra}^b ist wieder der Ausdruck eines etwaigen Randmomentes, und dieses kann jetzt drei Ursachen haben: bei waagerechten Scheiben das Schaufelgewicht G_s mit dem Hebelarm a_s, bei Scheiben, deren Schaufelschwerpunkte nicht genau in der Mittelebene der Scheibe liegen, sondern um die kleine Strecke e in der (negativen) z-Richtung verschoben sind, die Fliehkraft der Schaufeln mit dem Hebelarm e, und endlich noch die axiale Dampfkraft K_d mit dem Hebelarm a_d. Man hat also [als Erweiterung von (**24**, 9), doch immer noch ohne Rücksicht auf einen etwaigen versteifenden Einfluß des Kranzes und unter der vorläufigen Voraussetzung, daß die Durchbiegung z_a klein gegen e ist]

$$\sigma_{ra}^b = \frac{3}{\pi r_a y_a^2}\left\{G_s\left[a_s + \frac{e(r_a + a_s)}{g}\omega^2\right] + K_d a_d\right\}. \tag{3}$$

(Bei waagerechten Scheiben ist die positive z-Achse abwärts gerichtet; bei senkrechten Scheiben fällt das erste Glied a_s in der eckigen Klammer weg.) Natürlich kann die Randbiegespannung σ_{ra}^b auch verschwinden.

Die vorstehend skizzierte Lösung ist indessen schon im einfachsten Fall der hyperbolischen Scheibe recht umständlich und zudem wenig genau, da die wirkliche Biegelinie von der angenommenen Parabel merklich abweichen kann, so daß dann der versteifende Einfluß der Scheibenfliehkräfte ziemlich ungenau in die Rechnung eingeht. Wir entwickeln daher jetzt eine andere Methode, die wir, wie durchgerechnete Beispiele gezeigt haben, für bequemer und besser halten dürfen.

Wir schreiben die Biegegleichung (**23**, 11) in der Form

$$r^2 z''' + p(r) z'' + q(r) z' + s(r) = 0, \tag{4}$$

indem wir die Funktionen

$$\left.\begin{aligned} p(r) &\equiv r\left(1 + 3r\frac{y'}{y}\right), \\ q(r) &\equiv \frac{3r}{m}\frac{y'}{y} - 1 - 12\frac{m^2-1}{m^2 E}\frac{r^2}{y^2}\sigma_r, \\ s(r) &\equiv 12\frac{m^2-1}{m^2 E}\frac{r^2}{y^2}\tau_m \end{aligned}\right\} \tag{5}$$

einführen. Da wir die Ermittlung der Spannungen σ_r in der rotierenden Scheibe (§ 2) als erledigt voraussetzen und nach (**23**, 2) bzw. (**23**, 2a) auch τ_m als bekannt ansehen dürfen, so sind p, q und s für uns gegebene Funktionen von r. Wir notieren ihre Zahlenwerte für drei r-Werte, nämlich für den Innenrand r_0, den Außenrand r_a und einen Zwischenwert r_1, der etwa gleich $\frac{1}{2}(r_0 + r_a)$ sein mag, aber auch ein anderer geeignet erscheinender r-Wert sein kann, und bezeichnen sie kurz mit

$$p_i, q_i, s_i \quad \text{für} \quad r = r_i \qquad (i = 0, 1, a).$$

Die Biegung einer am Innenrand eingespannten Scheibe kann in jedenfalls recht guter Näherung dargestellt werden durch den Ansatz

$$z = A(r - r_0)^2\left[1 + a(r - r_0) + b(r - r_0)^2 + c(r - r_0)^3\right], \tag{6}$$

worin A eine später durch die Randbedingung (2) zu bestimmende Integrationskonstante bedeutet. Die weiteren Konstanten a, b und c lassen sich berechnen, indem man mit dem Ansatz (6) in die Biegegleichung (4) eingeht und verlangt, daß dann die Gleichung an den Stellen r_0, r_1 und r_a erfüllt sei. Für $r=r_0$ liefert dies unmittelbar

$$A\,a = -\frac{s_0}{6\,r_0^2} - \frac{p_0}{3\,r_0^2}\,A\,. \tag{7}$$

Für $r=r_1$ und $r=r_a$ kommen zwei lineare Gleichungen für b und c, welche man mit dem Wert $A\,a$ aus (7) und mit den Abkürzungen

$$\left.\begin{aligned}
P_i &= 4\,(r_i-r_0)\left[6\,r_i^2 + 3\,p_i(r_i-r_0) + q_i(r_i-r_0)^2\right],\\
Q_i &= 5\,(r_i-r_0)^2\left[12\,r_i^2 + 4\,p_i(r_i-r_0) + q_i(r_i-r_0)^2\right],\\
R_i &= \frac{p_0}{r_0^2}\left[2\,r_i^2 + 2\,p_i(r_i-r_0) + q_i(r_i-r_0)^2\right] - 2\,p_i - 2\,q_i\,(r_i-r_0)\,,\\
S_i &= \frac{s_0}{2\,r_0^2}\left[2\,r_i^2 + 2\,p_i(r_i-r_0) + q_i(r_i-r_0)^2\right] - s_i
\end{aligned}\right\}\quad (i=1,a) \tag{8}$$

in der Form schreiben kann:

$$\left.\begin{aligned}
A\,b\,P_1 + A\,c\,Q_1 &= A\,R_1 + S_1,\\
A\,b\,P_a + A\,c\,Q_a &= A\,R_a + S_a.
\end{aligned}\right\} \tag{9}$$

Mit den weiteren Abkürzungen

$$\left.\begin{aligned}
B &= \frac{R_1Q_a - R_aQ_1}{P_1Q_a - P_aQ_1}, & C &= \frac{P_1R_a - P_aR_1}{P_1Q_a - P_aQ_1},\\
B_1 &= \frac{S_1Q_a - S_aQ_1}{P_1Q_a - P_aQ_1}, & C_1 &= \frac{P_1S_a - P_aS_1}{P_1Q_a - P_aQ_1}
\end{aligned}\right\} \tag{10}$$

hat man

$$A\,b = A\,B + B_1, \quad A\,c = A\,C + C_1 \tag{11}$$

und somit die Lösung

$$\left.\begin{aligned}
z = A\,(r-r_0)^2&\left[1 - \frac{p_0}{3\,r_0^2}(r-r_0) + B\,(r-r_0)^2 + C\,(r-r_0)^3\right] +\\
&+ (r-r_0)^3\left[-\frac{s_0}{6\,r_0^2} + B_1\,(r-r_0) + C_1\,(r-r_0)^2\right].
\end{aligned}\right\} \tag{12}$$

Man bemerkt, daß für $\tau_m=0$, also für senkrechte Scheiben ohne axiale Dampfkraftkomponente, die zweite Zeile in (12) wegfällt, da alle Glieder der zweiten eckigen Klammer die zugleich mit τ_m verschwindenden Faktoren s_0, s_1 oder s_a haben.

Wir verfolgen die Lösung zunächst für diesen wichtigsten Sonderfall $\tau_m=0$ noch weiter. Die Randbedingung (2) liefert sofort den Wert der Integrationskonstanten A und damit dann auch vollends die Durchbiegung z_a am Außenrand. Man findet mit Rücksicht auf (3) den folgenden geschlossenen Ausdruck:

$$\left.\begin{aligned}
z_a = \frac{6}{\pi}\,&\frac{m^2-1}{mE}\,\frac{G_s\,\omega^2}{g}\,\frac{e\,h^2(r_a+a_s)}{r_a\,y_a^3}\times\\
&\times\frac{1-\dfrac{p_0h}{3\,r_0^2}+B\,h^2+C\,h^3}{2\left(m+\dfrac{h}{r_a}\right)-\dfrac{p_0h}{r_0^2}\left(2\,m+\dfrac{h}{r_a}\right)+4\,B\,h^2\left(3\,m+\dfrac{h}{r_a}\right)+5\,C\,h^3\left(4\,m+\dfrac{h}{r_a}\right)}
\end{aligned}\right\} \tag{13}$$

mit der Ringbreite $h=r_a-r_0$ der Scheibe.

Als Beispiel wählen wir die in Ziff. **11**, Abb. 23 berechnete konische Scheibe, für welche $\sigma_{r0}=-25\,\text{kg/cm}^2$, $\sigma_{r1}=450\,\text{kg/cm}^2$, $\sigma_{ra}=250\,\text{kg/cm}^2$ war. Mit $a_s=10$ cm und einem Schaufelgewicht $G_s=100$ kg ergibt sich die Durchbiegung $z_a=0{,}191\,e$, wo e die axiale Exzentrizität der Schaufelschwerpunkte ist. Da e recht wohl von der Größenordnung von 1 mm sein kann, so handelt es sich also um sehr beachtliche und unter Umständen sogar gefährliche Durchbiegungen. (Die Biegespannungen sind unbedeutend.)

Die Formel (3) für die Randbiegespannung σ_{ra}^b setzt voraus, daß die Durchbiegung z_a immerhin noch ziemlich klein gegen die Exzentrizität e bleibt. Ergibt sich z_a von gleicher Größenordnung wie e, so muß man mitunter nach einer genaueren Formel rechnen, die man aus Abb. 47 ablesen kann, wo S der Schaufelschwerpunkt und ψ_a die Endneigung der Biegelinie ist. Man muß (für immer

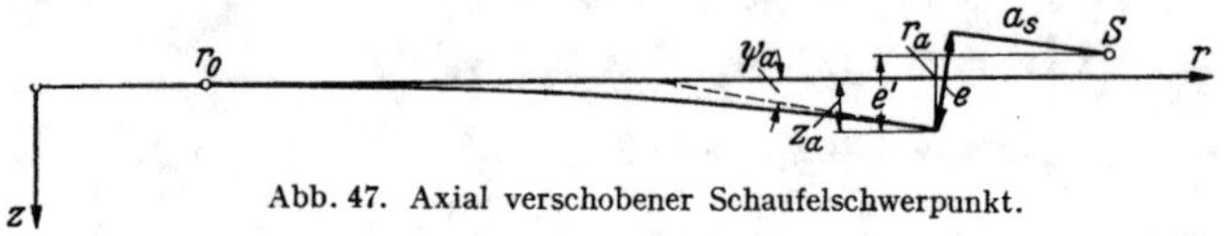

Abb. 47. Axial verschobener Schaufelschwerpunkt.

noch kleine ψ_a) statt des Hebelarmes e in (3) den genaueren Hebelarm

$$e' = e - a_s \psi_a = e - a_s z'_{r=r_a} \tag{14}$$

nehmen. Dies kommt offenbar auf das gleiche hinaus, wie wenn man die Formel (3) unverändert beibehält, dafür aber die Randbedingung (2) so erweitert:

$$z'' + \frac{1}{m r_a}\left\{1 + \frac{6}{\pi}\,\frac{m^2-1}{mE}\,\frac{G_s\omega^2}{g}\,\frac{a_s(r_a+a_s)}{y_a^3}\right\} z' = 2\,\frac{m^2-1}{m^2E}\,\frac{\sigma_{ra}^b}{y_a} \quad \text{für} \quad r = r_a. \tag{15}$$

Ob die genauere Formel (15) oder die einfachere Formel (2) zu nehmen ist, schätzt man leicht ab, indem man die geschweifte Klammer in (15) berechnet und mit der Zahl 1 vergleicht. Im ersten Falle hat man auch im Ergebnis (13) die Nennerglieder h/r_a mit dem Wert der geschweiften Klammer von (15) zu multiplizieren. Eine entsprechende Verbesserung des vom Schaufelgewicht herrührenden Gliedes a_s in der eckigen Klammer von (3) kann man wohl stets unterdrücken; man müßte offenbar genauer $a_s + e\psi_a$ schreiben, und entsprechendes gilt von a_d. (Über den Einfluß des Kranzes vgl. Ziff. **26**.)

Im obigen Beispiel, wo die geschweifte Klammer den Wert 1,74 hat (also erheblich größer als 1), ergibt die genauere Rechnung eine Durchbiegung $z_a = 0{,}178\,e$, mithin einen um nur 7% kleineren Wert als die gröbere Rechnung. Das Beispiel liegt also etwa gerade an der Grenze des Zulässigkeitsbereichs der vereinfachten Randbedingung (2).

In gleicher Weise erhält man für den Sonderfall $\tau_m \neq 0$, aber $\sigma_{ra}^b = 0$

$$\left.\begin{aligned} z_a = h^3\Big\{&-\frac{s_0}{6r_0^2} + B_1 h + C_1 h^2 - \\ &-\frac{\left(1 - \frac{p_0 h}{3r_0^2} + Bh^2 + Ch^3\right)\left[-\frac{s_0}{2r_0^2}\left(2m + \frac{h}{r_a}\right) + 4B_1 h\left(3m + \frac{h}{r_a}\right) + 5C_1 h^2\left(4m + \frac{h}{r_a}\right)\right]}{2\left(m + \frac{h}{r_a}\right) - \frac{p_0 h}{r_0^2}\left(2m + \frac{h}{r_a}\right) + 4Bh^2\left(3m + \frac{h}{r_a}\right) + 5Ch^3\left(4m + \frac{h}{r_a}\right)}\Big\}.\end{aligned}\right\} \tag{16}$$

Der allgemeinste Fall $\tau_m \neq 0$, $\sigma_{ra}^b \neq 0$ folgt natürlich durch Überlagerung der Durchbiegungen (13) und (16): man hat lediglich die rechten Seiten von (13) und (16) zu addieren und gegebenenfalls den Vorfaktor in (13) rechts gemäß (3) durch die Glieder mit $G_s a_s$ und $K_d a_d$ zu erweitern.

Handelt es sich um eine Vollscheibe, so sind wegen $r_0 = 0$ die bisherigen Formeln nicht ohne weiteres zu benützen, da sie teilweise den Faktor $1/r_0^2$ enthalten. Man ersetze nun aber einfach A durch $r_0 A^*$, ferner führe man $R_i^* = r_0 R_i$ $(i = 1, a)$ und $B^* = r_0 B$ sowie $C^* = r_0 C$ ein und beachte, daß nach (5)

$$p^*(r) \equiv \frac{p}{r} \equiv 1 + 3r\frac{y'}{y} \tag{17}$$

und (vorausgesetzt, daß τ_m für $r=0$ endlich ist) auch

$$s^*(r) \equiv \frac{s}{r^2} \equiv 12\,\frac{m^2-1}{m^2 E}\,\frac{\tau_m}{y^2} \tag{18}$$

für $r=0$ endlich bleiben. Somit erhält man mit den Werten P_ι und $Q_\iota\,(i=1,a)$ aus (8) und mit

$$\left.\begin{aligned} &\left.\begin{aligned} R_\iota^* &= p_0^* r_\iota\left[2p_i+(2+q_\iota)r_\iota\right],\\ S_\iota^* &= \frac{1}{2}s_0^* r_\iota\left[2p_\iota+(2+q_\iota)r_\iota\right]-s_\iota, \end{aligned}\right\}(i=1,a)\\ &B^*=\frac{R_1^* Q_a-R_a^* Q_1}{P_1 Q_a-P_a Q_1}, \qquad C^*=\frac{P_1 R_a^*-P_a R_1^*}{P_1 Q_a-P_a Q_1},\\ &B_1^*=\frac{S_1^* Q_a-S_a^* Q_1}{P_1 Q_a-P_a Q_1}, \qquad C_1^*=\frac{P_1 S_a^*-P_a S_1^*}{P_1 Q_a-P_a Q_1} \end{aligned}\right\} \tag{19}$$

statt (12) die für die Vollscheibe, also $r_0=0$, gültige Lösung

$$z=A^* r^3\left(-\frac{1}{3}p_0^*+B^* r+C^* r^2\right)+r^3\left(-\frac{1}{6}s_0^*+B_1^* r+C_1^* r^2\right). \tag{20}$$

In dem Sonderfalle $\tau_m=0$ der senkrechten Vollscheibe ohne axiale Dampfkraftkomponente wird die Randdurchbiegung

$$z_a=\frac{6}{\pi}\,\frac{m^2-1}{mE}\,\frac{G_s\omega^2}{g}\,\frac{e r_a\,(r_a+a_s)}{y_a^3}\,\frac{-\frac{1}{3}p_0^*+B^* r_a+C^* r_a^2}{-(2m+1)p_0^*+4(3m+1)B^* r_a+5(4m+1)C^* r_a^2}, \tag{21}$$

wobei gegebenenfalls die Zahlen 1 im Nenner durch die geschweifte Klammer von (15) zu ersetzen sind. In dem Sonderfalle $\sigma_{ra}^b=0$ kommt

$$\left.\begin{aligned} z_a=r_a^3\Bigl\{&-\frac{1}{6}s_0^*+B_1^* r_a+C_1^* r_a^2-\\ &-\frac{\left(-\frac{1}{3}p_0^*+B^* r_a+C^* r_a^2\right)\left[-\frac{1}{2}(2m+1)s_0^*+4(3m+1)B_1^* r_a+5(4m+1)C_1^* r_a^2\right]}{-(2m+1)p_0^*+4(3m+1)B^* r_a+5(4m+1)C^* r_a^2}\Bigr\}. \end{aligned}\right\} \tag{22}$$

Den allgemeinen Fall $\tau_m \neq 0$, $\sigma_{ra}^b \neq 0$ erhält man wieder durch Überlagerung von (21) und (22).

Die Lösungen (12) und (20) sind natürlich nur die ersten Glieder von unendlichen Reihen; weitere Glieder könnte man dadurch erhalten, daß man außer r_1 noch weitere Zwischenwerte $r_2, r_3, \ldots$ einschaltet und auch für diese Werte die Biegegleichung (4) befriedigt. Die Reihen konvergieren, wie man bei der Zahlenrechnung bemerkt, sehr rasch. Für Abschätzungen kann man die Glieder mit C, C_1 bzw. C^*, C_1^* fortlassen. (In dem obigen Zahlenbeispiel würde man dann die Durchbiegung um rund 12% zu klein erhalten.) Doch kürzt dies die Rechnung nicht nennenswert ab.

Man könnte die Ausgangsgleichung (4) recht wohl auch nach der Ritzschen Methode (insbesondere in der Galerkinschen Fassung von Kap. III, Ziff. **7**) behandeln — und wir werden so bei dem entsprechenden Problem der Biegung von Turbinenschaufeln später auch tatsächlich vorgehen (Kap. IX, Ziff. **5**) —; die Rechnung wäre aber wesentlich mühsamer, wie durchgeführte Beispiele für Scheiben mit beliebigem Profil gezeigt haben. Und zwar rührt dies daher, daß man eine große Anzahl von Integralen auswerten müßte, welche neben Faktoren von der Art des Ansatzes (6) auch noch die Funktion $y(r)$ und ihre Ableitung enthielten. Der leitende Gedanke der vorangehenden Methode bestand nun aber gerade darin, solche Integrale gänzlich zu vermeiden (indem man sich damit begnügt, die Biegegleichung mit einem die Randbedingungen streng erfüllenden Ansatz wenigstens an einzelnen Stellen genau zu befriedigen) und sich für die

Güte der so erzielten Näherung darauf zu verlassen, daß dem elastostatischen Verhalten einer Scheibe praktisch sehr enge Grenzen gezogen sind; sobald ihr Verhalten an drei Stellen r vorgeschrieben wird, bedarf es vermutlich kaum noch der „glättenden" Wirkung einer Überstreichung (Integration) über die ganze Scheibe.

Die bisherigen Entwicklungen gelten eigentlich nur für Scheiben ohne Kranz. Auf Scheiben mit kranzförmiger Verbreiterung am Außenrand sind sie wegen der stark versteifenden Wirkung solcher Kränze nur mit Vorbehalt anwendbar, und es ist bei dicken Kränzen nicht angängig, den Kranz einfach als Teil der Scheibe zu behandeln (da wir diese doch immer als „dünn" angesehen haben). Wir wollen nun aber zeigen, wie man den Einfluß des Kranzes berücksichtigen kann. Dabei handelt es sich offenbar um die schon in Kap. V, § 5 untersuchte Umstülpung des als Ring aufzufassenden Kranzes.

26. Der Einfluß des Umstülpwiderstandes des Kranzes. Wenn es den Kranz einer rotierenden Scheibe betrifft, so kann man die Formeln von Kap. V, Ziff. **32** stark vereinfachen, da der Umstülpwinkel ψ sehr klein bleibt; er ist gleich der Neigung ψ_a der Biegelinie der Scheibe. Außerdem ist in der Regel die radiale Breite des Kranzes ziemlich klein gegen den in Kap. V, Ziff. **32** definierten Halbmesser R der neutralen Faser. Für einen Rechteckwulst mit den Bezeichnungen der dortigen Abb. 69 kommt beispielsweise nach (V, **32**, 13)

$$U_y = 2\pi E\,\zeta\,\frac{J}{a},$$

wo $J = \frac{1}{12} b\,b'^3$ das Flächenträgheitsmoment des Meridianschnittes bezüglich der dortigen y-Achse, also der jetzigen r-Achse, und

$$\zeta = \frac{a}{b}\ln\left(1+\frac{b}{a}\right) \approx 1 - \frac{1}{2}\frac{b}{a} + \frac{1}{3}\frac{b^2}{a^2} - \cdots \qquad (\text{für } b < a)$$

ein Faktor ist, den man ganz roh gleich 1 und meist hinreichend genau gleich $\left(1-\frac{1}{2}\frac{b}{a}\right)$ nehmen darf. Allgemein kann man nach (V, **32**, 14) für kleine Winkel ψ_a den Umstülpwiderstand ansetzen zu

$$W = U_y\,\psi_a \equiv 2\pi E\,\zeta\,\frac{J}{r_a}\psi_a, \tag{1}$$

wo ζ ein Berichtigungsfaktor ist, der bei Dampfturbinen-Scheibenkränzen sicher nahezu gleich 1 sein wird.

Die Umstülpung des Scheibenkranzes rührt von der axialen Exzentrizität e des Schaufelschwerpunktes und bei waagerechten Scheiben auch vom Schaufelgewicht G_s her, ferner von der Dampfkraft K_d; ihr entgegen wirkt die Randbiegespannung σ_{ra}^b der Scheibe. Somit muß gelten

$$W = G_s a_s + K_d a_d + \frac{G_s\omega^2}{g}(r_a + a_s)(e - a_s\psi_a) - \frac{\pi}{3} r_a y_a^2 \sigma_{ra}^b .$$

Mit dem Wert von W aus (1) gibt dies die Randbiegespannung

$$\sigma_{ra}^b = \frac{3}{\pi r_a y_a^2}\left\{G_s\left[a_s + \frac{e(r_a+a_s)}{g}\omega^2\right] + K_d a_d\right\} - \frac{3}{r_a y_a^2}\left[\frac{G_s\omega^2}{\pi g} a_s(r_a+a_s) + 2E\zeta\frac{J}{r_a}\right] z'_{r=r_a}. \tag{2}$$

Diese Gleichung tritt an die Stelle der Formel (**25**, 3), und dies kommt dann auch hier wieder auf dasselbe hinaus, wie wenn man jene Formel unverändert beibehält, dafür aber die Randbedingung (**25**, 2) so erweitert:

$$z'' + \frac{1}{m r_a}\left\{1 + 6\frac{m^2-1}{m y_a^3}\left[\frac{G_s\omega^2}{\pi g E} a_s(r_a+a_s) + 2\zeta\frac{J}{r_a}\right]\right\} z' = 2\frac{m^2-1}{m^2 E}\frac{\sigma_{ra}^b}{y_a} \quad \text{für } r = r_a. \tag{3}$$

Die geschweifte Klammer in dieser Formel tritt also an die Stelle der geschweiften Klammer in (**25**, 15). Der versteifende Einfluß des Kranzes wird durch das Glied mit ζ dargestellt, und man vermag in jedem Falle leicht abzuschätzen, ob man diesen Einfluß zu berücksichtigen hat oder nicht. Zahlenbeispiele zeigen, daß er bei schmalen Kränzen zwar noch gering ist, bei breiten Kränzen aber (z. B. bei Curtisrädern) recht bedeutend sein kann, so daß es ein grober Fehler wäre, in der geschweiften Klammer das Glied $12\frac{m^2-1}{m y_a^3}\zeta\frac{J}{r_a}$ gegen 1 wegzulassen.

Für den nahe bei 1 liegenden Faktor ζ genügt in den meisten Fällen folgende Abschätzung. Wie der Vergleich von (1) mit (V, **32**, 14) zeigt, ist mit der jetzigen Bezeichnung $\bar{r}$ statt dem dortigen y (wo also $\bar{r}$ nicht von der Scheibenmitte, sondern vom Punkt $r=R$ aus gerechnet ist)

$$\zeta=\frac{r_a}{J}\int\limits_F\frac{z^2\,dF}{R+\bar{r}}. \tag{4}$$

Setzt man

$$R=r_a+a_k, \tag{5}$$

so kommt für kleine Quotienten a_k/R durch Reihenentwicklung genähert

$$\zeta=\left(1-\frac{a_k}{r_a}\right)\left(1-\frac{\int\bar{r}\,z^2\,dF}{R\int z^2\,dF}\right)$$

oder mit einem Mittelwert $\bar{r}_m$

$$\zeta=\left(1-\frac{a_k}{r_a}\right)\left(1-\frac{\bar{r}_m}{R}\right). \tag{6}$$

Hierin ist für weite Kränze a_k annähernd der Abstand des Schwerpunktes des Kranzmeridianschnittes F von der Befestigungsstelle des Kranzes an der Scheibe (r_a), und $\bar{r}_m$ ist gegen R in der Regel sehr klein; bei Meridianschnitten, die eine im Punkt $r=R$ senkrecht zur r-Achse stehende Symmetrieachse hätten, was aber nie genau zutreffen kann, wäre $\bar{r}_m$ genau gleich Null. Mithin wird es fast stets vollauf genügend genau sein, wenn man für den Berichtigungsfaktor

$$\zeta\approx 1-\frac{a_k}{r_a} \tag{7}$$

setzt, wo also für a_k einfach der Abstand des Schwerpunktes des Kranzmeridianschnittes vom Scheibenrand genommen werden darf.

§ 5. Die Biegeschwingungen der Scheiben.

27. Die resonanzgefährlichen Frequenzen. Schon in Ziff. **14** ist erwähnt worden, daß die axialen Komponenten der am Scheibenumfang angreifenden Dampfkräfte die Scheibe zu Biegeschwingungen veranlassen können (Dampfkrafterregung). Aber auch von der Achse aus kann die Scheibe zu Biegeschwingungen angestoßen werden (Achsenerregung), wenn die Achse selbst etwa von der Kupplung aus oder von einem Generator oder von einem ungleichförmigen Lager her zu rhythmischen axialen Bewegungen veranlaßt wird. Endlich können rhythmische Verdünnung und Verdichtung im Spalt zwischen Scheibe und Leitradboden, hervorgerufen durch die Saugwirkung der aus dem Leitrad austretenden Dampfstrahlen, die Scheibe zu Biegeschwingungen anregen (Spalterregung). Man nennt die Biegeschwingungen von Scheiben wohl auch Flatterschwingungen.

Um die Resonanzmöglichkeiten dieser Schwingungen zu erkennen, muß man überlegen, welche stehenden Schwingungsformen überhaupt vorkommen können.

Da die Scheibe rotationssymmetrisch ist, so werden dies vor allem die in Abb. 48 dargestellten Formen sein: Schwingungen ohne und mit Knotenkreisen, solche mit Knotendurchmessern und endlich solche mit Knotenkreisen und Knotendurchmessern zugleich.

Die Schwingungen ohne Knotendurchmesser, die wir auch kurz Schirmschwingungen nennen wollen, werden vorzugsweise bei Achsenerregung auftreten. Ist ν_a die Grundfrequenz einer etwaigen Achsenerregung, so sind i. a. alle Schirm-Eigenfrequenzen der Scheibe vom Betrag

$$\alpha_j = j\,\nu_a \qquad (j = 1, 2, 3, \ldots) \quad (1)$$

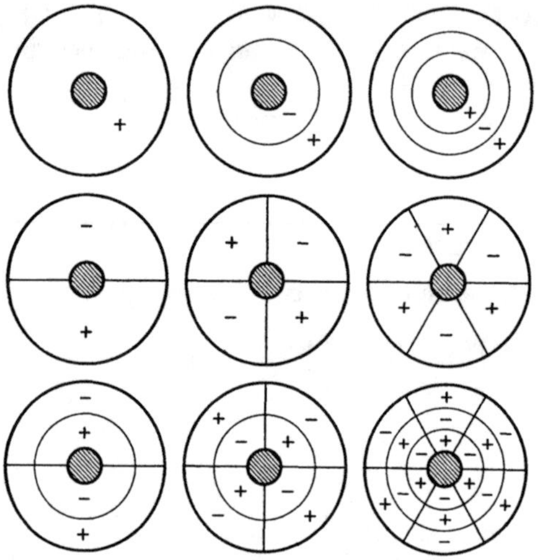

Abb. 48. Schwingungsformen der Scheibe.

gefährlich, und zwar um so mehr, je kleiner j ist und je weniger Knotenkreise vorhanden sind. Schirmschwingungen können ferner bei gleichmäßiger Beaufschlagung durch die Dampfkräfte erregt werden; hierbei gelten dann die Resonanzgleichungen (**14**, 3) und (**14**, 4). Doch schätzt man leicht ab, daß bei den üblichen Schaufelzahlen und Scheibengrößen nur für Schirmschwingungen mit sehr vielen Knotenkreisen Resonanz eintreten würde, so daß also Dampferregung bei Schirmschwingungen praktisch kaum je in Betracht kommen mag. Wohl aber dürfte mitunter die Spalterregung zu gefährlichen Schirmschwingungsresonanzen führen; die Erregungsfrequenz ν_s ist leider ziemlich unbekannt, ihre Berechnung wäre eine Aufgabe der Gasdynamik.

Die Schwingungen mit Knotendurchmessern, die wir kurz Fächerschwingungen nennen mögen, werden vorzugsweise bei nur teilweise beaufschlagten Scheiben vorkommen. Die zugehörige Resonanzbedingung (**14**, 5) kann unverändert übernommen werden.

Schwingungsformen mit Knotenkreisen und Knotendurchmessern zugleich scheinen an Dampfturbinenscheiben bis jetzt nicht beobachtet worden zu sein. Ihre Eigenfrequenzen liegen wohl so hoch, daß für sie kaum noch merkliche Resonanzgefahr bestehen wird.

28. Die Rayleighsche Methode zur Berechnung der Schirmschwingungen. Die nächstliegende Methode zur Berechnung von rotationssymmetrischen Biegeschwingungen (also solchen ohne Knotendurchmesser) bestünde darin, daß man die Gleichung (**23**, 11) für die statische rotationssymmetrische Biegung durch die Trägheitsglieder der Schwingung ergänzt. Von einer zusätzlichen statischen Biegung durch Gewicht und Dampfkräfte darf man dabei absehen; sie würde sich den Schwingungen einfach überlagern. Mit dem Ansatz für stationäre Schwingungen, auf die wir uns als allein resonanzgefährlich beschränken dürfen,

$$z = Z(r) \sin 2\pi\alpha t, \qquad (1)$$

wo α die gesuchte Frequenz (je Zeiteinheit) und $Z(r)$ die Amplitudenfunktion der Biegelinie eines Meridianschnittes der Mittelfläche ist, ginge die durch die kinetischen Glieder ergänzte Gleichung (**23**, 11) über in eine gewöhnliche Differentialgleichung für $Z(r)$. Die direkte Auflösung dieser Gleichung, etwa mit dem Verfahren von Ziff. **25**, ist zwar möglich, aber sehr zeitraubend. Hier empfiehlt sich statt dessen eine andere Methode[1]), und zwar diejenige, die sich auf das in Kap. III, Ziff. **16** allgemein für schwingende Systeme hergeleitete Rayleighsche Theorem stützt. Um dieses auf schwingende Scheiben in der Fassung (III, **16**, 7) anwenden zu dürfen, müssen wir lediglich nachweisen, daß unser jetziges Problem die dortigen Voraussetzungen erfüllt, nämlich eine Lagrangesche Funktion von der Gestalt (III, **16**, 3) zu besitzen, also ein sogenanntes kinetisches Potential von der Gestalt

$$\Psi = U - \lambda K \quad \text{mit} \quad \lambda = (2\pi\alpha)^2, \tag{2}$$

wobei in unseren jetzigen Bezeichnungen U und K von der Form

$$U \equiv \int_{r_0}^{r_a} F(r, Z', Z'')\, dr, \qquad K \equiv \frac{1}{2}\int_{r_0}^{r_a} Z^2 m(r)\, dr \tag{3}$$

sein müssen und insbesondere F eine durchweg positive, in Z' und Z'' homogene quadratische Funktion und $m(r)$ eine durchweg positive Funktion sein muß; und zwar ist hierbei U die potentielle Energie im Augenblick der größten Ausbiegung der Scheibe und λK die kinetische Energie beim Durchgang durch die Ruhelage der Scheibe. Es wäre nicht schwer, aus der Differentialgleichung des Problems heraus zu zeigen, daß diese Voraussetzungen tatsächlich zutreffen; wir ziehen es aber vor, den Nachweis dadurch zu führen, daß wir die Größen U und K, mit denen wir nach der Rayleighschen Methode unmittelbar zu rechnen haben, auch unmittelbar, d. h. unabhängig von der hier nicht benützten Differentialgleichung herleiten. Dies wird in Ziff. **29** und **30** geschehen, und wir werden dann in der Tat bestätigen, daß die Voraussetzungen für die Anwendung des Rayleighschen Theorems hier erfüllt sind.

Die potentielle Energie U setzt sich bei rotierenden Scheiben aus zwei getrennt berechenbaren Teilen zusammen, nämlich aus der zur Biegung $Z(r)$ aufzuwendenden Formänderungsarbeit $\mathfrak{A}^b$ und aus der bei rotierenden Scheiben zusätzlich noch gegen das Fliehkraftfeld zu leistenden Arbeit $\mathfrak{A}^\omega$. Mithin besagt das Rayleighsche Theorem (III, **16**, 7):

$$\lambda^* \equiv \frac{\mathfrak{A}^b + \mathfrak{A}^\omega}{K} \geqq \lambda_1, \tag{4}$$

wobei das Gleichheitszeichen dann und nur dann gilt, wenn für Z die Eigenfunktion Z_1 der Grundschwingung gewählt wird.

Die große praktische Bedeutung des Rayleighschen Theorems liegt einerseits darin, daß man (wie später noch näher auszuführen sein wird) für jedes Scheibenprofil leicht solche Funktionen $Z(r)$ finden kann, die zweifellos die (nicht genau bekannte) Grundschwingungsform Z_1 wenigstens genähert wiedergeben und zugleich die Ausdrücke K, $\mathfrak{A}^b$ und $\mathfrak{A}^\omega$ verhältnismäßig einfach zu berechnen erlauben, andererseits darin, daß selbst ein merklicher Fehler $|Z - Z_1|$ in der Ausgangsfunktion Z keine große Ungenauigkeit $|\lambda^* - \lambda_1|$ im Ergebnis befürchten läßt, da sich λ^* in der Nähe seines Minimums λ_1 vermutlich mit Z nur wenig ändern kann: der Rayleighsche Näherungswert λ^* wird ziemlich unempfindlich gegen einen Fehler in der Annahme Z sein.

Die Rayleighsche Formel (4) liefert eine o b e r e Schranke für den Eigenwert λ_1 der Grundschwingung. Wir werden später (Ziff. **32**) zeigen, daß sich auch eine u n t e r e Schranke für λ_1 angeben läßt, deren Berechnung allerdings im allgemeinen sehr viel mühsamer ist. In einigen seltenen Fällen kommt man

[1]) A. Stodola, Dampf- und Gasturbinen, S. 903, 5. Aufl., Berlin 1922.

unmittelbar zu einer unteren Schranke, wenn man beachtet, daß sich die potentielle Energie U aus zwei Posten, $\mathfrak{A}^b$ und $\mathfrak{A}^\omega$, zusammensetzt. Sieht man zunächst von der Drehung ω ganz ab, so besagt das Rayleighsche Theorem, daß jede Ausgangsfunktion Z, also insbesondere jetzt die Eigenfunktion Z_1 der rotierenden Scheibe, für die nichtrotierende Scheibe aus der mit Z_1 gebildeten Energiegleichung $\mathfrak{A}_1^b = \lambda'^* K_1$ (vgl. Kap. III, Ziff. **16**) einen Näherungswert λ'^* liefert, der größer als der tiefste Eigenwert λ_1' der nichtrotierenden Scheibe sein muß (da deren tiefste Eigenfunktion Z_1' sicher nicht mit derjenigen Z_1 der rotierenden übereinstimmt, wohl aber die gleichen geometrischen Randbedingungen wie jene erfüllt):

$$\lambda_1' < \frac{\mathfrak{A}_1^b}{K_1}. \tag{5}$$

Sieht man andererseits von der Steifigkeit der Scheibe ab und beachtet nur den Einfluß des Fliehkraftfeldes auf die Schwingungen, so gilt für den tiefsten Eigenwert λ_1'' dieser Schwingungen, bei denen die Scheibe also durch ein rotierendes biegeschlaffes Gebilde von derselben Massenverteilung ersetzt ist, mit gleicher Begründung

$$\lambda_1'' < \frac{\mathfrak{A}_1^\omega}{K_1}. \tag{6}$$

Addiert man die Ungleichungen (5) und (6) und beachtet, daß für die Grundschwingung der wirklichen, rotierenden Scheibe die Bilanzgleichung $\mathfrak{A}_1^b + \mathfrak{A}_1^\omega = \lambda_1 K_1$ genau gilt, so kommt das Southwellsche Theorem[1])

$$\lambda_1 > \lambda_1' + \lambda_1''; \tag{7}$$

in Worten: Der wirkliche tiefste Eigenwert λ_1 ist stets größer als die Summe der beiden tiefsten Eigenwerte λ_1' und λ_1'', die die Scheibe hätte, wenn sie entweder biegesteif und nichtrotierend oder biegeschlaff und rotierend wäre.

Die Berechnung der beiden Eigenwerte λ_1' und λ_1'' wird zwar für beliebige Scheibenprofile nicht gelingen; sie ist aber auf alle Fälle einfacher als die Ermittlung von λ_1 selbst. Wenn man λ_1' und λ_1'' finden kann, so schließt, wie wir sehen werden, die kombinierte Rayleigh-Southwellsche Formel

$$\lambda_1' + \lambda_1'' < \lambda_1 \leq \frac{\mathfrak{A}^b + \mathfrak{A}^\omega}{K} \tag{8}$$

den gesuchten Eigenwert λ_1 der Grundschwingung in der Regel zwischen praktisch hinreichend engen Schranken ein.

Bei der gewählten Ausgangsfunktion $Z(r)$ muß man, wie in Kap. III, Ziff. **16** auseinandergesetzt worden ist, darauf achten, daß sie mindestens die geometrischen Randbedingungen, also hier die Einspannungsbedingung am Innenrand $r = r_0$ der Scheibe, etwa

$$Z = 0, \qquad Z' = 0 \qquad \text{für} \quad r = r_0 \tag{9}$$

bei starrer Einspannung, erfüllt. Sonst bestünde keine Gewähr dafür, daß der erhaltene Näherungswert λ^* oberhalb des wahren Wertes λ_1 liegt. Die Erfüllung auch der dynamischen Randbedingungen, also der Bedingungen am Außenrand, ist nicht unbedingt erforderlich, aber wenigstens anzustreben, wenn man einen möglichst guten Näherungswert haben will. Diese Außenrandbedingung lautet bei freiem Außenrand nach (III, **17**, 5)

$$\frac{\partial F}{\partial Z''} = 0, \qquad \frac{d}{dr}\left(\frac{\partial F}{\partial Z''}\right) - \frac{\partial F}{\partial Z'} = 0 \qquad \text{für} \quad r = r_a. \tag{10}$$

[1]) H. Lamb und R. V. Southwell, The vibrations of a spinning disk, Proc. Roy. Soc. Lond. 99 (1921) S. 272.

Wenn die Scheibe am Außenrand einen Schaufelkranz trägt, so schlägt man diesen einfach der Scheibe zu, indem man in U und K die vom Kranz herrührenden Beträge einbezieht, wie wir das später noch genauer zeigen werden.

Da man ein Minimum unter allen konkurrenzfähigen Funktionen aufsuchen soll, so empfiehlt es sich häufig, die schon an sich gut abgeschätzte Ausgangsfunktion Z noch mit einem geeigneten Parameter ε auszustatten, der dann auch im Endwert λ^* vorkommt, und schließlich ε so zu bestimmen, daß λ^* wenigstens innerhalb der Funktionenfamilie $Z(r;\varepsilon)$ ein Minimum wird. Auf diese Weise kann man, wie die Erfahrung gezeigt hat, verhältnismäßig rasch recht brauchbare Näherungswerte von λ_1 erhalten.

Ehe wir das Verfahren auf wirkliche Scheiben von Dampfturbinen anwenden, wollen wir seine Genauigkeit jetzt an einem möglichst einfachen Beispiel abschätzen.

29. Die tiefste Schirmschwingung der Vollscheibe gleicher Dicke. Wir wählen eine homogene Kreisscheibe vom Halbmesser r_a und von der unveränderlichen Dicke h. Die Scheibe sei in ihrem Mittelpunkt starr festgehalten; ihr Außenrand sei völlig frei. Ihre Mittelebene werde rotationssymmetrisch verbogen zu der Schwingungsform $Z(r)$.

Die zu dieser Schwingungsform gehörige größte kinetische Energie einer stationären Schwingung (**28**, 1)

$$T=\frac{1}{2}\lambda\int Z^2\,dm\equiv\lambda K \tag{1}$$

liefert mit dem Massenelement $dm=2\pi\,(\gamma/g)\,hr\,dr$ zwischen zwei koaxialen Zylindern von den Halbmessern r und $r+dr$ sofort den Energiefaktor K in der Form

$$K=\pi\frac{\gamma}{g}\,hr_a^4\,J^k \tag{2}$$

mit dem dimensionslosen Integral

$$J^k=\int_0^1 \mathsf{Z}^2\varrho\,d\varrho, \tag{3}$$

worin auch

$$\varrho=\frac{r}{r_a},\qquad \mathsf{Z}=\frac{Z}{r_a} \tag{4}$$

dimensionslos sind. Hierbei haben wir nur den Hauptanteil der kinetischen Energie berücksichtigt, der das axiale Hin- und Herschwingen der Scheibenelemente umfaßt, nicht aber den Nebenanteil, der auch noch die Drehenergie der Scheibenelemente (bei ihrer Schiefstellung gegen die ursprüngliche Mittelebene) enthält. Daß dieser Nebenanteil gegen den Hauptanteil nur ganz klein sein kann, geht aus einer Abschätzung hervor, die wir hier aber nicht vorführen wollen.

Um weiter die zu der Verbiegung $Z(r)$ erforderliche Formänderungsarbeit $\mathfrak{A}^b$ zu berechnen, gehen wir von den Formeln (**23**, 3) und (**23**, 10) aus, worin wir jetzt h statt y und Z statt z zu schreiben haben. Die von diesen beiden Biegemomenten

$$\left.\begin{aligned} M_r^b&=\frac{1}{12}\frac{m^2Eh^3}{m^2-1}\left(Z''+\frac{Z'}{mr}\right)r\,d\varphi,\\ M_\varphi^b&=\frac{1}{12}\frac{m^2Eh^3}{m^2-1}\left(\frac{Z''}{m}+\frac{Z'}{r}\right)dr \end{aligned}\right\} \tag{5}$$

an einem Scheibenelement (vgl. Abb. 46 von Ziff. **23**) geleistete Arbeit ist

$$d\mathfrak{A}^b=\frac{1}{2}M_r^b\,d\psi_r+\frac{1}{2}M_\varphi^b\,d\psi_\varphi, \tag{6}$$

wenn man mit $d\psi_r$ und $d\psi_\varphi$ die beiden zugehörigen Drehwinkel bei der Verzerrung bezeichnet. Diese Winkel lassen sich unmittelbar in den Dehnungen ε_r^b (**23**, 7) und ε_φ^b (**23**, 8) ausdrücken:

$$d\psi_r = \frac{\varepsilon_r^b\, dr}{\frac{1}{2}h} = Z''\, dr, \qquad d\psi_\varphi = \frac{\varepsilon_\varphi^b\, r\, d\varphi}{\frac{1}{2}h} = Z'\, d\varphi. \tag{7}$$

Setzt man die Werte von (5) und (7) in (6) ein und integriert über die ganze Scheibe, wobei die Integration nach φ ohne weiteres ausführbar ist, so kommt

$$\mathfrak{A}^b = \frac{\pi}{12}\frac{m^2 E h^3}{m^2-1}\int_0^{r_a}\left[\left(Z'' + \frac{Z'}{mr}\right)Z'' r + \left(\frac{Z''}{m} + \frac{Z'}{r}\right)Z'\right] dr \tag{8}$$

oder noch etwas umgeformt

$$\mathfrak{A}^b = \pi E h^3 J^b \tag{9}$$

mit dem ebenfalls dimensionslosen Integral

$$J^b = \frac{m^2}{12(m^2-1)}\int_0^1 \left[\left(\frac{d^2\mathrm{Z}}{d\varrho^2} + \frac{1}{\varrho}\frac{d\mathrm{Z}}{d\varrho}\right)^2 - 2\,\frac{m-1}{m}\,\frac{1}{\varrho}\,\frac{d\mathrm{Z}}{d\varrho}\,\frac{d^2\mathrm{Z}}{d\varrho^2}\right]\varrho\, d\varrho. \tag{10}$$

Endlich brauchen wir noch die potentielle Energie $\mathfrak{A}^\omega$ des Fliehkraftfeldes. Diese können wir auf zwei verschiedene Arten berechnen. Bei der ersten Art überlegen wir, daß, wenn die ursprünglich ebene, rotierende Scheibe gebogen wird, jedes Massenelement $dm = (\gamma/g)\, h r\, dr\, d\varphi$ gegen das Feld der Fliehkraft $r\omega^2 dm$ eine potentielle Energie $d\mathfrak{A}_1^\omega = r\omega^2 dm \cdot \Delta r$ dadurch bekommt, daß sich dieses Massenelement infolge der Verwölbung der Scheibe der Drehachse um eine Strecke Δr nähert. Aus Abb. 49 liest man ab, daß jedes Element dr der Biegelinie einen Beitrag zu Δr liefert, der gleich

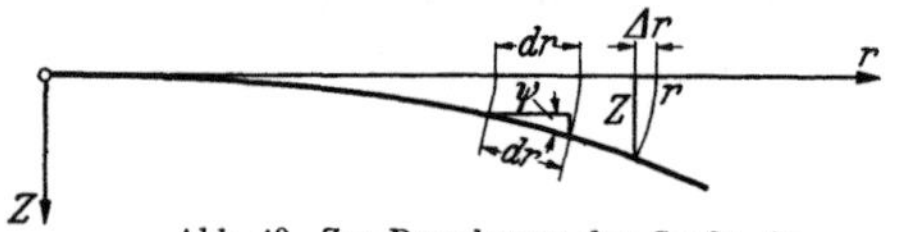

Abb. 49. Zur Berechnung der Große Δr.

$$d\Delta r = (1-\cos\psi)\, dr \approx \frac{1}{2}\psi^2\, dr \approx \frac{1}{2} Z'^2\, dr$$

ist, so daß im ganzen bis zu einer beliebigen Stelle r

$$\Delta r = \frac{1}{2}\int_0^r Z'^2\, dr \tag{11}$$

wird. Somit ist

$$d\mathfrak{A}_1^\omega = \frac{1}{2}\frac{\gamma}{g} h\omega^2 r^2\, dr\, d\varphi \int_0^r Z'^2\, dr. \tag{12}$$

Andererseits verkürzt sich infolge der radialen Verschiebung Δr das Scheibenelement dm in azimutaler Richtung um den Betrag $\Delta r\, d\varphi$, so daß die von der azimutalen Spannung σ_φ aufgespeicherte Formänderungsenergie um den (negativen) Betrag

$$d\mathfrak{A}_2^\omega = -\frac{1}{2} h\,\sigma_\varphi\, dr\, d\varphi \int_0^r Z'^2\, dr \tag{13}$$

zunimmt. Integriert man die Summe $d\mathfrak{A}^{\omega} = d\mathfrak{A}_1^{\omega} + d\mathfrak{A}_2^{\omega}$ über die ganze Scheibe, so kommt die gesuchte potentielle Energie des Fliehkraftfeldes

$$\mathfrak{A}^{\omega} = \pi \frac{\gamma}{g} h r_a^4 (J_1^{\omega} - J_2^{\omega}) \omega^2 \tag{14}$$

mit den dimensionslosen Integralen

$$J_1^{\omega} = \int_0^1 \xi \varrho^2 \, d\varrho, \qquad J_2^{\omega} = \int_0^1 \frac{\sigma_\varphi}{(\gamma/g) r_a^2 \omega^2} \xi \, d\varrho \quad \text{mit} \quad \xi = \int_0^{\varrho} \left(\frac{dZ}{d\varrho}\right)^2 d\varrho. \tag{15}$$

Bei der nun folgenden zweiten Herleitung von $\mathfrak{A}^{\omega}$ gehen wir von den Kräften aus, die auf ein Scheibenelement in der äußersten Schwingungslage einwirken (Abb. 50). Dies sind außer der (dort nicht eingetragenen) radial gerichteten Fliehkraft $r\omega^2 dm$ und außer den Azimutalkräften mit der (ebenfalls nicht eingetragenen) radial nach innen gerichteten Resultante $\sigma_\varphi h \, dr \, d\varphi$ die an den Kreisringschnitten angreifenden Kräfte, die man jeweils in eine radiale Komponente $S_r = \sigma_r h r \, d\varphi$ und in eine axiale Komponente S_Z zerlegen kann. Um S_Z zu berechnen, beachtet man, daß das von den Kräften S_r und S_Z ausgeübte Drehmoment $S_Z dr - S_r dZ$ eigentlich dazu dient, dem Scheibenelement eine Drehbeschleunigung (um eine Achse senkrecht zur Zeichenebene von Abb. 50) zu erteilen. Da wir aber auch hier folgerichtig von der Drehträgheit absehen müssen, so ist $S_Z = S_r Z'$ oder mit dem Wert von S_r auch $S_Z = h r \sigma_r Z' d\varphi$. Die axiale Gesamtkraft $d S_Z$ leistet bei der Auslenkung Z die Arbeit $\frac{1}{2} Z \, dS_Z$, welche als Verminderung $-d\mathfrak{A}^{\omega}$ der potentiellen Energie wirkt. (Der Faktor $\frac{1}{2}$ rührt davon her, daß in jedem Augenblick sowohl die Auslenkung z als auch die zugehörige Axialkraft $S_z = h r \sigma_r z' \, d\varphi$ proportional zu $\sin 2\pi\alpha t$, also zueinander proportional sind.) Mithin kommt für das Scheibenelement eine Zunahme

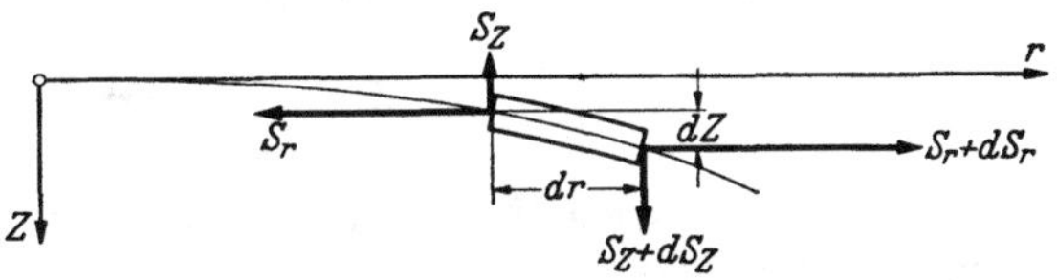

Abb. 50. Die Kräfte am Scheibenelement.

$$d\mathfrak{A}^{\omega} = -\frac{1}{2} h Z \frac{d}{dr} (r \sigma_r Z') \, dr \, d\varphi$$

der potentiellen Energie und also durch Integration über die ganze Scheibe

$$\mathfrak{A}^{\omega} = -\pi h r_a^2 \int_0^1 Z \frac{d}{d\varrho}\left(\varrho \sigma_r \frac{dZ}{d\varrho}\right) d\varrho. \tag{16}$$

Dies läßt sich durch Teilintegration umformen. Beachtet man, daß $\sigma_r = 0$ für $\varrho = 1$ ist, so findet man das Ergebnis

$$\mathfrak{A}^{\omega} = \pi \frac{\gamma}{g} h r_a^4 J^{\omega} \omega^2 \tag{17}$$

mit dem dimensionslosen Integral

$$J^{\omega} = \int_0^1 \frac{\sigma_r}{(\gamma/g) r_a^2 \omega^2} \left(\frac{dZ}{d\varrho}\right)^2 \varrho \, d\varrho. \tag{18}$$

Man kann leicht nachweisen, daß die Ausdrücke (14) und (17) identisch sind. Hierzu hat man nur auf die Grundgleichung (**4**, 1) zurückzugreifen, die

die Spannungen σ_r und σ_φ mit der Fliehkraft verknüpft; sie lautet, leicht umgeformt, mit $y=h$

$$\frac{\gamma}{g} r_a^2 \omega^2 \varrho^2 - \sigma_\varphi = -\frac{d}{d\varrho}(\sigma_r \varrho).$$

Multipliziert man diese Gleichung mit $\xi\, d\varrho$ und integriert von $\varrho=0$ bis $\varrho=1$, so kommt, wenn man rechts dann sofort wieder Teilintegration anwendet,

$$\frac{\gamma}{g} r_a^2 \omega^2 (J_1^\omega - J_2^\omega) = -\int_0^1 \xi \frac{d}{d\varrho}(\sigma_r \varrho)\, d\varrho$$

$$= \int_0^1 \frac{d\xi}{d\varrho} \sigma_r \varrho\, d\varrho = \int_0^1 \left(\frac{d\,\mathsf{Z}}{d\varrho}\right)^2 \sigma_r \varrho\, d\varrho = \frac{\gamma}{g} r_a^2 \omega^2 J^\omega,$$

womit (14) und (17) in der Tat ineinander übergeführt sind.

Wenn man, wie dies vielfach geschieht, an Stelle von (14) die Näherung

$$\mathfrak{A}'^\omega = \pi \frac{\gamma}{g} h r_a^4 J_1^\omega \omega^2 \tag{19}$$

benützt, so vernachlässigt man offensichtlich den Einfluß der Azimutalspannung σ_φ, rechnet also, wie wenn die Scheibe durch lauter Meridianschnitte in (unter sich unabhängige) Sektoren zerteilt wäre, wie es etwa der Schaufelkranz ist. Es empfiehlt sich aber stets, auf den strengen Ausdruck (14) oder (17) zurückzugehen, der allerdings die Kenntnis der Spannungen σ_φ oder σ_r voraussetzt.

Nachträglich bestätigen wir nun auch, daß $U = \mathfrak{A}^b + \mathfrak{A}^\omega$ und K die in (**28**, 3) geforderten Eigenschaften besitzen. Für K ersieht man dies aus (2) und (3); die Belegungsfunktion m ist (bis auf eine positive Konstante) einfach ϱ selbst, also sicher positiv. Aus (9), (10), (17) und (18) aber folgt

$$F = \frac{\pi m^2 E h^3}{12(m^2-1)} \left[\left(\frac{d^2 \mathsf{Z}}{d\varrho^2} + \frac{1}{\varrho}\frac{d\,\mathsf{Z}}{d\varrho}\right)^2 - 2\frac{m-1}{m}\frac{1}{\varrho}\frac{d\,\mathsf{Z}}{d\varrho}\frac{d^2\mathsf{Z}}{d\varrho^2}\right]\varrho + \pi h r_a^2 \sigma_r \varrho \left(\frac{d\,\mathsf{Z}}{d\varrho}\right)^2, \tag{20}$$

und das ist wegen $(m-1)/m < 1$ und $\sigma_r > 0$ in der Tat eine durchweg positive, in der ersten und zweiten Ableitung von Z homogene quadratische Funktion.

Bildet man jetzt noch die Ausdrücke

$$\varkappa_b = \frac{J^b}{J^k}, \qquad \varkappa_\omega = \frac{J^\omega}{J^k}, \qquad \beta^2 = \frac{E h^2}{(\gamma/g)\, r_a^4}, \tag{21}$$

von denen die beiden ersten dimensionslos sind, wogegen β mit ω dimensionsgleich ist, so kann man die Rayleighsche Ungleichung für den tiefsten Eigenwert λ_1 der rotierenden Scheibe gemäß (**28**, 4) in der Form schreiben

$$\lambda_1 \leq \varkappa_b \beta^2 + \varkappa_\omega \omega^2. \tag{22}$$

Das Rayleighsche Theorem gilt natürlich auch für den tiefsten Eigenwert λ_1' der nichtrotierenden Scheibe:

$$\lambda_1' \leq \varkappa_b \beta^2. \tag{23}$$

[Der Eigenwert λ_1'' der rotierenden, biegeschlaffen Scheibe hat hier keinen Sinn, da eine solche Scheibe, im Mittelpunkt gehalten, dort eine axiale Schubspannung bei der Schirmschwingung aufnehmen müßte, wozu sie nicht imstande ist. Aus diesem Grunde wird für diesen Fall die Southwellsche Ungleichung (**28**, 7) gegenstandslos.] Wir wollen diese Ungleichungen jetzt für verschiedene Ansätze $Z(r)$ nachprüfen, und zwar beginnen wir mit (23).

Der einfachste Ansatz, der eine Biegelinie von der vorgeschriebenen Form genähert darstellen kann, lautet (wenn wir statt Z lieber gleich Z angeben und eine belanglose multiplikative Konstante hier und künftig fortlassen)

$$\mathsf{Z} = \varrho^{\varepsilon}, \tag{24}$$

wobei ε ein Parameter ist, den wir später so bestimmen, daß $\varkappa_b$ (bzw. λ_1) ein Minimum wird. Da sich $\varepsilon > 1$ ergeben wird, so erfüllt der Ansatz (24) die geometrischen Randbedingungen $\mathsf{Z} = 0$ und $d\mathsf{Z}/d\varrho = 0$ am Innenrand $\varrho = 0$. Am Außenrand hat man zufolge (**28**, 10) mit (20) und wegen $\sigma_r = 0$ für $\varrho = 1$ die Bedingungen

$$m\varrho \frac{d^2\mathsf{Z}}{d\varrho^2} + \frac{d\mathsf{Z}}{d\varrho} = 0, \qquad \varrho^2 \frac{d^3\mathsf{Z}}{d\varrho^3} - \frac{m+1}{m} \frac{d\mathsf{Z}}{d\varrho} = 0 \quad \text{für } \varrho = 1. \tag{25}$$

Diese dynamischen Randbedingungen erfüllt der Ansatz (24) nicht; denn zur Befriedigung der ersten müßte $\varepsilon = (m-1)/m$, zur Befriedigung der zweiten dagegen $\varepsilon^2 - 3\varepsilon + (m-1)/m = 0$ sein, was unvereinbar ist (tatsächlich wird sich $\varepsilon = 1{,}35$ ergeben).

Wertet man die Integrale (3) und (10) für den Ansatz (24) aus, so findet man für den Faktor $\varkappa_b$ (21)

$$\varkappa_b = \frac{m^2}{12(m^2-1)} \frac{\varepsilon+1}{\varepsilon-1} \varepsilon^2 \left[\varepsilon^2 - 2\frac{m-1}{m}(\varepsilon - 1)\right]. \tag{26}$$

Trägt man $\varkappa_b$ als Funktion von ε auf, so erhält man für $m = 10/3$ die Kurve von Abb. 51. Man sieht daraus, daß der Wert von $\varkappa_b$ gegen eine Veränderung von ε sehr empfindlich ist. Der leicht auszurechnende Tiefstwert liegt bei $\varepsilon = 1{,}35$ und ist

$$\varkappa_b = 1{,}493 \quad (\text{für } \mathsf{Z} = \varrho^{1{,}35}). \tag{27}$$

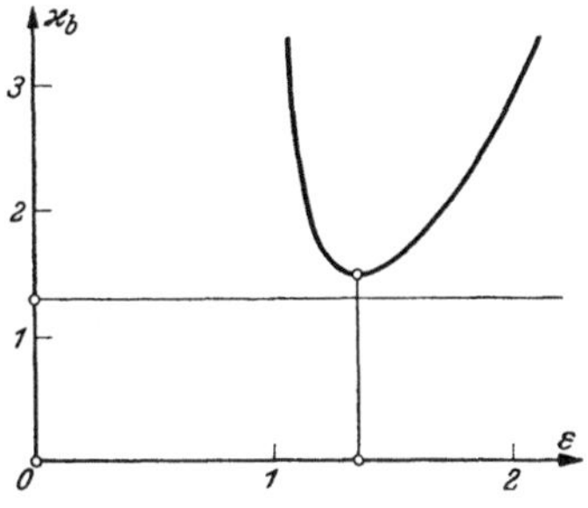

Abb. 51. Der Faktor $\varkappa_b$ als Funktion von ε.

Der genaue Wert (in Abb. 51 durch eine Waagerechte angedeutet) kann für die nichtrotierende Vollscheibe ebenfalls ausgerechnet werden, indem man die zugehörige (in Ziff. **28** erwähnte, aber dort nicht explizit angeschriebene) Differentialgleichung integriert, was für $y = h$ mit Zylinderfunktionen gelingt. Man findet[1]) so

$$\varkappa_b = 1{,}289 \quad (\text{genau}). \tag{28}$$

Damit erhält man gemäß (23) mit $\lambda = (2\pi\alpha)^2$ die genäherte Grundfrequenz $\alpha_1'^*$ und ihren genauen Wert α_1' für die n i c h t r o t i e r e n d e Scheibe zu

$$\alpha_1'^* = 0{,}1945\,\beta \quad (\text{für } \mathsf{Z} = \varrho^{1{,}35}), \qquad \alpha_1' = 0{,}1807\,\beta \quad (\text{genau}). \tag{29}$$

Der Näherungswert ist also um 7,6% zu groß.

Würde man mit $\varepsilon = 2$, also mit dem Ansatz $\mathsf{Z} = \varrho^2$ rechnen, so käme ein um 49% zu großer Wert $\alpha_1'^*$. Der innere Grund für diesen viel größeren Fehler liegt darin, daß der Ansatz $\mathsf{Z} = \varrho^2$ die wichtigere der beiden Randbedingungen (25), nämlich die erste, schlechter erfüllt, als der Minimalansatz $\mathsf{Z} = \varrho^{1{,}35}$.

Wir wählen zweitens den in mancher Hinsicht bequemeren Ansatz

$$\mathsf{Z} = \varrho^2(1 + \varepsilon\varrho), \tag{30}$$

wo wieder ε ein Parameter ist. Dieser Ansatz erfüllt die Innenrandbedingungen ebenfalls genau, die Außenrandbedingungen aber (mit dem später zu findenden

[1]) R. V. SOUTHWELL, On the free transverse vibration of a uniform circular disk, Proc. Roy. Soc. Lond. **101** (1922) S. 133, Formel (25).

Bestwert $\varepsilon = -0,463$) ebenfalls nicht genau. Man erhält jetzt

$$\varkappa_b = \frac{7\,m^2}{2\,(m^2-1)}\,N(\varepsilon) \qquad \text{mit} \qquad N(\varepsilon) \equiv \frac{16\,\frac{m+1}{m} + 48\,\frac{m+1}{m}\,\varepsilon + 9\,\frac{5\,m+4}{m}\,\varepsilon^2}{28 + 48\,\varepsilon + 21\,\varepsilon^2}\,. \tag{31}$$

Der Ausdruck $N(\varepsilon)$ ist von der Form

$$N(\varepsilon) \equiv \frac{a + b\varepsilon + c\varepsilon^2}{A + B\varepsilon + C\varepsilon^2}\,. \tag{32}$$

Um sein Minimum zu finden, setzt man $dN(\varepsilon)/d\varepsilon = 0$, und diese Gleichung läßt sich leicht auf die Form bringen

$$\frac{b + 2\,c\varepsilon}{B + 2\,C\varepsilon} = N,$$

woraus

$$\varepsilon = \frac{1}{2}\,\frac{b - BN}{CN - c} \tag{33}$$

folgt. Würde man in (32) ε ersetzen durch $1/\varepsilon^*$ und ebenso verfahren, so käme statt (33)

$$\frac{1}{\varepsilon^*} = \varepsilon = 2\,\frac{AN - a}{b - BN}\,. \tag{34}$$

Setzt man die rechten Seiten von (33) und (34) gleich, so kommt [offenbar als Ergebnis der Elimination von ε aus (32) und der Minimalbedingung $dN/d\varepsilon = 0$] die quadratische Gleichung

$$(4\,A\,C - B^2)\,N^2 - 2\,(2\,a\,C + 2\,A\,c - b\,B)\,N + (4\,a\,c - b^2) = 0\,. \tag{35}$$

Ihre kleinste Wurzel ist das gesuchte Minimum von N.

In unserem Falle wird mit $m = 10/3$

$$a = 20{,}8, \quad b = 62{,}4, \quad c = 55{,}8, \quad A = 28, \quad B = 48, \quad C = 21$$

und somit die quadratische Gleichung (35)

$$5\,N^2 - 209\,N + 78 = 0\,.$$

Sie hat die kleinste Wurzel $N = 0{,}3767$, was nach (31) auf $\varkappa_b = 1{,}449$ und nach (33) oder (34) auf $\varepsilon = -0{,}463$ führt. Der Näherungswert $\alpha_1'^*$ wird also

$$\alpha_1'^* = 0{,}1915\,\beta \quad [\text{für } \mathsf{Z} = \varrho^2\,(1 - 0{,}463\,\varrho)]\,, \tag{36}$$

mithin noch um 6,0% zu hoch, aber doch schon etwas genauer als der Näherungswert (29).

Es ist übrigens eine häufige Erscheinung, daß Ansätze von der Form (30) zu besseren Werten führen, als solche von der Form (24). Außerdem bieten sie vor jenen den Vorteil, daß die Bestimmung des Minimums nach der bequemen Formel (35) erfolgen kann. Diese ist auf alle Ansätze Z anwendbar, welche den Parameter ε linear enthalten und damit auf gebrochene quadratische Funktionen in ε für den Rayleighschen Quotienten führen.

Einen noch viel genaueren Näherungswert erhält man schließlich drittens durch den Ansatz

$$\mathsf{Z} = \varrho^2 (1 + A\,\varrho + B\,\varrho^2)\,, \tag{37}$$

worin A und B so zu bestimmen sind, daß außer den schon von selbst erfüllten Innenrandbedingungen ($\mathsf{Z} = 0$ und $d\mathsf{Z}/d\varrho = 0$ für $\varrho = 0$) nun auch vollends die beiden Außenrandbedingungen (25) befriedigt werden. Dies führt auf

$$A = -\frac{16}{3}a, \qquad B = \frac{3}{2}a \qquad \text{mit} \quad a = \frac{m+1}{7m+5}. \tag{38}$$

Man findet (nach nur unwesentlich mehr Rechenarbeit)

$$\varkappa_b = \frac{m^2}{m^2-1} \frac{2(1-10a)\dfrac{m+1}{m} + a^2\left(105{,}6 - 50\dfrac{m-1}{m}\right)}{1 - \dfrac{193}{28}a + \dfrac{721}{60}a^2}. \tag{39}$$

Wählt man wieder $m = 10/3$, so kommt $\varkappa_b = 1{,}3316$ und also

$$\alpha_1'^* = 0{,}1836\,\beta \quad \left[\text{für } \mathsf{Z} = \varrho^2\left(1 - \frac{16}{3}a\varrho + \frac{3}{2}a\varrho^2\right)\right], \tag{40}$$

mithin nur 1,6% über dem wahren Wert. Diese Genauigkeit ist natürlich für praktische Zwecke fast immer völlig ausreichend. Sie könnte ohne weiteres noch gesteigert werden, indem man den Ansatz (37) etwa erweiterte auf $\mathsf{Z} = (1+\varepsilon\varrho)\varrho^2(1 + A\varrho + B\varrho^2)$ und den Parameter ε so bestimmte, daß $\varkappa_b$ ein Minimum würde. Indessen lohnt der große Mehraufwand an Rechnung den Gewinn an Genauigkeit kaum.

Jetzt prüfen wir die Rayleighsche Formel (22) auch noch für die rotierende Scheibe nach. Dazu müssen wir den Wert von $\varkappa_\omega$ (21) berechnen, also im wesentlichen noch das Integral J^ω(18), wobei wir zu beachten haben, daß die Radialspannung einer rotierenden Vollscheibe nach (**5**, 11) nebst (**5**, 5) gegeben ist zu

$$\sigma_r = \frac{\gamma}{g} r_a^2 \omega^2 \frac{3m+1}{8m}(1-\varrho^2), \tag{41}$$

so daß also

$$J^\omega = \frac{3m+1}{8m}\int_0^1 \left(\frac{d\mathsf{Z}}{d\varrho}\right)^2 (1-\varrho^2)\,\varrho\, d\varrho \tag{42}$$

wird.

Mit dem Ansatz (24) $\mathsf{Z} = \varrho^\varepsilon$ zunächst kommt

$$\varkappa_\omega = \frac{3m+1}{8m}\varepsilon, \tag{43}$$

und dies gibt zusammen mit (26) den Näherungswert

$$\lambda_1^* = \varepsilon\left\{\frac{m^2}{12(m^2-1)}\frac{\varepsilon+1}{\varepsilon-1}\varepsilon\left[\varepsilon^2 - 2\frac{m-1}{m}(\varepsilon-1)\right]\beta^2 + \frac{3m+1}{8m}\omega^2\right\}, \tag{44}$$

worin ε so zu wählen ist, daß die rechte Seite ein Minimum wird.

Wir nehmen als Beispiel eine Scheibe mit folgenden Werten: $r_a = 60$ cm, $h = 2$ cm, $\gamma = 7{,}85 \cdot 10^{-3}$ kg/cm^3, $E = 2{,}2 \cdot 10^6$ kg/cm^2, $m = 10/3$, $\omega^2 = 10^5$ sek^{-2} (entsprechend $n = 3020$ Uml/min). Mit diesen Zahlen kommt $\beta^2 = 0{,}8484 \cdot 10^5$ sek^{-2}, und das Minimum des Ausdrucks (44) tritt bei $\varepsilon = 1{,}31$ ein; der Minimalwert selbst wird $\lambda_1^* = 1{,}814 \cdot 10^5$ sek^{-2}, und dies gibt die Schwingungszahl

$$\alpha_1^* = 67{,}79 \text{ Hz} \quad (\text{für } \mathsf{Z} = \varrho^{1,31}). \tag{45}$$

Mit dem Ansatz (30) $\mathsf{Z} = \varrho^2(1 + \varepsilon\varrho)$ kommt

$$\varkappa_\omega = \frac{3m+1}{m} \frac{7 + \dfrac{72}{5}\varepsilon + \dfrac{63}{8}\varepsilon^2}{28 + 48\varepsilon + 21\varepsilon^2}. \tag{46}$$

Verbindet man dies mit (**31**), so findet man den Näherungswert

$$\lambda_1^* = \frac{a + b\varepsilon + c\varepsilon^2}{A + B\varepsilon + C\varepsilon^2}, \tag{47}$$

wobei

$$\left.\begin{aligned} a &= 56\,\frac{m}{m-1}\,\beta^2 + 7\,\frac{3m+1}{m}\,\omega^2,\\ b &= 168\,\frac{m}{m-1}\,\beta^2 + \frac{72}{5}\,\frac{3m+1}{m}\,\omega^2,\\ c &= \frac{63}{2}\,\frac{m(5m+4)}{m^2-1}\,\beta^2 + \frac{63}{8}\,\frac{3m+1}{m}\,\omega^2,\\ A &= 28, \qquad B = 48, \qquad C = 21 \end{aligned}\right\} \tag{48}$$

ist. Das Minimum von (47) wird nach der Regel (35) gebildet und beträgt für die vorhin benützte Scheibe $\lambda_1^* = 1{,}874 \cdot 10^5\ \text{sek}^{-2}$ (bei $\varepsilon = -0{,}478$), woraus

$$\alpha_1^* = 68{,}90\ \text{Hz} \quad [\text{für } \mathsf{Z} = \varrho^2(1 - 0{,}478\,\varrho)] \tag{49}$$

folgt.

Mit dem Ansatz (37) $\mathsf{Z} = \varrho^2(1 - \frac{16}{3}a\varrho + \frac{3}{2}a\varrho^2)$ endlich, der auch für die rotierende Scheibe alle Randbedingungen erfüllt, erhält man

$$\varkappa_\omega = \frac{3m+1}{4m}\,\frac{1 - \frac{279}{35}a + \frac{1149}{70}a^2}{1 - \frac{193}{28}a + \frac{721}{60}a^2} \qquad \left(a = \frac{m+1}{7m+5}\right), \tag{50}$$

und dies gibt zusammen mit (39) sofort $\lambda_1^* = 1{,}729 \cdot 10^5\ \text{sek}^{-2}$ und hieraus

$$\alpha_1^* = 66{,}02\ \text{Hz} \quad \left[\text{für } \mathsf{Z} = \varrho^2\left(1 - \frac{16}{3}a\varrho + \frac{3}{2}a\varrho^2\right)\right]. \tag{51}$$

Der genaue Wert, der sehr mühsam durch Integration der strengen Differentialgleichung mittels Reihen gefunden wird, beträgt

$$\alpha_1 = 65{,}03\ \text{Hz} \quad (\text{genau}). \tag{52}$$

Die Näherungswerte (45), (49) und (51) sind der Reihe nach um 4,2%, 5,9% und 1,5% größer als der genaue Wert (52). Der Ansatz (30) liefert hier keine so gute Näherung wie der Ansatz (24); der Ansatz (37) gibt erwartungsgemäß wieder die beste Näherung. — Würde man mit dem ungenauen (aber bequemeren) Wert (19) der Fliehkraftenergie rechnen, so käme beispielsweise für den Ansatz (37) der Wert $\alpha_1^* = 75{,}76$ Hz, der nun schon um über 16% zu groß ausfällt. Die Formel (19) ist also nur für rohe Abschätzungen zu gebrauchen.

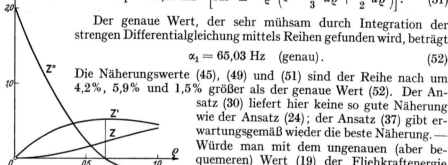

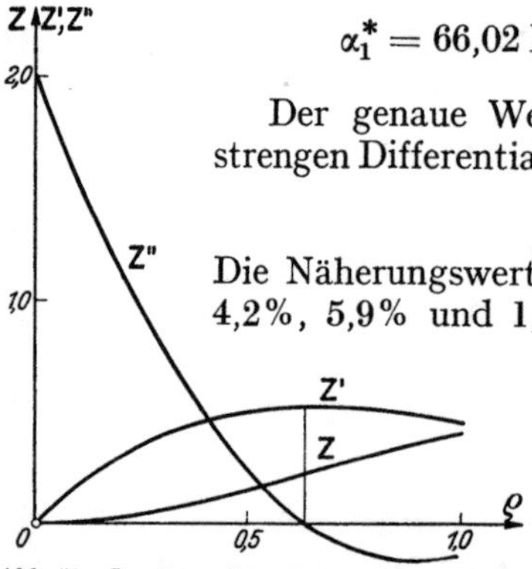

Abb. 52. Genäherte Biegelinie (samt Ableitungen) für die Grundschwingung der rotierenden Scheibe gleicher Dicke.

In Abb. 52 ist übrigens auch noch die durch den offenkundig recht guten Näherungsansatz $\mathsf{Z} = \varrho^2(1 - \frac{16}{3}a\varrho + \frac{3}{2}a\varrho^2)$ dargestellte Biegelinie für $m = 10/3$ wiedergegeben, samt ihren Ableitungen $d\mathsf{Z}/d\varrho$ und $d^2\mathsf{Z}/d\varrho^2$. Die Biegelinie hat, wie es ja bei der tiefsten Schirmschwingung sein muß, keine Nullstelle zwischen Innen- und Außenrand [und man prüft leicht nach, daß dies ebenso auch bei allen anderen bisher benützten Ansätzen (29), (36), (45) und (49) der Fall ist]. Man beachte ferner, daß die Biegelinie in Abb. 52 einen Wendepunkt (hier bei $\varrho = 0{,}64$) besitzt. Diese Erscheinung rührt natürlich von der Außenrandbedingung $mrZ'' + Z' = 0$ her, welche bei freiem Rand dort verschiedene Vorzeichen für Z' und Z'' vorschreibt, und gilt daher für die Grundschwingung aller innen eingespannten, außen freien Scheiben.

30. Die tiefste Schirmschwingung von Scheiben mit beliebigem Profil. Wir wenden uns jetzt den wirklich vorkommenden Dampfturbinenscheiben zu. Gemäß einer Bemerkung in Ziff. **28** müssen wir die Schaufeln der Scheibe zurechnen. Dies geschieht am zweckmäßigsten in der Weise, daß man sich die Schaufeln ersetzt denkt durch einen Ring von gleicher Masse und gleicher radialer Breite, jedoch radial so aufgeschlitzt, daß er ebenso wie die Schaufeln keine azimutale Spannung σ_φ aufnehmen kann. Die (im allgemeinen mit r veränderliche) Dicke y dieses Ersatzringes ist also so zu wählen, daß das auf eine Schaufelteilung entfallende, in Abb. **53** angedeutete Rechteck von der Breite y den gleichen Inhalt hat, wie der schraffierte Schaufelquerschnitt.

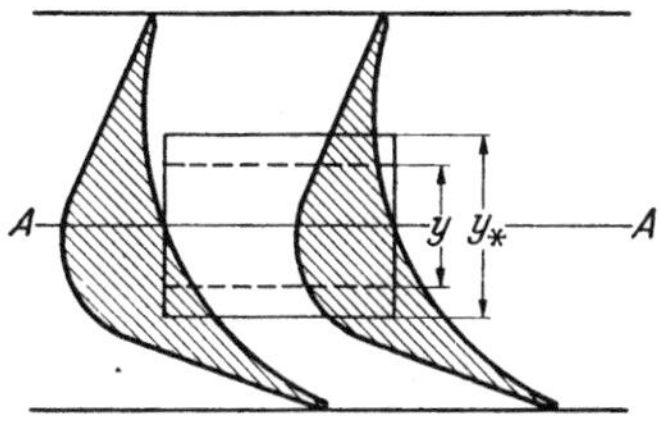

Abb. 53. Schaufeln samt Ersatzring.

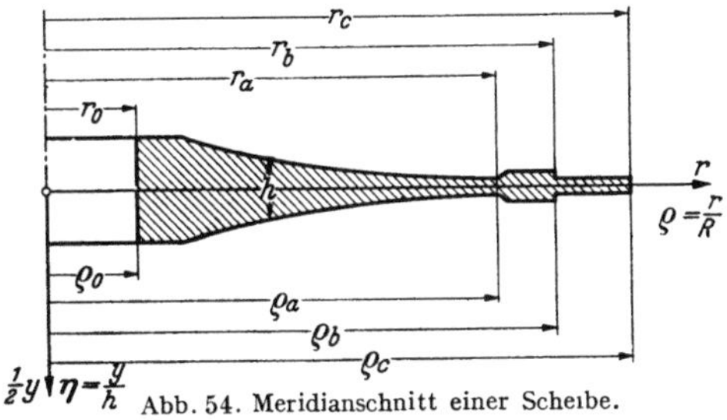

Abb. 54. Meridianschnitt einer Scheibe.

Auch hier wird man von vornherein möglichst weit dimensionslose Größen einführen, indem man (Abb. 54) von der radialen Veränderlichen r und von der veränderlichen Scheibendicke y zu dimensionslosen Werten

$$\varrho = \frac{r}{R}, \qquad \eta = \frac{y}{h} \tag{1}$$

übergeht, wobei R irgendein bestimmter Halbmesser, z. B. r_a oder r_c und h eine bestimmte Scheibendicke ist (für die man z. B. den Wert y_a bei $r = r_a$ wählen mag).

Es handelt sich nun zunächst darum, die Ausdrücke K, $\mathfrak{A}^b$ und $\mathfrak{A}^\omega$ (**29**, 2), (**29**, 9) und (**29**, 17) auf die beliebig profilierte und mit Schaufeln besetzte Scheibe zu verallgemeinern. Ist $Z(r)$ die bis zur Schaufelspitze vorgegebene Schwingungsform und

$$\mathsf{Z} = \frac{Z}{R} \tag{2}$$

ihr dimensionsloser Ausdruck, so findet man ohne weiteres aus (**29**, 1)

$$K = \pi \frac{\gamma}{g} h R^4 J^k \tag{3}$$

mit

$$J^k = \int_{\varrho_0}^{\varrho_c} \eta\, \mathsf{Z}^2 \varrho\, d\varrho. \tag{4}$$

Bei der Formänderungsarbeit $\mathfrak{A}^b$ hat man als ersten Anteil $\mathfrak{A}_1^b$ den Ausdruck (**29**, 9), lediglich mit der Maßgabe, daß im Integral J^b noch der Faktor η^3 hinzutritt und andere Integrationsgrenzen zu nehmen sind. Ein zweiter Anteil rührt her von der Biegung der Schaufeln bei der Schwingung und hat den Betrag

$$\mathfrak{A}_2^b = \frac{\pi}{12} E h^3 \int_{r_b}^{r_c} \eta_*^3 Z''^2 r\, dr. \tag{5}$$

[Dieser Ausdruck folgt auch aus (**29**, 8), falls man dort $m = \infty$ setzt und wegen $M_\varphi^b = 0$ das letzte Glied wegläßt.] Mit η_* ist dabei angedeutet, daß man hier, wenn man genau rechnen will, nicht die vorhin definierte Dicke y des Ersatzringes nehmen soll, sondern die Breite y_* eines Rechtecks (Abb. 53), dessen Trägheitsmoment (um die Achse AA) ebenso groß ist, wie das Trägheitsmoment des Schaufelquerschnitts.

Wenn der Befestigungskranz der Schaufeln sehr dick ist, so wird man ihn nicht mit der eigentlichen Scheibe behandeln [d. h. in der Formel (**29**, 8) einschließen], sondern als umgestülpten Ring nach Ziff. **26** ansehen und hat dann den dritten Anteil

$$\mathfrak{A}_3^b = \frac{1}{2} W \psi_a = \pi E \zeta \frac{J}{r_a} Z_a'^2. \tag{6}$$

In der Regel ist aber dieser Ausdruck wohl auch nicht genauer als die Formel (**29**, 8), wenn man dort das Biegeintegral einfach über den Ring von $r=r_a$ bis $r=r_b$ erstreckt; wir wollen daher künftig von (6) absehen. Im ganzen hat man dann

$$\mathfrak{A}^b = \pi E h^3 J^b \tag{7}$$

mit

$$J^b = \frac{m^2}{12(m^2-1)} \int\limits_{\varrho_0}^{\varrho_b} \eta^3 \left[\left(\frac{d^2 \mathsf{Z}}{d\varrho^2} + \frac{1}{\varrho}\frac{d\mathsf{Z}}{d\varrho}\right)^2 - 2\frac{m-1}{m}\frac{1}{\varrho}\frac{d\mathsf{Z}}{d\varrho}\frac{d^2\mathsf{Z}}{d\varrho^2}\right]\varrho\, d\varrho + \frac{1}{12}\int\limits_{\varrho_b}^{\varrho_c} \eta_*^3 \left(\frac{d^2\mathsf{Z}}{d\varrho^2}\right)^2 \varrho\, d\varrho. \tag{8}$$

Die potentielle Energie $\mathfrak{A}^\omega$ der Fliehkraft endlich wird (mit gleicher Herleitung wie in Ziff. **29**)

$$\mathfrak{A}^\omega = \pi \frac{\gamma}{g} h R^4 J^\omega \omega^2 \tag{9}$$

mit

$$J^\omega = \int\limits_{\varrho_0}^{\varrho_c} \eta \frac{\sigma_r}{(\gamma/g) R^2 \omega^2} \left(\frac{d\mathsf{Z}}{d\varrho}\right)^2 \varrho\, d\varrho. \tag{10}$$

Dabei ist σ_r über die Scheibe hin in der Regel schon vorher ermittelt; innerhalb der Schaufeln wird es zumeist genau genug sein, einen linearen Spannungsverlauf von σ_a bei $r=r_b$ bis $\sigma_r=0$ bei $r=r_c$ in der die Schaufeln ersetzenden Ringscheibe anzunehmen.

Man stellt an Hand von (3), (4), (7) bis (10) wieder leicht fest, daß U und K die nach Ziff. **28** geforderten Bedingungen erfüllen.

Mit den dimensionslosen Integralen J^k (4), J^b (8) und J^ω (10) und mit der (mit ω^2 dimensionsgleichen) Abkürzung

$$\beta^2 = \frac{E h^2}{(\gamma/g) R^4} \tag{11}$$

läßt sich die Rayleighsche Ungleichung (**28**, 4) in der Form

$$\lambda_1 \leq \frac{J^b \beta^2 + J^\omega \omega^2}{J^k} \tag{12}$$

schreiben. Wir wollen sie für einige Ansätze Z untersuchen.

Wir wählen zuerst den Ansatz

$$\mathsf{Z} = \varrho^\varepsilon - \varrho_0^\varepsilon \tag{13}$$

(wieder mit Weglassen einer belanglosen multiplikativen Konstanten). Er ist offenbar eine Erweiterung des Ansatzes (**29**, 24), verletzt allerdings am Innenrand die Einspannbedingung, berücksichtigt dafür jedoch wenigstens qualitativ die Nachgiebigkeit der Welle, was in manchen Fällen erwünscht sein mag.

Setzt man ihn in (4), (8) und (10) ein, so wird aus (12)

$$\lambda_1 \leq \frac{\varepsilon^2}{J^k}\left[\frac{\beta^2}{12}\left\{\left[\frac{m^2}{m^2-1}\varepsilon^2 - 2\frac{m}{m+1}(\varepsilon-1)\right]A_1 + (\varepsilon-1)^2 A_2\right\} + \omega^2 B\right] \tag{14}$$

mit den dimensionslosen Integralen

$$\left.\begin{aligned} J^k &= \int_{\varrho_0}^{\varrho_c} \eta\,(\varrho^\varepsilon - \varrho_0^\varepsilon)^2\,\varrho\,d\varrho, \\ A_1 &= \int_{\varrho_0}^{\varrho_b} \eta^3 \varrho^{2\varepsilon-3}\,d\varrho, \qquad A_2 = \int_{\varrho_b}^{\varrho_c} \eta_*^3 \varrho^{2\varepsilon-3}\,d\varrho, \\ B &= \int_{\varrho_0}^{\varrho_c} \eta\,\frac{\sigma_r}{(\gamma/g)R^2\omega^2}\,\varrho^{2\varepsilon-1}\,d\varrho. \end{aligned}\right\} \tag{15}$$

Diese Integrale sind nur noch von der Scheibenform η und vom Parameter ε abhängig. Man muß sie jeweils für verschiedene Parameter ε auswerten (was am besten graphisch geschieht, indem man die Integranden über der Abszisse ϱ aufträgt und die über der ϱ-Achse entstehenden Flächen planimetriert) und sodann den Wert der rechten Seite von (14) als Ordinate über der Abszisse ε auftragen. Dann stellt die Minimalordinate λ_1^* der so entstehenden Kurve eine Näherung (aber nicht mehr mit Sicherheit eine obere Schranke, vgl. Ziff. **28**) für den tiefsten Eigenwert λ_1 dar.

In mancher Hinsicht bequemer ist der zu (**29**, 30) analoge Ansatz

$$\mathsf{Z} = (\varrho-\varrho_0)^2 + \varepsilon(\varrho-\varrho_0)^3, \tag{16}$$

der die Einspannbedingung am Innenrand genau erfüllt. Mit ihm kommt

$$\lambda_1 \leq \beta^2 N(\varepsilon) \quad \text{mit} \quad N(\varepsilon) \equiv \frac{a + b\varepsilon + c\varepsilon^2}{A + B\varepsilon + C\varepsilon^2}. \tag{17}$$

Darin sind a, b, c, A, B, C folgende dimensionslose Integrale:

$$\left.\begin{aligned} a &= \frac{1}{3}\int_{\varrho_0}^{\varrho_b} \eta^3\left[\frac{m^2}{m^2-1}\frac{(2\varrho-\varrho_0)^2}{\varrho} - 2\frac{m}{m+1}(\varrho-\varrho_0)\right]d\varrho + \frac{1}{3}\int_{\varrho_b}^{\varrho_c}\eta_*^3\varrho\,d\varrho + 4\frac{\omega^2}{\beta^2}\int_{\varrho_0}^{\varrho_c}\eta\frac{\sigma_r}{(\gamma/g)R^2\omega^2}(\varrho-\varrho_0)^2\varrho\,d\varrho, \\ b &= \int_{\varrho_0}^{\varrho_b}\eta^3\left[\frac{m^2}{m^2-1}\frac{(2\varrho-\varrho_0)(3\varrho-\varrho_0)}{\varrho} - 3\frac{m}{m+1}(\varrho-\varrho_0)\right](\varrho-\varrho_0)\,d\varrho\; + \\ &\qquad + 2\int_{\varrho_b}^{\varrho_c}\eta_*^3(\varrho-\varrho_0)\,\varrho\,d\varrho + 12\frac{\omega^2}{\beta^2}\int_{\varrho_0}^{\varrho_c}\eta\frac{\sigma_r}{(\gamma/g)R^2\omega^2}(\varrho-\varrho_0)^3\varrho\,d\varrho, \\ c &= 3\int_{\varrho_0}^{\varrho_b}\eta^3\left[\frac{1}{4}\frac{m^2}{m^2-1}\frac{(3\varrho-\varrho_0)^2}{\varrho} - \frac{m}{m+1}(\varrho-\varrho_0)\right](\varrho-\varrho_0)^2\,d\varrho\; + \\ &\qquad + 3\int_{\varrho_b}^{\varrho_c}\eta_*^3(\varrho-\varrho_0)^2\varrho\,d\varrho + 9\frac{\omega^2}{\beta^2}\int_{\varrho_0}^{\varrho_c}\eta\frac{\sigma_r}{(\gamma/g)R^2\omega^2}(\varrho-\varrho_0)^4\varrho\,d\varrho, \\ A &= \int_{\varrho_0}^{\varrho_c}\eta(\varrho-\varrho_0)^4\varrho\,d\varrho, \qquad B = 2\int_{\varrho_0}^{\varrho_c}\eta(\varrho-\varrho_0)^5\varrho\,d\varrho, \qquad C = \int_{\varrho_0}^{\varrho_c}\eta(\varrho-\varrho_0)^6\varrho\,d\varrho. \end{aligned}\right\} \tag{18}$$

Das Minimum von $N(\varepsilon)$ und der zugehörige günstigste Wert von ε lassen sich, wenn die Integrale (18) einmal ermittelt sind (was wieder am besten graphisch geschieht), vollends rasch durch Auflösen der quadratischen Gleichung (**29**, 35) sowie nach (**29**, 33) berechnen.

Der nächste Schritt zu einem noch besseren Ansatz Z bestünde vielleicht darin, daß man neben den Innenrandbedingungen nun auch die Außenrandbedingungen zu erfüllen strebte. An den Schaufelspitzen muß $d^2Z/d\varrho^2=0$ und $d^3Z/d\varrho^3=0$ sein, als Ausdruck der Tatsache, daß dort kein Biegemoment und keine Querkraft vorhanden ist. Aber mit diesen beiden Randbedingungen ist offenbar für die Scheibe selbst nicht viel gewonnen. Denn der Außenrand des Schaufelkranzes kennzeichnet das Profil der Scheibe in keiner Weise, und so kann ein Ansatz Z, der zwar die Randbedingungen an den Schaufelspitzen befriedigt, aber keine Rücksicht auf die Profilform der Scheibe nimmt, immer noch recht verbesserungsbedürftig sein. Unser nächster Schritt wird also tatsächlich darin bestehen müssen, daß wir den Einfluß der wirklichen Profilform im Ansatz Z sinnvoll auszudrücken suchen.

Zu diesem Zweck gehen wir am besten von der zweiten Ableitung $d^2Z/d\varrho^2$ aus, die im wesentlichen die Krümmung der Biegelinie Z vorstellt. Abb. 52 von Ziff. **29** zeigt, daß bei einer Scheibe von gleicher Dicke die Krümmung von innen nach außen (abgesehen von der Nähe des Außenrandes) abnimmt. Würde man das Profil dieser Scheibe an einer Stelle verdicken, so müßte eine solche Versteifung dort die Krümmung der Biegelinie verkleinern; umgekehrt wäre an einer verdünnten Stelle des Profils die Scheibe weniger biegesteif, und die Krümmung der Biegelinie würde also dort vergrößert. Geht man daher von einer Kurve

$$f(\varrho)\equiv(\varrho_b-\varrho)^2+a \tag{19}$$

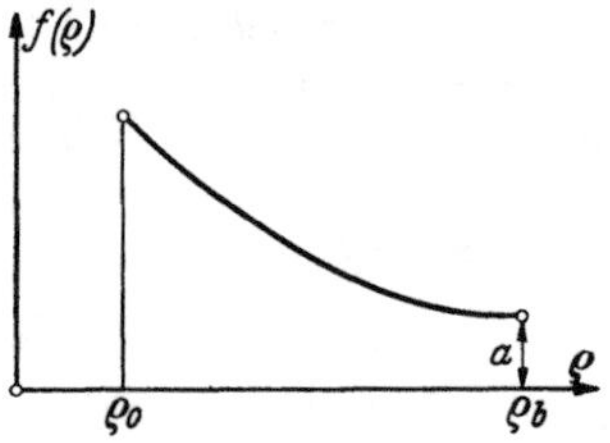

Abb. 55. Die Ausgangsfunktion $f(\varrho)$.

aus (Abb. 55), wo a eine nachher noch zu bestimmende Zahl ist, und bildet daraus

$$\frac{d^2Z}{d\varrho^2}=\frac{1}{\eta^3}f(\varrho)\equiv\frac{(\varrho_b-\varrho)^2}{\eta^3}+\frac{a}{\eta^3}, \tag{20}$$

so wird $d^2Z/d\varrho^2$ jedenfalls eine bessere Näherung darstellen, als es $d^2Z/d\varrho^2=f(\varrho)$ wäre. Die dritte Potenz von η bietet sich hierbei deswegen an, weil die Biegesteifigkeit wie η^3 variiert. Um den besten Wert von a zu finden, integriert man (20) und hat wegen $dZ/d\varrho=0$ für $\varrho=\varrho_0$ (Innenrandbedingung)

$$\left(\frac{dZ}{d\varrho}\right)_{\varrho_b}=\int\limits_{\varrho_0}^{\varrho_b}\frac{f(\varrho)}{\eta^3}\,d\varrho\equiv\int\limits_{\varrho_0}^{\varrho_b}\frac{(\varrho_b-\varrho)^2}{\eta^3}\,d\varrho+a\int\limits_{\varrho_0}^{\varrho_b}\frac{d\varrho}{\eta^3}. \tag{21}$$

Am Schaufelfuß $\varrho=\varrho_b$ muß nun aber zwischen der ersten und zweiten Ableitung von Z eine Zwischenrandbedingung gelten, die wir zunächst abzuleiten haben. Diese Bedingung stellt für ein Element $d\varphi$ des Außenrandes r_b der Scheibe fest, daß das von der Biegespannung σ_{rb}^b (vgl. Ziff. **24**, wo jetzt σ_{rb}^b statt σ_{ra}^b zu schreiben ist) ausgeübte Moment $\frac{1}{6}r_b y_b^2\sigma_{rb}^b d\varphi$ dem d'Alembertschen Moment des schwingenden Elements des (hier unbedenklich als starr angenommenen) Schaufelkranzes das Gleichgewicht halten muß. Das d'Alembertsche Moment kann man in der Form $+\Theta d\varphi \ddot{z}'_{r=r_b}$ schreiben, wo $\Theta d\varphi$ das Massenträgheitsmoment des Schaufelkranzelements (vom Zentriwinkel $d\varphi$) um seine (tangential gerichtete) Längsachse durch seinen Schwerpunkt bedeutet. So kommt mit dem Wert von σ_{rb}^b (**23**, 10) und dem Ansatz (**28**, 1) nach einfacher Rechnung die Zwischenrandbedingung

$$m\varrho\frac{d^2Z}{d\varrho^2}+(1-A\lambda)\frac{dZ}{d\varrho}=0\quad\text{für}\quad\varrho=\varrho_b\quad\text{mit}\quad A=12\,\frac{m^2-1}{mE}\,\frac{\Theta}{y_b^3}. \tag{22}$$

Hierin ist y_b die „wirksame" Dicke der Scheibe am Schaufelfuß, wofür man wenigstens bei schmalen Kränzen näherungsweise y_a nehmen darf. Bei dicken

Kränzen muß deren Umstülpsteifigkeit gemäß Ziff. **26** berücksichtigt werden, was wir aber nicht näher ausführen wollen. In der Zwischenrandbedingung (22) ist nun freilich $\lambda = (2\pi\alpha_1)^2$ noch unbekannt. Da es aber nicht nötig ist, daß diese Bedingung genau erfüllt wird, so genügt es, wenn man einen gut abgeschätzten Näherungswert für λ nimmt, wofür praktisch wohl stets ein Anhaltspunkt vorhanden sein mag. Setzt man den aus (20) folgenden Wert $(d^2 Z/d\varrho^2)_{\varrho_b} = a/\eta_b^3$ zusammen mit (21) in (22) ein, so kommt nun schließlich der Wert von a zu

$$a = \frac{(A\lambda - 1)\int\limits_{\varrho_0}^{\varrho_b} \frac{(\varrho_b-\varrho)^2}{\eta^3}\,d\varrho}{m\frac{\varrho_b}{\eta_b^3} - (A\lambda-1)\int\limits_{\varrho_0}^{\varrho_b}\frac{d\varrho}{\eta^3}}. \qquad (23)$$

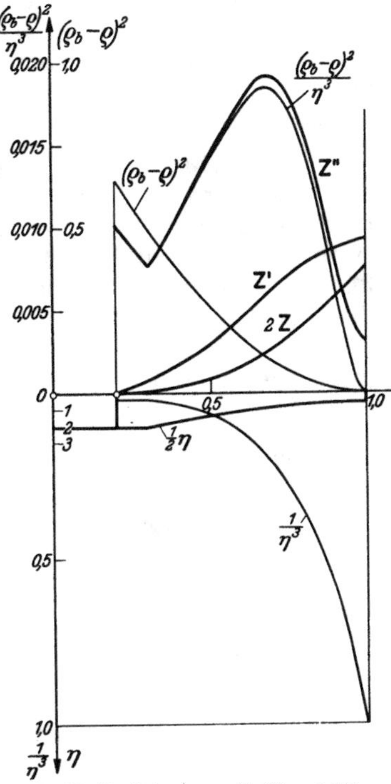

Abb. 56. Ermittlung von Z, Z' und Z'' aus $f(\varrho)$ und $\eta(\varrho)$.

In Abb. 56 ist für ein bestimmtes Profil $y(r)$ gezeigt, wie man a und sodann Z selbst graphisch ermittelt. Dabei ist der Wert $A = 5{,}4 \cdot 10^{-6}\,\text{sek}^2$ und $\lambda = 4{,}0 \cdot 10^5\,\text{sek}^{-2}$ zugrunde gelegt und $R = r_b$, also $\varrho_b = 1$, sowie $h = y_b$, also $\eta_b = 1$ genommen. Man bildet aus der Profilkurve $\eta(\varrho)$ und aus der Kurve mit den Ordinaten $(\varrho_b - \varrho)^2$ die Kurven mit den Ordinaten $1/\eta^3$ und $(\varrho_b - \varrho)^2/\eta^3$, planimetriert sie und berechnet daraus (mit $m = 10/3$) nach (23) den Wert $a = 0{,}00331$. Fügt man die mit a multiplizierten Ordinaten der Kurve $1/\eta^3$ zu den Ordinaten der Kurve $(\varrho_b - \varrho)^2/\eta^3$, wobei natürlich auf den Maßstab zu achten ist, hinzu, so erscheint nach (20) die Kurve $d^2 Z/d\varrho^2$, aus der schließlich durch zweimalige graphische Integration die Kurven $dZ/d\varrho$ und Z selbst (in Abb. 56 der Deutlichkeit halber in verdoppelter Ordinate aufgetragen) folgen. Hiermit sind aber alle Grundlagen gewonnen, die zur Berechnung eines Näherungswertes λ_1^* nach (12) erforderlich sind: man hat lediglich noch die Integrale $J^k(4)$, $J^b(8)$ und $J^\omega(10)$ mit den aus Abb. 56 zu entnehmenden Funktionen Z, $dZ/d\varrho$ und $d^2Z/d\varrho^2$ graphisch auszuwerten.

Da praktisch das dimensionslose Produkt $A\lambda$ in (22) zumeist von der Größenordnung 1 ist, und da, wie man ja aus Abb. 56 deutlich erkennt, das Integral $\int\limits_{\varrho_0}^{\varrho_b} \frac{(\varrho_b-\varrho)^2}{\eta^3}\,d\varrho$ wesentlich kleiner als das Integral $\int\limits_{\varrho_0}^{\varrho_b}\frac{d\varrho}{\eta^3}$ ausfällt, das wiederum klein gegen $m\varrho_b/\eta_b^3$ ist, so ist a in der Regel ein sehr kleiner Bruch. Das hat zur Folge, daß sich die Kurven $(\varrho_b-\varrho)^2/\eta^3$ und $d^2Z/d\varrho^2$ nur wenig unterscheiden, und es ist in vielen Fällen genau genug, beide überhaupt zu identifizieren, wodurch man sich die Bestimmung von a ganz erspart. Diese Vereinfachung ist namentlich bei Scheiben mit verhältnismäßig breiten Kränzen ohne Bedenken; denn solche Kränze drücken natürlich die Krümmung $d^2Z/d\varrho^2$ der Biegelinie am Außenrand der Scheibe, also bei $\varrho = \varrho_b$ sowieso stark herab, und der Wert $a = 0$ bedeutet ja einfach, daß die Krümmung dort verschwinden soll.

Man kann die Güte der Näherung erheblich steigern, wenn man neben der Ausgangsfunktion $f(\varrho) \equiv (\varrho_b-\varrho)^2 + a$ noch eine andere Ausgangsfunktion, etwa

$\bar{f}(\varrho) \equiv (\varrho_b - \varrho)^3 + \bar{a}$ wählt und aus ihr ebenso die Funktionen $d^2\bar{Z}/d\varrho^2$, $d\bar{Z}/d\varrho$ und $\bar{Z}$ bildet und die lineare Kombination

$$Z_* = Z + \varepsilon \bar{Z} \tag{24}$$

der weiteren Rechnung zugrunde legt. Dann ergibt sich für λ_1 wieder eine gebrochene quadratische Funktion von ε, deren Minimalwert λ_1^*, nach (**29**, 35) bestimmt, die beste Näherung darstellen mag, die sich theoretisch mit annehmbarem Rechenaufwand finden läßt.

Wir verzichten hier darauf, die entwickelten Methoden durch Zahlenbeispiele zu veranschaulichen, da wir dies später (Ziff. **36**) sowieso für den allgemeineren und praktisch noch wichtigeren Fall der Biegeschwingungen mit Knotendurchmessern tun werden.

31. Das Modellgesetz. Wir wollen hier das allgemeine Modellgesetz für die Schirmschwingungen rotierender Scheiben einschieben. Denn man wird in manchen Fällen die für eine große Scheibe durchgeführte Rechnung an einem verkleinerten Modell nachzuprüfen wünschen. Um das Modellgesetz zu finden, hat man einfach das kinetische Potential Ψ(**28**, 2), und da dieses die Spannung σ_r enthält, auch die Spannungsgleichungen (**4**, 1) und (**4**, 3) auf dimensionslose Form zu bringen. Dies gelingt mit (**30**, 3), (**30**, 4), (**30**, 7) bis (**30**, 10) leicht, indem man außer ϱ, η, η_* und Z noch die weiteren dimensionslosen Größen

$$\Lambda = \frac{(\gamma/g)\,(R/h)^2 R^2 \lambda}{E}, \quad \Omega = \frac{(\gamma/g)\,(R/h)^2 (R\omega)^2}{E}, \quad \Sigma_r = \frac{\sigma_r}{(\gamma/g)(R\omega)^2}, \quad \Sigma_\varphi = \frac{\sigma_\varphi}{(\gamma/g)(R\omega)^2} \tag{1}$$

einführt. Dann nehmen Ψ und die zwei genannten Gleichungen die „Modellform" an:

$$\left.\begin{aligned}
\frac{\Psi}{\pi h^3 E} = \frac{m^2}{12(m^2-1)} \int_{\varrho_0}^{\varrho_b} \eta^3 \left[\left(\frac{d^2 Z}{d\varrho^2} + \frac{1}{\varrho}\frac{dZ}{d\varrho}\right)^2 - 2\frac{m-1}{m}\frac{1}{\varrho}\frac{dZ}{d\varrho}\frac{d^2 Z}{d\varrho^2}\right]\varrho\, d\varrho + {}\\
+ \frac{1}{12}\int_{\varrho_b}^{\varrho_c} \eta_*^3 \left(\frac{d^2 Z}{d\varrho^2}\right)^2 \varrho\, d\varrho + \Omega \int_{\varrho_0}^{\varrho_c} \eta\, \Sigma_r \left(\frac{dZ}{d\varrho}\right)^2 \varrho\, d\varrho - \Lambda \int_{\varrho_0}^{\varrho_c} \eta\, Z^2 \varrho\, d\varrho,\\
\frac{\varrho}{\eta}\frac{d}{d\varrho}(\eta\,\Sigma_r) + \Sigma_r - \Sigma_\varphi + \varrho^2 = 0,\\
\varrho\frac{d}{d\varrho}(\Sigma_r - m\,\Sigma_\varphi) + (m+1)(\Sigma_r - \Sigma_\varphi) = 0.
\end{aligned}\right\} \tag{2}$$

Aus diesen Gleichungen geht hervor:

1. Modell und Großausführung müssen dieselbe Querdehnungszahl m besitzen.
2. Bei gleichen Randbedingungen und bei geometrischer Ähnlichkeit von Modell und Großausführung haben Modell und Großausführung an entsprechenden Stellen gleiche Werte von Σ_r und ebenso von Σ_φ.
3. Haben Modell und Großausführung außerdem auch noch gleiche Werte von Ω, so stimmen sie auch in den dimensionslosen Eigenwerten Λ überein.

Streng genommen gelten diese Schlüsse zunächst nur für Scheiben ohne Schaufeln oder mit starren Schaufeln. Bei elastischen Schaufeln müßte man eigentlich noch deren Biegegleichung hinzunehmen (vgl. Kap. IX, Ziff. **9**); man würde dann bestätigen, daß, gleichen Baustoff von Scheibe und Schaufeln vorausgesetzt, die ausgesprochenen Modellgesetze auch für Scheiben mit elastischen Schaufeln gültig bleiben.

Wesentlich ist also, daß Modell und Großausführung in den beiden Zahlen m und Ω völlig übereinstimmen. Bei gleichem Baustoff heißt dies, daß Modell und Großausführung gleiche Umfangsgeschwindigkeit $R\omega$ haben müssen, bei verschiedenen Baustoffen, daß sich die Umfangsgeschwindigkeiten wie die Stoffgrößen $\sqrt{E/\gamma}$ verhalten müssen. Das Verhältnis der Frequenzen α und α_M von Großausführung und Modell ist dann

$$\alpha:\alpha_M=\frac{1}{R}\sqrt{\frac{E}{\gamma}}:\left(\frac{1}{R}\sqrt{\frac{E}{\gamma}}\right)_M, \tag{3}$$

wenn der Zeiger M die Modellgrößen bezeichnet. Bei gleichem Baustoff ist einfach $\alpha:\alpha_M=R_M:R$, d. h. gleich dem linearen Größenverhältnis von Modell und Großausführung.

32. Sukzessive Approximationen und Fehlerabschätzungen. Obwohl hiermit für die praktische Ermittlung der Grundfrequenz α_1 hinreichende Hilfsmittel gewonnen sind, so läßt sich doch die Frage nicht abweisen, ob das Rayleighsche Näherungsverfahren nicht bis zu einer Methode der sukzessiven Approximation weitergebildet werden kann, welche in jedem Augenblick auch eine Fehlerabschätzung zuläßt. Wir wollen zeigen, daß dies in der Tat möglich ist, bemerken aber vorab, daß die folgenden Ausführungen wohl nur in seltenen Fällen die zahlenmäßige Durchführung lohnen mögen und im allgemeinen lediglich eine grundsätzliche Bedeutung beanspruchen können[1]).

Wir wollen die Erkenntnisse von Kap. III, Ziff. **16** und **17** auf das kinetische Potential Ψ (**31**, 2) anwenden und schreiben dieses zunächst mit Berücksichtigung von (**31**, 1) ein wenig um, indem wir zugleich vorläufig den Schaufelkranz noch weglassen:

$$\frac{\Psi}{2\pi(\gamma/g)\,hR^4}=\int\limits_{\varrho_0}^{\varrho_b}\left[F(\varrho,\mathsf{Z}',\mathsf{Z}'')-\frac{1}{2}\lambda\mathsf{Z}^2\eta\varrho\right]d\varrho, \tag{1}$$

wobei

$$\left.\begin{aligned}F(\varrho,\mathsf{Z}',\mathsf{Z}'')&\equiv\frac{1}{2}B\left\{\left[\left(\frac{d^2\mathsf{Z}}{d\varrho^2}+\frac{1}{\varrho}\frac{d\mathsf{Z}}{d\varrho}\right)^2-2\frac{m-1}{m}\frac{1}{\varrho}\frac{d\mathsf{Z}}{d\varrho}\frac{d^2\mathsf{Z}}{d\varrho^2}\right]\eta^3\varrho+C\left(\frac{d\mathsf{Z}}{d\varrho}\right)^2\sigma_r\eta\varrho\right\}\\ &\text{mit}\\ B&=\frac{m^2Egh^2}{12(m^2-1)\gamma R^4},\qquad C=12\frac{(m^2-1)R^2}{m^2Eh^2}\end{aligned}\right\} \tag{2}$$

ist. Die vorliegende Schwingungsaufgabe ist nach Kap. III, Ziff. **17** identisch mit dem Variationsproblem $\delta\Psi=0$, und dies führt nach (III, **17**, 3) bis (III, **17**, 5) auf die Differentialgleichung

$$\left.\begin{aligned}&\frac{d^2}{d\varrho^2}\left(\frac{\partial F}{\partial\mathsf{Z}''}\right)-\frac{d}{d\varrho}\left(\frac{\partial F}{\partial\mathsf{Z}'}\right)-\lambda\mathsf{Z}\eta\varrho=0\\ &\text{mit den Randbedingungen}\\ &\mathsf{Z}(0)=0,\quad \mathsf{Z}'(0)=0,\quad \frac{\partial F(1)}{\partial\mathsf{Z}''}=0,\quad \frac{d}{d\varrho}\left(\frac{\partial F(1)}{\partial\mathsf{Z}''}\right)-\frac{\partial F(1)}{\partial\mathsf{Z}'}=0,\end{aligned}\right\} \tag{3}$$

wenn der Kürze halber hier und weiterhin mit 0 und 1 die Werte von ϱ am eingespannten Innenrand ($\varrho=\varrho_0$) und am freien Außenrand ($\varrho=\varrho_b$) bezeichnet werden und diese Symbole hinter einem Differentialoperator so zu verstehen sind, daß erst nach Ausführung der Differentiationen $\varrho=\varrho_0$ bzw. $\varrho=\varrho_b$ gesetzt werden soll. Man führt den Wert F aus (2) in (3) ein und definiert folgende Differentialoperatoren:

$$\left.\begin{aligned}L&\equiv\frac{B}{\eta\varrho}\left[\frac{d^2}{d\varrho^2}\left(p\frac{d^2}{d\varrho^2}\right)-\frac{d}{d\varrho}\left(q\frac{d}{d\varrho}\right)\right],\\ M&\equiv\frac{d^2}{d\varrho^2}+\frac{1}{m\varrho}\frac{d}{d\varrho},\qquad N\equiv\frac{d}{d\varrho}\left(p\frac{d^2}{d\varrho^2}\right)-q\frac{d}{d\varrho}\\ &\text{mit}\\ p&\equiv\eta^3\varrho,\qquad q\equiv\left(1-\frac{3\eta'\varrho}{m\eta}\right)\frac{\eta^3}{\varrho}+C\sigma_r\eta\varrho.\end{aligned}\right\} \tag{4}$$

---

[1]) Man vgl. zu den folgenden Ausfuhrungen auch G. Temple und W. G. Bickley, Rayleigh's principle, § 0.7 und 0.8, London 1933.

Dann läßt sich die Differentialgleichung der schwingenden Scheibe mit ihren Randbedingungen, wie man leicht nachrechnet, in der einfachen Form schreiben:

$$L(\mathsf{Z}) = \lambda \mathsf{Z} \quad \text{mit} \quad \mathsf{Z}(0) = 0, \quad \mathsf{Z}'(0) = 0, \quad M(\mathsf{Z}(1)) = 0, \quad N(\mathsf{Z}(1)) = 0. \tag{5}$$

Es sei nun $\mathsf{Z}^{(1)}$ eine erste Näherungslösung (etwa nach den Methoden von Ziff. **30** gewonnen), welche die Randbedingungen (5) genau befriedigt [aber natürlich nicht notwendig die Differentialgleichung (5)]:

$$\mathsf{Z}^{(1)}(0) = 0, \quad \mathsf{Z}^{(1)\prime}(0) = 0, \quad M(\mathsf{Z}^{(1)}(1)) = 0, \quad N(\mathsf{Z}^{(1)}(1)) = 0. \tag{6}$$

Dann kann man daraus eine zweite und, wie wir zeigen werden, bessere Näherungsfunktion $\mathsf{Z}^{(2)}$ für das Rayleighsche Verfahren folgendermaßen gewinnen. Aus der Differentialgleichung (5) und den aus ihr durch Differentiation abzuleitenden Gleichungen

$$L'(\mathsf{Z}) = \lambda \mathsf{Z}', \quad M(L(\mathsf{Z})) = \lambda M(\mathsf{Z}), \quad N(L(\mathsf{Z})) = \lambda N(\mathsf{Z}) \tag{7}$$

folgt, daß eine Lösung, die die Randbedingungen (5) befriedigt, eigentlich auch noch die vier weiteren, aus (5) und (7) folgenden Randbedingungen erfüllen sollte:

$$L(\mathsf{Z}(0)) = 0, \quad L'(\mathsf{Z}(0)) = 0, \quad M(L(\mathsf{Z}(1))) = 0, \quad N(L(\mathsf{Z}(1))) = 0. \tag{8}$$

Die nächstliegende Funktion $\mathsf{Z}^{(2)}$, die dies tut, ist die Lösung der Gleichung

$$L(\mathsf{Z}^{(2)}) = \mathsf{Z}^{(1)} \tag{9}$$

mit den Randbedingungen

$$\mathsf{Z}^{(2)}(0) = 0, \quad \mathsf{Z}^{(2)\prime}(0) = 0, \quad M(\mathsf{Z}^{(2)}(1)) = 0, \quad N(\mathsf{Z}^{(2)}(1)) = 0. \tag{10}$$

Denn sie befriedigt wegen (6) und (9) in der Tat auch die Randbedingungen (8).

Die wirkliche Ermittlung der Funktion $\mathsf{Z}^{(2)}$, in der wir nachher eine zweite Näherung erkennen werden, kann natürlich recht mühsam sein. Sie gehorcht, wenn wir auf die Bedeutung von L und N zurückgreifen, der Differentialgleichung dritter Ordnung

$$N(\mathsf{Z}^{(2)}) = \frac{1}{B} \int \mathsf{Z}^{(1)} \eta \varrho \, d\varrho, \tag{11}$$

die im allgemeinen wohl nur durch Reihenentwicklung integriert werden kann. Aber diese Reihenentwicklung enthält — und das ist entscheidend — die unbekannte Frequenz α nicht. [Im Gegensatz hierzu enthielte die Reihenentwicklung für die direkte Integration der Differentialgleichung (5), die außerdem um eine Ordnung höher ist, im allgemeinen die Unbekannte $\lambda (= 4\pi^2 \alpha^2)$ in allen ihren Koeffizienten, so daß für ein beliebiges Profil $y(r)$ die Bestimmung von λ überhaupt nicht oder doch nicht mit erträglichem Rechenaufwand möglich wäre.]

Aus der zweiten Näherung $\mathsf{Z}^{(2)}$ kann nun offenbar auf die gleiche Weise eine dritte $\mathsf{Z}^{(3)}$ hergeleitet werden, usw. Wir sprechen das Bildungsgesetz der Funktionen $\mathsf{Z}^{(i)}$ allgemein so aus: Ist $\mathsf{Z}^{(n)}$ die n-te Näherung, so soll die $(n+1)$-te $\mathsf{Z}^{(n+1)}$ dadurch definiert sein, daß sie der Differentialgleichung

$$L(\mathsf{Z}^{(n+1)}) = \mathsf{Z}^{(n)} \tag{12}$$

oder, was dasselbe ist,

$$N(\mathsf{Z}^{(n+1)}) = \frac{1}{B} \int \mathsf{Z}^{(n)} \eta \varrho \, d\varrho \tag{13}$$

gehorcht und die Randbedingungen

$$\mathsf{Z}^{(n+1)}(0) = 0, \quad \mathsf{Z}^{(n+1)\prime}(0) = 0, \quad M(\mathsf{Z}^{(n+1)}(1)) = 0, \quad N(\mathsf{Z}^{(n+1)}(1)) = 0 \tag{14}$$

befriedigt.

Wir zeigen jetzt, daß die Folge $Z^{(1)}$, $Z^{(2)}$, $Z^{(3)}, \ldots$ auf die Eigenfunktion Z_1 der Grundschwingung zustrebt. Hierzu denken wir uns die erste Näherung $Z^{(1)}$ in eine Reihe nach den (im allgemeinen unbekannten) Eigenfunktionen Z_1, $Z_2, \ldots$ entwickelt, was nach Kap. III, Ziff. **16** möglich ist, da $Z^{(1)}$ die Randbedingungen (5) erfüllt. Diese Reihe laute

$$Z^{(1)} = \sum_{i=1}^{\infty} c_i Z_i. \tag{15}$$

Ebenso sei die Entwicklung der zweiten Näherung

$$Z^{(2)} = \sum_{i=1}^{\infty} c_i^{(2)} Z_i. \tag{16}$$

Setzen wir (15) und (16) in (9) ein, so kommt

$$\sum_{i=1}^{\infty} c_i^{(2)} L(Z_i) = \sum_{i=1}^{\infty} c_i Z_i. \tag{17}$$

Nun erfüllen aber die Eigenfunktionen Z_i die Differentialgleichung (5) gerade mit den Eigenwerten λ_i:

$$L(Z_i) = \lambda_i Z_i, \tag{18}$$

und somit gibt (17)

$$c_i^{(2)} = \frac{c_i}{\lambda_i} \qquad (i = 1, 2, \ldots). \tag{19}$$

Daher wird aus (16)

$$Z^{(2)} = \sum_{i=1}^{\infty} \frac{c_i}{\lambda_i} Z_i, \tag{20}$$

und in gleicher Weise folgt allgemein

$$Z^{(n)} = \sum_{i=1}^{\infty} \frac{c_i}{\lambda_i^{n-1}} Z_i. \tag{21}$$

Da aber $\lambda_1 < \lambda_2 < \lambda_3 < \cdots$ ist, so folgt aus (21) schließlich

$$\lim_{n \to \infty} \lambda_1^{n-1} Z^{(n)} = c_1 Z_1, \tag{22}$$

d. h. die Folge $Z^{(n)}$ strebt (abgesehen von einer belanglosen multiplikativen Konstanten) in der Tat nach der Eigenfunktion Z_1 der Grundschwingung.

Bildet man nun mit den Funktionen $Z^{(n)}$ die Rayleighschen Näherungen

$$\lambda^{(n)} = \frac{U^{(n)}}{K^{(n)}}, \tag{23}$$

wo $U^{(n)}$ die Summe $\mathfrak{A}^b + \mathfrak{A}^\omega$ für die n-te Näherung und $K^{(n)}$ der Wert von K für die n-te Näherung bedeuten, so ist, wie wir jetzt zeigen wollen,

$$\lambda^{(1)} > \lambda^{(2)} > \lambda^{(3)} > \cdots > \lambda_1, \tag{24}$$

d. h. die Näherung $\lambda^{(n+1)}$ ist besser als die Näherung $\lambda^{(n)}$.

Um dies zu beweisen, gehen wir von folgendem Hilfssatz aus: Sind

$$\sum_{i=1}^{\infty} \lambda_i a_i, \qquad \sum_{i=1}^{\infty} a_i, \qquad \sum_{i=1}^{\infty} \frac{a_i}{\lambda_i}, \qquad \sum_{i=1}^{\infty} \frac{a_i}{\lambda_i^2} \tag{25}$$

vier konvergente Reihen mit lauter positiven Werten a_i, so ist

$$\sum_{i=1}^{\infty} \lambda_i a_i \cdot \sum_{i=1}^{\infty} \frac{a_i}{\lambda_i^2} > \sum_{i=1}^{\infty} a_i \cdot \sum_{i=1}^{\infty} \frac{a_i}{\lambda_i}. \tag{26}$$

Man hat nämlich

$$\left.\begin{aligned}\sum_{i=1}^{\infty}\lambda_i a_i\cdot\sum_{i=1}^{\infty}\frac{a_i}{\lambda_i^2}&=\sum_{i=1}^{\infty}\frac{a_i^2}{\lambda_i}+\sum{}'\left(\frac{\lambda_i}{\lambda_k^2}+\frac{\lambda_k}{\lambda_i^2}\right)a_i a_k\\&=\sum_{i=1}^{\infty}\frac{a_i^2}{\lambda_i}+\sum{}'\left(\frac{1}{\lambda_i}+\frac{1}{\lambda_k}\right)\frac{\lambda_i^2-\lambda_i\lambda_k+\lambda_k^2}{\lambda_i\lambda_k}a_i a_k,\end{aligned}\right\}\tag{27}$$

wo $\sum'$ die Doppelsumme über alle verschiedenen Wertepaare i, k sein soll, ferner

$$\sum_{i=1}^{\infty}a_i\cdot\sum_{i=1}^{\infty}\frac{a_i}{\lambda_i}=\sum_{i=1}^{\infty}\frac{a_i^2}{\lambda_i}+\sum{}'\left(\frac{1}{\lambda_i}+\frac{1}{\lambda_k}\right)a_i a_k.\tag{28}$$

Da aber

$$\frac{\lambda_i^2-\lambda_i\lambda_k+\lambda_k^2}{\lambda_i\lambda_k}=1+\frac{(\lambda_i-\lambda_k)^2}{\lambda_i\lambda_k}>1$$

ist, zeigt der Vergleich von (27) und (28) die Richtigkeit von (26) [ausgenommen den trivialen Fall, daß alle a_i bis auf ein einziges verschwinden, wobei dann in (26) natürlich das Gleichheitszeichen statt des Ungleichheitszeichens steht].

Nun wählen wir $a_i=\frac{1}{2}c_i^2\int \mathsf{Z}_i^2\eta\varrho\,d\varrho$, wo das Integral über die ganze Scheibe zu erstrecken ist; dann geht (26) über in

$$\frac{\sum\limits_{i=1}^{\infty}\frac{1}{2}\lambda_i c_i^2\int \mathsf{Z}_i^2\eta\varrho\,d\varrho}{\sum\limits_{i=1}^{\infty}\frac{1}{2}c_i^2\int \mathsf{Z}_i^2\eta\varrho\,d\varrho}>\frac{\sum\limits_{i=1}^{\infty}\frac{1}{2}\lambda_i\left(\frac{c_i}{\lambda_i}\right)^2\int \mathsf{Z}_i^2\eta\varrho\,d\varrho}{\sum\limits_{i=1}^{\infty}\frac{1}{2}\left(\frac{c_i}{\lambda_i}\right)^2\int \mathsf{Z}_i^2\eta\varrho\,d\varrho}.\tag{29}$$

Der Vergleich der Differentialgleichung (3) mit (III, **17**, 3) zeigt, daß $\eta\varrho$ hier die Belegungsfunktion ist, so daß die Normierungsvorschrift (III, **16**, 5) und die Orthogonalitätsbedingung (III, **16**, 6) für unsere jetzigen Eigenfunktionen die Gestalt annehmen

$$\int \mathsf{Z}_k\,\mathsf{Z}_l\,\eta\varrho\,d\varrho=\begin{cases}1 & \text{für}\quad k=l,\\0 & \text{für}\quad k\neq l.\end{cases}$$

Beachtet man dies und bildet dann mit (15) und (20) die Ausdrücke

$$K^{(1)}\equiv\frac{1}{2}\int \mathsf{Z}^{(1)^2}\eta\varrho\,d\varrho=\sum_{i=1}^{\infty}\frac{1}{2}c_i^2\int \mathsf{Z}_i^2\eta\varrho\,d\varrho,$$

$$K^{(2)}\equiv\frac{1}{2}\int \mathsf{Z}^{(2)^2}\eta\varrho\,d\varrho=\sum_{i=1}^{\infty}\frac{1}{2}\left(\frac{c_i}{\lambda_i}\right)^2\int \mathsf{Z}_i^2\eta\varrho\,d\varrho,$$

so hat man damit gerade die Nenner in (29) erhalten. Die Zähler aber sind, wie wir sofort zeigen, die zu den Schwingungsformen $\mathsf{Z}^{(1)}$ und $\mathsf{Z}^{(2)}$ gehörenden potentiellen Energien $U^{(1)}$ und $U^{(2)}$ [bis auf den hier belanglosen Faktor $2\pi(\gamma/g)hR^4$]. Denn wegen der Energiebilanzen $U_i=\lambda_i K_i$ der Eigenschwingungen Z_i und wegen (III, **16**, 9) ist

$$U^{(1)}=\sum_{i=1}^{\infty}c_i^2U_i=\sum_{i=1}^{\infty}\lambda_i c_i^2K_i=\sum_{i=1}^{\infty}\frac{1}{2}\lambda_i c_i^2\int \mathsf{Z}_i^2\eta\varrho\,d\varrho,$$

$$U^{(2)}=\sum_{i=1}^{\infty}\left(\frac{c_i}{\lambda_i}\right)^2U_i=\sum_{i=1}^{\infty}\lambda_i\left(\frac{c_i}{\lambda_i}\right)^2K_i=\sum_{i=1}^{\infty}\frac{1}{2}\lambda_i\left(\frac{c_i}{\lambda_i}\right)^2\int \mathsf{Z}_i^2\eta\varrho\,d\varrho.$$

Somit besagt nach (23) die Ungleichung (29) so viel wie $\lambda^{(1)}>\lambda^{(2)}$. Ebenso beweist man, daß $\lambda^{(2)}>\lambda^{(3)}$ ist, und schließt so fortfahrend auf die Richtigkeit der Ungleichungskette (24) [wieder ausgenommen den trivialen Fall $c_1=1$, $c_i=0\,(i>1)$, also $\mathsf{Z}^{(1)}\equiv\mathsf{Z}_1$, wonach dann überhaupt $\mathsf{Z}^{(n)}\equiv\mathsf{Z}_1/\lambda_1^{n-1}$ und alle $\lambda^{(n)}=\lambda_1$ werden].

Schließlich wollen wir zeigen, wie man jeweils den Fehler abschätzen kann, der noch in einem Näherungswert $\lambda^{(n)}$ enthalten ist. Zu diesem Zweck gehen wir aus von dem Ausdruck

$$H \equiv \sum_{i=1}^{\infty} \lambda_i a_i \cdot \sum_{i=1}^{\infty} \frac{a_i}{\lambda_i} + \sum_{i=1}^{\infty} a_i \cdot \left[\lambda_1 \lambda_2 \sum_{i=1}^{\infty} \frac{a_i}{\lambda_i^2} - (\lambda_1 + \lambda_2) \sum_{i=1}^{\infty} \frac{a_i}{\lambda_i}\right], \tag{30}$$

der aus den Reihen (25) und den beiden kleinsten Eigenwerten λ_1 und λ_2 gebildet ist. Durch Ausrechnen findet man

$$H = \sum_{i=3}^{\infty} \left(1 - \frac{\lambda_1}{\lambda_i}\right)\left(1 - \frac{\lambda_2}{\lambda_i}\right) a_i^2 + \sum{}' \left[\lambda_1 \lambda_2 \left(\frac{1}{\lambda_i^2} + \frac{1}{\lambda_k^2}\right) + \frac{\lambda_i - \lambda_1 - \lambda_2}{\lambda_k} + \frac{\lambda_k - \lambda_1 - \lambda_2}{\lambda_i}\right] a_i a_k.$$

Wegen $\lambda_1 < \lambda_2 < \lambda_3 < \cdots$ ist die erste Summe stets positiv. Die zweite, die wieder über alle verschiedenen Wertpaare i, k geht, hat sicher lauter positive Glieder, wenn wir voraussetzen, daß

$$\lambda_2 > 2\lambda_1 \quad \text{und} \quad \lambda_3 > 2\lambda_2 \tag{31}$$

sein soll. Diese Voraussetzungen (die sich übrigens noch stark einschränken ließen) sind bei allen praktisch vorkommenden Scheiben immer erfüllt; die Eigenwerte nehmen tatsächlich viel schneller zu als die Reihe $1, 2, 4, \ldots$. Mithin ist $H > 0$, und das kann man nach (30) auch in der Form

$$\frac{\sum\limits_{i=1}^{\infty} \frac{a_i}{\lambda_i}}{\sum\limits_{i=1}^{\infty} \frac{a_i}{\lambda_i^2}} \left(\frac{\sum\limits_{i=1}^{\infty} \lambda_i a_i}{\sum\limits_{i=1}^{\infty} a_i} - \lambda_1 \right) > \lambda_2 \left(\frac{\sum\limits_{i=1}^{\infty} \frac{a_i}{\lambda_i}}{\sum\limits_{i=1}^{\infty} \frac{a_i}{\lambda_i^2}} - \lambda_1 \right) \tag{32}$$

schreiben. Wählt man jetzt wieder $a_i = \frac{1}{2} c_i^2 \int \mathsf{Z}_i^2 \eta \varrho \, d\varrho$, so wird aus (32)

$$\lambda^{(2)} (\lambda^{(1)} - \lambda_1) > \lambda_2 (\lambda^{(2)} - \lambda_1) \tag{33}$$

oder nach einfacher Umformung

$$\lambda^{(1)} - \lambda^{(2)} > (\lambda^{(2)} - \lambda_1) \left(\frac{\lambda_2}{\lambda^{(2)}} - 1\right). \tag{34}$$

Die zweite Näherung $\lambda^{(2)}$ wird, wenn man nicht von einer gar zu unsinnigen ersten Näherung ausgeht, schon ziemlich nahe bei λ_1 liegen; sicherlich wird $\lambda_2 > \lambda^{(2)}$ sein, so daß die letzte Klammer in (34) stark positiv ist. Dann aber kann man (34) umformen in

$$\lambda_1 > \lambda^{(2)} - f^{(2)} \quad \text{mit} \quad f^{(2)} = \frac{\lambda^{(1)} - \lambda^{(2)}}{\frac{\lambda_2}{\lambda^{(2)}} - 1}. \tag{35}$$

Der Ausdruck $f^{(2)}$ ist sicher positiv; er ist praktisch (wegen $\lambda_2 > 2\lambda_1 \approx 2\lambda^{(2)}$) kleiner als der ja wohl meist ziemlich kleine Unterschied $\lambda^{(1)} - \lambda^{(2)}$ zwischen der ersten und zweiten Näherung. Dann aber besagt die Formel (35) einfach, daß der Fehler, der in der zweiten Näherung $\lambda^{(2)}$ steckt, kleiner als die gut abschätzbare Zahl $f^{(2)}$ bleibt. Zugleich ist mit (35) eine untere Schranke für den Eigenwert λ_1 der Grundschwingung gefunden. Für die weiteren Näherungen $\lambda^{(3)}, \lambda^{(4)}, \ldots$ lassen sich in gleicher Weise zu (35) analoge Abschätzungen herleiten; wir verzichten darauf, sie anzuschreiben.

Die mit Schaufeln versehene Scheibe erledigt sich durch die Bemerkung, daß alle Ergebnisse erhalten bleiben, wenn man nur beachtet, daß das System Scheibe + Schaufelkranz einer an der Zusammenstoßstelle ϱ_b sprunghaft sich ändernden Differentialgleichung genügt, die zusammen mit den geänderten

Randbedingungen in entsprechender Weise die Funktionenfolge $Z^{(1)}, Z^{(2)}, \ldots$ definiert.

Wenn man die Funktionenfolge $Z^{(1)}, Z^{(2)}, \ldots$ oder wenigstens ihre beiden ersten Glieder $Z^{(1)}$ und $Z^{(2)}$ besitzt, so kann man nach einem Gedankengang von Kap. III, Ziff. **14** [anstatt nach der Rayleighschen Vorschrift (23)] noch auf eine zweite und in vielen Fällen bequemere Art eine Folge von Näherungswerten $\lambda_1^{(1)}, \lambda_1^{(2)}, \ldots$ oder wenigstens einen ersten Näherungswert $\lambda_1^{(1)}$ des kleinsten Eigenwertes λ_1 erhalten, nämlich durch die [durch (III, **14**, 13) nahegelegte] Vorschrift

$$\lambda_1^{(n)} = \frac{\int Z^{(n)2}\eta\varrho\, d\varrho}{\int Z^{(n)} Z^{(n+1)}\eta\varrho\, d\varrho} \qquad (n = 1, 2, \ldots). \tag{36}$$

Mit den normierten, zueinander orthogonalen Eigenfunktionen Z_i folgt nämlich aus (21)

$$\int Z^{(n)2}\eta\varrho\, d\varrho = \sum_{i=1}^{\infty}\frac{c_i^2}{\lambda_i^{2(n-1)}} = \lambda_1^{-2(n-1)}\sum_{i=1}^{\infty} c_i^2\left(\frac{\lambda_1}{\lambda_i}\right)^{(2n-1)},$$

$$\int Z^{(n)} Z^{(n+1)}\eta\varrho\, d\varrho = \sum_{i=1}^{\infty}\frac{c_i^2}{\lambda_i^{2n-1}} = \lambda_1^{-(2n-1)}\sum_{i=1}^{\infty} c_i^2\left(\frac{\lambda_1}{\lambda_i}\right)^{2n-1}$$

und also

$$\int Z^{(n)2}\eta\varrho\, d\varrho - \lambda_1\int Z^{(n)} Z^{(n+1)}\eta\varrho\, d\varrho = \lambda_1^{-2(n-1)}\sum_{i=2}^{\infty} c_i^2\left(\frac{\lambda_1}{\lambda_i}\right)^{2(n-1)}\left(1-\frac{\lambda_1}{\lambda_i}\right) > 0 \tag{37}$$

wegen $\lambda_1 < \lambda_2 < \cdots$ (ausgenommen wieder den trivialen Fall, daß außer c_1 alle $c_i = 0$ sind, daß also $Z^{(n)} \equiv Z_1$ war). Im Hinblick auf (36) besagt also (37), daß alle

$$\lambda_1^{(n)} > \lambda_1 \qquad (n = 1, 2, \ldots) \tag{38}$$

bleiben. Mit dem gleichen Schlußverfahren [nämlich durch Anwenden der Formel (21)] zeigt man, daß $\lambda_1^{(n+1)} < \lambda_1^{(n)}$ ist. Da aber, wie oben bewiesen, die Funktionenfolge $Z^{(n)}$ mit $n \to \infty$ gegen die tiefste Eigenfunktion Z_1 strebt, so muß auch die Folge $\lambda_1^{(n)}$ mit $n \to \infty$ gegen den tiefsten Eigenwert λ_1 streben. Die nach der Vorschrift (36) gebildeten $\lambda_1^{(1)}, \lambda_1^{(2)}, \ldots$ sind also tatsächlich ebenfalls sukzessive Approximationen von λ_1.

Mit der gleichen Schlußweise zeigt man, daß auch

$$\lambda_1^{(2)}(\lambda_1^{(1)} - \lambda_1) > \lambda_2(\lambda_1^{(2)} - \lambda_1) \tag{39}$$

wird, und dann kann man vollends genau wie aus (33) auf die zu (35) analoge Formel

$$\lambda_1 > \lambda_1^{(2)} - f_1^{(2)} \quad \text{mit} \quad f_1^{(2)} = \frac{\lambda_1^{(1)} - \lambda_1^{(2)}}{\dfrac{\lambda_2}{\lambda_1^{(2)}} - 1} \tag{40}$$

schließen, welche zugleich eine Fehlerabschätzung für den Näherungswert $\lambda_1^{(2)}$ und eine untere Schranke für den Eigenwert λ_1 darstellt. Im Gegensatz zu vorhin braucht man dabei die Voraussetzungen (31) übrigens nicht.

Die gleichen Schlußfolgerungen wie aus (36) kann man in ganz entsprechender Weise auch aus der [durch (III, **14**, 9) nahegelegten] Vorschrift

$$\lambda_1^{(n)} = \frac{\int Z^{(n)} Z^{(n+1)}\eta\varrho\, d\varrho}{\int Z^{(n+1)2}\eta\varrho\, d\varrho} \tag{41}$$

ziehen, die noch genauere Näherungswerte für λ_1 liefert als (36).

33. Schirmschwingungen mit Knotenkreisen. Bei rotierenden Dampfturbinenscheiben sind Schirmschwingungen mit Knotenkreisen bisher kaum beobachtet worden, und wahrscheinlich ist ihre Vorausberechnung praktisch nur selten nötig. Wir behandeln sie daher bloß kurz. Es handelt sich jetzt um die Eigenwerte λ_2, λ_3 usw.

Der Eigenwert λ_2 der Schirmschwingung mit einem Knotenkreis folgt in ganz roher Näherung bei Ansätzen von der Form $\mathsf{Z}+\varepsilon\overline{\mathsf{Z}}$ (**29**, 30), (**30**, 16) und (**30**, 24) einfach dadurch, daß man dort auch noch die zweite (größere) Wurzel N' der Bestimmungsgleichung (**29**, 35) von N aufsucht und benützt, wobei es natürlich unerläßlich ist, nachzuprüfen, ob mit dem zugehörigen Wert ε' (**29**, 33) tatsächlich eine Biegelinie mit einem Schwingungsknoten entsteht, wie es der ersten Oberschwingung entsprechen muß. Da allerdings der Ansatz $\mathsf{Z}+\varepsilon\overline{\mathsf{Z}}$ schon die Eigenfrequenz der Grundschwingung mit einem erheblichen Fehler behaftet liefern kann (in den Beispielen von Ziff. **29** waren es etwa 6%), so muß man bei der ersten Oberschwingung auf einen noch viel größeren Fehler gefaßt sein (in den Beispielen von Ziff. **29** wären es annähernd 100%), und dies macht dieses einfache Rechenverfahren wenigstens bei Schirmschwingungen in der Regel praktisch unbrauchbar.

Eine brauchbare Näherung des Eigenwertes λ_2 der ersten Oberschwingung kann nach zwei verschiedenen Methoden ermittelt werden. Die erste setzt voraus, daß man (etwa nach den Vorschriften von Ziff. **30** oder **32**) schon eine hinreichend genaue Näherung für die Eigenfunktion Z_1 der Grundschwingung gewonnen habe. Man geht dann von einer (gut abgeschätzten) Näherung Z aus, die ungefähr die Durchbiegung der Schirmschwingung mit einem Knotenkreis vorstellt. Denkt man sich diese Funktion Z nach den Eigenfunktionen Z_i entwickelt:

$$\mathsf{Z}=c_1\,\mathsf{Z}_1+\sum_{i=2}^{\infty} c_i\,\mathsf{Z}_i, \tag{1}$$

so wird der Koeffizient c_2, der eigentlich allein vorhanden sein sollte, zwar wohl überwiegen, aber der Koeffizient c_1 der Grundschwingung wird im allgemeinen noch nicht ganz verschwunden sein. Um die in Kap. III, Ziff. **16** für λ_1 angewandte Schlußweise auf λ_2 übertragen zu können, muß man, wie schon in Kap. III, Ziff. **15**, zuerst c_1 beseitigen. Hierzu muß man c_1 ermitteln. Dies geschieht, indem man das jederzeit (z. B. graphisch) auswertbare Integral $\int \mathsf{Z}\,\mathsf{Z}_1\,\eta\varrho\,d\varrho$ bildet. Nach (1) und wegen der Orthogonalität der Z_i kommt

$$\int \mathsf{Z}\,\mathsf{Z}_1\,\eta\varrho\,d\varrho = c_1\int \mathsf{Z}_1^2\,\eta\varrho\,d\varrho$$

oder

$$c_1=\frac{\int \mathsf{Z}\,\mathsf{Z}_1\eta\varrho\,d\varrho}{\int \mathsf{Z}_1^2\eta\varrho\,d\varrho}. \tag{2}$$

Man verbessert nun die Ausgangsfunktion Z, indem man sie ersetzt durch

$$\mathsf{Z}_*\equiv \mathsf{Z}-c_1\,\mathsf{Z}_1. \tag{3}$$

Diese Funktion ist orthogonal zu Z_1 und hat die Entwicklung

$$\mathsf{Z}_*=\sum_{i=2}^{\infty} c_i\,\mathsf{Z}_i. \tag{4}$$

Wendet man auf sie das Rayleighsche Schlußverfahren (Kap. III, Ziff. **16**) an, so erhält man statt (III, **16**, 11)

$$U_*-\lambda_2 K_*\geq 0 \tag{5}$$

oder wieder mit $U_* = \mathfrak{A}_*^b + \mathfrak{A}_*^\omega$

$$\lambda_2 \leq \frac{\mathfrak{A}_*^b + \mathfrak{A}_*^\omega}{K_*}, \tag{6}$$

wo $\mathfrak{A}_*^b$ und $\mathfrak{A}_*^\omega$ die mit der Funktion Z_* gebildeten Ausdrücke für die Formänderungsarbeit und die potentielle Energie des Fliehkraftfeldes sind. So ist die Rayleighsche Formel für den Eigenwert λ_2 gewonnen, und natürlich gilt auch die (daraus wieder unmittelbar folgende) Southwellsche Formel (**28**, 7)

$$\lambda_2 > \lambda_2' + \lambda_2''. \tag{7}$$

Hiermit sind nun aber die in Ziff. **29** und **30** entwickelten Formeln und Methoden in vollem Umfang auf die Bestimmung von λ_2 übertragbar geworden, so daß die Aufgabe grundsätzlich als lösbar anzusehen ist.

Bei der Übertragung der Schlüsse von Ziff. **32** ist (wie schon in Kap. III, Ziff. **15**) lediglich zu beachten, daß (weil ja Z_1 nicht ganz genau bekannt war, so daß Z_* wohl noch einen kleinen Rest von Z_1 enthalten mag) bei jedem Schritt der sukzessiven Approximation jedesmal der etwa noch verbliebene Rest von Z_1 beseitigt werden muß, weil er sich sonst allmählich bis zu schädlichen Störungen steigern und schließlich eine Konvergenz gegen λ_1 statt gegen λ_2 veranlassen könnte. Dies geschieht dadurch, daß man jede Näherungsfunktion $\mathsf{Z}^{(n)}$ jedesmal sofort von Z_1 reinigt, d. h. in

$$\mathsf{Z}_*^{(n)} \equiv \mathsf{Z}^{(n)} - c_1^{(n)} \mathsf{Z}_1 \qquad \text{mit} \qquad c_1^{(n)} = \frac{\int \mathsf{Z}^{(n)} \mathsf{Z}_1 \eta \varrho \, d\varrho}{\int \mathsf{Z}_1^2 \eta \varrho \, d\varrho} \tag{8}$$

verwandelt.

Man erkennt leicht, wie diese Überlegungen auf die höheren Eigenwerte λ_3, λ_4 usw. zu erweitern sind. Bei λ_3 ist die (gut abgeschätzte) Ausgangsfunktion Z sowohl von Z_1 wie von Z_2 zu reinigen, wobei nun auch Z_2 als inzwischen gefunden vorausgesetzt wird. Hierzu muß man Z ersetzen durch

$$\mathsf{Z}_* \equiv \mathsf{Z} - c_1 \mathsf{Z}_1 - c_2 \mathsf{Z}_2 \qquad \text{mit} \qquad c_1 = \frac{\int \mathsf{Z}\mathsf{Z}_1 \eta \varrho \, d\varrho}{\int \mathsf{Z}_1^2 \eta \varrho \, d\varrho}, \qquad c_2 = \frac{\int \mathsf{Z}\mathsf{Z}_2 \eta \varrho \, d\varrho}{\int \mathsf{Z}_2^2 \eta \varrho \, d\varrho}. \tag{9}$$

Die Fortsetzung des Verfahrens auf λ_4, λ_5 usw. ist ja wohl ohne weiteres klar.

Die zweite Methode zur Bestimmung von λ_2 bedarf der genauen Kenntnis der Eigenfunktion Z_1 nicht. Wir entwickeln sie hier ohne Beweis. Man geht von einer (gut abgeschätzten) Funktion $\mathsf{Z}_{(1)}(\varrho; s)$ aus, die so gewählt ist, daß sie erstens die Randbedingungen erfüllt, und daß sie zweitens genau eine Nullstelle zwischen Innenrand und Außenrand hat, und zwar so, daß diese Nullstelle den ganzen Bereich B zwischen Innen- und Außenrand durchläuft, wenn der Parameter s einen bestimmten Wertebereich durchwandert. Dann ist der mit dieser Funktion gebildete Rayleighsche Ausdruck

$$\lambda^{(1)} = \frac{\mathfrak{A}_{(1)}^b + \mathfrak{A}_{(1)}^\omega}{K_{(1)}} \tag{10}$$

eine Funktion von s. Sein Maximum im Bereich B sei mit $\lambda_2^{(1)}$ bezeichnet.

Man wählt weiter eine von $\mathsf{Z}_{(1)}$ verschiedene Funktion $\mathsf{Z}_{(2)}(\varrho; s)$ mit den gleichen beiden Eigenschaften und bildet aus ihr nach der Rayleighschen Vorschrift (10) $\lambda^{(2)}$ und sein Maximum $\lambda_2^{(2)}$ im Bereich B. Dieses Verfahren wird mit einer dritten Funktion $\mathsf{Z}_{(3)}(\varrho; s)$ wiederholt, usw. Dann gilt der Satz, daß der wahre Wert λ_2 das Minimum aller so zu bildenden Maxima $\lambda_2^{(i)}$ ist. Und auf diese Weise kann λ_2 auch näherungsweise gefunden werden.

Dieses Verfahren kommt offenbar darauf hinaus, daß man die höchste Grundfrequenz der mit einer Bindung, nämlich mit einem Knotenkreis versehenen

Scheibe aufsucht; und man kann in der Tat beweisen, daß dieses Maximum den Eigenwert λ_2 der ersten Oberschwingung der Scheibe liefert.

Will man ebenso den Eigenwert λ_3 der zweiten Oberschwingung bestimmen, so geht man von einer Schar $Z_{(1)}(\varrho; s_1, s_2)$ von Funktionen aus, die die Randbedingungen erfüllen und im Bereich B genau zwei Nullstellen haben, welche den ganzen Bereich B durchlaufen, wenn die beiden Parameter s_1 und s_2 zwei bestimmte Wertebereiche durchwandern. Dann ist λ_3 das Minimum aller Maxima $\lambda_3^{(1)}$, die mit den $Z_{(1)}$ aus der Rayleighschen Formel (10) gewonnen werden können. Die Fortsetzung des Verfahrens auf λ_4, λ_5 usw. ist wieder ohne weiteres verständlich.

34. Das Hamiltonsche Prinzip für die Fächerschwingungen. Wir wenden uns jetzt den Biegeschwingungen der rotierenden Scheibe mit Knotendurchmessern zu, also den sogenannten Fächerschwingungen. Da es sich nun nicht mehr um ein rotationssymmetrisches Problem handelt, so haben wir es mit zwei räumlichen Koordinaten r und φ zu tun und müssen daher die Entwicklungen von Kap. III, Ziff. **16**, auf die wir uns bei den Schirmschwingungen stützen konnten, entsprechend erweitern. Wir gehen wie dort von dem Hamiltonschen Prinzip (Kap. II, Ziff. **5**) aus:

$$\delta \int_{t_0}^{t_1} (\overline{\mathfrak{A}}^b + \overline{\mathfrak{A}}^\omega - \overline{T})\, dt = 0. \tag{1}$$

Hier sind $\overline{\mathfrak{A}}^b$, $\overline{\mathfrak{A}}^\omega$ und $\overline{T}$ wieder zunächst die Werte der Formänderungsarbeit, der potentiellen Energie des Fliehkraftfeldes und der kinetischen Energie je zu einer beliebigen Zeit t. Die Variationen δz der Verschiebungen müssen für $t = t_0$ und $t = t_1$ in der ganzen Scheibe verschwinden, und sie müssen zu allen Zeiten die geometrischen Randbedingungen der Scheibe, also in unserem Falle die Einspannbedingungen am Innenrand erfüllen. Um das Variationsproblem (1) explizit ansetzen zu können, haben wir zuerst diese Ausdrücke $\overline{T}$, $\overline{\mathfrak{A}}^b$ und $\overline{\mathfrak{A}}^\omega$ zu berechnen, was zunächst für die Scheibe ohne Schaufeln geschehen soll.

Ist $z(r, \varphi, t)$ der nun von beiden Koordinaten r, φ und von der Zeit t abhängige Schwingungsausschlag, und bezeichnen wir weiterhin seine partiellen Ableitungen nach t, r und φ der Reihe nach mit $\dot{z}$, z_r und z_φ, so haben wir zunächst für die kinetische Energie

$$\overline{T} = \frac{1}{2}\frac{\gamma}{g}\iint y\, \dot{z}^2 r\, dr\, d\varphi. \tag{2}$$

Die Integrale laufen hier und im folgenden über die ganze Scheibe, und folgerichtig haben wir auch jetzt wieder die von der Schiefstellung der Scheibenelemente gegen die ursprünglich ebene Mittelfläche herrührende Bewegungsenergie als vernachlässigbar weggelassen.

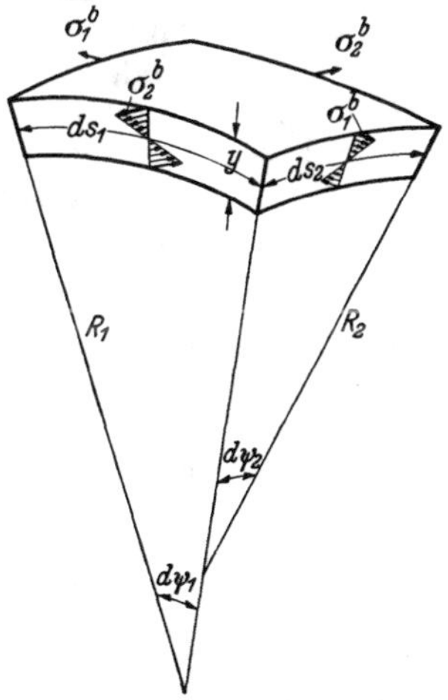

Abb. 57. Gebogenes Scheibenelement.

Die Formänderungsarbeit $\overline{\mathfrak{A}}^b$ rührt her von der Verbiegung der Scheibe. Betrachtet man ein Scheibenelement (Abb. 57), das durch Hauptschnitte von den Längen ds_1 und ds_2 mit den Hauptkrümmungshalbmessern R_1 und R_2 und den Kontingenzwinkeln $d\psi_1 = ds_1/R_1$ und $d\psi_2 = ds_2/R_2$ begrenzt wird, und sind σ_1^b und σ_2^b die entsprechenden Biegespannungen in den äußersten Fasern, so erzeugen die zugehörigen Biegemomente

$$M_1^b = \tfrac{1}{6}\sigma_1^b y^2 ds_2, \qquad M_2^b = \tfrac{1}{6}\sigma_2^b y^2 ds_1$$

die Formänderungsarbeit

$$\overline{\mathfrak{A}}^b = \frac{1}{2}\iint (M_1^b\, d\psi_1 + M_2^b\, d\psi_2) = \frac{1}{12}\iint y^2\left(\frac{\sigma_1^b}{R_1} + \frac{\sigma_2^b}{R_2}\right) ds_1\, ds_2. \tag{3}$$

Mit den entsprechenden Dehnungen der äußersten Fasern

$$\varepsilon_1^b = \frac{\frac{1}{2}\, y\, d\psi_1}{d s_1} = \frac{1}{2}\frac{y}{R_1}, \qquad \varepsilon_2^b = \frac{\frac{1}{2}\, y\, d\psi_2}{d s_2} = \frac{1}{2}\frac{y}{R_2} \tag{4}$$

hängen die Biegespannungen zusammen durch die Beziehungen

$$E\, \varepsilon_1^b = \sigma_1^b - \frac{\sigma_2^b}{m}, \qquad E\, \varepsilon_2^b = \sigma_2^b - \frac{\sigma_1^b}{m}$$

oder [wegen (4)]

$$\sigma_1^b = \frac{1}{2}\frac{m^2 E}{m^2-1}\, y\left(\frac{1}{R_1} + \frac{1}{m R_2}\right), \qquad \sigma_2^b = \frac{1}{2}\frac{m^2 E}{m^2-1}\, y\left(\frac{1}{m R_1} + \frac{1}{R_2}\right). \tag{5}$$

Damit geht (3) über in

$$\overline{\mathfrak{A}}^b = \frac{m^2 E}{24(m^2-1)}\iint y^3\left[\left(\frac{1}{R_1} + \frac{1}{R_2}\right)^2 - 2\,\frac{m-1}{m}\,\frac{1}{R_1 R_2}\right] d s_1\, d s_2. \tag{6}$$

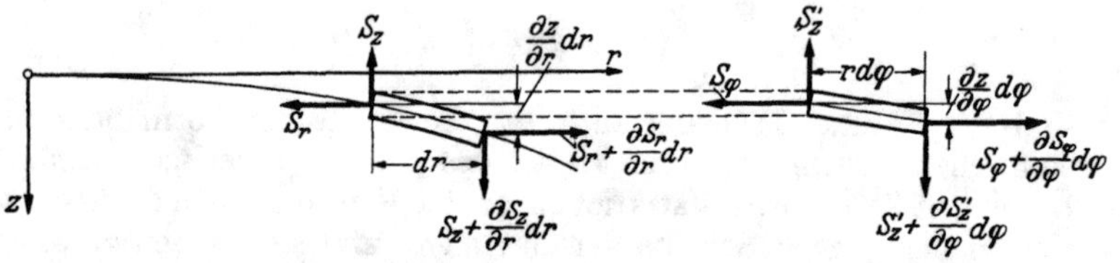

Abb. 58. Die Krafte am Scheibenelement.

In diesem Integral kommen die sogenannte mittlere Krümmung $(1/R_1)+(1/R_2)$ und das sogenannte Krümmungsmaß $1/R_1 R_2$ der verbogenen Mittelfläche vor. Diese Größen sind, wie in der Flächentheorie gezeigt wird, Invarianten für jeden Flächenpunkt, und zwar gilt bei schwach durchgebogenen Flächen in jedem rechtwinkligen (gerad- oder krummlinigen) Koordinatensystem s_1, s_2, z, wenn partielle Ableitungen durch Zeiger bezeichnet werden[1]),

$$\frac{1}{R_1} + \frac{1}{R_2} = z_{s_1 s_1} + z_{s_2 s_2}, \qquad \frac{1}{R_1 R_2} = z_{s_1 s_1}\, z_{s_2 s_2} - z_{s_1 s_2}^2.$$

Benützt man Polarkoordinaten r, φ und läßt die Koordinate s_1 mit r zusammenfallen, so ist

$$z_{s_1 s_1} = \frac{\partial^2 z}{\partial r^2} \equiv z_{rr}, \quad z_{s_2 s_2} = \frac{z_r}{r} + \frac{z_{\varphi\varphi}}{r^2}, \quad z_{s_1 s_2} = \frac{\partial}{\partial r}\left(\frac{\partial z}{r\,\partial\varphi}\right) = \frac{1}{r}\frac{\partial^2 z}{\partial r\,\partial\varphi} - \frac{1}{r^2}\frac{\partial z}{\partial\varphi} \equiv \frac{z_{r\varphi}}{r} - \frac{z_\varphi}{r^2}. \tag{7}$$

Der erste und dritte Ausdruck ergibt sich ohne weiteres, die Richtigkeit des zweiten sieht man am raschesten ein, wenn man beachtet, daß $z_{s_1 s_1} + z_{s_2 s_2} \equiv \Delta' z$ ist und daß in Polarkoordinaten nach (III, **2**, 6) $\Delta' z \equiv z_{rr} + \frac{1}{r}\, z_r + \frac{1}{r^2}\, z_{\varphi\varphi}$ wird. Hiernach hat man statt (6) für die Formänderungsarbeit

$$\overline{\mathfrak{A}}^b = \frac{m^2 E}{24(m^2-1)}\iint y^3\left\{\left(z_{rr} + \frac{z_r}{r} + \frac{z_{\varphi\varphi}}{r^2}\right)^2 - 2\,\frac{m-1}{m}\left[\frac{z_{rr}}{r}\left(z_r + \frac{z_{\varphi\varphi}}{r}\right) - \frac{1}{r^2}\left(z_{r\varphi} - \frac{z_\varphi}{r}\right)^2\right]\right\} r\, dr\, d\varphi. \tag{8}$$

Die potentielle Energie $\overline{\mathfrak{A}}^\omega$ des Fliehkraftfeldes endlich mag hier sofort nach der zweiten Methode von Ziff. **29** hergeleitet werden. Zu den damaligen Kräften $S_r = r\sigma_r y\, d\varphi$ und S_z (Abb. 58) in den Schnitten r und $r+dr$ treten jetzt in

[1]) Siehe etwa „Hütte" Bd. 1, S. 122, 25. Aufl., Berlin 1925 (wobei man alle quadratischen Glieder in p, q, r, s, t gemäß unserer Voraussetzung zu vernachlässigen hat).

den Schnitten φ und $\varphi + d\varphi$ die Kräfte $S_\varphi = \sigma_\varphi y dr$ und S_z'. Die folgerichtige Vernachlässigung der Drehträgheit des Scheibenelementes verlangt das Verschwinden der Momente $S_z dr - S_r \frac{\partial z}{\partial r} dr$ und $S_z' r d\varphi - S_\varphi \frac{\partial z}{\partial \varphi} d\varphi$, so daß

$$S_z = S_r z_r = r \sigma_r y z_r d\varphi, \qquad S_z' = S_\varphi \frac{z_\varphi}{r} = \frac{\sigma_\varphi y z_\varphi}{r} dr$$

sein muß. Da nun wieder die von den axialen Kräften $\frac{\partial S_z}{\partial r} dr$ und $\frac{\partial S_z'}{\partial \varphi} d\varphi$ geleistete Arbeit $\frac{1}{2} z\left(\frac{\partial S_z}{\partial r} dr + \frac{\partial S_z'}{\partial \varphi} d\varphi\right)$ eine Verminderung $-d\overline{\mathfrak{A}}^\omega$ der potentiellen Energie des Fliehkraftfeldes bedeutet, so kommt im ganzen

$$\overline{\mathfrak{A}}^\omega = -\frac{1}{2} \iint \left[\frac{\partial}{\partial r}(r \sigma_r y z_r) + \frac{\sigma_\varphi y}{r} z_{\varphi\varphi}\right] z \, dr \, d\varphi. \tag{9}$$

Das erste (σ_r enthaltende) Glied läßt sich noch durch Teilintegration über r umformen, das zweite (σ_φ enthaltende) Glied durch Teilintegration über φ, wobei man beachtet, daß am Innenrand $z = 0$, am Außenrand $\sigma_r = 0$ ist, und daß z als Funktion von φ die Periode 2π hat. Man erhält so schließlich

$$\overline{\mathfrak{A}}^\omega = \frac{1}{2} \iint y\left(r \sigma_r z_r^2 + \frac{\sigma_\varphi}{r} z_\varphi^2\right) dr \, d\varphi. \tag{10}$$

Ein Blick auf die Formeln (2), (8) und (10) zeigt, daß $\overline{T}$, $\overline{\mathfrak{A}}^b$ und $\overline{\mathfrak{A}}^\omega$ homogene quadratische Funktionen von z und seinen Ableitungen sind, und daß Ableitungen nach t nur in der Form $\dot{z}^2$ vorkommen, Ableitungen nach φ nur in der Form z_φ^2, $z_\varphi z_{r\varphi}$, $z_{r\varphi}^2$, $z_{\varphi\varphi}$. Das hat zur Folge, daß Schwingungen von der Form

$$z(r, \varphi, t) \equiv Z(r) \cos k\varphi \sin 2\pi\alpha t \tag{11}$$

möglich sind, also stationäre harmonische Schwingungen mit k geradlinigen Knotendurchmessern, wobei alle Schnitte $r = $ konst. der Scheibenmittelfläche Kosinuslinien darstellen. Setzt man nämlich (11) in (2), (8) und (10) ein, so kann man in (1) die Integrale nach t und φ sofort auswerten und behält ein sinnvolles Variationsproblem für die unabhängige Variable r allein übrig. Da für t_0 und t_1 zwei Zeiten des Durchgangs durch die Gleichgewichtslage zu nehmen sind, damit nach (11) die Variationen der Verschiebungen verschwinden, also etwa die Punkte $t_0 = 0$ und $t_1 = 1 : 2\alpha$, so kommt wegen

$$\int_{t_0}^{t_1} \sin^2 2\pi\alpha t \, dt = \int_{t_0}^{t_1} \cos^2 2\pi\alpha t \, dt = \frac{1}{4\alpha}, \qquad \int_0^{2\pi} \cos^2 k\varphi \, d\varphi = \int_0^{2\pi} \sin^2 k\varphi \, d\varphi = \pi$$

das Variationsproblem

$$\delta \int_{r_0}^{r_a} \left[F(r, Z, Z', Z'') - \frac{1}{2}\lambda\left(24 \frac{m^2-1}{m^2 E} \frac{\gamma}{g}\right) Z^2 y r\right] dr = 0, \tag{12}$$

wobei $\lambda = (2\pi\alpha)^2$ und

$$\left.\begin{aligned} F \equiv \left\{r\left(Z'' + \frac{1}{r} Z' - \frac{k^2}{r^2} Z\right)^2 - 2\frac{m-1}{m}\left[Z''\left(Z' - \frac{k^2}{r} Z\right) - \frac{k^2}{r}\left(Z' - \frac{1}{r} Z\right)^2\right]\right\} y^3 + \\ + 12 \frac{m^2-1}{m^2 E}\left(r \sigma_r Z'^2 + \frac{k^2}{r} \sigma_\varphi Z^2\right) y \end{aligned}\right\} \tag{13}$$

ist und Striche nun wieder Ableitungen nach r bedeuten.

Wir unterdrücken den ziemlich einfachen Beweis dafür, daß F auch hier durchweg positiv bleibt. Da F außerdem in Z, Z' und Z'' homogen quadratisch ist, und da die Belegungsfunktion $24\,\frac{m^2-1}{m^2E}\,\frac{\gamma}{g}\,yr$ ebenfalls durchweg positiv ist, so sind die Voraussetzungen von Kap. III, Ziff. **16** alle erfüllt, und somit gelten auch die dortigen Ergebnisse samt dem Rayleighschen Satze für den tiefsten Eigenwert λ_1 der mit k Knotendurchmessern behafteten Fächerschwingung. (Für jede feste, ganze positive Zahl k ist hierbei als Grundschwingung natürlicherweise diejenige ohne Knotenkreise anzusehen, als erste Oberschwingung diejenige mit einem Knotenkreis usw.)

Aus dem Rayleighschen Theorem folgt auf gleiche Weise wie in Ziff. **28** die Gültigkeit des Southwellschen Theorems (**28**, 7) auch wieder für die Fächerschwingungen.

Aber auch die gesamten Ausführungen von Ziff. **32** und **33** können auf die Fächerschwingungen übernommen werden. Man hat dabei lediglich die Differentialoperatoren L, M und N neu zu definieren, indem man nach dem Muster von (III, **17**, 3) und (III, **17**, 5) die zum Variationsproblem (12) gehörige Differentialgleichung und die Außenrandbedingungen explizit anschreibt. Man findet zufolge (13) für die Differentialgleichung selbst

$$\left.\begin{aligned} &L(Z)=\lambda Z \\ \text{mit}\quad &L(Z)\equiv\frac{m^2E}{12(m^2-1)}\,\frac{g}{\gamma}\,\frac{1}{yr}\left[\frac{d^2P(Z)}{dr^2}-\frac{dQ(Z)}{dr}-R(Z)\right], \end{aligned}\right\} \tag{14}$$

wobei zur Abkürzung

$$\left.\begin{aligned} P(Z)&\equiv r\,y^3\Big(Z''+\frac{1}{mr}Z'-\frac{k^2}{mr^2}Z\Big),\\ Q(Z)&\equiv y^3\left[\frac{1}{m}Z''+\Big(1+2k^2\frac{m-1}{m}\Big)\frac{1}{r}Z'-\frac{3m-2}{m}\,\frac{k^2}{r^2}Z\right]+12\,\frac{m^2-1}{m^2E}\,r\,y\,\sigma_r Z',\\ R(Z)&\equiv k^2\left\{\frac{y^3}{r}\left[\frac{1}{m}Z''+\frac{3m-2}{m}\,\frac{1}{r}Z'-\Big(2\,\frac{m-1}{m}+k^2\Big)\frac{1}{r^2}Z\right]-12\,\frac{m^2-1}{m^2E}\,\frac{y\sigma_\varphi}{r}Z\right\} \end{aligned}\right\} \tag{15}$$

gesetzt ist. [Man prüft durch leichte Umrechnung nach, daß mit $k=0$ die Gleichung (14) in die Gleichung (**32**, 5) für die Schirmschwingungen übergeht.] Die Außenrandbedingungen werden

$$\left.\begin{aligned} M(Z)&\equiv Z''+\frac{1}{mr}Z'-\frac{k^2}{mr^2}Z=0,\\ N(Z)&\equiv\frac{dP(Z)}{dr}-Q(z)=0 \end{aligned}\right\}\quad\text{für } r=r_a, \tag{16}$$

womit auch vollends die Differentialoperatoren M und N definiert sind. Wir bemerken noch, daß die zweite Randbedingung (16) mit Hilfe der ersten wesentlich vereinfacht und auf die Gestalt

$$Z'''-\Big(\frac{m+1}{m}+k^2\,\frac{2m-1}{m}\Big)\frac{1}{r^2}Z'+\frac{3k^2}{r^3}Z=0 \tag{17}$$

gebracht werden kann. Und natürlich könnte man die Formeln auch wieder leicht in dimensionsloser Form (mit Z statt Z) schreiben.

Hiermit ist nun also auch zur Berechnung der Fächerschwingungen die Rayleighsche Methode nach Ziff. **28** samt ihrer Verschärfung durch sukzessive Approximation und Fehlerabschätzung nach Ziff. **32** und ihrer Ausdehnung auf Fächerschwingungen mit Knotenkreisen nach Ziff. **33** zugänglich gemacht. Die

Erweiterung auf Scheiben mit Schaufelkranz geschieht in der gleichen Weise und mit gleicher Begründung wie bei den Schirmschwingungen. Endlich stellt man an Hand von (12) und (13) leicht fest, daß auch das Modellgesetz (Ziff. **31**) in unveränderter Fassung für die Fächerschwingungen gilt.

Es bleibt uns jetzt nur noch übrig, die wirkliche Durchführung der Rayleighschen Methode zu zeigen und ihre Genauigkeit etwa wieder an der Scheibe gleicher Dicke nachzuprüfen.

35. Die tiefste Fächerschwingung der Vollscheibe gleicher Dicke. Auch hier eignet sich die homogene Vollscheibe vom Halbmesser r_a und von der unveränderlichen Dicke h wieder besonders gut zur Nachprüfung der Genauigkeit der Rayleighschen Methode. Wir berechnen zuerst die Größen T, $\mathfrak{A}^b$ und $\mathfrak{A}^\omega$, welche jetzt sinngemäß wieder die Höchstwerte für jede Schwingungsform

$$z = Z(r) \cos k\varphi \sin 2\pi\alpha t \tag{1}$$

bedeuten sollen.

Gemäß (1) gibt (**34**, 2)

$$T = \lambda K \tag{2}$$

mit

$$K = \frac{\pi}{2}\frac{\gamma}{g} h r_a^4 J^k, \tag{3}$$

wobei

$$J^k = \int_0^1 \mathsf{Z}^2 \varrho \, d\varrho \qquad \left(\varrho = \frac{r}{r_a}, \quad \mathsf{Z} \equiv \frac{Z}{r_a}\right) \tag{4}$$

ist. Ebenso liefert (**34**, 8)

$$\mathfrak{A}^b = \frac{\pi}{2} E h^3 J^b \tag{5}$$

mit

$$\left.\begin{aligned} J^b = \frac{m^2}{12(m^2-1)} \int_0^1 \Bigg\{ & \left(\frac{d^2\mathsf{Z}}{d\varrho^2} + \frac{1}{\varrho}\frac{d\mathsf{Z}}{d\varrho} - k^2\frac{\mathsf{Z}}{\varrho^2}\right)^2 - \\ & -2\frac{m-1}{m}\left[\frac{1}{\varrho}\frac{d^2\mathsf{Z}}{d\varrho^2}\left(\frac{d\mathsf{Z}}{d\varrho} - k^2\frac{\mathsf{Z}}{\varrho}\right) - \frac{k^2}{\varrho^2}\left(\frac{d\mathsf{Z}}{d\varrho} - \frac{\mathsf{Z}}{\varrho}\right)^2\right]\Bigg\} \varrho \, d\varrho. \end{aligned}\right\} \tag{6}$$

Und zuletzt gibt (**34**, 10)

$$\mathfrak{A}^\omega = \frac{\pi}{2}\frac{\gamma}{g} h r_a^4 J^\omega \omega^2 \tag{7}$$

mit

$$J^\omega = \int_0^1 \left[\frac{\sigma_r}{(\gamma/g) r_a^2 \omega^2}\left(\frac{d\mathsf{Z}}{d\varrho}\right)^2 + k^2 \frac{\sigma_\varphi}{(\gamma/g) r_a^2\omega^2}\frac{\mathsf{Z}^2}{\varrho^2}\right] \varrho \, d\varrho. \tag{8}$$

Die Rayleighsche Formel aber lautet wieder

$$\lambda_1 \leq \frac{J^b \beta^2 + J^\omega \omega^2}{J^k} \qquad \left(\beta^2 = \frac{E h^2}{(\gamma/g) r_a^4}\right) \tag{9}$$

und die Southwellsche

$$\lambda_1 > \lambda_1' + \lambda_1'', \tag{10}$$

wo λ_1' und λ_1'' die in Ziff. **28** angegebene Bedeutung haben. (Man bemerkt, daß mit $k = 0$ die Integrale J^k, J^b und J^ω in ihre Werte von Ziff. **29** übergehen, wogegen K, $\mathfrak{A}^b$ und $\mathfrak{A}^\omega$ gerade halb so groß werden wie damals.)

Die tiefste Fächerschwingung einer vollkommen freien Vollscheibe ist offensichtlich diejenige mit $k = 2$ Knotendurchmessern; denn $k = 1$ würde lediglich eine Schiefstellung der ganzen Scheibe vorstellen, keine elastische Schwingung.

Wir überspringen hier den Ansatz (**29**, 24) und wählen sogleich den Ansatz (**29**, 30), nämlich $\mathsf{Z}=\varrho^2(1+\varepsilon\varrho)$. Man findet mit $k=2$ und mit den Spannungen σ_r und σ_φ (**5**, 11), also mit

$$\sigma_r=\frac{\gamma}{g}r_a^2\omega^2\frac{3m+1}{8m}(1-\varrho^2),\qquad \sigma_\varphi=\frac{\gamma}{g}r_a^2\omega^2\left(\frac{3m+1}{8m}-\frac{m+3}{8m}\varrho^2\right)$$

die Integrale

$$J^k=\frac{1}{168}(28+48\varepsilon+21\varepsilon^2),$$

$$J^b=\frac{2}{3}\frac{m}{m+1}+\frac{5}{3}\frac{m}{m+1}\varepsilon+\frac{1}{48}\frac{m(69m-44)}{m^2-1}\varepsilon^2,$$

$$J^\omega=\frac{5m-1}{12m}+\frac{5m-1}{7m}\varepsilon+\frac{63m-11}{192m}\varepsilon^2$$

und daraus für die schon in Ziff. **29** benützte Scheibe, also für $\beta^2=0{,}8484\cdot 10^5\,\mathrm{sek}^{-2}$, $\omega^2=10^5\,\mathrm{sek}^{-2}$ und $m=10/3$ zufolge (9) den Näherungswert

$$\lambda_1^*=10^5 N(\varepsilon)\qquad\text{mit}\qquad N(\varepsilon)\equiv\frac{138{,}89+295{,}53\varepsilon+266{,}85\varepsilon^2}{28+48\varepsilon+21\varepsilon^2}.$$

Bestimmt man das Minimum von $N(\varepsilon)$ nach der Regel (**29**, 35), so kommt $\lambda_1^*=4{,}7030\cdot 10^5\,\mathrm{sek}^{-2}$ und daraus

$$\alpha_1^*=109{,}14\ \mathrm{Hz}\quad[\text{für } \mathsf{Z}=\varrho^2(1+\varepsilon\varrho)]. \tag{11}$$

Der Ansatz $\mathsf{Z}=\varrho^2(1-A\varrho+B\varrho^2)$, der mit $A=154/267$ und $B=14/89$ die Randbedingungen (**34**, 16) und (**34**, 17) auch am Außenrand genau erfüllt, liefert nach allerdings viel mühsamerer Rechnung

$$J^k=0{,}06509,\quad J^b=0{,}17478,\quad J^\omega=0{,}15496$$

und daraus $\lambda_1^*=4{,}6584\cdot 10^5\,\mathrm{sek}^{-2}$ und also

$$\alpha_1^*=108{,}62\ \mathrm{Hz}\quad[\text{für } \mathsf{Z}=\varrho^2(1-A\varrho+B\varrho^2)]. \tag{12}$$

Dieser Wert stellt eine noch etwas tiefere obere Schranke für den richtigen Wert α_1 dar.

Eine untere Schranke kann nun für die mit Knotendurchmessern schwingende Vollscheibe gleicher Dicke ebenfalls angegeben werden. Für die nichtrotierende, aber biegesteife Scheibe hat man nämlich bei $k=2$ Knotendurchmessern[1])

$$\lambda_1'=2{,}6525\beta^2;$$

für die rotierende, aber nicht biegesteife Scheibe hingegen gilt[2])

$$\lambda_1''=\left(\frac{m-1}{4m}k^2+\frac{3m+1}{4m}k\right)\omega^2,$$

also in unserem Falle mit $m=10/3$

$$\lambda_1''=2{,}35\omega^2,$$

und somit kommt nach (10) als untere Schranke

$$\lambda_1^{**}=\lambda_1'+\lambda_1''=4{,}5983\cdot 10^5\,\mathrm{sek}^{-2},$$

[1]) H. Lamb u. R. V. Southwell, Proc. Roy. Soc. Lond. 99 (1921) S. 276.
[2]) H. Lamb u. R. V. Southwell, a. a. O. S. 274.

also

$$\alpha_1^{**} = 107{,}92 \text{ Hz} \quad \text{(untere Schranke)}. \tag{13}$$

Verbindet man die oberen Schranken (11) und (12) mit der unteren Schranke (13), so sieht man, daß der Näherungswert (11) höchstens um 1,13% vom wahren Wert abweichen kann, der Näherungswert (12) sogar höchstens um 0,65%, und daß wiederum der Ansatz mit Erfüllung aller Randbedingungen ein besseres Ergebnis liefert als der Ansatz, der die dynamischen Randbedingungen verletzt. Jedenfalls ist der wahre Wert bestimmt in den Grenzen

$$107{,}92 < \alpha_1 < 108{,}62 \text{ (Hz)} \tag{14}$$

zu suchen. Er ist damit praktisch außerordentlich genau bekannt.

Vergleicht man dieses Ergebnis mit dem von Ziff. **29**, so sieht man vor allem die viel größere Genauigkeit und Brauchbarkeit der jetzigen Näherungen für die Fächerschwingungen gegenüber denen für die Schirmschwingungen. Das ist nun keineswegs zufällig, sondern hat folgenden Grund. Bei den Schirmschwingungen muß sich ein Fehler $|Z - Z_1|$ im Rayleighschen Ansatz über die ganze Scheibe hin gleichmäßig stark bemerklich machen, bei den Fächerschwingungen dagegen im wesentlichen nur noch in der Umgebung der Schwingungsbauchhalbmesser $\varphi = 0, \pi/k, 2\pi/k$ usw., aber überhaupt nicht in den Knotenhalbmessern und nur wenig in deren Umgebung. Bei den Fächerschwingungen kennt man eben die genaue Schwingungsform der Scheibe schon für die $2k$ Knotenhalbmesserazimute φ, und damit sind die denkbaren Schwingungsformen in viel engere Grenzen gezwungen als bei den noch völlig freien Schirmschwingungen. Dazu kommt, daß die „azimutale" Schwingungsform, die in z durch den Faktor $\cos k\varphi$ ausgedrückt ist, bei den Fächerschwingungen sich als exakt richtig erweist.

Während also die Rayleighsche Methode zwar bei den Schirmschwingungen nur mäßig genaue Näherungen erwarten läßt, so wird man doch ziemlich sicher vermuten dürfen, daß sie für die Fächerschwingungen auch bei anderen, beliebigen Scheiben recht gute Werte liefert, und zwar offenbar um so bessere, je größer die Zahl k der Knotendurchmesser ist.

36. Die tiefsten Fächerschwingungen von Scheiben mit beliebigem Profil. Das praktisch wichtigste unter allen Scheibenschwingungsproblemen sind nun schließlich die knotenkreisfreien Fächerschwingungen von Scheiben beliebigen Profils mit Nabe und mit Schaufeln, und zwar, je nach der Beaufschlagung (vgl. Ziff. **14**), hauptsächlich für $k = 2$ und $k = 3$ Knotendurchmesser. Bei der Ermittlung dieser Grundfrequenzen nach der Rayleighschen Methode können wir uns eng an Ziff. **30** anlehnen, wo dieselbe Aufgabe für die Schirmschwingung gelöst worden ist. Wir müssen eben wieder die Schaufeln in geeigneter Weise zur Scheibe hinzunehmen, und zwar wieder genau so, wie in Ziff. **30** ausgeführt worden ist.

Mit den Bezeichnungen von Abb. 54 (Ziff. **30**) und mit

$$\varrho = \frac{r}{R}, \qquad \eta = \frac{y}{h}, \qquad \mathsf{Z} \equiv \frac{Z}{R} \tag{1}$$

kommt jetzt als Verallgemeinerung der entsprechenden Formeln von Ziff. **30** und **35**

$$K = \frac{\pi}{2}\frac{\gamma}{g} h R^4 J^k$$

mit

$$\left.J^k = \int_{\varrho_0}^{\varrho_c} \eta\, \mathsf{Z}^2 \varrho\, d\varrho,\right\} \tag{2}$$

$$\mathfrak{A}^b = \frac{\pi}{2} E h^3 J^b$$

mit

$$J^b = \frac{m^2}{12(m^2-1)} \int_{\varrho_0}^{\varrho_b} \eta^3 \left\{ \left(\frac{d^2 \mathsf{Z}}{d\varrho^2} + \frac{1}{\varrho} \frac{d\mathsf{Z}}{d\varrho} - k^2 \frac{\mathsf{Z}}{\varrho^2} \right)^2 - 2 \frac{m-1}{m} \left[\frac{1}{\varrho} \frac{d^2 \mathsf{Z}}{d\varrho^2} \left(\frac{d\mathsf{Z}}{d\varrho} - k^2 \frac{\mathsf{Z}}{\varrho} \right) - \right.\right.$$
$$\left.\left. - \frac{k^2}{\varrho^2} \left(\frac{d\mathsf{Z}}{d\varrho} - \frac{\mathsf{Z}}{\varrho} \right)^2 \right] \right\} \varrho \, d\varrho + \frac{1}{12} \int_{\varrho_b}^{\varrho_c} \eta_*^3 \left(\frac{d^2 \mathsf{Z}}{d\varrho^2} \right)^2 \varrho \, d\varrho, \tag{3}$$

$$\mathfrak{A}^\omega = \frac{\pi}{2} \frac{\gamma}{g} h R^4 J^\omega \omega^2$$

mit

$$J^\omega = \int_{\varrho_0}^{\varrho_c} \eta \frac{\sigma_r}{(\gamma/g) R^2 \omega^2} \left(\frac{d\mathsf{Z}}{d\varrho} \right)^2 \varrho \, d\varrho + k^2 \int_{\varrho_0}^{\varrho_b} \eta \frac{\sigma_\varphi}{(\gamma/g) R^2 \omega^2} \frac{\mathsf{Z}^2}{\varrho} d\varrho. \tag{4}$$

Über die Schaufeln hinweg darf man σ_r auch hier als linear veränderlich ansehen, und bezüglich η_* vergleiche man Ziff. **30**. Mit den Integralen J^k, J^b und J^ω hat man den Näherungswert

$$\lambda_1 \leq \frac{J^b \beta^2 + J^\omega \omega^2}{J^k} \qquad \left(\beta^2 = \frac{E h^2}{(\gamma/g) R^4} \right). \tag{5}$$

Je nach den Ansprüchen an die Genauigkeit und je nach der Mühe, die man demgemäß aufwenden will, kann man die weitere Rechnung an einen der folgenden Ansätze anschließen.

Der Ansatz

$$\mathsf{Z} = \varrho^\varepsilon - \varrho_0^\varepsilon, \tag{6}$$

der zwar am Innenrand die Einspannbedingung verletzt, aber dafür die Nachgiebigkeit der Welle einigermaßen wiedergeben mag, führt auf

$$\lambda_1 \leq \frac{1}{J^k} \left\{ \beta^2 \left[a_1 A_1 + a_2 A_2 + a_3 A_3 + \frac{1}{12} \varepsilon^2 (\varepsilon - 1)^2 A_4 \right] + \omega^2 (\varepsilon^2 B_1 + k^2 B_2) \right\} \tag{7}$$

mit den von ϱ_0, m, k und ε abhängigen Vorzahlen

$$\left.\begin{aligned}
a_1 &= \frac{m}{6(m+1)} \left[\frac{m}{2(m-1)} (\varepsilon^2 - k^2)^2 - (\varepsilon - 1)(\varepsilon^2 - 2\varepsilon k^2 + k^2) \right],\\
a_2 &= k^2 \varrho_0^\varepsilon \frac{m}{6(m+1)} \left[\frac{m}{m-1} (\varepsilon^2 - k^2) - (\varepsilon - 1)(\varepsilon - 2) \right],\\
a_3 &= k^2 \varrho_0^{2\varepsilon} \frac{m}{6(m+1)} \left[\frac{m}{2(m-1)} k^2 + 1 \right]
\end{aligned}\right\} \tag{8}$$

und den dimensionslosen Integralen

$$\left.\begin{aligned}
J^k &= \int_{\varrho_0}^{\varrho_c} \eta (\varrho^\varepsilon - \varrho_0^\varepsilon)^2 \varrho \, d\varrho,\\
A_1 &= \int_{\varrho_0}^{\varrho_b} \eta^3 \varrho^{2\varepsilon-3} d\varrho, \quad A_2 = \int_{\varrho_0}^{\varrho_b} \eta^3 \varrho^{\varepsilon-3} d\varrho, \quad A_3 = \int_{\varrho_0}^{\varrho_b} \frac{\eta^3}{\varrho^3} d\varrho, \quad A_4 = \int_{\varrho_b}^{\varrho_c} \eta_*^3 \varrho^{2\varepsilon-3} d\varrho,\\
B_1 &= \int_{\varrho_0}^{\varrho_c} \eta \frac{\sigma_r}{(\gamma/g) R^2 \omega^2} \varrho^{2\varepsilon-1} d\varrho, \qquad B_2 = \int_{\varrho_0}^{\varrho_b} \eta \frac{\sigma_\varphi}{(\gamma/g) R^2 \omega^2} \frac{(\varrho^\varepsilon - \varrho_0^\varepsilon)^2}{\varrho} d\varrho.
\end{aligned}\right\} \tag{9}$$

Man hat die nur noch vom Scheibenprofil und vom Parameter ε abhängigen Integrale für verschiedene Werte ε auszuwerten (in der Regel am besten graphisch), trägt dann die rechte Seite von (7) über eine Abszisse ε auf und findet so den Minimalwert λ_1^*.

Als Beispiel nehmen wir eine Scheibe gleicher Festigkeit (Abb. 17 von Ziff. **10**), und zwar mit folgenden Werten (bezeichnet nach Abb. 54 von Ziff. **30**): $r_0 = 12$ cm (der weiter innen liegende Scheibenteil gilt mit der Welle als starr verbunden), $r_b = 50$ cm, $r_c = 60$ cm, $\gamma = 7{,}85 \cdot 10^{-3}$ kg/cm³, $m = 10/3$, $\sigma = 500$ kg/cm², $\omega^2 = 10^5$ sek^{-2} ($n = 3020$ Uml/min), $y(0) = 15{,}6$ cm und also $y(r_b) = 2{,}11$ cm. Für die Schaufeln sei am Fuß $y = 0{,}40$ cm, $y_* = 0{,}45$ cm, an der Spitze $y = 0{,}30$ cm, $y_* = 0{,}37$ cm, und die Fliehkraftspannung nehme längs der Schaufel linear ab.

Man kann hier für ganzzahlige ε die Integrale (9) elementar auswerten oder auf das Fehlerintegral und den Integrallogarithmus (welche beide tabuliert sind) zurückführen; für halbzahlige ε kommen noch die leicht tabulierbaren Integrale $\int e^{-t^2} \sqrt{t}\, dt$ und $\int e^{-t^2} dt/\sqrt{t}$ hinzu. Auf diese Weise gewinnt man beispielsweise für $k = 0$, $k = 1$, $k = 2$ und $k = 3$, also für die Schirmschwingung und für die Fächerschwingungen mit ein, zwei oder drei Knotendurchmessern, die Kurven von Abb. 59, in welchen sogleich $\alpha = \sqrt{\lambda}/2\pi$ über ε aufgetragen ist. Die Minimalwerte sind

$$\alpha_{10}^* = 539 \text{ Hz},$$
$$\alpha_{11}^* = 638 \text{ Hz},$$
$$\alpha_{12}^* = 777 \text{ Hz},$$
$$\alpha_{13}^* = 955 \text{ Hz}.$$

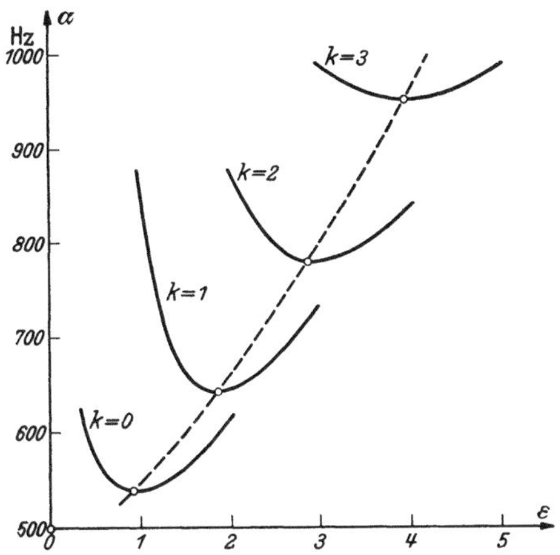

Abb. 59. Zur Bestimmung der Schwingungsfrequenzen einer Scheibe gleicher Festigkeit.

Im allgemeinen genauer als der Ansatz (6) ist der auch schon in (**30**, 16) vorgeschlagene Ansatz $\mathsf{Z} = (\varrho - \varrho_0)^2 + \varepsilon(\varrho - \varrho_0)^3$, der wenigstens die Einspannbedingung am Innenrand erfüllt. Allerdings werden nun die expliziten Formeln [als Erweiterungen zu (**30**, 17) und (**30**, 18)] mit $k \neq 0$ so unbequem, daß es hier zweckmäßiger ist, im wesentlichen graphisch vorzugehen. Dann aber erfordert es kaum mehr Mühe, sogleich zu den sicherlich noch besseren Ansätzen

$$\frac{d^2\mathsf{Z}}{d\varrho^2} = \frac{(\varrho_b - \varrho)^2}{\eta^3} + \frac{a}{\eta^3}, \qquad \frac{d^2\overline{\mathsf{Z}}}{d\varrho^2} = \frac{(\varrho_b - \varrho)^3}{\eta^3} + \frac{\bar{a}}{\eta^3} \tag{10}$$

zu greifen, in welchen entweder die günstigsten Werte von a und $\bar{a}$ nach den Überlegungen von Ziff. **30** bestimmt werden, oder aber einfacher (und bei Scheiben mit Kränzen meist genau genug) $a = \bar{a} = 0$ gewählt wird. Dann liefert der Ansatz

$$\frac{d^2\mathsf{Z}_*}{d\varrho^2} = \frac{d^2\mathsf{Z}}{d\varrho^2} + \varepsilon \frac{d^2\overline{\mathsf{Z}}}{d\varrho^2} \tag{11}$$

samt den aus ihm durch graphische Integration mit den Randbedingungen $\mathsf{Z}_* = d\mathsf{Z}_*/d\varrho = 0$ für $\varrho = \varrho_0$ folgenden Funktionen $d\mathsf{Z}_*/d\varrho$ und Z_*, in (2) bis (5) eingesetzt, wieder eine gebrochene quadratische Funktion

$$\lambda_1^* = \beta^2 N(\varepsilon) \quad \text{mit} \quad N(\varepsilon) = \frac{a + b\varepsilon + c\varepsilon^2}{A + B\varepsilon + C\varepsilon^2}, \tag{12}$$

und zwar hat man sofort

$$
\left.
\begin{aligned}
a &= \frac{m^2}{12(m^2-1)}\int\limits_{\varrho_0}^{\varrho_b} \eta^3 \left\{\left(\frac{d^2Z}{d\varrho^2}+\frac{1}{\varrho}\frac{dZ}{d\varrho}-k^2\frac{Z}{\varrho^2}\right)^2-2\,\frac{m-1}{m}\left[\frac{1}{\varrho}\frac{d^2Z}{d\varrho^2}\left(\frac{dZ}{d\varrho}-k^2\frac{Z}{\varrho}\right)-\frac{k^2}{\varrho^2}\left(\frac{dZ}{d\varrho}-\frac{Z}{\varrho}\right)^2\right]\right\}\varrho\,d\varrho+\\
&\quad+\frac{1}{12}\int\limits_{\varrho_b}^{\varrho_c}\eta_*^3\left(\frac{d^2Z}{d\varrho^2}\right)^2\varrho\,d\varrho+\frac{\omega^2}{\beta^2}\left[\int\limits_{\varrho_0}^{\varrho_c}\eta\,\frac{\sigma_r}{(\gamma/g)\,R^2\omega^2}\left(\frac{dZ}{d\varrho}\right)^2\varrho\,d\varrho+k^2\int\limits_{\varrho_0}^{\varrho_b}\eta\,\frac{\sigma_\varphi}{(\gamma/g)\,R^2\omega^2}\,\frac{Z^2}{\varrho}\,d\varrho\right],\\
b &= \frac{m^2}{6(m^2-1)}\int\limits_{\varrho_0}^{b}\eta^3\left\{\left(\frac{d^2Z}{d\varrho^2}+\frac{1}{\varrho}\frac{dZ}{d\varrho}-k^2\frac{Z}{\varrho^2}\right)\left(\frac{d^2\overline{Z}}{d\varrho^2}+\frac{1}{\varrho}\frac{d\overline{Z}}{d\varrho}-k^2\frac{\overline{Z}}{\varrho^2}\right)-\frac{m-1}{m}\left[\frac{1}{\varrho}\frac{d^2Z}{d\varrho^2}\left(\frac{d\overline{Z}}{d\varrho}-k^2\frac{\overline{Z}}{\varrho}\right)+\right.\right.\\
&\quad\left.\left.+\frac{1}{\varrho}\frac{d^2\overline{Z}}{d\varrho^2}\left(\frac{dZ}{d\varrho}-k^2\frac{Z}{\varrho}\right)-2\frac{k^2}{\varrho^2}\left(\frac{dZ}{d\varrho}-\frac{Z}{\varrho}\right)\left(\frac{d\overline{Z}}{d\varrho}-\frac{\overline{Z}}{\varrho}\right)\right]\right\}\varrho\,d\varrho+\frac{1}{6}\int\limits_{\varrho_b}^{\varrho_c}\eta_*^3\,\frac{d^2Z}{d\varrho^2}\,\frac{d^2\overline{Z}}{d\varrho^2}\,\varrho\,d\varrho+\\
&\quad+2\frac{\omega^2}{\beta^2}\left[\int\limits_{\varrho_0}^{\varrho_c}\eta\,\frac{\sigma_r}{(\gamma/g)\,R^2\omega^2}\,\frac{dZ}{d\varrho}\,\frac{d\overline{Z}}{d\varrho}\,\varrho\,d\varrho+k^2\int\limits_{\varrho_0}^{\varrho_b}\eta\,\frac{\sigma_\varphi}{(\gamma/g)\,R^2\omega^2}\,\frac{Z\overline{Z}}{\varrho}\,d\varrho\right],\\
c &= \text{dem Ausdruck } a,\text{ jedoch mit } \overline{Z} \text{ statt } Z,\\
&A=\int\limits_{\varrho_0}^{\varrho_c}\eta\,Z^2\varrho\,d\varrho,\qquad B=2\int\limits_{\varrho_0}^{\varrho_c}\eta\,Z\,\overline{Z}\varrho\,d\varrho,\qquad C=\int\limits_{\varrho_0}^{\varrho_c}\eta\,\overline{Z}^2\varrho\,d\varrho.
\end{aligned}
\right\}\quad(13)
$$

Die graphische Auswertung dieser Ausdrücke an Hand der Kurven, welche Z, $\overline{Z}$ und ihre Ableitungen über der Abszisse ϱ darstellen, bereitet keine Schwierigkeiten. Das daraus vollends nach der Vorschrift (**29**, 35) berechenbare Minimum von λ_1^* (12) ist dann ein praktisch wohl stets hinreichend genauer Näherungswert von λ_1 für jede Fächerschwingung ohne Knotenkreise.

Wir wählen als Beispiel eine Scheibe, deren Profil in Abb. 60 dargestellt ist, und zwar mit folgenden Werten: $\gamma = 7{,}85\cdot 10^{-3}$ kg/cm³, $E = 2{,}2\cdot 10^6$ kg/cm², $m = 10/3$, $\omega^2 = 10^5$ sek⁻² ($n = 3020$ Uml/min). Die nach Ziff. **9** ermittelten Spannungen σ_r und σ_φ sind ebenfalls in Abb. 60 angegeben, ebenso die nach (10) mit $a = \bar{a} = 0$ gebildeten Ansätze Z und $\overline{Z}$ samt ihren Ableitungen. Die reduzierte Schaufelbreite ist am Schaufelfuß $y_b = 0{,}45$ cm, an der Schaufelspitze $y_c = 0{,}37$ cm und als linear abnehmend gerechnet. Man findet für $k = 2$, also für die Fächerschwingung mit zwei Knotendurchmessern,

$$
\begin{aligned}
a &= 68{,}38\cdot 10^{-6}, & b &= 48{,}04\cdot 10^{-6}, & c &= 9{,}53\cdot 10^{-6},\\
A &= 1{,}041\cdot 10^{-6}, & B &= 0{,}780\cdot 10^{-6}, & C &= 0{,}1465\cdot 10^{-6}
\end{aligned}
$$

und daraus nach (**29**, 35) $N(\varepsilon)_{\min} = 63{,}47$ und also mit $\beta^2 = 2{,}701\cdot 10^4$ sek⁻² nach (12) eine Eigenfrequenz von

$$\alpha_{12}^* = 208{,}3\ \text{Hz}.$$

Man darf nach den Erörterungen von Ziff. **35** annehmen, daß dieser Wert mit keinem größeren Fehler als etwa 1% behaftet ist, soweit man die Scheibe am Innenrand wirklich als starr eingespannt ansehen kann. Die Nachgiebigkeit der Einspannung, d. h. die Elastizität der Welle mag diese Frequenz noch ein wenig herabsetzen; doch läßt sich dieser (jedenfalls nur kleine) Einfluß rechnerisch kaum zuverlässig berücksichtigen.

Wir erinnern daher daran, daß das Modellgesetz von Ziff. **31** auch für die Fächerschwingungen gilt und also die Nachprüfung berechneter Frequenzen an einem kleinen Modell der Scheibe mit verhältnismäßig einfachen Mitteln möglich macht.

Gemäß einer Bemerkung zu Beginn von Ziff. **33** darf man die zweite (größere) Wurzel N' der Bestimmungsgleichung (**29**, 35) von N zur Berechnung eines Näherungswertes für die Eigenfrequenz α_2 der ersten Oberschwingung benützen. Man findet hier $N'=2895$ und somit $\alpha_{22}^*=1408$ Hz, und zwar mit $\varepsilon'=-2{,}66$, also genau einem Knotenpunkt bei $r_1=63{,}74$ cm (wie man aus $\mathsf{Z}+\varepsilon\overline{\mathsf{Z}}=0$ berechnet) zwischen Außen- und Innenrand der Scheibe. Der Wert α_{22}^* ist daher

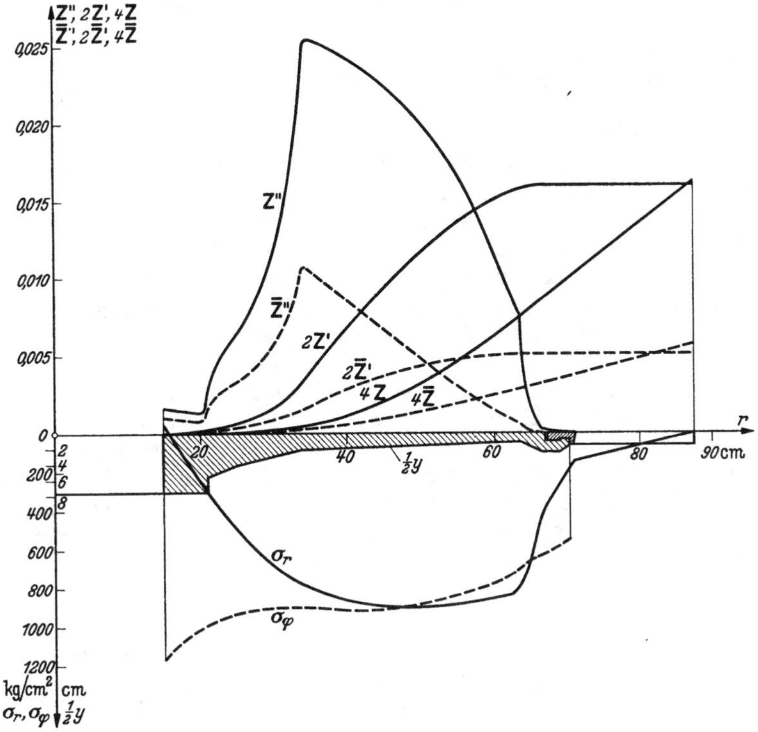

Abb. 60. Beliebige Scheibe samt Spannungsverteilung und Biegeformen Z und $\overline{\mathsf{Z}}$.

tatsächlich eine Näherung für die Eigenfrequenz α_{22} der ersten Oberschwingung (mit zwei Knotendurchmessern und einem Knotenkreis), und man wird vermuten dürfen, daß er (da ja die Annäherung an die Eigenfrequenz α_{12} der Grundschwingung nach den Erörterungen von Ziff. **35** sicherlich sehr gut ist) für praktische Zwecke um so eher annehmbar sein mag, als bei einer so hohen Frequenz keine besonders große Genauigkeit mehr erforderlich ist.

Schließlich soll noch bemerkt werden, daß neben der von uns hier benützten Rayleighschen Methode natürlich auch die Galerkinsche Methode und ihr Gegenstück (Kap. III, Ziff. **17** und **18**) zur Berechnung der Scheibenschwingungen verwendet werden könnten. Durchgeführte Zahlenbeispiele lassen jedoch erkennen, daß diese Methoden hier im allgemeinen weniger zu empfehlen sind als jene. Wir werden der Galerkinschen Methode und ihrem Gegenstück aber einen wichtigen Platz bei der nun folgenden Ermittlung der Schaufelschwingungen einräumen.

Kapitel IX.

Dampfturbinenschaufeln.

1. Einleitung. Ein weiterer Bauteil, der bei Dampfturbinen sorgfältiger Berechnung bedarf, sind die Lauf- und Leitschaufeln. Ihre Beanspruchung rührt her von der stationären Dampfkraft, ferner von der Fliehkraft und endlich von etwaigen Biegeschwingungen. Auch torsionale Beanspruchungen können vorkommen, sind dann aber wohl stets recht geringfügig und werden daher im folgenden nicht weiter beachtet.

Wir behandeln zuerst die Formgebung der Schaufel gleicher Festigkeit für Axialturbinen im Fliehkraftfeld, sodann allgemein die Biegung der Schaufeln, wobei insbesondere der Einfluß von Bindedrähten und Deckbändern, ferner die Nachgiebigkeit der Einspannung und endlich die Wirkung der Fliehkraft sich als wichtig erweisen werden, und zwar sowohl bei Axial- wie bei Radialturbinen (§ 1).

Hiernach folgt die Ermittlung der Eigenfrequenzen der Biegeschwingungen für solche Schaufeln (§ 2), eine Aufgabe, die im Hinblick auf die große Gefahr von Schwingungsbrüchen im Resonanzfall von großer praktischer Bedeutung ist. Derartige Schwingungen können unmittelbar von den intermittierenden Dampfkräften auf die an den Leitschaufeln vorbeistreichenden Laufschaufeln erregt werden, gelegentlich aber auch von den Schwingungen der Scheiben (Kap. VIII) und von Unwuchten oder kritischen Drehzahlen des ganzen Rotors (Kap. X).

§ 1. Die Dehnung und Biegung der Schaufeln.

2. Beanspruchung durch die Fliehkraft; Schaufel gleicher Festigkeit. Wir beginnen mit der einfachen Hilfsaufgabe, die Spannung σ zu ermitteln, die in einer mit der Laufscheibe rasch rotierenden Laufschaufel durch die Fliehkraft geweckt wird. In Abb. 1 bedeutet r_0 den Halbmesser des Außenrands der Scheibe, l die Schaufellänge, F_0, F und F_l ihre Querschnitte am Schaufelfuß ($x=0$), an einer beliebigen Stelle x und an der Schaufelspitze ($x=l$), und D ist das auf eine Schaufel etwa noch entfallende Deckbandstück (von dem wir annehmen dürfen, daß es keine nennenswerten Längskräfte überträgt). Das Gleichgewicht zwischen der auf ein Schaufelelement dx wirkenden Fliehkraft $(\gamma/g)(r_0+x)\omega^2 F\,dx$ und den Schnittkräften σF und $\sigma F+d(\sigma F)$ gibt sofort die Beziehung

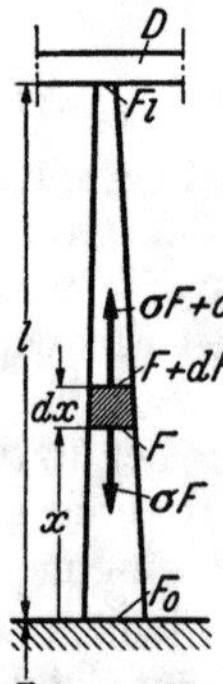

Abb. 1. Die Spannungen am Schaufelelement.

$$d(\sigma F) = -\frac{\gamma}{g}\omega^2 F\,(r_0+x)\,dx. \tag{1}$$

Dabei ist wieder ω die Drehgeschwindigkeit und γ das spezifische Gewicht des Schaufelbaustoffes. Wir wollen zwei Folgerungen aus (1) ziehen.

Integriert man (1) über die ganze Schaufellänge und beachtet, daß mit dem auf die Schaufel entfallenden Deckbandstück vom Gewicht G_D die Spannung an der Schaufelspitze den Wert

$$\sigma_1 = \frac{G_D\,(r_0+l)\,\omega^2}{g F_l} \tag{2}$$

hat, so kommt für die Spannung am Schaufelfuß

$$\sigma_0 = \frac{F_l}{F_0}\sigma_1 + \frac{\gamma\omega^2}{g F_0}\int_0^l F(x)\,(r_0 + x)\,dx \tag{3}$$

und ebenso, wenn man (1) zwischen den Grenzen 0 und x integriert, für die Spannung an einer beliebigen Stelle

$$\sigma = \frac{F_0}{F}\sigma_0 - \frac{\gamma\omega^2}{g F}\int_0^x F(x)\,(r_0 + x)\,dx. \tag{4}$$

Damit ist die Berechnung der Spannungsverteilung und insbesondere der Spannung σ_0 am Schaufelfuß, die in der Regel den Größtwert darstellt, bei gegebener Querschnittsverteilung $F(x)$ längs der Schaufel auf einfache Quadraturen zurückgeführt.

Bei großen Schaufeln in Niederdruckstufen nehmen diese Spannungen oft so große Werte an, daß man die Forderung stellen muß, die Schaufel als Körper gleicher Festigkeit auszubilden. Integriert man (1) noch einmal, jetzt aber mit unveränderlichem σ, so kommt ganz entsprechend wie vorhin mit dem Schaufelspitzenquerschnitt

$$F_l = \frac{G_D (r_0 + l)\,\omega^2}{g\sigma} \tag{5}$$

einerseits der Schaufelfußquerschnitt

$$F_0 = F_l\, e^{a\left(1 + \frac{l}{2 r_0}\right)}, \tag{6}$$

andererseits die allgemeine Vorschrift zur Bemessung der Querschnitte

$$F = F_0\, e^{-a\frac{x}{l}\left(1 + \frac{x}{2 r_0}\right)}; \tag{7}$$

dabei ist zur Abkürzung die dimensionslose Größe

$$a = \frac{\gamma l r_0 \omega^2}{g\sigma} \tag{8}$$

benützt.

Da die Schaufellänge l zumeist viel kleiner als der Durchmesser $2r_0$ der Scheibe ist, so begnügt man sich in der Regel mit der für viele Zwecke bequemeren Näherungsvorschrift

$$F = F_0\, e^{-a'\frac{x}{l}} \qquad \text{mit } a' = \frac{\gamma l r_0 \omega^2}{g\sigma}\left(1 + \frac{l}{4 r_0}\right), \tag{9}$$

welche aus (7) entsteht, wenn man dort den nahe bei 1 liegenden Faktor $(1 + x/2r_0)$ durch seinen Mittelwert $(1 + l/4r_0)$ ersetzt. Diese Näherung ist im allgemeinen auch schon deswegen genau genug, weil die Schaufel von gleicher Festigkeit hinsichtlich der Fliehkräfte in Wirklichkeit ja noch durch zusätzliche Biegung beansprucht wird und dann doch nicht mehr genau ein Körper gleicher Gesamtfestigkeit ist. Die Berechtigung der Vorschrift (7) oder (9) stützt sich in diesem Fall darauf, daß die statischen Biegespannungen bei rasch rotierenden Schaufeln gegen die Fliehkraftspannungen in der Regel immer noch verhältnismäßig klein bleiben mögen.

3. Die Biegung der Schaufeln. Wir wenden uns jetzt zur Schaufelbiegung. Sieht man zunächst von der Fliehkraft ab, was für Leitschaufeln allgemein, für Laufschaufeln wenigstens in erster Näherung statthaft ist, so handelt es sich um eine ebenfalls elementar lösbare Aufgabe. Man darf annehmen, daß bei Laufschaufeln die Dampfkraft längs der Schaufel eine kontinuierliche Belastung q etwa nach Abb. 2 bildet, und hat diese Belastung zunächst zu zerlegen in die Komponenten q_1 und q_2 nach den beiden Hauptträgheitsachsen *2* und *1* des Querschnitts, von denen wir stets annehmen wollen, daß sie in allen Schaufelquerschnitten die gleiche Richtung haben, daß also das Hauptachsenkreuz sich längs der Schaufellänge nicht verdrehe. Bei Schaufeln ohne Bindedraht, ohne Deckband und ohne Berücksichtigung der Fliehkraft — aber auch nur bei solchen — kann man die beiden Biegungen um die Hauptachsen *1* und *2* ganz getrennt erledigen (jedoch auch bei ihnen im allgemeinen nicht, entgegen einer im Schrifttum weit verbreiteten Meinung, die beiden Biegungen in der Scheibenebene und senkrecht dazu). Bei nur einseitig eingespannten Schaufeln ohne Bindedraht und ohne Deckband läßt sich aus der Belastung q ohne weiteres das Biegemoment und daraus in bekannter Weise die größte Biegespannung sowie die größte Auslenkung bestimmen. Beiderseitige steife Einspannung kommt nur bei Leitschaufeln von unveränderlichem Querschnitt vor, und für diese kann ohne Bedenken die Belastung q über die ganze Schaufel als unveränderlich angesehen werden, so daß das größte Biegemoment (an den Einspannstellen) mit dem Betrag $\frac{1}{12} q l^2$ ebenfalls bekannt ist.

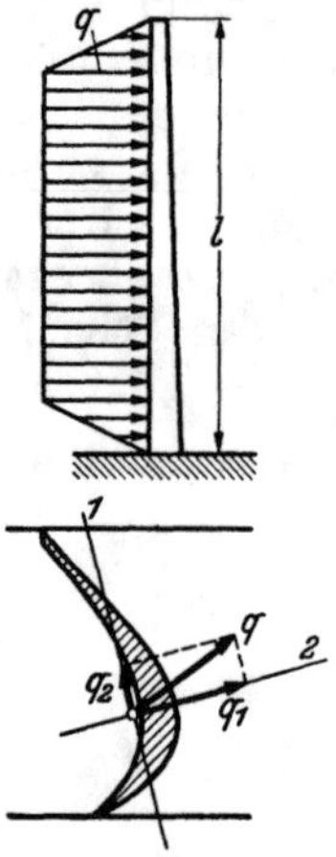

Abb. 2. Die Dampfkraft und ihre Komponenten, bezogen auf die Hauptträgheitsachsen des Querschnitts.

Bei Laufschaufeln mit B i n d e d r a h t an der Schaufelspitze geht man von Abb. 3 aus. Dort ist im Grundriß (also gesehen in Richtung eines Scheibendurchmessers) eine gebogene Schaufel dargestellt; im Aufriß (also gesehen in Richtung der Scheibenachse) sieht man die Biegelinien S zweier benachbarter Schaufeln, und ebenso noch einmal im Seitenriß, desgleichen den gebogenen und zugleich gedrehten Bindedraht. Wenn sich nämlich die Schaufeln (mit den möglicherweise längs der Schaufel veränderlichen Biegesteifigkeiten $\alpha_1 = EJ_1$ und $\alpha_2 = EJ_2$ bezüglich der Hauptachsen *1* und *2* durch den Querschnittsschwerpunkt) biegen, so muß dies auch der Bindedraht (mit der wohl stets unveränderlichen Biegesteifigkeit $\alpha' = E'J'$) tun. Dabei überträgt er von beiden Seiten her auf jede Schaufel ein Moment M' (und zwar, wie an Hand von Abb. 3 leicht zu sehen, je im gleichen Sinn), welches man mit dem Winkel β der „Schiefstellung" des Hauptachsenkreuzes *1, 2* in die Biegemomente $M' \cos\beta$ und $M' \sin\beta$ um die Hauptachsen *1* und *2* zerlegen kann. Sobald das statisch unbestimmte Moment M' gefunden ist, darf man die Biegeaufgabe im wesentlichen als gelöst betrachten.

Um M' zu bestimmen, berechnet man zuerst die von den gegebenen kontinuierlichen Dampflasten q_1 und q_2 sowie von den unbekannten Momenten $M' \cos\beta$ und $M' \sin\beta$ herrührenden Biegewinkel ψ_1 und ψ_2 der Biegungen um die beiden Hauptachsen, gemessen an der Schaufelspitze; man erhält nach den Lehren der elementaren Biegetheorie, da in der Mitte zwischen zwei Schaufelspitzen nur eine Querkraft $2M'/l$, aber kein Biegemoment im Bindedraht vorhanden ist,

$$\left.\begin{aligned} \psi_1 &= \varkappa_1 \frac{l^3 q_{10}}{6\alpha_{10}} - \lambda_1 \frac{2lM'\cos\beta}{\alpha_{10}}, \\ \psi_2 &= \varkappa_2 \frac{l^3 q_{20}}{6\alpha_{20}} + \lambda_2 \frac{2lM'\sin\beta}{\alpha_{20}}. \end{aligned}\right\} \qquad (1)$$

Hier sind $\varkappa_1$, $\varkappa_2$, λ_1, λ_2 vier dimensionslose Faktoren, die für unveränderliche Biegesteifigkeiten $\alpha_1 = \alpha_{10}$ bzw. $\alpha_2 = \alpha_{20}$ und gleichmäßige Lasten $q_1 = q_{10}$ bzw.

$q_2 = q_{20}$ je den Wert 1 annehmen und sich auch für veränderliche Biegesteifigkeiten α_1, α_2 und Lasten q_1, q_2 (wobei dann α_{10}, α_{20}, q_{10}, q_{20} irgendwelche festen Werte, etwa die Höchstwerte, sein sollen) stets rechnerisch oder graphisch in bekannter Weise ermitteln lassen. Im zweiten Glied der rechten Seiten von (1) war zu beachten, daß das Moment M' zweimal vorkommt, weil die Schaufelspitze beiderseits vom Bindedraht gehalten wird. Außerdem ist in den Formeln (1) vorausgesetzt, daß der Schaufelfuß als starr eingespannt zu gelten habe.

Die Projektionen der Biegewinkel ψ_1 und ψ_2 auf die Mittelebene der Scheibe (Aufrißebene in Abb. 3) haben die Beträge $\psi_1 \cos\beta$ und $\psi_2 \sin\beta$, wie man erkennt,

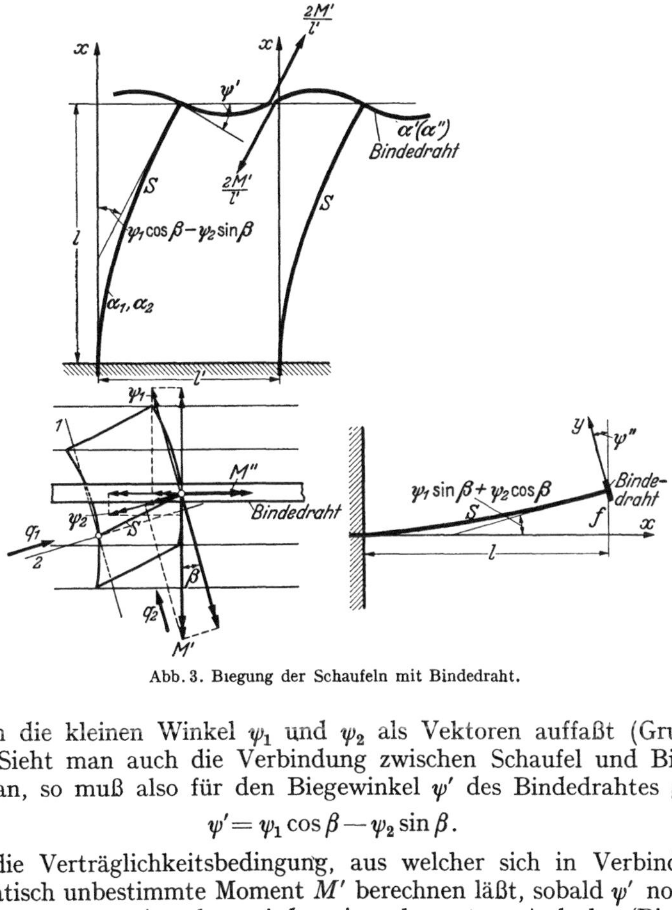

Abb. 3. Biegung der Schaufeln mit Bindedraht.

wenn man die kleinen Winkel ψ_1 und ψ_2 als Vektoren auffaßt (Grundriß in Abb. 3). Sieht man auch die Verbindung zwischen Schaufel und Bindedraht als starr an, so muß also für den Biegewinkel ψ' des Bindedrahtes gelten

$$\psi' = \psi_1 \cos\beta - \psi_2 \sin\beta. \tag{2}$$

Dies ist die Verträglichkeitsbedingung, aus welcher sich in Verbindung mit (1) das statisch unbestimmte Moment M' berechnen läßt, sobald ψ' noch in M' ausgedrückt ist. Das ist aber wieder eine elementare Aufgabe (Biegung des Bindedrahtstücks l' durch zwei gleichstimmige Endmomente M' und die zugehörigen Lagerkräfte $\pm 2\,M'/l'$ oder auch, was auf dasselbe hinauskommt, Biegung des halben Bindedrahtstücks durch eine Kraft $2\,M'/l'$), und man hat sofort

$$\psi' = \frac{l' M'}{6\,\alpha'}. \tag{3}$$

Aus (1) bis (3) folgt nun alsbald durch Elimination von ψ_1, ψ_2 und ψ' das Moment

$$M' = \frac{l^2\left(\varkappa_1 q_{10}\dfrac{\alpha'}{\alpha_{10}}\cos\beta - \varkappa_2 q_{20}\dfrac{\alpha'}{\alpha_{20}}\sin\beta\right)}{\dfrac{l'}{l} + 12\left(\lambda_1\dfrac{\alpha'}{\alpha_{10}}\cos^2\beta + \lambda_2\dfrac{\alpha'}{\alpha_{20}}\sin^2\beta\right)}. \tag{4}$$

Damit ist der Weg für die Berechnung der Spannungen und der Biegungen freigelegt: man kann jetzt ohne weiteres aus der gegebenen Lastverteilung q und aus $M'(4)$ die Komponenten M_1 und M_2 des Biegemomentes M an der Stelle x ermitteln:

$$M_1 = \int_x^l q_1(z)\,(z-x)\,dz - 2\,M'\cos\beta, \qquad M_2 = \int_x^l q_2(z)\,(z-x)\,dz + 2\,M'\sin\beta \tag{5}$$

und findet daraus in üblicher Art die Biegespannungen sowie die Ausbiegungen selbst und insbesondere die praktisch allein wichtige größte Ausbiegung in axialer Richtung (vgl. Abb. 3 im Seitenriß)

$$f = f_1 \sin\beta + f_2 \cos\beta, \tag{6}$$

wenn f_1 und f_2 die nach analog zu (1) gebauten Formeln berechenbaren Auslenkungen der Schaufelspitze bei den Biegungen um die Hauptachsen *1* und *2* sind.

Bezeichnet man mit

$$M_{q_1} = \int_0^l q_1(z)\,z\,dz, \qquad M_{q_2} = \int_0^l q_2(z)\,z\,dz \tag{7}$$

die Momente der Gesamtlast bezüglich des Schaufelfußes, so ist das Quadrat des Biegemomentes am Schaufelfuß nach (5)

$$M_0^2 = (M_{q_1} - 2\,M'\cos\beta)^2 + (M_{q_2} + 2\,M'\sin\beta)^2,$$

und dafür kann man mit

$$M_q^2 = M_{q_1}^2 + M_{q_2}^2, \qquad M_q' = M_{q_1}\cos\beta - M_{q_2}\sin\beta \tag{8}$$

kürzer schreiben

$$M_0^2 = M_q^2 - 4\,M'\,(M_q' - M'). \tag{9}$$

Hier ist nun M_q einfach das Gesamtmoment der Last q und M_q' seine Projektion auf eine Achse, die dem Vektor M' entgegengerichtet ist, und man erkennt also aus (9), daß der Bindedraht die Schaufel wirklich stützt, wenn $M_q' > M'$ ist. Man findet bei zahlenmäßiger Nachprüfung, daß dies für Bindedrähte und Schaufeln der üblichen Bauart stets zutrifft.

In erster, aber doch zumeist recht guter Näherung kann man die Formel (4) noch vereinfachen durch die Erwägung, daß in der Regel q_{10} viel größer als q_{20}, α_{10} aber wesentlich kleiner als α_{20} und $|\beta|$ ein ziemlich kleiner Winkel ist. Dies führt auf die oft ausreichende Näherung

$$M' = \frac{\varkappa_1\, l^2\, q_{10}\cos\beta}{\dfrac{l'}{l}\,\dfrac{\alpha_{10}}{\alpha'} + 12\,\lambda_1\cos^2\beta}, \tag{10}$$

welche nur die Kenntnis von $\varkappa_1$ und λ_1 erfordert.

Die vorangehenden Formeln sind eigentlich nur für den in Abb. 3 dargestellten Fall abgeleitet worden, daß die Schaufelachsen x vor der Biegung parallel wären. Man überzeugt sich aber leicht davon, daß — im Rahmen der technischen Biegelehre für kleine Durchbiegungen — die Ergebnisse unverändert auch für den wirklichen Fall gelten, daß die x-Achsen sich im Scheibenmittelpunkt treffen. Denn man braucht sich lediglich der in Abb. 3 dargestellten Biegung noch eine weitere gleichförmige Biegung des ursprünglich geraden Bindedrahtes zum Kreisbogen überlagert zu denken. Diese zusätzliche Biegung, deren Spannungen ja wohl in der Regel schon vor dem Auflegen des Bindedrahtes beseitigt werden, ist ohne Wirkung auf die Schaufeln. Allerdings kommt bei einem gekrümmten Bindedraht infolge der Drehung

$$\psi'' = \psi_1 \sin\beta + \psi_2 \cos\beta \tag{11}$$

(vgl. Abb. 3 im Seitenriß) noch eine Verformung hinzu, die wir in Kap. V, Ziff. **32** als Umstülpung bezeichnet haben. Das hierdurch geweckte, auf eine Schaufel entfallende Gegenmoment M'' ist nach (V, **32**, 14) sehr genähert

$$M'' = \frac{l'}{r_0 + l} E\psi'' \int \frac{y^2\,dF}{r_0 + l + x} \approx \left(\frac{l'}{r_0 + l}\right)^2 \frac{\alpha''}{l'} \psi'', \tag{12}$$

wo wieder r_0 der Scheibenhalbmesser und $\alpha'' = E\int y^2 dF$ die Biegesteifigkeit des Bindedrahtes um die radiale Achse (x-Achse im unverbogenen Zustand) bedeutet. Bildet man aus (3) und (12) den Quotienten

$$\frac{M''}{M'} = \left(\frac{l'}{r_0 + l}\right)^2 \frac{\alpha''}{6\alpha'} \frac{\psi''}{\psi'}, \tag{13}$$

so ist hier α'' für Drähte von kreisförmigem Querschnitt so groß wie α', für Drähte von rechteckigem Querschnitt (wie in Abb. 3 angenommen) kaum jemals größer als $6\alpha'$, dafür sind aber auf alle Fälle $[l'/(r_0 + l)]^2$ und ψ''/ψ' so klein, (die Schaufel biegt sich sicherlich in der Ebene der Scheibe stärker als senkrecht dazu), daß im ganzen der Quotient M''/M' immer eine recht kleine Zahl bleibt und also das Umstülpmoment M'' gegen das Moment M' fast stets vernachlässigt werden kann.

Will man trotzdem auch das Umstülpmoment M'' berücksichtigen, so muß man von den erweiterten Formeln (1) in der Gestalt

$$\left.\begin{aligned} \psi_1 &= \varkappa_1 \frac{l^3 q_{10}}{6\alpha_{10}} - \lambda_1 \frac{l}{\alpha_{10}} (2M' \cos\beta + M'' \sin\beta), \\ \psi_2 &= \varkappa_2 \frac{l^3 q_{20}}{6\alpha_{20}} + \lambda_2 \frac{l}{\alpha_{20}} (2M' \sin\beta - M'' \cos\beta) \end{aligned}\right\} \tag{14}$$

ausgehen und diese Werte in die aus (2), (3) und (11), (12) folgenden Gleichungen

$$\left.\begin{aligned} \frac{l'M'}{6\alpha'} &= \psi_1 \cos\beta - \psi_2 \sin\beta, \\ \left(\frac{r_0 + l}{l'}\right)^2 \frac{l'M''}{\alpha''} &= \psi_1 \sin\beta + \psi_2 \cos\beta \end{aligned}\right\} \tag{15}$$

einführen. Dann entstehen zwei lineare Gleichungen für M' und M''. Aus ihren zahlenmäßig leicht ausrechenbaren Lösungen M' und M'' (deren allgemeine Formeln wir nicht anschreiben wollen) folgen schließlich die verbesserten Werte der Komponenten des Biegemomentes zu

$$\left.\begin{aligned} M_1 &= \int_x^l q_1(z)\,(z - x)\,dz - 2M' \cos\beta - M'' \sin\beta, \\ M_2 &= \int_x^l q_2(z)\,(z - x)\,dz + 2M' \sin\beta - M'' \cos\beta \end{aligned}\right\} \tag{16}$$

mit ähnlichen Folgerungen wie oben. Doch wird es, wie gesagt, selten nötig sein, so genau zu rechnen.

Dagegen gelten die vorangehenden Formeln, streng genommen, nur für die mittleren Schaufeln einer Schaufelgruppe. Man darf sie aber ohne großen Fehler bis zu den vorletzten Schaufeln jeder Gruppe anwenden, und man wird wohl auch die Verhältnisse der beiden äußersten Schaufeln einer Gruppe immer noch recht gut treffen, wenn man dort in (5) bzw. (16) mit M' statt $2\,M'$ rechnet.

Ferner kann man die Formeln mit geringfügigen Änderungen auch auf den Fall anwenden, daß der Bindedraht nicht die Schaufelspitzen verbindet, sondern weiter innen durchgezogen ist. In diesem Falle hat man unter l nicht mehr die Schaufellänge, sondern den Abstand des Bindedrahtes vom Schaufelfuß zu verstehen. Natürlich sind in (1) nun auch die Faktoren $\varkappa_1$ und $\varkappa_2$ auf diese neue Länge l zu beziehen, sie werden beispielsweise für unveränderliche Werte von α_i und q_i nicht mehr gleich 1, sondern

$$\varkappa_i = 1 + 3\frac{L}{l}\left(\frac{L}{l} - 1\right) \qquad (i = 1, 2), \tag{17}$$

wenn mit L die Schaufellänge bezeichnet wird. Außerdem ist für die obere Grenze der Integrale in (5) und (7) sowie (16) selbstverständlich der Wert L zu nehmen.

Für Schaufeln mit Deckbändern muß man sich mit einer gewissen Näherung begnügen. Am genauesten dürfte es sein, so zu rechnen, als ob die auf den Schaufelspitzen aufliegenden Schrägstreifen des Deckbandes (in Abb. 4 schraffiert) unbiegsam wären und nur die dazwischenliegenden Schrägstreifen sich biegen könnten, wobei wir annehmen wollen, daß die Schrägstreifen parallel zur Hauptachse *1* sind. Die biegsame „Länge" l^* ist in Richtung der Hauptachse *2* zu messen, die zur Berechnung der Biegesteifigkeit α^* zu verwendende „Breite" b^* ist in Richtung der Hauptachse *1* zu nehmen, so daß also $\alpha^* = \alpha'/\cos\beta$ ist, wenn nach wie vor α' die Biegesteifigkeit des Deckbandes im gewöhnlichen Sinne, also bezogen auf seine Querachse (parallel zur Scheibenachse) bedeutet. Wir lassen lieber offen, ob l^* im einzelnen Falle genau genug abgeschätzt werden kann oder nicht vielleicht besser durch einen einfachen Versuch bestimmt werden muß.

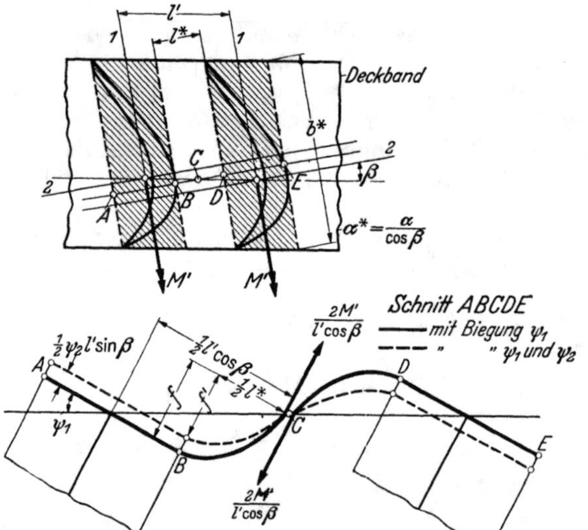

Abb. 4. Schaufeln mit Deckband.

Die Biegung des Deckbandes erfolgt, wenn sich die Schaufel um die Hauptachse *1* biegt, ebenfalls um die Achse *1*, und zwar in der Art des Schnittes A bis E in Abb. 4. Das vom Deckband auf jede Schaufel übertragene Moment ist $2M'$, und es gilt, wie man an Hand von Abb. 4 leicht ausrechnet, für den Biegewinkel der Schaufel an der Spitze

$$\psi_1 = \frac{f}{\frac{1}{2}l'\cos\beta} = \frac{l^{*3}M'}{6\alpha^* l'^2\cos^2\beta} = \frac{l^{*3}M'}{6\alpha' l'^2\cos\beta}. \tag{18}$$

Verbindet man dies mit der zu (1) analogen Gleichung

$$\psi_1 = \varkappa_1\frac{l^3 q_{10}}{6\alpha_{10}} - \lambda_1\frac{2lM'}{\alpha_{10}}, \tag{19}$$

so folgt sofort

$$M' = \frac{\varkappa_1 l^2 q_{10}\dfrac{\alpha'}{\alpha_{10}}\cos\beta}{\dfrac{l^{*3}}{l\,l'^2} + 12\lambda_1\dfrac{\alpha'}{\alpha_{10}}\cos\beta} \tag{20}$$

und dann das Biegemoment

$$M_1 = \int_x^l q_1(z)\,(z-x)\,dz - 2\,M' \tag{21}$$

nebst ähnlichen Folgerungen wie vorhin.

Von einem Umstülpmoment M'' darf man auch hier wohl immer noch absehen, wie aus der zu (13) analogen Formel hervorgeht. Zwar ist dort jetzt α'' viel größer als $6\,\alpha'$, aber die übrigen Faktoren sind so klein, daß im ganzen auch bei Deckbändern in der Regel M'' gegen M' zu vernachlässigen ist (andernfalls könnte es ganz entsprechend berücksichtigt werden). Dagegen ist noch zu überlegen, ob nicht ein weiteres Moment von der Biegung ψ_2 um die Hauptachse *2* herrühren kann. Dies ist in der Tat streng genommen der Fall. Denn hierbei verschiebt sich die Strecke AB (Abb. 4) parallel zur Strecke DE um den Betrag $\psi_2\,l'\sin\beta$, wenn l' wieder die Teilung bedeutet. Dies hat nach Abb. 4 zur Folge, daß nun statt (18) gilt

$$\psi_1 = \frac{f' + \frac{1}{2}\psi_2\,l'\sin\beta}{\frac{1}{2}\,l'\cos\beta} = \frac{l^{*3}\,M'}{6\,\alpha'\,l'^2\cos\beta} + \psi_2\,\mathrm{tg}\,\beta, \tag{22}$$

und dies gibt mit (19) und mit

$$\psi_2 = \varkappa_2\,\frac{l^3\,q_{20}}{6\,\alpha_{20}} \tag{23}$$

die genauere Formel

$$M' = \frac{l^2\left(\varkappa_1\,q_{10}\,\dfrac{\alpha'}{\alpha_{10}}\cos\beta - \varkappa_2\,q_{20}\,\dfrac{\alpha'}{\alpha_{20}}\sin\beta\right)}{\dfrac{l^{*3}}{l\,l'^2} + 12\,\lambda_1\,\dfrac{\alpha'}{\alpha_{10}}\cos\beta}. \tag{24}$$

Weil im Zähler dieses Bruches q_{20} in der Regel klein gegen q_{10}, ferner α_{20} wesentlich größer als α_{10} und endlich $|\beta|$ ziemlich klein zu sein pflegt, so kommt man in den meisten Fällen mit der Näherung (20) aus und kann dann die Koppelung, welche das Deckband eigentlich zwischen den beiden Biegungen um die Hauptachsen herstellt, unbeachtet lassen.

4. Nachgiebige Befestigung. Häufig will man berücksichtigen, daß, im Gegensatz zu unseren bisherigen Voraussetzungen, der Schaufelfuß nicht starr auf der Scheibe sitzt, sondern daß die einzelnen Schaufeln tatsächlich mit nachgiebigen Zwischenstücken aneinandergereiht sind. Nennt man ψ_1^* und ψ_2^* die Nachgiebigkeitswinkel am Schaufelfuß (um die Hauptachsen *1* und *2*), so kann man mit den zugehörigen Federungszahlen ε_1 und ε_2 und mit den Komponenten M_{10} und M_{20} des dortigen Biegemomentes

$$\psi_1^* = \varepsilon_1 M_{10}, \qquad \psi_2^* = \varepsilon_2 M_{20} \tag{1}$$

setzen.

Sind Bindedrähte vorhanden, so hat man hierin

$$M_{10} = M_{q_1} - 2\,M^*\cos\beta, \qquad M_{20} = M_{q_2} + 2\,M^*\sin\beta \tag{2}$$

einzuführen, wo M_{q_1} und M_{q_2} die Abkürzungen (**3**, 7) bedeuten und M^* das neu auszurechnende Moment des Bindedrahtes auf die Schaufel ist. Hierbei muß man statt der Verträglichkeitsbedingung (**3**, 2) die folgende zugrunde legen:

$$\psi' = (\psi_1 + \psi_1^*)\cos\beta - (\psi_2 + \psi_2^*)\sin\beta, \tag{3}$$

weil sich die tatsächlichen Biegewinkel an der Schaufelspitze nun jeweils aus den Nachgiebigkeitswinkeln ψ_1^* bzw. ψ_2^* am Schaufelfuß und den eigentlichen

Biegewinkeln (im engeren Sinne) ψ_1 bzw. ψ_2 zusammensetzen, für welche natürlich nach wie vor die Gleichungen (**3**, 1) gelten (jedoch mit M^* statt M'). Führt man die Rechnung neu durch, indem man (1) und (2) nebst (**3**, 1) und (**3**, 3) in die jetzige Verträglichkeitsbedingung (3) einsetzt, so findet man als Erweiterung von (**3**, 4)

$$M^* = \frac{l^2\left(\varkappa_1 q_{10}\frac{\alpha'}{\alpha_{10}}\cos\beta - \varkappa_2 q_{20}\frac{\alpha'}{\alpha_{20}}\sin\beta\right) + \frac{6\alpha'}{l}(\varepsilon_1 M_{q_1}\cos\beta - \varepsilon_2 M_{q_2}\sin\beta)}{\frac{l'}{l} + 12\left(\lambda_1\frac{\alpha'}{\alpha_{10}}\cos^2\beta + \lambda_2\frac{\alpha'}{\alpha_{20}}\sin^2\beta\right) + \frac{12\alpha'}{l}(\varepsilon_1\cos^2\beta + \varepsilon_2\sin^2\beta)}. \tag{4}$$

Man kann zeigen, daß M^* stets größer als M' ist, d. h., daß die Stützwirkung des Bindedrahtes bei nachgiebig gebetteten Schaufeln größer ist als bei starr gebetteten.

Bei Schaufeln mit Deckband hat man statt (2)

$$M_{10} = M_{q_1} - 2M^*, \qquad M_{20} = M_{q_2} \tag{5}$$

und statt (**3**, 22)

$$\psi_1 + \psi_1^* - (\psi_2 + \psi_2^*)\operatorname{tg}\beta = \frac{l^{*3} M^*}{6\alpha' l'^2\cos\beta}. \tag{6}$$

Man findet dann mit (**3**, 19) und (**3**, 23) als Erweiterung von (**3**, 24)

$$M^* = \frac{l^2\left(\varkappa_1 q_{10}\frac{\alpha'}{\alpha_{10}}\cos\beta - \varkappa_2 q_{20}\frac{\alpha'}{\alpha_{20}}\sin\beta\right) + \frac{6\alpha'}{l}(\varepsilon_1 M_{q_1}\cos\beta - \varepsilon_2 M_{q_2}\sin\beta)}{\frac{l^{*3}}{l\,l'^2} + 12\lambda_1\frac{\alpha'}{\alpha_{10}}\cos\beta + \frac{12\alpha'}{l}\varepsilon_1\cos\beta} \tag{7}$$

mit gleicher Folgerung wie vorhin.

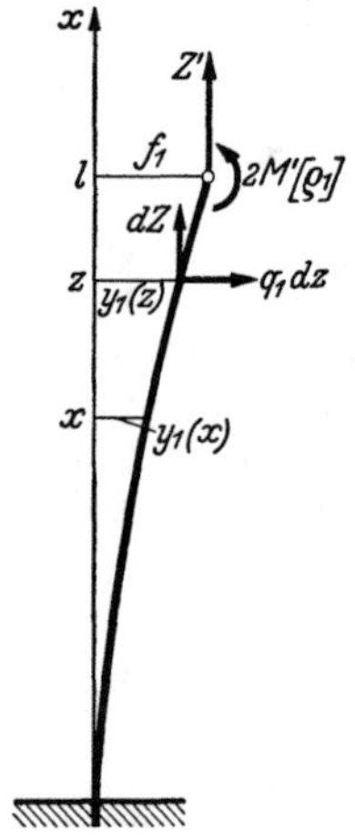

Abb. 5. Biegung der Schaufel durch Dampflast ($q_1 dz$), Fliehkraft (dZ), Endmoment $2M'[\varrho_1]$ und Fliehkraft Z' des Bindedrahtes oder Deckbandes.

5. Der Einfluß der Fliehkraft auf die Schaufelbiegung. Bei langen, rasch rotierenden Schaufeln ist es unerläßlich, auch noch den Einfluß der Fliehkräfte zu berücksichtigen. Offenbar handelt es sich darum, die Biegegleichungen nun auf den Fall zu erweitern, daß neben der Dampfkraft q und neben dem etwa vorhandenen Bindedraht- oder Deckbandmoment M' auch noch die Fliehkraft der Schaufel selbst sowie gegebenenfalls die Fliehkraft

$$Z' = \frac{G_D}{g}(r_0 + l)\,\omega^2 \tag{1}$$

des auf die Schaufel entfallenden Bindedraht- oder Deckbandstückes vom Gewicht G_D wirken, wobei r_0 wieder der Scheibenhalbmesser ist. Diese Aufgabe wird, wenn wir zunächst nur die Biegung um die Hauptachse *1* beachten, von der Differentialgleichung

$$\alpha_1\frac{d^2 y_1}{dx^2} - M_1 = 0 \tag{2}$$

beherrscht, wobei das Biegemoment M_1 mit den Bezeichnungen von Abb. 5 an der Stelle x den Wert

$$M_1 = \int_x^l q_1(z)(z-x)\,dz - 2M'[\varrho_1] - \frac{\gamma}{g}\omega^2\int_x^l [y_1(z) - y_1(x)]F(z)(r_0+z)\,dz - [f_1 - y_1(x)]Z' \tag{3}$$

hat. Mit F ist hier wieder der Schaufelquerschnitt bezeichnet, der, wie auch die Biegesteifigkeit α_1, längs der Schaufel variieren mag. Der eingeklammerte

Faktor $[\varrho_1]$ soll folgendes bedeuten: Für Schaufeln mit Bindedrähten (wobei wir uns auf den Fall beschränken, daß der Draht an der Schaufelspitze $x=l$ verläuft) ist an Stelle von $[\varrho_1]$ nach (**3**, 5) $\cos\beta$, für Schaufeln mit Deckband nach (**3**, 21) die Zahl 1 zu schreiben. Für die Biegung um die Hauptachse 2 hat man in den Gleichungen (2) und (3) die Zeiger 1 durch 2 zu ersetzen, und der Faktor $[\varrho_2]$ hat dann entsprechend (**3**, 5) und (**3**, 23) die Werte $-\sin\beta$ und 0, wie in folgender Tabelle noch einmal zusammengefaßt ist.

Bedeutung des Faktors $[\varrho_i]$	Biegung 1	Biegung 2
Schaufel mit Bindedraht	$\cos\beta$	$-\sin\beta$
Schaufel mit Deckband	1	0

Die Fliehkraft ist hier zunächst als genau parallel zur x-Achse angenommen; von dem im allgemeinen sehr kleinen Fehler, der dadurch begangen wird, werden wir später noch reden.

Wir bringen zunächst den Ansatz (1) bis (3) auf dimensionslose Form, indem wir die dimensionslosen Koordinaten

$$\xi=\frac{x}{l},\qquad \zeta=\frac{z}{l},\qquad \eta_1=\frac{y_1}{l} \tag{4}$$

benützen, ferner mit geeigneten Festwerten F_0 und α_{10} (etwa den Werten am Schaufelfuß) sowie einem Festwert q_{10}

$$F=F_0 f(\xi),\qquad \alpha_1=\alpha_{10} j_1(\xi),\qquad q_1=q_{10} p_1(\xi) \tag{5}$$

setzen, wo also $f(\xi)$, $j_1(\xi)$ und $p_1(\xi)$ die Veränderlichkeit von F, α_1 und q_1 ausdrücken, und endlich noch die dimensionslosen Abkürzungen

$$N_1=\frac{lM'}{\alpha_{10}},\qquad R_1=\frac{\gamma r_0 l^3 F_0\omega^2}{g\alpha_{10}},\qquad S=\frac{G_D}{\gamma l F_0},\qquad T_1=\frac{l^3 q_{10}}{\alpha_{10}} \tag{6}$$

verwenden. Dann lautet der Ansatz (2) mit (1) und (3)

$$\left.\begin{aligned}j_1(\xi)\frac{d^2\eta_1}{d\xi^2}-\Bigl[T_1\int_\xi^1 p_1(\zeta)(\zeta-\xi)\,d\zeta-2N_1[\varrho_1]-R_1\Bigl\{\int_\xi^1[\eta_1(\zeta)-\eta_1(\xi)]f(\zeta)\Bigl(1+\frac{l}{r_0}\zeta\Bigr)d\zeta+\\+\Bigl(1+\frac{l}{r_0}\Bigr)S\Bigl[\frac{f_1}{l}-\eta_1(\xi)\Bigr]\Bigr\}\Bigr]=0.\end{aligned}\right\} \tag{7}$$

Die direkte Auflösung der Gleichung (7), die sich durch vorherige Differentiation auf eine Differentialgleichung dritter Ordnung mit variablen Koeffizienten zurückführen ließe, wäre zwar nach der Methode möglich, die wir bei dem genau entsprechenden Scheibenbiegeproblem in Kap. VIII, Ziff. **25** entwickelt haben; wir ziehen es aber vor, sie nach einer andern und hier etwas bequemeren Methode zu behandeln, nämlich nach dem Ritzschen Verfahren in der Galerkinschen Fassung von Kap. III, Ziff. **7**. Gemäß der dort gegebenen Vorschrift haben wir uns eine Näherungslösung in der Form

$$\eta_1=a_1\mathfrak{y}_1+b_1\mathfrak{y}_2+\cdots+n_1\mathfrak{y}_n \tag{8}$$

zu bilden, wobei die Koordinatenfunktionen $\mathfrak{y}_1, \mathfrak{y}_2, \ldots, \mathfrak{y}_n$ die Randbedingungen der Differentialgleichung (7), also die Einspannbedingungen der Schaufelfüße zu erfüllen haben, und dann mit dem in (7) eingeführten Ansatz η_1 die in den $a_1, b_1, \ldots, n_1$ linearen Gleichungen

$$\int_0^1\Bigl\{j_1(\xi)\frac{d^2\eta_1}{d\xi^2}-[\cdots]\Bigr\}\mathfrak{y}_k\,d\xi=0\qquad(k=1,2,\ldots,n) \tag{9}$$

anzuschreiben, aus welchen sich die $a_1, b_1, \ldots, n_1$ eindeutig berechnen lassen.

Wenn wir die Schaufelfüße als starr eingespannt ansehen, so befriedigen die Ansätze

$$\mathfrak{y}_1 = \xi^2, \quad \mathfrak{y}_2 = \xi^3, \ldots \tag{10}$$

die Einspannbedingungen. Wir begnügen uns, genau genug, mit einem zweigliedrigen Ansatz

$$\eta_1 = a_1 \xi^2 + b_1 \xi^3 \tag{11}$$

und haben dann statt (9) explizit

$$\int_0^1 \Bigg[2 j_1(\xi)(a_1 + 3 b_1 \xi) - T_1 \int_\xi^1 p_1(\zeta)(\zeta - \xi)\, d\zeta + 2 N_1 [\varrho_1] +$$
$$+ R_1 \Big\{ \int_\xi^1 [a_1(\zeta^2 - \xi^2) + b_1(\zeta^3 - \xi^3)]\, f(\zeta) \left(1 + \frac{l}{r_0}\zeta\right) d\zeta +$$
$$+ \left(1 + \frac{l}{r_0}\right) S\,[a_1(1-\xi^2) + b_1(1-\xi^3)]\Big\}\Bigg] \xi^{1+k}\, d\xi = 0 \quad (k = 1, 2)$$

oder geordnet

$$\left.\begin{aligned} A_1 a_1 + B_1 b_1 &= P_1 - \frac{2}{3} N_1 [\varrho_1], \\ C_1 a_1 + D_1 b_1 &= Q_1 - \frac{1}{2} N_1 [\varrho_1] \end{aligned}\right\} \tag{12}$$

mit den Koeffizienten

$$\left.\begin{aligned}
A_1 &= 2\int_0^1 j_1(\xi)\, \xi^2\, d\xi + R_1 \left\{ \int_0^1 \left[\int_\xi^1 f(\zeta)\left(1 + \frac{l}{r_0}\zeta\right)(\zeta^2 - \xi^2)\, d\zeta \right] \xi^2 d\xi + \frac{2}{15}\left(1 + \frac{l}{r_0}\right) S \right\}, \\
B_1 &= 6\int_0^1 j_1(\xi)\, \xi^3\, d\xi + R_1 \left\{ \int_0^1 \left[\int_\xi^1 f(\zeta)\left(1 + \frac{l}{r_0}\zeta\right)(\zeta^3 - \xi^3)\, d\zeta \right] \xi^2 d\xi + \frac{1}{6}\left(1 + \frac{l}{r_0}\right) S \right\}, \\
C_1 &= 2\int_0^1 j_1(\xi)\, \xi^3\, d\xi + R_1 \left\{ \int_0^1 \left[\int_\xi^1 f(\zeta)\left(1 + \frac{l}{r_0}\zeta\right)(\zeta^2 - \xi^2)\, d\zeta \right] \xi^3 d\xi + \frac{1}{12}\left(1 + \frac{l}{r_0}\right) S \right\}, \\
D_1 &= 6\int_0^1 j_1(\xi)\, \xi^4\, d\xi + R_1 \left\{ \int_0^1 \left[\int_\xi^1 f(\zeta)\left(1 + \frac{l}{r_0}\zeta\right)(\zeta^3 - \xi^3)\, d\zeta \right] \xi^3 d\xi + \frac{3}{28}\left(1 + \frac{l}{r_0}\right) S \right\}, \\
P_1 &= T_1 \int_0^1 \left[\int_\xi^1 p_1(\zeta)(\zeta - \xi)\, d\zeta \right] \xi^2 d\xi, \\
Q_1 &= T_1 \int_0^1 \left[\int_\xi^1 p_1(\zeta)(\zeta - \xi)\, d\zeta \right] \xi^3 d\xi.
\end{aligned}\right\} \tag{13}$$

Diese Koeffizienten lassen sich, wenn $f(\xi)$, $j_1(\xi)$ und $p_1(\xi)$ gegeben sind, ohne weiteres ausrechnen. Für die meisten Fälle wird es genügend genau sein, sowohl die Biegesteifigkeit α_1 als den Schaufelquerschnitt F linear veränderlich anzunehmen und also zu setzen

$$\left.\begin{aligned} f(\xi) &\equiv 1 - h\,\xi \quad \text{mit} \quad h = \frac{F_0 - F_l}{F_0}, \\ j_1(\xi) &\equiv 1 - k_1 \xi \quad \text{mit} \quad k_1 = \frac{\alpha_{10} - \alpha_{1l}}{\alpha_{10}}, \end{aligned}\right\} \tag{14}$$

wo F_0 und α_{10} die Werte am Schaufelfuß, F_l und α_{1l} diejenigen an der Schaufelspitze bedeuten, und außerdem die Verteilung der Dampflast q_1 beispielsweise als durch Abb. 6 dargestellt anzusehen, so daß also

$$p_1(\xi) \equiv 1 \quad \text{für } \frac{1}{8} \leq \xi \leq \frac{7}{8}, \quad \text{sonst } p_1(\xi) \equiv 0 \tag{15}$$

sein soll. Mit diesen Annahmen findet man durch elementare Rechnung die folgenden Werte der Koeffizienten:

$$\left.\begin{aligned}
A_1 &= \frac{2}{3} - \frac{1}{2} k_1 + R_1 \left[\frac{1}{45} + \frac{2}{105}\frac{l}{r_0} - \left(\frac{2}{105} + \frac{1}{60}\frac{l}{r_0}\right) h + \frac{2}{15}\left(1 + \frac{l}{r_0}\right) S\right],\\
B_1 &= \frac{3}{2} - \frac{6}{5} k_1 + R_1 \left[\frac{1}{42} + \frac{1}{48}\frac{l}{r_0} - \left(\frac{1}{48} + \frac{1}{54}\frac{l}{r_0}\right) h + \frac{1}{6}\left(1 + \frac{l}{r_0}\right) S\right],\\
C_1 &= \frac{1}{2} - \frac{2}{5} k_1 + R_1 \left[\frac{1}{84} + \frac{1}{96}\frac{l}{r_0} - \left(\frac{1}{96} + \frac{1}{108}\frac{l}{r_0}\right) h + \frac{1}{12}\left(1 + \frac{l}{r_0}\right) S\right],\\
D_1 &= \frac{6}{5} - k_1 + R_1 \left[\frac{3}{224} + \frac{1}{84}\frac{l}{r_0} - \left(\frac{1}{84} + \frac{3}{280}\frac{l}{r_0}\right) h + \frac{3}{28}\left(1 + \frac{l}{r_0}\right) S\right],\\
P_1 &= 8{,}548 \cdot 10^{-3}\, T_1,\\
Q_1 &= 3{,}740 \cdot 10^{-3}\, T_1.
\end{aligned}\right\} \tag{16}$$

Man löst die Gleichungen (12) leicht auf:

$$\left.\begin{aligned}
a_1 &= \frac{1}{\Delta}\left[(8{,}548\, D_1 - 3{,}740\, B_1)\, 10^{-3}\, T_1 + \left(\frac{1}{2} B_1 - \frac{2}{3} D_1\right) N_1 [\varrho_1]\right],\\
b_1 &= \frac{1}{\Delta}\left[(3{,}740\, A_1 - 8{,}548\, C_1)\, 10^{-3}\, T_1 + \left(\frac{2}{3} C_1 - \frac{1}{2} A_1\right) N_1 [\varrho_1]\right]
\end{aligned}\right\} \tag{17}$$

mit

$$\Delta = A_1 D_1 - B_1 C_1 \tag{18}$$

und bildet dann den Neigungswinkel an der Schaufelspitze

$$\psi_1 = \left.\frac{d\eta_1}{d\xi}\right|_{\xi=1} = 2 a_1 + 3 b_1. \tag{19}$$

So erhält man, wenn man wieder die Werte von T_1 und N_1 aus (6) einführt,

$$\psi_1 = \varkappa_1^* \frac{l^3 q_{10}}{6 \alpha_{10}} - \lambda_1^* \frac{2 l M'[\varrho_1]}{\alpha_{10}} \tag{20}$$

mit

$$\left.\begin{aligned}
\varkappa_1^* &= \frac{10^{-3}}{\Delta}(67{,}32\, A_1 - 44{,}88\, B_1 - 153{,}86\, C_1 + 102{,}58\, D_1),\\
\lambda_1^* &= \frac{1}{\Delta}\left(\frac{3}{4} A_1 - \frac{1}{2} B_1 - C_1 + \frac{2}{3} D_1\right),
\end{aligned}\right\} \tag{21}$$

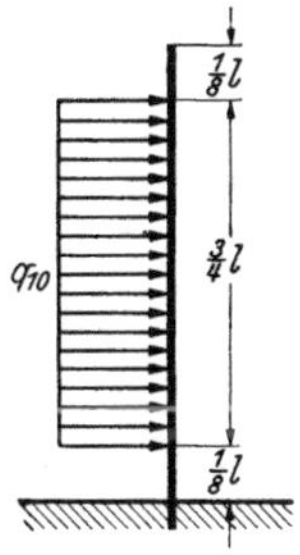

Abb. 6. Annahme uber die Dampflast q_1.

womit die Aufgabe für die Biegung um die Hauptachse *1* gelöst ist.

In gleicher Weise berechnet man für die Biegung um die Hauptachse *2* die Werte $\varkappa_2^*$ und λ_2^*, indem man in den Koeffizienten (16) nebst (6) und (14) alle α_{10}, α_{1l}, k_1, q_{10}, $[\varrho_1]$ durch α_{20}, α_{2l}, k_2, q_{20}, $[\varrho_2]$ ersetzt.

Geht man mit den so gefundenen Faktoren $\varkappa_i^*$ und λ_i^* in die Formeln (**3**, 4), (**3**, 10), (**3**, 20) und (**3**, 24) an Stelle der dortigen $\varkappa_i$ und λ_i ein, so hat man das vom Bindedraht bzw. vom Deckband ausgeübte Moment M' gefunden.

Die Komponente M_1 des Biegemonentes (und entsprechend M_2) findet man dadurch, daß man entweder die Lösung (11) in (3) einsetzt oder, etwas weniger genau, jedoch mit viel kleinerer Rechenarbeit, dadurch, daß man sie nach der [durch die Lösung (11) allerdings nur genähert erfüllten] Biegegleichung (2) berechnet, indem man bildet

$$M_1 = \alpha_1 \frac{d^2 y_1}{d x^2} = 2 \frac{\alpha_{10}}{l}\left(1 - k_1 \frac{x}{l}\right)\left(a_1 + 3 b_1 \frac{x}{l}\right), \tag{22}$$

wo jetzt nur noch die Werte (17) von a_1 und b_1 einzufügen sind. Für Schaufeln ohne Bindedraht und ohne Deckband hat man in (16) und (17) natürlich N_t und S einfach gleich Null zu setzen.

Hinsichtlich der Genauigkeit dieser Methode gilt folgendes: Wie man durch einfache Nachrechnung feststellt, würde der zweigliedrige Ansatz (11) in dem Fall, daß bei einer nichtrotierenden Schaufel von festem Querschnitt nur eine Randkraft und ein Randmoment an der Schaufelspitze, aber keine Dampfkraft wirkten, sogar die strenge Lösung ergeben. Für eine gleichmäßige Last q_{10} über die ganze Schaufel, jedoch ohne Randkraft und Randmoment, käme $\psi_1 = \frac{2}{15} l^3 q_{10}/\alpha_1$ an Stelle der strengen Lösung $\psi_1 = \frac{1}{6} l^3 q_{10}/\alpha_1$. Dieser letzte Fall ist allerdings, wie leicht zu sehen, besonders ungünstig; ein dreigliedriger Ansatz würde aber auch bei ihm die genaue Lösung liefern. Allgemein könnte man die Genauigkeit der Werte (21) mit einem mehrgliedrigen Ansatz wesentlich steigern; der viel größere Rechenaufwand würde jedoch den Gewinn hier kaum lohnen. Denn im ganzen reicht die in (21) erzielte Genauigkeit für die Lösung dieser elastostatischen Aufgabe praktisch voll aus.

Eine noch größere Genauigkeit könnte man durch die folgende Rechnung erreichen, die wir hier wenigstens noch skizzieren wollen, da wir das zu ihr analoge Verfahren bei der in dieser Hinsicht sehr viel empfindlicheren Schwingungsrechnung in Ziff. **7** bis **9** tatsächlich anwenden werden. Man geht von der aus (2) durch zweimalige Differentiation folgenden Gleichung

$$\frac{d^2}{d x^2}\left(\alpha_1 \frac{d^2 y_1}{d x^2}\right) - \frac{d^2 M_1}{d x^2} = 0 \tag{23}$$

aus, wobei nach (3)

$$\frac{d M_1}{d x} = -\int_x^l q_1(z)\, dz + \left[\frac{\gamma}{g}\, \omega^2 \int_x^l F(z)\,(r_0 + z)\, dz + Z'\right] \frac{d y_1}{d x}, \tag{24}$$

$$\frac{d^2 M_1}{d x^2} = q_1(x) - \frac{\gamma}{g}\, \omega^2 F(x)\,(r_0 + x)\, \frac{d y_1}{d x} + \left[\frac{\gamma}{g}\, \omega^2 \int_x^l F(z)\,(r_0 + z)\, dz + Z'\right] \frac{d^2 y_1}{d x^2} \tag{25}$$

ist. Jetzt verschafft man sich eine Näherungslösung von der Form

$$y_1 = a_1 \mathfrak{y}_1 + b_1 \mathfrak{y}_2 + \cdots + n_1 \mathfrak{y}_n. \tag{26}$$

wobei die Koordinatenfunktionen $\mathfrak{y}_1, \mathfrak{y}_2, \ldots, \mathfrak{y}_n$ nun aber sämtliche Randbedingungen der Differentialgleichung (23) erfüllen müssen, nämlich einerseits wieder die Einspannbedingungen am Schaufelfuß

$$\mathfrak{y}_k = 0, \qquad \frac{d \mathfrak{y}_k}{d x} = 0 \quad (k = 1, 2, \ldots, n) \quad \text{für} \quad x = 0, \tag{27}$$

andererseits die Bedingungen am Außenrand für das Biegemoment und für die Querkraft; und zwar muß dort erstens gemäß (3)

$$\alpha_1 \frac{d^2 \mathfrak{y}_k}{d x^2} = -2 M' [\varrho_1] \quad \text{für} \quad x = l$$

sein, wofür man beispielsweise für Schaufeln mit Deckband gemäß (**3**, 18) schreiben kann

$$\frac{d^2 \mathfrak{y}_k}{d x^2} + H \frac{d \mathfrak{y}_k}{d x} = 0 \quad \text{mit } H = \frac{12 \alpha' l'^2 \cos\beta}{\alpha_{1l}\, l^{*3}} \qquad \text{für} \quad x = l, \tag{28}$$

und zweitens gemäß (24)

$$\frac{d}{dx}\left(\alpha_1 \frac{d^2 \mathfrak{y}_k}{dx^2}\right) = Z' \frac{d\mathfrak{y}_k}{dx} \quad \text{für} \quad x = l,$$

wofür man [indem man noch (28) beizieht] schreiben kann

$$\frac{d^3 \mathfrak{y}_k}{dx^3} - K \frac{d\mathfrak{y}_k}{dx} = 0 \quad \text{mit} \quad K = \frac{1}{\alpha_{1l}}\left(Z' + H \frac{d\alpha_1}{dx}\right) \quad \text{für} \quad x = l. \tag{29}$$

Solche Koordinatenfunktionen $\mathfrak{y}_k$ sind leicht zu finden, beispielsweise

$$\left.\begin{aligned} \mathfrak{y}_1 &= x^2 - c_{13}x^3 + c_{14}x^4 \text{ mit } c_{13} = \frac{4(3+3Hl+Kl^2)}{3l(6+4Hl+Kl^2)}, \quad c_{14} = \frac{2+2Hl+Kl^2}{2l^2(6+4Hl+Kl^2)}, \\ \mathfrak{y}_2 &= x^2 - c_{23}x^3 + c_{25}x^5 \text{ mit } c_{23} = \frac{4+4Hl+Kl^2}{l(8+5Hl+Kl^2)}, \quad c_{25} = \frac{2+2Hl+Kl^2}{5l^3(8+5Hl+Kl^2)} \end{aligned}\right\} \tag{30}$$

usw. Bildet man mit ihnen und mit dem aus ihnen aufgebauten zweigliedrigen Ansatz y_1(26) nach der Galerkinschen Vorschrift

$$\int_0^1 \left[\frac{d^2}{dx^2}\left(\alpha_1 \frac{d^2 y_1}{dx^2}\right) - \frac{d^2 M_1}{dx^2}\right] \mathfrak{y}_k \, dx = 0 \qquad (k = 1, 2) \tag{31}$$

[vgl. dabei (25)], so hat man wieder zwei lineare Gleichungen für a_1 und b_1. Diese Gleichungen lassen sich durch elementare Rechenoperationen (wobei eben nur wieder Integrale auszuwerten sind) gewinnen und auflösen, und damit ist dann die Näherungslösung y_1(26) und aus ihr das Biegemoment $M_1 = \alpha_1 \, d^2 y_1/dx^2$ gefunden. Wir verzichten hier darauf, die Rechnung im einzelnen vorzuführen, was natürlich wieder zweckmäßig in dimensionsloser Form geschehen würde, und verweisen auf die genau entsprechende Schwingungsrechnung in Ziff. **7** bis **9**.

Wir bemerken nur noch, daß im Falle eines Bindedrahtes oder auch schon bei Deckbändern von beträchtlichem Umstülpmoment an Stelle von (**3**, 18) auf (**3**, 2) und (**3**, 3) bzw. (**3**, 22) für den Zusammenhang zwischen M' und ψ_1, ψ_2 zurückzugreifen ist, und dies bedeutet dann eine Koppelung zwischen den Biegungen y_1 und y_2 (um die beiden Hauptachsen *1* und *2*) durch die Randbedingungen (28) und (29): man muß nun die zugehörigen Näherungslösungen y_1 (26) und y_2 (mit entsprechendem Ansatz) gemeinsam durchführen, was die Rechnung natürlich sehr viel unbequemer gestaltet.

Bei unseren bisherigen Entwicklungen ist nun unbeachtet geblieben, daß die Fliehkräfte dZ und Z' in Wirklichkeit nicht genau parallel zur x-Achse wirken, sondern vom Mittelpunkt der Scheibe ausstrahlen. Wir haben so gerechnet, als ob der Scheibenhalbmesser r_0 gegen die Schaufellänge l sehr groß wäre. Die Folge ist, daß in (16) die mit dem Faktor l/r_0 behafteten Glieder ungenau sind. Da diese Glieder aber sowieso nur Korrekturen darstellen, die man in den meisten Fällen ganz weglassen kann, so hat dieser Fehler zahlenmäßig in der Regel nichts zu besagen, zumal da ja überhaupt die Berücksichtigung der Fliehkraft lediglich eine zusätzliche Maßnahme war. Man kann abschätzen, daß der Fehler, den man so begeht, sich gegenüber den an sich meist nur ziemlich kleinen anderen Fliehkraftgliedern ungefähr verhält wie l zu $4\,r_0$, also wie die Schaufellänge zum doppelten Scheibendurchmesser. Unsere Vereinfachung des Problems ist also in der Regel ohne Bedenken.

Will man indessen doch genauer rechnen (was für Niederdruckschaufeln bei kleinem Scheibenhalbmesser und verhältnismäßig großem Fliehkraftanteil in seltenen Fällen nötig sein kann), so geht man an Hand von Abb. 7 folgendermaßen vor. Dort ist im Grund- und Aufriß sowohl eine Biegung y_1 um die Hauptachse *1* als auch eine solche y_2 um die Hauptachse *2* samt den jeweiligen Fliehkraftelementen

$$dZ = \frac{\gamma}{g}\,\omega^2 F(z)\,(r_0 + z)\,dz \tag{32}$$

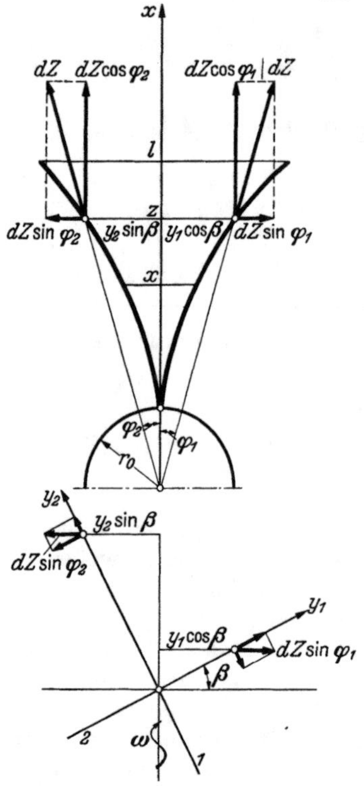

Abb. 7. Genauere Berechnung des Einflusses der Fliehkraft.

dargestellt. Dabei ist zu beachten, daß die Fliehkraft dZ stets auf der Drehachse senkrecht steht, also in der Scheibenebene liegt. Für die zugehörigen Winkel φ_1 und φ_2 gilt genau genug bei kleinen Ausbiegungen

$$\left.\begin{aligned} \cos\varphi_1 &\approx 1, \qquad \sin\varphi_1 \approx \frac{y_1\cos\beta}{r_0+z},\\ \cos\varphi_2 &\approx 1, \qquad \sin\varphi_2 \approx \frac{y_2\sin\beta}{r_0+z}. \end{aligned}\right\} \tag{33}$$

An der x-Komponente $dZ\cos\varphi_1 \approx dZ$ bzw. $dZ\cos\varphi_2 \approx dZ$ und ebenso an der x-Komponente der (in Abb. 7 nicht eingetragenen) Deckbandkraft Z' ändert sich somit nichts; dagegen liefern die Grundrißkomponenten $dZ\sin\varphi_1$ und $dZ\sin\varphi_2$ sowie die entsprechenden Deckbandkraftkomponenten (mit den Winkeln φ_1' und φ_2'), wenn man sie jeweils noch in die Richtungen *1* und *2* zerlegt, die zusätzlichen Biegemomente, herrührend von beiden Biegungen zusammen,

$$\begin{aligned} M_1' &= \int_x^l (z-x)\,(\sin\varphi_1 - \sin\varphi_2)\,dZ\cos\beta + \\ &\quad + (l-x)(\sin\varphi_1' - \sin\varphi_2')\,Z'\cos\beta, \\ M_2' &= \int_x^l (z-x)\,(\sin\varphi_2 - \sin\varphi_1)\,dZ\sin\beta + \\ &\quad + (l-x)(\sin\varphi_2' - \sin\varphi_1')\,Z'\sin\beta \end{aligned}$$

oder gemäß (1), (32) und (33)

$$\left.\begin{aligned} M_1' &= \frac{\gamma\omega^2}{g}\int_x^l \left[y_1(z)\cos\beta - y_2(z)\sin\beta\right](z-x)F(z)\cos\beta\,dz + \frac{G_D}{g}\omega^2(l-x)(f_1\cos\beta - f_2\sin\beta)\cos\beta,\\ M_2' &= \frac{\gamma\omega^2}{g}\int_x^l \left[y_2(z)\sin\beta - y_1(z)\cos\beta\right](z-x)F(z)\sin\beta\,dz + \frac{G_D}{g}\omega^2(l-x)(f_2\sin\beta - f_1\cos\beta)\sin\beta. \end{aligned}\right\} \tag{34}$$

Fügt man diese Biegemomente zu M_1(3) und der entsprechenden Formel für M_2 hinzu und wiederholt die ganze Rechnung mit dem Ansatz (11), so kommt statt dem System (12) und dem entsprechenden System für a_2 und b_2 das nunmehr gekoppelte Gleichungssystem

$$\left.\begin{aligned} (A_1 - A_1')\,a_1 + (B_1 - B_1')\,b_1 + A_2''\,a_2 + B_2''\,b_2 &= 8{,}548\cdot 10^{-3}\,T_1 - \frac{2}{3}N_1[\varrho_1],\\ (C_1 - C_1')\,a_1 + (D_1 - D_1')\,b_1 + C_2''\,a_2 + D_2''\,b_2 &= 3{,}740\cdot 10^{-3}\,T_1 - \frac{1}{2}N_1[\varrho_1],\\ (A_2 - A_2')\,a_2 + (B_2 - B_2')\,b_2 + A_1''\,a_1 + B_1''\,b_1 &= 8{,}548\cdot 10^{-3}\,T_2 - \frac{2}{3}N_2[\varrho_2],\\ (C_2 - C_2')\,a_2 + (D_2 - D_2')\,b_2 + C_1''\,a_1 + D_1''\,b_1 &= 3{,}740\cdot 10^{-3}\,T_2 - \frac{1}{2}N_2[\varrho_2]. \end{aligned}\right\} \tag{35}$$

Dabei sind A_i bis D_i wieder die alten Koeffizienten (16); die zusätzlichen Koeffizienten kann man am kürzesten in der folgenden Matrizenform schreiben (welche beispielsweise so zu lesen ist:

$$A_1' = \frac{l}{r_0}(\cdots) R_1 \cos^2\beta, \qquad A_1'' = \frac{l}{r_0}(\cdots) R_2 \sin\beta\cos\beta \text{ usw.}):$$

$$\left.\begin{aligned}
\begin{Bmatrix} A_1' & A_1'' \\ A_2' & A_2'' \end{Bmatrix} &= \frac{l}{r_0}\left(\frac{1}{84} - \frac{1}{96}h + \frac{1}{12}S\right)\begin{Bmatrix} R_1\cos^2\beta & R_2\sin\beta\cos\beta \\ R_2\sin^2\beta & R_1\sin\beta\cos\beta \end{Bmatrix},\\
\begin{Bmatrix} B_1' & B_1'' \\ B_2' & B_2'' \end{Bmatrix} &= \frac{l}{r_0}\left(\frac{1}{96} - \frac{1}{108}h + \frac{1}{12}S\right)\begin{Bmatrix} R_1\cos^2\beta & R_2\sin\beta\cos\beta \\ R_2\sin^2\beta & R_1\sin\beta\cos\beta \end{Bmatrix},\\
\begin{Bmatrix} C_1' & C_1'' \\ C_2' & C_2'' \end{Bmatrix} &= \frac{l}{r_0}\left(\frac{1}{160} - \frac{1}{180}h + \frac{1}{20}S\right)\begin{Bmatrix} R_1\cos^2\beta & R_2\sin\beta\cos\beta \\ R_2\sin^2\beta & R_1\sin\beta\cos\beta \end{Bmatrix},\\
\begin{Bmatrix} D_1' & D_1'' \\ D_2' & D_2'' \end{Bmatrix} &= \frac{l}{r_0}\left(\frac{1}{180} - \frac{1}{200}h + \frac{1}{20}S\right)\begin{Bmatrix} R_1\cos^2\beta & R_2\sin\beta\cos\beta \\ R_2\sin^2\beta & R_1\sin\beta\cos\beta \end{Bmatrix}.
\end{aligned}\right\} \tag{36}$$

Die Verkoppelung der beiden Biegungen y_1 und y_2 tritt jetzt also schon bei der Berechnung der a_i und b_i ein (und nicht, wie früher, erst bei der Berechnung von M'), und dies macht die Aufgabe zahlenmäßig viel mühsamer. Hat man aber die vier Gleichungen (35) mit den Koeffizienten (16) und (36) einmal aufgelöst, so geht die ganze weitere Rechnung, anknüpfend an (19) und die entsprechende Formel für ψ_2, ihren alten Gang.

Zuletzt ist nun auch hier noch die Berücksichtigung der Nachgiebigkeit der Einspannungen möglich. In erster Näherung wird man einfach die Formeln von Ziff. **4** verwenden, lediglich mit dem Unterschied, daß erstens ψ_1 (und entsprechend ψ_2) nicht aus (**3**, 1), (**3**, 19), (**3**, 23), sondern aus unserer jetzigen Formel (20) zu entnehmen ist, und daß zweitens die rechten Seiten der Formeln (**4**, 1) für ψ_1^* und ψ_2^* natürlich noch durch die Momente der Fliehkräfte zu ergänzen sind. Wir ersparen es uns, die entsprechenden, leicht zu bildenden Formeln explizit anzuschreiben. Noch genauer, aber die wesentlich größere Rechenarbeit kaum lohnend wäre es, schon im Ansatz (11) den Nachgiebigkeitswinkel ψ_1^* durch ein Zusatzglied $\psi_1^*\xi$ zu berücksichtigen und dann die ganze Rechnung erneut durchzuführen. Wir verzichten darauf, dies hier zu tun, da keine neuen Gesichtspunkte dabei auftreten und die Endformeln sehr unhandlich werden.

6. Radialturbinen. Bei Radialturbinen hat man im wesentlichen zwei Arten zu unterscheiden, nämlich einerseits Anordnungen mit biegsamem Deckband (Eyermannturbine) und andererseits solche mit steifen Tragringen (Ljungströmturbine).

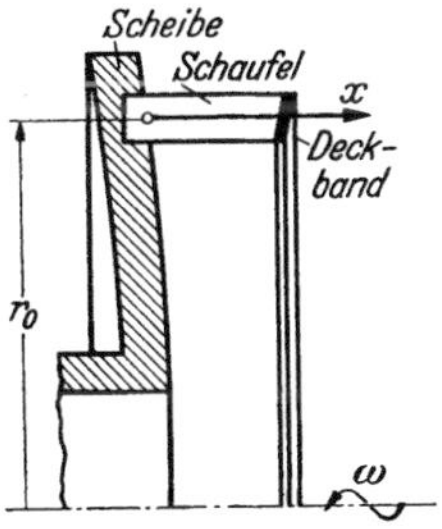

Abb. 8. Schema der Eyermannturbine.

Zu der ersten Art (Abb. 8) gehört das Biegebild von Abb. 9, wo wieder die Biegelinie S in Grund-, Auf- und Seitenriß dargestellt ist. Dabei ist jetzt q_1 bzw. q_2 die in die Hauptachse *2* bzw. *1* fallende Komponente der aus Dampfkraft D und Fliehkraft Z gebildeten Gesamtlast q (vgl. die Hilfsfigur in Abb. 9 rechts oben). Außer dem Deckbandmoment M' tritt hier noch eine radiale Kraft P auf, dadurch hervorgerufen, daß das Deckband, wenn es geschlossen ist, einen in radialer Richtung (gegenüber der Schaufelbiegung) sehr steifen Ring vorstellt: die Schaufelspitze behält bei der Biegung der Schaufel ihren Abstand von der Achse nahezu unverändert bei.

Sieht man von der Krümmung $1/r_0$ des Deckbandes ab und läßt auch außer Acht, daß (vgl. Abb. 8) die x-Achse vielleicht nicht immer genau mit einer Hauptachse des Deckbandquerschnitts zusammenfällt, so hat man zunächst wieder wie in (**3**, 22), jedoch mit umgekehrt definiertem Vorzeichnen von ψ_2

$$\psi_1 + \psi_2 \operatorname{tg}\beta = \frac{l^{*3} M'}{6\alpha' l'^2 \cos\beta}. \tag{1}$$

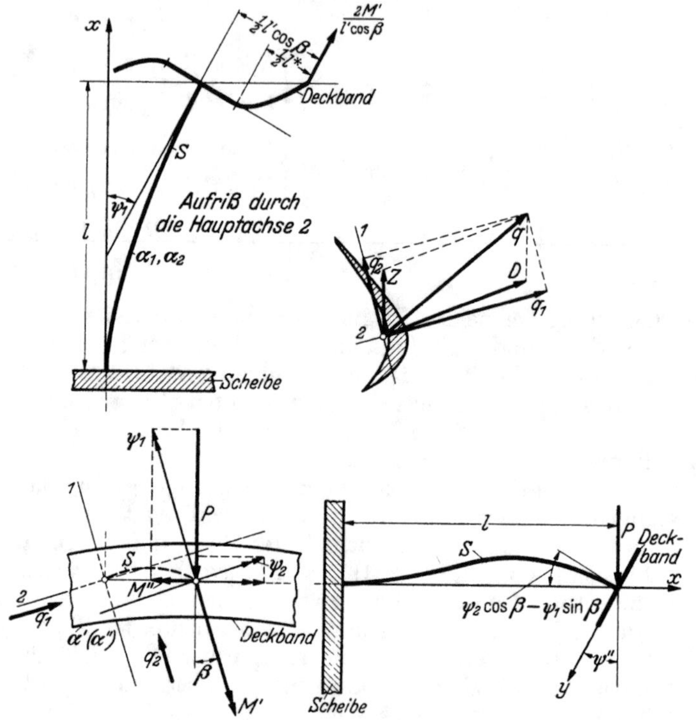

Abb. 9. Biegung der Schaufeln mit Deckband.

Für die Biegungen der Schaufel um die beiden Hauptachsen sind verantwortlich die Biegemomente

$$\left.\begin{aligned} M_1 &= \frac{q_1}{2}(l-x)^2 - 2M' - P(l-x)\sin\beta, \\ M_2 &= -\frac{q_2}{2}(l-x)^2 + P(l-x)\cos\beta. \end{aligned}\right\} \tag{2}$$

Dabei war ohne weiteres vorauszusetzen, daß bei solchen Turbinen die Dampflast q längs der Schaufel ebenso unveränderlich ist wie die Biegesteifigkeiten α_1 und α_2. Aus (2) folgt für die Biegewinkel ψ_1 und ψ_2 an der Schaufelspitze und für die dortigen Auslenkungen f_1 und f_2

$$\left.\begin{aligned} \psi_1 &= \frac{l^3 q_1}{6\alpha_1} - \frac{2lM'}{\alpha_1} - \frac{l^2 P\sin\beta}{2\alpha_1}, \\ \psi_2 &= -\frac{l^3 q_2}{6\alpha_2} + \frac{l^2 P\cos\beta}{2\alpha_2}, \\ f_1 &= \frac{l^4 q_1}{8\alpha_1} - \frac{l^2 M'}{\alpha_1} - \frac{l^3 P\sin\beta}{3\alpha_1}, \\ f_2 &= -\frac{l^4 q_2}{8\alpha_2} + \frac{l^3 P\cos\beta}{3\alpha_2}. \end{aligned}\right\} \tag{3}$$

Setzt man diese Werte in (1) und in die Bedingung

$$f_1 \sin\beta = f_2 \cos\beta \tag{4}$$

ein, welche ausdrückt, daß die Schaufelspitzen ihren Achsenabstand r_0 nicht ändern können, so erhält man für M' und P die beiden linearen Gleichungen

$$\left.\begin{aligned} \left(\frac{l^{*3}}{l\,l'^2}+12\frac{\alpha'}{\alpha_1}\cos\beta\right)M'+3\,lP\left(\frac{\alpha'}{\alpha_1}-\frac{\alpha'}{\alpha_2}\right)\sin\beta\cos\beta &= l^2\left(q_1\frac{\alpha'}{\alpha_1}\cos\beta-q_2\frac{\alpha'}{\alpha_2}\sin\beta\right),\\ 3\,M'\sin\beta+lP\left(\sin^2\beta+\frac{\alpha_1}{\alpha_2}\cos^2\beta\right) &= \frac{3}{8}\,l^2\left(q_1\sin\beta+q_2\frac{\alpha_1}{\alpha_2}\cos\beta\right). \end{aligned}\right\} \tag{5}$$

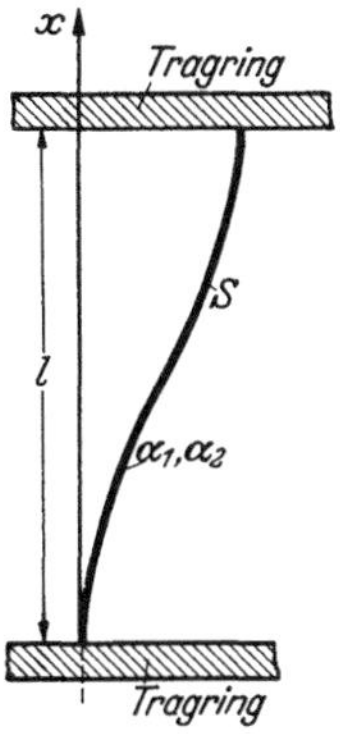

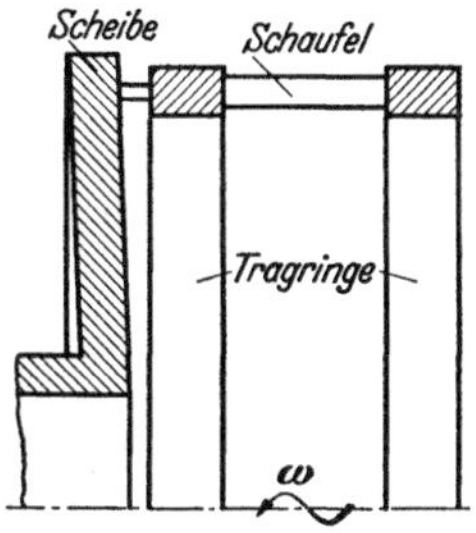

Abb. 10. Schema der Ljungstromturbine.

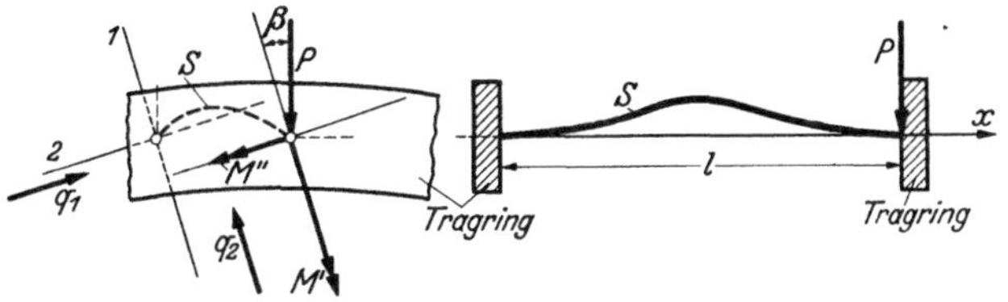

Abb. 11. Biegung der Schaufeln mit Tragringen.

Ihre Lösungen M' und P lassen sich zahlenmäßig leicht gewinnen (wir schreiben die allgemeinen Ausdrücke wieder nicht an); damit sind dann die Biegemomente (2) gefunden, und die Aufgabe kann als gelöst angesehen werden.

Wollte man das (im allgemeinen wieder nur sehr kleine) Umstülpmoment M'' berücksichtigen, so hätte man die rechten Seiten von (2) zu ergänzen durch die Ausdrücke $+M''\sin\beta$ und $-M''\cos\beta$ und die weitere Verträglichkeitsbedingung

$$\psi'' = \psi_2\cos\beta - \psi_1\sin\beta \tag{6}$$

sowie den Zusammenhang zwischen ψ'' und M'' in der aus (V, **32**, 14) folgenden Form

$$M'' = \frac{l'}{r_0}E\psi''\int\frac{x^2\,dF}{r_0+y} \approx \left(\frac{l'}{r_0}\right)^2\frac{\alpha'}{l'}\psi'' \tag{7}$$

hinzuzunehmen. Dann erhielte man drei lineare Gleichungen für M', P und M''. Auch diese Erweiterung der Aufgabe wäre zahlenmäßig mühelos durchzuführen; doch scheint dies praktisch kaum je nötig zu sein.

Das Biegeschema der zweiten Art (Abb. 10) ist in Abb. 11 dargestellt. Die Tragringe können als so steif angenommen werden, daß man die Schaufeln als fest in sie eingespannt betrachten muß, wobei lediglich der äußere Tragring eine kleine axiale Drehung gegen den inneren machen kann. Sieht man wieder das zu einer Schaufel gehörige Tragringstück als gerade an, so hat man mit dem unbekannten Einspannmoment, das man jetzt zweckmäßigerweise sogleich in seine Komponenten M' und M'' nach den Hauptachsen *1* und *2* zerspaltet, und mit der auch hier vorhandenen unbekannten Radialkraft P die Biegemomente um die Hauptachsen *1* und *2*

$$\left.\begin{aligned} M_1 &= \frac{q_1}{2}(l-x)^2 - M' - P(l-x)\sin\beta, \\ M_2 &= -\frac{q_2}{2}(l-x)^2 - M'' + P(l-x)\cos\beta. \end{aligned}\right\} \tag{8}$$

Die Bestimmungsgleichungen für M', M'' und P lauten hier

$$\psi_1 = 0, \quad \psi_2 = 0, \quad f_1 \sin\beta = f_2 \cos\beta \tag{9}$$

und geben explizit

$$\left.\begin{aligned} &M' + \frac{1}{2}Pl\sin\beta = \frac{l^2 q_1}{6}, \qquad -M'' + \frac{1}{2}Pl\cos\beta = \frac{l^2 q_2}{6}, \\ &M'\alpha_2\sin\beta - M''\alpha_1\cos\beta + \frac{2}{3}Pl(\alpha_2\sin^2\beta + \alpha_1\cos^2\beta) = \frac{l^2}{4}(q_1\alpha_2\sin\beta + q_2\alpha_1\cos\beta) \end{aligned}\right\} \tag{10}$$

mit den Lösungen

$$\left.\begin{aligned} M' &= \frac{l^2 q_1}{6} - \frac{l^2}{4}\,\frac{q_1\alpha_2\sin\beta + q_2\alpha_1\cos\beta}{\alpha_2\sin^2\beta + \alpha_1\cos^2\beta}\sin\beta, \\ M'' &= -\frac{l^2 q_2}{6} + \frac{l^2}{4}\,\frac{q_1\alpha_2\sin\beta + q_2\alpha_1\cos\beta}{\alpha_2\sin^2\beta + \alpha_1\cos^2\beta}\cos\beta, \\ P &= \frac{l}{2}\,\frac{q_1\alpha_2\sin\beta + q_2\alpha_1\cos\beta}{\alpha_2\sin^2\beta + \alpha_1\cos^2\beta}, \end{aligned}\right\} \tag{11}$$

womit auch wieder die Biegemomente M_1 und M_2 nach (8) gefunden sind.

Die Nachgiebigkeit der Einspannungen kann durchaus nach der Rechenmethode von Ziff. **4** berücksichtigt werden. Wir brauchen das nicht im einzelnen auszuführen.

§ 2. Die Biegeschwingungen der Schaufeln.

7. Die Schaufel gleichen Querschnitts. Wir wenden uns nun zu den Biegeschwingungen und beginnen dabei mit der an ihrem Fuß starr eingespannten, an der Spitze völlig freien Schaufel gleichen Querschnitts ohne Berücksichtigung der Fliehkraft. An diesem einfachsten Falle können wir nämlich die verschiedenen Rechenmethoden, die dann zumeist auch auf andere Schaufeln anwendbar sein werden, am übersichtlichsten entwickeln und vor allem auch ihre Genauigkeit bequem abschätzen. Wir wählen unter der großen Mannigfaltigkeit solcher Methoden[1]) die folgenden als die nach unserer Erfahrung zweckmäßigsten aus.

a) Die Methode der Differentialgleichung. Für jede der beiden zunächst noch voneinander unabhängigen Biegeschwingungen um die beiden Hauptachsen des Schaufelquerschnitts (Hauptschwingungen) gilt mit der zugehörigen Biegesteifigkeit EJ (wir vermeiden jetzt die bisher benützte Bezeichnung α, weil wir sie für die Frequenzen freihalten wollen) und dem örtlichen Biegemoment m erstens die Biegegleichung

$$EJ\frac{\partial^2 y}{\partial x^2} = m \tag{1}$$

und zweitens mit der Dichte γ/g und dem Schaufelquerschnitt F die Beziehung

$$\frac{\partial^2 m}{\partial x^2} = -\frac{\gamma F}{g}\,\frac{\partial^2 y}{\partial t^2}, \tag{2}$$

[1]) Einige dieser Methoden behandelt K. Karas, Die Schwingungen von Dampfturbinenschaufeln, Ing.-Arch. 5 (1936) S. 325.

welche ausdrückt, daß die Belastung q der Schaufel in der d'Alembertschen Kraft der Schwingung besteht.

Für stationäre Schwingungen von der Form

$$y = Y(x) \sin 2\pi\alpha t, \qquad m = M(x) \sin 2\pi\alpha t \tag{3}$$

gehen (1) und (2) mit

$$\lambda = (2\pi\alpha)^2 \tag{4}$$

über in

$$EJ\,Y'' = M, \qquad M'' = \frac{\gamma F}{g}\lambda Y, \tag{5}$$

wobei Striche Ableitungen nach x bedeuten. Indem man aus den beiden Gleichungen (5) entweder M oder Y eliminiert, erhält man

$$Y'''' = \frac{\gamma F}{g E J}\lambda Y, \qquad M'''' = \frac{\gamma F}{g E J}\lambda M \tag{6}$$

als die zueinander dualen Differentialgleichungen des Problems.

In diesen Gleichungen, die nur die Genauigkeit der technischen Biegetheorie beanspruchen, ist der Einfluß der Schubkräfte und ebenso der Einfluß der Drehträgheit der einzelnen Schaufelelemente bei der Schwingung außer Acht gelassen. Aus einer Abschätzung, die wir hier aber nicht wiedergeben, geht hervor, daß dieser Fehler wenigstens bei den Schwingungen der niedrigsten Ordnungen (auf dies es praktisch allein ankommt) unbedenklich ist.

Wir führen mit der Schaufellänge l die Größen

$$\xi = \frac{x}{l}, \qquad \beta^2 = \frac{EJ}{(\gamma/g)\,F\,l^4}, \qquad \varkappa^4 = \frac{\lambda}{\beta^2} \tag{7}$$

ein, wo ξ und $\varkappa$ dimensionslos sind und β (von der Dimension einer reziproken Zeit) sämtliche Stoffzahlen des Problems umfaßt, und können dann die Differentialgleichungen (6) in der Form schreiben:

$$\frac{d^4 Y}{d\xi^4} = \varkappa^4 Y, \qquad \frac{d^4 M}{d\xi^4} = \varkappa^4 M. \tag{8}$$

Die zugehörigen Randbedingungen sind in leichtverständlicher Schreibart

$$Y(0) = 0, \qquad Y'(0) = 0, \qquad Y''(1) = 0, \qquad Y'''(1) = 0 \tag{9}$$

bzw. [wie mit (5) folgt]

$$M''(0) = 0, \qquad M'''(0) = 0, \qquad M(1) = 0, \qquad M'(1) = 0. \tag{10}$$

Das Integral der ersten Gleichung (8), welches die beiden ersten Randbedingungen (9) befriedigt, lautet offensichtlich

$$Y = A(\cos\varkappa\xi - \mathfrak{Cof}\,\varkappa\xi) + B(\sin\varkappa\xi - \mathfrak{Sin}\,\varkappa\xi) \tag{11}$$

und gibt mit den beiden letzten Randbedingungen (9)

$$\frac{B}{A} = -\frac{\cos\varkappa + \mathfrak{Cof}\,\varkappa}{\sin\varkappa + \mathfrak{Sin}\,\varkappa} = \frac{\sin\varkappa - \mathfrak{Sin}\,\varkappa}{\cos\varkappa + \mathfrak{Cof}\,\varkappa}, \tag{12}$$

woraus als Bestimmungsgleichung für $\varkappa$ folgt:

$$\cos\varkappa\,\mathfrak{Cof}\,\varkappa + 1 = 0 \tag{13}$$

mit den Wurzeln für die Grund- und erste Oberschwingung

$$\varkappa_1 = 1{,}87510, \quad \varkappa_2 = 4{,}69410, \tag{14}$$

so daß man nach (4) und (7) die Eigenfrequenzen

$$\alpha_1 = 0{,}55959\,\beta, \quad \alpha_2 = 3{,}5069\,\beta \tag{15}$$

bekommt. Das gleiche Ergebnis würde in ähnlicher Weise natürlich auch aus der zweiten Gleichung (8) mit den Randbedingungen (10) folgen. Mit den genauen Lösungen (15) wollen wir nun einige Näherungslösungen vergleichen.

b) Die Rayleighsche Methode. Das Rayleighsche Theorem (Kap. III, Ziff. **16**), wonach die Energiebilanz, mit irgendeiner willkürlich angenommenen, aber mindestens den geometrischen Randbedingungen genügenden Schwingungsform Y angesetzt, eine obere Schranke des tiefsten Eigenwertes λ_1 liefert, gilt für Schaufelschwingungen ohne weiteres. Die kinetische Energie T beim Durchgang durch die Nullage und die potentielle Energie U im Augenblick der größten Auslenkung sind nämlich dargestellt durch

$$\left.\begin{aligned} T &= \frac{1}{2}\lambda_1 \frac{\gamma F}{g}\int_0^l Y^2\,dx \quad \text{oder auch} \quad T = \frac{1}{2\lambda_1}\frac{g}{\gamma F}\int_0^l M''^2\,dx,\\ U &= \frac{1}{2}EJ\int_0^l Y''^2\,dx \quad \text{oder auch} \quad U = \frac{1}{2EJ}\int_0^l M^2\,dx, \end{aligned}\right\} \tag{16}$$

wobei jeweils der (duale) zweite Ausdruck aus dem ersten gemäß (5) hervorgeht; und da hierbei offensichtlich die Voraussetzungen von Kap. III, Ziff. **16** alle erfüllt sind, so lautet die Rayleighsche Beziehung (III, **16**, 7), wenn man wieder ξ statt x einführt

$$\lambda_1 \leqq \beta^2 \frac{\int_0^1 \left(\frac{d^2Y}{d\xi^2}\right)^2 d\xi}{\int_0^1 Y^2\,d\xi} \quad \text{oder auch} \quad \lambda_1 \leqq \beta^2 \frac{\int_0^1 \left(\frac{d^2M}{d\xi^2}\right)^2 d\xi}{\int_0^1 M^2\,d\xi}. \tag{17}$$

Der einfachste Ansatz, der die beiden ersten (d. h. die geometrischen) Randbedingungen (9) erfüllt,

$$Y = \xi^2 \tag{18}$$

liefert den Näherungswert $\lambda_1^* = 20\,\beta^2$, also die Eigenfrequenz

$$\alpha_1^* = 0{,}712\,\beta, \tag{19}$$

und das ist, wie der Vergleich mit dem genauen Wert α_1(15) dartut, noch eine recht schlechte Näherung (Fehler 27%) und zeigt, daß es praktisch keineswegs ausreicht, nur den geometrischen Randbedingungen zu genügen. Der Ansatz

$$Y = 3\,\xi^2 - \xi^3, \tag{20}$$

welcher die drei ersten Randbedingungen (9) befriedigt, aber noch nicht die vierte, liefert nach fast ebenso kurzer Rechnung schon $\lambda_1^* = (140/11)\,\beta^2$ oder die recht gute Näherung

$$\alpha_1^* = 0{,}5678\,\beta \tag{21}$$

mit einem Fehler von nur noch 1,47%. Der alle vier Randbedingungen (9) erfüllende Ansatz

$$Y = 6\,\xi^2 - 4\,\xi^3 + \xi^4 \tag{22}$$

würde sogar auf $\lambda_1^* = (162/13)\,\beta^2$ oder

$$\alpha_1^* = 0{,}5618\,\beta \tag{23}$$

führen, was nur noch um 0,4% über dem wahren Wert α_1(15) liegt.

Der zweigliedrige Ansatz

$$Y = (3\,\xi^2 - \xi^3) + \varepsilon\,(6\,\xi^2 - \xi^4), \tag{24}$$

der nur noch die vierte Randbedingung verletzt, führt auf

$$\lambda_1^* = 3024\,\beta^2 N(\varepsilon) \quad \text{mit} \quad N(\varepsilon) \equiv \frac{5 + 25\,\varepsilon + 32\,\varepsilon^2}{1188 + 5787\,\varepsilon + 7052\,\varepsilon^2}.$$

Berechnet man den Minimalwert von $N(\varepsilon)$ nach der Vorschrift von (VIII, **29**, 32) bis (VIII, **29**, 35), so kommt $N = 0{,}0040925$ mit $\varepsilon = -0{,}2098$ und demnach

$$\alpha_1^* = 0{,}55989\,\beta, \tag{25}$$

mit einem Fehler von nur noch 0,06%. Die zweite (größere) Wurzel der Bestimmungsgleichung (VIII, **29**, 35) von N ist $N' = 0{,}16862$ mit $\varepsilon' = -0{,}4113$ und liefert in

$$\alpha_2^* = 3{,}5940\,\beta \tag{26}$$

einen nur um 0,56% zu großen Näherungswert für die Eigenfrequenz der ersten Oberschwingung. [Man stellt leicht fest, daß $Y(24)$ mit dem Wert ε keinen, mit dem Wert ε' dagegen genau einen Knotenpunkt, nämlich bei $\xi_1 = 0{,}78$, zwischen Schaufelfuß und -spitze liefert.] Der zweigliedrige Ansatz (24) erfordert zwar schon ziemliche Rechenarbeit; dafür liefert er aber nicht nur eine ganz vorzügliche Näherung für die Frequenz der Grundschwingung, sondern zugleich auch noch eine recht gute Näherung für die erste Oberschwingung, die nicht selten ebenfalls zu kennen wichtig ist.

Will man lieber von der zweiten Formel (17) ausgehen, so entspricht dem Ansatz (18) nun der Ansatz

$$M = (1 - \xi)^2, \tag{27}$$

welcher nur die dritte und vierte Randbedingung (10) erfüllt und auf das gleiche Ergebnis (19) führt. Dem Ansatz (20) entspräche der nur die erste, dritte und vierte Randbedingung (10) befriedigende Ansatz

$$M = 2 - 3\,\xi + \xi^3;$$

doch bietet dieser bei gleich großer Rechnung keine Vorteile gegenüber dem alle vier Randbedingungen erfüllenden Ansatz

$$M = (3 - 4\,\xi + \xi^4) + \varepsilon(4 - 5\,\xi + \xi^5), \tag{28}$$

der ohne das ε-Glied mit dem Ansatz (22) gleichwertig ist und mit dem ε-Glied bei allerdings umfangreicherer Rechnung noch über die Güte des Ansatzes (24) hinausgeht.

c) Die Galerkinsche Methode. Im allgemeinen noch etwas bequemer als die Rayleighsche Methode ist das Galerkinsche Näherungsverfahren, das wir in Kap. III, Ziff. **17** für Schwingungsprobleme begründet haben.

Für die Schaufel gleichen Querschnitts geht das Galerkinsche System (III, **17**, 8) gemäß (8) mit (7) über in

$$\left.\begin{aligned} &\int_0^1 \left(\frac{d^4 Y}{d\,\xi^4} - \frac{\lambda^*}{\beta^2}\,Y\right) \mathfrak{y}_k\,d\xi = 0 \qquad (k = 1, 2, \ldots, n), \\ &\text{wobei} \\ &Y = a_1\,\mathfrak{y}_1 + a_2\,\mathfrak{y}_2 + \cdots + a_n\,\mathfrak{y}_n \end{aligned}\right\} \tag{29}$$

ist und die Koordinatenfunktionen $\mathfrak{y}_i$ nun alle Randbedingungen, auch die dynamischen, erfüllen müssen.

Nimmt man den einfachsten eingliedrigen Ausdruck $Y \equiv a_1\,\mathfrak{y}_1$, der alle Randbedingungen (9) erfüllt [vgl. (22)]:

$$\mathfrak{y}_1 = 6\,\xi^2 - 4\,\xi^3 + \xi^4, \tag{30}$$

so erhält man nach etwas kürzerer Rechnung als bei der Rayleighschen Methode b) den gleichen Näherungswert wie dort $\lambda_1^* = (162/13)\,\beta^2$ oder [vgl. (23)]

$$\alpha_1^* = 0{,}5618\,\beta. \tag{31}$$

Eine noch viel größere Genauigkeit für α_1^* und zugleich eine brauchbare Näherung α_2^* für die Eigenfrequenz der ersten Oberschwingung erhält man mit dem zweigliedrigen Ansatz

$$\mathfrak{y}_1 = 6\xi^2 - 4\xi^3 + \xi^4, \qquad \mathfrak{y}_2 = 20\xi^2 - 10\xi^3 + \xi^5, \tag{32}$$

welcher ebenfalls alle Randbedingungen (9) voll befriedigt. Mit ihm folgt aus (29) das lineare System

$$\left.\begin{aligned} \left(\frac{104}{45}\frac{\lambda^*}{\beta^2} - \frac{144}{5}\right) a_1 + \left(\frac{2644}{315}\frac{\lambda^*}{\beta^2} - 104\right) a_2 = 0, \\ \left(\frac{2644}{315}\frac{\lambda^*}{\beta^2} - 104\right) a_1 + \left(\frac{21128}{693}\frac{\lambda^*}{\beta^2} - \frac{2640}{7}\right) a_2 = 0. \end{aligned}\right\} \tag{33}$$

Die Determinante aus den Koeffizienten von a_1 und a_2 hat die beiden Nullstellen $\lambda_1^* = 12{,}3671\,\beta^2$ und $\lambda_2^* = 515{,}854\,\beta^2$, und dies gibt

$$\alpha_1^* = 0{,}55969\,\beta, \qquad \alpha_2^* = 3{,}6148\,\beta. \tag{34}$$

Der Fehler in der Eigenfrequenz der Grundschwingung ist nur noch 0,02%, derjenige der ersten Oberschwingung rund 3%, und zwar liegen beide Werte etwas zu hoch (wie es ja beim Galerkinschen Verfahren tatsächlich sein muß).

Man kann die ganze Methode auch an die zweite Gleichung (8) anschließen und von einem geeigneten Ansatz

$$M = a_1\,\mathfrak{m}_1 + a_2\,\mathfrak{m}_2 + \cdots + a_n\,\mathfrak{m}_n \tag{35}$$

ausgehen. Es gelten dann ganz ähnliche Feststellungen wie früher. Dem Ansatz (32) entspricht jetzt zufolge (10) der Ansatz (28), also

$$\mathfrak{m}_1 = 3 - 4\xi + \xi^4, \qquad \mathfrak{m}_2 = 4 - 5\xi + \xi^5$$

mit etwa gleichem Rechenaufwand und ungefähr gleicher Genauigkeit der Ergebnisse. Bei Schaufeln von unveränderlichem Querschnitt sind somit auch hier die beiden Variabeln Y und M gleichwertig, bei andern Schaufeln werden sie es, wie wir sehen werden, im allgemeinen nicht mehr sein.

d) Das Gegenstück der Galerkinschen Methode. Noch rascher führt die Methode von Kap. III, Ziff. **18** zum Ziel. Für die Schaufel gleichen Querschnitts geht das dortige System (III, **18**, 16) mit (7) über in

$$\sum_{i=1}^{n} a_i \left[\int_0^1 \mathfrak{y}_i\,\mathfrak{y}_k\,d\xi - \frac{\lambda^*}{\beta^2}\int_0^1 M(\mathfrak{y}_i)\,M(\mathfrak{y}_k)\,d\xi\right] = 0 \qquad (k = 1, 2, \ldots, n), \tag{36}$$

wobei $M(\mathfrak{y})$ das zur „Belastung" $\mathfrak{y}$ gehörige Biegemoment ist und die Koordinatenfunktionen $\mathfrak{y}_i$ nun nur noch die geometrischen Randbedingungen zu erfüllen brauchen.

Der einfachste eingliedrige Ansatz (18) $\mathfrak{y}_1 = \xi^2$ liefert

$$M(\mathfrak{y}_1) = \int_\xi^1 \zeta^2(\zeta - \xi)\,d\zeta = \frac{1}{4} - \frac{1}{3}\xi + \frac{1}{12}\xi^4$$

und führt rasch auf $\lambda_1^* = (162/13)\,\beta^2$, also den Wert $\alpha_1^*(23)$ mit einem Fehler von nur noch 0,4%, was außerordentlich viel genauer ist als der aus (18) folgende Wert (19) und etwas weniger Rechenarbeit erfordert als der (auf das gleiche Ergebnis führende) Ansatz (30) beim Galerkinschen Verfahren.

Der zweigliedrige Ansatz

$$\mathfrak{y}_1 = \xi^2, \qquad \mathfrak{y}_2 = \xi^3 \tag{37}$$

liefert

$$M(\mathfrak{y}_1) = \frac{1}{4} - \frac{1}{3}\xi + \frac{1}{12}\xi^4, \qquad M(\mathfrak{y}_2) = \frac{1}{5} - \frac{1}{4}\xi + \frac{1}{20}\xi^5$$

und führt auf das Gleichungssystem

$$\left.\begin{aligned}\left(\frac{13}{9}\frac{\lambda^*}{\beta^2}-18\right)a_1+\left(\frac{83}{70}\frac{\lambda^*}{\beta^2}-15\right)a_2=0\,,\\ \left(\frac{83}{150}\frac{\lambda^*}{\beta^2}-7\right)a_1+\left(\frac{5}{11}\frac{\lambda^*}{\beta^2}-6\right)a_2=0\,.\end{aligned}\right\}\tag{38}$$

Die Koeffizientendeterminante hat die Nullstellen $\lambda_1^*=12{,}3632\,\beta^2$ und $\lambda_2^*=515{,}858\,\beta^2$, und dies gibt

$$\alpha_1^*=0{,}55960\,\beta\,,\qquad \alpha_2^*=3{,}6148\,\beta\,.\tag{39}$$

Der Fehler in α_1^* ist praktisch Null, in α_2^* rund 3% ; und die ganze Rechnung ist wieder etwas kürzer als diejenige zum Ansatz (32) mit etwa gleich genauem Ergebnis.

e) Die Methode der Integralgleichung. Die bisherigen Näherungsverfahren liefern lauter obere Schranken für die Eigenfrequenzen. Um auch eine untere Schranke zu finden, kann man entweder die Rechenvorschriften von Kap. VIII, Ziff. **32** auf die Schaufel anwenden oder aber, hier viel kürzer und bequemer, die in Kap. III, Ziff. **13** entwickelte Methode der Integralgleichung benützen. Es sei

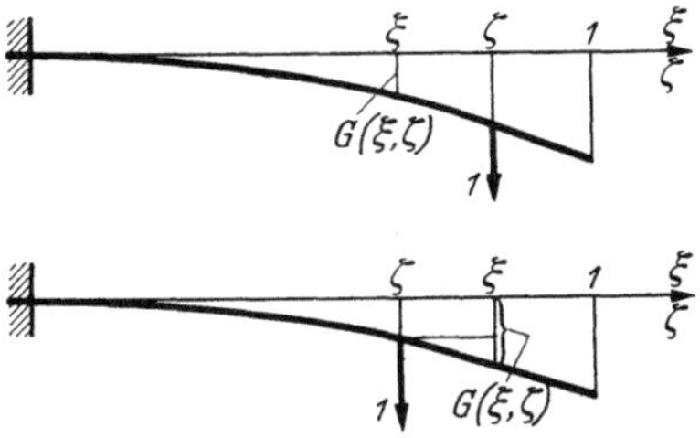

Abb. 12. Zur Berechnung der Greenschen Funktion.

$G(\xi,\zeta)$ die Ausbiegung der Schaufel an der Stelle ξ unter der Wirkung einer Kraft von der Größe 1 an der Stelle ζ (Abb. 12), also die Greensche Funktion des Problems; sie ist offenbar ein Sonderfall der in Kap. II, Ziff. **9** definierten Maxwellschen Einflußzahlen, und somit ist stets

$$G(\xi,\zeta)=G(\zeta,\xi)\,,\tag{40}$$

wie wir in (III, **13**, 2) vorausgesetzt haben. Aber auch die Voraussetzung (III, **13**, 3) ist erfüllt, d. h. die Greensche Funktion G ist positiv definit, wie man folgendermaßen erkennt. Man denke sich die Schaufel mit einer Querbelastung $\psi(\xi)$ gebogen, die mindestens stückweise stetig ist, aber sonst beliebig sein darf, also durchaus nicht überall positiv zu sein braucht; dann stellt

$$h(\xi)\equiv\int_0^1 G(\xi,\zeta)\,\psi(\zeta)\,d\zeta\tag{41}$$

die Durchbiegung an der Stelle ξ dar und somit

$$J=\int_0^1 h(\xi)\,\psi(\xi)\,d\xi=\int_0^1\!\!\int_0^1 G(\xi,\zeta)\,\psi(\xi)\,\psi(\zeta)\,d\xi\,d\zeta\tag{42}$$

die zugehörige doppelte Formänderungsarbeit. Diese ist aber ihrer Natur nach stets positiv, so daß also stets $J>0$ bleibt, womit die Greensche Funktion für unser Problem als positiv definit erwiesen ist.

Um die Integralgleichung selbst herzustellen, faßt man wieder die d'Alembertsche Kraft $-\frac{\gamma}{g}F\frac{\partial^2 y}{\partial t^2}=\frac{\gamma}{g}F\lambda Y\sin 2\pi\alpha t$ an der Stelle ζ als Belastung q der Schaufel auf und kann dann die Auslenkung $y=Y\sin 2\pi\alpha t$ an der Stelle ξ anstatt durch die erste Differentialgleichung (6) ebensogut auch quellenmäßig darstellen durch die (sogleich dimensionslos gemachte) Integralgleichung

$$Y(\xi)=\Lambda\int_0^1\Gamma(\xi,\zeta)\,Y(\zeta)\,d\zeta\quad\text{mit}\quad \Lambda=\frac{\lambda}{\beta^2}\,,\quad \Gamma(\xi,\zeta)\equiv\frac{EJ}{l^3}\,G(\xi,\zeta)\,.\tag{43}$$

Diese Integralgleichung drückt einfach aus, daß die Durchbiegung $Y(\xi)$ sin $2\pi\alpha t$ an einer Stelle ξ sich additiv zusammensetzt aus den Durchbiegungen, die von den sämtlichen d'Alembertschen Kräften $\frac{\gamma}{g} F\lambda Y(\zeta)\sin 2\pi\alpha t\, d\zeta$ herrühren.

Vergleicht man die Integralgleichung (43) mit (III, **13**, 1), so erkennt man, daß die dortige Formel (III, **13**, 5) nun übergeht in

$$\int_0^1 \Gamma(\xi,\xi)\, d\xi = \frac{1}{\Lambda_1} + \frac{1}{\Lambda_2} + \frac{1}{\Lambda_3} + \cdots, \tag{44}$$

wo also die Λ_i diejenigen Werte des Parameters Λ sind, für welche die Integralgleichung (43) von Null verschiedene Lösungen $Y_i(\xi)$ besitzt. Diese Lösungen sind gerade die Eigenschwingungsformen der Schaufel, also die Eigenfunktionen, und die zu den Λ_i nach (43) gehörigen λ_i die Eigenwerte unseres Problems.

In unserem Falle läßt sich die Greensche Funktion $G(\xi, \zeta)$ leicht berechnen. Dabei muß man im allgemeinen offensichtlich unterscheiden, ob die Einheitslast rechts oder links vom Aufpunkt ξ angebracht ist (Abb. 12). Für das Folgende brauchen wir zunächst nur den Sonderfall $\zeta=\xi$, und für diesen ist ja ohne weiteres

$$G(\xi,\xi) = \frac{x^3}{3EJ} = \frac{l^3}{3EJ}\xi^3, \quad \text{also} \quad \Gamma(\xi,\xi) = \frac{1}{3}\xi^3. \tag{45}$$

Somit kann man (44) zufolge (43) und (45) nach Auswertung des Integrals auf die Form bringen

$$\frac{1}{12\beta^2} = \frac{1}{\lambda_1} + \frac{1}{\lambda_2} + \frac{1}{\lambda_3} + \cdots. \tag{46}$$

Da alle Eigenwerte $\lambda_i = (2\pi\alpha_i)^2$ ihrer physikalischen Bedeutung nach positiv sind (dies folgt nach Kap. III, Ziff. **13** auch daraus, daß die Greensche Funktion positiv definit ist), so zieht man aus (46) den Schluß

$$\lambda_1 > 12\beta^2 \tag{47}$$

oder

$$\alpha_1 > 0{,}55133\,\beta, \tag{48}$$

womit eine u n t e r e S c h r a n k e für die Eigenfrequenz α_1 der Grundschwingung gefunden ist.

Kennt man eine obere Schranke $\bar{\lambda}_2$ für λ_2, so kann man (47) noch verschärfen. Man hat dann nach (46) auch

$$\frac{1}{12\beta^2} > \frac{1}{\lambda_1} + \frac{1}{\bar{\lambda}_2}$$

oder

$$\lambda_1 > \frac{12\beta^2}{1 - \frac{12\beta^2}{\bar{\lambda}_2}} \tag{49}$$

oder endlich

$$\alpha_1 > \frac{0{,}55133\,\beta}{\sqrt{1 - 0{,}30396\,\frac{\beta^2}{\bar{\alpha}_2^2}}}, \tag{50}$$

wo $\bar{\alpha}_2$ eine obere Schranke der Eigenfrequenz α_2 der ersten Oberschwingung ist.

Nimmt man für $\bar{\alpha}_2$ beispielsweise den Wert (39), so kommt nach (50)

$$\alpha_1 > 0{,}55786\,\beta. \tag{51}$$

Verbindet man dies mit (39), so besitzt man in

$$0{,}55786\,\beta < \alpha_1 < 0{,}55960\,\beta \tag{52}$$

ein Intervall mit einer Breite von nur noch 0,3% seines Mittelwerts und hat somit, wenn man den Mittelwert des Intervalls nimmt, die Eigenfrequenz α_1 bis auf einen Fehler von sicherlich weniger als 0,15% bestimmt, ohne die Kenntnis ihres wahren Wertes (15) irgendwie zu benützen.

Eine noch schärfere (d. h. höhere) untere Schranke könnte man, wie hier noch kurz hinzugefügt werden mag, erhalten, wenn man an Stelle von (44) die Formel (III, **13**, 7) benützen wollte, die jetzt lautet

$$\int_0^1\int_0^1 \Gamma(\xi,\zeta)^2\,d\xi\,d\zeta = \frac{1}{\Lambda_1^2}+\frac{1}{\Lambda_2^2}+\frac{1}{\Lambda_3^2}+\cdots. \tag{53}$$

Im vorliegenden Falle hat man (vgl. Abb. 12)

$$\Gamma(\xi,\zeta)\equiv\frac{1}{2}\xi^2\left(\zeta-\frac{1}{3}\xi\right)\ \text{für}\ \zeta\geqq\xi,\qquad \Gamma(\xi,\zeta)\equiv\frac{1}{2}\zeta^2\left(\xi-\frac{1}{3}\zeta\right)\ \text{für}\ \zeta\leqq\xi \tag{54}$$

und findet nach Ausführung der Integrationen

$$\frac{1}{152{,}727\,\beta^4}=\frac{1}{\lambda_1^2}+\frac{1}{\lambda_2^2}+\frac{1}{\lambda_3^2}+\cdots, \tag{55}$$

mithin

$$\lambda_1^2>152{,}727\,\beta^4 \tag{56}$$

und daraus

$$\alpha_1>0{,}55950\,\beta, \tag{57}$$

was nur noch um 0,02% unter dem genauen Wert (15) liegt. Trotz solcher hohen Genauigkeit ist indessen die Formel (53) praktisch i. a. wenig zu empfehlen: ihre zahlenmäßige Auswertung ist, namentlich bei den nunmehr zu untersuchenden Schaufeln von veränderlichem Querschnitt, sehr viel mühsamer als diejenige der Formel (44), welche in der der Formel (49) entsprechenden Fassung stets Werte von ausreichender Genauigkeit liefert.

Wir verfügen jetzt über genügend viele und hinreichend handliche Methoden, um auch für andere Schaufeln die tiefsten Eigenfrequenzen rechnerisch zu ermitteln, und wollen nun zeigen, wie man in jedem einzelnen Fall die jeweils zweckmäßigste Methode auszuwählen hat.

8. Die Schaufel veränderlichen Querschnitts. Wenn der Querschnitt F und damit auch die Trägheitsmomente J (je um die zugehörige Hauptachse des Querschnitts) über die Schaufellänge hin sich ändern, so wollen wir

$$F=F_0 f(\xi),\quad J=J_0 j(\xi) \tag{1}$$

setzen, wobei F_0 und J_0 feste Werte (etwa die Werte am Schaufelfuß), $f(\xi)$ und $j(\xi)$ aber dimensionslose Funktionen sind. Vom Einfluß der Fliehkraft wollen wir auch hier zunächst noch absehen. Man leitet dann aus den Grundgleichungen (**7**, 5) und (**7**, 16) mit der entsprechenden Abkürzung

$$\beta^2=\frac{E J_0}{(\gamma/g)F_0 l^4} \tag{2}$$

die folgenden Ansätze als Verallgemeinerungen von (**7**, 29), (**7**, 17) und (**7**, 36) her:

$$\left.\begin{aligned}&\int_0^1\left\{\beta^2\frac{d^2}{d\xi^2}\left[j(\xi)\frac{d^2Y}{d\xi^2}\right]-\lambda f(\xi)\,Y\right\}\mathfrak{y}_k\,d\xi=0,\qquad \int_0^1\left\{\beta^2\frac{d^2}{d\xi^2}\left[\frac{1}{f(\xi)}\frac{d^2M}{d\xi^2}\right]-\frac{\lambda}{j(\xi)}M\right\}\mathfrak{m}_k\,d\xi=0\\ &\qquad\qquad (k=1,2,\ldots,n),\end{aligned}\right\} \tag{3}$$

$$\lambda_1\leqq\beta^2\frac{\int_0^1\left(\frac{d^2Y}{d\xi^2}\right)^2 j(\xi)\,d\xi}{\int_0^1 Y^2 f(\xi)\,d\xi},\qquad \lambda_1\leqq\beta^2\frac{\int_0^1\left(\frac{d^2M}{d\xi^2}\right)^2\frac{d\xi}{f(\xi)}}{\int_0^1 M^2\frac{d\xi}{j(\xi)}}, \tag{4}$$

$$\sum_{i=1}^{n} a_i \left[\int_0^1 \mathfrak{y}_i \mathfrak{y}_k f(\xi)\, d\xi - \frac{\lambda^*}{\beta^2} \int_0^1 \frac{M(\mathfrak{y}_i f)\, M(\mathfrak{y}_k f)}{j(\xi)}\, d\xi \right] = 0 \qquad (k = 1, 2, \ldots, n). \quad (5)$$

Bei den üblichen Turbinenschaufeln kann man in den meisten Fällen die Größen $f(\xi)$ und $j(\xi)$ sehr gut durch lineare Funktionen oder durch das Reziproke von linearen Funktionen darstellen. Dies gibt folgende vier Fälle, für die wir zuerst eine obere Schranke der Eigenfrequenz aufsuchen.

a) F und J sind linear veränderlich. Wir setzen

$$\left.\begin{aligned} f(\xi) &\equiv 1 - h\,\xi \quad \text{mit} \quad h = \frac{F_0 - F_l}{F_0}, \\ j(\xi) &\equiv 1 - k\,\xi \quad \text{mit} \quad k = \frac{J_0 - J_l}{J_0}, \end{aligned}\right\} \quad (6)$$

wo nun wieder F_0 und J_0 die Werte am Schaufelfuß, F_l und J_l die an der Schaufelspitze sind. Hier sind in der Regel wohl gleichwertig die Galerkinsche Methode mit der ersten Gleichung (3) und die Rayleighsche Methode mit der ersten Formel (4).

Wählt man, wie schon in (**7**, 30), den Ansatz

$$Y = \mathfrak{y}_1 = 6\,\xi^2 - 4\,\xi^3 + \xi^4, \quad (7)$$

welcher alle vier Randbedingungen befriedigt, so kommt nach der Galerkinschen Methode durch Auswerten der Gleichung

$$\int_0^1 \left\{ \beta^2 \frac{d^2}{d\xi^2} \left[(1 - k\,\xi) \frac{d^2 Y}{d\xi^2} \right] - \lambda (1 - h\,\xi)\, Y \right\} \mathfrak{y}_1\, d\xi = 0$$

nach einfacher Rechnung als Verallgemeinerung von (**7**, **31**)

$$\alpha_1^* = 0{,}5618\,\beta \sqrt{\frac{1 - \frac{1}{6} k}{1 - \frac{73}{91} h}} \quad (8)$$

mit einem Fehler von weniger als 1,4% (wie wir später noch abschätzen werden).

Nimmt man lieber die Rayleighsche Formel, und zwar mit dem Ansatz (**7**, 24)

$$Y = (3\,\xi^2 - \xi^3) + \varepsilon\,(6\,\xi^2 - \xi^4), \quad (9)$$

welcher nur die drei ersten Randbedingungen erfüllt, so kommt mit etwas mehr Rechenarbeit der Näherungswert

$$\lambda_1^* = 3024\,\beta^2 N(\varepsilon) \quad \text{mit} \quad N(\varepsilon) = \frac{5 + 25\varepsilon + 32\varepsilon^2 - \left(\frac{5}{4} + 7\,\varepsilon + 10\,\varepsilon^2\right) k}{1188 + 5787\,\varepsilon + 7052\,\varepsilon^2 - \left(\frac{1935}{2} + 4735\,\varepsilon + 5796\,\varepsilon^2\right) h}. \quad (10)$$

Die in üblicher Weise [(VIII, **29**, 32) bis (VIII, **29**, 35)] aufzusuchenden Extremwerte von $N(\varepsilon)$ liefern dann nicht nur einen vorzüglichen Näherungswert von α_1, sondern auch einen recht guten von α_2. Auf ein Rechenbeispiel können wir hier verzichten.

b) $1/F$ und $1/J$ sind linear veränderlich. Wir setzen

$$\left.\begin{aligned} f(\xi) &\equiv \frac{1}{1 + h\,\xi} \quad \text{mit} \quad h = \frac{F_0 - F_l}{F_l}, \\ j(\xi) &\equiv \frac{1}{1 + k\,\xi} \quad \text{mit} \quad k = \frac{J_0 - J_l}{J_l} \end{aligned}\right\} \quad (11)$$

und werden jetzt entweder die Galerkinsche Methode auf die zweite Gleichung (3) oder die Rayleighsche mit der zweiten Formel (4) anwenden. In beiden Fällen empfiehlt sich der Ansatz (**7**, 28), und zwar entweder eingliedrig (also ohne das ε-Glied) oder, bei höheren Ansprüchen an die Genauigkeit, zweigliedrig (also mit dem ε-Glied). Die Rechnung geht im übrigen wie unter a).

c) $1/F$ und J sind linear veränderlich, etwa nach der ersten Gleichung (11) und nach der zweiten Gleichung (6). Hier kommt nur die Galerkinsche Methode für die zuvor mit $f(\xi)$ dividierte erste Gleichung (3) oder für die zuvor mit $j(\xi)$ multiplizierte zweite Gleichung (3) in Frage:

$$\int_0^1 \left\{\frac{\beta^2}{f(\xi)}\frac{d^2}{d\xi^2}\left[j(\xi)\frac{d^2Y}{d\xi^2}\right]-\lambda Y\right\}\mathfrak{y}_k\,d\xi=0 \qquad (k=1,2,\ldots,n) \quad (12)$$

oder

$$\int_0^1 \left\{\beta^2 j(\xi)\frac{d^2}{d\xi^2}\left[\frac{1}{f(\xi)}\frac{d^2M}{d\xi^2}\right]-\lambda M\right\}\mathfrak{m}_k\,d\xi=0 \qquad (k=1,2,\ldots,n). \quad (13)$$

Als Ansätze sind wieder (**7**, 30), (**7**, 32) oder (**7**, 28) zu empfehlen.

d) F und $1/J$ sind linear veränderlich, etwa nach der ersten Gleichung (6) und nach der zweiten Gleichung (11). Hier paßt unmittelbar das Gegenstück (5) zur Galerkinschen Methode in der Form

$$\left.\begin{aligned}\sum_{\iota=1}^{n} a_\iota\left[\int_0^1 \mathfrak{y}_\iota\,\mathfrak{y}_k(1-h\xi)\,d\xi-\frac{\lambda^*}{\beta^2}\int_0^1 M\big(\mathfrak{y}_\iota(1-h\xi)\big)\,M\big(\mathfrak{y}_k(1-h\xi)\big)\,(1+k\xi)\,d\xi\right]=0\\ (k=1,2,\ldots,n),\end{aligned}\right\} \quad (14)$$

etwa mit den Ansätzen (**7**, 37).

Obwohl man mit diesen vier Fällen ziemlich alle praktisch vorkommenden Schaufelformen erledigen kann, mag noch erwähnt sein, daß sich die in (3) bis (5) formulierten Methoden natürlich auch für beliebige andere Funktionen $f(\xi)$ und $j(\xi)$, also beliebig veränderliche Querschnitte und Trägheitsmomente verwenden lassen. Man muß dann die Integrale nötigenfalls graphisch auswerten, und in diesem Falle ist die Methode (5) allen andern weit überlegen, da die Biegemomente $M(\mathfrak{y}_\iota f)$ durch eine einfache Seileckskonstruktion gefunden werden können, wie wir an einem späteren Beispiel (Ziff. **11**) noch zeigen werden.

Um nun auch wieder eine untere Schranke zu erhalten, schreiben wir die zugehörige Integralgleichung an. Sie lautet, wenn $G(\xi,\zeta)$ die gleiche Bedeutung wie in Ziff. **7** hat,

$$Y(\xi)=\Lambda\int_0^1 \Gamma(\xi,\zeta)\,f(\zeta)\,Y(\zeta)\,d\zeta \quad \text{mit} \quad \Lambda=\frac{\lambda}{\beta^2}, \qquad \Gamma(\xi,\zeta)\equiv\frac{E J_0}{l^3}G(\xi,\zeta). \quad (15)$$

Daß die (symmetrische) Greensche Funktion positiv definit ist, wird genau so bewiesen wie in Ziff. **7**; und da auch die Belegungsfunktion $f(\xi)$ durchweg positiv bleibt, so gilt nach (III, **13**, 5) als Verallgemeinerung von (**7**, 44)

$$\int_0^1 \Gamma(\xi,\xi)\,f(\xi)\,d\xi=\frac{1}{\Lambda_1}+\frac{1}{\Lambda_2}+\frac{1}{\Lambda_3}+\cdots. \quad (16)$$

Mit dem Integral

$$H^2=\int_0^1 \Gamma(\xi,\xi)\,f(\xi)\,d\xi \quad (17)$$

hat man also folgende untere Schranke für die Eigenfrequenz α_1 der Grundschwingung:

$$\alpha_1>\frac{\beta}{2\pi H} \quad (18)$$

oder schärfer

$$\alpha_1 > \frac{\beta}{2\pi H} \frac{1}{\sqrt{1-\frac{\beta^2}{4\pi^2 H^2 \bar{\alpha}_2^2}}}, \tag{19}$$

wo wieder $\bar{\alpha}_2$ eine obere Schranke der Eigenfrequenz der ersten Oberschwingung ist.

Jetzt handelt es sich nur noch um die Bestimmung der Greenschen Funktion $G(\xi, \xi)$ bzw. ihrer dimensionslosen Form $\Gamma(\xi, \xi)$ und um die Auswertung des Integrals H^2 (17). Da $G(\xi, \xi)$ die Durchbiegung der Schaufel an der Stelle ξ unter einer Einheitskraft an derselben Stelle ξ ist, so folgt G der Biegegleichung

$$EJ \frac{d^2 G}{d z^2} = x - z \qquad (z \leq x) \tag{20}$$

oder in dimensionsloser Form

$$j(\zeta) \frac{d^2 \Gamma}{d \zeta^2} = \xi - \zeta \qquad (\zeta \leq \xi). \tag{21}$$

Man integriert dies zweckmäßigerweise, indem man zuvor mit $(\xi - \zeta)$ multipliziert und mit $j(\zeta)$ dividiert:

$$\int_0^\xi (\xi - \zeta)\, d \frac{d\Gamma}{d\zeta} = \int_0^\xi \frac{(\xi-\zeta)^2}{j(\zeta)} d\zeta.$$

Das linke Integral gibt durch Teilintegration wegen $d\Gamma/d\zeta = 0$ für $\zeta = 0$ und $\Gamma = 0$ für $\xi = 0$

$$\left[(\xi - \zeta) \frac{d\Gamma}{d\zeta}\right]_0^\xi + \int_0^\xi d\Gamma = \Gamma(\xi, \xi),$$

so daß also

$$\Gamma(\xi, \xi) = \int_0^\xi \frac{(\xi-\zeta)^2}{j(\zeta)} d\zeta \tag{22}$$

wird.

Sind $f(\xi)$ und $j(\xi)$ wieder lineare Funktionen oder das Reziproke von solchen, so kann man die Integrale (22) und (17) fast in allen Fällen leicht berechnen. Man findet zunächst

$$\left.\begin{aligned} \Gamma(\xi, \xi) &= -\frac{\xi}{k^2} + \frac{3}{2}\frac{\xi^2}{k} - \frac{(1-k\xi)^2}{k^3} \ln(1-k\xi) \quad &&\text{für} \quad j(\xi) \equiv 1 - k\xi, \\ \Gamma(\xi, \xi) &= \frac{1}{3}\xi^3 + \frac{k}{12}\xi^4 &&\text{für} \quad j(\xi) \equiv \frac{1}{1+k\xi} \end{aligned}\right\} \tag{23}$$

und daraus dann vollends in den vier Fällen a) bis d) das Integral H^2:

a) $f(\xi) \equiv 1 - h\xi$ und $j(\xi) \equiv 1 - k\xi$ gibt

$$\left.\begin{aligned} H^2 = \frac{4-3h}{8k} - \frac{3-2h}{6k^2} + \frac{9(1-k)^3 hk + [1-(1-k)^3](16k - 7h)}{144 k^5} + \\ + \frac{(1-k)^3(4k - h - 3hk)}{12k^5} \ln(1-k). \end{aligned}\right\} \tag{24}$$

b) $f(\xi) \equiv \frac{1}{1+h\xi}$ und $j(\xi) \equiv \frac{1}{1+k\xi}$ gibt

$$H^2 = \frac{3h^4 k + 2(4h - k)[2h^3 - 3h^2 + 6h - 6\ln(1+h)]}{144 h^5}. \tag{25}$$

c) $f(\xi) \equiv \frac{1}{1+h\xi}$ und $j(\xi) \equiv 1-k\xi$ gibt

$$\left.\begin{aligned} H^2 = \frac{1}{2h^3k^3}\Big[&hk(2hk-5h-5k)+k(2h+3k)\ln(1+h)+\\ &+h(1-k)(hk-3h-2k)\ln(1-k)-2h(h+k)^2\int_0^1\frac{\ln(1-k\xi)}{1+h\xi}\,d\xi\Big].\end{aligned}\right\} \tag{26}$$

Das letzte Integral ist nicht geschlossen auswertbar, sondern muß entweder graphisch bestimmt werden oder kann in eine für $|h|<1$ und $|k|<1$ gleichmäßig konvergente Reihe entwickelt werden, wobei man zuzüglich der übrigen Glieder zunächst

$$\Gamma(\xi,\xi) = 2\xi^3\sum_{\nu=0}^{\infty}\frac{k^\nu\xi^\nu}{(\nu+1)(\nu+2)(\nu+3)} \tag{27}$$

und schließlich

$$H^2 = 2\sum_{\mu=0}^{\infty}\sum_{\nu=0}^{\infty}\frac{(-1)^\mu h^\mu k^\nu}{(\nu+1)(\nu+2)(\nu+3)(\nu+\mu+4)} \tag{28}$$

erhält, einen für kleine $|h|$ und $|k|$ sehr rasch konvergierenden Ausdruck.

d) $f(\xi) \equiv 1-h\xi$ und $j(\xi) \equiv \frac{1}{1+k\xi}$ gibt

$$H^2 = \frac{1}{12}\left(1-\frac{4}{5}h+\frac{1}{5}k-\frac{1}{6}hk\right). \tag{29}$$

Wir wollen als Beispiel den Fall a) mit $h=k=0{,}5$ wählen. Man findet zufolge (8) und (18) mit (24) folgendes Intervall für α_1:

$$0{,}694\,\beta > \alpha_1 > 0{,}673\,\beta. \tag{30}$$

Damit ist α_1 bis auf einen Fehler von weniger als 3% seines Wertes, also praktisch wohl ausreichend genau bestimmt. Man könnte die Genauigkeit noch verschärfen, indem man zuvor noch einen Näherungswert für α_2 ermittelt. Schätzt man, was sicher der Wahrheit ziemlich nahe kommt, $\alpha_2:\alpha_1 \approx 6:1$, so wird nach (19) die untere Schranke von α_1 heraufgesetzt auf $0{,}685\,\beta$ und damit der mögliche Fehler unter 1,4% herabgedrückt.

Auch für beliebig veränderliche Querschnitte und Trägheitsmomente, also beliebige Funktionen $f(\xi)$ und $j(\xi)$ kann, wenn nötig, die untere Schranke gefunden werden. Man muß nun eben die Integrale (22) und (17) graphisch auswerten, was indessen mühsam ist, weil im Integral (22) der Parameter ξ von 0 bis 1 zu variieren ist. Man kann schreiben

$$H^2 = \int_0^1(\xi^2L_0-2\xi L_1+L_2)f(\xi)\,d\xi \tag{31}$$

mit

$$L_0 = \int_0^\xi\frac{d\zeta}{j(\zeta)},\qquad L_1 = \int_0^\xi\frac{\zeta\,d\zeta}{j(\zeta)},\qquad L_2 = \int_0^\xi\frac{\zeta^2\,d\zeta}{j(\zeta)} \tag{32}$$

und hat also folgende Vorschrift: Bilde die Kurven mit den Ordinaten $1/j(\zeta)$, $\zeta/j(\zeta)$ und $\zeta^2/j(\zeta)$ und daraus durch graphische Integration die Integralkurven L_0, L_1 und L_2, sodann die Kurve mit den Ordinaten $(\xi^2L_0-2\xi L_1+L_2)f(\xi)$ und hieraus durch eine weitere graphische Integration zwischen $\xi=0$ und $\xi=1$ den gesuchten Wert H^2. — In der Regel wird man aber wohl schon mit den Formeln (24) bis (29) auskommen.

9. Die rotierende Schaufel mit Deckband; obere Frequenzschranke. Wir wollen jetzt auch den Einfluß der Fliehkraft bei der rotierenden Schaufel berücksichtigen. Um dabei sogleich den allgemeinsten Fall zu treffen, wollen wir zudem ein Deckband an der Schaufelspitze und elastische Einspannung des Schaufelfußes zulassen. Zur Gewinnung einer oberen Schranke kommen praktisch die Rayleighsche, die Galerkinsche Methode sowie ihr Gegenstück in Betracht[1]). Alle drei sind hier ungefähr gleichwertig, solange der Querschnitt und das Trägheitsmoment einfache, über die Schaufellänge analytisch definierte Funktionen sind. Da wir an diesem Beispiel eine (schon in Kap. III, Ziff. **17** angekündigte) Erweiterung der Galerkinschen Vorschrift herleiten wollen, so entwickeln wir hier zuerst die an die Differentialgleichung unmittelbar anschließende Galerkinsche Methode und bemerken nur, daß sich, sobald man die folgenden Betrachtungen überblickt, auch die Rayleighsche Methode vollends leicht ergeben würde. Ein Beispiel für das (in manchen Fällen weit überlegene) Gegenstück zur Galerkinschen Methode folgt in Ziff. **11**.

Um die Differentialgleichung der schwingenden Schaufel und die zugehörigen Randbedingungen herzuleiten, gehen wir — zunächst für die Biegeschwingung um die Hauptachse *1* des Schaufelquerschnitts — wieder von der Biegegleichung (**7**, 1) aus:

$$E J_1(x) \frac{\partial^2 y_1}{\partial x^2} = m_1. \tag{1}$$

Die Belastung setzt sich jetzt zusammen aus der d'Alembertschen Kraft der Schwingung und aus der Belastung durch die Fliehkraft, so daß die Gleichung (**7**, 2) nun zu erweitern ist auf

$$\frac{\partial^2 m_1}{\partial x^2} = -\frac{\gamma F(x)}{g} \frac{\partial^2 y_1}{\partial t^2} + \frac{\partial^2 M_1}{\partial x^2}, \tag{2}$$

wobei M_1 das von der Fliehkraft herrührende Moment an der Stelle x ist. Dieses Moment ist schon in (**5**, **3**) gefunden worden, wobei wir natürlich die Glieder mit der Dampflast q_1 und mit dem Deckbandmoment M' (das beim Differentiieren nach x sowieso wegfiele) fortlassen können; dagegen wollen wir vorerst auch noch das zusätzliche von der Divergenz des Fliehkraftfeldes herrührende Moment (**5**, **34**) berücksichtigen. Wir haben also im ganzen als Fliehkraftmoment [im Hinblick auf (**5**, 1)]

$$\left.\begin{aligned} M_1 = -\frac{\gamma\omega^2}{g}\Big\{\int_x^l [y_1(z) - y_1(x)]\, F(z)\,(r_0 + z)\,dz - \int_x^l [y_1(z)\cos\beta - y_2(z)\sin\beta]\,(z - x)\,F(z)\cos\beta\,dz\Big\} - \\ -\frac{G_D\,\omega^2}{g}\Big\{(r_0 + l)\,[f_1 - y_1(x)] - (f_1\cos\beta - f_2\sin\beta)\,(l - x)\cos\beta\Big\}, \end{aligned}\right\} \tag{3}$$

und somit gibt (2)

$$\left.\begin{aligned} \frac{\partial^2 m_1}{\partial x^2} = -\frac{\gamma F(x)}{g}\frac{\partial^2 y_1}{\partial t^2} + \frac{\gamma\omega^2}{g}\Big[\frac{\partial^2 y_1}{\partial x^2}\int_x^l F(z)\,(r_0 + z)\,dz - F(x)\,(r_0 + x)\,\frac{\partial y_1}{\partial x} + \\ + (y_1\cos\beta - y_2\sin\beta)\,F(x)\cos\beta\Big] + \frac{G_D\,\omega^2}{g}\,(r_0 + l)\,\frac{\partial^2 y_1}{\partial x^2}. \end{aligned}\right\} \tag{4}$$

Setzt man diesen Ausdruck in die zweimal differentiierte Gleichung (1) ein, so kommt sofort die gesuchte Differentialgleichung für die Schwingung um die

---

[1]) Eine von diesen Methoden wesentlich verschiedene Differenzenmethode, die namentlich bei Schaufeln mit mehreren Bindedrähten vorteilhaft ist, gibt E. Sörensen, Über Schwingungen von Dampfturbinenschaufeln, Ing.-Arch. 8 (1937) S. 381, sowie G. Mesmer, Freie Schwingungen stabförmiger Körper, insbesondere Schwingungen von Turbinenschaufeln, Ing.-Arch. 8 (1937) S. 396.

Hauptachse *1* und in gleicher Weise für diejenige um die Hauptachse *2*, nämlich (wenn wieder Striche Ableitungen nach x, Punkte solche nach t bedeuten)

$$\left.\begin{aligned}
&[E J_1(x) y_1'']'' - \frac{\gamma\omega^2}{g}\left[y_1''\int_x^l F(z)(r_0+z)\,dz - F(x)(r_0+x)\,y_1' + (y_1\cos\beta - y_2\sin\beta)F(x)\cos\beta\right] - \\
&\qquad\qquad - \frac{G_D\,\omega^2}{g}(r_0+l)\,y_1'' + \frac{\gamma F(x)}{g}\ddot{y}_1 = 0, \\
&[E J_2(x) y_2'']'' - \frac{\gamma\omega^2}{g}\left[y_2''\int_x^l F(z)(r_0+z)\,dz - F(x)(r_0+x)\,y_2' + (y_2\sin\beta - y_1\cos\beta)F(x)\sin\beta\right] - \\
&\qquad\qquad - \frac{G_D\,\omega^2}{g}(r_0+l)\,y_2'' + \frac{\gamma F(x)}{g}\ddot{y}_2 = 0.
\end{aligned}\right\} \quad (5)$$

Aus diesen Gleichungen geht hervor, daß die beiden Schwingungen durch die Fliehkraftglieder miteinander gekoppelt sind, und das erschwert natürlich die weitere Lösung im allgemeinen sehr. Glücklicherweise ist die Koppelung zumeist nur ganz schwach, wie man folgendermaßen erkennt. Die Koppelglieder

$$\frac{\gamma F(x)}{g}\,y_2\,\omega^2\sin\beta\cos\beta \qquad \text{und} \qquad \frac{\gamma F(x)}{g}\,y_1\,\omega^2\sin\beta\cos\beta \tag{6}$$

sind klein, verglichen mit den kinetischen Gliedern

$$\frac{\gamma F(x)}{g}\ddot{y}_1 \qquad \text{und} \qquad \frac{\gamma F(x)}{g}\ddot{y}_2. \tag{7}$$

Denn für stationäre Schwingungen von der Form

$$y_1 = Y_1\sin 2\pi\alpha_1 t, \qquad y_2 = Y_2\sin 2\pi\alpha_2 t \tag{8}$$

verhalten sich untereinander stehende Glieder von (6) und (7) wie

$$\frac{Y_2}{Y_1}\,\frac{\omega^2\sin\beta\cos\beta}{(2\pi\alpha_1)^2} \qquad \text{und} \qquad \frac{Y_1}{Y_2}\,\frac{\omega^2\sin\beta\cos\beta}{(2\pi\alpha_2)^2}. \tag{9}$$

Da für nahezu alle Schaufeln die Schwingungsfrequenzen α_1 und noch mehr α_2 viel größer als die Umlaufsfrequenz $\omega/2\pi$ zu sein pflegen und der Winkel β nie groß genommen wird, so sind beide Quotienten (9) in der Regel sogar außerordentlich klein [im ersten Quotienten ist zudem die Amplitude Y_2 immer viel kleiner als die Amplitude Y_1, im zweiten wird das große Verhältnis $Y_1 : Y_2$ durch das um so kleinere $\omega^2 : (2\pi\alpha_2)^2$ mehr als kompensiert]. Zahlenbeispiele haben bestätigt, daß nicht nur diese Koppelglieder selbst, sondern überhaupt die von der Divergenz des Fliehkraftfeldes herrührenden Glieder in (5), erkennbar an den Faktoren $\sin\beta$ und $\cos\beta$, zahlenmäßig fast immer vernachlässigbar sind: für eine Schaufel von 10 cm Länge und üblicher Bauart auf einer Scheibe von 30 cm Halbmesser und 3000 Uml/min beispielsweise beeinflussen sie das Rechenergebnis um weniger als 0,2%. Wir lassen sie weiterhin ohne Bedenken fort.

Gehen wir dann mit den Ansätzen (8) in die Gleichungen (5) ein und benützen neben

$$\lambda_1 = (2\pi\alpha_1)^2, \quad \lambda_2 = (2\pi\alpha_2)^2 \tag{10}$$

die Abkürzungen

$$\beta_1^2 = \frac{E J_{10}}{(\gamma/g)\,F_0\,l^4}, \qquad \beta_2^2 = \frac{E J_{20}}{(\gamma/g)\,F_0\,l^4}, \qquad p = \frac{G_D}{\gamma F_0 l}, \tag{11}$$

wobei p dimensionslos ist, sowie wiederum

$$F(\xi) = F_0 f(\xi), \qquad J_1(\xi) = J_{10}\,j_1(\xi), \qquad J_2(\xi) = J_{20}\,j_2(\xi), \tag{12}$$

so kommen folgende Amplitudengleichungen, in der dimensionslosen Variabeln $\xi = x/l$ geschrieben:

$$\left.\begin{array}{l}\beta_i^2 \frac{d^2}{d\xi^2}\left[j_i(\xi)\frac{d^2 Y_i}{d\xi^2}\right] - \omega^2 \frac{d}{d\xi}\left\{\left[\int\limits_\xi^1 f(\zeta)\left(\frac{r_0}{l}+\zeta\right)d\zeta + p\left(\frac{r_0}{l}+1\right)\right]\frac{dY_i}{d\xi}\right\} - \lambda_i f(\xi) Y_i = 0 \\ \qquad (i = 1, 2).\end{array}\right\} \quad (13)$$

Man erkennt in ihren linken Seiten die Verallgemeinerungen der geschweiften Klammern der Gleichungen (**8**, 3), in die sie mit $\omega = 0$ übergingen.

Sowohl zu ihrer direkten Auflösung (die wir aber nicht beabsichtigen), als auch für die an sie anknüpfende Galerkinsche Methode brauchen wir nun noch die zugehörigen Randbedingungen. Am Schaufelfuß hat man erstens

$$y_1 = 0, \quad y_2 = 0 \quad \text{für} \quad x = 0, \tag{14}$$

zweitens nach (**4**, 1) mit den Federungszahlen ε_1 und ε_2

$$\varepsilon_1 E J_{10} y_1'' = y_1', \quad \varepsilon_2 E J_{20} y_2'' = y_2' \quad \text{für} \quad x = 0. \tag{15}$$

An der Schaufelspitze muß erstens das Biegemoment m_1 den aus (**3**, 22) folgenden Wert $-2M'$, das Biegemoment m_2 aber den Wert Null haben (wenigstens im Rahmen der Genauigkeit unserer Rechnungen von Ziff. **3**), und dies gibt

$$E J_{1l} y_1'' = -\frac{12 E' J' l'^2 \cos\beta}{l^{*3}}(y_1' - y_2' \operatorname{tg}\beta), \quad y_2'' = 0 \quad \text{für} \quad x = l; \tag{16}$$

dabei beziehen sich E', J', l' und l^* auf das Deckband (vgl. Abb. 4 in Ziff. **3**), und von dessen Drehträgheit bei der Schwingung ist unbedenklich abgesehen. Zweitens aber setzt sich dort die Querkraft zusammen aus dem Fliehkraftanteil $(\partial M_i/\partial x)_{x=l}$ nach (**3**) und aus der d'Alembertschen Kraft des Deckbandes; dies gibt

$$\left.\begin{array}{l}[E J_1(x) y_1'']' = \frac{G_D}{g}\left\{\omega^2\left[(r_0 + l) y_1' - (y_1\cos\beta - y_2\sin\beta)\cos\beta\right] + \ddot{y}_1\right\}, \\ [E J_2(x) y_2'']' = \frac{G_D}{g}\left\{\omega^2\left[(r_0 + l) y_2' - (y_2\sin\beta - y_1\cos\beta)\sin\beta\right] + \ddot{y}_2\right\}\end{array}\right\} \text{für } x = l. \quad (17)$$

In diesen beiden letzten Randbedingungen wird man die (noch die unbekannten Eigenwerte λ_i enthaltenden) Glieder $\ddot{y}_1$ und $\ddot{y}_2$ mit Hilfe der Differentialgleichungen (5) entfernen, so daß man hat

$$[E J_i(x) y_i'']' + \frac{G_D}{\gamma F(l)}[E J_i(x) y_i'']'' = \frac{G_D^2 \omega^2}{\gamma g F(l)}(r_0 + l) y_i'' \quad (i = 1, 2) \quad \text{für} \quad x = l. \tag{18}$$

Man kann diese Randbedingungen wieder in dimensionsloser Form schreiben, indem man neben (11) und (12) noch die dimensionslosen Größen

$$e_1 = \frac{\varepsilon_1 E J_{10}}{l}, \quad e_2 = \frac{\varepsilon_2 E J_{20}}{l}, \quad s = \frac{12 E' J' l l'^2 \cos\beta}{E J_{1l} l^{*3}} \tag{19}$$

benützt; und es ist dann nur folgerichtig, wenn man das Glied $y_2' \operatorname{tg}\beta$ in der Randbedingung (16) gegen y_1' vernachlässigt und so die Verkoppelung beider Schwingungen auch in den Randbedingungen löst. So kommt an Stelle von (14), (15), (16) und (18)

$$Y_i = 0, \quad e_i \frac{d^2 Y_i}{d\xi^2} = \frac{dY_i}{d\xi} \quad (i = 1, 2) \quad \text{für} \quad \xi = 0, \tag{20}$$

$$\frac{d^2 Y_1}{d\xi^2} + s\frac{dY_1}{d\xi} = 0, \quad \frac{d^2 Y_2}{d\xi^2} = 0 \quad \text{für} \quad \xi = 1 \tag{21}$$

und endlich

$$\beta_i^2\left\{\frac{d^2}{d\xi^2}\left[j_i(\xi)\frac{d^2 Y_i}{d\xi^2}\right] + \frac{1}{p} f(1)\frac{d}{d\xi}\left[j_i(\xi)\frac{d^2 Y_i}{d\xi^2}\right]\right\} = \omega^2 p\left(\frac{r_0}{l} + 1\right)\frac{d^2 Y_i}{d\xi^2} \quad (i = 1, 2) \quad \text{für} \quad \xi = 1 \tag{22}$$

oder für manche Zwecke noch besser, indem man hiervon die aus (13) für $\xi = 1$ folgende Gleichung

$$\beta_i^2 \frac{d^2}{d\xi^2}\left[j_i(\xi)\frac{d^2Y_i}{d\xi^2}\right] + \omega^2 f(1)\left(\frac{r_0}{l}+1\right)\frac{dY_i}{d\xi} = \omega^2 p\left(\frac{r_0}{l}+1\right)\frac{d^2Y_i}{d\xi^2} + \lambda_i f(1) Y_i \quad (i = 1,2)$$

abzieht,

$$\beta_i^2 \frac{d}{d\xi}\left[j_i(\xi)\frac{d^2Y_i}{d\xi^2}\right] = \omega^2 p\left(\frac{r_0}{l}+1\right)\frac{dY_i}{d\xi} - \lambda_i p\, Y_i \quad (i = 1,2) \quad \text{für } \xi = 1. \tag{22a}$$

Man könnte aus (1) und (2) an Stelle der Momente m_i natürlich auch die Auslenkungen y_i eliminieren, um so die Erweiterung der zweiten Gleichung (**8**, 3) herzuleiten; es zeigt sich aber, daß man dabei auf viel verwickeltere Gleichungen stößt, als (13) nebst (20) bis (22a): die Momente m_i sind für diesen allgemeinen Fall keine geeigneten Variabeln mehr, was deswegen zu bedauern ist, weil die Differentialgleichung (13) sich zur rein rechnerischen Lösung eigentlich nur für den Fall eignet, daß $f(\xi)$ und $j_i(\xi)$ lineare Funktionen von ξ sind.

Will man jetzt die Galerkinsche Methode auf die nunmehr entkoppelten Differentialgleichungen (13) samt Randbedingungen (20) bis (22a) anwenden, so darf das nicht einfach wie bisher dadurch geschehen, daß man die Gleichungen $\int[\ldots]\,\mathfrak{y}_k d\xi = 0$ bildet (wo $[\ldots]$ die linke Seite der Differentialgleichung bedeutet). Vielmehr ist schon hier auch noch der Einfluß des Deckbandes zu berücksichtigen, und zwar lauten dann die Galerkinschen Gleichungen, wie wir sogleich beweisen werden, unter Fortlassen des Zeigers $i = 1, 2$

$$\left.\begin{aligned}\int_0^1 \left[\beta^2 \frac{d^2}{d\xi^2}\left[j(\xi)\frac{d^2Y}{d\xi^2}\right] - \omega^2 \frac{d}{d\xi}\left\{\left[\int_\xi^1 f(\zeta)\left(\frac{r_0}{l}+\zeta\right)d\zeta + p\left(\frac{r_0}{l}+1\right)\right]\frac{dY}{d\xi}\right\} - \lambda^* f(\xi) Y\right]\mathfrak{y}_k d\xi = \\ = \left\{\beta^2 \frac{d}{d\xi}\left[j(\xi)\frac{d^2Y}{d\xi^2}\right] - \omega^2 p\left(\frac{r_0}{l}+1\right)\frac{dY}{d\xi} + \lambda^* p\, Y\right\}_1 \mathfrak{y}_{1k} \quad (k = 1, 2, \ldots, n).\end{aligned}\right\} \tag{23}$$

[Die jetzt ohne Zeiger erscheinende Konstante β (11) kann wohl nirgends mit dem weiterhin nicht mehr explizit auftretenden Winkel β verwechselt werden.] Die rechten Seiten sind für die Schaufelspitze $\xi = 1$ zu bilden und stellen, gleich Null gesetzt, die Randbedingungen (22a) dar. Für die strenge Lösung Y verschwinden sie genau, für die zu suchende Näherungslösung tun sie das im allgemeinen deswegen nicht, weil λ^* dann in ihnen nur eine Näherung bedeutet. Würde man sie einfach weglassen, so wäre das zwar kein grober Fehler; es würde aber die Güte der zu erzielenden Näherung beeinflussen (in dem späteren Zahlenbeispiel würde eine um ungefähr 5% zu hohe obere Schranke entstehen).

Um die Richtigkeit von (23) darzutun, schreiben wir die Differentialgleichung (13) einfacher in der leichtverständlichen Form

$$(KY'')'' - \omega^2(LY')' - \lambda f Y = 0 \tag{24}$$

und die Randbedingungen (20), (21) und (22a) in der Form

$$Y_0 = 0, \quad Y_0'' = a Y_0', \quad Y_1'' = -s Y_1', \quad (KY'')_1' = \omega^2 b\, Y_1' - \lambda p\, Y_1, \tag{25}$$

wobei jetzt die Zeiger 0 bzw. 1 die Werte am Schaufelfuß $\xi = 0$ bzw. an der Schaufelspitze $\xi = 1$ bedeuten, und merken noch an, daß hierbei insbesondere

$$L_1 = b = p\left(\frac{r_0}{l}+1\right) \tag{26}$$

ist; Ableitungen nach ξ sind hier einfach durch Striche dargestellt. Wir haben jetzt die Entwicklungen von Kap. III, Ziff. **17** zu erweitern und wollen das in großen Zügen andeuten. Zuerst ist die Energiebilanz aufzustellen; dies geschieht entweder durch Anschreiben der einzelnen Energieteile der Schaufel und des Deckbandes oder, nachdem die Differentialgleichung schon bekannt ist, viel rascher dadurch, daß man diese (nach bekanntem Verfahren) mit Y multipliziert und über die ganze Schaufel integriert. Macht man dies mit (24) und wendet mehrmals Teilintegration an, so kommt alsbald

$$\int_0^1 (K Y''^2 + \omega^2 L Y'^2 - \lambda f Y^2)\, d\xi + \left[(K Y'')' Y\right]_0^1 - \left[K Y'' Y'\right]_0^1 - \omega^2 \left[L Y' Y\right]_0^1 = 0.$$

Dies geht mit den Randbedingungen (25) und mit (26) über in

$$\int_0^1 (K Y''^2 + \omega^2 L Y'^2 - \lambda f Y^2)\, d\xi + a K_0 Y_0'^2 + s K_1 Y_1'^2 - \lambda p Y_1^2 = 0 \tag{27}$$

und stellt die Energiebilanz vor. (Die Integralglieder bedeuten, abgesehen von einem Faktor $\frac{1}{2}$, der Reihe nach die Formänderungsenergie, die Energie des Fliehkraftfeldes und die negative Bewegungsenergie der Schaufel; die übrigen drei Glieder bedeuten die Einspannungsenergie des elastisch gebetteten Schaufelfußes, die Formänderungsenergie des gebogenen Deckbandstückes sowie dessen negative Bewegungsenergie.) Von der linken Seite in (27) (die jetzt dasselbe ist, was wir in Kap. III, Ziff. **16** mit $U - \lambda K$ bezeichnet haben) hat man, da sie nach (III, **16**, 4) ein Minimum werden soll, die Variation zu bilden und gleich Null zu setzen. Dies gibt, wenn man wiederholte Teilintegration anwendet und von jetzt an wieder λ^* statt λ schreibt, um anzuzeigen, daß das so formulierte Variationsproblem nicht streng zu lösen ist, sondern zu einer Näherungsmethode hinführen soll,

$$\int_0^1 \left[(KY'')'' - \omega^2 (LY')' - \lambda^* f Y\right] \delta Y\, d\xi + \left[KY''\delta Y'\right]_0^1 - \left[(KY'')'\delta Y\right]_0^1 + \omega^2 \left[LY'\delta Y\right]_0^1 +$$
$$+ a K_0 Y_0' \delta Y_0' + s K_1 Y_1' \delta Y_1' - \lambda^* p Y_1 \delta Y_1 = 0$$

und geht mit den Randbedingungen (25) und mit (26) sowie $\delta Y_0 = 0$ über in

$$\int_0^1 \left[(K Y'')'' - \omega^2 (L Y')' - \lambda^* f Y\right] \delta Y\, d\xi = \left[(K Y'')' - \omega^2 b Y' + \lambda^* p Y\right]_1 \delta Y_1.$$

Das wird aber identisch mit (23), sobald man nach der Galerkinschen Idee die Variationen δY durch die Koordinatenfunktionen $\mathfrak{y}_k$ ersetzt, womit (23) bewiesen ist.

Wir verfolgen jetzt die Lösung der Gleichungen (23) zunächst für den Fall, daß S c h a u f e l q u e r s c h n i t t und T r ä g h e i t s m o m e n t l i n e a r e F u n k t i o n e n sind. Wir betrachten nur die Schwingung Y_1, lassen aber nach wie vor den Zeiger 1 weg und bemerken gleich, daß die folgenden Formeln alle auch für die Schwingung Y_2 gelten, sobald man in ihnen überall $s = 0$ setzt [vgl. die Randbedingung (21)]. Mit

$$f(\xi) \equiv 1 - h\xi, \quad j(\xi) \equiv 1 - k\xi \tag{28}$$

gehen die Differentialgleichung (13) und die Randbedingungen (20) bis (22) über in

$$\left.\begin{aligned} &\beta^2\left[(1 - k\xi)\frac{d^4Y}{d\xi^4} - 2k\frac{d^3Y}{d\xi^3}\right] + \omega^2\left[\left(\frac{r_0}{l} + w\xi - h\xi^2\right)\frac{dY}{d\xi} - \left(w' - \frac{r_0}{l}\xi - \frac{1}{2}w\xi^2 + \frac{1}{3}h\xi^3\right)\frac{d^2Y}{d\xi^2}\right] \\ &\qquad\qquad = \lambda(1 - h\xi)\,Y, \\ &Y(0) = 0, \quad e\frac{d^2Y(0)}{d\xi^2} = \frac{dY(0)}{d\xi}, \quad \frac{d^2Y(1)}{d\xi^2} + s\frac{dY(1)}{d\xi} = 0, \quad \frac{d^4Y(1)}{d\xi^4} + u\frac{d^3Y(1)}{d\xi^3} = v\frac{d^2Y(1)}{d\xi^2} \end{aligned}\right\} \tag{29}$$

mit den neuen Abkürzungen

$$\left.\begin{aligned} &u = \frac{1-h}{p} - \frac{2k}{1-k}, &&v = \frac{1-h}{p}\,\frac{k}{1-k} + \frac{p}{1-k}\left(\frac{r_0}{l} + 1\right)\frac{\omega^2}{\beta^2}, \\ &w = 1 - \frac{r_0 h}{l}, &&w' = p\left(\frac{r_0}{l} + 1\right) + \frac{r_0}{l} + \frac{1}{2}w - \frac{1}{3}h. \end{aligned}\right\} \tag{30}$$

Man verschafft sich nun vor allem eine Koordinatenfunktion $\mathfrak{y}_1$, die die vier Randbedingungen in (29) erfüllt, etwa in Form des Polynoms

$$\mathfrak{y}_1 = A\,\xi + 6\,\xi^2 + B\,\xi^3 + C\,\xi^4. \tag{31}$$

Durch Einsetzen in die letzten vier Gleichungen (29) findet man die Koeffizienten

$$\left.\begin{aligned} A &= 12\,e, \\ B &= -4\,\frac{6(1+u)[1+s(1+e)] - v\,s(2+3\,e)}{12+6(u+s)+(4\,u-v)\,s}, \\ C &= 3\,\frac{2\,u\,[1+s(1+e)] - v\,s(1+2\,e)}{12+6(u+s)+(4\,u-v)\,s}. \end{aligned}\right\} \tag{32}$$

Begnügt man sich, was oft schon ausreichen wird, mit dem eingliedrigen Ansatz $Y = \mathfrak{y}_1$, so hat man nach der Galerkinschen Regel gemäß (23) der Reihe nach die Stieltjesschen Integrale zu bilden:

$$\left.\begin{aligned} J_1 &= 12\int_0^1 (2\,C - k\,B - 6\,k\,C\,\xi)\,(A\,\xi + 6\,\xi^2 + B\,\xi^3 + C\,\xi^4)\,d\xi - \\ &\qquad - 6\,[B + 4\,C - 2\,k\,(1 + B + 3\,C)]\,(A + 6 + B + C), \\ J_2 &= \int_0^1 \left(\frac{r_0}{l} + w\,\xi - h\,\xi^2\right)(A + 12\,\xi + 3\,B\,\xi^2 + 4\,C\,\xi^3)\,(A\,\xi + 6\,\xi^2 + B\,\xi^3 + C\,\xi^4)\,d\xi + \\ &\qquad + p\left(\frac{r_0}{l} + 1\right)(A + 12 + 3\,B + 4\,C)\,(A + 6 + B + C), \\ J_3 &= 6\int_0^1 \left(w' - \frac{r_0}{l}\,\xi - \frac{1}{2}\,w\,\xi^2 + \frac{1}{3}\,h\,\xi^3\right)(2 + B\,\xi + 2\,C\,\xi^2)\,(A\,\xi + 6\,\xi^2 + B\,\xi^3 + C\,\xi^4)\,d\xi, \\ J_4 &= \int_0^1 (1 - h\,\xi)\,(A\,\xi + 6\,\xi^2 + B\,\xi^3 + C\,\xi^4)^2\,d\xi + p\,(A + 6 + B + C)^2. \end{aligned}\right\} \tag{33}$$

Dann ist

$$\lambda_1^* = \frac{1}{J_4}\,[\beta^2\,J_1 + \omega^2\,(J_2 - J_3)] \tag{34}$$

eine obere Schranke für den tiefsten Eigenwert λ_1. Die Berechnung der Integrale geschieht elementar.

Wir wählen folgendes Beispiel[1]): Für die Schaufel sei

$$r_0 = 74{,}0\ \text{cm}, \qquad l = 11{,}2\ \text{cm}, \qquad \beta = 12^\circ,$$

$$F_0 = 0{,}960\ \text{cm}^2, \quad F_l = 0{,}682\ \text{cm}^2, \quad \text{also} \quad h = \frac{0{,}960 - 0{,}682}{0{,}960} = 0{,}2896,$$

$$J_0 = 0{,}0768\ \text{cm}^4, \quad J_l = 0{,}0498\ \text{cm}^4, \quad \text{also} \quad k = 0{,}3516$$

(bezüglich der Hauptachse *1*), für das Deckband

$$l' = 1{,}45\ \text{cm}, \quad l^* = 1{,}00\ \text{cm}, \quad G_D = 4{,}46\cdot 10^{-3}\ \text{kg}, \quad J' = 2{,}652\cdot 10^{-4}\ \text{cm}^4,$$

außerdem

$$\gamma = 7{,}80\cdot 10^{-3}\ \text{kg/cm}^3, \quad E = E' = 2{,}05\cdot 10^6\ \text{kg/cm}^2,$$

$\omega = 100\,\pi\ \text{sek}^{-1}$ (entsprechend $n = 3000$ Uml/min),

$\varepsilon_1 = 0$ (also starre Einspannung des Schaufelfußes).

Man findet der Reihe nach

$\beta^2 = 1{,}311\cdot 10^6\ \text{sek}^{-2}$,	$p = 0{,}05318$,	$e = 0$,	$s = 1{,}472$,
$u = 12{,}27$,	$v = 7{,}291$,	$w = -0{,}9133$,	$w' = 6{,}4585$,
$A = 0$,	$B = -4{,}4975$,	$C = 0{,}9605$,	
$J_1 = 29{,}666$,	$J_2 = 19{,}942$,	$J_3 = 1{,}3800$,	$J_4 = 1{,}6833$

[1]) Vgl. das mit der Ritzschen Methode behandelte Beispiel der Dissertation von W. LOHMANN, Eigenschwingungen von Dampfturbinenschaufeln unter allgemeinen Bedingungen, Jena 1932.

und also $\lambda_1^* = 2{,}419 \cdot 10^7\,\text{sek}^{-2}$ und daraus die obere Schranke für die Grundfrequenz

$$\alpha_1^* = 783\ \text{Hz}. \tag{35}$$

Läßt man in (34) das Glied mit ω^2 fort, so erhält man eine obere Schranke für die Grundfrequenz der nichtrotierenden Schaufel, in unserem Beispiel $\lambda_1'^* = 2{,}310 \cdot 10^7\,\text{sek}^{-2}$ und also

$$\alpha_1'^* = 765\ \text{Hz}. \tag{36}$$

Eigentlich müßte man bei der nichtrotierenden Schaufel beachten, daß ω^2 schon in v, also in den Koeffizienten B und C der Koordinatenfunktion $\mathfrak{y}_1$ enthalten ist. Setzt man schon dort $\omega = 0$ und wiederholt die ganze Rechnung, so kommt $\lambda_1'^* = 2{,}311 \cdot 10^7\,\text{sek}^{-2}$ und also bis auf drei Stellen genau wieder der alte Wert $\alpha_1'^*$; die Wiederholung der Rechnung mag also im allgemeinen kaum nötig sein.

Im ganzen stellt man fest, daß die Grundfrequenz [soweit man aus dem Vergleich der oberen Schranken (35) und (36) schließen darf] durch die Rotation der Schaufel um rund 2,3% erhöht wird.

Will man ein noch genaueres Ergebnis und zugleich einen Näherungswert für die Frequenz α_2 der ersten Oberschwingung, so wendet man das Galerkinsche Verfahren auf einen zweigliedrigen Ansatz

$$Y = a_1 \mathfrak{y}_1 + a_2 \mathfrak{y}_2 \tag{37}$$

an, wobei man für $\mathfrak{y}_1$ die Koordinatenfunktion (31) mit den zugehörigen Koeffizienten (32) benützen kann und für $\mathfrak{y}_2$ das Polynom

$$\mathfrak{y}_2 = A'\xi + 15\,\xi^2 + B'\xi^3 + C'\xi^5 \tag{38}$$

mit den an die Randbedingungen, also die vier letzten Gleichungen (29) angepaßten Koeffizienten

$$\left.\begin{aligned} A' &= 30\,e,\\ B' &= -5\,\frac{12(2+u)\,[1+s(1+e)] - v\,s\,(3+4e)}{8(3+u)+(12+5u-v)\,s},\\ C' &= 3\,\frac{2u\,[1+s(1+e)] - v\,s\,(1+2e)}{8(3+u)+(12+5u-v)\,s}. \end{aligned}\right\} \tag{39}$$

Man hat dann folgende Integrale auszuwerten (Striche bedeuten hier Ableitungen nach ξ):

$$\left.\begin{aligned} J_{\mu\nu} &= \int_0^1 \left[(1-k\xi)\mathfrak{y}_\mu'''' - 2k\,\mathfrak{y}_\mu'''\right]\mathfrak{y}_\nu\,d\xi - \left[(1-k)\,\mathfrak{y}_\mu'''(1) - k\,\mathfrak{y}_\mu''(1)\right]\mathfrak{y}_\nu(1),\\ K_{\mu\nu} &= \int_0^1 \left[\left(\frac{r_0}{l} + w\xi - h\xi^2\right)\mathfrak{y}_\mu' - \left(w' - \frac{r_0}{l}\xi - \frac{1}{2}w\xi^2 + \frac{1}{3}h\xi^3\right)\mathfrak{y}_\mu''\right]\mathfrak{y}_\nu\,d\xi + \\ &\qquad + p\left(\frac{r_0}{l}+1\right)\mathfrak{y}_\mu'(1)\,\mathfrak{y}_\nu(1),\\ L_{\mu\nu} &= \int_0^1 (1-h\xi)\,\mathfrak{y}_\mu\,\mathfrak{y}_\nu\,d\xi + p\,\mathfrak{y}_\mu(1)\,\mathfrak{y}_\nu(1). \end{aligned}\right\}\ \begin{matrix}(\mu = 1,2)\\(\nu = 1,2)\end{matrix} \tag{40}$$

Mit diesen Werten lauten die Galerkinschen Gleichungen gemäß (23)

$$\left.\begin{aligned} (\beta^2 J_{11} + \omega^2 K_{11} - \lambda^* L_{11})\,a_1 + (\beta^2 J_{21} + \omega^2 K_{21} - \lambda^* L_{21})\,a_2 &= 0,\\ (\beta^2 J_{12} + \omega^2 K_{12} - \lambda^* L_{12})\,a_1 + (\beta^2 J_{22} + \omega^2 K_{22} - \lambda^* L_{22})\,a_2 &= 0. \end{aligned}\right\} \tag{41}$$

Daher sind die gesuchten Näherungen λ_1^* und λ_2^* die beiden Wurzeln der Gleichung

$$a\lambda^{*2} - b\lambda^* + c = 0 \tag{42}$$

mit den Koeffizienten

$$\left.\begin{aligned}a&=L_{11}L_{22}-L_{12}L_{21},\\ b&=\beta^2(J_{11}L_{22}+J_{22}L_{11}-J_{12}L_{21}-J_{21}L_{12})+\omega^2(K_{11}L_{22}+K_{22}L_{11}-K_{12}L_{21}-K_{21}L_{12}),\\ c&=\beta^4(J_{11}J_{22}-J_{12}J_{21})+\beta^2\omega^2(J_{11}K_{22}+J_{22}K_{11}-J_{12}K_{21}-J_{21}K_{12})+\\ &\qquad+\omega^4(K_{11}K_{22}-K_{12}K_{21}).\end{aligned}\right\}\qquad(43)$$

Die ganze Rechnung ist verhältnismäßig einfach und besteht im wesentlichen in der Auswertung der zwölf Integrale (40).

Für die Zahlen des obigen Beispiels liefert der zweigliedrige Ansatz (37) die Näherungswerte

$$\alpha_1^*=779\text{ Hz},\qquad \alpha_2^*=4145\text{ Hz}.\qquad(44)$$

Die obere Schranke für α_1 wird also noch um 0,5% herabgedrückt.

Die ganze Methode läßt sich auch auf den allgemeinen Fall anwenden, daß Querschnitt F und Trägheitsmoment J nicht mehr lineare Funktionen (28) von ξ sind. Nur kann man dann eben die Integrale entweder gar nicht mehr oder wenigstens nicht mehr so bequem rechnerisch auswerten, sondern muß sie graphisch oder etwa mit der Simpsonschen Regel behandeln. Die Ansätze (31), (32) und (38), (39) sind natürlich unverändert auch jetzt noch brauchbar, wenn man für u und v die entsprechenden allgemeinen Werte

$$u=\left[2\frac{j'}{j}+\frac{f}{p}\right]_{\xi=1},\qquad v=\left[\frac{p}{j}\left(\frac{r_0}{l}+1\right)\frac{\omega^2}{\beta^2}-\frac{j''}{j}-\frac{f}{p}\frac{j'}{j}\right]_{\xi=1}\qquad(45)$$

benutzt. Für einen eingliedrigen Ansatz $Y=\mathfrak{y}_1$ (31) hat man die Integrale

$$\left.\begin{aligned}&J_1=\int_0^1 j\,\mathfrak{y}_1''''\,\mathfrak{y}_1\,d\xi-j(1)\,\mathfrak{y}_1'''(1)\,\mathfrak{y}_1(1),\qquad J_2=2\int_0^1 j'\,\mathfrak{y}_1'''\,\mathfrak{y}_1\,d\xi-j'(1)\,\mathfrak{y}_1''(1)\,\mathfrak{y}_1(1),\\ &J_3=\int_0^1 j''\,\mathfrak{y}_1''\,\mathfrak{y}_1\,d\xi,\qquad J_4=\int_0^1\left(\frac{r_0}{l}+\xi\right)f\,\mathfrak{y}_1'\,\mathfrak{y}_1\,d\xi+p\left(\frac{r_0}{l}+1\right)\mathfrak{y}_1'(1)\,\mathfrak{y}_1(1),\\ &J_5=\int_0^1\left[\int_\xi^1\left(\frac{r_0}{l}+\zeta\right)f\,d\zeta+p\left(\frac{r_0}{l}+1\right)\right]\mathfrak{y}_1''\,\mathfrak{y}_1\,d\xi,\qquad J_6=\int_0^1 f\,\mathfrak{y}_1^2\,d\xi+p\,\mathfrak{y}_1^2(1)\end{aligned}\right\}\qquad(46)$$

zu ermitteln und hat dann die obere Schranke

$$\lambda_1^*=\frac{1}{J_6}\left[\beta^2(J_1+J_2+J_3)+\omega^2(J_4-J_5)\right].\qquad(47)$$

Für einen zweigliedrigen Ansatz (37) kommen statt (40) folgende Integrale:

$$\left.\begin{aligned}J_{\mu\nu}&=\int_0^1(j\,\mathfrak{y}_\mu''''+2j'\,\mathfrak{y}_\mu'''+j''\,\mathfrak{y}_\mu'')\,\mathfrak{y}_\nu\,d\xi-\left[j(1)\,\mathfrak{y}_\mu'''(1)+j'(1)\,\mathfrak{y}_\mu''(1)\right]\mathfrak{y}_\nu(1),\\ K_{\mu\nu}&=\int_0^1\left\{\left(\frac{r_0}{l}+\xi\right)f\,\mathfrak{y}_\mu'-\left[\int_\xi^1\left(\frac{r_0}{l}+\zeta\right)f\,d\zeta+p\left(\frac{r_0}{l}+1\right)\right]\mathfrak{y}_\mu''\right\}\mathfrak{y}_\nu\,d\xi+\\ &\qquad+p\left(\frac{r_0}{l}+1\right)\mathfrak{y}_\mu'(1)\,\mathfrak{y}_\nu(1),\\ L_{\mu\nu}&=\int_0^1 f\,\mathfrak{y}_\mu\,\mathfrak{y}_\nu\,d\xi+p\,\mathfrak{y}_\mu(1)\,\mathfrak{y}_\nu(1)\end{aligned}\right\}\begin{matrix}(\mu=1,2)\\(\nu=1,2)\end{matrix}\qquad(48)$$

samt den Lösungsformeln (42), (43). Daß in den Integralen (46) und (48) die zweite Ableitung j'' des Trägheitsmomentes vorkommt, ist ein Nachteil dieser Formeln (welchen die im übrigen meist etwas umständlichere Rayleighsche Methode nicht aufwiese und den wir in der späteren Methode von Ziff. **11** umgehen werden); doch findet man, daß bei den praktisch vorkommenden Schaufelformen die (nicht sehr genau bekannte) Größe j'' in der Regel so klein ist, daß das damit behaftete Glied nicht sehr ins Gewicht fällt.

10. Untere Frequenzschranke. Um auch eine untere Schranke wenigstens für die Grundfrequenz α_1 zu finden, werden wir natürlich die Methode der Integralgleichung von Ziff. **7** e) und **8** verwenden und entsprechend erweitern. Weil die Fliehkraft die Frequenzen erhöht, so dürfen wir bei der Berechnung der unteren Schranke von der Rotation der Scheibe absehen. Ist also wieder $G(\xi, \zeta)$ die Ausbiegung der ruhenden Schaufel an der Stelle ξ unter der Einwirkung einer Kraft von der Größe 1 an der Stelle ζ, d. h. die Greensche Funktion des Problems, und faßt man einerseits die d'Alembertsche Kraft $-\frac{\gamma}{g}F(\zeta)\,\ddot{y}(\zeta) = \frac{\gamma}{g}\lambda F(\zeta)\,Y(\zeta)\sin 2\pi\alpha t$ an der Stelle ζ als Belastung q auf, andererseits die vom Deckband herrührende d'Alembertsche Kraft $-\frac{G_D}{g}\,\ddot{y}(1) = \frac{G_D}{g}\lambda\, Y(1)\sin 2\pi\alpha t$ als Einzellast an der Stelle $\zeta = 1$, so wird die Durchbiegung in quellenmäßiger Darstellung

$$Y(\xi) = \Lambda\left[\int_0^1 \Gamma(\xi,\zeta)\,f(\zeta)\,Y(\zeta)\,d\zeta + \varkappa\,\Gamma(\xi,1)\,f(1)\,Y(1)\right] \tag{1}$$

mit den dimensionslosen Größen

$$\Lambda = \frac{\lambda}{\beta^2}\left(=\lambda\frac{(\gamma/g)\,F_0 l^4}{EJ_0}\right),\qquad \varkappa = \frac{G_D}{\gamma l F_0 f(1)}\left(=\frac{G_D}{\gamma l F_l}\right),\qquad \Gamma(\xi,\zeta) \equiv \frac{EJ_0}{l^3}\,G(\xi,\zeta). \tag{2}$$

Wir sehen die rechte Seite von (1) als Integral im Stieltjesschen Sinne an. Da die Formel (III, **13**, 5) nach einer Bemerkung in Kap. III, Ziff. **13** auch für Integralgleichungen mit Stieltjesschen Integralen gilt, wenn man nur in ihr selbst auch das entsprechende Stieltjessche Integral nimmt, so gilt jetzt

$$\int_0^1 \Gamma(\xi,\xi)\,f(\xi)\,d\xi + \varkappa\,\Gamma(1,1)\,f(1) = \frac{1}{\Lambda_1} + \frac{1}{\Lambda_2} + \frac{1}{\Lambda_3} + \cdots. \tag{3}$$

Mit dem Stieltjesschen Integral

$$H_\varkappa^2 = \int_0^1 \Gamma(\xi,\xi)\,f(\xi)\,d\xi + \varkappa\,\Gamma(1,1)\,f(1) \tag{4}$$

hat man demnach folgende untere Schranke für die Eigenfrequenz der Grundschwingung:

$$\alpha_1 > \frac{\beta}{2\pi H_\varkappa}\quad \text{oder schärfer}\quad \alpha_1 > \frac{\beta}{2\pi H_\varkappa}\,\frac{1}{\sqrt{1-\dfrac{\beta^2}{4\pi^2 H_\varkappa^2\,\bar{\alpha}_2^2}}}, \tag{5}$$

wo wieder $\bar{\alpha}_2$ eine obere Schranke der Eigenfrequenz der ersten Oberschwingung ist.

Jetzt haben wir nur noch die dimensionslose Greensche Funktion $\Gamma(\xi, \xi)$ und ihr Stieltjessches Integral $H_\varkappa^2$ zu ermitteln. Dabei wollen wir, wie schon im Zahlenbeispiel von Ziff. **9**, von der Nachgiebigkeit der Einspannung des Schaufelfußes absehen. Hingegen müssen wir beachten, daß an der Schaufelspitze ein zunächst unbekanntes Moment $-2\,M'$ vom Deckband ausgeübt wird, dessen Größe so zu bestimmen ist, daß die Bedingung (**3**, 18) erfüllt wird, in unserer jetzigen Schreibweise mit der Abkürzung s (**9**, 19)

$$2M' = s\,\frac{EJ_l}{l^2}\left(\frac{dy}{d\xi}\right)_{\xi=1}. \tag{6}$$

Wir zerlegen also die gesuchte Durchbiegung $G(\xi, \xi)$ in zwei Teile, y_1 herrührend von der Einheitskraft in ξ und y_2 herrührend von dem Moment $-2\,M'$ an der Schaufelspitze $\xi = 1$:

$$G(\xi,\xi) = y_1(\xi) + y_2(\xi) \tag{7}$$

(Abb. 13). Für y_1 gilt die (dimensionslos gemachte) Biegegleichung

$$\frac{EJ_0}{l^3}\, j(\zeta)\, \frac{d^2 y_1}{d\zeta^2} = \xi - \zeta \qquad (\zeta \leq \xi)$$

mit den Integralen [wovon das zweite wieder nach der Methode von (**8**, 21) bis (**8**, 22) gebildet ist, und wobei $dy_1(\xi)/d\zeta$ die Ableitung von y_1 für $\zeta = \xi$ bedeuten soll]

$$\left.\begin{aligned} \frac{EJ_0}{l^3}\, \frac{dy_1(\xi)}{d\zeta} &= \int_0^\xi \frac{\xi-\zeta}{j(\zeta)}\, d\zeta, \\ \frac{EJ_0}{l^3}\, y_1(\xi) &= \int_0^\xi \frac{(\xi-\zeta)^2}{j(\zeta)}\, d\zeta; \end{aligned}\right\} \tag{8}$$

für y_2 gilt

$$\frac{EJ_0}{l^2}\, j(\zeta)\, \frac{d^2 y_2}{d\zeta^2} = -2M' \qquad (\zeta \leq 1)$$

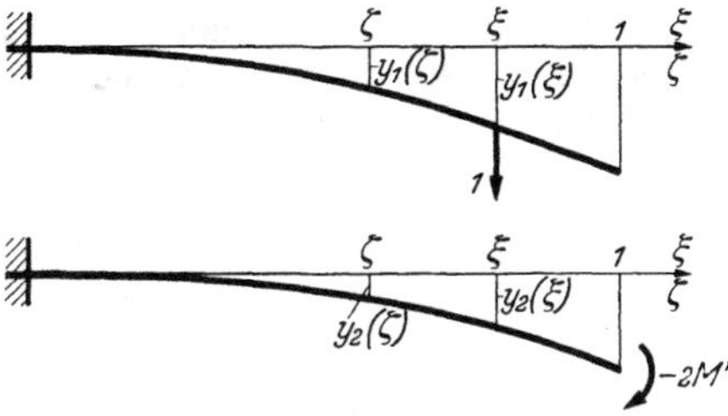

Abb. 13. Zur Berechnung der Greenschen Funktion

mit den Integralen

$$\frac{EJ_0}{l^2}\, \frac{dy_2(\xi)}{d\zeta} = -2M' \int_0^\xi \frac{d\zeta}{j(\zeta)}, \qquad \frac{EJ_0}{l^2}\, y_2(\xi) = -2M' \int_0^\xi \frac{(\xi-\zeta)}{j(\zeta)}\, d\zeta. \tag{9}$$

Die Bedingung (6) lautet jetzt

$$2M' = s\, j(1)\, \frac{EJ_0}{l^2}\left[\frac{dy_1(\xi)}{d\zeta} + \frac{dy_2(1)}{d\zeta}\right] = s\, j(1)\left[l \int_0^\xi \frac{\xi-\zeta}{j(\zeta)}\, d\zeta - 2M' \int_0^1 \frac{d\zeta}{j(\zeta)}\right], \tag{10}$$

wobei zu beachten war, daß die Neigung der Biegelinie y_1 von der Stelle $\zeta = \xi$ an unverändert bleibt bis zur Schaufelspitze. Aus (10) folgt das unbekannte Moment

$$2M' = \varrho\, l \int_0^\xi \frac{\xi-\zeta}{j(\zeta)}\, d\zeta \tag{11}$$

mit der dimensionslosen Zahl

$$\frac{1}{\varrho} = \frac{1}{s\, j(1)} + \int_0^1 \frac{d\zeta}{j(\zeta)}. \tag{12}$$

Dann aber gibt (7) mit (8) und (9) sowie (2)

$$\Gamma(\xi,\xi) = \int_0^\xi \frac{(\xi-\zeta)^2}{j(\zeta)}\, d\zeta - \varrho\left[\int_0^\xi \frac{\xi-\zeta}{j(\zeta)}\, d\zeta\right]^2, \tag{13}$$

womit die Greensche Funktion gefunden ist. Man erkennt in ihr die Verallgemeinerung von (**8**, 22).

Sind $j(\zeta)$ oder $1/j(\zeta)$ im besonderen l i n e a r e F u n k t i o n e n, so kann man die Integrale (13) und (12) leicht auswerten. Man erhält

$$\left.\begin{aligned} \Gamma(\xi,\xi) &= -\frac{\xi}{k^2} + \frac{3}{2}\,\frac{\xi^2}{k} - \frac{(1-k\xi)^2}{k^3}\ln(1-k\xi) - \varrho\left[\frac{\xi}{k} + \frac{1-k\xi}{k^2}\ln(1-k\xi)\right]^2 \\ &\quad \text{mit} \quad \varrho = \frac{sk(1-k)}{k - s(1-k)\ln(1-k)} \quad \text{für} \quad j(\xi) \equiv 1 - k\xi, \end{aligned}\right\} \tag{14}$$

$$\Gamma(\xi,\xi) = \frac{1}{3}\xi^3 + \frac{k}{12}\xi^4 - \frac{\varrho}{4}\left(\xi^2 + \frac{k}{3}\xi^3\right)^2 \quad \text{mit} \quad \varrho = \frac{s}{1 + k + s\left(1 + \frac{k}{2}\right)} \quad \text{für } j(\xi) \equiv \frac{1}{1+k\xi}. \tag{15}$$

Daraus findet man dann vollends $H_\varkappa^2$ nach (4) durch eine weitere Integration. Beispielsweise in dem Falle $f(\xi) \equiv 1 - h\xi$, $j(\xi) \equiv 1 : (1 + k\xi)$ kommt

$$\left.\begin{aligned} H_\varkappa^2 = \frac{1}{12}\left(1 - \frac{4}{5}h + \frac{1}{5}k - \frac{1}{6}hk\right) - \frac{\varrho}{20}\left[1 - \frac{5}{6}h\left(1 + \frac{k^2}{12}\right) + \frac{5}{63}k(7 + k - 6h)\right] + \\ + \frac{\varkappa}{12}(1-h)\left[4 + k - 3\varrho\left(1 + \frac{k}{3}\right)^2\right] \quad \text{mit} \quad \varrho\,(15)\,. \end{aligned}\right\} \tag{16}$$

In den übrigen Fällen erscheinen, soweit sich die Integrale überhaupt geschlossen auswerten lassen, so unhandliche Ausdrücke, daß es zahlenmäßig einfacher ist, das Integral (4) graphisch oder mit der Simpsonschen Regel zu ermitteln.

Tut man dies für das Zahlenbeispiel von Ziff. **9**, so erhält man

$$H_\varkappa^2 = 0{,}04841 + 0{,}1594\,\varkappa$$

und also mit $\varkappa = 0{,}0749$ und $\beta^2 = 1{,}311 \cdot 10^6\,\text{sek}^{-2}$

$$\alpha_1 > 742\text{ Hz} \tag{17}$$

als untere Schranke der Frequenz der Grundschwingung. Vergleicht man dies mit der oberen Schranke $\alpha_1^* = 783$ Hz (**9**, 35), so bleibt ein Unsicherheitsbereich von rund 5,4% seines Mittelwerts. Benützt man die schärfere Ungleichung (5) und den Wert $\alpha_2^* = 4145$ Hz (**9**, 44) als obere Schranke $\bar{\alpha}_2$ der Frequenz der ersten Oberschwingung, so kommt

$$\alpha_1 > 754\text{ Hz} \tag{18}$$

als untere Schranke der Frequenz der Grundschwingung, und der Unsicherheitsbereich ist damit, verglichen mit der schärferen oberen Schranke $\alpha_1^* = 779$ Hz (**9**, 44), auf 3,2% seines Mittelwerts eingeengt. Der Mittelwert $\bar{\alpha}_1 \doteq 767$ Hz zwischen oberer und unterer Schranke kann sich also vom wahren Wert um allerhöchstens 1,6% unterscheiden, womit eine praktisch wohl stets ausreichende Genauigkeit erzielt ist.

Wie die obere, so kann auch die untere Schranke für beliebig veränderliche Querschnitte und Trägheitsmomente ermittelt werden. Man hat nun eben auch die Integrale (12) und (13) graphisch auszuwerten (vgl. hierzu die am Schluß von Ziff. **8** gegebene Vorschrift).

Wir bemerken hier zuletzt nur noch, daß diese Rechnungen, streng genommen, zunächst nur für den gedachten Fall gelten, daß sich alle Schaufeln einer Deckbandgruppe gleich verhalten. Auf die erste und letzte Schaufel einer Gruppe trifft dies nicht mehr zu, da sie ja nur noch auf der einen Seite vom Deckband erfaßt werden. Diese Einseitigkeit muß natürlich die Schwingung der ganzen Gruppe irgendwie beeinflussen. Man kann den Einfluß tatsächlich berechnen, und es zeigt sich dann, daß er bei den üblichen Schaufelzahlen einer Gruppe vernachlässigbar gering ist: die Frequenzen werden durch die Unterbrechung des Deckbandes nicht merklich geändert. Lediglich hinsichtlich der Beanspruchungen während der Schwingung unterscheiden sich die äußeren Schaufeln einer Gruppe von den inneren: die erste und die letzte Schaufel der Gruppe wird durch die Unterbrechung des Deckbandes etwas entlastet, die zweite und die vorletzte dagegen etwas mehr belastet; außerdem ist mit einer starken Mehrbelastung des ersten und letzten Deckbandstückes zu rechnen.

11. Die rotierende Schaufel beliebigen Querschnitts. Die Methoden von Ziff. **9** und **10** liefern zwar zuverlässige Schranken, innerhalb derer die Grundfrequenz liegen muß; sie sind aber für beliebig veränderliche Querschnitte i. a. nur mit großer Mühe durchführbar. In solchen Fällen ist meistens das folgende Verfahren, das die Methode von Kap. III, Ziff. **18** mit dem auch hier gültigen Southwellschen Theorem (VIII, **28**, 7) verbindet, weit überlegen, obwohl es keine unmittelbare Fehlerabschätzung zuläßt.

Ist λ_1' der tiefste Eigenwert der nichtrotierenden Schaufel und λ_1'' derjenige der rotierenden, aber dafür biegeschlaffen Schaufel, so unterschätzt man nach (VIII, **28**, 7) mit $\lambda^* = \lambda_1' + \lambda_1''$ den tiefsten Eigenwert λ_1 der rotierenden und biegesteifen Schaufel; man unterschätzt ihn jedoch (wie das Beispiel von Kap. VIII, Ziff. **35** und andere Beispiele zeigen) in der Regel nur wenig, um so weniger, je geringer der Einfluß der Rotation auf λ_1 an sich schon ist. Gelingt es andererseits, für λ_1' und λ_1'' Näherungswerte $\lambda_1'^*$ und $\lambda_1''^*$ zu finden, die nur wenig über den wahren Werten liegen, so hat man in

$$\lambda_1^* = \lambda_1'^* + \lambda_1''^* \tag{1}$$

eine Näherung, die sicher nicht weit vom tiefsten Eigenwert λ_1 entfernt sein kann. Denn während in (1) dann die Summanden rechts ein wenig zu groß sind, ist die Summe gleichzeitig ein wenig zu klein, und somit gleichen sich die Fehler nahezu aus.

Sehr gute obere Schranken $\lambda_1'^*$ und $\lambda_1''^*$ liefert nun in verhältnismäßig bequemer Weise die Methode von Kap. III, Ziff. **18**, wie wir für $\lambda_1'^*$ schon in Ziff. **7**d) und in Ziff. **8** festgestellt haben und nachher auch für $\lambda_1''^*$ finden werden.

Die Gleichungen zur Berechnung von $\lambda_1'^*$ (und erwünschtenfalls auch noch von $\lambda_2'^*$, $\lambda_3'^*$ usw.) sind (**8**, 5):

$$\left.\begin{aligned} &\sum_{\iota=1}^{n} a_\iota \left[\int_0^1 \mathfrak{y}_\iota\, \mathfrak{y}_k\, f(\xi)\, d\xi - \frac{\lambda'^*}{\beta^2} \int_0^1 \frac{M(\mathfrak{y}_\iota f)\, M(\mathfrak{y}_k f)}{f(\xi)}\, d\xi\right] = 0 \quad (k = 1, 2, \ldots, n) \\ &\text{mit} \\ &\beta^2 = \frac{E J_0}{(\gamma/g) F_0 l^4}. \end{aligned}\right\} \tag{2}$$

Und zwar gelten diese Gleichungen für die Schwingungen um jede der beiden Hauptachsen des Schaufelquerschnitts je für sich. Vom Einfluß eines Deckbandes sehen wir hier ab, weil wir die Methode in ihrer einfachsten Form zeigen wollen. Nach Wahl geeigneter Koordinatenfunktionen $\mathfrak{y}_j(\xi)$, welche lediglich die geometrischen Randbedingungen, also die Einspannbedingung am Schaufelfuß $\xi = 0$ zu erfüllen brauchen, bestimmt man die Biegemomente $M(\mathfrak{y}_j f)$ zur „Belastung“ $\mathfrak{y}_j(\xi) f(\xi)$, was auch für beliebige Querschnittsfunktionen $f(\xi)$ mühelos mit einer Seileckskonstruktion gelingt, und hat dann bei einem eingliedrigen Ansatz nur noch zwei Integrale und eine lineare Gleichung für $\lambda_1'^*$ auszuwerten, bei einem zweigliedrigen Ansatz sechs Integrale und eine quadratische Gleichung, usw. [Differentiationen gegebener Funktionen kommen dabei im Gegensatz zu (**9**, 46) und (**9**, 48) nicht vor].

Noch einfacher ist die Berechnung von $\lambda_1''^*$. Geht man für die biegeschlaffe, aber rotierende Schaufel auf die Grundgleichungen (III, **18**, 10) dieser Methode zurück:

$$\sum_{\iota=1}^{n} a_\iota \int_0^l \left[\mathfrak{y}_\iota(x) - \lambda''^* \frac{\gamma}{g} F_0 \int_0^l G(x,z)\, \mathfrak{y}_\iota(z)\, f(z)\, dz\right] \mathfrak{y}_k(x)\, f(x)\, dx = 0 \quad (k = 1, 2, \ldots, n), \tag{3}$$

worin $G(x,z)$ die Greensche Funktion des rotierenden, biegeschlaffen Stabes vom Querschnitt $F(x) \equiv F_0 f(x)$ bedeutet, so stellt

$$\overline{\mathfrak{y}}_\iota(x) \equiv \int_0^l G(x,z)\, \mathfrak{y}_\iota(z)\, f(z)\, dz$$

die zur „Belastung“ $\mathfrak{y}_\iota f$ gehörige Auslenkung dar, und somit ist

$$A_{\iota k} \equiv \int_0^l \left[\int_0^l G(x,z)\, \mathfrak{y}_\iota(z)\, f(z)\, dz\right] \mathfrak{y}_k(x)\, f(x)\, dx = \int_0^l \overline{\mathfrak{y}}_\iota \cdot \mathfrak{y}_k f\, dx \tag{4}$$

die doppelte Auslenkarbeit, die die „Belastung" $\mathfrak{y}_k f$ gegen das Feld der Fliehkraft bei der Auslenkung $\bar{\mathfrak{y}}_\iota$ leistet (die ihrerseits zur „Belastung" $\mathfrak{y}_\iota f$ gehört). Diese Arbeit läßt sich aber auch ohne explizite Kenntnis der Greenschen Funktion $G(x, z)$ berechnen. Die Differentialgleichung eines rotierenden, biegeschlaffen Stabes unter der Belastung $q(x)$ lautet nämlich

$$\omega^2 \frac{\gamma}{g} F_0 \frac{d}{dx}\left[\Theta(x)\frac{dY}{dx}\right] + q(x) = 0 \quad \text{mit} \quad \Theta(x) \equiv \int_x^l f(z)(r_0 + z)\,dz, \tag{5}$$

wie man leicht aus (**9**, **13**) entnimmt, wenn man dort $j(\xi) \equiv 0$ und $p = 0$ setzt und zunächst wieder zu dimensionsbehafteten Größen übergeht. Aus (5) folgt, wenn man von x bis l integriert und beachtet, daß $\Theta(l) = 0$ ist,

$$\frac{dY}{dx} = \frac{g}{\omega^2 \gamma F_0} \frac{Q(q)}{\Theta(x)} \quad \text{mit} \quad Q(q) \equiv \int_x^l q(x)\,dx, \tag{6}$$

wobei also $Q(q)$ die zur Belastung q gehörige Querkraft vorstellt. In der Querkraft ausgedrückt, ist aber die doppelte Auslenkarbeit A der Belastung q einfach

$$A = \int_0^l Q\,dY.$$

Mit dem Wert von dY aus (6) und mit der Belastung $q \equiv \mathfrak{y}_\iota f$ schließt man also auf

$$A_{\iota\iota} = \frac{g}{\omega^2 \gamma F_0} \int_0^l \frac{Q^2(\mathfrak{y}_\iota f)}{\Theta(x)}\,dx \tag{7}$$

und daraus in gleicher Weise wie in Kap. III, Ziff. **18** auf die Formel

$$A_{\iota k} = A_{k\iota} = \frac{g}{\omega^2 \gamma F_0} \int_0^l \frac{Q(\mathfrak{y}_\iota f)\, Q(\mathfrak{y}_k f)}{\Theta(x)}\,dx. \tag{8}$$

Setzt man diese Werte gemäß (4) in (3) ein und geht schließlich wieder zu dimensionslosen Größen mit $\xi = x/l$ und $\vartheta(\xi) \equiv \Theta(x)/l^2$, sowie den dimensionslosen Querkräften

$$Q(\mathfrak{y}_\iota f) \equiv \int_\xi^1 \mathfrak{y}_j f(\xi)\,d\xi$$

über, so kommen folgende Gleichungen zur Bestimmung von λ''^*:

$$\left.\begin{aligned} &\sum_{\iota=1}^{n} a_\iota' \left[\int_0^1 \mathfrak{y}_\iota \mathfrak{y}_k f(\xi)\,d\xi - \frac{\lambda''^*}{\omega^2} \int_0^1 \frac{Q(\mathfrak{y}_\iota f)\, Q(\mathfrak{y}_k f)}{\vartheta(\xi)}\,d\xi\right] = 0 \quad (k = 1, 2, \ldots, n) \\ &\text{mit} \\ &\vartheta(\xi) \equiv \int_\xi^1 f(\zeta)\left(\frac{r_0}{l} + \zeta\right) d\zeta. \end{aligned}\right\} \tag{9}$$

Man kann $\vartheta(\xi)$ die Rotationssteifigkeit des Stabes nennen; sie spielt in den Gleichungen (9), die völlig analog zu den Gleichungen (2) gebaut sind, die gleiche Rolle wie dort die (dimensionslose) Biegesteifigkeit $j(\xi)$. Die Gleichungen (9) werden denn auch ebenso ausgewertet wie die Gleichungen (2), nur daß jetzt zu den „Belastungen" $\mathfrak{y}_j f$ nicht die Biegemomente, sondern (in noch einfacherer Weise) die Querkräfte $Q(\mathfrak{y}_j f)$ zuvor gebildet werden.

Als Beispiel für dieses ganze Verfahren wählen wir eine Schaufel mit den Daten

$$r_0 = 75{,}0 \text{ cm}, \quad l = 15{,}0 \text{ cm}, \quad F_0 = 1{,}250 \text{ cm}^2, \quad J_0 = 0{,}1040 \text{ cm}^4,$$
$$\gamma = 7{,}80 \cdot 10^{-3} \text{ kg/cm}^3, \quad E = 2{,}05 \cdot 10^6 \text{ kg/cm}^2, \quad \omega = 100\,\pi \text{ sek}^{-1}$$

(entsprechend $n = 3000$ Uml/min); die Funktionen $f(\xi)$ und $j(\xi)$, die die Veränderlichkeit des Querschnitts $F = F_0 f(\xi)$ und seines Trägheitsmomentes $J = J_0 j(\xi)$ (bezüglich der Hauptachse *1*) ausdrücken, seien graphisch gegeben durch die Kurven in Abb. 14. Aus $f(\xi)$ ist nach der zweiten Gleichung (9) durch eine einfache graphische Integration sofort auch die Rotationssteifigkeit $\vartheta(\xi)$ gebildet und als Kurve in Abb. 14 eingetragen (zufällig ist ϑ fast genau eine lineare Funktion von ξ).

Für einen eingliedrigen Ansatz ist die in Abb. 15 graphisch dargestellte Koordinatenfunktion $\mathfrak{y}_1$ gewählt und aus ihr die Kurve mit den Ordinaten $\mathfrak{y}_1 f$ gebildet. Indem man die Kurve $\mathfrak{y}_1 f$ von rechts nach links graphisch integriert, entsteht die Querkraftkurve $Q(\mathfrak{y}_1 f)$; indem man sie als Belastungskurve betrachtet und zu ihr, von rechts nach links fortschreitend, in bekannter Weise

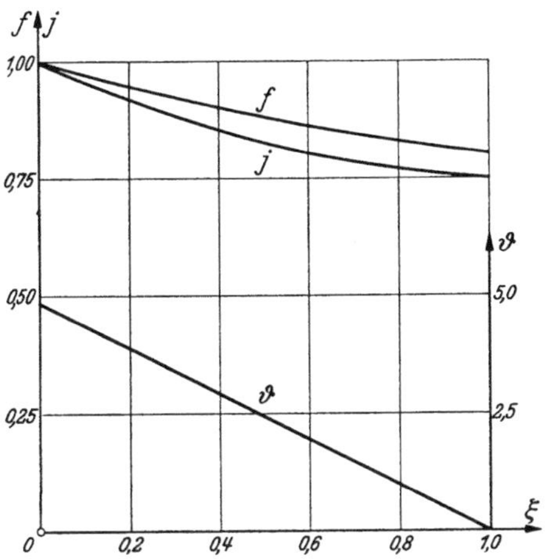

Abb. 14. Abhangigkeit des Schaufelquerschnitts, des Querschnittstragheitsmomentes und der Rotationssteifigkeit der Schaufel von der Koordinate ξ.

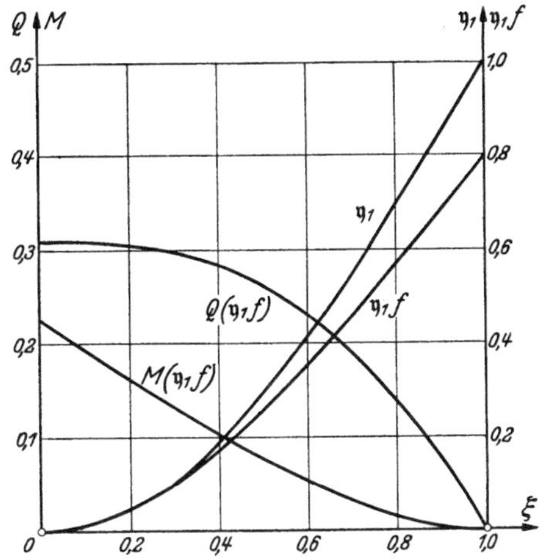

Abb. 15. Querkraft und Biegemoment der „Belastung“ $\mathfrak{y}_1 f$.

die Seilkurve bildet (wobei die erste Seilseite waagerecht gewählt wird), entsteht die Biegemomentenkurve $M(\mathfrak{y}_1 f)$. Als Polabstand in den (nicht wiedergegebenen) Polfiguren ist dabei der Wert 0,5 genommen, was sogleich im Maßstab der Ordinaten der Q- und der M-Kurve zum Ausdruck gebracht ist. Aus den so gefundenen Werten ermittelt man die mit der Simpsonregel ausgewerteten Integrale

$$\left.\begin{aligned} J_{11} &= \int_0^1 \mathfrak{y}_1^2 f\, d\xi = 0{,}1875, \qquad K_{11} = \int_0^1 \frac{M^2(\mathfrak{y}_1 f)}{j}\, d\xi = 0{,}01391, \\ L_{11} &= \int_0^1 \frac{Q^2(\mathfrak{y}_1 f)}{\vartheta}\, d\xi = 0{,}02230 \end{aligned}\right\} \tag{10}$$

und daraus nach (2) und (9) mit $n = 1$

$$J_{11} - \frac{\lambda'^*}{\beta^2} K_{11} = 0, \qquad J_{11} - \frac{\lambda''^*}{\omega^2} L_{11} = 0 \tag{11}$$

und also nach (1)

$$\lambda_1^* = J_{11}\left(\frac{\beta^2}{K_{11}} + \frac{\omega^2}{L_{11}}\right). \tag{12}$$

Mit den aus den genannten Daten zu entnehmenden Werten $\beta^2 = 4{,}240 \cdot 10^5$ sek^{-2} und $\omega^2 = 10^5$ sek^{-2} findet man $\lambda_1^* = 6{,}5559 \cdot 10^6$ sek^{-2} und also

$$\alpha_1^* = 407{,}5 \text{ Hz}. \tag{13}$$

Ein noch genaueres Ergebnis muß ein zweigliedriger Ansatz liefern. Man wählt neben der schon benützten Koordinatenfunktion $\mathfrak{y}_1$ die in Abb. 16 graphisch dargestellte Koordinatenfunktion $\mathfrak{y}_2$ (und zwar mit einem Knotenpunkt, damit sie sich einigermaßen der zweiten Eigenfunktion annähert, ebenso wie $\mathfrak{y}_1$ einigermaßen die erste Eigenfunktion wiedergeben mag) und behandelt sie in derselben Weise wie $\mathfrak{y}_1$. Dies gibt die Kurven $Q(\mathfrak{y}_2 f)$ und $M(\mathfrak{y}_2 f)$ in Abb. 16. Daraus findet man die sechs weiteren Integrale

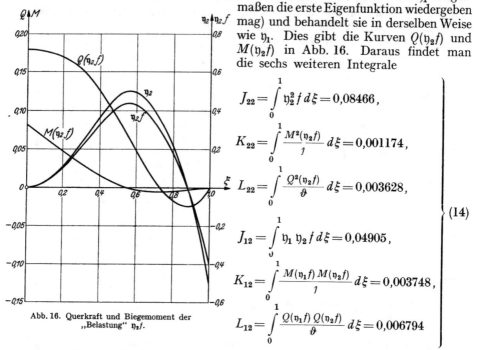

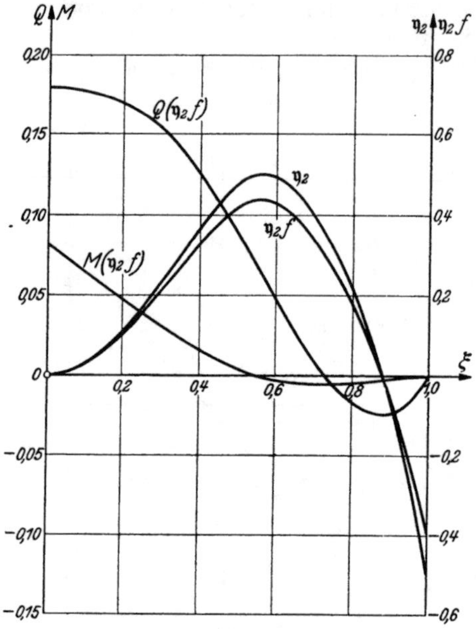

Abb. 16. Querkraft und Biegemoment der „Belastung" $\mathfrak{y}_2 f$.

$$\left.\begin{aligned}
J_{22} &= \int_0^1 \mathfrak{y}_2^2 f \, d\xi = 0{,}08466, \\
K_{22} &= \int_0^1 \frac{M^2(\mathfrak{y}_2 f)}{J} \, d\xi = 0{,}001174, \\
L_{22} &= \int_0^1 \frac{Q^2(\mathfrak{y}_2 f)}{\vartheta} \, d\xi = 0{,}003628, \\
J_{12} &= \int_0^1 \mathfrak{y}_1 \mathfrak{y}_2 f \, d\xi = 0{,}04905, \\
K_{12} &= \int_0^1 \frac{M(\mathfrak{y}_1 f)\, M(\mathfrak{y}_2 f)}{J} \, d\xi = 0{,}003748, \\
L_{12} &= \int_0^1 \frac{Q(\mathfrak{y}_1 f)\, Q(\mathfrak{y}_2 f)}{\vartheta} \, d\xi = 0{,}006794
\end{aligned}\right\} \tag{14}$$

und hat dann nach (2) und (9) mit $n = 2$

$$\left.\begin{aligned}
\left(J_{11} - \frac{\lambda'^*}{\beta^2} K_{11}\right) a_1 + \left(J_{12} - \frac{\lambda'^*}{\beta^2} K_{12}\right) a_2 &= 0, \\
\left(J_{12} - \frac{\lambda'^*}{\beta^2} K_{12}\right) a_1 + \left(J_{22} - \frac{\lambda'^*}{\beta^2} K_{22}\right) a_2 &= 0
\end{aligned}\right\} \tag{15}$$

und genau so gebaute Gleichungen für a_1' und a_2' mit λ''^*/ω^2 und L_{ik} statt λ'^*/β^2 und K_{ik}. Dies gibt die Frequenzgleichungen

$$a' \frac{\lambda'^{*2}}{\beta^4} - b' \frac{\lambda'^*}{\beta^2} + c' = 0, \qquad a'' \frac{\lambda''^{*2}}{\omega^4} - b'' \frac{\lambda''^*}{\omega^2} + c'' = 0 \tag{16}$$

mit

$$\left.\begin{aligned}
&a' = K_{11} K_{22} - K_{12}^2, && a'' = L_{11} L_{22} - L_{12}^2, \\
&b' = J_{11} K_{22} + J_{22} K_{11} - 2\, J_{12} K_{12}, && b'' = J_{11} L_{22} + J_{22} L_{11} - 2\, J_{12} L_{12}, \\
&c' = c'' = J_{11} J_{22} - J_{12}^2.
\end{aligned}\right\} \tag{17}$$

Man findet als kleinste Wurzeln von (16) $\lambda_1'^* = 13{,}477\, \beta^2$ und $\lambda_1''^* = 8{,}357\, \omega^2$

und daraus schließlich $\lambda_1^* = 6{,}5500 \cdot 10^6\ \text{sek}^{-2}$ und also

$$\alpha_1^* = 407{,}3\ \text{Hz}. \tag{18}$$

Das ist innerhalb der Fehlergrenzen, mit denen die Daten bekannt sind, der gleiche Wert wie (13), woraus wieder [wie schon in Ziff. **7** d)] die außerordentlich große Genauigkeit dieser Methode hervorgeht. Man kommt also schon mit einem eingliedrigen Ansatz zum Ziel, falls man sich mit der niedersten Eigenfrequenz begnügt.

Die größeren Wurzeln von (16) sind $\lambda_2'^* = 437{,}74\,\beta^2$ und $\lambda_2''^* = 46{,}36\,\omega^2$ und führen nach der Formel (1) auf $\lambda_2^* = 1{,}8722 \cdot 10^8\ \text{sek}^{-2}$ und also auf

$$\alpha_2^* = 2178\ \text{Hz}. \tag{19}$$

Obwohl die Southwellsche Formel (1) zunächst nur für den tiefsten Eigenwert bewiesen ist, so wird man diesen Wert doch als eine gute Näherung für die zweite Eigenfrequenz α_2 ansehen dürfen.

Läßt man, um den Einfluß der Fliehkraft abzuschätzen, die ω^2-Glieder weg, so führt der eingliedrige Ansatz auf

$$\alpha_1'^* = 380{,}5\ \text{Hz}. \tag{20}$$

der zweigliedrige auf

$$\alpha_1'^* = 380{,}4\ \text{Hz}, \qquad \alpha_2'^* = 2168\ \text{Hz}. \tag{21}$$

Die Fliehkraft setzt also bei dieser Schaufel die tiefste Eigenfrequenz um etwa 7% hinauf, die nächsthöhere um etwa 0,5%. Dies zeigt, daß man bei verhältnismäßig langen Schaufeln die Fliehkraft stets berücksichtigen sollte.

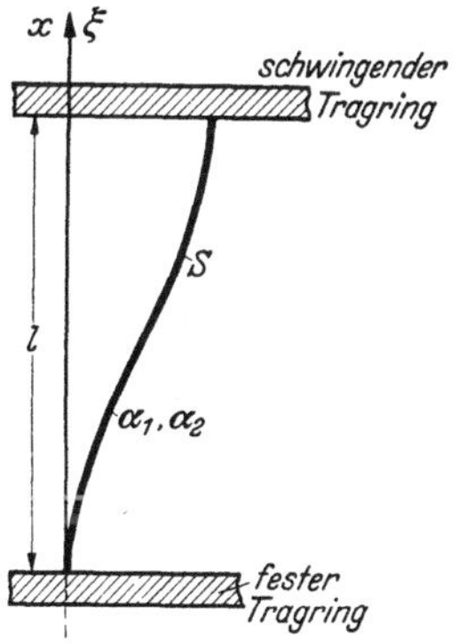

Abb. 17. Schwingende Schaufel mit Tragring.

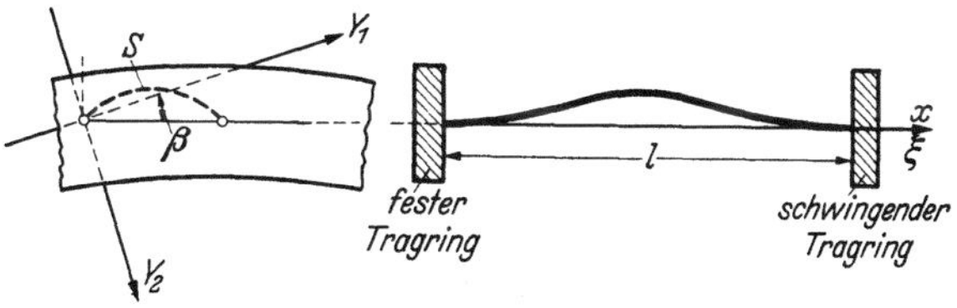

12. Radialturbinen. Auch bei den Radialturbinen sind Schaufelschwingungen möglich. Als Beispiel behandeln wir die Radialturbine mit steifen Tragringen (Ljungströmturbine). Wenn die im festen Tragring eingespannte Schaufel schwingt, so macht der bewegliche Tragring eine azimutale Schwingung. Sieht man wieder von der Krümmung des schwingenden Tragringstückes, das auf eine Schaufel entfällt, ab, so vollzieht dieses eine ebene Schwingung, die mit dem Hauptachsenkreuz der Schaufel einen Winkel β bildet (Abb. 17, wo die Krümmung des Tragringstückes im Grundriß der Deutlichkeit halber doch gezeichnet ist). Für die Schwingungen der Schaufel um ihre beiden Hauptachsen gilt wie schon in (**7**, 8)

$$\frac{d^4 Y_i}{d\xi^4} = \varkappa_i^4 Y_i \quad \text{mit} \quad \varkappa_i^4 = \frac{(\gamma/g) F l^4}{E J_i}\,\lambda \qquad (i = 1, 2), \tag{1}$$

wenn wir den Schaufelquerschnitt F als unveränderlich voraussetzen und damit auch seine Hauptträgheitsmomente J_1 und J_2, und sofort wieder die dimensionslose Variable $\xi = x/l$ einführen.

Die den Einspannbedingungen am festen Tragring ($\xi = 0$) angepaßten Integrale von (1) sind

$$Y_i = A_i(\cos\varkappa_i\xi - \mathfrak{Cof}\,\varkappa_i\xi) + B_i(\sin\varkappa_i\xi - \mathfrak{Sin}\,\varkappa_i\xi) \qquad (i = 1, 2). \tag{2}$$

Zur Bestimmung der vier Integrationskonstanten A_i und B_i stehen gerade noch vier Randbedingungen am beweglichen Tragring ($\xi = 1$) zur Verfügung, nämlich einmal die dortigen Einspannbedingungen

$$\frac{dY_i}{d\xi} = 0 \qquad (i = 1, 2) \quad \text{für } \xi = 1, \tag{3}$$

sodann die Bedingung dafür, daß dieser Ring nicht radial ausweichen kann:

$$Y_1 \sin\beta - Y_2 \cos\beta = 0 \quad \text{für } \xi = 1, \tag{4}$$

und endlich die Aussage, daß die in der Umfangsrichtung wirkende d'Alembertsche Kraft auf das zu jeder Schaufel gehörige Tragringstück (vom Gewicht G_R), nämlich $\lambda \frac{G_R}{g}(Y_1\cos\beta + Y_2\sin\beta)$, mit der in diese Richtung fallenden Komponente der Schaufelquerkraft, nämlich $EJ_1Y_1''' \cos\beta + EJ_2Y_2''' \sin\beta$ (Striche bedeuten Ableitungen nach x), zusammenstimmen muß, also in dimensionsloser Form

$$Y_1\cos\beta + Y_2\sin\beta = \frac{q}{\varkappa_1^4}\left[\frac{d^3Y_1}{d\xi^3}\cos\beta + \frac{1}{\mu^4}\frac{d^3Y_2}{d\xi^3}\sin\beta\right] \quad \text{für } \xi = 1 \tag{5}$$

mit den dimensionslosen Größen

$$\mu^4 = \frac{J_1}{J_2}, \qquad q = \frac{\gamma F l}{G_R}. \tag{6}$$

Aus (4) und (5) folgt besser

$$\left.\begin{aligned} Y_1(1 + \operatorname{tg}^2\beta) &= \frac{q}{\varkappa_1^4}\left[\frac{d^3Y_1}{d\xi^3} + \frac{1}{\mu^4}\frac{d^3Y_2}{d\xi^3}\operatorname{tg}\beta\right], \\ Y_2(1 + \operatorname{tg}^2\beta) &= \frac{q}{\varkappa_1^4}\left[\frac{d^3Y_1}{d\xi^3} + \frac{1}{\mu^4}\frac{d^3Y_2}{d\xi^3}\operatorname{tg}\beta\right]\operatorname{tg}\beta \end{aligned}\right\} \quad \text{für } \xi = 1. \tag{7}$$

Die beiden Schwingungen um die beiden Hauptachsen sind also, sobald $\beta \neq 0$ ist, durch die Randbedingungen (7) miteinander gekoppelt.

Setzt man die Lösung (2) zunächst in (3) ein, so kommt

$$A_i = (\cos\varkappa_i - \mathfrak{Cof}\,\varkappa_i)\,C_i, \qquad B_i = (\sin\varkappa_i + \mathfrak{Sin}\,\varkappa_i)\,C_i \qquad (i = 1, 2), \tag{8}$$

wo C_1 und C_2 zwei neue Integrationskonstanten sind. Setzt man schließlich auch noch die Lösung (2) mit (8) in (7) ein, so kommen für C_1 und C_2 die homogenen Gleichungen

$$c_{11}C_1 + c_{12}C_2 = 0, \qquad c_{21}C_1 + c_{22}C_2 = 0 \tag{9}$$

mit

$$\left.\begin{aligned} c_{11} &= (1 - \cos\varkappa_1\,\mathfrak{Cof}\,\varkappa_1)(1 + \operatorname{tg}^2\beta) + \frac{q}{\varkappa_1}(\cos\varkappa_1\,\mathfrak{Sin}\,\varkappa_1 + \sin\varkappa_1\,\mathfrak{Cof}\,\varkappa_1), \\ c_{12} &= \frac{q}{\varkappa_2}(\cos\varkappa_2\,\mathfrak{Sin}\,\varkappa_2 + \sin\varkappa_2\,\mathfrak{Cof}\,\varkappa_2)\operatorname{tg}\beta, \\ c_{21} &= \frac{q}{\varkappa_1}(\cos\varkappa_1\,\mathfrak{Sin}\,\varkappa_1 + \sin\varkappa_1\,\mathfrak{Cof}\,\varkappa_1)\operatorname{tg}\beta, \\ c_{22} &= (1 - \cos\varkappa_2\,\mathfrak{Cof}\,\varkappa_2)(1 + \operatorname{tg}^2\beta) + \frac{q}{\varkappa_2}(\cos\varkappa_2\,\mathfrak{Sin}\,\varkappa_2 + \sin\varkappa_2\,\mathfrak{Cof}\,\varkappa_2)\operatorname{tg}^2\beta. \end{aligned}\right\} \tag{10}$$

Die beiden Gleichungen (9) erfordern das Verschwinden ihrer Determinante $(c_{11}c_{22} - c_{12}c_{21})$, und dies gibt mit den Werten (10) die Frequenzgleichung

$$f(\varkappa) + g(\varkappa)\,\mathrm{tg}^2\beta = 0, \tag{11}$$

wobei

$$\left.\begin{aligned} f(\varkappa) &\equiv (1-\cos\varkappa_2\,\mathfrak{Cof}\,\varkappa_2)\left[1-\cos\varkappa_1\,\mathfrak{Cof}\,\varkappa_1 + \frac{q}{\varkappa_1}(\cos\varkappa_1\,\mathfrak{Sin}\,\varkappa_1 + \sin\varkappa_1\,\mathfrak{Cof}\,\varkappa_1)\right], \\ g(\varkappa) &\equiv (1-\cos\varkappa_1\,\mathfrak{Cof}\,\varkappa_1)\left[1-\cos\varkappa_2\,\mathfrak{Cof}\,\varkappa_2 + \frac{q}{\varkappa_2}(\cos\varkappa_2\,\mathfrak{Sin}\,\varkappa_2 + \sin\varkappa_2\,\mathfrak{Cof}\,\varkappa_2)\right] \end{aligned}\right\} \tag{12}$$

und

$$\varkappa_2 = \mu\,\varkappa_1 \tag{13}$$

ist, so daß die Frequenzgleichung (11) also nur eine wirkliche Unbekannte, etwa $\varkappa_1$, enthält. Ist $\varkappa_1$ bestimmt, so kennt man nach (1) den Eigenwert λ und damit die gesuchte Frequenz

$$\alpha = \frac{\varkappa_1^2}{2\pi}\sqrt{\frac{EJ_1}{(\gamma/g)Fl^4}}. \tag{14}$$

Um die Frequenzgleichung (11) aufzulösen, geht man zweckmäßigerweise folgendermaßen vor. Wäre $\beta = 0$ (in manchen Fällen trifft dies ziemlich genau zu), so würde sich (11) vereinfachen zu $f(\varkappa) = 0$, und dies zerfällt in

$$\left.\begin{aligned} 1-\cos\varkappa_1\,\mathfrak{Cof}\,\varkappa_1 + \frac{q}{\varkappa_1}(\cos\varkappa_1\,\mathfrak{Sin}\,\varkappa_1 + \sin\varkappa_1\,\mathfrak{Cof}\,\varkappa_1) &= 0, \\ 1-\cos\varkappa_2\,\mathfrak{Cof}\,\varkappa_2 &= 0. \end{aligned}\right\} \tag{15}$$

Die zweite Gleichung (15) liefert die bekannten tiefsten Wurzeln

$$\varkappa_{21} = 4{,}7300, \quad \varkappa_{22} = 7{,}8532 \quad \text{usw.} \tag{16}$$

und also nach (1) mit $i = 2$ die beiden zugehörigen tiefsten Frequenzen

$$\left.\begin{aligned} \alpha_1 &= 3{,}561\sqrt{\frac{EJ_2}{(\gamma/g)Fl^4}}, \\ \alpha_2 &= 9{,}816\sqrt{\frac{EJ_2}{(\gamma/g)Fl^4}} \end{aligned}\right\} \tag{17}$$

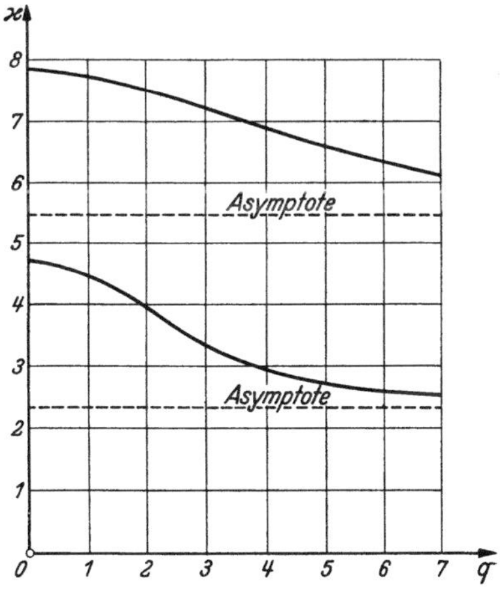

Abb. 18. Wurzeln $\varkappa$ der ersten Gleichung (15).

der Schaufelschwingungen um die Hauptachse *2*. Auch die erste Gleichung (15), die natürlich für diesen Sonderfall $\beta = 0$ die Frequenzen der Schwingungen um die Hauptachse *1* gibt, ist nicht schwer aufzulösen. In Abb. 18 sind die beiden tiefsten Wurzeln der ersten Gleichung (15) über dem Parameter q aufgetragen, und die Genauigkeit, mit der diese Wurzeln $\varkappa_1$ aus den Kurven von Abb. 18 abgegriffen werden können, wird praktisch in der Regel völlig ausreichen.

Ist aber $\beta \neq 0$, so bleibt es doch häufig so klein, daß man

$$\varkappa_1 = \overline{\varkappa}_1 + \varepsilon\,\mathrm{tg}^2\beta \tag{18}$$

setzen und dabei $\mathrm{tg}^2\beta$ als klein von erster Ordnung behandeln kann, wobei $\overline{\varkappa}_1$ die zugehörige (nun bekannte) Wurzel einer der beiden Gleichungen (15) bedeuten soll [also $f(\overline{\varkappa}_1) = 0$]; dabei ist natürlich $\overline{\varkappa}_1$, soweit es die zweite Gleichung (15) angeht, aus deren Wurzeln $\overline{\varkappa}_2$ durch die Beziehung $\overline{\varkappa}_1 = \overline{\varkappa}_2/\mu$ zu erhalten.

Dann kommt

$$f(\varkappa_1) \equiv \varepsilon f'(\bar{\varkappa}_1)\,\mathrm{tg}^2\beta, \qquad g(\varkappa_1) \equiv g(\bar{\varkappa}_1) + \varepsilon g'(\bar{\varkappa}_1)\,\mathrm{tg}^2\beta,$$

wo $f'(\bar{\varkappa}_1)$ und $g'(\bar{\varkappa}_1)$ die Ableitungen von f und g an der Stelle $\varkappa_1 = \bar{\varkappa}_1$ bedeuten; und mithin gibt (11) die Näherung

$$\varepsilon = -\frac{g(\bar{\varkappa}_1)}{f'(\bar{\varkappa}_1)}. \tag{19}$$

Berechnet man dies nach (12), so findet man

1) für Grundwerte $\bar{\varkappa}_1$, die der ersten Gleichung (15) gehorchen,

$$\varepsilon = -\frac{1-\cos\bar{\varkappa}_1\,\mathfrak{Cof}\,\bar{\varkappa}_1}{1-\cos\mu\bar{\varkappa}_1\,\mathfrak{Cof}\,\mu\bar{\varkappa}_1}\;\frac{1-\cos\mu\bar{\varkappa}_1\,\mathfrak{Cof}\,\mu\bar{\varkappa}_1 + \dfrac{q}{\mu\bar{\varkappa}_1}(\cos\mu\bar{\varkappa}_1\,\mathfrak{Sin}\,\mu\bar{\varkappa}_1 + \sin\mu\bar{\varkappa}_1\,\mathfrak{Cof}\,\mu\bar{\varkappa}_1)}{\sin\bar{\varkappa}_1\,\mathfrak{Cof}\,\bar{\varkappa}_1 - \cos\bar{\varkappa}_1\,\mathfrak{Sin}\,\bar{\varkappa}_1 + \dfrac{1}{\bar{\varkappa}_1}[1+(2q-1)\cos\bar{\varkappa}_1\,\mathfrak{Cof}\,\bar{\varkappa}_1]}; \tag{20}$$

2) für Grundwerte $\bar{\varkappa}_1$, deren $\bar{\varkappa}_2 = \mu\bar{\varkappa}_1$ der zweiten Gleichung (15) gehorchen,

$$\varepsilon = -\frac{q}{\mu^2\bar{\varkappa}_1}\;\frac{\mathrm{tg}\,\mu\bar{\varkappa}_1 + \mathfrak{Tg}\,\mu\bar{\varkappa}_1}{\mathrm{tg}\,\mu\bar{\varkappa}_1 - \mathfrak{Tg}\,\mu\bar{\varkappa}_1}\;\frac{1-\cos\bar{\varkappa}_1\,\mathfrak{Cof}\,\bar{\varkappa}_1}{1-\cos\bar{\varkappa}_1\,\mathfrak{Cof}\,\bar{\varkappa}_1 + \dfrac{q}{\bar{\varkappa}_1}(\cos\bar{\varkappa}_1\,\mathfrak{Sin}\,\bar{\varkappa}_1 + \sin\bar{\varkappa}_1\,\mathfrak{Cof}\,\bar{\varkappa}_1)}. \tag{21}$$

Da es keine Schwierigkeit bereitet, diese Ausdrücke mit den bekannten Werten $\bar{\varkappa}_1$ zu bilden, so ist damit die ganze Aufgabe innerhalb der hier angestrebten Genauigkeit gelöst. Aus (14) und (18) folgt nämlich vollends

$$\alpha = \frac{\bar{\varkappa}_1(\bar{\varkappa}_1 + 2\varepsilon\,\mathrm{tg}^2\beta)}{2\pi}\sqrt{\frac{E J_1}{(\gamma/g)\,F l^4}}. \tag{22}$$

Wünscht man eine größere Genauigkeit, so benützt man den so gefundenen Näherungswert $\varkappa_1$(18), um eine genauere Wurzel der Frequenzgleichung (11) zu finden, etwa mit der Newtonschen Methode oder mit der Regula falsi. Wir brauchen hierauf nicht näher einzugehen.

Kapitel X.

Kritische Drehzahlen.

1. Einleitung. Die Wellen der Dampfturbinen sind mannigfacher Schwingungen fähig. Soweit es sich um Torsionsschwingungen handelt, haben wir sie schon in Kap. VIII, Ziff. **22** erledigt. Viel wichtiger sind hier die Biegeschwingungen. Diese führen bei bestimmten Drehzahlen des Rotors zu typischen Resonanzerscheinungen von großer Gefährlichkeit. Wir entwickeln nun die wichtigsten Methoden zur Berechnung dieser sogenannten kritischen Drehzahlen.

Das Verhalten einer Welle in ihren kritischen Zuständen ist tatsächlich recht verwickelt und kann nur durch vereinfachende Annahmen (die natürlich so getroffen werden müssen, daß die Ergebnisse gut mit der Erfahrung übereinstimmen) der Rechnung zugänglich gemacht werden. Um diese Annahmen als sinnvoll zu erkennen, muß man das ganze dynamische Problem zunächst an einem möglichst durchsichtigen Fall überblicken, und hierzu eignet sich am besten die nur mit einer Scheibe besetzte Welle. An einer solchen untersuchen wir zuerst die ziemlich große Mannigfaltigkeit der kritischen Zustände (§ 1). Dabei werden wir insbesondere die Frage prüfen, inwieweit sich kritische Zustände als Resonanzen deuten lassen. Für die wirkliche Berechnung der kritischen Drehzahlen wird ein sogenanntes Äquivalenzprinzip wichtig sein, das auch noch bei mehrfach besetzten Wellen gilt (§ 2). Damit liegt zwar der direkte Weg zur Bestimmung dieser Drehzahlen offen; er ist aber bei Wellen mit vielen Scheiben im allgemeinen viel zu mühsam und langwierig. Näherungsmethoden von guter Brauchbarkeit kürzen ihn wesentlich ab und führen sowohl für die tiefste kritische Drehzahl wie für die nächsthöheren, soweit sie praktisch noch wichtig sein mögen, verhältnismäßig rasch zum Ziel (§ 3). Ein besonderes Augenmerk muß bei allen diesen Rechnungen auch auf den Einfluß der Schiefstellung der Scheiben im kritischen Zustand (sogenannte Kreiselwirkung) gerichtet werden. Dieser Einfluß kann zahlenmäßig recht merklich sein.

§ 1. Die einfach besetzte Welle.

2. Der kritische Zustand erster Art. Vorgelegt sei eine irgendwie (statisch bestimmt oder statisch unbestimmt) gelagerte Welle von beliebig veränderlichem, jedoch überall kreisförmigem Querschnitt. Wir setzen zunächst voraus, daß es auf der noch geraden Wellenachse einen Punkt O gebe von der Eigenschaft, daß eine senkrecht zur Wellenachse in O angreifende Kraft diese Achse zu einer (ebenen) Kurve so verbiege, daß die Tangente der elastischen Linie in demjenigen Punkte W, in den O dabei übergegangen ist, parallel zur ursprünglichen Wellenachse sei. Ist eine Scheibe auf der Welle so aufgesetzt, daß ihre Mittelebene den Punkt O enthält, so behält diese Mittelebene auch bei einer solchen Biegung der Welle ihre Raumstellung bei, sie stellt sich nicht „schräg", und dies ist der wesentliche Inhalt unserer ersten Voraussetzung. Weiter setzen wir voraus, daß die Masse der Welle vernachlässigbar sei gegen die Masse der Scheibe (bei mehrfach besetzten Wellen wird diese Voraussetzung später einfach besagen, daß die Masse der Welle entsprechend stückweise den Scheibenmassen zugeschlagen gedacht wird). Endlich nehmen wir vorläufig an, daß die Schwerkraft auf den Biegevorgang ohne Einfluß sei (man mag sich die Welle lotrecht gestellt denken). Der Massenmittelpunkt (Schwerpunkt) der Scheibe liege in ihrer Mittelebene, und die Welle samt der fest mit ihr verbundenen Scheibe werde nun in Drehung versetzt.

In einer festen Zeichenebene, die sich mit der Mittelebene der Scheibe deckt, zeigt Abb. 1 schematisch die Punkte O und W als Durchstoßungspunkte der ursprünglich geraden und der gebogenen Wellenachse mit der Zeichenebene und den Scheibenschwerpunkt S, der (etwa infolge Inhomogenität der Scheibe oder wegen ungenauer Aufkeilung) bei der noch geraden Welle nicht genau mit O und also bei der gebogenen Welle auch nicht genau mit W zusammenzufallen braucht, sondern einen festen Abstand $WS = e$ besitzt, die sogenannte Exzentrizität.

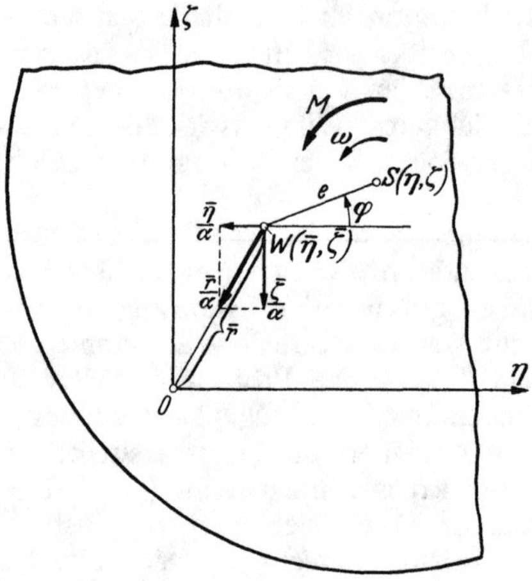

Abb. 1. Kraftespiel und Bezeichnungen an der rotierenden Scheibe.

Ist $\bar{r}$ die Auslenkung des Punktes W zu irgendeiner Zeit, so wirkt die Elastizität der Welle auf die Scheibe mit einer Kraft von der Richtung WO und vom Betrag $\bar{r}/\alpha$, wenn α die Maxwellsche Einflußzahl, d. h. die Auslenkung des Punktes W infolge einer Einheitskraft ist. Vom Widerstand des umgebenden Mittels, der infolge der Exzentrizität eine außerhalb O liegende Resultante haben kann, sehen wir vorläufig ab (vgl. Ziff. **4**). Dagegen soll in α die versteifende Wirkung der Scheibe auf die Welle schon mitberücksichtigt sein, ebenso die versteifenden Einflüsse langer Halslager, überhaupt alle Nebeneinflüsse der Wellenbiegung, soweit sie sich in α allein bemerklich machen.

Sind η, ζ die Koordinaten von S in einem festen (η, ζ)-System durch O, ferner $\bar{\eta}, \bar{\zeta}$ diejenigen von W, und ist φ der Winkel von WS gegen die positive η-Achse, so ist $\bar{\eta} = \eta - e\cos\varphi$ und $\bar{\zeta} = \zeta - e\sin\varphi$, und somit gelten mit der Scheibenmasse m die Bewegungsgleichungen des Schwerpunktes in der Form

$$m\ddot{\eta} = -\frac{1}{\alpha}\bar{\eta} = -\frac{1}{\alpha}(\eta - e\cos\varphi),$$
$$m\ddot{\zeta} = -\frac{1}{\alpha}\bar{\zeta} = -\frac{1}{\alpha}(\zeta - e\sin\varphi)$$

oder mit der Abkürzung

$$\omega_k^2 = \frac{1}{\alpha m} \tag{1}$$

in der Form

$$\left.\begin{aligned} \ddot{\eta} + \omega_k^2\eta &= e\,\omega_k^2\cos\varphi, \\ \ddot{\zeta} + \omega_k^2\zeta &= e\,\omega_k^2\sin\varphi. \end{aligned}\right\} \tag{2}$$

Für die Drehung der Scheibe gilt mit ihrem Trägheitsmoment A (bezogen auf eine Schwerpunktsachse senkrecht zur Zeichenebene) und mit dem etwaigen Antriebsmoment M (abzüglich des Gegenmomentes der Welle)

$$A\ddot{\varphi} = M + e\,m\,\omega_k^2(\bar{\zeta}\cos\varphi - \bar{\eta}\sin\varphi) = M + e\,m\,\omega_k^2(\zeta\cos\varphi - \eta\sin\varphi)$$

oder, indem man $A = mk^2$ setzt, also den Trägheitshalbmesser k der Scheibe einführt,

$$e\ddot{\varphi} = \frac{eM}{A} + \varepsilon\omega_k^2(\zeta\cos\varphi - \eta\sin\varphi) \quad \text{mit} \quad \varepsilon = \frac{e^2}{k^2}. \tag{3}$$

Die Gleichungen (1) bis (3) beherrschen das Problem unter den hier gemachten Voraussetzungen vollständig.

Wir nennen $M = 0$ den stationären Betrieb, ferner $\ddot{\varphi} = 0$, also $\dot{\varphi} \equiv \omega = \text{konst.}$ den stationären Drehzustand und überzeugen uns zunächst davon, daß beide unter gewissen Bedingungen praktisch ununterscheidbar zusammenfallen. Die Exzentrizitäten e und die Auslenkungen η, ζ, die bei Dampfturbinen vorkommen dürfen, sind höchstens wenige Tausendstel des Trägheitshalbmessers k, und somit kann dann, falls $M = 0$ ist, $\ddot{\varphi}/\omega_k^2$ höchstens die Größenordnung 10^{-5} erreichen. Da, wie wir nachher sehen werden, nur solche Drehgeschwindigkeiten ω interessieren, die ungefähr von gleicher Größenordnung wie ω_k sind, so ist dann auch $\dot{\omega}/\omega^2$ höchstens von der Größenordnung 10^{-5}; und dies bedeutet, daß, selbst wenn die von den η- und ζ-Gliedern in (3) herrührende Beschleunigung $\dot{\omega}$ während der unwahrscheinlich langen Dauer eines vollen Umlaufs der Scheibe unveränderlich und von Null verschieden wäre, doch die dadurch erzeugte Schwankung $\Delta\omega/\omega$ unterhalb der Größenordnung $2\pi \cdot 10^{-5}$, also unter $0{,}1\,^0\!/_{00}$ bliebe. Mithin gilt der Satz:

Solange die Scheibe keine großen Auslenkungen η, ζ macht, fallen stationärer Betrieb $M = 0$ und stationärer Drehzustand $\dot{\omega} = 0$ nahezu genau zusammen.

Man kann dies auch so ausdrücken, daß man in (3) e und η, ζ als Längen von gleicher Größenordnung, dagegen ε als vernachlässigbar klein ansieht, und wir wollen nun zunächst das Problem mit $\varepsilon = 0$, d. h. in einer Theorie erster Ordnung behandeln. (Eine spätere Theorie zweiter Ordnung wird zeigen, daß der damit begangene Fehler in der Tat sehr klein bleibt.)

Ist also mit $M = 0$ und $\varepsilon = 0$ die Drehgeschwindigkeit ω im stationären Zustand unveränderlich, so können wir $\varphi = \omega t + \beta$ setzen, wo β eine belanglose Phasenkonstante ist, und haben statt (2)

$$\left.\begin{aligned} \ddot{\eta} + \omega_k^2 \eta &= e\,\omega_k^2 \cos(\omega t + \beta), \\ \ddot{\zeta} + \omega_k^2 \zeta &= e\,\omega_k^2 \sin(\omega t + \beta). \end{aligned}\right\} \tag{4}$$

Die Lösungen dieses Systems, also die Bewegungskomponenten des Scheibenschwerpunktes, setzen sich zusammen erstens aus einem rein harmonischen Teil, also einer — infolge der zwar nicht berücksichtigten, aber tatsächlich stets vorhandenen Dämpfung mehr oder weniger schnell abklingenden — Schwingung von der Kreisfrequenz ω_k, welche wir kurz mit $\tilde{\eta}(\omega_k), \tilde{\zeta}(\omega_k)$ bezeichnen wollen, und zweitens aus einem die rechten Seiten von (4) berücksichtigenden, auf die Dauer allein maßgebenden Teil; und zwar findet man leicht [wie auch nachträgliches Einsetzen in (4) bestätigt]

$$\left.\begin{aligned} \eta &= \tilde{\eta}(\omega_k) + e\frac{\omega_k^2}{\omega_k^2 - \omega^2}\cos(\omega t + \beta), \\ \zeta &= \tilde{\zeta}(\omega_k) + e\frac{\omega_k^2}{\omega_k^2 - \omega^2}\sin(\omega t + \beta) \end{aligned}\right\} \quad \text{für } \omega \neq \pm\omega_k \tag{5}$$

und

$$\left.\begin{aligned} \eta &= \tilde{\eta}(\omega_k) + \frac{1}{2} e\,\omega_k t \sin(\omega_k t + \beta), \\ \zeta &= \tilde{\zeta}(\omega_k) \mp \frac{1}{2} e\,\omega_k t \cos(\omega_k t + \beta) \end{aligned}\right\} \quad \text{für } \omega = \pm\omega_k. \tag{6}$$

Die Lösung (6) stellt natürlich den Fall dar, daß die Eigenschwingung der Welle in Resonanz gerät mit den Gliedern der rechten Seite von (4).

Solange $|\omega| \neq \omega_k$ bleibt, verhält sich die Scheibe „normal“: außer den abdämpfbaren Eigenschwingungen des Rotors bemerkt man eine mit der

Scheibendrehung ω synchron umlaufende Auslenkung des Scheibenschwerpunktes mit dem „stationären" Betrag $|r| = \sqrt{\eta^2 + \zeta^2} = e\frac{\omega_k^2}{\omega_k^2 - \omega^2}$, der mit e abnimmt. Aus (3) geht leicht hervor, daß in diesem Falle ein Moment M auch für $\varepsilon \neq 0$ zur Unterhaltung eines genau stationären Zustandes $\dot{\omega} = 0$ nur soweit nötig wäre, als es etwaige noch nicht ganz abgedämpfte Schwingungen $\tilde{\eta}$, $\tilde{\zeta}$ auszugleichen hätte.

Nähert sich $|\omega|$ dem Wert ω_k, so wird auch bei kleinem e die „stationäre" Auslenkung r größer und größer. Damit kann natürlich recht wohl auch die zusätzliche Schwingung $\tilde{\eta}$, $\tilde{\zeta}$ merklicher und merklicher werden. Die Scheibe fängt also an, unruhig zu laufen.

Ist schließlich $|\omega| = \omega_k$, so weicht die Scheibe unaufhaltsam weiter aus, und zwar, wieder abgesehen von der möglicherweise noch hinzutretenden Schwingung, mit der Geschwindigkeit

$$\dot{r} = \frac{1}{2} e\,\omega_k. \tag{7}$$

Weil für steife Wellen, wie sie bei Dampfturbinen benützt werden, ω_k nach (1) sehr groß ist, so genügen oft schon kleine Bruchteile von Sekunden, um den Rotor (wegen Biegungsbruch der Welle oder Streifen der Scheibe am Gehäuse) in höchste Gefahr zu bringen. Die Drehgeschwindigkeiten $\omega = \pm\omega_k$ heißen darum kritisch, die zu $|\omega| = \omega_k$ gehörige Drehzahl der Welle ihre kritische Drehzahl. Weil zwischen den Fällen $\omega = +\omega_k$ und $\omega = -\omega_k$ kein wesentlicher Unterschied besteht, so verstehen wir im Folgenden unter ω stets einen positiven Wert und stellen ein für allemal fest, daß der Drehsinn der Scheibe für die kritischen Drehzahlen gleichgültig ist.

Im Falle $\omega = \omega_k$ folgt aus (3) mit (6), wieder abgesehen von der Schwingung $\tilde{\eta}$, $\tilde{\zeta}$,

$$\dot{M} = \frac{1}{2} e^2 m\,\omega_k^3, \tag{8}$$

und dies besagt, daß sich jetzt ein stationärer Zustand $\dot{\omega} = 0$ nur aufrecht erhalten läßt, wenn das Antriebsmoment sich ändert mit der konstanten Geschwindigkeit (8). Erst wenn $\dot{M}$ größer als (8) ist, steigt ω über ω_k hinaus an.

Ist endlich $\omega \gg \omega_k$, so ist nach der Lösung (5), wiederum abgesehen von der abdämpfbaren Schwingung $\tilde{\eta}$, $\tilde{\zeta}$, die stationäre Auslenkung nahezu Null, und dies besagt, daß sich der Scheibenschwerpunkt um so genauer in seine ideale Lage $S \equiv O$ einstellt, je höher ω über dem kritischen Wert ω_k liegt: die Maschine läuft über der kritischen Drehzahl sicherer als unter ihr.

Aber nicht nur die Drehgeschwindigkeit $\omega = \omega_k$ selbst ist gefährlich, sondern ein (meist ziemlich enger) Bereich um ω_k. Um diesen zu finden, beachten wir, daß, immer abgesehen von der Schwingung $\tilde{\eta}$, $\tilde{\zeta}$,

$$r = \pm\, e\frac{\omega_k^2}{\omega_k^2 - \omega^2} \quad \text{für} \quad \omega \lesseqgtr \omega_k \tag{9}$$

gilt. Ist r_0 der äußerste zulässige Betrag der Auslenkung des Scheibenschwerpunktes (wobei schon ein nur abschätzbarer Schwingungsausschlag eingerechnet sein muß), so folgt aus (9), daß der ganze Drehzahlbereich

$$\left(1 - \frac{e}{r_0}\right)\omega_k^2 \leq \omega^2 \leq \left(1 + \frac{e}{r_0}\right)\omega_k^2 \tag{10}$$

gefährlich und also als Dauerzustand verboten ist (wobei natürlich $e < r_0$ vorausgesetzt werden muß, da sonst die Auslenkung r schon beim Beginn der Drehung unzulässig groß wäre).

Wir fassen die bisherigen Erkenntnisse kurz in folgenden Ergebnissen zusammen, die man im wesentlichen die de Lavalschen Sätze nennen kann:

1. Die Drehgeschwindigkeit $\omega_k \left(=1/\sqrt{\alpha m}\right)$ ist kritisch; sie liegt um so höher, je steifer die Welle und je kleiner die Scheibenmasse ist.

2. Oberhalb von ω_k nähert sich der Scheibenschwerpunkt auch bei vorhandener Exzentrizität e der Selbsteinstellung.

3. Der tatsächlich gefährliche Drehzahlbereich (10) beginnt schon ein wenig unterhalb ω_k und endigt ein wenig oberhalb ω_k; seine Breite nimmt mit der Exzentrizität e ab.

4. Um die Maschine über den gefährlichen Bereich hinwegzubringen, muß in der Umgebung von ω_k das Antriebsmoment M mindestens mit der Geschwindigkeit (8) gesteigert werden.

Diese Ergebnisse beziehen sich alle (abgesehen von dem singulären Wert $\omega=\omega_k$) auf den stationären Betrieb. Wir wollen jetzt noch zeigen, daß dieselben Erscheinungen, also ein kritischer Zustand bei $\omega=\omega_k$ und die Selbsteinstellung des Scheibenschwerpunktes für $\omega \gg \omega_k$, auch beim Anfahren der Maschine auftreten müssen. Hierzu greifen wir auf die Gleichungen (2) und (3) zurück und nehmen an, daß das Antriebsmoment M so beschaffen sei, daß die Winkelbeschleunigung $\dot{\omega}$ stets positiv ist. Dies kann, wenn nur M immer groß genug ist und insbesondere in der Nähe des kritischen Zustandes $(\omega=\omega_k)$ hinreichend schnell anwächst [vgl. (8)], sicher erreicht werden.

Die erste Gleichung (2) hat allgemein die Lösung

$$\eta = e\,\omega_k\left[J_1(t)\sin\omega_k t - J_2(t)\cos\omega_k t\right] \tag{11}$$

mit

$$J_1(t) \equiv \int_0^t \cos\omega_k\tau\cos\varphi(\tau)\,d\tau, \qquad J_2(t) \equiv \int_0^t \sin\omega_k\tau\cos\varphi(\tau)\,d\tau, \tag{12}$$

wie man durch Einsetzen feststellt, und zwar befriedigt diese Lösung die Anfangsbedingungen $\eta=0$ und $\dot{\eta}=0$ für $t=0$ (Beginn des Anfahrens). Wir stellen zunächst einige Eigenschaften der Integrale $J_1(t)$ und $J_2(t)$ fest.

Weil $\dot{\omega}$ positiv bleibt, so nimmt ω monoton zu und erreicht mithin nach einer gewissen Zeit t_k den Wert ω_k. Behält von da an ω seinen Wert ω_k während eines Zeitintervalls Δt bei (und dies ist offenbar der ungünstigste Fall), so gilt während dieses Zeitintervalls $\varphi(t)=\omega_k t+[\varphi(t_k)-\omega_k t_k]$ oder kurz $\varphi(t)=\omega_k t+c$, wo c eine Konstante ist. Also liefert dieses Zeitintervall zu den Integralen J_1 und J_2 die Beiträge

$$\Delta J_1 = \int_{t_k}^{t_k+\Delta t}\cos\omega_k\tau\cos(\omega_k\tau+c)\,d\tau = \frac{1}{2}\cos c\left[\Delta t + \int_{t_k}^{t_k+\Delta t}\cos 2\omega_k\tau\,d\tau\right] - \frac{1}{2}\sin c\int_{t_k}^{t_k+\Delta t}\sin 2\omega_k\tau\,d\tau,$$

$$\Delta J_2 = \int_{t_k}^{t_k+\Delta t}\sin\omega_k\tau\cos(\omega_k\tau+c)\,d\tau = \frac{1}{2}\cos c\int_{t_k}^{t_k+\Delta t}\sin 2\omega_k\tau\,d\tau - \frac{1}{2}\sin c\left[\Delta t - \int_{t_k}^{t_k+\Delta t}\cos 2\omega_k\tau\,d\tau\right].$$

Die Integrale $\int\cos 2\omega_k\tau\,d\tau$ und $\int\sin 2\omega_k\tau\,d\tau$ schwanken, wenn Δt groß genug ist, lediglich zwischen den Grenzen $+1/(2\omega_k)$ und $-1/(2\omega_k)$ hin und her; die absoluten Beträge der Glieder $\frac{1}{2}\Delta t\cos c$ und $\frac{1}{2}\Delta t\sin c$ dagegen nehmen mit zunehmender Intervallgröße gleichmäßig zu. Folglich schwanken von $t=t_k$ an im Intervall Δt die Integrale J_1 und J_2 um gleichmäßig zunehmende Mittelwerte. Weil in (11) die Integrale J_1 und J_2 die Rolle von Amplituden der Schwingungsfunktionen $\sin\omega_k t$ und $\cos\omega_k t$ spielen, so macht η im Zeitintervall Δt Schwingungen mit Amplituden, die zwar schwankend, aber doch unaufhaltsam anwachsen. Das gleiche läßt sich in gleicher Weise von ζ nachweisen, und damit ist gezeigt, daß auch beim Anlauf der Maschine die Welle nicht längere Zeit im kritischen

Zustand ω_k verweilen darf, wenn sie nicht bis zu unzulässig großen Amplituden ausschwingen soll.

Weiter beweisen wir, daß $J_1(\infty)$ und $J_2(\infty)$ unter den gemachten Voraussetzungen endliche Werte besitzen. Wegen $d\varphi = \omega\, dt$ hat man nämlich

$$J_1(\infty) = \int\limits_0^\infty \frac{\cos\omega_k \tau}{\omega(\tau)} \cos\varphi\, d\varphi, \qquad J_2(\infty) = \int\limits_0^\infty \frac{\sin\omega_k \tau}{\omega(\tau)} \cos\varphi\, d\varphi. \tag{13}$$

Weil $\int\limits_0^\varphi \cos\varphi\, d\varphi$ mit unbeschränkt wachsendem φ in endlichen Grenzen bleibt, und weil $\omega(t)$ eine monoton wachsende Funktion ist und also

$$f_1(t) \equiv \frac{\cos\omega_k t}{\omega(t)}, \qquad f_2(t) \equiv \frac{\sin\omega_k t}{\omega(t)}$$

im ganzen Integrationsintervall (ausgenommen den hier auszuscheidenden Anfangspunkt $t=0$) endliche und mit ihrem absoluten Wert bei wachsendem t gegen Null abnehmende Funktionen sind, so konvergieren die Integrale (13) nach einem bekannten Satz[1]). Mithin nähert sich η(11) mit unbegrenzt wachsender Zeit t, also bei unbeschränkt wachsender Drehgeschwindigkeit ω einer Bewegung, die in einer (abdämpfbaren) Schwingung um den Wert $\eta=0$ besteht; und da man das gleiche in gleicher Weise für ζ beweisen kann, so ist damit noch einmal, und nun auch für den Anlauf der Maschine, die unter 2. der de Lavalschen Sätze ausgesprochene Selbsteinstellung des Schwerpunktes der Scheibe oberhalb der kritischen Drehzahl dargetan.

Von praktischer Wichtigkeit ist noch die Erkenntnis, daß ein (beispielsweise gleichförmig) anwachsendes Antriebsmoment $M\,(=at)$ zunächst im wesentlichen eine Beschleunigung der Wellendrehung $\omega\left(\approx \frac{1}{2}\frac{a}{A}t^2\right)$ erzeugt, daß aber mit Annäherung an den kritischen Wert ω_k die Drehgeschwindigkeit ω langsamer wächst, weil nun [vgl. (3) und (8)] ein Teil der Antriebsenergie zur Ausbiegung der Welle verbraucht wird, so daß nur der Rest zur weiteren Beschleunigung der Drehung dienen kann. Bald nach dem Überschreiten der kritischen Drehzahl fließt die Ausbiegungsenergie wieder in die Drehung zurück und die Drehgeschwindigkeit wächst jetzt rascher, als es dem Antriebsmoment M entspräche; erst hinreichend weit über dem kritischen Bereich folgt die Drehbeschleunigung wieder im wesentlichen dem Antriebsmoment. Die Welle setzt, kurz gesagt, dem Durchschreiten ihres kritischen Bereiches einen erheblichen Widerstand entgegen, der durch ein dort möglichst rasch ansteigendes Antriebsmoment überwunden werden muß.

Zur Vertiefung der bisherigen Erkenntnisse und wegen einiger späterer Erweiterungen empfiehlt es sich, die Bewegungsgleichungen (2) und (3) auch noch auf ein mit der gleichförmigen Drehgeschwindigkeit ω_0 rotierendes Koordinatensystem (y, z) zu beziehen. Dabei möge

$$\varphi = \psi + \vartheta \quad \text{mit} \quad \dot\psi = \omega_0 \tag{14}$$

sein, also ψ der Drehwinkel der y-Achse gegen die η-Achse und ϑ der Winkel der Exzentrizität $WS = e$ gegen die y-Achse (Abb. 2). Man findet die neuen Bewegungsgleichungen entweder durch Koordinatentransformation aus (2) und (3) oder — viel kürzer — indem man (Abb. 2) zu der elastischen Kraft $m\omega_k^2 r$ die zu der Drehung ω_0 gehörenden d'Alembertschen Kräfte, nämlich die Fliehkraft $mr\omega_0^2$, wo $r = OS$ ist, und die Corioliskraft $2mv\omega_0$, wo v der Vektor

[1]) Siehe E. Pascal, Repertorium der höheren Mathematik, Bd. I, 1, S. 494, 2. Aufl., Leipzig und Berlin 1910.

der Bahngeschwindigkeit von S im (y, z)-System ist, hinzufügt und sogleich in ihre y- und z-Komponenten spaltet und beachtet, daß $\bar{y} = y - e\cos\vartheta$ und $\bar{z} = z - e\sin\vartheta$ ist:

$$\left.\begin{aligned}\ddot{y} + (\omega_k^2 - \omega_0^2)\,y - 2\,\omega_0\,\dot{z} &= e\,\omega_k^2\cos\vartheta,\\ \ddot{z} + (\omega_k^2 - \omega_0^2)\,z + 2\,\omega_0\,\dot{y} &= e\,\omega_k^2\sin\vartheta\end{aligned}\right\} \tag{15}$$

sowie

$$e\,\ddot{\vartheta} = \frac{e\,M}{A} + \varepsilon\,\omega_k^2\,(z\cos\vartheta - y\sin\vartheta) \quad \text{mit} \quad \varepsilon = \frac{e^2}{k^2}. \tag{16}$$

Wir beschränken uns hier auf den stationären Betrieb $M = 0$ und können dann — was noch zu bestätigen sein wird — voraussetzen, daß y, z und ϑ kleine Größen sind, so daß wir es also mit dem System

$$\left.\begin{aligned}&\ddot{y} + (\omega_k^2 - \omega_0^2)\,y - 2\,\omega_0\,\dot{z} = e\,\omega_k^2,\\ &\ddot{z} + (\omega_k^2 - \omega_0^2)\,z + 2\,\omega_0\,\dot{y} - e\,\omega_k^2\,\vartheta = 0,\\ &e\,\ddot{\vartheta} - \varepsilon\,\omega_k^2\,z = 0\end{aligned}\right\} \tag{17}$$

zu tun haben.

Wir vernachlässigen zunächst wieder ε und dürfen dann nach der dritten Gleichung (17) $\vartheta \equiv 0$ setzen, da ein an sich noch mögliches Glied $\vartheta = a + b\,t$ identisch verschwindet, wenn wir jetzt voraussetzen, daß ω_0 die mittlere Drehgeschwindigkeit der Scheibe sei, und wenn wir die y-Achse so legen, daß sie im Augenblick $t = 0$ die Richtung von $WS = e$ hat. Der Ansatz

$$\left.\begin{aligned}y &= A_1\cos\varrho\,t,\\ z &= A_2\sin\varrho\,t,\\ e\,\vartheta &= A_3\sin\varrho\,t\end{aligned}\right\} \tag{18}$$

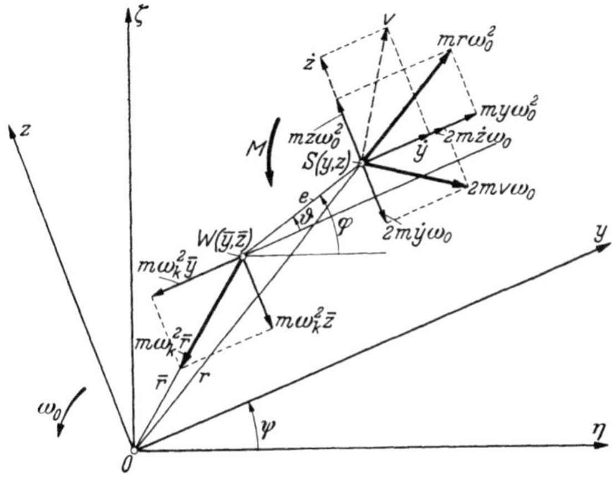

Abb. 2. Krafte und Scheinkrafte im rotierenden System.

führt dann auf $A_3 = 0$ und für ϱ auf die Frequenzgleichung

$$\begin{vmatrix}\varrho^2 - (\omega_k^2 - \omega_0^2) & 2\,\omega_0\,\varrho\\ 2\,\omega_0\,\varrho & \varrho^2 - (\omega_k^2 - \omega_0^2)\end{vmatrix} = 0 \tag{19}$$

mit den Lösungen

$$\varrho_1^2 = (\omega_k + \omega_0)^2, \qquad \varrho_2^2 = (\omega_k - \omega_0)^2. \tag{20}$$

Mithin lauten die Integrale von (17) für $\varepsilon = 0$, $\vartheta \equiv 0$

$$\left.\begin{aligned}y &= A\cos[(\omega_k + \omega_0)\,t + \beta] + B\cos[(\omega_k - \omega_0)\,t + \gamma] + e\,\frac{\omega_k^2}{\omega_k^2 - \omega_0^2},\\ z &= -A\sin[(\omega_k + \omega_0)\,t + \beta] + B\sin[(\omega_k - \omega_0)\,t + \gamma]\end{aligned}\right\} \text{für } \omega_0 \neq \pm\omega_k \tag{21}$$

und

$$\left.\begin{aligned}y &= A\cos(2\,\omega_k\,t + \beta) + B,\\ z &= \mp A\sin(2\omega_k t + \beta) + B' \mp \frac{1}{2}\,e\,\omega_k\,t\end{aligned}\right\} \text{für } \omega_0 = \pm\omega_k, \tag{22}$$

wie man auch durch Einsetzen leicht nachprüft. Dabei sind A, B, B', β und γ Integrationskonstanten, auf die es nicht sehr ankommt, weil sie lediglich den (abdämpfbaren) Eigenschwingungen des Systems zugehören. Die Lösung (22) stellt offensichtlich den Fall dar, daß eine der Frequenzen ϱ_1, ϱ_2 Null wird, so daß die zugehörige „Schwingung" in „Resonanz" gerät mit dem Glied $e\omega_k^2$ der rechten Seite der ersten Gleichung (17).

Die Deutung der Lösungen (21) und (22) ist natürlich die gleiche wie früher: „normales" Verhalten des Rotors für $|\omega_0| \neq \omega_k$, Hinausschleudern der Scheibe für $|\omega_0| = \omega_k$, also kritischer Zustand, und zwar mit der Geschwindigkeit (7), wobei ein Moment (8) zur Aufrechterhaltung eines stationären Zustandes ω_0 erforderlich wäre, und Selbsteinstellung $y \to 0$, $z \to 0$ des Scheibenschwerpunktes für $\omega_0 \to \infty$. Wie die Lösung (21) zeigt, ist die Voraussetzung, daß y, z und ϑ klein seien, nur zulässig, solange ω_0 nicht zu nahe bei ω_k liegt; bei $\omega_0 \to \omega_k$ hat die Lösung (21) bzw. (22) nur eine zeitlich begrenzte Gültigkeit, was aber offensichtlich ohne Einfluß auf die gezogenen Schlüsse ist, weil der Zustand $\omega_0 = \omega_k$ für längere Dauer sowieso praktisch verboten werden muß.

Würde man sich mit dem wichtigsten aller dieser Ergebnisse begnügen, nämlich, daß $\omega_k(1)$ die kritische Drehgeschwindigkeit ist, so könnte man die Herleitung sehr viel kürzer fassen. Nimmt man nämlich die Exzentrizität $e = 0$ und setzt voraus, daß es stationäre Zustände mit Auslenkungen $y \neq 0$ gibt, so verwischt man zwar die ganze Feinstruktur der Erscheinung, hat aber nun einfach auszudrücken, daß sich (für ein gleichförmig mitrotierendes System) die elastische Gegenkraft der Welle y/α und die Fliehkraft der Scheibe $m\omega_0^2 y$ das Gleichgewicht halten müssen, oder auch — was offenbar auf das gleiche hinauskommt —, daß die Auslenkung y der Welle von der Fliehkraft $m\omega_0^2 y$ herrührt und also mit der Einflußzahl α gegeben ist durch

$$y = \alpha m \omega_0^2 y. \tag{23}$$

Diese Bedingung liefert von Null verschiedene (und dann unbestimmt bleibende) Auslenkungen y nur für die Drehgeschwindigkeit

$$\omega_0 = \frac{1}{\sqrt{\alpha m}} \equiv \omega_k. \tag{24}$$

Daß diese Drehgeschwindigkeit für die Maschine gefährlich, also kritisch ist, geht aus dieser Herleitung nicht hervor; erst der Vergleich mit den vorangehenden Entwicklungen zeigt das. Man kann den Sachverhalt in folgendem Äquivalenzprinzip[1]) ausdrücken:

Die wirkliche kritische Drehgeschwindigkeit ω_k einer Welle stimmt überein mit derjenigen Drehgeschwindigkeit, für die die Welle auch bei fehlender Exzentrizität einer stationären Auslenkung fähig wäre.

Für eine einfach besetzte Welle ist diese Aussage noch ziemlich trivial, bei mehrfach besetzten Wellen wird dieses Prinzip dagegen von großer Bedeutung werden. Sein wesentlicher Inhalt besteht in der Tatsache, daß die kritische Drehzahl $\omega_k(1)$ von der Exzentrizität e des Scheibenschwerpunktes selbst nicht beeinflußt wird.

Dies ist nun allerdings, streng genommen, nur genähert richtig, wie die Theorie zweiter Ordnung mit $\varepsilon \neq 0$ alsbald ergeben wird; aber die Aussage der Theorie erster Ordnung, daß die kritische Drehgeschwindigkeit von der Exzentrizität e unabhängig sei, wird sich als eine so vorzügliche Näherung erweisen, daß der praktische Wert des Äquivalenzprinzips trotzdem vollständig erhalten bleibt.

Wir unterbauen jetzt die vorangehenden Entwicklungen, indem wir auch noch den Einfluß des ε-Gliedes berücksichtigen. Für das vollständige System (17)

[1]) Vgl. hierzu R. Grammel, Neuere Untersuchungen über kritische Zustände rasch umlaufender Wellen, Erg. d. exakt. Naturwiss. Bd. 1, S. 92, Berlin 1922.

führt dann der Ansatz (18) auf die Frequenzgleichung

$$\begin{vmatrix} \varrho^2-(\omega_k^2-\omega_0^2) & 2\,\omega_0\,\varrho & 0 \\ 2\,\omega_0\,\varrho & \varrho^2-(\omega_k^2-\omega_0^2) & \omega_k^2 \\ 0 & \varepsilon\,\omega_k^2 & \varrho^2 \end{vmatrix}=0$$

oder ausgerechnet und in Glieder ohne und mit ε zerspalten

$$\varrho^4-2\,\varrho^2\,(\omega_k^2+\omega_0^2)+(\omega_k^2-\omega_0^2)^2-\varepsilon\,\omega_k^4\left[1-\frac{(\omega_k+\omega_0)\,(\omega_k-\omega_0)}{\varrho^2}\right]=0. \tag{25}$$

Um die Wurzeln ϱ_1', ϱ_2' dieser Gleichung zu bestimmen, dürfen wir iterativ vorgehen, indem wir die bei der Theorie erster Ordnung gefundenen Wurzeln (20) in das ε-Korrektionsglied von (25) einsetzen. Dann kommt

$$\varrho^4-2\,\varrho^2\,(\omega_k^2+\omega_0^2)+(\omega_k^2-\omega_0^2)^2\mp 2\,\varepsilon\omega_k^4\frac{\omega_0}{\omega_k\pm\omega_0}=0$$

und daraus

$$\varrho_{1,2}'^2=\omega_k^2+\omega_0^2\pm 2\,\omega_k\,\omega_0\sqrt{1\pm\frac{\varepsilon}{2}\,\frac{\omega_k^2}{\omega_0\,(\omega_k\pm\omega_0)}}$$

oder hinreichend genau für kleine ε

$$\varrho_{1,2}'^2=(\omega_k\pm\omega_0)^2+\frac{\varepsilon}{2}\,\frac{\omega_k^3}{\omega_k\pm\omega_0}. \tag{26}$$

Dies sind die verbesserten Werte (20). Wie dort, so schließen wir auch hier, daß ein mit der Zeit anwachsender Ausschlag, also ein kritischer Zustand, entsteht, sobald eine der Frequenzen ϱ_i' Null wird [„Resonanz" mit dem Glied $e\omega_k^2$ der rechten Seite der ersten Gleichung (17)]. Dies tritt ein für

$$\omega_k\pm\omega_0=-\,\omega_k\left(\frac{\varepsilon}{2}\right)^{1/3},$$

also bei der Drehgeschwindigkeit

$$\omega_0=\pm\,\omega_k\left[1+\left(\frac{\varepsilon}{2}\right)^{1/3}\right]. \tag{27}$$

Damit ist der Einfluß von ε auf die kritische Drehgeschwindigkeit hinreichend genau aufgezeigt. Er ist sehr gering. Ist beispielsweise $e/k=1/1000$, so ist $\varepsilon=10^{-6}$ und somit $[1+(\frac{1}{2}\,\varepsilon)^{1/3}]=1{,}008$; und das heißt, daß man die kritische Drehzahl nur um etwa $8^0/_{00}$ unterschätzt, wenn man von ε ganz absieht. Ein Fehler von dieser Größe dürfte wohl immer belanglos sein.

An die Gleichung (23) knüpft noch eine andere Deutung des kritischen Zustands für $\varepsilon=0$ an. In den raumfesten Koordinaten η, ζ geschrieben, kann man diese Gleichung in der Form

$$\eta=\alpha\,m\,\omega_k^2\,\eta,\qquad \zeta=\alpha\,m\,\omega_k^2\,\zeta$$

deuten als zirkularpolarisierte Schwingung von der Kreisfrequenz ω_k. Denn bei einer solchen gehören zu den Koordinaten η, ζ die Beschleunigungskomponenten $-\,\omega_k^2\,\eta$, $-\,\omega_k^2\zeta$, also die Massenkräfte $m\,\omega_k^2\,\eta$, $m\,\omega_k^2\zeta$, und die Gleichungen besagen dann einfach, daß die Auslenkungskomponenten η, ζ gerade von den Massenkräften der Schwingung (mit der Einflußzahl α) hervorgerufen sind.

Für später wichtig ist noch eine Bemerkung, die sich an die Lösung (22) anschließt. Wenn die Exzentrizität $e\neq 0$ ist, so beherrscht das zeitlich anwachsende Glied $-\frac{1}{2}e\omega_k t$ das Verhalten des Rotors und kennzeichnet es als kritisch. Von einem nicht mitrotierenden Beobachter aus besehen, bedeutet dieses Glied eine im Drehsinn der Scheibe zirkularpolarisierte Schwingung mit gleichförmig anwachsender Amplitude [wie natürlich auch schon aus (6) abzulesen war]. Ist dagegen genau $e=0$, so wird mit dem Fortfallen dieses Gliedes die ganze Erscheinung verwischt, und was übrig bleibt, ist, wieder vom ruhenden Beobachter aus, eine im Drehsinn der Scheibe zirkularpolarisierte Schwingung (Glieder B und B') und außerdem eine im entgegengesetzten Sinne zirkularpolarisierte Schwingung (Glieder mit A). Bei der ersten laufen Welle und Scheibe wie ein erstarrtes Gebilde um, bei der zweiten hat man es mit einer speziellen hypozykloidischen Bewegung zu tun: der Scheibenschwerpunkt läuft umgekehrt um wie die Scheibe, und diese bewegt sich, wie wenn ein um ihren Schwerpunkt geschlagener, in ihr fester Kreis auf der Innenseite eines doppelt so großen raumfesten Kreises ohne Gleiten abrollen würde. Für $e \neq 0$ wird diese hypozykloidische Bewegung durch das anwachsende Glied $-\frac{1}{2} e \omega_k t$ des „Gleichlaufs" übertönt; je genauer $e = 0$ wird, um so eher kann sich aber auch die hypozykloidische Bewegung als sogenannter „Gegenlauf" ausbilden. Hieran werden wir später noch anzuknüpfen haben (Ziff. **9**).

Wir erwähnen hier schließlich noch, daß der kritische Wert $\omega_k^2(1)$ sich ganz leicht auch in der statischen Durchbiegung η_0 der waagerecht gelagerten Welle infolge des Scheibengewichtes mg ausdrücken läßt. Da nämlich $\eta_0 = \alpha m g$ sein muß, so ist gemäß (1)

$$\omega_k^2 = \frac{g}{\eta_0}. \tag{28}$$

An der kritischen Drehgeschwindigkeit ω_k sind nun je nach Umständen noch verschiedene Verbesserungen anzubringen, die von sekundären Einflüssen abhängen. Wir führen sie jetzt einzeln auf.

3. Der Einfluß von Längsnuten. Wenn der Querschnitt der Welle nicht kreisförmig ist, so hat sie im allgemeinen verschiedene Biegesteifigkeiten für verschiedene Querschnittsachsen und somit auch verschiedene Einflußzahlen α. Dieser Fall kommt praktisch vor beispielsweise bei Wellen mit Längsnut. Sind die jetzt starr mit der Scheibe rotierende y- und z-Achse die (gegen die Scheibe festen) Hauptträgheitsachsen des Querschnitts der Welle, so gehören zu den Biegungen um diese Achsen zwei Einflußzahlen α' und α'', von denen die eine, etwa α', den größten und die andere, etwa α'', den kleinsten Wert von α darstellt. Wenn $\bar{y}$ und $\bar{z}$ die Koordinaten des Wellendurchstoßungspunktes W sind, so hat die elastische Gegenkraft der Welle die Komponenten $\bar{y}/\alpha'$ und $\bar{z}/\alpha''$ oder auch, wenn wir die neuen Abkürzungen

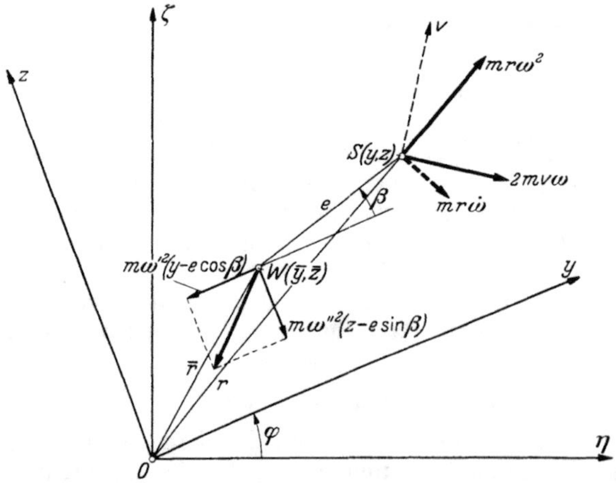

Abb. 3. Krafte und Scheinkrafte bei einer unrunden Welle.

$$\omega'^2 = \frac{1}{\alpha' m}, \qquad \omega''^2 = \frac{1}{\alpha'' m} \tag{1}$$

benützen, die Komponenten $m\,\omega'^2 \bar{y}$ und $m\,\omega''^2 \bar{z}$. Wir wollen jetzt die Bewegungsgleichungen (**2**, 15) neu anschreiben und dabei beachten, daß 1) die Exzentrizität $e = WS$ nicht notwendig in die Hauptachse y fallen muß, sondern mit ihr einen beliebigen Winkel β bilden mag, und daß nun 2) zu den d'Alembertschen Kräften eigentlich auch noch ein von der etwaigen Drehbeschleunigung $\dot{\omega}$ der Scheibe herrührendes Glied $m r \dot{\omega}$ hinzuzunehmen wäre. Abb. 3 zeigt die Kräfte in dem mit der Drehgeschwindigkeit ω der Scheibe rotierenden (y, z)-System für diesen allgemeineren Fall. Die d'Alembertsche Kraft $mr\dot{\omega}$ der Umlaufsbeschleunigung kann nun von vornherein weggelassen werden, weil man wie in Ziff. **2** schließt, daß auch hier $\dot{\omega}/\omega^2$ sehr klein bleibt, so daß die Kraft $mr\dot{\omega}$ gegenüber der Fliehkraft $mr\omega^2$ belanglos ist. Man liest dann aus Abb. **3** folgende neue Form der Bewegungsgleichungen des Scheibenschwerpunktes S ab:

$$\left.\begin{aligned} \ddot{y} + (\omega'^2 - \omega^2)\, y - 2\omega\dot{z} &= e\,\omega'^2 \cos\beta, \\ \ddot{z} + (\omega''^2 - \omega^2)\, z + 2\omega\dot{y} &= e\,\omega''^2 \sin\beta. \end{aligned}\right\} \tag{2}$$

Die Ausdeutung dieser Gleichungen geschieht wie bisher. Sie besitzen erstens die partikulären Integrale (wie man durch Einsetzen ohne weiteres bestätigt)

$$\left.\begin{aligned} & y = e\frac{\omega'^2}{\omega'^2-\omega^2}\cos\beta, \qquad z = e\frac{\omega''^2}{\omega''^2-\omega^2}\sin\beta \qquad \text{für} \quad \omega' \neq \omega \neq \omega'', \\ & \left.\begin{aligned} y &= y_0 - \frac{z_0(\omega''^2-\omega'^2) - e\,\omega''^2\sin\beta}{2\omega'}\,t + \frac{1}{2}\,\frac{e\,\omega'^2(\omega''^2-\omega'^2)\cos\beta}{3\omega'^2+\omega''^2}\,t^2, \\ z &= z_0 - \frac{2e\,\omega'^3\cos\beta}{3\omega'^2+\omega''^2}\,t \end{aligned}\right\} \text{für } \omega = \omega', \\ & \left.\begin{aligned} y &= y_0 + \frac{2e\,\omega''^3\sin\beta}{\omega'^2+3\omega''^2}\,t, \\ z &= z_0 - \frac{y_0(\omega''^2-\omega'^2) + e\,\omega'^2\cos\beta}{2\omega''}\,t - \frac{1}{2}\,\frac{e\,\omega''^2(\omega''^2-\omega'^2)\sin\beta}{\omega'^2+3\omega''^2}\,t^2 \end{aligned}\right\} \text{für } \omega = \omega''. \end{aligned}\right\} \tag{3}$$

Daraus folgt zunächst, daß jedenfalls die beiden Drehgeschwindigkeiten $\omega = \omega'$ und $\omega = \omega''$ kritisch sind. Aber auch der ganze Bereich zwischen ω' und ω'' ist kritisch, wie man hier aus den Lösungen der verkürzten Differentialgleichung alsbald schließen wird.

Um nämlich zweitens diese andere Teillösung zu bekommen, geht man mit dem Ansatz

$$\left.\begin{aligned} y &= A_1\cos(\varrho_1 t + \tau_1) + B_1\cos(\varrho_2 t + \tau_2), \\ z &= A_2\sin(\varrho_1 t + \tau_1) + B_2\sin(\varrho_2 t + \tau_2), \end{aligned}\right\} \tag{4}$$

wo A_i, B_i, τ_i $(i = 1, 2)$ Integrationskonstanten sind, in die Gleichungen (2) ein, deren rechte Seiten man zuvor gleich Null setzt. Dann findet man für ϱ_1^2 und ϱ_2^2 die gemeinsame quadratische Gleichung

$$\varrho^4 - 2\left(\omega^2 + \frac{\omega'^2+\omega''^2}{2}\right)\varrho^2 + (\omega^2 - \omega'^2)(\omega^2 - \omega''^2) = 0. \tag{5}$$

Da wir $\alpha' > \alpha''$ voraussetzen durften, so ist $\omega' < \omega''$. Eine Gleichung von der Form

$$x^2 - 2ax + b = 0 \quad \text{mit} \quad a > 0$$

hat zwei reelle positive Wurzeln nur dann, wenn

$$a^2 > b > 0 \tag{6}$$

ist, sie hat eine reelle positive und eine reelle negative Wurzel, wenn

$$b < 0 \tag{7}$$

ist. Die Doppelbedingung (6) wird für die Koeffizienten von (5) erfüllt, wenn entweder $\omega < \omega'$ oder $\omega > \omega''$, die Bedingung (7) dagegen, wenn $\omega' < \omega < \omega''$ ist. Mithin sind für $\omega < \omega'$ und für $\omega > \omega''$ beide Kreisfrequenzen ϱ_1 und ϱ_2 in dem Ansatz (4) reell, wogegen für $\omega' < \omega < \omega''$ die eine, etwa ϱ_1, reell, die andere, etwa ϱ_2, rein imaginär ist. Im letzten Fall muß man B_i und τ_2 komplex wählen, um eine reelle Lösung zu erhalten, und statt der Kreisfunktionen erscheinen dann in den letzten Gliedern von (4) die entsprechenden Hyperbelfunktionen mit reellem Argument $i\varrho_2 t$. Da diese mit der Zeit unbeschränkt zunehmen, so ist unsere Behauptung erwiesen, und wir haben den Satz[1]):

Hat die Welle einen unrunden Querschnitt (etwa infolge einer Längsnut), so ist der ganze Bereich zwischen den beiden mit der kleinsten und mit der größten Biegesteifigkeit berechneten kritischen Drehzahlen kritisch.

Außerdem ist dann natürlich auch noch je ein kleiner Bezirk unterhalb ω' und oberhalb ω'' als gefährlich zu verbieten. Diese Bezirke berechnet man aus der ersten Formel (**3**) und der zulässigen Wellenauslenkung r_0 ebenso, wie (**2**, 10) aus (**2**, 9) hervorging, wobei man, da das Azimut β der Exzentrizität i. a. nicht bekannt sein wird, der Sicherheit halber ohne die Faktoren $\cos\beta$ und $\sin\beta$ rechnen muß. Man findet so als verbotenen Bereich im ganzen

$$\left(1-\frac{e}{r_0}\right)\omega'^2 \leq \omega^2 \leq \left(1+\frac{e}{r_0}\right)\omega''^2. \tag{8}$$

4. Der Einfluß der Reibung. Die rotierende Scheibe erfährt von dem umgebenden Dampf (der wegen der bremsenden Wirkung des Gehäuses nur unvollständig mitrotiert) eine Reibung, die man jedenfalls in eine Resultierende durch den exzentrischen Scheibenschwerpunkt und ein resultierendes Moment zerlegen kann. Um das Moment brauchen wir uns nicht weiter zu kümmern, da es dem Antriebsmoment aufgebürdet wird. Ebensowenig brauchen wir uns um etwaige Schwingungen zu kümmern, sondern dürfen uns hier einfach auf die Untersuchung des stationär rotierenden Systems Welle + Scheibe beschränken, also auf die Erweiterung des im letzten Glied der ersten Gleichung (**2**, 21) ausgedrückten Zustandes für den Fall, daß nun zu Fliehkraft und elastischer Kraft der Welle noch jene Reibungskraft hinzukommt. (Die Corioliskraft fällt von vornherein weg, da ohne Schwingungen keine Relativgeschwindigkeit im mitrotierenden System vorhanden ist.)

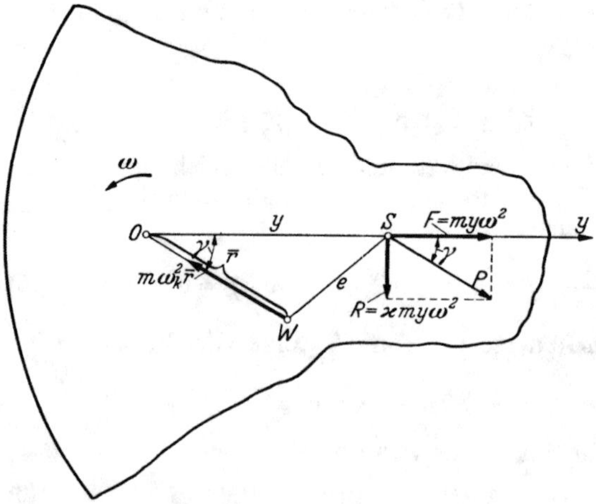

Abb. 4. Rotierende Scheibe mit Reibung.

Ohne die Reibungskraft (und ohne Schwingungen) lagen die drei Punkte O, W und S in einer Geraden [vgl. (**2**, 21) ohne die Schwingungsglieder]; sobald die Reibungskraft hinzutritt, entsteht eine Konfiguration nach Abb. 4. Dort ist angenommen, daß die Reibungskraft entgegengesetzt zur Absolutgeschwindigkeit des Scheibenschwerpunktes ist und den Betrag

$$R = \varkappa\, m\, y\, \omega^2 \tag{1}$$

besitzt, wo $\varkappa$ eine (freilich nicht leicht abzuschätzende) Reibungszahl bedeutet und die Scheibenmasse aus Dimensionsgründen hinzugefügt ist. Dieser Ansatz stimmt für den Umlauf in einem widerstehenden Mittel gut mit der Erfahrung überein. Der Faktor $\varkappa$ gibt an, in welchem Verhältnis R zur Fliehkraft F der Scheibe steht; seine genauere Ermittlung ist eine Aufgabe der Gasdynamik.

[1]) L. Prandtl, Beiträge zur Frage der kritischen Drehzahlen, Dinglers polytechn. J. 333 (1918) S. 182.

Im stationären Lauf muß die Resultante P aus R und F der elastischen Kraft der Welle gerade das Gleichgewicht halten (wobei ein übrigbleibendes Kräftepaar wieder vom Antriebsmoment aufgenommen wird). Dies erfordert, daß erstens die Vektoren P und OW den gleichen Winkel γ mit der positiven y-Achse bilden, für welchen

$$\operatorname{tg}\gamma = \varkappa \tag{2}$$

sein muß, und daß zweitens

$$\frac{m y \omega^2}{\cos\gamma} = m\,\omega_k^2 \bar{r}$$

ist, wenn wir wieder wie in Ziff. **2** mit $m\omega_k^2\bar{r}$ die elastische Kraft der Welle bezeichnen und also mit ω_k die kritische Drehgeschwindigkeit ohne Reibung. Aus der vereinfachten letzten Gleichung

$$y\omega^2 = \bar{r}\omega_k^2\cos\gamma \tag{3}$$

und der geometrischen Beziehung zwischen $y, \bar{r}$ und der Exzentrizität e

$$e^2 = y^2 + \bar{r}^2 - 2\,y\bar{r}\cos\gamma \tag{4}$$

folgt alsbald

$$\left.\begin{aligned} y &= e\,\frac{\omega_k^2\cos\gamma}{\sqrt{\omega^4+\omega_k^4\cos^2\gamma-2\omega^2\omega_k^2\cos^2\gamma}},\\ \bar{r} &= e\,\frac{\omega^2}{\sqrt{\omega^4+\omega_k^4\cos^2\gamma-2\omega^2\omega_k^2\cos^2\gamma}}\end{aligned}\right\} \tag{5}$$

als Verallgemeinerung von (**2**, 9).

Im Gegensatz zu dem reibungslosen Lauf bleiben y und $\bar{r}$ unterhalb einer festen Schranke. Denn aus $\partial y/\partial\omega = 0$ folgt nach kurzer Zwischenrechnung

$$y_{\max} = \frac{e}{\sin\gamma} \quad \text{für} \quad \omega = \omega_k\cos\gamma, \tag{6}$$

und aus $\partial\bar{r}/\partial\omega = 0$

$$\bar{r}_{\max} = \frac{e}{\sin\gamma} \quad \text{für} \quad \omega = \omega_k. \tag{7}$$

Man hat somit folgende Ergebnisse[1]):

Die Reibung an der Scheibe vermindert die Gefährlichkeit des kritischen Zustandes. Sie ändert die kritische Drehzahl nicht, soweit man die größte Auslenkung $\bar{r}_{\max}$ der Welle als Kennzeichen eines kritischen Zustandes ansieht. Betrachtet man die größte Auslenkung $y_{\max}$ des Scheibenschwerpunktes als Kennzeichen, so setzt die Reibung die kritische Drehzahl im Verhältnis $\cos\gamma : 1$ herab. Die Selbsteinstellung des Scheibenschwerpunktes weit oberhalb der kritischen Drehzahl wird durch die Reibung nicht behindert [ja sogar, wie ein genauerer Vergleich von (5) mit (**2**, 21) zeigen würde, beschleunigt].

Die einzige wesentliche Unsicherheit in unseren Voraussetzungen liegt in dem Ansatz (1) für die Reibungskraft R. Man kann jedoch zeigen[2]), daß auch bei anderen Reibungsgesetzen, beispielsweise wenn der Scheibenschwerpunkt nicht der Symmetriemittelpunkt der Scheibe ist und also R nicht genau senkrecht auf OS steht, die bisherigen Ergebnisse wenigstens qualitativ erhalten bleiben (Verminderung der Gefährlichkeit des kritischen Zustandes, Begünstigung der Selbsteinstellung). Die kritischen Werte (6) und (7) allerdings sind bei Unkenntnis des genauen Reibungsgesetzes etwas unsicher. Insbesondere kann man nicht bestimmt behaupten, daß die Reibung die kritische Drehzahl immer herabsetzen

[1]) Vgl. A. Stodola, Neuere Beobachtungen uber die kritischen Umlaufzahlen von Wellen, Schweiz. Bauztg. 68 (1916) S. 197.
[2]) R. Grammel, Der Kreisel, § 17, Braunschweig 1920.

müsse. Es gibt nämlich auch Reibungseinflüsse, die sie hinaufsetzen, beispielsweise der Magnuseffekt an der rotierenden Welle. Es erscheint kaum möglich, alle diese Einflüsse rechnerisch zuverlässig zu erfassen.

5. Der Einfluß federnder Lagerung. Wir denken uns eine masselose, symmetrische und symmetrisch gelagerte Welle von kreisförmigem Querschnitt in ihrer Mitte mit einer Scheibe versehen. Die beiden ebenfalls masselos gedachten Lager sollen elastisch nachgiebig sein, entweder infolge irgendeiner Federung oder infolge ihrer elastischen Bettung, oder weil die Wellenenden selbst federnd in ihre starren Lager eingebettet sein mögen. Allgemein nehmen wir an, daß die Federungszahl oder Bettungszahl von der Richtung abhängen kann, genauer gesagt, daß die Auslenkung der Wellenmittelpunkte in den Lagern, gemessen in ihrer Ebene senkrecht zur Verbindungsgeraden der Lagermitten, eine lineare Vektorfunktion der auslenkenden Kraft sei. Sind η^*, ζ^* die Komponenten jener Auslenkung in einem festen (η, ζ)-System, und H^*, Z^* die Komponenten dieser Kraft, so soll also gelten

$$\left.\begin{aligned} \eta^* &= \alpha_{11}\,\mathsf{H}^* + \alpha_{12}\,\mathsf{Z}^*, \\ \zeta^* &= \alpha_{21}\,\mathsf{H}^* + \alpha_{22}\,\mathsf{Z}^*. \end{aligned}\right\} \tag{1}$$

Bei isotroper elastischer Bettung ist $\alpha_{12} = \alpha_{21}$, im allgemeinen ist aber $\alpha_{12} \neq \alpha_{21}$. [Im Falle $\alpha_{12} = \alpha_{21}$ kann man das Koordinatensystem so drehen, daß im gedrehten (η', ζ')-System die entsprechenden Federungszahlen $\alpha'_{12} = \alpha'_{21}$ verschwinden, und man wird dann natürlich die weiteren Rechnungen lieber im (η', ζ')-System vornehmen, d. h. unter Fortlassung der Striche weiterhin $\alpha_{12} = \alpha_{21} = 0$ setzen. Für den Winkel β zwischen dem (η, ζ)- und dem (η', ζ')-System findet man in der vom Hauptachsenproblem her bekannten Weise $\operatorname{tg} 2\beta = 2\,\alpha_{12}/(\alpha_{11} - \alpha_{22})$.]

Von den Federungszahlen dürfen wir voraussetzen, daß

$$\alpha_{11} > 0, \quad \alpha_{22} > 0, \quad \Delta \equiv \alpha_{11}\alpha_{22} - \alpha_{12}\alpha_{21} > 0 \tag{2}$$

ist. Die beiden ersten Ungleichungen besagen nämlich, daß eine Kraft $\mathsf{H}^* > 0\,(\mathsf{Z}^* = 0)$ eine positive Auslenkung $\eta^* > 0$, und ebenso eine Kraft $\mathsf{Z}^* > 0\,(\mathsf{H}^* = 0)$ eine positive Auslenkung $\zeta^* > 0$ hervorruft. Die dritte Ungleichung (2) besagt, daß man die Gleichungen (1) nach H^* und Z^* auflösen darf:

$$\left.\begin{aligned} \mathsf{H}^* &= \frac{1}{\Delta}(\alpha_{22}\eta^* - \alpha_{12}\zeta^*), \\ \mathsf{Z}^* &= \frac{1}{\Delta}(-\alpha_{21}\eta^* + \alpha_{11}\zeta^*), \end{aligned}\right\} \tag{3}$$

und daß dann auch umgekehrt einer Auslenkung $\eta^* > 0$ $(\zeta^* = 0)$ eine positive Kraft $\mathsf{H}^* > 0$, und ebenso einer Auslenkung $\zeta^* > 0\,(\eta^* = 0)$ eine positive Kraft Z^* entspricht.

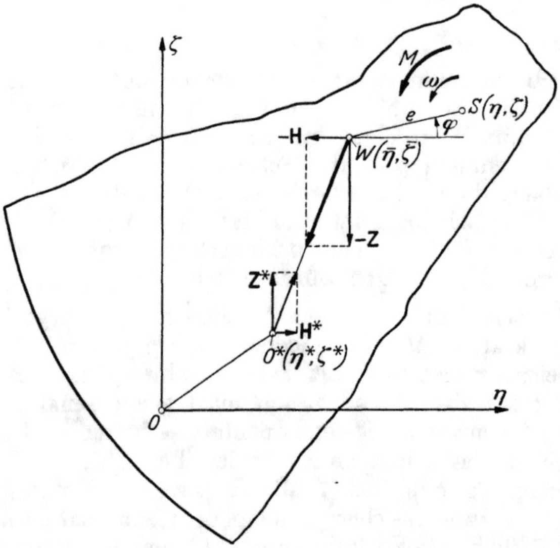

Abb. 5. Rotierende Scheibe mit federnder Lagerung.

Das Bild der ausgelenkten und verbogenen Welle zeigt schematisch Abb. 5 in der Projektion auf eine Ebene senkrecht zur Verbindungsgeraden der Lagermitten am Ort der Scheibe. Dabei bedeutet O die Projektion der Wellenendpunkte in den Lagermitten bei störungsfreiem Betrieb, $O^*(\eta^*, \zeta^*)$ die Lage dieser Punkte bei irgendeiner Auslenkung, $W(\bar{\eta}, \bar{\zeta})$ den Durchstoßungspunkt der gebogenen Wellenachse durch die Projektionsebene und $S(\eta, \zeta)$ den Scheibenschwerpunkt. Im Ruhezustand fällt also W mit O (und O^*) zusammen.

An der Scheibe greift außer einem Antriebsmoment M, von dem wir wieder annehmen wollen, daß es eine unveränderliche Drehgeschwindigkeit $\dot{\varphi} = \omega$ der Scheibe erzwinge, die elastische Kraft der Welle an; sie hat den Betrag $(O^*W)/\alpha$ und somit die Komponenten

$$\left.\begin{aligned} \mathsf{H} &= -\frac{1}{\alpha}(\eta - \eta^* - e\cos\omega t), \\ \mathsf{Z} &= -\frac{1}{\alpha}(\zeta - \zeta^* - e\sin\omega t), \end{aligned}\right\} \tag{4}$$

wenn man überlegt, daß $\bar{\eta} = \eta - e\cos\varphi$, $\bar{\zeta} = \zeta - e\sin\varphi$ sowie $\varphi = \omega t$ ist. Diese Kraft bewegt den Scheibenschwerpunkt S gemäß den Gleichungen

$$\left.\begin{aligned} \alpha m\ddot{\eta} + \eta - \eta^* &= e\cos\omega t, \\ \alpha m\ddot{\zeta} + \zeta - \zeta^* &= e\sin\omega t \end{aligned}\right\} \tag{5}$$

als Erweiterung von (**2**, 2), wenn man beachtet, daß dort $\alpha m = 1/\omega_k^2$ war, wo ω_k die kritische Geschwindigkeit der starr gelagerten Welle wäre.

Da die Welle als masselos gilt, so müssen die Kräfte, die sie einerseits auf die Scheibe und andererseits auf die beiden Lager (oder auch jedes masselose Lager auf seine Bettung) ausübt, sich aufheben. Dies gibt

$$\mathsf{H} + 2\mathsf{H}^* = 0, \quad \mathsf{Z} + 2\mathsf{Z}^* = 0 \tag{6}$$

oder nach (1) und (4)

$$\left.\begin{aligned} 2\alpha\eta^* &= \alpha_{11}(\eta - \eta^* - e\cos\omega t) + \alpha_{12}(\zeta - \zeta^* - e\sin\omega t), \\ 2\alpha\zeta^* &= \alpha_{21}(\eta - \eta^* - e\cos\omega t) + \alpha_{22}(\zeta - \zeta^* - e\sin\omega t). \end{aligned}\right\} \tag{7}$$

Sie liefern nach η^* und ζ^* aufgelöst

$$\left.\begin{aligned} D\eta^* &= (2\alpha\alpha_{11} + \Delta)\eta + 2\alpha\alpha_{12}\zeta - e[(2\alpha\alpha_{11} + \Delta)\cos\omega t + 2\alpha\alpha_{12}\sin\omega t], \\ D\zeta^* &= 2\alpha\alpha_{21}\eta + (2\alpha\alpha_{22} + \Delta)\zeta - e[2\alpha\alpha_{21}\cos\omega t + (2\alpha\alpha_{22} + \Delta)\sin\omega t] \end{aligned}\right\} \tag{8}$$

mit der Abkürzung

$$D \equiv 4\alpha^2 + 2\alpha(\alpha_{11} + \alpha_{22}) + \Delta > 0. \tag{9}$$

[Daß $D > 0$ ist, folgt aus (2) und $\alpha > 0$.]

Setzt man die Werte von η^* und ζ^* aus (8) in (5) ein, so findet man nach leichter Umformung, bei der auf (9) zu achten ist,

$$\left.\begin{aligned} Dm\ddot{\eta} + 2(2\alpha + \alpha_{22})\eta - 2\alpha_{12}\zeta &= 2e[(2\alpha + \alpha_{22})\cos\omega t - \alpha_{12}\sin\omega t], \\ Dm\ddot{\zeta} - 2\alpha_{21}\eta + 2(2\alpha + \alpha_{11})\zeta &= 2e[-\alpha_{21}\cos\omega t + (2\alpha + \alpha_{11})\sin\omega t]. \end{aligned}\right\} \tag{10}$$

Dies sind die Bewegungsgleichungen des Scheibenschwerpunktes.

Würde man die Gleichungen (7) nach η und ζ auflösen, die gefundenen Werte in (5) oder in (10) einführen und die so entstehenden Gleichungen zuletzt noch nach $\ddot{\eta}^*$ und $\ddot{\zeta}^*$ auflösen, so kämen für die Bewegung der Punkte $O^*(\eta^*, \zeta^*)$ Gleichungen, die genau wie (10) gebaut sind und sich nur in den Beiwerten der rechtsseitigen Glieder $\cos\omega t$ und $\sin\omega t$ leicht unterscheiden würden, als Ausdruck der einleuchtenden Tatsache, daß die Scheibe und die Lagermittelpunkte O^* ihre kritischen Zustände bei derselben kritischen Drehzahl haben und dabei auch im wesentlichen das gleiche Verhalten zeigen.

Kritische Zustände sind zu erwarten 1) bei solchen Drehgeschwindigkeiten ω, *für welche die verkürzten Gleichungen* (10) *Lösungen von der Form* $\cos\omega t$

oder $\sin \omega t$ zulassen, weil dann Resonanz mit den von der Exzentrizität e abhängigen Störungsgliedern der rechten Seiten eintritt und also mit der Zeit anwachsende Ausschläge entstehen; 2) bei solchen Drehgeschwindigkeiten, für welche die verkürzten Gleichungen (10) selbst anwachsende Lösungen besitzen.

Bei der Möglichkeit 2) ist folgendes zu überlegen: Sind die Federungszahlen α_{ik} Festwerte, so ist dieser Fall unabhängig von der Drehgeschwindigkeit ω, d. h. der Zustand 2) der Welle ist dann, je nach den Werten von α_{ik} und α sowie m für alle Drehgeschwindigkeiten kritisch oder er tritt gar nicht ein. Sind dagegen die Federungszahlen selbst abhängig von ω — und wir werden finden, daß dies beispielsweise bei Ölpolstern zutrifft (Ziff. **6**) —, so gibt es i. a. bestimmte Drehzahlgebiete, in welchen der kritische Zustand 2) herrscht. Indessen hat dieser Zustand keineswegs das Gepräge einer Resonanz, und deshalb muß er nicht unbedingt gefährlich sein. Wenn noch Reibung hinzukommt (Reibung an der Scheibe oder Reibung in den Lagern), so kann deren dämpfende Wirkung das zeitliche Anwachsen der Lösungen vom Typ 2) recht wohl aufheben oder sogar übertönen.

Gehen wir also mit dem Ansatz

$$\eta = A \cos \varrho t, \qquad \zeta = B \sin \varrho t \tag{11}$$

in (10) ein, so liegen kritische Zustände 1) dann vor, wenn $\varrho = \omega$ wird, und kritische Zustände 2) dann, wenn ϱ nicht reell ist. Man findet als Bedingung dafür, daß der Ansatz (11) die verkürzten Bewegungsgleichungen (10) identisch befriedigt,

$$\begin{vmatrix} D m \varrho^2 - 2(2\alpha + \alpha_{22}) & 2\alpha_{12} \\ 2\alpha_{21} & D m \varrho^2 - 2(2\alpha + \alpha_{11}) \end{vmatrix} = 0$$

oder, indem man auflöst und berücksichtigt, daß nach (9) und (2) das von ϱ freie Glied

$$4\,[(2\alpha + \alpha_{11})(2\alpha + \alpha_{22}) - \alpha_{12}\alpha_{21}] = 4D$$

wird und also die Determinantengleichung durch D geteilt werden kann,

$$D m^2 \varrho^4 - 2(4\alpha + \alpha_{11} + \alpha_{22}) m \varrho^2 + 4 = 0 \tag{12}$$

mit

$$D \equiv 4\alpha^2 + 2\alpha(\alpha_{11} + \alpha_{22}) + \alpha_{11}\alpha_{22} - \alpha_{12}\alpha_{21}. \tag{13}$$

Wir nehmen hier weiterhin an, daß die Federungszahlen α_{ik} und damit auch D Festwerte sind (und stellen den Fall, daß sie von ω abhängen, auf Ziff. **6** zurück). Dann liefert (12)

$$m\varrho^2 = \frac{4\alpha + \alpha_{11} + \alpha_{22} \pm \sqrt{(\alpha_{11} - \alpha_{22})^2 + 4\alpha_{12}\alpha_{21}}}{4\alpha^2 + 2\alpha(\alpha_{11} + \alpha_{22}) + \alpha_{11}\alpha_{22} - \alpha_{12}\alpha_{21}}. \tag{14}$$

Der kritische Zustand 1) der Resonanz $\varrho = \omega$ tritt ein für die beiden Drehzahlen, deren Quadrate die Werte

$$\omega_{1,2}^{*2} = \frac{4\alpha + \alpha_{11} + \alpha_{22} \pm \sqrt{(\alpha_{11} - \alpha_{22})^2 + 4\alpha_{12}\alpha_{21}}}{m\,[4\alpha^2 + 2\alpha(\alpha_{11} + \alpha_{22}) + \alpha_{11}\alpha_{22} - \alpha_{12}\alpha_{21}]} \tag{15}$$

haben; sie sind reell, solange

$$R \equiv (\alpha_{11} - \alpha_{22})^2 + 4\alpha_{12}\alpha_{21} \geq 0 \tag{16}$$

bleibt. Denn dann ist die Quadratwurzel in (15) reell, und da außerdem wegen (2) stets

$$(4\alpha + \alpha_{11} + \alpha_{22})^2 - R = 8\alpha(2\alpha + \alpha_{11} + \alpha_{22}) + 4(\alpha_{11}\alpha_{22} - \alpha_{12}\alpha_{21}) > 0$$

ist und wegen (9) der Nenner in (15) ebenfalls positiv wird, so ist mit $R \geq 0$ in der Tat $\omega_{1,2}^{*2}$ positiv.

Man prüft sofort nach, daß für starre Lagerung mit lauter verschwindenden α_{ik} wieder $\omega_{1,2}^{*2} = 1/(\alpha m) = \omega_k^2$ kommt, wie es ja sein muß. In allen übrigen Fällen des Bereiches $R > 0$ tritt eine Aufspaltung der kritischen Drehzahl ein, ähnlich wie bei Wellen mit Nuten (Ziff. **3**); doch bleibt im Gegensatz zu dort die Welle in dem Drehzahlbereich zwischen ω_1^* und ω_2^* durchaus stabil.

Ist beispielsweise $\alpha_{11} \neq 0$, aber $\alpha_{22} = \alpha_{12} = \alpha_{21} = 0$, so kommt

$$\omega_1^{*2} = \frac{1}{\alpha m} = \omega_k^2, \qquad \omega_2^{*2} = \frac{2\alpha}{2\alpha + \alpha_{11}} \omega_k^2 \tag{17}$$

und analog für $\alpha_{22} \neq 0$ und $\alpha_{11} = \alpha_{12} = \alpha_{21} = 0$. Ebenso hat man für $\alpha_{11} \neq 0$, $\alpha_{22} \neq 0$, $\alpha_{12} = \alpha_{21} = 0$

$$\omega_1^{*2} = \frac{2\alpha}{2\alpha + \alpha_{22}} \omega_k^2, \qquad \omega_2^{*2} = \frac{2\alpha}{2\alpha + \alpha_{11}} \omega_k^2. \tag{18}$$

Im Grenzfall $\alpha = 0$ der starren, aber federnd gelagerten Welle hat man einfacher

$$\omega_{1,2}^{*2} = \frac{\alpha_{11} + \alpha_{22} \pm \sqrt{(\alpha_{11} - \alpha_{22})^2 + 4\alpha_{12}\alpha_{21}}}{m(\alpha_{11}\alpha_{22} - \alpha_{12}\alpha_{21})} \tag{19}$$

und also im besonderen für $\alpha_{11} \neq 0$, $\alpha_{22} \neq 0$, $\alpha_{12} = \alpha_{21} = 0$

$$\omega_1^{*2} = \frac{2}{\alpha_{22} m}, \qquad \omega_2^{*2} = \frac{2}{\alpha_{11} m}. \tag{20}$$

Daß die kritischen Drehgeschwindigkeiten (15) von der Lage des Koordinatensystems (η, ζ) unabhängig sind, erkennt man, wenn man (15) in der Form

$$\omega_{1,2}^{*2} = \frac{4\alpha + s \pm \sqrt{s^2 - 4\Delta}}{m(4\alpha^2 + 2\alpha s + \Delta)} \quad \text{mit} \quad \begin{cases} s \equiv \alpha_{11} + \alpha_{22}, \\ \Delta \equiv \alpha_{11}\alpha_{22} - \alpha_{12}\alpha_{21} \end{cases} \tag{21}$$

schreibt. Die Ausdrücke s und Δ sind gegenüber einer Drehung des (η, ζ)-Systems invariant, wie man leicht feststellt, wenn man die Gleichungen (1) auf ein gedrehtes System transformiert (oder noch einfacher, indem man die Federungszahlen α_{ik} als Komponenten eines Affinors auffaßt: s und Δ sind Invarianten eines solchen Affinors).

Der kritische Zustand 2), wo also ϱ komplex ist und folglich der Ausschlag (11) mit der Zeit zunimmt, tritt nach (15) ein, wenn

$$R \equiv (\alpha_{11} - \alpha_{22})^2 + 4\alpha_{12}\alpha_{21} < 0 \tag{22}$$

wird, und zwar bemerkenswerterweise unabhängig von der Wellenbiegezahl α, nur abhängig von den Federungszahlen α_{ik}. Dieser Zustand kann nur für solche Federungen oder Bettungen vorkommen, bei welchen α_{12} und α_{21} verschiedenes Vorzeichen haben. Das technisch wichtigste Beispiel hierfür behandeln wir jetzt.

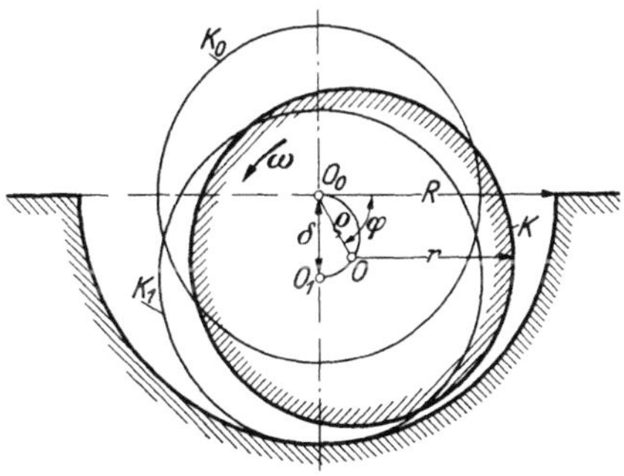

Abb 6 Halbumschlossenes Halslager mit Wellenzapfen

6. Der Einfluß des Ölpolsters in den Lagern. Die Nachgiebigkeit des Schmiermittels in den Lagern der Welle übt einen eigenartigen und unter Umständen recht bedeutenden Einfluß auf die kritische Drehzahl und den Lauf der Welle aus[1]). Es wird sich zeigen, daß dieser Einfluß von ähnlicher Art wie bei federnder Lagerung und also in den Ausführungen von Ziff. **5** enthalten ist. Um dies zu sehen, müssen wir einige Tatsachen der Dynamik der Lagerschmierung benützen, die wir ohne Beweis aufzählen.

In Abb. 6 ist der praktisch wichtigste Fall des halbumschlossenen Halslagers schematisch dargestellt. Es bedeutet O_0 den Lagermittelpunkt, K_0 den

[1]) A. Stodola, Kritische Wellenstörung infolge der Nachgiebigkeit des Ölpolsters im Lager, Schweiz. Bauztg. 85 (1925) S 265; sowie Verh. d. 2. Internat. Kongr. f. Techn. Mech. S. 201, Zürich 1926; Ch. Hummel, Kritische Drehzahlen als Folge der Nachgiebigkeit des Schmiermittels im Lager, Forsch.-Arb. Ing.-Wes Heft 287, Berlin 1926.

Wellenzapfen bei idealer Zentrierung, O_1 den Mittelpunkt des Wellenzapfens, wenn er im Ruhezustand K_1 die Lagerschale in ihrem tiefsten Punkt berührt, O den Mittelpunkt des Wellenzapfens K, wenn er im stationären Betrieb ohne Störung mit der Drehgeschwindigkeit ω rotiert. Dabei hat er die Exzentrizität ϱ und den (gegen die Waagerechte gemessenen) Exzentrizitätswinkel φ, welche beide von ω abhängen. Ist R der Lagerhalbmesser und r der Zapfenhalbmesser, so ist das Lagerspiel

$$\delta = R - r \tag{1}$$

eine konstruktiv gegebene Größe. Die axiale Länge des Lagers sei L, seine (lotrechte) Belastung P; die Zähigkeitszahl des Schmiermittels sei η (kg sek/cm²). Dann gelten nach der Lagertheorle folgende, durch die Erfahrung gut bestätigte Sätze:

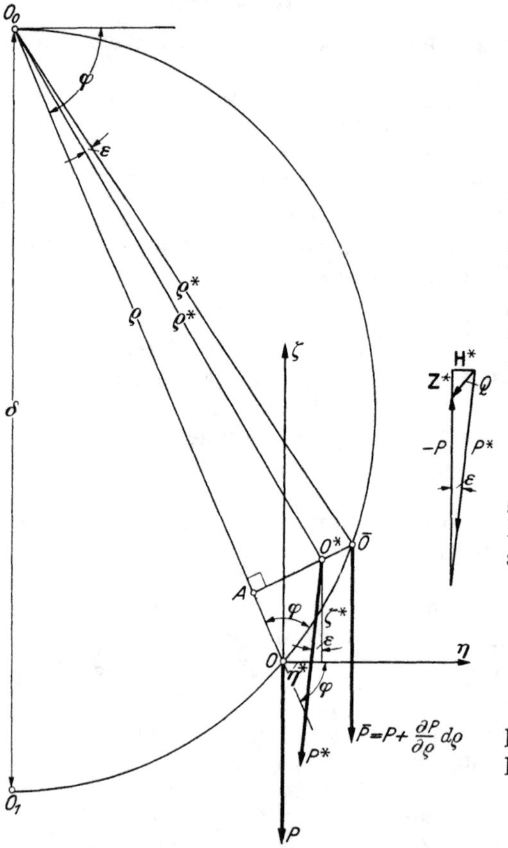

Abb. 7. Vergroßerter Ausschnitt aus Abb. 6.

1. Die zu verschiedenen Drehgeschwindigkeiten ω geh¨ enden Zapfenmitten O liegen im stationären, störungsfreien Betrieb auf einer Kurve, die nahezu genau mit dem Halbkreis über der Strecke $O_0O_1 = \delta$ zusammenfällt, und infolgedessen ist sehr gut angenähert

$$\frac{\varrho}{\delta} = \sin\varphi. \tag{2}$$

2. Mit der dimensionslosen Lagerkennzahl Λ und der dimensionslosen Drehzahl Ω, welche definiert sind durch

$$\left.\begin{aligned} \Lambda &= \frac{P}{2RL\eta}\left(\frac{\delta}{r}\right)^2 \sqrt{\frac{\delta}{g}}, \\ \Omega &= \omega\sqrt{\frac{\delta}{g}}, \end{aligned}\right\} \tag{3}$$

lautet das Ähnlichkeitsgesetz für halbumschlossene Halslager

$$\frac{\Lambda}{\Omega} = f\left(\frac{\varrho}{\delta}\right), \tag{4}$$

wo f eine Funktion von der bezogenen Exzentrizität ϱ/δ allein oder also nach (2) nahezu genau von $\sin\varphi$ allein ist.

3. Für die praktisch wohl ausschließlich vorkommenden Kennwerte $\Lambda/\Omega > 2$ kann man in guter Näheruug

$$f\left(\frac{\varrho}{\delta}\right) \equiv \frac{a}{1-\frac{\varrho}{\delta}} \equiv \frac{a}{1-\sin\varphi} \qquad \text{mit} \qquad a = 1{,}05 \tag{5}$$

setzen.

4. Für eine der Lage O benachbarte, gestörte Wellenlage O^* mit einer Exzentrizität $\varrho^*(=\varrho + d\varrho)$ ist die Lagerkraft P^* von gleichem Betrag, wie die Lagerkraft $\bar{P}$ in derjenigen Wellenlage $\bar{O}$, die beim ungestörten Betrieb die Exzentrizität ϱ^* hätte (Abb. 7); die Richtung von P^* bildet mit O_0O^* den gleichen Winkel wie die Richtung von $\bar{P}$ mit $O_0\bar{O}$.

Mit diesen vier Sätzen und den Ergebnissen von Ziff. **5** läßt sich unser Problem bewältigen, falls wir uns auf kleine Störungen beschränken und eine symmetrische und symmetrisch gelagerte waagerechte Welle wie in Ziff. **5** voraussetzen.

Legen wir durch den Zapfenmittelpunkt O des stationären störungsfreien Betriebs ein festes (η, ζ)-System mit waagerechter η-Achse und lotrecht aufwärtsweisender ζ-Achse (Abb. 7), so hat (mit dem kleinen Winkel ε zwischen P^* und der negativen ζ-Achse) die Störkraft Q, die von der Welle auf das Lager ausgeübt wird, also die Differenz der Vektoren P^* und P die Komponenten

$$\mathsf{H}^* = -P^*\varepsilon, \qquad \mathsf{Z}^* = -\frac{\partial P}{\partial \varrho} d\varrho. \tag{6}$$

Fällt man, um diese Komponenten weiter auszurechnen, von $\bar{O}$ auf O_0O das Lot $\bar{O}O^*A$, sieht $O\bar{O}$ als Linienelement an und beachtet, daß auch $\sphericalangle\, \bar{O}OA = \varphi$ ist, so erhält man im Rahmen einer Näherung erster Ordnung

$$\begin{aligned}\varepsilon &= \frac{O^*\bar{O}}{\varrho^*} = \frac{1}{\varrho^*}(A\bar{O} - AO^*) = \frac{1}{\varrho^*}(OA\,\mathrm{tg}\,\varphi - AO^*)\\ &= \frac{1}{\delta\sin\varphi}\left[(\zeta^*\sin\varphi - \eta^*\cos\varphi)\,\mathrm{tg}\,\varphi - (\eta^*\sin\varphi + \zeta^*\cos\varphi)\right]\\ &= -\frac{2}{\delta}(\eta^* + \zeta^*\,\mathrm{ctg}\,2\varphi).\end{aligned} \tag{7}$$

Schreibt man ferner (4) mit (3) in der abgekürzten Form

$$P = C\,f(\sin\varphi)$$

und versteht unter f' die Ableitung von f nach seinem Argument $\sin\varphi$, so folgt wegen (2)

$$\begin{aligned}\frac{\partial P}{\partial \varrho} d\varrho &= -\frac{\partial P}{\partial \varrho} OA = -P\frac{f'}{f}\frac{1}{\delta}(\zeta^*\sin\varphi - \eta^*\cos\varphi)\\ &= -\frac{P\Phi}{\delta}(-\eta^*\,\mathrm{ctg}\,\varphi + \zeta^*)\end{aligned} \tag{8}$$

mit der nur von φ abhängenden Funktion

$$\Phi \equiv \frac{f'}{f}\sin\varphi, \tag{9}$$

für welche man nach (5) gut genähert hat:

$$\Phi \equiv \frac{\sin\varphi}{1 - \sin\varphi}. \tag{10}$$

Führt man die Werte (7) und (8) in (6) ein und berücksichtigt, daß mit dem Scheibengewicht mg im störungsfreien Betrieb $P = \frac{1}{2}mg$ sein muß, so kommen als Komponenten der Störkraft

$$\left.\begin{aligned}\mathsf{H}^* &= \frac{mg}{\delta}(\eta^* + \zeta^*\,\mathrm{ctg}\,2\varphi),\\ \mathsf{Z}^* &= \frac{mg\Phi}{2\delta}(-\eta^*\,\mathrm{ctg}\,\varphi + \zeta^*).\end{aligned}\right\} \tag{11}$$

Hiermit ist der Zusammenhang zwischen den „Federkräften" H^*, Z^* (im Sinne von Ziff. **5**) und der Auslenkung η^*, ζ^* des Wellenzapfens bei einer Störung gefunden, und wir können somit die weiteren Untersuchungen von Ziff. **5** übernehmen. Daß dort die Schwere der Scheibe (bei lotrecht gedachter Welle) nicht berücksichtigt war — was wir hier tun mußten, weil nur dann der Zustand im Lager definierbar ist —, macht natürlich gar nichts aus: wir müssen uns nur in Ziff. **5** überall die (auf den hier betrachteten Vorgang einflußlose) statische Durchbiegung der Welle noch überlagert denken.

Der Vergleich von (11) mit (**5**, 3) liefert

$$\frac{\alpha_{11}}{\Delta}=\frac{mg}{2\delta}\Phi,\qquad \frac{\alpha_{12}}{\Delta}=-\frac{mg}{\delta}\operatorname{ctg}2\varphi,\qquad \frac{\alpha_{21}}{\Delta}=\frac{mg}{2\delta}\Phi\operatorname{ctg}\varphi,\qquad \frac{\alpha_{22}}{\Delta}=\frac{mg}{\delta},\tag{12}$$

woraus

$$\frac{1}{\Delta}\equiv\frac{\alpha_{11}\alpha_{22}-\alpha_{12}\alpha_{21}}{\Delta^2}=\frac{m^2g^2}{2\delta^2}\Phi(1+\operatorname{ctg}\varphi\operatorname{ctg}2\varphi)=\left(\frac{mg}{2\delta}\right)^2\frac{\Phi}{\sin^2\varphi}\tag{13}$$

und somit

$$\alpha_{11}=\frac{2\delta}{mg}\sin^2\varphi,\quad \alpha_{12}=-\frac{4\delta}{mg}\frac{\sin^2\varphi\operatorname{ctg}2\varphi}{\Phi},\quad \alpha_{21}=\frac{\delta}{mg}\sin2\varphi,\quad \alpha_{22}=\frac{4\delta}{mg}\frac{\sin^2\varphi}{\Phi}\tag{14}$$

folgt. Man stellt sofort fest, daß innerhalb des überhaupt in Betracht kommenden Bereiches $0<\varphi<\pi/2$ stets $\Phi>0$ und also auch $\alpha_{11}>0$, $\alpha_{22}>0$ und $\Delta>0$ ist, so daß die Voraussetzungen (**5**, 2) erfüllt sind.

Wir können mithin die Formel (**5**, 15) für die kritischen Drehzahlen ohne weiteres anschreiben. Es empfiehlt sich, zum Vergleich die kritische Drehzahl ω_k der starr gelagerten Welle zu benützen, welche mit α, m und der statischen Durchbiegung η_0 nach (**2**, 1) und (**2**, 28) zusammenhängt durch

$$\omega_k^2=\frac{1}{\alpha m}=\frac{g}{\eta_0},\tag{15}$$

und alles in den dimensionslosen Größen $\omega_{1,2}^*/\omega_k$ sowie

$$\Lambda=\frac{P}{2RL\eta}\left(\frac{\delta}{r}\right)^2\sqrt{\frac{\delta}{g}},\qquad \beta=\frac{\eta_0}{\delta}\tag{16}$$

auszudrücken. Dabei ist Λ die Lagerkennzahl (3) und β eine Kennzahl, die die Biegesteifigkeit der Welle mit dem Lagerspiel vergleicht. Beachtet man, daß nach (15) und (16) der in (14) auftretende Faktor

$$\frac{\delta}{mg}=\frac{\alpha}{\beta}\tag{17}$$

wird, so findet man nach einfacher Zwischenrechnung, daß die Formel (**5**, 15) mit den jetzigen Werten α_{ik} (14) die Gestalt

$$\frac{\omega_{1,2}^{*2}}{\omega_k^2}=\frac{\beta\dfrac{\Phi}{\sin^2\varphi}+1+\dfrac{\Phi}{2}\pm\sqrt{\left(1+\dfrac{\Phi}{2}\right)^2-\dfrac{\Phi}{\sin^2\varphi}}}{\beta\dfrac{\Phi}{\sin^2\varphi}+2+\Phi+\dfrac{1}{\beta}}\tag{18}$$

annimmt. Mit dem brauchbaren Näherungswert Φ(10) wird daraus vollends

$$\frac{\omega_{1,2}^{*2}}{\omega_k^2}=\frac{\beta+\left(1-\dfrac{1}{2}\sin\varphi\right)\sin\varphi\pm\sqrt{\left(\dfrac{1}{4}\sin^3\varphi-\sin^2\varphi+2\sin\varphi-1\right)\sin\varphi}}{\beta+(2-\sin\varphi)\sin\varphi+\dfrac{1}{\beta}(1-\sin\varphi)\sin\varphi}\tag{19}$$

Der Zusammenhang zwischen dem in diesen Formeln auftretenden Exzentrizitätswinkel φ und der Drehgeschwindigkeit ω ist in (3) bis (5) enthalten, und zwar kommt mit den dimensionslosen Größen (16) alsbald

$$\frac{\omega}{\omega_k}=\frac{\Lambda\sqrt{\beta}}{1{,}05}(1-\sin\varphi).\tag{20}$$

Wir veranschaulichen den Inhalt der Formeln (19) und (20) am besten, indem wir über der Lagerkennzahl Λ als Abszisse die Verhältniszahlen $\omega_{1,2}^*/\omega_k$ bzw. ω/ω_k auftragen und dabei die Kennzahl β(16) als Parameter verwenden

(Abb. 8). Eigentliche kritische Drehzahlen können nur vorkommen, wenn der Radikand in (19) positiv ist, das heißt, wenn

$$\frac{1}{4}\sin^3\varphi - \sin^2\varphi + 2\sin\varphi - 1 \geqq 0 \tag{21}$$

ist. Dies erfordert, daß

$$\sin\varphi \geqq 0{,}7 \qquad (\varphi \gtrapprox 45^\circ) \tag{22}$$

bleibt. Andernfalls, d. h. für $\sin\varphi < 0{,}7$ und somit nach (20) für alle relativen Drehgeschwindigkeiten

$$\frac{\omega}{\omega_k} > 0{,}28\,\Lambda\sqrt{\beta}\left(\equiv\frac{\bar{\omega}}{\omega_k}\right) \tag{23}$$

läuft die Welle in einem Zustand, der in Ziff. **5** als kritischer Zustand 2) bezeichnet worden ist, und den wir kurzweg „unruhig" nennen wollen. Dämpfende

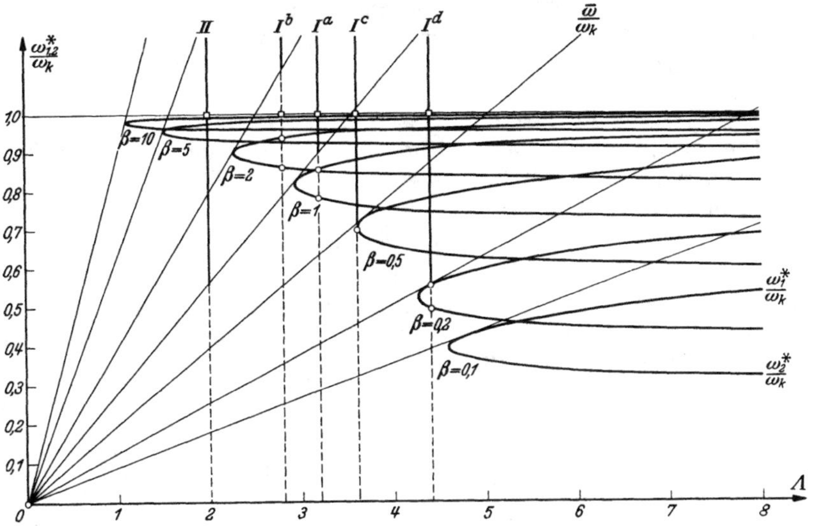

Abb. 8. Die (dimensionslosen) kritischen Drehzahlen $\omega^*_{1,2}/\omega_k$ und der „unruhige" Bereich, abhängig von den Kennzahlen Λ und β.

Kräfte vermindern in der Regel die Gefährlichkeit dieses Zustandes, und die Welle ist nach den bis jetzt vorliegenden Beobachtungen in dem Bereich (23) trotz nicht ganz ruhigen Laufes doch im allgemeinen ziemlich störungsfrei, namentlich bei kleinem Lagerspiel. Die Grenze des „unruhigen" Bereiches (23) ist in Abb. 8 jeweils als eine Gerade durch den Nullpunkt dargestellt. Drehzahlen oberhalb der jeweiligen Geraden des zugehörigen Parameters β sind „unruhig".

Der „ruhige" Bereich unterhalb dieser Geraden ist nun aber von den eigentlichen kritischen Drehgeschwindigkeiten $\omega^*_{1,2}$ unterbrochen. Diese folgen aus (19) und (20) — worin jetzt $\omega = \omega^*_{1,2}$ zu schreiben ist —, indem man den Winkel φ eliminiert. Man geht am besten so vor, daß man bei festgehaltenem Wert β in (19) φ variiert, den jeweils daraus folgenden Wert ω^*/ω_k in (20) einsetzt, und so auch den jeweiligen Wert Λ berechnet. Das Ergebnis ist in den Kurven von Abb. 8 niedergelegt, welche wieder zu den einzelnen Parametern β entworfen sind und natürlich die vorhin genannten Geraden berühren. Dieses Kurvenbild zeigt die folgenden Ergebnisse:

Das Ölpolster setzt die kritische Drehzahl, die die starr gelagerte Welle hätte ($\omega^*/\omega_k = 1$), herab und spaltet sie in ein Dublett auf. Die Herabsetzung wird mit abnehmendem Parameter β immer stärker, die Aufspaltung mit wachsender Lagerkennzahl Λ. Das Ölpolster schafft außerdem einen „unruhigen" Bereich von Drehzahlen, der von einer unteren Grenze $\bar{\omega}$ bis zu $\omega \to \infty$ reicht, und dessen untere Grenze $\bar{\omega}$ mit abnehmendem Parameter β und mit abnehmender Lagerkennzahl Λ sinkt.

Steigert man die Drehzahl von Null an stetig, so können folgende Fälle eintreten:

I. Die Welle läuft zunächst ruhig, überschreitet dann eine erste kritische Drehgeschwindigkeit $\omega_1^* (< \omega_k)$, läuft dann wieder ruhig, überschreitet eine zweite Kritische $\omega_2^* (< \omega_k)$, läuft wieder ruhig und dringt schließlich bei einer Grenze $\bar{\omega}$, die unter- oder oberhalb der nun wegfallenden Kritischen ω_k (der starr gelagerten Welle) liegen kann, in den „unruhigen" Bereich ein (vgl. als Beispiele die Geraden I^a und I^b in Abb. 8, wo ω_1^*/ω_k und ω_2^*/ω_k mit Punkten bezeichnet sind, der ruhige Bereich gestrichelt, der „unruhige" stark ausgezogen und der zu ω_k gehörige kritische Wert $\omega/\omega_k = 1$ der starr gelagerten Welle durch ein kleines Quadrat angezeigt ist).

Im besonderen kann dabei entweder der Bereich $\omega_1^* \omega_2^*$ auf Null zusammenschrumpfen (Gerade I^c) oder der Bereich $\omega_2^* \bar{\omega}$ (Gerade I^d).

II. Die Welle läuft ohne eigentliche kritische Drehzahlen, bis sie bei $\bar{\omega}$ endgültig in ihren „unruhigen" Bereich eintritt (Gerade II).

Der Fall I tritt ein, wenn

$$\Lambda \geqq 3{,}5 \sqrt{\frac{\beta + 0{,}455}{\beta^2 + 0{,}91\beta + 0{,}21}} \tag{24}$$

ist, wie man aus (19) und (20) mit $\sin\varphi = 0{,}7$ findet, indem man $\omega\,(=\omega^*)$ eliminiert; für kleinere Lagerkennzahlen Λ tritt der Fall II ein. Die untere Grenze $\bar{\omega}$ folgt aus (20) mit (15) und (16) sowie $\sin\varphi = 0{,}7$ zu

$$\bar{\omega} = 0{,}28\,\Lambda \sqrt{\frac{g}{\delta}} = 0{,}14\,\frac{P}{RL\eta}\left(\frac{\delta}{r}\right)^2. \tag{25}$$

Sie ist unabhängig von den Eigenschaften der Welle und eine dem Lager und seiner Belastung eigentümliche Größe.

Die Formeln (19) bis (25) hängen quantitativ ganz von der empirischen Funktion $f(\mathfrak{s})$ und [vgl. (9)] von ihrer Ableitung f' ab und sind gegen Fehler in der Funktion f ziemlich empfindlich. Man wird daher keine sehr große zahlenmäßige Genauigkeit von ihnen erwarten dürfen. Qualitativ sind sie aber durch Versuche immerhin ganz gut gesichert.

7. Der Einfluß von Axialdruck und Torsionsmoment. Sehen wir jetzt wieder von Nebeneinflüssen (wie sie in Ziff. **3** bis **6** behandelt worden sind) ab, so ist die kritische Geschwindigkeit $\omega_k = 1/\sqrt{\alpha m}$ nur von der Scheibenmasse m und der Einflußzahl α abhängig. Muß die Welle, wie das häufig der Fall ist, eine axiale Druckkraft P aufnehmen und möglicherweise auch noch ein axiales Moment W übertragen, so ist α größer als bei einer Welle ohne solche Kräfte und Momente, und mithin wird die kritische Drehzahl durch solche Axialdrücke und -momente herabgesetzt[1]).

Um α beispielsweise für eine beiderseits frei drehbar gelagerte, in der Mitte mit einer Einheitskraft belastete Welle von unveränderlicher Biegesteifigkeit EJ zu berechnen, beachtet man, daß die Welle unter dem Einfluß von P und W zu einer Raumkurve verbogen wird, die man am besten in ihren beiden Projektionen 1) auf eine die beiden Lagermitten und die Einheitskraft enthaltende

[1]) H. Melan, Kritische Drehzahlen von Wellen mit Längsbelastung, Z. öst. Ing.- u. Arch.-Ver. 69 (1917) S. 610; R. Grammel, Der Einfluß der Wellentorsion auf die kritische Drehzahl, Stodola-Festschrift S. 180, Zurich und Leipzig 1929.

(etwa lotrechte) (x, y)-Ebene und 2) auf eine dazu senkrechte (also etwa waagerechte) (x, z)-Ebene durch die beiden Lagermitten darstellt (Abb. 9). Legt man den Ursprung des (x, y, z)-Systems in das eine Lager und die x-Achse in die unverbogene Wellenachse, so kann man das Moment W an der Stelle (x, y, z) zerlegen in ein eigentliches Torsionsmoment, das für die kleinen Auslenkungen, auf die wir uns ja beschränken dürfen, von W nicht zu unterscheiden ist, und je ein Biegemoment $-W \cdot dz/dx$ und $-W \cdot dy/dx$ um die zwei Hauptträgheits-

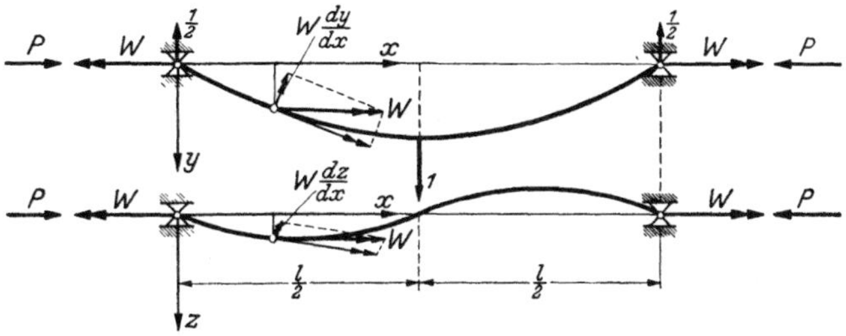

Abb. 9. Grund- und Aufriß der axial gedruckten und tordierten Welle bei der Biegung durch eine Einheitskraft in der Mitte.

achsen des Querschnitts, die im ungebogenen Zustand mit der y- und z-Achse zusammenfallen. Somit gelten die Biegegleichungen (im Intervall $0 \leq x \leq l/2$)

$$\left.\begin{aligned} EJ\frac{d^2y}{dx^2} + W\frac{dz}{dx} + Py &= -\frac{1}{2}x, \\ EJ\frac{d^2z}{dx^2} - W\frac{dy}{dx} + Pz &= 0. \end{aligned}\right\} \tag{1}$$

Es empfiehlt sich, die Abkürzungen

$$\varrho = \sqrt{\frac{Pl^2}{4EJ}}, \qquad \mu = \frac{Wl}{4EJ}, \qquad \alpha_0 = \frac{l^3}{48EJ}, \qquad \xi = \frac{x}{l} \tag{2}$$

einzuführen, wo ϱ und μ dimensionslos sind und α_0 die Einflußzahl der Welle ohne Axialkraft P und ohne Torsionsmoment W bedeutet, und also die Biegegleichungen (im Intervall $0 \leq \xi \leq \frac{1}{2}$) in der Form

$$\left.\begin{aligned} \frac{d^2y}{d\xi^2} + 4\mu\frac{dz}{d\xi} + 4\varrho^2 y &= -24\alpha_0\xi, \\ \frac{d^2z}{d\xi^2} - 4\mu\frac{dy}{d\xi} + 4\varrho^2 z &= 0 \end{aligned}\right\} \tag{3}$$

zu schreiben. Die allgemeinen Integrale dieser beiden Gleichungen lassen sich leicht angeben. Setzt man noch

$$\sigma = \sqrt{\varrho^2 + \mu^2}, \tag{4}$$

so lauten sie mit vier Integrationskonstanten $A_i, B_i\,(i = 1, 2)$

$$\left.\begin{aligned} y &= A_1\cos 2(\mu+\sigma)\xi + B_1\sin 2(\mu+\sigma)\xi + A_2\cos 2(\mu-\sigma)\xi + B_2\sin 2(\mu-\sigma)\xi - \frac{6\alpha_0}{\varrho^2}\xi, \\ z &= A_1\sin 2(\mu+\sigma)\xi - B_1\cos 2(\mu+\sigma)\xi + A_2\sin 2(\mu-\sigma)\xi - B_2\cos 2(\mu-\sigma)\xi - \frac{6\alpha_0\mu}{\varrho^4}. \end{aligned}\right\} \tag{5}$$

Die Randbedingungen verlangen zunächst $y = 0$ und $z = 0$ für $\xi = 0$, und dies gibt

$$A_2 = -A_1, \qquad B_2 = -B_1 - \frac{6\alpha_0\mu}{\varrho^4},$$

so daß man die Lösungen (5) in der einfacheren Gestalt hat:

$$\left.\begin{aligned} y &= -2A_1\sin 2\mu\xi\sin 2\sigma\xi + 2B_1\cos 2\mu\xi\sin 2\sigma\xi - \frac{6\alpha_0\mu}{\varrho^4}\sin 2(\mu-\sigma)\xi - \frac{6\alpha_0}{\varrho^2}\xi, \\ z &= 2A_1\cos 2\mu\xi\sin 2\sigma\xi + 2B_1\sin 2\mu\xi\sin 2\sigma\xi - \frac{6\alpha_0\mu}{\varrho^4}[1 - \cos 2(\mu-\sigma)\xi]. \end{aligned}\right\} \tag{6}$$

Die weiteren Randbedingungen verlangen — da der Angriffspunkt der Einheitskraft ein Symmetriepunkt der verbogenen Wellenachse sein muß, und da diese dort keine Auslenkung senkrecht zur Richtung der Einheitskraft haben kann —, daß $dy/d\xi=0$ und $z=0$ für $\xi=\frac{1}{2}$ wird. Dies gibt nach (6)

$$0=A_1(\mu\cos\mu\sin\sigma+\sigma\sin\mu\cos\sigma)+B_1(\mu\sin\mu\sin\sigma-\sigma\cos\mu\cos\sigma)+ \\ +\frac{3\alpha_0\mu}{\varrho^4}(\mu-\sigma)\cos(\mu-\sigma)+\frac{3\alpha_0}{2\varrho^2},$$

$$0=A_1\cos\mu\sin\sigma+B_1\sin\mu\sin\sigma-\frac{3\alpha_0\mu}{\varrho^4}[1-\cos(\mu-\sigma)]. \tag{7}$$

Zieht man die mit μ multiplizierte Gleichung (7) von der vorhergehenden ab, so kommt statt dieser

$$0=A_1\sin\mu\cos\sigma-B_1\cos\mu\cos\sigma+\frac{3\alpha_0\mu}{\varrho^4}\left[\frac{\mu}{\sigma}-\cos(\mu-\sigma)\right]+\frac{3\alpha_0}{2\varrho^2\sigma}. \tag{8}$$

Anstatt A_1 und B_1 aus (7) und (8) zu berechnen und in (6) einzusetzen, überlegt man, daß die gesuchte Einflußzahl α einfach die Durchbiegung y an der Stelle $\xi=\frac{1}{2}$ ist, und hat also nach (6)

$$\alpha=-2A_1\sin\mu\sin\sigma+2B_1\cos\mu\sin\sigma-\frac{6\alpha_0\mu}{\varrho^4}\sin(\mu-\sigma)-\frac{3\alpha_0}{\varrho^2}. \tag{9}$$

Jetzt braucht man nur noch die mit $2\operatorname{tg}\sigma$ multiplizierte Gleichung (8) zu der Gleichung (9) zu addieren, um sofort das gesuchte Ergebnis zu erhalten:

$$\alpha(\varrho,\mu)=\alpha_0\frac{3}{\varrho^2}\left[\left(1+2\frac{\mu^2}{\varrho^2}\right)\frac{\operatorname{tg}\sigma}{\sigma}-2\frac{\mu}{\varrho^2}\frac{\sin\mu}{\cos\sigma}-1\right] \tag{10}$$

mit den Abkürzungen ϱ, μ und σ von (2) und (4) und mit der zu $\varrho=0$ und $\mu=0$ gehörenden Einflußzahl α_0(2).

Hiermit ist α als Funktion des Axialdruckes P und des Torsionsmomentes W dargestellt. Bezeichnet man mit $\omega_0=1/\sqrt{\alpha_0 m}$ die kritische Geschwindigkeit der Welle ohne Axialdruck und ohne Torsionsmoment, so hat man als Ausdruck für den Einfluß der Axialkraft P und des Torsionsmomentes W auf die kritische Geschwindigkeit ω_k

$$\frac{\omega_k^2}{\omega_0^2}=\frac{\alpha_0}{\alpha}. \tag{11}$$

Im besonderen hat man bei fehlendem Torsionsmoment für Wellen mit Axialdruck (wegen $\mu=0$, $\sigma=\varrho$)

$$\frac{\omega_k^2}{\omega_0^2}=\frac{\varrho^3}{3(\operatorname{tg}\varrho-\varrho)}, \tag{12}$$

wofür man in sehr guter Näherung auch

$$\frac{\omega_k^2}{\omega_0^2}\approx 1-\frac{4}{\pi^2}\varrho^2=1-\frac{Pl^2}{\pi^2 EJ} \tag{12a}$$

schreiben kann [wie man bestätigt, wenn man die Ausdrücke rechts in (12) und (12a) etwa als Kurven darstellt]. Die kritische Drehzahl nimmt also mit wachsendem Axialdruck in der Tat ab, und sie wird Null bei der Eulerschen Knicklast $P_k=\pi^2 EJ/l^2$ (also $\varrho=\pi/2$). Natürlich gelten die Formeln (12) und (12a) auch für Zugkräfte ($P<0$); in (12) muß man dann nur, da jetzt $\varrho=i\varrho'$ imaginär wird, die scheinbar imaginäre rechte Seite in ihre reelle Form umschreiben:

$$\frac{\omega_k^2}{\omega_0^2}=\frac{\varrho'^3}{3(\varrho'-\mathfrak{Tg}\,\varrho')}. \tag{12b}$$

Die rechte Seite von (12b) nimmt mit von 0 anwachsendem ϱ' monoton zu, wie man leicht feststellt. Eine axiale Zugkraft erhöht also die kritische Drehzahl.

Fehlt andererseits die Axialkraft, so hat man für Wellen mit Torsionsmoment wegen $\varrho = 0$ in der allgemeinen Formel (10) einen Grenzübergang vorzunehmen. Schreibt man diese Formel mit $\varrho^2 = r$ und $\sigma = \sqrt{r + \mu^2}$ in der Form

$$\frac{\alpha}{3\alpha_0} = \frac{Z}{r^2} \quad \text{mit} \quad Z \equiv (r + 2\mu^2)\frac{\operatorname{tg}\sigma}{\sigma} - \frac{2\mu \sin\mu}{\cos\sigma} - r,$$

so verschwinden der Zähler Z und der Nenner r^2 für $r = 0$ je von zweiter Ordnung. Man findet dann wegen $\partial\sigma/\partial r = 1/(2\sigma)$

$$\left.\frac{d^2 Z}{dr^2}\right|_{r=0} = \frac{1}{2\mu^2}\left[(1+\mu^2)\frac{\operatorname{tg}\mu}{\mu} - 1\right]$$

und hat somit, wenn man sofort zu ω_k^2/ω_0^2 (11) übergeht,

$$\frac{\omega_k^2}{\omega_0^2} = \frac{4\mu^3}{3[(1+\mu^2)\operatorname{tg}\mu - \mu]}, \tag{13}$$

wofür man wieder in sehr guter Näherung

$$\frac{\omega_k^2}{\omega_0^2} \approx 1 - \frac{4}{\pi^2}\mu^2 = 1 - \left(\frac{Wl}{2\pi EJ}\right)^2 \tag{13a}$$

schreiben kann. Die kritische Drehzahl nimmt also mit wachsendem Torsionsmoment (unabhängig von dessen Drehsinn) ab, und sie wird Null bei dem schon in (VII, **14**, 1) gefundenen Knickmoment $W_k = 2\pi EJ/l$ (also $\mu = \pi/2$).

Aus der allgemeinen Formel (10) erkennt man auch noch, daß $\alpha \to \infty$, also $\omega_k \to 0$ geht, wenn $\sigma = \pi/2$ wird, d. h. wenn zwischen P und W die Knickbedingung (VII, **16**, 15)

$$\left(\frac{W}{2EJ}\right)^2 + \frac{P}{EJ} = \frac{\pi^2}{l^2} \tag{14}$$

besteht. Im übrigen ist aber die Formel (10) wenig durchsichtig. Man kann sie indessen sehr handlich gestalten, wenn man beachtet, daß sowohl die Axialkraft P wie das Torsionsmoment W praktisch wohl stets tief unter ihren Knickwerten bleiben werden, so daß man sich auf kleine Werte von ϱ und μ beschränken darf. Entwickelt man $\alpha(\varrho, \mu)$ in eine Taylorsche Reihe und bricht nach den Gliedern mit ϱ^2 und μ^2 ab, so kommt (da α eine gerade Funktion von ϱ und von μ ist)

$$\frac{\omega_k^2}{\omega_0^2} = \alpha_0 : \left[\alpha(0,0) + \varrho^2 \left.\frac{\partial\alpha(\varrho,0)}{\partial\varrho^2}\right|_{\varrho=0} + \mu^2 \left.\frac{\partial\alpha(0,\mu)}{\partial\mu^2}\right|_{\mu=0}\right]$$

oder genügend genau und wegen $\alpha(0,0) = \alpha_0$

$$\frac{\omega_k}{\omega_0} = 1 - c_1\varrho^2 - c_2\mu^2 \tag{15}$$

mit

$$c_1 = \frac{1}{2\alpha_0}\left.\frac{\partial\alpha(\varrho,0)}{\partial\varrho^2}\right|_{\varrho=0}, \qquad c_2 = \frac{1}{2\alpha_0}\left.\frac{\partial\alpha(0,\mu)}{\partial\mu^2}\right|_{\mu=0}. \tag{16}$$

Diese Koeffizienten sind leicht auszurechnen. In unserem Falle ist $\alpha(\varrho, 0):\alpha_0$ der reziproke Wert von ω_k^2/ω_0^2(12) und ebenso $\alpha(0,\mu):\alpha_0$ der reziproke von ω_k^2/ω_0^2(13), also, wenn man sogleich in Reihen entwickelt,

$$\frac{\alpha(\varrho,0)}{\alpha_0} = \frac{3}{\varrho^2}\left(\frac{\operatorname{tg}\varrho}{\varrho} - 1\right) = 1 + \frac{2}{5}\varrho^2 + \cdots,$$

$$\frac{\alpha(0,\mu)}{\alpha_0} = \frac{3}{4\mu^2}\left[(1+\mu^2)\frac{\operatorname{tg}\mu}{\mu} - 1\right] = 1 + \frac{7}{20}\mu^2 + \cdots,$$

und daraus folgt unmittelbar

$$c_1 = \frac{1}{5}, \qquad c_2 = \frac{7}{40}. \tag{17}$$

Mithin wird aus (15) mit (2) und (17)

$$\frac{\omega_k}{\omega_0} = 1 - \frac{1}{20}\frac{Pl^2}{EJ} - \frac{7}{640}\left(\frac{Wl}{EJ}\right)^2, \tag{18}$$

und diese Formel löst die Aufgabe praktisch zumeist genau genug. Sie zeigt, wie eine (gegenüber der Knicklast kleine) Axialkraft und ein (gegenüber dem Knickmoment kleines) Torsionsmoment die kritische Drehzahl beeinflussen. [Die Näherungsformeln (12a) und (13a) sind als gut angenäherte Sonderfälle in (18) enthalten.] Bei Dampfturbinen ist dieser Einfluß in der Regel ziemlich vernachlässigbar.

Man kann die Formeln auch für andere Lagerbedingungen in entsprechender Weise entwickeln, ebenso für den Fall, daß die Axialkraft und das Torsionsmoment nicht einfach durch die Welle hindurchgeleitet werden, sondern an der Scheibe entstehen und am einen Wellenende abgenommen werden. Die Tabelle gibt die Ergebnisse für die Koeffizienten c_1, c_2 und damit für die Zahlenfaktoren der P- und W-Glieder von (18).

Lagerungsart	c_1	c_2	(P)	(W)
	$\frac{1}{5}$	$\frac{7}{40}$	$\frac{1}{20}$	$\frac{7}{640}$
	$\frac{1}{20}$	$\frac{3}{40}$	$\frac{1}{80}$	$\frac{3}{640}$
	$\frac{4}{5}$	$\frac{1}{5}$	$\frac{1}{5}$	$\frac{1}{80}$
	$\frac{1}{10}$	$\frac{7}{80}$	$\frac{1}{40}$	$\frac{7}{1280}$
	$\frac{1}{40}$	$\frac{3}{80}$	$\frac{1}{160}$	$\frac{3}{1280}$

8. Der kritische Zustand zweiter Art. Neben dem bisher untersuchten kritischen Zustand (erster Art), der im wesentlichen als Resonanzerscheinung der zirkularpolarisierten Biegeschwingungen der Welle mit der umlaufenden Fliehkraft der Scheibe gedeutet werden kann und mannigfacher Verschiebungen und Aufspaltungen infolge von Nebeneinflüssen (Ziff. **3** bis **7**) fähig ist, gibt es noch kritische Zustände zweiter Art, die von periodischen Schwankungen des Antriebsmomentes herrühren und bei ganz anderen Drehzahlen liegen können[1]). Um sie zu finden, nehmen wir an, daß sich die Scheibe im Mittel mit einer festen Drehgeschwindigkeit ω_u dreht, daß ihr Drehwinkel φ also wie schon in (**2**, 14)

$$\varphi = \omega_u t + \vartheta \tag{1}$$

gesetzt werden kann. Dann gehen die Bewegungsgleichungen (**2**, 2) und (**2**, 3) über in

$$\left.\begin{aligned} \ddot{\eta} + \omega_k^2 \eta &= e\omega_k^2(\cos\omega_u t \cos\vartheta - \sin\omega_u t \sin\vartheta), \\ \ddot{\zeta} + \omega_k^2 \zeta &= e\omega_k^2(\sin\omega_u t \cos\vartheta + \cos\omega_u t \sin\vartheta), \end{aligned}\right\} \tag{2}$$

$$e\ddot{\vartheta} - \varepsilon\omega_k^2[\zeta\cos(\omega_u t + \vartheta) - \eta\sin(\omega_u t + \vartheta)] = \frac{eM}{A} \quad \text{mit} \quad \varepsilon = \frac{e^2}{k^2}. \tag{3}$$

[1]) O. Föppl, Kritische Drehzahlen rasch umlaufender Wellen, Z. VDI 63 (1919) S. 866.

Wir wollen nun das Antriebsmoment M (wieder abzüglich des Gegenmomentes der Welle) als periodisch schwankend ansehen. Solche Schwankungen können bei Dampfturbinen infolge von Teilbeaufschlagung entstehen, aber auch von der Arbeitsseite der Maschine herkommen, beispielsweise beim Antrieb von Kolbenpumpen, Dynamomaschinen usw. Entfallen ν Stöße auf jeden Umlauf, so kann man mit zwei Festwerten a_ν und β_ν

$$M = a_\nu \cos(\nu\,\omega_u t + \beta_\nu) \tag{4}$$

setzen; im allgemeinen wird die rechte Seite von (4) eine Fourierreihe mit der Grundfrequenz $\nu\omega_u$ sein.

Lassen wir zuerst wieder das ε-Glied in (3) als vernachlässigbar klein fort, so folgt aus (3) und (4)

$$\vartheta = -\frac{a_\nu}{\nu^2\omega_u^2 A}\cos(\nu\omega_u t + \beta_\nu), \tag{5}$$

da ein lineares Zusatzglied $a + bt$ wieder unterdrückt werden kann; denn $b \neq 0$ würde der Voraussetzung widersprechen, daß ω_u die mittlere Drehgeschwindigkeit der Scheibe sein soll, und a ist offensichtlich belanglos. Weil naturgemäß nur k l e i n e Schwankungen des Momentes M in Betracht kommen, so kann man $a_\nu/\omega_u^2 A$ und damit auch ϑ selbst als klein ansehen und behandeln. In diesem Fall wird mit $\cos\vartheta \approx 1$ und $\sin\vartheta \approx \vartheta$ aus den Gleichungen (2) zufolge (5)

$$\left.\begin{aligned}\ddot{\eta} + \omega_k^2\eta &= e\omega_k^2\cos\omega_u t + \frac{e\omega_k^2 a_\nu}{2\nu^2\omega_u^2 A}\{\sin[(\nu+1)\omega_u t + \beta_\nu] - \sin[(\nu-1)\omega_u t + \beta_\nu]\},\\ \ddot{\zeta} + \omega_k^2\zeta &= e\omega_k^2\sin\omega_u t - \frac{e\omega_k^2 a_\nu}{2\nu^2\omega_u^2 A}\{\cos[(\nu+1)\omega_u t + \beta_\nu] + \cos[(\nu-1)\omega_u t + \beta_\nu]\}.\end{aligned}\right\} \tag{6}$$

Dieses System von Bewegungsgleichungen zeigt Resonanz, also einen kritischen Zustand einerseits für den schon in Ziff. **2** erledigten Fall $|\omega_u| = \omega_k$, andererseits nun aber auch für die beiden Fälle $|(\nu \pm 1)\omega_u| = \omega_k$ oder also, wenn wir sogleich auch die höheren Fourierglieder von (4) berücksichtigen, für die Drehgeschwindigkeiten

$$\omega_u = \frac{\omega_k}{|n\nu \pm 1|} \qquad (n = 1, 2, \ldots). \tag{7}$$

Die zugehörigen Drehzahlen nennt man k r i t i s c h e D r e h z a h l e n z w e i t e r A r t.

Die nebenstehende Tabelle gibt die Werte ω_u/ω_k, also das Verhältnis zwischen kritischer Drehzahl zweiter und erster Art, für einige wichtige Werte von ν und n gemäß (7) an. Man bemerkt, daß der gleiche kritische Wert ω_u von zwei verschiedenen Fouriergliedern des Momentes M erzeugt werden kann, nämlich wenn

$$(n + n')\nu = 2$$

oder

$$(n' - n)\nu = 2$$

ist. (Ein Beispiel für den ersten Fall liefert $n = 1$ und $n' = 3$ bei $\nu = 1/2$; für den zweiten Fall $n' = 3$ und $n = 1$ bei $\nu = 1$.) Dies kann bei $\nu \leq 2$ eintreten und erhöht jedenfalls die Gefährlichkeit eines solchen kritischen Zustandes.

ω_u/ω_k	$n=1$		$n=2$		$n=3$	
$\nu=\frac{1}{2}$	$\frac{2}{3}$	2	$\frac{1}{2}$	∞	$\frac{2}{5}$	2
$\nu=1$	$\frac{1}{2}$	∞	$\frac{1}{3}$	1	$\frac{1}{4}$	$\frac{1}{2}$
$\nu=\frac{3}{2}$	$\frac{2}{5}$	2	$\frac{1}{4}$	$\frac{1}{2}$	$\frac{2}{11}$	$\frac{2}{7}$
$\nu=2$	$\frac{1}{3}$	1	$\frac{1}{5}$	$\frac{1}{3}$	$\frac{1}{7}$	$\frac{1}{5}$
$\nu=3$	$\frac{1}{4}$	$\frac{1}{2}$	$\frac{1}{7}$	$\frac{1}{5}$	$\frac{1}{10}$	$\frac{1}{8}$

Will man den Gefährlichkeitsgrad eines kritischen Zustandes zweiter Art abschätzen, so hat man einfach wieder die mit der Zeit anwachsenden Lösungen des Systems (6) bei den Drehgeschwindigkeiten (7) aufzusuchen. Man findet für $|(\nu \pm 1)\omega_u| = \omega_k$, also im Resonanzfall leicht, daß der Fahrstrahl r ein nach dem Gesetz

$$\dot{r} = \frac{a_\nu}{4\nu^2\omega_u^2 A} e\omega_k \tag{8}$$

zunehmendes Glied besitzt. Vergleicht man dies mit der entsprechenden Formel (**2**, 7) des kritischen Zustandes erster Art, so sieht man sofort, daß die Geschwindigkeit (8) viel kleiner ist als dort. Denn der Quotient a_ν/A aus Momentamplitude und Scheibenträgheitsmoment ist im wesentlichen gleich der größten Drehbeschleunigung $\dot{\omega}_{\max}$. Weil ω_u die Größenordnung von ω_k zu haben pflegt, so ist der Faktor $a_\nu/4\nu^2\omega_u^2 A$ von sehr viel kleinerer Größenordnung als der entsprechende Faktor 1/2 in (**2**, 7). Dies erklärt, warum die kritischen Zustände zweiter Art in der Regel ganz ungefährlich sind (sie werden schon von geringen Dämpfungskräften unterdrückt) und sich nur selten störend bemerkbar machen.

Um auch das Glied mit ε zu berücksichtigen, greifen wir am besten auf die Gleichungen (**2**, 15) und (**2**, 16) zurück, bezogen auf ein mit der Drehgeschwindigkeit ω_u gleichförmig rotierendes (y, z)-System, also in den jetzigen Bezeichnungen und mit kleinen Werten ϑ

$$\left.\begin{aligned} &\ddot{y} + (\omega_k^2 - \omega_u^2)\, y - 2\,\omega_u \dot{z} = e\omega_k^2, \\ &\ddot{z} + (\omega_k^2 - \omega_u^2)\, z + 2\,\omega_u \dot{y} - e\omega_k^2 \vartheta = 0, \\ &e\ddot{\vartheta} - \varepsilon\omega_k^2 z = \frac{eM}{A}. \end{aligned}\right\} \tag{9}$$

Die verkürzten Gleichungen (9) führen zu Resonanz mit dem periodischen Moment M(4), wenn sie Lösungen von der Form

$$y = A_1 \cos\nu\omega_u t, \quad z = A_2 \sin\nu\omega_u t, \quad e\vartheta = A_3 \sin\nu\omega_u t$$

besitzen. Dies tritt für nichtverschwindende A_i nur dann ein, wenn

$$\begin{vmatrix} (\nu^2+1)\,\omega_u^2 - \omega_k^2 & 2\nu\omega_u^2 & 0 \\ 2\nu\omega_u^2 & (\nu^2+1)\,\omega_u^2 - \omega_k^2 & \omega_k^2 \\ 0 & \varepsilon\omega_k^2 & \nu^2\omega_u^2 \end{vmatrix} = 0$$

wird, oder aufgelöst

$$(\nu^2-1)^2\omega_u^4 - 2(\nu^2+1)\,\omega_k^2\omega_u^2 + \omega_k^4 - \varepsilon\frac{\omega_k^4}{\nu^2}\left[\nu^2 + 1 - \frac{\omega_k^2}{\omega_u^2}\right] = 0. \tag{10}$$

Für $\varepsilon = 0$ würde dies wieder die kritischen Werte (7) ergeben. Für $\varepsilon \neq 0$ darf man (ähnlich wie in Ziff. **2**) im ε-Glied statt ω_u den Näherungswert (7) (zunächst mit $n = 1$) einsetzen und hat dann statt (10)

$$(\nu^2-1)^2\omega_u^4 - 2(\nu^2+1)\,\omega_k^2\omega_u^2 + \omega_k^4\left(1 \pm \frac{2\varepsilon}{\nu}\right) = 0.$$

Die Auflösung ergibt die beiden Näherungen zweiter Ordnung

$$\omega_u'^2 = \omega_k^2 \frac{\nu^2 + 1 \mp 2\nu\sqrt{1 \mp \dfrac{\varepsilon}{2}\dfrac{(\nu^2-1)^2}{\nu^3}}}{(\nu^2-1)^2}$$

oder für kleine ε hinreichend genau und sofort allgemein mit $n\nu$ statt ν, also für alle Fourierglieder des Momentes M(4) angeschrieben,

$$\omega_u' = \frac{\omega_k}{|n\nu \pm 1|}\left[1 + \left(\frac{n\nu \pm 1}{2n\nu}\right)^2 \varepsilon\right] \equiv \omega_u\left[1 + \left(\frac{n\nu \pm 1}{2n\nu}\right)^2 \varepsilon\right] \quad (n = 1, 2, \ldots). \tag{11}$$

Da wohl stets $\varepsilon < 10^{-4}$ ist, so bleibt die durch die eckige Klammer ausgedrückte Verbesserung, die die Theorie zweiter Ordnung an den kritischen Werten der Theorie erster Ordnung ω_u(7) anbringt, fast immer belanglos: man darf also praktisch mit der Formel (7) rechnen.

Einen Sonderfall[1]) eines ungleichförmigen Antriebes bildet bei waagerechten Wellen offenbar der Einfluß des Gewichtes der Scheibe. Die im Scheibenschwerpunkt S angreifende Schwerkraft mg zusammen mit der in W angreifenden Gegenkraft der Welle (Abb. 10) stellt ein periodisch schwankendes Drehmoment

$$M_g = emg\cos(\omega_g t + \beta) \tag{12}$$

dar, wenn jetzt ω_g die mittlere Drehgeschwindigkeit und also $\omega_g t + \beta$ der Drehwinkel von WS gegen die waagerechte η-Achse ist. [Eigentlich ist ja $\omega_g t + \vartheta + \beta$ der Drehwinkel; aber man sieht leicht ein, daß das ϑ-Glied nur eine kleine und also vernachlässigbare Störung des an sich schon kleinen Momentes M_g(12) bedeuten würde.] Der Vergleich mit (4) zeigt, daß hier $\nu = 1$, $n = 1$ und also

$$\omega_g = \frac{1}{2}\omega_k(1+\varepsilon) \approx \frac{1}{2}\omega_k \tag{13}$$

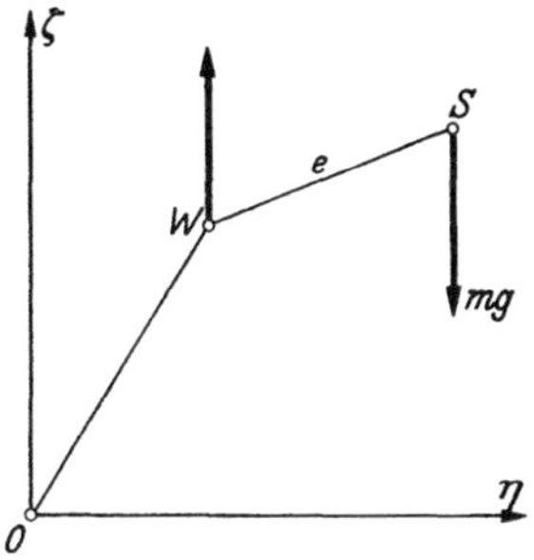

Abb. 10. Einfluß des Scheibengewichts $G = mg$.

die zugehörige kritische Drehgeschwindigkeit zweiter Art ist. Man nennt sie die kritische Drehzahl des Eigengewichts der Scheibe. Aus (8) aber wird mit $a_\nu = emg$ und $\omega_u = \omega_g = \frac{1}{2}\omega_k$

$$\dot{r} = \frac{g\varepsilon}{2\omega_g} \tag{14}$$

als Kenngröße für den Gefährlichkeitsgrad dieses Zustandes. Der Faktor $g/2\omega_g$ ist von der Größenordnung 10 cm/sek; der Faktor ε ist jedoch in der Regel so klein ($< 10^{-4}$), daß sich die Ausschlaggeschwindigkeit (14) kaum noch bemerkbar macht. Und daher tritt die kritische Drehzahl der Gewichtsstörung praktisch nur selten in Erscheinung.

9. Der Einfluß der Kreiselwirkung der Scheibe. Bis jetzt haben wir nur solche Rotoren betrachtet, bei denen die Mittelebene der Scheibe ihre Raumstellung beibehält, auch wenn die Welle sich biegt und die Scheibe sich auslenkt. Jetzt wollen wir wenigstens noch für den kritischen Zustand erster Art (Ziff. **2**) untersuchen, wie sich die kritische Drehzahl ändert, wenn sich die Mittelebene der Welle infolge deren Biegung schiefstellen muß. Wir wollen uns dabei von vornherein auf stationäre Zustände beschränken und die möglicherweise noch hinzutretenden (abdämpfbaren) Schwingungen, die ein umständliches und hier kaum lohnendes Problem der Kreiseltheorie bilden, außer acht lassen.

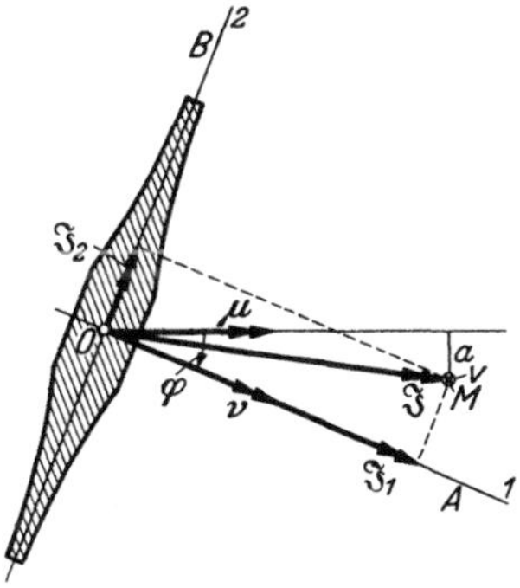

Abb. 11. Zur Ableitung des Kreiselmomentes.

Zunächst brauchen wir eine Hilfsformel aus der Theorie des stationär bewegten Kreisels, die leicht aus Abb. 11 abzulesen ist. Dort ist im Meridianschnitt eine Scheibe dargestellt, die erstens eine gleichförmige Drehung mit der Drehgeschwindigkeit μ um eine raumfeste Achse durch O vollzieht (Präzessionsdrehung) und zweitens relativ zu der gleichförmig mit μ gedreht zu denkenden Zeichenebene eine ebenfalls gleichförmige Drehung ν um die zur Scheibenmittelebene senkrechte (körperfeste) Achse durch O (Eigendrehung). Der (unveränderliche) Winkel zwischen den beiden Achsen sei φ. (In Abb. 11 sind axiale Vektoren wie immer mit Doppelpfeil bezeichnet.) Die

[1]) A. Stodola, Neuere Beobachtungen über die kritischen Umlaufzahlen von Wellen, Schweiz. Bauztg. 68 (1916) S. 210. Weitere Literatur bei R. Grammel, Erg. d. exakt. Naturwiss. Bd. 1 S. 115, Berlin 1922.

Eigendrehachse der Scheibe sei eine Hauptträgheitsachse mit dem (axialen) Trägheitsmoment A, alle dazu senkrechten Achsen durch O seien ebenfalls Hauptträgheitsachsen mit dem (äquatorialen) Trägheitsmoment B. Dann gehören zu den Drehungen μ und ν die Drehimpulskomponenten

$$J_1 = A(\mu\cos\varphi + \nu), \qquad J_2 = B\mu\sin\varphi \tag{1}$$

um die mit *1* und *2* bezeichneten körperfesten Achsen. Die Pfeilspitze des resultierenden Drehimpulsvektors $\mathfrak{J}$ hat die Entfernung

$$a = J_1\sin\varphi - J_2\cos\varphi \tag{2}$$

von der Achse der Drehung μ und mithin die Umfangsgeschwindigkeit $v = a\mu$ um diese raumfeste Achse, wobei v ein Vektor senkrecht zur Zeichenebene (nach hinten) ist. Soll die Bewegung (μ, ν) der Scheibe stationär aufrecht erhalten werden, so ist nach einem Grundgesetz der Mechanik ein (rechtsdrehend ↷ positiv gerechnetes) Moment M nötig, das mit jener „Änderungsgeschwindigkeit" v des Drehimpulsvektors vektoriell übereinstimmt. (Wenn die Scheibe auf einer Welle sitzt, so muß M etwa von der Biegesteifigkeit der Welle aufgebracht werden.) Benützt man die Werte (1) und (2), so wird

$$M = [A\nu + (A - B)\mu\cos\varphi]\,\mu\sin\varphi. \tag{3}$$

Wir brauchen diese Formel nur für kleine Winkel φ und haben dann mit der Drehgeschwindigkeit

$$\omega = \mu\cos\varphi + \nu \approx \mu + \nu \tag{4}$$

genau genug

$$M = (A\omega - B\mu)\,\mu\varphi. \tag{5}$$

Dies ist die gesuchte Hilfsformel.

Wir wenden dies jetzt auf einen Rotor an, dessen Scheibe sich bei der Wellenbiegung schräg stellen muß. Man erkennt sofort, daß nun ein stationärer Zustand nur möglich ist, wenn die (ebenso wie in Ziff. **2**) benannten Punkte O, W und S in einer Ebene E liegen, die um die ursprüngliche, unverbogene Wellenachse mit einer gleichförmigen Drehgeschwindigkeit ω rotiert, und zwar in festen Abständen zueinander, so daß also auch die verbogene Welle samt Scheibe wie ein erstarrtes Gebilde um jene Achse rotiert. Denn nur dann sind die beiden zu einer solchen Bewegung notwendigen Bedingungen erfüllbar: die zur Kreisbewegung von S erforderliche Zentripetalkraft kann von der elastischen Welle als Querkraft aufgebracht werden, und das zur Präzessionsdrehung der Scheibe erforderliche Moment (5) als Biegemoment, und zwar auch seinem Vektorcharakter nach (nämlich senkrecht zur Ebene E). Insbesondere muß jetzt $\nu = 0$ sein und also $\mu = \omega$, so daß in diesem Fall

$$M = C\omega^2\varphi \quad \text{mit} \quad C = A - B \tag{6}$$

wird. Für flache Scheiben ist näherungsweise $C \approx B \approx \frac{1}{2}A$.

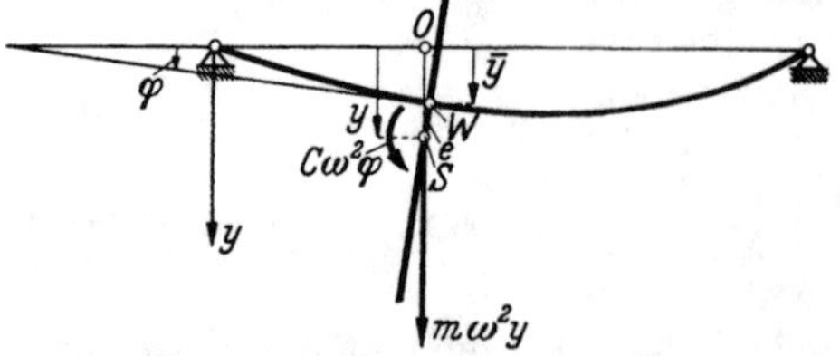

Abb. 12. Rotor mit Fliehkraft und Kreiselwirkung.

Von der rotierenden Ebene E aus betrachtet (Abb. 12), verhält sich die Welle so: die Auslenkung $\bar{y} = y - e\cos\varphi \approx y - e$ des Wellenmittelpunktes W und die dortige Neigung φ der Tangente der verbogenen Wellenachse werden durch die zugehörigen d'Alembertschen „Kräfte" hervorgerufen, nämlich durch die Fliehkraft $m\omega^2 y$ und das zu M entgegengesetzte Kreiselmoment $C\omega^2\varphi$. Verabredet man, daß Kräfte im gleichen Sinne positiv gerechnet werden wie Auslenkungen y, Momente im gleichen Sinne wie Neigungen φ, und definiert man die zugehörigen Maxwellschen Einflußzahlen $\alpha, \beta, \gamma = \delta$ (wie in Kap. II, Ziff. **9**, wobei die Zeiger, etwa 11, noch überall fortgelassen werden können), so hat man als Erweiterung der Gleichung (**2**, 23)

$$\left.\begin{aligned} y - e &= \alpha m \omega^2 y - \gamma C \omega^2 \varphi, \\ \varphi &= \gamma m \omega^2 y - \beta C \omega^2 \varphi. \end{aligned}\right\} \quad (7)$$

Dieses System hat die endliche Lösung

$$y = \frac{e}{\omega^2 \Delta}\left(\frac{1}{\omega^2} + \beta C\right), \qquad \varphi = \frac{e \gamma m}{\omega^2 \Delta}, \quad (8)$$

solange seine Determinante

$$\Delta \equiv \frac{1}{\omega^4} - (\alpha m - \beta C)\frac{1}{\omega^2} - (\alpha\beta - \gamma^2) m C \quad (9)$$

nicht verschwindet. Nun ist stets $\alpha\beta - \gamma^2 > 0$ [dies ist als Sonderfall in (II, **10**, 5) enthalten, wenn man sich dort auf $n = 2$ Punkte beschränkt und diese nachträglich zusammenfallen läßt]. Mithin hat Δ immer nur e i n e positive und also zu einer reellen Drehzahl führende Nullstelle, nämlich

$$\frac{1}{\omega_{gl}^2} = \frac{1}{2}(\alpha m - \beta C) + \sqrt{\frac{1}{4}(\alpha m - \beta C)^2 + (\alpha\beta - \gamma^2) m C}. \quad (10)$$

Je mehr sich ω dem Wert ω_{gl} (10) nähert, um so größer wird der Ausschlag y (8), und daraus schließt man, daß ω_{gl} die kritische Drehgeschwindigkeit mit Berücksichtigung der Kreiselwirkung der Scheibe ist. Man nennt die zugehörige Drehzahl (mit einer erst später ganz verständlich werdenden Bezeichnung) die k r i t i s c h e D r e h z a h l d e s G l e i c h l a u f s.

Man stellt außerdem leicht fest, daß mit $\omega^2 \to \infty$ auch jetzt $y \to 0$ und $\varphi \to 0$ geht: die S e l b s t e i n s t e l l u n g des Scheibenschwerpunktes oberhalb der kritischen Drehzahl bleibt also auch bei Kreiselwirkung erhalten.

Endlich erkennt man ohne weiteres, daß die Differenz

$$\alpha m - \frac{1}{\omega_{gl}^2} = \frac{1}{2}(\alpha m + \beta C) - \sqrt{\frac{1}{4}(\alpha m + \beta C)^2 - \gamma^2 m C} > 0 \quad (11)$$

bleibt. Da nach (**2**, 1) $\alpha m = 1/\omega_k^2$ ist, so hat man den S a t z:

Die Kreiselwirkung der Scheibe erhöht die kritische Drehzahl (im Gleichlauf) stets.

Man bemerkt, daß das in Ziff. **2** ausgesprochene Ä q u i v a l e n z p r i n z i p noch immer gilt: Läßt man die Exzentrizität $e = 0$ werden, so bedeutet ω_{gl}(10) diejenige Drehgeschwindigkeit, bei der das System (7) für $e = 0$ einer stationären (und jetzt natürlich wieder unbestimmten) Auslenkung y, φ fähig bleibt. Dagegen läßt sich nun der kritische Zustand nicht mehr als zirkularpolarisierte Schwingung deuten; denn bei einem solchen hätte man mit $e = 0$ für die η-Komponente eines raumfesten (η, ζ)-Systems (und entsprechend für die ζ-Komponente) in den entsprechenden, zu (7) analogen Gleichungen $-C$ zu ersetzen durch $+B$, weil zu einer Schiefstellung φ die Beschleunigung $-\omega^2\varphi$ und also das Moment $+B\omega^2\varphi$ der Massenkraft gehörte.

Die bisherige Bewegung ist, in der Ausdrucksweise von Ziff. **2**, ein stationärer Gleichlauf (wobei die Punkte O, W und S auf einer Geraden liegen, und zwar, wie leicht festzustellen, in der Reihenfolge OWS oder OSW, je nachdem $\omega^2 \lesseqgtr \omega_{gl}^2$ ist). Wie dort, so schließt man auch hier, daß, je genauer $e = 0$ wird, um so eher sich auch der stationäre Zustand des Gegenlaufs[1]) ausbilden kann, also eine

[1]) A. STODOLA, Neue kritische Drehzahlen als Folge der Kreiselwirkung der Laufräder, Z. ges. Turbinenwes. *15* (*1918*) S. 269.

hypozykloidische Bewegung, bei der der Punkt $S \equiv W$ mit der Drehgeschwindigkeit $\mu = -\omega$ umläuft, während die Scheibe die Eigendrehgeschwindigkeit $\nu = 2\,\omega$ besitzt. In diesem Fall hat man gemäß (5)

$$M = -C'\omega^2\varphi \quad \text{mit} \quad C' = A + B, \tag{12}$$

wobei für flache Scheiben genähert $C' \approx 3\,B \approx \frac{3}{2} A$ ist. Dies führt in gleicher Rechnung (mit $e = 0$) auf die kritischen Werte des Gegenlaufs

$$\frac{1}{\omega_{gn}^2} = \frac{1}{2}(\alpha m + \beta C') \pm \sqrt{\frac{1}{4}(\alpha m + \beta C')^2 - (\alpha\beta - \gamma^2)\, m C'}. \tag{13}$$

Da der Radikand stets positiv ist — er läßt sich in der Form $\frac{1}{4}(\alpha m - \beta C')^2 + \gamma^2 m C'$ schreiben —, und da α und β gemäß ihrer Definition ebenfalls stets positiv sind, so gibt es immer zwei kritische Drehzahlen des Gegenlaufs. Aus

$$\alpha m - \frac{1}{\omega_{gn}^2} = \frac{1}{2}(\alpha m - \beta C') \mp \sqrt{\frac{1}{4}(\alpha m - \beta C')^2 + \gamma^2 m C'} \tag{14}$$

aber folgt der Satz:

Von den beiden kritischen Drehzahlen des Gegenlaufs liegt stets die eine unterhalb, die andere oberhalb der kritischen Drehzahl ohne Kreiselwirkung.

Man bemerkt, daß auch beim Gegenlauf die Deutung als zirkularpolarisierte Schwingung nicht möglich ist, weil nach dem früher Gesagten $B = C'$ sein müßte, was nach (12) grundsätzlich nicht sein kann.

Weil nur selten genau genug $e = 0$ sein mag, so wird sich der streng genommen nur für $e = 0$ mögliche kritische Zustand des Gegenlaufs auch nur selten zeigen. Die Erfahrung bestätigt dies. Daß die kritischen Geschwindigkeiten des Gegenlaufs viel weniger gefährlich sind als die des Gleichlaufs, geht auch aus folgender Überlegung hervor. Während beim stationären Gleichlauf die Welle wie ein erstarrtes Gebilde umläuft, so muß sie sich beim Gegenlauf unablässig in sich selbst verbiegen (etwa wie ein Draht, der zu einer ebenen Kurve verbogen ist und in sich gedreht wird, ohne daß er seine Ebene verlassen darf). Eine solche Verformung ist aber nur bei einem idealen Stoff ohne Energieverbrauch möglich; in Wirklichkeit wirkt sie mehr oder weniger stark dämpfend auf den kritischen Zustand des Gegenlaufs ein.

Als Beispiel für die kritischen Zustände des Gleich- und Gegenlaufs führen wir die „fliegende", d. h. am einen Ende eingespannte, am anderen, freien Ende eine Scheibe tragende Welle an. Ist l ihre Länge und setzt man

$$C = B = mc^2, \quad C' = 3\,B = 3\,mc^2, \quad \xi = \frac{c}{l}, \quad \alpha\, m = \frac{1}{\omega_k^2}, \tag{15}$$

so hat man, wie leicht auszurechnen ist, für eine Welle gleicher Dicke

$$\frac{\beta C}{\alpha\, m} = 3\,\xi^2, \quad \frac{\gamma^2 C}{\alpha^2 m} = \frac{9}{4}\xi^2, \quad \frac{\beta C'}{\alpha m} = 9\xi^2, \quad \frac{\gamma^2 C'}{\alpha^2 m} = \frac{27}{4}\xi^2 \tag{16}$$

und somit nach (10) und (13)

$$\left.\begin{aligned} \frac{\omega_{gl}^2}{\omega_k^2} &= \frac{2}{3\,\xi^2}\left[3\,\xi^2 - 1 + \sqrt{(3\,\xi^2 - 1)^2 + 3\,\xi^2}\right], \\ \frac{\omega_{gn}^2}{\omega_k^2} &= \frac{2}{9\,\xi^2}\left[9\,\xi^2 + 1 \pm \sqrt{(9\,\xi^2 + 1)^2 - 9\,\xi^2}\right]. \end{aligned}\right\} \tag{17}$$

In Abb. 13 sind die Vergleichsgrößen ω_{gl}/ω_k und ω_{gn}/ω_k über $\xi = c/l$ aufgetragen. Läßt man bei gleichbleibender Welle die Scheibe und damit c immer größer werden, so nimmt der Einfluß der Kreiselwirkung auf die kritische Drehzahl des Gleichlaufs erst langsam, dann schneller, dann wieder langsamer zu, und ω_{gl} nähert sich asymptotisch dem Doppelten des Wertes ω_k, der ohne Kreiselwirkung vorhanden wäre. Bei dem (weniger wichtigen) Gegenlauf sinkt mit wachsendem c/l die kritische Drehgeschwindigkeit ω_{gn} mehr und mehr unter ihren Wert ω_k ohne Kreiselwirkung; wir nennen dies die erste Type des Gegenlaufs. Außerdem rückt nun ein zweiter Wert, der ohne Kreiselwirkung im Unendlichen lag, ins Endliche

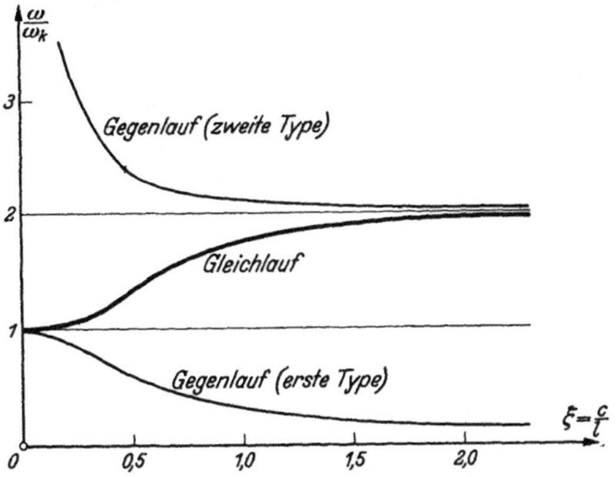

Abb. 13. Fliegende Welle: Einfluß der Kreiselwirkung auf die kritische Drehzahl im Gleichlauf und im Gegenlauf.

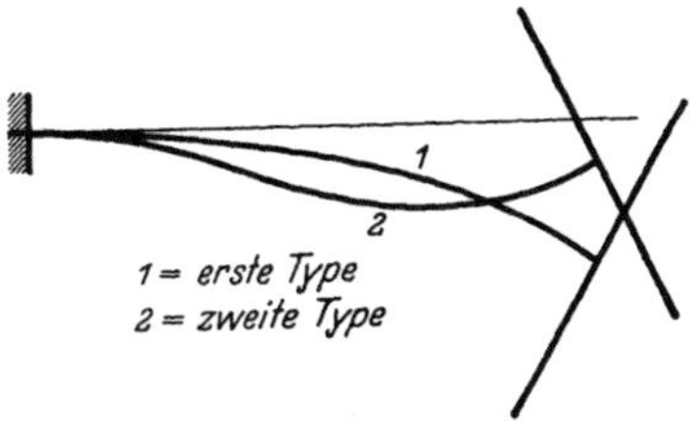

Abb. 14. Die Biegeformen beim Gegenlauf.

und senkt sich asymptotisch gegen den kritischen Wert des Gleichlaufs; wir nennen dies die zweite Type des Gegenlaufs. Diese größere kritische Drehzahl des Gegenlaufs hat, wie auch die Untersuchung der Biegeform der Welle bestätigt (Abb. 14), schon deutlich den Charakter einer kritischen Drehzahl zweiter Ordnung, wie sie ohne Kreiselwirkung nur bei einer mit mehreren Scheiben besetzten Welle vorkommen kann. Solche Wellen untersuchen wir nun.

§ 2. Die mehrfach besetzte Welle.

10. Allgemeine Sätze über die kritischen Drehzahlen. Eine irgendwie gelagerte Welle von beliebig veränderlichem, doch überall kreisförmigem Querschnitt sei mit n Scheiben besetzt, die wir von $i=1$ bis n numerieren. Ihre Massen (denen schon gleich auch noch die Masse des zugehörigen Wellenstückes zugeschlagen sei, so daß wir die Welle selbst als masselos ansehen dürfen) seien m_i, ihre Exzentrizitäten, also die Abstände ihrer Schwerpunkte S_i von den zugehörigen Wellenmittelpunkten W_i, seien e_i, die Azimute der Strahlen W_iS_i, gemessen gegen ein gemeinsames Nullazimut an dem noch ruhenden Rotor, seien ϑ_i. Der Rotor bildet also ein System von n scheibenförmigen Körpern, die durch biege- und torsionselastische Glieder (die Wellenstücke) verbunden sind. Die allgemeinste Bewegung eines solchen Systems ist offensichtlich ein recht verwickeltes dynamisches Problem. Wir vereinfachen es, indem wir vor allem das Teilproblem der Torsionsschwingungen (das schon in Kap. VIII, Ziff. **22** für sich behandelt worden ist) von vornherein abspalten und also die Welle weiterhin als torsionssteif ansehen. Dies hat zur Folge, daß nun die Drehwinkel φ_i der Scheiben, genauer gesagt, die Drehwinkel der Exzentrizitätsstrahlen W_iS_i, in der Form

$$\varphi_i = \varphi + \vartheta_i \quad \text{mit} \quad \dot{\varphi} = \omega \tag{1}$$

dargestellt werden können, wo ω die augenblickliche Drehgeschwindigkeit des ganzen torsionssteifen Rotors ist. Von der Kreiselwirkung der Scheiben bei ihrer Schrägstellung infolge der Biegung der rotierenden Welle sehen wir zunächst ebenfalls noch ab, desgleichen vom Einfluß der Schwerkraft, indem wir uns entweder die Welle lotrecht gestellt, oder bei waagerechten Wellen die statische Durchbiegung infolge der Scheibengewichte nachträglich überlagert denken.

Für diese Welle sei α_{ij} die Maxwellsche Einflußzahl, welche die (als klein anzusehende) Auslenkung angibt, die der Wellenmittelpunkt O_i (in der Scheibe m_i) infolge einer zu dieser Auslenkung gleichgerichteten, zur ungebogenen Wellenachse senkrechten Einheitskraft im Wellenmittelpunkt O_j (in der Scheibe m_j) erfährt. Ist die Wellenachse irgendwie zu einer möglicherweise räumlichen Kurve verbogen, wobei also die Punkte O_i in die Lage W_i übergehen, und sind in einem raumfesten rechtwinkligen Koordinatensystem (x, η, ζ), dessen x-Achse mit der unverbogenen Wellenachse zusammenfällt, $-\mathsf{H}_i$ und $-\mathsf{Z}_i$ die Komponenten der Kraft, mit der die Welle infolge ihrer Biegung auf die Scheibe m_i wirkt, also H_i und Z_i die Komponenten der Reaktion der Scheibe m_i auf die Welle, so gilt für die Koordinaten $\bar{\eta}_i$, $\bar{\zeta}_i$ der Punkte W_i

$$\bar{\eta}_i = \alpha_{i1}\,\mathsf{H}_1 + \alpha_{i2}\,\mathsf{H}_2 + \cdots + \alpha_{in}\,\mathsf{H}_n \qquad (i = 1, 2, \ldots, n), \tag{2}$$

$$\bar{\zeta}_i = \alpha_{i1}\,\mathsf{Z}_1 + \alpha_{i2}\,\mathsf{Z}_2 + \cdots + \alpha_{in}\,\mathsf{Z}_n \qquad (i = 1, 2, \ldots, n). \tag{3}$$

Die n Gleichungen (2) und die n Gleichungen (3) geben aufgelöst

$$\left.\begin{aligned} \mathsf{H}_i &= a_{i1}\,\bar{\eta}_1 + a_{i2}\,\bar{\eta}_2 + \cdots + a_{in}\,\bar{\eta}_n, \\ \mathsf{Z}_i &= a_{i1}\,\bar{\zeta}_1 + a_{i2}\,\bar{\zeta}_2 + \cdots + a_{in}\,\bar{\zeta}_n, \end{aligned}\right\} \quad \text{mit} \quad a_{ij} = \frac{\mathsf{A}_{ji}}{D_n} \qquad (i = 1, 2, \ldots, n), \tag{4}$$

wobei $D_n \equiv |\alpha_{ij}|$ die Determinante der α_{ij} und A_{ij} die Unterdeterminante[1]) ihres Elements α_{ij} ist und die a_{ij} die zu den α_{ij} dualen Größen (Kap. II, Ziff. **11**) sind. Die Lösungen (4) sind stets gültig, weil nach (II, **10**, 1) stets $D_n > 0$ ist.

Die Kräfte H_i, Z_i wirken auf die Scheibenmassen m_i gemäß den Gleichungen

$$m_i\,\ddot{\eta}_i + \mathsf{H}_i = 0, \quad m_i\,\ddot{\zeta}_i + \mathsf{Z}_i = 0 \quad (i = 1, 2, \ldots, n), \tag{5}$$

wenn η_i, ζ_i die Koordinaten von S_i sind. Setzt man die Ausdrücke (4) in die Bewegungsgleichungen (5) ein und beachtet, daß

$$\left.\begin{aligned} \bar{\eta}_i &= \eta_i - e_i \cos\varphi_i = \eta_i - e_i \cos(\varphi + \vartheta_i), \\ \bar{\zeta}_i &= \zeta_i - e_i \sin\varphi_i = \zeta_i - e_i \sin(\varphi + \vartheta_i) \end{aligned}\right\} \tag{6}$$

ist, so kommt

$$\left.\begin{aligned} m_i\,\ddot{\eta}_i + a_{i1}\,\eta_1 + a_{i2}\,\eta_2 + \cdots + a_{in}\,\eta_n &= e_1\,a_{i1} \cos(\varphi + \vartheta_1) + \\ &\quad + e_2\,a_{i2} \cos(\varphi + \vartheta_2) + \cdots + e_n\,a_{in} \cos(\varphi + \vartheta_n), \\ m_i\,\ddot{\zeta}_i + a_{i1}\,\zeta_1 + a_{i2}\,\zeta_2 + \cdots + a_{in}\,\zeta_n &= e_1\,a_{i1} \sin(\varphi + \vartheta_1) + \\ &\quad + e_2\,a_{i2} \sin(\varphi + \vartheta_2) + \cdots + e_n\,a_{in} \sin(\varphi + \vartheta_n) \end{aligned}\right\} \; (i = 1, 2, \ldots, n). \tag{7}$$

Dies sind die Verallgemeinerungen der Gleichungen (**2**, 2) der einfach besetzten Welle. Die eigentlich noch hinzutretende Gleichung, die die Antriebsmomente M_i mit der Drehbeschleunigung $\ddot{\varphi}$ der Scheiben verbände, lassen wir sogleich fort; denn wir würden aus ihr wie in Ziff. **2** nur den Schluß ziehen, daß der stationäre Betrieb $M_i = 0$, den wir hier allein betrachten, auch bei mehrfach besetzten Wellen sehr genau mit dem stationären Drehzustand $\dot{\omega} = 0$ zusammenfällt. Das Fortlassen der Drehgleichung bedeutet dann, daß wir den sicherlich auch bei mehrfach besetzten Wellen ganz geringfügigen Einfluß der Exzentrizitäten e_i, genauer gesagt, der entsprechenden Größen $\varepsilon_i = (e_i/k_i)^2$ auf die Werte der aufzusuchenden kritischen Drehzahlen nicht untersuchen wollen.

---

[1]) Siehe Fußnote von S. 93.

Wie in Ziff. **2**, so ziehen wir auch hier den Schluß, daß die Gleichungen (7) zu Resonanz, also zu einem kritischen Zustand der Welle für diejenigen Drehgeschwindigkeiten $\omega_k = \dot{\varphi}$ führen, für welche die beiden verkürzten Systeme (7) Lösungen von der Form $\eta_i = A_i \cos \omega t$, $\zeta_i = B_i \sin \omega t$ zulassen. Dies tritt ein, wenn ω_k die Frequenzgleichung befriedigt

$$\begin{vmatrix} (a_{11} - m_1 \omega^2) & a_{12} & \cdots & a_{1n} \\ a_{21} & (a_{22} - m_2 \omega^2) & \cdots & a_{2n} \\ \vdots & \vdots & & \vdots \\ a_{n1} & a_{n2} & \cdots & (a_{nn} - m_n \omega^2) \end{vmatrix} = 0. \tag{8}$$

Ihre reellen Wurzeln sind die kritischen Drehgeschwindigkeiten.

Da nach (II, **11**, 3) $a_{ij} = a_{ji}$ ist, so ist (8) eine sogenannte Säkulargleichung, und eine solche hat, wie bekannt, lauter reelle Wurzelquadrate ω_k^2. Entwickelt man die Determinante (8) nach Potenzen von ω^2 und teilt durch $(-1)^n m_1 m_2 \cdots m_n$, so kommt

$$\omega^{2n} - \omega^{2(n-1)} \sum \frac{a_{ii}}{m_i} + \omega^{2(n-2)} \sum \frac{A_{(ij)}}{m_i m_j} - \omega^{2(n-3)} \sum \frac{A_{(ijl)}}{m_i m_j m_l} + \cdots + (-1)^n \frac{\Delta_n}{m_1 m_2 \cdots m_n} = 0. \tag{9}$$

Dabei ist mit Δ_n die Determinante $|a_{ij}|$ der Einflußzahlen a_{ij} bezeichnet und mit $A_{(ij \ldots r)}$ die Determinante aus denjenigen Elementen von Δ_n, die der i-ten, j-ten, ..., r-ten Zeile und der i-ten, j-ten, ..., r-ten Spalte von Δ_n gemeinsam sind. Die Determinanten $A_{(ij \ldots r)}$ haben zur Hauptdiagonale lauter Elemente der Hauptdiagonale von Δ_n und sind also nach Kap. II, Ziff. **11**, ebenso wie Δ_n selbst, wesentlich positiv. Demnach hat die linke Seite von (9) genau n Zeichenwechsel, und da ihre n Wurzelquadrate ω_k^2 sämtlich reell sind, so müssen sie also zudem alle positiv sein. Mithin gibt es n reelle kritische Drehgeschwindigkeiten ω_k $(k = 1, 2, \ldots, n)$.

Diese n Drehgeschwindigkeiten müssen aber nicht notwendig immer alle verschieden sein. Wenn die linke Seite der Gleichung (8) (infolge des Verschwindens von Einflußzahlen a_{ij}) in ein Produkt von zwei oder mehr Determinanten von dem Typus $A_{(ij \ldots r)}$ (jedoch natürlich mit $a_{ll} - m_l \omega^2$ statt a_{ll}) zerfällt, so können diese Teildeterminanten ohne weiteres gemeinsame Nullstellen haben. Ein solches Zerfallen tritt ein, wenn die Welle ein oder mehrere Zwischenlager hat, die wie Einspannungen wirken, also weder Biegemomente noch Querkräfte weiterleiten und somit die Welle in zwei oder mehr voneinander elastisch unabhängige Körper trennen. Derartige Wellen wollen wir fortan stets schon in ihre unabhängigen Teile zerlegt denken und also weiterhin einspannungsförmige Zwischenlager ausschließen. Dann aber sind, wie man beweisen kann, alle Wurzelquadrate ω_k^2 nicht nur positiv, sondern auch unter sich verschieden, und daher gilt der Satz:

Eine mit n Scheiben besetzte Welle (ohne einspannungsförmige Zwischenlager und ohne Rücksicht auf Kreiselwirkung) hat n verschiedene reelle kritische Drehzahlen.

Man kann die Frequenzgleichung (8) auch mit den Maxwellschen Einflußzahlen α_{ij} selbst anstatt mit den zu ihnen dualen Einflußzahlen a_{ij} schreiben, nämlich in der sofort zu bestätigenden Form:

$$\begin{vmatrix} \left(\alpha_{11} m_1 - \frac{1}{\omega^2}\right) & \alpha_{12} m_2 & \cdots & \alpha_{1n} m_n \\ \alpha_{21} m_1 & \left(\alpha_{22} m_2 - \frac{1}{\omega^2}\right) & \cdots & \alpha_{2n} m_n \\ \vdots & \vdots & & \vdots \\ \alpha_{n1} m_1 & \alpha_{n2} m_2 & \cdots & \left(\alpha_{nn} m_n - \frac{1}{\omega^2}\right) \end{vmatrix} = 0. \tag{10}$$

Denn, wenn man die n Zeilen dieser Determinante der Reihe nach mit $-\omega^2 \mathsf{A}_{11}/D_n$, $-\omega^2 \mathsf{A}_{21}/D_n, \ldots, -\omega^2 \mathsf{A}_{n1}/D_n$ multipliziert und addiert, so entsteht wegen

$$\sum_i \alpha_{i1} \mathsf{A}_{i1} = D_n \quad \text{und} \quad \sum_i \alpha_{ij} \mathsf{A}_{i1} = 0 \quad (\text{für} \quad j \neq 1)$$

gerade die erste Zeile der Determinante (8); ebenso entsteht deren zweite Zeile, wenn man die n Zeilen der Determinante (10) der Reihe nach mit $-\omega^2 \mathsf{A}_{12}/D_n$, $-\omega^2 \mathsf{A}_{22}/D_n, \ldots, -\omega^2 \mathsf{A}_{n2}/D_n$ multipliziert und addiert; und so fort bis zur letzten Zeile von (8). Da aber diese Umwandlung der Determinante (10) ihren Wert nur um den (nach Kap. II, Ziff. **10** nichtverschwindenden) Faktor $(-1)^n \omega^{2n} \mathsf{A}_{11} \mathsf{A}_{22} \ldots \mathsf{A}_{nn}/D_n^n$ ändert, so hat die Gleichung (10) dieselben Wurzeln ω_k^2 wie die Gleichung (8) und ist also mit (8) gleichwertig. Wenn man die n Zeilen der Determinante (10) der Reihe nach mit $\sqrt{m_1}, \sqrt{m_2}, \ldots, \sqrt{m_n}$ multipliziert und die n Spalten der Reihe nach mit $\sqrt{m_1}, \sqrt{m_2}, \ldots, \sqrt{m_n}$ dividiert, so kommt die symmetrisierte Form

$$\left.\begin{array}{c}\begin{vmatrix} \left(\alpha_{11}\mu_{11} - \frac{1}{\omega^2}\right) & \alpha_{12}\mu_{12} & \cdots & \alpha_{1n}\mu_{1n} \\ \alpha_{21}\mu_{21} & \left(\alpha_{22}\mu_{22} - \frac{1}{\omega^2}\right) & \cdots & \alpha_{2n}\mu_{2n} \\ \vdots & \vdots & & \\ \alpha_{n1}\mu_{n1} & \alpha_{n2}\mu_{n2} & \cdots & \left(\alpha_{nn}\mu_{nn} - \frac{1}{\omega^2}\right) \end{vmatrix} = 0 \\ \text{mit} \quad \mu_{ij} = \mu_{ji} = +\sqrt{m_i m_j}. \quad (\mu_{ii} = m_i) \end{array}\right\} \tag{11}$$

Aus dieser symmetrischen Form kann man ebenfalls die Schlüsse ziehen, die aus (8) folgten (vgl. schon Kap. III, Ziff. **12**).

Entwickelt man die Determinante in (10) oder (11), so kommt analog zu (9)

$$\left.\begin{array}{r}\frac{1}{\omega^{2n}} - \frac{1}{\omega^{2(n-1)}} \sum \alpha_{ii} m_i + \frac{1}{\omega^{2(n-2)}} \sum \mathsf{A}_{(ij)} m_i m_j - \frac{1}{\omega^{2(n-3)}} \sum \mathsf{A}_{(ijl)} m_i m_j m_l + \cdots + \\ + (-1)^n D_n m_1 m_2 \ldots m_n = 0. \end{array}\right\} \tag{12}$$

Dabei sind die $\mathsf{A}_{(ij\ldots r)}$ Teildeterminanten, die aus der Determinante $D_n \equiv |\alpha_{ij}|$ genau so entstehen, wie die $A_{(ij\ldots r)}$ in (9) aus der Determinante $\Delta_n \equiv |a_{ij}|$; sie sind, wie D_n selbst, nach Kap. II, Ziff. **10** alle wesentlich positiv.

Aus (12) und (9) folgt insbesondere

$$\sum_{k=1}^{n} \frac{1}{\omega_k^2} = \sum_{i=1}^{n} \alpha_{ii} m_i, \qquad \sum_{k=1}^{n} \omega_k^2 = \sum_{i=1}^{n} \frac{a_{ii}}{m_i}. \tag{13}$$

Die Ausdrücke $\alpha_{ii} m_i$ haben eine anschauliche Bedeutung: würde man außer der i-ten Scheibe alle andern Scheiben entfernen, ohne aber die Welle und ihre Lagerung zu ändern, so wäre $\omega_{(i)} = 1/\sqrt{\alpha_{ii} m_i}$ nach (**2**, 1) die kritische Drehzahl dieser nunmehr nur noch einfach besetzten Welle. Daher lautet die erste Gleichung (13) auch

$$\sum_{k=1}^{n} \frac{1}{\omega_k^2} = \sum_{i=1}^{n} \frac{1}{\omega_{(i)}^2}. \tag{14}$$

Ordnen wir die ω_k nach ihrer Größe: $\omega_1 < \omega_2 < \cdots < \omega_n$, so folgt daraus als obere Schranke für $1/\omega_1^2$, d. h. als untere Schranke für die kleinste kritische Drehgeschwindigkeit ω_1 der n-fach besetzten Welle:

$$\frac{1}{\omega_1^2} < \sum_{i=1}^{n} \frac{1}{\omega_{(i)}^2}. \tag{15}$$

Weil die Reihe der reziproken Quadrate der ω_k in der Regel rasch abnimmt, so liefert diese sogenannte Dunkerleysche Formel (15) praktisch zumeist schon eine wenigstens für Abschätzungen brauchbare Näherung von ω_1.

Eine analoge Deutung kann man der zweiten Gleichung (13) beilegen. Nach (4) ist a_{ii} die zur Erzeugung einer Einheitsdurchbiegung am Ort der i-ten Scheibe daselbst erforderliche Kraft, falls man sich die Welle (außer in ihren Lagern) an den Orten aller übrigen Scheiben festgehalten denkt (vgl. auch Kap. II, Ziff. **11**). Mithin ist $\bar{\alpha}_{ii} = 1/a_{ii}$ die Durchbiegung, die bei einer so festgehaltenen Welle von einer am Ort der i-ten Scheibe angreifenden Einheitskraft daselbst erzeugt würde. Nennt man also $\bar{\omega}_{(i)}$ diejenige kritische Drehzahl, die die Welle hätte, wenn sie nur die i-te Scheibe trüge und (außer in ihren Lagern) an den Orten aller übrigen Scheiben drehbar festgehalten wäre, so hat man analog zu (14)

$$\sum_{k=1}^{n} \omega_k^2 = \sum_{i=1}^{n} \bar{\omega}_{(i)}^2 \tag{16}$$

und also als obere Schranke für die höchste kritische Drehgeschwindigkeit ω_n der n-fach besetzten Welle:

$$\omega_n^2 < \sum_{i=1}^{n} \bar{\omega}_{(i)}^2 . \tag{17}$$

Die Hilfsgrößen $\bar{\omega}_{(i)}$ sind allerdings weniger bequem zu ermitteln, als die Hilfsgrößen $\omega_{(i)}$ der Dunkerleyschen Formel.

Zu der Frequenzgleichung in der Form (10) kommt man auch noch auf einem zweiten Weg, nämlich wenn man fragt, bei welchen Drehgeschwindigkeiten ω_k die Welle für den Fall von lauter verschwindenden Exzentrizitäten $e_i = 0$ $(i = 1, 2, \ldots, n)$ einen Zustand stationärer Ausbiegung unter dem Zusammenwirken der Scheibenfliehkräfte und der elastischen Gegenkräfte der Welle zuläßt. Bezeichnet man mit y_i die Auslenkung am Ort der i-ten Scheibe für die gebogene Wellenachse, die jetzt notwendigerweise zu einer ebenen Kurve verbogen sein muß, und deren Ebene also mit der Drehgeschwindigkeit ω_k rotiert, so erhält man sofort als Erweiterung der Gleichung (**2**, 23)

$$y_i = \alpha_{i1} m_1 \omega_k^2 y_1 + a_{i2} m_2 \omega_k^2 y_2 + \cdots + \alpha_{in} m_n \omega_k^2 y_n \quad (i = 1, 2, \ldots, n). \tag{18}$$

Dies ist ein System homogener Gleichungen für die y_i und läßt nur dann von Null verschiedene Lösungen, also die gefragte stationäre Auslenkung der Welle zu, wenn ihre Koeffizientendeterminante verschwindet. Diese erscheint aber [wenn man die Gleichungen (18) zuvor mit ω_k^2 dividiert] in der Tat unmittelbar in der Form (10). Damit ist auch für mehrfach besetzte Wellen das Äquivalenzprinzip bewiesen:

Die wirklichen kritischen Drehgeschwindigkeiten ω_k einer Welle stimmen überein mit denjenigen Drehgeschwindigkeiten, für die die Welle auch bei fehlenden Exzentrizitäten einer stationären Auslenkung fähig wäre.

Die Gleichungen (18) lassen, genau wie die Gleichung (**2**, 23) bei der einfach besetzten Welle, die kritischen Zustände für verschwindende Exzentrizitäten als (zirkularpolarisierte) Schwingungen der mit n Massen besetzten Welle deuten, und somit gelten hier die folgenden allgemeinen Sätze für lineare schwingende Systeme mit n Freiheitsgraden:

1. Die Welle hat im Zustand der niedersten kritischen Drehgeschwindigkeit ω_1 außerhalb ihrer Lager keinen Schwingungsknoten; bei der zweiten kritischen ω_2 hat sie entweder außerhalb ihrer Lager einen Knoten oder aber einen Berührungsknoten *in einem etwaigen* Zwischenlager, bei der dritten ω_3 zwei Knoten usw.

(Berührungsknoten heißt dabei ein solcher Knotenpunkt, in welchem die gebogene Wellenachse die ungebogene zur Tangente hat.)

2. Bei Vergrößerung (Verkleinerung) irgendeiner Masse m_s sinken (steigen) alle kritischen Werte ω_k $(k=1,2,\ldots,n)$ oder nehmen wenigstens nicht zu (ab); gleichbleiben können dabei aber nur einzelne, nicht alle. Das gleiche gilt bei Verkleinerung (Vergrößerung) der Biegesteifigkeit der Welle.

Der Fall, daß ein Wert ω_k bei Veränderung einer Masse m_s gleichbleibt, tritt offenbar jedesmal dann ein, wenn die Masse m_s in einem Knoten der zu ω_k gehörigen Schwingungsform der Welle sitzt.

Der letzte der beiden Sätze findet übrigens eine einfache Bestätigung (die aber kein Beweis ist) in den Formeln (9) und (12). Wenn die kritischen Werte $\omega_k (k=1,2,\ldots,n)$ sinken (oder vereinzelt auch gleichbleiben), so sinken auch ihre Quadratsummen $\Sigma\omega_i^2$, die Summen $\Sigma\omega_i^2\omega_j^2$, $\Sigma\omega_i^2\omega_j^2\omega_l^2$ usw., sowie schließlich ihr Quadratprodukt $\omega_1^2\omega_2^2\ldots\omega_n^2$. Diese Größen sind aber die ebenfalls mit dem Symbol Σ bezeichneten Koeffizienten in der Gleichung (9), und diese nehmen in der Tat ab, sobald irgendeine Masse m_s vergrößert wird. Denn die dortigen Zähler $A_{(ij\ldots r)}$ sind, wie schon oben festgestellt wurde, wesentlich positiv. Jene Koeffizienten nehmen aber auch ab, wenn die Biegesteifigkeit sinkt. Denn man kann nach (II, **10**, 22) und der Schlußbemerkung von Kap. II, Ziff. **11** die Teildeterminanten $A_{(ij\ldots r)}$ als Produkte von lauter „gebundenen" Einflußzahlen $a_{ii}^{(l,\ldots,m)}$ darstellen, und diese nehmen gemäß ihrer Bedeutung mit sinkender Biegesteifigkeit sicher ab. Die gleichen Schlüsse kann man natürlich ebensogut aus den Koeffizienten von (12) ziehen und bei Verkleinerung einer Masse m_s oder bei Vergrößerung der Biegesteifigkeit entsprechend umkehren.

Was nun endlich noch die zahlenmäßige Bestimmung der kritischen Werte ω_k anlangt, so wäre der unmittelbarste Weg der, die Gleichung (9) oder besser noch (12) aufzulösen. Um aber die Koeffizienten dieser Gleichungen explizit aufzustellen, brauchte man zuerst die Kenntnis aller n^2 Einflußzahlen a_{ij} oder besser α_{ij}, in Wirklichkeit sind das (wegen $a_{ij}=a_{ji}$ bzw. $\alpha_{ij}=\alpha_{ji}$) nicht n^2, sondern $\frac{1}{2}n(n+1)$ Größen; sodann müßte man, wie leicht abzuzählen, 2^n-n-1 Determinanten $A_{(ij\ldots r)}$ oder besser $\mathsf{A}_{(ij\ldots r)}$ ausrechnen, im ganzen also bei größeren Werten n eine recht mühsame Aufgabe. Man kann diese Aufgabe schon ganz erheblich vereinfachen, wenn man die Determinanten $A_{(ij\ldots r)}$ oder besser $\mathsf{A}_{(ij\ldots r)}$ nach (II, **10**, 22) durch einfache Produkte von „gebundenen" Einflußzahlen $a_{ii}^{(l,\ldots,m)}$ oder besser $\alpha_{ii}^{(l,\ldots,m)}$ ausdrückt. Man benötigt dabei zwar, wie wieder leicht abzuzählen, 2^n-1 Einflußzahlen (was für $n>2$ mehr sind als die Anzahl der a_{ij} bzw. α_{ij}), braucht aber dafür dann keine umständliche Determinantenrechnung. Die „gebundenen" Einflußzahlen lassen sich gegebenenfalls auch durch einen statischen Versuch ermitteln. Dieser Weg empfiehlt sich für $n>2$ indessen höchstens dann, wenn man alle kritischen Werte ω_k kennen will. Für die tiefsten kritischen Werte allein werden wir später bequemere Näherungsmethoden ausführlich entwickeln, für die höchsten wenigstens andeuten.

Hat man die kritische Drehgeschwindigkeit ω_k bestimmt, so kann man die zugehörigen $y_{ki} (i=1,2,\ldots,n)$ vollends bis auf einen willkürlichen Faktor aus den Gleichungen (18) berechnen, indem man irgendwelche $n-1$ dieser Gleichungen benützt [die n-te ist wegen (10) eine Folge der $n-1$ andern] und einen der n Werte y_{ki} willkürlich wählt. Dieser Wert bzw. der willkürliche Faktor kann natürlich durch irgendeine Normierungsbedingung für diese sogenannte Eigenlösung $y_{ki} (i=1,2,\ldots,n)$ festgelegt werden. Im Sinne von Kap. III, Ziff. **12** sind die Größen ω_k^2 $(k=1,2,\ldots,n)$ die Eigenwerte dieses Problems.

11. Berücksichtigung der Kreiselwirkung. Das Äquivalenzprinzip bleibt auch noch bestehen, wenn man nun vollends die Kreiselwirkung bei der Schiefstellung der Scheiben hinzunimmt, wie ganz entsprechend durch Verbinden der Gedankengänge von Ziff. **9** und **10** bewiesen werden kann. Wir benützen dieses Prinzip sogleich, indem wir diejenigen Drehgeschwindigkeiten ω_{gl} aufsuchen, die eine stationäre Auslenkung bei verschwindenden Exzentrizitäten e_ι zulassen, und zwar zunächst im Gleichlauf. Sind y_ι die Auslenkungen und φ_ι die dortigen Neigungen der gebogenen Wellenachse, $C_\iota = A_\iota - B_\iota$ die Differenzen des axialen und äquatorialen Trägheitsmomentes jeder Scheibe und endlich $\alpha_{\iota\jmath}, \beta_{\iota\jmath}, \gamma_{\iota\jmath} = \delta_{\jmath\iota}$ die wie in Kap. II, Ziff. **9** definierten Maxwellschen Einflußzahlen, so hat man als Erweiterung von (**9**, 7) und (**10**, 18)

$$\left.\begin{aligned} y_\iota &= \alpha_{\iota 1} m_1 \omega_{gl}^2 y_1 + \cdots + \alpha_{\iota n} m_n \omega_{gl}^2 y_n - \gamma_{1\iota} C_1 \omega_{gl}^2 \varphi_1 - \cdots - \gamma_{n\iota} C_n \omega_{gl}^2 \varphi_n, \\ \varphi_\iota &= \gamma_{\iota 1} m_1 \omega_{gl}^2 y_1 + \cdots + \gamma_{\iota n} m_n \omega_{gl}^2 y_n - \beta_{\iota 1} C_1 \omega_{gl}^2 \varphi_1 - \cdots - \beta_{\iota n} C_n \omega_{gl}^2 \varphi_n \end{aligned}\right\} \quad (i = 1, 2, \ldots, n). \qquad (1)$$

Die Bedingung dafür, daß diese $2n$ homogenen Gleichungen (die aus dem schon in Ziff. **9** angegebenen Grund keine Deutung der kritischen Zustände als zirkularpolarisierte Schwingungen erlauben) von Null verschiedene Lösungen y_ι, φ_ι zulassen, also eine stationäre Auslenkung und damit einen kritischen Zustand, lautet

$$\begin{vmatrix} \left(\alpha_{11} m_1 - \frac{1}{\omega_{gl}^2}\right) \cdots & \alpha_{1n} m_n & \gamma_{11} C_1 & \cdots & \gamma_{n1} C_n \\ \vdots & \vdots & \vdots & & \vdots \\ \alpha_{n1} m_1 & \cdots \left(\alpha_{nn} m_n - \frac{1}{\omega_{gl}^2}\right) & \gamma_{1n} C_1 & \cdots & \gamma_{nn} C_n \\ \gamma_{11} m_1 & \cdots \quad \gamma_{1n} m_n & \left(\beta_{11} C_1 + \frac{1}{\omega_{gl}^2}\right) & \cdots & \beta_{1n} C_n \\ \vdots & \vdots & \vdots & & \vdots \\ \gamma_{n1} m_1 & \cdots \quad \gamma_{nn} m_n & \beta_{n1} C_1 & \cdots & \left(\beta_{nn} C_n + \frac{1}{\omega_{gl}^2}\right) \end{vmatrix} = 0 \qquad (2)$$

oder wieder symmetrisiert

$$\left.\begin{aligned} &\begin{vmatrix} \left(\alpha_{11} \mu_{11} - \frac{1}{\omega_{gl}^2}\right) \cdots & \alpha_{1n} \mu_{1n} & \gamma_{11} \mu_{11} & \cdots & \gamma_{n1} \mu_{n1} \\ \vdots & \vdots & \vdots & & \vdots \\ \alpha_{n1} \mu_{n1} & \cdots \left(\alpha_{nn} \mu_{nn} - \frac{1}{\omega_{gl}^2}\right) & \gamma_{1n} \mu_{1n} & \cdots & \gamma_{nn} \mu_{nn} \\ \gamma_{11} \mu_{11} & \cdots \quad \gamma_{1n} \mu_{1n} & \left(\beta_{11} \mu_{11} + \frac{1}{c_1^2 \omega_{gl}^2}\right) \cdots & & \beta_{1n} \mu_{1n} \\ \vdots & \vdots & \vdots & & \vdots \\ \gamma_{n1} \mu_{n1} & \cdots \quad \gamma_{nn} \mu_{nn} & \beta_{n1} \mu_{n1} & \cdots & \left(\beta_{nn} \mu_{nn} + \frac{1}{c_n^2 \omega_{gl}^2}\right) \end{vmatrix} = 0 \\ &\text{mit} \quad \mu_{\iota\jmath} = \mu_{\jmath\iota} = +\sqrt{m_\iota m_\jmath} \quad (\mu_{\iota\iota} = m_\iota) \quad \text{und} \quad C_\iota = m_i c_\iota^2. \end{aligned}\right\} \qquad (3)$$

[Die in den letzten n Spalten stehenden Minuszeichen von (1) sind dabei einfach weggefallen.]

Die Gleichung (3) für die kritischen Werte ω_{glk} hat nicht mehr ganz die Form einer Säkulargleichung; zwar ist die Determinante D_{2n}^* aus den Elementen $\alpha_{ij}\mu_{i\jmath}, \beta_{\iota\jmath}\mu_{i\jmath}, \gamma_{ij}\mu_{\iota\jmath}$ immer noch symmetrisch gebaut, aber in den letzten n Zeilen haben die Glieder $1/c_\iota^2\omega_{gl}^2$ nun das positive Vorzeichen. Obwohl auch hier diejenigen Determinanten, die aus D_{2n}^* durch Streichen gleichnumerierter Zeilen und Spalten entstehen, gemäß der Schlußbemerkung von Kap. II, Ziff. **10** ebenso wie D_{2n}^* selbst alle positiv sind (ihre Zeilen bzw. Spalten unterscheiden sich ja von den aus reinen Einflußzahlen α_{ij}, β_{ij}, γ_{ij} gebildeten Determinanten nur um positive Faktoren $\sqrt{m_i}$ bzw. $\sqrt{m_j}$), so hat doch die Gleichung (3) vom Grad $2n$ in $1/\omega_{gl}^2$ keineswegs $2n$ positive Wurzeln $1/\omega_{glk}^2$, wie schon der Fall $n=1$ in Ziff. **9** zeigte, wo nur eine positive Wurzel ω_{gl}^2 vorhanden war. Vielmehr gilt folgender Satz:

Eine mit n Scheiben besetzte Welle hat n kritische Drehzahlen des Gleichlaufs, und jede dieser Drehzahlen ist größer als oder mindestens ebenso groß wie die entsprechende ohne Kreiselwirkung; das Gleichbleiben kann wieder nur auf einzelne, nicht auf alle zusammen zutreffen.

Die Richtigkeit des zweiten Teils dieses Satzes leuchtet ohne weiteres ein, sobald man bedenkt, daß an jeder einzelnen Scheibe das Kreiselmoment, wenn überhaupt vorhanden (d. h. wenn sich bei der betreffenden Biegeform der Welle die Scheibe überhaupt schräg stellt), beim Gleichlauf nach Ziff. **9** nur im Sinne einer Verringerung der Biegung, also wie eine Versteifung der Welle und damit im Sinne einer Erhöhung der kritischen Drehzahl wirken kann.

Die Richtigkeit des ersten Teils des obigen Satzes erläutern wir der einfacheren Darstellung halber an dem Fall $n=3$; die Erweiterung auf beliebiges n wird dabei ohne weiteres ersichtlich sein. Bezeichnet beispielsweise $[\alpha_i\alpha_j\beta_l]$ irgendeine der (stets positiven) Determinanten, die aus D_6^* dadurch entstehen, daß man von den drei ersten Zeilen und Spalten je eine gleichnumerierte streicht und ebenso von den drei letzten Zeilen und Spalten je zwei gleichnumerierte, so daß also die Hauptdiagonale von $[\alpha_i\alpha_j\beta_l]$ irgendwelche zwei von den Elementen $\alpha_{11}\mu_{11}$, $\alpha_{22}\mu_{22}$, $\alpha_{33}\mu_{33}$ und außerdem irgendeines der Elemente $\beta_{11}\mu_{11}$, $\beta_{22}\mu_{22}$, $\beta_{33}\mu_{33}$ enthält, und zwar in ihrer natürlichen Reihenfolge, so liefert die Entwicklung von (3)

$$\left.\begin{aligned}
&\frac{1}{\omega_{gl}^{12}}-\frac{1}{\omega_{gl}^{10}}\left(\Sigma\alpha_{ii}\mu_{ii}-\Sigma\beta_{ll}\mu_{ll}c_l^2\right)+\frac{1}{\omega_{gl}^{8}}\left(\Sigma[\alpha_i\alpha_j]-\Sigma[\alpha_i\beta_l]\,c_l^2+\Sigma[\beta_l\beta_m]\,c_l^2c_m^2\right)-\\
&-\frac{1}{\omega_{gl}^{6}}\left([\alpha_1\alpha_2\alpha_3]-\Sigma[\alpha_i\alpha_j\beta_l]\,c_l^2+\Sigma[\alpha_i\beta_l\beta_m]\,c_l^2c_m^2-[\beta_1\beta_2\beta_3]\,c_1^2c_2^2c_3^2\right)-\\
&-\frac{1}{\omega_{gl}^{4}}\left(\Sigma[\alpha_1\alpha_2\alpha_3\beta_l]\,c_l^2-\Sigma[\alpha_i\alpha_j\beta_l\beta_m]\,c_l^2c_m^2+\Sigma[\alpha_i\beta_1\beta_2\beta_3]\,c_1^2c_2^2c_3^2\right)-\\
&-\frac{1}{\omega_{gl}^{2}}\left(\Sigma[\alpha_1\alpha_2\alpha_3\beta_l\beta_m]\,c_l^2c_m^2-\Sigma[\alpha_i\alpha_j\beta_1\beta_2\beta_3]\,c_1^2c_2^2c_3^2\right)-D_6^*\,c_1^2c_2^2c_3^2=0.
\end{aligned}\right\}\qquad(4)$$

Weil alle Determinanten $[\cdots]$ sowie D_6^* wesentlich positiv sind, so weist diese Gleichung für hinreichend kleine c_i^2, also hinreichend schwache Kreiselwirkung drei Zeichenwechsel auf und hat dort drei positive Wurzelquadrate ω_{glk}^2 ($k=1, 2, 3$), und zwar genau drei und nicht bloß eins, wie man durch Stetigkeitsgründe aus dem in Ziff. **10** erledigten Grenzfall $c_i^2=0$ ($i=1, 2, 3$) bei verschwindender Kreiselwirkung schließt. (Außerdem erscheinen jetzt noch wegen der drei Zeichenfolgen drei weiterhin belanglose Wurzelquadrate aus dem Unendlichen im negativen Wertebereich.) Für hinreichend große c_i^2, also hinreichend starke Kreiselwirkung hat man (neben drei negativen Wurzelquadraten von kleinen Absolutbeträgen) nach wie vor drei positive Wurzelquadrate ω_{glk}^2, die bei $c_i^2\to\infty$ ($i=1,2,3$) der Gleichung

$$\frac{1}{\omega_{gl}^6}-\frac{1}{\omega_{gl}^4}\,\frac{\Sigma[\alpha_i\beta_1\beta_2\beta_3]}{[\beta_1\beta_2\beta_3]}+\frac{1}{\omega_{gl}^2}\,\frac{\Sigma[\alpha_i\alpha_j\beta_1\beta_2\beta_3]}{[\beta_1\beta_2\beta_3]}-\frac{D_6^*}{[\beta_1\beta_2\beta_3]}=0 \qquad (5)$$

gehorchen. Deren Wurzelquadrate $\tilde\omega_{glk}^2$ geben die asymptotisch erreichten Werte von ω_{glk}^2 an. Vergleicht man die asymptotische Gleichung (5) mit der (sogleich mit ω_{gl}^6 multiplizierten) Gleichung des Grenzfalls $c_i^2=0$ ($i=1, 2, 3$)

$$\frac{1}{\omega_{gl}^6}-\frac{1}{\omega_{gl}^4}\sum\alpha_{ii}\,\mu_{ii}+\frac{1}{\omega_{gl}^2}\sum[\alpha_i\alpha_j]-[\alpha_1\alpha_2\alpha_3]=0, \qquad (6)$$

so stellt man nach (II, **10**, 11) und (II, **10**, 18) sowie der Schlußbemerkung von Kap. II, Ziff. **10** fest, daß für die entsprechenden Koeffizienten

$$\left.\begin{aligned} &\Sigma\,\alpha_{ii}\mu_{ii} > \Sigma\,[\alpha_i\beta_1\beta_2\beta_3] : [\beta_1\beta_2\beta_3]\,,\\ &\Sigma\,[\alpha_i\alpha_j] > \Sigma\,[\alpha_i\alpha_j\,\beta_1\beta_2\beta_3] : [\beta_1\beta_2\beta_3]\,,\\ &[\alpha_1\alpha_2\alpha_3] > D_6^* : [\beta_1\beta_2\beta_3] \end{aligned}\right\} \tag{7}$$

gilt, daß also die Koeffizienten der Gleichung (6) größer sind als die entsprechenden von (5), und dies bestätigt noch einmal den zweiten Teil unseres Satzes auch für die asymptotischen Werte $\tilde{\omega}_{gl\,k}$: sie sind größer als (in Einzelfällen auch ebensogroß wie) die entsprechenden Werte ω_k ohne Kreiselwirkung.

Setzt man $c_i = p_i c$ $(i = 1, 2, \ldots, n)$, wo c irgendein mittlerer c_i-Wert sein mag, und läßt man dann c von Null an stetig wachsen, indem man sich die Massen m_i zuerst punktförmig und dann zu immer dünner werdenden und dabei ihren Durchmesser entsprechend vergrößernden Scheiben verformt denkt, so zeigen die kritischen Drehzahlen $\omega_{gl\,k}$ als Funktionen von c einen Verlauf, der durch die (stark ausgezogenen) Kurven in Abb. 15 in typischer Weise wiedergegeben wird. Doch können einzelne Kurven auch waagerechte Geraden sein (wenn nämlich bei der zugehörigen Schwingungsform der Welle zufällig alle Scheiben keine Schrägstellung erfahren).

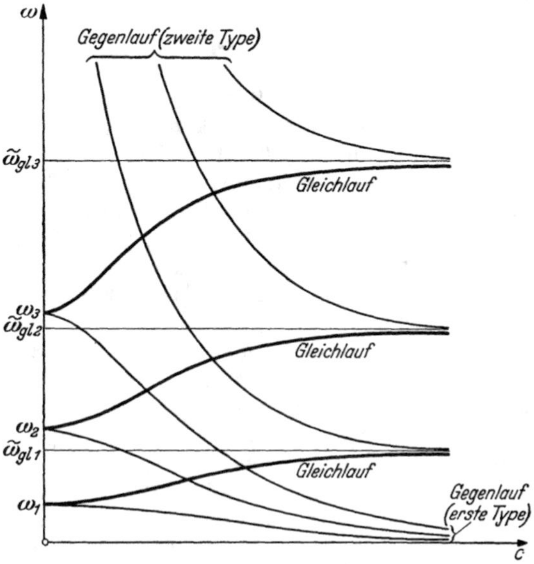

Abb. 15. Kritische Drehgeschwindigkeiten des Gleichlaufs und Gegenlaufs bei einer dreifach besetzten Welle.

Eine Abweichung von diesem typischen Verlauf und damit eine Verringerung der Anzahl n der kritischen Drehzahlen des Gleichlaufs für irgendeinen Bereich von c-Werten könnte nur dann eintreten, wenn mit von Null anwachsendem c entweder einzelne Wurzelquadrate ω_{gl}^2 über Null oder Unendlich zu negativen Werten übergingen — das ist aber gemäß (4) wegen $D_6^* > 0$ unmöglich —, oder wenn einzelne Paare von Wurzelquadraten ω_{gl}^2 aus dem Reellen ins Komplexe übergingen — das ist aber unmöglich, weil sie dabei an der Realitätsgrenze zusammenfallen müßten, während man wieder zeigen kann, daß alle Wurzeln von (3) unter sich verschieden sind.

Benützt man die in (II, **10**, 22) entwickelte Darstellung von Determinanten aus Maxwellschen Einflußzahlen, so kann man die ersten Glieder der ersten Ungleichung (7) in der Form schreiben

$$\alpha_{11} > \alpha_{11}\beta_{11}^{(1)}\beta_{22}^{(1)[1]}\beta_{33}^{(1)[1,2]} : \beta_{11}\beta_{22}^{[1]}\beta_{33}^{[1,2]} \quad \text{oder} \quad \frac{\beta_{11}^{(1)}\beta_{22}^{(1)[1]}\beta_{33}^{(1)[1,2]}}{\beta_{11}\beta_{22}^{[1]}\beta_{33}^{[1,2]}} < 1\,; \tag{8}$$

dabei soll beispielsweise $\beta_{33}^{(1)[1,2]}$ bedeuten, daß β_{33} unter der Bedingung zu bestimmen ist, daß im Punkt *1* keine Durchbiegung und in den Punkten *1* und *2* keine Neigungen der Biegelinie gestattet werden. Fügt man eine vierte Scheibe auf dieselbe Welle hinzu (deren Masse etwa den andern, schon vorhandenen

Scheiben entnommen werden kann), so erhält man statt dessen

$$\frac{\beta_{11}^{(1)}\beta_{22}^{(1)[1]}\beta_{33}^{(1)[1,2]}\beta_{44}^{(1)[1,2,3]}}{\beta_{11}\beta_{22}^{[1]}\beta_{33}^{[1,2]}\beta_{44}^{[1,2,3]}} < 1. \tag{9}$$

Da in den Brüchen (8) und (9) jedes Zählerglied kleiner oder wenigstens nicht größer als das gleichvielte Nennerglied ist (es enthält ja eine Einschränkung mehr als dieses), so ist der Bruch (9) kleiner oder wenigstens nicht größer als der Bruch (8), und das Gleichbleiben kann nur ausnahmsweise eintreten. Folglich kann man es durch Hinzufügen von hinreichend vielen weiteren Scheiben sicherlich erreichen, daß sowohl der entsprechende Bruch (9) als auch die entsprechenden zu α_{22}, α_{33} usw. gehörenden Brüche je unter eine vorgegebene beliebig kleine Zahl sinken und damit auch die linke Seite der der ganzen ersten Ungleichung (7) entsprechenden Ungleichung

$$\frac{\Sigma[\alpha_{\iota}\beta_1\beta_2\ldots]:[\beta_1\beta_2\ldots]}{\Sigma\alpha_{\iota\iota}\mu_{\iota\iota}} < 1,$$

und dies besagt dann, daß man es durch Hinzufügen von hinreichend vielen weiteren Scheiben immer erreichen kann, daß der erste Koeffizient der entsprechenden Gleichung (5) (für die asymptotischen Werte $\bar{\omega}_{gl\,k}$), geteilt durch den ersten Koeffizienten der entsprechenden Gleichung (6) (für die Werte $\omega_{gl} = \omega_k$ ohne Kreiselwirkung) unter einer vorgegebenen beliebig kleinen positiven Zahl liegt. Da diese Koeffizienten aber die Summen der reziproken Wurzelquadrate $1/\bar{\omega}_{gl\,k}^2$ bzw. $1/\omega_k^2$ sind, so kann man es also durch Erhöhung der Scheibenzahl n stets erzwingen, daß der Quotient $\Sigma(1:\bar{\omega}_{gl\,k}^2):\Sigma(1:\omega_k^2)$ ein beliebig kleiner Bruch wird. Richtet man es bei der Erhöhung der Scheibenzahl zudem so ein, daß dabei $\Sigma\alpha_{i\iota}\mu_{\iota i} = \Sigma\alpha_{i\iota}m_{\iota}$ unverändert bleibt oder jedenfalls nicht größer wird, was durch geeignete Verfügung über die Massen m_{ι} stets möglich ist, so wird durch dieses Verfahren $\Sigma(1:\bar{\omega}_{gl\,k}^2)$ selbst unter eine vorgegebene beliebig kleine positive Schranke herabgedrückt, was zur Folge hat, daß die asymptotischen Werte $\bar{\omega}_{gl\,k}^2$ alle über einer beliebig vorgegebenen Schranke liegen. Wählt man dann auch noch die c_i genügend groß, so daß man mit den $\omega_{gl\,k}$ sicher in der Nähe der asymptotischen Werte ist, so kann man auf diese Weise zuerst den höchsten Wert $\omega_{gl\,n}$, dann den zweithöchsten $\omega_{gl,n-1}$ und so fort, über eine beliebig groß vorzugebende Schranke $\bar{\omega}$ hinaufdrücken. Wählt man $\bar{\omega}$ größer als jede praktisch mögliche Drehgeschwindigkeit, so darf man diesen Sachverhalt auch wohl in folgenden Satz kleiden:

Wellen mit hinreichend vielen Scheiben von hinreichend großem Trägheitsmoment besitzen unterhalb einer beliebig hohen Schranke $\bar{\omega}$ keinen oder nur beliebig wenige kritische Zustände des Gleichlaufs.

Für den auch bei mehrfach besetzten Wellen viel weniger gefährlichen Gegenlauf muß man in den vorangehenden Gleichungen, wie schon in Ziff. **9**, die Größen C_i ersetzen durch $-C_i' = -(A_i + B_i)$ oder also, wenn man entsprechend $C_i' = m_{\iota}c_i'^2$ setzt, die Größen c_i^2 durch $-c_i'^2$. Mithin kommt statt (3) als Bestimmungsgleichung für die kritischen Geschwindigkeiten ω_{gn}

$$\left.\begin{array}{c}\begin{vmatrix} \alpha_{11}\mu_{11}-\frac{1}{\omega_{gn}^2} & \cdots & \alpha_{1n}\mu_{1n} & \gamma_{11}\mu_{11} & \cdots & \gamma_{n1}\mu_{n1} \\ \vdots & & \vdots & \vdots & & \vdots \\ \alpha_{n1}\mu_{n1} & \cdots & \left(\alpha_{nn}\mu_{nn}-\frac{1}{\omega_{gn}^2}\right) & \gamma_{1n}\mu_{1n} & \cdots & \gamma_{nn}\mu_{nn} \\ \gamma_{11}\mu_{11} & \cdots & \gamma_{1n}\mu_{1n} & \left(\beta_{11}\mu_{11}-\frac{1}{c_1'^2\omega_{gn}^2}\right) & \cdots & \beta_{1n}\mu_{1n} \\ \vdots & & \vdots & \vdots & & \vdots \\ \gamma_{n1}\mu_{n1} & \cdots & \gamma_{nn}\mu_{nn} & \beta_{n1}\mu_{n1} & \cdots & \left(\beta_{nn}\mu_{nn}-\frac{1}{c_n'^2\omega_{gn}^2}\right) \end{vmatrix} = 0 \\ \text{mit}\quad \mu_{\iota\jmath} = \mu_{\jmath\iota} = +\sqrt{m_{\iota}m_{\jmath}}\quad (\mu_{\iota\iota} = m_{\iota}) \quad\text{und}\quad C_i' = m_{\iota}c_i'^2. \end{array}\right\} \tag{10}$$

Da man die ω_{gn}^2 von den Faktoren $c_i'^2$ befreien könnte, indem man die $(n+i)$-te Zeile und die $(n+i)$-te Spalte je mit c_i' multipliziert, so ist dies nun wieder eine Säkulargleichung; sie hat somit lauter reelle Wurzelquadrate $\omega_{gn\,k}^2$. Daß diese stets auch positiv sind, sieht man wieder schon an dem Beispiel $n=3$. Aus (4) wird dann nämlich

$$\left.\begin{aligned} &\frac{1}{\omega_{gn}^{12}}-\frac{1}{\omega_{gn}^{10}}\left(\Sigma\,\alpha_{ii}\mu_{ii}+\Sigma\,\beta_{ll}\mu_{ll}c_l'^2\right)+\frac{1}{\omega_{gn}^{8}}\left(\Sigma\,[\alpha_i\alpha_j]+\Sigma\,[\alpha_i\beta_l]\,c_l'^2+\Sigma\,[\beta_l\beta_m]\,c_l'^2c_m'^2\right)-\\ &\quad-\frac{1}{\omega_{gn}^{6}}\left([\alpha_1\alpha_2\alpha_3]+\Sigma\,[\alpha_i\alpha_j\beta_l]\,c_l'^2+\Sigma\,[\alpha_i\beta_l\beta_m]\,c_l'^2c_m'^2+[\beta_1\beta_2\beta_3]\,c_1'^2c_2'^2c_3'^2\right)+\\ &\quad+\frac{1}{\omega_{gn}^{4}}\left(\Sigma\,[\alpha_1\alpha_2\alpha_3\beta_l]\,c_l'^2+\Sigma\,[\alpha_i\alpha_j\,\beta_l\beta_m]\,c_l'^2c_m'^2+\Sigma\,[\alpha_i\beta_1\beta_2\beta_3]\,c_1'^2c_2'^2c_3'^2\right)-\\ &\quad-\frac{1}{\omega_{gn}^{2}}\left(\Sigma\,[\alpha_1\alpha_2\alpha_3\beta_l\beta_m]\,c_l'^2c_m'^2+\Sigma\,[\alpha_i\,\alpha_j\beta_1\beta_2\beta_3]\,c_1'^2c_2'^2c_3'^2\right)+D_6^*\,c_1'^2c_2'^2c_3'^2=0. \end{aligned}\right\}\quad(11)$$

Hierin sind nun gemäß (II, **10**, 5) alle Determinanten $[\cdots]$ wesentlich positiv, und mithin hat die Gleichung sechs (allgemein $2n$) Zeichenwechsel und also lauter positive Wurzelquadrate ω_{gn}^2. Man kann zeigen, daß sie zudem alle unter sich verschieden sind, und hat somit den Satz:

Eine mit n Scheiben besetzte Welle hat $2n$ kritische Drehzahlen des Gegenlaufs.

Wie schon bei einer einfach besetzten Welle, so gibt es auch hier zwei Typen des Gegenlaufs. Aus (11) geht nämlich hervor, daß für $c_i'^2\to 0$ $(i=1,2,\ldots,n)$ neben drei (n) kritischen Werten $\omega_{gn\,k}$, die noch mit denjenigen ω_k ohne Kreiselwirkung zusammenfallen, drei (n) weitere kritische Werte $\omega_{gn\,k}$ im Unendlichen liegen und für $c_i'^2>0$ ins Endliche rücken. Setzt man $c_i'=p_i'c$ und läßt c von Null an stetig wachsen, so sinken alle sechs $(2n)$ Werte $\omega_{gn\,k}$, und mit $c\to\infty$ nähern sich die drei (n) erstgenannten, die zur ersten Type des Gegenlaufs gehören, asymptotisch dem Wert Null, wogegen die drei (n) letztgenannten, die zur zweiten Type des Gegenlaufs gehören, sich den asymptotischen Werten $\bar{\omega}_{gl\,k}$ des Gleichlaufs nähern, wie der Vergleich von (11) für $c\to\infty$ mit (5) sofort zeigt. In Abb. 15 sind auch diese beiden Typen des Gegenlaufs (dünner ausgezogen) eingetragen.

Bezüglich der zahlenmäßigen Bestimmung der kritischen Werte $\omega_{gl\,k}$ und $\omega_{gn\,k}$ gilt das am Schluß von Ziff. **10** Gesagte in entsprechender Weise. Bei der unmittelbaren Berechnung aller kritischen Zahlen aus den Gleichungen von der Form (4) bzw. (11) bietet es nun einen erheblichen Vorteil, die „gebundenen" Einflußzahlen zu benützen, weil man dann nur solche von der Art $\alpha_{ii}^{(l,\ldots,m)}$ und $\beta_{ii}^{(l,\ldots,m)}$ braucht und auf die Ermittlung der γ_{ij} ganz verzichten kann. Die zu einem kritischen Wert $\omega_{gl\,k}$ bzw. $\omega_{gn\,k}$ gehörige Eigenlösung y_{ki}, φ_{ki} $(i=1,2,\ldots,n)$ folgt in entsprechender Weise aus dem System (1) bzw. aus diesem System mit $-C_i'$ statt C_i.

12. Wellen mit dichter Besetzung. Es ist naheliegend, die Zahl der Scheiben über alle Grenzen wachsen zu lassen. Eine solche Welle mit unendlich vielen unendlich dünnen, genau zentrierten Scheiben, die aber nicht notwendig die ganze Welle ausfüllen müssen, stellt dann wenigstens genähert einen mit vielen Scheiben sehr dicht besetzten Rotor dar oder auch eine massebehaftete Welle selbst. Wenn man zunächst von der Kreiselwirkung absieht, so geht nun das Gleichungssystem (**10**, 18) über in die Integralgleichung

$$y(x)=\omega^2\int_0^l G(x,z)\,\overline{m}(z)\,y(z)\,dz. \qquad (1)$$

Dabei ist mit $\overline{m}$ die Masse je Längeneinheit der Welle bezeichnet, mit l die Länge der Welle und mit $G(x, z) \equiv G(z, x)$ [an Stelle von $\alpha(x, z)$] die Durchbiegung im Punkt x infolge einer Einheitskraft im Punkte z, also die sogenannte Greensche Funktion der Welle. Faßt man das Integral im Stieltjesschen Sinne auf, so ist in (1) auch der Fall enthalten, daß die Welle außer ihrer kontinuierlichen Besetzung $\overline{m}$ noch irgendwelche Einzelscheiben m_i trägt.

Setzt man

$$\overline{m}(x) = \overline{m}_0 f(x), \tag{2}$$

wo $\overline{m}_0$ irgendein fester Wert ist und $f(x)$ als mindestens stückweise stetig vorausgesetzt werden darf, und bringt man mittels der dimensionslosen Größen

$$\xi = \frac{x}{l}, \qquad \zeta = \frac{z}{l}, \qquad \Omega^2 = \omega^2 \frac{\overline{m}_0 l^4}{E J_0}, \qquad \Gamma(\xi, \zeta) \equiv \frac{E J_0}{l^3} G(\xi, \zeta), \tag{3}$$

wo $E J_0$ irgendein fester Wert der im übrigen beliebig veränderlichen Biegesteifigkeit der Welle sein mag, die Integralgleichung (1) auf die dimensionslose Form

$$y(\xi) = \Omega^2 \int_0^1 \Gamma(\xi, \zeta) f(\zeta) y(\zeta) \, d\zeta, \tag{4}$$

so hat sie die gleiche Gestalt wie die Integralgleichung (III, **13**, 1). Dies bestätigt auch für dicht besetzte Wellen wieder, daß ohne Kreiselwirkung und für verschwindende Exzentrizitäten die kritischen Zustände als (zirkularpolarisierte) Schwingungen gedeutet werden können.

Für die symmetrische Greensche Funktion G beweist man genau wie in Kap. IX, Ziff. **7**, daß sie positiv definit ist, und da auch die Belegungsfunktion $f(\xi)$ durchweg positiv bleibt, so gibt es nach Kap. III, Ziff. **13** unendlich viele positive Eigenwerte Ω_k^2. Damit ist ein auch aus Ziff. **10** durch Grenzübergang zu $n \to \infty$ zu erschließender Satz auf einem ganz andern Wege erneut bestätigt, nämlich:

Eine ganz oder teilweise mit Scheiben dicht besetzte Welle hat (ohne Kreiselwirkung) unendlich viele reelle kritische Drehzahlen.

Wendet man die für symmetrische, positiv definite Greensche Funktionen gültige Formel (III, **13**, 5) an, so erhält man

$$H^2 \equiv \int_0^1 \Gamma(\xi, \xi) f(\xi) \, d\xi = \frac{1}{\Omega_1^2} + \frac{1}{\Omega_2^2} + \cdots \tag{5}$$

und daraus mit dem Wert (3) von Ω_k^2 folgende untere Schranke für die kleinste kritische Drehgeschwindigkeit:

$$\omega_1 > \frac{1}{H} \sqrt{\frac{E J_0}{\overline{m}_0 l^4}}. \tag{6}$$

Dies ist die Erweiterung der Dunkerleyschen Formel auf dicht besetzte Wellen.

Eine obere Schranke oder unter Umständen sogar die genaue Lösung könnte man erhalten, wenn man auch noch die zugehörige Differentialgleichung beizieht. Sie lautet

$$\frac{d^2}{dx^2}\left(E J \frac{d^2 y}{d x^2}\right) - \omega^2 \overline{m} \, y = 0 \tag{7}$$

oder dimensionslos

$$\frac{d^2}{d\xi^2}\left(\frac{J}{J_0} \frac{d^2 y}{d \xi^2}\right) - \Omega^2 f y = 0 \tag{8}$$

und besagt, daß, vom mitrotierenden System aus betrachtet, die Biegelinie $y(x)$ von der Fliehkraftbelastung $\omega^2 \overline{m} y$ herrührt. In einfachen Fällen kann man diese Differentialgleichung unmittelbar lösen. Beispielsweise für eine Welle von unveränderlicher Biegesteifigkeit $EJ = EJ_0$ und gleichmäßiger Besetzung $\overline{m} = \overline{m}_0$, also $f(\xi) \equiv 1$, wird (8) befriedigt durch die Funktionen $\sin(\sqrt{\Omega}\,\xi)$, $\cos(\sqrt{\Omega}\,\xi)$, $\operatorname{Sin}(\sqrt{\Omega}\,\xi)$, $\operatorname{Cof}(\sqrt{\Omega}\,\xi)$. Liegt die Welle beiderseits frei drehbar auf, so kommt nur die Lösung $y = \sin(\sqrt{\Omega}\,\xi)$ in Betracht, die die Lagerbedingung am Ende $\xi = 0$ schon erfüllt. Damit sie dies auch am Ende $\xi = 1$ tut, muß $\sqrt{\Omega_k} = k\pi$ sein ($k = 1, 2, \ldots$). Dies gibt die kritischen Werte

$$\omega_k = k^2\pi^2\sqrt{\frac{EJ_0}{\overline{m}_0 l^4}} \qquad (k = 1, 2, \ldots), \tag{9}$$

also in der Tat eine unbegrenzte Reihe von kritischen Drehzahlen, die sich wie $1:4:9:\cdots$ verhalten.

Man kann die Differentialgleichung (8) auch noch für andere Besetzungen und Biegesteifigkeiten lösen. Wo dies nicht möglich ist, kann man (ebenso wie in Kap. IX, Ziff. **8** bis **11**) wenigstens die tiefsten kritischen Drehzahlen mit geeigneten Näherungsmethoden finden. Wir gehen hierauf hier nur deswegen nicht weiter ein, weil für die bei Dampfturbinen vorkommenden Wellenformen (z. B. für abgesetzte Wellen) die später (§ 3) zu entwickelnden Methoden im allgemeinen bequemer zum Ziel führen.

Gehen wir jetzt zur Berücksichtigung auch der Kreiselwirkung über, und zwar zuerst für den Gleichlauf, so haben wir — in Erweiterung von (1) und im Hinblick auf die für die Maxwellschen Einflußzahlen kennzeichnenden Beziehungen (II, **9**, 8) und (II, **9**, 9) — statt dem System (**11**, 1) die beiden simultanen Integrodifferentialgleichungen

$$y(x) = \omega_{gl}^2\int_0^l G(x,z)\,\overline{m}(z)\,y(z)\,dz - \omega_{gl}^2\int_0^l \frac{\partial G(x,z)}{\partial z}\,\overline{C}(z)\,y'(z)\,dz, \tag{10}$$

$$y'(x) = \omega_{gl}^2\int_0^l \frac{\partial G(x,z)}{\partial x}\,\overline{m}(z)\,y(z)\,dz - \omega_{gl}^2\int_0^l \frac{\partial^2 G(x,z)}{\partial x\,\partial z}\,\overline{C}(z)\,y'(z)\,dz. \tag{11}$$

Dabei ist $\overline{C}$ das entsprechende Trägheitsmoment je Längeneinheit der Welle, genauer gesagt

$$\overline{C} = \frac{1}{2}\,\overline{m}\,\frac{\int r^2 dF}{F} = \frac{1}{4}\,\overline{m}\,r^2 = \frac{1}{4}\,\frac{r_0^2}{\overline{m}_0}\,\overline{m}^2, \tag{12}$$

wo $\int r^2 dF$ das polare Trägheitsmoment der jeweiligen Scheibenfläche F vom Halbmesser $r(x)$ und r_0 den zu m_0 gehörigen Scheibenhalbmesser bedeutet. Statt $\varphi(x)$ ist in (11) sofort die Ableitung $y'(x)$ geschrieben. Weil also, wie zu erwarten, Gleichung (11) die Ableitung nach x von Gleichung (10) darstellt, so brauchen wir immer nur eine von beiden zu benützen; man könnte sie ohne weiteres auch wieder in dimensionsloser Gestalt schreiben.

Um die asymptotischen Werte $\tilde{\omega}_{gl\,k}^2$ für allenthalben unbeschränkt sich vergrößernde Scheiben zu finden, setzen wir gemäß (12) und (2)

$$\overline{C}(x) = \overline{m}_0\,f^2(x)\,c^2 \quad \text{mit} \quad c = \frac{r_0}{2}, \tag{13}$$

wo also c der äquatoriale Trägheitsarm der Vergleichsscheibe von der Masse $\overline{m}_0$ (je Längeneinheit) ist. Führt man dies in die Gleichung (11) ein und läßt dann c über alle Grenzen wachsen, so darf man das erste Glied rechts gegen das zweite weglassen und hat

$$y'(x) = -\overline{m}_0\,c^2\,\tilde{\omega}_{gl}^2\int_0^l \frac{\partial^2 G(x,z)}{\partial x\,\partial z}\,f^2(z)\,y'(z)\,dz. \tag{14}$$

Man beweist ebenso wie früher, daß der (in entsprechender Weise symmetrisierbare) Kern dieser Integralgleichung positiv definit ist, und somit sind die Eigenwerte $(-\bar{\omega}_{gl\,k}^2)$ alle positiv, also alle $\bar{\omega}_{gl\,k}^2$ negativ. Dies besagt, daß die Asymptoten von Abb. 15 (Ziff. **11**) für $n \to \infty$ alle über das Unendliche hinweg imaginär geworden sind. Die zugehörige Kurvenschar hat also das Gepräge von Abb. 16 (stark ausgezogene Kurven) angenommen.

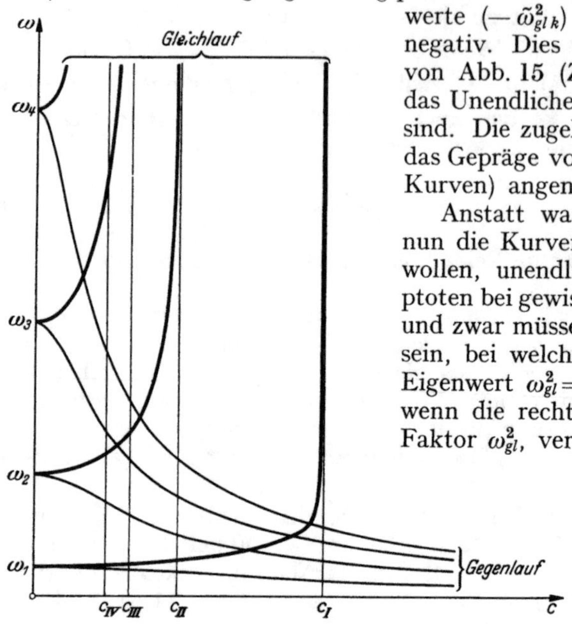

Abb. 16. Kritische Drehgeschwindigkeiten des Gleichlaufs und Gegenlaufs bei einer dicht besetzten Welle.

Anstatt waagerechter Asymptoten hat nun die Kurvenschar, wie wir jetzt zeigen wollen, unendlich viele senkrechte Asymptoten bei gewissen Abszissen $c_I, c_{II}, c_{III}, \ldots$, und zwar müssen dies diejenigen Parameter sein, bei welchen die Gleichung (10) einen Eigenwert $\omega_{gl}^2 = \infty$ besitzt. Dies tritt ein, wenn die rechte Seite von (10), ohne den Faktor ω_{gl}^2, verschwindet, also für

$$\int_0^l G(x,z)\,\overline{m}(z)\,y(z)\,dz = \int_0^l \frac{\partial G(x,z)}{\partial z}\,\overline{C}(z)\,y'(z)\,dz.$$

Man kann die rechte Seite dieser Gleichung durch Teilintegration umformen und erhält

$$\int_0^l G(x,z)\,\overline{m}(z)\,y(z)\,dz = \left[G(x,z)\,\overline{C}(z)\,y'(z)\right]_0^l - \int_0^l G(x,z)\,\frac{d}{dz}\left(\overline{C}\,\frac{dy}{dz}\right)dz.$$

Liegt die Welle an beiden Enden auf — für frei herausragende Wellen wäre eine Sonderuntersuchung nötig, die wir hier nicht wiedergeben —, so ist $G(x,z) = 0$ für $z = 0$ und $z = l$, und man bekommt mithin, wenn man noch auf (2) und (13) achtet,

$$\int_0^l G(x,z)\left[c^2\,\frac{d}{dz}\left(f^2\,\frac{dy}{dz}\right) + f\,y\right]dz = 0.$$

Deutet man die eckige Klammer hier als „Belastung" der Welle, so sagt diese Gleichung aus, daß die Durchbiegung unter dieser „Belastung" an allen Stellen x verschwinden muß. Das ist aber nur möglich, wenn die „Belastung" selbst überall Null ist, also wenn (sofort wieder in x geschrieben)

$$c^2\,\frac{d}{dx}\left(f^2\,\frac{dy}{dx}\right) + f\,y = 0 \qquad (15)$$

oder dimensionslos

$$\frac{d}{d\xi}\left(f^2\,\frac{dy}{d\xi}\right) + \left(\frac{l}{c}\right)^2 f\,y = 0 \qquad (16)$$

wird. Dies ist die Bestimmungsgleichung für die Asymptotenabszissen $c_I, c_{II}, \cdots$. Gleichung (16) läßt sich aber einfach als „Schwingungsgleichung" eines eindimensional schwingenden Kontinuums von der „Masse" $f(\xi)$ und der „Steifigkeit" $f^2(\xi)$ deuten (z. B. Torsionsschwingungen oder Längsschwingungen einer Welle von veränderlichem Halbmesser), und zwar mit den „Eigenwerten"

$(l/c)^2$. Folglich gibt es in der Tat unendlich viele reelle Asymptotenabszissen $c_I > c_{II} > c_{III} > \cdots$. Dies liefert den Satz:

Die dicht besetzte Welle hat keine kritische Drehzahl des Gleichlaufs, wenn $c > c_I$ ist; sie hat nur eine, wenn $c_I > c > c_{II}$ ist, zwei, wenn $c_{II} > c > c_{III}$ ist, allgemein p, wenn $c_p > c > c_{p+1}$ ist.

Beispielsweise für eine Welle von beliebig veränderlicher Biegesteifigkeit, aber gleichmäßiger Besetzung $\overline{m} = m_0$, also $f(\xi) \equiv 1$, hat man als Lösung von (16) mit den Lagerbedingungen $y = 0$ für $\xi = 0$ und $\xi = 1$

$$y = A \sin \frac{l}{c} \xi \quad \text{mit} \quad \frac{l}{c} = k\pi \qquad (k = 1, 2, \ldots)$$

und also

$$c_K = \frac{l}{k\pi} \quad \begin{pmatrix} k = 1, 2, \ldots \\ K = 1, 2, \ldots \end{pmatrix}. \tag{17}$$

Man kann zur Lösung des Problems natürlich auch wieder die Differentialgleichung heranziehen. Hierzu muß man in (8) auch noch die „Belastung“ durch die Kreiselmomente hinzufügen. Ist $\omega_{gl}^2 \overline{C} y' dx$ das im Sinne einer Verkleinerung von y' wirkende Kreiselmoment am Balkenelement dx, so ist $\omega_{gl}^2 \overline{C} y'$ die zugehörige Querkraft und also $\omega_{gl}^2 \frac{d}{dx} (\overline{C} y')$ die zugehörige „Belastung“, und zwar, wie man leicht überlegt, auch im Vorzeichen mit der Fliehkraftbelastung $\omega_{gl}^2 \overline{m} y$ übereinstimmend. Demnach hat man im kritischen Zustand des Gleichlaufs die Biegegleichung

$$\frac{d^2}{dx^2}\left(EJ \frac{d^2 y}{dx^2}\right) - \omega_{gl}^2 \left[\frac{d}{dx}\left(\overline{C} \frac{dy}{dx}\right) + \overline{m} y\right] = 0 \tag{18}$$

oder dimensionslos

$$\frac{d^2}{d\xi^2}\left(\frac{J}{J_0} \frac{d^2 y}{d\xi^2}\right) - \Omega_{gl}^2 \left[\left(\frac{c}{l}\right)^2 \frac{d}{d\xi}\left(f^2 \frac{dy}{d\xi}\right) + f y\right] = 0 \quad \text{mit} \quad \Omega_{gl}^2 = \omega_{gl}^2 \frac{\overline{m}_0 l^4}{E J_0}. \tag{19}$$

Zunächst bestätigt man, daß auch hier als Bedingung für unendlich große Eigenwerte Ω_{gl}^2 wieder die Gleichung (16) erscheint. Die allgemeine Integration der Gleichung (19) gelingt im Falle unveränderlicher Biegesteifigkeit und Besetzung, also mit $J = J_0$ und $f(\xi) \equiv 1$ durch Kreis- und Hyperbelfunktionen. Handelt es sich beispielsweise um eine beiderseits frei drehbar gelagerte Welle, so führt die an die Lagerbedingungen angepaßte Lösung

$$y = A \sin k\pi\xi \qquad (k = 1, 2, \ldots)$$

in (19) eingesetzt auf die Gleichung

$$k^4 \pi^4 = \Omega_{gl\,k}^2 \left[1 - \left(\frac{k\pi c}{l}\right)^2\right],$$

woraus mit (3) die kritischen Zahlen des Gleichlaufs

$$\omega_{gl\,k} = \sqrt{\frac{E J_0}{\overline{m}_0 l^4}} \frac{k^2 \pi^2}{\sqrt{1 - \left(\frac{k\pi c}{l}\right)^2}} \qquad (k = 1, 2, \ldots) \tag{20}$$

folgen. Diese Formel bestätigt noch einmal die Werte c_K(17) und allgemein die Gestalt des Kurvenbildes von Abb. 16 (diese ist speziell für den vorliegenden Fall berechnet). Weil $\pi c = \frac{1}{2}\pi r$ der vierte Teil des Scheibenumfanges ist, so gilt nach (20) für die gleichförmig besetzte, beiderseits aufliegende Welle der Satz[1]):

[1]) R. Grammel, Kritische Drehzahl und Kreiselwirkung, Z. VDI 64 (1920) S. 911 und 73 (1929) S. 1114.

Wenn der Scheibenumfang größer als die vierfache Wellenlänge ist, so verhindert die Kreiselwirkung jede kritische Drehzahl des Gleichlaufs; wenn er zwischen der vierfachen und der doppelten Wellenlänge liegt, so gibt es nur eine kritische Drehzahl des Gleichlaufs; wenn er zwischen der doppelten und der 4/3-fachen Wellenlänge liegt, so gibt es zwei kritische Drehzahlen des Gleichlaufs; allgemein gibt es p solche, wenn der Scheibenumfang zwischen dem $4/p$- und dem $4/(p+1)$-fachen der Wellenlänge liegt.

Man kann zeigen, daß dieser Satz auch für solche gleichförmig besetzte Wellen gilt, die am einen oder an beiden Enden eingespannt sind [obwohl dann die Formel (20) nicht mehr zutrifft].

Weitere Lösungen von (19) für andere Lagerbedingungen und andere Besetzungen sind in großer Mannigfaltigkeit bei Wellen von unveränderlicher Biegesteifigkeit gelungen[1]); sie sollen hier aber nicht wiedergegeben werden, da für die in der Regel benützten abgesetzten Wellen auch bei Berücksichtigung der Kreiselwirkung die später zu entwickelnden allgemeineren Methoden mehr zu empfehlen sind.

Der Gegenlauf ist nun vollends schnell behandelt. Man hat jetzt in (10) und (11) $\overline{C}$ durch die entsprechende Größe $-\overline{C'}$ zu ersetzen, wobei statt (12) und (13)

$$\overline{C'} = \frac{3}{4}\overline{m}r^2 = 3\overline{C} = 3\overline{m}_0 f^2 c^2 \quad \text{mit} \quad c = \frac{r_0}{2} \tag{21}$$

ist. Dies bedeutet, daß man in (14), (15), (16), (18) und (19) überall $-3f^2$ statt $+f^2$ zu schreiben hat. Die Folge ist, daß wegen

$$y'(x) = +\,3\,\overline{m}_0\, c^2\, \tilde{\omega}_{gn}^2 \int_0^l \frac{\partial^2 G(x,z)}{\partial x\, \partial z}\, f^2(z)\, y'(z)\, dz \tag{22}$$

für unbeschränkt große Werte c im Gegensatz zum Gleichlauf wieder unendlich viele positive Eigenwerte $\tilde{\omega}_{gn}^2$ vorhanden sind, die mit $c \to \infty$ gegen Null gehen müssen:

$$\tilde{\omega}_{gn\,k}^2 = 0 \qquad (k = 1, 2, \ldots). \tag{23}$$

In Abb. 16 ist auch das Gepräge der Gegenlaufkurven (dünner ausgezogen) angegeben. Man sieht, daß nur noch die erste Type des Gegenlaufs vorhanden ist; die zweite ist verschwunden. Im besonderen gilt also der Satz:

Die dicht besetzte Welle hat unendlich viele kritische Drehzahlen des Gegenlaufs; sie nähern sich mit $c \to \infty$ asymptotisch dem Wert Null.

Die Differentialgleichung für den Gegenlauf heißt:

$$\frac{d^2}{d\xi^2}\left(\frac{J}{J_0}\frac{d^2 y}{d\xi^2}\right) + \Omega_{gn}^2\left[3\left(\frac{c}{l}\right)^2 \frac{d}{d\xi}\left(f^2 \frac{dy}{d\xi}\right) - f y\right] = 0 \quad \text{mit} \quad \Omega_{gn}^2 = \omega_{gn}^2 \frac{\overline{m}_0 l^4}{E J_0}. \tag{24}$$

Wir beschränken uns wieder auf den Fall $J = J_0$ und $f(\xi) \equiv 1$ und finden auf gleiche Weise wie früher die kritischen Zahlen des Gegenlaufs

$$\omega_{gn\,k} = \sqrt{\frac{E J_0}{\overline{m}_0 l^4}}\, \frac{k^2 \pi^2}{\sqrt{1 + 3\left(\frac{k\pi c}{l}\right)^2}} \qquad (k = 1, 2, \ldots). \tag{25}$$

Diese Formel bestätigt mit $c \to \infty$ noch einmal das asymptotische Verhalten (23) und die Tatsache, daß für jeden endlichen Wert von c unendlich viele reelle Werte ω_{gn} vorhanden sind. (Die Gegenlaufkurven von Abb. 16 sind wieder speziell für diesen Fall berechnet.)

---

[1]) Vgl. das Buch von K. Karas, Die kritischen Drehzahlen wichtiger Rotorformen, Wien 1935.

§ 3. Die Berechnung der kritischen Drehzahlen.

13. Ein Vergleichsbeispiel. Wir wenden uns schließlich zur zahlenmäßigen Berechnung der kritischen Drehzahlen bei beliebig gestalteten Rotoren. Aus der Reihe der hierfür entwickelten Methoden wählen wir einige wenige aus, die wir für die besten halten dürfen. Da es sich um Näherungsmethoden handelt, so soll ein Beispiel vorausgeschickt werden, das nach der am Schluß von Ziff. **10** genannten Vorschrift exakt (aber freilich sehr mühsam) durchgerechnet worden ist. Mit den genauen Werten dieses Beispiels werden wir später die Ergebnisse der Näherungsmethoden zu vergleichen haben.

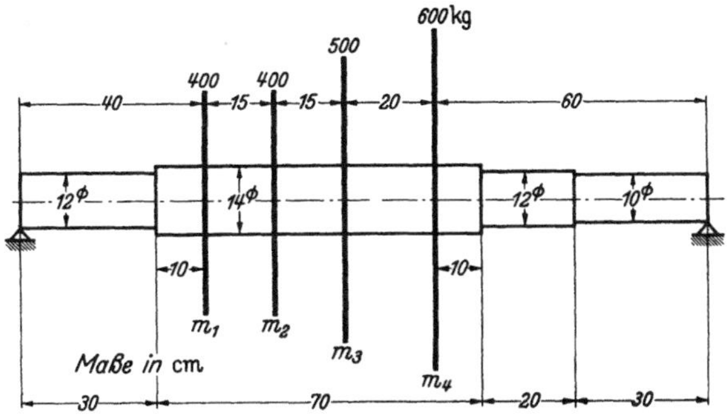

Abb. 17. Dampfturbinenrotor.

Das Vergleichsbeispiel betrifft den Rotor von Abb. 17 mit vier Scheiben von den Gewichten

$$G_1 = G_2 = 400 \text{ kg}, \quad G_3 = 1{,}25\, G_1 = 500 \text{ kg}, \quad G_4 = 1{,}50\, G_1 = 600 \text{ kg}.$$

Die Maße sind in cm angegeben, die Trägheitsmomente der Wellenstücke sind

$$J_{10} = 491 \text{ cm}^4, \quad J_{12} = 1018 \text{ cm}^4, \quad J_{14} = 1886 \text{ cm}^4,$$

und der Elastizitätsmodul sei $E = 2{,}2 \cdot 10^6$ kg/cm². Zunächst sind für diese abgesetzte Welle alle Einflußzahlen α_{ij} ermittelt; sie sind in der Form

$$\alpha_{ij} = \bar{\alpha}_{ij} \frac{10^3}{EJ_{14}} \text{ cm kg}^{-1} \tag{1}$$

dargestellt, wo EJ_{14} (kg cm²) die Biegesteifigkeit des dicksten Wellenstückes ist; die $\bar{\alpha}_{ij}$ (cm³) sind in Tabelle 1 wiedergegeben.

Tabelle 1.

$\bar{\alpha}_{ij}$	$j=1$	$j=2$	$j=3$	$j=4$
$i=1$	50,948	58,927	61,206	56,932
$i=2$	58,927	70,929	75,656	71,906
$i=3$	61,206	75,656	83,507	81,930
$i=4$	56,932	71,906	81,930	85,261

Wenn wir zunächst noch von der Kreiselwirkung ganz absehen, so können wir die Frequenzgleichung (**10**, 10) wegen $m_2 = m_1$, $m_3 = 1{,}25\, m_1$, $m_4 = 1{,}50\, m_1$ mit (1) und mit

$$\Omega^2 = \omega^2 \frac{10^3 m_1}{EJ_{14}} \tag{2}$$

in der Gestalt schreiben

$$\begin{vmatrix} \bar{\alpha}_{11} - \frac{1}{\Omega^2} & \bar{\alpha}_{12} & 1{,}25\bar{\alpha}_{13} & 1{,}50\bar{\alpha}_{14} \\ \bar{\alpha}_{21} & \bar{\alpha}_{22} - \frac{1}{\Omega^2} & 1{,}25\bar{\alpha}_{23} & 1{,}50\bar{\alpha}_{24} \\ \bar{\alpha}_{31} & \bar{\alpha}_{32} & 1{,}25\bar{\alpha}_{33} - \frac{1}{\Omega^2} & 1{,}50\bar{\alpha}_{34} \\ \bar{\alpha}_{41} & \bar{\alpha}_{42} & 1{,}25\bar{\alpha}_{43} & 1{,}50\bar{\alpha}_{44} - \frac{1}{\Omega^2} \end{vmatrix} = 0 \tag{3}$$

oder entwickelt

$$\frac{1}{\Omega^8} - 354{,}153 \frac{1}{\Omega^6} + 4759{,}15 \frac{1}{\Omega^4} - 6146{,}8 \frac{1}{\Omega^2} + 977{,}60 = 0. \tag{4}$$

Ihre Wurzeln sind, ausgedrückt in cm³,

$$\frac{1}{\Omega_1^2} = 340{,}217, \quad \frac{1}{\Omega_2^2} = 12{,}5103, \quad \frac{1}{\Omega_3^2} = 1{,}23991, \quad \frac{1}{\Omega_4^2} = 0{,}18525. \tag{5}$$

Dies gibt nach (2) folgende Werte der Quadrate der kritischen Drehgeschwindigkeiten in sek^{-2}

$$\omega_1^2 = 2{,}9393\,\frac{EJ_{14}}{10^6 m_1},\quad \omega_2^2 = 79{,}934\,\frac{EJ_{14}}{10^6 m_1},\quad \omega_3^2 = 806{,}51\,\frac{EJ_{14}}{10^6 m_1},\quad \omega_4^2 = 5398{,}0\,\frac{EJ_{14}}{10^6 m_1}. \quad (6)$$

Daraus folgen als minutliche kritische Drehzahlen des Rotors

$$n_1 = 1651{,}5,\quad n_2 = 8612,\quad n_3 = 27360,\quad n_4 = 70775. \quad (7)$$

Die zu den Eigenwerten ω_k^2 gehörigen Eigenlösungen y_{ki} $(i = 1, 2, 3, 4)$ sind nach (**10**, 18) bestimmt durch die Gleichungen

$$y_{ki} = \alpha_{i1} m_1 \omega_k^2 y_{k1} + \alpha_{i2} m_2 \omega_k^2 y_{k2} + \alpha_{i3} m_3 \omega_k^2 y_{k3} + \alpha_{i4} m_4 \omega_k^2 y_{k4} \quad (i = 1, 2, 3)$$

oder nach (1) und (2) umgeformt

$$\left.\begin{aligned} \left(\bar\alpha_{11} - \frac{1}{\Omega_k^2}\right) y_{k1} + \bar\alpha_{12}\, y_{k2} + 1{,}25\,\bar\alpha_{13}\, y_{k3} + 1{,}50\,\bar\alpha_{14}\, y_{k4} = 0,\\ \bar\alpha_{21}\, y_{k1} + \left(\bar\alpha_{22} - \frac{1}{\Omega_k^2}\right) y_{k2} + 1{,}25\,\bar\alpha_{23}\, y_{k3} + 1{,}50\,\bar\alpha_{24}\, y_{k4} = 0,\\ \alpha_{31}\, y_{k1} + \bar\alpha_{32}\, y_{k2} + \left(1{,}25\,\bar\alpha_{33} - \frac{1}{\Omega_k^2}\right) y_{k3} + 1{,}50\,\bar\alpha_{34}\, y_{k4} = 0 \end{aligned}\right\} \quad (k = 1, 2, 3, 4). \quad (8)$$

Das Lösungssystem y_{ki} von (8), das zu der hier zweckmäßig in der Form

$$\sum_{i=1}^{4} \frac{m_i}{m_1}\, y_{ki}^2 = 1 \qquad (k = 1, 2, 3, 4) \quad (9)$$

zu schreibenden Normierungsvorschrift paßt, ist in Tabelle 2 wiedergegeben: Mit (6) und Tabelle 2 stehen alle nötigen Vergleichsdaten zur Verfügung.

Tabelle 2.

y_{ki}	$i = 1$	$i = 2$	$i = 3$	$i = 4$
$k = 1$	0,36656	0,44952	0,49407	0,48883
$k = 2$	0,61728	0,40047	—0,00139	—0,55292
$k = 3$	0,59862	—0,23533	—0,57953	0,33313
$k = 4$	0,35538	—0,76305	0,46900	—0,10490

Wir prüfen bei dieser Gelegenheit die Genauigkeit der Dunkerleyschen Formel (**10**, 15) nach. Sie lautet in den jetzigen Bezeichnungen

$$\frac{1}{\Omega_1^2} < \sum_{k=1}^{4} \frac{1}{\Omega_k^2} = 354{,}152 \text{ cm}^3$$

und gibt

$$\omega_1^2 > 2{,}8236\,\frac{EJ_{14}}{10^6 m_1}\ \text{sek}^{-2},\quad \text{also}\quad n_1 > 1619 \text{ Uml/min}. \quad (10)$$

Vergleicht man dies mit (6) und (7), so stellt man fest, daß bei diesem Beispiel die untere Schranke, die die Dunkerleysche Formel liefert, für ω_1^2 um 4%, für n_1 um 2% unter dem wirklichen Wert liegt und also zu Abschätzungen gut ausreicht. Es sei aber bemerkt, daß die Berechnung dieser unteren Schranke tatsächlich recht mühsam ist. Sie ist für die Praxis fast ebensowenig zu empfehlen, wie die vorangehende strenge Rechnung, die ja nur deswegen kurz aussieht, weil wir die außerordentlich zeitraubenden Zwischenrechnungen unterdrückt haben.

Die nun folgenden Näherungsverfahren von teilweise sehr hoher Genauigkeit benützen zumeist die Mohrsche Konstruktion zur Bestimmung der Biegelinie der Welle bei einer vorgegebenen „Belastung". Wir setzen diese Konstruktion als bekannt voraus. In Wirklichkeit würde man übrigens bei einem Rotor wie in Abb. 17 wohl auch noch die Massen der scheibenlosen Wellenstücke berücksichtigen, indem man diese genau genug durch Massenpunkte (in den

Schwerpunkten der Wellenstücke) ersetzte. Wir tun das hier nur deswegen nicht, um das Musterbeispiel, an dem wir alle Methoden zeigen, recht einfach zu gestalten. Im Prinzip wird keine der folgenden Methoden irgendwie umständlicher oder wesentlich mühsamer, wenn die Anzahl der Massen und der Wellenstücke wächst: die Zeichen- und Rechenarbeit nimmt dann eben nur ungefähr im gleichen Verhältnis zu.

14. Mittelwertsverfahren. Eine ganze Reihe von recht einfachen und dabei schon recht guten Rechenvorschriften zur Gewinnung eines Näherungswertes für die kleinste kritische Drehgeschwindigkeit ω_1 erhält man durch folgende Überlegung. Sieht man zunächst noch von der Kreiselwirkung ab und nimmt man von dem System (**10**, 18) die i-te Gleichung allein

$$y_i = \omega_1^2 (\alpha_{i1} m_1 y_1 + \alpha_{i2} m_2 y_2 + \cdots + \alpha_{in} m_n y_n), \tag{1}$$

so wäre der daraus folgende Wert

$$\omega_1^2 = \frac{y_i}{\sum_{j=1}^{n} \alpha_{ij} m_j y_j} \tag{2}$$

ein genauer Wert, falls man rechts die genauen Werte y_j der zu ω_1 gehörigen Eigenlösung einsetzen könnte. Eine Näherung ω_1^* entsteht, wenn man statt der in Wirklichkeit noch unbekannten y_j einen Satz gut abgeschätzter Näherungswerte y_j^* einsetzt:

$$\omega_1^{*2} = \frac{y_i^*}{\sum_{j=1}^{n} \alpha_{ij} m_j y_j^*}. \tag{3}$$

Man muß zur Auswertung dieser Formel lediglich einen Wertesatz $\alpha_{ji} = \alpha_{ij}$ $(j = 1, 2, \ldots, n)$ von Einflußzahlen kennen, wie ihn eine einmalige Anwendung der Mohrschen Konstruktion (Biegelinie zu einer Einheitslast im Punkte i) leicht liefert. Am einfachsten ist es dann, geradezu $y_j^* = \alpha_{ij}$ zu setzen, wonach kommt:

$$\omega_1^{*2} = \frac{\alpha_{ii}}{\sum_{j=1}^{n} \alpha_{ij}^2 m_j}. \tag{4}$$

Wählt man in unserem Vergleichsbeispiel des Rotors von Abb. 17 etwa $i = 3$, so liefert die Mohrsche Konstruktion genau genug (vgl. auch Tabelle 1 von Ziff. **13**) in cm³

$$\bar{\alpha}_{31} = 61{,}2, \quad \bar{\alpha}_{32} = 75{,}7, \quad \bar{\alpha}_{33} = 83{,}5, \quad \bar{\alpha}_{34} = 81{,}9 \quad \text{mit} \quad \alpha_{3i} = \bar{\alpha}_{3i} \frac{10^3}{EJ_{14}},$$

und dies gibt mit $m_2 = m_1$, $m_3 = 1{,}25\, m_1$, $m_4 = 1{,}50\, m_1$

$$\omega_1^{*2} = 2{,}955 \frac{EJ_{14}}{10^6 m_1} \text{ sek}^{-2}. \tag{5}$$

Dieser Wert ist um nur $^1/_2$% größer als der genaue Wert (**13**, 6); die daraus berechnete kritische Drehzahl n_1^* liegt sogar nur um $^1/_4$% zu hoch.

Die gute Übereinstimmung des Näherungswertes (5) mit dem genauen Wert ω_1 beruht hauptsächlich darauf, daß wir diejenige Stelle $i = 3$ wählten, an der die Durchbiegung im kritischen Zustand ω_1 besonders groß ist. Hätte man statt dessen die Stelle $i = 2$ genommen, so wäre der Fehler in n_1^* rund $1^1/_2$%; für die Stelle $i = 4$ wäre er rund $2^1/_2$%, und für die Stelle $i = 1$ sogar rund 5%. Diese Erscheinung deutet darauf hin, daß es angebracht ist, die einzelnen Gleichungen (1) je nach dem Wert i mit verschiedenem „Gewicht" zu verwenden und zu diesem Zweck Mittelwertsbildungen[1]) vorzunehmen.

[1]) R. Grammel, Neuere Untersuchungen über kritische Zustände rasch umlaufender Wellen, Erg. d. exakt. Naturw. Bd. 1, S. 97.

Eine zweckmäßige erste Mittelwertsbildung entsteht dadurch, daß man jede Gleichung (1) mit m_i multipliziert und dann alle n Gleichungen zueinander addiert. Dies gibt (wegen $\alpha_{ij}=\alpha_{ji}$)

$$\sum_{i=1}^{n} m_i y_i = \omega_1^2 \sum_{i=1}^{n} m_i \sum_{j=1}^{n} \alpha_{ij} m_j y_j$$
$$= \omega_1^2 \sum_{j=1}^{n} m_j y_j \sum_{i=1}^{n} \alpha_{ji} m_i .$$

Hierin ist aber

$$\sum_{i=1}^{n} \alpha_{ji} m_i = \frac{\eta_j}{g} \tag{6}$$

die (in der Regel sowieso zu bestimmende) statische Durchbiegung η_j der Welle an der Stelle j infolge aller Gewichte $m_i g$ $(i=1, 2, \ldots, n)$, geteilt durch g, und daher folgt

$$\omega_1^2 = g \frac{\sum\limits_{j=1}^{n} m_j y_j}{\sum\limits_{j=1}^{n} m_j y_j \eta_j}. \tag{7}$$

Diese strenge Formel liefert wieder einen Näherungswert, wenn man statt der noch unbekannten y_j geschätzte Näherungen nimmt.

Zur zahlenmäßigen Auswertung genügen bei diesem Verfahren in der Regel die meist schon anderweitig bekannten statischen Durchbiegungen η_j. Für Abschätzungen kann man nämlich schon den rohesten Wertesatz $y_j=1$ $(j=1, 2, \ldots, n)$ gebrauchen und hat als Näherungswert

$$\omega_1^{*2} = g \frac{\Sigma m_j}{\Sigma m_j \eta_j}. \tag{8}$$

Wesentlich besser ist es, die bekannten η_j selbst als Näherungswerte für die y_j zu wählen; dies gibt

$$\omega_1^{**2} = g \frac{\Sigma m_j \eta_j}{\Sigma m_j \eta_j^2}. \tag{9}$$

Bei unserem Vergleichsbeispiel liefert eine Mohrsche Konstruktion folgende statischen Größen in cm³:

$$\bar{\eta}_1 = 0{,}272,\quad \bar{\eta}_2 = 0{,}332,\quad \bar{\eta}_3 = 0{,}364,\quad \bar{\eta}_4 = 0{,}359 \quad \text{mit} \quad \eta_j = \bar{\eta}_j \frac{10^6 m_1 g}{E J_{14}},$$

und dies führt nach ganz einfacher Rechnung auf

$$\omega_1^{*2} = 2{,}970 \frac{E J_{14}}{10^6 m_1} \text{sek}^{-2}, \qquad \omega_1^{**2} = 2{,}939 \frac{E J_{14}}{10^6 m_1} \text{sek}^{-2}. \tag{10}$$

Gemäß (**13**, 6) liefert also der Näherungswert (8) die kritische Drehzahl nur um etwa $^1/_2$% zu hoch; der Näherungswert (9) liefert sie praktisch völlig genau (d. h. innerhalb der Genauigkeitsgrenzen, in denen die η_j durch ein graphisches Verfahren überhaupt zu ermitteln sind; würde man mit den aus Tabelle 1 von Ziff. **13** leicht zu berechnenden exakten Werten der η_j rechnen, so käme ω_1^{**2} nur um 8 Einheiten der fünften Stelle zu groß heraus, was in der kritischen Drehzahl einen Fehler von nur noch rund 0,01% bedeutet).

Wenn die statischen Größen η_j nicht bekannt sind, so empfiehlt sich eine zweite Mittelwertsbildung, darin bestehend, daß man nun jede Gleichung (1) mit $m_i y_i$ multipliziert und dann alle n Gleichungen addiert. Dies gibt

$$\sum_{i=1}^{n} m_i y_i^2 = \omega_1^2 \sum_{i=1}^{n} m_i y_i \sum_{j=1}^{n} \alpha_{ij} m_j y_j = \omega_1^2 \sum_{j=1}^{n} m_j y_j \sum_{i=1}^{n} \alpha_{ji} m_i y_i .$$

Mit

$$\bar{y}_j = \sum_{i=1}^{n} \alpha_{ji} m_i y_i \tag{11}$$

hat man also

$$\omega_1^2 = \frac{\sum\limits_{j=1}^{n} m_j y_j^2}{\sum\limits_{j=1}^{n} m_j y_j \bar{y}_j}. \tag{12}$$

Wählt man einen gut abgeschätzten Satz y_{0j} $(j=1, 2, \ldots, n)$ für die unbekannten y_j, so kann man die $\bar{y}_j$(11) als die erste Iteration y_{1j} der y_{0j} bezeichnen (Kap. III, Ziff. **14**) und erhält in

$$\omega_1^{*2} = \frac{\Sigma\, m_j y_{0j}^2}{\Sigma\, m_j y_{0j} y_{1j}} \tag{13}$$

einen sehr guten Näherungswert für ω_1^2, von welchem schon in Kap. III, Ziff. **14** gezeigt worden ist, daß er eine obere Schranke für den genauen Wert darstellt.

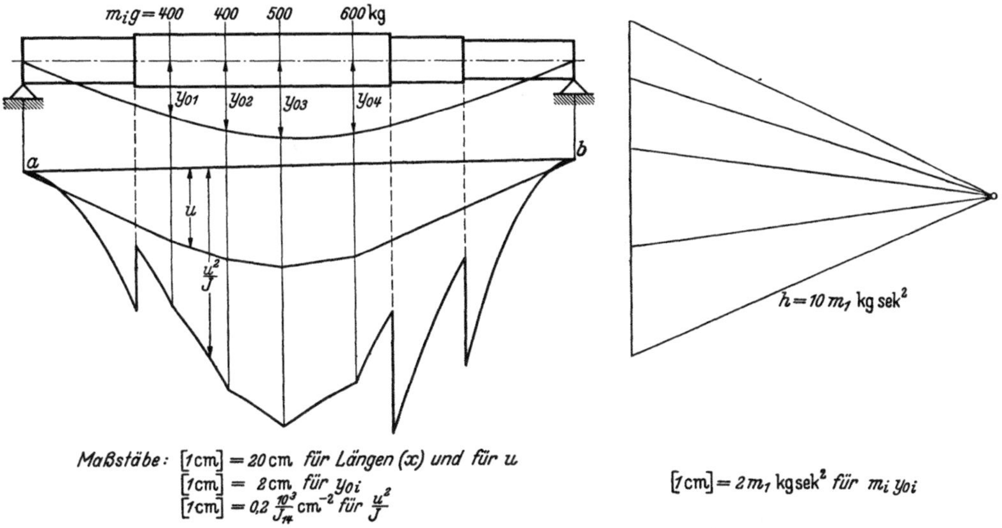

Abb. 18. Ermittlung von U fur den Rotor von Abb. 17.

Das Bemerkenswerte an dem Ausdruck (13) ist nun aber dies, daß er ausgewertet werden kann, ohne daß man die iterierten y_{1j} zu bilden braucht [was nach (11) eine Mohrsche Konstruktion zur „Belastung" $m_i y_{0i}$ $(i=1, 2, \ldots, n)$ erfordern würde]. Denn der Nenner $\Sigma\, m_j y_{0j} y_{1j}$ stellt die doppelte Formänderungsarbeit vor, die die „Belastung" $m_i y_{0i}$ $(i=1, 2, \ldots, n)$ bei der von ihr erzeugten Biegung y_{1j} $(j=1, 2, \ldots, n)$ leistet. Ist also $M(m y_0)$ das Biegemoment der „Belastung" $m_i y_{0i}$, etwa graphisch ermittelt in der Form

$$M(m y_0) = h u(x) \tag{14}$$

wo h der benützte Polabstand und $u(x)$ die Ordinate der Momentenfläche ist, so wird

$$\sum_{j=1}^{n} m_j y_{0j} y_{1j} = \int_0^l \frac{M^2}{EJ}\, dx = h^2 \int_0^l \frac{u^2}{EJ}\, dx,$$

und man kann folglich statt (13) schreiben

$$\omega_1^{*2} = \frac{EK}{h^2 U} \quad \text{mit} \quad K = \sum_{j=1}^{n} m_j y_{0j}^2, \qquad U = \int_0^l \frac{u^2}{J}\, dx. \tag{15}$$

In Abb. 18 ist die graphische Bestimmung von ω_1^{*2} für unser Vergleichsbeispiel durchgeführt. Man geht von einer sinusförmigen Durchbiegung y_0 aus, also von den Werten (in cm)

$$y_{01} = 1{,}49, \quad y_{02} = 1{,}83, \quad y_{03} = 1{,}99, \quad y_{04} = 1{,}90,$$

und konstruiert in bekannter Weise zu den Lasten $m_i y_{0i}$ mit Pol- und Seilfigur die Ordinaten u der Momentenfläche, wobei man zweckmäßigerweise m_1 als Einheit behandelt und demgemäß als Polabstand ein Vielfaches von m_1 wählt, hier $h = 10\, m_1$. Von den Ordinaten u geht man durch Rechenschieberrechnung zu den Ordinaten u^2/J über, wobei man zweckmäßigerweise $10^3/J_{14}$ als Einheit behandelt, indem man

$$\frac{u^2}{J} = \frac{u^2}{10^3}\frac{J_{14}}{J}\left(\frac{10^3}{J_{14}}\right) = z\,\frac{10^3}{J_{14}}$$

berechnet und z in dem angegebenen Maßstabe aufträgt. Dann findet man durch

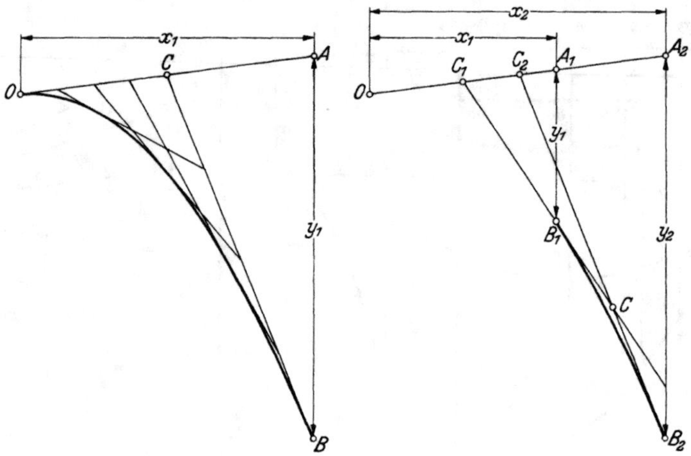

Abb 19. Parabelkonstruktionen bei der Ermittlung von U.

Planimetrieren als Inhalt der u^2/J-Fläche in der Zeichnung 13,56 [cm²], also in Wirklichkeit

$$U = 4 \cdot 13{,}56\,\frac{10^3}{J_{14}}\ \mathrm{cm}^{-1}.$$

Aus den y_{0i} berechnet man rasch

$$K = 15{,}934\ m_1\ \mathrm{kg\,cm\,sek}^2.$$

Mit diesen Werten und $h = 10\, m_1\ \mathrm{kg\,sek}^2$ kommt

$$\omega_1^{*2} = 2{,}940\,\frac{E J_{14}}{10^6 m_1}\ \mathrm{sek}^{-2}, \tag{16}$$

und dies stimmt praktisch völlig genau mit dem wirklichen Wert (**13**, 6) überein [wieder innerhalb der Genauigkeitsgrenzen der Zeichnung; würde man den Ausdruck (13) nach (11) mit den genauen Werten der α_{ij} aus Tabelle 1 von Ziff. **13** berechnen, so käme ω_1^{*2} nur um 11 Einheiten der fünften Stelle zu groß heraus, was in der kritischen Drehzahl einen Fehler von nur rund 0,02% bedeutet].

Bei abgesetzten Wellen besteht der Linienzug u^2/J aus lauter Parabelstücken, die die Basis $\overline{ab}$ in demjenigen Punkt O berühren (bzw. bei hinreichender Fortsetzung berühren würden), in welchem die zugehörige u-Linie die Basis trifft (bzw. treffen würde). Abb. 19 erinnert daran, wie man solche Parabelstücke aus ihren Tangenten konstruieren kann. Dabei ist $OC = \frac{1}{2}\,OA$ (bzw. $OC_1 = \frac{1}{2}\,OA_1$ und

$OC_2 = \frac{1}{2} OA_2$), und etwaige Zwischentangenten teilen OC und CB in gleiche Teile (bzw. würden das mit B_1C und CB_2 tun). Für die Flächeninhalte gilt, wie leicht einzusehen,

$$\text{Fläche}\,(OAB) = \frac{1}{3} x_1 y_1, \qquad \text{Fläche}\,(A_1A_2B_2B_1) = \frac{1}{3}(x_2 y_2 - x_1 y_1). \tag{17}$$

Die Formeln (9) und (15) geben Näherungswerte von praktisch stets ausreichender Genauigkeit für die tiefste kritische Drehzahl. Die beiden Verfahren zur Auswertung dieser Formeln sind die kürzesten und besten, wenn es sich nur um die Berechnung der tiefsten kritischen Drehzahl eines Dampfturbinenrotors von der Bauart von Abb. 17 handelt, und zwar insbesondere nach Formel (9) dann, wenn die statische Durchbiegung $\eta_j\,(j = 1, 2, \ldots, n)$ infolge der Scheibengewichte schon sowieso bekannt ist, nach Formel (15) dagegen dann, wenn die statische Durchbiegung η_j nicht zur Verfügung steht. Eine Fehlerabschätzung lassen die Formeln (9) und (15) allerdings nicht zu; falls man eine solche wünscht, so greift man zu einem der folgenden Verfahren.

15. Iterationsverfahren. Wir knüpfen noch einmal an (**14**, 2) an. Nimmt man an Stelle des (unbekannten) Wertesatzes $y_i\,(i = 1, 2, \ldots, n)$ einen Anfangssatz von beliebigen, aber womöglich schon gut geschätzten Näherungswerten y_{0i} und bildet daraus nach der Vorschrift

$$y_{1i} = \sum_{j=1}^{n} \alpha_{ij} m_j y_{0j} \tag{1}$$

einen ersten iterierten Wertesatz $y_{1i}\,(i = 1, 2, \ldots, n)$, so ist

$$\omega^2_{(1i)1} = \frac{y_{0i}}{y_{1i}} \tag{2}$$

ein erster Näherungswert von ω_1^2, und zwar abhängig von der Wahl des Punktes i. Bildet man ebenso aus y_{1i}

$$y_{2i} = \sum_{j=1}^{n} \alpha_{ij} m_j y_{1j}, \tag{3}$$

so ist

$$\omega^2_{(2i)1} = \frac{y_{1i}}{y_{2i}} \tag{4}$$

ein zweiter und besserer Näherungswert, wieder abhängig von i. Setzt man dieses Iterationsverfahren fort, so wird, wie in Kap. III, Ziff. **14** bewiesen,

$$\lim_{N\to\infty} \frac{y_{N-1,i}}{y_{Ni}} = \omega_1^2 \quad (\text{unabhängig von } i). \tag{5}$$

Die in (**14**, 3) noch steckende Willkür bei der Wahl des i-ten Punktes ist somit — anstatt durch eine Mittelwertsbildung — durch Iteration beseitigt.

Die Erfahrung hat gezeigt, daß schon eine ein- oder höchstens zweimalige Iteration den gesuchten Wert von ω_1^2 praktisch genau genug liefert. Die Genauigkeit selbst kann nun aber auch bequem abgeschätzt werden. Daß der Grenzwert (5) von i unabhängig ist, besagt nämlich dies: falls N groß genug ist, so weicht die Proportion $y_{N-1,1} : y_{N-1,2} : \cdots : y_{N-1,n}$ beliebig wenig von der Proportion $y_{N1} : y_{N2} : \cdots : y_{Nn}$ ab, oder anders ausgedrückt, so ist die Biegelinie $y_{N-1,1}, y_{N-1,2}, \cdots, y_{N-1,n}$ beliebig genau affin zu der Biegelinie y_{N1}, $y_{N2}, \ldots, y_{Nn}$. Sobald also zwei aufeinanderfolgende Iterationen, die man, wie wir sehen werden, immer graphisch durchführt, Biegelinien liefern, welche innerhalb der Zeichengenauigkeit affin zueinander sind, so ist innerhalb der Zeichengenauigkeit auch der genaue Wert von ω_1^2 erreicht.

Hat man durch ein- oder mehrmalige Iteration aufeinanderfolgende Sätze $y_{p-1,i}$ und y_{pi} $(i=1, 2, \ldots, n)$ gefunden, so liegt es nahe, anstatt der möglicherweise mit i noch streuenden Brüche

$$\omega^2_{(pi)1} = \frac{y_{p-1,i}}{y_{pi}} \tag{6}$$

einen Mittelwert zu nehmen, und zwar, wie in (III, **14**, 9) und (III, **14**, 10) gezeigt ist, den Mittelwert

$$\omega^2_{(p)1} = \frac{\sum\limits_{i=1}^{n} m_i y_{p-1,i} y_{pi}}{\sum\limits_{i=1}^{n} m_i y^2_{pi}}. \tag{7}$$

Man braucht dann die Iteration nur so weit fortzusetzen, bis mit wachsendem p die rechte Seite von (7) sich nicht mehr merkbar ändert, und dies trifft für

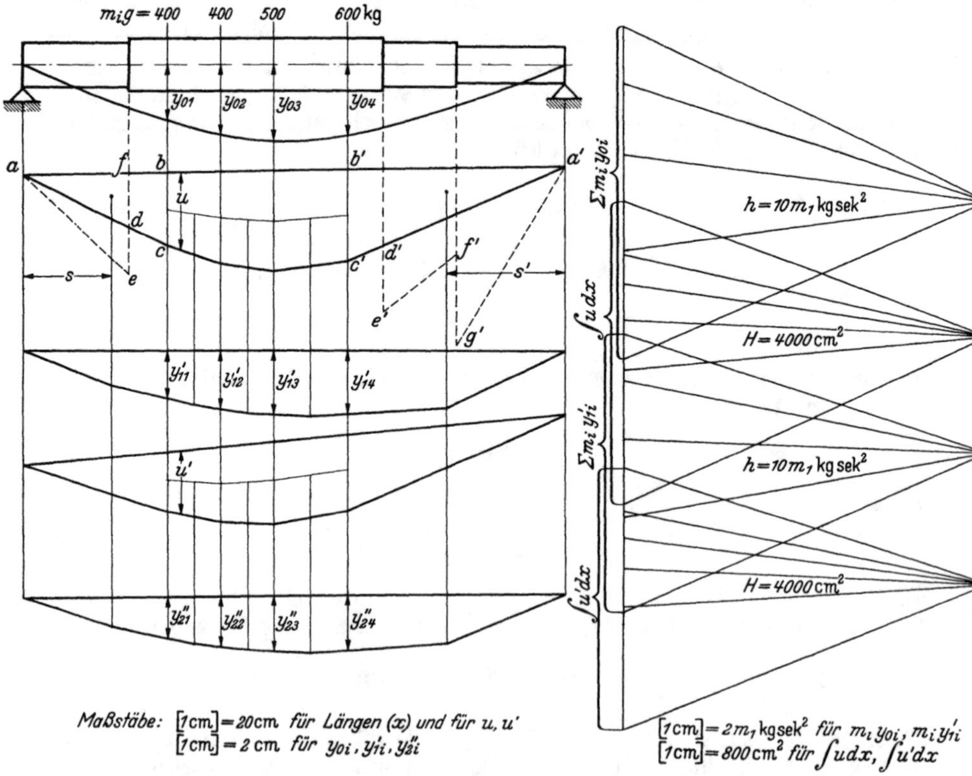

Abb. 20. Iterationsverfahren zur Bestimmung von ω_1^2.

(7) regelmäßig schon bei kleinerem p zu als für die Quotienten (6), zumeist schon für $p=1$ oder $p=2$, und bedeutet daher in der Regel eine wesentliche Abkürzung des Verfahrens. Der wahre Wert von ω_1^2 wird durch die Näherungen (7) mit wachsendem p von oben her angenähert, wie ebenfalls in Kap. III, Ziff. **14** nachgewiesen worden ist.

In Abb. 20 ist dieses Iterationsverfahren auf unser Vergleichsbeispiel angewendet. Man braucht dabei keineswegs die in den Iterationsvorschriften (1), (3) usw. vorkommenden Einflußzahlen α_{ij} zu bestimmen, sondern hat nur zu beachten, daß die iterierten y_{pi} die Durchbiegungen infolge der „Lasten" $m_j y_{p-1,j}$ $(j=1, 2, \ldots, n)$ bedeuten und also durch eine Mohrsche Konstruktion zu finden sind. Man geht etwa wieder von einer sinusförmigen Durchbiegung y_0 aus, also von den schon in Ziff. **14** (Abb. 18) benützten Werten y_{0i} (vgl. auch die folgende Tabelle), und konstruiert zuerst mit dem Polabstand $h = 10\, m_1$ die Momentenfläche. Ihre Ordinaten u müssen, ehe sie als „Belastung" angesehen werden, nach bekannter Vorschrift im Verhältnis $J_0 : J$ vergrößert werden, wo J_0 ein beliebiger Festwert ist, für den wir wieder das Trägheitsmoment J_{14} wählen. Mit den in Ziff. **13** angegebenen Werten J würde das die in Abb. 20 gestrichelt angedeuteten Vergrößerungen von u geben.

In Wirklichkeit braucht man diese Reduktion der Momentenfläche nicht zu zeichnen, sondern kann ein für allemal (d. h. für die erste und alle folgenden Iterationen) die Schwerpunktslagen der reduzierten Flächenstücke $(abcde)$ und $(a'b'c'd'e'f'g')$ sowie die Faktoren A und A' bestimmen, mit denen man die in [cm] der Zeichnung gemessenen Ordinaten bc und $b'c'$ multiplizieren muß, um die Flächeninhalte $(abcde)$ und $(a'b'c'd'e'f'g')$ in [cm²] der Zeichnung zu erhalten. Man findet

$$s = \frac{\frac{2}{3}(2\triangle abc + 1{,}5\triangle ade)}{\triangle abc + \triangle ade} = 1{,}225\,[\text{cm}] \quad \text{und ebenso} \quad s' = 1{,}665\,[\text{cm}],$$

sowie $A = 1{,}480$ und $A' = 3{,}134$.

Die so erhaltenen „Belastungen" u führen mit dem Polabstand $H = 4000$ cm² zu den Größen y'_{1i}, und die wahren Durchbiegungen y_{1i} sind dann nach bekannter Vorschrift $y_{1i} = y'_{1i}\frac{hH}{EJ_{14}}$, also im vorliegenden Fall und sofort noch mit Rücksicht auf den Zeichenmaßstab (die y'_{1i} wären eigentlich im Maßstab 1:20 zu messen, wir wollen sie aber wegen des Vergleichs mit den y_{0i} im Maßstab 1:2 messen)

$$y_{1i} = y'_{1i}\frac{4\cdot 10^5\, m_1}{EJ_{14}}\ \text{cm}\,\text{sek}^2. \qquad (8)$$

Die zweite Iteration geht zweckmäßig von den y'_{1i} (statt den y_{1i}) aus und liefert die Werte y''_{2i}. Sie ist in Abb. 20 ebenfalls gezeichnet und erfolgt in gleicher Weise wie die erste. Die Tabelle stellt die Ausgangsgrößen $m_i g$, y_{0i} und die graphisch gefundenen Werte y'_{1i}, y''_{2i} zusammen, ebenso die daraus gemäß (2), (4) und (8) berechneten Werte

$$\omega^2_{(1i)1} = \frac{y_{0i}}{y'_{1i}}\,\frac{EJ_{14}}{4\cdot 10^5\, m_1} = 2{,}5\,\frac{y_{0i}}{y'_{1i}}\,\frac{EJ_{14}}{10^6\, m_1}, \qquad \omega^2_{(2i)1} = 2{,}5\,\frac{y'_{1i}}{y''_{2i}}\,\frac{EJ_{14}}{10^6\, m_1}. \qquad (9)$$

i	$m_i g$	y_{0i}	y'_{1i}	y''_{2i}	$\omega^2_{(1i)1}$	$\omega^2_{(2i)1}$
1	400	1,49	1,235	1,050	3,02	2,940
2	400	1,83	1,520	1,290	3,01	2,945
3	500	1,99	1,675	1,425	2,97	2,940
4	600	1,90	1,655	1,410	2,87	2,935
	kg	cm	cm	cm	$\cdot\frac{EJ_{14}}{10^6 m_1}$	

Man bemerkt, daß die Werte $\omega^2_{(1i)1}$ der ersten Iteration noch eine Schwankung von etwa 2,5% um den genauen Wert $\omega_1^2 = 2{,}9393\, EJ_{14}/10^6\, m_1$ aufweisen, wogegen die Werte $\omega^2_{(2i)1}$ der zweiten Iteration den richtigen Wert ω_1^2 innerhalb der Zeichengenauigkeit völlig treffen. Die Mittelwerte (7) sind wegen (8)

$$\omega^2_{(1)1} = 2{,}5\,\frac{\Sigma m_i y_{0i} y'_{1i}}{\Sigma m_i y'^2_{1i}}\,\frac{EJ_{14}}{10^6\, m_1}, \qquad \omega^2_{(2)1} = 2{,}5\,\frac{\Sigma m_i y'_{1i} y''_{2i}}{\Sigma m_i y''^2_{2i}}\,\frac{EJ_{14}}{10^6\, m_1} \qquad (10)$$

und geben ausgerechnet

$$\omega^2_{(1)1} = 2{,}948\,\frac{EJ_{14}}{10^6\, m_1}\,\text{sek}^{-2}, \qquad \omega^2_{(2)1} = 2{,}942\,\frac{EJ_{14}}{10^6\, m_1}\,\text{sek}^{-2}. \qquad (11)$$

Der erste ist um 9 Einheiten, der zweite nur noch um 3 Einheiten der vierten Stelle zu hoch, was einen Fehler von 0,15% bzw. von nur noch 0,1% in der kritischen Drehzahl selbst bedeutet. (Mit den genauen Werten α_{ij} von Ziff. **13** würde schon $\omega_{(1)1}^2$ nur noch um 5 Einheiten der sechsten Stelle zu groß.)

Dieses Beispiel zeigt, und viele andere Beispiele haben es bestätigt, daß man schon mit einer einzigen Iteration praktisch hinreichend genaue Werte von ω_1^2 bekommt, wenn man den Mittelwert (7) verwendet.

16. Ermittlung der höheren kritischen Drehzahlen. Nicht selten wünscht man auch eine oder mehrere der höheren kritischen Werte $\omega_2, \omega_3, \ldots, \omega_n$ zu kennen. Von den hierfür entwickelten Methoden[1]) behandeln wir hier nur eine, nämlich die, die unmittelbar an das soeben benützte Iterationsverfahren anschließt und auch schon in Kap. III, Ziff. **15** erklärt worden ist.

Um zunächst den zweiten kritischen Wert ω_2^2 zu bestimmen, geht man von einem gut abgeschätzten Anfangssatz y_{0i} aus, der eine Biegelinie mit einem Knotenpunkt darstellt, und reinigt die y_{0i} zuerst von dem etwa noch in ihnen steckenden Bestandteil der Eigenlösung des Eigenwertes ω_1^2. Diese Eigenlösung ist zwar nicht genau bekannt, aber man kennt sie nach dem vorangehenden Verfahren zur Ermittlung von ω_1^2 wenigstens in guter Näherung, indem man den dort gefundenen Wertesatz y_{2i}'' hierfür nimmt (erforderlichenfalls könnte man auch noch eine weitere Iteration y_{3i}''' aufsuchen). Um diese Näherung mit den genauen Werten der Tabelle 2 von Ziff. **13** vergleichen zu können, normieren wir sie, wie es die Vorschrift von Kap. III, Ziff. **15** verlangt. Wir wollen diese genäherte normierte Eigenlösung von ω_1^2 mit $\eta_{1i} (i=1, 2, \ldots, n)$ bezeichnen und nun das Verfahren sogleich an unserem Vergleichsbeispiel vorführen.

Die Normierungsvorschrift

$$\sum_{i=1}^{4} \frac{m_i}{m_1} \eta_{1i}^2 = 1 \tag{1}$$

wandelt die Werte y_{2i}'' der Tabelle von Ziff. **15** um in

$$\eta_{11} = 0{,}365, \quad \eta_{12} = 0{,}449, \quad \eta_{13} = 0{,}495, \quad \eta_{14} = 0{,}489$$

(man kann ihre gute Genauigkeit an Tabelle 2 von Ziff. **13** nachprüfen). Nach (III, **12**, 24) lautet der Koeffizient in der Entwicklung unseres jetzigen Anfangswertesatzes y_{0i} nach den Eigenfunktionen η_{1i} (wenn wir diesen Koeffizienten jetzt lieber mit a_1 bezeichnen, um später Verwechslungen mit den Scheibenträgheitshalbmessern c_i zu vermeiden)

$$a_1 = \sum_{i=1}^{4} \frac{m_i}{m_1} y_{0i} \eta_{1i}. \tag{2}$$

Wir betonen aber ausdrücklich, daß man bei der wirklichen Durchführung des Verfahrens die Normierung der genäherten Eigenfunktionen umgeht, indem man den Koeffizienten a_1^* in der Entwicklung von y_{0i} nach nichtnormierten Eigenfunktionen gemäß (III, **12**, 18) mit der Formel

$$a_1^* = \frac{\sum\limits_{i=1}^{4} m_i y_{0i} y_{2i}''}{\sum\limits_{i=1}^{4} m_i y_{2i}''^2} \tag{2a}$$

bestimmt. Nach (III, **15**, 3) ist nun

$$\bar{y}_{0i} = y_{0i} - a_1 \eta_{1i} \qquad (i = 1, 2, \ldots, n) \tag{3}$$

bzw.

$$\bar{y}_{0i} = y_{0i} - a_1^* y_{2i}'' \qquad (i = 1, 2, \ldots, n) \tag{3a}$$

[1]) Neben der hier behandelten vgl. man insbesondere die Methode von A. Traenkle, Berechnung kritischer Drehzahlen beliebiger Ordnung nach dem Verfahren von Ritz, Ing.-Arch. 1 (1930) S. 499.

ein von der Eigenlösung η_{1i} des tiefsten Eigenwertes ω_1^2 möglichst gut gereinigter besserer Anfangssatz. Wir wählen etwa die einer sinusförmigen Durchbiegung mit Knoten in der Wellenmitte entsprechenden Anfangswerte y_{0i} der dritten Spalte der folgenden Tabelle 1 und finden nach (2) $a_1=0{,}787$ und dann die Werte $\bar{y}_{0i}$ der vierten Spalte nach (3). Mit diesem verbesserten Anfangssatz wird, wie es in Abb. 21 gezeigt ist, eine Iteration genau nach dem in Ziff. **15**

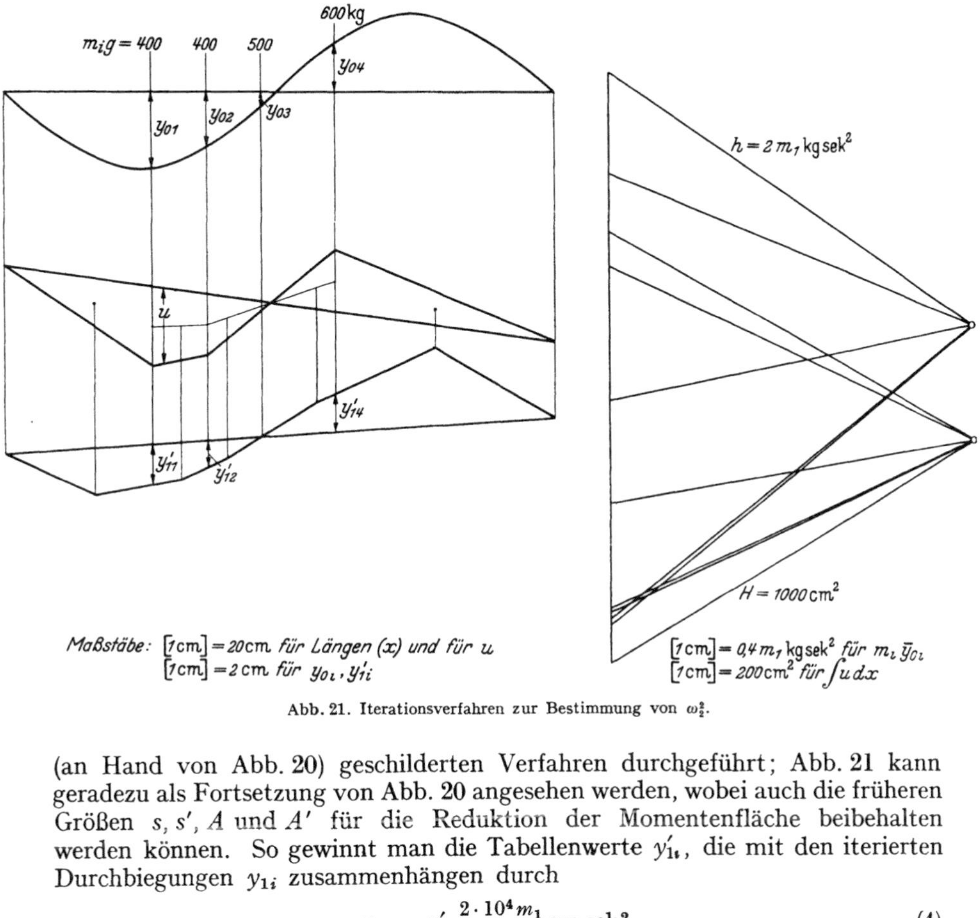

Abb. 21. Iterationsverfahren zur Bestimmung von ω_2^2.

(an Hand von Abb. 20) geschilderten Verfahren durchgeführt; Abb. 21 kann geradezu als Fortsetzung von Abb. 20 angesehen werden, wobei auch die früheren Größen s, s', A und A' für die Reduktion der Momentenfläche beibehalten werden können. So gewinnt man die Tabellenwerte y'_{1i}, die mit den iterierten Durchbiegungen y_{1i} zusammenhängen durch

$$y_{1i} = y'_{1i}\,\frac{2\cdot 10^4 m_1}{E J_{14}}\,\mathrm{cm\,sek}^2. \tag{4}$$

Nach (III, **15**, 4) müssen nun auch noch diese iterierten Werte von der in ihnen möglicherweise noch steckenden Eigenlösung η_{1i} gereinigt werden, indem man

$$a'_1 = \sum_{i=1}^{4} \frac{m_i}{m_1}\,y_{1i}\eta_{1i} = -0{,}002\,\frac{2\cdot 10^4 m_1}{E J_{14}}\,\mathrm{cm\,sek}^2 \tag{5}$$

berechnet und damit

$$\bar{y}_{1i} = y_{1i} - a'_1\eta_{1i} \tag{6}$$

bildet. Diese Werte $\bar{y}_{1i}$ samt den aus ihnen und den $\bar{y}_{0i}$ gebildeten Werten

$$\omega^2_{(1i)2} = \frac{\bar{y}_{0i}}{\bar{y}_{1i}} \tag{7}$$

(wobei der Wert $i=3$ unbrauchbar ist) sind ebenfalls in die Tabelle 1 aufgenommen.

Tabelle 1.

i	$m_i g$	y_{0i}	$\bar{y}_{0i}$	y'_{1i}	$\bar{y}_{1i}$	$\omega^2_{(1i)2}$
1	400	1,99	1,703	1,09	1,09	78,2
2	400	1,49	1,137	0,71	0,71	80,0
3	500	0,416	0,026	0,00	0,002	—
4	600	—1,18	—1,565	—0,98	—0,98	79,8
	kg	cm	cm	cm	$\cdot \frac{2\cdot 10^4 m_1}{EJ_{14}}$	$\cdot \frac{EJ_{14}}{10^6 m_1}$

Die gute Übereinstimmung von $\bar{y}_{1i}$ mit y'_{1i} zeigt, daß keine merkbare Verunreinigung durch die Eigenlösung von ω_1^2 mehr vorhanden ist.

Weil die Werte $\omega^2_{(1i)2}$ mit i nicht stark schwanken, so ist hier keine weitere Iteration nötig. Natürlich bildet man nun wieder einen Mittelwert und findet so

$$\omega^2_{(1)2} = \frac{\sum m_i \bar{y}_{0i} \bar{y}_{1i}}{\sum m_i \bar{y}^2_{1i}} = 79{,}23 \frac{EJ_{14}}{10^6 m_1} \text{ sek}^{-2}. \tag{8}$$

Dies ist, verglichen mit dem genauen Wert (**13**, 6), um 70 Einheiten der vierten Stelle zu klein und liefert also die kritische Drehzahl n_2 mit einem belanglosen Fehler von nur rund 0,4%. [Mit den genauen Werten α_{ij} von Ziff. **13** käme $\omega^2_{(1)2}$ nach diesem Verfahren um nur 2 Einheiten der sechsten Stelle zu groß heraus.]

In den meisten Fällen wird man sich mit den beiden tiefsten kritischen Werten ω_1^2 und ω_2^2 begnügen können. Will man auch noch ω_3^2 kennen, so geht man folgendermaßen vor. Man wählt einen gut abgeschätzten Anfangssatz y_{0i}, etwa entsprechend einer sinusförmigen Durchbiegung mit zwei Knotenpunkten, und reinigt ihn zuerst von den noch in ihm steckenden Bestandteilen der Eigenlösungen von ω_1^2 und von ω_2^2. Diese Eigenlösungen sind

$$\eta_{11} = 0{,}365, \quad \eta_{12} = 0{,}449, \quad \eta_{13} = 0{,}495, \quad \eta_{14} = 0{,}489,$$
$$\eta_{21} = 0{,}616, \quad \eta_{22} = 0{,}401, \quad \eta_{23} = 0{,}001, \quad \eta_{24} = -0{,}554.$$

Die erste (η_{1i}) haben wir schon vorhin benützt, die zweite (η_{2i}) entsteht aus den Werten $\bar{y}_{1i}$ der Tabelle 1 mit der Normierungsvorschrift (1). Die Koeffizienten der Entwicklung von y_{0i} nach den Eigenlösungen η_{1i} und η_{2i} sind

$$a_1 = \sum_{i=1}^{4} \frac{m_i}{m_1} y_{0i} \eta_{1i}, \qquad a_2 = \sum_{i=1}^{4} \frac{m_i}{m_1} y_{0i} \eta_{2i}, \tag{9}$$

und der gereinigte Anfangssatz ist dann

$$\bar{y}_{0i} = y_{0i} - a_1 \eta_{1i} - a_2 \eta_{2i}. \tag{10}$$

Wir verfolgen den Rechnungsgang an Tabelle 2. Aus den Anfangswerten y_{0i} folgt nach (9) $a_1 = -1{,}888$ und $a_2 = 1{,}457$ und daraus $\bar{y}_{0i}$ nach (10). Eine Mohrsche Konstruktion (die ganz wie in Abb. 20 und 21 verläuft und die dortigen Werte s, s', A, A' unverändert übernimmt) liefert zur Belastung $m_i \bar{y}_{0i}$ die Ordinaten y'_{1i}, aus welchen sich hier die iterierten Durchbiegungen

$$y_{1i} = y'_{1i} \frac{500\, m_1}{EJ_{14}} \text{ cm sek}^2 \tag{11}$$

ergeben. Diese reinigt man mit Hilfe der Koeffizienten

$$a'_1 = \sum_{i=1}^{4} \frac{m_i}{m_1} y_{1i} \eta_{1i} = 2{,}620 \frac{500\, m_1}{EJ_{14}}, \qquad a'_2 = \sum_{i=1}^{4} \frac{m_i}{m_1} y_{1i} \eta_{2i} = 0{,}095 \frac{500\, m_1}{EJ_{14}} \tag{12}$$

von den Eigenlösungen η_{1i} und η_{2i} und erhält

$$\bar{y}_{1i} = y_{1i} - a'_1 \eta_{1i} - a'_2 \eta_{2i} \tag{13}$$

nebst den Quotienten

$$\omega^2_{(1i)3} = \frac{\bar{y}_{0i}}{\bar{y}_{1i}}. \tag{14}$$

Tabelle 2.

i	$m_i g$	y_{0i}	$\bar{y}_{0i}$	y'_{1i}	$\bar{y}_{1i}$	$\omega^2_{(1i)3}$
1	400	1,18	0,971	3,44	2,43	798
2	400	—0,62	—0,354	0,26	—0,95	746
3	500	—1,90	—0,966	—1,10	—2,40	806
4	600	—1,18	0,555	2,56	1,33	835
	kg	cm	cm	cm	$\cdot\frac{500 m_1}{E J_{14}}$	$\cdot\frac{E J_{14}}{10^6 m_1}$

Vergleicht man hier $\bar{y}_{1i}$ mit y'_{1i}, so sieht man, wie wichtig die Reinigung (13) war, wenn man einen brauchbaren Endwert erhalten will. Trotz der ziemlich großen Streuung der Werte $\omega^2_{(1i)3}$ stimmt ihr Mittelwert

$$\omega^2_{(1)3} = \frac{\sum m_i \bar{y}_{0i} \bar{y}_{1i}}{\sum m_i \bar{y}^2_{1i}} = 803{,}2 \frac{E J_{14}}{10^6 m_1} \text{ sek}^{-2} \tag{15}$$

sehr gut mit dem genauen Wert (**13**, 6) überein; der Fehler in der kritischen Drehzahl n_3 wäre nur 0,2%. (Mit den genauen Werten α_{ij} von Ziff. **13** käme $\omega^2_{(1)3}$ nach diesem Verfahren um 4 Einheiten der sechsten Stelle zu groß heraus.)

Man sieht ja nun ohne weiteres, wie das Verfahren fortzusetzen ist und schließlich auch noch einen Näherungswert von ω_4^2 liefert. Mit der zu ω_3^2 gehörenden, aus $\bar{y}_{1i}$ von Tabelle 2 durch Normierung entstehenden Eigenlösung

$$\eta_{31} = 0{,}595, \quad \eta_{32} = -0{,}233, \quad \eta_{33} = -0{,}588, \quad \eta_{34} = 0{,}326$$

samt den schon vorhin benützten Eigenlösungen η_{1i} und η_{2i} sowie mit dem Anfangssatz $y_{0i} = \pm 1$ entsteht die Tabelle 3. Den Übergang von den gereinigten Anfangswerten $\bar{y}_{0i}$ zu den y'_{1i} vermittelt dabei wieder eine ganz entsprechende Mohrsche Konstruktion. Durch erneute Reinigung entstehen die $\bar{y}_{1i}$ und daraus die Quotienten $\omega^2_{(1i)4}$. Die zur Reinigung benötigten Koeffizienten sind $a_1 = -0{,}199$; $a_2 = 1{,}047$; $a_3 = -0{,}396$ sowie $a'_1 = -9{,}782$; $a'_2 = -0{,}270$; $a'_3 = 0{,}183$, wobei die drei letzten je noch mit $200\, m_1/E J_{14}$ multipliziert zu denken sind.

Tabelle 3.

i	$m_i g$	y_{0i}	$\bar{y}_{0i}$	y'_{1i}	$\bar{y}_{1i}$	$\omega^2_{(1i)4}$
1	400	1	0,664	—3,07	0,56	5930
2	400	—1	—1,423	—5,87	—1,33	5360
3	500	1	0,864	—4,06	0,89	4850
4	600	—1	—0,194	—4,79	—0,22	4410
	kg	cm	cm	cm	$\cdot\frac{200 m_1}{E J_{14}}$	$\cdot\frac{E J_{14}}{10^6 m_1}$

Trotz großer Streuung der $\omega^2_{(1i)4}$ stimmt der wie (15) zu bildende Mittelwert

$$\omega^2_{(1)4} = 5236 \frac{E J_{14}}{10^6 m_1} \text{ sek}^{-2} \tag{16}$$

mit dem genauen Wert (**13**, 6) noch außerordentlich gut überein; der Fehler in der kritischen Drehzahl n_4 wäre rund 1%.

Zum Schluß mag bemerkt werden, daß man statt des hier benützten Iterationsverfahrens auch das ebenfalls in Kap. III, Ziff. **15** entwickelte zweite Iterationsverfahren, welches den zu den Maxwellschen Einflußzahlen α_{ij} dualen Größen a_{ij} von Kap. II, Ziff. **11** zugeordnet ist, verwenden könnte. Man würde dann zuerst den höchsten kritischen Wert ω_n^2 erhalten, dann den nächstniedrigen ω^2_{n-1} usw. Da diese Reihenfolge praktisch nur selten gewünscht wird, so verzichten wir darauf, dieses „umgekehrte" Iterationsverfahren im einzelnen zu entwickeln.

17. Berücksichtigung der Kreiselwirkung. Man kann alle vorangehenden Methoden so erweitern, daß nun auch vollends die Kreiselwirkung infolge der Schiefstellung der Scheiben berücksichtigt wird. Um dies zunächst für die Verfahren von Ziff. **14** einzusehen, greift man für die niederste kritische Drehzahl im Gleichlauf auf die Gleichungen (**11**, 1) zurück:

$$y_i = \omega_{gl1}^2(\alpha_{i1} m_1 y_1 + \cdots + \alpha_{in} m_n y_n - \gamma_{1i} m_1 c_1^2 \varphi_1 - \cdots - \gamma_{ni} m_n c_n^2 \varphi_n), \tag{1}$$

$$\varphi_i = \omega_{gl1}^2(\gamma_{i1} m_1 y_1 + \cdots + \gamma_{in} m_n y_n - \beta_{i1} m_1 c_1^2 \varphi_1 - \cdots - \beta_{in} m_n c_n^2 \varphi_n), \tag{2}$$

wobei wieder sogleich

$$C_i = m_i c_i^2 \tag{3}$$

gesetzt ist.

Die erweiterte erste Mittelwertsbildung entsteht, wenn man (1) mit m_i multipliziert und dann alle n Gleichungen (1) addiert. Dies gibt

$$\begin{aligned}\sum_{i=1}^{n} m_i y_i &= \omega_{gl1}^2\Big(\sum_{i=1}^{n} m_i \sum_{j=1}^{n} \alpha_{ij} m_j y_j - \sum_{i=1}^{n} m_i \sum_{j=1}^{n} \gamma_{ji} m_j c_j^2 \varphi_j\Big)\\ &= \frac{\omega_{gl1}^2}{g}\Big(\sum_{j=1}^{n} m_j y_j \eta_j - \sum_{j=1}^{n} m_j c_j^2 \varphi_j \psi_j\Big),\end{aligned}$$

wobei mit

$$\eta_j = \sum_{i=1}^{n} \alpha_{ji} m_i g, \qquad \psi_j = \sum_{i=1}^{n} \gamma_{ji} m_i g \tag{4}$$

die Ordinaten und die Neigungen der statischen Biegelinie infolge der Scheibengewichte $m_i g\,(i = 1, 2, \ldots, n)$ an den Stellen j bezeichnet sind. Mithin hat man als Erweiterung von (**14**, 7) für Gleichlauf

$$\omega_{gl1}^2 = g\,\frac{\sum\limits_{j=1}^{n} m_j y_j}{\sum\limits_{j=1}^{n} m_j (y_j \eta_j - c_j^2 \varphi_j \psi_j)}. \tag{5}$$

Diese strenge, aber nicht streng auswertbare Formel liefert wenigstens einen Näherungswert, wenn man statt der unbekannten y_j und φ_j gut geschätzte Näherungen nimmt, etwa die statischen Werte η_j und ψ_j. So kommt

$$\omega_{gl1}^{*2} = g\,\frac{\sum m_j \eta_j}{\sum m_j (\eta_j^2 - c_j^2 \psi_j^2)}. \tag{6}$$

Bei unserem Vergleichsbeispiel von Ziff. **13** liefert eine Mohrsche Konstruktion folgende Werte in cm³ bzw. cm²:

$$\bar\eta_1 = 0{,}272, \quad \bar\eta_2 = 0{,}332, \quad \bar\eta_3 = 0{,}364, \quad \bar\eta_4 = 0{,}359 \quad \text{mit} \quad \eta_j = \bar\eta_j \frac{10^6 m_1 g}{EJ_{14}},$$

$$\bar\psi_1 = 0{,}518, \quad \bar\psi_2 = 0{,}326, \quad \bar\psi_3 = 0{,}084, \quad \bar\psi_4 = -0{,}176 \quad \text{mit} \quad \psi_j = \bar\psi_j \frac{10^4 m_1 g}{EJ_{14}}.$$

Die Trägheitsarme c_j der Scheiben (ihre Quadrate sind nach Ziff. **11** und **9** die Differenzen der Quadrate der axialen und der äquatorialen Trägheitshalbmesser der Scheiben) seien gegeben zu

$$c_1 = 40 \text{ cm}, \quad c_2 = 40 \text{ cm}, \quad c_3 = 45 \text{ cm}, \quad c_4 = 50 \text{ cm}.$$

Dann liefert (6) nach einfacher Rechnung

$$\omega_{gl1}^{*2} = 3{,}402\,\frac{EJ_{14}}{10^6 m_1}\text{ sek}^{-2}. \tag{7}$$

Dieser Wert ist merklich höher als der Wert (**14**, 10) ohne Kreiselwirkung. Die zugehörige kritische Drehzahl

$$n_{gl1}^{*} = 1775 \text{ Uml/min} \tag{8}$$

liegt um 7,5% über dem Wert $n_1 = 1651{,}5$ Uml/min von (**13**, 7) ohne Kreiselwirkung.

Obwohl hier (wie wir nachher sehen werden) der Einfluß der Kreiselwirkung noch etwas überschätzt wird, so sieht man an diesem keineswegs übertriebenen Beispiel, daß dieser Einfluß unter Umständen so groß sein kann, daß es praktisch bedenklich wäre, die Kreiselwirkung einfach außer Acht zu lassen und sich mit der Berechnung der kritischen Zahlen ohne Kreiselwirkung zu begnügen.

Für den viel weniger gefährlichen Gegenlauf muß man gemäß Ziff. **11** in den Ausgangsgleichungen (1) und also auch in den Endformeln (5) und (6) einfach $-c_j^2$ ersetzen durch $+c_j'^2$ (und zwar ist bei Scheiben $c_j'^2 \approx 3\,c_j^2$). Man hat also sofort folgenden Näherungswert:

$$\omega_{gn1}^{*2} = g\,\frac{\sum m_j \eta_j}{\sum m_j(\eta_j^2 + c_j'^2 \psi_j^2)}\,. \tag{9}$$

Bei unserem Beispiel sei $c_j'^2 = 3\,c_j^2$. Dann findet man

$$\omega_{gn1}^{*2} = 2{,}095\,\frac{EJ_{14}}{10^6 m_1}\,\text{sek}^{-2}, \qquad n_{gn1}^{*} = 1390 \text{ Uml/min}. \tag{10}$$

Die tiefste kritische Drehzahl n_{gn1} liegt hier somit um rund 16% tiefer als diejenige ohne Kreiselwirkung.

Die zweite Mittelwertsbildung für Gleichlauf erhält man, indem man die Gleichungen (1) mit $m_i y_i$, die Gleichungen (2) mit $m_i c_i^2 \varphi_i$ multipliziert und dann alle $2n$ Gleichungen addiert:

$$\left.\begin{aligned}\sum_{i=1}^{n} m_i(y_i^2 + c_i^2\varphi_i^2) = \omega_{gl1}^2\Big(&\sum_{i=1}^{n} m_i y_i \sum_{j=1}^{n} \alpha_{ij} m_j y_j - \sum_{i=1}^{n} m_i y_i \sum_{j=1}^{n} \gamma_{ji} m_j c_j^2 \varphi_j + \\ &+ \sum_{i=1}^{n} m_i c_i^2 \varphi_i \sum_{j=1}^{n} \gamma_{ij} m_j y_j - \sum_{i=1}^{n} m_i c_i^2 \varphi_i \sum_{j=1}^{n} \beta_{ij} m_j c_j^2 \varphi_j\Big).\end{aligned}\right\} \tag{11}$$

Wegen

$$\sum_{i=1}^{n} m_i y_i \sum_{j=1}^{n} \gamma_{ji}\, m_j\, c_j^2 \varphi_j = \sum_{j=1}^{n} m_j\, c_j^2 \varphi_j \sum_{i=1}^{n} \gamma_{ji}\, m_i y_i \tag{12}$$

heben sich die zweite und die dritte Summe in (11) rechts auf. Mit

$$\bar{y}_j = \sum_{i=1}^{n} \alpha_{ji}\, m_i y_i, \qquad \bar{\varphi}_j = \sum_{i=1}^{n} \beta_{ji}\, m_i\, c_i^2\, \varphi_i \tag{13}$$

wird also aus (11)

$$\omega_{gl1}^2 = \frac{\sum\limits_{j=1}^{n} m_j(y_j^2 + c_j^2\varphi_j^2)}{\sum\limits_{j=1}^{n} m_j(y_j\bar{y}_j - c_j^2\varphi_j\bar{\varphi}_j)}\,. \tag{14}$$

Geht man wieder von einer gut geschätzten Biegelinie aus, also von einem guten Anfangssatz zusammenpassender Werte y_{0j}, φ_{0j} ($j = 1, 2, \ldots, n$), so ist der Nenner von (14) die Arbeit, die einerseits die „Kräfte“ $m_i y_{0i}$ ($i = 1, 2, \ldots, n$) bei den von ihnen erzeugten Biegungen $\bar{y}_j$ ($j = 1, 2, \ldots, n$) und andererseits die „Momente“ $m_i c_i^2 \varphi_{0i}$ bei den von ihnen erzeugten Neigungen $-\varphi_j$ leisten würden, wobei bezüglich des Vorzeichens daran zu erinnern ist, daß die Kreiselmomente $m_i c_i^2 \varphi_i$ im Gleichlauf die Neigungen φ_i zu verkleinern suchen. Sind also $M(m y_0)$

und $N(mc^2\varphi_0)$ die Biegemomente der „Belastungen“ $m_i y_{0i}$ und $m_i c_i^2 \varphi_{0i}$, etwa graphisch ermittelt in der Form

$$M(m y_0) = h\, u(x), \quad N(m c^2 \varphi_0) = h\, v(x), \tag{15}$$

so wird aus (14)

$$\omega_{gl\,1}^{*\,2} = \frac{E(K+L)}{h^2(U+V)}$$

mit

$$K = \sum_{j=1}^{n} m_j y_{0j}^2, \quad L = \sum_{j=1}^{n} m_j c_j^2 \varphi_{0j}^2, \quad U = \int_0^l \frac{u^2}{J}\,dx, \quad V = \int_0^l \frac{v^2}{J}\,dx. \tag{16}$$

Abb. 22 zeigt als Fortsetzung von Abb. 18, wie die graphische Ermittlung

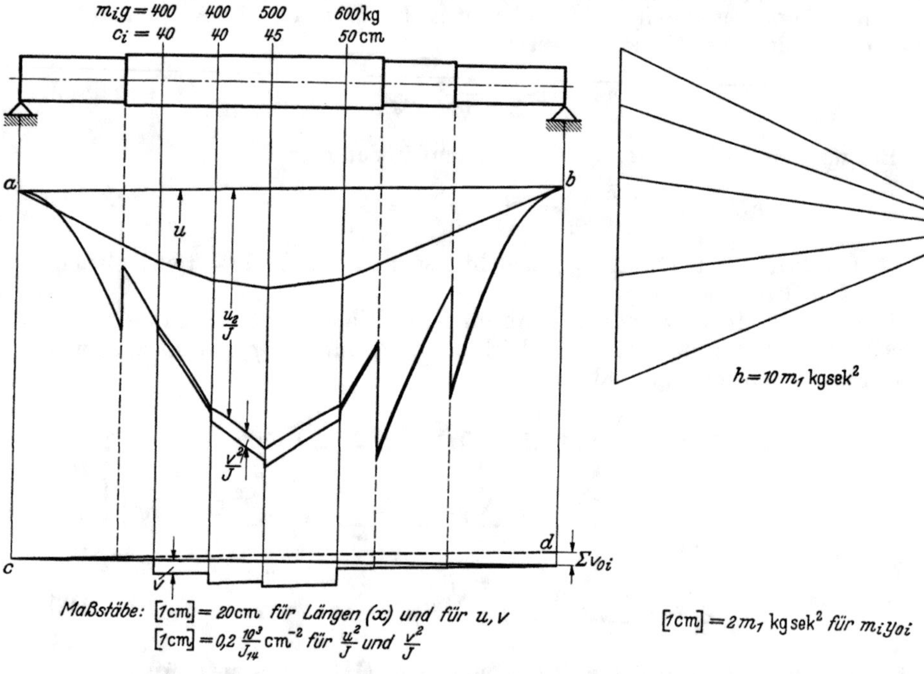

Abb. 22. Ermittlung von $U + V$.

von $\omega_{gl\,1}^2$ nach (16) verläuft. Man geht von einer sinusförmigen Durchbiegung y_0 aus, zu welcher die Werte (in cm bzw. dimensionslos)

$$\begin{aligned} &y_{01} = 1{,}49, && y_{02} = 1{,}83, && y_{03} = 1{,}99, && y_{04} = 1{,}90, \\ &\varphi_{01} = 0{,}0280, && \varphi_{02} = 0{,}0170, && \varphi_{03} = 0{,}00438, && \varphi_{04} = -0{,}0129 \end{aligned}$$

gehören. Die Konstruktion der U-Fläche geschieht wie früher. Um die V-Fläche zu zeichnen, berechnet man die Größen

$$v_{0i} = \frac{m_i c_i^2 \varphi_{0i}}{h} \qquad (i = 1, 2, 3, 4),$$

bildet $\Sigma v_{0i} (= 3{,}461 \text{ cm})$, trägt diesen Wert am rechten Lager negativ (nach oben) auf, verbindet diesen Punkt mit dem linken Lager und kann nun ohne weiteres die Ordinaten v des von den „Momenten“ $m_i c_i^2 \varphi_{0i} (i = 1, 2, 3, 4)$ herrührenden Biegemomentes N über der so gewonnenen Basis cd aufbauen. Die

Ordinaten v^2/J addiert man zu den Ordinaten u^2/J und findet $U+V$ durch Planimetrieren der Summenfläche. Im vorliegenden Beispiel ergibt sich

$$U+V=56{,}31\,\frac{10^3}{J_{14}}\,\mathrm{cm}^{-1}$$

und durch einfache Rechnung aus den Werten y_{0i} und φ_{0i}

$$K=15{,}93\,m_1\,\mathrm{kg\,cm\,sek}^2,\quad L=2{,}40\,m_1\,\mathrm{kg\,cm\,sek}^2.$$

Mit diesen Werten und $h=10\,m_1$ kgsek² kommt

$$\omega_{gl1}^{*2}=3{,}260\,\frac{E J_{14}}{10^6 m_1}\,\mathrm{sek}^{-2},\quad n_{gl1}^{*}=1740\ \mathrm{Uml/min}, \tag{17}$$

also eine um 6,2% höhere kritische Drehzahl als ohne Kreiselwirkung, ein Wert, der jedenfalls genauer als (8) ist und zeigt, daß mit der Formel (6) der Einfluß der Kreiselwirkung i. a. etwas überschätzt wird.

Für den Gegenlauf kommt statt (15) und (16) in gleicher Weise

$$\omega_{gn1}^{*2}=\frac{E(K-L')}{h^2(U-V')}$$

mit

$$K=\sum_{j=1}^{n} m_j y_{0j}^2,\quad L'=\sum_{j=1}^{n} m_j c_j'^2 \varphi_{0j}^2,\quad U=\int_0^l \frac{u^2}{J}\,dx,\quad V'=\int_0^l \frac{v'^2}{J}\,dx, \tag{18}$$

wobei

$$M(m y_0)=h u(x),\quad N(m c'^2 \varphi_0)=h v'(x) \tag{19}$$

gesetzt ist. Im vorliegenden Beispiel findet man

$$\omega_{gn1}^{*2}=2{,}434\,\frac{E J_{14}}{10^6 m_1}\,\mathrm{sek}^{-2},\quad n_{gn1}^{*}=1500\ \mathrm{Uml/min}, \tag{20}$$

also einen kritischen Wert, der um rund 9% tiefer liegt als ohne Kreiselwirkung. Der Vergleich mit (10) zeigt, daß die Formel (9) den Einfluß der Kreiselwirkung auch im Gegenlauf i. a. überschätzt.

Von den beiden Mittelwertsbildungen ist die in den Formeln (16) und (18) gipfelnde genauer als die zu den Formeln (6) und (9) führende; diese ist nur für Abschätzungen zu empfehlen, und auch da nur dann, wenn die Werte η_j und ψ_j der statischen Biegung schon sowieso bekannt sind.

Noch genauer, dafür aber auch noch mühsamer ist schließlich die Iterationsmethode von Ziff. **15**. Wenn man die Überlegungen von Kap. III, Ziff. **12** und **14** folgerichtig auf das durch die Gleichungen (1) und (2) definierte Eigenwertproblem überträgt, so findet man folgende Ergebnisse, zunächst für Gleichlauf.

Zu jedem der $2n$ reellen Eigenwerte ω_{glk}^2 gibt es eine Eigenlösung, die wir (ohne Gefahr der Verwechslung mit den weiterhin gar nicht mehr vorkommenden statischen Größen) analog zu Ziff. **16** mit η_{ki}, ψ_{ki} $(i=1,2,\ldots,n)$ bezeichnen wollen. Alle diese Eigenlösungen gehorchen der Orthogonalitätsbedingung

$$\sum_{i=1}^{n} m_i(\eta_{ki}\eta_{li}-c_i^2\psi_{ki}\psi_{li})=0 \quad \text{für} \quad k\neq l \tag{21}$$

und lassen sich, wenn nötig, normieren durch die Vorschriften

$$\sum_{i=1}^{n} m_i(\eta_{ki}^2-c_i^2\psi_{ki}^2)=1 \qquad (k=1,2,\ldots,n). \tag{22}$$

Ein beliebiger Satz von Durchbiegungen $y_i, \varphi_i (i=1, 2, \ldots, n)$ kann nach den normierten Eigenlösungen entwickelt werden:

$$y_i = \sum_{k=1}^{2n} a_k \eta_{ki}, \qquad \varphi_i = \sum_{k=1}^{2n} a_k \psi_{ki} \quad (i=1, 2, \ldots, n), \tag{23}$$

und dabei ist

$$a_k = \sum_{i=1}^{n} m_i (y_i \eta_{ki} - c_i^2 \varphi_i \psi_{ki}). \tag{24}$$

[Wie schon in (**13**, 9) und in Ziff. **16** mag man in (21) bis (24) beim praktischen Rechnen überall m_i bequemer durch einen Quotienten m_i/m_1 ersetzen.] Die

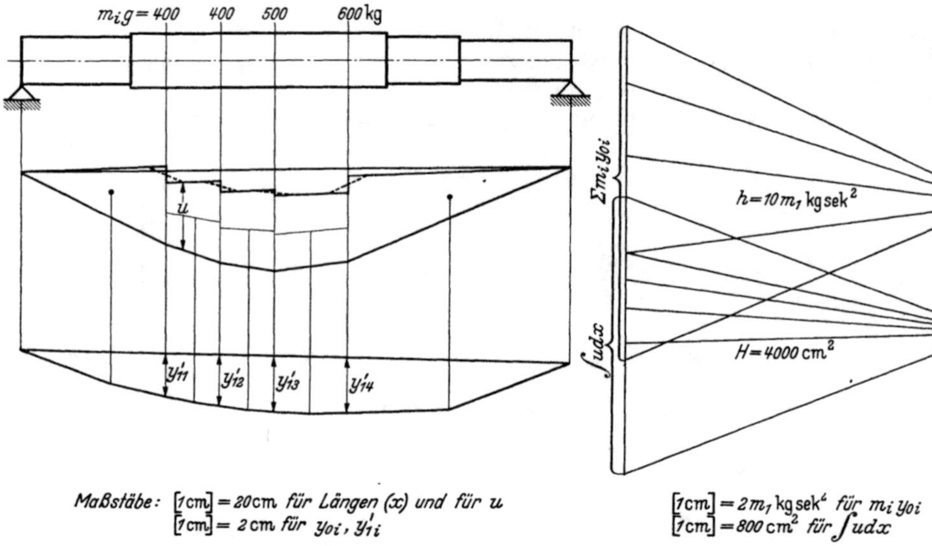

Abb. 23. Iterationsverfahren zur Bestimmung von ω_{gl1}^2.

Iterationsvorschrift lautet nun: Man nehme einen gut abgeschätzten Anfangssatz zusammenpassender Werte $y_{0i}, \varphi_{0i} (i=1, 2, \ldots, n)$ an, belaste die Welle mit den Kräften $m_j y_{0j}$ und mit den Momenten $-m_j c_j^2 \varphi_{0j}$ und bestimme, etwa mit dem Mohrschen Verfahren, die zugehörigen Durchbiegungen und Neigungen

$$\left.\begin{aligned} y_{1i} &= \sum_{j=1}^{n} \alpha_{ij} m_j y_{0j} - \sum_{j=1}^{n} \gamma_{ji} m_j c_j^2 \varphi_{0j}, \\ \varphi_{1i} &= \sum_{j=1}^{n} \gamma_{ij} m_j y_{0j} - \sum_{j=1}^{n} \beta_{ij} m_j c_j^2 \varphi_{0j}; \end{aligned}\right\} \tag{25}$$

dann ist

$$\omega_{(1)1}^2 = \frac{\sum\limits_{i=1}^{n} m_i (y_{0i} y_{1i} - c_i^2 \varphi_{0i} \varphi_{1i})}{\sum\limits_{i=1}^{n} m_i (y_{1i}^2 - c_i^2 \varphi_{1i}^2)} \tag{26}$$

ein i. a. sehr guter Näherungswert für ω_{gl1}^2. Wenn nötig, kann die Iteration natürlich entsprechend fortgesetzt werden, bis sie keine merkliche Änderung mehr bringt.

In Abb. 23 ist dieses Verfahren auf unser Beispiel angewendet. Außer der (schon in Abb. 20 konstruierten) Momentenfläche zu den Kräften $m_j y_{0j}$ ist von der gleichen Basis aus die (schon in Abb. 22 konstruierte) Momentenfläche zu den Momenten $+m_j c_j^2 \varphi_{0j}$ aufgetragen, so daß die Ordinaten u des gesamten Biegemomentes als Differenzen abgegriffen werden können. (Von den punktierten „Abschrägungen" der zweiten Momentenfläche wird später noch die Rede sein.) Zu der Differenzfläche als „Belastung" findet man dann in bekannter Weise die Biegelinie y_{1i}, φ_{1i}. Die Tabelle gibt die wie in (**15**, 8) definierten Werte y'_{1i} und die zugehörigen φ'_{1i}.

i	$m_i g$	y_{0i}	φ_{0i}	y'_{1i}	φ'_{1i}
1	400	1,49	0,0280	1,10	0,0190
2	400	1,83	0,0170	1,35	0,0112
3	500	1,99	0,0044	1,48	0,0035
4	600	1,90	−0,0129	1,45	−0,0042
	kg	cm		cm	

Damit folgt [mit dem in (**15**, 9) erklärten Faktor 2,5]

$$\omega_{gl1}^2 = 3{,}275\,\frac{EJ_{14}}{10^6 m_1}\,\text{sek}^{-2}, \qquad n_{gl1} = 1742\ \text{Uml/min}, \tag{27}$$

in guter Übereinstimmung mit dem Wert (17). Eine weitere Iteration würde innerhalb der Genauigkeit der Zeichnung keine merkliche Änderung mehr an diesem Wert hervorbringen.

Diese Methode hat vor derjenigen der Formel (16) den grundsätzlichen Vorzug, daß man die Genauigkeit des Ergebnisses an jeder weiteren Iteration nachprüfen kann. Sie hat jedoch den kleinen Nachteil, daß man bei ihr Winkel φ_{1i} ablesen muß, was etwas mühsam ist, wenn man große Genauigkeit wünscht. [Bei der Methode (16) ist statt dessen nur eine Planimetrierung nötig.]

Hat man so mit ω_{gl1}^2 zugleich auch eine hinreichend genaue (nichtnormierte) Eigenlösung $\eta_{1i}, \psi_{1i}\,(i = 1, 2, \ldots, n)$ gewonnen, so läßt sich nach der Methode von Ziff. **16** der nächsthöhere Eigenwert ω_{gl2}^2 ermitteln. Man wählt hierzu einen neuen gut abgeschätzten Anfangssatz y_{0i}, φ_{0i} und reinigt ihn nach der Vorschrift

$$\bar{y}_{0i} = y_{0i} - a_1\eta_{1i}, \quad \bar{\varphi}_{0i} = \varphi_{0i} - a_1\psi_{1i} \quad (i = 1, 2, \ldots, n) \tag{28}$$

mit

$$a_1 = \frac{\sum_{i=1}^{n} m_i(y_{0i}\eta_{1i} - c_i^2\varphi_{0i}\psi_{1i})}{\sum_{i=1}^{n} m_i(\eta_{1i}^2 - c_i^2\psi_{1i}^2)} \tag{29}$$

von der Eigenlösung $\eta_{1i}, \psi_{1i}\,(i = 1, 2, \ldots, n)$. Aus $\bar{y}_{0i}, \bar{\varphi}_{0i}$ und seiner ersten Iteration, die gegebenenfalls erst wieder in die von η_{1i}, ψ_{1i} gereinigte Form $\bar{y}_{1i}, \bar{\varphi}_{1i}$ übergeführt werden muß, folgt dann nach der Vorschrift (26) $\omega_{(1)2}^2$ als Näherung für ω_{gl2}^2.

Wie dieses Verfahren bis zu den höheren Eigenwerten fortzusetzen ist, bedarf im Hinblick auf Ziff. **16** keiner weiteren Erklärung. Indessen kann sich hier folgende Erscheinung recht lästig bemerkbar machen, und zwar schon bei der Bestimmung von ω_{gl2}^2. Man bekommt die Eigenwerte ω_{gl}^2 in der Reihenfolge ihrer absoluten Beträge. Weil nach Ziff. **11** beim Gleichlauf n Eigenwerte ω_{gl}^2 positiv und n negativ sind, so kann man zunächst auf einen solchen negativen, also unbrauchbaren Eigenwert ω_{gl*}^2 stoßen statt auf ω_{gl2}^2. Man muß dann zuerst die zu ω_{gl*}^2 gehörige Eigenlösung η_{*i}, ψ_{*i} berechnen und mit Hilfe von η_{1i}, ψ_{1i} und η_{*i}, ψ_{*i} den gesuchten zweiten positiven Eigenwert ω_{gl2}^2 als dritten Eigenwert in der Folge der absoluten Beträge bestimmen, unter Umständen sogar als vierten, wenn vorher noch ein weiterer negativer Eigenwert mit kleinerem absolutem Betrag auftritt. Diese Erscheinung, die bei der Berechnung aller höheren Eigenwerte immer wieder vorkommen kann, zeigt sich, wie aus vielen Beispielen hervorgeht, fast regelmäßig schon beim Aufsuchen von ω_{gl2}^2 und macht dann die Berechnung von ω_{gl2}^2 außerordentlich mühsam. Glücklicherweise liegt die zweite kritische Drehzahl zumeist weit über der normalen Betriebsdrehzahl, und in diesem Falle genügt es, ihren Wert ohne Kreiselwirkung nach der bequemen Methode von Ziff. **16** zu ermitteln. Die Kreiselwirkung des Gleichlaufs kann nach Ziff. **11** diesen Wert nur hinaufsetzen, also ungefährlicher machen.

Der Gegenlauf erledigt sich durch die Bemerkung, daß in den Formeln (21) bis (29) überall c_i^2 zu ersetzen ist durch $-c_i'^2$. Das Verfahren läßt sich dann in gleicher Art wie beim Gleichlauf durchführen. Negative Eigenwerte treten nun nicht mehr auf.

Zum Schluß mag erwähnt sein, daß die mit den Methoden von Ziff. **14** bis **17** zu ermittelnden Werte der kritischen Drehzahlen noch etwas verbessert werden könnten, indem man erstens (wie schon am Ende von Ziff. **13** gesagt) auch die Massen der nicht besetzten Wellenstücke berücksichtigt, zweitens die versteifende Wirkung der Scheiben auf die Welle und drittens die von Null verschiedene Nabenbreite beim Übertragen der Kreiselmomente von den Scheiben auf die Welle. Dem zweiten Einfluß[1]) kann man durch einen (theoretisch oder experimentell zu bestimmenden) Zuschlag zu den Trägheitsmomenten J der Wellenquerschnitte Rechnung tragen, dem dritten Einfluß dadurch, daß man die Treppenstufen der zugehörigen Momentenfläche „abschrägt", wie das in Abb. 23 punktiert angedeutet ist. Doch machen diese Verbesserungen in der Regel zahlenmäßig nicht mehr viel aus.

---

[1]) Vgl. auch die genauere Rechnung von B. Eck, Versteifender Einfluß der Turbinenscheiben auf die Durchbiegung des Läufers, Z. VDI 72 (1928) S. 51.

Vierter Abschnitt.

Brennkraftmaschinen.

Kapitel XI.

Massenausgleich.

1. Einleitung. Als erstes wichtiges Problem bei Kolbenmaschinen, insbesondere bei raschlaufenden Brennkraftmaschinen, behandeln wir den sogenannten Massenausgleich. Dieser umfaßt zwei Aufgaben: erstens die Reaktionskräfte und -momente zu berechnen, die von den bewegten Massen der laufenden Maschine auf das Fundament (auf den Maschinenrahmen) wirken, und zweitens anzugeben, wie diese Kräfte und Momente sich ganz oder teilweise beseitigen lassen.

Diese Kräfte und Momente können formelmäßig im allgemeinen nicht in geschlossener Gestalt dargestellt werden; man hat nur die Wahl, sie entweder in Potenzreihen des Quotienten $\lambda = r/l$ (Kurbelhalbmesser zu Pleuelstangenlänge) oder in Fouriersche Reihen nach dem Kurbelwinkel ψ zu entwickeln. Wir beschreiten im folgenden den zweiten Weg[1]), weil die Größe λ bei Brennkraftmaschinen von gedrängter Bauart bis zu etwa 0,4 ansteigen kann und also (im Gegensatz zu den Kolbendampfmaschinen) nicht immer eine hinreichend gute Reihenkonvergenz gewährleistet, und weil überdies die Fragen der Resonanz sowieso eine Fourierentwicklung nach ψ wünschenswert machen.

Auch die zweite Aufgabe hat sich bei den Brennkraftmaschinen stark gewandelt: Während bei den Mehrzylinder-Dampfmaschinen die Versetzungswinkel der Kurbeln, die Zylinderabstände und schließlich die Kolbengewichte in weiten Grenzen frei wählbar sind und also zum Massenausgleich herangezogen werden können, so sind bei den Brennkraftmaschinen in der Regel — ob immer ganz zu Recht, soll hier unerörtert bleiben — bestimmte, einen mehr oder weniger regelmäßigen Stern bildende Versetzungswinkel sowie meist auch gleiche Zylinderabstände und stets gleiche Kolbengewichte von vornherein vorgeschrieben, und dann kann lediglich die noch offene Zündfolge sowie das Hinzufügen von Ausgleichsmassen zur Verbesserung des Massenausgleichs dienen.

Wir erledigen zuerst an Hand der aus der Kinematik des ungeschränkten Schubkurbelgetriebes entwickelten Fourierreihen der Massenkräfte und -momente die Einzylindermaschine und die Möglichkeiten ihres Massenausgleiches (§ 1) und sodann den aus hintereinander geschalteten Zylindern aufgebauten Reihenmotor (§ 2). Im Anschluß daran folgen die Maschinen mit ungleichen Kurbelversetzungen, mit ungleichen Zylinderabständen, mit geschränkten Kurbelgetrieben und mit besonderen umlaufenden Ausgleichsmassen (§ 3).

Eine zweite Klasse von Mehrzylindermaschinen bilden die Gabel-, Fächer- und Sternmotoren, die wir zuerst für zentrisch, dann für exzentrisch angelenkte Pleuelstangen untersuchen (§ 4 und 5) und zuletzt in normaler oder versetzter Reihenschaltung (§ 6).

---

[1]) P. Cormac, The exponential method in the analysis of the balance of reciprocating masses, Engineering 112 (1921) S. 778; P. Riekert, Der Massenausgleich von Reihenmotoren, Diss. Stuttgart 1928 (mit sehr vollständigem Schrifttumverzeichnis).

Die dritte Klasse stellen schließlich die Umlauf- und Gegenlaufmotoren vor; wir behandeln ihren Massenausgleich für die regelmäßige Sternform, die allein in Frage kommt (§ 7).

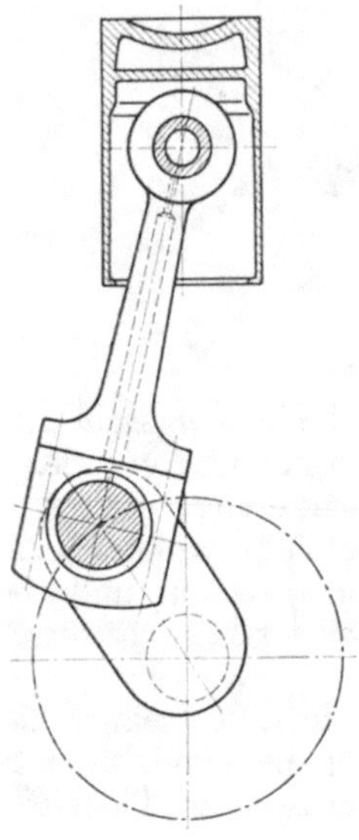

Abb. 1. Kurbelgetriebe eines Dieselmotors.

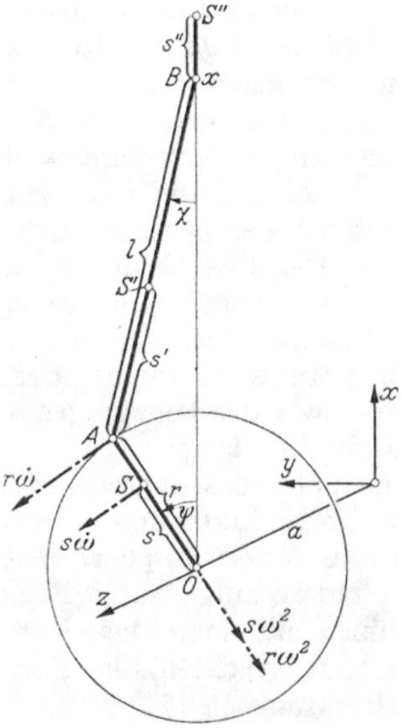

Abb. 2. Schematische Darstellung des ungeschränkten Schubkurbelgetriebes.

§ 1. Die Einzylindermaschine.

2. Bezeichnungen. Wir betrachten zunächst ein ungeschränktes Schubkurbelgetriebe wie in Abb. 1 und stellen es schematisch durch Abb. 2 dar, wo O, A und B die Schnittpunkte der Wellenachse, der Kurbelzapfenachse und der Kolbenbolzenachse (Kreuzkopfzapfenachse) mit der Mittelebene des Getriebes bedeuten. Seinen Kurbeldrehwinkel ψ rechnen wir von der inneren Totlage des Kolbens aus. Wir nennen G das Gewicht der Kurbel (Kurbelzapfen, Kurbelwangen sowie zugehöriges Wellenstück), S ihren Schwerpunkt, r den Kurbelhalbmesser OA und s die Länge OS sowie $\omega = \dot{\psi}$ die Winkelgeschwindigkeit, ferner G' das Gewicht der Pleuelstange, S' ihren Schwerpunkt, l ihre Länge AB und s' die Länge AS', weiter G'' das Gewicht des Gleitstücks (Kolben und gegebenenfalls Kolbenstange sowie Kreuzkopf), S'' seinen Schwerpunkt und s'' die Länge BS'', endlich k den Trägheitsarm der Kurbel um die Wellenachse und k' den Trägheitsarm der Pleuelstange um eine Achse durch S' parallel zur Wellenachse.

Ferner legen wir ein rechtwinkliges Koordinatensystem zugrunde, dessen z-Achse mit der Wellenachse so zusammenfällt, daß der Drehwinkel ψ der Kurbel mit der positiven z-Richtung eine Rechtsschraube bildet. Die (x, y)-Ebene ist parallel zur Mittelebene des Getriebes, und zwar zeigt die positive x-Achse parallel zu OB, während die positive y-Achse das System zu einem rechtshändigen ergänzt. Die Mittelebene des Getriebes habe den Abstand $z = a$ von der (x, y)-Ebene, und es sei x die Koordinate von B, ferner χ der Drehwinkel der Pleuelstange aus der Totlage BO.

Wir setzen noch voraus, daß S' auf der Geraden AB liegt und daß S, S' und S'' in der Mittelebene des Getriebes enthalten sind. Zur Abkürzung benützen wir die als Stangenverhältnis bezeichnete Zahl

$$\lambda = \frac{r}{l} \quad \left(\text{zwischen } \frac{1}{6} \text{ und } \frac{1}{2,5}\right). \tag{1}$$

Sobald sich während der Bewegung des Getriebes der Impuls bzw. das Impulsmoment (etwa bezogen auf den Koordinatenursprung) ändert, muß vom Fundament eine Kraft bzw. ein Kraftmoment auf das Getriebe ausgeübt werden, die gleich der Änderungsgeschwindigkeit des Impulses bzw. des Impulsmomentes sind. Die dazu entgegengesetzten Reaktionen, die das Fundament vom Getriebe erfährt, sind die gesuchte Massenkraft $\mathfrak{K}$ bzw. das gesuchte Massenmoment $\mathfrak{M}$. Ihre Komponenten im (x, y, z)-System nennen wir X, Y, Z bzw. M_x, M_y, M_z, und zwar heißt

X die Längskraft (in der Gleitbahn OB),
Y die Querkraft (senkrecht zur Gleitbahn, in der Mittelebene),
M_x das Längsmoment (um die x-Achse drehend),
M_y das (Quer- oder) Kippmoment (um die y-Achse drehend),
M_z das Umlaufmoment (um die Wellenachse drehend).

Die Komponente Z ist von vornherein Null.

Bei der Berechnung dieser Massenkräfte und Massenmomente, die wir nun in Angriff nehmen, spielen die inneren Kräfte und Momente der Maschine (wie Explosionsdruck, Reibung im Getriebe und zwischen Getriebe und Führung) keine Rolle, da sie immer paarweise entgegengesetzt gleich auftreten und sich also herausheben. Dagegen ist natürlich das Wort „Fundament" immer in dem allgemeinen Sinne zu verstehen, daß es alle Befestigungsstellen zwischen Maschine und Umwelt umfaßt, also insbesondere das Maschinenfundament im engeren Sinne, aber auch die Welle, die aus der Maschine herausführt, und zwar von der Stelle ab, bis zu welcher das Gewicht G von „Kurbel und Wellenstück" gerechnet wird. Rechnet man z. B. bei einem Flugmotor zum Gewicht G auch die Luftschraube, so gehört zum „Fundament" auch die von dieser erfaßte Luft, welche Kräfte und Momente auf die Luftschraube ausübt.

3. Die Massenkräfte und die Massenmomente. Um den Impuls des Getriebes und damit (als dessen negative Änderungsgeschwindigkeit) die Massenkräfte X und Y zu berechnen, dürfen wir uns die Masse G/g der Kurbel in ihrem Schwerpunkt S, diejenige G''/g des Gleitstückes in dessen Schwerpunkt S'', die Masse G'/g der Pleuelstange aber in den beiden Punkten A und B so konzentriert denken, daß dabei der Schwerpunkt S' der Pleuelstange erhalten bleibt, also die Teilgewichte

$$G_1 = \left(1 - \frac{s'}{l}\right) G' \quad \text{in } A, \qquad G_2 = \frac{s'}{l} G' \quad \text{in } B. \tag{1}$$

Denn da das Ersatzsystem dieser vier Massen die gleichen Schwerpunkte hat, wie das Getriebe selbst, so besitzt es nach einem Grundgesetz der Kinetik auch den gleichen Impuls und also die gleiche Massenkraft.

Die x- und y-Komponenten der Zentripetalbeschleunigung $s\omega^2$ und der Umfangsbeschleunigung $s\dot{\omega}$ der Masse G/g sind

$$-s\omega^2 \cos\psi - s\dot{\omega}\sin\psi \qquad \text{und} \qquad -s\omega^2 \sin\psi + s\dot{\omega}\cos\psi,$$

und analoge Ausdrücke gelten für die Komponenten der Beschleunigungen $r\omega^2$ und $r\dot{\omega}$ der Masse G_1/g. Mithin erhält man für die Längs- und Querkraft

$$X = \frac{G}{g}(s\omega^2\cos\psi + s\dot{\omega}\sin\psi) + \left(1 - \frac{s'}{l}\right)\frac{G'}{g}(r\omega^2\cos\psi + r\dot{\omega}\sin\psi) - \left(\frac{s'}{l}\frac{G'}{g} + \frac{G''}{g}\right)\ddot{x},$$

$$Y = \frac{G}{g}(s\omega^2\sin\psi - s\dot{\omega}\cos\psi) + \left(1 - \frac{s'}{l}\right)\frac{G'}{g}(r\omega^2\sin\psi - r\dot{\omega}\cos\psi)$$

oder mit den Abkürzungen

$$Q = \frac{r}{g}\left(\frac{s'}{l}G' + G''\right), \qquad Q' = \frac{1}{g}\left[sG + r\left(1 - \frac{s'}{l}\right)G'\right] \tag{2}$$

einfacher

$$\left.\begin{aligned} X &= Q'(\omega^2\cos\psi + \dot{\omega}\sin\psi) - Q\,\frac{\ddot{x}}{r}, \\ Y &= Q'(\omega^2\sin\psi - \dot{\omega}\cos\psi). \end{aligned}\right| \tag{3}$$

Mit den Kräften X und Y hat man natürlich auch das Längsmoment und das (Quer- oder) Kippmoment

$$M_x = -aY, \qquad M_y = aX. \tag{4}$$

Um auch noch das Umlaufmoment M_z zu finden, müssen wir vor allem das Impulsmoment der Pleuelstange ermitteln. Dabei dürfen wir die Ersatzmassen G_1/g und G_2/g im allgemeinen nicht mehr als punktförmig ansehen, sondern müssen sie mit solchen Trägheitsmomenten $k_1^2 G_1/g$ und $k_2^2 G_2/g$ (bezüglich der zugehörigen Achsen durch A und B parallel zur Wellenachse) ausstatten, daß auch das Trägheitsmoment $k'^2 G'/g$ der ganzen Pleuelstange (bezüglich der Achse durch S') erhalten bleibt. Dann hat nach einem weiteren Grundgesetz der Kinetik auch das Impulsmoment der Pleuelstange und damit ihr Massenmoment die gleiche Größe wie beim Ersatzsystem. Nach dem Huyghensschen Satz über Trägheitsmomente bezüglich paralleler Achsen muß also gelten

$$k'^2 G' = [k_1^2 + s'^2] G_1 + [k_2^2 + (l - s')^2] G_2$$

oder

$$k_1^2 G_1 + k_2^2 G_2 = k'^2 G' - s'^2 G_1 - (l - s')^2 G_2 .$$

Führt man die Werte (1) von G_1 und G_2 in die rechte Seite ein, so kommt

$$k_1^2 G_1 + k_2^2 G_2 = [k'^2 - s'(l - s')] G'. \tag{5}$$

[Daraus geht übrigens hervor, daß man sich, falls $k'^2 < s'(l - s')$ ist, die gedachten Ersatzmassen mit negativen Trägheitsmomenten ausgestattet denken muß. Wenn dies auch bei wirklichen Massen nicht vorkommen kann, so stört es bei derartigen Ersatzmassen mit nur rechnerischer Bedeutung keineswegs, da die Grundgesetze der Mechanik gleicherweise für positive und negative Massen und Trägheitsmomente gelten.]

Die Impulsmomente der Ersatzmassen G_1/g und G_2/g setzen sich zusammen aus den von der Drehung $-\dot{\chi}$ der Pleuelstange herrührenden Beträgen $-\dot{\chi}(k_1^2 G_1 + k_2^2 G_2)/g$ und aus den Momenten der Impulse der Massen G_1/g und G_2/g, nämlich $\omega r^2 G_1/g$ und Null (da die Geschwindigkeit $\dot{x}$ der Masse G_2/g keinen Hebelarm bezüglich O hat). Fügt man noch das Impulsmoment $\omega k^2 G/g$ der Kurbel hinzu, so kommt sofort das ganze Impulsmoment

$$J = \frac{1}{g}\left[\omega\,(k^2 G + r^2 G_1) - \dot{\chi}\,(k_1^2 G_1 + k_2^2 G_2)\right].$$

Beachtet man (5) und die erste Gleichung (1), so nimmt mit den weiteren Abkürzungen

$$R = \frac{\lambda}{g}\left[s'(l - s') - k'^2\right] G', \qquad R' = \frac{1}{g}\left[k^2 G + r^2\left(1 - \frac{s'}{l}\right) G'\right] \tag{6}$$

das Umlaufmoment $M_z = -dJ/dt$ die Form an:

$$M_z = -R'\dot{\omega} - R\,\frac{\ddot{\chi}}{\lambda}. \tag{7}$$

Die Größen $G, G', G'', r, l, s, s', k^2$ und k'^2 treten weiterhin nur noch in der Gestalt Q, Q', R und R' auf. Wir nennen Q und Q' die reduzierten Momente, R und R' die reduzierten Trägheitsmomente des Kurbelgetriebes. Da wir die Massenkräfte (3) und die Massenmomente (4) und (7) in Fouriersche Reihen nach dem Argument ψ zu entwickeln beabsichtigen, so haben wir jetzt die Ausdrücke $\ddot{x}/r$ und $\ddot{\chi}/\lambda$ im Kurbelwinkel ψ auszudrücken.

4. Kinematik des Kolbens und der Pleuelstange. Man liest aus Abb. 2 von Ziff. **2** ab

$$x = r\cos\psi + l\cos\chi, \qquad r\sin\psi = l\sin\chi \tag{1}$$

oder nach Elimination von χ

$$\frac{x}{r} = \cos\psi + \frac{1}{\lambda}(1-\lambda^2\sin^2\psi)^{\frac{1}{2}}. \tag{2}$$

Wenn man die rechte Seite in eine Reihe nach Potenzen von λ entwickelt, so kommt

$$\frac{x}{r} = \frac{1}{\lambda} + \cos\psi - \frac{\lambda}{2}\sin^2\psi - \frac{\lambda^3}{8}\sin^4\psi - \frac{\lambda^5}{16}\sin^6\psi - \cdots. \tag{3}$$

Nun ist aber

$$\left.\begin{aligned} \sin^2\psi &= \frac{1}{2}(1-\cos 2\psi), \\ \sin^4\psi &= \frac{1}{8}(3-4\cos 2\psi + \cos 4\psi), \\ \sin^6\psi &= \frac{1}{32}(10-15\cos 2\psi + 6\cos 4\psi - \cos 6\psi). \end{aligned}\right\} \tag{4}$$

Setzt man diese Ausdrücke in (3) ein und ordnet, so wird

$$\frac{x}{r} = A_0 + \cos\psi + \frac{1}{4}A_2\cos 2\psi - \frac{1}{16}A_4\cos 4\psi + \frac{1}{36}A_6\cos 6\psi - + \cdots. \tag{5}$$

Dabei sind die A_{2k} folgende Potenzreihen von λ:

$$\left.\begin{aligned} A_0 &= \frac{1}{\lambda} - \frac{1}{4}\lambda - \frac{3}{64}\lambda^3 - \frac{5}{256}\lambda^5 - \cdots, \\ A_2 &= \lambda + \frac{1}{4}\lambda^3 + \frac{15}{128}\lambda^5 + \cdots, \\ A_4 &= \frac{1}{4}\lambda^3 + \frac{3}{16}\lambda^5 + \cdots, \\ A_6 &= \frac{9}{128}\lambda^5 + \cdots. \end{aligned}\right\} \tag{6}$$

Durch zweimalige Differentiation nach der Zeit erhält man aus (5) mit $\dot\psi = \omega$

$$\left.\begin{aligned} -\frac{\ddot x}{r} = {}& \omega^2(\cos\psi + A_2\cos 2\psi - A_4\cos 4\psi + A_6\cos 6\psi - + \cdots) + \\ & + \dot\omega\left(\sin\psi + \frac{1}{2}A_2\sin 2\psi - \frac{1}{4}A_4\sin 4\psi + \frac{1}{6}A_6\sin 6\psi - + \cdots\right). \end{aligned}\right\} \tag{7}$$

Will man noch weitere Glieder dieser Reihen kennen, so setzt man in (2)

$$\frac{1}{\lambda}(1-\lambda^2\sin^2\psi)^{\frac{1}{2}} = \sum_{k=0}^{\infty}(-1)^k\binom{\frac{1}{2}}{k}\lambda^{2k-1}\sin^{2k}\psi \tag{3a}$$

ein und beachtet, daß allgemein statt (4) gilt

$$\sin^{2k}\psi = \frac{1}{2^{2k-1}}\sum_{h=0}^{k}(-1)^{k-h}\binom{2k}{h}\cos 2(k-h)\psi - \frac{1}{2^{2k}}\binom{2k}{k}; \tag{4a}$$

dann kommt

$$\frac{x}{r} = A_0 + \cos\psi + \sum_{j=1}^{\infty}(-1)^{j-1}\frac{A_{2j}}{4j^2}\cos 2j\psi \tag{5a}$$

mit einem nebensächlichen Wert von A_0 und mit

$$A_{2j} = 4j^2\sum_{k=j}^{\infty}(-1)^{k-1}\binom{\frac{1}{2}}{k}\binom{2k}{k-j}\left(\frac{\lambda}{2}\right)^{2k-1} \qquad (j = 1, 2, \ldots), \tag{6a}$$

und schließlich

$$-\frac{\ddot x}{r} = \omega^2\left(\cos\psi + \sum_{j=1}^{\infty}(-1)^{j-1}A_{2j}\cos 2j\psi\right) + \dot\omega\left(\sin\psi + \sum_{j=1}^{\infty}(-1)^{j-1}\frac{A_{2j}}{2j}\sin 2j\psi\right). \tag{7a}$$

Die in (7) bzw. (7a) auftretenden Koeffizienten A_{2j} und $B_{2j} = A_{2j}/2j$ können für jedes Stangenverhältnis λ leicht aus (6) bzw. (6a) berechnet werden und sind in der folgenden Tabelle zusammengestellt. Als Näherungswerte merke man sich

$$A_2 \approx \lambda, \quad A_4 \approx \frac{1}{4}\lambda^3, \quad A_6 \approx \frac{1}{14}\lambda^5. \tag{6b}$$

$\frac{1}{\lambda}\left(=\frac{l}{r}\right)$	A_2	A_4	A_6	$B_2 = \frac{1}{2} A_2$	$B_4 = \frac{1}{4} A_4$	$B_6 = \frac{1}{6} A_6$
2,5	0,4173	0,0182	0,0009	0,2087	0,0045	0,0001
3,0	0,3431	0,0101	0,0003	0,1715	0,0025	0,0001
3,5	0,2918	0,0062	0,0001	0,1459	0,0016	0,0000
4,0	0,2540	0,0041	0,0001	0,1270	0,0010	—
4,5	0,2250	0,0028	0,0000	0,1125	0,0007	—
5,0	0,2020	0,0021	—	0,1010	0,0005	—
5,5	0,1833	0,0015	—	0,0917	0,0004	—
6,0	0,1678	0,0012	—	0,0839	0,0003	—

Der Vergleich der genaueren Tafelwerte mit den aus (6) berechneten zeigt, daß der Unterschied in den A_{2j} kleiner als 0,003 bleibt, wenn man in (6) bis zu den Gliedern λ^3 geht, und sogar kleiner als 0,001, wenn man dort noch die Glieder λ^5 berücksichtigt, und den größten Wert $\lambda = 1:2{,}5$ zugrunde legt. Außerdem ist der Fourierkoeffizient A_6 höchstens 1/400 des Fourierkoeffizienten A_2, für das häufige Stangenverhältnis $\lambda = 1:3{,}5$ sogar weniger als 1/1000. Somit wird man sich praktisch in der Regel auf die Fourierglieder bis zu $\cos 4\psi$ und $\sin 4\psi$ beschränken dürfen und nur bei besonderer Resonanzgefahr auch noch die Glieder mit $\cos 6\psi$ und $\sin 6\psi$ beiziehen müssen.

Wir kommen jetzt zur Berechnung von $\ddot{\chi}$. Differentiiert man den aus der zweiten Gleichung (1) entnommenen Ausdruck

$$\cos\chi = (1 - \lambda^2 \sin^2\psi)^{\frac{1}{2}} = 1 - \frac{\lambda^2}{2}\sin^2\psi - \frac{\lambda^4}{8}\sin^4\psi - \frac{\lambda^6}{16}\sin^6\psi - \cdots$$

nach der Zeit und dividiert hernach mit $\sin\chi = \lambda \sin\psi$, so erhält man

$$\dot{\chi} = \omega\left(\lambda\cos\psi + \frac{1}{2}\lambda^3\sin^2\psi\cos\psi + \frac{3}{8}\lambda^5\sin^4\psi\cos\psi + \cdots\right). \tag{8}$$

Führt man hier wieder die Ausdrücke (4) ein und formt sofort die Produkte $\cos 2k\psi\cos\psi$ um in $\frac{1}{2}\cos(2k+1)\psi + \frac{1}{2}\cos(2k-1)\psi$, so findet man

$$\dot{\chi} = \omega\lambda\left(C_1\cos\psi - \frac{1}{3}C_3\cos 3\psi + \frac{1}{5}C_5\cos 5\psi - + \cdots\right) \tag{9}$$

mit den Koeffizienten

$$\left.\begin{aligned} C_1 &= 1 + \frac{1}{8}\lambda^2 + \frac{3}{64}\lambda^4 + \cdots, \\ C_3 &= \frac{3}{8}\lambda^2 + \frac{27}{128}\lambda^4 + \cdots, \\ C_5 &= \frac{15}{128}\lambda^4 + \cdots. \end{aligned}\right\} \tag{10}$$

Durch nochmalige Differentiation nach der Zeit kommt

$$\left.\begin{aligned} \frac{\ddot{\chi}}{\lambda} = &-\omega^2(C_1\sin\psi - C_3\sin 3\psi + C_5\sin 5\psi - + \cdots) + \\ &+ \dot{\omega}\left(C_1\cos\psi - \frac{1}{3}C_3\cos 3\psi + \frac{1}{5}C_5\cos 5\psi - + \cdots\right). \end{aligned}\right\} \tag{11}$$

Allgemein gilt

$$\dot{\chi} = \omega\lambda\sum_{j=1}^{\infty}(-1)^{\,j-1}\frac{C_{2j-1}}{2j-1}\cos(2j-1)\psi \tag{9a}$$

mit

$$C_{2j-1} = (2j-1)^2 \sum_{k=j-1}^{\infty} (-1)^{k+1} \frac{2k-1}{k+j} \binom{\frac{1}{2}}{k} \binom{2k}{k-j+1} \left(\frac{\lambda}{2}\right)^{2k} \quad (j = 1, 2, \ldots), \tag{10a}$$

wo $\binom{0}{0} = 1$ bedeutet, und dann vollends

$$\frac{\ddot{\chi}}{\lambda} = -\omega^2 \sum_{j=1}^{\infty} (-1)^{j-1} C_{2j-1} \sin(2j-1)\psi + \dot{\omega} \sum_{j=1}^{\infty} (-1)^{j-1} \frac{C_{2j-1}}{2j-1} \cos(2j-1)\psi. \tag{11a}$$

Die in (11) bzw. (11a) auftretenden Koeffizienten C_{2j-1} und $D_{2j-1} = C_{2j-1}/(2j-1)$ sind in der folgenden Tabelle für die wichtigsten Stangenverhältnisse λ zusammengestellt. Als Näherungswerte merke man sich

$$C_1 \approx 1, \qquad C_3 \approx \frac{3}{8}\lambda^2, \qquad C_5 \approx \frac{1}{8}\lambda^4. \tag{10b}$$

$\frac{1}{\lambda}\left(=\frac{l}{r}\right)$	C_1	C_3	C_5	$D_1 = C_1$	$D_3 = \frac{1}{3} C_3$	$D_5 = \frac{1}{5} C_5$
2,5	1,021	0,066	0,004	1,021	0,022	0,001
3,0	1,014	0,044	0,002	1,014	0,015	0,000
3,5	1,010	0,032	0,001	1,010	0,011	—
4,0	1,008	0,024	0,001	1,008	0,008	—
4,5	1,006	0,019	0,000	1,006	0,006	—
5,0	1,005	0,015	—	1,005	0,005	—
5,5	1,004	0,013	—	1,004	0,004	—
6,0	1,003	0,011	—	1,003	0,004	—

Da für $\lambda = 1:2{,}5$ schon $C_7 = 0{,}00018$ und $D_7 = \frac{1}{7} C_7 = 0{,}00003$ wäre, so sind die Fourierglieder mit $\cos 7\psi$ und $\sin 7\psi$ ganz zu vernachlässigen, und auch die Glieder mit $\cos 5\psi$ und $\sin 5\psi$ wird man, da sie höchstens wenige Tausendstel der Glieder mit $\cos\psi$ und $\sin\psi$ ausmachen, nur bei besonderer Resonanzgefahr zu berücksichtigen brauchen.

5. Die Fourierreihen der Massenkräfte und der Massenmomente. Um nunmehr die gesuchten Fourierentwicklungen der Längs- und Querkraft zu bekommen, braucht man nur den Wert von $-\ddot{x}/r$ aus (**4**, 7) oder (**4**, 7a) in die Ausdrücke X, Y (**3**, 3) einzusetzen. So erhält man

$$\left.\begin{aligned} X = \omega^2 \left[(Q+Q')\cos\psi + Q\left(A_2\cos 2\psi - A_4\cos 4\psi + A_6\cos 6\psi - + \cdots\right)\right] + \\ + \dot{\omega}\left[(Q+Q')\sin\psi + Q\left(\frac{1}{2}A_2\sin 2\psi - \frac{1}{4}A_4\sin 4\psi + \frac{1}{6}A_6\sin 6\psi - + \cdots\right)\right], \end{aligned}\right\} \tag{1}$$

$$Y = \omega^2 Q' \sin\psi - \dot{\omega} Q' \cos\psi \tag{2}$$

und daraus das Längsmoment $M_x = -aY$ und das Kippmoment $M_y = aX$. Ebenso folgt aus (**3**, 7) mit (**4**, 11) oder (**4**, 11a) das Umlaufmoment

$$\left.\begin{aligned} M_z = \omega^2 R\left(C_1\sin\psi - C_3\sin 3\psi + C_5\sin 5\psi - + \cdots\right) - \\ - \dot{\omega}R' - \dot{\omega}R\left(C_1\cos\psi - \frac{1}{3}C_3\cos 3\psi + \frac{1}{5}C_5\cos 5\psi - + \cdots\right). \end{aligned}\right\} \tag{3}$$

Wir bezeichnen die in X, Y, M_x, M_y und M_z auftretenden Fourierkoeffizienten der Glieder $\cos j\psi$ und $\sin j\psi$ als Kraft und als Moment j-ter Ordnung, und zwar als stationäre Kraft und stationäres Moment, soweit sie den Faktor ω^2 enthalten; soweit sie dagegen den Faktor $\dot{\omega}$ enthalten, sollen sie Schwankungskraft und -moment heißen. Weil bei normalen Maschinen die Drehbeschleunigung $\dot{\omega}$ höchstens einige Hundertstel von ω^2 ausmacht, so sind die Schwankungskräfte und -momente von untergeordneter Bedeutung gegenüber den gewöhnlichen, von ω^2 abhängigen, stationären Massenkräften und -momenten.

Beim ungeschränkten Kurbelgetriebe treten also auf:

1) Querkräfte und Längsmomente erster Ordnung,
2) Längskräfte und Kippmomente erster und gerader Ordnung,
3) Umlaufmomente nullter und ungerader Ordnung.

Man bemerkt, daß in den Formeln (1) bis (3) die Schwankungsglieder (außer $-\dot{\omega}R'$) aus den stationären Gliedern dadurch entstehen, daß man die Größen und Symbole

$$\left.\begin{array}{l} \omega^2, \cos\psi, \sin\psi, \cos j\psi, \sin j\psi \text{ [und später allgemein } \cos(j\psi+\beta), \sin(j\psi+\beta)] \\ \text{der Reihe nach ersetzt durch} \\ \dot{\omega}, \sin\psi, -\cos\psi, \frac{1}{j}\sin j\psi, -\frac{1}{j}\cos j\psi \\ \qquad\qquad \left[\text{und später allgemein } \frac{1}{j}\sin(j\psi+\beta), -\frac{1}{j}\cos(j\psi+\beta)\right]. \end{array}\right\} \quad (4)$$

Da wir alle folgenden Maschinen (ausgenommen diejenigen in § 5) aus lauter gleichartigen Kurbelgetrieben aufbauen werden, so wird sich diese Erscheinung immer wiederholen, und darum führen wir das Symbol $((\dot{\omega}))$ ein, welches bedeuten soll, daß man in dem jeweils unmittelbar vorangehenden Ausdruck mit ω^2 die Vertauschungen (4) vorzunehmen hat, um den zugehörigen Ausdruck in $\dot{\omega}$ zu erhalten. Wir schreiben also die Formeln (1) bis (3) in der abgekürzten Gestalt

$$X = \omega^2[(Q + Q')\cos\psi + Q(A_2\cos 2\psi - A_4\cos 4\psi + - \cdots)] + ((\dot{\omega})), \quad (1)$$

$$Y = \omega^2 Q'\sin\psi + ((\dot{\omega})), \quad (2)$$

$$M_z = \omega^2 R(C_1\sin\psi - C_3\sin 3\psi + - \cdots) + ((\dot{\omega})) - \dot{\omega}R'. \quad (3)$$

Mit dieser Schreibweise wollen wir ausdrücken, daß wir uns weiterhin i. a. nur noch um die stationären Glieder kümmern, die Schwankungsglieder $((\dot{\omega}))$ aber doch gegebenenfalls stets zur Verfügung halten. Da der Lauf der heutigen Brennkraftmaschinen sehr gleichförmig ist, so darf man unter ω^2 unbedenklich den Wert $\pi^2 n^2/900$ verstehen, wo n die Drehzahl in der Minute bedeutet. Man beachte, daß die stationären Glieder mit dem Quadrat der Drehzahl zunehmen und also bei raschlaufenden Maschinen einen sehr großen Faktor ω^2 besitzen.

6. Der Massenausgleich der Einzylindermaschine. Wir untersuchen jetzt, inwieweit sich schon bei einer Maschine mit einem einzigen Kurbelgetriebe Massenausgleich erzielen läßt[1]). Zunächst folgt aus (**5**, 2), daß die Querkraft Y dann und nur dann für jede Kurbelstellung ψ und somit dauernd verschwindet, wenn das reduzierte Moment $Q' = 0$ ist. Nach (**3**, 2) hat man also als Bedingung des Querkraftausgleiches der Einzylindermaschine

$$sG + r\left(1 - \frac{s'}{l}\right)G' = 0. \quad (1)$$

Da r, l, G und G' wesentlich positiv sind, so dürfen die Größen s und $(1 - s'/l)$ nicht beide positiv sein. Dies läßt sich erreichen entweder durch Verlängern der Pleuelstange über den Kreuzkopf hinaus (so daß $s' > l$ wird) oder durch Verlängern der Kurbelwangen rückwärts über die Lagerzapfen hinaus (so daß $s < 0$ wird). Die erste Möglichkeit scheidet praktisch wohl stets aus konstruk-

[1]) R. MOLLIER, Der Beschleunigungsdruck der Schubstange, Z. VDI 47 (1903) S. 1639; H. LORENZ, Massenwirkungen von Getriebegruppen, Z. VDI 62 (1918) S. 562; R. BESTEHORN, Massenausgleich bei Kurbelgetrieben, insbesondere durch Gegengewichte, Z. VDI 64 (1920) S. 42; M. TOLLE, Regelung der Kraftmaschinen, S. 350, 3. Aufl., Berlin 1921.

tiven Gründen aus, die zweite dagegen ist längst im Gebrauch, und zwar in Gestalt von Gegengewichten, die an den beiden Kurbelwangen (Abb. 3) oder an symmetrisch angeordneten Schwungrädern angebracht werden. Diese Gegengewichte müssen nach (1) so groß sein, daß die ganze Kurbel, auf die waagerechten Lagerzapfen gestützt, in jeder Kurbelstellung im Gleichgewicht wäre, wenn man den Kurbelzapfen mit dem Bruchteil $(1-s'/l)G'$ des Pleuelstangengewichts G' belasten würde.

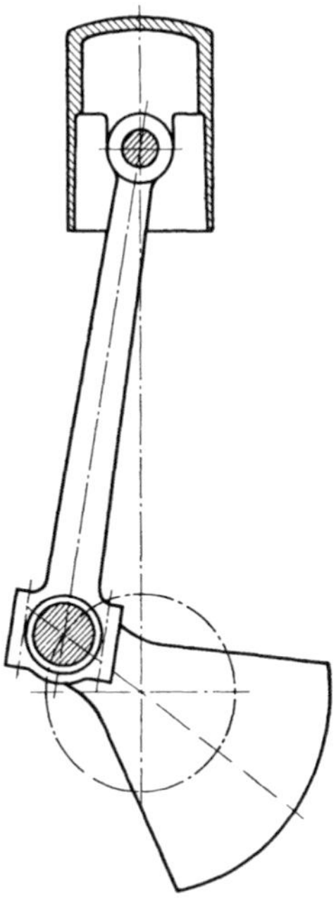

Abb. 3. Kurbelgetriebe mit Gegengewichten auf den Kurbelwangen.

Ferner folgt aus (**5**, 1), daß die Längskraft X dann und nur dann dauernd wegfällt, wenn sowohl das reduzierte Moment $Q=0$ wie auch die Summe $Q+Q'=0$ ist. Man hat also nach (**3**, 2) als Bedingungen des Längskraftausgleiches

$$s'G'+lG''=0 \quad \text{und} \quad sG+r(G'+G'')=0. \tag{2}$$

Diese beiden Gleichungen lassen sich, da r, l, G, G' und G'' wesentlich positiv sind, nur durch negative Werte von s' und s befriedigen. Während aber die zweite Bedingung (2) wieder leicht durch Gegengewichte an symmetrisch angeordneten Schwungrädern erfüllbar ist (weniger leicht durch Gegengewichte an den Kurbelwangen), so bereitet die erste erhebliche konstruktive Schwierigkeiten: die Pleuelstange müßte über den Kurbelzapfen hinaus verlängert und die Verlängerung mit einer Zusatzmasse von solcher Größe versehen werden, daß die im Kurbelzapfen drehbar aufgehängte Pleuelstange zusammen mit dem (in B konzentriert gedachten) Gewicht G'' des ganzen Gleitstücks in jeder Stellung im Gleichgewicht wäre. Das Schema dieses Massenausgleiches zeigt Abb. 4, wo die schraffierten Kreise die in ihren Schwerpunkten und in B konzentriert gedachten Gewichte von Kurbel, Pleuelstange und Gleitstück andeuten sollen. Das System G', G'' muß seinen Schwerpunkt in der Kurbelzapfenmitte A haben und das Gesamtsystem G, G', G'' gemäß der zweiten Gleichung (2) den seinigen in der Wellenachse O. Wegen des verhältnismäßig großen Gewichts G'' des Gleitstücks müßten also die Gegengewichte auf der verlängerten Pleuelstange und auf den Kurbelwangen von außerordentlicher Größe sein. Hiergegen bestehen jedenfalls bei größeren Maschinen nahezu unüberwindliche konstruktive Bedenken.

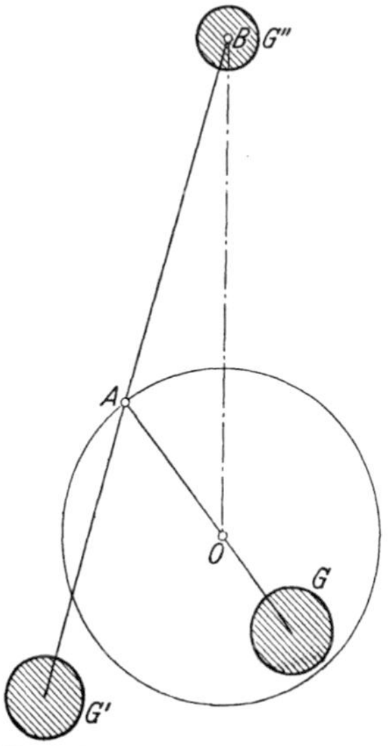

Abb. 4. Schema des Kurbelgetriebes mit Querkraft-Langsmoment- und Langskraft-Kippmomentausgleich.

Da also die Bedingung $Q=0$ sich praktisch nicht erfüllen läßt, so muß man sich mit der Bedingung $Q+Q'=0$, d. h. mit der zweiten Bedingung (2) begnügen. Man hat dann nach (**5**, 1) zwar keinen vollständigen Längskraftausgleich mehr, aber wenigstens einen solchen der Längskraft erster Ordnung, also einen um so besseren Längskraftausgleich, je kleiner das Stangenverhältnis λ ist. Allerdings darf man nicht übersehen, daß *mit* $Q\neq 0$ die Bedingung $Q+Q'=0$ dieses genäherten Längskraftausgleiches sofort der Bedingung $Q'=0$ des genauen Querkraftausgleiches widerspräche. Man wird daher in Wirklichkeit einen Mittelweg einschlagen, indem man die beiden Bedingungen $Q'=0$ und $Q+Q'=0$ durch die eine Bedingung $\varkappa Q+Q'=0$ ersetzt, wo $\varkappa$ zwischen 0 und 1 liegt. Mit $\varkappa=0$ erhält man daraus den genauen Querkraftausgleich, mit $\varkappa=1$ den genäherten Längskraftausgleich. Je nachdem, ob man mehr auf das Verschwinden der Längskraft oder der Querkraft sehen muß — das hängt vom Unterbau der Maschine ab —, wird man $\varkappa$ näher bei 1 oder näher bei 0 wählen. Die Bedingung des genäherten Längskraft-Querkraftausgleiches wird so

$$sG+r\left\{\left[1-(1-\varkappa)\frac{s'}{l}\right]G'+\varkappa G''\right\}=0 \qquad (0\le\varkappa\le 1). \tag{3}$$

Man erfüllt auch sie durch Gegengewichte auf den rückwärts verlängerten Kurbelwangen oder auf symmetrisch angeordneten Schwungrädern. In dem als günstigst empfohlenen Fall $\varkappa=1/2$ halten diese Gegengewichte gerade die Mitte zwischen den nach (1) und den nach (2) erforderlichen.

Die alsdann noch übrigbleibende, also unausgeglichene Querkraft besteht aus einem stationären und einem Schwankungsteil (erster Ordnung), welche mit der Abkürzung

$$G^*=\frac{s'}{l}G'+G'' \tag{4}$$

die Form annehmen:

$$Y_1=\omega^2 Q'=-\varkappa r\omega^2\frac{G^*}{g}, \qquad Y_1'=-\dot\omega Q'=\varkappa r\dot\omega\frac{G^*}{g}. \tag{5}$$

Desgleichen ist die unausgeglichene Längskraft erster Ordnung

$$X_1=\omega^2(Q+Q')=(1-\varkappa)r\omega^2\frac{G^*}{g}, \qquad X_1'=\dot\omega(Q+Q')=(1-\varkappa)r\dot\omega\frac{G^*}{g}, \tag{6}$$

diejenigen höherer Ordnung sind

$$\left.\begin{aligned} X_{2j}&=(-1)^{j-1}\omega^2 Q A_{2j}=(-1)^{j-1}r\omega^2 A_{2j}\frac{G^*}{g},\\ X_{2j}'&=(-1)^{j-1}\dot\omega Q\frac{A_{2j}}{2j}=(-1)^{j-1}r\dot\omega\frac{A_{2j}}{2j}\frac{G^*}{g}\end{aligned}\right\} \quad (j=1,2,3,\ldots). \tag{7}$$

Somit nimmt die Längskraft erster Ordnung mit zunehmendem $\varkappa$ ab, und sie ist für jeden Wert von $\varkappa$ (zwischen 0 und 1) kleiner als ohne den Ausgleich durch ein Kurbelgegengewicht. Die Längskräfte höherer Ordnung sind von $\varkappa$ unabhängig und lassen sich also auf diesem Weg nicht beseitigen. (Einen Weg, auf dem sich wenigstens eine Längskraft höherer Ordnung zum Verschwinden bringen läßt, werden wir in Ziff. **15** schildern.) Die Querkraft ist Null für $\varkappa=0$ und nimmt mit $\varkappa$ zu; und es ist wohl zu beachten, daß sie, falls man $\varkappa$ zu groß wählt, größer sein kann als ohne Ausgleich durch ein Kurbelgegengewicht. Für $\varkappa=1$ ist dies in der Regel längst der Fall, da

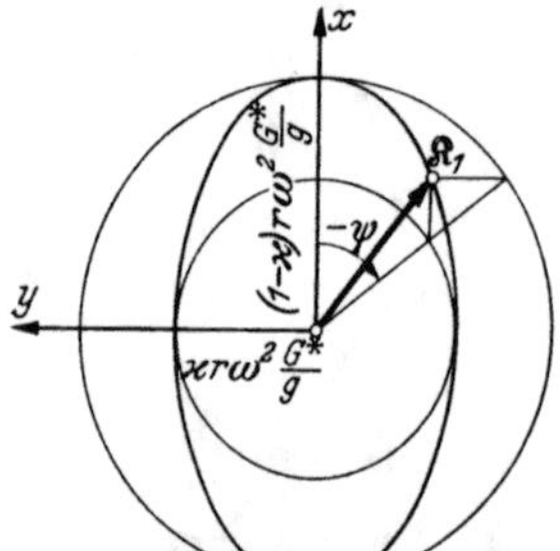

Abb. 5. Unausgeglichene stationäre Kraft erster Ordnung.

$$rG^*\equiv r\left(\frac{s'}{l}G'+G''\right)>gQ'\equiv sG+r\left(1-\frac{s'}{l}\right)G'$$

zu sein pflegt.

Es sei daran erinnert, daß hierbei unter „Kraft" jeweils der Höchstwert der mit ψ bzw. $2j\psi$ pulsierenden wirklichen Kraft verstanden ist. Die wirkliche unausgeglichene stationäre Kraft erster Ordnung besteht aus einem Vektor $\mathfrak{K}_1$ mit den Komponenten $X_1\cos\psi$ und $Y_1\sin\psi$. Dieser Vektor dreht sich nach (5) und (6) entgegen der Kurbel; seine Spitze beschreibt eine Ellipse mit den Halbachsen X_1 und $|Y_1|$, wobei die zugehörige exzentrische Anomalie jeweils den Wert $-\psi$ besitzt (Abb. 5). Ebenso ist die unausgeglichene

Schwankungskraft erster Ordnung ein elliptisch pulsierender Vektor $\mathfrak{K}_1'$ mit der exzentrischen Anomalie ψ der Kurbel selbst und mit den Halbachsen X_1' und Y_1'. Das Entsprechende gilt auch noch, wenn die Kräfte ganz unausgeglichen sind; nur bedeuten dann X_1, Y_1, X_1' und Y_1' nicht mehr die Werte (5) und (6), sondern ihre allgemeinen Beträge aus (**5**, 1) und (**5**, 2). — Die wirklichen Kräfte höherer Ordnung pulsieren in der x-Achse und treten gar nicht aus dieser heraus.

Während das Längs- und Kippmoment nach (**3**, 4) in demselben Maße verschwinden wie die Quer- und Längskraft, so verlangt der Ausgleich des Umlaufmomentes M_z nach (**5**, 3), daß die reduzierten Trägheitsmomente R und R' zu Null werden oder nach (**3**, 6) ausführlich

$$k'^2 = s'(l-s') \quad \text{und} \quad k^2 G + r^2\left(1-\frac{s'}{l}\right)G' = 0. \tag{8}$$

Man erkennt aber rasch, daß diese beiden Bedingungen einander widersprechen. Da nämlich G und G' wesentlich positiv sind, so besagt die zweite, daß $s' > l$ sein soll; das ist jedoch mit der ersten ganz unverträglich. Somit ist vollkommener Umlaufmomentausgleich der Einzylindermaschine unmöglich (vgl. jedoch Ziff. **15**).

Zum Glück kommt es nun praktisch auf die Glieder mit $\dot\omega$ weniger an, und wenn man also auf das Schwankungsmoment in M_z keine Rücksicht nimmt, so kann der Ausgleich von M_z schon durch die Bedingung $R=0$ oder

$$k'^2 = s'(l-s') \tag{9}$$

allein erreicht werden. Dies ist die praktisch zureichende Bedingung des Umlaufmomentausgleiches. Man kann sie auch auf folgende zwei Formen bringen

$$\frac{k'^2+s'^2}{s'} = l \quad \text{oder} \quad \frac{k'^2+(l-s')^2}{l-s'} = l; \tag{9a}$$

diese besagen, daß die reduzierte Pendellänge der Pleuelstange gleich l sein muß, und zwar sowohl wenn man sie um den Kurbelzapfen, als auch wenn man sie um den Kreuzkopfzapfen (Kolbenbolzen) schwingen läßt.

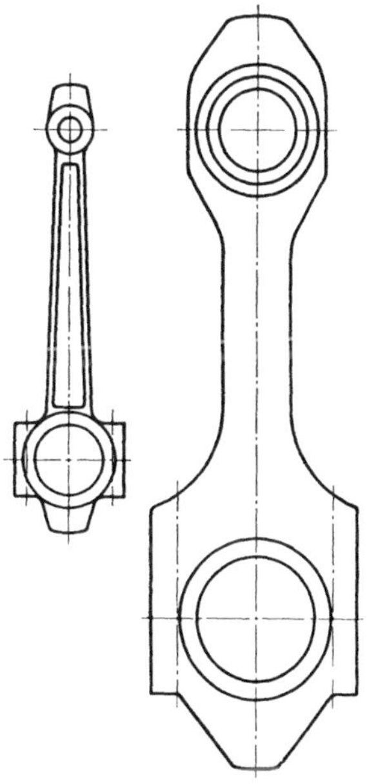

Abb. 6. Pleuelstangen mit bestem Umlaufmomentausgleich.

Untersucht man vorhandene Pleuelstangen daraufhin, so findet man, daß die (offenbar zu wenig bekannte) Bedingung (9) oder (9a) in der Regel keineswegs genau zutrifft, obwohl sich kaum konstruktive Schwierigkeiten dagegen anführen lassen, sie genau zu erfüllen, damit ein ruhigerer Gang der Maschine erzielt wird. Besteht die Pleuelstange aus einem zylindrischen oder gleichmäßig verjüngten Schaft und zwei Lager- oder Gelenkköpfen, die um die zugehörigen Zapfen symmetrisch liegen, so ist immer $k'^2 < s'(l-s')$. Man rechnet nämlich leicht aus, daß für den Schaft allein stets $k'^2 < s'(l-s')$ ist, während für die beiden Köpfe allein, wenn man ihre Massen in den Zapfenmitten konzentriert ansieht, $k'^2 = s'(l-s')$ wäre. Um also für die ganze Pleuelstange $k'^2 = s'(l-s')$ zu machen, muß man sie ein wenig über einen oder beide Zapfen hinaus verlängern, etwa wie dies Abb. 6 andeutet, die zwei solche Pleuelstangen mit bestmöglichem Umlaufmomentausgleich zeigt.

§ 2. Der Reihenmotor.

7. Die Zweizylindermaschine. a) Zweitakt. Bei der einfachwirkenden Zweizylinder-Zweitaktmaschine sind die beiden Kurbeln in der Regel um den Winkel $2\pi/2 = 180°$ gegeneinander versetzt. Fügt man also in Ziff. **5** zu den Kräften und Momenten der Einzylindermaschine die mit gleichen Werten Q, Q', R, R' und mit $\psi + 180°$ statt ψ gebildeten Kräfte und Momente des zweiten Kurbelgetriebes hinzu, so kommt im ganzen

$$\left.\begin{aligned} X &= 2\,\omega^2 Q(A_2 \cos 2\psi - A_4 \cos 4\psi + A_6 \cos 6\psi - + \cdots) + ((\dot\omega)), \\ Y &= 0, \end{aligned}\right\} \quad (1)$$

$$\left.\begin{aligned} M_x &= -\,\omega^2 a\, Q' \sin\psi - ((\dot\omega)), \\ M_y &= \omega^2 a\,(Q + Q') \cos\psi + ((\dot\omega)), \end{aligned}\right\} \quad (2)$$

$$M_z = -\,2\,\dot\omega R'. \quad (3)$$

Hierbei ist a der Abstand zwischen den beiden Zylinderachsen, und der Nullpunkt des Systems liegt in der Mitte zwischen beiden (Abb. 7).

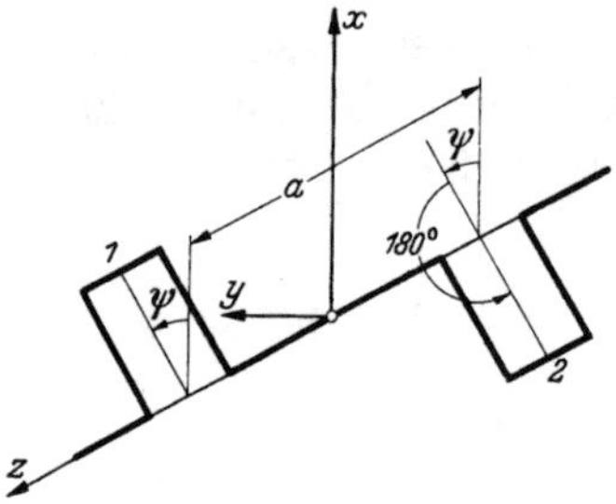

Abb. 7. Schema der Kurbelwelle der Zweizylinder-Zweitaktmaschine.

Auf diesen Nullpunkt sind insbesondere die Momente M_x und M_y bezogen, und wenn hier und im folgenden vom Ausgleich der Momente die Rede ist, so soll sich das, wie wir ein für allemal verabreden, immer auf den zugehörigen Nullpunkt beziehen. Dies bedeutet, daß auch bei so ausgeglichenen Momenten doch das auf einen anderen Punkt bezogene Moment nicht zu verschwinden braucht (nämlich dann nicht, wenn die Kräfte nicht ausgeglichen sind), und allgemein, daß man für einen beliebigen Bezugspunkt zu den Momenten M_x und M_y jeweils noch das entsprechende Moment der Kräfte Y und X hinzufügen muß, um die Komponenten des wirklichen Momentes zu erhalten. Diese Bemerkung kann z. B. bei unsymmetrisch gelagerten Maschinen wichtig sein.

Nach (1) bis (3) sind hier die Längskraft erster Ordnung, die ganze Querkraft, die höheren Ordnungen des Längs- und Kippmomentes sowie der stationäre Teil des Umlaufmomentes von vornherein ausgeglichen. Die Längskräfte höherer Ordnung und der Schwankungsanteil des Umlaufmomentes lassen sich auch hier nicht ohne weiteres beseitigen (vgl. jedoch später Ziff. **15**). Für das Längsmoment und das Kippmoment (je erster Ordnung) gelten dieselben Ausgleichsbedingungen wie für die Querkraft und für die Längskraft erster Ordnung der Einzylindermaschine: man erhält bestmöglichen Ausgleich durch Kurbelgegengewichte nach (**6**, 3). Diese Gegengewichte (die übrigens die Längskraft X nicht beeinflussen) bringt man bei Kurbeln mit Zwischenlager, also getrennten inneren Kurbelwangen, an den inneren und äußeren Kurbelwangen an, und zwar je in gleichen Schwerpunktsabständen von den zugehörigen Zylinderachsen. Doch sind auch irgendwelche anders angebrachten Kurbelgegengewichte mit diesen gleichwertig hinsichtlich des Momentenausgleichs, wenn ihre Fliehkräfte für irgendeine Kurbelstellung (etwa für $\psi = 0$) ein Kräftepaar von gleichem Moment bilden, wie die nach (**6**, 3) berechneten Gegengewichte. Von dieser Möglichkeit macht man beispielsweise bei Kurbeln ohne Zwischenlager Gebrauch, deren innere Wangen ein zur Drehachse schiefes Stück bilden. Bei Kurbeln ohne Zwischenlager, deren innere Wangen ein zur Drehachse senkrechtes Stück bilden, darf man bei symmetrischer Bauart die auf die inneren Wangen entfallenden Gegengewichte, da sie sich gegenseitig aufheben würden, einfach weglassen.

Die unausgeglichenen Kräfte höherer Ordnung pulsieren längs der x-Achse; der stationäre und der Schwankungsteil des unausgeglichenen Längs- und Kippmomentes können wieder als Vektoren dargestellt werden, die in der (x, y)-Ebene als Ellipsenfahrstrahlen umlaufen.

Über die doppeltwirkende Zweizylinder-Zweitaktmaschine siehe Ziff. **12**.

b) Viertakt. Die einfachwirkende Zweizylinder-Viertaktmaschine ist rasch behandelt; denn da ihre beiden Kurbeln bei gleichmäßigem Zündabstand um den Winkel $4\pi/2 = 360°$, also $0°$ gegeneinander versetzt sind, so werden die Bedingungen des Massenausgleiches genau dieselben wie bei der in Ziff. **6** erledigten Einzylindermaschine mit verdoppelten Massen G, G' und G''. Das Längsmoment und das Kippmoment, bezogen auf einen Punkt in der Mitte zwischen den beiden Zylinderachsen, verschwinden aus Symmetriegründen.

Die doppeltwirkende Zweizylinder-Viertaktmaschine hat Kurbelversetzung um $180°$, verhält sich also hinsichtlich des Massenausgleiches wie die einfachwirkende Zweitaktmaschine.

8. Die Dreizylindermaschine. Bei der Dreizylindermaschine braucht man hinsichtlich des Massenausgleiches nicht zu unterscheiden zwischen Zweitakt und Viertakt. Denn der normale Kurbelversetzungswinkel für Zweitakt $2\pi/3 = 120°$ und derjenige für Viertakt $4\pi/3 = 240°$ sind äquivalent und führen auf dieselbe Kurbelwelle (oder ihr Spiegelbild). Fügt man also in Ziff. **5** zu den Kräften und Momenten der Einzylindermaschine die mit gleichen Werten Q, Q', R, R' gebildeten des zweiten und dritten Kurbelgetriebes hinzu, und zwar mit $\psi + 120°$ und $\psi + 240°$ statt ψ, so findet man im ganzen

$$\left.\begin{aligned} X &= 3\,\omega^2\,Q(A_6\cos 6\,\psi - A_{12}\cos 12\,\psi + - \cdots) + ((\dot\omega)),\\ Y &= 0,\end{aligned}\right\} \tag{1}$$

$$\left.\begin{aligned} M_x &= -\sqrt{3}\,\omega^2\,a\,Q'\cos\psi - ((\dot\omega)),\\ M_y &= -\sqrt{3}\,\omega^2\,a\,\big[(Q+Q')\sin\psi - Q\,(A_2\sin 2\,\psi + A_4\sin 4\,\psi - A_8\sin 8\,\psi - \\ &\qquad - A_{10}\sin 10\,\psi + \cdots)\big] - ((\dot\omega)),\end{aligned}\right\} \tag{2}$$

$$M_z = -3\,\omega^2 R(C_3\sin 3\,\psi - C_9\sin 9\,\psi + C_{15}\sin 15\,\psi - + \cdots) - ((\dot\omega)) - 3\,\dot\omega R'. \tag{3}$$

Hierbei ist a der Abstand zwischen je zwei aufeinanderfolgenden Zylinderachsen, und der Nullpunkt liegt auf der Achse des mittleren Zylinders, dessen Kurbelwinkel mit ψ bezeichnet wird (Abb. 8).

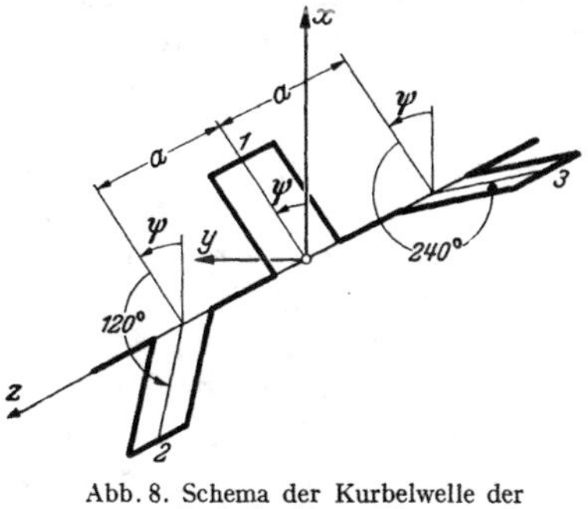

Abb. 8. Schema der Kurbelwelle der Dreizylindermaschine.

Es verschwinden also die ganze Querkraft und die Längskräfte bis zur fünften Ordnung; die noch vorhandenen Längskräfte der sechsten und aller weiteren durch 6 teilbaren Ordnungen können nicht ohne weiteres beseitigt werden (vgl. jedoch Ziff. **15**), sind aber wegen ihrer Kleinheit (s. die $A_{2\nu}$-Tafel in Ziff. **4**) zumeist ohne Belang. Für die erste Ordnung des Längs- und Kippmomentes gelten auch hier wieder dieselben Ausgleichsbedingungen wie für die Quer- und Längskraft erster Ordnung der Einzylindermaschine: bestmöglicher Ausgleich durch Kurbelgegengewichte nach (**6**, **3**) oder auch wieder durch solche, deren Fliehkräfte mit denen jener Kurbelgegengewichte statisch gleichwertig sind. Bei Kurbelwellen ohne Zwischenlager, deren Wangen ein zur Drehachse senkrechtes Stück bilden, darf man die jeweils auf ein solches Paar innerer Kurbelwangen entfallenden Gegengewichte in ein einziges, mit ihnen hinsichtlich der Fliehkräfte statisch gleichwertiges zusammenziehen. Dann bleibt allerdings noch ein mit Q proportionales Kippmoment von zweiter, vierter, achter und jeder weiteren geraden, nicht durch 6 teilbaren Ordnung übrig. Das Umlaufmoment besitzt außer dem nicht beseitigbaren Schwankungsteil nullter Ordnung noch Teile dritter, neunter und jeder weiteren ungeraden, durch 3 teilbaren Ordnung, die sich aber mit $R=0$, also nach der Bedingung (**6**, 9), leicht beseitigen lassen.

9. Die Vierzylindermaschine. a) Zweitakt. Bei der Vierzylinder-Zweitaktmaschine sind zwei in der Zündung aufeinanderfolgende Kurbeln in der Regel

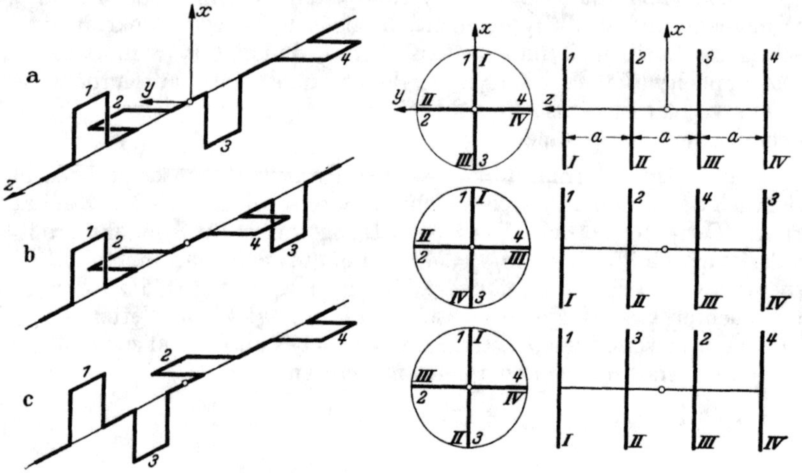

Abb. 9. Schema der Kurbelwelle der Vierzylinder-Zweitaktmaschine samt Kurbeldiagramm und Abstandsdiagramm.

um den Winkel $2\pi/4=90°$ gegeneinander versetzt. Dies gibt für gleichartige Kurbelgetriebe nach Ziff. **5** im ganzen

$$\left.\begin{aligned} X &= -4\omega^2 Q(A_4\cos 4\psi + A_8\cos 8\psi + \cdots) - ((\dot\omega)),\\ Y &= 0, \end{aligned}\right\} \quad (1)$$

$$M_z = -4\dot\omega R'. \quad (2)$$

Es verschwindet also die ganze Querkraft sowie die Längskraft bis zur dritten Ordnung; die noch vorhandenen Längskräfte der vierten und aller weiteren durch 4 teilbaren Ordnungen können praktisch nicht ganz beseitigt werden (vgl. jedoch Ziff. **15**), sind aber sehr klein. Vom Umlaufmoment bleibt nur der Schwankungsteil nullter Ordnung übrig.

Beim Längs- und Kippmoment muß man mehrere Möglichkeiten der Anordnung unterscheiden. Abb. 9 zeigt drei Formen der Kurbelwelle der Vierzylinder-Zweitaktmaschine, und zwar zuerst ihr perspektivisches Schema, dann ihr sogenanntes Kurbeldiagramm, und zuletzt ihr sogenanntes Abstandsdiagramm. Im Kurbeldiagramm sind die Kurbelhalbmesser so gezeichnet, wie sie sich auf die (x, y)-Ebene projizieren, und zwar gesehen in Richtung der negativen z-Achse; im Abstandsdiagramm sind die vier Zylinderachsen eingetragen. Überdies sind noch zwei Numerierungen hinzugefügt: die arabischen Nummern *1234* geben die Kurbelwinkelfolge an, die römischen Nummern *I II III IV* die Zylinderfolge. Die römische Numerierung geht vom Abstandsdiagramm aus und ist in der Technik üblicher, die arabische geht vom Kurbeldiagramm aus und ist für die Rechnung oft bequemer. Wir wollen die drei in Abb. 9 dargestellten Anordnungen folgendermaßen bezeichnen:

a) *1234* oder *I II III IV*, b) *1243* oder *I II IV III*, c) *1324* oder *I III II IV*.

Die erste Bezeichnungsart ist aus dem Abstandsdiagramm abzulesen, die zweite aus dem Kurbeldiagramm, indem man von *1* bzw. *I* an „nach rechts“ bzw. „im Gegenzeigersinn“ fortschreitet.

Da man ohne Einschränkung die lotrecht gedachte Kurbel *1* dem Zylinder *I* zuordnen darf, so gibt es genau so viele Anordnungen wie Permutationen der Ziffern *2, 3, 4*, also sechs. Von den so erhaltenen Kurbelwellen verhalten sich aber immer je zwei wie Spiegelbilder zueinander, nämlich [indem man an der (x, z)-Ebene spiegelt, also jeweils *2* mit *4* vertauscht] *1234* ∼ *1432*, ferner *1243* ∼ *1423* und *1324* ∼ *1342*; und da sich spiegelbildliche Maschinen dynamisch nicht wesentlich unterscheiden, so gibt es mithin nur gerade die drei wesentlich verschiedenen Fälle, die mit a), b) und c) bezeichnet worden sind.

Wir wollen noch verabreden, daß die Nummern *1234* im positiven Sinn von ψ aufeinanderfolgen sollen. Dann ist die Zündfolge jeweils invers zur arabischen Numerierung, nämlich $\cdots$ *14321* $\cdots$. Diese Verabredung bedeutet, daß wir den Versetzungswinkel von jeder Kurbel zur nächstnumerierten positiv wählen, im vorliegenden Falle also je $+90°$.

Nimmt man den Ursprung des Koordinatensystems wieder in der Mitte aller vier Zylinderachsen und nennt a den Abstand je zweier benachbarter Zylinderachsen, so findet man in den drei Fällen folgende Werte der Momente, wobei ψ der Kurbelwinkel des Zylinders 1 ist:

$$\left.\begin{aligned} \text{a)}\quad M_x &= -\sqrt{8}\,\omega^2 a Q' \sin(\psi + 45°) - ((\dot\omega)),\\ M_y &= \sqrt{8}\,\omega^2 a(Q + Q')\cos(\psi + 45°) + 2\,\omega^2 a Q(A_2\cos 2\psi + \\ &\qquad + A_6 \cos 6\psi + \cdots) + ((\dot\omega));\end{aligned}\right\}\tag{3}$$

$$\left.\begin{aligned} \text{b)}\quad M_x &= -\sqrt{10}\,\omega^2 a Q' \sin(\psi + \beta) - ((\dot\omega)),\\ M_y &= \sqrt{10}\,\omega^2 a(Q + Q')\cos(\psi + \beta) + ((\dot\omega));\end{aligned}\quad \left(\beta = \operatorname{arc\,tg}\frac{1}{3} = 18{,}4°\right)\right\}\tag{4}$$

$$\left.\begin{aligned} \text{c)}\quad M_x &= -\sqrt{2}\,\omega^2 a Q' \sin(\psi + 45°) - ((\dot\omega)),\\ M_y &= \sqrt{2}\,\omega^2 a(Q + Q')\cos(\psi + 45°) + 4\,\omega^2 a Q(A_2\cos 2\psi + \\ &\qquad + A_6 \cos 6\psi + \cdots) + ((\dot\omega)).\end{aligned}\right\}\tag{5}$$

Da die Momente erster Ordnung in der Regel die schädlichsten sind, so wird man der Anordnung c) meistens den Vorzug vor a) und b) geben. Allerdings bemerkt man, daß die Anordnung b), die hinsichtlich der Momente erster Ordnung am ungünstigsten ist, keinerlei Momente höherer Ordnung wachruft und also da am Platze ist, wo Resonanz mit solchen Momenten höherer Ordnung zu befürchten wäre. Da es praktisch nicht gelingt, $Q = 0$ zu machen, so bietet die Anordnung b) sogar die einzige Möglichkeit, das oft sehr unerwünschte Kippmoment M_y ganz zu beseitigen, indem man durch ein Kurbelgegengewicht dafür sorgt, daß $Q + Q' = 0$ wird (vgl. Ziff. **6** sowie die entsprechende Bemerkung in Ziff. **8**).

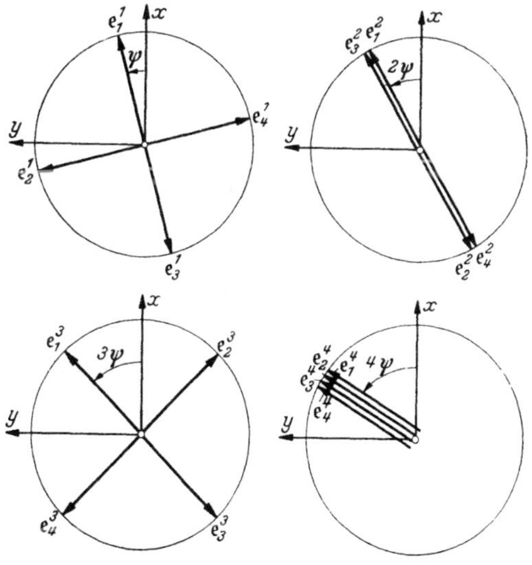

Abb. 10. Die Einheitsvektoren $\mathfrak{e}_k^j$ im Kurbeldiagramm.

Man kann die Kräfte und Momente (1) bis (5) sehr anschaulich auch auf graphischem Wege gewinnen. Hierzu definieren wir Einheitsvektoren $\mathfrak{e}_k^j$, die im Kurbeldiagramm von der Wellenmitte ausstrahlen, und zwar sollen $\mathfrak{e}_1^1, \mathfrak{e}_2^1, \mathfrak{e}_3^1, \mathfrak{e}_4^1$ Einheitsvektoren in Richtung der vier Kurbelradien, also mit den

Azimuten ψ, $\psi + 90^\circ$, $\psi + 180^\circ$, $\psi + 270^\circ$ sein, ebenso $\mathfrak{e}_1^2$, $\mathfrak{e}_2^2$, $\mathfrak{e}_3^2$, $\mathfrak{e}_4^2$ solche mit den doppelten Azimuten, desgleichen $\mathfrak{e}_1^3$, $\mathfrak{e}_2^3$, $\mathfrak{e}_3^3$, $\mathfrak{e}_4^3$ mit den dreifachen, und $\mathfrak{e}_1^4$, $\mathfrak{e}_2^4$, $\mathfrak{e}_3^4$, $\mathfrak{e}_4^4$ mit den vierfachen Azimuten usw. (Abb. 10). (Der obere Zeiger dieser Vektoren kann wohl kaum mit einem Exponenten verwechselt werden.) Nach

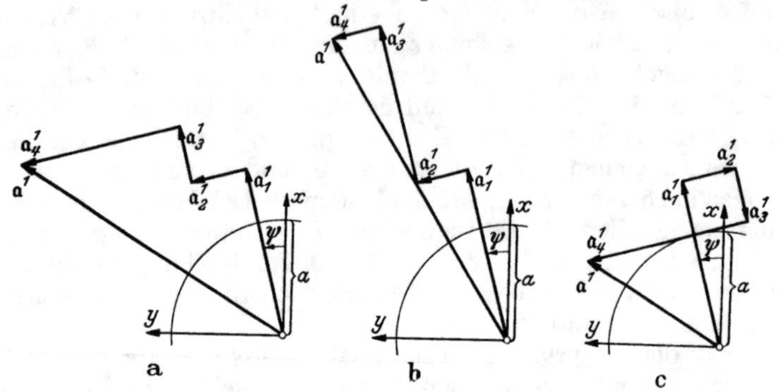

Abb. 11. Vektordiagramme der $\mathfrak{a}_k^1$ fur dıe drei Maschınen a), b) und c).

(**5**, 1) ist nun beispielsweise die Längskraft aller vier Kurbelgetriebe im ganzen

$$X = \omega^2\left[(Q + Q')\,\Sigma_x \mathfrak{e}_k^1 + Q(A_2\,\Sigma_x \mathfrak{e}_k^2 - A_4\,\Sigma_x \mathfrak{e}_k^4 + A_6\,\Sigma_x \mathfrak{e}_k^6 - + \cdots)\right] +$$
$$+ \dot{\omega}\left[(Q + Q')\,\Sigma_y \mathfrak{e}_k^1 + Q\left(\frac{1}{2} A_2\,\Sigma_y \mathfrak{e}_k^2 - \frac{1}{4} A_4\,\Sigma_y \mathfrak{e}_k^4 + \frac{1}{6} A_6\,\Sigma_y \mathfrak{e}_k^6 - + \cdots\right)\right],$$

wo Σ_x bzw. Σ_y die Summen über die x- bzw. y-Komponenten der zu summierenden Vektoren bedeuten. Da aber, wie Abb. 10 zeigt,

$$\Sigma\,\mathfrak{e}_k^1 = 0, \qquad \Sigma\,\mathfrak{e}_k^2 = 0,$$
$$\Sigma\,\mathfrak{e}_k^3 = 0, \qquad \Sigma\,\mathfrak{e}_k^4 = 4$$

und allgemein

$$\sum \mathfrak{e}_k^j = \begin{cases} 0 & \text{für } j \neq 4, 8, 12, \ldots \\ 4 & \text{für } j = 4, 8, 12, \ldots \end{cases} \tag{6}$$

ist, und da analoges für Y und M_z gilt, so kommen gerade wieder die Formeln (1) und (2).

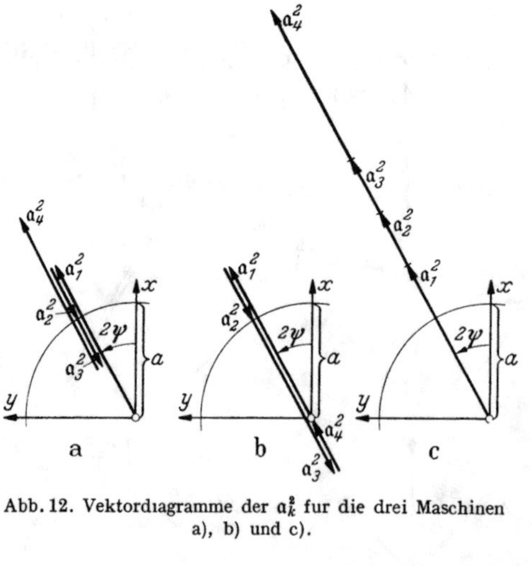

Abb. 12. Vektordıagramme der $\mathfrak{a}_k^2$ fur die drei Maschinen a), b) und c).

Sind ferner a_1, a_2, a_3, a_4 die Abstände der vier Zylinderachsen von der x-Achse, positiv gerechnet in der positiven z-Richtung, so definieren wir weitere Vektoren

$$\mathfrak{a}_k^j = a_k\,\mathfrak{e}_k^j \tag{7}$$

und können mit diesen dann die Gesamtmomente M_x und M_y bilden, nämlich

$$\left.\begin{aligned} M_x &= -\,\Sigma a_k Y_k = -\omega^2 Q'\,\Sigma_y\,\mathfrak{a}_k^1 + \dot{\omega}\,Q'\,\Sigma_x\,\mathfrak{a}_k^1, \\ M_y &= \Sigma a_k X_k = \omega^2\left[(Q + Q')\Sigma_x \mathfrak{a}_k^1 + Q(A_2 \Sigma_x \mathfrak{a}_k^2 - A_4 \Sigma_x \mathfrak{a}_k^4 + A_6\,\Sigma_x \mathfrak{a}_k^6 - + \cdots)\right] + \\ &+ \dot{\omega}\left[(Q + Q')\,\Sigma_y\,\mathfrak{a}_k^1 + Q\left(\frac{1}{2} A_2\,\Sigma_y\,\mathfrak{a}_k^2 - \frac{1}{4} A_4\,\Sigma_y\,\mathfrak{a}_k^4 + \frac{1}{6} A_6\,\Sigma_y\,\mathfrak{a}_k^6 - + \cdots\right)\right]. \end{aligned}\right\} \tag{8}$$

In Abb. 11 bis 13 sind die Vektorsummen $\mathfrak{a}^j = \Sigma\,\mathfrak{a}_k^j$ $(j = 1, 2, 4)$ dargestellt. Man erkennt ohne weiteres, wie die Formeln (8) hiermit auf (3) bis (5) zurückführen.

Auf Grund der anschaulichen Vektordiagramme kann man nun auch vollends rasch die Frage beantworten, ob sich die Momente M_x und M_y etwa dadurch noch verkleinern lassen, daß man die Abstände a zwischen den Zylinderachsen verändert. Da man die a konstruktiv sowieso möglichst klein wählt, und da offenbar nur symmetrische Anordnungen in Betracht kommen, so handelt es sich also lediglich um die Frage, ob M_x und M_y kleiner werden, wenn man

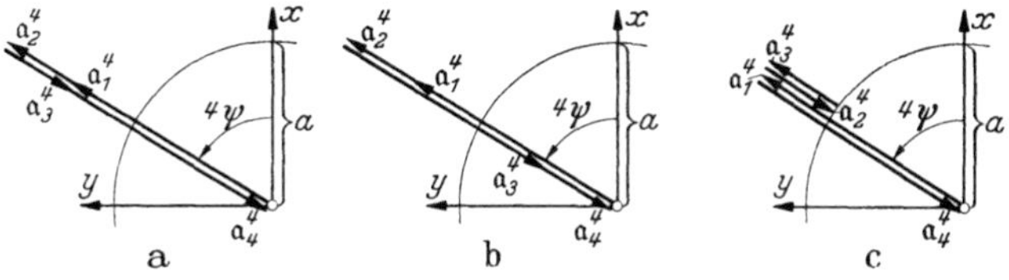

Abb. 13. Vektordiagramme der $\mathfrak{a}_k^4$ für die drei Maschinen a), b) und c).

entweder den Abstand der inneren oder den der äußeren Zylinder vergrößert. Diese Frage ist für die Anordnungen a) und b) nach Abb. 11 ohne weiteres zu verneinen; denn jede Vergrößerung eines der vier Vektoren $\mathfrak{a}_k^1$ vergrößert die Summe $\mathfrak{a}^1$. Im Falle c) würde eine Vergrößerung der Vektoren $\mathfrak{a}_2^1$ und $\mathfrak{a}_3^1$, also eine Vergrößerung des Abstandes der inneren Zylinder die Summe $\mathfrak{a}^1$ verkleinern, falls dabei der Abstand der äußeren Zylinder erhalten bliebe. Das ist aber nicht möglich, wenn die Zylinder (abgesehen also von den beiden inneren) schon in Minimalabstände gerückt waren; vielmehr vergrößern sich mit $\mathfrak{a}_2^1$ und $\mathfrak{a}_3^1$ von selbst auch $\mathfrak{a}_1^1$ und $\mathfrak{a}_4^1$ um ebensoviel wie $\mathfrak{a}_2^1$ und $\mathfrak{a}_3^1$, und damit behält dann die Summe $\mathfrak{a}^1$ und also auch das Längs- und Kippmoment erster Ordnung seinen Betrag. Es ist aber sehr bemerkenswert, daß die Anordnung c) hinsichtlich der Momente erster Ordnung keineswegs ungünstiger wird, wenn man die beiden Zylinder *I, II* von den Zylindern *III, IV* abrückt. Die Momente höherer Ordnung werden dann allerdings vergrößert.

b) Viertakt. Die Vierzylinder-Viertaktmaschine hat in der Regel die Kurbelversetzungswinkel $4\pi/4 = 180°$ und verhält sich somit hinsichtlich der Massenkräfte und -momente wie zwei neben- bzw. ineinander gebaute Zweizylinder-Zweitaktmaschinen (Ziff. **7**). Man hat also

$$\left.\begin{aligned} X &= 4\omega^2 Q(A_2\cos 2\psi - A_4\cos 4\psi + A_6\cos 6\psi - + \cdots + ((\dot\omega)), \\ Y &= 0, \end{aligned}\right\} \quad (9)$$

$$M_z = -4\dot\omega R'. \quad (10)$$

Von den drei möglichen Anordnungen gibt man hier durchaus der symmetrischen

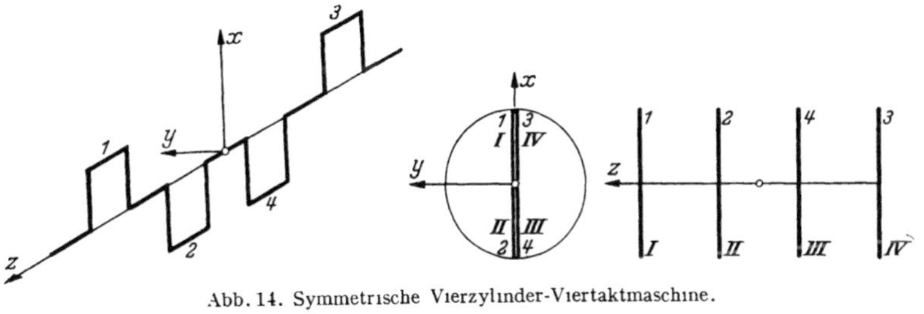

Abb. 14. Symmetrische Vierzylinder-Viertaktmaschine.

nach Abb. 14 den Vorzug, da bei dieser die Längs- und Kippmomente der Getriebe *1* und *2* durch diejenigen von *4* und *3* gerade aufgehoben werden, so daß

$$M_x = M_y = 0 \quad (11)$$

wird. Die Längskräfte zweiter, vierter usw. Ordnung und der Schwankungsteil des Umlaufmomentes sind hier nicht ohne weiteres zu beseitigen (vgl. jedoch Ziff. **15**).

10. Massenkraft und Umlaufmoment der *n*-Zylindermaschine. a) Zweitakt. Da bei der *n*-Zylinder-Zweitaktmaschine je zwei in der Zündung aufeinanderfolgende Kurbeln in der Regel um den Winkel $2\pi/n$ gegeneinander versetzt sind (die Zündfolge ist $\cdots 1\, n\; n{-}1 \cdots 321 \cdots$), so hat man mit dem Winkel

$$\psi_k = \psi + (k-1)\frac{2\pi}{n} \qquad (k = 1, 2, \ldots, n) \tag{1}$$

der k-ten Kurbel, wo also ψ den der Kurbel *1* bedeutet, für die Längskraft, die Querkraft und das Umlaufmoment nach (**5**, 1) bis (**5**, 3) im ganzen

$$\left.\begin{aligned} X &= \Sigma X_k = \omega^2\big[(Q+Q')\,\Sigma\cos\psi_k + Q(A_2\,\Sigma\cos 2\psi_k - A_4\,\Sigma\cos 4\psi_k + \\ &\qquad + A_6\,\Sigma\cos 6\psi_k - + \cdots)\big] + ((\dot\omega)),\\ Y &= \Sigma Y_k = \omega^2 Q'\,\Sigma\sin\psi_k + ((\dot\omega)), \end{aligned}\right\} \tag{2}$$

$$\left.\begin{aligned} M_z = \Sigma M_{zk} = \omega^2 R\,(C_1\,\Sigma\sin\psi_k - C_3\,\Sigma\sin 3\psi_k + C_5\,\Sigma\sin 5\psi_k - + \cdots) + \\ + ((\dot\omega)) - n\,\dot\omega R'. \end{aligned}\right\} \tag{3}$$

Alle hier vorkommenden Summen gehen von $k=1$ bis $k=n$ und lassen sich leicht ausrechnen, wenn man zwei (aus der Moivreschen Formel entspringende) goniometrische Identitäten benützt, nämlich[1])

$$\left.\begin{aligned} \sum_{k=1}^{n}\cos\,[\alpha+(k-1)\beta] &= \frac{\sin\frac{n\beta}{2}\cos\left(\alpha+\frac{n-1}{2}\beta\right)}{\sin\frac{\beta}{2}}, \\ \sum_{k=1}^{n}\sin\,[\alpha+(k-1)\beta] &= \frac{\sin\frac{n\beta}{2}\sin\left(\alpha+\frac{n-1}{2}\beta\right)}{\sin\frac{\beta}{2}} \end{aligned}\right\}\;(\beta \neq 2\pi, 4\pi, 6\pi, \ldots), \tag{4a}$$

und dazu die unmittelbar ersichtlichen Identitäten

$$\left.\begin{aligned} \sum_{k=1}^{n}\cos\,[\alpha+(k-1)\beta] &= n\cos\alpha, \\ \sum_{k=1}^{n}\sin\,[\alpha+(k-1)\beta] &= n\sin\alpha \end{aligned}\right\}\;(\beta = 2\pi, 4\pi, 6\pi, \ldots). \tag{4b}$$

Setzt man hierin $\alpha = j\psi$ und $\beta = \frac{j}{n}2\pi$ mit $j = 1, 2, \ldots, n, \ldots,$ so gehen diese Formeln nach (1) über in

$$\left.\begin{aligned} \sum_{k=1}^{n}\cos j\psi_k &= \begin{cases} 0 & \text{für } j \neq n, 2n, 3n, \ldots \\ n\cos j\psi & \text{für } j = n, 2n, 3n, \ldots \end{cases} \\ \sum_{k=1}^{n}\sin j\psi_k &= \begin{cases} 0 & \text{für } j \neq n, 2n, 3n, \ldots \\ n\sin j\psi & \text{für } j = n, 2n, 3n, \ldots \end{cases} \end{aligned}\right\} \tag{4c}$$

---

[1]) Siehe E. Hammer, Lehr- und Handbuch der ebenen und sphärischen Trigonometrie S. 216, 3. Aufl., Stuttgart 1907.

Damit wird aus (2) und (3), wenn wir $n>1$ voraussetzen, also die in Ziff. **6** erledigte Einzylindermaschine ausschließen,

$$\left.\begin{aligned} X &= n\omega^2 Q(\pm A_n \cos n\psi - A_{2n}\cos 2n\psi \pm A_{3n}\cos 3n\psi - \cdots) + ((\dot\omega)) \text{ für } n = \begin{cases}2,6,10,\ldots\\ 4,8,12,\ldots\end{cases}\\ X &= n\omega^2 Q(A_{2n}\cos 2n\psi - A_{4n}\cos 4n\psi + A_{6n}\cos 6n\psi - + \cdots) + ((\dot\omega)) \text{ für } n = \quad 3,5,7,\ldots \end{aligned}\right\} \tag{5}$$

$$Y = 0 \text{ für } n = 2, 3, 4, 5, \ldots \tag{6}$$

$$\left.\begin{aligned} M_z &= -n\dot\omega R' \quad \text{für } n = 2, 4, 6, \ldots\\ M_z &= \mp n\omega^2 R(C_n \sin n\psi - C_{3n}\sin 3n\psi + C_{5n}\sin 5n\psi - + \cdots) \mp\\ &\qquad \mp ((\dot\omega)) - n\dot\omega R' \text{ für } n = \begin{cases}3,7,11,\ldots\\ 5,9,13,\ldots\end{cases} \end{aligned}\right\} \tag{7}$$

Wir haben mithin folgende Ergebnisse:

1) Die größte Längskraft (nämlich die erste nicht verschwindende) ist bei Maschinen mit gerader Zylinderzahl von der Ordnung n, bei solchen mit ungerader Zylinderzahl von der Ordnung $2n$. Da mit zunehmender Ordnungszahl n die Größen A_n rasch abnehmen, so ist also die Maschine mit ungerader Zylinderzahl derjenigen mit der vorangehenden oder nachfolgenden geraden Zylinderzahl überlegen hinsichtlich des Ausgleiches der Längskraft.

2) Die Querkraft der mehrzylindrischen Maschinen ist vollkommen ausgeglichen.

3) Abgesehen von dem stets vorhandenen Schwankungsteil nullter Ordnung ist das Umlaufmoment bei gerader Zylinderzahl vollkommen ausgeglichen, bei ungerader Zylinderzahl von mindestens der Ordnung n, jedoch mit $R=0$ oder $k'^2 = s'(l-s')$ ganz ausgleichbar.

4) Wenn man Kräfte von sechster und höherer Ordnung nicht mehr berücksichtigen muß, so können alle Maschinen mit fünf und mehr Zylindern als ausgeglichen gelten.

Die nebenstehende Tafel, in die der Vollständigkeit halber auch die bisher ausgeschlossene Einzylindermaschine aufgenommen ist, gibt die Ordnungen der unausgeglichenen Kräfte und Umlaufmomente an. (Die mit ○ bezeichneten Momente sind durch $R=0$ ausgleichbar.)

Unausgeglichene Kräfte ● und Umlaufmomente ○ bei Zweitakt.

Zyl.-Zahl \ Ordnung	1	2	3	4	5	6	7	8	9	10	11	12
1	● ○	●	○	●	○	●	○	●	○	●	○	●
2		●		●		●		●		●		●
3			○			●			○			●
4				●				●				●
5					○					●		
6						●						●
7							○					
8								●				
9									○			
10										●		
11											○	
12												●

Man kann sich diese Ergebnisse auch hier (wie schon für $n=4$) mittels der wie in Ziff. **9** definierten Einheitsvektoren $\mathfrak{e}_k^j$ mit den Azimuten $j\psi_k$ anschaulich klar machen. Die in (2) und (3) auftretenden Summen sind die x- und y-Komponenten der Vektorsummen $\Sigma\,\mathfrak{e}_k^j$ und man erkennt ohne weiteres, daß jeder Vektorsatz $\mathfrak{e}_1^j, \mathfrak{e}_2^j, \ldots, \mathfrak{e}_n^j$ immer einen regelmäßigen Stern (n-Stern, $\frac{1}{2}n$-Stern, $\frac{1}{3}n$-Stern usw., soweit $\frac{1}{2}n$, $\frac{1}{3}n, \ldots$ ganze Zahlen sind) bildet und also die Summe Null hat, ausgenommen die Fälle $j = n, 2n, 3n, \ldots$, wo alle Vektoren aufeinander liegen und sich also zu einem Vektor von der Länge n addieren (Abb. 15 stellt die Vektoren $\mathfrak{e}$ für die Fünf- und Sechszylindermaschine dar).

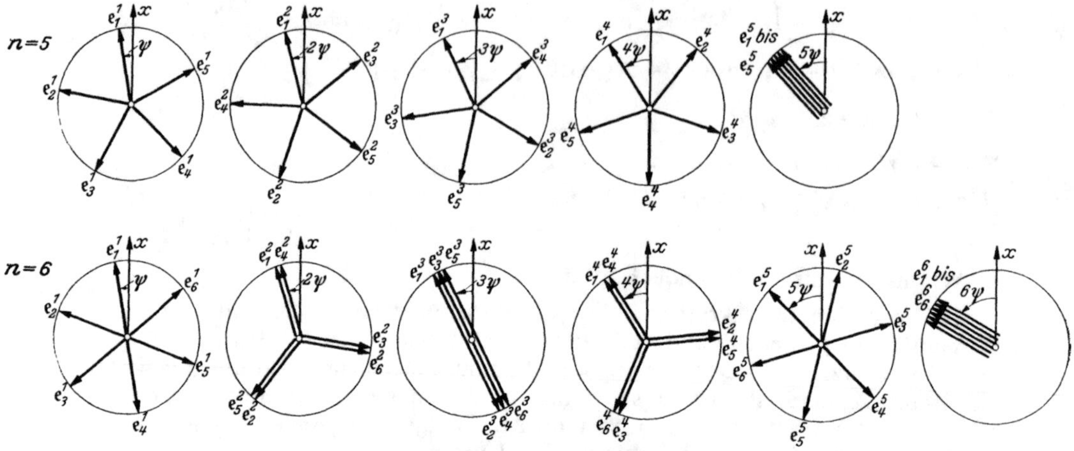

Abb. 15. Die Einheitsvektoren $\mathfrak{e}_k^j$ im Kurbeldiagramm fur $n = 5$ und $n = 6$

b) Viertakt. Bei der n-Zylinder-Viertaktmaschine muß man unterscheiden, ob die Zylinderzahl gerad oder ungerad ist. Wenn n gerad ist, so wird der normale Kurbelversetzungswinkel $4\pi/n = 2\pi/\frac{1}{2}n$ ebenso groß wie derjenige einer $\frac{1}{2}n$-Zylinder-Zweitaktmaschine: die Viertaktmaschine mit gerader Zylinderzahl verhält sich wie zwei zusammengebaute Zweitaktmaschinen mit halb so vielen Zylindern. Daher hat man jetzt

$$\left.\begin{aligned} X &= n\omega^2 Q\left(\pm A_{\frac{n}{2}}\cos\frac{n}{2}\psi - A_n\cos n\psi \pm A_{\frac{3n}{2}}\cos\frac{3n}{2}\psi - \cdots\right) + ((\dot\omega)) \text{ für } n = \begin{cases}4, 12, 20, \ldots\\ 8, 16, 24, \ldots\end{cases}\\ X &= n\omega^2 Q\left(A_n\cos n\psi - A_{2n}\cos 2n\psi + A_{3n}\cos 3n\psi - + \cdots\right) + ((\dot\omega)) \text{ für } n = 6, 10, 14, \ldots \end{aligned}\right\} \quad (8$$

$$Y = 0 \text{ für } n = 4, 6, 8, \ldots \quad (9)$$

$$\left.\begin{aligned} M_z &= -n\dot\omega R' \text{ für } n = 4, 8, 12, \ldots\\ M_z &= \mp n\omega^2 R\left(C_{\frac{n}{2}}\sin\frac{n}{2}\psi - C_{\frac{3n}{2}}\sin\frac{3n}{2}\psi + C_{\frac{5n}{2}}\sin\frac{5n}{2}\psi - + \cdots\right) \mp\\ &\qquad \mp ((\dot\omega)) - n\dot\omega R' \text{ für } n = \begin{cases}6, 14, 22, \ldots\\ 10, 18, 26, \ldots\end{cases} \end{aligned}\right\} \quad (10)$$

Ist dagegen n ungerad, so unterscheidet sich das Kurbeldiagramm der Viertaktmaschine von dem der Zweitaktmaschine nur der Numerierung, nicht dem Aussehen nach. [Denn, wenn man im regelmäßigen n-Stern den 1-, 3-, 5-, ..., n-ten Strahl der Zweitaktmaschine als den 1-, 2-, 3-, ..., $\frac{1}{2}(n+1)$-ten der Viertaktmaschine zählt, so bilden genau die ausgelassenen 2-, 4-, 6-, ..., $(n-1)$-ten Strahlen vollends den $\frac{1}{2}(n+3)$-ten, $\frac{1}{2}(n+5)$-ten, ... n-ten Strahl der Viertaktmaschine; die Zündfolge ist $\ldots 1\; n-1\;\; n-3 \ldots 4\; 2\; n\;\; n-2 \ldots 3\; 1 \ldots$.] Somit hat man hier wie vorhin bei der Zweitaktmaschine

$$\left.\begin{aligned} X &= n\omega^2 Q\left(A_{2n}\cos 2n\psi - A_{4n}\cos 4n\psi + A_{6n}\cos 6n\psi - + \cdots\right) +\\ &\qquad + ((\dot\omega)) \text{ für } n = 3, 5, 7, \ldots \end{aligned}\right\} \quad (8a)$$

$$Y = 0 \text{ für } n = 3, 5, 7, 9, \ldots \quad (9a)$$

$$\left.\begin{aligned} M_z &= \mp n\omega^2 R\left(C_n\sin n\psi - C_{3n}\sin 3n\psi + C_{5n}\sin 5n\psi - + \cdots\right) \mp\\ &\qquad \mp ((\dot\omega)) - n\dot\omega R' \text{ für } n = \begin{cases}3, 7, 11, \ldots\\ 5, 9, 13, \ldots\end{cases} \end{aligned}\right\} \quad (10a)$$

Das Ergebnis ist:

1) Die größte Längskraft ist bei Maschinen mit gerader, durch 4 teilbarer Zylinderzahl von der Ordnung $\frac{1}{2}n$, bei solchen mit gerader, nicht durch 4 teilbarer Zylinderzahl von der Ordnung n und bei solchen mit ungerader Zylinderzahl von der Ordnung $2n$. Hinsichtlich des Ausgleiches der Längskraft sind also die Maschinen mit ungerader Zylinderzahl denjenigen mit gerader Zylinderzahl überlegen, und unter den geraden Zylinderzahlen sind die nicht durch 4 teilbaren günstiger.

2) Die Querkraft der mehrzylindrigen Maschinen ist vollkommen ausgeglichen.

3) Abgesehen von dem stets vorhandenen Schwankungsmoment nullter Ordnung ist das Umlaufmoment bei gerader, durch 4 teilbarer Zylinderzahl vollkommen ausgeglichen, bei gerader, nicht durch 4 teilbarer Zylinderzahl von mindestens der Ordnung $\frac{1}{2}n$, bei ungerader Zylinderzahl von mindestens der Ordnung n; es ist mit $R=0$ oder $k'^2=s'(l-s')$ ganz ausgleichbar.

Die nebenstehende Tafel gibt wieder die Ordnungen der unausgeglichenen Kräfte und Momente an, und man mag sich die Ergebnisse auch mit den Diagrammen der Einheitsvektoren anschaulich klar machen.

Unausgeglichene Kräfte ● und Umlaufmomente ○ bei Viertakt.

Zyl.-Zahl \ Ordnung	1	2	3	4	5	6	7	8	9	10	11	12
1	● ○	●	○	●	○	●	○	●	○	●	○	●
2	● ○	●	○	●	○	●	○	●	○	●	○	●
3			○			●			○			●
4		●		●		●		●		●		●
5					○					●		
6			○			●			○			●
7							○					
8				●				●				●
9									○			
10					○					●		
11											○	
12						●						●

11. Längsmoment und Kippmoment der n-Zylindermaschine. Die allgemeine Bestimmung der Längs- und Kippmomente ist schon bei der Maschine mit normalen Kurbelversetzungswinkeln eine Aufgabe von großem Umfang[1]). Da man in der Numerierung, die wir wie in Ziff. **9** vornehmen, die Kurbel *1* immer dem Zylinder *I* zuordnen darf, so gibt es für die Zuordnung der Kurbeln *2*, *3*, ..., n zu den Zylindern *II*, *III*, ..., *N* ebenso viele Möglichkeiten wie Permutationen der Zahlen *2*, *3*, ..., n, also $(n-1)!$. Allerdings können für $n>2$ je zwei dieser Anordnungen durch Spiegelung ineinander übergeführt werden, so daß die Anzahl der dynamisch verschiedenen Maschinen dann nur $\frac{1}{2}(n-1)!$ beträgt. Bei der Vierzylindermaschine sind dies 3, bei der Fünfzylindermaschine 12, bei der Sechszylindermaschine schon 60, und bei der Zwölfzylindermaschine sind es nahezu 20 Millionen. Man ist also genötigt, eine Auswahl zu treffen.

a) Zweitakt. Wenn man mit a_k den in der positiven z-Richtung positiv gerechneten Abstand der Achse des k-ten Zylinders vom Ursprung des Koordinatensystems bezeichnet und diesen in die Mitte zwischen den äußersten Achsen legt, so sind die gesuchten Momente gemäß (**10**, 2)

$$\left.\begin{aligned} M_x &= -\Sigma a_k Y_k = -\omega^2 Q' \Sigma a_k \sin\psi_k - ((\dot{\omega})),\\ M_y &= \Sigma a_k X_k = \omega^2 \big[(Q+Q')\Sigma a_k\cos\psi_k + Q(A_2\Sigma a_k\cos 2\psi_k - A_4\Sigma a_k\cos 4\psi_k +\\ &\qquad + A_6\Sigma a_k\cos 6\psi_k - + \cdots)\big] + ((\dot{\omega})). \end{aligned}\right\} \quad (1)$$

[1]) H. Schrön, Kurbelwellen mit kleinsten Massenmomenten, Berlin 1932.

Längs- und Kippmomentzahlen bei Zweitakt.

Kurbel-diagramm	Abstandsdiagramm	α_1 (β_1)	α_2 (β_2)	α_4 (β_4)	α_6 (β_6)
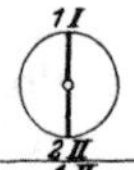	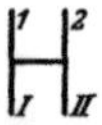	1,000 (0°)	0	0	0
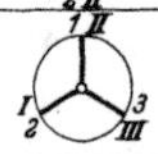	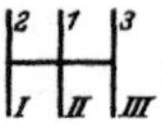	1,732 (+90°)	1,732 (−90°)	1,732 (+90°)	0
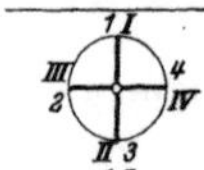	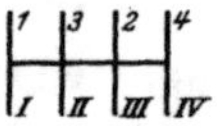	1,414 (+45°)	4,000 (0°)	0	4,000 (0°)
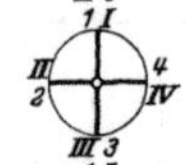	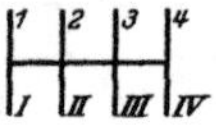	2,828 (+45°)	2,000 (0°)	0	2,000 (0°)
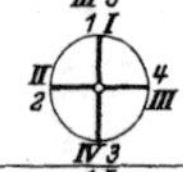	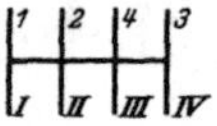	3,162 (+18,4°)	0	0	0
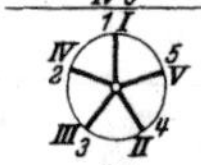	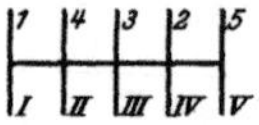	0,449 (+54,0°)	4,980 (+18,0°)	0,449 (+126,0°)	0,449 (+54,0°)
	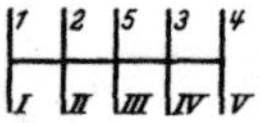	4,980 (+18,0°)	0,449 (−54,0°)	4,980 (+162,0°)	4,980 (+18,0°)
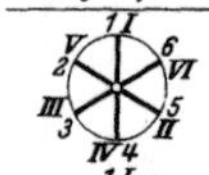	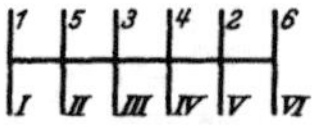	0	3,464 (+30,0°)	3,464 (+150,0°)	0
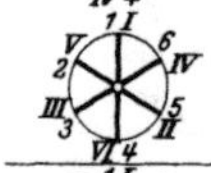	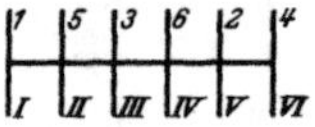	3,464 (−30,0°)	0	0	0
	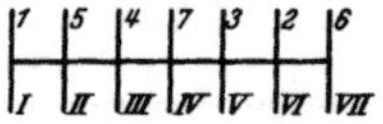	0,076 (−141,4°)	9,149 (−12,9°)	3,781 (−115,7°)	0,076 (+141,4°)
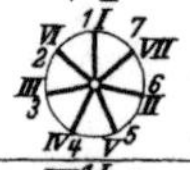	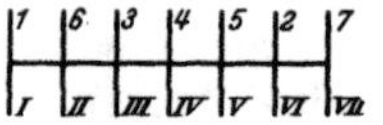	0,267 (+64,3°)	1,006 (+38,6°)	9,845 (+167,2°)	0,267 (−64,3°)
	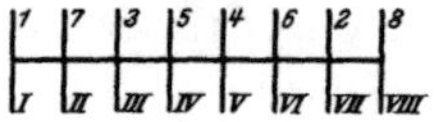	0,448 (+67,5°)	0	16,000 (180°)	0
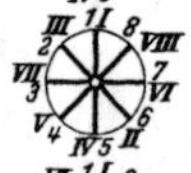	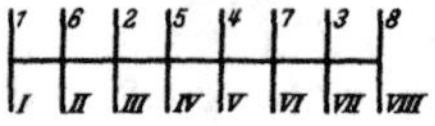	0,448 (+67,5°)	11,314 (+45,0°)	0	11,314 (−45,0°)
	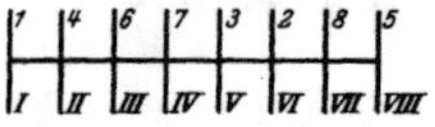	1,405 (+17,1°)	0	0	0
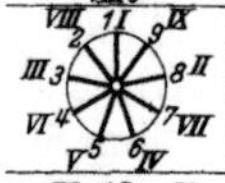	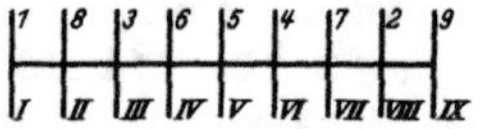	0,194 (+70,0°)	0,548 (+50,0°)	16,330 (−170,0°)	1,732 (−30,0°)
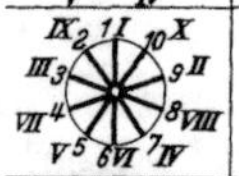	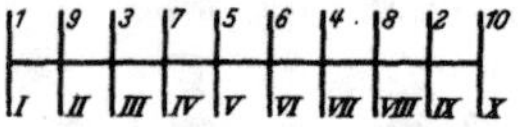	0	0,898 (+54,0°)	9,960 (−162,0°)	9,960 (−18,0°)
	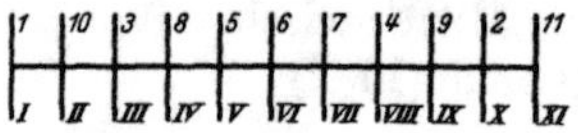	0,153 (+73,6°)	0,382 (+57,3°)	2,636 (−155,5°)	24,436 (−8,2°)
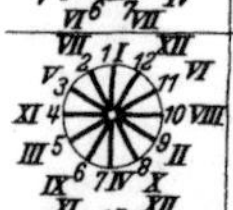	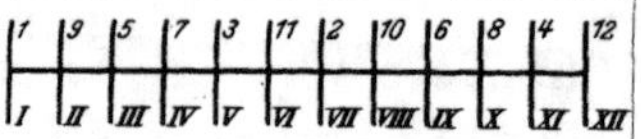	0	6,000 (+60,0°)	3,464 (−150°)	36,000 (0°)
	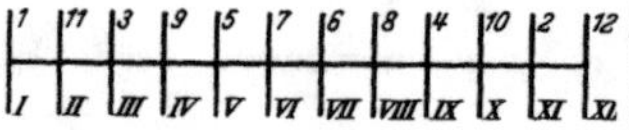	0,277 (+75,0°)	0	0	36,000 (0°)

Diese Ausdrücke kann man stets auf die folgende Form bringen, worin (wie bisher) a den Abstand je zweier aufeinanderfolgender Zylinderachsen und ψ den Drehwinkel der Kurbel *1* bedeutet:

$$M_x = -\alpha_1 \omega^2 a Q' \sin(\psi + \beta_1) - ((\dot{\omega})), \tag{2}$$

$$\left. \begin{aligned} M_y = \alpha_1 \omega^2 a (Q + Q') \cos(\psi + \beta_1) + \omega^2 a Q\, [\alpha_2 A_2 \cos(2\psi + \beta_2) + \\ + \alpha_4 A_4 \cos(4\psi + \beta_4) + \alpha_6 A_6 \cos(6\psi + \beta_6) + \cdots] + ((\dot{\omega})). \end{aligned} \right\} \tag{3}$$

Dabei sind $\alpha_1, \alpha_2, \alpha_4, \alpha_6, \ldots$ reine Zahlen, auf die es ankommt, da sie neben Q, Q' und neben den Koeffizienten $A_2, A_4, A_6, \ldots$ (Ziff. **4**) die Größe der Momente der einzelnen Ordnungen bestimmen. Dagegen sind die Phasenwinkel $\beta_1, \beta_2, \beta_4, \beta_6, \ldots$ in der Regel (vgl. jedoch Ziff. **15**) durchaus nebensächlich. Die Zahlen α_j, β_j können für jede Anordnung ohne weiteres berechnet werden. Mit Rücksicht auf (**10**, 1) gilt nämlich beispielsweise für die Glieder erster Ordnung, wie der Vergleich von (1) mit (2) und (3) zeigt,

$$\alpha_1 a \cos\beta_1 = \sum a_k \cos\frac{2\pi(k-1)}{n}, \qquad \alpha_1 a \sin\beta_1 = \sum a_k \sin\frac{2\pi(k-1)}{n},$$

woraus

$$\left. \begin{aligned} \alpha_1^2 &= \left[\sum \frac{a_k}{a} \cos\frac{2\pi(k-1)}{n}\right]^2 + \left[\sum \frac{a_k}{a} \sin\frac{2\pi(k-1)}{n}\right]^2, \\ \operatorname{tg}\beta_1 &= \left[\sum \frac{a_k}{a} \sin\frac{2\pi(k-1)}{n}\right] : \left[\sum \frac{a_k}{a} \cos\frac{2\pi(k-1)}{n}\right] \end{aligned} \right\} \tag{4}$$

folgt; und entsprechende Formeln gelten für die übrigen α_j, β_j. Die vorstehende Tafel gibt diese Zahlen für die günstigsten Anordnungen der Zwei- bis Zwölfzylindermaschine. Als günstig werden dabei die Anordnungen angesehen, bei denen mindestens eine der drei Zahlen $\alpha_1, \alpha_2, \alpha_4$ möglichst klein bleibt und womöglich Null wird; denn dann bleibt auch das Moment der zugehörigen Ordnung klein bzw. Null. (In der Tafel ist ausnahmsweise für $n = 3$, wie schon in Ziff. **8**, die mittlere Kurbel mit *1* bezeichnet.)

Von besonderer Bedeutung sind Anordnungen, die auf $\alpha_1 = 0$ führen: hier verschwindet sowohl M_x wie die erste Ordnung von M_y. Dieser Fall kann bei der Maschine mit 6, 10 und 12 Zylindern verwirklicht werden. Ist dagegen $\alpha_1 \neq 0$, so hat man die Wahl, entweder mit $Q' = 0$ das Längsmoment M_x oder mit $Q + Q' = 0$ das Kippmoment erster Ordnung zu beseitigen oder endlich mit $\varkappa Q + Q' = 0$ beide wenigstens zu verringern, wie in Ziff. **6** für die analogen Längs- und Querkräfte der Einzylindermaschine auseinandergesetzt worden ist. Wo Zwischenlager fehlen und benachbarte Kurbelwangen ein zur Drehachse senkrechtes Stück bilden, darf man die jeweils auf ein solches Paar innerer Kurbelwangen entfallenden Gegengewichte in ein einziges, mit ihnen hinsichtlich der Fliehkräfte statisch gleichwertiges zusammenziehen.

b) Viertakt. Bei der n-Zylinder-Viertaktmaschine muß man nun wieder unterscheiden, ob die Zylinderzahl n gerad oder ungerad ist. Ist n gerad, so hat man stets die Möglichkeit, die Momente M_x und M_y vollkommen auszugleichen: man baut die Viertaktmaschine aus zwei zur (x, y)-Ebene spiegelbildlichen Zweitaktmaschinen von je $\frac{1}{2}n$ Zylindern auf (und läßt diese beiden Zweitaktmaschinen mit der Phasenverschiebung $4\pi/n$ im Viertakt laufen). Dann sind nämlich die Momente M_x (und ebenso M_y) der beiden Maschinenhälften jeweils entgegengesetzt gleich, heben sich also auf. Für $n = 4$ gibt es eine einzige Anordnung dieser Art (Ziff. **9**), für $n = 6$ gibt es ebenfalls nur eine, für $n = 8$ sind es 3, für $n = 10$ sind es 12, für $n = 12$ sind es 60 und allgemein sind es $\frac{1}{2}\left(\frac{n}{2} - 1\right)!$ (für $n > 4$). Unter mehreren möglichen Anordnungen wird man dann jeweils wieder diejenige bevorzugen, bei der schon jede Maschinenhälfte für sich, und allgemein jeder 2^k-te Teil der Maschine, soweit $n:2^k$ eine ganze Zahl ist, möglichst gut ausgeglichen ist. Beispielsweise wird man die Zwölfzylinder-Viertaktmaschine wohl am besten aus zwei spiegelbildlichen Sechszylindermaschinen von der Anordnung *153426* oder von der Anordnung *153624* zusammensetzen.

Ist dagegen n ungerad, so liegen dieselben Verhältnisse vor wie bei der Zweitaktmaschine, da jetzt beide in den Kurbeldiagrammen übereinstimmen. Mithin gilt die obige Tafel für alle ungeraden n auch bei Viertakt.

§ 3. Maschinen mit Besonderheiten.

12. Ungleiche Kurbelversetzungen. In einigen Fällen liegen triftige Gründe dafür vor, mit den Kurbelversetzungswinkeln von dem normalen Wert $2\pi/n$ bei Zweitakt bzw. $4\pi/n$ bei Viertakt abzuweichen, z. B. bei doppeltwirkenden Maschinen. Wir behandeln dies in drei gelegentlich verwirklichten Beispielen.

a) Zweizylindermaschine mit Versetzungswinkel von 90°. Versetzt man in der Zweizylindermaschine die beiden Kurbeln gegeneinander um 90° (statt um 180° bei Zweitakt oder um 0° bei Viertakt), so ersieht man aus den Diagrammen der Vektoren e_k^j (Abb. 16, wo $\psi = 0$ sein mag), daß jetzt die Längskraft zweiter, sechster usw. Ordnung fehlt, im Gegensatz zu der normalen Zweizylindermaschine, wo diese Ordnungen auftreten (Ziff. **7**). Gegenüber der

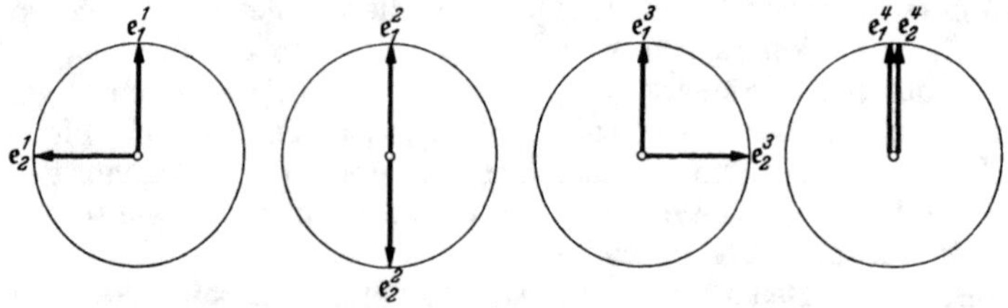

Abb. 16. Die Einheitsvektoren e_k^j der Zweizylindermaschine mit 90° Kurbelversetzung.

normalen Zweitaktmaschine muß man allerdings in Kauf nehmen, daß nun die Kräfte erster Ordnung vorhanden sind. Die Kurbelversetzungvon 90° bietet also hinsichtlich des Massenausgleiches nur im Viertakt einen Vorteil, sie hat aber im Zweitakt bei doppeltwirkenden Maschinen den Vorzug der gleichmäßigen Zündfolge.

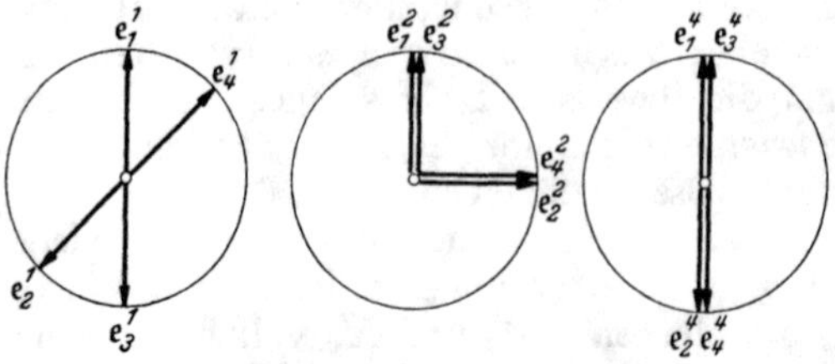

Abb. 17. Die Einheitsvektoren e_k^j der Vierzylindermaschine mit 135° und 45° Kurbelversetzung.

b) Vierzylindermaschine mit Versetzungswinkeln von 135° und 45°. Versetzt man in der Vierzylindermaschine die Kurbeln gegeneinander abwechselnd um 135° und 45° (statt um 90° bei Zweitakt oder um 180° bei Viertakt), so ergibt sich aus den Vektordiagrammen (Abb. 17), daß die Längskraft erster, vierter, zwölfter usw. Ordnung wegfällt, im Gegensatz zu der normalen Vierzylindermaschine, wo die vierte, zwölfte usw. Ordnung jeweils sowohl bei Zwei- wie Viertakt vorkommen (Ziff. **9**). Gegenüber der normalen Zweitaktmaschine muß man dabei freilich in Kauf nehmen, daß jetzt die Kräfte zweiter, sechster usw. Ordnung vorhanden sind. Die Kurbelversetzung von 135° und 45°

bietet also wiederum nur im Viertakt einen Vorteil hinsichtlich des Massenausgleiches.

Vergleicht man das Diagramm der $\mathfrak{a}_k^1$ (Abb. 18) für die drei Anordnungen a), b), c) von Ziff. **9** mit dem früheren Diagramm (Abb. 11), so bemerkt man, daß das Längs- und Kippmoment erster Ordnung jetzt im Zweitakt kleiner ist als früher; man hat nämlich

a) $\alpha_1 = 1{,}531$ statt $2{,}828$,
b) $\alpha_1 = 2{,}399$ statt $3{,}162$,
c) $\alpha_1 = 0{,}765$ statt $1{,}414$.

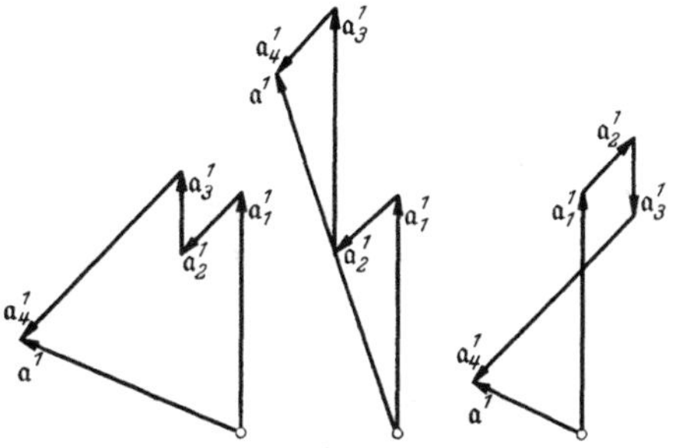

Abb. 18. Vektordiagramme der $\mathfrak{a}_k^1$ der Vierzylindermaschine mit 135° und 45° Kurbelversetzung.

Auch in den Momenten zweiter (nicht jedoch vierter) Ordnung bleibt die jetzige Maschine der normalen Zweitaktmaschine überlegen, wie man ganz analog findet. Im Viertakt dagegen ist die (hinsichtlich M_x und M_y vollständig ausgeglichene) normale Maschine entschieden günstiger.

c) Sechszylindermaschine mit Versetzungswinkeln von 90° und 30°. Bei der Sechszylindermaschine kann es zweckmäßig sein, die Versetzungswinkel abwechselnd 90° und 30° (statt 60° im Zweitakt und 120° im Viertakt)

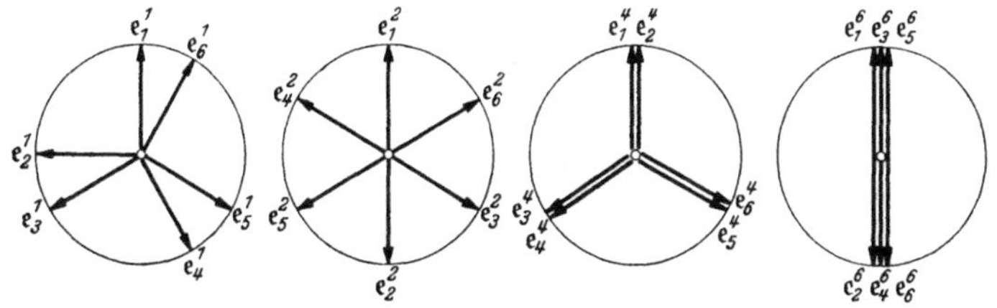
Abb. 19. Die Einheitsvektoren e_k^j der Sechszylindermaschine mit 90° und 30° Kurbelversetzung.

zu machen. Aus den zugehörigen Vektordiagrammen (Abb. 19) geht nämlich hervor, daß dann die Kräfte erster, zweiter, vierter und sechster Ordnung verschwinden. Die erste nichtverschwindende Kraft ist, wie man leicht einsieht, von der zwölften Ordnung. Somit ist diese Maschine der normalen Zwei- und Viertaktmaschine immer da überlegen, wo Resonanz mit der Kraft sechster Ordnung vermieden werden soll. Bei doppeltwirkendem Zweitakt bietet dieses Kurbeldiagramm überdies den Vorteil, daß dann alle zwölf Zündungen in gleichen Abständen aufeinanderfolgen.

Hinsichtlich des Längs- und des Kippmomentes ist diese Maschine allerdings nicht so günstig wie die normale Maschine, insofern es keine Anordnung zu geben scheint, bei der die erste oder (beim Kippmoment) die zweite oder vierte Ordnung zu Null wird.

13. Ungleiche Zylinderabstände. Bei manchen Maschinen kann der Ausgleich des Längs- und Kippmomentes dadurch erheblich verbessert werden, daß man die Zylinderabstände verschieden groß wählt. Offensichtlich darf man sich hierbei auf den Fall beschränken, daß die Zylinder symmetrisch zueinander angeordnet sind.

a) Zweitakt. Die Momente erster Ordnung verschwinden nach (**11**, 1), wenn die x- und y-Komponente der Vektorsumme $\mathfrak{a}^1 = \Sigma\, \mathfrak{a}_k^1$ verschwinden:

$$\Sigma\, a_k \cos \psi_k = 0, \qquad \Sigma\, a_k \sin \psi_k = 0, \tag{1}$$

und zwar genügt es, daß dies für irgendeine Kurbelstellung zutrifft; denn der Vektor $\mathfrak{a}^1$ rotiert starr mit der Welle. Wir wählen $\psi = \frac{1}{2}\frac{2\pi}{n}$ (in Abb. 20 sind die Fälle $n=7$ und $n=8$ dargestellt); dann ist

$$\psi_1 = -\psi_n, \quad \psi_2 = -\psi_{n-1}, \quad \psi_3 = -\psi_{n-2}, \ldots, \psi_k = -\psi_{n-k+1}, \ldots, \tag{2}$$

und man kann die erste Bedingung (1) am einfachsten dadurch erfüllen, daß man für die Abstände vorschreibt

$$\left.\begin{aligned} &a_1 = -a_n, \quad a_2 = -a_{n-1}, \\ &a_3 = -a_{n-2}, \ldots, a_k = -a_{n-k+1}, \ldots, \end{aligned}\right\} \tag{3}$$

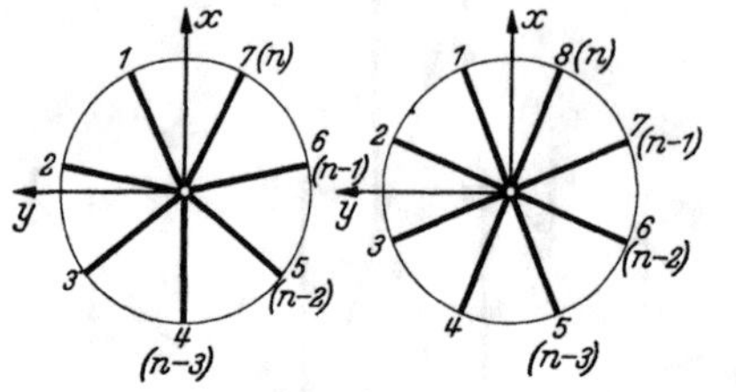

Abb. 20. Kurbeldiagramme fur $n = 7$ und $n = 8$.

d. h., daß man je zwei Zylinder, deren Kurbeln im Kurbeldiagramm symmetrisch zur x-Achse liegen, auch im Abstandsdiagramm symmetrisch zueinander anordnet (siehe die Beispiele in Abb. 21, 24, 25, 26, 28). Denn dann heben sich wegen $\cos\psi_k = \cos\psi_{n-k+1}$ in der cos-Summe (1) je zwei Glieder auf. In der sin-Summe (1) kommt wegen $\sin\psi_k = -\sin\psi_{n-k+1}$ jedes Glied doppelt vor, und die zweite Bedingung (1) wird also kürzer zu

$$a_1 \sin\psi_1 + a_2 \sin\psi_2 + \cdots + a_s \sin\psi_s = 0 \text{ mit } \psi_k = \left(k - \frac{1}{2}\right)\frac{2\pi}{n}, \text{ wo } s = \begin{cases} \frac{n}{2}, & \text{falls } n \text{ gerad} \\ \frac{n-1}{2}, & \text{falls } n \text{ ungerad.} \end{cases} \tag{4}$$

Soll das Moment von der Ordnung $j(=2, 4, 6, \ldots)$ verschwinden, so hat man unter der Voraussetzung (3) ebenso die Bedingung

$$a_1 \sin j\psi_1 + a_2 \sin j\psi_2 + \cdots + a_s \sin j\psi_s = 0 \tag{5}$$

zu erfüllen, wogegen die Bedingung $\Sigma\, a_k \cos j\psi_k = 0$ auch jetzt noch von selbst gilt, wie man rasch einsieht, wenn man die Kurbelwinkel von $-180°$ bis $+180°$ statt von $0°$ bis $360°$ zählt; denn Vervielfachung der Winkel ψ_k eines solchen symmetrischen Kurbeldiagramms führt wieder auf ein symmetrisches Diagramm.

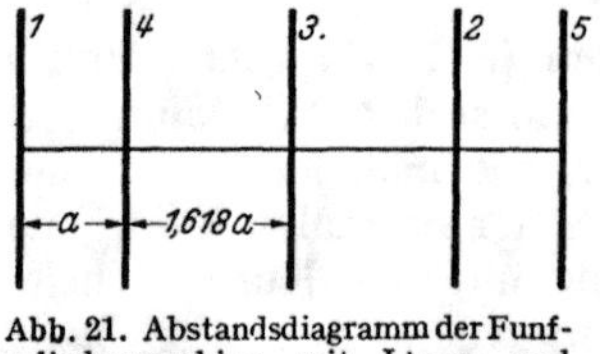

Abb. 21. Abstandsdiagramm der Fünfzylindermaschine mit Längs- und Kippmomentausgleich erster Ordnung.

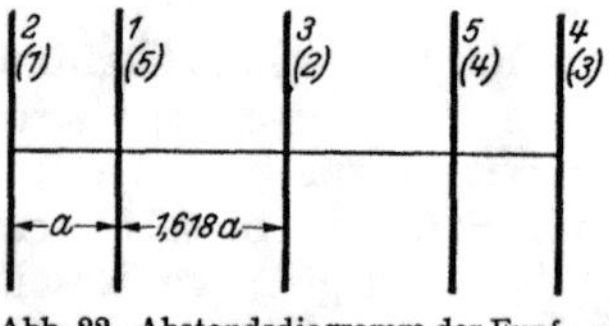

Abb. 22. Abstandsdiagramm der Fünfzylindermaschine mit Langs- und Kippmomentausgleich zweiter Ordnung.

Wendet man die Bedingung (4) auf die Drei- bzw. Vierzylindermaschine an, so würde man $a_1 = a_2 = a_3 = 0$ bzw. $a_1 = -a_2 = a_3 = -a_4$ finden, was ganz bzw. paarweise zusammenfallende Zylinder bedeutet und also die in Ziff. **8** und **9** gefundene Tatsache bestätigt, daß bei diesen beiden Maschinen die Momente M_x und M_y in der ersten Ordnung nicht zu beseitigen sind.

Für die Fünfzylindermaschine[1]) dagegen wird aus (4)

$$a_1 : a_2 = \sin 108° : -\sin 36° = 1{,}618 : -1 = 2{,}618 : -1{,}618$$

— dies ist nebenbei bemerkt das Verhältnis des goldenen Schnittes —, so daß man mit dem kleinsten Zylinderabstand a

$$a_1 = -a_5 = 2{,}618\, a, \quad a_2 = -a_4 = -1{,}618\, a, \quad a_3 = 0$$

hat. Abb. 21 zeigt das Abstandsdiagramm dieser Maschine mit Längs- und Kippmomentausgleich erster Ordnung, Abb. 22 das ebenso für die zweite Ordnung

[1]) H. Schrön, Grundgestalt der Fünfzylinder-Reihenverbrennungsmaschine für gleichförmigen und ruhigen Gang, Motorwagen 31 (1928) S. 427.

aus (5) mit $j = 2$ berechnete Diagramm (wobei man auch die eingeklammerte Bezifferung anbringen kann), und man stellt leicht fest, daß die Maschine von Abb. 21 auch noch Momentenausgleich der Ordnungen 4, 6, 10, 14, 16, 20 usw., diejenige von Abb. 22 solchen der Ordnungen 8, 10, 12, 18, 20 usw. besitzt.

Da wir bei der Sechszylinder-Zweitaktmaschine schon in Ziff. **11** Anordnungen mit Momentenausgleich erster bzw. zweiter Ordnung für gleiche Zylinderabstände gefunden haben, so können wir uns sofort der Siebenzylindermaschine zuwenden. Die Bedingung (4) für den Momentenausgleich erster Ordnung wird

$$\frac{a_3}{a_1} + 1{,}248\,\frac{a_2}{a_1} + 0{,}556 = 0.$$

Es gibt also unendlich viele Möglichkeiten dieses Ausgleiches; sie sind in Abb. 23 durch eine Gerade in einem System mit den Koordinaten a_2/a_1 und a_3/a_1 dargestellt. Ebenso liefert (5) mit $j = 2$ die Bedingung des Ausgleiches zweiter Ordnung

$$\frac{a_3}{a_1} - 0{,}444\,\frac{a_2}{a_1} - 0{,}802 = 0,$$

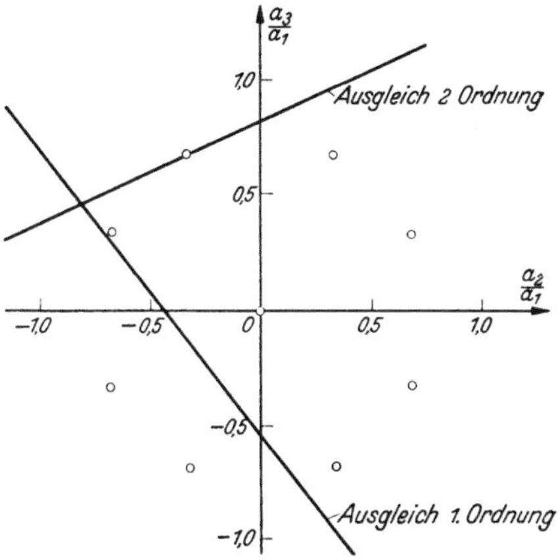

Abb. 23. Momentenausgleich erster und zweiter Ordnung der Siebenzylindermaschine.

eine zweite Gerade in Abb. 23. Der Schnittpunkt der beiden Geraden gehört zu

$$a_1 : a_2 : a_3 = 1 : -0{,}802 : 0{,}446 = 5{,}058 : -4{,}058 : 2{,}255,$$

so daß man bei dem kleinsten Zylinderabstand a für die Siebenzylindermaschine mit Momentenausgleich erster und zweiter Ordnung

$$a_1 = -a_7 = 5{,}058\,a,$$
$$a_2 = -a_6 = -4{,}058\,a,$$
$$a_3 = -a_5 = 2{,}255\,a, \quad a_4 = 0$$

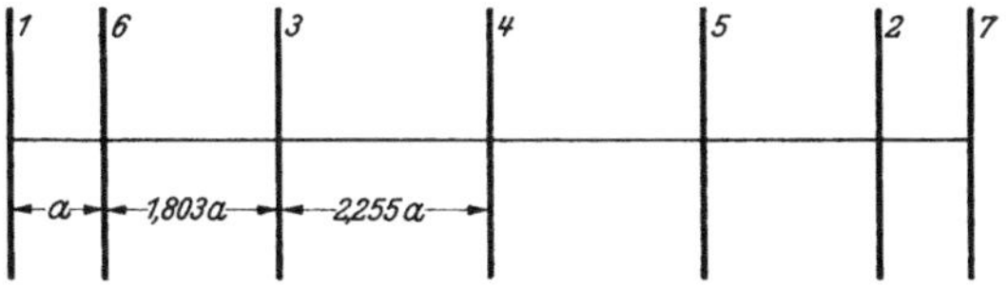

Abb. 24. Abstandsdiagramm der Siebenzylindermaschine mit Momentenausgleich erster und zweiter Ordnung.

bekommt. Das Abstandsdiagramm Abb. 24 zeigt, daß die Baulänge dieser Maschine reichlich groß ist.

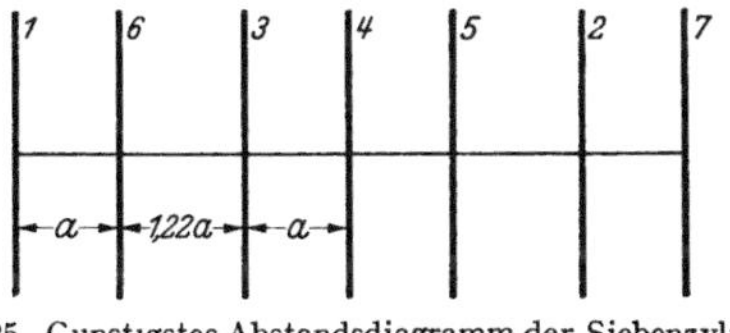

Abb. 25. Gunstigstes Abstandsdiagramm der Siebenzylindermaschine mit Momentenausgleich erster Ordnung.

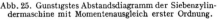

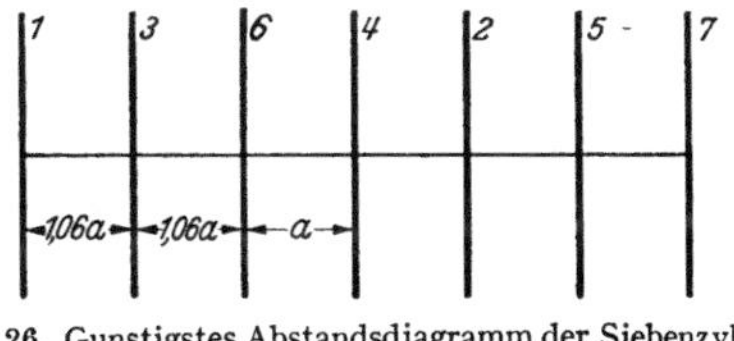

Abb. 26. Gunstigstes Abstandsdiagramm der Siebenzylindermaschine mit Momentenausgleich zweiter Ordnung.

Begnügt man sich mit Ausgleich erster oder zweiter Ordnung, so kann man kleinere Baulängen erreichen. Am günstigsten wären die Verhältnisse $a_1 : a_2 : a_3 = 1 : \pm\frac{2}{3} : \pm\frac{1}{3}$ oder $a_1 : a_2 : a_3 = 1 : \pm\frac{1}{3} : \pm\frac{2}{3}$, weil sie zu lauter gleichen Zylinderabständen führen würden. Die acht Punkte, für die dies zuträfe, sind in Abb. 23 durch Ringe markiert. Man sieht, daß zwei davon ganz nahe bei den Ausgleichsgeraden liegen. Die diesen Punkten zunächst liegenden Punkte der Geraden gehören bei Ausgleich erster Ordnung zu $a_1 : a_2 : a_3 = 1 : -0{,}69 : 0{,}31$, bei Ausgleich zweiter Ordnung zu $a_1 : a_2 : a_3 = 1 : -0{,}32 : 0{,}66$ und geben die Abstandsdiagramme Abb. 25 und Abb. 26.

Bei der Achtzylindermaschine wird die Bedingung (4) für den Ausgleich erster Ordnung

$$0{,}383\, a_1 + 0{,}924\, a_2 + 0{,}924\, a_3 + 0{,}383\, a_4 = 0$$

und diejenige (5) für den Ausgleich zweiter Ordnung

$$a_1 + a_2 - a_3 - a_4 = 0.$$

Aus beiden folgt, indem man das eine Mal a_4/a_1, das andere Mal a_3/a_1 eliminiert,

$$\left.\begin{aligned} \frac{a_3}{a_1} + 2{,}41\,\frac{a_2}{a_1} + 1{,}41 = 0, \\ \frac{a_4}{a_1} - 3{,}41\,\frac{a_2}{a_1} - 2{,}41 = 0. \end{aligned}\right\} \qquad (6)$$

Man stellt die Quotienten a_3/a_1 und a_4/a_1 wieder als die Ordinaten von Geraden

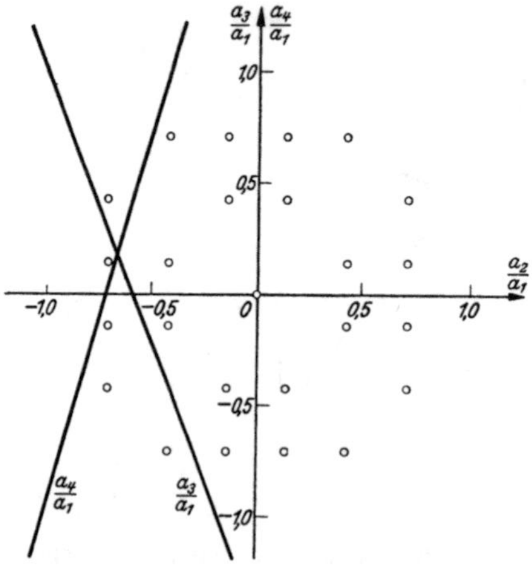

Abb. 27. Momentenausgleich erster und zweiter Ordnung der Achtzylinder-Zweitaktmaschine.

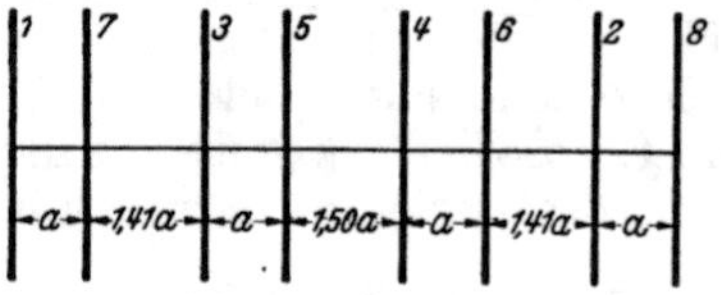

Abb. 28. Günstigstes Abstandsdiagramm der Achtzylinder-Zweitaktmaschine mit Momentenausgleich erster und zweiter Ordnung.

über den Abszissen a_2/a_1 dar (Abb. 27) und trägt auch hier diejenigen Punkte in das System ein, welche zu lauter gleichen Zylinderabständen führen würden. Diese Punkte sind in Abb. 27 mit Ringen versehen; und zwar stellen jeweils von den vier zur selben Abszisse a_2/a_1 gehörigen Punkten irgend zwei, die sich nicht an der Abszissenachse spiegeln, die Werte a_3/a_1 und a_4/a_1 dar. Besonders gut brauchbar sind dann die Stellen der Geraden, die in der Nähe solcher Punkte liegen. Wählt man beispielsweise $a_2/a_1 = -0{,}76$, so erhält man aus (6) $a_3/a_1 = 0{,}42$ und $a_4/a_1 = -0{,}18$, und das gibt die in Abb. 28 angedeutete Maschine mit paarweise gleichen Zylinderabständen; die einzelnen Paare haben allerdings nicht genau gleiche Entfernungen unter sich. — Eine kleine Rechnung würde außerdem zeigen, daß die Bedingung des Ausgleiches vierter Ordnung mit Anordnungen vom Typ (3) nicht möglich ist, wenn Ausgleich erster und zweiter Ordnung vorgeschrieben wird: man käme auf die Proportion $a_1 : a_2 : a_3 : a_4 = 1 : -0{,}415 : -0{,}415 : +1$, was paarweise zusammenfallende Zylinder bedeuten würde (*1, 4*; *2, 3*; *5, 8*; *6, 7*).

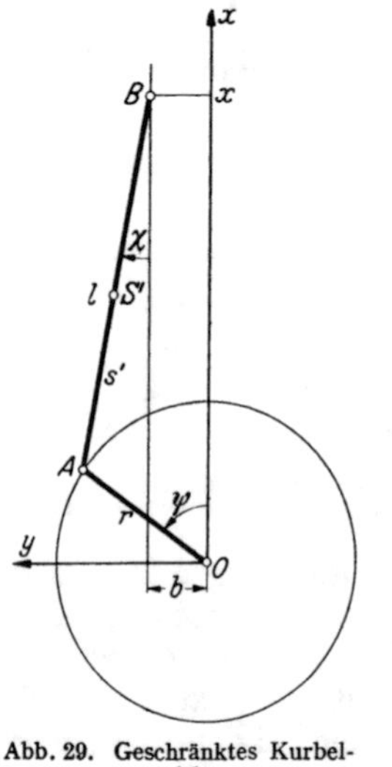

Abb. 29. Geschränktes Kurbelgetriebe.

b) Viertakt. Die Viertaktmaschine erledigt sich durch die Bemerkung, daß bei ungerader Zylinderzahl dieselben Verhältnisse wie bei Zweitakt vorliegen, während bei gerader Zylinderzahl nach Ziff. **11** schon mit gleichen Zylinderabständen vollständiger Momentenausgleich möglich ist.

14. Geschränkte Kurbelgetriebe. Man kann die Reibung des Kolbens im Zylinder herabsetzen, wenn man die Gleitbahn in der y-Richtung um eine Strecke b so verschiebt, daß der Winkel χ zwischen Gleitbahn und Pleuelstange während des Arbeitstaktes kleiner bleibt, als ohne die Schränkung b. Für ein solches geschränktes Kurbelgetriebe[1]) (Abb. 29) hat man die Gleichungen (**4**, 1) zu ersetzen durch

$$x = r\cos\psi + l\cos\chi, \qquad r\sin\psi = b + l\sin\chi. \tag{1}$$

Mit dem Stangenverhältnis $\lambda = r/l$ und dem Schränkungsverhältnis $\beta = b/l$ kommt durch Elimination von χ

$$\frac{x}{r} = \cos\psi + \frac{1}{\lambda}\left[1-(\lambda\sin\psi-\beta)^2\right]^{\frac{1}{2}}. \tag{2}$$

Wenn man die rechte Seite nach Potenzen von λ und β entwickelt und die Potenzen von $\sin\psi$ dabei wieder in cos und sin der Vielfachen ausdrückt, so findet man als Erweiterung der früheren Formel (**4**, 5)

$$\left.\begin{aligned} \frac{x}{r} = A_0^* + \cos\psi + A_1^*\sin\psi + \frac{1}{4}A_2^*\cos 2\psi - \frac{1}{9}A_3^*\sin 3\psi - \\ -\frac{1}{16}A_4^*\cos 4\psi + \frac{1}{25}A_5^*\sin 5\psi + \frac{1}{36}A_6^*\cos 6\psi - - + + \cdots . \end{aligned}\right\} \tag{3}$$

Die Koeffizienten A_j^* sind bis zur fünften Ordnung in λ und β genau genug

$$\left.\begin{aligned} A_0^* &= A_0 - \frac{1}{2}\beta^2\left(\frac{1}{\lambda} + \frac{3}{4}\lambda + \frac{45}{64}\lambda^3\right) - \frac{1}{8}\beta^4\left(\frac{1}{\lambda} + \frac{15}{4}\lambda\right) - \frac{1}{16}\frac{\beta^6}{\lambda}, \\ A_1^* &= \beta\left(1 + \frac{3}{8}\lambda^2 + \frac{15}{64}\lambda^4\right) + \frac{1}{2}\beta^3\left(1 + \frac{15}{8}\lambda^2\right) + \frac{3}{8}\beta^5, \\ A_2^* &= A_2 + \frac{3}{2}\beta^2\lambda\left(1 + \frac{5}{4}\lambda^2\right) + \frac{15}{8}\beta^4\lambda, \\ A_3^* &= \frac{9}{8}\beta\lambda^2\left(1 + \frac{15}{16}\lambda^2\right) + \frac{45}{16}\beta^3\lambda^2, \\ A_4^* &= A_4 + \frac{15}{8}\beta^2\lambda^3, \\ A_5^* &= \frac{75}{128}\beta\lambda^4, \\ A_6^* &= A_6; \end{aligned}\right\} \tag{4}$$

hierbei sind A_{2j} die in (**4**, 6) berechneten Zahlen.

Für die Kolbenbeschleunigung kommt also

$$\left.\begin{aligned} -\frac{\ddot{x}}{r} = \omega^2(\cos\psi + A_1^*\sin\psi + A_2^*\cos 2\psi - A_3^*\sin 3\psi - A_4^*\cos 4\psi + \\ + A_5^*\sin 5\psi + A_6^*\cos 6\psi - - + + \cdots) + \\ + \dot{\omega}\left(\sin\psi - A_1^*\cos\psi + \frac{1}{2}A_2^*\sin 2\psi + \frac{1}{3}A_3^*\cos 3\psi - \frac{1}{4}A_4^*\sin 4\psi - \right. \\ \left. -\frac{1}{5}A_5^*\cos 5\psi + \frac{1}{6}A_6^*\sin 6\psi + - - + \cdots\right). \end{aligned}\right\} \tag{5}$$

Wenn man ferner die zweite Gleichung (1) nach der Zeit differentiiert und dann wieder χ eliminiert, so entsteht

$$\dot{\chi} = \omega\lambda\frac{\cos\psi}{\cos\chi} = \omega\lambda\cos\psi\left[1-(\lambda\sin\psi-\beta)^2\right]^{-\frac{1}{2}},$$

und dies gibt entwickelt

$$\dot{\chi} = \omega\lambda\left(C_1^*\cos\psi - \frac{1}{2}C_2^*\sin 2\psi - \frac{1}{3}C_3^*\cos 3\psi + \frac{1}{4}C_4^*\sin 4\psi + \frac{1}{5}C_5^*\cos 5\psi - - + + \cdots\right) \tag{6}$$

[1]) R. E. Root, Dynamics of engine and shaft, S. 78, New York 1932.

mit den Koeffizienten (bis zur fünften Ordnung genau)

$$\left.\begin{aligned} C_1^* &= C_1 + \frac{1}{2}\beta^2\left(1+\frac{9}{8}\lambda^2\right)+\frac{3}{8}\beta^4,\\ C_2^* &= \beta\lambda\left(1+\frac{3}{4}\lambda^2\right)+\frac{3}{2}\beta^3\lambda,\\ C_3^* &= C_3+\frac{27}{16}\beta^2\lambda^2,\\ C_4^* &= \frac{3}{4}\beta\lambda^3,\\ C_5^* &= C_5; \end{aligned}\right\} \tag{7}$$

hierbei sind C_j die in (**4**, 10) ausgerechneten Zahlen. Man hat also

$$\left.\begin{aligned} \ddot{\chi} = &-\omega^2\lambda\,(C_1^*\sin\psi + C_2^*\cos 2\psi - C_3^*\sin 3\psi - C_4^*\cos 4\psi + C_5^*\sin 5\psi + - - + \cdots) + \\ &+\dot{\omega}\lambda\left(C_1^*\cos\psi - \frac{1}{2}C_2^*\sin 2\psi - \frac{1}{3}C_3^*\cos 3\psi + \frac{1}{4}C_4^*\sin 4\psi + \frac{1}{5}C_5^*\cos 5\psi - - + + \cdots\right). \end{aligned}\right\} \tag{8}$$

Setzt man den neuen Ausdruck (5) in (**3**, 3) ein, so erscheinen für die Kräfte die folgenden Ausdrücke, in denen wir sogleich wieder das analog zu Ziff. **5** definierte Symbol $((\dot{\omega}))$ benützen:

$$\left.\begin{aligned} X = \omega^2\big[(Q+Q')\cos\psi + Q\,(A_1^*\sin\psi + A_2^*\cos 2\psi - A_3^*\sin 3\psi - A_4^*\cos 4\psi + \\ + A_5^*\sin 5\psi + A_6^*\cos 6\psi - - + + \cdots)\big] + ((\dot{\omega})), \end{aligned}\right\} \tag{9}$$

$$Y = \omega^2 Q'\sin\psi + ((\dot{\omega}))\,. \tag{10}$$

Anstatt (**3**, 7) hat man für das geschränkte Getriebe, da jetzt noch das Moment des Impulses der im Kreuzkopf (Kolbenbolzen) konzentriert zu denkenden Masse $\left(\frac{s'}{l}G' + G''\right)/g$ hinzutritt,

$$M_z = -R'\dot{\omega} - R\frac{\ddot{\chi}}{\lambda} + bQ\frac{\ddot{x}}{r}. \tag{11}$$

Führt man hierin die Ausdrücke (8) und (5) ein und benützt die kombinierten Koeffizienten

$$F_j = RC_j^* - bQA_j^* \qquad (j = 1, 2, \ldots), \tag{12}$$

so findet man das Umlaufmoment in der Form

$$\left.\begin{aligned} M_z = \omega^2(-bQ\cos\psi + F_1\sin\psi + F_2\cos 2\psi - F_3\sin 3\psi - F_4\cos 4\psi + \\ + F_5\sin 5\psi + - - + \cdots) + ((\dot{\omega})) - \dot{\omega}R'. \end{aligned}\right\} \tag{13}$$

Vergleicht man nun die Ergebnisse (9), (10) und (13) mit den ursprünglichen Formeln (**5**, 1) bis (**5**, 3), so stellt man allgemein fest, daß die Schränkung zunächst bei der Einzylindermaschine den Massenausgleich verschlechtert, ausgenommen denjenigen der Querkraft Y, die von der Schränkung gar nicht beeinflußt wird.

Auch bei der geschränkten Einzylindermaschine wäre der Ausgleich der Kräfte erster Ordnung nur durch die Bedingungen $Q=0$ und $Q'=0$ zu erreichen, wovon aber die erste, wie in Ziff. **6** auseinandergesetzt ist, praktisch unerfüllbar bleibt. Aus dem gleichen Grunde gelingt es jetzt auch nicht mehr, den stationären Teil des Umlaufmomentes zu beseitigen; denn alle Glieder enthalten bQ, davon herrührend, daß die Massenkraft des Gleitstücks nun nicht mehr durch den Kurbelmittelpunkt hindurchgeht, sondern den Hebelarm b der Schränkung besitzt. Man kann höchstens erreichen, daß e i n e Ordnung des stationären Umlaufmomentes, nur nicht gerade die erste, verschwindet, wenn man eine der Bedingungen $F_j=0$ erzwingt oder explizit

$$C_j^*\,[s'(l-s') - k'^2]\,G' = A_j^*\,b\,(s'G' + lG''). \tag{14}$$

Das ist innerhalb enger Grenzen durch geeignete Formgebung der Pleuelstange möglich.

Ist beispielsweise $G' = G''$ (Pleuelstangengewicht = Kolbengewicht) und $s' = \frac{1}{2} l$ (Pleuelstangenschwerpunkt in Stangenmitte) sowie $\lambda = \frac{1}{4}$ und $\beta = \frac{1}{10}$, so findet man $A_3^* = 0{,}007$ und $C_3^* = 0{,}025$, so daß (14) für $j = 3$ übergeht in

$$\frac{s'(l - s') - k'^2}{l^2} = 0{,}04. \tag{15}$$

Dieser Wert liegt durchaus im Bereich des konstruktiv Ausführbaren. [Bei den üblichen Pleuelstangen liegt der Quotient $[s'(l - s') - k'^2] : l^2$ etwa im Bereich von 0 bis 0,1.] Dagegen würde im gleichen Beispiel der Ausdruck (15) für $j = 2$ den Wert 1,5 annehmen, und dieser ist konstruktiv ganz unmöglich.

Etwas günstiger als bei der Einzylindermaschine liegen die Verhältnisse bei den Mehrzylindermaschinen. Die in Ziff. **10** gegebenen Übersichtstafeln der unausgeglichenen Ordnungen müssen bei geschränkten Zwei- und Viertaktmaschinen einfach dahin ergänzt werden, daß für die Längskräfte außer den schwarzen Ringen auch noch die weißen auftreten und ebenso für die Umlaufmomente außer den weißen auch noch die schwarzen: dieselben Ordnungen, die in der Längskraft unausgeglichen sind, sind es auch im Umlaufmoment. Abgesehen vom Betrag der unausgeglichenen Kräfte und Momente ändert also die Schränkung nichts an der Ordnung des Ausgleiches der Zweitaktmaschinen mit gerader Zylinderzahl und ebensowenig am Ausgleich der Viertaktmaschine mit durch 4 teilbarer Zylinderzahl. Der Ausgleich aller übrigen Maschinen dagegen wird durch die Schränkung verschlechtert; mit zunehmender Schränkung schwindet hinsichtlich der Längskräfte mehr und mehr die (in Ziff. **10** erwähnte) Überlegenheit der Zweitaktmaschine mit ungerader Zylinderzahl und der Viertaktmaschine mit ungerader oder wenigstens nicht durch 4 teilbarer Zylinderzahl, ebenso hinsichtlich des Umlaufmomentes die Überlegenheit der Zweitaktmaschine mit gerader Zylinderzahl und der Viertaktmaschine mit durch 4 teilbarer Zylinderzahl. Der Betrag der unausgeglichenen Kräfte wird durch die Schränkung (wegen $A_j^* > A_j$) stets vergrößert. Und auch bei der Mehrzylindermaschine kann mit der Bedingung (14) unter Umständen e i n e Ordnung des stationären Umlaufmomentes beseitigt werden.

15. Umlaufende Ausgleichsmassen. Wir haben in Ziff. **6** festgestellt, daß man bei der Einzylindermaschine die ganze Querkraft oder aber die Längskraft erster Ordnung oder endlich beide teilweise beseitigen kann, wenn man auf der Kurbel Gegengewichte nach (**6**, 3) anbringt (etwa symmetrisch verteilt auf die beiden Wangen). Solche Gegengewichte sind auch bei der Mehrzylindermaschine, wo die Querkraft und die Längskraft erster Ordnung im ganzen verschwinden, mitunter empfehlenswert, einerseits um die Längs- und die Kippmomente erster Ordnung unschädlich zu machen (vgl. Ziff. **7** bis **9**), andererseits um die inneren Spannungen wenigstens teilweise zu beseitigen, die von den Massenkräften erster Ordnung der einzelnen Kurbelgetriebe herrühren.

Es gibt nun noch ein anderes Mittel, die Kräfte und Momente erster Ordnung aufzuheben, nämlich die Hinzufügung von exzentrisch umlaufenden Ausgleichsmassen[1]). Dieses Mittel ist überall da angebracht, wo es sich um die v o l l s t ä n d i g e Beseitigung a l l e r Kräfte oder Momente erster Ordnung handelt, und besteht darin, daß zunächst durch Gegengewichte an den Kurbelwangen nach (**6**, 1) das reduzierte Moment Q' für sich zu Null gemacht und danach

---

[1]) E. MARQUARD, Über den Ausgleich von Beschleunigungskräften zweiter Ordnung durch Drehmassen, Motorwagen 29 (1926) S. 309; G. NASKE, Neuere Öltriebwagen, Z. VDI *72 (1928)* S. *1610*.

auch noch das reduzierte Moment Q durch umlaufende Exzentermassen aufgehoben wird. Wir überlegen das zuerst an der Einzylindermaschine, indem wir auf (**5**, 1) zurückgreifen.

Um das nach $Q'=0$ noch übrigbleibende Glied erster Ordnung

$$X_1 = Q\,(\omega^2 \cos\psi + \dot\omega \sin\psi) \quad \text{mit} \quad Q = \frac{r}{g}\left(\frac{s'}{l}\,G' + G''\right) \tag{1}$$

zu beseitigen, ohne daß dabei eine neue unausgeglichene Querkraft geweckt wird, koppelt man nach Abb. 30 zwei gleiche Exzentergewichte G_e an den Hebelarmen e mittels des Rädergetriebes A, B so mit der Maschinenwelle W, daß sie entgegengesetzt zueinander mit der Winkelgeschwindigkeit $\omega_e = \pm\omega$ der Maschinenwelle umlaufen. Das Getriebe muß so eingebaut sein, daß die Exzenter in der Winkelstellung $\psi_{e0} = 180°$ stehen, wenn die Kurbel K in ihrer Totlage $\psi = 0$ ist. Um einzusehen, daß dieses Getriebe das Gewünschte leistet, und um die Größe des Produktes eG_e zu finden, berechnen wir die von den Exzentermassen geweckten Massenkräfte. Wir erhalten analog zu (**3**, **3**) auf dem dort benützten Wege

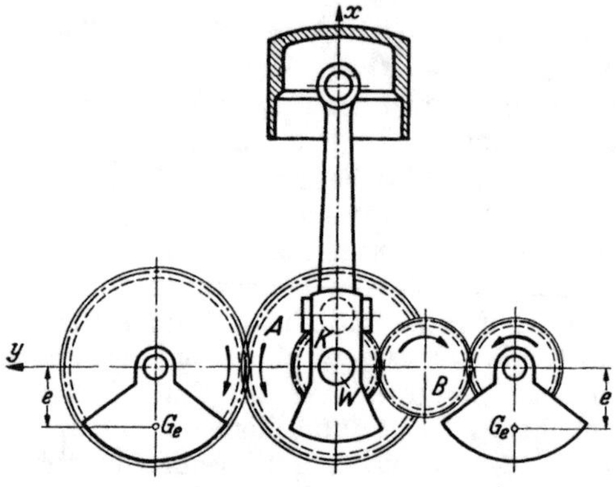

Abb. 30. Umlaufende Ausgleichsmassen zur Beseitigung der Längskraft erster Ordnung.

$$X_e = \frac{eG_e}{g}\left[\omega^2 \cos(180°+\psi) + (-\omega)^2 \cos(180°-\psi) + \dot\omega \sin(180°+\psi) + (-\dot\omega)\sin(180°-\psi)\right]$$

oder

$$X_e = -2\,\frac{eG_e}{g}\,(\omega^2 \cos\psi + \dot\omega \sin\psi) \tag{2}$$

und ebenso (wie auch schon infolge der kinematischen Symmetrie einleuchtet)

$$Y_e = 0.$$

Somit wird in der Tat (ohne Beeinflussung der Querkraft) für alle Kurbelstellungen $X_1 + X_e \equiv 0$, falls man gemäß (1) und (2)

$$eG_e = \frac{1}{2}\,r\,G^* \quad \text{mit} \quad G^* = \frac{s'}{l}\,G' + G'' \tag{3}$$

macht. Das ist konstruktiv möglich, allerdings nur mit verhältnismäßig großen Gewichten G_e, die von der Größenordnung des auf den Kolbenbolzen reduzierten Gewichtes G^* sind.

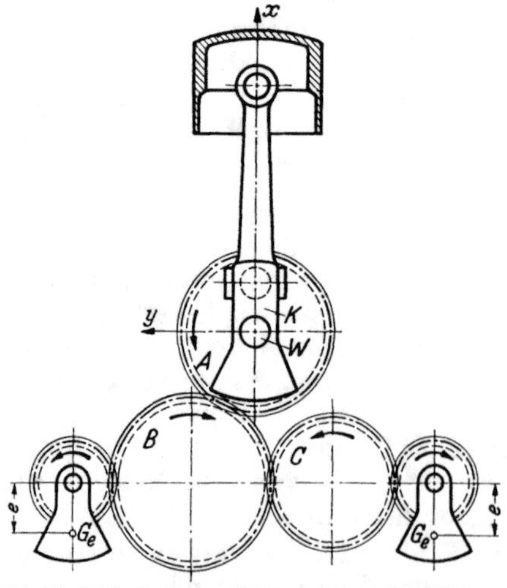

Abb. 31. Umlaufende Ausgleichsmassen zur Beseitigung der Längskraft zweiter Ordnung.

Offensichtlich kann eine solche Vorrichtung nun aber auch so gebaut werden, daß sie eine vorgeschriebene Längskraft höherer Ordnung gerade aufhebt, und hierfür ist sie sogar noch mehr geeignet und üblich, da man jetzt mit wesentlich kleineren Exzentermassen auskommt. Will man nämlich etwa die Längskraft zweiter Ordnung, also nach (**5**, 1) das Glied

$$X_2 = A_2 Q\left(\omega^2 \cos 2\psi + \frac{1}{2}\,\dot\omega \sin 2\psi\right) \tag{4}$$

beseitigen, so benützt man wohl die Anordnung Abb. **31** (die eine bei Triebwagen gebaute Ausführungsart zeigt). Die Exzentergewichte G_e werden hier durch das Getriebe A, B, C mit der doppelten Winkelgeschwindigkeit $\omega_e = \pm 2\,\omega$ der Maschinenwelle entgegengesetzt gedreht, und wieder ist ihre Nullstellung $\psi_{e0} = 180°$. Jetzt wird

$$X_e = \frac{e\,G_e}{g}\left[(2\omega)^2 \cos(180° + 2\psi) + (-2\omega)^2 \cos(180° - 2\psi) + (2\,\dot\omega)\sin(180° + 2\psi) + \right.$$
$$\left. + (-2\,\dot\omega)\sin(180° - 2\psi)\right]$$

oder

$$X_e = -8\,\frac{e\,G_e}{g}\left(\omega^2 \cos 2\,\psi + \frac{1}{2}\,\dot\omega \sin 2\,\psi\right) \quad \text{und} \quad Y_e = 0, \tag{5}$$

so daß $X_2 + X_e \equiv 0$ bleibt, falls man

$$e\,G_e = \frac{1}{8}\,A_2\,r\,G^* \tag{6}$$

macht. Da nach (**4**, 6b) die Größe A_2 ungefähr gleich λ ist, so kann man die Bedingung (6) mit verhältnismäßig kleinen Exzentermassen und mit kleinen Hebelarmen e erfüllen. Abb. **32** zeigt, wie sich die Ausgleiche erster und zweiter Ordnung auch miteinander verbinden lassen.

In entsprechender Weise läßt sich die Längskraft vierter Ordnung durch zwei entgegengesetzt mit der Geschwindigkeit $\omega_e = \pm 4\,\omega$ umlaufende Exzentergewichte G_e ausgleichen, die aber so eingestellt sein müssen, daß sie die Nullage $\psi_{e0} = 0$ zusammen mit der Kurbel passieren [wie man aus (**5**, 1) schließt], und zwar muß sein

$$e\,G_e = \frac{1}{32}\,A_4\,r\,G^*. \tag{7}$$

Für die Beseitigung der Längskraft j-ter Ordnung der Einzylindermaschine gilt allgemein

$$\left.\begin{aligned} e\,G_e &= \frac{1}{2j^2}\,A_j\,r\,G^*, \qquad \omega_e = \pm j\omega, \\ \psi_{e0} &= j \cdot 90° \qquad (j = 2, 4, 6, \ldots). \end{aligned}\right\} \tag{8}$$

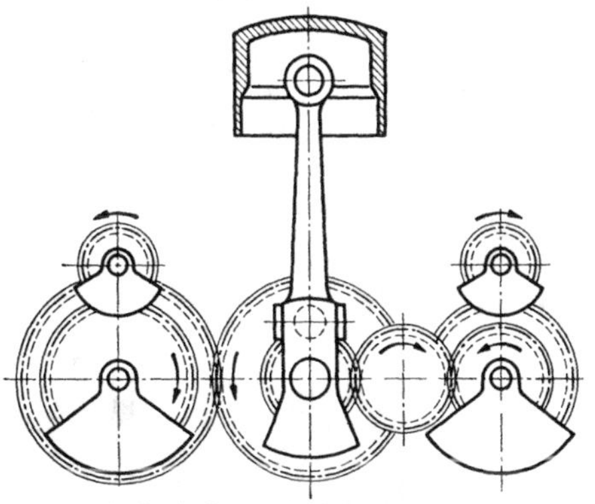
Abb. 32. Umlaufende Ausgleichsmassen zur Beseitigung der Längskraft erster und zweiter Ordnung.

In gleicher Weise kann man die Zweizylinder-Zweitaktmaschine (Ziff. **7** a) verbessern, nämlich entweder durch zwei Exzenterscheiben, deren Schwerpunkte in der Symmetrieebene ($z = 0$) der beiden Zylinderachsen umlaufen müssen (damit keine Momente geweckt werden), und für welche analog zu den Formeln (8)

$$e\,G_e = \frac{1}{j^2}\,A_j\,r\,G^*, \quad \omega_e = \pm j\omega, \quad \psi_{e0} = j \cdot 90° \tag{9}$$

gilt, oder durch vier Exzenterscheiben, die paarweise symmetrisch zur (x, y)-Ebene so angeordnet sind, daß die (x, y)-Ebene und die (x, z)-Ebene kinematische Symmetrieebenen werden, wobei dann unmittelbar (8) gilt. (Man überzeugt sich hier und im folgenden leicht, daß es bezüglich der zu $\psi = 0$ gehörigen Nullage ψ_{e0} der Exzenter gleichgültig ist, auf welche Kurbel man $\psi = 0$ bezieht: $\psi_{e0} = 180°$ bedeutet einfach, daß beide Kurbeln durch die Lage $\psi = 180°$ immer in dem Augenblick hindurchgehen, in welchem es auch die Exzenter tun; $\psi_{e0} = 0°$ bedeutet, daß die Kurbeln zusammen mit den Exzentern durch die Nullage $\psi = 0$ gehen.)

Die Zweizylinder-Viertaktmaschine (Ziff. **7**b) verhält sich hinsichtlich dieser umlaufenden Ausgleichsmassen wie eine Einzylindermaschine mit verdoppelten Massen.

In gleicher Weise gilt für die Exzenter einer Dreizylindermaschine

$$eG_e = \left[\frac{1}{2}\right]\frac{3}{2j^2}A_j r G^*, \quad \omega_e = \pm j\omega, \quad \psi_{e0} = j\cdot 90°, \tag{10}$$

für die Vierzylindermaschine

$$eG_e = \left[\frac{1}{2}\right]\frac{2}{j^2}A_j r G^*, \quad \omega_e = \pm j\omega, \quad \psi_{e0} = j\cdot 90° \tag{11}$$

und allgemein für die n-Zylindermaschine

$$eG_e = \left[\frac{1}{2}\right]\frac{n}{2j^2}A_j r G^*, \quad \omega_e = \pm j\omega, \quad \psi_{e0} = j\cdot 90°. \tag{12}$$

Der eingeklammerte Faktor $[\frac{1}{2}]$ gilt für den Fall von vier Exzentern; bei nur zwei Exzentern ist er fortzulassen. Ob Zwei- oder Viertakt vorliegt, ist gleichgültig, doch sind hier durchweg regelmäßige Kurbelversetzungswinkel angenommen.

Ebenso wie die Massenkräfte kann man natürlich auch die Momente irgendwelcher Ordnung durch umlaufende Ausgleichsmassen ausschalten. Sehen wir vom Umlaufmoment M_z ab (dessen Glieder erster und höherer Ordnung ja durch die Formgebung der Pleuelstangen nach (**6**, 9) zu beseitigen sind, und dessen Glied nullter Ordnung nur durch eine verhältnismäßig große, entgegengesetzt zur Wellendrehung umlaufende Masse, die sich aus der zweiten Gleichung (**6**, 8) berechnen ließe, zum Verschwinden gebracht werden könnte), so wird man zuerst durch Kurbelgegengewichte $Q' = 0$ und damit $M_x = 0$ machen [man sehe (**7**, 2), (**8**, 2), (**9**, 3) bis (**9**, 5) und (**11**, 2)] und dann durch umlaufende Exzenter dafür sorgen, daß ein Glied vorgeschriebener Ordnung von M_y zu Null wird.

Wir zeigen dies zuerst für das Kippmoment M_y der Zweizylinder-Zweitaktmaschine (Ziff. **7**):

$$M_y = a\,Q(\omega^2 \cos\psi + \dot{\omega}\sin\psi). \tag{13}$$

Bei der in Abb. 33 dargestellten Vorrichtung drehen die Kegelradgetriebe A_1 und A_2 in gleichem Sinne vier [paarweise hintereinander liegende und zur (x, z)-Ebene symmetrische] Exzenter G_e an den Hebelarmen e mit der Winkelgeschwindigkeit $\omega_e = \omega$ der Maschine. Die z-Koordinaten der Exzenterachsen sind $\pm a_e$. Wenn die „linke" Kurbel K_1 in der Stellung $\psi_{(1)} = 0$, die „rechte" K_2 in der Stellung $\psi_{(2)} = 180°$ ist, so sollen die beiden „linken" Exzenter die Stellung $\psi_{e1} = 180°$, die beiden rechten die Stellung $\psi_{e2} = 0$ einnehmen. Die Drehwinkel ψ_e sind positiv gerechnet, wenn die Drehung ω_e mit der negativen (in Abb. 33 nach vorn gerichteten) y-Achse eine Rechtsschraube bildet. Dann rufen die Exzenter die folgenden Massenmomente hervor:

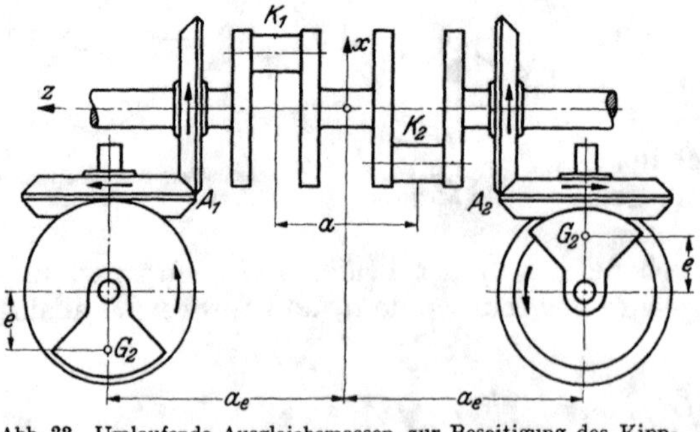

Abb. 33. Umlaufende Ausgleichsmassen zur Beseitigung des Kippmomentes der Zweizylindermaschine.

$$M_{ex} = 0, \qquad M_{ez} = 0$$

und

$$M_{ey} = [2]\,a_e\frac{eG_e}{g}\left[\omega^2\cos(180°+\psi) + \dot{\omega}\sin(180°+\psi)\right] - [2]\,a_e\frac{eG_e}{g}\,(\omega^2\cos\psi + \dot{\omega}\sin\psi).$$

also

$$M_{ey} = -[2]\, 2\, a_e \frac{e G_e}{g} (\omega^2 \cos\psi + \dot{\omega} \sin\psi), \tag{14}$$

so daß M_y(13) gerade aufgehoben wird, wenn man

$$a_e e G_e = \left[\frac{1}{2}\right] \frac{1}{2}\, a\, r\, G^* \tag{15}$$

macht. Der eingeklammerte Faktor [2] bzw. [$\frac{1}{2}$] ist wegzulassen, falls man nur zwei Exzenter benützt, die dann beide in der (x, y)-Ebene liegen müssen.

Die gleiche Vorrichtung ist für die Dreizylindermaschine brauchbar, wenn man [wie (**8**, 2) zeigt] zur Beseitigung des Kippmomentes erster Ordnung

$$a_e e G_e = \left[\frac{1}{2}\right] \frac{\sqrt{3}}{2}\, a\, r\, G^*, \quad \psi_{e1} = 270^\circ, \quad \psi_{e2} = 90^\circ \tag{16}$$

wählt. Die Nullstellung $\psi_{(1)} = 0$ bezieht sich dabei auf die mittlere Kurbel.

Bei der Vierzylinder-Zweitaktmaschine verschwindet das Kippmoment erster Ordnung für die drei Anordnungen (**9**, 3) bis (**9**, 5), wenn jeweils

$$\left.\begin{aligned}
&\text{a)}\quad a_e e G_e = \left[\frac{1}{2}\right] \sqrt{2}\, a\, r\, G^*, \quad \psi_{e1} = 225^\circ, \quad \psi_{e2} = 45^\circ,\\
&\text{b)}\quad a_e e G_e = \left[\frac{1}{2}\right] \frac{\sqrt{10}}{2}\, a\, r\, G^*, \quad \psi_{e1} = 198{,}4^\circ, \quad \psi_{e2} = 18{,}4^\circ,\\
&\text{c)}\quad a_e e G_e = \left[\frac{1}{2}\right] \frac{\sqrt{2}}{2}\, a\, r\, G^*, \quad \psi_{e1} = 225^\circ, \quad \psi_{e2} = 45^\circ
\end{aligned}\right\} \tag{17}$$

ist; und allgemein bei der n-Zylinder-Zweitaktmaschine, wenn

$$a_e e G_e = \left[\frac{1}{2}\right] \frac{\alpha_1}{2}\, a\, r\, G^*, \quad \psi_{e1} = 180^\circ + \beta_1, \quad \psi_{e2} = \beta_1, \tag{18}$$

ist, wo α_1 und β_1 die in Ziff. **11** tabellarisch angegebenen Zahlen sind. Die Nullstellungen ψ_{e1} und ψ_{e2} sind dabei von der Nullage $\psi_{(1)} = 0$ des Zylinders *1* zu rechnen.

Aber auch jedes Kippmoment höherer Ordnung, das nicht schon von vornherein Null ist, kann auf diese Art ausgeglichen werden. Man findet als Ausgleichsbedingungen für das Kippmoment j-ter Ordnung der n-Zylinder-Zweitaktmaschine

$$a_e e G_e = \left[\frac{1}{2}\right] \frac{\alpha_j}{2 j^2} A_j\, a\, r\, G^*, \quad \omega_e = +j\omega, \quad \psi_{e1} = 180^\circ + \beta_j, \quad \psi_{e2} = \beta_j \tag{19}$$

mit den Zahlen α_j und β_j von Ziff. **11**. Die Übersetzung des Kegelradgetriebes muß daher so gewählt werden, daß die Exzenter sich j-mal so schnell drehen wie die Maschinenwelle.

Handelt es sich z. B. um eine Sechszylinder-Zweitaktmaschine mit der Zylinderfolge *153426* und $\lambda = 1/4$, so erfordert der Ausgleich des Kippmomentes zweiter Ordnung ein System mit den Werten

$$a_e e G_e = \left[\frac{1}{2}\right] 0{,}110\, a\, r\, G^*, \quad \omega_e = +2\omega, \quad \psi_{e1} = 210^\circ, \quad \psi_{e2} = 30^\circ,$$

die konstruktiv leicht zu verwirklichen sind.

Für die Viertaktmaschinen mit ungerader Zylinderzahl gelten hier die gleichen Bedingungen wie für die Zweitaktmaschinen, wogegen bei gerader Zylinderzahl die Kippmomente schon anderweitig ausgleichbar sind (Ziff. **11** b).

§ 4. Gabel-, Fächer- und Sternmotoren mit zentrisch angelenkten Pleuelstangen.

16. Der Gabelmotor. Der Gabel- oder V-Motor besteht aus zwei Kurbelgetrieben, deren Gleitbahnen beide in der (x, y)-Ebene liegen und den Gabelwinkel δ bilden (Abb. 34). Die Kurbel ist gemeinsam, und wir wollen hier zunächst annehmen, daß beide Getriebe völlig gleichartig sind, und daß auch beide Pleuelstangen unmittelbar an der Zapfenachse A angelenkt werden, indem etwa die eine um ein (in der Rechnung zu vernachlässigendes) Stück gegen die andere in der Achsenrichtung verschoben ist. Den ebenfalls vorkommenden Fall, daß die eine Pleuelstange (Nebenpleuel) in einem von A verschiedenen Punkt an die andere Pleuelstange (Hauptpleuel) angelenkt wird, behandeln wir erst später (§ 5).

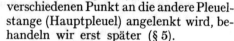

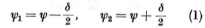

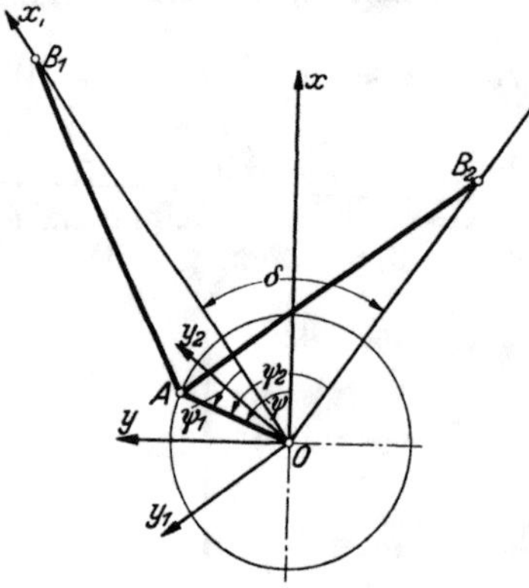

Abb. 34. Gabelmotor (V-Motor).

Wir ordnen dem ersten Getriebe ein (x_1, y_1)-System zu, dem zweiten ein (x_2, y_2)-System und dem ganzen Motor ein (x, y)-System, dessen x-Achse den Winkel δ halbiert. Der Drehwinkel der Kurbel gegen die Achsen x_1, x_2, x ist der Reihe nach ψ_1, ψ_2, ψ, wobei

$$\psi_1 = \psi - \frac{\delta}{2}, \qquad \psi_2 = \psi + \frac{\delta}{2} \tag{1}$$

ist. Die Massenkräfte X_1, Y_1 des ersten Getriebes im (x_1, y_1)-System und diejenigen X_2, Y_2 des zweiten im (x_2, y_2)-System sind nach (**5**, 1) und (**5**, 2)

$$\left.\begin{aligned} X_i &= \omega^2\left[(Q+Q'')\cos\psi_i + Q(A_2\cos 2\psi_i - A_4\cos 4\psi_i + - \cdots)\right] + ((\dot\omega)),\\ Y_i &= \omega^2 Q''\sin\psi_i + ((\dot\omega)). \end{aligned}\right\} (i=1,2) \tag{2}$$

Dabei ist Q das reduzierte Moment (**3**, 2), wogegen an die Stelle von Q' jetzt

$$Q'' = \frac{1}{g}\left[\frac{1}{2}sG + r\left(1-\frac{s'}{l}\right)G'\right] \tag{3}$$

tritt, da jedem Getriebe nur die Hälfte der Kurbelmasse zuzuordnen ist.

Die Kräfte X_i, Y_i liefern in der x- und y-Richtung die Massenkräfte

$$\left.\begin{aligned} X &= (X_1+X_2)\cos\frac{\delta}{2} - (Y_1-Y_2)\sin\frac{\delta}{2},\\ Y &= (X_1-X_2)\sin\frac{\delta}{2} + (Y_1+Y_2)\cos\frac{\delta}{2}. \end{aligned}\right\} \tag{4}$$

Setzt man hierin die Werte von (2) ein und beachtet, daß nach (1)

$$\cos j\psi_1 + \cos j\psi_2 = 2\cos j\frac{\delta}{2}\cos j\psi, \quad \cos j\psi_1 - \cos j\psi_2 = 2\sin j\frac{\delta}{2}\sin j\psi,$$

$$\sin j\psi_1 + \sin j\psi_2 = 2\cos j\frac{\delta}{2}\sin j\psi, \quad \sin j\psi_1 - \sin j\psi_2 = -2\sin j\frac{\delta}{2}\cos j\psi$$

ist, so findet man die Längs- und Querkraft des Gabelmotors

$$\left.\begin{aligned} X &= \omega^2\left\{[Q(1+\cos\delta)+2Q'']\cos\psi + 2Q\cos\frac{\delta}{2}(A_2\cos\delta\cos 2\psi - A_4\cos 2\delta\cos 4\psi + - \cdots)\right\} + ((\dot\omega)),\\ Y &= \omega^2\left\{[Q(1-\cos\delta)+2Q'']\sin\psi + 2Q\sin\frac{\delta}{2}(A_2\sin\delta\sin 2\psi - A_4\sin 2\delta\sin 4\psi + - \cdots)\right\} + ((\dot\omega)). \end{aligned}\right\} \tag{5}$$

[Im Symbol $((\dot\omega))$ sind hier natürlich nur die Ausdrücke $\cos j\psi$ und $\sin j\psi$ entsprechend zu ersetzen, nicht aber die Festwerte $\cos j\frac{\delta}{2}$ und $\sin j\frac{\delta}{2}$.]

Auf die gleiche Art kommt gemäß (**5**, 3) mit dem reduzierten Trägheitsmoment R (**3**, 6) und mit

$$R'' = \frac{1}{g}\left[\frac{1}{2}k^2 G + r^2\left(1 - \frac{s'}{l}\right)G'\right] \tag{6}$$

das Umlaufmoment des Gabelmotors

$$M_z = 2\,\omega^2 R\left(C_1 \cos\frac{\delta}{2}\sin\psi - C_3\cos\frac{3\delta}{2}\sin 3\psi + - \cdots\right) + ((\dot\omega)) - 2\,\dot\omega R''. \tag{7}$$

Wir untersuchen jetzt die Ausgleichsmöglichkeiten. Da es auch hier i. a. konstruktiv nicht möglich ist, die Bedingungen $Q = 0$ und $Q'' = 0$ zusammen zu erfüllen, so ist jedenfalls völliger Kraftausgleich nicht zu erzielen. Wir beschränken uns darum auf die Kräfte erster Ordnung als die wichtigsten. Gemäß (5) verschwinden diese, wenn zugleich

$$Q(1 + \cos\delta) + 2\,Q'' = 0 \quad \text{und} \quad Q(1 - \cos\delta) + 2\,Q'' = 0$$

ist. Hieraus folgen durch Addition und durch Subtraktion die notwendigen und hinreichenden B e d i n g u n g e n f ü r d e n K r a f t a u s g l e i c h e r s t e r O r d n u n g

$$Q + 2\,Q'' = 0 \quad \text{und} \quad \cos\delta = 0, \quad \text{also} \quad \delta = 90^\circ. \tag{8}$$

Die erste ist zu verwirklichen durch ein Gegengewicht auf den rückwärts verlängerten Kurbelwangen, derart, daß mit negativem s

$$sG + r\left[\left(2 - \frac{s'}{l}\right)G' + G''\right] = 0 \tag{9}$$

wird. Diese Bedingung ist ziemlich unbequem, weil sie auf große Gegengewichte führt. Ist beispielsweise $s' = \frac{1}{2}l$, und verlangt man etwa $s = -r$, so wird das Gegengewicht (einschließlich der Kurbel selbst)

$$G = \frac{3}{2}G' + G''.$$

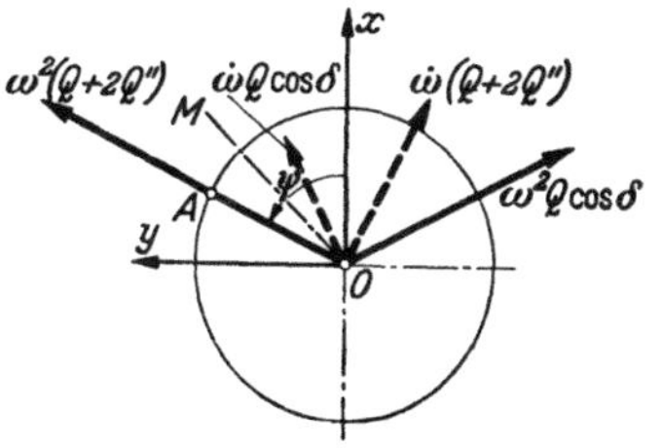

Abb. 35. Unausgeglichene Kräfte erster Ordnung des Gabelmotors.

Die zweite Bedingung (8) verlangt, daß die Gleitbahnen aufeinander senkrecht stehen und erfordert also eine große Baubreite der Maschine.

Sind die Bedingungen (8) nicht erfüllt, so läßt sich die unausgeglichene Kraft erster Ordnung aus vier beweglichen Vektoren von den Längen

$$\omega^2(Q + 2\,Q''), \quad \omega^2 Q\cos\delta, \quad \dot\omega(Q + 2\,Q''), \quad \dot\omega Q\cos\delta$$

und den aus Abb. 35 (für $\cos\delta > 0$ und $\dot\omega > 0$) ersichtlichen Richtungen zusammensetzen. Diese Richtungen entstehen aus der augenblicklichen Kurbelrichtung durch Spiegelung teils an der x-Achse, teils an der Mediane M. In der Tat werfen diese Vektoren in die x- und y-Achse die Komponenten

$$\omega^2[Q(1 + \cos\delta) + 2\,Q'']\cos\psi + \dot\omega[Q(1 + \cos\delta) + 2\,Q'']\sin\psi$$

und

$$\omega^2[Q(1 - \cos\delta) + 2\,Q'']\sin\psi - \dot\omega[Q(1 - \cos\delta) + 2\,Q'']\cos\psi,$$

wie es nach (5) sein muß.

Wenn man von Vorrichtungen nach Ziff. **15** absieht (die auch hier in leicht ersichtlicher Weise angewendet und analog berechnet werden können), so sind die Kräfte höherer Ordnung beim Gabelmotor wegen $Q \neq 0$ im allgemeinen nicht ausgleichbar. Ausnahmen bilden jedoch die Fälle, wo der Gabelwinkel δ so gewählt wird, daß eines der Glieder $\cos j\frac{\delta}{2}$ oder $\sin j\frac{\delta}{2}$ verschwindet. Ist beispielsweise $\delta = 90^\circ$, so sind in der Längskraft X die Glieder mit den Ordnungen $j = 2, 6, 10, \ldots$, in der Querkraft Y die Glieder mit den Ordnungen $j = 4, 8, 12, \ldots$

Null; mit $\delta = 45°$ fallen in X die Glieder $j = 4, 12, \ldots$, in Y die Glieder $j = 8, 16, \ldots$ fort, usw. Die unausgeglichenen stationären Kräfte höherer Ordnung lassen sich als Vektoren darstellen, deren Spitzen auf Ellipsen so umlaufen, daß die zugehörigen exzentrischen Anomalien gleich $j\psi - (j-2)\,90°$ sind; die Hauptachsen der Ellipsen liegen in der x- und y-Achse und ihre Halbachsen haben die Längen $2\omega^2 Q A_j \cos\frac{\delta}{2} \cos j\frac{\delta}{2}$ und $2\omega^2 Q A_j \sin\frac{\delta}{2} \sin j\frac{\delta}{2}$. Entsprechendes gilt für die Schwankungskräfte höherer Ordnung.

Für den Ausgleich des Umlaufmomentes M_z gilt auch hier das in Ziff. **6** Gesagte: das Schwankungsmoment nullter Ordnung $-2\dot{\omega}R''$ ist wegen $R'' \neq 0$ nicht ausgleichbar (außer durch entgegengesetzt umlaufende Massen nach Ziff. **15**); die übrigen Teile des Umlaufmomentes, insbesondere sein ganzer stationärer Anteil verschwinden, sobald die Pleuelstangen die Bedingung $R = 0$, also $k'^2 = s'(l - s')$ erfüllen.

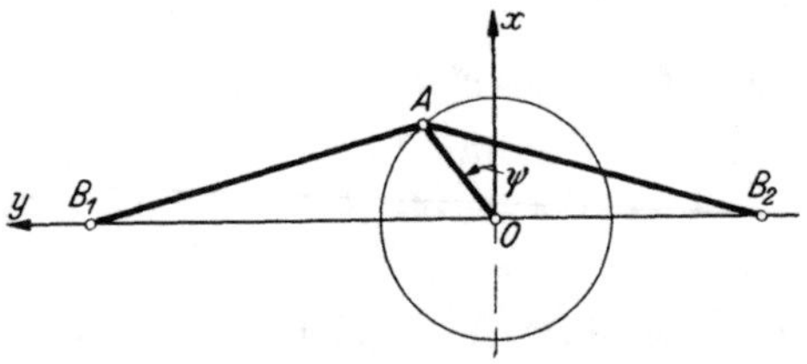

Abb. 36. Zweizylinder-Sternmotor.

17. Gestreckte Motoren. Es gibt noch einen besonderen Fall des Gabelmotors, in welchem sämtliche Kräfte und Momente höherer Ordnung, allerdings auf Kosten der Kräfte erster Ordnung, fortfallen, nämlich den „gestreckten" Gabelmotor oder Zweizylinder-Sternmotor mit dem Gabelwinkel $\delta = 180°$ (Abb. 36). Für ihn wird nach (**16**, 5) und (**16**, 7)

$$\left.\begin{aligned} X &= 2\,\omega^2 Q'' \cos\psi + ((\dot{\omega})), \\ Y &= 2\,\omega^2 (Q + Q'') \sin\psi + ((\dot{\omega})), \\ M_z &= -2\,\dot{\omega} R''. \end{aligned}\right\} \qquad (1)$$

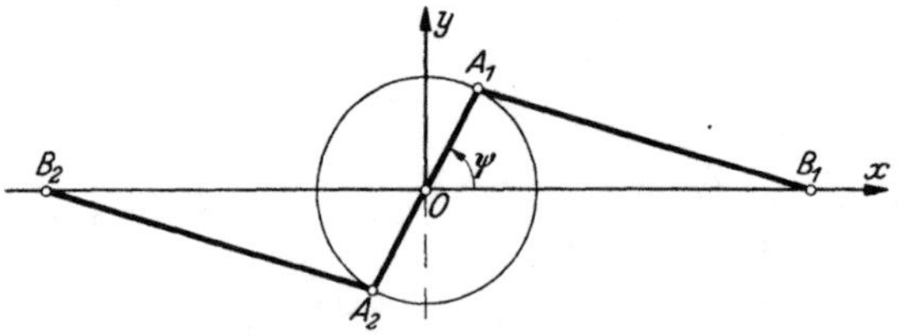

Abb. 37. Zweikurbliger gestreckter Zweizylindermotor.

Die Kräfte erster Ordnung dieses Motors können ohne umlaufende Ausgleichsmassen nicht ganz beseitigt, aber wenigstens durch Kurbelgegengewichte nach (**6**, 3) vermindert werden.

Von diesem einkurbligen Zweizylindermotor ist zu unterscheiden der zweikurblige gestreckte Zweizylindermotor mit 180° Kurbelversetzung (Abb. **37**). Für ihn wird offensichtlich

$$\left.\begin{aligned} X &= 0, \\ Y &= 0, \\ M_z &= 2\,\omega^2 R (C_1 \sin\psi - C_3 \sin 3\psi + - \cdots) + ((\dot{\omega})) - 2\,\dot{\omega} R'. \end{aligned}\right\} \qquad (2)$$

Die Kräfte heben sich also aus Symmetrie auf, wogegen sich die Umlaufmomente addieren.

Schließlich mag hier noch der Doppelkolbenmotor erwähnt werden, der in zwei Anordnungen möglich ist (Abb. 38 und 39), entweder mit gleichsinnig oder mit entgegengesetzt umlaufenden Kurbeln (deren Wellen durch ein Getriebe miteinander gekoppelt sind). Bei der ersten Anordnung (Abb. 38) heben sich alle Kräfte auf, dagegen addieren sich auch hier wieder die beiden Umlaufmomente, und es kommt außerdem noch das Moment $-a Y_1$ der beiden

Querkräfte hinzu, wobei a den Abstand der beiden Wellenachsen und Y_1 die Querkraft eines einzelnen Kurbelgetriebes bedeutet. Somit wird

$$\left.\begin{aligned} X &= 0, \\ Y &= 0, \\ M_z &= \omega^2[-a Q' \sin\psi + 2R(C_1 \sin\psi - C_3 \sin 3\psi + - \cdots)] + ((\dot\omega)) - 2\dot\omega R'. \end{aligned}\right\} \tag{3}$$

Bei der zweiten Anordnung (Abb. 39) verschwinden X und M_z, und dafür addieren sich nun die Querkräfte:

$$\left.\begin{aligned} X &= 0, \\ Y &= 2\omega^2 Q' \sin\psi + ((\dot\omega)), \\ M_z &= 0. \end{aligned}\right\} \tag{4}$$

Man kann durch Kurbelgegengewichte nach (**6**, 1) ohne Schwierigkeit $Q'=0$ machen und hat dann in der zweiten Anordnung einen vollkommen ausgeglichenen Motor. Bei der ersten Anordnung läßt sich wenigstens der stationäre Teil des Umlaufmomentes beseitigen, indem man neben einem Kurbelgegengewicht noch dafür sorgt, daß gemäß (**6**, 9) durch geeignete Formgebung der Pleuelstange $R=0$ wird. Jedenfalls aber ist die zweite Anordnung bezüglich des Massenausgleiches der ersten (bisher wohl stets benützten) Anordnung entschieden vorzuziehen.

18. Der Fächermotor. Fügt man zum Gabelmotor noch ein drittes Kurbelgetriebe hinzu, dessen Gleitbahn den bisherigen Gabelwinkel

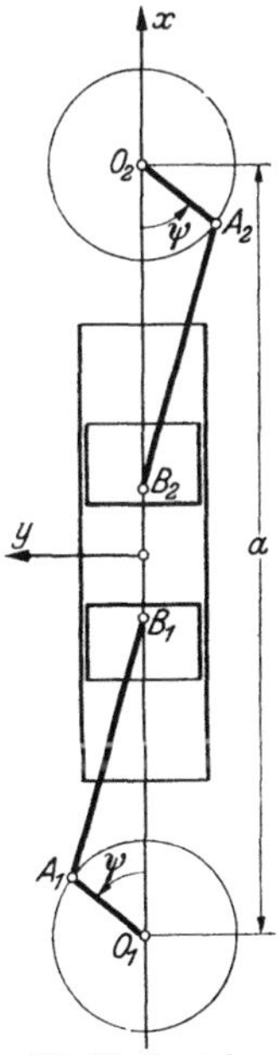

Abb. 38. Doppelkolbenmotor.

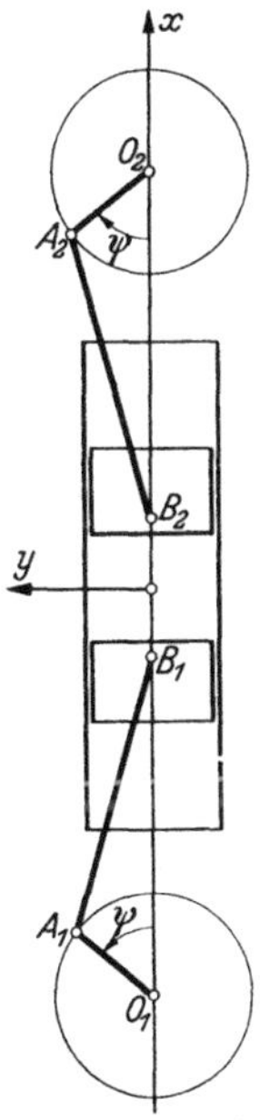

Abb. 39. Doppelkolbenmotor.

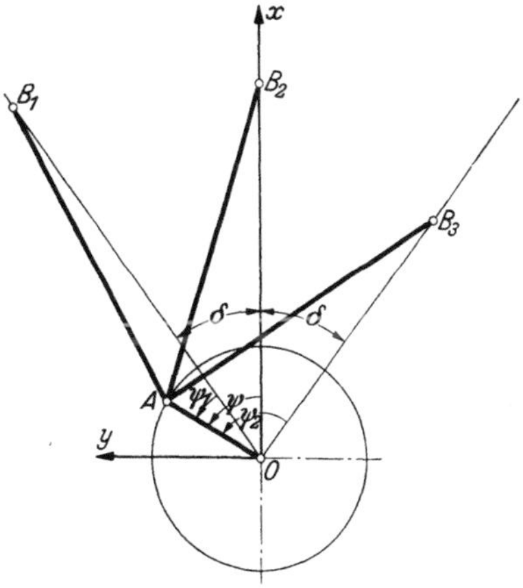

Abb. 40. Fachermotor (W-Motor).

halbiert, so entsteht der dreizylindrige Fächermotor oder W-Motor (Abb. 40). Um dessen Massenkräfte und -momente für lauter gleiche Getriebe und zentrale Anlenkung aller drei Pleuelstangen im Kurbelzapfen A zu finden, hat man in (**16**, 5) und (**16**, 7) die Ausdrücke (**5**, 1) bis (**5**, 3) für das mittlere Getriebe zu addieren und muß dann noch δ ersetzen durch 2δ, ferner das reduzierte Moment Q' bzw. Q'' durch den Ausdruck

$$Q''' = \frac{1}{g}\left[\frac{1}{3} sG + r\left(1 - \frac{s'}{l}\right) G'\right] \tag{1}$$

und endlich R' bzw. R'' durch

$$R'''=\frac{1}{g}\left[\frac{1}{3}k^2G+r^2\left(1-\frac{s'}{l}\right)G'\right], \tag{2}$$

da auf jedes der drei Getriebe nur ein Drittel der Kurbelmasse entfällt. So kommt

$$\left.\begin{aligned} X&=\omega^2\{[Q(2+\cos2\delta)+3Q''']\cos\psi+Q[A_2(1+2\cos\delta\cos2\delta)\cos2\psi-\\ &\qquad -A_4(1+2\cos\delta\cos4\delta)\cos4\psi+-\cdots]\}+((\dot\omega)),\\ Y&=\omega^2\{[Q(1-\cos2\delta)+3Q''']\sin\psi+2Q\sin\delta(A_2\sin2\delta\sin2\psi-\\ &\qquad -A_4\sin4\delta\sin4\psi+-\cdots)\}+((\dot\omega)),\\ M_z&=\omega^2R[C_1(1+2\cos\delta)\sin\psi-C_3(1+2\cos3\delta)\sin3\psi+-\cdots]+((\dot\omega))-3\dot\omega R'''. \end{aligned}\right\} \tag{3}$$

Damit die Kräfte erster Ordnung verschwinden, muß gleichzeitig

$$Q(2+\cos2\delta)+3Q'''=0 \quad\text{und}\quad Q(1-\cos2\delta)+3Q'''=0$$

sein, woraus durch Addition und durch Subtraktion die Ausgleichsbedingungen für die Kräfte erster Ordnung folgen:

$$Q+2Q'''=0 \quad\text{und}\quad \cos2\delta=-\frac{1}{2},\quad\text{also}\quad \delta=60^\circ\ (\text{oder } 120^\circ). \tag{4}$$

Außer einem großen Gegengewicht an der Kurbel, das mit negativem s der Gleichung

$$sG+\frac{3}{2}r\left[\left(2-\frac{s'}{l}\right)G'+G''\right]=0 \tag{5}$$

gehorcht, sind also Gabelwinkel von je 60° erforderlich. (Der Fall $\delta=120^\circ$ gehört zu den Sternmotoren und wird in Ziff. **19** behandelt.)

Sind die Bedingungen (4) nicht erfüllt, so läßt sich die unausgeglichene Kraft erster Ordnung aus vier beweglichen Vektoren von den Längen

$$\frac{3}{2}\omega^2(Q+2Q'''),\quad \omega^2Q\left(\frac{1}{2}+\cos2\delta\right),\quad \frac{3}{2}\dot\omega(Q+2Q'''),\quad \dot\omega Q\left(\frac{1}{2}+\cos2\delta\right)$$

darstellen, die zur Kurbel gerade so liegen wie beim Gabelmotor (Abb. 35 von Ziff. **16**). Und auch über die Kräfte höherer Ordnung sowie über das Umlaufmoment M_z gilt ähnliches wie in Ziff. **16**. Die Glieder zweiter Ordnung in X verschwinden für $\delta=152{,}3^\circ$, diejenigen vierter Ordnung für $\delta=31{,}5^\circ$, diejenigen sechster Ordnung für $\delta=20{,}4^\circ$. In Y fallen die Glieder zweiter Ordnung für $\delta=90^\circ$, diejenigen vierter Ordnung für $\delta=45^\circ$ fort, usw.

Die Bedingungen (4) und schon (**16**, 8) sind Sonderfälle eines allgemeinen Satzes, wonach ein p-zylindriger Fächermotor mit lauter gleichen Getrieben, gleichen Gabelwinkeln und zentrisch angelenkten Pleuelstangen Kraftausgleich erster Ordnung besitzt, wenn gleichzeitig

$$Q+2Q^{(p)}=0 \quad\text{und}\quad \delta=\frac{180^\circ}{p} \tag{6}$$

ist, wobei

$$Q^{(p)}=\frac{1}{g}\left[\frac{1}{p}sG+r\left(1-\frac{s'}{l}\right)G'\right] \tag{7}$$

bedeutet. Die erste Gleichung (6) lautet also explizit

$$sG+\frac{p}{2}r\left[\left(2-\frac{s'}{l}\right)G'+G''\right]=0 \tag{8}$$

und verlangt ein großes Kurbelgegengewicht.

Um diesen Satz zu beweisen, benützen wir die Bezeichnungen von Abb. 41, wo der Fall $p=4$ dargestellt ist, und lassen das (x, y)-System mit dem (x_1, y_1)-System zusammenfallen. Dann kommen mit

$$\delta_i = (i-1)\,\delta \quad \text{und} \quad \psi_i = \psi + \delta_i \quad (i = 1, 2, \ldots, p), \tag{9}$$

wo also kurz ψ statt ψ_1 geschrieben ist, die Komponenten der Massenkraft

$$X = \sum_{i=1}^{p} X_i \cos\delta_i + \sum_{i=1}^{p} Y_i \sin\delta_i, \quad Y = -\sum_{i=1}^{p} X_i \sin\delta_i + \sum_{i=1}^{p} Y_i \cos\delta_i. \tag{10}$$

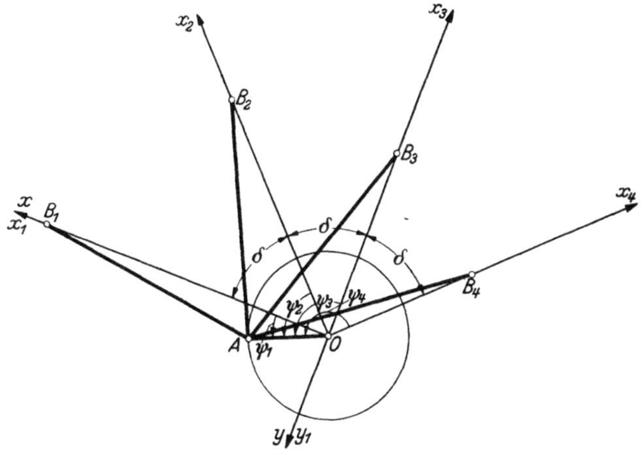

Abb. 41. Fachermotor mit vier Zylindern.

Führt man die Werte von X_i und Y_i aus (**5**, 1) und (**5**, 2) ein, indem man sich auf die Glieder erster Ordnung beschränkt und $Q^{(p)}$ statt Q' schreibt, so entsteht

$$X = \omega^2 [(Q + Q^{(p)})\, \Sigma \cos\psi_i \cos\delta_i + Q^{(p)} \Sigma \sin\psi_i \sin\delta_i] + ((\dot\omega)).$$

Formt man hierin die Faktoren von Q und von $Q^{(p)}$ mit Beachtung der zweiten Gleichung (9) um, also

$$\Sigma \cos\psi_i \cos\delta_i = \frac{1}{2}\Sigma\cos(\psi_i + \delta_i) + \frac{1}{2}\Sigma\cos(\psi_i - \delta_i) = \frac{1}{2}\Sigma\cos(\psi + 2\delta_i) + \frac{1}{2}p\cos\psi,$$

$$\Sigma\cos\psi_i\cos\delta_i + \Sigma\sin\psi_i\sin\delta_i = \Sigma\cos(\psi_i - \delta_i) = p\cos\psi,$$

und ebenso für den Ausdruck $((\dot\omega))$, so hat man

$$X = \frac{1}{2}\omega^2 \left[p(Q + 2\,Q^{(p)})\cos\psi + Q\,\Sigma\cos(\psi + 2\delta_i)\right] + ((\dot\omega))$$

und analog

$$Y = \frac{1}{2}\omega^2 \left[p(Q + 2\,Q^{(p)})\sin\psi - Q\,\Sigma\sin(\psi + 2\delta_i)\right] + ((\dot\omega)). \tag{11}$$

Die ersten Glieder in den eckigen Klammern verschwinden nun zufolge der ersten Bedingung (6), die zweiten verschwinden zufolge der zweiten Bedingung (6), wie man sofort sieht, wenn man die Summationsformeln (**10**, 4a) anwendet:

$$\Sigma\cos(\psi + 2\delta_i) \equiv \Sigma\cos\left[\psi + (i-1)\frac{2\pi}{p}\right] = 0, \quad \Sigma\sin(\psi + 2\delta_i) \equiv \Sigma\sin\left[\psi + (i-1)\frac{2\pi}{p}\right] = 0.$$

Damit ist der Satz bewiesen.

Man bemerkt übrigens, daß diese Summen auch verschwinden würden, wenn $\delta = 2\pi/p$ wäre (Sternmotor), ausgenommen den schon in Ziff. **17** erledigten Fall $p=2$, wo sie von Null verschieden sind.

19. Der regelmäßige Sternmotor. Der Sternmotor besteht in der Regel aus p gleichen Kurbelgetrieben, deren Gleitbahnen unter sich gleiche Winkel $\delta=2\pi/p$ bilden (Abb. 42). Wir schließen im folgenden den schon behandelten Zweizylinder-Sternmotor (Ziff. **17**) aus und rechnen auch hier zunächst so, wie wenn alle Pleuelstangen sich um dieselbe Kurbelzapfenachse A, zentrisch angelenkt, drehten. Dann können wir die Formeln (**18**, 7), (**18**, 9) und (**18**, 10) bei

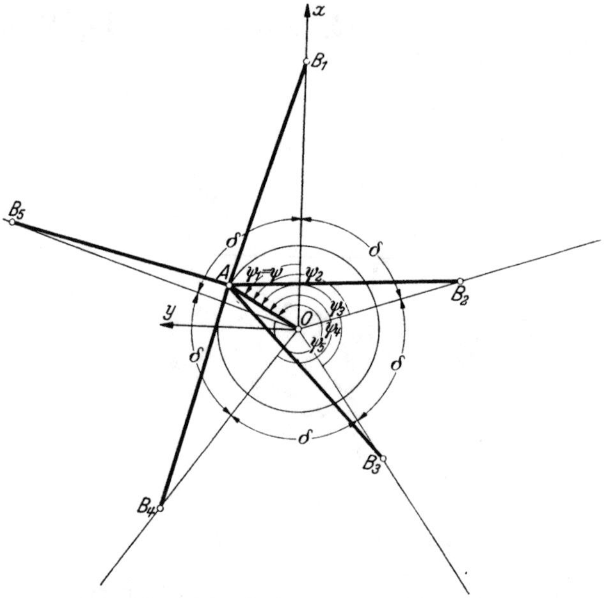

Abb. 42. Sternmotor mit fünf Zylindern.

gleichen Bezeichnungen übernehmen und erhalten, wenn wir die Schlußbemerkung von Ziff. **18** beachten und in den dortigen Gleichungen (**18**, 11) nun auch noch die Glieder höherer Ordnung hinzufügen,

$$\left.\begin{aligned} X&=\omega^2\left[\frac{p}{2}\left(Q+2Q^{(p)}\right)\cos\psi+Q\left(A_2\Sigma\cos2\psi_i\cos\delta_i-A_4\Sigma\cos4\psi_i\cos\delta_i+-\cdots\right)\right]+((\dot\omega)),\\ Y&=\omega^2\left[\frac{p}{2}\left(Q+2Q^{(p)}\right)\sin\psi-Q\left(A_2\Sigma\cos2\psi_i\sin\delta_i-A_4\Sigma\cos4\psi_i\sin\delta_i+-\cdots\right)\right]+((\dot\omega)).\end{aligned}\right\}\quad(1)$$

Die Summen gehen über i von 1 bis p und sind leicht auszuwerten. Beispielsweise ist nach (**18**, 9) für irgendeine Ordnung j

$$\begin{aligned}\Sigma\cos j\psi_i\cos\delta_i&=\frac{1}{2}\,\Sigma\cos(j\psi_i+\delta_i)+\frac{1}{2}\,\Sigma\cos(j\psi_i-\delta_i)\\ &=\frac{1}{2}\,\Sigma\cos\left[j\psi+(i-1)(j+1)\frac{2\pi}{p}\right]+\frac{1}{2}\,\Sigma\cos\left[j\psi+(i-1)(j-1)\frac{2\pi}{p}\right].\end{aligned}$$

Nach (**10**, 4a) und (**10**, 4b) ist dies Null für $j\pm1\neq p,\,2p,\,3p,\ldots$, dagegen

$$\Sigma\cos j\psi_i\cos\delta_i=\frac{1}{2}\,p\cos j\psi\quad\text{für}\quad j\pm1=p,\,2p,\,3p,\ldots.\qquad(2)$$

Ebenso sind die übrigen Summen im allgemeinen Null, jedoch

$$\left.\begin{aligned}\Sigma\cos j\psi_i\sin\delta_i&=\pm\frac{1}{2}\,p\sin j\psi,\\ \Sigma\sin j\psi_i\cos\delta_i&=\frac{1}{2}\,p\sin j\psi,\\ \Sigma\sin j\psi_i\sin\delta_i&=\mp\frac{1}{2}\,p\cos j\psi\end{aligned}\right\}\quad\text{für}\quad j\pm1=p,\,2p,\,3p,\ldots.\qquad(3)$$

Da nun die j in (1) lauter gerade Zahlen sind, so fallen für gerade Zylinderzahlen $p > 2$ alle Summen fort und man hat einfach

$$\left.\begin{aligned} X^* &= \frac{p}{2}\,\omega^2(Q + 2\,Q^{(p)})\cos\psi + ((\dot\omega)), \\ Y^* &= \frac{p}{2}\,\omega^2(Q + 2\,Q^{(p)})\sin\psi + ((\dot\omega)) \end{aligned}\right\} \quad \text{für} \quad p = 4, 6, 8, \ldots. \tag{4}$$

Ist hingegen p ungerade, so kommen zu den Gliedern erster Ordnung X^*, Y^* noch die von (2) und (3) herrührenden Glieder höherer Ordnung hinzu, und man findet

$$\left.\begin{aligned} X = X^* &\pm \frac{p}{2}\,\omega^2 Q\big[A_{p-1}\cos(p-1)\psi - A_{p+1}\cos(p+1)\psi - \\ &- A_{3p-1}\cos(3p-1)\psi + A_{3p+1}\cos(3p+1)\psi + - - + \cdots\big] \pm ((\dot\omega)), \\ Y = Y^* &\mp \frac{p}{2}\,\omega^2 Q\big[A_{p-1}\sin(p-1)\psi + A_{p+1}\sin(p+1)\psi - \\ &- A_{3p-1}\sin(3p-1)\psi - A_{3p+1}\sin(3p+1)\psi + + - - \cdots\big] \mp ((\dot\omega)), \end{aligned}\right\} \text{für } p = \begin{cases} 3, 7, 11, \ldots \\ 5, 9, 13, \ldots \end{cases} \tag{5}$$

Das Umlaufmoment wird nach (**5**, **3**)

$$M_z = \omega^2 R\,(C_1\,\Sigma\sin\psi_i - C_3\,\Sigma\sin 3\psi_i + - \cdots) + ((\dot\omega)) - p\,\dot\omega R^{(p)}$$

mit

$$R^{(p)} = \frac{1}{g}\left[\frac{1}{p}\,k^2 G + r^2\left(1 - \frac{s'}{l}\right) G'\right]. \tag{6}$$

Die Summen sind schon in (**10**, 4c) ausgewertet, und man erhält

$$\left.\begin{aligned} M_z &= -p\,\dot\omega R^{(p)} \quad \text{für } p = 2, 4, 6, \ldots, \\ M_z &= \mp p\omega^2 R\,(C_p\sin p\psi - C_{3p}\sin 3p\psi + - \cdots) \mp ((\dot\omega)) - p\dot\omega R^{(p)} \quad \text{für } p = \begin{cases} 3, 7, 11, \ldots \\ 5, 9, 13, \ldots \end{cases} \end{aligned}\right\} \tag{7}$$

Wir haben mithin folgende Ergebnisse:

1) Die bei allen Zylinderzahlen p vorhandenen Kräfte erster Ordnung X^*, Y^* können durch ein großes Kurbelgegengewicht nach (**18**, 8) beseitigt werden.

2) Alsdann ist der Sternmotor mit gerader Zylinderzahl hinsichtlich der Kräfte völlig ausgeglichen, wogegen bei ungerader Zylinderzahl die niedrigste unausgeglichene Kraft von der Ordnung $p-1$ ist.

3) Abgesehen von dem stets vorhandenen Schwankungsteil nullter Ordnung ist das Umlaufmoment bei gerader Zylinderzahl völlig ausgeglichen, bei ungerader Zylinderzahl von mindestens der Ordnung p und mit $R = 0$ oder $k'^2 = s'(l - s')$ ganz ausgleichbar.

Unausgeglichene Kräfte ● ⊕ und Umlaufmomente ○.

Zyl.-Zahl \ Ordnung	1	2	3	4	5	6	7	8	9	10	11	12
2	●											
3	⊕	●	○	●				●	○	●		
4	⊕											
5	⊕			●	○	●						
6	⊕											
7	⊕					●	○	●				
8	⊕											
9	⊕							●	○	●		
10	⊕											
11	⊕									●	○	●
12	⊕											

4) Wenn man Kräfte von sechster und höherer Ordnung nicht mehr berücksichtigen muß, so können alle Maschinen mit sechs und mehr Zylindern als *ausgleichbar gelten*.

(Diese Sätze erfahren später gewisse Einschränkungen, wenn wir die exzentrische Anlenkung der Pleuelstangen berücksichtigen.)

Die vorstehende Tafel, in die der Vollständigkeit halber auch die Zweizylindermaschine aufgenommen ist, zeigt die Ordnungen der unausgeglichenen Kräfte und Umlaufmomente. (Die mit $\oplus$ bezeichneten Kräfte erster Ordnung und die Umlaufmomente höherer Ordnung $\circ$ sind ausgleichbar.)

Die unausgeglichene stationäre Kraft erster Ordnung ist ein Vektor vom Betrag $\frac{1}{2}p\omega^2(Q+2Q^{(p)})$, welcher mit der Kurbel umläuft; die Schwankungskraft erster Ordnung ist ein Vektor vom Betrag $\frac{1}{2}p\dot{\omega}(Q+2Q^{(p)})$, welcher (für $\dot{\omega}>0$) hinter der Kurbel um 90° nacheilt. Entsprechend sind die Kräfte höherer Ordnung Vektoren mit der Drehgeschwindigkeit $\pm j\omega$.

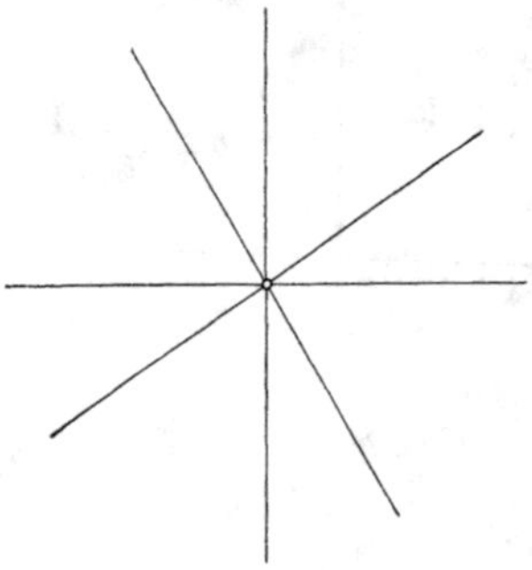
Abb. 43. Halbregelmaßiger Sternmotor mit acht Zylindern.

Leider eignet sich der Sternmotor mit gerader Zylinderzahl nur für Zweitakt. Der meist bevorzugte Viertakt verlangt zur Erzielung gleicher Zündabstände die stets ungünstigere ungerade Zylinderzahl.

20. Halbregelmäßige Sternmotoren. Da der regelmäßige Vierzylinder-Sternmotor (mit richtigem Kurbelgegengewicht) völligen Kraftausgleich besitzt, so brauchen beim Sternmotor mit 8, 12, 16, ... Zylindern die Gabelwinkel unter sich nicht gleich zu sein; vielmehr genügt es zum völligen Kraftausgleich schon, wenn (außer einem entsprechenden Gegengewicht) die Gleitbahnen je paarweise Winkel von 90° und zugleich je paarweise Winkel von 180° miteinander bilden (Abb. 43). Denn ein solcher Stern kann angesehen werden als aufgebaut aus mehreren, beliebig gegeneinander versetzten, Vierzylinder-Sternen.

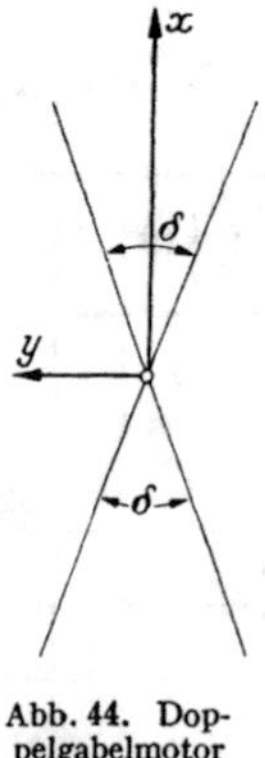

Abb. 44. Doppelgabelmotor (X-Motor).

Bilden dagegen die Gleitbahnen je paarweise Winkel von 180° miteinander, aber nicht je paarweise Winkel von 90°, so verschwinden zwar gemäß Ziff. **17** alle Kräfte höherer Ordnung, die Kraft erster Ordnung ist jedoch nur teilweise zu beseitigen. Dies trifft insbesondere auf den Doppelgabelmotor oder X-Motor zu (Abb. 44). Um dessen Massenkräfte zu erhalten, muß man zu den Kräften (**16**, 5) noch die Kräfte hinzufügen, die aus jenen entstehen, wenn man überall ψ ersetzt durch $\psi+180°$ und zuletzt noch die Vorzeichen aller Glieder umkehrt. So kommt für den X-Motor

$$\left.\begin{aligned} X &= 2\,\omega^2[Q(1+\cos\delta)+2\,Q^{(4)}]\cos\psi+((\dot{\omega})),\\ Y &= 2\,\omega^2[Q(1-\cos\delta)+2\,Q^{(4)}]\sin\psi+((\dot{\omega})) \end{aligned}\right\} \tag{1}$$

und in ähnlicher Weise das Umlaufmoment

$$M_z = -4\,\dot{\omega}R^{(4)}. \tag{2}$$

Man kann hier entweder die „Längskraft“ X beseitigen durch $Q(1+\cos\delta)+2\,Q^{(4)}=0$, oder aber die „Querkraft“ Y durch $Q(1-\cos\delta)+2\,Q^{(4)}=0$, oder endlich beide teilweise durch

$$Q[1+(2\varkappa-1)\cos\delta]+2\,Q^{(4)}=0, \tag{3}$$

wo der Faktor $\varkappa$ zwischen 0 und 1 liegt. Man wählt ihn näher bei 0, wenn man mehr die Querkraft Y ausgleichen will, und näher bei 1, wenn man lieber die

Längskraft X aufzuheben wünscht, was wieder vom Unterbau der Maschine abhängt. Die Bedingung (**3**) lautet explizit

$$sG + 2r\left\{\left(2 - \frac{s'}{l}\left[1 - (2\varkappa - 1)\cos\delta\right]\right)G' + \left[1 + (2\varkappa - 1)\cos\delta\right]G''\right\} = 0 \qquad (4)$$

und ist durch ein Gegengewicht auf der Kurbel zu erfüllen.

In gleicher Weise folgt für den Doppelfächermotor Abb. 45 aus (**18**, **3**)

$$\left.\begin{aligned} X &= 2\omega^2\left[Q(2+\cos 2\delta) + 3\,Q^{(6)}\right]\cos\psi + ((\dot\omega)),\\ Y &= 2\omega^2\left[Q(1-\cos 2\delta) + 3\,Q^{(6)}\right]\sin\psi + ((\dot\omega)),\\ M_z &= -6\,\dot\omega R^{(6)} \end{aligned}\right\} \qquad (5)$$

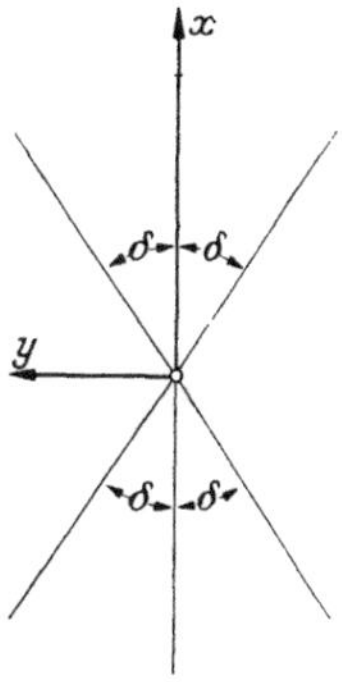

Abb. 45. Doppelfachermotor.

mit der Ausgleichsbedingung

$$Q\left[(\varkappa + 1) + (2\varkappa - 1)\cos 2\delta\right] + 3\,Q^{(6)} = 0, \qquad (6)$$

also

$$\left.\begin{aligned} sG + 2r\Big\{\Big(3 - \frac{s'}{l}\left[2 - \varkappa - (2\varkappa - 1)\cos 2\delta\right]\Big)G' + \\ + \left[\varkappa + 1 + (2\varkappa - 1)\cos 2\delta\right]G''\Big\} = 0, \end{aligned}\right\} \qquad (7)$$

welche für $\varkappa = 0$ auf $Y = 0$ und für $\varkappa = 1$ auf $X = 0$ führt.

§ 5. Gabel-, Fächer- und Sternmotoren mit exzentrisch angelenkten Pleuelstangen.

21. Die Massenkräfte und die Massenmomente. Die in § 4 entwickelte Theorie des Massenausgleiches von V-, W- und Sternmotoren kann nur noch als eine erste, für manche Zwecke wohl ausreichende Näherung angesehen werden, sobald das ganze Getriebe in ein Hauptgetriebe und einzelne davon verschiedene Nebengetriebe aufgelöst ist. Dies wird häufig schon bei V-Motoren (Abb. 46), fast

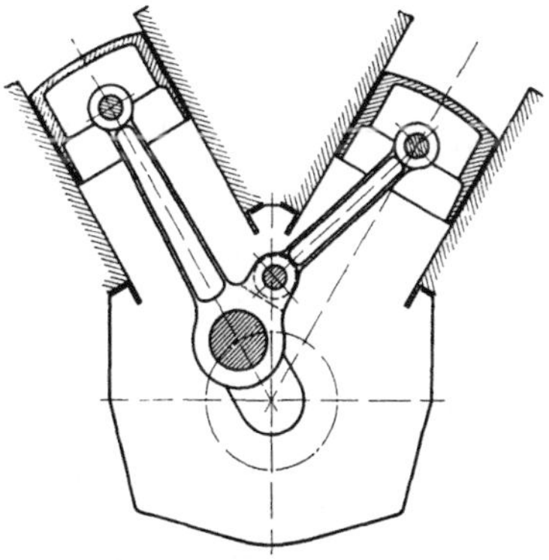

Abb. 46. Kurbelgetriebe eines V-Motors.

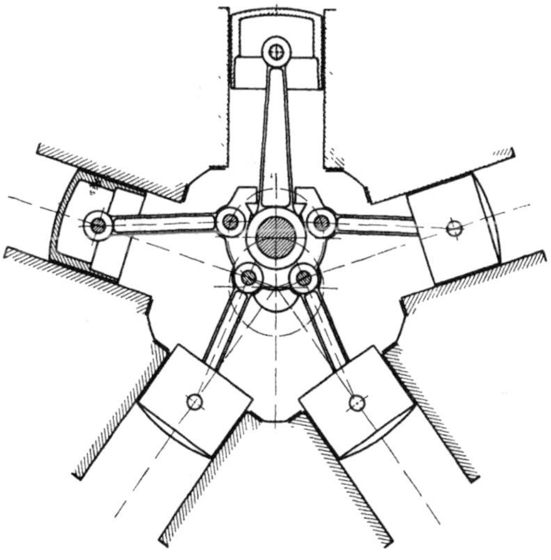

Abb. 47. Kurbelgetriebe eines Sternmotors.

stets aber bei Sternmotoren (Abb. 47) konstruktiv nötig sein, da es unmöglich ist, eine größere Zahl von Pleuelstangen an einem einzigen Zapfen anzulenken. Wir suchen jetzt die Massenkräfte und -momente eines solchen Getriebes[1]).

[1]) P. Riekert, Beitrag zur Theorie des Massenausgleiches von Sternmotoren, Ing.-Arch. 1 (1930) S. 16 und S. 245.

Dabei wollen wir uns, um unhandliche Formeln zu vermeiden, auf die Kräfte und Momente bis zur zweiten Ordnung beschränken.

Wir behalten die bisherigen Bezeichungen bei und versehen sie für das Hauptgetriebe mit dem Zeiger 0, für das i-te Nebengetriebe mit dem Zeiger i und für die gemeinsame Kurbel mit gar keinem Zeiger (Abb. 48). Der Gabelwinkel zwischen der Gleitbahn des Hauptgetriebes und derjenigen des i-ten Nebengetriebes heiße δ_i. Die Nebenpleuelstange $A_i B_i$ ist an der Hauptpleuelstange $A_0 B_0$ im Drehpunkte A_i angelenkt. Der Anlenkwinkel δ_i' wird in der Regel gleich oder nahezu gleich δ_i gemacht. Da es, wie eine ziemlich umständliche Untersuchung zeigt, für den Massenausgleich am günstigsten ist, wenn man $\delta_i' = \delta_i$ wählt, so setzen wir dies weiterhin voraus (andernfalls würden alle folgenden Formeln sehr viel verwickelter, ohne an Genauigkeit wesentlich zu gewinnen). Wir setzen ferner voraus, daß die Schwerpunkte S_0 bzw. S_i der Pleuelstangen auf den Stangenachsen $A_0 B_0$ bzw. $A_i B_i$ liegen. Dies trifft höchstens für die Hauptpleuelstange von V-Motoren nicht immer zu (vgl. Abb. 46); eine Abschätzung zeigt aber, daß es sich nicht lohnen würde, die Abweichung zu berücksichtigen.

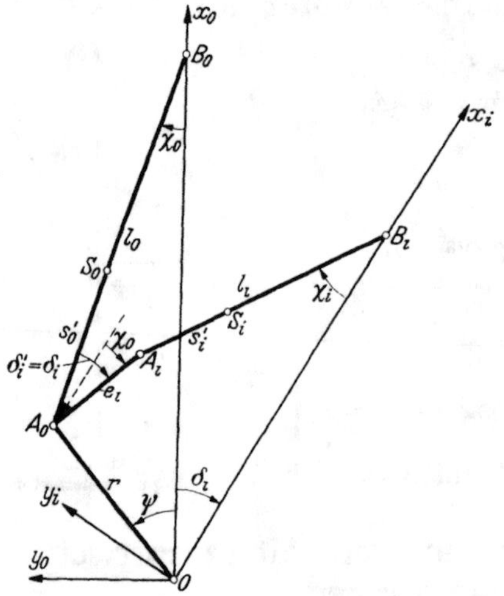

Abb. 48. Hauptgetriebe mit i-tem Nebengetriebe.

Für das Hauptgetriebe einschließlich Kurbel gilt zufolge (**5**, 1) bis (**5**, 3) sowie (**4**, 6b) und (**4**, 10b) bis zur zweiten Ordnung genau

$$\left.\begin{aligned} X_0 &= \omega^2 [(Q_0 + Q_0') \cos\psi + \lambda_0 Q_0 \cos 2\psi], \\ Y_0 &= \omega^2 Q_0' \sin\psi, \\ M_{z0} &= \omega^2 R_0 \sin\psi \end{aligned}\right\} \quad (1)$$

mit

$$\lambda_0 = \frac{r}{l_0}, \quad Q_0 = \frac{r}{g}\left(\frac{s_0'}{l_0} G_0' + G_0''\right), \quad Q_0' = \frac{1}{g}\left[s G + r\left(1 - \frac{s_0'}{l_0}\right) G_0'\right], \quad R_0 = \frac{\lambda_0}{g}\left[s_0'(l_0 - s_0') - k_0'^2\right] G_0'. \quad (2)$$

Die Glieder mit $\dot{\omega}$ lassen wir hier und weiterhin der Einfachheit halber weg, weil sie sowieso gegenüber den stationären Gliedern zurücktreten (sie würden für die Nebengetriebe nicht so einfach wie bisher aus den Gliedern mit ω^2 hervorgehen).

Für das i-te Nebengetriebe sei x_i die Koordinate der Kolbenbolzenachse B_i, ferner seien x_i', y_i' die Koordinaten der Anlenkachse A_i. Indem wir dann wieder wie in Ziff. **3** die Masse der Pleuelstange in zwei Massen in A_i und B_i auflösen, haben wir für die Massenkräfte im (x_i, y_i)-System und für das Umlaufmoment des Nebengetriebes

$$\left.\begin{aligned} X_i &= -Q_i \frac{\ddot{x}_i}{r} - Q_i' \frac{\ddot{x}_i'}{r}, \\ Y_i &= \qquad\quad - Q_i' \frac{\ddot{y}_i'}{r}, \\ M_{zi} &= -R_i \frac{\ddot{\chi}_i}{\lambda_i} - R_i^* \frac{1}{r^2} \frac{d}{dt}(x_i' \dot{y}_i' - y_i' \dot{x}_i') \end{aligned}\right\} \quad (3)$$

mit

$$\left.\begin{aligned} \lambda_i=\frac{r}{l_i},\quad Q_i=\frac{r}{g}\left(\frac{s_i'}{l_i}G_i'+G_i''\right),\quad Q_i'=\frac{r}{g}\left(1-\frac{s_i'}{l_i}\right)G_i',\\ R_i=\frac{\lambda_i}{g}\left[s_i'(l_i-s_i')-k_i'^2\right]G_i',\quad R_i^*=r\,Q_i'=\frac{\lambda_i}{g}\,r\,(l_i-s_i')\,G_i'.\end{aligned}\right\}\tag{4}$$

Wir müssen jetzt die Größen x_i, x_i', y_i', χ_i und ihre Ableitungen im Kurbelwinkel ψ ausdrücken. Um zunächst x_i zu berechnen, beachten wir, daß wegen $\delta_i'=\delta_i$ der Winkel der Strecke $A_0A_i=e_i$ gegen die x_i-Achse gleich $\sphericalangle O B_0 A_0$, also χ_0 ist, und gehen dann aus von den aus Abb. 48 abzulesenden Gleichungen

$$\left.\begin{aligned} x_i&=r\cos(\psi+\delta_i)+l_i\cos\chi_i+e_i\cos\chi_0,\\ r\sin(\psi+\delta_i)&=l_i\sin\chi_i+e_i\sin\chi_0,\\ r\sin\psi&=l_0\sin\chi_0.\end{aligned}\right\}\tag{5}$$

Durch Elimination von χ_i und χ_0 folgt hieraus mit den Abkürzungen

$$\lambda_0=\frac{r}{l_0},\qquad \lambda_i=\frac{r}{l_i},\qquad \varepsilon_i=\frac{e_i}{r}\tag{6}$$

noch streng

$$\frac{x_i}{r}=\cos(\psi+\delta_i)+\frac{1}{\lambda_i}\left\{1-[\lambda_i\sin(\psi+\delta_i)-\varepsilon_i\lambda_0\lambda_i\sin\psi]^2\right\}^{\frac{1}{2}}+\varepsilon_i\,(1-\lambda_0^2\sin^2\psi)^{\frac{1}{2}}.$$

Entwickelt man dies, indem man λ_0 und λ_i als klein von erster Ordnung ansieht und bis zu Gliedern zweiter Ordnung geht, und formt man die entstehenden Quadrate und Produkte sofort um:

$$\sin^2(\psi+\delta_i)=\frac{1}{2}-\frac{1}{2}\cos2(\psi+\delta_i),\qquad \sin^2\psi=\frac{1}{2}-\frac{1}{2}\cos2\psi,$$
$$\sin(\psi+\delta_i)\sin\psi=\frac{1}{2}\cos\delta_i-\frac{1}{2}\cos(2\psi+\delta_i),$$

so kommt mit einem belanglosen konstanten Glied a_i

$$\frac{x_i}{r}=a_i+\cos(\psi+\delta_i)+\frac{1}{4}\lambda_i\cos2(\psi+\delta_i)-\frac{1}{2}\varepsilon_i\lambda_0\lambda_i\cos(2\psi+\delta_i)+\frac{1}{4}\varepsilon_i\lambda_0^2\cos2\psi.\tag{7}$$

Zweimalige Differentiation nach der Zeit liefert, wenn wir wieder ω als konstant ansehen,

$$\left.\begin{aligned} -\frac{\ddot{x}_i}{r}=\omega^2\,[\cos\delta_i\cos\psi-\sin\delta_i\sin\psi+(\lambda_i\cos2\delta_i-2\varepsilon_i\lambda_0\lambda_i\cos\delta_i+\varepsilon_i\lambda_0^2)\cos2\psi-\\ -(\lambda_i\sin2\delta_i-2\,\varepsilon_i\lambda_0\lambda_i\sin\delta_i)\sin2\psi].\end{aligned}\right\}\tag{8}$$

Ferner liest man aus Abb. 48 für die Koordinaten von A_i ab

$$x_i'=r\cos(\psi+\delta_i)+e_i\cos\chi_0,\qquad y_i'=r\sin(\psi+\delta_i)-e_i\sin\chi_0$$

oder, indem man χ_0 vermittels der dritten Gleichung (5) eliminiert,

$$\left.\begin{aligned} \frac{x_i'}{r}&=\cos(\psi+\delta_i)+\varepsilon_i\left(1-\frac{1}{4}\lambda_0^2+\frac{1}{4}\lambda_0^2\cos2\psi\right),\\ \frac{y_i'}{r}&=\sin(\psi+\delta_i)-\varepsilon_i\lambda_0\sin\psi.\end{aligned}\right\}\tag{9}$$

Daraus folgt

$$\left.\begin{aligned} -\frac{\ddot{x}_i'}{r}&=\omega^2(\cos\delta_i\cos\psi-\sin\delta_i\sin\psi+\varepsilon_i\lambda_0^2\cos2\psi),\\ -\frac{\ddot{y}_i'}{r}&=\omega^2[\sin\delta_i\cos\psi+(\cos\delta_i-\varepsilon_i\lambda_0)\sin\psi].\end{aligned}\right\}\tag{10}$$

Aus (9) und (10) zusammen findet man vollends

$$-\frac{1}{r^2}\frac{d}{dt}(x_i'\dot{y}_i'-y_i'\dot{x}_i')=-\frac{1}{r^2}(x_i'\ddot{y}_i'-y_i'\ddot{x}_i')=\omega^2\varepsilon_i[\sin\delta_i\cos\psi+(\cos\delta_i-\varepsilon_i\lambda_0)\sin\psi],\tag{11}$$

wenn man sich, was hier genügen mag, auf die Glieder nullter und erster Ordnung in λ_0 und λ_i beschränkt.

Um endlich auch noch $\ddot{\chi}_i$ zu berechnen, geht man von der zweiten Gleichung (5) aus (und zieht die dritte sogleich bei):

$$\sin\chi_i = \lambda_i \sin(\psi + \delta_i) - \varepsilon_i \lambda_0 \lambda_i \sin\psi. \tag{12}$$

Durch Differentiation entsteht

$$\dot{\chi}_i = \omega\lambda_i[\cos(\psi + \delta_i) - \varepsilon_i \lambda_0 \cos\psi]\frac{1}{\cos\chi_i}.$$

Den Schlußfaktor $1/\cos\chi_i$ darf man im Rahmen der hier erstrebten Genauigkeit fortlassen und hat also

$$\frac{\ddot{\chi}_i}{\lambda_i} = -\omega^2[\sin\delta_i\cos\psi + (\cos\delta_i - \varepsilon_i\lambda_0)\sin\psi]. \tag{13}$$

Jetzt können wir auch die Kräfte X_i, Y_i und das Moment M_{zi} (3) ausführlich anschreiben:

$$\left.\begin{aligned}
X_i &= \omega^2\{(Q_i + Q_i')(\cos\delta_i\cos\psi - \sin\delta_i\sin\psi + \varepsilon_i\lambda_0^2\cos 2\psi) + \\
&\quad + \lambda_i Q_i[(\cos 2\delta_i - 2\varepsilon_i\lambda_0\cos\delta_i)\cos 2\psi - (\sin 2\delta_i - 2\varepsilon_i\lambda_0\sin\delta_i)\sin 2\psi]\},\\
Y_i &= \omega^2 Q_i'[\sin\delta_i\cos\psi + (\cos\delta_i - \varepsilon_i\lambda_0)\sin\psi],\\
M_{zi} &= \omega^2(R_i + \varepsilon_i R_i^*)[\sin\delta_i\cos\psi + (\cos\delta_i - \varepsilon_i\lambda_0)\sin\psi].
\end{aligned}\right\} \tag{14}$$

Die Formeln (1) und (14) geben zusammen die Massenkräfte und -momente der V-, W- und Sternmotoren an.

22. Der Gabelmotor. Wir legen beim V-Motor die Bezeichnungen von Abb. 48 zugrunde, ersetzen aber natürlich den Zeiger i überall durch 1 und haben dann

$$\left.\begin{aligned}
X &= X_0 + X_1\cos\delta_1 + Y_1\sin\delta_1,\\
Y &= Y_0 - X_1\sin\delta_1 + Y_1\cos\delta_1,\\
M_z &= M_{z0} + M_{z1}.
\end{aligned}\right\} \tag{1}$$

Hierin sind noch die Werte (**21**, 1) und (**21**, 14) einzusetzen. Anstatt die so entstehenden Ausdrücke allgemein anzugeben, wollen wir uns hier auf die beiden Fälle $\delta_1 = 90°$ und $\delta_1 = 180°$ beschränken, die einzigen, welche gewisse Ausgleichsmöglichkeiten bieten.

Für den Gabelwinkel $\delta_1 = 90°$ zunächst kommt

$$\left.\begin{aligned}
X &= \omega^2[(Q_0 + Q_0' + Q_1')\cos\psi - \varepsilon_1\lambda_0 Q_1'\sin\psi + \lambda_0 Q_0\cos 2\psi],\\
Y &= \omega^2[(Q_1 + Q_0' + Q_1')\sin\psi + (\lambda_1 Q_1 - \varepsilon_1\lambda_0^2 Q_1 - \varepsilon_1\lambda_0^2 Q_1')\cos 2\psi - 2\varepsilon_1\lambda_0\lambda_1 Q_1\sin 2\psi],\\
M_z &= \omega^2[(R_1 + \varepsilon_1 R_1^*)\cos\psi + (R_0 - \varepsilon_1\lambda_0 R_1 - \varepsilon_1^2\lambda_0 R_1^*)\sin\psi].
\end{aligned}\right\} \tag{2}$$

Daraus geht hervor, daß wegen $Q_1' \neq 0$ kein völliger Kraftausgleich erster Ordnung mehr möglich ist. Verzichtet man aber auf den Ausgleich des sowieso ziemlich kleinen Gliedes $-\varepsilon_1\lambda_0 Q_1'\sin\psi$, so braucht man nur $Q_0 = Q_1$ zu machen und kann dann durch ein Kurbelgegengewicht die übrigen Glieder erster Ordnung beseitigen. Das Gegengewicht muß der Gleichung

$$Q_0 + Q_0' + Q_1' = 0 \tag{3}$$

oder nach (**21**, 2) und (**21**, 4)

$$sG + r\left[G_0' + \left(1 - \frac{s_1'}{l_1}\right)G_1' + G_0''\right] = 0 \tag{4}$$

gehorchen. Dabei bedeutet die Bedingung $Q_0 = Q_1$, daß die auf die Kolbenbolzen reduzierten Gewichte gleich sind:

$$\frac{s_0}{l_0}G_0' + G_0'' = \frac{s_1'}{l_1}G_1' + G_1''. \tag{5}$$

Man kann die Gleichung (5) durch geeignete Formgebung der Kolben leicht erfüllen, wogegen (4) wieder ein sehr großes Gegengewicht erfordert.

Das Umlaufmoment erster Ordnung verschwindet, wenn man einerseits die Hauptpleuelstange so formt, daß

$$R_0 = 0, \quad \text{also} \quad k_0'^2 = s_0'(l_0 - s_0') \tag{6}$$

wird, und andererseits die Nebenpleuelstange gemäß der Bedingung

$$R_1 + \varepsilon_1 R_1^* = 0, \quad \text{also} \quad k_1'^2 = (s_1' + e_1)(l_1 - s_1') \tag{7}$$

gestaltet. Beides ist ohne Schwierigkeit möglich (vgl. Ziff. **6**).

Für den „gestreckten" V-Motor oder Zweizylinder-Sternmotor $\delta_1 = 180°$ kommt

$$\left.\begin{aligned} X &= \omega^2[(Q_0 + Q_1 + Q_0' + Q_1')\cos\psi + (\lambda_0 Q_0 - \lambda_1 Q_1 - 2\varepsilon_1\lambda_0\lambda_1 Q_1 - \varepsilon_1\lambda_0^2 Q_1 - \varepsilon_1\lambda_0^2 Q_1')\cos 2\psi],\\ Y &= \omega^2(Q_0' + Q_1' + \varepsilon_1\lambda_0 Q_1')\sin\psi,\\ M_z &= \omega^2[R_0 - (1+\varepsilon_1\lambda_0)(R_1 + \varepsilon_1 R_1^*)]\sin\psi. \end{aligned}\right\} \tag{8}$$

Die Kraft erster Ordnung kann nicht ganz beseitigt werden. Wohl aber kann man durch ein Kurbelgegengewicht, das der Gleichung

$$\varkappa(Q_0 + Q_1 - \varepsilon_1\lambda_0 Q_1') + (Q_0' + Q_1' + \varepsilon_1\lambda_0 Q_1') = 0 \tag{9}$$

oder

$$sG + r\left\{\left[1 + (\varkappa - 1)\frac{s_0'}{l_0}\right]G_0' + \left[1 + (1-\varkappa)\varepsilon_1\lambda_0 + (\varkappa - 1)(1+\varepsilon_1\lambda_0)\frac{s_1'}{l_1}\right]G_1' + \varkappa(G_0'' + G_1'')\right\} = 0 \tag{10}$$

gehorcht, mit $\varkappa = 0$ die Querkraft Y oder mit $\varkappa = 1$ die Längskraft X erster Ordnung oder wieder mit einem dazwischenliegenden Wert $\varkappa$ beide teilweise vernichten. Die Längskraft zweiter Ordnung verschwindet, wenn

$$\lambda_0 Q_0 - \lambda_1 Q_1 - 2\varepsilon_1\lambda_0\lambda_1 Q_1 - \varepsilon_1\lambda_0^2 Q_1 - \varepsilon_1\lambda_0^2 Q_1' = 0 \tag{11}$$

ist. Diese Bedingung zwischen $Q_0, Q_1, Q_1', \lambda_0, \lambda_1$ und ε_1 kann konstruktiv unschwer befriedigt werden. Ist beispielsweise $Q_0 = Q_1 = 3Q_1'$ vorgeschrieben, so gehört zu $\lambda_0 = 1/4$ und $\varepsilon_1 = 1/3$ ein Wert $\lambda_1 = 1/5{,}25$; das führt auf $l_0 = 4r$, $e_1 = \frac{1}{3}r$, $l_1 + e_1 = 5{,}6\,r$ und stellt wohl eine brauchbare Lösung dar.

Das Umlaufmoment endlich verschwindet, wenn die Bedingungen (6) und (7) erfüllt sind, die hier übrigens auch durch die einzige allgemeinere

$$R_0 = (1 + \varepsilon_1\lambda_0)(R_1 + \varepsilon_1 R_1^*) \tag{12}$$

ersetzbar wären.

Man stellt leicht fest, daß die Bedingungen (4) bis (7) und (9) bis (12) mit $\varepsilon_1 = 0$ gerade wieder auf die Ergebnisse von Ziff. **16** und **17** zurückführen würden und also deren Verallgemeinerungen sind.

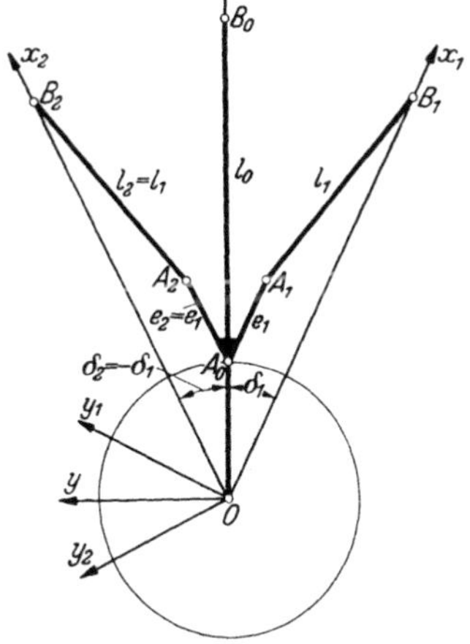

Abb. 49. Fachermotor (W-Motor).

23. Der Fächermotor. Für den dreizylindrigen W-Motor benützen wir die Bezeichnungen von Abb. 49. Wir sehen die Nebengetriebe als unter sich gleich an und setzen also $Q_2 = Q_1$, $Q_2' = Q_1'$, $R_2 = R_1$, $R_2^* = R_1^*$, $\lambda_2 = \lambda_1$, $\varepsilon_2 = \varepsilon_1$ und $\delta_2 = -\delta_1$ und haben allgemein

$$\left.\begin{aligned} X &= X_0 + (X_1 + X_2)\cos\delta_1 + (Y_1 - Y_2)\sin\delta_1,\\ Y &= Y_0 - (X_1 - X_2)\sin\delta_1 + (Y_1 + Y_2)\cos\delta_1,\\ M_z &= M_{z0} + M_{z1} + M_{z2}. \end{aligned}\right\} \tag{1}$$

Wertet man dies mittels (**21**, 1) und (**21**, 14) aus, so findet man

$$\left.\begin{aligned} X &= \omega^2 \{(Q_0 + Q_0' + 2\,Q_1 \cos^2\delta_1 + 2\,Q_1')\cos\psi + [\lambda_0 Q_0 + 2\,Q_1 \cos\delta_1 (\lambda_1 \cos 2\,\delta_1 + \\ &\qquad + \varepsilon_1\lambda_0^2 - 2\,\varepsilon_1\lambda_0\lambda_1 \cos\delta_1) + 2\,\varepsilon_1\lambda_0^2 Q_1' \cos\delta_1] \cos 2\psi\}, \\ Y &= \omega^2 \{[Q_0' + 2\,Q_1 \sin^2\delta_1 + 2\,Q_1' (1 - \varepsilon_1\lambda_0 \cos\delta_1)]\sin\psi + 2\lambda_1 Q_1 \sin\delta_1 (\sin 2\delta_1 - \\ &\qquad - 2\,\varepsilon_1\lambda_0 \sin\delta_1) \sin 2\psi\}, \\ M_z &= \omega^2 [R_0 + 2\,(R_1 + \varepsilon_1 R_1^*)(\cos\delta_1 - \varepsilon_1\lambda_0)] \sin\psi. \end{aligned}\right\} \quad (2)$$

Ausgleichsmöglichkeiten gibt es wieder, wie schon in Ziff. **18** nur für $\delta_1 = 60^\circ$ (und für den in Ziff. **24** zu behandelnden Fall $\delta_1 = 120^\circ$). Für $\delta_1 = 60^\circ$ wird aus (2)

$$\left.\begin{aligned} X &= \omega^2 \Big[\Big(Q_0 + Q_0' + \frac{1}{2}\,Q_1 + 2\,Q_1'\Big)\cos\psi + \Big(\lambda_0 Q_0 - \frac{1}{2}\lambda_1 Q_1 + \varepsilon_1\lambda_0^2 Q_1 - \\ &\qquad - \varepsilon_1\lambda_0\lambda_1 Q_1 + \varepsilon_1\lambda_0^2 Q_1'\Big)\cos 2\psi\Big], \\ Y &= \omega^2 \Big[\Big(Q_0' + \frac{3}{2}\,Q_1 + 2\,Q_1' - \varepsilon_1\lambda_0 Q_1'\Big)\sin\psi + \frac{3}{2}\lambda_1(1 - 2\,\varepsilon_1\lambda_0)\,Q_1 \sin 2\psi\Big], \\ M_z &= \omega^2 \big[R_0 + (1 - 2\,\varepsilon_1\lambda_0)(R_1 + \varepsilon_1 R_1^*)\big] \sin\psi. \end{aligned}\right\} \quad (3)$$

Damit die Kräfte erster Ordnung verschwinden, muß erstens

$$Q_0 + Q_0' + \frac{1}{2}\,Q_1 + 2\,Q_1' = 0 \tag{4}$$

und zweitens

$$Q_0' + \frac{3}{2}\,Q_1 + 2\,Q_1' - \varepsilon_1\lambda_0 Q_1' = 0$$

sein, woraus durch Subtraktion folgt

$$Q_1 = Q_0 + \varepsilon_1\lambda_0 Q_1'. \tag{5}$$

Die Bedingungen (4) und (5) lauten explizit

$$sG + r\Big[G_0' + G_0'' + \Big(2 - \frac{3}{2}\,\frac{s_1'}{l_1}\Big)G_1' + \frac{1}{2}\,G_1''\Big] = 0, \tag{6}$$

$$\Big[\frac{s_1'}{l_1} - \varepsilon_1\lambda_0\Big(1 - \frac{s_1'}{l_1}\Big)\Big] G_1' + G_1'' = \frac{s_0'}{l_0}\,G_0' + G_0''. \tag{7}$$

Die erste erfordert wieder ein Gegengewicht auf der Kurbel, die zweite verlangt, daß die auf die Kolbenbolzen reduzierten Gewichte bei den beiden Nebengetrieben etwas größer sind als beim Hauptgetriebe.

Sind die Bedingungen (4) und (5) erfüllt, so kann man die übriggebliebenen Kräfte zweiter Ordnung X und Y, indem man Q_0 und Q_1' vermittels (5) eliminiert, auf die Form bringen

$$\left.\begin{aligned} X &= \omega^2 \Big(\lambda_0 - \frac{1}{2}\lambda_1 + \varepsilon_1\lambda_0^2 - \varepsilon_1\lambda_0\lambda_1\Big) Q_1 \cos 2\psi, \\ Y &= \frac{3}{2}\,\omega^2\lambda_1(1 - 2\,\varepsilon_1\lambda_0)\,Q_1 \sin 2\psi. \end{aligned}\right\} \quad (8)$$

Sollen diese Kräfte zweiter Ordnung auch vollends verschwinden, so muß gleichzeitig

$$\lambda_0 - \frac{1}{2}\lambda_1 + \varepsilon_1\lambda_0^2 - \varepsilon_1\lambda_0\lambda_1 = 0 \quad \text{und} \quad 1 - 2\,\varepsilon_1\lambda_0 = 0 \tag{9}$$

sein, woraus sich ergibt

$$\lambda_1 = \frac{3}{2}\,\lambda_0 \quad \text{und} \quad \varepsilon_1 = \frac{1}{2\lambda_0}. \tag{10}$$

Um die praktische Brauchbarkeit dieser Bedingungen zu überblicken, führen wir noch die Größe

$$\lambda_1' = \frac{r}{l_1 + e_1} = \frac{\lambda_1}{1 + \varepsilon_1 \lambda_1} \tag{11}$$

ein, für welche aus (10) folgt

$$\lambda_1' = \frac{6}{7}\lambda_0. \tag{12}$$

Die Werte (12) sind gut brauchbar; die Werte ε_1 aus (10) hingegen sind reichlich groß. Man wird sie nur dann benützen, wenn der Ausgleich der beiden Kräfte zweiter Ordnung große Vorteile bringt. Begnügt man sich mit dem Ausgleich der Längskräfte allein, so darf man sich auf die bequemere erste Bedingung (9) beschränken, aus welcher sich ergibt

$$\lambda_1 = \lambda_0 \frac{1 + \varepsilon_1 \lambda_0}{\frac{1}{2} + \varepsilon_1 \lambda_0} \quad \text{und} \quad \lambda_1' = \lambda_0 \frac{1 + \varepsilon_1 \lambda_0}{\frac{1}{2} + \varepsilon_1 \lambda_0 (2 + \varepsilon_1 \lambda_0)}. \tag{13}$$

Ist beispielsweise $\lambda_0 = 1/3$ und $\varepsilon_1 = 1$ vorgeschrieben, so muß $\lambda_1' = 1/2{,}9$ sein, also $l_0 = 3r$, $e_1 = r$, $l_1 + e_1 = 2{,}9\,r$, und dies ist eine gute Lösung.

Das Umlaufmoment erster Ordnung M_z fällt weg, wenn entweder die Bedingungen (**22**, 6) und (**22**, 7) oder die allgemeinere Bedingung

$$\left.\begin{aligned} &R_0 + (1 - 2\varepsilon_1\lambda_0)\cdot \\ &\quad \cdot (R_1 + \varepsilon_1 R_1^*) = 0 \end{aligned}\right\} \tag{14}$$

erfüllt wird; und man stellt auch hier wieder fest, daß man mit $\varepsilon_1 = 0$ allenthalben auf die Ergebnisse von Ziff. **18** zurückkäme.

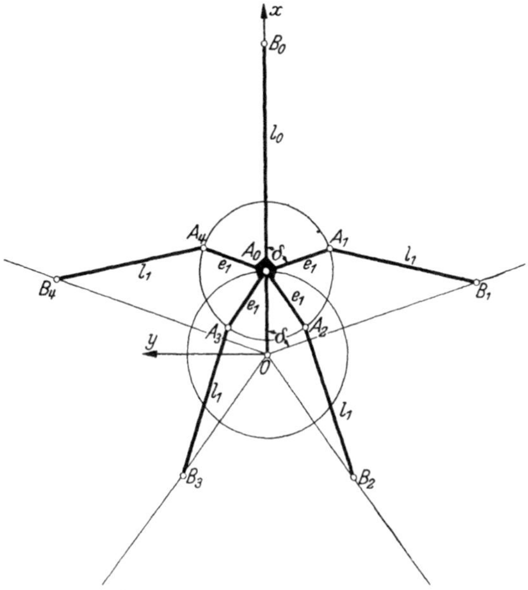

Abb. 50. Sternmotor mit fünf Zylindern.

24. Der Sternmotor. Wir setzen voraus, daß alle $p-1$ Nebengetriebe unter sich gleich seien, so daß bei den Größen $Q_i, Q_i', R_i, R_i^*, \lambda_i, \varepsilon_i$ die Zeiger $2, 3, 4, \ldots, p-1$ durch 1 ersetzbar sind; ferner seien alle Gabelwinkel $\delta = 2\pi/p$, so daß man

$$\delta_i = i\delta = i\,\frac{2\pi}{p} \qquad (i = 1, 2, \ldots, p-1) \tag{1}$$

hat (Abb. 50). Es wird

$$\left.\begin{aligned} X &= X_0 + \sum_{i=1}^{p-1} X_i \cos\delta_i + \sum_{i=1}^{p-1} Y_i \sin\delta_i, \\ Y &= Y_0 - \sum_{i=1}^{p-1} X_i \sin\delta_i + \sum_{i=1}^{p-1} Y_i \cos\delta_i, \\ M_z &= M_{z0} + \sum_{i=1}^{p-1} M_{zi}. \end{aligned}\right\} \tag{2}$$

Setzt man hier die Werte von (**21**, 1) und (**21**, 14) ein, so treten folgende Summen auf, die wir vorweg berechnen, indem wir den Summationszeiger i ersetzen durch $k-1$ und dann auf (**10**, 4a) und (**10**, 4b) achten:

$$\sum_{i=1}^{p-1}\cos\delta_i=\sum_{i=1}^{p-1}\cos i\frac{2\pi}{p}=\sum_{k=2}^{p}\cos(k-1)\frac{2\pi}{p}=\sum_{k=1}^{p}\cos(k-1)\frac{2\pi}{p}-1=-1,$$

$$\sum_{i=1}^{p-1}\sin\delta_i=\sum_{k=2}^{p}\sin(k-1)\frac{2\pi}{p}=\sum_{k=1}^{p}\sin(k-1)\frac{2\pi}{p}=0,$$

$$\sum_{i=1}^{p-1}\cos^2\delta_i=\frac{1}{2}(p-1)+\frac{1}{2}\sum_{i=1}^{p-1}\cos 2\delta_i=\frac{p}{2}-1 \quad \text{für} \quad p>2,$$

$$\sum_{i=1}^{p-1}\sin^2\delta_i=\frac{p}{2} \quad \text{für} \quad p>2,$$

$$\sum_{i=1}^{p-1}\sin\delta_i\cos\delta_i=0 \quad \text{für} \quad p>2,$$

$$\sum_{i=1}^{p-1}\cos\delta_i\cos 2\delta_i=\frac{1}{2}\sum_{i=1}^{p-1}\cos 3\delta_i+\frac{1}{2}\sum_{i=1}^{p-1}\cos\delta_i=\begin{Bmatrix}+\frac{1}{2}\\-1\end{Bmatrix} \quad \text{für} \quad p\begin{cases}=3\\>3,\end{cases}$$

$$\sum_{i=1}^{p-1}\cos\delta_i\sin 2\delta_i=0,$$

$$\sum_{i=1}^{p-1}\sin\delta_i\cos 2\delta_i=0,$$

$$\sum_{i=1}^{p-1}\sin\delta_i\sin 2\delta_i=\begin{Bmatrix}-\frac{3}{2}\\0\end{Bmatrix} \quad \text{für} \quad p\begin{cases}=3\\>3.\end{cases}$$

Benützt man diese Werte, so entsteht aus (2) für $p>2$

$$\left.\begin{aligned}
X&=\omega^2\Big\{\Big[Q_0+Q_0'+\Big(\frac{p}{2}-1\Big)Q_1+(p-1)Q_1'\Big]\cos\psi+\\
&\quad+\Big[\lambda_0 Q_0+\begin{Bmatrix}+\frac{1}{2}\\-1\end{Bmatrix}\lambda_1 Q_1-\varepsilon_1\lambda_0^2(Q_1+Q_1')-(p-2)\varepsilon_1\lambda_0\lambda_1 Q_1\Big]\cos 2\psi\Big\},\\
Y&=\omega^2\Big\{\Big[Q_0'+\frac{p}{2}Q_1+(p-1+\varepsilon_1\lambda_0)Q_1'\Big]\sin\psi-\\
&\qquad\qquad-\lambda_1\Big[\begin{Bmatrix}\frac{3}{2}\\0\end{Bmatrix}+p\varepsilon_1\lambda_0\Big]Q_1\sin 2\psi\Big\},\\
M_z&=\omega^2\{R_0-[1+(p-1)\varepsilon_1\lambda_0](R_1+\varepsilon_1 R_1^*)\}\sin\psi.
\end{aligned}\right\} \text{für } p\begin{cases}=3\\>3\end{cases} \tag{3}$$

Damit die Kräfte erster Ordnung verschwinden, muß erstens

$$Q_0+Q_0'+\Big(\frac{p}{2}-1\Big)Q_1+(p-1)Q_1'=0 \tag{4}$$

und zweitens

$$Q_0'+\frac{p}{2}Q_1+(p-1+\varepsilon_1\lambda_0)Q_1'=0$$

sein, woraus durch Subtraktion folgt

$$Q_1=Q_0-\varepsilon_1\lambda_0 Q_1'. \tag{5}$$

Die Bedingungen (4) und (5) lauten explizit

$$sG+r\Big[G_0'+G_0''+\Big(p-1-\frac{p}{2}\frac{s_1'}{l_1}\Big)G_1'+\Big(\frac{p}{2}-1\Big)G_1''\Big]=0, \tag{6}$$

$$\Big[\frac{s_1'}{l_1}+\varepsilon_1\lambda_0\Big(1-\frac{s_1'}{l_1}\Big)\Big]G_1'+G_1''=\frac{s_0'}{l_0}G_0'+G_0''. \tag{7}$$

Die erste erfordert wiederum ein Gegengewicht auf der Kurbel, die zweite verlangt, daß die auf die Kolbenbolzen reduzierten Gewichte bei den Nebengetrieben nun etwas kleiner sind als beim Hauptgetriebe.

Sind die Bedingungen (4) und (5) erfüllt, so kann man die übrig gebliebenen Kräfte zweiter Ordnung X und Y, indem man Q_0 und Q_1' vermittels (5) eliminiert, auf die Form bringen

$$\left.\begin{array}{l}\left.\begin{array}{l} X=\omega^2\left(\lambda_0+\frac{1}{2}\lambda_1-\varepsilon_1\lambda_0^2-\varepsilon_1\lambda_0\lambda_1\right)Q_1\cos 2\psi, \\ Y=-\frac{3}{2}\omega^2(1+2\varepsilon_1\lambda_0)\lambda_1 Q_1\sin 2\psi \end{array}\right\}\text{ für } p=3; \\ \left.\begin{array}{l} X=\omega^2(\lambda_0-\lambda_1-\varepsilon_1\lambda_0^2-(p-2)\varepsilon_1\lambda_0\lambda_1)Q_1\cos 2\psi, \\ Y=-p\omega^2\varepsilon_1\lambda_0\lambda_1 Q_1\sin 2\psi \end{array}\right\}\text{ für } p>3. \end{array}\right\} \quad (8)$$

Damit zunächst für $p=3$ auch Ausgleich zweiter Ordnung vorhanden wäre, müßte

$$\lambda_0+\frac{1}{2}\lambda_1-\varepsilon_1\lambda_0^2-\varepsilon_1\lambda_0\lambda_1=0 \quad \text{und} \quad 1+2\varepsilon_1\lambda_0=0$$

sein. Die erste dieser Bedingungen würde auf negative Werte von λ_0 oder λ_1, die zweite auf negative Werte von ε_1 oder λ_0 führen, und dies besagt: Beim Dreizylinder-Sternmotor ist Ausgleich der Kräfte zweiter Ordnung nicht möglich (vgl. schon Ziff. **19**).

Ist dagegen $p>3$, so verschwindet wenigstens X, wenn man dafür sorgt, daß

$$\lambda_0-\lambda_1-\varepsilon_1\lambda_0^2-(p-2)\varepsilon_1\lambda_0\lambda_1=0 \quad (9)$$

wird, woraus

$$\lambda_1=\lambda_0\frac{1-\varepsilon_1\lambda_0}{1+(p-2)\varepsilon_1\lambda_0} \quad \text{und} \quad \lambda_1'=\lambda_0\frac{1-\varepsilon_1\lambda_0}{1+\varepsilon_1\lambda_0(p-1-\varepsilon_1\lambda_0)} \quad (10)$$

folgt. Ist beispielsweise $p=5$, $\lambda_0=1/4$, $\varepsilon_1=1/3$, so muß $\lambda_1=1/5{,}4$ und $\lambda_1'=1/5{,}8$ sein; λ_0 und λ_1' unterscheiden sich also ziemlich stark, und hiergegen mögen mancherlei Bedenken vorliegen. Mit zunehmender Zylinderzahl p führen die Gleichungen (10) auf noch ungünstigere Werte, so daß die Aussichten für den Ausgleich der Kraft zweiter Ordnung X auch bei $p>3$ nicht gerade günstig sind. Die Kraft zweiter Ordnung Y ist sowieso grundsätzlich nicht ausgleichbar; allerdings ist sie wegen des Faktors $\varepsilon_1\lambda_0\lambda_1$ verhältnismäßig klein.

Das Umlaufmoment erster Ordnung M_z verschwindet auch hier, wenn entweder R_0 und $R_1+\varepsilon_1 R_1^*$ verschwinden [wie in (**22**, 6) und (**22**, 7)] oder wenigstens die Bedingung

$$R_0=[1+(p-1)\varepsilon_1\lambda_0](R_1+\varepsilon_1 R_1^*) \quad (11)$$

erfüllt ist.

Im ganzen muß man feststellen, daß durch die exzentrische Anlenkung der Nebenpleuel der Massenausgleich des Sternmotors namentlich bei großen Zylinderzahlen wesentlich verschlechtert wird. Hier bietet nun wieder die Reihenschaltung wirksame Ausgleichsmöglichkeiten, die wir jetzt untersuchen wollen.

§ 6. Gabel-, Fächer- und Sternmotoren in Reihen.

25. Der Reihengabelmotor und der Reihenfächermotor. Man kann die Massenkräfte und -momente des Gabel- und des Fächermotors (**16**, 5), (**16**, 7), (**18**, 3) auf die gemeinsame Form bringen

$$\left.\begin{array}{l} X=\omega^2(q_1\cos\psi+q_2\cos 2\psi-q_4\cos 4\psi+-\cdots)+((\dot\omega)), \\ Y=\omega^2(r_1\sin\psi+r_2\sin 2\psi-r_4\sin 4\psi+-\cdots)+((\dot\omega)), \\ M_z=\omega^2(s_1\sin\psi-s_3\sin 3\psi+-\cdots)+((\dot\omega))-p\dot\omega R^{(p)}, \end{array}\right\} \quad (1)$$

wo die Koeffizienten q_i, r_i, s_i sich in der früher geschilderten Weise aus den Q, $Q^{(p)}$, R, A_{2j}, C_{2j-1} und δ zusammensetzen. Die x-Achse ist dabei die (in der Regel lotrechte) Symmetrieachse. Diese Formeln gelten, falls man sich auf

$\dot{\omega}=0$ beschränkt, nach (**23**, 2) auch für Fächermotoren mit exzentrisch angelenkten Pleuelstangen, jedoch nicht mehr für derartige Gabelmotoren. Die Zylinderzahl einer Gabel bzw. eines Fächers ist $p=2$ bzw. $3, 4, \cdots$.

Da die Ausdrücke (1) gerade so gebaut sind wie bei einer Einzylindermaschine (**5**, 1) bis (**5**, 3) mit dem einzigen Unterschied, daß dort von vornherein $r_2=r_4=\cdots=0$ ist, so kann man sämtliche Ergebnisse von Ziff. **7** bis **13**, auf den erweiterten Ausdruck Y erweitert, für den aus hintereinander liegenden Gabeln oder Fächern zusammengesetzten Reihenmotor übernehmen. So kommt für den Zweigabel- und Zweifächermotor im Zweitakt mit Kurbelversetzung um 180°, wenn wir fortan der Einfachheit halber $\dot{\omega}=0$ nehmen und wieder mit a den Abstand von Gabelebene zu Gabelebene bzw. Fächerebene zu Fächerebene bezeichnen,

$$\left.\begin{aligned} X&=2\omega^2(q_2\cos 2\psi-q_4\cos 4\psi+-\cdots),\\ Y&=2\omega^2(r_2\sin 2\psi-r_4\sin 4\psi+-\cdots),\\ M_x&=-\omega^2 a r_1\sin\psi,\\ M_y&=\omega^2 a q_1\cos\psi,\\ M_z&=0; \end{aligned}\right\}\qquad(2)$$

ebenso für den Dreigabel- und Dreifächermotor im Zwei- oder Viertakt mit Kurbelversetzung um 120° (mit der Kurbelbezifferung von Abb. 8 in Ziff. **8**)

$$\left.\begin{aligned} X&=3\omega^2(q_6\cos 6\psi-q_{12}\cos 12\psi+-\cdots),\\ Y&=3\omega^2(r_6\sin 6\psi-r_{12}\sin 12\psi+-\cdots),\\ M_x&=-\sqrt{3}\,\omega^2 a(r_1\cos\psi-r_2\cos 2\psi-r_4\cos 4\psi+r_8\cos 8\psi+r_{10}\cos 10\psi--++\cdots),\\ M_y&=-\sqrt{3}\,\omega^2 a(q_1\sin\psi-q_2\sin 2\psi-q_4\sin 4\psi+q_8\sin 8\psi+q_{10}\sin 10\psi--++\cdots),\\ M_z&=-3\omega^2(s_3\sin 3\psi-s_9\sin 9\psi+-\cdots). \end{aligned}\right\}\qquad(3)$$

Allgemein findet man für den n-Gabelmotor und den n-Fächermotor analog zu (**10**, 5), (**10**, 7), (**10**, 8), (**10**, 10), (**10**, 8a), (**10**, 10a) und (**11**, 2), (**11**, 3)

a) bei Zweitakt (mit Kurbelversetzung um den Winkel $2\pi/n$):

$$\left.\begin{aligned} &\left.\begin{aligned} X&=n\omega^2(\pm q_n\cos n\psi-q_{2n}\cos 2n\psi\pm q_{3n}\cos 3n\psi-\cdots)\\ Y&=n\omega^2(\pm r_n\sin n\psi-r_{2n}\sin 2n\psi\pm r_{3n}\sin 3n\psi-\cdots) \end{aligned}\right\}\text{für } n=\begin{cases}2,6,10,\ldots\\4,8,12,\ldots,\end{cases}\\ &\left.\begin{aligned} X&=n\omega^2(q_{2n}\cos 2n\psi-q_{4n}\cos 4n\psi+-\cdots)\\ Y&=n\omega^2(r_{2n}\sin 2n\psi-r_{4n}\sin 4n\psi+-\cdots) \end{aligned}\right\}\text{für } n=3,5,7,\ldots,\\ &\left.\begin{aligned} M_x&=-\omega^2 a[\alpha_1 r_1\sin(\psi+\beta_1)+\alpha_2 r_2\sin(2\psi+\beta_2)+\cdots]\\ M_y&=\omega^2 a[\alpha_1 q_1\cos(\psi+\beta_1)+\alpha_2 q_2\cos(2\psi+\beta_2)+\cdots] \end{aligned}\right\}\text{für } n=2,3,4,\ldots,\\ &M_z=0\quad\text{für } n=2,4,6,\ldots,\\ &M_z=\mp n\omega^2(s_n\sin n\psi-s_{3n}\sin 3n\psi+-\cdots)\quad\text{für } n=\begin{cases}3,7,11,\ldots\\5,9,13,\ldots,\end{cases} \end{aligned}\right\}\qquad(4)$$

b) bei Viertakt (mit Kurbelversetzung um den Winkel $4\pi/n$):

$$\left.\begin{aligned} &\left.\begin{aligned} X&=n\omega^2\left(\pm q_{\frac{n}{2}}\cos\frac{n}{2}\psi-q_n\cos n\psi\pm q_{\frac{3n}{2}}\cos\frac{3n}{2}\psi-\cdots\right)\\ Y&=n\omega^2\left(\pm r_{\frac{n}{2}}\sin\frac{n}{2}\psi-r_n\sin n\psi\pm r_{\frac{3n}{2}}\sin\frac{3n}{2}\psi-\cdots\right) \end{aligned}\right\}\text{für } n=\begin{cases}4,12,20,\ldots\\8,16,24,\ldots,\end{cases}\\ &\left.\begin{aligned} X&=n\omega^2(q_n\cos n\psi-q_{2n}\cos 2n\psi+-\cdots)\\ Y&=n\omega^2(r_n\sin n\psi-r_{2n}\sin 2n\psi+-\cdots) \end{aligned}\right\}\text{für } n=6,10,14,\ldots,\\ &\left.\begin{aligned} X&=n\omega^2(q_{2n}\cos 2n\psi-q_{4n}\cos 4n\psi+-\cdots)\\ Y&=n\omega^2(r_{2n}\sin 2n\psi-r_{4n}\sin 4n\psi+-\cdots) \end{aligned}\right\}\text{für } n=3,5,7,\ldots, \end{aligned}\right.$$

$$\left.\begin{aligned}
&\left.\begin{aligned} M_x&=0\\ M_y&=0\end{aligned}\right\}\ \text{für } n=2,4,6,\ldots,\\
&\left.\begin{aligned} M_x&=-\omega^2 a\,[\alpha_1 r_1\sin(\psi+\beta_1)+\alpha_2 r_2\sin(2\psi+\beta_2)+\cdots]\\ M_y&=\omega^2 a\,[\alpha_1 q_1\cos(\psi+\beta_1)+\alpha_2 q_2\cos(2\psi+\beta_2)+\cdots]\end{aligned}\right\}\ \text{für } n=3,5,7,\ldots,\\
&M_z=0\quad\text{für } n=4,8,12,\ldots,\\
&M_z=\pm n\omega^2\left(s_{\frac{n}{2}}\sin\frac{n}{2}\psi-s_{\frac{3n}{2}}\sin\frac{3n}{2}\psi+-\cdots\right)\quad\text{für } n=\begin{cases}2,10,18,\ldots\\ 6,14,22,\ldots,\end{cases}\\
&M_z=\mp n\omega^2\,(s_n\sin n\psi-s_{3n}\sin 3n\psi+-\cdots)\quad\text{für } n=\begin{cases}3,7,11,\ldots\\ 5,9,13,\ldots,\end{cases}
\end{aligned}\right\}\quad(5)$$

dagegen für $n=2$ ausnahmsweise

$$\left.\begin{aligned} X&=2\omega^2\,(q_1\cos\psi+q_2\cos 2\psi-q_4\cos 4\psi+-\cdots),\\ Y&=2\omega^2\,(r_1\sin\psi+r_2\sin 2\psi-r_4\sin 4\psi+-\cdots).\end{aligned}\right\}\quad(5\text{a})$$

Die Größen α_i und β_i haben die in Ziff. **11** mitgeteilten Zahlenwerte. Ferner können die in Ziff. **10** und **11** ausgesprochenen Sätze über die Längskraft X und das Umlaufmoment M_z vollständig übernommen werden, falls man dort die Zylinderzahl durch die Zahl der Gabeln bzw. Fächer ersetzt. Die Querkraft Y allerdings ist jetzt nicht mehr, wie dort, ausgeglichen, sondern folgt den gleichen Sätzen wie die Längskraft.

Auch die Rechenformeln für den Ausgleich der Längskräfte X durch umlaufende Exzentermassen (Ziff. **15**) können mit sinngemäßen Änderungen übernommen und auf den Ausgleich der Querkräfte Y, für die wegen $q_j \neq r_j$ im allgemeinen besondere Umlaufmassen nötig sind, sinngemäß übertragen werden; und entsprechendes gilt natürlich auch für die Momente.

26. Der regelmäßige Reihensternmotor. Hat man einen Motor, der aus n regelmäßigen Sternen von je p Zylindern, also im ganzen aus np Zylindern besteht, und liegt dabei Zylinder hinter Zylinder, so spricht man von einem regelmäßigen Reihensternmotor. Man muß vier (je paarweise zusammengehörige) Möglichkeiten für den Versetzungswinkel γ je zweier im Kurbeldiagramm aufeinanderfolgender Kurbeln unterscheiden.

a) Zyklisch-symmetrisches Kurbeldiagramm. Hier ist

$$\gamma=\frac{2\pi}{n}\quad\text{oder}\quad\gamma=\frac{4\pi}{n}.$$

Sieht man zunächst vom Einfluß der exzentrischen Anlenkung der Nebenpleuel ab, so hat man einfach die Formeln (**19**, 4), (**19**, 5), (**19**, 7) mit den Erkenntnissen von Ziff. **10** und **11** zu verbinden. Man kann das Ergebnis auf die Gestalt der Rechenformeln von Ziff. **25** bringen, nur mit dem Unterschied, daß jetzt eine große Anzahl der q_j, r_j und s_j von vornherein Null sind und also auch die zugehörigen Glieder in den Formeln (**25**, 2) bis (**25**, 5) verschwinden. Die folgenden beiden Tafeln (in denen zum Vergleich auch die Fälle $p=1$ des gewöhnlichen Reihenmotors und $n=1$ des einfachen Sternmotors aufgenommen sind) geben die jeweils niederste unausgeglichene Ordnung der Kräfte X, Y und des Umlaufmomentes M_z an unter der Voraussetzung, daß die durch Kurbelgegengewichte ausgleichbaren Kräfte X^*, Y^* (**19**, 4) beseitigt sind, und daß das immer vorhandene Umlaufmoment nullter Ordnung $-np\dot{\omega}R^{(p)}$ nicht gerechnet wird. Wo die Tafeln in einem Fache zwei Zahlen enthalten (oder eine Zahl und einen Strich), gehört die obere zum Kurbelversetzungswinkel $\gamma=2\pi/n$, die untere dagegen zu $\gamma=4\pi/n$; sonst ist die Zahl beiden Fällen gemeinsam. Der Strich bedeutet völligen Ausgleich aller Ordnungen.

Niederste unausgeglichene Ordnung der Massenkräfte.

n \ p	1	2	3	4	5	6	7	8	9	10	11	12
1	1	1	2	—	4	—	6	—	8	—	10	—
2	2 1	—	2	—	4	—	6	—	8	—	10	—
3	6	—	—	—	6	—	6	—	—	—	12	—
4	4 2	—	4 2	—	4	—	8 6	—	8	—	12 10	—
5	10	—	10	—	—	—	20	—	10	—	10	—
6	6	—	—	—	6	—	6	—	—	—	12	—
7	14	—	14	—	14	—	—	—	28	—	56	—
8	8 4	—	8 4	—	16 4	—	8	—	8	—	32 12	—
9	18	—	—	—	36	—	36	—	—	—	54	—
10	10	—	10	—	—	—	20	—	10	—	10	—
11	22	—	22	—	44	—	22	—	44	—	—	—
12	12 6	—	—	—	24 6	—	36 6	—	—	—	12	—

Niederste unausgeglichene Ordnung des Umlaufmomentes.

n \ p	1	2	3	4	5	6	7	8	9	10	11	12
1	1	—	3	—	5	—	7	—	9	—	11	—
2	$\overline{1}$	—	$\overline{3}$	—	$\overline{5}$	—	$\overline{7}$	—	$\overline{9}$	—	$\overline{11}$	—
3	3	—	3	—	15	—	21	—	9	—	33	—
4	—	—	—	—	—	—	—	—	—	—	—	—
5	5	—	15	—	5	—	35	—	45	—	55	—
6	$\overline{3}$	—	$\overline{3}$	—	$\overline{15}$	—	$\overline{21}$	—	$\overline{9}$	—	$\overline{33}$	—
7	7	—	21	—	35	—	7	—	63	—	77	—
8	—	—	—	—	—	—	—	—	—	—	—	—
9	9	—	9	—	45	—	63	—	9	—	99	—
10	$\overline{5}$	—	$\overline{15}$	—	$\overline{5}$	—	$\overline{35}$	—	$\overline{45}$	—	$\overline{55}$	—
11	11	—	33	—	55	—	77	—	99	—	11	—
12	—	—	—	—	—	—	—	—	—	—	—	—

Wenn der Einfluß der exzentrischen Anlenkung der Nebenpleuel zu berücksichtigen ist, so sind in beiden Tafeln die in der Spalte $p=1$ verzeichneten Ordnungen die niedrigsten unausgeglichenen auch für $p>1$.

Hiervon abgesehen, zeigen die Tafeln (in denen die an sich günstigeren geraden Zahlen p wegen des bevorzugten Viertaktes von geringerer Bedeutung sind), daß ein Motor mit ungerader Zylinderzahl np im allgemeinen für $n > p$ hinsichtlich der Kräfte günstiger ist als für $n < p$, während das Umlaufmoment dann nur vom Produkt np abhängt. Beispielsweise ist es hinsichtlich des Massenausgleiches besser, 7 Sterne mit je 3 Zylindern hintereinander zu setzen, als 3 Sterne mit je 7 Zylindern. Ausnahmen von dieser Regel treten erst bei ganz hohen Zylinderzahlen auf, nämlich bei $5 \cdot 7$, bei $7 \cdot 11$ und bei $9 \cdot 11$ Zylindern (und bei dem trivialen Fall $n = 1$ oder $p = 1$).

Das Längsmoment M_x und das Kippmoment M_y überblickt man am leichtesten, wenn man die Tafel von Ziff. **11** mit der Tafel von Ziff. **19** zusammenhält und in der ersten Tafel alle Ordnungen wegstreicht, die in der zweiten Tafel nicht als ● oder ⊕ vorkommen. (Voraussetzung ist hierbei der Kurbelversetzungswinkel $\gamma = 2\pi/n$; sonst gilt Ziff. **11** b.) Beispielsweise besitzt ein 28-Zylindermotor aus 4 Sternen zu je 7 Zylindern nach Ausgleich der Kräfte erster Ordnung X^*, Y^* kein Moment M_x oder M_y von der sechsten und niedrigerer Ordnung, falls man die Sterne in der Anordnung *1243* des Kurbeldiagramms (Ziff. **9**) hintereinanderschaltet.

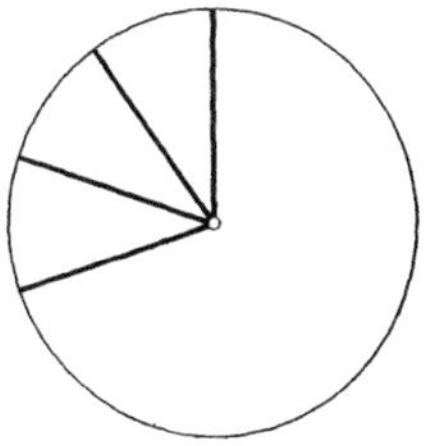
Abb. 51. Fachersymmetrisches Kurbeldiagramm fur $n = 4$, $p = 5$, $\gamma = 4\pi/4 \cdot 5$

b) Fächersymmetrisches Kurbeldiagramm. Praktisch kommen noch folgende zwei Kurbelversetzungswinkel in Betracht, bei denen das Kurbeldiagramm ein symmetrischer Fächer ist (Abb. 51):

$$\gamma = \frac{2\pi}{np} \text{ bei Zweitakt}, \qquad \gamma = \frac{4\pi}{np} \text{ bei Viertakt.}$$

Bei Motoren mit diesen Winkeln ist die Übertragung der Leistung besonders günstig, da die Zündungen aller np Zylinder ohne jede Überdeckung (und natürlich in gleichen Abständen) hintereinander folgen, und zwar, im Gegensatz zu a), auch dann, wenn n und p einen gemeinsamen Teiler haben. Die beiden folgenden Tafeln, für die die gleichen Voraussetzungen gelten wie unter a), geben die niedersten unausgeglichenen Ordnungen der Kräfte X, Y und des Umlaufmomentes M_z an.

Niederste unausgeglichene Ordnung der Massenkräfte.

n \ p	1	2	3	4	5	6	7	8	9	10	11	12
1	1	1	2	—	4	—	6	—	8	—	10	—
2	2 1	—	2	—	4	—	6	—	8	—	10	—
3	6	—	2	—	4	—	6	—	8	—	10	—
4	4 2	—	2	—	4	—	6	—	8	—	10	—
5	10	—	2	—	4	—	6	—	8	—	10	—
6	6	—	2	—	4	—	6	—	8	—	10	—
7	14	—	2	—	4	—	6	—	8	—	10	—
8	8 4	—	2	—	4	—	6	—	8	—	10	—
9	18	—	2	—	4	—	6	—	8	—	10	—
10	10	—	2	—	4	—	6	—	8	—	10	—
11	22	—	2	—	4	—	6	—	8	—	10	—
12	12 6	—	2	—	4	—	6	—	8	—	10	—

Niederste unausgeglichene Ordnung des Umlaufmomentes.

n \ p	1	2	3	4	5	6	7	8	9	10	11	12
1	1	—	3	—	5	—	7	—	9	—	11	—
2	$\overline{1}$	—	$\overline{3}$	—	$\overline{5}$	—	$\overline{7}$	—	$\overline{9}$	—	$\overline{11}$	—
3	3	—	9	—	15	—	21	—	27	—	33	—
4	—	—	—	—	—	—	—	—	—	—	—	—
5	5	—	15	—	25	—	35	—	45	—	55	—
6	$\overline{3}$	—	$\overline{9}$	—	$\overline{15}$	—	$\overline{21}$	—	$\overline{27}$	—	$\overline{33}$	—
7	7	—	21	—	35	—	49	—	63	—	77	—
8	—	—	—	—	—	—	—	—	—	—	—	—
9	9	—	27	—	45	—	63	—	81	—	99	—
10	$\overline{5}$	—	$\overline{15}$	—	$\overline{25}$	—	$\overline{35}$	—	$\overline{45}$	—	$\overline{55}$	—
11	11	—	33	—	55	—	77	—	99	—	121	—
12	—	—	—	—	—	—	—	—	—	—	—	—

Zu diesen beiden Tafeln gelten ähnliche Bemerkungen wie zu den beiden vorigen. Doch ist jetzt hinsichtlich der Kräfte ein Motor mit ungerader Zylinderzahl np stets für $n<p$ günstiger als für $n>p$.

Das Längsmoment M_x und das Kippmoment M_y müssen hier neu berechnet werden. Wir wollen uns auf den praktisch wichtigsten Fall des Zweisternmotors ($n=2$) mit Viertakt (also $\gamma=2\pi/p$) beschränken. Sind X_1, Y_1 die Kräfte des ersten Sterns mit dem Kurbelwinkel ψ und X_2, Y_2 die des zweiten mit dem Kurbelwinkel $\psi+\gamma$, und ist a der Abstand der beiden Ebenen, in denen die Gleitbahnen der beiden Sterne liegen, so ist

$$M_x=\frac{a}{2}(Y_2-Y_1), \qquad M_y=\frac{a}{2}(X_1-X_2),$$

und dies gibt mit den Ausdrücken (**19**, 4) und (**19**, 5) nach einfacher Umformung

$$\left.\begin{aligned} M_x^* &= \frac{p}{2}\,\omega^2 a\,(Q+2\,Q^{(p)})\sin\frac{\pi}{p}\cos\left(\psi+\frac{\pi}{p}\right),\\ M_y^* &= \frac{p}{2}\,\omega^2 a\,(Q+2\,Q^{(p)})\sin\frac{\pi}{p}\sin\left(\psi+\frac{\pi}{p}\right) \end{aligned}\right\}\ \text{für } p=4,6,8,\ldots \tag{1}$$

und

$$\left.\begin{aligned} M_x=M_x^* &\mp \frac{p}{2}\,\omega^2 a\,Q\Big[A_{p-1}\sin\frac{p-1}{p}\pi\cos(p-1)\left(\psi+\frac{\pi}{p}\right)+\\ &+A_{p+1}\sin\frac{p+1}{p}\pi\cos(p+1)\left(\psi+\frac{\pi}{p}\right)-A_{3p-1}\sin\frac{3p-1}{p}\pi\cos(3p-1)\left(\psi+\frac{\pi}{p}\right)-\\ &-A_{3p+1}\sin\frac{3p+1}{p}\pi\cos(3p+1)\left(\psi+\frac{\pi}{p}\right)++--\cdots\Big],\\ M_y=M_y^* &\pm \frac{p}{2}\,\omega^2 a\,Q\Big[A_{p-1}\sin\frac{p-1}{p}\pi\sin(p-1)\left(\psi+\frac{\pi}{p}\right)-\\ &-A_{p+1}\sin\frac{p+1}{p}\pi\sin(p+1)\left(\psi+\frac{\pi}{p}\right)-A_{3p-1}\sin\frac{3p-1}{p}\pi\sin(3p-1)\left(\psi+\frac{\pi}{p}\right)+\\ &+A_{3p+1}\sin\frac{3p+1}{p}\pi\sin(3p+1)\left(\psi+\frac{\pi}{p}\right)+--+\cdots\Big]\\ &\text{für } p=\begin{cases}3,7,11,\ldots\\5,9,13,\ldots\end{cases} \end{aligned}\right\} \tag{2}$$

Die Glieder M_x^*, M_y^*, für gerade Zylinderzahl p die einzigen, können wie in Ziff. **19** durch Kurbelgegengewichte beseitigt werden.

Für exzentrisch angelenkte Nebenpleuel mag man sich die ganz analogen Ausdrücke M_x und M_y aus (**24**, 3) ebenso bilden.

27. Der versetzte Reihensternmotor. Anstatt die Zylinder im Reihensternmotor hintereinander anzuordnen, kann man die einzelnen Sterne auch gegeneinander versetzen. Eine Schaltung, die auch bei exzentrisch angelenkten Nebenpleueln guten Massenausgleich verbürgt, entsteht, wenn man sowohl die Kurbeln wie auch die ganzen Sterne je um die Winkel $2\pi/n$ gegeneinander versetzt, so daß sowohl das Kurbeldiagramm wie das Diagramm der n Hauptgleitbahnen, in Richtung der Drehachse gesehen, einen regelmäßigen n-Stern bilden (Abb. 52, wo für $n=3$ und $p=5$ die Hauptgleitbahnen stark ausgezogen sind und zugleich die in diesem Augenblick in die gleichen Richtungen fallenden Kurbeln darstellen). Man erkennt leicht, daß das Diagramm aller Gleitbahnen ebenfalls einen regelmäßigen Stern bildet, und zwar mit np Armen, falls die Zahlen n und p keinen gemeinsamen Teiler haben, sonst mit einer geringeren Anzahl von Armen.

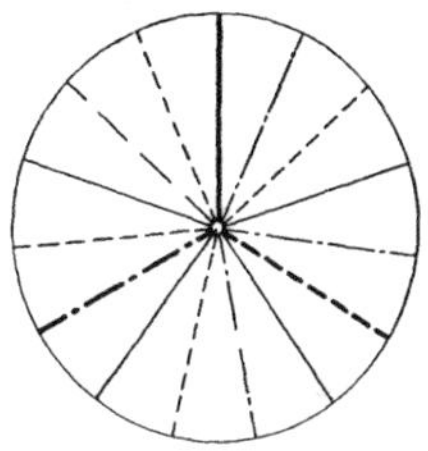

Abb. 52. Kurbel- und Gleitbahndiagramm eines versetzten Reihensternmotors fur $n = 3$, $p = 5$. ——— erster Stern, — — — zweiter Stern, —·—·— dritter Stern.

Die zyklische Symmetrie eines solchen Motors ist so vollkommen, daß er vollständigen Kraftausgleich aller Ordnungen besitzt, und zwar auch dann, wenn die Nebenpleuel exzentrisch angelenkt sind. Denn die Vektoren der Kräfte X_k der einzelnen Sterne haben die gleichen Beträge und stellen, auf die Ebene des Kurbeldiagramms projiziert, ebenfalls einen regelmäßigen n-Stern dar; und gleiches gilt für die Kräfte Y_k.

Die Umlaufmomente allerdings addieren sich, nämlich nach (**19**, 7) und (**24**, 3) und mit $\dot{\omega}=0$

a) bei zentrischer Anlenkung zu

$$M_z = 0 \quad \text{für } p = 2, 4, 6, \ldots,$$
$$M_z = \mp n p \omega^2 R \left(C_p \sin p\psi - C_{3p} \sin 3p\psi + - \cdots\right) \quad \text{für } p = \begin{cases} 3, 7, 11, \ldots \\ 5, 9, 13, \ldots \end{cases} \tag{1}$$

b) bei exzentrischer Anlenkung zu

$$M_z = n\omega^2 \left\{R_0 - [1 + (p-1)\varepsilon_1\lambda_0](R_1 + \varepsilon_1 R_1^*)\right\} \sin\psi. \tag{2}$$

Doch kann dieses Umlaufmoment durch $R=0$ bzw. (wenigstens in der ersten Ordnung) durch die Bedingung (**24**, 11) leicht beseitigt werden.

Um auch M_x und M_y zu finden, muß man die Momente der in den Hauptgleitbahnen und senkrecht dazu liegenden Vektoren X_k, Y_k bilden und in Komponenten nach einem (x, y)-System zerlegen, als welches man etwa das des ersten Sterns nehmen mag (Abb. 53). Die hierzu erforderliche Rechnung braucht nun gar nicht erst durchgeführt zu werden; ihr Ergebnis kann vielmehr aus Ziff. **11** abgelesen werden. Dort sind nämlich zur Bildung von M_x und M_y in der ersten Ordnung ganz ähnliche Kraftvektoren benützt worden, nämlich solche, die, unter sich von gleichem Betrag, mit den einzelnen Kurbeln der gewöhnlichen Zweitaktreihenmaschine umlaufen. Halten wir diese Vektoren einmal für $\psi=0$ und dann wieder für $\psi=90°$ fest, so fallen sie das erste Mal gerade in die Richtung der jetzigen

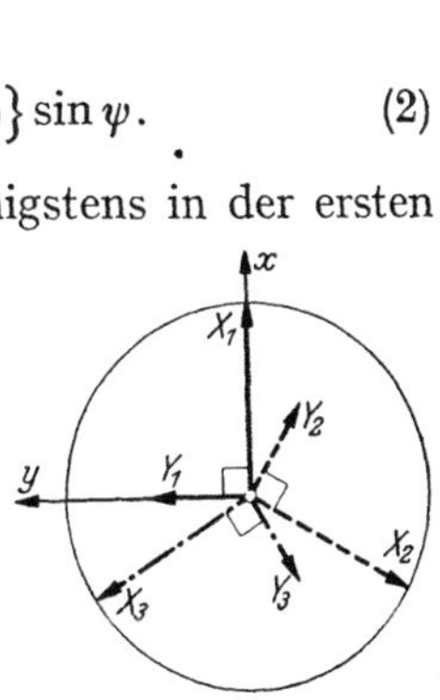

Abb. 53. Die Krafte X_k, Y_k fur $n = 3$, gesehen in Richtung der Drehachse.

Vektoren X_k und das andere Mal in die der jetzigen Y_k. Somit wird im Hinblick auf (**11**, 2) und (**11**, 3)

$$\left.\begin{aligned} M_x &= -\alpha_1 (X \sin\beta_1 + Y \cos\beta_1), \\ M_y &= \alpha_1 (X \cos\beta_1 - Y \sin\beta_1). \end{aligned}\right\} \tag{3}$$

Hierbei sind α_1 und β_1 die in Ziff. **11** tabellarisch zusammengestellten Größen (für $n=3$ liegt die x-Achse ausnahmsweise in der Hauptgleitbahn des mittleren Sterns), und X, Y sind die Kräfte (**19**, 4), (**19**, 5) und (**22**, 8) oder (**24**, 3), so daß nunmehr der zahlenmäßigen Berechnung des Längsmomentes und des Kippmonentes nichts mehr im Wege steht.

Ist die Sternzahl n gerade, so kann man die Momente M_x und M_y dadurch zum Verschwinden bringen, daß man den ganzen Motor aus zwei Motoren mit je $n/2$ Sternen aufbaut, die sich an der (senkrecht zur Drehachse gelegten) Mittelebene spiegeln.

§ 7. Umlauf- und Gegenlaufmotoren.

28. Der Umlaufmotor. Beim Umlaufmotor[1]) (Abb. 54) steht die ,,Kurbel" OA fest; dafür drehen sich die Gleitbahnen und mit ihnen die Zylinder um die Achse O. Die Pleuelstangen AB drehen sich um den ,,Kurbelzapfen" A. Die Kolben vollziehen neben ihrem Umlauf um O eine Gleitbewegung längs der Geraden OB. Wir benützen die bisherigen Bezeichnungen, zu denen noch der Drehwinkel ϑ der Pleuelstange tritt, und setzen der Einfachheit halber voraus, daß der Schwerpunkt des Kolbens auf der Achse B des Kolbenbolzens liegen soll (andernfalls würden die Formeln lediglich etwas umständlicher, ohne wesentlich mehr auszusagen).

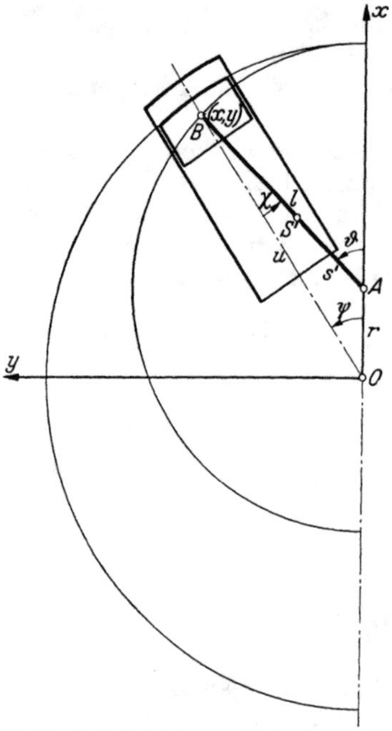

Abb. 54. Kurbelgetriebe eines Umlaufmotors.

Da wir zunächst für die Massenkräfte X, Y die Masse jeder Pleuelstange wieder in die Punkte A und B aufteilen dürfen, so haben wir es nur mit je einer einzigen bewegten Masse zu tun, nämlich Q/r im Punkte B, wo Q die Abkürzung (**3**, 2) ist. Sind also x, y die Koordinaten von B, so wird einfach

$$X = -Q\frac{\ddot{x}}{r}, \qquad Y = -Q\frac{\ddot{y}}{r}. \tag{1}$$

Nun ist aber

$$x = r + l\cos\vartheta, \qquad y = l\sin\vartheta.$$

Führt man hierin $\vartheta = \psi + \chi$ und dann wie in Ziff. **4**

$$\sin\chi = \lambda\sin\psi,$$
$$\cos\chi = \lambda\left(A_0 + \frac{1}{4}A_2\cos 2\psi - \frac{1}{16}A_4\cos 4\psi + \frac{1}{36}A_6\cos 6\psi - + \cdots\right)$$

ein, so kommt nach einfacher goniometrischer Umwandlung

$$\left.\begin{aligned} \frac{x}{r} &= \frac{1}{2} + \left(A_0 + \frac{1}{8}A_2\right)\cos\psi + \frac{1}{2}\cos 2\psi + \frac{1}{2}\left(\frac{A_2}{4} - \frac{A_4}{16}\right)\cos 3\psi - \frac{1}{2}\left(\frac{A_4}{16} - \frac{A_6}{36}\right)\cos 5\psi + - \cdots, \\ \frac{y}{r} &= \left(A_0 - \frac{1}{8}A_2\right)\sin\psi + \frac{1}{2}\sin 2\psi + \frac{1}{2}\left(\frac{A_2}{4} + \frac{A_4}{16}\right)\sin 3\psi - \frac{1}{2}\left(\frac{A_4}{16} + \frac{A_6}{36}\right)\sin 5\psi + - \cdots. \end{aligned}\right\} \tag{2}$$

[1]) H. Schrön, Vergleich der Umlaufmotoren erster und zweiter Art auf Grund von Massenwirkungen, Motorwagen 23 (1920) S. 689.

Zweimalige Differentiation nach der Zeit gibt schließlich, wenn man wieder das in Ziff. **5** definierte Symbol $((\dot\omega))$ verwendet,

$$\left.\begin{aligned} -\frac{\ddot x}{r} &= \omega^2\Big[\Big(A_0+\frac{1}{8}A_2\Big)\cos\psi+2\cos 2\psi+\frac{9}{2}\Big(\frac{A_2}{4}-\frac{A_4}{16}\Big)\cos 3\psi-\\ &\qquad -\frac{25}{2}\Big(\frac{A_4}{16}-\frac{A_6}{36}\Big)\cos 5\psi+-\cdots\Big]+((\dot\omega)),\\ -\frac{\ddot y}{r} &= \omega^2\Big[\Big(A_0-\frac{1}{8}A_2\Big)\sin\psi+2\sin 2\psi+\frac{9}{2}\Big(\frac{A_2}{4}+\frac{A_4}{16}\Big)\sin 3\psi-\\ &\qquad -\frac{25}{2}\Big(\frac{A_4}{16}+\frac{A_6}{36}\Big)\sin 5\psi+-\cdots\Big]+((\dot\omega)).\end{aligned}\right\}\tag{3}$$

Diese Ausdrücke muß man sich in (1) eingesetzt denken.

Wir schreiben das Ergebnis sogleich für einen Umlaufmotor mit p Zylindern an, deren Achsen einen zyklisch-symmetrischen Stern bilden, so daß (wie schon beim stehenden Sternmotor) für die Winkel ψ_i der rotierenden Gleitbahnen

$$\psi_i=\psi+(i-1)\frac{2\pi}{p}\qquad (i=1,2,\ldots,p)$$

gilt. Die jetzt auftretenden Summen $\Sigma\cos j\psi_i$ und $\Sigma\sin j\psi_i$, die von $i=1$ bis $i=p$ gehen, sind schon in Ziff. **10** ausgerechnet worden. So finden wir die folgenden Massenkräfte:

$$\left.\begin{aligned} &\left.\begin{aligned} X&=4\omega^2 Q\cos 2\psi+((\dot\omega))\\ Y&=4\omega^2 Q\sin 2\psi+((\dot\omega))\end{aligned}\right\}\text{ für } p=2,\\ &\left.\begin{aligned} X&=0\\ Y&=0\end{aligned}\right\}\text{ für } p=4,6,8,\ldots,\\ &\left.\begin{aligned} X&=\pm\frac{p^3}{2}\omega^2 Q\Big\{\Big[\frac{A_{p-1}}{(p-1)^2}-\frac{A_{p+1}}{(p+1)^2}\Big]\cos p\psi-\\ &\qquad -3^2\Big[\frac{A_{3p-1}}{(3p-1)^2}-\frac{A_{3p+1}}{(3p+1)^2}\Big]\cos 3p\psi+-\cdots\Big\}\pm((\dot\omega)),\\ Y&=\pm\frac{p^3}{2}\omega^2 Q\Big\{\Big[\frac{A_{p-1}}{(p-1)^2}+\frac{A_{p+1}}{(p+1)^2}\Big]\sin p\psi-\\ &\qquad -3^2\Big[\frac{A_{3p-1}}{(3p-1)^2}+\frac{A_{3p+1}}{(3p+1)^2}\Big]\sin 3p\psi+-\cdots\Big\}\pm((\dot\omega))\end{aligned}\right\}\text{ für } p=\begin{cases}3,7,11,\ldots\\ 5,9,13,\ldots\end{cases}\end{aligned}\right\}\tag{4}$$

Um ferner das Umlaufmoment M_z zu berechnen, denken wir uns die beiden Ersatzmassen jeder Pleuelstange mit den schon in Ziff. **3** ermittelten Trägheitsarmen k_1 und k_2 ausgestattet. Dann setzt sich das Impulsmoment der Pleuelstange, bezogen auf O, zusammen aus den zwei Teilen $(k^2G_1+k_2^2G_2)\dot\vartheta/g\equiv-R\dot\vartheta/\lambda$ und $G_2u^2\,\omega/g$, falls man die Strecke OB mit u bezeichnet. Ist weiter k'' der Trägheitsarm des Kolbens bezüglich einer Achse parallel zur Drehachse O durch seinen Schwerpunkt B, so ist dessen Impulsmoment bezüglich O gleich $G''(k''^2+u^2)\,\omega/g$. Das Impulsmoment des rotierenden Zylinders endlich ist $D\omega$, wenn D sein Trägheitsmoment bezüglich der Drehachse O bedeutet. So kommt im ganzen

$$M_z=R\frac{\ddot\vartheta}{\lambda}-\frac{Q}{r}\frac{d}{dt}(u^2\omega)-\Big(\frac{G''}{g}k''^2+D\Big)\dot\omega.\tag{5}$$

Nun ist aber aus Abb. 54 abzulesen

$$u^2=l^2+r^2+2lr\cos\vartheta=l^2+r^2+2r(x-r)$$

oder

$$\frac{u^2}{r^2}=\frac{1}{\lambda^2}-1+2\frac{x}{r}.$$

Damit wird das Umlaufmoment (5)

$$M_z = R\,\frac{\ddot{\vartheta}}{\lambda} - 2\,r\,Q\,\frac{\omega\,\dot{x}}{r} - \dot{\omega}\left[r\,Q\left(\frac{1}{\lambda^2} - 1 + 2\,\frac{x}{r}\right) + \frac{G''}{g}\,k''^2 + D\right]. \qquad (6)$$

Dabei ist $\ddot{\vartheta} = \dot{\omega} + \ddot{\chi}$ oder mit dem auch hier gültigen Wert von $\ddot{\chi}$ (**4**, 11)

$$-\frac{\ddot{\vartheta}}{\lambda} = \omega^2\,(C_1 \sin\psi - C_3 \sin 3\,\psi + - \cdots) + ((\dot{\omega})) - \frac{\dot{\omega}}{\lambda} \qquad (7)$$

und nach (2)

$$\left.\begin{aligned} -\frac{\omega\,\dot{x}}{r} = \omega^2\Big[\Big(A_0 + \frac{1}{8}\,A_2\Big)\sin\psi + \sin 2\psi + \frac{3}{2}\Big(\frac{A_2}{4} - \frac{A_4}{16}\Big)\sin 3\psi - \\ -\frac{5}{2}\Big(\frac{A_4}{16} - \frac{A_6}{36}\Big)\sin 5\psi + - \cdots\Big]. \end{aligned}\right\} \qquad (8)$$

Diese Ausdrücke muß man sich in (6) eingesetzt denken.

Wir schreiben das Ergebnis sogleich wieder für den zyklisch-symmetrischen Umlaufmotor mit p Zylindern an und lassen hierbei die für den Umlaufmotor ziemlich nebensächlichen Glieder mit $\dot{\omega}$ beiseite:

$$\left.\begin{aligned} &M_z = 4\,\omega^2 r\,Q \sin 2\psi \quad \text{für } p = 2, \\ &M_z = 0 \quad \text{für } p = 4, 6, 8, \ldots, \\ &M_z = \pm\,p\,\omega^2\left\{\left[p\,r\,Q\left(\frac{A_{p-1}}{(p-1)^2} - \frac{A_{p+1}}{(p+1)^2}\right) + R\,C_p\right]\sin p\psi - + \cdots\right\} \text{ für } p = \begin{cases} 3, 7, 11, \ldots \\ 5, 9, 13, \ldots \end{cases} \end{aligned}\right\} \qquad (9)$$

Wir lesen aus (4) und (9) folgende Ergebnisse ab:

1) Der Umlaufmotor mit gerader Zylinderzahl $p > 2$ ist hinsichtlich der Kräfte und des Umlaufmomentes völlig ausgeglichen, wogegen bei ungerader Zylinderzahl die niedrigsten unausgeglichenen Kräfte und das niedrigste unausgeglichene Umlaufmoment von der Ordnung p sind.

2) Wenn man Kräfte und Umlaufmomente von sechster und höherer Ordnung nicht mehr berücksichtigen muß, so können Maschinen mit sechs und mehr Zylindern als ausgeglichen gelten.

(Diese Sätze erfahren wieder entsprechende Einschränkungen, sobald man die exzentrische Anlenkung der Nebenpleuel berücksichtigt, was analog zu Ziff. **21** bis **24** geschehen könnte.)

Die nebenstehende Tafel zeigt die Ordnungen der unausgeglichenen Kräfte und Umlaufmomente.

Unausgeglichene Kräfte ● und stationäre Umlaufmomente ●.

Zyl.-Zahl \ Ordnung	1	2	3	4	5	6	7	8	9	10	11	12
2		●										
3			●						●			
4												
5					●							
6												
7							●					
8												
9									●			
10												
11											●	
12												

Die niedrigste unausgeglichene stationäre Kraft ist ein auf einem Kreis bzw. einer Ellipse um O rotierender Vektor vom Betrag bzw. vom Kleinst- und Größtbetrag

$$4\,\omega^2 Q \quad \text{für } p = 2 \quad \text{bzw.} \quad \frac{p^3}{2}\,\omega^2 Q\left[\frac{A_{p-1}}{(p-1)^2} \mp \frac{A_{p+1}}{(p+1)^2}\right] \text{ für } p = 3, 5, 7, \ldots.$$

Dieser Vektor bzw. seine exzentrische Anomalie läuft mit der Geschwindigkeit $p\omega$ so um, daß er in dem Augenblick, wo eine Zylinderachse die positive x-Achse passiert, für $p=2, 3, 7, 11, \ldots$ die positive, für $p=5, 9, 13, \ldots$ die negative x-Achse überschreitet.

Leider eignet sich auch der Umlaufmotor mit gerader Zylinderzahl nur für Zweitakt. Der meist bevorzugte Viertakt verlangt die stets ungünstigere ungerade Zylinderzahl.

29. Der Gegenlaufmotor. Die großen Fliehkräfte und das oft noch lästigere Kreiselmoment des Umlaufmotors kann man beispielsweise etwa auf den vierten Teil verkleinern, wenn man die Drehgeschwindigkeit ω der Zylinder auf die Hälfte verringert und dafür die Kurbel ebenso schnell umgekehrt umlaufen läßt. Man kommt so allgemein zum Gegenlaufmotor, bei welchem die Drehgeschwindigkeit ω' der Zylinder und die Gegendrehgeschwindigkeit ω der Kurbel durch ein Zahnradgetriebe in ein festes Verhältnis gesetzt sind, derart, daß mit einem Faktor $\varkappa$, der in der Regel gleich 1 gewählt wird,

$$\omega'=\varkappa\omega \tag{1}$$

sein muß. Für die zugehörigen Drehwinkel (Abb. 55) gilt dann

$$\psi'=\varkappa\psi+\delta, \tag{2}$$

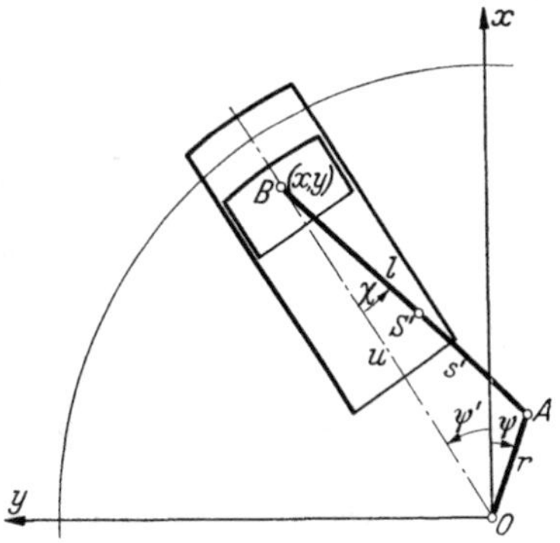

Abb. 55. Kurbelgetriebe eines Gegenlaufmotors.

wobei δ ein konstanter Winkel ist, der von der Nullachse der Zählung für die Winkel ψ und ψ' abhängt (in Abb. 55 von der willkürlich lotrecht angenommenen x-Achse).

Läßt man auch hier den Schwerpunkt des Kolbens in den Mittelpunkt B des Kolbenbolzens fallen, so findet man wie in (**3**, 3) und (**28**, 1) für die Massenkräfte

$$\left.\begin{aligned} X &= Q'(\omega^2\cos\psi+\dot\omega\sin\psi)-Q\frac{\ddot x}{r},\\ Y &= -Q'(\omega^2\sin\psi-\dot\omega\cos\psi)-Q\frac{\ddot y}{r}.\end{aligned}\right\} \tag{3}$$

Nun ist aber

$$x=r\cos\psi+l\cos(\psi'+\chi), \qquad y=-r\sin\psi+l\sin(\psi'+\chi).$$

Führt man hierin

$$\sin\chi=\lambda\sin(\psi+\psi'),$$
$$\cos\chi=\lambda\left[A_0+\frac{1}{4}A_2\cos 2(\psi+\psi')-\frac{1}{16}A_4\cos 4(\psi+\psi')+-\cdots\right]$$

ein, so kommt zunächst allgemein

$$\left.\begin{aligned} \frac{x}{r} &= \cos\psi-\sin\psi'\sin(\psi+\psi')+\cos\psi'\Big[A_0+\frac{1}{4}A_2\cos 2(\psi+\psi')-\\ &\qquad -\frac{1}{16}A_4\cos 4(\psi+\psi')+-\cdots\Big],\\ \frac{y}{r} &= -\sin\psi+\cos\psi'\sin(\psi+\psi')+\sin\psi'\Big[A_0+\frac{1}{4}A_2\cos 2(\psi+\psi')-\\ &\qquad -\frac{1}{16}A_4\cos 4(\psi+\psi')+-\cdots\Big].\end{aligned}\right\} \tag{4}$$

Von jetzt ab wollen wir uns auf den praktisch wichtigsten Fall $\varkappa=1$, also $\omega'=\omega$ beschränken, wo die Zylinder und die Kurbel mit entgegengesetzt gleicher Drehgeschwindigkeit umlaufen. Dann wird nach einfacher Umformung gemäß (2)

$$\left.\begin{aligned}
\frac{x}{r} &= \frac{1}{2}\cos\psi + \frac{1}{2}\cos(3\psi+2\delta) + A_0\cos(\psi+\delta) + \\
&\quad + \frac{1}{2}\frac{A_2}{4}[\cos(3\psi+\delta)+\cos(5\psi+3\delta)] - \\
&\quad - \frac{1}{2}\frac{A_4}{16}[\cos(7\psi+3\delta)+\cos(9\psi+5\delta)] + - \cdots, \\
\frac{y}{r} &= -\frac{1}{2}\sin\psi + \frac{1}{2}\sin(3\psi+2\delta) + A_0\sin(\psi+\delta) - \\
&\quad - \frac{1}{2}\frac{A_2}{4}[\sin(3\psi+\delta)-\sin(5\psi+3\delta)] + \\
&\quad + \frac{1}{2}\frac{A_4}{16}[\sin(7\psi+3\delta)-\sin(9\psi+5\delta)] - + \cdots.
\end{aligned}\right\} \quad (5)$$

Zweimalige Differentiation nach der Zeit gibt

$$\left.\begin{aligned}
-\frac{\ddot{x}}{r} &= \omega^2\Big\{\frac{1}{2}\cos\psi + \frac{9}{2}\cos(3\psi+2\delta) + A_0\cos(\psi+\delta) + \\
&\quad + \frac{1}{2}\frac{A_2}{4}[9\cos(3\psi+\delta)+25\cos(5\psi+3\delta)] - \\
&\quad - \frac{1}{2}\frac{A_4}{16}[49\cos(7\psi+3\delta)+81\cos(9\psi+5\delta)] + - \cdots\Big\} + ((\dot\omega)), \\
-\frac{\ddot{y}}{r} &= \omega^2\Big\{-\frac{1}{2}\sin\psi + \frac{9}{2}\sin(3\psi+2\delta) + A_0\sin(\psi+\delta) - \\
&\quad - \frac{1}{2}\frac{A_2}{4}[9\sin(3\psi+\delta)-25\sin(5\psi+3\delta)] + \\
&\quad + \frac{1}{2}\frac{A_4}{16}[49\sin(7\psi+3\delta)-81\sin(9\psi+5\delta)] - + \cdots\Big\} + ((\dot\omega)).
\end{aligned}\right\} \quad (6)$$

Diese Ausdrücke muß man sich in (3) eingesetzt denken.

Wir schreiben das Ergebnis wieder nur für einen zyklisch-symmetrischen Gegenlaufmotor mit p Zylindern an. Hier ist für den i-ten Zylinder

$$\delta_i = (i-1)\,\frac{2\pi}{p} \qquad (i = 1, 2, \ldots, p);$$

mit der Nummer *1* ist also der Zylinder bezeichnet, dessen Achse zugleich mit der Kurbel die positive x-Achse passiert. Man findet durch Summierung folgende Massenkräfte:

$$\left.\begin{aligned}
&\left.\begin{aligned}
X &= \omega^2[(Q+2Q'')\cos\psi + 9Q\cos 3\psi] + ((\dot\omega)) \\
Y &= \omega^2[-(Q+2Q'')\sin\psi + 9Q\sin 3\psi] + ((\dot\omega))
\end{aligned}\right\}\text{ für } p=2, \\
&\left.\begin{aligned}
X &= \frac{p}{2}\omega^2(Q+2Q^{(p)})\cos\psi + ((\dot\omega)) \\
Y &= -\frac{p}{2}\omega^2(Q+2Q^{(p)})\sin\psi + ((\dot\omega))
\end{aligned}\right\}\text{ für } p=4,6,8\ldots, \\
&\left.\begin{aligned}
X &= \frac{p}{2}\omega^2\Big\{(Q+2Q^{(p)})\cos\psi \pm Q\Big[\Big(\frac{2p-1}{p-1}\Big)^2 A_{p-1}\cos(2p-1)\psi - \\
&\quad - \Big(\frac{2p+1}{p+1}\Big)^2 A_{p+1}\cos(2p+1)\psi - + + - \cdots\Big]\Big\} + ((\dot\omega)) \\
Y &= \frac{p}{2}\omega^2\Big\{-(Q+2Q^{(p)})\sin\psi \pm Q\Big[\Big(\frac{2p-1}{p-1}\Big)^2 A_{p-1}\sin(2p-1)\psi + \\
&\quad + \Big(\frac{2p+1}{p+1}\Big)^2 A_{p+1}\sin(2p+1)\psi - - + + \cdots\Big]\Big\} + ((\dot\omega))
\end{aligned}\right\}\text{ für } p = \begin{cases}3,7,11,\ldots\\5,9,13,\ldots\end{cases}
\end{aligned}\right\} \quad (7)$$

Dabei ist $Q^{(p)}$ die schon beim Fächer- und Sternmotor benützte Abkürzung (**18**, 7), und hier wie dort kann die Massenkraft erster Ordnung durch ein Kurbelgegengewicht nach der Vorschrift $Q+2Q^{(p)}=0$, die in (**18**, 8) explizit dargestellt ist, beseitigt werden.

Für das Umlaufmoment M_z kommt ganz analog zu (**28**, 5)

$$M_z = R'\omega + R\frac{\dot\omega' + \ddot\chi}{\lambda} - \frac{Q}{r}\frac{d}{dt}(u^2\omega') - \left(\frac{G''}{g}k''^2 + D\right)\dot\omega'. \tag{8}$$

Unter D ist hierbei das Trägheitsmoment des Zylinders samt dem ihm zukommenden Anteil des auf ω' reduzierten Trägheitsmomentes der Rädergetriebemassen verstanden. In anderer Zusammenfassung kann man allgemein schreiben

$$M_z = R\frac{\ddot\chi}{\lambda} - \omega' r Q\frac{d}{dt}\left(\frac{u}{r}\right)^2 + \dot\omega R' - \dot\omega'\left[rQ\left(\frac{u}{r}\right)^2 + \frac{G''}{g}k''^2 + D - \frac{R}{\lambda}\right]. \tag{9}$$

Hierin ist, wie man auf dieselbe Weise wie in (**4**, 11) findet,

$$-\frac{\ddot\chi}{\lambda} = (\omega+\omega')^2\left[C_1\sin(\psi+\psi') - C_3\sin 3(\psi+\psi') + - \cdots\right] + ((\dot\omega+\dot\omega')). \tag{10}$$

Endlich ist nach Abb. 55

$$\begin{aligned} u^2 &= l^2 + r^2 + 2lr\cos(\psi+\psi'+\chi) \\ &= l^2 + r^2 + 2r\left[(x - r\cos\psi)\cos\psi - (y + r\sin\psi)\sin\psi\right] \end{aligned}$$

oder

$$\left(\frac{u}{r}\right)^2 = \frac{1}{\lambda^2} - 1 + 2\left(\frac{x}{r}\cos\psi - \frac{y}{r}\sin\psi\right). \tag{11}$$

Mit den Formeln (9), (10), (11) nebst (5) ist M_z allgemein berechnet.

In dem besonderen Fall $\varkappa = 1$, also $\omega' = \omega$, auf den wir uns von jetzt ab wieder beschränken, gilt gemäß (2) und (5)

$$M_z = R\frac{\ddot\chi}{\lambda} - \omega r Q\frac{d}{dt}\left(\frac{u}{r}\right)^2 - \dot\omega\left[rQ\left(\frac{u}{r}\right)^2 + \frac{G''}{g}k''^2 + D - \frac{R}{\lambda} - R'\right], \tag{12}$$

mit

$$-\frac{\ddot\chi}{\lambda} = 4\omega^2\left[C_1\sin(2\psi+\delta) - C_3\sin(6\psi+3\delta) + - \cdots\right] + ((\dot\omega)), \tag{13}$$

$$\left.\begin{aligned} \left(\frac{u}{r}\right)^2 = \frac{1}{\lambda^2} + \cos(4\psi+2\delta) + \left(2A_0 + \frac{1}{4}A_2\right)\cos(2\psi+\delta) + \left(\frac{A_2}{4} - \frac{A_4}{16}\right)\cos(6\psi+3\delta) - \\ - \left(\frac{A_4}{16} - \frac{A_6}{36}\right)\cos(10\psi+5\delta) + - \cdots \end{aligned}\right\} \tag{14}$$

und

$$\left.\begin{aligned} -\frac{d}{dt}\left(\frac{u}{r}\right)^2 = \omega\Big[4\sin(4\psi+2\delta) + \left(4A_0 + \frac{1}{2}A_2\right)\sin(2\psi+\delta) + \\ + 6\left(\frac{A_2}{4} - \frac{A_4}{16}\right)\sin(6\psi+3\delta) - 10\left(\frac{A_4}{16} - \frac{A_6}{36}\right)\sin(10\psi+5\delta) + - \cdots\Big]. \end{aligned}\right\} \tag{15}$$

Für einen zyklisch-symmetrischen Gegenlaufmotor mit p Zylindern findet man durch Summierung, wenn man die Glieder mit $\dot\omega$ fortläßt,

$$\left.\begin{aligned} &M_z = 8\omega^2 rQ\sin 4\psi \quad \text{für } p = 2, \\ &M_z = 0 \quad \text{für } p = 4, 6, 8, \ldots, \\ &M_z = \pm 2p\omega^2\left\{\left[prQ\left(\frac{A_{p-1}}{(p-1)^2} - \frac{A_{p+1}}{(p+1)^2}\right) + 2RC_p\right]\sin 2p\psi - + \cdots\right\} \text{ für } p = \begin{cases} 3, 7, 11, \ldots \\ 5, 9, 13, \ldots \end{cases} \end{aligned}\right\} \tag{16}$$

Wir lesen aus (7) und (16) folgende Ergebnisse ab:

1) Der Gegenlaufmotor mit gerader Zylinderzahl $p > 2$ ist, nach Beseitigung der Kräfte erster Ordnung durch ein Kurbelgegengewicht, hinsichtlich der Kräfte und des Umlaufmomentes völlig ausgeglichen, wogegen bei ungerader Zylinderzahl alsdann die niedrigsten unausgeglichenen Kräfte von der Ordnung $2p-1$, das niedrigste unausgeglichene Umlaufmoment von der Ordnung $2p$ sind.

Unausgeglichene Kräfte ● ⊕ und stationare Umlaufmomente ○.

Ordnung / Zyl.-Zahl	1	2	3	4	5	6	7	8	9	10	11	12
2	⊕		●	○								
3	⊕				●	○	●					
4	⊕											
5	⊕								●	○	●	
6	⊕											
7	⊕											

2) Wenn man Kräfte und Umlaufmomente von fünfter und höherer Ordnung nicht mehr berücksichtigen muß, so können schon Maschinen mit drei und mehr Zylindern als ausgleichbar gelten.

(Diese Sätze würden bei exzentrischer Anlenkung der Nebenpleuel wieder die entsprechenden Einschränkungen erfahren.)

Die nebenstehende Tafel zeigt die Ordnungen der unausgeglichenen Kräfte und Umlaufmomente. (Die mit ⊕ bezeichneten Kräfte sind ausgleichbar, und für $p > 5$ liegen alle unausgeglichenen Ordnungen über $j = 12$.) Der Vergleich mit Ziff. **28** zeigt, daß der Gegenlaufmotor wesentlich besseren Massenausgleich besitzt als der Umlaufmotor, falls man das nicht sehr bequeme Kurbelgegengewicht in Kauf nimmt.

Die niedrigste unausgleichbare stationäre Kraft ist ein Vektor vom Betrag

$$\frac{p(2p-1)^2}{2(p-1)^2}\,\omega^2 Q A_{p-1} \quad (\text{mit } A_1 \equiv 1).$$

Dieser Vektor läuft mit der Geschwindigkeit $(2p-1)\omega$ so um, daß er in dem Augenblick, wo die Kurbel die äußere Totlage eines Zylinders passiert, für $p = 2, 3, 7, 11, \ldots$ die Kurbel selbst, für $p = 5, 9, 13, \ldots$ ihre rückwärtige Verlängerung überschreitet.

Kapitel XII.

Leistungsausgleich.

1. Einleitung. Ein zweites Problem bei den Brennkraftmaschinen taucht auf, sobald man die Übertragung der Energie von den Brenngasen bis zu der angetriebenen Arbeitsmaschine verfolgt. Man sieht sofort drei Fragenkomplexe: Welches nutzbare Drehmoment in der Maschinenwelle wird durch die Brenngase in den Zylindern erzeugt? Welche Kräfte in den Maschinenteilen der Kurbelgetriebe leiten die Energie der Brenngase weiter? Und welcher Energiespeicher (etwa in Gestalt eines Schwungrades) ist nötig, um eine Bewegung von hinreichender Gleichförmigkeit zu erzwingen, oder auch die umgekehrte Frage: welche Bewegung entsteht bei vorgegebener Größe des Energiespeichers? Der zweite Fragenkomplex umschließt insbesondere auch die Reibungskräfte in der Maschine und die zugehörigen Energieverluste. Da man statt des Energieflusses ebensogut die Leistung der Maschine betrachten kann, und da jede Maschine ihre Leistung in möglichst gut ausgeglichener Form abgeben soll, so faßt man die genannten Fragen wohl auch kurz unter dem Namen des Leistungsausgleiches zusammen.

Wir erledigen das Problem zunächst ausführlich für die Einzylindermaschine (§ 1) und können dann die Ergebnisse leicht und rasch auf den Reihenmotor, die Gabel-, Fächer- und Sternmotoren, den Umlauf- und den Gegenlaufmotor erweitern (§ 2).

§ 1. Die Einzylindermaschine.

2. Die Leistungsbilanz. Wir beginnen damit, die Leistungsbilanz der Einzylindermaschine aufzustellen, die wir zunächst als einseitig wirkend annehmen. Es sei p der augenblickliche Überdruck im Zylinder auf der Seite der Brenngase (vorübergehend wohl auch der Unterdruck und dann negativ zu rechnen), ferner F der Kolbenquerschnitt, also $K=pF$ die Kraft der Brenngase auf den Kolben, die sogenannte Kolbenkraft, endlich v die Kolbengeschwindigkeit, positiv gerechnet in Richtung der Kolbenkraft K. Dann ist Kv die jeweilige Leistung, die die Brenngase an die Maschine abgeben. Weiter sei $\mathfrak{M}^{(n)}$ das nutzbare Drehmoment, das an der Maschinenwelle abgenommen wird, und ω deren Drehgeschwindigkeit, also $\mathfrak{M}^{(n)}\omega$ die Nutzleistung der Maschine. (Der Frakturbuchstabe $\mathfrak{M}$ für dieses und einige weitere Momente soll hier nicht ihre Vektoreigenschaft bezeichnen, sondern sie nur von anderen Momenten in Kap. XII und Kap. XIII unterscheiden.) Schließlich bezeichne T die gesamte Bewegungsenergie des Kurbelgetriebes (Kolben mit etwaiger Kolbenstange und Kreuzkopf, Pleuelstange, Kurbel mit etwaigen Gegengewichten und Welle), U seine Lageenergie im Schwerkraftfeld und V den Leistungsverlust des Getriebes infolge Reibung. Dann lautet die Leistungsbilanz der Maschine:

$$Kv-\mathfrak{M}^{(n)}\omega-V=\frac{d}{dt}(T+U). \tag{1}$$

Das nutzbare Drehmoment ist mithin

$$\mathfrak{M}^{(n)}=K\frac{v}{\omega}-\frac{1}{\omega}\left(\frac{dT}{dt}+\frac{dU}{dt}+V\right). \tag{2}$$

Da wir T und U auch als Funktionen des Kurbelwinkels ψ auffassen, so wollen wir wegen $d\psi = \omega\, dt$ statt (2) auch schreiben:

$$\mathfrak{M}^{(n)} = K\frac{v}{\omega} - \left(\frac{dT}{d\psi} + \frac{dU}{d\psi} + \frac{V}{\omega}\right). \tag{3}$$

Bei langsamlaufenden Maschinen überwiegt das erste Glied der rechten Seite die andern weitaus; bei raschlaufenden Maschinen hingegen darf man das Glied mit T auch nicht näherungsweise außer acht lassen. Wir untersuchen nun die einzelnen Glieder der Reihe nach.

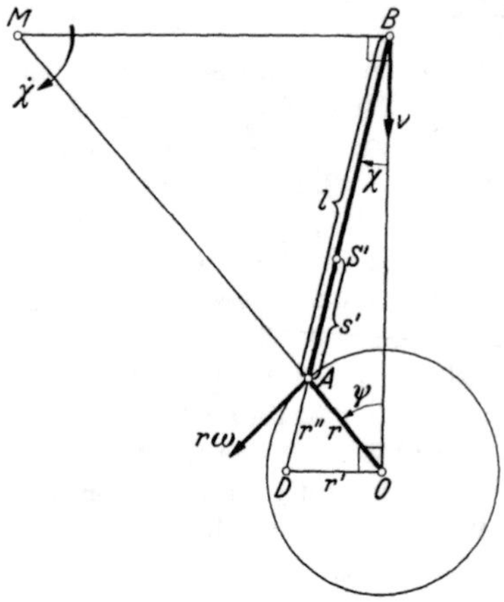

Abb. 1. Ungeschränktes Schubkurbelgetriebe.

3. Das Tangentialkraftmoment. Um das erste Glied $\mathfrak{M}' \equiv K\frac{v}{\omega}$ zu ermitteln, stellen wir das Kurbelgetriebe wieder schematisch dar. Mit den Bezeichnungen von Abb. 1, wo v die Kolbengeschwindigkeit, $r\omega$ die Geschwindigkeit des Mittelpunktes A des Kurbelzapfens und M den momentanen Drehpol der Pleuelstange bedeuten, hat man

$$\frac{v}{r\omega} = \frac{MB}{MA} = \frac{r'}{r}$$

und somit

$$\mathfrak{M}' \equiv K\frac{v}{\omega} = K r', \tag{1}$$

wobei r' die Strecke OD ist, die die (allenfalls verlängerte) Achse AB der Pleuelstange auf dem von O aus mit dem Winkel $\psi = +90°$ gezogenen Fahrstrahl abschneidet. Man setzt wohl auch

$$\left.\begin{aligned} \mathfrak{M}' &= P r \\ \text{mit}\quad P &= K\frac{r'}{r} \end{aligned}\right\} \tag{2}$$

und kann dann P deuten als diejenige im Kurbelzapfen gedachte, zum Kurbelkreis tangentiale Kraft, die die gleiche Leistung vollbringt wie die Kolbenkraft K. Man nennt P die Tangentialkraft, muß sich aber davor hüten, sie mit der tatsächlichen Umfangskraft im Kurbelzapfen zu verwechseln, mit der sie nur bei einem masselosen und reibungslosen Getriebe übereinstimmen würde und die wir in Ziff. **6** berechnen werden. Wir nennen $\mathfrak{M}'$ das Tangentialkraftmoment.

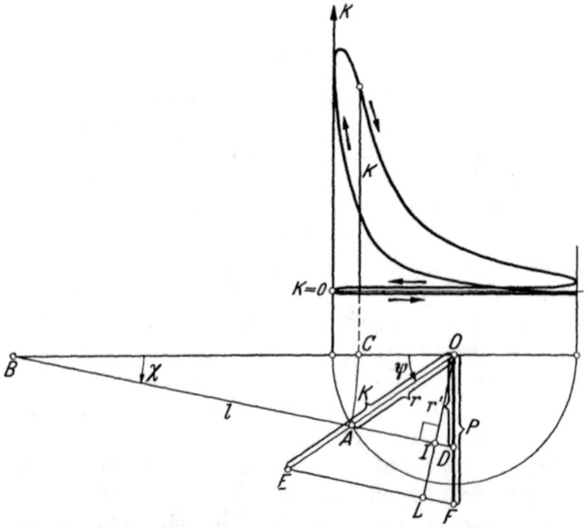

Abb. 2. Konstruktion der Tangentialkraft P oder des Tangentialkraftmomentes $\mathfrak{M}'$ aus der Kolbenkraft K.

Die Kolbenkraft K ist in der Regel durch ein Indikatordiagramm gegeben, und zwar als Funktion des Kolbenweges. Abb. 2 zeigt, wie daraus für eine beliebige Kurbelstellung ψ die Tangentialkraft P oder auch gleich das Tangentialkraftmoment $\mathfrak{M}'$ gefunden wird: man zeichnet über dem ganzen Kolbenweg als Durchmesser einen Halbkreis, wählt ψ und damit den Punkt A, macht $AB = l$ (Abstand von Kurbelzapfenmitte zu Kreuzkopfzapfen- bzw. Kolbenbolzenmitte), schlägt um B den Kreisbogen AC und kann dann über C die zu ψ gehörige Kolbenkraft K ablesen und entweder mit $OD = r'$ multiplizieren, um $\mathfrak{M}'$ zu bilden, oder auf dem Fahrstrahl OA bis E abtragen und $EF \parallel BA$ ziehen, um so $OF = P$

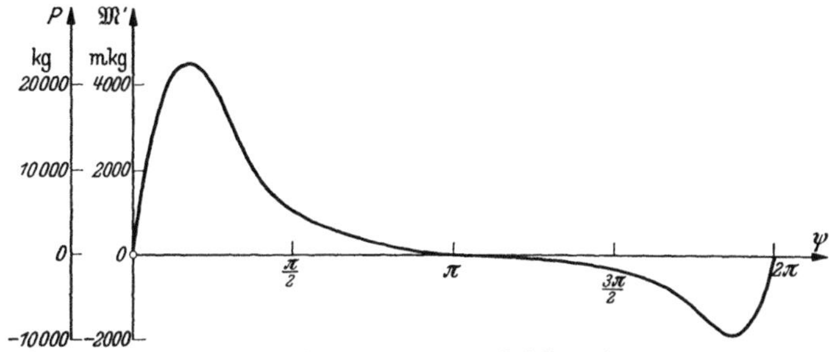

Abb. 3. Tangentialkraftkurve bei Zweitakt.

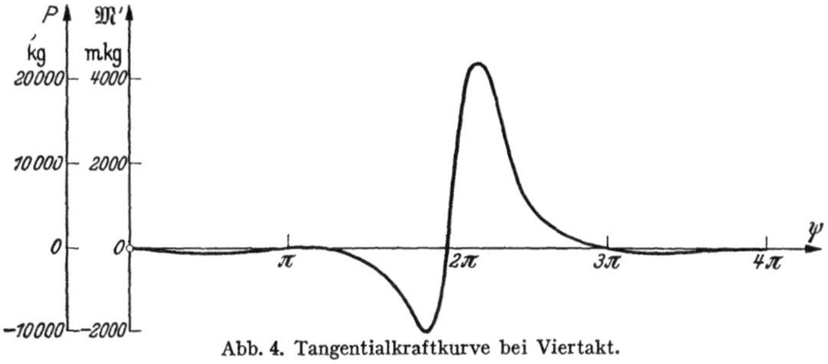

Abb. 4. Tangentialkraftkurve bei Viertakt.

zu erhalten. Man darf sich auf den Halbkreis beschränken und die Kurbelstellungen $\psi > \pi$, aber $< 2\pi$ am Durchmesser spiegeln, wenn man beachtet, daß r' für $\pi < \psi < 2\pi$ negativ zu zählen ist und OF also das umgekehrte Vorzeichen von K hat. Man trägt das Ergebnis über der Abszisse ψ auf, und zwar bei Zweitaktmaschinen von $\psi = 0$ bis 2π, bei Viertaktmaschinen von $\psi = 0$ bis 4π, wie dies Abb. 3 und 4 zeigen; die Ordinaten stellen dann je nach dem gewählten Maßstab die Tangentialkraft P oder ihr Moment $\mathfrak{M}' = Pr$ dar und sind natürlich gleich Null in allen Totlagen $\psi = 0, \pi, 2\pi, \ldots$.

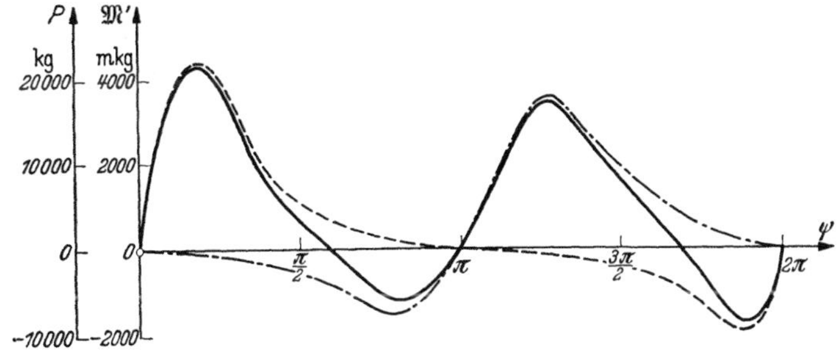

Abb. 5. Tangentialkraftkurve bei doppeltwirkendem Zweitakt.

Bei doppeltwirkenden Maschinen zeichnet man entweder die zu den beiderseitigen Indikatordiagrammen gehörigen Tangentialkraftkurven (diese, in Abb. 5 *gestrichelt* bzw. *strichpunktiert* für eine Zweitaktmaschine eingetragen, sind auch bei spiegelbildlich kongruenten Indikatordiagrammen um so verschiedener, je größer das Stangenverhältnis r/l ist) und bildet daraus durch Ordinatenaddition die resultierende Tangentialkraftkurve, wie sie Abb. 5 stark ausgezogen zeigt; oder aber man legt die Indikatordiagramme aufeinander und leitet aus den Druckdifferenzen K zu beiden Seiten des Kolbens die Tangentialkraftkurve P unmittelbar her.

Für später erweist es sich als zweckmäßig, das Tangentialkraftmoment harmonisch zu analysieren (Kap. III, Ziff. **3** bis **5**). Man erhält dann Fouriersche Reihen von folgender Form:

a) bei Zweitakt

$$\mathfrak{M}' = \mathfrak{M}'_0 \left(1 + \sum_{j=1}^{\infty} a_j \cos j\psi + \sum_{j=1}^{\infty} b_j \sin j\psi\right), \tag{3}$$

b) bei Viertakt

$$\mathfrak{M}' = \mathfrak{M}'_0 \left(1 + \sum_{j=1}^{\infty} a_j \cos j\,\frac{\psi}{2} + \sum_{j=1}^{\infty} b_j \sin j\,\frac{\psi}{2}\right). \tag{4}$$

Dabei ist $\mathfrak{M}'_0$ das m i t t l e r e T a n g e n t i a l k r a f t m o m e n t, und wir rechnen bei Viertakt die Ordnungszahl j für je z w e i Umdrehungen der Maschinenwelle als Periode. Im technischen Sprachgebrauch bezieht man sich bei Viertakt in der Regel nur auf e i n e Umdrehung und bezeichnet dann die Ordnungszahlen mit $^1/_2$, 1, $1^1/_2$, 2, $2^1/_2$ usw. statt mit $j = 1, 2, 3, 4, 5$ usw. In Abb. 6 sind die Fourierkoeffizienten a_j und b_j der Viertaktmaschine Abb. 4 veranschaulicht und dazu auch noch die Fourieramplituden

$$c_j = \sqrt{a_j^2 + b_j^2}\,. \tag{5}$$

Man sieht, daß noch ziemlich hohe Ordnungen von merklichem Einfluß sein können.

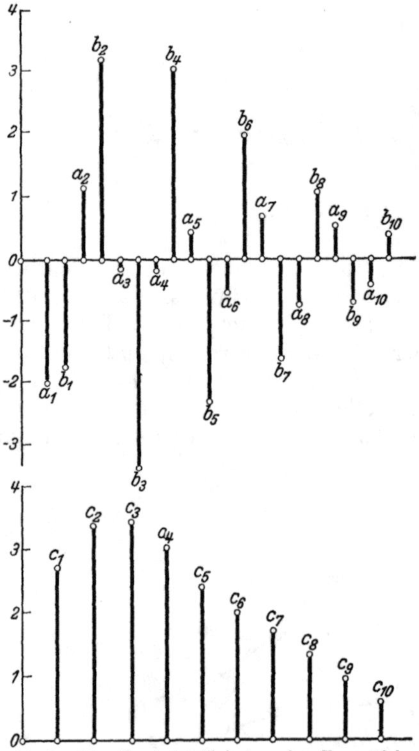

Abb. 6. Die Fourierkoeffizienten der Tangentialkraftkurve Abb. 4.

4. Die Bewegungsenergie. Um das nächste Glied der Leistungsbilanz (**2**, 2) oder (**2**, 3) zu finden, benutzen wir für die Gewichte und Maße des Kurbelgetriebes die schon in Kap. XI, Ziff. **2** eingeführten Bezeichnungen G, G', G'', r, l, s', k und k' und denken uns wie in Kap. XI, Ziff. **3** die Pleuelstange ersetzt durch zwei (i. a. nicht punktförmige) Gewichte $G_1 = \left(1 - \frac{s'}{l}\right) G'$ mit Schwerpunkt in der Kurbelzapfenmitte A und $G_2 = \frac{s'}{l} G'$ mit Schwerpunkt in der Mitte B des Kreuzkopfzapfens bzw. Kolbenbolzens. Dann ist die Bewegungsenergie des ganzen Kurbelgetriebes gemäß Abb. 1 von Ziff. **3**

$$T = \frac{1}{2g} \left\{ \left[k^2 G + r^2 \left(1 - \frac{s'}{l}\right) G' \right] \omega^2 + \left(\frac{s'}{l} G' + G''\right) v^2 + \left(k_1^2 G_1 + k_2^2 G_2\right) \dot{\chi}^2 \right\}.$$

Dabei sind k_1 und k_2 die Trägheitsarme der Gewichte G_1 und G_2 bezüglich A und B, und zwar gilt nach (XI, **3**, 5)

$$k_1^2 G_1 + k_2^2 G_2 = [k'^2 - s'(l-s')]G'.$$

Führt man also (mit etwas anderer Bezeichnung als in Kap. XI, Ziff. **3**) die Abkürzungen

$$\left.\begin{aligned} R &= \frac{1}{g}\left[k^2 G + r^2\left(1-\frac{s'}{l}\right)G'\right],\\ R' &= \frac{r^2}{g}\left(\frac{s'}{l}G' + G''\right),\\ R'' &= \frac{\lambda^2}{g}\left[s'(l-s') - k'^2\right]G' \quad \text{mit} \quad \lambda = \frac{r}{l} \end{aligned}\right\} \tag{1}$$

ein, so wird die Bewegungsenergie

$$T = \frac{1}{2}\Psi\omega^2 \quad \text{mit} \quad \Psi = R + R'\left(\frac{v}{r\omega}\right)^2 - R''\left(\frac{\dot\chi}{\lambda\omega}\right)^2. \tag{2}$$

Die Größe Ψ, die dem Trägheitsmoment eines starr rotierenden Körpers entspricht, soll die Drehmasse des Kurbelgetriebes heißen. Zahlenmäßig ist in der Regel R'' ziemlich viel kleiner als R und R', da R'' den kleinen Faktor λ^2 enthält und da bei Pleuelstangen der Ausdruck $[s'(l-s') - k'^2]$ kaum größer als r^2 wird, wenn er nicht von vornherein schon verschwindet (vgl. Kap. XI, Ziff. **6**).

Wir wollen zur Bestimmung der Drehmasse Ψ noch je ein graphisches und ein rechnerisches Verfahren entwickeln. Aus Abb. 1 in Ziff. **3** liest man ab

$$\frac{v}{r\omega} = \frac{MB}{MA} = \frac{r'}{r}, \qquad \frac{\dot\chi}{\lambda\omega} = \frac{l\dot\chi}{r\omega} = \frac{l}{MA} = \frac{r''}{r}$$

und hat somit

$$\Psi = R + R'\left(\frac{r'}{r}\right)^2 - R''\left(\frac{r''}{r}\right)^2. \tag{3}$$

Da r' und r'' sich mit dem Kurbelwinkel ψ ändern, so ist auch Ψ eine Funktion von ψ. Um sie zu ermitteln, hat man r' und r'' für die einzelnen Kurbelstellungen

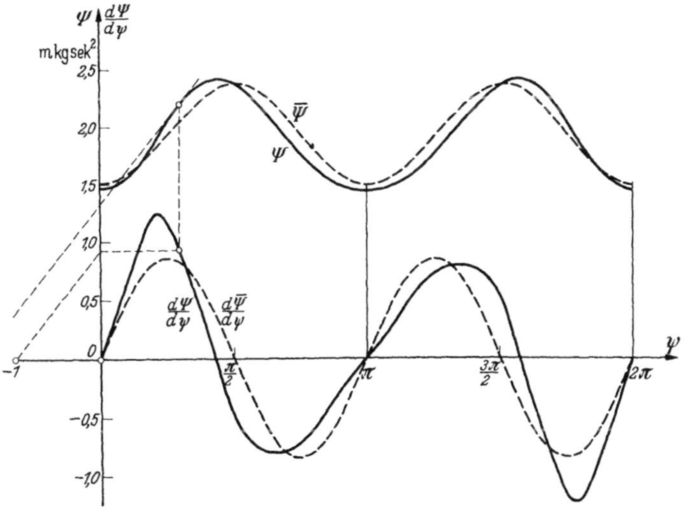

Abb. 7. Die Drehmasse Ψ des Kurbelgetriebes Abb. 1 von Kap. XI nebst $d\Psi/d\psi$ und ihr Näherungswert $\bar\Psi$ nebst $d\bar\Psi/d\psi$.

abzugreifen und daraus mit den Festwerten R, R' und R'' den Ausdruck (3) zu bilden. In Abb. 7 ist das Ergebnis für das Kurbelgetriebe des Dieselmotors von

Abb. 1 in Kap. XI mit $\lambda=0{,}41$ durch eine Kurve wiedergegeben, welche die Drehmasse Ψ über der Abszisse ψ darstellt. Diese Kurve ist bei Kurbelgetrieben ohne Schränkung (wo also die Gleitbahn durch den Wellenmittelpunkt O geht) stets zur Abszisse $\psi=\pi$ symmetrisch, und sie wiederholt sich bei allen Kurbelgetrieben mit der Periode 2π.

Zum Vergleich ist in Abb. 7 gestrichelt der häufig verwendete (aber nur für nicht zu große λ ausreichende) Frahmsche Näherungswert

$$\overline{\Psi}=R+\frac{1}{2}R'(1-\cos 2\psi) \tag{4}$$

aufgetragen, den man erhält, wenn man den Winkel χ (Abb. 1 in Ziff. **3**) als vernachlässigbar klein behandelt, also $v=r\omega\sin\psi$ setzt und überdies den kleinen Ausdruck R'' gegen R vernachlässigt [nach (XI, **4**, 9) schwankt $\dot\chi/\lambda\omega$ ungefähr zwischen $+1$ und -1].

Um ferner die Drehmasse auch formelmäßig im Kurbelwinkel ψ auszudrücken, überlegen wir, daß die Kolbengeschwindigkeit v die in Kap. XI, Ziff. **4** mit $-\dot x$ bezeichnete Größe ist, so daß man nach (XI, **4**, 5) mit den dortigen Koeffizienten $B_j=A_j/j$ sofort hat

$$\frac{v}{r\omega}=\sin\psi+B_2\sin 2\psi-B_4\sin 4\psi+B_6\sin 6\psi-+\cdots.$$

Ebenso ist nach (XI, **4**, 9) mit $D_j=C_j/j$

$$\frac{\dot\chi}{\lambda\omega}=D_1\cos\psi-D_3\cos 3\psi+D_5\cos 5\psi-+\cdots.$$

Quadriert man diese Reihen, formt die entstehenden Produkte um gemäß

$$2\sin j\psi\sin k\psi=\cos(j-k)\psi-\cos(j+k)\psi,$$
$$2\cos j\psi\cos k\psi=\cos(j-k)\psi+\cos(j+k)\psi$$

und ordnet, so kommen die Fourierschen Reihen

$$\left.\begin{aligned}\left(\frac{v}{r\omega}\right)^2&=B_0'+B_1'\cos\psi-B_2'\cos 2\psi-B_3'\cos 3\psi-B_4'\cos 4\psi+\\&\qquad+B_5'\cos 5\psi+B_6'\cos 6\psi--++\cdots,\\ \left(\frac{\dot\chi}{\lambda\omega}\right)^2&=D_0'+D_2'\cos 2\psi-D_4'\cos 4\psi+D_6'\cos 6\psi-+\cdots\end{aligned}\right\} \tag{5}$$

mit den Koeffizienten

$$\left.\begin{aligned}
&B_0'=\frac{1}{2}(1+B_2^2+B_4^2+B_6^2+\cdots), && B_1'=B_2,\\
&B_2'=\frac{1}{2}+B_2B_4+B_4B_6+B_6B_8+\cdots, && B_3'=B_2+B_4,\\
&B_4'=\frac{1}{2}B_2^2-B_2B_6-B_4B_8-B_6B_{10}-\cdots, && B_5'=B_4+B_6,\\
&B_6'=B_2B_4-B_2B_8-B_4B_{10}-B_6B_{12}-\cdots, && B_7'=B_6+B_8,\\
&B_8'=\frac{1}{2}B_4^2+B_2B_6-B_2B_{10}-B_4B_{12}-\cdots, && B_9'=B_8+B_{10},\\
&B_{10}'=B_2B_8+B_4B_6-B_2B_{12}-B_4B_{14}-\cdots, && B_{11}'=B_{10}+B_{12},\\
&\vdots && \vdots\\
&D_0'=\frac{1}{2}(D_1^2+D_3^2+D_5^2+D_7^2+\cdots), && D_2'=\frac{1}{2}D_1^2-D_1D_3-D_3D_5-D_5D_7-\cdots,\\
&D_4'=D_1D_3-D_1D_5-D_3D_7-D_5D_9-\cdots, && D_6'=\frac{1}{2}D_3^2+D_1D_5-D_1D_7-D_3D_9-\cdots,\\
&D_8'=D_1D_7+D_3D_5-D_1D_9-D_3D_{11}-\cdots, && D_{10}'=\frac{1}{2}D_5^2+D_1D_9+D_3D_7-D_1D_{11}-\cdots,\\
&\vdots && \vdots
\end{aligned}\right\} \tag{6}$$

Man erkennt das Bildungsgesetz und kann für jeden Wert von $\lambda = r/l$ die Koeffizienten B_j' und D_j' rasch aus den Koeffizienten B_j und D_j (deren Tafeln in Kap. XI, Ziff. **4** angegeben sind) berechnen. In den meisten Fällen ist es genau genug,

$$\left.\begin{aligned} &B_0' = \frac{1}{2}(1+B_2^2),\quad B_1' = B_2,\quad B_2' = \frac{1}{2},\quad B_3' = B_2 + B_4,\quad B_4' = \frac{1}{2}B_2^2,\quad B_5' = B_4,\\ &D_0' = \frac{1}{2}D_1^2,\quad D_2' = \frac{1}{2}D_1^2 - D_1 D_3,\quad D_4' = D_1 D_3 \end{aligned}\right\} \tag{6a}$$

zu nehmen und alle übrigen B_j' und D_j' gleich Null zu setzen. Hiermit ist gemäß (2) und (5) die Fouriersche Reihe für die Bewegungsenergie T gewonnen. Die Näherung (4) erhält man, wenn man erstens alle $B_j = 0$ nimmt, so daß also $B_0' = B_2' = \frac{1}{2}$ und alle übrigen $B_j' = 0$ werden, und zweitens wieder R'' streicht.

Das nach (**2**, 3) für diese Bewegungsenergie aufzuwendende Drehmoment $\mathfrak{M}''$ wird zufolge (2)

$$\mathfrak{M}'' \equiv \frac{dT}{d\psi} = \frac{1}{2}\left[\frac{d\Psi}{d\psi}\omega^2 + \Psi\frac{d(\omega^2)}{d\psi}\right] = \frac{1}{2}\frac{d\Psi}{d\psi}\omega^2 + \Psi\dot{\omega}. \tag{7}$$

Dabei ist $d\Psi/d\psi$ entweder durch graphische Differentiation der Ψ-Kurve (Abb. 7, wo die Konstruktion von $d\Psi/d\psi$ für einen Punkt der Ψ-Kurve angedeutet ist) oder durch analytische Differentiation der Fourierschen Reihe, die aus (2) mit (5) hervorgeht, zu bilden. — Die Näherung (4) liefert

$$\overline{\mathfrak{M}}'' = \frac{1}{2}\omega^2 R' \sin 2\psi + \dot{\omega}\left[R + \frac{1}{2}R'(1-\cos 2\psi)\right]. \tag{8}$$

Bei raschlaufenden Maschinen ist in der Regel ω^2 sehr viel größer als $\dot{\omega}$ [wie wir später durch (**7**, 14) abschätzen werden], und man kann daher in (7) bzw. (8) häufig das zweite Glied ($\dot{\omega}$) gegen das erste (ω^2) vernachlässigen. Als einfachste Näherung hat man dann

$$\overline{\overline{\mathfrak{M}}}'' = \frac{1}{2}\omega^2 R' \sin 2\psi. \tag{9}$$

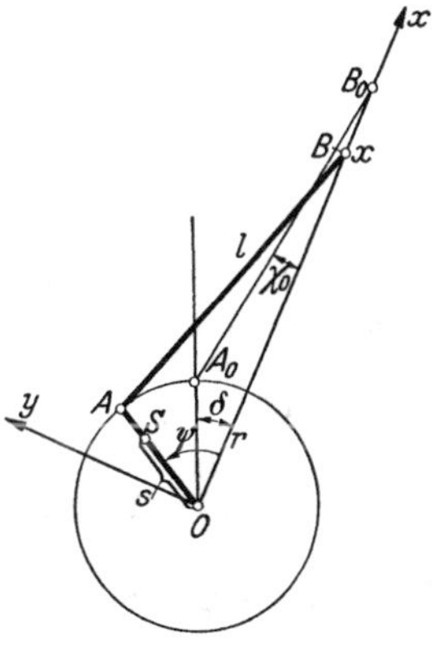

Abb. 8. Kurbelgetriebe unter der Neigung δ gegen die Lotlinie.

5. Die Lageenergie. Beim nächsten Glied der Leistungsbilanz (**2**, 2) oder (**2**, 3) müssen wir unterscheiden, ob die Gleitbahn des Kurbelgetriebes senkrecht oder waagerecht steht. Wir wollen mit Rücksicht auf spätere Anwendungen sogleich den allgemeinen Fall betrachten, daß die Gleitbahn den beliebigen Winkel δ mit der Lotlinie bildet. Mit den Bezeichnungen von Abb. 8, wo $x = OB$ und $s = OS$ die Entfernungen des Punktes B und des Kurbelschwerpunktes S vom Wellenmittel O sind, wird die Lageenergie des Kurbelgetriebes in einer beliebigen Kurbelstellung ψ gegenüber der gleich Null gesetzten Lageenergie in der höchsten Stellung A_0 des Punktes A

$$U = -\left[sG + r\left(1-\frac{s'}{l}\right)G'\right]\left[1-\cos(\psi-\delta)\right] - \left(\frac{s'}{l}G' + G''\right)(r\cos\delta + l\cos\chi_0 - x)\cos\delta.$$

Dabei haben wir das Gewicht der Pleuelstange wieder sogleich aufgeteilt in die Teilgewichte $\left(1-\frac{s'}{l}\right)G'$ und $\frac{s'}{l}G'$ am Kurbelzapfen und am Kreuzkopf (Kolbenbolzen). Mit den reduzierten Momenten

$$Q^* = r\left(\frac{s'}{l}G' + G''\right), \qquad Q^{*\prime} = sG + r\left(1-\frac{s'}{l}\right)G' \tag{1}$$

(die nun etwas anders definiert sind als in Kap. XI, Ziff. **3**) und mit dem Wert von x (XI, **4**, 5) kommt somit das von der Lageenergie beanspruchte Drehmoment

$$\left.\begin{aligned}\mathfrak{M}''' \equiv \frac{dU}{d\psi} = -\,[(Q^* + Q^{*\prime})\sin\psi + Q^*(B_2\sin 2\psi - B_4\sin 4\psi + - \cdots)]\cos\delta + \\ + Q^{*\prime}\cos\psi\sin\delta.\end{aligned}\right\}\quad (2)$$

Vergleicht man dies mit Kap. XI, Ziff. **5**, so leuchtet der Zusammenhang mit dem Massenausgleich der Maschine sofort ein: sind mit X^* und Y^* die stationäre Längs- und Querkraft bezeichnet, so hat man auch

$$\mathfrak{M}''' = -\frac{g}{\omega^2}\left(\cos\delta\int_0^{\psi} X^*\,d\psi + \sin\delta\int_{\pi/2}^{\psi} Y^*\,d\psi\right). \quad (3)$$

Das Drehmoment der Lageenergie verschwindet also unter den gleichen Bedingungen, die die Längskraft und die Querkraft zu Null machen (Kap. XI, Ziff. **6**).

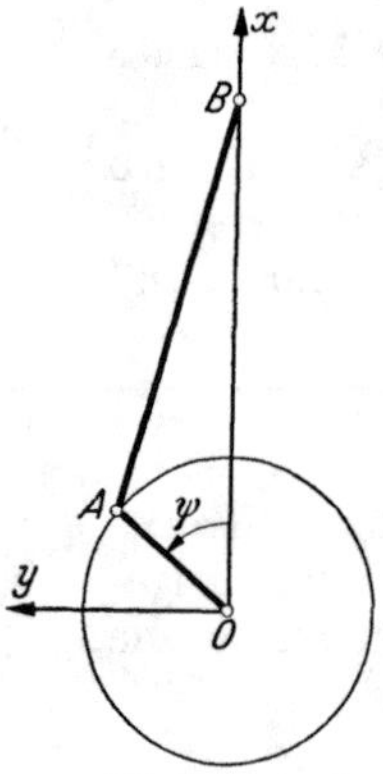

Abb. 9. Stehende Maschine.

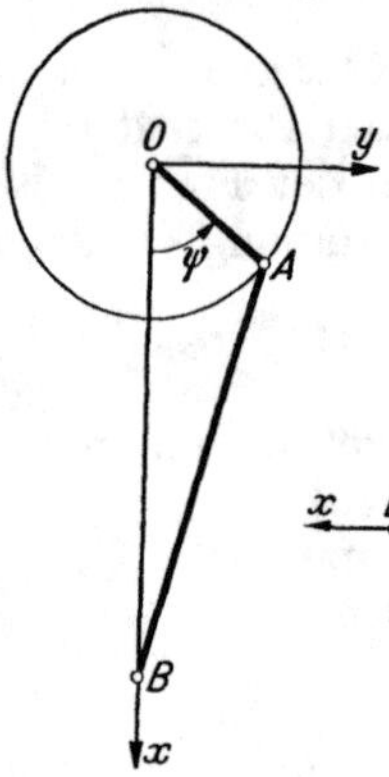

Abb. 10. Hangende Maschine.

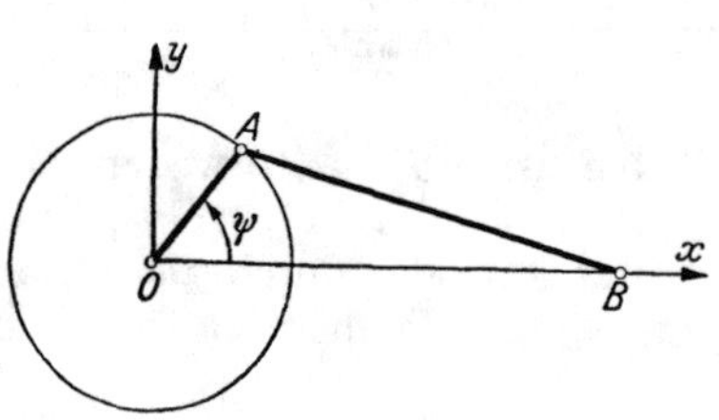

Abb. 11. Liegende Maschine erster Art.

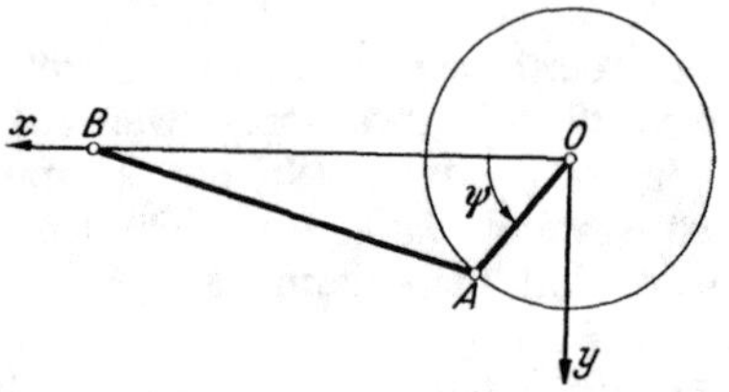

Abb. 12. Liegende Maschine zweiter Art.

Wir notieren noch die folgenden vier besonders wichtigen Sonderfälle:

a) Die stehende Maschine (Abb. 9). Hier ist mit $\delta = 0$

$$\mathfrak{M}''' = -(Q^* + Q^{*\prime})\sin\psi - Q^*(B_2\sin 2\psi - B_4\sin 4\psi + - \cdots) = -\frac{g}{\omega^2}\int_0^{\psi} X^*\,d\psi. \quad (4)$$

b) Die hängende Maschine (Abb. 10). Mit $\delta = \pi$ wird

$$\mathfrak{M}''' = (Q^* + Q^{*\prime})\sin\psi + Q^*(B_2\sin 2\psi - B_4\sin 4\psi + - \cdots) = \frac{g}{\omega^2}\int_0^{\psi} X^*\,d\psi. \quad (5)$$

c) Die liegende Maschine erster Art (Abb. 11). Mit $\delta = \pi/2$ wird

$$\mathfrak{M}''' = Q^{*\prime}\cos\psi = -\frac{g}{\omega^2}\int_{\pi/2}^{\psi} Y^*\,d\psi. \quad (6)$$

d) Die liegende Maschine zweiter Art (Abb. 12). Mit $\delta = -\pi/2$ wird

$$\mathfrak{M}''' = -\,Q^{*\prime}\cos\psi = \frac{g}{\omega^2}\int_{\pi/2}^{\psi} Y^*\,d\psi. \quad (7)$$

In den Fällen a) und b) verschwindet $\mathfrak{M}'''$, wenn die Längskraft der Maschine ausgeglichen ist, in den Fällen c) und d), wenn es die Querkraft ist.

Wir merken hier an, daß die Formel (3) ein Sonderfall eines viel allgemeineren Zusammenhanges ist, der für alle der Schwere unterworfenen Systeme von einem Freiheitsgrad besteht. Sind nämlich m_i die Einzelmassen des Systems und h_i deren Schwerpunktshöhen über einer willkürlich festgesetzten Nullage, so ist seine Lageenergie

$$U = g \Sigma m_i h_i. \tag{8}$$

Ist ferner ψ eine die Lage des Systems vollständig bestimmende Koordinate und $\mathfrak{M}'''$ die zu einer virtuellen Verrückung $\delta\psi$ gehörende, von der Lageenergie beanspruchte Lagrangesche „Kraft", die also durch

$$\mathfrak{M}''' \equiv \frac{dU}{d\psi}$$

definiert sein soll, und nennt man „stationär" diejenige Bewegung des Systems, bei welcher $\omega \equiv \dot{\psi}$ unveränderlich bleibt, so hat man gemäß (8)

$$\frac{d\mathfrak{M}'''}{d\psi} \equiv \frac{d^2 U}{d\psi^2} = g \Sigma m_i \frac{d^2 h_i}{d\psi^2} = \frac{g}{\omega^2} \Sigma m_i \ddot{h}_i.$$

Nun ist aber $-\Sigma m_i \ddot{h}_i$ die Vertikalkomponente $\mathfrak{K}_h^*$ der stationären (d. h. zu unveränderlichem ω gehörenden) Massenkraft $\mathfrak{K}^*$ und folglich

$$\frac{d\mathfrak{M}'''}{d\psi} = -\frac{g}{\omega^2} \mathfrak{K}_h^*$$

oder

$$\mathfrak{M}''' = \mathfrak{M}_0''' - \frac{g}{\omega^2} \int_0^{\psi} \mathfrak{K}_h^* \, d\psi, \tag{9}$$

wenn mit $\mathfrak{M}_0'''$ der Wert von $\mathfrak{M}'''$ für $\psi = 0$ bezeichnet wird. Diese Formel (9) stellt den gesuchten allgemeinen Zusammenhang zwischen der zur Koordinate ψ gehörigen, von der Lageenergie U beanspruchten Lagrangeschen „Kraft" $\mathfrak{M}'''$ und der stationären Massenkraft $\mathfrak{K}^*$ eines Systems mit einem Freiheitsgrad dar.

Im vorliegenden Fall ist $\mathfrak{K}_h^* = X^* \cos\delta + Y^* \sin\delta$ (wie man aus Abb. 8 schließt) und $\mathfrak{M}_0''' = Q^{*\prime} \sin\delta = \sin\delta \cdot \frac{g}{\omega^2} \int_0^{\pi/2} Y^* d\psi$ [wie man aus (XI, **5**, 2) folgert], womit (9) tatsächlich in (3) übergeht.

6. Die inneren Kräfte des Kurbelgetriebes und die Reibungsverluste. Das letzte Glied der Leistungsbilanz umfaßt die Reibungsverluste. Diese rühren her von der Zapfenreibung der Welle, des Kurbelzapfens und des Kolbenbolzens (Kreuzkopfs) je in ihren Lagern, sowie von der Wandreibung des Kolbens am Zylinder (oder des Kreuzkopfs an seiner Gleitbahn). Um die Reibungsverluste zu finden, muß man also vor allem die Zapfenkräfte und den Wanddruck des Kolbens aufsuchen. Weil diese Aufgabe eine über das Reibungsproblem hinausgehende selbständige Bedeutung hat (beispielsweise für die Festigkeitsberechnung der Pleuelstange, der Zapfen und der Lager), so lösen wir sie etwas ausführlicher und genauer, als es für die Abschätzung der Reibungsverluste nötig wäre.

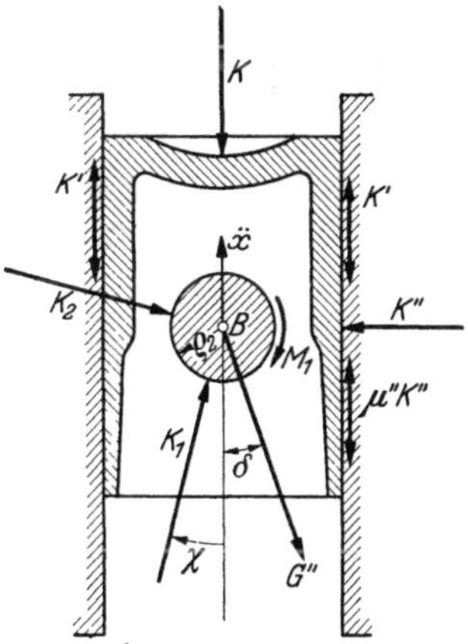

Abb. 13. Der Kolben samt den auf ihn wirkenden Kräften.

Da wir, wie in Ziff. **3**, die Kolbenkraft K als bekannt ansehen, so beginnen wir auf der Kolbenseite des Getriebes. In Abb. **13** ist der Kolben samt den auf ihn wirkenden Kräften dargestellt, nämlich der Kolbenkraft K, der unbekannten Wandkraft K'', der von der Pleuelstange auf den Kolbenbolzen ausgeübten unbekannten Kraft, die wir in eine Komponente K_1 in Richtung der Pleuelstangenachse und in eine dazu senkrechte Komponente K_2 zerlegen, und dem unbekannten Moment M_1, das der Kolben infolge der Reibung im Kolbenbolzen von der Pleuelstange erfährt. (In Abb. **13** sind K und K'' so eingetragen, als gingen sie durch den Punkt B. Die tatsächliche Resultante der Kolbenkräfte und die tatsächliche Resultante der Wandkräfte können ein wenig daneben liegen; dann kann man sie aber stets parallel zu sich nach B verschieben und muß dafür nur noch je ein Kräftepaar hinzufügen. Diese Kräftepaare brauchen wir aber hier nicht zu beachten, da sie lediglich für das Momentengleichgewicht des starr geführten Kolbens in Betracht kämen, welches für unsere jetzige Fragestellung belanglos ist.) Dazu kommt dann noch die von K'' herrührende Wandreibung $\mu'' K''$, wo μ'' die Reibungszahl ist, sowie die von K'' unabhängige allgemeine Wandreibung K', die von der Spannung der Kolbenringe, vom Spiel usw. abhängt und für jeden Motor als einigermaßen bekannt angesehen werden darf. Die letzte Kraft auf den Kolben ist sein Gewicht G'', das wir uns im Punkt B angreifend denken, der mithin der Schwerpunkt sein soll. (Dies bedeutet keine Einschränkung; greift das Gewicht nicht genau in B an, so gilt die gleiche Bemerkung wie vorhin bei K und K''.) Da wir die folgenden Formeln sogleich für Maschinen mit beliebig geneigter Gleitbahn aufstellen wollen, so denken wir uns das Gewicht G'' unter der Neigung δ gegen die (in Abb. **13** lotrecht gezeichnete) Gleitbahn wirkend. Hiernach gilt für den Kolben bei der Beschleunigung $\ddot{x}$

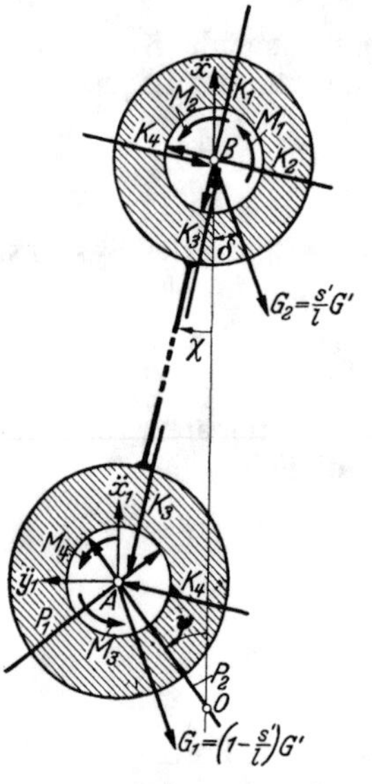

Abb. 14. Das Ersatzmassensystem der Pleuelstange samt den an ihm angreifenden Kräften.

$$\left.\begin{aligned} K_1\cos\chi - K_2\sin\chi \pm \mu''\,|K''| &= K \mp K' + G''\left(\frac{\ddot{x}}{g} + \cos\delta\right), \\ K_1\sin\chi + K_2\cos\chi - K'' &= -G''\sin\delta, \end{aligned}\right\} \qquad (1)$$

wobei das obere Vorzeichen für den Hingang $(0 \leq \psi \leq \pi)$, das untere für den Hergang $(\pi \leq \psi \leq 2\pi)$ zu nehmen ist.

Die Pleuelstange ersetzen wir wieder durch zwei Ersatzmassen symmetrisch je um den Kolbenbolzen und den Kurbelzapfen mit den Gewichten G_2 und G_1 (Abb. 14), die durch eine masselose starre Stange verbunden gedacht sind. Auf G_2 wirkt außer den Reaktionen K_1, K_2 und M_1 des Kolbenbolzens eine unbekannte, im Schwerpunkt B von G_2 angreifende Kraft der Stange, zerlegbar in K_3 und K_4 sowie ein Moment M_2 von der Stange, endlich das Gewicht $G_2 = \frac{s'}{l} G'$ unter der Neigung δ gegen die Gleitbahn. Die zugehörigen Reaktionen K_3, K_4 und M_3 greifen im Schwerpunkt A von G_1 an, und es muß, da die Stange masselos sein soll, von vornherein

$$l K_4 - M_2 - M_3 = 0 \qquad (2)$$

werden. An G_1 greift außerdem die Kraft der Kurbel an, die wir in die Tangentialkraft P_1 und die dazu senkrechte Kurbelkraft P_2 zerlegen, ferner das Reibungsmoment M_4 des Kurbelzapfens und endlich das Gewicht $G_1 = \left(1 - \frac{s'}{l}\right) G'$. Damit gilt

$$\left.\begin{aligned} (K_3 - K_1)\cos\chi + (K_2 - K_4)\sin\chi &= \frac{s'}{l} G'\left(\frac{\ddot{x}}{g} + \cos\delta\right), \\ (K_3 - K_1)\sin\chi - (K_2 - K_4)\cos\chi &= -\frac{s'}{l} G'\sin\delta, \end{aligned}\right\} \qquad (3)$$

$$M_1+M_2=-G_2k_2^2\frac{\ddot{\chi}}{g}, \tag{4}$$

$$\left.\begin{aligned} P_1\sin\psi+P_2\cos\psi-K_3\cos\chi+K_4\sin\chi&=\left(1-\frac{s'}{l}\right)G'\left(\frac{\ddot{x}_1}{g}+\cos\delta\right),\\ -P_1\cos\psi+P_2\sin\psi+K_3\sin\chi+K_4\cos\chi&=\left(1-\frac{s'}{l}\right)G'\left(\frac{\ddot{y}_1}{g}+\sin\delta\right),\end{aligned}\right\} \tag{5}$$

$$M_3+M_4=-G_1k_1^2\frac{\ddot{\chi}}{g}. \tag{6}$$

An der Kurbel endlich (Abb. 15) greifen außer den Reaktionen P_1, P_2 und M_4 der Pleuelstange die Zapfenkraftkomponenten P_3 und P_4 der Wellenlager an, außerdem ein Moment $M_5+\mathfrak{W}$, dessen erster Teil M_5 von der Reibung in diesen Lagern und dessen zweiter Teil von dem Arbeitswiderstand der Welle (Ziff. **8**) herrührt, und zuletzt das Gewicht G, und es gilt

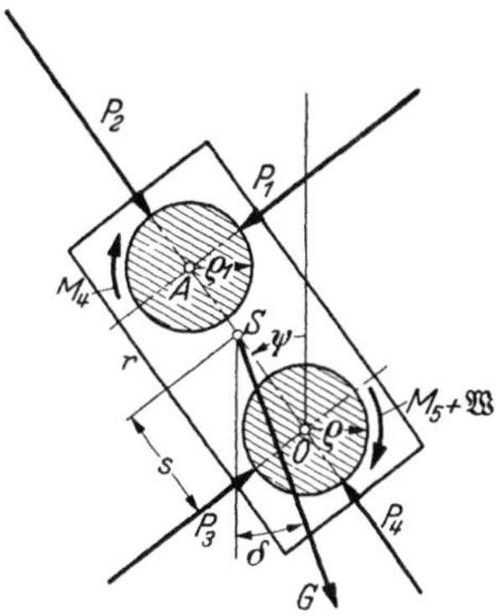

Abb. 15. Die Kurbel samt den auf sie wirkenden Kräften.

$$\left.\begin{aligned} P_2-P_4&=G\left[\frac{s\omega^2}{g}-\cos(\psi-\delta)\right],\\ P_1-P_3&=G\left[\frac{s\dot{\omega}}{g}-\sin(\psi-\delta)\right],\end{aligned}\right\} \tag{7}$$

$$rP_1-M_4-M_5=G\left[\frac{k^2\dot{\omega}}{g}-s\sin(\psi-\delta)\right]+\mathfrak{W}. \tag{8}$$

Zu diesen Gleichungen müssen wir uns noch die Reibungsgesetze, d. h. die Zusammenhänge zwischen den Momenten M_1 bzw. M_4 bzw. M_5 und den Zapfenkräften K_1, K_2 bzw. P_1, P_2 bzw. P_3, P_4 hinzugenommen denken; dann bestimmen sie die Unbekannten K'', K_1, K_2, K_3, K_4, P_1, P_2, P_3, P_4, M_1, M_2, M_3, M_4, M_5 (und außerdem, je nach Fragestellung, die Bewegung oder den Arbeitswiderstand) vollständig.

Bei der tatsächlichen Lösung dürfen wir uns mancherlei Vereinfachungen erlauben. Die erste Vereinfachung besteht darin, daß wir den Stangenwinkel χ immer als klein ansehen und also auch das Verhältnis $\lambda=r/l$. In den meisten Fällen wird man für den vorliegenden Zweck unbedenklich $\lambda=0$ setzen können; wir wollen etwas genauer rechnen und bis zu den Gliedern erster Ordnung in λ gehen. Dann ist nach (XI, **4**, 7) und (XI, **4**, 6)

$$\dot{x}=-r\omega\left(\sin\psi+\frac{1}{2}\lambda\sin 2\psi\right),\qquad \ddot{x}=-r\omega^2(\cos\psi+\lambda\cos 2\psi), \tag{9}$$

wobei Glieder mit $\dot{\omega}$ gegen solche mit ω^2 von vornherein wegfallen durften. Ebenso ist nach (XI, **4**, 1), (XI, **4**, 11) und (XI, **4**, 10)

$$\sin\chi=\lambda\sin\psi,\qquad \cos\chi=1,\qquad \dot{\chi}=\lambda\omega\cos\psi,\qquad \ddot{\chi}=-\lambda\omega^2\sin\psi. \tag{10}$$

Für die Beschleunigungskomponenten $\ddot{x}_1, \ddot{y}_1$ des Kurbelzapfens A gilt unmittelbar

$$\ddot{x}_1=-r\omega^2\cos\psi,\qquad \ddot{y}_1=-r\omega^2\sin\psi. \tag{11}$$

Ferner darf man in der ersten Gleichung (1) die Reibungskraft $\mu''K''$, die wegen der kleinen Reibungszahl μ'' (zumeist kleiner als 0,1) recht klein bleibt, gegen die Kolbenkraft ohne weiteres streichen, desgleichen auch K'. (Dies bedeutet nicht, daß wir später die von diesen Kräften herrührenden Reibungsverluste außer acht lassen werden, sondern nur, daß wir ihren Einfluß auf die Zapfenkräfte nicht zu berücksichtigen für nötig erachten.) Weiter ziehen wir aus der durch Addition von (2), (4) und (6) folgenden Gleichung

$$lK_4+M_1+M_4=-(k_1^2G_1+k_2^2G_2)\frac{\ddot{\chi}}{g} \tag{12}$$

in Verbindung mit (10) und mit (XI, **3**, 5), nämlich

$$k^2 G_1 + k_2^2 G_2 = [k'^2 - s'(l-s')]G'$$

den Schluß, daß die Zapfenkraft

$$K_4 = -\frac{M_1+M_4}{l} - \frac{s'(l-s')-k'^2}{l^2}\,\frac{r\omega^2}{g}\,G'\sin\psi \tag{13}$$

nur sehr klein sein kann. Denn die Reibungsmomente M_1 und M_4 sind bei einem Zapfenhalbmesser ϱ und einer Zapfenreibungszahl μ von der Größenordnung $\mu\varrho K$, und der Quotient $[s'(l-s')-k'^2]:l^2$ ist stets ein sehr kleiner Bruch, wo nicht gar gleich Null (vgl. Kap. XI, Ziff. **6**). Wir vereinfachen uns die Rechnung erheblich, wenn wir also weiterhin ohne Bedenken

$$K_4 = 0 \tag{14}$$

setzen. Außerdem führen wir die Ausdrücke (9) bis (11) in die Gleichungen (1), (3) und (5) ein.

Dann finden wir aus (1) und (3) sofort die Zapfenkräfte

$$\left.\begin{aligned} K_1 &= K - G''\left[\frac{r\omega^2}{g}(\cos\psi+\lambda\cos 2\psi)-\cos\delta\right] + \frac{s'}{l}G'\lambda\sin\delta\sin\psi,\\ K_2 &= \frac{s'}{l}G'\left[\sin\delta-\lambda\left(\frac{1}{2}\frac{r\omega^2}{g}\sin 2\psi-\cos\delta\sin\psi\right)\right], \end{aligned}\right\} \tag{15}$$

die Wandkraft

$$K'' = \lambda K\sin\psi + \left(\frac{s'}{l}G'+G''\right)\left[\sin\delta-\lambda\left(\frac{1}{2}\frac{r\omega^2}{g}\sin 2\psi-\cos\delta\sin\psi\right)\right] \tag{16}$$

und die Stangenkraft

$$K_3 = K - \left(\frac{s'}{l}G'+G''\right)\left[\frac{r\omega^2}{g}(\cos\psi+\lambda\cos 2\psi)-\cos\delta\right]. \tag{17}$$

Bei der Auflösung haben wir Glieder mit λ^2 überall weggelassen. Die Stangenkraft K_3 ist nun allerdings keine wirkliche Kraft, vielmehr nur die gedachte Ersatzkraft in einer masselos angenommenen Verbindungsstange zwischen den Ersatzmassen G_1 und G_2. Die tatsächlich die Pleuelstange beanspruchende Kraft ist in jedem Augenblick längs der Stange verschieden (wegen ihrer Massenträgheit) und wird am einen Ende B durch die Komponenten K_1, K_2, am andern Ende A durch P_1, P_2 dargestellt. Man darf aber K_3 als den Mittelwert der in der Pleuelstange wirkenden Längskraft ansehen und der Festigkeitsberechnung der Pleuelstange ohne Bedenken zugrunde legen.

Mit (14) und (17) liefern die Gleichungen (5) schließlich die beiden Komponenten der Kurbelzapfenkraft

$$\left.\begin{aligned} P_1 = K&\left(\sin\psi+\frac{1}{2}\lambda\sin 2\psi\right)+\left(1-\frac{s'}{l}\right)G'\sin(\psi-\delta)-\\ &-\left(\frac{s'}{l}G'+G''\right)\left\{\frac{1}{2}\frac{r\omega^2}{g}\left[\sin 2\psi-\frac{1}{2}\lambda(\sin\psi-3\sin 3\psi)\right]-\right.\\ &\left.-\cos\delta\left(\sin\psi+\frac{1}{2}\lambda\sin 2\psi\right)\right\},\\ P_2 = K&\left[\cos\psi-\frac{1}{2}\lambda(1-\cos 2\psi)\right]-\left(1-\frac{s'}{l}\right)G'\left[\frac{r\omega^2}{g}-\cos(\psi-\delta)\right]-\\ &-\left(\frac{s'}{l}G'+G''\right)\left\{\frac{1}{2}\frac{r\omega^2}{g}\left[1+\cos 2\psi+\frac{1}{2}\lambda(\cos\psi+3\cos 3\psi)\right]-\right.\\ &\left.-\cos\delta\left[\cos\psi-\frac{1}{2}\lambda(1-\cos 2\psi)\right]\right\}. \end{aligned}\right\} \tag{18}$$

Da hierin die Kolbenkraft K eine (durch die graphische Konstruktion von Abb. 2 in Ziff. **3** bestimmte) Funktion von ψ ist, so wird man die ersten Glieder von P_1 und P_2 am besten ebenfalls graphisch ermitteln. Man liest in Abb. 2 von Ziff. **3** aus den Dreiecken OAD und OAI (wo $OI \perp AD$) ab

$$OD = r\frac{\sin(\psi+\chi)}{\cos\chi}, \qquad AI = r\cos(\psi+\chi)$$

oder mit den Werten (10) von $\sin\chi$ und $\cos\chi$

$$OD = r\left(\sin\psi + \frac{1}{2}\lambda\sin 2\psi\right), \qquad AI = r\left[\cos\psi - \frac{1}{2}\lambda(1-\cos 2\psi)\right].$$

Folglich wird

$$\left.\begin{aligned} K\left(\sin\psi + \frac{1}{2}\lambda\sin 2\psi\right) &= K\frac{OD}{r} = OF \equiv P, \\ K\left[\cos\psi - \frac{1}{2}\lambda(1-\cos 2\psi)\right] &= K\frac{AI}{r} = EL, \end{aligned}\right\} \tag{18a}$$

womit diese Glieder der graphischen Konstruktion zugänglich geworden sind: das erste ist einfach die Tangentialkraft P (Ziff. **3**), das zweite ist nun ebenso leicht zu finden.

Zuletzt folgen aus (7) mit $\dot{\omega}=0$ die beiden Komponenten der Wellenzapfenkraft

$$\left.\begin{aligned} P_3 &= P_1 + G\sin(\psi-\delta), \\ P_4 &= P_2 - G\left[\frac{s\omega^2}{g} - \cos(\psi-\delta)\right], \end{aligned}\right\} \tag{19}$$

worin man sich die Werte von (18) eingesetzt denken mag. [Die Gleichung (8) brauchen wir vorläufig überhaupt nicht.]

Damit sind nun alle Gelenkkräfte berechnet. Die wichtigsten Glieder in den Ausdrücken (15) bis (19) für diese Kräfte sind natürlich diejenigen mit der Kolbenkraft K; bei raschlaufenden Maschinen sind aber auch die Trägheitsglieder mit dem Faktor $r\omega^2/g$ etwa von der gleichen Größenordnung und also auch nicht annähernd zu vernachlässigen. Die von der Schwerkraft herrührenden Glieder, erkenntlich an dem Faktor $\cos\delta$ oder $\sin\delta$ bzw. $\cos(\psi-\delta)$ oder $\sin(\psi-\delta)$, treten zahlenmäßig meist ziemlich zurück. Für erste Näherungen wird man auch die Glieder mit λ fortlassen dürfen.

Jetzt schreiten wir zur Berechnung der Leistungsverluste V der Reibung und zu dem von ihr verbrauchten Drehmoment $\mathfrak{M}'''' \equiv V/\omega$. Der erste Verlust V_1 ist von der Wandreibungskraft K' verursacht; er ist gleich $K'|\dot{x}|$. Setzt man $\dot{x}$ aus (9) ein und teilt durch ω, so kommt

$$\mathfrak{M}_1'''' = rK'\left|\sin\psi + \frac{1}{2}\lambda\sin 2\psi\right|. \tag{20}$$

Die Wandkraft K'' (16) gibt das zweite verlorene Moment $\mathfrak{M}_2'''' = \mu''|K''|\cdot|\dot{x}|/\omega$ oder ausführlich

$$\left.\begin{aligned} \mathfrak{M}_2'''' = \mu'' r\Big|\frac{1}{2}\lambda K(1-\cos 2\psi) + \left(\frac{s'}{l}G' + G''\right)\Big\{\sin\delta\sin\psi - {}&\\ -\frac{1}{2}\lambda\left[\frac{1}{2}\frac{r\omega^2}{g}(\cos\psi - \cos 3\psi) - \cos\delta\,(1-\cos 2\psi) - \sin\delta\sin 2\psi\right]\Big\}\Big|&. \end{aligned}\right\} \tag{21}$$

Im Kolbenbolzen tritt die Zapfenkraft $Z_2 = +\sqrt{K_1^2+K_2^2}$ auf; mit der Zapfenreibungszahl μ_2' des Kolbenbolzens und dem Bolzenhalbmesser ϱ_2 sowie der Drehgeschwindigkeit $\dot{\chi}$ (10) des Bolzens wird die verlorene Leistung $V_3 = \mu_2'\varrho_2 Z_2|\dot{\chi}|$ und also das verbrauchte Drehmoment $\mathfrak{M}_3'''' = V_3/\omega$ oder

$$\mathfrak{M}_3'''' = \mu_2'\varrho_2\lambda Z_2|\cos\psi|. \tag{22}$$

Ebenso liefert die Zapfenkraft $Z_1 = +\sqrt{P_1^2 + P_2^2}$ im Kurbelzapfen mit der Zapfenreibungszahl μ_1' und dem Zapfenhalbmesser ϱ_1 sowie der relativen Drehgeschwindigkeit $\omega + \dot{\chi}$ zwischen Kurbel und Pleuelstange das verlorene Moment

$$\mathfrak{M}_4'''' = \mu_1' \varrho_1 Z_1 (1 + \lambda \cos \psi). \tag{23}$$

Endlich gibt die Zapfenkraft $Z_3 = +\sqrt{P_3^2 + P_4^2}$ in den Wellenlagern mit der Zapfenreibungszahl μ und dem Wellenhalbmesser ϱ das verlorene Moment

$$\mathfrak{M}_5'''' = \mu \varrho Z_3. \tag{24}$$

Die Zapfenreibungsziffern μ, μ_1', μ_2' sowie die gewöhnliche Reibungsziffer μ'' dürfen wir als ziemlich gut bekannt ansehen[1]), und zwar sowohl in ihrer Abhängigkeit von der Geschwindigkeit wie auch vom Druck und von der Temperatur, so daß der Berechnung des ganzen Reibungsmomentes

$$\mathfrak{M}'''' \equiv \frac{V}{\omega} = \mathfrak{M}_1'''' + \mathfrak{M}_2'''' + \mathfrak{M}_3'''' + \mathfrak{M}_4'''' + \mathfrak{M}_5'''' \tag{25}$$

keine Schwierigkeiten entgegenstehen. Die wirkliche Durchführung für eine hinreichend große Zahl von Kurbelwinkeln ψ ist allerdings recht zeitraubend, vor allem wegen der unbequemen Ausdrücke für Z_1, Z_2 und Z_3. In den meisten Fällen wird man sich diese Aufgabe erheblich vereinfachen, indem man — von der Erwägung ausgehend, daß die Unsicherheiten in den Reibungsziffern und die Kleinheit des ganzen Reibungsmomentes doch kaum eine so genaue Rechnung lohnen — auch noch die nur von den Gewichten herrührenden Glieder fortläßt sowie die mit λ behafteten Glieder, soweit sie nicht mit den i. a. sehr großen Kolbenkräften K oder dem Faktor $r\omega^2/g$ multipliziert sind; auch Glieder mit dem Produkt $\varrho_1\lambda$ oder $\varrho_2\lambda$ kann man dabei fortlassen.

Im Rahmen dieser Näherung ist

$$\mathfrak{M}_1'''' = rK' \,|\sin\psi|, \qquad \mathfrak{M}_2'''' = \mu'' r \lambda H_1 \sin^2\psi, \qquad \mathfrak{M}_3'''' = 0, \tag{26}$$

ferner

$$\left.\begin{aligned} Z_1^2 &= H_1^2 + H_2^2 - 2\, H_1 H_2 \cos\psi, \\ Z^2 &= H_1^2 + H_3^2 - 2\, H_1 H_3 \cos\psi \end{aligned}\right\} \tag{27}$$

mit den Abkürzungen

$$\left.\begin{aligned} H_1 &= K - Q_1\omega^2 \cos\psi, &\qquad Q_1 &= \frac{r}{g}\left(\frac{s'}{l} G' + G''\right), \\ H_2 &= Q_2\omega^2, & Q_2 &= \frac{r}{g}\left(1 - \frac{s'}{l}\right) G', \\ H_3 &= Q_3\omega^2, & Q_3 &= \frac{1}{g}\left[sG + r\left(1 - \frac{s'}{l}\right) G'\right], \end{aligned}\right\} \tag{28}$$

und dann vollends

$$\mathfrak{M}_4'''' = \mu_1' \varrho_1 Z_1, \qquad \mathfrak{M}_5'''' = \mu \varrho Z_3. \tag{29}$$

Das auf die Welle reduzierte Moment $\mathfrak{M}_1''''$ der Kolbenreibung K' zeigt Abb. 16. Die graphische Konstruktion des reduzierten Momentes $\mathfrak{M}_2''''$ und der Zapfenkraft Z_1 aus der Kolbenkraft K und den Trägheitskräften $Q_1\omega^2$ und $H_2 = Q_2\omega^2$ ist in Abb. 17 angegeben. Man schlägt über dem (die Totlagen verbindenden) Durchmesser des Kurbelkreises zwei Halbkreise mit den Halbmessern $Q_1\omega^2$ und $H_2 = Q_2\omega^2$ und setzt das Indikatordiagramm für die Kolbenkraft K darüber. Im Rahmen der jetzigen Näherung (Vernachlässigung der

[1]) Siehe etwa „Hutte", Bd. 1, S. 286; Bd. 2, S. 110, 25. Aufl., Berlin 1925; ferner M. Eweiss, Reibungs- und Undichtigkeitsverluste an Kolbenringen, Forsch.-Arb. Ing.-Wes. Heft 371 (1935).

Glieder mit λ) kann K über dem Punkt A abgegriffen werden. Der zum Kurbelwinkel ψ gehörige Wert $Q_1\omega^2\cos\psi$ wird (mit Berücksichtigung seines Vorzeichens) von K abgezogen. Damit ist H_1 gefunden, woraus durch Multiplikation mit $\mu'' r\lambda \sin^2\psi$ das Moment $\mathfrak{M}_2''''$ folgt. Weiter wird die Differenz H_1 (wieder mit Beachtung ihres Vorzeichens) von O aus positiv nach links hin bis C abgetragen; dann stellt nach der ersten Gleichung (27) die (stets als positiv anzusehende) Strecke CD die Zapfenkraft Z_1 vor, und zwar nach Größe und Richtung. Die gleiche Konstruktion, mit $H_3 = Q_3\omega^2$ statt $H_2 = Q_2\omega^2$, liefert die Zapfenkraft Z_3. Man kann sich wieder auf den Halbkreis beschränken, indem man die Kurbelstellungen $\psi > \pi$, aber $< 2\pi$ am Durchmesser spiegelt. Wo $K = 0$ ist, braucht man die Strecke $Q_1\omega^2\cos\psi$ nur auf dem Durchmesser umzulegen. Wenn infolge von Gegengewichten auf der Kurbel $s = 0$ ist, so stimmen wegen $Q_2 = Q_3$ die Zapfenkräfte Z_1 und Z_3 überein Wenn, etwa aus Gründen des Massenausgleiches, $Q_3 = 0$ ist (vgl. Kap. XI, Ziff. **6**, wo Q' statt Q_3 geschrieben ist), so wird für Z_3 die Konstruktion besonders einfach, da nun $Z_3 = |H_1|$ wird.

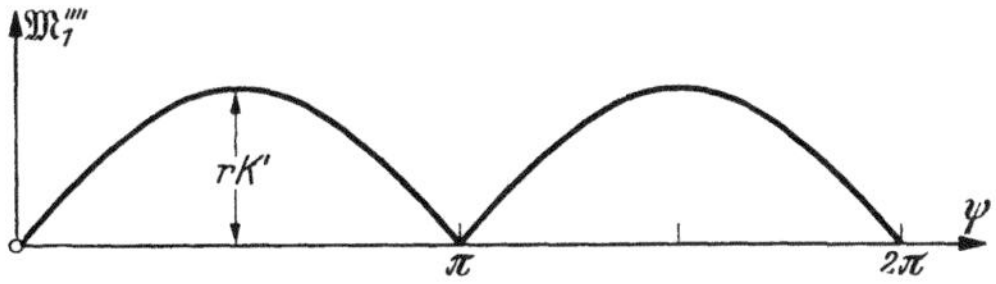

Abb. 16. Das auf die Welle reduzierte Moment der Kolbenreibung.

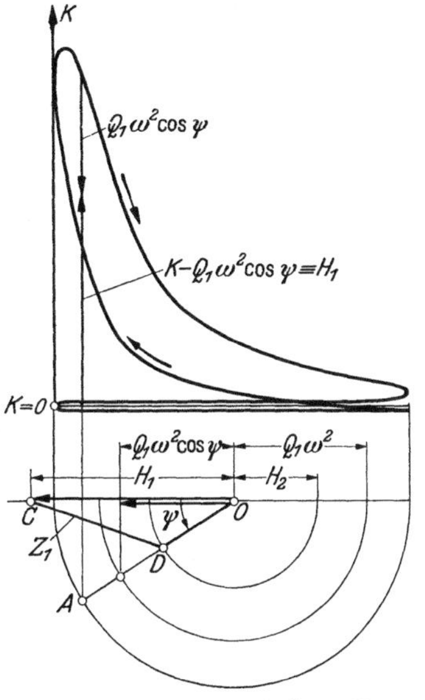

Abb. 17. Konstruktion des reduzierten Momentes $\mathfrak{M}_2''''$ und der Zapfenkraft Z_1 (bzw. Z_3 aus K und $Q_1\omega^2$ sowie $Q_2\omega^2$ (bzw. $Q_3\omega^2$).

Abb. 18 zeigt beispielsweise die Zapfenkraft Z_1, über der Abszisse ψ aufgetragen, für den Viertakt-Dieselmotor Abb. 1 von Kap. XI, und zwar je für die

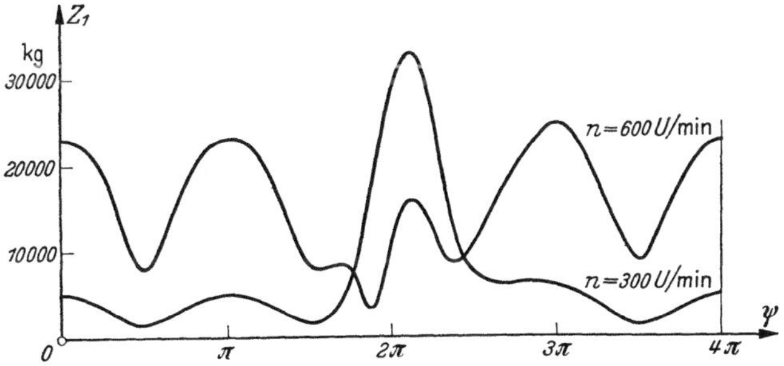

Abb. 18. Die Zapfenkraft Z_1 fur das Kurbelgetriebe Abb. 1 von Kap. XI und das Indikatordiagramm Abb. 17 bei kleiner und bei großer Drehzahl.

Drehzahlen $n = 300$ Uml/min und $n = 600$ Uml/min. Das Diagramm für die Zapfenkraft Z_3 wäre von ähnlicher Art. Die Kraft Z_1 im Kurbelzapfen folgt bei kleiner Drehzahl ungefähr den Kolbendrücken und ist am größten im Augenblick der Verbrennung. Bei der großen Drehzahl hingegen fällt auf, daß die Zapfenkraft Z_1 während des Arbeitshubes wesentlich kleiner ist als während der arbeitslosen Takte; die Trägheitswirkungen der rasch umlaufenden Massen überwiegen jetzt und entlasten den Kurbelzapfen gerade während des Arbeitshubes: die zentripetale Beschleunigung der im Kurbelzapfen zu denkenden

Masse verzehrt den größten Teil des Kolbendruckes, und darum stellt bei raschlaufenden Maschinen die Tangentialkraft P auch nicht annähernd die im Kurbelzapfen tatsächlich übertragene Umfangskraft vor.

Die verlorenen Momente (29) erhält man schließlich aus den Zapfenkräften Z_1 und Z_3 durch Multiplikation mit den sogenannten Reibungshalbmessern $\mu_1'\varrho_1$ und $\mu\varrho$.

Man kann nachträglich leicht abschätzen, ob die Vernachlässigung der Schwerkraftglieder berechtigt war oder nicht, indem man in (15) bis (19) diese Glieder allein berücksichtigt. Man findet aus (15) bis (19) oder auch durch unmittelbare Überlegung, daß mit den bei der Herleitung von (26) benützten Vernachlässigungen beispielsweise für die stehende Maschine ($\delta=0$)

$$\overline{K}''=\lambda\left(\frac{s'}{l}G'+G''\right)\sin\psi, \qquad \overline{Z}_1=G'+G'', \qquad \overline{Z}_3=G+G'+G'', \tag{30}$$

für die liegende ($\delta=\pi/2$) dagegen

$$\overline{K}''=\frac{s'}{l}G'+G'', \ \overline{Z}_1=\left(1-\frac{s'}{l}\right)G', \ \overline{Z}_3=G+\left(1-\frac{s'}{l}\right)G' \tag{31}$$

ist, und berechnet daraus zum Vergleich mit (26) und (29) die von der Schwerkraft allein herrührenden Reibungsmomente

$$\overline{\mathfrak{M}}_2''''=\mu''r|\overline{K}''\sin\psi|, \ \overline{\mathfrak{M}}_4''''=\mu_1'\varrho_1\overline{Z}_1, \ \overline{\mathfrak{M}}_5''''=\mu\varrho\overline{Z}_3. \tag{32}$$

Wegen des nichtlinearen Zusammenhanges zwischen den Reibungsmomenten und den Komponenten der Zapfenkräfte darf man die Momente $\overline{\mathfrak{M}}_4''''$ und $\overline{\mathfrak{M}}_5''''$ allerdings nicht einfach zu den Momenten (29) addieren. Vielmehr muß man, wenn sich herausstellt, daß die Momente (32) nicht mehr zu vernachlässigen sind, die Zapfenkräfte Z_1, Z_3 und aus ihnen dann $\mathfrak{M}_4''''$ und $\mathfrak{M}_5''''$ neuberechnen, wogegen $\overline{\mathfrak{M}}_2''''$ ohne weiteres zu $\mathfrak{M}_2''''$ (26) hinzugefügt werden darf.

7. Ungleichförmigkeitsgrad und Winkelabweichung. Nunmehr sind uns alle Glieder der rechten Seite der Leistungsbilanz (**2**, 2) oder (**2**, **3**) als Funktionen von ψ, von $\omega(=\dot{\psi})$ und von $\dot{\omega}(=\ddot{\psi})$ bekannt, und wir könnten daraus das nutzbare Drehmoment $\mathfrak{M}^{(n)}$ durch Überlagerung gewinnen, wenn ω und $\dot{\omega}$ als Funktionen des Drehwinkels ψ oder als Funktionen der Zeit t schon gefunden wären. Praktisch wird die Aufgabe nun wohl stets so gestellt sein, daß die mittlere Drehgeschwindigkeit ω_m, aus der sich die sekundliche oder minutliche Drehzahl $n(=\omega_m/2\pi$ oder $=30\,\omega_m/\pi)$ ergibt, vorgeschrieben ist, und daß außerdem noch irgendeine Zusatzforderung über die Gleichmäßigkeit des Ganges hinzugefügt wird. In der Regel ist gefordert, daß die Schwankung der Drehgeschwindigkeit ω in bestimmten Grenzen bleibe, die bedingt sein mögen durch das von der Maschine angetriebene Aggregat (Arbeitsmaschine, Pumpe, Dynamomaschine usw.). Gelegentlich ist statt dessen eine Schranke für die Abweichung des Drehwinkels ψ von seinem Idealwert $\psi_m=\omega_m t$ vorgeschrieben, z. B. beim Parallelbetrieb von Wechselstrommaschinen. Diese Zusatzforderungen lassen sich häufig nur dadurch erfüllen, daß der Maschine ein besonderer Energiespeicher in Gestalt eines Schwungrades beigegeben wird, dessen Trägheitsmoment A aus jenen Forderungen zu bestimmen eine unserer Aufgaben sein wird. Daneben tritt mitunter auch noch die Aufgabe auf, für eine Maschine ohne Schwungrad oder mit einer vorgegebenen Schwungmasse, die anderen Zwecken dient (z. B. mit einer Luftschraube), die Ungleichförmigkeit des Ganges oder die Winkelabweichung zu berechnen.

Wir setzen stationären Lauf voraus, d. h. wir nehmen an, daß sich bei Zweitakt nach jedem Umlauf, bei Viertakt nach jedem zweiten Umlauf alles wiederholt. Aus $\omega = d\psi/dt$ folgt die Dauer einer solchen Periode zu

$$t_0 = \int_0^{4\pi} \frac{d\psi}{\omega}, \tag{1}$$

wenn wir gleich den allgemeineren Fall des Viertaktes wählen und also zwei Umdrehungen als Periode ansehen; bei Zweitakt geht dieses und die entsprechenden Integrale im folgenden natürlich nur bis 2π. Da bei Viertakt $t_0 = 2/n$ und also vereinbarungsgemäß $\omega_m = 4\pi/t_0$ ist, so muß man die mittlere Drehgeschwindigkeit ω_m durch die Gleichung

$$\frac{1}{\omega_m} = \frac{1}{4\pi}\int_0^{4\pi} \frac{d\psi}{\omega} \tag{2}$$

definieren. Dieser Mittelwert ist nicht nur für die Drehzahl n maßgebend, sondern auch für die mittlere Leistung N_m der Maschine. Definiert man nämlich

$$\mathfrak{M}_m^{(n)} = \frac{1}{4\pi}\int_0^{4\pi} \mathfrak{M}^{(n)}\, d\psi \tag{3}$$

als das mittlere nutzbare Drehmoment der Maschine (d. h. dasjenige unveränderliche Drehmoment, das in jeder Periode die gleiche Arbeit überträgt, wie das wirkliche Moment $\mathfrak{M}^{(n)}$), so folgt mit $\omega_m = 4\pi/t_0$

$$\mathfrak{M}_m^{(n)}\omega_m = \frac{1}{t_0}\int_0^{4\pi} \mathfrak{M}^{(n)}\, d\psi = \frac{1}{t_0}\int_0^{t_0} \mathfrak{M}^{(n)}\omega\, dt = \frac{1}{t_0}\int_0^{t_0} N\, dt.$$

Somit berechnet sich die mittlere Leistung, meist kurzweg die Leistung genannt, nämlich

$$N_m = \frac{1}{t_0}\int_0^{t_0} N\, dt, \tag{4}$$

einfach als Produkt aus $\mathfrak{M}_m^{(n)}$ und ω_m:

$$N_m = \mathfrak{M}_m^{(n)}\omega_m, \tag{5}$$

falls wir die Mittelwertsdefinition (2) von ω_m zugrunde legen, aus der sich dann auch der ideale Drehwinkel ψ_m der gleichförmigen Drehung (bei der gleichen Drehzahl n) ergibt:

$$\psi_m = \omega_m t. \tag{6}$$

Neben dem Mittelwert ω_m kommt noch das arithmetische Mittel $\bar{\omega}$ zwischen $\omega_{\max}$ und $\omega_{\min}$ für jede Periode in Betracht:

$$\bar{\omega} = \frac{1}{2}(\omega_{\max} + \omega_{\min}). \tag{7}$$

Da ω im stationären Lauf eine periodische Funktion von ψ ist, so gilt sicher

$$\omega = \bar{\omega}\left[1 + \frac{1}{2}\varepsilon p(\psi)\right], \tag{8}$$

wo ε einen in der Regel kleinen Faktor, den wir als positiv ansehen dürfen, und $p(\psi)$ eine periodische Funktion von ψ (mit der Periode 2π bzw. 4π bei Zwei- bzw. Viertakt) bedeutet, von der wir annehmen dürfen, daß sie genau zwischen $+1$ und -1 schwankt, so daß

$$\omega_{\max} = \bar{\omega}\left(1 + \frac{1}{2}\varepsilon\right), \qquad \omega_{\min} = \bar{\omega}\left(1 - \frac{1}{2}\varepsilon\right) \tag{9}$$

ist. Man nennt den daraus folgenden Ausdruck

$$\varepsilon = \frac{\omega_{\max} - \omega_{\min}}{\bar{\omega}} \tag{10}$$

den Ungleichförmigkeitsgrad der Maschine. Wird ein hinreichend gleichförmiger Gang der Maschine gefordert, so heißt dies, daß ε einen Höchstwert nicht übersteigen darf, beispielsweise 1/40 beim Antrieb von Werkzeugmaschinen, 1/300 beim Antrieb von Drehstrommaschinen.

In Wirklichkeit ist allerdings der Ungleichförmigkeitsgrad in der Regel definiert durch den Ausdruck

$$\varepsilon' = \frac{\omega_{\max} - \omega_{\min}}{\omega_m}. \tag{11}$$

Wir werden aber sogleich feststellen, daß für kleine Werte von ε und ε' die beiden Definitionen (10) und (11) zahlenmäßig kaum unterscheidbar sind.

Aus (2) und (8) folgt nämlich für $\varepsilon < 2$

$$\frac{\bar{\omega}}{\omega_m} = \frac{1}{4\pi}\int_0^{4\pi} \frac{d\psi}{1+\frac{1}{2}\varepsilon p(\psi)} = \frac{1}{4\pi}\int_0^{4\pi}\left[1 - \frac{1}{2}\varepsilon p(\psi) + \frac{1}{4}\varepsilon^2 p^2(\psi) - + \cdots\right] d\psi$$

oder genähert für kleine ε

$$\frac{\bar{\omega}}{\omega_m} = 1 - \frac{1}{2}\varepsilon p_m \quad \text{mit} \quad p_m = \frac{1}{4\pi}\int_0^{4\pi} p(\psi)\, d\psi. \tag{12}$$

Der Mittelwert p_m ist nicht notwendig gleich Null, aber er ist jedenfalls stets ziemlich klein, da die Drehgeschwindigkeit ω und damit auch die periodische Funktion $p(\psi)$ ziemlich gleichmäßig hin- und herschwankt (vgl. Abb. 21 in Ziff. **9**). Folglich ist

$$\frac{\omega_m - \bar{\omega}}{\omega_m} \ll \frac{1}{2}\varepsilon, \tag{13}$$

und so darf man praktisch $\bar{\omega}$ wohl immer unbedenklich mit ω_m verwechseln und also auch ε mit ε'.

Für den dimensionslosen Quotienten $\dot{\omega}/\omega^2$ ergibt sich aus (8)

$$\frac{\dot{\omega}}{\omega^2} = \frac{1}{\omega}\frac{d\omega}{d\psi} = \frac{\frac{1}{2}\varepsilon\frac{dp}{d\psi}}{1+\frac{1}{2}\varepsilon p}$$

oder für kleine ε genau genug

$$\frac{\dot{\omega}}{\omega^2} = \frac{1}{2}\varepsilon\frac{dp}{d\psi}\left(1 - \frac{1}{2}\varepsilon p\right) \sim \frac{1}{2}\varepsilon, \tag{14}$$

weil die Ableitung $dp/d\psi$ höchstens von der Größenordnung von p selbst ist, also die Schranken ± 1 kaum wesentlich übersteigen mag. Damit rechtfertigt es sich, daß man bei Näherungsrechnungen vielfach Glieder mit $\dot{\omega}$ gegen solche mit ω^2 vernachlässigen kann (vgl. Ziff. **4** und **6**, aber auch schon am Schlusse von Kap. XI, Ziff. **5**).

Für später merken wir noch an, daß der gewöhnliche Mittelwert von ω^2

$$(\omega^2)_m = \frac{1}{4\pi}\int_0^{4\pi} \omega^2 d\psi \tag{15}$$

sich gemäß (8) und (12) mit Vernachlässigung der Glieder von der Größenordnung ε^2 umformen läßt, wie folgt,

$$(\omega^2)_m = \frac{\bar{\omega}^2}{4\pi}\int\limits_0^{4\pi}(1+\varepsilon p)\,d\psi = \omega_m\,(1-\varepsilon p_m)\,(1+\varepsilon p_m)$$

oder also

$$(\omega^2)_m = \omega_m^2, \tag{16}$$

so daß für kleine ε immer $(\omega^2)_m$ ohne weiteres mit ω_m^2 verwechselt werden darf.

Als Winkelabweichung definiert man die Größe

$$\varDelta\psi = \psi - \psi_m \quad \text{mit} \quad \psi_m = \omega_m t. \tag{17}$$

Sie hängt in einfachster Weise mit der Größe

$$\zeta = \frac{\omega - \omega_m}{\omega_m} \tag{18}$$

zusammen, die man als Gangabweichung der Maschine bezeichnen kann. Aus $\omega = d\psi/dt$ folgt nämlich

$$\psi_m = \omega_m t = \omega_m \int\limits_0^{\psi}\frac{d\psi}{\omega} = \int\limits_0^{\psi}\frac{d\psi}{1+\zeta}.$$

Da auf alle Fälle $|\zeta| < \varepsilon'$ ist, so kann man mit mindestens dem gleichen Recht, mit welchem man höhere Potenzen von ε vernachlässigt, auch solche von ζ vernachlässigen und hat dann

$$\psi_m = \int\limits_0^{\psi}(1-\zeta)\,d\psi = \psi - \int\limits_0^{\psi}\zeta\,d\psi$$

und somit

$$\varDelta\psi = \int\limits_0^{\psi}\zeta\,d\psi. \tag{19}$$

Damit ist gezeigt, wie man die Winkelabweichung $\varDelta\psi$ sehr genau aus der Gangabweichung berechnen kann.

8. Schwungradberechnung; erste Methode. Wir kehren nun zur Leistungsbilanz zurück und sind im Hinblick auf die unvermeidlichen Ungenauigkeiten des Indikatordiagramms sowie der Reibungsziffern überzeugt, daß wir keinen unzulässigen Fehler begehen, wenn wir zunächst einmal in den Momenten $\mathfrak{M}''$ (Ziff. **4**) und $\mathfrak{M}''''$ (Ziff. **6**) den veränderlichen Faktor ω^2 durch seinen Mittelwert ω_m^2 ersetzen und vorläufig auch in $\mathfrak{M}''$ (wie schon in $\mathfrak{M}''''$) das Glied mit $\dot{\omega}$ gegen dasjenige mit ω^2 wegstreichen. Hiernach tragen wir über der Abszisse ψ außer der Kurve für das Tangentialkraftmoment $\mathfrak{M}'$ (Ziff. **3**) die mit $\omega^2 = \omega_m^2$ und $\dot{\omega} = 0$ gebildeten Kurven für $\mathfrak{M}''$, $\mathfrak{M}'''$ und $\mathfrak{M}''''$ (Ziff. **4** bis **6**) auf und bilden nach (**2**, 3) die Differenzkurve

$$\mathfrak{M}^{(n)} = \mathfrak{M}' - (\mathfrak{M}'' + \mathfrak{M}''' + \mathfrak{M}''''). \tag{1}$$

Abb. 19 zeigt sie für einen stehenden Viertakt-Dieselmotor mit dem Kurbelgetriebe von Abb. 1 in Kap. XI, dem Indikatordiagramm Abb. 2 von Ziff. **3**, dem Tangentialkraftmoment Abb. 4 von Ziff. **3**, der Drehmasse Abb. 7 von Ziff. **4** und den Zapfenkräften Abb. 18 von Ziff. **6** für $n = 600$ Uml/min und Zapfenreibungshalbmessern $\mu_1'\varrho_1 = \mu\varrho = 0{,}005$ m sowie der Wandreibungszahl $\mu'' r = 0{,}02$ m.

Die Ordinaten dieser Kurve stellen dasjenige nutzbare Drehmoment $\mathfrak{M}^{(n)}$ vor, das man an der Maschinenwelle abnehmen müßte, wenn der Bewegungszustand stationär und gleichförmig sein sollte. Das tatsächlich abgenommene Drehmoment $\mathfrak{W}$, der sogenannte Arbeitswiderstand der Maschine, folgt nun aber natürlich i. a. einem ganz andern Gesetze. (Wir brauchen dabei kaum zu betonen, daß $\mathfrak{W}$ hier und im folgenden nicht nur die von der Maschine nach außen abgegebene mechanische Energie, sondern natürlich auch die Verluste durch die von der Welle angetriebenen Hilfsapparate der Ventilbewegung, der Einspritzung, der Zündung, des Ladegebläses usw. umfaßt.)

Im einfachsten Falle ist $\mathfrak{W}$ unveränderlich, allgemeiner mag $\mathfrak{W}$ eine periodische Funktion von ψ mit der Periode 2π sein. Wir nehmen an, $\mathfrak{W}$ sei gegeben in der Form

$$\mathfrak{W} = \mathfrak{W}_m [1 + w(\psi)] \quad \text{mit} \quad \int_0^{2\pi} w(\psi)\, d\psi = 0, \tag{2}$$

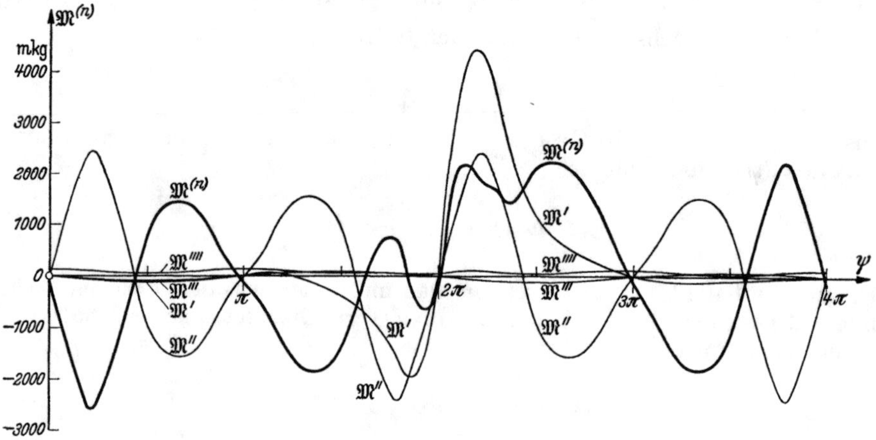

Abb. 19. Das nutzbare Drehmoment $\mathfrak{M}^{(n)}$ eines Viertakt-Dieselmotors.

wobei also w eine periodische Funktion und $\mathfrak{W}_m$ der mittlere Arbeitswiderstand der Maschine ist. Ihr Lauf ist dann und nur dann stationär, wenn die während einer Arbeitsperiode hineingesteckte Arbeit verschwindet:

$$\int_0^{4\pi} (\mathfrak{M}^{(n)} - \mathfrak{W})\, d\psi = 0,$$

und dies führt mit (2) und (**7**, 3) auf die Bedingung des stationären Laufs:

$$\mathfrak{W}_m = \mathfrak{M}_m^{(n)}. \tag{3}$$

Somit ist $\mathfrak{W}_m$ die mittlere Ordinate der Kurve $\mathfrak{M}^{(n)}$ und wird durch Planimetrieren der Fläche erhalten, welche die Kurve $\mathfrak{M}^{(n)}$ mit der ψ-Achse einschließt.

Trägt man außer der Kurve des nutzbaren Drehmomentes $\mathfrak{M}^{(n)}$ die Kurve des Arbeitswiderstandes $\mathfrak{W}$ auf (Abb. 20), so stellt ein etwaiger Ordinatenüber- und -unterschuß

$$\mathfrak{U} = \mathfrak{M}^{(n)} - \mathfrak{W} \tag{4}$$

das Ungleichförmigkeitsmoment des Aggregates dar.

Ist der Ungleichförmigkeitsgrad ε (**7**, 10) vorgeschrieben, so kann man aus der Kurve $\mathfrak{U}$ das erforderliche Trägheitsmoment A des der Maschine beizufügenden Schwungrades vollends leicht ermitteln. Die Bewegungsgleichung eines solchen Schwungrades lautet nämlich

$$A\dot{\omega} \equiv \frac{1}{2} A \frac{d(\omega^2)}{d\psi} = \mathfrak{U}. \tag{5}$$

Diese Gleichung besagt, daß die Drehgeschwindigkeit ω Extremwerte bei denjenigen Kurbelwinkeln ψ_i hat, für welche $\mathfrak{U}=0$ wird, also da, wo die Kurve $\mathfrak{M}^{(n)}$ und die Kurve $\mathfrak{W}$ sich schneiden. Überall, wo die $\mathfrak{M}^{(n)}$-Kurve über der $\mathfrak{W}$-Kurve liegt, nimmt die Drehgeschwindigkeit zu; wo die $\mathfrak{M}^{(n)}$-Kurve unter der $\mathfrak{W}$-Kurve liegt, nimmt ω ab. Die in Abb. 20 schraffierten, positiven und negativen Flächeninhalte sind gemäß (5)

$$F_{i,i+1} \equiv \int_{\psi_i}^{\psi_{i+1}} \mathfrak{U}\, d\psi = \frac{1}{2} A(\omega_{i+1}^2 - \omega_i^2) \tag{6}$$

und geben also bis auf den Faktor $\frac{1}{2}A$ die Differenzen der Quadrate zweier

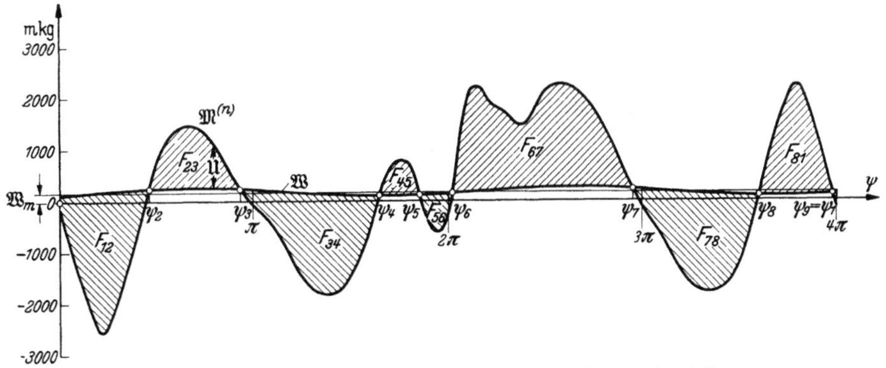

Abb. 20. Das Ungleichformigkeitsmoment $\mathfrak{U}$ und die Schwungradermittlung.

aufeinanderfolgender Extremwerte von ω. Nun darf man nach (**7**, 9) mit gewissen positiven Zahlen $\varepsilon_i \leq \frac{1}{2}\varepsilon$ und $\varepsilon_{i+1} \leq \frac{1}{2}\varepsilon$ sicherlich setzen

$$\omega_i = \overline{\omega}(1 \pm \varepsilon_i), \qquad \omega_{i+1} = \overline{\omega}(1 \mp \varepsilon_{i+1}),$$

wo das obere Vorzeichen gilt, wenn ω_i ein Größtwert und ω_{i+1} ein Kleinstwert ist, im umgekehrten Falle das untere Vorzeichen. Damit wird

$$\frac{1}{2}(\omega_{i+1} + \omega_i) = \overline{\omega}\left(1 + \frac{1}{2}\varepsilon_{i,i+1}\right) \quad \text{mit} \quad \varepsilon_{i,i+1} = \pm(\varepsilon_i - \varepsilon_{i+1}).$$

Da sicher $|\varepsilon_{i,i+1}| \leq \frac{1}{2}\varepsilon$ ist, so kommt für kleine ε genau genug

$$\frac{1}{2}(\omega_{i+1} + \omega_i) = \overline{\omega}, \tag{7}$$

und man hat dann statt (6)

$$F_{i,i+1} = A\overline{\omega}(\omega_{i+1} - \omega_i). \tag{8}$$

Somit planimetriert man die schraffierten Flächen $F_{i,i+1}$ und bildet die Reihe

$$F_{12},\ F_{13} = F_{12} + F_{23},\ F_{14} = F_{13} + F_{34},\ F_{15} = F_{14} + F_{45}, \ldots, F_{1,n+1} = F_{1,n} + F_{n,1} \tag{9}$$

(wobei zur Probe $F_{1,n+1}=0$ sein muß, da sich die Überschuß- und Unterschußmomente im ganzen aufheben). Dann sucht man in dieser Reihe das größte Glied $F_{1k}(\equiv F_{\max})$ und das kleinste $F_{1l}(\equiv F_{\min})$ und hat nach (8) und (**7**, 10)

$$F_{\max} - F_{\min} = A\overline{\omega}(\omega_{\max} - \omega_{\min}) = A\overline{\omega}^2\varepsilon$$

oder

$$A = \frac{F_{\max} - F_{\min}}{\overline{\omega}^2 \varepsilon}, \tag{10}$$

worin man gemäß (**7**, 13) auch ω_m^2 statt $\overline{\omega}^2$ schreiben mag. Damit ist das erforderliche Trägheitsmoment A des Schwungrades gefunden. (Für die zahlenmäßige Durchführung hat man darauf zu achten, daß die Flächen im Maßstab des Produktes $\mathfrak{M}^{(n)}\psi$ zu messen sind.)

Bei dieser Rechnung hat man, was an sich zumeist unbedenklich ist, das Trägheitsmoment A sicherlich etwas überschätzt. Denn tatsächlich bilden ja auch schon die umlaufenden Massen des Kurbelgetriebes einen gewissen Energiespeicher; da man aber bei der $\mathfrak{M}^{(n)}$-Kurve und also auch bei $\mathfrak{U}$ das mit $\dot{\omega}$ behaftete Glied von $\mathfrak{M}''$, nämlich das Glied $\frac{1}{2}\Psi d(\omega^2)/d\psi$ in (**4**, 7) außer acht gelassen hat, so müßte man statt (5) genauer schreiben

$$\frac{1}{2}(A+\Psi)\frac{d(\omega^2)}{d\psi}=\mathfrak{U}. \tag{11}$$

Bei der nächsten Näherung wird man hierin Ψ durch seinen Mittelwert

$$\Psi_m=\frac{1}{2\pi}\int\limits_0^{2\pi}\Psi\,d\psi \tag{12}$$

ersetzen und hat dann statt (10)

$$A=\frac{F_{\max}-F_{\min}}{\overline{\omega}^2\,\varepsilon}-\Psi_m. \tag{13}$$

Wenn man A sicher nicht unterschätzen will — was bei stark schwankendem Ψ, also bei gedrängter Bauart der Maschine immerhin in (13) vorkommen könnte —, so nimmt man lieber $\Psi_{\min}$ statt Ψ_m und rechnet also mit

$$A=\frac{F_{\max}-F_{\min}}{\overline{\omega}^2\,\varepsilon}-\Psi_{\min}. \tag{14}$$

Einen noch genaueren Wert von A erhält man, indem man (11) in der Form

$$\frac{1}{2}A\frac{d(\omega^2)}{d\psi}=\mathfrak{U}-\frac{1}{2}\Psi\frac{d(\omega^2)}{d\psi}$$

schreibt und in dem Korrekturglied $\frac{1}{2}\Psi d(\omega^2)/d\psi$ den aus (5) folgenden Näherungswert $d(\omega^2)/d\psi=\mathfrak{U}/\frac{1}{2}A_0$ einsetzt, wo A_0 ein guter Näherungswert von A ist, etwa der Wert (10). So kommt

$$\frac{1}{2}A\frac{d(\omega^2)}{d\psi}=\mathfrak{U}\left(1-\frac{\Psi}{A_0}\right)\equiv\mathfrak{U}^*. \tag{15}$$

Multipliziert man also die Höhen $\mathfrak{U}$ der $\mathfrak{U}$-Flächen allenthalben mit dem Faktor $(1-\Psi/A_0)$, der ohne weiteres aus Abb. 7 von Ziff. **4** zu entnehmen ist, und bildet so die aus den Höhen $\mathfrak{U}^*$ bestehenden Flächen $F_{i,i+1}^*$ und daraus wieder die Reihe F_{12}^*, F_{13}^*, F_{14}^* usw., so hat man in

$$A=\frac{F_{\max}^*-F_{\min}^*}{\overline{\omega}^2\,\varepsilon} \tag{16}$$

eine Rechenvorschrift für das Trägheitsmoment des Schwungrades, die wohl auch strengen Anforderungen an die Genauigkeit vollauf genügt.

Für das Beispiel der Abb. 20 liefern mit $\omega=20\,\pi$ und $\varepsilon=0{,}01$ die Formeln (10), (13), (14), (16) der Reihe nach $A=110{,}0$; $108{,}0$; $108{,}5$; $106{,}5$ mkgsek² (etwa entsprechend einem Schwungrad vom Trägheitsarm 0,6 m bei rund 3000 kg Gewicht). Wie dieses Beispiel zeigt, wird in der Regel schon die einfache Formel (10) für die Schwungradberechnung praktisch völlig ausreichen.

Sind die Perioden von $\mathfrak{M}^{(n)}$ und $\mathfrak{W}$ wesentlich verschieden, d. h. hat der Arbeitswiderstand eine andere Periode als 2π oder 4π, so muß man die $\mathfrak{M}^{(n)}$- und die $\mathfrak{W}$-Kurve über soviele Kurbelumdrehungen fortsetzen, bis sich eine gemeinsame Periode ergibt und dann das Verfahren auf die so gewonnenen Kurven anwenden. Diese Bemerkung gilt sinngemäß auch für die folgenden Betrachtungen, ohne daß wir sie jedesmal aussprechen.

9. Der Gang der Maschine; erste Methode. Wenn das Schwungrad berechnet oder sonstwie (etwa in Gestalt einer Luftschraube) vorgegeben ist, so läßt sich der Gang der Maschine, d. h. ω als Funktion von ψ und ψ als Funktion von t vollends rasch ermitteln. Für eine erste Näherung gehen wir aus von (**8**, 5) und schreiben mit der dimensionslosen Veränderlichen

$$z = \frac{\omega^2}{\omega_m^2} \tag{1}$$

zunächst

$$\frac{dz}{d\psi} = \frac{2\,\mathfrak{U}}{A\,\omega_m^2}, \tag{2}$$

woraus mit dem (unbekannten) Anfangswert $z_0 = \omega_0^2/\omega_m^2$ für $\psi = 0$

$$z = z_0 + \frac{2}{A\,\omega_m^2}\int_0^\psi \mathfrak{U}\,d\psi \tag{3}$$

folgt. Gemäß Ziff. **8** ist hierbei den von ω abhängigen Gliedern in $\mathfrak{U}$ der Mittelwert ω_m^2 zugrunde gelegt. Das zweite Glied der rechten Seite von (3) erhält man, indem man den Momentenüber- und -unterschuß $\mathfrak{U}$ als Kurve über ψ aufträgt und diese Kurve graphisch integriert. Wenn der Arbeitswiderstand $\mathfrak{W}$ konstant ($= \mathfrak{W}_m$) ist, so braucht man die $\mathfrak{U}$-Kurve nicht neu zu zeichnen, sondern hat in Abb. 20 nur die ψ-Achse um $\mathfrak{W}_m$ nach oben zu verschieben; diese Achse ist in Abb. 21 mit (ψ) bezeichnet (wogegen die dort mit ψ bezeichnete Achse noch außer Betracht steht).

Man kann die Integralkurve von $\mathfrak{U}$ in bekannter Weise als Seilkurve konstruieren, deren Tangente an jeder Stelle ψ die Neigung $\mathfrak{U}/H$ hat, wo H der bei

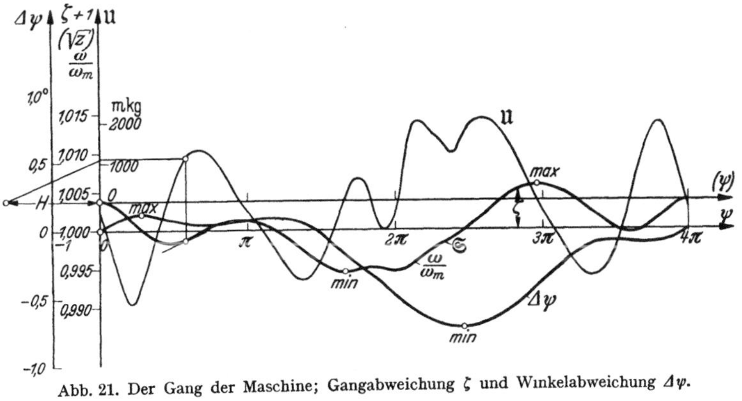

Abb. 21. Der Gang der Maschine; Gangabweichung ζ und Winkelabweichung $\Delta\psi$.

der Konstruktion benützte Polabstand ist, und zwar entsteht so eine Integralkurve mit $1/H$-fach überhöhten Ordinaten. Wählt man also

$$H = \frac{A\,\omega_m^2}{2\,m}, \tag{4}$$

wo m ein geeigneter Faktor ist, der H in die Nähe von 1 bis 2 bringt, so erhält man in den Ordinaten der Integralkurve von $\mathfrak{U}$ das m-fache des Ausdruckes

$$\mathfrak{S} = \frac{2}{A\,\omega_m^2}\int_0^\psi \mathfrak{U}\,d\psi. \tag{5}$$

In Abb. 21 ist die Konstruktion für $A = 100$ mkgsek², $\omega_m = 20\,\pi$ sek⁻¹ und $m = 10^5$ durchgeführt und gibt die Kurve $\mathfrak{S}$. Zur Probe muß diese Kurve für

$\psi = 4\pi$ wieder die Anfangsordinate 0 zeigen. Ihre Ordinaten stellen nach (3) den Wert $z - z_0$ vor (abgesehen vom Maßstabsfaktor m). Nimmt man von dieser Kurve die mittlere Ordinate und bezeichnet sie mit $z = 1$ (also $\omega = \omega_m$), so hat man lediglich den Mittelwert $(\omega^2)_m$ von ω^2 mit dem Quadrat des wirklichen Mittelwerts ω_m verwechselt, und das ist nach (**7**, 16) unbedenklich erlaubt. Man legt die ψ-Achse neu durch den Punkt $z = 1$ und hat dann nach (3) in den neuen Ordinaten der Integralkurve die m-fach überhöhten Werte von $z = \omega^2/\omega_m^2$. Die Skala auf der z-Achse bekäme also Einheiten, die m-mal größer wären als die Einheiten von $\mathfrak{U}$.

Man müßte jetzt von allen Ordinaten z der Integralkurve die Quadratwurzel nehmen. Da diese Ordinaten aber alle nur wenig von 1 verschieden sind, so kann man sie in der Form $z = 1 + 2\zeta$ schreiben, wo $|\zeta|$ eine recht kleine Zahl $< \varepsilon$ ist; und somit ist sehr genähert $\omega/\omega_m \equiv \sqrt{z} = 1 + \zeta$, so daß also ζ die schon in (**7**, 18) definierte Gangabweichung sein muß. Das bedeutet, daß man, anstatt die Kurvenordinaten zu radizieren und also die ganze Kurve neu zu zeichnen, einfach den Maßstab auf der Ordinatenachse zu verändern braucht: man macht die neue Einheit doppelt so groß als bisher, also im ganzen $2m$-fach größer als die Einheit von $\mathfrak{U}$ und hat dann in der so gemessenen $\mathfrak{S}$-Kurve endgültig (und praktisch wohl fast innerhalb der Genauigkeit der Strichdicke) die Werte ω/ω_m in Funktion des Kurbelwinkels ψ. Das Ergebnis zeigt Abb. 21. Die Abweichung ζ der ω/ω_m-Kurve von der ψ-Achse gibt die Gangabweichung übersichtlich wieder. Der Ungleichförmigkeitsgrad ε kann der Kurve ebenfalls entnommen werden; man findet hier

$$\varepsilon = \frac{\omega_{\max}}{\omega_m} - \frac{\omega_{\min}}{\omega_m} = 1{,}0067 - 0{,}9945 = 0{,}0122,$$

also etwas größer als bei dem Beispiel in Ziff. **8**, wie wegen des kleineren Trägheitsmomentes A des Schwungrades zu erwarten war.

Diese einfache Konstruktion, die nichts weiter als eine graphische Integration, eine Mittelwertsbildung und eine Maßstabsüberlegung erfordert, läßt sich vollends leicht dahin erweitern, daß auch die Winkelabweichung $\Delta\psi$ der Maschine erscheint. Nach (**7**, 19) ist ja $\Delta\psi$ dadurch zu gewinnen, daß man über die Gangabweichung ζ integriert, d. h. die ω/ω_m-Kurve noch einmal graphisch integriert, und zwar von der ψ-Achse als Basis aus. Nimmt man dabei die Einheit der ψ-Achse als Polabstand, so ist die Einheit für $\Delta\psi$ gleich der Einheit für ω/ω_m, d. h. die Strecke von 0,01 Einheiten der ω/ω_m-Achse bedeutet eine Winkelabweichung von $0{,}01 \cdot 180°/\pi = 0{,}573°$. Die Probe der Konstruktion besteht wieder darin, daß die $\Delta\psi$-Kurve, wenn man sie für $\psi = 0$ mit $\Delta\psi = 0$ beginnen läßt, für $\psi = 4\pi$ bei $\Delta\psi = 0$ endigen muß. Aus Abb. 21 entnimmt man eine größte Winkelabweichung von 0,85°.

Damit ist nun zwar ψ noch nicht unmittelbar als Funktion von t dargestellt; aber es bietet natürlich keine Schwierigkeit, die Zuordnung zwischen ψ und t für jede Kurbelstellung zu finden. Denn wegen $\Delta\psi = \psi - \omega_m t$ oder $\omega_m t = \psi - \Delta\psi$ hat man für jede Kurbelstellung den Wert von $\omega_m t$ als Funktion von ψ und könnte daher sofort ein (ψ, t)-Diagramm entwerfen. Dieses wäre aber bei den kleinen Werten von $\Delta\psi$, wie sie praktisch vorliegen, von einer geraden Linie kaum zu unterscheiden, und das besagt, daß man in Abb. 21 die zu $\Delta\psi$ gehörigen Abszissen ψ ohne wesentlichen Fehler auch mit $\omega_m t$ bezeichnen darf. Dann aber stellt

$$\psi = \omega_m t + \Delta\psi(t) \tag{6}$$

den Kurbelwinkel als Funktion der Zeit vor, und auch diese letzte Aufgabe, die übrigens nur selten von Bedeutung sein mag, ist gelöst.

Man kann nun auch hier wieder das ganze Verfahren schrittweise verfeinern (soweit dies überhaupt notwendig ist), indem man die Ausgangsgleichung (**8**, 5) durch die genauere Gleichung (**8**, 11) ersetzt, so daß man in der jetzigen Schreibweise statt (2)

$$\frac{dz}{d\psi}=\frac{2\,\mathfrak{U}}{(A+\Psi)\,\omega_m^2} \tag{7}$$

hat. Bei der nächsten Näherung mag man Ψ durch seinen Mittelwert Ψ_m (**8**, 12) ersetzen, also statt (4) den verbesserten Polabstand

$$H'=\frac{(A+\Psi_m)\,\omega_m^2}{2\,m} \tag{8}$$

benützen. Hat man die Integralkurve schon mit dem Polabstand H gezeichnet, so kann man sie sofort als verbesserte Kurve ansehen, wenn man nur den Maßstab so ändert, daß dabei die neue Ordinateneinheit im Verhältnis $H':H$ gegen die alte vergrößert wird.

Einen noch genaueren Wert erhält man, wenn man in (7) auch noch die Schwankung von Ψ berücksichtigt und

$$\frac{dz}{d\psi}=\frac{2}{A\,\omega_m^2}\,\frac{\mathfrak{U}}{1+\frac{\Psi}{A}}$$

schreibt oder auch wohl genau genug

$$\frac{dz}{d\psi}=\frac{2}{A\,\omega_m^2}\,\mathfrak{U}\left(1-\frac{\Psi}{A}\right)\equiv\frac{2\,\mathfrak{U}^*}{A\,\omega_m^2} \tag{9}$$

und also die ganze Konstruktion, anstatt mit $\mathfrak{U}$, mit der schon in (**8**, 15) eingeführten $\mathfrak{U}^*$-Kurve durchführt.

Im Beispiel von Abb. 21 würden beide Verbesserungen noch ziemlich in den Grenzen der unvermeidbaren Zeichenfehler liegen. Überhaupt wird man bei den üblichen Werten von ε und A wohl fast immer mit der ersten Näherung (2) völlig auskommen. Dies trifft erst dann nicht mehr zu, wenn es sich um Maschinen mit ganz ungleichförmigem Gang handelt, so daß in dem Moment $\mathfrak{M}''$ (Ziff. **4**) weder das Glied mit $\dot{\omega}$ vernachlässigbar noch in dem Glied mit ω^2 der Mittelwert ω_m^2 statthaft ist. Für diese Fälle ist die folgende zweite Methode am Platze.

10. Der Gang der Maschine; zweite Methode. Wir gehen jetzt aus von der genauen Bewegungsgleichung des Schwungrades, die wir mit Beachtung von (**2**, 3) und (**4**, 2) anschreiben in der Form

$$A\dot{\omega}\equiv\frac{1}{2}A\,\frac{d(\omega^2)}{d\psi}=\mathfrak{M}^{(n)}-\mathfrak{W}\equiv\mathfrak{M}'-\frac{1}{2}\,\frac{d}{d\psi}(\Psi\omega^2)-\mathfrak{M}'''-\mathfrak{M}''''-\mathfrak{W}$$

oder auch

$$\frac{d}{d\psi}\left[(A+\Psi)\,z\right]=\frac{2}{\omega_m^2}(\mathfrak{M}^{(e)}-\mathfrak{W})\quad\text{mit}\quad z=\frac{\omega^2}{\omega_m^2}. \tag{1}$$

Dabei ist

$$\mathfrak{M}^{(e)}=\mathfrak{M}'-(\mathfrak{M}'''+\mathfrak{M}'''') \tag{2}$$

das effektive Drehmoment. Man erhält die $\mathfrak{M}^{(e)}$-Kurve (Abb. 22) leicht aus der Kurve des Tangentialkraftmomentes $\mathfrak{M}'$ und den Kurven für $\mathfrak{M}'''$ und $\mathfrak{M}''''$ (vgl. schon Abb. 19 von Ziff. **8**); und es ist dabei wohl ganz unbedenklich, dem Reibungsmoment $\mathfrak{M}''''$ den Mittelwert ω_m zugrunde zu legen, zumal da dieses Glied schon an sich ziemlich klein und nicht sehr genau bekannt ist. Für das effektive Drehmoment $\mathfrak{M}^{(e)}$ gibt es eine Fourierentwicklung, deren allein in Betracht kommende Koeffizienten sich von den Koeffizienten a_1, b_1 der Fourierschen Reihen (**3**, 3) oder (**3**, 4) des Tangentialkraftmomentes $\mathfrak{M}'$ nur wenig unterscheiden werden, da der Unterschied zwischen $\mathfrak{M}^{(e)}$ und $\mathfrak{M}'$ nach (2) nicht groß sein kann. Von dem nutzbaren Drehmoment $\mathfrak{M}^{(n)}$ dagegen weicht das effektive $\mathfrak{M}^{(e)}$ bei raschlaufenden Maschinen stark ab (vgl. Abb. 19 und 22). Das Moment $\mathfrak{M}^{(e)}$ ist in den Bewegungsgleichungen der Maschine immer dann an Stelle von $\mathfrak{M}'$

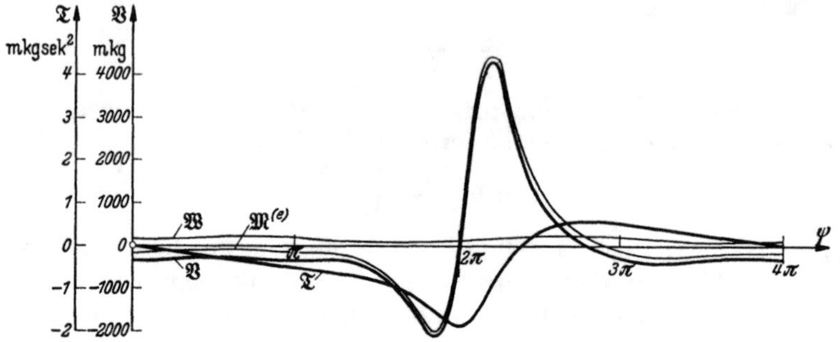

Abb. 22. Das effektive Drehmoment $\mathfrak{M}^{(e)}$, das effektive Ungleichformigkeitsmoment $\mathfrak{V}$ und dessen Integralkurve $\mathfrak{T}$.

als das tatsächliche Drehmoment anzusehen, wenn man den Einfluß der Schwere und der Reibung berücksichtigt wissen will, und so werden wir es in Kap. XIII später benützen.

Wir nehmen wieder den Arbeitswiderstand $\mathfrak{W}$ hinzu, bilden das effektive Ungleichförmigkeitsmoment

$$\mathfrak{V} = \mathfrak{M}^{(e)} - \mathfrak{W} \tag{3}$$

und sofort dessen Integralkurve

$$\mathfrak{T} = \frac{2}{\omega_m^2} \int_0^{\psi} \mathfrak{V}\, d\psi. \tag{4}$$

Konstruiert man diese mit dem Polabstand

$$H = \frac{\omega_m^2}{2m}, \tag{5}$$

so erscheinen die Ordinaten von $\mathfrak{T}$ in m-facher Vergrößerung, so daß man also bei den Maßstäben der Ordinatenachse die $\mathfrak{T}$-Einheit m-mal so groß wie die $\mathfrak{V}$-Einheit zu nehmen hat. In Abb. 22 ist $\omega_m = 20\,\pi\,\text{sek}^{-1}$ und $m = 1000$ gewählt.

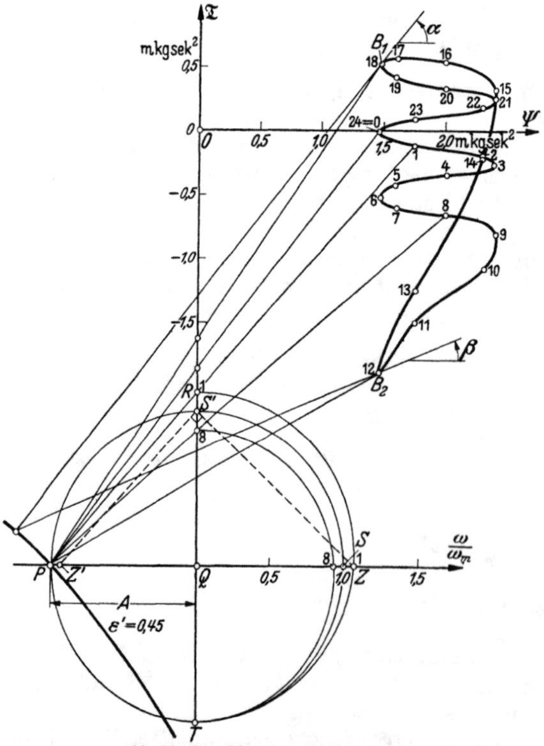

Abb. 23. Das Massenwuchtdiagramm.

Aus (1) ist durch diese Integration die Gleichung

$$(A + \Psi) z = (A + \Psi_0) z_0 + \mathfrak{T} \tag{6}$$

geworden; sie ist für stark ungleichförmigen Gang der Maschine genauer als die entsprechende Gleichung (**9**, 3). Wir haben nun wieder zwei Aufgaben vor uns, die sich auf diese Gleichung stützen: entweder zu vorgeschriebenem Ungleichförmigskeitsgrad ε (oder ε') das Trägheitsmoment A des Schwungrades zu bestimmen, oder aus dem vorgegebenen Wert von A den Gang der Maschine zu ermitteln. In beiden Fällen ist z_0 unbekannt, wogegen Ψ und $\mathfrak{T}$ bekannte Funktionen von ψ sind (Abb. 7 von Ziff. **4** und Abb. 22); Ψ_0 ist der bekannte Wert von Ψ für $\psi=0$.

Wir erledigen zuerst die „zweite" Aufgabe und zeichnen uns hierfür das sogenannte Massenwuchtdiagramm[1]) (Abb. 23), indem wir zu jedem Kurbelwinkel ψ zusammengehörige Werte von Ψ und $\mathfrak{T}$ als Koordinaten in einem $(\Psi, \mathfrak{T})$-System auftragen. So entsteht eine geschlossene Kurve, auf der wir uns schon bei der Konstruktion äquidistante Werte des Parameters ψ markieren. In Abb. 23 sind diese Punkte von 0 bis 24 für $\psi=0$ bis $\psi=4\pi$ durchnumeriert.

Wäre neben A auch z_0 (für $\psi=0$) bekannt, so hätte man lediglich den Punkt P mit den festen Koordinaten $-A$ und $-(A+\Psi_0)z_0$ aufzusuchen und könnte dann sofort den Gang der Maschine überblicken. Würde man nämlich den Punkt $(\Psi, \mathfrak{T})$ der Massenwuchtkurve (in Abb. 23 etwa den Punkt 1) mit P verbinden, so wäre mit den Bezeichnungen von Abb. 23 und zufolge (6)

$$\frac{QR}{PQ}=\frac{(A+\Psi_0)z_0+\mathfrak{T}}{A+\Psi}=z \tag{7}$$

oder wegen $PQ=A$ einfach $QR=Az$. Beschriebe man also um Q einen Kreis mit Halbmesser A und sodann über RT als Durchmesser einen Halbkreis, der die Verlängerung von PQ in Z träfe, so wäre

$$QZ=\sqrt{TQ\cdot QR}=A\sqrt{z}=A\,\frac{\omega}{\omega_m}, \tag{8}$$

und so könnte man auf der Achse PQ von Q aus die Werte ω/ω_m, abgesehen von dem Maßstabsfaktor A, unmittelbar für jeden Parameter ψ ablesen. (In Abb. 23 ist die Konstruktion bei den Punkten 1 und 8 der Massenwuchtkurve für $A=1{,}2\,\mathrm{mkgsek}^2$ gezeigt.)

Diese einfache Konstruktion wird lediglich dadurch behindert, daß in Wahrheit die Länge der Strecke $QO=(A+\Psi_0)z_0$ zunächst noch unbekannt ist. Man gelangt nun aber auch vollends zu ihr durch die Erwägung, daß der Mittelwert der gefundenen Werte $1/\omega$ gemäß (**7**, 2) gerade gleich $1/\omega_m$ sein muß, also der Mittelwert der Quotienten $QS/QZ\,(\equiv\omega_m/\omega)$ gerade gleich 1. Somit wird man den Punkt Q versuchsweise einmal so annehmen, daß die von P zu den Punkten $0, 1, 2, \ldots$ der Massenwuchtkurve gezogenen Fahrstrahlen PR sich einigermaßen gleichmäßig um den Fahrstrahl PS' gruppieren, nämlich so, daß S' ungefähr der Schwerpunkt der Punktreihe R ist. Dann ist auch S ungefähr der Schwerpunkt der Punktreihe Z und also der Mittelwert von $1/\omega$ sicherlich in der Nähe von $1/\omega_m$. Man muß die ganze Konstruktion mit verschiedenen Längen OQ solange wiederholen, bis man die richtige Lage von Q genügend genau getroffen hat oder wenigstens vollends durch Interpolation finden kann. Wenn man von einer gut abgeschätzten Anfangslage des Punktes Q ausgeht, so wird man i. a. mit zwei Schritten zum Ziel kommen.

Die Mittelwertsbildung der Quotienten QS/QZ könnte man graphisch dadurch erledigen, daß man ZS' und $S'Z'\perp ZS'$ zieht und dann in bekannter Weise den Schwerpunkt der Punktreihe Z' sucht: er muß mit P zusammenfallen, wenn Q richtig ist. Es wird aber in der Regel rascher gehen, wenn man die Quotienten QS/QZ mit dem Rechenschieber (für feste Einstellung QS) bildet und ihr arithmetisches Mittel berechnet: es muß gleich 1 sein.

---

[1]) F. Wittenbauer, Graphische Dynamik, S. 759 (samt dem dort S. 775 angegebenen weiteren Schrifttum), Berlin 1923.

Zuletzt trägt man (Abb. 24) die Strecken SZ (oder geeignete Vielfache von ihnen) über der ψ-Achse (die durch die Ordinate 1 gelegt wird) auf und gewinnt so den gesuchten Überblick über den Gang der Maschine und daraus die Ungleichförmigkeitsgrade ε oder ε'. Im vorliegenden Beispiel ist $\varepsilon=0{,}46$ und $\varepsilon'=0{,}45$. Dieser ungewöhnlich große Ungleichförmigkeitsgrad ist die Folge

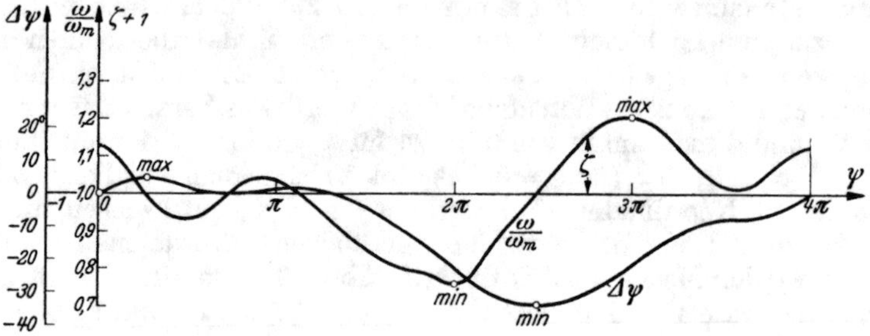

Abb. 24. Der Gang der Maschine; Gangabweichung ζ und Winkelabweichung $\Delta\psi$.

des sehr kleinen Trägheitsmomentes $A=1{,}2\,\text{mkgsek}^2$, und man bemerkt, daß ε und ε' nun schon deutlich voneinander verschieden sind.

Aus der Kurve für ω/ω_m folgt die Winkelabweichung

$$\Delta\psi \equiv \psi-\omega_m t=\psi-\omega_m\int_0^\psi \frac{d\psi}{\omega}=\int_0^\psi\left(1-\frac{\omega_m}{\omega}\right)d\psi. \tag{9}$$

Man entwirft also aus der Kurve für ω/ω_m die Kurve mit den Ordinaten $(1-\omega_m/\omega)$ — sie ist in Abb. 24 nicht eingetragen — und bildet daraus $\Delta\psi$ durch graphische Integration. In unserem Beispiel ist $\Delta\psi_{\max}-\Delta\psi_{\min}=37^\circ$, also wiederum sehr groß.

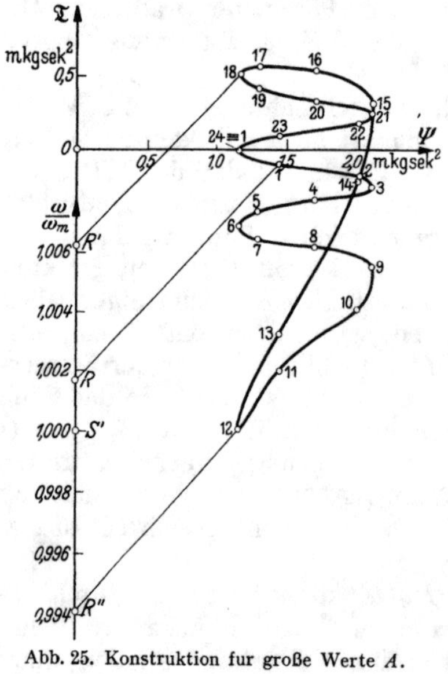

Abb. 25. Konstruktion fur große Werte A.

Es darf nicht verschwiegen werden, daß diese Konstruktion (wie überhaupt alle Konstruktionen im Massenwuchtdiagramm) recht unbequem wird, sobald A größere Werte annimmt und also den Punkt P in große Entfernung von der Massenwuchtkurve treibt. Die Konstruktion wird erst dann wieder bequem, wenn A so groß geworden ist, daß Ψ_0 dagegen klein erscheint. Denn dann ist auch ε klein und somit wegen $|z_0-1|<\varepsilon$ nahezu $z_0=1$, und das besagt, daß die Fahrstrahlen PR in Abb. 23 nun alle nahezu parallel, nämlich unter ziemlich genau 45° gegen die Koordinatenachsen verlaufen, so daß man jetzt die Punkte R, ohne den unzugänglich gewordenen Punkt P zu benutzen, einfach dadurch findet, daß man durch die Punkte 0, 1, 2,... der Massenwuchtkurve lauter Strahlen unter 45° zieht (Abb. 25). Da nun wieder genähert $(\omega^2)_m=\omega_m^2$ ist, so hat man lediglich noch den Schwerpunkt S' der Punktreihe R zu bestimmen und kann dann die $\mathfrak{T}$-Achse zugleich als Achse für die (in den Punkten R abzulesenden) Werte ω/ω_m ansehen, wenn man den Skalenwert 1,000 an den Punkt S' schreibt und die Einheit $2A$-mal größer macht, als die Einheiten der $\mathfrak{T}$-Skala (der Faktor 2 rührt wieder her vom Übergang von ω^2/ω_m^2 zu ω/ω_m selbst).

Die weitere Verarbeitung der Werte ω/ω_m geschieht vollends wie bei der ersten Methode (Ziff. **9**). Der Ungleichförmigkeitsgrad ε kann an der ω/ω_m-Skala abgelesen werden als Ordinatendifferenz der Punkte R' und R'' der obersten und untersten 45°-Tangente der Massenwuchtkurve, und zwar gemessen mit dem ω/ω_m-Maßstab. Im Beispiel der Abb. 25, wo $A = 100$ mkgsek² angenommen ist, wird $\varepsilon = 0{,}0121$, welcher Wert mit dem in Ziff. **9** gefundenen gut übereinstimmt.

Natürlich ist die zweite Methode bei dieser Näherungskonstruktion keineswegs genauer als die erste Methode; da sie zudem im ganzen etwas mühsamer ist, so wird man in der Regel die erste Methode vorziehen und die zweite auf ganz kleine Werte A beschränken, bei denen ja gerade die erste Methode nicht mehr befriedigend genau zu sein pflegt.

11. Schwungradberechnung; zweite Methode. Die soeben gelöste „zweite" Aufgabe läßt sich dahin kennzeichnen, daß auf einer Parallelen zur $\mathfrak{T}$-Achse im gegebenen Abstand A ein Punkt P aufzusuchen ist, von dem aus der vorgeschriebene Mittelwert ω_m erreicht wird. Die jetzt noch zu lösende „erste" Aufgabe, bei welcher der Ungleichförmigkeitsgrad ε oder ε' gegeben ist und dafür das Trägheitsmoment A des Schwungrades, sowie der Gang der Maschine gesucht sind, unterscheidet sich von der „zweiten" Aufgabe lediglich dadurch, daß nun der geometrische Ort für P eine andere Linie sein wird, nämlich diejenige Kurve, die zu festem Wert ε oder ε' gehört.

Um diese Kurve punktweise zu konstruieren, erinnert man sich daran, daß nach (**10**, 7) für die Neigung α jeder Geraden, die einen Punkt ψ der Massenwuchtkurve mit dem gesuchten Punkt P verbindet, allgemein $\operatorname{tg}\alpha = z\,(=\omega^2/\omega_m^2)$ ist, wenn ω die zum Kurbelwinkel ψ gehörige Drehgeschwindigkeit bedeutet. Dies gilt insbesondere auch für die von P aus gelegte „oberste" und „unterste" Tangente der Massenwuchtkurve. Sind mithin α und β deren Neigungswinkel (Abb. 23 von Ziff. **10**), so ist

$$\sqrt{\operatorname{tg}\alpha} - \sqrt{\operatorname{tg}\beta} = \frac{\omega_{\max} - \omega_{\min}}{\omega_m} = \varepsilon'. \tag{1}$$

Nimmt man also β willkürlich an, so folgt aus (1) zu dem vorgeschriebenen ε' der Wert α, und damit hat man ein paar zusammengehöriger Tangenten, deren Schnittpunkt ein zu ε' passender Punkt P ist. Wiederholt man die Konstruktion für andere Werte β, so laufen die Schnittpunkte auf einer Kurve, der ε'-Kurve, und diese ist der gesuchte geometrische Ort für P. Die ε'-Kurve ist in Abb. 23 für $\varepsilon' = 0{,}45$ eingezeichnet.

Die weitere Konstruktion verläuft von hier aus genau wie bei der „zweiten" Aufgabe: man wählt auf der ε'-Kurve den Punkt P versuchsweise so, daß die Fahrstrahlen nach der Massenwuchtkurve hin sich einigermaßen gleichförmig um den zugehörigen Punkt S' gruppieren, bestimmt den zugehörigen Mittelwert ω_m und variiert P auf der ε'-Kurve so lange, bis der vorgeschriebene Wert ω_m erreicht wird. Dann stellt der Abstand PQ des Punktes P von der $\mathfrak{T}$-Achse den gesuchten Wert A des Trägheitsmomentes des Schwungrades dar, und auch der Gang der Maschine ergibt sich vollends in gleicher Weise wie bei der „zweiten" Aufgabe.

Da für kleine Ungleichförmigkeitsgrade ε mit ε' verwechselt werden darf, für große Ungleichförmigkeitsgrade aber von den beiden Werten ε und ε' praktisch nur der zweite vorgeschrieben sein wird, so brauchen wir uns nicht mit der Frage aufzuhalten, wie die Lösung abzuändern wäre, wenn ε statt ε' gegeben wäre.

Dagegen müssen wir noch darauf hinweisen, daß die Konstruktion der ε'-Kurve in Wirklichkeit wegen der flachen Schnitte der Tangenten recht unangenehm und ziemlich ungenau ist. Dies setzt den praktischen Wert der Methode stark herab. In dem häufigen Falle, daß die Berührpunkte B_1 und B_2 (vgl. Abb. 23) merklich genau senkrecht übereinanderliegen und daß die Massenwuchtkurve gerade in der Nähe dieser Berührpunkte so scharf umbiegt, daß die Berührpunkte bei Variation von α und β nicht merklich wandern, erhält man eine einfache Näherungskonstruktion der ε'-Kurve, wenn man die beiden Berührpunkte (in Abb. 23 ziemlich genau die Punkte 12 und 18) ganz festhält. Dann gilt mit den Bezeichnungen von Abb. 26, worin $a = B_1 B_2$ der feste Abstand der Berührpunkte ist, in einem (x, y)-System, das sich an den „unteren" Berührpunkt B_2 anschließt, für die Koordinaten von P zufolge (1)

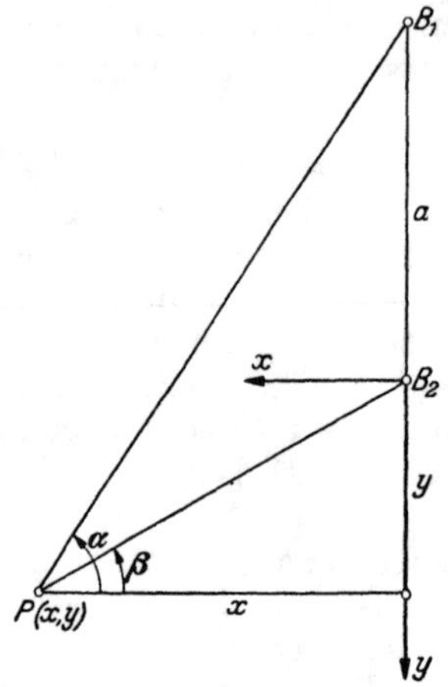

Abb. 26.
Zur Konstruktion der ε'-Kurve.

$$\sqrt{\frac{a+y}{x}} - \sqrt{\frac{y}{x}} = \varepsilon',$$

also

$$y = \frac{a^2 + \varepsilon'^2 x\,(\varepsilon'^2 x - 2a)}{4\,\varepsilon'^2 x}. \tag{2}$$

Die ε'-Kurve ist also genähert eine Hyperbel; diese ist aus a und ε' rasch berechnet und so in Abb. 23 eingetragen.

Für kleine Werte ε' rückt die Hyperbel in weite Ferne, und dann wird die Konstruktion wieder ganz einfach. In Abb. 25 bedeutet nämlich die Strecke $R'R''$, wenn man sie nicht mit dem (noch unbekannten) ω/ω_m-Maßstab mißt, sondern mit dem ursprünglichen $\mathfrak{T}$-Maßstab, gemäß (**10**, 7)

$$R'R'' = A\left(\frac{\omega_{\max}^2}{\omega_m^2} - \frac{\omega_{\min}^2}{\omega_m^2}\right) = A\,\frac{\omega_{\max}+\omega_{\min}}{\omega_m}\,\frac{\omega_{\max}-\omega_{\min}}{\omega_m}.$$

Da man aber jetzt wieder nahezu genau $\omega_m = \overline{\omega} = \frac{1}{2}(\omega_{\max} + \omega_{\min})$ hat, so folgt das Trägheitsmoment A des Schwungrades aus der einfachen Formel

$$A = \frac{R'R''}{2\,\varepsilon} \qquad (R'R'' \text{ im } \mathfrak{T}\text{-Maßstab}). \tag{3}$$

Allerdings darf wieder nicht verschwiegen werden, daß dieser Wert jetzt keineswegs genauer, sondern eher ungenauer als bei der ersten Methode ist, obwohl diese zweite Methode i. a. mehr Mühe verursacht. Man wird darum die zweite Methode auch bei der „ersten" Aufgabe auf sehr große Ungleichförmigkeitsgrade ε' beschränken. Abgesehen von diesem ziemlich seltenen Fall scheint uns die erste Methode (Ziff. **8** und **9**) stets den Vorzug zu verdienen, da sie im ganzen einfacher und auch wohl praktisch genau genug ist.

12. Geschränkte Kurbelgetriebe. Wie schon in Kap. XI, Ziff. **14** erwähnt, kann es bei einfach wirkenden Maschinen gewisse Vorteile (allerdings wohl auf Kosten des Massenausgleiches) bieten, wenn man das Kurbelgetriebe schränkt, indem man die Gleitbahn um eine Strecke b (die in der Regel kleiner als der Kurbelhalbmesser r ist) so nach der Seite verschiebt, daß der Winkel χ zwischen Gleitbahn und Pleuelstange während des Arbeitstaktes kleiner bleibt als ohne Schränkung (Abb. 29 von Kap. XI, Ziff. **14** oder Abb. 27 hier). Wir wollen jetzt unsere bisherigen Untersuchungen für solche geschränkte Kurbelgetriebe zugänglich machen. Hierzu ist es offenbar nur nötig, anzugeben, wie sich die Ermittlung der Momente $\mathfrak{M}'$, $\mathfrak{M}''$, $\mathfrak{M}'''$ und $\mathfrak{M}''''$ ändert, wenn eine Schränkung hinzukommt.

Wie das Tangentialkraftmoment $\mathfrak{M}'$ gefunden wird, zeigt Abb. 27. Die Gleitbahn geht im Abstand b am Mittelpunkt O des Kurbelkreises vorbei. Man sucht zuerst die beiden Totlagen B_0 und B_0' des Kolbenbolzens (Kreuzkopfzapfens), die dadurch gekennzeichnet sind, daß die Mittellinien OA_0 und A_0B_0 der Kurbel und der Pleuelstange (bzw. OA_0' und $A_0'B_0'$) auf einer Geraden liegen. Dann schlägt man mit dem Halbmesser l Kreisbögen um B_0 und um B_0' und markiert deren Schnittpunkte C_0 und C_0' mit einer beliebig gewählten Parallelen zur

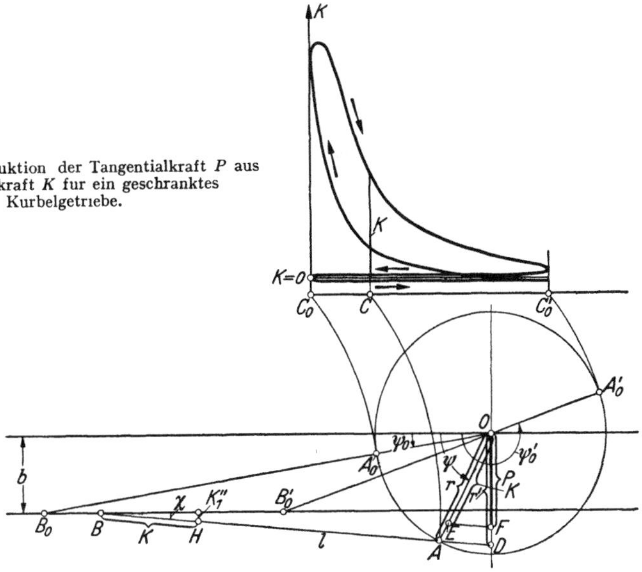

Abb. 27. Konstruktion der Tangentialkraft P aus der Kolbenkraft K fur ein geschranktes Kurbelgetriebe.

Gleitbahn. Das Indikatordiagramm wird über der Basis C_0C_0' in solchem Maßstab aufgetragen, daß seine Hublänge gerade gleich C_0C_0' wird. Da die Gleichungen (**3**, 1) und (**3**, 2) auch für geschränkte Kurbelgetriebe gelten, so erfolgt die weitere Konstruktion wie in Ziff. **3**: für einen beliebigen Kurbelwinkel ψ schlägt man mit dem Halbmesser l einen Kreisbogen AC um B, greift über C die Kolbenkraft K ab, trägt sie auf OA von O bis E ab, zieht $EF \parallel BA$ und hat in der Strecke OF die gesuchte Tangentialkraft P, die mit r multipliziert das Moment $\mathfrak{M}'$ liefert. Da die Symmetrie des Kurbelgetriebes durch die Schränkung gestört ist, so muß man nun allerdings den ganzen Kurbelkreis durchlaufen, um die ganze Tangentialkraftkurve zu erhalten, und darf sich nicht mehr auf einen Halbkreis beschränken. Führt man die Konstruktion wirklich durch, so zeigt sich für die üblichen Indikatordiagramme, daß selbst große Schränkungen b ($<r$) die Gestalt der Tangentialkraftkurve fast gar nicht zu ändern vermögen: die neue Kurve entsteht aus der Kurve des ungeschränkten Getriebes fast genau durch eine Parallelverschiebung um die Totpunktsabszisse ψ_0.

Das Moment $\mathfrak{M}''$ der Bewegungsenergie erledigt sich für geschränkte Kurbelgetriebe durch die einfache Bemerkung, daß die Formeln (**4**, 1) bis (**4**, 3) davon unabhängig sind, ob die Gleitbahn durch den Mittelpunkt O des Kurbelkreises geht oder nicht; sie gelten also auch für geschränkte Getriebe, nur ist die entstehende Drehmassenkurve dann nicht mehr in sich symmetrisch. Die Fourierreihen (**4**, 5) können allerdings nicht übernommen werden; wir verzichten aber darauf, ihre neue Gestalt, die leicht auf Grund von Kap. XI, Ziff. **14** hergeleitet werden könnte, explizit anzuschreiben.

Für die Lageenergie U liest man aus Abb. 28 (in der die gleichen Bezeichnungen wie in Abb. 8 von Ziff. **5** gewählt sind) ab

$$U = -\left[sG + r\left(1-\frac{s'}{l}\right)G'\right]\left[1-\cos(\psi-\delta)\right] - \left(\frac{s'}{l}G' + G''\right)(r\cos\delta + l\cos\chi_0 - x)\cos\delta.$$

Dabei ist wieder $U=0$ gesetzt für die oberste Lage A_0 des Punktes A. Führt man die reduzierten Momente Q^* und $Q^{*\prime}$ aus (**5**, 1) ein sowie den Wert von x aus (XI, **14**, 3), so kommt das von der Lageenergie beanspruchte Drehmoment

$$\left.\begin{aligned} \mathfrak{M}''' \equiv \frac{dU}{d\psi} = -\Big[(Q^* + Q^{*\prime})\sin\psi + Q^*\Big(-A_1^*\cos\psi + \frac{1}{2}A_2^*\sin 2\psi + \\ + \frac{1}{3}A_3^*\cos 3\psi - \frac{1}{4}A_4^*\sin 4\psi - + + - \cdots\Big)\Big]\cos\delta + Q^{*\prime}\cos\psi\sin\delta. \end{aligned}\right\} \quad (1)$$

Der Zusammenhang mit den stationären Längs- und Querkräften X^* und Y^* (XI, **14**, 9) ist jetzt dargestellt durch

$$\mathfrak{M}''' = -\frac{g}{\omega^2}\left\{\cos\delta\left[\int_0^\psi X^* d\psi - Q^*\left(A_1^* - \frac{1}{3}A_3^* + \frac{1}{5}A_5^* - + \cdots\right)\right] + \sin\delta\int_{\pi/2}^{\psi} Y^* d\psi\right\}. \quad (2)$$

Das Moment $\mathfrak{M}'''$ verschwindet also nur für liegende Maschinen $(\delta = \pm\pi/2)$ nach Maßgabe des Massenausgleiches. Die den Abb. 9 bis 12 von Ziff. **5** entsprechenden Sonderfälle folgen aus (1) mit $\delta = 0, \pi, +\pi/2, -\pi/2$.

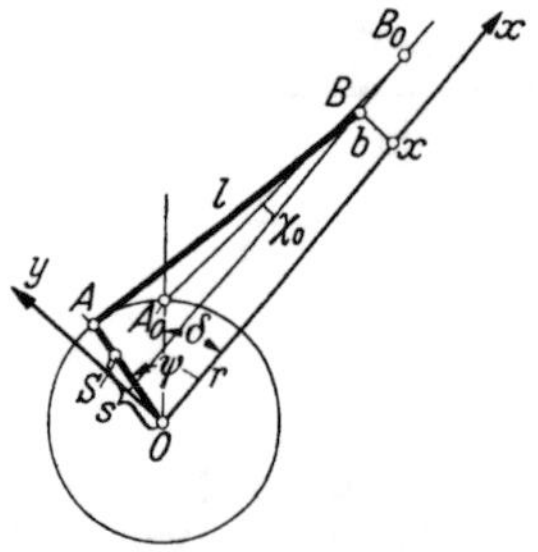

Abb. 28. Geschranktes Kurbelgetriebe unter der Neigung δ gegen die Lotlinie.

Für die inneren Kräfte des geschränkten Kurbelgetriebes gelten die Ansätze (**6**, 1) bis (**6**, 8) unverändert, ebenso die Folgerungen (**6**, 12) bis (**6**, 14) sowie die Gleichungen (**6**, 11). Dagegen nehmen natürlich die dortigen Ausdrücke (**6**, 9) und (**6**, 10) beim geschränkten Kurbelgetriebe eine neue Gestalt an. Beschränkt man sich wieder auf die Glieder erster Ordnung in $\lambda = r/l$ und ebenso nun auch auf die Glieder erster Ordnung des Schränkungsverhältnisses $\beta = b/l$, läßt also alle Glieder mit λ^2, $\lambda\beta$, β^2 und höheren Potenzen fort, so erhält man aus (XI, **14**, 1) bis (XI, **14**, 7)

$$\dot{x} = -r\omega\left(\sin\psi - \beta\cos\psi + \frac{1}{2}\lambda\sin 2\psi\right), \qquad \ddot{x} = -r\omega^2(\cos\psi + \beta\sin\psi + \lambda\cos 2\psi), \quad (3)$$

$$\sin\chi = \lambda\sin\psi - \beta, \quad \cos\chi = 1, \quad \dot{\chi} = \lambda\omega\cos\psi, \quad \ddot{\chi} = -\lambda\omega^2\sin\psi. \quad (4)$$

Führt man mit diesen Ausdrücken die ganze Rechnung von Ziff. **6** erneut durch, so findet man für die Zapfen- und Stangenkräfte K_1 bis K_4 und P_1 bis P_4 sowie für die Wandkraft K'' die folgenden Werte:

$$\begin{aligned}
K_1 &= K - G''\left[\frac{r\omega^2}{g}(\cos\psi + \underline{\beta\sin\psi} + \lambda\cos 2\psi) - \cos\delta\right] + \frac{s'}{l}G'\sin\delta(\lambda\sin\psi - \beta),\\
K_2 &= \frac{s'}{l}G'\left[\sin\delta - \frac{r\omega^2}{g}\left(\frac{1}{2}\lambda\sin 2\psi - \underline{\beta\cos\psi}\right) + \cos\delta(\lambda\sin\psi - \underline{\beta})\right],\\
K_3 &= K - \left(\frac{s'}{l}G' + G''\right)\left[\frac{r\omega^2}{g}(\cos\psi + \underline{\beta\sin\psi} + \lambda\cos 2\psi) - \cos\delta\right],\\
K_4 &= 0,\\
K'' &= K(\lambda\sin\psi - \underline{\beta}) + \left(\frac{s'}{l}G' + G''\right)\Big[\sin\delta - \frac{r\omega^2}{g}\left(\frac{1}{2}\lambda\sin 2\psi - \underline{\beta\cos\psi}\right) +\\
&\qquad + \cos\delta(\lambda\sin\psi - \underline{\beta})\Big],
\end{aligned}$$

$$\left.\begin{aligned}
P_1 &= K\Big(\sin\psi-\underline{\beta\cos\psi}+\frac{1}{2}\lambda\sin 2\psi\Big)+\Big(1-\frac{s'}{l}\Big)G'\sin(\psi-\delta)-\\
&\quad-\Big(\frac{s'}{l}G'+G''\Big)\Big\{\frac{1}{2}\frac{r\omega^2}{g}\Big[\sin 2\psi-\frac{1}{2}\lambda(\sin\psi-3\sin 3\psi)-\underline{2\beta\cos 2\psi}\Big]-\\
&\quad-\cos\delta\Big(\sin\psi-\underline{\beta\cos\psi}+\frac{1}{2}\lambda\sin 2\psi\Big)\Big\},\\
P_2 &= K\Big[\cos\psi+\underline{\beta\sin\psi}-\frac{1}{2}\lambda(1-\cos 2\psi)\Big]-\Big(1-\frac{s'}{l}\Big)G'\Big[\frac{r\omega^2}{g}-\cos(\psi-\delta)\Big]-\\
&\quad-\Big(\frac{s'}{l}G'+G''\Big)\Big\{\frac{1}{2}\frac{r\omega^2}{g}\Big[1+\cos 2\psi+\frac{1}{2}\lambda(\cos\psi+3\cos 3\psi)+\underline{2\beta\sin 2\psi}\Big]-\\
&\quad-\cos\delta\Big[\cos\psi+\underline{\beta\sin\psi}-\frac{1}{2}\lambda(1-\cos 2\psi)\Big]\Big\},\\
P_3 &= P_1+G\sin(\psi-\delta),\\
P_4 &= P_2-G\Big[\frac{s\omega^2}{g}-\cos(\psi-\delta)\Big].
\end{aligned}\right\}\qquad (5)$$

Gegenüber dem ungeschränkten Kurbelgetriebe kommen jetzt die unterstrichenen Glieder mit β neu hinzu. Die meisten dieser Glieder stellen periodische Zusatzkräfte vor, die um den Mittelwert Null schwanken. Am bemerkenswertesten ist das β-Glied in dem ersten Ausdruck $K(\lambda\sin\psi-\beta)$ der Wandkraft K''. Die Kolbenkraft wirkt am stärksten im Arbeitstakt $0\leq\psi\leq\pi$, wo also $\lambda\sin\psi>0$ ist. Durch das Hinzutreten von $-\beta$ wird dieser Bestandteil $K(\lambda\sin\psi-\beta)$ der Wandkraft im Mittel ganz wesentlich herabgesetzt; und da die Reibung des Kolbens an der Zylinderwand einen erheblichen Teil der Verluste des Getriebes darstellt, so bedeutet die Schränkung hier eine entschiedene Verbesserung, wenigstens bei langsamlaufenden Maschinen, wo dieser statische Bestandteil von K'' die kinetischen Bestandteile von K'' überwiegt. Die Konstruktion dieses Teiles

$$K_1''=K(\lambda\sin\psi-\beta)=K\sin\chi \qquad (6)$$

der Wandkraft K'' ist schon in Abb. 27 angedeutet: man trägt die Kolbenkraft K von B nach A hin ab, dann hat der Endpunkt H dieser Strecke den Abstand K_1'' von der Gleitbahnachse. In Abb. 29 ist das Ergebnis auf Grund des Indikatordiagramms von Abb. 27 für einige Werte des Verhältnisses

$$\alpha=\frac{\beta}{\lambda}=\frac{b}{r} \qquad (7)$$

aufgetragen. Man bemerkt deutlich, wie mit zunehmendem α die Wandkraft K_1'' beim eigentlichen Arbeitstakt abnimmt. Da die negativen Kräfte (die bei der Kompression und beim Verbrennungsbeginn auftreten) für die Reibung positiv zu zählen sind, so wird allerdings etwa von $\alpha=1/4$ an die Wirkung wieder ungünstiger. Im allgemeinen mag eine Schränkung, für welche α zwischen 1/8 und 1/4 liegt, am günstigsten sein. Über den Wert $\alpha=1/4$ wird man auch schon deswegen kaum hinausgehen, weil sonst bei der Kompression recht große Stangenwinkel χ auftreten können.

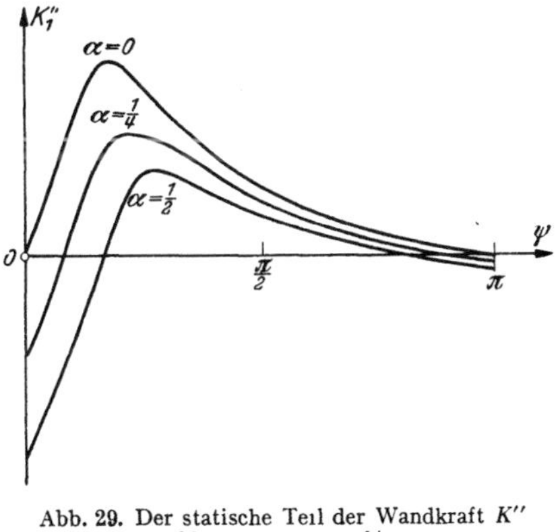

Abb. 29. Der statische Teil der Wandkraft K'' abhängig von $\alpha=b/r$.

Diese Erwägungen verlieren bei raschlaufenden Maschinen wesentlich an Bedeutung. Denn nun tritt der kinetische Bestandteil

$$\Big(\frac{s'}{l}G'+G''\Big)\frac{r\omega^2}{g}\Big(\frac{1}{2}\lambda\sin 2\psi-\beta\cos\psi\Big)$$

durchaus in den Vordergrund, und dieser läßt sich durch die Schränkung im ganzen nicht herabsetzen. Geschränkte Kurbelgetriebe eignen sich also jedenfalls eher für langsamen als für schnellen Lauf.

Aus den inneren Kräften (5) lassen sich die Reibungsverluste $\mathfrak{M}''''$ genau so berechnen wie beim ungeschränkten Kurbelgetriebe, und auch die Ermittlung des Ganges der Maschine und des Schwungrad-Trägheitsmomentes geschieht, nachdem das nutzbare Drehmoment $\mathfrak{M}^{(n)} = \mathfrak{M}' - (\mathfrak{M}'' + \mathfrak{M}''' + \mathfrak{M}'''')$ oder das effektive Drehmoment $\mathfrak{M}^{(e)} = \mathfrak{M}' - (\mathfrak{M}''' + \mathfrak{M}'''')$ gefunden ist, ebenso wie dort.

§ 2. Die Mehrzylindermaschinen.

13. Der Reihenmotor. Die Übertragung der bisherigen Methoden von der Einzylindermaschine auf den Reihenmotor ist verhältnismäßig einfach[1]), wenn, wie das die Regel sein wird, alle Einheiten des Reihenmotors unter sich gleich sind, also alle Kurbelgetriebe, alle Zylinder und auch alle Indikatordiagramme. (Kleine Unterschiede in den Indikatordiagrammen kann man, da sie meist sowieso nicht genau im einzelnen bekannt sind, kaum in Rücksicht ziehen.) Bezeichnet ψ den Drehwinkel des „ersten" Getriebes, etwa des äußersten auf der dem Schwungrad abgewandten Seite, so entwirft man zunächst für dieses Getriebe alle nötigen Diagramme, nämlich $\mathfrak{M}_1'$, $\mathfrak{M}_1''$, $\mathfrak{M}_1'''$, $\mathfrak{M}_1''''$ und daraus, je nach Bedarf, das nutzbare Drehmoment $\mathfrak{M}_1^{(n)} = \mathfrak{M}_1' - (\mathfrak{M}_1'' + \mathfrak{M}_1''' + \mathfrak{M}_1'''')$ oder das effektive Drehmoment $\mathfrak{M}_1^{(e)} = \mathfrak{M}_1' - (\mathfrak{M}_1''' + \mathfrak{M}_1'''')$ als Funktionen von ψ und hat dann nur noch diese selben Kurven für die übrigen Getriebe je um den Kurbelversetzungswinkel auf der ψ-Achse verschoben dazuzuzeichnen und zuletzt die Ordinaten algebraisch zu addieren. So entsteht durch Überlagerung das resultierende Moment $\mathfrak{M}^{(n)}$ bzw. $\mathfrak{M}^{(e)}$ des ganzen Reihenmotors. Dabei ist allerdings die Voraussetzung gemacht, daß das gesamte Reibungsmoment in den Wellenlagern gleich der Summe der Reibungsmomente sei, die jedes einzelne Getriebe für sich allein in den Wellenlagern erzeugen würde. Diese Voraussetzung ist sicher nicht streng richtig; da sie aber jedenfalls angenähert zutrifft, so mag sie im Hinblick darauf, daß dieses Reibungsmoment verglichen mit $\mathfrak{M}'$ und $\mathfrak{M}''$ verhältnismäßig klein bleibt, unbedenklich hingenommen werden.

Die Abb. 30 bis 35 zeigen das nutzbare Gesamtmoment $\mathfrak{M}^{(n)}$ für einen langsamlaufenden Dieselmotor im Zweitakt mit regelmäßiger Kurbelversetzung unter Zugrundelegung eines nutzbaren Einzelmomentes, das in Abb. 30 durch die Kurve $\mathfrak{M}_1^{(n)}$ dargestellt ist, und zwar der Reihe nach für zwei, drei, vier, fünf, sechs und acht Zylinder. Natürlich darf man sich bei der Zeichnung auf eine einzige Periode beschränken, also auf die Abszisse von $\psi = 0$ bis $\psi = 2\pi/n$, wo n die Zylinderzahl ist. In diesem Periodenraum sind, wenigstens bis zu vier Zylindern, diejenigen Kurvenstriche dünn gezeichnet, die durch Verschieben der $\mathfrak{M}_1^{(n)}$-Kurve um die Abszisse $k \cdot 2\pi/n$ ($k = 0, 1, 2, \ldots, n-1$) in den Periodenraum fallen. Die stark ausgezogene Resultante $\mathfrak{M}^{(n)}$ wird durch Ordinatenaddition gewonnen und wiederholt sich nach jeder Periode. Der nach (**7**, 3) gebildete Mittelwert $\mathfrak{M}_m^{(n)}$ ist die mittlere Ordinate der $\mathfrak{M}^{(n)}$-Kurve. Das gleiche ist in den Abb. 36 bis 41 für einen raschlaufenden Dieselmotor im Viertakt aufgezeigt, und zwar ebenfalls für regelmäßige Kurbelversetzung und auf Grund der $\mathfrak{M}_1^{(n)}$-Kurve von Abb. 19 von Ziff. **8** (deren beide Hälften auch aus Abb. 36 ersichtlich sind).

Man darf diese Kurvenreihe wohl als typisch ansehen und entnimmt ihr, wenn man die S c h w a n k u n g des nutzbaren Drehmomentes $\mathfrak{M}^{(n)}$ um seinen

---

[1]) H. Schrön, Die Eigenschaften der Fünfzylinder-Reihenverbrennungsmaschine, Motorwagen 31 (1928) S. 663; ferner H. Schrön, Die Zündfolge der vielzylindrigen Verbrennungsmaschinen, München u. Berlin 1938.

Mittelwert $\mathfrak{M}_m^{(n)}$ als Maß für die Güte des Leistungsausgleiches wertet, daß allgemein der langsame Zweitakt besseren Leistungsausgleich besitzt als der schnelle Viertakt, ferner, daß der Leistungsausgleich mit zunehmender Zylinderzahl i. a. besser wird. Eine bezeichnende Ausnahme bildet die Vierzylindermaschine: sie ist schon im Zweitakt unausgeglichener als die Zwei- und Dreizylindermaschine, im Viertakt ist sie beiden stark

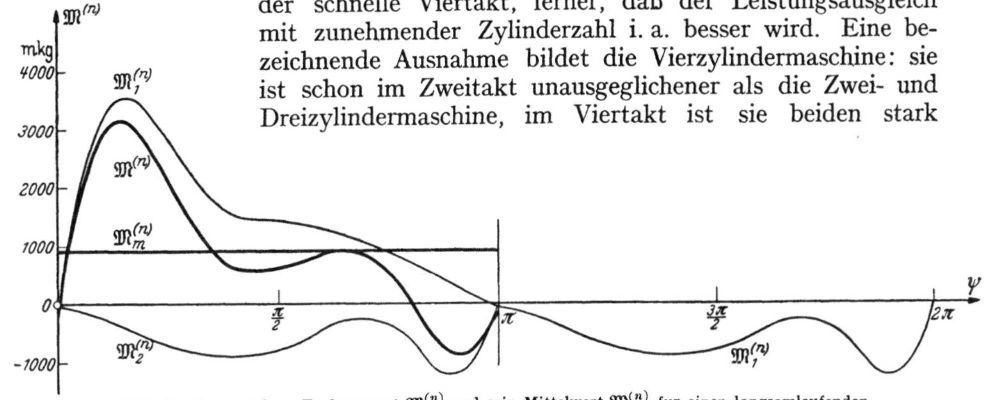

Abb. 30. Das nutzbare Drehmoment $\mathfrak{M}^{(n)}$ und sein Mittelwert $\mathfrak{M}_m^{(n)}$ fur einen langsamlaufenden Zweizylinder-Zweitaktdieselmotor.

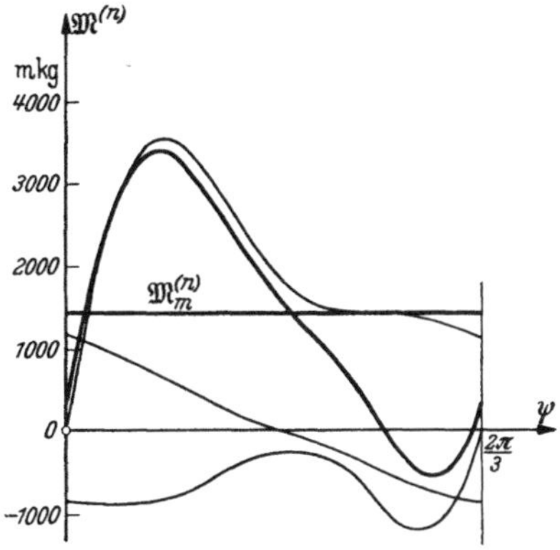

Abb. 31. Dasselbe fur einen Dreizylindermotor.

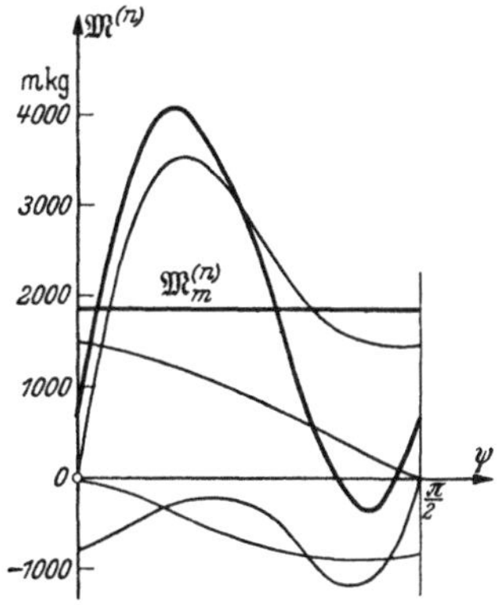

Abb. 32. Dasselbe fur einen Vierzylindermotor.

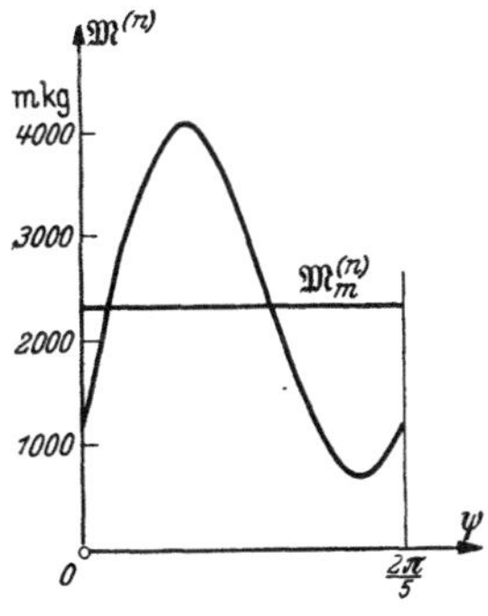

Abb. 33. Dasselbe fur einen Funfzylindermotor.

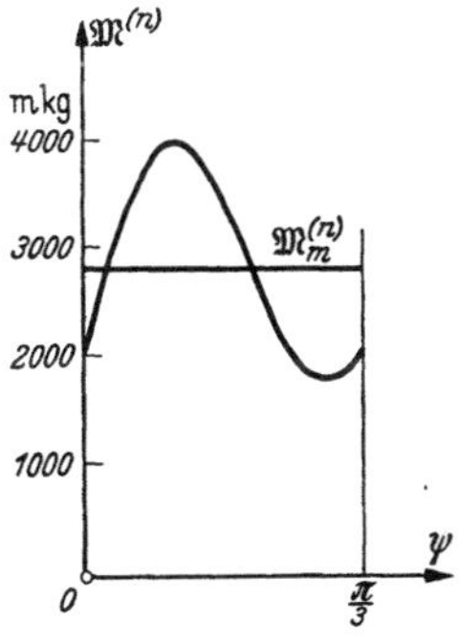

Abb. 34. Dasselbe fur einen Sechszylindermotor.

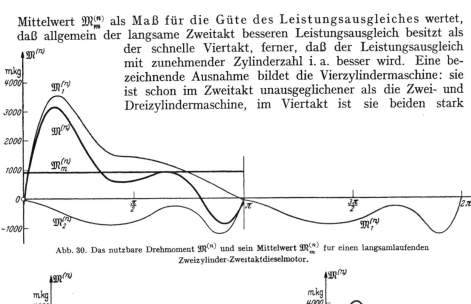

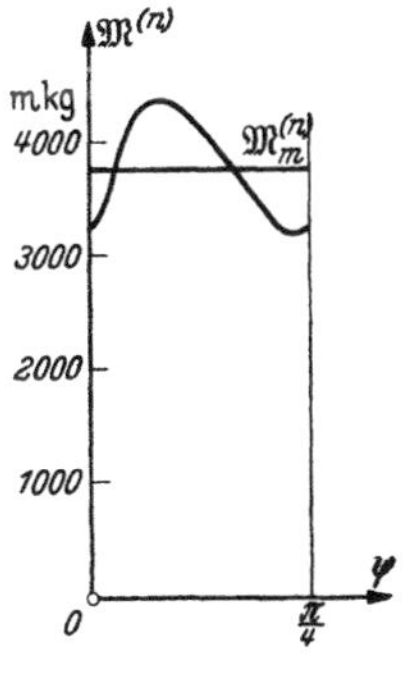

Abb. 35. Dasselbe fur einen Achtzylindermotor.

unterlegen. Im Viertakt ist auch die Achtzylindermaschine hinsichtlich des Leistungsausgleiches kaum so gut wie die Sechszylindermaschine. Diese Ergebnisse gehen, grob ausgedrückt, ungefähr parallel zu den Eigenschaften des Massenausgleiches bei diesen Maschinen (Kap. XI, Ziff. **10**).

Daß es sich hierbei um durchaus typische Erscheinungen handelt, die allen Brennkraftmaschinen mehr oder weniger stark gemeinsam sind, kann man auch aus den zugehörigen Fourierschen Reihen für $\mathfrak{M}_1^{(n)}$ erkennen. Bei Viertakt beispielsweise wird diese Reihe für den ersten Bestandteil von $\mathfrak{M}_1^{(n)}$, nämlich das

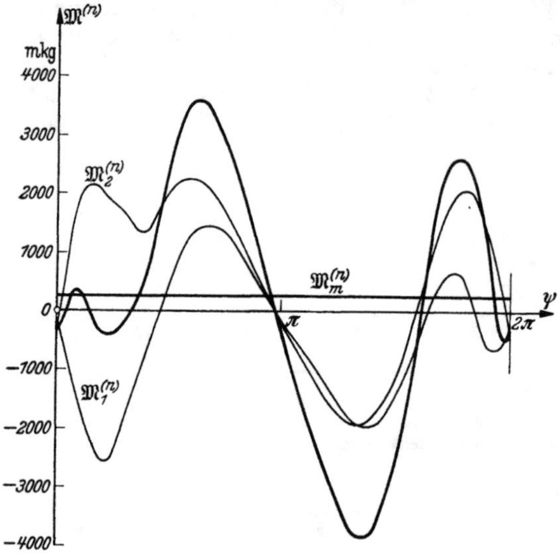

Abb. 36. Das nutzbare Drehmoment $\mathfrak{M}^{(n)}$ und sein Mittelwert $\mathfrak{M}_m^{(n)}$ fur einen schnellaufenden Zweizylinder-Viertaktdieselmotor.

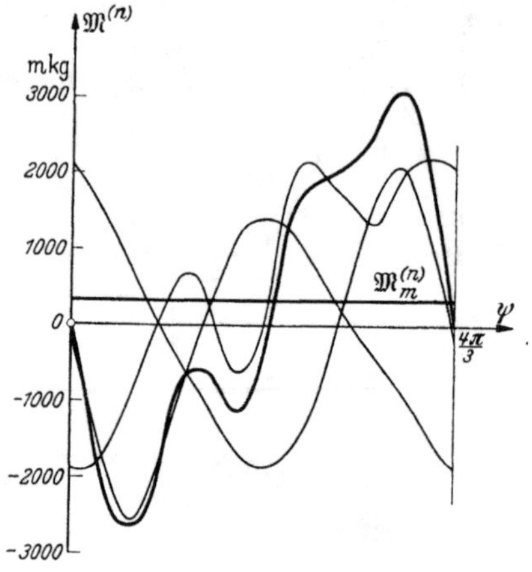

Abb. 37. Dasselbe fur einen Dreizylindermotor.

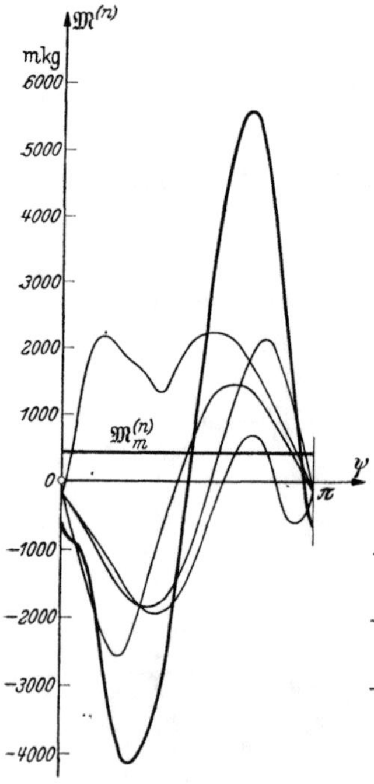

Abb. 38.

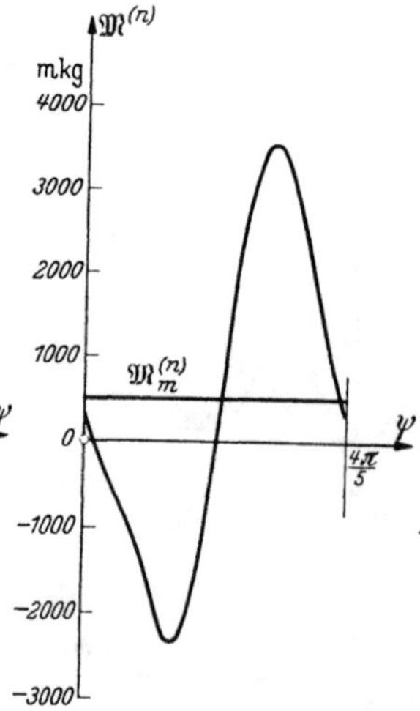

Abb. 39.

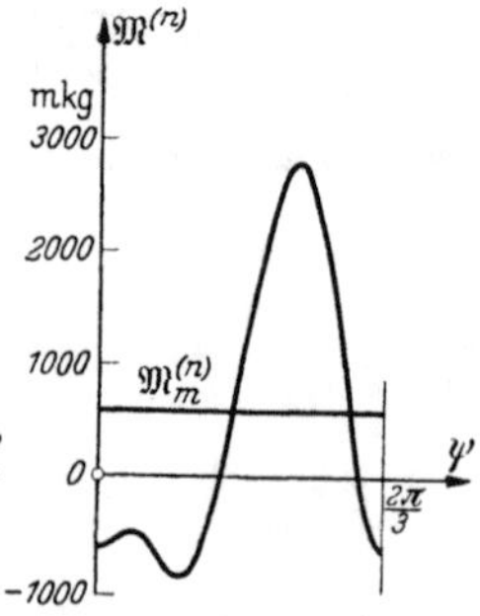

Abb. 40.

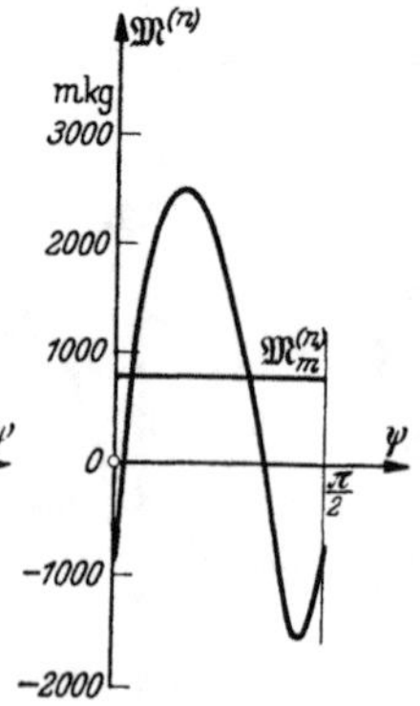

Abb. 41.

Abb. 38. Dasselbe fur einen Vierzylindermotor.
Abb. 39. Dasselbe fur einen Funfzylindermotor.
Abb. 40. Dasselbe fur einen Sechszylindermotor.
Abb. 41. Dasselbe fur einen Achtzylindermotor.

Tangentialkraftmoment $\mathfrak{M}_1'$, wohl stets von der Art sein, wie es der untere Teil von Abb. 6 (Ziff. **3**) zeigte: die Hauptkoeffizienten werden immer c_2 und c_3 bleiben, die weiteren Koeffizienten werden allmählich immer kleiner werden. In der Fourierschen Reihe für $\mathfrak{M}_1''$, also nach (**4**, 7) im wesentlichen für $d\Psi/d\psi$, wird stets das Glied vierter Ordnung weit überwiegen [siehe Abb. 7 von Ziff. **4**, wo 2π erst die halbe Periode ist, oder auch (**4**, 6a)]. Die restlichen Glieder $\mathfrak{M}_1'''$ und $\mathfrak{M}_1''''$ in $\mathfrak{M}_1^{(n)}$ können keine große Rolle spielen, so daß im ganzen bei raschlaufenden Maschinen das Glied vierter Ordnung stark hervortritt und sogar die Glieder zweiter und dritter Ordnung übertrifft. Bei der Addition der Fourierschen Reihen für $\mathfrak{M}_1^{(n)}, \mathfrak{M}_2^{(n)}, \ldots, \mathfrak{M}_n^{(n)}$ kann man nun genau so verfahren wie beim Massenausgleich in Kap. XI, Ziff. **10**: man stellt sich die Fourierreihen durch Vektoren $\mathfrak{e}_k^j$ dar, die jetzt allerdings keine Einheitsvektoren sind, sondern Längen haben, die gleich den zugehörigen Fourierkoeffizienten sein müssen, nämlich beispielsweise die Glieder erster Ordnung durch Vektoren $\mathfrak{e}_k^1$, deren Azimute gleich den Kurbelwinkeln im Kurbeldiagramm (Kap. XI, Ziff. **9**) sind, die Glieder zweiter Ordnung durch Vektoren $\mathfrak{e}_k^2$, deren Azimute gleich den doppelten Kurbelwinkeln sind, usw. Dann kommt die algebraische Addition der Fourierreihen $\mathfrak{M}_1^{(n)}, \mathfrak{M}_2^{(n)}, \ldots, \mathfrak{M}_n^{(n)}$ genau wie schon in Kap. XI, Ziff. **9** und **10** einfach auf die geometrische Addition der Vektoren $\mathfrak{e}_k^j$ hinaus, und wir wissen von dort, daß diese Vektorsummen bei regelmäßiger Kurbelversetzung immer nur dann nicht verschwinden, wenn die Ordnung j des Fouriergliedes gleich n oder einem ganzzahligen Vielfachen von n ist. Daraus geht hervor, daß das Hauptglied der Summe $\mathfrak{M}^{(n)}$ bei der n-Zylindermaschine gerade von der Ordnung n ist, wozu dann nur noch die Ordnungen $2n$, $3n$ usw. treten. Da aber, wie wir festgestellt haben, bei Schnelläufern das Glied vierter Ordnung weitaus am größten ausfällt, so muß die schnelle Vierzylindermaschine ganz besonders große Schwankungen von $\mathfrak{M}^{(n)}$ zeigen, also schlechten Leistungsausgleich haben.

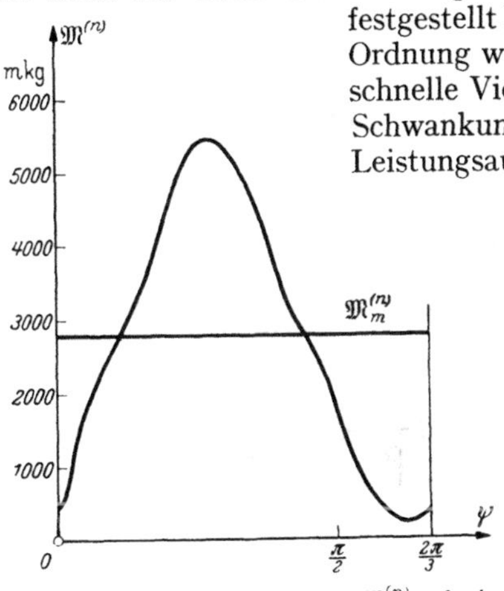

Abb. 42. Das nutzbare Drehmoment $\mathfrak{M}^{(n)}$ und sein Mittelwert $\mathfrak{M}_m^{(n)}$ fur einen langsamlaufenden Sechszylinder-Zweitaktdieselmotor mit Kurbelversetzungen von 90° und 30°.

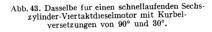

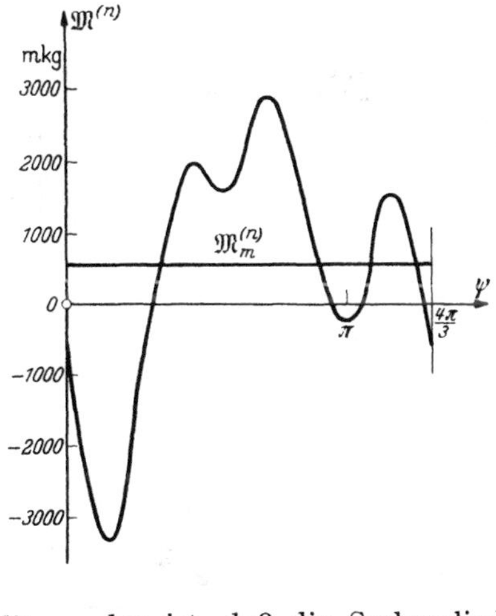

Abb. 43. Dasselbe fur einen schnellaufenden Sechszylinder-Viertaktdieselmotor mit Kurbelversetzungen von 90° und 30°.

Weil in Kap. XI, Ziff. **12**c) festgestellt worden ist, daß die Sechszylindermaschine mit Kurbelversetzungen von abwechselnd 90° und 30° hinsichtlich des Massenausgleiches gewisse Vorzüge vor der Maschine mit regelmäßiger Kurbelversetzung aufweist, so sind in Abb. 42 und 43 ihre $\mathfrak{M}^{(n)}$-Diagramme für Zweitakt und für Viertakt aufgezeichnet, und zwar für dieselben Ausgangsdiagramme $\mathfrak{M}_1^{(n)}$ wie in Abb. 34 und 40. Die Vektordiagramme tun dar, daß in der Fourierreihe für $\mathfrak{M}^{(n)}$ nur die Glieder von der Ordnung 3, 9, 15, ... vorkommen. Vergleicht man Abb. 42 mit Abb. 34 und Abb. 43 mit Abb. 40 (wobei zu beachten ist, daß jetzt die Periode je doppelt so lang ist wie vorhin, so daß man sich also die Diagramme Abb. 34 und 40 je einmal wiederholt denken sollte), so erkennt man, daß namentlich im Zweitakt die unregelmäßige Anordnung hinsichtlich des Leistungsausgleiches der regelmäßigen Anordnung entschieden unterlegen ist: der bessere Massenausgleich wird hier durch schlechteren Leistungsausgleich erkauft.

Sobald die $\mathfrak{M}^{(n)}$-Kurve der ganzen Maschine gefunden ist, kann vollends das Schwungrad und der Gang der Maschine nach der ersten Methode berechnet werden (Ziff. **8** und **9**), wenigstens in derjenigen Näherung, die nur vom Ungleichförmigkeitsmoment $\mathfrak{U}=\mathfrak{M}^{(n)}-\mathfrak{W}$ Gebrauch macht. Bei der Schwungradberechnung des Reihenmotors ergibt sich sogar der Vorteil, daß etwa von drei

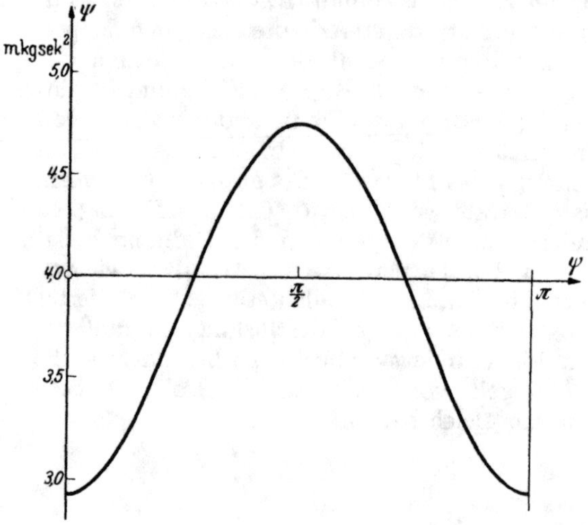

Abb. 44. Die Drehmasse Ψ des Zweitaktmotors von Abb. 1 in Kap. XI für zwei Zylinder.

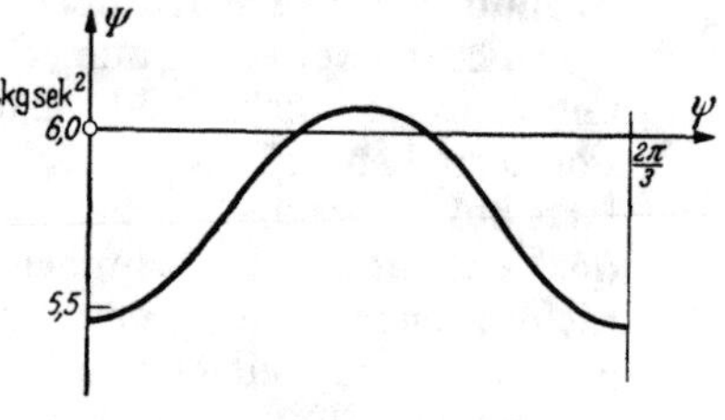

Abb. 45. Dasselbe für drei Zylinder.

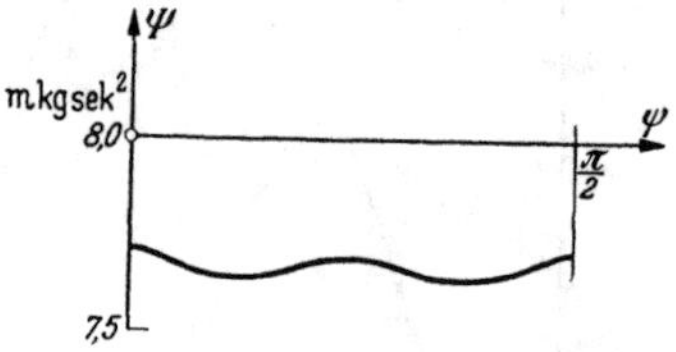

Abb. 46. Dasselbe für vier Zylinder.

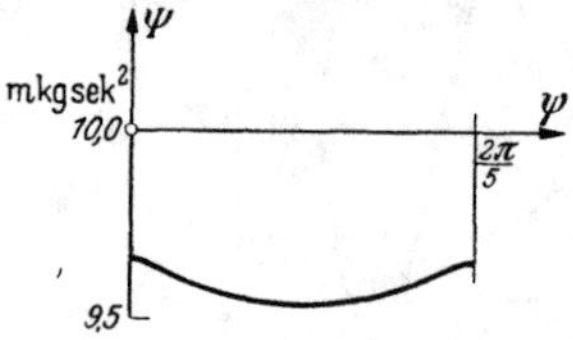

Abb. 47. Dasselbe für fünf Zylinder.

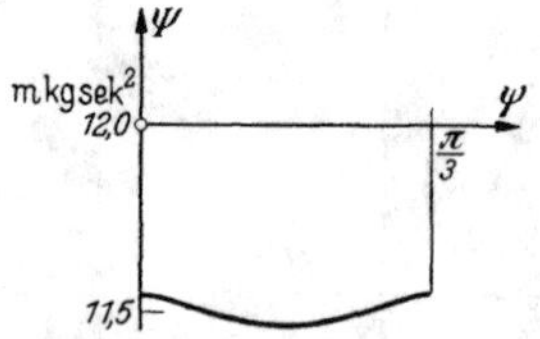

Abb. 48. Dasselbe für sechs Zylinder.

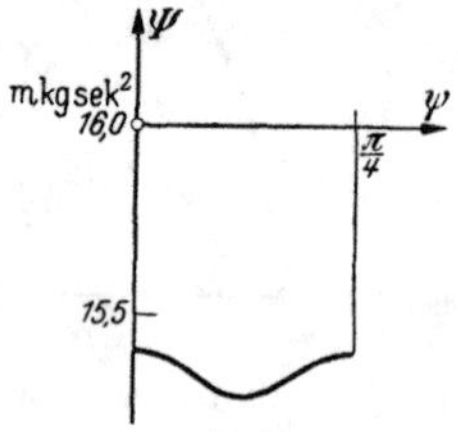

Abb. 49. Dasselbe für acht Zylinder.

Zylindern an bloß noch zwei Flächen $F_{i,i+1}$ (**8**, 6) zu planimetrieren sind, um sofort das Trägheitsmoment A zu liefern. Für verfeinerte Rechnungen braucht man allerdings auch noch die Ψ-Kurve der ganzen Maschine. Zumeist wird man sich mit der Näherung (**8**, 13) und (**9**, 8) begnügen können und hat dann nur nötig, den Mittelwert Ψ_{m1} des ersten Getriebes zu bestimmen, womit $\Psi_m = n\,\Psi_{m1}$ für die n-Zylindermaschine gefunden ist.

Will man nach den noch genaueren Formeln (**8**, 14) oder (**8**, 15), (**8**, 16) und (**9**, 9) rechnen, so muß man neben der $\mathfrak{M}^{(n)}$-Kurve des Reihenmotors nach dem gleichen Überlagerungsverfahren auch seine Ψ-Kurve herstellen. Das Ergebnis zeigen die Abb. 44 bis 49 für Zweitakt, die Abb. 50 bis 55 für Viertakt, und zwar für die Maschine Abb. 1 von Kap. XI, deren Einzylinder-Ψ-Kurve in Abb. 7 (Ziff. **4**) dargestellt ist, bei regelmäßiger Kurbelversetzung. Da auch diese Kurven durchaus typisch sind, so darf man aus ihnen folgende allgemeine

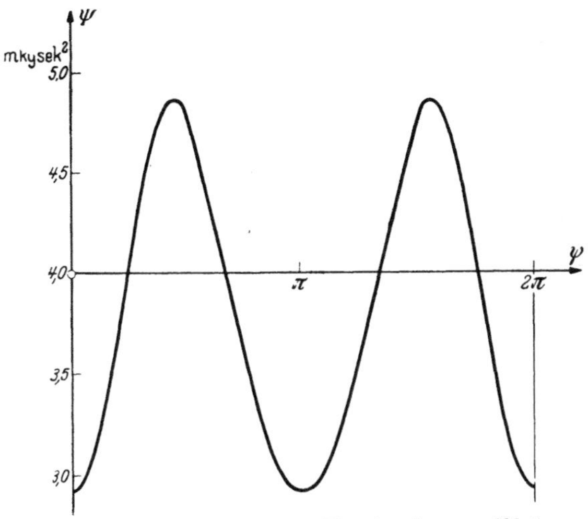

Abb. 50. Die Drehmasse Ψ des Viertaktmotors von Abb. 1 in Kap. XI fur zwei Zylinder.

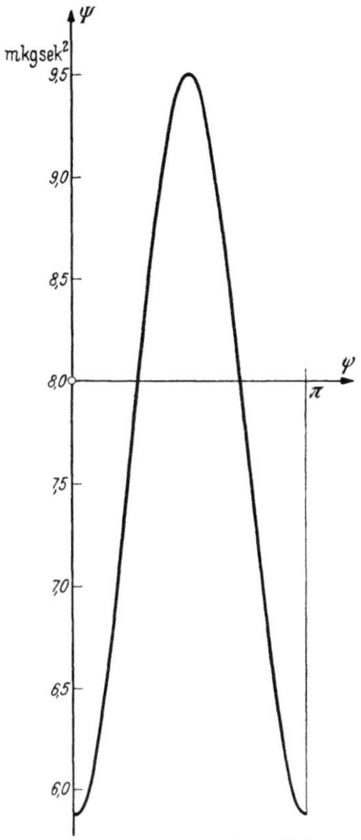

Abb. 52. Dasselbe fur vier Zylinder.

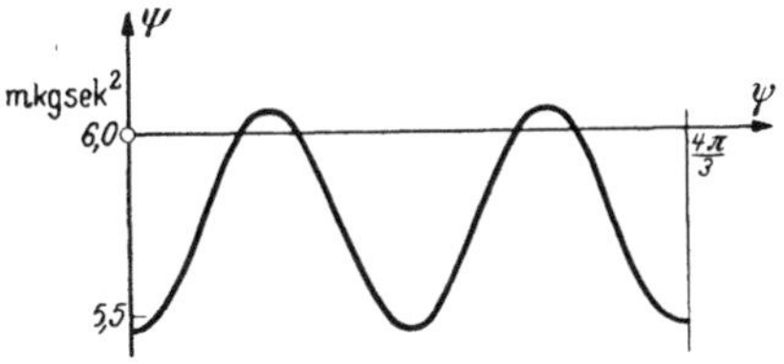

Abb. 51. Dasselbe fur drei Zylinder.

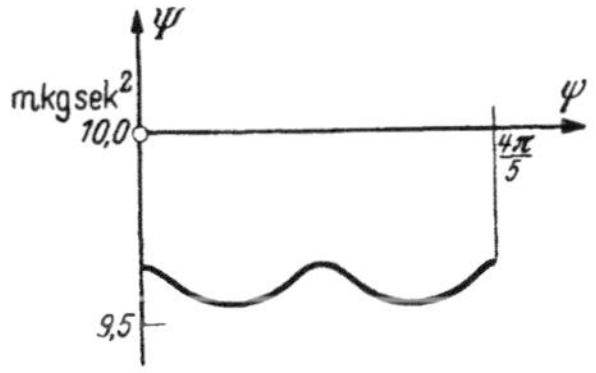

Abb. 53.
Dasselbe fur funf Zylinder.

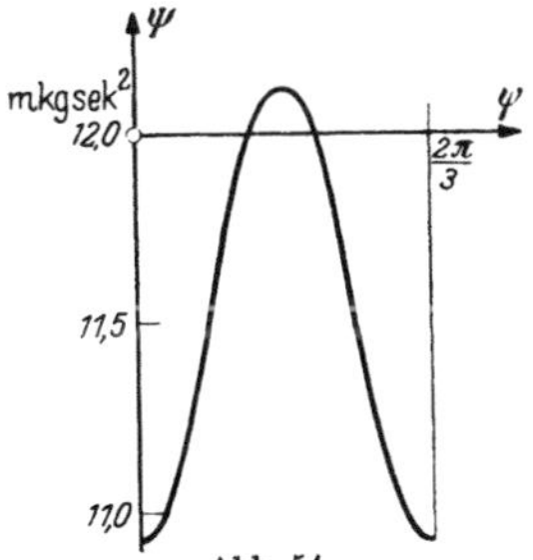

Abb. 54.
Dasselbe fur sechs Zylinder.

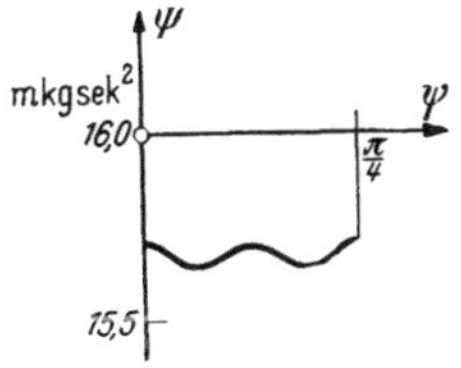

Abb. 55.
Dasselbe fur acht Zylinder.

Schlüsse ziehen: Bei Zweitaktmaschinen nimmt mit zunehmender Zylinderzahl sowohl die absolute wie die relative Schwankung ab und ist schon von vier Zylindern an kaum noch zu berücksichtigen. Bei Viertakt wird diese Regel von der Vier- und Sechszylindermaschine stark durchbrochen, wie besonders deutlich die nebenstehende Tabelle ausweist, die zu Abb. 7 und Abb. 44 bis 55 gehört. Dies ist einfach die Folge davon, daß schon bei der Einzylindermaschine (Abb. 7) in der Fourierentwicklung der Drehmasse Ψ, bezogen auf die Periode 2π, die Glieder zweiter und (in allerdings geringerem Maße) dritter Ordnung weit überwiegen. Weil bei der Viertaktmaschine mit gerader Zylinderzahl $2n$ die Kurbeln paarweise gleiche

Relative Schwankung von Ψ.

Zylinderzahl	2-Takt %	4-Takt %
1	23	23
2	23	23
3	5	5
4	0,5	23
5	0,5	0,5
6	0,3	5
8	0,3	0,5

Lage haben, so ist die relative Schwankung von Ψ bei diesen Maschinen dieselbe wie bei einer Zweitaktmaschine mit n-Zylindern.

Will man Gang und Schwungrad des Reihenmotors nach der zweiten Methode (Ziff. **10** und **11**) berechnen, so hat man neben der Ψ-Kurve die $\mathfrak{T}$-Kurve (**10**, 4)

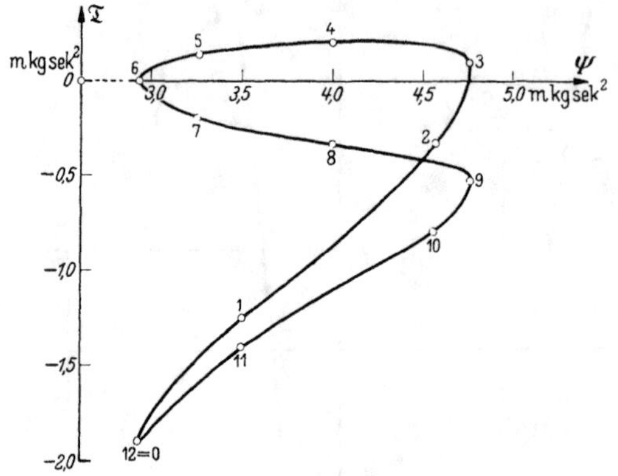

Abb. 56.
Massenwuchtdiagramm des Zweizylinder-Viertaktmotors.

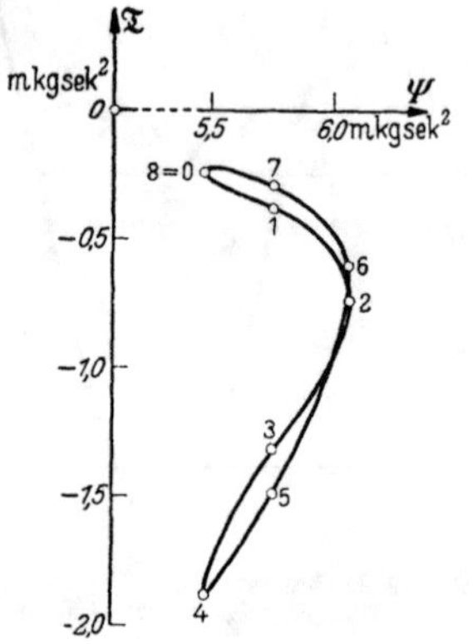

Abb. 57.
Dasselbe fur den Dreizylindermotor.

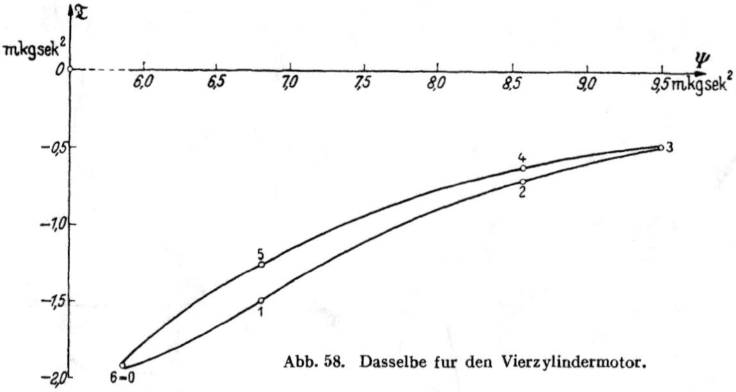

Abb. 58. Dasselbe fur den Vierzylindermotor.

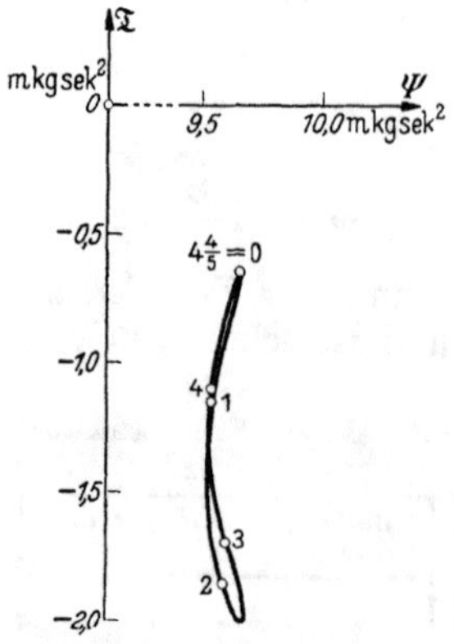

Abb. 59. Dasselbe fur den Funfzylindermotor.

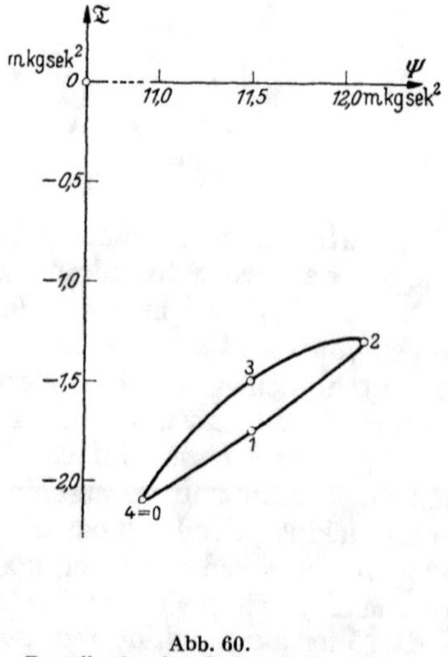

Abb. 60.
Dasselbe fur den Sechszylindermotor.

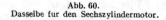

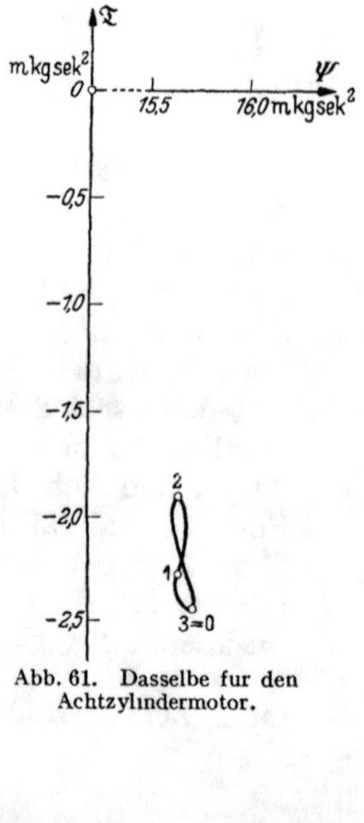

Abb. 61. Dasselbe fur den Achtzylindermotor.

in gleicher Weise von der Einzylindermaschine durch Überlagerung auf die Mehrzylindermaschine zu übertragen und dann aus den Ψ- und $\mathfrak{T}$-Kurven die Massenwuchtkurve zu bilden. Die typische Gestalt der Massenwuchtkurven für die Zwei- bis Achtzylinder-Viertaktmaschine zeigen die Abb. 56 bis 61, und zwar für die gleiche $\mathfrak{T}$-Kurve (Abb. 22), die auch der Massenwuchtkurve Abb. 23 der Einzylindermaschine in Ziff. **10** zugrunde lag. Zur Raumersparnis ist die $\mathfrak{T}$-Achse überall stark nach rechts gerückt. Die numerierten Punkte stehen auch hier je um den Winkel $\psi = \pi/6$ auseinander, und das Diagramm wiederholt sich, da wir regelmäßige Kurbelversetzung annehmen, nach je $24/n$ Nummern (bei $n = 5$ gibt dies eine gebrochene Nummer). Das Trägheitsmoment A des Schwungrades ist nach (**11**, 3) proportional zu der Strecke $R'R''$, die durch die oberste und die unterste 45°-Tangente an die Massenwuchtkurve aus der $\mathfrak{T}$-Achse ausgeschnitten wird. Aus der nebenstehenden Tabelle ersieht man, daß hierbei die Zweizylinder-Viertaktmaschine der Einzylinder-Viertaktmaschine ungefähr gleichwertig ist, und daß wieder die Vierzylindermaschine und (im Vergleich mit der Sechszylindermaschine) auch die Achtzylindermaschine verhältnismäßig schlecht abschneiden. Damit sind die schon aus den $\mathfrak{M}^{(n)}$-Kurven gezogenen Schlüsse aufs Neue bestätigt.

Zylinderzahl	$R'R''$ mkgsek²
1	2,45
2	2,50
3	1,67
4	2,26
5	1,36
6	0,48
8	0,62

14. Gabel- und Fächermotoren mit zentrischer Anlenkung. Auch der Übergang zu den Gabel- oder V-Motoren (Abb. 34 von Kap. XI, Ziff. **16**), zu den Fächer- oder W-Motoren (Abb. 40 von Kap. XI, Ziff. **18**) und zu den Doppelgabel- oder X-Motoren (Abb. 44 von Kap. XI, Ziff. **20**), sei es einzeln oder in Reihen, ist ganz einfach, solange die Getriebe unter sich gleichartig und die zu jeder Kurbel gehörigen Pleuelstangen unmittelbar an ihrem Kurbelzapfen, also zentrisch angelenkt sind.

Was zunächst das Tangentialkraftmoment $\mathfrak{M}'$ anlangt, so kann man es für jede Gabel und für jeden Fächer durch Überlagerung aus dem Moment $\mathfrak{M}'_1$ eines Zylinders in der gleichen Weise gewinnen wie schon beim Reihenmotor. Denn für $\mathfrak{M}'$ ist es ja gleichgültig, ob etwa zwei Kolben mit parallelen Gleitbahnen auf zwei um den Winkel δ gegeneinander versetzte Kurbeln arbeiten (wie beim Zweizylinder-Reihenmotor), oder ob zwei Kolben mit zwei um den Winkel δ versetzten Gleitbahnen auf die gleiche Kurbel wirken (wie beim Gabelmotor): wesentlich ist hier nur der in beiden Fällen gleiche Zündabstand. Wählt man die Bezeichnungen von Abb. 34 in Kap. XI, Ziff. **16** und rechnet also den Kurbelwinkel von der Symmetrielage der Kurbel aus, so hat man mithin, um das Tangentialkraftmoment $\mathfrak{M}'$ des einfachen Gabelmotors zu erhalten, die $\mathfrak{M}'$-Kurve, die ein Zylinder liefert, also etwa die Kurve Abb. 4 (Ziff. **3**), einmal um $+\delta/2$ auf der ψ-Achse zu verschieben und ein zweites Mal um $-\delta/2$ und dann wieder die Ordinaten beider Kurven algebraisch zu addieren. Beim Fächermotor hat man dasselbe mit drei Kurven zu machen, nämlich mit der ursprünglichen $\mathfrak{M}'$-Kurve und den beiden aus ihr durch Verschiebung um $\pm\delta$ hervorgehenden. Und entsprechendes gilt beim Doppelgabelmotor.

In gleicher Weise überlagern sich die Ψ-Kurven, wobei natürlich die Kurbelmasse zuvor unter die einzelnen Getriebe zu gleichen Teilen aufzuteilen ist. Statt dessen kann man sie aber auch ebensogut bei der Ermittlung der ursprünglichen Ψ-Kurve eines Getriebes weglassen und erst nach der Addition dieser Ψ-Kurven im ganzen zuschlagen in der Form $k^2 G/g$.

Beim Moment $\mathfrak{M}'''$ der Lageenergie ist die Überlagerung folgendermaßen vorzunehmen. Für den Gabelmotor, den wir zunächst als stehend voraussetzen wollen, hat man (wenn man Abb. 34 von Kap. XI mit Abb. 8 in Ziff. **5** vergleicht) den Ausdruck (**5**, 2) einmal mit $\psi+\delta/2$ statt ψ und $\delta/2$ statt δ anzuschreiben und dann noch einmal mit $\psi-\delta/2$ statt ψ und $-\delta/2$ statt δ und beide Ausdrücke zu addieren. So bekommt man

$$\left.\begin{aligned}\mathfrak{M}'''=-\Big\{\big[Q^*(1+\cos\delta)+2\,Q^{*\prime\prime}\big]\sin\psi+2\,Q^*\cos\frac{\delta}{2}\,(B_2\cos\delta\sin 2\psi-\\ -B_4\cos 2\delta\sin 4\psi+-\cdots)\Big\},\end{aligned}\right\}\quad(1)$$

wobei

$$Q^*=r\left(\frac{s'}{l}G'+G''\right),\qquad Q^{*\prime\prime}=\frac{1}{2}sG+r\left(1-\frac{s'}{l}\right)G'\quad(2)$$

ist, und man kann dafür mit der stationären Längskraft X^* (XI, **16**, 5) wieder kürzer

$$\mathfrak{M}'''=-\frac{g}{\omega^2}\int_0^\psi X^*\,d\psi\quad(3)$$

schreiben, was auch unmittelbar aus (**5**, 9) folgt. Beim stehenden Fächermotor muß man den Ausdruck (**5**, 2) dreimal ansetzen, einmal mit $\psi+\delta$ statt ψ und mit $+\delta$, dann mit $\psi-\delta$ statt ψ und $-\delta$ statt δ, und zuletzt mit ψ und mit $\delta=0$. Die Addition liefert

$$\mathfrak{M}'''=-\frac{g}{\omega^2}\int_0^\psi X^*\,d\psi;\quad(4)$$

dabei ist X^* der stationäre Teil der Längskraft (XI, **18**, 3). Und dieselbe Formel gilt auch für den Doppelgabelmotor mit der Kraft (XI, **20**, 1).

Was die inneren Kräfte der Getriebe anbetrifft, so nimmt man die Formeln (**6**, 15) bis (**6**,19) zur Hand und schreibt sie mit den genannten Änderungen in ψ und δ zwei- bzw. dreimal an. Dabei muß man beachten, daß die Kolbenkraft K eine (durch die graphische Konstruktion von Abb. 2 in Ziff. **3** gegebene) Funktion des Kurbelwinkels ψ ist; man hat also K jeweils mit den als Zeiger angedeuteten Argumenten zu nehmen, nämlich beim Gabelmotor $K_{\psi+\delta/2}$, $K_{\psi-\delta/2}$, beim Fächermotor K_ψ, $K_{\psi+\delta}$, $K_{\psi-\delta}$. Die Formeln (**6**, 15) bis (**6**, 17) stellen dann schon die Zapfenkräfte im Kolbenbolzen, die Wandkraft und die Stangenkraft jedes einzelnen Getriebes vor; die Formeln (**6**, 18) muß man in jeder Gabel bzw. in jedem Fächer addieren und erhält so beim stehenden Gabelmotor die gesamten Kurbelzapfenkräfte

$$\left.\begin{aligned}P_1&=K_{\psi+\delta/2}\left[\sin\left(\psi+\frac{\delta}{2}\right)+\frac{1}{2}\lambda\sin(2\psi+\delta)\right]+K_{\psi-\delta/2}\left[\sin\left(\psi-\frac{\delta}{2}\right)+\frac{1}{2}\lambda\sin(2\psi-\delta)\right]+\\&\quad+2\left(1-\frac{s'}{l}\right)G'\sin\psi-\left(\frac{s'}{l}G'+G''\right)\left\{\frac{r\omega^2}{g}\left[\cos\delta\sin 2\psi-\frac{1}{2}\lambda\left(\cos\frac{\delta}{2}\sin\psi-\right.\right.\right.\\&\quad\left.\left.-3\cos\frac{3\delta}{2}\sin 3\psi\right)\right]-\cos\frac{\delta}{2}\left(2\cos\frac{\delta}{2}\sin\psi+\lambda\cos\delta\sin 2\psi\right)\Big\},\\P_2&=K_{\psi+\delta/2}\left\{\cos\left(\psi+\frac{\delta}{2}\right)-\frac{1}{2}\lambda\left[1-\cos(2\psi+\delta)\right]\right\}+K_{\psi-\delta/2}\left\{\cos\left(\psi-\frac{\delta}{2}\right)-\right.\\&\quad\left.-\frac{1}{2}\lambda\left[1-\cos(2\psi-\delta)\right]\right\}-2\left(1-\frac{s'}{l}\right)G'\left(\frac{r\omega^2}{g}-\cos\psi\right)-\\&\quad-\left(\frac{s'}{l}G'+G''\right)\left\{\frac{r\omega^2}{g}\left[1+\cos\delta\cos 2\psi+\frac{1}{2}\lambda\left(\cos\frac{\delta}{2}\cos\psi+3\cos\frac{3\delta}{2}\cos 3\psi\right)\right]-\right.\\&\quad\left.-\cos\frac{\delta}{2}\left[2\cos\frac{\delta}{2}\cos\psi-\lambda(1-\cos\delta\cos 2\psi)\right]\right\}.\end{aligned}\right\}\quad(5)$$

Die Glieder mit K können gemäß (**6**, 18a) graphisch konstruiert werden, und zwar braucht man die Konstruktion nur für einen Zylinder zu machen: die gefundene

Kurve wird dann einmal um $+\delta/2$ und einmal um $-\delta/2$ verschoben, und man hat nur noch die Ordinaten der verschobenen Kurven je zu addieren.

Es muß aber betont werden, daß die Werte (5) nur die Gesamtkraft auf den Kurbelzapfen vorstellen. Würde man aus dieser Kraft das Reibungsmoment im Kurbelzapfen berechnen, so hätte man dieses Moment stark unterschätzt. Denn wir haben uns die einzelnen Pleuelstangen ja auch bei zentrischer Anlenkung einzeln angelenkt gedacht, und das von jeder einzelnen Pleuelstange im Kurbelzapfen geweckte Reibungsmoment ist natürlich aus der Zapfenkraft (**6**, 18) jeder Stange für sich zu ermitteln. Erst die Summe dieser Einzelmomente gibt das ganze Reibungsmoment im Kurbelzapfen. — Diese Bemerkung gilt sinngemäß auch für den Fächermotor und für den in Ziff. **15** folgenden Sternmotor mit zentrischer Anlenkung.

Beim stehenden Fächermotor kommt

$$\left.\begin{aligned}
P_1 = {} & K_\psi\left(\sin\psi + \tfrac{1}{2}\lambda\sin 2\psi\right) + K_{\psi+\delta}\left[\sin(\psi+\delta) + \tfrac{1}{2}\lambda\sin(2\psi+2\delta)\right] + \\
& + K_{\psi-\delta}\left[\sin(\psi-\delta) + \tfrac{1}{2}\lambda\sin(2\psi-2\delta)\right] + 3\left(1-\tfrac{s'}{l}\right)G'\sin\psi - \\
& - \left(\tfrac{s'}{l}G' + G''\right)\left\{\frac{1}{2}\frac{r\omega^2}{g}\left\{(1+2\cos 2\delta)\sin 2\psi - \tfrac{1}{2}\lambda\left[(1+2\cos\delta)\sin\psi - \right.\right.\right. \\
& \left.\left.\left. - 3(1+2\cos 3\delta)\sin 3\psi\right]\right\} - (2+\cos 2\delta)\sin\psi - \tfrac{1}{2}\lambda(1+\cos\delta+\cos 3\delta)\sin 2\psi\right\}, \\
P_2 = {} & K_\psi\left[\cos\psi - \tfrac{1}{2}\lambda(1-\cos 2\psi)\right] + K_{\psi+\delta}\left\{\cos(\psi+\delta) - \tfrac{1}{2}\lambda\left[1-\cos(2\psi+2\delta)\right]\right\} + \\
& + K_{\psi-\delta}\left\{\cos(\psi-\delta) - \tfrac{1}{2}\lambda\left[1-\cos(2\psi-2\delta)\right]\right\} - 3\left(1-\tfrac{s'}{l}\right)G'\left(\tfrac{r\omega^2}{g} - \cos\psi\right) - \left(\tfrac{s'}{l}G' + G''\right)\cdot \\
& \cdot\left\{\frac{1}{2}\frac{r\omega^2}{g}\left\{3 + (1+2\cos 2\delta)\cos 2\psi + \tfrac{1}{2}\lambda\left[(1+2\cos\delta)\cos\psi + 3(1+2\cos 3\delta)\cos 3\psi\right]\right\} - \right. \\
& \left. - (2+\cos 2\delta)\cos\psi + \tfrac{1}{2}\lambda\left[(1+2\cos\delta) - (1+\cos\delta+\cos 3\delta)\cos 2\psi\right]\right\}
\end{aligned}\right\} \quad (6)$$

und entsprechend für den Doppelgabelmotor.

Die Lagerzapfenkräfte schließlich folgen für alle drei Motorarten aus (**6**, 19) zu

$$\left.\begin{aligned}
P_3 &= P_1 + G\sin\psi, \\
P_4 &= P_2 - G\left(\frac{s\omega^2}{g} - \cos\psi\right).
\end{aligned}\right\} \quad (7)$$

Für den hängenden Gabel- und Fächermotor muß man in den Formeln (1) bis (7) einfach die Vorzeichen der Gewichtsgrößen Q^*, $Q^{*''}$, $Q^{*'''}$ bzw. Q, Q'', Q''' und G, G', G'' umkehren und dann den Winkel ψ von der tiefsten statt von der höchsten Lage aus rechnen.

Damit sind nun wieder alle Elemente gewonnen, aus denen sich die $\mathfrak{M}^{n)}$-, die Ψ- und die $\mathfrak{T}$-Kurve jedes einfachen Gabel-, Fächer- und Doppelgabelmotors aufbauen läßt.

Die so jeweils für eine Kurbel gewonnenen Kurven müssen beim reihenförmigen Gabel-, Fächer- und Doppelgabelmotor genau so weiter behandelt werden, wie die Kurven eines Einzelgetriebes beim gewöhnlichen Reihenmotor (Ziff. **13**). Nun wird es aber in vielen Fällen auch wohl genau genug sein, wenn man bei solchen Reihengabelmotoren vom Unterschied in den Lageenergien je zweier auf dieselbe Kurbel arbeitenden Kolben und Pleuelstangen jeder Gabel absieht und außerdem näherungsweise annimmt, daß das Reibungsmoment jeder Gabel ungefähr gleich der Summe der beiden Reibungsmomente ist, die jedes Getriebe einer Gabel für sich hätte. Unter dieser Voraussetzung kann man die

Kurven aller Einzelzylinder (die man also jetzt als unter sich kongruent ansieht) auf einmal überlagern, indem man sie um die jeweiligen Zündabstände gegeneinander verschiebt (und ähnliches gilt natürlich auch für die Reihenfächer- und die Reihendoppelgabelmotoren). Hat man beispielsweise einen Dreigabelmotor mit sechs Zylindern im Viertakt, und sind die Kurbeln um je 120° gegeneinander versetzt, während die Gleitbahnen jeder Gabel aufeinander senkrecht stehen mögen (Kap. XI, Ziff. **16**), so ist die beste Zündfolge *12, 11, 22, 21, 32, 31* (hierbei bedeutet die erste Ziffer jeweils die Nummer der Kurbel, die zweite die Nummer des Zylinders jeder Kurbel im Sinne von Abb. **34** in Kap. XI), und dies gibt, wie man leicht ausrechnet, Zündabstände, die abwechselnd 90° und 150° betragen; somit hat man zur Überlagerung die betreffende Kurve eines Zylinders sechsmal zu zeichnen, und zwar mit den Anfangspunkten $\psi = 0°$, 90°, 240°, 330°, 480°, 570°. Genau das gleiche Verfahren war beim gewöhnlichen Sechszylinder-Reihenmotor mit Kurbelversetzungen von abwechselnd 90° und 30° im Viertakt durchzuführen, und somit stimmt z. B. die $\mathfrak{M}^{(n)}$-Kurve unseres Dreigabelmotors mit Abb. 43 von Ziff. **13** überein. Läßt man die kleinen Unterschiede in den Lageenergien und in den Reibungsverhältnissen außer acht, so verhalten sich beide Motoren hinsichtlich des Leistungsausgleiches ganz gleichartig.

15. Der Sternmotor mit zentrischer Anlenkung. Die Überlegungen von Ziff. **14** gelten natürlich auch für den Sternmotor mit zentrischer Anlenkung (Abb. 42 von Kap. XI, Ziff. **19**). Sieht man zunächst wieder von den Unterschieden ab, die zwischen den Momenten $\mathfrak{M}'''$ der Lageenergie der einzelnen Kolben und Pleuelstangen eines solchen Sternmotors bestehen, und ebenso von dem Unterschied zwischen dem tatsächlichen Reibungsmoment $\mathfrak{M}''''$ und der Summe der Reibungsmomente der einzelnen Getriebe für sich, so unterscheidet sich der Leistungsausgleich des regelmäßigen Sternmotors überhaupt nicht von dem des gewöhnlichen Reihenmotors mit gleicher Zylinderzahl und mit regelmäßiger Kurbelversetzung, und so können die sämtlichen Abb. **30** bis **41** sowie **44** bis **61** von Ziff. **13** als solche für den Sternmotor gedeutet werden, nebst allen Folgerungen, die dort gezogen worden sind.

Für genauere Untersuchungen an Sternmotoren ist es allerdings empfehlenswert, die Momente $\mathfrak{M}'''$ und $\mathfrak{M}''''$ genauer zu ermitteln. Nachdem also durch Überlagerung (genau wie beim gewöhnlichen Reihenmotor) die $\mathfrak{M}'$-Kurve und die Ψ-Kurve des ganzen Sterns ermittelt ist, findet man in der gleichen Weise wie schon beim Gabel- und Fächermotor nun auch beim liegenden Zweizylinder-Sternmotor (Abb. 36 von Kap. XI, Ziff. **17**) zunächst

$$\mathfrak{M}''' = -\frac{g}{\omega^2}\int_0^\psi X^* d\psi, \tag{1}$$

wo X^* der stationäre Teil der Kraft X (XI, **17**, 1) ist. Beim stehenden Zweizylinder-Sternmotor kommt ebenso

$$\mathfrak{M}''' = -\frac{g}{\omega^2}\int_{\pi/2}^\psi Y^* d\psi, \tag{2}$$

wo nun Y^* der stationäre Teil der Kraft Y (XI, **17**, 1) ist. Allgemein gilt für den regelmäßigen Sternmotor mit einer senkrecht aufwärts weisenden Gleitbahn

$$\mathfrak{M}''' = -\frac{g}{\omega^2}\int_0^\psi X^* d\psi, \tag{3}$$

wo (in etwas geänderter Bezeichnung) X^* der stationäre Teil der Kraft X (XI, **19**, 4) bzw. (XI, **19**, 5) sein soll. Dieses Moment ist für Sternmotoren mit vielen Zylindern in der Regel sehr klein.

Weiter erhält man, wenn man die zyklische Symmetrie beachtet und die Formeln (XI, **19**, 2) und (XI, **19**, 3) beizieht, für die Komponenten der Kurbelzapfenkraft gemäß (**6**, 18) und (**6**, 18a) in leicht verständlicher Schreibart: beim liegenden Zweizylinder-Sternmotor

$$\left.\begin{aligned} P_1 &= OF_{\psi+\pi/2} + OF_{\psi-\pi/2} + 2\left(1-\frac{s'}{l}\right)G'\sin\psi + \left(\frac{s'}{l}G' + G''\right)\frac{r\omega^2}{g}\sin 2\psi, \\ P_2 &= EL_{\psi+\pi/2} + EL_{\psi-\pi/2} - 2\left(1-\frac{s'}{l}\right)G'\left(\frac{r\omega^2}{g} - \cos\psi\right) - \\ &\quad - \left(\frac{s'}{l}G' + G''\right)\frac{r\omega^2}{g}(1-\cos 2\psi), \end{aligned}\right\} \tag{4}$$

beim stehenden Zweizylinder-Sternmotor

$$\left.\begin{aligned} P_1 &= OF_\psi + OF_{\psi-\pi} + 2(G'+G'')\sin\psi - \left(\frac{s'}{l}G' + G''\right)\frac{r\omega^2}{g}\sin 2\psi, \\ P_2 &= EL_\psi + EL_{\psi-\pi} + 2(G'+G'')\cos\psi - \left[2\left(1-\frac{s'}{l}\right)G' + \right. \\ &\quad \left. + \left(\frac{s'}{l}G' + G''\right)(1+\cos 2\psi)\right]\frac{r\omega^2}{g}, \end{aligned}\right\} \tag{5}$$

beim regelmäßigen Dreizylinder-Sternmotor mit einer aufwärts weisenden Gleitbahn

$$\left.\begin{aligned} P_1 &= OF_\psi + OF_{\psi-2\pi/3} + OF_{\psi+2\pi/3} + 3\left(1-\frac{s'}{l}\right)G'\sin\psi - \\ &\quad - \frac{3}{2}\left(\frac{s'}{l}G' + G''\right)\left(\frac{3}{2}\frac{r\omega^2}{g}\lambda\sin 3\psi - \sin\psi - \frac{1}{2}\lambda\sin 2\psi\right), \\ P_2 &= EL_\psi + EL_{\psi-2\pi/3} + EL_{\psi+2\pi/3} - 3\left(1-\frac{s'}{l}\right)G'\left(\frac{r\omega^2}{g} - \cos\psi\right) - \\ &\quad - \frac{3}{2}\left(\frac{s'}{l}G' + G''\right)\left[\frac{r\omega^2}{g}\left(1 + \frac{3}{2}\lambda\cos 3\psi\right) - \cos\psi - \frac{1}{2}\lambda\cos 2\psi\right], \end{aligned}\right\} \tag{6}$$

und allgemein beim regelmäßigen p-Zylinder-Sternmotor mit einer aufwärts weisenden Gleitbahn

$$\left.\begin{aligned} P_1 &= \sum_{i=1}^{p} OF_{\psi+\delta_i} + p\left[\left(1-\frac{1}{2}\frac{s'}{l}\right)G' + \frac{1}{2}G''\right]\sin\psi, && (p>3) \\ P_2 &= \sum_{i=1}^{p} EL_{\psi+\delta_i} - p\left[\left(1-\frac{1}{2}\frac{s'}{l}\right)G' + \frac{1}{2}G''\right]\left(\frac{r\omega^2}{g} - \cos\psi\right) && \delta_i = (i-1)\,\delta. \end{aligned}\right\} \tag{7}$$

Für die Komponenten der Lagerzapfenkräfte gelten wieder die gemeinsamen Formeln

$$\left.\begin{aligned} P_3 &= P_1 + G\sin\psi, \\ P_4 &= P_2 - G\left(\frac{s\omega^2}{g} - \cos\psi\right). \end{aligned}\right\} \tag{8}$$

Bei Sternmotoren von ungerader Zylinderzahl mit einer abwärts weisenden Gleitbahn hat man in (3), (6), (7) und (8) wieder die Vorzeichen aller Gewichte umzukehren und ψ von der tiefsten Lage aus zu zählen.

Hiermit sind auch für regelmäßige Sternmotoren sämtliche Elemente zur Berechnung des Leistungsausgleiches gefunden. Bei reihenförmigen Sternmotoren steigt man von einem Stern zum ganzen Motor in derselben Weise auf, wie von der Einzylindermaschine zum gewöhnlichen Reihenmotor. Ungenauer, aber wesentlich einfacher kann man auch von einem einzigen Zylinder ausgehen (dem dann nur der p-te Teil der Kurbel zuzuschlagen ist) und die $\mathfrak{M}^{(n)}$-, Ψ- und $\mathfrak{T}$-Kurven des ganzen Motors aus denen des Einzelzylinders einfach gemäß den Zündabständen aller Zylinder durch Überlagern herstellen.

16. Gabel-, Fächer- und Sternmotoren mit exzentrischer Anlenkung. Während wir bisher vorausgesetzt haben, daß die Pleuelstangen jeder Gabel bzw. jedes Fächers bzw. jedes Sterns in einem einzigen Zapfen an der Kurbel angelenkt seien, so wollen wir jetzt noch den allgemeineren Fall betrachten, daß, wie schon in Kap. XI, § 5, jedesmal ein Hauptgetriebe vorhanden ist, an dessen Pleuelstange die Nebenpleuel in einzelnen Zapfen angelenkt sind (Abb. 46 und 47 von Kap. XI, Ziff. **21**). Wir stellen das Hauptgetriebe und ein beliebiges, nämlich das i-te Nebengetriebe wieder schematisch in Abb. 62 dar und benützen die früheren Bezeichnungen, die auch aus Abb. 62 ersichtlich sind: der Zeiger 0 bezieht sich auf das Hauptgetriebe, der Zeiger i auf das i-te Nebengetriebe. Der Winkel δ_i zwischen den beiden Gleitbahnen und der Anlenkungswinkel δ_i' sind in der Regel gleich; sie dürfen aber im folgenden auch verschieden sein. Die frühere Voraussetzung, daß die Schwerpunkte S_0 und S_i auf den Stangenachsen A_0B_0 und A_iB_i liegen, behalten wir bei.

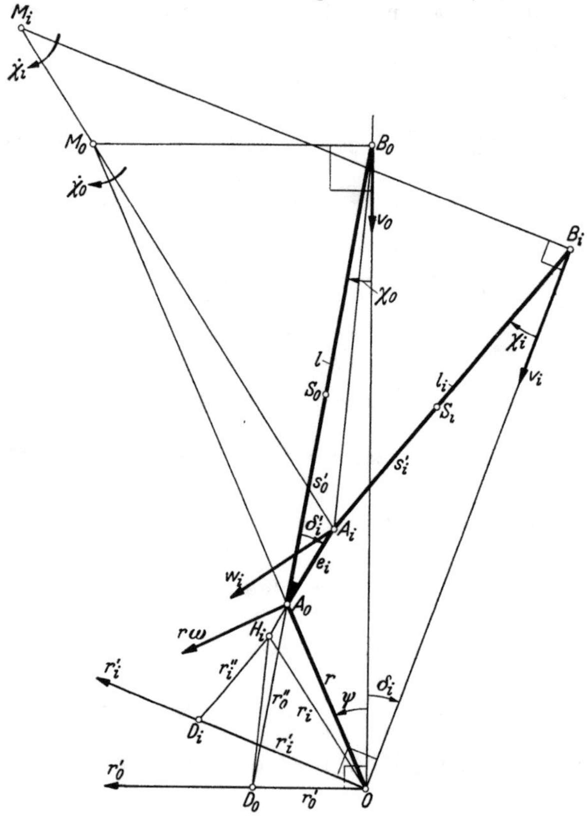

Abb. 62. Hauptgetriebe mit i-tem Nebengetriebe.

In Abb. 62 ist M_0 der momentane Drehpol der Hauptpleuelstange; aus ihm folgt der momentane Drehpol M_i der i-ten Nebenpleuelstange als Schnittpunkt von A_iM_0 mit dem Lot auf der Gleitbahn OB_i in B_i. Man errichtet auf beiden Gleitbahnen die Lote in O, bestimmt den Schnittpunkt D_0 von A_0B_0 mit dem ersten dieser beiden Lote und zieht $D_0H_i \parallel B_0A_i$, wo H_i auf A_0A_i oder seiner Verlängerung liegt. Dann sind die Dreiecke $B_0A_iA_0$ und $D_0H_iA_0$ zueinander ähnlich und ebenso die Dreiecke $B_0A_0M_0$ und D_0A_0O, und folglich ist $OH_i \parallel M_0A_i$. Zieht man zuletzt noch $H_iD_i \parallel B_iA_i$, so ist auch noch das Dreieck $B_iA_iM_i$ dem Dreieck D_iH_iO ähnlich, und daraus folgt für die Geschwindigkeiten v_0, v_i, w_i und $r\omega$ der Punkte B_0, B_i, A_i und A_0

$$\frac{v_0}{r\omega}=\frac{M_0B_0}{M_0A_0}=\frac{r_0'}{r}, \qquad \frac{v_i}{w_i}=\frac{M_iB_i}{M_iA_i}=\frac{r_i'}{r_i}, \qquad \frac{w_i}{r\omega}=\frac{M_0A_i}{M_0A_0}=\frac{r_i}{r} \tag{1}$$

und somit

$$\frac{v_i}{r\omega}=\frac{v_i}{w_i}\cdot\frac{w_i}{r\omega}=\frac{r_i'}{r}. \tag{2}$$

Demgemäß erhält man aus den Kolbenkräften K_0 und K_i des Hauptgetriebes und des i-ten Nebengetriebes die zugehörigen Tangentialkraftmomente

$$\mathfrak{M}'_0 \equiv K_0 \frac{v_0}{\omega} = K_0 r'_0, \qquad \mathfrak{M}'_i \equiv K_i \frac{v_i}{\omega} = K_i r'_i \tag{3}$$

oder auch die zugehörigen Tangentialkräfte

$$P_0 = K_0 \frac{r'_0}{r}, \qquad P_i = K_i \frac{r'_i}{r}. \tag{4}$$

Die Konstruktion von $\mathfrak{M}'_0$ bzw. P_0 für das Hauptgetriebe ist schon in Abb. 2 von Ziff. **3** gezeigt; diejenige von $\mathfrak{M}'_i$ bzw. P_i zeigt Abb. 63. Man hat zunächst die Totlagen B_{i0} und B'_{i0} des i-ten Nebengetriebes festzustellen, indem man neben dem Kurbelkreis f_0 noch den geometrischen Ort f_i des Anlenkpunktes A_i konstruiert und sodann diejenigen Punkte B_{i0} und B'_{i0} auf der Nebengleitbahn aufsucht, von denen aus Kreise mit Halbmesser l_i geschlagen werden können, die die Kurve f_i berühren. Man bringt diese beiden berührenden Kreise zum Schnitt in C_{i0} und C'_{i0} mit einer geeigneten Geraden parallel zur Nebengleitbahn und trägt das gegebene Indikatordiagramm mit der Kolbenkraft K_i über der Basis $C_{i0}C'_{i0}$ auf. Dann findet man vollends die zu einem beliebigen Kurbelwinkel ψ (gemessen

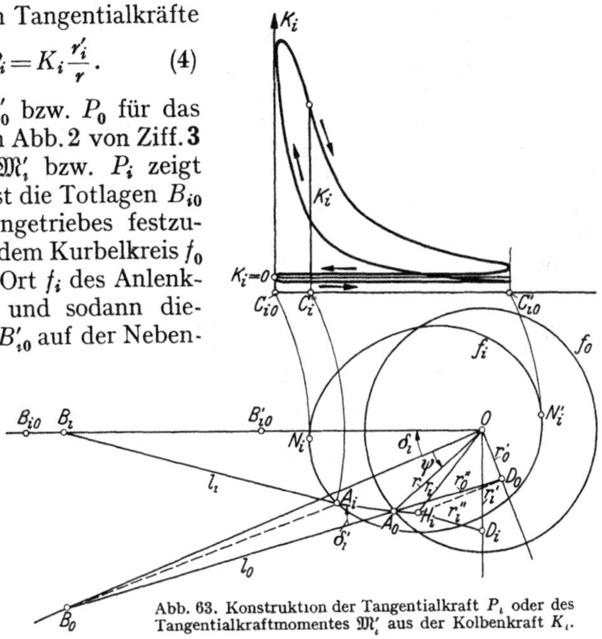

Abb. 63. Konstruktion der Tangentialkraft P_i oder des Tangentialkraftmomentes $\mathfrak{M}'_i$ aus der Kolbenkraft K_i.

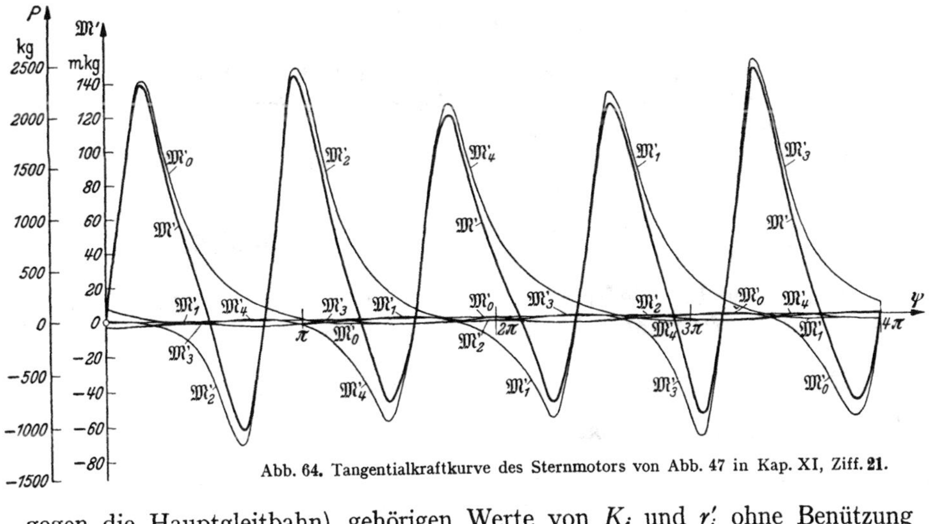

Abb. 64. Tangentialkraftkurve des Sternmotors von Abb. 47 in Kap. XI, Ziff. **21**.

gegen die Hauptgleitbahn) gehörigen Werte von K_i und r'_i ohne Benützung der nicht immer zugänglichen Drehpole so, wie aus Abb. 63 hervorgeht: der Kreisbogen A_iC_i um B_i liefert K_i; schneidet man B_0A_0 mit dem Fahrstrahl $\psi=\pi/2$ in D_0, zieht $D_0H_i \parallel B_0A_i$, wo H_i auf der Geraden A_iA_0 liegt, und endlich $H_iD_i \parallel B_iA_i$, so hat man in OD_i auch die Strecke r'_i gefunden. Aus K_i und r'_i

folgt zuletzt $\mathfrak{M}_i'$ oder P_i gemäß (3) oder (4), und man kann sofort die Kurven aufzeichnen, welche $\mathfrak{M}_i'$ oder P_i als Funktionen von ψ wiedergeben. Abb. 64 zeigt diese Kurven für das Hauptgetriebe und die vier Nebengetriebe des Sternmotors von Abb. 47 in Kap. XI, Ziff. **21** samt der durch Überlagerung entstehenden Kurve der gesamten Tangentialkraft P bzw. des gesamten Tangentialkraftmomentes $\mathfrak{M}'$ des ganzen Sterns.

Zu der Konstruktion der Totpunkte ist noch folgendes nachzutragen. Wäre die Hauptpleuelstange unendlich lang, so wäre die Kurve f_i ein Kreis, der aus dem Kurbelkreis f_0 durch eine Parallelverschiebung hervorginge, indem man den Mittelpunkt O auf dem Fahrstrahl $\psi=-\delta_i'$ um die Strecke A_0A_i verschöbe. Bei endlicher Hauptpleuelstangenlänge weicht die Kurve f_i von diesem Kreise ziemlich stark ab; aber es zeigt sich stets, daß, wenn δ_i und δ_i' einigermaßen übereinstimmen, dieser Kreis und die Kurve wenigstens in der Umgebung der Berührstellen N_i und N_i' sich weitgehend decken, so daß man dann die Basispunkte C_{i0} und C_{i0}' mit meist ausreichender Genauigkeit erhält, wenn man an Stelle der Kurve f_i den parallel verschobenen Kurbelkreis benützt.

Um das nächste Glied $\mathfrak{M}''$ in der Leistungsbilanz zu finden, müssen wir die Bewegungsenergie T der ganzen Gabel bzw. des Fächers bzw. des Sterns kennen. Diese setzt sich zusammen aus derjenigen T_0 des Hauptgetriebes und denjenigen T_i der Nebengetriebe. Die Größe T_0 wird nach Ziff. **4** bestimmt: man hat nur in den dortigen Formeln (**4**, 1) bis (**4**, 3) überall die Zeiger 0 anzufügen (ausgenommen die Kurbel) und hat

$$T_0=\frac{1}{2}\Psi_0\omega^2 \quad \text{mit} \quad \Psi_0=R_0+R_0'\left(\frac{r_0'}{r}\right)^2-R_0''\left(\frac{r_0''}{r}\right)^2, \tag{5}$$

wobei

$$\left.\begin{aligned} R_0&=\frac{1}{g}\left[k^2G+r^2\left(1-\frac{s_0'}{l_0}\right)G_0'\right],\\ R_0'&=\frac{r^2}{g}\left(\frac{s_0'}{l}G_0'+G_0''\right),\\ R_0''&=\frac{\lambda_0^2}{g}\left[s_0'(l_0-s_0')-k_0'^2\right]G_0' \quad \text{mit} \quad \lambda_0=\frac{r}{l_0}\end{aligned}\right\} \tag{6}$$

ist. Die zur Auswertung nötigen Strecken r_0' und r_0'' sind in Abb. 63 noch einmal dargestellt, und in G_0' ist natürlich auch die Masse der Scheibe enthalten, an der die Nebenpleuelstangen angelenkt sind.

Für die Energie T_i eines Nebengetriebes hat man mit den Bezeichnungen von Abb. 62

$$T_i=\frac{1}{2g}\left[\left(1-\frac{s_i'}{l_i}\right)G_i'w_i^2+\left(\frac{s_i'}{l_i}G_i'+G_i''\right)v_i^2+(k_{1i}^2G_{1i}+k_{2i}^2G_{2i})\chi_i^2\right].$$

Dabei sind k_{1i} und k_{2i} die Trägheitsarme der Teilgewichte G_{1i} und G_{2i}, in welche man die Nebenpleuelstange bezüglich A_i und B_i zerlegen kann, und zwar gilt wieder

$$k_{1i}^2G_{1i}+k_{2i}^2G_{2i}=\left[k_i'^2-s_i'(l_i-s_i')\right]G_i'.$$

Somit kommt mit den Abkürzungen

$$\left.\begin{aligned} R_i&=\frac{r^2}{g}\left(1-\frac{s_i'}{l_i}\right)G_i',\\ R_i'&=\frac{r^2}{g}\left(\frac{s_i'}{l_i}G_i'+G_i''\right),\\ R_i''&=\frac{\lambda_i^2}{g}\left[s_i'(l_i-s_i')-k_i'^2\right]G_i' \quad \text{mit} \quad \lambda_i=\frac{r}{l_i}\end{aligned}\right\} \tag{7}$$

die Bewegungsenergie des i-ten Nebengetriebes

$$T_i = \frac{1}{2}\,\Psi_i\omega^2 \quad \text{mit} \quad \Psi_i = R_i\left(\frac{w_i}{r\omega}\right)^2 + R_i'\left(\frac{v_i}{r\omega}\right)^2 - R_i''\left(\frac{\dot{\chi}_i}{\lambda_i\omega}\right)^2. \tag{8}$$

Hieraus wird mit den Werten von $(w_i/r\omega)^2$ und $(v_i/r\omega)^2$ aus (1) und (2) und mit der aus Abb. 62 abzulesenden Umformung

$$\frac{\dot{\chi}_i}{\lambda_i\omega} = \frac{l_i\dot{\chi}_i}{r\omega} = \frac{l_i\dot{\chi}_i}{w_i}\cdot\frac{w_i}{r\omega} = \frac{l_i}{M_iA_i}\cdot\frac{r_i}{r} = \frac{r_i''}{r_i}\cdot\frac{r_i}{r} = \frac{r_i''}{r}$$

endgültig

$$\Psi_i = R_i\left(\frac{r_i}{r}\right)^2 + R_i'\left(\frac{r_i'}{r}\right)^2 - R_i''\left(\frac{r_i''}{r}\right)^2 \qquad (i = 1, 2, \ldots, p-1). \tag{9}$$

Die hierin vorkommenden Streckenverhältnisse können aus Abb. **63** entnommen werden, wo die Strecken r_i, r_i' und r_i'' alle schon bei der Konstruktion

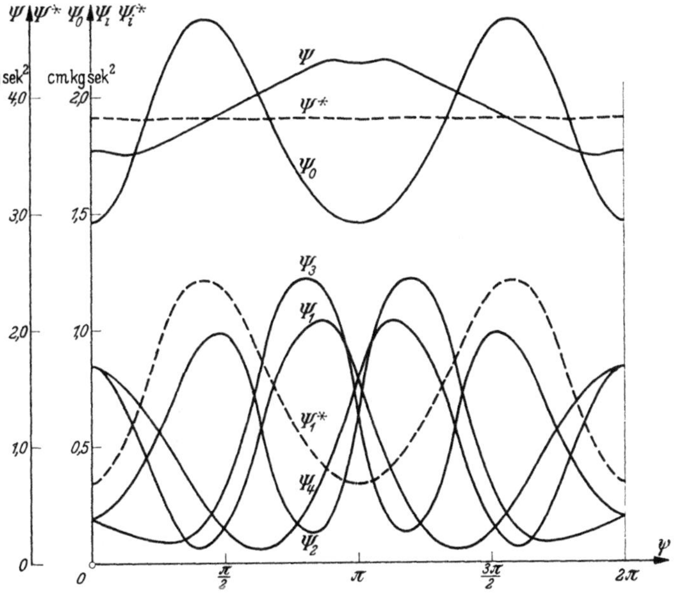

Abb. 65. Die Drehmasse Ψ des Sternmotors von Abb. 47 in Kap. XI, Ziff. **21** samt dem Näherungswert Ψ^* für zentrisch angenommene Anlenkung.

von r_i' auftraten. In Abb. 65 sind die Ψ_0- und die Ψ_i-Kurven für den Sternmotor von Abb. 47 in Kap. XI, Ziff. **21** aufgezeichnet, und daraus ist durch Addition der Ordinaten die Ψ-Kurve des ganzen Sterns gewonnen. Zum Vergleich ist die Ψ_1^*-Kurve dazugezeichnet, die man erhielte, wenn alle Pleuelstangen zentrisch in A_0 angelenkt und alle fünf Getriebe unter sich gleich wären (die Masse der Anlenkscheibe ist gleichmäßig verteilt gedacht), und endlich auch noch die Ψ^*-Kurve des ganzen Sterns, die aus Ψ_1^* und den ebenso gebildeten Kurven der übrigen vier Getriebe durch Überlagerung entsteht. Die Ψ-Kurve gibt also die wahre Drehmasse des Sterns an, die Ψ^*-Kurve die des entsprechenden Sterns mit zentrisch angenommener Anlenkung. Beide Kurven unterscheiden sich in ihrer mittleren Ordinate nur wenig, wohl aber unterschätzt die (nahezu geradlinige) Näherungskurve Ψ^* die Schwankung der richtigen Kurve Ψ recht erheblich; und da für das Moment $\mathfrak{M}''$ nach (**4**, **7**) gerade die Schwankung maßgeblich ist, so wird man für Untersuchungen von größerer Genauigkeit die Ψ-Kurve heranziehen, also die Exzentrizität der Anlenkung berücksichtigen müssen.

Da die graphische Herleitung von Ψ immerhin viel Zeichenarbeit erfordert, so fügen wir, wie schon in Ziff. **4**, auch hier noch eine formelmäßige Darstellung hinzu. Hierbei wollen wir uns aber, um allzu umständliche Ausdrücke zu vermeiden, genau genug auf Glieder bis zur ersten Ordnung in λ_0 und λ_i beschränken und $\delta_i' = \delta_i$ voraussetzen. Dann hat man zunächst für das Hauptgetriebe gemäß (**4**, 2)

$$\Psi_0 = R_0 + R_0'\left(\frac{v_0}{r\omega}\right)^2 - R_0''\left(\frac{\dot{\chi}_0}{\lambda_0\omega}\right)^2, \tag{10}$$

und zwar wird gemäß (**4**, 5) und (**4**, 6), da im Rahmen dieser Genauigkeit $B_2 = \frac{1}{2}\lambda_0$ und $D_1 = 1$ ist,

$$\left.\begin{aligned} \left(\frac{v_0}{r\omega}\right)^2 &= \frac{1}{2}(1 + \lambda_0\cos\psi - \cos 2\psi - \lambda_0\cos 3\psi),\\ \left(\frac{\dot{\chi}_0}{\lambda_0\omega}\right)^2 &= \frac{1}{2}(1 + \cos 2\psi). \end{aligned}\right\} \tag{11}$$

Ebenso hat man für das i-te Nebengetriebe

$$\Psi_i = R_i\left(\frac{w_i}{r\omega}\right)^2 + R_i'\left(\frac{v_i}{r\omega}\right)^2 - R_i''\left(\frac{\dot{\chi}_i}{\lambda_i\omega}\right)^2 \qquad (i = 1, 2, \ldots, p-1). \tag{12}$$

Dabei ist in den Bezeichnungen von Kap. XI, Ziff. **21** $w_i^2 = \dot{x}_i'^2 + \dot{y}_i'^2$ und $v_i = \dot{x}_i$, so daß man aus (XI, **21**, 6) bis (XI, **21**, 9) und (XI, **21**, 12) nach kurzer Zwischenrechnung mit $\varepsilon_i = e_i/r$ erhält

$$\left.\begin{aligned} \left(\frac{w_i}{r\omega}\right)^2 &= 1 - \varepsilon_i\lambda_0\cos\delta_i - \varepsilon_i\lambda_0\cos\delta_i\cos 2\psi + \varepsilon_i\lambda_0\sin\delta_i\sin 2\psi,\\ \left(\frac{v_i}{r\omega}\right)^2 &= \frac{1}{2}(1 + \lambda_i\cos\delta_i\cos\psi - \cos 2\delta_i\cos 2\psi - \lambda_i\cos 3\delta_i\cos 3\psi -\\ &\qquad - \lambda_i\sin\delta_i\sin\psi + \sin 2\delta_i\sin 2\psi + \lambda_i\sin 3\delta_i\sin 3\psi),\\ \left(\frac{\dot{\chi}_i}{\lambda_i\omega}\right)^2 &= \frac{1}{2} - \varepsilon_i\lambda_0\cos\delta_i + \left(\frac{1}{2}\cos 2\delta_i - \varepsilon_i\lambda_0\cos\delta_i\right)\cos 2\psi -\\ &\qquad - \left(\frac{1}{2}\sin 2\delta_i - \varepsilon_i\lambda_0\sin\delta_i\right)\sin 2\psi. \end{aligned}\right\} \tag{13}$$

Zum Schluß hat man diese Ausdrücke zu summieren und erhält so die gesamte Drehmasse

$$\Psi = \Psi_0 + \sum_{i=1}^{p-1}\Psi_i \tag{14}$$

der Gabel bzw. des Fächers bzw. des Sterns; p ist wieder die Zylinderzahl.

In dem besonderen Fall des regelmäßigen Sternmotors, wo also

$$\delta_i = i\,\frac{2\pi}{p} \qquad (i = 1, 2, \ldots, p-1)$$

ist, lassen sich die Summen leicht allgemein auswerten. Man hat genau wie in Kap. XI, Ziff. **24**, wenn man $p > 2$ voraussetzt,

$$\sum_{i=1}^{p-1}\cos\delta_i = -1, \quad \sum_{i=1}^{p-1}\cos 2\delta_i = -1, \quad \sum_{i=1}^{p-1}\cos 3\delta_i = \begin{Bmatrix} 2\\ -1\end{Bmatrix} \text{ für } p\begin{cases} = 3\\ > 3,\end{cases}$$

$$\sum_{i=1}^{p-1}\sin\delta_i = 0, \quad \sum_{i=1}^{p-1}\sin 2\delta_i = 0, \quad \sum_{i=1}^{p-1}\sin 3\delta_i = 0$$

und mithin

$$\left.\begin{aligned}
&\sum_{i=1}^{p-1}\left(\frac{w_i}{r\omega}\right)^2 = p-1+\varepsilon_i\lambda_0+\varepsilon_i\lambda_0\cos 2\psi,\\
&\sum_{i=1}^{p-1}\left(\frac{v_i}{r\omega}\right)^2 = \frac{1}{2}\left(p-1-\lambda_i\cos\psi+\cos 2\psi+\begin{Bmatrix}-2\\ 1\end{Bmatrix}\lambda_i\cos 3\psi\right) \quad \text{für} \quad p\begin{cases}=3\\ >3,\end{cases}\\
&\sum_{i=1}^{p-1}\left(\frac{\chi_i}{\lambda_i\omega}\right)^2 = \frac{p-1}{2}+\varepsilon_i\lambda_0-\left(\frac{1}{2}-\varepsilon_i\lambda_0\right)\cos 2\psi.
\end{aligned}\right\} \tag{15}$$

Um ferner das von der Lageenergie U geweckte Drehmoment $\mathfrak{M}'''$ zu finden, betrachten wir Abb. 66, wo die Anfangsstellung $\psi=0$ gestrichelt angedeutet ist, für welche $U=0$ sein mag. Man liest aus Abb. 66 (wo der Punkt A_i die Koordinaten x_i', y_i' haben soll) ab

$$\begin{aligned}
U = -\Big\{&\Big[sG+r\Big(1-\frac{s_0'}{l_0}\Big)G_0'\Big](1-\cos\psi)+\\
&+\Big(\frac{s_0'}{l_0}G_0'+G_0''\Big)(r+l_0-x_0)+\\
&+\sum_{i=1}^{p-1}\Big(1-\frac{s_i'}{l_i}\Big)G_i'\big[(r\cos\delta_i+\\
&+e_i-x_i')\cos\delta_i+(r\sin\delta_i-y_i')\sin\delta_i\big]+\\
&+\sum_{i=1}^{p-1}\Big(\frac{s_i'}{l_i}G_i'+G_i''\Big)(r\cos\delta_i+e_i+\\
&+l_i\cos\chi_{0i}-x_i)\cos\delta_i\Big\}.
\end{aligned}$$

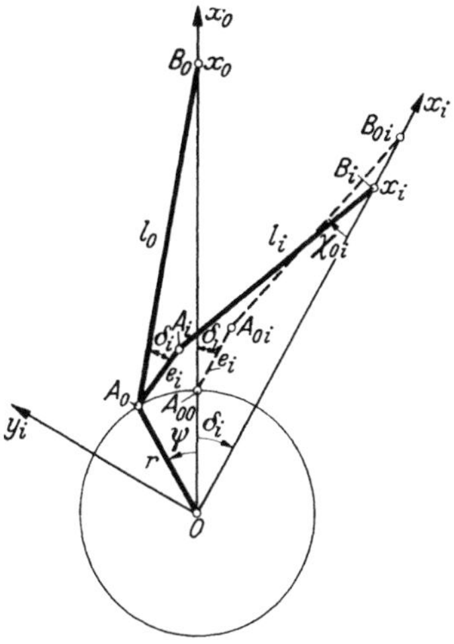

Abb. 66. Hauptgetriebe mit i-tem Nebengetriebe.

Die Hauptgleitbahn ist hierbei lotrecht aufwärts angenommen. Man differentiiert, um $\mathfrak{M}'''$ zu erhalten, nach ψ, führt für $\dot{x}_0, \dot{x}_i, \dot{x}_i', \dot{y}_i'$ die Werte aus (XI, **4**, 5), (XI, **21**, 7) und (XI, **21**, 9) ein und benützt außer den (jetzt mit dem Zeiger 0 auszustattenden) reduzierten Momenten (**5**, 1) für die Nebengetriebe die reduzierten Momente

$$Q_i^* = r\left(\frac{s_i'}{l_i}G_i'+G_i''\right), \qquad Q_i^{*\prime} = r\left(1-\frac{s_i'}{l_i}\right)G_i'; \tag{16}$$

dann kommt bis zu den Gliedern erster Ordnung in λ_0 und λ_i für lauter gleichartige Nebengetriebe

$$\left.\begin{aligned}
\mathfrak{M}''' = -\Big\{&\Big[Q_0^*+Q_0^{*\prime}+Q_1^*\sum_{i=1}^{p-1}\cos^2\delta_i+(p-1)Q_1^{*\prime}\Big]\sin\psi+\\
&+\frac{1}{2}\Big(\lambda_0 Q_0^*+\lambda_1 Q_1^*\sum_{i=1}^{p-1}\cos\delta_i\cos 2\delta_i\Big)\sin 2\psi+\\
&+\Big(Q_1^*\sum_{i=1}^{p-1}\sin\delta_i\cos\delta_i+\varepsilon_1\lambda_0 Q_1^{*\prime}\sum_{i=1}^{p-1}\sin\delta_i\Big)\cos\psi+\frac{1}{2}\lambda_1 Q_1^*\sum_{i=1}^{p-1}\cos\delta_i\sin 2\delta_i\cos 2\psi\Big\}.
\end{aligned}\right\} \tag{17}$$

Im besonderen Falle des regelmäßigen Sternmotors sind die Summen schon in Kap. XI, Ziff. **24** ausgewertet, und man erhält einfach

$$\left.\begin{aligned}
\mathfrak{M}''' = -\Big\{&\Big[Q_0^*+Q_0^{*\prime}+\Big(\frac{p}{2}-1\Big)Q_1^*+(p-1)Q_1^{*\prime}\Big]\sin\psi+\\
&+\frac{1}{2}\Big[\lambda_0 Q_0^*+\begin{Bmatrix}+\frac{1}{2}\\ -1\end{Bmatrix}\lambda_1 Q_1^*\Big]\sin 2\psi\Big\} \quad \text{für} \quad p\begin{cases}=3\\ >3\end{cases}
\end{aligned}\right\} \tag{18}$$

oder im Hinblick auf (XI, **24**, 3) wieder kurz

$$\mathfrak{M}''' = -\frac{g}{\omega^2}\int_0^\psi X^*\, d\psi, \tag{19}$$

unter X^* die stationäre Längskraft verstanden [wie auch wieder aus (**5**, 9) unmittelbar hervorginge]. Und man stellt leicht fest, daß die Formel (19) auch für den Fächermotor (Kap. XI, Ziff. **23**) gilt, wogegen ein so einfacher Zusammenhang mit den Massenkräften des Gabelmotors (Kap. XI, Ziff. **22**) nicht besteht, da bei einem solchen die Hauptgleitbahn in der Regel nicht lotrecht steht. Wir verzichten darauf, die Formeln für den Gabelmotor hier explizit anzuschreiben; sie bieten keine Schwierigkeit.

Bei der Berechnung der inneren Kräfte dieser Maschinen dürfen wir für die Wandkraft des Kolbens, für die Zapfenkräfte im Kolbenbolzen und für die Stangenkraft die Ansätze (**6**, 1) bis (**6**, 4) unmittelbar übernehmen, lediglich mit der Änderung, daß beim Hauptgetriebe $\delta = 0$ und beim i-ten Nebengetriebe $\delta = \delta_i$ und $\psi + \delta_i$ statt ψ geschrieben werden muß. Aus (XI, **21**, 7) und (XI, **21**, 12) ersieht man, daß bis zu den Gliedern erster Ordnung in λ_0 und λ_i auch die Gleichungen (**6**, 9) und (**6**, 10) für die Nebengetriebe genau so lauten wie für das Hauptgetriebe, wenn man nur wieder $\psi + \delta_i$ statt ψ schreibt. Außerdem schließt man wie in Ziff. **6** bei nicht sehr großen Stangenverhältnissen λ_0, λ_i und nicht sehr großen Exzentrizitäten e_i, daß die quergerichteten Stangenkräfte K_4 nach wie vor vernachlässigbar klein bleiben: $K_{40} = 0$, $K_{4i} = 0$ $(i = 1, 2, \ldots, p-1)$. Unter solchen Umständen ist verbürgt, daß die Endgleichungen (**6**, 15) bis (**6**, 17) für die Kolbenbolzenkräfte K_1 und K_2, für die Wandkräfte K'' und für die Stangenkräfte K_3 (mit den genannten Änderungen) übernommen werden können. Wir wollen hier und weiterhin auch die Glieder mit λ_0 und λ_i, da sie nichts Neues bieten, überall da vollends weglassen, wo sie neben Gliedern ohne λ_0 und λ_i stehen und nicht mit den i. a. sehr großen Kolbenkräften K oder dem Faktor $r\omega^2/g$ multipliziert sind. Ebenso wollen wir die reinen Gewichtsglieder, die ja nie von wesentlicher Bedeutung sein werden, der Einfachheit halber unterdrücken. Dann kommt beim Hauptgetriebe

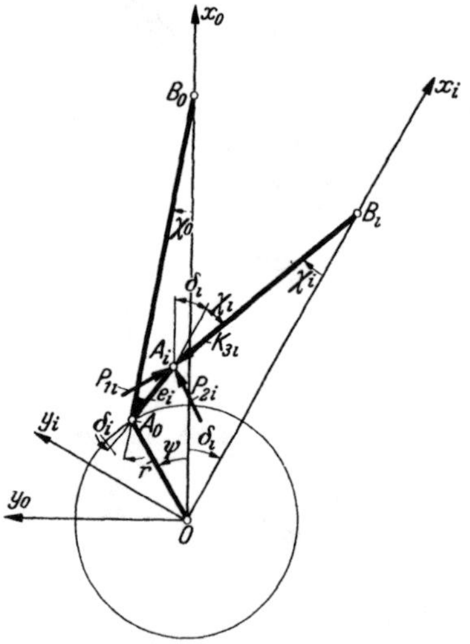

Abb. 67. Kräfte an der Ersatzmasse G_{1i} der i-ten Nebenpleuelstange.

$$\left.\begin{aligned} K_{10} &= K_0 - G_0'' \frac{r\omega^2}{g}\cos\psi, \qquad K_{20} = -\frac{1}{2}\lambda_0 \frac{s_0'}{l_0} G_0' \frac{r\omega^2}{g}\sin 2\psi, \\ K_0'' &= \lambda_0\left[K_0 \sin\psi - \frac{1}{2}\left(\frac{s_0'}{l_0} G_0' + G_0''\right)\frac{r\omega^2}{g}\sin 2\psi\right], \\ K_{30} &= K_0 - \left(\frac{s_0'}{l_0} G_0' + G_0''\right)\frac{r\omega^2}{g}\cos\psi, \end{aligned}\right\} \tag{20}$$

bei den Nebengetrieben

$$\left.\begin{aligned} K_{1i} &= K_i - G_i'' \frac{r\omega^2}{g}\cos(\psi+\delta_i), \quad K_{2i} = -\frac{1}{2}\lambda_i \frac{s_i'}{l_i} G_i' \frac{r\omega^2}{g}\sin 2(\psi+\delta_i), \\ K_i'' &= \lambda_i\left[K_i \sin(\psi+\delta_i) - \frac{1}{2}\left(\frac{s_i'}{l_i} G_i' + G_i''\right)\frac{r\omega^2}{g}\sin 2(\psi+\delta_i)\right], \\ K_{3i} &= K_i - \left(\frac{s_i'}{l_i} G_i' + G_i''\right)\frac{r\omega^2}{g}\cos(\psi+\delta_i). \end{aligned}\right\} (i = 1, 2, \ldots, p-1) \tag{21}$$

Von hier ab geht die Rechnung einen etwas andern Weg als früher. An der Ersatzmasse G_{1i}, die anstatt der i-ten Nebenpleuelstange im Anlenkpunkt A_i (Abb. 67) zu denken ist, greifen die Stangenkraft K_{3i} und eine von der Anlenkscheibe her wirkende Zapfenkraft an, die wir am besten in zwei Komponenten P_{1i} und P_{2i} in den Richtungen $\psi-\pi/2$ und ψ zerspalten. Der Anlenkpunkt A_i hat im (x_i, y_i)-System nach (XI, **21**, 9) die Koordinaten

$$x_i' = r[\cos(\psi+\delta_i)+\varepsilon_i], \qquad y_i' = r\sin(\psi+\delta_i) \quad \text{mit} \quad \varepsilon_i = \frac{e_i}{r}$$

(wobei wieder alle Glieder mit λ_0 sogleich weggelassen sind) und also im (x_0, y_0)-System des Hauptgetriebes die Koordinaten

$$\begin{aligned} \xi_i' &= x_i'\cos\delta_i + y_i'\sin\delta_i = r(\cos\psi+\varepsilon_i\cos\delta_i), \\ \eta_i' &= -x_i'\sin\delta_i + y_i'\cos\delta_i = r(\sin\psi-\varepsilon_i\sin\delta_i) \end{aligned}$$

und somit die Beschleunigungen

$$\ddot{\xi}_i' = -r\omega^2\cos\psi, \qquad \ddot{\eta}_i' = -r\omega^2\sin\psi.$$

Die Bewegungsgleichungen von $G_{1i} \equiv \left(1-\frac{s_i'}{l_i}\right)G_i'$ lauten also

$$\begin{aligned} P_{1i}\sin\psi + P_{2i}\cos\psi - K_{3i}\cos(\chi_i+\delta_i) &= -\left(1-\frac{s_i'}{l_i}\right)G_i'\frac{r\omega^2}{g}\cos\psi, \\ -P_{1i}\cos\psi + P_{2i}\sin\psi + K_{3i}\sin(\chi_i+\delta_i) &= -\left(1-\frac{s_i'}{l_i}\right)G_i'\frac{r\omega^2}{g}\sin\psi. \end{aligned}$$

Im Rahmen dieser Näherung darf man $\chi_i=0$ setzen und erhält dann, wenn man noch K_{3i} aus (21) einsetzt, die Komponenten der Zapfenkraft im Zapfen A_i

$$\left.\begin{aligned} P_{1i} &= K_i\sin(\psi+\delta_i) - \left(\frac{s_i'}{l_i}G_i'+G_i''\right)\frac{r\omega^2}{2g}\sin 2(\psi+\delta_i), \\ P_{2i} &= K_i\cos(\psi+\delta_i) - \left(1-\frac{s_i'}{l_i}\right)G_i'\frac{r\omega^2}{g} - \left(\frac{s_i'}{l_i}G_i'+G_i''\right)\frac{r\omega^2}{2g}\left[1+\cos 2(\psi+\delta_i)\right]. \end{aligned}\right\} \quad (22)$$

Ganz ebenso lauten die Bewegungsgleichungen der Ersatzmasse G_{10}, die anstatt der Hauptpleuelstange in A_0 zu denken ist und an der jetzt alle Reaktionen $-P_{1i}$ und $-P_{2i}$ angreifen,

$$\begin{aligned} P_{10}\sin\psi + P_{20}\cos\psi - K_{30}\cos\chi - \sum_{i=1}^{p-1}(P_{1i}\sin\psi + P_{2i}\cos\psi) &= -\left(1-\frac{s_0'}{l_0}\right)G_0'\frac{r\omega^2}{g}\cos\psi, \\ -P_{10}\cos\psi + P_{20}\sin\psi + K_{30}\sin\chi + \sum_{i=1}^{p-1}(P_{1i}\cos\psi - P_{2i}\sin\psi) &= -\left(1-\frac{s_0'}{l_0}\right)G_0'\frac{r\omega^2}{g}\sin\psi. \end{aligned}$$

Sie liefern mit den Werten von K_{30} aus (20) und P_{1i}, P_{2i} aus (22) und mit $\chi=0$ die Komponenten der Zapfenkraft im Kurbelzapfen A_0

$$\left.\begin{aligned} P_{10} &= K_0\sin\psi - \left(\frac{s_0'}{l_0}G_0'+G_0''\right)\frac{r\omega^2}{2g}\sin 2\psi + \sum_{i=1}^{p-1}\left[K_i\sin(\psi+\delta_i) - \left(\frac{s_i'}{l_i}G_i'+G_i''\right)\frac{r\omega^2}{2g}\sin 2(\psi+\delta_i)\right], \\ P_{20} &= K_0\cos\psi - \left(1-\frac{s_0'}{l_0}\right)G_0'\frac{r\omega^2}{g} - \left(\frac{s_0'}{l_0}G_0'+G_0''\right)\frac{r\omega^2}{2g}(1+\cos 2\psi) + \sum_{i=1}^{p-1}\Big\{K_i\cos(\psi+\delta_i) - \\ &\qquad - \left(1-\frac{s_i'}{l_i}\right)G_i'\frac{r\omega^2}{g} - \left(\frac{s_i'}{l_i}G_i'+G_i''\right)\frac{r\omega^2}{2g}\left[1+\cos 2(\psi+\delta_i)\right]\Big\}. \end{aligned}\right\} \quad (23)$$

An den Gleichungen (**6**, 19) für die Wellenzapfenkraft ändert sich nichts; man hat dort aber natürlich unter P_1 und P_2 die Kräfte P_{10} und P_{20} zu verstehen, die wir soeben berechnet haben.

Im besonderen Falle des regelmäßigen Sternmotors kann man die Summen in (23) wieder fast alle allgemein auswerten und erhält für $p>2$ und unter der Voraussetzung, daß $G_0''=G_i''$ ist, also alle Kolben gleichschwer sind, die einfachen Endformeln für die Kurbelzapfenkraft

$$\left.\begin{aligned} P_{10}&=K_0\sin\psi+\sum_{i=1}^{p-1}K_i\sin(\psi+\delta_i)-\left(\frac{s_0'}{l_0}G_0'-\frac{s_1'}{l_1}G_1'\right)\frac{r\omega^2}{2g}\sin 2\psi,\\ P_{20}&=K_0\cos\psi+\sum_{i=1}^{p-1}K_i\cos(\psi+\delta_i)-\left(\frac{s_0'}{l_0}G_0'-\frac{s_1'}{l_1}G_1'\right)\frac{r\omega^2}{2g}\cos 2\psi-\\ &-\left\{\left[\left(1-\frac{1}{2}\frac{s_0'}{l_0}\right)G_0'+\frac{1}{2}G_0''\right]+(p-1)\left[\left(1-\frac{1}{2}\frac{s_1'}{l_1}\right)G_1'+\frac{1}{2}G_1''\right]\right\}\frac{r\omega^2}{g}. \end{aligned}\right\}\quad(24)$$

Vergleicht man dieses Ergebnis mit demjenigen (**15**, **7**) des Sternmotors mit zentrischer Anlenkung (wo natürlich die reinen Gewichtsglieder jetzt wegzudenken sind), so erkennt man, daß, im Rahmen unserer Näherung, der Einfluß der exzentrischen Anlenkung sich lediglich in den Gliedern mit dem Faktor $\left(\frac{s_0'}{l_0}G_0'-\frac{s_1'}{l_1}G_1'\right)$ geltend macht. Diese Differenz kann angesichts der oft sehr großen Verschiedenheit in der Gestalt der Haupt- und Nebenpleuelstangen zahlenmäßig recht groß sein, und dies bedeutet dann bei raschlaufenden Maschinen eine merkliche Zusatzkraft, die mit der Amplitude

$$Z_1^*=\left(\frac{s_0'}{l_0}G_0'-\frac{s_1'}{l_1}G_1'\right)\frac{r\omega^2}{g}\qquad(25)$$

pulsiert (und zwar gegenüber der umlaufenden Kurbel mit der Periode 2ω, gegenüber dem ruhenden Fundament mit der Periode ω selbst).

Die Erweiterung aller dieser Ergebnisse auf Gabel-, Fächer- und Sternmotoren in Reihen geschieht genau ebenso wie in Ziff. **13**.

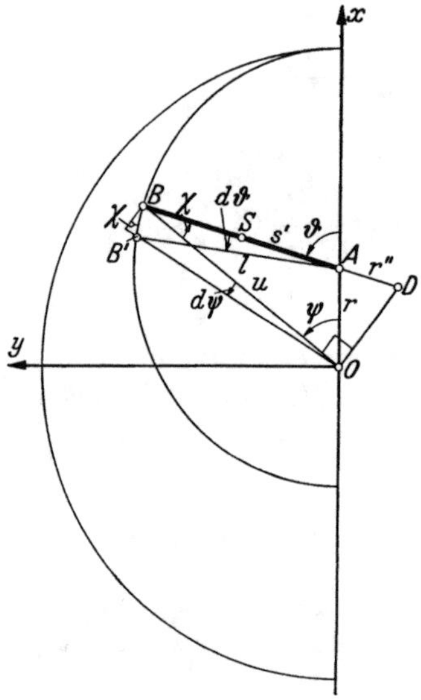

Abb. 68. Kurbelgetriebe eines Umlaufmotors in zwei aufeinanderfolgenden Stellungen ψ und $\psi + d\psi$.

17. Der Umlaufmotor. Da die Herleitung des Tangentialkraftmomentes $\mathfrak{M}'$ aus der Kolbenkraft K (Ziff. **3**) ganz unabhängig davon ist, ob die Gleitbahn stillsteht und die Kurbel umläuft, oder ob die Kurbel stillsteht und dafür die Gleitbahn umläuft, so findet man beim Umlaufmotor (Kap. XI, Ziff. **28**) das Tangentialkraftmoment $\mathfrak{M}'$ genau so wie beim Sternmotor (Ziff. **15** und **16**).

Die Bewegungsenergie eines einzelnen Getriebes des Umlaufmotors ist mit den Bezeichnungen von Kap. XI, Ziff. **28** und der dortigen Abb. 54 oder der jetzigen Abb. 68

$$T_i=\frac{1}{2g}\left\{\left[(k'^2+s'^2)G'+l^2G''\right]\dot\vartheta^2+k''^2G''\omega^2\right\}+\frac{1}{2}D\omega^2.$$

Man liest aus Abb. 68, wo $OD\perp OB$ ist, ab

$$l\,d\vartheta=\frac{u\,d\psi}{\cos\chi}=(l+r'')\,d\psi$$

oder also

$$\dot\vartheta=\frac{l+r''}{l}\,\omega,\qquad(1)$$

und damit wird die Bewegungsenergie eines Getriebes

$$T_i=\frac{1}{2}\Psi_i\,\omega^2\quad\text{mit}\quad \Psi_i=D+\frac{1}{g}\left[(k^{*2}G'+l^2G'')\left(\frac{l+r''}{l}\right)^2+k''^2G''\right].\qquad(2)$$

Hierin ist

$$k^{*2} = k'^2 + s'^2 \tag{3}$$

einfach das Quadrat des Trägheitsarmes der Pleuelstange bezogen auf den Mittelpunkt A des Kurbelzapfens. In der Drehmasse Ψ_i wird wohl meist das auf den Wellenmittelpunkt O bezogene Trägheitsmoment D des Zylinders (samt der starr mit ihm umlaufenden und auf ihn entfallenden Motorteile) stark überwiegen und andererseits das auf den Kolbenschwerpunkt B bezogene Trägheitsmoment $k''^2 G''/g$ des Kolbens ganz zurücktreten. Der einzige mit ψ veränderliche Faktor in (2) ist $[(l+r'')/l]^2$, und dieser kann ohne weiteres aus Abb. 68 entnommen werden, so daß die graphische Herleitung der Ψ-Kurve zunächst für einen Zylinder und dann durch Überlagerung für einen Umlaufsternmotor hier besonders einfach ist. Bei der wirklichen Konstruktion läßt man natürlich die Gleitbahn stillstehen und dafür die Kurbel umlaufen.

Aber auch rechnerisch läßt sich die Bewegungsenergie (2) leicht ermitteln. Wegen $\vartheta = \psi + \chi$ oder $\dot\vartheta = \omega + \dot\chi$ folgt aus (1) mit dem Wert von $\dot\chi$ aus (XI, **4**, 9)

$$\frac{l+r''}{l} = 1 + \lambda(D_1 \cos\psi - D_3 \cos 3\psi + D_5 \cos 5\psi - + \cdots)$$

oder quadriert

$$\left(\frac{l+r''}{l}\right)^2 = D_0'' + D_1'' \cos\psi + D_2'' \cos 2\psi - D_3'' \cos 3\psi - D_4'' \cos 4\psi + + - - - \cdots \tag{4}$$

mit

$$\left.\begin{aligned} D_0'' &= 1 + \lambda^2 D_0', & D_1'' &= 2\lambda D_1, \\ D_2'' &= \lambda^2 D_2', & D_3'' &= 2\lambda D_3, \\ D_4'' &= \lambda^2 D_4', & D_5'' &= 2\lambda D_5, \\ &\vdots & &\vdots \quad . \end{aligned}\right\} \tag{5}$$

Hierin sind D_i die in Kap. XI, Ziff. **4** tabulierten Fourierkoeffizienten und D_i' die in (**4**, 6) ausgeschriebenen Fourierkoeffizienten.

Bei einem regelmäßigen Umlaufsternmotor mit p Zylindern kommt durch Summation die ganze Bewegungsenergie

$$\left.\begin{aligned} &T = \frac{1}{2}\Psi\omega^2 \quad \text{mit} \\ &\Psi = p\left\{D + \frac{1}{g}\left[(k^{*2}G' + l^2 G'')(D_0'' \pm D_p'' \cos p\psi \pm D_{2p}'' \cos 2p\psi \pm \cdots) + k''^2 G''\right]\right\}. \end{aligned}\right\} \tag{6}$$

Alle übrigen Glieder heben sich fort. Praktisch wird man wohl stets genau genug die Glieder mit D_p'', D_{2p}'' usw. fortstreichen und gemäß (XI, **4**, 10) und (**4**, 6) $D_0'' = 1 + \frac{1}{2}\lambda^2$ setzen dürfen, womit Ψ in den unveränderlichen Näherungswert

$$\Psi = p\left\{D + \frac{1}{g}\left[\left(1 + \frac{1}{2}\lambda^2\right)(k^{*2}G' + l^2 G'') + k''^2 G''\right]\right\} \tag{7}$$

übergeht.

Das Moment der Lageenergie wird, wie man leicht nachrechnet,

$$\mathfrak{M}''' = -\frac{g}{\omega^2}\int_0^\psi X^* \, d\psi, \tag{8}$$

falls die stillstehende Kurbel lotrecht nach oben weist; dabei bedeutet X^* in üblicher Weise den stationären Teil der „Längskraft" (XI, **28**, 4). Dieses Moment ist in der Regel sehr klein.

Die inneren Kräfte kann man an Hand von Abb. 69 und 70 auf dieselbe Weise berechnen wie in Ziff. **6**. Wir verzichten darauf, die nach dem Muster von (**6**, 1) bis (**6**, 6) zu formulierenden Ansätze explizit anzuschreiben, und geben lediglich die Endwerte der Kräfte an, und zwar der Einfachheit halber mit Vernachlässigung aller λ-Glieder, also für ganz klein zu denkenden Kurbelhalbmesser r und mithin verwechselbare Drehwinkel ψ und ϑ von Gleitbahn und Pleuelstange. Nur bei der Wandkraft K'', die hier ja tatsächlich die treibende

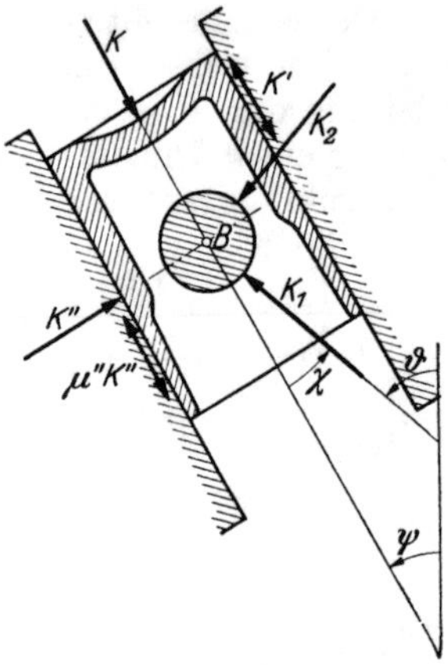

Abb. 69. Der Kolben samt den auf ihn wirkenden Kraften.

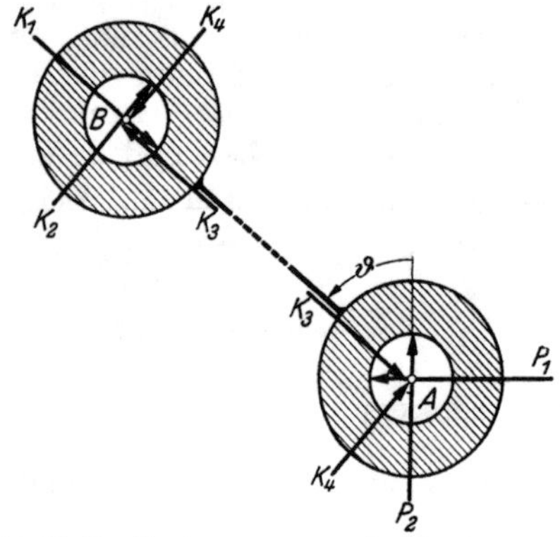

Abb. 70. Das Ersatzmassensystem der Pleuelstange samt den an ihm angreifenden Kraften.

Drehkraft der Maschine ist, mögen wir die λ-Glieder von der ersten Ordnung beibehalten. Man findet im Rahmen dieser Genauigkeit

$$\left.\begin{aligned} &K_1 = K - G''\frac{l\omega^2}{g}, \quad K_2 = 0, \quad K_3 = K - \left(\frac{s'}{l}G' + G''\right)\frac{l\omega^2}{g}, \quad K_4 = 0, \\ &K'' = \lambda\left(K + G''\frac{l\omega^2}{g}\right)\sin\psi. \end{aligned}\right\} \tag{9}$$

Diese einfachen Werte kann man für kleine r, also nahezu zusammenfallende Lagen von Gleitbahn und Stangenachse leicht auch unmittelbar bestätigen, wenn man überlegt, daß dann die Kolbenkraft K nahezu gleich der Summe der Zapfenkraft K_1 und der Fliehkraft $G''l\omega^2/g$ des Kolbens sein muß und ebenso auch nahezu gleich der Summe der Stangenkraft K_3 und der Fliehkraft $(G_2 + G'')l\omega^2/g$ von Kolben und Ersatzmasse G_2 (der Pleuelstange im Kolbenbolzen). Die Wandkraft K'' endlich muß einerseits der Komponente $K_1 \sin\chi$ und andererseits der Corioliskraft $2\,G''\omega v/g$ das Gleichgewicht halten, wo die Relativgeschwindigkeit v des Kolbens auf der Gleitbahn aus Abb. 68 sofort zu $v = l\omega\sin\chi$ folgt; somit wird $K'' = (K_1 + 2\,G''l\omega^2/g)\sin\chi$, und dies gibt mit dem Wert von K_1 und mit $\sin\chi = \lambda\sin\psi$ gerade die letzte Formel (9).

Die Komponenten der Kurbelzapfenkraft werden schließlich

$$P_1 = K_3\sin\vartheta \approx K_3\sin\psi, \qquad P_2 = K_3\cos\vartheta \approx K_3\cos\psi; \tag{10}$$

hier ist die Stangenkraft (für die übrigens eine schon in Ziff. **6** gemachte Bemerkung zutrifft) aus (9) einzusetzen. Bei der Summation über die p Zylinder eines regelmäßigen Umlaufsternmotors verschwindet (im Rahmen dieser Genauigkeit) die Kurbelzapfenkraft im ganzen; die Reibungsmomente der einzelnen Getriebe tun dies aber natürlich nicht, sondern sind aus (10) einzeln zu berechnen und dann zu addieren.

18. Der Gegenlaufmotor. Auch beim Gegenlaufmotor (Kap. XI, Ziff. **29**) kann das Tangentialkraftmoment $\mathfrak{M}'$ ohne weiteres nach der Methode von Ziff. **3**

gefunden werden; nur ist dabei zu beachten, daß es sich dann auf die Relativdrehung zwischen Kurbel und Gleitbahn, also in der Bezeichnung von Kap. XI, Ziff. **29** auf die Drehgeschwindigkeit $\omega + \omega'$ bezieht, wo ω die Drehgeschwindigkeit der Kurbel und $\omega' = \varkappa\omega$ diejenige der Gleitbahn bedeutet. Ist $\omega_0 = \varkappa_0\omega$ die tatsächliche Drehgeschwindigkeit der Welle, so ist das auf ω_0 bezogene Tangentialkraftmoment

$$\mathfrak{M}_0' = \frac{\omega + \omega'}{\omega_0}\mathfrak{M}' = \frac{1+\varkappa}{\varkappa_0}\mathfrak{M}'. \tag{1}$$

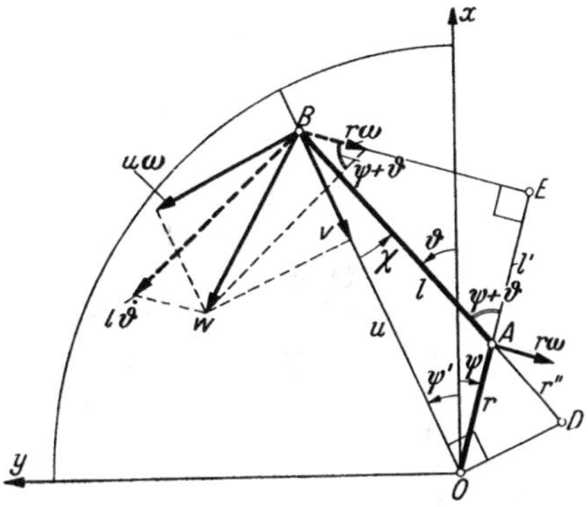

Abb. 71. Kurbelgetriebe eines Gegenlaufmotors.

In der Regel ist das zwischen Welle, Kurbel und Gleitbahn eingeschaltete Zahnradgetriebe so gestaltet, daß $\varkappa = \varkappa_0 = 1$ wird — dies wollen wir weiterhin voraussetzen —, und dann ist

$$\mathfrak{M}_0' = 2\mathfrak{M}', \tag{2}$$

und die Zündungen wiederholen sich bei Viertakt nach jeder Umdrehung, so daß man also bei der an der stillstehenden Gleitbahn gewonnenen $\mathfrak{M}'$-Kurve die Ordinaten zu verdoppeln, die Abszissen dagegen zu halbieren hat, was selbstverständlich ohne Umzeichnen der Kurve durch einfache Maßstabsänderung geschieht.

Die Bewegungsenergie eines Getriebes wird mit den üblichen Bezeichnungen und gemäß Abb. 71.

$$T_i = \frac{1}{2g}\left\{\left[k^2 G + r^2\left(1-\frac{s'}{l}\right)G'\right]\omega^2 + \left(\frac{s'}{l}G' + G''\right)w^2 + (k_1^2 G_1 + k_2^2 G_2)\dot{\vartheta}^2 + \right.$$
$$\left. + k''^2 G''\omega^2\right\} + \frac{1}{2}D\omega^2$$

oder

$$T_i = \frac{1}{2}\Psi_i\omega^2 \quad \text{mit} \quad \Psi_i = D + \frac{1}{g}\left\{\left[k^2 G + r^2\left(1-\frac{s'}{l}\right)G' + k''^2 G''\right] + \right.$$
$$\left. + r^2\left(\frac{s'}{l}G' + G''\right)\left(\frac{w}{r\omega}\right)^2 - \left[s'(l-s') - k'^2\right]\left(\frac{\dot{\vartheta}}{\omega}\right)^2\right\}. \tag{3}$$

Hierin sind nur noch die veränderlichen Faktoren $(w/r\omega)^2$ und $(\dot{\vartheta}/\omega)^2$ zu bestimmen. Nun ist aber $\vartheta = \psi' + \chi$ und also (wegen $\dot{\psi}' = \omega$)

$$\frac{\dot{\vartheta}}{\omega} = 1 + 2\frac{\dot{\chi}}{2\omega}.$$

Wie aus Ziff. **4** bekannt, ist (da wir jetzt 2ω als Relativdrehgeschwindigkeit zwischen Kurbel und Gleitbahn haben)

$$\frac{l\dot{\chi}}{2r\omega} = \frac{r''}{r} \quad \text{oder} \quad \frac{\dot{\chi}}{2\omega} = \frac{r''}{l}$$

und somit

$$\frac{\dot{\vartheta}}{\omega} = 1 + 2\frac{r''}{l}\ (\equiv q), \tag{4}$$

ein Ausdruck, der für jede Kurbelstellung sofort aus Abb. 71 entnommen werden kann. Ferner kann man die Geschwindigkeit w des Kolbenbolzens, anstatt aus v und $u\omega$, ebensogut auch aus der Geschwindigkeit $r\omega$ des Kurbelzapfens A und aus der Relativgeschwindigkeit $l\dot{\vartheta}$ des Kolbenbolzens B gegen den Kurbelzapfen A aufbauen. Dann aber liest man aus Abb. 71 ab

$$w^2 = r^2\omega^2 + l^2\dot{\vartheta}^2 - 2\,r\omega\, l\dot{\vartheta}\cos(\psi+\vartheta)$$

oder mit (4)

$$\left(\frac{w}{r\omega}\right)^2 = 1 + \frac{l^2}{r^2}\,q^2 - 2\,\frac{l}{r}\,q\cos(\psi+\vartheta)$$

oder mit $l' = l\cos(\psi+\vartheta) = AE$, wo $BE \perp AE$ ist,

$$\left(\frac{w}{r\omega}\right)^2 = 1 + \left(\frac{l}{r}\right)^2 q^2 - 2\,\frac{l'}{r}\,q. \tag{5}$$

Man braucht also lediglich (bei stillgehaltener Gleitbahn) die zwei Längen r'' und l' für jede Kurbelstellung $\psi+\psi'$ zu konstruieren und hat dann gemäß (3) bis (5) die Drehmasse Ψ_i als Funktion zunächst von $\psi+\psi'$ und damit aber auch, wegen $\psi' = \psi + \delta$, wo δ der Totlagenwinkel der Gleitbahn gegen die lotrechte x-Achse sein mag, als Funktion von $2\psi+\delta$ und also von ψ selbst. Auf eine formelmäßige Darstellung von T_i, die hier ziemlich unbequem wäre, verzichten wir.

Das Moment $\mathfrak{M}'''$ der Lageenergie ist beim Gegenlaufmotor wieder durch den Ausdruck

$$\mathfrak{M}''' = -\frac{g}{\omega^2}\int_0^{\psi} X^* d\psi \tag{6}$$

auf (XI, **29**, 7) zurückgeführt, wenn man voraussetzt, daß mindestens eine Gleitbahn des regelmäßigen Gegenlaufsternmotors in der Totlage lotrecht aufwärts weist (d. h. mit der positiven x-Achse zusammenfällt).

Die inneren Kräfte findet man wie beim Umlaufmotor. Solange man auf die Glieder mit λ verzichtet, also r als sehr klein ansieht, unterscheiden sich die Werte K_1, K_2, K_3, K_4 überhaupt nicht von denen des Umlaufmotors; man hat also wie in (**17**, 9)

$$\left.\begin{aligned} &K_1 = K - G''\frac{l\omega^2}{g}, \quad K_2 = 0, \quad K_3 = K - \left(\frac{s'}{l}G' + G''\right)\frac{l\omega^2}{g}, \quad K_4 = 0,\\ &K'' = \lambda\left(K + 3\,G''\frac{l\omega^2}{g}\right)\sin(2\psi+\delta). \end{aligned}\right\} \tag{7}$$

Die Wandkraft K'' allerdings ist jetzt anders als beim Umlaufmotor; sie muß wieder erstens der Komponente $K_1 \sin\chi$ und zweitens der Corioliskraft $2G''\omega v/g$ das Gleichgewicht halten. Nun ist aber gemäß Abb. 71 mit $\psi' = \psi + \delta$

$$\sin\chi = \lambda\sin(2\psi+\delta)$$

und

$$v = l\dot{\vartheta}\sin\chi + r\omega\sin(\psi+\vartheta-\chi)$$

oder wegen $\vartheta = \psi + \chi + \delta$

$$v = \lambda l(\dot{\vartheta}+\omega)\sin(2\psi+\delta).$$

Da aber (ohne Berücksichtigung der λ-Glieder) $\dot{\vartheta} = \omega$ ist, so wird

$$v = 2\,\lambda l\omega\sin(2\psi+\delta),$$

und damit folgt dann gerade der Wert (7) der Wandkraft K''.

Die Komponenten P_1 und P_2 der Kurbelzapfenkraft schließlich werden

$$P_1 = K_3\sin(2\psi+\delta), \qquad P_2 = K_3\cos(2\psi+\delta), \tag{8}$$

wenn, wie bisher stets, P_1 tangential am Kurbelkreis und positiv entgegen der Bewegungsrichtung, P_2 in Richtung der Kurbel vom Wellenmittel O zum Kurbelzapfen hin positiv gerechnet wird. Die Schlußbemerkung von Ziff. **17** gilt sinngemäß auch hier.

Kapitel XIII.

Drehschwingungen.

1. Einleitung. Von wesentlich anderer Art als die beiden vorangegangenen Probleme des Massenausgleiches und des Leistungsausgleiches ist die Berechnung der Drehschwingungen, der wir uns jetzt schließlich zuwenden. Das schwingungsfähige Gebilde besteht hier aus der elastischen Welle samt den mit ihr umlaufenden Massen (Kurbeln, Schwungrad, Kupplung, Dynamorotor usw.) und den von ihr mitgenommenen Getriebeteilen (Schubstangen, Kolben usw.). Will

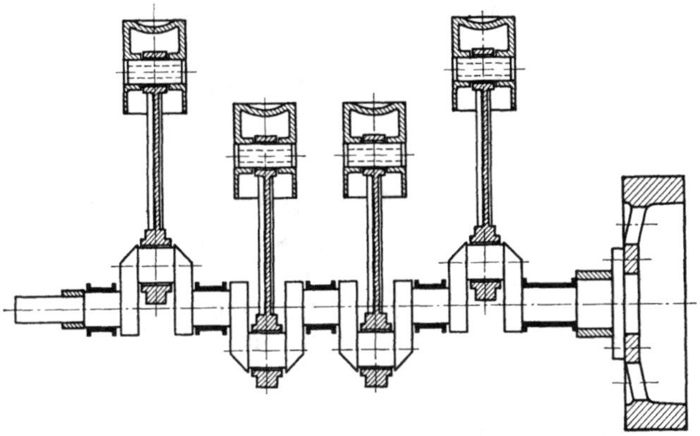

Abb. 1. Schwingendes System eines Vierzylinder-Dieselmotors mit Kupplung.

man diese Schwingungen berechnen, so hat man immer zuerst eine Voraufgabe von beträchtlicher Schwierigkeit zu lösen: man muß das schwingende System (Abb. 1), um es der Rechnung bequemer zugänglich zu machen, auf eine nichtgekröpfte, masselose, mit einzelnen dünnen Scheiben besetzte Welle abbilden (Abb. 2). Damit dieses Ersatzsystem möglichst genau die Schwingungseigenschaften des wirklichen Systems besitzt, müssen beide möglichst gut übereinstimmen sowohl in der Formänderungsenergie wie in der Bewegungsenergie.

Bei gleichem Torsionsausschlag ist die Formänderungsenergie beider Systeme gleich, wenn sie dieselbe Torsionssteifigkeit haben; und auch eine hinreichende Übereinstimmung in den Bewegungsenergien läßt sich dadurch erzielen, daß man den Scheiben geeignete Massenträgheitsmomente Θ_k zuweist. Die Abbildungsaufgabe zerfällt also offensichtlich in einen statischen Teil: das Ermitteln der Torsionssteifigkeit der gekröpften Welle, und in einen kinetischen: das Bestimmen der Trägheitsmomente Θ_k der Scheiben (§ 1).

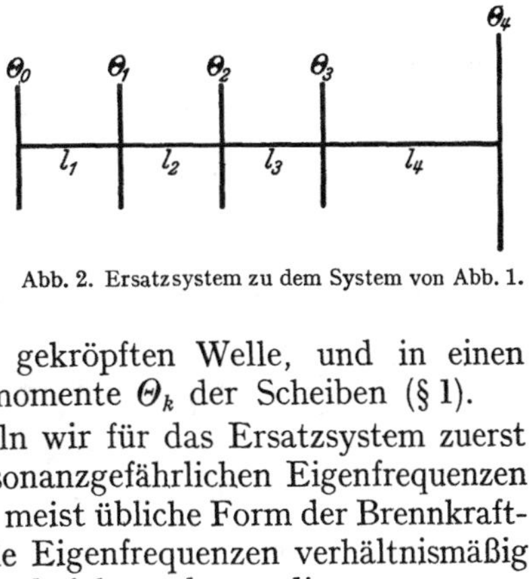

Abb. 2. Ersatzsystem zu dem System von Abb. 1.

Ist die Abbildung vollzogen, so behandeln wir für das Ersatzsystem zuerst die freien Schwingungen und suchen die resonanzgefährlichen Eigenfrequenzen auf, und zwar nach einer Methode, die für die meist übliche Form der Brennkraftmaschinenanlagen mit homogenem Kern alle Eigenfrequenzen verhältnismäßig rasch zahlenmäßig liefert (§ 2 bis 5). Hiernach folgen ebenso die erzwungenen

Schwingungen (§ 6) und im Anschluß daran das Problem der Resonanz und der sogenannten Scheinresonanzen (§ 7).

Die so entwickelte Theorie wird eine erste Näherung vorstellen. An ihr hat man in vielen Fällen noch wichtige Korrekturen anzubringen, die den Einfluß der Nebentorsionen (§ 8) und der Veränderlichkeit der Massen (§ 9) berücksichtigen.

Dagegen werden wir die immer vorhandene Dämpfung nicht berücksichtigen[1]). Die Rechnungen hierüber (die stets eine mit der Geschwindigkeit proportionale Dämpfung voraussetzen und also das wirkliche Dämpfungsgesetz auch nicht annähernd treffen) zeigen, daß der Einfluß der Dämpfung auf die Eigenfrequenzen wahrscheinlich sehr gering ist und den großen Aufwand an Rechenarbeit kaum lohnen würde. Bei den erzwungenen Schwingungen mag dieser Einfluß allerdings größer werden; ohne Rücksicht auf Dämpfung überschätzt man die Beanspruchung der Welle und rechnet also zu sicher. Aber das dürfte wohl immer unbedenklich sein, ausgenommen bei der eigentlichen Resonanz, und diese ist in der Regel sowieso verboten.

Schließlich zeigen wir dann noch, wie auch bei ganz inhomogenen Maschinen beliebiger Bauart die Eigenfrequenzen sich nach einem für diesen Zweck entwickelten Näherungsverfahren leicht berechnen lassen (§ 10).

§ 1. Die Torsionssteifigkeiten und Drehmassen des Ersatzsystems.

2. Die Verformung der gekröpften Welle bei Drehschwingungen. Die mehrfach gekröpften Kurbelwellen der Reihenmotoren müssen mannigfache Kraftwirkungen aufnehmen: an den Wellenenden können Drehmomente angreifen, herrührend vom Arbeitswiderstand der Maschine oder von den Trägheitswirkungen umlaufender Rotoren (Schwungräder, Kupplungen, Dynamorotoren usw.); in den Kurbelzapfen treten die Zapfenkräfte auf, herrührend von den Gasdrücken in den Zylindern und von den Trägheitswirkungen der rotierenden und hin- und hergehenden Massen der Kurbelgetriebe, in den Lagern endlich die entsprechenden Lagerkräfte.

Die Verformung der Kurbelwelle durch Drehmomente allein in den Wellenenden, also durch ein im ganzen durch die Welle hindurchgeleitetes Drehmoment, heißt Torsion erster Art. Ist l die Länge der Welle, M das Drehmoment und ϑ die dadurch erzeugte Winkelverdrehung der beiden Wellenenden gegeneinander, so nennt man die Größe

$$C=\frac{lM}{\vartheta} \tag{1}$$

die Torsionssteifigkeit erster Art der Kurbelwelle.

Ganz anders ist die Verformung der Welle, wenn nur Kräfte in den Kurbelzapfen (samt den dadurch geweckten Lagerkräften) an ihr angreifen. Man kann sich diese Zapfenkräfte stets in ihre tangentialen Komponenten P_t und in ihre radialen Komponenten zerlegt denken. Die radialen Komponenten kümmern uns weiterhin hier nicht (da sie nach aller bisherigen Erfahrung keinen merklichen Einfluß auf die Drehschwingungen ausüben). Die tangentialen Komponenten bringen eine Verformung der Welle hervor, welche man Torsion zweiter Art heißt. Wir werden ihr nachher gewisse Torsionssteifigkeiten zweiter Art zuordnen. Zu dieser Torsion zweiter Art wollen wir auch noch den Fall rechnen, daß das eine oder das andere Wellenende einer durch Zapfenkräfte P_t belasteten Kurbelwelle ein Drehmoment M aufzunehmen hat.

---

[1]) Vgl. J. Geiger, Die Dämpfung bei Drehschwingungen von Brennkraftmaschinen, Mitt. Forschgsanst. GHH-Konzern 3 (1934) S. 147.

Die Torsion erster Art kommt für sich allein selten vor und hat daher keine besondere praktische Bedeutung; bei den im folgenden zu behandelnden Drehschwingungen der Maschine spielt sie jedenfalls keine Rolle. [Die früher übliche und wohl auch jetzt noch weitverbreitete Meinung, daß man bei der Berechnung der Drehschwingungen die Torsionssteifigkeit erster Art benützen dürfe, und daß die etwa durch einen Torsionsversuch ermittelte Größe (1), irgendwie auf die ganze Welle verteilt, die zahlenmäßig richtigen Werte der Torsionssteifigkeit bei den Drehschwingungen angebe, beruht auf einem Denkfehler.] Die wirkliche Verformung der Kurbelwelle bei den Drehschwingungen der Maschine ist offenkundig eine Torsion zweiter Art, und diese haben wir daher weiter zu untersuchen. (Auf die Frage, inwieweit auch die Torsionssteifigkeiten erster Art wenigstens eine brauchbare Näherung für Schwingungsrechnungen liefern, werden wir in § 8 noch eingehen.)

Wir legen als Beispiel die Welle von Abb. 1 zugrunde, die in Abb. 3 noch einmal schematisch dargestellt ist, bemerken aber, daß für das Folgende die Zahl der Kröpfungen, die Versetzungswinkel und die Zahl der etwaigen Zwischenlager unwesentlich sind. Wir legen einen der beiden Drehsinne der Welle als den positiven fest. Die tangentialen Kräfte P_t in den Kurbelzapfen sowie das Endmoment M rechnen wir positiv, wenn sie die Welle im positiven Sinne zu drehen suchen. Um geeignete Torsionswinkel zu definieren, denken wir uns in den Ebenen der Kurbelgetriebe starre masselose Scheiben, drehbar um die unverformte Wellenachse und mit radialen Schlitzen so versehen, daß die materiell gedachten Lagerachsen der Kurbelzapfen durch sie hindurchgehen und die Scheiben bei einer azimutalen Bewegung dieser Achsen mitnehmen und also um die (unverformte) Wellenachse drehen. Als Torsionswinkel $\vartheta_0, \vartheta_1, \ldots, \vartheta_n$ bei der Torsion zweiter Art bezeichnen wir dann diejenigen Winkel, um welche jene Scheiben sowie das einen Rotor tragende Wellenende gedreht werden, wenn ein Gleichgewichtssystem $P_0, P_1, \ldots, P_{n-1}, M$ (samt den zugehörigen Lagerkräften) die Kurbelwelle verformt. Da weiterhin nur die Differenzen je zweier solcher Winkel ϑ_k vorkommen, so ist es belanglos, von welcher Anfangsstellung der unbelasteten Kurbelwelle aus diese Winkel gemessen werden.

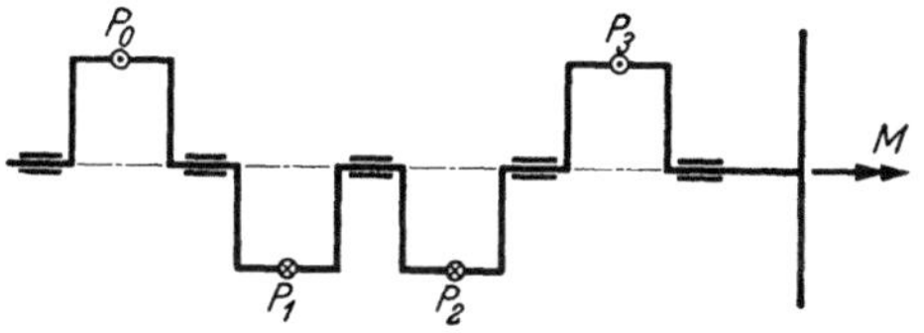

Abb. 3. Belastung der Welle bei Torsion zweiter Art.

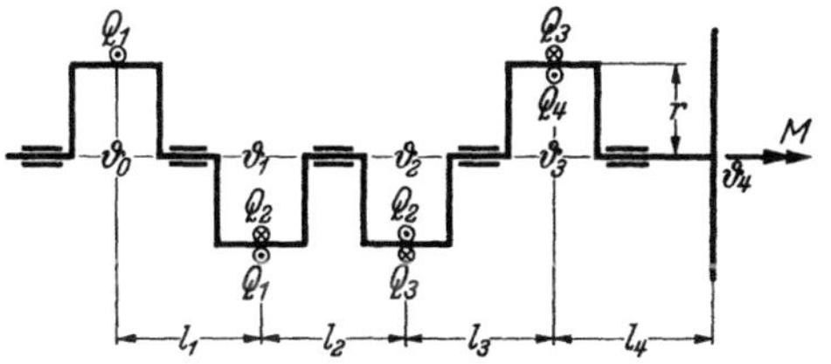

Abb. 4. Ersatz der tangentialen Kräfte P_t durch Kräftepaare Q_k.

Wir denken uns, wie dies Abb. 4 zeigt, die Kräfte P_t in lauter Kräftepaare Q_k zerlegt, also in unserem Beispiel

$$\left.\begin{aligned} P_0 &= Q_1, \\ P_1 &= Q_2 - Q_1, \\ P_2 &= Q_3 - Q_2, \\ P_3 &= Q_4 - Q_3, \\ M + r\,Q_4 &= 0 \end{aligned}\right\} \tag{2}$$

gesetzt, wo die letzte Gleichheit lediglich ausdrückt, daß die Belastung tatsächlich ein Gleichgewichtssystem bildet. Die Ausdrücke

$$M_1 = r\,Q_1, \quad M_2 = r\,Q_2, \quad M_3 = r\,Q_3, \quad M_4 = r\,Q_4 = -M \tag{3}$$

wollen wir die Torsionsmomente der zwischen je zwei Kurbelgetriebeebenen liegenden Wellenstücke von den (in Richtung der Wellenachse gemessenen) Längen l_1, l_2, l_3 sowie des Wellenstückes von der Länge l_4 nennen. Greifen die Torsionsmomente M_k in Gestalt der Kräfte Q_k bzw. des Endmomentes M je einzeln an der Kurbelwelle an, so sollen analog zu (1) die in den zugehörigen Verformungsgleichungen

$$\left.\begin{aligned} \vartheta_0-\vartheta_1&=\frac{l_1}{C_1}M_1,\\ \vartheta_1-\vartheta_2&=\frac{l_2}{C_2}M_2,\\ \vartheta_2-\vartheta_3&=\frac{l_3}{C_3}M_3,\\ \vartheta_3-\vartheta_4&=\frac{l_4}{C_4}M_4 \end{aligned}\right\} \tag{4}$$

stehenden Faktoren C_k die Haupttorsionssteifigkeiten zweiter Art oder meist auch kurz die Torsionssteifigkeiten zweiter Art genannt werden. Offenbar ist C_k diejenige Torsionssteifigkeit, die ein glattes Ersatzwellenstück von der Länge l_k haben müßte, wenn es durch ein Torsionsmoment M_k gerade um den Winkel $\vartheta_{k-1}-\vartheta_k$ tordiert werden sollte.

Es ist sehr zu beachten, daß von den Gleichungen (4) jeweils nur eine allein gilt, z. B. die zweite, wenn das Moment $M_2=rQ_2$ an der Kurbelwelle angreift und gleichzeitig $M_1=M_3=M_4=0$ ist. Keinesfalls verschwinden dann aber mit M_1, M_3 und M_4 auch die Torsionen $(\vartheta_0-\vartheta_1)$, $(\vartheta_2-\vartheta_3)$ und $(\vartheta_3-\vartheta_4)$. Vielmehr erleiden wegen der durch die Kräfte Q_2 erzeugten Lagerreaktionen auch die übrigen Teile der Welle Verformungen $(\vartheta_0-\vartheta_1)$, $(\vartheta_2-\vartheta_3)$ und $(\vartheta_3-\vartheta_4)$, ähnlich wie ein mehrfach gelagerter Stab in allen seinen Feldern Verformungen erfährt, wenn auch nur eines seiner Felder belastet wird. Die vollständigen Verformungsgleichungen unserer Welle lauten also mit den (etwas anders als in Kap. II, Ziff. **9** definierten) Einflußzahlen δ_{ik}

$$\left.\begin{aligned} \vartheta_0-\vartheta_1&=\delta_{11}M_1+\delta_{12}M_2+\delta_{13}M_3+\delta_{14}M_4,\\ \vartheta_1-\vartheta_2&=\delta_{21}M_1+\delta_{22}M_2+\delta_{23}M_3+\delta_{24}M_4,\\ \vartheta_2-\vartheta_3&=\delta_{31}M_1+\delta_{32}M_2+\delta_{33}M_3+\delta_{34}M_4,\\ \vartheta_3-\vartheta_4&=\delta_{41}M_1+\delta_{42}M_2+\delta_{43}M_3+\delta_{44}M_4, \end{aligned}\right\} \tag{5}$$

wobei im allgemeinen $\delta_{ik}\neq\delta_{ki}$ ist. Man erkennt leicht (indem man alle M_k bis auf eines gleich Null setzt), daß

$$\delta_{kk}=\frac{l_k}{C_k} \tag{6}$$

ist, und kann daher mit den Abkürzungen

$$\varepsilon_{ik}=\frac{\delta_{ik}}{\delta_{ii}} \qquad (\varepsilon_{ii}=1) \tag{7}$$

die Gleichungen (5) in der Gestalt schreiben

$$\left.\begin{aligned} \vartheta_0-\vartheta_1&=\frac{l_1}{C_1}(M_1+\varepsilon_{12}M_2+\varepsilon_{13}M_3+\varepsilon_{14}M_4),\\ \vartheta_1-\vartheta_2&=\frac{l_2}{C_2}(\varepsilon_{21}M_1+M_2+\varepsilon_{23}M_3+\varepsilon_{24}M_4),\\ \vartheta_2-\vartheta_3&=\frac{l_3}{C_3}(\varepsilon_{31}M_1+\varepsilon_{32}M_2+M_3+\varepsilon_{34}M_4),\\ \vartheta_3-\vartheta_4&=\frac{l_4}{C_4}(\varepsilon_{41}M_1+\varepsilon_{42}M_2+\varepsilon_{43}M_3+M_4), \end{aligned}\right\} \tag{8}$$

worin man die Verallgemeinerung von (4) erkennt. Man nennt die durch die Einflußzahlen δ_{kk} dargestellten Verformungen die Haupttorsionen (zweiter Art) der Kurbelwelle, die durch die Einflußzahlen $\delta_{ik}(i \neq k)$ dargestellten dagegen ihre Nebentorsionen (zweiter Art) und demgemäß die Größen $\varepsilon_{ik}(i \neq k)$ die Nebentorsionszahlen der Kurbelwelle.

Weil glatte Wellen keine Nebentorsionen besitzen, so ist die gesuchte elastostatische Abbildung der mehrfach gekröpften Kurbelwelle auf eine glatte Welle nicht streng möglich. Ob sie wenigstens genähert zulässig ist oder nicht, hängt von der Größe der Nebentorsionszahlen ab. Damit kommen wir zu der wichtigen Frage, wie überhaupt die Einflußzahlen δ_{ik} einer Kurbelwelle bei der Torsion zweiter Art und damit die Größen C_k und ε_{ik} bestimmt werden können. Die Verformung der Welle infolge der Kräfte Q_k ist kein reines Torsionsproblem; neben Torsionen im engeren Sinne treten dabei auch Biegungen in den Zapfen und Kurbelwangen auf. Macht man die Voraussetzung, daß die Lagerzapfen, die Kurbelzapfen und die Kurbelwangen wie dünne, aneinander gefügte Stäbe behandelt werden und die Kräfte in den Kurbel- und Lagerzapfen als punktförmig angreifend angesehen werden dürfen, so ist auch bei mehr als zwei Lagern die (i. a. mehrfach statisch unbestimmte) Aufgabe der Ermittlung der Lagerkräfte und damit aller Biege- und Torsionsmomente rechnerisch lösbar[1]), und es gelingt dann in einfacheren Fällen, auch die Torsionssteifigkeiten zweiter Art C_k sowie die Nebentorsionszahlen ε_{ik} formelmäßig zu bestimmen[2]). Der Vergleich mit gemessenen Werten zeigt jedoch, daß die beiden genannten Voraussetzungen solcher Rechnung bei den Kurbelwellen der heutigen Brennkraftmaschinen mit ihrer kompakten Bauart i. a. kaum mehr zulässig sind. Die Kurbelwangen sind häufig scheibenförmig (und auch nicht mehr annähernd stabförmig); die Zapfendurchmesser sind meist so groß, daß sich selbst bei einigermaßen stabförmigen Kurbelwangen kaum mehr angeben läßt, was man unter der wirksamen Wangenlänge bei deren Biegung und Torsion verstehen soll; und auch die Zapfenkräfte kann man, wie eine nähere Untersuchung gezeigt hat, in der Regel keinesfalls als punktförmig angreifend betrachten. Die Rechnung läßt sich zwar so weit verfeinern, daß man wenigstens in den allereinfachsten Fällen noch eine brauchbare Näherung erhält[3]); aber bei der überwiegenden Mehrzahl der praktisch gebräuchlichen Kurbelwellen besteht keine Aussicht, die Größen C_k und ε_{ik} rechnerisch genau genug zu ermitteln. Man ist vielmehr auf Versuche angewiesen.

Wir wollen nun am Beispiel der Kurbelwelle von Abb. 1 beschreiben, wie diese Versuche am zweckmäßigsten durchgeführt werden. Dabei ist vor allem zu beachten, daß die Versuche nicht an der ausgebauten Welle, sondern am ganzen Motor vorgenommen werden müssen, da man sonst den ganz wesentlichen Einfluß der Lagerkräfte auf die Torsionssteifigkeiten unrichtig berücksichtigen würde. Die Kräfte Q_k werden in der Weise aufgebracht, daß jeweils eine Kröpfung mit ihrer Pleuelstange durch eine Abstandsbüchse gegen den Zylinderkopf abgestützt wird, und daß auf den Kolben einer andern Kröpfung Öldruck im Zylinder gegeben wird (Abb. 5). Geschieht dies bei zwei unmittelbar benachbarten

---

[1]) A. Gessner, Mehrfach gelagerte, abgesetzte und gekröpfte Kurbelwellen, Berlin 1926; C. B. Biezeno, Berekening van meervoudig statisch onbepaalde machine-assen, Ingenieur Haag 42 (1927) S. 921.

[2]) R. Grammel, Über die Torsion von Kurbelwellen, Ing.-Arch. 4 (1933) S. 287; A. Kimmel, Über die Torsionssteifigkeit von Kurbelwellen mit durchgehender Zwischenwange, Diss. Stuttgart 1935.

[3]) R. Grammel, K. Klotter u. K. v. Sanden, Die elastischen Verformungen von Kurbelwellen bei Torsionsschwingungen, Ing.-Arch. 7 (1936) S. 439.

Kröpfungen, so entsteht gerade das zugehörige Kräftesystem Q_k; geschieht es bei entfernten Kröpfungen, so entstehen gleichzeitig alle dazwischenliegenden Kräftesysteme Q_k mit unter sich gleichen Beträgen. Das Kräftesystem Q_4 wird natürlich durch Festhalten der letzten Kröpfung und durch ein Kräftepaar am Rotor (der etwa durch einen Hebel ersetzt sein mag) erzeugt.

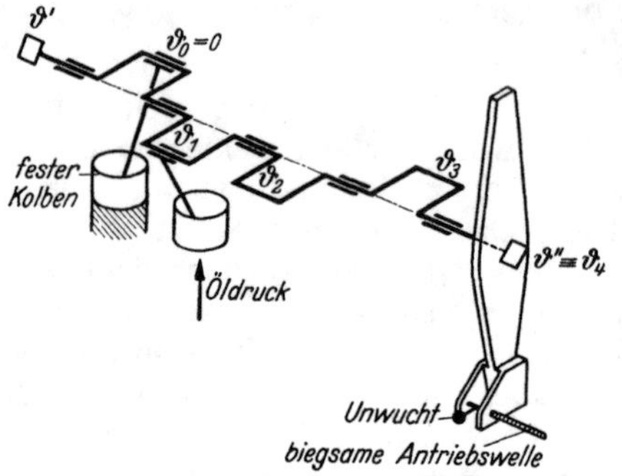

Abb. 5. Schematische Darstellung der Messung der Torsionssteifigkeiten zweiter Art.

Gemessen werden die Drehungen ϑ' und ϑ'' ($\equiv \vartheta_4$) von zwei Spiegeln, die auf die beiden Wellenenden aufgesetzt sind. Wir haben jetzt die (schon gleich in den Torsionsmomenten M_k (3) statt der Kräfte Q_k geschriebenen) Gleichungen (5) um eine vorangestellte Gleichung zu ergänzen, in welcher die Einflußzahlen δ_{0k} für das Wellenstück links von der ersten Kröpfung vorkommen:

$$\left.\begin{aligned}
\vartheta' - \vartheta_0 &= \delta_{01} M_1 + [\delta_{02} M_2 + \delta_{03} M_3 + \delta_{04} M_4],\\
\vartheta_0 - \vartheta_1 &= \boldsymbol{\delta_{11}} M_1 + \delta_{12} M_2 + [\delta_{13} M_3 + \delta_{14} M_4],\\
\vartheta_1 - \vartheta_2 &= \delta_{21} M_1 + \boldsymbol{\delta_{22}} M_2 + \delta_{23} M_3 + [\delta_{24} M_4],\\
\vartheta_2 - \vartheta_3 &= [\delta_{31} M_1] + \delta_{32} M_2 + \boldsymbol{\delta_{33}} M_3 + \delta_{34} M_4,\\
\vartheta_3 - \vartheta'' &= [\delta_{41} M_1 + \delta_{42} M_2] + \delta_{43} M_3 + \boldsymbol{\delta_{44}} M_4.
\end{aligned}\right\} \qquad (9)$$

In diesen Gleichungen sind die wichtigsten Größen, nämlich die Einflußzahlen δ_{kk} der Haupttorsionen, fett gedruckt, diejenigen $\delta_{k,k-1}$ und $\delta_{k,k+1}$ der sogenannten primären Nebentorsionen mager, und die übrigen Glieder, die die sogenannten sekundären Nebentorsionen darstellen, sind eckig eingeklammert. Abschätzende Rechnungen und besondere Messungen bestätigen die naheliegende Vermutung, daß die sekundären Nebentorsionen um eine Größenordnung kleiner sind als die primären, und diese wieder um eine Größenordnung kleiner als die Haupttorsionen.

In vielen Fällen darf man sich auf die Haupttorsionen beschränken und alle Nebentorsionen dagegen vernachlässigen. Dann gelten [als Vereinfachungen der strengen Gleichungen (8)] die Gleichungen (4) simultan. Mitunter muß man indessen wenigstens noch die primären Nebentorsionen berücksichtigen. Die folgende Tabelle gibt einen Satz von Messungen an, der zur Bestimmung der Haupt- und der primären Nebentorsionen ausreicht (und sogar noch einige Kontrollmessungen enthält). In der Versuchsreihe kommt keine Belastung durch das Moment $M_2 = r Q_2$ allein vor, weil man dabei die (um 360° versetzten) zugehörigen Kröpfungen in entgegengesetzten Richtungen belasten müßte, was einen Umbau der Versuchsanordnung erfordern würde. Die Vorzeichen der übrigen Belastungen sind ebenfalls so gewählt, daß kein Umbau nötig ist. Die Verformungsgleichungen der Tabelle entstehen aus den Gleichungen (9), indem man dort die in der Tabelle jeweils angegebenen Einheitsmomente einsetzt und die übrigen Momente sowie alle eckig eingeklammerten Glieder wegstreicht. Die Winkeldifferenzen $\vartheta' - \vartheta_k$ und $\vartheta'' - \vartheta_k$ beziehen sich jeweils auf die festgehaltene Kröpfung mit der Nummer k und werden also einfach durch die beiden Spiegeldrehungen ϑ' und ϑ'' gemessen, und zwar seien diese Spiegeldrehungen immer schon gleich auf die Einheitsmomente bezogen. [Tatsächlich läßt man die Öldruckbelastung von Null an stetig anwachsen und trägt den gemessenen Winkel ϑ' (bzw. ϑ'') über der Abszisse M_k auf; bei idealer Messung müßte eine Gerade entstehen, und deren Neigung liefert dann die vorhin genannten Winkeldifferenzen für die Einheitsmomente.]

Versuch Nr.	Feste Kröpfung	Belastete Kropfung	Aufgebrachte Lasten	Gemessene Formanderungen
1	0	1	$M_1 = r Q_1 = 1$	$\vartheta' - \vartheta_0 = \delta_{01}$ $\vartheta'' - \vartheta_0 = -\boldsymbol{\delta_{11}} - \delta_{21}$
2	1	0	$M_1 = r Q_1 = 1$	$\vartheta' - \vartheta_1 = \delta_{01} + \delta_{11}$ (*) $\vartheta'' - \vartheta_1 = -\delta_{21}$
3	1	3	$M_2 = r Q_2 = -1,\ M_3 = r Q_3 = -1$	$\vartheta' - \vartheta_1 = -\delta_{12}$ $\vartheta'' - \vartheta_1 = \delta_{22} + \delta_{32} + \delta_{23} + \delta_{33} + \delta_{43}$ (*)
4	2	3	$M_3 = r Q_3 = -1$	$\vartheta' - \vartheta_2 = -\delta_{23}$ $\vartheta'' - \vartheta_2 = \delta_{33} + \delta_{43}$ (*)
5	2	0	$M_1 = r Q_1 = 1,\ M_2 = r Q_2 = 1$	$\vartheta' - \vartheta_2 = \delta_{01} + \delta_{11} + \delta_{21} + \delta_{12} + \boldsymbol{\delta_{22}}$ $\vartheta'' - \vartheta_2 = -\delta_{32}$
6	3	2	$M_3 = r Q_3 = -1$	$\vartheta' - \vartheta_3 = -\delta_{23} - \boldsymbol{\delta_{33}}$ $\vartheta'' - \vartheta_3 = \delta_{43}$
7	3	4 (=Rotor)	$M_4 = r Q_4 = 1$	$\vartheta' - \vartheta_3 = \delta_{34}$ $\vartheta'' - \vartheta_3 = -\boldsymbol{\delta_{44}}$

Die mit (*) bezeichneten Ablesungen könnten fortbleiben, stellen aber erwünschte Kontrollen dar. Will man nur die Haupttorsionen kennen, so genügen die Versuche 1, 5, 6, 7, und zwar die durch fett gedruckte δ_{kk} gekennzeichneten Ablesungen. Wie man alle gewünschten Einflußzahlen δ_{ik} aus den gemessenen Formänderungen $\vartheta' - \vartheta_l$ und $\vartheta'' - \vartheta_l$ der letzten Spalte vollends durch Additionen und Subtraktionen findet, bedarf keiner weiteren Erklärung.

Bei der wirklichen Durchführung der Versuche stört die Reibung in den Zapfenlagern. Man kann sie aber auf ein erträgliches Maß herabsetzen, wenn man erstens recht dünnes Lageröl verwendet, um Kleben zu verhindern, und wenn man zweitens nach Aufbringen der Last und vor der Ablesung die Welle stark erschüttert. Hierzu benützt man einen Schwingungserreger (Abb. 5), bestehend aus einer Unwucht, die auf einem am Wellenende aufgesetzten Hebel rotiert, angetrieben durch einen kleinen Elektromotor über eine biegsame Welle. Man kann auf diese Weise in verhältnismäßig kurzer Zeit die Einflußzahlen δ_{ik} und damit nach (6) und (7) die Torsionssteifigkeiten (zweiter Art) C_k sowie die primären Nebentorsionszahlen $\varepsilon_{k,k-1}$ und $\varepsilon_{k,k+1}$ befriedigend genau erhalten.

3. Die Bewegungsgleichungen der Kurbelwelle. Um die in Ziff. **1** genannte Abbildung des schwingenden Systems auf ein vereinfachtes Ersatzsystem auch bezüglich der Massen durchführen zu können, müssen wir die Bewegungsenergie der Maschine kennen, und zwar ausgedrückt in den Kurbelwinkeln ψ_k und in den Kurbelgeschwindigkeiten $\dot{\psi}_k$. Diese Voraufgabe ist bereits in Kap. XII, Ziff. **4** für jedes Kurbelgetriebe gelöst worden; es ergab sich dort

$$T_k = \frac{1}{2} \Psi_k \dot{\psi}_k^2. \tag{1}$$

Für die Größe Ψ_k, die Drehmasse des k-ten Kurbelgetriebes, haben wir sowohl eine graphische Darstellung [(XII, **4**, 3) und Abb. 7 von Kap. XII, Ziff. **4**] wie auch eine formelmäßige [(XII, **4**, 2) und (XII, **4**, 5)] gefunden, und zwar je in ihrer Abhängigkeit von ψ_k, nämlich als periodische Funktion von ψ_k.

Da die Drehmasse Ψ_k jedes Kurbelgetriebes veränderlich ist, so kann die Abbildung der Maschine (Abb. 6) auf ein Ersatzsystem mit konstanten Drehmassen Θ_k (Abb. 7) nicht unmittelbar vorgenommen werden. Es läge allerdings nahe, die Drehmassen Θ_k des Ersatzsystems einfach gleich gewissen Mittelwerten der wirklichen Drehmassen Ψ_k zu wählen; und so werden wir es später auch machen. Indessen ist damit noch nicht gesagt, welcher der verschiedenen, an sich möglichen Mittelwerte von Ψ_k genommen werden soll. Wir werden später sehen, daß der nächstliegende keineswegs der beste ist. Und zudem könnte es sein, daß diese Abbildung für die Untersuchung der Drehschwingungen gar nicht oder wenigstens nur unter bestimmten Voraussetzungen statthaft ist. Denn man darf nicht übersehen, daß sich das wirkliche System dynamisch ganz anders verhält als das Ersatzsystem: die Drehschwingung des Ersatzsystems besteht lediglich in den Drehbewegungen der Scheiben, an den Drehschwingungen der Maschine selbst aber sind auch die Pleuelstangen und Gleitstücke mit ihrer (dynamisch anders gearteten) Trägheit wesentlich beteiligt.

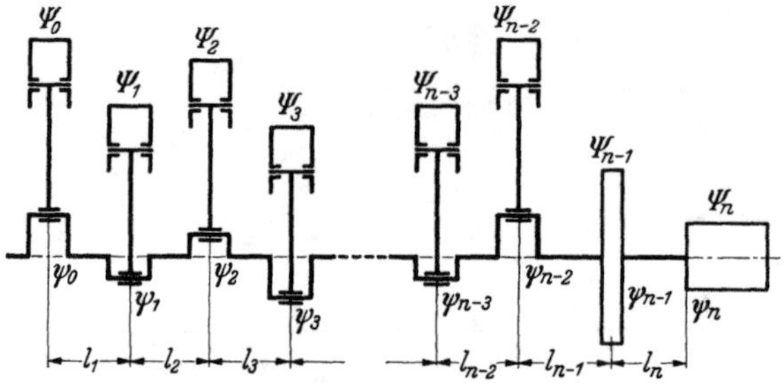

Abb. 6. Übersicht uber die Bezeichnungen.

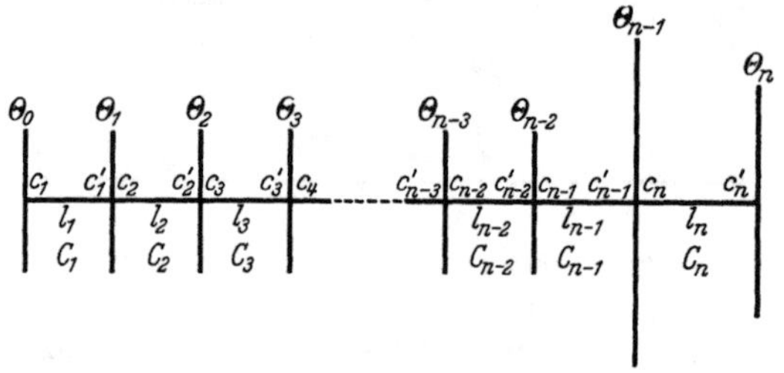

Abb. 7. Das Ersatzsystem.

Um zu erkennen, wie die Abbildung vorzunehmen ist, und wie genau sie gilt, müssen wir zuerst die Bewegungsgleichungen beider Systeme aufstellen. Zu diesem Zwecke numerieren wir die Kurbelgetriebe und Rotoren vom einen Wellenende fortlaufend bis zum andern Ende mit $0, 1, 2, \ldots, n$, die Wellenstücke zwischen je zwei Kurbelgetrieben bzw. Rotoren dagegen mit $1, 2, \ldots, n$ (Abb. 6). Die Drehmassen bezeichnen wir mit $\Psi_0, \Psi_1, \ldots, \Psi_n$, die Längen der Wellenstücke mit $l_1, l_2, \ldots, l_n$, die zugehörigen Torsionssteifigkeiten (zweiter Art) mit $C_1, C_2, \ldots, C_n$, so daß also l_k und C_k die Länge und Torsionssteifigkeit desjenigen Wellenstückes ist, das zwischen den Drehmassen Ψ_{k-1} und Ψ_k liegt. Die Nebentorsionen (Ziff. **2**) berücksichtigen wir vorerst noch nicht (vgl. erst später § 8). Die Drehmassen des Ersatzsystems seien entsprechend Θ_0, $\Theta_1, \ldots, \Theta_n$. Der Drehwinkel der Drehmasse Ψ_k sei, bei den Kurbelgetrieben je von der Totlage aus gerechnet, mit ψ_k^* bezeichnet, ebenso mit $\mathfrak{M}_k^{(e)}$ das an der Drehmasse Ψ_k angreifende äußere Drehmoment, also das effektive Tangentialkraftmoment bei den Kurbelgetrieben [genauer gesagt das in Kap. XII, Ziff. **3** bis **6** aus $\mathfrak{M}'-\mathfrak{M}'''-\mathfrak{M}''''$ berechnete Moment (XII, **10**, 2)] bzw. das Moment des Arbeitswiderstandes bei den Rotoren (in Kap. XII, Ziff. **8** $-\mathfrak{W}$ genannt). Man kann die Drehwinkel ψ_k^* und die Momente $\mathfrak{M}_k^{(e)}$ zerlegen in

$$\psi_k^* = \delta_k + \chi_k + \psi_k, \qquad \mathfrak{M}_k^{(e)} = \overline{\mathfrak{M}}_k + \mathfrak{M}_k; \tag{2}$$

dabei ist δ_k der konstruktive Kurbelversetzungswinkel, χ_k der (für das Folgende nicht wesentliche) statische Torsionswinkel der Welle infolge der stationären

Mittelwerte $\overline{\mathfrak{M}}_k$, ferner $\mathfrak{M}_k$ die Schwankung des Drehmomentes $\mathfrak{M}_k^{(e)}$, endlich ψ_k der nach Abzug von $(\delta_k + \chi_k)$ übrigbleibende eigentliche Drehwinkel (stationäre Drehung + Schwankung), der aber nun i. a. nicht mehr bei allen Getrieben von der Totlage aus gerechnet sein kann.

Ehe wir die Bewegungsgleichungen des wirklichen Systems aufsuchen, schreiben wir die viel einfacheren des Ersatzsystems an. Dabei haben wir auszudrücken, daß für jede Scheibe das Produkt $\Theta_k \ddot{\psi}_k$ gleich den an dieser Scheibe angreifenden Drehmomenten ist. Das sind hier erstens die äußeren Momente $\mathfrak{M}_k^{(e)}$, zweitens die paarweise entgegengesetzt auftretenden elastischen Momente zwischen je zwei aufeinanderfolgenden Scheiben, nämlich

$$\pm M_k^{(e)} = \pm \frac{C_k}{l_k} \left[(\chi_{k-1} - \chi_k) + (\psi_{k-1} - \psi_k)\right]; \tag{3}$$

und zwar ist $+M_k^{(e)}$ das Moment von der Scheibe Θ_{k-1} auf die Scheibe Θ_k, dagegen $-M_k^{(e)}$ dasjenige von der Scheibe Θ_k auf die Scheibe Θ_{k-1}. Hiernach lauten die Bewegungsgleichungen des Ersatzsystems

$$\left.\begin{array}{r} \Theta_k \ddot{\psi}_k - \dfrac{C_k}{l_k}(\chi_{k-1} - \chi_k + \psi_{k-1} - \psi_k) + \dfrac{C_{k+1}}{l_{k+1}}(\chi_k - \chi_{k+1} + \psi_k - \psi_{k+1}) = \overline{\mathfrak{M}}_k + \mathfrak{M}_k \\ (k = 0, 1, 2, \ldots, n) \end{array}\right\} \tag{4}$$

mit $C_0 = C_{n+1} = 0$. Subtrahiert man hiervon die Gleichungen der statischen Torsion der Welle

$$-\frac{C_k}{l_k}(\chi_{k-1} - \chi_k) + \frac{C_{k+1}}{l_{k+1}}(\chi_k - \chi_{k+1}) = \overline{\mathfrak{M}}_k, \tag{5}$$

so kommt

$$\Theta_k \ddot{\psi}_k - \frac{C_k}{l_k}(\psi_{k-1} - \psi_k) + \frac{C_{k+1}}{l_{k+1}}(\psi_k - \psi_{k+1}) = \mathfrak{M}_k \qquad (k = 0, 1, 2, \ldots, n). \tag{6}$$

Setzen wir noch

$$\psi_k = \omega t + \vartheta_k, \quad \text{also} \quad \dot{\psi}_k = \omega + \dot{\vartheta}_k \quad \text{und} \quad \ddot{\psi}_k = \ddot{\vartheta}_k, \tag{7}$$

indem wir ψ_k zerlegen in den Winkel ωt, der der gleichförmigen Drehung ω der erstarrt gedachten Welle entspricht, und in die Schwankung ϑ_k, die die eigentliche Drehschwingung vorstellt, so nehmen die Gleichungen (6) die folgende Gestalt der Schwingungsgleichungen des Ersatzsystems an:

$$\Theta_k \ddot{\vartheta}_k - \frac{C_k}{l_k}\left(\vartheta_{k-1} - \vartheta_k\right) + \frac{C_{k+1}}{l_{k+1}}\left(\vartheta_k - \vartheta_{k+1}\right) = \mathfrak{M}_k \qquad (k = 0, 1, 2, \ldots, n). \tag{8}$$

Die Ausdrücke

$$M_k \equiv \frac{C_k}{l_k}\left(\vartheta_{k-1} - \vartheta_k\right) \tag{9}$$

in diesen Gleichungen stellen offensichtlich die von den Schwingungen allein herrührenden Torsionsmomente (also abzüglich der rein statischen Torsionsmomente) vor, und (9) stimmt dann überein mit den hier gültigen Ausdrücken (**2**, 4).

Die Bewegungsgleichungen der wirklichen Maschine nach der gleichen Methode aufzustellen, wäre recht umständlich. Man hätte neben den $n+1$ Gleichungen für die Drehungen der $n+1$ Kurbeln bzw. Rotoren noch je zwei Gleichungen für jede Pleuelstange und noch je eine Gleichung für jedes Gleitstück anzuschreiben und dabei die zunächst unbekannten inneren Kräfte zu berücksichtigen, die in den Kurbelzapfen zwischen Kurbel und Pleuelstange, in den Kreuzköpfen zwischen Pleuelstange und Gleitstück auftreten. Die gesuchten Bewegungsgleichungen erhielte man dann durch Elimination dieser inneren Kräfte. Viel rascher jedoch gewinnt man sie nach der Lagrangeschen Vorschrift folgendermaßen: Man ermittelt die Bewegungsenergie $T_k(1)$ jedes Kurbelgetriebes abhängig von ψ_k und $\dot{\psi}_k$, wobei man wieder beachtet, daß (wegen der von Null verschiedenen Kurbelversetzungswinkel) $\psi_k = 0$ im allgemeinen nicht gerade eine Totlage sein wird. Bei einem Rotor vom Massenträgheitsmoment Θ_k ist natürlich die Drehmasse Ψ_k gleich Θ_k und die Bewegungsenergie gleich $\frac{1}{2}\Theta_k\dot{\psi}_k^2$. Betrachtet man die Getriebemassen und die Rotoren als starr und nur die Wellenstücke zwischen ihnen als elastisch, so hat man es mit einem System von $n+1$ Freiheitsgraden zu tun. Wählt man die Winkel ψ_k als unabhängige Koordinaten, so ergeben sich aus der gesamten Bewegungsenergie $T=T_0+T_1+\cdots+T_n$ die Bewegungsgleichungen in der Form

$$\frac{d}{dt}\left(\frac{\partial T}{\partial \dot{\psi}_k}\right)-\frac{\partial T}{\partial \psi_k}=Q_k \qquad (k=0,1,2,\ldots,n). \tag{10}$$

Die Größen Q_k sind die Lagrangeschen „Kräfte", d. h. diejenigen Faktoren, die mit einer virtuellen Verrückung $\delta\psi_k$ multipliziert die zugehörige virtuelle Arbeit der wirklichen Kräfte ergeben. Das sind hier wieder erstens die äußeren Momente $\mathfrak{M}_k^{(e)}$ und zweitens die elastischen Momente $M_k^{(e)}$ (3). Da nach (1)

$$\frac{\partial T}{\partial \dot{\psi}_k}=\frac{\partial T_k}{\partial \dot{\psi}_k}=\Psi_k\dot{\psi}_k,\quad \frac{d}{dt}\left(\frac{\partial T}{\partial \dot{\psi}_k}\right)=\Psi_k\ddot{\psi}_k+\frac{d\Psi_k}{d\psi_k}\dot{\psi}_k^2,\quad \frac{\partial T}{\partial \psi_k}=\frac{\partial T_k}{\partial \psi_k}=\frac{1}{2}\frac{d\Psi_k}{d\psi_k}\dot{\psi}_k^2$$

ist, so lauten also die Lagrangeschen Gleichungen (10) explizit, nachdem man auch hier wieder sofort die statischen Gleichungen subtrahiert hat,

$$\Psi_k\ddot{\psi}_k+\frac{1}{2}\Psi_k'\dot{\psi}_k^2-\frac{C_k}{l_k}(\psi_{k-1}-\psi_k)+\frac{C_{k+1}}{l_{k+1}}(\psi_k-\psi_{k+1})=\mathfrak{M}_k \qquad (k=0,1,2,\ldots,n);$$

hier bedeutet Ψ_k' die Ableitung von Ψ_k nach ψ_k (für die Rotoren bleibt $\Psi_k'=0$), und es ist auch hier $C_0=C_{n+1}=0$ zu setzen. Führt man schließlich wieder durch (7) ϑ_k statt ψ_k ein, so kommen endgültig die Schwingungsgleichungen der wirklichen Maschine

$$\Psi_k\ddot{\vartheta}_k+\frac{1}{2}\Psi_k'(\omega+\dot{\vartheta}_k)^2-\frac{C_k}{l_k}(\vartheta_{k-1}-\vartheta_k)+\frac{C_{k+1}}{l_{k+1}}(\vartheta_k-\vartheta_{k+1})=\mathfrak{M}_k\;(k=0,1,2,\ldots,n). \tag{11}$$

Die $n+1$ Gleichungen (11), in welchen Ψ_k und Ψ_k' sowie $\mathfrak{M}_k$ im allgemeinen noch periodische Funktionen von ψ_k sind, beherrschen das Problem streng (abgesehen von den Nebentorsionen, deren Einfluß wir erst in § 8 berücksichtigen, und unbeschadet der einen Ungenauigkeit, daß die Bewegungsenergie der Wellenstücke so angesetzt ist, als ob jede Wellenzapfenhälfte genau die Geschwindigkeit $\dot{\psi}_k$ der zugehörigen Kurbel hätte. Der durch die letztgenannte Ungenauigkeit verursachte Fehler ist sicherlich stets ganz belanglos, da diese Zapfen keinen nennenswerten Beitrag zur Drehmasse liefern können.

4. Linearisierung der Bewegungsgleichungen. Die genauen Gleichungen (**3**, 11) unterscheiden sich von den Gleichungen (**3**, 8) des Ersatzsystems in zweifacher Weise, nämlich in den Drehmassen, die als Koeffizienten des ersten Gliedes das eine Mal variabel, das andere Mal konstant sind, und dann in dem Glied $\frac{1}{2}\Psi_k'(\omega+\dot{\vartheta}_k)^2$, welches besonders störend ist, da es die Geschwindigkeiten $\dot{\vartheta}_k$ quadratisch enthält. Während die Gleichungen (8) des Ersatzsystems (innerhalb der Elastizitätsgrenze) für beliebig große Ausschläge ϑ_k gelten, so können wir die Glieder $\frac{1}{2}\Psi_k'(\omega+\dot{\vartheta}_k)^2$ in den Gleichungen (11) nur dadurch vereinfachen, daß wir uns auf kleine Schwingungen, also auf lauter kleine Werte von $\dot{\vartheta}_k$ beschränken[1]).

Wir unterscheiden hierzu zwei Bereiche von ω. Solange die Maschine nicht läuft, ist $\dot{\psi}_k \equiv \dot{\vartheta}_k$. Werden jetzt Drehschwingungen von der Frequenz α (je

---

[1]) R. GRAMMEL, Die kritischen Drehzahlen der Kolbenmotoren, Z. angew. Math. Mech. 15 (1935) S. 47. Eine andere Linearisierung der Bewegungsgleichungen, die aber keinen Anschluß an die Methode von § 2 bis 5 erlaubt, hat E. TREFFTZ, Zur Berechnung der Schwingungen von Kurbelwellen, Vortr. aus dem Geb. d. Aerodyn. S. 214, Aachen 1929, vorgeschlagen.

Zeiteinheit) und der Amplitude $\bar{\vartheta}_k$ erregt, so darf man, wenn man die Größenordnung der Glieder in den strengen Gleichungen abschätzen will, jedenfalls näherungsweise

$$\ddot{\vartheta}_k = -(2\pi\alpha)^2 \vartheta_k \quad \text{und} \quad \dot{\vartheta}_k^2 = (2\pi\alpha)^2 (\bar{\vartheta}_k^2 - \vartheta_k^2)$$

annehmen, wie es bei vollkommen harmonischen Schwingungen genau zuträfe. Da nun in den Gleichungen (**3**, 11) der Faktor $\frac{1}{2}\Psi_k'$ des Gliedes $\dot{\vartheta}_k^2$ höchstens von der gleichen Größenordnung wie der Faktor Ψ_k des Gliedes $\ddot{\vartheta}_k$ ist (vgl. Abb. 7 von Kap. XII, Ziff. **4**), so verhalten sich diese beiden Glieder der Größenordnung nach wie $\bar{\vartheta}_k : \bar{\vartheta}_k^2$ oder wie $1 : \bar{\vartheta}_k$. Wenn wir also $\bar{\vartheta}_k$ als klein gegen 1 voraussetzen, so dürfen wir bei nichtlaufenden Maschinen das Glied $\frac{1}{2}\Psi_k' \dot{\psi}_k^2$ weglassen.

Läuft dagegen die Maschine, so tritt sie sehr bald in den zweiten Bereich ein, in welchem $\omega \gg \dot{\vartheta}_k$ ist. Dies trifft jedenfalls zu, sobald $\omega \gg (2\pi\alpha)\bar{\vartheta}_k$ wird. Da die niedrigsten Schwingungsfrequenzen α zumeist etwa von gleicher Größenordnung wie $\omega/2\pi$ sind, wenn ω die normale Drehgeschwindigkeit ist, so ist wegen der Kleinheit von $\bar{\vartheta}_k$ die Voraussetzung beim normalen Betrieb in der Regel erfüllt, und man darf dann $\dot{\vartheta}_k$ gegen ω streichen und also das Glied $\frac{1}{2}\Psi_k'(\omega + \dot{\vartheta}_k)^2$ durch den einfacheren Näherungsausdruck $\frac{1}{2}\Psi_k'\omega^2$ ersetzen. Mithin kann man die Schwingungsgleichungen (**3**, 11) in der Form schreiben

$$\Psi_k \ddot{\vartheta}_k - \frac{C_k}{l_k}(\vartheta_{k-1} - \vartheta_k) + \frac{C_{k+1}}{l_{k+1}}(\vartheta_k - \vartheta_{k+1}) = \mathfrak{M}_k - \frac{1}{2}\Psi_k'\omega^2 \; (k = 0, 1, 2, \ldots, n) \quad (1)$$

mit $C_0 = C_{n+1} = 0$. Das Glied $-\frac{1}{2}\Psi_k'\omega^2$ rührt vom Einfluß der Schwankung der Drehmassen des Kurbelgetriebes her; es wirkt wie ein zusätzliches periodisches äußeres Moment und kann mit $\mathfrak{M}_k$ zusammengefaßt werden.

Für die höheren Frequenzen α ist eine gewisse Vorsicht nötig, da dann $2\pi\alpha$ gegenüber ω groß sein mag. Allerdings ist für solche Schwingungen dann wohl in der Regel die Amplitude $\bar{\vartheta}_k$ so viel kleiner geworden, daß auch da noch die Gleichungen (1) recht brauchbare Näherungen sein werden.

Eine weitere Vereinfachung an diesen Gleichungen besteht darin, daß man die periodischen Funktionen von ψ_k als periodische Funktionen der einfacheren Größe ωt ansieht, also den Einfluß der Schwingungen ϑ_k auf die Drehmassen Ψ_k und auf die Schwankungen $\mathfrak{M}_k$ der äußeren Momente außer acht läßt. Daß dies ohne merklichen Fehler statthaft ist, leuchtet wegen der Kleinheit der ϑ_k ein; es ist durch sorgfältige Abschätzungen gesichert worden.

So sind schließlich lineare Differentialgleichungen mit bekannten periodischen Koeffizienten Ψ_k und gegebenen periodischen rechten Seiten entstanden.

Wie der Vergleich der linearisierten Bewegungsgleichungen (1) mit den Gleichungen (**3**, 8) des Ersatzsystems zeigt, kann die Abbildung der wirklichen Maschine auf ihr Ersatzsystem für kleine Schwingungen wenigstens in erster Näherung dadurch vollzogen werden, daß man dessen Drehmassen Θ_k irgendwelchen Mittelwerten der Ψ_k gleichsetzt.

Es liegt am nächsten, einfach die Mittelwerte $\mathfrak{M}$ der Ψ_k selbst zu wählen:

$$\Theta_k = \mathfrak{M}(\Psi_k) \equiv \frac{1}{2\pi}\int_0^{2\pi} \Psi_k \, d\psi_k. \quad (2)$$

In der Tat ist dieses Verfahren bis jetzt allgemein üblich, und zumeist wird dann noch statt $\mathfrak{M}(\Psi_k)$ die Frahmsche Näherung $\mathfrak{M}(\bar{\Psi}_k)$ von (XII, **4**, 4) genommen, also wegen $\mathfrak{M}(1 - \cos 2\psi_k) = 1$

$$\Theta_k = R_k + \frac{1}{2}R_k' \equiv \frac{1}{g}\left[k_k^2 G_k + r_k^2\left(1 - \frac{1}{2}\frac{s_k'}{l_k}\right)G_k' + \frac{1}{2}G_k''\right]. \quad (3)$$

Man erhält jedoch eine bessere erste Näherung, wenn man die Bewegungsgleichungen (1) zuerst durch Ψ_k dividiert und erst dann die Mittelwerte der veränderlichen Koeffizienten bildet. Dies kommt darauf hinaus, daß man

$$\frac{1}{\Theta_k} = \mathfrak{M}\left(\frac{1}{\Psi_k}\right) \equiv \frac{1}{2\pi}\int\limits_0^{2\pi} \frac{d\psi_k}{\Psi_k} \tag{4}$$

wählt (wobei man statt Ψ_k auch wieder in weniger guter Näherung $\overline{\Psi}_k$ nehmen mag). Für diese kaum mühsamere Mittelwertsbildung sprechen triftige Gründe. Die strenge Lösung der Bewegungsgleichungen (1) wird nämlich zeigen (§ 9), daß die Veränderlichkeit von Ψ_k eine Aufspaltung jeder kritischen Eigenfrequenz α in ein Dublett zur Folge hat, dessen Mittelwert gerade zu den nach (4) bestimmten Drehmassen Θ_k gehört, wogegen die Vorschrift (2) wesentlich schlechtere Näherungen liefern kann.

5. Gabel-, Fächer- und Sternmotoren. Man kann die vorangehenden Überlegungen und die alsbald folgende Methode zur wirklichen Berechnung der Drehschwingungen sofort auch auf reihenförmige Gabel- oder V-Motoren (Abb. 8), auf reihenförmige Fächer- oder W-Motoren (Abb. 9), auf reihenförmige Doppelgabel- oder X-Motoren (Abb. 10) und auf reihenförmige Sternmotoren (Abb. 11) anwenden. Bei diesen Motortypen sind an jeder Kurbel statt einer einzigen Pleuelstange mehrere angelenkt, und es handelt sich also lediglich darum, die Drehmasse Ψ_k eines solchen zusammengesetzten Systems und ihren besten Mittelwert Θ_k zu ermitteln.

Diese Voraufgabe ist aber zum größten Teil schon in Kap. XII, Ziff. **14** bis **16** gelöst worden. Im Falle der zentrischen Anlenkung aller Pleuelstangen im Kurbelzapfen hat man, nachdem die Kurbelmasse zu gleichen Teilen auf die

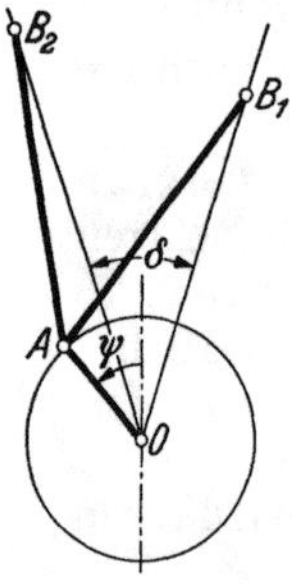

Abb. 8.

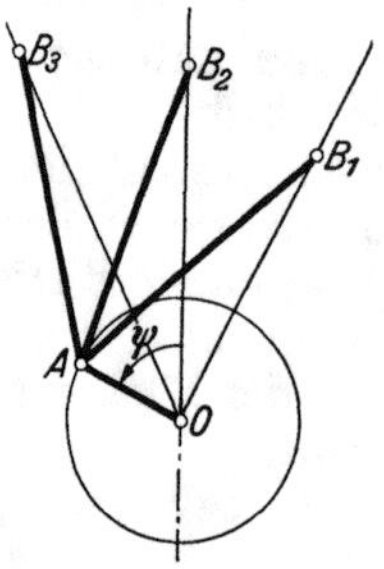

Abb. 9.

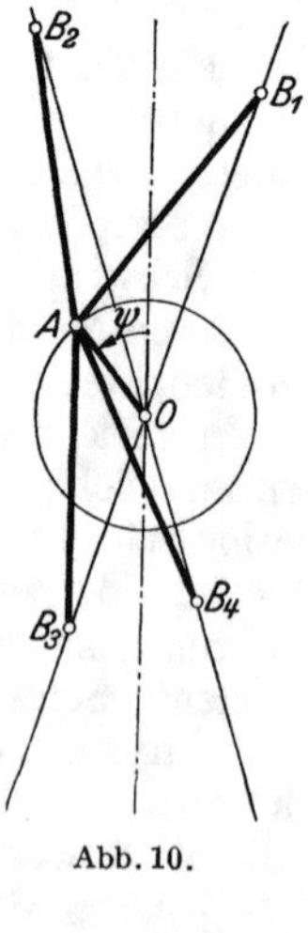

Abb. 10.

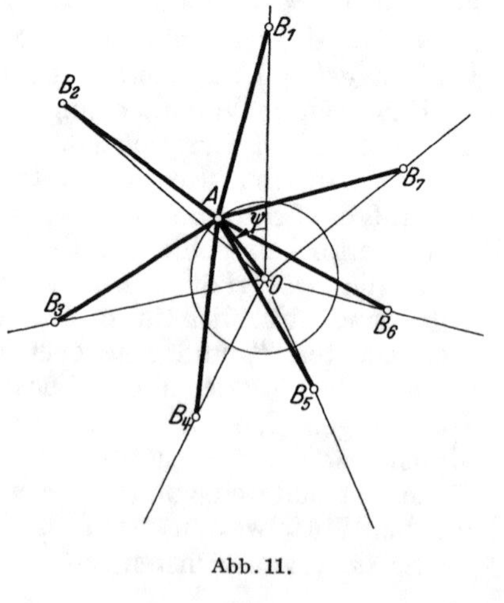

Abb. 11.

Abb. 8. Gabelmotor (V-Motor).
Abb. 9. Fachermotor (W-Motor).
Abb. 10. Doppelgabelmotor (X-Motor).
Abb. 11. Sternmotor.

einzelnen Getriebe der Gabel k bzw. des Fächers k bzw. des Sterns k aufgeteilt ist, lediglich für e i n Getriebe die Drehmasse Ψ_k in bekannter Weise (Kap. XII, Ziff. **4**) zu ermitteln, über dem Kurbelwinkel ψ_k aufzutragen, sodann diese Kurve im ganzen p-mal zu zeichnen (wenn p die Zylinderzahl in der Gabel bzw. im Fächer bzw. im Stern ist), und zwar je um die Gleitbahnwinkel δ_ι gegeneinander verschoben, und zuletzt die Ordinaten der Kurven zu addieren. So erhält man die Drehmasse Ψ_k als Funktion von ψ_k (vgl. etwa die für den regelmäßigen Sternmotor gültigen Abb. 50 bis 55 von Kap. XII, Ziff. **13**).

Bei der Mittelwertsbildung $\Theta_k = \mathfrak{M}(\Psi_k)$ wäre natürlich $\mathfrak{M}(\Psi_k) = \Sigma\mathfrak{M}(\Psi_{ki})$ oder bei p gleichen Einzelgetrieben $\mathfrak{M}(\Psi_k) = p\,\mathfrak{M}(\Psi_{k1})$, also gleich dem p-fachen Mittelwert eines einzigen, etwa des ersten Getriebes in der Gabel bzw. im Fächer bzw. im Stern. Dagegen ist bei der besseren Mittelwertsbildung $1/\Theta_k = \mathfrak{M}(1/\Psi_k)$ im allgemeinen

$$\mathfrak{M}\left(\frac{1}{\Psi_k}\right) \neq \frac{1}{p}\,\mathfrak{M}\left(\frac{1}{\Psi_{k1}}\right), \quad \text{also} \quad \frac{1}{\Theta_k} \neq \frac{1}{p\Theta_1}. \tag{1}$$

Beispielsweise ist für einen Gabelmotor, dessen Ψ_1- und Ψ_2-Kurven zwischen dem 0,5- und 1,5-fachen ihrer Mittelwerte $\mathfrak{M}(\Psi_1)$ und $\mathfrak{M}(\Psi_2)$ schwanken (etwa entsprechend Abb. 81 von Ziff. **42**), und dessen V-Winkel 90° beträgt, die linke Seite von (1) um rund 10% kleiner als die rechte. Für einen regelmäßigen Sternmotor mit so schwankenden Werten Ψ_{ki} ist der Unterschied noch größer.

Dagegen stellt bei regelmäßigen Sternmotoren die Formel

$$\frac{1}{\Theta_k} \equiv \mathfrak{M}\left(\frac{1}{\Psi_k}\right) \approx \frac{1}{p\,\mathfrak{M}(\Psi_{k1})} \tag{2}$$

eine Näherung dar, die um so genauer wird, je größer die Zylinderzahl p im Stern ist, und also die etwas mühsame Überlagerung der Ψ_{ki}-Kurven überflüssig macht, falls man nur den Mittelwert Θ_k der Drehmasse für eine Theorie erster Ordnung zu kennen wünscht. Um die Genauigkeit von (2) abzuschätzen, denken wir uns die Ψ_{ki} in ihre Fourierschen Reihen entwickelt. Ist $\psi = 0$ die Totlage für das erste Getriebe des Sterns, so sind diese Reihen nach Kap. XII, Ziff. **4** immer von der Form

$$\Psi_{ki} = \mathfrak{M}(\Psi_{k1})\left[1 + \sum_{j=1}^{\infty} a_j \cos j(\psi - \delta_i)\right] \quad \text{mit} \quad \delta_i = (i-1)\frac{2\pi}{p} \quad (i = 1, 2, \ldots, p), \tag{3}$$

wobei die Fourierkoeffizienten a_j für alle Getriebe wegen ihrer Gleichartigkeit je unter sich gleich, d. h. unabhängig von der Nummer i des Getriebes im Stern sind. Für den ganzen Stern kommt durch Summierung

$$\Psi_k = \sum_{i=1}^{p} \Psi_{ki} = \mathfrak{M}(\Psi_{k1})\left[p + \sum_{j=1}^{\infty} a_j \sum_{i=1}^{p} \cos j(\psi - \delta_i)\right].$$

Die Summen über i sind schon früher ausgewertet worden und geben genau wie in Kap. XI, Ziff. **10** den Wert 0, ausgenommen die Fourierglieder $j = p$, $2p$, $3p, \ldots$, wo sie die Werte $p \cos p\psi$, $p \cos 2p\psi$ usw. annehmen. So kommt

$$\Psi_k = p\,\mathfrak{M}(\Psi_{k1})(1 + a_p \cos p\psi + a_{2p} \cos 2p\psi + \cdots), \tag{4}$$

d. h. in der Fourierentwicklung von Ψ_k treten nur die Glieder derjenigen Ordnungen auf, die ganze Vielfache der Zylinderzahl p des Sternes sind. Wie ein Blick auf Abb. 7 von Kap. XII, Ziff. **4** zeigt, ist zwar der Fourierkoeffizient a_2 in der Regel ziemlich groß; dafür nehmen aber die höheren Koeffizienten mit wachsender Ordnungszahl j rasch ab. Für nicht zu kleine Zylinderzahl p im Stern darf man also annehmen, daß schon der Koeffizient a_p recht klein ist. Vernachlässigt man die Koeffizienten von a_p an, so ist $\Psi_k \approx p\,\mathfrak{M}(\Psi_{k1})$, d. h. schon fast genau konstant, und also $\mathfrak{M}(1/\Psi_k) = 1/[p\,\mathfrak{M}(\Psi_{k1})]$, womit (2) für große Zylinderzahl p als gute Näherungsformel erwiesen ist.

Geht man von dem genaueren Wert $\Psi_k = p\,\mathfrak{M}(\Psi_{k1})(1 + a_p \cos p\psi)$ aus, so kommt

$$\mathfrak{M}\left(\frac{1}{\Psi_k}\right) = \frac{1}{p\,\mathfrak{M}(\Psi_{k1})} \cdot \frac{1}{2\pi}\int_0^{2\pi} \frac{d\psi}{1 + a_p \cos p\psi} = \frac{1}{p\,\mathfrak{M}(\Psi_{k1})}\,\frac{1}{\sqrt{1 - a_p^2}}$$

oder genauer als (2) und jedenfalls zumeist ausreichend

$$\frac{1}{\Theta_k} \equiv \mathfrak{M}\left(\frac{1}{\Psi_k}\right) = \frac{1 + \frac{1}{2}a_p^2}{p\,\mathfrak{M}(\Psi_{k1})}. \tag{5}$$

Es genügt also, um Θ_k für den regelmäßigen Reihensternmotor zu finden, daß man für die Ψ-Kurve eines Teilgetriebes den Mittelwert $\mathfrak{M}(\Psi_{k1})$ und eventuell noch den p-ten Fourierkoeffizienten a_p in der Entwicklung (3) bestimmt.

In Wirklichkeit sind die Pleuelstangen nun freilich nicht in einem Punkt angelenkt, sondern aus konstruktiven Gründen entweder ein wenig in Richtung der Kurbelzapfenachse gegeneinander verschoben (wie in der Regel bei Gabelmotoren) oder aber in eine Hauptpleuelstange und $p-1$ Nebenpleuelstangen geschieden und gemäß Abb. 46 und 47 von Kap. XI, Ziff. **21** aneinander angelenkt. Da die axiale Verschiebung der Pleuelstangen gegeneinander bei Gabelmotoren gewöhnlich nur klein ist, so wird sie die Drehschwingungen kaum merklich beeinflussen, und daher befassen wir uns mit ihr nicht weiter. Dagegen ist der Einfluß der exzentrischen Anlenkung bei genaueren Rechnungen, wie wir schon von Kap. XI, Ziff. **21** bis **24** und Kap. XII, Ziff. **16** her wissen, nicht mehr zu vernachlässigen. In Kap. XII, Ziff. **16** ist gezeigt, wie jetzt die Drehmasse Ψ_k einer Gabel bzw. eines Fächers bzw. eines Sterns gefunden werden kann, indem man die Ψ_{k0}-Kurve des Hauptgetriebes und die $\Psi_{k\iota}$-Kurven der $p-1$ Nebengetriebe zur Ψ_k-Kurve zusammensetzt. In Abb. 65 von Kap. XII, Ziff. **16** (wo der Zeiger k überall fortgelassen wurde) ist zum Vergleich die Ψ_k^*-Kurve hinzugefügt, die bei zentrischer Anlenkung entstünde. Die Mittelwerte

$$\mathfrak{M}(1/\Psi_k) = 0{,}259\,(\text{cm kg sek}^2)^{-1} \quad \text{und} \quad \mathfrak{M}(1/\Psi_k^*) = 0{,}262\,(\text{cm kg sek}^2)^{-1}$$

sind allerdings nur wenig verschieden, so daß man sich für gewöhnlich mit dem sehr viel einfacher herzuleitenden Wert Ψ_k^* begnügen darf und die Exzentrizität der Anlenkung nicht zu berücksichtigen braucht. Wohl aber muß man dies tun, wenn man in einer genaueren Rechnung (§ 9) auch die Schwankungen von Ψ_k berücksichtigen will, die in Ψ_k^* fast ganz ausgelöscht sind.

Die Ψ_{k1}^*-Kurve jener Abb. 65 von Kap. XII bestätigt übrigens auch sehr schön die Näherungsformel (2). Man findet $\mathfrak{M}(\Psi_{k1}^*) = 0{,}761$ cm kg sek² und also $1/[5\,\mathfrak{M}(\Psi_{k1}^*)] = 0{,}263\,(\text{cm kg sek}^2)^{-1}$, was fast völlig genau mit $\mathfrak{M}(1/\Psi^*) = 0{,}262\,(\text{cm kg sek}^2)^{-1}$ übereinstimmt.

§ 2. Die Eigenschwingungen der einfachen Maschinen.

6. Die resonanzgefährlichen Drehzahlen. Wir schreiten nunmehr zur Berechnung der Drehschwingungen des Ersatzsystems (Abb. 7 von Ziff. **3**). Wie bei allen Schwingungsproblemen haben wir auch hier zwischen den Eigenschwingungen und den erzwungenen Schwingungen zu unterscheiden. Die Eigenschwingungen, mit denen wir uns zuerst beschäftigen, entstehen, wenn die Welle ohne äußere Momente $\mathfrak{M}_k^{(e)}$ nach einem einmaligen Anstoß sich selbst überlassen wird. Von irgendwelcher Dämpfung sehen wir dabei, wie schon gesagt, ab. An sich sind alle Eigenschwingungen belanglos. Es ist aber notwendig, ihre Frequenzen α_i zu kennen. Denn jedes äußere periodische Moment $\mathfrak{M}_k^{(e)}$, schaukelt, wenn es ebenfalls eine der Frequenzen α_ι hat, die Eigenschwingung zu immer größeren Amplituden auf, welche schließlich die Maschine gefährden müssen (Resonanz). Da nun bei einer Zweitaktmaschine von der Drehzahl ν die Momente $\mathfrak{M}_k^{(e)}$ in Fouriersche Reihen nach steigenden ganzzahligen Vielfachen der Grundfrequenz ν entwickelt werden können (Kap. XII, Ziff. **10** und **3**), so sind alle Eigenfrequenzen $\alpha_\iota = j\nu$ gefährlich, wo j die Reihe der positiven ganzen Zahlen durchläuft; bei einer Viertaktmaschine ist die Grundfrequenz $\nu/2$, und die gefährlichen Eigenfrequenzen sind $\alpha_i = \frac{1}{2} j\nu$. Mithin sind folgende Drehzahlen kritisch:

$$\nu_{ij} = \frac{\alpha_\iota}{j} \text{ (Zweitakt)}, \qquad \nu_{ij} = 2\frac{\alpha_i}{j} \text{ (Viertakt)} \qquad \begin{Bmatrix} i = 1, 2, \ldots \\ j = 1, 2, \ldots \end{Bmatrix}. \tag{1}$$

Um diese resonanzgefährlichen Drehzahlen vermeiden zu können, muß man also die Eigenfrequenzen α_i aufsuchen.

Die erste Formel (1) gilt streng genommen auch für doppeltwirkende Zweitaktmaschinen, da wegen des endlichen Stangenverhältnisses $l:r$ die Momente $\mathfrak{M}_k^{(e)}$ auch hier für jede Halbdrehung ein wenig verschieden sind. Ließe man diese Verschiedenheit außer acht, so hätte man 2ν als Grundfrequenz anzusehen und also $\nu_{ij}=\alpha_i/2j$ als gefährliche Drehzahlen. Dies besagt, daß bei doppeltwirkenden Zweitaktmaschinen von den Drehzahlen (1) hauptsächlich diejenigen mit geradem j resonanzgefährlich sind.

Sind die α_i der Größe nach geordnet $(\alpha_1<\alpha_2<\cdots<\alpha_n)$, so nennt man i den Grad und j die Ordnung der Resonanzdrehzahl ν_{ij}, und die Erfahrung zeigt, daß die Gefährlichkeit der einzelnen kritischen Drehzahlen ν_{ij} ganz verschieden ist (vgl. Ziff. **32**) und jedenfalls mit steigenden Zahlen i und j von einem bestimmten j an im allgemeinen immer geringer wird. Übrigens darf bei der Übertragung der Ergebnisse auf die wirkliche Maschine nie vergessen werden, daß das Ersatzsystem nach Ziff. **4**, das wir hier nun zunächst zugrunde legen, nur die Genauigkeit einer Theorie erster Ordnung für kleine Schwingungen beanspruchen kann (vgl. § 9), und daß vorerst der Einfluß der Nebentorsionen (Ziff. **2**) noch außer acht bleibt (vgl. § 8).

7. Die Frequenzfunktionen und ihre Rekursionsformel. Das jetzt folgende Verfahren[1]) zur Berechnung der Eigenfrequenzen α_i ist ganz auf die heutigen Bauarten der Brennkraftmaschinen zugeschnitten, die aus einer Reihe gleichartiger Kurbelgetriebe und einigen wenigen Zusatzdrehmassen (wie Schwungrad, Kupplung, Dynamorotor, Pumpe usw.) bestehen, und führt auch bei den kompliziertesten dieser Maschinentypen mit erträglicher Rechenarbeit zu den Zahlenwerten sämtlicher Frequenzen.

Wir gehen aus von den Bewegungsgleichungen (**3**, 8) des Ersatzsystems, worin die Θ_k also die in Ziff. **4** definierten Mittelwerte der Ψ_k sind. Die Eigenschwingungen bekommen wir, wenn wir die rechten Seiten, die ja den äußeren Zwang vorstellen, gleich Null setzen:

$$\Theta_k\ddot{\vartheta}_k-\frac{C_k}{l_k}(\vartheta_{k-1}-\vartheta_k)+\frac{C_{k+1}}{l_{k+1}}(\vartheta_k-\vartheta_{k+1})=0 \qquad (k=0,1,2,\ldots,n). \tag{1}$$

Dazu treten noch die Gleichungen (**3**, 9) für die von den Schwingungen allein herrührenden Torsionsmomente

$$\left.\begin{aligned} M_1&=\frac{C_1}{l_1}(\vartheta_0-\vartheta_1),\\ M_2&=\frac{C_2}{l_2}(\vartheta_1-\vartheta_2),\\ &\vdots\\ M_n&=\frac{C_n}{l_n}(\vartheta_{n-1}-\vartheta_n).\end{aligned}\right\} \tag{2}$$

Da wir unser Ziel, die Berechnung der Eigenfrequenzen α_i, am leichtesten erreichen werden, wenn wir alle ϑ_k eliminieren, so schreiben wir zunächst die Bewegungsgleichungen (1) vermittels (2) um:

$$\left.\begin{aligned} \Theta_0\ddot{\vartheta}_0&=M_0-M_1, \quad \text{wo} \quad M_0=0 \text{ ist},\\ \Theta_1\ddot{\vartheta}_1&=M_1-M_2,\\ \Theta_2\ddot{\vartheta}_2&=M_2-M_3,\\ &\vdots\\ \Theta_n\ddot{\vartheta}_n&=M_n-M_{n+1}, \quad \text{wo} \quad M_{n+1}=0 \text{ ist}.\end{aligned}\right\} \tag{3}$$

[1]) R. Grammel, Ein neues Verfahren zur Berechnung der Drehschwingungszahlen von Kurbelwellen, Ing.-Arch. 2 (1931) S. 228; Die Berechnung der Drehschwingungen von Kurbelwellen mittels der Frequenzfunktionen-Tafel, Ing.-Arch. 3 (1932) S. 277.

Das System der Gleichungen (2) und (3) wird durch harmonisch schwingende Werte von ϑ_k und M_k befriedigt. Setzt man nämlich an

$$\vartheta_k = u_k \cos 2\pi\alpha t, \qquad M_k = x_k \cos 2\pi\alpha t, \tag{4}$$

wo α die unbekannte Eigenfrequenz (je Zeiteinheit) ist und u_k sowie x_k die (ebenfalls unbekannten) Amplituden der Schwingung und der mit ihr synchronen Torsionsmomente sind, so gehen die beiden Systeme (2) und (3) mit den Abkürzungen

$$z = (2\pi\alpha)^2 \tag{5}$$

und

$$c_k = \frac{C_k}{l_k \Theta_{k-1}}, \qquad c'_k = \frac{C_k}{l_k \Theta_k} \qquad (k = 1, 2, \ldots, n) \tag{6}$$

über in

$$x_1 = c_1 \Theta_0 u_0 - c'_1 \Theta_1 u_1, \tag{7}$$
$$x_2 = c_2 \Theta_1 u_1 - c'_2 \Theta_2 u_2, \tag{8}$$
$$\vdots$$
$$x_n = c_n \Theta_{n-1} u_{n-1} - c'_n \Theta_n u_n \tag{9}$$

und

$$\Theta_0 u_0 z = -x_0 + x_1 \quad \text{mit} \quad x_0 \equiv 0, \tag{10}$$
$$\Theta_1 u_1 z = -x_1 + x_2, \tag{11}$$
$$\Theta_2 u_2 z = -x_2 + x_3, \tag{12}$$
$$\vdots$$
$$\Theta_n u_n z = -x_n + x_{n+1} \quad \text{mit} \quad x_{n+1} \equiv 0. \tag{13}$$

Jetzt eliminieren wir u_0 und u_1 aus den drei Gleichungen (7), (10), (11), dann u_1 und u_2 aus (8), (11), (12) usw. So erhalten wir der Reihe nach

$$c'_1 x_2 = (c_1 + c'_1 - z)\, x_1, \tag{14}$$
$$c'_2 x_3 = (c_2 + c'_2 - z)\, x_2 - c_2 x_1, \tag{15}$$

allgemein

$$c'_k x_{k+1} = (c_k + c'_k - z)\, x_k - c_k x_{k-1} \tag{16}$$

und zuletzt

$$0 = c'_n x_{n+1} = (c_n + c'_n - z)\, x_n - c_n x_{n-1}. \tag{17}$$

Würde man neben $x_0 \equiv 0$ etwa den Wert von x_1 vorschreiben (als Ausdruck des willkürlichen Anstoßes, durch den die Eigenschwingung erregt worden ist), so würde durch (14) die Größe x_2 als lineare Funktion von z dargestellt, dann x_3 durch (15) als quadratische Funktion von z, allgemein x_{k+1} als ganze rationale Funktion k-ten Grades von z, und zuletzt x_{n+1} als solche n-ten Grades, so daß $x_{n+1} = 0$ die Frequenzgleichung zur Bestimmung der n Eigenwerte z_i sein muß, aus denen sich die gesuchten Eigenfrequenzen α_ι gemäß (5) zu

$$\alpha_\iota = \frac{1}{2\pi} \sqrt{z_i} \tag{18}$$

ergeben würden.

Um die direkte Auflösung dieser Gleichung, die für Maschinen mit vielen Zylindern äußerst unbequem wäre, zu umgehen, führen wir statt der x_k andere Funktionen f_k ein, indem wir setzen

$$x_{k+1} \equiv (-1)^k \frac{x_1}{c'_1 c'_2 \ldots c'_k} f_k(z) \quad (k = 0, 1, 2, \ldots, n). \tag{19}$$

Dann geht (16) in die alles weitere beherrschende Rekursionsformel über

$$f_k(z) \equiv (z - c_k - c'_k)\, f_{k-1}(z) - c_k c'_{k-1} f_{k-2}(z) \quad (k = 1, 2, \ldots, n), \tag{20}$$

und dabei muß man, wie der Vergleich mit (14) bei $k = 1$ zeigt, noch verabreden, daß

$$f_{-1} \equiv 0, \qquad f_0 \equiv 1 \tag{21}$$

sei. Das Identitätszeichen ($\equiv$) in (20) soll ausdrücken, daß die Rekursionsformel für alle z gilt.

Ebenso wie jetzt

$$f_n(z) = 0 \tag{22}$$

die Frequenzgleichung der Maschine mit den $n+1$ Drehmassen Θ_0 bis Θ_n ist, so wäre $f_k(z) = 0$ diejenige der Maschine mit den Drehmassen Θ_0 bis Θ_k. Daher wollen wir die $f_k(z)$ die Frequenzfunktionen nennen. Die Rekursionsformel (20) baut die Frequenzfunktionen folgeweise aufeinander auf, indem sie jede zurückführt auf die Frequenzfunktionen der beiden nächstniedrigeren Grade, und zwar lediglich mittels der Größen c_k und c_k', die wir daher die Koeffizienten der Maschine oder besser des Ersatzsystems nennen. Sie sind schon in Abb. 7 von Ziff. **3** in leicht verständlicher Weise eingetragen. Wir werden sehen, daß die Rekursionsformel (20) unmittelbar zu den gesuchten Eigenwerten z_i hinführt, die natürlich ebenfalls nur noch von den Koeffizienten c_k und c_k' abhängen: die Größen C_k, l_k und Θ_k werden einzeln nicht mehr in den Eigenfrequenzen auftreten.

Man kann übrigens aus der Rekursionsformel (20) allgemein beweisen, daß jedes Ersatzsystem mit $n+1$ Drehmassen genau n reelle, voneinander verschiedene Eigenfrequenzen α_i besitzt, und daß sich alle Eigenfrequenzen ändern, wenn noch eine weitere Drehmasse hinzugefügt wird. Alle folgenden Beispiele werden dies bestätigen.

Die Schwingungsausschläge u_k der Eigenschwingungen folgen, sobald mit den f_k die x_k berechnet sind, aus den Gleichungen (10) bis (13). Wir kommen darauf in § 6 zurück.

8. Zerlegung in Elementarsysteme. Wegen der Wichtigkeit der grundlegenden Rekursionsformel (**7**, 20) wollen wir sie noch auf einem zweiten, etwas anschaulicheren Weg herleiten. Anstatt die Bewegungsgleichungen zu benützen, gehen wir von dem in Abb. 12 dargestellten Fall eines Elementarsystems aus, welches aus einer am einen Ende eingespannten, am andern Ende mit der Drehmasse Θ versehenen Welle von der Länge l und der Torsionssteifigkeit C besteht. Die Eigenfrequenz α dieses Systems ist bekannt:

$$\alpha = \frac{1}{2\pi}\sqrt{\frac{C}{l\Theta}}. \tag{1}$$

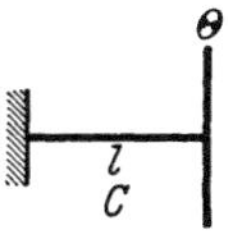

Abb. 12. Elementarsystem.

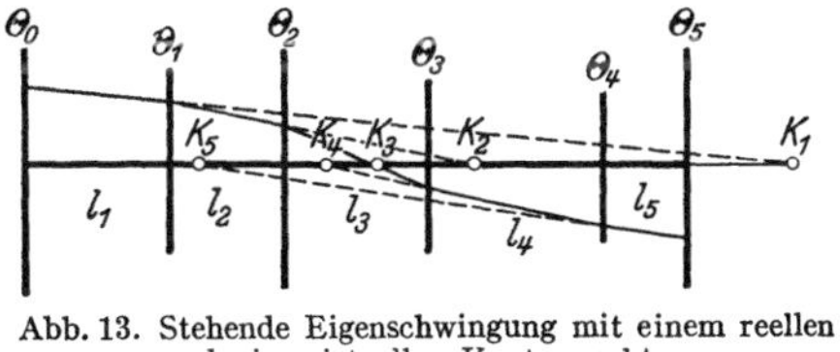

Abb. 13. Stehende Eigenschwingung mit einem reellen und vier virtuellen Knotenpunkten.

Man erkennt aber leicht, daß unser Ersatzsystem, wenn es Eigenschwingungen vollzieht, aus lauter derartigen Elementarsystemen zusammengesetzt gedacht werden kann. Trägt man nämlich die Torsionsausschläge als Ordinaten über der Welle auf, wie dies in Abb. 13 beispielsweise für ein System mit 5 Wellenstücken veranschaulicht ist, so entsteht ein Polygonzug, der nur an den Stellen der Drehmassen gebrochen sein kann. Das ist einfach ein Ausdruck der Tatsache, daß jede Eigenschwingung eines Systems mit Einzelmassen eine stehende Schwingung sein muß. Es treten also genau so viele Knotenpunkte auf als Wellenstücke vorhanden sind: jedes Wellenstück l_k hat einen Knotenpunkt K_k, der entweder auf dem Wellenstück selbst liegt und dann „reell" ist, oder auf seiner Verlängerung liegt und dann „virtuell" ist. (Die Knotenpunkte können teilweise auch aufeinanderfallen.) Der Grad der einzelnen Eigenschwingungen hängt von der Anzahl der reellen Knotenpunkte ab: die Eigenschwingung ersten Grades hat einen, diejenige i-ten Grades i reelle Knotenpunkte.

Der zu jedem Wellenstück gehörige Knotenpunkt teilt sein Wellenstück l_k in ein „linkes“ Teilstück $\lambda_k l_k$ und in ein „rechtes“ $(1-\lambda_k) l_k$, wobei also die positiven echten Brüche λ_k reelle Knoten, alle übrigen positiven und alle negativen Zahlen λ_k dagegen virtuelle Knoten bedeuten (vgl. Abb. 14, wo der Anschaulichkeit halber alle Knotenpunkte als reell angenommen sind, also die Schwingung n-ten Grades dargestellt ist).

Wir zerlegen nun jede Drehmasse Θ_k ebenfalls in einen „linken“ Teil $(1-\mu_k)\Theta_k$ und in einen „rechten“ $\mu_k\Theta_k$, wobei wir auch negative Drehmassen mit $\mu_k > 1$ oder $\mu_k < 0$ zulassen und überdies von vornherein $\mu_0 = 1$ und $\mu_n = 0$ setzen. Die Massenzerteilungen sollen so vorgenommen sein, daß sämtliche aus einem

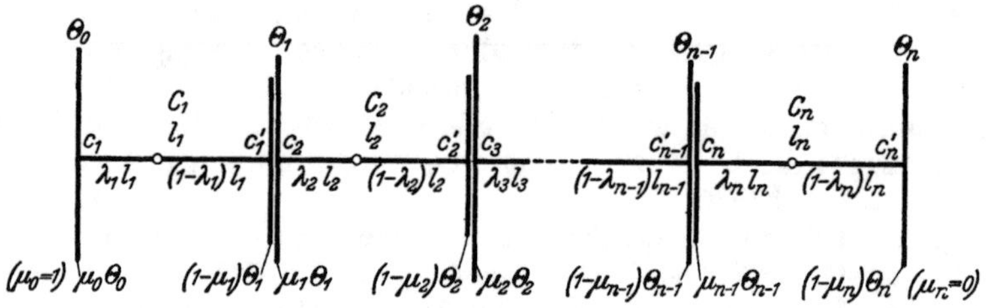

Abb. 14. Die Elementarsysteme einer schwingenden Welle.

Wellenstück und einem Drehmassenstück gebildeten Elementarsysteme $\lambda_k l_k$, $\mu_{k-1}\Theta_{k-1}$ sowie $(1-\lambda_k) l_k$, $(1-\mu_k)\Theta_k$ synchron miteinander schwingen würden, wenn sie ganz voneinander losgelöst gedacht wären und jedes in seinem Knotenpunkt festgehalten würde. Dann geben sie nämlich insgesamt, falls ihre Amplituden geeignet gewählt werden, gerade das Bild der stehend schwingenden Welle richtig wieder.

Die gemeinsamen Frequenzen der Schwingungen aller dieser Elementarsysteme gehorchen nach (1) folgenden $2n$ Gleichungen:

$$\alpha = \frac{1}{2\pi}\sqrt{\frac{C_k}{\lambda_k l_k \mu_{k-1}\Theta_{k-1}}} \quad \text{und} \quad \alpha = \frac{1}{2\pi}\sqrt{\frac{C_k}{(1-\lambda_k) l_k (1-\mu_k)\Theta_k}} \quad (k = 1, 2, \ldots, n). \tag{2}$$

Die Gleichungen enthalten außer α die $2n-1$ Unbekannten $\lambda_1, \lambda_2, \ldots, \lambda_n$, $\mu_1, \mu_2, \ldots, \mu_{n-1}$. Eliminieren wir diese, so kommt eine Gleichung für α allein, und deren Lösungen sind die gesuchten Eigenfrequenzen der Maschine.

Um diese Rechnung bequem zu gestalten, führen wir auch hier wieder die Abkürzungen z, c_k, c_k' aus (7, 5) und (7, 6) ein. Dann haben wir statt (2) der Reihe nach

$$z = \frac{c_1}{\lambda_1 \mu_0} \ (\text{mit } \mu_0 = 1), \quad z = \frac{c_1'}{(1-\lambda_1)(1-\mu_1)}, \tag{3}$$

$$z = \frac{c_2}{\lambda_2 \mu_1}, \qquad z = \frac{c_2'}{(1-\lambda_2)(1-\mu_2)} \tag{4}$$

und schließlich

$$z = \frac{c_n}{\lambda_n \mu_{n-1}}, \qquad z = \frac{c_n'}{(1-\lambda_n)(1-\mu_n)} \ (\text{mit } \mu_n = 0). \tag{5}$$

Entfernen wir aus je zwei nebeneinanderstehenden Gleichungen die gemeinsame Zahl λ, also λ_1 aus (3), λ_2 aus (4) und zuletzt λ_n aus (5), so erhalten wir die folgenden Gleichungen, die jedes μ an das vorangehende anschließen:

$$\mu_0 = 1,$$

$$\mu_1 = \frac{(z - c_1')\mu_0 - c_1}{z\mu_0 - c_1},$$

$$\mu_2 = \frac{(z - c_2)\mu_1 - c_2}{z\mu_1 - c_2},$$

allgemein

$$\mu_k = \frac{(z - c_k')\mu_{k-1} - c_k}{z\mu_{k-1} - c_k}$$

und schließlich

$$0 = \mu_n = \frac{(z - c_n')\mu_{n-1} - c_n}{z\mu_{n-1} - c_n}.$$

Anstatt nun zuletzt auch noch die Unbekannten μ fortzuschaffen — das wäre für große Zahlen n sehr umständlich —, setzen wir

$$z - c_1 - c_1' \equiv f_1(z), \qquad z - c_1 \equiv g_1(z), \qquad \text{also } \mu_1 \equiv \frac{f_1(z)}{g_1(z)}, \tag{6}$$

$$(z - c_2') f_1 - c_2 g_1 \equiv f_2(z), \qquad z f_1 - c_2 g_1 \equiv g_2(z), \qquad \text{also } \mu_2 \equiv \frac{f_2(z)}{g_2(z)}, \tag{7}$$

allgemein

$$(z - c_k') f_{k-1} - c_k g_{k-1} \equiv f_k(z), \qquad z f_{k-1} - c_k g_{k-1} \equiv g_k(z), \qquad \text{also } \mu_k \equiv \frac{f_k(z)}{g_k(z)} \tag{8}$$

und zuletzt

$$(z - c_n') f_{n-1} - c_n g_{n-1} \equiv f_n(z), \qquad z f_{n-1} - c_n g_{n-1} \equiv g_n(z), \qquad \text{also } \mu_n \equiv \frac{f_n(z)}{g_n(z)}. \tag{9}$$

Die Ausdrücke $f_k(z)$ und $g_k(z)$ sind ganze rationale Funktionen k-ten Grades in z, und zwar sind, wie sich sogleich zeigen wird, die f_k gleichbedeutend mit den in Ziff. **7** eingeführten Frequenzfunktionen. Aus den ersten beiden Identitäten (8) ergibt sich nämlich durch Subtraktion

$$f_k - g_k \equiv -c_k' f_{k-1} \tag{10}$$

und in gleicher Weise

$$f_{k-1} - g_{k-1} \equiv -c_{k-1}' f_{k-2}. \tag{11}$$

Setzt man den so gewonnenen Wert $g_{k-1} \equiv f_{k-1} + c_{k-1}' f_{k-2}$ in die erste Identität (8) ein, so kommt wieder die grundlegende Rekursionsformel

$$f_k \equiv (z - c_k - c_k') f_{k-1} - c_k c_{k-1} f_{k-2} \quad (k = 1, 2, \ldots, n), \tag{12}$$

und auch hier muß man, wie der Vergleich mit (6) für $k = 1$ zeigt, noch

$$f_{-1} \equiv 0, \qquad f_0 \equiv 1 \tag{13}$$

wählen.

9. Die homogene Maschine. Wir greifen zuerst den Sonderfall heraus, daß alle Drehmassen Θ_k und alle Abstände l_k sowie alle Torsionssteifigkeiten C_k je unter sich gleich sind. Dann kann man für alle Koeffizienten

$$c_k = c_k' = c \qquad (k = 1, 2, \ldots, n) \tag{1}$$

setzen und hat eine Maschine mit lauter gleichen Zylindern in gleichen Abständen. Wir wollen sie eine homogene Maschine nennen. (Streng genommen können allerdings auch bei gleichen Zylinderabständen die C_k wegen des Lagerspiels und wegen der ungleichen Kröpfungswinkel ein wenig verschieden sein; der Unterschied ist aber meist so klein, daß man ihn außer acht lassen darf.)

Obwohl die homogene Maschine die Regel bildet, so hat dieser Fall doch kaum eine unmittelbare praktische Bedeutung, da wohl immer mindestens eine Zusatzmasse (Schwungrad usw.), die dynamische Homogenität einer solchen

Maschine wieder stört. Es wird sich aber später zeigen, daß mittelbar die Rechenergebnisse der homogenen Maschine auch für die inhomogene von größtem Wert sind.

Wenn man mit

$$\zeta = \frac{z}{c}, \qquad \varphi_k \equiv \frac{f_k}{c^k} \tag{2}$$

reduzierte (dimensionslose) Eigenwerte und reduzierte Frequenzfunktionen an Stelle von z und f_k einführt, so lautet gemäß (**8**, 12) und (**8**, 13) die Rekursionsformel der homogenen Maschine

$$\varphi_k \equiv (\zeta - 2)\varphi_{k-1} - \varphi_{k-2} \quad \text{mit} \quad \varphi_{-1} \equiv 0, \quad \varphi_0 \equiv 1 \qquad (k = 1, 2, \ldots, n), \tag{3}$$

und damit ergeben sich die reduzierten Frequenzfunktionen der homogenen Maschine zu

$$\begin{aligned} \varphi_1 &\equiv \zeta - 2, \\ \varphi_2 &\equiv \zeta^2 - 4\zeta + 3, \\ \varphi_3 &\equiv \zeta^3 - 6\zeta^2 + 10\zeta - 4, \\ \varphi_4 &\equiv \zeta^4 - 8\zeta^3 + 21\zeta^2 - 20\zeta + 5 \end{aligned}$$

und allgemein

$$\varphi_n \equiv \zeta^n - \binom{2n}{1}\zeta^{n-1} + \binom{2n-1}{2}\zeta^{n-2} - \binom{2n-2}{3}\zeta^{n-3} + - \cdots + (-1)^n (n+1), \tag{4}$$

wie man durch Ausrechnen oder durch Induktionsschluß von k auf $k+1$ an Hand bekannter Eigenschaften der Binomialkoeffizienten feststellen kann.

Man bemerkt übrigens leicht, daß sich die reduzierten Frequenzfunktionen φ_k mit der neuen Veränderlichen

$$\xi = \zeta - 2 \tag{5}$$

auf die einfachere Gestalt bringen lassen:

$$\begin{aligned} \varphi_1 &\equiv \xi, \\ \varphi_2 &\equiv \xi^2 - 1, \\ \varphi_3 &\equiv \xi^3 - 2\xi, \\ \varphi_4 &\equiv \xi^4 - 3\xi^2 + 1 \end{aligned}$$

und wieder allgemein

$$\varphi_n \equiv \xi^n - \binom{n-1}{1}\xi^{n-2} + \binom{n-2}{2}\xi^{n-4} - \binom{n-3}{3}\xi^{n-6} + - \cdots + \delta, \tag{6}$$

wo das letzte Glied lautet

$$\left.\begin{aligned} \delta &\equiv (-1)^{\frac{n}{2}}, && \text{falls } n \text{ gerade ist}, \\ \delta &\equiv (-1)^{\frac{n-1}{2}} \frac{n+1}{2}\xi, && \text{falls } n \text{ ungerade ist}. \end{aligned}\right\} \tag{6a}$$

Setzt man $\xi = 2\cos x$, so stellt man an Hand einer bekannten goniometrischen Formel fest, daß die rechte Seite von (6) die Form $\sin(n+1)x : \sin x$ annimmt, und so erhält man folgende dritte Darstellung von φ_n:

$$\varphi_n \equiv \frac{\sin(n+1)x}{\sin x} \quad \text{mit} \quad x = \arccos\frac{\xi}{2} = \arccos\frac{\zeta - 2}{2}. \tag{7}$$

Aus (6) oder (7) geht hervor, daß die Frequenzfunktion φ_n für gerades n, also ungerade Zylinderzahl $n+1$ der homogenen Maschine, symmetrisch ist bezüglich des Argumentwertes $\xi = 0$ oder $\zeta = 2$, dagegen schiefsymmetrisch zum selben Argumentwert, falls n ungerade, also die Zylinderzahl gerade ist:

$$\varphi_n(4 - \zeta) = (-1)^n \varphi_n(\zeta). \tag{8}$$

Da das ganze weitere Verfahren auch bei inhomogenen Maschinen auf den reduzierten Frequenzfunktionen φ_n beruhen wird, so sind diese für $n=1$ bis $n=11$ in dem (allein zuständigen) Argumentbereich $\zeta=0$ bis $\zeta=4$ ausgerechnet und in einer Tafel als Anhang V dem Buche angefügt. Die Funktionswerte des in der Tafel nur verkürzt wiedergegebenen Bereiches $\zeta=3{,}50\to 4{,}00$ kann man gemäß (8) auch in dem ausführlich dargestellten Bereich $\zeta=0{,}50\to 0{,}00$ ablesen, indem man das Argument ζ durch das Argument $4-\zeta$ ersetzt und außerdem für ungerades n das Vorzeichen des Tafelwertes wechselt. Diese hohen Argumente kommen übrigens bloß in der Umgebung der höchsten Eigenwerte vor.

Die Nullstellen ζ_i der Funktionen φ_n folgen aus (7) leicht zu

$$\zeta_i=2\left[1+\cos\left(1-\frac{i}{n+1}\right)\pi\right] \qquad (i=1,2,\ldots,n). \tag{9}$$

Sie sind in der folgenden Tafel zusammengestellt. Aus ihnen würden sich die Eigenfrequenzen α_i der homogenen Maschine zu

$$\alpha_i=\frac{1}{2\pi}\sqrt{c\,\zeta_i} \tag{10}$$

ergeben.

φ_1	φ_2	φ_3	φ_4	φ_5	φ_6	φ_7	φ_8	φ_9	φ_{10}	φ_{11}
2,000	1,000	0,586	0,382	0,268	0,198	0,152	0,121	0,098	0,081	0,068
	3,000	2,000	1,382	1,000	0,753	0,586	0,468	0,382	0,317	0,268
		3,414	2,618	2,000	1,555	1,235	1,000	0,824	0,690	0,586
			3,618	3,000	2,445	2,000	1,653	1,382	1,169	1,000
				3,732	3,247	2,765	2,347	2,000	1,715	1,482
					3,802	3,414	3,000	2,618	2,285	2,000
						3,848	3,532	3,176	2,831	2,518
							3,879	3,618	3,310	3,000
								3,902	3,683	3,414
									3,919	3,732
										3,932

Die Nullstellen ζ_i der reduzierten Frequenzfunktionen φ_n.

10. Die homogene Maschine mit Zusatzdrehmassen. Die häufigste Gattung von Verbrennungsmotoren besteht aus einem homogenen Aggregat nebst Zusatzdrehmassen, wie Schwungrad, Kupplung, Dynamorotor u. dgl., etwa in der Art von Abb. 15, wo die homogene Maschine aus den Drehmassen $\Theta_0=\Theta_1=\cdots=\Theta_n=\Theta$ und den Wellenstücken $l_1=l_2=\cdots=l_n=l$, also insgesamt $n+1$ gleichen Zylindern, aufgebaut ist und die zwei Zusatzdrehmassen Θ_{n+1} und Θ_{n+2} vermittels der Wellenstücke l_{n+1} und l_{n+2}, rechts angefügt, trägt.

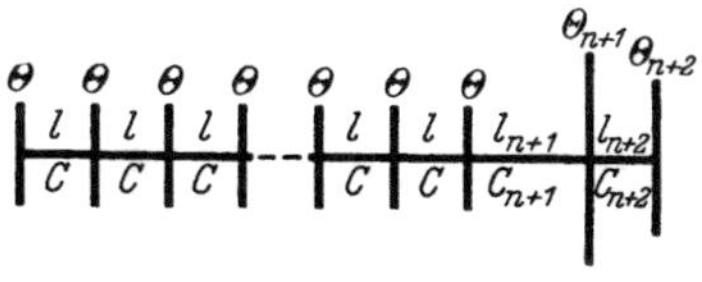

Abb. 15. Homogene Maschine mit zwei Zusatzdrehmassen auf der gleichen Seite.

Wir behalten zunächst nur eine Zusatzdrehmasse Θ_{n+1} bei, etwa ein Schwungrad, und nennen wieder φ_n die nunmehr bekannte reduzierte Frequenzfunktion der homogenen Maschine, ebenso φ_{n-1} diejenige der um einen Zylinder verminderten homogenen Maschine. Ferner führen wir noch die reduzierten (dimensionslosen) Koeffizienten

$$\gamma_1=\frac{c_{n+1}}{c}, \qquad \gamma_1'=\frac{c_{n+1}'}{c} \tag{1}$$

ein. Dann lautet die Rekursionsformel (**8**, 12) mit $k=n+1$, wenn man rechts sogleich nach (**9**, 2) die reduzierten Größen einführt,

$$\frac{f_{n+1}}{c^{n+1}}\equiv(\zeta-\gamma_1-\gamma_1')\varphi_n-\gamma_1\varphi_{n-1}. \tag{2}$$

Somit hat man als Frequenzgleichung $f_{n+1}=0$ der homogenen Maschine mit Schwungrad

$$(\zeta-\gamma_1-\gamma_1')\varphi_n=\gamma_1\varphi_{n-1}. \tag{3}$$

Diese Gleichung ist, da φ_n und φ_{n-1} tabulierte Funktionen sind, ganz leicht aufzulösen. Man zeichnet etwa die Kurven

$$y=(\zeta-\gamma_1-\gamma_1')\varphi_n \quad \text{und} \quad y=\gamma_1\varphi_{n-1}$$

in einem (ζ, y)-System auf; die Abszissen ζ_i ihrer Schnittpunkte ergeben dann sofort die Eigenfrequenzen α_i gemäß (**9**, 10).

Als Beispiel wählen wir eine Zehnzylindermaschine mit Schwungrad, also $n=9$. Es sei, auf gleiche Werte $C_1=C_2=\cdots=C_{10}=C=10^{10}\,\text{kg}\,\text{cm}^2$ bezogen,

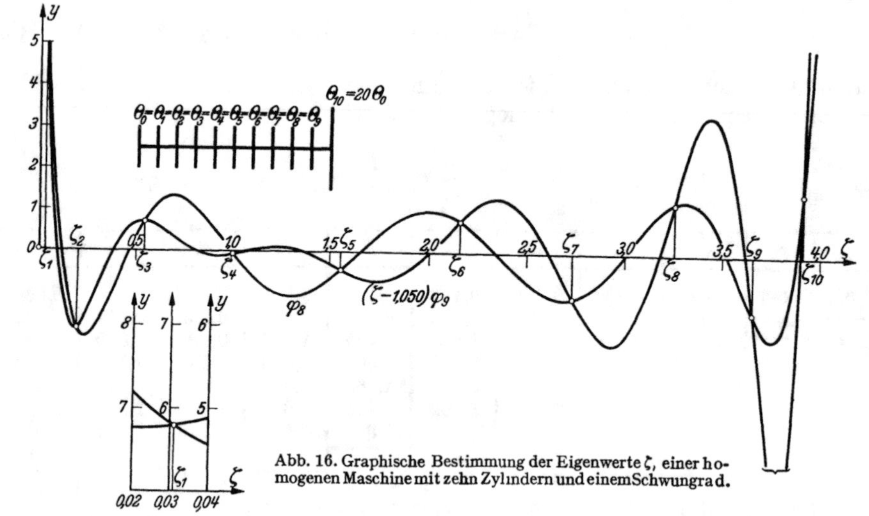

Abb. 16. Graphische Bestimmung der Eigenwerte ζ_i einer homogenen Maschine mit zehn Zylindern und einem Schwungrad.

$l_1=l_2=\cdots=l_{10}=l=25$ cm und $\Theta_0=\Theta_1=\cdots=\Theta_9=\Theta=0{,}050\,\Theta_{10}=100\,\text{cm}\,\text{kg}\,\text{sek}^2$, somit $\gamma_1=1$ und $\gamma_1'=0{,}050$. Die Frequenzgleichung $(\zeta-1{,}050)\,\varphi_9=\varphi_8$ ist mittels der φ_k-Tafel in Abb. 16 graphisch aufgelöst und hat die folgenden Wurzeln ζ_i, denen die Eigenfrequenzen α_i entsprechen:

ζ_i	0,0311	0,207	0,542	1,008	1,558	2,153	2,735	3,253	3,655	3,910
α_i	56,5	145	234	320	397	467	527	574	609	629 Hz

Daraus ergibt sich dann beispielsweise für Zweitakt nach (**6**, 1) folgende Tafel der resonanzgefährlichen Drehzahlen ν_{ij} (in Umdrehungen je Minute):

ν_{ij}	$j=1$	$j=2$	$j=3$	$j=4$	$j=5$	$j=6$	$j=8$	$j=10$
$i=1$	3390	1695	1130	850	680	565	425	340
2	8650	4330	2880	2160	1730	1440	1080	865
3	14060	7030	4690	3510	2810	2340	1760	1405
4	19180	9590	6390	4800	3840	3200	2400	1920
5	23840	11920	7950	5960	4770	3970	2980	2380
6	28020	14010	9340	7010	5610	4670	3500	2800
7	31600	15800	10530	7900	6320	5270	3950	3160
8	34460	17230	11490	8620	6890	5740	4310	3450
9	36530	18260	12180	9130	7310	6090	4570	3650
10	37770	18880	12590	9440	7550	6290	4720	3780

Liegt die Drehzahl der Maschine stets unter 2000 (je Minute), so sind nur die stark umrahmten Werte der Tafel von Bedeutung und unter diesen besonders die Spalten $j = 1, 2, 3, 4$ und dann wohl noch, da es sich um eine Zehnzylindermaschine handelt, $j = 5$ und $j = 10$ (bei doppeltwirkendem Zweitakt hauptsächlich die Spalten 2, 4, 6, 8, 10). Immerhin muß man in diesem Falle schon mindestens die vier niedrigsten Eigenwerte ζ_1 bis ζ_4 ermitteln. Das Schwingungsspektrum der Maschine zeigt Abb. 17, wo die Strichlängen ungefähr die Größe

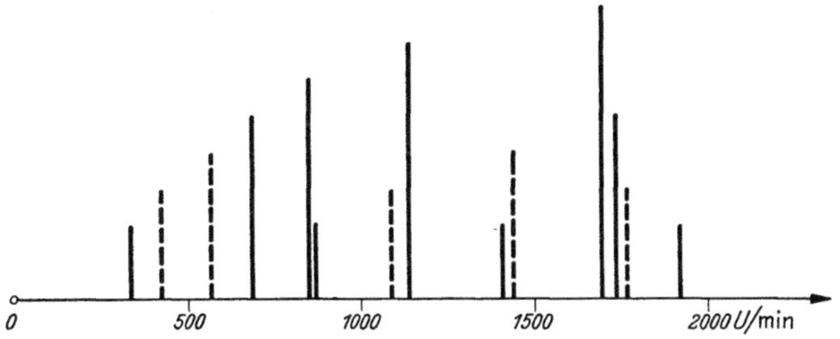

Abb. 17. Schwingungsspektrum der Maschine des Beispiels.

der Resonanzgefährlichkeit andeuten sollen (die gestrichelt eingetragenen Frequenzen gehören zu $j = 6$ und $j = 8$ und treten also möglicherweise gar nicht auf).

In Abb. 16 ist übrigens der Bereich von $\zeta = 0{,}02$ bis $\zeta = 0{,}04$ zur genauen Bestimmung des niedersten Eigenwertes ζ_1 noch in anderem Maßstab und zweckmäßigerweise in schiefwinkligen Koordinaten aufgezeichnet. Wollte man lediglich die niederste Eigenfrequenz α_1 kennen, so würde diese Sonderfigur schon allein genügen.

Besitzt die homogene Maschine zwei Zusatzdrehmassen auf der gleichen Seite (Abb. 15), so kommt mit den weiteren reduzierten Koeffizienten

$$\gamma_2 = \frac{c_{n+2}}{c}, \qquad \gamma_2' = \frac{c'_{n+2}}{c} \tag{4}$$

durch zweimalige Anwendung der Rekursionsformel (**8**, 12), einmal mit $k = n + 2$ und dann mit $k = n + 1$,

$$\begin{aligned} \frac{f_{n+2}}{c^{n+2}} &\equiv (\zeta - \gamma_2 - \gamma_2') \frac{f_{n+1}}{c^{n+1}} - \gamma_1' \gamma_2 \varphi_n \\ &\equiv [(\zeta - \gamma_1 - \gamma_1')(\zeta - \gamma_2 - \gamma_2') - \gamma_1' \gamma_2] \varphi_n - \gamma_1 (\zeta - \gamma_2 - \gamma_2') \varphi_{n-1}. \end{aligned} \tag{5}$$

Somit nimmt die Frequenzgleichung $f_{n+2} = 0$ die Form an

$$[(\zeta - \gamma_1 - \gamma_1')(\zeta - \gamma_2 - \gamma_2') - \gamma_1' \gamma_2] \varphi_n = \gamma_1 (\zeta - \gamma_2 - \gamma_2') \varphi_{n-1}. \tag{6}$$

Diese Gleichung kann in derselben Weise aufgelöst werden wie (3). Man stellt beide Seiten wieder als Kurven dar. Dabei ist allerdings die tabulierte Funktion φ_n schon mit einem quadratischen Ausdruck $[\cdots]$ zu multiplizieren; die numerische Auswertung ist aber noch bequem zu bewältigen.

Als Beispiel wählen wir die vorige Maschine und fügen noch einen Dynamorotor mit $l_{11} = 5\, l$ und $\Theta_{11} = 10\, \Theta$ hinzu. Dann ist $\gamma_2 = 0{,}010$ und $\gamma_2' = 0{,}020$. Die Frequenzgleichung

$$[\zeta^2 - 1{,}080\, \zeta + 0{,}031] \varphi_9 = (\zeta - 0{,}030) \varphi_8$$

ist mittels der φ_k-Tafel in Abb. 18 aufgelöst und liefert folgende Eigenwerte und Eigenfrequenzen (aus denen sich auch die Tafel der ν_{ij} wieder ohne weiteres ergeben würde):

ζ_i	0,021	0,039	0,208	0,543	1,008	1,558	2,153	2,735	3,253	3,655	3,910
α_i	46	63	145	234	320	397	467	527	574	609	629 Hz

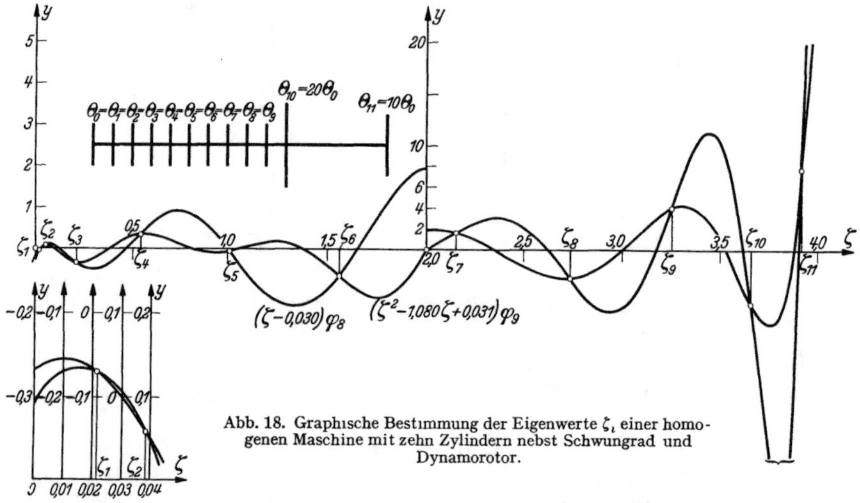

Abb. 18. Graphische Bestimmung der Eigenwerte ζ_i einer homogenen Maschine mit zehn Zylindern nebst Schwungrad und Dynamorotor.

Auch in Abb. 18 ist der Bereich von $\zeta=0$ bis $\zeta=0{,}04$ zur genauen Bestimmung der beiden niedersten Eigenwerte ζ_1 und ζ_2 noch in anderem Maßstab und in schiefwinkligen Koordinaten gezeichnet. Außerdem ist von $\zeta=2{,}0$ an der Maßstab für y gewechselt, damit die Schnitte für die Eigenwerte ζ_7 bis ζ_{11} schärfer abgreifbar werden. Wie man sieht, werden durch das Hinzutreten des Dynamorotors die höheren Frequenzen noch nicht einmal in der dritten Stelle merklich beeinflußt; lediglich die vorher niederste Frequenz wird um 12% hinaufgesetzt, und es kommt eine neue niederste Frequenz hinzu.

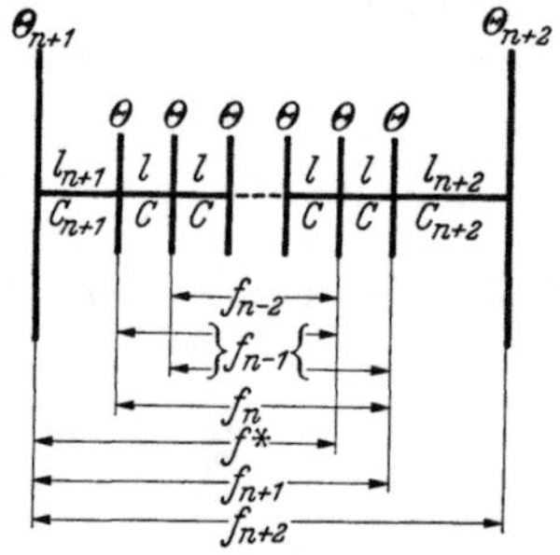

Abb. 19. Die homogene Maschine mit zwei Zusatzdrehmassen auf verschiedenen Seiten.

Endlich betrachten wir noch den Fall, daß zwei Zusatzdrehmassen auf verschiedenen Seiten an die homogene Maschine angegliedert sind (Abb. 19). Wir setzen folgerichtig

$$c_{n+1}=\frac{C_{n+1}}{l_{n+1}\Theta_{n+1}},\quad c'_{n+1}=\frac{C_{n+1}}{l_{n+1}\Theta},\quad c_{n+2}=\frac{C_{n+2}}{l_{n+2}\Theta},\quad c'_{n+2}=\frac{C_{n+2}}{l_{n+2}\Theta_{n+2}} \tag{7}$$

und also die reduzierten Koeffizienten

$$\gamma_1=\frac{c_{n+1}}{c},\quad \gamma'_1=\frac{c'_{n+1}}{c},\quad \gamma_2=\frac{c_{n+2}}{c},\quad \gamma'_2=\frac{c'_{n+2}}{c} \tag{8}$$

und bekommen, wenn wir die Frequenzfunktionen wie aus Abb. 19 ersichtlich bezeichnen und dann die Rekursionsformel sinngemäß anwenden,

$$\frac{f_{n+2}}{c^{n+2}}\equiv(\zeta-\gamma_2-\gamma'_2)\frac{f_{n+1}}{c^{n+1}}-\gamma_2\frac{f^*}{c^n}. \tag{9}$$

Ebenso ist aber auch

$$\frac{f_{n+1}}{c^{n+1}} \equiv (\zeta - \gamma_1 - \gamma_1')\varphi_n - \gamma_1'\varphi_{n-1}, \tag{10}$$

$$\frac{f^*}{c^n} \equiv (\zeta - \gamma_1 - \gamma_1')\varphi_{n-1} - \gamma_1'\varphi_{n-2}, \tag{11}$$

$$\varphi_n \equiv (\zeta - 2)\varphi_{n-1} - \varphi_{n-2}. \tag{12}$$

Setzt man den aus (12) zu entnehmenden Wert von φ_{n-2} in (11) ein und dann die Werte von f_{n+1} und f^* aus (10) und (11) in (9), so kommt die Frequenzfunktion der ganzen Maschine in der Form

$$\frac{f_{n+2}}{c^{n+2}} \equiv [(\zeta-\gamma_1-\gamma_1')(\zeta-\gamma_2-\gamma_2')-\gamma_1'\gamma_2]\varphi_n - [(\gamma_1'+\gamma_2-\gamma_1'\gamma_2)\zeta-(\gamma_1\gamma_2+\gamma_1'\gamma_2')]\varphi_{n-1}. \tag{13}$$

Man bestimmt ihre Nullstellen ohne Schwierigkeit, wie in den früheren Fällen.

11. Rechenvorschrift und Rechenformeln für einfache Maschinen. Wir fassen jetzt die drei behandelten Fälle noch einmal in übersichtliche Rechenformeln zusammen und fügen gleich noch zwei weitere Maschinen hinzu, deren Formeln gleichfalls dadurch entstanden sind, daß man die Rekursionsformel (**8**, 12) so oft anwendet, bis die Frequenzfunktion der ganzen Maschine auf die tabulierten Frequenzfunktionen φ_n und φ_{n-1} ihres homogenen Kerns zurückgeführt ist. Statt f_{n+i}/c^{n+i} schreiben wir künftig einfach φ_{n+i}', wogegen mit φ_k (ohne Strich) stets tabulierte Funktionen bezeichnet werden sollen. Die folgende Rechenvorschrift gilt sowohl für die nachstehenden wie auch für die späteren Rechenformeln (Ziff. **15**, **18** und **21**).

R e c h e n v o r s c h r i f t. Man bildet aus den Drehmassen Θ_k (Ziff. **4**), den Torsionssteifigkeiten C_k (Ziff. **2**) und den Wellenlängen l_k zunächst die Koeffizienten der Welle

$$c_k = \frac{C_k}{l_k \Theta_{k-1}}, \qquad c_k' = \frac{C_k}{l_k \Theta_k}. \tag{1}$$

Dabei ist Θ_{k-1} die Drehmasse am „linken“, Θ_k diejenige am „rechten“ Ende des Wellenstückes l_k. Der homogene Kern der Maschine (also die eigentliche Kraftmaschine mit ihren gleichen Zylindern in gleichen Abständen) bestehe aus n Wellenstücken (also $n+1$ Zylindern), und ihre sämtlich unter sich gleichen Koeffizienten $c_k = c_k'$ $(k = 1, 2, \ldots, n)$ werden einfach mit c bezeichnet. Sodann bildet man aus den Koeffizienten c_{n+i}, c_{n+i}' der Zusatzdrehmassen (Schwungrad, Kupplung, Dynamorotor, Pumpe usw.) die reduzierten Koeffizienten

$$\gamma_i = \frac{c_{n+i}}{c}, \qquad \gamma_i' = \frac{c_{n+i}'}{c} \qquad (i = 1, 2, \ldots) \tag{2}$$

und daraus mit der Variablen ζ die unten benannten Hilfsfunktionen ζ', ζ'', ζ''', ζ^{I}, ζ^{II}, ζ^{III} usw., und zuletzt mittels der Tafel der Frequenzfunktionen φ_n und φ_{n-1} (Anhang V) die Frequenzfunktion φ_{n+i}' der ganzen Maschine. Deren Nullstellen ζ_i findet man entweder durch numerische Interpolation oder noch übersichtlicher graphisch, indem man die Frequenzfunktion, die im folgenden stets in der Gestalt $\varphi_{n+i}' \equiv \varphi_a' - \varphi_b'$ auftritt, durch zwei Kurven φ_a' und φ_b' über der Abszisse ζ darstellt: die Abszissen der Schnittpunkte beider Kurven sind dann die Eigenwerte ζ_i. Aus den Eigenwerten ζ_i folgen die Drehschwingungszahlen α_i (je Zeiteinheit) zu

$$\alpha_i = \frac{1}{2\pi}\sqrt{c\,\zeta_i}\,. \tag{3}$$

Wünscht man a l l e Frequenzen α_i zu kennen (nämlich m bei $m+1$ Drehmassen), so hat man den ganzen Bereich von $\zeta = 0$ bis $\zeta = 4$ zu betrachten; will man nur die niedersten Frequenzen $\alpha_1, \alpha_2, \ldots$ haben, so genügt ein kleinerer Bereich in der *positiven* Umgebung von $\zeta = 0$.

Man legt sich ein Rechenformular an, welches beispielsweise für die Maschine II folgende Gestalt haben mag:

ζ	ζ'	ζ''	$\zeta'\zeta''$	ζ^{II}	$\gamma_1\zeta''$	$\zeta^{II}\varphi_n$	$\gamma_1\zeta''\varphi_{n-1}$
0,0							
⋮							
4,0							

Die Ausfüllung des Formulars erfordert nur ganz einfache Rechenoperationen.

Man übersehe nicht, daß n um eine Einheit kleiner ist als die Zylinderzahl der homogenen Maschine. In den folgenden schematischen Abbildungen ist jedesmal $n=5$ gewählt, und die reduzierten Koeffizienten γ_i und γ_i' sind in leichtverständlicher Weise eingetragen: jedes γ_i bzw. γ_i' wird für das zugehörige Wellenstück mit derjenigen Drehmasse gebildet, neben welcher der Buchstabe γ_i bzw. γ_i' steht.

Rechenformeln. Gemeinsame Hilfsfunktionen:

$$\zeta' \equiv \zeta - (\gamma_1 + \gamma_1'), \qquad \zeta'' \equiv \zeta - (\gamma_2 + \gamma_2'), \qquad \zeta''' \equiv \zeta - (\gamma_3 + \gamma_3').$$

Maschine I (Abb. 20).

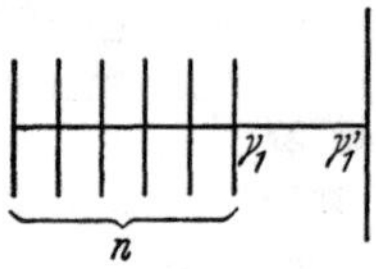

Abb. 20.

Frequenzfunktion: $\varphi_{n+1}' \equiv \zeta'\varphi_n - \gamma_1\varphi_{n-1}$.

Maschine II (Abb. 21).

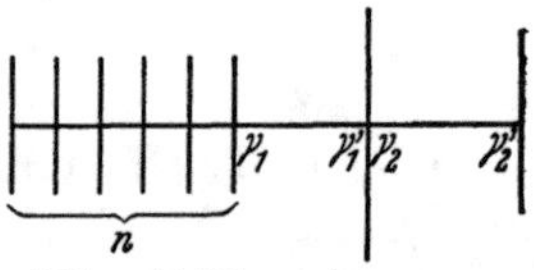

Abb. 21.

Hilfsfunktion: $\zeta^{II} \equiv \zeta'\zeta'' - \gamma_1'\gamma_2$.

Frequenzfunktion: $\varphi_{n+2}' \equiv \zeta^{II}\varphi_n - \gamma_1\zeta''\varphi_{n-1}$.

Maschine III (Abb. 22).

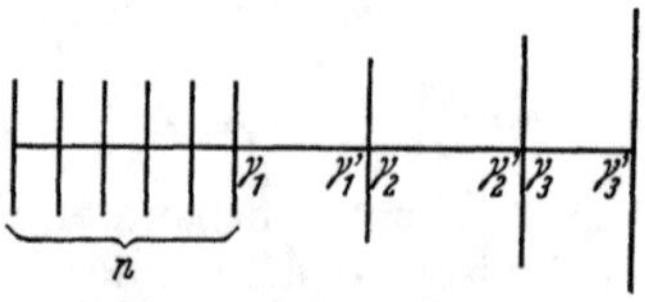

Abb. 22.

Hilfsfunktionen: $\zeta^{II} \equiv \zeta''\zeta''' - \gamma_2'\gamma_3$,

$\zeta^{III} \equiv \zeta'\zeta^{II} - \gamma_1'\gamma_2\zeta'''$.

Frequenzfunktion: $\varphi_{n+3}' \equiv \zeta^{III}\varphi_n - \gamma_1\zeta^{II}\varphi_{n-1}$.

Maschine IV (Abb. 23).

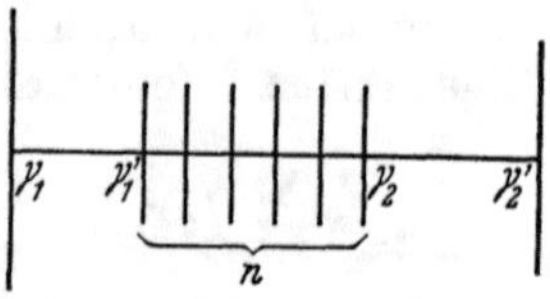

Abb. 23.

Hilfsfunktionen: $\zeta^{I} \equiv (\gamma_1' + \gamma_2 - \gamma_1'\gamma_2)\zeta - (\gamma_1\gamma_2 + \gamma_1'\gamma_2')$,

$\zeta^{II} \equiv \zeta'\zeta'' - \gamma_1'\gamma_2$.

Frequenzfunktion: $\varphi_{n+2}' \equiv \zeta^{II}\varphi_n - \zeta^{I}\varphi_{n-1}$.

Maschine V (Abb. 24).

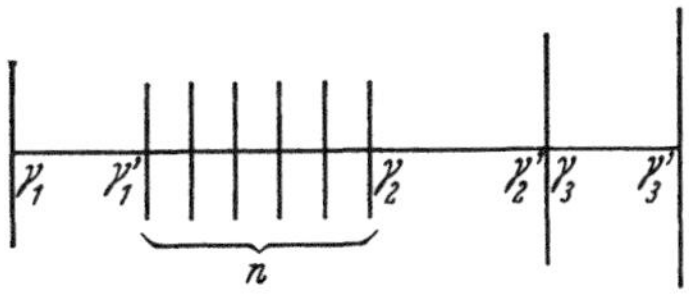

Abb 24.

Hilfsfunktionen:

$$\zeta^* \equiv (\gamma_1' + \gamma_2 - \gamma_1'\gamma_2)\,\zeta - (\gamma_1\gamma_2 + \gamma_1'\gamma_2'),$$

$$\zeta^{**} \equiv \zeta'\zeta'' - \gamma_1'\gamma_2,$$

$$\zeta^{II} \equiv \zeta'''\zeta^* - \gamma_1'\gamma_2'\gamma_3,$$

$$\zeta^{III} \equiv \zeta'''\zeta^{**} - \gamma_2'\gamma_3\zeta'.$$

Frequenzfunktion:

$$\varphi_{n+3}' \equiv \zeta^{III}\varphi_n - \zeta^{II}\varphi_{n-1}.$$

12. Maschinen mit Rädergetriebe. Jedes Rädergetriebe ohne Spiel leitet Drehschwingungen weiter. Man kann beispielsweise bei den Maschinen II, III, V von Ziff. **11** eine der inneren Zusatzdrehmassen als Über- oder Untersetzungsgetriebe ansehen und darf dann mit den angegebenen Formeln immer noch rechnen, wenn man nur zuvor die Koeffizienten c_m' und c_{m+1}, die zu der Getriebemasse (Zeiger m) gehören, in richtiger Weise ermittelt.

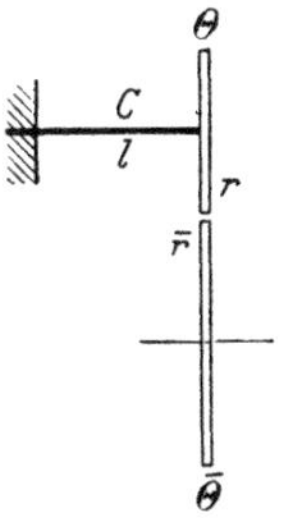

Abb. 25. Elementarsystem eines Radergetriebes.

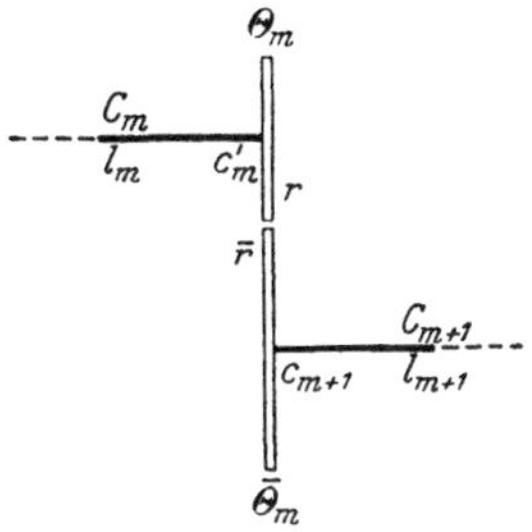

Abb. 26. Radergetriebe.

Um diese Koeffizienten zu finden, hat man einfach die Eigenfrequenz α des in Abb. 25 dargestellten Elementarsystems aus dem Wellenstück l mit der Torsionssteifigkeit C und den Rädern mit den Trägheitsmomenten Θ und $\bar{\Theta}$ sowie den Halbmessern r und $\bar{r}$ und also dem Untersetzungsverhältnis

$$\varepsilon = \frac{\bar{r}}{r} \tag{1}$$

anzuschreiben. Sie gehorcht der Gleichung

$$z \equiv (2\pi\alpha)^2 = \frac{\varepsilon^2 C}{l(\bar{\Theta} + \varepsilon^2\Theta)},$$

wie man sofort einsieht, wenn man die maximale Bewegungsenergie der Schwingung $\frac{1}{2}\left(\Theta + \frac{\bar{\Theta}}{\varepsilon^2}\right)\omega^2$ und die maximale Torsionsenergie $\frac{1}{2}Ca^2/l$ gleichsetzt und beachtet, daß zwischen Amplitude a, Maximalgeschwindigkeit ω und Frequenz α bei jeder harmonischen Schwingung die Beziehung $\omega = 2\pi\alpha a$ besteht. Wie man nach der Schlußweise von Ziff. **8** erkennt, gehören also zu dem Rädergetriebe folgende Werte der Koeffizienten c_m' und c_{m+1} (Abb. 26):

$$c_m' = \frac{\varepsilon^2 C_m}{l_m(\bar{\Theta}_m + \varepsilon^2\Theta_m)}, \qquad c_{m+1} = \frac{C_{m+1}}{l_{m+1}(\bar{\Theta}_m + \varepsilon^2\Theta_m)}. \tag{2}$$

Für Rädergetriebe mit Spiel gelten diese Überlegungen nicht mehr. Hier ist der Kraftschluß zeitweilig unterbrochen, und es können dann recht verwickelte Schüttelschwingungen entstehen, auf die wir nicht eingehen.

§ 3. Die Eigenschwingungen hintereinander geschalteter Maschinen.

13. Die erweiterte Rekursionsformel. Zuweilen besteht eine Maschine aus zwei oder mehr hintereinander geschalteten Aggregaten, deren Eigenfrequenzen je für sich schon bekannt sind. Wir legen uns die Frage vor, wie man dann für solche zusammengesetzte Maschinen die Eigenfrequenzen des ganzen Systems auf die einfachste Weise finden kann.

Es ist offenbar nötig, die Rekursionsformel (**8**, 12) so zu erweitern, daß die gesuchte Frequenzfunktion der ganzen Maschine aus den bekannten Frequenzfunktionen ihrer Aggregate aufgebaut erscheint. Hierbei dürfen wir uns auf Maschinen aus zwei Aggregaten beschränken. Das erste Aggregat bestehe aus p Wellenstücken (also $p+1$ Drehmassen), das zweite aus q Wellenstücken (also $q+1$ Drehmassen), und l_{p+1} sei das verbindende Zwischenstück (Abb. 27), so daß also $m=p+q+1$ die Gesamtzahl der Wellenstücke und damit auch der Eigenfrequenzen der Maschine ist.

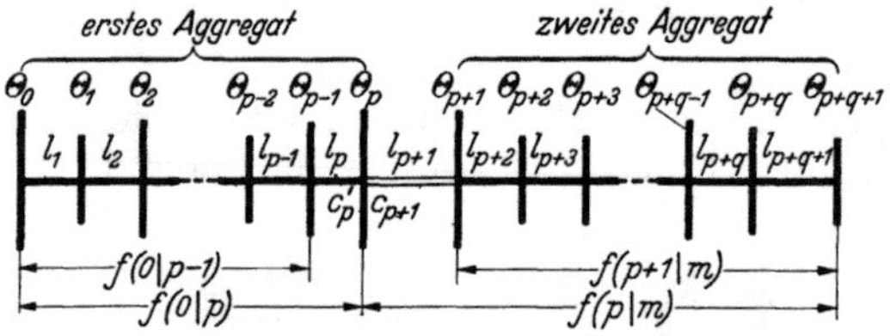

Abb. 27. Zwei hintereinander geschaltete Aggregate.

Um die gesuchte Frequenzfunktion in übersichtlicher Form darstellen zu können, wollen wir eine neue Schreibweise für die Frequenzfunktionen benützen. Wir schreiben $f(0|k)$ statt f_k, was soviel heißen soll als „Frequenzfunktion für die lückenlose Reihe Θ_0 bis Θ_k der Drehmassen“. Ebenso soll das Symbol $f(h|k)$ die Frequenzfunktion für die lückenlose Reihe Θ_h bis Θ_k bedeuten, und zwar immer so normiert, daß der Koeffizient der höchsten Potenz z^{k-h} der ganzen rationalen Funktion $f(h|k)$ den Wert 1 hat. Insbesondere ist also beispielsweise

$$f(k-1|k) \equiv z - c_k - c'_k, \tag{1}$$

$$f(0|0) \equiv 1, \quad \text{aber auch} \quad f(k|k) \equiv 1, \tag{2}$$

und statt $f_{-1} \equiv 0$ (**8**, **13**) muß man jetzt schreiben

$$f(0|-1) \equiv 0 \quad \text{oder auch} \quad f(k|k-1) \equiv 0. \tag{3}$$

Demnach gilt folgende triviale Identität:

$$f(0|p) \equiv f(0|p) \cdot f(p|p) - c'_p c_{p+1} f(0|p-1) \cdot f(p+1|p) \tag{4}$$

[da ja nach (3) das zweite Glied rechts gleich Null ist]. Die Rekursionsformel (**8**, 12) aber nimmt mit $k=p+1$ die Gestalt an

$$f(0|p+1) \equiv f(0|p) \cdot f(p|p+1) - c'_p c_{p+1} f(0|p-1) \cdot f(p+1|p+1). \tag{5}$$

Die Vermutung liegt nahe, daß die Reihe der Formeln (4), (5) ganz entsprechend fortgesetzt werden kann und schließlich in der folgenden allgemeinen Identität gipfelt, welche, wenn sie als richtig nachgewiesen ist, unsere Aufgabe lösen wird:

$$f(0|m) \equiv f(0|p) \cdot f(p|m) - c'_p c_{p+1} f(0|p-1) \cdot f(p+1|m) \quad (m \geq p). \tag{6}$$

Wir beweisen die Vermutung (6) durch vollständige Induktion. Zu diesem Zweck nehmen wir an, (6) gelte für zwei aufeinanderfolgende Zeiger $m-1$ und m; gelingt es dann, zu zeigen, daß (6) auch für den folgenden Zeiger $m+1$ gilt, so ist der Beweis für alle Zeiger $m \geq p$ geliefert, da die Annahme für die beiden Zeiger $m=p$ und $m=p+1$ durch (4) und (5) gesichert ist.

Zunächst folgt aus (5) mit m statt p und wegen (2)

$$f(0|m+1) \equiv f(0|m) \cdot f(m|m+1) - c'_m c_{m+1} f(0|m-1);$$

hier ersetzen wir $f(0|m)$ und $f(0|m-1)$ durch die rechte Seite von (6) und der entsprechenden Identität für den Zeiger $m-1$ und haben

$$\begin{aligned} f(0|m+1) \equiv \left[f(0|p)\cdot f(p|m) - c'_p c_{p+1} f(0|p-1)\cdot f(p+1|m)\right] f(m|m+1) - \\ - c'_m c_{m+1}\left[f(0|p)\cdot f(p|m-1) - c'_p c_{p+1} f(0|p-1)\cdot f(p+1|m-1)\right] \end{aligned}$$

oder anders geordnet

$$\left.\begin{aligned} f(0|m+1) \equiv f(0|p)\left[f(p|m)\cdot f(m|m+1) - c'_m c_{m+1} f(p|m-1)\right] - \\ - c'_p c_{p+1} f(0|p-1)\left[f(p+1|m)\cdot f(m|m+1) - c'_m c_{m+1} f(p+1|m-1)\right]. \end{aligned}\right\} \quad (7)$$

Schiebt man aber in (5) den Zeiger 0 nach p, den Zeiger p nach m, so folgt für die Frequenzfunktion der Reihe Θ_p bis Θ_{m+1}

$$f(p|m+1) \equiv f(p|m)\cdot f(m|m+1) - c'_m c_{m+1} f(p|m-1) \quad (8)$$

und ebenso

$$f(p+1|m+1) \equiv f(p+1|m)\cdot f(m|m+1) - c'_m c_{m+1} f(p+1|m-1). \quad (9)$$

In (8) und (9) stehen nun rechts gerade die Klammerausdrücke $[\cdots]$ von (7), und somit geht (7) über in

$$f(0|m+1) \equiv f(0|p)\cdot f(p|m+1) - c'_p c_{p+1} f(0|p-1)\cdot f(p+1|m+1).$$

Das aber ist die Identität (6) für den Zeiger $m+1$, und damit ist der Beweis für (6) wirklich erbracht.

Die Benützung der Rekursionsformel (6) ist verhältnismäßig einfach, da wir die Frequenzfunktionen $f(0|p-1)$, $f(0|p)$, $f(p|m)$ und $f(p+1|m)$ als bekannt ansehen. Abb. 27 veranschaulicht die Bedeutung dieser Funktionen.

14. Die aus zwei gleichen homogenen Aggregaten zusammengesetzte Maschine. In der Regel sind die Aggregate, aus denen eine zusammengesetzte Maschine besteht, homogen und unter sich gleichartig. In diesem Falle vereinfacht sich die Frequenzfunktion (**13**, 6) ganz wesentlich. Wir zeigen dies für eine Maschine aus zwei solchen Aggregaten von je n Wellenstücken, also je $n+1$ gleichen Zylindern.

Hier wird aus Symmetriegründen (vgl. Abb. 27, wo jetzt $p=q=n$ ist) mit $m=2n+1$

$$f(n|m) \equiv f(0|n+1) \quad \text{und} \quad f(n+1|m) \equiv f(0|n),$$

und somit geht (**13**, 6) über in

$$f(0|m) \equiv f(0|n)[f(0|n+1) - c'_n c_{n+1} f(0|n-1)]$$

oder in der früheren Schreibart, also mit $c'_n = c$ und

$$\frac{c_{n+1}}{c} = \frac{c'_{n+1}}{c} = \gamma \quad (1)$$

einfach

$$\varphi'_{2n+1} \equiv \varphi_n[\varphi'_{n+1} - \gamma\varphi_{n-1}]$$

oder wegen der aus (**8**, 12) folgenden Beziehung $\varphi'_{n+1} = (\zeta - 2\gamma)\varphi_n - \gamma\varphi_{n-1}$ endgültig

$$\varphi'_{2n+1} \equiv \varphi_n[(\zeta - 2\gamma)\varphi_n - 2\gamma\varphi_{n-1}].$$

Die Frequenzgleichung $\varphi'_{2n+1} = 0$ zerfällt hier also in die zwei Gleichungen

$$\varphi_n = 0, \quad (2)$$

$$\left(\frac{\zeta}{2\gamma} - 1\right)\varphi_n = \varphi_{n-1}. \quad (3)$$

Die Deutung dieser beiden Gleichungen liegt nahe: Die (schon in Ziff. **9** angegebenen) Wurzeln ζ_i der Gleichung (2) liefern die n Frequenzen derjenigen Schwingungen, bei denen jedes Aggregat für sich (jedoch synchron mit dem andern) schwingt, wobei das Zwischenstück l_{n+1} keine Torsion erfährt; das sind die symmetrischen Schwingungen der ganzen Maschine. Die (wieder leicht graphisch zu bestimmenden) Wurzeln ζ_i der Gleichung (3) dagegen liefern die $n+1$ Frequenzen derjenigen Schwingungen, die einen Knotenpunkt in der Mitte von l_{n+1} haben; das sind die schiefsymmetrischen Schwingungen der ganzen Maschine.

Als Beispiel wählen wir eine aus zwei Sechszylinderaggregaten bestehende Maschine (also $n=5$) mit $l_1=l_2=\cdots=l_5=\frac{1}{2}l_6=l_7=\cdots=l_{11}=25$ cm, also $\gamma=0{,}5$, ferner $C=10^{10}$ kgcm² und $\Theta=100$ cmkg sek². Die Wurzeln von (2)

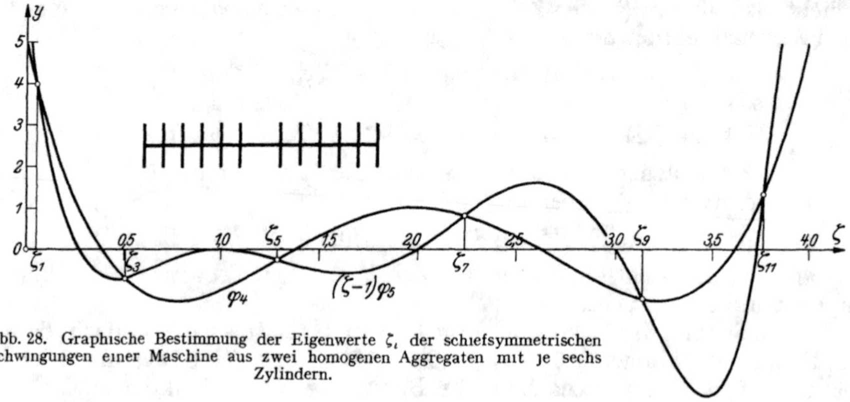

Abb. 28. Graphische Bestimmung der Eigenwerte ζ_i der schiefsymmetrischen Schwingungen einer Maschine aus zwei homogenen Aggregaten mit je sechs Zylindern.

entnehmen wir der Tafel von Ziff. **9**, die von (3) der Abb. 28 und fügen die zugehörigen Eigenfrequenzen α_i hinzu:

ζ_i	symmetrisch		0,268		1,000		2,000		3,000		3,732	
	schiefsymmetrisch	0,0582		0,506		1,290		2,236		3,142		3,764
α_i		77	165	226	318	361	450	475	551	564	614	617 Hz

Für den Fall $n=2$ läßt sich die Methode leicht auch auf mehr als zwei hintereinander geschaltete Maschinen erweitern und auf sogenannte Blockmotoren anwenden[1]).

15. Rechenformeln für hintereinander geschaltete Maschinen. Es bietet keine Schwierigkeit, mittels der Rekursionsformeln (**13**, 6) und (**8**, 12) nach dem Vorgang von Ziff. **10** Rechenformeln für hintereinander geschaltete homogene Maschinen mit Zusatzdrehmassen (Schwungrad usw.) auszurechnen. Im folgenden sind solche Formeln wieder für die wichtigsten Typen übersichtlich zusammengestellt.

Für einige dieser Maschinen wird die Frequenzfunktion reduzibel, d. h. in zwei Funktionen niedrigeren Grades rational zerspaltbar. Diese sind dann als erste und zweite Frequenzfunktion bezeichnet, und zwar liefert die erste die symmetrischen Schwingungen (Schwingungsbauch in der Symmetrieebene), die zweite dagegen die schiefsymmetrischen Schwingungen (Schwingungsknoten in der Symmetrieebene).

Gemeinsame Hilfsfunktionen sind auch hier

$$\zeta' \equiv \zeta-(\gamma_1+\gamma_1'), \quad \zeta'' \equiv \zeta-(\gamma_2+\gamma_2'), \quad \zeta''' \equiv \zeta-(\gamma_3+\gamma_3'),$$

und bezüglich etwaiger Getriebe (wie z. B. bei Maschine VII möglich) ist auf Ziff. **12** zu verweisen.

[1]) R. Grammel, Die Drehschwingungen der Blockmotoren, Ing.-Arch. 5 (1934) S. 83.

Maschine VI (Abb. 29).

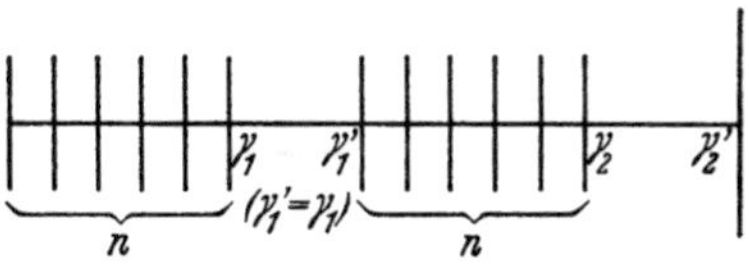

Abb. 29.

Hilfsfunktionen:

$$\zeta^{I} \equiv (2\gamma_1 + \gamma_2 - \gamma_1\gamma_2)\,\zeta - 2\gamma_1(\gamma_2 + \gamma_2'),$$
$$\zeta^{II} \equiv \zeta'\zeta'' - \gamma_1\gamma_2.$$

Frequenzfunktion:

$$\varphi'_{2n+2} \equiv \zeta^{II}\varphi_n^2 - \zeta^{I}\varphi_n\varphi_{n-1} + \gamma_1\gamma_2\varphi_{n-1}^2.$$

Maschine VII (Abb. 30).

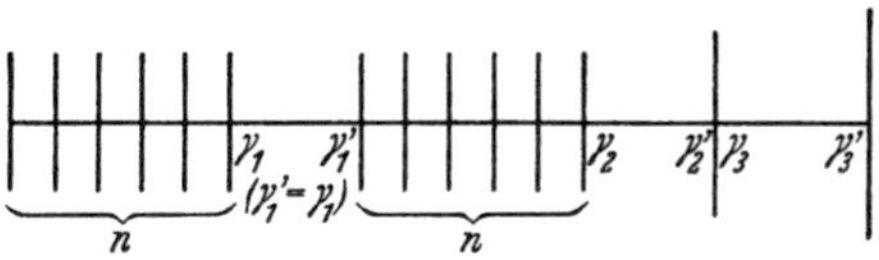

Abb. 30.

Hilfsfunktionen:

$$\zeta^{*} \equiv (2\gamma_1 + \gamma_2 - \gamma_1\gamma_2)\,\zeta - 2\gamma_1(\gamma_2 + \gamma_2'),$$
$$\zeta^{**} \equiv \zeta'\zeta'' - \gamma_1\gamma_2,$$
$$\zeta^{II} \equiv \zeta'''\zeta^{*} - 2\gamma_1\gamma_2'\gamma_3,$$
$$\zeta^{III} \equiv \zeta'''\zeta^{**} - \gamma_2'\gamma_3\zeta'.$$

Frequenzfunktion:

$$\varphi'_{2n+3} \equiv \zeta^{III}\varphi_n^2 - \zeta^{II}\varphi_n\varphi_{n-1} + \gamma_1\gamma_2\zeta'''\varphi_{n-1}^2.$$

Maschine VIII (Abb. 31).

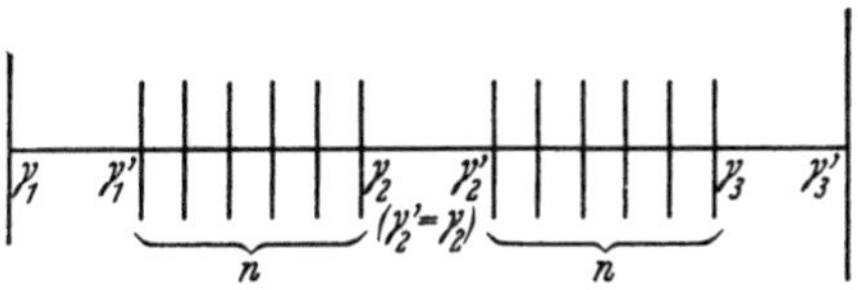

Abb. 31.

Hilfsfunktionen:

$$\zeta^{*} \equiv (\gamma_1' + 2\gamma_2 - \gamma_1'\gamma_2)\,\zeta - 2\gamma_2(\gamma_1 + \gamma_1'),$$
$$\zeta^{**} \equiv \zeta'\zeta'' - \gamma_1'\gamma_2,$$
$$\zeta^{I} \equiv (\gamma_1'\gamma_2 + \gamma_1'\gamma_3 + \gamma_2\gamma_3 - 2\gamma_1'\gamma_2\gamma_3)\,\zeta - \gamma_2(\gamma_1\gamma_3 + \gamma_1'\gamma_3'),$$
$$\zeta^{II} \equiv \gamma_3\zeta^{**} + \zeta'''\zeta^{*} - \gamma_2\gamma_3\zeta'(\zeta - 2) - \gamma_1'\gamma_2\gamma_3,$$
$$\zeta^{III} \equiv \zeta'''\zeta^{**} - \gamma_2\gamma_3\zeta'.$$

Frequenzfunktion:

$$\varphi'_{2n+3} \equiv \zeta^{III}\varphi_n^2 - \zeta^{II}\varphi_n\varphi_{n-1} + \zeta^{I}\varphi_{n-1}^2.$$

Maschine VIIIa
(symmetrisch) (Abb. 32).

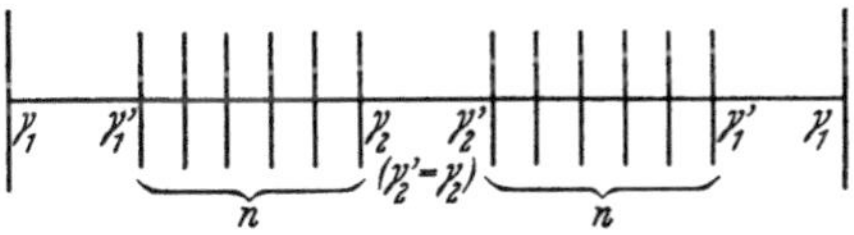

Abb. 32.

Hilfsfunktionen:

$$\zeta^{I} \equiv (\gamma_1' + 2\gamma_2 - 2\gamma_1'\gamma_2)\,\zeta - 2\gamma_1\gamma_2,$$
$$\zeta^{II} \equiv \zeta'\zeta'' - 2\gamma_1'\gamma_2.$$

Erste Frequenzfunktion: $\varphi'_{n+1} \equiv \zeta'\varphi_n - \gamma_1'\varphi_{n-1}.$

Zweite Frequenzfunktion: $\varphi''_{n+2} \equiv \zeta^{II}\varphi_n - \zeta^{I}\varphi_{n-1}.$

Maschine IX (Abb. 33).

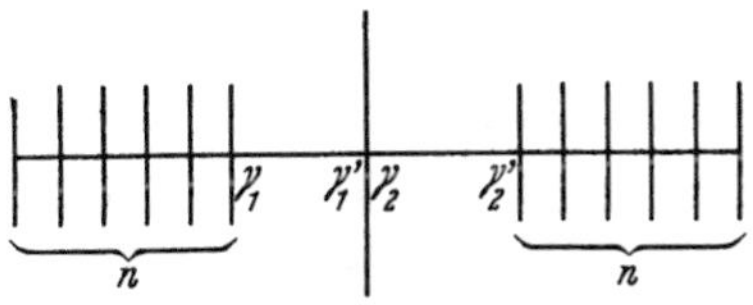

Abb. 33.

Hilfsfunktionen:

$$\zeta^{I} \equiv \gamma_2'\zeta' + \gamma_1\zeta'' \equiv (\gamma_1 + \gamma_2')\,\zeta - (\gamma_1\gamma_2 + 2\gamma_1\gamma_2' + \gamma_1'\gamma_2'),$$
$$\zeta^{II} \equiv \zeta'\zeta'' - \gamma_1'\gamma_2.$$

Frequenzfunktion:

$$\varphi'_{2n+2} \equiv \zeta^{II}\varphi_n^2 - \zeta^{I}\varphi_n\varphi_{n-1} + \gamma_1\gamma_2'\varphi_{n-1}^2.$$

Maschine IXa
(symmetrisch) (Abb. 34).

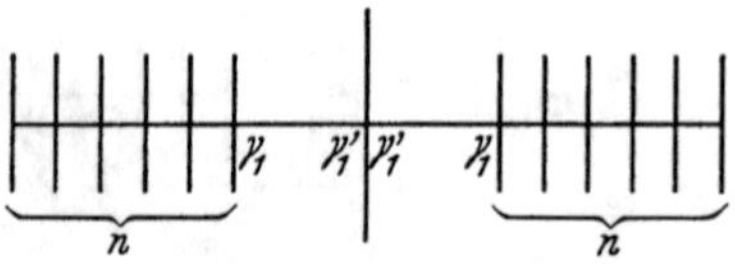

Abb. 34.

Hilfsfunktionen: $\zeta^* \equiv \zeta - \gamma_1,$
$\zeta^I \equiv \zeta - \gamma_1 - 2\gamma_1'.$

Erste Frequenzfunktion: $\varphi_{n+1}' \equiv \zeta^I \varphi_n - \gamma_1 \varphi_{n-1}.$

Zweite Frequenzfunktion: $\varphi_{n+1}'' \equiv \zeta^* \varphi_n - \gamma_1 \varphi_{n-1}.$

Maschine X (Abb. 35).

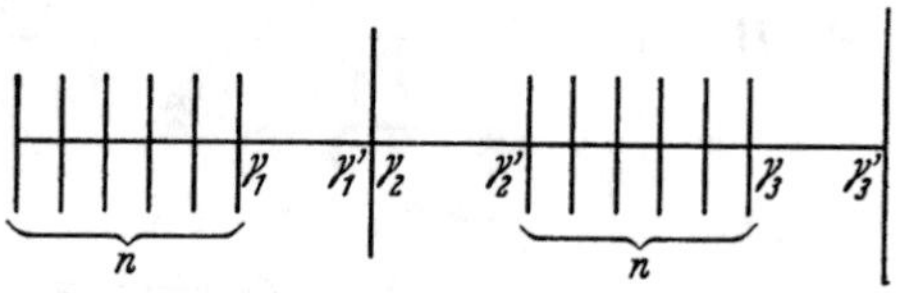

Abb. 35.

Hilfsfunktionen:

$$\zeta^* \equiv \gamma_2'\zeta' + \gamma_1\zeta'' \equiv (\gamma_1 + \gamma_2')\zeta - (\gamma_1\gamma_2 + 2\gamma_1\gamma_2' + \gamma_1'\gamma_2'),$$
$$\zeta^{**} \equiv \zeta'\zeta'' - \gamma_1'\gamma_2,$$
$$\zeta^I \equiv (\gamma_2' + \gamma_3 - \gamma_2'\gamma_3)\zeta - (\gamma_2\gamma_3 + \gamma_2'\gamma_3'),$$
$$\zeta^{II} \equiv \zeta'''\zeta^* + \gamma_3\zeta^{**} - \gamma_2'\gamma_3\zeta'(\zeta - 2) - \gamma_1\gamma_2'\gamma_3,$$
$$\zeta^{III} \equiv \zeta'''\zeta^{**} - \gamma_2'\gamma_3\zeta'.$$

Frequenzfunktion: $\varphi_{2n+3}' \equiv \zeta^{III}\varphi_n^2 - \zeta^{II}\varphi_n\varphi_{n-1} + \gamma_1\zeta^I\varphi_{n-1}^2.$

Maschine XI (Abb. 36).

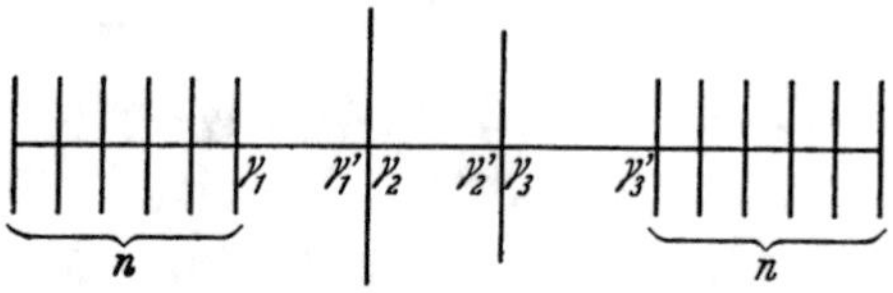

Abb. 36.

Hilfsfunktionen:

$$\zeta^{**} \equiv \zeta'\zeta'' - \gamma_1'\gamma_2,$$
$$\zeta^{II} \equiv \gamma_1\zeta''\zeta''' + \gamma_3'\zeta^{**} - \gamma_1\gamma_2'\gamma_3,$$
$$\zeta^{III} \equiv \zeta'''\zeta^{**} - \gamma_2'\gamma_3\zeta'.$$

Frequenzfunktion: $\varphi_{2n+3}' \equiv \zeta^{III}\varphi_n^2 - \zeta^{II}\varphi_n\varphi_{n-1} + \gamma_1\gamma_3'\zeta''\varphi_{n-1}^2.$

Maschine XIa
(symmetrisch) (Abb. 37).

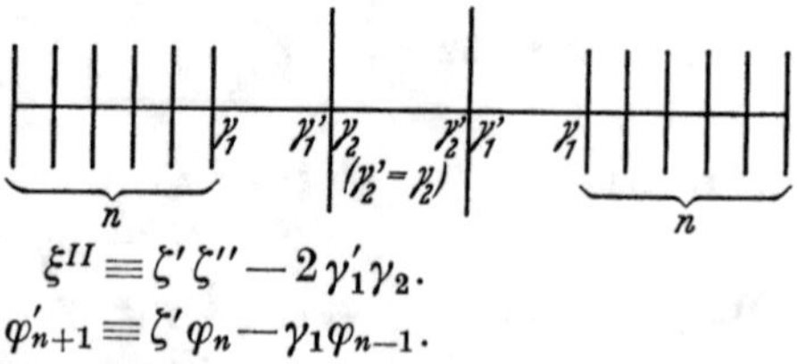

Abb. 37.

Hilfsfunktion: $\xi^{II} \equiv \zeta'\zeta'' - 2\gamma_1'\gamma_2.$

Erste Frequenzfunktion: $\varphi_{n+1}' \equiv \zeta'\varphi_n - \gamma_1\varphi_{n-1}.$

Zweite Frequenzfunktion: $\varphi_{n+2}'' \equiv \zeta^{II}\varphi_n - \gamma_1\zeta''\varphi_{n-1}.$

§ 4. Die Eigenschwingungen parallel geschalteter Maschinen.

16. Die Frequenzfunktion. Wir suchen die Frequenzfunktion der in Abb. 38 dargestellten Maschinenanlage. Dabei sollen $\Theta_0, \ldots, \Theta_{n+1}$ und $\Theta_0^*, \ldots, \Theta_{n+1}^*$ die beiden Hauptmaschinen, $\overline{\Theta}_{n+1}, \Theta_{2n+3}, \ldots$ das Zusatzaggregat heißen, und wir wollen zunächst annehmen, daß das Rädergetriebe ohne Übersetzung und ohne Untersetzung arbeite; wir bezeichnen dann die Summe der Getriebedrehmassen $\Theta_{n+1} + \overline{\Theta}_{n+1} + \Theta_{n+1}^*$ kurzweg mit Θ_{n+1}. Wählen wir weiter dieselben Bezeichnungen wie in Ziff. **7**, so gelten die dortigen Gleichungen (**7**, 7) bis (**7**, 13) und also auch die Rekursionsformel (**7**, 16) für alle x_k bzw. x_k^*, ausgenommen für die beiden

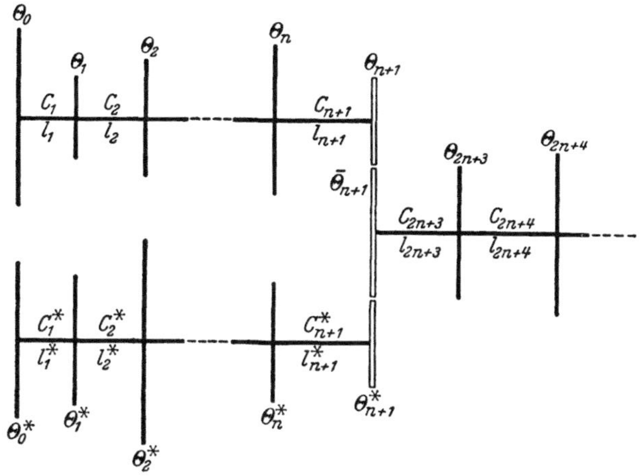

Abb. 38. Zwei parallel geschaltete Maschinen mit Doppelgetriebe.

Wellenstücke l_{2n+3} und l_{2n+4}, die auf das Rädergetriebe folgen. Für diese müssen wir die Rekursionsformeln neu herleiten.

Zunächst hat man mit

$$\left.\begin{aligned} c_{n+1} &= \frac{C_{n+1}}{l_{n+1}\Theta_n}, & c'_{n+1} &= \frac{C_{n+1}}{l_{n+1}\Theta_{n+1}}, \\ c^*_{n+1} &= \frac{C^*_{n+1}}{l^*_{n+1}\Theta^*_n}, & c'^*_{n+1} &= \frac{C^*_{n+1}}{l^*_{n+1}\Theta_{n+1}}, \\ c_{2n+3} &= \frac{C_{2n+3}}{l_{2n+3}\Theta_{n+1}}, & c'_{2n+3} &= \frac{C_{2n+3}}{l_{2n+3}\Theta_{2n+3}} \end{aligned}\right\} \qquad (1)$$

genau wie in (**7**, 7) bis (**7**, 9)

$$x_{n+1} = c_{n+1}\Theta_n u_n - c'_{n+1}\Theta_{n+1}u_{n+1}, \qquad (2)$$

$$x^*_{n+1} = c^*_{n+1}\Theta^*_n u^*_n - c'^*_{n+1}\Theta_{n+1}u_{n+1}, \qquad (3)$$

$$x_{2n+3} = c_{2n+3}\Theta_{n+1}u_{n+1} - c'_{2n+3}\Theta_{2n+3}u_{2n+3}, \qquad (4)$$

$$x_{2n+4} = c_{2n+4}\Theta_{2n+3}u_{2n+3} - c'_{2n+4}\Theta_{2n+4}u_{2n+4}, \qquad (5)$$

$$\vdots$$

und ähnlich wie in (**7**, 10) bis (**7**, 13)

$$\Theta_n u_n z = -x_n + x_{n+1}, \qquad (6)$$

$$\Theta^*_n u^*_n z = -x^*_n + x^*_{n+1}, \qquad (7)$$

$$\Theta_{n+1}u_{n+1}z = -x_{n+1} - x^*_{n+1} + x_{2n+3}, \qquad (8)$$

$$\Theta_{2n+3}u_{2n+3}z = -x_{2n+3} + x_{2n+4}, \qquad (9)$$

$$\Theta_{2n+4}u_{2n+4}z = -x_{2n+4} + x_{2n+5}, \qquad (10)$$

$$\vdots$$

Aus (2), (6) und (8) folgt durch Elimination von u_n und u_{n+1}

$$c'_{n+1}x_{2n+3} = (c_{n+1} + c'_{n+1} - z)\,x_{n+1} - c_{n+1}x_n + c'_{n+1}x^*_{n+1}, \qquad (11)$$

ebenso aus (3), (7) und (8) durch Elimination von u^*_n und u_{n+1}

$$c'^*_{n+1}x_{2n+3} = (c^*_{n+1} + c'^*_{n+1} - z)\,x^*_{n+1} - c^*_{n+1}x^*_n + c'^*_{n+1}x_{n+1}, \qquad (12)$$

endlich aus (4), (8) und (9) durch Elimination von u_{n+1} und u_{2n+3} und analog weiter

$$\left.\begin{aligned} c'_{2n+3}x_{2n+4} &= (c_{2n+3}+c'_{2n+3}-z)\,x_{2n+3}-c_{2n+3}x_{n+1}-c_{2n+3}x^*_{n+1},\\ c'_{2n+4}x_{2n+5} &= (c_{2n+4}+c'_{2n+4}-z)\,x_{2n+4}-c_{2n+4}x_{2n+3},\\ &\vdots \end{aligned}\right\} \quad (13)$$

Setzen wir schließlich voraus, daß von jetzt an die beiden Hauptmaschinen einander gleich sind, lassen wir also weiterhin die Sterne bei den Koeffizienten c_i^* und $c_i'^*$ einfach weg, nicht aber bei den x_i^* (da ja auch gleiche Hauptmaschinen möglicherweise verschieden in Amplitude und Phase schwingen können), so folgt aus (11) und (12) durch Subtraktion und Addition

$$\left.\begin{aligned} (c_{n+1}-z)\,(x_{n+1}-x^*_{n+1})-c_{n+1}(x_n-x^*_n) &= 0,\\ 2\,c'_{n+1}x_{2n+3} = (c_{n+1}+2\,c'_{n+1}-z)\,(x_{n+1}+x^*_{n+1})-c_{n+1}(x_n+x^*_n) &. \end{aligned}\right\} \quad (14)$$

Indem wir sodann wie in (**7**, 19)

$$x_{k+1}=(-1)^k\frac{x_1}{c'_1c'_2\ldots c'_k}f_k(z),\qquad x^*_{k+1}=(-1)^k\frac{x^*_1}{c'_1c'_2\ldots c'_k}f_k(z)\quad(k=1,2,\ldots,n) \quad (15)$$

und analog

$$x_{2n+3}=(-1)^{n+1}\frac{\frac{1}{2}(x_1+x^*_1)}{c'_1c'_2\ldots c'_{n+1}}f_{n+1}(z),\quad x_{2n+4}=(-1)^{n+2}\frac{\frac{1}{2}(x_1+x^*_1)}{c'_1c'_2\ldots c'_{n+1}c'_{2n+3}}f_{n+2}(z)\ \text{usw.} \quad (16)$$

setzen, wird aus dem Gleichungspaar (14)

$$\left.\begin{aligned} [(z-c_{n+1})f_n-c_{n+1}c'_nf_{n-1}](x_1-x^*_1) &= 0,\\ [f_{n+1}-(z-c_{n+1}-2\,c'_{n+1})f_n+c_{n+1}c'_nf_{n-1}](x_1+x^*_1) &= 0, \end{aligned}\right\} \quad (17)$$

und ebenso aus den Gleichungen (13)

$$\left.\begin{aligned} [f_{n+2}-(z-c_{2n+3}-c'_{2n+3})f_{n+1}+2\,c_{2n+3}c'_{n+1}f_n](x_1+x^*_1) &= 0,\\ [f_{n+3}-(z-c_{2n+4}-c'_{2n+4})f_{n+2}+c_{2n+4}c'_{2n+3}f_{n+1}](x_1+x^*_1) &= 0,\\ &\vdots \end{aligned}\right\} \quad (18)$$

Während bis zum Zeiger $k=n$ die alten Rekursionsformeln (**7**, 20) für f_k gelten, so hat man für f_{n+1} das simultane System (17) zu erfüllen. Hierfür gibt es algebraisch nur die folgenden drei Möglichkeiten:

a) Entweder muß gleichzeitig

$$x_1=x^*_1\quad\text{und}\quad f_{n+1}\equiv(z-c_{n+1}-2\,c'_{n+1})f_n-c_{n+1}c'_nf_{n-1} \quad (19)$$

sein. Dies bedeutet, daß beide Hauptmaschinen in gleicher Phase und mit gleichen Amplituden schwingen. Die zugehörigen Rekursionsformeln für f_{n+1}, f_{n+2} usw. sind dann die zweite Gleichung (19) und die aus (18) folgenden Formeln

$$\left.\begin{aligned} f_{n+2} &\equiv (z-c_{2n+3}-c'_{2n+3})f_{n+1}-2\,c_{2n+3}c'_{n+1}f_n,\\ f_{n+3} &\equiv (z-c_{2n+4}-c'_{2n+4})f_{n+2}-c_{2n+4}c'_{2n+3}f_{n+1},\\ &\vdots \end{aligned}\right\} \quad (20)$$

Sie stimmen überein mit den Rekursionsformeln einer unverzweigten Maschine $\Theta_0,\ldots,\Theta_{n+1},\Theta_{2n+3},\ldots$, bei welcher der Koeffizient c'_{n+1} durch $2\,c'_{n+1}$ ersetzt ist, und dies kann man, wenn man will, so deuten, als ob von Θ_{n+1} an alle Drehmassen und alle Torsionssteifigkeiten je hälftig zu jeder der beiden getrennten Hauptmaschinen hinzugefügt wären (wodurch in der Tat $2\,c'_{n+1}$, $\frac{2}{2}c_{2n+3}$, $\frac{2}{2}c'_{2n+3}$ usw. als Koeffizienten kämen). Diese Deutung leuchtet auch anschaulich ohne weiteres ein.

b) Die zweite Möglichkeit ist

$$x_1 = -x_1^* \quad \text{und} \quad (z - c_{n+1}) f_n - c_{n+1} c'_n f_{n-1} = 0. \tag{21}$$

Dies besagt, daß die beiden Hauptmaschinen nun in entgegengesetzter Phase und mit gleicher Amplitude schwingen. Die zweite Gleichung (21) drückt das Verschwinden der Frequenzfunktion

$$f'_{n+1} \equiv (z - c_{n+1}) f_n - c_{n+1} c'_n f_{n-1} \tag{22}$$

aus. Nun ist aber offenbar $f'_{n+1} = 0$ die Frequenzgleichung derjenigen Maschine, die an Stelle von Θ_{n+1} eine unendlich große Drehmasse hat, was $c'_{n+1} = 0$ gibt. Das sind die Schwingungen, bei denen die beiden Hauptmaschinen so gegeneinander schwingen, daß die Rädergetriebemasse einen Schwingungsknoten bildet, also in Ruhe bleibt und sich wie eine unendlich große Drehmasse verhält. Die Frequenzfunktion (22) behält naturgemäß ihre Gestalt, auch wenn „rechts" vom Getriebe noch weitere Drehmassen hinzutreten; und in der Tat sind mit $x_1 = -x_1^*$ alle weiteren Rekursionsformeln (18) von selbst identisch befriedigt. Das Zusatzaggregat schwingt jetzt überhaupt nicht mit, wie aus (16) mit $x_1 = -x_1^*$ hervorgeht.

c) Schließlich gibt es scheinbar noch eine dritte Möglichkeit, das simultane System (17) zu erfüllen, nämlich das gleichzeitige Bestehen der beiden Gleichungen

$$\left.\begin{aligned} &(z - c_{n+1}) f_n - c_{n+1} c'_n f_{n-1} = 0, \\ &f_{n+1} = (z - c_{n+1} - 2 c'_{n+1}) f_n - c_{n+1} c'_n f_{n-1} \end{aligned}\right\} \tag{23}$$

bei beliebigem Verhältnis $x_1 : x_1^*$. Nun bedeutet aber die erste Gleichung (23), wie unter b) gezeigt, daß in der Rädergetriebemasse Θ_{n+1} ein Schwingungsknoten liegt, und daß die beiden Hauptmaschinen mit den der Frequenzgleichung $f'_{n+1} = 0$ [siehe (22)] gehorchenden Eigenwerten z'_i des Falles b) schwingen. Es leuchtet unmittelbar ein, daß dies im allgemeinen nur unter der Bedingung $x_1 = -x_1^*$ des Falles b) möglich ist, ausnahmsweise jedoch bei gewissen Maschinen für einzelne Eigenwerte z'_i wohl auch mit $x_1 \neq -x_1^*$ vorkommen kann, nämlich dann, wenn das Zusatzaggregat für sich bei unendlich groß gedachter Drehmasse Θ_{n+1} zufällig ebenfalls einen der Eigenwerte z'_i besitzt; denn dann kann im Falle $x_1 \neq -x_1^*$ ein von den synchronen Schwingungen der beiden Hauptmaschinen auf die Drehmasse Θ_{n+1} übertragenes (zu $x_1 + x_1^*$ proportionales) „Rest"moment von dem synchron entgegenschwingenden Zusatzaggregat bei geeigneten Amplituden gerade aufgehoben werden, so daß die Rädergetriebemasse Θ_{n+1} doch in Ruhe verharrt. Natürlich kann man diesen Sachverhalt auch aus den Gleichungen (23) und (18) ablesen, indem man dort der Reihe nach $f_{n-1}, f_{n+1}, f_{n+2}, \ldots$ eliminiert. Man erhält

$$f_{n+1} = -2 c'_{n+1} f_n, \tag{24}$$

$$f_{n+2} = -2 c'_{n+1} (z - c'_{2n+3}) f_n \tag{25}$$

und allgemein

$$f_{n+1+k} = -2 c'_{n+1} F_k f_n \quad (k = 1, 2, \ldots), \tag{26}$$

wo, wie man leicht für $k = 1$ [vgl. schon (25)], dann für $k = 2$ und schließlich durch Induktionsschluß allgemein feststellt, F_k gerade die Frequenzfunktion des Zusatzaggregates $\Theta_{n+1}, \Theta_{2n+3}, \ldots, \Theta_{2n+2+k}$ für $\Theta_{n+1} = \infty$ vorstellt. Hat das Zusatzaggregat außer Θ_{n+1} noch k Zusatzdrehmassen, so muß $f_{n+1+k} = 0$ sein und zwar, wenn der Fall c) mit $x_1 \neq -x_1^*$ für einen bestimmten Eigenwert z'_i wirklich eintreten soll, gerade für diesen Eigenwert z'_i. Das ist nach (26) nur dann der Fall, wenn $F_k(z'_i) = 0$ ist, d. h., wenn das Zusatzaggregat zufällig den Eigenwert z'_i der beiden Hauptmaschinen mit gedachtem $\Theta_{n+1} = \infty$ besitzt. [Denn die zweite Möglichkeit $f_n(z_i') = 0$ scheidet neben $f_{n+1}'(z_i') = 0$ nach einer Bemerkung von Ziff. **7** aus.]

Fassen wir zusammen, so heißt dies, daß die singuläre Möglichkeit c) keine neuen Eigenfrequenzen liefert, die nicht schon im Fall b) enthalten wären. Es genügt bei allen parallel geschalteten Maschinen, die Eigenfrequenzen für die beiden Fälle a) und b) — wobei also die beiden Hauptmaschinen in gleicher oder in entgegengesetzter Phase je mit gleicher Amplitude schwingen — zu ermitteln.

17. Die Koeffizienten eines Doppelgetriebes. Um die vorangehenden Formeln auch auf ein Rädergetriebe mit Über- oder Untersetzung anwenden zu können, braucht man nur noch die wirklichen Werte der Koeffizienten c_{n+1}' und c_{2n+3} in (**16**, 16) bis (**16**, 18). Wir wollen sie allgemein für Hauptmaschinen, die auch ungleich sein dürfen, und für beliebige, ebenfalls möglicherweise ungleiche Übersetzungen angeben (da wir sie in Ziff. **29** so gebrauchen werden). Hierzu muß man offenbar die beiden Elementarsysteme von Abb. 39 und 40 betrachten. Für das erste (Abb. 39) findet man genau wie in Ziff. **12**,

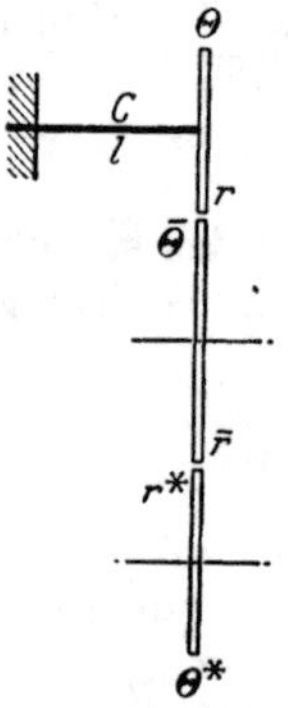

Abb. 39.
Erstes Elementarsystem eines Doppelgetriebes.

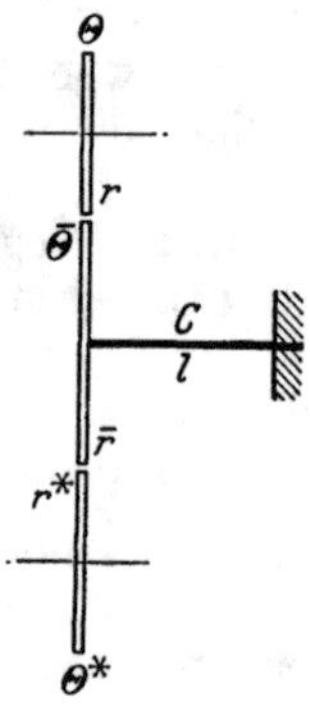

Abb. 40.
Zweites Elementarsystem eines Doppelgetriebes.

$$z = \frac{\varepsilon^2 C}{l(\bar{\Theta} + \varepsilon^2 \Theta + \varepsilon^{*2} \Theta^*)},$$

für das zweite (Abb. 40)

$$z = \frac{C}{l(\bar{\Theta} + \varepsilon^2 \Theta + \varepsilon^{*2} \Theta^*)}$$

mit den Untersetzungszahlen

$$\varepsilon = \frac{\bar{r}}{r} \quad \text{und} \quad \varepsilon^* = \frac{\bar{r}}{r^*} \tag{1}$$

und hat somit für das Doppelgetriebe Abb. 41 folgende Koeffizienten:

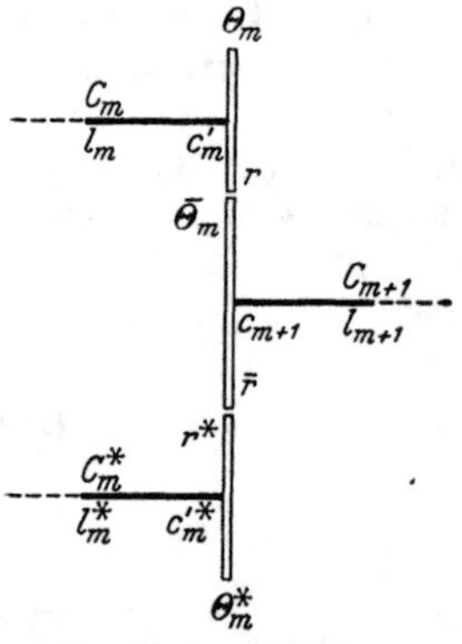

Abb. 41. Doppelgetriebe.

$$\left.\begin{aligned} c_m' &= \frac{\varepsilon^2 C_m}{l_m(\bar{\Theta}_m + \varepsilon^2 \Theta_m + \varepsilon^{*2} \Theta_m^*)}, \\ c_m'^* &= \frac{\varepsilon^{*2} C_m^*}{l_m^*(\bar{\Theta}_m + \varepsilon^2 \Theta_m + \varepsilon^{*2} \Theta_m^*)}, \\ c_{m+1} &= \frac{C_{m+1}}{l_{m+1}(\bar{\Theta}_m + \varepsilon^2 \Theta_m + \varepsilon^{*2} \Theta_m^*)}. \end{aligned}\right\} \tag{2}$$

Damit ist der Weg offen für die jetzt folgenden Rechenformeln.

18. Rechenformeln für parallel geschaltete Maschinen. Die im folgenden gleichbezifferten Maschinen a und b besitzen jeweils dieselben Formeln, nur ist von den Drehmassen Θ der beiden Ritzel des Getriebes bei der Maschine b natürlich bloß eine in den Koeffizienten (**17**, 2) mitzuzählen. Bei den Maschinen a setzen wir gleiche Ritzel $\Theta = \Theta^*$ und gleiche Untersetzungszahlen $\varepsilon = \varepsilon^*$ voraus. Gemeinsame Hilfsfunktionen sind auch hier

$$\zeta' \equiv \zeta - (\gamma_1 + \gamma_1'), \qquad \zeta'' \equiv \zeta - (\gamma_2 + \gamma_2'), \qquad \zeta''' \equiv \zeta - (\gamma_3 + \gamma_3').$$

Die erste Frequenzfunktion bedeutet jeweils, daß die beiden Hauptmaschinen in gleicher Phase, die zweite, daß sie in entgegengesetzter Phase schwingen.

Maschine XIIa (Abb. 42) und XIIb (Abb. 43).

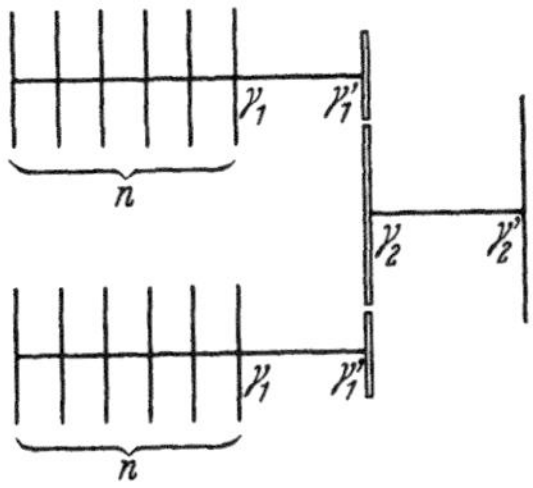

Abb. 42.

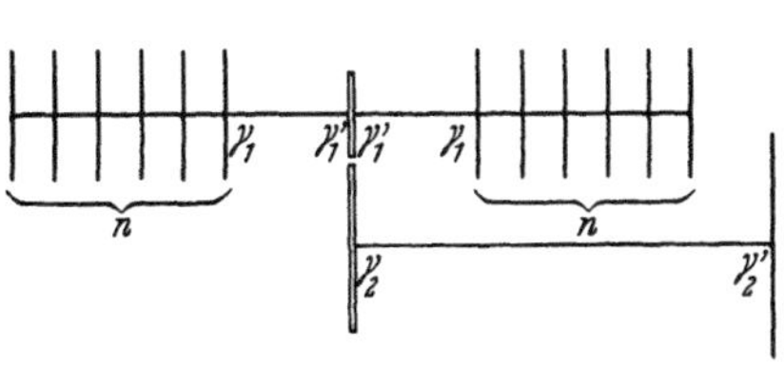

Abb. 43.

Hilfsfunktionen:

$$\zeta' \equiv \zeta - \gamma_1,$$
$$\bar{\zeta}'' \equiv \zeta + \gamma_2 - \gamma_2',$$
$$\zeta^{II} \equiv \zeta' \zeta'' - \gamma_1' \bar{\zeta}''.$$

Erste Frequenzfunktion: $\varphi_{n+2}' \equiv \zeta^{II} \varphi_n - \gamma_1 \zeta'' \varphi_{n-1}$.

Zweite Frequenzfunktion: $\varphi_{n+1}'' \equiv \bar{\zeta}' \varphi_n - \gamma_1 \varphi_{n-1}$.

Maschine XIIIa (Abb. 44) und XIIIb (Abb. 45).

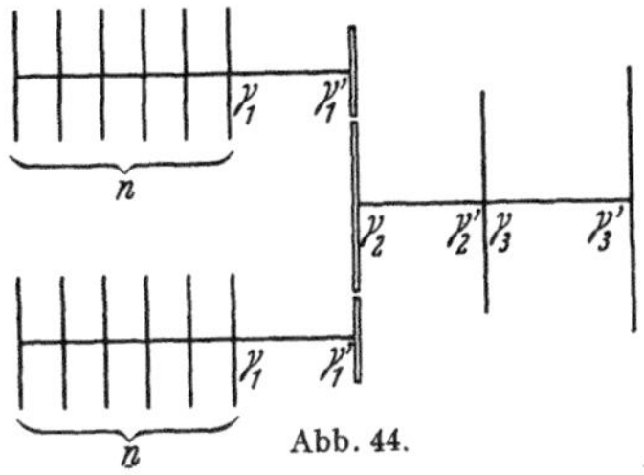

Abb. 44.

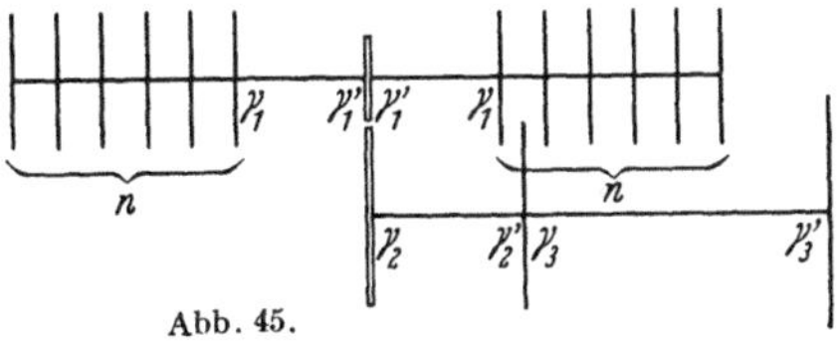

Abb. 45.

Hilfsfunktionen:

$$\bar{\zeta}' \equiv \zeta - \gamma_1,$$
$$\bar{\zeta}'' \equiv \zeta + \gamma_2 - \gamma_2',$$
$$\zeta^* \equiv \bar{\zeta}'' \zeta''' - \gamma_2' \gamma_3,$$
$$\zeta^{II} \equiv \zeta'' \zeta''' - \gamma_2' \gamma_3,$$
$$\zeta^{III} \equiv \zeta' \zeta^{II} - \gamma_1' \zeta^*.$$

Erste Frequenzfunktion: $\varphi_{n+3}' \equiv \zeta^{III} \varphi_n - \gamma_1 \zeta^{II} \varphi_{n-1}$.

Zweite Frequenzfunktion: $\varphi_{n+1}'' \equiv \bar{\zeta}' \varphi_n - \gamma_1 \varphi_{n-1}$.

Maschine XIVa (Abb. 46) und XIVb (Abb. 47).

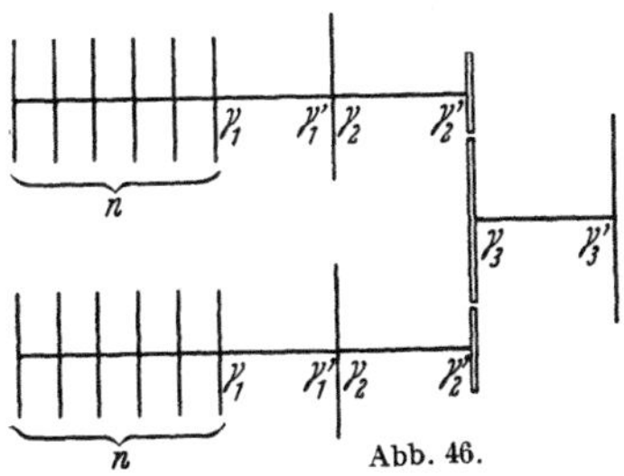

Abb. 46.

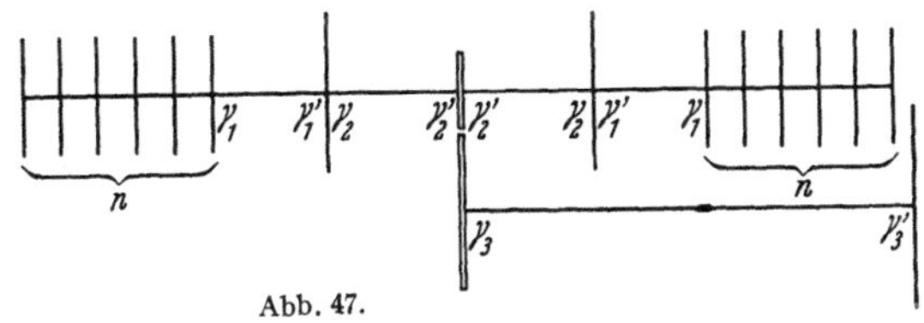

Abb. 47.

Hilfsfunktionen:

$$\zeta'' \equiv \zeta - \gamma_2,$$
$$\zeta''' \equiv \zeta + \gamma_3 - \gamma_3',$$
$$\zeta^{II} \equiv \zeta'' \zeta''' - \gamma_2' \bar{\zeta}''',$$
$$\zeta^{III} \equiv \zeta' \zeta^{II} - \gamma_1' \gamma_2 \zeta''',$$
$$\zeta^* \equiv \zeta' \bar{\zeta}'' - \gamma_1' \gamma_2.$$

Erste Frequenzfunktion: $\varphi'_{n+3} \equiv \zeta^{III} \varphi_n - \gamma_1 \zeta^{II} \varphi_{n-1}$.

Zweite Frequenzfunktion: $\varphi''_{n+2} \equiv \zeta^* \varphi_n - \gamma_1 \bar{\zeta}'' \varphi_{n-1}$.

Maschine XVa (Abb. 48) und XVb (Abb. 49).

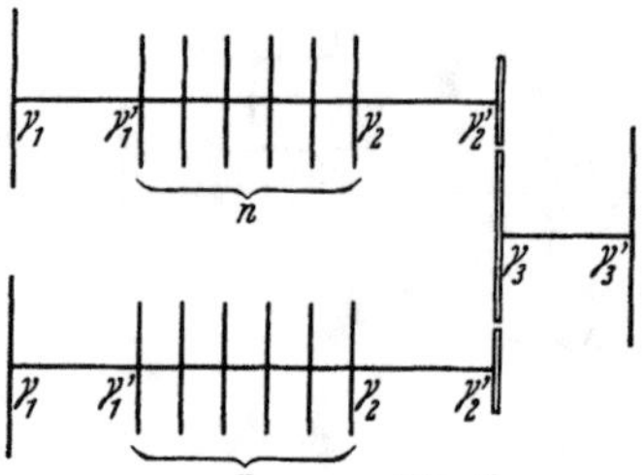

Abb 48.

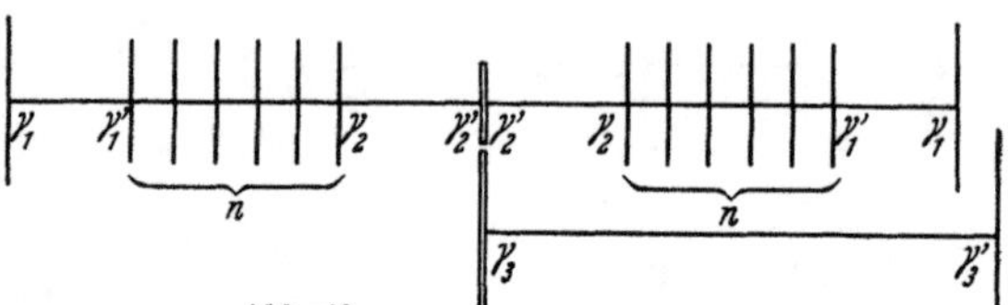

Abb. 49.

Hilfsfunktionen:

$$\bar{\zeta}' \equiv \zeta(1-\gamma'_1) - \gamma_1 + \gamma'_1,$$
$$\zeta'' \equiv \zeta - \gamma_2,$$
$$\bar{\zeta}''' \equiv \zeta + \gamma_3 - \gamma'_3,$$
$$\bar{\zeta}^{II} \equiv \zeta'' \zeta''' - \gamma'_2 \bar{\zeta}''',$$
$$\zeta^{II} \equiv \gamma'_1 \bar{\zeta}^{II} + \gamma_2 \bar{\zeta}' \zeta''',$$
$$\zeta^{III} \equiv \zeta' \bar{\zeta}^{II} - \gamma'_1 \gamma_2 \zeta''',$$
$$\zeta^* \equiv \gamma_2 \bar{\zeta}' + \gamma'_1 \bar{\zeta}'' \equiv (\gamma'_1 + \gamma_2 - \gamma'_1 \gamma_2)\zeta - \gamma_1 \gamma_2,$$
$$\zeta^{**} \equiv \zeta' \bar{\zeta}'' - \gamma'_1 \gamma_2.$$

Erste Frequenzfunktion: $\varphi'_{n+3} \equiv \zeta^{III} \varphi_n - \zeta^{II} \varphi_{n-1}$.

Zweite Frequenzfunktion: $\varphi''_{n+2} \equiv \zeta^{**} \varphi_n - \zeta^* \varphi_{n-1}$.

Maschine XVI (Abb. 50). Dieselben Formeln wie Maschine XIIa, jedoch mit

$$\bar{\zeta}'' \equiv 3\,\zeta + \gamma_2 - 3\,\gamma'_2.$$

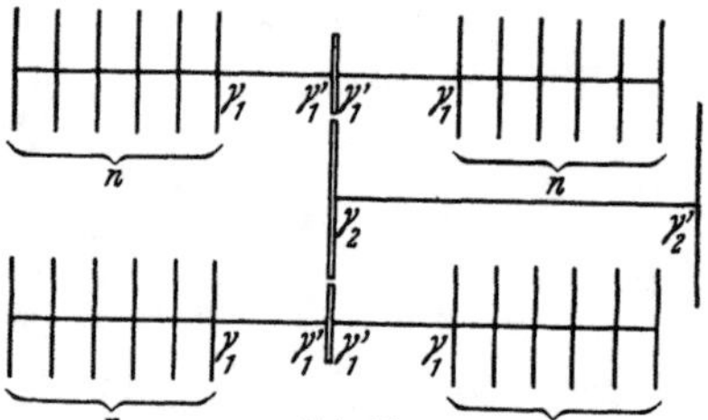

Abb. 50.

Maschine XVII (Abb. 51). Dieselben Formeln wie Maschine XIIIa, jedoch mit

$$\bar{\zeta}'' \equiv 3\,\zeta + \gamma_2 - 3\,\gamma'_2$$

und $\zeta^* \equiv \bar{\zeta}'' \zeta''' - 3\,\gamma'_2 \gamma_3$.

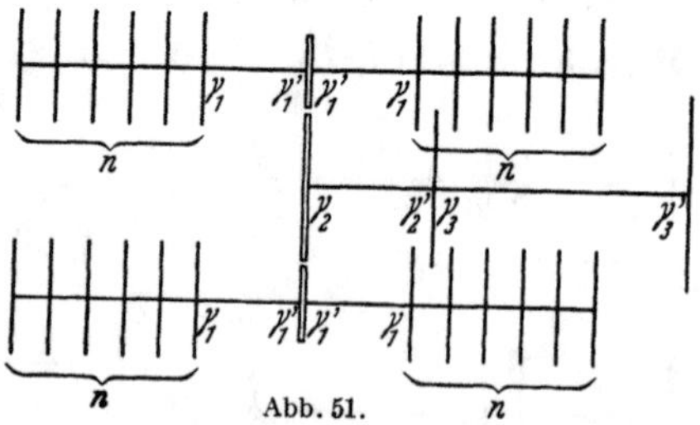

Abb. 51.

Maschine XVIII (Abb. 52). Dieselben Formeln wie Maschine XIVa, jedoch mit

$$\bar{\zeta}''' \equiv 3\,\zeta + \gamma_3 - 3\,\gamma'_3.$$

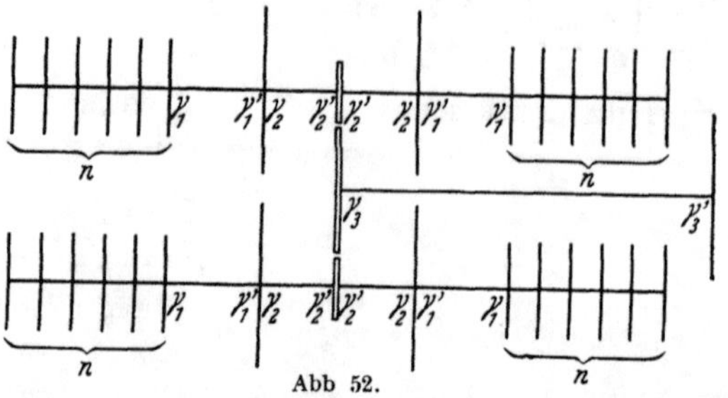

Abb 52.

Maschine XIX (Abb. 53). Dieselben Formeln wie Maschine XVa, jedoch mit

$\zeta''' \equiv 3\zeta + \gamma_3 - 3\gamma_3'$.

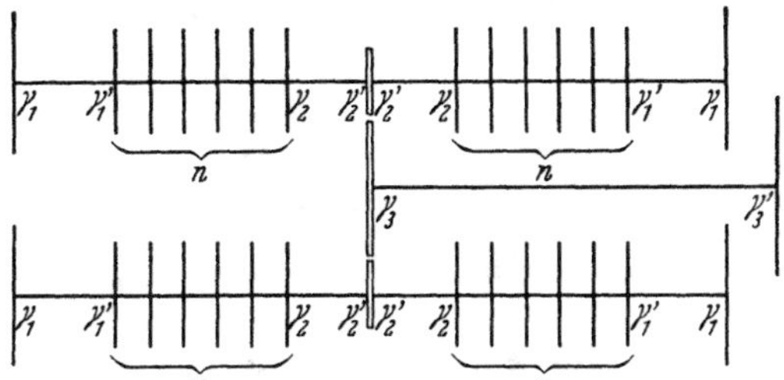

Abb. 53.

§ 5. Die Eigenschwingungen verzweigter Maschinen.

19. Die Frequenzfunktion. Als Beispiel einer verzweigten Maschine behandeln wir den Typ von Abb. 54. Auch hier nehmen wir zunächst an, daß das Rädergetriebe ohne Übersetzung und ohne Untersetzung arbeite, und bezeichnen dann die Summe der Getriebedrehmassen $\Theta_{n+1} + \bar{\Theta}_{n+1} + \bar{\Theta}^*_{n+1}$ kurzweg mit Θ_{n+1}. Die Gleichungen (**7**, 7) bis (**7**, 13) und (**7**, 16) gelten unverändert bis zum Wellenstück l_{n+1}. Von da an müssen wir die Rekursionsformeln neu herleiten.

Zunächst hat man mit den wie in (**16**, 1) gebildeten Koeffizienten c_{n+1}, c'_{n+1}, c_{n+2}, c'_{n+2}, c^*_{n+2}, c'^*_{n+2} genau wie in (**7**, 7) bis (**7**, 9)

$$x_{n+1} = c_{n+1}\Theta_n u_n - c'_{n+1}\Theta_{n+1}u_{n+1}, \tag{1}$$

$$x_{n+2} = c_{n+2}\Theta_{n+1}u_{n+1} - c'_{n+2}\Theta_{n+2}u_{n+2}, \tag{2}$$

$$x^*_{n+2} = c^*_{n+2}\Theta_{n+1}u_{n+1} - c'^*_{n+2}\Theta^*_{n+2}u^*_{n+2} \tag{3}$$

und ähnlich wie in (**7**, 10) bis (**7**, 13)

$$\Theta_n u_n z = -x_n + x_{n+1}, \tag{4}$$

$$\Theta_{n+1}u_{n+1}z = -x_{n+1} + x_{n+2} + x^*_{n+2}, \tag{5}$$

$$\Theta_{n+2}u_{n+2}z = -x_{n+2} + x_{n+3}, \tag{6}$$

$$\Theta^*_{n+2}u^*_{n+2}z = -x^*_{n+2} + x^*_{n+3}, \tag{7}$$

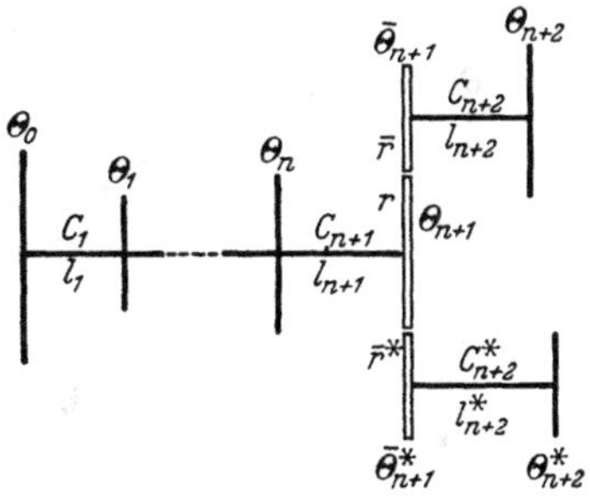

Abb. 54. Maschine mit Verzweigung.

wo $x_{n+3} = 0$ und $x^*_{n+3} = 0$ ist, falls die Zweige mit Θ_{n+2} und Θ^*_{n+2} aufhören. Aus (1), (4) und (5) wird u_n und u_{n+1} eliminiert, aus (2), (5), (6) ebenso u_{n+1}, u_{n+2}, aus (3), (5), (7) endlich u_{n+1}, u^*_{n+2}; dies gibt der Reihe nach

$$c'_{n+1}(x_{n+2} + x^*_{n+2}) = (c_{n+1} + c'_{n+1} - z)\,x_{n+1} - c_{n+1}x_n, \tag{8}$$

$$0 = c'_{n+2}x_{n+3} = (c_{n+2} + c'_{n+2} - z)\,x_{n+2} - c_{n+2}x_{n+1} + c_{n+2}x^*_{n+2}, \tag{9}$$

$$0 = c'^*_{n+2}x^*_{n+3} = (c^*_{n+2} + c'^*_{n+2} - z)\,x^*_{n+2} - c^*_{n+2}x_{n+1} + c^*_{n+2}x_{n+2}. \tag{10}$$

Mit den in (**7**, 19) definierten Frequenzfunktionen f_{n-1} und f_n, denen wir analog f_{n+1}, f_{n+2}, f^*_{n+1}, f^*_{n+2} hinzufügen, definiert durch

$$\left.\begin{aligned} x_{n+2} &\equiv (-1)^{n+1}\frac{x_1}{c'_1\cdots c'_{n+1}}f_{n+1}(z), & x_{n+3} &\equiv (-1)^{n+2}\frac{x_1}{c'_1\cdots c'_{n+1}c'_{n+2}}f_{n+2}(z),\\ x^*_{n+2} &\equiv (-1)^{n+1}\frac{x_1}{c'_1\cdots c'_{n+1}}f^*_{n+1}(z), & x^*_{n+3} &\equiv (-1)^{n+2}\frac{x_1}{c'_1\cdots c'_{n+1}c'^*_{n+2}}f^*_{n+2}(z),\end{aligned}\right| \tag{11}$$

und mit den Abkürzungen

$$z' \equiv z - c_{n+1} - c'_{n+1}, \qquad z'' \equiv z - c_{n+2} - c'_{n+2}, \qquad z''^* \equiv z - c^*_{n+2} - c'^*_{n+2} \tag{12}$$

werden aus (8) bis (10) die neuen Rekursionsformeln für f_{n+1} bis f^*_{n+2}

$$f_{n+1}+f^*_{n+1}\equiv z' f_n - c'_n c_{n+1} f_{n-1}, \tag{13}$$

$$0=f_{n+2}\equiv z'' f_{n+1} - c_{n+2} f^*_{n+1} - c'_{n+1} c_{n+2} f_n, \tag{14}$$

$$0=f^*_{n+2}\equiv z''^* f^*_{n+1} - c^*_{n+2} f_{n+1} - c'_{n+1} c^*_{n+2} f_n. \tag{15}$$

Um hieraus für die Maschine Abb. 54 die Frequenzfunktion f'_{n+3} herzuleiten, berechnen wir aus (14) und (15) f_{n+1} und f^*_{n+1}, ausgedrückt in f_n, und setzen diese Werte in (13) ein. So kommt

$$\left.\begin{aligned} 0=f'_{n+3}\equiv \left[z'(z''z''^* - c_{n+2}c^*_{n+2}) - c'_{n+1}c^*_{n+2}(z''+c_{n+2}) - c'_{n+1}c_{n+2}(z''^*+c^*_{n+2})\right] f_n - \\ - c'_n c_{n+1}(z''z''^* - c_{n+2}c^*_{n+2}) f_{n-1}. \end{aligned}\right\} \tag{16}$$

Sind insbesondere die beiden Zweige gleich, so daß man die Sterne weglassen darf, so kann man die Frequenzfunktion in ein Produkt zerlegen und erhält die folgenden beiden Frequenzgleichungen der Maschine:

$$\left.\begin{aligned} 0=f'_{n+2}&\equiv\left[z'(z''-c_{n+2}) - 2c'_{n+1}c_{n+2}\right] f_n - c'_n c_{n+1}(z''-c_{n+2}) f_{n-1}, \\ 0=f'_1&\equiv z''+c_{n+2}\equiv z - c'_{n+2}. \end{aligned}\right\} \tag{17}$$

Die erste dieser beiden Frequenzgleichungen gibt diejenigen Eigenschwingungen, bei denen die Drehmassen Θ_{n+2} der Zweige im gleichen Sinne schwingen. Bei der zweiten Frequenzfunktion schwingen sie im entgegengesetzten Sinne, so daß das Rädergetriebe einen Knotenpunkt bildet und die vorangehenden Drehmassen Θ_0 bis Θ_n ebenfalls in Ruhe bleiben können.

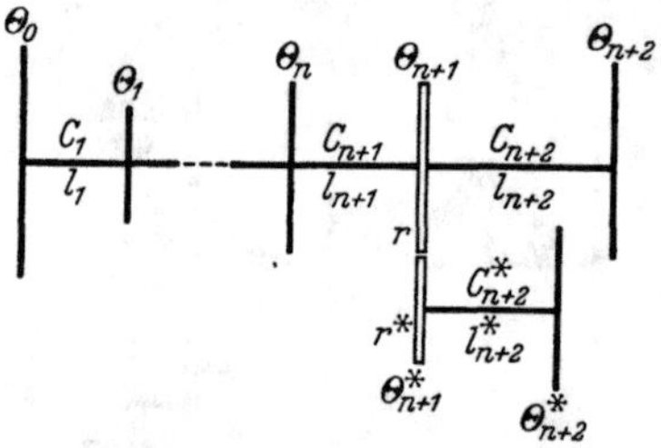

Abb. 55. Maschine mit Abzweigung.

In der Frequenzfunktion (16) ist übrigens auch die Maschine Abb. 55 enthalten, wenn man jetzt die Summe $\Theta_{n+1}+\Theta^*_{n+1}$ kurz mit Θ_{n+1} bezeichnet.

20. Die Koeffizienten eines Verzweigungsgetriebes. Um diese Formeln auch auf Rädergetriebe mit Über- oder Untersetzung anwenden zu können, brauchen wir noch die Werte der Koeffizienten c'_{n+1}, c_{n+2} und c^*_{n+2}, für die wir jetzt allgemeiner c'_m, c_{m+1} und c^*_{m+1} (vgl. Ziff. **17**) schreiben wollen. Führt man hier die Übersetzungszahlen

$$\bar\varepsilon=\frac{r}{\bar r}, \qquad \bar\varepsilon^*=\frac{r}{\bar r^*} \qquad \left(\text{bzw. bei Abb. 55: } \varepsilon^*=\frac{r}{r^*}\right) \tag{1}$$

ein, so findet man genau wie in Ziff. **17** für die Maschine Abb. 54

$$\left.\begin{aligned} c'_m &= \frac{C_m}{l_m(\Theta_m+\bar\varepsilon^2\bar\Theta_m+\bar\varepsilon^{*2}\bar\Theta^*_m)}, \\ c_{m+1} &= \frac{\bar\varepsilon^2 C_{m+1}}{l_{m+1}(\Theta_m+\bar\varepsilon^2\bar\Theta_m+\bar\varepsilon^{*2}\bar\Theta^*_m)}, \\ c^*_{m+1} &= \frac{\bar\varepsilon^{*2} C^*_{m+1}}{l^*_{m+1}(\Theta_m+\bar\varepsilon^2\bar\Theta_m+\bar\varepsilon^{*2}\bar\Theta^*_m)}. \end{aligned}\right\} \tag{2}$$

Sind die Zweige gleich, so kommt einfach

$$\left.\begin{aligned} c'_m &= \frac{C_m}{l_m(\Theta_m+2\bar\varepsilon^2\bar\Theta_m)}, \\ c_{m+1} &= \frac{\bar\varepsilon^2 C_{m+1}}{l_{m+1}(\Theta_m+2\bar\varepsilon^2\bar\Theta_m)}. \end{aligned}\right\} \tag{3}$$

Für die Maschine Abb. 55 endlich hat man

$$\left.\begin{aligned} c_m' &= \frac{C_m}{l_m(\Theta_m + \varepsilon^{*2}\Theta_m^*)}, \\ c_{m+1} &= \frac{C_{m+1}}{l_{m+1}(\Theta_m + \varepsilon^{*2}\Theta_m^*)}, \\ c_{m+1}^* &= \frac{\varepsilon^{*2} C_{m+1}^*}{l_{m+1}^*(\Theta_m + \varepsilon^{*2}\Theta_m^*)}. \end{aligned}\right\} \tag{4}$$

21. Rechenformeln für gleichartig verzweigte Maschinen. Die zum Rädergetriebe benachbarten reduzierten Koeffizienten γ und γ' sind mit (**20**, 3) zu bilden. Gemeinsame Hilfsfunktionen sind

$$\zeta' \equiv \zeta - (\gamma_1 + \gamma_1'), \quad \zeta'' \equiv \zeta - (\gamma_2 + \gamma_2'), \quad \zeta''' \equiv \zeta - (\gamma_3 + \gamma_3'),$$
$$\bar\zeta'' \equiv \zeta - (2\gamma_2 + \gamma_2'), \quad \bar\zeta''' \equiv \zeta - (2\gamma_3 + \gamma_3').$$

Man bemerkt, daß die erste Frequenzfunktion jedesmal aus derjenigen der entsprechenden Maschine von Ziff. **11** hervorgeht, wenn man dort den Koeffizienten γ verdoppelt, der unmittelbar „rechts" neben dem Rädergetriebe steht. Die zweite Frequenzfunktion ist diejenige eines Ein- bzw. Zweimassensystems mit Einspannung.

Maschine XX (Abb. 56).

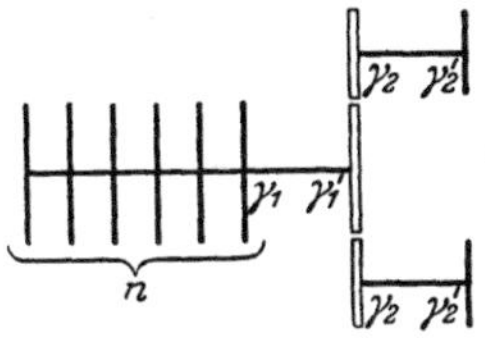

Abb. 56

Hilfsfunktion: $\zeta^{II} \equiv \zeta' \bar\zeta'' - 2\gamma_1'\gamma_2$.

Erste Frequenzfunktion: $\varphi_{n+2}' \equiv \zeta^{II}\varphi_n - \gamma_1\bar\zeta''\varphi_{n-1}$.

Zweite Frequenzfunktion: $\varphi_1'' \equiv \zeta - \gamma_2'$.

Maschine XXI (Abb. 57).

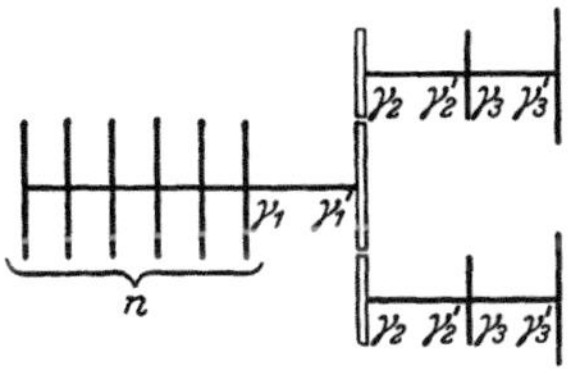

Abb. 57.

Hilfsfunktionen:

$$\zeta^{II} \equiv \bar\zeta'' \zeta''' - \gamma_2'\gamma_3,$$
$$\zeta^{III} \equiv \zeta' \zeta^{II} - 2\gamma_1'\gamma_2\zeta'''.$$

Erste Frequenzfunktion: $\varphi_{n+3}' \equiv \zeta^{III}\varphi_n - \gamma_1\zeta^{II}\varphi_{n-1}$.

Zweite Frequenzfunktion: $\varphi_2'' \equiv \zeta'''(\zeta - \gamma_2') - \gamma_2'\gamma_3$.

Maschine XXII (Abb. 58).

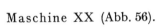

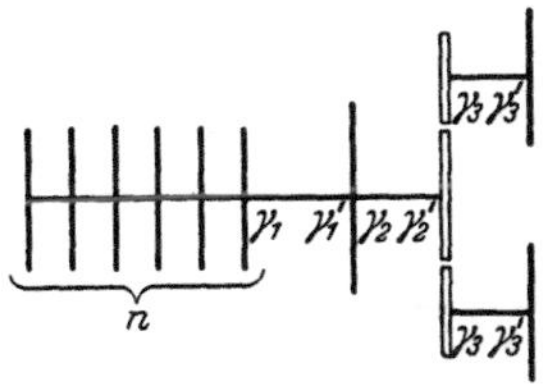

Abb. 58.

Hilfsfunktionen:

$$\zeta^{II} \equiv \zeta'' \bar\zeta''' - 2\gamma_2'\gamma_3,$$
$$\zeta^{III} \equiv \zeta' \zeta^{II} - \gamma_1'\gamma_2\bar\zeta'''.$$

Erste Frequenzfunktion: $\varphi'_{n+3} \equiv \zeta^{III}\varphi_n - \gamma_1\zeta^{II}\varphi_{n-1}$.
Zweite Frequenzfunktion: $\varphi''_1 \equiv \zeta - \gamma'_3$.

Maschine XXIII (Abb. 59).

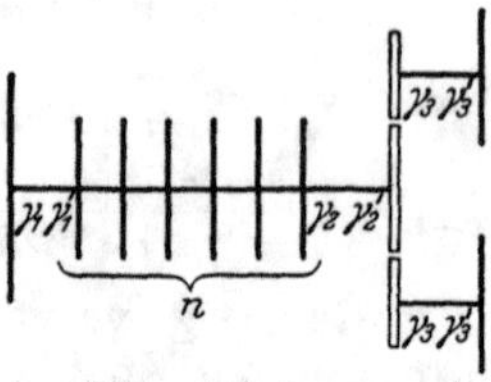

Abb. 59.

Hilfsfunktionen:

$$\zeta^* \equiv (\gamma'_1 + \gamma_2 - \gamma'_1\gamma_2)\zeta - (\gamma_1\gamma_2 + \gamma'_1\gamma'_2),$$
$$\zeta^{**} \equiv \zeta'\zeta'' - \gamma'_1\gamma_2,$$
$$\zeta^{II} \equiv \bar{\zeta}'''\zeta^* - 2\gamma'_1\gamma'_2\gamma_3,$$
$$\zeta^{III} \equiv \bar{\zeta}'''\zeta^{**} - 2\gamma'_2\gamma_3\zeta'.$$

Erste Frequenzfunktion: $\varphi'_{n+3} \equiv \zeta^{III}\varphi_n - \zeta^{II}\varphi_{n-1}$.
Zweite Frequenzfunktion: $\varphi''_1 \equiv \zeta - \gamma'_3$.

§ 6. Die erzwungenen Schwingungen.

22. Die Ansätze für die erzwungenen Schwingungen. Während man die Eigenschwingungen lediglich deswegen untersucht, weil man die resonanzgefährlichen Eigenfrequenzen kennen will, so richtet sich bei den erzwungenen Schwingungen das Augenmerk hauptsächlich auf die Beanspruchung der Welle, d. h. auf die Torsionsmomente M_k, die durch Zwangsmomente $\mathfrak{M}_k$ von gegebener Frequenz α in der Welle hervorgerufen werden. Hierbei sei daran erinnert, daß, wie in Ziff. **3** angegeben, $\mathfrak{M}_k$ die Schwankung des äußeren Momentes auf die Drehmasse Θ_k um seinen Mittelwert vorstellt und demgemäß M_k das zusätzliche Torsionsmoment, das von der Schwingung allein herrührt und zu der stationären Beanspruchung des k-ten Wellenstückes hinzutritt.

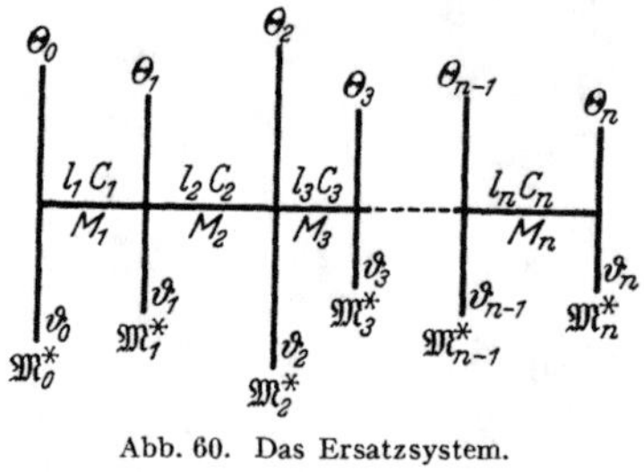

Abb. 60. Das Ersatzsystem.

Um die M_k zu finden[1]), knüpfen wir an die Bewegungsgleichungen (**4**, 1) an. Für eine Näherung erster Ordnung dürfen wir wieder statt Ψ_k den Mittelwert $\bar{\Theta}_k$ (**4**, 2) oder besser (**4**, 4) einführen und haben dann

$$\Theta_k\ddot{\vartheta}_k - \frac{C_k}{l_k}(\vartheta_{k-1} - \vartheta_k) + \frac{C_{k+1}}{l_{k+1}}(\vartheta_k - \vartheta_{k+1}) = \mathfrak{M}_k - \frac{1}{2}\Psi'_k\omega^2 \quad (k = 0, 1, 2, \ldots, n). \quad (1)$$

Hierin sind sowohl die vom Kolbendruck herrührenden Zwangsmomente $\mathfrak{M}_k$ wie auch die Größe Ψ'_k periodische Funktionen des Kurbelwinkels ψ_k oder auch (wie in Ziff. **4** erwähnt) genau genug von seinem stationären Wert ωt. Wir führen die effektiven Zwangsmomente

$$\mathfrak{M}_k^* = \mathfrak{M}_k - \frac{1}{2}\Psi'_k\omega^2 \qquad (k = 0, 1, 2, \ldots, n) \qquad (2)$$

ein. Zumeist läßt man das zweite Glied $-\frac{1}{2}\Psi'_k\omega^2$ in der ersten Näherung weg. Bei rasch laufenden Maschinen ist diese übliche Vereinfachung $\mathfrak{M}_k^* = \mathfrak{M}_k$ jedoch recht bedenklich und nicht zu empfehlen. Das so entstandene Ersatzsystem zeigt Abb. 60.

Jedenfalls bietet es keine Schwierigkeit, das effektive Zwangsmoment $\mathfrak{M}_k^*$ etwa nach der Vorschrift von Kap. XII, Ziff. **8** zu bilden (indem man vom nutzbaren Drehmoment $\mathfrak{M}_k^{(n)}$ seinen Mittelwert $\bar{\mathfrak{M}}_k$ abzieht) und sodann $\mathfrak{M}_k^*$ in eine

[1]) R. GRAMMEL, Die erzwungenen Drehschwingungen von Kurbelwellen, Ing.-Arch. 3 (1932) S. 76.

Fouriersche Reihe zu entwickeln. Wegen des Überlagerungsprinzips dürfen wir uns jeweils auf ein einziges Fourierglied beschränken und setzen also

$$\mathfrak{M}_k^* = \mathfrak{m}_k \cos(2\pi\alpha t - \delta_k), \tag{3}$$

wo $\mathfrak{m}_k$ die (durch die Fourierzerlegung gelieferte) Amplitude, α die vorgegebene Zwangsfrequenz (je Zeiteinheit) und δ_k der Phasenwinkel ist, der folgenderweise bestimmt wird: man markiert die Nullage der Welle, also ihre Stellung zur Zeit $t=0$, und stellt fest, zu welcher Zeit t_k das reduzierte Moment $\mathfrak{M}_k^*$ am Kurbelgetriebe k seinen Größtwert $\mathfrak{m}_k$ erreicht; dann ist $\delta_k = 2\pi\alpha t_k$. Wir schreiben statt (3) lieber

$$\mathfrak{M}_k^* = a_k \cos 2\pi\alpha t + b_k \sin 2\pi\alpha t \qquad (k=0,1,2,\ldots,n) \tag{4}$$

mit

$$a_k = \mathfrak{m}_k \cos\delta_k, \qquad b_k = \mathfrak{m}_k \sin\delta_k, \qquad \mathfrak{m}_k = \sqrt{a_k^2 + b_k^2}. \tag{5}$$

Die a_k und b_k sind also als bekannt anzusehen.

Da die Bewegungsgleichungen (1) kein Dämpfungsglied enthalten, so ist die erzwungene Schwingung ϑ_k synchron mit dem Zwang $\mathfrak{M}_k^*$ und kann demnach mit den Unbekannten u_k und v_k in der Form angesetzt werden

$$\vartheta_k = u_k \cos 2\pi\alpha t + v_k \sin 2\pi\alpha t \qquad (k=0,1,2,\ldots,n); \tag{6}$$

die Amplitude ist

$$\bar{\vartheta}_k = \sqrt{u_k^2 + v_k^2}. \tag{7}$$

Dasselbe gilt von dem Torsionsmoment M_k des Wellenstückes l_k, wofür man also mit den Unbekannten x_k und y_k ansetzen darf

$$M_k = x_k \cos 2\pi\alpha t + y_k \sin 2\pi\alpha t \qquad (k=1,2,\ldots,n); \tag{8}$$

die Amplitude von M_k ist

$$m_k = \sqrt{x_k^2 + y_k^2}, \tag{9}$$

und es sei daran erinnert, daß $+M_k$ dasjenige Moment bedeutet, das von der Drehmasse Θ_{k-1} auf die Drehmasse Θ_k durch das Wellenstück l_k übertragen wird.

In dem besonderen Fall, daß die Maschine lauter gleiche Zylinder mit gleichen Indikatordiagrammen besitzt, kann man die a_k, b_k auf die Koeffizienten etwa des ersten Zylinders a_1, b_1 zurückführen. Ist nämlich die Kurbel des k-ten Zylinders um den Winkel δ_k (positiv gerechnet im Drehsinn der Maschine) versetzt, so ist auch

$$\mathfrak{M}_k^* = a_1 \cos(2\pi\alpha t + \delta_k) + b_1 \sin(2\pi\alpha t + \delta_k).$$

Der Vergleich mit (4) liefert

$$a_k = a_1 \cos\delta_k + b_1 \sin\delta_k, \qquad b_k = -a_1 \sin\delta_k + b_1 \cos\delta_k. \tag{10}$$

23. Die Rekursionsformeln für die Torsionsmomente. Zur Bestimmung der Unbekannten x_k, y_k, u_k, v_k hat man wie in Ziff. **7** einerseits die Torsionsgleichungen

$$\left.\begin{aligned} M_1 &= \frac{C_1}{l_1}(\vartheta_0 - \vartheta_1), \\ M_2 &= \frac{C_2}{l_2}(\vartheta_1 - \vartheta_2), \\ &\vdots \\ M_n &= \frac{C_n}{l_n}(\vartheta_{n-1} - \vartheta_n), \end{aligned}\right\} \tag{1}$$

andererseits die Bewegungsgleichungen (**22**, 1), in die man links wieder die Torsionsmomente M_k statt der Klammern $(\vartheta_{k-1}-\vartheta_k)$ einführt:

$$\left.\begin{aligned}
&\Theta_0\ddot{\vartheta}_0-M_0+M_1=\mathfrak{M}_0^*, \quad \text{wo} \quad M_0=0 \text{ ist},\\
&\Theta_1\ddot{\vartheta}_1-M_1+M_2=\mathfrak{M}_1^*,\\
&\Theta_2\ddot{\vartheta}_2-M_2+M_3=\mathfrak{M}_2^*,\\
&\vdots\\
&\Theta_n\ddot{\vartheta}_n-M_n+M_{n+1}=\mathfrak{M}_n^*, \quad \text{wo} \quad M_{n+1}=0 \text{ ist}.
\end{aligned}\right\} \tag{2}$$

Setzt man in diese $2n+1$ Gleichungen die Ansätze (**22**, 4), (**22**, 6) und (**22**, 8) ein und berücksichtigt zunächst nur die cos-Glieder, so kommen mit den früheren Abkürzungen

$$z=(2\pi\alpha)^2, \qquad c_k=\frac{C_k}{l_k\Theta_{k-1}}, \qquad c_k'=\frac{C_k}{l_k\Theta_k}$$

die beiden Gleichungssysteme

$$x_1=c_1\Theta_0u_0-c_1'\Theta_1u_1, \tag{3}$$
$$x_2=c_2\Theta_1u_1-c_2'\Theta_2u_2, \tag{4}$$
$$\vdots$$
$$x_n=c_n\Theta_{n-1}u_{n-1}-c_n'\Theta_nu_n$$

und

$$\Theta_0u_0z=-x_0+x_1-a_0, \quad \text{wo} \quad x_0=0 \text{ ist}, \tag{5}$$
$$\Theta_1u_1z=-x_1+x_2-a_1, \tag{6}$$
$$\Theta_2u_2z=-x_2+x_3-a_2, \tag{7}$$
$$\vdots$$
$$\Theta_nu_nz=-x_n+x_{n+1}-a_n, \quad \text{wo} \quad x_{n+1}=0 \text{ ist}. \tag{8}$$

Man hat nun die Wahl, aus diesen Gleichungen, in welchen übrigens z im Gegensatz zu früher keine Unbekannte, sondern eine vorgegebene Größe ist, entweder zuerst die unbekannten Torsionsausschläge u_k oder die unbekannten Amplituden x_k der Torsionsmomente M_k zu berechnen. Wir bevorzugen wie in Ziff. **7** den zweiten Weg, da er uns unmittelbar zu den praktisch wichtigeren Größen x_k führt, und eliminieren also aus (3), (5) und (6) die beiden Unbekannten u_0 und u_1, dann aus (4), (6) und (7) die beiden Unbekannten u_1 und u_2 usw. So erhalten wir allgemein die Rekursionsformeln für die Torsionsmomente

$$\left.\begin{aligned}
c_k'x_{k+1}=(c_k+c_k'-z)\,x_k-c_kx_{k-1}-c_ka_{k-1}+c_k'a_k \quad \text{mit} \quad x_0=0, \quad x_{n+1}=0\\
(k=1,2,\ldots,n).
\end{aligned}\right\} \tag{9}$$

Dies sind n lineare Gleichungen für die n Unbekannten $x_1, x_2, \ldots, x_n$. Hat man ihre Lösungen gefunden, so folgen natürlich auch die anderen $n+1$ Unbekannten u_k, falls man sie zu kennen wünscht, sofort aus den Gleichungen (5) bis (8).

24. Die Zweiteilung der Torsionsmomente. Die direkte Auflösung des Systems (**23**, 9) ist zwar möglich, aber für Maschinen mit vielen Zylindern außerordentlich mühsam und zahlenmäßig überhaupt kaum noch zu bewältigen, wenn es sich um einen größeren Bereich von z-Werten, also um einen ausgedehnteren Drehzahlbereich und, wie etwa bei einem Neuentwurf, um mehrmalige Variation der Konstruktionsunterlagen handelt. Wir wollen jetzt sehen, wie sich diese Schwierigkeit beseitigen und die direkte Auflösung des Systems (**23**, 9) umgehen läßt.

Hierzu zerspalten wir die Unbekannten x_k in je zwei Teile

$$x_k = x'_k + x''_k \qquad (k = 1, 2, \ldots, n), \tag{1}$$

nämlich so, daß der erste Teil x'_k der verkürzten Rekursionsformel

$$c'_k x'_{k+1} = (c_k + c'_k - z)\, x'_k - c_k x'_{k-1} \quad \text{mit} \quad x'_0 = 0, \quad x'_1 = x_1 \tag{2}$$

gehorcht, während der zweite Teil x''_k die unverkürzte Rekursionsformel

$$c'_k x''_{k+1} = (c_k + c'_k - z)\, x''_k - c_k x''_{k-1} - c_k a_{k-1} + c'_k a_k, \text{ jedoch mit } x''_0 = 0, \ x''_1 = 0, \tag{3}$$

befriedigt. Daß diese Zerspaltung zulässig ist, erkennt man, wenn man die Bedingungen (2) und (3) addiert: man wird zufolge (1) gerade wieder auf (**23**, 9) zurückgeleitet.

Was nun den ersten Teil betrifft, so erinnern wir uns daran, daß die verkürzte Rekursionsformel (2) vollkommen mit derjenigen (**7**, 16) übereinstimmt. Somit ist nach (**7**, 19) (wenn man den Zeiger k um 1 zurückschiebt)

$$x'_k = (-1)^{k-1} \frac{x_1}{c'_1 c'_2 \ldots c'_{k-1}} f_{k-1} \qquad (k = 2, 3, \ldots, n+1). \tag{4}$$

Hiernach ist x'_k auf die Frequenzfunktion f_{k-1} und den Wert x_1 zurückgeführt, den wir nachher bestimmen werden.

Um auch x''_k zu finden, müssen wir uns speziellen Maschinen zuwenden.

25. Die homogene Maschine. Für die homogene Maschine (Ziff. **9**) sind alle Koeffizienten einander gleich: $c_k = c'_k = c$ $(k = 1, 2, \ldots, n)$. Wir benützen wieder die reduzierten Größen $\zeta = z/c$ und $\varphi_k \equiv f_k/c^k$ und haben dann statt (**24**, 4)

$$x'_k = (-1)^{k-1} x_1 \varphi_{k-1} \qquad (k = 2, 3, \ldots, n+1), \tag{1}$$

womit die x'_k in den tabulierten Funktionen φ_k ausgedrückt sind (vorbehältlich der Bestimmung von x_1).

Nicht ganz so einfach ist es, auch die x''_k in den φ_k auszudrücken. Sie folgen gemäß (**24**, 3) den Gleichungen

$$x''_{k+1} = (2 - \zeta)\, x''_k - x''_{k-1} - (a_{k-1} - a_k) \quad \text{mit} \quad x''_0 = 0, \ \ x''_1 = 0 \ \ (k = 1, 2, \ldots, n). \tag{2}$$

Wir nehmen nun an, von den in (2) rechterhand stehenden Zwangsgliedern $(a_0 - a_1)$, $(a_1 - a_2), \ldots$ sei zunächst nur ein einziges vorhanden, nämlich das Glied $(a_{p-1} - a_p)$, wo p ein beliebig herausgegriffener, fester Zeiger sein soll. Dann liefern die Gleichungen (2), wenn wir sie als Rekursionsformeln auffassen, der Reihe nach

$$x''_0 = x''_1 = x''_2 = \cdots = x''_p = 0, \tag{3}$$

$$x''_{p+1} = -(a_{p-1} - a_p), \tag{4}$$

$$\begin{aligned} x''_{p+2} &= (2 - \zeta)\, x''_{p+1}, \\ x''_{p+3} &= (2 - \zeta)\, x''_{p+2} - x''_{p+1}, \\ &\vdots \\ x''_{p+s} &= (2 - \zeta)\, x''_{p+s-1} - x''_{p+s-2}. \end{aligned} \tag{5}$$

Multiplizieren wir aber die Rekursionsformel (**9**, 3) für die Funktionen φ_k mit dem Faktor $-(a_{p-1} - a_p)$, so entsteht daraus die Rekursionsformel

$$\bar{\varphi}_s = (\zeta - 2)\bar{\varphi}_{s-1} - \bar{\varphi}_{s-2} \quad \text{mit} \quad \bar{\varphi}_{-1} = 0, \qquad \bar{\varphi}_0 = -(a_{p-1} - a_p) \tag{6}$$

für die neue Funktion $\bar{\varphi}_s \equiv -(a_{p-1} - a_p)\varphi_s$, und der Vergleich von (6) mit (5) nebst (3) und (4) zeigt, daß

$$x''_{p+s} = (-1)^{s-1}\, \bar{\varphi}_{s-1} = (-1)^s (a_{p-1} - a_p)\, \varphi_{s-1}$$

ist. Somit gilt mit dem Zwangsglied $(a_{p-1}-a_p)$ allein

$$\text{für } k\leqq p: \quad x_k''=0,$$
$$\text{für } k>p: \quad x_k''=(-1)^{k-p}(a_{p-1}-a_p)\varphi_{k-p-1}.$$

Überlagert man diese Werte schließlich für alle Zwangsglieder (a_0-a_1), $(a_1-a_2),\ldots,(a_{n-1}-a_n)$, so kommt der Reihe nach

$$x_1''=0,$$
$$x_2''=-(a_0-a_1)\varphi_0,$$
$$x_3''=+(a_0-a_1)\varphi_1-(a_1-a_2)\varphi_0,$$

und allgemein

$$x_k''=(-1)^{k-1}\left[(a_0-a_1)\varphi_{k-2}-(a_1-a_2)\varphi_{k-3}+\cdots+(-1)^k(a_{k-2}-a_{k-1})\varphi_0\right]. \tag{7}$$

Wir definieren jetzt neben den tabulierten Frequenzfunktionen φ_k die aus ihnen und den gegebenen a_k aufgebauten Zwangsfunktionen

$$\Phi_k=(a_0-a_1)\varphi_{k-1}-(a_1-a_2)\varphi_{k-2}+\cdots+(-1)^{k-1}(a_{k-1}-a_k)\varphi_0 \quad (k=0,1,2,\ldots,n), \tag{8}$$

also im besonderen (wobei stets $\varphi_0\equiv 1$)

$$\Phi_0=0,$$
$$\Phi_1=(a_0-a_1)\varphi_0,$$
$$\Phi_2=(a_0-a_1)\varphi_1-(a_1-a_2)\varphi_0,$$
$$\Phi_3=(a_0-a_1)\varphi_2-(a_1-a_2)\varphi_1+(a_2-a_3)\varphi_0$$

und zuletzt

$$\Phi_n=(a_0-a_1)\varphi_{n-1}-(a_1-a_2)\varphi_{n-2}+\cdots+(-1)^{n-1}(a_{n-1}-a_n)\varphi_0, \tag{9}$$

und haben dann statt (7)

$$x_k''=(-1)^{k-1}\Phi_{k-1} \qquad (k=1,2,\ldots,n+1). \tag{10}$$

Mit (1) und (10) ist $x_k=x_k'+x_k''$ berechnet, nämlich

$$x_k=(-1)^{k-1}\left[\Phi_{k-1}+x_1\varphi_{k-1}\right]. \tag{11}$$

Um vollends noch x_1 zu ermitteln, drücken wir gemäß (**23**, 8) aus, daß $x_{n+1}=0$ sein muß, d. h. daß die Welle mit der Drehmasse Θ_n zu Ende ist. Wir haben nach (11) mit $k=n+1$

$$x_1\varphi_n+\Phi_n=0 \tag{12}$$

oder

$$x_1=-\frac{\Phi_n}{\varphi_n}, \tag{13}$$

falls wir voraussetzen, daß für die vorgegebene Zwangsfrequenz α die Frequenzfunktion φ_n nicht verschwindet. Diese Voraussetzung dürfen wir aber unbedenklich machen; denn φ_n wird seiner Bedeutung nach (Ziff. **9**) Null nur für die Eigenfrequenzen der Maschine, und diese sind wegen der Resonanzgefahr als Zwangsfrequenzen α völlig ausgeschlossen [abgesehen von dem Fall der Scheinresonanz, den wir später (§ 7) besonders behandeln werden].

Mit dem so gefundenen Wert (13) von x_1 kommen folgende Hauptformeln für die x_k, und ganz analog für die y_k, wenn wir ebenso die sin-Glieder der Zwangsmomente $\mathfrak{M}_k^*$ behandeln:

$$\left.\begin{aligned} x_k&=(-1)^{k-1}\left[\Phi_{k-1}-\frac{\varphi_{k-1}}{\varphi_n}\Phi_n\right],\\ y_k&=(-1)^{k-1}\left[\Psi_{k-1}-\frac{\varphi_{k-1}}{\varphi_n}\Psi_n\right]\end{aligned}\right\} \quad (k=1,2,\ldots,n). \tag{14}$$

Dabei sind

$$\Psi_k=(b_0-b_1)\varphi_{k-1}-(b_1-b_2)\varphi_{k-2}+\cdots+(-1)^{k-1}(b_{k-1}-b_k)\varphi_0 \quad (k=0,1,2,\ldots,n) \tag{15}$$

die mit den b_k statt den a_k angesetzten Zwangsfunktionen.

Die Hauptformeln (14) lösen für die homogene Maschine das Problem in geschlossener Form. Sie machen die zahlenmäßige Ermittlung der Torsionsmomente denkbar bequem zugänglich: man berechnet zuerst mit den Fourierkoeffizienten a_k und b_k aus den in Anhang V tabulierten Frequenzfunktionen φ_k für das Argument $\zeta = (2\pi\alpha)^2/c$ die beiden Reihen der Zwangsfunktionen Φ_k und Ψ_k und findet in einem kurzen zweiten Rechnungsgang gemäß (14) die x_k und y_k selbst. Diese Rechnung ist für jede vorgegebene Frequenz α selbst bei Maschinen mit vielen Zylindern so leicht und rasch zu bewältigen, daß es keine Schwierigkeiten mehr bereiten mag, sie für hinreichend viele Frequenzen α zu wiederholen und damit dann einen vollständigen Überblick über die Beanspruchung der Welle in einem größeren Bereich von Drehzahlen und auch für die Harmonischen verschiedener Ordnung zu gewinnen.

Nur nebenbei sei erwähnt, daß man die Amplitude m_k des Torsionsmomentes M_k anstatt nach der unbequemen pythagoreischen Formel (**22**, 9) lieber mit einem Hilfswinkel ε_k nach dem Schema

$$\operatorname{tg} \varepsilon_k = \left|\frac{y_k}{x_k}\right|, \qquad m_k = \frac{x_k}{\cos \varepsilon_k} \tag{16}$$

rechnen wird.

Die Hauptformeln (14) zeigen übrigens sehr sinnfällig, daß die Torsionsmomente M_k nicht von den Zwangsmomenten $\mathfrak{M}_k^*$ selbst, sondern lediglich von den Differenzen $(a_{k-1} - a_k)$ und $(b_{k-1} - b_k)$ ihrer Fourierkoeffizienten abhängen.

Da die Ausdrücke Φ_k und Ψ_k genau gleich gebaut sind und sich nur in den a_k und b_k unterscheiden, und da sich nach (**22**, 5) jedes Wertepaar a_k, b_k als rechtwinklige Komponenten eines Zwangsvektors $\mathfrak{m}_k$ vom Betrag $\mathfrak{m}_k$ und dem Azimut δ_k auffassen läßt, so kann man die Hauptformeln (14) in die einzige Vektorgleichung

$$\boldsymbol{m}_k = (-1)^{k-1}\left[\mathfrak{F}_{k-1} - \frac{\varphi_{k-1}}{\varphi_n}\mathfrak{F}_n\right] \quad (k = 1, 2, \ldots, n) \tag{17}$$

zusammenfassen, unter $\mathfrak{F}_k$ die mit den Vektoren $\mathfrak{m}_k$ statt der a_k geschriebenen Zwangsfunktionen Φ_k (8) verstanden. Diese Vektorgleichung zeigt, wie man die gesuchten Torsionsmomente auch graphisch finden kann: man geht von den Vektordifferenzen $(\mathfrak{m}_0 - \mathfrak{m}_1)$, $(\mathfrak{m}_1 - \mathfrak{m}_2), \ldots, (\mathfrak{m}_{n-1} - \mathfrak{m}_n)$ aus und konstruiert daraus mittels der φ_k-Tafeln die Vektoren $\mathfrak{F}_k$ und dann nach (17) die Vektoren $\boldsymbol{m}_k$. Deren Beträge sind die gesuchten m_k. (Über eine solche Konstruktion siehe Ziff. **34**.)

Wir berechnen auch noch die Torsionsausschläge für die homogene Maschine, also die Größen u_k und v_k. Sie folgen aus den Gleichungen (**23**, 5) bis (**23**, 8), wenn man dort die jetzigen Werte (14) von x_k und y_k einführt:

$$\left.\begin{aligned} u_k &= \frac{1}{\Theta z}\left\{(-1)^k\left[\Phi_{k-1} + \Phi_k - \frac{\varphi_{k-1}+\varphi_k}{\varphi_n}\Phi_n\right] - a_k\right\}, \\ v_k &= \frac{1}{\Theta z}\left\{(-1)^k\left[\Psi_{k-1} + \Psi_k - \frac{\varphi_{k-1}+\varphi_k}{\varphi_n}\Psi_n\right] - b_k\right\}, \end{aligned}\right| \quad (k = 0, 1, 2, \ldots, n); \tag{18}$$

hierbei ist $\Phi_{-1} = \Psi_{-1} = 0$ zu setzen. Man sieht hieraus, daß die Torsionswinkel $\vartheta_k = \sqrt{u_k^2 + v_k^2}$ nicht ganz so einfach zu ermitteln sind wie die praktisch viel wichtigeren Torsionsmomente. Natürlich könnte man die Gleichungen (18) ebenfalls wieder in eine Vektorformel zusammenziehen.

Handelt es sich insbesondere um die (durch irgendeinen Anstoß erregten) Eigenschwingungen der Welle, so erhält man mit $a_k = b_k = 0$ auch $x_k'' = 0$, so daß $x_k = x_k'$ wird. Die Bestimmungsgleichung (13) von x_1 ist jetzt von selbst erfüllt, da neben $\Phi_n = 0$ für die Eigenschwingungen auch $\varphi_n = 0$ ist, und x_1

bleibt unbestimmt. Hiernach kommt mit einem unbestimmten, von der zufälligen Stärke der Erregung bedingten Faktor a nach (1) für die Amplituden der Torsionsmomente

$$x_k^0 = (-1)^{k-1} a \varphi_{k-1}^0 \qquad (k = 1, 2, \ldots, n) \quad (19)$$

und für die Torsionsausschläge der Eigenschwingungen

$$u_k^0 = (-1)^k \frac{a}{\Theta z_i} (\varphi_{k-1}^0 + \varphi_k^0) \qquad (k = 0, 1, 2, \ldots, n). \quad (20)$$

Der obere Zeiger 0 soll ausdrücken, daß als Argument aller Funktionen φ_k eine Wurzel ζ_i der Frequenzgleichung $\varphi_n = 0$ zu nehmen ist. Insbesondere ist also in (20) neben $\varphi_{-1}^0 = 0$ auch $\varphi_n^0 = 0$ zu setzen. Außerdem sei daran erinnert, daß $z_i = c\zeta_i$ ist, so daß man in (20) den gemeinsamen Faktor $a/c\Theta$ als willkürlich ansehen mag.

26. Die homogene Maschine mit Zusatzdrehmassen. Jetzt übertragen wir die Ergebnisse auf diejenige Maschinengattung, die praktisch zumeist vorkommt, nämlich die homogene Maschine mit Zusatzdrehmassen wie Schwungrad, Kupplung, Dynamorotor, Pumpe usw. Der erste Teil x_k' von x_k ist durch die Formel (**24**, 4) gegeben, wofür wir jetzt schreiben mögen

$$x_k' = (-1)^{k-1} \frac{c^{k-1}}{c_1' c_2' \ldots c_{k-1}'} x_1 \varphi_{k-1}' \qquad (k = 2, 3, \ldots), \quad (1)$$

unter φ_k' die reduzierte Frequenzfunktion f_k/c^k der Maschine mit den Drehmassen Θ_0 bis Θ_k verstanden. Ist dies ein Teil des homogenen Kerns (hat also die Maschine nur Zusatzmassen „rechts" von Θ_k), so darf man statt φ_k' auch φ_k (tabulierte Funktion) schreiben; andernfalls ist für φ_k' die in Ziff. **11** aufgeschriebene Frequenzfunktion der Maschine $\Theta_0, \ldots, \Theta_k$ zu nehmen.

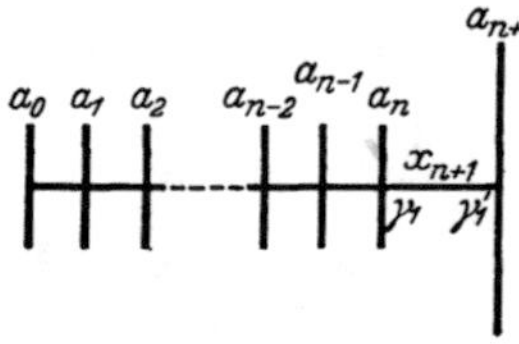

Abb. 61. Homogene Maschine mit einer Zusatzdrehmasse „rechts".

Für den zweiten Teil x_k'' von x_k haben wir zwei Fälle zu unterscheiden: nämlich ob die Zusatzdrehmassen „rechts" oder „links" an den homogenen Kern angefügt sind. Diese Unterscheidung ist deshalb nötig, weil wir auch Maschinen mit beiderseitigen Zusatzdrehmassen untersuchen wollen.

Ist also erstens eine Zusatzdrehmasse Θ_{n+1} „rechts" an den homogenen Kern angefügt (Abb. 61), so gelten die Formeln (**25**, 10) unverändert bis zum Zeiger $k = n+1$. Als neue $(n+1)$-te Gleichung tritt nach (**24**, 3) hinzu

$$\gamma_1' x_{n+2}'' = (\gamma_1 + \gamma_1' - \zeta) x_{n+1}'' - \gamma_1 x_n'' - \gamma_1 a_n + \gamma_1' a_{n+1}, \quad (2)$$

falls wir auch hier wieder die reduzierten Koeffizienten (**10**, 1) verwenden. Setzt man in (2) die Werte von x_n'' und x_{n+1}'' aus (**25**, 10) ein und definiert neben den Zwangsfunktionen (**25**, 8) noch eine weitere für den Zeiger $n+1$

$$\Phi_{n+1}' = \zeta' \Phi_n - \gamma_1 \Phi_{n-1} + (-1)^n (\gamma_1 a_n - \gamma_1' a_{n+1}) \quad (3)$$

und analog dazu Ψ_{n+1}' mit der schon früher benützten Hilfsfunktion

$$\zeta' = \zeta - (\gamma_1 + \gamma_1'), \quad (4)$$

so hat man statt (2)

$$\gamma_1' x_{n+2}'' = (-1)^{n+1} \Phi_{n+1}'. \quad (5)$$

Da nach (1)

$$\gamma_1' x_{n+2}' = (-1)^{n+1} x_1 \varphi_{n+1}' \quad (6)$$

ist, wo φ_{n+1}' die Frequenzfunktion (**10**, 2)

$$\varphi_{n+1}' = \zeta' \varphi_n - \gamma_1 \varphi_{n-1} \quad (7)$$

bedeutet, so lautet die Bestimmungsgleichung $x_{n+2}=x'_{n+2}+x''_{n+2}=0$ für x_1

$$x_1\varphi'_{n+1}+\Phi'_{n+1}=0. \tag{8}$$

Sie liefert unter der auch hier zulässigen Voraussetzung, daß $\varphi'_{n+1}\neq 0$ ist,

$$x_1=-\frac{\Phi'_{n+1}}{\varphi'_{n+1}}, \tag{9}$$

und hiernach kommen folgende Hauptformeln für x_k und y_k

$$\left.\begin{aligned} x_k&=(-1)^{k-1}\left[\Phi_{k-1}-\frac{\varphi_{k-1}}{\varphi'_{n+1}}\Phi'_{n+1}\right],\\ y_k&=(-1)^{k-1}\left[\Psi_{k-1}-\frac{\varphi_{k-1}}{\varphi'_{n+1}}\Psi'_{n+1}\right]\end{aligned}\right\}\quad (k=1,2,\ldots,n+1). \tag{10}$$

Es ist bemerkenswert, daß die Gestalt dieser Hauptformeln dieselbe geblieben ist wie bei der homogenen Maschine. Neben den schon dort berechneten Zwangsfunktionen sind nur noch die neuen Zwangsfunktionen Φ'_{n+1} und Ψ'_{n+1} sowie die Frequenzfunktion φ'_{n+1} auszurechnen, und auch dies geschieht an Hand der φ_k-Tafel ohne Mühe.

Die Formeln für die Winkelausschläge werden

$$\left.\begin{aligned} u_k&=\frac{1}{\Theta z}\left\{(-1)^k\left[\Phi_{k-1}+\Phi_k-\frac{\varphi_{k-1}+\varphi_k}{\varphi'_{n+1}}\Phi'_{n+1}\right]-a_k\right\},\\ v_k&=\frac{1}{\Theta z}\left\{(-1)^k\left[\Psi_{k-1}+\Psi_k-\frac{\varphi_{k-1}+\varphi_k}{\varphi'_{n+1}}\Psi'_{n+1}\right]-b_k\right\}\end{aligned}\right\}\quad (k=0,1,2,\ldots,n)$$

und

$$\begin{aligned} u_{n+1}&=\frac{1}{\Theta_{n+1}z}\left\{(-1)^{n+1}\left[\Phi_n-\frac{\varphi_n}{\varphi'_{n+1}}\Phi'_{n+1}\right]-a_{n+1}\right\},\\ v_{n+1}&=\frac{1}{\Theta_{n+1}z}\left\{(-1)^{n+1}\left[\Psi_n-\frac{\varphi_n}{\varphi'_{n+1}}\Psi'_{n+1}\right]-b_{n+1}\right\}.\end{aligned} \tag{11}$$

Für die Eigenschwingungen kommen jetzt die Formeln

$$x_k^0=(-1)^{k-1}a\varphi_{k-1}^0,\qquad (k=1,2,\ldots,n+1) \tag{12}$$

$$\left.\begin{aligned} u_k^0&=(-1)^k\frac{a}{\Theta z_i}(\varphi_{k-1}^0+\varphi_k^0)\qquad (k=0,1,2,\ldots,n),\\ u_{n+1}^0&=(-1)^{n+1}\frac{a}{\Theta_{n+1}z_i}\varphi_n^0,\end{aligned}\right\} \tag{13}$$

wobei als Argument eine Nullstelle ζ_i der Frequenzfunktion φ'_{n+1} (7) zu nehmen ist (mit ähnlicher Bemerkung wie am Schluß von Ziff. **25**).

Handelt es sich zweitens um zwei Zusatzdrehmassen Θ_{n+1} und Θ_{n+2} „rechts" vom homogenen Kern (Abb. 62), so tritt zu den bisherigen Gleichungen die $(n+2)$-te Gleichung (sogleich mit γ geschrieben)

$$\left.\begin{aligned}\gamma'_2x''_{n+3}&=(\gamma_2+\gamma'_2-\zeta)\,x''_{n+2}-\\ &\quad-\gamma_2x''_{n+1}-\gamma_2a_{n+1}+\gamma'_2a_{n+2}.\end{aligned}\right\} \tag{14}$$

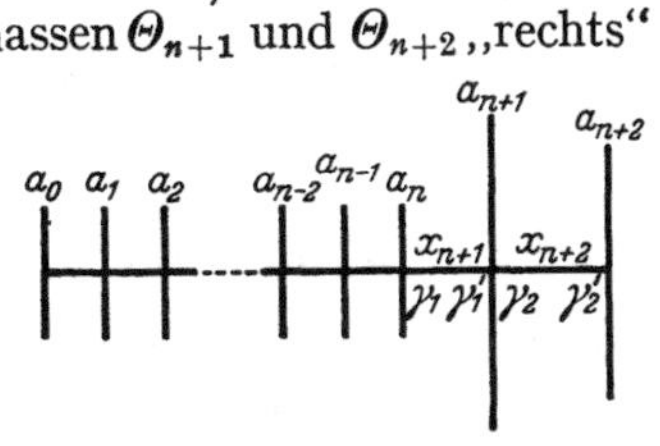

Abb. 62. Homogene Maschine mit zwei Zusatzdrehmassen „rechts".

Behandelt man diese weiter wie vorhin (2), so erhält man mit der $(n+2)$-ten Zwangsfunktion

$$\Phi'_{n+2}=\zeta^{II}\Phi_n-\gamma_1\zeta''\Phi_{n-1}+(-1)^n\left[\zeta''(\gamma_1a_n-\gamma'_1a_{n+1})-\gamma'_1(\gamma_2a_{n+1}-\gamma'_2a_{n+2})\right] \tag{15}$$

und mit

$$\gamma'_1\gamma'_2x'_{n+3}=(-1)^{n+2}x_1\varphi'_{n+2}, \tag{16}$$

wo ζ'', ζ^{II} und φ'_{n+2} die Funktionen von Maschine II in Ziff. **11** sind, die folgenden Hauptformeln:

$$\left.\begin{aligned} x_k &= (-1)^{k-1}\left[\Phi_{k-1} - \frac{\varphi_{k-1}}{\varphi'_{n+2}}\Phi'_{n+2}\right] \qquad (k=1,2,\ldots,n+1),\\ x_{n+2} &= \frac{(-1)^{n+1}}{\gamma'_1}\left[\Phi'_{n+1} - \frac{\varphi'_{n+1}}{\varphi'_{n+2}}\Phi'_{n+2}\right] \end{aligned}\right\} \tag{17}$$

und analog für y_k und y_{n+2}, also wiederum ganz in der früheren Bauart; und desgleichen die Formeln für die Torsionsausschläge

$$\left.\begin{aligned} u_k &= \frac{1}{\Theta z}\left\{(-1)^k\left[\Phi_{k-1} + \Phi_k - \frac{\varphi_{k-1}+\varphi_k}{\varphi'_{n+2}}\Phi'_{n+2}\right] - a_k\right\} \qquad (k=0,1,2,\ldots,n),\\ u_{n+1} &= \frac{1}{\Theta_{n+1} z}\left\{\frac{(-1)^{n+1}}{\gamma'_1}\left[\gamma'_1\Phi_n + \Phi'_{n+1} - \frac{\gamma'_1\varphi_n + \varphi'_{n+1}}{\varphi'_{n+2}}\Phi'_{n+2}\right] - a_{n+1}\right\},\\ u_{n+2} &= \frac{1}{\Theta_{n+2} z}\left\{\frac{(-1)^{n+2}}{\gamma'_1}\left[\Phi'_{n+1} - \frac{\varphi'_{n+1}}{\varphi'_{n+2}}\Phi'_{n+2}\right] - a_{n+2}\right\} \end{aligned}\right\} \tag{18}$$

und analog für v_k, v_{n+1}, v_{n+2}. Für die Eigenschwingungen endlich hat man jetzt

$$\left.\begin{aligned} x_k^0 &= (-1)^{k-1} a\varphi_{k-1}^0 \qquad (k=1,2,\ldots,n+1),\\ x_{n+2}^0 &= (-1)^{n+1}\frac{a}{\gamma'_1}\varphi_{n+1}^0, \end{aligned}\right\} \tag{19}$$

$$\left.\begin{aligned} u_k^0 &= (-1)^k \frac{a}{\Theta z_1}(\varphi_{k-1}^0 + \varphi_k^0) \qquad (k=0,1,2,\ldots,n),\\ u_{n+1}^0 &= (-1)^{n+1}\frac{a}{\Theta_{n+1} z_1 \gamma'_1}(\gamma'_1\varphi_n^0 + \varphi'^0_{n+1}),\\ u_{n+2}^0 &= (-1)^{n+2}\frac{a}{\Theta_{n+2} z_1 \gamma'_1}\varphi'^0_{n+1}, \end{aligned}\right\}. \tag{20}$$

wobei als Argument eine Nullstelle der Frequenzfunktion φ'_{n+2} zu nehmen ist.

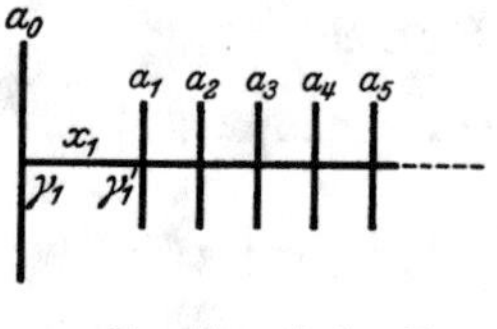

Abb. 63. Homogene Maschine mit einer Zusatzdrehmasse „links".

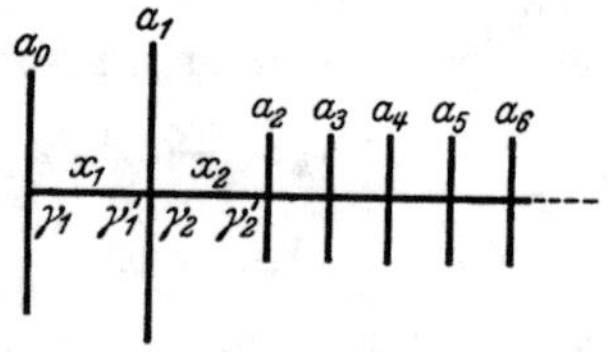

Abb. 64. Homogene Maschine mit zwei Zusatzdrehmassen „links".

Ist drittens eine Zusatzdrehmasse „links" vom homogenen Kern (Abb. 63), so lauten gemäß (**24**, 3) die Gleichungen für x''_1, x''_2, ... der Reihe nach

$$\begin{aligned} x''_1 &= 0,\\ x''_2 &= -\left(\frac{\gamma_1}{\gamma'_1}a_0 - a_1\right),\\ x''_k &= (2-\zeta)\,x''_{k-1} - x''_{k-2} - (a_{k-2} - a_{k-1}) \qquad (k=3,4,\ldots), \end{aligned}$$

und daraus schließt man genau wie in Ziff. **25** wieder auf

$$x''_k = (-1)^{k-1}\Phi_{k-1} \tag{21}$$

mit den etwas geänderten Zwangsfunktionen

$$\left.\begin{aligned} \Phi_1 &= \left(\frac{\gamma_1}{\gamma'_1}a_0 - a_1\right)\varphi_0,\\ \Phi_k &= \left(\frac{\gamma_1}{\gamma'_1}a_0 - a_1\right)\varphi_{k-1} - (a_1 - a_2)\varphi_{k-2} + \cdots + (-1)^{k-1}(a_{k-1} - a_k)\varphi_0 \quad (k=2,3,\ldots). \end{aligned}\right\} \tag{22}$$

Sind viertens zwei Zusatzdrehmassen „links" vom homogenen Kern (Abb. **64**), so hat man nach (**24**, **3**), indem man jeweils sofort noch etwas umformt und den Wert von x_2'' berücksichtigt,

$$x_1''=0,$$
$$x_2''=-\left(\frac{\gamma_1}{\gamma_1'}a_0-a_1\right),$$
$$x_3''=(\gamma_2+\gamma_2'-\zeta)\frac{x_2''}{\gamma_2'}-\left(\frac{\gamma_2}{\gamma_2'}a_1-a_2\right)$$
$$=(2-\zeta)\frac{x_2''}{\gamma_2'}-\left[\left(\frac{\gamma_2}{\gamma_2'}a_1-a_2\right)+\frac{\gamma_2+\gamma_2'-2}{\gamma_2'}\left(\frac{\gamma_1}{\gamma_1'}a_0-a_1\right)\right],$$
$$x_4''=(2-\zeta)x_3''-x_2''-(a_2-a_3)$$
$$=(2-\zeta)x_3''-\frac{x_2''}{\gamma_2'}-\left[(a_2-a_3)+\frac{1-\gamma_2'}{\gamma_2'}\left(\frac{\gamma_1}{\gamma_1'}a_0-a_1\right)\right],$$
$$x_k''=(2-\zeta)x_{k-1}''-x_{k-2}''-(a_{k-2}-a_{k-1})\qquad(k=5,6,\ldots),$$

und somit gilt (21) jetzt mit den abermals veränderten Zwangsfunktionen

$$\left.\begin{aligned}
\Phi_1&=a_{01}\varphi_0,\\
\Phi_2&=\frac{1}{\gamma_2'}a_{01}\varphi_1-a_{12}\varphi_0,\\
\Phi_3&=\frac{1}{\gamma_2'}a_{01}\varphi_2-a_{12}\varphi_1+a_{23}\varphi_0,\\
\Phi_k&=\frac{1}{\gamma_2'}a_{01}\varphi_{k-1}-a_{12}\varphi_{k-2}+a_{23}\varphi_{k-3}-(a_3-a_4)\varphi_{k-4}+\cdots+\\
&\qquad+(-1)^{k-1}(a_{k-1}-a_k)\varphi_0\qquad(k=4,5,\ldots),
\end{aligned}\right\}\tag{23}$$

wobei zur Abkürzung

$$\left.\begin{aligned}
a_{01}&=\frac{\gamma_1}{\gamma_1'}a_0-a_1,\\
a_{12}&=\frac{\gamma_2}{\gamma_2'}a_1-a_2+\frac{\gamma_2+\gamma_2'-2}{\gamma_2'}a_{01},\\
a_{23}&=a_2-a_3+\frac{1-\gamma_2'}{\gamma_2'}a_{01}
\end{aligned}\right\}\tag{24}$$

gesetzt ist.

Die Größe x_1, die noch in x_k' vorkommt, wird wie in den bisherigen Fällen ermittelt, und die Torsionsausschläge sind dann

$$u_k=\frac{1}{\Theta_k z}(x_{k+1}-x_k-a_k)\qquad(k=0,1,2,\ldots).\tag{25}$$

Ganz entsprechende Formeln gelten für die y_k und v_k, und man kann die x_k, y_k auch zu Vektoren $\boldsymbol{m}_k$ zusammenfassen, wie schon in Ziff. **25** ausgeführt worden ist.

27. Rechenformeln für einfache Maschinen ohne Rädergetriebe. Die vorangehenden Entwicklungen reichen völlig aus, um die im folgenden zusammengestellten Formeln zu liefern. Die schon bekannten Ergebnisse für die Maschinen I und II sind dabei in geänderter Fassung noch einmal hinzugefügt. Die Formeln für die Torsionsausschläge sind in der Zusammenstellung nicht mit aufgenommen, da sie aus den x_k jeweils nach (**26**, **25**) unmittelbar folgen. Gemeinsame Hilfsfunktionen sind ζ', ζ'', ζ''', ζ^{I}, ζ^{II}, ζ^{III}, φ_{n+i}' wie in Ziff. **11** bei der jeweils gleichen Maschine.

Maschine I (Abb. 65).

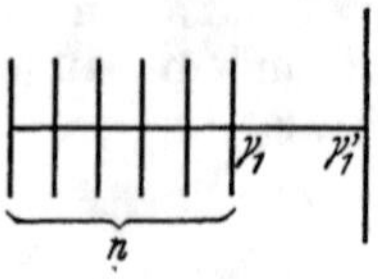
Abb. 65.

$$x_1 = -\frac{\Phi'_{n+1}}{\varphi'_{n+1}} \quad \text{mit} \quad \Phi'_{n+1} = \zeta'\Phi_n - \gamma_1\Phi_{n-1} + (-1)^n(\gamma_1 a_n - \gamma_1' a_{n+1}),$$

$$x_k = (-1)^{k-1}[\Phi_{k-1} + x_1\varphi_{k-1}] \quad \text{mit} \quad \Phi_k\ (\mathbf{25},\, 8) \qquad (k = 2, 3, \ldots, n+1).$$

Maschine II (Abb. 66).

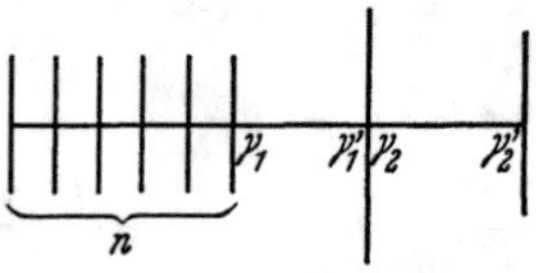
Abb. 66.

$$x_1 = -\frac{\Phi'_{n+2}}{\varphi'_{n+2}} \quad \text{mit} \quad \Phi'_{n+2} = \zeta^{II}\Phi_n - \gamma_1\zeta''\Phi_{n-1} + (-1)^n[\zeta''(\gamma_1 a_n - \gamma_1' a_{n+1}) -$$
$$- \gamma_1'(\gamma_2 a_{n+1} - \gamma_2' a_{n+2})],$$

$$x_k = (-1)^{k-1}[\Phi_{k-1} + x_1\varphi_{k-1}] \quad \text{mit} \quad \Phi_k\ (\mathbf{25},\, 8) \qquad (k = 2, 3, \ldots, n+1),$$

$$x_{n+2} = -\frac{1}{\gamma_1'}[\zeta' x_{n+1} + \gamma_1 x_n + (\gamma_1 a_n - \gamma_1' a_{n+1})] \overset{\text{od.}}{=}{}^{1)} -\frac{1}{\zeta''}[\gamma_2 x_{n+1} + (\gamma_2 a_{n+1} - \gamma_2' a_{n+2})].$$

Maschine III (Abb. 67).

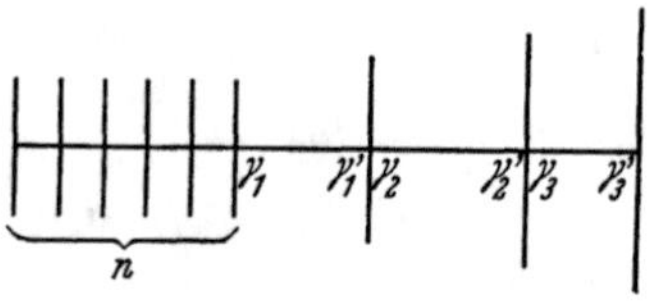
Abb. 67.

$$x_1 = -\frac{\Phi'_{n+3}}{\varphi'_{n+3}} \quad \text{mit} \quad \Phi'_{n+3} = \zeta^{III}\Phi_n - \gamma_1\zeta^{II}\Phi_{n-1} + (-1)^n[\zeta^{II}(\gamma_1 a_n - \gamma_1' a_{n+1}) -$$
$$- \gamma_1'\zeta'''(\gamma_2 a_{n+1} - \gamma_2' a_{n+2}) + \gamma_1'\gamma_2'(\gamma_3 a_{n+2} - \gamma_3' a_{n+3})],$$

$$x_k = (-1)^{k-1}[\Phi_{k-1} + x_1\varphi_{k-1}] \quad \text{mit} \quad \Phi_k\ (\mathbf{25},\, 8) \qquad (k = 2, 3, \ldots, n+1),$$

$$x_{n+2} = -\frac{1}{\gamma_1'}[\zeta' x_{n+1} + \gamma_1 x_n + (\gamma_1 a_n - \gamma_1' a_{n+1})],$$

$$x_{n+3} = -\frac{1}{\gamma_2'}[\zeta'' x_{n+2} + \gamma_2 x_{n+1} + (\gamma_2 a_{n+1} - \gamma_2' a_{n+2})]$$
$$\overset{\text{od.}}{=} -\frac{1}{\zeta'''}[\gamma_3 x_{n+2} + (\gamma_3 a_{n+2} - \gamma_3' a_{n+3})].$$

Maschine IV (Abb. 68).

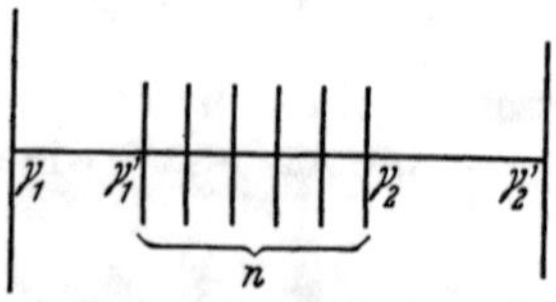
Abb. 68.

$$x_1 = -\gamma_1'\frac{\Phi'_{n+2}}{\varphi'_{n+2}} \quad \text{mit} \quad \Phi'_{n+2} = \zeta''\Phi_{n+1} - \gamma_2\Phi_n + (-1)^{n+1}(\gamma_2 a_{n+1} - \gamma_2' a_{n+2}),$$

$$x_k = (-1)^{k-1}\left[\Phi_{k-1} + \frac{x_1}{\gamma_1'}\varphi'_{k-1}\right] \quad \text{mit} \quad \Phi_k\ (\mathbf{26},\, 22) \quad \text{und} \quad \varphi'_{k-1} = \zeta'\varphi_{k-2} - \gamma_1'\varphi_{k-3}$$
$$(k = 2, 3, \ldots, n+2).$$

---

[1]) Das Zeichen $\overset{\text{od.}}{=}$ bedeutet, daß der eine oder andere Ausdruck zur Rechnung benützt werden mag.

Maschine V (Abb. 69).

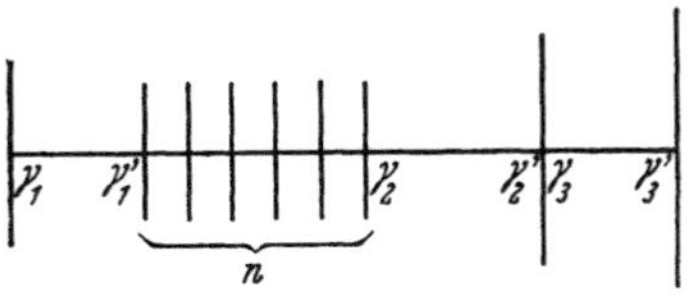

Abb. 69.

$$x_1 = -\gamma_1' \frac{\Phi_{n+3}'}{\varphi_{n+3}'} \quad \text{mit} \quad \Phi_{n+3}' = (\zeta''\zeta''' - \gamma_2'\gamma_3)\Phi_{n+1} - \gamma_2\zeta'''\Phi_n + $$
$$+ (-1)^{n+1}[\zeta'''(\gamma_2 a_{n+1} - \gamma_2' a_{n+2}) - \gamma_2'(\gamma_3 a_{n+2} - \gamma_3' a_{n+3})],$$

$$x_k = (-1)^{k-1}\left[\Phi_{k-1} + \frac{x_1}{\gamma_1'}\varphi_{k-1}'\right] \quad \text{mit } \Phi_k\,(\mathbf{26}, 22) \text{ und } \varphi_{k-1}' = \zeta'\varphi_{k-2} - \gamma_1'\varphi_{k-3}$$
$$(k = 2, 3, \ldots, n+2),$$

$$x_{n+3} = -\frac{1}{\gamma_2'}\left[\zeta'' x_{n+2} + \gamma_2 x_{n+1} + (\gamma_2 a_{n+1} - \gamma_2' a_{n+2})\right]$$
$$\overset{\text{od.}}{=} -\frac{1}{\zeta'''}\left[\gamma_3 x_{n+2} + (\gamma_3 a_{n+2} - \gamma_3' a_{n+3})\right].$$

28. Hintereinander geschaltete Maschinen. Anstatt auch für die Maschinen VI bis XI (Ziff. **15**) fertige Rechenformeln zu benützen (die zwar

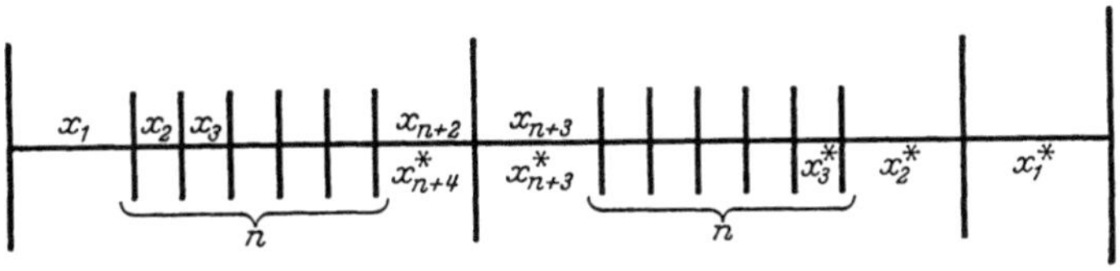

Abb. 70. Maschine aus zwei homogenen Aggregaten mit vier Zusatzdrehmassen.

aufgestellt werden können, aber ziemlich unhandlich sind), empfiehlt es sich, dabei so vorzugehen, wie jetzt am Beispiel der Maschine Abb. 70 gezeigt werden soll.

Man beginnt mit einem unbekannten Wert von x_1 für das erste Wellenstück „links" und rechnet gemäß den Formeln von Maschine V (Ziff. **27**) die x_2, x_3 usw. bis zu x_{n+3} aus. Man erhält hierfür lauter lineare Funktionen von x_1, insbesondere

$$x_{n+2} = A_1 + B_1 x_1, \qquad x_{n+3} = A_2 + B_2 x_1, \tag{1}$$

wo die A und B nach Ziff. **27** ohne jede Schwierigkeit in den tabulierten Funktionen φ_k ausgedrückt werden können, so daß also große Zylinderzahl $n+1$ keinerlei Erschwerung der Rechnung verursacht.

In gleicher Weise rechnet man alsdann, mit einem unbekannten Wert x_1^* für das letzte Wellenstück „rechts" beginnend, die x_2^*, x_3^* usw. bis x_{n+4}^* als lineare Funktionen von x_1^* aus, insbesondere

$$x_{n+3}^* = A_1^* + B_1^* x_1^*, \qquad x_{n+4}^* = A_2^* + B_2^* x_1^*. \tag{2}$$

Die Unbekannten x_1 und x_1^* ergeben sich zuletzt aus der Bedingung, daß

$$x_{n+2} = x_{n+4}^*, \qquad x_{n+3} = x_{n+3}^* \tag{3}$$

sein muß. Dies gibt, wenn man (1) und (2) einsetzt, zwei lineare Gleichungen für x_1 und x_1^*, und diese sind hieraus rasch zu finden, womit die Aufgabe gelöst ist.

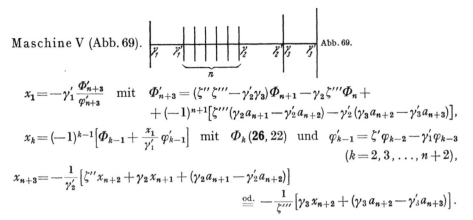

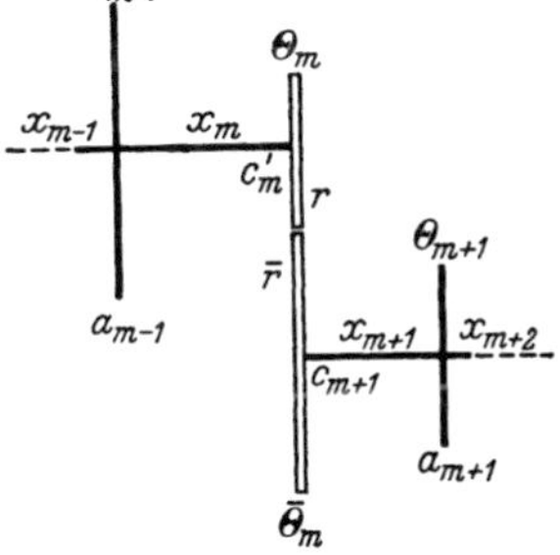

Abb. 71. Radergetriebe.

29. Maschinen mit Rädergetriebe. Ist bei den Maschinen II, III, V und VII (Ziff. **27** und **15**) eine der inneren Zusatzdrehmassen wieder ein Über- oder Untersetzungsgetriebe, etwa mit dem Zeiger $k = m$ (Abb. 71), so ändern sich die Rekursionsformeln (**23**, 9) insoweit, als sie über das Getriebe hinübergreifen, also die Formeln für x_{m+1} und x_{m+2}. Um ihre neue Gestalt zu finden, hat man entweder eine Rechnung nach dem Muster von Ziff. **23** anzustellen oder aber einfach zu erwägen, daß die Untersetzung mit dem Verhältnis $\varepsilon=\bar{r}/r$ (Ziff. **12**) energetisch ebenso wirkt, wie wenn keine Untersetzung vorhanden und dafür alle Winkelausschläge „links“ vom Getriebe im Verhältnis ε verkleinert, alle x und a „links“ vom Getriebe aber im selben Verhältnis ε vergrößert wären. So erhält man für x_{m+1} und x_{m+2}, wenn man für das Getriebe selbst $a_m=0$ setzt und die Koeffizienten c'_m und c_{m+1} von Ziff. **12** benützt,

$$\left.\begin{aligned} c'_m x_{m+1} &= (c_m+c'_m-z)\,\varepsilon\, x_m - c_m\varepsilon\,(x_{m-1}+a_{m-1}),\\ c'_{m+1} x_{m+2} &= (c_{m+1}+c'_{m+1}-z)\, x_{m+1} - c_{m+1}\varepsilon\, x_m + c'_{m+1} a_{m+1}. \end{aligned}\right\} \quad (1)$$

Für die übrigen x_k gilt die Formel (**23**, 9) ohne Änderung.

Bei einem Doppelgetriebe nach Abb. 72 muß man die erste Gleichung (1) zerlegen in zwei Gleichungen, nämlich eine für den Zweig Θ_{m-1}, Θ_m, Θ_{m+1} und

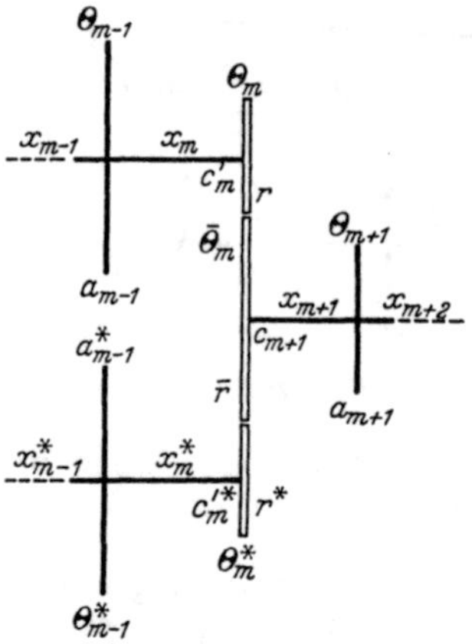

Abb. 72. Doppelgetriebe.

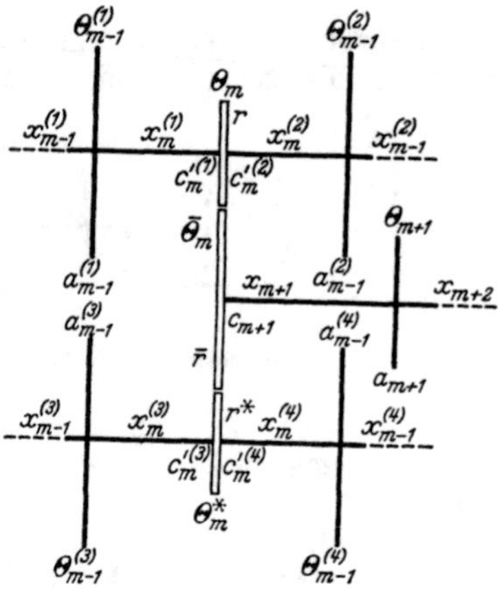

Abb. 73. Zweiseitiges Doppelgetriebe.

eine zweite für den Zweig Θ^*_{m-1}, Θ^*_m, Θ_{m+1}. Beim ersten Zweig wirkt das Nachbarmoment x^*_m wie ein äußeres Moment a_m, beim zweiten Zweig gilt dies von x_m. So erhält man mit den Koeffizienten c'_m, c'^*_m und c_{m+1} von Ziff. **17** und mit den dortigen Untersetzungszahlen ε und ε^*

$$\left.\begin{aligned} c'_m x_{m+1} &= (c_m+c'_m-z)\,\varepsilon\, x_m + c'_m\varepsilon^* x^*_m - c_m\varepsilon\,(x_{m-1}+a_{m-1}),\\ c'^*_m x_{m+1} &= (c^*_m+c'^*_m-z)\,\varepsilon^* x^*_m + c'^*_m\varepsilon\, x_m - c^*_m\varepsilon^*\,(x^*_{m-1}+a^*_{m-1}),\\ c'_{m+1} x_{m+2} &= (c_{m+1}+c'_{m+1}-z)\, x_{m+1} - c_{m+1}(\varepsilon\, x_m+\varepsilon^* x^*_m) + c'_{m+1} a_{m+1}. \end{aligned}\right\} \quad (2)$$

Bei einem zweiseitigen Doppelgetriebe nach Abb. 73 kommt ebenso

$$c'^{(1)}_m x_{m+1} = (c^{(1)}_m + c'^{(1)}_m - z)\,\varepsilon^{(1)} x^{(1)}_m + c'^{(1)}_m (\varepsilon^{(2)} x^{(2)}_m + \varepsilon^{(3)} x^{(3)}_m + \varepsilon^{(4)} x^{(4)}_m) - c^{(1)}_m \varepsilon^{(1)} (x^{(1)}_{m-1} + a^{(1)}_{m-1})$$

nebst drei Gleichungen, die durch zyklische Vertauschung der oberen Zeiger (1), (2), (3), (4) daraus entstehen, und außerdem (3)

$$c'_{m+1} x_{m+2} = (c_{m+1}+c'_{m+1}-z)\, x_{m+1} - c_{m+1}(\varepsilon^{(1)} x^{(1)}_m + \varepsilon^{(2)} x^{(2)}_m + \varepsilon^{(3)} x^{(3)}_m + \varepsilon^{(4)} x^{(4)}_m) + c'_{m+1} a_{m+1}.$$

Alle übrigen Rekursionsformeln bleiben unverändert.

30. Parallel geschaltete Maschinen. Das in Ziff. **28** benützte Verfahren zeigt den Weg auch für die Behandlung von parallel geschalteten Aggregaten. Wir erklären dies am Beispiel der Maschine XIIa (Abb. 74). Hierbei ist zu beachten, daß, auch wenn beide Aggregate gleich sind ($\varepsilon^*=\varepsilon$; $\gamma^*_i=\gamma_i$; $\gamma'^*_i=\gamma'_i$), doch ihre Phasen im allgemeinen verschieden sind, so daß man wegen $a_i^* \neq a_i$ auch zwischen Φ_k und Φ_k^* unterscheiden muß. Man beginnt die Rechnung also beim ersten Aggregat mit dem unbekannten Wert x_1, beim zweiten mit x_1^* und hat

$$\left.\begin{aligned} x_k &= (-1)^{k-1}\left[\Phi_{k-1} + x_1\varphi_{k-1}\right], \\ x_k^* &= (-1)^{k-1}\left[\Phi_{k-1}^* + x_1^*\varphi_{k-1}\right] \end{aligned}\right\} \quad (k = 2, 3, \ldots, n+1), \tag{1}$$

sodann nach (**29**, 2)

$$\left.\begin{aligned} (-1)^{n+1}\frac{\gamma_1'}{\varepsilon}x_{n+2} &= A_1 + B_1 x_1 - C_1 x_1^*, \\ (-1)^{n+1}\frac{\gamma_1'}{\varepsilon}x_{n+2}^* &= A_1^* + B_1 x_1^* - C_1 x_1, \end{aligned}\right| \tag{2}$$

wobei

$$\left.\begin{aligned} A_1 &= \zeta'\Phi_n - \gamma_1'\Phi_n^* - \gamma_1\Phi_{n-1} + (-1)^n\gamma_1 a_n, \\ A_1^* &= \zeta'\Phi_n^* - \gamma_1'\Phi_n - \gamma_1\Phi_{n-1}^* + (-1)^n\gamma_1 a_n^*, \\ B_1 &= \zeta'\varphi_n - \gamma_1\varphi_{n-1}, \qquad C_1 = \gamma_1'\varphi_n \end{aligned}\right| \tag{3}$$

ist, und zuletzt

$$(-1)^n\frac{\gamma_1'\gamma_2'}{\varepsilon}x_{n+3} = A_2 + B_2 x_1 - C_2 x_1^*, \tag{4}$$

wobei

$$\left.\begin{aligned} A_2 &= \zeta'' A_1 - \gamma_1'\gamma_2(\Phi_n + \Phi_n^*) + (-1)^n\frac{\gamma_1'\gamma_2'}{\varepsilon}a_{n+2}, \\ B_2 &= \zeta'' B_1 - \gamma_1'\gamma_2\varphi_n, \\ C_2 &= \zeta'' C_1 + \gamma_1'\gamma_2\varphi_n \end{aligned}\right| \tag{5}$$

ist. Die Bestimmungsgleichungen für x_1 und x_1^* sind

$$\left.\begin{aligned} x_{n+2} &= x_{n+2}^* \\ x_{n+3} &= 0 \end{aligned}\right| \quad \text{oder} \quad \left\{\begin{aligned} &A_1 - A_1^* + (B_1 + C_1)(x_1 - x_1^*) = 0, \\ &A_2 + B_2 x_1 - C_2 x_1^* = 0 \end{aligned}\right.$$

und geben aufgelöst — der Nenner ist die Frequenzfunktion der ganzen Maschine (Ziff. **18**) —

$$\left.\begin{aligned} x_1 &= \frac{(A_1 - A_1^*)C_2 - A_2(B_1 + C_1)}{\varphi_{2n+3}'}, \\ x_1^* &= \frac{(A_1 - A_1^*)B_2 - A_2(B_1 + C_1)}{\varphi_{2n+3}'}. \end{aligned}\right| \tag{6}$$

Hiermit und mit (1) und (2) sind alle x_k und x_k^* gefunden.

Auf die gleiche Weise berechnet man sämtliche Maschinen XII bis XV.

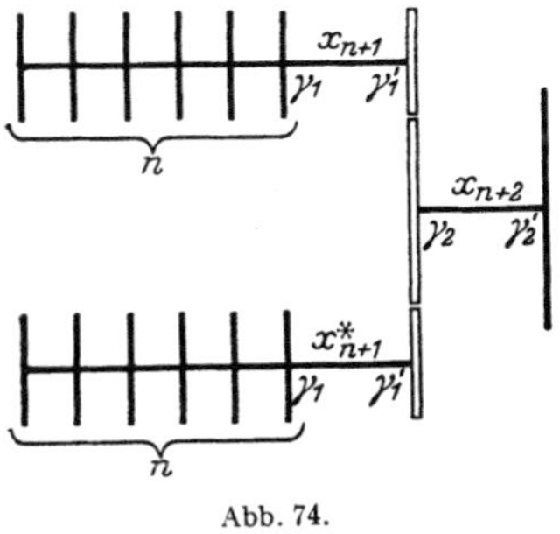

Abb. 74.

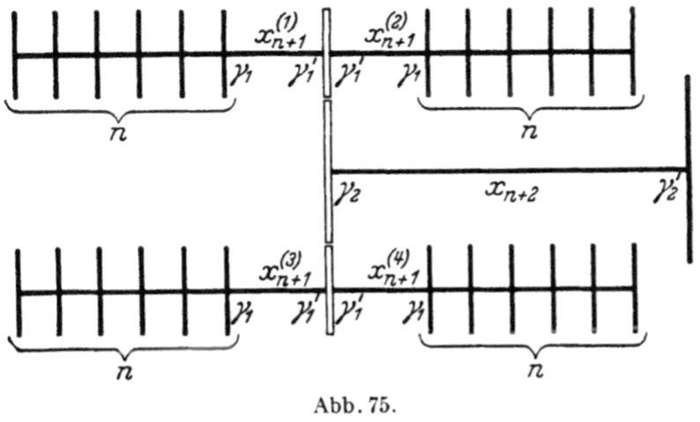

Abb. 75.

Aber auch die Maschinen XVI bis XIX lassen sich ganz ebenso erledigen. Man beginnt in den vier Aggregatarmen jeweils außen mit den Unbekannten $x_1^{(1)}$, $x_1^{(2)}$, $x_1^{(3)}$, $x_1^{(4)}$, schreibt nach früheren Rechenformeln die $x_k^{(1)}$, $x_k^{(2)}$, $x_k^{(3)}$, $x_k^{(4)}$

($k=2, 3, \ldots, n+1$) als lineare Funktionen des zugehörigen $x_1^{(i)}$ an, sodann beispielsweise im Falle der Maschine XVI (Abb. 75) gemäß den Formeln (**29**, 3) die vier Werte, die für x_{n+2} gelten,

$$\left.\begin{aligned} x_{n+2} &= A_1 + B_{11}x_1^{(1)} + B_{12}x_1^{(2)} + B_{13}x_1^{(3)} + B_{14}x_1^{(4)},\\ x_{n+2} &= A_2 + B_{21}x_1^{(1)} + B_{22}x_1^{(2)} + B_{23}x_1^{(3)} + B_{24}x_1^{(4)},\\ x_{n+2} &= A_3 + B_{31}x_1^{(1)} + B_{32}x_1^{(2)} + B_{33}x_1^{(3)} + B_{34}x_1^{(4)},\\ x_{n+2} &= A_4 + B_{41}x_1^{(1)} + B_{42}x_1^{(2)} + B_{43}x_1^{(3)} + B_{44}x_1^{(4)}, \end{aligned}\right\} \tag{7}$$

und zuletzt

$$0 = x_{n+3} = A_5 + B_{51}x_1^{(1)} + B_{52}x_1^{(2)} + B_{53}x_1^{(3)} + B_{54}x_1^{(4)}. \tag{8}$$

Dies sind fünf lineare Gleichungen zur Bestimmung von $x_1^{(1)}$, $x_1^{(2)}$, $x_1^{(3)}$, $x_1^{(4)}$ und x_{n+2}. Ihre Auflösung ist zwar zahlenmäßig keineswegs mehr bequem, aber das liegt bei solch einer doch schon außergewöhnlich verwickelten Maschine in der Natur der Sache. Man sieht jedenfalls, daß man mit diesem Verfahren bis zu den umfangreichsten Bauarten der heutigen Brennkraftaggregate vordringen kann.

31. Verzweigte Maschinen. Handelt es sich schließlich um Maschinen mit zwei gleichartigen Verzweigungen (Abb. 56 bis 59 in Ziff. **21**), und sind dabei auch die Zwangsmomente der Zweige gleichartig (so daß also „rechts“ vom Rädergetriebe $a_i^* = a_i$ ist), so darf man die Formeln in Ziff. **27** (nämlich von Maschine II auf Maschine XX, von Maschine III auf Maschine XXI und XXII, von Maschine V auf Maschine XXIII) übertragen, falls man dort gemäß der in Ziff. **21** gemachten Bemerkung den unmittelbar „rechts“ vom Rädergetriebe stehenden Koeffizienten γ verdoppelt und ebenso sämtliche x_i und a_i „rechts“ vom Rädergetriebe. Außerdem muß man, wenn die Übersetzung nicht 1, sondern $\bar\varepsilon$ ist (Ziff. **20**), sämtliche x_i und a_i „rechts“ vom Rädergetriebe mit dem Faktor $\bar\varepsilon$ versehen, also in den Formeln überall $\bar\varepsilon x_i$ und $\bar\varepsilon a_i$ statt x_i und a_i schreiben, wo $i > m$ und m die Drehmassennummer des Getriebes ist.

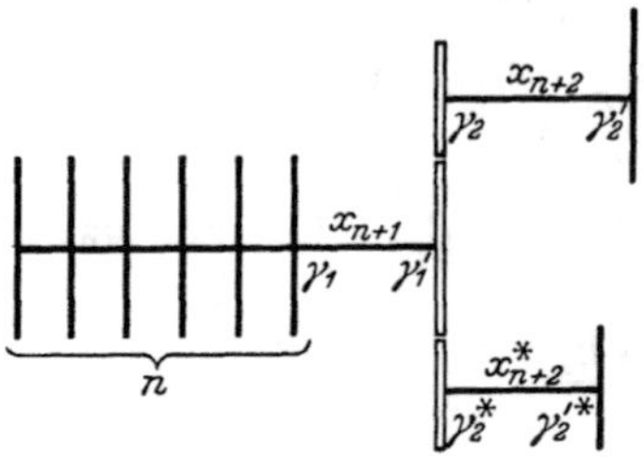

Abb. 76.

Wenn allerdings $a_i^* \neq a_i$ ist, oder wenn die beiden Zweige überhaupt nicht mehr gleichartig sind, so wird die Rechnung etwas umständlicher. Für die auf das Rädergetriebe folgenden x_{m+1}, x^*_{m+1}, x_{m+2} und x^*_{m+2} erhält man [indem man (**19**, 8) bis (**19**, 10) erweitert und dabei wieder für das Getriebe selbst $a_m = 0$ voraussetzt]

$$c'_m(\bar\varepsilon x_{m+1} + \bar\varepsilon^* x^*_{m+1}) = (c_m + c'_m - z)\,x_m - c_m(x_{m-1} + a_{m-1}), \tag{1}$$

$$c'_{m+1}\bar\varepsilon x_{m+2} = (c_{m+1} + c'_{m+1} - z)\,\bar\varepsilon x_{m+1} - c_{m+1}x_m + c_{m+1}\bar\varepsilon^* x^*_{m+1} + c'_{m+1}\bar\varepsilon a_{m+1}, \tag{2}$$

$$c'^*_{m+1}\bar\varepsilon^* x^*_{m+2} = (c^*_{m+1} + c'^*_{m+1} - z)\,\bar\varepsilon^* x^*_{m+1} - c^*_{m+1}x_m + c^*_{m+1}\bar\varepsilon x_{m+1} + c'^*_{m+1}\bar\varepsilon^* a^*_{m+1}. \tag{3}$$

Wir zeigen die Anwendung dieser Formeln auf die Maschine von Abb. 76. Gemäß Ziff. **27** wird

$$x_k = (-1)^{k-1}[\Phi_{k-1} + x_1\varphi_{k-1}] \quad \text{mit} \quad \Phi_k\ (\mathbf{25}, 8) \qquad (k = 2, 3, \ldots, n+1). \tag{4}$$

In (2) und (3) ist jetzt $m = n+1$ und außerdem $x_{m+2} = 0$ und $x^*_{m+2} = 0$. Überdies wollen wir der Einfachheit halber $a_{n+2} = 0$ und $a^*_{n+2} = 0$ setzen. Berechnet man sodann x_{n+2} und x^*_{n+2} aus (2) und (3) und führt die reduzierten Koeffizienten γ ein, so erhält man mit den Abkürzungen

$$\zeta' = \zeta - (\gamma_1 + \gamma_1'), \qquad \zeta'' = \zeta - (\gamma_2 + \gamma_2'), \qquad \zeta''^* = \zeta - (\gamma_2^* + \gamma_2'^*) \tag{5}$$

die Werte

$$\left.\begin{aligned} x_{n+2} &= -\frac{\gamma_2(\zeta''^* + \gamma_2^*)}{\bar{\varepsilon}(\zeta''\zeta''^* - \gamma_2\gamma_2^*)}\, x_{n+1}, \\ x_{n+2}^* &= -\frac{\gamma_2^*(\zeta'' + \gamma_2)}{\bar{\varepsilon}^*(\zeta''\zeta''^* - \gamma_2\gamma_2^*)}\, x_{n+1}. \end{aligned}\right\} \tag{6}$$

Geht man mit x_{n+2} und x_{n+2}^* in (1) ein und benützt dabei den Wert (4) von x_{n+1} und x_n, so erscheint eine lineare Gleichung in x_1; diese gibt aufgelöst

$$x_1 = -\frac{\Phi'_{n+3}}{\varphi'_{n+3}} \tag{7}$$

mit

$$\left.\begin{aligned} \varphi'_{n+3} &= \zeta^{III}\varphi_n - \zeta^{II}\varphi_{n-1}, \\ \Phi'_{n+3} &= \zeta^{III}\Phi_n - \zeta^{II}\left[\Phi_{n-1} + (-1)^{n-1}a_n\right]; \end{aligned}\right\} \tag{8}$$

dabei sind noch die Hilfsfunktionen

$$\left.\begin{aligned} \zeta^{II} &= \gamma_1(\zeta''\zeta''^* - \gamma_2\gamma_2^*), \\ \zeta^{III} &= \frac{1}{\gamma_1}\zeta'\zeta^{II} - \gamma_1'\gamma_2^*(\zeta'' + \gamma_2) - \gamma_1'\gamma_2(\zeta''^* + \gamma_2^*) \end{aligned}\right\} \tag{9}$$

verwendet.

§ 7. Resonanz und Scheinresonanz.

32. Der Gefährlichkeitsgrad der Resonanz. Wenn irgendeine Zwangsfrequenz α mit einer Eigenfrequenz α_i zusammenfällt, so entsteht, wie schon in Ziff. **6** auseinandergesetzt worden ist, Resonanz, und zwar gilt dies nicht nur für jede Grundfrequenz α des Zwanges $\mathfrak{M}_k^*$, sondern auch für jede seiner Oberschwingungen, also für alle Fourierglieder des Zwanges (Ziff. **22**). Wir greifen das allgemeine Glied von der Ordnung j heraus[1]) und schreiben es mit $j\alpha = \alpha_j$ $(= \alpha_i)$ nach (**22**, 4) ausführlich

$$\mathfrak{M}_k^{*j} = a_k^j \cos 2\pi\alpha_j t + b_k^j \sin 2\pi\alpha_j t. \tag{1}$$

Bei Zweitakt stimmt α mit der Motordrehzahl ν überein, bei Viertakt mit $\frac{1}{2}\nu$. Solange man von Dämpfung absieht (wie wir das bisher stets taten), wächst der Resonanzausschlag (**22**, 6)

$$\vartheta_k = u_k \cos 2\pi\alpha_j t + v_k \sin 2\pi\alpha_j t \tag{2}$$

über alle Grenzen (wie aus allen Formeln für u_k und v_k in § 6 folgt, wenn man beachtet, daß für $\alpha_j = \alpha_i$ die dort vorkommenden Nenner φ_n, φ'_{n+1} usw. eine Nullstelle haben). Wie das Dämpfungsgesetz bei Brennkraftmaschinen in Wahrheit aussieht, ist unbekannt; so viel aber ist sicher, daß bei vorhandener Dämpfung auch die Resonanzausschläge ϑ_k endlich bleiben. Die Erfahrung zeigt nun deutlich, daß die einzelnen Resonanzstellen (beispielsweise die in Ziff. **10** tabellarisch zusammengestellten Resonanzdrehzahlen ν_{ij}) von ganz verschiedener Gefährlichkeit sind. Diese Verschiedenheit rührt offenbar daher, daß die bei den einzelnen Resonanzen von den Zwangsmomenten $\mathfrak{M}_k^{*j}$ in das System hineingebrachten Formänderungsenergien verschieden groß sein werden. Man darf diese Energie als ein Maß für den Gefährlichkeitsgrad der einzelnen Resonanzen ansehen. Sie berechnet sich mit (1) und (2) zu

$$A_j = \sum_k \int_{t=0}^{t=1/\alpha_j} \mathfrak{M}_k^{*j}\, d\vartheta_k = 2\pi\alpha_j \sum_k \int_0^{1/\alpha_j} (a_k^j \cos 2\pi\alpha_j t + b_k^j \sin 2\pi\alpha_j t)\cdot$$
$$\cdot(-u_k \sin 2\pi\alpha_j t + v_k \cos 2\pi\alpha_j t)\, dt$$

[1]) Es sei daran erinnert (vgl. Kap. XII, Ziff. 3), daß bei Viertakt der technische Sprachgebrauch dieses Glied in der Regel mit der Ordnungszahl $\frac{1}{2}j$ bezeichnet.

für jede Schwingungsperiode. [Die andern Fourierglieder $\mathfrak{M}_k^{*j'}(j' \neq j)$ liefern, wie leicht einzusehen ist, keinen Beitrag zu dem Integral.] Wertet man das Integral aus, so kommt einfach

$$A_j = \pi \left(\sum v_k a_k^j - \sum u_k b_k^j \right).$$

Sind aber $\bar{\vartheta}_k$ die Amplituden und ε die Phasenwinkel der Schwingung, so ist $u_k = \bar{\vartheta}_k \cos \varepsilon$ und $v_k = \bar{\vartheta}_k \sin \varepsilon$. Der Phasenwinkel ε ist vom Zeiger k unabhängig, da jede Resonanzschwingung unseres Systems sicher eine stehende Schwingung sein muß. Folglich wird

$$A_j = \pi \left(\sin \varepsilon \cdot \sum \bar{\vartheta}_k a_k^j - \cos \varepsilon \cdot \sum \bar{\vartheta}_k b_k^j \right). \tag{3}$$

Hierin ist nun der Phasenwinkel ε noch ganz unbestimmt; er kann in Wirklichkeit jeden Wert annehmen, insbesondere auch den Wert, für welchen A_j am größten wird und der sich aus $\partial A_j / \partial \varepsilon = 0$ berechnet. Man findet

$$\operatorname{tg} \varepsilon = -\sum \bar{\vartheta}_k a_k^j : \sum \bar{\vartheta}_k b_k^j$$

und mithin

$$A_{j\,\max}^2 = \pi^2 \left[\left(\sum \bar{\vartheta}_k a_k^j \right)^2 + \left(\sum \bar{\vartheta}_k b_k^j \right)^2 \right]. \tag{4}$$

Man hat Grund zu der Annahme, daß die Schwingungsform der Welle, also die Reihe der $\bar{\vartheta}_k$, in der Resonanz nicht sehr stark von der Eigenschwingungsform der Welle abweicht. Begründen läßt sich diese Annahme allerdings nur durch die Erfahrung, und die Erfahrung hat sie leidlich gut bestätigt. (In Wahrheit hängt die Schwingungsform vom Dämpfungsgesetz ab; es scheint, daß dieses bei Brennkraftmaschinen etwa von der Art ist, wie es unsere Annahme verlangt.) Demgemäß darf man in (4) statt der unbekannten $\bar{\vartheta}_k$ die bis auf einen Faktor a bekannten Werte u_k^0 aus § 6 einsetzen und hat als Maß für den G e f ä h r l i c h k e i t s g r a d der Resonanz

$$A_{j\,\max}^2 = \pi^2 \left[\left(\sum u_k^0 a_k^j \right)^2 + \left(\sum u_k^0 b_k^j \right)^2 \right]. \tag{5}$$

Diese Ausdrücke sind leicht zu berechnen, da die Fourierkoeffizienten a_k^j und b_k^j bekannt sind und die u_k^0 aus den Funktionentafeln der φ_k entnommen werden können.

In dem besonderen Fall, daß die Maschine aus lauter gleichen Zylindern besteht, die gleiche Indikatordiagramme besitzen, hat man nach (**22**, 10)

$$a_k^j = a_1^j \cos \delta_k + b_1^j \sin \delta_k, \qquad b_k^j = -a_1^j \sin \delta_k + b_1^j \cos \delta_k. \tag{6}$$

Da a_1^j und b_1^j sich in (5) jeweils vor das Summenzeichen vorziehen lassen, so kommt mit $(a_1^j)^2 + (b_1^j)^2 = (\mathfrak{m}_1^j)^2$

$$A_{j\,\max} = \pi \mathfrak{m}_1^j \sqrt{\left(\sum u_k^0 \cos \delta_k \right)^2 + \left(\sum u_k^0 \sin \delta_k \right)^2}. \tag{7}$$

Die Summen erstrecken sich natürlich sowohl in (5) wie in (7) nur über die einzelnen Kurbelgetriebe, aber nicht über die Rotoren, für die ja wohl stets $\mathfrak{m}_k = 0$ ist.

Berechnet man Reihenmotoren nach diesen Formeln, so findet man in der Tat, daß die einzelnen Resonanzstellen teils zu großen, teils nur zu kleinen Werten von $A_{j\,\max}$ führen, und man wird dann mit einiger Berechtigung die ersten als gefährlich, die zweiten als harmlos bezeichnen. Man muß sich aber stets dessen bewußt sein, daß die u_k^0 einen unbestimmten Faktor a enthalten, von dem keineswegs feststeht, daß er für alle Resonanzstellen ungefähr derselbe ist, und daß auch sonst noch unsichere Annahmen in den Formeln (5) und (7) enthalten sind. Als wirklich zuverlässige Rechengrundlage wird man also diese Formeln, die nur mit allem Vorbehalt benützt werden dürfen, vorläufig noch nicht ansehen können.

33. Die Bedingungen der Scheinresonanz. Es kann vorkommen, daß eine Maschine in der Resonanz ruhig läuft, also auch ohne Dämpfung keine unbegrenzt anwachsenden Schwingungsausschläge besitzt. Man spricht dann von Scheinresonanz[1]. Obwohl sich die praktische Bedeutung der Scheinresonanzen nicht als so groß erwiesen hat, wie man ursprünglich hoffte, so wollen wir sie hier doch untersuchen; denn die in § 6 gefundenen Hauptformeln liefern sofort auch die Bedingungen für die Scheinresonanz in expliziter Gestalt, und die φ_k-Tafel erlaubt, diese Bedingungen für die tatsächlich vorkommenden Maschinen mühelos zahlenmäßig auszurechnen. Wir beschränken uns der Einfachheit halber auf die Grundfrequenz α des Zwanges und lassen den Zeiger $j = 1$ wieder überall weg.

Die zu den Resonanzfrequenzen α_i gehörigen Eigenwerte ζ_i sind die Nullstellen der Frequenzfunktion der ganzen Maschine. Damit aber auch für eine Zwangsfrequenz $\alpha = \alpha_i$ sämtliche Schwingungsausschläge u_k, v_k und also auch sämtliche Torsionsmomente M_k endlich bleiben, muß nach den Hauptformeln (Ziff. **27**) jeweils die Größe x_1 und entsprechend y_1 endlich bleiben, obwohl sie als Nenner die gerade jetzt verschwindende Frequenzfunktion der ganzen Maschine haben. Dies tritt ein, wenn der Zähler, nämlich die zugehörige Zwangsfunktion höchster Ordnung Φ'_{n+i} (bzw. Ψ'_{n+i}) gleichzeitig verschwindet, d. h. wenn zugleich mit $\varphi'_{n+i} = 0$ auch

$$\Phi'^0_{n+i} = 0, \qquad \Psi'^0_{n+i} = 0 \qquad (1)$$

ist. Der obere Zeiger 0 soll wieder besagen, daß als Argument eine Nullstelle ζ_i von φ'_{n+i} gewählt ist. Dies sind die notwendigen und hinreichenden Bedingungen der Scheinresonanz.

Es ist nützlich, die Bedingungen (1) in eine einzige Vektorgleichung

$$\mathfrak{F}'^0_{n+i} = 0 \qquad (2)$$

zusammenzuziehen, unter $\mathfrak{F}'^0_{n+i}$ die mit den Vektoren $\mathfrak{m}_k$ (Ziff. **25**) statt der a_k geschriebene Zwangsfunktion Φ'^0_{n+i} verstanden. Da nach Ziff. **25** bis **27** die Zwangsfunktionen stets linear in den a_k sind, so ist auch $\mathfrak{F}'^0_{n+i}$ eine lineare Funktion der Vektoren $\mathfrak{m}_k$. Die Vektorgleichung (2) hat also die Form

$$\sum p_k^0 \, \mathfrak{m}_k = 0; \qquad (3)$$

sie drückt aus, daß die geometrische Summe der mit gewissen „Gewichten" p_k^0 multiplizierten Zwangsvektoren $\mathfrak{m}_k$ verschwindet, oder kurz gesagt: daß ein aus den Zwangsvektoren abgeleitetes ebenes Vektordiagramm sich schließen muß.

Die Bedingung (3) stellt das Energieprinzip für die Scheinresonanz vor. Sie sagt nämlich aus, daß bei der Scheinresonanz, im Gegensatz zur wirklichen Resonanz, die Zwangsmomente $\mathfrak{M}_k^*$ im ganzen keine Arbeit leisten dürfen, damit nicht die Schwingungsausschläge unbegrenzt anwachsen. Um diese Bedeutung von (3) zu erkennen, berechnen wir die Arbeit der $\mathfrak{M}_k^*$ unmittelbar. Wir finden wie in Ziff. **32** für die Arbeit während einer Schwingungsperiode $t = 1/\alpha_i$

$$A = \pi \left(\sum v_k^0 a_k - \sum u_k^0 b_k \right).$$

Dabei haben wir durch den oberen Zeiger 0 sofort angedeutet, daß ϑ_k nur die Eigenschwingung sein darf, da die zu Resonanz führende erzwungene Schwingung verboten ist. Sind aber $\bar{\vartheta}_k^0$ die Amplituden und ε der Phasenwinkel der Eigenschwingung, so hat man $u_k^0 = \bar{\vartheta}_k^0 \cos \varepsilon$ und $v_k^0 = \bar{\vartheta}_k^0 \sin \varepsilon$ und somit $v_k^0 = u_k^0 \operatorname{tg} \varepsilon$.

[1]) H. HOLZER, Die Beseitigung der Resonanzgefahr, Schweiz. Bauztg. 82 (1923) S. 310; A. STODOLA, Drehschwingungen von Mehrkurbelwellen, Z. angew. Math. Mech. 9 (1929) S. 349; H. HOLZER, Gefahrlose Resonanzschwingungen, Stodola-Festschrift S. 234, Zurich u. Leipzig 1929; R. GRAMMEL, Ing.-Arch. 3 (1932) S. 84.

Der Phasenwinkel ε ist auch hier vom Zeiger k unabhängig, da jede Eigenschwingung unseres Systems eine stehende Schwingung ist. Also wird

$$A=\pi(\operatorname{tg}\varepsilon\cdot\sum u_k^0 a_k-\sum u_k^0 b_k). \qquad (4)$$

Soll diese Arbeit für jede irgendwie angeregte Eigenschwingung verschwinden, gleichgültig wie groß der Phasenwinkel ε ist, so muß jede der beiden Teilsummen in (4) für sich zu Null werden:

$$\sum u_k^0 a_k=0, \qquad \sum u_k^0 b_k=0 \qquad (5)$$

oder in Vektorform

$$\sum u_k^0 \mathfrak{m}_k=0. \qquad (6)$$

Auch dies ist die notwendige und hinreichende Bedingung für das Eintreten der Scheinresonanz. Daraus schließt man, daß (3) und (6) im wesentlichen identisch sein müssen, d. h., daß die „Gewichte" p_k^0 sich von den „Gewichten" u_k^0 nur um einen gemeinsamen und also belanglosen Faktor unterscheiden können.

34. Die homogene Maschine. Besonders einfach werden die Bedingungen (**33**, 3) oder (**33**, 6) der Scheinresonanz bei der homogenen Maschine. Gemäß (**25**, 9) und (**25**, 20) hat man

$$\left.\begin{aligned} p_k^0&=(-1)^k(\varphi_{n-k}^0+\varphi_{n-k-1}^0),\\ u_k^0&=(-1)^k\frac{a}{\Theta z_i}(\varphi_{k-1}^0+\varphi_k^0)\end{aligned}\right\}\ \text{mit}\quad \varphi_n^0=0. \qquad (1)$$

Um einzusehen, daß sich p_k^0 von u_k^0 nur um einen festen Faktor unterscheidet, beachten wir, daß sich die Rekursionsformel (**9**, 3)

$$\varphi_{k+1}^0=(\zeta-2)\varphi_k^0-\varphi_{k-1}^0 \quad\text{mit}\quad \varphi_{-1}^0=0 \qquad (2)$$

auch umgekehrt

$$\varphi_{k-1}^0=(\zeta-2)\varphi_k^0-\varphi_{k+1}^0 \quad\text{mit}\quad \varphi_n^0=0 \qquad (3)$$

schreiben läßt. Die aus (2) folgende Funktionenreihe $\varphi_0^0, \varphi_1^0, \varphi_2^0, \ldots$ fängt mit $\varphi_0^0=1$ an, die aus (3) folgende $\varphi_{n-1}^0, \varphi_{n-2}^0, \varphi_{n-3}^0, \ldots$ dagegen fängt mit dem Wert $\varphi_{n-1}^0=r$ an, wo r leicht zu bestimmen ist. Da nämlich alle Funktionen der zweiten Folge gerade um den Faktor r größer sind als die entsprechenden der ersten Folge, so ist

$$\varphi_{n-1}^0=r\varphi_0^0,\ \varphi_{n-2}^0=r\varphi_1^0,\ \varphi_{n-3}^0=r\varphi_2^0,\ \ldots,\ \varphi_1^0=r\varphi_{n-2}^0,\ \varphi_0^0=r\varphi_{n-1}^0.$$

Aus der ersten und letzten dieser Gleichungen folgt aber $r^2=1$ oder $r=\pm 1$, so daß also für alle Nullstellen ζ_i von φ_n^0 entweder

$$\varphi_{n-k}^0=+\varphi_{k-1}^0 \quad\text{oder}\quad \varphi_{n-k}^0=-\varphi_{k-1}^0 \qquad (4)$$

ist. Damit ist gezeigt, daß sich p_k^0 und u_k^0 nur um den gemeinsamen Faktor $+a/\Theta z_i$ oder $-a/\Theta z_i$ unterscheiden. Man bestätigt die Beziehungen (4) leicht aus der φ_k-Tafel und könnte sie rasch auch aus (**9**, 7) gewinnen.

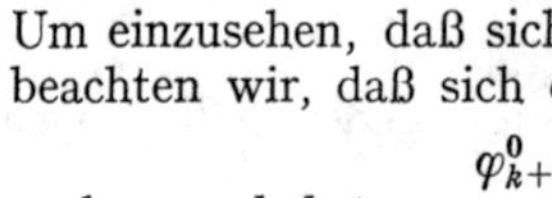

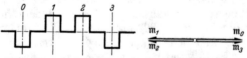

Abb. 77. Kurbelwelle der Vierzylinder-Viertaktmaschine.

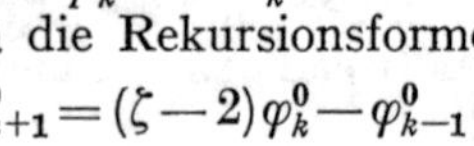

Abb. 78. Die Vektoren $\mathfrak{m}_k$ der homogenen Vierzylinder-Viertaktmaschine.

Als Beispiel wählen wir die Vierzylinder-Viertaktmaschine, deren Kurbelwelle in Abb. 77 dargestellt ist. Die Zylinder sind mit *0, 1, 2, 3* numeriert; die Zündfolge ist *0, 2, 3, 1*; die Phasenwinkel der Zwangsmomente $\mathfrak{M}_k^*$ sind also [wenn wir auf die Veränderlichkeit der Drehmassen keine Rücksicht nehmen und $\mathfrak{M}_k^*=\mathfrak{M}_k$ setzen; vgl. (**22**, 2)]

$$\delta_0=0, \quad \delta_1=3\pi, \quad \delta_2=\pi, \quad \delta_3=2\pi.$$

Da wir die Amplituden der Zwangsmomente, also die Beträge $\mathfrak{m}_k$ der Vektoren $\mathfrak{m}_k$ einander gleichsetzen dürfen, so sind die Vektoren $\mathfrak{m}_0=-\mathfrak{m}_1=-\mathfrak{m}_2=\mathfrak{m}_3$ (Abb. 78).

Die nebenstehende Tabelle gibt an Hand der φ_k-Tafel für die drei Eigenwerte ζ_i die Eigenfrequenzen α_i und die Gewichte p_k^0, sowie die Vektorsumme $\Sigma p_k^0 \mathfrak{m}_k$. Man sieht, daß für die Drehzahl $\nu_1 = 2\alpha_1$ und für die Drehzahl $\nu_3 = 2\alpha_3$ Scheinresonanz eintritt, während die Resonanzgefahr für die Drehzahl $\nu_2 = 2\alpha_2$ bei dieser Zündfolge nicht zu beseitigen ist. Leider wird die praktische Bedeutung dieses schönen Ergebnisses dadurch verkleinert, daß die Homogenität der Maschine in der Regel durch Zusatzdrehmassen gestört wird.

	$i=1$	$i=2$	$i=3$
ζ_i	0,586	2,000	3,414
$\alpha_i \frac{2\pi}{\sqrt{c}}$	0,242	1,414	1,847
p_0^0	+1,000	−1	+1,000
p_1^0	+0,414	+1	−2,414
p_2^0	−0,414	+1	+2,414
p_3^0	−1,000	−1	−1,000
$\Sigma p_k^0 \mathfrak{m}_k$	0	$-4\mathfrak{m}_1$	0

35. Die homogene Maschine mit Zusatzdrehmassen. Unter den inhomogenen Maschinen wollen wir uns auf das Beispiel einer Maschine beschränken, bei welcher an den homogenen Kern zwei Zusatzdrehmassen „rechts" angefügt sind (Maschine II, Abb. 66, Ziff. **27**). Wir können die Gewichte p_k^0 sofort aus (**26**, 15) ablesen:

$$\left.\begin{aligned}
p_0^0 &= \zeta^{II}\varphi_{n-1}^0 - \gamma_1\zeta''\varphi_{n-2}^0,\\
p_k^0 &= (-1)^k\left[(\zeta^{II}\varphi_{n-k}^0 - \gamma_1\zeta''\varphi_{n-k-1}^0) + (\zeta^{II}\varphi_{n-k-1}^0 - \gamma_1\zeta''\varphi_{n-k-2}^0)\right]\\
&\qquad\qquad (k = 1, 2, \ldots, n-1),\\
p_n^0 &= (-1)^n(\zeta^{II} + \gamma_1\zeta''),\\
p_{n+1}^0 &= (-1)^{n+1}\gamma_1'(\zeta'' + \gamma_2),\\
p_{n+2}^0 &= (-1)^{n+2}\gamma_1'\gamma_2'.
\end{aligned}\right\} \tag{1}$$

Die damit gleichwertigen Gewichte u_k^0 sind bereits in (**26**, 20) angegeben, nämlich, indem wir sofort durch den gemeinsamen Faktor $a/\Theta z_i$ dividieren und die Quotienten $u_k^0 : a/\Theta z_i$ kurz mit p_k bezeichnen,

$$\left.\begin{aligned}
p_k &= (-1)^k(\varphi_{k-1}^0 + \varphi_k^0) \qquad (k = 0, 1, 2, \ldots, n),\\
p_{n+1} &= (-1)^{n+1}\frac{1}{\gamma_1}\left(\gamma_1'\varphi_n^0 + \varphi_{n+1}'^0\right),\\
p_{n+2} &= (-1)^{n+2}\frac{\gamma_2'}{\gamma_1\gamma_2}\varphi_{n+1}'^0.
\end{aligned}\right\} \tag{2}$$

Daß die Gewichte p_k mit den Gewichten p_k^0 tatsächlich gleichwertig sind, d. h. sich nur um einen gemeinsamen Faktor von ihnen unterscheiden, ließe sich auch hier ohne weiteres zeigen. Man brauchte bloß auf Grund der Rekursionsformel der φ_k die Rekursionsformeln einerseits für die aus (2) gebildete Funktionenreihe

$$p_0, -(p_0+p_1), +(p_0+p_1+p_2), \ldots, (-1)^n(p_0+p_1+\cdots+p_n),$$
$$(-1)^{n+1}\left(p_0+p_1+\cdots+p_n+\frac{\gamma_1}{\gamma_1'}p_{n+1}\right), \; (-1)^n p_{n+2}$$

aufzustellen und andererseits für die genau ebenso aus (1) gebildete Funktionenreihe (mit oberem Zeiger 0); dann fände man, daß sich die Rekursionsformeln der beiden Reihen wegen $\varphi_{n+2}'^0 = 0$ wieder nur in den Anfangswerten p_0 und p_0^0 unterscheiden, sonst aber gleich lauten. Dies besagt aber, daß sich auch die beiden Funktionenreihen und damit dann auch die Gewichte (1) und (2) nur um die Faktoren p_0 und p_0^0 unterscheiden. Die Rechnung soll hier nicht wiedergegeben werden, da sie lediglich den Wert einer Probe hätte.

Übrigens sieht man, daß die Gewichte p_k hier wesentlich einfacher zu berechnen sind als die Gewichte p_k^0, so daß man immer die Formeln (2) benützen wird. Besonders einfach wird die Rechnung, wenn die Zusatzdrehmassen keine pulsierenden Zwangsmomente ausüben (wie z. B. bei Schwungrädern, Kupplungen, Dynamorotoren, dagegen nicht bei Luftpumpen, Brennstoffpumpen). Dann fallen die Glieder mit p_{n+1} und p_{n+2} usw. ganz weg, und die übrigen Gewichte p_k können aus der φ_k-Tafel wieder unmittelbar (nämlich durch Addition zweier nebeneinander stehender Tafelwerte φ_{k-1}^0 und φ_k^0) abgelesen werden. In diesem praktisch besonders wichtigen Fall ist die Methode von kaum zu überbietender Einfachheit.

Als Beispiel wählen wir die in Ziff. **10** behandelte Zehnzylindermaschine mit Schwungrad und Dynamorotor. Ihr niederster Eigenwert ist $\zeta_1 = 0{,}021$. Aus der φ_k-Tafel folgt nach (2)

$$\begin{aligned} p_0 &= 1{,}000, \\ p_1 &= 0{,}979, \\ p_2 &= 0{,}937, \\ p_3 &= 0{,}876, \\ p_4 &= 0{,}797, \\ p_5 &= 0{,}700, \\ p_6 &= 0{,}589, \\ p_7 &= 0{,}466, \\ p_8 &= 0{,}332, \\ p_9 &= 0{,}192, \\ (p_{10} &= 0{,}048), \\ (p_{11} &= -0{,}783). \end{aligned}$$

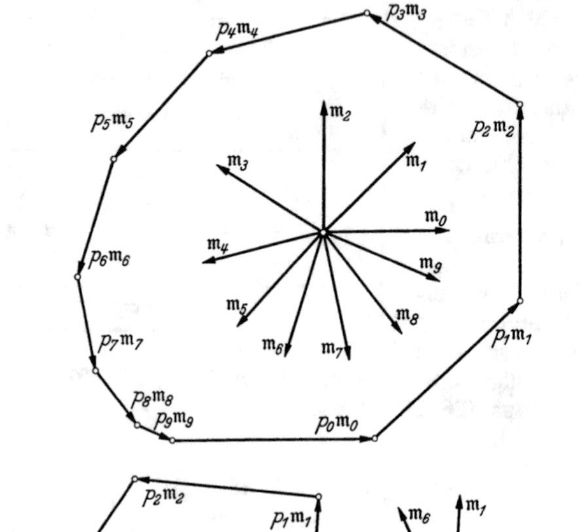

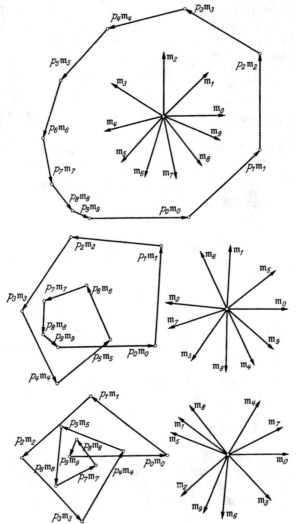

Abb. 79. Vektordiagramme und Kurbeldiagramme der Scheinresonanz einer Zehnzylindermaschine mit Schwungrad und Dynamorotor.

Die beiden eingeklammerten Werte sind nur der Vollständigkeit halber hinzugefügt (für den Fall, daß man die Eigenschwingungsform der Welle zu kennen wünscht), für das Folgende aber ohne Bedeutung. In Abb. 79 sind mit diesen Gewichten p_k drei geschlossene Vektordiagramme erzeugt und dann die zugehörigen Kurbeldiagramme dazu gezeichnet, und zwar für Zwangsmomente von gleichen Amplituden $\mathfrak{m}_k$, wie es der homogenen Maschine entsprechen mag.

Die Diagramme werden am raschesten und für die meisten Fälle genau genug durch numerisches Experiment gewonnen, und zwar folgendermaßen: Man schneidet aus Karton von etwa Postkartenstärke Streifen von 5 mm Breite, markiert auf ihnen mit Nadelstichen der Reihe nach die Maßzahlen $p_k\,\mathfrak{m}_k$ (oder bei gleichen $\mathfrak{m}_k$ einfach die Maßzahlen p_k) als Strecken und versieht sie mit einem Vektorpfeil. Den Maßstab wählt man so, daß die längsten Streifen ungefähr 10 cm lang ausfallen. Sodann legt man auf eine rauhe, dunkle Unterlage Reißstifte mit der Spitze nach oben, steckt diese Spitzen in die Markierungslöcher der Streifen und heftet diese zu einer fortlaufenden Vektorkette zusammen, die man zuletzt schließt. Das so gebildete Vektordiagramm erfüllt nun stets die Gleichung (**33**, 3) bzw. (**33**, 6) und kann leicht deformiert werden, bis es eine möglichst geeignete, z. B. zu einem möglichst gleichmäßigen Kurbeldiagramm führende Gestalt angenommen hat. Jetzt breitet man ein Blatt durchsichtigen oder durchscheinenden Papiers über dem Vektordiagramm aus und drückt die Spitzen der Reißstifte vorsichtig durch das Blatt, hebt es ab und zeichnet das Vektordiagramm nach und parallel zu seinen Vektoren $p_k\,\mathfrak{m}_k$ die Strahlen $\mathfrak{m}_k$ des Kurbeldiagramms.

Von den drei Kurbeldiagrammen in Abb. 79 wird man das erste wegen ungünstiger Zündfolge, das dritte wegen allzu ungleicher Kurbelwinkel ausscheiden und das zweite als geeignetstes ansprechen müssen. Gleiche Kurbelwinkel, wie man sie wegen des Massenausgleiches und wegen der Gleichförmigkeit des Ganges wünscht, sind im vorliegenden Beispiel nicht zu erreichen und widersprechen auch sonst in der Regel der Bedingung der Scheinresonanz bei allen Maschinen von homogener Bauart mit Zusatzdrehmassen. Und eben dieser Umstand macht häufig die an sich erwünschte Scheinresonanz unbrauchbar.

36. Die Torsionsmomente der Scheinresonanz. Wenn in der Scheinresonanz die Schwingungsausschläge zwar nicht mehr über alle Grenzen anwachsen, so sind sie darum doch nicht Null. Um sie und noch wichtiger die zugehörigen Torsionsmomente zu finden, braucht man nur auf die Formeln von § 6 zurückzugreifen. Allerdings nehmen jetzt die Größen x_1 (von denen alle übrigen x_k abgeleitet sind) die unbestimmte Form 0/0 an (Ziff. **27**). Um sie zu ermitteln, ist es nötig, die Ableitungen der Frequenzfunktionen φ_k zu kennen. Bezeichnen wir (da der Strich schon für andere Zwecke verwendet ist) die Ableitung $d\varphi_k/d\zeta$ kurz mit $D\varphi_k$, so geht die Rekursionsformel (**9**, 3) der φ_k durch Differentiieren in die folgende Rekursionsformel der $D\varphi_k$ über:

$$D\varphi_k \equiv \varphi_{k-1} + (\zeta - 2)\,D\varphi_{k-1} - D\varphi_{k-2}. \tag{1}$$

Hieraus folgt der Reihe nach (indem man jeweils auch noch die Rekursionsformel selbst beizieht)

$$\begin{aligned} &D\varphi_0 \equiv 0,\\ &D\varphi_1 \equiv \varphi_0 (\equiv 1),\\ &D\varphi_2 \equiv 2\varphi_1,\\ &D\varphi_3 \equiv 3\varphi_2 + \varphi_0,\\ &D\varphi_4 \equiv 4\varphi_3 + 2\varphi_1,\\ &D\varphi_5 \equiv 5\varphi_4 + 3\varphi_2 + \varphi_0 \end{aligned}$$

und allgemein

$$D\varphi_k \equiv k\varphi_{k-1} + (k-2)\varphi_{k-3} + (k-4)\varphi_{k-5} + \cdots + \left\{\begin{array}{ll} \varphi_0, & \text{wenn } k \text{ ungerade},\\ 2\varphi_1, & \text{wenn } k \text{ gerade ist}, \end{array}\right\} \tag{2}$$

wie man durch Induktionsschluß von k auf $k+1$ beweisen kann.

Demnach bereitet es keinerlei Schwierigkeiten, die Ableitungen $D\varphi_k$ auf Grund der φ_k-Tafel für ein vorgeschriebenes Argument ζ zu berechnen und damit aus (**25**, 9) auch $D\Phi_n$ und weiterhin aus Ziff. **11** und **27** die Ableitungen

$$\left.\begin{aligned} D\varphi'_{n+1} &\equiv \varphi_n + \zeta' D\varphi_n - \gamma_1 D\varphi_{n-1},\\ D\Phi'_{n+1} &\equiv \Phi_n + \zeta' D\Phi_n - \gamma_1 D\Phi_{n-1} \end{aligned}\right\} \tag{3}$$

usw. zu bilden. Hiermit aber sind die Grenzwerte der in den Formeln für x_1 auftretenden Quotienten

$$\lim \frac{\Phi_n^0}{\varphi_n^0} = \frac{D\Phi_n^0}{D\varphi_n^0}, \qquad \lim \frac{\Phi_{n+1}'^0}{\varphi_{n+1}'^0} = \frac{D\Phi_{n+1}'^0}{D\varphi_{n+1}'^0} \qquad \text{usw.} \tag{4}$$

gefunden. Da, wie schon in Ziff. **7** erwähnt, niemals zwei Eigenfrequenzen einer Maschine zusammenfallen, so können die rechten Seiten von (4) nicht noch einmal unbestimmt werden, und damit ist das Problem vollständig gelöst und der Weg für die zahlenmäßige Rechnung bis zum Ende freigelegt.

§ 8. Der Einfluß der Nebentorsionen.

37. Die verbesserten Rekursionsformeln. Die erste wichtige Verbesserung, die wir nun noch an der vorangegangenen Theorie erster Ordnung anbringen wollen, betrifft den Einfluß der in Ziff. **2** erwähnten Nebentorsionen. Von den beiden Gleichungsgruppen (**7**, 2) und (**7**, 3) bzw. (**23**, 1) und (**23**, 2) bedarf jetzt die erste einer Berichtigung. Wollen wir nämlich außer den Haupttorsionen auch die Nebentorsionen berücksichtigen, so haben wir mit den in (**2**, 7) erklärten Nebentorsionszahlen ε_{ik} die (auf n Wellenstücke verallgemeinerten) Gleichungen (**2**, 8) anzusetzen:

$$\left.\begin{aligned}
\frac{C_1}{l_1}(\vartheta_0-\vartheta_1) &= M_1+\varepsilon_{12}M_2+[\varepsilon_{13}M_3+\cdots+\varepsilon_{1n}M_n],\\
\frac{C_2}{l_2}(\vartheta_1-\vartheta_2) &= \varepsilon_{21}M_1+M_2+\varepsilon_{23}M_3+[\cdots+\varepsilon_{2n}M_n],\\
\frac{C_3}{l_3}(\vartheta_2-\vartheta_3) &= [\varepsilon_{31}M_1]+\varepsilon_{32}M_2+M_3+\varepsilon_{34}M_4+[\cdots+\varepsilon_{3n}M_n],\\
&\;\;\vdots\\
\frac{C_n}{l_n}(\vartheta_{n-1}-\vartheta_n) &= [\varepsilon_{n1}M_1+\cdots+\varepsilon_{n,n-2}M_{n-2}]+\varepsilon_{n,n-1}M_{n-1}+M_n.
\end{aligned}\right\} \tag{1}$$

Die eckig eingeklammerten Glieder rühren von den sekundären Nebentorsionen her; wir lassen sie gemäß den Ausführungen in Ziff. **2** weiterhin unbedenklich weg. Das System (1) tritt an die Stelle von (**7**, 2) bzw. (**23**, 1).

Nimmt man jetzt wieder die Bewegungsgleichungen (**23**, 2) hinzu und behandelt beide Gleichungsgruppen genau so weiter wie in Ziff. **23**, so findet man alsbald die verbesserte Rekursionsformel für die Torsionsmomente

$$\left.\begin{aligned}
c_k' x_{k+1} = (c_k+c_k'-z)\,x_k - c_k x_{k-1} - z(\varepsilon_{k,k+1}x_{k+1}+\varepsilon_{k,k-1}x_{k-1}) - c_k a_{k-1} + c_k' a_k\\
\text{mit } x_0=0,\;\; x_{n+1}=0, \qquad (k=1,2,\ldots,n).
\end{aligned}\right\} \tag{2}$$

Aus diesen Gleichungen zieht man folgenden praktisch wichtigen Schluß: Da bei erzwungenen Schwingungen die Grundfrequenz der Zwangsmomente bei Zweitaktmaschinen gleich der einfachen, bei Viertaktmaschinen gleich der halben Drehfrequenz ist, so sind die zugehörigen $\zeta = z/c$ kleine Zahlen; weil aber in (2), wenn man mit dem Koeffizienten c des homogenen Kerns der Maschine dividiert, das Korrektionsglied mit den doppelt kleinen Faktoren $\varepsilon_{k,k\pm1}\zeta$ auftritt, so bleibt jedenfalls bei der Grundfrequenz der Zwangsmomente der Einfluß der Nebentorsionen auf die Torsionsmomente x_k klein von zweiter Ordnung. Für die Oberschwingungen der Zwangsmomente ist zwar ζ nicht mehr stets klein, dafür haben diese aber kleine Amplituden; und so wird die Verbesserung, die zufolge der Nebentorsionen eigentlich an den Zahlenwerten der Torsionsmomente x_k anzubringen wäre, kaum je ins Gewicht fallen.

Wohl aber ist es nötig, zu untersuchen, wie sich die Eigenfrequenzen verschieben. Wir können dies ebenfalls aus (2) entnehmen, indem wir dort alle

$a_k=0$ setzen und dann wieder gemäß (**7**, 19) von den x_k zu den Frequenzfunktionen f_k übergehen. Setzen wir in (2)

$$x_k \equiv (-1)^{k-1} \frac{x_1}{c_1' c_2' \ldots c_{k-1}'} f_{k-1}, \tag{3}$$

so kommt die verbesserte Rekursionsformel der Frequenzfunktionen

$$\left.\begin{aligned} f_k \equiv (z - c_k - c_k') f_{k-1} - c_k c_{k-1}' f_{k-2} - \frac{z}{c_k'} (\varepsilon_{k,k+1} f_k + c_k' c_{k-1}' \varepsilon_{k,k-1} f_{k-2}) \\ \text{mit } f_{-1} \equiv 0,\ f_0 \equiv 1 \qquad (k=1,2,\ldots), \end{aligned}\right\} \tag{4}$$

wo das Identitätszeichen wieder ausdrücken soll, daß diese Formel für alle z gilt.

Weil die Nebentorsionszahlen $\varepsilon_{k,k\pm1}$ wohl kaum je die Größenordnung 10^{-1} übersteigen werden, so darf man das zu der früheren Rekursionsformel hinzutretende letzte Glied rechts in (4), das mit den kleinen Faktoren $\varepsilon_{k,k\pm1}$ behaftet ist, als kleine Störung behandeln, und darauf beruht die im folgenden entwickelte Berechnung[1]) der Schwingungsfrequenzen aus der erweiterten Rekursionsformel (4).

Der Grundgedanke dieser Rechnung besteht darin, daß man die $\varepsilon_{k,k\pm1}$ als klein gegen 1 ansieht, die Frequenzfunktionen $f_k(z)$ nach den $\varepsilon_{k,k\pm1}$ entwickelt denkt, wobei die Entwicklung natürlich mit den durch die bisherige Theorie erster Ordnung als bekannt anzusehenden Frequenzfunktionen $f_k^{(0)}(z)$ der nebentorsionsfreien Maschine beginnt, und sodann überall Produkte und höhere Potenzen der $\varepsilon_{k,k\pm1}$ vernachlässigt. Man gewinnt so eine wohl für alle praktischen Zwecke ausreichende Theorie zweiter Ordnung. Übrigens ist der hierbei einzuschlagende Weg schon zum großen Teil im voraus gebahnt: setzt man die Entwicklungen der $f_k(z)$ in das letzte Glied von (4) ein und behält nur die Terme erster Ordnung bei, so hat man in diesem Glied einfach alle $f_k(z)$ durch die bekannten $f_k^{(0)}(z)$ zu ersetzen, womit jenes Glied eine bekannte Funktion von z geworden ist, so daß sich die ganze Aufgabe formal im wesentlichen auf die in § 6 gelöste Aufgabe der Berechnung von erzwungenen Schwingungen (allerdings jetzt mit anderer Fragestellung) zurückführen läßt. Wir zeigen die wirkliche Durchführung an einigen Beispielen.

38. Die homogene Maschine. Bei der homogenen Maschine sind alle Koeffizienten unter sich gleich, ebenso alle Nebentorsionszahlen:

$$c_k = c_k' = c, \qquad \varepsilon_{k,k\pm1} = \varepsilon. \tag{1}$$

Man benützt wieder eine dimensionslose Variable

$$\bar\zeta = \frac{z}{c} \tag{2}$$

und die reduzierten (dimensionslosen) Frequenzfunktionen f_k/c^k und entwickelt sofort

$$\frac{f_k}{c^k} \equiv \varphi_k - \varepsilon \bar\zeta \varphi_k^*, \tag{3}$$

wo φ_k die tabulierten Frequenzfunktionen und φ_k^* die zu bestimmenden „Störungsfunktionen" sind. Dann gibt die Rekursionsformel (**37**, 4)

$$\varphi_k - \varepsilon\bar\zeta\varphi_k^* \equiv (\bar\zeta - 2)(\varphi_{k-1} - \varepsilon\bar\zeta\varphi_{k-1}^*) - (\varphi_{k-2} - \varepsilon\bar\zeta\varphi_{k-2}^*) - \varepsilon\bar\zeta(\varphi_k + \varphi_{k-2}) \tag{4}$$

mit

$$\varphi_{-1} - \varepsilon\bar\zeta\varphi_{-1}^* \equiv 0, \qquad \varphi_0 - \varepsilon\bar\zeta\varphi_0^* \equiv 1. \tag{5}$$

[1]) R. Grammel, K. Klotter u. K. v. Sanden, Ing.-Arch. 7 (1936) S. 459.

Nun gilt aber für die homogene Maschine ohne Nebentorsionen (Theorie erster Ordnung) nach (**9**, **3**) die Rekursionsformel

$$\varphi_k \equiv (\bar{\zeta}-2)\varphi_{k-1} - \varphi_{k-2} \quad \text{mit} \quad \varphi_{-1} \equiv 0,\ \varphi_0 \equiv 1. \tag{6}$$

Somit hat man statt (4) und (5) kürzer

$$\varphi_k^* \equiv (\bar{\zeta}-2)\varphi_{k-1}^* - \varphi_{k-2}^* + (\varphi_k + \varphi_{k-2}) \quad \text{mit} \quad \varphi_{-1}^* \equiv \varphi_0^* \equiv 0. \tag{7}$$

In diesem mit $k = 1, 2, \ldots, n$ zu bildenden Funktionalgleichungssystem sind die φ gegebene, die φ^* gesuchte Funktionen.

Die Lösung des Systems (7) ist uns aber bekannt. Es hat nämlich die Form des bei der Berechnung von erzwungenen Schwingungen nach der Methode der Frequenzfunktionen auftretenden Systems (**25**, 2)

$$x_{k+1}'' = (2-\bar{\zeta})\, x_k'' - x_{k-1}'' - (a_{k-1} - a_k) \quad \text{mit} \quad x_0'' = 0,\ x_1'' = 0. \tag{8}$$

In der Tat geht (7) in (8) über, wenn man

$$\varphi_k^* = (-1)^k x_{k+1}'' \quad \text{und} \quad \varphi_k + \varphi_{k-2} = (-1)^{k-1}(a_{k-1} - a_k) \tag{9}$$

setzt. Mithin liefert die zum System (8) gehörige Lösung (**25**, 7), die wir (mit Vorschieben des Zeigers k um eine Einheit) schreiben:

$$x_{k+1}'' = (-1)^k \left[(a_0 - a_1)\varphi_{k-1} - (a_1 - a_2)\varphi_{k-2} + \cdots + (-1)^{k-1}(a_{k-1} - a_k)\varphi_0\right], \tag{10}$$

sogleich auch die Lösung unseres Systems (7):

$$\varphi_k^* \equiv (\varphi_1 + \varphi_{-1})\varphi_{k-1} + (\varphi_2 + \varphi_0)\varphi_{k-2} + (\varphi_3 + \varphi_1)\varphi_{k-3} + \cdots + (\varphi_k + \varphi_{k-2})\varphi_0. \tag{11}$$

[Hierin ist natürlich, wie immer, $\varphi_{-1} \equiv 0$ und $\varphi_0 \equiv 1$ zu setzen; wir haben diese trivialen Funktionen rechts in (11) nur hinzugeschrieben, um das Bildungsgesetz der Lösung (11) deutlich erkennen zu lassen.] Damit sind die Störungsfunktionen φ_k^* in den tabulierten Funktionen φ_k ausgedrückt.

Die gesuchten Eigenwerte $\bar{\zeta}_i$, aus denen sich dann die Eigenfrequenzen der homogenen Maschine wieder wie in (**9**, 10) zu

$$\bar{\alpha}_i = \frac{1}{2\pi}\sqrt{c\,\bar{\zeta}_i} \tag{12}$$

vollends ergeben, sind die Nullstellen der Funktion f_n, also nach (3) die Wurzeln der Gleichung

$$\varphi_n - \varepsilon\bar{\zeta}\varphi_n^* = 0. \tag{13}$$

Für diese Wurzeln $\bar{\zeta}_i$ dürfen wir in der Theorie zweiter Ordnung

$$\bar{\zeta}_i = \zeta_i + \varepsilon\zeta_i^* \tag{14}$$

setzen, wo die ζ_i die Eigenwerte der Theorie erster Ordnung, d. h. die Nullstellen von φ_n sind und $\varepsilon\zeta_i^*$ die von der Störung durch die Nebentorsionen herrührenden Verbesserungen. Die ζ_i sind bekannt, die ζ_i^* haben wir zu berechnen.

Bezeichnet man wieder mit $D\varphi_n$ und $D\varphi_n^*$ die Ableitungen der Funktionen φ_n und φ_n^*, und bricht man die Taylorreihen

$$\varphi_n(\zeta_i + \varepsilon\zeta_i^*) = \varphi_n(\zeta_i) + \varepsilon\zeta_i^* D\varphi_n(\zeta_i) + \cdots,$$
$$\varphi_n^*(\zeta_i + \varepsilon\zeta_i^*) = \varphi_n^*(\zeta_i) + \varepsilon\zeta_i^* D\varphi_n^*(\zeta_i) + \cdots$$

sinngemäß nach dem Glied mit ε ab und streicht auch weiterhin alle Glieder mit höheren Potenzen von ε, so wird aus der ausführlich geschriebenen Frequenzgleichung (13)

$$\varphi_n(\zeta_i + \varepsilon\zeta_i^*) - \varepsilon\cdot(\zeta_i + \varepsilon\zeta_i^*)\cdot\varphi_n^*(\zeta_i + \varepsilon\zeta_i^*) = 0 \tag{15}$$

wegen $\varphi_n(\zeta_i) = 0$ einfach

$$\zeta_i^* D\varphi_n(\zeta_i) - \zeta_i\,\varphi_n^*(\zeta_i) = 0, \tag{16}$$

und daraus folgen die gesuchten Verbesserungen

$$\zeta_i^* = 2\,q_i\zeta_i \quad \text{mit} \quad 2\,q_i = \frac{\varphi_n^*(\zeta_i)}{D\varphi_n(\zeta_i)}. \tag{17}$$

Die verbesserten Eigenfrequenzen selbst werden nach (12) und (14)

$$\bar{\alpha}_i = \frac{1}{2\pi}\sqrt{c\bar{\zeta}_i} = \frac{1}{2\pi}\sqrt{c\zeta_i}\,\sqrt{1+2\,\varepsilon q_i} \approx \frac{1}{2\pi}\sqrt{c\zeta_i}\,(1+\varepsilon q_i)$$

oder endgültig

$$\bar{\alpha}_i = \alpha_i(1+\varepsilon q_i) \quad \text{mit} \quad q_i = \frac{\varphi_n^*(\zeta_i)}{2\,D\varphi_n(\zeta_i)}, \tag{18}$$

wo die α_i die von der Theorie erster Ordnung, also ohne Berücksichtigung der Nebentorsionen ermittelten Eigenfrequenzen sind.

Kennt man die von der Theorie erster Ordnung gelieferten ζ_i, so lassen sich die q_i ganz leicht berechnen. Denn für die Zähler hat man nach (11)

$$\left.\begin{aligned} \varphi_n^* \equiv (\varphi_1+\varphi_{-1})\varphi_{n-1} + (\varphi_2+\varphi_0)\varphi_{n-2} + \cdots + (\varphi_n+\varphi_{n-2})\varphi_0 \\ (\text{mit } \varphi_{-1}\equiv\varphi_n\equiv 0, \varphi_0\equiv 1), \end{aligned}\right\} \tag{19}$$

und für die Ableitung der Frequenzfunktion φ_n gilt nach (**36**, 2)

$$D\varphi_n \equiv n\varphi_{n-1} + (n-2)\varphi_{n-3} + \cdots + \left\{\begin{array}{ll} \varphi_0, & \text{wenn } n \text{ ungerade,} \\ 2\varphi_1, & \text{wenn } n \text{ gerade ist.} \end{array}\right\} \tag{20}$$

Mithin kann q_i für jedes Argument ζ_i ohne weiteres aus der Tafel der Frequenzfunktionen φ_k ermittelt werden.

Beispielsweise erhält man für die homogene Vierzylindermaschine mit $n=3$ und $\varphi_3=0$

$$q_i = \frac{\varphi_1(1+\varphi_2)}{1+3\,\varphi_2} \quad (\text{für die Argumente } \zeta_i). \tag{21}$$

Dies führt mit den von Ziff. **9** her bekannten Nullstellen ζ_i von φ_3 auf folgende Werte von q_i:

	$i=1$	$i=2$	$i=3$
q_i	$-0{,}707$	0	$+0{,}707$

Ebenso kommt für die homogene Sechszylindermaschine mit $n=5$ und $\varphi_5=0$

$$q_i = \frac{\varphi_3(1+\varphi_2)+\varphi_1(\varphi_2+\varphi_4)}{1+3\,\varphi_2+5\,\varphi_4} \quad (\text{für die Argumente } \zeta_i). \tag{22}$$

Dies gibt folgende Werte:

	$i=1$	$i=2$	$i=3$	$i=4$	$i=5$
q_i	$-0{,}866$	$-0{,}500$	0	$+0{,}500$	$+0{,}866$

Man sieht schon hier das allgemeine Gesetz, daß positive Nebentorsionszahlen ε die tiefen Eigenfrequenzen erniedrigen, die hohen dagegen erhöhen (negative natürlich gerade umgekehrt) und nur die mittleren ziemlich unberührt lassen, und daß der Faktor q_1 der tiefsten und wichtigsten Eigenfrequenz um so näher bei 1 liegt, je mehr Drehmassen der Motor hat. Wenn die Nebentorsionen im Vergleich zu den Haupttorsionen nicht vernachlässigbar sind, so darf man also auch die von ihnen verursachten Verschiebungen der Eigenfrequenzen keineswegs außer acht lassen.

39. Die homogene Maschine mit Zusatzdrehmassen. In gleicher Weise, wie es die Methode der Frequenzfunktionen schon bei der Theorie erster Ordnung tut (§ 2 bis 5), läßt sich diese Störungsrechnung nun ohne grundsätzliche Schwierigkeiten auf homogene Maschinen mit Zusatzdrehmassen ausdehnen. Wir zeigen dies bei der Maschine mit einer Zusatzdrehmasse.

Alle Nebentorsionszahlen bis zu $\varepsilon_{n,n-1}$ sind wieder gleich und werden mit ε bezeichnet. Neu hinzu kommen die möglicherweise davon verschiedenen Nebentorsionszahlen $\varepsilon_{n,n+1}$ (im Zusatzwellenstück, herrührend von einem Torsionsmoment M_n im letzten Wellenstück der homogenen Maschine) und $\varepsilon_{n+1,n}$ (im letzten Wellenstück der homogenen Maschine, herrührend von einem Torsionsmoment M_{n+1} im Zusatzwellenstück).

Jetzt lauten mit dem Koeffizienten c des homogenen Maschinenteils die beiden Rekursionsformeln für f_n und f_{n+1} nach (**37**, 4) folgendermaßen:

$$f_n \equiv (z-2c) f_{n-1} - c^2 f_{n-2} - \frac{z}{c}(\varepsilon_{n,n+1} f_n + \varepsilon c^2 f_{n-2}), \tag{1}$$

$$f_{n+1} \equiv (z - c_{n+1} - c'_{n+1}) f_n - c c_{n+1} f_{n-1} - z c \varepsilon_{n+1,n} f_{n-1}. \tag{2}$$

(Das allerletzte Glied in der letzten Gleichung wäre $-z\frac{\varepsilon_{n+1,n+2}}{c'_{n+1}} f_{n+1}$, fällt aber weg, weil ja $\varepsilon_{n+1,n+2}=0$ ist als Nebentorsionszahl in dem gar nicht mehr vorhandenen Wellenstück jenseits der Zusatzdrehmasse, übrigens auch schon, weil für die ganze Maschine $f_{n+1}=0$ wird.) Führt man wieder

$$\left.\begin{aligned} \frac{f_k}{c^k} &\equiv \varphi_k - \varepsilon\bar{\zeta}\varphi_k^* \qquad (k=-1,0,1,2,\ldots,n),\\ \frac{f_{n+1}}{c^{n+1}} &\equiv \varphi'_{n+1} - \varepsilon\bar{\zeta}\varphi_{n+1}^* \end{aligned}\right\} \tag{3}$$

sowie

$$\frac{c_{n+1}}{c} = \gamma_1, \qquad \frac{c'_{n+1}}{c} = \gamma'_1, \qquad \frac{\varepsilon_{n,n+1}}{\varepsilon} = \varkappa_1, \qquad \frac{\varepsilon_{n+1,n}}{\varepsilon} = \varkappa'_1 \tag{4}$$

ein, so gehen (1) und (2) über in

$$\varphi_n - \varepsilon\bar{\zeta}\varphi_n^* \equiv (\bar{\zeta}-2)(\varphi_{n-1} - \varepsilon\bar{\zeta}\varphi_{n-1}^*) - (\varphi_{n-2} - \varepsilon\bar{\zeta}\varphi_{n-2}^*) - \varepsilon\bar{\zeta}(\varkappa_1\varphi_n + \varphi_{n-2}), \tag{5}$$

$$\varphi'_{n+1} - \varepsilon\bar{\zeta}\varphi_{n+1}^* \equiv (\bar{\zeta}-\gamma_1-\gamma'_1)(\varphi_n - \varepsilon\bar{\zeta}\varphi_n^*) - \gamma_1(\varphi_{n-1} - \varepsilon\bar{\zeta}\varphi_{n-1}^*) - \varepsilon\varkappa'_1\bar{\zeta}\varphi_{n-1}. \tag{6}$$

Dabei ist wieder φ'_{n+1} (statt φ_{n+1}) geschrieben, weil φ'_{n+1} (als Frequenzfunktion der ganzen Maschine in der Theorie erster Ordnung) im Gegensatz zu $\varphi_n, \varphi_{n-1}, \varphi_{n-2}$ usw. nicht zu den tabulierten Frequenzfunktionen der homogenen Maschinen gehört. Außerdem ist in (5) und (6) bei den letzten, mit dem Faktor ε behafteten Gliedern sinngemäß schon ein Glied mit ε^2 gleich fortgelassen worden.

Beachtet man jetzt wieder, daß für φ_n und φ'_{n+1} nach (**9**, 3) und (**10**, 2) die Rekursionsformeln

$$\varphi_n \equiv (\bar{\zeta}-2)\varphi_{n-1} - \varphi_{n-2}, \qquad \varphi'_{n+1} \equiv (\bar{\zeta}-\gamma_1-\gamma'_1)\varphi_n - \gamma_1\varphi_{n-1} \tag{7}$$

gelten, so gehen (5) und (6) über in

$$\varphi_n^* \equiv (\bar{\zeta}-2)\varphi_{n-1}^* - \varphi_{n-2}^* + (\varkappa_1\varphi_n + \varphi_{n-2}), \tag{8}$$

$$\varphi_{n+1}^* \equiv (\bar{\zeta}-\gamma_1-\gamma'_1)\varphi_n^* - \gamma_1\varphi_{n-1}^* + \varkappa'_1\varphi_{n-1}. \tag{9}$$

Man sieht zunächst aus (8), daß die letzte (mit $k=n$ zu bildende) Gleichung des Systems (**38**, 7) der homogenen Maschine nun eine andere Form hat, indem sie bei φ_n noch den Faktor $\varkappa_1$ trägt, der von 1 verschieden sein kann. Dies ist durchaus verständlich, da ja die Maschine mit $\varkappa_1 \neq 1$ im letzten Wellenstück des an sich homogenen Teiles wenigstens in der Nebentorsion schon inhomogen ist.

Aber auch die Lösung des Funktionalgleichungssystems (**38**, 7) mit der letzten Gleichung (8) ist leicht anzugeben. Da φ_n nur in der letzten Gleichung vorkommt und dort lediglich mit dem Faktor $\varkappa_1$ behaftet ist, so hat man diesen Faktor auch in (**38**, 19) hinzuzufügen und erhält

$$\varphi_n^* \equiv (\varphi_1 + \varphi_{-1})\,\varphi_{n-1} + (\varphi_2 + \varphi_0)\,\varphi_{n-2} + \cdots + (\varphi_{n-1} + \varphi_{n-3})\,\varphi_1 + (\varkappa_1 \varphi_n + \varphi_{n-2})\varphi_0, \tag{10}$$

wogegen φ_{n-1}^* nach der alten Vorschrift (**38**, 11) zu bilden ist.

Weil damit aber sowohl φ_n^* als φ_{n-1}^* in den tabulierten Frequenzfunktionen φ_k ausgedrückt sind, so ist es durch (9) auch φ_{n+1}^*, und die Störungsfunktion φ_{n+1}^* ist folglich bestimmt.

Zur Ermittlung der Eigenfrequenzen $\bar{\alpha}_\iota$ geht man vollends genau so vor, wie bei der homogenen Maschine. Man setzt

$$\bar{\zeta}_\iota = \zeta + \varepsilon \zeta_\iota^*$$

in die zugehörige Frequenzgleichung

$$\varphi'_{n+1} - \varepsilon \bar{\zeta} \varphi_{n+1}^* = 0 \tag{11}$$

ein, entwickelt $\varphi'_{n+1}(\zeta_\iota + \varepsilon \zeta_\iota^*)$ sowie $\varphi_{n+1}^*(\zeta_i + \varepsilon \zeta_\iota^*)$ in Taylorreihen und beachtet, daß $\varphi'_{n+1}(\zeta_i) = 0$ ist (als Bestimmungsgleichung der ζ_ι der Theorie erster Ordnung). So kommt schließlich

$$\bar{\alpha}_\iota = \alpha_\iota (1 + \varepsilon q_\iota) \quad \text{mit} \quad q_i = \frac{\varphi_{n+1}^*(\zeta_\iota)}{2\,D\varphi'_{n+1}(\zeta_i)}. \tag{12}$$

Hierbei ist nach (9) und (10), ausführlich geschrieben,

$$\left.\begin{aligned} \varphi_{n+1}^*(\zeta_\iota) = (\zeta_\iota - \gamma_1 - \gamma_1')\big[&(\varphi_1 + \varphi_{-1})\,\varphi_{n-1} + (\varphi_2 + \varphi_0)\,\varphi_{n-2} + \cdots + \\ &+ (\varphi_{n-1} + \varphi_{n-3})\,\varphi_1 + (\varkappa_1 \varphi_n + \varphi_{n-2})\,\varphi_0\big] - \gamma_1\big[(\varphi_1 + \varphi_{-1})\,\varphi_{n-2} + \\ &+ (\varphi_2 + \varphi_0)\,\varphi_{n-3} + \cdots + (\varphi_{n-1} + \varphi_{n-3})\,\varphi_0\big] + \varkappa_1' \varphi_{n-1} \end{aligned}\right\} \tag{13}$$

und nach (7)

$$D\varphi'_{n+1}(\zeta_\iota) = \varphi_n + (\zeta_\iota - \gamma_1 - \gamma_1')\,D\varphi_n - \gamma_1 D\varphi_{n-1}$$

oder ausführlich

$$\left.\begin{aligned} D\varphi'_{n+1}(\zeta_i) &= \varphi_n + (\zeta_\iota - \gamma_1 - \gamma_1')\left[n\varphi_{n-1} + (n-2)\,\varphi_{n-3} + \cdots + \begin{Bmatrix}\varphi_0\\ 2\varphi_1\end{Bmatrix}\right] - \\ &- \gamma_1\left[(n-1)\,\varphi_{n-2} + (n-3)\,\varphi_{n-4} + \cdots + \begin{Bmatrix}2\varphi_1\\ \varphi_0\end{Bmatrix}\right], \text{ je nachdem } n \begin{Bmatrix}\text{ungerade}\\ \text{gerade}\end{Bmatrix}. \end{aligned}\right\} \tag{14}$$

Damit liegt der Weg zur Zahlenrechnung wieder ohne Schwierigkeit offen, und man bemerkt nachträglich, daß es wenig ausmacht, ob $\varepsilon_{n,n+1}$ und $\varepsilon_{n+1,n}$ gleich ε, also $\varkappa_1 = 1$ und $\varkappa_1' = 1$ sind oder nicht.

Als erstes Beispiel diene eine Zweizylindermaschine mit Schwungrad, und zwar sei die Drehmasse Θ jedes der beiden Kurbelgetriebe das 0,06-fache von derjenigen des Schwungrades, ferner seien die Torsionssteifigkeiten C der zwei Wellenstücke unter sich gleich, ebenso ihre Längen, und die Nebentorsionen seien das 0,13-fache der Haupttorsionen. Dann hat man

$$\gamma_1 = 1, \quad \gamma_1' = 0{,}060, \quad \varepsilon = 0{,}13, \quad \varkappa_1 = \varkappa_1' = 1.$$

Die zugehörige Frequenzgleichung erster Ordnung

$$(\zeta - \gamma_1 - \gamma_1')\,\varphi_1 - \gamma_1 \varphi_0 \equiv (\zeta - 1{,}060)\,(\zeta - 2) - 1 = 0$$

hat die Wurzeln $\zeta_1 = 0{,}43$ und $\zeta_2 = 2{,}63$, und diese geben nach (13) und (14) mit $n = 1$

$$\varphi_2^*(\zeta_1) = \varphi_2^*(\zeta_2) = 2, \qquad D\varphi_2' = \varphi_1 + (\zeta_\iota - 1{,}060) = \mp 2{,}20,$$

also nach (12) $q_1 = -0{,}455$ und $q_2 = +0{,}455$, und mithin

$$\bar{\alpha}_1 = 0{,}941\,\alpha_1, \quad \bar{\alpha}_2 = 1{,}059\,\alpha_2,$$

also eine Erniedrigung der tiefsten Eigenfrequenz um rund 6% und eine ebensolche *Erhöhung* der höchsten Eigenfrequenz infolge der Nebentorsionen.

Während sich dieses erste Beispiel noch ohne Benützung der Tafel der Frequenzfunktionen erledigen läßt, kann das folgende ohne diese Tafel nur sehr mühsam, mit ihr dagegen ganz leicht bewältigt werden. Es handle sich um die in Ziff. **10** behandelte Zehnzylindermaschine mit Schwungrad, also $n=9$, und zwar sei jetzt

$$\gamma_1 = 1, \quad \gamma_1' = 0{,}050, \quad \varkappa_1 = \varkappa_1' = 1{,}4.$$

Die zugehörige Frequenzgleichung erster Ordnung hat nach Ziff. **10** die beiden niedersten Wurzeln $\zeta_1 = 0{,}0311$ und $\zeta_2 = 0{,}207$. Bildet man nach (13) und (14)

$$\frac{1}{2}\varphi_{10}^*(\zeta_i) = (\zeta_i - 1{,}050)\left[\varphi_1(\varphi_6+\varphi_8)+\varphi_2(\varphi_5+\varphi_7)+\varphi_3(\varphi_4+\varphi_6)+\varphi_4\varphi_5+\varphi_7+0{,}7\,\varphi_9\right]-$$
$$-\left[\varphi_1(\varphi_5+\varphi_7)+\varphi_2(\varphi_4+\varphi_6)+\varphi_3\left(\frac{1}{2}\varphi_3+\varphi_5\right)+\frac{1}{2}\varphi_4^2+\varphi_6-0{,}2\,\varphi_8\right],$$
$$D\varphi_{10}'(\zeta_i) = \varphi_9 + (\zeta_i - 1{,}050)(9\,\varphi_8 + 7\,\varphi_6 + 5\,\varphi_4 + 3\,\varphi_2 + 1) - (8\,\varphi_7 + 6\,\varphi_5 + 4\,\varphi_3 + 2\,\varphi_1),$$

so liefert die φ_k-Tafel (Anhang V) für die Argumente ζ_1 und ζ_2 nach kurzer Rechnung

$$\frac{1}{2}\varphi_{10}^*(\zeta_1) = 33{,}77, \quad \frac{1}{2}\varphi_{10}^*(\zeta_2) = -10{,}74, \quad D\varphi_{10}'(\zeta_1) = -34{,}69, \quad D\varphi_{10}'(\zeta_2) = 12{,}25,$$

und dies gibt nach (12) die Faktoren

$$q_1 = -0{,}97, \quad q_2 = -0{,}88,$$

also etwa wieder mit $\varepsilon = 0{,}13$

$$\bar{\alpha}_1 = 0{,}87\,\alpha_1, \quad \bar{\alpha}_2 = 0{,}89\,\alpha_2,$$

und das bedeutet Erniedrigung der beiden tiefsten Eigenfrequenzen um 13% bzw. 11% infolge der Nebentorsionen.

In gleicher Weise und ohne besondere Mühe könnten die zu den übrigen acht Eigenwerten ζ_i gehörigen Faktoren q_i berechnet werden. Wir unterdrücken die Zahlenwerte und geben nur an, daß auch hier die q_i mit wachsender Ordnungszahl i steigen, bei q_6 das Zeichen wechseln und sich bei q_{10} der Zahl $+1$ nähern.

Aus Messungen ist bekannt, daß sich die Torsionssteifigkeiten erster und zweiter Art (Ziff. **2**) in der Regel bei solchen Wellen stark unterscheiden, welche auch verhältnismäßig große Nebentorsionszahlen haben. Es ist nun gelungen, für homogene Maschinen ohne und mit einer Zusatzdrehmasse nachzuweisen[1]), daß sich bei den üblichen Bauarten die beiden Fehler, die man begeht, wenn man der Theorie erster Ordnung (§ 2 bis 5) die Torsionssteifigkeiten erster Art statt zweiter Art zugrunde legt und zudem die Nebentorsionen außer acht läßt, wenigstens bei der tiefsten Eigenfrequenz $\bar{\alpha}_1$ nahezu aufheben, und zwar um so genauer, je mehr Drehmassen die Maschine besitzt, bei der nächst höheren Eigenfrequenz schon weniger genau, bei den mittleren Eigenfrequenzen allerdings gar nicht mehr, und daß sich bei den höchsten Eigenfrequenzen jene beiden Fehler nahezu addieren. So ist es zu erklären, daß für die tiefsten Eigenfrequenzen der Schwingungsversuch häufig recht gut übereinstimmt mit dem Ergebnis einer Schwingungsrechnung, welche die Torsionssteifigkeiten erster Art benutzt und dafür die Nebentorsionen wegläßt. Man wird daher diese (an sich grundsätzlich falsche) Rechnungsart als einfachere Näherungsrechnung stets dann zulassen können, wenn keine sehr hohe Genauigkeit verlangt wird und die Maschine sehr viele Drehmassen besitzt, und wenn es sich nur um die tiefsten Eigenfrequenzen handelt. Für die höheren Eigenfrequenzen, die mit zunehmender Schnelläufigkeit immer wichtiger werden, ist dagegen diese vereinfachte

[1]) A. Kimmel, Grundsätzliche Untersuchungen uber die bei den Drehschwingungen von Kurbelwellen maßgebende Drehsteifigkeit, Ing.-Arch. 10 (1939) S. 196.

Rechnungsart abzulehnen; hier kann nur die Schwingungsrechnung mit Torsionssteifigkeit zweiter Art und mit Berücksichtigung der Nebentorsionen brauchbare Werte der Eigenfrequenzen liefern.

Es treten keinerlei neue Schwierigkeiten auf, wenn man das Verfahren auf homogene Maschinen mit mehreren Zusatzdrehmassen anwenden will. Man geht dann genau nach der bisherigen Vorschrift vor. Beispielsweise bei einer homogenen Maschine mit zwei Drehmassen auf der gleichen Seite wird man die Rekursionsformel (**37**, 4) für $k=n$, $k=n+1$ und $k=n+2$ anschreiben und die zugehörigen Rekursionsformeln für die φ_n, φ'_{n+1} und φ'_{n+2} davon abziehen. Dann ergeben sich der Reihe nach die Störungsfunktionen φ^*_n, φ^*_{n+1} und φ^*_{n+2}, und die Lösung α_ι wird dargestellt durch eine Formel vom Typ (12), wo einfach der Zeiger $n+1$ um 1 vorzuschieben ist.

Aber auch die praktisch wohl sehr seltenen Fälle, wo außer den primären Nebentorsionszahlen auch noch die sekundären (Ziff. **2**) zu berücksichtigen wären, bieten keine grundsätzlichen Schwierigkeiten mehr. Ob das Störungsglied in (**37**, 4) die dortige zweigliedrige Form oder eine mehrgliedrige Form besitzt, macht an der Lösungsmethode überhaupt nichts aus; es treten nun eben in den Endformeln für die Störungsfunktionen φ^*_k statt der zweigliedrigen Klammern [wie in (**38**, 11), (**39**, 10) und (**39**, 13)] die entsprechenden mehrgliedrigen auf, und das bedeutet keine nennenswerte Erschwerung der Zahlenrechnung.

Durch besondere Untersuchungen[1]) ist sichergestellt, daß die Werte, die die hier entwickelte Störungsrechnung liefert, mit den (mühsam zu berechnenden) genauen Werten der Eigenfrequenzen sehr gut übereinstimmen.

§ 9. Der Einfluß der veränderlichen Drehmassen.

40. Die resonanzgefährlichen Drehzahlen bei Zweitaktmaschinen. Ein Blick auf Abb. 7 von Kap. XII, Ziff. **4** zeigt, daß die Drehmassen der Kurbelgetriebe Ψ_k, die wir bisher durch konstante Mittelwerte Θ_k ersetzt haben, in Wirklichkeit sehr stark veränderlich sein können, und so ist es mitunter erwünscht, noch eine zweite Verbesserung an der Theorie erster Ordnung anzubringen und ihre Ergebnisse in einer Theorie zweiter Ordnung dahin zu verschärfen, daß auch noch der Einfluß der Schwankung der Drehmassen Ψ_k zutage tritt. Behalten wir die Voraussetzung bei, daß es sich nach wie vor um kleine Schwingungen handeln soll und daß die Nebentorsionen jetzt wieder außer Betracht bleiben, so können wir von den Gleichungen (**4**, 1) ausgehen:

$$\Psi_k\ddot{\vartheta}_k-\frac{C_k}{l_k}(\vartheta_{k-1}-\vartheta_k)+\frac{C_{k+1}}{l_{k+1}}(\vartheta_k-\vartheta_{k+1})=\mathfrak{M}_k-\frac{1}{2}\Psi'_k\omega^2 \quad (k=0,1,2,\ldots,n) \tag{1}$$

mit $C_0=C_{n+1}=0$. Hier sind die Ψ_k und deren Ableitungen Ψ'_k periodische Funktionen ihres Argumentes ψ_k mit der Periode 2π; wir dürfen aber, wie schon in Ziff. **4** erwähnt, in guter Näherung ihre Abhängigkeit von ϑ_k außer acht lassen und also statt $\psi_k=\omega t+\vartheta_k$ einfach den (allen Kurbelgetrieben und Rotoren gemeinsamen) mittleren Drehwinkel

$$\psi=\omega t \tag{2}$$

als Argument von Ψ_k und Ψ'_k benützen. (Dabei ist zu beachten, daß $\psi=0$ nicht notwendig für alle Kurbelgetriebe eine Totlage vorstellt.) Ebenso sind die äußeren Momente $\mathfrak{M}_k$ und damit die rechten Seiten von (1) als periodische Funktionen des Argumentes ψ anzusehen, und zwar von der Periode 2π bei Zweitakt, auf den wir uns zunächst beschränken.

[1]) A. Kimmel, a. a. O.

Wir zerspalten die reziproke Drehmasse $1/\Psi_k$ in ihren Mittelwert $1/\Theta_k$ und die Abweichung davon, nämlich

$$\frac{1}{\Psi_k}=\frac{1}{\Theta_k}\left[1+\varrho_k(\psi)\right] \quad \text{mit} \quad \varrho_k\equiv\frac{\frac{1}{\Psi_k}-\frac{1}{\Theta_k}}{\frac{1}{\Theta_k}}, \tag{3}$$

so daß die periodischen Funktionen $\varrho_k(\psi)$ sich leicht graphisch auffinden lassen: man nimmt die Ordinaten der Ψ_k-Kurve (Kap. XII, Ziff. **4**) reziprok, bildet durch Planimetrieren die mittlere Ordinate $\mathfrak{M}(1/\Psi_k)$, verschiebt den Anfangspunkt der Ordinaten in diese mittlere Ordinate und teilt die neuen Ordinaten durch den Wert der mittleren Ordinate (was natürlich nur eine Maßstabsveränderung bedeutet).

Teilt man jetzt die Gleichungen (1) durch ihre Drehmassen Ψ_k und führt dann wieder die Koeffizienten c_k und c_k' aus (**7**, 6) ein, so kommt mit den Abkürzungen

$$U_k(\vartheta)\equiv c_k'\vartheta_{k-1}-(c_k'+c_{k+1})\vartheta_k+c_{k+1}\vartheta_{k+1} \quad (k=0,1,2,\ldots,n), \tag{4}$$

$$F_k(\psi)\equiv\frac{1}{\Psi_k}\left(\mathfrak{M}_k-\frac{1}{2}\Psi_k'\omega^2\right) \quad (k=0,1,2,\ldots,n) \tag{5}$$

die folgende Form der Bewegungsgleichungen:

$$\ddot{\vartheta}_k-U_k(\vartheta)\left[1+\varrho_k(\psi)\right]=F_k(\psi) \quad (k=0,1,2,\ldots,n). \tag{6}$$

Hierin sind die ϱ_k und F_k bekannte periodische Funktionen von ψ. Auf die explizite Form von F_k kommt es aber nicht an, wenn wir uns darauf beschränken, die resonanzgefährlichen Betriebszustände aufzusuchen; es genügt zu wissen, daß sich F_k in eine Fouriersche Reihe von der Gestalt

$$F_k(\psi)=F_{k0}+F_{k1}\cos\psi+F_{k2}\cos 2\psi+\cdots+F_{k1}^*\sin\psi+F_{k2}^*\sin 2\psi+\cdots$$

entwickeln läßt.

Wären die variablen Glieder ϱ_k nicht vorhanden, so hätte man, wie schon in Ziff. **6** festgestellt, jedesmal dann Resonanzgefahr, wenn die verkürzten Gleichungen (6) (also mit nullgesetzten rechten Seiten) periodische Lösungen mit den Perioden $2\pi/j$ in ψ oder, was nach (2) dasselbe ist, mit den Perioden $2\pi/j\omega=1/j\nu$ in t haben, wo ν die Drehzahl (je Zeiteinheit) bedeutet und j die Reihe der ganzen positiven Zahlen durchlaufen kann.

Wie in der Theorie der linearen Differentialgleichungen mit periodischen Koeffizienten gezeigt wird, bleibt diese Resonanzbedingung wörtlich bestehen, wenn die Korrektionsglieder ϱ_k hinzukommen; und somit lautet unsere Aufgabe: Wann hat das verkürzte System (6) periodische Lösungen ϑ_k mit den Perioden $2\pi/j$ in ψ?

Da die Periode sich in ψ etwas einfacher ausdrückt als in t, so ist es zweckmäßig, ψ als neue unabhängige Variable statt t einzuführen. Man hat dann $\ddot{\vartheta}_k\equiv\omega^2\frac{d^2\vartheta_k}{d\psi^2}$ und erhält mit der Abkürzung

$$\lambda=\frac{1}{\omega^2}\left(=\frac{1}{4\pi^2\nu^2}\right) \tag{7}$$

das verkürzte System (6) in der neuen Form

$$\frac{d^2\vartheta_k}{d\psi^2}-\lambda U_k(\vartheta)\left[1+\varrho_k(\psi)\right]=0 \quad (k=0,1,2,\ldots,n). \tag{8}$$

Unsere Aufgabe verlangt jetzt, diejenigen Werte von λ zu suchen, für welche das System (8) periodische Lösungen ϑ_k mit den Perioden $2\pi/j$ besitzt. Wir werden sehen, daß diese Werte λ eine zweifache Mannigfaltigkeit bilden. Bezeichnen wir sie mit λ_{ij} (wo $i=1, 2, \ldots, n$; $j=1, 2, \ldots$ ist), so sind nach (7) die Drehzahlen

$$\nu_{ij}=\frac{1}{2\pi}\sqrt{\frac{1}{\lambda_{ij}}} \tag{9}$$

resonanzgefährlich. Diese Formel tritt an die Stelle von (**6**, 1).

41. Die Störungsrechnung bei Zweitaktmaschinen. Wir lösen die soeben formulierte Aufgabe mit der folgenden Methode, die als Rayleighsche Störungsrechnung bezeichnet wird und darin besteht, daß man aus der schon bekannten Lösung eines einfacheren Grundsystems die Lösung für ein gestörtes, d. h. dem Grundsystem benachbartes System durch sukzessive Approximation herleitet[1]).

Als Grundsystem wählen wir natürlich das System der Theorie erster Ordnung mit $\varrho_k=0$ ($k=0, 1, 2, \ldots, n$). Seine kritischen Werte λ, die wir mit $\lambda_{ij}^{(0)}$ bezeichnen, folgen aus (**40**, 7), (**6**, 1) und (**7**, 5) zu

$$\lambda_{ij}^{(0)}=\frac{j^2}{z_i}, \tag{1}$$

wo $z_i=c\zeta_i$ die in der Theorie erster Ordnung (§ 2 bis 5) bereits berechneten Eigenwerte der Maschine sind. Die zugehörigen Amplituden der Eigenschwingungen sind uns ebenfalls bekannt; wir haben sie in § 6 mit u_k^0 bezeichnet und in Ziff. **25** f. auf die Frequenzfunktionen φ_k zurückgeführt. Falls wir zu der cos-Schwingung $u_k^0\cos 2\pi\alpha_i t$ die um die Phase ε verschobene sin-Schwingung $u_k^0 \operatorname{tg}\varepsilon\cdot\sin 2\pi\alpha_i t$ (vgl. Ziff. **32**) hinzufügen, haben wir wegen $2\pi\alpha_i t=j\psi$ in

$$\vartheta_k^{(0)}=u_k^0(\cos j\psi+\operatorname{tg}\varepsilon\sin j\psi) \qquad (k=0,1,2,\ldots,n) \tag{2}$$

die allgemeinste Lösung des Grundsystems mit der Periode $2\pi/j$.

Wir gehen jetzt zum gestörten System über, nehmen also die Glieder ϱ_k hinzu. Um deutlich auszudrücken, daß die Störungen ϱ_k als klein von erster Ordnung gelten sollen, schreiben wir statt $1+\varrho_k$ in (**40**, 8) lieber $1+e\varrho_k$, indem wir unter e einen Faktor verstehen, der den Wert 1 hat und lediglich die Größenordnung des mit ihm behafteten Gliedes kennzeichnen soll. Die gesuchten Werte λ des gestörten Systems und die zugehörigen periodischen Lösungen ϑ_k setzen wir in Reihenform an:

$$\left.\begin{aligned}\lambda&=\lambda^{(0)}+e\lambda^{(1)}+e^2\lambda^{(2)}+\cdots,\\ \vartheta_k&=\vartheta_k^{(0)}+e\vartheta_k^{(1)}+e^2\vartheta_k^{(2)}+\cdots \qquad (k=0,1,2,\ldots,n).\end{aligned}\right\} \tag{3}$$

Hier sind also $\lambda^{(1)}$ und $\vartheta_k^{(1)}$ die Korrekturen erster Ordnung, $\lambda^{(2)}$ und $\vartheta_k^{(2)}$ diejenigen zweiter Ordnung usw. Setzt man dies in die Gleichungen (**40**, 8) ein, so kommt wegen $U_k(\vartheta^{(0)}+e\vartheta^{(1)}+\cdots)=U_k(\vartheta^{(0)})+e\,U_k(\vartheta^{(1)})+\cdots$

$$\frac{d^2\vartheta_k^{(0)}}{d\psi^2}-\lambda^{(0)}U_k(\vartheta^{(0)})+e\left[\frac{d^2\vartheta_k^{(1)}}{d\psi^2}-\lambda^{(0)}U_k(\vartheta^{(1)})-\lambda^{(1)}U_k(\vartheta^{(0)})-\lambda^{(0)}U_k(\vartheta^{(0)})\varrho_k\right]+\cdots=0,$$

falls wir uns in der Ausrechnung auf die Glieder nullter und erster Ordnung beschränken.

Die Glieder nullter Ordnung verschwinden für sich, da $\lambda^{(0)}$ und $\vartheta_k^{(0)}$ die Werte sind, die die Gleichungen des Grundsystems

$$\frac{d^2\vartheta_k^{(0)}}{d\psi^2}-\lambda^{(0)}U_k(\vartheta^{(0)})=0 \tag{4}$$

[1]) R. GRAMMEL, Die Schüttelschwingungen der Brennkraftmaschinen, Ing.-Arch. 6 (1935) S. 59; eine etwas andere Methode geben die von E. TREFFTZ veranlaßten Arbeiten von F. KLUGE, Zur Ermittlung kritischer Drehzahlen von Kurbelwellen, Ing.-Arch. 2 (1932) S. 119 und T. E. SCHUNCK, Berechnung der kritischen Umlaufzahlen für die Welle eines Flugzeugmotors, Ing.-Arch. 2 (1932) S. 591.

gerade befriedigen. Dann liefern die gleich Null gesetzten Glieder erster Ordnung die Bestimmungsgleichungen für die $\vartheta_k^{(1)}$; wir können sie in der Form schreiben

$$\frac{d^2\vartheta_k^{(1)}}{d\psi^2}-\lambda^{(0)}U_k(\vartheta^{(1)})=(\lambda^{(1)}+\lambda^{(0)}\varrho_k)\,U_k(\vartheta^{(0)})\qquad(k=0,1,2,\ldots,n).\quad(5)$$

Diese Gleichungen deuten wir so: die linken Seiten, für sich gleich Null gesetzt, würden wieder die periodischen Lösungen $\vartheta_k^{(0)}$ des Grundsystems besitzen [da sie mit $\lambda^{(0)}$ gebildet sind und bis auf die andere Variabelnbezeichnung mit (4) identisch lauten]; die rechten Seiten aber stellen einen Zwang mit gleicher Periode vor [da sie den Faktor $U(\vartheta^{(0)})$ mit eben dieser Periode haben].

Nun verlangt aber unsere Aufgabe, periodische (also jedenfalls nicht resonanzartig anwachsende) Lösungen ϑ_k aufzusuchen. Mithin müssen wir dafür sorgen, daß neben den $\vartheta_k^{(0)}$ mindestens auch noch die $\vartheta_k^{(1)}$ periodisch (nicht anwachsend) bleiben. Das heißt aber: die Resonanz, die den $\vartheta_k^{(1)}$ durch die Gleichungen (5) droht, muß in Wirklichkeit eine Scheinresonanz sein, damit die zugehörigen $\lambda^{(1)}$ zu kritischen Werten führen. Die Bedingung der Scheinresonanz des rechtsseitigen „Zwanges" in den Gleichungen (5), den wir abkürzend mit Z_k bezeichnen wollen, ist nach Ziff. **33** $\sum\int Z_k\cdot d\vartheta_k^{0}=0$; hierbei ist das Integral über eine Schwingungsdauer oder ebensogut über einen vollen Umlauf von ψ [der bei Resonanz gleich einer Schwingungsdauer oder ihrem ganzzahligen Vielfachen ist] zu erstrecken, und $\vartheta_k^{(0)}$ bedeutet eine Eigenschwingung von beliebiger Phase ε' [die nicht gleich der Phase ε von (2) sein muß]. Somit kommt explizit

$$\int_0^{2\pi}\sum_k(\lambda^{(1)}+\lambda^{(0)}\varrho_k)\,U_k(\vartheta^{(0)})\cdot u_k^0(-\sin j\psi+\operatorname{tg}\varepsilon'\cos j\psi)\,d\psi=0.$$

Da dies für jede beliebige Phase ε' gelten muß, so hat man zu zerspalten:

$$\left.\begin{aligned}\int_0^{2\pi}\sum_k\left[(\lambda^{(1)}+\lambda^{(0)}\varrho_k)\,U_k(\vartheta^{(0)})\,u_k^0\right]\cos j\psi\,d\psi=0,\\ \int_0^{2\pi}\sum_k\left[(\lambda^{(1)}+\lambda^{(0)}\varrho_k)\,U_k(\vartheta^{(0)})\,u_k^0\right]\sin j\psi\,d\psi=0.\end{aligned}\right\}\quad(6)$$

Nun ist aber nach (2) und (**40**, 4)

$$U_k(\vartheta^{(0)})=U_k(u^0)\cos j\psi+\operatorname{tg}\varepsilon\cdot U_k(u^0)\sin j\psi,$$

und somit wird aus (6), wenn wir statt $U_k(u^0)$ von jetzt ab kürzer U_k, nämlich

$$U_k\equiv c_k'u_{k-1}^0-(c_k'+c_{k+1})\,u_k^0+c_{k+1}u_{k+1}^0\qquad(k=0,1,2,\ldots,n)\quad(7)$$

mit $c_0=c_0'=c_{n+1}=c_{n+1}'=0$ schreiben,

$$\left.\begin{aligned}&\lambda^{(1)}\sum_k u_k^0U_k\int_0^{2\pi}\cos^2 j\psi\,d\psi+\lambda^{(0)}\sum_k u_k^0U_k\int_0^{2\pi}\varrho_k\cos^2 j\psi\,d\psi+\\&+\operatorname{tg}\varepsilon\left[\lambda^{(1)}\sum_k u_k^0U_k\int_0^{2\pi}\sin j\psi\cos j\psi\,d\psi+\lambda^{(0)}\sum_k u_k^0U_k\int_0^{2\pi}\varrho_k\sin j\psi\cos j\psi\,d\psi\right]=0,\\&\lambda^{(1)}\sum_k u_k^0U_k\int_0^{2\pi}\cos j\psi\sin j\psi\,d\psi+\lambda^{(0)}\sum_k u_k^0U_k\int_0^{2\pi}\varrho_k\cos j\psi\sin j\psi\,d\psi+\\&\qquad+\operatorname{tg}\varepsilon\left[\lambda^{(1)}\sum_k u_k^0U_k\int_0^{2\pi}\sin^2 j\psi\,d\psi+\lambda^{(0)}\sum_k u_k^0U_k\int_0^{2\pi}\varrho_k\sin^2 j\psi\,d\psi\right]=0.\end{aligned}\right\}\quad(8)$$

Die Integrale ohne ϱ_k sind ohne weiteres auszuwerten:

$$\int_0^{2\pi}\cos^2 j\psi\,d\psi=\int_0^{2\pi}\sin^2 j\psi\,d\psi=\pi,\qquad \int_0^{2\pi}\sin j\psi\cos j\psi\,d\psi=0;$$

die Integrale mit ϱ_k lassen sich umformen:

$$\left.\begin{aligned}
\int_0^{2\pi}\varrho_k\cos^2 j\psi\,d\psi&=\frac{1}{2}\int_0^{2\pi}\varrho_k\,d\psi+\frac{1}{2}\int_0^{2\pi}\varrho_k\cos 2j\psi\,d\psi,\\
\int_0^{2\pi}\varrho_k\sin^2 j\psi\,d\psi&=\frac{1}{2}\int_0^{2\pi}\varrho_k\,d\psi-\frac{1}{2}\int_0^{2\pi}\varrho_k\cos 2j\psi\,d\psi,\\
\int_0^{2\pi}\varrho_k\sin j\psi\cos j\psi\,d\psi&=\qquad\qquad\qquad\frac{1}{2}\int_0^{2\pi}\varrho_k\sin 2j\psi\,d\psi.
\end{aligned}\right\}\tag{9}$$

Dabei ist außerdem $\int_0^{2\pi}\varrho_k\,d\psi=0$, da nach (**40**, 3) die Größen ϱ_k die Abweichungen vom Mittelwert der schwankenden reziproken Drehmassen $1/\Psi_k$ bedeuten, also selbst die Mittelwerte Null haben. Entwickelt man aber die periodischen Funktionen $\varrho_k(\psi)$ in Fouriersche Reihen

$$\varrho_k(\psi)=A_{k1}\cos\psi+A_{k2}\cos 2\psi+\cdots+B_{k1}\sin\psi+B_{k2}\sin 2\psi+\cdots,$$

so sind die Fourierkoeffizienten

$$A_{ks}=\frac{1}{\pi}\int_0^{2\pi}\varrho_k\cos s\psi\,d\psi,\qquad B_{ks}=\frac{1}{\pi}\int_0^{2\pi}\varrho_k\sin s\psi\,d\psi\tag{10}$$

für $s=2j$ bis auf den Faktor π identisch mit den restlichen Integralen rechts in (9). Mithin hat man statt (8) kürzer

$$\lambda^{(1)}\sum_k u_k^0 U_k+\frac{1}{2}\lambda^{(0)}\sum_k u_k^0 U_k A_{k,2j}+\frac{1}{2}\operatorname{tg}\varepsilon\cdot\lambda^{(0)}\sum_k u_k^0 U_k B_{k,2j}=0,$$

$$\frac{1}{2}\lambda^{(0)}\sum_k u_k^0 U_k B_{k,2j}+\operatorname{tg}\varepsilon\left[\lambda^{(1)}\sum_k u_k^0 U_k-\frac{1}{2}\lambda^{(0)}\sum_k u_k^0 U_k A_{k,2j}\right]=0.$$

In diesen beiden Gleichungen ist außer ε und $\lambda^{(1)}$ alles bekannt. Eliminiert man die uninteressante Phase ε, so kommen für den Quotienten $\lambda^{(1)}:\lambda^{(0)}$ die zwei Werte

$$\frac{\lambda^{(1)}}{\lambda^{(0)}}=\pm\frac{\sqrt{\left(\sum\limits_k u_k^0 U_k A_{k,2j}\right)^2+\left(\sum\limits_k u_k^0 U_k B_{k,2j}\right)^2}}{2\sum\limits_k u_k^0 U_k}.\tag{11}$$

Damit ist, wenn wir uns mit den Gliedern $\lambda^{(0)}$ und $\lambda^{(1)}$ in der Reihe (3) begnügen,

$$\lambda=\lambda^{(0)}+\lambda^{(1)}=\lambda^{(0)}\left[1+\frac{\lambda^{(1)}}{\lambda^{(0)}}\right]\tag{12}$$

berechnet und die Aufgabe gelöst, und wir haben das Ergebnis:

Jede kritische Drehzahl spaltet sich in ein Dublett auf, nämlich in zwei benachbarte Drehzahlen, deren Mittelwert die von der früheren Theorie erster Ordnung gelieferte Zahl ist. Als kritisch ist der von jedem Dublett umgrenzte Bereich anzusehen.

Daß die Theorie erster Ordnung wenigstens die Mittelwerte $\lambda^{(0)}$ liefert, beruht ganz allein darauf, daß wir die Drehmassen Θ_k des Ersatzsystems nach der

Vorschrift (**4**, 4) gebildet haben [und nicht nach der üblicheren, aber schlechteren Vorschrift (**4**, 2)]. Denn nur dann ist $\int \varrho_k d\psi = 0$, so daß (11) gilt und also das Ergebnis eine reine Aufspaltung ohne Verschiebung bedeutet.

Wir fassen in folgende (verhältnismäßig einfache) Rechenvorschrift zusammen: Man berechnet nach § 2 bis 5 die Eigenwerte ζ_i, bildet daraus nach (1) zu vorgeschriebener Gradzahl j die $\lambda_{ij}^{(0)}$ (1) und nach § 6 die u_k^0 (wobei ein gemeinsamer Faktor wegbleiben darf) sowie nach (7) die U_k. Sodann ermittelt man gemäß (**40**, 3) die Funktionen $\varrho_k(\psi)$ nebst ihren Fourierkoeffizienten (10) von der Ordnung $2j$ nach Kap. III, Ziff. **3**f. Endlich berechnet man die drei Summen $\Sigma u_k^0 U_k$, $\Sigma u_k^0 U_k A_{k,2j}$, $\Sigma u_k^0 U_k B_{k,2j}$ und daraus λ_{ij} nach (11) und (12) und schließlich die kritischen Drehzahlen ν_{ij} nach (**40**, 9). Um zu entscheiden, für welche Ordnungszahlen j die Rechnung wünschenswert ist, muß man die überhaupt vorkommenden Betriebsdrehzahlen ν mit den (nach § 2 bis 5 ermittelten) Eigenfrequenzen α_i vergleichen und gemäß (**6**, **1**) die gefährlichen Ordnungszahlen j feststellen, und zwar oft bis zu ziemlich hohen Werten von j, da bei der Fourierentwicklung der Momente $\mathfrak{M}_k$ auch noch Glieder hoher Ordnung gelegentlich stark hervortreten.

In dem praktisch häufigsten Fall, daß es sich um eine homogene Maschine handelt, deren Zusatzdrehmassen lauter Rotoren sind, vereinfacht sich die Bestimmung der Fourierkoeffizienten erheblich. Für die Rotoren ist natürlich $\varrho_k \equiv 0$, und bei den Kurbelgetrieben hängen die A_{ks} und die B_{ks} sehr eng zusammen: man kann sie alle auf die Fourierkoeffizienten eines einzigen Kurbelgetriebes, etwa auf das mit der Nummer *0*, zurückführen. Ist nämlich das Getriebe k gegen das Getriebe *0* um den Winkel δ_k (positiv gerechnet im Drehsinn ψ) versetzt, so ist $\varrho_k(\psi) \equiv \varrho_0(\psi + \delta_k)$ und also nach (10)

$$A_{ks} = \frac{1}{\pi} \int_0^{2\pi} \varrho_0(\psi + \delta_k) \cos s\psi \, d\psi .$$

Führt man die neue Variable $\varphi = \psi + \delta_k$ ein und beachtet, daß die Integrationsgrenzen für φ, nämlich δ_k und $2\pi + \delta_k$, wegen der Periodizität der Funktion ϱ_0 nach 0 und 2π zurückgeschoben werden können, so kommt

$$A_{ks} = \frac{1}{\pi} \int_0^{2\pi} \varrho_0(\varphi) \cos (s\varphi - s\delta_k) \, d\varphi$$

oder

$$A_{ks} = A_{0s} \cos s\delta_k + B_{0s} \sin s\delta_k$$

und ebenso

$$B_{ks} = B_{0s} \cos s\delta_k - A_{0s} \sin s\delta_k .$$

Das Getriebe *0* kann man aber stets so wählen, daß $\psi = 0$ seine Totlage ist, so daß die ϱ_0-Kurve symmetrisch zu $\psi = 0$ wird und die Fourierkoeffizienten aller sin-Glieder von ϱ_0 verschwinden:

$$B_{0s} = 0 \qquad (s = 1, 2, \ldots).$$

Dann erhält (11) die einfache Form

$$\frac{\lambda^{(1)}}{\lambda^{(0)}} = \pm A_{0,2j} \frac{\sqrt{\left(\sum_k{}' u_k^0 U_k \cos 2j\delta_k\right)^2 + \left(\sum_k{}' u_k^0 U_k \sin 2j\delta_k\right)^2}}{2 \sum_k u_k^0 U_k} . \tag{11a}$$

Hier ist also für jedes j nur noch ein Fourierkoeffizient zu berechnen, und der Strich an den Summenzeichen des Zählers bedeutet, daß nur über die Kurbelgetriebe allein (ohne die Rotoren) zu summieren ist (wogegen sich die Nennersumme natürlich nach wie vor über die ganze Maschine einschließlich der Rotoren erstreckt).

42. Die Viertaktmaschine. Die Viertaktmaschine unterscheidet sich von der Zweitaktmaschine bei den vorstehenden Überlegungen lediglich darin, daß die äußeren Momente $\mathfrak{M}_k$ jetzt in ψ die Periode 4π haben. Man führt also statt ψ die neue Variable $\psi'=\frac{1}{2}\omega t\,(=\frac{1}{2}\psi)$ ein. Geht man dann die Schlüsse von Ziff. **40** und **41** Schritt für Schritt durch, so findet man, daß sich nur zweierlei ändert: Erstens erhält man $\ddot{\vartheta}_k\equiv\frac{1}{4}\omega^2\frac{d^2\vartheta_k}{d\psi'^2}$, hat also $\lambda'=\frac{4}{\omega^2}$ statt λ zu benützen, so daß anstatt (**40**, 9) die resonanzgefährlichen Drehzahlen

$$\nu_{ij}=\frac{1}{\pi}\sqrt{\frac{1}{\lambda'_{ij}}} \tag{1}$$

sind. Zweitens haben die Funktionen ϱ_k in der Variablen ψ' die Periode π, so daß ihre Fourierkoeffizienten $A'_{k,2j}$ und $B'_{k,2j}$ für die Entwicklung nach dem Winkel ψ' mit den in Ziff. **41** benützten folgendermaßen zusammenhängen:

$$A'_{k,2j}=\frac{1}{\pi}\int_0^{2\pi}\varrho_k\cos 2j\psi'\,d\psi'=\frac{1}{2\pi}\int_0^{4\pi}\varrho_k\cos j\psi\,d\psi=\frac{1}{\pi}\int_0^{2\pi}\varrho_k\cos j\psi\,d\psi=A_{kj}$$

und ebenso $B'_{k,2j}=B_{kj}$.

Die in Ziff. **41** gegebene Rechenvorschrift muß also bei der Viertaktmaschine lediglich dahin abgeändert werden, daß in (**41**, 11) statt der Fourierkoeffizienten $A_{k,2j}$ und $B_{k,2j}$ die Fourierkoeffizienten der Ordnung j selbst, nämlich A_{kj} und B_{kj} zu nehmen sind und zuletzt nach (1) statt (**40**, 9) zu rechnen ist. Und natürlich hat man auch in (**41**, 11a) überall $2j$ durch j zu ersetzen.

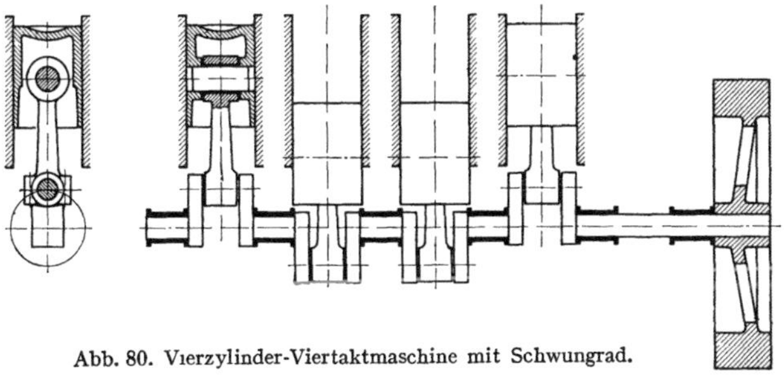

Abb. 80. Vierzylinder-Viertaktmaschine mit Schwungrad.

Das ganze Verfahren soll noch an dem Beispiel einer Vierzylinder-Viertaktmaschine mit Schwungrad zahlenmäßig erläutert werden. Wir wählen die in Abb. 80 dargestellte Maschine, die folgende Abmessungen (in den Bezeichnungen von Kap. XI, Ziff. **2**) besitzt:

Kurbelgetriebe: $G=7{,}1$ kg; $G'=5{,}4$ kg; $G''=13{,}0$ kg; $r=8{,}0$ cm; $l=22{,}5$ cm; $k=6{,}6$ cm; $k'=11{,}0$ cm; $s'=11{,}0$ cm;

Schwungrad: Trägheitsmoment $\Theta_4=92{,}5$ cmkgsek²;

Abstand von Zylindermitte zu Zylindermitte: $l_1=l_2=l_3=23{,}0$ cm;

Abstand von der Mitte des letzten Zylinders zum Schwungrad: $l_4=40{,}0$ cm;

Torsionssteifigkeiten: $C_1=C_2=C_3=65{,}0\cdot 10^6$ kgcm²; $C_4=37{,}6\cdot 10^6$ kgcm²;

Kurbelversetzungswinkel: $\delta_0=\delta_3=0°$; $\delta_1=\delta_2=180°$.

Man findet zunächst für die Drehmasse Ψ nach (XII, **4**, 3)

$$\Psi=0{,}494+1{,}020\left(\frac{r'}{r}\right)^2-0{,}00382\left(\frac{r''}{r}\right)^2.$$

Die zugehörige Ψ-Kurve für das Kurbelgetriebe mit der Nummer *0* zeigt Abb. 81; dort ist auch die $1/\Psi$-Kurve (mit anderem Maßstab) eingezeichnet. Als Mittelwert ergibt sich $\mathfrak{M}(1/\Psi) = 1{,}153$ (cm kg sek²)⁻¹. Damit hat man den neuen Maßstab, der die $1/\Psi$-Kurve in die ϱ-Kurve übergehen läßt. Die Fourieranalyse der ϱ-Kurve (die sich natürlich am Wert $\psi = \pi$ spiegelt) liefert folgende Fourierkoeffizienten:

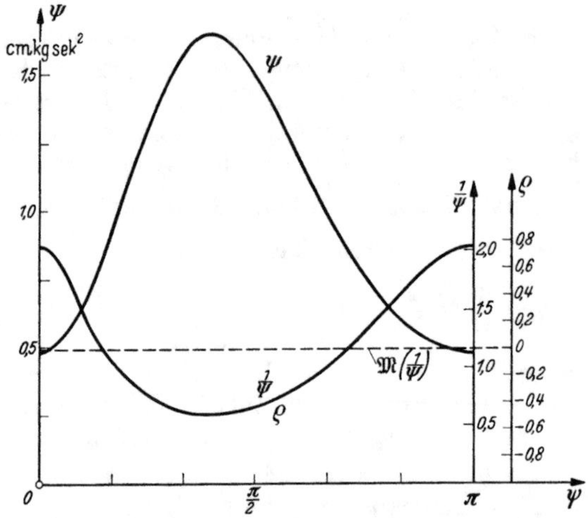

Abb. 81. Die Ψ-, $1/\Psi$- und ϱ-Kurve eines Kurbelgetriebes der Maschine von Abb. 80.

$$A_{01} = -0{,}1965, \quad A_{06} = 0{,}044,$$
$$A_{02} = 0{,}547, \quad A_{08} = 0{,}017,$$
$$A_{03} = 0{,}096, \quad A_{010} = 0{,}006,$$
$$A_{04} = 0{,}136 \quad (\text{alle } B_{0s} = 0).$$

Die Koeffizienten (**7**, 6) und (**10**, 1) der Maschine sind nach (**4**, 4)

$$c = 3{,}27 \cdot 10^6 \text{ sek}^{-2},$$
$$\gamma_1 = 0{,}333, \quad \gamma_1' = 0{,}00311.$$

	$i = 1$	$i = 2$	$i = 3$	$i = 4$	
ζ_i	0,0652	0,733	2,095	3,443	
α_i	73,5	246	417	534	sek⁻¹
	4410	14800	25000	32000	min⁻¹
u_0^0	1	1	1	1	
u_1^0	0,935	0,267	−1,095	−2,443	
u_2^0	0,809	−0,660	−0,896	2,522	
u_3^0	0,630	−1,117	1,179	−1,197	
u_4^0	−0,031	0,005	−0,002	0,001	
U_0	−0,065	−0,733	−2,095	−3,443	$\cdot c$
U_1	−0,061	−0,194	2,294	8,408	$\cdot c$
U_2	−0,053	0,470	1,876	−8,684	$\cdot c$
U_3	−0,041	0,830	−2,468	4,117	$\cdot c$
U_4	0,002	−0,003	0,004	−0,004	$\cdot c$

Hieraus ergeben sich nach Ziff. **10** und **11** die reduzierten Eigenwerte ζ_i in der ersten Reihe der nebenstehenden Tabelle, und dann nach (**11**, **3**) die Eigenfrequenzen α_i der Theorie erster Ordnung. In den zehn weiteren Reihen sind vermittels der Frequenzfunktionentafel (Anhang V) zuerst die zugehörigen u_k^0 nach (**26**, **13**) und daraus nach (**41**, 7) die U_k berechnet, wobei der gemeinsame Faktor $a/\Theta z_i = 1$ genommen worden ist, so daß alle $u_0^0 = 1$ sind, und wobei aus den U_k der gemeinsame Faktor c ausgesondert wird.

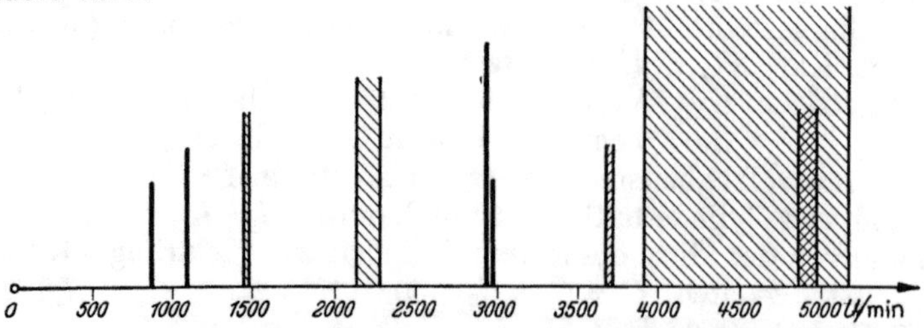

Abb. 82. Schwingungsspektrum der Maschine von Abb. 80.

In der folgenden Tabelle ist für die wichtigsten Werte von i und j zuerst $\lambda_{ij}^{(0)} = j^2/z_i = j^2/c\,\zeta_i$ und dann gemäß (**41**, 11a) der Quotient $\lambda^{(1)}/\lambda^{(0)}$ berechnet, und zwar gilt hier einfach

$$\frac{\lambda^{(1)}}{\lambda^{(0)}} = \pm A_{0j} \frac{\Sigma' u_k^0 U_k \cos j\,\delta_k}{2\,\Sigma u_k^0 U_k}\,.$$

Die Werte von $\lambda^{(1)}/\lambda^{(0)}$ sind ein unmittelbares Maß für die Aufspaltung der kritischen Drehzahlen. Diese selbst sind am Schluß in der Tabelle gemäß (**41**, 12) und (1) eingetragen, bezogen auf 1 min. Das Schwingungsspektrum zeigt Abb. 82.

		$j=1$	$j=2$	$j=3$	$j=4$	$j=6$	$j=8$	$j=10$	
$\lambda^{(0)}$	$i=1$	4,693	18,77	42,24	75,09	168,9	300,3	469,3	$\cdot 10^{-6}$ sek²
	$i=2$	0,417	1,670	3,757	6,678	15,03	26,71	41,74	
	$i=3$	0,146	0,584						
	$i=4$	0,089	0,355						
$\frac{\lambda^{(1)}}{\lambda^{(0)}}$	$i=1$	0,004	0,273	0,002	0,068	0,022	0,008	0,003	
	$i=2$	0,063	0,273	0,031	0,068	0,022	0,008	0,003	
	$i=3$	0,009	0,273						
	$i=4$	0,066	0,273						
ν_{ij}	$i=1$	8800 8830	3910 5170	2935 2940	2135 2285	1455 1485	1100 1105	880 885	Umdrehungen je Minute
	$i=2$	28700 30500	13100 17300	9700 10000	7150 7650	4870 4980	3680 3710	2950 2960	
	$i=3$	49700 50200	22100 29300						
	$i=4$	62000 66300	28400 37600						

Von praktischer Bedeutung für die vorliegende Maschine dürften nur die stark umrahmten Werte der Tabelle sein, da höhere Drehzahlen kaum vorkommen werden und man über $j = 10$ (neunte Oberschwingung) kaum hinausgehen muß. Am beachtenswertesten ist die Aufspaltung der gefährlichen Drehzahl $\frac{1}{2} \cdot 4410$ min^{-1} = 2205 min^{-1} der Theorie erster Ordnung in das Dublett 2135 und 2285 min^{-1} mit einer Differenz von rund 7%. Am stärksten ist die Aufspaltung der Drehzahl 4410 min^{-1} selbst in das Dublett 3910 und 5170 min^{-1} mit einer Differenz von rund 28%; hätte man also auf Grund der Theorie erster Ordnung die Steigerung der Drehzahl bis auf etwa 4000 min^{-1} für zulässig erachtet, so wäre man bereits bei 3910 min^{-1} in einen gefährlichen Bereich eingedrungen. Dieses Beispiel zeigt deutlich, daß namentlich dann, wenn das Verhältnis $r:l$ von Kurbelhalbmesser zu Pleuelstangenlänge nicht klein ist und somit die ϱ-Kurve große Fourierkoeffizienten A_{02} und A_{04} besitzt, die Theorie erster Ordnung allein keine ausreichend genauen Ergebnisse liefern kann und daher stets durch eine genauere Rechnung in der vorstehenden Art ergänzt werden sollte.

§ 10. Die inhomogene Maschine.

43. Die erste Methode zur Berechnung der Eigenfrequenzen. Die Überlegenheit der in § 2 bis 9 entwickelten Methode der Frequenzfunktionen φ_k zur Berechnung der Drehschwingungen eines Maschinenaggregates beruht im wesentlichen auf der dabei stets vorausgesetzten Homogenität der Hauptmaschine. Es gibt aber auch zahlreiche Fälle, bei denen eine solche Homogenität nicht angestrebt wird oder aus technischen Gründen nicht erreicht werden kann, und wir haben nun noch die Frage zu erledigen, wie für solche beliebig inhomogene Aggregate die Eigenfrequenzen α_i in einfacher Weise ermittelt werden können. Eine unmittelbare Auflösung der Frequenzgleichung $f_n(z)=0$, die vermöge der Rekursionsformeln für die f_k auch im allgemeinsten Fall an sich leicht aufgestellt werden könnte, ist bei Maschinen mit vielen Drehmassen höchst mühsam und praktisch kaum durchführbar. Wir schlagen im folgenden zwei ganz verschiedene Methoden vor, die wir unter den vielen Lösungswegen für die gangbarsten ansehen, und von denen jede gewisse Vorzüge vor der andern hat.

Die erste Methode geht davon aus, daß die Aufgabe sich als ein Eigenwertproblem im Sinne von Kap. III, Ziff. **12** darstellen lassen muß, und daß ein solches, wie wir von Kap. III, Ziff. **14** und **15** her wissen, wenigstens für die beiden tiefsten Eigenwerte zahlenmäßig verhältnismäßig einfache gute Näherungslösungen zuläßt. Um diese Methode anzuwenden, haben wir offenbar nur nötig, ein Gleichungssystem von der Bauart (III, **12**, 3) oder (III, **12**, 20) herzustellen und zwar, was ganz wesentlich ist, mit symmetrischen Einflußzahlen $\alpha_{ij}=\alpha_{ji}$. Dies kann in mehrfacher Weise geschehen. Das Nächstliegende wäre wohl, die von den Schwingungen $\vartheta_k=u_k\cos 2\pi\alpha t$ der Drehmassen Θ_k herrührenden Trägheitskraftmomente $-\Theta_k\ddot{\vartheta}_k=z\Theta_k\vartheta_k$ [mit $z=(2\pi\alpha)^2$] als d'Alembertsche „Kräfte“ aufzufassen und dann die Schwingungsausschläge ϑ_k quellenmäßig in der Form

$$\vartheta_k=z(\Theta_0\alpha_{k0}\vartheta_0+\Theta_1\alpha_{k1}\vartheta_1+\cdots+\Theta_n\alpha_{kn}\vartheta_n)\quad(k=0,1,2,\ldots,n)\qquad(1)$$

darzustellen, wobei die Größen $\alpha_{ij}=\alpha_{ji}$ als Maxwellsche Einflußzahlen nach Kap. II, Ziff. **9** von vornherein symmetrisch sind. Bei der Auflösung dieses Eigenwertproblems, das in der Tat die Form der Gleichungen (III, **12**, 20) hat, etwa nach der Vorschrift von Kap. III, Ziff. **14**, müßte man jedoch berücksichtigen, daß die d'Alembertschen „Kräfte“ stets ein Gleichgewichtssystem bilden, d. h., daß zwischen den $n+1$ Werten ϑ_k noch die Bedingungsgleichung

$$\Theta_0\vartheta_0+\Theta_1\vartheta_1+\cdots+\Theta_n\vartheta_n=0\qquad(2)$$

besteht. Das aber macht die wirkliche Durchführung unbequem. Außerdem werden wir später sehen, daß das Eigenwertproblem (1) eine in vielen Fällen wichtige Erweiterung nicht zulassen würde.

Wir gehen daher einen andern Weg[1]) und suchen statt des Eigenwertproblems für die ϑ_k lieber das Eigenwertproblem für die Torsionsmomente M_k der n Wellenstücke. Zu diesem Zweck greifen wir auf die Grundgleichungen (**7**, 2) und (**7**, 3) zurück, führen dort nach (**7**, 4) die x_k und u_k statt der M_k und ϑ_k ein (jedoch nicht, wie damals, die Koeffizienten c_k, c_k') und eliminieren jeweils aus einer Gleichung (**7**, 2) zusammen mit zwei entsprechenden Gleichungen (**7**, 3) die ϑ_k (bzw. u_k). So kommt der Reihe nach

$$\left.\begin{aligned}
a_{11}x_1+a_{12}x_2 &= b_1 z x_1,\\
a_{21}x_1+a_{22}x_2+a_{23}x_3 &= b_2 z x_2,\\
a_{32}x_2+a_{33}x_3+a_{34}x_4 &= b_3 z x_3,\\
\vdots\qquad &\qquad\vdots\\
a_{n-1,n-2}x_{n-2}+a_{n-1,n-1}x_{n-1}+a_{n-1,n}x_n &= b_{n-1}z x_{n-1},\\
a_{n,n-1}x_{n-1}+a_{nn}x_n &= b_n z x_n
\end{aligned}\right\}\qquad(3)$$

[1]) J. J. Koch, Eenige toepassingen van de leer der eigenfunkties op vraagstukken uit de toegepaste mechanica, S. 26, Diss. Delft 1929.

mit den Beiwerten

$$a_{kk} = \frac{1}{\Theta_{k-1}} + \frac{1}{\Theta_k}, \quad a_{k,k+1} = a_{k+1,k} = -\frac{1}{\Theta_k}, \quad b_k = \frac{l_k}{C_k} \qquad (k = 1, 2, \ldots, n). \quad (4)$$

[Diese Gleichungen würden natürlich auch aus (**7**, 14) bis (**7**, 17) unmittelbar entstehen, wenn man jene der Reihe nach mit l_1/C_1, $l_2/C_2, \ldots, l_n/C_n$ multiplizierte.] Faßt man die Gleichungen (3) im Sinne eines Eigenwertproblems als Gleichgewichtsbedingungen auf, so sind die rechtsstehenden Größen $z x_k$ als d'Alembertsche „Kräfte" der Schwingungen anzusehen.

Das System (3) hat nun freilich noch nicht die für die Berechnung gerade der tiefsten Eigenwerte z_1 und z_2 geeignete Form; denn es ginge mit $z = 1/\lambda$, $x_i = m_i y_i$, $b_i = 1/m_i$ und $a_{ij} = \alpha_{ij}$ in das System (III, **14**, 1) über und würde also nur die höchsten Eigenwerte z_n und z_{n-1} nach den Methoden von Kap. III, Ziff. **14** und **15** bequem liefern. Man kann es aber sofort auf die Form (III, **14**, 1) mit $z = \lambda$ bringen, indem man das System (3) nach den x_k auflöst, d. h. die linksseitigen x_k in den rechtsseitigen d'Alembertschen „Kräften" ausdrückt. Die Lösung kann sehr einfach in Determinantenform angeschrieben werden. Bezeichnet man nämlich mit A die symmetrische Determinante aus den Beiwerten a_{ij} (wobei nur die Hauptdiagonale und die beiden ihr benachbarten Schrägreihen von Null verschiedene Werte enthalten) und mit A_{ij} die Unterdeterminante[1]) des Elementes a_{ij}, und setzt man schließlich

$$t_{ij} = (-1)^{i+j} \frac{A_{ij}}{A}, \qquad (5)$$

so lautet die Auflösung von (3) bekanntermaßen

$$x_k = z(b_1 t_{k1} x_1 + b_2 t_{k2} x_2 + \cdots + b_n t_{kn} x_n) \quad (k = 1, 2, \ldots, n), \qquad (6)$$

und da die Determinante A symmetrisch ist, so ist auch $A_{ij} = A_{ji}$ und also auch $t_{ij} = t_{ji}$. Damit aber ist unser Eigenwertproblem auf die Form (III, **14**, 1) mit $\lambda = z$, $y_i = x_i$, $m_i = b_i$ und $\alpha_{ij} = t_{ij}$ gebracht und der Weg für die Methoden von Kap. III, Ziff. **14** und **15** zur Berechnung der kleinsten Eigenwerte z_1 und z_2 und also der tiefsten Eigenfrequenzen α_1 und α_2 freigemacht. Denn die n Torsionsmomente x_k (die jetzt die Rolle einer „Eigenbelastung" der Welle spielen) sind keiner weiteren Bedingung mehr unterworfen.

Um das Eigenwertproblem (6) durch Iterationen nach Kap. III, Ziff. **14** und **15** aufzulösen, schiene es zunächst nötig, die n^2 Einflußzahlen t_{ij} wirklich auszurechnen. Obwohl man die Werte von t_{ij} angeben kann — die Ausrechnung liefert, wie ohne nähere Herleitung nebenbei mitgeteilt sei

$$t_{ij} = \sum_{k=0}^{i-1} \Theta_k \cdot \sum_{k=j}^{n} \Theta_k : \sum_{k=0}^{n} \Theta_k \qquad (i \leq j) \quad (7)$$

—, so kann man diese (für große n immerhin recht mühsame) Vorarbeit doch umgehen, indem man das System (6) in geeigneter Weise umdeutet. Beachtet man nämlich, daß nach (**7**, 2) und (**7**, 4) mit $l_k/C_k = b_k$

$$b_k x_k = u_{k-1} - u_k \equiv w_k \qquad (8)$$

die Winkelamplitude der Torsion des k-ten Wellenstückes vorstellt, so läßt sich (6) auch umschreiben in

$$x_k = z(t_{k1} w_1 + t_{k2} w_2 + \cdots + t_{kn} w_n) \quad (k = 1, 2, \ldots, n). \qquad (9)$$

Hier sind nun die Torsionsmomente x_i als „Wirkungen" der d'Alembertschen „Ursachen" $z w_j$ dargestellt, und somit sagt das System (9) aus, daß die t_{ij} für

[1]) Siehe Fußnote von S. 93.

$z=1$ die Rolle der „Einflußzahlen" spielen, welche den Zusammenhang zwischen den Torsionsmomenten x_i und den Torsionswinkeln w_j zufolge der durch die Schwingungen geweckten d'Alembertschen „Kräfte" angeben. Dieser Zusammenhang kann aber, wie wir sogleich zeigen werden, auch ohne explizite Kenntnis der t_{ij} aus der Dynamik des Systems selbst hergeleitet werden, und somit ist in dieser Form das mit (6) völlig identische Eigenwertproblem (9) dem iterativen Lösungsverfahren auch bei komplizierten Maschinen sehr bequem zugänglich geworden. Die Regel von Kap. III, Ziff. **14** liefert sofort folgende Vorschrift zur Berechnung von z_1:

1) Man nehme einen beliebigen (aber natürlich zweckmäßigerweise schon möglichst gut abgeschätzten) Satz von n „nullten" Werten x_{0k} an und betrachte sie als die Torsionsmomente der n Wellenstücke.

2) Daraus berechne man nach (8) die zugehörigen Torsionswinkel

$$w_{0k} = b_k x_{0k} \qquad (k=1,2,\ldots,n). \tag{10}$$

3) Aus den Torsionswinkeln w_{0k} folgen dann die ersten iterierten Torsionsmomente x_{1k} mit Hilfe der Winkelausschläge u_k und der zu diesen gehörigen d'Alembertschen „Kräfte" $z\Theta_k u_k$, und zwar so:

a) Man wähle willkürlich etwa $u_{00}^*=0$ und leite daraus der Reihe nach her

$$u_{01}^* = (u_{00}^*) - w_{01}, \qquad u_{02}^* = u_{01}^* - w_{02}, \quad \ldots, \quad u_{0n}^* = u_{0,n-1}^* - w_{0n}; \tag{11}$$

b) man errechne die Werte $\Theta_k u_{0k}^*$ und daraus den Mittelwert

$$u_0 = \sum_{k=0}^{n} \Theta_k u_{0k}^* : \sum_{k=0}^{n} \Theta_k; \tag{12}$$

c) man bilde die wahren Winkelausschläge

$$u_{0k} = u_{0k}^* - u_0 \qquad (k=0,1,2,\ldots,n), \tag{13}$$

d) und hieraus die alsdann offensichtlich ein Gleichgewichtssystem darstellenden d'Alembertschen „Kräfte", und zwar nach der Vorschrift von Kap. III, Ziff. **14**, für $z=1$, nämlich

$$\mathfrak{M}_{0k} = \Theta_k u_{0k} = \Theta_k \left(u_{0k}^* - \frac{\sum \Theta_k u_{0k}^*}{\sum \Theta_k}\right) \qquad (k=0,1,2,\ldots,n); \tag{14}$$

e) diese Momente erzeugen schließlich die neuen (iterierten) Torsionsmomente x_{1k} nach der Vorschrift (**7**, **3**):

$$x_{11} = \mathfrak{M}_{00}, \quad x_{12} = x_{11} + \mathfrak{M}_{01}, \quad x_{13} = x_{12} + \mathfrak{M}_{02}, \quad \ldots, \quad x_{1n} = x_{1,n-1} + \mathfrak{M}_{0,n-1}. \tag{15}$$

Hiermit ist ein System von Größen x_{1k} gewonnen, welches seiner dynamischen Bedeutung nach identisch sein muß mit denjenigen Größen x_{1k}, die auch aus den Gleichungen

$$x_{1k} = b_1 t_{k1} x_{01} + b_2 t_{k2} x_{02} + \cdots + b_n t_{kn} x_{0n} \qquad (k=1,2,\ldots,n) \tag{16}$$

hätten hergeleitet werden können, wenn die Einflußzahlen t_{ij} zur Verfügung gestanden hätten. Es ist also in genau der gleichen Weise aus dem System x_{0k} entstanden wie in Kap. III, Ziff. **14** das System y_{1i} aus dem System y_{0i}. Hieraus schließen wir gemäß (III, **14**, 9), daß

$$z_1 \equiv (2\pi\alpha_1)^2 = \frac{\sum_{k=1}^{n} b_k x_{0k} x_{1k}}{\sum_{k=1}^{n} b_k x_{1k}^2} \tag{17}$$

den ersten Näherungswert des niedersten Eigenwertes z_1 und damit der tiefsten Eigenfrequenz α_1 darstellt. Durch Wiederholen der Iteration wäre eine größere

Genauigkeit in z_1 zu erreichen; es wird sich aber gleich zeigen, daß die erste Näherung im allgemeinen durchaus ausreicht.

Es ist bei der wirklichen Durchführung der Rechnung zweckmäßig, dimensionslose Größen zu benützen, indem man die Θ_k, b_k und x_{0k} auf geeignete Vergleichsgrößen Θ, b und x bezieht, also $\Theta_k = \bar{\Theta}_k \cdot \Theta$, $b_k = \bar{b}_k \cdot b$ und $x_{0k} = \bar{x}_{0k} \cdot x$ setzt. Dann hat man nach (10) bis (15) $w_{0k} = \bar{w}_{0k} \cdot b\,x$, $u_{0k} = \bar{u}_{0k} \cdot b\,x$, $\mathfrak{M}_{0k} = \bar{\mathfrak{M}}_{0k} \cdot \Theta\, b\, x$, $x_{1k} = \bar{x}_{1k} \cdot \Theta\, b\, x$ und zuletzt nach (17)

$$z_1 = \frac{\bar{z}_1}{\Theta\, b}, \qquad (18)$$

wenn mit Querstrichen jeweils die aus $\bar{\Theta}_k$, $\bar{b}_k$, $\bar{x}_{0k}$ nach den Vorschriften 1) bis 3) berechneten dimensionslosen Werte bezeichnet werden.

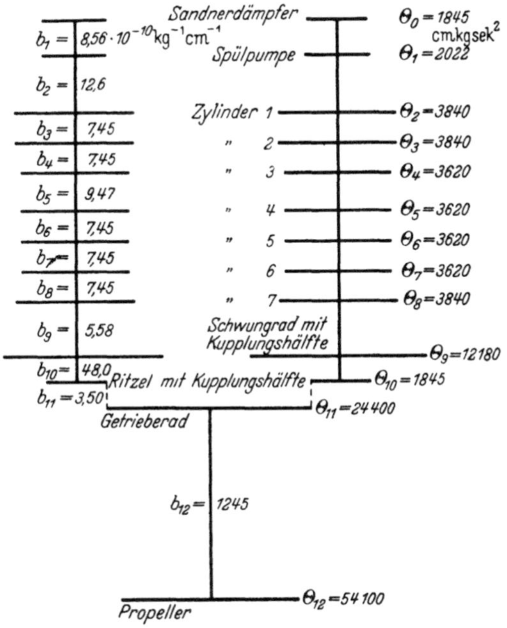

Abb. 83. Schema einer großen Schiffsmaschine.

Wir wählen als Beispiel eine in Abb. 83 schematisch dargestellte große Schiffsmaschine mit den dort angegebenen Werten für die Drehmassen Θ_k und für die Torsionszahlen b_k [die nach (4) die von einem Drehmoment 1 statisch erzeugten Torsionswinkel der Wellenstücke sind]. Der Elastizität des Zahnradgetriebes ist dadurch Rechnung getragen, daß zwischen den Ritzeln und dem Getrieberad ein elastisches Stück von der Torsionszahl $b_{11} = 3{,}50 \cdot 10^{-10}\,\mathrm{kg}^{-1}\,\mathrm{cm}^{-1}$ eingeschaltet gedacht ist. Desgleichen ist die elastische Kupplung durch ein elastisches Stück $b_{10} = 48{,}0 \cdot 10^{-10}\,\mathrm{kg}^{-1}\,\mathrm{cm}^{-1}$ dargestellt. Die Drehmassen Θ_{11} und Θ_{12} sind schon auf die Drehgeschwindigkeit der beiden Hauptmaschinen reduziert, indem man ihre wirklichen Werte gemäß der Überlegung von Ziff. **12** mit dem Quadrat des Untersetzungsverhältnisses multipliziert hat. Wir wollen uns hier auf den in Ziff. **16** als Fall a) behandelten Schwingungstyp beschränken, bei dem die beiden Hauptmaschinen in gleicher Phase schwingen, und haben also nach einer Bemerkung in Ziff. **16** die Drehmassen Θ_{11}, Θ_{12} und die Torsionssteifigkeit C_{12} je hälftig, die Torsionszahl b_{12} also verdoppelt in Rechnung zu stellen, wenn wir von Θ_0 bis Θ_{10} jede Hauptmaschine für sich nehmen. Da in unserem Beispiel $\Theta_4 = \Theta_5 = \Theta_6 = \Theta_7$ ist, so wählen wir natürlich diesen Wert als Vergleichsgröße Θ; ebenso nehmen wir für b den gemeinsamen Wert $b_3 = b_4 = b_6 = b_7 = b_8$. Dann erhalten in Spalte 3 und 4 der Tabelle 1, in welcher die ganze weitere Rechnung vollständig vorgeführt ist, mehrere Zahlen den Wert 1, was bei den nachher auszuführenden Multiplikationen merkliche Zeitersparnis mit sich bringt.

Wir haben uns nun zuerst einen geeigneten Wertesatz x_{0k} zu beschaffen. Obwohl man an sich in der Wahl der x_{0k} vollkommen frei ist, so kann man sich doch praktisch viel Rechenarbeit ersparen, wenn man die x_{0k} schon so gut trifft, daß man mit einer einzigen Iteration auskommt. In unserem Beispiel läßt sich ein solcher Wertesatz x_{0k} leicht angeben. Denn bei der tiefsten Eigenschwingung tritt nur ein einziger Knoten auf, und zwar zweifellos zwischen dem Propeller und allen übrigen Drehmassen. Weil diese Drehmassen durch lauter Wellenstücke von kleinen Torsionszahlen b_k (verglichen mit der Torsionszahl b_{12} der Propellerwelle) untereinander zusammenhängen, so kann man annehmen, daß ihre Schwingungsausschläge u_{0k} nur wenig voneinander abweichen, und daß also die zugehörigen d'Alembertschen „Kräfte" in erster Näherung den Drehmassen Θ_k proportional sein mögen. Nimmt man als Proportionalitätsfaktor den Wert 2 an, und rundet man auf ganze Zahlen auf und ab, so erhält man in

$$\bar x_{01} = 2\,\bar\Theta_0 = 2 \cdot 0{,}51 \approx 1\,,$$
$$\bar x_{02} = \bar x_{01} + 2\,\bar\Theta_1 = \bar x_{01} + 2 \cdot 0{,}56 \approx 2\,,$$
$$\bar x_{03} = \bar x_{02} + 2\,\bar\Theta_2 = \bar x_{02} + 2 \cdot 1{,}06 \approx 4 \text{ usw.}$$

Tabelle 1. Berechnung des ersten Eigenwertes $\bar z_1$ (erste Methode).

1 Nummer der Drehmasse	2 Nummer des Wellenstücks	3 $\bar\Theta_k$	4 $\bar b_k$	5 $\bar x_{0k}$	6 $\bar w_{0k} = \bar b_k \bar x_{0k}$	7 $\bar u^*_{0k} = \bar u^*_{0,k-1} - \bar w_{0k}$	8 $\bar\Theta_k \bar u^*_{0k}$	9 $\bar u_{0k} = \bar u^*_{0k} - \bar u_0$	10 $\bar{\mathfrak{M}}_{0k} = \bar\Theta_k \bar u_{0k}$	11 $\bar x_{1k} = \bar x_{1,k-1} + \bar{\mathfrak{M}}_{0k}$	12 $\frac{\bar x_{0k}}{\bar x_{1k}} \cdot 10^6$	13 $\bar w_{1k} = \bar b_k \bar x_{1k}$	14 $\bar b_k \bar x_{0k} \bar x_{1k} = \bar x_{0k} \bar w_{1k}$	15 $\bar b_k \bar x_{1k}^2 = \bar x_{1k} \bar w_{1k}$
0		0,51				0	0	3420	1 744					
	1		1,15	1	1					1 744	574	2 006	—	—
1		0,56				−1	−1	3419	1 915					
	2		1,69	2	3					3 659	547	6 180	—	—
2		1,06				−4	−4	3416	3 621					
	3		1	4	4					7 280	549	7 280	—	$0{,}1 \cdot 10^9$
3		1,06				−8	−8	3412	3 617					
	4		1	6	6					10 897	550	10 897	$0{,}1 \cdot 10^6$	$0{,}1 \cdot 10^9$
4		1				−14	−14	3406	3 406					
	5		1,27	8	10					14 303	558	18 170	$0{,}1 \cdot 10^6$	$0{,}3 \cdot 10^9$
5		1				−24	−24	3396	3 396					
	6		1	10	10					17 699	565	17 699	$0{,}2 \cdot 10^6$	$0{,}3 \cdot 10^9$
6		1				−34	−34	3386	3 386					
	7		1	12	12					21 085	570	21 085	$0{,}3 \cdot 10^6$	$0{,}4 \cdot 10^9$
7		1				−46	−46	3374	3 374					
	8		1	14	14					24 459	572	24 459	$0{,}3 \cdot 10^6$	$0{,}6 \cdot 10^9$
8		1,06				−60	−64	3360	3 562					
	9		0,75	16	12					28 021	571	21 015	$0{,}3 \cdot 10^6$	$0{,}6 \cdot 10^9$
9		3,37				−72	−243	3348	11 280					
	10		6,44	23	148					39 301	585	253 100	$5{,}8 \cdot 10^6$	$9{,}9 \cdot 10^9$
10		0,51				−220	−112	3200	1 632					
	11		0,47	24	11					40 933	586	19 230	$0{,}5 \cdot 10^6$	$0{,}8 \cdot 10^9$
11		3,23				−231	−746	3189	10 300					
	12		335	30	10 050					51 233	585	17 160 000	$514{,}8 \cdot 10^6$	$880{,}0 \cdot 10^9$
12		7,48				−10 281	−76 880	−6861	−51 300					
Summen		22,84					−78 176						$522{,}4 \cdot 10^6$	$893{,}1 \cdot 10^9$

$$\bar u_0 = \frac{-78\,176}{22{,}84} = -3420 \qquad \bar z_1 = \frac{522{,}4 \cdot 10^6}{893{,}1 \cdot 10^9} = 0{,}585 \cdot 10^{-3}$$

einen (wie sich zeigen wird) sehr guten Anfangssatz $\bar x_{0k}$, welcher in die Spalte 5 der Tabelle 1 eingetragen ist. Die nach (10) berechneten $\bar w_{0k}$ in Spalte 6 sind wieder genau genug auf ganze Zahlen abgerundet, ebenso die nach (11) bestimmten Hilfswinkel $\bar u^*_{0k}$ sowie die Produkte $\bar\Theta_k \bar u^*_{0k}$ in Spalte 8. Aus den Summen der Spalten 3 und 8 folgt nach (12) $\bar u_0 = -3420$. Spalte 9 kann also nach (13) ausgefüllt werden und damit nach (14) und (15) auch Spalte 10 und 11. Wären keine Abrundungsfehler gemacht worden, so hätten die letzten Zahlen in Spalte 10 und 11 entgegengesetzt gleich sein müssen (als Ausdruck des Gleichgewichts der d'Alembertschen „Kräfte"); der kleine Unterschied ist vollständig belanglos und wird also weiterhin außer acht gelassen.

Obwohl für die weitere Rechnung entbehrlich, ist in Spalte 12 das Verhältnis $\bar x_{0k} : \bar x_{1k}$ eingeschoben, damit man sich schon jetzt davon überzeugen kann, wie gut die Ausgangswerte gewählt sind. Denn hätte man in Spalte 5 von den genauen Eigentorsionen $\bar{x}_{0k}$ ausgehen können, so hätten die aus ihnen hergeleiteten $\bar{x}_{1k}$ zu ihnen proportional sein müssen [und man hätte dann nach (III, **14**, 7) in dem von k unabhängigen Quotienten $\bar{x}_0 : \bar{x}_1$ den exakten Wert von $\bar{z}_1$]. Man bemerkt aus Spalte 12, daß trotz der ziemlich roh abgeschätzten Ausgangswerte $\bar{x}_{0k}$ das Verhältnis $\bar{x}_{0k} : \bar{x}_{1k}$ mit k nur noch wenig schwankt.

Die Spalten 13 bis 15 verstehen sich von selbst und dienen zur Herstellung der Summen $\Sigma \bar{b}_k \bar{x}_{0k} \bar{x}_{1k}$ und $\Sigma \bar{b}_k \bar{x}_{1k}^2$. Man sieht, daß in diesen Summen die letzten Summanden weitaus überwiegen, so daß fast alle andern Glieder grob abgeschätzt werden dürfen. In den beiden letzten Spalten sind diese Glieder denn auch nur bis auf eine Dezimale hinter dem Komma eingetragen. Als Ergebnis findet man gemäß (17) $\bar{z}_1 = 0{,}585 \cdot 10^{-3}$ und daraus gemäß (18) mit $\Theta = 3620$ cm kg sek² und $b = 7{,}45 \cdot 10^{-10}$ kg⁻¹ cm⁻¹

$$\alpha_1 = \frac{1}{2\pi} \sqrt{\frac{\bar{z}_1}{\Theta b}} = 2{,}342 \text{ sek}^{-1}$$

als tiefste Eigenfrequenz.

Zur Berechnung der zweiten Eigenfrequenz α_2 hat man nach Kap. III, Ziff. **15** von irgendeinem Wertesatz x_{2k} auszugehen, der die Eigenlösungen ξ_{1k} des kleinsten Eigenwertes z_1 nicht mehr enthält, also im Sinne von Kap. III, Ziff. **12** orthogonal zu den Eigenlösungen ξ_{1k} des kleinsten Eigenwertes z_1 ist, so daß nach (III, **12**, 22)

$$\sum_{k=1}^{n} b_k \xi_{1k} x_{2k} = 0 \tag{19}$$

wird. Um einen solchen Wertesatz zu gewinnen, muß man zuerst die Eigenlösungen ξ_{1k} des kleinsten Eigenwertes z_1 kennen. Man erhielte sie bis auf einen belanglosen Faktor durch unbeschränkt häufige Wiederholung der vorhin durchgeführten (von $\bar{x}_{0k}$ zu $\bar{x}_{1k}$ führenden) Iteration. Da jene erste Iteration aber, wie Spalte 12 von Tabelle 1 gezeigt hat, zweifellos schon recht genau an das limitäre Ergebnis des Iterationsprozesses herangeführt hat, so dürfen wir in genügender Näherung $\xi_{1k} = \beta \bar{x}_{1k}$ setzen, wo β jener Faktor ist, und können also die Eigenlösungen ξ_{1k} des kleinsten Eigenwertes z_1 als bekannt ansehen.

Um nun den Ausgangswertesatz x_{2k} für den zweiten Eigenwert z_2 zu finden, wählen wir zunächst einen beliebigen Wertesatz x_{2k}^* und denken ihn nach den sämtlichen Eigenlösungen $\xi_{1k}, \xi_{2k}, \xi_{3k}, \ldots, \xi_{nk}$ aller Eigenwerte $z_1, z_2, z_3, \ldots, z_n$ entwickelt, was nach Kap. III, Ziff. **12** stets möglich ist und in folgender Form angeschrieben werden kann:

$$x_{2k}^* = \frac{1}{\beta} (a_1 \xi_{1k} + a_2 \xi_{2k} + a_3 \xi_{3k} + \cdots + a_n \xi_{nk}). \tag{20}$$

Dann ist (wegen $\xi_{1k} = \beta \bar{x}_{1k}$)

$$x_{2k} = x_{2k} - \frac{a_1}{\beta} \xi_{1k} \equiv x_{2k}^* - a_1 \bar{x}_{1k} \qquad (k = 1, 2, \ldots, n) \tag{21}$$

der gesuchte Anfangswertesatz zur Bestimmung von z_2. Denn man hat zufolge der Orthogonalität der Eigenlösungen ξ_{ik}

$$\sum_{k=1}^{n} b_k \xi_{1k} x_{2k} = \frac{1}{\beta} \left(a_2 \sum_{k=1}^{n} b_k \xi_{1k} \xi_{2k} + a_3 \sum_{k=1}^{n} b_k \xi_{1k} \xi_{3k} + \cdots + a_n \sum_{k=1}^{n} b_k \xi_{1k} \xi_{nk} \right) = 0,$$

wie es nach (19) erforderlich und hinreichend ist. Um vollends in (21) den Faktor a_1 zu bestimmen, bilden wir (wieder mit $\xi_{1k} = \beta \bar{x}_{1k}$) aus (20)

$$\sum_{k=1}^{n} b_k \bar{x}_{1k} x_{2k}^* \equiv \frac{1}{\beta} \sum_{k=1}^{n} b_k \xi_{1k} x_{2k}^* = \frac{a_1}{\beta^2} \sum_{k=1}^{n} b_k \xi_{1k}^2 \equiv a_1 \sum_{k=1}^{n} b_k \bar{x}_{1k}^2,$$

Tabelle 2. Berechnung des zweiten Eigenwertes $\bar{z}_2$ (erste Methode).

1	2	3	4	5	6	7	8	9	10	11	12	13	14	15	16	17	18	19	20	21	22	23
Nummer der Drehmasse	Nummer des Wellenstücks	$\bar{\Theta}_k$	$\bar{b}_k$	$\bar{x}_{2k}^*$	$\bar{b}_k \bar{x}_{1k}$ aus Tab. 1, Spalte 13	$\bar{b}_k \bar{x}_{1k} \cdot \bar{x}_{2k}^*$	$\bar{x}_{1k}$ aus Tab. 1, Spalte 11	$\bar{a}_1 \bar{x}_{1k}$	$\bar{x}_{2k} = \bar{x}_{2k}^* - \bar{a}_1 \bar{x}_{1k}$	$\bar{w}_{2k} = \bar{b}_k \bar{x}_{2k}$	$\bar{u}_{2k}^* = \bar{u}_{2,k-1}^* - \bar{w}_{2k}$	$\bar{\Theta}_k \bar{u}_{2k}^*$	$\bar{u}_{2k} = \bar{u}_{2k}^* - \bar{u}_2$	$\bar{\mathfrak{M}}_{2k} = \bar{\Theta}_k \bar{u}_{2k}$	$\bar{x}_{3k}^* = \bar{x}_{3,k-1}^* + \bar{\mathfrak{M}}_{2k}$	$\bar{b}_k \bar{x}_{1k} \cdot \bar{x}_{3k}^*$	$\bar{a}_1' \bar{x}_{1k}$	$\bar{x}_{3k} = \bar{x}_{3k}^* - \bar{a}_1' \bar{x}_{1k}$	$\frac{\bar{x}_{2k}}{\bar{x}_{3k}} \cdot 10^4$	$\bar{w}_{3k} = \bar{b}_k \bar{x}_{3k}$	$\bar{b}_k \bar{x}_{2k} \bar{x}_{3k} = \bar{x}_{2k} \cdot \bar{w}_{3k}$	$\bar{b}_k \bar{x}_{3k}^2 = \bar{x}_{3k} \cdot \bar{w}_{3k}$
0		0,51									0	0	82,70	42,20								
	1		1,15	1	2 006	$2 \cdot 10^3$	1 744	0,01	0,99	1,14					42,20	$1 \cdot 10^5$	0,01	42,19	235	48,50	$0,05 \cdot 10^3$	$2 \cdot 10^3$
1		0,56									—1,14	—0,64	81,56	45,69								
	2		1,69	2	6 180	$12 \cdot 10^3$	3 659	0,03	1,97	3,33					87.89	$5 \cdot 10^5$	0,02	87,87	225	148,50	$0,29 \cdot 10^3$	$13 \cdot 10^3$
2		1,06									—4,47	—4,74	78,23	83,00								
	3		1	4	7 280	$29 \cdot 10^3$	7 280	0,06	3,94	3,94					170,89	$12 \cdot 10^5$	0,03	170,86	231	170,86	$0,67 \cdot 10^3$	$29 \cdot 10^3$
3		1,06									—8,41	—8,91	74,29	78,80								
	4		1	6	10 897	$65 \cdot 10^3$	10 897	0,09	5,91	5,91					249,69	$27 \cdot 10^5$	0,05	249,64	237	249,64	$1,47 \cdot 10^3$	$62 \cdot 10^3$
4		1									—14,32	—14,32	68,38	68,38								
	5		1,27	8	18 170	$145 \cdot 10^3$	14 343	0,12	7,88	10,00					318,07	$58 \cdot 10^5$	0,06	318,01	248	404,00	$3,19 \cdot 10^3$	$129 \cdot 10^3$
5		1									—24,32	—24,32	58,38	58,38								
	6		1	10	17 699	$177 \cdot 10^3$	17 699	0,15	9,85	9,85					376,45	$67 \cdot 10^5$	0,08	376,37	262	376,37	$3,71 \cdot 10^3$	$142 \cdot 10^3$
6		1									—34,17	—34,17	48,53	84,53								
	7		1	12	21 085	$253 \cdot 10^3$	21 085	0,18	11,82	11,82					424,98	$90 \cdot 10^5$	0,09	424,89	278	424,89	$5,02 \cdot 10^3$	$180 \cdot 10^3$
7		1									—45,99	—45,99	36,71	36,71								
	8		1	14	24 459	$342 \cdot 10^3$	24 459	0,21	13,79	13,79					461,69	$113 \cdot 10^5$	0,11	461,58	284	461,58	$6,36 \cdot 10^3$	$213 \cdot 10^3$
8		1,06									—59,78	—63,36	22,92	24,30								
	9		0,75	16	21 015	$336 \cdot 10^3$	28 021	0,24	15,76	11,82					485,99	$102 \cdot 10^5$	0,13	485,86	324	364,30	$5,74 \cdot 10^3$	$177 \cdot 10^3$
9		3,37									—71,60	—241,20	11,10	37,41								
	10		6,44	23	253 100	$5820 \cdot 10^3$	39 301	0,33	22,67	146,00					523,40	$1325 \cdot 10^5$	0,18	523,22	433	3370,00	$76,38 \cdot 10^3$	$1763 \cdot 10^3$
10		0,51									—217,60	—110,90	—134,90	—68,80								
	11		0,47	20	19 230	$384 \cdot 10^3$	40 933	0,35	19,65	9,23					454,60	$87 \cdot 10^5$	0,18	454,42	433	213,50	$4,20 \cdot 10^3$	$97 \cdot 10^3$
11		3,23									—226,83	—732,00	—114,13	—465,30								
	12		335	0	17 160 000	$0 \cdot 10^3$	51 233	0,4342	—0,4342	—145,50					—10,70	$—1837 \cdot 10^5$	0,23	—10,93	397	—3661,00	$1,59 \cdot 10^3$	$40 \cdot 10^3$
12		7,48									—81,33	—608,00	1,37	10,25								
Summen		22,84				$7565 \cdot 10^3$						—1888,55				$40 \cdot 10^5$					$108,67 \cdot 10^3$	$2847 \cdot 10^3$

$$\bar{a}_1 = \frac{7565 \cdot 10^3}{893,1 \cdot 10^9} = 8,48 \cdot 10^{-6} \qquad \bar{u}_2 = \frac{-1888,55}{22,84} = -82,70 \qquad \bar{a}_1' = \frac{40 \cdot 10^5}{893,1 \cdot 10^9} = 4,48 \cdot 10^{-6} \qquad \bar{z}_2 = \frac{108,67}{2847} = 0,03817$$

so daß

$$a_1 = \frac{\sum_{k=1}^{n} b_k \bar{x}_{1k} x_{2k}^*}{\sum_{k=1}^{n} b_k \bar{x}_{1k}^2} \tag{22}$$

und also aus den Wertesätzen $\bar{x}_{1k}$ und x_{2k}^* berechenbar geworden ist.

Die ganze Rechnung ist wieder für die Maschine von Abb. 83 in Tabelle 2 vorgeführt. Um einen schon möglichst gut abgeschätzten Ausgangssatz zu erhalten (den wir in Spalte 7 wieder mit $\bar{x}_{2k}^*$ bezeichnen, um anzudeuten, daß es sich nur um Vergleichswerte handelt), überlegen wir, daß sich bei der zweiten Eigenschwingung zwei Knoten ausbilden, die wegen der Weichheit der Wellenstücke 10 und 12 vermutlich auf diesen Wellenstücken liegen werden. Zur rohen Abschätzung der Torsionsmomente $\bar{x}_{2k}^*$ nehmen wir also an, daß die Drehmassengruppe Θ_0 bis Θ_9 mit ungefähr gleichem Ausschlag schwingt, und ebenso die Gruppe Θ_{11} bis Θ_{12} mit gleichem Ausschlag in entgegengesetzter Richtung. Die d'Alembertschen „Kräfte" der ersten Gruppe sind dann angenähert den Drehmassen Θ_k dieser Gruppe proportional, und dies gibt für die ersten zehn Werte $\bar{x}_{2,1}^*$ bis $\bar{x}_{2,10}^*$ die Zahlen $\bar{x}_{0,1}$ bis $\bar{x}_{0,10}$ aus Tabelle 1. Die beiden übrigen Torsionsmomente sind zu $\bar{x}_{2,11}^* = 20$ und $\bar{x}_{2,12}^* = 0$ angenommen, wozu die Erwägung führt, daß nach dem vermuteten Schwingungsbild $\bar{x}_{2,11}^*$ kleiner als $\bar{x}_{2,10}^*$ sein wird, und daß die Propellerwelle wegen ihrer Weichheit jetzt nur ein kleines Torsionsmoment $\bar{x}_{2,12}^*$ aufnehmen mag. Obwohl diese Abschätzung der $\bar{x}_{2k}^*$ sehr roh erscheint, so wird sie doch einen recht guten Endwert für $\bar{z}_2$ ergeben.

Man füllt also in Tabelle 2 zunächst die Spalten 1 bis 4 sowie 5, 6 und 8 aus, berechnet Spalte 7 aus Spalte 5 und 6 und bildet mit der Summe $\Sigma \bar{b}_k \bar{x}_{1k} \bar{x}_{2k}^* =$ **7565** $\cdot 10^3$ und mit der aus Tabelle 1, Spalte 15 zu entnehmenden Summe $\Sigma \bar{b}_k \bar{x}_{1k}^2 =$ **893,1** $\cdot 10^9$ den Quotienten $\bar{a}_1 = 8{,}48 \cdot 10^{-6}$. Damit gewinnt man die Werte von Spalte 9 und also den (von ξ_{1k} gereinigten) Ausgangssatz $\bar{x}_{2k}$ in Spalte 10. Jetzt wird aus $\bar{x}_{2k}$ der Wertesatz $\bar{x}_{3k}^*$ in genau der gleichen Weise hergeleitet wie in Tabelle 1 der Wertesatz $\bar{x}_{1k}$ aus $\bar{x}_{0k}$ (Spalte 10 bis 16). Weil die ganze Rechnung nur eine Näherung vorstellt, so enthält der Wertesatz $\bar{x}_{3k}^*$ noch eine „Verunreinigung" $a_1' \xi_{1k}$, von welcher er gesäubert werden muß. Dies geschieht in derselben Weise (Spalte 17 bis 19) wie vorhin beim Wertesatz $\bar{x}_{2k}^*$ (Spalte 7, 9 und 10). Man ersieht aus der vorzüglichen Übereinstimmung der Spalten 16 und 19, daß die „Verunreinigung" in $\bar{x}_{3k}^*$ nur noch geringfügig war, so daß man für nicht sehr genaue Rechnungen (und wenn man die Iteration nicht fortzusetzen wünscht) auf die Spalten 17 bis 19 verzichten und auch mit $\bar{x}_{3k}^*$ statt $\bar{x}_{3k}$ zu Ende rechnen kann (Spalte 21 bis 23). Man erhält schließlich $\bar{z}_2 = 0{,}03817$, woraus

$$\alpha_2 = \frac{1}{2\pi}\sqrt{\frac{\bar{z}_2}{\Theta b}} = 18{,}90 \text{ sek}^{-1}$$

als zweite Eigenfrequenz folgt.

Hätte man die Iteration, mit den Ausgangswerten $\bar{x}_{3k}$ beginnend, noch um eine Stufe weitergetrieben, so wäre $\bar{z}_2 = 0{,}03745$ gekommen, was auf

$$\alpha_2 = 18{,}71 \text{ sek}^{-1}$$

führen, also keine nennenswerte Verbesserung mehr bringen würde.

Die Ermittlung von noch höheren Eigenfrequenzen kann nach der Schlußbemerkung von Kap. III, Ziff. **15** in entsprechender Weise geschehen; doch wächst die Rechenarbeit bald so stark an, daß man dann lieber zu der folgenden zweiten Methode greifen wird, die bis zu z_2 ungefähr den gleichen Rechenaufwand erfordert wie diese erste Methode, ihr von z_2 an aber wohl überlegen ist.

Berechnung des ersten und zweiten

1	2	3	4	5	6	7	8	9
Nummer der Drehmasse	$\bar{\Theta}_k$	$\bar{b}_{k+1}$	$\bar{z}_1=0{,}0005$		$\bar{z}_1=0{,}0006$		$\bar{z}_1=0{,}00058$	
			$\bar{u}_k$ (subtr.)	(add.) $\bar{\mathfrak{M}}_k$	$\bar{u}_k$ (subtr.)	(add.) $\bar{\mathfrak{M}}_k$	$\bar{u}_k$ (subtr.)	(add.) $\bar{\mathfrak{M}}_k$
			$\bar{u}_k-\bar{u}_{k+1}$	$\bar{x}_{k+1}$	$\bar{u}_k-\bar{u}_{k+1}$	$\bar{x}_{k+1}$	$\bar{u}_k-\bar{u}_{k+1}$	$\bar{x}_{k+1}$
0	0,51		1	0,000255	1	0,000306	1	0,000296
		1,15	0,000293	0,000255	0,000352	0,000306	0,000340	0,000296
1	0,56		0,999707	0,000280	0,999648	0,000336	0,999660	0,000325
		1,69	0,000904	0,000535	0,001085	0,000642	0,001050	0,000621
2	1,06		0,998803	0,000529	0,998563	0,000635	0,998610	0,000614
		1	0,001064	0,001064	0,001277	0,001277	0,001235	0,001235
3	1,06		0,997739	0,000529	0,997286	0,000634	0,997375	0,000613
		1	0,001593	0,001593	0,001911	0,001911	0,001848	0,001848
4	1		0,996146	0,000498	0,995375	0,000597	0,995527	0,000577
		1,27	0,002656	0,002091	0,003185	0,002508	0,003080	0,002425
5	1		0,993490	0,000497	0,992190	0,000595	0,992447	0,000576
		1	0,002588	0,002588	0,003103	0,003103	0,003001	0,003001
6	1		0,990902	0,000495	0,989087	0,000593	0,989446	0,000574
		1	0,003083	0,003083	0,003696	0,003696	0,003575	0,003575
7	1		0,987819	0,000494	0,985391	0,000591	0,985871	0,000572
		1	0,003577	0,003577	0,004287	0,004287	0,004147	0,004147
8	1,06		0,984242	0,000521	0,981104	0,000624	0,981724	0,000604
		0,75	0,003074	0,004098	0,003683	0,004911	0,003563	0,004751
9	3,37		0,981168	0,001653	0,977421	0,001975	0,978161	0,001912
		6,44	0,037010	0,005751	0,044370	0,006886	0,042900	0,006663
10	0,51		0,944158	0,000241	0,933051	0,000285	0,935261	0,000277
		0,47	0,002816	0,005992	0,003370	0,007171	0,003260	0,006940
11	3,23		0,941342	0,001520	0,929681	0,001801	0,932001	0,001735
		335	2,515000	0,007512	3,005000	0,008972	2,907000	0,008675
12	7,48		−1,573658	−0,005882	−2,075319	−0,009320	−1,974999	−0,008570
				+0,001630		−0,000348		+0,000105

Dafür hat diese erste Methode den großen Vorzug, daß sie sich ohne besondere Mühe auf die in § 8 und § 9 behandelten Verfeinerungen der Theorie erweitern läßt: Will man auch die Nebentorsionen berücksichtigen, so hat man (etwa mit Beschränkung auf die primären Nebentorsionen) lediglich die Vorschrift 2) gemäß (**37**, 1) zu ergänzen und also (10) zu ersetzen durch

$$w_{0k} = b_k' x_{0,k-1} + b_k x_{0k} + b_k'' x_{0,k+1}, \qquad (10a)$$

wo b_k' und b_k'' die entsprechenden Torsionszahlen der Nebentorsionen sind; das ändert in Tabelle 1 ein wenig die Berechnung von Spalte 6, in Tabelle 2 diejenige von Spalte 11, wogegen das ganze sonstige Verfahren unverändert beibehalten werden kann. Und ebenso läßt sich mit den Werten aus Tabelle 1 und 2 (insbesondere den dort berechneten Schwingungsausschlägen $\bar{u}_{0k}, \bar{u}_{2k}$) sofort die ganze Rechnung von Ziff. **41** und **42** für $i=1$ und $i=2$ durchführen.

Man bemerkt leicht, daß diese (mitunter doch recht erwünschten) Erweiterungen für das Eigenwertproblem (1) nicht ohne Umständlichkeit möglich wären, und auch die nun folgende zweite Methode ist wenigstens der ersten Erweiterung nicht fähig.

Eigenwertes $\bar{z}_1$ und $\bar{z}_2$ (zweite Methode).

10	11	12	13	14	15	16	17	18	19
$\bar{z}_2=0{,}03$		$\bar{z}_2=0{,}05$		$\bar{z}_2=0{,}035$		$\bar{z}_2=0{,}04$		$\bar{z}_2=0{,}0375$	
$\bar{u}_k$ (subtr.)	(add.) $\overline{\mathfrak{M}}_k$	$\bar{u}_k$ (subtr.)	(add.) $\overline{\mathfrak{M}}_k$	$\bar{u}_k$ (subtr.)	(add.) $\overline{\mathfrak{M}}_k$	$\bar{u}_k$ (subtr.)	(add.) $\overline{\mathfrak{M}}_k$	$\bar{u}_k$ (subtr.)	(add.) $\overline{\mathfrak{M}}_k$
$\bar{u}_k-\bar{u}_{k+1}$	$\bar{x}_{k+1}$	$u_k-\bar{u}_{k+1}$	$\bar{x}_{k+1}$	$\bar{u}_k-\bar{u}_{k+1}$	$\bar{x}_{k+1}$	$\bar{u}_k-\bar{u}_{k+1}$	$\bar{x}_{k+1}$	$\bar{u}_k-\bar{u}_{k+1}$	$\bar{x}_{k+1}$
1	0,0153	1	0,0255	1	0,0179	1	0,0204	1	0,0191
0,0176	0,0153	0,0293	0,0255	0,0206	0,0179	0,0235	0,0204	0,0220	0,0191
0,9824	0,0165	0,9707	0,0272	0,9794	0,0192	0,9765	0,0219	0,9780	0,0206
0,0538	0,0318	0,0890	0,0527	0,0627	0,0371	0,0715	0,0423	0,0670	0,0397
0,9286	0,0295	0,8817	0,0467	0,9167	0,0340	0,9050	0,0384	0,9110	0,0362
0,0613	0,0613	0,0994	0,0994	0,0711	0,0711	0,0807	0,0807	0,0759	0,0759
0,8673	0,0276	0,7823	0,0415	0,8456	0,0314	0,8243	0,0350	0,8351	0,0332
0,0889	0,0889	0,1409	0,1409	0,1025	0,1025	0,1157	0,1157	0,1091	0,1091
0,7784	0,0234	0,6414	0,0321	0,7431	0,0260	0,7086	0,0283	0,7260	0,0272
0,1426	0,1123	0,2198	0,1730	0,1632	0,1285	0,1829	0,1440	0,1731	0,1363
0,6358	0,0191	0,4216	0,0211	0,5799	0,0206	0,5257	0,0210	0,5529	0,0207
0,1314	0,1314	0,1941	0,1941	0,1491	0,1491	0,1650	0,1650	0,1570	0,1570
0,5044	0,0151	0,2275	0,0114	0,4308	0,0151	0,3607	0,0144	0,3959	0,0149
0,1465	0,1465	0,2055	0,2055	0,1642	0,1642	0,1794	0,1794	0,1719	0,1719
0,3579	0,0107	0,0220	0,0011	0,2666	0,0093	0,1813	0,0073	0,2240	0,0084
0,1572	0,1572	0,2066	0,2066	0,1735	0,1735	0,1867	0,1867	0,1803	0,1803
0,2007	0,0064	−0,1846	−0,0098	0,0931	0,0035	−0,0054	−0,0002	0,0437	0,0017
0,1227	0,1636	0,1477	0,1968	0,1328	0,1770	0,1399	0,1865	0,1365	0,1820
0,0780	0,0079	−0,3323	−0,0560	−0,0397	−0,0047	−0,1453	−0,0196	−0,0928	−0,0117
1,1040	0,1715	0,9070	0,1408	1,1100	0,1723	1,0750	0,1669	1,0967	0,1703
−1,0260	−0,0157	−1,2393	−0,0316	−1,1497	−0,0205	−1,2203	−0,0249	−1,1895	−0,0228
0,0732	0,1558	0,0513	0,1092	0,0714	0,1518	0,0667	0,1420	0,0693	0,1475
−1,0992	−0,1065	−1,2906	−0,2085	−1,2211	−0,1375	−1,2870	−0,1663	−1,2588	−0,1524
16,5200	0,0493	−33,2800	−0,0993	4,7900	0,0143	−8,1400	−0,0243	−1,6516	−0,0049
−17,6192	−3,9540	+31,9894	11,9500	−6,0111	−1,5750	+6,8530	2,0500	+0,3928	0,1101
	−3,9047		11,8507		−1,5607		+2,0257		+0,1052

44. Die zweite Methode zur Berechnung der Eigenfrequenzen. Diese zweite Methode[1]) beruht auf dem schon in Ziff. **43** benützten Gedanken, daß die von einer Eigenschwingung $\vartheta_k = u_k \cos 2\pi\alpha_1 t$ hervorgerufenen d'Alembertschen „Kräfte" $z_1\Theta_k u_k \cos 2\pi\alpha_1 t$ ein Gleichgewichtssystem von Drehmomenten darstellen, welches an den Drehmassen Θ_k angreifend die Welle in ihrem jeweiligen Torsionszustand hielte. Man wählt also einen gut abgeschätzten Wert z und prüft dann nach, ob mit diesem z ein Gleichgewichtssystem entsteht, und zwar so, wie es die Tabelle für die schon in Ziff. **43** behandelte Maschine Abb. 83 sehr ausführlich zeigt (wobei überall der Faktor $\cos 2\pi\alpha_1 t$ weggelassen ist).

Nachdem die Spalten 1 bis 3 als Verhältniszahlen $\bar{\Theta}_k = \Theta_k : \Theta$ und $\bar{b}_k = b_k : b$ (hier wieder mit $\Theta \equiv \Theta_4$ und $b \equiv b_3$) ausgefüllt sind, nimmt man für Θ_0 die Schwingungsamplitude $\bar{u}_0 = 1$ willkürlich an (erste Zahl von Spalte 4) und berechnet das Moment $\overline{\mathfrak{M}}_0 = \bar{z}\bar{\Theta}_0\bar{u}_0 = 0{,}000255$ (erste Zahl von Spalte 5). Dieses an Θ_0 angreifende Moment ist zugleich das Torsionsmoment $\bar{x}_1$ des ersten Wellenstücks (zweite Zahl von Spalte 5). Multipliziert man $\bar{x}_1$ mit $\bar{b}_1 = 1{,}15$, so erhält

[1]) H. Holzer, Die Berechnung der Drehschwingungen, S. 34, Berlin 1921. Weitere Methoden findet man bei K. Kutzbach, Untersuchungen uber Wirkung und Anwendungen von Pendeln und Pendelketten im Maschinenbau, Z. VDI 61 (1917) S. 917; M. Tolle, Die *Regelung der Kraftmaschinen*, S. 200, 3. Aufl., Berlin 1921; H. Wydler, Drehschwingungen in Kolbenmaschinenanlagen, Berlin 1922.

man die Torsion $\bar{u}_0 - \bar{u}_1 = 0{,}000293$ von Θ_1 gegen Θ_0 (zweite Zahl von Spalte 4). Subtrahiert man diesen Wert von $\bar{u}_0 = 1$, so kommt der Drehwinkel $\bar{u}_1 = 0{,}999707$ von Θ_1 (dritte Zahl von Spalte 4). Dieser gibt, mit $\bar{z}\bar{\Theta}_1$ multipliziert, das an Θ_1 angreifende d'Alembertsche Moment $\bar{\mathfrak{M}}_1 = \bar{z}\bar{\Theta}_1\bar{u}_1 = 0{,}000280$ (dritte Zahl von Spalte 5). Addiert man dieses Moment zu dem darüberstehenden $\bar{x}_1$, so erscheint das Torsionsmoment des zweiten Wellenstücks $\bar{x}_2 = 0{,}000535$ (vierte Zahl von Spalte 5). Das Produkt $\bar{b}_2\bar{x}_2$ stellt die Torsion $\bar{u}_1 - \bar{u}_2 = 0{,}000904$ von Θ_2 gegen Θ_1 vor (vierte Zahl von Spalte 4). Subtrahiert man diesen Wert von dem darüberstehenden $\bar{u}_1$, so kommt $\bar{u}_2 = 0{,}998803$ (fünfte Zahl von Spalte 4) als Drehwinkel von Θ_2. Nach dieser Vorschrift fortfahrend erhält man in Spalte 5 durch fortgesetzte Addition die Torsionsmomente $\bar{x}_k$, in Spalte 4 durch fortgesetzte Subtraktion die Drehwinkel $\bar{u}_k$. Insbesondere erhält man in der letzten Zahl von Spalte 5 das Torsionsmoment $\bar{x}_{n+1}$ des auf die letzte Drehmasse Θ_n folgenden freien Wellenteiles. Wäre das angenommene $\bar{z}$ ein Eigenwert $\bar{z}_i$ gewesen, bei welchem also eine stehende Schwingung wirklich hätte eintreten können, so hätte $\bar{x}_{n+1}$ den Wert Null angenommen. Der tatsächliche Tabellenwert $\bar{x}_{n+1} = +0{,}001630$ zeigt, daß $\bar{z} = 0{,}0005$ kein Eigenwert war.

Man wiederholt also die ganze Rechnung mit dem etwas größeren Wert $\bar{z} = 0{,}0006$ (Spalte 6 und 7) und findet jetzt $\bar{x}_{n+1} = -0{,}000348$. Weil $\bar{x}_{n+1}$ gegen vorhin sein Zeichen gewechselt hat, so haben wir diesmal $\bar{z}$ überschätzt, und es liegt auf der Hand, die Rechnung noch einmal mit dem linear interpolierten dritten Wert $\bar{z} = 0{,}00058$ durchzuführen. Diese dritte Rechnung (Spalte 8 und 9) ergibt wieder ein positives $\bar{x}_{n+1}$, aber von viel geringerem Betrag als bei der ersten Rechnung. Somit haben wir jetzt $\bar{z}$ ein wenig unterschätzt. Ohne die Rechnung noch einmal zu wiederholen, bestimmt man $\bar{z}$ nun hinreichend genau durch Interpolation zwischen dem zweiten und dritten Wert und erhält $\bar{z}_1 = 0{,}0005846$ in fast genauer Übereinstimmung mit dem in Ziff. **43** gewonnenen Wert.

Weil der Grad einer Eigenfrequenz gleich der Zahl der Schwingungsknoten ist, und weil in unserem Beispiel nur ein einziger Zeichenwechsel bei $\bar{u}_k$ auftritt (Spalte 8), so stellt man, unabhängig von dem Ergebnis in Ziff. **43**, fest, daß $\bar{z}_1$ wirklich der niederste Eigenwert sein muß.

Um den nächsthöheren, zweiten Eigenwert zu finden, wiederholt man das ganze Verfahren mit gut geschätzten neuen $\bar{z}$-Werten. Wir versuchen es zunächst mit $\bar{z} = 0{,}03$ und sehen aus den (jeweils oberen) Werten von Spalte 10, daß die Drehwinkel $\bar{u}_k$ erst einen Zeichenwechsel aufweisen, so daß von einer Schwingungsform mit zwei Knoten, wie wir sie erwarten müssen, noch nicht die Rede ist: der gewählte Wert $\bar{z}$ liegt noch zu tief. Das Torsionsmoment $\bar{x}_{n+1}$ (Spalte 11) ist negativ. Wählt man jetzt $\bar{z} = 0{,}05$, so wird $\bar{x}_{n+1}$ positiv (Spalte 13) und die $\bar{u}_k$ weisen zwei Zeichenwechsel auf (Spalte 12, obere Werte). Somit sind wir sicher, daß $\bar{z}_2$ zwischen $\bar{z} = 0{,}03$ und $\bar{z} = 0{,}05$ liegt. Interpoliert man an Hand der Werte $\bar{x}_{n+1}$ linear, so kommt (roh gerechnet) $\bar{z} = 0{,}035$. Der zugehörigen Rechnung (Spalte 14 und 15) entnimmt man, daß $\bar{x}_{n+1}$ wieder negativ ist, und daß $\bar{u}_k$ nur einen Zeichenwechsel hat. Extrapolation zwischen dem ersten und dritten Wert $\bar{z}$ führt auf $\bar{z} = 0{,}0383$, was auf $\bar{z} = 0{,}04$ aufgerundet wird. Mit diesem Wert zeigt die Rechnung (Spalte 16 und 17), daß man nun nach der andern Seite über das Ziel schießt. Wir wiederholen daher die Rechnung ein letztes Mal mit $\bar{z} = 0{,}0375$ (Spalte 18 und 19) und sehen den zwischen $\bar{z} = 0{,}0375$ und $\bar{z} = 0{,}035$ interpolierten Wert $\bar{z}_2 = 0{,}03734$, welcher $\alpha_2 = 18{,}68\ \text{sek}^{-1}$ ergibt, als endgültige und hinreichend genaue Näherung für den zweiten Eigenwert $\bar{z}_2$ an, übrigens wieder in guter Übereinstimmung mit dem Ergebnis von Ziff. **43**.

Die Ermittlung der höheren Eigenwerte $z_3, z_4, \ldots$ erfordert bei gut gegriffenen Anfangswerten $\bar{z}$ nicht mehr Rechenarbeit als die soeben vorgeführte Berechnung von z_2, und hierin ist dann diese zweite Methode der ersten (Ziff. **43**) vorzuziehen.

Additional material from *Technische Dynamik,* ISBN 978-3-662-35429-2,
is available at http//extras.springer.com

Printed in the United States
By Bookmasters